DICTIONNAIRE
DE
PHYSIOLOGIE

PAR

CHARLES RICHET

PROFESSEUR DE PHYSIOLOGIE A LA FACULTÉ DE MÉDECINE DE PARIS

AVEC LA COLLABORATION
DE

MM. E. ABELOUS (Toulouse) — ANDRÉ (Paris) — S. ARLOING (Lyon) — ATHANASIU (Bukarest)
BARDIER (Toulouse) — BATTELLI (Genève) — R. DU BOIS-REYMOND (Berlin) — G. BONNIER (Paris)
F. BOTTAZZI (Florence) — E. BOURQUELOT (Paris) — A. BRANCA (Paris) — ANDRÉ BROCA (Paris)
J. CARVALLO (Paris) — A. CHASSEVANT (Paris) — CORIN (Liège) — CYON (Paris) — A. DASTRE (Paris)
R. DUBOIS (Lyon) — W. ENGELMANN (Berlin) — G. FANO (Florence) — X. FRANCOTTE (Liège)
L. FREDERICQ (Liège) — J. GAD (Leipzig) — J. GAUTRELET (Bordeaux) — GELLÉ (Paris) — E. GLEY (Paris)
L. GUINARD (Lyon) — J.-F. GUYON (Paris) — H. J. HAMBURGER (Groningen) — M. HANRIOT (Paris)
HÉDON (Montpellier) — P. HÉGER (Bruxelles) — F. HEIM (Paris) — P. HENRIJEAN (Liège)
J. HÉRICOURT (Paris) — F. HEYMANS (Gand) — J. IOTEYKO (Bruxelles) — H. KRONECKER (Berne)
P. JANET (Paris) — LAHOUSSE (Gand) — LAMBERT (Nancy) — E. LAMBLING (Lille) — LAUNOIS (Paris)
P. LANGLOIS (Paris) — L. LAPICQUE (Paris) — R. LÉPINE (Lyon) — CH. LIVON (Marseille) — E. MACÉ (Nancy)
GR. MANCA (Padoue) — MANOUVRIER (Paris) — M. MENDELSSOHN (Pétersbourg) — E. MEYER (Nancy)
MISLAWSKI (Kazan) — J.-P. MORAT (Lyon) — A. MOSSO (Turin) — NEVEU-LEMAIRE (Lyon)
M. NICLOUX (Paris) — P. NOLF (Liège) — J.-P. NUEL (Liège) — AUG. PERRET (Paris) — E. PFLUGER (Bonn)
A. PINARD (Paris) — F. PLATEAU (Gand) — M. POMPILIAN (Paris) — G. POUCHET (Paris)
E. RETTERER (Paris) — J. ROUX (Paris) — P. SÉBILEAU (Paris) — C. SCHÉPILOFF (Genève) — J. SOURY (Paris)
W. STIRLING (Manchester) — J. TARCHANOFF (Pétersbourg) — TIGERSTEDT (Helsingfors)
TRIBOULET (Paris) — E. TROUESSART (Paris) — H. DE VARIGNY (Paris) — N. VASCHIDE (Paris)
M. VERWORN (Göttingen) — E. VIDAL (Paris) — G. WEISS (Paris) — E. WERTHEIMER (Lille)

TOME VIII

G-H

AVEC GRAVURES DANS LE TEXTE

PARIS

FÉLIX ALCAN, ÉDITEUR

ANCIENNE LIBRAIRIE GERMER BAILLIÈRE ET CIE

108, BOULEVARD SAINT-GERMAIN, 108

1909

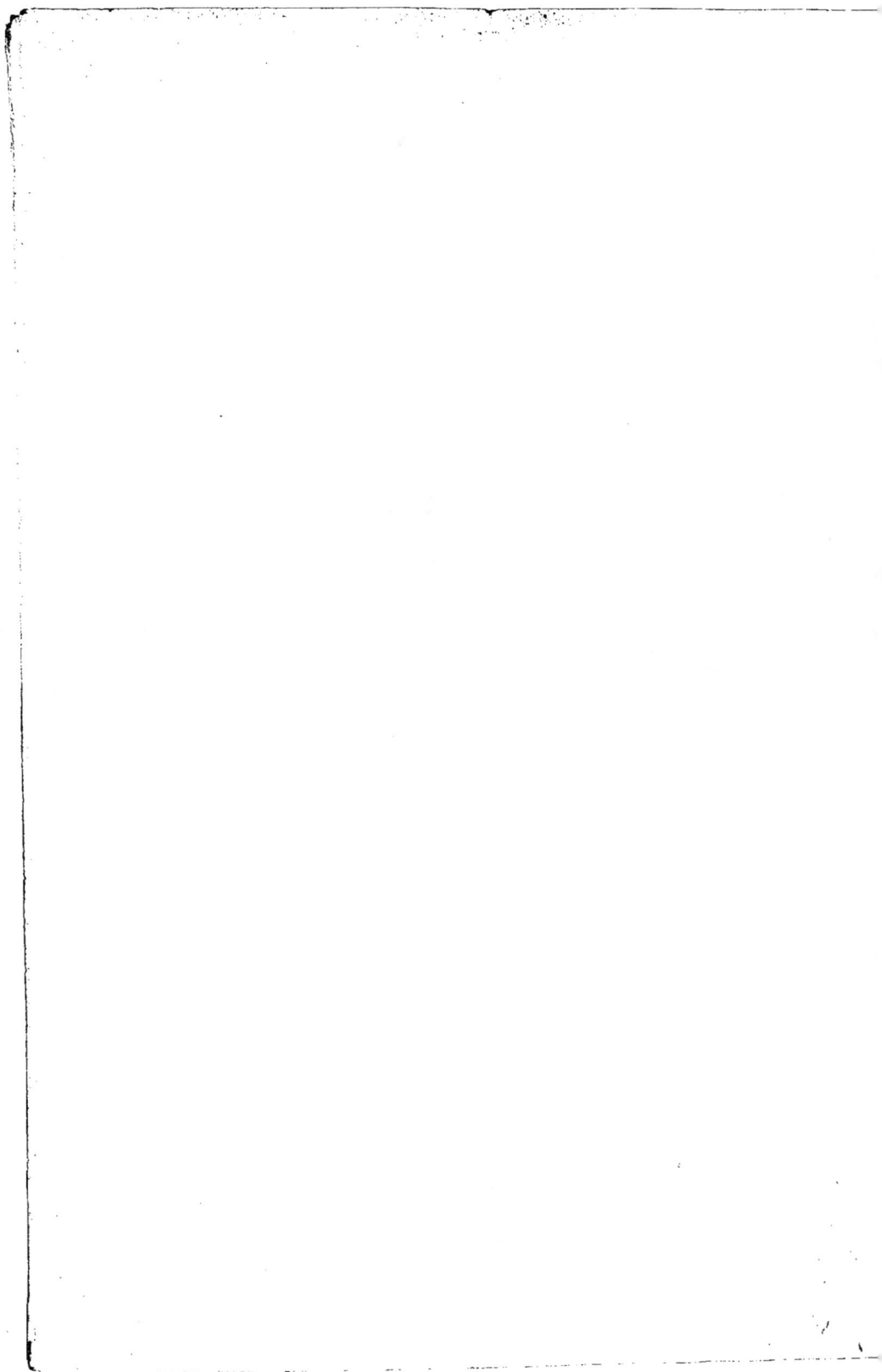

DICTIONNAIRE

DE

PHYSIOLOGIE

TOME VIII

DICTIONNAIRE

DE

PHYSIOLOGIE

PAR

CHARLES RICHET

PROFESSEUR DE PHYSIOLOGIE A LA FACULTÉ DE MÉDECINE DE PARIS

AVEC LA COLLABORATION

DE

MM. E. ABELOUS (Toulouse) — ANDRÉ (Paris) — S. ARLOING (Lyon) — ATHANASIU (Bukarest)
BARDIER (Toulouse) — BATTELLI (Genève) — R. DU BOIS-REYMOND (Berlin) — G. BONNIER (Paris)
F. BOTTAZZI (Florence) — E. BOURQUELOT (Paris) — A. BRANCA (Paris) — ANDRÉ BROCA (Paris)
J. CARVALLO (Paris) — A. CHASSEVANT (Paris) — CORIN (Liège) — CYON (Paris) — A. DASTRE (Paris)
R. DUBOIS (Lyon) — W. ENGELMANN (Berlin) — G. FANO (Florence) — X. FRANCOTTE (Liège)
L. FREDERICQ (Liège) — J. GAD (Leipzig) — J. GAUTRELET (Bordeaux) — GELLÉ (Paris) — E. GLEY (Paris)
L. GUINARD (Lyon) — J.-F. GUYON (Paris) — H. J. HAMBURGER (Groningen) — M. HANRIOT (Paris)
HÉDON (Montpellier) — P. HÉGER (Bruxelles) — F. HEIM (Paris) — P. HENRIJEAN (Liège)
J. HÉRICOURT (Paris) — F. HEYMANS (Gand) — J. IOTEYKO (Bruxelles) — H. KRONECKER (Berne)
P. JANET (Paris) — LAHOUSSE (Gand) — LAMBERT (Nancy) — E. LAMBLING (Lille) — LAUNOIS (Paris)
P. LANGLOIS (Paris) — L. LAPICQUE (Paris) — R. LÉPINE (Lyon) — CH. LIVON (Marseille) — E. MACÉ (Nancy)
GR. MANCA (Padoue) — MANOUVRIER (Paris) — M. MENDELSSOHN (Pétersbourg) — E. MEYER (Nancy)
MISLAWSKI (Kazan) — J.-P. MORAT (Lyon) — A. MOSSO (Turin) — NEVEU-LEMAIRE (Lyon)
M. NICLOUX (Paris) — P. NOLF (Liège) — J.-P. NUEL (Liège) — AUG. PERRET (Paris) — E. PFLUGER (Bonn)
A. PINARD (Paris) — F. PLATEAU (Gand) — M. POMPILIAN (Paris) — G. POUCHET (Paris)
E. RETTERER (Paris) — J. ROUX (Paris) — P. SÉBILEAU (Paris) — C. SCHÉPILOFF (Genève) — J. SOURY (Paris)
W. STIRLING (Manchester) — J. TARCHANOFF (Pétersbourg) — TIGERSTEDT (Helsingfors)
TRIBOULET (Paris) — E. TROUESSART (Paris) — H. DE VARIGNY (Paris) — N. VASCHIDE (Paris)
M. VERWORN (Göttingen) — E. VIDAL (Paris) — G. WEISS (Paris) — E. WERTHEIMER (Lille)

TOME VIII

G-H

AVEC GRAVURES DANS LE TEXTE

PARIS

FÉLIX ALCAN, ÉDITEUR

ANCIENNE LIBRAIRIE GERMER BAILLIÈRE ET Cie

108, BOULEVARD SAINT-GERMAIN, 108

1909

DICTIONNAIRE

DE

PHYSIOLOGIE

GRAPHIQUE (Méthode) (*Suite*).

VI

Myographie.

§ I. — *Contraction musculaire.*

Les appareils enregistreurs de la contraction musculaire s'appellent *myographes;* les tracés de la contraction, *myogrammes*.

A. **Myographes directs. Myographes isotoniques. Myographes isométriques.** — Un myographe se compose essentiellement d'un levier muni d'une plume inscrivante; ce levier est attaché, d'une part au muscle, et d'autre part à un poids ou à un ressort qui ramène le levier à sa position primitive, quand la contraction musculaire cesse. Parmi les myographes, il y en a qui permettent au muscle de se raccourcir beaucoup pendant la contraction; d'autres, au contraire, présentant une résistance très grande, ne permettent au muscle de se raccourcir qu'extrêmement peu. Les appareils de la première catégorie ont été appelés par Fick *myographes isotoniques*, c'est-à-dire à égale tension du muscle pendant la contraction, tandis que ceux de la seconde catégorie ont été désignés, toujours par Fick, *myographes isométriques*, c'est-à-dire à égale longueur musculaire pendant la contraction, et à tension variable.

I. Le premier appareil myographique, le *myographion* d'Helmholtz (1850), est un myographe isotonique à poids. Dans cet appareil, le muscle, placé verticalement dans une chambre humide, est attaché par son extrémité inférieure, à l'aide d'un fil et d'un crochet, à un levier en forme de cadre. La pointe inscrivante est suspendue verticalement à l'aide d'une tige à l'extrémité du levier. Un petit poids sert à régler la pression de la pointe inscrivante sur la surface du cylindre enregistreur. Ce dispositif a été adopté par Helmholtz pour transformer le tracé en arc de cercle de l'extrémité du levier en un tracé rectiligne. Au-dessous du point d'attache du muscle se trouve suspendu au levier un petit plateau dans lequel on met des poids. Dans le myographe de Helmholtz, le cylindre enregistreur fait partie intégrante de l'appareil.

L'appareil d'Helmholtz présente un grand défaut : une trop grande inertie du levier; les myogrammes donnés par lui ne représentent nullement la vraie forme de la contraction musculaire.

Les myographes de Du Bois-Reymond, Sanders-Ezn, Kronecker, Tiegel, Cyon, Pflüger et autres ne sont que des modifications de l'appareil d'Helmholtz. Dans le *myographion* de Pflüger, la surface enregistrante est représentée par une plaque de verre rectangulaire, posée verticalement, qu'on déplace à la main très lentement. Les myogrammes obtenus avec cet appareil se présentent sous forme de droites perpendiculaires qui donnent la hauteur seulement de la contraction musculaire. HERMANN a remplacé la plaque de verre par une plaque de cuivre sur laquelle il fixait une bande de papier enfumé. FUNKE a agrandi la plaque enregistrante de telle sorte qu'il pouvait, en la déplaçant verticalement, avoir plusieurs tracés superposés.

Dans le *myographion* de DU BOIS-REYMOND, l'enregistrement se fait sur une plaque mise en mouvement par la détente d'un ressort; le mouvement de translation de la plaque étant très rapide, on obtient comme tracé la forme de la contraction musculaire.

Le *myographe* de MAREY diffère essentiellement de l'appareil de HELMHOLTZ. Cet appareil se compose d'un levier extrêmement léger pouvant se déplacer dans un plan horizontal autour d'un axe fixé sur une plaque métallique. Sur cet axe se trouve fixée une poulie dans la gorge de laquelle passe un fil, qui, après s'être réfléchi sur une poulie, descend verticalement et supporte un petit plateau dans lequel on pose des poids. L'extrémité du levier, formée par une plume en corne, trace des arcs de cercle sur la surface noircie d'un cylindre enregistreur disposé horizontalement. Le support de l'appareil présente une vis à l'aide de laquelle on peut rapprocher ou éloigner la plume de la surface enregistrante. A la plaque support on fixe une planchette de liège sur laquelle on place soit un muscle isolé, soit une grenouille tout entière, fixée à l'aide d'épingles. Le fil qui relie l'extrémité du muscle et le levier est attaché à un bouton fixé à un manchon mobile sur le levier. En éloignant ce manchon plus ou moins de l'axe de mouvement du levier, on varie l'amplification des tracés de la contraction.

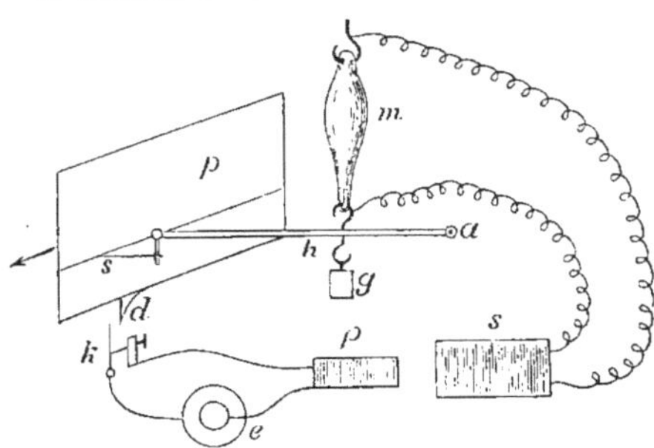

FIG. 1. — Schéma d'un dispositif myographique (HERMANN).

Le muscle (*m*) est attaché au levier (*h*) mobile autour de l'axe (*a*): la plume (*s*) inscrit les contractions musculaires sur la surface enregistrante (*p*); un poids (*g*) est attaché au levier; le muscle est excité à l'aide d'une bobine d'induction (*e*, *p*, *s*); la plaque enregistrante, en se déplaçant, agit sur le contact électrique (*k*, *d*).

Le poids supporté par le muscle n'est pas en réalité celui qui est dans le plateau du myographe, car les bras du levier auxquels sont attachés le muscle et le plateau ne sont pas égaux. Le rayon de la poulie fixée à l'axe du levier représente la longueur du bras du levier auquel est appliqué le poids; la distance qui sépare le point d'attache du muscle de l'axe du levier représente la longueur du bras de levier auquel est appliquée la force musculaire. Donc, pour connaître le véritable poids qui tend le muscle, il faut faire le rapport de ces deux longueurs.

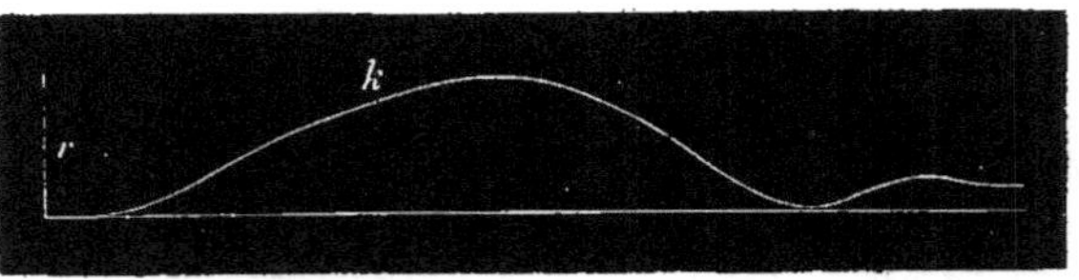

FIG. 2. — Myogramme (HELMHOLTZ).

En fixant le myographe sur un chariot automoteur, MAREY a obtenu de très beaux tracés, imbriqués *verticalement* ou *obliquement*.

ROLLETT a modifié de la façon suivante le myographe à poids de MAREY : il a divisé la plaque support en deux parties, dont l'une porte le levier, et l'autre la plaque de liège sur laquelle on fixe l'animal en expérience. Cette dernière partie, à l'aide d'un dispositif micrométrique, peut être rapprochée de la première avec laquelle elle est reliée.

Le *myographe isotonique* de FICK se compose d'un levier très léger qui peut se mouvoir dans un plan vertical en tournant autour d'un axe en acier. Autour de cet axe est enroulé un fil qui supporte le plateau dans lequel on met les poids. Comme dans le myographe de MAREY, le poids, étant accroché très près de l'axe du levier, ne correspond pas au poids réel qui agit sur le muscle.

Les parties essentielles du myographe de FICK se retrouvent dans un grand nombre d'appareils à inscription verticale, par exemple dans le myographe employé par LUDWIG.

Le *myographe* de FREDERICQ réunit les avantages du myographe de MAREY et ceux de l'appareil de DU BOIS-REYMOND. Les dispositifs de la tablette qui porte le muscle, le style inscripteur et les accessoires sont empruntés au myographe de MAREY. La partie de l'appareil sur laquelle le levier enregistre ses mouvements ressemble beaucoup à la partie correspondante du myographe de DU BOIS-REYMOND. Cette partie se compose d'une plaque de verre, longue de 23 centimètres, large de 8 centimètres, disposée horizontalement. Cette plaque est mise en mouvement par la détente d'une bande de caoutchouc. L'inscription peut se faire directement sur la plaque de verre enfumée, ou sur une bande de papier posée sur la plaque.

FREDERICQ a construit aussi un myographe double qui est formé de la réunion de deux myographes simples superposés.

LUKJANOW (1888), pour enregistrer les contractions musculaires du chien, a adopté le dispositif suivant : Deux plumes enregistrantes, fixées à des leviers à deux bras superposés, sont placées sur un même support. A un des bras de ces leviers sont attachés les fils qui, après avoir passé chacun sur une poulie, supportent le poids. A l'autre bras des leviers s'attachent les fils qui relient les leviers aux muscles; ces fils sont guidés par des poulies. L'inscription des mouvements se fait sur un cylindre enregistreur vertical.

II. On a construit des myographes dans lesquels on a remplacé le poids par un ressort. La résistance opposée par le ressort pendant la contraction n'est pas constante, comme celle opposée par un poids tenseur. Cependant GRÜTZNER, par un artifice particulier, a réussi à construire un myographe à ressort dans lequel la résistance reste constante pendant toute la durée de la contraction.

Parmi les myographes à ressorts citons les appareils de MAREY, PLACE, BRÜCKE, NOËL et LE BON (1878), etc.

Dans le *myographe à levier élastique* de MAREY, le levier est prolongé au delà de son axe de rotation par une lame-ressort qui s'appuie sur un excentrique. En tournant cet excentrique à l'aide d'une petite manette, on varie la tension du ressort, et, par conséquent, la résistance opposée par le ressort à la contraction. Ce ressort, n'étant pas très fort, cède facilement à la force de traction exercée par le muscle; le raccourcissement de ce dernier ne se trouve donc nullement empêché. Le support de l'appareil et la dispostion du levier sont les mêmes que dans le myographe à poids.

Pour avoir l'inscription simultanée de deux muscles, MAREY a ajouté au myographe simple un second levier un peu au-dessus du premier, dans un plan parallèle. La pointe inscrivante de ce deuxième levier, un peu incurvée, dépasse légèrement celle du premier levier : de cette façon les deux tracés s'inscrivent à un demi-millimètre de distance.

Dans le *myographe* de GRÜTZNER (1887), le ressort agit obliquement sur le levier. L'obliquité du plan de traction a été calculée de telle sorte que la traction reste constante, quelle que soit la position du levier, ce qui n'existe pas pour les autres myographes à ressort, comme celui de MAREY par exemple.

L'appareil de GRÜTZNER a été légèrement modifié par WINKLER (1898).

III. Pour étudier les variations de l'élasticité musculaire pendant la contraction, FICK a construit son *myographe isométrique*, dont voici la description :

L'extrémité supérieure d'un muscle (M) étant fixée à l'aide d'un pince (Z) sur un support vertical, l'extrémité inférieure (K) est attachée à l'aide d'un fil inextensible à une pointe (d) fixée sur un levier d'acier très fort(H, H) à 80 millimètres de l'axe (A). — Ce levier (H, H), long de 320 millimètres environ, présente deux bras égaux; son axe porte une petite poulie de 8 millimètres de diamètre; sur la gorge de la poulie est enroulé un fil qui supporte un petit plateau (L) dans lequel on met des poids. — Au-dessous du grand levier (H, H) se trouve fixé, sur le même support, un petit levier (hh_1) en jonc,

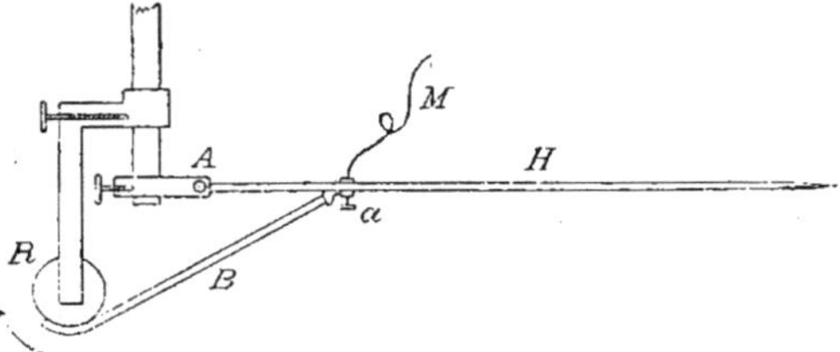

Fig. 3. — Myographe de Grützner.

très léger et très rigide. Ce levier présente un seul bras dont l'extrémité libre (h_1) est reliée à l'aide d'un fil rigide à l'extrémité libre (f_1) d'un ressort très fort. Autour de l'axe (a) du petit levier (hh_1) se trouve enroulé un fil flexible, mais inextensible, qui, par un crochet (c) fixé à son extrémité libre, est attaché au grand levier (H, H). Quand le grand levier, pendant la contraction musculaire, est attiré en haut, le petit

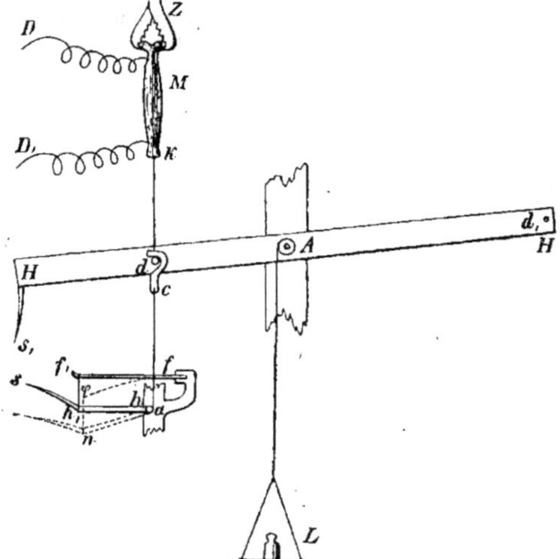

Fig. 4. — Myographe isométrique de Fick.

levier doit s'incliner en bas. Pour que l'abaissement du petit levier soit possible, il faut que le ressort (ff_1) se courbe. Comme le rayon de l'axe du petit levier est très petit, il résultera que, pour un petit déplacement provoqué par la contraction musculaire, il y aura une grande déformation du ressort, et par conséquent une grande résistance opposée au déplacement du levier. Toute force de traction appliquée au grand levier au point d'attache du muscle (d) se mettra en équilibre avec la tension du ressort (ff_1) sans provoquer un déplacement important du point d'attache du muscle, donc une variation de la longueur du muscle. — La valeur de la force de traction exercée par le muscle est donnée par le déplacement du petit levier (hh_1) dont l'extrémité s'abaisse d'autant plus que la force musculaire de traction est plus grande. Le mouvement d'abaissement du petit levier est enregistré par une pointe inscrivante (s) sur un cylindre enregistreur vertical, sur lequel se trouve tracée d'avance l'échelle de tension, obtenue en exerçant sur le grand levier (HH) des tractions connues à l'aide de poids.

Sur le *myotonogramme* de la figure 5 on voit à la partie supérieure le tracé du grand levier; à la partie inférieure, coupant les lignes de l'échelle, le tracé du petit levier, qui descend jusqu'à la ligne qui correspond à une tension de 1 600 grammes.

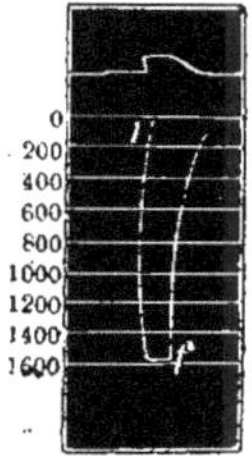

Fig. 5. — Myotonogramme (Fick).

Le *myographe isométrique* de Weiss (1898) se compose d'une lame de ressort de 15 millimètres de longueur, pincée à ses deux extrémités dans des supports fixes, et dont le milieu est relié au muscle par un fil perpendiculaire au ressort. C'est un petit dynamomètre. Le ressort supporte tout l'effort; il n'y a aucun jeu dans ses points d'attache, par conséquent, pas de petites ondulations secondaires. Le mouvement de déformation du ressort est amplifié à l'aide d'une petite transmission qui peut être extrêmement légère, puisqu'elle ne subit aucun effort; il résulte que l'appareil n'a pas d'inertie. — Le myographe est monté sur une petite glissière avec vis d'arrêt permettant de régler facilement la traction sur le muscle. — Il suffit d'avoir une série de petites lames-ressort pour faire varier la sensibilité de l'appareil.

IV. Il existe des myographes qui sont à la fois *isotoniques* et *isométriques*. En voici quelques exemples :

L'appareil de Gad et Heymans (1890) se compose de deux leviers mobiles dans un plan vertical, dont l'un, le supérieur, porte un poids, et enregistre les contractions isotoniques, tandis que le levier inférieur, à deux bras et à ressort spirale, enregistre les contractions isométriques.

Le *myographe* de Tigerstedt (d'après Santesson, 1899) se compose de deux supports verticaux qui portent le muscle, d'une poulie mobile dans une fente transversale et d'une plaque-support horizontale, sur laquelle se trouve fixé un levier. A ce levier se trouve fixé un ressort en spirale et une tige qui porte un poids. Un fil qui part du muscle se réfléchit sur la poulie et va s'attacher au levier. — Quand on fait agir le muscle sur le levier, le ressort de traction du levier n'étant pas immobilisé, on a des contractions isotoniques; quand, pendant la contraction, le muscle doit tirer sur le ressort très tendu, on a des contractions isométriques.

L'appareil de Schönlein se compose d'une tige reposant sur deux couteaux comme le fléau d'une balance. Sur cette tige, représentant l'axe de mouvement, se trouve fixé un style enregistreur très léger, pouvant tracer ses mouvements sur une surface horizontale. Deux ressorts, dirigés horizontalement, appuient sur l'axe. Au milieu de l'axe se trouve une sorte d'étrier dirigé en bas. Sur la branche horizontale de l'étrier se trouve une pointe dirigée en haut, et un peu en dehors de l'axe de l'appareil. Sur cette pointe repose un deuxième étrier auquel est attachée l'extrémité supérieure d'un muscle. L'extrémité inférieure du muscle est attachée à un myographe isotonique. — Pour avoir la contraction isométrique seule, on immobilise l'extrémité du muscle qui est attachée au myographe isotonique. En laissant agir le muscle à la fois sur le levier supérieur et sur le levier inférieur, on peut étudier les variations de tension pendant la contraction. Le levier du myographe isotonique donne le *myogramme*, tandis que le levier supérieur donne le *tonogramme* de la contraction.

L'appareil de Blix (1892) permet aussi d'avoir, soit l'inscription simultanée des variations de la longueur et de la tension musculaires pendant la contraction, soit le tracé de la contraction isométrique. La mesure de la tension est basée sur la mesure de la torsion d'un ressort par la force développée pendant la contraction. Voici la description de cet intéressant appareil :

Un fil d'acier élastique, long d'environ 5 centimètres, et épais de 9 millimètres, est placé horizontalement; l'un de ses bouts est libre. Près de cette extrémité se trouve fixée au ressort une tige métallique percée de plusieurs trous, dans un de ces trous on attache, à l'aide d'un crochet, l'extrémité supérieure d'un muscle. Cette petite tige se termine par une longue plume enregistrante.

L'extrémité inférieure du muscle est attachée à un levier isotonique ordinaire à poids.

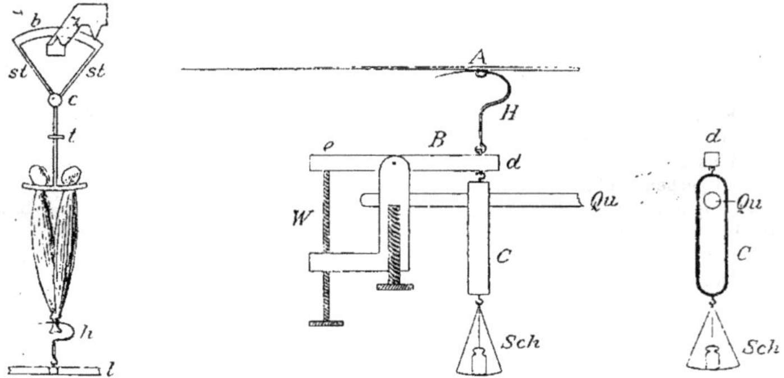

Fig. 6. — Myographe de Schönlein (Schenck).

Fig. 7. — Dispositifs de l'appareil de Schönlein (Schenck)

Quand le muscle excité se contracte, les deux plumes enregistrantes tracent sur le même cylindre des tracés superposés. Quand le muscle est accroché à 3 millimètres de distance de l'axe idéal du levier supérieur, une ordonnée d'un millimètre de la courbe tracée par ce levier représente une tension de 20 grammes.

Quand on veut avoir seulement l'inscription de la contraction isométrique, on n'a

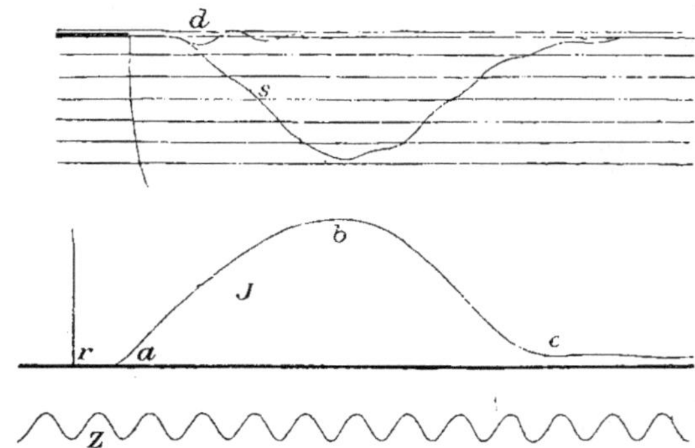

Fig. 8. — Courbes isotonique (J) et isométrique (S) obtenues avec le myographe de Schönlein (Schenck).

qu'à immobiliser le levier isotonique inférieur.

Parmi les myographes pouvant être soit *isotoniques*, soit *isométriques*, citons aussi l'appareil de Mariette Pompilian.

V. Bernstein a construit un appareil qui n'est autre chose qu'une sorte de balance hydrostatique. La tension musculaire s'exerce sur une colonne de mercure; un flotteur inscrit les mouvements de cette colonne liquide.

VI. Blix (1892) a construit un appareil qui permet d'obtenir une courbe dont les ordonnées représentent le raccourcissement du muscle, et les abscisses, la tension musculaire. Dans ces courbes, un millimètre pris sur l'abscisse représente une tension de 36 grammes.

Cet appareil, appelé *Muskelindicator*, se compose d'un levier rigide, formé de deux fils en acier, éloignés l'un de l'autre à leur point de fixation sur l'axe, et rapprochés à l'extrémité du levier. Ce levier, long de 11 centimètres, présente à son extrémité une lame-ressort en forme d'étrier disposée horizontalement. A l'extrémité de cette lame se trouvent attachés l'extrémité inférieure du muscle et un poids tenseur; toujours à cette extrémité est fixée aussi une longue pointe enregistrante. Cette pointe métallique est recourbée; elle trace la courbe résultant de la déformation du ressort et du déplacement du levier sur une surface métallique recouverte de noir de fumée. Cette surface est sphérique; son rayon est égal à 18 centimètres, et son centre se trouve sur l'axe du levier. Cette surface se présente à l'aiguille enregistrante par sa partie concave; de cette façon, la plume enregistrante ne la quitte jamais. Pourtant, comme les déplacements de l'aiguille enregistrante ne sont pas considérables, cette surface peut être plane.

Blix, pour avoir le moins d'inertie, a enregistré les mouvements de l'appareil que nous venons de décrire optiquement. Pour cela, il a supprimé l'aiguille enregistrante et a fixé près de l'axe du levier un petit miroir. A l'aide d'une lentille il concentrait des rayons lumineux sur ce miroir; les rayons réfléchis étaient reçus sur un écran. De cette façon, il obtenait une courbe analogue à celle de l'enregistrement direct.

VII. On peut avoir le diagramme du travail d'un muscle à l'aide des appareils de Fick et de Schenck.

Le *dynamomètre* de Fick (1891) se compose d'une roue mise en mouvement par la traction du muscle. Sur l'axe de la roue se trouve fixée une bande de papier. Une pointe inscrivante est fixée à l'extrémité du ressort sur lequel s'exerce la traction musculaire; cette pointe inscrivante trace ses mouvements sur la bande de papier. Ainsi on obtient une courbe dont les ordonnées correspondent à la tension musculaire, et les abscisses aux variations de longueur du muscle.

Dans l'appareil de Schenck (1899), l'enregistrement se fait sur une surface immobile. La plume enregistrante, elle, subit deux ordres de déplacements : le raccourcissement musculaire lui fait subir un mouvement dans un sens, et le changement de tension lui imprime un mouvement dans une direction perpendiculaire à la première. La résultante de ces deux ordres de mouvement représente la courbe du travail effectué par le muscle pendant la contraction.

VIII. Voici le dispositif employé par Fick pour l'étude de l'accélération imprimée par la contraction musculaire à une masse connue.

Le muscle, représenté sur la figure 9 par un ressort, est attaché à une pointe (*c*) fixée au levier (HH') à deux bras mobiles autour de l'axe (A). A côté de ce levier se trouve un autre levier (LL') à deux bras. Sur ces deux bras se trouvent fixées deux masses de plomb (M,M') qui se font équilibre. Ce levier (LL') mobile autour de l'axe (R) est en état d'équilibre indifférent. Sur son axe est fixée une poulie (R) sur laquelle s'enroule un fil. Le bout inférieur de ce fil est attaché à une sorte d'étrier (Z) qui porte un plateau (S) dans lequel on met des poids. L'étrier qui porte le plateau s'appuie sur une pointe. Le levier (LL') présente une petite tige (*l*), sur laquelle s'accroche un crochet (*n*) attaché par un fil à une pointe (*d*) fixée à l'extrémité d'un des bras du levier (HH'). Les mouvements du levier (LL') sont inscrits par une pointe inscrivante (*p*) sur une plaque (TT').

Voici comment cet appareil fonctionne : Avant la contraction musculaire, le fil enroulé sur la poulie (R), et qui supporte l'étrier, est relâché. Quand le muscle se contracte, il soulève le bras H du levier (HH'), ce qui produit un abaissement de la tige (*l*) du levier (LL'), et un mouvement de ce dernier dans la direction indiquée par les flèches. Quand la contraction musculaire a atteint son maximum, la pointe inscrivante du levier a tracé un arc de cercle jusqu'au point *m*, sans soulever encore le plateau (S) avec le poids. Quand le levier (LL′) est arrivé près du point m, le fil (RZ étant complètement tendu, le plateau commence à se soulever. Mais à partir de ce point, comme la contraction musculaire est terminée, et que le crochet (n) a abandonné la tige (l), le levier (LL′) se meut seulement en vertu de l'accélération que le muscle lui a imprimée pendant sa contraction. Plus cette accélération est grande, plus le poids soulevé peut être considérable, plus la hauteur à laquelle il est soulevé est grande, plus aussi l'arc décrit par la pointe (p) à partir du point (m) est grand. En mesurant donc l'arc tracé sur la plaque, on a la mesure de l'accélération du levier (LL′) et par conséquent la mesure de l'intensité de la contraction musculaire.

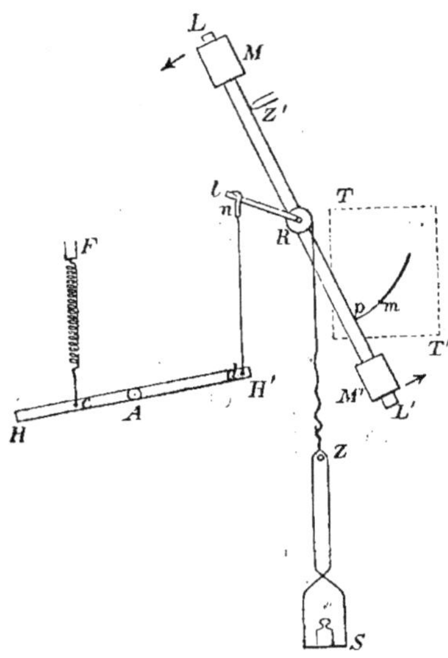

Fig. 9. — Dispositif de Fick pour l'étude de l'accélération imprimée par la contraction musculaire à une masse connue.

Schenck (1892), de même que Fick, a étudié l'accélération imprimée à une masse connue par la contraction musculaire. Dans les expériences de Schenck, un levier isotonique est placé à côté d'un levier d'acier prismatique dont l'axe de mouvement passe par le centre de gravité. Le muscle est attaché au levier isotonique; pendant la contraction, ce levier entraîne dans son mouvement ascendant, à l'aide d'une pointe d'acier, le levier d'acier; quand la contraction est terminée, le levier isotonique descend; mais le levier d'acier, à cause de la vitesse acquise, continue sa course. Ce déplacement mesure la force vive imprimée au levier d'acier inerte. La force vive est calculée à l'aide du moment d'inertie et de la vitesse angulaire.

La vitesse angulaire est calculée à l'aide de la formule $\gamma = \frac{\delta}{r.Z}$, dans laquelle r

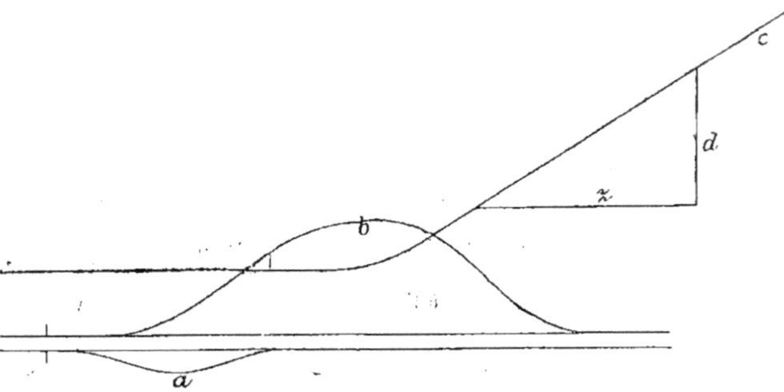

Fig. 10. — Courbe isométrique (a), courbe isotonique (b) et courbe de l'accélération (c) imprimée à un levier par la contraction musculaire (Schenck).

représente la distance de la pointe inscrivante à l'axe du levier inerte en acier; et δ, l'arc que cette pointe inscrivante décrit dans le temps Z.

Schenck a composé le diagramme du *travail* correspondant à la force vive calculée. Les ordonnées du diagramme du travail représentent les tensions, les abscisses, les raccourcissements.

B. Myographes à transmission. — Les myographes à transmission par l'air se composent essentiellement d'un levier, qui est mis en relation, d'une part, avec la membrane d'un tambour de Marey, et, d'autre part, avec un muscle tendu par un poids ou par un ressort. Quelquefois, le poids ou le ressort est supprimé, la tension de la membrane du tambour suffisant à ramener le levier à sa position primitive, quand la contraction a cessé.

Le tambour du myographe est mis en communication par l'intermédiaire d'un tube en caoutchouc avec un tambour enregistreur de Marey.

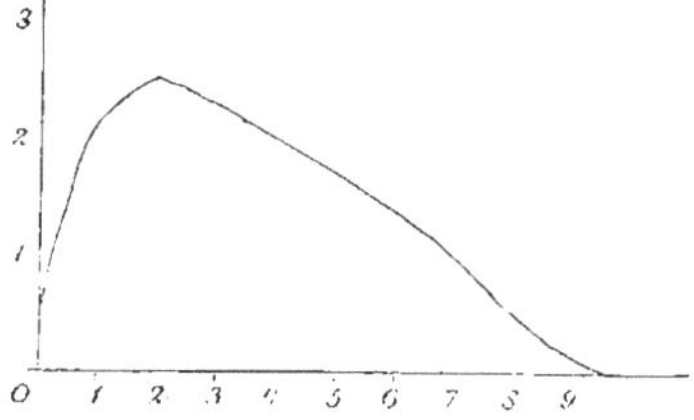

Fig. 11. — Diagramme du travail musculaire (Schenck).

C. Enregistrement de gonflement musculaire. — L'enregistrement des variations d'épaisseur d'un muscle pendant la contraction peut se faire soit à l'aide de l'enregistrement direct, soit à l'aide de la transmission par l'air.

1°) Aeby et Marey ont placé sur le muscle, qui repose sur une plaque rigide, un levier qui traçait directement sur un cylindre enregistreur vertical son soulèvement provoqué par le gonflement du muscle sous-jacent. Au lieu de placer sur le muscle un simple levier, on peut placer sur le muscle un léger cadre métallique qui porte à sa partie inférieure une plume inscrivante.

2°) L'épaississement musculaire peut être enregistré à distance, en employant le dispositif suivant : le levier d'un tambour explorateur muni d'un bouton métallique presse sur le muscle et l'aplatit transversalement contre une plaque de métal qui lui sert d'appui. — Marey a fait construire une *pince myographique* entre les mors de laquelle on serre le muscle. Une des branches de la pince porte un tambour à air, qui est mis en communication avec un tambour enregistreur. Les branches de la pince servent en même temps d'électrodes.

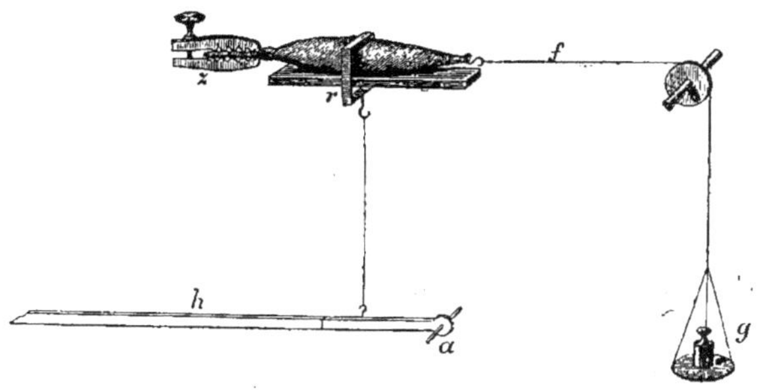

Fig. 12. — Enregistrement du gonflement musculaire.

D. Enregistrement photographique. — La photographie a été appliquée à l'étude de la contraction musculaire par Hürthle, Weiss, Bernstein, Ch. Bohr, etc.

Hürthle a pris des photographies microscopiques instantanées des muscles d'hydrophile.

Weiss (1896) a photographié à l'aide de l'appareil chronophotographique de Marey les images grossies de l'hyoglosse de la grenouille; pendant la contraction, le muscle était placé dans de l'eau salée; l'image donnée par l'objectif à immersion de Zeiss était photographiée à des intervalles de 1/20 ou 1/40 de seconde; la durée du temps de pose était de 1/2000e ou 1/4000e de seconde.

E. **Myographes doubles et multiples.** — On a construit des myographes qui sont plutôt des indicateurs à l'aide desquels on peut mesurer la force de contraction de deux muscles.

Le *myographe comparateur* de Nasse se compose d'un demi-anneau métallique qu'on peut charger de poids à volonté; il est supporté par une poulie, dont l'axe occupe son grand diamètre, et sur laquel s'enroule un fil dont les deux extrémités vont s'attacher aux deux muscles qu'on veut comparer et qui soulèvent par conséquence le même poids. L'une des deux extrémités de l'axe de la poulie porte une aiguille qui se meut sur un cercle gradué; quand les deux muscles se contractent également, la poulie reste immobile, et l'aiguille est au zéro. Quand l'un des muscles est plus fort que l'autre, la poulie tourne, et la déviation de l'aiguille, qu'on peut facilement enregistrer, indique la différence de force de deux muscles.

L'*antagonistographe* de Rollett est un appareil basé sur le même principe.

Lombard (1885), dans ses recherches sur les mouvements réflexes, a adopté le dispositif suivant :

Des fils supportant des poids sont attachés aux extrémités inférieures de tous les muscles d'une patte de grenouille. Ces fils passent à travers trois séries de trous; sur chaque fil se trouve fixée une plume inscrivante.

F. **Période latente.** — Pour connaître la durée de la période latente de la contraction musculaire, il faut connaître d'une façon précise le moment où a lieu l'excitation et le moment où la contraction musculaire commence.

Le premier moment, celui de l'excitation, est facile à être bien déterminé sur les graphiques à l'aide d'un signal électrique. Helmholtz déterminait ce moment à l'aide du procédé suivant : Le contact électrique qui provoque l'excitation était établi par le cylindre enregistreur; en déplaçant le cylindre à la main, très lentement, le muscle, se contractant au moment où l'excitation avait lieu, par suite de la rupture du courant, laissait comme trace une ligne droite, qui correspondait juste au moment où la contraction avait lieu. La position du moment d'excitation, déterminée ainsi, restait la même pour toutes les expériences et pour toutes les vitesses du cylindre.

Le moment où commence exactement la contraction est difficile à déterminer avec les myographes ordinaires : c'est pour cela que les physiologistes se sont ingéniés à imaginer des dispositifs permettant de faciliter cette détermination. Citons parmi ceux qui se sont occupés particulièrement de cette question les physiologistes suivants : Troitzky (1874), Lautenbach (1877), Langendorff (1879), Heidenhain (1883), Tigerstedt, etc.

Troitzky inscrivait, au moment où la contraction commençait, le mouvement d'un levier qui tombait. Ce levier, avant le commencement de la contraction, était maintenu soulevé par un électro-aimant ; quand la contraction commençait, le courant qui animait l'électro-aimant était rompu, et le levier tombait.

Tigerstedt a fait tracer par un signal électrique le commencement de la contraction. Un contact électrique, commandé par la contraction musculaire, rompait le courant de l'électro-aimant du signal au moment où la contraction commençait.

§ II. — *Élasticité musculaire.*

L'élasticité musculaire a été étudiée à l'aide de la méthode graphique par v. Wittich et Marey. Voici le procédé employé par ces auteurs :

Un muscle, sans charge, est attaché à un levier enregistreur qui trace sur un cylindre en mouvement une ligne droite. Après un tour du cylindre enregistreur, on charge le muscle d'un poids p, et l'on trace de nouveau une ligne droite sur la surface du cylindre ; après un tour, on charge le muscle d'un poids $2\ p$, et ainsi de suite, en faisant toujours tracer par la plume une ligne après chaque augmentation de la charge. De cette façon, on obtient sur le cylindre une série de lignes parallèles ; leur écartement mesure l'allongement que le muscle a subi sous l'influence de l'augmentation de la tension exercée par des poids croissants. Cet écartement donne la mesure de l'élasticité d'un muscle en repos.

Pour obtenir la courbe de l'élasticité musculaire, Marey a employé le procédé suivant :

Il a enregistré les variations de longueur d'un muscle auquel est suspendu un petit récipient dans lequel on fait pénétrer, avec une vitesse constante, du mercure ; il a obtenu ainsi la courbe de charge. En laissant s'écouler le mercure, il a obtenu la courbe de décharge.

Nicolaïdes (1896) a remplacé le mercure par l'eau ; celle-ci s'écoule d'un vase de Mariotte, avec une vitesse constante, dans un vase attaché au muscle. Le levier enregistreur, auquel est fixée l'extrémité inférieure du muscle, est pourvu d'un dispositif spécial qui corrige l'inscription en arc de cercle (dispositif analogue à celui du levier du myographe de Helmholtz). Ce levier trace sur un cylindre enregistreur la courbe d'élasticité du muscle, qui est une hyperbole.

Blix (1882) a imaginé un appareil qui permet d'enregistrer la courbe de l'élasticité d'une façon très ingénieuse. Les ordonnées de la courbe enregistrée par le myographe de Blix correspondent aux variations de longueur du muscle, et les abscisses représentent les variations de la tension qui agit sur le muscle.

Le *myographion* de Blix se compose essentiellement d'une plaque-support pouvant glisser, à l'aide d'une manivelle, sur des rails. Sur cette plaque mobile se trouvent fixés le muscle et un levier enregistreur qui est attaché au muscle. Sur la plaque fixe qui porte les rails, se trouvent fixés le support d'un étrier qui emboîte le levier enregistreur et une poulie. Un fil, attaché à l'étrier traversé par le levier, se réfléchit sur la poulie ; à l'extrémité inférieure du fil est attaché un poids. Le muscle est attaché à 10 centimètres environ de l'axe du levier. La longueur de levier entre l'axe et le point d'attache du muscle, est parcourue par l'étrier qui porte le poids, quand, à l'aide, de la manivelle, on déplace la plaque-support sur les rails. Quand, par suite du déplacement du levier, le point de traction du poids s'éloigne de l'axe du levier, la tension exercée sur le muscle augmente. La pointe inscrivante du levier, formée d'un godet plein d'encre, trace sur une surface immobile une courbe dont la hauteur représente les variations de longueur du muscle pendant l'augmentation de la traction exercée par le poids.

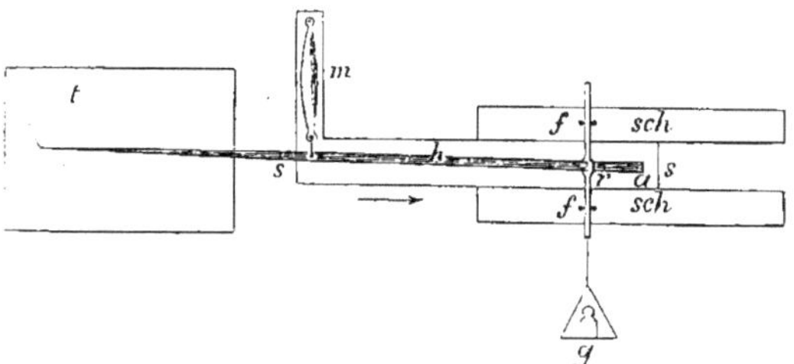

Fig. 13. — Myographion de Blix.

Brodie (1892) a fait construire un appareil qui donne, comme le myographe de Blix, une courbe de l'élasticité en fonction des variations de la tension. Dans l'appareil de Brodie la surface enregistrante n'est pas immobile ; le mécanisme d'horlogerie qui la met en mouvement commande en même temps la tension ou le relâchement du ressort qui agit sur le muscle. Ce dispositif fait que, même s'il y a une irrégularité quelconque dans le relâchement ou dans la tension du ressort, cette irrégularité provoquant une altération analogue dans le mouvement de la surface enregistrante, la courbe de l'élasticité musculaire ne change pas. La pointe inscrivante du levier enregistreur des variations de longueur du muscle est pourvue d'un dispositif correcteur de l'arc de cercle.

§ III. — *Rigidité musculaire.*

Hermann (1896), pour faire l'étude de la rigidité, a pris, à l'aide d'un dispositif spécial, des images photographiques du muscle tous les 1/4, 1/2 heures ou toutes les heures. Voici la description de ce procédé de chronophotographie lente :

L'aiguille des minutes d'une horloge touche pendant son déplacement deux systèmes de contacts électriques : l'un de ces contacts commande l'exposition de la surface sensible, l'autre le déplacement de cette même surface. Pendant la fermeture du contact d'exposition, un électro-aimant soulève une petite plaque d'aluminium qui se trouve derrière l'objectif de la chambre obscure. L'image photographique se fait sur une longue pellicule d'un mètre et demi qui recouvre la surface d'un cylindre en bois noirci, mobile autour d'un axe vertical. Sur l'axe du cylindre se trouve fixée une roue dentée pourvue de 8 360 dents. Deux tiges d'arrêt agissent sur cette roue ; l'une de ces tiges est fixée à l'armature d'un puissant électro-aimant. C'est l'aiguille des minutes qui, en fermant un des contacts, commande cet électro-aimant, et par conséquent le mouvement du cylindre. Comme source électrique, on a trois accumulateurs. L'appareil fonctionne jour et nuit dans une chambre obscure. Le muscle est éclairé par une lanterne de Duboscq.

Brodie et Richardson (1897), pour photographier les variations de longueur du muscle, ont employé le dispositif suivant :

Le muscle étant placé dans un récipient plein d'un liquide quelconque, son extrémité supérieure est attachée à l'aide d'un fil métallique à un ressort en spirale. Sur le fil d'attache se trouve fixé un petit brin de paille, ou un mince tube de verre, portant un petit miroir plan. Pendant le raccourcissement musculaire, ce miroir subit une déviation. On enregistre cette déviation de la façon suivante : Un condensateur, placé devant une source lumineuse, concentre la lumière sur une fente horizontale étroite. Les rayons qui sortent de cette fente sont concentrés et projetés sur le petit miroir. Les rayons réfléchis par le miroir vont tomber sur la longue fente verticale d'une boîte obscure contenant la plaque sensible; celle-ci est animée d'un mouvement de translation. L'amplification de l'image obtenue sur la plaque varie avec la distance qui sépare le miroir de la plaque sensible et la longueur du brin de paille qui porte le miroir. Plus celle-ci est petite, plus l'amplification est grande et l'inertie de la pièce mobile petite.

§ IV. — *Myographie chez l'homme.*

L'étude de la contraction musculaire chez l'homme peut être faite, soit à l'aide d'appareils à inscription directe, soit à l'aide d'appareils à transmission.

A. Myographes directs. — Le *myographe* de Cyon se compose d'une tige de fer (A) le long de laquelle se meut verticalement une tige horizontale (B). Cette tige peut être fixée à volonté à l'aide d'une vis de pression (C). Un ressort à boudin en laiton (D) est suspendu à la tige (B) ; ce ressort se termine à sa partie inférieure par une gouttière métallique (E) destinée à recevoir le pouce. Le ressort communique avec un système de leviers (F,F) auxquels se transmet chaque traction exercée sur lui. Les mouvements de traction sont ainsi enregistrés sur un cylindre. Le bras est placé dans un moule en plâtre qui le fixe et ne permet que les mouvements de l'adducteur du pouce. L'excitation de ce muscle se fait par l'excitation du nerf cubital.

L'appareil de Fick (1887) se compose d'une colonne de bois prismatique (H) qui présente une fente. La main est placée dans cette fente, avec le petit doigt à la partie inférieure et le pouce fixé à un côté de la fente. La main se trouve ainsi bien fixée. Une sorte d'étrier (D) formé par un fil de fer est posé sur l'index entre la deuxième et la troisième phalange. A l'extrémité inférieure de cet étrier se trouve fixée une lame (B) en fer-blanc avec une encoche dans laquelle est placée une pointe (N) ; cette pointe est fixée à l'axe d'un levier à ressort. Les mouvements de ce levier sont enregistrés sur un cylindre. On obtient ainsi les courbes des contractions isométriques du muscle abducteur de l'index et du premier muscle interosseux. Pour un millimètre d'élévation de l'index, les muscles se raccourcissent tout au plus de 1/5 de millimètre.

Rollet (1898) a construit un appareil à l'aide duquel il a inscrit les mouvements du petit doigt.

V. Kries a construit un appareil sur le modèle des sphygmographes directs pour l'inscription directe des contractions musculaires.

On peut enregistrer les mouvements d'un doigt dans les trois directions de l'espace à l'aide de l'appareil de Sommer (1899). Cet appareil se compose d'une sorte d'anse, formée par une courroie, dans laquelle se place le bras, et de plusieurs leviers auxquels sont attachés des fils qui partent du doigt dont on veut étudier les mouvements. Trois plumes enregistrantes reliées aux leviers tracent les mouvements du doigt, dans les trois directions de l'espace, sur un cylindre enregistreur.

Sommer a enregistré aussi les mouvements de la jambe à l'aide d'un long levier vertical attaché par un bracelet à la jambe. Les mouvements de ce grand levier sont transmis à un petit levier enregistreur qui inscrit ses mouvements sur un cylindre enregistreur vertical.

Mosso (1896) a obtenu la courbe de tonicité du muscle triceps crural, en remplaçant la tige qui porte l'arc de cercle gradué dans son myotonomètre par une tige de bois avec une plume à l'extrémité qui inscrit ses mouvements sur un cylindre enregistreur.

Dans le *myotonomètre* (ou appareil pour étudier la tonicité des muscles chez l'homme), un poids tire sur le triceps crural, et tend à rapprocher le pied de la jambe. Plus l'angle que l'axe du pied fait antérieurement avec la ligne verticale de la jambe est aigu, plus la tension du triceps crural est grande. La mesure de cet angle se fait à l'aide d'un demi-cercle gradué appliqué contre la plante du pied.

Le poids qui tire sur le triceps crural est attaché à l'aide d'une corde passant sur une poulie à la partie antérieure d'une planchette faite comme une sandale et fixée fortement à l'aide de lacets contre la plante du pied. La jambe est fixée entre deux coussins dans une jambière qui présente à sa partie antérieure un support pour la poulie sur laquelle passe la cordelette qui supporte le poids. Au lieu d'un poids, on peut employer un vase dans lequel entre un courant de mercure.

Le *myographe dynamométrique* de Gréhant (1890) se compose d'une lame d'acier, longue de 400 millimètres, large de 18 millimètres, épaisse de 2 millimètres, disposée comme le myographe de Marey sur une table de fonte à rainures. Son extrémité inscrit ses mouvements sur un cylindre enregistreur. On tire sur la lame par l'intermédiaire d'un fil qui passe sur une poulie. On fait l'étalonnage de l'appareil en notant les déplacements de la plume pour des poids variant de 5 kilos en 5 kilos.

On mesure à l'aide de cet appareil la force de traction des muscles fléchisseurs (biceps et brachial antérieur) et des muscles extenseurs (triceps brachial). Un support spécial sert à maintenir le bras.

Peyron et Turchini ont fait des recherches avec cet appareil.

B. **Myographes à transmission.** — Marey, pour enregistrer le gonflement des muscles de l'homme, a employé un tambour à air, à l'intérieur duquel il y avait un ressort qui faisait saillir un peu la membrane. Le fond du tambour était fixé à une sorte de gouttière métallique, traversée par le tube de transmission qui allait au tambour enregistreur. Un bandage maintenait le tambour explorateur appliqué sur le muscle dont on voulait étudier les contractions.

La *pince myographique* de Marey, formée de deux branches, dont l'une porte un tambour explorateur, peut être appliquée à l'étude des contractions de certains muscles, comme ceux de la paume de la main.

L'appareil de Marey, le plus employé à l'étude de la contraction musculaire de l'homme, se compose d'un brassard formé de baguettes de bois assemblées par des cordes. Ce brassard est fixé, par une forte courroie, sur un membre. Parmi les baguettes qui forment le brassard, il y a une planchette, de 4 centimètres de largeur, qu'on place en face du muscle qu'on veut explorer. Cette plaque présente à son centre un trou par lequel s'exerce la pression d'un ressort métallique plus ou moins tendu par une vis de réglage. Un tambour à levier, fixé sur le brassard, reçoit les mouvements de soulèvement du ressort provoqués par les contractions du muscle exploré.

Demény (1890) a pu enregistrer simultanément les contractions des muscles biceps et triceps brachiaux et les mouvements de l'avant-bras à l'aide du dispositif suivant : Un brassard de gutta-percha, divisé en deux parties, porte deux myographes de Marey explorateurs du durcissement des muscles. Un fil de caoutchouc, attaché à la main ou à l'avant-bras, transmet le mouvement réduit au levier d'un tambour manipulateur. Les trois tambours explorateurs transmettent leurs mouvements à trois tambours inscripteurs qui enregistrent les mouvements reçus sur la surface d'un cylindre. Les deux moitiés du brassard sont reliées par un lacet de caoutchouc, afin de rendre aussi indépendantes que possible les indications des deux myographes et de les soustraire à l'action du changement de forme du bras. Afin d'éviter complètement l'influence des variations de section du bras, qui est plus grande pendant la flexion, Demény s'est servi de deux tambours explorateurs tout à fait indépendants et maintenus contre le bras par des liens de caoutchouc. Ces tambours contiennent des ressorts à boudin, et sont en contact avec la peau au moyen d'un bouton de petit diamètre.

Horsley et Schäfer ont fait l'étude des contractions des muscles de la main à l'aide de la méthode de Marey.

Warner (1883) a étudié les mouvements des différentes parties de la main à l'aide du procédé suivant : Des tubes de caoutchouc étaient placés entre les doigts ; ces tubes transmettaient les impulsions reçues à des tambours enregistreurs.

Haycraft (1898), pour faire ses recherches sur la rapidité des mouvements volontaires de la main, a employé un tambour à air, sur la membrane duquel un doigt était appliqué avant le commencement de la contraction, et une ampoule de caoutchouc placée dans la paume de la main. Les mouvements imprimés au tambour et à l'ampoule étaient enregistrés sur une même surface par deux tambours inscripteurs superposés.

§ V. — *Dynamographes et ergographes.*

I. Le dynamomètre à transmission de Marey se compose d'une forte monture de fer munie de deux anneaux ; à l'un de ces anneaux (A) s'applique la force motrice, à l'autre (B) la résistance. Ce dernier prolonge la tige d'un piston maintenu en équilibre entre deux ressorts à boudin, dont l'un, plus résistant, supporte tout l'effort de la traction. En prolongeant la tige du piston aussi de l'autre côté du piston et en la reliant à la membrane de caoutchouc d'un tambour à air, on peut inscrire à distance les indications du dynamomètre à l'aide d'un tambour enregistreur. La courbe du tracé obtenu s'élève d'autant plus haut que l'effort de traction développé est plus énergique. On gradue l'instrument en le soumettant à des tractions connues, et l'on construit l'échelle qui sert à évaluer les indications

Un dynamomètre ordinaire peut être transformé en *dynamographe*. Il suffit pour cela de rattacher le ressort du dynamomètre, par exemple le ressort du dynamomètre de Regnier, qui est le plus usité, à la membrane de caoutchouc d'un tambour de Marey.

Le *dynamographe* de Verdin (1896) se compose d'un piston que la paume de la main fait appuyer sur un ressort (composé de 4 ressorts) dont les déformations sont transmises en même temps à un index qui se déplace sur un cadran et à un tambour à air.

II. Marey a inscrit le travail produit par le soulèvement d'un poids au moyen d'une poulie, en plaçant entre la main et l'extrémité de la corde sur laquelle on agit un dynamographe à transmission. Le cylindre enregistreur se déplaçait proportionnellement aux alternatives d'élévation et d'abaissement du poids; ce mouvement était commandé par la rotation alternative de la poulie sur laquelle passait la corde.

III. Le *dynanomètre enregistreur totaliseur* de Ch. Henry consiste essentiellement en une poire de caoutchouc remplie de mercure, qui, sous la pression de la main, monte plus ou moins haut dans un tube gradué. Une masse de fer, soulevée par le mercure, communique le mouvement à une plume qui trace les pressions sur un cylindre tournant recouvert de papier millimétrique. La personne en expérience s'attache à obtenir et à conserver la pression maximum jusqu'à l'épuisement.

La graduation fixée sur la planchette indique : 1° la pression ; 2° le travail. L'aire de chaque courbe enregistrée mesure le travail dit statique.

Ce dynamomètre ne présente pas les inconvénients des ressorts métalliques qui n'enregistrent que les pressions normales à la lame d'acier (pas du tout les pressions latérales), qui ne totalisent pas les efforts des muscles, et qui par conséquent indiquent un effort trop petit; de plus, la rigidité du métal est douloureuse à la pression.

IV. Les *ergographes* sont des appareils qui inscrivent le travail produit pendant un effort constant ou presque constant.

Le plus répandu des ergographes, l'appareil de Mosso, a été déjà décrit ailleurs. Cet appareil a été modifié par Treves.

Citons encore l'*ergographe* de Lombard qui permet d'avoir le tracé simultané du travail effectué par les deux bras séparément; l'*ergographe* de Porter qui inscrit le travail effectué par l'index dans les mouvements latéraux ; et enfin l'*ergographe* de Binet et Vaschide (1897). Ces derniers auteurs ont remplacé le poids par un ressort, ce qui permet à l'effort maximum de se graduer lui-même et de prolonger pendant un temps très long les contractions possibles du muscle. Dans cet appareil, l'effort variant à chaque instant, il est difficile d'évaluer le travail total, ce qui est un inconvénient.

Imbert et Gagnière (1903) ont inscrit l'état variable de la tension du fil de l'ergographe, en se servant d'une sorte de petit dynamomètre enregistreur intercalé sur le trajet du fil.

VII

Respiration.

§ I. — *Mouvements de la cage thoracique. — Stéthographie. — Pneumographie.*

Les appareils qui servent à l'enregistrement d'un seul point du thorax s'appellent *stéthographes*; ceux qui enregistrent les dilatations de la cage thoracique s'appellent *pneumographes*.

A. Enregistrement direct. — Pour étudier les mouvements respiratoires, on a commencé par enregistrer les mouvements d'un seul point du thorax.

Ainsi Vierordt et Ludwig, en 1855, ont étudié les mouvements respiratoires à l'aide du sphygmographe de Vierordt. Ces auteurs procédaient de la façon suivante : Le sujet étant couché sur le dos, ils appuyaient sur son sternum le bouton qui dans l'exploration du pouls repose sur le vaisseau. La grande branche du sphygmographe traçait sur un cylindre enregistreur la courbe des mouvements respiratoires.

M' Vail (1868) a construit un appareil appelé *spirographe*, qui peut s'appliquer à n'importe quelle partie du thorax. Cet appareil, qui est en réalité un appareil à fonctions multiples, un *spiro-cardio-sphygmographe*, se compose essentiellement d'un piston qui s'applique sur le thorax. Ce piston entraîne dans les mouvements une petite roue (un segment de roue) qui par l'intermédiaire de deux roues d'engrenage, une grande et l'autre petite, met en mouvement une roue qui porte la plume inscrivante. On obtient une amplification triple des mouvements respiratoires, de par le choix des roues d'engrenage. Le cylindre enregistreur est mis en mouvement par un mécanisme d'horlogerie. L'inscription se fait sur une bande de papier sans fin ; à côté du cylindre principal, il y a un cylindre qui porte la provision de papier. La plume est formée par un simple tube de verre rempli d'encre rouge; la plume enregistrante présente un mouvement rectiligne. Pour les courbes respiratoires on enregistre les minutes.

Le *stéthographe* de Ransome (1876) donne l'inscription sur trois feuilles différentes d'un point déterminé suivant trois directions : plan antéro-postérieur, plan transversal et plan horizontal, par un mécanisme analogue à celui du *thoracomètre* de Sibson.

Ransome, avant le stéthographe, avait construit (1873) un *stéthomètre* pour la mesure des diamètres thoraciques; dans cet appareil les mouvements dans les trois directions se lisaient sur trois quadrants.

Le *stéthographe double* de Riegel donne l'inscription simultanée des mouvements de deux points du thorax. Cet appareil se compose de deux leviers qui écrivent sur les deux surfaces d'une plaque de verre noircie. En regardant cette plaque par transparence, on voit en même temps les deux courbes et on peut ainsi les comparer facilement.

May (1901) a construit aussi un stéthographe double, qui est une modification de l'appareil de Riegel.

Ce genre d'appareils ne permet pas de faire l'inscription sur un cylindre enregistreur ordinaire ; il demande que la surface enregistrante fasse partie de l'appareil et qu'elle soit fixée au thorax de même que l'appareil inscripteur.

B. **Enregistrement au moyen de la transmission à air.** — I. Pour faire l'inscription des mouvements d'un point quelconque du thorax sur un cylindre enregistreur ordinaire, on emploie des *stéthographes à transmission*.

Le *stéthographe* de Paul Bert nous offre l'exemple d'un tel appareil. Il se compose essentiellement d'un tambour à air articulé à un support; l'articulation permet de donner au tambour n'importe quelle position. Un disque d'aluminium, qui se trouve fixé à la membrane de caoutchouc du tambour, présente une petite tige qui se termine par une petite plaque. Cette tige est guidée par un trou percé dans une sorte d'étrier qui se trouve au-dessus de la membrane du tambour. A cet étrier est fixé un fil en caoutchouc qui sert à ramener la tige dans sa position primitive quand l'inspiration a cessé d'agir sur elle. Un tube de caoutchouc va au tambour enregistreur.

Quel que soit le dispositif employé basé sur ce principe, l'enregistrement par cette méthode est difficile, car il exige une immobilité absolue de l'homme ou de l'animal.

Au lieu de faire l'inscription des mouvements d'un seul point du thorax, on peut inscrire les variations d'un des diamètres de la cage thoracique.

Fick et Paul Bert, indépendamment l'un de l'autre, ont inventé des appareils qui permettent de faire une telle étude.

L'appareil de Paul Bert se compose essentiellement d'un compas d'épaisseur, d'où le nom de *Zirkelstethograph* qu'on lui donne en Allemagne. Un tambour à air est fixé sur un des bras du compas ; l'autre bras porte une petite plaque. Un anneau en caoutchouc enlace les deux branches du compas et les ramène à leur position de repos, quand la respiration a cessé d'agir sur eux. On peut placer ce compas sur n'importe quels points du thorax et sur n'importe quels animaux.

Le *pneumographe* de Fick est aussi un compas, mais ce compas présente des bras qui se prolongent : on distingue ainsi les longs bras et les petits bras de l'appareil. Les grandes branches du compas sont placées aux extrémités d'un diamètre du thorax ; entre les petites branches se trouve une sorte de pompe dont le corps de pompe est porté par une branche du compas et le piston articulé par l'autre. Cette pompe, qui remplace le tambour à air, communique par un tube avec le tambour enregistreur.

Burdon-Sanderson (1869) a construit un appareil qui ressemble aux précédents. Son *stéthomètre*, qui est en réalité un *cardio-stéthographe*, car il inscrit aussi les battements du cœur, se compose d'un léger cadre qui est suspendu, à l'aide d'un ruban, au cou. Un des bras de l'appareil est rigide, l'autre est flexible ; l'un porte un bouton mobile, l'autre un tambour à air, un bouton et un ressort d'acier. La distance qui sépare les deux boutons se mesure par une baguette graduée.

II. Le moyen le plus simple et le plus sûr pour faire l'étude des mouvements respiratoires est d'enregistrer les variations de la circonférence de la cage thoracique. Cet enregistrement peut se faire à l'aide d'appareils très simples. Il suffit, par exemple, d'avoir une ceinture qui fait le tour du thorax et de placer un sac à air sous cette ceinture. Ce sac en caoutchouc communique avec un tambour enregistreur ordinaire de Marey.

Sur ce principe est basé le pneumographe de BRONDGEEST, connu aussi sous le nom de *pansphygmographe*.

KNOLL aussi s'est servi d'un sac élastique, à surfaces planes, qui se boucle à la partie supérieure du ventre.

Les courbes obtenues à l'aide de ce dispositif possèdent une branche ascendante qui représente l'inspiration et une branche descendante qui représente l'expiration.

MAREY a construit plusieurs modèles de *pneumographes*.

Le premier modèle est formé par un cylindre élastique creux mis sur le trajet d'une ceinture. Le cylindre présente des surfaces latérales en caoutchouc, consolidées par un ressort en spirale contenu dans son intérieur, et des extrémités métalliques. Ce cylindre, qui est attaché par ses deux bouts à une ceinture qui fait le tour du thorax, communique par un tube avec un tambour à air. Pendant l'inspiration, les parois thoraciques appuient sur la ceinture et produisent une traction et par conséquent un allongement du tube. Les courbes représentent l'inspiration par une ligne descendante, et l'expiration par une ligne ascendante.

PAUL BERT, qui s'est servi de cet appareil (1870), l'a modifié de la façon suivante :

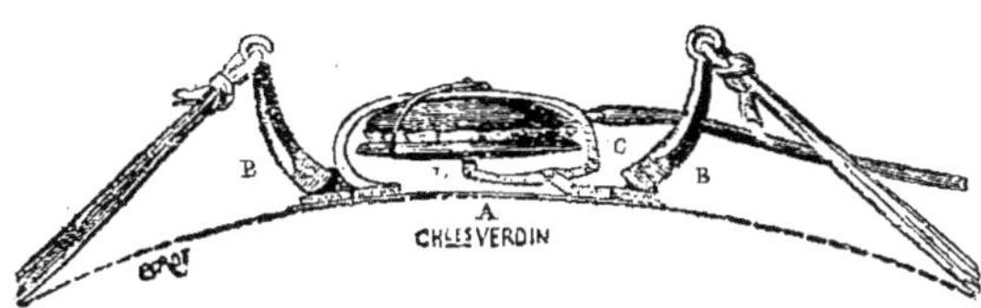

FIG. 14. — Pneumographe de MAREY.

Il a remplacé la surface cylindrique en caoutchouc par une surface métallique, et les surfaces basales métalliques par des membranes en caoutchouc pourvues des crochets qui s'attachent à la ceinture.

Un autre *pneumographe* de MAREY se compose d'une lame élastique d'acier qui repose sur le thorax (sternum). Aux petits côtés de cette lame sont fixées des branches divergentes auxquelles s'attache une ceinture qui fait le tour du thorax. Sur la lame se trouve fixé le tambour. En face de la membrane en caoutchouc se trouve un levier dont l'axe repose sur la lame, et dont une extrémité est fixée à une tige horizontale solidaire d'une colonne verticale fixée près d'une des branches divergentes de l'appareil. Au moment de la dilatation du thorax, la traction exercée par les cordons sur les branches les rend plus divergentes encore, grâce à la flexion de la lame-ressort. Cette divergence produit une traction sur la membrane du tambour qui est relié avec le tambour inscripteur. La courbe tracée s'abaisse donc quand le thorax se dilate ; elle s'élève au contraire quand le thorax se resserre.

Le nouveau modèle de l'appareil de MAREY diffère de l'ancien, non en principe, mais dans la manière dont le tambour et le levier qui agit sur lui sont disposés. Ce tambour, au lieu d'être vertical, est placé horizontalement, sa membrane en caoutchouc étant en force de la lame élastique. Un des bras, en divergeant, agit directement sur la membrane. L'appareil présente en plus des anneaux auxquels s'attache un ruban qui fait le tour du cou. Dans cet appareil, comme dans le précédent, les branches descendantes des courbes enregistrées représentent l'inspiration, les branches ascendantes l'expiration.

Le *pneumographe* de SEWALL (1890) se compose d'une sorte de pince qui ressemble à la couverture d'un livre. Entre les bras de cette pince se trouve un sac en caoutchouc. Les parties latérales de la pince sont attachées à une corde qui fait le tour du thorax. L'articulation de la pince représente aussi son extrémité inférieure. Aux extrémités supérieures s'attache un ruban qui suspend l'appareil au cou. L'inspiration, en tirant sur les branches de la pince, la ferme et chasse l'air du sac. L'air chassé, passant par le tube de transmission, arrive au tambour enregistreur et provoque un soulèvement de la plume. L'inspiration se trouve ainsi représentée par une ligne ascendante.

Le *pneumographe* de Guinard (1893) se compose aussi d'une sorte de pince qui repose sur la poitrine par un de ses bras. Le bras supérieur appuie pendant l'inspiration sur un tambour compris entre les bras de la pince. Le tambour contient un ressort dans son intérieur (comme le cardiographe de Marey). L'articulation de la pince occupe une position latérale. Un cordon part du bras supérieur, entoure le thorax et va se fixer du côté de l'articulation de la pince. L'inspiration provoquant une compression du tambour, sera représentée par un soulèvement de la plume enregistrante et par conséquent par une ligne ascendante de la courbe.

Le *pneumographe* de Mariette Pompilian se compose d'une plaque-support. A cette plaque est fixé un levier sur lequel agissent les tractions de la ceinture dont une des extrémités est attachée à la plaque. Le levier transmet ses mouvements à un deuxième levier placé en face d'un tambour à air. Un dispositif spécial permet de faire varier l'amplitude des mouvements transmis au tambour. Un ressort, dont la tension est réglable, permet de modifier la résistance qui s'oppose aux mouvements des leviers. Sur les tracés, l'inspiration est représentée par une ligne ascendante, l'expiration par une ligne descendante.

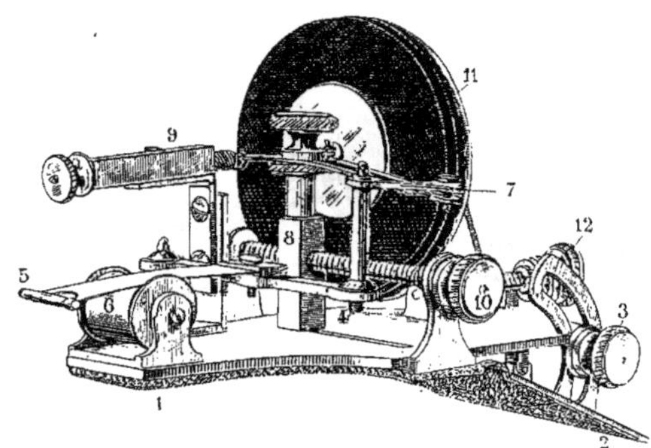

Fig. 15. — Pneumographe de Mariette Pompilian.

Le *pneumographe* de Laulanié se compose d'une sorte de pince à branches plates en bois reposant sur la cage thoracique. Sur la branche inférieure repose le tambour à air. Un ressort extérieur de caoutchouc tire sur l'extrémité de la branche supérieure de la pince. L'articulation de la pince est à dent. La branche supérieure de la pince se prolonge au delà de l'articulation par une sorte de peigne auquel s'attache la ceinture qui fait le tour du thorax et qui s'accroche par son extrémité à la branche fixe de la pince. Le tambour peut être déplacé entre les deux branches de la pince, de façon à modifier l'amplitude des mouvements communiqués à la membrane.

On peut, quoique difficilement, enregistrer séparément et simultanément les mouvements des deux côtés du thorax, comme l'ont fait Gilbert et Roger (1896).

§ II. — *Contractions des muscles respiratoires. Myographie.*

1. Les appareils enregistreurs des mouvements du diaphragme s'appellent *phrénographes*. On peut improviser un phrénographe très simple de la façon suivante : on enfonce, à travers la paroi du ventre d'un animal quelconque, d'un chien par exemple, une longue aiguille dans le diaphragme. Cette aiguille reproduit les mouvements du diaphragme ; pour les enregistrer, il suffit d'attacher, par un fil, l'aiguille à une plume inscrivante.

Le *phrénographe* de Rosenthal se compose essentiellement d'un levier d'une forme spéciale ; ce levier est introduit par un trou fait dans la paroi du ventre, entre le diaphragme et la face supérieure du foie. Les mouvements de ce levier sont transmis soit à un style enregistreur, soit au levier d'un tambour à air.

En introduisant, comme l'ont fait P. Masoin et Du-Bois-Reymond, une simple ampoule de caoutchouc entre le foie et le diaphragme, on peut enregistrer très facilement les mouvements du diaphragme ; il suffit pour cela de relier l'ampoule, par un tube à transmission, avec un tambour inscripteur de Marey.

Le phrénographe de Kronecker et Marckwald se compose d'un levier à deux bras; l'un des bras, en forme de spatule, est glissé, par une incision de la paroi abdominale, dans l'angle que font les côtes avec l'appendice xiphoïde; l'autre bras du levier est relié par un fil à un long levier enregistreur; un poids est attaché au levier par un fil qui passe sur une poulie. Les deux fils attachés au levier se trouvent sur une même droite. Le support du levier enregistreur est pourvu d'une vis de réglage qui commande le rapprochement ou l'éloignement du levier de la surface enregistrante.

Hultkrantz (1890) a pu enregistrer les mouvements du diaphragme de l'homme à l'aide du procédé suivant : une sonde œsophagienne, contenant une ampoule de caoutchouc, est introduite dans l'œsophage, jusqu'au cardia; l'ampoule de caoutchouc est attachée par un fil à une plume enregistrante qui trace sur un cylindre ses mouvements.

II. Pour étudier les mouvements des muscles *intercostaux*, Kronecker s'est servi de l'appareil suivant :

Deux tiges verticales, terminées par des pointes, sont implantées dans les muscles. Ces tiges sont suspendues par deux fils. L'une des tiges est mobile par rapport à l'autre, elle forme une sorte de levier dont l'axe se trouve environ à la moitié de sa longueur. Cet axe est fixé à l'autre tige. Entre les extrémités supérieures des tiges se trouve un tambour à air. Ce tambour est supporté par la tige fixe; la tige mobile agit sur la membrane de caoutchouc. Le tambour enregistreur, qui est en communication avec ce tambour à air, inscrit sur un cylindre les contractions des muscles intercostaux.

III. Les mouvements de la glotte ont été étudiés à l'aide de la méthode graphique par Livon (1890) de la façon suivante :

Une petite ampoule en caoutchouc est introduite dans la fente glottique d'un chien; cette ampoule communique avec un tambour enregistreur de Marey. Pour que la respiration ne soit pas empêchée, la trachée est coupée, et une canule est introduite dans son bout inférieur.

Les mouvements de la trachée ont été enregistrés, à l'aide d'un procédé analogue, par Nicaise (1889).

Pour l'étude des contractions des bronches, François-Franck a construit un appareil appelé *bronchio-myographe* qui est formé d'ampoules conjuguées; cet appareil est identique à celui que nous avons décrit dans le chapitre ayant trait aux mouvements cardiaques. La sonde de cet appareil est introduite dans la trachée, au lieu d'être introduite dans le cœur. — Einthoven a employé aussi un appareil analogue.

§ III. — *Pléthysmographie de la cage thoracique.*

L'entrée et la sortie de l'air des poumons provoquent des variations de volume de tout le corps. Ces variations sont connues depuis longtemps. Swammerdam a vu que l'eau dans laquelle se trouve plongé un chien qui respire (par un tube sortant de l'eau), présente des variations de niveau synchrones avec les mouvements respiratoires. Ces variations de niveau de l'eau ont été, paraît-il, enregistrées par Borelli.

Marey, Hering, Knoll, Bernstein, etc. ont enregistré les variations respiratoires du volume du corps d'un animal de la façon suivante : l'animal est enfermé dans une boîte hermétiquement close. Les voies respiratoires communiquent par un tube, qui traverse la paroi de la boîte, avec l'air extérieur. L'espace clos communique avec un manomètre. Les indications du manomètre peuvent être enregistrées soit à l'aide d'un flotteur, soit à l'aide d'un tambour enregistreur qui communique par un tube avec la branche libre du manomètre. Les variations de volume du corps font monter ou descendre la colonne liquide du manomètre.

§ IV. — *Variations de pression dans la cage thoracique.*

On peut enregistrer les variations de la pression de l'air soit dans les voies respiratoires, soit dans les organes qui entourent le poumon.

I. La pression latérale de l'air qui entre dans le poumon peut être explorée à l'aide de la méthode d'Hering et Breuer (1868). Une canule bifurquée est introduite dans la trachée. L'une des branches de la canule s'ouvre à l'air libre, l'autre communique avec un manomètre enregistreur ou avec un tambour à air de Marey. Les courbes enregistrées par le tambour sont d'autant plus grandes que l'ouverture de la branche libre est plus petite. Le diamètre de cette ouverture peut être modifié à l'aide d'une pince placée sur le tube; le serrage de la pince peut être varié.

On peut introduire dans la trachée la branche horizontale d'une canule en T. Dans ce cas, l'animal respire par la bouche. On peut introduire dans la trachée simplement une canule assez large, qu'on relie à un tambour enregistreur. On peut de même faire l'étude des variations de la pression latérale de l'air dans le poumon, sans ouvrir la trachée, à l'aide d'une muselière bien appliquée sur le nez et la bouche de l'animal.

On peut aussi enregistrer, comme Marey (1865), Bert et Hering, à l'aide du manomètre, les variations de la pression de l'air contenu dans un vase clos, de 5 à 10 litres de capacité, dans lequel respire l'animal. On renouvelle dans ce cas l'air du vase clos toutes les dix minutes en le remplissant d'eau et en le vidant ensuite. Si l'on a un vase trop grand, on peut, en le remplissant d'eau en partie, changer à volonté sa capacité.

La pression de l'air étant plus grande à l'expiration, on a des courbes dont la branche ascendante représente l'expiration, et la branche descendante l'aspiration.

On peut, à l'aide de cette méthode, faire l'étude de la respiration de petits animaux par exemple de la tortue (Fano), du lézard, de la grenouille. Pour la grenouille, par exemple, on introduit une canule de verre dans une narine, ou bien une canule conique dans la cavité du tympan qui est en relation avec le larynx. Dans tous ces cas, on emploie un tambour enregistreur qui est plus sensible qu'un manomètre à liquide.

Einthoven (1892) a fait l'étude des contractions des muscles des bronches à l'aide d'un manomètre différentiel.

Citons encore, parmi les auteurs qui ont fait l'étude de la pression de l'air dans la trachée, Donders (1849) et Hutchinson.

Quand on fait l'étalonnage préalable du tambour à air qui enregistre les variations de pression, on peut avoir l'indication de la valeur absolue de la pression comme avec un manomètre à mercure. Si l'on fait cette mesure simultanément en deux points différents de la trachée, on déduit facilement la vitesse du courant d'air. En effet, on sait que les vitesses sont proportionnelles aux carrés des pressions (Chauveau).

II. Fredericq, Bernstein, Weil, etc., ont étudié les variations de pression dans la cavité thoracique, en mettant en communication la cavité pleurale avec un manomètre enregistreur. — Des recherches analogues ont pu être faites sur l'homme (dans le cas d'empyème) par Aron et Eichorst.

Ludwig a introduit dans la cavité pleurale un petit sac plein d'eau mis en communication avec un manomètre enregistreur. D'Arsonval a remplacé l'eau du sac par de l'air.

Meltzer a introduit dans le médiastin postérieur une canule reliée à un manomètre à eau. Les indications données par le manomètre étaient enregistrées par un tambour enregistreur, qui était mis en communication avec une branche du manomètre.

On peut procéder de même pour le médiastin antérieur, en employant une canule de Knoll.

Luciani, Ceradini, Rosenthal, etc., ont introduit une sonde dans l'œsophage pour étudier les variations de pression dans la cavité thoracique. François-Franck a montré que cette méthode œsophagienne n'est bonne que si l'on a paralysé au préalable l'œsophage, en coupant les pneumogastriques.

§ V. — *Spirographie et tachygraphie.*

Le volume de l'air qui entre et qui sort du poumon peut être enregistré à l'aide d'un spiromètre enregistreur. La vitesse avec laquelle l'air pénètre ou sort du poumon peut être enregistrée à l'aide d'appareils qui sont l'analogue de l'hémodromographe.

I. A l'aide d'une canule placée dans la trachée, d'une soupape de MÜLLER ou de VOIT, on peut envoyer dans un spiromètre l'air qui sort du poumon, ou bien on peut faire inspirer par l'animal l'air contenu dans un spiromètre bien compensé. La cloche du spiromètre étant munie d'une plume enregistrante, il est facile d'enregistrer les montées ou les descentes de la cloche correspondant à l'expiration et à l'inspiration.

C'est ainsi qu'a procédé PANUM.

Au lieu de placer une canule dans la trachée, on peut faire respirer l'animal dans une muselière, ou bien adapter un dispositif spécial sur la bouche et le nez de l'homme.

MARCET (1897) a enregistré les mouvements d'une cloche d'un spiromètre parfaitement équilibré dans laquelle il recueillait l'air expiré. — L'homme inspirait par le nez, et il expirait par la bouche. L'inscription des mouvements de la cloche du spiromètre se faisait à l'aide d'un tube de verre muni d'un orifice capillaire. Inscription à l'encre sur papier sur lequel il y avait des ordonnées lithographiées mesurant les litres.

KRONECKER et MARCKWALD ont adapté des contacts électriques au spiromètre de HUTCHINSON, et ils ont enregistré, à l'aide d'un signal, les variations de hauteur de la cloche correspondant à 200 centimètres cubes.

LANGENDORFF a enregistré au moyen d'un tambour à air les indications d'un gazomètre d'ELSTER.

Le spiromètre enregistreur de TISSOT, à compensation automatique, permet d'enregistrer simultanément les mouvements respiratoires, en fonction du volume d'air introduit dans les poumons, et le débit respiratoire (Voir *Journal de Physiologie et de Pathologie générales*, n° 4, Juillet 1904).

On peut avoir aussi un bon enregistrement du volume d'air qui entre et qui sort du poumon en mettant en communication l'espace clos dans lequel respire l'animal avec un piston-recorder.

L'*aéropléthysmographe* de GAD est une sorte de petit spiromètre très léger. — Cet appareil se compose d'une sorte de boîte rectangulaire à doubles parois. Entre les parois il y a de l'eau. Un mince couvercle de mica, à bords recourbés et plongeant dans l'eau, ferme la boîte. Ce couvercle tourne autour d'un axe qui se trouve au-dessus de la paroi postérieure; un de ses bords longitudinaux supérieurs est muni d'une plume. Un tube s'abouche au fond de la paroi postérieure. Si l'on souffle ou si l'on aspire par ce tube, le couvercle se soulève ou s'abaisse; ces mouvements sont inscrits par la plume du couvercle sur un cylindre enregistreur. Le tube de l'aéropléthysmographe communique avec un récipient dans lequel se trouve placé l'animal en expérience. Sur le trajet du tube de communication, on peut intercaler un manomètre à mercure avec flotteur. On peut ainsi enregistrer simultanément les indications données par l'aéropléthysmographe et celles que donne le manomètre.

II. L'étude de la vitesse de l'air qui entre et qui sort de la trachée peut être faite à l'aide d'un appareil qui est une sorte d'*aérodromographe* ou *aérotachygraphe*.

L'*anapnographe* de BERGEON et KASTUS se compose essentiellement d'une lame mobile en aluminium qui forme la partie postérieure d'une boîte rectangulaire mise en communication avec un tube respiratoire terminé par un embout. L'axe de rotation de la valve porte un levier très léger qui enregistre sur une bande de papier les mouvements de la valve. Des ressorts réglés par des boutons ramènent la valve dans la position d'équilibre, dont elle avait été éloignée par le courant d'air d'expiration. La personne en expérience applique l'embout sur le nez; les variations de pression de l'air des voies aériennes se transmettent à l'air de la boîte rectangulaire et provoquent des mouvements de va-et-vient de la valve.

Cet appareil, étalonné, donne non seulement la mesure de la vitesse et la pression de l'air, mais aussi les quantités d'air inspiré et d'air expiré.

Le *pnéographe clinique* de poche de Mortimer-Granville (1888) consiste essentiellement en un demi-disque de talc, suspendu et bien équilibré ; ce demi-disque porte une plume qui trace ses mouvements sur une petite feuille de papier entraînée par un mécanisme d'horlogerie (dispositif du sphygmographe direct de Marey). Une poignée permet de tenir l'appareil en face de la bouche ; le mouvement de l'air fait osciller le demi-disque.

Le *pnéographe* de Khursed (construit par Tata et Verdin) se compose d'un petit disque d'aluminium, muni d'une plume à encre, placé dans un cylindre. — Quand on respire par une embouchure, l'air passe dans le cylindre et provoque le déplacement du disque, en comprimant les ressorts qui le tiennent en place. — Des galets, mis en mouvement par un mécanisme d'horlogerie, font défiler une bande de papier en face de la plume inscrivante du disque.

Zwardemaker a étudié les variations de vitesse de l'air, soit en photographiant les indications données par un aérodromomètre, analogue à l'hémodromomètre de Chauveau, soit en enregistrant les mouvements d'un aérodromographe basé sur le principe des tubes de Pitot.

VIII

Locomotion animale.

§ I. — *Locomotion terrestre.*

A. **Enregistrement direct.** — Pour obtenir l'enregistrement direct des mouvements du pied pendant la marche, Marey a employé le procédé suivant : On attache au pied du marcheur un fil qui s'enroule sur la poulie placée sur le premier mobile d'un compteur. Sur la poulie du mobile du compteur qui enregistre les centaines de tours de la première poulie, se trouve attaché un fil qui tire sur une plume inscrivante. Au moyen du rouage réducteur au centième, on peut donc avoir des tracés limités à un espace restreint. Ces tracés montrent le temps pendant lequel le pied est à l'appui ou au levé, le chemin parcouru, et les phases du mouvement.

En attachant une corde à la ceinture et à un compteur, on peut enregistrer les mouvements de tout le corps du marcheur.

B. **Enregistrement au moyen de la transmission à air.** — I. *Appuis et levés du pied.* — a) *Chez l'homme.* — Les appuis et les levés des pieds, dans la marche, ont été enregistrés par Marey de la façon suivante : La semelle en caoutchouc d'une chaussure spéciale, appelée chaussure exploratrice, contient un petit sac en caoutchouc plein d'air; ce sac est relié par un tube avec un tambour enregistreur. A chaque appui, il se produit un écrasement du sac, et, par conséquent, une rentrée d'air dans le tambour enregistreur; au contraire, à chaque levée il y a une rentrée d'air dans le sac de la chaussure. Le tracé qu'on obtient à l'aide de ce procédé permet d'apprécier les durées des appuis : elles sont représentées sur le tracé par les parties élevées des courbes.

Au lieu d'une chaussure spéciale, Marey a employé aussi une chaussure quelconque, en logeant dans la cambrure de la semelle une petite capsule à air à forte membrane. Cette membrane était écrasée par une sorte de bouchon porté par une pièce saillante articulée à charnière le long de la face antérieure du talon. Un tube de petit calibre partait de la capsule à air, s'élevait en dedans du pied et se continuait avec un tube de caoutchouc à épaisses parois qui montait de la jambe à la ceinture et de là au tambour enregistreur.

Au lieu de placer la petite chambre à air dans la cambrure de la semelle, Marey l'a placée à l'intérieur du talon d'une chaussure quelconque. Cette caisse à air du talon contenait un ressort de laiton. Un bouton saillant à l'intérieur de la chaussure était placé sous une languette d'acier formant semelle. La pression du pied sur cette languette chassait l'air à chaque pas, à travers un tube qui montait derrière le talon.

Tatin a construit une semelle à soufflet qui pouvait se glisser dans n'importe quelle chaussure.

Pour donner une forme plus saisissante aux tracés des appuis et des levés du pied, Marey les a transformés en une sorte de notation musicale dont la portée est réduite à deux lignes. Les durées des appuis du pied droit sont représentées par des bandes blanches; celles du pied gauche par des bandes hachurées.

En reliant la capsule à air de la chaussure exploratrice avec le tambour à air de l'odographe, Marey a pu obtenir la courbe de translation de l'homme. Cette courbe lui a permis d'étudier la longueur du pas dans diverses circonstances.

b) *Chez le cheval.* — Marey a étudié les allures du cheval à l'aide d'un procédé analogue à celui qu'il a employé pour faire l'étude des appuis et des levés du pied de l'homme. Pour cela, il a placé sous chaque sabot une ampoule à air qui communiquait avec un tambour enregistreur. Les tracés obtenus ont servi à la notation graphique des allures du cheval. Cette notation est formée de quatre lignes groupées deux à deux. Les lignes supérieures correspondent à la notation des appuis et des levés des pieds de devant; les lignes inférieures à celle des pieds de derrière.

Pour recueillir les tracés, un cavalier monté sur le cheval en expérience tient l'appareil enregistreur sur lequel les tambours inscrivent les tracés des mouvements exécutés par les pieds.

II. *Oscillations verticales du corps.* — Carlet (1872), en faisant des études sur le mécanisme de la marche, a inscrit les oscillations verticales que le pubis exécute à chaque phase d'un pas.

Pour faire cette inscription, il fallait qu'un tambour explorateur restât toujours à la même hauteur au-dessus du sol, tout en se déplaçant horizontalement suivant la translation du corps. Ces conditions ont été réalisées au moyen d'un manège tournant dont le bras, toujours parfaitement horizontal, portait le tambour explorateur. Le levier de l'appareil relié au pubis, s'élevant et s'abaissant tour à tour pendant la marche, agissait sur le tambour.

Pour enregistrer les oscillations verticales du corps pendant la marche et la course, Marey a employé le dispositif suivant :

Une planchette portant un tambour à levier est placée sur la tête de l'homme dont on veut étudier les oscillations verticales pendant la marche. Le levier est chargé d'un poids qui rend le levier très inerte. Dans les mouvements divers continuellement imprimés à l'appareil, la masse qui charge le levier présente continuellement une résistance par son inertie. Quand le tambour s'élève, la masse abaisse la membrane, tandis que dans les mouvements d'abaissement elle la relève. Ces mouvements alternatifs sont transmis à l'aide d'un tube de transmission à un tambour enregistreur qui trace une courbe.

C. **Chronophotographie.** — La locomotion animale peut être étudiée à l'aide de la chronophotographie, grâce aux appareils et aux dispositifs imaginés par Marey.

I. *Chronophotographie sur plaque fixe.* — Pour obtenir sur une même plaque plusieurs images d'un homme en mouvement, Marey a revêtu le sujet d'un costume mi-partie blanc et noir; le côté blanc était dirigé du côté de l'appareil chronophotographique; le mouvement de déplacement s'effectuait sur un fond obscur.

Pour multiplier le nombre des images qu'on peut recueillir sur une plaque fixe, sans qu'il y ait confusion résultant de leur superposition, Marey a revêtu le marcheur d'un costume entièrement noir sur lequel étaient appliquées d'étroites bandes blanches le long des membres.

Soret, dans ses études sur la danse au théâtre, Quénu et Demeny, dans leurs recherches sur la marche des boiteux, Contremoulins et Delanglade, dans leurs recherches sur la claudication, ont remplacé les bandes blanches de Marey par des lampes à incandescence qui étaient fixées sur la tête et sur les articulations des membres. En reliant les trajectoires des points obtenus sur les clichés par des lignes, ils avaient la chronophotographie géométrique des mouvements étudiés.

Braune et Fischer (1895) ont employé des tubes de Geissler, qui présentent l'avantage de s'allumer et de s'éteindre instantanément. Dix ou douze tubes de Geissler étaient fixés, à l'aide de courroies, sur les membres et sur la tête du sujet en expérience. Tous les tubes étaient reliés à la fois à une forte bobine Ruhmkorff, dont le fil s'enroulait à une barre de bois que l'homme portait en travers sur les épaules. Sur chaque tube une ligne étroite, tracée au vernis noir, indiquait le *point milieu* entre les articulations.

L'intermittence dans les temps d'exposition de la plaque sensible n'était pas obtenue par l'obturation intermittente de la plaque, mais par l'intermittence d'illumination et d'extinction des tubes de Geissler. Les objectifs de quatre appareils chronophotographiques étaient ouverts en permanence. Deux appareils chronophotographiques étaient placés perpendiculairement à l'axe de déplacement du sujet, l'un à droite, l'autre à gauche. Deux autres appareils chronophotographiques étaient placés, l'un à droite, l'autre à gauche de l'axe de déplacement, mais suivant un axe faisant un angle de 60° avec l'axe des premiers appareils. Les axes optiques de tous les appareils convergeaient exactement en un point placé au milieu des axes de la marche et des appareils, et à 90 centimètres du sol.

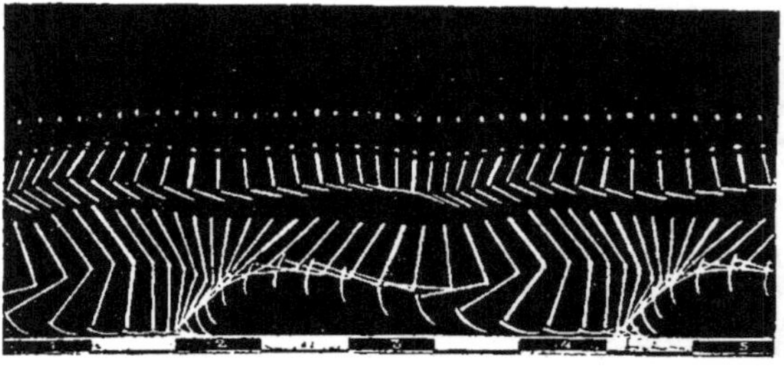

Fig. 16. — Chronophotographie d'un coureur (Marey).

Grâce à ce procédé, Braune et Fischer ont pu recueillir des images simultanées d'un mouvement considéré. Ces images, représentant les projections du mouvement étudié sur deux plans différents, leur ont permis d'établir les coordonnées dans l'espace du corps étudié. En faisant des mesures très précises sur les clichés obtenus, ils ont déterminé les coordonnées des *points milieux* entre les articulations. A l'aide de ces points, ils ont pu matérialiser les résultats de leurs recherches dans des figures schématiques qui les représentent dans l'espace.

II. *Chronophotographie sur pellicule mobile.* — Le procédé le plus parfait d'étude de la locomotion animale, c'est la chronophotographie sur pellicule mobile. C'est grâce à elle que Marey a fait une partie importante de ses belles recherches sur la mécanique de la locomotion.

Pour faciliter la comparaison des images chronophotographiques, Marey les a disposées dans une épure unique. Pour construire cette épure, il procédait de la façon suivante : les images séparées sur la pellicule étaient projetées successivement, et repérées exactement chacune d'elles sur des points fixes choisis d'avance. Les images projetées étaient décalquées sur une même feuille de papier. Pour éviter la confusion, on n'en dessinait qu'une image sur trois.

Une épure, obtenue de cette façon, donne des renseignements complets sur l'étendue et la vitesse du mouvement étudié.

En projetant sur une épure les images du squelette à l'intérieur des images de la forme extérieure des membres d'un cheval, Marey a pu déterminer les phases d'allongement et de raccourcissement des muscles qui agissent pendant la marche.

§ II. — *Locomotion aérienne.*

A. **Vol des oiseaux.** — I. Les mouvements de l'aile ont été enregistrés par Marey à l'aide d'un ou deux tambours explorateurs fixés sur le corps de l'oiseau. Pour avoir l'inscription de la trajectoire de l'aile, Marey s'est servi d'un pantographe à transmission. La partie exploratrice de cet appareil, fixée sur le corps de l'oiseau, se compose de deux tambours actionnés par le double mouvement de haut en bas et d'avant en arrière que les ailes exécutent dans le vol. Ces mouvements sont transmis, à l'aide de deux tubes de caoutchouc, aux tambours du pantographe enregistreur qui trace la courbe représentant la trajectoire de l'aile.

Cette trajectoire peut être obtenue aussi d'une façon indirecte, à l'aide d'une construction géométrique, en combinant les courbes des mouvements de l'aile dans le sens vertical et dans le sens horizontal, ces courbes étant recueillies séparément.

II. Marey a étudié le vol des oiseaux à l'aide de la chronophotographie sur plaque fixe ou sur pellicule mobile.

La chronophotographie sur plaque fixe ne s'applique qu'à l'enregistrement des battements des ailes peu rapides, tandis que la chronophotographie sur pellicule mobile permet d'enregistrer les mouvements des ailes même très rapides.

Comme l'oiseau se meut très rapidement dans un milieu, sans voie tracée, il serait indispensable, pour la bonne compréhension du vol, de le photographier, à la fois, dans tous les sens, ou, pour le moins, dans trois sens : de face, de profil et d'en haut.

Pour obtenir de telles photographies, Marey a employé une installation composée de deux hangars, formant fonds obscurs. Ces hangars étaient disposés à angle droit. L'un de ces hangars présentait un échafaudage qui supportait l'appareil chronophotographique qui permettait d'avoir des images surplombantes. Un trou profond noirci formait le fond obscur de l'appareil chronophotographique surplombant. Deux autres appareils donnaient des vues du vol de face et de profil.

Ce dispositif, pour être profitable, doit donner des images synchrones, ce qui est très difficile à obtenir.

B. **Vol des insectes.** — I. En approchant, de la surface noircie d'un cylindre enregistreur l'aile d'un insecte tenu à la main, Marey (1868) a pu enregistrer, d'une façon directe, les battements de l'aile.

Ce moyen d'enregistrement permet de compter le nombre des battements de l'aile par seconde. De plus, il a permis à Marey de voir que la trajectoire de l'extrémité de l'aile pendant son battement affecte la forme d'un 8 de chiffre très allongé, fait déjà signalé par Pettigrew.

II. L'enregistrement de la trajectoire de l'aile de l'insecte a été aussi obtenu par Marey à l'aide de la chronophotographie, grâce au dispositif suivant :

Une caisse de bois. d'un mètre de côté et de 25 centimètres de profondeur, tapissée de velours noir, forme le fond obscur. Le dessus de la caisse est découpé en forme de cercle. Dans l'intérieur du vide formé par la découpure, au niveau du dessus de la caisse, se trouve un disque plein, soutenu par un pied fixé à l'intérieur, dans le fond de la caisse. Entre le disque plein et la découpure circulaire, il existe un vide annulaire, parfaitement obscur, qui sert de fond à l'insecte qui vole. L'insecte est maintenu par une pince légère fixée à l'extrémité d'un petit manège formé d'une paille et de son contrepoids. Le pivot de ce manège est représenté par une pointe, dressée perpendiculairement au centre du disque. Le bord des ailes de l'insecte est doré, et sur leur extrémité se trouve fixée une paillette d'or. En chronophotographiant l'insecte sur une plaque fixe, on obtient la trajectoire de l'aile.

La chronophotographie des mouvements de l'aile des insectes exige un temps de pose extrêmement court. En employant un fond lumineux, produit par la concentration des rayons solaires par un condensateur, et en coupant le faisceau lumineux par un disque obturateur percé de fentes étroites et animé d'une grande vitesse de rotation, Marey (1891) a pu obtenir des photographies d'insectes au vol dans un 1/25 000 de seconde.

Les mouvements des ailes des insectes étant très rapides (de 100, 300 et plus par seconde), pour faire leur étude à l'aide de la chronophotographie, il ne suffit pas d'avoir des images avec un temps de pose très court, mais il faut aussi que l'intervalle de temps qui sépare les prises d'images successives soit extrêmement réduit. S'il n'en est pas ainsi, les images de séries chronophotographiques ne représentent pas les diverses phases d'un même coup d'aile. C'est ce qu'on observe sur les chronophotographies prises par Marey (1894) et par Packard (1898).

Les appareils chronophotographiques à déplacement discontinu de la surface sensible ne se prêtent guère à l'étude des mouvements de l'aile de l'insecte, car les arrêts de la pellicule limitent la vitesse de la translation qu'on peut lui imprimer et, par conséquent, la réduction de l'intervalle de temps qui sépare les images.

Pour obtenir un très grand nombre d'images par seconde, Lendenfeld (1903) et Bull (1904) ont imaginé des dispositifs spéciaux que nous avons décrits dans le chapitre consacré à la chronophotographie.

§ III. — *Locomotion aquatique.*

I. La chronophotographie a été appliquée à l'étude des mouvements dans l'eau par Marey de la façon suivante : un aquarium en verre encastré dans la paroi d'une pièce obscure est éclairé par le jour extérieur ; l'"objectif d'un appareil chronophotographique est braqué sur l'aquarium ; on opère comme en plein jour.

Quand on veut étudier les mouvements des animaux aquatiques sous plusieurs angles différents, et particulièrement en dessus pour les ondulations latérales (mouvement de progression de l'anguille, par exemple), un aquarium ordinaire ne suffit plus. Dans ce cas, Marey a employé l'installation suivante :

Une sorte de gouttière elliptique est posée sur une table entre les pieds de laquelle un miroir mobile peut être orienté de façon à recevoir la lumière du jour et la renvoyer verticalement, par une large ouverture ménagée sous la gouttière dans l'intérieur de celle-ci. Sur une certaine longueur, les parois de la gouttière sont coupées, et son fond ainsi que ses bords sont remplacés par une bande de cristal. La vasque, éclairée verticalement par le miroir réflecteur inférieur, forme un fond lumineux sur lequel l'animal se détache nettement en silhouette. On le chronophotographie en plaçant le chronophotographe au-dessus de la vasque, ou en plaçant au-dessus de cette vasque un miroir argenté incliné à 45° qui reflète la silhouette et permet alors d'opérer dans la position normale, c'est-à-dire horizontalement.

II. Corblin (1888) a fait des recherches sur le mode de locomotion des poissons et sur le rôle de la vessie natatoire.

Voici le dispositif employé par lui :

Le poisson est maintenu par une ceinture et une petite tige de cuivre, sous un rectangle flottant. La tige de cuivre est fixée à l'un des petits côtés, perpendiculairement au plan de ce rectangle. Le poisson progresse ainsi naturellement dans le sens horizontal. Deux tambours de Marey sont placés au-dessus du rectangle, de façon que les leviers oscillent dans un plan perpendiculaire aux plus grands côtés. Le tout est très léger et se déplace sur l'eau avec une extrême facilité. L'extrémité d'un des leviers aboutit en un point déterminé de la tête du poisson, tandis que l'extrémité de l'autre levier aboutit en un point déterminé de la queue. On fixe ces extrémités au moyen d'un fil. Les tambours sont reliés à des tambours enregistreurs.

Même étude avec un poisson artificiel.

Corblin, pour inscrire les variations de volume, a placé un poisson dans une cloche pleine d'eau qui communiquait avec un tambour de Marey.

III. Pour mesurer la vitesse de translation d'un poisson dans l'eau, Regnard (1893) a employé le procédé suivant :

Au-dessus d'un disque mis en mouvement par un moteur électrique, il y a un vase d'eau avec un poisson qui nage dans une direction opposée au mouvement du disque. On fait tourner le disque avec une telle vitesse que le poisson paraît immobile. L'immobilité apparente du poisson indique que la vitesse du disque est à ce moment égale à la vitesse de translation du poisson. En enregistrant la vitesse du disque, on enregistre la vitesse de déplacement du poisson. L'enregistrement des mouvements du disque est obtenu à l'aide d'un signal de Desprez, qui indique le nombre des tours faits par seconde par le disque.

IX

Fonctions diverses.

§ I. — *Phonation.*

La représentation graphique des actes sonores constitue ce qu'on appelle la *phonétique des yeux.*

I. Les *mouvements des lèvres* ont été enregistrés par Rosapelly de la façon suivante :

Un support vertical porte un bras horizontal au-dessous duquel pend, par l'intermédiaire d'une tige doublement articulée, un appareil explorateur. Celui-ci se compose de deux petites branches terminées chacune par un petit crochet plat en argent qui doit embrasser l'une des lèvres dans sa courbure. Une des gouttières se place sous la lèvre supérieure, l'autre sur la lèvre inférieure. Cette dernière est seule mobile. Quand la lèvre inférieure s'élève, elle fait basculer la branche qui repose sur elle autour de son articulation, forçant ainsi les deux extrémités opposées des deux branches à s'éloigner l'une de l'autre, en tendant un petit anneau de caoutchouc, qui sert de ressort antagoniste. Une traction est ainsi exercée sur un tambour à air. La raréfaction de l'air de ce tambour se transmet, au moyen d'un tube de caoutchouc, jusqu'au tambour enregistreur qui tracera, sur un cylindre, les mouvements de la lèvre inférieure.

L'*explorateur des lèvres* de l'abbé Rousselot permet d'enregistrer à volonté les mouvements de chacune des lèvres et la résultante de ces mouvements. Cet appareil se compose de deux tambours dont les cuvettes sont soudées l'une sur l'autre, et dont les membranes sont reliées, par des tiges rigides et articulées, à deux lèvres en forme de tenailles. Les branches des lèvres sont maintenues écartées par la tension des membranes; ces branches suivent tous les mouvements des lèvres.

Féré (1891) a mesuré, à l'aide d'un appareil spécial, l'énergie des mouvements des lèvres d'après la pression exercée sur un ressort.

II. Les *mouvements de la langue* ont été étudiés au moyen du procédé des empreintes. Voici comment a procédé Grützner : on applique sur la langue préalablement bien essuyée un enduit de carmin ou d'encre de Chine et on articule ensuite un son. La langue laisse sur les parties du palais avec lesquelles elle est en contact une empreinte caractéristique.

Rosapelly, l'abbé Rousselot et autres, ont employé le procédé que voici : on fait un palais artificiel qu'on noircit au vernis du Japon et qu'on recouvre ensuite d'une couche de pastel blanc. Les mouvements de la langue laissent des traces sur ce palais. Après l'expérience, on retire le palais de la bouche, et on le photographie, ou bien on rapporte, comme l'abbé Rousselot, les points de contact, de la langue sur le palais, sur un dessin de palais préparé d'avance.

L'abbé Rousselot a transformé le palais artificiel en tambour récepteur au moyen d'une membrane de caoutchouc. La pression de la langue sur le palais, qui constitue un *explorateur interne* des mouvements de la langue, est enregistrée par un tambour à levier ordinaire.

L'explorateur externe de la langue de l'abbé Rousselot se compose d'un tambour placé sous le menton et maintenu en place à l'aide d'une charpente métallique fixée à la mâchoire inférieure. Des articulations permettent d'adapter l'appareil à toutes les tailles et un dispositif spécial rend facile l'exploration de tous les points de la langue.

Aubry a construit un tambour récepteur qui permet de mesurer, suivant les cas, le temps de réaction de la langue ou des lèvres.

Le *glossographe* de Gentilli (1882) se compose de six leviers réunis qu'on place sur différentes parties de la langue et des lèvres et de petites ailettes que met en mouvement l'air qui sort du nez. Autant de petits électro-aimants qu'il y a de leviers mettent en mouvement six petites plumes qui écrivent sur une bande de papier large de 30 millimètres. La bande de papier et le tout sont réunis dans un petit appareil portatif à manche qu'on place dans la bouche.

III. L'*explorateur du larynx* à transmission électrique de Rosapelly se compose d'une petite masse inerte suspendue entre les deux bornes d'un circuit électrique. Le moindre choc, si la masse est tenue en équilibré, suffit pour la rejeter sur l'une des deux bornes, et, par conséquent, pour ouvrir ou fermer le courant. L'appareil est posé sur les cartilages du larynx. Cet appareil peut encore servir à enregistrer les vibrations qui se produisent, pendant la parole, sur les surfaces rigides, comme le nez, les dents, etc.

Le *laryngographe* de l'abbé Rousselot est un appareil à transmission aérienne qui ressemble à un sphygmographe avec un tambour de Marey.

Krzywicki (1892) a enregistré aussi les vibrations du larynx pendant la parole et le chant.

IV. Les appareils qui enregistrent les mouvements du voile du palais s'appellent *palato-myographe*.

L'appareil de Weeks se compose d'un anneau elliptique qu'on introduit dans la bouche; une des extrémités de cet anneau est collée au palais, l'autre est attachée au levier d'un tambour à air qui est supporté par une tige verticale qui se trouve devant la bouche et qui est fixée par un de ses bouts à un cadre de fer placé autour de la tête.

Harrisson Allen a employé une petite tige formant un levier du premier genre, tige dont une extrémité introduite dans une narine appuie sur le voile du palais, tandis que l'autre extrémité porte un style inscripteur qui trace ses mouvements sur un cylindre. L'axe de rotation de la tige se trouve en avant de la narine. Quand l'extrémité nasale se soulève par suite du soulèvement du voile du palais, l'extrémité libre s'abaisse. Cet appareil enregistre donc les mouvements d'abaissement et d'élévation du voile du palais.

Zwaardemaker a modifié la méthode de Debrou-Czermak et a fait construire un appareil qui présente l'avantage d'inscrire les mouvements de tout le voile du palais, et non plus seulement d'une de ses faces. Cet appareil ressemble à une sonde d'Itard pour les oreilles.

Récemment Eykmann (1903) a construit un palato-myographe très perfectionné.

V. On peut enregistrer les mouvements du voile du palais d'une façon indirecte, en enregistrant les courants d'air qui se produisent dans les narines et qui sont la conséquence des mouvements du voile du palais.

En effet, on sait que les consonnes nasales *m* et *n* s'accompagnent d'une émission d'air par les narines, ce qui tient à ce que le voile du palais s'éloigne de la paroi postérieure du pharynx au moment de l'émission de ces sons.

Pour enregistrer l'échappement d'air, Rosapelly a introduit dans une des narines un tube qui reste à demeure et qui est relié à un tambour enregistreur. L'abbé Rousselot a employé, au lieu d'un petit tube, une petite poire en verre, en bois ou en ivoire. A chacune des émissions de l'air par le nez, la plume du tambour enregistreur trace une courbe ascendante.

VI. Les mouvements des cordes vocales ont été étudiés à l'aide de la photographie par Ssimanowsky et Bellarminoff (1885) et par Koschlakoff (1886).

VII. La chronophotographie a été aussi appliquée à l'étude des mouvements de la bouche pendant la parole, d'abord par Marey, et ensuite par Gutzmann (1896).

§ II. — *Vibrations thoraciques.*

Les mouvements vibratoires des côtes ont été enregistrés par Feletti (1883) au moyen d'un levier placé sur une côte et inscrivant ses mouvements sur un cylindre enduit de noir de fumée.

Castex (1895) a étudié, au moyen des *flammes manométriques*, les vibrations thoraciques provoquées par la parole et par la percussion du thorax.

Pour recueillir le son transmis, Castex s'est servi d'un tambour de Marey ; le gaz d'éclairage allait directement dans le tambour; mais il se chargeait de vapeurs de benzine, en passant lentement sur de la pierre ponce imbibée de ce liquide. La flamme jouit ainsi d'un pouvoir photogénique assez intense pour donner de bonnes images sur une plaque sensible mue à la main dans la chambre obscure derrière l'objectif.

Sur le vivant, la capsule manométrique était tenue à la bouche ; sur l'animal ou sur le cadavre, la capsule était mise en communication tantôt avec la trachée, tantôt avec un trocart introduit dans le poumon. Dans le cas de pneumothorax, la capsule manométrique était supprimée : le gaz entrait dans le thorax par un trocart et sortait par un autre.

Une seconde capsule manométrique servait à l'enregistrement du son donné par un résonateur ($ut_2 = 128$ vibrations doubles) mis en activité par un électrodiapason de même hauteur.

En enregistrant simultanément la voix émise et la voix transmise, Castex a vu que les profils des deux flammes étaient complètement différents : dans la voix transmise, on ne retrouve que les sons fondamentaux ; les harmoniques disparaissent presque toujours.

§ III. — *Mouvements oculaires.*

L'étude graphique des mouvements oculaires est désignée sous le nom d'*ophtalmographie*.

Bellarminoff (1885) a construit un appareil appelé *photocoréographe*, qui permet d'enregistrer au moyen de la photographie la courbe des mouvements de la pupille.

Garten (1897), avec un appareil semblable à celui de Bellarminoff, a obtenu le tracé des mouvements pupillaires sur la surface d'un cylindre enregistreur placé dans une chambre obscure.

Orchansky (1898) a enregistré, toujours par la photographie, les mouvements du globe de l'œil pendant la lecture.

Dans les travaux de Vintschgau (1881) et de Hesse (1892), on voit de très belles figures relatives aux mouvements de l'iris.

Le clignement est facilement étudié à l'aide de la méthode graphique.

Chantre (1891) a enregistré les mouvements de rétraction du globe oculaire et les mouvements de la paupière supérieure du cheval, en fixant sur la salière (fosse sus-orbitaire) une poire en caoutchouc, mise en communication avec un tambour enregistreur.

Sur les tracés, les mouvements du clignement des paupières sont marqués par un signal électrique.

Les mouvements du globe oculaire ont été étudiés à l'aide de la méthode graphique directe par Treves (1895). — Voici le procédé opératoire qu'il a employé :

Le chien étant endormi, on écartait les paupières avec un blépharostat. Ensuite, un petit pli de la conjonctive bulbaire, correspondant à l'extrémité supérieure du diamètre vertical de la cornée, était saisi à l'aide d'une pince. En tenant l'œil fixe dans sa position normale, on introduisait dans l'épaisseur de la cornée, sur le point central de celle-ci, un long fil double, au moyen d'une petite aiguille à suture. Les deux bouts du fil étaient noués. L'un de ces bouts de fil, se dirigeant vers le côté externe de l'œil, s'attachait à un levier qui inscrivait les mouvements transversaux de l'œil. Avant d'arriver au levier, ce fil s'infléchit à angle droit. L'autre bout du fil, après s'être infléchi aussi, s'attache à un levier qui inscrit les mouvements verticaux de l'œil. Les deux leviers superposés tracent leurs mouvements sur un cylindre enregistreur de Baltzar.

Bellarminoff (1886) a étudié la pression intra-oculaire à l'aide de la méthode graphique. La mesure de la pression oculaire se fait à l'aide du manomètre.

Höltzke (1885) avait fait aussi des recherches analogues.

Lebel et Koster (1895) ont construit des manomètres spéciaux pour l'œil.

Fick (1887) a construit un appareil appelé *ophtalmotonomètre*, à l'aide duquel on peut prendre la mesure superficielle de la tension oculaire. Cet appareil se compose d'un ressort qui appuie sur une tige terminée par une plaque. Cette plaque est mise en contact avec le globe oculaire. On cherche alors à déprimer le globe de l'œil. Un arc gradué permet de mesurer la déformation qu'il faut imprimer au ressort pour que la petite plaque arrive à déprimer un peu le globe oculaire.

§ IV. — *Mouvements de l'appareil digestif.*

I. Pour étudier les mouvements de l'*œsophage* pendant la déglutition, Ranvier a introduit dans l'œsophage une boule en liège; cette boule était attachée par un fil, qui passait sur une poulie très mobile, à un petit chariot qui se déplaçait verticalement sur deux fils de cuivre. Le chariot était muni d'une plume qui traçait ses mouvements sur un cylindre enregistreur.

Mosso a introduit dans l'œsophage une petite vessie en caoutchouc mince reliée par un tube à un manomètre pourvu d'un flotteur.

Kronecker et Meltzer ont étudié les mouvements de déglutition à l'aide de la transmission à air. Meltzer introduisait dans son œsophage une sonde stomacale longue de 50 centimètres. Un petit ballon, à parois minces, enveloppait les fenêtres latérales de la sonde. Pour gonfler et dégonfler tour à tour le ballon, le tube qui reliait la sonde au tambour enregistreur présentait sur le trajet un tube en T dont on pouvait fermer ou ouvrir à volonté la branche perpendiculaire. Meltzer a fait des expériences avec ce tube en enfonçant graduellement la sonde de 2 centimètres à chaque expérience. Un autre ballon placé dans le pharynx était mis en communication avec un autre tambour enregistreur. L'inscription simultanée des deux tambours donnait la mesure de la durée de la propagation de la contraction.

Arloing et Carlet, Lannegrâce, Toussaint et autres ont employé aussi des procédés analogues.

II. Les mouvements de l'*estomac* et de l'*intestin* peuvent être étudiés à l'aide de la méthode des ampoules conjuguées, imaginée par Morat (1893).

Voici en quoi consiste cette méthode :

Une sonde légèrement courbée à son extrémité, et munie d'une ampoule élastique, est introduite dans l'estomac ou l'intestin. L'ampoule intérieure est mise en communication avec une ampoule extérieure, plus petite, destinée à faire contre-pression. Un branchement latéral permet de gonfler tout le système et d'y emprisonner de l'air au moyen d'un robinet. Au lieu de remplir le système d'air, on peut le remplir d'eau, et le mettre en communication avec un manomètre. Un tambour de Marey étant mis en communication avec l'extrémité libre du manomètre, on obtient le tracé des contractions stomacales ou intestinales. Quand le système est plein d'air, il est mis directement en communication avec un tambour enregistreur, sans l'intermédiaire d'un manomètre. Cette méthode a été appliquée par Wertheimer, par Doyon (1895), etc.

III. Les rayons X ont été appliqués à l'étude des mouvements de l'estomac. Voici le procédé de Roux et Balthazard (1897).

On rend l'estomac opaque en faisant avaler à une grenouille ou à un chien (et même à l'homme) un mélange d'aliments (solides ou liquides) et de sous-nitrate de bismuth, sel insoluble et fort opaque aux rayons X sous de faibles épaisseurs.

Suivant les cas, les auteurs ont imaginé divers procédés pour enregistrer les résultats de l'expérience; le mode le plus parfait a été employé chez la grenouille; grâce à la transparence de l'animal, on peut obtenir des radiographies d'estomac avec un temps de pose ne dépassant pas une seconde environ, durée suffisante pour avoir une image nette, assez courte pour que la forme de l'estomac ne change pas. Aussi a-t-on pu appliquer la méthode chronophotographique à l'étude des contractions de l'estomac et de leur propagation le long du tube digestif. Sur une pellicule de 3 centimètres de largeur et de 75 centimètres de longueur, on a pris 10 radiographies successives à intervalles réguliers. Le châssis est protégé par une plaque de plomb de 3 millimètres d'épaisseur contre la pénétration des rayons X. Dans cette plaque est ménagée une ouverture de 2 centimètres sur 5, devant laquelle on place l'animal à étudier. Une seconde plaque de plomb, placée à l'intérieur du châssis, protège la portion impressionnée de la pellicule. On opère en pleine lumière, le châssis étant fermé par un volet de bois que traverse facilement les rayons X. Le châssis étant fixé en face de l'ampoule, on ferme le circuit à intervalles réguliers pendant une seconde; dans le temps qui s'écoule entre la prise de deux radiographies successives, à l'aide d'une manivelle, on enroule la pellicule sur un axe de façon à la faire avancer de la longueur voulue devant les fenêtres de la lame de plomb. Une image est radiographiée toutes les 10 secondes.

Cannon a étudié à l'aide des rayons Rœntgen les mouvements de l'intestin. Pour cela, il donnait à manger à un chat des aliments contenant du sous-nitrate de bismuth. L'ombre des aliments contenus dans les voies digestives se dessine sur l'écran fluorescent.

Cannon a vu ainsi les mouvements péristaltiques de l'estomac et de l'intestin grêle, la segmentation rythmique des aliments dans l'intestin grêle et les mouvements antipéristaltiques au voisinage du gros intestin. Les figures, mises dans un zootrope, montrent très bien ces différents processus.

Carvallo a construit un appareil chronophotographique pour l'étude des mouvements de l'appareil digestif à l'aide des rayons X.

IV. Les appareils qui servent à l'enregistrement des mouvements de l'intestin s'appellent *entérographes*.

On peut étudier les contractions de l'intestin en introduisant dans une anse intestinale une ampoule en caoutchouc qui communique par un tube de transmission avec un tambour enregistreur de Marey.

L'ampoule est comprimée par les mouvements de l'intestin; ces déformations de l'ampoule sont enregistrées par le levier du tambour.

Les *entérographes* de Legros et Onimus, d'Engelmann (1871), sont semblables aux sondes cardiographiques de Marey.

Edmundes (1898) a étudié les mouvements de l'intestin à l'aide d'un appareil qui constitue une sorte de pléthysmographe intestinal. Cet appareil se compose d'un large entonnoir fermé par une membrane flexible, et rempli d'huile chaude. A l'aide d'une crémaillère, on pose avec soin la membrane de l'appareil sur l'intestin. L'entonnoir communique à l'aide d'un tube avec un tambour enregistreur (ou un piston-recorder).

Bayliss et Starling (1889) ont étudié les mouvements du gros intestin en y introduisant un ballon plein d'air, soit par les valvules iléo-cæcales, soit à travers une ouverture faite dans la paroi intestinale. Le ballon était mis en communication avec un piston-recorder.

Bunch (1899) a enregistré à l'aide du piston-recorder les mouvements longitudinaux de l'intestin.

New (1899) a enregistré aussi les mouvements longitudinaux de l'intestin.

Gowers (1877) a étudié les mouvemenls de l'anus à l'aide d'un appareil à transmission aérienne, ressemblant aux sondes cardiographiques de Marey.

V. Voici les procédés employés par Doyon (1893) pour étudier les contractions des voies biliaires : le canal cholédoque et la vésicule biliaire.

Pour l'étude des contractions du canal cholédoque, Doyon faisait passer par ce canal de l'huile sous pression constante. A l'aide de signaux électriques, il inscrivait la progression de la colonne liquide.

Pour l'étude des contractions de la vésicule biliaire, DOYON s'est servi d'une sorte de piston-recorder formé par une éprouvette pleine d'eau et ayant comme piston un flotteur en bougie qui, à l'aide d'une plume, formant levier, inscrivait les mouvements sur un cylindre. C'est un appareil analogue au *manomètre inscripteur universel de* LAULANIÉ.

VI. Pour étudier les phénomènes complexes qui constituent la *rumination*, TOUSSAINT a enregistré simultanément les mouvements de mastication, les variations de la pression de l'air dans les cavités nasales, les mouvements de la trachée, du thorax, de l'abdomen, de l'oreillette droite et du ventricule droit. Ces enregistrements ont été obtenus à l'aide de la transmission à air.

§ V. — *Enregistrement de diverses sortes de mouvements.*

I. Pour enregistrer les mouvements de la vessie, MOSSO et PELLACANI (1882) ont employé le procédé suivant :

Un cathéter ordinaire de femme se trouve en communication avec un tube en verre, qui, plié à angle droit, descend à un centimètre ou deux au-dessous du niveau du liquide contenu dans un grand verre. La branche verticale de ce tube se trouve placée dans l'axe d'une petite éprouvette, à parois très minces. Cette éprouvette est suspendue par des fils de soie à une poulie et se trouve maintenue en équilibre par un contrepoids qui porte une plume enregistrante, comme dans le pléthysmographe de Mosso. On comprend facilement le fonctionnement de ce dispositif : le tube et la vessie étant pleins d'eau, chaque contraction de la vessie se manifeste par une aspiration ou une expulsion de liquide dans l'éprouvette. Le vase dans lequel plonge l'éprouvette contient de l'eau alcoolisée. La surface du liquide du vase doit être sur le même niveau que la vessie de l'animal ou de l'homme.

GENOUVILLE (1894), dans ses recherches sur la contractilité vésicale, a fait usage d'un manomètre enregistreur à mercure avec flotteur muni d'un levier inscripteur qui trace ses mouvements sur un cylindre qui fait un tour en vingt-quatre minutes. Ce manomètre était mis en communication, par l'intermédiaire d'un tube plein d'eau boriquée, avec une sonde à double courant, introduite dans la vessie.

COURTADE et GUYON (1896) ont étudié et enregistré les mouvements de la paroi vésicale de la façon suivante. Ils ouvraient la vessie, dont le sommet, pincé par une grosse serre-fine, était relié par un fil à un tambour à air de MAREY, lequel était mis en communication avec un tambour enregistreur.

ENGELMANN (1869) a étudié les mouvements de l'urètre à l'aide d'un appareil analogue à la sonde cardiographique de MAREY.

II. Pour étudier les resserrements et les dilatations de la citerne lymphatique, GLEY et CAMUS (1894) ont eu l'idée de joindre au rhéographe un dispositif qui, comme dans l'appareil de MORAT, si heureusement appliqué par DOYON à l'étude des mouvements des voies biliaires, permet d'obtenir un écoulement constant.

De l'huile est introduite dans la citerne ; le niveau constant est obtenu à l'aide d'une cuvette, dont la surface suffisamment large permet de négliger les variations de hauteur du liquide. Deux canules sont introduites dans la citerne. La canule inférieure est reliée par un tube de verre au réservoir d'huile ; la canule supérieure est également reliée à un tube par lequel s'écoule l'huile qui, après avoir frappé la palette du rhéographe, peut être recueillie et mesurée à des intervalles de temps déterminés. Entre le réservoir à niveau constant et la citerne, est disposé un manomètre qui permet de contrôler les modifications dues aux changements de volume de la citerne.

GLEY et CAMUS ont remplacé plus tard le rhéographe par un manomètre enregistreur, à l'aide duquel ils enregistraient les variations de pression à l'intérieur de la citerne, après avoir supprimé la communication avec le réservoir d'huile.

Pour avoir cet enregistrement, on procède ainsi : une pince est placée sur la canule inférieure, la canule supérieure est reliée à une ampoule de baudruche contenue dans une ampoule de verre. L'ampoule est gonflée d'huile. Un manomètre à eau est relié à l'ampoule qui est remplie d'eau. La baudruche offre l'avantage, tout en étant extrêmement sensible, de n'être pas élastique comme le caoutchouc (cette élasticité introduit dans les expériences une cause d'erreur, puisqu'elle varie suivant le degré de distension et d'après les altérations produites par un contact plus ou moins prolongé avec l'huile qui attaque le caoutchouc).

La baudruche n'a d'autre rôle que celui de séparer l'huile de l'eau. Le manomètre est muni d'un flotteur en bougie, analogue à celui de LAULANIÉ.

Enfin, GLEY et CAMUS ont adopté un dispositif encore plus simple : un manomètre enregistreur rempli d'eau salée était mis en communication directement avec la citerne. Tout le système clos, citerne, canule, tube et manomètre, était rempli d'une solution physiologique.

Pour étudier les mouvements du canal thoracique, GLEY et CAMUS ont employé le procédé que MORAT a imaginé et dont s'est servi DOYON (1893) dans ses recherches sur la contractilité des voies biliaires.

III. ROY a enregistré graphiquement les variations de volume d'un fragment de vaisseau dans le but d'étudier l'élasticité des parois vasculaires.

Voici le procédé qu'il a employé :

Un petit morceau cylindrique, coupé dans un vaisseau sanguin, est fermé à l'une de ses extrémités, l'autre étant en communication avec un appareil de compression.

Ce petit fragment vasculaire est enfermé dans un récipient clos de toutes parts et rempli d'huile d'olive. La partie inférieure de ce récipient est percée d'un orifice cylindrique formant corps de pompe dans lequel peut se mouvoir un petit piston. Un système de fermeture spéciale assure l'étanchéité absolue du corps de pompe. La tige d'acier du piston est graduée; elle est reliée à un levier enregistreur. Toutes les variations de l'artère, provoquées par les variations de la pression interne, sont enregistrées fidèlement par le levier. Cet appareil est en somme le même que celui que ROY a employé dans ses recherches pléthysmographiques sur le cœur.

Les variations de pression dans l'intérieur du fragment vasculaire sont provoquées à l'aide de deux vases pleins de mercure qui communiquent entre eux par un tube plein aussi de mercure. Les vases contiennent du mercure jusqu'à la moitié de leur hauteur. La moitié du vase qui communique avec l'artère est remplie d'huile, comme l'intérieur de l'artère soumise à l'expérience.

Quand on déplace un vase, il résulte une variation de pression à l'intérieur de l'artère. La pression est mesurée à chaque instant par la différence de hauteur entre les deux vases. Si c'est le cylindre enregistreur lui-même qui règle le déplacement du vase, les abscisses de la courbe représentent par cela même les pressions.

Pour étudier l'élasticité d'un fragment longitudinal de paroi artérielle, ROY a employé le dispositif suivant :

L'extrémité inférieure du fragment artériel était accrochée à une sorte de levier enregistreur sur lequel pouvait se déplacer un poids, comme sur une balance romaine. Le déplacement du poids était commandé par le même mécanisme qui déplaçait la plaque sur laquelle le levier traçait une courbe. Les abscisses de la courbe ainsi obtenue sont donc proportionnelles aux tensions; et les ordonnées représentent les allongements de la paroi vasculaire.

IV. On peut étudier la pression qui existe dans les différentes cavités splanchniques comme on étudie la pression qui existe dans le cœur.

Des sondes manométriques, analogues aux sondes cardiaques, sont introduites dans l'œsophage, dans la rectum, etc. Ces sondes communiquent avec des tambours enregistreurs de MAREY.

LUCIANI, dans ses recherches sur la pression dans différentes cavités splanchniques, s'est servi d'une série de manomètres de FICK.

V. Pour déterminer la quantité absolue de salive fournie par chaque glande parotide, KAUFMANN (1888) a enregistré la pression latérale simultanément dans les deux canaux de Sténon à l'aide d'un tube en T dont la branche perpendiculaire communiquait par un tube rempli d'eau avec un manomètre enregistreur. De cette façon, il n'y a pas de perte de salive; de plus les tracés indiquent aussi le sens dans lequel se fait la mastication.

VI. On peut étudier à l'aide de la chronophotographie les mouvements d'une partie quelconque du corps, en la recouvrant d'un morceau de velours, et en fixant sur ce ond un point ou une tige qui suit les mouvements de la partie qu'on veut étudier. On obtient sur la plaque la trajectoire du mouvement étudié.

VII. Les mouvements d'ouverture de la coquille de la moule (*Mytilus edulis*) ont été étudiés par plusieurs physiologistes.

Fick, en 1863, dans son travail sur la physiologie des substances irritables, donne la description de l'appareil dont il s'est servi pour faire de telles recherches.

Pawlow (1885) a étudié aussi la même question en se servant d'un appareil semblable à celui de Fick. En voici la description :

Sur une planchette qui sert de support se trouve fixée une virole dans laquelle une tige d'acier peut être fixée à différentes hauteurs. Cette tige porte un levier à deux bras; ce levier est très léger. Le petit bras est mis en contact avec la moule, le long bras inscrit ses mouvements sur un cylindre enregistreur.

Dubois (R.) (1888) a pu mesurer, par la méthode graphique, les impressions lumineuses produites sur certains mollusques lamellibranches par des sources d'intensité et de longueurs d'ondes différentes. Il a fait ces recherches en étudiant et en enregistrant les mouvements du siphon des *Pholas dactylus*.

Pour enregistrer les mouvements des cils vibratiles, Engelmann, en 1877, a construit deux appareils spéciaux qu'il a appelés *Flimmeruhr* et *Flimmermühle*, dans lesquels les cils vibratiles, par l'intermédiaire d'un index, font tourner un axe qui porte des contacts électriques. La fermeture et l'ouverture de ces contacts font jaillir des étincelles entre un cylindre enregistreur et une plume métallique qui se trouve sur sa surface. On évalue la vitesse angulaire de rotation de l'axe que font tourner les cils d'après la distance qui se trouve entre les traces laissées par les étincelles sur la surface enregistrante. L'aiguille métallique qui est sur le cylindre inscrit les oscillations d'un pendule. On a ainsi, sur la même ligne, le temps et les signaux des contacts électriques.

Physalix (1892) a appliqué la méthode graphique dans ses recherches sur les mouvements des chromatophores des céphalopodes. Pour cela, il s'est servi d'un procédé semblable à celui qu'avait employé François-Franck pour inscrire les mouvements de l'iris (1887), au moyen de deux tambours conjugués dont l'un inscrit sur le cylindre enregistreur les pressions exercées sur l'autre par le doigt.

Pendant que l'œil suit à la loupe le mouvement d'un chromatophore, avec le doigt appliqué sur le bouton du tambour transmetteur, on cherche à imiter, aussi exactement que possible, par les pressions exercées, le phénomène que l'on observe. On arrive ainsi à obtenir des tracés qui ont une grande ressemblance avec ceux de la contraction musculaire.

X

Chaleur et Électricité.

§ I. — *Enregistreurs de calorics.*

Les appareils de mesure de la chaleur dégagée par les animaux peuvent être transformés en appareils enregistreurs. Voici la description de quelques dispositifs employés par d'Arsonval à cet effet :

1) L'eau sortant du régulateur d'écoulement, après son passage dans le calorimètre, est reçue dans un grand vase cylindrique. Ce récipient est muni d'un flotteur qui agit

sur un levier muni d'une plume qui trace ses mouvements sur un cylindre enregistreur vertical. La quantité d'eau écoulée donne la mesure de la chaleur produite dans le calorimètre. Il est facile de régler la longueur du levier de façon que chaque millimètre du papier représente une ou plusieurs calories.

2) L'eau sortant du calorimètre tombe dans un entonnoir et se rend au réservoir à flotteur qui se remplit peu à peu pendant que la plume marque les phases de la variation de niveau. Quand le récipient a reçu 500 grammes d'eau, la plume a parcouru toute la hauteur du cylindre enregistreur. A ce moment le récipient se vide automatiquement par un mécanisme composé de deux tubes fonctionnant à la manière du siphon qu'on trouve dans le vase de Tantale. La plume retombe ainsi au zéro du cylindre à tous les 500 grammes écoulés. Pour assurer l'amorçage du siphon, l'appareil est muni d'un électro-aimant, qui agit de la façon suivante : Le levier enregistreur porte un contact en platine; la palette de l'électro-aimant, réglée par une vis, en porte un second. Quand le vase a reçu juste 500 grammes de liquide, le contact vient toucher la palette et fermer ainsi le circuit. L'électro-aimant étant alors animé attire la palette et donne un coup brusque au flotteur, qui amorce ainsi automatiquement le siphon. Le récipient se vide alors rapidement et le contact se trouve rompu par suite de l'abaissement du levier, pour recommencer lorsque 500 autres grammes de liquide se seront emmagasinés. Ce dispositif permet d'enregistrer un grand volume d'eau sur une même feuille de papier.

3) Le *calorimètre différentiel enregistreur* de d'Arsonval (1886) se compose essentiellement de deux cloches métalliques légères suspendues à chaque extrémité d'un fléau de balance équilibré. Chaque cloche plonge dans un réservoir plein d'eau, portant un tube central qui dépasse le niveau de l'eau et qui, s'engageant sous la cloche correspondante, la transforme en un petit gazomètre d'une mobilité extrême.

L'intérieur de chaque cloche est mis en rapport avec les calorimètres correspondants. Ou bien une des cloches est mise en communication avec un calorimètre, et l'autre avec un flacon plein d'air qui subit les changements de température extérieure de même que le calorimètre.

Les réservoirs d'eau communiquent entre eux par un tube latéral qui identifie leurs niveaux. Le fléau de la balance porte un levier terminé par une plume à encre donnant un tracé sur un cylindre vertical qui fait un tour en 24 heures. En faisant varier la capacité des cloches, on peut obtenir telle sensibilité qu'on désire. On règle la longueur du levier inscripteur, d'après l'amplification qu'on désire avoir. Les ordonnées des courbes expriment des calories; les abscisses, des heures.

4) Pour inscrire sous forme de courbe continue les indications du manomètre différentiel à eau de son calorimètre, d'Arsonval a employé un dispositif analogue à celui qu'a imaginé Marey pour son loch enregistreur.

Les deux branches du manomètre, dont l'une est en relation avec l'enceinte annulaire du calorimètre, et l'autre avec un grand flacon à air (témoin), sont terminées chacune par une capsule métallique que clôt une membrane de caoutchouc. Ces deux membranes sont reliées entre elles par une traverse rigide qui fait mouvoir un levier, dont la pointe trace une courbe sur le cylindre.

5) Le calorimètre et le réservoir compensateur sont reliés à deux tubes manométriques de même calibre, plongeant dans des vases placés sur les plateaux d'une balance de Roberval. Les tubes sont indépendants de la balance, grâce à des supports spéciaux. Le fléau porte un levier muni d'une plume qui inscrit son déplacement sur un cylindre enregistreur. Si, avant l'expérience, on a inspiré le liquide jusque vers le milieu des tubes, la balance inscrira la différence de hauteur dans les deux colonnes manométriques.

6) L'anémo-calorimètre a été transformé en calorigraphe (1894) par d'Arsonval de la façon suivante : le mouvement du moulinet, dont la vitesse varie avec le tirage, donc avec la chaleur dégagée dans le calorimètre, est transmis à un compteur de tours, qu'on embraye à volonté. Sur ce compteur se trouve un contact électrique. A chaque tour du compteur, le courant est fermé quand l'aiguille passe au zéro. Le courant actionne un électro-aimant qui fait monter d'un cran une plume imprégnée d'encre, et qui laisse sa trace sur un cylindre enregistreur. On obtient ainsi une courbe qui totalise les

révolutions de l'anémomètre, et dont l'inclinaison, variable sur la ligne du temps, donne à chaque moment la vitesse du moulinet, donc la chaleur produite par le sujet dans le calorimètre. Quand il y a eu 100 fermetures de courant, c'est-à-dire 100 tours de l'anémomètre, la plume retombe brusquement au bas du cylindre, et l'ascension recommence. (Dispositif de l'*anémomètre enregistreur* de la maison Richard.)

§ II. — *Enregistreurs des phénomènes électriques.*

I. Pour mesurer et pour enregistrer les variations électriques des tissus vivants, les physiologistes ont employé deux sortes d'appareils : 1° l'*électromètre capillaire* de Lippmann, et 2° le *galvanomètre*.

Pour les usages ordinaires, et surtout quand il s'agit d'observer des phénomènes lents, peu importe le type de l'instrument, pourvu que sa sensibilité puisse être facilement déterminée et réglée. Pour les phénomènes rapides, le galvanomètre d'Einthoven est préférable à tout autre instrument, y compris l'électromètre capillaire de Lippmann.

A part ces deux méthodes directes d'enregistrement, que nous décrirons avec quelques détails, on a employé aussi la méthode indirecte de Guillemin qui permet de tracer point par point la forme de l'onde électrique. Cette méthode a été introduite en physiologie par Bernstein, qui a étudié à l'aide de son rhéotome différentiel les variations négatives des nerfs et des muscles. Marey l'a employée aussi pour inscrire la durée de la décharge électrique de la torpille, en se servant d'un muscle de grenouille comme moyen de signaler l'existence de cette décharge, qu'il explorait à des instants successifs, après l'excitation d'un nerf électrique de la torpille. Hermann a donné une grande extension à cette méthode qu'il appelle *rhéotachygraphie*.

II. Pour avoir d'une façon grossière l'inscription directe de l'intensité de la décharge électrique de la torpille, Marey a modifié le signal de Deprez de la façon suivante : il a mis entre l'armature et le fer doux de l'électro-aimant une pièce compressible, à élasticité variable (un fil de caoutchouc), qui, s'écrasant en raison de l'intensité de l'attraction magnétique, permet au style inscripteur de faire des excursions d'une étendue plus ou moins grande ; de sorte que l'intensité du courant qui traverse l'appareil se trouve traduite par l'étendue des mouvements tracés par le style. Plus le fil de caoutchouc est pressé et tendu, moins il est extensible, plus il offre donc de résistance au rapprochement de l'armature de fer doux. Le signal électrique ainsi modifié a été appelé par Marey *rhéographe*.

III. L'enregistrement des indications données par l'électromètre capillaire de Lippmann a été fait pour la première fois par Marey (1876).

Avant de décrire le dispositif employé dans ce but par Marey, nous donnerons quelques brèves indications sur ce précieux et ingénieux appareil. L'électromètre capillaire de Lippmann est basé sur la propriété qu'a l'électricité de modifier les phénomènes de capillarité et de changer la hauteur à laquelle s'élève un liquide à l'intérieur d'un tube capillaire. Le liquide, dans l'appareil de Lippmann, consiste en une petite colonne de mercure qui se déplace dans un sens ou dans l'autre suivant l'augmentation ou la diminution de la tension électrique à laquelle l'appareil est soumis. Le mercure est placé dans un long tube de verre vertical terminé par une pointe effilée. Cette pointe trempe dans un vase de verre contenant de l'eau acidulée et au fond duquel il y a une goutte de mercure. Quand on met en communication le mercure du tube et la goutte de mercure du vase avec une source d'électricité, le niveau auquel s'arrête le mercure dans la pointe effilée change. Cette variation de niveau est observée à l'aide d'un microscope à réticule.

La mesure de la variation de potentiel électrique indiquée par le changement de niveau du mercure est donnée par un manomètre indiquant la pression qu'il faut exercer sur le mercure du tube effilé pour faire équilibre à la pression électrique, et par conséquent pour ramener le niveau du mercure de la pointe au zéro.

L'électromètre employé pa MAREY se compose d'une capsule de fer, fermée par en haut par une membrane d'acier, et se continuant par un manchon de fer avec un tube capillaire. Le tout est rempli de mercure. Le tube capillaire est creusé dans un tronçon de tube de verre épais, présentant sur un de ses côtés une facette plane et parfaitement polie, à travers laquelle la colonne de mercure apparaît comme une ligne extrêmement lumineuse. C'est au moyen d'une vis de pression agissant sur la membrane d'acier qu'on amène le niveau de la colonne capillaire en face de l'objectif d'un microscope. Cette vis de pression remplace le poids de la haute colonne de mercure de l'appareil de LIPPMANN. En mettant une plaque dépolie à l'oculaire du microscope, on y voit une image réelle de la colonne de l'électromètre. En remplaçant cette plaque de verre par une plaque sensible animée d'un mouvement de translation perpendiculaire au mouvement de l'électromètre, on a la courbe de la variation électrique observée.

La colonne mercurielle est vivement éclairée par la lumière solaire concentrée par

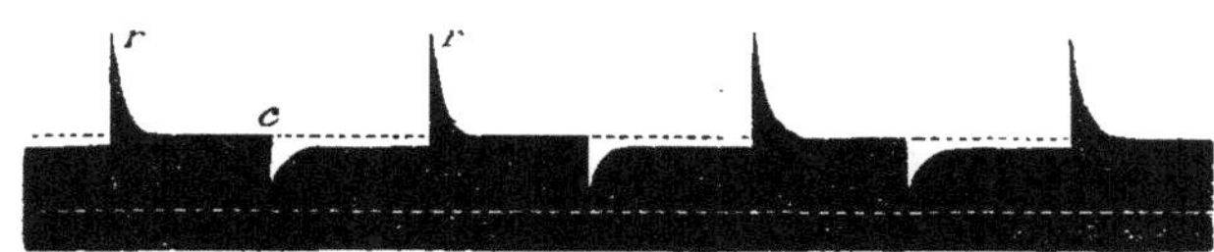

FIG. 17. — Photographie des courants induits de rupture (r) et de clôture (c) obtenue avec l'électromètre capillaire (MAREY).

une lentille. L'image de la colonne mercurielle est amplifiée très faiblement, afin de ne pas diminuer son intensité lumineuse; elle apparaît sur la plaque de verre dépoli comme une strie transversale, qu'on met bien au point avant de la photographier. La chambre noire, qui contient la plaque sensible, glisse sous l'action bien uniforme d'une vis que fait tourner un rouage muni d'un régulateur FOUCAULT.

v. FLEISCHL (1879) a étudié divers points de la construction et de l'emploi de l'électromètre capillaire; ainsi il a étudié l'influence des résistances, l'influence des courants induits, etc.

SANDERSON et PAGE (1879-1881) ont enregistré les oscillations de la colonne mercurielle sur une plaque se déplaçant verticalement sous l'influence d'un mouvement d'horlogerie, tandis que le tube capillaire était placé dans une fente horizontale et était éclairé par derrière. De cette façon la colonne mercurielle, s'opposant au passage de la lumière, apparaît sur les épreuves positives en noir. Plus tard, SANDERSON a remplacé le mouvement vertical par un mouvement horizontal de la plaque en face d'une fente verticale; de cette façon le mouvement de la plaque était plus uniforme. Enfin la plaque sensible a été fixée à un pendule bien équilibré, pour avoir une vitesse de déplacement de la plaque dix fois plus grand qu'avec les dispositifs précédents. Un signal et un diapason faisant 500 vibrations par seconde, placés derrière la fente verticale qui se trouve en face de la surface sensible, projettent leur ombre sur cette surface.

Pour obtenir les photogrammes des mouvements de la colonne mercurielle de l'électromètre, EINTHOVEN a employé le dispositif suivant : une fente de 2/10 de millimètre et une lentille cylindrique placée devant cette fente; cette lentille donnait sur la surface sensible une ligne lumineuse de 0,1 de millimètre, environ; un microscope composé, muni d'une vis micrométrique. — La pointe capillaire de l'électromètre était portée par un même appareil micrométrique, sur le même bâti que le microscope; cet appareil micrométrique permettait d'avoir un mouvement lent dans les trois directions de l'espace. Le microscope possédait un condensateur ZEISS. En arrière de ce condensateur (à $0^{m}.25$) se trouvait placé un diaphragme iris. Sur ce diaphragme était projetée l'image du charbon positif d'une lampe à arc, à l'aide d'une lentille concentrant elle-même la lumière du grand condensateur de la lanterne. — Tout le système flottait sur un bain de mercure, pour éviter l'effet des ébranlements sur la colonne mercurielle. — Le mouvement de la plaque sensible, contenue dans un châssis très compliqué, était obtenu au moyen d'un moteur électrique entraînant par friction le chariot porte-plaque

Einthoven a pu photographier 3 840 déplacements de la colonne mercurielle par seconde, provoqués par des courants alternatifs dont l'intensité variait continuellement. — Les interruptions du courant inducteur étaient provoquées par un diapason effectuant 1 920 vibrations doubles par seconde.

Einthoven a fait l'analyse détaillée des électrodiagrammes obtenus à l'aide de l'électromètre capillaire : il a défini la « courbe normale », obtenue au moyen d'une charge constante de mercure et d'un potentiel invariable. Il a vu que la vitesse du mouvement de la colonne mercurielle est proportionnelle à la force poussante; s'il y a des variations brusques et importantes du potentiel, cette proportionnalité n'existe plus; car la vitesse est proportionnelle non au potentiel absolu, mais à la différence de deux potentiels successifs. La loi de proportionnalité varie avec cette différence. La vitesse du mouvement de la colonne mercurielle dépend dans une faible mesure de la résistance du circuit. La forme de la courbe d'ascension varie avec la résistance interposée dans le circuit. — Comparant les courbes obtenues quand il y a des résistances variables intercalées dans le circuit avec les « courbes normales », Einthoven a pu constater, au moyen de mesures spéciales très précises, un retard dans les indications de l'électromètre d'autant plus grand que la résistance du circuit est plus grande. Le rapport entre ce retard et l'accroissement de résistance peut dans certains instruments avoir une valeur proportionnelle à l'accroissement de résistance. Il n'en est pas toujours ainsi. — On peut, néanmoins, au moyen de certaines corrections, mesurer la différence de potentiel vraie correspondant à chaque point de la courbe.

Einthoven a spécialement étudié les variations du potentiel électrique du cœur à l'état normal et pathologique, il a donné une méthode au moyen de laquelle on peut déduire de l'électrocardiagramme enregistré la valeur des véritables variations de potentiel du cœur.

Pour étudier les phénomènes électriques du cœur de chien, Fredericq (1887) a employé un électromètre capillaire, construit par lui sur le modèle décrit par Loven (*Nord. Med. Arch.*, 1879, XI, n° 14).

Deux tubes en *T* entrent à frottement l'un dans l'autre par leurs branches horizontales. Un petit bout de caoutchouc les maintient réunis. Les tubes emboîtés l'un dans l'autre sont fixés sur une plaque d'ébonite qu'on met sur la platine d'un microscope. Une fenêtre dans la plaque laisse passer la lumière du miroir. Le plus étroit des deux tubes est rempli de mercure purifié avec soin. La branche horizontale étirée en capillaire constitue la partie principale de l'instrument. L'autre tube en *T*, plus large, est rempli d'eau légèrement acidulée. La branche verticale est recourbée inférieurement en *U*. Une petite colonne de mercure occupe les environs de la courbure. Un fil de platine plonge dans ce mercure; l'autre électrode plonge dans la branche verticale de l'autre tube plein de mercure.

Quand un courant électrique traverse le capillaire, il y a un déplacement de la colonne mercurielle, dont le ménisque s'arrête dans une nouvelle position d'équilibre. Le sens du courant est indiqué par le sens du déplacement. L'inertie de la masse de mercure en mouvement est très faible : aussi l'instrument fonctionne-t-il sans temps appréciable et d'une façon absolument apériodique.

Pour déterminer la valeur absolue d'une force électromotrice, on relie le tube qui porte le capillaire avec l'électrode négative, et l'eau acidulée avec l'électrode positive. Le courant circule alors de l'eau acidulée vers le capillaire et tend à faire rentrer la colonne mercurielle dans le capillaire. Pour le ramener au point *O* d'où l'on était parti, et d'où le courant électrique l'a déplacé, on exerce sur le mercure une contre-pression supplémentaire. Il y a proportionnalité rigoureuse entre la force électromotrice qui a déplacé le ménisque mercuriel, et la contre-pression qui amène ce ménisque mercuriel au zéro et dont l'action mécanique fait équilibre à celle de la force électro-motrice. La contre-pression doit s'exercer au moyen d'un appareil à pression muni d'un manomètre qui agit sur l'extrémité supérieure ouverte du tube rempli perdu de mercure.

Ce dispositif n'est pas nécessaire quand il s'agit, non de mesurer la force électromotrice du cœur, mais de déterminer les phases de sa variation électrique et leur correspondance exacte avec les phases de la pulsation cardiaque.

L'*électromètre* qui a servi à l'inscription photographique (Fredericq) diffère un peu de celui qui a servi aux observations microscopiques :

Soit une plaque d'ébonite présentant une fenêtre transformée en cuve à face parallèle par l'adjonction de glaces minces fixées aux deux faces de la plaque d'ébonite. La cuve est remplie aux trois quarts d'eau légèrement acidulée par l'acide sulfurique. Dans cette eau plonge d'une part le capillaire de l'électromètre, et d'autre part, un tube faisant office de seconde électrode. La courbure inférieure de ce tube contient du mercure.

L'électromètre est introduit dans la lanterne à projection de Duboscq, munie d'un objectif, comme s'il s'agissait d'obtenir l'image d'une préparation microscopique. Le capillaire est illuminé par la lumière électrique d'une lampe à arc. Pour empêcher l'échauffement des lentilles de l'appareil, la lumière traverse au préalable une solution d'alun. La lanterne est placée devant une cloison percée à la hauteur du foyer électrique et du capillaire de l'électromètre d'une fente rectangulaire horizontale qu'un écran peut obstruer à volonté.

L'image du tube capillaire est reçue sur un cylindre enregistreur de Ludwig recouvert de papier sensible, placé dans une caisse de bois noircie, placée elle aussi dans une chambre noire photographique. La caisse placée devant la fente de la muraille porte elle-même une seconde fente horizontale étroite que l'on peut rétrécir à volonté, et qui permet à un fin liséré lumineux, découpé dans la partie axiale de l'image du capillaire, de venir agir sur le papier sensible. La fente a 55 millimètres de long; sa largeur est inférieure à 1/4 de millimètre. Sur l'une des extrémités de la fente on projette l'image du tube capillaire. L'autre extrémité de la fente est réservée pour l'inscription du temps. Une petite horloge à secondes est placée de telle façon que la lentille du balancier à chaque excursion projette le bord de son ombre sur l'extrémité de la fente. On a ainsi l'inscription des demi-secondes. L'espace libre de la partie moyenne de la fente sert à prendre le tracé simultané, soit de la pulsation carotidienne, soit de la pulsation ventriculaire. Le cylindre enregistreur s'arrête de lui-même, dès qu'il a accompli une révolution complète.

On obtient sur le papier un négatif, c'est-à-dire que le fond éclairé apparaît sombre; les ombres laissent au contraire un trait éclairé.

Martius (1884) a observé les mouvements de la colonne mercurielle de l'électromètre capillaire à l'aide de la méthode stroboscopique, et a constaté la parfaite, apériodicité de cet appareil pour 100 oscillations par seconde.

Pour faire des observations stroboscopiques, on place devant la pointe capillaire un petit carré de papier blanc (d'un cm. qu.) collé à l'extrémité du levier d'un signal électromagnétique (le signal de Pfeil, par exemple). Quand un interrupteur agit sur ce signal, le petit carré de papier blanc, commençant à osciller, apparaîtra comme une surface blanche fixe entourée d'une bordure grise. A travers cette bordure grise supérieure ou inférieure on peut apercevoir le ménisque de la colonne mercurielle de l'électromètre capillaire. Quand un même interrupteur agit sur l'électromètre capillaire et sur le signal, le ménisque paraît immobile. Il n'en est plus de même quand le nombre des oscillations de la colonne mercurielle et du petit carré blanc est différent, étant provoquées par des interrupteurs différents. Le nombre des oscillations apparentes du ménisque de la colonne mercurielle est égal à la différence des nombres d'oscillations provoquées par les deux interrupteurs.

Du Bois-Reymond (1897) a fait aussi d'importantes recherches au moyen de l'électromètre capillaire ; pour obtenir des photogrammes, il projetait l'image du tube capillaire sur une plaque sensible, au moyen d'un miroir tournant. Cette méthode de projection a été employée aussi par Bernstein et Tschermak (1902).

Schenck (1896) a vu, contrairement à Marey et Fleischl, que les courants induits de rupture et de fermeture ont un effet identique sur l'électromètre capillaire.

Samojloff (1900) a vu que le courant induit de fermeture provoque une plus grande oscillation de la colonne mercurielle que le courant d'ouverture. Si l'indication à la rupture est moins forte, c'est que la durée du courant est trop petite pour que l'instrument ait le temps d'atteindre son niveau, bien que le potentiel produit soit plus élevé.

A propos de l'étude des courants induits à l'aide de l'électromètre capillaire, Hermann a fait remarquer que les courbes données par Marey ont une durée d'un quart ou d'un tiers de seconde, tandis que la durée du courant d'induction se compte la plupart du temps par millièmes de seconde, ce qui montre que l'électromètre capillaire n'est pas fidèle.

IV. La première description de l'enregistrement des déviations de l'aiguille aimantée du galvanomètre est due à Tarchanoff (1889). Mais, longtemps avant lui, Hermann avait photographié les variations électriques du cœur de la grenouille à l'aide d'un galvanomètre à miroir, et au moyen de la méthode d'enregistrement que plus tard (1889) il a appliquée à ses recherches phonophotographiques. Cette méthode est la suivante : L'image d'une fente verticale éclairée est renvoyée par le miroir du galvanomètre sur une plaque noircie présentant une fente horizontale à l'aide d'une lentille légèrement convexe placée en face du miroir du galvanomètre. Derrière la fente horizontale, un cylindre recouvert d'une feuille de papier sensible tourne autour de son axe horizontal.

Comme le galvanomètre, à cause de l'inertie de l'aiguille aimantée, ne peut pas suivre fidèlement les variations du courant étudié, Hermann, dans ses expériences de

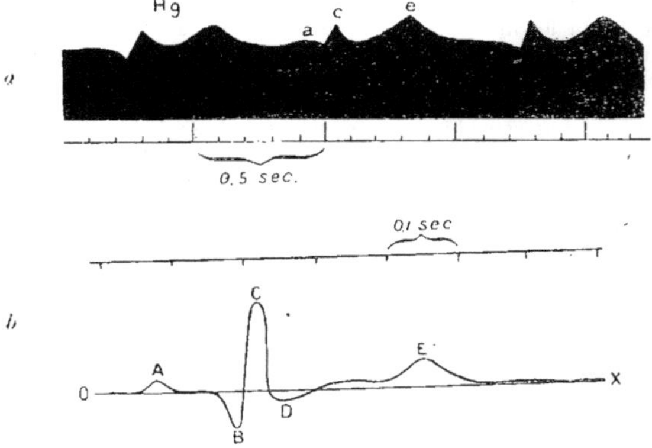

Fig. 18. — *a*. Électrocardiogramme normal de l'homme. Dérivation de la main droite au mercure et de la main gauche à l'acide sulfurique de l'électromètre capillaire de Lippmann. — *b*. Construction d'une courbe corrigée pour une seule systole cardiaque. Les majuscules et les minuscules se correspondent dans les deux figures (Waller).

rhéotachygraphie, a employé un *rhéotome* spécial, qui n'est qu'une modification du rhéotome différentiel de Bernstein. A l'aide de cet appareil on détermine point par point la forme de la variation électrique qu'on veut étudier en photographiant les déviations de l'aiguille aimantée correspondant aux phases analogues de la variation électrique.

Nous renvoyons aux mémoires d'Hermann pour la description des dispositifs qu'il a employés dans ses recherches galvanométriques, et pour la discussion concernant les avantages et les inconvénients des galvanomètres. Nous donnerons ici la description du dispositif pratique employé par A. Waller dans ses recherches galvanométriques et galvanographiques.

D'après Waller, le type du galvanomètre qu'on emploie importe peu, pourvu que sa sensibilité soit facilement reconnue et réglée. Dans ses recherches la sensibilité du galvanomètre était telle que 0,001 volt sur un circuit de 1 000 000 ohms de résistance donnait un déviation de 10 centimètres sur une échelle de 2 mètres.

Waller estime qu'il faut employer deux galvanomètres quand on veut avoir l'enregistrement photographique ; l'un des galvanomètres placé dans le laboratoire avec son échelle transparente sur la table d'expérience sert d'indicateur ; l'autre, placé à distance dans une chambre obscure et tranquille, sert d'enregistreur. L'étalonnage de l'enregistreur doit se faire sur une plus petite échelle que celui de l'indicateur. Un rapport avantageux entre les deux échelles est de 1 à 10, c'est-à-dire qu'un millimètre d'ordonnée sur l'enregistreur équivaudra au centimètre sur l'indicateur. Ce rapport peut être obtenu approximativement en prenant une distance d'environ 50 centimètres entre l'échelle et le galvanomètre inscripteur, et en « *shuntant* » celui-ci.

La plaque sensible, placée dans un châssis photographique suspendu par un fil à un mouvement d'horlogerie, descend verticalement dans une boîte haute de 50 centimètres. La paroi antérieure de cette boîte porte l'échelle et une fente horizontale d'une largeur environ de 0,5 millimètre. Les déviations de l'image du miroir du galvanomètre s'inscrivent latéralement sur la ligne de la fente horizontale. Une sonnerie électrique sert d'avertisseur quand la plaque a complété sa descente. Un chronographe et un signal avertisseur du début et de la fin d'une excitation peuvent s'adapter à l'appareil.

Le maximum de la vitesse de la plaque est de 5 millimètres par seconde; d'ordinaire, une vitesse de 2,5 millimètres par minute est suffisante, vu la lenteur des oscillations du galvanomètre qui ne permet pas d'enregistrer des phénomènes très rapides, comme par exemple le temps perdu de la variation d'un courant musculaire. Le galvanomètre ne se prête qu'à l'enregistrement des phénomènes relativement prolongés ou répétés à intervalles réguliers.

Les dimensions de la plaque sensible étant d'ordinaire de 9×12 centimètres, on peut inscrire facilement une série de déviations dont l'amplitude varie entre 1 et 5 centimètres, sur 10 centimètres de longueur au moins; ce qui donne pour les vitesses précitées de déplacements de la plaque, une durée d'expérience de 40 minutes et de 40 secondes.

On peut avoir, simultanément, l'enregistrement des réactions électriques du muscle et la série correspondante des contractions musculaires. A cet effet, Waller adapte à l'appareil précédent un chariot portant une plaque enfumée et rattachée au châssis suspendu qui contient la plaque sensible. Le fil suspenseur de celui-ci passe autour de l'axe du moteur et de deux petites poulies, pour être rattaché au chariot de la plaque enfumée, lequel est alors animé d'un mouvement horizontal correspondant au mouvement vertical de la plaque sensible. Sur la plaque enfumée s'inscrivent, à l'aide d'un myographe ordinaire, les contractions musculaires, tandis qu'on enregistre sur la plaque sensible les indications du galvanomètre qui peuvent représenter, soit des variations électriques du muscle et du nerf, soit des variations d'échauffement du muscle.

Les déviations d'un galvanomètre n'ont de valeur que si l'on tient compte de la sensibilité de l'instrument et de la résistance ou de la conductibilité du circuit dans lequel est placé l'objet en expérience. Le moyen le plus expéditif pour obtenir cette donnée essentielle est d'observer ou d'enregistrer une déviation étalon provoquée par un voltage connu lancé dans le circuit.

Au cours d'expériences préliminaires, on prend connaissance des déviations qui se présentent, et on règle en conséquence le galvanomètre, afin de maintenir ces déviations dans les limites de l'échelle. Ce réglage se fait au moyen d'un « *shunt* » variable permettant de soustraire au circuit du galvanomètre une fraction appropriée d'un courant total. L'ensemble des appareils qui servent à fournir les déviations étalons et à contre-balancer et à mesurer les courants propres ou accidentels de l'objet en expérience s'appelle *compensateur*.

Le *compensateur*, sous sa forme la plus simple, et bien suffisamment exacte pour tout usage ordinaire, se compose d'un élément Leclanché relié à deux résistances variables r et R qui fonctionnent comme numérateur r et dénominateur $r+R$ d'une fraction déterminée de volt.

Mettons, par exemple, que l'élément a 1,4 volt, et que la résistance du dénominateur R soit égale à 14 000 ohms, la résistance r du numérateur, comptée en ohms, donnera aux deux points, positif et négatif, un voltage compté en dix-millièmes. Ainsi $r=10$ donnera un voltage égal à 0,001 volt; $r=100$ donnera 0,01 volt.

Il est évident que cette méthode n'est qu'approximative. Un élément Leclanché n'a pas exactement 1,4 volt; la fraction de voltage n'est pas $\frac{r}{R}$, mais $\frac{r}{R+r}$; la résistance intérieure de l'élément n'est pas comptée. L'approximation peut pourtant être considérée comme suffisante. En pratique courante, il est fort avantageux d'avoir un compensateur-étalon fournissant 0,01, 0,001 et 0,0001, indépendant du compensateur proprement dit.

Dans l'ensemble du dispositif employé par WALLER, nous devons encore citer la bobine d'induction de DU BOIS-REYMOND, qui sert à exciter l'objet en expérience, muscle, nerf, ou autre. Cette bobine est désignée sous le nom d'*excitateur*.

Pour l'usage habituel du galvanomètre, il est essentiel que le circuit soit établi

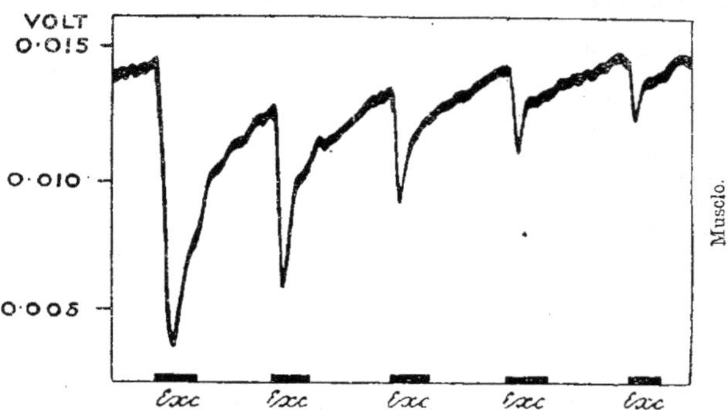

FIG. 19. — Variations négatives du muscle excité cinq fois par des excitations tétanisantes d'une minute de durée (WALLER).

d'avance d'après un plan déterminé permettant une vérification rapide des directions d'excitation et de réaction. Cette condition essentielle, WALLER l'effectue le plus simplement au moyen d'un clavier à plusieurs paires de bornes auxquelles sont rattachées les parties constitutives du circuit normal. Chaque partie de ce circuit est contrôlée par une fiche, bouchant ou débouchant l'intervalle entre la paire de bornes appropriées. Deux commutateurs, l'un dans le circuit excitateur, l'autre dans le circuit compensateur, sont disposés de façon à diriger le courant compensateur dans le sens voulu. Une simple clef interruptrice est disposée dans le circuit principal du compensateur.

Parmi les galvanomètres, celui qui correspond le mieux aux besoins de l'électrophy-

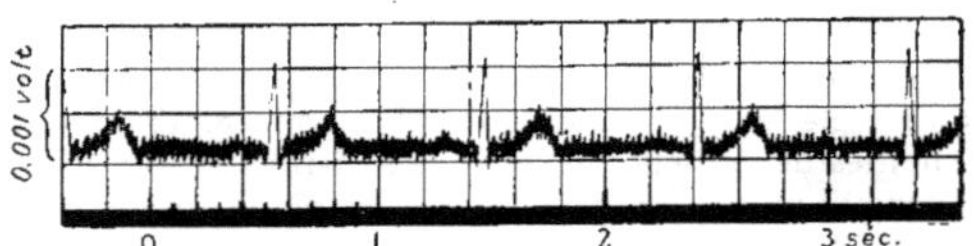

FIG. 20. — Électrocardiogramme inscrit au moyen du galvanomètre d'EINTHOVEN.

siologie, c'est le *galvanomètre* d'EINTHOVEN (1903) : le *galvanomètre à corde.* Cet appareil se compose d'un fil de quartz, argenté, tendu entre deux bornes, dans un champ électro-magnétique très puissant (25 000 unités C.-G.-S., et même davantage). Un courant très faible fait dévier ce fil; il tend à s'échapper du champ magnétique en se mouvant normalement aux lignes de forces parcourant ce champ. La déviation est plus ou moins considérable suivant la tension du fil; celle-ci est variable au moyen d'une vis micrométrique avec indicateur et cadran. Les mouvements du fil sont amplifiés (multiplication de 6 à 700 diamètres) par un microscope à projection. On obtient sur l'écran un disque lumineux traversé par une ligne noire qui est l'image du fil se mouvant, soit sur une échelle horizontale, soit sur une fente horizontale (dans nue chambre noire) derrière laquelle se meut une plaque photographique.

Un deuxième microscope sert à condenser la lumière sur le fil; les objectifs des deux microscopes traversent les deux électro-aimants.

La partie essentielle de ce galvanomètre, c'est sa partie mouvante, l'équipage, qui est réduit à un seul fil, dont la longueur est de 15 centimètres, et le poids d'une petite fraction de milligramme. La rapidité de ses oscillations est supérieure à celles de l'électromètre de LIPPMANN. Sa sensibilité est très grande. Elle est de 1×10^{-12} ampères.

Sur la même plaque sur laquelle on photographie l'image grossie du fil du galvanomètre, on photographie aussi, simultanément, d'après la méthode de GARTEN, la projection d'un système de coordonnées. L'axe des abscisses est donné par une plaque portant des divisions millimétriques; les ordonnées par un disque tournant portant des raies; le disque, tournant uniformément, intercepte la lumière venant de la fente.

XI

Balances enregistrantes.

Tous les appareils inscripteurs des changements de poids se mettent spontanément en équilibre avec le poids du corps en expérience. Tantôt cet équilibre est obtenu par l'immersion plus ou moins prononcée d'un flotteur qui sert de contrepoids; tantôt par le simple changement d'inclinaison de la balance; tantôt enfin par la tension variable d'un ressort analogue à celui d'un peson.

1) On peut avoir une balance enregistrante en prenant une balance de ROBERVAL et en inscrivant à l'aide d'un dispositif très simple les mouvements d'un de ses plateaux. C'est ainsi qu'est formée la balance enregistrante construite par RICHARD.

2) L'appareil enregistreur des variations du poids de SALLERON est une balance dont la dénivellation des plateaux est proportionnelle à l'inégalité des poids. Cette dénivellation amplifiée s'inscrit sur un cylindre enregistreur.

3) Il y a des balances dont le fléau porte une longue tige avec une plume inscrivante. Celle-ci inscrit, à l'aide d'une plume à encre, les inclinaisons du fléau, très amplifiées, sur un cylindre enregistreur placé horizontalement à la base de la colonne support.

CH. RICHET (1886) a fait construire, pour les besoins de la physiologie, une telle balance qui donne 1 millimètre d'amplitude du tracé pour une variation de 8 centigrammes environ. La force de cette balance est de 10 kilogrammes.

4) La *balance enregistrante* des sinus de RUNG (1885) est formée de la façon suivante :

Sur un axe se trouvent fixés un levier et deux roues. Le corps dont on veut étudier les variations de poids est attaché aux roues par deux fils. Le levier, qui se trouve placé sur l'axe à égale distance entre les deux roues, présente deux bras. A l'extrémité d'un des deux bras est accroché un poids et le système enregistreur; à l'extrémité de l'autre bras se trouve fixé un contrepoids qui n'équilibre pas complètement le poids suspendu à l'autre bras.

En désignant par r le rayon des roues; par e la distance qui sépare l'axe du mouvement du levier du point auquel se trouve attaché le poids et le dispositif inscripteur; par G le poids dont on étudie les variations, et par K le poids suspendu au bras inscripteur du levier, on aura la relation suivante :

$$\mathrm{K}\, e = \mathrm{G}\, r \quad \text{ou}$$

$$e = \frac{r}{\mathrm{K}}\, \mathrm{G}$$

cette relation est nécessaire à l'équilibre du système. Or, comme r et K sont constantes, il résulte que e est proportionnel à G.

Donc, pour connaître G, il faut connaître e. En enregistrant les variations de la distance qui sépare l'attache du poids placé à l'extrémité du bras de levier de l'axe du mouvement du levier, c'est-à-dire le *sinus* de l'angle d'inclinaison du levier, on connaîtra les variations du poids qu'on étudie. (C'est pour cela que l'appareil est appelé balance des sinus.)

Voici quelques détails sur la réalisation de ce principe :

La balance est placée sur une tablette ; celle-ci présente une grande fente au-dessous de laquelle se déplace horizontalement le papier. Celui-ci est entraîné par un cylindre mis en mouvement par un mécanisme d'horlogerie.

La tablette, avec la balance et le cylindre enregistreur, est placée sur une table au-dessous de laquelle se trouve le rouleau avec la bande de papier.

L'inscription se fait à l'encre. Celle-ci est contenue dans un petit siphon formé par un petit tube en argent. Une des branches du tube recourbé glisse dans un réservoir qui se trouve sous la fente de la tablette. L'autre extrémité du siphon repose sur le papier. Cette dernière extrémité est soutenue par un petit traîneau qui glisse le long de deux fils tendus dans la fente.

5) La balance enregistrante de Fano est basée sur le principe d'Archimède : c'est donc une balance hydrostatique. Elle consiste en un système de suspension semblable à celui de la machine d'Atwood, de façon à avoir un frottement de rotation le plus faible possible. Sur la plus grande poulie du système, qui a un diamètre de 227 millimètres, passe un fil dont l'une des extrémités est attachée au corps dont on veut étudier les variations de poids; l'autre extrémité du fil porte la plume enregistrante et un léger cylindre qui plonge dans un liquide. Pour que les plus petites variations de poids puissent être enregistrées, on a donné au système un mouvement pendulaire, de sorte que les variations de poids ont lieu sur un corps en mouvement.

Dans ce but, le liquide dans lequel plonge le cylindre présente constamment des variations de niveau provoquées par le soulèvement d'un récipient qui communique avec le récipient de l'appareil. Un électro-aimant, dont le courant est fermé toutes les 2 minutes par un mécanisme d'horlogerie, opère le soulèvement du récipient.

Le rapport entre les variations de poids et l'amplitude de la courbe enregistrée est déterminé par le cylindre plongeur : plus celui-ci est léger, plus les amplitudes de la courbe, pour une même modification de poids, sera grande.

6) Rédier, sur l'indication de Hervé Mangon, a construit un appareil très ingénieux, constitué de la façon suivante :

La balance possède deux cylindres qui pénètrent l'un dans l'autre. Un de ces cylindres est relié à la balance ; l'autre, à l'appareil enregistreur. Un double mouvement d'horlogerie fait monter ou descendre le cylindre intérieur de manière à compenser les variations de poids, en plus ou moins, et à maintenir constamment la balance en équilibre. En même temps les variations de poids se trouvent inscrites sur un papier quadrillé sous forme d'une courbe continue.

La force de la balance construite par Rédier pour Grandeau (en 1877) était de 300 kilogrammes. Avec une charge de 100 à 120 kilogrammes sur le grand plateau, elle était sensible à des variations d'un gramme.

7) Sückrath (1883) a construit une balance très sensible pour inscrire les variations du poids d'une bougie pendant la combustion. Le fléau de la balance ferme et rompt des contacts électriques; le courant électrique, en agissant sur un électro-aimant, provoque le déplacement du cavalier le long du fléau ; en même temps le courant agit sur un mécanisme d'horlogerie qui commande le mouvement d'une plume enregistrante.

8) La balance enregistrante de Weiss (1897) est une balance système Rédier, basée sur une application du principe d'Archimède, sensible à $0^{gr},01$ environ.

Voici comment elle fonctionne :

On place le corps dont on veut étudier les variations de poids dans le plateau d'une balance de sensibilité appropriée, et on fait la tare approximative à l'aide de grenaille de plomb et d'un vase contenant de l'eau. Un plongeur cylindrique, partiellement immergé dans l'eau du vase, achève d'établir l'équilibre. Si, par suite des variations du poids du corps, cet équilibre est rompu, le fléau s'incline légèrement, établit un contact électrique, et un moteur électrique immerge ou soulève le plongeur jusqu'à ramener un nouvel équilibre. Il suffit d'inscrire les déplacements du plongeur pour avoir la courbe des variations du corps. Dans chaque cas, il faut choisir convenablement le diamètre du plongeur et établir l'échelle des ordonnées à l'aide d'une expérience préalable. Il faut éviter les grands déplacements du fléau; ceux-ci doivent être à peine perceptibles.

9) La balance enregistrante de SPRUNG est constituée par une balance romaine avec poids mobile. Ce poids mobile est représenté par une roue qui glisse sur le fléau. En enregistrant les mouvements de cette roue on obtient la courbe des variations du poids.

Le mouvement du poids est commandé par une vis sans fin qui tourne tantôt dans un sens tantôt dans un autre, suivant que le fléau de la balance s'est incliné vers le bas ou vers le haut. Dans ses mouvements le fléau agit sur des contacts électriques; les courants électriques agissent sur des électro-aimants qui commandent le mouvement de la vis sans fin.

Dans les premiers appareils de SPRUNG les contacts étaient à mercure ; à présent ces appareils sont à contacts métalliques.

Le poids mobile est continuellement en mouvement, même quand le poids accroché à la balance reste invariable; mais ses déplacements sont petits. La plume inscrivante étant continuellement en mouvement, il y a peu d'adhérence entre la plume et le papier. La surface enregistrante est formée par une large bande de papier qui se déroule verticalement derrière le fléau de la balance.

Le capitaine RUNG (de Kopenhague) a remplacé le courant électrique par deux petits mécanismes d'horlogerie.

La balance enregistrante de SPRUNG ne peut pas inscrire des variations très rapides. Elle peut pourtant être employée à l'enregistrement de phénomènes physiques et chimiques assez délicats.

XII

Quelques applications de la méthode graphique à l'étude du système nerveux.

I. Voici quelques exemples de l'application de la méthode graphique à l'étude des réactions nerveuses.

1) *Méthode d'*AUERBACH *et v.* KRIES. — Un signal de BALTZAR et un électro-aimant inscripteur tracent leurs mouvements sur un cylindre enregistreur. Le premier signal marque le moment où une excitation électrique a lieu. La personne qui reçoit l'excitation, dès qu'elle a perçu la sensation, rompt un courant électrique qui est en relation avec l'électro-aimant inscripteur. On obtient ainsi deux signaux sur le cylindre. La distance qui les sépare donne la mesure du temps de réaction.

2) Voici le procédé employé par LANGENDORFF :

Trois électro-aimants sont placés à côté d'un cylindre enregistreur. Le premier est intercalé dans un circuit électrique qui passe par un diapason : il inscrit le temps; le second est placé sur le circuit du courant électrique qui donne l'excitation; enfin le troisième est placé sur le circuit du signal de réaction qui est un contact qu'on ouvre. Une clef semblable est interposée dans le circuit d'excitation qui va à la bobine inductrice d'un appareil d'induction. A la bobine induite de cet appareil on a relié soit un téléphone pour donner une excitation acoustique, soit des électrodes qui vont exciter la surface cutanée.

On obtient trois tracés : le nombre d'oscillations du diapason comprises entre les lignes d'excitation et de réaction donne la mesure de la durée du temps de réaction.

3) Dans le *noëmatachographe* de DONDERS le moment de l'excitation se trouve marqué sur le tracé des vibrations du diapason par une petite étincelle qui jaillit entre le cylindre et la plume au moment où l'excitation électrique qui provoque une sensation optique, auditive ou autre, a lieu. Le moment où l'excitation est perçue par la personne en expérience s'inscrit sur le même tracé du diapason, à l'aide d'une plume inscrivante mise très simplement en mouvement avec la main. On peut lire ainsi direc-

tement sur le tracé la durée du temps des réactions en comptant les sinuosités du tracé du diapason.

4) Le *neuroamöbimètre* de Sigm. Exner est un appareil tout aussi simple que celui de Donders et qui donne la mesure du temps de réaction sans employer des signaux électro-magnétiques. Dans cet appareil le temps de réaction se mesure par le nombre des oscillations qu'une lame élastique inscrit sur une plaque de verre, entre les moments où l'excitation et la réponse se produisent.

5) Dans l'appareil de Smith (1894), comme dans les appareils précédents, les moments d'excitation et de réaction s'inscrivent sur le tracé chronographique.

Un diapason à 100 vibrations par seconde est placé dans un courant électrique toujours fermé, mais, étant donnée une disposition spéciale des résistances et des clefs, le diapason ne peut vibrer que pendant qu'on *ouvre* une clef au moment où l'excitation a lieu. Au moment de la réaction, en fermant une seconde clef, on arrête les vibrations du diapason.

6) Colls (1895) a modifié l'appareil de Smith en simplifiant la disposition des clefs.

Le courant électrique qui fait fonctionner le diapason, avant d'arriver au chronographe, passe par les clefs d'excitation et de réaction. Si l'une de ces clefs est fermée, il s'établit un court circuit, et le chronographe ne peut pas inscrire les oscillations du diapason ; pour qu'on ait leur inscription, il faut que les deux clefs soient ouvertes. On disposera l'expérience de la sorte : au début de l'expérience, la clef d'excitation, qui est avant la clef de réaction, est fermée, tandis que celle-ci est ouverte. Au moment de l'excitation, on *ouvre* la première clef, il n'y a plus alors de court circuit, le chronographe inscrit les vibrations du diapason. Au moment de la réaction, on *ferme* la seconde clef, on établit par cela un second court circuit : le courant électrique n'arrive plus au chronographe, et le tracé redevient une ligne droite. On peut, se servant de la même source électrique et du même diapason, disposer de cette façon plusieurs clefs en série, pour avoir plusieurs expériences à la fois.

7) La méthode de Judin (1898) permet d'avoir à l'aide d'un seul signal le début et la fin de n'importe quel phénomène, ainsi que sa durée. Un signal de Deprez est intercalé dans deux circuits. Dans un des circuits se trouve intercalé aussi un indicateur du temps quelconque, soit un diapason, soit un métronome interrupteur du courant. Le second circuit sert à l'inscription des excitations volontaires. Par la fermeture du second circuit, le noyau du signal électromagnétique est magnétisé faiblement, et alors il agit en attirant et en arrêtant un peu l'armature du signal qui inscrit le temps. La diminution de l'amplitude des oscillations du tracé donne l'indication du moment de l'excitation.

II. Le champ visuel peut être étudié à l'aide des *périmétrographes*.

Ces appareils traceurs du champ visuel peuvent être divisés en deux catégories. Dans la première catégorie se placent les appareils dont la plume enregistrante ne jouit que d'un mouvement longitudinal commandé par le porte-objet, tandis que la surface sur laquelle se fait l'enregistrement effectue un mouvement circulaire. Dans la deuxième catégorie se rangent les appareils dont le crayon enregistreur effectue tous les mouvements, la surface enregistrante restant immobile. La plupart des périmètres enregistreurs font partie de cette dernière catégorie.

Le périmétrographe de Stevens (1881) comprend les parties suivantes : 1° une colonne verticale qui sert de support ; 2° l'arc périmétrique dont le point fixe contient le point de mire ; 3° le porte-objet mobile le long de l'arc ; 4° l'appui pour la tête ou mentonnière. Il présente deux mouvements principaux : celui de l'arc qui passe par les divers méridiens du champ visuel, et celui du porte-objet qui passe par les divers degrés du même méridien.

Le porte-objet est immobile en lui-même, étant fixé à l'extrémité périphérique de l'arc ; mais ce dernier est susceptible de deux mouvements : il tourne autour de l'axe de rotation qui passe par le milieu de l'arc et par son centre de courbure, et autour d'un axe perpendiculaire au plan de l'arc et passant par le centre de courbure. L'arc est denté à l'un de ses bords, et, en se mouvant dans le sens de la longueur, il met en mouvement la première roue de l'appareil enregistreur situé derrière le point de mire direct. D'autres roues dentées transmettent ce mouvement longitudinal de l'arc du périmètre à une tige métallique qui porte le crayon enregistreur. Cette tige se trouve dans le même plan que l'arc et suit ce dernier dans tous les méridiens du champ visuel. Le schéma périmétrique, sur lequel le crayon trace ses mouvements, est suspendu en face de l'appareil.

L'appareil de Macdonald Hardy (1882) ressemble à l'appareil de Stevens. Dans cet appareil, le porte-objet se meut le long de l'arc moyennant une corde sans fin qui va s'enrouler sur une poulie située près de l'axe de rotation du périmètre. Quand on fait tourner la poulie, celle-ci transmet le mouvement au porte-objet, à l'aide de la corde sans fin; et au crayon, à l'aide de roues dentées dans lesquelles elle s'engrène. Le crayon suit ainsi le périmètre dans les divers méridiens.

Le périmétrographe de Blix (1882) est fixé au dos d'une chaise bien solide, sur laquelle est assis le patient, de sorte que toutes les parties de l'instrument, excepté le point de mire direct et le porte-objet suspendu devant l'œil à examiner, se trouvent derrière le patient. Le malade appuie la nuque sur un coussinet maintenu en suspension par un axe horizontal qui doit se trouver sur le prolongement postérieur de la ligne visuelle de l'œil, et constitue, par conséquent, l'axe de l'instrument entier. Il n'y a point d'arc périmétrique. Il est remplacé par deux tiges métalliques placées chacune à angle droit, et articulées entre elles à l'un de leurs bouts. Le premier de ces deux bras, qui est le plus robuste, s'élève vertical derrière la tête du malade, puis, en se pliant à angle droit, il passe au-dessus de lui, pour se diriger horizontalement en avant, où il s'articule avec le second bras. Ce dernier continue d'abord la direction horizontale du précédent, puis se plie à angle droit en bas, et porte à son bout l'objet de mire situé à la hauteur de la ligne visuelle et de l'axe de l'instrument. Le premier bras peut tourner dans un plan vertical autour de l'axe qui soutient le coussinet; il représente l'arc périmétrique et en effectue le mouvement. Le second bras tourne dans un plan horizontal autour d'un axe vertical fixé à l'extrémité antérieure de l'autre bras, et représente, avec ses mouvements, le porte-objet des périmètres habituels.

L'appareil enregistreur consiste en un crayon qui peut se déplacer longitudinalement le long de la partie verticale du premier bras. Ce mouvement lui est communiqué, à l'aide d'une corde sans fin, par la rotation du premier bras autour du premier. Le crayon suit en même temps, nécessairement, le premier bras dans tous les méridiens du champ visuel que ce bras traverse. De cette façon, le crayon reçoit les mouvements des périmètres, et sa position, résultant de la combinaison de ces deux mouvements, s'inscrit sur des schémas imprimés.

Dans l'appareil d'Albertotti (1882), on fait mouvoir l'objet présenté à l'observation indirecte, non dans la direction des méridiens du champ visuel, mais circulairement autour du point de mire.

L'appareil d'Albertotti est très simple : il se compose d'un disque de bois fixé à l'extrémité postérieure de l'axe du périmètre de Fœrster; il tourne avec le périmètre, et l'on y fixe le schéma, qu'on a soin de bien centrer. Tandis que le disque tourne, on tient devant lui, avec la main, une pointe de crayon appuyée contre une petite patte horizontale. Le schéma imprimé doit être fixé à l'envers sur le disque de bois, pour obtenir un tracé à l'endroit (on ne peut pas voir le tracé pendant l'examen).

Le périmètre enregistreur de Mayerhausen (1884) ressemble en partie à l'appareil de Blix, attendu que les deux mouvements principaux du périmètre sont effectués par deux bras métalliques articulés entre eux à un bout; seulement les deux bras ne sont plus à angle droit, mais courbés en arc de cercle de 90° d'ouverture. Le premier arc, qui est le plus fort à l'extérieur, n'est guère autre chose que l'arc périmétrique ordinaire; à son extrémité mobile, il porte l'articulation qui l'unit avec le second bras. Mayerhausen a reproduit en cela exactement la disposition du périmètre de Stilling; mais ce dernier avait placé au point d'articulation des deux arcs un cadran gradué pour lire la position du porte-objet le long d'un méridien déterminé. Dans l'instrument de Meyerhausen, se trouve placé dans ce même point tout le mécanisme enregistreur, qui, dans tous les autres périmètres, est situé à l'extrémité postérieure de l'axe horizontal de l'instrument.

L'observateur, à l'aide d'une manivelle, fait tourner les deux arcs comme dans les périmètres ordinaires, et fait mouvoir ainsi l'arc et le porte-objet. Toutes les fois que l'arc change de méridien, il doit déplacer le schéma, et appuyer sur le bouton qui porte le crayon.

A côté des périmétrographes compliqués que nous venons de décrire, citons l'appareil de Ferri (1884), qui est un périmétrographe très simple, sans roues dentées, d'un prix minime, et facile à adapter à tous les périmètres existants.

Priestley-Smith (1882) a construit deux périmètres enregistreurs, dont l'un animé d'un mouvement de rotation, est disposé sur le type habituel des périmètres à arc méridien tandis que l'autre ressemble à l'appareil d'Albertotti.

Albertotti (1884) a construit un *autopérimètre enregistreur* à l'aide duquel le malade peut faire la détermination de son propre champ visuel, sans l'assistance d'une autre personne.

Voici la description de cet appareil :

Une petite table sur laquelle est fixée la colonne qui supporte l'arc périmétrique; cette colonne est vide dans toute sa longueur. Un mécanisme qui met en mouvement à la fois l'arc périmétrique et l'appareil enregistreur est caché sous le plan de la table et dans le vide de la colonne. Ce mécanisme présente une manivelle située à la gauche de l'auto-explorateur.

L'appareil enregistreur placé sur la table, à droite, consiste en deux disques supportant le schéma, l'un pour l'œil droit, l'autre pour l'œil gauche. Chaque disque peut exécuter des mouvements identiques à ceux de l'arc. Le crayon est fixé sur un levier placé entre les deux disques, de façon à pouvoir être porté à volonté sur chacun d'eux. Un bras du levier (qui est mobile dans un plan horizontal) glisse sur une tige dentée. Quand on fait avancer d'une dent le levier de cette tige, le crayon s'approche ou s'éloigne du centre du schéma, dans la mesure correspondant au déplacement du porte-objet le long de l'arc. De même, un bord de l'arc périmétrique est muni de dentelures dont la distance réciproque est de trois degrés. Toutes les fois que le porte-objet se déplace de trois degrés, il y a une détente qui avertit l'observateur. Cette disposition assure le déplacement équivalent du porte-objet et du crayon, sans qu'on ait besoin de les distinguer avec l'œil, et rend ainsi possible l'auto-périmétrie.

Le patient tourne la manivelle de la main gauche, tandis qu'il pose la main droite sur le levier, en faisant écrire au crayon tant que l'objet est visible. Quand l'arc a décrit un tour entier, il fait avancer le porte-objet de trois degrés, déplace le levier d'une dent, et recommence à écrire le schéma.

III. On a fait l'étude graphique de l'écriture. Ainsi Binet et Courtier (1893) ont vu que, par l'usage convenablement réglé de la *plume électrique*, dite plume Edison, on peut apprécier la vitesse des mouvements graphiques en reliant la plume au signal de Deprez qui écrit sur un cylindre enregistreur. On compte ainsi le nombre exact de pulsations de la plume pendant qu'on s'en sert pour écrire. On inscrit en même temps sur le cylindre les vibrations d'un diapason pour avoir la mesure exacte de la durée.

Ces auteurs ont vu à l'aide de ce procédé que dans le mot *psychologie* (écrit) il y a une quarantaine de changements de vitesses visibles à la loupe.

On peut faire ainsi l'analyse psychologique des mouvements.

Patrizi (1898) a cherché les rapports qui existent entre la parole écrite ou articulée et les mouvements de la respiration. Pour faire cette étude il a employé une méthode d'*écriture électro-chimique* telle qu'on peut distinguer les paroles écrites durant les divers actes de la respiration.

Un signal, en fonction de la respiration, s'inscrit sur le phonogramme de celui qui parle ou lit à haute voix.

IV. Marey a pu enregistrer le doigté d'un pianiste en plaçant au-dessous de chaque touche de clavier d'un harmonium de petits soufflets à air, dont chacun, relié par un tube spécial avec un petit soufflet semblable, commandait un style inscripteur. La série des styles était disposée suivant une ligne et ils étaient échelonnés dans l'ordre où se succèdent les différentes notes de la musique, c'est-à-dire en série ascendante suivant l'élévation du son. Un peigne à cinq dents traçait sur une bande de papier enfumé une portée sur laquelle la position de chaque trait indiquait la tonalité du son inscrit, tandis que la durée du son était exprimée par la longueur du trait. Les demi-tons se distinguaient par deux traits minces parallèles au lieu d'un trait plein.

Cros et Carpentier ont construit un appareil, appelé *mélographe*, qui enregistre sur une bande de papier perforée l'air que l'artiste exécute. Cet air est reproduit avec une fidélité parfaite, quand on repasse la bande de papier dans l'instrument.

Binet et Courtier (1895) ont enregistré le toucher du piano, en mettant au-dessous des touches et en arrière du plateau un tube de caoutchouc unique, relié par ses deux extrémités à un tambour enregistreur. Le diamètre extérieur du tube était de 6 millimètres, et le diamètre intérieur de 4 millimètres. Le tambour à air inscripteur présentait une plume à encre.

QUATRIÈME PARTIE

Critique et Contrôle.

I

LEVIER ENREGISTREUR. MOMENT D'INERTIE.

A. — Le *moment d'inertie* d'un levier est égal à la somme des moments d'inertie des particules qui constituent le levier.

1. — *Le moment d'inertie d'une particule quelconque d'un levier est égal à la masse de la particule multipliée par le carré de sa distance à l'axe du mouvement du levier.* Ce qui est démontré de la façon suivante :

F

O R M A

Soit OA le levier considéré; O l'axe du mouvement; M une particule dont la masse est m; r la distance qui sépare la particule M de l'axe du mouvement O. La vitesse linéaire v de M, la vitesse angulaire ω du levier et la longueur r sont reliées par la relation suivante : $v = r\omega$; donc $\omega = \frac{v}{r}$ (1).

L'accélération a de la particule M est représentée par la relation suivante : $a = \frac{F}{m}$.

L'accélération angulaire α du levier OA est d'après la formule (1) la $\frac{1}{r}$ partie de l'accélération de la particule M. On a donc : $\alpha = \frac{F}{mr}$. En multipliant les deux termes du rapport $\frac{F}{mr}$ par r, on a : $\alpha = \frac{Fr}{mr^2}$ (2).

Or Fr représente le moment de la force par rapport à l'axe du mouvement du levier. Étant donnée la relation générale qui relie la force, l'inertie et l'accélération et qui est représentée par l'équation suivante :

Accélération angulaire $(\alpha) = \frac{\text{moment de la force}}{\text{moment d'inertie,}}$ et pour que cette expression de α soit équivalente de l'expression de α donnée par la formule précédente (2), il faut que mr^2 représente le moment d'inertie de M.

Donc le moment d'inertie d'une particule du levier est égal à la masse de la particule multipliée par le carré de sa distance à l'axe du mouvement.

2. — L'expression du moment d'inertie du levier se déduit facilement des expressions des moments d'inertie des particules du levier. En effet, les masses des particules étant m_1, m_2, m_3, etc..., et leurs distances de l'axe du mouvement étant r_1, r_2, r_3, etc..., leurs moments d'inertie sont : $m_1r_1^2$, $m_2r_2^2$, $m_3r_3^2$, etc... La somme de ces moments d'inertie est égale au moment d'inertie I du levier. On a donc :

$$I = m_1 r_1^2 + m_2 r_2^2 + m_3 r_3^2 + \ldots\ldots = \Sigma(mr^2).$$

3. — Le moment d'inertie d'un levier dépendant des moments d'inertie des particules qui le composent, il résulte que deux leviers de même poids et de même longueur peuvent avoir des moments d'inertie différents.

Le moment d'inertie est d'autant plus grand que les particules les plus pesantes sont les plus éloignées de l'axe du mouvement.

4. — Le moment d'inertie entre dans l'expression de la *force vive* d'un levier en mouvement.

En effet, toutes les particules d'un levier se déplaçant dans la direction de la trajectoire avec une vitesse v, la force vive de chacune de ces particules de masse m est représentée par $\frac{1}{2} mv^2$. Pour l'ensemble du levier on a donc $\Sigma \left(\frac{mv^2}{2}\right)$.

Remplaçons la vitesse v par son expression en vitesse angulaire : $r\omega$. On a :

$$\text{Force vive} = \Sigma \frac{mr^2 \omega^2}{2}.$$

La vitesse angulaire ω étant la même pour toutes les particules, on a :

$$\text{Force vive} = \omega^2 \frac{1}{2} \Sigma(mr^2).$$

$\Sigma(mr^2)$ représentant le moment d'inertie I du levier, on a :

$$\text{Force vive} = \frac{1}{2} I \omega^2.$$

5. — Quand le mouvement qu'on étudie cesse d'agir sur le levier enregistreur, celui-ci ne s'arrête pas immédiatement. En vertu de la loi de l'inertie, il continue à se mouvoir suivant la trajectoire de son mouvement antérieur. La force vive de ce déplacement est donnée par la formule précédente : $\frac{1}{2} I \omega^2$, qui nous montre qu'elle est proportionnelle au moment d'inertie du levier multiplié par le carré de la vitesse angulaire. Donc la déformation du tracé du mouvement étudié est d'autant plus importante que le moment d'inertie du levier est plus grand et que la vitesse angulaire du levier, c'est-à-dire l'amplification du levier, est plus considérable.

L'amplification d'un mouvement par le levier enregistreur, quand elle est trop grande, devient un élément de déformation des tracés. Aussi, quand on veut avoir le tracé fidèle d'un mouvement, ne faut-il pas en exagérer l'amplification, mais se contenter de petits tracés qu'on amplifie optiquement par projection.

6. — En résumé, le moment d'inertie d'un levier est fonction de son poids, de sa longueur et de la distribution des masses qui le constituent par rapport à son axe.

Pour avoir un faible moment d'inertie, il faut choisir un levier léger, pas trop long, et s'amincissant à mesure qu'il s'éloigne de son axe.

Le tracé d'un mouvement peut être déformé non seulement par l'inertie du levier, mais aussi par une trop grande amplification. Même avec un levier ayant un très faible moment d'inertie, les tracés sont déformés, si la vitesse angulaire du levier est trop grande. Ces déformations croissent avec le carré de la vitesse angulaire, c'est-à-dire avec le carré de l'amplification.

B. — La détermination mathématique seule du moment d'inertie d'un levier de forme complexe est impossible; il faut y joindre l'expérimentation.

1. — Bohr (1886) a fait des recherches expérimentales pour déterminer le moment d'inertie des leviers employés en physiologie. Voici sa façon de procéder : Il faisait tomber un poids connu sur le levier, et il mesurait la vitesse angulaire du mouvement provoqué par la chute du poids. Les corps mobiles étaient pesés avec soin. Les valeurs obtenues, pour être exactes, doivent être multipliées par 9 814, valeur de l'accélération de la pesanteur.

2. — Voici comment Starke a déterminé, à l'aide de la méthode graphiqne, le moment d'inertie d'un levier de myographe : Le levier enregistreur étant dans une position horizontale, on attache un poids connu, P = M G (M étant la masse du corps, et G l'accélération de la pesanteur), à un fil qui passe sur une poulie de rayon R placée sur l'axe du mouvement du levier. La plume du levier trace sur la surface d'un cylindre enregistreur une courbe qui représente le déplacement du levier provoqué par la traction du poids. Cette courbe servira à la détermination du moment d'inertie du levier. Pour cela, il faut trouver la relation qui relie les ordonnées S et les abscisses T de la courbe avec le moment d'inertie.

Soit φ l'angle de rotation du levier ; s l'arc tracé par le rayon R de la poulie pour la rotation φ du levier. Entre s et S, l'ordonnée de la courbe tracée par le levier, il y a la relation suivante.

$$s = \lambda S,$$

λ étant une constante égale à $\frac{3}{4}$.

Entre l'abscisse T de la courbe tracée par le levier et le temps t, on a la relation suivante :

$$t = x T,$$

x étant une constante dépendant de la vitesse du cylindre.

Nous savons que l'accélération angulaire d'un corps rigide qui tourne autour d'un axe est égale au moment de la force qui fait tourner le corps divisé par le moment d'inertie du corps. Soit ω la vitesse angulaire ; φ étant l'angle de rotation du levier, et t le temps, on a la relation suivante :

$$\omega = \frac{d\varphi}{dt},$$

et pour l'accélération angulaire :

$$\frac{d\omega}{dt} = \frac{d^2\varphi}{dt^2}.$$

Le moment de la force qui est le poids P = M G, accroché au rayon R de la poulie, est le suivant :

$$\text{Moment de la force} = M\,G\,R$$

I étant le moment d'inertie du levier, et $M R^2$ le moment d'inertie du poids, on a l'équation suivante :

$$\frac{d^2\varphi}{dt^2} = \frac{MGR}{I + MR^2}.$$

Intégrons cette équation. Nous avons pour première intégrale :

$$\omega = \frac{MGR}{I + MR^2} \cdot t$$

La seconde intégrale sera :

$$2\varphi = \frac{MGR^2}{I + MR^2} \cdot t^2.$$

en partant de $t = 0$, $\varphi = 0$.

Introduisons dans cette équation les valeurs de S et de T, les ordonnées et les abscisses de la courbe tracée sur le cylindre. Nous savons que $s = R\varphi$; on a donc en remplaçant φ par $\frac{s}{R}$ dans l'équation précédente la relation suivante :

$$2\,s = \frac{MGR^2}{I + MR^2} \cdot t^2.$$

Nous savons que $s = S\lambda$, et $t = x\,T$; introduisons ces valeurs dans l'équation précédente.

$$2\,\lambda\,S = \frac{MGR^2\,x^2\,T^2}{I + MR^2}$$

Cette équation peut s'écrire de la façon suivante :

$$T^2 = 2\,\frac{\lambda\,(I + MR^2)}{MGR^2\,x^2}\,S$$

Désignons par p la constante $\frac{\lambda\,(I + M\,R^2)}{M\,G\,R^2\,x^2}$ de cette équation. On a alors entre les variables T et S la relation suivante :

$$T^2 = 2\,p\,S$$

Cette équation indique que la courbe tracée par le levier est l'arc d'une parabole dont l'axe principal est perpendiculaire à l'axe des abscisses, et que le sommet de la courbe touche cet axe.

Pour déterminer le paramètre p, il suffit de tracer avec les valeurs S et T des coordonnées de la courbe mesurées sur le tracé direct du levier, la courbe de la fonction.

$$p = \frac{T^2}{2\,S}$$

Les ordonnées S doivent être mesurées un peu au-dessus de l'axe des abscisses, car autrement la relation $s = \lambda\,S$ n'est pas vraie.

La valeur du paramètre introduite dans l'équation

$$\frac{\lambda\,(I + MR^2)}{MGR^2\,x^2} = p,$$

permet de calculer le moment d'inertie.

$$I + MR^2 = \frac{p\,MGR^2\,x^2}{\lambda},$$

d'où :

$$I = MR^2\left(\frac{p\,G\,x^2}{\lambda} - 1\right)$$

3. — Schenck (1892) a étudié aussi l'inertie du levier du myographe.

Dans le cas d'un levier régulier comme forme, il déterminait le moment d'inertie d'après la formule :

$$I = \frac{\cdot\;l^2}{12.g}$$

Comme le poids du levier était de $0^{kg},08062$, et la longueur de $0^{m},327$, la formule devenait :

$$I = 0{,}0000734\,\frac{kgr.\,m^2}{g}$$

Le poids de 200 grammes attaché au levier dans les expériences de Fick et Schenck, étant à une distance de 8 millimètres de l'axe du mouvement, et le point d'attache du muscle étant à 80 millimètres de l'axe, la charge supportée par le muscle était de 20 grammes. Il faut donc ajouter à la valeur du moment d'inertie calculée précédemment, la quantité :

$$0,0000013 \frac{kg.m^2}{g}$$

Les calculs précédents ne s'appliquent pas à un levier de forme irrégulière. Pour déterminer le moment d'inertie d'un tel levier, SCHENCK transformait le levier bien équilibré en une sorte de pendule, en mettant sur un des bras du levier un poids connu, à une distance connue de l'axe du mouvement, et il mesurait la durée t d'une oscillation du levier, inscrite sur la surface d'un cylindre enregistreur. Pour un éloignement de 141 du poids G de l'axe, il a obtenu pour t les valeurs suivantes : 0″,494 pour G = 0kg,04423 ; et 0″,355 pour G = 0kg,02623.

Le moment d'inertie est déterminé à l'aide de ces chiffres et de la formule du pendule

$$t = \pi . \sqrt{\frac{\lambda}{g}}$$

d'où :

$$\frac{t^2 g}{\pi^2} = \lambda$$

La longueur du pendule physique λ est égale au moment d'inertie I du pendule divisé par son moment statique : $\frac{G}{g}.l$. On a donc :

$$\lambda = \frac{I}{\frac{G}{g}.l};$$

d'où :

$$I = \frac{t^2 . G . l}{\pi^2}.$$

De ce moment d'inertie I du levier transformé en pendule il faut, pour avoir le moment d'inertie x du levier proprement dit, retrancher le moment d'inertie du poids surajouté. On a donc, pour le moment d'inertie x du levier :

$$x = \frac{t^2 . G . l}{\pi^2} - \frac{G\, l_1{}^2}{g}$$

En substituant aux lettres les chiffres connus de l'oscillation, du poids et de la longueur, SCHENCK a obtenu, comme valeur du moment d'inertie, dans deux séries d'expériences, avec deux poids différents, les chiffres suivants : 0,0000639, avec un poids fort, et 0,0000629, avec un poids faible. Ce qui donne la moyenne de $\frac{0,0000631\ kgr.\ m^2}{g}$ pour le moment d'inertie du levier qui a servi aux expériences de SCHENCK.

4. — v. FREY (1893) a employé la méthode suivante pour déterminer le moment d'inertie :

Il part de la relation qui relie l'accélération, le moment de la force et l'inertie. Désignons par w l'accélération, par D le moment de la force et par I le moment d'inertie. Nous savons que ces trois valeurs sont reliées par l'équation suivante :

$$w = \frac{D}{I}$$

Pour connaître I, il faut donc connaître D et w.

Pour déterminer D, on accroche un point du levier, le plus éloigné de l'axe du mouvement, au plateau d'une balance (à oscillations rapides) à l'aide d'un fil de cocon. On équilibre le poids du levier en mettant un poids dans l'autre plateau de la balance. Le poids mis dans la balance représente, pour l'accélération g du lieu d'expérience, la masse qui fait équilibre à D, c'est-à-dire au moment de la force qui tend à faire tourner le levier.

Pour déterminer w, l'accélération angulaire, on procède de la façon suivante :

On approche la pointe inscrivante du levier d'une surface enregistrante. Un fil de cocon, attaché au levier, maintient le levier dans une position horizontale. Quand le mouvement de la surface enregistrante est uniforme, on coupe le fil avec les ciseaux ou avec une pointe rouge. Alors le levier tombe en traçant une courbe sur le cylindre. Cette courbe présente d'abord une partie ascendante provoquée par le choc au moment où l'on coupe le fil. Ce n'est pas là un inconvénient, mais au contraire une chose favorable à la détermination du moment où la chute commence. Pour avoir l'accélération de la chute du levier, on détermine, pour n'importe quelle position de la courbe, la vitesse de la chute. Cette vitesse est divisée par le temps qui s'est écoulé depuis le commencement de la chute. Le chiffre obtenu ainsi est divisé par la longueur du levier.

La mesure des éléments de la courbe se fait au *goniomètre*. On lit facilement, à l'aide de cet appareil, l'angle α sous lequel se coupent les abscisses et les ordonnées (celles-ci sont des arcs de cercle de 20 centimètres de rayon (longueur du levier)). La tangente trigonométrique de l'angle complémentaire $(90 - \alpha)$, multipliée par la vitesse du cylindre, donne la vitesse de chute au moment considéré.

A l'aide des données précédentes, on détermine le moment d'inertie I du levier.

$$I = \frac{\text{Moment de la force} \times \text{vitesse de la chute} \times \text{longueur du levier}}{\text{Vitesse du cylindre} \times \text{tang}\,(90 - \alpha)}.$$

I, c'est le moment d'inertie totale du levier chargé d'un poids de 100 grammes. Pour obtenir le moment d'inertie I_0 du levier non chargé, il faut retrancher de la valeur de I l'inertie de la charge.

I étant le moment d'inertie d'un levier, on peut déterminer la longueur K qui représente la distance de l'axe à laquelle on peut concentrer toute la masse du levier sans changer le moment d'inertie du levier. La valeur de K est donnée par la formule suivante :

$$K = \sqrt{\frac{I}{m}},$$

m étant la masse du levier.

5. — Otto-Frank (1904) a étudié plusieurs questions concernant le levier inscripteur, à savoir : le moment d'inertie (suivant la forme géométrique du corps), la charge supportée par l'axe, la charge supportée par le point d'application de la force (suivant l'amplification), la flexion que le levier peut subir pendant son mouvement, etc.

C. — Le levier enregistreur a été l'objet d'une étude très approfondie faite par Athanasiu à l'Institut Marey. Voici le but de ses recherches et leurs conclusions :

a) Toutes les fois qu'une vitesse est communiquée à un levier enregistreur, celui-ci peut acquérir une certaine force d'inertie susceptible d'entacher d'erreur l'ordonnée de la courbe qu'il doit décrire. Lorsque le levier ne suivra pas fidèlement le modèle à étudier, on dit qu'il y a *discordance*. Cette discordance commencera au moment où l'accélération du corps dont on étudie le mouvement sera moins grande que l'accélération du levier.

1. Pour un *levier enregistreur indépendant*, l'erreur d'inscription verticale maxima est proportionnelle aux carrés de l'amplification et de la vitesse correspondant à la discordance initiale.

Un levier enregistreur à tige mince donne des erreurs moindres qu'un levier à tige volumineuse. L'erreur est indépendante de la densité de la matière du levier. Pour un levier mince et homogène, l'erreur maximum est en outre indépendante de la longueur et du poids du levier.

2. Pour un *levier enregistreur pourvu d'une force antagoniste constante*, l'erreur maximum verticale est proportionnelle aux carrés de l'amplification et de la vitesse V, correspondant à la discordance initiale. Elle diminue quand le rapport $\frac{P}{\pi}$ de la force

antagoniste au poids du levier augmente, et quand la distance du point d'application de cette force à l'axe croît. On a tout intérêt à prendre un levier mince.

3. Pour un *levier enregistreur* à ressort à boudin, l'erreur est proportionnelle aux carrés de l'amplification et de la vitesse du corps correspondant à la discordance initiale. Elle diminue quand la puissance du ressort et la distance de son point d'application à l'axe augmentent. L'erreur est plus petite que l'erreur obtenue dans les mêmes conditions de vitesse et d'amplification, le levier étant indépendant.

b) Voici quelles sont les limites pratiques de l'amplification :

1) L'amplification limite d'un levier enregistreur libre est indépendante de la longueur du levier et par conséquent du poids ; elle est inversement proportionnelle à la vitesse maximum et proportionnelle à la racine carrée de l'erreur admissible. Dans la pratique, les leviers indépendants ne conviennent que pour des vitesses inférieures à 2 centimètres par seconde.

2) Le maximum d'amplification pratique du levier enregistreur à force antagoniste est plus grand que celui du même levier sans force antagoniste, dans les mêmes conditions de vitesse et d'amplification.

3) Quand la force antagoniste est fournie par un ressort à boudin, l'amplification limite est inversement proportionnelle à la vitesse maximum et proportionnelle à la racine carrée de l'erreur admissible ; elle est plus grande que pour le levier indépendant.

Cellerier a fait l'étude mathématique des données expérimentales obtenues par Athanasiu. (Voir : *Étude sur les erreurs d'inscription des leviers enregistreurs. — Revue de Mécanique*, janvier 1905 ; et *Travaux de l'Association de l'Institut Marey*.

Pour faire ses recherches, Athanasiu a photographié un levier se déplaçant devant une fente éclairée.

c) En pratique, le levier se trouve généralement assujetti à un corps élastique, donc déformable, qui lui communique le mouvement. Quelquefois le levier est attaché à ce corps, comme cela a lieu dans le tambour à levier, d'autres fois il est maintenu en contact avec lui à l'aide d'une force antagoniste (poids ou ressort), comme dans les sphygmographes, par exemple. Dans tous les cas, il s'établit une relation assez étroite entre l'organe qui communique le mouvement au levier et celui-ci ; de sorte que la forme du tracé obtenu dépend forcément de divers éléments :

1° La rigidité du corps sur lequel repose le levier ; 2° le poids et l'amplification du levier ; 3° la forme et la rapidité du mouvement.

Pour étudier la part due à ces éléments, Athanasiu a employé le dispositif expérimental suivant :

L'appareil, produisant un mouvement de rotation de forme connue, dont la rapidité peut être modifiée à volonté et communiquant ce mouvement, *sans altération aucune*, aux leviers qu'on veut étudier, se compose essentiellement d'une came, de profil connu, placée sur un axe horizontal qui reçoit le mouvement d'un moteur électrique. La vitesse de rotation de la came peut varier entre 30 et 300 tours par minute. Sur la came repose un levier rigide muni d'un galet ; le contact entre la came et le galet est assuré par un ressort. Ce levier suit en tous points le profil de la came, et, si on le fait inscrire sur un cylindre placé en face, on a le tracé-type de la came, ou, en d'autres termes, la forme du mouvement qu'elle produit.

La marche de la came et celle du cylindre enregistreur, sur lequel les styles des appareils étudiés enregistrent leurs mouvements, sont solidaires.

Le levier rigide (L) qui appuie sur la came communique son mouvement, par l'intermédiaire d'une tige (P), à un second levier (L'), rigide aussi, et dont la face supérieure est échancrée pour recevoir une lame de ressort (R) dont une des extrémités (A) est fixée sur le levier (L'), et dont l'autre est libre. Un curseur (K) permet de régler à volonté la longueur de la lame de ressort sur laquelle repose le style enregistreur (S) par l'intermédiaire d'une petite tige (I). Quand le curseur est au bout libre de la lame-ressort, le style enregistreur repose sur un corps rigide. Dans ce cas, le tracé du style enregistreur montre que la forme du mouvement est très fidèlement reproduite, à faible comme à grande fréquence de la came, si l'amplification du levier ne dépasse pas 20. Avec une grande fréquence et une amplification de 50, la forme du mouvement est légèrement altérée par les déformations du levier enregistreur lui-même. Si l'on éloigne le curseur (K) vers l'extrémité fixe de la lame du ressort, et si l'on rend solidaire le levier enregistreur et le bout libre de cette lame de ressort, on voit que pour les mêmes fréquences et pour les mêmes amplifications du levier, la forme du mouvement est profondément altérée. Cela prouve que, *pour régler l'amplification du levier enregistreur, il faut avant tout connaître approximativement la rapidité et la forme du mouvement à explorer, ainsi que le degré d'élasticité du corps sur lequel repose le levier.*

II

SYNCHRONISATION.

Dans tous les appareils enregistreurs, la partie inscrivante représente un système oscillant; ce système doit reproduire fidèlement la forme et le rythme des variations des forces qui lui sont appliquées, c'est-à-dire que les mouvements de la plume enregistrante doivent être synchrones avec les variations du phénomène qu'on étudie.

Synchroniser un système oscillant, c'est lui imposer une période d'oscillation différente de celle qu'il prendrait s'il était libre de toute perturbation extérieure. L'analyse du mécanisme de la synchronisation est fondée sur les propriétés des mouvements oscillatoires. La théorie générale de la synchronisation a été faite d'une façon magistrale par Cornu.

1. — Pour qu'un système oscillant puisse être synchronisé, il faut et il suffit que le mouvement libre du système soit une oscillation amortie : le régime stable est d'autant plus rapidement atteint que le coefficient d'amortissement est plus grand.

Une force quelconque finit par synchronier un système oscillant, c'est-à-dire par imposer sa période propre au système oscillant, sans autre condition que celle de l'existence d'un coefficient d'amortissement appréciable.

Il n'y a pas de synchronisation sans amortissement.

2.— Lorsque la force synchronisante est sinusoïdale, l'oscillation synchronisée devient également sinusoïdale (ou pendulaire simple) avec une amplitude proportionnelle à celle de la force synchronisante.

L'oscillation synchronisée et la force synchronisante présentent toujours une différence de phase causée par l'existence de l'amortissement : cette différence de phase (mesurée par la fraction de période qui s'écoule entre les époques où l'oscillation et la force atteignent leur maximum de même signe) correspond toujours à un retard de l'oscillation synchronisée sur la force synchronisante.

Le retard est toujours moindre que 1/4 de période, lorsque la période de la force synchronisante est plus grande que celle de l'oscillation libre du système synchronisé.

Le retard peut prendre toutes les valeurs comprises entre zéro et une demi-période, lorsque la période de la force synchronisante est plus petite que celle de l'oscillation libre synchronisée. Ce retard tend vers zéro pour un amortissement très grand et vers 1/2 pour un amortissement voisin de zéro.

3. — Les effets variés produits par l'amortissement sur le régime des oscillations peuvent être réalisés dans la pratique de bien des manières en appliquant aux *systèmes oscillants* des *résistances passives*, fonction de la vitesse, telles que la viscosité des milieux, certains frottements intérieurs, comme on les observe par flexion ou extension dans les métaux plus ou moins recuits ou écroués, etc. Mais aucun de ces artifices ne réalise une résistance proportionnelle à la vitesse avec autant de perfection que l'amortissement *électro-magnétique*. Le déplacement d'un pôle d'aimant dans l'axe d'un solénoïde, fermé sur des résistances convenables, est le type des dispositifs simples qui permettent de graduer avec une extrême facilité la grandeur du coefficient d'amortissement, sans crainte d'altérer la loi de proportionnalité à la vitesse, comme peut le faire l'emploi de la viscosité ou du frottement.

III

ÉTUDE CRITIQUE DES APPAREILS A TRANSMISSION.

I. Les premières recherches de contrôle du tambour à levier sont dues à DONDERS (1863). Dans une première série d'expériences, DONDERS a enregistré simultanément, sur le même cylindre, la pression exercée sur la membrane d'un stéthoscope (qui servait d'appareil explorateur), et la courbe tracée par le levier du tambour qui est en relation avec le stéthoscope. Quand le choc appliqué au stéthoscope était assez brusque, le levier du tambour décrivait plusieurs oscillations, alors que le style qui enregistrait directement l'impulsion donnée n'en traçait qu'une seule.

Après ces expériences très simples sur l'enregistrement d'une onde simple, DONDERS en a fait d'autres, sur l'enregistrement des mouvements ayant une forme compliquée, à l'aide de la méthode suivante : deux tambours à leviers sont reliés entre eux à l'aide d'un tube de caoutchouc. Un de ces tambours sert d'appareil explorateur (ou manipulateur); et l'autre, d'enregistreur. Un excentrique, dont le profil représente un mouvement connu (le cardiogramme), agit sur le levier du tambour enregistreur. Les leviers des tambours inscrivent sur le même cylindre. DONDERS a vu ainsi que les deux graphiques sont identiques, quand la fréquence des mouvements n'est pas grande ; cette ressemblance cesse d'avoir lieu si la fréquence atteint une certaine valeur.

RUTHERFORD (1871) a observé qu'une seule impulsion imprimée au tambour explorateur provoque plusieurs mouvements du levier du tambour enregistreur. Il a attribué ces mouvements aux oscillations de la colonne d'air comprise dans les tambours et le tube de transmission. De plus, il fait remarquer que les ondes aériennes sont soumises à des changements de forme quand elles passent dans des tubes flexibles; c'est à ce changement qu'il attribue l'arrondissement des courbes. Il fait observer, en outre, qu'on ne peut pas, à l'aide d'un excentrique, imprimer à la membrane du tambour un véritable mouvement brusque; les bords recourbés de l'excentrique conduisent graduellement le levier qui est en contact avec lui.

MAREY (1875) a fait agir sur la membrane d'un tambour à air les vibrations d'un diapason. Le tambour inscripteur a pu enregistrer jusqu'à 250 vibrations par seconde.

Cette façon de procéder ne prouve pas que le tambour enregistreur reproduit fidèlement la forme des mouvements imprimés au tambour explorateur; elle prouve seulement que le tambour peut suivre de petites impulsions régulières et fréquentes.

PUTNAM (1879) a fait le contrôle de la transmission à air à l'aide des tambours de MAREY, en employant le procédé suivant :

Le tambour explorateur était relié au tambour enregistreur au moyen d'un tube long de 180 centimètres. L'armature d'un électro-aimant donnait à la membrane du tambour explorateur des impulsions dont la forme variait avec la force du ressort qui tendait l'armature et avec la distance qui séparait le bec de l'armature et la plaque du tambour. Au moment où le bec de l'armature touchait la plaque d'aluminium du tambour, un contact électrique était établi. Ce moment était enregistré à l'aide d'un signal de DEPREZ. De cette façon on étudiait le retard du tambour. PUTNAM a trouvé que les meilleurs tambours sont les petits à grand disque et qu'un tambour ne change pas d'une façon notable en 4 à 5 mois.

LANGENDORFF (1891) a modifié un peu la méthode de DONDERS. Son appareil est formé par deux tambours inscripteurs réunis. Le levier d'un de ces tambours est mis en mouvement par l'intermédiaire d'un fil qu'on tire avec la main; le levier de ce tambour donne l'inscription du mouvement type; l'autre, l'inscription du mouvement par l'intermédiaire du tube plein d'air. En comparant les deux courbes superposées, LANGENDORFF a trouvé qu'elles sont concordantes, même pour des mouvements rapides. Dans les expériences de LANGENDORFF, 10 millimètres de hauteur de courbe étaient accomplis en (0″,25).

HARRIS (1896) a étudié les oscillations propres de la membrane du tambour enregistreur. Un tambour de MAREY de 4 à 5 centimètres de diamètre, avec un levier de 12 centimètres de long, était fixé sur une table-support à laquelle on imprimait de fortes secousses. En procédant ainsi, Harris a trouvé que la membrane du tambour fait, en moyenne, 56 oscillations par seconde. L'amplitude de ces oscillations varie avec l'intensité de la secousse; leur durée est de 25 secondes environ.

Haycraft (1891) a étudié avec soin les oscillations propres de la membrane du tambour enregistreur.

Delabre (1902) a fait le contrôle des tambours à air de Marey à l'aide de la méthode de Donders. Il a trouvé que les tambours enregistrent fidèlement les mouvements qu'on leur imprime. Nous renvoyons au travail de cet auteur pour la description de la construction de la came.

V. Frey (1892) a enregistré directement les battements du cœur à l'aide d'un léger levier; en même temps, il enregistrait ces mêmes mouvements indirectement à l'aide de la transmission à air. Dans ces conditions, il a trouvé que les courbes enregistrées par le tambour à air ne ressemblaient pas à celles qu'on enregistre directement: les courbes inscrites par le levier du tambour étaient déformées par la présence des oscillations propres, et ces oscillations étaient moins visibles dans les parties basses de la courbe. Quand les battements du cœur étaient lents, les courbes enregistrées par le tambour à air étaient fidèles.

Hürthle (1893) a fait une étude détaillée et systématique de la transmission à air, en employant une méthode analogue à celle de Donders et de Langendorff. Le tambour enregistreur qu'il voulait étudier était mis en communication avec un tambour dont le levier enregistreur était prolongé des deux côtés de son axe de mouvement. Un des bras de ce levier était mis en mouvement à l'aide de la main; l'autre bras du levier enregistrait les mouvements sur un cylindre enregistreur. Sur ce même cylindre, le tambour étudié traçait les impulsions imprimées au levier du premier tambour. On imprimait au levier du tambour transmetteur des impulsions brusques analogues aux mouvements du cœur. Hürthle a étudié à l'aide de cette méthode les tambours de Marey, Grunmach et Knoll. Il a vu que ces trois tambours reproduisent fidèlement l'impulsion donnée dans certaines limites de vitesse. Ces limites sont plus restreintes pour le tambour de Grunmach que pour les deux autres. Quand l'impulsion est très rapide, le tambour de Marey même, qui est le plus parfait des trois, présente une petite modification de la forme du mouvement transmis. Au début de la courbe, on observe un petit crochet, et, après la fin, quelques oscillations secondaires qui n'existent pas sur le tracé direct du mouvement. Ces légères modifications prouvent que dans le cas des mouvements rapides l'inertie des différentes pièces qui constituent le tambour devient sensible.

Hürthle n'a pas cherché à faire disparaître les oscillations propres du tambour, qui apparaissent dans le cas des mouvements rapides, en faisant, comme Donders, frotter la plume sur la surface enregistrante. Au contraire, pour éviter le plus possible le frottement, il ne prenait que des tracés extrêmement fins, à peine visibles.

Dans ces conditions il a vu que les tracés des mouvements rapides, obtenus avec le tambour de Grunmach, diffèrent beaucoup des tracés directs des mouvements, à cause des nombreuses et grandes oscillations propres de l'appareil.

En pesant les leviers enregistreurs des trois tambours examinés, Hürthle a trouvé les chiffres suivants : le levier du tambour de Grunmach pesait 4 grammes, celui du tambour de Marey 1 gr. 60, et celui du tambour de Knoll 1 gr. 15. Le levier du tambour de Knoll étant le plus léger, on aurait pu penser que ce tambour est supérieur au tambour de Marey. Mais nous savons que le poids brut d'un levier ne suffit pas pour décider de ses qualités; il faut surtout tenir compte, au point de vue de l'inertie, du mode de répartition de la masse le long du levier. Or cette répartition est meilleure dans le levier du tambour de Marey. Dans ce tambour, les parties du levier qui présentent les mouvements les plus grands sont plus légères que dans le levier du tambour de Knoll.

En laissant tomber un poids connu (0 gr. 2 par exemple) d'une hauteur connue (5 millimètres) sur la membrane d'un tambour explorateur, Hürthle a mesuré la sensibilité des tambours; la courbe enregistrée par le tambour inscripteur est d'autant plus grande que le tambour est plus sensible.

En plaçant sur la membrane d'un tambour des leviers de poids variables, Hürthle a vu que les leviers légers reproduisent plus fidèlement le mouvement type; il a vu aussi que la plus grande partie du poids du levier doit être concentrée autour de l'axe du mouvement. Les tracés sont d'autant plus fidèles que l'amplification est moindre : ce fait a été aussi constaté par Brodie.

Pour étudier l'influence du diamètre du tambour, Hürthle a enregistré successivement un mouvement type à l'aide de tambours ayant des diamètres de 25, 35, 40, 45 et 60 centimètres. La membrane de ces tambours avait la même épaisseur (0,2 millimètres), était peu tendue, et le disque placé sur elle occupait les 2/3 de son étendue. Le levier enregistreur était le même pour tous ces tambours. En général, on peut dire que tous ces tambours, les grands comme les petits, sont bons, quoique les petits semblent être supérieurs aux grands.

Au commencement de ses recherches, Hürthle, ayant pris le tracé d'un même mouvement simultanément avec un grand et un petit tambour, avait trouvé qu'un grand tambour est meilleur qu'un petit. C'était là une erreur, car les deux tambours s'influençaient mutuellement par leur capacité.

En étudiant la tension de la membrane, Hürthle a vu que la membrane des petits tambours doit être faiblement tendue pour avoir de bons résultats.

Les membranes épaisses, de 0,7 millimètres par exemple, présentent des oscillations propres : c'est pour cela que les membranes minces, de 0,2 millimètres d'épaisseur, sont supérieures.

D'après Hürthle, le mouvement qu'on veut enregistrer doit provoquer une onde aérienne aussi grande que possible ; de cette façon elle ne nécessitera pas une grande amplification de la part du levier du tambour enregistreur. Il faut donc que la membrane du tambour explorateur présente une grande surface. Pourtant, il y a une limite à la grandeur de cette surface ; si elle est trop grande, elle présente des oscillations propres. Quand les mouvements qu'on veut enregistrer sont forts, le tambour explorateur peut être petit. Pour l'exploration des battements du cœur, Hürthle croit qu'un diamètre de tambour de 60 millimètres est largement suffisant.

II. La transmission par l'air a été l'objet d'une critique très approfondie faite par Athanasiu à l'Institut Marey. Voici le résumé des recherches de cet auteur :

1. — *Le tambour à levier.* — *Étude statique.* Les membranes en caoutchouc, vu les variations de leur élasticité, ne peuvent faire partie d'appareils de mesure proprement dits : au contraire, elles rendent de très grands services quand il s'agit d'appareils appelés à donner seulement des valeurs relatives.

La hauteur de la flèche (c'est-à-dire, la grandeur de la déformation de la membrane), dans les limites de fonctionnement du tambour à levier, est en raison directe du produit de la surface par la pression et en raison inverse de l'épaisseur et de la tension de la membrane et du volume total du système sur le trajet duquel est placé le tambour à levier.

Malgré la multiplicité des causes qui peut faire varier la hauteur absolue de la flèche, de tambour à levier peut néanmoins devenir un manomètre des plus sensibles, s'il est étalonné avec exactitude avant chaque expérience.

2. — *Étude dynamique du tambour à levier.* — La méthode de Donders, employée aussi par Langendorff, Hürthle, etc., avec certaines modifications, ne permet pas de dissocier dans le système à transmission par l'air la part de chacun de ses éléments constitutifs, à savoir, l'appareil explorateur, le tube de transmission et l'appareil inscripteur. En effet, dans cette méthode l'appareil explorateur étant un tambour, sa membrane se déforme sous l'influence du mouvement qu'elle reçoit, et cette déformation peut modifier la courbe que le tambour à levier doit inscrire.

Pour éviter ces complications, Marey, et après lui Athanasiu, a employé une pompe comme appareil explorateur, ce qui ne change en rien la forme du mouvement que l'on veut communiquer au tambour à levier. Si cette forme est modifiée, c'est dans le tambour à levier et dans le tube de transmission qu'il faut chercher la cause.

Une came, mise en mouvement par un moteur électrique, communique ses mouvements, par l'intermédiaire d'un levier, à une pompe. L'intérieur de la pompe communique avec l'intérieur du tambour à levier étudié. Sur le trajet du tube qui relie la pompe et le tambour à étudier se trouve un manomètre à eau, à l'aide duquel on peut savoir la valeur de la pression correspondant à chaque point du tracé.

Influence des divers états de la membrane (tension, épaisseur et surface). — *a) La tension.* La forme des mouvements complexes n'est pas fidèlement reproduite par des tambours recouverts de membranes non tendues. Un tambour à levier, recouvert d'une membrane suffisamment tendue, peut inscrire les mouvements les plus complexes avec leur forme exacte, aussi bien à grande qu'à faible fréquence. Il se passe, dans ce cas, un phénomène analogue à celui qui se passe pour les vibrations acoustiques : on sait, en effet, que la période propre d'un corps doit être au moins cinquante fois plus courte que celle du son qui agit sur lui pour qu'il puisse se mettre à l'unisson. Or les membranes des tambours tendus ont une période propre d'oscillation plus courte que celles des membranes non tendues : c'est pour cela qu'elles sont plus aptes à suivre les vibrations qui leur sont communiquées. La tension de la membrane est d'autant plus nécessaire que la surface du tambour est plus grande.

b) La surface. A égalité de tous les autres éléments du tambour à levier, l'amplitude des tracés est proportionnelle, jusqu'à un certain point, à la surface du tambour. Cela a lieu toutes les fois que le volume du tambour lui-même est une fraction négligeable du volume total du système. Si au contraire cette fraction est grande, la proportionnalité cesse d'avoir lieu, et la plus grande amplitude est donnée par un tambour de diamètre moyen (45 millimètres de diamètre), parce que, dans ce cas, le produit de la surface par la pression atteint la plus grande valeur. Quant à la forme du mouvement, elle est reproduite aussi bien par les grands tambours (de 65 millimètres de diamètre) que par les petits (de 25 millimètres de diamètre).

c) L'*épaisseur* de la membrane n'a d'influence que sur la hauteur des tracés qui diminue au fur et à mesure que cette épaisseur augmente.

L'influence du disque qui repose sur la membrane se fait sentir de la façon suivante : en immobilisant une surface de la membrane d'autant plus grande que son diamètre est plus grand, on diminue l'amplitude des tracés. Donc l'amplitude des tracés décroît quand le disque augmente.

Influence du levier inscripteur. — a) *La longueur* du levier, pour une amplification donnée, n'a aucune influence dans l'inscription des mouvements, quelles que soient leur forme et leur rapidité.

b) Le poids du levier intervient, s'il dépasse certaines limites. Il faut des poids assez grands (5 ou 10 grammes) pour que les mouvements rapides soient altérés dans leur forme.

c) L'amplification a une très grande importance sur l'inscription des mouvements. Une amplification de 20 altère considérablement la forme des mouvements inscrits.

La vitesse du levier, qui croît nécessairement avec l'amplification, n'est pas la cause unique de la déformation des mouvements rapides; car, en ramenant les tracés à la même hauteur, pour des amplifications petites ou grandes, la forme du mouvement est toujours très altérée pour de grandes amplifications.

L'amplification de 10 peut être considérée comme maximum, quand le tambour à levier doit enregistrer des mouvements de forme complexe et dont la fréquence ne dépasse pas le chiffre de 180 par minute. Quand le mouvement est plus rapide, cette amplification ne convient plus et il faut la réduire si l'on veut obtenir des tracés fidèles. Un tambour à levier peut enregistrer un mouvement très complexe et très rapide (360 par minute) si l'amplification de son levier est égale à 5.

d) Les articulations du levier doivent être des plus justes, afin qu'il n'y ait ni jeu ni frottements nuisibles. L'axe de rotation doit être sur pointes, afin que la surface de frottement soit réduite au minimum. Pour attacher le levier à la membrane, on peut employer une pièce en acier très légère, en forme de 8, dont les deux boucles sont ouvertes. L'élasticité des branches de cette pièce assure un appui constant aussi bien sur le levier que sur le disque, sans détruire la mobilité nécessaire entre ces deux organes. Ce dispositif remplace avantageusement les articulations à goupille, dont le réglage est très difficile.

Amplitudes minima et maxima des mouvements qui peuvent être fidèlement inscrits par le tambour à levier. — En évaluant en millimètres d'eau la valeur absolue des pressions provoquées par les mouvements qu'on veut enregistrer, on trouve le minimum 1, et le maximum 220. Ce qui prouve que le tambour à levier peut répondre aussi bien aux pressions faibles que fortes; cela se traduit seulement par une différence d'amplitude.

Précision du tambour à levier. — On doit comprendre par précision des appareils enregistreurs, la propriété qu'ils ont de traduire avec la plus grande approximation possible la forme d'un mouvement à toute amplitude et à toute fréquence. Cette propriété, le tambour enregistreur la possède à un haut point.

III. Pour contrôler leur *piston-recorder* Johanson et Tigerstedt se sont contentés de prendre le tracé du pouls. Hürthle a soumis le piston-recorder à des expériences de contrôle analogues à celles auxquelles il avait soumis le tambour. Il a mis en communication avec le tambour qui reçoit le mouvement directement un piston-recorder ayant 11 millimètres de diamètre et 20 millimètres de hauteur. Le piston, en paraffine, comme dans le premier modèle d'Ellis, présentait un fil en aluminium qui s'articulait avec un levier long de 120 millimètres. Les mouvements du piston n'étaient amplifiés que deux fois. Le poids des parties mobiles était de 3,2 grammes.

Un tel piston-recorder se montre inerte, c'est-à-dire que les mouvements brusques sont traduits par lui sous forme d'une courbe lente. Cette déformation est due au frottement du piston et à l'huile qui se trouve sur sa surface. En diminuant la hauteur du piston, et en la faisant de 8 millimètres au lieu de 20 millimètres, les résultats sont meilleurs.

Hürthle a étudié aussi un autre piston-recorder, construit d'après le modèle de Tigerstedt. Le piston de cet appareil présentait un diamètre de 25 millimètres et une hauteur de 3 millimètres. Le levier enregistreur, en acier très léger, était équilibré par un contrepoids. L'ensemble des pièces mobiles pesait 4 gr. 47. Malgré cette grande masse, le piston-recorder s'est montré aussi bon que les meilleurs tambours; en tout cas, il est supérieur aux tambours de Grunmach dont la partie mobile ne pèse que 4 grammes.

Les grands pistons-recorders peuvent basculer et se placer obliquement. Les petits ne présentent pas cet inconvénient. Hürthle a obtenu des résultats remarquables, meilleurs que ceux donnés par les tambours, avec un petit piston-recorder, dont l'ensemble des pièces mobiles ne pesait que 0 gr. 68. Le diamètre du cylindre était de 13 millimètres; la hauteur du piston de 3 millimètres, et le poids du piston était de 0 gr. 68. Le piston était équilibré par un rsssort.

Au point de vue de la sensibilité mesurée par la hauteur de chute d'un poids connu sur la membrane du tambour explorateur, un tambour ayant 25 millimètres de diamètre s'est montré supérieur à un piston-recorder, dont le piston présentait 25 millimètres de diametre.

En soumettant le piston-recorder (d'Ellis, Hürthle et Blix-Sandström) au même contrôle expérimental que le tambour à air de Marey, Athanasiu a vu que les mouvements faibles, de même que les mouvements trop lents ou trop rapides, ne peuvent pas être inscrits fidèlement par cet appareil, à cause de l'inertie du levier et des frottements du piston.

Le *soufflet enregistreur* de Brodie s'est montré aussi de beaucoup inférieur au tambour à levier.

IV. Les tubes qui relient l'appareil explorateur à l'appareil inscripteur peuvent modifier la forme de l'ébranlement qu'ils transmettent par leur diamètre intérieur et par leur longueur.

En faisant des essais d'enregistrement avec des tubes d'égale longueur, mais de diamètres différents, Athanasiu a vu que dans les tubes étroits (de 2 et 3 millimètres) les oscillations du mouvement sont effacées par le frottement trop grand de la colonne d'air contre les parois du tube, tandis que dans les tubes larges (de 4 et 5 millimètres) les oscillations sont accentuées par l'inertie des organes de transmission. L'inertie de la colonne d'air en mouvement joue un grand rôle dans cette déformation du mouvement transmis. Cette déformation disparaît si le tube de transmission présente un rétrécissement. Un diaphragme percé en mince paroi donne de très bons résultats. Athanasiu a trouvé qu'il existe une relation assez étroite entre le diaphragme et le diamètre du tambour. Il faut que le diamètre de cet orifice soit 1/50 environ de celui du tambour. Les tambours à levier d'Athanasiu sont munis du diaphragme qui leur convient.

Chauveau, pour avoir un rétrécissement réglable du tube, emploie un robinet. Binet et Courtier (1895) ont fait construire par Otto Lund un appareil spécial composé de trois rondelles, dont deux sont solidairement unies par un axe. Entre elles se trouve emboîtée une troisième rondelle mobile autour de l'axe; celle-ci présente 10 ouvertures ayant les diamètres suivants : 4 millimètres, 2, 1, 1/2, 3/10, 8/10, 7/10, 6/10, 5/10 et 4/10 de millimètre. Les deux rondelles fixes ont deux grandes ouvertures qui se font face, avec embouchures pour les tubes. Entre ces ouvertures on intercale à volonté une des ouvertures précédentes de la troisième rondelle qui joue le rôle de diaphragme.

V. En étudiant la vitesse de transmission de l'onde aérienne dans un tube de caoutchouc ayant 4 millimètres de diamètre, Marey a trouvé le chiffre de 280 mètres par seconde. Hürthle a trouvé des chiffres supérieurs. Pour les tubes larges, ayant un diamètre de 9 millimètres environ, il donne comme moyenne le chiffre de 321 mètres par seconde. Pour les tubes étroits, de 3 millimètres environ de diamètre, il a trouvé comme moyenne le chiffre de 314 mètres par seconde.

Regnault (1862) avait aussi constaté que la vitesse de propagation de l'onde aérienne dans les tubes est moins grande que la vitesse de propagation du son, qui est de 340 mètres par seconde.

En ce qui concerne l'influence du diamètre du tube sur l'amplification de l'onde, Hürthle a vu que, pour un tube large de 9 millimètres, et long de 750 centimètres, la différence de hauteur de la courbe de l'onde, entre le commencement et la fin du tube, était de 1/3 environ. Pour un tube étroit, de 3 millimètres de diamètre, et long de 375 centimètres environ, cette différence était de 1/16 environ.

Avec le piston-recorder et un tube ayant de 6 à 7 millimètres de diamètre et un mètre de longueur, on peut avoir le tracé de l'impulsion provoquée par la chute d'un grain de plomb pesant 0 gr. 2, et tombant de 5 millimètres de haut. Avec un tube ayant un diamètre de 2 millimètres, il faut une hauteur de chute de 120 millimètres.

Il faut donc, quand on ne veut pas perdre de la force, prendre des tubes larges. Un diamètre de 6 à 10 millimètres représente une bonne largeur; un tube de 3 millimètres de diamètre est trop étroit.

Quant à la longueur du tube, Hürthle a vu qu'un tube long, non seulement affaiblit l'onde aérienne, mais aussi en altère la forme, à cause des frottements. Une longueur de 50 centimètres est la plus convenable. Dans des tubes longs de 165 centimètres par exemple, des ondes secondaires prennent naissance par réflexion.

Kries (1892) a vu que le frottement dans le tube se manifeste par une altération de la forme de l'onde quand le tube a 4 millimètres de diamètre; il n'est pas sensible dans des tubes de 10 millimètres de diamètre.

VI. Deprez a imaginé un petit appareil qu'il a nommé *palpeur*, et qui permet de donner à un manomètre élastique quelconque des excursions proportionnelles aux pressions qui agissent sur lui. Voici, d'après Marey, la description de cet appareil.

Le *palpeur* est une petite pièce métallique reliée à un organe inscripteur, et qui frotte sur une arête sinueuse d'un galbe déterminé à l'avance afin de rendre les excursions de la pointe écrivante toujours proportionnelles à l'intensité du phénomène inscrit.

Supposons, par exemple, qu'on veuille rendre les indications d'un tambour à levier proportionnelles à la pression qui agit sur lui. On sait que l'élasticité de la membrane de caoutchouc change en raison de la distension qu'elle a subie, et que des pressions régulièrement croissantes produisent des élévations du levier de moins en moins prononcées; la friction du palpeur sur une surface courbe convenablement construite régularisera ces indications, et leur donnera la valeur désirée.

A cet effet, le levier est brisé en deux pièces : une base et une partie terminale; cette dernière est reliée à la première par une lame horizontale de ressort qui lui permet d'exécuter isolément des mouvements verticaux, sans que la base y participe.

C'est à l'origine de la partie terminale, et très près de la brisure, que le palpeur se détache sensiblement à angle droit et descend en décrivant une courbe dont la concavité est tournée du côté de l'origine du levier. De sorte que, par sa pointe dirigée en arrière, le palpeur frottera contre une surface courbe fixée à la caisse du tambour à levier. C'est la courbure de cette surface qui, en agissant sur le palpeur, modifiera les mouvements de l'extrémité du levier et les rendra dissemblables à ceux de la base.

Si cette surface courbe présente une convexité prononcée, le palpeur, en s'élevant par suite du mouvement que la base lui commande, sera dévié par cette convexité qui lui fera exécuter un mouvement de bascule autour de la brisure; la partie terminale du levier fera donc un angle avec la base, et la pointe inscrivante s'élèvera plus haut que si les deux parties du levier étaient restées sur le prolongement l'une de l'autre. Inversement, si une concavité se trouvait dans la courbure que le palpeur doit suivre, celui-ci tombant au fond de cette concavité, il s'ensuivrait que la brisure deviendrait convexe par en haut, et que la pointe écrivante s'élèverait moins que si elle eût été solidaire de la base du levier.

On peut donc, en calculant d'avance la courbure rectificatrice, modifier à son gré les mouvements de l'extrémité par rapport à ceux de la base, et principalement corriger les défauts de sensibilité de la membrane. Mais il est beaucoup plus facile de construire expérimentalement la courbe correctrice des indications du levier. Voici, d'après Marey, comment on procède :

Le défaut de la membrane étant de prendre une force élastique de plus en plus grande à mesure qu'elle est plus distendue, les indications seront trop faibles pour les pressions fortes; il faut les amplifier. Admettons que l'appareil doive inscrire des pressions correspondant à 4 centimètres de mercure; il faut que le levier ait parcouru un espace quatre fois plus grand pour 4 centimètres de pression que pour 1 centimètre de pression. Or, avec les leviers ordinaires, on a des élévations de 1 à 2 à 3 à 4 centimètres par degrés inégaux.

Pour donner à l'échelle de l'instrument des croissances régulières (a, b, c, d) portons l'extrémité inscrivante du levier au point (d) et maintenons cette pointe dans cette position; en même temps que nous élevons la pression à 4 centimètres dans le tambour. Tous les organes de l'appareil, y compris la pointe du palpeur, sont dans la position où ils doivent se trouver quand les indications seront corrigées. Si nous notons, à ce moment, la position de la pointe du palpeur, nous obtiendrons un point de la courbe rectificatrice, le 4e point. Abaissons la pression à 3 centimètres, et plaçons la pointe à la position qui correspond au 3e degré de son ordonnée (en c), le palpeur prendra nécessairement la position qu'il devra avoir pour corriger les indications de l'appareil, et cette position fournira le 3e point de la courbe. On procède de même pour les autres points afin d'avoir la courbe correctrice qui permet d'avoir des parcours du levier égaux pour des pressions égales.

IV

CONTROLE DE QUELQUES APPAREILS EMPLOYÉS EN PHYSIOLOGIE.

1. *Manomètre à mercure.*

Dans les recherches de critique et de contrôle, le manomètre à mercure a été le premier appareil étudié par les expérimentateurs.

Cet appareil présente une cause d'erreur qui frappe dès le premier abord : sa partie essentielle, la partie mobile dont on enregistre les mouvements, consiste en une considérable quantité de mercure qui, de par sa masse, présente une grande inertie.

On conçoit facilement, en dehors de toute expérience, que la grande masse inerte qu'est la colonne mercurielle ne peut pas répondre immédiatement à une impulsion reçue, et, que, si cette impulsion représente une variation rapide de pression, elle n'en peut pas reproduire fidèlement la forme. De plus, quand la colonne mercurielle est en mouvement, elle va toujours au delà des limites extrêmes de la variation de pression étudiée. Aussi la forme des tracés obtenus avec le manomètre enregistreur à mercure présente-t-elle un aspect identique, quelle que soit la forme des variations de pression étudiée.

La déformation de la forme d'une impulsion n'est pas la seule conséquence importante de l'inertie de la masse mercurielle; il y en a une autre, non moins importante. La colonne mercurielle répond à une seule impulsion par une suite de plusieurs oscillations. Dans quelle mesure ces oscillations propres de la colonne mercurielle interviennent-elles dans les tracés qu'on prend des variations rythmiques de pression ? L'expérience montre que, dans les limites de ses applications à la mesure de la pression sanguine, ces oscillations n'altèrent pas le rythme des variations de pression enregistrées, grâce aux phénomènes de synchronisation qui se passent entre la force agissante et la masse mercurielle qui reçoit l'impulsion. Les résistances rencontrées par la plume enregistrante dans ses mouvements servent d'amortisseur, ce qui facilite la synchronisation.

Malgré ses inconvénients, le manomètre enregistreur à mercure, si on ne lui demande que de montrer le sens des variations de la pression et la pression moyenne, est un excellent instrument.

Nous donnons, à titre de curiosité, l'opinion de quelques physiologistes sur cet appareil tant critiqué mais aussi tant employé dans tous les laboratoires.

Vierordt déjà, en 1855, dans son livre : *Die Lehre vom Arterienpuls* (p. 10), s'exprime de la façon suivante sur le kymographion :

« La communication libre de mercure du dynamomètre avec le sang de l'artère ouverte (et de tout le système artériel), doit nécessairement introduire des erreurs par suite de l'interférence des véritables ondes sanguines avec les vibrations propres du mercure; cette erreur, petite dans le cas des pulsations régulières, devient importante dans le cas contraire (qui est le plus fréquent). D'un autre côté, les oscillations du mercure exercent aussi une certaine influence sur les pulsations des artères éloignées, car il y a (du côté du manomètre), naissance d'ondes nouvelles qui parcourent les vaisseaux de l'animal. On comprend facilement que l'instrument de Ludwig, ne donnant jamais le minimum des pulsations, ne peut pas donner non plus exactement la valeur de la pression moyenne. »

Redtenbacher, professeur de mécanique, exprime, en 1855, à son ami Vierordt son opinion sur le kymographion de la façon suivante : « Les courbes données par le manomètre représentent d'abord les lois d'après lesquelles se produisent les oscillations du liquide qui est dans le manomètre. Ces oscillations sont le résultat de deux causes, dont l'une réside dans la masse du liquide et l'autre dans le pouls. Le manomètre enregistreur n'est pas un pantographe qui reproduit avec fidélité les causes agissantes; il est un « Phlegmaticus » inerte. Les courbes qu'on obtient ne sont donc pas fidèles, de sorte qu'on ne peut pas, d'après les courbes du pouls, tirer une conclusion sur la forme vraie du pouls. »

Fick, en 1858, dans *Die medicinische Physik* (p. 471), a repris les objections faites par Vierordt et Redtenbacher, et il ajoute : « Il faut tenir compte de la théorie de Seebeck, à propos de la synchronisation des oscillations d'un mobile et de la régularisation de ces oscillations, fidèlement, avec celle de la force qui leur donne naissance. Plus la résistance est grande, plus vite les oscillations régulières prennent naissance. Les oscillations du mobile sont d'autant plus grandes que la force qui leur donne naissance est plus grande, et d'autant plus petites que la résistance est plus forte. » En appliquant ces données au manomètre, Fick conclut qu'il donne en tout cas la mesure relative des changements de pression dans les artères, et la mesure absolue et sûre de la pression moyenne.

D'après Cyon (1876), pour connaître les vrais principes d'après lesquels on doit construire des appareils qui doivent osciller synchroniquement avec une force donnée, il faut considérer la membrane du tympan, le plus parfait appareil dans ce genre.

En discutant la valeur du manomètre à mercure, Cyon dit qu'on trouve dans les propositions de Seebeck la preuve théorique de l'utilité du manomètre. Les résistances, qui suffisent pour ramener le mercure au repos, suffisent aussi pour faire que les oscillations du mercure soient isochrones avec les changements rythmiques de la pression du sang. Les résistances qui s'opposent aux mouvements du mercure, du fait de la communication du manomètre avec les vaisseaux sanguins, sont si grandes que, même dans les cas où la durée des oscillations de la pression sanguine diffère beaucoup de la durée des oscillations propres du manomètre, ces dernières ne peuvent apparaître qu'exceptionnellement, et seulement pendant la diastole, alors que la paroi cardiaque relâchée n'oppose plus qu'une faible résistance.

C'est ainsi qu'on voit des oscillations propres de mercure pendant l'excitation du nerf pneumogastrique.

Cyon (1876) a déterminé d'une façon empirique la fréquence des oscillations de la pression pendant laquelle le manomètre ne présente pas d'oscillations propres. Naturellement la fréquence trouvée ne correspond qu'au manomètre examiné, avec sa masse et ses résistances déterminées.

Pour le manomètre du cœur de la grenouille, examiné par Cyon, une durée de 0/25 de seconde (par oscillation) suffirait pour qu'il n'y eût pas d'oscillations propres dans les périodes d'équilibre.

Il s'ensuit donc que, pour moins de 120 pulsations par minute, les oscillations d'un quart sont dues seulement à la force motrice; au delà, les oscillations du mercure sont plus grandes que celles de la pression du sang, et leur forme ne correspond plus à la forme des contractions cardiaques. Par une diminution importante de la masse en mouvement, par le renforcement des moments de résistance qui maintiennent cette masse en équilibre, on peut diminuer d'une façon notable la durée des oscillations propres. Au delà de ces fréquences ainsi déterminées, le manomètre ne peut plus donner d'indications ni sur la fréquence ni sur la forme des mouvements du cœur.

Comme le cœur ne présente que rarement des fréquences très grandes, et comme on n'emploie pas le manomètre à l'étude de la forme de la contraction cardiaque, on peut, dans les limites de son application, considérer le manomètre à mercure comme un appareil très précieux.

v. Frey (1892) a étudié aussi l'inertie des manomètres à liquides ; il a trouvé que le manomètre compensateur de Marey est le meilleur.

Magnus (1896) fait remarquer que la masse sanguine contenue dans les vaisseaux est aussi une masse inerte.

v. Kries (1878) a fait une étude détaillée sur la détermination de la pression moyenne à l'aide du manomètre à mercure.

II. *Manomètres élastiques*. — Des recherches comparatives ont été faites avec le manomètre à mercure et divers types de tonographes.

Fick et Tachau (1864), pour faire cette sorte de recherches, mettaient alternativement en communication avec un tube plein d'eau un manomètre à mercure et un manomètre élastique de Fick. Des compressions brusques du tube provoquaient des variations de pression de la colonne liquide contenue dans le tube. De ces recherches il résulte que le manomètre élastique reproduit mieux les variations de pression que le manomètre à mercure.

En général, dans ce genre de recherches, les variations de pression sont provoquées par une pompe dont le piston est commandé par un excentrique. C'est ainsi qu'Ansiaux (1893) a étudié le sphygmoscope de Chauveau et Marey. En enregistrant les mouvements de la tige du piston et les indications du sphygmoscope, il a vu que cet appareil donne des résultats très satisfaisants.

Contejean a montré que les causes principales qui interviennent pour fausser les indications que peut fournir le sphygmoscope, quand on l'emploie pour enregistrer les variations de la pression intra-ventriculaire, sont les suivantes : 1° le frottement du liquide dans la sonde, qui retarde la transmission à l'ampoule élastique des variations brusques de pression ; 2° la quantité relativement grande de liquide injecté dans le doigt de gant à chaque systole le distend outre mesure par suite de la force vive acquise.

Des défectuosités analogues doivent se retrouver dans le tonographe de v. Frey. Il n'est pas impossible, en effet, que les frottements du liquide dans la sonde et de l'air dans le tube capillaire de l'appareil occasionnent une déformation des tracés, et l'épaisseur de la membrane de caoutchouc fermant le petit tambour inscripteur peut aussi contribuer à rendre l'appareil paresseux. En effet, Contejean, en inscrivant la pulsation ventriculaire à l'aide d'un sphygmoscope de construction irréprochable, conjugué à une sonde cardiaque, a obtenu des tracés défectueux, dépourvus de plateau systolique, et analogues à ceux que fournit le tonographe de v. FREY.

COWL a fait l'étude critique des appareils de GAD, HÜRTHLE, FICK et CHAUVEAU et MAREY. SCHILINA (1898) a comparé le tonographe de HÜRTHLE avec un bon manomètre à mercure. Elle a constaté que le tonographe est plus sensible aux oscillations de pression négative qu'il n'est aux positives; il y a des erreurs dues à la résistance, à la capillarité, aux frottements dans le tube et à l'élasticité remanente du ressort.

TSCHUEWSKY (1898) a trouvé que, par rapport à l'étude de la pression moyenne, le manomètre élastique et le manomètre à mercure sont également bons, mais il est plus avantageux de les combiner. L'étalonnage est très important pour le manomètre élastique. La pression moyenne pendant chaque partie de la courbe ne peut être déterminée qu'à l'aide du manomètre élastique. En grande partie, les conclusions du travail de TSCHUEWSKY sont contradictoires avec celles du travail de SCHILINA.

DELABRE et PACHON (1902), en appliquant la méthode de DONDERS à l'étude du sphygmoscope, sont arrivés aux conclusions suivantes :

1) Une certaine grandeur de la chambre du sphygmoscope est nécessaire pour obtenir une sensibilité maximum de cet appareil;

2) La sensibilité sphygmoscopique croît avec l'augmentation de la surface élastique vibrante;

3) Le volume de la chambre sphygmoscopique est un élément défavorable. Il faut donc pour un volume liquidien faible, que la surface élastique soit la plus grande possible;

4) Résultat des conditions précédentes : la *forme* de la chambre sphygmoscopique exerce une influence propre sur la sensibilité du sphygmoscope;

5) A surface et capacité égales, le sphygmoscope de forme *conique* est mieux adapté à l'inscription des ondes engendrées par des chocs de faible force vive, tandis que le sphygmoscope à calotte *sphérique* est mieux adapté à l'enregistrement d'ondes dérivées de chocs de plus grande force vive.

Relativement au tonographe, il se pose un grand problème concernant le milieu intermédiaire entre le sang et le ressort de l'appareil. Faut-il que ce milieu soit gazeux ou liquide? FREY et HÜRTHLE sont les principaux champions de ces deux idées opposées. Nous ne pouvons citer les expériences à résultats contradictoires de ces deux auteurs. Il nous suffit de dire que FREY, dans ses recherches avec KREHL (1890), a trouvé que son tonographe ne présente presque pas d'oscillations propres sous l'influence d'une variation brusque de pression, tandis que l'appareil de HÜRTHLE en présente de très grandes, ce qui fait conclure qu'il est plus avantageux d'employer l'air comme milieu de transmission entre le sang et l'appareil.

Au contraire, HÜRTHLE (1898) préconise l'emploi du milieu de transmission liquide, dans un tube large et aussi court que possible. En effet, si la colonne liquide de transmission est très grande, alors celle-ci intervient par son inertie comme la colonne du manomètre à mercure.

L'avantage du liquide consiste en ce qu'il n'est pas compressible, ce qui lui permet de transmettre intégralement la pression du sang au ressort. Au contraire, l'air étant compressible, la transmission de la pression au moyen d'un tel milieu ne doit pas être fidèle.

HÜRTHLE a comparé les résultats de son appareil avec ceux de l'appareil de FICK, si dissemblable à certains points et n'ayant avec le sien qu'une chose commune : l'emploi d'une petite masse liquide. Comme les résultats sont semblables, il a conclu que c'était là un argument de plus en faveur du milieu liquide.

III. *Sphygmographes.* — Le sphygmographe a été soumis à de nombreuses recherches critiques. L'appareil de MAREY à inscription directe a été le plus étudié de tous les sphygmographes.

Parmi les expérimentateurs qui se sont occupés spécialement de ces recherches nous citerons : v. WITTICH, REDTENBACHER, FICK, MACH, DONDERS, LANDOIS, RIVE, MOENS, GRUNMACH, GRASHEY, CHARBY, HOORWEG, v. FREY, WEISS, etc.

La méthode généralement employée a été la suivante : Des mouvements ondulatoires de forme connue étaient provoqués dans des tubes élastiques. Les matériaux qui constituaient les tubes et les conditions expérimentales n'étant pas les mêmes chez les différents expérimentateurs, les résultats obtenus par eux sont dissemblables.

Certains expérimentateurs, comme EDGREN, MARTIUS, HÜRTHLE, etc., ont comparé entre eux deux appareils qui enregistrent un mouvement de forme inconnue. Le plus souvent le sphygmographe de MAREY a été pris comme type de comparaison.

BUISSON a voulu déterminer la part qui revient à l'inertie du levier dans les tracés donnés par le sphygmographe de MAREY. Pour cela, il a mis des cales sous le levier inscripteur jusqu'à ce qu'il ne trace que le sommet des courbes du pouls. Il a vu que le levier s'arrête toujours à la même hauteur, quelle que soit la grandeur de la course qu'il fait.

KOSCHLAKOFF, pour étudier les sphygmographes, a employé d'abord le dispositif suivant : un vase rempli d'eau, placé à une certaine hauteur, se continuait par un tube de verre muni d'un robinet à son extrémité inférieure; de ce robinet partait un tube de caoutchouc placé horizontalement et sur lequel on adaptait le sphygmographe. Les ondes liquides étaient produites par l'ouverture et la fermeture du robinet.

Plus tard, KOSCHLAKOFF a employé une seringue et un tube muni de soupapes, imitant le cœur avec ses valves. Les résultats obtenus lui ont permis de conclure que le sphygmographe de MAREY peut enregistrer des variations brusques de pression sans altérer leur forme.

MACH (1863), à l'aide de calculs mathématiques, que nous ne pouvons pas exposer ici, et en se basant sur les considérations de SEEBECK, est arrivé aux conclusions suivantes en ce qui concerne le sphygmographe : 1° la résistance de l'appareil aux variations de pression qui se passent dans l'artère doit être grande; 2° les déplacements de la partie mobile de l'appareil doivent être petits.

Par ses études théoriques et expérimentales, MACH a démontré la supériorité du ressort sur le poids dans les appareils destinés à inscrire des variations brusques de pression.

Dans ses études expérimentales, MACH faisait inscrire par un sphygmographe de MAREY la forme de l'onde liquide engendrée dans un tube en caoutchouc à l'aide d'une pompe. Ces expériences ont montré que le sphygmographe de MAREY est exempt de vibrations propres.

RIVE (1866) a étudié la force élastique et la période propre du ressort du sphygmographe. En soumettant ce ressort à des pressions régulières croissantes, RIVE a trouvé que la flexion est proportionnelle à la charge, quelle que soit la longueur du ressort.

GRASHEY (1881) a fait des recherches minutieuses sur le sphygmographe de MAREY. Il a étudié les oscillations du style inscripteur libre ou chargé de la plume; les oscillations secondaires de la lame élastique et les conditions dans lesquelles elles apparaissent. Il est arrivé à considérer comme un tout le style et les parties sous-jacentes. Il a vu que les oscillations de la paroi élastique sur laquelle est posé le sphygmographe sont ralenties par lui, et que le sphygmographe enregistre fidèlement des oscillations lentes; mais qu'il augmente l'amplitude des oscillations rapides, quand celles-ci dépassent une certaine limite.

CHARBY (1885) a fait des recherches sur le rapport qui existe entre la pression qui s'exerce à l'intérieur du tube et la pression exercée par la pelote d'un sphygmographe; à l'aide de calculs trop compliqués pour être exposés ici, il est arrivé à établir plusieurs formules.

HOORWEG (1890) a contrôlé les résultats de CHARBY et a recherché les causes qui font que les résultats des expériences ne s'accordent pas tout à fait avec les calculs théoriques. HOORWEG a trouvé que tout le système, pelote, levier et plume, agit comme un pendule, et que les vibrations de l'appareil s'ajoutent aux oscillations du sang; mais ces oscillations pendulaires n'ont presque aucune influence quand elles sont petites. En tout cas, il est utile de déterminer pour chaque appareil ses oscillations propres.

BÄTKE (1901), pour faire l'étude comparative des sphygmographes de MAREY et JAQUET, s'est servi d'un dispositif expérimental qui lui permettait de communiquer à ces appareils un mouvement de forme connue, donné par une came, et dont la rapidité pouvait être plus ou moins grande. Le bouton du sphygmographe, dans ces expériences, reposait sur un corps rigide. De cette étude l'auteur conclut que le sphygmographe de JAQUET présente des vibrations propres qui altèrent la forme du mouvement, quand la fréquence dépasse certaines limites; défaut qu'il n'a pas trouvé dans le sphygmographe de MAREY.

JAQUET (1902), répétant les expériences de BÄTKE au moyen de la même méthode, a montré que la critique de cet auteur s'appliquait au sphygmographe de DUDGEON, et non pas au sien, qui serait exempt de vibrations propres, même pour des fréquences assez grandes (150 mouvements par minute).

Pour démontrer que la fidélité d'un appareil enregistreur quelconque, et particulièrement d'un sphygmographe, doit être jugée d'après la valeur de l'accélération qu'elle peut inscrire sans altération, v. FREY a développé une série de déductions mathématiques qui nous ne pouvons pas exposer ici.

WEISS (1897) a fait l'étude comparative de huit sphygmographes et a constaté que le sphygmographe de MAREY est le plus parfait de tous. Les pulsations enregistrées étaient celles d'un tube plein de liquide; les ondes étaient obtenues à l'aide d'un moteur électrique.

ATHANASIU (1904), pour faire l'étude dynamique des sphygmographes, a employé un dispositif expérimental qui lui permettait de réaliser les conditions suivantes :

1° Posséder un mouvement de forme connue;

2° Avoir la possibilité de changer la rapidité de ce mouvement entre certaines limites;

3° Communiquer le mouvement au bouton du sphygmographe au moyen d'un corps élastique.

Le dispositif expérimental se compose essentiellement d'une came qui communique ses mouvements, par l'intermédiaire d'un levier rigide, au piston d'une pompe. La came est mise en mouvement par un moteur électrique. La pompe est en relation avec un tube de caoutchouc à parois assez épaisses. La pompe et le tube sont remplis d'eau, et le bout libre du tube est fermé au moyen d'une pince. Ce tube est maintenu sur un plan rigide, et le bouton du sphygmographe est appliqué assez près du bout libre. La forme de l'onde que l'appareil doit inscrire est celle du profil de la came.

Les appareils étudiés ont été les suivants : les sphygmographes de MAREY (à couteau et à galet), de LUDWIG, de v. FREY, de DUDGEON, de HÜRTHLE et de JAQUET.

ATHANASIU est arrivé à la conclusion que le défaut principal des sphygmographes à ressort réside dans l'amplification excessive de leurs leviers.

Si, dans les appareils indiqués plus haut, l'amplification donnée par le levier ne dépasse pas 20, les tracés obtenus sont comparables et à peu près fidèles.

IV. *Myographes.* — SCHENCK (1893-1894) a fait le contrôle des myographes isométriques de FICK et de SCHÖNLEIN, en attachant le muscle par une de ses extrémités au premier de ces appareils, tandis que l'autre extrémité était attachée au second. L'inscription se faisait sur le même cylindre enregistreur. Les courbes inscrites par ces deux appareils n'ont pas la même forme. Les courbes données par l'appareil de FICK, comme on peut le voir d'après les tracés obtenus par FICK, GAD et HEYMANS, KOHNSTAMM, v. KRIES, présentent un plateau. Les courbes obtenues avec l'appareil de SCHÖNLEIN sont sans plateau. Comme l'appareil de SCHÖNLEIN ne présente que très peu de frottements, il est supérieur à l'appareil de FICK qui, surtout pour les très grandes tensions, présente de très grands frottements. Le *plateau*, par conséquent, est dû aux imperfections de l'appareil de FICK. Ceci est très important; car, se basant sur l'existence du plateau, GAD et KOHNSTAMM avaient fondé toute une théorie de la contraction musculaire.

Bibliographie[1]. — **I. La Méthode graphique en physiologie.** — ARNOLD (J. W. S.). *The graphic method as applied to physiological investigation* (*Boston M. & S. J.*, 1880, CII, 109;

1. La bibliographie des appareils graphiques spéciaux, *cardiographe, pneumographe, sphygmographe, pléthysmographe, myographe*, etc., est ou sera donnée à ces divers articles.

Il n'y aura ici que la bibliographie se rapportant à la technique graphique proprement dite, et à la mesure de la pression du sang dans les vaisseaux.

Med. Gaz., 1880, VII, 55-57; *Med. Rec.*, 1880, XVII, 99-101). — BOCCI (BALDUINO). *Note ed appunti di tecnica fisiologica*, 1900, in-8, 43 p. 38 fig. Siena. — *Bericht uber die wissenschaftliche Ausstellung bei Gelegenheit des internationalen medizinischen Kongresses im August* 1890. (*Zeitschr. f. Instr.*, 1891, 23-26). — CHEVAL. *Des appareils graphiques en médecine* (*Art. médic.*, 1887-88; XXIII, 339; 353). — COLIN. *Méthode graphique* (*Bull. Acad. de Méd.*, Paris, 1878, (2), VII, 722-736). — CYON (E.). *Methodik der physiologischen Experimente und Vivisectionen*, Giessen, 1876. — EWALD. *Die graphische Methode* (*Biol. Centralblatt*, 1882, II, 147-151; 442-447). — EWALD (J.-R.). *Technische Hilfsmittel zu physiologischen Untersuchungen* (*A. g. P.*, 1888, XLII, 467-482). — GRIFFITH (J.-P.-C.). *The graphic clinical chart*. 1889, Philad., in-8. — GSCHEIDLEN (R.). *Physiologische Methodik. Ein Handbuch der praktischen Physiologie*, Brunschweig, 1879, in-8. — HENRY (CH.). *Rapporteur esthétique, avec une notice sur les applications à l'art industriel, à l'histoire de l'art, à l'interprétation de la méthode graphique, en général, à l'étude et à la rectification esthétique de toutes formes*, Paris, 1888, in-folio. — KENDRICK (J.-G.-M'.). *Notes on certain physical and physiological measurements and estimates* (*J. of Anat. and Phys.*, 1896, XXXI, 303-305). — KEYT. *The claims of the graphic method* (*Cincinn. Lancet*, 1882, VIII, 475-486. — KOEHLER (R.). *Applications de la photographie aux Sciences naturelles*, 1893; in-8, Paris, Masson. — KRONECKER (H.). *Ueber graphische Methoden in der Physiologie* (*Zeitschrift f. Instr.*, 1881, 26-28). — *Vorrichtungen welche in physiologischen Institut zu Bern bewährt sind* (*Zeitschrift f. Instr.*, 1889, 236-250). — *Sur les méthodes de la chronographie*, Turin, (*A. i. B.*, 1901, XXXVI, 134-138). — LANGENDORFF (O.). *Physiologische Graphik; ein Leitfaden der in der Physiologie gebräuchlichen Registrirmethoden*, Leipzig und Wien., 1891, Deuticke, 340 p. in-8. — LE BON (GUSTAVE). *La méthode graphique et les appareils enregistreurs. Leur application aux sciences physiques, mathématiques et biologiques* (*Rapports sur l'Exposition Universelle de 1878*; 1879, 329-432). — LEGROUX. *De la méthode graphique appliquée à la clinique; des progrès qu'elle peut réaliser, à propos de l'œuvre dernière de Lorain* (*Arch. génér. de méd.*, Paris, 1878, (7), I, 335-352). — LORAIN. *Études de médecine clinique faites avec l'aide de la méthode graphique et des appareils enregistreurs*, 1877, Paris. — MAREY (E. J.). *De la méthode graphique dans les Sciences expérimentales* (*Congr. périod. internat. d. Sc. Méd.*), 1875, Paris, 1876, IV, pp. LIII-LXX. — *Méthode graphique. Réponses à Colin* (*Bull. Acad. de méd.*, Paris, 1878, 611-627; 639; 689-690; 753-769). — *La méthode graphique dans les Sciences expérimentales et principalement en physiologie et en médecine*, 1878; 1885, in-8, Masson. — *The Work of the Physiological Station at Paris* (*Smithsonian Report*, 1894, 391-412). — *La méthode graphique et les Sciences expérimentales* (*Rev. scient.*, 1897, (4), 161). — OLIVIER (L.). *L'Institut Marey* (*Rev. gén. d. Sc. pures et appliquées*, 1902, XIII, 193-199). — SCHENCK (F.). *Physiologisches Practicum*, Stuttgart, 1895, (302 p.).

II. Critique et contrôle des appareils. — ANSIAUX (G.). *Recherches critiques et expérimentales sur le sphygmoscope de Chauveau-Marey et les manomètres élastiques* (*Arch. de Biol.*, Gand, 1892, XII, 611-637). — BÄTKE. *Experimentelle Prufung des Jaquetschen Sphygmochronographen* (*Munch. med. Woch.*, 1901, 520). — BINET et COURTIER. *Note sur un dispositif permettant d'éviter la projection et les vibrations du stylet inscripteur dans l'enregistrement graphique des phénomènes rapides* (*B. B.*, 1895, 213-214). — *Seconde note sur la correction des tracés au moyen d'un orifice capillaire* (*B. B.*, 1895, 296-298). — *Un régulateur graphique* (*B. B.*, 1895, 320-322). — BLONDEL. *Conditions générales que doivent remplir les instruments enregistreurs ou indicateurs, problème de la synchronisation intégrale* (*C. R.*, 1893, CXVI, 748). — BOHR (CH.). *Om en Anvendelse af Momentfotografien ved muskelfysiologiske Undersögelser*, Kopenhagen, 1886. — CHABRY (L.). *Contribution à la théorie de la sphygmographie* (*Journal de l'Anat. et de la Physiologie*, 1885, 181-192). — CHAUVEAU (A.). *Remarques sur la note de MM. Binet et Courtier, sur un régulateur graphique* (*B. B.*, 1895, 322). — CONTEJEAN (C.). *Sur le rôle que les transformations adiabatiques peuvent jouer dans le fonctionnement des appareils enregistreurs de pression à air comprimé et sur le plateau de la pulsation ventriculaire* (*A. de P.*, 1894, 816-822). — CORNU (A.). *Sur la synchronisation* (*C. R.*, 1887, 31 mai). — *La synchronisation électro-magnétique* (*Bulletin de la Société internationale des Électriciens*, n° 107, avril 1894). — COWL (W.). *Ueber Blutwellenzeichner* (*A. P.*, 1890, 564-577). — DELABRE (L.-G.). *Étude expérimen-*

tale sur le sphygmoscope et la mécanique du pouls artériel, Bordeaux, *thèse*, 1902, 102 pages. — DONDERS (F.-C.). *Examen du cardiographe* (*Arch. néerl. d. Sciences exactes et nat.*, 1867, II, 230-246). — FICK (A.). *Ein neuer Blutwellenzeichner* (*A. P.*, 1864, 583-589). — v. FREY (M.). *Die Untersuchung des Pulses*, Leipzig, 1892. — *Die Ermittelung absoluter Werthe für die Leistung von Pulschreibern* (*A. P.*, 1893, 17-48). — *Ein Verfahren zur Bestimmung des Trägheitsmomentes von Schreibhebeln.* (*A. P.*, 1893, 485-490; *C. P.* 1894, VIII, 219). — *Die Erwärmung der Luft in Tonographen* (*C. P.*, 1894, VIII, 267-269). — v. FREY (M.) et KREHL (L.). *Untersuchungen über den Puls* (*Arch. f. Anat. und Phys.*, 1890, 31-88). — FUESS (R.). *Apparat zur Prüfung von Aneroiden* (*Zeitschrift f. Instr.*, 1885, 297-299). — GILTAY (J.-W.). *Apparat zur Prüfung von Federmanometern* (*Zeitschrift f. Instr.*, 1885, 395-399). — GRASHEY (H.). *Die Wellenbewegung elastischer Röhren und der Arterienpuls des Menschen sphygmographisch untersucht* (Leipzig, 1881, 237 p.) — GUILLAIN (G.) et VASCHIDE (N.). *Du choix d'un sphygmomètre, des causes d'erreur dans la mesure de la pression sanguine* (*B. B.*, 1900, 71-73). — HARRIS (D.-F.). *A note upon the vibrational rate of the membranes of recording tambours* (*J. of Anat. and Phys.*, 1896, XXXI, 29-30). — HAYCRAFT. *The Movements of the heart within the chest and the cardiogram* (*J. of Phys.*, 1891, XII, 457). — HEBE (P.). *Ueber die Prüfung von Aneroiden* (*Zeitschrift f. Instr.*, 1900, 253-266). — HIRSCHMANN (E.). *Ueber die Deutung der Pulscurven beim Valsalva'schen und Müller'schen Versuch* (*A. g. P.*, 1894, LVI, 389-407). — HOORWEG (J.). *Ueber die Blutbewegung in den menschlichen Arterien* (*A. g. P.*, 1890, XLVI, 115, XLVII, 439). — HUCHARD (H.). *Note sur la différence des tracés obtenus par les sphygmographes de Dudgeon et de Marey* (*Bull. Acad. de méd.*, Paris, XLI, n° 24.) — HÜRTHLE (K.). *Kritik des Lufttransmissionsverfahrens. Beiträge zur Hämodynamik* (*A. g. P.*, 1893, LIII, 281-331.) — *Vergleichende Prüfung der Tonographen von Frey und Hürthle* (*A. g. P.*, 1893, LV, 319-338). — *Ueber die Leistung des Tonographen* (*A. g. P.*, 1900, LXXXII, 515-520. — KAISER (K.). *Ueber Federcurven und Hebelschleuderung* (*Entgegnung an Fr. Schenck*) (*Z. B.*, 1896, 352-359, 1897, 94-100). — *Ueber Hebelschleuderung* (*Z. B.*, 1899, XXXVIII, 399-404). — KOPPE (C.). *Ueber die Prüfung von Aneroiden* (*Zeitschrift f. Instr.*, 1888, 419-427). — KREICHGAUER (D.). *Zur Bestimmung von Trägheitsmomenten durch Schwingungsversuche* (*Annalen der Physik und Chemie*, 1885, XXV, 273-308). — v. KRIES. *Ueber die Bestimmung des Mitteldruckes durch das Quecksilbermanometer* (*Arch. f. A. and Phys.*, 1878, 419-440). — *Studien zur Pulslehre*, Freiburg, 1892, in-8. — KRONECKER (H.). *Ueber die Leistungen von Hürthle's Tonographen* (*Congr. inter. de Phys.*, Turin, 1901; *C. P.*, 1901, XV, 401-405). — KÜLPE (O.) et KRISCHMANN. *Ein neuer Apparat zur Controle zeitmessender Instrumente* (*Philos. Studien*, 1892, VIII, 145-172). — LAINÉ (EUGÈNE). *Étude comparée du sphygmographe de Marey et du sphygmographe de Dudgeon*, Diss. Nancy, 1888. 43 p. — LANDOIS. *Lehre vom Arterienpulse*, 1872. — MACH (E.). *Ueber die Gesetze des Mitschwinges* (*Ak. W.*, 1863, (2), 33-48). — *Ueber eine neue Einrichtung des Pulswellenzeichners* (*Ak. W.*, 1863, (2), 53-56). — MOENS (ISEBREE). *Over de voortplantingssnelheid van den pols.* Leiden, 1877, in-8. — PLACE (S.). *Onderzoekingen gedaan in het physiologisch. Lab. der Utrechtsche Hoogeschool*, 1868, I, 83. — PORTER (W.-T.). *Researches on the filling of the heart.* (*J. P.*, 1892, XIII, 513-553). — PUTNAM (J.-J.). *On the reliability of Marey's tambour of time* (*J. P.*, 1879, 209-213). — REDTENBACHER. *Zur Kritik des Hämodynamometers* (*Arch. f. physiol. Heilkunde*, 1856, II, 135). — REINHERTZ (C.). *Ueber die elastische Nachwirkung beim Federbarometer* (*Zeitschrift f. Instr.*, 1887, 153-170; 189-207). — RIVE. *De Sphygmograaf en de Sphygmogr. curve*, 1866. — SCHENCK (F.). *Ueber den Einfluss der Spannung auf die Wärmebildung des Muskels* (*A. g. P.*, 1892, LI, 509-540). — SCHILINA (LUDMILLA). *Vergleich von Ludwig's Kymographion mit Hürthle's Tonographen* (*A. P.*, 1898, 526-530; *Arch. des sc. phys. et nat.*, (4), VI, 632-633; *Z. B.*, 1899, XXXVIII, 433-486). — SCHREIBER (P.). *Apparate zur Prüfung von Federbarometern sowie von Thermometern* (*Zeitschrift f. Instr.*, 1886, 121-125). — *Neuerungen und Erfahrungen an Apparaten zur Prüfung von Thermometern und Aneroid-barometern, Windfahne und Windstärkemesser, Registrirapparaten von Richard frères und den Barometer Wild-Fuess* (*Zeitschrift f. Instr.*, 1889, 157-165). — SCHUMMER. *Vergleichende Prüfung der Pulswellenzeichner von C. Ludwig und A. Fick.* (*Diss.* Dorpat., 1867). — TACHAU. *Experimentalkritik eines neuen von A. Fick construirten Blutwellenzeichners* (*Inaug. Diss.*, Zurich, 1864). — TSCHUEWSKY (J.-A.). *Vergleichende Bestimmung der Angaben des Quecksilber-und Feder-Manometers in Bezug auf den mittleren Blutdruck* (*A.*

g. P., 1898, LXXII, 585-602). — VIERORDT. *Die Lehre vom Arterienpuls*, 1855. — WEISS (G.). *Sur la comparaison des tracés obtenus à l'aide d'appareils enregistreurs différents* (*B. B.*, 1897, 359). — WOLFF (W.). *Ueber eine Pendelvorrichtung zur Prüfung ballistischer Chronographen* (*Zeitschrift f. Instr.*, 1895, 264-265).

III. Pression du sang. — ABERLÉ. *Messung des Arteriendruck am lebenden Menschen*, 1856, Tübingen. — ALISON (SCOTT). *A description of a new sphygmoscope* (*Philosophical Magazine and Journal of Science*, IX, 1856 ; — *The application of the sphygmoscope or cardioscope in the estimating the pulsations and movements of the heart and distant arteries in the various parts of the body with reference to the cardiac sounds in cases of disease and health; together a disposition of the instrument* (*Lancet*, 1856, II, 510-511); — *On the sphygmoscope* (*Med. Times & Gaz.*, 1856, XIII, 656; *Lancet*, Lond., 1857, I, 36); — *Sphygmoscopes; their construction, objects and mode of employement* (*Proc. of the Roy. Society*, 1856; *Med. Times & Gaz.*, Lond. 1859, XVIII, 7-8). — BADHAM (D.). *A few remarks on the sphygmometer* (*London Med. Gaz.*, 1835, XVI, 265-268). — V. BASCH. *Die volumetrische Bestimmung des Blutdruckes am Menschen* (*Wiener Med. Jahr.*, 1876, XX-XXII); — *Ein einfaches Verfahren, den Blutdruck an uneröffneten Arterien zu messen.* (*A. P.*, 1880, 178-179); — *Ueber die Messung des Blutdrucks am Menschen* (*Zeitschrift f. klin. Med.*, 1880, II, 79-86) ; — *Demonstration eines neuen Blutdruckmessers und Wellenzeichners* (*Verhandl. d. Berl. med. Gesellsch.*, 1881, 107-110); — *Einige Ergebnisse der Blutdruckmessung an Gesunden und Kranken* (*Zeitschr. f. klin. Med.*, 1881, III, 502-536); — *Ein Metall-Sphygmomanometer* (*Zeitsch. f. klin. Med.*, 1883, II, 79); — *Der Sphygmomanometer und seine Verwertung in der Praxis* (*Berl. klin. Woch.*, 1887, 1-40). — *Kritiken über mein Sphygmomanometer* (*Berl. klin. Woch.*, 1887, XXIV, 987); — *Zur Technik der Blutdruckmessung* (*Wien. med. Bl.*, 1894, XVII, 755-773); — *Methode und Werth der Blutdruckmessung für die Praxis* (*Wien. med. Bl.*, 1894, XVII, 773-774); — *Fünfzehn Jahre Blutdruckmessung* (*Wien. med. Woch.*, 1896, XLVI, 617-620); — *Praktische Winke für den Gebrauch und die Verwendung des Sphygmomanometers* (*Wien. med. Bl.*, 1897. XX, 383-385); — *Mein Sphygmomanometer und Gärtner's Tonometer* (*Wiener med. Presse*, 1899, 28, 1169); — *Ueber die Anwendung des Sphygmomanometer in der ärztlichen Praxis* (*Wien. med. Woch.*, 1899) ; — *Ein Pulsfühlhebel für meinen Sphygmomanometer nebst Bemerkungen über einige Methoden der Blutdruckmessung am Menschen* (*Wien. med. Presse*, 1900, 1137-1142). — *Ein Pulsfuhlhebel für meinen Sphygmometer* (*Aerztl. Polytech*,, 1900, XXII, 91-95). — *Ueber die Messung des Capillardruckes am Menschen und deren physiologische und klinische Bedeutung* (*Wien. klin. Rundschau*, 1900, XIV, 549-552, 1 fig.). — *Eine neue Modification der Pelotte meines Sphygmomanometers* (*Wien. med. Woch.*, 1901, LI, 2052-2054). — BAYLISS (W.-M.) et STARLING (E. H.). *On the form of the intraventricular and aortic pressure curves obtained by a new method* (*C. P.*, 1895, 255-256). — BERR (T.). *Ein neuer gesichter Apparat zur Messung und graphischen Registrirung des Blutdruckes* (*C. P.* 1896, X, 329-330). — BÉHIER. *Description des modifications apportées au sphygmoscope* (*Bull. de l'Acad. de méd. de Paris*, 1868, XXXIII, 176). — BERTI (A.). *Intorno ad un nuovo sfigmometro meccanico* (*Gaz. Med. ital. lomb.*, Milano, 1857, II, 145-147). — BLOCH (M.). *Nouveau sphygmomètre* (*B. B.*, 1888, 84-86). — *Expériences de sphygmométrie* (*B. B.*, 1889, 456-458); — *Note sur un perfectionnement apporté à mon sphygmomètre* (*B. B.*, 1896, 745-746); — *L'achromatomètre* (*B. B.*, 1896, 835). — BLUNDELL (E.-S.). *The Sphygmometer, an instrument which renders the action of the arteries apparent to the eye. Researches on the affections of the heart, and on the proper means of discriminating them considered, with an improvement of the instrument and preparatory remarks by the translator* (In-8, London, 1835). — BOCCOLARI (A.). *Di un nuovo sfigmometro* (*Rassegna di Sc. med.*, 1888, III, 63-68). — BOZIDAR (G.). *Die Messung des Blutdruckes am Menschen mit Hilfe des v. Basch'schen Sphygmomanometers.* Würzburg, 1896. — BRUCK (CARL). *Messungen mit einem modifizirten Riva-Rocci'schen Sphygmomanometer. Ueber den Einfluss kalter hydriatischer Prozeduren auf den Blutdruck.* (*Diss.* München, 1902). — COLOMBO (C.). *Ricerche sulla pressione del sangue nell' uomo* (*A. i. B.*, 1899, XXXI, 345-369). — COWL (W.). *Ueber Blutwellenzeichner* (*A. P.*, 1890, 564-577). — CRUMMER (LE ROY). *On the use of Gärtner's Tonometer* (*Med. Herald, St-Joseph*, 1902, XXI, 46-51, 1 fig.). — CURDY (MC.). *The effect of maximum muscular effort on blood pressure* (*Amer. J. P.*,

1901, v, 2, 95. — CYBULSKI (N.). *Ein neues Manometer zur Bestimmung des Venenblutdruckes auf photographischem Wege* (*C. P.*, 1888, 277-279). — CYON (E. v.) *Methodik der physiologischen Experimente* (1876, 113, 116, 188). — DANTHONY. *Détermination de la tension vasculaire chez l'homme au moyen de l'appareil de Basch* (Th. de Lyon, 1881). — DOERING (K.). *Ueber Blutdruckmessungen mit dem Gaertner'schen Tonometer* (*Deutsche Aerzte-Ztg.*, 1900, II, 333-337). — EURÉN (A.). *Jakttagelser med. v. Basch's Sfygmomanometer om blodtrycket hos mennisken under fysiologiska och patologiska förhallanden* (*Upsala Läkaref. Förh.*, 1890-91, XXIV, 289-318). — EWALD (J.-R.). *Ein Beitrag zur Theorie der Blutdruckmessung* (Strassburg, 1883). — FEDERN (S.). *Beobachtungen über den Blutdruck am Menschen* (*C. P.*, 1899, 558-559). — FÉRÉ (CH.). *Note sur des modifications artificielles de la pression artérielle* (*B. B.*, 1899, 377). — FICK (A.). *Die medicinische Physik* (Braunschweig, 1858 et 1885); — *Ein neuer Blutwellenzeichner* (*A. P.*, 1864, 583-589); — *Ueber die Schwankungen des Blutdrucks in verschiedenen Abschnitten des Gefässsystems* (*Verhandl. der phys. medic. Gesells. in Würzburg*, 1872); — *Ueber eine Verbesserung des Blutdruckmanometers und einige damit gewonnene Resultate* (*A. g. P.*, 1883, XXX, 597-661); — *Die Druckcurve und die Geschwindigkeitskurve in der Arteria radialis des Menschen* (*Verhand. Würzb. Phys. Med. Gesel.*, 1887, XX, (2), 53-72, 1 pl.) — FRANCK (FR.). *Note sur quelques appareils* (*Manomètre à mercure*) (*Trav. du Lab. de Marey*, 1877, 1878, 1879); — *Manomètre à mercure inscripteur modifié* (*Trav. du Lab. du Marey*, 1880, 449; (*B. B.*, 1881, 127-130); — *Note sur un double manomètre enregistreur à mercure et sur le dispositif pour l'inscription de la pression et autres phénomènes* (*B. B.*, 1883, 388-398). — FREY (M. v.) et KREHL (L.). *Untersuchungen über den Puls* (*A. P.*, 1890, 31-88). — V. FREY. *Zur Theorie der Lufttonographen* (*A. P.*, 1893, 204). — *Der Tonograph mit Luftfüllung* (*C. P.*, 1893, VII, 453-455); — *Eine einfache Methode, den Blutdruck am Menschen zu messen* (*C. P.*, 1896, X, 666). ; — *Messung des Blutdruckes beim Menschen* (*Cor.-Bl. f. Schweiz. Aerzte*, 1898, XXVIII, 369); — *Ein neuer Blutdruckmesser* (*Deutsch. med. Ztg.* 1899, XX, 423; *Zeitsch. f. diät. u. physik. Ther.*, 1899, II, 346). — FRIEDMANN (S.). *Ueber die Aenderungen welche der Blutdruck des Menschen in verschiedenen Körperlagen erfährt* (*Wien. med. Jahr.*, 1882). — FRIEDMANN (J.-H.). *Blutdruckmessungen bei Diphterie* (*Jahrb. f. Kinderheilkunde*, 1893, 36-50; *C. P.*, 1893, VII, 725). — FUSCO (G.). *Sfigmometro-compressore, ossia strumento per distinguere il moto diretto dal moto communicato delle arterie, nei casi, in cui bisogna interrompere il circolo del sangue* (1853, in-8°, Napoli). — GÄRTNER. *Ueber einen neuen Blutdruckmesser* (*Tonometer*) (*Wiener med. Presse*, 1899, 1094-1098; *Wiener med. Woch.*, 1899, 1412-1417). — *Entgegnung auf vorstehenden Artikel* (BASCH : *Mein Sphygmomanometer und Gärtner's Tonometer*) (*Wien. med. Presse*, 1899, 28, 1172); — *Ueber das Tonometer* (*Münchener med. Woch.*, n° 35, 1900). — GALLOIS (P.). *Appréciation de la tension artérielle par le procédé des deux index* (*Bull. d. thérap.*, 1897, 439-448). — GALVAGNI (E.). *Di un nuovo sfigmonometro* (*Rassegna d. Sc. med.*, 1888, III, 63-68). — GARIEL (C. M.). *Manomètre* (*D. D.*, 1871, (2), IV, 607-613). — GIGLIOLI (G.-Y.). *Alcune critiche e alcune ricerche di sfigmomanometria clinica* (*Riv. crit. di clin. med.*, 1900, I, 625-630). — GLEY. *Sonde cardiographique* (*B. B.*, 1894, 445, et 1897, 446). — GRANDIS. *Per la misura della pressione arteriosa* (*Gazz. med. di Torino*, 1901, LII, 689-692). — GRÉHANT (N.). *Manomètre métallique servant à la mesure de la pression du sang* (*B. B.*, 1892, IV, 302). — GRÜNBAUM. *On a new method of recording alterations of pressure.* (*J. P.*, 1898, XXII, p. XLIX-LI). — GUETTET. *Mémoire sur les hémomètres* (*C. R.*, 1850, XXX, 64-67). — GUMPRECHT. *Experimentelle und klinische Prüfung des Riva-Roccischen Sphygmomanometers* (*Zeit. f. klin. Med.*, 1900, XXXIX, 377-396). — HALLION et COMTE. *Sur un procédé d'évaluation de la pression artérielle chez l'homme* (*Interm. des biolog. et des médec.*, 1899, 302-304). — HAMPELN (P.). *Ueber ein modificirtes Verfahren der Blutdruckbestimmung* (*Petersb. med. Woch.*, 1903, XX, 1). — HAUSHALTER (P.) et PRAUTOIS (V.). *Quelques applications cliniques du sphygmomanomètre de Potain* (*Gaz. hebd. d. méd.*, Paris, 1891, (2), XXVIII, 405-409). — HAYASKI (T.). *Vergleichende Blutdruckmessungen an Gesunden und Kranken mit den Apparaten von Gärtner, Riva-Rocci und Frey* (*Inaug.-Dissert.*, Erlangen, 1901). — HEIKE (WILHELM). *Blutdruckmessungen nach Verabreichung von Digitalis, ausgeführt mittels des Riva-Rocci'schen Sphygmomanometers* (*Inaug.-Dissert.*, Halle, 1901). — HÉRISSON (J.). *Le sphygmomètre, instrument qui traduit à l'œil toute l'action des artères. Utilité de cet instrument dans l'étude de toutes les maladies; recherches sur les affections du cœur et le moyen de les distinguer entre elles* (In-8°, Paris, 1834, 24 pages (Mémoire présenté à l'Institut). Trad. angl. par NANCREDE (J. G.), in-8°, 1835). — HERMANIDES (S. R.). *Das Tonometer Talma's und seine erste Frucht. Die Genese der Collatei alen Circulation* (*A. A. P.*, 1881, LXXXIV, 496-513). — HILL (C.) et BARNARD. *A simple pocket Sphygmometer for estimating arterial pressure in man* (*J. P.*, 1898, XXIII, IV-V). — HIRSCH (K.). *Vergleichende Blutdruckmessungen mit den Sphygmomanometer von Basch und dem Tonometer von Gärtner* (*Deutsch. Arch. f. klin. Med.*, 1901, LXX, 3/4). — HÖGERSTEDT (A.). *Zur Technik der Blutdruckmessung mit v. Basch's Sphygmomanometer* (*St-Pet. med. Woch.*, 1894, XI, 365). — HOWELL (W.-H.) et DONALDSON (F.). *Some observations upon the form of the pulse wave, and the mean arterial pressure, in a dog, with patent ductus arteriosus* (*John Hopkins Univ. Stud., Biol. Lab.*, 1881-82, II, 381, 384). — HOWELL (W.-H.) et BRUSH (C.-E.). *A critical note upon clinical methods of measuring blood pressure* (*Boston M. a. S. J.*, 1901, CXLV, 146-151). — HUBER (A.). *Ueber Blutdruckbestimmungen* (*Cor.-Bl. f. Schweiz. Aerzte*, Basel, 1902, XXXII, 425-434, 1 pl.). — HÜRTHLE (K.). *Zur Technik der Untersuchung des Blutdruckes* (*A. g. P.*, 1888, XLIII, 399-427); — *Experimentelle Prüfung der Manometer in Bezug auf die Darstellung grosser, rasch erfolgender Druckänderungen* (*Ibid.*, 1890, XLVII, 1-17); — I. *Zur Kritik der Blutdruckmanometer*; II. *Beschreibung von Instrumenten : a) Cardiographische Vorrichtungen; b) Beschreibung eines Druckdifferenzmessers und dessen Prüfung* (*ibid.*, 1891, XLIX, 29-104); — *Vergleichende Prüfung der Tonographen von Frey's und Hürtle's* (*ibid.*, 1894, LV, 319-338); — *Ueber eine Methode zur Registrirung des arteriellen Blutdruckes beim Menschen* (*Deutsch. med. Woch.*, 1896, XXII, 36, 574; *C. P.* 1896, X, 543-546); — 1. *Federmanometer, Das Torsionmanometer*; 2. *Combinirtes Feder und Quecksilbermanometer*; 3. *Ordinaten neuer Zeichner für Federmanometer*; 4. *Ein Druckdifferenzschreiber* (*ibid.*, 1898, LXXII, 566, 580); — *Ueber die Leistung des Tonographen* (*ibid.*, 1900, LXXXII, 515-520). — *Ueber die Veränderung des Seitendrucks bei plötzlicher Verengerung der Strombahn* (*ibid.*, 1900, LXXXII, 443). — JAGER (S. DE). *Welchen Einfluss hat die Abdominal-Respiration auf den arteriellen Blutdruck?* (*ibid.*, 1884, XXXIII, 17-51). — *Die Schwankungen in dem arteriellen Blutdrucke bei Blasebalgrespiration und bei Respiration in comprimirter und verdünnter Luft* (*ibid.*, 1885, XXXVI, 309-347). — *Die Respirations-Schwankungen im arteriellen Blutdruck beim Menschen* (*ibid,*, 1886, XXXIX, 171-193). — JAROTZNY (A.). *Zur Methodik der klinischen Blutdruckmessung* (*Centr. f. inn. Med.*, 1901, XXII, 599-605). — JELLINEK (S.). *Ueber den Blutdruck des gesunden Menschen* (*Zeitschr. f. klin. Medic.*, 1900, XXXIX, 447). — JONES (C.-H.). *Note on a sphygmometer* (*Med. Times & Gaz.*, 1871, II, 183). — JONES (E.-L.). *The haemobarometer* (*Brit. M. J.*, Lond., 1888, II, 1345). — KLEMENSIEWICZ (R.). *Beschreibung der zu den Kymographionversuchen verwendeten Apparate und Hilfsmittel* (*Ak. W.*, 1886, XCIV, (3), 18-25). — KIESOW (Fr.). *Versuche mit Mosso's Sphygmomanometer über die durch psychische Erregungen hervorgerufenen Veränderungen des Blutdruckes beim Menschen* (*Philosophische Studien*, XI, 41; *A. i. B.*, 1895, XXIII, 198; *C. P.*, 1895, IX, 508-509). — KRIES (N.). *Ueber den Druck in den Capillären der menschl. Haut.* (*Arbeiten aus d. physiol. Anstalt zu Leipzig*, 1875, 69). — *Ueber den Druck in den Blutcapillären der menschlichen Haut.* (*Ber. d. Sächs. Gesellsch.*, 1875, 149-160). — *Ueber die Bestimmung des Mitteldruckes durch das Quecksilbermanometer* (*A. P.*, 1878, 419-440). — KRONECKER (H.). *Ein telegraphisches Kymometer* (*Zeitschr. f. Instr.*, 1881, 28-33). — LANDOIS (L.). *Das Gaz-Sphygmoscop* (*C. W.*, 1870, VIII, 433, 435). — LASKER (M.). *Zur Theorie des Blutdruckzeichner*, Berlin, 1870, in-8). — LAULANIÉ. *Manomètre enregistreur universel* (*C. P.*, 1892, 392). — LEVASCHEFF (J.-M.). *Les méthodes graphiques dans la détermination des changements de la pression sanguine* (*Vratch*, 1901, XXII, 1433-1435; 1471-1475). — LUDWIG. *Beiträge zur Kenntniss des Einflusses der Respirationsbewegungen auf den Blutlauf im Aortensystem* (*A. P.*, 1847, 261). — MAGINI (G.). *Nuovo strumento per studiare la pressione del sangue nelle cavità del cuore* (*Boll. della R. Ac. Med. di Roma*, 1886, XII, n° 3). — MAGNUS (R.). *Ueber die Messung des Blutdrucks mit dem Sphygmographen* (*Z. B.*, 1896, XXXIII, 178-189). — MAREY. *Manomètre compensateur* (*Ann. des Sc. nat. zool.*, 1857, VIII, 349). — *Des causes d'erreur dans l'emploi des instruments pour mesurer la pression sanguine, et des moyens de les éviter* (*J. de Phys.*, 1859, 420; 1860, 241). — *Moyen de mesurer la valeur manométrique de la pression chez l'homme* (*C. R.*, 1878, LXXXVII, 771-773). — *Recherches sur la tension artérielle* (*Trav. du Lab.*,

1878-79). — MERCIER (ALPHONSE). *La Sphygmométrie* (Th. Paris, 1900, 60 p.) — MEYER. *Sonde cardiographique pour les pressions intra-ventriculaires chez le chien* (*B. B.*, 1894, 443). — MILIAN (G.). *La tension artérielle* (*Presse médicale*, 1899, 197). — MOSSO (A.). *Sphygmomanomètre pour mesurer la pression du sang chez l'homme* (*A. i. B.*, 1895, XXIII, 177-197). — OLIVER (G.). *A simple pulse pressure gauge* (*J. P.*, 1898, XXII, p. LI-LII). — *A simple mode of determining the venous blood pressure in man* (*J. P.*, 1898, XXIII, p. V). — POISEUILLE. *Recherches sur la force du cœur aortique* (*J. de Phys. de Magendie*, 1829). — *Recherches sur l'action des artères dans la circulation artérielle* (*Journ. de Phys. de Magendie*, 1829, IX, 46). — *Quelques mots sur l'hémodynamomètre, le cardiomètre et l'hémomanomètre compensateur* (*Gaz. hebdom.*, 1868, 117). — *Pression du sang dans le système artériel* (*C. R.*, 1868, 886). — POND (E.-A.). *A new sphygmoscope* (*Boston M. et S. J.*, 1875, XCIII, 740-742). — POTAIN. *Du sphygmomanomètre et de la mesure de la pression chez l'homme à l'état normal et pathologique* (*A. de P.*, 1899, 556-569). — *Détermination expérimentale de la valeur du sphygmomanomètre* (*A. de P.*, 1890, 300-314). — *Faits nouveaux relatifs à la détermination expérimentale de la valeur du sphygmomanomètre* (*A. de P.*, 1890, 681-689). — POZNANSKI. *Un nouveau sphygmomètre* (*Bull. Soc. de Méd. de Paris*, 1868, 43; *Gaz. d. hôp.*, 1868, XLI, 274). — RECKLINGHAUSEN (H. V.). *Ueber Blutdruckmessung beim Menschen* (*A. P. P.*, 1901, XLVI, 78-132). — RIVA-ROCCI (S.). *Un nuovo sfigmomanometro* (*Gaz. Med. di Torino*, 1896, XLVII, 981; 1001). — *La tecnica della sfigmometria* (*Gaz. Med. di Torino*, 1897, XLVIII, 161; 181). — *Su di un metodo per misurare nell'uomo la diminuzione di pressione sanguine dalle grandi alle piccole arterie* (*Clin. med. ital.*, 1900, XXXIX, 652-659). — ROLLESTON (H.-D.). *Observations on the endocardial pressure curve* (*J. P.*, 1887, VIII, 235-262, pl. VII). — ROSEN (B.). *Ueber die Verwendbarkeit des v. Basch'schen Sphygmomanometers zu Blutdruckuntersuchungen an Thieren* (*C. P.*, 1891, V, 433). — ROY (CH.-S.) et GRAHAM BROWN. *Neue Methode, den Blutdruck in den kleinsten Arterien, Venen und in den Capillären zu messen* (*A. P.*, 1878, 158-160). — ROY (C. S.). *Tonograph* (*A. P.*, 1878, 160-161). — ROY et BROWN. *The blood pressure and its variations in the arterioles, capillaries and smaller veins* (*J. P.*, 1880, II, 323-359). — SCHLEISIEK (BERTHOLD). *Untersuchungen mit dem Gärtnerschen Tonometer* (*Inaug. Dissert.*, Rostock, 1901). — SHAW (HENRY L.-K.). *The tonometer, a new instrument to determine the amount of blood pressure* (*Med. Rec.*, 1900, LVII, 181-183). — *The tonometer and its value in determining arterial tension* (*Med. News*, 1901, LXXVIII, 372-375, 1 fig.). — SCHIFF (M.). *Ueber die Methode der Messung des Venendrucks und die Anwendung der Phosphorvergiftung auf die Kymographie* (*A. P. P.*, 1874, II, 345-347). — SCHÜLE. *Ueber Druckmessungen mit dem Tonometer von Gärtner* (*Berl. klin. Woch.*, 1900, 33, 726-730). — SEGUIN (C.). *Sphygmometry* (*Med. Rec.*, 1867-68, II, 243). — SETSCHENOW. *Eine neue Methode die mittlere Grösse des Blutdrucks in den Arterien zu bestimmen* (*Zeits. f. rat. Med.*, 1861, XII, 334). — SEWALL (H.). *The tympanic Kymograph. A new pulse and blood-pressure registering apparatus* (*J. P.*, 1887, VIII, 349-353). — SIAWCILLO (J.). *Ueber eine Methode der Messung der Schwankungen des Blutdruckes in dem feinsten Gefässen* (*Physiologiste russe*, 1900, II, 36). — SOMMERFELD (L.). *Blutdruckmessungen mit dem Gärtner'schen Tonometer* (*Therap. Monatsch.*, 1901, XV, 72-75). — STANON (W.-B.). *A practical clinical method for determining blood pressure in man, with a discussion of the methods hitherto employed* (*Univ. Penn. M. Bull.*, 1902-03, XV, 466-475 et 494-497). — STARLING (E.-H.) et BAYLISS (W.-M.). *Note on a form of blood-pressure manometer* (*Guy's Hosp. Rep.* 1892, XXXIII, 307-310, 1 pl.). — STEVENS (P.-P.). *A Sphygmoscope and its application* (*Med. Rec.*, 1880, XVIII, 287-289). — STRAUSS (OTTO). *Blutdruckmessungen mit dem Frey'schen Apparate und Versuche, die Ergebnisse praktisch zu verwerthen* (Inaug.-Dissert., Heidelberg, 1901). — STUART (T.-P.-A.). *On some improvements in the method of graphically recording the variations in the level of a surface of mercury, e. g., in the Kymographion of Ludwig* (*J. P.*, 1891, XII, 154-156). — TACHAU (J.). *Experimental critic eines neuen von A. Fick construirten Pulswellenzeichners* (Zurich, 1864, in-8). — TALMA (S.). *Eine neue Methode zur Bestimmung des Blutdruckes in den Arterien* (*A. g. P.*, 1880, XXIII, 224-230). — THUNBERG (T.). *Zur Methodik der Blutdruckversuche* (*C. P.*, 1898-99, XII, 73). — TSCHLENOFF (B.). *Gärtner's Tonometer. Kritisches Referat* (*Zeits. f. diät. u. physik. Ther.*, 1900, IV, 64). — TIGERSTEDT (R.). *Zur Methodik der Blutdruckversuche* (*Skand. Arch. f. Phys.*, 1889, I, 245). — TOLLENS. *Zur Verwerthbarkeit des Gärtner'schen Hämophotographen im Vergleich zum Fleischl-Miescher'schen Hämo-*

globinometer (*Centralbl. f. innere Med.* Leipz., 1902, XXIII, 633-636). — TROÏTZKY (J.-V.). *La sphygmographie chez les enfants* (*Ann. de méd. et chir. infant.*, 1900, IV, 894-904; 925-929). — UGROUMOFF (P.-K.). *Sur les fluctuations de la pression artérielle dans la vieillesse* (*Vracht.*, 1892, XIII, 796, 830). — VARIGNON. *Sur un nouvel instrument appelé manomètre* (*Hist. Acad. Roy. d. Sc. de Paris*, 1705; *Rec. de Méd.*, 1754, II, 187-191). — VASCHIDE (N.) et LAHY (J.-M.). *La technique de la mesure de la pression sanguine, particulièrement chez l'homme* (*Arch. gén. de méd.*, Paris, 1902, VIII, 349-383; 480-501; 602-639). — *Les données expérimentales et cliniques de la mesure de la pression sanguine* (*Arch. génér. de Méd.*, 1902, VIII, 711-779). — VIERORDT. *Die Lehre vom Arterienpuls* (Braunschweig, 1855, 164). — *Die Pulscurven des Hämodynamometers und des Sphygmograph* (*Arch. f. physiol. Heilkunde*, 1856, I, 552). — WALDENBURG (L.). *Die Pulsuhr, ein Instrument zum Messen der Spannung, Füllung und Grösse des menschlichen Pulses* (*Berl. klin. Woch.*, 1877, nos 17 et 18). — *Entgegnung auf die Blutdruckversuche v. Basch.* (*A. P.*, 1880, 180-184, 280-283). — WEISS (E.). *Die Pulswage; ein neuer Apparat zur Messung des Blutdruckes* (*Wien. klin. Woch.*, 1895, VIII, 117-120). — WEISS (H.). *Blutdruckmessungen mit Gärtner's Tonometer* (*München. med. Woch.*, 1900, XLVII, 69-71; 118-121). — WOLF (H.). *Experimentelle Untersuchungen über die Blutdruckmessungen mit dem Gärtner'schen Tonometer* (*Wien. med. Presse*, 1902, XLIII, 1349-1354, 2 fig.; 1395-1399). — ZADEK. *Die Messung des Blutdruckes am Menschen mittelst des Basch'schen Apparates* (*Zeitschrift f. klin. Med.*, 1881, II, 509-551). — ZIEMSSEN (V.). *Werth und Methode klinischer Blutdruckmessungen* (*München. med. Woch.*, 1894, XLI, 841-843 et 857).

IV. Applications diverses de la méthode graphique. — ALBINI (G.). *La fisionomia delle perdite invisibili dell'uomo e degli animali*, Napoli, 1899. — BÉCLÈRE (A.). *Le dosage et sa représentation graphique en radiothérapie* (*Arch. d'Élect. méd.*, 1904, XII, 323-329). — BINET et COURTIER. *Note sur une application de la méthode graphique au piano* (*B. B.*, 1895, 212). — *Recherches graphiques sur la musique* (*Rev. Scientif.*, 1895, (4), IV, 5). — CAMUS (L.) et GLEY (E.). *Recherches expérimentales sur les nerfs des vaisseaux lymphatiques* (*A. d. P.*, 1894, 454-463). — *Recherches expérimentales sur l'innervation du canal thoracique* (*A. d. P.*, 1895, 301-314). — CARPENTIER (J.). *Sur un mélographe* (*C. R.*, 1887, CIV, 1502-1504). — CASTEX (E.). *Du son de percussion du thorax* (*A. d. P.*, 1895, 18-26). — *Étude générale de l'auscultation de l'appareil respiratoire* (*A. d. P.*, 1895, 225-238). — CHARBONNEL-SALLE (L.). *Recherches expérimentales sur les fonctions hydrostatiques de la vessie natatoire* (*Ann. Sc. Nat. Zool.*, 1887, 305-331). — COURTADE (D.) et GUYON (J.-F.). *Contribution à l'étude de l'innervation motrice de la vessie* (*A. d. P.*, 1896, 622-629). — DEMENY. *Nouveaux instruments d'anthropométrie* (*Rachigraphie*), (Paris, in-8°, 1890). — *Recherches sur la forme du thorax et sur le mécanisme de la respiration* (*A. d. P.*, 1889, 586-594). — *Analyse des mouvements de la parole par le chronographe* (*C. R.*, 1891, CXIII, 216). — DUBOIS (R.). *Mensuration par la méthode graphique des impressions lumineuses produites sur certains mollusques lamellibranches par des sources d'intensité et de longueurs d'ondes différentes* (*B. B.*, 1888, 714-716). — ENGELMANN (W.). *Zur Physiologie des Ureter* (*A. d. P.*, 1869, II, 243-293). — *Flimmeruhr und Flimmermühle : Zwei Apparate zum Registriren der Flimmerbewegung* (*A. g. P.*, 1877, XV, 493-510). — EWALD (J.-R.). *Das Kopfschwingen* (*A. P.*, 1889, 326-345). — EYKMAN (L.-P.-H.). *The movements of the soft Palate in Speech* (*Onderzoekingen, gedaan in Het Physiologisch Laboratorium der Utrechtsche Hoogeschool.* Utrecht, 1903, 347-375). — FELETTI (R.). *Vibrazioni delle costole nella percussione del torace* (*Rivista clinica*, 1882). — *Sur la cause du son plessique du thorax. Étude critico-expérimentale* (*A. i. B.*, 1883, IV, 353-364). — FICK (A.). *Beiträge zur vergleichenden Physiologie der irritabeln Substanzen.* Braunschweig, 1863. — FROMMEL. *Ueber die Bewegung des Uterus* (*Zeitschrift fur Geburtshülfe und Gynaekologie*, 1882, VIII, 205). — GELLÉ. *Étude des mouvements du tympan au moyen de la méthode graphique* (*Tribune méd.*, 1878, XI, 437; 461-559; 583; 1879, XII, 5-42; 67; 126; 149). — GENOUVILLE (F.-L.). *Du rôle de la contractilité vésicale dans la miction normale* (*A. d. P.*, 1894, 322-334). — GUTZMANN (H.). *Die Photographie der Sprache, ihre physiologischen Ergebnisse und ihre practische Verwerthung* (*Intern. photogr. Monatschr. f. Med. und Naturw.*, III, 97-104). — HOOPER (FR.-H.). *Méthode de démonstration des mouvements laryngiens*, In-8, Paris, 1890. — HOUZÉ DE L'AULNOIT. *De la mégéthométrie ou nouvelle méthode d'observation clinique permettant d'apprécier à l'aide* *de tracés les variations de volume des organes*, Paris, 1881, in-8, 87 p. — KLÜNDER (AD.). *Ueber die Genauigkeit der Stimme. Ein Beitrag zur Physiologie des Kehlkopfes* (*A. P.*, 1879, 119-154). — KRZYWICKI (C. v.). *Ueber die graphische Darstellung der Kehlkopfbewegungen beim Sprechen und Singen, ein kurzer Beitrag zur Lehre von der Stimmbildung* (*Laryngographe*) (*C. P.*, 1892, VI, 557-558). — LANNELONGUE. *Note sur la méthode graphique appliquée à la pathologie humaine* (*C. R.*, 1904, CXXXVIII, 874-881, 11 avril). — LIVON (CH.). *Action des nerfs récurrents sur la glotte* (*A. d. P.*, 1890, 587-595). — MAREY. *Inscription microscopique des mouvements qui s'observent en physiologie* (*C. R.*, 1881, XCII, 939-941). — MARICHELLE (H.). *La chronophotographie de la parole* (*Voix*, Paris, 1902, XIII, 5-34). — NICAISE. *Sur la physiologie de la trachée* (*C. R.*, 1889, CIX, 573). — OBICI (G.). *Instrumento per raccogliere le grafiche dei movimenti delle dite nella scrittura* (*grafografo*) (*Riv. di patol. nerv.*, 1897, II, 289-299). — PAWLOW (J.). *Wie die Muschel ihre Schaale öffnet* (*A. g. P.*, 1885, XXXVII, 6-31). — PHISALIX (C.). *Recherches physiologiques sur les chromatophores des céphalopodes* (*A. d. P.*, 1892, 209-224). — PILTAN (A.). *On the movements of vocalisation* (*J. P.*, 1889, X, VII-VIII). — ROSAPELLY. *Essai d'inscription des mouvements phonétiques* (*Trav. du Lab. de Marey*, 1876). — ROSSOLINO (G.). *Le clonographe, appareil pour enregistrer les hyperkinésies de la tête et des extrémités* (*Nouv. iconogr. de la Salpêtrière*, 1896, IX, 33-35). — ROUSSELOT (L'ABBÉ). *Principes de Phonétique expérimentale. La méthode graphique appliquée à la phonétique*, 1890, in-8, Mâcon. — STEWART (C.-C.). *Variations in daily activity produced by alcohol and by changes in barometric pressure and diet, with a description of recording methods* (*American J. P.*, 1898, I, 40-56). — SOMMER. *Un appareil nouveau pour l'étude du tremblement. La psychographie* (*Intermédiaire des biologistes*, 1898, I, 176-178).

MARIETTE POMPILIAN.

GREFFE ANIMALE. — Chez les Métazoaires, les manifestations extérieures de la vie ne sont que des résultantes, comme l'écrivait CADIAT. Un animal est un être collectif : chacune des cellules qui le composent a son existence propre, indépendante, jusqu'à certain point, de la destinée de l'individu.

On conçoit donc qu'une cellule vivante, détachée de l'organisme dont elle fait partie, puisse continuer à vivre, quand elle est placée dans un milieu physiologique qui lui permet de se nourrir, de croître, de se diviser.

Prélevons, sur le dos d'un lapin, un lambeau d'épiderme. Déposons ce lambeau sur la perte de substance que présente l'oreille de ce même lapin ; nous pratiquons une *greffe*.

Mais la greffe s'effectue souvent dans des conditions autrement complexes.

La greffe, ou transplant, est constituée tantôt par une cellule ou par un tissu, tantôt par un organe ou par un fragment d'organe, tantôt par un organisme tout entier.

D'autre part le porte-greffe (ou sujet) dont on fait choix n'est pas toujours représenté par l'individu qui fournit la greffe. Il peut appartenir à la même espèce animale ou à un groupe zoologique différent.

J'en ai dit assez pour montrer la complexité des phénomènes qui nous occupent.

Pour mettre un peu d'ordre dans les faits disparates, dans les résultats souvent contradictoires qui ressortent des travaux entrepris dans ces dernières années, nous rappellerons, tout d'abord, les exemples de greffe les plus connus. Puis nous passerons en revue les conditions physiologiques de ce processus. Nous examinerons en dernier lieu l'avenir des transplants, et nous recherchons à ce propos l'influence que peuvent exercer l'un sur l'autre la greffe et l'organisme porte-greffe.

I. — EXPOSÉ DES FAITS.

1) *GREFFES DE CELLULES.* — L'ovule détaché de l'ovaire et fécondé dans la trompe, arrive dans la matrice. Il pénètre par effraction dans la muqueuse du corps utérin, comme l'ont établi les travaux les plus récents ; il s'y greffe, pour employer l'expression classique, et s'y développe. Sa circulation sanguine reste, sans doute,

indépendante de la circulation maternelle, mais il n'en subit pas moins l'influence incessante du milieu où il se développe. Les états pathologiques de l'organisme maternel ont leur contre-coup sur l'organisme fœtal, et l'embryon, de son côté, peut transmettre à la mère les maladies dont il est atteint.

A côté de cette greffe de l'ovule, il en est d'autres plus simples. En semant, à la surface des bourgeons charnus, les produits de raclure de l'épiderme ou des poils, nombre d'auteurs ont cru pouvoir ainsi déterminer l'épidermisation des tissus de granulation. Or l'épiderme comprend deux couches; l'une, profonde et molle; l'autre, superficielle et dure. La première n'est autre chose que le corps muqueux de MALPIGHI, la seconde porte le nom de couche cornée. Les semis pratiqués avec la couche cornée ne sauraient se greffer : la couche cornée n'est constituée que de cellules mortes. Les succès obtenus par MARC SÉE, par FIDDES, par HODGEN ne sauraient être mis à l'actif de la greffe cornée; ils prouvent simplement que ces auteurs ont, sans le savoir, opéré comme MANGOLDT. Ils ont transplanté, en même temps que la couche cornée, des éléments bien vivants qui faisaient partie du corps muqueux de MALPIGHI. « Une cellule épidermique, pigmentée, transplantée sur un territoire non pigmenté, donne naissance à des cellules-filles faisant du pigment. Une cellule mésodermique pigmentée (cellule choroïdienne) transplantée de la même manière donne naissance à des cellules mésodermiques également pigmentées. Si l'on suit l'évolution de la greffe, on voit que la pigmentation, d'abord épidermique, devient, à un certain moment, uniquement dermique (P. CARNOT). »

Somme toute, la greffe de cellules isolées est encore mal prouvée. L'ovule qui se greffe sur la muqueuse utérine est un ovule fécondé, c'est-à-dire un complexus de cellules épithéliales, comme l'ont montré les belles recherches de SPEE.

Les semis d'épiderme sont constitués par des groupes de cellules.

Tous ces faits rentrent donc dans ceux dont nous allons aborder l'étude.

II) *GREFFES DE TISSUS.* — Quand des cellules de même espèce sont réunies en tissu, leur transplantation s'effectue aisément. C'est aux greffes de tissu qu'ont eu surtout recours les expérimentateurs; voilà pourquoi nous passerons longuement en revue la greffe des divers tissus de l'organisme.

A) **Greffe du sang.** — La transfusion du sang est une greffe véritable, comme l'ont dit autrefois PRÉVOST et DUMAS. C'est la greffe d'un tissu liquide dont les éléments sont appelés à vivre dans le plasma d'un autre individu.

La transfusion du sang était connue, paraît-il, et pratiquée dans l'antiquité. KING (1667) transfusa du sang de mouton chez un renard. Le renard fut pris de frissons, mourut vingt-quatre heures après l'expérience. A son autopsie, on trouva des hémorrhagies profuses dans les séreuses.

MAGNANI, à peu près à la même époque, répéta la transfusion.

Les insuccès de ces auteurs s'expliquent aisément. La transfusion est une opération dangereuse : à moins de disposer d'une instrumentation spéciale (transfuseur de COLLIN par exemple) qui permette d'éviter l'introduction de l'air dans les veines, à moins d'injecter du sang maintenu stérile à la température du corps et préalablement défibriné, on s'expose à mettre en danger les jours du transfusé. Ajoutons à cela qu'il est nécessaire de trouver un sujet qui consente à laisser prendre sur lui la quantité de sang nécessaire à l'intervention. C'est assez dire que la transfusion ne saurait entrer dans la pratique courante.

On a songé, sans doute, à transfuser à l'homme le sang emprunté à un animal. Mais on se heurte à une difficulté nouvelle. La transfusion pratiquée de cette manière n'est d'aucune utilité, sans compter qu'elle provoque des troubles parfois mortels (coagulations sanguines, embolies). Les globules sanguins de la greffe ne peuvent continuer à vivre sur le porte-greffe. Comme l'ont établi LANDOIS (1875), HAYEM, BUCHNER, etc., le plasma sanguin d'un animal donné est toxique pour les hématies d'un animal d'une autre espèce. Il contient en effet une substance qui détruit (hémolysine) les globules rouges de cet animal. Tout récemment, EHRLICH et MORGENROTH ont pu même obtenir un sérum hémolytique pour les hématies d'un animal de même espèce.

En raison de ces considérations de divers ordres, la transfusion du sang, pratiquée même dans les meilleures conditions, se montre d'une efficacité douteuse. Elle est tombée en désuétude. Elle a été détrônée par les injections de sérum artificiel qui remplissent les mêmes indications. Cette méthode thérapeutique a fait ses preuves. Son étude sortirait d'ailleurs du sujet qui nous occupe. Il nous suffit d'avoir constaté que la transfusion du sang est pratiquement inutilisable. En admettant qu'elle puisse réussir entre animaux de même espèce, il est certain qu'elle est inefficace entre animaux d'espèce différente; Moleschott et Marfels l'avaient constaté : en transfusant du sang de brebis sur une grenouille, ces auteurs ont pu indiquer de quelle survie pouvaient jouir les hématies d'un mammifère transplantées sur la grenouille.

L'expérience inverse a été tentée. En transfusant du sang de grenouille ou d'oiseau chez un mammifère, on constate au bout de trois ou quatre heures que les globules du mammifère sont décolorés; les hématies nucléées de la grenouille sont creusées de vacuoles et ne tardent pas à disparaître. La transfusion aboutit donc à un double résultat. Elle altère les globules sanguins des deux animaux en expérience.

B) **Greffes de tissu épithélial.** — 1° *Histoire de la greffe épidermique.* — Les vastes pertes de substance consécutives aux brûlures, aux ulcères, se cicatrisent souvent avec une extrême lenteur, de leur périphérie vers leur centre. Le processus de leur réparation est plus rapide quand il existe, sur la plaie bourgeonnante, quelques îlots épidermiques, échappés à la destruction. De cette remarque de Billroth, Reverdin s'efforça de tirer parti quand il proposa (1865) de pratiquer des greffes épidermiques pour abréger la durée de la réparation des tissus, pour diminuer la rétractilité des cicatrices, pour s'opposer à la soudure des surfaces bourgeonnantes, pour pratiquer « la maturation artificielle des cicatrices ».

A la suite de Reverdin, Gosselin, Guyon, Guérin, Duplay, Hergott mirent en œuvre la nouvelle méthode, qui de France passa en Angleterre, puis en Allemagne, en Autriche, en Russie, en Amérique : l'usage des greffes s'est aujourd'hui généralisé.

Les greffes de Reverdin sont, histologiquement parlant, des greffes dermo-épidermiques : Le rasoir qui les détache enlève, avec l'épiderme, le sommet des papilles dermiques. Ce sont, cependant, en fait, des greffes épidermiques. « Si, nous dit Reverdin, j'ai conservé le titre de greffe épidermique, qui... n'est pas parfaitement exact, c'est que tout démontre que dans le lambeau transplanté, composé de tout l'épiderme et d'un peu de derme, ce n'est pas ce dernier qui est actif, mais l'épiderme seul; c'est l'épiderme qui se soude, c'est lui qui détermine la formation d'îlots cicatriciels, et dans les îlots on ne voit se produire qu'une seule chose : de l'épiderme. Il est même presque prouvé que, si pratiquement on pouvait facilement transplanter de l'épiderme seul, cela n'empêcherait pas d'obtenir les mêmes résultats. »

2° *Évolution morphologique de la greffe épidermique.* — Au bout de vingt-quatre heures, la greffe est déjà effectuée, c'est-à-dire que le lambeau transplanté est adhérent; « on peut avec une épingle le pousser doucement sans le déplacer ». (Reverdin.) Cependant l'aspect de la greffe elle-même ne présente rien qui indique sa vitalité. Elle conserve pendant les 24 premières heures une pâleur considérable; puis son épiderme se flétrit et se plisse; il a un aspect presque cadavéreux.

Mais bientôt à cette pâleur livide fait place une teinte rosée; la partie superficielle, la couche cornée de la greffe, se déplace et tombe, en laissant une surface très rouge, analogue à celle d'un vésicatoire. Hâtons-nous de dire que cette surface recupère bientôt son aspect épidermique et sa couche cornée, exactement comme la surface d'un vésicatoire très léger. Mais pendant ce temps il se produit, au pourtour même de la greffe, une série de phénomènes bien plus importants. Nous pouvons donc en résumer la description empruntée à Reverdin.

Au bout de quarante-huit heures, le lambeau est déjà bordé d'une petite zone d'un gris pâle, très étroite.

Au 3e ou 4e jour, cette zone, plus ou moins large, présente des caractères particuliers. Elle est d'un rouge plus foncé que les bourgeons. Elle est lisse et devient plus apparente en se desséchant à l'air, tandis que les granulations voisines restent plus humides. Dès que cette zone rouge commence à se former, parfois avec des stries rouges, fines, indice d'une vascularisation de nouvelle formation, on voit que le lambeau et la partie la plus interne de cette zone se trouvent situés au-dessous du niveau de la plaie ce qui est dû évidemment à l'arrêt de la végétation granuleuse dans la bande qui avoisine immédiatement le lambeau (LAUTH).

Le lendemain, la zone rouge de la veille a pris une coloration grise, nacrée, et une nouvelle auréole lisse et rouge s'est formée tout autour, et ainsi de suite un îlot cicatriciel est ainsi formé, et peu à peu les parties centrales deviennent graduellement blanches.

Lorsque la greffe n'est point placée au milieu même de la plaie, mais qu'elle est excentrique et plus rapprochée d'un des bords, la zone d'extension de la greffe « s'accroît surtout du côté qui est plus voisin du bord de la plaie, et tend ainsi à rejoindre ce bord. Celui-ci, de son côté, végète plus rapidement, et bientôt il se forme entre lui et la greffe une véritable jetée d'épiderme ». (M. DUVAL.)

3° *Évolution histologique de la greffe épidermique.* — On a beaucoup discuté sur le processus histologique de la greffe. VIRCHOW pensait qu'il se produit une prolifération des éléments cellulaires préexistants, ROBIN soutient la genèse d'éléments anatomiques dans un blastème, et cette hypothèse parut, un moment, confirmée par les recherches de JULIUS ARNOLD. COLRAT nie la division des cellules épidermiques et pense que l'épiderme néoformé résulte d'une transformation du tissu conjonctif. PONCET consacre cette erreur et pense que la greffe intervient dans la cicatrisation par « une simple action de présence ». REVERDIN ne croit pas non plus que la division cellulaire soit un des facteurs de l'extension de la greffe.

Nous savons aujourd'hui que les phénomènes observés sur la greffe en voie d'extension sont identiques à ceux qui se passent sur le bord d'une plaie en voie d'épidermisation.

L'épiderme se propage à la surface de la perte de substance; il la revêt d'un vernis mince formé d'un corps muqueux et d'une couche cornée; très souvent, la couche cornée déborde le corps muqueux (LŒB, BRANCA), et sa face profonde entre en rapport avec le tissu de granulation.

C'est là un processus de glissement; LŒB le considère comme une véritable migration de cellules épidermiques. Au cours de cette migration, les éléments ne cessent de prendre contact avec les corps solides qu'ils rencontrent (stéréotropisme de LŒB), que ces corps soient représentés par du tissu conjonctif ou par une escarre.

En même temps qu'il s'étend, l'épiderme cicatriciel s'épaissit. Pareil épaississement résulte en partie de phénomènes de division qui sont souvent très précoces.

J'ai eu l'occasion de montrer aussi que, dans les cellules épidermiques, la direction du plan de segmentation n'est soumise à aucune règle fixe. Aussi les cellules-filles issues de la mitose sont-elles superposées, juxtaposées ou obliques par rapport à la surface de la peau, et j'ai également insisté sur ce fait que les mitoses ne siègent pas seulement dans la couche basilaire : la couche basilaire est génératrice au même titre que la plupart des assises malphigiennes qui s'étagent au-dessus d'elle.

Quel sort est réservé à la greffe épidermique?

En 10 semaines, une greffe épidermique peut couvrir un territoire 20 fois supérieur à celui qu'elle occupait primitivement (BRYANT). Elle ne récupère pas sans doute tous les caractères du tégument normal (épaisseur, disposition des papilles, etc.). On ne trouve à son niveau ni poils, ni glandes cutanées. Mais la greffe s'épaissit peu à peu; peu à peu elle est abordée par des filets nerveux. Elle contribue efficacement au rôle de protection, dévolu au tégument externe et à ses dérivés.

L. LŒB a suivi l'évolution ultérieure du transplant. Une fois fixé sur le porte-greffe, l'épiderme continue à proliférer. Il émet des bourgeons qui s'enfoncent dans le derme. Les cellules basilaires de l'épiderme subissent des modifications profondes, dans tous les points où doit se développer une papille dermique. Elles s'étirent en fuseau; elles prennent les caractères morphologiques et les réactions chimiques des cellules conjonctives. Ce sont de véritables cellules conjonctives, concluent RETTERER et LŒB, et le tissu conjonctif du derme serait un dérivé de l'épiderme sous-jacent.

A côté des greffes épidermiques, pratiquées par le chirurgien, il se produit parfois des greffes spontanées, sur les larges pertes de substance du tégument externe.

« Ce processus est très net, nous dit P. CARNOT... J'ai pu le noter de façon précise sur une très large plaie cutanée occasionnée chez un enfant par un vésicatoire, et qui mettait à nu la couche musculaire. On décalquait tous les deux jours les contours de la plaie, et l'on notait très exactement l'apparition des taches épidermiques centrales. Celles-ci ne pouvaient s'expliquer que par un processus de greffe spontanée... On en suivait, jour par jour, l'accroissement ultérieur; finalement les îlots cutanés ainsi développés se réunissaient les uns aux autres et aux bords proliférés de la plaie. Les greffes artificielles que l'on fait souvent sur ces larges plaies ne sont donc que la copie d'un processus naturel et spontané de la réparation. Nous en avons pratiqué, dans le cas auquel nous faisions allusion, et ne pouvions les distinguer des greffes artificielles que par leur emplacement très différent et par le repère établi sur le décalque. Ce processus de greffe peut s'observer aussi à la surface des bourgeons charnus, surface recouverte de fibrine parfois stratifiée, dans laquelle pénètrent des cellules conjonctives et sur laquelle se déposent, puis s'étendent des greffes épithéliales. »

C) **Greffes de tissu conjonctif.** — Tandis que le corps vitré et le cordon ombilical, greffés sous la peau, ne tardent pas à disparaître, le périchondre et le périoste sont susceptibles de s'accroître (Zahn).

Greffe du tissu tendineux. — C'est à la pratique des chirurgiens que sont dues nos connaissances sur la greffe des tendons. Mais sous le nom de greffe tendineuse on a coutume de ranger des faits disparates.

Un tendon est coupé; sa suture peut être impossible pour deux raisons : l'écartement de ses deux bouts est trop considérable, ou bien le chirurgien ne trouve que l'un des bouts du tendon; en pareil cas, la conduite à tenir est indiquée par Missa (1770), qui, après une section de l'extenseur du médius, sutura le bout supérieur au tendon de l'index et le bout inférieur au tendon de l'annulaire. En un mot, Missa pratiqua une greffe par anastomose.

On peut fixer le bout périphérique du tendon soit aux lèvres d'une boutonnière pratiquée dans le tendon voisin (Tillaux, 1869; Duplay, 1876), soit au tendon voisin dédoublé sur une partie de sa longueur. Parfois la greffe par anastomose est impossible. La greffe par interposition (greffe tendineuse proprement dite, ténoplastie) trouve alors son application. On a surtout pratiqué jusqu'ici l'auto-greffe et l'hétérogreffe.

Dans une observation de Czerny, cet auteur « dédoubla en long le bout périphérique jusqu'à une certaine distance de la surface de rupture; puis un trait transversal lui permit de détacher le segment et de suturer son extrémité au bout supérieur, en le faisant pivoter. Mais dans ce mouvement, la bandelette se détacha tout à fait et il fallut la suturer aussi au bout périphérique : c'était une greffe complète. »

L'hétérogreffe est « encore à peine sortie de la méthode expérimentale. Gluck (1881) avait pratiqué des transplantations musculo-tendineuses qui avaient réussi chez le lapin et le poulet... Assaky et Fargin ont repris le problème pour les tendons. Ils ont fait la greffe tendineuse sur des animaux de même espèce (de lapin à lapin, de cobaye à cobaye) puis sur des animaux d'espèce différente et même très éloignés dans la série (d'oiseaux à mammifères). Le segment transplanté se soudait aux deux bouts du tendon réséqué et faisait corps avec lui... Il fallait appliquer à l'homme ces résultats expérimentaux. La tentative a été faite dans un cas par Peyrot (1886). Une portion de tendon, prise sur un chien, fut interposée entre les bouts du fléchisseur du médius gauche, sectionné au niveau de la première phalange. Il n'y eut pas de suppuration. La greffe ne fut pas éliminée; et le résultat fonctionnel, encore qu'imparfait, se traduisit pourtant par une amélioration. » (Lejars.)

Depuis quelques années, la greffe tendineuse a pris en orthopédie une importance que certains auteurs qualifient d'exceptionnelle, et que d'autres déclarent encore injustifiée. Je dois à l'obligeance de M. Bassetta les renseignements qui suivent.

Ce fut Nicoladoni qui émit l'idée (17 déc. 1880) de pratiquer des greffes tendineuses dans la cure des difformités paralytiques. Le 18 avril 1881, il régla la technique de cette méthode qu'il considère comme la partie essentielle du traitement orthopédique.

La greffe tendineuse n'eut pas d'abord le succès qu'escomptait son auteur : les résultats obtenus n'étaient ni constants, ni durables. Aussi nombre de chirurgiens modifièrent-ils la technique de Nicoladoni, de façon à substituer à un muscle inactif un muscle sain; l'articulation qui n'était plus mise en mouvement par le muscle paralysé, se trouvait dotée de ce fait d'un organe moteur, plus ou moins puissant.

La greffe est dite musculo-tendineuse lorsqu'elle est réalisée entre un muscle et un tendon; elle est dite tendo-tendineuse quand elle est établie entre deux tendons.

Dans les deux ordres de greffe on peut :

α) Sectionner complètement ou incomplètement le muscle sain à son insertion périphérique et le greffer sur le tendon paralysé.

β) Sectionner complètement ou incomplètement le tendon du muscle paralysé et le greffer sur le tendon du muscle sain.

γ) Sectionner partiellement le tendon du muscle sain et celui du muscle paralysé, et greffer l'un sur l'autre les deux lambeaux ainsi formés.

Lorsque le tendon d'un muscle sain est fixé, en totalité ou en partie, sur un muscle paralysé, on a la transplantation descendante, active ou intraparalytique.

Dans le cas contraire (tendon du muscle paralysé suturé sur le muscle sain) la transplantation est dite ascendante, passive, ou intrafonctionnelle.

Quand la greffe est effectuée entre deux lambeaux prélevés, l'un sur le muscle sain, l'autre sur le muscle paralysé, la transplantation est dite bilatérale ou active-passive.

Les greffes tendo-tendineuses et musculo-tendineuses n'ont pas toujours fourni des résultats éloignés aussi satisfaisants qu'on était en droit de l'espérer.

Le muscle qui doit être transplanté « en tension » ne trouve pas toujours dans son insertion nouvelle un point d'appui suffisant.

Il s'allonge ultérieurement soit au niveau de la suture, soit au niveau du tendon paralysé : d'où retour de la difformité.

Pour obvier à cet inconvénient, Lange (1899) a proposé de greffer le tendon sain sur le périoste, soit directement, soit par l'intermédiaire de fils de soie dont la longueur peut atteindre plusieurs centimètres. On a constaté qu'autour de ces fils de soie se développe un tractus fibreux qui a la valeur physiologique d'un véritable tendon.

La greffe au périoste présente deux grands avantages. Elle fournit au tendon sain un point d'appui solide et presque inextensible; elle permet de choisir, pour fixer le tendon, le point du squelette le plus propice aux mouvements qu'on attend du muscle transplanté.

La nécessité d'assurer mieux encore la fixation de la greffe tendineuse a conduit Wolff (1902) à modifier la méthode de Lange. Cet auteur creuse un tunnel dans l'os, et il y introduit le tendon; à sa sortie du tunnel, il suture le tendon au périoste; on peut aussi glisser le tendon sous le périoste, et le suturer plus loin à ce même périoste; on peut encore dédoubler le tendon. L'un de ses chefs passe dans un canal osseux; et l'on suture son extrémité libre au chef resté en dehors de l'os : on obtient de la sorte une sangle tendineuse qu'embrasse un pont ostéo-périostique.

Il va de soi que la méthode varie dans son application, et avec le muscle et avec le résulat qu'on veut obtenir; le muscle greffé doit être tendu pour que l'articulation soit maintenue en position aussi parfaite que possible et pour que le muscle puisse reprendre.

Enfin l'opération doit être conduite avec une asepsie rigoureuse : la moindre suppuration peut compromettre le résultat aux points de vue morphologique et fonctionnel.

D. Greffes de tissu cartilagineux. — Prudden (1881) a eu l'idée de greffer du cartilage dans le tissu conjonctif. Quand le cartilage transplanté est vivant, il peut subir une évolution variable. Tantôt il demeure sans subir de modifications, tantôt au contraire il change de forme et de volume; il est le siège d'une néoformation : il pourrait même se transformer en tissu conjonctif.

Quelques années plus tard, Zahn (1884) a complété et expliqué les résultats variables observés par Prudden. La greffe cartilagineuse provient-elle d'un animal adulte? elle subit la dégénérescence graisseuse et disparaît. Est-elle prélevée au contraire sur un fœtus ou sur un jeune animal? elle peut se charger de sels calcaires ou dégénérer, mais on la voit parfois s'accroître, et cet accroissement est surtout manifeste quand la greffe est pratiquée sur une région très vasculaire.

On sait encore (Sacchi, Ercolani) que la greffe des cartilages en voie d'ossification donne naissance à des pièces osseuses.

Ces résultats expérimentaux n'ont pas tardé à entrer dans la pratique chirurgicale, et Kœnig s'est servi d'une greffe cartilagineuse pour oblitérer une fistule de la trachée.

Enfin Helferich, Enderlen, Zoppi ont transplanté le cartilage de conjugaison sur des os qui avaient subi l'ablation de ce même cartilage. En pareil cas la greffe a vécu et s'est mise à élaborer de l'os, toutes les fois qu'il ne s'est pas agi d'une hétérogreffe. — La pratique chirurgicale a tiré parti de ces expériences de laboratoire. « Dans un arrêt de développement du tibia, consécutif à une ostéo-myélite aiguë, ZOPPI a transplanté sur le tibia, le cartilage de conjugaison du péroné, et cette greffe avait gardé deux mois plus tard son entière vitalité, comme le montra la radiographie.

E. **Greffes de tissu osseux.** — Dès le début du siècle dernier, WALTHER (cité par VELPEAU dans sa thèse de concours, 1834) a observé que chez le chien la rondelle cranienne, enlevée par trépanation, est capable de se greffer quand on la réimplante sur l'os récepteur. WOLF (1830) et WEDEMEYER (1840) (cités par BUSCARLET, *Thèse de* Paris, 1891) ont fait pareille observation chez l'homme.

D'autre part, HEINE soutient (1850) que le transplant disparaît, envahi par de l'os de nouvelle formation, tandis que FLOURENS (1859) et WOLFE (1863) admettent que la greffe continue à vivre et se développer.

OLLIER a montré que les greffes du tissu osseux peuvent s'effectuer dans trois conditions. Tantôt on se borne à réimplanter la rondelle osseuse enlevée par trépanation (greffes autoplastiques). Tantôt on greffe, sur une perte de substance osseuse, un morceau d'os prélevé sur un animal de même espèce (greffe homoplastique) ou d'espèce différente (greffe hétéroplastique).

Dans onze cas, BURRELL a pratiqué des greffes autoplastiques. Il a eu neuf succès et deux insuccès.

MOSSÉ, reprenant les expériences d'ADAMKIEWICZ, de LEDENTU et de LAURENT, a pratiqué des greffes homo et hétéroplastiques. Sur le crâne d'un singe, il a fixé, à trois centimètres l'une de l'autre, deux greffes qui provenaient l'une d'un chat, l'autre d'un lapin. Ces greffes ont été examinées sept mois après l'expérience. L'auteur a constaté que le transplant avait gardé toute sa vitalité; ses vaisseaux communiquaient à plein canal avec les vaisseaux de l'os voisin. Toutefois le transplant s'était atrophié. Sa taille s'était réduite des deux tiers (sur le transplant de lapin). Sa structure n'était plus celle d'un os compact; sa coupe était criblée de larges aréoles.

De pareils résultats n'ont pas été observés par tous les auteurs, et OLLIER, en particulier, soutient que la greffe hétéroplastique est incapable de vivre : elle est appelée à se nécroser tôt ou tard. BONOME écrit que la nécrose est de règle quand l'os est transplanté sans son périoste, et BARTH va plus loin : la conservation du périoste lui paraît n'avoir d'importance que dans un cas : c'est quand le périoste a gardé ses moyens de nutrition.

En résumé, une perte de substance osseuse peut être comblée à l'aide d'une greffe d'os de diverses provenances. Cette greffe peut s'éliminer par suppuration; chez les animaux âgés, elle se résorbe souvent : une cicatrice fibreuse occupe sa place. La greffe enfin peut vivre, ou tout au moins on trouve, à la place qu'elle occupait, une rondelle osseuse. Cette rondelle n'est autre chose que le transplant, au dire de MOSSÉ. Pour BARTH tout au contraire, la greffe osseuse n'a qu'un rôle transitoire et tout à fait secondaire. Ses éléments dégénèrent, et leurs produits de désintégration sont utilisés par l'os voisin pour régénérer la perte de substance. Cette régénération se produit très vite chez les animaux jeunes. De là, la méprise des auteurs qui disent que la greffe persiste, alors qu'en réalité elle disparaît devant le travail secondaire qui s'effectue au niveau de la couronne du trépan, avec une rapidité qu'on ne soupçonnerait pas de prime abord. L'os nouveau élaboré de la sorte, se résorbe parfois (BARTH). Parfois même il ne se forme pas (ERCOLANI).

Les recherches de RIBBERT, de VALAN, le récent travail de CORNIL et COUDRAY confirment sur nombre de points les recherches de BARTH. Les éléments osseux de la greffe dégénèrent et disparaissent, détruits par les myéloplaxes. L'os nouveau se développe aux dépens du tissu conjonctif de la dure-mère et aux dépens du tissu qui remplit les espaces médullaires de l'os récepteur. Il envahit d'abord le sillon qui sépare l'os du transplant, et plus tard le transplant lui-même.

Les résultats obtenus au laboratoire n'ont pas tardé à passer dans la pratique.

PHELPS, chez un malade atteint de pseudarthrose de la jambe, tenta la greffe osseuse. Il mit à nu un os de chien, ménagea son artère nourricière et le fixa sur la perte de substance. Homme et chien furent immobilisés pendant onze jours dans un appareil plâtré. Malgré ce contact forcé de la greffe et du porte-greffe, dans des conditions particulièrement favorables, la greffe, qui s'était fixée, ne donna pas le résultat qu'on était en droit d'espérer : la consolidation ne fut pas obtenue.

D'autres chirurgiens furent plus heureux. Je cite, à titre d'exemple, l'observation de Ricard : chez un malade atteint d'un lymphadénome du nez, avec récidive dans le frontal droit, cet auteur eut l'idée de pratiquer une restauration à l'aide d'os de chien frais. La guérison du malade fut complète en dix-huit jours. La greffe donna naissance à un plan osseux solide, et ce résultat persistait encore au bout de trois mois.

Il va de soi que ces résultats cliniques confirment la possibilité de la greffe; ils n'apprennent rien sur le processus histologique et sur la destinée de la greffe osseuse.

Il serait intéressant de préciser les conditions susceptibles d'assurer le succès de la greffe osseuse. Pareille étude n'est encore qu'ébauchée. On a noté que l'asepsie dans l'acte opératoire (Adamkiewicz), que la coaptation exacte de la greffe sur la perte de substance, que l'exacte immobilisation des parties comptent parmi les facteurs capables d'assurer la prise de la greffe. L'âge de l'animal qui fournit la greffe intervient aussi : la greffe a d'autant plus de chances de se fixer qu'elle est prélevée (Poncet) sur un animal plus jeune et dans une région plus vivace (zones juxta-épiphysaires des os longs). En utilisant des os de fœtus, Zahn a même vu ces os se greffer en donnant naissance à des exostoses.

F. **Greffes de périoste.** — En transplantant du périoste, on peut aisément produire sur un animal une néoformation de substance osseuse. Et ce résultat n'a rien qui doive nous étonner : le périoste n'intervient-il pas, en effet, dans la formation des pièces osseuses du squelette (Ollier)? Seydel a pu transplanter 20 centimètres carrés de périoste pour combler une perte de substance du tibia.

Martini, en transplantant du périoste sur la crête d'un coq, a vu les greffes élaborer des nodules cartilagineux susceptibles de s'ossifier, et Bonome a observé des faits plus curieux encore. Il a fixé du périoste dans les interstices musculaires et dans la chambre antérieure de l'œil. Dans les interstices musculaires, la greffe produit de l'os, mais tantôt cet os apparaît d'emblée; tantôt, au contraire, il est précédé par le développement d'une masse cartilagineuse. Dans la chambre antérieure de l'œil, la greffe présente une évolution plus rapide : il en est de même quand le périoste transplanté a subi, au préalable, une irritation de quelque durée.

G. **Greffe de moelle osseuse.** — Ollier, Félizet, Bruhns, Zahn, Bonome, Vincent, etc., ont pratiqué, dans des conditions différentes, des greffes de moelle osseuse.

Quelques-uns de ces auteurs (Ollier, Goujon, Barkow), en se plaçant dans des conditions identiques, disent avoir obtenu des résultats variables. La faute en est peut-être à des conditions que ces expérimentateurs n'ont pas suffisamment déterminées.

Tandis que Bonome n'a jamais obtenu de greffe durable, Félizet, en greffant un morceau de moelle osseuse, a vu la greffe se transformer en os.

Bruhns fracture les os de chiens d'âge différent; il prélève un fragment de moelle osseuse et le greffe sous la peau. Ce fragment s'est transformé en os, selon le processus indiqué par Félizet.

Des résultats analogues ont été obtenus par Goujon, Zahn, Vincent et Ribbert.

H. **Greffe de tissu musculaire.** — Il est possible de transplanter un morceau de muscle. Quand l'opération est pratiquée aseptiquement, le transplant se fusionne avec le reste du muscle : la fonction du muscle se rétablit dans son intégrité (Salvia). Toutefois, on peut observer la dégénérescence graisseuse (Zahn, 1884) ou cireuse (Ribbert) ou l'atrophie ultérieure (Helferich, 1882). Les fibres musculaires diminuent alors de diamètre, perdent leur striation et voient leurs noyaux se multiplier (Ribbert). Il peut même arriver que la greffe subisse la transformation fibreuse : en pareil cas (Gluck, 1881), la greffe a été infectée et il y a eu suppuration.

La greffe de tissu musculaire peut être obtenue dans des conditions variables; elle réussit chez les animaux de même espèce (homme, poulet) ou d'espèce différente; le biceps du chien peut être greffé sur le muscle humain, le muscle de lapin sur le muscle du poulet (Gluck, 1881).

I. **Greffe de tissu nerveux.** — α) **Ganglions.** — Divers auteurs, Marinesco, et surtout Nageotte (1907) ont greffé les ganglions rachidiens sous la peau de l'oreille préalablement énervée. Nageotte a vu des capillaires sanguins volumineux envahir le ganglion qui devient turgescent. Puis la greffe s'affaisse et au bout de 2 mois devient difficile à retrouver. Beaucoup de cellules ainsi greffées disparaissent; d'autres persistent; des prolongements nouveaux y apparaissent, qui prennent naissance sur le corps cellulaire (prolongements monstrueux, lobés ou de type sympathique), sur le glomérule ou sur la portion extracapsulaire du cylindre-axe. Les prolongements issus du glomérule tendent toujours à prendre contact avec les cellules satellites voisines; ceux qui proviennent de l'axone se dirigent vers « les cellules de Schwann proliférées, provenant de fibres à myéline dégénérées ».

β) **Nerfs.** — Les deux tronçons d'un nerf sectionné peuvent-ils être réunis au tronc d'un nerf voisin? Est-il possible d'interposer un fragment de nerf entre les deux bouts d'un nerf préalablement coupé? Si la greffe nerveuse est possible, qu'advient-il, physiologiquement parlant, du nerf sur lequel on a pratiqué pareille transplantation?

Pour répondre à ces multiples questions, nous interrogerons successivement les faits expérimentaux, et les documents d'ordre clinique.

1° *Faits expérimentaux.* — Gluck (1880) sur dix-huit poulets a pratiqué la résection de 3 à 4 centimètres de sciatique. Entre les deux tronçons du nerf, il a transplanté une égale longueur de sciatique de lapin. Onze jours après l'intervention, la greffe était soudée. L'excitation du nerf au-dessus de la greffe détermine une réaction motrice. Il y aurait eu conduction à travers la greffe. Je n'insiste pas sur le processus histologique décrit par Gluck : personne encore n'a pu le vérifier.

Deux ans plus tard, Johnson a pratiqué des homogreffes (poulet à poulet) et des hétérogreffes (lapin à poulet). Le transplant se soude parfaitement aux deux surfaces de section du nerf, mais la conductibilité ne se rétablit pas; la greffe dégénère; elle est bientôt représentée par un cordon fibreux, interposé entre les deux bouts du nerf primitivement sectionné.

Assaky est arrivé à des conclusions analogues.

Enfin Harrison Damer (1893) a publié ses observations de greffe de sciatique, pratiquées chez le chat. Il a obtenu trois succès, un insuccès et une guérison incomplète.

Pour mettre un peu d'ordre dans tous ces faits, nous distinguerons les sutures (greffes proprement dites) et les transplantations.

a) *Greffes.* — Lorsqu'on pratique des greffes nerveuses, on peut ou réunir un bout central avec un bout périphérique ou suturer les 2 bouts de même nom.

α) Dans le premier cas, on a pu réunir des nerfs de même nature ou de nature différente.

a) Flourens sectionnait 2 nerfs A et B du plexus brachial chez la poule et greffait le bout périphérique du nerf B sur le bout central du nerf A, et inversement.

Chez les mammifères, on a suturé de même le tibial et le péronier, le médian et le cubital.

En étudiant physiologiquement de pareilles greffes, Philippeaux, Vulpian, Schiff ont montré que l'excitation du bout central du pneumogastrique greffé sur le bout périphérique de l'hypoglosse déterminait des contractions de la langue.

Calugareanu et Henri, en faisant l'expérience inverse (suture du bout central de l'hypoglosse au bout périphérique du pneumogastrique), ont vu l'excitation du sympathique ralentir le cœur.

b) On a suturé ensemble 2 nerfs de nature différente, l'un moteur, l'autre sensitif.

Bidder, Philippeaux et Vulpian ont réuni le bout central du lingual et le bout périphérique de l'hypoglosse. L'excitation du lingual déterminait les contractions de la langue et des phénomènes douloureux, mais la contraction de la langue était due aux fibres de la corde du tympan.

Bethe a suturé, chez le chien, le bout central de l'hypoglosse et le bout périphérique du lingual. Au bout de 5 mois, il a sectionné l'hypoglosse au-dessus de la suture qu'il avait pratiquée. Quatre jours plus tard, toutes les fibres du bout périphérique étaient dégénérées.

β) On a tenté aussi de réunir les 2 bouts de même nom de nerfs différents. La suture des 2 bouts centraux du maxillaire supérieur et du nerf optique ne donne aucun résultat ; ce qui s'explique, car le bout du nerf optique attenant au cerveau est en réalité un bout périphérique.

Enfin, quand on suture ensemble les bouts périphériques d'un nerf mixte et d'un nerf moteur, le nerf sensitif excité à quelque distance de la suture provoque une contraction dont le mécanisme est discuté.

b) *Transplantation.* — Lorsqu'on interpose un segment de nerf entre les 2 bouts d'un nerf sectionné, on pratique une transplantation, et FROSSMAN a réussi à transplanter dans ces conditions des nerfs de lapin sur le lapin (homotransplantation). La greffe échouait quand on transplantait un nerf de poulet ou de grenouille chez le lapin (hétérotransplantation). HUBER a confirmé les faits de FROSSMAN.

MERTZBACHER (1905) et MARINESCO ont repris l'étude histologique de ces transplantations.

Dans l'auto- et dans l'homotransplantation, on observe sur le transplant des phénomènes de dégénérescence wallérienne qui sont parfois suivis d'une régénération. Des neurofibrilles y apparaissent au bout de 7 jours, tandis que les neurofibrilles ne sont pas différenciées, au bout de 20 jours, sur un segment de nerf transplanté sous la peau.

L'hétérotransplantation ne réussit pas. Le transplant se tuméfie, prend une couleur grise ou ocre, une consistance plus ferme. Il est envahi par des leucocytes : sa myéline se fragmente et ne réduit plus l'acide osmique de la même façon qu'à l'état normal, le cylindre-axe se résout en granulations, et cela sans que les noyaux de la gaine de SCHWANN prolifèrent. En un mot, il se produit une dégénérescence de nécrose et non une dégénérescence wallérienne.

2° *Faits cliniques.* — Si les observations de suture des nerfs sont légion, les faits de greffe nerveuse sont exceptionnels. Ils ont donné, d'ailleurs, les résultats les plus variables.

Avec TILLMANNS, nous distinguerons les greffes proprement dites et les transplantations.

a) On pratique une greffe quand on suture le bout périphérique d'un nerf sectionné avec un nerf voisin complètement intact (DENONVILLIERS, LETIÉVANT).

BALLANCE, KENNEDY, J. L. FAURE, etc., ont pu ainsi obtenir la guérison de plusieurs paralysies faciales (suture du facial au spinal).

Est encore une greffe la suture par croisement qui consiste à réunir deux à deux les bouts opposés de deux nerfs voisins et parallèles. Pareille greffe est une application de la loi de conductibilité indifférente.

b) La transplantation consiste dans l'interposition d'un segment de nerf entre les deux bouts du nerf sectionné.

ALBERT, de Vienne, pratiqua, des premiers, la transplantation (1878). Il préleva sur un membre amputé un segment du nerf tibial et le transplanta entre les extrémités d'un nerf médian, réséqué pour névrome. Sa tentative échoua : la conductibilité ne reparut point.

P. VOGT tenta, sans plus de succès, de transplanter 12 centimètres de sciatique de chien entre les bouts du radial d'un homme.

LANDERER fut plus heureux. Il eut l'occasion d'opérer une paysanne de 18 ans qui, depuis 9 mois, présentait une section du radial. Les deux bouts du nerf ne purent être suturés l'un à l'autre, et l'auteur interposa, entre les deux tronçons du radial, un segment de sciatique, long de 4 centimètres et demi, qu'il préleva sur un jeune cobaye. Trois semaines après l'intervention, l'excitation électrique du nerf déterminait un mouvement d'extension de la main. Au bout de dix semaines, la malade relevait sa main au-dessus du plan horizontal, et elle pouvait même opposer une certaine résistance quand on tentait de lui fléchir la main.

LANGENBECK aurait eu un résultat analogue dans un fait que nous n'avons pu retrouver.

MAYO ROBSON (1889) transplanta le nerf tibial postérieur d'un amputé entre les deux bouts du médian qu'il avait dû réséquer, sur une longueur de deux pouces et demi, chez une fillette de 14 ans. La greffe fut pratiquée quarante-huit heures après l'ablation de la tumeur qui siégeait sur le médian. Trente-six heures plus tard, la sensibilité était revenue ; cinq semaines après l'opération, la sensibilité du médian était parfaite, mais on constatait une atrophie légère des muscles de l'éminence thénar.

Le même chirurgien eut l'occasion (1896) de transplanter une moelle de lapin sur le médian de l'homme.

Interprétation des faits. — Les recherches de Waller, de Vulpian, de Ranvier ont établi que la réunion immédiate du nerf est impossible. Le segment périphérique de tout nerf sectionné devient rapidement inexcitable. En quatre ou cinq jours, ce segment dégénère; sa myéline se fragmente en boules et se résorbe; ses cylindres-axes se détruisent; le protoplasma et les noyaux de la gaine de Schwann remplissent complètement cette gaine.

Ultérieurement les cylindres-axes du bout central bourgeonnent vers le bout périphérique; ils l'atteignent quand ce bout périphérique n'est pas éloigné de plus de 5 à 6 centimètres, et pénètrent dans son intérieur. Dès lors la régénération du nerf est assurée.

Toutes les fois que la greffe ou la transplantation nerveuse sont pratiquées immédiatement après la section, toutes les fois que la sensibilité ou la motilité réapparaissent rapidement, on est en droit d'expliquer le retour de la sensibilité par les suppléances collatérales, par la récurrence périphérique, par des anomalies nerveuses. Les anomalies nerveuses, la contraction vicariante des muscles voisins peuvent nous rendre compte également de tout retour rapide de la motricité. A. Richet n'a-t-il pas vu (1867), après une section complète du médian, la sensibilité persister avant toute tentative de réunion, dans l'étendue du territoire innervé par ce nerf? Et ne sait-on pas que l'absence de toute paralysie a été observée, après la section du médian au bras?

Quand une section nerveuse de date ancienne est accompagnée d'impotence et d'anesthésie, quand à la suite d'une greffe ou d'une transplantation on voit réapparaître la sensibilité et le mouvement, quand le retour de la fonction se montre graduellement, après un temps compatible avec la régénération du nerf, on est en droit de penser que la greffe ou la transplantation ont servi de support aux jeunes fibres nerveuses qui, du bout central, ont bourgeonné dans le bout périphérique.

La théorie de la dynamogénie et de l'inhibition, formulée par Brown-Séquard, permet d'expliquer certains retours fonctionnels incompatibles avec une régénération nerveuse (retours fonctionnels rapides, survenus dans les sections anciennes, à l'occasion de la suture). (*Voir* **Nerfs.**)

Quelque espoir qu'on ait pu fonder sur elles, la greffe ou la transplantation nerveuse sont incapables d'assurer la réunion *immédiate* du nerf sectionné. Elles n'ont qu'une utilité : elles favorisent le processus de régénération en ce sens qu'elles servent de guide aux cylindres-axes multiples qui proviennent du bout central (régénérateur) et pénètrent dans le bout périphérique (dégénéré) du nerf sectionné.

Greffe et surtout transplantation sont d'ailleurs des procédés de laboratoire qui ne trouvent guère d'application en chirurgie. Les résultats qu'on est en droit d'attendre de ces procédés ne sont pas supérieurs à ceux de la suture à distance, de technique autrement simple.

En un mot, les nerfs sectionnés ne peuvent se réunir. Ils échappent aux processus de la greffe, en raison même de leur valeur morphologique; ils représentent une expansion du neurone, c'est-à-dire un prolongement cellulaire; la physiologie générale nous apprend que de tels prolongements ne vivent qu'à une condition expresse : ils doivent rester en continuité avec la portion du cytoplasme qui renferme le noyau. Une fois séparés de ce cytoplasme nucléé, les prolongements cellulaires se détruisent (dégénérescence), mais la cellule tente de réparer cette perte de substance en émettant un prolongement nouveau, capable d'assurer son intégrité (régénération).

Cette régénération du nerf, grâce à l'intervention de la cellule d'origine, constitue l'un des fondements de la théorie du neurone.

Des faits anciens et nouveaux ont été publiés qui tendent à ruiner cette conception, et la greffe des nerfs a fourni des arguments solides contre la doctrine défendue par His et Cajal.

Déjà en 1850 Philippeaux et Vulpian avaient noté que le bout périphérique d'un nerf sectionné se régénère sans que le bout central participe à cette régénération. Cette constatation fut confirmée par Hochwart, v. Bunguer, Howell et Huber, Wieting, et surtout par Bethe.

Chez les jeunes poulets, cette régénération est complète, anatomiquement et physiologiquement. Elle ne persiste toutefois qu'à une condition : c'est que le bout périphérique arrive au contact du bout central. Sinon, ce bout périphérique s'atrophie et perd la conductibilité qu'il avait récupérée.

Chez le lapin adulte, la régénération peut aussi s'effectuer complètement, quand le bout périphérique entre en connexion avec le bout central.

Faut-il donc conclure que la cellule nerveuse a une action sur le bout périphérique, qu'elle maintient la différenciation du nerf en maintenant son activité ?

Bethe ne le croit pas, et il a institué pour le montrer une curieuse expérience.

Sur un chien de six semaines, il résèque les cinq racines motrices du sciatique sur une longueur de cinq à dix millimètres. Vingt jours plus tard, le nerf est mis à nu et excité ; on observe des phénomènes douloureux et point de contraction. Le sciatique est alors sectionné : on en résèque un fragment qui contient des fibres normales (fibres sensitives) et des fibres dégénérées (fibres motrices), et on suture les deux bouts. Au bout de trois mois, on constate le retour de la sensibilité seule ; au bout de six mois, un névrome s'est développé au niveau de la suture, et le nerf excité provoque des contractions. Les fibres motrices des deux bouts du sciatique se sont régénérées et fusionnées, et cela sans avoir récupéré de connexions avec leurs cellules d'origine.

Braus (1904) a confirmé ces faits : il a excisé sur une larve de *Bombinator* les moignons des pattes antérieures, qui renfermaient des rudiments de nerfs, et il a transplanté ces moignons à la base de la queue. Au bout de trois semaines, les nerfs étaient identiques sur la patte normale et sur la patte greffée. Sur cette dernière, ils étaient reliés au névraxe par trois filets nerveux trop grêles pour avoir servi de passage à toutes les fibres que contenait le moignon.

III. *GREFFES D'ORGANES*. — Il nous faut maintenant examiner des cas plus complexes, c'est-à-dire les greffes des organes, qui sont, on le sait, formés de plusieurs tissus.

A. **Greffes de peau.** — Comme nous l'avons vu, les greffes pratiquées à la manière de Reverdin sont des greffes superficielles : elles n'intéressent guère que l'épiderme. Ces greffes sont petites, leur taille ne dépasse guère 4 à 6 millimètres. Et compensant la taille par le nombre, Reverdin préconise les greffes multipliées et répétées au besoin. Vingt greffes et davantage sont déposées sur une perte de substance, d'étendue moyenne. En faisant ainsi, l'auteur semble chercher avant tout un résultat rapide.

Ce résultat, on ne l'obtient pas toujours. Lacsey dut, pendant trois ans, pratiquer 2 600 greffes sur une jeune fille qui avait perdu le cuir chevelu, et une partie du tégument de la face (front, sourcil et joue droite) et Schœfer n'employa pas moins de 4 300 greffes pour guérir une femme scalpée par un accident de machine.

On a reproché de divers côtés aux greffes de Reverdin de donner naissance à une cicatrice irrégulière, déprimée et fragile, susceptible de s'ulcérer à la moindre occasion. De là sont nées les tentatives de greffes cutanées.

Ces greffes sont empruntées à l'espèce humaine (auto et homogreffes) ou à d'autres espèces zoologiques (hétérogreffes, zoogreffes). Nous passerons successivement en revue ces deux variétés de la greffe.

I) **Greffes de peau humaine.** — On a coutume de distinguer dans les greffes cutanées de ce type : *a*) les greffes dermo-épidermiques d'Ollier et de Thiersch ; *b*) les greffes de larges lambeaux cutanés ; *c*) les autoplasties.

a) **Greffes dermo-épidermiques.** — En préconisant la greffe dermo-épidermique, Ollier (1872) cherche à recouvrir les pertes de substance d'un morceau de peau véritable. Une telle greffe est épaisse, souple, résistante. Elle protège efficacement la région sur laquelle elle est appliquée. Elle n'a pas de tendance à s'ulcérer. Elle a l'avantage de se pratiquer en une seule séance.

La greffe dermo-épidermique se détache parfois et disparaît. « Dès 1874, Thiersch expliquait ces échecs par les hémorrhagies et les exsudats provoqués par les causes mécaniques les plus légères » dans la couche superficielle des bourgeons charnus (Forgue et Reclus). Pour obvier à pareil accident, Thiersch détruit à la curette la zone superficielle du tissu de granulation. Puis, il réalise une hémostase exacte, en comprimant un instant la surface cruentée qui doit recevoir la greffe.

Cette greffe, longue de 10 à 25 centimètres, large de 10 à 20 millimètres, est alors appliquée et immobilisée sous un pansement aseptique qu'on renouvelle aussi rarement qu'il est possible.

Processus histologique des greffes dermo-épidermiques. — Les travaux de KARG (1888), de GARRE (1889), de JUNGENGEL, de DJATSCHINSKO (1890), les recherches plus récentes de GOLDMANN, nous ont fait connaître le processus histologique des greffes d'OLLIER-THIERSCH.

La greffe et le tissu porte-greffe sont appliqués l'un sur l'autre par leurs surfaces vives. Entre ces surfaces, il existe tout d'abord une couche intermédiaire, plus ou moins épaisse, formée par un réticulum fibrineux qui contient dans ses mailles du plasma sanguin et des globules rouges. Plus cette lame résultant de l'hémorrhagie des bourgeons est mince, plus l'adhésion des greffes est sûre. De là l'utilité d'une exacte hématose.

Aux premières heures, on observe du côté de la surface greffée une prolifération active des cellules conjonctives et des cellules endothéliales des vaisseaux, et, du côté de la greffe, des cellules migratrices. La greffe, à ce moment, est peu vivace. Cependant, dès la neuvième heure, GARRE avait vu des cellules à noyaux multiples y pénétrer en suivant les anciens vaisseaux. Ils y arrivaient de la plaie après avoir traversé le réticulum.

Puis la couche cornée des lambeaux se ramollit, se soulève. Par points, des phlyctènes le détachent. Il ne reste plus alors que la partie superficielle du derme, recouverte par quelques cellules de la couche malpighienne.

Aux deuxième et troisième jour, les éléments fibroplastiques sont abondants. Les globules sanguins disparaissent.

Vers le quatrième jour, les vaisseaux de nouvelle formation abordent la face profonde de la greffe qui est le siège d'une prolifération assez marquée, aboutissant à la formation de bourgeons moulés sur la surface ouverte de la plaie, pendant que l'exsudat intermédiaire se résorbe.

Peu à peu, la couche cornée se sépare, les vaisseaux anciens disparaissent par place. Ceux de nouvelle formation arrivent jusqu'aux papilles. Une lame de tissu conjonctif ferme remplace la couche intermédiaire. Dès ce moment la greffe est nourrie par ces néo-capillaires.

Vers les quatrième et cinquième mois, l'exsudat intermédiaire a complètement disparu. Ces délais toutefois se subordonnent à son abondance, et, comme il fait place à du tissu conjonctif, on conçoit que, moins il a été abondant, moins la peau nouvelle est menacée de rétraction. Une double indication pratique en résulte : assécher avec soin la couche avivée de bourgeons, et, pendant les premiers mois, épargner toute irritation à la jeune cicatrice.

« Les transplants demandent en général une vingtaine de jours pour prendre et vivre. Sur les plaies fraîches, cette prise s'accélère. On reconnaîtra à leur couleur jaunâtre les lambeaux flottants, qui ne se greffent point. Ceux qui sont viables sont rosés et adhérents. Dès le quatrième jour, cette adhérence est capable de résister à une légère friction. Sous le protective, vous trouverez aux premiers pansements la couche cornée sous la forme de détritus *blanchâtre*. Si les greffes n'ont point été exactement juxtaposées, ou pour mieux dire imbriquées, des espaces linéaires, rougeâtres, les séparent. Ils correspondent à des granulations intercalaires qui retardent la réparation. D'ailleurs, même dans le cas d'une greffe parfaite, les lignes tangentes des transplants forment des traînées plus colorées, surtout apparentes dans les premiers jours, car, à mesure que l'organisation se fait, elles pâlissent et s'effacent, mais la peau nouvelle montre longtemps des rayures qui lui correspondent, et tranchent sur le tégument voisin par sa coloration pâle et par son aspect vernissé. La sensibilité y met longtemps à apparaître. La résistance de ce nouveau tissu est variable. Il est solide sur les plaies fraîches; il demeure fragile, après la greffe des vieilles brûlures, dans les régions exposées à des frottements ou des contusions, sur les jambes des variqueux, mais, dans tous ces cas, c'est au terrain lui-même qu'il faut s'en prendre. » (FORGUE et RECLUS.)

b) **Greffe de larges lambeaux de peau.** — Cette transplantation de larges lambeaux cutanés diffère de l'autoplastie en ce sens que, d'emblée, la greffe est complètement séparée du territoire cutané qu'elle recouvrait. On ne conserve pas un pédicule destiné à nourrir transitoirement la greffe, comme dans les autoplasties.

Cette greffe était connue dans les Indes, et elle y était pratiquée journellement (ARMAIGNAC). Quand un coupable a eu le nez coupé, des médecins ou des prêtres appartenant à la caste des Koomas (ou potiers) recueillent le nez et le remettent en place aussitôt (greffe par restitution). Pour s'opposer à ce subterfuge, les juges ordonnent de jeter au feu le nez du criminel. Mais de leur côté, les Koomas imaginent de fabriquer un nez nouveau, à l'aide de la peau de la région fessière. Et voici comment DUTROCHET (cité par ARMAIGNAC) nous raconte la pratique des Indiens.

« Un sous-officier des canonniers de l'armée avait été pris en haine particulière par un officier supérieur. Celui-ci profita d'une faute légère qu'avait commise le sous-officier pour lui faire couper le nez. On était alors en campagne, et ce malheureux mutilé fut obligé de continuer son service sans pouvoir faire restaurer son nez. Ce ne fut qu'un certain temps après que la plaie commençait à se cicatriser, qu'il lui fut possible de faire pratiquer cette restauration par des Indiens en possession de ce procédé. Les opérations débutèrent par rafraîchir la peau du nez. Ils choisirent ensuite un endroit de la fesse qu'ils frappèrent à coups redoublés de pantoufle jusqu'à ce qu'il fut bien tuméfié. Alors, ils coupèrent en cet endroit un morceau de peau et de tissu sous-jacent, de la grandeur et de la forme de ce qui manquait au nez. Ils l'appliquèrent et l'y fixèrent solidement. Cette espèce de greffe animale réussit à merveille. J'ai eu longtemps à mon service cet homme, après l'opération. Il n'était point défiguré et il ne lui restait d'autre trace de mutilation qu'une cicatrice visible autour de la greffe. »

Cette méthode a été soumise à de nouveaux essais. En 1893, HIRSCHBERG et KRAUSE ont publié des résultats obtenus par la transplantation de peau doublée (HIRSCHBERG) ou détachée (KRAUSE) de sa nappe de tissu cellulaire. J'emprunte à FORGUE et RECLUS les résultats observés par les auteurs :

« Pendant les premiers jours, le lambeau a une teinte pâle et livide. REVERDIN a bien observé ces modifications. L'épiderme se fronce, se ternit, prend une teinte brunâtre. Bref, il meurt et se détache en un ou plusieurs morceaux. Au-dessous de lui, le derme apparaît comme une surface mollasse, assez semblable à la pâte d'un camembert bien fait. Il semble que cette masse va subir une fonte complète, et l'on s'attend à ne pas le retrouver le lendemain.

« Il n'en est rien. Le lendemain, elle présente à sa surface un ou deux petits points rouge vif.

« Le surlendemain, ces points se sont étendus, et bientôt la greffe entière a pris une coloration rosée de bon augure. Si l'on suit pas à pas la marche du phénomène, on s'aperçoit que ces transformations sont dues à de petits vaisseaux qui ont pénétré la greffe par sa profondeur, pour l'alimenter. La guérison et l'adhérence complète du lambeau demandent de trois à six semaines.

« Sur cent lambeaux empruntés aux différentes régions du corps, dont quelques-uns mesurent de vingt à vingt-cinq centimètres de longueur sur six à huit centimètres de largeur, KRAUSE n'a constaté que quatre fois le sphacèle. KOUZNETCHOFF a pu combler par la transplantation de neuf lambeaux une perte de substance de cinquante-huit centimètres de long sur quinze de large. » QUÉNU (communication orale) a greffé sur la tête d'un adulte, qu'un accident de machine avait scalpé, le cuir chevelu d'un enfant nouveau-né. L'opération fut couronnée d'un plein succès, mais des cheveux n'apparurent jamais à la surface de cette greffe.

c) **Autoplastie.** — La transplantation de larges lambeaux cutanés marque la transition entre les greffes dermo-épidermiques et les autoplasties. Ces autoplasties se rapportent à trois méthodes qu'on qualifie de méthode française, méthode hindoue et méthode italienne.

Je me borne à rappeler que, dans la méthode française (méthode de CELSE), on se borne à mobiliser le territoire cutané qui borde la perte de substance; la peau, libérée de la sorte, glisse aisément à la surface de la solution de continuité.

Dans la méthode hindoue, une incision en V ou en C circonscrit un lambeau, au voisinage de la plaie qu'il s'agit de combler. Ce lambeau est rabattu sur la perte de substance. Il reste attaché aux parties environnantes par un pédicule tordu sur lui-même.

La méthode italienne est due à deux chirurgiens ambulants qui vivaient en Sicile, au milieu du xve siècle. Les BRANCA, le père et le fils, pratiquèrent les premiers la rhinoplastie, et PAVANE, VIANE, BAJANO, TAGLIACOZZI les imitèrent sans grand succès, puisque leur méthode d'autoplastie tomba dans l'oubli. GRAEFE et FABRIZZI tentèrent de rajeunir cette méthode. Il était donné à la chirurgie contemporaine (BERGER, 1880), (MAAS, 1885) de montrer sa valeur, de fixer sa technique et d'en généraliser l'emploi. Je me borne à rappeler que la méthode italienne prélève le lambeau (avant-bras) à distance de la perte de substance qu'il s'agit de recouvrir (nez). Elle conserve à ce lambeau une large bande d'implantation qu'on sectionne secondairement, et pour assurer le contact de la greffe et de la région porte-greffe, elle a recours à des attitudes contraintes qu'on maintient à l'aide d'appareils variés (plâtrés, etc.).

II) **Zoogreffes.** — Les zoogreffes ne sont plus une simple curiosité.

On a greffé chez l'homme de la peau de chien (MILES), de cobaye (DUBREUILH, LETIÉVANT), de poulet (REDARD).

Les greffes de peau de grenouille ont donné des succès à ALLEN (1884), à PETERSEN (1885). Elles ont été employées pour guérir les pertes de substance déterminées par les brûlures (VINCENT, 1887), par les ulcères variqueux (DUBOUSQUET-LABORDERIE, 1887), par la rhinite ulcéreuse (BARATOUX, 1887).

Les zoogreffes empruntées à un animal aussi éloigné de l'homme que la grenouille ne sont pas détruites et n'ont pas un rôle provisoire de protection comme l'a soutenu BEREZOWSKY. Elles vivent pour leur propre compte (REVERDIN, PETERSEN); elles donnent une cicatrice souple et mobile, parfois légèrement pigmentée. Parlant d'une de ses zoogreffes, REVERDIN écrit : « En comparant ce résultat à ceux que je connais, je me demande si, mettant autant de peau humaine que j'ai mis de peau de grenouille, j'aurais eu une réparation aussi rapide et aussi bonne. J'en doute, car j'ai fait beaucoup de greffes dans des circonstances fort variées et jamais je n'ai vu de cicatrisation marcher avec une telle vigueur. »

B. **Greffe des productions cornées.**— a) **Poils et plumes.**—Nous savons qu'en semant, sur une plaie bourgeonnante, des poils arrachés avec leur gaine épithéliale externe, on peut obtenir (SCHWÉNINGER) l'épidermisation d'une perte de substance. L'ectoderme du phanère joue le rôle de l'ectoderme tégumentaire.

Mais les poils arrachés peuvent-ils être greffés? DZONDI aurait transplanté des cils sur une paupière qu'on avait dû restaurer avec la peau de la joue; DIEFFENBACH dit avoir greffé des plumes sur le tégument externe des mammifères. P. BERT a répété, sans succès, les mêmes expériences. Il est donc prudent de ne point encore formuler de conclusion ferme sur ce sujet.

b) **Ergot.** — D'autres productions cornées ont été greffées avec un plein succès. Tel l'ergot de coq qui fut transplanté à diverses reprises sur la crête du coq (DUHAMEL, 1746, HUNTER, P. BERT) ou sur l'oreille du bœuf (MANTEGAZZA, 1865). Dans cette dernière expérience, l'ergot prit un développement considérable : il atteignit en longueur 25 centimètres et il arriva à peser 396 grammes.

C. **Greffe des dents.** — a) *Faits expérimentaux.* — HUNTER semble avoir été l'un des premiers à pratiquer la greffe dentaire. Il transplanta la dent d'un homme sur la crête d'un coq, et une injection lui permit ultérieurement de constater que les vaisseaux de l'oiseau avaient bourgeonné jusque dans le phanère pour le vasculariser. Une incisive de cobaye de 8 mm., greffée par PHILIPPEAUX (1853) sur la crête d'un coq, continua à vivre, et au bout de 10 mois, elle atteignait 13 mm.

C'est surtout aux recherches de LEGROS et MAGITOT que nous sommes redevables d'expériences suivies sur la greffe dentaire. Ces deux auteurs ont pratiqué 78 expériences. Ils ont emprunté les dents qu'ils transplantaient à des chiens nouveau-nés ou à de jeunes chiens (chiens de 22 à 58 jours). Pareille greffe ne réussit pas sur le cobaye. Elle prend sur le chien dans les conditions bien déterminées. Tandis que les follicules dentaires greffés avec des fragments de mâchoire se résorbent ou se détruisent par suppuration, tandis que l'organe de l'émail disparaît à la suite de sa transplantation, le germe dentaire se greffe facilement, et il est capable d'évoluer. Dans trois cas (sur 16 expériences)

Legros et Magitot ont vu la dentine se former; jamais cependant ces auteurs n'ont vu l'émail se différencier.

b) *Faits cliniques*. — Depuis longtemps on sait transplanter la dent qui a été extirpée; on la greffe dans l'alvéole qu'elle occupait (greffe par restitution, par réimplantation), dans un autre alvéole du même sujet (greffe par transposition) ou dans l'alvéole d'un autre sujet (greffe par transplantation, homogreffe).

La réimplantation simple est attribuée à Albucasis (1122). A. Paré en rapporte un exemple. « Une princesse ayant fait arracher une dent s'en fit mettre une autre d'une sienne demoiselle, laquelle reprint, et quelque temps après elle machait comme sur celle qu'elle avait fait arracher; cela ay-je ouy dire, mais je ne l'ai pas veu. » Cette réimplantion simple fut pratiquée 380 fois par Lécluse (1755), et étudiée par John Hunter, Jourdain, Bourdet, Fauchard, au XVIIIe siècle. Elle eut ses détracteurs (Dionis, Portal, Bell) et cela se conçoit sans peine : la réimplantation ne saurait réussir sur des dents atteintes de carie ou de périostite.

Aussi a-t-on tenté la réimplantation après résection radiculaire simple (Delabarre, Alquié, Coleman et Lyons, Pietkiewicz) ou accompagnée de drainage alvéolaire, d'excision pulpaire, d'obturations, de résection alvéolaire. Un grand nombre de dentistes ont publié leurs observations et leurs statistiques.

De ces faits on peut conclure que la dent réimplantée s'est solidement fixée en trois ou quatre semaines; dès lors elle offre une grande résistance à l'extraction.

Il s'en faut que la greffe réussisse toujours; et, s'il est des dents transplantées qui persistent dix, treize et vingt ans après l'opération, on a vu parfois, au bout de quelques mois, les racines des dents greffées se résorber et la dent tomber.

Ajoutons qu'on a greffé aussi avec succès des dents sèches et stérilisées et des dents dont la racine avait été superficiellement décalcifiée.

Les phénomènes histologiques de la greffe dentaire sont encore mal connus.

Quant à la valeur de la greffe dentaire, elle varie avec l'âge du sujet, et son état de santé ; elle varie aussi avec la dent qui, selon son siège, peut être plus ou moins traumatisée par les mouvements de la mastication. Encore faut-il compter avec la façon dont la greffe a été pratiquée. La simple réimplantation d'une dent saine a plus de chance de succès qu'une réimplantation d'une dent altérée par résection radiculaire. Les réimplantations des dents sèches paraissent donner moins de succès lointains que les réimplantations des dents fraîchement extirpées. (Voir Gerson. *Greffe dentaire*, *Thèse de Paris*, 1907.)

D. **Greffe des séreuses.** — Les greffes péritonéales ont été étudiées autrefois par Kiriac et par Redard.

Redard, en transplantant de l'épiploon de mouton sur des pertes de substance du tégument externe, aurait pu obtenir une greffe véritable.

Rappelons enfin que les greffes péritonéales autoplasties par glissement) sont devenues une pratique courante de chirurgie. Employée pour la première fois par Chrobak (1891), la *péritonisation* a été généralisée par Quénu (1896), par Bardenheuer, Snéguireff et Duret. Elle est utilisée à la suite des diverses opérations pratiquées sur l'abdomen pour recouvrir les moignons d'hystérectomie, les pédicules de tumeurs, etc., toutes surfaces cruentées au niveau desquelles pourront s'effectuer des adhérences péritonéales, source de dangers (étranglement interne) et de douleurs.

Tout récemment Cornil et Carnot ont repris l'étude des greffes d'épiploon. Quand on incise l'uretère, le cholédoque, la corne utérine, la vessie, la vésicule biliaire, quand on excise des canaux et des réservoirs, un caillot sanguin obture bientôt la perte de substance. Si l'on fixe sur ce caillot un lambeau d'épiploon, ou si cet épiploon s'applique spontanément sur la perte de substance à l'aide d'adhérences fibrineuses, un canal est reconstitué, qui fonctionne parfaitement. La greffe épiploïque assure tout d'abord l'occlusion de la plaie expérimentale; plus tard, elle constitue le tissu de soutien à la surface duquel les épithéliums cavitaires glissent, se divisent et se greffent par décalque.

Dès la 5e heure après l'incision, on voit, loin de la plaie « les cellules superficielles de l'ancienne muqueuse se détacher et se soulever, le plan de clivage étant sans doute déterminé par une sécrétion liquide. Puis, la couche superficielle étant ainsi désagrégée, ses cellules vont s'accoler à la fibrine qui constitue la nouvelle paroi. L'on voit aussi toute une série des cellules épithéliales qui, d'abord indépendantes, s'appliquent à l'autre bord. En face d'elles se trouvent des vides apparents laissés à la partie supérieure de l'ancienne muqueuse. La couche ainsi constituée est rarement uniforme. Elle manque par places et n'occupe jamais toute l'étendue de la nouvelle paroi. Les jours suivants, les cellules transplantées paraissent aussi vivantes qu'au premier jour, et bientôt chacun des centres ainsi constitués se multiplie et s'accroît à son tour. » (CARNOT.)

E. **Greffe des muqueuses.** — Les muqueuses ont été utilisées avec succès pour combler les pertes de substance de l'ectoderme cutané ou de ses dérivés.

HOUZÉ DE L'AULNOIT transplante la muqueuse buccale du lapin et du bœuf sur le derme cutané. Il a eu cinq succès sur 14 tentatives.

CZERNY et DJATSCHINSKO ont fait des constatations analogues, et ce dernier auteur insiste sur ce fait que la greffe doit être pratiquée sans faire usage de liquides antiseptiques.

WOLFLER a transplanté des muqueuses humaines (muqueuse rectale, muqueuse utérine) au cours d'interventions pratiquées contre le rétrécissement de l'urèthre, et malgré leur origine blastodermique, bien différente de celle de l'urèthre, ces muqueuses se sont greffées sans peine.

Pour montrer la grande vitalité dont sont capables des muqueuses, je rappellerai seulement l'expérience de BIZZOZERO. Cet auteur introduisit sous la peau un fragment de muqueuse buccale de grenouille; 29 jours après la greffe, le mouvement des cils vibratiles persistait encore dans la greffe.

Mais cette vitalité des muqueuses est fonction de conditions multiples. Elle varie sans doute avec la muqueuse considérée et avec le milieu au sein duquel cette muqueuse est transplantée.

Un fragment de pituitaire, transporté dans la chambre antérieure de l'œil, perd très vite son mouvement vibratile (SULZER), et ce mouvement vibratile persiste cependant vingt-quatre heures sur la muqueuse conservée dans la chambre humide.

D'autre part, RIBBERT, en transplantant dans un ganglion lymphatique un lambeau de conjonctive ou de trachée, a vu les cellules caliciformes entrer les premières en régression. Au bout de six mois, toute trace de la greffe avait totalement disparu du ganglion.

P. CARNOT a étudié récemment la greffe de diverses muqueuses (muqueuses vésicale, intestinale, stomacale, de la vésicule biliaire). Des fragments de muqueuse, greffés sous le péritoine soulevé, donnent rapidement naissance à des kystes simples ou multiloculaires dont la paroi est parfois revêtue de végétations luxuriantes. Le liquide qui distend la cavité n'a jamais les propriétés du suc gastrique si la greffe est pratiquée avec la muqueuse stomacale, et ceci s'explique : les glandes disparaissent ; les éléments hautement différenciés qui les constituent disparaissent : à leur place on trouve des cellules muqueuses (*Archives de médecine expérimentale*, 1906). Ajoutons que l'autogreffe réussit beaucoup mieux que l'homo ou l'hétérogreffe ; elle paraît mieux réussir quand on greffe la muqueuse sur l'organe qui a fourni le transplant.

F. **Greffes viscérales.** — Lorsqu'on pratique une entéro ou une gastro-entéro-anastomose, lorsqu'on établit une bouche stomacale ou un anus contre nature, lorsqu'on transplante les uretères dans l'intestin ou un morceau de peau dans la vessie (BRYANT) on pratique encore une greffe. Comment s'établit donc, en pareil cas, la continuité des tissus ?

Dans le cas de l'anus contre nature, par exemple, j'ai montré avec QUÉNU que les épithéliums gardent leur structure et leurs caractères originels. A la dernière cellule de revêtement intestinal, disposé sur un seul rang, succède brusquement l'épiderme cutané, de type stratifié; mais la région épidermique qui borde l'orifice anal subit une adaptation fonctionnelle qui se traduit par une modification de structure. Sans cesse baignée par les sécrétions intestinales, qui hâtent sa desquamation, elle prend le type de l'ectoderme muqueux, et son derme, que surmontent des papilles, ne contient ni glande, ni phanères, ni lobules adipeux.

Au niveau de la zone de raccord, tout au contraire, le derme cutané se prolonge en quelque sorte dans le chorion de la muqueuse et dans la tunique musculaire; il s'établit donc une fusion entre ces deux tissus.

G. *GREFFE DES GLANDES CUTANÉES.* — Quand on greffe dans un ganglion lymphatique des glandes sébacées (RIBBERT), on constate que l'épithélium sébacé perd ses propriétés spécifiques dans l'espace de deux mois.

Transplantée, dans d'autres conditions, il est vrai, la mamelle se comporte tout autrement. Chez de très jeunes cobayes, RIBBERT a greffé une mamelle entière sous la peau de chacune des deux oreilles. A l'occasion d'une grossesse, l'auteur constata qu'une des mamelles transplantées de la sorte se tuméfia et laissa sourdre du lait. RIBBERT pratiqua son ablation : la glande avait gardé sa structure normale, bien qu'elle eût été greffée loin de son territoire originel, bien qu'elle eût perdu ses connexions nerveuses. Une seconde grossesse survint, mais la seconde mamelle transplantée ne présente aucune des modifications qui caractérisent la lactation.

H. **Greffes de pancréas.** — Les recherches physiologiques de ces dernières années ont établi que le pancréas se comporte à la fois comme une glande à sécrétion externe et comme une glande à sécrétion interne. Quand le canal pancréatique est lié ou réséqué, la glande s'atrophie et fonctionne seulement comme glande à sécrétion interne. Aussi l'animal ne devient-il point glycosurique. Il semble qu'il en doive être de même quand on pratique une greffe de pancréas.

MOURET a eu l'occasion (1895) d'examiner 16 greffes pancréatiques, pratiquées par HÉDON, dans le tissu cellulaire sous-cutané. MOURET a vu les canaux excréteurs se dilater et se transformer en kystes; l'épithélium des acini se desquame et les acini sont étouffés par la sclérose conjonctive. Mais des îlots de LANGERHANS, qui sont les organes de la sécrétion interne (LAGUESSE) l'auteur ne nous dit rien.

Tout récemment, LAGUESSE a montré (greffes de 3 mois et 2 jours) ce fait intéressant que la sécrétion endocrine persistait dans les greffes pancréatiques. Elle se localisait, non plus dans des ilots, mais sur des éléments « disséminés le long des tubes pancréatiques primitifs persistants » (LAGUESSE).

I. **Greffes de glandes salivaires et de foie.** — Au dire de ZIEGLER, les greffes de foie seraient vouées à l'atrophie. RIBBERT a pratiqué des greffes de glandes salivaires et de foie. L'épithélium sécréteur de ces organes disparaît (foie) ou prend les caractères de l'épithélium qui revêt les canaux excréteurs (salivaires). Quant aux canaux excréteurs, ils prolifèrent (foie) et prennent un aspect identique à celui qu'on observe au cours de certaines cirrhoses. D'autres expérimentateurs sont arrivés aux mêmes résultats.

J. **Greffes de rein.** — En transplantant de petits fragments de rein dans des ganglions lymphatiques, RIBBERT a noté que l'épithélium des tubes contournés perd rapidement sa forme et sa striation. Au bout de quelques semaines, le rein est complètement résorbé.

P. CARNOT, R. MARIE ont vu la greffe donner naissance à de petits adénomes; mais ces faits sont, disent-ils, exceptionnels.

K. **Greffe de corps thyroïde.** — La greffe de corps thyroïde a pris un intérêt de premier ordre du jour où l'on a connu la physiologie du corps thyroïde et la pathogénie du myxœdème. On a vu dans la greffe un procédé commode pour enrayer et faire disparaître les accidents de la cachexie strumiprive.

La greffe de corps thyroïde a été pratiquée chez l'homme par LANNELONGUE (1890), par BETTENCOUR et SERRANO, par MERKLEN et WALTHER. Elle a été étudiée chez les animaux par de nombreux auteurs (SCHIFF, CARLE, FANO, FANDA, ZUCCARO). On sait aujourd'hui que l'autogreffe (EISELBERG, 1892), que l'homogreffe (expériences de SGOBBO et LAMARI chez le chien (1892), de CANOZZARO (1892) chez le chien et le chat, que l'hétérogreffe (UGHETTI) peuvent donner des succès.

Les recherches anatomiques de CHRISTIANI ont établi que pour le corps thyroïde, greffé dans la cavité péritonéale du rat, les cellules se tuméfient, puis entrent en prolifération. Un corps thyroïde se reconstitue du centre de la greffe vers la périphérie; sa régénération est complète, au bout de 3 mois. La glande ainsi greffée ne s'atrophie point. ZUCCARO, tout au contraire, aurait vu la glande transplantée sous la peau dégénérer peu à peu et laisser finalement, à sa place, un nodule fibreux.

Mais la greffe est-elle capable de fonctionner comme le corps thyroïde lui-même et de le suppléer, physiologiquement parlant? Une expérience d'EISELBERG (1892) démontre qu'il en est bien ainsi. Cet auteur extirpa les deux lobes de la glande et greffa l'un d'eux entre le péritoine et l'aponévrose profonde de l'abdomen. Il ne constata aucun trouble sur l'animal en expérience. La greffe avait donc les propriétés du corps thyroïde lui-même, comme le prouva une contre-expérience. Eiselberg pratiqua l'ablation de la greffe qui s'était vascularisée, et instantanément éclatèrent les accidents bien connus du myxœdème.

Fait intéressant, la greffe semble entrer en fonction très rapidement, bien avant même qu'elle ne soit pénétrée par les vaisseaux du porte-greffe. Des malades qui avaient subi la greffe thyroïdiene ont vu l'amélioration de leur état se manifester le lendemain du jour où le chirurgien avait pratiqué sur eux la transplantation de la glande.

L. Greffes des capsules surrénales. — Depuis Canalis (1887), quelques auteurs ont tenté de greffer les capsules surrénales dans le sac lymphatique dorsal de la grenouille, (Langlois), dans le péritoine, dans la musculature du dos ou de la paroi abdominale, contre la dure-mère, sous la peau, dans le rein. Les expériences ont été pratiquées chez les animaux les plus différents (grenouille, rat, lapin, cobaye).

Souvent la greffe s'est résorbée (Gourfein, Boinet, Hulgren et Anderson, Strehl et O. Weiss).

D'autres fois elle a persisté. C'est ainsi que Poll (54 observations) a vu dans 23 cas une petite partie de la substance corticale se conserver ou se régénérer. Dans tous les cas, la substance médullaire était détruite et remplacée par du tissu conjonctif (1899).

Schmieden (1902) a obtenu des résultats favorables de la greffe surrénale, et H. Christiani, en collaboration avec Mme A. Christiani, a repris l'étude histologique d'une pareille transplantation; il a vu que « les capsules surrénales du chat transplantées soigneusement dans la cavité abdominale reprennent toujours, mais la substance corticale seule se régénère d'une façon apparemment parfaite; la substance médullaire s'atrophie, dans la règle, complètement. Cependant, dans les greffes fractionnées, cette atrophie n'est pas toujours totale : on peut suivre pendant quelque temps l'évolution de quelques groupes de cellules de substance médullaire ». Malheureusement, ces auteurs ne donnent point une description cytologique de leurs observations : les réactifs dont ils se sont servis (bichromate) ne sont pas de ceux qui permettent une étude suffisamment précise d'un organe aussi délicat que la surrénale.

Examinons maintenant le rôle de la greffe capsulaire. Abelous (1892) a détruit au bout d'un mois les capsules surrénales de 8 grenouilles auxquelles il avait pratiqué, au préalable, la greffe capsulaire. Les grenouilles survécurent. Quinze jours plus tard, il détruisit les greffes. Six de ses huit grenouilles moururent en 3 ou 4 jours; une septième mourut au bout de 12 jours, dans un état d'amaigrissement considérable; la dernière s'échappa. De cette série d'expériences, il résulte que la greffe suppléa la capsule surrénale absente, au moins durant 15 jours.

Pour Christiani, tout au contraire, la greffe de capsule surrénale n'assure jamais la survie du rat qui a subi la capsulectomie totale.

M. Greffe du testicule. — C'est Hunter qui le premier tenta de greffer le testicule. Il transplante la glande sexuelle du coq dans la cavité abdominale de la poule, et déclare que le testicule continue à vivre sans atrophie apparente.

Mais les recherches de Gobelt, de Ribbert, celles d'Alessandri, les travaux récents d'Herlitzka (1899) et de Foa (1901) nous ont appris que le testicule ne peut être greffé sans voir son tissu dégénérer, qu'on s'adresse aux Vertébrés inférieurs, au Triton (Herlitzka) ou aux mammifères. Le testicule se transforme en un bloc de tissu conjonctif plus ou moins bien vascularisé.

Ribbert, en transplantant des fragments de testicule dans des ganglions lymphatiques, a vu les spermatozoïdes et les cellules de Sertoli disparaître au bout de six jours. Les mitoses devenaient de plus en plus rares; la lignée séminale perdait sa disposition stratifiée. Les tubes séminipares étaient revêtus de quelques spermatogonies et surtout de cellules, que l'auteur qualifie d' « indifférentes »; certains canalicules étaient oblitérés ou transformés en kystes (17 jours); d'autres avaient perdu leur épithélium; ils étaient réduits à une paroi propre plus ou moins revenue sur elle-même.

L'épididyme, greffé avec le testicule, perd sa fonction, mais, à l'inverse du testicule, il garde sa structure normale. Pareil fait n'est pas isolé. Nous avons eu l'occasion de montrer, Félizet et moi, que le testicule ectopique présente des phénomènes dégénératifs, de tous points comparables à ceux qu'on relève dans le testicule transplanté; mais là encore le tractus épididymaire ne subit aucune altération régressive. Il continue à élaborer ses grains de sécrétion, bien que cette sécrétion paraisse désormais inutile.

En réalité, la greffe du testicule est complexe. Le testicule n'est pas seulement l'organe au niveau duquel s'élaborent les spermatozoïdes ; c'est encore une glande à sécrétion interne, puisqu'il est pourvu, comme l'ovaire, d'une glande interstitielle.

Que devient la glande interstitielle d'un testicule greffé ? Persiste-t-elle, comme le fait s'observe sur les testicules séparés de leurs voies d'excrétion ? On l'ignore, et je ne sache pas que des recherches suivies aient été entreprises sur ce sujet.

Quant aux tubes séminipares du testicule transplanté, ils dégénèrent, nous l'avons vu. On a pourtant essayé d'éviter cette dégénérescence. MAUCLAIRE, sur un sujet qui avait dû subir l'extirpation de l'épididyme et du déférent, a avivé les deux testicules et a suturé leurs surfaces d'avivement. Il espérait que les sécrétions spermatiques du testicule sans épididyme pourraient se déverser dans les canalicules du testicule sain. Deux ans après l'intervention, le malade mourut de tétanos. MAUCLAIRE put recueillir le corps du délit et me le confia. Les canalicules des deux testicules, bien qu'accolés, ne communiquaient pas ; ceux du testicule sans épididyme n'avaient pour tout revêtement que des cellules de SERTOLI, ceux du testicule opposé possédaient une lignée séminale absolument normale.

N. **Greffe des ovaires.** — La greffe des ovaires a donné d'intéressants résultats à KNAUER (1896), à GRÉGORIEV (1897) et à RIBBERT.

KNAUER a transplanté les deux ovaires d'une lapine sous le feuillet postérieur du ligament large. Par une laparotomie, il s'est assuré, 13 mois plus tard, que la greffe ne s'était pas résorbée. Trois mois après cette constatation, la lapine mit bas deux petits, qui tous deux étaient à terme et normalement développés.

L'autogreffe réussit donc aisément, comme l'a également constaté HERLITZKA (1900).

L'homogreffe est plus sujette aux insuccès. Dans 40 expériences, HERLITZKA a vu 39 fois l'ovaire greffé dégénérer soit en totalité, soit en partie. FOA cependant s'était appliqué à rechercher (1901) les conditions qui favorisent la greffe ou lui font obstacle. Il a constaté que l'ovaire fœtal de la lapine peut être greffé chez le lapin ; il se développe un moment; il entre secondairement (3 à 6 mois) en régression.

Quand l'ovaire est transplanté chez une lapine, sa destinée varie. Quand le porte-greffe est jeune ou pubère, la greffe prend le type de l'ovaire jeune ou pubère; quand le porte-greffe est vieux, la greffe se résorbe (FOA) après avoir dégénéré. Cette dégénérescence s'effectue de plus en plus vite; elle atteint successivement l'ovule, les cellules folliculeuses et le stroma. Elle frappe en dernier lieu la zone médullaire de la glande. (HERLITZKA.)

Quant à l'hétérogreffe, elle a donné des succès à FISCH.

LOUKACHEVITCH (1901) a pu greffer l'ovaire des carnivores sur les herbivores, et l'expérience inverse a également réussi dans ses mains. En s'entourant de précautions minutieuses, en fixant l'ovaire par son méso, sans passer de fils dans l'épaisseur de la glande, LOUKACHEVITCH a noté que la glande fonctionne. Toutefois il n'a jamais vu de grossesse survenir, malgré des rapports fréquents, quand les animaux avaient été ovariotomiés avant de subir la greffe ovarique. Plus ou moins vite, parfois seulement au bout de 3 ans, la greffe s'atrophie ou s'infiltre de sels calcaires.

La greffe ovarique a encore été étudiée expérimentalement par MAC CONE, MARCHESE, PREOBRACHENSKY, KATSCH, SCHULTZ, avec des résultats variables.

Somme toute, en négligeant les faits négatifs qui sont peut-être imputables à des fautes de technique (suppurations, etc.), il semble que l'ovaire se greffe. Que la greffe ait été pratiquée dans la paroi abdominale ou dans l'utérus, les follicules et les ovules y persistent plus ou moins longtemps.

Notons encore un fait intéressant : quand la greffe ovarique se fixe bien, l'utérus demeure normal ; dans le cas contraire, l'utérus s'atrophie (RUBINSTEIN), et cette constatation confirme les examens publiés antérieurement sur l'état de l'utérus après l'ablation des annexes. En d'autres termes, l'intégrité de l'utérus est fonction de l'intégrité de l'ovaire. Les choses en étaient là quand l'étude du corps jaune est venue donner un regain d'actualité à la greffe de l'ovaire.

Des travaux récents sont venus montrer que l'ovaire n'est pas seulement l'organe où sont déposés les ovules qui doivent assurer la continuité de l'espèce; c'est encore une glande à sécrétion interne dont les recherches de Sobotta, Limon, Bouin, Frankel ont élucidé la structure et le rôle fonctionnel. Et Limon s'est spécialement occupé de la glande interstitielle dans les ovaires transplantés. (*Journal de physiologie et de pathologie générale*, 864-874, 1904.) Ses résultats peuvent se résumer d'un mot : la glande interstitielle dégénère dans un premier temps, puis se régénère secondairement.

Les troubles variés consécutifs à la castration ovarienne sont bien connus des chirurgiens, et Chrobak, pour y remédier, eut l'idée de pratiquer des greffes ovariques.

Ce fut Morris (1895) qui les pratiqua le premier. Successivement, on a greffé l'ovaire sous le péritoine (Morris, Martin, Tuffier, Glass); dans la trompe avivée (Frank, Morris, Delagenière); dans l'utérus (Dudley); sous la peau (Mauclaire, Tuffier). L'examen des observations montre que les malades semblent avoir bénéficié largement de la greffe ovarienne (disparition des phénomènes douloureux, réapparition des règles). En un mot, la sécrétion interne de l'ovaire, restituée à l'organisme, a amendé ou fait disparaître les troubles consécutifs à la castration.

Mais les ovaires transplantés sont-ils capables de concourir à la reproduction de l'espèce? On l'ignorait, jusqu'au jour où R. Morris publia un fait décisif :

Le 11 février 1902, chez une femme de 21 ans, qui n'avait pas eu ses règles depuis deux ans, il opéra l'ovariotomie double, et, à la place des ovaires sclérosés, il greffa des lambeaux d'ovaires sains prélevés sur une femme qu'il venait d'opérer pour un prolapsus utérin. Quatre mois après l'opération, les règles apparurent; la malade demeura cinq mois sans être menstruée, puis la menstruation s'établit régulièrement. Le 15 mars 1906, la jeune femme accouchait d'une fille.

O. **Greffes cérébrales.** — W. G. Thompson (1890) a pratiqué des greffes cérébrales. Deux chiens, A et B, furent trépanés dans la région occipitale; l'auteur excisa un morceau de substance cérébrale; il combla la perte de substance que présentait le chien A avec le morceau de cerveau du chien B, et inversement. Au bout de trois jours, les greffes adhéraient au cerveau à l'aide d'un exsudat fibrineux.

Thompson a également pratiqué des greffes hétéroplastiques. Il a greffé du cerveau de chien sur le cerveau du chat, et du cerveau de chat sur le cerveau du chien.

Il a enfin pratiqué l'examen des greffes qu'il avait pratiquées. Un chien qui avait subi, dans la région occipitale, la greffe d'un morceau de cerveau de chat, fut sacrifié 7 semaines après l'expérience. L'encéphale fut durci dans le liquide de Müller et débité en coupes. La pie-mère était réparée. La greffe cérébrale était unie par du tissu conjonctif et par des vaisseaux au reste du cerveau. Et dans cette greffe, à côté de cellules en dégénérescence granuleuse, il existait des cellules absolument normales.

P. **Greffes oculaires.** — *a*) *Greffes de segments de l'œil.* Quand on greffe sous la peau le corps vitré ou la choroïde (Zahn), on voit ces deux membranes disparaître : toutefois la choroïde laisse sa trace sous forme d'une tache pigmentaire.

La transplantation de la cornée a été tentée depuis longtemps. L'historique de la question est exposé dans le travail de Fick, et il commence à Mosner (thèse de Tubingen, (1823). Les greffes cornéennes ont donné des succès opératoires (Hippel, Power, etc.). Voici ce que nous apprend l'étude histologique de pareilles greffes (Fick). L'épithélium cornéen se continue de la greffe sur le porte-greffe, mais au niveau de la greffe il est considérablement épaissi; il peut être stratifié sur 15 ou 20 couches. Le tissu cornéen de la greffe est d'aspect variable ; il est séparé de la cornée du porte-greffe par une ligne de démarcation nette ; les fibrilles qu'on y trouve sont flexueuses et non plus disposées parallèlement à la surface de la membrane. Ce tissu se montre enfin fréquemment envahi par des cellules géantes, par des cellules pigmentaires et même par des vaisseaux. La membrane de Descemet et l'épithélium qui la double font parfois défaut au niveau du lambeau transplanté. Dans d'autres cas, la basale postérieure et son revêtement ont l'aspect d'une bandelette irrégulièrement plissée. Elle se perd dans le tissu qui relie la greffe à l'iris.

Les transplantations de la conjonctive du lapin sur l'œil humain ont donné un certain nombre de succès. Elles ont été étudiées par Heilberg, Post, Wolf, de Wecker et de Grammont.

b) Greffes de l'œil embryonnaire. Féré, en transplantant sous la peau des oiseaux des yeux d'embryon de poulet, a vu la greffe, mobile tout d'abord, se fixer, et donner au tégument une coloration noire (pigment choroïdien). La greffe se résorbe quand elle est isolée; quand on transplante au contraire plusieurs yeux, on voit la greffe doubler ou tripler de volume; un certain nombre des yeux greffés se résorbe (3 sur 8 dans une observation de Féré), mais la greffe persiste longtemps (16 mois et davantage); elle est devenue kystique, et souvent elle s'est réduite à une masse dont la structure est celle de la sclérotique des oiseaux.

Greffes de l'œil adulte. La greffe oculaire a été tentée chez l'homme sans succès (Baraban et Rœhmer). Pareil résultat n'est pas fait pour nous étonner. En supposant qu'il trouve sur le porte-greffe les vaisseaux capables d'assurer sa nutrition, le globe oculaire a des connexions nerveuses si importantes qu'elles ne peuvent être suppléées.

Baraban et Rœhmer ont suivi l'atrophie de la greffe oculaire pratiquée dans le péritoine du cobaye. Ils ont constaté que sclérotique, choroïde et cornée ne dégénèrent pas d'emblée: elles gardent quelque temps leur vitalité. La cornée ne tarde pas à se vasculariser et à s'opacifier.

Bullot et Loz ont repris les expériences de Baraban et de Rœhmer; la cornée s'épaissit et s'opacifie, disent-ils, quand son épithélium est conservé. Elle reste transparente et mince quand cet épithélium fait défaut. Dans le premier cas, la membrane de Descemet et son endothélium disparaissent; dans le second, ils gardent leur intégrité.

Q. **Greffes d'organes sensoriels.** — L'oreille, le nez (Garangeot), détachés de leur point d'implantation, ont pu être greffés à la place qu'ils occupaient.

R. **Greffes de segments de membres.** — Les greffes de phalanges et de doigts, séparés de la main, ont été pratiquées avec succès. De telles transplantations ne se comptent plus. Elles ont été observées par les anciens (Leuwenhœck, Fioraventi, etc.). Cadiat, dans son article du dictionnaire de Dechambre, relate une série de faits de cet ordre et apporte une observation personnelle : dans un article très documenté, Béranger-Féraud a pu compulser 224 observations de ce genre (*Gazette des hôpitaux*, 1870).

Paul Bert a dénudé l'extrémité de la queue chez le rat; il l'a introduite dans une boutonnière pratiquée dans la peau (sur le nez, par exemple) et l'a fixée dans cette position (greffe par marcotte). Quelques jours plus tard, P. Bert[1] sectionna, à sa base, la queue de l'animal en expérience. Cette queue, alors insensible, a pu réagir quelques mois plus tard; l'animal sentait quand on pinçait sa queue, et le siège de l'excitation finit par être exactement localisé. De cette expérience, Bert a conclu que la conduction nerveuse s'est rétablie et qu'elle se fait dans les deux sens; il n'existe aucune différence de nature entre les nerfs moteurs et sensitifs. Les deux ordres de conducteurs ne sont caractérisés que par leur cellule d'origine.

Une autre expérience de P. Bert montre assez que la greffe est capable d'évoluer pour son propre compte. Vient-on à amputer la queue d'un jeune rat, à l'écorcher, puis à l'introduire sous la peau, la queue continue à s'accroître et présente les phénomènes d'ossification dont elle est normalement le siège. Il y a plus : quand cette queue, greffée sous la peau, vient à être fracturée, elle se répare comme à l'état normal.

Baronio a réussi à greffer l'aile d'un serin et la queue d'un chat sur la crête d'un coq.

S. **Greffe de la rate et des vaisseaux.** — Philippeaux (1898) a pratiqué des homogreffes de rate sur le rat albinos. Au bout de trois mois et six jours, il trouva la rate qu'il avait fixée augmentée de volume.

D'autres organes vasculaires se prêtent également à la greffe : tels les artères et les veines : en greffant ainsi l'un sur l'autre des artères et des veines, on peut invertir le sens de la circulation sanguine.

IV. *GREFFE D'ORGANISME.* A. **Greffe d'œufs.** — On peut regarder comme une greffe le curieux phénomène qu'on observe chez le Pipa. « Les œufs sont placés

1. La greffe échappe donc à la loi de polarité : la queue est greffée, non plus par sa base, mais par son extrémité; elle a alors une situation diamétralement opposée à celle qu'elle occupe dans l'organisme normal.

par les mâles sur le dos des femelles aussitôt après la ponte; et, la peau de cette partie du corps se gouflant, ils se trouvent logés en autant de poches dans lesquelles ils se développent. » (M. DUVAL.)

B. **Greffes de blastodermes.** — En transplantant un blastoderme sous la peau du flanc chez le coq, FÉRÉ a vu la greffe demeurer parfois un an sous la peau avant de se résorber.

C. **Greffes de larves et d'embryons.** — Les greffes de cet ordre ont été rarement pratiquées.

Chez les invertébrés, CRAMPTON (1878) a pu greffer les chrysalides de lépidoptères d'espèces différentes, et, dans un cas, il aurait vu la coloration du tégument se transporter de l'un des individus sur l'autre.

Chez les vertébrés, BORN, après VULPIAN, a récemment publié les résultats de curieuses expériences entreprises sur des larves de grenouille comestible, longues de trois millimètres.

Il a obtenu la greffe des deux moitiés d'une larve sectionnée tantôt en travers, tantôt en long, et la greffe de deux larves différentes. Il a greffé la moitié postérieure d'une larve à la moitié antérieure d'une autre larve; et, en pareil cas, le segment antérieur commandait les mouvements de la queue. BORN a pu souder 2 larves par leur face ventrale; il a pu souder entre elles les moitiés antérieures de 2 larves et la même expérience a réussi sur les moitiés postérieures de 2 autres larves. Sur la face ventrale d'un têtard, il a obtenu la réunion de la moitié antérieure ou de la moitié postérieure d'une autre larve.

Des expériences du même ordre ont été également réalisées avec des larves d'espèce et de genre différent (*Rana*, *Bombinator*, *Triton*), mais les monstres qui proviennent de la greffe de deux animaux de genre différent vivent moins longtemps (3 semaines) que les monstres issus de la greffe d'individus de même espèce (4 semaines).

Je me borne à rappeler que toute trace de soudure disparaît très vite entre les 2 individus greffés de la sorte. Quand la section intéresse l'ébauche d'un des yeux, BORN a vu se développer 2 cristallins aux dépens de cette ébauche unique. En revanche, les deux moitiés sectionnées d'un cœur se réunissent pour former un cœur unique. Notons encore un fait intéressant : quand l'animal fusionné possède 2 cœurs, ses 2 cœurs fonctionnent indépendamment l'un de l'autre; leurs battements peuvent n'être pas être synchrones, et même ils peuvent être de nombre différent.

PAUL BERT, reprenant une idée de GRATIOLET, sur la genèse des monstres doubles, tenta sans succès la greffe d'embryons renfermés dans les cornes utérines.

Enfin ZAHN (1877), LÉOPOLD (1882), FÉRÉ et ses élèves ont greffé sous la peau de vertébrés, des embryons de même espèce (voir ÉLIAS, *thèse* de Paris, 1899), et certains des tissus de ces embryons peuvent se développer pendant quelque temps,

D. **Greffe d'animaux adultes.** — Les groupes zoologiques les plus différents se prêtent à la greffe.

Les greffes ont été réalisées entre autres chez les protozoaires (myxamibes, ciliés, rhizopodes, PROWAZEK), chez les hydraires (ENGELMANN, NUSSBAUM, ISCHIKAWA, WETZEL), chez les astéries (KING), chez les lombrics (RABES, JŒST, KORSCHELT) et chez les mammifères (P. BERT).

a) **Hydres.** — ÉRASME DARWIN (1810) rapporte que BLUMENBACH put obtenir la greffe des hydres. Pour ce faire, il coupait en deux morceaux des hydres de couleur différente : il enfila alors sur un tube de verre le segment supérieur d'une des hydres et le segment inférieur de l'hydre d'espèce différente.

La possibilité de faits de cet ordre a été mise en doute dans ces dernières années; mais G. WETZEL a démontré l'exactitude des observations anciennes. Il a pratiqué des auto et des homogreffes (greffes légitimes de WETZEL); il a vu la soudure s'effectuer, sans cicatrice apparente, entre les 2 moitiés de l'animal, et cette soudure qui commence par l'ectoderme et par l'endoderme, finit par les tissus de soutien.

Dans les hétérogreffes (greffes illégitimes de WETZEL) WETZEL a eu des résultats variables. *Hydrea grisea* et *H. fusca* peuvent se greffer, mais la zone de soudure est marquée par un rétrécissement. L'ectoderme et l'endoderme de l'un des individus s'unissent aux feuillets homologues de l'autre individu, mais tissus de soutien et éléments ganglionnaires ne se greffent pas. L'excitation portée sur l'un des individus ne se transmet pas à l'autre individu. En revanche *Hydrea viridis* et *H. fusca*, *H. viridis* et *H. grisea* ne se soudent jamais d'une façon durable. Quand la fusion a pu se produire, les individus se séparent spontanément l'un de l'autre, au bout de 2 ou 3 jours.

Après avoir greffé entre les deux extrémités d'une hydre retournée la partie moyenne d'une hydre non retournée, Wetzel, comme Engelmann, Nussbaum et Ischikawa, n'a pu empêcher l'hydre de se « retourner » malgré l'emploi d'ingénieuses techniques. L'hydre se contourne de mille façons : la soudure ne s'effectue jamais qu'entre feuillets de même nature.

b) **Lombrics.** — Joest a réalisé sur le lombric d'intéressantes expériences. Il a pu obtenir des auto, des homo et des hétérogreffes. En utilisant les anesthésiques, qui suppriment la tendance qu'a le lombric aux amputations spontanées, en conservant ses sujets dans du papier à filtre humecté d'eau, pendant trois ou quatre semaines, et plus tard dans la terre, Joest a montré que :

Si l'on soude, par leurs surfaces vives, les extrémités opposées de deux lombrics; la greffe réussit. Si les parties greffées appartiennent à des lombrics d'espèce différente, les segments coaptés gardent leurs caractères spécifiques.

Si la réunion est effectuée de telle façon que la face dorsale de l'un des individus soit dans le prolongement de la face ventrale de l'autre lombric, l'animal se tord sur lui-même, au niveau de la zone de soudure, de manière à ramener vers le sol toutes ses soies locomotrices.

D'autre part, ici, comme dans beaucoup de cas, la greffe n'est pas soumise à la loi de polarité.

On peut réunir par leur surface de section deux extrémités céphaliques : on obtient de la sorte un ver à deux têtes; le lombric se nourrit par l'une et l'autre tête; mais, comme il ne peut évacuer les produits de sa digestion, il meurt au bout de quinze ou seize jours.

Enfin Joest a établi que la greffe échoue quand elle donne naissance à un animal plus long que l'individu normal; elle réussit quand l'individu, produit de la sorte, est plus court qu'un lombric normal.

c) **Mammifères.** — Enfin, chez les mammifères, Paul Bert a réussi à greffer l'un avec l'autre deux organismes adultes.

Il a pu voir se souder, en 5 ou 6 jours, deux rats sur lesquels il avait pratiqué, au niveau des flancs, deux larges pertes de substance. Et cette greffe « siamoise » a montré des faits importants : des communications vasculaires et nerveuses se sont établies entre les deux organismes. L'atropine injectée à l'un des rats détermine sur les deux animaux greffés la dilatation de la pupille.

Paul Bert a également tenté la greffe du rat et du cobaye, celle du rat et du chat; des débuts d'adhérences ont pu s'établir, mais ce physiologiste n'a jamais obtenu un succès complet, en raison, dit-il, de la « difficulté à maintenir tranquilles des animaux si peu propres à fraterniser[1] ».

En somme, la plupart des cellules, des tissus, et des organes, peuvent se greffer, si l'on table sur les expériences positives, les plus probantes de toutes. Sans doute, la greffe a donné des résultats contradictoires aux divers expérimentateurs. A cela rien d'étonnant. Nombre de greffes ont été tentées à une époque où l'asepsie était inconnue. Nombre d'entre elles ont été pratiquées dans des conditions trop différentes pour qu'on puisse en comparer les résultats. La plupart des examens histologiques qu'on a publiés autrefois demanderaient à être repris.

Quant à la physiologie de la greffe elle-même, son histoire mériterait d'être complétée sur nombre de points.

1. Nous laissons ici de côté la question des greffes de tumeurs et des tissus pathologiques.

§ II. — CONDITIONS DE LA GREFFE.

Il importe maintenant de préciser quelles conditions doivent remplir le transplant et le porte-greffe pour que la greffe puisse prendre, se nourrir et s'accroître. Afin de donner quelque précision aux considérations qui vont suivre, j'aurai surtout en vue les conditions de la greffe cutanée et de la greffe glandulaire.

A) **Greffe cutanée.** — 1° *Conditions que doit remplir la greffe.* — *a*) Il va de soi que la greffe qu'on transplante doit être vivante. Dans le cas contraire la greffe, pratiquée aseptiquement, dégénère et se résorbe. Les expériences de Prudden sur le cartilage, de Lannelongue et Wignal sur l'os, d'Ochotin sur l'os et l'ivoire ne laissent aucun doute à cet égard.

Mais il s'agit de préciser combien de temps après avoir été prélevée la greffe continue à vivre et peut être efficacement transplantée.

Les travaux d'Ollier nous ont appris que le périoste, prélevé au moment de la mort d'un animal, peut être transplanté 72 heures plus tard; la queue du rat peut rester de 5 à 17 heures (P. Bert) avant d'être fixée sur le porte-greffe. Les travaux anciens ont encore établi qu'une greffe de peau peut attendre 6, 38, 72, 108 heures avant d'être déposée sur le porte-greffe.

Dans ces dernières années, Wentscher a institué une série d'expériences pour savoir combien de temps une greffe de Thiersch, séparée de l'organisme, pouvait garder sa vitalité. Il s'est assuré que ces greffes résistent au froid (— 5°), à la chaleur (+ 50°), aux antiseptiques faibles (lysol à 2 p. 100). Il a vu que des greffes conservées 10 jours dans l'eau salée à 6 p. 1000, ou 24 jours dans un milieu sec et stérile, pouvaient être greffées : pareille greffe était couronnée de succès dans la moitié des cas (30 sur 59). Les greffes de Thiersch, conservées 28, 30 ou 34 jours dans un milieu sec, étaient mortes : elles ne pouvaient plus être utilisées.

Tant que la greffe est conservée dans les milieux dont il vient d'être question, elle est le siège de modifications légères. La couche cornée devient vésiculeuse; au bout de 21 jours, les nucléoles cessent de se colorer; les noyaux perdent leur contour net.

Dans les premières heures qui suivent sa transplantation, le corps muqueux de la greffe s'infiltre de plasma; noyaux et nucléoles redeviennent colorables. Au bout de 3 jours, les mitoses réapparaissent. Au bout d'une semaine, le transplant est soudé au porte-greffe.

b) La greffe transplantée vivante doit rester vivante jusqu'au moment où sa nutrition est assurée par des vaisseaux. Il y a donc toujours avantage à transplanter la greffe aussitôt qu'elle est prélevée sur l'organisme qui la fournit.

c) La nature du transplant présente une importance de premier ordre pour la réussite de la greffe. Tous les tissus en effet ne sont pas aptes à se greffer. Les tissus de substance conjonctive (os, cartilage, tissu conjonctif) ne présentent pas ou présentent au minimum une telle propriété. D'autres tissus, au contraire (épithéliums), se transplantent aisément, et l'avenir réservé à leur greffe est fonction des conditions dans lesquelles vivent d'ordinaire ces épithéliums.

d) D'autre part, il n'est pas indifférent de porter une greffe donnée sur tel ou tel point de l'organisme. Telle transplantation qui réussit dans le péritoine ou dans un ganglion, est vouée à la résorption quand elle pratiquée dans la chambre antérieure de l'œil. La greffe a d'autant plus de chances de se fixer que l'organe sur lequel elle est déposée se rapproche d'elle et par sa structure et par ses fonctions. Le tendon ne peut être greffé sur la peau, le muscle sur l'os, mais la peau ou la muqueuse buccale se transplantent aisément sur la peau.

e) La greffe cutanée (c'est d'elle que nous parlerons surtout) est prise sur le porte-greffe (autogreffe). Elle peut être empruntée à un individu de même espèce (homogreffe) ou d'espèce différente (hétérogreffe).

Le déterminisme de l'hétérogreffe est encore mal connu. Tandis que chez des mammifères très voisins les tissus peuvent se greffer aisément l'un sur l'autre (cobaye et lapin), d'autres mammifères, également très voisins, ne présentent pas cette propriété.

En revanche, des espèces animales très éloignées l'une de l'autre peuvent aisément donner matière à la greffe. La peau de la grenouille se transplante aisément sur le tégument externe de l'homme ou du cochon d'Inde.

f) L'homogreffe semble avoir théoriquement plus de chances de succès que l'hétérogreffe. Mais une série de facteurs, qui semblent au premier abord d'importance secondaire (couleur, âge, état général, etc.), décident souvent de l'avenir de la greffe.

C'est ainsi que la couleur de la greffe et celle du porte-greffe jouent un rôle important dans l'évolution ultérieure du transplant.

En transplantant de la peau de nègre sur un blanc, on a vu le greffon prendre la couleur du sujet. Karg affirme que les greffes blanches pratiquées sur un terrain pigmenté se résorbent[1]. Les greffes pigmentées, déposées sur un terrain blanc, s'étendraient plus ou moins rapidement; car « la vitalité de la cellule noire est plus considérable que celle de la blanche ».

En expérimentant sur des cobayes, P. Carnot a confirmé ces deux faits. Il a vu que la peau noire transplantée sur un animal bigarré se développe rapidement et continue à se développer pendant plus d'une année. Tout au contraire, la greffe n'évolue pas et se résorbe sur les animaux albinos.

Le même auteur a montré qu'il y a toujours intérêt à prélever le transplant, non sur une greffe, mais sur un territoire cutané tout à fait « neuf ». Il a pratiqué des greffes en série pour voir si on peut renforcer de la sorte la vitalité de la greffe, de même qu'on exalte la virulence d'un microbe par son passage à travers plusieurs organismes. Il a remarqué que les greffes de la 2e série croissent moins vite que les greffes de la première; les greffes de la 3e série croissent moins vite que les greffes de la seconde; la 4e série n'a pu prendre. La greffe de greffe ne présente donc aucune chance de succès.

g) L'âge peut avoir aussi son influence.

Vient-on à fixer, sur un même animal, deux greffes provenant, l'une d'un animal jeune, l'autre d'un animal âgé, on voit la greffe d'animal jeune s'accroître beaucoup plus rapidement que sa congénère, et persister.

L'expérience inverse donne les mêmes résultats : quand sur un porte-greffe vieux on met deux greffes, l'une provenant d'un animal âgé, l'autre d'un animal jeune, la greffe jeune est seule à se développer rapidement.

h) Un fait de P. Carnot montre bien l'influence de l'état général de l'animal sur lequel on prélève la greffe.

« Deux greffes prises, l'une sur un cobaye tuberculeux, l'autre sur un cobaye normal, sont transplantées le même jour sur un troisième cobaye. La greffe du cobaye normal évolue. Celle du sujet tuberculeux cachectique rétrocède au bout de quinze jours environ. » (Carnot.)

Il en est de même pour la greffe empruntée à un cobaye intoxiqué par le phosphore.

Mais la greffe prélevée sur un animal malade n'expose pas seulement à l'insuccès. Elle peut être la cause d'accidents parfois mortels. On a vu la greffe cutanée transmettre la tuberculose (Czerny) et la syphilis (Deibel, 1881).

Quant à l'autogreffe, il semble qu'on doit attendre d'elle les meilleurs effets. C'est pour elle que Schœfer déclare ses préférences : pourtant l'homogreffe lui est parfois bien supérieure. Je n'en veux qu'un exemple. Laroyenne n'avait pu réussir une autoplastie chez un vieillard; il emprunte une greffe à un des étudiants qui suivaient son service. Et cette seconde intervention donna pleine satisfaction à l'opéré, qui guérit rapidement. — Une telle observation isolée ne prouve pas grand'chose et peut prêter matière à discussion. Rapprochée des faits dont nous venons de parler, elle prend une importance et un intérêt considérables.

L'état de gestation, la saison de l'année, ne semblent avoir aucune influence sur l'évolution de la greffe.

2° *Conditions que doit remplir le porte-greffe.* — Le porte-greffe, de son côté, doit remplir certaines conditions pour assurer le succès de la greffe qu'on dépose sur lui.

1. Les observations sur les hydres, sur les lombrics (Joest), sur les Batraciens (Born) nous montrent également qu'une différence de couleur entre les deux individus qu'on tente de greffer constitue un obstacle considérable à la réussite de la greffe.

La greffe, détachée du dos, peut être fixée sur une région quelconque du tégument, mais, quand la greffe est déposée sur une plaie bourgeonnante, il est indispensable de préparer la région dont on veut assurer la cicatrisation.

La greffe ne prend jamais sur le tissu de granulation qui présente une consistance molle, une couleur pâle et des bourgeons charnus exubérants, sur le tissu qui saigne au moindre contact ou qui donne du pus en abondance. Une plaie qui présente un tel aspect doit être soigneusement traitée : on réprime les bourgeons exubérants au nitrate d'argent; on les excite à la teinture d'iode, au styrax; on les désinfecte par des bains fréquents et prolongés dans l'eau salée.

Du jour où la plaie est couverte d'un tissu de bonne nature, quand elle est rouge, luisante, régulièrement et finement grenue, on peut alors, et seulement alors, pratiquer la greffe.

D'autres conditions entrent vraisemblablement en jeu, qui sont encore mal connues. Il est vraisemblable que certains résidus de la vie cellulaire sont toxiques pour les éléments d'un autre organisme. Les cytotoxines du porte-greffe pourraient faire échec à l'acclimatement de la greffe. En pareil cas, la greffe n'aurait de chance de réussir que si les cytotoxines du porte-greffe se trouvaient neutralisées par une antitoxine appropriée.

Une telle hypothèse d'ailleurs n'est pas une hypothèse gratuite. E. von Dungern a récemment montré que l'union des cellules sexuelles est impossible chez certaines Astéries d'espèce différente. La faute en est à l'œuf. L'œuf d'une espèce donnée élabore une substance qui est toxique pour les spermatozoïdes d'une espèce voisine. Cette substance qui résiste à une température de 60° peut être neutralisée par le sérum de lapins « préparés ». L'action d'un tel sérum rend possible la fécondation.

3° *Technique de la greffe.* — Pour la technique de la greffe, et de la greffe cutanée en particulier, je ne puis que renvoyer aux traités spéciaux. Je me borne à rappeler que l'intervention doit être aseptique, et l'usage des antiseptiques rigoureusement proscrit. Une hématose exacte est de rigueur dans la pratique de la greffe cutanée, mais dans la greffe de quelques organes (tendons), certains auteurs conseillent de panser « sur le caillot humide ». De l'avis de tous les chirurgiens, le pansement doit immobiliser la région aussi parfaitement qu'il est possible ; il doit être rare et aseptique.

B) **Greffe glandulaire.** — Comme nous venons de le voir, les épithéliums de revêtement, l'épiderme par exemple, se greffent aisément : ils retrouvent sur le porte-greffe un milieu analogue à celui qu'ils ont quitté. Leur nutrition est toujours assurée par les vaisseaux dermiques, et leur surface reste toujours en contact du milieu extérieur.

Quant aux épithéliums glandulaires, un sort variable leur est réservé. On sait aujourd'hui qu'il existe des glandes closes, des glandes ouvertes et des glandes qu'on peut qualifier de glandes mixtes en raison de ce fait qu'elles sont pourvues d'une sécrétion externe et d'une sécrétion interne.

Les glandes à sécrétion interne (surrénale, thyroïde) se transplantent aisément. Elles trouvent dans le tissu conjonctif les vaisseaux qui leur permettent de verser leurs produits d'élaboration dans le torrent circulatoire.

Les glandes à sécrétion externe dégénèrent quand elles sont privées de leur canal excréteur. Elles ne sauraient donc être greffées. La mamelle toutefois paraît échapper à cette loi (fait de Ribbert); mais ce n'est là qu'une exception apparente. La mamelle, glande à sécrétion externe, est surtout une glande à sécrétion transitoire. Elle fonctionne seulement pendant la période de lactation. Vienne une grossesse, rien n'empêchera la greffe mammaire de grossir, de soulever le tégument, d'amincir et de rompre l'épiderme, et de verser à sa surface le produit de sa sécrétion. Ne voit-on pas certains kystes, primitivement isolés du tégument, se rompre sous la poussée du liquide qui les distend, et s'ouvrir secondairement à la peau?

Le pancréas, type des glandes mixtes, est le siège à l'état normal d'un double processus de sécrétion. La glande une fois transplantée, la sécrétion externe ne peut s'effectuer, faute d'un conduit excréteur : les acini dégénèrent. La sécrétion interne, tout au contraire, continue à déverser ses produits dans les vaisseaux sanguins. Voilà pourquoi les îlots de Langerhans, organes de la sécrétion interne, résistent à l'atrophie bien plus longtemps que les culs-de-sac glandulaires, organes de la sécrétion externe. Et si le foie, glande mixte comme le pancréas, dégénère rapidement, une fois transplanté, c'est que les deux sécrétions ne proviennent pas d'organes différents : une même celule élabore le glycogène et la bile. L'arrêt de la sécrétion biliaire retentit sur la cellule hépatique et la lèse au point d'entraver l'élaboration du glycogène.

Somme toute, les glandes paraissent se transplanter toutes les fois que la greffe n'entrave pas leur mode de fonctionnement.

§ III. — ÉVOLUTION DE LA GREFFE.

La greffe, pratiquée dans de bonnes conditions, se fixe généralement sur le porte-greffe. C'est là ce qu'on peut appeler un succès ou plutôt un succès primitif.

La greffe, une fois fixée, peut s'éliminer par suppuration.

Elle peut se résorber plus ou moins complètement (greffes d'os, etc.).

D'autres fois, elle continue à vivre; mais elle a perdu ses propriétés, sa structure et ses fonctions. Un noyau fibreux la représente qui peut s'atrophier à la longue (greffe des nerfs).

Dans un dernier groupe de faits, la greffe garde ses caractères spécifiques. Son existence est liée désormais à celle de l'organisme sur lequel elle est fixée.

On s'explique donc aisément que la greffe et le porte-greffe puissent exercer l'un sur l'autre une influence qu'il s'agit de préciser.

a) Il est hors de doute que la greffe est susceptible de modifier profondément l'état physiologique du porte-greffe.

Voici un animal qui présente des accidents de myxœdème. Nous pratiquons une greffe thyroïdienne. Les accidents rétrocèdent. La greffe est donc capable de remplir les fonctions du corps thyroïde absent. « Elle sauve l'organisme de la faillite. » Nous extirpons cette greffe : la cachexie strumiprive s'installe de nouveau.

b) L'influence que peut avoir le porte-greffe sur le transplant est des plus mal connues chez les animaux. Le porte-greffe communique-t-il à la greffe des qualités nouvelles? Modifie-t-il la nature de ses sécrétions? Ce sont là des questions qu'on peut poser, mais qu'on n'est pas encore en état de résoudre.

Je me borne à rappeler que la greffe des glandes sexuelles, pratiquée dans des conditions que Celesia a tenté de déterminer, nous permettra sans doute de savoir un jour si les caractères acquis se transmettent par la greffe, et s'ils sont modifiés dans une certaine mesure par le porte-greffe.

Il importe enfin de se demander quels rapports peuvent exister entre la greffe et la régénération. Delage pense que les animaux doués d'une grande puissance régénératrice sont incapables de se prêter à la greffe : il conclut donc qu'il existe un antagonisme véritable entre la greffe et la régénération.

Pour Giard tout au contraire, « les deux processus ne s'observent pas à l'exclusion l'un de l'autre : ils sont des manifestations d'une seule et même propriété : la tendance de la matière vivante à constituer des complexus organiques aussi bien équilibrés que possible ».

En résumé, est une greffe toute soudure qui s'effectue entre un organisme vivant et une partie également vivante.

Cette partie est prélevée sur le porte-greffe (autogreffe) ou sur un animal de même espèce (homogreffe) ou d'espèce différente (hétérogreffe).

Elle est représentée par une cellule, par un tissu, par un organe et parfois même par un organisme tout entier.

Que la greffe soit déposée au point qu'elle occupait, que sa situation nouvelle soit différente de sa situation première, il importe peu : la greffe échappe le plus souvent à la loi de polarité.

Avant qu'elle ne soit fixée, la greffe semble vivre à l'état de vie ralentie. C'est secondairement qu'elle est abordée par les vaisseaux et par les nerfs.

La greffe ne s'établit jamais qu'entre tissus dont la structure et la fonction ne sont pas incompatibles.

Sa destinée est subordonnée aux conditions dans lesquelles elle est placée. Pour avoir chance de vivre, la greffe doit donc trouver sur le porte-greffe un milieu qui lui permette de garder sa structure et d'exercer sa fonction.

Ce milieu modifie vraisemblablement la greffe, mais à son tour la greffe exerce sur l'organisme porte-greffe une influence que nous avons eu l'occasion de mettre en lumière.

La pratique de la greffe procède de l'empirisme. « Née de la thérapeutique, la greffe retournera sans doute à la thérapeutique, mais elle aura permis d'élucider quelques-uns des problèmes les plus troublants de l'énergétique cellulaire et de la physiologie. »

Bibliographie. — ABELOUS. *Essais de greffe de capsules surrénales sur la grenouille* (*B. B.*, 1892). — ADAMKIEWICZ. *Transplantations osseuses* (*Wien. med. Blätter*, 3, 3 janv. 1889). — ALBERT. *Greffe nerveuse* (*Wien. med. Presse*, n° 39, 1885). — ASSAKY. *Suture des nerfs à distance* (Thèse Paris, 1886). — BALBIANI et HENNEGUY. *Significat. phys. de la division directe* (*C. R.*, 27 juillet 1896). — BARABAN et RŒHMER. *Rech. sur la greffe oculaire* (*Arch. d'Ophtalmologie*, VII, 214 et 289, 1886). — BARTH. *De l'ostéoplastie au point de vue histologique* (*Arch. f. klin. Chir.*, XLVIII, 466, 1893 et 1894); *Rech. histol. sur les implant. osseuses* (*Ziegler's Beitr. z. path. Anat. u. Phys.*, XVII, 65). — BEREZOWSKY. *Process. histolog. dans la transpl. de la peau sur les animaux d'espèces différentes* (*Ziegler's Beitr. z. path. Anat.*, XII, 131, 1891). — BERGER. *Autoplastie* (*Bull. et mem. de la Soc. de Chirurgie*, 17 mars 1880, 22 février 1882 et p. 29, 1888; *Bull. Ac. de méd. de Paris*, XV, 838; *Congrès franc. de chirurgie*, 1887) — BERT (PAUL). *De la greffe animale*, Paris, 1863; *Expériences et considérations sur la greffe animale* (*Journal de l'anat. et de la physiologie de* CH. ROBIN, 1864; *Recherches expérimentales pour servir à l'histoire de la vitalité propre des tissus animaux. Thèse de la faculté des sciences de Bordeaux*, 1866. — BETTENCOUR et SERRANO. *Greffes du corps thyroïde* (*Assoc. franc. pour l'avanc. des Sciences*, 1890). — BONOME. *Histogénèse de la régénération des os* (*Arch. f. path. Anat. u. Phys.*, 203, 1886). — BORN. *Soudure des parties embryonnaires des larves de batraciens* (*Jahresb. der schleisischen Gesellschaft f. vaterl. Cultur*, 8 juin 1894). — BRANCA. *Recherches sur la cicatrisation épithéliale* (*Journ. de l'Anat.*, 1899). — BRASSEUR. *Greffe dentaire* (*Encyc. intern. de Chir.*, V). — BRUNS. *Transpl. de moelle osseuse* (*Arch. f. klin. Chir.*, XXVI, 3, H. 661, 1881). — BRYANT. *Greffe cutanée* (*Guy's Hosp. Rep.*, XVII, 237). — CADIAT. *Greffe. D. D.* — CARNOT. *Mécanisme de la pigmentation* (*Thèse Doctorat ès Sciences*, Paris, 1896); *Les régénérations d'organes*, 1899. — CHRISTIANI. *Greffe thyroïdienne* (*Journ. de Phys. et de path. gén.*, 1902). — CORNIL et CARNOT. *Régénération des muqueuses* (*Canaux et Cavités*) (*Arch. de méd. expér.*, 1898). — CORNIL et COUDRAY (*Arch. de méd. expér.*, 1902). — CZERNY (V.). *Uber Pfropfung von Schleimhautepithel auf granulirende Wundflächen* (*C. W.*, 1871, n° 17). — DAVID. *Étude sur la greffe dentaire, Thèse Paris*, 1877. — DOLBEAU et FÉLIZET. *Rhinoplastie* (*D. D.*). — DUVAL (M.). *Greffe.* (*Dict. de médecine*). — FÉLIZET. *Transpl. de moelle osseuse dans les amputat. sous-périostées* (*C. R.*, 30 juin 1873). — FÉRÉ (*B. B.*, 1895, 334; 1896, 720, 515; 1901, 772); *Revue de chirurgie*, 1895, 692); (*Journ. des connaiss. médic.*, 1896, 455); (*Arch. d'anat. microsc.*, 1897, 193). — FORGUE et RECLUS. *Traité de thérapeutique chirurgicale*, 1898. — GARRE. *Rech. hist. sur les greffes de Thiersch* (*Beitr. z. klin. Chir.*, 625, 1889). — GIARD. *Greffe et Régénération* (*B. B.*, 180, 1896). — GLUCK. *Plastique musculaire et tend.* (*Arch. f. klin. Chir.*, XXVI, 61, 1881); *Greffe de tronçons nerveux. Rétablissement de la conductibilité* (*Berl. klin. Wochenschrift*, n° 16, 235, 19 avril 1880) et *A. A. P.*, LXXII et LXXVIII, 878); *Rapport sur les résultats expérimentaux des sutures, des greffes*, etc. (*Centralbl. f. Chir.*, n° 25, 15, 1890). — GOUJON (E.). *Recherches expérimentales sur les propriétés physiologiques de la moelle des os* (*Journal de l'Anat.*, juillet 1869). — GRÉGORIEW. *Centralb. f. Gyn.* 1897, n° 22. — HELFERICH. *Transpl. musc. chez l'homme* (*Arch. f. klin. Chir.*, XXVIII, 562, 1882). — HIPPEL (A. V.). *De la transplant. de la cornée* (*Berl. klin. Woch.*, 773, 1878); (*Arch. gén. d'Opth.*, 1886). — JOHNSON. *Contrib. à l'étude de la suture et de la transplant. des nerfs* (*Nord. Med. Arkiv*, n° 27, 1882). — KARG. *Studien uber transplantierte Haut* (*Arch. f. Anat. u. physiol.*, 1888). — KNAUER. *Mise bas d'une lapine après transplantation ovarienne. Centralbl. f. Gynec.* 1896, n° 10. — KŒNIG. *Fistule trachéale guérie par autoplastie cartil.* (*Sem. méd.*, 9 décembre 1896 et *Berl. klin. Woch.*, 21 décembre 1896). — LAGUESSE. (*B. B.*, 1902). — LANNELONGUE. *Transplantation du corps thyroïde sur l'homme* (*Bull. médical*, 9 mars 1890). — LÉOPOLD. *Greffe d'embryons* (*Arch. f. Gynec.*, XVIII, 53, 1881); *A. A. P.*, LXXXV, 283, 1881). — LŒB (L.). *Transplant. de peau blanche sur un territoire de peau noire...* (*Arch. f. Entw. mech. d. Organ.*, VI,

1898, 1 et 326); *An experimental study of the transformation of epithelium to connective tissue*, (*Medicine*, mars et avril, 1899). — MARTIN. *Durée de la vitalité des tissus et condit. d'adhérence des transpl. cut.* (*Thèse Paris*, 1893). — MASSE. *Kystes, tumeurs perlées. Rôle du traumatisme et de la greffe dans la formation de ces kystes* (*Thèse Paris*, 1885). — MAUREL. *Note sur les greffes dermo-épidermiques sur les différentes races humaines* (*B. B.*, 1878, 17). — MERKLEN et WALTHER. *Greffes du corps thyroïde* (*Soc. méd. des hôp.*, 14 novembre 1890). — MOSSÉ. *Greffe osseuse après trépanation du crâne* (*B. B.*, 1888, 720 et *Gaz. hebd. de méd. et de chirurgie*, 30 novembre 1888). — MOURET. *Sclérose des greffes du pancréas du chien* (*B. B.*, 1895, 201). — OLLIER (L.). *Recherches expérimentales sur les greffes osseuses, avec note de* BROWN-SÉQUARD (*Journal de physiologie de l'homme et des animaux*, 1860, III; *Bull. Ac. méd. de Paris*, 2 avril 1872); *Greffes dermo-épidermiques*. (*Bull. Ac. Méd., de Paris*, 2 août 1872); *Greffe osseuse chez l'homme* (*A. P.*, 166, 1889). — PHELPS. *Transplantation de tissus d'animaux sur l'homme* (*New-York Med. Record*, 221, 21 février 1891). — PHILLIPS. *Esquisse physiologique des transplantations cutanées*. Bruxelles, 1839. — PONCET. *Transplant. osseuse interhumaine* (*C. R.*, 28 mars 1887). — PRUDDEN. *Transpl. du cartilage* (*American Journ. of the med. sc.*, 360, 1881). — QUÉNU et JUDET. *De la péritonisation dans les laparotomies*. (*Revue de chirurgie*, 1901). — QUÉNU et BRANCA. *Recherches sur la cicatrisat. épith. dans les plaies de l'intestin* (*Arch. de méd. exp.*, 1902, 405). — REVERDIN (J. L.) (de Genève). (*Bull. Soc. chirurgie*, 1869. *Gaz. des hôpit.*, janv. 1870); *De la greffe épidermique* (*Archives générales de médecine*, 276; 555; 703, 1872); *Greffes épidermiques d'une qualité particulière des îlots développés autour des greffes* (*Gazette médicale de Paris*, décembre 1871, 544); *Transpl. de la peau de grenouille sur les plaies humaines* (*Arch. de méd. exp.*, IV, 139 et 147, 1892). — RIBBERT (*Arch. Entw. Mech.* VI, 131 et VII, 688). — RICARD. *Réparation des pertes de substance de la voûte cranienne par greffe osseuse immédiate* (*Gaz. des hôpit.*, 23 juillet 1891). — ROBSON (MAYO). *Greffe nerveuse* (*Brit. med. Journ.*, 244, fév. 1889); *Greffe de moelle épinière du lapin sur médian de l'homme* (*Brit. med. Journ.*, 1312, 31 octobre 1896). — SALVIA. *Transplant. des muscles* (*Riv. clin. e terap.*, nov. et déc. 1884). — SALVIATI. *Greffe cérébrale* (6e *Congrès ital. de chirurgie, tenu à Bologne*, 1889). — SCHŒFER. *Greffes de peau sur le crâne* (*Journ. of the Americ. med. assoc.*, 11 fév. 1893). — THIERSCH. *Greffes dermo-épidermiques* (*Arch. f. klin. Chir.*, 323, 1874); *Sur les fins changements anat. qui se passent dans les greffes épiderm.* (*Berl. klin. Woch.*. n° 29, 20 juillet 1874). — THOMPSON. *Greffes cérébrales* (*New York Med. Journ.*, 701, 28 juin 1890). — VINCENT. *Rech. expériment. sur le pouvoir ostéogène de la moelle des os* (*Rev. de chir.*, nov. 1884). — WENTSCHER. *Beitr. path. Anat.*, XXIV, 101. — WETZEL. *Transpl. mit Hydra* (*Arch. Mikr. Anat.* LII, 70). — ZAHM. *Sort des tissus implantés dans l'organisme* (*A. A. P.*, XCV, 370, 1884). — ZUCCARO. *Greffes du corps thyroïde* (*Progr. méd.*, 20 juin 1890).

ALBERT BRANCA.

GREFFE (végétale). — Voy. Hybridité, Multiplication. Variation.

GRÉHANT (LOUIS-FRANÇOIS-NESTOR), professeur de physiologie au Muséum d'histoire naturelle.

Bibliographie. — 1860. — *Mesure du volume des poumons de l'homme* (*C. R.*, LI, 21).

1862. — *Du renouvellement de l'air dans les poumons de l'homme* (*C. R.*, LV, 278).

1864. — *Recherches physiques sur la respiration de l'homme* (*Journ. de l'An. et de la Physiol.*, I, 523-555).

1868. — *Conditions physiques de l'asphyxie dans le pneumo-thorax* (*B. B.*, 215).

1869. — *L'accumulation de l'urée dans le sang est sensiblement la même après la néphrotomie ou après la ligature des uretères* (*B. B.*, 64, 132, 149). — *Recherches sur la respiration des poissons* (*B. B.*, 152). — *Nouvel appareil pour la respiration artificielle* (*B. B.*, 258). — *Nouvel appareil pour l'extraction et le dosage des gaz contenus dans les liquides* (*B. B.*, 329). — *Nouvelles recherches sur la respiration des poissons* (*B. B.*, 330).

1870. — *Sur la rapidité d'absorption de l'oxyde du carbone par les poumons* (*C. R.*, LXX, 1182). — *Effets de l'insufflation pulmonaire* (*B. B.*, 49, 116, 118). — *Rapidité de la combinaison de l'oxyde de carbone avec les globules du sang* (*B. B.*, 97). — *Du rôle des reins dans la sécrétion de l'urée* (*B. B.*, 15). — *Analyse du sang* (*B. B.*, 46). — *Recherches physiologiques sur la respiration des poissons* (*Journ. de l'Anat. et de la Physiol.*, VII, 213-221). — *Recherches physiologiques sur l'excrétion de l'urée par les reins* (*Ibid.*, VII, 318-335). — *Notes sur un appareil pour la respiration artificielle* (*A. de P.*, III, 304-305).

1871. — *Sur l'arrêt de la circulation produit par l'introduction d'air comprimé dans les poumons* (*C. R.*, LXXIII, 274). — *Sur l'action physiologique de l'aconitine cristallisée* (En coll. avec DUQUESNEL) (*C. R.*, LXXIII, 209). — *Composition de l'air pulmonaire en rapport avec le sang* (*B. B.*, 61).

1872. — *Recherches sur la respiration des poissons* (*C. R.*, LXXIV, 621). — *Dosage de l'urée à l'aide du réactif de Millon et de la pompe à mercure* (*C. R.*, LXXV, 143). — *Recherches comparatives sur l'absorption des gaz par le sang. Dosage de l'hémoglobine* (*C. R.*, LXXV, 495). — *Arrêt d'une épistaxis par compression de l'artère faciale* (*B. B.*, 216). — *Mode d'élimination de l'oxyde de carbone* (*B. B.*, 228). — *Mesure du plus grand volume d'oxygène que le sang peut absorber* (*B. B.*, 214). — *Quantité de sang qui existe dans le corps d'un animal* (*B. B.*, 9).

1873. — *De l'asphyxie et de la cause des mouvements respiratoires chez les poissons* (En coll. avec PICARD) (*C. R.*, LXXVI, 646). — *Détermination quantitative de l'oxyde de carbone combiné avec l'hémoglobine : mode d'élimination de l'oxyde de carbone* (*C. R.*, LXXVI, 233). — *Action du chloroforme sur le caoutchouc* (*B. B.*, 150). — *Sur les divers modes d'élimination de l'oxyde de carbone* (*B. B.*, 123, 126, 349). — *Procédé pour déterminer la nature de certaines colorations produites par le plomb* (*A. de P.*, V, 747).

1874. — *Sur la décomposition des matières albuminoïdes dans le vide* (En coll. avec E. MODRZEJEWSKI) (*C. R.*, LXXIX, 234). — *Emploi de l'ammoniaque dans les ateliers d'étamage des glaces* (*B. B.*, 251). — *Note sur la préparation de l'oxygène* (*B. B.*, 237). — *Mode nouveau d'administration du chloroforme dans les expériences physiologiques* (*B. B.*, 269). — *Action de la température dans le vide sur les matières albuminoïdes* (*B. B.*, 292). — *Voix artificielle chez les animaux* (*B. B.*, 143).

1877. — *Endosmose des gaz à travers les poumons* (*B. B.*, 429).

1878. — *Absorption par l'organisme vivant de l'oxyde de carbone introduit en faibles proportions dans l'atmosphère* (*C. R.*, LXXXVI, 895). — *Absorption par l'organisme vivant de l'oxyde de carbone introduit en proportions déterminées dans l'atmosphère* (*C. R.*, LXXXVII, 193). — *Endosmose des gaz à travers les poumons détachés* (*B. B.*, 108). — *Endosmose des gaz chez l'animal vivant* (*B. B.*, 109). — *Sur l'exactitude de la mesure du volume des poumons* (*B. B.*, 112). — *Action de l'oxyde de carbone dans l'organisme* (*B. B.*, 122). — *Absorption de l'oxyde de carbone par l'organisme vivant* (*B. B.*, 166). — *Recherche de l'oxyde de carbone dans plusieurs produits de combustion* (*B. B.*, 337). — *Recherche physiologique de l'oxyde de carbone dans les produits de la combustion du gaz d'éclairage* (*B. B.*, 386).

1879. — *Influence des mélanges d'air et d'acide carbonique sur l'exhalation pulmonaire* (*B. B.*, 161). — *Recherches quantitatives sur l'élimination de l'oxyde de carbone* (*B. B.*, 228). — *Poêles sans tuyaux. Expériences* (*B. B.*, 49). — *Activité physiologique des reins* (*B. B.*, 147).

1880. — *Mesure de la dose toxique d'oxyde de carbone chez divers animaux* (*C. R.*, XCI, 858). — *Exhalation de l'acide carbonique dans l'inflammation de la muqueuse pulmonaire* (*B. B.*, 309). — *Dose toxique de l'oxyde de carbone* (*B. B.*, 380). — *Recherches comparatives sur l'exhalation de l'acide carbonique par les poumons et sur les variations de cette fonction* (*Journal de l'Anat. et de la Physiol.*, XVI, 329-346).

1881. — *Quantité d'alcool contenue dans le sang artériel pendant l'ivresse alcoolique* (*B. B.*, 314). — *Dose mortelle de l'alcool dans le sang* (*B. B.*, 403).

1882. — *Recherches de physiologie pathologique sur la respiration* (En coll. avec QUINQUAUD) (*C. R.*, XCIV, 1393; *B. B.*, 316; *Journ. de l'Anat. et de la Physiol.*, XVIII, 469-498). — *Influence de la section de la moelle cervicale sur l'exhalation pulmonaire de l'acide carbonique* (En coll. avec QUINQUAUD) (*B. B.*, 359). — *Influence de la section des nerfs pneumogastriques sur l'exhalation de l'acide carbonique. Influence de la morphine sur cette fonction* (*B. B.*, 221). — *Mesure de la quantité de sang contenue dans l'organisme d'un mammifère vivant* (En coll. avec QUINQUAUD, ainsi que les XII mémoires suivants) (*Journ. de l'Anat. et de la Physiol.*, XVIII, 564-577).

1883. — *Dans l'empoisonnement par l'oxyde de carbone ce gaz peut-il passer de la mère au fœtus?* (*C. R.*, xcvii, 330 et *B. B.*, 502). — *Dosage du chloroforme dans le sang d'un animal anesthésié* (*C. R.*, xcvii, 753). — *Absorption des vapeurs d'alcool absorbé par les poumons* (*B. B.*, 426). — *Anesthésie chloroformique* (*B. B.*, 440).

1884. — *Nouvelles recherches sur le lieu de formation de l'urée* (*C. R.*, xcviii, 1312 et *Journ. de l'Anat. et de la Physiol.*, xx, 317-329). — *L'urée est un poison; mesure de la dose toxique dans le sang* (*C. R.*, xcix, 383 et *Journ. de l'Anat. et de la Physiol.*, xx, 393-408). — *Sur les effets de l'insufflation des poumons par l'air comprimé* (*C. R.*, xcix, 806). — *Peptone de fibrine comme aliment* (*B. B.*, 466). — *Valériane comme topique* (*B. B.*, 552). — *Distribution de l'urée dans le sang* (*B. B.*, 162). — *Danger de respirer des vapeurs nitreuses* (*B. B.*, 369).

1885. — *Extraction et composition des gaz contenus dans les feuilles flottantes et submergées* (En coll. avec J. Peyrou) (*C. R.*, c, 1475 et ci, 485). — *Mesure de la rupture latérale des artères* (En coll. avec Quinquaud) (*B. B.*, 203). — *Mesure de la pression nécessaire pour déterminer la rupture des vaisseaux sanguins* (*Journ. de l'Anat. et de la Physiol.*, xxi, 287-297).

1886. — *Sur l'élimination de l'oxyde de carbone après un empoisonnement partiel* (*C. R.*, cii, 825). — *Expérience de Priestley répétée avec des animaux et des végétaux aquatiques* (*C. R.*, ciii, 418). — *Recherches expérimentales sur la mesure du volume du sang qui traverse les poumons en un temps donné* (En coll. avec Quinquaud) (*B. B.*, 159). — *Note sur l'acide carbonique du sang* (En coll. avec Quinquaud) (*B. B.*, 218). — *Nouvelles recherches sur l'élimination de l'oxyde de carbone après un empoisonnement partiel* (*B. B.*, 166, 183). — *Moyen de prévenir les accidents produits par l'atmosphère intérieure des puits* (*B. B.*, 455). — *Allocution prononcée au sujet de la mort de M. P. Bert* (*B. B.*, 497).

1887. — *Que deviennent les formiates introduits dans l'organisme?* (En coll. avec Quinquaud) (*C. R.*, civ, 437; *A. de P.*, xix, 197-217). — *L'excitation du foie par l'électricité augmente-t-elle la quantité d'urée contenue dans le sang?* (En coll. avec Mislawski) (*C. R.*, cv, 349). — *Empoisonnement des grenouilles par des mélanges d'acide carbonique et d'oxygène* (*B. B.*, 198). — *Perfectionnement du procédé de mesure du volume des poumons par l'hydrogène* (*B. B.*, 242). — *Action physiologique des gaz produits par combustion incomplète du gaz d'éclairage* (*B. B.*, 779). — *Éloge de Paul Bert* (*B. B.*, 17). — *Anesthésie des rongeurs par l'acide carbonique* (*B. B.*, 52, 153). — *Anesthésie des rongeurs produite par le chloroforme* (*B. B.*, 70). — *Accidents mortels à la suite de l'anesthésie par l'acide carbonique* (*B. B.*, 542). — *Adaptation d'un thermomètre à air à un régulateur de température de d'Arsonval* (*B. B.*, 55). — *Recherches de physiologie et d'hygiène sur l'acide carbonique* (*Ann. des Sciences nat., Zool.*, (7), ii, 332-389).

1888. — *Sur les accidents produits par l'oxyde de carbone* (*C. R.*, cvi, 289). — *Sur la respiration de la levure de grains à diverses températures* (En coll. avec Quinquaud) (*C. R.*, cvi, 609; *B. B.*, 398). — *Dosages de solutions étendues de glucose par la fermentation* (En coll, avec Quinquaud (*C. R.*, cvi, 1249; *B. B.*, 401). — *Expériences comparatives sur la respiration élémentaire du sang et des tissus* (En coll. avec Quinquaud) (*C. R.*, cvi, 1439). — *Composition des produits de la combustion du gaz de l'éclairage et ventilation par le gaz* (*B. B.*, 171), — *Recherches dans le sang des produits de la combustion du gaz de l'éclairage* (*B. B.*, 348). — *Pile de laboratoire* (*B. B.*, 697). — *Doses de gaz ou de vapeurs toxiques qui pourraient détruire des animaux nuisibles* (*B. B.*, 716). — *Pression exercée par certaines graines qui se gonflent dans l'eau* (*B. B.*, 850). — *Dégagement d'acide carbonique par la levure anaérobie* (En coll. avec Quinquaud) (*B. B.*, 400). — *A quel moment une substance dissoute injectée dans l'estomac ou sous la peau apparaît-elle dans le sang?* (En coll. avec Quinquaud) (*B. B.*, 663).

1889. — *Détermination exacte de la quantité d'eau contenue dans le sang* (En coll. avec Quinquaud) (*C. R.*, cviii, 1091). — *Dosage de l'urée dans le sang et dans les muscles* (En coll. avec Quinquaud) (*C. R.*, cviii, 1092). — *Recherches physiologiques sur l'acide cyanhydrique* (*C. R.*, cix, 502, *B. B.*, 572). — *Pression exercée par les graines qui se gonflent dans l'eau* (*B. B.*, 230). — *Pression exercée par les graines de lupin placées dans un courant d'eau* (*B. B.*, 337). — *Recherches physiologiques sur l'oxygène préparé par le procédé de Boussingault* (*B. B.*, 655). — *Recherches de physiologie et d'hygiène sur l'oxyde de carbone* (*Journ. de l'Anat. et de la Physiol.*, xxv, 453-512).

1890. — *Empoisonnement par l'acide cyanhydrique injecté à la surface de l'œil* (*B. B.*,

64). — *Dans quelles conditions se produisent les convulsions dans l'empoisonnement par l'acide cyanhydrique?* (B. B., 125). — *Myographe dynamométrique* (B. B., 563). — *Recherches physiologiques sur l'acide cyanhydrique* (A. de P., XXII, 133-145). — *Recherches physiologiques sur les produits de combustion du gaz de l'éclairage* (*Bull. de l'Ac. de Méd.*, (3), XXIII, 436-437). — *Dosage exact de l'acide carbonique contenu dans les muscles et dans le sang* (A. de P., XXII, 533-539). — *Recherches sur la respiration et sur la fermentation de la levure de grains* (En coll. avec QUINQUAUD) (*Ann. des sc. nat.*, *Zool.*, (7), X, 269-328).

1891. — *Sur un nouvel appareil destiné à mesurer la puissance musculaire* (C. R., CXIII, 211). — *Mesure de la puissance musculaire chez les animaux soumis à un certain nombre d'intoxications* (En coll. avec QUINQUAUD) (C. R., CXIII, 213). — *Recherches physiologiques de l'oxyde de carbone, dans un milieu qui n'en renferme qu'un dix-millième* (C. R., CXIII, 289). — *Variations produites dans l'exhalation pulmonaire de l'acide carbonique dans l'état de repos ou de contraction d'un certain nombre de muscles* (B. B., 14). — *Appareil servant à puiser les gaz qui doivent être soumis à l'analyse chimique. Aspirateur gradué; application* (B. B., 163). — *Formation de l'urée par la décharge électrique de la torpille* (En coll. avec JOLYET) (B. B., 687). — *Mesure de la puissance musculaire dans l'empoisonnement par le curare* (En coll. avec QUINQUAUD) (B. B., 242). — *Mesure de la puissance musculaire dans l'alcoolisme aigu* (En coll. avec QUINQUAUD) (B. B., 415). — *Mesure de la puissance musculaire dans l'empoisonnement par l'oxygène comprimé* (En coll. avec QUINQUAUD) (B. B., 417). — *Dosage comparatif de l'acide carbonique contenu dans les muscles et les tissus* (*Bull. de l'Ac. de Méd.*, (3), XXV, 286-288).

1892. — *Loi de l'absorption de l'oxyde de carbone par le sang d'un mammifère vivant* (C. R., CXIV, 309 ; B. B., 163). — *Recherches physiologiques sur la fumée d'opium* (En coll. avec ÉM. MARTIN) (C. R., CXV, 1012). — *Support destiné à maintenir le bras dans l'application du myographe dynamométrique* (B. B., 161). — *Manomètre métallique servant à la mesure de la pression du sang* (B. B., 302). — *Grisoumètre modifié de Coquillon* (B. B., 806). — *Sur les dangers du chauffage des voitures par des briquettes de charbon de Paris* (En coll. avec J.-V. LABORDE) (*Bull. de l'Ac. de Méd.*, (3), XXVII, 83).

1893. — *Recherche de la proportion de l'oxyde de carbone qui peut être contenue dans l'air confiné à l'aide d'un oiseau employé comme réactif physiologique* (C. R., CXVI, 235). — *Application du grisoumètre à la recherche médico-légale de l'oxyde de carbone* (B. B., 162). — *Mode d'emploi du grisoumètre dans le dosage de mélanges renfermant 1/100 de gaz combustible* (B. B., 471). — *Absorption par le sang de l'hydrogène et du protoxyde d'azote introduit dans les poumons : élimination de ces gaz* (B. B., 616). — *Nouvelles recherches sur les produits de la combustion du coke dans le brasero* (B. B., 873).

1894. — *Influence du temps sur l'absorption de l'oxyde de carbone par le sang* (C. R., CXVIII, 594; B. B., 251). — *Recherches comparatives sur les produits de combustion du gaz de l'éclairage, fournis par un bec d'Argand et par un bec Auer* (C. R., CXIX, 146). — *L'emploi du bec Auer peut-il produire un empoisonnement partiel* (C. R., CXIX, 349). — *Absorption de l'oxyde de carbone par l'animal vivant* (B. B., 344). — *Dispositif qui rend hygiénique l'emploi du brasero des gaziers* (B. B., 458). — *Recherches comparatives sur la ventilation* (B., B., 691). — *Présence dans le sang normal d'une trace de gaz combustible* (B. B., 459; A. de P., XXVI, 620-621). — *Sur l'emploi du grisoumètre dans les recherches physiologiques* (A. de P., XXVI, 583-590).

1895. — *Sur les produits de combustion de l'arc électrique* (C. R., CXX, 815). — *Injection d'alcool éthylique dans le sang veineux* (C. R., CXX, 1154). — *Sur la toxicité de l'acétylène* (C. R., CXXI, 564). — *Dispositif permettant d'obtenir le dégagement complet au dehors des produits de combustion du charbon de bois ou du gaz d'éclairage* (B. B., 585).

1896. — *Sur les produits de combustion d'un bec à acétylène. Mélange explosif d'acétylène et d'air* (C. R., CXXII, 832). — *Dosage de l'alcool éthylique dans le sang, après l'injection directe dans les veines ou après l'introduction des vapeurs alcooliques dans les poumons* (C. R., CXXIII, 192). — *Emploi du grisoumètre dans la recherche médico-légale de l'oxyde de carbone* (C. R., CXXIII, 1013). — *Traitement de l'empoisonnement par l'oxyde de carbone* (B. B., 177). — *Dosage de l'alcool dans le sang recueilli d'heure en heure* (B. B., 839). — *Recherches physiologiques sur l'acétylène* (A. de P., XXVIII, 104-114).

1897. — *Sur les accidents que peuvent produire les calorifères de cave* (C. R., CXXIV, 729). — *Nouveau perfectionnement du grisoumètre* (C. R., CXXIV, 1137). — *La surface extérieure de la fonte portée au rouge transforme l'acide carbonique en oxyde de carbone* (*C. R.*, CXXIV, 1138). — *Dans quelles limites l'oxyde de carbone est-il absorbé par l'organisme d'un mammifère vivant? Quelle est l'influence du temps sur cette absorption?* (*C. R.*, CXXV, 735). — *Mesure du plus grand effort que puisse produire un muscle isolé à l'aide d'un myodynamomètre à sonnerie* (*B. B.*, 296). — *Recherche de la cause qui peut expliquer les accidents que produisent quelquefois les calorifères de cave* (*B. B.*, 480). — *Éloge de Gallois* (*B. B.*, 1897, 15).

1898. — *Recherches sur les limites de l'absorption de l'oxyde de carbone par le sang d'un mammifère vivant* (*A. de P.*) XXX, 315-321).

1899. — *Recherches sur l'alcoolisme aigu : dosage de l'alcool dans le sang et dans les tissus* (*C. R.*, CXXIX, 746). — *Recherches expérimentales sur l'intoxication par l'alcool éthylique* (*B. B.*, 808). — *Construction de courbes qui indiquent les proportions d'alcool que renferme le sang après l'ingestion dans l'estomac de volumes déterminés d'alcool éthylique. Applications* (*B. B.*, 946).

1900. — *Nouvelles recherches comparatives sur les produits de combustion de divers appareils d'éclairage* (*C. R.*, CXXXI, 929). — *Nouvelles recherches physiologiques sur les mélanges explosifs de grisou et de formène* (*B. B.*, 591). — *Nouvelles recherches sur l'alcoolisme aigu* (*B. B.*, 894; *Journ. de l'Anat. et de la Physiol.*, XXXVI, 143-159).

1901. — *Traitement par l'oxygène à la pression atmosphérique, de l'homme empoisonné par l'oxyde de carbone* (*C. R.*, CXXXII, 574). — *Nouvelles recherches sur la dissociation de l'hémoglobine oxycarbonée* (*C. R.*, CXXXIII, 951). — *Analyse de l'air du métropolitain* (*B. B.*, 1059).

1902. — *Analyse de neuf échantillons d'air recueilli dans les galeries d'une mine de houille* (*C. R.*, CXXXV, 726). — *Arrêt de la dissociation de l'hémoglobine oxycarbonée* (*B. B.*, 63).

1903. — *Recherche et dosage de l'urée dans les tissus et dans le sang des animaux vertébrés* (*C. R.*, CXXXVII, 558). — *Sur les premières phases de l'empoisonnement aigu par l'oxyde de carbone; définition du coefficient d'empoisonnement* (*B. B.*, 12). — *Toxicité de l'alcool éthylique* (*B. B.*, 225). — *Démonstration du passage dans l'estomac contenant de l'eau de l'alcool éthylique injecté dans le sang* (*B. B.*, 376). — *Influence de l'exercice musculaire sur l'élimination de l'alcool éthylique introduit dans le sang* (*B. B.*, 802). — *Dosage de l'alcool dans le sang après l'ingestion dans l'estomac d'un volume mesuré de ce liquide; courbe complète* (*B. B.*, 1264).

1904. — *Sur l'exactitude du procédé de dosage de l'urée par l'acide nitreux* (*B. B.*, 465). — *Quel volume de gaz d'éclairage faut-il ajouter à l'air afin que le mélange soit toxique pour les animaux?* (*B. B.*, 619). — *Mesure de l'activité physiologique des reins par le dosage de l'urée dans le sang et dans l'urine* (*Journ. de Phys. et de Path. gén.*, VI, 1-8).

1905. — *Sur la rapidité de l'asphyxie par submersion* (*B. B.*, 194).

1906. — *Grisou et grisoumètre* (*B. B.*, 538). — *Nouvelles recherches eudiométriques et grisoumétriques* (*B. B.*, LXI, 291).

1907. — *Nouveaux résultats obtenus dans la recherche et le dosage du formène* (*C. R.*, CXLIV, 555). — *Nouveau perfectionnement permettant de rechercher et de doser rapidement le formène ou méthane* (*C. R.*, CXIV, 625). — *Recherche et dosage des gaz combustibles* (*Génie civil*, LVIII, 441).

Manuel de physique médicale, 1 vol., 1869, 658 p., 469 fig., Germer-Baillière, Paris. — *Les poisons de l'air*, 1 vol., 1890, 320 p., 21 fig., J.-B. Baillière, Paris. — *Les gaz du sang*, 1 vol. de l'*Encyclopédie des Aide-mémoire Léauté*, 1894, 166 p., 17 fig., Masson, Gauthier-Villars, Paris. — *L'oxyde de carbone*, 1 vol. de l'*Encyclopédie des Aide-mémoire Léauté*, 1903, 187 p., 25 fig., Masson, Gauthier-Villars, Paris. — *La santé par l'hygiène*, 1 vol., 1907, Delagrave, Paris.

GRENOUILLE.

CHAPITRE PREMIER

Zoologie

I. **Classification.** — Les grenouilles sont des vertébrés à sang froid; leur peau est nue; elles ont une respiration branchiale dans le jeune âge, pulmonaire à l'état adulte, une circulation double et incomplète, des vertèbres procœles et deux condyles occipitaux; elles présentent des métamorphoses; les embryons sont dépourvues d'amnios et d'allantoïde. Elles appartiennent donc à la classe des *amphibiens* ou *batraciens.*

Ayant le corps ramassé, quatre membres bien développés et étant dépourvues de queue à l'état adulte, les grenouilles font partie de l'ordre des *anoures* (ἀ privatif; οὐρά queue); et diffèrent par les caractères précédents des gymnophiones ou apodes, qui sont vermiformes, recouverts de petites écailles et dépourvus de membres (cécilie), ainsi que des urodèles, qui possèdent une queue et peuvent conserver toute leur vie des branchies externes (salamandre).

Parmi les anoures, les grenouilles rentrent dans le sous-ordre des *oxydactiles*, parce qu'elles possèdent une langue et des doigts pointus, et non dans celui des *discodactyles*, qui présentent des doigts terminés par des disques adhésifs (rainette), ou dans celui des aglosses, qui sont totalement dépourvus de langue (pipa).

Les oxydactyles eux-mêmes se divisent en trois familles principales : les *Bufonidæ*, les *Pelobatidæ* et les *Ranidæ*. Les *Bufonidæ* comprennent les crapauds; les *Pelobatidæ* renferment des amphibiens intermédiaires entre le crapaud et la grenouille (*Bombinator*); enfin parmi les *Ranidæ* se rangent les grenouilles proprement dites, le genre *Rana.*

En résumé, les grenouilles sont des animaux appartenant à l'embranchement des vertébrés, à la classe des amphibiens, à l'ordre des anoures, au sous-ordre des oxydactiles, à la famille des *Ranidæ* et au genre *Rana.*

CARACTÈRES DE LA FAMILLE DES *Ranidæ*

Corps relativement grêle et élancé. Pattes postérieures très longues, organisées pour le saut, et dont les orteils sont unis par une membrane natatoire complète. Mâchoire supérieure, intermaxillaire et même vomer, rarement la mâchoire inférieure, garnis de petites dents à crochet. Peau lisse n'offrant ni excroissances verruqueuses, ni amas de glandes autour des oreilles. Langue fixée antérieurement, libre en arrière, pouvant se dérouler hors de la bouche. Tympan libre ou caché. Pupilles rondes ou transversales, jamais verticales. Pendant l'accouplement, le mâle, placé sur le dos de la femelle, l'embrasse au-dessous des aisselles et lui enfonce le renflement spongieux de ses pouces dans la peau des flancs. Les œufs ne sont pas disposés en cordons, mais agglomérés en masses irrégulières (CLAUS).

DIAGNOSE DU GENRE *Rana* LINNÉ

Grenouille (Βάτραχος, en grec; *Frog* en anglais; *Frosch* en allemand; *Rana* en espagnol et en italien).

Pupille horizontale. Langue libre et profondément échancrée en arrière. Dents vomériennes. Tympan distinct ou caché. Doigts libres; orteils palmés avec les extrémités simples ou dilatées. Métatarsiens externes séparés par une membrane. Omosternum et sternum avec un fort stylet osseux. Extrémité des phalanges pointues, dilatées transversalement ou en forme de T.

Genre cosmopolite. On ne le trouve pas dans les parties sud de l'Amérique méridionale, ni dans la Nouvelle-Zélande; une espèce habite l'extrême nord de l'Australie (BOULENGER).

Nous nous contenterons de donner ici la liste des différentes espèces du genre *Rana*, suivant leur répartition géographique, en prenant comme point de départ le catalogue de BOULENGER[1] et nous y ajouterons seulement la diagnose et la synonymie des trois espèces que l'on rencontre en France.

1° Espèces palæarctiques.

(Europe; nord de l'Asie et nord-ouest de l'Afrique.)

R. Plancyi LATASTE.
R. esculenta LINNÉ.
R. porosa COPE.
R. rugosa GÜNTHER.
R. temporaria GÜNTHER.
R. arvalis NILSSON.
R. iberica BOULENGER.
R. Latastei BOULENGER.
R. agilis THOMAS.
R. japonica BOULENGER.
R. Buergeri GÜNTHER.

2° Espèces américaines.

R. Montezumæ BAIRD.
R. catesbiana SCHAW.
R. clamata GÜNTHER.
R. septentrionalis BAIRD.
R. halecina GÜNTHER.
R. utricularia HARLAN.
R. areolata BAIRD et GIR.
R. palustris GÜNTHER.
R. macroglossa BROCCHI.
R. maculata BROCCHI.
R. Lecontei GÜNTHER.
R. nigricans HALLOW.
R. pretiosa BAIRD et GIR.
R. cantabrigensis BAIRD.
R. sylvatica LECONTE.
R. capito LECONTE.
R. palmipes SPIX.
R. Copei BOULENGER.
R. nigrilatus (COPE).
R. chrysoprasina (COPE).
R. cæruleopunctata STEINDACHN.
R. gryllo STEJNEGER LEONH.

3° Espèces de l'Inde et de l'Australie.

R. hexadactyla GÜNTHER.
R. cyanophlictis SCHNEIDER.
R. corrugata PETERS.
R. Kuhli (SCHLEG).
R. laticeps BOULENGER.
R. yunnanensis ANDERSON.
R. Liebigi GÜNTHER.
R. grunniens GÜNTHER.
R. macrodon GÜNTHER.
R. modesta BOULENGER.
R. plicatella STOLICZKA.
R. tigrina GÜNTHER.
R. verrucosa GÜNTHER.
R. Guntheri BOULENGER.
R. gracilis GRAVENH.
R. sternosignata MURRAY.
R. fcæ BOULENGER.
R. doriæ BOULENGER.
R. Strachani MURRAY.
R. Leithii BOULENGER.
R. temporalis (GÜNTHER).
R. papua LESSON.
R. Arfaki MEYER.
R. Andersoni BOULENGER.
R. luctuosa (PETERS).
R. celebensis (SCHLEG).
R. latopalmata BOULENGER.
R. natatrix BOULENGER.
R. signata (GÜNTHER).
R. similis (GÜNTHER).
R. Mackloti (SCHLEG).
R. khasiana (ANDERSON).

1. BOULENGER (G. A.). *Catalogue of the Batrachia salientia s. ecaudata in the collection of the British Museum*. 2e édit. London, 1882, p. 6-73.

3° Espèces de l'Inde et de l'Australie (*suite*).

R. rufescens (JERDON).
R. Dobsoni BOULENGER.
R. breviceps SHNEIDER.
R. macrodactyla (GÜNTHER).
R. limnocharis WIEGMAN.
R. malabarica TSCHUDI.
R. curtipes JERDON.
R. margariana (ANDERSON).
R. jerboa (GÜNTHER).
R. alticola BOULENGER.
R. Kreffti BOULENGER.
R. Tytleri (THEOBALD).
R. erythræa (GÜNTHER).
R. chalconata (GÜNTHER).
R. lateralis BOULENGER.
R. nicobariensis BOULENGER.
R. humeralis BOULENGER.
R. monticola ANDERSON.
R. phrynoderma BOULENGER.
R. Beddomi (GÜNTHER).
R. semipalmata BOULENGER.
R. leptodactyla BOULENGER.
R. diplosticta (GÜNTHER).
R. livida BOULENGER.
R. latopalmata BOULENGER.
R. formosa (GÜNTHER).
R. Everetti BOULENGER.
R. glandulosa BOULENGER.
R. himalayana BOULENGER.

4° Espèces africaines.

R. Ehrenbergi PETERS.
R. crassipes BUCHH et PETERS.
R. oxyrhynchus GÜNTHER.
R. longirostris PETERS.
R. trinodis BOETTGER.
R. mascareniensis GÜNTHER.
R. subsigillata A. DUMÉRIL.
R. adspersa (GÜNTHER).
R. Maltzani BOULENGER.
R. guttulata BOULENGER.
R. ulcerosa (BOETTGER).
R. femoralis BOULENGER.
R. elegans BOULENGER.
R. albilabris (GÜNTHER).
R. occipitalis GÜNTHER.
R. angolensis BOCAGE.
R. Blanfordi BOULENGER.
R. fuscigula GÜNTHER.
R. Grayi GÜNTHER.
R. fasciata GÜNTHER.
R. galamensis DUMÉRIL et BIBRON.
R. tuberculosa BOULENGER.
R. natalensis (GÜNTHER).
R. cordofana (STEINDACHN).
R. Delalandi (GÜNTHER).
R. ornata (PETERS).
R. inguinalis GÜNTHER.
R. betsileana BOULENGER.
R. curta BOULENGER.
R. aspera BOULENGER.
R. madagascariensis (GÜNTHER).
R. granulata (BOETTGER).
R. Cowani BOULENGER.
R. plicifera BOULENGER.
R. leybarensis LATASTE.
R. Stenocephala BOULENGER.
R. oubanghiensis MOCQUART.

DIAGNOSE DES TROIS ESPÈCES FRANÇAISES

1° **Rana esculenta** LINNÉ, 1758. Syn. : *R. viridis* RÖSEL; *R. aquatica* et *R. innoxia* GESNER; *R. ridibunda* PALLAS; *R. maritima* RISSO; *R. hispanica* MICHAH; *R. calcarata* MICHAH; *R. cachinans* PALLAS; *R. caucasica* PALLAS : *R. dentex* KRYNICKI; *R. tigrina* EICHW; *Pelophylax esculentus* FITZING; *P. hispanicus* FITZING. Noms vulg. : *grenouille verte; grenouille commune; grenouille comestible; Teichsfrosch; grüne Wasserfrosch* en Allemagne.

De couleur verte avec des taches sombres et des bandes jaunes sur le dos. Museau long; front très étroit. Le mâle possède deux sacs vocaux. Elle habite toute l'Europe, mais ne se trouve pas au Nord, au delà du Danemark; on la rencontre également en Algérie, en Asie Mineure, dans l'Asie centrale, la Perse, la Chine et le Japon.

Rana esculenta présente de grandes variations de structure et de couleur. Aussi BOULENGER propose-t-il de diviser cette espèce en 4 variétés principales :

1. Var. **ridibunda**. Syn. : *R. ridibunda* PALLAS; *R. cachinans* PALL.; *R. caucasica* PALL.; *R. tigrina* EICHW; *R. dentex* KRYN; *R. maritima* RISSO; *R. hispanica* MICH.; vars. *Latastii*, *bedriagæ* CAM., *R. fortis* BOUL., var. PEREZI SEOANE.

Europe (sauf nord-ouest, centre et Italie); Asie occidentale jusqu'au nord du Béluchistan et de l'Afganistan; est du Turkestan; Afrique septentrionale.

2. Var. **typica**. Syn. *R. esculenta* L.; *R. viridis aquatica* Rös.; var. *silvatica* Koch.
Nord-Ouest et centre de l'Europe, Italie, Russie.

3. Var. **Lessonæ**. Syn. : var. *Lessonæ*, part. Cam.
Angleterre, Rhin, Saxe, Piémont et probablement les autres parties de l'Italie et Malte.

4. Var. **nigromaculata**. Syn. : *R. marmorata* Hallow.; *R. nigromaculata* Hallow.; *Hoplobatrachus Reinhardti* Peters; *Tomoptema porosa* Cope; var. *japonica* Boul.
Corée, Japon, sud de la Chine et Siam.

Je ne donnerai pas ici les caractères de chacune de ces variétés, je me bornerai à reproduire le tableau suivant emprunté à Boulenger, bien qu'il ne permette pas, ainsi que le fait remarquer l'auteur lui-même, de distinguer nettement les variétés 2 et 3.

				Mesures en longueur à partir du doigt interne.	Mesures en longueur à partir du tibia.
1. Var. *ridibunda*. . .	Talons se recouvrant.	Pas de plis dorsaux.	Tubercule du métatarse.	2 1/2-4	9 1/2-14
2. Var. *typica*.	Talons ne se recouvrant pas.			2-3	7-10
3. Var. *Lessonæ*. . . .				1 1/2-2	5-8
4. Var. *nicromaculata*.		Plis dorsaux.		;-1 2/3	5-8

2° **Rana temporaria** Günther, 1858. Syn. : *R. muta* Laur; *R. gibbosa* Gesner; *R. flaviventris* Millet; *R. cruenta* Pallas; *R. alpina* Risso; *R. scotica* Bell; *R. platyrrhinus* Steenstrup; *R. fusca* De l'Isle; *R. Dybowskii* Günther. Noms vulg. : *grenouille rousse; grenouille muette; ratégaille* (Charente-Inférieure); *fièvre* (Vienne); *rosée; muette pisseuse; rene de pra; pisse-chien;* etc.; *Marzfrosch*; *braune Grasfrosch* en Allemagne.

De couleur brune avec des *taches sombres dans la région temporale*. Museau court, tronqué; front large. Cette espèce est plus septentrionale que la précédente; elle est répandue dans toute l'Europe jusqu'au cap Nord et elle monte jusqu'à 2000 mètres d'altitude. On la trouve aussi en Sibérie. En France elle ne se rencontre pas dans quelques départements.

Les grenouilles vendues sur les marchés de Paris, Bruxelles et Genève appartiennent presque toujours à cette espèce.

3° **Rana agilis** Thomas, 1855. Syn. : *R. temporaria* Millet; *R. temporaria* var. *arvalis* Günther; *R. temporaria* var. *agilis* Schreib; *R. gracilis* Fatio; *R. oxyrrhinus* Steenstrup. Noms vulg. : *grenouille agile; grenouille pisseuse* (quelques départements du centre); *pichouse* (Gironde); *papegay* (Charente-Inférieure); *Springfrosch; Feldfrosch* en Allemagne.

De couleur jaune brun ou roux plus ou moins vif, elle est plus petite que les espèces précédentes et ne mesure que 15 à 20 millimètres du museau à l'anus. Sa forme est élancée, sa face allongée et fuyante, son tympan grand; il existe une tache dans la région temporale. Les pattes postérieures sont longues et grêles, et le genou arrive au niveau de l'origine du bras. Elle est cantonnée dans l'Europe méridionale. En France, elle remplace la grenouille rousse dans la Gironde et vit côte à côte avec celle-ci dans les départements plus septentrionaux et dans les Pyrénées.

II. **Mœurs, habitudes, régime**. — Les mœurs des grenouilles varient dans une certaine mesure suivant les espèces. Aussi décrirons-nous successivement les habitudes de *Rana esculenta*, de *R. temporaria* et de *R. agilis*, qui vivent en France, laissant de côté les autres grenouilles européennes et les grenouilles exotiques.

1° **Rana esculenta**. — « Cette espèce, dit Brehm [1], est essentiellement aquatique; elle ne quitte l'eau, en effet, que pour se chauffer au soleil sur la rive, toujours prête à plonger à la moindre alerte. Au plus léger bruit, elle s'élance à l'eau, s'enfonce dans les herbes aquatiques, et au bout de quelques instants revient à la surface, regardant de ses deux gros yeux dorés l'objet de sa frayeur; si elle prend peur à nouveau, elle replonge et va cette fois se cacher dans la vase et s'y enfonce la tête la première.

« La grenouille verte habite indistinctement les eaux courantes et les eaux tran-

1. Brehm (A. E.). *Les merveilles de la nature. Les reptiles et les batraciens*, par E. Sauvage. In-8, Paris, 1876.

quilles ; elle préfère cependant ces dernières. Les petits étangs entourés de buissons, sur le miroir desquels s'étendent les lis d'eau, les marécages où poussent les roseaux et les plantes sur lesquelles elle aime à s'exposer aux rayons ardents du soleil, sont ses lieux de prédilection ; on la trouve aussi dans les fossés, les rivières et même dans les simples flaques d'eau. Cette espèce aime beaucoup la chaleur ; elle se tient en général, pendant le jour, la tête hors de l'eau, les pattes de derrière largement étendues ou se pose sur quelque plante aquatique, sur un morceau de bois flottant, sur une pierre qui émerge. Veut-elle s'emparer d'une proie, la grenouille verte s'élance dans l'eau, souvent à une grande distance ; elle nage vigoureusement et se dirige vers le fond par des mouvements doux. A moins d'être troublée, elle ne reste jamais longtemps dans l'eau, et après une courte hésitation, elle nage lentement vers la surface, sort la tête hors de l'eau, tourne ses grands yeux dans toutes les directions et cherche à se placer à l'endroit qu'elle occupait auparavant. Lorsqu'elle est à terre, la grenouille verte s'avance rapidement entre les herbes par des sauts puissants. Elle nage plus rapidement à une certaine profondeur qu'à la surface et peut s'élancer hors de l'eau, soit pour s'emparer de l'insecte, qui bourdonne, soit pour atteindre un endroit où elle veut se reposer.

« Cette espèce développe un certain degré d'intelligence, car elle règle ses actions suivant les circonstances. Là où elle n'est pas d'habitude pourchassée, elle pousse l'audace jusqu'à s'approcher à la distance d'un pied d'une personne, qui ne fait pas de mouvements ; si, au contraire, elle est poursuivie, elle s'enfuit au loin par des bonds puissants. Comme tous les batraciens, la grenouille verte est essentiellement carnivore et ne recherche que les animaux vivants : elle se nourrit d'insectes, de petits mollusques aquatiques, de larves, de vers. Aussitôt qu'elle voit une proie à sa convenance, elle s'élance sur elle, ouvre largement la bouche, projette et ramène sa langue avec une rapidité réellement inconcevable. La grenouille verte semble préférer par-dessus tout, d'après Gredler, les guêpes, les araignées, les limaçons de petite taille ; elle rend dès lors de réels services. Roesel, qui a longtemps et patiemment observé les grenouilles, assure que les individus adultes ne craignent pas de s'attaquer aux jeunes souris et aux moineaux nouvellement nés et qu'il leur arrive trop souvent d'essayer de noyer des poussins de canards. La grenouille verte est parfois très nuisible dans les étangs, car elle s'attaque aux alevins ou au frai de poisson. »

Cette grenouille passe l'hiver, plongée dans une sorte de torpeur, dont elle sort beaucoup plus tard que la grenouille rousse. Aux mois d'avril et de mai, elle pousse déjà quelques coassements, mais c'est seulement au commencement de juin qu'on entend sa voix. A cette époque, elle forme des bandes nombreuses au milieu des étangs et se dispose à frayer, elle pond des œufs très nombreux réunis en un gros paquet et les dépose généralement au fond de l'eau.

« Le coassement de cette espèce, dit Fatio, varie un peu avec les circonstances. C'est quelquefois, chez le mâle, une sorte de ricanement que l'on peut traduire par le mot *brekeke*, ou bien une exclamation sur deux notes exprimant le mot *koaar ;* souvent, dans les deux sexes, c'est encore un cri rauque, coulé et plus ou moins prolongé, toujours plus puissant chez le mâle, qui, pourvu de sacs, est orné quand il chante d'une vessie blanche grosse comme une noisette de chaque côté de la tête. »

Lataste ajoute que la grenouille verte est l'espèce dont le chant est le plus compliqué et donnera le plus de mal au musicien qui voudra tenter de le noter.

Dès la fin d'octobre, la grenouille verte se cache dans la vase au fond des eaux, ou même dans un trou pour y passer l'hiver.

« On peut capturer la grenouille verte, dit Lataste, de plusieurs façons : à la ligne amorcée d'un objet quelconque, d'un morceau de drap rouge, afin qu'il se voie de loin ; on trouble l'eau, en raclant la vase dans laquelle elle a piqué une tête à l'approche du chasseur ; à l'arbalète, ou même avec une lance, dont on peut approcher la pointe à quelques centimètres de son corps ; voyant le pêcheur à une certaine distance, elle a l'intelligence trop obtuse pour se méfier de l'instrument, qui doit la transpercer. » Dans le sud de l'Allemagne, en France et dans quelques autres contrées, on s'empare des grenouilles, car leurs cuisses donnent un mets agréable, sain et nourrissant. Dans le Piémont, on mange l'animal entier, après l'avoir préalablement vidé.

2° **Rana temporaria.** — La grenouille rousse est l'espèce la plus précoce de nos pays ; elle se rend à l'eau dès le mois de février pour y déposer ses œufs. Ceux-ci sont moins nombreux, mais plus volumineux que ceux de la grenouille verte. Après la ponte, ils tombent au fond de l'eau, se gonflent et remontent à la surface où ils forment de grosses masses mucilagineuses.

« Cette espèce, dit Brehm, différente en cela de la précédente, s'éloigne des eaux dès qu'elle a pondu et n'y revient plus que l'année suivante ou bien vers la fin de l'automne pour y passer l'hiver, engourdie dans la vase. Dans l'intervalle de ces époques, elle habite les prairies et les jardins, les champs et les forêts, elle recherche de préférence les endroits un peu humides : aussi peut-on être certain de la trouver au milieu des hautes herbes. Pendant la grande chaleur, elle se cache sous les pierres, entre les racines des arbres, dans les trous du sol, pour ne reparaître que le soir, moment où elle se livre à la chasse.

« Sa nourriture consiste en insectes, en vers, en chenilles, en petits mollusques nus. Sitôt qu'elle aperçoit une proie à sa portée, la grenouille rousse fond rapidement sur elle, projette sa langue et avale l'animal ; elle sait parfaitement faire la distinction entre la proie, qui lui convient et celle qui n'est pas à sa convenance ; c'est ainsi, dit-on, qu'elle dévore les abeilles, mais rejette les guêpes.

« La grenouille rousse n'est pas bonne musicienne. Au moment de la ponte seulement, elle fait entendre un coassement sourd et peu prolongé, que A. de l'Isle rend par les mots : *rrouou, grouou, ourrou, rrououou*, et Schiff, par les mots : *ouorrr, ouorrr*. Ce bruit peut se faire entendre sous l'eau ; le printemps passé, la grenouille rousse redevient silencieuse.

« Aucun batracien, peut-être, n'a autant d'ennemis que la grenouille rousse ; tous les animaux carnassiers l'attaquent, et sur terre et dans l'eau ; elle n'est réellement à l'abri des poursuites que lorsqu'elle s'enterre dans la vase pour y passer l'hiver. Beaucoup d'oiseaux, la plupart des serpents de nos pays la pourchassent : avec le crapaud, elle est la proie préférée de la couleuvre à collier ; pendant les premiers temps de son existence, la grenouille verte s'en nourrit ; les écrevisses recherchent ses larves. Malgré toutes ces causes de destruction, la grenouille rousse est si prolifique qu'un printemps favorable suffit à combler les vides faits par les nombreux ennemis, qui pourchassent cette espèce, sans trêve, ni merci. »

3° **Rana agilis.** — La grenouille agile apparaît dès les premiers jours de mars ; le mâle se réveille, quitte la vase des étangs où il a hiverné et fait entendre le cri par lequel il appelle sa femelle. La ponte a lieu peu de temps après, dans les eaux profondes, et non dans les flaques d'eau comme pour la grenouille rousse. Les œufs sont plus petits que ceux de cette dernière espèce et fixés aux brindilles flottantes et au bois mort. « La grenouille agile, dit A. de l'Isle, est une espèce exclusivement terrestre. Hors l'hivernage et le temps des amours, on ne la trouve jamais à l'eau. Elle recherche les frais vallons au bord des ruisseaux. C'est là, dans les prés, dans l'herbe des taillis ou sous les grands arbres qu'on la trouve le plus souvent, isolée ou par petites bandes. Elles partent sous les pas par bonds de quatre à cinq pieds, vont tomber dans le ruisseau ou se dérobent dans l'herbe de la prairie. Une grande partie hiverne à terre sous la feuillée, les autres dans la vase et dans les masses submergées de plantes aquatiques. Les mâles s'écartent beaucoup moins des mares et des ruisseaux que les femelles.

« Le cri du mâle, très faible, ne s'entend guère au delà d'une quinzaine de pas. Il se compose d'une seule note, comme parlée à voix basse, vite articulée et rapidement répétée : elle peut être exprimée par les sons : *cau, cau, cau, cau, cau, cau, corr, corr, corr, crrro*. Ce cri ne peut être confondu avec celui d'aucun autre de nos anoures ; il est comparable au bruit produit par l'air, qui s'échappe d'une carafe vide, que l'on tient sous l'eau pour la remplir. La femelle en tout temps, et le mâle, hors le temps des amours, sont muets. Cependant quelquefois, quand on les saisit et qu'on les pince, ils crient : *i, i, i*, comme une souris. »

CHAPITRE II.

Anatomie.

La grenouille étant, avec le chien, le cobaye et le lapin, un animal journellement employé dans les laboratoires de physiologie, il est indispensable de donner ici sa description anatomique détaillée.

Les deux espèces dont on se sert presque exclusivement sont la grenouille verte (*Rana esculenta*) et la grenouille rousse (*R. temporaria*). Dans l'étude qui va suivre, nous décrirons seulement la grenouille verte, l'autre espèce différant trop peu de la première pour mériter une description spéciale.

I. **Orientation de l'animal**. — Pour qu'il n'y ait pas de confusion possible dans les termes que nous emploierons ultérieurement, disons dès maintenant que nous orientons notre animal, comme le font la plupart des zoologistes, en prenant l'attitude de l'homme pour point de départ : c'est-à-dire la tête, ou plutôt dans le cas qui nous occupe, la bouche en haut, la face ventrale en avant et la face dorsale en arrière. Quand nous parlerons de l'extrémité supérieure d'un os, ce sera par conséquent de son extrémité la plus rapprochée de la tête.

Cette indication n'est pas superflue, car dans quelques ouvrages, où l'animal est orienté différemment, la tête en avant par exemple, on trouvera les termes d'antérieur et postérieur à la place des termes supérieur et inférieur, que nous employons. Cette observation préliminaire étant faite, passons à l'étude anatomique de *Rana esculenta*.

II. **Extérieur**. — La grenouille verte adulte mesure 22 centimètres, depuis l'extrémité du museau jusqu'au bout des pattes de derrière étendues. La tête est triangulaire, aplatie, aussi large que longue ; elle fait directement suite au tronc, sans l'intermédiaire d'un cou distinct ; le dos se termine brusquement, ce qui tient à l'absence de queue ; les membres supérieurs sont courts ; les membres inférieurs sont très allongés et conformés pour le saut et la nage.

La teinte générale de la grenouille est verdâtre ; d'après F. Lataste : « la face dorsale est ornée de vert, de roux et de brun, l'une ou l'autre de ces teintes l'emportant sur les autres. Trois lignes, jaune pâle, orangé, rouge ou bleu plus ou moins apparentes, plus ou moins effacées, parcourent le milieu du dos et la région postérieure de chaque flanc ; des taches foncées, irrégulières par leur forme, leur nombre et leur situation se voient sur le dos et les membres, elles affectent sur les membres inférieurs l'aspect de taches transversales, elles peuvent faire entièrement défaut. La face ventrale est plus claire, quelquefois tout à fait blanche, sauf sur le pourtour des mâchoires où se voient presque toujours de petites taches brunes ; d'autres fois, elles sont toutes bigarrées de brun sur fond jaune ou blanc, rappelant le dessin vulgairement appelé *culotte de Suisse*. Souvent les cuisses et le bas-ventre seuls sont ainsi bigarrés, le reste étant clair. Les flancs réunissent les taches du dos au fond clair du ventre. Il y a fréquemment une tache temporale brune de forme irrégulière, et à l'angle du bras et de la poitrine, sur la face supérieure du bras, se montre aussi souvent une tache brune, allongée. En général les grenouilles, qui habitent les marais sont plus brunes et plus foncées que celles des eaux claires. Les jeunes sont semblables à leurs parents ; ils ont cependant en général une teinte plus claire et les trois raies longitudinales du dos plus évidentes. Leur taille, au moment de la métamorphose, est variable, comme celle des têtards, qui leur donnent naissance. »

Les yeux sont de couleur dorée, saillants et situés latéralement ; ils présentent une paupière inférieure très développée, une paupière supérieure qui l'est un peu moins, et une membrane nyctitante. La membrane du tympan, située au-dessous des yeux, a environ le même diamètre : elle est parfaitement visible à l'extérieur. A l'extrémité du museau sont situées deux petites narines. L'ouverture du cloaque est ovale et située à la partie terminale et dorsale du corps, position déterminée par la forme du bassin, qui est très allongé. La grenouille mâle possède deux sacs vocaux, qui peuvent sortir par une fente se prolongeant presque jusqu'à l'épaule ; ces sacs atteignent parfois la grosseur d'une noisette. Les mâles sont en général plus petits et plus étroits que les femelles, ils s'en distinguent encore extérieurement par l'épaisseur beaucoup plus considérable des pouces [1] du membre supérieur ; cet épaississement est dû à une modification de la peau, destinée à faciliter la préhension de la femelle, pendant la copulation.

III. Téguments. — La peau de la grenouille a une très grande importance ; ce n'est pas seulement le siège de l'organe du tact, mais c'est encore un organe de sécrétion et de respiration. Si l'on examine de près la peau d'une grenouille, on remarque qu'elle forme des plis, et qu'elle n'adhère au corps qu'en certains endroits. Il existe en effet des interstices plus ou moins spacieux, communiquant entre eux et connus sous le nom d'*espaces lymphatiques.*

La peau (fig. 21) est nue, visqueuse et assez lisse, elle présente cependant sur le dos et sur la face ventrale des extrémités supérieures et inférieures de petites granulations. Ces épaississements de l'épiderme (W), comme nous le verrons tout à l'heure, tiennent à la présence de glandes très nombreuses. Sans entrer dans les détails histologiques, il est nécessaire de dire quelques mots de la structure de cet important organe.

L'*épiderme* (Ep) est mince et formé de plusieurs couches de cellules, dont les plus superficielles sont aplaties et polygonales, tandis que les plus profondes sont cylindriques. Il présente sur la région dorsale, outre les granules pigmentaires (P), dont nous avons parlé, de véritables *chromatophores*, qui, sous l'influence du système nerveux, permettent à la peau de changer de couleur et à l'animal de prendre la teinte du milieu, qui l'entoure, ce qui lui permet de se cacher plus facilement. D'après Pouchet la coloration verte et dorée serait produite par des chromoblastes jaunes et des iridocystes bleus, dont le mélange donne, sur la rétine, l'impression du vert. Des chromatophores noirs contenus dans le derme et l'épiderme peuvent recouvrir plus ou moins les autres chromatophores et donner toutes les nuances entre le brun foncé, le vert jaunâtre et le bleu clair.

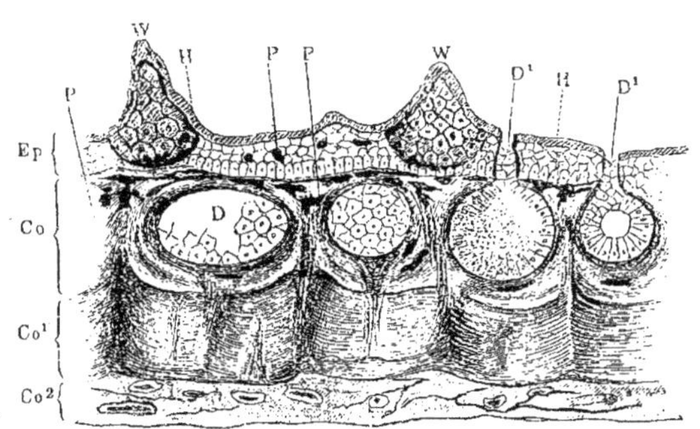

Fig. 21. — Coupe de la peau (d'après Ecker).
Ep, Épiderme. — H, courbe. — W, épaississement de l'épiderme. — Co. couche spongieuse du derme. — Co¹, couche compacte du derme. — Co², tissu cellulaire sous-cutané. — DD', glandes cutanées. — P, pigment.

Le *derme* (Co et Co¹) est beaucoup plus épais : le tissu conjonctif, qui le compose, renferme de nombreux noyaux, des cellules pigmentaires, des fibres musculaires lisses, des vaisseaux sanguins, des filets nerveux, enfin d'innombrables glandes. Les cellules pigmentaires (P) sont étoilées et reliées les unes aux autres par leurs prolongements ; elles forment, surtout dans la région dorsale, une couche sous-épidermique très nette. Au-dessous, le tissu conjonctif prend un aspect réticulé et contient quelques fibres musculaires lisses, qui deviennent de plus en plus nombreuses dans la région située immédiatement sous les glandes, formant des faisceaux ondulés. La couche la plus profonde est extrêmement lâche et parsemée de lacunes lymphatiques.

Mais les organes les plus intéressants situés dans le derme sont les *glandes*, qui sont tout à fait caractéristiques de la peau des amphibiens.

Ces glandes (D, D¹) sont des invaginations de l'épiderme, tantôt globulaires, tantôt

1. Comme nous le verrons en étudiant le squelette, le pouce est complètement atrophié chez la grenouille dans les deux sexes, et on donne improprement le nom de pouce à l'index, qui se trouve être le premier doigt, c'est-à-dire le plus interne.

piriformes, plus ou moins enfoncées dans le derme; elles sont formées d'un épithélium cylindrique ou de cellules cubiques, tapissées extérieurement par des fibres musculaires, du pigment, des vaisseaux sanguins et des nerfs. La forme des cellules sécrétrices varie d'ailleurs beaucoup suivant leur état d'activité. Le conduit de la glande est un petit canal qui vient déboucher à la surface de la peau entre les cellules épidermiques par un orifice circulaire. Ces glandes sont inégalement disséminées sur la surface du corps; elles sont surtout répandues sur deux lignes latérales s'étendant de la tête à la région anale et sur le pouce du mâle. Celles-ci méritent une description spéciale; elles sont volumineuses, serrées les unes contre les autres et ont la forme de longs cylindres plongeant dans le derme. Le tissu conjonctif est excessivement réduit, surtout à l'époque de la reproduction, où ces glandes prennent un développement considérable et donnent au pouce du mâle un aspect tuméfié et rougeâtre. Nous verrons leur rôle dans l'accouplement.

IV. **Système osseux.** — **1° Constitution générale du squelette.** — Le squelette de la grenouille se compose essentiellement d'un axe médian, la colonne vertébrale, formée de pièces osseuses superposées et mobiles, les vertèbres. A son extrémité supérieure, cette colonne se renfle à peine pour former le crâne, de volume très réduit, et l'extrémité opposée s'effile pour constituer le coccyx, os unique très allongé, que l'on appelle *urostyle*. Au crâne est annexée la face, qui prend chez les amphibiens un développement considérable, et à celle-ci se rattache un appareil hyoïdien également volumineux. La partie moyenne de la colonne vertébrale ne supporte aucun os latéral, si ce n'est les apophyses transverses des vertèbres; en effet, les grenouilles ne possèdent pas de côtes, comme la plupart des autres vertébrés. La partie supérieure de la colonne vertébrale supporte trois os: la clavicule, l'os coracoïde et le scapulum, qui concourent à former la ceinture thoracique ou scapulaire, à laquelle sont appendus latéralement les membres supérieurs ou thoraciques. Les clavicules et les os coracoïdes s'articulent en avant avec un sternum bien développé. A la partie subterminale de la colonne vertébrale, à la vertèbre qui précède immédiatement l'urostyle, viennent s'articuler les os coxaux, qui concourent à former le bassin ou ceinture pelvienne, sur les côtés de laquelle viennent s'implanter les membres inférieurs ou pelviens.

Ainsi constitué, le squelette de la grenouille peut être divisé en trois parties:

1° Le *tronc*, qui comprend la colonne vertébrale et le sternum;

2° La *tête*, qui comprend le crâne, la face et comme annexe l'os hyoïde;

3° Les *extrémités*, qui comprennent les ceintures scapulaire et pelvienne ainsi que les membres qu'elles supportent.

2° Nombre des os. — Le squelette d'une grenouille, sans compter les parties exclusivement cartilagineuses, comprend 159 os, répartis de la manière suivante :

	CÔTÉ GAUCHE.	LIGNE MÉDIANE.	CÔTÉ DROIT.	TOTAL.
Colonne vertébrale.	»	8	»	**8**
Sacrum.	»	1	»	**1**
Coccyx ou urostyle.	»	1	»	**1**
Crâne.	5	2	5	**12**
Face.	9	»	9	**18**
Os hyoïde.	»	1	»	**1**
Columelle.	1	»	1	**2**
Sternum.	»	2	»	**2**
Membre supérieur.	27	»	27	**54**
Membre inférieur.	30	»	30	**60**
TOTAL.	72	15	72	**159**

3° Squelette du tronc. — *Colonne vertébrale.* — La colonne vertébrale (fig. 22) est très simple, et on a de la peine à la diviser en régions distinctes; elle est composée de dix vertèbres, dont la dernière, transformée en un long stylet creux (*urostyle*), correspond à la fusion de plusieurs vertèbres, ainsi que le montre le cours du développement embryonnaire. Toutes les vertèbres, à l'exception de la première, de la quatrième, de la neuvième et de l'urostyle, ont, à peu de chose près, la même conformation. Elles comprennent un corps, un arc neural, une apophyse épineuse, deux apophyses transverses, et quatre apophyses articulaires. Le corps des premières vertèbres est aplati d'avant en arrière; son ossification n'est pas complète et il présente toujours en son milieu un reste de la corde dorsale. L'arc neural circonscrit le trou vertébral et la superposition des arcs neuraux forme le canal rachidien, dans lequel est logée la moelle épinière. De la partie postérieure et médiane de l'arc neural se détache une apophyse épineuse courte et émoussée. Les apophyses transverses (t, t') se dirigent en avant et en dehors; elles portent un prolongement cartilagineux, mais *il n'existe pas de véritables côtes.* Des quatre apophyses articulaires (o), deux sont situées en haut et s'articulent avec la vertèbre supérieure, et deux, placées à la face opposée, s'articulent avec la vertèbre située immédiatement en dessous. Les vertèbres de la grenouille sont *procœliques*, c'est-à-dire que la tête articulaire est située à la partie inférieure et que la cavité articulaire est située à la partie supérieure de la vertèbre.

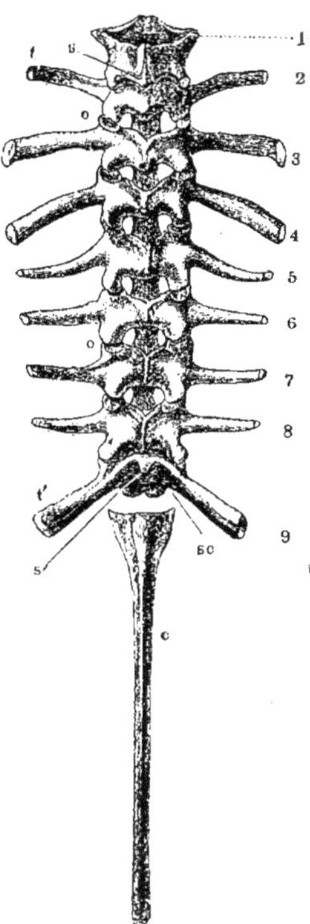

Fig. 22. — Colonne vertébrale vue par sa face dorsale (d'après Ecker).
De 1 à 9, les neuf premières vertèbres. — sc, neuvième vertèbre ou sacrum, — c, dixième vertèbre, coccyx ou urostyle. — t, t', apophyses transverses. — s, apophyses épineuses. — o, apophyses articulaires,

La *première vertèbre*, appelée atlas par certains auteurs, correspond en réalité à *l'axis*, car, chez l'adulte, l'atlas est soudé à l'occipital. Cette vertèbre a une forme annulaire; son corps est fortement aplati et dépourvu d'apophyses transverses; il existe une apophyse épineuse rudimentaire et cartilagineuse. La face supérieure présente deux cavités, où s'articulent les condyles de l'occipital; ces deux cavités sont séparées par un tubercule médian, l'*apophyse odontoïde*. La *quatrième vertèbre* (4) ne diffère des autres que par ses apophyses transverses, qui sont un peu plus longues, aplaties, fortement dirigées en bas et élargies à leur extrémité. La *neuvième vertèbre* (9) constitue, à elle seule, le *sacrum;* c'est en effet la seule qui s'articule avec la ceinture pelvienne par l'intermédiaire de ses apophyses transverses déjetées en bas. Elle est dépourvue d'apophyse épineuse; son corps présente à sa face supérieure une seule tête articulaire, reçue dans une cavité correspondante de la face inférieure de la huitième vertèbre. En dessous, elle est articulée avec le coccyx par deux têtes de forme globuleuse. Le *coccyx* ou *urostyle* (c) est un os allongé, aplati latéralement en lame de sabre et renflé à son extrémité supérieure qui présente deux cavités où viennent se placer les têtes articulaires de la neuvième vertèbre. L'urostyle se termine en bas par une pointe cartilagineuse. Dans ses deux tiers supérieurs, sa face postérieure est carénée et tranchante. Le canal vertébral, formé par la juxtaposition des arcs neuraux des neuf premières vertèbres, se continue sur une petite portion de l'urostyle, aux faces latérales duquel se trouvent deux orifices livrant passage à des nerfs. Au-dessus de ces orifices, on aperçoit de chaque côté des rudiments d'apophyses transverses.

Sternum. — Bien que le sternum soit intimement lié à la ceinture scapulaire et qu'il soit nécessaire d'apporter une grande attention pour voir ce qui lui appartient en propre et ce qui appartient à la ceinture thoracique, nous en donnerons la description avec le squelette du tronc et non avec celui du membre supérieur, comme le font la plupart des auteurs

Le sternum (fig. 25) est situé dans la région supérieure et antérieure du tronc et sur la ligne médiane. Il comprend essentiellement trois parties, qui sont, en allant de haut en bas : 1° *L'épisternum* cartilagineux (es') et aplati dans sa moitié supérieure, osseux dans sa moitié inférieure (es); cette dernière portion, d'abord rétrécie, s'élargit à l'endroit où elle s'articule avec le mésosternum. 2° Le *mésosternum*, qui représente le sternum proprement dit; il est entièrement cartilagineux; ce qui lui a valu le nom de *cartilage central*. 3° L'*hyposternum*, appelé aussi *corpus sterni* (st), osseux dans la partie qui s'articule avec le cartilage central, mais cartilagineux à son extrémité libre (st'). Cette portion cartilagineuse est beaucoup plus large que la portion osseuse; elle présente une échancrure médiane, partant de son extrémité inférieure et se continuant jusqu'en son milieu; elle correspond à l'apophyse xiphoïde. Les parties cartilagineuses de l'épisternum et de l'hyposternum sont minces et transparentes sur les bords.]

Au sternum s'articulent les clavicules et les os coracoïdes. Les clavicules se relient latéralement à l'extrémité supérieure du mésosternum et à la partie inféro-externe de l'épisternum. Les os coracoïdes s'articulent sur une grande surface avec le mésosternum immédiatement au-dessous des clavicules et seulement par leur angle inféro-interne avec l'hyposternum. Nous reviendrons d'ailleurs sur ces deux os, lorsque nous décrirons la ceinture scapulaire.

4° **Squelette de la tête.** — Le crâne proprement dit est excessivement réduit; sa cavité est tubulaire et continue le canal vertébral sans présenter un diamètre beaucoup plus grand que ce dernier. Il ne constitue qu'une fraction très minime de la tête osseuse, dont la grande taille tient au développement des os de la face et des mâchoires ainsi qu'à la position presque horizontale des orbites.

Crâne. — Le crâne (fig. 23) de la grenouille est constitué, à l'état embryonnaire, par une masse cartilagineuse continue. En certains points seulement de la face postérieure, il existe des solutions de continuité, limitées par une membrane, les fontanelles supérieure et inférieure. Chez l'adulte, le crâne est ossifié, mais en partie seulement. Il subsiste toujours une capsule cartilagineuse, qui entoure le cerveau et envoie des diverticules à plusieurs organes des sens, capsule nasale, capsule auditive (c). Parmi les os qui entrent dans la formation du crâne, les uns naissent aux dépens des parties cartilagineuses, les autres aux dépens des membranes, comme celles qui recouvrent les fontanelles. Les premiers sont appelés *os de cartilage*, les seconds, *os de membrane*. Ces différents os sont intimement unis les uns aux autres et il est souvent très difficile de distinguer les lignes de suture.

Le crâne est formé de cinq os pairs; les occipitaux latéraux et les pétreux, qui sont des os de cartilage, les fronto-pariétaux, les naso-frontaux et les vomers, qui sont des os de membrane, et de deux os impairs : l'ethmoïde, os de cartilage, et le sphénoïde, os de membrane.

DIAGRAMME DES OS DU CRANE.

Vomer. **Vomer.**
Naso-frontal. **Naso-frontal.**
Ethmoïde.
Fronto-pariétal. **Sphénoïde.** **Fronto-pariétal.**
Pétreux. **Pétreux.**
Occipital latéral. **Occipital latéral.**

Les *occipitaux latéraux* (o), ou *exoccipitaux*, limitent le trou occipital; ils sont séparés l'un de l'autre, en avant et en arrière, par des parties cartilagineuses, qui correspondent à l'occipital supérieur et au basi-occipital de certains vertébrés. Ces deux os présentent chacun un condyle recouvert de cartilage, dirigé obliquement vers le bord antérieur du trou occipital; leur face inférieure est convexe. Les condyles sont reçus dans les cavités glénoïdes situées à la face supérieure de la première vertèbre. Celle-ci est reliée au crâne par des ligaments, qui s'insèrent d'une part à la base des occipitaux, d'autre part au corps vertébral. Par leur face antérieure et latéralement les occipitaux s'articulent avec les os pétreux par l'intermédiaire d'une petite crête cartilagineuse. Entre cette crête et le condyle occipital se trouve une dépression et un orifice par où passe le nerf vague.

Les *os pétreux* (p), *prootiques*, ou *rocher*, sont situés à la partie supérieure et externe des occipitaux latéraux, auxquels ils sont reliés par une lame cartilagineuse. Le rocher limite une cavité, qui est la vésicule auditive; celle-ci communique par sa partie interne avec la cavité cranienne et avec l'extérieur par le trou ovale. L'os pétreux concourt aussi à former le bord inférieur de l'orbite et présente dans cette région un orifice pour le passage du trijumeau et des nerfs oculo-moteurs. La partie externe n'est pas ossifiée: elle présente un orifice pour le nerf facial et une apophyse, à laquelle s'articule l'appareil suspenseur de la mâchoire. Inférieurement le rocher est cartilagineux et en rapport avec le cartilage styloïde, dirigé en bas et en arrière, qui fait partie de l'appareil hyoïdien.

Les *fronto-pariétaux* (fp) forment la plus grande partie de la voûte cranienne; ils se présentent sous l'aspect de deux lamelles osseuses allongées et aplaties, qui reposent sur le cartilage primordial. Sur la ligne médiane, ces deux os sont unis par une suture

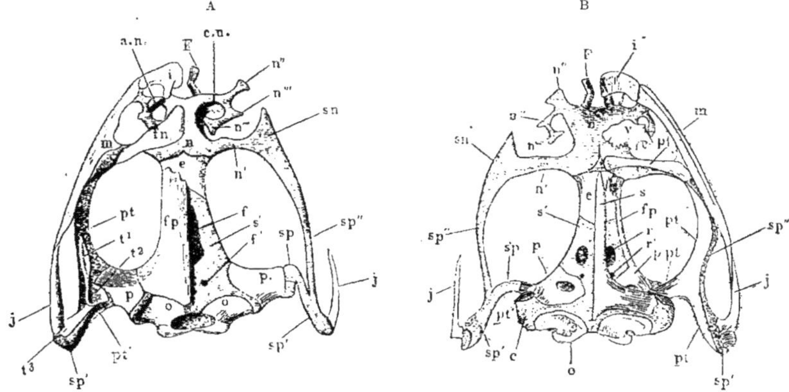

FIG. 23. — Crâne (d'après ECKER). — A, face dorsale. — B, face ventrale. Les os dermiques ont été enlevés sur un des côtés.

i, intermaxillaire. — F, cartilage prénasal inférieur. — an. cn, narine. — sn, arc sous-oculaire. — n, n', n'', n''', n'''', cartilage nasal. — v, vomer. — fn, naso-frontal. — m, maxillaire supérieur. — pl, palatin. — e, ethmoïde (os en ceinture de CUVIER. — s, sphénoïde ou para-sphénoïde. — s', alisphénoïde. — fp, fronto-pariétal. — pt, pt', ptérygoïde. — r, trou pour le passage du nerf optique. — r', trou pour le passage du moteur oculaire externe. — p, pétreux, prootique ou rocher. — j, jugulaire ou quadrato-jugal. — o, occipito-latéral ou ex-occipital. — c, capsule auditive. — t^1, t^2, t^3, sp', os carré ou os tympanique de CUVIER. — sp, apophyse basale de l'os carré. — sp'', apophyse ptérygoïde de l'os carré. — f, trou frontal. — f', trou pariétal.

sagittale rectiligne. Leurs bords externes sont très légèrement concaves et limitent la partie interne des cavités orbitaires. Les fronto-pariétaux s'articulent en bas avec les occipitaux latéraux, par leurs bords inféro-externes avec les pétreux, et en haut avec l'ethmoïde.

L'*ethmoïde* (e), ou *os en ceinture de* CUVIER, est impair et limite supérieurement la cavité cranienne. Il a la forme d'un anneau à l'intérieur duquel se prolonge la cavité cranienne et présente en haut deux cavités, qui constituent le fond des fosses nasales. Postérieurement le bord inférieur de cet os est caché et recouvert par le bord supérieur des fronto-pariétaux. Latéralement, il limite les orbites et il s'infléchit en bas et en avant pour s'articuler avec le sphénoïde. En haut, il s'unit aux cartilages nasaux et contribue à former les fosses nasales.

Les *naso-frontaux* (fn) sont irrégulièrement triangulaires et aplatis, ils contribuent en haut à limiter l'orbite, dont le bord externe est formé par le ptérygoïde. Ils recouvrent le cartilage nasal (n à n'''') et sont situés entre l'extrémité supérieure des ptérygoïdes, les maxillaires supérieurs, l'ethmoïde et les intermaxillaires. Au-dessus de l'ethmoïde et, en partie recouverte par les naso-frontaux, se trouve une masse cartilagineuse, qui contient la *capsule nasale;* une lamelle verticale également cartilagineuse la divise en deux. Les fosses nasales sont plus larges du côté de l'orifice externe que de l'autre; elles se terminent dans la concavité située à la face supérieure de l'ethmoïde. En bas le cartilage nasal se continue par une languette cartilagineuse recourbée en dedans et recouverte par l'os ptérygoïde; en haut, il s'articule avec les intermaxillaires et à l'extrémité supérieure des maxillaires supérieurs.

Nous avons dit précédemment que le crâne primordial de la grenouille était cartilagineux; même après la formation des os, il subsiste une portion en partie cartilagineuse, en partie fibro-cartilagineuse, qui tapisse toute la face interne du crâne osseux. En effet, à la face interne des fronto-pariétaux se trouve une large lamelle cartilagineuse, qui présente en son milieu une lacune simplement recouverte de tissu conjonctif. Cette lamelle s'étend de l'ethmoïde au trou occipital, où elle remplace l'occipital supérieur, qui ne forme pas chez la grenouille un os distinct. Une lamelle semblable tapisse le plancher de la cavité cranienne, en arrière du sphénoïde; elle est percée de deux orifices, dont l'un donne passage au nerf optique. Latéralement ces deux lamelles sont réunies par un fibro-cartilage.

Le *sphénoïde* (s), appelé aussi *parasphénoïde*, forme le plancher du crâne. Vu par sa face ventrale, il a l'aspect d'un poignard, dont la pointe très allongée est dirigée en haut et dont le manche très court et la garde très large sont dirigés en bas. L'extrémité inférieure s'articule avec le cartilage du basi-occipital et ses branches latérales avec les occipitaux latéraux et les pétreux. L'extrémité supérieure va jusqu'à l'ethmoïde. Le sphénoïde est réuni aux fronto-pariétaux par la lame fibro-cartilagineuse *alisphénoïde* (s'), dont nous avons parlé plus haut et qui constitue la paroi latérale du crâne.

Les *vomers* (v) complètent le plancher du crâne; ils sont situés en avant du cartilage nasal et remplissent le triangle compris entre les palatins et l'extrémité supérieure de l'arc maxillaire. Le bord supérieur des vomers est dentelé et leur face antérieure présente une rangée transversale de dents pointues.

Face. — Le squelette de la face (fig. 23) comprend six os pairs, qui sont : les intermaxillaires, les maxillaires supérieurs, les palatins, les os ptérygoïdes, les os tympaniques et les os jugulaires. Le maxillaire inférieur est lui-même formé d'une partie cartilagineuse et de trois os pairs, ce qui porte à neuf le nombre total des os pairs de la face.

DIAGRAMME DES OS DE LA FACE.

Les *intermaxillaires* (i) sont situés de chaque côté de la ligne médiane, à la partie supérieure de la tête : ils possèdent une rangée de petites dents pointues et présentent une apophyse postérieure, où s'insère une lamelle mobile, qui obstrue l'orifice externe des narines.

Les *maxillaires supérieurs* (m) sont des os longs et minces, un peu élargis dans la partie qui touche aux intermaxillaires, ce sont ces os, qui, de chaque côté, limitent le bord de la tête et lui donnent son aspect spécial. Ils s'articulent avec les naso-frontaux et les intermaxillaires ; leur face antérieure présente une rainure longitudinale, qui possède sur son bord interne une série de dents. En bas, les maxillaires supérieurs sont en connexion avec les pièces de suspension de l'arc mandibulaire. Les deux maxillaires supérieurs, réunis en haut par les deux intermaxillaires, constituent l'arc maxillaire. Celui-ci enveloppe un arc plus petit, l'arc palato-ptérygoïdien, formé en haut par les palatins et latéralement par les ptérygoïdes.

Les *palatins* (pl) sont situés en avant de la portion supérieure de l'ethmoïde ; ils sont placés transversalement et s'étendent du maxillaire supérieur à la pointe du sphénoïde.

Les *os ptérygoïdes* (pt, pt') sont sensiblement parallèles aux maxillaires supérieurs et plus rapprochés de la ligne médiane du crâne. Ils présentent une apophyse dirigée en avant et en bas, qui s'articule avec le sphénoïde et une autre dirigée en dehors, qui s'unit à l'appareil suspenseur de la mâchoire. La branche supérieure des ptérygoïdes s'articule avec les maxillaires supérieurs d'une part et les naso-frontaux de l'autre. Un troisième arc inférieur et externe, appelé arc mandibulaire, est formé de deux parties séparées par l'articulation. La première partie constitue l'appareil suspenseur de la mâchoire et la seconde est formée par le maxillaire inférieur. L'appareil suspenseur de la mâchoire comprend de chaque côté l'*os tympanique de* CUVIER ou *os carré* (t^1, t^2, t^3); une apophyse supérieure pointue se dirige en haut derrière l'os ptérygoïde; elle est réunie au rocher par une petite branche transversale; une apophyse inférieure dirigée obliquement en bas et en dehors s'articule avec l'os jugulaire.

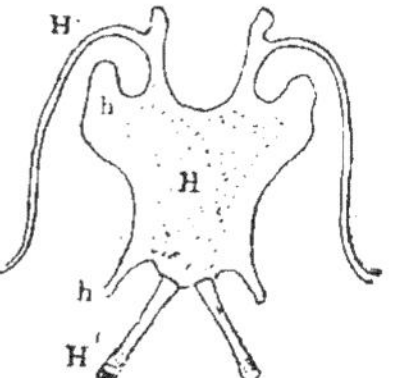

FIG. 24. — Appareil hyoïdien. H, corps de l'os hyoïde. — H', baguette styloïde ascendante. — H, baguette thyroïde ; hh, petites apophyses situées aux quatre angles du corps de l'os hyoïde.

Les *os jugulaires* ou *quadratojugaux* (j) sont minces et allongés et contribuent par leur base à former l'excavation de l'os carré où s'articule le maxillaire inférieur; par leur extrémité supérieure, ils s'articulent avec le maxillaire supérieur.

Le *maxillaire inférieur* est formé de deux arcs convergents réunis sur la ligne médiane par leur extrémité supérieure. Chacun de ces arcs est formé de plusieurs pièces, soit osseuses, soit cartilagineuses. La partie qui forme la tête articulaire n'est pas ossifiée et constitue le *cartilage de* MECKEL. Ce cartilage s'avance jusqu'à la moitié de l'arc et est recouvert sauf au niveau de l'articulation par une pièce osseuse, qui se prolonge au delà et que l'on appelle *os angulaire*. Cet os se continue à son extrémité supérieure par l'*os dental*, qui chevauche sur lui et qui, lui-même, se prolonge par un petit os appelé *os articulaire*. La partie articulaire du cartilage de MECKEL vient se placer dans la cavité de l'os tympanique.

Appareil hyoïdien. — C'est un cartilage plat, affectant la forme d'un quadrilatère situé à la base de la langue (fig. 24). Il présente en haut deux apophyses, qui se recourbent ensuite en bas : ce sont les *baguettes styloïdes ascendantes* (H'); elles vont s'unir à la face inférieure des os pétreux. En bas se trouvent deux apophyses ossifiées, qui vont en divergeant entourer le larynx : ce sont les *baguettes thyroïdes* (H) ; enfin les quatre angles du corps de l'hyoïde présentent chacun une petite apophyse (h); les deux supérieures sont mousses à leur extrémité libre, les inférieures sont pointues.

3° **Squelette des membres.** — *Membre supérieur.* — Nous envisagerons successivement la ceinture scapulaire, le bras, l'avant-bras et la main.

La *ceinture scapulaire* (fig. 25) comprend de chaque côté quatre os : l'os supra-scapulaire ou omoplate supérieure, l'os scapulaire ou omoplate, l'os coracoïde et la clavicule. Ces quatre pièces sont réunies en avant sur la ligne médiane à celles du côté opposé par le sternum, dont nous avons déjà donné la description.

L'*omoplate supérieure* est une lamelle mi-osseuse, mi-cartilagineuse, située dorsale ment sur le côté de la colonne vertébrale; elle a la forme d'un quadrilatère; son bord libre, entièrement cartilagineux, est le plus large; le bord opposé, le seul qui soit ossifié, est plus étroit et s'articule avec l'omoplate proprement dite. Les deux faces de l'omoplate supérieure sont légèrement striées et les stries vont en rayonnant vers son bord libre. L'*omoplate* (sc) proprement dite est complètement ossifiée; c'est un os

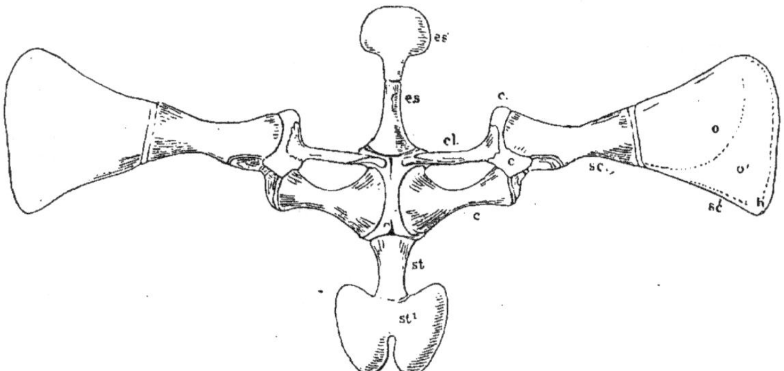

FIG. 25. — Ceinture scapulaire, face ventrale (d'après ECKER et WIEDERSHEIM).

st, sternum osseux ou hyposternum. — st', portion cartilagineuse du sternum. — es, partie osseuse de l'épisternum. — es', portion cartilagineuse de l'épisternum. — cl, clavicule. — c, coracoïde. — cc, commissure cartilagineuse entre l'omoplate et la clavicule. — sc, omoplate. — sc', omoplate postérieure. — o, partie osseuse. — o', partie cartilagineuse. — h, partie hyaline.

allongé et rectangulaire, présentant en son milieu une partie rétrécie; son bord postérieur s'articule avec l'omoplate postérieure (sc'); son bord antérieur présente une gouttière, dont les lèvres s'articulent avec l'os coracoïde. C'est sur son bord inférieur qu'est située la cavité glénoïde, qui reçoit la tête de l'humérus.

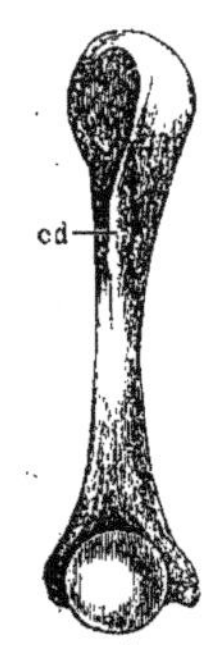

FIG. 26. — Humérus droit, vu par sa face dorsale (d'après ECKER).

cd, *crista medialis* ou crête deltoïde. — c', tête articulaire de l'extrémité inférieure.

L'*os coracoïde* (c) est court, étranglé en son milieu, et plus large à son extrémité sternale qu'à celle qui s'articule avec l'omoplate; il est séparé de ce dernier os par un petit cartilage : le *cartilage paraglénoïde* ou *paraglénal de* DUGÈS.

La *clavicule* (cl), située au-dessus de l'os coracoïde, est parallèle à celui-ci et en est séparée par un trou ovale : le *foramen ovale*. Elle est plus étroite que le coracoïde; contrairement à ce dernier, son extrémité sternale, terminée en pointe mousse, est moins large que la partie qui s'articule avec l'omoplate. Les deux extrémités se terminent par des cartilages, qui unissent la clavicule au coracoïde et à l'épisternum d'une part, à l'omoplate d'autre part.

Le squelette du *bras* est formé par un os unique, l'*humérus* (fig. 26), long, cylindrique et renflé à ses deux extrémités, qui sont arrondies. L'extrémité supérieure, tapissée de cartilage, vient se loger dans la cavité glénoïde formée aux dépens de l'omoplate et du cartilage coracoïdien. L'extrémité inférieure présente une tête articulaire hémisphérique (c'), qui est reçue dans une cavité de l'avant-bras. La face interne présente une crête deltoïde saillante (cd), qui s'avance à peu près jusqu'à la moitié de l'os chez les mâles; le bord postérieur présente une autre crête dans sa moitié inférieure; cette crête a reçu le nom de *crista medialis*. Chez les femelles ces crêtes sont moins prononcées.

Le squelette de l'*avant-bras* (fig. 27) est constitué par un seul os (a), qui résulte de la soudure du radius et du cubitus; il est aplati d'avant en arrière et présente une rainure longitudinale, surtout marquée dans sa moitié inférieure, qui témoigne de sa dualité primitive. L'extrémité supérieure présente une échancrure, qui reçoit l'extrémité inférieure arrondie de l'humérus. En arrière, cet os présente une apophyse, l'olécrâne. L'extrémité inférieure est élargie et présente deux apophyses cartilagineuses, l'une triangulaire du côté du radius (r), l'autre, plus arrondie, du côté du cubitus (u).

Le *carpe* (fig. 27) comprend six os, disposés sur deux rangées. La première, la plus rapprochée de l'avant-bras, comprend, en commençant du côté interne : le pyramidal, l'os lunaire et l'os naviculaire. Le *pyramidal* (p) s'articule aveo la partie cubitale de l'os de l'avant-bras par son bord supérieur, avec l'os lunaire par son bord externe et avec l'os crochu, dont nous allons parler, par sa face inférieure. L'*os lunaire* (l) s'articule par sa face supérieure avec l'extrémité radiale de l'os de l'avant-bras; par sa face inférieure a vec l'os croehu, par sa face interne avec le pyramidal et par sa face externe avec l'os naviculaire. L'*os naviculaire* (n) n'est pas en rapport avec l'articulation antibrachiale ; il s'articule par sa face externe avec l'os lunaire et par sa face inférieure avec les trois os de la seconde rangée. Celle-ci comprend : l'os crochu, le trapézoïde et le trapèze. L'*os crochu* (hc) ou *capitato hamatum* est à lui seul plus grand que tous les autres réunis. Par sa face supérieure il s'articule avec les trois os de la première rangée, par sa face interne avec le trapézoïde et par sa face inférieure avec les métacarpiens des trois doigts les plus externes. Le *trapézoïde* (t') est en rapport par sa face externe avec l'os crochu, par sa face supérieure avec l'os naviculaire, par sa face interne avec le trapèze et par sa face inféro-interne avec le métacarpien de l'index. Le *trapèze* (t), le plus interne de tous les os du carpe, est en rapport par sa face externe avec l'os naviculaire et le trapézoïde et par sa face inféro-interne avec le métacarpien du pouce. Les os du carpe restent, même chez l'adulte, presque entièrement cartilagineux.

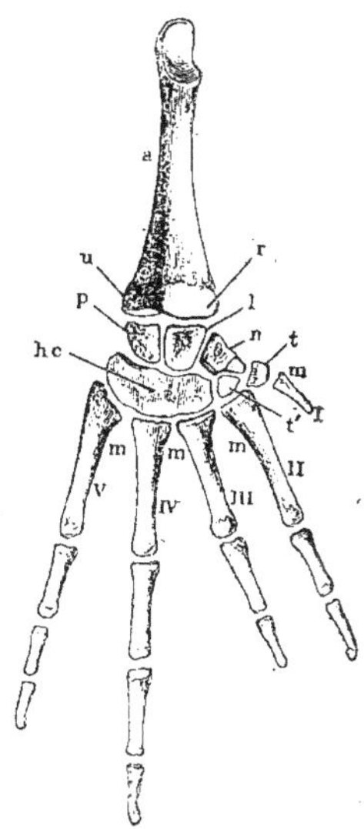

FIG. 27. — Squelette de l'avant-bras et de la main (d'après ECKER).

a, os de l'avant-bras. — u, apophyse cubitale. — r, apophyse radiale. — p, pyramidal. — l, os lunaire. — n, os naviculaire. — hc, os crochu. — t' trapézoïde. — t, trapèze. — m, les cinq métacarpiens. — I, pouce dépourvu de phalange. — II à V, les quatre derniers doigts.

Le *métacarpe* (fig. 27, m) comprend cinq os allongés. Le premier, celui du pouce, est beaucoup plus petit que les autres; il est surtout très réduit chez les femelles; les quatre autres ont sensiblement la même dimension.

Les *phalanges* (fig. 27, II à V) n'existent qu'aux quatre doigts externes; le pouce en est dépourvu, l'index et le médius n'en ont que deux, l'annulaire, le plus long des doigts de la main, et le cinquième doigt en ont trois. Le pouce, dépourvu de phalanges, n'est donc représenté que par un petit métacarpien; aussi est-il remplacé au point de vue fonctionnel par l'index. A cause du rôle qu'il joue dans l'accouplement, l'index est très développé chez le mâle : son squelette est volumineux et le simple examen des os de ce doigt suffisent souvent à reconnaître le sexe de l'animal. La position normale de la mian est la demi-pronation, car, le radius et le cubitus étant soudés, les mouvements de pronation et de supination n'existent pas.

Membre inférieur. — Le membre inférieur est beaucoup plus développé que le supérieur. Nous examinerons successivement la ceinture pelvienne, le squelette de la cuisse, de la jambe et celui du pied.

La *ceinture pelcienne* ou *bassin* (fig. 28) relie le membre inférieur à la colonne vertébrale; le bassin est très allongé et présente à peu près la forme d'un V, dont les os iliaques constituent les branches et dont les ischions et les pubis constituent la pointe. Au milieu, entre les branches du V, se trouve le coccyx ou urostyle, dont nous avons déjà parlé. A leur point d'intersection les trois os du bassin forment une cavité cotyloïde ou *acetabulum* (a), où vient se loger la tête du fémur.

Les *os iliaques* (il) sont les plus grands; ils sont unis sur la ligne médiane par leur extrémité inférieure élargie et s'unissent par leur bord inférieur aux ischions et aux pubis. Leur extrémité supérieure, grêle et cylindrique, s'articule par l'intermédiaire d'une bandelette cartilagineuse avec les apophyses transverses de la neuvième vertèbre ou vertèbre sacrée. En arrière, les os iliaques présentent sur une grande partie de leur lon gueur une crête verticale tranchante, qui forme une vaste surface d'insertion aux muscles de cette région. Leur bord antérieur est émoussé et légèrement concave.

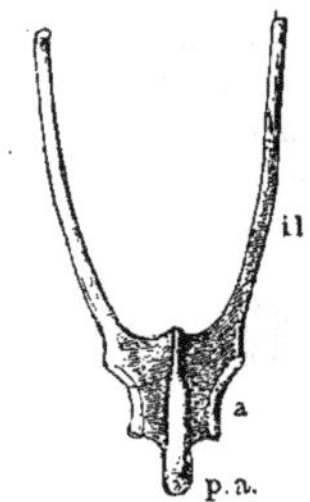

FIG. 28. — Ceinture pelvienne.
il, ilion. — a, cavité cotyloïde ou acetabulum. — pa. crête ischio-pubienne.

Les *ischions*, situés à la partie inférieure du bassin, sont irrégulièrement arrondis par la face interne; ils sont unis l'un à l'autre et présentent, au niveau de la ligne où ils se rencontrent, une crête verticale à bord inférieur convexe (pa); ils s'articulent par leur bord supérieur et postérieur avec les os iliaques et par leur bord supérieur et antérieur avec les pubis.

Les *pubis* sont triangulaires; leur pointe, dirigée dans le sens antéro-postérieur, contribue à former la cavité cotyloïde, de sorte que cette cavité est formée en haut par les os iliaques, dans sa partie médiane par les pubis et dans sa partie inférieure par les ischions. Les pubis présentent un bord antérieur, arrondi et libre, un bord supérieur s'articulant avec les os iliaques et un bord inférieur s'articulant avec les ischions. Les deux pubis sont accolés l'un à l'autre sur la ligne médiane.

Le squelette de la *cuisse* est formé par un os unique, le *fémur* (fig. 29), long, cylindrique, très légèrement infléchi en forme d'S. L'extrémité supérieure (a), tapissée de cartilage, est arrondie et logée dans la cavité cotyloïde du bassin. L'extrémité inférieure (p) est irrégulièrement aplatie au niveau de son articulation avec l'os de la jambe.

Comme le squelette de l'avant-bras, celui de la *jambe* (fig. 30) est formé par un seul os, qui résulte de l'union du tibia et du péroné. On peut aisément se rendre compte de cette dualité par les rainures que présente l'os au voisinage de ses épiphyses, ainsi que sur une coupe transversale, où l'on voit nettement deux canaux médullaires. Cet os, un peu aplati d'avant en arrière, présente une légère courbure à concavité interne; sur la partie médiane de la face antérieure se trouve un orifice (f) où passe l'artère tibiale. L'extrémité supérieure s'unit au fémur et forme avec lui l'articulation du genou. Les deux os sont unis par de forts ligaments et leurs épiphyses sont entourées d'une capsule articulaire.

FIG. 29. — Fémur droit, vu par sa face antéro-interne (d'après ECKER).
a, tête du fémur. — p, extrémité inférieure.

Le *tarse* (fig. 31) est formé de six os. Les deux os qui forment la première rangée sont volumineux par rapport aux autres; ils sont allongés, parallèles, symétriques et unis par leurs extrémités, en partie cartilagineuses (ac). Le plus interne est l'*astragale* (a); l'externe, le *calcanéum* (c); ces deux os s'articulent en haut avec l'os de la jambe, en bas avec les deux derniers métatarsiens, le cuboïde et le naviculaire. La seconde rangée comprend : le *cuboïde* (B), qui a la forme d'un disque dont la face supérieure s'articule avec l'extrémité inférieure de l'astragale et du calcanéum et dont la face inférieure est en rapport avec le second et le troisième métatarsien. Sa partie interne touche à l'os naviculaire. L'*os naviculaire* est situé au-dessus du premier métatarsien, avec lequel il s'articule inférieurement. Sa partie externe s'articule avec l'astragale en haut, le cuboïde en bas, et sa partie interne avec le plus externe des deux cunéiformes. Les *deux cunéiformes* (h et h') sont internes; le plus interne est le plus grand (h') et supporte un éperon corné visible sur l'animal vivant et qui est l'ébauche d'un sixième doigt, le *préhallux*.

Les cinq *métatarsiens* (fig. 31, m) sont allongés et sont par ordre de longueur : le quatrième, le troisième, le cinquième, le second et le premier ou métatarsien du pouce.

Les *phalanges* (fig. 31, I à V) sont en nombre variable suivant les orteils : les deux premiers possèdent seulement deux phalanges, le troisième et le cinquième en présentent trois, et le quatrième, de beaucoup le plus allongé, en présente quatre.

V. **Système musculaire.** — Nous nous occuperons tout d'abord des muscles qui s'insèrent soit aux os, soit aux cartilages, puis nous dirons quelques mots des muscles peauciers.

1° **Muscles du tronc.** — Les muscles superficiels de la face ventrale sont : 1° le *muscle droit abdominal* (fig. 32, r) (pubio-thoracique de Dugès) qui s'insère d'une part au sternum, d'autre part à la face antérieure du pubis par un fort tendon ; étroit près de son insertion pubienne, il s'élargit bientôt et se divise en deux branches ; l'une, externe, va rejoindre la partie abdominale du pectoral, à laquelle il s'unit ; l'autre, médiane, (r') se rend directement à l'hyposternum, où s'insère une partie de ses fibres. L'autre partie des fibres, la plus considérable, passe au-dessus du coracoïde et se prolonge jusqu'au sternohyoïdien. A la surface de ce muscle se trouvent cinq bandes aponévrotiques transversales. 2° le *muscle abdominal oblique externe* (fig. 32 et 33, oe) (dorso-sous-abdominal de Dugès et oblique de Zenker) est situé latéralement à la partie externe du muscle précédent et s'incurve sur les flancs de l'animal ; c'est une lame musculaire, dont les fibres s'insèrent ventralement à l'aponévrose, qui unit sur la ligne médiane les deux muscles droits abdominaux, ainsi qu'au cartilage de l'hyposternum. Dorsalement ses fibres s'insèrent à l'aponévrose des muscles longs dorsaux. De la partie médiane et supérieure du muscle abdominal externe se détache un petit faisceau musculaire, qui va s'insérer au bord inférieur de l'omoplate ; on lui a donné le nom de *muscle scapulaire* (oe') ; 3° le *muscle oblique interne* (fig. 33 et 35, oi) (iléo-transverso-sous-sternal de Dugès et transverse de Zenker, de Kuhl et de Gaupp) est sous-jacent au précédent. Il s'insère dorsalement aux apophyses transverses de la quatrième à la neuvième vertèbre ; de là, ses fibres vont en s'étalant sur les flancs pour s'insérer aux os iliaques en bas, au sternum et au pharynx en haut.

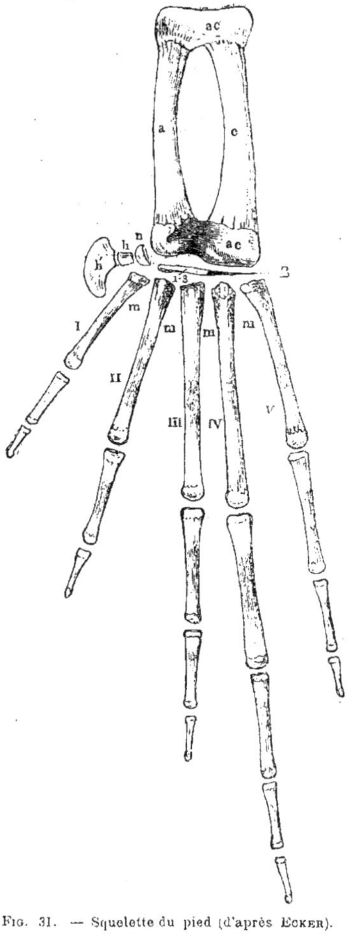

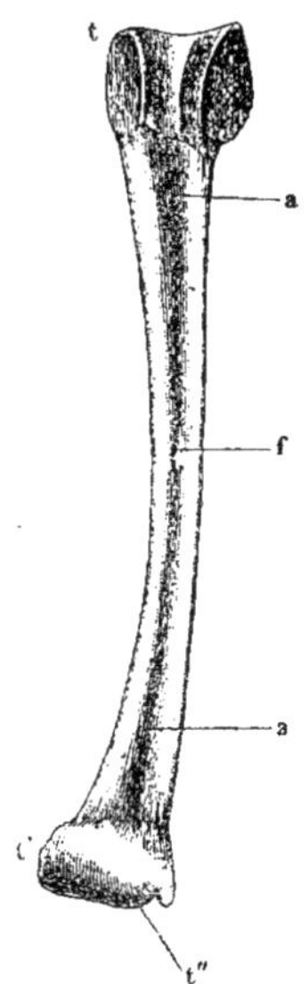

Fig. 30. — Os de la jambe droite vu par sa face antérieure (d'après Ecker).
t, extrémité supérieure. — a, rainure médiane. — f, orifice de l'artère tibiale. — t' t'', extrémité inférieure.

Fig. 31. — Squelette du pied (d'après Ecker).
ac, partie cartilagineuse se réunissant aux deux extrémités, le calcanéum et l'astragale. — o, astragale. — c, calcanéum. — B, cuboïde. — e, os naviculaire. — h, petit cunéiforme. — h', grand cunéiforme. — m, les cinq métatarsiens. — I à V, les cinq doigts.

Les muscles de la région dorsale sont plus nombreux. Tout le long de la ligne médiane formée par les apophyses épineuses des vertèbres, depuis le crâne jusqu'au coccyx, s'étend une bandelette musculaire, *le fascia dorsalis* (fig. 34, fd), appelé aussi par Ecker *extenseur commun dorsal*, d'où partent plusieurs muscles secondaires, qui sont en allant de bas en haut : 1° le *muscle coccygéo-iliaque* (fig. 35, ci) (iléo-coccygien de Dugès) qui va du coccyx à l'os iliaque; le *muscle coccygéo-sacral*; cl) (sacro-coccygien de Dugès), qui va du coccyx à l'aileron du sacrum et 3° le *muscle long dorsal* (lgd) (comprenant les trois muscles : vertébro-sus-occipital, transverso-spinaux et transverso-coccygien de Dugès), qui va de la partie antérieure du coccyx jusqu'à l'os pétreux; sur le trajet de ses fibres, qui sont longitudinales, se trouvent trois inscriptions tendineuses. Au-dessous de la bandelette dorsale se trouve un autre groupe musculaire, qui comprend : 1° le *muscle cucullaire* (fig. 34, c. (angulaire de Cuvier ; sus-occipito-adscapulaire de Dugès; levator scapulæ sublimis de Zenker, et rhomboïde antérieur de Gaupp); 2° le *large dorsal* (fig. 34, i, ld) (lombo-huméral de Dugès, depressor brachii de Zenker) 3° le *rétracteur de l'omoplate* (fig. 34, r) lombo-adscapulaire de Dugès ; rhomboïdeus de Klein, rhomboïde postérieur de Gaupp ; omoplateus rectus? de Zenker et retrahens rhomboïdeus de Kuhl). Ces trois muscles prennent part aux mouvements de la ceinture scapulaire et du bras.

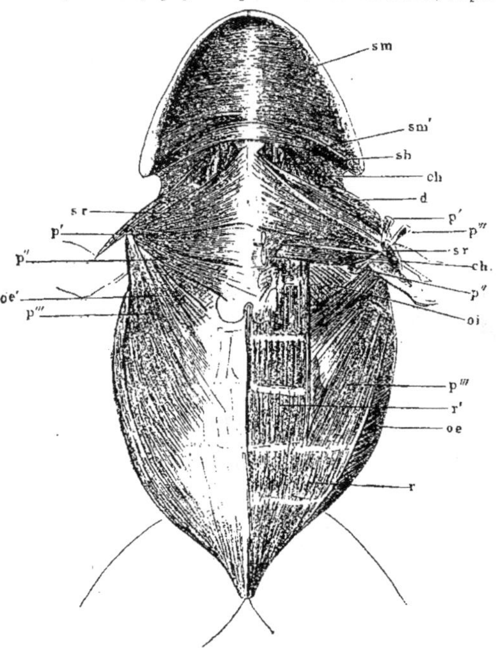

Fig. 32. — Muscles de la poitrine, de la gorge et du ventre (d'après Ecker). *p'*, portion sternale antérieure du muscle pectoral : — *p''*, portion sternale postérieure du même muscle. — *p'''*, portion abdominale du même muscle. — *d*, deltoïde. — *ch*, coraco-huméral. — *sr*, sterno-radial. — *oi*, oblique abdominal interne. — *oe*, oblique abdominal externe. — *oe'*, portion scapulaire du même muscle. — r, droit abdominal. — *r'*, portion médiane du même muscle. — *ch*, omohyoïdien. — sh, sous-hyoïdien. — *sm*, sous-maxillaire. — *sm'*, origine hyoïdienne du même muscle.

Dans un plan encore plus profond, on trouve : le *muscle iléo-lombaire* (fig. 35, il) transverso-liliaque de Dugès et quadr.

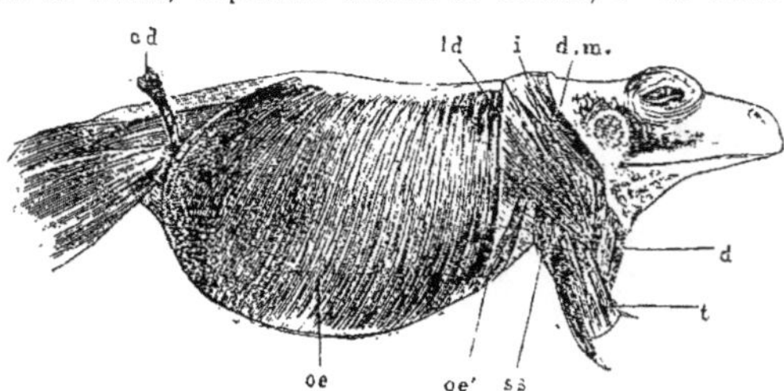

Fig. 33. — Muscles du tronc, vus du côté droit (d'après Ecker). oe, oblique abdominale externe. — oe', faisceau scapulaire du même muscle. — ld, large dorsal. — i, infraspinatus. — dm, dépresseur de mâchoire. — ss, sous-scapulaire. — d, deltoïde. — t, triceps du bras. — cd, cutané de la cuisse.

lumborum de CUVIER, ZENKER, etc.), qui va du membre supérieur aux apophyses transverses de la quatrième jusqu'à la septième vertèbre. Puis, le long de la colonne vertébrale, entre les apophyses transverses des vertèbres, se trouve la série des muscles transversaires, qui sont : 1° le *muscle intertransversaire supérieur de la tête* (ex-occipito-transversaire supérieur de DUGÈS); 2° le *muscle intertransversaire inférieur de la tête* (ex-occipito-transversaire inférieur de DUGÈS); 3° les *muscles intertransversaires dorsaux* (fig. 37, it) (intertransversaires de DUGÈS), et 4° les *muscles intercruraux* (fig. 35, i) (*interspinales, interobliqui* de KLEIN).

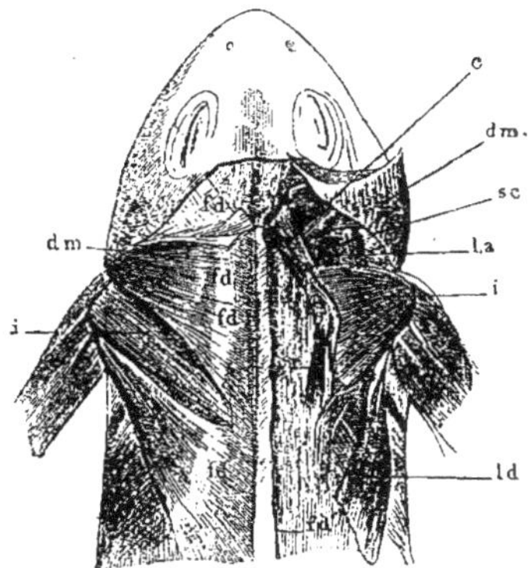

FIG. 34. — Fascia dorsalis et muscles superficiels du dos (d'après ECKER).

fd, fascia dorsalis. — c, cucullaire. — sc, sterno-cléido-mastoïdien. — dm, dépresseur du maxillaire inférieur. — la, élévateur de l'omoplate. — i, ld, large dorsal. — r, rétracteur de l'omoplate.

2° Muscles de la tête. — Les muscles de la face dorsale de la tête sont très petits et au nombre de deux : 1° le *muscle intermaxillaire ou dilatateur des narines* (intermaxillaire de DUGÈS et intermaxillaris medius de ZENKER) et 2° le *muscle latéral des narines* (*intermaxillaris lateralis* de ZENKER; *nasalis inferior* de KLEIN et sus-maxillo-pré-nasal de DUGÈS), compris entre les intermaxillaires et l'extrémité antérieure des branches du maxillaire supérieur. Ces deux muscles sont antagonistes.

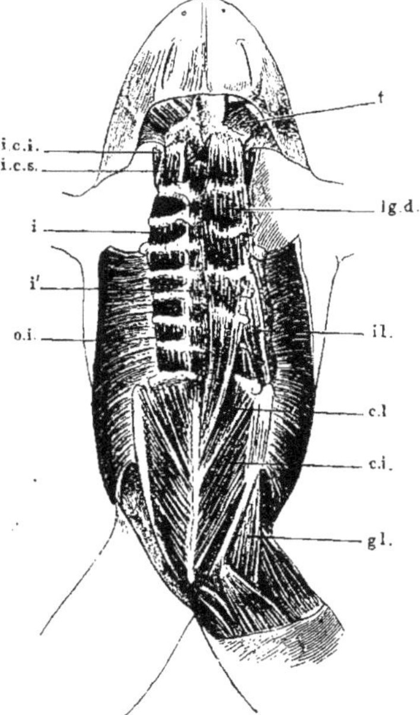

FIG. 35. — Muscles du dos et du bassin (d'après ECKER).

t, temporal. — lgd, long dorsal. — i, muscles intervertébraux. — ici. et ics, muscle inférieur et supérieur d'attache de la tête. — i. intercruraux. — il, iléo-lombaire. — cl, coccygéo-sacral. — ci, coccygéo-iliaque. — oi, oblique interne. — gl, glutéus.

Sur les faces latérales, on trouve : 1° le *masséter* (zygomato-maxillaire de DUGÈS et *masseter major et minor* de GAUPP), entre la branche horizontale de l'os jugal et le bord externe de la mandibule; 2° le *temporal* (*temporalis* de CUVIER et sous-rupéo-temporo-coronoïdien de DUGÈS), compris entre l'os pétreux et l'œil; 3° le *ptérygoïdien* (*temporalis* de CUVIER; *massetericus* de ZENKER et pré-rupéo-ptérygo-maxillaire de DUGÈS), qui contribue avec les deux muscles précédents à soulever la mâchoire inférieure et à tenir la bouche fermée; 4° le *dépresseur du maxillaire inférieur* (fig. 34, dm) (digastrique de CUVIER et sus-occipito-dorso-angulaire de DUGÈS), qui a la forme d'un triangle dont la base se détache de la partie antérieure de la bandelette dorsale et dont l'angle s'insère à l'extrémité inférieure de la mâchoire inférieure. Ce muscle est l'antagoniste des trois précédents, et sa contraction ouvre la bouche. A la face ventrale de la tête s'étend transversalement un muscle aplati, qui s'insère de chaque côté sur le maxillaire inférieur et dont la partie médiane présente une bande de tissu conjonctif. C'est le *muscle sous-maxillaire* (fig. 16, sm) (mylo-sternoïdien de Zenker; mylo-hyoïdien de Cuvier; une partie du sous-maxillaire de Dugès et sous-hyoïdien de Gaupp), qui forme le plancher de la cavité buccale; de son bord inférieur se détachent deux faisceaux, qui se rendent aux cornes antérieures de l'os hyoïde. La partie supérieure du muscle recouvre un très petit faisceau musculaire; le *muscle sous-mentonnier* (fig. 36, smt (transverse de Cuvier), qui s'étend transversalement d'un os dental à l'autre.

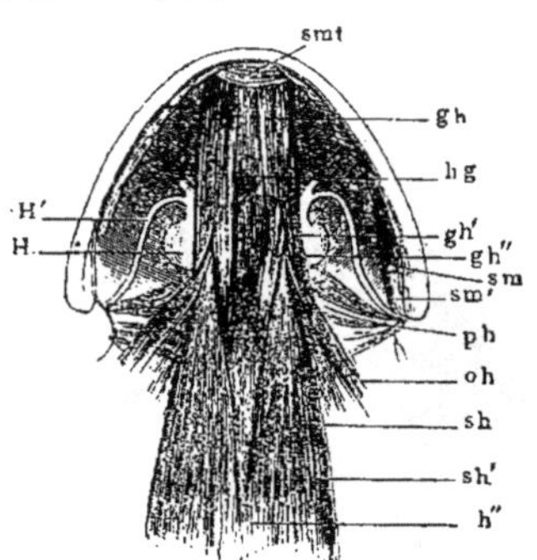

Fig. 36. — Muscles de la région hyoïdienne d'après Ecker).

smt, sous-mentonnier. — gh, gh', gh'', génio-hyoïdien. — hg, hyoglosse, — sm, sm', sous-maxillaire. — ph, pétro-hyoïdien postérieur. — oh, omo-hyoïdien. — sh, sh', h'', sterno-hyoïdien. — H, os hyoïde. — H', baguette styloïde ascendante.

Les *muscles hyoïdiens* sont : 1° le *génio-hyoïdien* (fig. 36, gh), qui va du maxillaire inférieur aux cornes postérieures de l'os hyoïde et à l'apophyse postérieure du corps de cet os; 2° le *sterno-hyoïdien* (fig. 36, sh, sh' (sterno-xipho-hyoïdien de Dugès et pubio-hyoïdien de Cuvier), qui va du sternum à la face inférieure du corps de l'os hyoïde, après avoir traversé tout le cou; 3° l'*omo-hyoïdien* (fig. 36, sh (interscapulo-hyoïdien ou omo-hyoïdien de Dugès), qui va du bord supérieur de l'omoplate à la face inférieure du corps de l'os hyoïde; 4° le *pétro-hyoïdien antérieur* (rupéo-cérato-hyoïdien de Dugès; *pétro ceraus*? de Zenker, et *basiohyoïdeus* de Klein) et 5° le *pétro-hyoïdien postérieur* (fig. 36, ph) (stylo-hyoïdien de Cuvier et Klein; masto-hyoïdien de Dugès et pétro-hyoïdien supérieur et inférieur de Zenker), qui vont de l'os pétreux à la face ventrale du corps de l'os hyoïde en contournant le pharynx, sur lequel ils prennent quelques insertions.

Les *muscles de la langue* et de *l'œil* seront indiqués aux chapitres qui traitent de ces organes.

3° Muscles des membres. — *Muscles du membre supérieur.* — Les muscles de la ceinture scapulaire, sont sur la face dorsale : 1° l'*élévateur de l'omoplate* (fig. 34 et 37, la) (sous-occipito-adscapulaire de Dugès; *protractor scapulæ* de Zenker et *levator scapulæ inferior* de Gaupp); 2° le *sterno-cléido-mastoïdien* (fig. 34 et 37, sc) (scapulo-mastoïdien de Dugès; sterno-mastoïdien de Cuvier; *protractor scapulæ* de Zenker et cucullaire de Gaupp) et 3° le *protracteur de l'omoplate* (protractor acromii de Dugès et Zenker et *levator scapulæ superior* de Gaupp). Ces trois muscles s'insèrent d'une part aux os pétreux et aux occipitaux latéraux, d'autre part à l'omoplate; ils projettent l'omoplate en haut et contribuent à relever la tête en arrière.

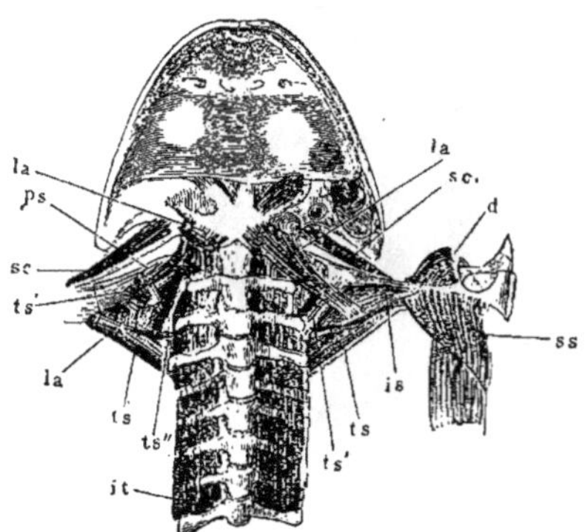

Fig. 37. — Muscles de la face ventrale de la région vertébrale et muscles de l'épaule (d'après Ecker).

la, élévateur de l'omoplate. — sc, sterno-cléido-mastoïdien. — is, interscapulaire. — ts et ts', grand transverso-scapulaire. — ts'', petit transverso-scapulaire. — it, intertransversaires dorsaux. — d, deltoïde. — ss, coraco-huméral.

Un peu au-dessous de ce groupe de muscles se trouvent les *muscles transverso-scapulaires*, qui attirent la ceinture scapulaire en dedans, en bas et en arrière. Ils partent des apophyses transverses de la troisième et de la quatrième vertèbre et vont s'insérer à la face ventrale de l'omoplate. Ecker leur donne le nom de *grand*, *petit* et *troisième transverso-scapulaires*. Le *grand transverso-scapulaire* (fig. 37, ts, ts') représente le *serratus inferior* de Gaupp ou le transverso-interscapulaire de Dugès; le *petit* (fig. 37, ts'') représente le *serratus medius* de Gaupp ou transverso-adscapulaire de Dugès et le *troisième* est le *serratus superior* de Gaupp, représentant une partie du lombo-adscapulaire de Dugès.

La portion osseuse de l'omoplate est réunie à sa partie cartilagineuse par le *muscle interscapulaire* (fig. 37, is) qui a pour fonction de rapprocher les deux omoplates.

D'autres muscles s'insèrent à la fois sur l'épaule et sur l'humérus, ce sont : 1° sur un plan inférieur le *muscle sous-scapulaire* (sous-scapulo-huméral de Dugès et *coraco-brachialis brevis* de Gaupp) et 2° sur un plan supérieur, le *muscle infra-spinatus* (adscapulo-huméral de Dugès et *dorsalis scapulæ* de Gaupp).

A la face ventrale, on trouve : 1° le *muscle pectoral* divisé par Ecker en trois portions : *a*) la portion *sternale antérieure* (clavi-huméral de Dugès et portion épicoracoïdienne de Gaupp); *b*) la portion *sternale postérieure* (sterno-huméral de Dugès; huméro-sternal de Klein) et *c*) une portion *abdominale* (abdomino-huméral de Dugès; brachio-abdominal de Zenker et huméro-abdominal de Klein); 2° le *muscle coraco-huméral* (fig. 37, ss) (*adductor-humeri* de Klein et *coraco brachialis longus* de Gaupp) qui va de l'os coracoïde à la partie médiane de l'humérus; 3° le *deltoïde* (fig. 37, d) (pré-sterno-scapulo-huméral de Dugès), qui s'étend de la clavicule et du cartilage qui la relie à l'omoplate jusqu'à la crête deltoïdienne de l'humérus.

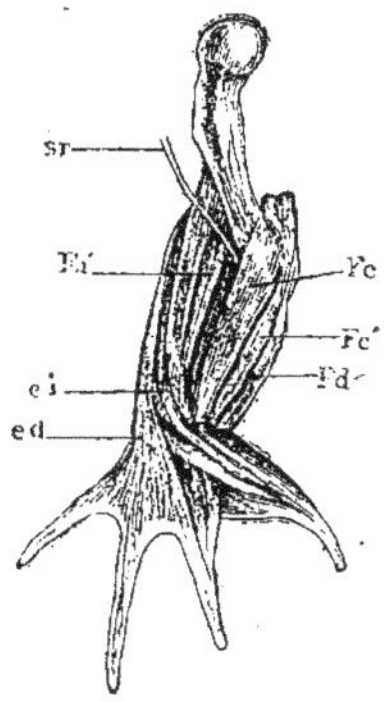

Les muscles du bras sont au nombre de deux : 1° le *biceps* ou *sterno-radial* (présterno-clavi-radial de Dugès et coraco-radial de Gaupp), qui s'insère sur l'épisternum d'une part et d'autre part sur le bord radial de la tête articulaire de l'os de l'avant-bras; il est fléchisseur de l'avant-bras sur le bras; 2° le *triceps brachial* (scapulo-huméro-olécranien de Dugès et *anconæus* de Capes, Zenker et Gaupp), qui va de l'humérus, dont il recouvre la face dorsale à la partie supéro-postérieure de l'os de l'avant-bras; il a pour fonction d'étendre l'avant-bras sur le bras.

Fig. 38. — Muscles de l'avant-bras (d'après Ecker).

Fc, fléchisseur du carpe ulnaire. — Fc'. fléchisseur du corps radial. — Fa', fléchisseur médian de l'avant-bras. — Fd, fléchisseur latéral superficiel. — ei, ed, extenseurs des doigts et du carpe.

Les muscles de l'avant-bras (fig. 18) peuvent se diviser en deux groupes. Le premier, situé à la face palmaire, comprend six muscles : deux *fléchisseurs du carpe*, l'un *radial* (Fc'), l'autre *ulnaire* (Fc), un *fléchisseur commun des doigts*, un *fléchisseur médian de l'avant-bras* (Fa') et deux *fléchisseurs latéraux de l'avant-bras*, l'un *superficiel* (Fd) et l'autre *profond*. Le second groupe, situé à la face dorsale, se compose du *long extenseur commun des doigts*, des *extenseurs de l'avant-bras*, de l'*abducteur du deuxième doigt* et de l'*extenseur ulnaire du carpe*. Les muscles de la main sont encore plus nombreux, et leur énumération sortirait du cadre de cet article; on trouvera leur description détaillée et leur synonymie dans la monographie de Gaupp (p. 155 à 175).

Muscles du membre inférieur. — Les muscles de la partie profonde du bassin sont : 1° *le muscle iléo-psoas* (intra-iléo-fémoral de Dugès; *iliacus internus* de Cuvier, Zenker; Klein et iliaque interne de Gaupp), qui s'insère sous la portion moyenne du tiers supérieur du fémur, passe sous le muscle glutéus et s'attache fortement ensuite sur l'os iliaque; 2° le *carré crural* (post-iléo-fémoral de Dugès et *gluteus minor* de Zenker), long muscle triangulaire, qui va de l'os iliaque derrière l'acétabulum à la partie supérieure de la face médiane et de la face postérieure du fémur; 3° le *muscle obturateur* (ischio-pubi-fémoral de Dugès; *capsularis femoris* de Zenker et obturateur interne de Gaupp) petit muscle, situé très profondément et recouvert par tous les autres muscles de la région; ses fibres s'étalent en éventail depuis la symphyse des os iliaques et l'acétabulum jusqu'à la tête du fémur où il se fixe par un fort tendon. Ce muscle correspond aux obturateurs externe et interne et aux jumeaux de l'espèce humaine.

La portion antérieure du biceps et le court adducteur, qui seront décrits ultérieurement appartiennent aussi à cette région.

Les muscles de la cuisse (fig. 39) sont, à la face antérieure :

1° le *glutéus* (gl) (ex-ilio-trochantérien de Dugès et iliaque externe de Gaupp), qui va de l'os iliaque à la tête fémorale;

2° le *pyriforme* (p) (pyramidal de Cuvier et coccy-fémoral de Dugès), qui s'étend du pubis à la tête du fémur;

3° le *triceps fémoral* ou *extenseur crural commun* (tr) (pelvi-fémoro-rotulien de Dugès), qui recouvre le bord externe de la cuisse, s'insère sur le fémur et se divise en trois portions : une médiane, le *droit antérieur* (r. a.) et deux latérales, *le vaste externe* (v. e.) et *le vaste interne;* les deux premières portions vont s'insérer à l'os iliaque, la dernière va se fixer à la capsule articulaire coxo-fémorale; celle-ci n'est visible qu'à la face ventrale de la cuisse ;

4° le *biceps* ou *iléo-fibulaire* (iléo-péronien de Dugès et *flexor externus tibiæ* de Zenker). C'est un muscle long et étroit, qui s'insère à l'os iliaque et au-dessus de l'acétabulum et qui, après s'être divisé en deux portions, se rend d'une part à la partie postérieure de la tête du fémur, d'autre part au corps de l'os;

5° le *muscle semi-membraneux* (sus-ischio-poplité de Dugès, *extensor femoris sublimis* de Klein) situé du côté interne de la cuisse et qui va de l'angle formé par l'union des deux os iliaques à l'articulation du genou.

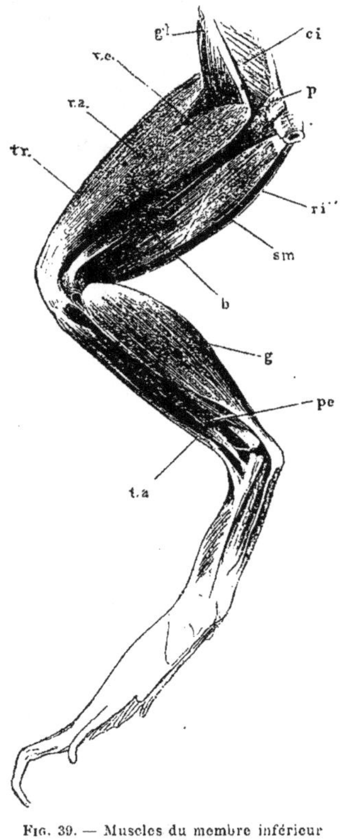

Fig. 39. — Muscles du membre inférieur (d'après Ecker).

gl. glutéus. — ci, coccygéo-iliaque. — p, pyriforme. — tr, triceps fémoral. — ra, droit antérieur. — v e, vaste externe. — ri', droit interne. — sm, semi-membraneux. — b, biceps. — g, gastrocnémien. — ta, tibial antérieur. — pe, péronier.

A la face postérieure on rencontre :

1° le *muscle sartorius* (b) (sous-iléo-tibia de Dugès et *gracilis* de Klein), qui va comme le précédent de l'angle inférieur de la symphyse des os iliaques à l'articulation du genou;

2° le *grand droit interne* (sm) (post-ischio-tibial profond de Dugès; semi-membraneux de Klein et *gracilis major* de Gaupp). Il est large et aplati et s'insère d'une part à la symphyse du pubis, d'autre part, à l'os crural. Au niveau de son tiers postérieur se trouve une inscription tendineuse qui le traverse obliquement;

3° le *petit droit interne* (ri) (post-ischio-tibial superficiel de Dugès, *flexor tibiæ magnus* de Zenker; *ischio-tibialis* de Klein et *gracilis minor* de Gaupp) situé sur le bord interne de la cuisse et relié à l'aponévrose du muscle droit de l'abdomen et au tendon du muscle précédent;

4° le *muscle long adducteur* (sous-iléo-fémoral de Dugès);

5° le *muscle grand adducteur* (sous-ischio-pubi-fémoral de Dugès et *adductor femoris* ou *extensor femoris profundus* de Klein);

6° le *court adducteur* (obturateur externe, *quadratus femoris et gemellus* de Gaupp;

7° le *pectiné* (sous-pubio-fémoral de Dugès).

Ces quatre muscles vont des symphyses iliaques et pubiennes au fémur.

8° Le *semi-tendineux* (bi-ischio-tibial de Dugès et biceps de Zenker), qui s'insère par deux chefs, l'un partant de la symphyse des ischions, l'autre de l'acétabulum, suit ensuite le trajet du grand adducteur et du petit droit interne pour se terminer au tiers inférieur du fémur.

Parmi les muscles de la jambe (fig. 39), citons en première ligne : le *muscle gastrocnémien* (g) (bi-fémoro-plantaire de Dugès et *plantaris longus* de Gaupp). Il s'insère d'une part au fémur et à l'os de la jambe, tandis que son tendon postérieur s'unit aux tendons des muscles voisins pour former le tendon d'Achille, qui se perd dans l'aponévrose plantaire. Ce muscle est fléchisseur de la jambe.

Les autres muscles de cette région sont :

1° Le *tibial postérieur* (cruro-astragalien de Dugès) recouvert en partie par le gastrocnémien et reposant sur toute la partie postérieure du plan osseux. De là, il va s'insérer à l'astragale ;

2° Le *tibial antérieur* (ta) (préfémoro-astragalien et calcanéen de Dugès et *tibialis anticus longus* de Gaupp);

3° Le court *extenseur de la cuisse* (préfémoro-tibial de Dugès);

Ces deux derniers muscles sont les antagonistes des gastrocnémiens;

4° Le *fléchisseur antérieur du tarse* (pc) (ex-tibio-astragalien de Dugès et *tibialis anticus brevis* de Gaupp);

5° Le *muscle péronier* (génio-péronéo-calcanéen de Dugès).

Les muscles du pied sont extrêmement nombreux : leur longue énumération ne serait pas d'une grande utilité. Aussi renvoyons-nous pour les détails au remarquable ouvrage de Gaupp (p. 195-222), qui les a tous décrits minutieusement.

4° **Muscles peauciers.** — Les muscles peauciers ou cutanés sont peu nombreux et fort minces.

L'un d'eux, le *sterno-cutané* ou *cutané pectoral* (abdomino-guttural de Dugès; abdomino-cutané de Klein et subcutané-pectoral de Zenker), est quadrangulaire et s'insère d'une part sur l'aponévrose des muscles obliques externes, de chaque côté de la lame cartilagineuse de l'hyposternum, d'autre part à la peau de la poitrine. Deux autres muscles, le *cutané dorsal* (pubio-dorso-cutané de Dugès; cutané-iliaque de Zenker et cutané-abdominal de Gaupp) et le *coccygéo-cutané* (coccy-dorso-cutané de Dugès), sont situés; le premier à la naissance des cuisses, le deuxième au voisinage du coccyx.

On peut rattacher à ces muscles le *sous-maxillaire*, qui s'insère en partie à la peau.

VI. **Système vasculaire.** — 1° **Généralités.** — La circulation chez la grenouille est double et incomplète : double, parce qu'il existe deux courants sanguins, l'un se rendant aux poumons, l'autre aux différents organes, comme chez les vertébrés supérieurs; incomplète, parce que le cœur n'est qu'imparfaitement divisé en deux compartiments distincts ; il existe bien deux oreillettes, mais le ventricule est unique. Toutefois la partie interne de ce ventricule est spongieuse, de sorte que le sang artériel et le sang veineux ne s'y mélangent pas complètement. D'autre part il existe des cloisons imparfaites, comme la *valvule de* Brucke, repli élastique et musculeux décrivant un tour de spire, dans le bulbe aortique et à la naissance des vaisseaux qui en partent. Or il résulte de cette disposition que le tronc de l'artère pulmonaire renferme presque exclusivement du sang veineux, tandis que le tronc aortique et le tronc carotidien contiennent du sang mélangé; cependant dans ce dernier tronc circule du sang artériel presque pur. Le ventricule, en se contractant, chasse donc à la fois le sang qui doit s'hématoser dans l'artère pulmonaire et le sang oxygéné plus ou moins mélangé dans les troncs carotidiens et aortiques. Le sang emmené par les artères dans les différents organes passe dans des capillaires, puis est ramené dans l'oreillette droite par des veines. C'est de là qu'il passe dans la portion droite du ventricule, d'où il est chassé dans les artères pulmonaires et cutanées; après avoir passé par les capillaires du poumon et de la peau, il est enfin ramené dans l'oreillette gauche par les veines pulmonaires et cutanées.

Le système lymphatique est très développé chez la grenouille; les lymphatiques accompagnent les vaisseaux sanguins et forment une gaine autour d'eux; près du point où les lymphatiques débouchent dans les veines, il existe des réservoirs lymphatiques, animés de contractions rythmiques et constituant de véritables cœurs lymphatiques; ces organes propulseurs de la lymphe sont au nombre de deux paires : deux sont situés dans la région scapulaire et déversent leur contenu dans les veines sous-scapulaires, les deux autres sont situés dans la région inguinale et aboutissent aux veines iliaques. Enfin, sous la peau, peu adhérente au corps, se trouve un vaste espace rempli de lymphe et divisé par des lignes d'adhérence en plusieurs compartiments ou sacs lymphatiques, qui communiquent avec le sac péritonéal; il existe aussi des sacs lymphatiques profonds.

2° **Cœur.** — Le cœur (fig. 40) est situé à la partie supérieure et antérieure du thorax sur la ligne médiane, immédiatement derrière le sternum, il est enveloppé d'un sac péricardique à parois minces et pigmentées, qui est fixé à la face interne de cet os. Le cœur de la grenouille est irrégulièrement ovoïde, son orientation est bien différente de celle du cœur humain; la pointe située obliquement en arrière et en bas repose entre les deux lobes latéraux du foie car il n'y a pas de diaphragme chez ces animaux; la base est antérieure et dirigée en haut. Comme il a été dit précédemment il se compose de deux oreillettes (Ad et As) et d'un ventricule (v). A sa face dorsale se trouve un sinus veineux et à sa face ventrale un volumineux bulbe aortique (B). La paroi des deux oreillettes est mince et aucune ligne de démarcation ne les sépare extérieurement; un sillon circulaire existe entre elles et le ventricule, dont les parois fortement musclées sont assez épaisses. Les cavités des oreillettes sont inégales, l'oreillette gauche est petite, l'oreillette droite est environ deux fois plus grande. Elles sont séparées par une membrane mince et transparente; le bord inférieur de cette cloison est légèrement concave et libre à la partie supérieure de la cavité ventriculaire. Chacune des deux oreillettes communique avec le ventricule par un orifice auriculo-ventriculaire muni de valvules. La cavité du ventricule allongée dans le sens transversal, est spongieuse; elle présente des colonnes charnues qui se continuent par des fibres tendineuses se terminant aux valvules auriculo-ventriculaires, s'opposant ainsi à leur renversement et au retour du sang dans les oreillettes au moment de la systole ventriculaire. La cavité du ventricule communique avec le bulbe artériel par un orifice arrondi muni de valvules semi-lunaires. Le bulbe artériel naît à droite, à la partie supérieure de la face ventrale du ventricule. Il se dirige de bas en haut, obliquant de droite à gauche vers la ligne médiane en s'appliquant contre les oreillettes au-dessus desquelles il passe. La cavité du bulbe artériel présente une cloison incomplète formée par un repli des parois. Arrivé au niveau de la partie supérieure des oreillettes, le bulbe se divise en deux troncs, qui se subdivisent chacun en trois vaisseaux distincts; ce sont, en allant de la partie supérieure à la partie inférieure: le tronc de l'artère carotide (1), qui se dirige vers la tête; le tronc aortique (2), qui se dirige en bas, et le tronc de l'artère pulmo-cutanée (3), qui se rend aux poumons et à la peau.

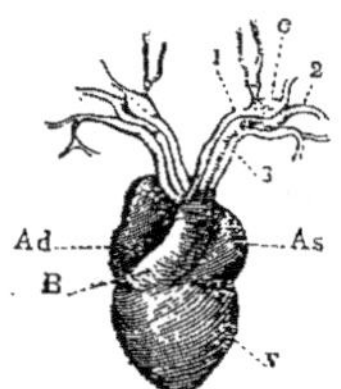

Fig. 40. — Cœur, face ventrale (d'après Ecker). Ad. oreillette droite. — As, oreillette gauche. v. ventricule. — B. bulbe aortique. — 1. tronc de l'artère carotide. — 2. tronc aortique. — 3. tronc pulmo-cutané. — c. glande carotidienne.

Sur la face dorsale du cœur et sur la ligne médiane se trouve un gros sinus veineux contractile, qui débouche dans l'oreillette droite; il reçoit en haut les deux troncs des veines caves supérieures et en bas le tronc unique de la veine cave inférieure. Au-dessus du point de rencontre des veines caves supérieures se trouve le tronc des veines pulmonaires, formé de deux veines pulmonaires droite et gauche et qui débouche dans l'oreillette gauche.

3° **Système artériel.** — Nous venons de voir que le bulbe artériel donnait naissance, de chaque côté, à trois troncs, celui de la carotide, celui de l'aorte et celui de l'artère pulmo-cutanée; étudions successivement chacun d'eux (fig. 21 et 22).

1° Le *tronc carotidien* (I) est formé aux dépens du premier arc branchial; presque aussitôt après sa naissance, il traverse une petite masse spongieuse de forme ovoïde que l'on appelle *glande carotidienne* (fig. 20, c et fig. 22, d) et se divise ensuite en deux branches: La branche interne est l'*artère linguale* (fig. 22, l), qui se rend à la langue et aux muscles voisins; la branche externe est l'*artère carotide commune* (fig. 22, ca), qui se divise en quatre rameaux: 1° l'*artère pharyngienne ascendante*, qui se rend à la base de la tête près de l'orifice de la trompe d'Eustache; elle donne des rameaux au pharynx; d'autres s'anastomosent avec des ramifications de l'artère cutanée; 2° l'*artère ophtalmique*, qui se rend au globe oculaire et se ramifie dans les muscles de l'œil; 3° l'*artère palatine*, qui se dirige vers la muqueuse du palais, à laquelle elle fournit de nombreux rameaux et à la glande de Harder; 4° l'*artère carotide interne*, qui se rend dans le crâne où elle se divise en deux rameaux: l'un, externe, s'anastomose avec celui du côté opposé pour former l'*artère communicante antérieure;* l'autre, interne, se réunit avec celui de l'autre côté pour former l'*artère basilaire*. Celle-ci donne naissance à l'*artère spinale antérieure*, qui descend le long du canal vertébral, où elle s'anastomose avec l'*artère vertébrale*.

2° Le *tronc aortique* (II) provient du deuxième arc branchial et sort du bulbe artériel entre le tronc carotidien et le tronc pulmo-cutané; c'est le plus important des trois. Il contourne l'œsophage, se dirige en arrière et arrive près de la colonne vertébrale où il s'infléchit en bas; ce tronc étant pair, il existe une *aorte droite* (fig. 21, Ad) et une *aorte gauche* (fig. 41, As). Chacune d'elles se dirige tout d'abord vers la partie inférieure du corps, et, arrivée vers le milieu de la cavité thoraco-abdominale, s'unit à celle du côté opposé pour former un tronc unique, l'*aorte commune* ou *artère abdominale* (fig. 21 et 22, A). Avant de s'unir entre elles, les aortes droite et gauche donnent naissance à un certain nombre de branches qui sont, en commençant par les plus rapprochées de la naissance du tronc : 1° les *artères laryngées*, qui se rendent au larynx et aux organes voisins; 2° les *artères œsophagiennes*, qui longent l'œsophage à sa partie dorsale; 3° les *artères occipito-vertébrales* (fig. 22, ov), qui se dirigent en haut vers la colonne vertébrale et se divisent en deux : la branche supérieure ou *artère occipitale* (o) donne des *rameaux orbito-nasaux* et *maxillaires supérieurs* et *inférieurs*; la branche inférieure ou *artère vertébrale* (v) se subdivise elle-même en *rameaux spinaux, dorsaux* et *intercostaux*; 4° les *artères sous-clavières* naissent très près des occipito-vertébrales et longent le second nerf spinal; elles donnent naissance aux artères *costo-cervicale, coraco-claviculaire, scapulaire postérieure, scapulaire supérieure, cutanéo-axillaire* et *sous-scapulaire*. A partir du point d'émergence de cette artère, la sous-clavière prend le nom de brachiale.

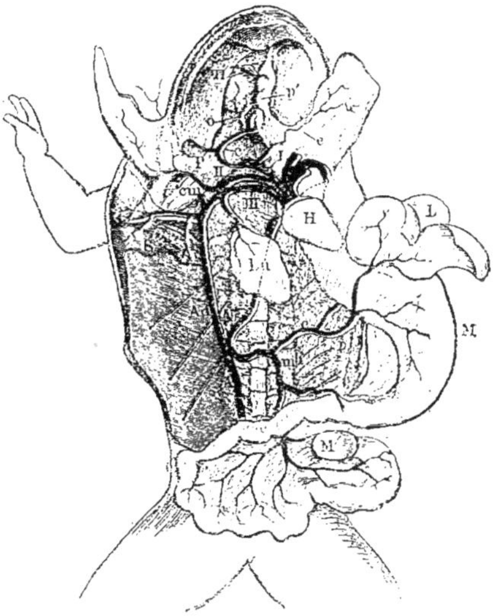

Fig. 41. — Système artériel (d'après Ecker et Wiedersheim). La paroi inférieure du corps a été fendue; les deux moitiés de la mâchoire inférieure sont rejetées de côté, ainsi que le cœur, l'estomac et le foie. — H. cœur. — Lu. poumon. — L, foie. — M, estomac. — M', rate. — I. tronc des carotides (celui de gauche a été coupé). — II. troncs aortiques. — III, tronc pulmo-cutané. — Ad. aorte droite. — As, aorte gauche. — A. aorte abdominale. — c. artère carotide commune. — p. artère pharyngienne ascendante. — p', artère palatine. — o, artère ophthalmique. — l, artère linguale. — cm, artère cutanée. — s, artère sous-clavière. — c, artère cœliaque. — m. artère mésentérique.

Artères du membre supérieur. — L'*artère brachiale* (fig. 41 et 42, 5) suit le trajet du nerf spinal, passe sous l'insertion du muscle sous-scapulaire et au-dessus de la longue portion du triceps jusqu'au pli du coude. Dans ce trajet elle donne naissance aux *artères radiale, pectorale* et *cutanée médiane supérieure*. A partir du pli du coude l'artère brachiale suit le trajet du nerf ulnaire sous le fléchisseur du carpe et l'ulnaire jusqu'à la main; elle se termine par l'*artère ulnaire*, après s'être anastomosée avec une collatérale de la radiale. Au niveau du poignet, l'artère ulnaire donne le *rameau cutané médian inférieur*, qui se rend à la peau de la main, et elle envoie une artériole, qui se rend au deuxième doigt et une autre qui se ramifie avec le rameau cutané médian supérieur. Entre le fléchisseur commun des doigts et l'anconé, l'ulnaire fournit une branche qui se ramifie pour donner les artères des doigts : une artère se rend au deuxième doigt, deux au troisième, deux au quatrième et une au cinquième; elles s'anastomosent avec les artères digitales dorsales. L'*artère radiale* chemine avec le nerf radial le long de l'humérus; elle donne dans l'avant-bras un rameau cutané : l'*artère cutanée radiale inférieure*, elle passe ensuite entre le muscle extenseur du carpe et le fléchisseur anti-brachial sur le dos de la main, où elle se termine par une anastomose avec l'artère brachiale.

Branches de l'aorte commune. — Au niveau de la réunion des aortes droite et gauche pour former l'aorte commune ou abdominale, tandis que l'aorte droite semble se continuer directement avec l'aorte abdominale, l'aorte gauche semble entrer seulement en contact avec cette dernière et se continuer par un vaisseau latéral qui se rend à l'intestin et au mésentère : c'est l'*artère intestinale commune* ou *cœliaco-mésentérique* (fig. 42, J). Cette artère, qui paraît être le prolongement de l'aorte gauche, est en réalité la première branche de l'aorte abdominale. L'artère intestinale commune se divise bientôt en deux : 1° l'*artère cœliaque* (fig. 41, c) ou *gastrique*, qui fournit un rameau droit ou antérieur donnant l'*artère hépatique* qui se ramifie dans le foie et se rend à la vésicule biliaire, au côté droit de l'estomac et à la partie supérieure de l'intestin, et un rameau gauche ou postérieur, qui se rend à la partie gauche de l'estomac; 2° l'*artère mésentérique* (fig. 41, m) ou *splénique* donne une branche stomacale qui s'anastomose avec une branche de l'artère de l'estomac qui vient de l'hépatique; elle donne de très nombreux rameaux à l'intestin et une branche pour la rate. L'aorte abdominale, après avoir suivi de haut en bas la ligne médiane du corps, arrive au niveau des reins, où elle donne quatre ou cinq branches impaires qui sont les *artères uro-génitales* (fig. 42, ug); elles se divisent chacune presque immédiatement en deux rameaux qui se subdivisent en ramuscules se rendant aux reins, aux organes génitaux et à leurs canaux excréteurs. L'*aorte* abdominale donne ensuite l'*artère lombaire*, qui pénètre dans le canal rachidien en passant par les trous intervertébraux et dont une autre partie se ramifie dans les muscles de la région. Enfin de la partie terminale de l'aorte abdominale part une artère impaire, l'*artère mésentérique inférieure* ou *hémorrhoïdale supérieure*, qui se rend au gros intestin. Au milieu de l'os coxal, l'aorte abdominale se divise en deux gros troncs : les *artères iliaques communes* (fig. 42, ic), qui passent sur les nerfs lombaires et se divisent chacune en deux branches : l'*épigastrico-vésicale* (ie) et la *fémorale* (ic) ou *crurale*. On trouve en outre chez le mâle une troisième branche, l'*artère spermatique*. La première se divise très près de sa naissance en deux branches : 1° l'*artère épigastrique*, qui se rend dans le muscle ilio-coccygien, et ensuite va se perdre dans le muscle oblique interne après avoir irrigué les muscles du ventre; 2° l'*artère vésicale*, qui naît près du plexus ischial et se ramifie sur la vessie. La seconde, l'artère fémorale, après avoir fourni quelques rameaux musculaires et cutanés, se rend au membre inférieur.

Artères du membre inférieur. — L'*artère fémorale*, accompagnée du nerf ischiatique, porte le nom d'*artère ischiatique* dans la partie supérieure de la cuisse, où elle fournit l'*artère hémorrhoïdale inférieure* et l'*artère cutanée fémorale postéro-supérieure*. Elle passe ensuite entre le biceps et le demi-membraneux, et chemine dans un espace lymphatique, en donnant des *rameaux musculaires*, ainsi que l'*artère cutanée fémorale médiane*. Au niveau de l'articulation du genou, la fémorale prend le nom d'*artère poplitée*, qui se divise en deux branches : l'artère péronière et l'artère tibiale. L'*artère péronière*, accompagnée du nerf péronier, chemine le long du biceps fémoral, et fournit quatre branches : une qui se rend au vaste externe, une autre qui se rend au muscle péronier; enfin, les deux *circonflexes latérales supérieure* et *inférieure*. L'*artère tibiale* donne également quatre branches : les deux *circonflexes médianes supérieure* et *inférieure*, une artère pour le muscle gastrocnémien, et l'*artère surale*. L'artère tibiale, accompagnée du nerf du même nom, passe alors entre les deux faisceaux du muscle gastrocnémien, et s'appuie contre le squelette; elle traverse ensuite le muscle tibial postérieur, et, après avoir fourni des rameaux musculaires, passe dans un canal du tibia. Elle en sort en prenant le nom d'*artère tibiale antérieure*, et arrive à l'articulation du pied, où elle devient l'*artère dorsale pédieuse;* dans ce trajet, elle fournit des rameaux musculaires et cutanés, et les deux *malléolaires latérale* et *médiane*. La dorsale pédieuse, arrivée sous le fléchisseur du tarse, se divise en deux branches : 1° La *branche médiane* donne l'*artère cutanée hallucis* et la première *interosseuse dorsale*, qui fournit des rameaux au premier et au deuxième orteil, puis s'anastomose avec l'*artère cutanée plantaire;* 2° La *branche latérale* donne les trois *interosseuses dorsales* suivantes, qui se subdivisent en artérioles dans la peau. Enfin, de l'artère dorsale pédieuse part une *artère interosseuse*, qui irrigue les muscles et la peau de la plante du pied ; elle s'anastomose avec des rameaux perforants qui viennent des interosseuses dorsales.

3° Le *tronc pulmo-cutané* (III) vient du quatrième arc branchial ; c'est le plus inférieur des trois troncs nés du bulbe artériel ; il conduit le sang vers les organes respiratoires qui sont d'une part les poumons, d'autre part la peau ; il se divise donc en deux branches : 1° L'*artère pulmonaire* (fig. 42, P), qui s'incurve en bas et pénètre au sommet du poumon, sur les parois duquel elle se ramifie, en formant un riche réseau ; 2° L'*artère cutanée* (fig. 41, cm et fig. 42, c), qui se dirige en bas et en arrière vers la peau du dos, sous laquelle elle chemine jusqu'à l'extrémité inférieure du tronc. Elle fournit des rameaux latéraux à toute la surface cutanée, entre autres l'*artère pharyngo-maxillaire*, qui se rend du côté du pharynx et de la mâchoire inférieure, et l'*artère cutanée pectorale*, qui irrigue la peau de la poitrine.

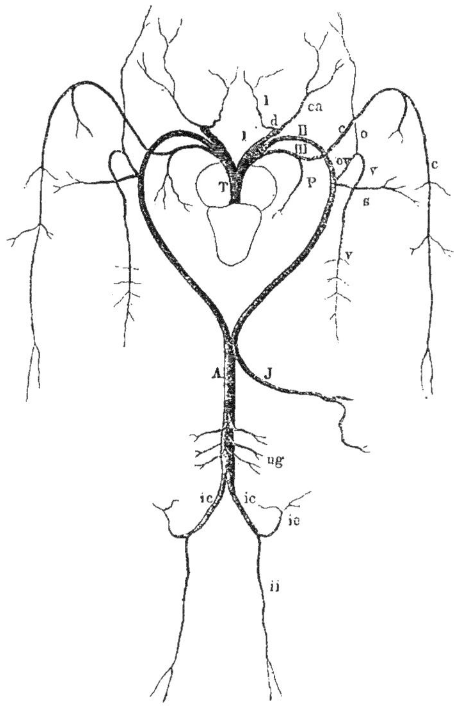

Fig. 42. — Schéma du système artériel (d'après Ecker et Wiedersheim).

T, tronc artériel. — I, tronc carotidien. — II, tronc aortique. — III, tronc pulmo-cutané, — d, glande carotidienne. — l. artère linguale, — ca, artère carotide commune. — A, aorte commune ou aorte abdominale. — ov, artère vertébrale. — o, artère occipitale. — v, artère vertébrale. — J, artère intestinale ou cœliaco-mésentérique. — ug, artère uro-génitale. — u, artère iliaque commune. — ic, épigastrico-vésicale. — ii, fémorale. — S, artère sous-clavière ou brachiale. — C, artère cutanée. — P, artère pulmonaire.

4° **Système veineux**. — Quatre troncs veineux aboutissent aux oreillettes ; le tronc des veines pulmonaires se jette dans l'oreillette gauche ; les deux troncs des veines caves supérieures et le tronc unique de la veine cave inférieure se réunissent dans le sinus veineux, dont le contenu se déverse dans l'oreillette droite fig. 23).

Veines pulmonaires. — Ces veines (Vp) sont formées par la réunion de rameaux convergents venant du sommet des poumons. Les veines pulmonaires droite et gauche cheminent sur la face dorsale du sinus veineux, et se réunissent pour former un tronc très court, qui est la *veine pulmonaire commune ;* celle-ci communique avec l'oreillette gauche par un orifice semi-lunaire.

Veines caves supérieures. — Il en existe deux (Cs), une droite et une gauche, aboutissant l'une et l'autre au sinus veineux. Chacune d'elles reçoit trois veines : la veine jugulaire externe, la veine innominée et la grande veine cutanée. La *veine jugulaire externe* (je) collecte le sang qui vient de la tête par l'intermédiaire de deux vaisseaux, l'un venant de la langue, c'est la *veine linguale* (l) ; l'autre des muscles hyoïdiens, c'est la *veine maxillaire inférieure* (m). La *veine innominée* est formée par la réunion de deux veines : la *veine jugulaire interne* (ji) et la *veine sous-scapulaire* (s). La première ramène le sang du crâne, et reçoit la *veine vertébrale*, qui collecte le sang de la colonne vertébrale; la seconde ramène le sang des muscles abdominaux et de la région scapulaire. La *grande veine cutanée*, appelée par certains auteurs *veine musculo-cutanée* (cm), est la plus volumineuse des branches afférentes de la veine cave supérieure. Elle reçoit deux rameaux : la veine cutanée proprement dite, et la veine sous-clavière. La *veine cutanée* est formée par la réunion de veinules ramenant le sang de la peau, des muscles de la face (*veine faciale*), de la région tympanique (*veine tympanique*), de l'œil (*veines ophtalmiques antérieure et postérieure*, *veines palpébrales*) et de la poitrine. Partant de l'extrémité du museau, la veine cutanée se dirige en bas de chaque côté de la tête, et descend jusque vers le milieu de la longueur du corps, où, après avoir formé une anse à concavité supérieure, elle remonte sous la peau, pour aboutir à la grande veine cutanée, qui se jette elle-même dans la veine cave supérieure.

Veines du membre supérieur. — La *veine sous-clavière* ou *brachiale* (a) ramène le sang du membre supérieur; elle est formée par la réunion des deux veines de l'avant-bras; la *veine radiale*, située du côté du radius, qui reçoit elle-même les *veines digitales dorsales* et la *veine ulnaire*, située du côté du cubitus.

Veine cave inférieure. — Cette veine est impaire (Ci), et se jette dans le sinus veineux; elle ramène au cœur le sang des viscères et des membres inférieurs. *Tout le sang qu'elle contient a passé soit par le foie, soit par les reins*, car il existe chez la grenouille deux systèmes portes veineux bien nets, un système porte hépatique et un système porte rénal.

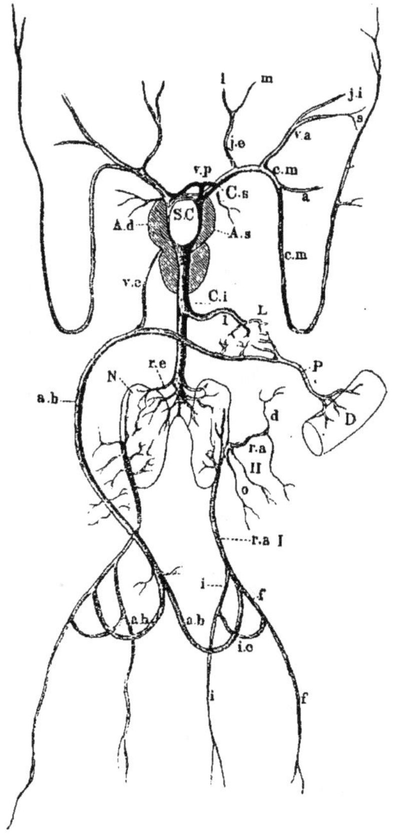

FIG. 43. — Schéma du système veineux (d'après ECKER et WIEDERSHEIM).

Ad, As, oreillettes droite et gauche. — SC, sinus veineux. vp, veine pulmonaire. — Cs. veines caves supérieures. — je. veine jugulaire externe. — l. veine linguale. — m. veine maxillaire. — ji, veine jugulaire interne. — s. veine sous-scapulaire. — cm, veine cutanée. — a. veine sous-clavière. — Ci, veine cave inférieure. L, foie. — l. veine hépatique. — vc, veine cardiaque. — D, intestin. — P, veine porte intestinale. — ab, veine abdominale. — N, reins. — re, veine porte rénale. — ra I, veine afférente rénale primaire. — ra II. veine afférente rénale secondaire. — d, veine dorso-lombaire. — o. veine de l'oviducte. — i, veine sciatique. — f, veine fémorale. — ic, veine communicante iliaque.

Système porte hépatique. — Les veines afférentes proviennent de deux sources différentes; les unes sont des ramifications de la veine porte, les autres sont des ramifications de la veine abdominale. La *veine porte* amène au foie le sang de l'estomac, de l'intestin, de la rate et du mésentère; elle est formée par la réunion de plusieurs rameaux, dont les deux principaux sont la *veine porte gastrique* et la *veine porte intestinale* (P). La *veine abdominale* (ab) amène au foie le sang provenant des membres inférieurs; elle est formée par la réunion sur les parties inférieure et antérieure de l'abdomen de deux branches collatérales venant des veines fémorales, et qui s'unissent après avoir formé une anse à concavité supérieure. La veine abdominale ainsi formée remonte sur la ligne médiane ventrale jusqu'au foie, pour se ramifier dans ses lobes latéraux. Son rameau gauche s'anastomose avec la branche gastrique de la veine porte. Chemin faisant, la veine abdominale reçoit les *veines vésicales*, des veinules venant des muscles abdominaux, et, avant de pénétrer dans le foie, la *veine cardiaque* (vc) naissant d'un réseau capillaire qui entoure le bulbe artériel (Hyrtl). Les ramifications de la veine porte et de la veine abdominale se résolvent en capillaires dans le foie, et de ces capillaires naissent des rameaux veineux efférents qui forment les *veines hépatiques*. Celles-ci viennent déboucher dans la veine cave inférieure, tout près de l'endroit où elle aboutit au sinus veineux.

Système porte rénal (rc). — Les veines afférentes du rein sont au nombre de deux principales : la *veine rénale afférente primaire* (ra I) et la *veine rénale afférente secondaire* (ra II). La première entre dans le rein par son bord inférieur et externe, et se ramifie dans cet organe ; elle apporte le sang des membres inférieurs par deux gros vaisseaux, la *veine fémorale* et la *veine sciatique* (i). Nous avons dit précédemment qu'une branche de la fémorale forme l'artère abdominale qui se rend au foie. La seconde, ou veine rénale afférente secondaire, pénètre dans le rein par son bord externe ; elle est formée de plusieurs branches, qui sont les *veines de l'oviducte* (o) et la *veine dorso-lombaire* (d), qui vient de la paroi dorsale du tronc, de la région lombaire et des muscles intercostaux. Les ramifications des veines rénales afférentes primaire et secondaire se continuent par des capillaires, d'où naissent des *veines rénales efférentes*, qui forment par leur réunion le tronc de la veine cave inférieure. Cette dernière renferme donc, comme nous l'avons déjà fait remarquer, tout le sang des reins et du foie.

Veines du membre inférieur. — Nous venons de voir que la veine fémorale et la veine sciatique se réunissent pour former la veine rénale afférente primaire ; chacune de ces veines reçoit des affluents que nous devons maintenant énumérer. La *veine fémorale* (f) ou *crurale* est la plus importante ; elle continue au niveau de l'articulation du genou la *veine tibiale postérieure* qui, après avoir reçu des rameaux de la face dorsale de l'extrémité de la patte, parcourt la jambe de bas en haut. A partir du genou, la veine fémorale chemine à la partie antérieure de la cuisse, qu'elle traverse obliquement de dedans en dehors et de bas en haut, passant entre le muscle vaste externe et le muscle droit antérieur. Avant de s'unir à la veine sciatique, elle fournit une collatérale qui va former, avec celle du côté opposé, la veine abdominale, dont nous avons déjà parlé. La *veine sciatique* ou *ischiatique* est la continuation de la *veine tibiale antérieure*, qui ramène le sang de la patte et des doigts, et traverse en partie le canal interne du tibia ; dans la cuisse, elle passe entre le muscle semi-membraneux et le biceps. Dans la région inguinale, existe une anastomose entre les veines fémorale et sciatique : c'est la *veine communicante iliaque* (ic).

5° **Système lymphatique**. — Le système lymphatique de la grenouille comprend des cœurs lymphatiques, des sacs lymphatiques sous-cutanés et profonds, des gaines lymphatiques qui entourent les vaisseaux, et des organes lymphoïdes.

Cœurs lymphatiques. — Ils sont au nombre de quatre, disposés deux par deux, les uns à la partie supérieure du corps : ce sont les cœurs lymphatiques antérieurs ; les autres à la partie inférieure du corps : ce sont les cœurs lymphatiques postérieurs. Les *cœurs lymphatiques antérieurs* (fig. 44, L) sont situés de chaque côté de la colonne vertébrale, au niveau de la troisième et de la quatrième vertèbre ; ils sont logés dans un espace triangulaire limité par les fibres musculaires qui unissent les apophyses transverses de ces deux vertèbres. Ce sont de petits organes ovoïdes un peu plus gros qu'une tête d'épingle, dont la paroi mince renferme des fibres musculaires, ce qui leur permet de se contracter ; ils communiquent avec la veine sous-scapulaire contre laquelle ils sont appliqués. Les *cœurs lymphatiques postérieurs* (fig. 45, L) sont placés au voisinage de l'articulation coxo-fémorale, de chaque côté de l'extrémité inférieure de l'urostyle, dans un espace triangulaire limité par les muscles coccygéo-iliaque (ic), vaste externe (ve) et pyriforme (P). Ils ont à peu près les mêmes dimensions que les cœurs antérieurs, et sont accolés à la veine iliaque transversale qui fait communiquer la veine fémorale avec la veine sciatique. Chez quelques individus, on peut voir ces cœurs battre sous la peau. Ces organes sont des organes propulseurs de la lymphe ; ils sont percés de petits orifices par lesquels ils reçoivent la lymphe qui vient de la cavité viscérale et des sacs sous-cutanés; d'autre part, ils communiquent avec le système veineux, et, en se contractant, injectent la lymphe dans le courant sanguin.

Sacs lymphatiques sous-cutanés. — Ces sacs sont situés entre la peau, peu adhérente sur la plus grande partie de son étendue et les muscles de la paroi du corps (fig. 46); on sait depuis les travaux de JOHANNES MULLER et de RECKLINGHAUSEN que ces espaces sont remplis de lymphe. Ils sont divisés en compartiments par des cloisons de tissu conjonctif, à l'intérieur desquelles se trouvent également des espaces lacunaires. Les sacs lymphatiques de la grenouille sont, à la face dorsale : le *grand sac cranio-dorsal* (1), impair, allant du museau au coccyx; il est limité de chaque côté par les cloisons dorsales, qui le séparent des sacs latéraux et inférieurement par les cloisons inguinales qui le séparent des sacs fémoraux; les autres sacs sont pairs : ce sont : le *sac iliaque* (15), situé entre le sac cranio-dorsal, le sac latéral et le sac fémoral; le *sac brachio-radial* (7) au membre supérieur; le *sac fémoral* (9), le *sac suprafémoral* (10) et le *sac interfémoral* (11) à la cuisse; le *sac crural* (12) à la jambe, enfin le *sac dorsal* (13) et le *sac plantaire* (14) du pied. A la face ventrale, on trouve trois sacs impairs qui sont : le *sac sous-maxillaire*, limité en haut et latéralement par la peau adhérente au bord de la mâchoire inférieure, en bas par la cloison qui le sépare du *sac thoracique* compris entre le sternum et la gorge; enfin le *sac ventral*, le plus volumineux; il a la forme d'un triangle à sommet inférieur qui s'étend du sternum à la symphyse du pubis, et il est séparé des sacs latéraux par les cloisons abdominales. Les autres sacs sont pairs; ce sont : le *sac brachial antérieur* et le *sac brachio-ulnaire* au membre supérieur; le *sac fémoral, interfémoral, crural, dorsal* et *plantaire du pied*, au membre inférieur; ces derniers sont également visibles quand on examine l'animal par sa face dorsale. Latéralement on aperçoit plusieurs des sacs déjà mentionnés et surtout le *sac latéral du tronc* (3), qui va de la tête à la racine du membre inférieur. Les sacs latéraux empiètent un peu sur les faces dorsale et ventrale.

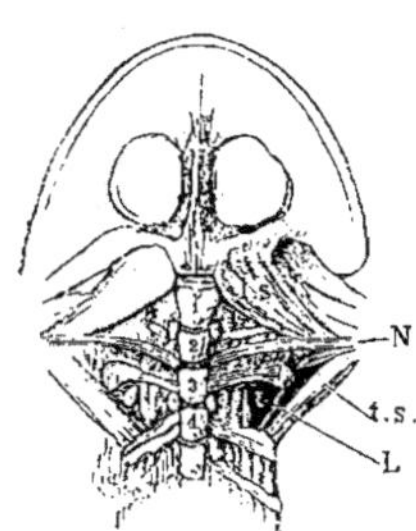

FIG. 44. — Cœurs lymphatiques antérieurs (d'après ECKER).
L, cœurs lymphatiques antérieurs. — N, nerf de la 3e paire. — ls, élévateur de l'omoplate. — ts, grand transverso-scapulaire. — 1 à 4. les quatre premières vertèbres.

Sacs lymphatiques profonds. — A côté des sacs lymphatiques sous-cutanés, il existe des sacs lymphatiques profonds, décrits beaucoup plus tard, et qui sont encore imparfaitement connus. Les principaux de ces sacs lymphatiques, ou sinus, sont : dans la tête, les sinus *supra-oculaire, temporal profond, basilaire* et *mandibulaire*. Le tronc comprend le *sinus vertébral* le plus grand de tous, s'étendant jusque dans la tête; ce sinus est encore connu sous les noms de *grande citerne lymphatique* de PANIZZA, de *réservoir prévertébral* de ROBIN et de *grand sinus abdominal interne* de JOURDAIN. Citons encore dans le tronc le *sinus sternal, sous-scapulaire, pulmonaire, péri-œsophagien* et dans l'abdomen le sinus *pelvien* et *pubien*. Le membre supérieur renferme le *sinus brachial profond* et *cubital;* le membre inférieur, le *sinus poplité, crural antérieur, sural, dorsal profond* et *plantaire profond*.

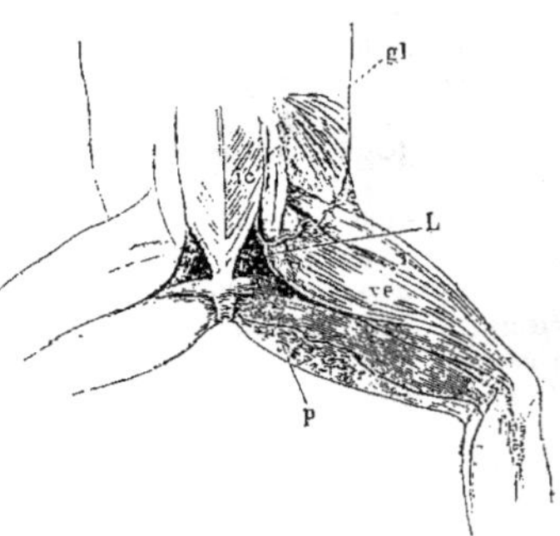

FIG. 45. — Cœurs lymphatiques postérieurs (d'après ECKER).
L, cœurs lymphatiques. — gl, glutéus. — ic. coccygéo-iliaque. — ve, vaste externe. — P. pyriforme. — r, droit antérieur.

Ajoutons qu'il n'y a pas chez la grenouille de vaisseaux lymphatiques proprement dits, mais simplement des gaines lymphatiques autour des vaisseaux et des *organes lymphoïdes;* nous renvoyons à ce sujet aux travaux de MAURER, de CUÉNOT, etc.

VII. **Système nerveux.** — **Système nerveux central.** — La *moelle épinière* (fig. 47 et 49) est très courte relativement à la longueur du corps; elle est à peine une fois et demie plus longue que l'encéphale. Elle commence là où se termine la moelle allongée, avec laquelle elle se continue en haut sans ligne de démarcation; elle se rétrécit brusquement en bas entre la sixième et la septième vertèbre, et se prolonge par un *filum terminale* logé dans la cavité du coccyx. La moelle présente dans son parcours deux légers renflements, l'un à la naissance des nerfs du membre supérieur, l'autre à la naissance des nerfs du membre inférieur. Deux sillons peu marqués, l'un dorsal, l'autre ventral, parcourent la moelle dans toute sa longueur. Le sillon dorsal, moins profond que le ventral, est longé de chaque côté par un petit sillon intermédiaire très rapproché de lui; il s'élargit en haut pour former le *sinus rhomboïdal* (fig. 48, srg) au niveau de la moelle allongée; c'est du fond de ce sinus que part le canal médullaire. Si l'on fait une coupe transversale de la moelle, on constate qu'elle est à peu près cylindrique; au centre se trouve le canal médullaire, entouré de substance grise formant des cornes antérieures et postérieures : la périphérie ou couche corticale est parcourue par des fibres blanches. Entre la moelle épinière et le canal rachidien se trouve une substance molle et blanchâtre renfermant un grand nombre de petits cristaux calcaires de chaque côté de la colonne vertébrale, au niveau des racines des nerfs rachidiens.

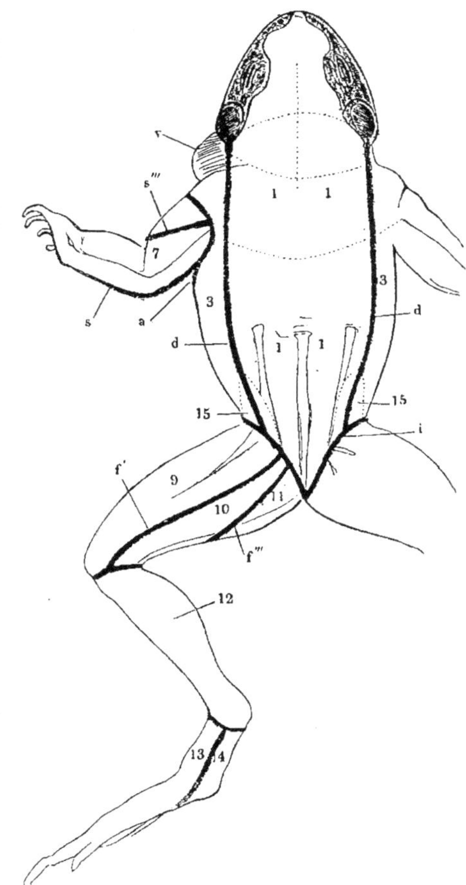

FIG. 46. — Sacs lymphatiques sous-cutanés de la face orsale (d'après ECKER et WIEDERSHEIM).

1, sac cranio-dorsal. — 3, sacs latéraux. — 7, sac brachio-radial. 9, sac fémoral. — 10, sac supra-fémoral. — 11, sac inter-fémoral. 12, sac crural. — 13, sac dorsal du pied. — 14, sac plantaire du pied. — 15, sacs iliaques. — d, cloisons dorsales. — a, cloisons abdominales. — s, cloison brachiale postérieure. — s''', cloison brachiale médiane. — i, cloison inguinale. — f, cloison fémorale supérieure. — f''', cloison fémorale intermédiaire. — v, sac vocal.

L'*encéphale* (fig. 48) de la grenouille est à peine plus large que la moelle épinière; sa conformation est plus simple chez les amphibiens que chez tous les autres vertébrés (EDINGER). Il se compose de cinq parties, correspondant nettement aux cinq vésicules cérébrales; ce sont de bas en haut : le *myencéphale* ou moelle allongée, qui fait suite à la moelle épinière, le *métencéphale* ou cerveau postérieur qui comprend le cervelet, le *mésencéphale* ou cerveau moyen, le *thalamencéphale* ou cerveau intermédiaire et le *protencéphale* ou cerveau antérieur, d'où partent en haut les nerfs olfactifs (I), qui se terminent par deux lobes olfactifs volumineux ou *rhinencéphale* (L ol).

La *moelle allongée* (Mo) continue sans ligne de démarcation la moelle épinière; elle se renfle à sa partie supérieure et devient à peu près de la même largeur que le cerveau. A ce niveau le sillon dorsal de la moelle s'est évasé, formant une large fossette triangulaire à sommet dirigé en bas, et dont la base, dirigée en haut, est formée par le cervelet; les deux autres côtés du triangle sont légèrement ondulés et constitués par des bourrelets que l'on désigne sous le nom de *corps restiformes* (s). La cavité limitée par ce triangle est le *sinus rhomboïdal* (S rh) correspondant au quatrième ventricule des vertébrés supérieurs. Le plancher du sinus présente en son milieu un sillon longitudinal, qui se continue en bas par le canal médullaire. Le plafond est formé par une membrane plissée et vasculaire, beaucoup plus épaisse que la pie-mère, qui recouvre le reste de l'encéphale; c'est le *plexus choroïdien*, à la face antérieure duquel se trouvent des plis transversaux partant d'un pli longitudinal médian qui fait saillie dans le sinus.

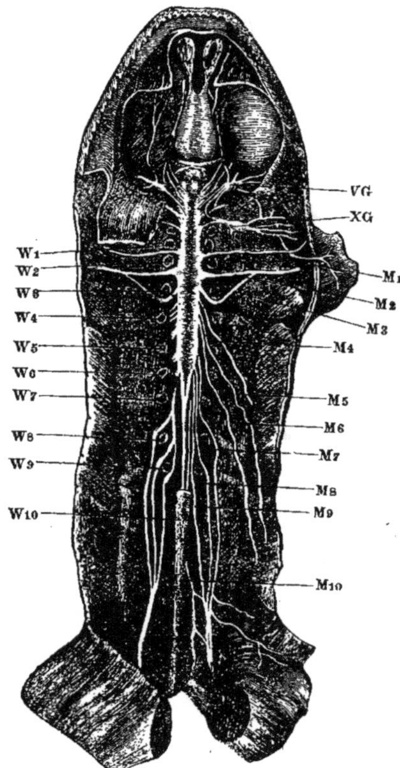

Fig. 47. — Système nerveux, vu en place (d'après Ecker et Wiedersheim).

VG, ganglion de Gasser. — XG, ganglion du nerf vague. — M1 à M10, nerfs rachidiens. — W1 à W10, vertèbres.

Le *cervelet* (C) est très réduit chez la grenouille; il consiste en une bande étroite située entre les lobes optiques et la moelle allongée, avec laquelle il est intimement uni. La face postérieure du cervelet fait une légère saillie dans la fosse rhomboïdale; sa face antérieure est recouverte en partie par l'hypophyse.

Le *cerveau moyen*, ou *mésencéphale*, est constitué par les *lobes optiques*, (L op) qui, vus dorsalement, se présentent sous l'aspect de deux corps ovoïdes à grand axe dirigé obliquement de bas en haut et de dedans en dehors. Dans l'angle qu'ils forment supérieurement est logé le thalamencéphale, c'est-à-dire le toit du troisième ventricule et la glande pinéale qui les sépare des hémisphères cérébraux. C'est au niveau du cerveau moyen que l'encéphale atteint sa plus grande largeur. Antérieurement il n'existe pas de limite précise entre le mésencéphale et le thalamencéphale : on distingue nettement le chiasma des nerfs optiques à la face antérieure du thalamencéphale, et, dans la concavité du chiasma, un tubercule grisâtre, le *tuber cinereum*. Les lobes optiques sont creusés de cavités, ventricules du cerveau moyen, qui sont des diverticules de l'aqueduc de Sylvius et qui communiquent en haut avec le troisième ventricule et en bas avec le quatrième, représenté, comme nous l'avons vu, par le sinus rhomboïdal.

Le *cerveau intermédiaire* ou *thalamencéphale* (Tho) est situé entre le cerveau moyen et les hémisphères cérébraux. A sa face dorsale se trouve la *glande pinéale* ou *épiphyse* (Gp) formée par une évagination du plafond de cette partie de l'encéphale. Entre la glande et le cerveau antérieur se trouve un plexus veineux qui se prolonge entre les hémisphères. On connaît les relations qui existent entre l'épiphyse et l'œil frontal impair ou œil pinéal de certains reptiles. Chez la grenouille adulte rien ne rappelle cette disposition ; toutefois chez la larve l'épiphyse se présente tout d'abord sous la forme d'un pédicule portant un renflement ; bientôt ce renflement se détache et se porte en dehors du crâne jusque dans l'épaisseur du derme. On retrouve plus tard cet organe qui a l'aspect d'une petite tache blanchâtre entre les deux yeux, sous la peau du front. Stieda l'a désigné sous le nom de *glande frontale*, et Leydig sous celui d'*organe cutané*. D'ailleurs il n'est pas démontré que cet organe soit l'homologue de l'œil pinéal des lacertiliens. La face ventrale du thalamencéphale est peu distincte de celle du cerveau moyen ; on y voit le chiasma des nerfs optiques et le *tuber cinereum*, d'où se détache en bas l'*hypophyse* (Hy), que nous décrirons plus loin avec les glandes à sécrétion interne. Latéralement le cerveau intermédiaire est formé de masses cellulaires réunies entre elles par la *commissure postérieure*. Intérieurement se trouve le troisième ventricule qui communique en haut par le *trou de* Monro avec la branche transversale qui relie le premier au second ventricule, en bas avec l'aqueduc de Sylvius.

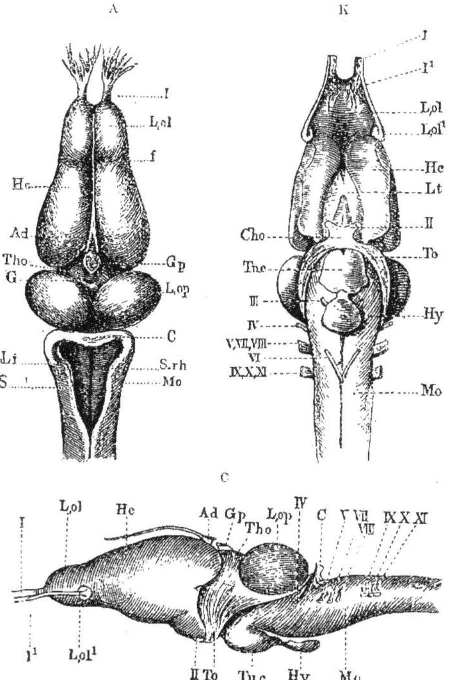

Fig. 48. — Encéphale (d'après Ecker et Wiedersheim).

P. face supérieure. — B, face inférieure. — C, face latérale. — I_1, nerf olfactif. — Lol, Lol_1, lobe olfactif. — f, fente cérébrale. — Hc, cerveau antérieur ou hémisphères cérébraux. — Lt, lame terminale. — Ad, scissure interhémisphérique. — Cho, chiasma des nerfs optiques. — II, nerf optique. — To, bandelette optique. — Gp, glande pinéale ou épiphyse. — Tho, cerveau intermédiaire ou thalamencéphale. — Tuc, infundibulum. — Lop, lobes optiques. — III, nerf oculo-moteur. — IV, nerf trochléaire. — V, nerf trijumeau. — VI, Nerf abducteur. — VII, nerf facial. — VIII, nerf acoustique. — IX, nerf glosso-pharyngien. — X, nerf vague. — XI, nerf accessoire. — Hy, hypophyse. — C, cervelet. — Srh, sinus rhomboïdal. — S, corps restiforme. — Hc, moelle allongée. — Li, éminence acoustique.

Le *cerveau antérieur*, ou *protencéphale* (Hc), comprend les hémisphères cérébraux. Ceux-ci sont allongés, plus larges en bas qu'en haut. En bas ils sont arrondis et séparés, à la face dorsale, par un profond sillon du thalamencéphale (Ad) ; le chiasma des nerfs optiques forme leur limite à la face ventrale. En haut ils se continuent presque sans ligne de démarcation, si ce n'est une légère dépression, avec les lobes olfactifs. Les deux hémisphères ne sont qu'incomplètement réunis l'un à l'autre. Il existe en haut une sorte de corps calleux ; mais en bas une fente médiane, tapissée par un feuillet de la pie-mère, sépare leur face interne : c'est la *grande fente cérébrale* (f). Cette fente ne s'étend pas jusqu'à la face ventrale, où se trouve une lame de substance grise qui relie l'hémisphère droit à l'hémisphère gauche et qu'on appelle *lamina terminalis* (Lt). A l'intérieur des hémisphères sont situés le premier et le deuxième ventricule ou *ventricules latéraux*. Ils se prolongent en haut jusque dans les lobes olfactifs; en bas, ils sont réunis par une branche transversale qui communique avec le troisième ventricule par le trou de MONRO.

2° **Système nerveux périphérique.** — Les *nerfs rachidiens* ou *spinaux* (fig. 47 et 49, Mi à Mio) sont au nombre de dix paires, qui naissent de la moelle épinière par deux racines; une antérieure ou motrice, et une postérieure ou sensitive. La racine postérieure est formée à la sortie de la moelle de plusieurs fibrilles, qui se réunissent bientôt en un seul faisceau pour pénétrer dans le ganglion spinal. Celui-ci reçoit également le faisceau correspondant de la racine antérieure. Du ganglion spinal partent par conséquent des nerfs mixtes, généralement au nombre de deux : l'un, postérieur, qui donne un rameau musculaire aux muscles de la région dorsale et un rameau cutané qui se rend à la peau; l'autre, antérieur, plus volumineux, qui, après avoir fourni à son origine un rameau se rendant au ganglion correspondant du grand sympathique, émet des rameaux pour les muscles et les organes les plus proches. Au voisinage de la branche antérieure se trouvent toujours de petites masses blanchâtres renfermant des corpuscules calcaires. Décrivons maintenant le trajet des différents nerfs rachidiens.

Le premier n'est autre que le *nerf hypoglosse* qui s'échappe du trou intervertébral situé entre les deux premières vertèbres; il possède deux racines dont l'antérieure est beaucoup plus volumineuse que la postérieure : après sa sortie du canal rachidien, il s'unit au nerf sympathique; il se dirige ensuite en haut, croise le nerf vague et pénètre dans les muscles hyoïdiens et dans les muscles de la langue. Un ou deux petits rameaux prennent part à la formation du plexus brachial. Le second nerf rachidien, appelé aussi *nerf brachial*, passe par le trou intervertébral ménagé entre la deuxième et la troisième vertèbres; il forme avec le troisième nerf rachidien le *plexus brachial*, d'où naissent de nombreux rameaux qui se distribuent aux différents muscles et à la peau du membre supérieur.

Nerfs du membre supérieur. — Le *nerf brachial* chemine tout d'abord avec l'artère axillaire, donnant un rameau *coraco-claviculaire*, qui se distribue aux muscles de l'épaule et à l'oblique interne de l'abdomen, un rameau pour le grand dorsal et un rameau *cutané axillaire*. Puis il arrive dans le bras, après avoir passé entre la longue et la moyenne portion du triceps; et là il se divise en deux branches : le nerf ulnaire et le nerf radial.

Le *nerf ulnaire* chemine sur la moyenne portion du triceps, vers la partie latérale du pli du coude et donne un rameau sous-scapulaire et un rameau pectoral. Avant de pénétrer dans le pli du coude, il fournit des rameaux musculaires et cutanés, qui se rendent à la peau de la main et des doigts. Puis, arrivé entre le fléchisseur du carpe et le muscle sterno-radial, il pénètre dans la profondeur du coude, donne des rameaux aux muscles de l'avant-bras et se termine par deux branches qui innervent les muscles de la main et des doigts.

Le *nerf radial* suit d'abord l'humérus et donne des rameaux au triceps et à la peau du bras et de l'avant-bras; puis il passe entre l'extenseur du carpe et le fléchisseur commun des doigts, donnant des branches aux muscles voisins et aux muscles de la main et des doigts. Il se termine enfin par deux branches qui vont innerver les muscles des doigts et la peau du carpe; quelques-unes de leurs ramifications digitales s'anastomosent avec celles qui viennent du nerf ulnaire.

Les quatrième, cinquième et sixième nerfs rachidiens se dirigent obliquement en bas et en dehors à leur sortie des trous intervertébraux pour se rendre dans les muscles de la paroi abdominale et dans la peau de cette région. Les septième, huitième et neuvième nerfs rachidiens se dirigent également en bas. Arrivés à la naissance de la cuisse, ils se réunissent pour former le *plexus sacro-coccygien*, auquel se rend aussi le dixième nerf, après sa sortie du coccyx, à l'intérieur duquel il chemine tout d'abord. Du plexus sacro-coccygien partent de nombreux rameaux qui se rendent, les uns aux organes de la région inférieure de l'abdomen, à la vessie, au rectum, à l'oviducte, etc., les autres au membre inférieur.

Nerfs du membre inférieur. — Le *nerf ischiatique*, le plus volumineux du corps de la grenouille, est formé aux dépens des septième, huitième et neuvième nerfs spinaux; il passe derrière le muscle coccygéo-iliaque, auquel il donne une branche et chemine d'abord entre un faisceau du vaste externe et le muscle pyramidal, puis entre celui-ci et le biceps, enfin plus loin, entre le biceps et le demi-membraneux. Pendant ce parcours, il donne des rameaux aux différents muscles de la cuisse et à la peau de cette région. Le nerf ischiatique, parvenu derrière le biceps, se divise en deux branches : le nerf tibial et le nerf péronier.

Le *nerf tibial*, postérieur et médian, va jusqu'à l'articulation du pied; il fournit un rameau cutané crural postérieur et un rameau musculaire, puis il se divise en deux : le nerf tibial proprement dit et le nerf sural. Le *nerf tibial proprement dit* est la continuation du nerf tibial; il passe dans la profondeur du muscle tibial postérieur, et, arrivé entre l'extenseur du tarse et le long abducteur du premier orteil, il se divise en trois rameaux : le premier se rend aux orteils, aux muscles fléchisseurs des phalanges et à la peau; le second se ramifie dans les espaces interosseux; le troisième innerve le muscle transverse du métatarse, les lombricaux, et se subdivise en quatre filets qui vont aux muscles abducteur, court fléchisseur et adducteur des doigts, ainsi qu'aux deux derniers orteils. Le *nerf sural* donne des rameaux musculaires et cutanés, puis, arrivé vers la moitié du tendon d'Achille, il passe sur l'aponévrose plantaire et donne alors un rameau pour le muscle plantaire et le fléchisseur des doigts, un pour le muscle abducteur hallucis; enfin des rameaux digitaux.

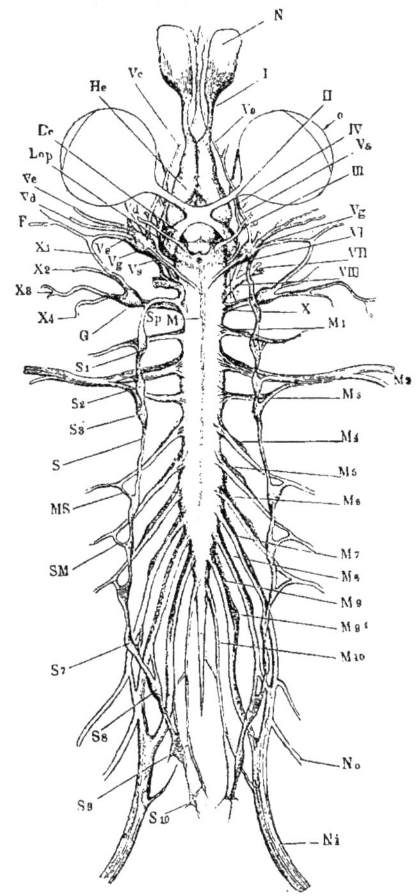

Fig. 49. — Système nerveux, face ventrale (d'après Ecker et Wiedersheim).

He, hémisphères cérébraux (cerveau antérieur). — Lop, lobes optiques (cerveau moyen). — Lc, bandelette optique. — M, moelle épinière. — M^1 à M^{10}, nerfs rachidiens qui en SM envoient des anses anastomotiques aux ganglions du sympathique (S^1 à S^{10}). — No, nerf obturateur. — Ni, nerf sciatique. — I à X, première à dixième paire de nerfs craniens. — G. ganglion du nerf vague. — Vg, ganglion de Gasser. — o. globe oculaire. — N, sac nasal. Va à Vc, les différentes branches du trijumeau. — F, nerf facial. — Vs, anastomose du sympathique avec le ganglion de Gasser. — X^1 à X^4, branches du vague. — Quelques fibres du sympathique accompagnent la branche du nerf vague.

Le *nerf péronier*, seconde branche du nerf ischiatique, donne aussitôt après sa naissance le *nerf cutané crural latéral;* il chemine d'abord le long du gastrocnémien et du biceps, puis entre le gastrocnémien et le péronier; enfin, après avoir croisé la veine tibiale postérieure, il passe entre l'extenseur crural et le fléchisseur antérieur du tarse. Durant tout ce trajet, le nerf péronier fournit des rameaux aux muscles de la région, puis il se divise en deux : le nerf péronier médian et le nerf péronier latéral. Le *nerf péronier médian* est très grêle, et chemine avec l'artère tibiale sous le fléchisseur du tarse, auquel il fournit quelques rameaux. Le *nerf péronier latéral*, plus gros que le médian, passe entre les deux faisceaux d'origine du muscle tibial antérieur; il fournit deux rameaux, qui, après avoir innervé la peau de la face dorsale du pied, se réunissent pour former un tronc unique : le *nerf péronier commun inférieur*. Celui-ci suit le trajet de l'artère dorsale du pied, fournit des rameaux aux extenseurs des doigts, et ses dernières ramifications se rendent à la peau et aux muscles des orteils.

Les *nerfs craniens* (fig. 48 et 49, I à X) sont au nombre de *douze paires*, si l'on compte les nerfs hypoglosses, de *onze paires* seulement, si, comme nous l'avons fait, on range ces derniers parmi les nerfs rachidiens. Tous naissent sur les côtés du cerveau et de la moelle allongée; ce sont : 1° le nerf olfactif, 2° le nerf optique, 3° le nerf oculo-moteur, 4° le nerf trochléaire, 5° le nerf trijumeau, 6° le nerf abducteur, 7° le nerf facial, 8° le nerf acoustique, 9° le nerf glosso-pharyngien, 10° le nerf vague et 11° le nerf accessoire. Le *nerf olfactif* (I) part du lobe olfactif et s'épanouit sur la muqueuse nasale. Le *nerf optique* (II) part latéralement de la face inférieure du mésencéphale et se dirige obliquement vers la ligne médiane, où il forme le *chiasma* (fig. 48, B, Cho); il se rend ensuite directement au globe oculaire. Le *nerf oculo-moteur* (III) est un mince filet qui naît à la base du cerveau, entre le mésencéphale et l'hypophyse, et se rend dans les muscles de l'œil : droit interne, droit inférieur et oblique inférieur. Le *nerf trochléaire* (IV) est également très réduit; il se détache latéralement du bulbe, traverse le crâne, innerve le muscle oblique supérieur de l'œil, puis va s'unir au rameau ophtalmique du trijumeau. Le *nerf trijumeau* (V) part de la moelle allongée; il se renfle bientôt pour former le *ganglion de* Gasser (Vg), d'où partent deux rameaux qui sortent du crâne à l'angle postérieur de l'orbite. Le rameau supérieur ou *ophthalmique* traverse les muscles de l'œil, donnant quelques branches au globe oculaire, puis se termine dans les fosses nasales; le rameau inférieur ou *maxillaire*, après avoir contourné le fond de l'orbite, se divise en deux branches, l'une se rendant à la mâchoire supérieure, c'est le *rameau maxillaire proprement dit*, l'autre à la mâchoire inférieure, c'est le *rameau mandibulaire*. Le *nerf abducteur* (VI) naît inférieurement de la moelle allongée et se rend au ganglion de Gasser, d'où partent deux filets qui semblent dépendre de l'abducteur; l'un d'eux se rend au muscle rétracteur de l'œil, l'autre au muscle droit externe de l'œil. Le *nerf facial* (VII), naît au même niveau que le précédent et, avant sa sortie du crâne, va s'unir au ganglion de Gasser. Trois nerfs craniens viennent donc aboutir à ce ganglion : le trijumeau, l'abducteur et le facial, et il est très difficile de préciser la part qui revient exactement à chacun de ces nerfs dans la formation des branches qui partent du ganglion. Le *nerf acoustique* (VIII) prend naissance sur les côtés de la moelle allongée et gagne de suite la capsule auditive où il se ramifie. Le *nerf glosso-pharyngien* (IX) naît sur les côtés de la moelle épinière, formant un tronc commun avec le nerf vague; ce tronc se termine par un ganglion (G), d'où se détache le glosso-pharyngien qui se divise alors en deux branches, dont l'une s'anastomose avec le nerf facial et dont l'autre se rend à l'appareil hyoïdien, au plancher de la bouche et au pharynx. Le *nerf vague* (X) quitte le ganglion en même temps que le glosso-pharyngien et sort du crâne par un orifice situé au-dessus du condyle occipital. De là, il longe le cou, passe entre l'hypoglosse et l'aorte ascendante, puis se divise en nombreux rameaux (X_1 à X_4) : l'un se rend à la peau de la région suprascapulaire, un autre se ramifie dans les muscles, d'autres se rendent au larynx, à l'estomac, aux poumons, au cœur; ce sont les *rameaux laryngé, gastrique, pulmonaires* et *cardiaque*.

3° **Système grand sympathique.** — Le grand sympathique de la grenouille est formé de deux cordons nerveux courant parallèlement de chaque côté de la colonne vertébrale, et sur le trajet desquels se trouvent dix ganglions (S_1 à S_{10}). La chaîne sympathique commence en haut au ganglion de Gasser, d'où elle part sous forme d'un mince filet qui se dirige en bas, s'anastomosant avec le nerf vague et le glosso-pharyngien. Au-dessous du ganglion du nerf vague, le sympathique sort du crâne; il présente un premier ganglion au niveau du premier nerf rachidien, ou nerf hypoglosse, avec lequel il s'anastomose. Les deux ganglions suivants se trouvent au niveau du plexus brachial et émettent des filets nerveux qui se rendent au cœur, où ils s'anastomosent avec les ganglions cardiaques. Les autres ganglions, fusiformes ou triangulaires, correspondent aux différents nerfs spinaux, depuis le troisième jusqu'au dernier, et sont unis à eux par une ou plusieurs anastomoses. Le système sympathique envoie encore de nombreux rameaux à l'aorte et à ses branches, ainsi qu'aux différents viscères, sur lesquels il forme des plexus plus ou moins compliqués, tels que les plexus de l'estomac, du foie, des reins, de la vessie.

VIII. **Organes des sens.** — 1° **Organes tactiles.** — La peau de la grenouille est très riche en filets nerveux qui forment un réseau dans le tissu conjonctif du derme. Certains filets se rendent à la surface de la peau, à la base des verrucosités, où ils se terminent dans des amas de cellules aplaties plus ou moins nombreuses. La structure histologique de ces espèces de papilles tactiles varie suivant les régions du corps que l'on considère.

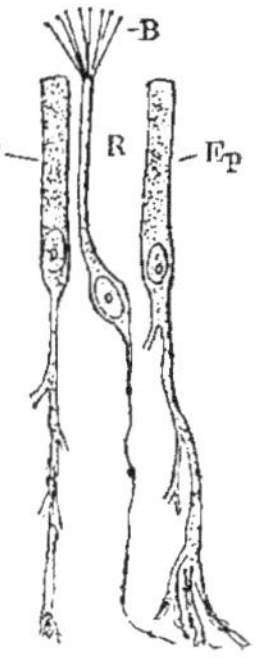

2° **Organes gustatifs.** — Ces organes sont situés sur des papilles de la langue et du palais, au voisinage des dents vomériennes, jusqu'à l'entrée de l'œsophage. La partie supérieure et les bords des papilles fungiformes de la langue sont tapissées de cellules de forme variable, en relation avec les extrémités nerveuses et désignées sous le nom de *disques terminaux*. Ce nom s'applique également aux îlots de cellules gustatives disséminées dans l'épithélium vibratile de la voûte de la cavité buccale. Ajoutons toutefois qu'on tend aujourd'hui à considérer les disques terminaux bien plus comme des organes tactiles que comme des appareils gustatifs.

Fig. 50. — Cellules olfactives.

Ep, Ep, cellules épithéliales. — R, cellule sensorielle. — B, cils olfactifs.

3° **Organes olfactifs.** — Les cavités nasales s'ouvrent à l'extérieur par de petits orifices ovalaires situés à l'extrémité du museau et entourés d'un bourrelet cutané qui permet à l'animal de fermer l'orifice quand il plonge. La narine est reliée à l'angle de l'œil par une traînée pigmentaire qui indique le trajet du *canal lacrymal*, découvert par Born. Nous avons déjà dit que les orifices internes des fosses nasales venaient s'ouvrir sur le plafond de la cavité buccale. La cavité olfactive est divisée en trois méats : le méat supérieur, le méat moyen et le méat inférieur. Elle est tapissée d'un épithélium assez complexe, renfermant trois sortes de cellules principales : des cellules épithéliales cylindriques, à cils vibratiles et à gros noyaux, des cellules épithéliales cylindriques plus longues que les précédentes, dépourvues de cils vibratiles, et se prolongeant par un filament ramifié dans le tissu conjonctif sous-jacent; enfin des *cellules olfactives* (fig. 50) proprement dites, longues et effilées, avec un gros noyau formant un renflement à leur base; l'extrémité opposée de la cellule porte un seul poil ou un pinceau de soies très fines, les *cils olfactifs* (B). Ces cellules sont en relation avec les dernières ramifications du nerf olfactif. Dans le tissu conjonctif situé sous la muqueuse nasale se trouvent des cellules glandulaires dont le produit est sans doute destiné à lubrifier les parois de la cavité nasale.

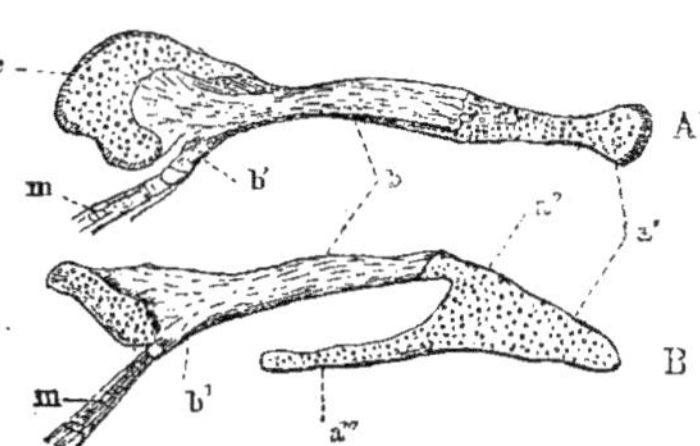

Fig. 51. — Columelle (d'après Ecker).

b, b', portion médiane osseuse. — a' a'', portion externe cartilagineuse. — r, portion interne cartilagineuse. — a''', apophyse montante. — m, muscle.

4° **Organe auditif.** — La grenouille ne possède pas d'oreille externe. Au fond d'une légère dépression située de chaque côté de la tête, dépression que l'on peut considérer comme une ébauche du conduit auditif externe, se trouve une membrane transparente, tendue, adhérente à la peau et reposant sur un anneau cartilagineux : c'est la *membrane du tympan*, qui limite extérieurement l'*oreille moyenne* ou cavité tympanique. Celle-ci est une chambre à parois cartilagineuses, entièrement tapissée d'un épithélium cylindrique et pigmenté; elle communique avec la cavité buccale par la *trompe d'*Eustache. A l'intérieur de la caisse du tympan se trouve la *columelle* (fig. 51), baguette osseuse terminée par deux renflements cartilagineux et qui s'applique d'une part vers le milieu de la membrane tympanique, d'autre part contre la fenêtre ovale. La columelle est l'homologue de la chaîne des osselets des mammifères. L'*oreille interne* (fig. 52) est petite et située dans une capsule irrégulière de chaque côté du crâne. Elle renferme trois *canaux demi-circulaires* (ca, ce, cp), l'*utricule* (u), le *saccule* (s) et la *lagénule* (l), rudiment du limaçon, et présente plusieurs orifices qui sont la *fenêtre ovale*, la *fenêtre ronde*, l'*aqueduc du limaçon* et l'*aqueduc du vestibule;* c'est au-dessous de ce dernier qu'entre dans l'oreille le rameau vestibulaire du nerf acoustique et un peu au-dessus et en arrière que pénètre le rameau cochléaire du même nerf. Telle est la constitution du *labyrinthe osseux*, qui contient lui-même le *labyrinthe membraneux*. Entre les deux se trouve l'*espace périlymphatique*, rempli par la *périlymphe*. Les parois du labyrinthe membraneux sont très minces, sauf en certains endroits, où les nerfs viennent s'épanouir. La région centrale ou *vestibule* comprend l'utricule et le saccule. L'utricule communique avec les canaux demi-circulaires qui sont au nombre de trois, deux verticaux antérieur et postérieur et un horizontal externe. Le saccule communique par le *conduit endolymphatique* (de) avec un petit sac bilobé contenant des corpuscules analogues aux otolithes et situé près du cerveau; ce sac est lui-même en relation avec les corpuscules calcaires que nous avons déjà signalés le long de la colonne vertébrale à la naissance des nerfs rachidiens. Derrière le saccule se trouvent quatre diverticules, dont les deux principaux sont la *lagénule* et la partie *basilaire de la cochlée* (pb). On désigne les deux autres sous les noms de

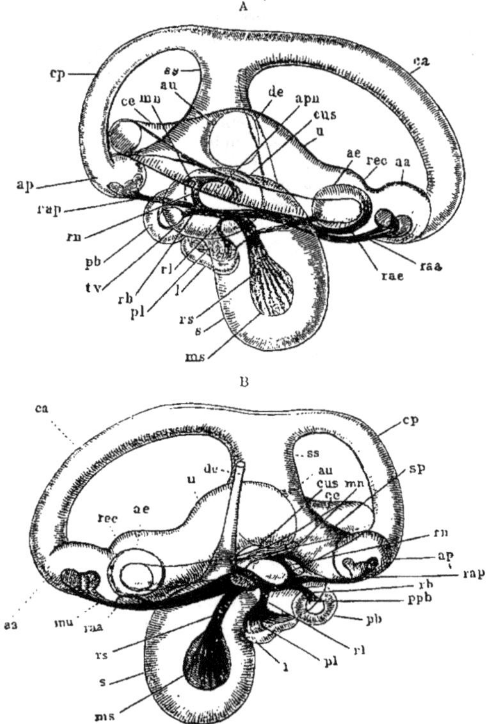

Fig. 52. — Labyrinthe membraneux (d'après Retzius).

A, face externe. — B, face interne,

u, utricule. — ss, sinus supérieur de l'utricule. — sp, sinus postérieur de l'utricule. — rec, recessus utriculi. — aa, ampoule antérieure. — ae, ampoule externe. — ap, ampoule postérieure. — ca, canal demi-circulaire antérieur. — ce, canal demi-circulaire externe. — cp, canal demi-circulaire postérieur. — s, saccule. — de. conduit endolymphatique. — l, lagénule. — pb, partie basilaire de la cochlée. — cus, canal utriculo-sacculaire. — mu, tache auditive du recessus utriculi. — ms, tache auditive du saccule. — mn, macula neglecta. — pl, papille de la lagénule. — ppb, papille auditive basilaire. — raa, nerf de l'ampoule antérieure. — rac, nerf de l'ampoule externe. — rap, nerf de l'ampoule postérieure. — rs, nerf du saccule. — rn, nerf de la macula neglecta. — rb, nerf de la lagénule. — rb. nerf basilaire, — tv, *tegumentum vasculosum*.

tegumentum vasculosum et de *pars neglecta*. On remarque, sur ces quatre diverticules, aussi bien que sur le saccule, des *taches auditives* ou *crêtes acoustiques* (mu, ms, mu, pl, ppb), sortes de papilles, où viennent s'épanouir les dernières ramifications du nerf acoustique.

5° **Organe visuel**. — Les *yeux* de la grenouille, situés de chaque côté de la tête, peuvent, grâce à la contraction de certains muscles, sortir plus ou moins de l'orbite ou y rentrer complètement. Ils ont la forme d'une sphère aplatie et sont protégés par deux paupières; la supérieure est petite et immobile; l'inférieure est plus grande, transparente et mobile. La structure de l'œil de la grenouille se rapproche tellement de celle de l'œil des vertébrés supérieurs que nous serons très bref sur sa description. La *sclérotique* est renforcée, surtout au voisinage du nerf optique par une lamelle cartilagineuse, en avant elle devient transparente pour constituer la *cornée;* celle-ci est tapissée intérieurement par la *membrane de* DESCEMET et extérieurement par la *conjonctive* qui se réfléchit sur la face interne des paupières. La *choroïde* n'est soudée à la sclérotique qu'au niveau du point d'entrée du nerf optique et au niveau de la ligne de séparation entre la cornée et la sclérotique; partout ailleurs elle est peu adhérente. L'ouverture de l'*iris*, ou *pupille*, est horizontale et les différents milieux réfringents de l'œil : *humeur aqueuse, cristallin, humeur vitrée*, ne présentent aucune particularité. La *rétine* est formée de dix assises superposées dont la plus importante est celle des cônes et des bâtonnets. Il existe une *tache jaune* un peu en dehors du point d'entrée du nerf optique.

Les *muscles de l'œil* sont au nombre de huit : 1° le *droit inférieur* (post-orbito-sous-oculaire de DUGÈS et *depressor oculi* de ZENKER), 2° le *droit externe* (post-orbito-ex-oculaire de DUGÈS) et 3° le *droit interne* (post-orbito-in-oculaire de DUGÈS) s'insèrent d'une part au parasphénoïde ou à la lame fibro-cartilagineuse qui relie le sphénoïde au fronto-pariétal, d'autre part aux faces inférieure, externe ou interne du globe oculaire; 4° le *droit supérieur* (post-orbito-sous-oculaire de DUGÈS) va du fronto-pariétal à la face supérieure de l'œil; 5° l'*oblique supérieur* (pré-sus-orbito-oculaire de DUGÈS) et 6° l'*oblique inférieur* (pré-sous-orbito-oculaire de DUGÈS) sont tous deux fixés à l'os palatin; de là le premier va s'insérer à la face supérieure de l'œil et le second à sa face antérieure; ils font mouvoir l'œil obliquement de côté et en haut; 7° le *rétracteur de l'œil* (orbito-post-oculaire ou choanoïde de DUGÈS et m. opticus de ZENKER) va du sphénoïde au globe oculaire, qu'il tire au fond de l'orbite; 8° le *muscle élévateur de l'œil* (fronto-ptérygoïdien de DUGÈS et *sustentator bulbi* de KLEIN) s'étale sur le fond de l'orbite aux parois de laquelle il s'insère, sans avoir aucun point d'attache sur le globe oculaire; sa contraction soulève l'œil dans l'orbite. Citons encore le *muscle abaisseur de la paupière inférieure;* nous savons que la paupière supérieure est dépourvue de muscles.

La grenouille n'a pas de glande lacrymale, mais elle possède à l'angle interne de l'œil la *glande de* HARDER, qui sécrète un liquide huileux, semblable à celui qui provient des glandes de MEIBOMIUS chez les vertébrés supérieurs.

IX. **Système digestif.** — 1° **Tube digestif.** — La *bouche* s'ouvre à l'extrémité supérieure du corps de la grenouille par une large fente qui donne accès dans une vaste cavité limitée en haut et latéralement par les os des mâchoires supérieure et inférieure tapissés d'un épais repli de la muqueuse. Quand la bouche est fermée, le bord de la mâchoire inférieure vient se loger dans une sorte de rainure destinée à le recevoir et située au plafond de la cavité buccale. Celle-ci est recouverte par une muqueuse dont l'épithélium est surtout formé de cellules cylindriques à cils vibratiles.

Les *dents*, disposées en rangées sur les maxillaires et les intermaxillaires, ainsi que sur deux éminences du vomer, sont petites, et font à peine saillie au dehors de la muqueuse. Elles ont toutes la même forme; elles sont pointues et leur extrémité aiguë est dirigée en bas; on en compte plus de cent. O. HERTWIG a étudié leur structure et leur développement; nous nous contenterons de dire que l'ivoire, le cément et l'émail entrent dans leur constitution. Ces dents servent surtout à retenir les aliments et non à les broyer.

Au plafond de la bouche, dans la dépression située entre les deux intermaxillaires, se trouvent les orifices des canaux excréteurs de la *glande intermaxillaire;* de chaque côté des éminences du vomer sont placés les orifices internes des narines ou *choannes;* enfin, plus inférieurement, à l'entrée du pharynx se trouvent les orifices des trompes d'Eustache. Le sillon du sphénoïde partage la voûte de la cavité buccale en deux parties, où font saillie les globes oculaires, qui ne sont séparés de la bouche que par la muqueuse buccale, une lame de tissu conjonctif et le muscle élévateur de l'œil.

Sur le plancher de la bouche se trouve la *langue*, qui le recouvre entièrement; elle est fixée par son bord supérieur sur la ligne médiane de la symphyse mandibulaire; son bord inférieur est libre et échancré. La forme de la langue varie suivant son état de contraction, mais son bord inférieur libre est plus large que son bord supérieur adhérent. La langue est formée de trois muscles : l'un, rétracteur, le *muscle hyoglosse* (fig. 36, hg), les deux autres protracteurs, les *muscles génioglosses*. Le premier est un muscle médian, impair, intercalé entre les génioglosses; il est formé de la réunion de deux faisceaux qui s'insèrent sur les cornes postérieures de l'os hyoïde; ces faisceaux se réunissent bientôt pour former un muscle unique, qui passe sur la face ventrale du corps de l'hyoïde et se dirige en haut jusqu'au point d'insertion de la langue qu'il parcourt d'une extrémité à l'autre. Les muscles génioglosses sont pairs et situés latéralement; ils viennent toutefois se réunir sur la ligne médiane. Chacun d'eux est formé de deux portions : une supérieure, dorsale et médiane; l'autre profonde, ventrale et latérale. Quelques faisceaux s'insèrent sur la muqueuse de l'oreille et sur le squelette. A la surface de la langue se trouvent des papilles disposées sans ordre et de nombreuses glandes. Nous avons étudié les corpuscules gustatifs avec les organes des sens. Nous devons signaler chez les mâles la présence de deux orifices ovalaires situés de chaque côté de la langue ; ce sont les *orifices des sacs vocaux*.

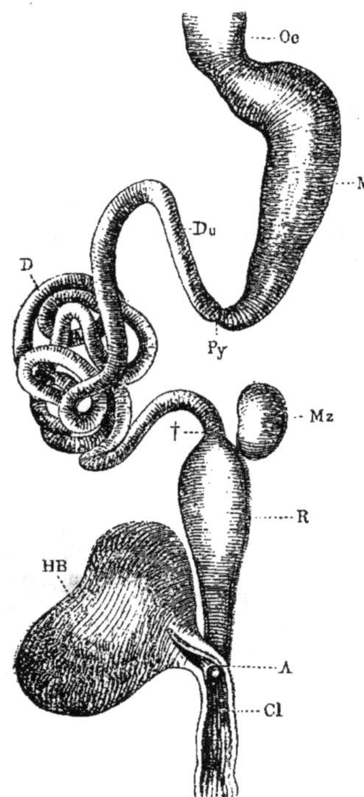

Fig. 53. — Tube digestif (d'après Wiedersheim). Oe, œsophage. — M, estomac. — Py. région pylorique. — Du, commencement de l'intestin moyen (duodénum). — D, intestin moyen. +, limite de l'intestin moyen et de l'intestin terminal R. — A, orifice de l'intestin terminal dans le cloaque (lC). — HB, vessie urinaire. — Mz, rate.

A la bouche fait suite le *pharynx*, qui se continue sans ligne de démarcation avec l'*œsophage* (fig. 53, œ) en avant duquel se trouve le larynx. L'œsophage est situé dans l'axe du corps; il est très court, et sa muqueuse présente des plis longitudinaux. Son épithélium est couvert de cils vibratiles dont les mouvements se font de haut en bas; ce qui permet de réaliser l'expérience de M. Duval, connue sous le nom de *limace artificielle*. L'œsophage renferme des glandes nombreuses qui présentent des *croissants de* Gianuzzi; il se termine là où le tube digestif s'infléchit légèrement à gauche, c'est la seule marque qui permette de préciser le début de l'*estomac* (M).

Celui-ci décrit une courbure très faible, un peu plus accentuée dans la région pylorique, et dont la convexité est située du côté gauche; il est allongé, cylindrique et à parois très épaisses. La muqueuse de l'estomac, comme celle de l'œsophage, présente des plis longitudinaux qui disparaissent plus ou moins quand l'estomac est plein. Les parois de l'estomac peuvent être décomposées en cinq couches principales, qui sont, en allant de dehors en dedans : 1° une couche séreuse ou péritonéale; 2° une couche musculaire à fibres longitudinales; 3° une couche musculaire à fibres circulaires; 4° une couche de tissu conjonctif lâche comprenant des espaces lymphatiques; 5° une couche muqueuse ou glandulaire, revêtue d'un épithélium cylindrique ou caliciforme à cils vibratiles. Dans la muqueuse stomacale se trouvent des glandes en tube de deux sortes : les *glandes muqueuses* proprement dites, tapissées d'un épithélium cylindrique simple et les *glandes à pepsine*, qui, au milieu des cellules épithéliales précédentes, renferment de grandes cellules pâles, appelées *cellules gastriques de* HEIDENHEIN. A sa partie terminale ou pylorique (Py), l'estomac se rétrécit et les plis longitudinaux se resserrent pour bientôt disparaître complètement. Ce seul indice permet de reconnaître le début de l'*intestin grêle*.

La première portion de l'intestin grêle, que l'on peut appeler le *duodénum* (Dv), se recourbe en haut parallèlement à l'estomac, formant une anse dans laquelle est logé le pancréas. L'intestin grêle (D) se continue en décrivant quelques circonvolutions et en conservant sensiblement le même diamètre jusqu'au point où il aboutit dans le rectum. Le *rectum* (R) est d'un diamètre double environ ; ses parois sont plus minces, et il a toujours une coloration verdâtre due à l'accumulation des excréments dans sa cavité. Son diamètre diminue graduellement jusqu'au cloaque, où il débouche presque au même niveau que la vessie urinaire. Les parois intestinales peuvent, comme celles de l'estomac, être divisées en cinq couches ; mais leur importance relative varie beaucoup. Ainsi, dans l'intestin, les couches musculaires, surtout la couche de fibres circulaires, sont moins développées. Les fibres longitudinales sont surtout prédominantes dans le rectum. Les plis de la muqueuse intestinale sont peu marqués dans la première portion du duodénum ; puis ils deviennent plus saillants, et, à trois centimètres environ du pylore, ils prennent l'aspect de plis transversaux reliés par des plis secondaires formant une sorte de réseau, et des valvules analogues aux valvules conniventes des vertébrés supérieurs. Dans la seconde moitié de l'intestin grêle et dans le rectum, on ne trouve plus que des replis longitudinaux. Il existe dans la muqueuse intestinale des glandes qui jouent le rôle des glandes de LIEBERKÜHN. Un mésentère relie les anses intestinales aux parois du corps de la grenouille.

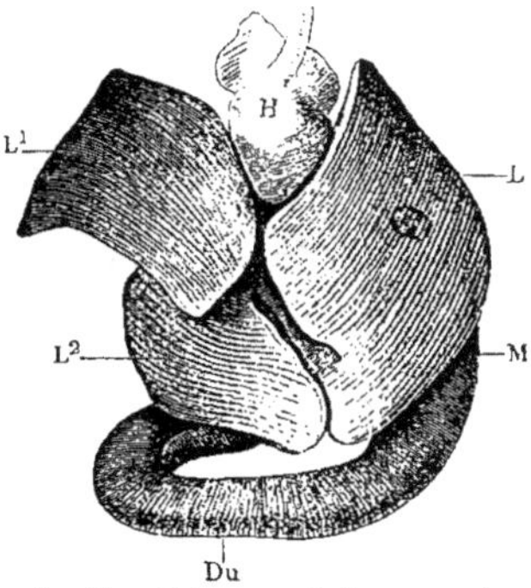

FIG. 54. — Foie vu par la face ventrale (d'après WIEDERSHEIM).
L, L[1], L[2]. lobes du foie. — M, estomac. — duodénum. — H, cœur.

2° **Annexes du tube digestif.** — Les *glandes de la bouche* destinées à humecter la muqueuse buccale n'existent que chez les animaux qui vivent sur la terre, aussi apparaissent-elles pour la première fois chez les amphibiens. Chez la grenouille, on trouve dans l'épaisseur de la muqueuse du plafond de la bouche, près des cornets nasaux, une glande tubuleuse, appelée *glande intermaxillaire* ou *internasale*. Ses conduits excréteurs débouchent sur le palais, à la région supérieure de la tête, dans une dépression située entre les deux intermaxillaires, ainsi que nous l'avons déjà signalé, en étudiant la cavité buccale. Outre cette glande, on en trouve encore une autre, située dans la région des arrière-narines, c'est la *glande pharyngienne*, dont les canaux excréteurs vont déboucher dans les arrière-narines et dans le pharynx. Ajoutons que la langue de la grenouille renferme aussi des tubes glandulaires.

Le *foie* (fig. 54) est une masse brunâtre, volumineuse, formée de plusieurs lobes, et située au-dessous du cœur et en avant de l'intestin, recouvrant l'estomac, le duodénum, le pancréas et les poumons (fig. 54 et 55). Le foie de la grenouille est divisé en quatre lobes, deux grands lobes latéraux et deux médians plus petits et presque complètement recouverts par les premiers. Les *lobes latéraux* (L et L') ont leur face ventrale convexe, et leur bord supérieur arrondi. Entre le bord supérieur du lobe droit et celui du lobe gauche se trouve un espace angulaire occupé par la pointe du cœur. Le bord interne du lobe gauche présente un sillon plus ou moins profond qui divise ce lobe en deux lobules. Le *lobe médian* (L^2) *ventral* est recouvert en partie par les lobes latéraux, qu'il faut soulever pour le découvrir ; on peut alors apercevoir le *quatrième lobe* (L^3

plus petit que tous les autres, ainsi que la *vésicule biliaire* (G), unie au tissu hépatique par des bandes de tissu conjonctif. Les quatre lobes sont reliés entre eux par une étroite bandelette de tissu hépatique, et le quatrième lobe est relié à l'intestin grêle par un ligament, le *ligament hépato-duodénal* (fig. 55, Lhp). Les *canaux biliaires* forment un double système; leurs parois sont confondues si intimement avec le tissu hépatique et pancréatique qu'il est difficile de les distinguer. Néanmoins on les aperçoit à la face dorsale du lobe médian ventral : un groupe de canalicules est situé à l'extrémité supérieure du pancréas (Dh), non loin de la vésicule biliaire : l'autre groupe est situé un peu plus bas (Dh^1). Ces deux systèmes de canaux se déversent dans le *canal cholédoque* (Dc, Dc^1, Dc^2) qui parcourt le pancréas dans toute sa longueur et ne quitte le tissu pancréatique qu'à sa portion terminale pour se jeter dans le duodénum. L'extrémité supérieure du canal cholédoque aboutit à la vésicule biliaire par l'intermédiaire du *canal cystique* (Dcy), souvent dédoublé.

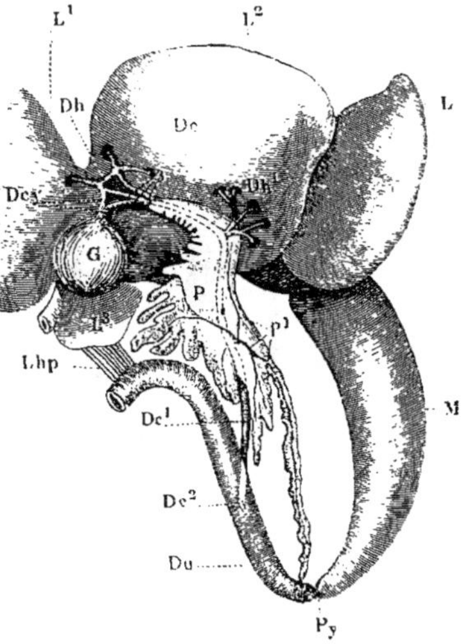

Fig. 55. — Foie, estomac et pancréas (d'après Ecker). Le foie a été relevé pour montrer le pancréas et la vésicule biliaire.

L et L^1, lobes latéraux du foie. — L^2, lobe médian. — L^3, quatrième lobe. — G. vésicule biliaire. — Dh, Dh^1, les deux groupes de canaux biliaires. — Dc, Dc^1, Dc^2, canal cholédoque. — Dcy, canal cystique dédoublé. — P, pancréas. — P^1, canaux pancréatiques. — M, estomac. — Py, pylore. — Du, duodénum, — Lhp, ligament hépato-duodénal.

Le *pancréas* (fig. 55, P), situé dans l'anse formée par l'estomac et le duodénum, avec lesquels il présente de nombreux points d'attache, est une glande étroite et allongée, de couleur variant du gris au jaune clair. Le pancréas s'étend du pylore à la vésicule biliaire; il est irrégulièrement découpé en plusieurs lobules par des échancrures profondes, surtout dans sa partie pylorique; son volume est très variable suivant les individus. Les canaux excréteurs (fig. 55, P^1) semblent se jeter dans la portion inférieure du canal cholédoque, et ne pas se déverser directement dans l'intestin.

X. **Système respiratoire.** — 1° **Larynx.** — Le *larynx* (fig. 56) est un conduit très court qui va directement de la cavité buccale aux poumons, sans qu'il y ait de véritable trachée : c'est pourquoi Henle désigne la cavité de cet organe sous le nom de *chambre laryngo-trachéale*. L'orifice du larynx dans sa cavité buccale est une fente longitudinale située au voisinage de l'échancrure linguale : c'est la *glotte* (SR). Celle-ci est limitée par deux cartilages recouverts d'un repli de la muqueuse. Ces cartilages, de forme triangulaire, à surface convexe dirigée en dehors, ont été comparés avec raison aux deux valves d'une coquille; ils sont réunis entre eux et aux cornes postérieures de l'hyoïde par du tissu conjonctif, et correspondent aux *cartilages aryténoïdes* (Ga). A la partie inférieure du larynx se trouve un autre cartilage impair, annulaire et muni de prolongements, qui entourent chacun l'orifice d'un poumon. Ce cartilage est relié aux précédents par une bandelette fibreuse; il correspond au *cartilage cricoïde* (Cl^1 à Cl^4) des vertébrés supérieurs; on l'appelle aussi *cartilage laryngo-trachéal*. De nombeux muscles s'insèrent sur ce squelette cartilagineux enchâssé entre les cornes postérieures de l'appareil hyoïdien. Parmi ces muscles deux sont dilatateurs du larynx et ont pour antagonistes quatre petits muscles semi-circulaires qui sont constricteurs. L'intérieur du larynx est tapissé par un prolongement de la muqueuse buccale avec un épithélium à cils vibratiles; on y remarque en outre des membranes vibrantes, ou *cordes vocales*, qui font de cet organe un appareil possédant toutes les conditions nécessaires à la production des sons. Le coassement de la grenouille est donc dû à la tension de ces cordes vocales; le son est d'ailleurs renforcé chez le mâle par deux *poches vocales* ou *sacs vocaux* (fig. 46, V), véritables résonateurs formés par des diverticules du plancher de la bouche et recouverts par le muscle mylo-hyoïdien. Ces organes manquent complètement chez la femelle.

2° **Poumons.** — Les *poumons* font directement suite au larynx; ce sont deux sacs elliptiques, symétriques et de même volume, à extrémité inférieure terminée en pointe et à parois minces et transparentes. Ils flottent dans la cavité du corps et occupent, lorsqu'ils sont remplis d'air, sa moitié supérieure. Ils sont recouverts d'une sorte de plèvre, repli de la séreuse pleuro-péritonéale. Leur face externe est complètement lisse, mais leur face interne présente un aspect réticulé; on y distingue en effet des côtes saillantes munies de cils vibratiles, qui représentent les bronches, et des parties déprimées avec un épithélium pavimenteux, représentant les alvéoles. On peut distinguer

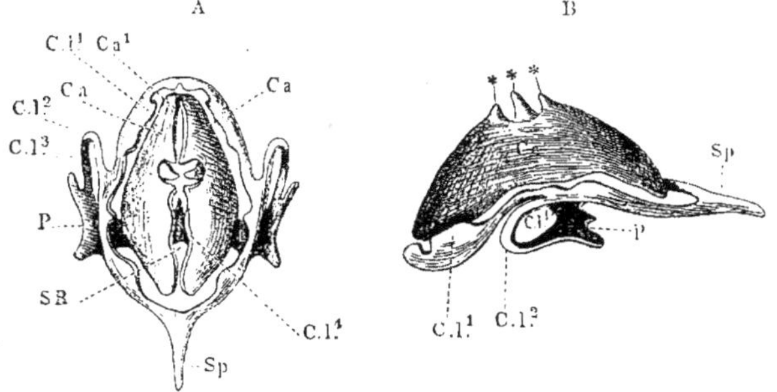

Fig. 56. — Charpente cartilagineuse du larynx (d'après Wiedersheim).
A, vue de face. — B. vue latéralement. — Ca, cartilage aryténoïde. — Cl¹, Cl², Cl³, Cl⁴, cartilage cricoïde. — Sp, son prolongement pointu. — P, partie élargie en lamelle de la portion ventrale du cartilage cricoïde. ***, trois saillies dentiformes des cartilages aryténoïdes.

des côtes et des alvéoles de premier, second et troisième ordre. C'est à la périphérie des alvéoles polygonales circonscrites par les côtes, dont nous venons de parler, que se ramifie l'artère pulmonaire. Celle-ci pénètre dans le poumon par son sommet, puis se divise en trois branches longitudinales : une postérieure, une externe et une interne, qui donnent chacune de nombreux rameaux. Le poumon est essentiellement constitué par du tissu conjonctif renfermant des fibres élastiques et de nombreuses fibres musculaires lisses. Il est parcouru par un fin réseau de capillaires et contient des cellules pigmentaires.

Rappelons ici que la *peau* est chez la grenouille un organe respiratoire presque aussi important que les poumons.

XI. Glandes à sécrétion interne. — 1° Glande thyroïde. — La *glande thyroïde* de la grenouille est un organe pair, dont chaque lobe, de forme ovale ou triangulaire et de couleur rougeâtre, est situé dans l'angle formé par la grande et la petite cornes postérieures de l'os hyoïde. Chaque lobe de la glande thyroïde mesure environ 4 à 5 millimètres; il est en rapport avec le muscle hyoglosse et recouvert en avant par le muscle sterno-hyoïdien, ou bien intercalé entre ses fibres. Cette glande est irriguée par un rameau de l'artère carotide externe. D'après Ecker, la glande adhère intimement à la veine jugulaire; d'après Leydig, elle serait appliquée contre la veine ou l'artère linguale, ou serait appendue à l'un de leurs rameaux.

2° **Thymus.** — Le *thymus*, situé derrière la membrane du tympan, à l'angle de la mâchoire inférieure, est un petit corps glandulaire ovale et allongé, entouré de tissu adipeux et de lymphatiques. Étudié d'abord par Leydig en 1852, il a été l'objet de nombreuses recherches; Fleischl et Toldt, Meuron et Maurer, Abelous et Billard s'en sont particulièrement occupés. Le thymus est recouvert par le muscle dépresseur de la mâchoire et repose sur le muscle cucullaire; il est en rapport en arrière avec le rameau latéral de l'artère cutanée moyenne et en avant avec le rameau hyomandibulaire du nerf facial. Sa plus grande longueur est de 3 millimètres chez une grenouille de 8 centimètres, et son diamètre transversal mesure 1 millimètre et demi. Il est irrigué par un rameau de l'artère auriculaire, qui est une branche de l'artère cutanée moyenne. D'après Maurer, le thymus de la grenouille présente d'assez grandes variations suivant l'âge de l'animal; le thymus atteindrait son maximum chez une grenouille de 3 centimètres de longueur, c'est-à-dire peu de temps après sa métamorphose. A ces variations de grandeur correspondent des différences histologiques importantes.

3° **Rate.** — La *rate* (fig. 53, Mz) est une très petite glande située du côté gauche du corps, dans un repli du mésorectum, à la naissance du rectum; elle est globuleuse, à surface lisse, et de couleur brun rougeâtre. Son grand axe, situé dans le sens longitudinal, mesure 6 millimètres chez des grenouilles de taille moyenne; son épaisseur est de 3 ou 4 millimètres. La rate est irriguée par un rameau de l'artère mésentérique antérieure et innervée par des ramifications du sympathique et du plexus cardiaque.

4° **Capsules surrénales.** — On trouve à la face ventrale de chaque rein un corpuscule jaunâtre, homologué par Gruby à une *capsule surrénale*, et étudié par Ecker, puis plus récemment par Pettit. Cet organe est formé d'une série de petits îlots irrégulièrement disséminés sur les vaisseaux efférents du rein, au point où ceux-ci émergent du parenchyme rénal; ces îlots sont généralement situés à la surface du rein; ils sont pourtant quelquefois plus ou moins enfoncés à l'intérieur de l'organe. Les capsules surrénales de la grenouille sont irriguées par le sang qui provient du rein, et elles renferment de si nombreux vaisseaux, qu'on peut les considérer comme baignant dans le liquide sanguin. Elles représentent ainsi par excellence le type de la glande vasculaire sanguine. Chez la grenouille, outre les éléments essentiels que l'on rencontre dans la capsule surrénale des autres vertébrés, Stilling a signalé un nouvel élément histologique, qu'il appelle : *cellules d'été*, mais que l'on observe en toutes saisons. La présence à leur intérieur de grains de sécrétion leur a fait parfois donner le nom de *cellules granulifères*.

5° **Hypophyse.** — L'*hypophyse* (fig. 48, Hy) est assez développée chez la grenouille, et présente deux parties, l'antérieure, plus petite, et la postérieure plus grande. La première est formée de trois portions inégales, dont deux lobes latéraux assez développés reliés entre eux par un pédicule. La deuxième est aplatie, présentant une face dorsale concave et une face ventrale convexe.

XII. **Système uro-génital.** — 1° **Généralités.** — Les organes génitaux et urinaires affectent chez les amphibiens des rapport si étroits qu'il nous semble utile, avant d'entrer dans les détails anatomiques de ces différents organes, de jeter un coup d'œil d'ensemble sur leur formation. La première ébauche des organes génito-urinaires est le *rein précurseur* ou *pronéphros*, d'où part bientôt un canal, le *canal du rein précurseur*. Tandis que celui-ci persiste pendant toute la vie et devient le *canal du rein primitif*, le rein précurseur ne fonctionne que transitoirement, puis disparait graduellement, et il apparaît un second système excréteur connu sous le nom de *rein primitif* ou *mésonéphros*. *C'est ce deuxième système rénal qui continue à fonctionner comme système urinaire définitif chez la grenouille,* comme d'ailleurs chez la plupart des anamniens; chez les amniotes au contraire (reptiles, oiseaux, mammifères) il se forme un troisième système rénal, le *rein définitif* ou *métanéphros*, dont nous n'avons pas à nous occuper ici. Le rein primitif, tout en fonctionnant partiellement comme glande urinaire, affecte, chez les amphibiens en général et chez la grenouille en particulier, des rapports étroits avec l'appareil génital. Cette division du travail physiologique s'étend aussi au canal des reins primitifs qui, chez la grenouille mâle, devient le canal excréteur commun de l'urine et du sperme, ou *canal de* Leydig. Plus exactement le canal du rein primitif s'est dédoublé en deux conduits parallèles : le canal de Leydig ou canal secondaire du rein primitif, dont nous venons de parler, et le *canal de* Müller. Ce dernier, rudimentaire chez le mâle, devient chez la femelle un conduit exclusivement génital, l'oviducte; par suite de cette disposition, chez la grenouille femelle, le canal secondaire du rein primitif ne fonctionne que comme canal excréteur de l'urine.

2° **Appareil urinaire.** — Les *reins* (fig. 57, 58 et 59, N) de la grenouille sont deux corps rouge foncé placés symétriquement à droite et à gauche de la colonne vertébrale, s'étendant de l'avant-dernière vertèbre jusqu'à la moitié de l'urostyle. Ils sont en rapport en avant avec le péritoine qui ne recouvre que leur face ventrale, en arrière avec le plexus lombaire. Les reins, de forme semi-lunaire, sont aplatis d'avant en arrière; leur bord externe est convexe et en rapport avec l'uretère; leur bord interne, presque rectiligne, présente trois échancrures qui se continuent par des sillons visibles sur la face ventrale légèrement concave; la face dorsale, convexe et lisse, reçoit les ramifications de la veine porte rénale. Les reins sont séparés l'un de l'autre par deux gros vaisseaux, l'un dorsal, l'aorte commune, qui leur envoie plusieurs branches, l'autre ventral, la veine cave inférieure, qui reçoit les veines rénales au nombre de cinq de chaque côté.

Le rein de la grenouille est formé de *glomérules de* MALPIGHI, accumulés surtout à la face ventrale; ils contiennent un petit peloton d'artérioles, et sont renfermés chacun dans une *capsule de* BOWMAN. De cette capsule part un *canalicule urinifère*, d'abord très étroit, et dont l'épithélium est pourvu de cils vibratiles très longs; on donne à cette portion le nom de *col*. Puis les canalicules décrivent des sinuosités et acquièrent un diamètre plus grand, qu'ils conservent durant tout le reste de leur parcours; leurs parois sont tapissées intérieurement d'un épithélium, dont la majorité des cellules présente des cils vibratiles. Les canalicules urinifères convergent vers la face dorsale du rein, et vers son extrémité supérieure où ils débouchent dans l'uretère. A ce niveau les canaux urinifères sont mêlés chez le mâle aux canaux séminaux qui viennent du testicule et qui déversent également leur contenu dans l'uretère, désigné le plus souvent sous le nom de canal de LEYDIG. A la surface ventrale des reins se trouvent des entonnoirs microscopiques qui s'ouvrent dans le cœlome et se continuent dans le tissu du rein par de petits tubes contournés; ces organes ont reçu le nom de *néphrostomes* et ont été bien étudiés par SPENGEL. Certains néphrostomes peuvent aboutir à plusieurs dans un seul canalicule, d'autres au contraire peuvent fournir chacun plusieurs de ces canalicules. Ces tubes contournés semblent aboutir pendant la période larvaire dans le col des canalicules urinifères; chez l'adulte, on a constaté qu'ils débouchaient dans les ramifications de la veine porte rénale. Aussi WIEDERSHEIM considère-t-il la cavité générale des anoures comme un espace lymphatique : le liquide transsudé dans la cavité péritonéale se trouve ainsi ramené comme le reste de la lymphe dans le système vasculaire sans sortir du corps.

Les *uretères* (fig. 57 et 58, Ur) naissent à la face dorsale et à l'extrémité supérieure des reins. D'abord entourés par la glande, ils se rapprochent de son bord externe, et, arrivés au tiers inférieur de ce bord, ils font saillie au dehors. Chaque uretère est accompagné par le tronc de la veine porte rénale qui le suit parallèlement. Arrivés à l'extrémité inférieure du rein, les uretères se trouvent chez le mâle libres dans la cavité du corps, et vont déboucher chacun par une petite fente allongée à la face dorsale du cloaque (fig. 57, SS[1]). Chez la femelle, les uretères s'appliquent contre les oviductes et débouchent dans le cloaque par deux orifices distincts de ceux des oviductes (fig. 39, 55'). De l'extrémité inférieure du rein, où il devient libre, jusqu'à son abouchement dans le cloaque, l'uretère diminue progressivement de diamètre. Signalons enfin la présence d'un renflement qui, chez les grenouilles mâles, fonctionne comme réceptacle séminal; toutefois celui-ci manque complètement chez *Rana esculenta*, espèce que nous décrivons; il est au contraire bien développé chez *Rana temporaria*.

La *vessie urinaire* (fig. 53, HB) ne communique pas chez la grenouille avec les uretères : elle débouche dans le cloaque par un orifice distinct. L'urine sécrétée par les reins est amenée par les uretères jusqu'au cloaque, et c'est de là qu'elle va s'accumuler dans la vessie, qui ne présente qu'un orifice pour l'entrée et la sortie de l'urine. Lorsque la vessie est distendue, l'urine repasse dans le cloaque, et de là est rejetée à l'extérieur avec les matières fécales. La vessie de la grenouille n'est autre chose que l'allantoïde, évagination de la partie terminale de l'intestin primitif; cet organe adhère à la paroi ventrale du cloaque; il est très développé, bien que son volume varie énormément d'un individu à l'autre. La vessie a l'aspect d'un sac bilobé à parois minces, transparentes et très vascularisées.

3° **Appareil génital mâle**. — Nous ne reviendrons pas sur les caractères extérieurs, qui permettent de reconaître la grenouille mâle et nous étudierons de suite ses organes internes (fig. 57 et 58). Les *testicules* (H) sont situés symétriquement de chaque côté de la colonne vertébrale et appliqués contre la face ventrale des reins, auxquels ils sont reliés par un repli du péritoine appelé *mesorchium*. Ils sont de forme ovoïde et de dimensions très variables, suivant qu'on les examine au printemps, époque de la reproduction ou en hiver; au moment du rut leur surface est bosselée. Leur couleur jaune plus ou moins foncé varie également suivant les saisons. En avant du testicule se trouve une masse adipeuse de couleur jaunâtre, présentant des digitations qui s'étendent sur les organes voisins (FK). Ce corps adipeux existe dans les deux sexes; son véritable rôle est encore inconnu. Du testicule partent de fins canaux de couleur blanchâtre anastomosés entre eux, qui cheminent dans le mésorchium et sont accompagnés des vaisseaux testiculaires. Ces *canaux efférents* (fig. 58, Ne), au nombre de quatre à onze d'après Wiedersheim, arrivent jusqu'au bord interne du rein à l'intérieur duquel ils pénètrent; ils se jettent alors dans un canal longitudinal (fig. 58, L) d'où partent de nouveaux canalicules transversaux (fig. 58, C). Ces derniers, légèrement dilatés à leur naissance, traversent complètement le rein jusqu'à son bord externe, où ils débouchent dans l'uretère (fig. 57 et 58, Ur). Nous ne pouvons nous étendre ici sur la spermatogénèse, bien étudiée chez la grenouille surtout par La Valette Saint-Georges et Bloomfield. Les spermatozoïdes, de forme variable suivant les espèces, naissent dans l'épithélium germinatif des canalicules et tombent dans leur cavité. Le sperme parcourt alors les canaux efférents, traverse les reins et arrive dans le *conduit uro-spermatique* ou uretère, par l'intermédiaire duquel il arrive jusque dans le cloaque, d'où il est expulsé au dehors. Il n'y a pas d'organe copulateur.

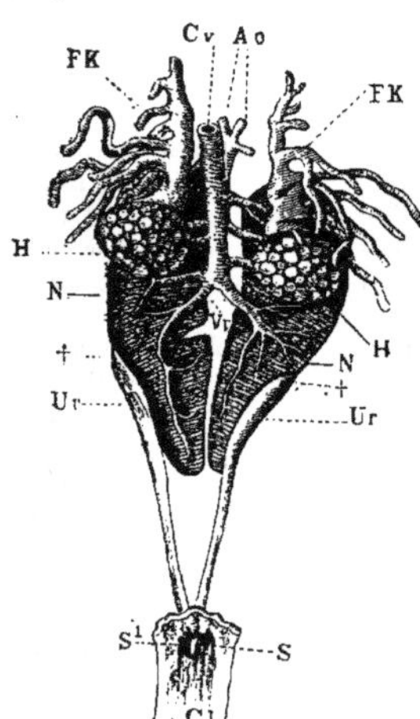

Fig. 57. — Appareil génito-urinaire du mâle (d'après Wiedersheim).

NN, reins. — Ur, Ur, uretères (canaux de Leydig), qui sortent en + sur le bord externe du rein. — SS¹, leur orifice dans le cloaque (Cl). — H, H, testicules. — FK, FK, corps adipeux. Cv, veine cave inférieure. — Ao, aorte. — Vr, veines efférentes de la circulation de la veine porte rénale.

4° **Appareil génital femelle**. — Les *ovaires* (fig. 59, Ova) occupent chez la femelle la même situation que les testicules chez le mâle et sont également reliés à la face ventrale des reins par un repli du péritoine. En avant de l'ovaire se trouve le corps adipeux que nous avons signalé chez les mâles. Les ovaires sont formés d'une douzaine de compartiments séparés par de minces cloisons recouvertes par l'épithélium germinatif : ils renferment des œufs à tous les stades de développement. A l'époque de la reproduction, l'ovaire prend des proportions considérables; il refoule la plupart des viscères abdominaux et dilate les flancs de la grenouille. L'ovogénèse et la structure de l'œuf ont été étudiés par van Bambeke; nous ne nous y arrêtons pas et renvoyons à son travail. L'œuf mûr arrive à la surface de l'ovaire et, par déchirement de la paroi, tombe dans la cavité du corps,

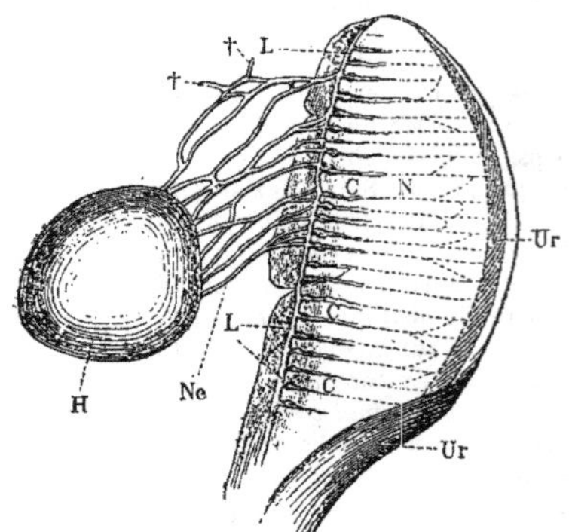

Fig. 58. — Testicule et canaux efférents (d'après Wiedersheim).

H, testicule. — Ne, canaux efférents. — L, canal longitudinal. — C, canalicules transversaux cheminant à l'intérieur du rein N. — Ur, uretère.

d'où il pénètre dans l'orifice de l'oviducte. Les *oviductes* (Ov) sont deux canaux cylindriques situés derrière les ovaires et formant sur toute la longueur du corps de nombreuses circonvolutions. Leur extrémité supérieure est située contre la paroi dorsale de la cavité du corps, non loin de la racine du poumon ; elle présente un orifice ovale, qui aboutit à un entonnoir cilié soutenu par un repli du péritoine (OT). Inférieurement les oviductes débouchent au niveau de petites papilles, situées dorsalement dans le cloaque, un peu au-dessus de l'orifice des uretères (P). Un peu avant leur terminaison, les oviductes se renflent en une sorte d'utérus (Ut), où s'accumulent les œufs à l'époque de la ponte. Les parois des oviductes, habituellement minces, translucides et de couleur blanchâtre, s'épaississent au moment de la reproduction. Ces parois sont formées d'une couche péritonéale externe, d'une couche interne de cellules épithéliales ciliées et d'une couche cellulaire intermédiaire, qui sécrète une substance albuminoïde douée de la propriété de se gonfler au contact de l'eau. Les œufs, en parcourant l'oviducte, s'entourent de cette matière et s'accolent les uns aux autres. Au bout d'un court séjour dans l'eau, ils augmentent considérablement de volume[1].

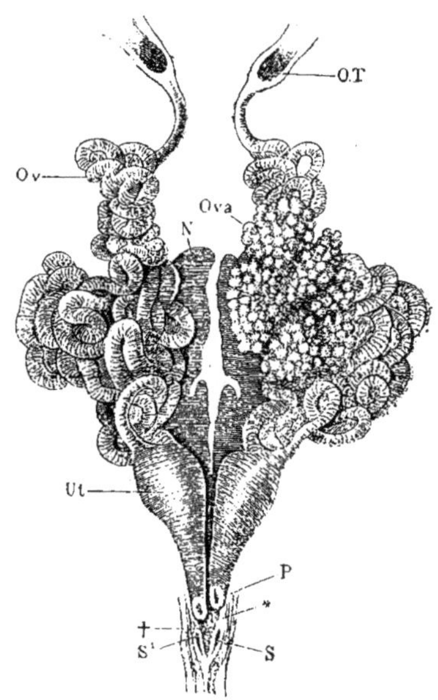

Fig. 50. — Appareil génito-urinaire de la femelle (d'après Wiedersheim).

Ova, ovaire (l'ovaire de l'autre côté a été enlevé. — ov, oviducte. — OT, pavillon de l'oviducte. — Ut, extrémité inférieure de l'oviducte renflé. — P, orifice de l'oviducte dans le cloaque. — N, rein. — S, S', orifices des uretères dans le cloaque, situés sur deux plis longitudinaux (*) séparés par un intervalle profond (+).

XIII. **Développement.** — **1° Segmentation de l'œuf.** — L'œuf non encore segmenté contient une certaine quantité de deutolécithe ; l'un de ses pôles est occupé par une région alécithe, et le reste de l'œuf contient de petites gouttelettes, qui deviennent de plus en plus volumineuses, à mesure qu'on se rapproche de l'autre pôle. L'œuf de la grenouille présente une *segmentation totale et inégale ;* il se divise d'abord en deux blastomères égaux, chacun d'eux se subdivisant en deux autres fragments encore égaux, puis chacune de ces quatre cellules se partage en deux segments d'inégale grandeur, l'un étant environ deux fois plus gros que l'autre. Dès lors l'inégalité va toujours en s'accentuant, et l'on a bientôt une *morula* dont les cellules sont plus petites à l'une des extrémités. Quand la calotte de petites cellules a atteint l'équateur de l'œuf, la *gastrula* se forme de la manière suivante : à partir du *blastopore*, se développe un deuxième feuillet qui vient doubler l'ectoderme, c'est l'endoderme ; l'endoderme ne se développe pas à l'autre pôle. En un point opposé à celui où se trouve le blastopore, se forme le *stomodeum*, puis le blastopore se ferme momentanément, car il se réouvrira plus tard pour devenir le *proctodeum*. Ainsi se forme le tube digestif. Le système nerveux provient d'une invagination de l'ectoderme : les bords se ferment bientôt

1. Dans l'étude anatomique qui précède, nous avons volontairement omis un grand nombre de détails et nous avons complètement laissé de côté l'histologie ; aussi renvoyons-nous le lecteur à l'excellente monographie de E. Gaupp : *A. Ecker's und R. Wiedersheim's Anatomie des Frosches*. (1. *Skelet und Muskelsystem*, 3e éd., 1896 ; 2. *Nerven-und-Gefässystem*, 2e éd., 1899 ; 3. *Eingeweiden, Tegument und Sinnesorganen*, 2e éd., 1904). Braunschweig. Vieweg. On trouvera, dans ce très important ouvrage, non seulement les points que nous n'avons pas étudiés, mais encore une bibliographie très complète relative à l'anatomie de la grenouille. On pourra aussi consulter avec avantage : Holmes (S. J.) *The biology of the Frog*, New York, 1906.

en formant un tube qui s'oblitère en avant, mais dont l'autre extrémité communique encore quelque temps avec le tube digestif par le *pore neurentérique*. Il se forme, chez la grenouille, une *allantoïde*, qui deviendra la vessie urinaire chez l'adulte.

2° **Métamorphoses.** — A sa sortie de l'œuf, l'animal est une larve aquatique qui a reçu le nom de *têtard*. C'est un petit être pisciforme possédant une nageoire qui forme une lame continue, comme chez la lamproie. Le jeune têtard possède une bouche munie de deux mandibules cornées et de deux lèvres charnues, mais cette ouverture, ou stomodeum, ne communique pas encore avec le tube digestif, pas plus d'ailleurs que l'orifice opposé, le proctodeum. L'orifice de la narine est également fermé. On trouve aussi à ce stade une paire de dépressions ventrales qui sont des ventouses. La surface du corps est alors entièrement ciliée, et il existe une *ligne latérale* comme chez les poissons. Celle-ci comprend trois bandes parallèles, innervées sur le corps par le pneumogastrique et sur la tête par le trijumeau. L'appareil circulatoire comprend une aorte et quatre arcs branchiaux.

Ce stade dure peu de temps. Bientôt la bouche et la narine s'ouvrent et il se forme des fentes branchiales. Le tube digestif communique dès lors avec l'extérieur non seulement par ses deux extrémités, mais encore par les quatre fentes branchiales. Des *branchies externes* se développent sur les trois premiers arcs branchiaux et il se forme une paire de vaisseaux pour chacune d'elles.

Le stade à branchies externes est très court; à ce moment les cils vibratiles ont disparu partout, sauf sur les branchies. Bientôt il se forme un repli de la paroi du corps recouvrant les branchies externes qui se flétrissent et des *branchies internes* non ciliées apparaissent sur les parois des arcs branchiaux. Puis les replis operculaires se soudent, sauf en un seul point situé à gauche, où subsiste un orifice faisant communiquer la cavité branchiale avec l'extérieur. Ce pore de sortie unique sert aux deux cavités branchiales; il a reçu le nom de *spiraculum*. La respiration s'effectue alors par le mécanisme suivant : l'eau entre dans la bouche, traverse les fentes branchiales en baignant les branchies, puis s'échappe par le spiraculum. La phase critique du développement de la grenouille est le passage de la vie aquatique à la vie aérienne. Des modifications importantes s'opèrent dans l'appareil respiratoire et dans l'appareil circulatoire. Aux dépens du quatrième arc branchial se forme l'artère pulmonaire; le troisième arc disparaît complètement, tandis que le second donnera le tronc aortique et le premier l'artère carotide. Pendant ces transformations, le poumon s'est développé sous la forme d'un diverticule du pharynx, et, quand il a atteint son complet développement, le spiraculum se ferme. La forme extérieure de l'animal change en même temps : des pattes naissent par bourgeonnement, les pattes inférieures d'abord, puis les pattes supérieures; enfin la queue diminue peu à peu et finit par disparaître. L'intestin des larves de grenouille s'allonge rapidement jusqu'à l'époque d'apparition des pattes postérieures, puis il diminue au cours du développement de ces dernières pour s'allonger de nouveau légèrement, une fois que celles-ci sont complètement formées. Mais, dès que les pattes antérieures commencent à se montrer sous la peau, l'intestin se raccourcit jusqu'à la fin des métamorphoses. Le têtard, larve aquatique, devient alors la grenouille adulte adaptée à la vie aérienne.

XIV. **Tératologie.** — La grenouille peut présenter des anomalies et des monstruosités diverses. Les *anomalies des veines* sont fréquentes; on a aussi signalé chez cet animal des cas de *mélanisme*, de *polymélie*, d'*hermaphroditisme;* on a vu des têtards *bicéphales*, etc. Nous n'insistons pas sur ce sujet qui sort du cadre de notre article.

CHAPITRE III

Physiologie

Nous n'avons pas l'intention de faire, dans cet article, un chapitre détaillé sur la physiologie de la grenouille; ce serait faire un traité de physiologie presque complet, et qui ferait double emploi avec la plupart des articles de ce dictionnaire. Aussi renvoyons-nous le lecteur à ces articles et nous contenterons-nous de signaler ici le plus brièvement possible les particularités principales relatives à la physiologie de la grenouille, en rappelant combien l'étude de l'organisation de cet animal a été utile et peut l'être encore aux diverses sciences biologiques et spécialement à la physiologie.

Pour les diverses opérations à pratiquer sur la grenouille, la contention, l'anesthésie, nous renvoyons au *Manuel de vivisection* de LIVON (1882) et à l'ouvrage plus récent de L. CAMUS.

Aucun animal n'est peut-être plus utile que la grenouille aux diverses expériences relatives à la contractilité musculaire; les nerfs sont apparents, il est facile de les découvrir et de les mettre à nu et par conséquent de les exciter pour provoquer la contraction des muscles.

On a aussi étudié sur la grenouille la circulation du sang dans les capillaires à travers les membranes interdigitales, le péritoine et les poumons, dont la minceur permet d'examiner au microscope les vaisseaux par transparence. Grâce à un dispositif spécial, on peut même soumettre ces vaisseaux à des pressions supérieure ou inférieure à la pression atmosphérique.

La grenouille a encore rendu de grands services dans les recherches sur les variations de la pression du sang dans les artères, sur les mouvements du cœur, sur les contractions des cœurs lymphatiques (RANVIER).

Rappelons que les hématies, chez cet animal, sont elliptiques et nucléées; elles sont biconvexes et mesurent environ 25 μ de long sur 15 μ de large; on en compte environ 250 000 par millimètre cube, d'après MALASSEZ.

L'alcalinité du sang chez *Rana esculenta* est 199,9; le point de congélation $\Delta = 0,45$ à 0,47.

Les expériences sur le système nerveux sont innombrables : les phénomènes de tonus réflexe, persistant après une excitation de courte durée, sont très nets chez la grenouille privée de cerveau. L'ablation de l'hypophyse peut être suivie d'une survie de plus d'un mois, et, pendant ce temps, on observe une paralysie progressive.

Les grenouilles sont capables d'être soumises à l'action hypnotique. Lorsqu'elles sont épuisées par un jeûne prolongé et la privation d'eau, il suffit de les renverser sur le dos pour qu'elles tombent en une hypnose ou catalepsie, qui peut durer une demi-heure, et même davantage.

La digestion de la grenouille a été étudiée dans tous ses détails. La réaction de la muqueuse stomacale est acide, sauf chez la femelle pendant la période d'activité de l'ovaire. A cette époque, elle devient alcaline, probablement à cause de la compression des vaisseaux cœliaques par les ovaires et les oviductes augmentés de volume. En effet, si on lie le tronc cœliaque d'une grenouille mâle, on voit, quelques jours, après la sécrétion gastrique devenir alcaline. L'acide normal du suc gastrique est l'acide chlorhydrique. La sécrétion œsophagienne est alcaline et renferme de la pepsine; celle-ci est plus abondante et plus active que celle qui provient de l'estomac ; car l'estomac sécrète non seulement des acides, mais aussi des ferments digestifs. Il n'y a ni chymosine ni ferment saccharifiant l'amidon dans la muqueuse œsophagienne, pas plus que dans la muqueuse stomacale.

Le nerf coordinateur des mouvements de l'estomac est le pneumogastrique; le sympathique fournit aussi des filets moteurs à cet organe, dont les mouvements ne semblent pas être influencés par l'extirpation du plexus cœliaque. Les pneumogastriques fournissent aussi à l'estomac des vaso-dilatateurs et des vaso-constricteurs, et la section de ces nerfs n'entraîne pas la mort de l'animal et n'arrête pas la sécrétion du suc gastrique. L'excitation galvanique ou mécanique du pneumogastrique détermine la sécrétion de la pepsine, tandis que le plexus cœliaque paraît ne pas avoir d'effet sur les sécrétions, et agir plutôt comme inhibiteur. Les centres des réflexes présidant à la sécrétion des glandes gastriques se trouvent dans les plexus nerveux intra-stomacaux. BROWN-SÉQUARD a montré que la digestion n'est pas troublée en hiver, chez *Rana esculenta*, par l'extirpation du bulbe rachidien. BALTHAZARD et JEAN CH. ROUX ont étudié, à l'aide des rayons X, le fonctionnement de l'estomac, et ils ont remarqué que chez la grenouille les ondes de contraction sont plus lentes que chez le chien et chez l'homme; elles se succèdent toutes les trente secondes.

L'étude des pigments hépatiques et biliaires a été faite par DASTRE et FLORESCO (1893). Ces auteurs ont constaté que les spectres et les caractères des pigments hépatiques étaient les mêmes que chez les autres vertébrés. La couleur de la bile est vert intense, et cette coloration est due à la *biliprasine;* il y a très peu de bilirubine, et la réaction de GMELIN est très nette.

La respiration ne pouvant se faire par dilatation inspiratrice, par des mouvements du thorax, puisqu'il n'y a pas de cage thoracique, se fait par *déglutition de l'air*. La grenouille ferme la bouche et abaisse le plancher de la cavité buccale et l'hyoïde ; elle fait ainsi le vide, et l'air pénètre par les narines ouvertes. Puis elle ferme ses orifices nasaux, fait un mouvement de déglutition, relève la gorge et refoule dans les poumons la plus grande partie de l'air qui se trouvait dans la cavité buccale. Une partie de cet air s'échappe encore par les narines, que les valvules peuvent bien rétrécir, mais non oblitérer complètement. Au moment de l'expiration, les flancs de l'animal se contractent, la glotte s'ouvre, et le poumon — très élastique, puisqu'une simple piqûre d'épingle suffit pour que l'organe se vide aussitôt — tend à revenir sur lui-même. Les contractions des muscles des flancs l'aident, et une certaine quantité d'air est lancée dans la gorge et de là au dehors par les narines grandes ouvertes. Voici, d'après PAUL BERT, un tableau qui résume le mécanisme de la respiration de la grenouille.

MÉCANISME DE LA RESPIRATION DE LA GRENOUILLE

	Narines.	Gorge.	Glotte.	Poumon.
1° Entrée d'air.	Béantes.	Abaissement inspiratoire.	Fermée.	Repos.
2° Sortie d'air.	Béantes.	Temps d'arrêt en abaissement.	Ouverte.	Expiration.
3° Sortie d'air.	Rétrécies.	Relèvement expiratoire.	Ouverte.	Inspiration.

La peau, extrêmement vascularisée, est aussi un organe respiratoire important chez la grenouille. On met aisément son rôle en évidence, en extirpant les poumons. La cavité bucco-pharyngienne joue encore un rôle dans la respiration, grâce à la valvule de BRÜCKE, dont nous avons signalé la présence dans l'aorte. L'artère laryngée partant de l'aorte avant la valvule, il s'ensuit qu'au commencement de la contraction du ventricule, le sang veineux passe par cette artère dans les capillaires sous-épithéliaux de la muqueuse du pharynx et du larynx. Ces capillaires renfermant du sang veineux, sont donc, aussi bien que ceux des poumons et de la peau, des capillaires respiratoires.

En ce qui concerne les glandes à sécrétion interne, LANGLOIS et GOURFEIN ont montré que la destruction d'une capsule surrénale ne détermine aucun phénomène, tandis que la destruction des deux entraîne la mort en quelques heures. Ces capsules contiennent des graisses et des lécithines ; toutefois, sur les préparations fraîches de grenouille, on ne constate pas la croix de polarisation caractéristique des lécithines. La surface de la partie graisseuse présente le caractère d'être *labile*, comme les graisses décrites par BERNARD, BIGART et MULON.

La grenouille possède des glandes cutanées venimeuses; mais celles-ci sécrètent un venin peu actif. Ainsi que l'ont montré BROWN-SÉQUARD et VULPIAN, il ne produit guère qu'une légère irritation, lorsqu'il arrive au contact de la conjonctive ou de la membrane pituitaire. D'après PAUL BERT, ce venin paraît être à la fois un poison du cœur et un poison de la moelle. Par contre, la grenouille est très sensible à l'action du venin des autres amphibiens, et la grenouille rousse (*Rana temporaria*) est le meilleur réactif du venin de crapaud. Comme l'ont fait voir PHISALIX et BERTRAND, cette grenouille succombe à l'injection de très petites doses, en présentant un ensemble de symptômes caractéristiques: paralysie débutant par le train postérieur, rétrécissement de la pupille, ralentissement, puis arrêt du cœur en systole. Cet arrêt est dû à un principe actif, la *bufoténine*, se rapprochant de la digitaline par son action sur le cœur, et du curare par son action paralysante.

Quant aux effets sur l'organisme de la grenouille des substances toxiques et médicamenteuses: curare, strychnine, etc., on les trouvera exposés dans les articles consacrés à ces substances et dans le beau travail de Claude Bernard. Je ferai simplement remarquer que les grenouilles ventilées ou desséchées sont très sensibles à l'action des poisons, et, c'est d'après des expériences faites sur ces animaux qu'on a posé les conclusions générales suivantes: « L'action des agents médicamenteux ou toxiques, pour des organismes appartenant à la même espèce animale, seront d'autant plus marqués que, pour le même poids, l'animal contiendra moins d'eau, comme il arrive chez les animaux gras, et pour l'homme chez les obèses (Maurel). » W. Edwards avait constaté en 1824 que la grenouille pouvait être desséchée et perdre jusqu'à 35 p. 100 de son poids sans périr. D'après Langlois et Pellegrin, le crapaud pourrait perdre encore davantage, jusqu'à 38 p. 100 de son poids. Maurel a imaginé un appareil permettant la ventilation des grenouilles, et cet auteur a observé qu'au bout de 5 à 7 heures de ventilation une grenouille perd 20, 25 et même 30 p. 100 de son poids initial. Jusqu'à une perte de poids de 20 p. 100, l'animal conserve sa vivacité; quand la perte atteint 25 p. 100, la vivacité diminue; à 30 p. 100, la vie est menacée, et à 40 p. 100 l'animal meurt. Si l'on remet auparavant les animaux dans l'eau pendant quelques heures, la tête émergée, ils reprennent leur poids primitif.

Les grenouilles peuvent aussi résister à un refroidissement considérable. Exposées à une température de — 28°, elles survivent, et les cils vibratiles du pharynx conservent leurs mouvements jusqu'à — 90° environ. Ce sont des animaux *pseudo-hibernants*, et les *ganglions spinaux*, qui renferment de la graisse, semblent jouer un rôle important dans l'hibernation. Bonne a remarqué que ces dépôts graisseux sont constants et abondants pendant la saison d'hiver et disparaissent complètement pendant l'été. Ce sont des matériaux de réserve destinés à être lentement consommés pendant la période hivernale. La nature nerveuse des éléments qui en sont le siège leur donne un certain intérêt; on les désigne sous le nom de *corpuscules* de Morat.

Les extraits salés ou acides des glandes génitales actives des grenouilles (*Rana esculenta* et *R. temporaria*) renferment des substances toxiques que l'on peut ranger dans le groupe des globulines (extrait salé), ou dans celui des alcaloïdes (extrait acide). En injection sous-cutanée, les extraits d'ovaires, en solutions concentrées, tuent des lapins, des cobayes, des souris et des grenouilles de même espèce ou d'espèces différentes; à dose plus faible, ils provoquent l'avortement dans le cas de gestation. En injection intra-veineuse, il y a des troubles moteurs, tétanos et paralysies, et des troubles respiratoires, dyspnée, puis l'animal meurt. Avec les extraits testiculaires, on observe en plus des troubles circulatoires, de l'exophtalmie et de la polyurie, enfin la mort survient.

A l'époque de la reproduction, les grenouilles subissent quelques transformations; celles-ci se produisent surtout chez *Rana temporaria*, qui présente une éruption dorsale de papilles rosées très vasculaires. Nous avons déjà vu que, chez les mâles, le pouce était en tous temps renflé et recouvert d'une peau grisâtre; à l'époque de l'accouplement, cette éminence devient plus grosse et plus foncée; le derme s'épaissit, les glandes prennent un développement plus grand, et les cellules pigmentaires du derme deviennent plus nombreuses. Chez la grenouille il n'y a pas d'accouplement proprement dit: le mâle ne possède pas d'organe copulateur; il embrasse la femelle et la serre fortement en la maintenant au moyen des renflements du pouce appliqués sur ses flancs; il contribue ainsi à l'évacuation des œufs, qu'il féconde en répandant le sperme, à mesure qu'ils s'échappent de l'orifice cloacal.

En ce qui concerne les expériences sur la parthénogénèse faites par Bataillon et Henneguy, je renvoie aux travaux de ces auteurs.

La régénération est un phénomène souvent observé chez les grenouilles, particulièrement chez les têtards. Wintrebert (1903) a montré que la régénération de la queue chez les larves d'anoures dépend de la reconstitution de ses appareils de soutien; le système nerveux n'est pas nécessaire, car la régénération a lieu chez des larves auxquelles on a réséqué la moelle dorso-lombaire et sacrée. Il en est de même pour les membres; si l'on sectionne les nerfs du membre postérieur des larves de *Rana temporaria*, au moment où apparaissent les doigts, on constate que les membres ne diffèrent des membres normaux, ni au point de vue de leur forme générale, ni au point de vue de leur longueur totale, ni dans les proportions relatives de leurs différents segments.

A propos de régénération, je citerai les greffes de peau de grenouille, qui ont été essayées plusieurs fois sur l'homme dans le traitement des plaies et des ulcères. (Voir à ce sujet la thèse de LE COQ, Paris, 1896.)

CHAPITRE IV

Parasitologie

I. **Parasites des grenouilles.** — La grenouille verte (*Rana esculenta*), qui a servi de type à notre description anatomique, héberge dans ses différents organes de nombreux parasites, que je crois intéressant de signaler ici.

1° Tissu cellulaire sous-cutané et muscles. — Sous la peau, on rencontre une filaire : *Filaria neglecta* DIESING; dans le tissu cellulaire sous-cutané et les muscles, des trématodes : *Codonocephalus mutabilis* DIESING et *Distomum diffusocalciferum* GASTALDI; enfin, exclusivement dans les muscles, un cestode : *Ligula Ranarum* GASTALDI et deux trématodes : *Distomum tetracystis* GASTALDI et *Tetracotyle crystallina** DIESING.

2° Système nerveux et organes des sens. — Dans le cerveau, on trouve *Distomum Pelophylacis esculenti* WEDL. et dans le canal médullaire, *Tylodelphys rachidis* DIESING et *Distomum acervocalciferum* GASTALDI, qui sont tous des trématodes. On a signalé dans le corps vitré une nématode : *Ascaris oculi Ranæ* NORDMANN.

3° Tube digestif et annexes. — Sous la langue on trouve un trématode : *Distomum ovocaudatum* VULPIAN. Dans l'estomac on rencontre plusieurs nématodes, les uns qui vivent libres dans la cavité stomacale, tels que *Strongylus bialatus* MOLIN et *S. auricularis* ZEDER, les autres qui sont encapsulés, soit dans la tunique de l'estomac, comme *Filaria Ranæ esculentæ* VALENTIN, soit dans le mésentère, comme *Filaria rubella** RUDOLFI. Dans les cellules épithéliales de l'intestin se trouvent deux coccidies : *Coccidium Ranarum* LAVERAN et MESNIL et *Paracoccidium Prevoti* LAVERAN et MESNIL. Dans la cavité intestinale on trouve un champignon, *Basidiolobus ranarum*, des *amibes*, un flagellé : *Cercomonas Ranarum*, ainsi que les trématodes et les nématodes suivants : *Tylodelphys rachidis** DIESING, *Monostomum hystrix* MOLIN, *Distomum endolobum** DUJARDIN, *D. clavigerum** RUDOLPHI, *Nematoxys ornatus** DUJARDIN, *Strongylus auricularis* ZEDER. *Filaria Ranæ esculentæ* VALENTIN vit enkystée dans la tunique de l'intestin et *F. Rubella* RUDOLPHI dans le mésentère. Dans le rectum, on trouve de nombreux infusoires, surtout des *paramécies* et des *opalines*, ainsi que diverses helminthes telles que : *Codonocephalus mutabilis* DIESING, *Diplodiscus subclavatus** DIESING et *Nematoxys commutatus** RUDOLPHI. Signalons enfin dans le foie : *Codonocephalus mutabilis* DIESING et *Distomum diffusocalciferum* GASTALDI; dans la vésicule biliaire : *Tetracotyle crystallina* RUDOLPHI; dans le péritoine : *Echinorhynchus lesiniformis* MOLIN.

4° Poumons. — Les poumons peuvent contenir des trématodes : *Monostomum ellipticum* RUDOLPHI, *Distomum diffusocalciferum* GASTALDI, *D. cylindraceum** ZEDER, *D. variegatum* RUDOLPHI, et un nématode : *Ascaris nigrovenosa** RUDOLPHI.

5° Appareil urinaire. — Dans les reins on trouve : des sporozoaires, *Diplospora Lieberkuhni** (LABBÉ), *Leptotheca Ohlmacheri** (GURLEY), *L. ranæ** THÉL. et un trématode, *Codonocephalus mutabilis* DIESING; dans l'épithélium rénal, un sporozoaire, *Karyamæba renis* G. TOS et, dans la vessie, deux trématodes, *Polystomum integerrimum** RUDOLPHI et *Distomum cygnoïdes** ZEDER.

6° Sang. — Le sang renferme plusieurs hémosporidies qui sont : *Lankesterella Ranarum* (R. LANKESTER), qui habite les hématies, les leucocytes et aussi les cellules du foie, de la rate et de la moelle des os, *Lankesterella monilis* (LABBÉ), *Hæmogregarina magna* (GRASSI et FELETTI), *Dactylosoma Ranarum* LABBÉ et *Cytamæba bacterifera* LABBÉ qui vivent dans les hématies; cette dernière espèce contient des bactéries commensales. Enfin, c'est dans le sang de la grenouille qu'a été découvert par GRUBY, en 1843, l'un des premiers trypanosomes : *Trypanosoma sanguinis;* on a signalé depuis deux autres espèces : en 1901, *T. rotatorium* LAVERAN et MESNIL, et en 1904, *T. inopinatum* SERGENT.

Les parasites dont le nom est suivi d'un astérisque sont communs à la grenouille verte (*Rana esculenta*) et à la grenouille rousse (*Rana temporaria*); on a rencontré en outre chez cette dernière les parasites suivants : dans la peau : une *myxosporidie;* dans le tissu cellulaire sous-cutané et les muscles : *Distomum squamula* Diesing; dans les muscles seulement : *Pleistophora Danilewskyi* (L. Pfr.) et *Myoryctes Weismanni* Eberth; dans le canal vertébral : *Gordius aquaticus* Gmelin; dans l'intestin : *Tænia dispar* Goeze, *Distomum retusum* Dujardin, *Echinorhynchus hæruca* Rudolphi *et Oxysoma brevicaudatum* Zeder. Enfin, on a rencontré, encapsulé dans le mésentère : *Nematoïdeum Ranæ temporariæ* Leidy.

II. **Soi-disant parasitisme des grenouilles chez l'homme.** — On a signalé anciennement des cas où des grenouilles auraient vécu plus ou moins longtemps dans le tube digestif de l'homme, y produisant des troubles très variés, après quoi elles auraient été rendues vivantes, soit à la suite de vomissements, soit avec les déjections. R. Blanchard cite à ce sujet les exemples suivants : Schenck de Gräfenberg aurait vu un jeune garçon vomir onze grenouilles vivantes; B. Weiss de Temesvar fut appelé auprès d'une femme de vingt-trois ans, qui, après avoir souffert de troubles gastriques, vomit une grenouille vivante. Le Musée zoologique de Göttingen contient deux spécimens de *Rana esculenta*, qui auraient été rendues par une fille de vingt-sept ans. Comme le fait remarquer R. Blanchard, il s'agit dans tous les cas de simulations et de supercheries hystériques. Les grenouilles, pas plus que les autres amphibiens, ne peuvent vivre longtemps dans le tube digestif d'un animal à sang chaud, et, lorsque ces animaux sont expulsés vivants, c'est vraisemblablement aussitôt ou très peu de temps après leur ingestion. Si j'ai cru devoir signaler ces faits, c'est que de nos jours encore on est souvent le jouet de semblables supercheries.

III. **Bactériologie.** — Divers auteurs ont inoculé à la grenouille des bactéries pathogènes, entre autres les bacilles du charbon (Hardy et Boon Keng, 1894), du tétanos (Courmont et Doyon, 1898), de la tuberculose (Moret, 1899). Le bacille de Koch inoculé dans la cavité abdominale de la grenouille est susceptible de la contaminer (Moret). Cette tuberculose expérimentale donne une survie en général très longue, de 127 à 158 jours. Il y a production de granulations sur le mésentère et sur le foie, et l'animal meurt de cachexie progressive. Le bacille tuberculeux aviaire et pisciaire ne détermine pas de lésions chez la grenouille. Dans tous les cas d'inoculation expérimentale de bactéries pathogènes, du bacille du tétanos, par exemple, la température a une grande influence sur la réceptivité de l'organisme (R. Dubois).

M. NEVEU-LEMAIRE.

GRUENHAGEN (William-Alfred) (Koenigsberg).

1. **Mouvements de l'iris.** — *Einige neue Thatsachen, betreffend die Theorie der Irisbewegung*, 1863 (*C. W.*, N° 37). — *Ueber Irisbewegung* (*A. P.*, 1864, xxx, 481-524; et *Berl. klin. Woch.*, 1865, 242-245, 252-253; 1866, 472.) — *Ueber das Verhalten des Sphincter pupillae der Saugethiere gegen Atropin* (*Zeit. f. rat. Med.*, 1867, xxix, 275-284). — *Ueber Calabarwirkung* (*Berl. klin. Woch.*, 1867, N° 27). — *Iris und Speicheldrüse* (*Zeit. f. rat. Med.*, 1868, xxxiii, 258-265). — *Zur Irisbewegung* (*A. g. P.*, 1870, iii, 440). — *Ueber den Einfluss des Sympathicus auf die Vogelpupille. Ibidem*, 1886, xl, 65-67, et 1888, xlii, 84-85). — *Zur myotischen Wirkung des Trigeminus bei Kaninchen* (*C. P.*, 1892, N° 11); — Voyez aussi : *Nachwort zu Gruenhagen u. Samkowy* (*A. g. P.*, 1875, x, 172); — *Ueber den Mechanismus der Irisbewegung* (*A. g. P.*, 1893, liii, 348-360). — *Ueber den Sphincter pupillae des Frosches.* (*Ibid.*, 421-427. — En coll. avec E. Berthold, *Physiologische Wirkung des Cocains.* (*C. W.*, 1885, N° 9). — En coll. avec Rudolph Cohn, *Ueber den Ursprung der pupillendilatirenden Nerven.* (*Centralbl. f. prakt. Augenheilkunde*, 1884. *Juniheft*).

Voir aussi : J. Rogow, *Ueber die Wirkung des Extractes der Calabarbohne u. des Nicotin auf die Iris.* (*Zeit. f. rat. Med.*, 1867, xxix, 1-34). — E. Salkowski, *Ueber das Büdge Ciliospinal Centrum.* (*Ibid.*, 167-190). — Schur, *Ueber den Einfluss des Lichts, der Wärme und einiger anderer Agentien auf die Weite der Pupille nebst einer Anmerkung zur Irishistologie und einem Nachworte von Gruenhagen.* (*Ibid.*, 1868, xxxi, 373-407). — B. Surminsky, *Ueber die Wirkungsweise des Nicotin und Atropin auf das Gefässnervensystem.* (*Ibid.*, 1869, xxxvi,

205-238). — Hurwitz, *Ueber die Reflexdilatation der Pupille. Inaugural Dissertation.* Erlangen, 1878. — Bessau, *Die Pupillenenge im Schlafe und bei Rückenmarks-Krankheiten. Inaugural-Dissertation.* Koenigsberg, 1878. — J. Biernath, *Ueber die Irisbewegung einiger Kalt und Warmblüter bei Erwärmung und Abkühlung. Inaugural Dissertation.* Leipzig, 1880. — I. Tuwim, *Ueber die physiologische Berichtung des Ganglion cervicale supremum zu der Iris und den Kopfarterien* (*A. g. P.*, 1887, xxiv, 115-134).

2. Histologie de l'iris. — *Ueber das Vorkommen eines Dilatator pup. in der Iris der Menschen und der Säugethiere* (*Zeit. f. rat. Med.*, 1866, xxviii, 176-189; — *Ueber den vermeintlichen Dilatator pupillae der Kaninchen-Iris* (*Ibid.*, 1869, xxxvi, 40-46). — *Ueber die Musculatur und den Bau der Vogeliris.* (*Arch. f. mikroskop. Anat.* 1872/73, ix, 286). — *Ueber die hintere Begrenzungsschicht der menschlichen Iris* (*Ibid.*, 726-729). — *Die Nerven der Ciliarfortsätze des Kaninchens* (*Ibid.*, 1883, xxii, 369-373). — *Ueber die Musculatur und die Bruch'sche Membran der Iris* (*Anatom Anzeiger*, 1888, 27-32).

3. Pression intra-oculaire. — *Untersuchungen den intraocularen Druck betreffend* (*Berl. klin. Woch.*, 1866, N° 24; *Zeit. f. rat. Med.*, 1866, xxviii, 230-248). — En coll. avec A. v. Hippel, *Ueber den Einfluss der Nerven auf die Höhe des intraocularen Druckes.* (*Arch. f. Ophthalmol.*, 1868, xiv, 219-258; 1869, xv, 265-287; 1870, xvi, 27-48). — *Zur Chemie des Humor aqueus nach Untersuchungen von Kühn.* (*A. g. P.* 1888, xliii, 377-384).

Voir aussi Joseph Chabbas, *Ueber die Secretion des humor aqueus in Bezug auf die Frage nach den Ursachen der Lymphbildung.* (*A. g. P.*, 1877, xvi, 143-153). — Tesner, *Der Humor aqueus des Auges in seinen Beziehungen zu Blutdruck und Nervenreizung.* (*Ibid.*, 1880, xxiii, 14-44). — Kuhn, *Zur Chemie des humor aqueus.* (*Ibid.*, 1887, li, 200-202). — F. Heisrath, *Ueber den Zusammenhang der vorderen Augenkammer mit den vorderen Ciliarvenen.* (*Arch. f. mikroskop. Anat.*, 1878, xvii, 209-215). — *Ueber die Abflusswege des Humor aqueus, mit besonderer Berücksichtigung des sogenannten Fontana'schen und des Schlemm'schen Kanals. Inaugural Dissertation.* Koenigsberg, 1887.

4. Influence de la chaleur, sur les muscles striés et lisses. Thermotonométrie. — En coll. avec Samkovy. *Einfluss verschiedener Temperaturgrade auf den Contractionszustand quergestreifter und glatter Muskelfasern.* (*Berl. klin. Woch.*, 1875, 525). — *Ueber den Einfluss der Wärme auf die glatte Musculatur der Warm-und Kaltblüter. International medic. Congress*, 1881, i, 283-286. — *Das Thermotonometer.* (*A. g. P.*, 1885, xxxiii, 59). — *Ueber die Wärmecontractur der Muskeln.* (*Ibid.*, 1893, lv, 372-377). — *Ueber die Einwirkung der Temperatur auf die Gefässwände.* (*C. P.*, 1893, N° 26). — *Noch einmal über die Beziehungen zwischen Temperatur und Muskelspannung. Ibid.*, 1893, N° 10. — En coll. avec Samkowy. *Ueber das Verhalten isolirter glatter Muskeln bei electrischer Reizung.* (*A. g. P.*, 1875, x, 165-173).

5. Électrophysiologie. — *De novo schemate fluminis nervorum et musculorum galvanici. Inaugural Dissertation.* Koenigsberg, 1863; — *Ueber ein neues Schema des Nerven-und Muskelstromes.* (*Koenigsberger medicin. Jahrbücher*, 1864, iv, 199-235). — *Ueber die unipolare Zuckung* (*Zeit. f. rat. Med.*, xxiv, 153-168). — *Bemerkungen über die Summation von Erregungen in den Nervenfasern.* (*Ibid.*, 1865, xxvi, 190-224). — *Ueber die electrischen Ströme der Froschhaut.* (*Ibid.*, xxvi, 268-291). — *Ueber Neigungsströme und die Natur des electrotonischen Zustandes.* (*Berl. klin. Woch.*, 1867, N°s 10 et 11). — *Notiz über das Verhalten der negativen Stromesschwankung zur sogenannten parelectronomischen Schicht des naturlichen Muskelquerschnitts.* (*Zeit. f. rat. Med.*, 1867, xxix, 285-287). — *Ueber den vermeintlichen Einfluss der hinteren Wurzeln auf die Erregbarkeit der vorderen.* (*Ibid.*, 1868, xxxi, 38-42). — *Theorie des physicalischen Electrotonus.* (*Ibid.*, 43-45). — *Ueber das Wesen und die Bedeutung der electromotorischen Eigenschaften der Muskeln und Nerven.* (*Ibid.*, 46-86; 1869, xxxvi, 132-147). — *Ueber thierische Electricität.* (*Berl. klin. Woch.*, 1869, N° 33). — *Ueber Electrotonus und secundäre Zuckung* (*Ibid.*, 1871, N° 4). — *Ueber Erregung des Nerven und Fortleitung desselben.* (*Ibid.*, 625). — *Ueber das zeitliche Verhalten von An-und Katelectrotonus während und nach Einwirkung des polarisirenden Strömes.* (*A. g. P.*, 1871, iv, 547). — *Versuche die secundäre Muskelzuckung betreffend.* (*Ibid.*, 1872, v,

119-122). — *Versuche über intermittirende Nervenreizung.* (*Ibid.*, 1872, VI, 157-181). — *Notiz über eine neue Art electrischer Ströme.* (*Ibid.*, 1874, VIII, 573). — *Quellungsströme. Notiz. (Prioritätsfrage gegen Hermann).* (*Ibid.*, 1875, XI, 627). — *Zur Litteraturgeschichte einiger Entdeckungen auf dem Gebiete der Electrophysiologie* (1882, XXX, 486-490). — *Ueber das Verhältniss zwischen Reizdauer, Reizgrösse und latenter Reizperiode nach einen neuen Versuchsverfahren.* (*Ibid.*, 1884, XXXIII, 296-302). — *Ueber ächte Interferenz, und Summationsvorgänge nervöser Thatigkeitszustände.* (*Ibid.*, 1884, XXXIV, 301-309). — *Zur Physik des Electrotonus.* (*Ibid.*, 1885, XXXV, 527-536 et XXXVI, 518-519). — *Beschreibung eines neuen Myographions.* (*Schriften der phys. œkonom. Gesellsch. zu Königsberg*, 1883, XXIV).

Voir aussi G. Heidenhain, *Ueber den Einfluss der hinteren Rückenmarks-Wurzeln auf die Erregbarkeit der vorderen.* (*A. g. P.*, 1871, IV, 435). — E. Hirschberg, *In welcher Beziehung stehen Leitung und Erregung der Nervenfasern zu einander.* (*Ibid.*, 1886, XXXIX, 75-95).

6. **Absorption intestinale de la graisse.** — *Ueber den Vorgang der Fettresorption im Darme.* (*Congrès périodique international des sciences médicales. Amsterdam. 1879. Compte rendu*, 586-590). — *Ueber Fettresorption und Darmepithel.* (*Arch. f. mikroskop. Anat.* 1887, XXIX, 139-146). — *Ueber Fettresorption im Darme.* (*Anatom. Anzeiger*, 1887, 424-425 et 493-494). — En coll. avec I. Krohn : *Ueber Fettresorption im Darme.* (*A. g. P.*, 1889, XLIV, 535-544). — Voir aussi : Will, *Vorläufige Mittheilung über Fettresorption.* (*Ibid.*, 1879, XX, 255-262).

7. **Divers.** — *Ueber einen merkwürdigen Einfluss des Glycerins auf die Generatoren des Blutfibrins.* (*Zeit. f. rat. Med.*, (3), 1869, XXXVI, 239-240). — *Neue Methode die Wirkung des Magen-Pepsins zu veranschaulichen und zu messen.* (*A. g. P.*, 1872, V, 203-204). — *Notiz über die Ranvier'schen Sehnenkörper.* (*Arch. f. mikroskop. Anat.*, 1872/73, IX, 282-285). — *Ein neues manometrisches Verfahren zur Demonstration vaso-constrictorischer Centren im Rückenmark des Frosches* (*A. g. P.*, 1881, XXV, 251-254). — *Ueber ein Endothelial-Element der Nervenprimitivscheide.* (*Arch. f. mikroskop. Anat.*, 1884, XXIII. 380-381). — *Untersuchungen über Samenentwickelung.* (*C. W.*, 1885, N° 28). — *Ueber die Spermatogenese bei Rana fusca (temporaria)*, (*Ibid.*, 1885, N° 42).

Die electromotorischen Wirkungen lebender Gewebe. Mit 29 Holzschnitten. Berlin, 1873.

Bearbeitung und Herausgabe des Funke'schen Lehrbuchs d. Physiologie. 6e éd., 1876-1880, 2 vol. — *Lehrbuch der Physiologie.* 3 vol., Leipzig-Hamburg, 1885-1887.

GRÜTZNER (P.), professeur de physiologie à Tübingen (Allemagne).

I. Travaux du laboratoire de l'Institut physiologique de Breslau. (R. Heidenhain).

Bibliographie. — **1.** En coll. avec Ebstein. *Ueber den Ort der Pepsinbildung im Magen* (*A. g. P.*, VI, 1871, 1-19). — **2.** Grützner. *Ueber einige chemische Reaktionen des tätigen und untätigen Muskels* (*Ibid.*, VII, 1873, 254-262). — **3.** En coll. avec Clapowski. *Beiträge zur Speichelsekretion* (*Ibid.*, VII, 1873, 522-529). — **4.** En coll. avec Ebstein. *Ueber Pepsinbildung im Magen* (*Ibid.*, VIII, 1874, 122-151); — **5.** *Kritisches und Experimentelles über die Pylorusdrüsen* (*Ibid.*, VIII, 1874, 617-623). — **6.** Grützner. *Eine neue Methode Pepsinmengen colorimetrisch zu bestimmen* (*Ibid.*, VIII, 1874, 452-459); — **7.** *Beiträge zur Physiologie der Harnsekretion* (*Ibid.*, XI, 1875, 370-386); — **8.** *Notizen über einige ungeförmte Fermente des Säugetierorganismus* (*Ibid.*, XII, 1876, 285-307). — **9.** En coll. avec Heidenhain. *Ueber die Innervation der Muskelgefässe* (*Ibid.*, XVI, 1878, 1-31). — **10.** Grützner. *Ueber die Bildung und Ausscheidung des Pepsins*, Breslau, 1875, *Habilitationsarbeit*. — **11.** En coll. avec Swiecicki. *Pepsinbildung bei Fröschen* (*Ibid.*, XIII, 1876, 444-452); — **12.** Grützner. *Ueber die Bildung und Ausscheidung von Fermenten* (*Ibid.*, XVI, 1878, 105-123). — **13.** Avec Schultze-Baldenius. *Verbreitung des diastatischen Fermentes in den Speicheldrüsen* (*Dissertation*, Breslau, 1877). — **14.** Grützner. *Ueber die verschiedenen Arten der Nervenerregung* (*A. g. P.*, XVII, 1878, 215-254); — **15.** *Ueber die Bildung und Ausscheidung von Fermenten* (*Ibid.*, XX, 1879, 395-419); — **16.** *Zur Physiologie der Harnsekretion* (*Ibid.*, XXIV,

1881, 441-466); — 17. *Beiträge zur allgemeinen Nervenphysiologie* (*Ibid.*, XXV, 1881, 25-281); — 18. *Beiträge zur allg. Nervenphysiologie* (*Ibid.*, XXVIII, 1882, 139-178); — 19. *Physiologie der Stimme und Sprache, in Hermann's Handbuch der Physiologie*, 1879). — 20. En coll. avec R. HEIDENHAIN. *Ueber das Wesen der Hypnose.* — Voir aussi R. HEIDENHAIN. *Der sog. tierische Magnetismus*, Leipzig, 1880, 2e éd.

II. Travaux de l'Institut physiologique de Berne (P. GRÜTZNER)

21. GRÜTZNER. *Ueber das Wesen der Oeffnungserregung* (*A. g. P.*, XXXII, 1883, 357-398); — 22. *Zur Physiologie des Flimmerepithels* (*Gratulationsschrift für Valentin.* Leipzig, 1883, Vogel; *Breslauer ärztl. Zeitsch.*, 1882); — 23. *Zur Histologie der quergestreiften Muskeln* (*Recueil zoologique suisse*, 1884, n° 4). — 24. NEMOROWSKY (L.). *Ueber das Phänomen der Lücke bei elektrischer Nervenreizung* (*Dissert.*, Bern, 1883). — 25. HALPERSON (C.). *Beiträge zur elektrischen Reizbarkeit der Nervenfasern* (*Dissert.*, Bern, 1884). — 26. GRÜTZNER. *Ueber das Vorkommen v. Fermenten im Harn* (*Breslauer ärztl. Zeitschr.*, n° 17, 1882). — 27. SAHLI (W.). *Ueber das Vorkommen von Pepsin und Trypsin im normalen menschlichen Harn* (*A. g. P.*, XXXVI, 1885, 209-229). — 28. GRÜTZNER. *Die verschiedene Erregbarkeit verschiedener physiologischer Muskelgruppen* (*Bresl. ärztl. Zeitschr.*, n° 18, 1883).

III. Travaux de l'Institut physiologique de Tübingen (P. GRÜTZNER)

29. EFRON (J.). *Beiträge zur allg. Nervenphysiol.*, (*A. g. P.*, XXXVI, 1885, 467-517). — 30. GEHRIG (F.). *Ueber Fermente im Harn* (*Ibid.*, XXXVIII, 1886, 35-93). — 31. GRÜTZNER. *Ueber Fermente im Harn* (*Deutsche medizinische Wochenschrift*, 1891). — 31 *a.* *Zur Muskelphysiologie*, *Breslärz. Hl. Zeitschrift*, 1886). — 32. HOFFMANN (H.). *Ueber das Schicksal einiger Fermente im Organismus* (*A. g. P.*, XLI, 1887, 148-176). — 33. PODWYSOWSKI (W.). *Zur Methodik der Darstellung von Pepsinextrakten* (*Ibid.*, XXXIX, 1886, 62-74). — 34. GLEISS (W.). *Ein Beitrag zur Muskelchemie* (*Ibid.*, XLI, 1887, 69-75). — 35. GRÜTZNER. *Ueber die Reizwirkungen der Stöhrer'schen Maschine* (*Ibid.*, XLI, 1887, 256-281); — 36. *Ueber die elektrolytische Wirkung von Induktionsströmen* (*Bresl. ärztl. Zeitschr.*, 1885; *Wiedemann's Annalen der Physik*, I, 1900, 738 et *Elektrochemische Zeitschr.*, 180); — 37. *Ein neues Myographion* (*A. g. P.*, XLI, 1887, 281-290); — 38. *Ein einfacher Zeitmarkierungsapparat* (*Ibid.*, XLI, 1887, 290-293). — 39. FEUERSTEIN (F.). *Zur Lehre von der absoluten Muskelkraft* (*Ibid.*, XLIII, 1888, 347-367). — 40. HELWES (F.). *Labferment im menschl. Harn* (*Ibid.*, XLIII, 1888, 384-398). — 41. KRAFT (H.). *Die Anwendung des Mikrophons zur Reizung von Nerven* (*Ibid.*, XLIV, 1889, 352-360). — 42. HÜRTHLE (K.). *Zur Technik der Untersuchung des Blutdruckes* (*Ibid.*, XLIII, 1888, 399-427). — 43. HOFMEISTER (F.). *Beiträge zur Lehre vom Kreislauf der Kaltblüter* (*Ibid.*, XLIV, 1889, 360-427). — 44. ROGOWITSCH. *Die Veränderung der Hypophyse nach Entfernung der Schilddrüse* (*Zieglers Beiträge*, IV, 1889). — 45. WÖRTZ. *Zur Chemie der roten und weissen Muskelfasern* (*Dissert.*, 1889). — 46. KRAFT (H.). *Ueber das Flimmerepithel* (*A. g. P.*, XLVII, 1890, 196). — 47. BONHÖFFER (K.). *Physiol. Eigenschaften dünn- und dickfaseriger Muskeln bei Amphibien* (*Ibid.*, XLVII, 1890, 125-146). — 48. GRÜTZNER. *Zur Muskelphysiologie* (*Bresl. ärztl. Zeitschr.*, 1886, n° 1). — 49. ROSENBERG. *Ueber Fermenturie* (*Dissertation*, 1890). — 50. SCHOTT (J.). *Ueber elektrische Reizung von Muskelnerven* (*A. g. P.*, XLVIII, 1891, 354-385). — 51. OSTWALD (H.). *Ueber das Ritter-Rollett'sche Phänomen* (*Ibid.*, L, 1891, 215-234). — 52. HOFMEISTER (F.). *Ueber die Entfernung der Schilddrüse* (*Beiträge zur klinischen Chirurgie*, II, 1894). — 53. GRAMMATSCHIKOF. *Ueber die Einwirkung des Koch'schen Tuberkulin auf Blut* (*Baumgarten's Berichte*, 1892). — 54. GRÜTZNER. *Ueber die chemische Reizung von Muskelnerven* (*A. g. P.*. LIII, 1892, 83-139). — 55. GROVES (E.-W.). *On the chemical stimulation of nerves* (*Journal of physiology*, XIV, 1893, 221-232). — 56. WEINLAND (G.). *Chemische Reizung des Flimmerepithels* (*Dissert.*) (*A. g. P.*, LVIII, 1894, 105-132). — 57. GRÜTZNER. *Ueber die chemische Reizung sensibeler Nerven* (*Ibid.*, 1894, 58-104); — 58. *Ueber die Bestimmung der Giftigkeit verschiedener Stoffe* (*Deutsch. med. Wochenschr.*, 1893, n° 52). — 59. NAGEL (W.). *Ueber Totenstarre* (*A. g. P.*, LVIII, 1894, 279-307); — 60. *Ueber Galvanotaxis* (*Ibid.*, LI, 1892, 624-631; LIII, 1893, 332-347 et LIX, 1895, 603-642); — 61. *Die Sensibilität der Conjunktiva und Cornea des menschlichen Auges* (*Ibid.*, LIX, 1895, 563-595); — 62. *Zur Prüfung des Drucksinns* (*Ibid.*, LIX, 1895, 595-603). — 62 *a.* *Ueber Galvanotaxis*, *A. P.*, LIX, 1895, 603-682. — 63. SAUBERSCHWARZ (E.). *Interferenz-*

versuche mit Vocalklängen (*Ibid.*, LXI, 1895, 1-31). — **64.** GRÜTZNER. *Zur Physiologie des Darmes* (*Deutsch. med. Wochenschr.*, 1894, n° 48); — **65.** *Ueber den Bau des Chiasma opticum* (*Ibid.*, 1897, n° 1); — **66.** *Einige Versuche mit der Wunderscheibe* (*A. g. P.*, LV, 1893, 508-520); — **67.** *Zur Technik des Turnunterrichtes* (*Deutsche Turnzeitung*, 1894); — **68.** *Ueber deutsches Geräteturnen mit besonderer Berücksichtigung des Mosso'schen Buches : Die körperliche Erziehung der Jugend* (*Ibid.*, 1896); — **69.** *Ein einfaches und billiges Barometer* (*Mitth. des deutsch. u. österr. Alpenvereins*, 1895, n° 13 et *Wiedemann's Annalen der Physik*, IX, 1902, 238). — **70.** BLUMENTHAL (A.). *Die Wirkung verwandter chemischer Stoffe auf den quergestreiften Muskel* (*A. g. P.*, LXII, 1896, 513-542). — **71.** BÄR (M.). *Zur Anatomie und Physiologie der Atmung bei den Vögeln* (*Zeitschr. f. wissensch. Zoologie*, LXI, 3, 1896, 81 p.). — **72.** LÖRCHER (G.). *Ueber das Labferment* (*A. g. P.*, LXIX, 1898. 141-198). — **73.** WINKLER (H.). *Einwirkung chemischer und anderer Reizmittel auf glatte Muskeln* (*Ibid.*, LXXI, 1898, 357-398; *Dissert.*). — **74.** ZENNECK (G.). *Chemische Reizung quergestreifter, curarisierter, und nicht curarisierter Muskeln* (*Ibid.*, LXXVI, 1899, 21-58). — **75.** BÜRKER (K.). *Reizung von Muskeln und Nerven mit elektrischen Strömen verschiedener Art* (*Dissertation der naturwiss. Facultät*, 1897). — **76.** GRÜTZNER. *Die Caseinausfällung, ein einfaches Mittel um die Acidität von Säuren zu bestimmen* (*A. g. P.*, LXVIII, 1897, 168-175). — **77.** PFLEIDERER (R.). *Ein Beitrag zur Pepsin-und Labwirkung* (*Ibid.*, LXVI, 1887, 605-634). — **78.** GRÜTZNER et MARIA VON LINDEN. *Mechanismus des Zehenstandes* (*Ibid.*, LXXIII, 1898, 607-641). — **79.** GRÜTZNER. *Ueber die Bewegung des Darminhaltes* (*Ibid.*, LXXI, 1898, 492-522 et *Deutsche med. Wochenschr.*, 1899, 15). — **80.** KÜBEL (F.). *Ueber die Einwirkung verschiedener chemischer Stoffe auf die Thätigkeit des Mundspeichels* (*A. g. P.*, LXXVI, 1899, 276-305, *Dissert.*). — **81.** BRÜNINGS (W.). *Ueber den Kreislauf der Fische* (*Ibid.*, LXXV, 1899, 599-642). — **82.** PAIRA MALL (L.). *Ueber den Verdauungsvorgänge bei körnerfressenden Vögeln (Tauben)* (*Ibid.*, LXXX, 1900, 600-627). — **83.** EICHHOFF (K.). *Ueber die Erregbarkeit der motorischen Nerven an verschiedenen Stellen ihres Verlaufes* (*Ibid.*, LXXVII, 1899, 156-195). — **84.** GRÜTZNER. *Historische Bemerkung betreffend Reizübertragung von Muskel zu Muskel* (*Ibid.*, LXXVII, 1899, 26-20). — **85.** GRÜTZNER et KOSTIN (S.). *Einige physikalische und physiologische Eigenschaften der gewöhnlichen Extracurrenten* (*Ibid.*, LXXVII, 1899, 586-610). — **86.** BÜRKER (K.). *Thermosäule* (*Centralblatt für Physiologie*, XIII); — **87.** *Experimentelle Untersuchungen über Muskelwärme* (*A. g. P.*, LXXX, 1900, 533-582); — **88.** *Dreipulvergemisch* (*Wiedemann's Annalen der Physik*, (4), I, 474). — **89.** GRÜTZNER. *Muskulatur des Froschmagens* (*A. g. P.*, LXXXII, 187-198). — **90.** HAFFNER (E.). *Ueber den Einfluss von Salzen auf die Säuregerinnung der Milch.* (*Dissert.*, Tübingen, 1901). — **90 a.** HOHMEYER (F.). *Ueber die Änderungen der Fermentmengen im Mageninhalt* (*Dissert.* Tübingen, 1901). — **91.** BÜRKER (K.). *Ueber den Ort der Resorption in der Leber. Habilitationsschrift* (*A. g. P.*, LXXXIII, 1901, 241-352). — **92.** QURIN. *Grösse des abdominalen Druckes unter verschiedenen Bedingungen* (*Archiv f. klin. Med.*, LXXI). — **93.** GRÜTZNER. *Stimme und Sprache* (*Ergebnisse der Physiologie*, 1902, 466-502). — **94.** KORN (A.). *Methoden Pepsin quantitativ zu bestimmen* (*Dissert.*, Tübingen, 1902). — **95.** GRÜTZNER. *Einige Versuche über stereoskopisches Sehen* (*A. g. P.*, XC, 1902, 525-582); — **96.** *Wirkungen der Hundszecken auf tierisches Blut* (*Deutsch. med. Wochenschr.*, 1902, n° 31); — **97.** GRÜTZNER et WACHSMANN (M.). *Einwirkung verschiedener Stoffe auf die Tätigkeit des diastatischen Pankreasfermentes* (*A. g. P.*, XCI, 1902, 195-207). — **98.** BASLER (A.). *Ueber die Art des Absterbens verschiedener quergestreifter Muskeln bei erhöhter Temperatur* (*Dissert.*, Tübingen, 1902). — **99.** FETZER (M.). *Ueber die Widerstandsfähigkeit von Klängen, insonderheit von Vocalklängen gegenüber schädigenden Einflüssen* (*A. g. P.*, C, 1903, 298-331). — **100.** GRÜTZNER. *Ueber die Zerkleinerung menschlicher Fäces* (*Deutsch. med. Wochenschr.*, 1903, n° 44). — **101.** BREYER (H.). *Die Einwirkung verschiedener einatomiger Alkohole auf das Flimmerepithel und die motorische Nervenfaser.* (*A. g. P.*, XCIX, 1903, 481-512). — **102.** HARTMANN (J.). *Muskelspannung und Tetanus* (*Dissert.*, Tübingen, 1903). — **103.** GRÜTZNER. *Die glatten Muskeln.* (*Ergebnisse der Physiolog.*, III, (2), 1904, 12-88), — **104.** BASLER (A.). *Einfluss der Reizstärke und Belastung auf die Muskelkurve* (*A. g. P.*, CII, 1904, 254-268). — **105.** BÜRKER (K.). *Physiologische Wirkungen des Höhenklimas* (*Ibid.*, CV, 1904, 480-535); — **106.** *Blutplättchen und Blutgerinnung* (*München. med. Wochenschr.*, n° 27, 1907). — **107.** BASLER (A.). *Einfluss der Reizstärke auf die Tetanuskurve des Froschsartorius* (*A. g. P.*, CV, 1904, 344-364); — **108.** *Verschiedenes Verhalten des Gastroknemius und Sartorius des Frosches bei Ermüdung* (*Ibid.*, CVI, 1904, 141-159). — **109.** BRAIT-

MAIER (H.). *Zur Physiologie und Histologie der Verdauungsorgane bei Vögeln* (*Dissert.*, Tübingen, 1904). — **110.** GRÜTZNER. *Ein Beitrag zum Mechanismus der Magenverdauung* (*A. g. P.*, CVI, 1905, 463-522). — **111.** BÜRKER (K.). *Eine neue Form der Zählkammer* (*Ibid.*, CVII, 1905, 426-451; CXVIII, 1907, 1-7). — **112.** RAETHER (M.). *Ueber die Einwirkung verschiedener einwertiger Alkohole auf sensible Nerven und Nervenendigungen* (*Dissert.*, Tübingen, 1905). — **113.** GRÜTZNER et BREYER. *Ein einfacher Hæmometer für den prakt. Arzt* (*Münchener med. Wochenschrift*, 1905, n° 32). — **114.** BÜRKER (K.). *Myothermische Untersuchungen* (*A. g. P.*, CIX, 1907, 217-276 et CXVI, 1907, 1-111). — **115.** BASLER (A.). *Ausscheidung und Resorption in der Niere. Habilitationsschrift* (*Ibid.*, CXII, 1906, 203-244); — **116.** *Eine einfache Einrichtung zur objektiven Mischung zweier Spektralfarben* (*Ibid.*, CXVI, 1907, 625-627). — **117.** WEISS (K.-E.). *Das Metallophon, ein Apparat zum Nachweis metallischer Fremdkörper im Augeninnern* (*Centralblatt für praktische Augenheilkunde*, 1906, avril). — **118.** (DOLD (H.). *Ueber den Einfluss verschiedener Alkohole auf das Froschherz* (*A. g. P.*, CXII, 1906, 600-623 et *Dissert.*, Tübingen, 1906). — **119.** BASLER (A.). *Ueber das Sehen von Bewegungen. I. Die Wahrnehmung kleinster Bewegungen* (*A. g. P.*, CXV, 1906, 582-601). — **120.** *Ueber den Funfkampf der Griechen*, *Deutsche Turnzeitung*, 1906, N°s 1-2. — **121.** *Betrachtungen über die Bedeutung der Gefässmuskeln und ihrer Nerven* (*Deutsch. Archiv für klin. Medizin*, LXIIIX, 1906, 132-148). — **122.** *Bemerkungen über die Wirksamkeit bezw. Giftigkeit verschiedener Alkohole, insonderheit des Æthylalkohols* (*Der Alkoholismus*, 1906, 5). — **123.** MÜLLER (A.). *Wie ändern die von glatter Muskulatur umschlossenen Hohlorgane ihre Grösse?* (*Ibid.*, CXVI, 1907, 252-264). — **124.** GRÜTZNER. *Ein Schulmodell des facettiertien Insektenauges* (*Natur und Schule*, VI, 1907, 219-224); — **125.** *Ueber die gesundheitliche Bedeutung des Sportes und der Gymnastik* (*Deutsche Revue*, 1906); — **126.** *Die Genauigkeit der menschlichen Stimme. Die Stimme* (*Centralblatt für Stimm- und Tonbildung*, I, 1907, 13 p.).

GUANIDINE (CH^5Az^3).

— La guanidine a été découverte par STRECKER dans les produits de dédoublement et d'oxydation que donne la guanine traitée par l'acide chlorhydrique et le chlorate de potasse. La guanidine se trouve dans la nature en petite quantité. C'est ainsi qu'elle existe dans certains fromages : WINTERSTEIN l'a retrouvée dans le fromage d'Emmenthal; SLYKE et HART, dans leurs recherches sur le vieillissement du fromage américain, ont montré la formation de la guanidine lorsque cette fermentation s'est accomplie dans des conditions normales. Au contraire, lorsqu'on ajoute du chloroforme, la guanidine est absente. Certains végétaux, tels que les germes étiolés de la Vesce (SCHULTZE) et le suc de betterave, renferment un peu de guanidine. Enfin on trouve encore la guanidine dans les produits de putréfaction des matières albuminoïdes et parmi leurs produits d'oxydation lorsqu'on traite les albuminoïdes par le permanganate de potasse (LOSSEN).

Préparation. — La guanidine, en général, peut se préparer par la méthode de STRECKER : la guanine est délayée dans l'acide chlorhydrique, et on ajoute au produit des cristaux de chlorate de potasse. La guanine disparaît au fur et à mesure que la réaction s'avance; celle-ci est accompagnée d'un très faible dégagement de gaz. Quand toute la guanine est entrée en solution, on cesse d'ajouter du chlorate de potasse, et on évapore. Les premiers cristaux qui se déposent sont des cristaux d'acide parabanique. Les eaux-mères sont étendues d'eau et traitées par le carbonate de baryte jusqu'à neutralisation complète : on filtre, et on précipite, des liqueurs filtrées, de l'oxalurate de baryte, du chorure de baryum et de la xanthine barytique. On filtre et on évapore au bain-marie. Le résidu est épuisé à chaud par l'alcool absolu qui dissout le chlorhydrate de guanidine.

Ce corps est converti en sulfate par digestion avec le sulfate d'argent. La base est obtenue en traitant la solution aqueuse de sulfate de guanidine par la baryte.

On peut encore préparer la guanidine en traitant le biuret par l'acide chlorhydrique bouillant ou par un courant de gaz chlorhydrique sec.

La synthèse de ce corps a pu être opérée de différentes façons : 1° le gaz chloroxycarbonique et l'ammoniaque donnent de l'urée, de l'acide mélanurique, de l'acide cyanurique et du chlorhydrate de guanidine (BOUCHARDAT):

$$COCl^2 + 3AzH^3 = CAz^3H^5 + 2HCl + H^2O.$$

2° Par l'action de la chloropicrine sur l'ammoniaque. Cette réaction peut même en donner de notables quantités (HOFMANN), si l'on chauffe pendant plusieurs heures, à 100°, à l'autoclave, de la chloropicrine avec une solution alcoolique concentrée d'ammoniaque. On sépare par l'alcool absolu le chlorhydrate de guanidine soluble du sel ammoniac.

3° L'orthocarbonate d'éthyle, chauffé à 150° avec de l'ammoniaque, donne de la guanidine et de l'alcool (HOFMANN).

$$CO^4(C^2H^5)^4 + 3AzH^3 = CH^5Az^3 + 4C^2H^6O.$$

Enfin la guanidine se produit encore si l'on fait barboter un courant de chlorure de cyanogène gazeux dans de l'alcool ammoniacal.

La cyanamide formée est chauffée pendant quelque temps à 100°, avec le sel ammoniac.

Propriétés physiques et chimiques. — La guanidine est un corps cristallisé blanc, très hygrométrique, caustique, imputrescible, donnant des sels nombreux et stables, même avec l'acide carbonique de l'air qu'il attire énergiquement. C'est en effet une base très énergique. Sa composition répond à celle d'une urée dans laquelle l'atome d'oxygène est remplacé par un groupement imide (AzH), de telle sorte que sa formule développée sera :

$$AzH = C\begin{cases} AzH^2 \\ AzH^2. \end{cases}$$

Grâce à cette composition, la guanidine donne naissance à un très grand nombre de dérivés. Avec l'acétyl-acétone, avec certains éthers, avec les dicétones, la guanidine donne des produits de condensation.

D'autre part, par l'action de certains réactifs, elle donne des corps résultant de la substitution d'un radical à un ou plusieurs atomes d'hydrogène.

La *nitroguanidine*, $AzH = CAzH^2AzH\,AzO^2$ provient de l'action de l'acide azotique fumant sur du sulfocyanate de guanidine déjà traité par l'acide sulfurique (THIELE, *in Dict. Würtz*).

La *nitrosoguanidine* provient de la réduction de la nitroguanidine par le zinc et l'acide sulfurique. C'est un corps explosif dont la production accompagne celle de l'*aminoguanidine*.

Ce dernier corps :

$$AzH = C\begin{cases} AzH - AzH^2 \\ AzH^2 \end{cases}$$

est à son tour l'origine d'un grand nombre de combinaisons azoïques, hydrazoïques, sucrées, etc.

Plus importantes sont les *guanidines substituées* dont les propriétés, les réactions et le rôle en font des unités chimiques. Nous ne ferons qu'indiquer les principales.

La *méthylguanidine*, par exemple, dans laquelle H est remplacé par CH^3, existe dans la nature où on la rencontre dans la chair et le bouillon fermenté, dans les cultures du bacille cholérique, etc. Elle est extrêmement toxique, et son étude rentre dans celle des ptomaïnes. (Voir **Ptomaïnes**).

Il existe encore des *diméthylguanidines*, des *diéthylguanidines* et *triéthylguanidines*, etc. Leur composition permet de pousser assez loin l'étude de la constitution de composés complexes.

La créatine (combinaison d'une molécule de méthylguanidine et d'acide acétique) doit être également considérée comme une guanidine substituée, et l'on peut se demander si la guanidine et la méthylguanidine dérivent de la créatine ou servent à la formation synthétique de cette dernière dans l'organisme (JAFFÉ).

Sels de guanidine. — L'azotate est un corps blanc, peu soluble dans l'eau froide, que l'on obtient lorsque l'on électrolyse une solution ammoniacale à 50 p. 100 d'ammoniaque liquide en se servant comme électrodes de charbon de cornue purifié au chlore (MILLOT).

L'azotite se produit dans la réaction de l'acide azoteux sur les amidines ; il constitue de beaux cristaux très stables, insolubles dans l'éther.

Le chlorhydrate fournit des masses cristallines confuses, formées par de fines aiguilles, très solubles dans l'eau et dans l'alcool. Il donne des sels doubles avec le chlorure de platine, le chlorure d'or. Le chloroplatinate de guanidine est formé par des cristaux aciculaires jaunes assez solubles dans l'eau bouillante, peu solubles dans l'eau froide.

Le carbonate se produit directement par fixation de l'acide carbonique de l'air sur la guanidine, soit cristallisée, soit en solution. On le prépare encore par double décomposition entre le sulfate de guanidine et le carbonate de baryte. Il est formé de cristaux octaédriques ou prismatiques, très solubles dans l'eau, insolubles dans l'alcool, à forte réaction alcaline. Il précipite naturellement les alcalino-terreux.

Le picrate est un précipité cristallin jaune, obtenu en ajoutant de l'acide picrique à une solution aqueuse de sel de guanidine.

L'oxalate s'obtient en saturant le carbonate par l'acide oxalique. On a un oxalate acide en ajoutant à la solution neutre autant d'acide qu'il en renferme déjà.

Le sulfate est la forme courante sous laquelle se présente la guanidine. Il est formé par des cristaux très solubles dans l'eau, insolubles dans l'alcool.

Enfin le sulfocyanate est un corps particulièrement intéressant en raison des propriétés de sa dissolution : 100 parties d'eau en dissolvent 73 parties à 0°, 135 à 15°; à l'ébullition sa solubilité est illimitée; le point d'ébullition de la solution dépasse 120°, température de fusion du sel solide.

La dissolution dans l'eau du sulfocyanate de guanidine détermine un abaissement considérable de la température. De l'eau à 30°,5, saturée par le sulfocyanate de guanidine, est ramenée à 4°; de l'eau à 15°,5 dans les mêmes conditions est abaissée à 3°. Néanmoins ce sel n'est pas déliquescent : il est onctueux au toucher. La solubilité de ce composé permet de le substituer à la guanidine toutes les fois que l'on veut se servir de solutions extrêmement concentrées de cette base.

Recherche analytique de la guanidine. — La guanidine peut être reconnue, soit à l'état de picrate, soit à l'état de guanylurée, soit à l'état de cyanurate, soit enfin au moyen d'une ou deux réactions plus ou moins caractéristiques. Entre autres, le réactif de Nessler précipite tous les sels de guanidine (Schulze). Ce précipité est abondant, floconneux, blanc ou légèrement jaunâtre, très abondant encore avec une solution à 0,05 p. 100 d'azotate de la base. L'hypobromite de soude décompose la guanidine avec dégagement des 2/3 de l'azote de constitution.

$$CAz^3H^5 + 3O = Az^2 + 2H^2O + COAzH.$$

Cette décomposition est donc accompagnée de la formation d'acide cyanique (Emich).

La guanidine se transforme facilement en ammoniaque et urée en présence de solutions alcalines.

L'acide picrique serait, d'après Prelinger, le réactif général de toutes les guanidines; il pourrait servir à un dosage approximatif de la guanidine (Emich). Le cyanurate de guanidine, qui est un de ses sels les plus caractéristiques, se produit en chauffant du carbonate de guanidine avec une solution d'acide cyanurique, tant qu'il se dégage de l'acide carbonique. Par refroidissement, on obtient de longues aiguilles soyeuses.

Enfin, en fondant la guanidine avec l'urée, ou par le procédé de Bamberger, on obtient de la guanylurée qui, à l'état d'azotate, cristallise en aiguilles blanches peu solubles. Ce précipité caractéristique peut encore être obtenu en chauffant à 160°, dans un appareil distillatoire, un mélange intime de carbonate de guanidine et d'uréthane, dans la proportion d'une molécule du premier pour deux du second.

Un mélange de cyanate de potassium et de chlorhydrate de guanidine porté à 180° donne encore naissance au même produit.

Action physiologique et toxique de la guanidine. — La guanidine, injectée sous la peau ou administrée par l'estomac, passe en nature dans les urines, d'après Pommerenig (1902). Cependant, lorsqu'il administre des doses toxiques, cet auteur n'en trouve qu'une faible partie dans l'urine. Gergens et Baumann (1876) n'ont également trouvé dans l'urine qu'une minime quantité de la guanidine injectée : ils pensent que la plus grande partie se transforme dans l'organisme, en urée probablement. En tous cas, cette différence d'élimination entre les doses toxiques et non toxiques, observée par POMMERENIG, demande à être expliquée.

Mise à digérer en présence d'organes animaux, la guanidine n'est pas transformée.

La guanidine et ses sels sont des corps extrêmement toxiques. Un certain nombre de recherches ont été faites pour déterminer quelle était exactement cette toxicité, et aussi quelle était la nature des effets qu'ils produisent sur l'organisme.

Pour bien mettre en relief l'action particulière et intéressante de la guanidine, nous rappellerons qu'un grand nombre de substances (aconitine, nicotine, physostigmine, sels de baryum, de zinc, de cuivre, de nickel, de plomb, de bismuth, de sodium) déterminent une excitation périphérique et des secousses fibrillaires des muscles, mais jamais à un si haut degré que la guanidine (la créatine ne produit pas ces secousses, d'après FÜHNER).

GERGENS et BAUMANN ont injecté dans les sacs lymphatiques d'une grenouille un centigramme de sulfate de guanidine en solution aqueuse. Les secousses fibrillaires apparaissent tout d'abord au bout de quelques minutes, et se propagent à tout l'organisme : puis se montrent des contractions cloniques. Celles-ci deviennent de plus en plus rapides, et, après quelques heures, se transforment en tétanos. La respiration persiste, et le cœur reste normal. La guérison ne survient qu'au bout de plusieurs jours : les muscles sont alors en état d'inertie complète et présentent la réaction acide. La dose mortelle pour la grenouille est de 5 centigrammes. La contracture devient alors immédiatement de la rigidité, et l'animal meurt avec le cœur en diastole. *Chez une grenouille curarisée, la guanidine n'a plus d'action*, le curare apparaît donc comme l'antidote de la guanidine; on peut d'ailleurs, avec le curare, faire disparaître les contractions fibrillaires ou cloniques causées par celles-ci.

Si l'on enlève la moelle chez le même animal, la guanidine produit encore les contractions fibrillaires; celles-ci apparaissent également aux extrémités dont on a sectionné les sciatiques, et, même si l'on détache complètement ces extrémités, elles continuent à présenter des secousses fibrillaires avec la même intensité. Une patte de grenouille non intoxiquée, ou simplement un muscle détaché et mis dans une solution de NaCl à 1 p. 100 additionnée de quelques gouttes d'une solution de guanidine, est prise rapidement de secousses qui persistent jusqu'à vingt heures. Par conséquent, l'action de la guanidine ne s'exerce ni sur le système nerveux central, ni sur la substance musculaire elle-même, comme le prouvent les injections de guanidine chez les grenouilles curarisées : elle a lieu sur les ramifications intra-musculaires des nerfs, et, vraisemblablement, sur les plaques motrices terminales. La dose toxique pour la grenouille est de 5 milligrammes.

Chez les mammifères, le tableau de l'intoxication est un peu différent, et on observe presque exclusivement des manifestations cloniques : il n'est pour ainsi dire pas de secousses fibrillaires. Chez un petit chien, une heure après l'injection de 1 gramme de sulfate de guanidine sous la peau, GERGENS et BAUMANN ont observé des vomissements, de la paralysie de la partie postérieure du corps et l'impossibilité de se tenir sur ses pattes. Pendant 48 heures, secousses cloniques des membres, respiration laborieuse et accélérée, et mort au bout d'une semaine. Dans un autre cas, le chien guérit avec une même dose; mais, dans un troisième cas, la mort survint, toujours avec les mêmes manifestations. Avec l'injection intraveineuse d'une même dose, mêmes symptômes, mais évoluant vers la mort en quelques minutes.

Au point de vue du mode d'action, ROSSBACH et CLOSTERMEYER ont montré que, chez les animaux à sang chaud comme chez les hétérothermes, la section de la moelle et du nerf sciatique n'empêchent pas les mouvements cloniques de se produire.

PUTZEYS et SWAEN, presque au même moment que GERGENS et BAUMANN, ont confirmé et étendu les résultats précédents. Expérimentant encore sur la grenouille (*Rana temporaria*), ils ont montré que le sulfate de guanidine exerce une action sédative sur la moelle épinière, action qui va en s'accentuant de plus en plus et aboutit à la paralysie complète. GERGENS et BAUMANN admettent cependant une excitation préalable de la moelle.

Au début les sels de guanidine excitent les extrémités terminales des fibres nerveuses motrices dans les muscles striés. Cette excitation provoque tout d'abord des contractions fibrillaires, fasciculaires, puis des contractions cloniques de ces muscles. A cette excitation succède une période paralytique dans laquelle l'irritabilité des fibres nerveuses motrices est considérablement diminuée. Il s'agit donc en somme de deux actions consécutives : une action excitante, puis une action dépressive, on peut dire curarisante. Avec des doses faibles, on peut obtenir seulement la première action (JORDAN); des doses de plus en plus fortes produisent les deux actions consécutives, avec prédominance de l'une ou de l'autre.

Consécutivement aux contractions cloniques, le sulfate de guanidine diminue l'irritabilité des muscles, et cela de deux façons : directement d'abord, et ensuite indirectement, par la fatigue excessive qui succède inévitablement aux contractions cloniques de la période initiale. Il agit sur les fibres lisses de la pupille en produisant une mydriase très prononcée.

Le sulfate de guanidine détermine une accélération marquée des pulsations cardiaques qui est due à l'excitation des centres automoteurs ou accélérateurs intra-cardiaques ou à celle des fibres accélératrices du vague. A cette excitation initiale succède une période de ralentissement et de paralysie : celle-ci est due à l'action sédative exercée par le poison sur ces centres nerveux intra-cardiaques et sur le vague. L'action sur le cœur a été précisée par HARNACK et WITKOWSKI. A ces deux périodes correspondent une augmentation, puis un abaissement de la pression sanguine (JORDAN). Le sang devient noir. Or cette altération, provoquée par les contractions musculaires énergiques qui se produisent, doit avoir également son importance dans les phénomènes de sédation que nous venons de signaler.

H. FÜHNER a récemment repris la question. Expérimentant sur les grenouilles, il a montré que les solutions de sels de guanidine déterminent d'abord une excitation périphérique, puis une paralysie centrale, à laquelle succède une paralysie périphérique. Leur action pharmacologique doit être considérée comme se rapportant à l'ion guanidium qui, au point de vue de son activité, est l'analogue de l'ion sodium. Comme les sels de sodium, ceux de guanidine augmentent l'activité musculaire qui tend vers la contracture. Les secousses musculaires provoquées par la guanidine, comme par NaCl, peuvent être arrêtées par le chlorure de calcium ou de magnésium ajouté à la solution de guanidine ou injecté à l'animal qui est préalablement ou postérieurement intoxiqué par la guanidine.

Au point de vue de son lieu d'action, la guanidine, pouvant déterminer une paralysie identique à celle du curare, peut aussi être étudiée de la même façon que ce dernier. L'expérimentation montre d'ailleurs que la localisation de son action est la même que pour le curare.

Bibliographie. — ACKERMANN. *Nachweiss von Guanidin* (*Ztschr. f. physiol. Chem.*, 1906, XLVII, 354-358). — BAMBERGER. *Neue Synthesen des Guanylharnstoffs* (*Ber. d. deutsch. ch. Ges.*, 1887, XX, 68-75). — BOUCHARDAT. *Nouvelle synthèse de la guanidine* (*C. R.*, 1869, LXIX, 961). — EWICH. *Notizen über das Guanidin* (*Monatsh. f. Chem.*, 1891, XII, 23). — ENGEL. *Sur le sulfocyanate de guanidine* (*Bull. Soc. Chim.*, 1885, XLIV, 424). — ERLENMEYER *Ueber die relative Constitution der Fleischbusen und die e infachste Synthese des Guanidins* (*Ann. der Ch. u. Pharm.*, 1891, CXLVI, 259). — FINCK (H.). *Ueber das Biuret* (*Ann. der Ch. u. Pharm.*, 1862, CXXIV, 335). — H. FÜHNER. *Die peripher. Wirkung des Guanidins* (*Arch. f. exper. Path. u. Pharmakol.*, Leipz., LVIII, déc. 1907, 1-50). — GERGENS. *Zur toxischen Wirkung das Guanidin* (*A. g. P.*, 1876, XIII, 597). — GERGENS et BAUMANN. *Ueber das Verhalten des Guanidin, Dicyandiamidin, und Cyanamid im Organismus* (*Ibid.*, XII, 1876, 205). — HARNACK et WITKOWSKI. *Guanidin* (*Arch. f. exper. Path. u. Pharmakol.*, V, 1876, 429). — HOFMANN. *Ueber Synthesen des Guanidins* (*J. f. prakt. Chem.*, 1866, XCVIII, 86-95 ; *Bull. Soc. Chim.*, 1866, VI, 236 ; 1869, IX, 152). — JAFFÉ. *Entstehung d. Kreatins im Organismus* (*Ztschr. f. physiol. Chem.*, L, 1906-1907, 10). — JORDAN (A.). *Ueber die Wirkungsweise zweier Derivate des Guanidins* (Dorpat, 1892). — LOSSEN. *Guanidin, ein Oxydationsproduct des Eiweisses; Beitrag zur Frage der Harnstoffbildung* (*Ann. der Chemie*, Leipz., 1888, CCI, 369-376 ; CCLVI, 129). — MICHAEL. *J. f. prakt. Chem.*, XLIX, 26). — MILLOT. *Électrolyse de l'ammoniaque* (*Bull. Soc. Chim.*, 1886, XLVI, 244). — POMMERENIG. *Guanidinzersetzung im Thierkörper* (*Hofmeisters Beitr.*, I, 1902, 561). — PRELINGER. *Die Pikrinsäure als allgemeines Reagens für Guanidin* (*Monatsh. f. Chem.*, 1892, XIII, 97). — F. PUTZEYS et SWAEN. *Ueber die physiologische Wirkung des Schwefels. Guanidin* (*A. g. P.*, XII, 1879, 597). —

Rossbach et Clostermeyer. *Einwirkung d. Curare, Guanidin und Veratrin auf d. lebenden Warmblütermuskel* (*Ibid.*, xiii, 1876, 607). — Schulze. *Ueber das Vorkommen von Guanidin im Pflanzenorganismus und zum Nachweis das Guanidins* (*Ber. d. deutsch. chem. Ges.*, 1892, xxv, 658-663). — Strecker. *Untersuchungen über die chemischen Beziehungen zwischen Guanin, Xanthin, Theobromin, Caffein, Kreatinin, Guanidin* (*Ann. der Chem. und Pharm.*, 1861, cxviii, 151-177). — Wense. *Ueber Verbindungen des Guanidins mit Diketonen* (*Erlangen*, 1887). — Wurtz. *Dictionnaire de chimie pure et appliquée*, 1870, i, 1643 ; IIe *Suppl.* 1901, iv, 936.

René LAUFER.

GUANINE. — $C^5H^5Az^5O$.

— La guanine est un corps qui appartient au groupe de la purine; elle jouit de propriétés faiblement basiques et se présente sous la forme d'une poudre blanche, amorphe, très peu soluble dans l'eau, insoluble dans l'alcool et l'éther, soluble dans les acides et dans l'ammoniaque, dans la potasse et la soude.

État naturel et préparation de la guanine. — La guanine a été découverte en 1844 par Unger, qui la retira du guano, mais la confondit avec la xanthine. C'est Einbrodt qui montra la différence qui existe entre ce corps et le produit extrait du guano. La formule adoptée pour la xanthine devait être modifiée.

La guanine se rencontre en grande abondance dans le guano que l'on peut traiter, pour l'obtenir, de la façon suivante :

Le guano est mis à digérer à chaud avec un lait de chaux étendu. La liqueur par ébullition se colore légèrement en vert. On la filtre, et on la neutralise par l'acide chlorhydrique. Le liquide abandonné à lui-même dans un milieu froid laisse déposer, au bout de quelques heures, la guanine et l'acide urique. L'acide chlorhydrique bouillant ne dissout que la guanine. La solution décantée dépose par refroidissement des cristaux de chlorhydrate de guanine.

Une nouvelle cristallisation les purifie complètement, et la base est isolée par l'ammoniaque (Unger). Strecker traite encore le guano à l'ébullition par un lait de chaux, en répétant le traitement tant que le liquide se colore en brun. Toute la matière colorante est dissoute, ainsi que les acides volatils et un certain nombre d'autres substances; l'acide urique et la guanine restent dans le résidu que l'on épuise par des solutions bouillantes de carbonate de soude.

Ces solutions filtrées sont réunies, additionnées d'acétate de soude, puis d'acide chlorhydrique jusqu'à réaction fortement acide. Les corps puriques précipitent. On lave le précipité à l'eau, on le reprend par l'acide chlorhydrique moyennement étendu et bouillant qui ne dissout que la guanine; par évaporation et cristallisation, on obtient le chlorhydrate de guanine renfermant encore un peu d'acide urique. On le traite alors par l'ammoniaque, et on dissout la guanine et l'acide urique dans l'acide azotique concentré. L'azotate de guanine cristallise par refroidissement, et donne la guanine lorsqu'on le met en contact avec l'ammoniaque en excès.

Neubauer et Kerner obtiennent la guanine en dissolvant dans l'acide chlorhydrique très étendu le précipité qu'elle forme avec le chlorure mercurique. On précipite le mercure par l'hydrogène sulfuré, on filtre, et la liqueur, devenue incolore, est précipitée par l'ammoniaque.

La guanine se rencontre encore dans les excréments des araignées, dont elle forme la plus grande partie.

Comme tous les corps de la série purique, elle se trouve dans les excréments humains. C'est ainsi que Krüger et Schittenhelm, ayant soumis un adulte à une alimentation mixte, avec exclusion néanmoins de café et de cacao, constatèrent dans ses fèces, en 42 jours, 2gr,363 de guanine, accompagnés de 1gr,88 d'adénine, 0gr,112 de xanthine et 0gr,300 d'hypoxanthine, soit en tout 0gr,110 de bases par 24 heures, correspondant à 0gr,0532 d'Az. Ce chiffre, comparé à l'azote éliminé sous la même forme en 24 heures par les urines (0gr,0166 d'Az.), montre que les excréments éliminent par conséquent 4 fois plus de bases, surtout formées par de la guanine.

Dans la saumure de harengs, Isaac a isolé une grande quantité de guanine associée à de l'hypoxanthine, peu d'adénine et très peu d'hypoxanthine.

Isaac traite la saumure de harengs par une solution ammoniacale d'argent. Le précipité formé par les combinaisons argentiques est décomposé au bain-marie par l'acide chlorhydrique. Les bases entrent en solution à l'état de chlorhydrate, et l'ammoniaque précipite déjà une grande partie de la guanine. Ce qui reste en solution est encore traité par le procédé de Krüger et Wulff.

On rencontre la guanine dans un certain nombre d'organes : dans le pancréas, dans les ligaments, dans les cartilages, dans la peau des amphibies et des reptiles, dans les écailles (Voit) et le sperme de poissons, dans l'organe vert de l'écrevisse et dans l'organe de Bojanus de la coquille (*Anodonta cycnea*) et, en général, dans tous les organes riches en noyaux cellulaires.

La guanine dérive en effet des acides nucléiniques (ou nucléiques) par hydratation de ces derniers. Les acides nucléiques sont en effet sont des produits de dédoublement des *nucléines* ou nucléoalbumines (ou nucléoprotéides) dont la dégradation donne en outre de l'albumine. Les acides nucléiniques à leur tour donnent de l'acide phosphorique, des hydrates de carbone (généralement des pentoses), des bases puriques (ou xanthiques : guanine, xanthine, hypoxanthine, adénine) qui produisent elles-mêmes de l'acide urique, et enfin l'acide thymique, ou thyminique, ou thymonucléique.

Kossel et Bang admettent l'existence de quatre acides nucléiniques ne contenant chacun qu'une base purique, les acides thymo-nucléiques, les acides inosiques et guanyliques et l'acide plasmique.

La guanine se forme par hydrolyse de l'acide thymo-nucléique, que l'on effectue à chaud au moyen de HI en présence d'acide phosphoreux (Steudel). L'azote de la guanine formée représente environ 3,61 p. 100 de l'azote de l'acide thymo-nucléique.

L'hydrolyse des nucléo-protéides des capsules surrénales (Jones et Whipple) de mouton, de bœuf et de porc donne de la guanine et de l'adénine : le rapport des quantités de guanine et d'adénine ainsi obtenues est sensiblement constant, quelle que soit l'origine.

Ainsi 30 gr. de nucléo-protéides donnent :

	Mouton. milligr.	Bœuf. milligr.	Porc. milligr.
Chlorhydrate de guanine	510	501	510
Picrate d'adénine.	212	210	220

Il semble donc bien, ainsi que Schmiedeberg l'avait annoncé, que les nucléo-protéides renferment dans leurs molécules plusieurs bases puriques, par exemple : guanine et adénine. L'opinion de Kossel et Bang semble donc erronée. La constance des rapports des poids d'adénine et de guanine dans le cas des nucléoprotéides étudiées par Jones et Wheepple montre bien que les acides nucléiniques de ces substances renferment à la fois et de la guanine et de l'adénine.

Les acides nucléiques de la rate et du pancréas fournissent par hydrolyse de la guanine, de l'adénine, de la thymine et de la cytosine (Levene).

Neuberg a obtenu la guanine dans l'analyse immédiate du nucléoprotéide du pancréas; le pancréas, traité par HBr fumant (D = 1,49) à 100° donne une liqueur à forte odeur de cacao que l'on concentre dans le vide : le sirop traité par l'alcool bouillant se trouve séparé des impuretés et la solution forme à froid un précipité de bromhydrate de guanine.

L'autolyse du pancréas de porc et de bœuf dans de l'eau chloroformée jusqu'à disparition complète de la réaction du biuret fournit de la guanine (Schenk); celle-ci n'est accompagnée d'ailleurs dans ce cas que d'hypoxanthine, avec des traces de xanthine et d'adénine.

Wohlgemuth, en étudiant le nucléoprotéide du foie au point de vue de sa richesse en corps xanthiques, a montré que ce principe, qui existe dans la proportion de 3 p. 1000 dans l'organe, fournit 0,864 p. 100 de guanine associée à des proportions analogues de xanthine, d'adénine et d'hypoxanthine.

La rate donne, par autolyse, de la guanine et de l'hypoxanthine, tandis que la décomposition par les acides fournit de la guanine, de la thymine et de la cytosine (W. Jones). Cette différence nous sera expliquée par l'action des diastases qui exercent leur action dans l'autolyse de cet organe.

Levene a constaté que l'acide nucléique du testicule de bœuf donne, par hydrolyse acide, de la guanine, de l'adénine, de la thymine et de la cytosine. (Il en est de même de l'acide nucléique du cerveau de bœuf.)

Dans l'autolyse du testicule de taureau, Mochizucki et Kotake ont observé la formation probable de guanine. L'autolyse était effectuée au contact de l'eau et poursuivie pendant trois semaines environ en présence de toluène et de chloroforme. La séparation des produits de l'autolyse était effectuée par la méthode de Kutscher, qui a permis d'isoler en outre, dans ce cas, de l'ammoniaque, de la xanthine, de l'hypoxanthine, de la thymine, de la choline et de la lysine.

Chez le porc, la guanine se trouve en grande quantité dans une maladie spéciale analogue à la goutte de l'homme, en particulier dans les muscles, ligaments et articulations, à l'état de dépôts.

L'acide nucléique de la levure, hydrolysée par les acides, donne de la guanine et de l'adénine, en même temps que de la xanthine et de l'hypoxanthine. Au contraire, par dédoublement dû au *Bacterium coli*, l'adénine et la guanine disparaissent pendant le travail bactérien (Schittenhelm et Schrœter).

On retrouve encore de la guanine dans l'hydrolyse, par les acides, de l'acide nucléique de farine de froment ou acide tritico-nucléique (Osborne et Harris).

On rencontre la guanine dans le règne végétal : Schulze et Castoro ont montré la présence de la guanine dans un certain nombre de graines non germées : *Lupinus luteus* et *albus*, *Helianthus annuus*, *Triticum vulgare*, *Arachis hypogea*. La guanine, dans ce cas, semble provenir du dédoublement de la vernine en guanine et en une pentose. Le suc de la betterave sucrière contient, par litre, 0gr,0801 de guanine (Bresler). On la trouve également dans le sucre de canne, dans la proportion de 0gr,0025 p. 100, et dans la mélasse, dans la proportion de 0gr,066 p. 100 (Shorey).

Autres modes de préparation de la guanine. — L'acide urique est oxydé à froid par le persulfate d'ammoniaque, et, en présence d'un excès d'ammoniaque, on obtient de la guanine (1 à 3 p. 100 de l'acide urique), de l'allantoïnate d'ammoniaque (27 à 28 p. 100) et de l'urée (42 p. 100), ces deux derniers corps provenant du dédoublement de l'allantoïne d'abord formée (Hugounenq). Enfin, d'après Bang, l'acide guanylique, produit de dédoublement de certaines nucléines (pancréas), donne par dédoublement 35 p. 100 de guanine (théoriquement 39,29) : il serait formé de quatre molécules de guanine, trois de pentose, trois de glycérine et quatre d'acide phosphorique.

Guanine cristallisée. — On peut obtenir la guanine cristallisée en dissolvant un gramme de guanine amorphe dans deux litres de soude très étendue, en ajoutant le tiers du volume d'alcool, puis sursaturant par l'acide acétique. Dans ces conditions, la guanine se dépose sous forme de cristaux agglomérés en choux-fleurs, identiques aux cristaux de créatinine et de chlorure de zinc.

Synthèse de la guanine. — E. Fischer a fait la synthèse de la chloroguanine en chauffant à 150° un mélange d'oxy- (6) dichloropurine (2,8) et de solution ammoniacale saturée à 0°. La chloroguanine brute traitée par l'acide iodhydrique et l'iodure de phosphore fournit de la guanine.

Traube a indiqué un mode de synthèse de la guanine à partir de la guanidine par le processus suivant : la guanidine est condensée avec l'éther cyanacétique, et la cynacétylguanidine ainsi obtenue se transforme spontanément sous l'influence des alcalis en diamino-oxypyridine. Son dérivé isonitrosé, réduit et traité par l'acide formique, donne naissance à la guanine.

Propriétés physiques et chimiques. — La guanine est une poudre blanche, amorphe, peu soluble dans l'eau, insoluble dans l'alcool et dans l'éther, soluble surtout dans les alcalis, potasse, soude, ammoniaque. Sa solubilité dans les acides tient à la formation de combinaisons : chlorhydrate, sulfate, etc., correspondant à une très faible basicité de ce produit. En effet, l'hydrolyse de son chlorhydrate en solution décinormale correspond à 17,9 p. 100, et sa constante de dissociation serait, d'après WOOD, $0,81 \times 10^{-11}$. Si on la compare avec les corps voisins, on trouve :

	Hydrolyse du chlorhydrate en solution décinormale. p. 100.	Constante de dissociation. p. 100.
Créatinine.	8,96	$3,57 \times 10^{-11}$
Créatine.	12,30	1,81
Guanine.	17,90	0,81
Théobromine.	73.00	0,016
Xanthine.	88,50	0,0046
Caféine.	89,70	0,0040
Urée.	90,40	0,0037

La guanine s'unit d'ailleurs également aux bases. Les solutions dans les alcalis, l'eau de baryte bouillante, etc., laissent déposer, lorsqu'on les traite par l'alcool, des précipités cristallins, combinaisons définies du corps azoté avec les bases réagissantes.

La guanine donne avec certains sels métalliques des précipités plus ou moins caractéristiques. Avec le nitrate d'argent et le sublimé on obtient des combinaisons argentiques et mercuriques, répondant aux formules

$$C^5H^5Az^5OAzO^3Ag \quad \text{et} \quad C^5H^5Az^5OHgCl^2(H^2O)^{\frac{3}{2}}.$$

En solution chlorhydrique, et par suite à l'état de chlorhydrate, elle donne avec le chlorure de platine un chloroplatinate peu soluble cristallisé jaune :

$$C^5H^5Az^5O.\ HCl.\ PtCl^4.\ 2H^2O$$

et, avec le sublimé, un chloromercurate insoluble :

$$(C^5H^5Az^5O,\ HCl)^2HgCl^2 + H^2O.$$

Le ferrocyanure de potassium précipite également la guanine.

L'oxydation de la guanine conduit, suivant les cas, à des résultats fort différents :

L'oxydation ménagée par le permanganate de potasse détermine la formation d'oxyguanine (KERNER); puis il y a dédoublement en quatre molécules d'urée, une de glycocolle et de l'acide carbonique (JOLLES). On a pu d'ailleurs déduire de cette dernière réaction un moyen de dosage de la base.

L'oxydation par l'acide azotique conduit à la formation d'un dérivé nitré, jaune citron, amorphe, se dissolvant en jaune dans la potasse (NEUBAUER et KERNER). Ce *nitrate de nitroguanine*, ne serait d'autre part, pour STRECKER, qu'un mélange de xanthine et de nitro-xanthine, fournissant uniquement de la xanthine par les agents réducteurs.

En effet, la guanine, traitée par l'acide azoteux, donne de la xanthine suivant la réaction :

$$C^5H^5Az^5O + AzO^2H = C^5H^5Az^4O^2 + H^2O + Az^2.$$

Cette transformation peut s'effectuer de la façon suivante (STRECKER) : La solution de guanine dans l'acide azotique concentré, soumise à l'ébullition, est additionnée de nitrate de potasse jusqu'à dégagement de grandes quantités de vapeurs rutilantes. On étend le tout d'une grande quantité d'eau, et la substance jaune précipite. Ce précipité lavé est redissous dans l'ammoniaque et additionné de sulfate ferreux en solution jusqu'à ce que le précipité ferrique marron qui se forme soit remplacé par un précipité noir d'hydrate ferroso-ferrique. On filtre et on évapore la liqueur au bain-marie, on reprend par l'eau froide pour dissoudre le sulfate d'ammoniaque : le résidu est dissous à nouveau dans l'ammoniaque bouillante, et le liquide évaporé. Enfin l'oxydation de la guanine peut être effectuée en la délayant dans l'acide chlorhydrique, de densité 1,10, en présence de chlorate de potasse. On obtient, dans ce cas, de l'acide parabanique et de la guanidine, en même temps qu'un peu de xanthine, d'après les réactions suivantes :

$$\underset{\text{Guanine.}}{C^5H^5Az^5O} + H^2O + 3O = \underset{\text{Acide parabanique.}}{C^3H^2Az^2O^3} + \underset{\text{Guanidine.}}{CH^5Az^3} + CO^2$$

$$2(C^5H^5Az^5O) + O^3 = 2(\underset{\text{Xanthine.}}{C^5H^4Az^4O^2}) + H^2O + Az^2.$$

En raison même des réactions que nous avons indiquées plus haut, la guanine, traitée à chaud par l'acide nitrique, puis par la potasse, enfin évaporée de nouveau à siccité, donne la coloration bleu indigo que produit la xanthine dans les mêmes conditions. Cette coloration passe ensuite au bleu et au jaune.

Constitution. — La constitution de la guanine se déduit de celles de la purine et de l'acide urique. Ce dernier correspond à la formule :

```
AzH — CO
|      |
CO     C — AzH
|      ||       \
AzH — C — AzH  / CO.
```

Il renferme un radical, dénommé radical purique, dont les valences libres, saturées uniquement par l'hydrogène, donnent naissance au corps auquel FISCHER a donné le nom de purine, et dont il a réalisé la synthèse :

```
(1)Az — (6) C                          Az = CH
  |         |                          |    |
(2) C     (5)C — Az(7)            H — C    C — AzH
  |         |          \               ||   ||      \
(3) Az — (4) C — Az(9) / C (8)       Az — C — Az   // C — H
      Radical purique.                     Purine.
```

Ce corps est le point de départ de tous les éléments de la série, et la guanine doit être considérée comme la 2-amino -6- oxypurine. Nous allons voir les considérations qui permettent de conclure à cette constitution, et les relations qui rattachent ainsi la guanine aux corps du même groupe.

La purine peut donner naissance à des composés oxygénés, et plus ou moins hydrogénés, qui présentent par suite des groupements aminés et des groupements cétoniques. L'acide urique devient ainsi la trioxypurine ; la xanthine, la dioxypurine ; et l'hypoxanthine, la monoxypurine. Les trois formules sont alors :

```
AzH — CO                 AzH — CO                 AzH — CO
|      |                 |      |                 |      |
CO     C — AzH           CO     C — AzH           HC     C — AzH
|      ||      \         |      ||      \         ||     ||      \
AzH — C — AzH / CO       AzH — C — Az  // CH      Az  — C — Az  // CH.
   Acide urique.             Xanthine.               Hypoxanthine.
```

C'est de ce dernier corps que dérivent directement l'adénine et la guanine. EMILE FISCHER a, en effet, montré que l'adénine représentait la 6-aminopurine, et la guanine la 2-amino-6-oxypurine,

```
Az = C — AzH²                       AzH — CO
|    |                              |      |
CH   C — AzH                 AzH = C      C — AzH
||   ||      \                      |      ||      \
Az — C — Az  // CH                  AzH — C — Az  // CH.
     Adénine.                             Guanine.
```

Enfin nous pouvons encore considérer ces différents corps comme renfermant d'autre part les groupements de l'uracile et de la cytosine. En effet la constitution de ces deux dernières peut être représentée par :

```
      AzH — CO                  Az  = C — AzH²
     /       |                 /      |
  CO<        CH             CO<       CH
     \       ||                \      ||
      AzH — CH                  AzH — CH
      Uracile.                  Cytosine.
```

Des réactions simples permettent d'effectuer le passage d'un corps à un autre par la simple substitution d'un radical à un autre. L'action de l'acide azoteux par exemple transforme la guanine en xanthine. Par simple oxydation, la xanthine peut passer à l'état d'acide urique ; de même encore, par oxydation, l'hypoxanthine peut passer à l'état de xanthine. Ces différentes réactions expliquent tout naturellement les transformations que subissent les bases du groupe purique dans l'organisme et la forme finale d'acide urique, sous laquelle on les retrouve, pour la majeure partie, dans l'urine. On ne doit pas oublier à ce point de vue que la caféine, la théobromine, la théophylline appartiennent encore à cette famille : la caféine est la 1.3.7 triméthylxanthine ; la théobromine, la 3.7 diméthylxanthine, et la théophylline, la 1,3 diméthylxanthine. Leur ingestion sera donc suivie d'une élimination correspondante d'acide urique et de bases puriques, en particulier de guanine.

Transformation de la guanine dans l'organisme. — L'ingestion de guanine, soit libre, soit sous la forme de nucléines, toujours riches en bases puriques, comme d'ailleurs l'ingestion de ses congénères, hypoxanthine, xanthine, adénine, est toujours suivie de la formation d'une certaine quantité d'acide urique (Krüger et Schmidt, Minkowski, Nencki et Sieber, Krüger et Salomon, Kerner, Stadthagen, Burian et Schur).

Cette formation est, il est vrai, très faible pour la guanine, inférieure même à celle de la xanthine, pour laquelle 10 p. 100 de son azote est éliminé à l'état d'acide urique, et moins de 1 p. 100 à l'état de bases puriques.

L'injection intra-veineuse conduit à un résultat analogue. Schittenhelm et Bendix ont injecté à des lapins de la guanine en solution aqueuse, soit dans la veine, soit sous la peau. On constate alors que cette guanine est éliminée dans les urines sous la forme d'acide urique.

Cette transformation a lieu par suite de l'action d'une diastase, la *guanase*, que l'on peut retrouver dans un certain nombre d'organes. Horbaczewski a montré le premier que les bases puriques, et en particulier la guanine, se transforment au contact des extraits de certains organes en acide urique. Spitzer crut voir une différence suivant que cette transformation se faisait aux dépens des aminopurines ou des oxypurines.

Mais Schittenhelm montra avec l'extrait de rate que les aminopurines, adénine et guanine, sont transformées en acide urique aussi bien que les oxypurines. Les extraits de foie et de poumon exercent la même action sous l'influence d'oxydases précipitables par le sulfate d'ammoniaque.

Tel est le fait capital ; il a été discuté ; mais l'existence de la guanase paraît actuellement parfaitement établie.

Indiquons cependant que l'extrait aqueux de rate additionné de guanine ne modifierait pas cette base, d'après Jones et Winternitz. Mais les mêmes auteurs ont montré simultanément que cet extrait de rate transformait totalement l'adénine en hypoxanthine, sous l'influence d'une adénase : nous allons voir par la suite la simultanéité et l'analogie des deux réactions.

D'autre part, la guanase a pu être précipitée de ce même extrait aqueux de rate. En effet, traité par le sulfate d'ammoniaque à 66 p. 100 de la saturation, il donne naissance à un précipité qui, redissous, peut être purifié par dialyse (Schittenhelm).

Traitée par la solution ainsi obtenue, la guanine se transforme presque quantitativement (de 61 à 99,5 p. 100) en acide urique à une température de 43°. Il faut en outre, pendant tout le temps que se produit la réaction diastasique, faire passer un courant d'air continu au sein du liquide.

En cas contraire, la réaction s'arrête à la xanthine, qui apparaît ainsi nettement comme le terme de passage entre la guanine et l'acide urique.

La formation de l'acide urique en partant de la guanine semble donc être dévolue à deux diastases qui se trouvent associées, non seulement dans la rate, mais encore dans le foie, le poumon et les muscles.

L'une, désamidante, transforme la guanine en xanthine : l'autre, oxydante, fait passer celle-ci à l'état d'acide urique.

La diastase désamidante, ou *guanase*, paraît extrêmement répandue dans l'organisme (Lang) : la xanthase oxydante paraît au contraire limitée à certains organes, et son action est d'autant plus difficile à démêler que le rein, le foie, le muscle détruisent l'acide urique sous l'action d'un ferment différent; le ferment manque dans la rate, et permet ainsi facilement l'étude de la transformation de la guanine.

Dans le thymus on peut néanmoins étudier cette transformation. W. Jones avait déjà montré qu'il contient un ferment soluble, qui, à 35° et au degré de concentration de la diastase dans le thymus, dédouble les nucléoprotéides avec production de bases xanthiques, mais sans guanine ni adénine. Il attribue déjà cette absence à la propriété que posséderait cette diastase de transformer l'une et l'autre en xanthine.

Or, par l'hydrolyse de l'acide thymonucléique au moyen des acides, on obtient de la guanine et de l'adénine, tandis que, dans l'autodigestion de cette glande, il ne se forme que de la xanthine, de l'uracile et très peu d'hypoxanthine (Jones).

L'étude de l'autolyse des capsules surrénales conduit au même résultat; on obtient encore de la xanthine et de l'hypoxanthine, tandis que l'hydrolyse par les acides donne de la guanine et de l'adénine.

De plus, dans les extraits de ces deux organes, la guanase accompagne les nucléoprotéides dans leur précipitation par l'acide acétique.

Dans l'autolyse du pancréas, nous voyons les mêmes phénomènes.

Kutscher, dans l'étude des produits de l'autolyse de cet organe, avait obtenu principalement de l'adénine et peu de xanthine et d'hypoxanthine. Mais Jones et Partridge, reprenant la question avec des glandes tout à fait fraîches, après trente-six heures de digestion seulement, n'obtinrent que de la xanthine et un peu d'hypoxanthine sans traces de guanine ni d'adénine. Bien mieux, de la guanine ajoutée à la masse en autolyse est également transformée en xanthine. Il existe donc dans le pancréas au moins une diastase, une *guanase*, transformant, par hydratation et départ d'ammoniaque, la guanine en xanthine. Cette réaction est accompagnée de la transformation de l'adénine en hypoxanthine sous l'influence du même ferment ou d'un ferment analogue : cette hypoxanthine par oxydation donne ainsi naissance à de la xanthine.

Origine et formation de la guanine dans l'organisme. — La guanine, que nous avons vue exister en abondance dans l'organisme, peut être considérée comme un produit de régression azotée. C'est ainsi que Schützenberger avait déjà montré que la levure de bière, abandonnée à elle-même, continue à produire de l'alcool, en même temps qu'elle donne naissance à de la guanine et à d'autres produits de la même famille, xanthine, hypoxanthine, etc.

Kutscher a confirmé ces résultats, et il a montré que ces corps ne se produisent que dans la levure à l'état d'inanition. On ne les trouve ni dans les levures bien alimentées, ni dans la bière.

Dans le cas d'une alimentation suffisante, les diastases protéolytiques de la levure agissent sur les éléments azotés fournis à la cellule, et les simplifient de telle manière que les produits formés peuvent servir à l'édification du protoplasma. La diastase est dans ce cas un agent de construction. Au contraire, dans la levure en inanition, les ferments s'attaquent aux tissus mêmes de la cellule, et les dédoublent : ils sont alors un agent de destruction, et il en résulte la formation de bases puriques, de guanine en particulier.

Cette guanine peut ultérieurement, comme nous l'avons vu plus haut, être transformée en xanthine et même en acide urique. Ainsi elle diminue dans le suc de levure que l'on abandonne à son autolyse (K. Shiga), tandis que parallèlement la quantité de xanthine augmente.

Dans les organismes supérieurs, la xanthine a une origine analogue.

La formation des bases nucléiques par dédoublement des acides nucléiques est encore sous la dépendance d'un ferment soluble qui existe en grande quantité dans certains organes, la rate en particulier (SCHITTENHELM); c'est ainsi que l'extrait aqueux de rate dédouble très activement l'acide nucléique.

Enfin la guanine peut être le résultat de réactions inverses.

L'acide urique et les urates introduits en nature dans le tube digestif du lapin sont absorbés par les phagocytes (FREUNDWEILER) et se transforment dans l'organisme en bases puriques, en particulier en guanine.

En ce qui concerne l'origine de la guanine dans l'organisme (de même celle des autres purines ou bases xanthiques) envisagée à un point de vue général, on peut dire qu'elle est double : 1° origine exogène, alimentaire (nucléo-albumines, purines libres et combinées des aliments, surtout viande, poisson, légumineuses, foie, riz de veau, aliments riches en noyaux cellulaires, café, thé); 2° origine endogène moins importante, par destruction des leucocytes et des noyaux cellulaires des tissus de l'organisme lui-même. Il est très probable qu'il se forme aussi une certaine quantité de guanine dans l'organisme par synthèse ou par transformation des bases puriques voisines.

Il y aura lieu de tenir compte de ces indications pour l'application des régimes à ordonner dans les états pathologiques qui relèvent de l'uricémie; les bases xanthiques étant elles-mêmes génératrices d'acide urique.

Toxicité. — La guanine est très peu toxique. A haute dose, elle agit, au point de vue toxique, d'une façon analogue aux bases xanthiques; mais on ne trouve pas d'expériences absolument démonstratives à cet égard.

Dosage dans les organes et dans les urines de la guanine et des bases puriques. — La détermination des corps puriques et de la guanine dans les organes animaux a été tout d'abord indiquée par BURIAN et SCHUR, qui ont utilisé la précipitation de ces corps par les solutions ammoniacales d'argent. Cependant HIS et HAGEN ont montré qu'en présence des albumines la précipitation de la guanine par les solutions ammoniacales d'argent est incomplète, et peut même faire complètement défaut. Il peut y avoir en outre, lorsque la précipitation se produit, un entraînement d'albumoses. Il faut alors reprendre une ou plusieurs fois le précipité, le décomposer par H^2S et reprécipiter par l'argent pour éliminer les albumoses. HIS et HAGEN ont aussi cherché à éliminer les albumoses par le sulfate d'ammoniaque et l'alun de fer, par l'acide trichloracétique, par le sulfate de zinc, par le sulfate d'ammoniaque. Ce dernier réactif détermine l'élimination complète des albumoses, et le précipité argentique n'en contient plus. Mais, dans ce cas, la précipitation par l'argent n'est complète que lorsque le liquide est dilué de manière à ne contenir que 25 p. 100 de sulfate. Cette méthode, appliquée à l'étude d'organes additionnés de quantités connues de guanine, a été encore reconnue défectueuse par suite des pertes considérables qu'elle comporte. Les extraits d'organes renfermeraient en outre des corps tels que les acides nucléiques (KOSSEL, SCHMIEDEBERG) qui empêchent la précipitation complète des bases puriques par l'argent.

Enfin, d'après BURIAN et HALL, le dosage dans les extraits d'organes des bases puriques et de la guanine peut se faire d'une façon absolument rigoureuse, de la manière suivante : les organes, réduits à l'état de purée, sont bouillis pendant douze heures environ avec 10 parties d'acide sulfurique à 0,51 p. 100 : on filtre et on épuise encore trois fois le résidu. L'extrait ainsi obtenu est sursaturé par de l'hydrate de baryte : le filtrat et les eaux de lavage sont concentrés en milieu acétique, puis traités par une solution de soude et de carbonate de soude. Le filtrat est ensuite acidifié par l'acide chlorhydrique et sursaturé par l'ammoniaque. La liqueur ainsi obtenue représente pour 100 centimètres cubes environ 50 grammes de purée d'organes; on l'additionne alors de 30 à 50 centimètres cubes d'une solution ammoniacale de chlorure d'argent (LUDWIG). Le précipité est lavé une fois par l'ammoniaque, et plusieurs fois par l'eau. Les traces d'ammoniaque qui peuvent encore exister sont éliminées par ébullition avec un peu d'eau et de magnésie. On dose l'azote du précipité par la méthode de KJELDAHL. Ce précipité argentique renferme la presque totalité des bases puriques. Pour recueillir la petite fraction qui a pu échapper à la précipitation, on acidifie le filtrat par l'acide acétique, on traite par l'hydrogène sulfuré, on filtre, on concentre, et on ajoute du sous-acétate de plomb jusqu'à réaction faiblement alcaline, ou plus exactement tant qu'il se produit un précipité d'albumoses. Le filtrat et les eaux de lavage, débarrassés du plomb par H^2S concentré, sont soumis à une nouvelle précipitation argentique. L'azote est dosé dans ce nouveau précipité par la méthode de KJELDAHL, et le résultat obtenu est ajouté au précédent.

Nous ne pouvons nous étendre davantage sur cette question d'analyse chimique dont on trouvera le résumé le plus récent, avec la bibliographie afférente, dans le traité de HOPPE-SEYLER (1903) (voir notre bibliographie) en ce qui concerne spécialement la recherche de la guanine dans les organes et sa séparation des autres bases puriques.

La présence de la guanine (et de la carnine) dans les urines a été constatée par G. POUCHET : elle ne serait cependant pas certaine, d'après KRÜGER et SALOMON. En tous cas, la quantité de ces corps est extrêmement minime, d'après FLATOW et REITZENSTEIN. Pour les méthodes de dosage dans l'urine, on consultera le traité de NEUBAUER et VOGEL (revu par HUPPERT) (1898), et celui de ED. SPAETH (1903).

Combinaisons de la guanine. — La guanine jouit de fonctions basiques, et donne avec les acides forts des combinaisons peu stables, décomposables par l'eau. Les sels des acides volatils se décomposent à basse température. Aucune combinaison ne se produit directement avec les acides acétique, citrique, formique, hippurique, lactique, succinique (NEUBAUER et KERNER).

Azotate de guanine. — *Sel neutre*, fines aiguilles rassemblées en groupe. *Sel acide*, prismes courts et solides.

Chlorhydrate. — Fines aiguilles jaune clair formant des sels doubles avec un certain nombre de chlorures métalliques, cadmium, mercure, platine, zinc, etc.

Bromhydrates et iodhydrates. — Mêmes propriétés.

Sulfate. — Aiguilles jaunâtres formant un sel double avec l'azotate d'argent.

Oxyguanine. — L'oxyguanine est le produit de l'oxydation par le permanganate de potasse en solution sodique, neutralisé par HCl : substance amorphe, gélatineuse, blanc rougeâtre, insoluble dans l'eau, l'alcool et l'éther, soluble en liqueur alcaline, insoluble à froid dans les acides, partiellement soluble à chaud sans altération.

Épiguanine. — $C^6H^7Az^5O$. Méthylguanine naturelle répondant à la composition de la méthyl 7 amino 2 oxy 6 purine, trouvée dans l'urine selon la proportion de trois à quatre dixièmes de milligramme par litre. Elle possède les mêmes propriétés que les bases puriques.

Bibliographie. — BAGINSKY. *Ueber das Vorkommen von Xanthin, Guanin, und Hypoxanthin* (*Z. p. C.*, 1883-1884, VIII, 395). — BANG. *Chemische und physiologische Studien über die Guanylsäure* (*Z. p. C.*, 1901, XXXI, 411-427). — BANG et RAASCHOU. *Ueber die Darstellung der Guanylsäure* (*Beitr. z. chem. Phys. u. Path.*, 1904, IV, 175-181). — BARRESWILL. *Sur le blanc d'ablette* (*C. R.*, 1861, LIII, 246). — BENDIX et SCHITTENHELM. *Ueber die Ausscheidungsgrösse per os, subkutan, und intravenös eingeführter Harnsäure beim Kaninchen* (*Z. p. C.*, 1904, XLII, 461). — BRESLER. *Ueber die Bestimmung der Nucleinbasen im Safte von Beta vulgaris* (*Z. p. C.*, 1904, XLI, 535-541). — BRÜCKE (von). *Uber die Reaction welche Guanin mit Salpetersäure und Kali gibt.* (*Sitzungsber. d. Akad. d. Wissensch.*, Wien, 1887, XCIV, 277-280). — BURIAN et SCHUR. *Ueber die Stellung der Purinkörper im menschlichen Stoffwechsel* (*A. g. P.*, 1900, LXXX, 241-350 ; 1901, LXXXVII, 239-354). — BURIAN et SCHUR. *Ueber Nucleinbildung im Säugethierorganismus* (*Z. p. C.*, 1897, XXIII, 55-73). — BURIAN et HALL. *Die Bestimmung der Purinstoffe in thierischen Organen mittels der Methode des korrigierten Werthes* (*Z. p. C.*, 1903, XXXVIII, 336-395). — CAPRANICA. *Vorläufige Mittheilung einiger neuer Guanin-Reactionen* (*Z. p. C.*, 1880, IV, 233-236). — EINBRODT. *Notiz über die Zusammensetzung des Harnoxyds* (*Ann. der Chem. u. Pharm.*, 1846, LVIII, 15). — EWALD et KRUKENBERG. *Ueber die Verbreitung des Guanin, besonders über sein Vorkommen in der Haut von Amphibien, Reptilien und von Petromyzon fluviatilis* (*Untersuch. a. d. physiol. Inst. d. Univ. Heidelb.*, 1882, IV, 253-265). — FISCHER. *Ueber die Constitution des Caffeins, Xanthins, Hypoxanthins, und verwandter Basen* (*Ber. der d. ch. Ges.*, 1897, XXX, 549-559); *Synthese des Hypoxanthins, Xanthins, Adenins und Guanins* (*Ibid.*, 1897, 2226-2254). — GAUTIER (A.) (*Chimie biologique*, Paris, 1897, 210). — GORUP-BESANEZ et WILL (FR.). *Guanin, ein wesentlich Bestandtheil gewisser Sekrete wirbelloser Thiere* (*Ann. der Chem. u. Pharm.*, 1849, LXIX, 117-120). — HIS et HAGEN. *Kritische Untersuchungen über den Nachweis von Harnsäure und Purinbasen im Blut und im thierischen Organismus* (*Z. p. C.*, 1900, XXX, 350-383). — F. HOPPE-SEYLER (*Handbuch der physiologisch- und pathologisch chemischen Analyse*, Berlin, 1903, *bearbeitet von* THIERFELD, 574). —

HORBACZEWSKI. *Ueber krystallisirtes Xanthin und Guanin* (*Z. p. C.*, 1897, XXIII, 226-230; *Mon. f. Ch.*, XII,221). — ISAAK. *Die Purinbasen der Heringslake* (*Beitr. z. chem. Physiol. u. Path.*, 1904, V, 500-506). — JOLLES. *Ueber eine quantitative Reaction bei den Ureiden und Purinderivaten* (*Ber. der. d. ch. G.*, 1900, XXXIII, 1246-1248; *Journ. f. prakt. Chem.*, LXII, 61-75). — JONES et PARTRIDGE. *Ueber die Guanose* (*Z. p. C.*, 1904, XLII, 343-348). — JONES et WHIPPLE. *The nucleoproteid of the suprarenal gland* (*Amer. J. of physiology*, 1902, VII, 423-434). — JONES. *Ueber das Enzym der Thymusdrüse* (*Z. p. C.*, 1904, XLI, 101-109). — KERNER. *Ueber das physiologische Verhalten des Guanins* (*Ann. der Chem. u. Pharm.*, 1857, CIII, 249-268); — *Ueber die Verbindung des Guanins mit Brom-und Iodwasserstoffsäure* (*Ibid.*, 268-271). — KOSSEL. *Ueber Guanine* (*Z. p. C.*, 1882-1883, VII, 15-22; 1883-1884, VIII, 404-410; 1901, XXXI, 428-431). — KRÜGER et SALOMON. *Die Alloxurbasen des Harnes* (*Z. p. C.*, 1898, XXIV, 364-394; 1898-1899, XXVI, 350-380). — KRÜGER et SCHMIDT. *Die Entstehung der Harnsäure aus freien Purinbasen* (*Z. p. C.*, XXXIV, 549-565. — KRÜGER et SCHITTENHELM. *Die Purinkörper der menschlichen Faeces* (*Z. p. C.*, 1902, XXXV, 153-163). — KRÜGER et WULFF. *Ueber eine Methode zur quantitativen Bestimmung der sogenannten Xanthinkörper in Harn* (*Z. p. C.*, 1895, XX, 176). — KUTSCHER. *Chemische Untersuchungen über die Selbstgährung der Hefe* (*Z. p. C.*, 1901, XXXII, 59; *Das proteolytische Enzym der Thymus*, 1901-1902, XXXIV, 114-118. — LEVENE. *Darstellung und Analyse einiger Nucleinsäuren* (*Z. p. C.*, 1903, XXXVII, 402-406; 1903, XXXIX, 479-483). — LOCHNER. *Guanin, ein Bestandtheil der Leber* (*Wissensch. Mitth. d. phys. med. Soc. zu Erlangen*, 1859, I, 52). — MINKOWSKI. *Untersuchungen zur Physiologie und Pathologie der Harnsäure bei Säugethiere* (*Arch. f. exp. Path.*, 1898, XLI, 387-420). — MOCHIZUKI et KOTAKE. *Ueber die Autolyse der Stierhoden* (*Z. p. C.*, 1905, XLIII, 165-169). — MOUNEYRAT. *La purine et ses dérivés* (*Scientia*, Paris, 1904, Gauthier-Villars). — NEUBAUER et KERNER. *Ueber das Guanin* (*Ann. der Chem. und Pharm.*, 1857, CI, 318-337). — NEUBAUER et VOGEL. *Analyse zur qualitativen und quantitativen Analyse des Harnes* (10e édit., *Analytischer Theil*, 3e édit., par HUPPERT, Wiesbaden, 1898). — NEUBERG. *Ueber die Constitution der Pankreas-proteid-Pentosen* (*Ber. d. chem. Ges.*, 1902, XXXV, 1467-1473). — NEUMANN. *Zur Kenntniss der Nucleinsubstanzen* (*Arch. f. Anat. u. Physiol. Physiol. Abtheilung*, 1898, 374-378). — OSBORNE et HARRIS. *Die Nucleinsäure des Weizenembryos* (*Z. p. C.*, 1902, XXXVI, 85-133). — POUCHET. *Contribution à la connaissance des matières extractives de l'urine* (*Thèse de Paris*, 1880). — SALOMON. *Chemische Untersuchungen eines von Guaninablagerungen durchsetzten Schinkens* (*Arch. f. path. Anat.*, 1884, XCVII, 360). — SCHENK. *Die bei der Selbstverdauung des Pancreas auftretenden Nucleinbasen* (*Z. p. C.*, 1905, XLIII. 406-409). — SCHINDLER. *Beiträge zur Kenntniss des Adenins, Guanins, und ihrer Derivate* (*Z. p. C.*, 1888-1889, XIII, 432-444). — SCHERER. *Ueber Hypoxanthin, Xanthin und Guanin im Thierkörper und den Reichthum der Pancreas-Drüse an Leucin* (*Ann. der Chem. u. Pharm.*, CXII, 257; *Répert, de Chim. pure*, 1860, 151). — SCHITTENHELM et SCHRŒTER. *Ueber die Spaltung der Hefenucleinsäure durch Bakterien* (*Z. p. C.*, 1904, XLI, 284-292); *Ueber die Harnsäurebildung in Gewebsauszügen* (*Ibid.*, 1904, XLII, 251-258). — SCHITTENHELM et BENDIX. *Ueber die Umwandlung des Guanins in Organismus des Kaninchens* (*Z. p. C.*, 1905, XLIII, 365-373). — SCHITTENHELM. *Ueber die Fermente des Nucleinstoffwechsels* (*Z. p. C.*, 1905, XLIII, 228-239). — SCHULZE et CASTORO. *Beiträge zur Kenntniss der in ungekeimten Pflanzensamen enthaltenen Stickstoffverbindungen* (*Z. p. C.*, 1904, XLI, 455-473). — SHIGA. *Ueber einige Hefefermente* (*Z. p. C.*, 1904, XLII, 502-507). — SHOREY. *Xanthine Cases in sugar-can* (*J. of amer. chem. Soc.*, 1899, XXI, 609-612). — SPAETH. *Die chemische und mikroskopische Untersuchung des Harnes* (Leipzig, 1903, 2e édit.). — SPITZER. *Die Ueberführung von Nucleinbasen im Harnsäure durch die sauerstoffübertragende Wirkung von Gewebsauszügen* (*Arch. f. d. ges. Physiol.*, 1899, LXXVI, 192-203). — STADTHAGEN. *Ueber das Vorkommen der Harnsäure in verschiedenen thierischen Organen, ihr Verhalten bei Leukämie und die Frage ihrer Entstehung aus den Stickstoffbasen* (*Virchow's Archiv*, 1887, CIX, 416). — STEUDEL. *Zur Kenntniss der Thymusnucleinsäuren* (*Z. p. C.*, 1904, XLII, 165-170; XLIII, 402-406). — STRECKER. *Untersuchungen über die chemischen Beziehungen zwischen Guanin, Xanthin, Theobromin, Caffein, Kreatinin, Guanidin* (*Ann. der Ch. u. Pharm.*, 1861, CXVIII, 151-177; *Ann. de Chim. et de Phys.*, LXIII, 355). — TRAUBE. *Ueber eine neue Synthese des Guanins und Xanthins* (*Ber. der d. ch. G.*, 1900, XXXIII, 1371-1383). — — UNGER. *Ueber das Vorkommen von Xanthic-oxyd im Guano* (*Ann. de Poggend.*, LXV, 222; *Ann. der Ch. u. Pharm.*, 1844, LI, 395; 1846, LVIII, 18); — *Das Guanin und seine Verbindungen* (*Ibid.*, 1846,

LIX, 58-69). — VOHL (H.). *Guanin* (*Berl. klin. Wochenschr.*, 1866, III, 398). — VOIT. *Bemerkungen über das Vorkommen von Guanin* (*Sitzungsber. d. Ges. f. Morph. und Phys.*, München, 1888, IV, 79). — WEINLAND. *Notiz über das Vorkommen von Guanin in den Excrementen der Kreuzspinne* (*Z. f. Biol.*, 1888, VII, 390-395). — WOHLGEMÜTH. *Ueber das Nucleoproteid der Leber* (*Z. p. C.*, 1904, XLII, 519-523; *Wood Chem. Soc.*, 1903, LXXXIII, 568-578). — WÜRTZ. *Dictionnaire de Chimie pure et appliquée* (*Guanine*, 1870, I, 1644; 2e *Supp.*, 1901, IV, 943).

René LAUFER.

GUANO. — Le guano est un engrais essentiellement formé de déjections d'oiseaux, vivant en particulier sur la côte du Pérou. Des multitudes innombrables d'oiseaux divers, pélicans, alcatras et autres, désignés ensemble sous le nom de *guanacs*, ont de tout temps hanté les îles désertes et les ravins incultes que présentent ces parages; ils y sont attirés par l'abondance extraordinaire des poissons qui pullulent dans les eaux relativement froides du courant issu du cap Horn. Ces oiseaux viennent la nuit se reposer dans les îles et sur la côte. Ils y accumulent leurs déjections avec des résidus de toutes sortes; on y trouve même des squelettes, des nids, des œufs de leurs congénères et des débris de poissons qui leur ont servi de nourriture. Le principal et le plus riche gisement, aujourd'hui épuisé, était celui des îles Chinchas, qui fournissait aussi la meilleure qualité de guano. On en a cherché dans d'autres pays : en Bolivie, au Mexique, aux Antilles, même en Afrique et en Australie. Dans certains pays, comme nous le verrons, on a pu exploiter un guano spécial accumulé dans certaines grottes par des chauves-souris.

Les propriétés des guanos péruviens sont connues de longue date. Les Indiens connaissaient l'existence de ces dépôts et s'en servaient en agriculture. On trouve dans les *huaneras*, et spécialement dans celles du Sud du Pérou, les traces de ces anciennes exploitations. Ce sont de véritables galeries de mines, de trois mètres de large, et de près de deux mètres de haut, au moyen desquelles les Indiens allaient chercher les meilleures couches. Plus tard, lorsque les Espagnols arrivèrent au Pérou, ils trouvèrent établi dans le pays un merveilleux système d'exploitation. Le gouvernement des Incas protégeait, par des lois extrêmement sévères, les oiseaux producteurs de guano. Les différents gisements étaient répartis entre les provinces, et toute violation de limite était énergiquement réprimée. Cette exploitation indigène prit fin lors de l'invasion espagnole, qui détourna toute l'activité manuelle disponible vers les mines d'or et d'argent. [(HUMBOLDT.) Dès lors, les îles à guano ne furent plus inabordables : chacun put enlever l'engrais à sa guise, ce qui eut pour effet d'épuiser en quelques endroits les anciens gisements, et d'en empêcher le renouvellement. Les oiseaux, troublés dans leur retraite, les abandonnèrent. C'est ainsi que l'île de Jésus et d'Iquique n'offrent plus de trace de guano. ALEXANDRE CACHET fut le premier qui, en 1841, au moment où le guano était complètement tombé dans l'oubli, attira par un mémoire l'attention du gouvernement péruvien sur la valeur de cet engrais. Il en fit connaître l'origine et les propriétés en démontrant que ce n'était ni un produit minéral, comme le croyaient certains auteurs, ni un fossile; mais bien le dépôt des excréments d'oiseaux. Le commerce du guano s'accrut alors dans des proportions considérables, et l'exportation (qui se fait surtout en Angleterre) s'éleva de 7 000 à 150 000 tonneaux de 1842 à 1850. C'est HUMBOLDT qui rapporta le premier en Europe des échantillons de cette matière : VAUQUELIN et FOURCROY en déterminèrent la composition approximative.

En 1844, UNGER y décela la présence d'un principe nouveau, la *guanine*. C'est à partir de cette époque que l'emploi des engrais se substitua au système primitif de la jachère. En 1844, le gouvernement du Pérou chargea FRANCISCO DE RIVERO de l'étude des divers gisements de guano.

Les gisements du Pérou étaient divisés en trois zones : celle du nord s'étendait du 6e au 9e degré de latitude Sud, avec les îles Lobos, Macabi et Guanape; la zone du Centre, entre les 13e et 14e parallèles, était formée par le groupe des Chinchas; la zone du Sud s'étendait du 19e au 22e degré avec les gisements de Pabello de Pica et de Punta de Lobos.

La puissance de ces gisements tenait non seulement à la quantité considérable d'oiseaux qui leur ont donné naissance, mais encore à la sécheresse du climat. Les guanos provenant des pays où il pleut, même rarement, sont incomparablement moins actifs; car ils ont perdu la plus grande partie de leurs éléments solubles (ammoniacaux et phosphates solubles).

FRANCISCO DE RIVERO attribua à la zone du Sud une valeur d'à peu près 10 millions de tonnes; à celle du Centre (îles Chinchas) 25 millions de tonnes. Les gisements étaient si considérables que HUMBOLDT admit que les dépôts remontaient à des époques antérieures à l'époque actuelle; il considérait le guano comme des amas de coprolithes ayant conservé leur matière organique. Les dépôts atteignant parfois une épaisseur de 30 mètres, il supposait qu'il faudrait trois siècles aux déjections d'oiseaux pour former une couche de 1 centimètre d'épaisseur. RIVERO, au contraire, supposant que les gisements des îles Chinchas représentaient 500 millions de quintaux espagnols, et supposant, d'autre part, l'existence de 264 000 oiseaux vivant dans ces îles, nombre qui n'a rien d'exagéré, il suffit que, chaque nuit, chaque oiseau dépose une once d'excrément pour produire en sept à huit mille ans la totalité du dépôt.

Les gisements des îles Chinchas furent seuls exploités pendant 25 ans, et la consommation européenne atteignit, en 1860, le chiffre de 550 000 tonnes. En 1870, les gisements étaient à peu près épuisés; aujourd'hui, ils le sont totalement.

Les gisements du Nord, puis ceux du Sud, furent alors mis en œuvre. Ceux du Sud, en particulier, sont assez puissants : ils sont aujourd'hui les seuls en exploitation. Ces gisements sont situés dans les ravins de la côte, ou *quebradas*, ou même sur les hautes falaises du littoral avec des épaisseurs de 20 à 30 mètres, disposés en couches de couleurs variables, brune, blanche ou jaunâtre, mêlées à des sables, à des croûtes salines, à des blocs erratiques. Outre les guanos du Pérou méridional, on exploite actuellement ceux de la Bolivie, de l'Équateur, de la Colombie, du Vénézuela et de l'Afrique australe. Tous ces guanos, extraits de pays où les pluies ne sont pas rares, sont infiniment moins riches que ceux des îles Chinchas, exception faite pour certains guanos d'Afrique et les *guanos anganos* de formation contemporaine.

Composition du guano. — La composition du guano est donc variable suivant son origine. Les premières données que l'on ait eues à cet égard sont les analyses de FOURCROY et VAUQUELIN, qui décelèrent dans le guano des Chinchas de l'acide urique et des urates d'ammoniaque et de chaux, du sulfate de potasse, du chlorure de potassium et du chlorhydrate d'ammoniaque, un peu de matières grasses, du sable, etc.

La moyenne de la composition des guanos des îles Chinchas serait, d'après NESBIT :

Azote	14,29
Eau	15,82
Matières organiques	38,23
Phosphate basique de chaux	19.52
Acide phosphorique soluble	3,12
Sels alcalins	7,56
Silice et sable	1,66

D'après CHEVREUL, la composition moyenne d'un certain nombre de guanos du Mexique serait la suivante :

	Angamos.	Chincha.	Lobos.	Los Patos.	Bolivie
Matières organiques	70,21	52,52	36.10	32,45	23
Phosphate de chaux	5.75	19,52	29,30	27,56	41,78
Acide phosphorique	3,48	3,12	3,71	3,37	3,17
Sels alcalins	9,37	7,56	11,54	7,38	11,71
Silice	3,55	1,66	2,55	2,35	7,34
Eau	7,64	15,62	16,80	26,80	13,
	100,00	100,00	100,00	100,00	100,00
Phosphate de chaux. soluble	7,55	6,76	8,03	7,30	7,20
Phosphate de chaux. insoluble	5.75	19,52	29,30	27,45	41,78
Phosphate total	13,30	26,28	37,33	34,75	48,98
Azote dosé	20,09	15,29	10,80	5,92	3,38
Ammoniaque correspondant	24,29	18,56	13,11	7,19	4,10

Plus spécialement les guanos des gisements du Sud répondent aux compositions suivantes :

GISEMENTS.	AZOTE — DOSÉ à l'état d'azote. — D'après VOELKER.	D'après MARRET.	CALCULÉ en ammoniaque. — D'après MANNING.	D'après RAIMONDI.	A L'ÉTAT d'acide azotique d'après Voelker.	ACIDE PHOSPHORIQUE soluble. — D'après MANNING.	D'après RAIMONDI.	PHOSPHATE DE CHAUX insoluble d'après RAIMONDI.	SELS ALCALINS d'après RAIMONDI.	EAU d'après RAIMONDI MANNING et VOELKER.
Chipana. . . .	»	7.35	9,83	7 à 11	»	8,73	1 à 11	27 à 32	11 à 19	5 à 13
Huanillos . . .	7 à 10	8,72	11,42	3 à 11	0,3 à 2,9	6,77	2 à 10	8 à 48	5 à 18	5 à 17
Punta de Lobos.	3 à 10	9,43	11,74	1 à 16	0,3 à 3,5	6,94	5 à 12	5 à 48	6 à 30	3 à 14
Pabellon de Pica.	7 à 15	7,47	9.77	1 à 14	0,01 à 1,20	3,30	3 à 11	6 à 27	11 à 27	3 à 12
Chanavaya . .	»	11,09	14,03	»	»	»	»	»	»	»
Patache. . . .	»	2,73	»	1 à 13	»	»	0 à 9	11 à 48	9 à 14	3 à 8

La valeur des différents guanos, au point de vue engrais, est encore modifiée par la présence fréquente de nitrates. C'est ainsi que la quantité de nitrates de potasse dans un kilogramme de guano exprimée en nitrate, est, suivant les localités (BOUSSINGAULT) :

Chili	6,00
Iles Jervis	5,00
Pérou.	4,70
Ile Chincha . .	1,10 à 3,80
Ile Baker..	3,20
Blanco	2.75
Golfe du Mexique . . .	0,10

La proportion d'azote total renfermée dans les guanos varie non seulement avec l'origine de ce guano, mais encore avec les influences climatériques qui, étant donnée la solubilité des produits azotés, a une influence considérable. La quantité d'azote p. 100 varie de 20 à 0,6.

Enfin les sels ammoniacaux renfermés dans le guano n'ont pas seulement une influence en tant qu'engrais azoté, mais ils exercent encore une action secondaire non moins importante par la solubilisation partielle qu'ils déterminent sur le phosphate de chaux. Ce dernier est, en effet, légèrement soluble dans le sulfate d'ammoniaque, mais cette solubilité est singulièrement accrue encore par la présence de l'oxalate correspondant. Ainsi le guano, lavé rapidement, et débarrassé de la presque-totalité des sels ammoniacaux solubles, n'abandonne que 3 grammes de phosphate tribasique au bout de 25 jours de contact; le guano non lavé mis en contact avec l'eau dans les mêmes conditions abandonne 76 grammes de phosphate tribasique.

Guano de chauve-souris, Colombine, Poulaille. — Dans les grottes des régions tropicales où les chauves-souris de grande taille vivent habituellement, leurs excréments accumulés donnent du guano en assez grande abondance.

Leur composition globale, étudiée au point de vue engrais par certains auteurs, est la suivante (voir le tableau page 186).

Dans ces guanos, on peut même rencontrer des éléments minéraux particuliers; c'est ainsi que, dans un guano de chauve-souris d'Australie étudié par EMERSON MAC IVOR, répondant à la composition suivante :

Matières organiques.	52,83
— minérales.	27,37
Eau..	19,80

il a pu caractériser, parmi les matières minérales, les corps suivants :

La struvite : $MgAzH^4PO^4 + 6H^2O$
La newbérite : $MgA_3H^4HPO^4 + 3H^2O$
La dittmarite : $MgAzH^4PO^4 + 2Mg^2H^2(PO^4)^2 + 8H^2O$
La muellerite : $Mg(AzH^4)^2H^2(PO^4)^2 + 4H^2O$.

La quantité de nitrate de potasse contenue dans les guanos de chauve-souris peut être considérable; Boussingault en a trouvé 20 p. 100 dans un guano de chauve-souris des Pyrénées.

Enfin la fiente des pigeons et des oiseaux de basse-cour constitue un guano très riche en azote, étant donné que la partie blanche de ces déjections est formée d'acide urique presque pur. Leur composition moyenne est la suivante :

	Pigeons.	Poules.	Canards.	Oies.
Azote.	1 à 5	1,49 à 0,6	0,7	0,53
Acide phosphorique.	0,4 à 1,8	2 à 0,61	1,5	0,40
Déjections totales produites en un an par un oiseau.	2kg,5 à 3	6	8 à 9	11 à 12

AUTEURS.	ORIGINE.	AZOTE TOTAL.	PHOSPHATE DE CHAUX.	HUMIDITÉ.	MATIÈRES SILICEUSES	ACIDE NITRIQUE.
Voelker.	Arkansas, dépôt ancien	2,94	14,69	6,74	42,30	1,80
	— — nouveau. . . .	8,80	8,21	33,53	4,69	8,40
Muntz et Marcano .	Venezuela, guano pulvérulent..	9,84	8,09	18,50	»	0
	— — pâteux. . . .	4,33	33 »	13,80	»	7,20
Voelker.	Jamaïque.	1,26	»	23,07	5,98	»
	Bahama.	1 à 3	27 à 46	23 à 31	1 à 5	1 à 4
	Espagne.	5 à 9	10 à 12	18,50	14 »	6 »
Bobierre .	Sardaigne.	8,61	3,40	15,18	3,55	»
Hardy. . .	France	12,03	8,30	»	»	»
H. Mangon	—	8,80	7,48	16,10	30 »	»
Gérardin .	Algérie.	3,67	8,87	15.60	»	»

Propriétés. — Le guano est une matière jaunâtre, onctueuse, de densité plus faible que l'eau, exhalant une odeur un peu musquée et ammoniacale, surtout quand elle provient de régions où les pluies sont très rares. Il est toxique : la mort est survenue chez des animaux ayant bu de l'eau dans laquelle avaient été lavés des sacs de guano. A dose peu élevée, chez l'homme, il provoque des douleurs abdominales et de la diarrhée. On l'a employé en médecine, d'abord dans les pays où on le recueille, puis plus tard chez nous. Par sa composition chimique, le guano peut être considéré comme un toxique excitant, susceptible également d'agir par ses propriétés alcalines. On l'a utilisé en cataplasmes, mêlé avec de la terre en proportions plus ou moins grandes, suivant qu'on voulait simplement exciter une surface malade ou produire un effet révulsif. On en a fait aussi un usage en bains (500 à 1 000 gr. par bain) et en lotions (50 à 100 gr. par litre d'eau), en pommade (4 à 8 gr. pour 30 gr. d'axonge), contre les dermatoses chroniques, eczémateuses ou pustuleuses, le psoriasis, la teigne, etc., contre le rhumatisme, les ulcères atoniques, on l'a vanté encore contre la blépharite chronique et les taches de la cornée, etc. C'est surtout Récamier qui a essayé d'en introduire en France l'usage thérapeutique. Il le donnait à l'intérieur sous forme de pilules, d'extrait ou de sirop, dans le lymphatisme, la scrofule, la tuberculose, etc. Son emploi thérapeutique est aujourd'hui généralement abandonné, au moins en Europe.

On nomme : *guanos phosphatés* ceux qui ne contiennent qu'une minime quantité d'azote (1 à 4 p. 100), mais dont le taux en acide phosphorique s'est élevé proportionnellement (30 à 35 p. 100. Ils proviennent de régions pluvieuses; *guanos de roches*, certains guanos phosphatés agglomérés en roches (15 à 35 p. 100 d'acide phosphorique);

phosphoguanos, les guanos en roches et les guanos phosphatés, convertis en superphosphates par un traitement à l'acide sulfurique; *guanos dissous*, les guanos ordinaires et azotés, lorsqu'ils ont subi, comme les précédents, l'action de l'acide sulfurique. Nous avons signalé le *guano de chauve-souris* : signalons encore le *guano de poissons* (guano marin, guano polaire), qui résulte du traitement industriel de poissons non comestibles et de débris de poissons; le *guano de viande* ou de FRAY BRENTOS, fabriqué avec des débris et résidus de viande.

Le guano et ses dérivés sont utilisés comme engrais en tant que source d'azote et source de phosphates. (Voir **Azote** et **Engrais**.)

Bibliographie. — BOUSSINGAULT. *Chimie agricole. Agronomie*, III, Paris, 1886. — GIRARDIN et BIDARD. *Note sur le guano ou huano, engrais des îles de la mer du Sud*, Rouen, 1842. — DURAND-CLAYE (L. et A.). *Note sur les gisements actuels du guano au Pérou*, 1876, Paris, Dunod. — D'HAUW. *Note sur le guano* (*Ann. Soc. méd. chir.*, Bruges, 1845, VI, 145-154). — ESCOLAR et CASANA. *Un ensayo de los banos de guano natural del Peru en cierta clase de dolores remuaticos; analysis de esta sustancia* (*Siglo med.*, Madrid, 1854, I, 241; 251). — FEROCI (A.). *I depositi di guano artificiale, riguardo alla pubblica igiene, a proposito di alcuni di essi in Cecina* (*Gior. d. Soc. ital. d'ig.*, Milano, 1887, IX, 740-754). — FOURCROY et VAUQUELIN. *Ann. de Chim.*, LVI, 258. — KIDD (C.). *Poisonous effects of guano* (*Med. Times*, Londres, 1845, XII, 327; 1845-1846, XIII, 128). — LAFONT (J.-M.-J.). *Du guano. Étude sur sa composition chimique*, Paris, 1859. — LAWES et GILBERT. *On some points in the composition of wheat grain* (*Journal of the Chemical Soc., London*, 1857, X, 1). — LIGEROS, *Estudios quimicos sobre el huano del Peru*. (*Gac. med.*, Lima. 1864-1865, IX, 239). — MAC IVOR (R.-W.-EM.). *Minéraux mélangés au guano de chauve-souris* (*Chem. News*, 1902, LXXXV, 181-182). — MALAGUTI. *Répert. de chim. appl.*, 1862, IV, 113.. — MARCHAND. *Du guano et de sa valeur comme engrais*, Fécamp, 1845. — NESBIT (J.-C.).. *The history and properties of the different varieties of natural guanos*, Londres, 1860. — SCHRAMLI, *Ueber die Anwendung des Guano in Hautkrankheiten* (*Schweiz. Ztschr. f. Med. Chir. u. Geburtsh.*, Zurich, 1855, 437-442). — TAYLOR (F.). *British guano*, Londres, 1864. — WASSON (G. C.). *On the noxious effects of ammoniacal vapors disengaged from guano* (*Med. Times*, Londres, 1845, XII, 367; 1845-46, XIII, 48). — WEARNE (J.). *Presumed poisonous effects of guano* (*Lancet*, 1850, I, 774). — WURTZ. *Dictionnaire de chimie*, 1882, I, 1233.

RENÉ LAUFER.

GUTTA-PERCHA. — Substance résineuse, extraite de la sève de l'*Isonandra percha*. Elle est formée de trois substances assez voisines : la gutta, l'albane et la fluavile (PAYEN). Ce sont des carbures d'hydrogène solubles dans le chloroforme, insolubles dans l'alcool et dans l'eau, de formule incertaine ($C^{20}H^{32}$, $C^{20}H^{32}O$, $C^{20}H^{32}O^2$).

GUVACINE ($C^6H^9AzO^2$). — Alcaloïde extrait de la noix d'arec.

GYMNOTE. — Voy. **Électricité**. *Poissons électriques*, V, 366.

GYNOCARDIA. — L'huile extraite par l'alcool du *Gynocardia odorata* est toxique, et provoque du prurit ainsi que des vomissements. On l'a employée dans les affections de la peau (usage externe), et parfois comme purgatif (usage interne).

II

HACHICH. — Le hachich est un toxique extrait des sommités fleuries du chanvre indien (*Cannabis indica*). Nous étudierons d'abord les diverses façons dont il peut être ingéré, ses divers dérivés ou composés, et ce que nous savons aujourd'hui de sa composition chimique. Puis nous exposerons les effets de l'intoxication aiguë (ivresse hachichique). Un troisième chapitre comprendra les formes psycho-pathologiques sous lesquelles se présente l'intoxication chronique (folie hachichique). Enfin nous indiquerons les recherches expérimentales faites sur les animaux, et les interprétations neuro-physiologiques qu'on a tentées sur l'intoxication hachichique.

I

Préparations. — Le hachich est surtout fumé dans l'Europe sud-orientale, dans l'Asie occidentale, et l'Afrique musulmane. En Égypte, malgré les défenses, la consommation annuelle de hachich est de 140 000 livres. Ce hachich est généralement manufacturé en Grèce. Il est le plus souvent fumé dans de grandes pipes que l'on se passe à la ronde. Dans certains cafés du Caire ou de Damas « on sent cette odeur pénétrante qui prend à la gorge et qui enivre doucement même ceux qui ne fument pas ». (CHARLES RICHET. *L'homme et l'intelligence*, 2e éd., 1887, 134.)

Les Nègres Ba-Louba du bassin du Congo feraient aussi usage du hachich ; mais cette habitude serait associée à toute une idéologie politico-religieuse. (JOSEPH DENIKER. *Les Races et les Peuples de la terre*. Paris, Schleicher, 1890.)

Le hachich n'a guère été connu dans l'Europe occidentale qu'à l'époque où MOREAU DE TOURS et THÉOPHILE GAUTIER révélèrent au monde scientifique les agapes de l'hôtel Pimodan. L' « ivresse psychique » eut alors un moment de vogue, qui passa, mais qui semble renaître aujourd'hui dans certains clubs de Paris et de Londres, de Londres surtout. Avant MOREAU DE TOURS, à peine avait-il été parlé du hachich. VIREY cependant, dès 1803, avait cru reconnaître dans la drogue orientale le *népenthès* célébré par HOMÈRE, et SYLVESTRE DE SACY, sur la foi du voyageur MARC PUAL, prétendit que le Vieux de la Montagne Hassan-ben-Sabab-Homairi agissait sur ses compagnons grâce au hachich. Ainsi s'est répandue l'étymologie du mot assassin (haschischin), aujourd'hui très contestée par les philologues.

La plus grande partie du hachich consommé en Orient vient de Grèce, où la culture du chanvre indien est assez développée. Les préparations portent des noms divers, selon qu'elles doivent être fumées ou ingérées par la bouche, selon qu'elles sont ou non mélangées au tabac ou à l'opium.

La plus active de ces préparations est le *hafioun* ou extrait aqueux.

Après cette préparation vient : le *dawamesk*, ou extrait gras, qui est sucré et généralement aromatisé de cannelle, pistache, poivre et muscade, et additionné de musc, cantharide et noix vomique. On le chique ou on le mange avec des gelées de fruits. Il faut environ quatre parties de dawamesk pour une de hafioun.

En Turquie, le mot hachich désigne seulement le pavot. Le produit du chanvre indien se nomme *esrar*, ce qui signifie : préparation secrète. On compose avec la conserve d'esrar un sirop aromatique qui sert à parfumer les sorbets. Il est d'un usage fréquent d'ajouter au sirop d'esrar divers aphrodisiaques.

L'*assis* d'Égypte est une préparation de feuilles de chanvre broyées dans de l'eau.

Le hachich se fume sous le nom de *gozah*, dans une pipe spéciale de 50 à 60 centimètres, à fourneau perpendiculaire. La pastille de gozah brûle avec ou sans feuilles aromatiques. Les fumeries se font généralement en commun dans des sortes de cafés, ou *maschecheh*. Ces établissements semblent devenir de plus en plus rares en Égypte ; mais on en trouve d'analogues aux Indes et en Arabie.

Le *kif* (signifiant repos) est fumé en Algérie et au Maroc. Il est formé par les sommités de chanvre desséchées et broyées. On le fume, sans le mélanger d'aucune autre substance, dans des pipes à tuyaux plus courts que les pipes à gozah. Il est nécessaire d'avaler la fumée.

Aux Indes Anglaises et en Perse, le hachich sans mélange d'opium prend le nom de *ganja* ou *ganzar* ; on l'obtient en triturant les feuilles de chanvre et en recueillant le suc qui passe à travers une toile grossière.

Lorsque le hachich est mélangé à l'opium, il est désigné sous le nom de *charas* et de *bhang*. Le charas est la résine recueillie en promenant dans les plantations des lanières de cuir qui recueillent, au passage, la glu des feuilles et des sommités. On réunit ensuite cette résine en boulettes. Le bhang est une infusion préparée avec les graines vertes.

Le chanvre indien, *Cannabis indica*, qui sert à ces diverses préparations ne diffère pas au point de vue botanique du chanvre de nos pays, *Cannabis sativa*. Il est seulement plus riche en principes actifs, et les mêmes effets pourraient être obtenus avec le chanvre européen, à condition de tripler ou de quadrupler les doses.

La préparation industrielle du chanvre indien est très simple. Une quinzaine de jours avant la récolte, on coupe les sommités de la plante pour donner plus de force aux feuilles. Lorsque celles-ci, suffisamment grandes, deviennent visqueuses au toucher, on peut les récolter. Elles sont alors étalées sur un tapis, nommé *kilim*. Dès qu'elles sont complètement sèches, on les roule en les frottant fortement. On recueille alors une première poudre de qualité supérieure (*sighirma*), et, en continuant l'opération, on obtient le produit inférieur (*hourda*).

Le principe actif de l'intoxication hachichique est très mal connu.

Gastinel a isolé sous le nom de *hachichine*, et Courtive, sous le nom de *cannabine*, une résine complexe, de coloration brune, insoluble dans l'eau et les alcalis, soluble dans l'alcool, l'éther et les huiles.

Personne a obtenu, en distillant une assez grande quantité de chanvre indien, un hydrocarbure liquide, auquel il donna le nom de *cannabène* ($C^{36} H^{20}$), de couleur ambrée, dont l'odeur analogue à celle du chanvre donnait le vertige. Charles Richet (*loc. cit.*, p. 491), après expériences, a contesté l'activité nocive du cannabène. Ayant obtenu en effet 5 à 6 grammes de cannabène impur par la distillation d'une grande quantité de hachich, il le fit ingérer à des lapins, des chiens et des grenouilles chez lesquels cette substance ne détermina aucun trouble appréciable. Mais cette expérience n'est pas décisive, le hachich utilisé ayant été recueilli depuis près de cinq ans, et ayant ainsi pu perdre son activité.

Hay a pu isoler un alcaloïde, la *tétano-cannabine*, et Préobraschensky a découvert dans le hachich une quantité très appréciable de *nicotine*.

Quoi qu'il en soit, le hafioun et le dawamesk semblent être les préparations les plus énergiques. En France les pharmaciens préparent d'ordinaire une teinture de chanvre indien, dont l'effet est très lent et ne s'obtient qu'après l'absorption d'assez fortes doses; il semble en effet que le principe actif du chanvre indien soit beaucoup plus aisément dissous par la graisse que par l'alcool. Les préparations venant d'Algérie sont généralement moins actives que les préparations vendues dans les bazars du Caire ou de Damas. Il est possible que ces préparations, venant d'Orient, perdent leur activité pendant le voyage.

Voici un procédé de préparation orientale, que nous empruntons à Charles Richet, et qui lui donna les meilleurs résultats.

« J'ai fait bouillir pendant plusieurs heures, avec 250 grammes de beurre et 500 grammes d'eau, 500 grammes de sommités des fleurs du *Cannabis indica*, que j'avais fait venir de Biskra. A plusieurs reprises j'ajoutai de l'eau pour remplacer celle qui s'était évaporée, et, finalement, en passant le tout à chaud dans un linge, j'obtins un liquide brunâtre aqueux, très épais, qui fut jeté; et un liquide gras (beurre fondu) fortement coloré en vert. Cet extrait gras n'a pas été dosé au point de vue de sa teneur en substance active; mais j'ai expérimenté ses effets physiologiques, et j'ai constaté qu'ils étaient fort intenses. On peut faire une pâte de ce beurre avec de la farine ; on obtient ainsi des boulettes qu'on peut administrer aux animaux ou prendre soi-même. » (*Loc. cit.*, 493, 494.)

Ajoutons que CHARLES RICHET nous a récemment conseillé de ne pas purifier les préparations de hachich. Le hachich purifié amène surtout les nausées et les phénomènes neuro-musculaires; avec le hachich non purifié au contraire, l'intoxication est suivie de phénomènes psychologiques incomparablement plus intéressants à étudier.

L'action du hachich fumé est plus faible que celle du hachich absorbé par les voies digestives. Il faut plusieurs pipes pour provoquer l'ivresse, et encore est-il nécessaire d'avaler la fumée. Certains fumeurs de hachich nous ont assuré que l'action se trouvait renforcée par l'ingestion, entre chaque pipe, d'un peu de liqueur alcoolique.

II

Effets physiologiques. — L'ivresse résultant de l'intoxication aiguë par le hachich présente, d'une façon très générale, deux états : une grande excitation suivie d'une extrême dépression. L'apparente contradiction de ces effets toxiques ne doit pas nous surprendre, puisqu'elle est commune à un grand nombre de substances toxiques : l'alcool, le chloroforme, la morphine par exemple. Les effets de cette ivresse sont variables selon les doses absorbées, les modes d'absorption, les préparations employées, la résistance individuelle du hachiché.

Nous devons les premières descriptions de l'ivresse hachichique à deux poètes : BAUDELAIRE et THÉOPHILE GAUTIER, et à un savant : MOREAU DE TOURS. C'est à MOREAU DE TOURS, dont l'œuvre est encore, au point de vue psycho-pathologique, le plus important monument que nous possédions sur le hachich, que nous demanderons la première description des effets de ce poison.

N'oublions cependant pas que, comme l'ont dit VASCHIDE et PAUL MEUNIER : « Le poème du hachich, inclus aux *Paradis artificiels* de CHARLES BAUDELAIRE, est un monument très solide où la fantaisie littéraire ne s'égare pas un seul instant à enjoliver ni à dénaturer les lignes de la réalité authentique. » (N. VASCHIDE et PAUL MEUNIER. *Le hachich. Les expériences de Moreau de Tours. Archives générales de médecine*, 1903, 792-800).

N'oublions pas non plus ces quelques lignes de THÉOPHILE GAUTIER qui dépeignent si exactement, et en termes si riches, l'état d'euphorie avec hyperacousie et synesthésie accompagnant la première phase de l'ivresse « psychique » produite par le hachich : « Mon ouïe s'était prodigieusement développée : j'entendais le bruit des couleurs. Jamais béatitude pareille ne m'inonda de ses effluves. J'étais si fondu dans le vague, si absent de moi-même, si débarrassé du moi, cet odieux témoin qui vous accompagne partout, que j'ai compris pour la première fois quelle pouvait être l'existence des esprits élémentaires, des anges, et des âmes séparées du corps. Les sons, les parfums, la lumière, m'arrivaient par des multitudes de tuyaux minces comme des cheveux, dans lesquels j'entendais siffler des courants magnétiques. A mon calcul cet état dura environ trois cents ans; car les sensations s'y succédaient tellement nombreuses et pressées que l'appréciation réelle du temps était impossible. L'accès passé, je vis qu'il avait duré un quart d'heure. » (THÉOPHILE GAUTIER, *Le club des Haschichins.*)

On sait dans quel but MOREAU DE TOURS avait réalisé ses expériences sur le hachich. C'était afin de savoir, par lui-même, comment déraisonnait un fou. Il partait en effet de ce principe que l'ivresse du hachich est un véritable état de folie provoquée. Nous ne discuterons pas ici cette opinion ; rappelons-la seulement. Rappelons aussi que MOREAU DE TOURS insiste longuement sur le triple rapport : entre le hachich, le rêve et la folie, en notant qu'avant lui on avait déjà admis *l'analogie* du rêve et de la folie, tandis que lui, il en démontre *l'identité.*

Examinons maintenant quelles sont les caractéristiques de l'ivresse hachichique, d'après MOREAU DE TOURS (*Du hachich et de l'aliénation mentale. Etudes psychologiques.* Paris, 1845, 1 vol., 431 p.). Le premier effet de l'ingestion de hachich est un sentiment de bonheur tout psychique auprès duquel les voluptés les plus spiritualisées semblent matérielles ; c'est ce sentiment d'euphorie qu'on retrouve assez souvent en pathologie mentale. Viennent ensuite l'excitation, l'hypoprosexie, la dissociation des idées. La volonté fléchissant sous l'action du hachich, « la mémoire et l'imagination prédominent, les choses présentes nous deviennent étrangères, nous sommes tout entiers aux choses du passé et de l'avenir : nous nous endormons en rêvant ».

Le troisième phénomène est l'altération des notions de temps et d'espace, résultat de la dissociation des idées.

L'hyperacousie apparaît alors. La musique agit de la façon la plus intense sur l'individu hachiché. Cela tient d'une part à l'action physiologique du poison sur la sensibilité auditive, d'autre part à la richesse des associations d'idées provoquées par les rythmes et intensifiées par l'intoxication.

Les idées fixes et les conceptions délirantes peuvent paraître alors. Elles sont assez rares dans l'ivresse, et Moreau de Tours les attribue à la dissociation des idées, qu'il a d'ailleurs considérée comme le fait primordial. L'affectivité peut subir les mêmes modifications que l'intellect. La mémoire affective se trouve intensifiée : des affections passées, oubliées, envahissent soudain à nouveau la synthèse mentale, et émeuvent au suprême degré, « mais l'imagination en fait tous les frais ; les sens n'y sont pour rien ».

Les impulsions irrésistibles paraissent souvent aussi pendant l'ivresse hachichique, et, enfin, les illusions et les hallucinations. Les sensations visuelles donnent plutôt lieu à des illusions qu'à des hallucinations ; par contre, les hallucinations auditives sont plus fréquentes que les illusions. La sensibilité générale, modifiée par l'intoxication, peut aussi être l'objet d'illusions cénesthésiques : un hachiché, par exemple, se crut transformé en piston de machine à vapeur.

Toutes ces caractéristiques psychologiques de l'ivresse hachichique s'accompagnent de modifications physiques. Moreau de Tours a passé assez rapidement sur des phénomènes somatiques importants. Il a noté cependant la sensation générale d'euphorie, la compression des tempes, l'altération des réflexes respiratoires, l'accélération du pouls, les inquiétudes musculaires, la lourdeur des pieds et des mains provenant du refroidissement des extrémités. Il observe, lorsque l'ivresse est plus profonde, les bouffées de chaleur à la face, la sensation d'ébullition du cerveau, les tintements d'oreille, la constriction à l'épigastre. Ces troubles organiques sont, d'après Moreau de Tours, consécutifs aux modifications intellectuelles. Nous allons voir que, d'après d'autres auteurs, ces troubles accompagnent ou précèdent les modifications psycho-physiologiques.

Charles Richet a repris, expérimentant sur lui-même et sur ses amis, ces recherches sur le hachich, et voici les phénomènes qu'il décrit comme caractéristiques de l'ivresse hachichique. « C'est d'abord une excitabilité motrice et sensitive de la moelle épinière. Des bouffées de chaleur ou de froid montent à la tête. Un sentiment euphorique s'empare du sujet qui se met bientôt à marcher, à gesticuler sans raison. Pendant cette période cependant, l'intelligence reste maîtresse d'elle-même. Tout à coup, souvent à propos d'un mot sans importance, on est pris d'un rire convulsif, prolongé, et qui semble interminable. On se rend compte alors de l'ivresse hachichique : c'est la phase « d'hypertrophie des idées » qui commence. Les idées semblent se succéder avec une prodigieuse rapidité, sans logique apparente, alors que cependant elles restent naturellement soumises aux lois de l'association. Les émotions sont extrêmement exagérées et paradoxales. Les choses les plus simples deviennent des effets de théâtre, et c'est avec des accents tragiques qu'on annonce qu'il est tard ou qu'il fait du vent (p. 123). »

Tout comme dans l'hystérie, l'exagération des sentiments s'accompagne, dans l'ivresse hachichique, d'une absence caractéristique de volonté. Les forces inhibitrices semblent entièrement abolies. Le hachiché ne peut plus retenir ses paroles ni ses gestes. Une peur de lui-même s'empare souvent du sujet.

Un phénomène psychologique très important, déjà signalé par Moreau de Tours et relevé par la plupart des auteurs, est l'altération des notions de temps et d'espace. Le langage suffit à peine à exprimer l'illusion de l'ivresse hachichique. « Les secondes sont des années ; et les minutes, des siècles. » Les marches d'un escalier semblent s'élever jusqu'au ciel, cent mètres semblent cent mille mètres, bien que le jugement rectifie cette erreur.

Les hallucinations proprement dites sont plus rares qu'on ne le croit généralement dans le hachich. Les illusions sensorielles y sont au contraire extrêmement fréquentes. Quelques notes de musique plongent dans d'indéfinies délices. Remarquons que ces illusions sensorielles sont surtout de nature émotive, phénomène à rapprocher de l'émotivité si caractéristique accompagnant nos représentations oniriques.

Le physiologiste et psychologue N. LANGE a publié une intéressante série d'auto-observations (N. LANGE, *Problèmes de philosophie et de psychologie*, 147). Nous reproduisons la délicate introspection somatique et mentale qu'il nous donne, d'après le bon résumé fait par J. ROUBINOVITCH (*in* GILBERT BALLET, *Traité de Pathologie mentale*, p. 391 à 394. Paris, Alcan).

« LANGE, écrit ROUBINOVITCH, note le sentiment de bien-être qu'il a éprouvé une dizaine de minutes après l'absorption de 30 centigr. de cannabine. Ses forces physiques lui semblaient considérablement augmentées; seulement il lui était particulièrement difficile d'accomplir un mouvement un peu complexe; l'association des mouvements dans un but déterminé était impossible, comme d'ailleurs l'association des idées, et il constatait que, voulant concentrer toute son attention sur certaines expériences qu'on exécutait devant lui, il ne pouvait y parvenir. Au contraire, la perception passive des phénomènes du monde extérieur était devenue plus intense: c'est ainsi que les objets environnants prenaient des contours beaucoup plus nets qu'à l'ordinaire; leur couleur semblait plus éclatante. Au fur et à mesure de l'évolution de l'ivresse, la pensée active s'affaiblissait, et par moment survenait comme une perte de connaissance. La conscience revenait ensuite, et il semblait à LANGE qu'il était resté inconscient dix minutes, un quart d'heure, quand en réalité ces absences ne dépassaient pas cinq secondes. A un moment donné il perdit la notion du monde réel, et les images évoquées par son imagination prirent l'intensité de véritables hallucinations qui se succédaient et qui consistaient en figures géométriques diverses très brillantes, analogues aux phosphènes. Au même moment, LANGE note une céphalalgie très vive, des palpitations, un malaise général, accompagné de sensations de ruisseaux de feu coulant le long de la colonne vertébrale, l'illusion de se voir transporté très loin avec impuissance complète à réagir; enfin sentiment de tristesse infinie. Survint ensuite un anéantissement total, suivi d'un lourd sommeil qui dura un quart d'heure. Le réveil fut subit, instantané, avec retour presque immédiat à l'état normal. Le lendemain, LANGE avait encore quelque difficulté à se livrer à un travail intellectuel: sa mémoire était moins fidèle. Le surlendemain, tout était rentré dans l'ordre. »

Enfin nous terminerons ces descriptions analytiques de l'ivresse hachichique en rappelant l'analyse très précise de l'état mental et neuro-musculaire du hachiché que nous a donnée BINET-SANGLÉ, d'après son auto-observation (BINET-SANGLÉ : *Action du hachich sur les neurones. Revue scientifique*, 2 mars 1891).

Vers dix heures du soir, après dîner, l'auteur et un autre sujet prirent chacun une pilule d'extrait de hachich de 0 gr. 20 environ. Un ami de BINET-SANGLÉ écrivit alors des notes sous sa dictée. Voici les principaux résultats :

Appareil digestif. — Sécheresse buccale; la salive devient épaisse et rare: soif intense.

Sensibilité générale. — État anesthésique très spécial. Il consiste surtout en un engourdissement général, accompagné d'étonnement et d'inquiétude.

Sensibilité musculaire. — Hypoesthésie remarquable. Le sujet, assis, a la sensation de tomber. Ses mouvements volontaires sont incertains et presque ataxiques : ils s'accomplissent cependant avec précision, même lorsqu'ils sont assez complexes.

La *sensibilité tactile* est au contraire hyperesthésiée.

La *sensibilité visuelle* présente des troubles importants. Les objets semblent grandis et déformés. Donc macropsie, et, dit l'auteur, « macropsie centrale ». La *sensation spatiale* est très modifiée. Les objets et les personnes paraissent très éloignés. Un brouillard jaune verdâtre entoure tous les objets qui projettent des ombres verdâtres. Les sensations s'attardent longuement. Les yeux fermés, la sensation persiste et la macropsie est encore exagérée. La *sensibilité auditive* est hyperesthésiée jusqu'à la douleur. Tintements d'oreilles, et bruits de cloches.

La *mémoire* présente des oublis brusques, mais compensés par de curieuses bouffées d'hypermnésie. Chaque mot prononcé éveille immédiatement, chez BINET-SANGLÉ, qui est d'ailleurs un visuel, l'image visuelle correspondante. Les images atteignent une intensité telle que l'auteur leur donne le nom de « sous-hallucinations ».

Une *hallucination* véritable est d'ailleurs notée. « Je vois une plaine couverte de clochers, et j'entends sonner un glas. Cette hallucination a été probablement provoquée par des tintements d'oreilles. Les voix des assistants et les bruits extérieurs me ramènent bientôt à la réalité. J'ai gardé de cette hallucination le souvenir que j'aurais gardé d'une sensation. »

Les *associations d'images*, le jugement, le raisonnement, se précipitent avec une étonnante rapidité.

La *suggestibilité* semble augmentée. BINET-SANGLÉ toutefois résiste aux suggestions qui lui sont faites.

Au point de vue de la *motilité*, l'auteur note l'exagération des réflexes et le besoin de parler et de se mouvoir. La parole est rapide, un peu bégayante. Les gestes sont « brusques et saccadés »; ils ne s'accordent pas avec les paroles. Le rire spasmodique n'apparaît qu'au bout d'un temps assez long. « Tout d'abord ces éclats de rire sont assez rares, inégalement espacés, et s'accompagnent de l'émotion joyeuse qui d'ordinaire précède le rire. Mais bientôt ils se rapprochent, se reproduisent à intervalles égaux, et deviennent par leur répétition singulièrement pénibles. » BINET-SANGLÉ éprouve alors une fatigue douloureuse des zygomatiques. Lorsqu'il se lève du fauteuil dans lequel il est assis, il lui est impossible de se tenir debout. Pour monter à sa chambre, qui est au premier étage, on doit le soutenir, et l'ascension est lente et pénible, bien qu'elle lui semble très rapide.

L'état normal reparaît vers le matin, de façon intermittente. Puis c'est l'ivresse qui ne paraît plus que par bouffées, par « vagues de folie ». Lorsque arrive la vague, l'état cénesthésique redevient ce qu'il avait été pendant la soirée, et le rire spasmodique reprend. Cet état dure jusqu'au lendemain vers 9 ou 10 heures. Un état d'obnubilation sensorielle, de confusion dans les idées et de grande fatigue lui succède, compliqué d'un état saburral des voies digestives.

Le peintre T..., qui avait pris du hachich en même temps, présenta tout d'abord d'importants troubles circulatoires. L'automatisme respiratoire fut troublé, de sorte que les mouvements d'inspiration et d'expiration ne s'accomplissaient que grâce à une action nerveuse d'origine corticale. Ces troubles ne durèrent que quelques instants, s'accompagnant cependant d'orthopnée et de congestion de la face. Le sujet présenta en outre de l'incoordination musculaire, des crises de rire spasmodique intermittent, et des hallucinations visuelles.

Telles sont les principales descriptions pouvant servir à établir une symptomatologie complète de l'ivresse hachichique. Parmi les personnes de notre connaissance ayant fait usage du hachich ou de ses dérivés, notons quelques faits intéressants. Une dame de nos amies, ayant fumé plusieurs pipes de kif, ressentait seulement un engourdissement qui la faisait tituber et voyait passer devant ses yeux de très belles arabesques d'or et d'argent. Mais, pendant les quelques nuits qui suivirent cette ivresse, elle accusa du délire onirique angoissant avec réveils brusques et angoisse nocturne. Une de ses amies, sous l'influence du kif, la suppliait de ne plus fumer, tant la tristesse humaine, dévoilée à ce moment à ses yeux, lui semblait infinie. Dans la nuit qui suivit, elle s'efforça de prendre un revolver qui se trouvait à portée de sa main pour se tuer. Heureusement, elle n'avait même pas la force d'étendre le bras. Un de nos amis, sous l'influence du hachich, se sentait si éloigné de toute chose qu'il lui semblait ne plus être sur terre. Ce trouble peut être rapproché de la sensation d'isolement cosmique, bien connue en pathologie mentale.

En résumé, et d'une façon très générale, on peut donc dire que l'intoxication aiguë par le hachich s'accompagne : 1° de troubles psychiques tels que hallucinations, illusions, aprosexie, sommeil, amnésie et hypermnésie, dissociation des idées, etc.; 2° de troubles sensoriels, hyperexcitabilité, mouvements convulsifs, etc.; 3° de troubles digestifs, inappétence et dyspepsie aux doses élevées; 4° de troubles sécrétoires, divers et très variables; 5° de troubles génitaux, excitation aux faibles doses, anaphrodisie aux doses très fortes, surtout dans l'intoxication chronique.

Ajoutons que les amateurs européens qui ne peuvent se procurer les produits orientaux se servent le plus souvent de pilules de cannabine. Les doses de 15 à 20 centigrammes s'accompagnent simplement d'excitation cérébrale et des premiers effets psychiques de l'ivresse que nous avons décrite; le délire véritable, avec hallucinations et idées obsédantes, ne paraît généralement qu'à la dose de 40 centigrammes, et au delà. La dose nécessaire pour provoquer le délire, ainsi que sa nature, sont du reste variables selon les individus.

Il semble que l'organisme devienne de plus en plus sensible au hachich à mesure que l'on en prend. « Pour obtenir les mêmes effets sur moi et sur les personnes qui en prenaient en même temps que moi, écrit Ch. Richet, il fallait d'abord la même dose (en 1875). En 1880, la moitié de la dose suffisait. Enfin, l'année dernière (1882?), avec le quart de la dose qu'avait prise simultanément un de mes confrères, j'ai été certainement plus enivré que lui (*loc. cit.*, p. 492). » Les chiens sur lesquels expérimente Ch. Richet semblent aussi devenir de plus en plus sensibles à l'intoxication hachichique. Une chienne de douze kilogrammes, ayant déjà pris du hachich deux fois depuis un mois, reçoit la même dose qu'un chien de cinq kilogrammes : les effets sont à peu près les mêmes.

Les effets du hachich peuvent se prolonger un assez long temps. Trente heures après l'ingestion, un petit chien de cinq kilogrammes présente encore de la paraplégie des membres postérieurs.

Dans la dernière expérience faite par Ch. Richet sur lui-même, les phénomènes toxiques se prolongent d'une façon qui semble exceptionnelle. Le soir à 8 heures, il prend 50 centigrammes d'extrait alcoolique. L'ivresse commence à 11 heures et dure à l'état aigu jusqu'à 2 heures du matin à peu près. Le lendemain et le surlendemain, les effets se font encore sentir, et trois jours après toutes les fonctions d'attention et d'inhibition des idées ne sont pas encore revenues.

Intoxication chronique. — Si l'intoxication aiguë, ou ivresse hachichique, semble assez anodine, l'intoxication chronique est grave et peut conduire à la folie. Tout l'Orient connaît ces déments qui se traînent dans les rues et qu'on salue du nom de Saints : la vénération publique n'empêche pas que ce soient là les victimes du hachich, et que leur place soit tout indiquée à l'asile.

Cette intoxication chronique s'accompagne d'un état d'hébétude, de prostration et d'affaiblissement musculaire généralisé. Les mouvements sont indécis; le facies est stupide; la peau prend une teinte ictérique; l'anorexie est à peu près complète. Le malade devient alors un aliéné caractérisé, et meurt dans la cachexie finale.

A l'action nocive du hachich viennent du reste souvent s'ajouter celles de l'opium et de l'alcool, de sorte que le diagnostic est parfois délicat à établir. Le tableau ci-dessous, emprunté aux statistiques des asiles des Indes, donnera une idée de la proportionnalité.

Tableau des folies hachichiques et opiomaniaques placées en 1905 a l'asile du Pendjab (Inde)

	CHARAS.	GAUJA.	BHANG.	OPIUM.	MANGÉ.	MIXTE.
Internés antérieurs	50	2	17	1	3	7
Entrants directs	22	»	4	»	3	9
Entrés après crime	3	»	»	»	»	3
Totaux	75	2	21	1	6	19
Total général. 114/576						

Nota. — Sur ces 114 cas d'intoxication spéciale, une femme seulement par le hachich.

A. Marie (de Villejuif) en un récent article (Auguste Marie, *Note sur la folie haschichique. A propos de quelques Arabes aliénés par le haschich. Nouvelle Iconographie de la Salpêtrière, n° 3, mai-juin 1907*) a signalé les cas de folie hachichique qu'il a pu observer à l'asile d'Abbassieh (Égypte) avec le concours de WARNOCK, médecin directeur qui s'est longuement intéressé lui-même à l'étude de la folie hachichique.

D'après les statistiques fournies par WARNOCK pendant six années 1896-1901, sur 2564 aliénés du sexe masculin admis à l'Hospice des aliénés égyptiens du Caire, 689 cas furent attribués à l'abus du hachich, soit environ 27 p. 100. La folie en Égypte est trois fois plus commune chez les hommes (qui font usage du hachich) que chez les femmes (qui l'emploient assez rarement). Cette proportionnalité devient assez significative, lorsqu'on rappelle qu'en Europe l'aliénation est plus fréquente chez les femmes que chez les hommes (35 à 31, en Grande-Bretagne par exemple). En 1904, à l'asile d'Abbassieh, la proportion des malades par le hachich, sur le nombre total des internements, était de 15 p. 100; en 1905 de 14 1/2 p. 100. En 1903, ce nombre s'élevait à 18 p. 100, en 1902 à 22 1/3 p. 100. La diminution des cas de folie hachichique est du reste probablement due au traitement hors l'asile des cas de délire transitoire.

Les cas d'aliénation imputables au hachich peuvent revêtir les types suivants :

Intoxication temporaire. C'est l'état d'assoupissement, avec marche chancelante comme dans l'intoxication alcoolique, et état de rêve euphorique comme dans l'intoxication par l'opium.

Délire avec hallucinations souvent désagréables de la vue, de l'ouïe, du goût et de l'odorat. Les idées de possession par un démon ou un esprit, et de persécution, sont assez fréquentes. Elles expliquent les interprétations délirantes de hachichés qui se croient sultans ou prophètes. L'agitation et l'insomnie se rencontrent couramment. Le malade a parfois une certaine incoordination neuro-musculaire; mais il est le plus habituellement actif et prompt dans ses mouvements.

Manies très variables, allant de la courte crise d'excitation à la folie furieuse prolongée, et se terminant par l'épuisement, et même par la mort.

Manies chroniques se présentant souvent sous la forme de manie de persécution.

Démence chronique, période terminale des cas d'aliénation précités.

Ces diverses formes d'aliénation causées par le hachich peuvent du reste se combiner entre elles et s'accompagner de tares psychopathiques multiples. L'illusion de puissance intellectuelle et l'exaltation prophétique sont assez fréquentes. La physionomie de certains délirants au début est caractéristique du visionnaire à délire onirique euphorique et exalté. A une période plus avancée, alors que paraissent la dépression et une orientation fâcheuse du courant des sensations, les idées hypochondriaques peuvent paraître. Mais, remarque A. MARIE, les suicides sont assez rares, tandis que les crimes sont plus fréquents.

Le caractère érotique de l'excitation spinale due au hachich peut en effet se rencontrer non seulement dans l'ivresse, mais aussi dans le délire ultérieur ; à l'excitation sexuelle se lient alors les divers attentats à la pudeur, exhibitionismes, viols, etc.

De même qu'il y a l'alcoolisme chronique, il y a le hachichisme à rechute. Dans les intervalles des accès, les malades, moralement dégradés, fournissent un important contingent au nombre des vagabonds, des malfaiteurs, récidivistes du vol, du mensonge et des outrages à la pudeur. Ce sont des « dégénérés acquis » passant de la prison à l'asile, et inversement.

Le hachich semble d'ailleurs, au point de vue social, faire encore moins de ravages que l'alcool, si bien que les administrateurs anglais et égyptiens se demandent avec raison si une campagne anti-hachichique ne tournerait pas au profit de l'alcool, plus nuisible encore. Aussi WARNOCK estime-t-il que la politique la plus sage en Égypte est d'autoriser l'usage du hachich dans certaines limites, sans le défendre absolument. Remarquons en effet que le hachich, contrairement à l'alcool, ne semble pas provoquer de lésions anatomiques caractéristiques ni de désordres physiques notables. Des milliers de personnes en font un usage journalier, et celles-là seules qui en font abus, ou les individus particulièrement susceptibles à son action toxique, viennent échouer à l'asile. Ce serait donc plutôt, selon la remarque de A. MARIE, un réactif révélateur des tares latentes. Voici d'ailleurs les conclusions du rapport de la Commission d'enquête indienne sur l'usage des poisons du chanvre (I, 264) : « L'usage modéré de ces substances ne produit pas d'effets nuisibles à l'esprit; mais l'usage excessif accroît l'instabilité mentale; il tend à affaiblir l'esprit, il peut même conduire à la folie. Il a été démontré que l'action des drogues dérivées du chanvre a été souvent très exagérée, mais il est hors de doute qu'elles produisent quelquefois l'aliénation (15 p. 100 en Égypte). »

Action thérapeutique. — Le hachich nous fournissant, selon certains aliénistes, la possibilité de déterminer de véritables accès de « folie expérimentale », le hachich pouvant, comme cela est hors de doute, conduire à la folie, il était donc nécessaire de rechercher le rôle possible de ce toxique en thérapeutique : le principe même de l'homéopathie l'indiquait comme le remède par excellence des divers troubles psychopathiques. Jusqu'ici cependant il faut avouer qu'il est bien difficile de se prononcer sur les résultats obtenus, de sorte que les médecins, à tort peut-être, semblent avoir abandonné à peu près entièrement toute recherche dans ce sens.

Stanislas Julien nous apprend cependant que les Chinois employèrent le hachich pour produire l'anesthésie chirurgicale.

Frommuller a essayé d'utiliser ses propriétés hypnotiques, mais ses résultats sont loin d'être probants. Il obtint un sommeil complet dans 13 p. 100, un sommeil partiel dans 25,5 p. 100 des cas.

Moreau de Tours surtout a cherché dans le hachich la panacée de l'aliénation mentale. Il l'employa d'abord contre la mélancolie. Mais les malades, un instant arrachés à leurs préoccupations par l'ivresse euphorique, retombaient bientôt dans leur marasme. Ses essais portèrent alors sur l'excitation maniaque, et il chercha à atténuer la manie par substitution du délire toxique au délire névropathique. Sur les six malades auxquels il ordonna le dawamesk, quatre guérirent, et deux s'améliorèrent en un temps variant de quinze jours à six mois après l'absorption du hachich. Ce résultat lui parut décisif. Il convient cependant de faire des réserves et de se demander si ces résultats heureux sont dus au hachich ou à l'évolution de la maladie. Ces essais en tous cas devraient être renouvelés.

Polli et Reisch ont employé de nouveau le hachich contre la mélancolie ; mais il l'ont associé au bromure, et les résultats sont incertains.

Pusinelli a essayé, avec succès, paraît-il, le tannate de cannabine contre l'insomnie neurasthénique.

Beddoe obtint de bons résultats contre le *delirium tremens* avec l'extrait et la teinture.

Le hachich et ses dérivés ont aussi été employés en Angleterre comme antispasmodiques ; on a tenté à maintes reprises d'utiliser leurs propriétés analgésiques et calmantes, mais les résultats ont toujours été, ou bien faibles, ou bien incertains.

Germain Sée enfin a employé l'extrait gras contre les affections stomacales. Après un succès rapide, il semble que cette médication ait été abandonnée.

Rappelons enfin, et en insistant sur ce point, que le hachich augmente considérablement la suggestibilité, et que cette propriété peut être employée en thérapeutique mentale, surtout chez certains hystériques qui résistent à tout essai de suggestion, soit verbale, soit hypnotique. Pendant toute la première partie de l'ivresse hachichique, le sujet présente une plasticité intellectuelle très comparable à celles des hystériques. Aussi le preneur de hachich a-t-il généralement soin de s'entourer d'amis qui doivent lui suggérer des hallucinations gaies. Ces hallucinations peuvent affecter tous les sens. Bonnasies, dans une communication faite à la Société de phsychologie physiologique, (*La suggestion par le hachich. Revue philosophique*, 1886, xxi, 673), rapporte que son ami, le Dr C..., sollicitait, avant de prendre le hachich, l'aide amicale des personnes présentes et formulait à l'avance le programme des hallucinations qu'il désirait. Les suggestions les plus variées et les plus invraisemblables réussirent toujours.

On fait voir au peintre L..., travaillant à un tableau d'histoire, la scène qu'il doit peindre (Charles VI dans la forêt du Mans). La mémoire de l'hallucination étant conservée, il peut ensuite la reproduire sur la toile.

On suggère à Bonnasies qu'il mange un poulet et boit des vins de Bordeaux, alors qu'on lui sert des pommes de terre et un verre d'eau. La suggestion réussit parfaitement.

Toutes ces hallucinations s'accompagnent d'une *aura*. On a la sensation d'une vapeur montant des pieds à la tête. La montée de l'*aura* s'accompagne d'une sensation d'expansion agréable ; la descente, de tristesse et d'inquiétude vague. L'hallucination est en pleine intensité quand l'*aura* a gagné la tête.

Le mécanisme psychologique des suggestions réalisées grâce au hachich est assez particulier. Il est indispensable de le connaître si l'on essaie les applications thérapeutiques. Voici comment Bonnasies l'analyse : « Le premier sentiment qui se réveille dans l'esprit du hachiché, dit-il, est de protester contre les injonctions dont il est l'objet. — Ce verre d'eau, pense-t-il, est de l'eau, et non pas du vin. — Mais, avant même qu'il ait formulé cette phrase dans sa pensée, l'illusion s'est produite malgré lui ; et il la subit. Toutefois l'illusion est de très courte durée. Pour qu'elle se continue, il faut que l'assistant renouvelle ses intimations d'une façon constante. Par une série de suggestions on maintient le hachiché en état permanent d'hallucination. » (*Loc. cit.*, 674). Remarquons que la première phase de ce processus psychologique se retrouve assez souvent chez les hystériques auxquels on fait des suggestions verbales, et que la suggestion, pour réussir sur les hachichés, doit être particulièrement impérative et réitérée.

L'action thérapeutique du hachich est donc, en résumé, très inconstante et très peu étudiée. Là où d'heureux résultats furent obtenus, ils semblent plus faibles que les résultats habituellement produits par d'autres médications. Seuls les essais de suggestion par le hachich et les expériences de Moreau de Tours sur l'excitation maniaque nous semblent devoir être retenues et reprises.

Action sur les animaux. — Des recherches expérimentales, malheureusement très peu nombreuses, ont été faites sur les animaux afin de préciser la toxicité du hachich et son action physiologique. Liouville et Voisin (*Accidents aigus et chroniques produits par le hachich chez les animaux*, 1873) ont fait ingérer à des cobayes de 1 gr. à 1gr,50 de hachich. Ils ont ainsi obtenu l'incoordination musculaire, de la somnolence, et une exagération des réflexes dénonçant une hyperactivité médullaire. La sensibilité était cependant conservée. L'animal mourait au bout de trois ou quatre jours. On trouvait à l'autopsie de la congestion cérébrale et méningée, des ecchymoses dans les méninges et dans la plèvre, de la congestion pulmonaire.

Les mêmes expérimentateurs réalisèrent sur des cobayes l'intoxication chronique. L'animal diminuait alors de poids, présentait de l'incoordination motrice, de la diarrhée, et finalement la cachexie.

Hay (*A new Alcaloid of Cannabis indica. American Journal of Pharm.*, juillet 1873, n° 9, LVI) fait à des grenouilles une injection sous-cutanée de tétano-cannabine. Il note aussi l'hyperactivité médullaire produisant l'exagération des réflexes. Les grenouilles sur lesquelles il expérimente présentent des convulsions tétaniques semblables à celles que détermine l'injection de strychnine.

Charles Richet observe, en expérimentant sur des chiens, que les effets du hachich se sont montrés très semblables aux effets produits par l'essence d'absinthe. Les phénomènes suivants sont en effet relevés : hyperexcitabilité, secousses fibrillaires, tremblements convulsifs, surtout dans les muscles du tronc et du cou, incoordination musculaire. « Chaque contraction musculaire se fait avec des contractures, l'animal marche tout à fait comme un chien légèrement strychnisé : avec des soubresauts, des irrégularités qui témoignent de l'activité exagérée de la moelle. » État demi-comateux avec hyperesthésie sensorielle. Il est probable qu'il y a, sinon hallucinations vraies, au moins illusions sur les excitations extérieures. Anesthésie musculaire. L'animal hachichisé ressemble donc étrangement à un animal auquel on aurait fait l'ablation des lobes cérébraux, ou à un animal empoisonné par l'absinthe ; il y a seulement plus de stupeur dans le hachich, plus de convulsions dans l'absinthe (*loc. cit.*, p. 494).

Le hachich semble donc être essentiellement, comme le remarque Ch. Richet, le poison des circonvolutions cérébrales.

Action sur la cellule nerveuse. — Ayant examiné les effets toxiques du hachich et leurs manifestations physiologiques et pyscho-physiologiques, tant sur les animaux que sur l'homme, nous devons chercher quelle peut être l'action du hachich sur la cellule nerveuse, et nous nous référons pour cela à l'intéressant article publié par Binet-Sanglé dans la *Revue scientifique* (Charles Binet-Sanglé, *Action du hachich sur les neurones. Revue scientifique*, 22 mars 1901).

Binet-Sanglé reprend la théorie de l'amiboïsme, qui lui semble démontré par les travaux de Mathias Duval (1895), Jean Demoor, Pergens, Stefanowska, Querton, Robert Odier, J. Havet, et par ses propres recherches.

Grâce aux anastomoses des conducteurs nerveux, des ondulations centrifuges, parties d'un neurone de mouvement volontaire qui tient sous sa dépendance plusieurs autres neurones de même ordre, peuvent déterminer un mouvement très complexe. De plus, grâce à la rétractibilité des neurones, il peut se former ce que BINET-SANGLÉ appelle des *neuro-diélectriques*, c'est-à-dire de véritables barrages s'opposant au passage du courant nerveux. (CHARLES BINET-SANGLÉ. *Théorie des neuro-diélectriques. Archives de Neurologie*, sept. 1900.)

La sensation d'engourdissement provoqué par le hachich serait due, d'après BINET-SANGLÉ, à la rétraction des neurones de conduction des ondulations centripètes, et surtout à la rétraction des neurones servant de substratum à la sensibilité générale, le hachich semblant agir de préférence sur l'écorce cérébrale. En amont de ces neurones se formeraient alors des neuro-diélectriques empêchant les ondulations centripètes de leur parvenir. Cet engourdissement serait à rapprocher de celui que provoque la cocaïne.

L'hypoesthésie musculaire serait due semblablement à la rétraction des neurones des sensations musculaires, et à la formation, en amont, de neuro-diélectriques. Le circuit à sommet cortical formé par la voie sensitive principale et la voie motrice principale, serait donc interrompu en partie ; d'où incertitude des mouvements volontaires. Mais la voie spino-cérébello-spinale n'étant pas atteinte : « je pouvais encore, écrit BINET-SANGLÉ, porter ma tasse de café à ma bouche sans en renverser le contenu, alors que les contractions de mes muscles ne donnaient plus lieu qu'à des sensations entièrement confuses. J'étais absolument dans la situation de l'hystérique qui fait les mouvements nécessaires pour ne pas laisser tomber un objet qu'il ne sent pas. »

Le rire spasmodique, accusé par presque tous les expérimentateurs, serait une conséquence de la rétraction des neurones de l'écorce cérébrale. On sait que les neurones du rire se trouvent, d'après NOTHNAGEL et BECHTEREW, dans le thalamus (?) Ces neurones seraient en rapport avec des conducteurs centripètes venus des divers points de l'organisme au thalamus et des conducteurs centrifuges venant de l'écorce cérébrale. Ces conducteurs centrifuges seraient aussi inhibiteurs, et leur interruption laisserait éclater le rire à la moindre sollicitation. C'est ce qui se passe dans les lésions du segment antérieur de la capsule interne (BRISSAUD). En résumé le hachich est pour BINET-SANGLÉ « une substance qui a la propriété de faire se rétracter, se gonfler (macropsie) et se déformer les neurones de l'écorce cérébrale. Il en résulte la formation de neuro-diélectriques dans les conducteurs nerveux, et une modification notable dans la répartition de la pression nerveuse. »

Mais, à vrai dire, toute cette théorie est extrêmement fragile.

Conclusions. — Nous avons cherché, dans ce court exposé, à présenter les données indispensables à l'étude du hachich. Qu'il nous soit permis, en terminant, d'attirer l'attention sur l'analogie remarquable qui rapproche des tares hystériques certains phénomènes sensoriels observés au cours de l'ivresse hachichique. L'étude comparée de ces troubles, au point de vue physiologique, ne pourrait être que favorable tant à la connaissance de l'intoxication hachichique qu'à celle de l'entité clinique Hystérie, que de récents débats (Congrès de Genève, 1907) ont si peu fait progresser.

Quant au point de vue psycho-pathologique, l'ivresse psychique produite par l'intoxication aiguë due au hachich nous semble conserver un caractère absolument original. MOREAU DE TOURS a eu le mérite de rapprocher, en tant que contenu mental, le rêve, la folie et l'ivresse hachichique. Mais il est peut-être allé trop loin. Ce n'est pas par son seul contenu qu'on peut définir un état psychologique ; et une intoxication sera toujours, à notre sens, bien différente, par son mécanisme mental, par ses éléments constitutifs et par ses principes d'évolution, d'un délire systématique quelconque ou d'un rêve normal.

Bibliographie. — AUBERT-ROCHE. *De la peste ou typhus d'Orient*. 1840, p. 217 et suiv. — BANEL. *Note sur les extraits de C. indic.* (*Montpell. médic.*, 1890, XV, 461-465.) — BATTEGLIA. *B. Sul hachich e sua azione nell organismo umano.* (*Psichiatria*, 1887, V, 1-38.) — BINET-SANGLÉ (CH.). *Action du hachich sur les neurones.* (*Rev. scient.*, 2 mars 1901.) — BOSC (E.). *Traité théorique et pratique du hachich et autres substances psychiques.* Paris,

1895. — Böttcher. *Ueber die Anwendung des indischen Haufes in der Psychiatrie.* (*Berl. klin. Woch.*, 1866, 166-168.) — Browne. *A chapter from the history of C. i.* (*St Barth. Hosp. J.*, 1896, iv, 81-86). — Buchwald. *Ueber Cannabis Präparate, nebst Bemerkungen über Cannabin Vergiftungen.* (*Jahresb. der schles. Ges. f. vaterl. Kultur*, 1886, lxiii, 51-56.) — Burronghs (H.). *Le chanvre indien.* (*Th. in.*, Lyon, 1896.) — Burton (E. T.). *Cannabis indica in chorea and pertussis.* (*Lancet*, 1902, (1), 1859.) — Butterfield (R. O.). *A case of Cannabis indica poisoning.* (*Critique*, Denver, 1902, ix, 338-340.) — Campbell (W. W.). *Report of an experiment with C. i.* (*Med. Times and Gaz.*, 1863, (2), 194.) — Cloaston (T. S.). *The Cairo asylum, Dr Warnock on hasheech insanity.* (*J. ment. science*, 1896, xlii, 790-795.) — Croudace. *Case of catalepsy from an overdose of indian hemp*, (*Med. Times and Gaz.*, 1859, xviii, 135.) — Davidson (J.). *Observat. sur le chanvre indien et la syphilis comme causes d'aliénation mentale dans la Turquie, l'Asie Mineure et le Maroc.* (*Ann. méd. psych.*, 1885, 123.) — Davis (W. H.). *Specific action of Apocynum cannabinum.* (*Chicago med. Times*, 1901, xxxiv, 364-368.) — Deakin (S.). *Death from taking indian hemp.* (*Indian med. Gaz.*, 1880. xv, 71.) — Decourtive (E.). *Note sur le hachich.* (*C. R.*, 1848, xxvi, 509 et *Th. in.*, Paris, 1848.) — *Eine Hachichvergiftung.* (*Deutsche Zeitsch. für prakt. Med.*, 1877, 110, 122, 134.) — Frankel (S.). *Chemie und Pharmakologie des Haschisch.* (*A. P. P.*, 1903, xlix, 266-284.) — Freusberg. *Ueber die Sinnestäuschungen im Haufrausch.* (*Allg. Zeitsch. f. Psych.*, 1887, xxxiv, 216-230.) — Giraud (J.). *L'art de faire varier les effets du hachich.* (*Encéphale*, 1881, i, 418-425.) — Gley (E.), Richet (Ch.) et Rondeau (P.). *Notes sur le hachich.* (*Bull. de la Soc. de psych. physiol. et Revue philosophique*, 1886, 9-13.) — Godard (E.). *Hachich en Egypte et Palestine.* 8°, Paris, 1867, 343-357. — Golubinine (L. E.). [*Observation clinique sur l'action de l'extrait fluide de l'Apocynum cannabinum*]. (*Klin. J.*, *Morsk.*, 1900, iv, 597-618.) — Grimaux (E.). *Du hachich, ou chanvre indien.* (*Th. in.*, Paris, 1865.) — Hamaker. *A case of overdose of C. i.* (*Ther. Gaz.*, 1891, 808.) — Hare (H. A.). *Clinical and physiological notes on the action of C. i.* (*Therap. Gazette*, 1887, iii, 225-228.) — Hay. *New Alcaloid of Cannabis indica.* (*Amer. Journ. of Pharm.*, juillet 1873, 9, lvi.) — Hungerford (M.-C.). *An overdose of hasheesh.* (*Popul. Sc. Monthly*, 1883, 4, xxiv, 509-515.) — Ireland (T.). *Insanity from the abuse of indian hemp.* (*Alienist and Neurol.*, 1893, xiv, 622-630.) — Lewis (H.-E.). *Cannabis indica; a study of its physiologic action, toxic effects and therapeutic indications.* (*Merck's Arch.*, 1900, ii, 247-251.) — Litchfield. *Action physiolog. du h. sur l'homme* (*Ac. de méd. de Bruxelles*, 1849-1850, ix, 330.) — Liouville et Voisin. *Accidents aigus et chroniques produits par le hachich sur les animaux.* 1873. — Luca (S. de). *Action du hachich sur l'économie de l'homme.* (*C. R.*, 1862, lv. 617-620.) — Lussana (F.). *Alcuni effetti dell'h.* (*Gaz. med. ital.*, 1851, 441.) — Makrizi. *Ueber die Haschischa oder das Kraut der Fakire.* (*Wiss. Ann. d. ges. Heilk.*, 1834, xxviii, 293-305.) — Marfori (P.). *Sulla datisca cannabina*, in : *Albertoni (Pietro), Ricerche di Biologia* (etc.), in-8, Bologna, 1901, 656-664. — Marie (Aug.). *Note sur la folie hachichique. A propos de quelques Arabes aliénés par le hachich.* (*Nouv. Icon. de la Salpêtrière*, N° 3. Mai-juin 1907.) — Marino Zuco et Vignolo. *Sur les alcaloïdes de C. indica et C. sativa.* (*A. i. B.*, 1895, xxiii, 409-415.) — Marshall (C. R.). *A Contribution to the pharmacology of Cannabis indica.* (*Journ. of Americ. med. Associat.*, 15 sept. 1898.) — Mering. *Uber die Wirkungen des Hachich.* (*Arch. f. Psych.*, 1884, xv, 275.) — Meurisse (G.). *Le hachich.* (*Th. in.*, Paris, 1891.) — Moreau (de Tours). *Du hachich et de l'aliénation mentale. Études psychologiques.* Paris, Fortin et Masson. 1845, 1 vol. 431 p. — Prixs. *Neuere Cannabis Präparate.* (*Münch. med. Woch.*, 1888, xxxv, 547-551.) — Racine (H.). *Le hachich.* (*Montpell. méd.*, 1876, xxxvi, 432-449.) — Rech. *Des effets du h. sur l'homme jouissant de sa raison et sur l'aliéné.* (*Ann. méd. psych.*, 1848, xii, 1-37.) — Richet (Ch.). *Les poisons de l'intelligence*, in *L'homme et l'intelligence.* Paris, 2e éd. 1887. — Riedel. *Ein moderner Hachichesser.* (*Deutsche Klinik*, 1867, xviii, 175-177.) — Roubinovitch (F.). *Le hachich*, in *Traité de Pathologie mentale de Gilbert Ballet.* 391-394. — Roux (F.). *Études sur la cannabine.* (*Bull. gén. de thér.*, 1886, cxi, 492-514.) — Ryland (K.). *Experiments with h.* (*Iowa med. Journ.*, 1854, (2), 103-107.) — De Sainte-Marie. *Note sur quelques expériences faites avec le hachich.* (*Journ. de méd. de Bordeaux*, 1850. viii, 565-571.) — Schroff. *Fall einer Vergiftung mit H.* (*Woch. d. k. Ges. der Aerzte in Wien*, 1857, 641, 657.) — Seifert (O.). *Ein Fall von Vergiftung mit Balsamum C. indicae.* (*Münch. med. Woch.*, 1886, xxxiii, 347.) — Vaschide (N.) et Meunier (P.). *Le hachich. Les expériences de Moreau de Tours.* (*Arch. gén. de méd.*, 1903, 792-800.) — VERGA (A.). *Sull' h.* (*Gazz. med. ital.*, 1848, 303-308.) — VILLARS. *Du hachich.* (*Rev. photogr. des hôpitaux de Paris*, 1871, 296; et 1872, 94.) — WARDEN et WADDELL. *The active principle of indian hemp.* (*Indian med. Gaz.*, 1884, XIX, 259; 354.) — WIGHT (E.). *Apocynum cannabinum.* (*Chicago Med. Times*, 1902, XXXV, 416-418.) — WINDSCHEID (F.). *Ein Fall von Cannabis Vergiftung.* (*Wien. med. Presse*, 1893, XXXIV, 805-808.) — WOOD (H. C.). *On the medical activity of the hemp plant, as grown in North America.* (*Proc. Am. Phil. Soc. Phila.*, 1869, XI, 227-233.) — WOODHULL (A. A.). *Apocynum cannabinum. A diuretic plant.* (*Brit. med. Journ.*, 1897, (2), 1714-1715.) — ZEITLER (H.). *C. i.* (*Th. in.*, Erlangen, 1885.)

Raymond MEUNIER.

HALES (Stéphen), physiologiste et botaniste anglais (1676-1761).

Les travaux de HALES sur la statique physiologique dans les animaux et les végétaux sont célèbres. Il a fait quantité d'expériences ingénieuses sur la circulation de la sève dans les plantes, et sur la greffe. C'est probablement lui qui, le premier, a eu l'idée d'adapter un manomètre à une artère, et de voir alors, sous la poussée artérielle, monter le sang dans ce tube à une hauteur de plus de 2 mètres. Aussi, quand on fait l'expérience sans mercure, en employant simplement un manomètre très long, se sert-on parfois de l'expression : tube de HALES.

Il a aussi tenté d'évaluer la force avec laquelle le cœur se contracte, comme BORELLI, mais avec plus de précision que BORELLI. « Trouvant, dit-il (*La statique des végétaux et celle des animaux*, II, *Haemostatique ou statique des animaux, trad. franç.*, par DE SAUVAGES. Paris, M DCC LXXX, p. 3), peu de satisfaction dans ce qui avait été tenté par BORELLI et autres sur ce sujet, je tâchai de trouver, par des expériences convenables, quelle est la force du sang dans les artères crurales d'un chien »... ; et plus loin (p. 10), rapportant des expériences faites sur une jument : « Ayant mis à découvert l'artère crurale, au pli de l'aine, je la perçai, et y introduisis un tube de cuivre recourbé, et à ce tuyau j'en adaptai un autre de verre, de 9 pieds de longueur. Avant de faire l'incision longitudinale à l'artère, pour y insérer le tuyau, je l'avais liée auprès de l'aine ; quand tout fut ajusté, je la déliai, et le sang commença à s'élever dans le tuyau posé verticalement, jusqu'à la hauteur de 8 pieds 3 pouces; il s'élevait par degrés inégaux; quand il eut atteint la plus grande hauteur, il y balança, montant et descendant de 2, 3, 4 pouces. Quelquefois on le voyait s'abaisser de 12 ou de 14 pouces, y balançant de même à chaque pulsation du cœur. »

C'était là une expérience fondamentale, et il est bon de la rappeler; car elle a la valeur d'un fait primordial dans l'histoire de la circulation du sang (1731).

Les autres expériences de HALES sont toutes extrêmement ingénieuses et profondes. Il essaya de mesurer la vitesse du sang, la quantité totale de sang contenue dans le corps, et celle qu'on peut enlever sans déterminer la mort, les effets d'injection d'eau, etc.

Dans d'autres recherches, il dit que les animaux, en respirant, absorbent une certaine partie de l'air, qui se combine dans les poumons avec certains éléments du sang. C'était là l'indication du phénomène chimique essentiel de la respiration. Mais on sait que cela n'a pas été compris jusqu'à LAVOISIER.

Voici les noms de quelques-uns des travaux de ce grand physicien physiologiste :

1. *Statical essays. I. Containing vegetable staticks; or an account of some statical experiments on the sap in vegetables... Also a specimen of an attempt to analyse the air by a great variety of chymostatical experiments. — II. Containing haemostaticks; or an account of some on the blood and blood vessels of animals. Also an account of some experiments on stones in the kidneys and bladder* (376 et 371 pp., in-8, London, Innys, 1731-1733).

2. *Trad. françaises*, par BUFFON, en 1731 ; par SAUVAGES, en 1779 ; *allemande*, par WOLFF, en 1784 (Halle); *italienne*, par ARDINGHELLI (1756), Naples ; *hollandaise*, en 1734, Amsterdam.

3. *An account of some experiments and observations on* Mrs STEPHENS's *medicine for dissolving the stone... To which is added a supplement to a pamphlet entitled : A view of the present evidence for and against* M[rs] STEPHENS's *medicines, etc.* (London, Woodward, 1740).

4. *An account of some experiments and observations on tar water. To which is added a*

letter from M. Reid to Dr Hales, concerning the nature of tar, and a methode of obtaining his medical virtues (London, Manby et Cox, 1747).

5. *Physico-mechanical experiments, containing useful and necessary instructions for such as undertake long voyages at Sea* (London, 1739. *Trad. franç.*, La Haye, 1740).

6. *Philosophical experiments on sea water, Corn, Flesh and other Substances* (London, 1739).

7. *An account of a useful discovery to distill double the usual quantity of seawater, by blowing showers of air up through the distilling liquor; and also, to have the water perfectly fresh and good by means of a little Chalk. And an account of the great benefit of ventilators in many instances, in preserving the health and life of people, in slave and other transport-ships. Also an account of the good effect of blowing showers of air up through wilk* (London, Manby, 1756).

8. *A treatise on ventilators* (London, Manby, 1758).

Pour la biographie de Hales, voir *Gentlemens's Mag.*, et *Hist. Chron.* (London, 1764, xxxiv, 273-278, par Collinson).

HALL (Marshall) (1790-1857), médecin et physiologiste anglais.

Ses travaux physiologiques les plus importants portent sur les phénomènes réflexes. Sa théorie sur l'existence d'un système réflexe différent du système conducteur des faisceaux médullaires n'a eu qu'une existence transitoire; mais il a institué quelques expériences ingénieuses, sur l'action de la strychnine notamment, et sur les phénomènes convulsifs.

Nous ne donnerons ici, en fait de bibliographie, que celle des travaux qui se rapportent à la physiologie.

Researches principally relative to the morbid and curative effects of loss of blood (London, Seeley et Burnside, 1830. *Trad. allem.*, 1837).

A critical and experimental essay on the circulation of the blood, especially as observed in the minute and capillary vessels of the batrachia and of fishes (London, Seeley et Burnside, 1831).

Lectures on the nerv. syst., and its diseases (London, 1836) (*Trad. allem.*, Berlin, 1836).

Memoirs on the nervous system. I. The reflex fonction of the medulla oblongata and medulla spinalis. II. The true spinal marrow, and the excito-motory system of nerves (London. Sherwood et Gilbert, 1837).

Extract from a lecture on the nervous system, being a brief Sketch of the true spinal or excito-motory system, for the use of his pupils (London, Mallett, 1839).

On the diseases and derangements of the nervous system (London, H. Baillière, 1841) (*Trad. allem.*, Leipzig, Wigand, 1842).

On the mutual relations between anatomy, physiology, pathology, and therapeutics, and the practice of medicine (London, H. Baillière, 1842).

New memoir on the nervous system (London, H. Baillière, 1843).

Essays on the theory of convulsive diseases (London, Mallett, 1848).

Synopsis of the diastaltic nervous system (London, Mallett, 1850).

On the threatenings of apoplexy and paralysis; inorganic epilepsy; spinal syncope; hidden seizures; the resultant mania, etc. (London, Longman, 1851).

Synopsis of cerebral and spinal seizures of inorganic origin and of paroxysmal form as a class; and of their pathology as involved in the structures and actions of the neck (London, Mallett, 1851).

Prone and postural respiration in drowning and others forms of apnœa or suspended respiration (London, Churchill, 1858).

Experiments and observations relative to vision (*Quarterl. Journ. of Sc.*, v, 1818, 249-257). — *Some observations on the physiology of speech* (*ibid.*, 1825, 8-16). — *On the effects of loss of blood* (*Med. Chir. Transact.*, xiii, 1827, 121-151). — *On the mechanism of the act of vomiting* (*Quarterl. Jour. of Sc.*, 1828, 388-392). — *On the anatomy and physiology of the minute and capillary vessels* (*Roy. Soc. Proceed.*, iii, 1831, 45-46). — *On the effects of water raised to temperatures moderately higher than that of the atmosphere, upon Batrachian reptiles* (*ibid.*, 1831, 47-48). — *An experimental investigation on the effects of the loss of blood* (*Med. Chir. Trans.*, xvii, 1832, 250-293). — *Theory of the inverse ratio which subsists between respiration and irritability in the animal Kingdom* (*Phil. Transact.*, 1832, 321-334). — *On hybernature* (*ibid.*, 1832, 335-360). — *On the reflex function of the medulla spinalis* (*ibid.*, 1833, 635-666, et *Arch. de Müller*, 1834, 374-384). — *Notes of experiments on the nerves in a decapitated Turtle* (*Zool. Soc. Proc.*, II, 1834, 92-94). — *Report on progress made in an experimental inquiry regarding the sensibilities of the cerebral nerves* (*Brit. Ass. Rep.*, 1834, 676-680). — *Description of a thermometer or determining minute differences of temperature* (*Phil. Magaz.*, VIII, 1836. 56-58). — *Ueber den Zustand der Irritabilität in den Muskeln gelähmter Glieder* (*Arch. de Müller*, 1839, 200-219). — *Ueber die Vis nervosa* (*ibid.*, 1840, 451-466). — *On the circulation in the acardiac fœtus* (*Edimb. Monthly Journ. Med. Sc.*, III, 1843, 541-547; IV, 1844, 775-776). — *On the irritability of the muscular fibre, in paralytic limbs* (*ibid.*, 1844, 655-660). — *Ueber retrograde Reflexthätigkeit im Frosche* (*Arch. de Müller*, 1847, 486-489). — *Researches into the effects of certain physical and chemical agents on the nervous system* (*Roy. Soc. Proc.*, V, 1847, 667-668; 674-675). — *Sur la division du système nerveux en cérébral, spinal, et ganglionnaire* (*C. R.*, XXIV, 1847, 819-622). — *Comparaison entre les effets tétanoïdes des états électrogéniques et ceux de la strychnine, de la narcotine, etc.* (*ibid.*, XXIV, 1847, 1054-1059). — *Rech. exp. sur le système nerveux* (*ibid.*, XXXII, 1851, 633-634; 832-834; 879). — *De l'état de l'irritabilité musculaire dans les paralysies cérébrales et spinales* (*ibid.*, XXXIII, 1851, 80-84). — *La physiologie de l'épilepsie et de l'apoplexie d'origine inorganique* (*ibid.*, XXXV, 1852, 781-786). — *Sur la physiologie des paralysies* (*ibid.*, XXXIX, 1854, 1090-1093). — *Experiments on the spinal system in the alligator* (*Charleston med. Journ.*, IX, 1854, 280-282).

HALLER (Albrecht von). — Naquit à Berne le 16 octobre 1708 et mourut dans la même ville le 12 décembre 1777.

Peu d'hommes ont exercé sur la physiologie une influence comparable à la sienne. A ce point de vue HALLER ne domine pas seulement le XVIIIe siècle, mais aussi le temps actuel. HALLER s'est élevé assez haut pour avoir mérité, comme GALIEN, le titre de Père de la physiologie.

Avant HALLER la physiologie n'était pas une science distincte; la publication des *Elementa physiologiæ corporis humani*, œuvre capitale de HALLER, marque la date à laquelle, sans rompre ses attaches avec l'anatomie, dont elle dérive, la physiologie humaine, basée sur l'observation et sur l'expérience, s'est constituée d'une manière autonome.

Ce premier traité de physiologie est un monument impérissable; malgré tant de progrès accomplis depuis le temps où il fut écrit, on y retrouve, en le lisant aujourd'hui, maintes notions utiles. Il en est du traité de HALLER comme du livre de VÉSALE : *De humani corporis fabricâ*, ou encore comme du traité *De usu partium* de GALIEN, et de l'*Introduction de la médecine expérimentale* de CLAUDE BERNARD. De tels livres ne vieillissent pas; ils portent en eux des clartés qui rayonnent, et que le temps ne peut pas obscurcir; ils sont l'expression de la vérité. Lorsqu'on y rencontre une erreur, celle-ci s'explique par les circonstances mêmes dont il est rendu compte, et le détail de ces circonstances est donné si clairement que le lecteur arrive sans peine à corriger des inexactitudes dont la cause se trouve toujours dans l'interprétation donnée aux faits, jamais dans les observations elles-mêmes.

Le génie de HALLER fut universel; son activité s'étendit à tous les domaines de la pensée : il fut poète, littérateur, botaniste, anatomiste, médecin pratiquant, brillant chirurgien, organisateur et constructeur, administrateur et magistrat; et par-dessus tout il fut aimable et bienfaisant. Le récit de sa vie apparait merveilleux comme une légende, à ce point que l'on se refuserait souvent à accepter les dires de ses biographes, si les preuves matérielles de leur véracité n'existaient point; fort heureusement ces preuves ont été conservées, et la bibliothèque de la ville de Berne possède à cet égard de nombreux documents dont l'authenticité ne laisse aucune place au doute.

Force nous est donc d'admettre, avec SENEBIER qui écrivit l'éloge de HALLER en 1778, que les merveilleuses aptitudes du futur physiologiste bernois se révélèrent dès l'âge le plus tendre; enfant, il faisait aux domestiques de la maison de petites conférences sur des sujets tirés de la Bible; à dix ans il composait des vers qui n'étaient pas dépourvus de valeur littéraire; il cultivait les langues et s'était fait un dictionnaire pour le grec et pour l'hébreu, avec une grammaire chaldaïque; annotant avec le plus grand soin tous les livres qu'il lisait, versifiant avec facilité, le jeune HALLER s'orienta vers la littérature et vers la poésie; sans doute il aurait persévéré dans cette voie sans songer à la médecine, si des circonstances extérieures n'en avaient décidé autrement; à quatorze ans, HALLER, qui depuis un an avait perdu son père, fut mis en pension à Bienne, chez le Dr NEUHAUS, savant médecin qui l'initia aux sciences naturelles et particulièrement à la botanique.

Parmi les détails notés par les biographes, il en est qui révèlent chez HALLER la précocité du caractère autant que celle de l'intelligence : à treize ans HALLER aurait refusé d'apprendre la physique cartésienne, et son premier précepteur, ABRAHAM BAILLODZ, homme de caractère sombre et mélancolique, aurait eu à subir les satires de son élève. Qui sait dans quelle mesure le fait d'avoir eu d'abord un maître antipathique n'a pas contribué à accentuer chez HALLER les tendances autodidactes qui le portèrent à observer par lui-même et à ne pas s'en rapporter aux enseignements classiques?

A quinze ans, décidé à étudier la médecine, HALLER se rendit à Tubingue, il y apprit l'anatomie sous d'excellents maîtres tels qu'ELIE CASSURARIUS et GEORGES DUVERNOIS. Un anatomiste de Halle, nommé GEORGES DANIEL COSCHWITZ, avait cru découvrir un conduit salivaire à la partie postérieure de la langue. HALLER ayant entrepris des recherches sur ce sujet, DUVERNOIS se joignit à son disciple pour démontrer que ce prétendu conduit n'existait ni chez l'homme, ni chez les quadrupèdes.

En 1725 HALLER s'inscrit à l'Université de Leyde; BOERHAAVE y professait la médecine et la botanique; ALBINUS, tout jeune encore, y enseignait l'anatomie, et RUYSCH, âgé alors de quatre-vingt-sept ans, y donnait le merveilleux exemple d'une activité scientifique inlassable. Animé par de si beaux modèles, HALLER travailla avec tant d'ardeur que sa santé s'en ressentit; cependant, dès 1727, il avait conquis le titre de docteur; il avait choisi pour sa thèse le sujet déjà étudié à Tubingue avec DUVERNOIS; il fit voir dans des préparations et des dessins très exacts que le soi-disant conduit excréteur décrit par COSCHWITZ était en réalité un vaisseau sanguin. Les observations de HALLER furent confirmées par WALTHER et par HEISTER.

Aussitôt après avoir pris ses grades, HALLER quitta la Hollande pour voyager en Angleterre; il visita les hôpitaux de Londres, se familiarisa surtout avec la pratique de la chirurgie, fréquenta HANS SLOANE, DOUGLAS et CHESELDEN. Puis il vint à Paris où les GEOFFROY, les DE JUSSIEU, LE DROU, et surtout WINSLOW, le retinrent pendant plusieurs mois; HALLER admirait profondément WINSLOW, et souvent, dans la suite, il le proposa comme modèle à ses élèves, parce que, disait-il, ce grand anatomiste avait horreur de l'esprit de système et se bornait à peindre fidèlement ce que lui révélaient ses habiles dissections.

Après six mois de séjour HALLER fut obligé de quitter Paris par suite d'une circonstance imprévue, et alors qu'il aurait voulu y rester plus longtemps : un de ses voisins, incommodé par ses dissections, dénonça HALLER à la police; le jeune anatomiste, ne se croyant plus en sûreté, s'enfuit à Bâle. C'est là qu'en 1728 il rencontra JEAN BERNOUILLI qui lui apprit la géométrie; séduit par cet enseignement, HALLER, dans son enthousiasme pour ce qu'il considérait comme la suprême vérité, faillit renoncer à la médecine pour s'attacher aux mathématiques.

Revenu à Berne en 1729, HALLER se livra à l'exercice de la médecine tout en poursuivant ardemment ses études scientifiques; si nous devons en juger par les publications datées de cette époque, l'activité de HALLER n'était pas concentrée encore sur la physiologie; la poésie, la botanique, l'anatomie, la littérature et la philosophie l'occupaient tour à tour; la poésie surtout : le célèbre recueil *Versuch schweizerischen Gedichte*, qui eut trente-neuf éditions et traductions diverses, date de 1732.

Cependant, en 1734, on refusa à HALLER la place de médecin de l'hôpital de Berne, qu'il avait sollicitée; il n'eut pas plus de succès dans sa candidature à une chaire de belles-lettres; mais on lui permit d'enseigner l'anatomie dans l'amphithéâtre de la ville. En 1735, ayant été nommé chef de la bibliothèque publique de Berne, il dressa un catalogue raisonné de tous les livres qu'elle contenait, et rangea, suivant leur ordre chronologique, plus de cinq mille médailles anciennes.

Bien qu'il eût obtenu, en cette même année 1735, la place de médecin de l'hôpital qui lui avait été auparavant refusée, HALLER accepta, en 1736, la chaire d'anatomie, de botanique et de chirurgie que lui offrait, à Göttingue, la régence de Hanovre. La promesse qu'on lui fit de subvenir à toutes les dépenses nécessaires pour l'exécution des grands projets qu'il avait formés en vue de l'organisation de l'enseignement l'engagea sans doute à cette expatriation; l'Université de Göttingue venait d'être fondée par le roi d'Angleterre GEORGES II, électeur et duc de Hanovre; HALLER y instaura d'une manière très complète l'enseignement médical, tant anatomique que clinique, en même temps que l'enseignement botanique.

HALLER passa dix-sept années à Göttingue; son labeur y fut immense : « on a peine à concevoir, dit CUVIER, la rapidité avec laquelle il put, au milieu de tous ses travaux et de son triple enseignement, faire paraître tant d'ouvrages, de commentaires et d'éditions d'auteurs avec préfaces, se livrer à tant de discussions et de polémiques et en même temps recueillir les matériaux d'ouvrages encore plus importants. »

C'est à Göttingue, en 1747, que fut publié par HALLER le premier traité de physiologie qui ait vu le jour. On sait à quel point la physiologie avait été jusque-là l'humble servante de l'anatomie, et il n'est point sans intérêt à ce point de vue de relever et de comparer entre eux certains passages des préfaces successives écrites par HALLER dans les éditions de son premier petit traité intitulé : *Primæ lineæ Physiologiæ in usum prælectionum academicarum.*

Disons d'abord qu'HALLER était resté fidèle aux enseignements de BOERHAAVE; utilisant les textes et les commentaires qu'il avait recueillis pendant son séjour à Leyde, HALLER expliquait chaque année à ses élèves les *Institutiones* de BOERHAAVE. Il publia même, en 1739, le résumé des leçons qu'il avait données pendant les trois années précédentes, sous le titre de *Hermanni Boerhaave prælectiones academicæ.* Les notions de clinique, d'anatomie et de physiologie se trouvant confondues dans cet ouvrage, HALLER, dont l'esprit méthodique devait nécessairement souffrir d'une telle confusion, entreprit d'écrire une sorte de compendium d'anatomie et de physiologie. Déjà il avait contribué à l'anatomie par la publication d'un atlas, commencé en 1743 et contenant des gravures faites d'après les pièces d'anatomie les mieux préparées pour ses leçons; puis il avait publié des observations sur les monstruosités et sur divers sujets d'anatomie.

Dans le traité de 1747, c'est la physiologie qu'il aborde, comme son titre l'indique. Dans la première préface se trouve la définition souvent citée : *Physiologia est animata anatome*[1]. Elle est évidemment d'une timidité voulue et d'une adroite diplomatie : HALLER veut faire accepter par les anatomistes la physiologie telle qu'il la comprend; il sait qu'ils sont nombreux encore, les savants qui pensent que la fonction des parties ne peut se déduire que de leur structure, et, pour ouvrir la voie expérimentale, pour s'y engager comme l'avaient fait avant lui GALIEN, HARVEY et quelques autres, il ne veut rien brusquer; grâce à son petit livre, l'évolution va se faire, les partisans de la physiologie expérimentale vont devenir de plus en plus nombreux, si bien que, sans tarder, une deuxième édition deviendra nécessaire.

La préface de cette deuxième édition est un peu plus hardie; cependant HALLER n'ose pas déployer encore, comme il le fera plus tard, le drapeau de la physiologie autonome; mais il réduit la partie anatomique de son livre, et accorde une plus grande place à la physiologie : *Detraxi, ex amicorum consilio, nonnihil de ubertate anatomicarum descriptionum.... addidi physiologica aliqua nuper comperta*[2].

En réalité les *primæ lineæ* sont un traité de physiologie très méthodiquement ordonné, dont onze éditions et traductions successives démontrèrent la valeur.

Le caractère dominant de ces écrits, comme du reste de tous les écrits de HALLER, est l'étonnante richesse de la documentation : lorsque HALLER traite un sujet, il l'épuise en ce sens qu'il en donne la bibliographie complète avec des aperçus critiques d'une profonde justesse. Ainsi les *Prælectiones* ne sont pas seulement un intelligent commentaire des leçons de BOERHAAVE, mais une œuvre nouvelle où se trouvent indiquées toutes les

1. « *Erunt, qui objiciant meram me scripsisse anatomen. Sed Physiologia est animata anatome.* » Préface datée du 21 septembre 1747.

2. Préface datée du 24 avril 1751. ALBERTI V. HALLER *primæ lineæ Physiologiæ in usum prælectionum academicarum, auctæ et emendatæ, Gottingæ, ap. viduam Ab. Van den Hœck,* 1751.

sources auxquelles BOERHAAVE avait puisé; de même l'important ouvrage publié par HALLER en 1742 — *Enumeratio methodica stirpium Helvetiæ indigenarum* — ne contient pas seulement la description de deux mille cinq cents espèces de plantes appartenant à la Suisse, mais aussi un exposé botanique très complet comprenant l'analyse de tout ce qui a été antérieurement écrit sur la flore des Alpes.

Comme le dit un des biographes de HALLER [1], l'apparition des *Primæ lineæ Physiologiæ* annonça au monde médical que désormais la physiologie serait une science positive.

Cependant la merveilleuse activité de HALLER se manifestait encore à Göttingue de mille autres façons : par ses conseils, la régence de Hanovre construisit un bel amphithéâtre d'anatomie; on établit un jardin botanique et on bâtit dans son voisinage une maison à HALLER pour lui en faciliter la direction. L'Université lui dut la création d'une école où les élèves s'exerçaient à faire des dessins anatomiques et botaniques, l'établissement d'un cabinet de préparations d'anatomie normale et pathologique, l'organisation d'un collège de chirurgie dont il fut directeur, enfin une école pour les sages-femmes. C'est encore à l'initiative de HALLER que remonte la création de la Société royale des sciences de Göttingue, dont il fut président et qui est restée depuis une des académies les plus célèbres de l'Europe; il fut également le fondateur du journal littéraire de Göttingue, que son active collaboration maintint longtemps au premier rang des recueils de ce genre.

HALLER connut à Göttingue les joies que doit éprouver un homme supérieurement intelligent auquel les circonstances permettent de réaliser la grande œuvre qu'il a rêvée; son influence dès cette époque s'étendit sur le monde scientifique tout entier; les sociétés savantes se disputaient l'honneur de le compter parmi leurs membres : en 1734 il avait été nommé membre de l'Académie d'Upsal : en 1739 il devenait membre de la Société allemande de Leipzig : la même année il recevait le titre de médecin du roi d'Angleterre : en 1743 il entrait à la Société royale de Londres, et bientôt après on lui offrait une chaire de botanique à Oxford (1748) en même temps qu'à Utrecht.

En 1749 il fut nommé conseiller d'État du roi d'Angleterre, et des titres de noblesse héréditaires lui furent conférés.

HALLER avait épousé, en 1731, Marianne Wyff, fille du seigneur de Malhod; il eut la douleur de la perdre à Göttingue, dans un accident de voiture où lui-même faillit périr; c'est à elle qu'il dédia ses poèmes sous les noms de Dorès et Marianne ; il se remaria une première fois en 1738, une seconde fois en 1741; de sa troisième femme HALLER eut onze enfants.

Il s'était attaché profondément à l'Université de Göttingue, et comptait finir ses jours dans sa nouvelle patrie. Cependant, au mois de mars 1753, contrairement à toute prévision, il quitte cette Université dont il avait assuré la naissance et dont il faisait la gloire; il rentre dans son pays. On a discuté les causes qui le décidèrent à revenir à Berne : il supportait mal, dit-on, l'humidité du climat de Göttingue : il désirait disposer de plus de temps pour l'achèvement des grands ouvrages qu'il avait entrepris. Pourquoi d'ailleurs chercher à cette décision d'autre motif réel que l'amour du sol natal, si profondément ancré au cœur du poète des Alpes?

Certes ce n'est pas le désir de se reposer qui ramène HALLER vers son pays; car son activité semble grandir encore : à peine est-il redevenu citoyen de Berne qu'on le voit occuper les places les plus importantes dans le gouvernement, et assumer les charges les plus lourdes dans l'administration de la cité : direction du conseil de la ville, direction des salines de Roche, direction du bailliage d'Aigle, etc., etc. HALLER fut choisi comme arbitre entre le Valais et la République, entre Genève et Berne; il fonda un hospice pour les orphelins, une école pour la jeunesse patricienne, il publia différents traités d'économie politique, mais surtout il acheva l'œuvre capitale de sa vie, la rédaction des *Elementa physiologiæ corporis humani*.

« Jamais en aucun temps et dans aucune science on ne vit paraître un traité qui représentât d'une manière aussi complète tous les faits observés, toutes les notions acquises; qui fût aussi dégagé de tout esprit d'hypothèse, et dont l'auteur, aussi érudit

1. *Dictionnaire historique de la médecine ancienne et moderne*, par DEZEIMERIS. *Art.* HALLER.

que savant, se fit un devoir et fut en état, comme HALLER, de rapporter chaque découverte, chaque remarque utile, à son auteur[1]. »

HALLER avait dans l'esprit trop de précision et de clarté pour se laisser leurrer par les systèmes; il décrit les faits avec une exactitude presque naïve, il les discute avec sincérité et sans idée préconçue, il établit sur la base solide de l'observation et de l'expérience les vérités acquises. Son livre est une stèle grandiose dressée en plein XVIIIe siècle, actant le présent, résumant le passé.

Dans son introduction, datée du 27 avril 1757, HALLER nous fait la confidence de plus d'un secret de sa vie; et d'abord, particularité digne d'être notée, dès les premières lignes, il se réclame de BACON, aux idées duquel il rattache le plan de son ouvrage; puis il confesse la prédilection qu'il a toujours eue pour la physiologie. « *Quando vero ad hunc librum scribendum accessi, dudum in physiologicis laboribus majorem partem vitæ meæ posueram.* » Il veut que celle-ci soit établie sur les connaissances anatomiques les plus approfondies : ceux qui veulent séparer la physiologie de l'anatomie, dit-il, sont aussi absurdes qu'un mathématicien qui voudrait calculer la force d'une machine dont il ne connaît ni les rouages ni la matière. Mais il ne suffit pas d'être anatomiste pour faire de la physiologie : ni PECQUET, ni HOFMANN, ni aucun des anatomistes les plus célèbres n'ont découvert le cours du sang, ni décrit le mode de réfraction des rayons lumineux dans l'œil, ni même connu le fait de l'absorption par les chylifères... L'anatomie ne suffit pas : pour constituer la physiologie il faut avoir expérimenté sur les animaux! « *Verum minime sufficeret cadavera dissecuisse : viva incidisse necesse est.* » Donc il faut des vivisections. HALLER insiste dans les termes suivants : « *A cadavere motus abest, omnem ergo motum in vivo animale speculari oportet. Sed in motu animali corporis interno et externo tota physiologia versatur. Ergo ad sanguinis circuitum, ad ejus subtilitates motus perpiciendos, ad respirationem, ad incrementa corporis et ossium, ad intestinorum reptatum et chyli iter intelligendum, absque vivorum animalium strage nihil omnino profici potest : unicum sæpe experimentum integrorum annorum laboriosa figmenta refutavit.* »

Réduire la physiologie aux travaux externes et internes, déclarer qu'une seule expérience suffit souvent pour faire écrouler tout un système de raisonnements acquis, n'accepter d'autres bases que l'observation et l'expérience, exiger enfin que l'on étudie la vie dans les organismes vivants, n'est-ce pas tout le programme de la physiologie moderne? HALLER ne se borne pas à développer ce programme : il le réalise.

La parenté intellectuelle qui rattache HALLER à BACON apparaît dans plus d'un passage, et surtout lorsqu'il s'agit de la méthode expérimentale, dont HALLER énonce les principes : « *Oportet alisque præjudicio ad opus venire, non eo animo ut videas quæ classicus auctor descripsit, sed eâ cum voluntate ut ea videas quæ natura fecit... Nullum unquam experimentum, administratio nulla, semel debet institui; neque verum innotescit, nisi ex constante repetitorum periculorum eventu. Plurima sunt aliena quæ se in experimenta immiscent; discedunt ea in repetendo, ideo quia aliena sunt, et dura supersunt quæ ideo perpetus similiter eveniunt quod ex ipsa rei natura fluant.* »

Une seule expérience peut donc suffire parfois à faire écrouler tout un système; mais, pour établir une vérité, une seule expérience ne suffit pas : il faut répéter les expériences pour éviter les causes d'erreur.

HALLER est un observateur transcendant et un expérimentateur; il se défie de l'imagination. On trouve dans sa correspondance avec CHARLES BONNET le passage suivant : « Il y a deux classes de savants : il y en a qui observent souvent sans écrire, il y en a aussi qui écrivent sans observer. On ne saurait trop augmenter la première de ces classes, ni peut-être trop diminuer la seconde... Une troisième est plus mauvaise encore, c'est celle qui observe mal! »

A propos des rapports qu'il convient d'établir entre la physiologie et les sciences physico-chimiques, HALLER trace aussi un programme excellent : la chimie, pour lui, est une sorte d'anatomie : « *Chemia species quædam est anatomes.* » Mais il ne faut jamais perdre de vue que les procédés mêmes de la chimie modifient les produits obtenus, *neque imprudenter decet recipi eos in nostris humoribus fuisse quos ignis*

1. DEZEIMERIS, *loco citato*.

exinde formavit. Les lois physiques, telles que les préceptes de l'hydrostatique, sont incontestablement applicables aux corps vivants, mais la physiologie est une physique très compliquée, et il y a parfois désaccord apparent. « *Non ideo repudiandas leges crediderim quibus extra corpus animale vires motrices reguntur; id volo, nunquam transferendas ad nostras animati corporis machinas, nisi experimentum consenserit.* »

Ce sont bien là les principes qui servent de guide à la physiologie moderne.

L'activité scientifique de HALLER, l'universelle réputation qu'il s'était acquise devaient faire regretter sa perte à l'Université de Gottingue. Aussi le roi GEORGES III fit-il, en 1764, proposer à HALLER d'y retourner; en 1769 il écrivait même au Sénat de Berne pour solliciter à cet égard son autorisation. La réponse du Sénat donne la mesure de l'attachement des Bernois pour leur illustre concitoyen : un décret fut rendu par lequel HALLER était mis en réquisition perpétuelle pour le service de la république. Bientôt après on créa une charge en sa faveur, avec la clause qu'elle serait supprimée après sa mort.

Pendant les dernières années de sa vie HALLER ne cessa jamais de travailler ni d'écrire; sa maison était devenue le rendez-vous des savants du monde entier, et de nombreux élèves s'assemblaient chaque jour dans son amphithéâtre et jusque dans sa bibliothèque; les amis de HALLER, sa femme, ses enfants contribuaient à ses travaux. Le 17 juillet 1777 l'empereur JOSEPH II vint rendre visite au grand savant bernois et s'entretint longuement avec lui. Quatre mois plus tard, sans qu'il eût un instant perdu la parfaite lucidité de son esprit, ALBERT DE HALLER mourait : « Mon ami, l'artère ne bat plus », dit-il à son médecin, ROSSELET, qui lui tâtait le pouls. Ce furent ses dernières paroles.

HALLER a eu de nombreux biographes : dès 1778 SENEBIER, puis CONDORCET, ZIMMERMAN, CUVIER analysèrent ses œuvres ou racontèrent sa vie ; tous s'accordent à reconnaître en lui un génie universel, une pénétration remarquable et une étonnante activité; tous rendent également hommage à sa probité de caractère et à son enthousiasme pour la vérité révélée par la science.

Le nom de HALLER est indissolublement lié à la doctrine de l'irritabilité, doctrine que nous n'entreprendrons pas d'exposer ici. Nous rappellerons seulement avec GLEY, l'auteur d'un excellent article (*Dictionnaire encyclopédique des sciences médicales* de DECHAMBRE, article *Irritabilité*), que la théorie rudimentaire de l'irritabilité est due à GLISSON, et date par conséquent d'un siècle avant HALLER. GLISSON se refuse à regarder la matière comme inerte. Il place en elle « la racine de la vie » (*Traité de la nature énergétique de la substance*); mais ni GLISSON ni ses successeurs immédiats n'ont fait autre chose que formuler la doctrine. HALLER a expérimenté : *Ego vero, postquam ad experimenta accessi, partim paulo ultra priora speravi me progredi posse...* dit-il dans le chapitre qui débute par ces mots : « *Hæc vis contractilis, irritabilitas dicta est.* »

HALLER étudie l'irritabilité dans la fibre musculaire et fait ainsi sortir la question du domaine des discussions philosophiques pour la placer sur le terrain expérimental. Il distingue cette irritabilité de la force nerveuse et du pouvoir de l'âme : *separavi quidem irritabilem naturam huic a vi mortuâ, inde a vi nervosa et ab animæ potestate*[2].

Les opinions de HALLER sur l'irritabilité et sur d'autres questions ont été parfois méconnues; dans le vaste ensemble de publications de HALLER, se rencontrent parfois des interprétations inexactes, mais on en a trop souvent tiré parti contre lui; on lui a reproché par exemple d'avoir dit que l'on peut ranimer le cœur en insufflant la veine cave ou encore en insufflant le poumon; mais l'interprétation du phénomène est seule inexacte, et encore cette inexactitude appartient-elle aux commentateurs, et non pas à HALLER lui-même. Quant au fait, il est absolument vrai. Le travail *De motu sanguinis sermo*, résumant toutes les recherches de HALLER sur ce sujet, s'appuie sur 394 expériences; dans 18 expériences on a ranimé le cœur en insufflant la veine cave; la foulée du sang veineux poussé vers l'oreillette droite suffit à expliquer le phénomène, de même que, dans le cas d'insufflation trachéale, la foulée du sang pulmonaire vers l'oreillette gauche a pu rappeler quelques systoles. HALLER donne les résultats de ses expé-

1. *Elementa*, t. IV, lib. XI, p. 460.
2. *Ibid.* p. 462.

riences tels qu'ils se présentent à son observation, et ces résultats, envisagés en eux-mêmes sont rigoureusement exacts.

Nous ne défendrons pas une autre affirmation de Haller que l'on cite avec trop de complaisance et qui se rapporte à la préformation des germes. Hœckel, dans son *Anthropogénie*, rapporte le fantaisiste calcul que l'on attribue à Haller, donnant le chiffre des germes préformés qui devaient se trouver dans l'ovaire de la première femme, au sixième jour de la création.

A cette opinion que l'on prête à Haller nous opposerons Haller lui-même : les *primæ lineæ Physiologiæ* de 1747 contiennent, au chapitre 35, un exposé très complet de la génération; non seulement il n'y est pas question de germes préformés, mais l'auteur rejette absolument l'idée de la préformation : « *Et fit quidem conceptio quando ovum a semine ita mutatur ut in eo ovo novus homo formari incipiat : sive nunc vermiculus ovum subens novus et vitalis hospessit; sive volatilis halitus de semine masculo spirans motum novum in liquidis ovi partibus excitet; nam delineatum in ovo fœminino fœtum plurima refutant : nunquam visus est in virginis ovo absque semine masculo..., sterilia sunt*[1]... *Et fœtus primus invisibilis inde, quando primum apparet*, etc.[2]. »

Le souvenir de Haller est resté vivace dans sa patrie, et ses descendants vivent encore aujourd'hui à Berne. Son digne successeur à la chaire de physiologie, le professeur Hugo Kronecker, a proposé de donner le nom de *Hallerianum* à l'Institut de physiologie de la ville de Berne; la ville elle-même s'occupe de préserver de la destruction la maison de ce citoyen illustre; le Congrès international des physiologistes réuni à Turin en 1901, sous la présidence de A. Mossò, a accordé son patronage au projet de réunir dans la maison de Haller tous les souvenirs du grand homme et d'élever un monument à sa mémoire. Ce monument sera inauguré en 1908, à l'occasion du deux-centième anniversaire de la naissance de Haller.

PAUL HEGER.

LISTE CHRONOLOGIQUE DES ŒUVRES COMPLÈTES DE HALLER

		SE TROUVE DANS :
1727.	— Experimenta et dubia de ductu salivali Coschwiziano. Lugd. Batav., 4°	*Opera min. Anat. et disp. an. sel.*
1731.	— Descriptio Androsaces minimae et Xeranthemi.	*Comm. Noric.*
1732.	— Descriptio Saxifragae foliis integris et tridentatis, hirsutis, nec non Veronicae Alpinae bugulae facie.	*Comm. Noric.*
1732.	— Versuch schweizerischer Gedichte, 8°. Bernae. Cet essai de poésies eut 39 édit. et trad. diverses.)	
1733.	— De Musculis Diaphragmatis, Berne. 4°	*Opusc. anat. et Opera min. anat.*
1733.	— Descriptio Orchidis palmatae Alp.. Spica densa albo viridi .	*Comm. Noric.*
1734.	— Hedisari alpini et Veronicae alpinae frutescentis Icones. . . .	*Comm. Noric.*
—	— Phtisici juvenis incisio.	*Opusc. pathol.*
—	— Oratio subitanea quod veteres eruditione modernos antecellant. 4°, Berne.	
1734.	— Von Nachtheile des Witzes, 8°, 1734 (Le Danger de l'Esprit).	
1734.	— Vom Nuzen der Demuth, 8° (L'Utilité de la Modestie).	
1735.	— De Fœtu bicipiti ad pectora connato, 8°.	*Op. anat.* T. III. *et Comm. Noric.*
—	— Peripneumoniae descriptio et incisio Cadaveris	»
—	— Observationes Anatomicae.	»
—	— Orchis petalis caudatis.	»
—	— Melampyrum floribus biantibus.	»
1736.	— Constitutionis variolosae Historia.	»
—	— Exomphalum congenitum.	
—	— Cherleriam cum Icone.	
—	— De Methodo Studii Botanici, 4°, Gott.	

1. *Primæ lineæ Physiologiæ, Venetiis*, 1761, p. 350.
2. *Ibidem*, p. 351.

		SE TROUVE DANS :
1737.	— Quod Hippocrates corpora humana inciderit. 4°. Gott.	*Opusc. anat. et op. min.* T. II.
—	— De vasis cordis propriis, 4°.	*Disp. Select.* T. II. *et opera min.* T. I.
—	— De motus sanguinis per cor. 4° Gott.	*Ibid.*
—	— De Veronicis alpinis Programmata duo. 4°.	
—	— De Pedicularibus helveticis 4°.	
1738.	— De valvulâ Eustachii, 4°.	*Op. min.* I.
—	— De vulnere sinus frontalis. 4°.	*Opusc. patholog.*
—	— Observationes botanicae ex itinere hercynico. 4°.	*Opusc. botanica.*
1739.	— De Allantoide humana Progr.. Gott.. 4°. 1739.	*Opusc. anat.* T. II.
—	— Observationes in fœminâ gravidâ factae. 4°. Gott	*Disp. Select.* T. V. *et op. min.* T. II.
—	— De vasis cordis observationes; Gott.	*Disp. Select.* T. II. *et op. min.* T. I.
—	— Hermanni Boerhave praelectiones cum notis Halleri. 8°. Gott. (1739 à 1744. — (Sept éditions).	
1740.	— Iter helveticum anni 1739. 4°. Gott.	*Opusc. Botan.*
—	— Strena anatomica. 4°, Gott..	*Opusc. Anat. et op. min.* T. III.
1741.	— De ductu thoracico. 4°. Gott.	*Op. min.* T. I.
—	— Icon Diaphragmatis. f°. Gott	*Icon. anat.*, fasc. I.
1742.	— Observationes myologicae. 4°. Gott.	
—	— Duorum monstrorum Anatome. 4°. Gott..	*Opusc. anat.*
—	— Programma de Fele capite semi duplici. 4°.	*Opusc. anat.*
—	— De valvulâ coli. 4°, Gott.	*Disp. Select.* T. I. *et op. min.* T. I.
—	— De Membranâ pupillari Dissertatio.	*Opusc. Societat. Upsal. et opusc. anat. et op. min.* T. I.
—	— De omento Programma, f°, Gott.	*Icon. anat.* fasc. I.
—	— Enumeratio methodica stirpium helveticarum. f°.	
—	— Amethystina novum genus. Act. Upsal. 4°.	
—	— Descriptiones variorum morborum.	*Hambg. vermischte Biblioth. et opusc. pathol.*
1743.	— De verâ nervi intercostalis origine. 4°, Gott.	*Disp. Select.* T. II. *et op. min.* T. I.
—	— De arteriis bronchialibus et œsophagiis, 4°.	*Disp. Select.* T. III.
—	— Iconum anatomicarum fasc. I, fol., Gott., (Icones Diaphragmatis. omenti et baseos Cranii).	
—	— Enumeratio Plantarum Horti Gottingensis. 8°.	
1744.	— De nervorum in arterias imperio. 4°.	*Disp. Select.* T. IV. *Op. min.* T. I.
—	— Flora Jenensis de H. Rupp, in 8°. augmenté et complété.	
—	— Hermanni Boerhave Consultationes medicae varis accessionibus auctae, 8°.	*Comment. Noric.*
—	— Observationes aliquae botanicae.	
—	— Steatoma ovarii.	
—	— Scirrhus cerebelli.	N° 472, *Philos. Trans.*
—	— Cyani nova species, cum Icone.	*Opusc. path.*
1745.	— Iconum anat. fasc. II, fol°. (Arteria maxillaris interna. Thyreoida inferior. caeliaca, Uterus humanus).	
—	— Fœtus cerebro destitutus, 4°. Gott.	
—	— De generatione monstrorum.	*Opusc. anat.*
—	— De viis seminis observationes. Gott.	*Disp. Select.* T. V. *Philos. Trans.* N° 498. *Opera min.* T. II.
—	— De allii genere naturali, 4°.	*Opusc. Botanica.*
—	— Praefatio germanica phytanthozoiconographiæ. (fol.. Ratisbonae, 1745).	
1746.	— De respiratione experimenta anatomica. 4°.	*Opusc. anat.*
—	— Hermanni Boerhave, de morbis oculorum praelectiones.	
—	— Historia morborum Vratislaviensis. cum praefat.. 4°.	
—	— Disputationes anatomicae selectae, T. I-VII. 1746-1752.	

		SE TROUVE DANS :
1747.	— Experimenta de respiratione, 4°.	*Opusc. anat.* *Opera min.*
—	— Iconum Anatomicarum fasc. III, f°, (Arteriae capitis, thoracis, mesenterii).	
—	— Primae lineae physiologiae, 8°, Gott., (11 éditions et traduct. différentes).	
—	— Vetulae dissectio.	*Philos. Trans.* N° 483 et 492. *et opusc. pathol.*
—	— Vena cava a crustâ polyposa arctata.	
—	— Praefatio germanica ad novalitteraria Gottingensia, ubi de officiis eorum agitur qui librorum censuram suscipiunt.	
1748.	— De foramine ovali et valvulâ Eustachii progr., f°.	*Op. min.* T. IV.
1749.	— Opuscula botanica recensa aucta, 8°, (praeter dicta, hic extat oratio de utilitate Botanices).	
—	— Iconum anatomicarum Fasc. IV, f°, (Herniarum et vasorum pelvis icones).	
—	— Duo programmata de rupto in partu utero	*Opusc. path.*
—	— De gibbo, 4°.	»
—	— De aortae et venae cavae gravioribus morbis	»
—	— De valvulis vesicae felleae.	»
—	— De morbis pectoris.	»
—	— De quibusdam uteri morbis.	»
—	— De herniis congenitis.	»
—	— De ossibus vitio natis	»
—	— Pœmata Ill. Werlhoffii, avec préface allemande, 8°, Hanovre.	
—	— A short narrative of the Kings Journey to Gott.,' 8°.	
1750.	— Edidit ab hoc anno collectionem itinerum, avec préface allemande	*Opusc. germ. min.*
—	— Préface de la traduction allemande de l'histoire naturelle de Buffon. — (a été traduit en français)	*Philos. Trans.* N° 225-245.
—	— Experimenta de respiratione cum eorum corollariis.	
—	— Expériences sur les fonctions du cervelet et du corps calleux.	*Le Nouveau Magasin Français.*
1751.	— Hermanni Boerhave methodus studii medici cum amplissimis auctariis, 4°, Amsterdam..	
—	— Opuscula anatomica de respiratione et monstris aucta ; 8° Gottingue.	
—	— Oratio de amœnitatibus Anatomes, 4°.	*Op. min.* T. III.
—	— Versio germanica libelli Cl. Formey qui compendium est examinis Bayle libri olim scripti cum amplâ praefatione, ut ostenderet quanta mala in Rempublicam ex religionis ruinâ impenderent, 8°, Gott., 1751 (Préface française).	
—	— Lettre à M. de Maupertuis avec sa réponse, 4°, Gott., 1751.	
—	— De Hermaphroditis sermo.	*Comment. Soc. de Gott.* T. I *et op. min.*
—	— Observationes botanicae et plusculae plantae novae.	*Ibid.*
—	— De cordis motu a stimulo nascente novum experimentum. . .	*Ibid.*
—	— Sermo de utilitate societatum litterarium.	*Ibid.*
1752.	— Iconum anatomicarum fasc. V, f°, (Artères du pied).	
—	— De partibus corporis humani sensibilibus.	*Comment. Soc. Gott.*
—	— De partibus irritabilibus	*Ibid., in op. min.*
—	— Observationes botanicae novarumque plantarum descriptio. .	*Ibid.*
1753.	— Iconum anatom. fasc. VI, f° — (Artères du bras).	
—	— Enumeratio plantarum horti regii Gottingensis, 8°.	
—	— De morbis colli ; — De calculis felleis, — De partibus corporis humani praeter naturam induratis. — Herniarium observationes. — De morbis uteris.	*In Op. pathol.*
—	— De fabricis monstrosis. — De renibus coalitis. Gott., 4°.	
—	— Experimenta ad sanguinis motum turbatum per respirationem.	*Acad. Sc. Paris.*
1754.	— Iconum anatom. fasc. VII, f° (Art. du cerveau, des yeux, de la moelle).	
—	— Opuscula pathologica. Lausanne. 8°.	*Op. min.* III.
—	— De motu sanguinis experimentorum factorum corolearia . .	*Op. min.* — *Comm. Gott.*
1755.	— Experimenta de partibus sentientibus et irritabilibus.	*Op. min.*
—	— De posthumis scriptis Hildani.	

SE TROUVE DANS

1755. — Orchidc classis fusa historia cum synonymiâ. . . . . *Act. Soc. Helvet.* IV.

— — Collectio disputationum chirurgicarum selectiorum cum praefationibus et argumentis, Lausanne, 4°.

1756. — Icon. anatomic. fasc. VIII, Gott., fol. — Ces tableaux sont repris dans l'Encyclopédie de Paris.

— — De motu sanguinis experimenta. . . . . *Op. min.*

— — Sammlung kleiner Hallerischer Schriften, Bern, 8° (contenant, outre les écrits allemands cités, une préface que Haller mit à la tête d'une édition de la Bible).

1756. — Disputationum practicarum, VII vol. Lausanne, 4° (1756 à 1759).

1757. — Elementa Physiologiae corporis humani, VIII vol., Lausanne, in-4° (1757-1766) a eu 4 éditions.

— — De formatione pulli in ovo. Lausanne, 4°. . . . . *Op. min.*

1758. — Experimenta priora de respiratione et nova alia in novum ordinem disposita, omissio omnibus eristicis edita. — Quatuor in commentarios divisa . . . . *Op. min.*

— — Deux mémoires sur la formation des os. Lausanne, in-12.

— — Préface allemande pour l'Historia Ranarum de Roesel.

— — Authentischer Act vom neueingerichteten Waysenhaus zu Bern. — Zurich, in-8°.

1759. — Expériences sur les parties sensibles et irritables, Lausanne, 12, II vol.

— — Un volume nouveau avec des expériences nouvelles et des réponses à diverses objections sur cette matière.

1760. — Novarum plantarum descriptiones . . . . *Op. min.* / *Soc. Roy. Gott.*

— — Auctariorum et emendationum ad enumerationem stirpium helveticorum, pars I, Basil. in-4°. — Pars II, 1765 Acta soc. Helv. VI. — Pars III, ibid. t. V, 1761. — Pars IV, Berne, 1791, 8°. — Pars V et VI. Basil., 4° (1763-65).

— — Enumeratio stirpium quae in Helvetia rariores proveniunt Lausanne, 8°.

1761. — Adversus Ant. de Haen difficultates vindictae. Lausanne, 8°.

1762. — Opera anatomica minora, II, Lausanne.

— — Observations sur les yeux des poissons. . . . . *Op. min. et Mém. Acad. Sc. Paris.*

1763. — Histoire d'une maladie épidémique. . . . . *Op. pathol. et Mém. Ac. Sc. Paris.*

— — Verzeichniss der Baume und Stauden die in Helvetien wild wachsen (dans la collect. de la Soc. économique de Berne).

1764. — Relation des travaux économiques de Roche (id.).

— — Expériences sur l'évaporation de l'eau salée. . . . . *Mém. Ac. Sc.*

— — Kurzer Auszug und Beschreibung der Salgwerke. Bern. in-8°.

1765. — De oculis animalium observationes anatomicae. . . . . *Op. min.*

— — Adnotationes de cerebro avium, piscium. . . . . *Comm. Acad. Harlem.* / *Op. anatom.*

1767. — Oper. anatom. minor. t. II, Lausanne, 4°.

1768. — Oper. anatom. minor. t. III. Lausanne, 4°.

— — Historia stirpium helveticarum incboata. III vol. Berne, 4°.

— — Nomenclator stirpium Helvetiae indigenarum. Berne, 8°.

— — Quelques articles botaniques dans le Dict. de l'Hist. natur.

— — Principium artis medicae collectio. Hippocrate. 4 vol. in-8°.

1769. — De herbis pabularibus, (collect. de la Soc. économique de Berne). . . . . *Comm. Soc. Roy. Sc.*

1770. — De vento stati temporis Rupensi. . . . . *Nouv. Comm. Soc. Gott.*

— — Préface pour l'œuvre du vétérinaire Baron de Sind-Gott. . . .

— — Quelques articles du Supplément de l'Encycl. Paris.

1771. — Préface à la Pharmacopée helvétique. Bâle, f°.

— — Bibliothecae medicae pars botanica, t. I, Tiguri 4°.

— — De nervis cordis divinatio ad tabulam Anderschii. . . . . . *Nouv. Comm. Soc. Gott.*

— — Usong, eine morgenlandische Geschichte. Berne, 8°.

— — Aretaei opera cum praefationibus. Lausanne, 8°.

1772. — Bibliothecae medicae pars botanica, t. II, Tiguri, 4°.

— — Brief uber die wichtigste Wahrheiten der Offenbarung. Berne, 8°.

		SE TROUVE DANS :
1772.	— De partibus corporis humani sentientibus sermo III.	*Nouv. Comm. Soc. Gott.*
—	— Ad encyclopediam Ebrodunensem ejusque tomum F et sequentia addenda.	
—	— Kleine deutsche Schriften. t. III. Extrait de Ditton sur la Résurrection. — Relation de Edgedius sur la Mission du Groenland. — Extrait de l'Insectologie de Bonnet. — Quelques lettres de Voltaire avec les réponses.	
—	— Alexandri Tralliani opera cum praefatione. Lausanne, 12°.	
1773.	— Alfred, König der Angelsachsen. Bern, 8°.	
—	— De partibus corporis humani irritabilibus	*Nouv. Comm. Soc. Gott.*
—	— De lue boum (collect. de la Soc. écon.).	*Ibid.*
—	— Additions et préface ad. J. Schenchzeri Agrostographiam. . .	
—	— Description d'une plante monstrueuse. Tiguri, 4°.	*Acad. Roy. Sc. Paris.*
—	— Celsi Opera cum praefatione, II vol. Lausanne, 8°.	
1774.	— Fabius und Cato. Berne.	
—	— Bibliothecae anatomicae, t. I et II. 4°, Tiguri, 1771 et 1777.	
—	— Bibliothecae chirurgicae, t. I et II. 4°, Basil. 1774-1775.	
—	— Tritici historia.	*Nouv. Comm. Soc. Gott.*
—	— Caelius Aurelianus cum praef., Lausanne, 8°, II vol.	
1775.	— Briefe zur Verteidigung der Offenbarung. III vol. 1775-1777 Bern, 8°.	
—	— Historia Hordei, Avenea, Secalis.	*Nouv. Comm. Soc. Gott.*
1776.	— Bibliotheca practica, Basil. II vol., 1776-77.	
—	— Sermo de Opii efficacia in corpus humanum.	*Comm. Gott.*
1777.	— De morbis rarioribus.	*Ibid.*
—	— De Functionibus corporis humani praecipuarum partium. II vol. Berne, 8°, 1777-78.	
—	— Elementa Physiologiae aucta I vol., 4°.	

En outre collaboration dans la Bibliothèque raisonnée, Gottingische Anzeigen von Gelehrten, etc. divers journaux suisses, allemands, etc.

HALLIBURTON (W. D.), professeur à King's College, Université de Londres.

Bibliographie. — **1.** *Text-Book of Chemical Physiology and Pathology.* Longmans. Green and C°, London, 1891. — **2.** *Essentials of Chemical Physiology.* Longmans, Green and C°, London, 6e éd., 1907. — **3.** *Handbook of Physiology.* John Murray, London, 8e éd., 1907. — **4.** *The Chemical side of Nervous Activity (Croonian lectures delivered before the Royal College of Physicians, London).* 1901. Bale, Sons, and Danielson, London, 1901. — **5.** *Biochemistry of Muscle and Nerve (Herter lectures delivered before the University and Bellevue Hospital Medical College,* New-York, 1904.) J. Murray, London, 1904. — **6.** *Collected papers from the physiological Laboratory King's College,* London, I-VIII, 1893-1908.

1. *Abnormality of the Biceps* (*J. Anat. and Physiol.*, XV, 296-297, 1879). — **2.** *Proteids of serum* (*Proc. Roy. Soc.*, 232, 1884, 1-6). — **3.** *Id.* (*Brit. Med. J.*, 1884, *July* 26). — **4.** *Id.* (*J. P.*, V, 152-194, 1885). — **5.** *Chemical composition of cartilage in invertebrate animals* (*Proc. Roy. Soc.*, 235, 1885). — **6.** *Chitin in cartilages of limulus and sepia* (*Quart. J. Micr. Science*, XXV, 173-181, 1885). — **7.** *Chemical composition of Zoocytium of Ophrydium versatile* (*Ibid.*, *July* 1885). — **8.** *Proteids of the Blood* (*Brit. Med. J.*, *July* 25, 1885). — **9.** *Blood of Decapod crustacea* (*J. P.*, VI, 1886, 300-335). — **10.** *Haemoglobin and Methaemoglobin crystals* (*Proc. physiol. Soc.*, *Feb.* 13, 1886). — **11.** *Blood of Nephrops Norwegicus* (*Report of Scotch Fisheries Board*, 1886, 171-176). — **12.** *Blood Proteids of lower vertebrates* (*J. P.*, VII, 319-323). — **13.** *Colouring matter of birds serum* (*Ibid.*, 324-326). — **14.** *Hæmoglobin crystals of Rodents Blood* (*Quart. J. Micr. Science*, XXVIII, 1887, 181-199). — **15.** *Methaemoglobin crystals* (*Ibid.*, 201-204). — **16.** *Muscle Plasma* (*Proc. Roy. Soc.*, XLII, 400-401, 1887. — **17.** *Id.* (*J. P.*, VIII, 133-202). — **18.** *Proteids of lymph cells* (*Proc. physiol. Soc.*, *Feb.* 11, 1898). — **19.** *Nature of fibrin ferment* (*Ibid.*, *June* 16, 1868). — **20.** *Coagulation of the Blood* (*Proc. Roy. Soc.*, XLIV, 255-268, 1888). — **21.** *Natur of fibrin ferment* (*J. P.*, IX, 229-286, 1888). — **22.** *Proteids of Milk* (*Brit. Med. J.*, *May* 23, 1891). — **23.** *Id.* (*J. P.*, XI, 449-464, 1890). — **24.** *Chemical investigation of tissues in cases of myxædema* (*Chemical Society's Trans.*, XXI, *Suppl.*, 1890). — **25.** *Pathological effusions* (*Brit. M. J.*, *July* 26, 1890). — **26.** *Mucin in Myxœdema* (*J. of Pathol. and Bacteriol.*, *May*,

1892). — **27.** *Chemical Physiology of the animal Cell* (*Brit. Med. J., March*, 11-18-25, 1893). — **28.** *Stromata of the Red Corpuscules* (*with* Dr Friend) (*J. P.*, x, 532-549. 1889). — **29.** *Cerebro spinal Fluid.* (*J. P.*, x, 232-258, 1889. — **30.** *Proteids of Kidney and Liver Cells* (*Ibid.*, xiii, 806-846, 1892. — **31.** *Proteids of Nervous tissues* (*Ibid.*, xv, 90-107, 1893). — **32.** *Composition and nutrition value of Biltong* (*Brit. Med. J., April* 12, 1902).. — **33.** *The Pathology of gastric tetany* (*with* J. S. Kendrick) (*Ibid., June* 29, 1901). — **34.** *The Chemistry of Nerve degeneration* (*with* F. W. Mott) (*Proc. Roy. Soc.*, xlviii, 149-150. *Full paper in Phil. Trans. of the Roy. Soc.*, cxciv, B, 437-486, 1901). — **35.** *The effect of salts of potassium, ammonium and bile salts upon broad persons* (*with* A. Edmunds). (*Brit. Med. J., Jan.* 14, 1904). — **36.** *Digestion and absorption of Haemoglobin* (*Ibid., April* 9, 1904). — **37.** *The use of borax and formaldehyde as preservative of food* (*Ibid., July* 7, 1900). — **38.** *Nucleo-albumins and intravascular coagulation* (*with* T. G. Brodie) (*J. P.*, xvii, 137-173, 1894). — **39.** *Intravascular coagulation produced by synthesised colloids* (*with* J. W. Pickering) (*Ibid.*, xviii, 285-305, 1895). — **40.** *Nucleo-proteids* (*Ibid.*, xviii, 306-318, 1898). — **41.** *Action of pancreatic juice on Milk* (*with* T. G. Brodie) (*Ibid.*, xx, 97-106, 1896). — **42.** *Proteoses in serous effusions* (*with* J. P. Colls) (*J. Pathol. and Bacteriol.*, iii, 295-299, 1895). — **43.** *Effects on Blood-Pressure of choline, neurine and allied substances* (*with* P. F. W. Mote) (*Proc. physiol. Soc., Feb.* 14, 1897; *Feb.* 12, 1898 and *Feb.* 18, 1898). — **44.** *The physiological action of choline and neurine* (*with* F. W. Mott) (*Proc. Roy. Soc.*, lxv, 91-94, 1899. *Full paper in Philos. Trans. of Roy. Soc.*, cxci, b, 211-267, 1899). — **45.** *Observations on the cerebro-spinal fluid in the human subject* (*with* L. Hill *and* Saint-Clair Thomson) (*Proc. Roy. Soc.*, lxiv, 343-350, 1899). — **46.** *The Blood in Beri-beri* (*with* F. W, Mott) (*Brit. Med. J., July* 28, 1899). — **47.** *Effect on Blood Pressure of proteolytic products* (*with* C. G. L. Wolf) (*J. P.* xxxii, 171-174). — **48.** *Regeneration of nerves* (*with* F. W. Mott *and* A. Edmunds) (*Proc. physiol. Soc., March* 19, 1904). — **49.** *Id.* (*Proc. Royal Society*, B. lxxviii, 1906, 259-283). — **50.** *Heat contraction in nerve* (*with* T. G. Brodie) (*Proc. physiol. Soc., July* 11, 1903). — **51.** *Id.* (*J. P.*, xxxi, 473-490, 1904). — **52.** *The suprarenal capsules in nervous and other diseases* (*with* F. W. Mott) (*Proc. physiol. Soc., Jan.* 20, 1906, et *Archives of Neurology*, iii, 123-142, 1907). — **53.** *The coagulation temperatura of cell-globulin and its bearing on hyperpyrexia* (*with* F. W. Mott) (*Archives of Neurology*, ii, 1903). — **54.** *The physiological effects of extracts of nervous tissues* (*J. P.*, xxvi, 229-243, 1901). — **55.** *Fatigue in non-medullated nerves* (*with* T. G. Brodie) (*J. P.*, xxviii, 181-200, 1902). — **56.** *Diabetes mellitus from the physiological standpoint* (*The Practitioner, July* 1907). — **57.** *Biochemistry of nervous tissues* (*Folia neuro-biologica*, i, 38-45, 1907). — **58.** *New facts in relation to nervous degeneration and regeneration* (*Brit. Med. J., May 4 and* 11, 1907). — **59.** *The repair of a nerve* (*Science progress., Jan.* 1908). — **60.** *Localisation of function in the Brain of the Lemur* (*with* F. W. Mott) (*Proc. Roy. Soc.*, lxxx B., 136-147).

Divers. — **1.** Articles *Blood, Milk, Muscle Proteids in Watt's Dictionary of Chemistry* (Longmans, Green and Co, 1890). — **2.** *The progress of physiological Chemistry, in the Annual reports of the chemical Society, London.*

Volume	I, 1905,	pp.	160-191
—	II, 1906,	—	212-237
—	III, 1907,	—	227-255
—	IV, 1908,	—	226-260

3. *Presidential address. On uric Acid* (*Brit. Med. J., Sept.* 1901). — **4.** *Presidential Address. On Protein Nomenclature* (*Brit. Med. J., August.* 1901). — **5.** *Presidential Address to the Section of Physiology, British Association of the Advancement of Science. Belfast meeting 1902. On the Present position of Chemical Physiology* (*Brit. Assoc. Reports*, 1902). — **6.** *Addresses to the Pathological Society*, London. — I. *On the Proteids of the urine* (*Trans. path. Soc.*, li, 128-140, 1900). — II. *On recent progress in Proteid Chemistry* (*Ibid.*, lvi, 158-172, 1905). — 7. Article *Œdema, in Allbutt's System of medicine.* (*In the press.*)

HALLUCINATION. — L'hallucination (du latin *hallucinatio* ou *hallucinari*, se tromper, s'abuser) est, dit Esquirol, « la conviction interne d'une sensation actuellement perçue, alors que nul objet extérieur propre à exciter cette sensation n'est à portée des sens » (ESQUIROL, *Maladies mentales*, I, 80). Définition que BALL résume en disant : « L'hallucination est une perception sans objet. » L'hallucination différerait donc de la simple illusion sensorielle, qui n'est qu'une perception fausse. Mais pratiquement les deux phénomènes sont parfois difficiles à distinguer, et cette distinction est d'ailleurs trop souvent entachée d'arbitraire, correspondant fort mal à la réalité des faits.

Nous chercherons ici, non à faire une revue générale de la question *hallucinations*, mais à fournir aux physiologistes quelques données élémentaires et indispensables sur la structure et le mécanisme de ces phénomènes. A dessein, nous négligerons certains côtés pathologiques relevant plus directement de la psychiatrie, pour pouvoir insister quelque peu sur le mécanisme de nos images et de nos représentations mentales. Nous nous occuperons donc dans cet exposé des *hallucinations sensorielles*, des *hallucinations psycho-motrices* ou *psychiques*, et des *hallucinations symboliques*. Nous comprendrons sous ce titre, qui nous est suggéré par CHARLES RICHET, les hallucinations réelles ou télépathiques.

Nous ne parlerons pas des hallucinations hypnagogiques, qui ressortent de la psychophysiologie du rêve, ni des hallucinations autoscopiques, très discutables et probablement très souvent consécutives à un trouble de la personnalité, ni des hallucinations négatives, si incertaines, qui d'ailleurs semblent relever uniquement de la pathologie de l'hystérie.

I

Recherches anatomo-physiologiques. — Il nous est impossible de faire en un exposé de quelques pages l'historique complet de ces recherches. Nous ne nous arrêterons donc qu'à celles qui ont apporté soit un fait précis, soit un fait nouveau.

Pour HOPPE (*Remarques adressées à la théorie de* ARNDT *sur les hallucinations et les illusions. Traité de Psychiatrie*, 110-112, XIX, et *Jahrb. f. Psych.*, VI, 2-3, in *Archives de Neurologie*, 1887-88, 274, II), les hallucinations de la vue émanent d'impressions périphériques ayant leur origine dans les éléments intra-oculaires. Toutes les hallucinations ont leur origine dans l'organe sensoriel.

PIERACCINI a noté deux cas d'hallucinations visuelles disparaissant dès que le sujet ferme un œil et réapparaissant dès qu'il ouvre les yeux. Mais l'auteur pense qu'il n'y a là qu'une auto-suggestion. (PIERACCINI : *Un phénomène non décrit dans les hallucinations visuelles. Rivista sp. di freniatr.*, XVIII, fasc. 2, 1892). S'il s'agit d'auto-suggestion, rappelons que LIEPMANN a provoqué, par la pression des globes oculaires, des hallucinations chez une hystérique, à la fin d'une crise (LIEPMANN, *remarques additionnelles au travail de* M. ALGHEIMER *intitulé : Des hallucinations provoquées par la pression du globe oculaire.* » *Centralbl. f. Nervenheilk.*, XIX, 1896).

Des recherches ont été tentées sur l'action d'un courant électrique.

KONRAD, excitant les nerfs périphériques sensoriels des sens atteints d'hallucinations, trouve que ces sens présentent des réactions anormales.

« Dans l'immense majorité des cas d'hallucinations vraies (12 faits sur 20 malades) on a constaté de l'hyperesthésie (avec ou sans modification de la formule normale) du côté de l'*acoustique*; il semble que ce résultat ne se produise pas dans les cas d'hallucinations frustes. Sur les 12 faits en question, d'hallucinations véritables, plastiques, on note 10 cas d'hyperesthésie de l'auditif à l'égard du courant : un cas de simple modification de la formule, un cas de torpeur du nerf ». (KONRAD, *Jahrb. f. Psych.*, VI, 2-3, *Archiv. de Neurol.*, 1887-88, 274, I, *Anal.* par KÉRAVAL.)

BALL a provoqué des hallucinations sensorielles élémentaires par le courant galvanique. Il rappelle que « depuis longtemps, la possibilité de provoquer des sensations auditives et visuelles par l'action du galvanisme avait été signalée par LONGET et d'autres observateurs, lorsque les recherches de BRENNER vinrent démontrer qu'en faisant passer un courant continu à travers l'oreille, on pouvait constater une véritable hyperesthésie du nerf acoustique chez plusieurs individus, et plus particulièrement chez ceux qui sont atteints d'une surdité plus ou moins complète. L'exploration se fait de la manière suivante : l'un des rhéophores est appliqué sur l'oreille (ou dans son voisinage immédiat); l'autre est posé sur un point quelconque de la surface cutanée. Chez les sujets dont l'ouïe est à l'état normal, lorsque le courant est d'une intensité suffisante, un bruit est perçu, soit au moment où l'on ouvre le circuit, soit au moment où on le ferme : le phénomène se produit au moment de l'ouverture, si le pôle positif est en rapport avec l'appareil de l'ouïe, au moment de la fermeture, si c'est le pôle négatif ». (Ball, *Leçons sur les maladies mentales*. 2e édit., 1890, 1042, 116).

Notons que les auteurs ont aussi constaté (Féré, *Mouvements de la pupille et propriété du prisme dans les hallucinations provoquées des hystériques*. *Progrès médical*, 1881, 31 décembre, n° 53) la rétraction ou la dilatation de la pupille selon que l'hallucination visuelle s'approchait ou s'éloignait.

« L'expérience suivante, ajoute Féré, servira à prouver que, dans les hallucinations provoquées, l'objet est bien vu comme un objet réel et qu'il est vu des deux yeux suivant les lois physiologiques ordinaires. Sur 2 malades nous avons observé ce qui suit : Pendant le sommeil hypnotique ou pendant la catalepsie on leur inculque l'idée qu'il existe sur une table, de couleur sombre, un portrait de profil ; à leur réveil, elles voient distinctement le même portrait. Si alors, sans prévenir, on place un prisme devant un des yeux, immédiatement le sujet s'étonne de voir 2 profils, et toujours l'image fausse est placée conformément aux lois de la physique. Deux de ces sujets peuvent répondre conformément dans l'état cataleptique, ils n'ont aucune notion des propriétés du prisme : d'ailleurs on peut facilement leur dissimuler la position précise dans laquelle on le place ; et il est aisé de les rapprocher assez de la table pour que celle-ci ne soit point elle-même doublée, ce qui pourrait servir d'indice ; nous avons répété la même expérience avec succès sur un mur à surface uniforme. Si on presse latéralement sur un globe oculaire de façon à déranger l'axe optique, on provoque la même diplopie, qui a déjà du reste été notée par ce procédé dans les hallucinations spontanées chez certains aliénés (Brewster).

« Despine a pu constater, par la pression latérale du globe oculaire, ce même dédoublement de l'objet fictif dans les hallucinations *spontanées* d'un hystérique mâle ; Ball a observé un autre fait semblable.

« Un point intéressant à remarquer, c'est que, pour une distance donnée, le prisme provoque ou ne provoque pas un dédoublement de l'image, suivant qu'on le place devant l'œil le plus amblyopique. Du reste, à l'état de veille, on observe le même phénomène dans la vision des objets réels. Une de nos malades, complètement achromatopsique d'un œil, ne peut avoir d'hallucinations colorées de cet œil, et, si on lui suggère l'idée d'une figure géométrique colorée en rouge, par exemple, cette image ne peut pas être dédoublée par le prisme. Il n'y a aucune contradiction entre tous ces faits. » (Féré, *loc. cit.*, *ibid.*)

Les hallucinations, d'ailleurs, peuvent quelquefois être interceptées par l'interposition d'un corps opaque. Chez certains sujets l'obscurité est indispensable à leur production. Ball (*loc. cit.*, 74) rappelle que parfois l'occlusion des paupières est indispensable à l'hallucination visuelle, et que, dans d'autres cas, c'est en fermant les yeux qu'on la fait cesser. Les aveugles peuvent avoir des hallucinations visuelles ; et les sourds, des hallucinations auditives. Les hallucinations suivent parfois le mouvement des globes oculaires ; elles peuvent être unilatérales, surtout, nous a-t-il semblé, dans les cas nettement pathologiques.

Les modifications anatomo-pathologiques atteignant la périphérie des organes sensoriels peuvent être suivies d'hallucinations. Les auteurs, à tort, paraît-il, se sont trop souvent fondés sur ces faits pour exagérer l'importance des troubles sensoriels dans la genèse des hallucinations. Rappelons seulement que des ulcères de la cornée ont pu donner lieu à des hallucinations visuelles très prononcées (Ball, *op. cit.*, 108). Coronat cite un cas d'otite catarrhale gauche précédée d'hallucinations auditives unilatérales qui disparurent après la guérison de l'otite (*Hallucinations auditives dues à l'otite moyenne catarrhale et disparues avec celle-ci*. *Archives génér. de médecine*, avril 1898, n° 4, 492). Baillarger, Féré ont rapporté d'intéressantes observations dans le même sens.

Les recherches physiologiques semblent donc établir que l'appareil périphérique joue un rôle dans la production des hallucinations. Mais, si l'on s'éloigne de la périphérie pour se rapprocher du centre, on observe les mêmes phénomènes. On a même rencontré à l'autopsie des lésions cellulaires corticales sur des sujets ayant présenté des troubles hallucinatoires pendant leur vie. Remarquons toutefois que les causes d'erreurs les plus graves peuvent se glisser dans les conditions nécropsiques faites en ces cas si délicats.

Chaumier a cependant rapporté, au Congrès de Lyon de 1891, un intéressant cas d'hallucination visuelle persistante, consécutive à une lésion intracranienne et à l'atrophie des nerfs optiques.

« Il s'agit d'un malade de 62 ans, présentant une atrophie des deux nerfs optiques, s'accompagnant d'hallucination interne de la vue. Cette observation présente plusieurs particularités intéressantes, tant au point de vue séméiotique, qu'au point de vue de la physiologie psychologique. Outre les lésions de l'appareil oculaire, produisant une double hémianopsie, mais différente pour les deux yeux, notre malade a des hallucinations dont l'intensité a suivi la marche progressive à l'atrophie de la rétine. Ce dernier fait tendrait à démontrer que des lésions dégénératives, tout aussi bien que des lésions irritatives, d'un appareil sensoriel peuvent s'accompagner de troubles hallucinatoires.

« Enfin, un autre fait intéressant au point de vue de la physiologie psychologique repose dans la marche progressive et la généralisation des troubles sensoriels. Au début de son affection, notre malade ne se plaignait que des hallucinations de la vue. Les troubles auditifs, les illusions de la sensibilité générale se manifestent secondairement, en vertu de ce principe que nos sens réagissent les uns sur les autres et se complètent mutuellement, de telle sorte que le mauvais fonctionnement de l'un d'entre eux entraîne inévitablement des troubles de tous les autres. » (Chaumier, *Congrès des médecins aliénistes de langue française, session de Lyon, août 1891. Archives de Neurologie*, 1891-1892, 251.)

Lamy parle d'une femme hémianopsique qui présenta des hallucinations visuelles dans la partie anopsique du champ de la vision.

« L'hallucination est remarquable par son caractère singulier et par sa persistante uniformité. C'est une figure d'enfant renversée, dont les deux yeux et le front seulement sont bien nettement apparents. Il s'y joint quelques hallucinations auditives, mais beaucoup moins précises et moins constantes, et n'ayant pas le caractère unilatéral. »

(H. Lamy, *Hémianopsie avec hallucinations dans la partie abolie du champ de la vision. Congrès des aliénistes et neurologistes de France et des pays de langue française*, 10 août 1894.)

Higier, dansun travail très intéressant, cite une observation que nous retiendrons : il s'agit encore d'une femme chez laquelle l'hémianopsie s'est accompagnée d'hallucinations visuelles du côté anopsique : hémianopsie et hallucinations disparurent ensemble. Pour Higier, il ne s'agit ni d'une lésion sensorielle, ni d'une lésion cérébrale. La céphalalgie et les hallucinations relevées dans son observation tiendraient à une *crampe périodique des vaisseaux de la sphère optique corticale de l'hémisphère gauche.* (H. Higier, *Des hallucinations unilatérales. Wiener Klinik*, juin 1894).

Hertz s'est surtout fondé sur les résultats d'un certain nombre d'autopsies. Nous avons dit avec quelle prudence ces autopsies devaient être conduites, et quelles erreurs cette méthode pouvait introduire. Rappelons pourtant les conclusions de ce travail consciencieux. Deux des cas de Hertz témoignent d'une perforation de la table vitrée du crâne, qui semble à première vue comme rongé par des granulations de Pacchioni. Ce ne sont pourtant pas ces granulations qui ont agi ; car la dure-mère est intacte : la substance cérébrale s'est imprimée dans les fossettes, de sorte que les lobes temporaux sont transformés en proéminences distinctes, en forme de mamelons. On peut donc supposer, d'après l'auteur, que les districts centraux intéressés avaient été, pendant la vie, le siège d'excitations fonctionnelles inégales. Dans une autre observation, le crâne d'une hallucinée de l'ouïe présentait en outre, dans les deux fosses temporales, deux bourrelets osseux correspondant aux sillons temporaux inférieurs qui formaient des crêtes aiguës ; il en résultait un enchatonnement plus prononcé de ces deux régions cérébrales ; d'où excitations inégales de la substance nerveuse. (Hertz, *Contribu-*

tion à l'anatomie pathologique des hallucinations sensorielles. Société psychiatrique de la province du Rhin. Séance du 16 juin 1883. Archives de Neurologie, 1885-86, I, 448. Anal. par Kéraval). Ajoutons d'ailleurs que la substance cérébrale projetée dans les fossettes anormales n'a pas été soumise à l'examen microscopique. Nous renvoyons à ce que dit J. Soury des lésions concomitantes aux hallucinations. (Voy. **Cerveau.**)

Toutes les observations que nous venons de rappeler ont un caractère commun : elles accordent un rôle plus ou moins important, plus ou moins défini, aux modifications anatomo-physiologiques des organes des sens, et cherchent la genèse et le mode de production des hallucinations dans ces modifications, qu'elles portent sur les extrémités périphériques ou sur les cellules corticales.

II

Mécanisme psycho-physiologique. — Dans certains cas le jeu des images mentales semble être la véritable cause d'hallucinations. Un malade cité par Ball, bien que ne délirant sur aucun sujet, chaque jour « apercevait tout à coup une araignée suspendue à un fil, au milieu de sa chambre; il la voyait grandir progressivement devant ses yeux, et remplir enfin toute la pièce, dont il était forcé de sortir, pour n'être point étouffé par cet horrible et gigantesque animal ». (Ball, *Revue Médicale*, 1875, I., 34.)

Souvent, sur un point de départ objectif ou sur un léger substratum organique, l'imagination brode, édifie des constructions mentales morbides plus ou moins compliquées. Chagnon parle de deux malades dont les hallucinations ne sont qu'un jeu d'images mentales sur une impression auditive ou tactile absolument nécessaire à leur production. Les bruits (bruits de pas, bruit de l'eau qu'on verse dans un verre, etc.), des sensations tactiles (grattage) les provoquent. Dans le calme absolu, les malades n'ont aucune hallucination. (Chagnon, *Deux cas d'hallucinations auditives périphériques. Soc. méd. psychol. de Québec, Bulletin médical de Québec, Decembre* 1899, 201.)

L'imagination semble jouer un rôle plus grand encore dans certains cas où l'hallucination très nettement localisée dans l'espace a toute l'intensité d'une perception réelle et semble soumise aux mêmes lois. S'il s'agit par exemple d'hallucinations visuelles, elles seront soumises aux lois ordinaires de la réflexion et de la réfraction.

Binet et Féré (*le Magnétisme animal*, 3e édit. Paris, Alcan, 1890, 166, 183, 284) ont exposé et observé un assez grand nombre de ces cas. Nous ne retiendrons que l'expérience de la lorgnette et celle du prisme, caractéristiques au point de vue du rapport entre l'image hallucinatoire et les modifications provoquées dans le champ visuel du sujet.

« On peut faire apparaître, disent Binet et Féré, le portrait d'une personne quelconque sur un carré de papier blanc, et exécuter sur ce portrait imaginaire une série d'expériences qui ne sont que le développement de celle de la lorgnette, car elles reviennent toutes, en dernière analyse, à une application des lois de la réfraction. On approche du portrait imaginaire une loupe : le malade déclare qu'il s'agrandit. On incline la loupe : le portrait se déforme. On place le carton de papier à une distance égale à deux fois la distance focale de la lentille : le portrait est vu renversé. Ces expériences ne réussissent pas toujours; mais il suffit qu'elles aient réussi une fois dans de bonnes conditions pour être réelles... « On place sur le papier blanc, qui porte le portrait imaginaire, un prisme à réflexion totale ; la malade ne peut être avertie de ce qui va se produire par la ressemblance de ce prisme avec un miroir; cependant, en regardant la face hypoténuse du prisme, elle ne manque jamais d'y voir un second portrait semblable au premier. Plaçons maintenant le portrait devant un miroir; si on a suggéré que le profil est tourné à droite, dans le miroir le profil est tourné à gauche. Donc l'image réfléchie est symétrique de l'image hallucinatoire. Si on renverse le papier, il paraît tourné à droite et le portrait apparaît la tête en bas. Remplaçons le portrait par une inscription quelconque sur plusieurs lignes : dans le miroir l'inscription est lue à rebours. Si on renverse le papier suivant ses bords, l'inscription est lue renversée de haut en bas. »

Nous avons nous-même longuement expérimenté sur le mécanisme interne des hallucinations sensorielles. (N. Vaschide et Cl. Vurpas. *Contributions expérimentales à la psycho-physiologie des hallucinations. Journal de Neurologie*, n° 9, 1902.) Voici les principales conclusions auxquelles nous avons été conduits à la suite de ces recherches :

« 1° Une hallucination peut surgir et évoluer parallèlement à beaucoup d'autres phénomènes mentaux ; elle subit les mêmes lois que toutes les sensations et toutes les perceptions concomitantes ou survenues simultanément dans un même champ de conscience. Il s'agit ici spécialement des hallucinations visuelles. Nos recherches sur ce point concordent absolument avec toutes les observations analogues.

« 2° Une hallucination peut prendre sa source, par certains de ses éléments fixes et immobiles, dans des modifications que provoquent des troubles ou des changements bio-physiologiques ou psycho-dynamiques. Elle semble avoir dans ses éléments une configuration à part bien définie, en tant qu'image mentale. Par son caractère objectif, elle renferme le même coefficient d'abstraction que celui que possède en elle-même chaque perception.

« 3° Une hallucination semble naître d'autant plus facilement que le sujet est dans un état de distraction plus complet. Elle apparaît comme un phénomène de discontinuité dans le champ de la conscience individuelle. Chaque phénomène d'attention lui fait subir ces oscillations d'autant plus intenses que l'attention se systématise et réclame pour elle-même un plus grand nombre d'images, dont les points de repère sont nécessaires à la synthèse individuelle du sujet. Il y a là, en somme, une orientation et une désorientation successives, dues au même processus, qui est celui de la distraction, ou d'une diminution dans le nombre et surtout l'intensité des images mentales, ou mieux encore dans un coefficient psychique. Il y a beaucoup d'analogie avec le mécanisme même de la vie mentale consciente, qui fonctionne sous l'impulsion des impressions sensorielles du milieu biologique, incitations provocatrices de réactions consécutives physiques, psychiques ou autres, plus ou moins définies.

« 4° L'hallucination provoquée, soit par la suggestion, soit par des modifications physiologiques, nous semble se rapprocher sensiblement, par un grand nombre de ses éléments, de l'hallucination due à des troubles organiques liés à des lésions, soit de l'appareil périphérique, soit du système nerveux central. Il y a là, en somme, le même processus qualitatif, sinon quantitatif. Une lésion organique provoque sans doute une désorientation, et en même temps une perte de certaines images, ou plutôt une perturbation et une déformation dans les impressions qui en arrivent au sujet, en même temps qu'elle affaiblit et diminue le pouvoir de contrôle du sens lésé pathologiquement. Ce contrôle continuel et permanent s'accomplit normalement par toutes les impressions, de quelque nature qu'elles soient, alimentant sans discontinuité la conscience du sujet et lui permettant de juger et de vérifier constamment ses impressions et ses sensations mentales les unes par les autres. De ces vérifications constantes, le plus souvent automatiques, naît le bon équilibre, dans un système logique et bien coordonné, de données exerçant constamment des actions mutuelles et réciproques les unes sur les autres. L'absence de ce contrôle sensoriel, jointe à l'état de distraction, sinon général ou de l'intelligence tout entière, du moins partiel et n'atteignant qu'un sens isolé, favorise l'apparition d'hallucinations, sinon générales, du moins limitées à un sens spécial particulier. »

Plus tard, je me suis efforcé de préciser dans quelle mesure les hallucinations, et en particulier les hallucinations des aliénés, sont liées aux troubles physiques accusés par les sujets. Ayant examiné expérimentalement vingt-quatre sujets aliénés, je n'ai trouvé aucun rapport entre les troubles sensoriels et les localisations des hallucinations accusées. Je me contente ici de constater ce désaccord psycho-physiologique. (N. Vaschide, *Recherches expérimentales sur la localisation des hallucinations chez certains aliénés. Ve Congrès international de Psychologie. Avril 1905.*)

III

Hallucinations psycho-motrices. — Ce phénomène mental, peu étudié, très peu analysé surtout, est connu sous le nom d'hallucinations psycho-motrices, préférable, semble-t-il, au terme d'hallucination psychique, trop répandu dans la littérature médicale et psychologique depuis Baillarger. Nous ne voulons pas faire ici l'historique de ces hallucinations, ni rappeler leur description clinique : ce serait trop insister sur le côté médical de la question, alors que nous essayons uniquement de faire saisir le mécanisme des hallucinations. Rappelons seulement, avant d'exposer notre conception personnelle, que certains auteurs ont émis l'hypothèse d'un éréthisme cortical des sphères correspondant aux mouvements de la langue pour expliquer les hallucinations motrices verbales, et qu'ils ont invoqué certaines lésions ultimes en foyers qui ne seraient que des ruptures vasculaires dues à l'éréthisme préalable. (SÉGLAS, A. MARIE, VALLON et SÉRIEUX.)

Dans un grand nombre de cas, l'hallucination psycho-motrice est produite par les fausses interprétations d'une introspection mentale exagérée. Le malade s'étonne des découvertes que lui révèle son introspection maladive, et, dans l'ignorance où il se trouve des diverses lois de notre vie mentale, il s'étonne de trouver en lui des pensées qui sont contraires à ses sentiments et à ses croyances. Il attribue donc tout naturellement à ces pensées une origine exagérée, et lorsque l'image mentale de ces pensées est assez intense, elle se traduit par une réaction motrice qui consiste dans la diction des phrases pensées.

Ce mécanisme n'est naturellement pas celui de toutes les formes de l'hallucination psycho-motrice, mais nous le pouvons déceler assez souvent. Ce qui importe avant tout, lorsqu'il s'agit d'interpréter une hallucination psycho-motrice, c'est l'examen psychologique détaillé de chaque cas particulier. Si l'on fait méthodiquement cet examen, on trouvera que, dans un très grand nombre de cas, le langage intérieur, qui vient troubler si fortement les conclusions introspectives du malade, est à l'origine même de l'hallucination psycho-motrice.

Il nous semble donc, en résumé, que les hallucinations psycho-motrices en général peuvent recevoir dans leur mécanisme et leur genèse une explication toute psychologique, à savoir : *l'introspection délirante du langage intérieur*, sans qu'il soit besoin de faire entrer en jeu des explosions dynamo-cérébrales accidentelles ou une irritation corticale.

IV

Hallucinations symboliques. — On sait en quoi consiste l'hallucination *véridique* (MYERS), ou *télépathique* (MYERS), ou mieux *symbolique*, pour employer l'expression que CHARLES RICHET nous suggère. Le sujet est occupé à ses travaux habituels, lorsque soudain, là où les autres assistants ne voient rien, ou ne voient que des objets usuels (prisme, carafe, glace, etc.), il voit un signe annonciateur d'un grand événement, généralement malheureux, arrivant à peu près à ce moment à quelque personne le touchant de près.

A diverses reprises nous avons essayé de soumettre cette question des hallucinations symboliques à la sûreté des méthodes expérimentales. Dans une longue série d'expériences, tout particulièrement, nous avons pu suivre pendant plusieurs années trente-deux personnes (seize hommes et seize femmes) qui nous étaient bien connus et avec lesquelles nous nous trouvions en relations suivies. Les sujets n'avaient pas connaissance des recherches auxquelles ils servaient. (*Recherches expérimentales sur les Hallucinations télépathiques. Bulletin de la Société des Sciences de Bucarest*, XI.)

Les hallucinations observées par nous sur ces sujets ont été visuelles, auditives, tactiles et olfactives. Les plus nombreuses ont été les visuelles (740), puis les auditives (198), les olfactives (55), et les tactiles (18). Les plus claires, celles qui étaient accompagnées du plus grand nombre de détails, sont les hallucinations visuelles, puis les auditives. Sur les 40 cas, où il y eut concordance entre l'hallucination et sa réalité objective lointaine, nous comptons 21 hallucinations visuelles, 10 hallucinations auditives, 4 hallucinations tactiles, 5 hallucinations olfactives. Le temps dans lequel s'accomplissait la concordance variait de 6 à 60 heures, dont 19 avant que le phénomène réel ait eu lieu, et 21 après l'existence du fait qui aurait pu provoquer l'hallucination symbolique. Constatons donc encore une fois la prédominance des hallucinations visuelles.

En résumé nos expériences nous ont conduit aux conclusions suivantes :

1° Les phénomènes télépathiques peuvent se manifester sous forme d'hallucinations, et se manifestent même plus fréquemment qu'on ne l'aurait pu croire *a priori*.

2° Ces hallucinations affectent diverses formes sensorielles : la vision et l'audition surtout, mais aussi le tact et l'olfaction.

3° Il y a contradiction évidente entre la croyance à la réalité d'une hallucination télépathique et sa réalité. Sur 1 011 cas, 981 furent accompagnés de croyance ; 40 seuls étaient exacts.

4° Les femmes et les individus sentimentaux semblent plus sujets à ces hallucinations que les individus instruits ou plus sceptiques.

5° Les phénomènes sont plus fréquents chez les gens d'un âge mûr et les vieillards dont l'attention est sollicitée par le mystère de l'au-delà.

Aux moments exceptionnels de la vie où paraissent ces hallucinations, nous avons en effet toujours constaté ces deux faits dans toutes nos expériences :

1° Une communauté intellectuelle constante (amour, amitié, sympathie surtout émotionnelle) entre le sujet et l'objet de l'hallucination.

2° L'apparition dans la vie mentale du sujet de la personne, objet de l'hallucination, au moment de l'agonie ou dans les grandes souffrances morales et physiques qui précèdent la mort.

Malgré les importants travaux importants entrepris sur ce sujet, la question n'est pas mûre encore; et elle appelle de nouvelles recherches. Malheureusement il n'est pas certain que l'expérimentation puisse résoudre ce problème, et en tout cas le moment n'en est pas venu encore. C'est donc à l'empirisme, à l'étude attentive et minutieuse de certains cas isolés, scrutés avec perspicacité, qu'il faudra avoir recours pour juger la question.

Bibliographie[1]. — Baillarger. *Hallucinations de la vue chez un vieillard aveugle, et qui avait été opéré deux fois de la cataracte* (*Ann. méd. psych.*, I, 1881, 67). — Ball (B.). *Théorie des hallucinations* (*Revue Scientifique*, 1880, 1034). — Baudouin (Marcel). *Un cas historique de télépathie* (*Gazette médicale de Paris*, xii, 1902, n°s 11 et 12, 81-82, 89-91). — Behr (Alb.). *Selbstschilderungen von Hallucinanten und über das Auftreten der Hallucinationen während des Erwachens* (*St-Petersburg med. Wochenschr.*, xx, 32 et 33, 1903). — Binet et Féré. *Le magnétisme animal* (3e édition. Paris, Alcan, 1890, 166, 183, 284). — Briand et Cololian. *Hallucinations à caractère pénible dans le tabes dorsalis* (*Société médico-psychologique*, 1896). — Bruntérs-Lander. *Hallucinations and allied mental phenomena* (*Journal of Mental Science*, xlviii, 1902, n° 201, *April*, 226-261). — Capgras (J.). *Maladies unilatérales de l'oreille, avec des hallucinations de l'ouïe* (*Archives de Neurologie*, xii, 1903, 500-512). — Colmann (S.). *Hallucinations associated with local organic disease of the sensory organs* (*Brit. med. Journ.*, 1894). — Conolly Normann. *Notes on hallucinations* (*Journal of Mental Science*, XLVIII, 1902, 45-53). — Despine. *Psychologie naturelle* (Paris, Savy, II, 29). — Despine (P.). *Étude scientifique sur le somnambulisme*, etc., 1880, 328. — *Théorie physiologique de l'hallucination*, 1881. — Dumas (Georges). *Des sophismes d'hallucination dans la psychologie des fanatiques* (*Bulletin de l'Institut général de Psychologie*, n° 2, III, 154-157, 1903). — Féré. *Note sur un cas de zona de la face avec hallucination du goût et hallucinations unilatérales de l'ouïe chez un paralytique général* (*B. B.*, 1899, 458). — Féré (Ch.) et Vaschide (N.). *Le dédoublement des images hallucinatoires* (*ibid.*, 1902, 205, 263-265). — Fuchs. *Une observation sur la localisation des hallucinations hypnagogiques* (*Neur. Centralbl.*, 1888). — Giannelli et Toscani. *Visione mentale* (*Policlinica*, x, 63, 1903). — Gulbenkian. *Hallucinations du moignon* (*Thèses de Paris*, 1902, 166 pp.). — Hinshelwood (J.). *Congenital word-blindness, with Reports of two cases* (*Ophthal. Rev.*, xli, 1902, 91-99). — Hoppé. *Description et explication des hallucinations de la vue qui se produisent avant le sommeil* (*Jahrb. f. Psych.*, vi, 2-3). — Hoche, *Doppelseitige Hemianopsia inferior und andere sensorischsensible Störungen bei einer functionellen Psychose* (*Arch. f. Psych.*, xxiii). — Jamet. *Des hallucinations dans la paralysie générale* (*Thèse de Paris*, 1902, 96 pp.). — Jolly. *Beiträge zur Theorie der Hallucination* (*Arch. für Psychiatrie*, 1874, 495). — Konrad, *Des réactions galvano-électriques des nerfs auditifs et optiques chez les hallucinés* (*Jahrb. f. Psych.*, vi, 2-3). — Krause. *Sur une forme rare d'hallucinations visuelles chez des aliénés* (*Arch. f. Psychiatrie*, xxix, 1897). — Lemaitre (A.). *Hallucinations autoscopiques et automatismes divers chez les écoliers* (5 fig.) (*Archives de Psychologie*, 1902, 357-379). — Mac Dougall (R.). *Sensory Hallucination* (*Bost. med. and surg. Journ.*, 1902, 377-381, 402-407). — Marie (A.) et Vallon. *Délire mélancolique, mysticisme et folie* (*Arch. de Neur.*, 1898, n°s 29-30, 1899, n°s 40-43). — Meuriot.

1. Elle ne porte que sur les travaux récents et le côté pyscho-physiologique de l'hallucination.

Des hallucinations des obsédés; pseudo-hallucinations (*Th. de Paris*, 1903). — NORMANN (C.). *Hallucinations* (*Journ. of Ment. Science*, 1903, 272-290, 454-473.) — PICKETT (W.). *Psychomotor Hallucinations and double personality in a case of Paranoia* (*Journ. of Nerv. and Ment. Dis.*, 285-290, 1903). — PODIEBIN. *Zur Lehre von d. akuten hallucinator. Psychosen* (*Allg. Zeitschr. f. Psych.*, 1906, 4, 481). — ROBERTSON (ALEX.). *Case of unilateral hallucinations of hearing, chiefly musical; with remarks on the formation of psycho-cerebral images* (*Journ. of Mental Science*, XLVIII, 1902. — SAVAGE (M.-J.). *Can Telepathy explain results of psychic Research* (New-York, Putnam, 1902, 1 vol. 243 pages). — SÉGLAS (J.). *Sur les phénomènes dits Hallucinations psychiques* (*Communications au Congrès de Psychologie*, 1900). — *Les hallucinations unilatérales* (*Annales médico-psychologiques*, 1902, 353-368; 208-233; 374-394). — *Des hallucinations antagonistes unilatérales et alternantes* (*Annales médico-Psychologiques*, 1903, 11-28). — SOLLIER. *Des hallucinations autoscopiques* (*Bull. institut psychol. Intern.*, II, 1902, 39-55). — *Les phénomènes d'autoscopie* (1 vol. in-16, Paris, Alcan, 1903). — SOUKHANOFF. *Les représentations obsédantes hallucinatoires et les hallucinations obsédantes* (*Revue de médecine*, 1906, n° 4, 10). — TOUCHE. *Cécité corticale. Hallucination de la vue. Perte de la mémoire topographique* (*B. B.*, 1900). — TOWN (G.-H.). *The kinaesthetic Element in endophasia and auditions hallucinations* (*The Amer. Journ. of Psych.*, 1906, 127-133). — *The Negative aspect of Hallucinations* (*Journ. of Psychol.*, 1908, 134-136). — TUTTLE (George). *Hallucinations and illusions* (*American Journal of Insanity*, 1902, 443-467). — UTHOFF, *Beiträge zu den Gesichstäuschungen, Hallucinationen, Illusionen, etc., bei Erkrankungen des Sehorgans* (*Monatsschrift für Psychiatrie und Neurologie*, 1899, 241 et 370). — VALLON et MARIE (A.). *Sur un cas de délire religieux à hallucinations visuelles et auditives* (Nancy, 1897). — *Les hallucinations autoscopiques et leur rapport avec les apparitions télesthésiques* (*Rev. des Études psychiques*, 1902, p. 161-170). — VASCHIDE (N.). *Experimental investigations in telepathic hallucinations* (*The Monist*, XII, 1902, n° 1 et 2, 273-307, 337-364). — VASCHIDE (N.) et VURPAS (CL.). (*Archivio di Psichiatria*, XXII, 1901, 379-393.) — *Recherches sur les troubles psychologiques consécutifs à des hallucinations provoquées* (*Archives de neurologie*, XII, 1901, 208-221). — *Recherches expérimentales sur la psycho-physiologie des hallucinations* (*Communication au Ve Congrès international de Physiologie*. Turin, 1901). — *Dédoublement des images visuelles hallucinatoires* (*B. B.*, 1902, 165-167). — *Les données anatomiques et expérimentales sur la structure des hallucinations* (*Journal de Neurologie*, 1902, 81-99). — *Contribution à la psychologie de la genèse des hallucinations psychomotrices* (*Arch. de Neur.*, 1902, n° 78). — *Contribution à la psycho-physiologie des mourants* (*Bulletin de l'Institut général Psychologique*, 1902). — *Hallucinations* (*Journal de Neur.*, VII, 1903, 81). — VASCHIDE (N.) et PIÉRON (H.). *Contribution expérimentale à l'étude des phénomènes télépathiques* (*Bulletin de l'Institut général Psychologique*, 1906). — VORSTER. *Ueber ein Fall von doppelseitiger Hemianopsie mit Seelenblindheit, und Gesichtstäuschungen* (*Allg. Zeitschr. f. Psychiatrie*, XLXIX, 227). — GURNEY, MYERS et PODMORE. *Phantasms of the living*. Londres, 1891. Éd. franç. par L. MARILLIER. Paris, Alcan, 1898. — FLAMMARION (C.). *Les Forces inconnues*. Paris, 1906.

N. VASCHIDE[1].

HAMAMELIS. — En faisant un extractif aqueux des feuilles de *H. virginica*, on obtient un produit riche en tanin (8 à 10 p. 100), et contenant une substance très amère. L'H. est employée en médecine contre des affections trop diverses pour qu'on puisse lui attribuer une action thérapeutique bien efficace. Ce n'est cependant pas une substance inoffensive; car elle produit des troubles nerveux assez sérieux, syncopes, irrégularités du pouls, vertige et tremblement, quand la dose est trop forte. GRÜTTNER et STRAUB ont préparé l'*hamamélitannine* ($C^{14}H^{14}O^9 + 5H^2O$), qui donne du tanin quand elle est traitée par SO^4H^2. Injectée dans le système veineux (chez les lapins), ou ingérée par l'estomac, elle ne paraît pas agir très différemment du tanin (STRAUB, *Ueber das Verhalten des Hamamelitannins im Saügethierkörper*. *A. P. P.*, 1899, XLI, 1-9).

1. Cet article était presque complètement écrit pour ce Dictionnaire, quand une mort prématurée a enlevé notre distingué collaborateur. M. R. MEUNIER a eu l'obligeance de compléter quelques indications qui manquaient.

HAMBURGER (H. J.). — Physiologiste hollandais, professeur à l'Université de Groningen.

Abréviations spéciales à cet article.

Rec. chim. Pays-Bas. . .	Recueil des Travaux chimiques des Pays-Bas.
Proc. verb. K. Ak. v. W.	Processen verbaal der Kon. Akademie van Wetenschappen te Amsterdam. Afdeeling Natuurkunde.
Verh. K. Ak. v. W. . .	Verhandelingen der Kon. Akad. v. Wetenschappen.
Versl. K. Ak. v. W. . .	Verslagen der Kon. Akad. v. Wetenschappen.
Onderz.	Onderzoekingen gedaan in het physiologisch laboratorium der Utrechtsche Hoogeschool.
N. T. v. Gen.	Nederlandsch Tijdschrift voor Geneeskunde.
N. T. v. V.	Nederlandsch Tijdschrift voor Veeartsenijkunde.

1882. — *L'action de l'éthylate de sodium sur le dibromosuccinate symétrique de sodium* (en collaboration avec M. E. Mulder) (*Rec. chim. Pays-Bas*, I, 154-155). — *Le dosage des halogènes dans les combinaisons de carbone* (*Ibid.*, I, 156-157).

1883. — *De quantitative bepaling van ureum in urine* (*Thèse de Doctorat ès sciences, (chimie)*, Utrecht, 4 juin). — *De invloed van scheikundige verbindingen op bloedlichaampjes in verband met haar moleculairgewichten* (*Proc. verb. K. Ak. v. W.*, 29 déc.). Par cette communication sur l'isotonie, la chimie physique a été introduite dans les sciences médicales.

1884. — *Titration des Harnstoffs mittels Bromlauge* (*Z. B.*, XX, 286-306). — *De invloed van scheikundige verbindingen op bloedlichaampjes in verband met haar moleculairgewichten* (*Onderz.*, (3), IX, 26-42). — *De veranderingen van roode bloedlichaampjes in zout-en suikeroplossingen* (*Proc. verb. K. Ak. v. W.*, 27 déc., 307-311).

1886. — *Ueber den Einfluss chemischer Verbindungen auf Blutkörperchen im Zusammenhang mit ihren Moleculargewichten* (*A. P.*, 476-487). — *Hoeveel water kan men bij bloed voegen zonder dat haemoglobine uittreedt* (*Onderz.*, (3), X, 33-35). — *De veranderingen ven roode bloedlichaampjes in zout-en suikeroplossingen* (*Onderz.*, (3), X, 35-58, 1 pl.). — *Bijdrage tot de kennis der hemialbumose* (*Onderz.*, (5), X, 64-85).

1887. — *Ueber die durch Salz- und Rohrzuckerlösungen bewirkten Veränderungen der Blutkörperchen* (*A. P.*, 31-51, 1 pl.).

1888. — *Staafjesrood in monochromatisch licht* (*Thèse de doctorat en médecine*, Utrecht, 9 Juillet).

1889. — *Sarcomatöse Infiltration einer Schweinsniere* (*A. A. P.*, CXVII, 422-423 et *N. T. v. Gen.*, (2), 525-526). — *Actinomyces im Knochensysteme eines Pferdes* (*A. A. P.*, CXVII, 423-427 et *N. T. v. Gen.*, (2), 526-529). — *Ein Tumor an der Pleura diaphragmatica einer Kuh und eine Bemerkung über das Pigment von Melanosarcomen* (*A. P.*, CXVII, 427-429 et *N. T. v. Gen.*, 530-531). — *Eine eigenthümliche Veränderung der Nasenscheidewand eines Pferdes* (*A. A. P.*, CXVII, 429-430 et *N. T. v. Gen.*, 531-532). — *Zur Ætiologie der Mitralinsufficienz* (*A. P.*, CXVII, 430-432, 1 pl. et *N. T. v. Gen.*, (2), 223-225). — *Pseudoleukaemie bij een paard* (*N. T. v. V.*, 132-137). — *Multipele verlammingen bij een paard* (*N. T. v. V.*, XVII, 137-147, 1 pl.). — *Over de permeabiliteit der roode bloedlichaampjes in verband met de isotonische coëfficienten* (*Versl. d. K. Ak. v. W.*, (3), VII 15-23 et *Maandblad voor Natuurwetenschappen*, n°s 4 et 5, 1-16). — *Die Permeabilität der rothen Blutkörperchen im Zusammenhang mit den isotonischen Coëfficienten* (*Z. B.*, XXVI, 414-433).

1890. — *Die isotonischen Coëfficienten und die rothen Blutkörperchen* (*Z. p. C.*, VI, 319-333). — *Ueber die Reglung der Blutbestandtheile bei hydrämischer Plethora, Hydrämie und Anhydrämie* (*Z. B.*, XXVII, 259-308 et *Versl. K. Ak. v. W.*, (3), VII, 364-420). — *Elektromotorische Kraft, hervorgerufen durch die Athmung* (*C. P.*, 7 juin et *N. T. v. Gen.*, (1), 629-634). — *Een carcinoom in de vena cava bij een hond* (*N. T. v. V.*, XVII, 177-185). — *Pseudoleukaemie by een Kat* (*Ibid.*, XVII, 185-189). — *Over ontaarding van periphere zenuwen bij dieren* (*Ibid.*, XVII, 189-193). — *Tabes dorsalis bij een hond; opmerkingen over Zenuwziekten bij huisdieren* (*Ibid.*, XVII, 193-197).

1891. — *Uber den Einfluss des Nervus sympathicus auf die Athmung* (*Z. B.*, XXVIII, 305-318 et *N. T. v. Gen.*, (2), 489-496). — *Over de purgeerende werking van Middenzouten* (*N.*

T. v. Gen., (2), 801-820). — *Over den invloed der ademhaling op de permeabiliteit der bloedlichaampjes* (*Versl. K. Ak. v. W.*, (3), IX, 197-210 et *Z. B.*, XXVIII, 405-416).

1892. — *Over den invloed van zuur en alkali op gedefibrineed bloed* (*Versl. K. Ak. v. W.*, (3), IX, 354-391 et *A. P.*, 513-544). — *Het onderwijs in bacteriologie aan de Rijksveeartsenijchool* (*N. T. v. V.*). — *Sur l'influence des alcalis et des acides sur la détermination de la pression osmotique au moyen des globules rouges du sang* (*Rec. chim. Pays-Bas*, XI, 61-75). — *Over het onderscheid in samenstelling tusschen arterieel en veneus bloed; bijdrage tot de methode van vergelijkend bloedonderzoek* (*Verk. K. Ak. v. W.*, n° 5, 25 pag.).

1893. — *Uber den Einfluss von Säure und Alkali auf die Permeabilität der lebendigen Blutkörperchen, nebst einer Bemerkung über die Lebensfähigkeit des defibrinirten Blutes* (*A. P.*, *Suppl.*, 153-157). — *Vergleichende Untersuchungen von arteriellem und venösem Blute und über den bedeutenden Einfluss der Art des Defibrinirens auf die Resultate von Blutanalysen* (*A. P.*, *Suppl.*, 157-175 et 332-339). — *Onderzoekingen over de lymph* (*Verh. K. Ak. v. W.*, III, n° 3, 37 pag.). — *De lymphproductie by spierarbeid* (*Voordracht op het 4de Nederlandsch Natuur-en Geneeskundig Congres*, april). — *Untersuchungen über die Lymphbildung, insbesondere bei Muskelarbeit* (*Z. B.*, XXX, 143-178). — *Een lymphdryvende bacterie* (*Verh. K. Ak. v. W.*, III, n° 5, 27 pag.). — *Hydrops von mikrobiellem Ursprung. Beitrag zur Physiologie und Pathologie des Lymphstroms* (*Ziegler's Beiträge zur pathologischen Anatomie und zur allgemeinen Pathologie*, XIV, 443-480 et *N. T. v. Gen.*, (2), 853-891 et *Deutsche Zeitschr. für Thiermedicin und vergleichende Pathologie*, XXII, 113-127 et *Deutsche Medicinische Wochenschrift*, n° 42). — *Die physiologische Kochsalzlösung und die Volumsbestimmung der körperlichen Elemente im Blute* (*C. P.*, 17 juin).

1894. — *Bacterium lymphagogon* (*La Flandre médicale*, I, 177-194). — *Die Volumsbestimmung der körperlichen Elemente in Blute und die physiologische Kochsalzlösung. Antwort an Herrn Max Bleibtreu* (*C. P.*, 27 janvier). — *Sur la détermination de la tension osmotique de liquides albumineux au moyen de l'abaissement du point de congélation* (*Rec. chim. Pays-Bas*, XIII, 67-79 et *C. P.*, 24 févr. et *Revue de médecine*, novembre 1895). — *Over den nirloed der ademhaling op de verplaatsing van suiker, vet en eiwit* (*Verh. K. Ak. v. W.*, III, n° 36 pag.). — *Die Bewegung und Oxydation von Zucker, Fett und Eiweiss unter dem Einfluss des respiratorischen Gaswechsels* (*A. P.*, 419-440 et *Revue de médecine*, décembre). — *Opmerkingen over hydrops, naar aanleiding van Starling's onderzoekingen* (*N. T. v. G.*, (2), 1133-1141). — *La pression osmotique dans les sciences médicales* (*La Flandre médicale*, I, 1-21 et *Voordracht in het Provinciaal Utrechtsch Genootschap voor Kunsten en Wetenschappen*, 18 juin, et *A. A. P.*, CXL, 503-523, 1895).

1895. — *Über die Reglung der osmotischen Spannkraft von Flüssigkeiten in Bauch-und Pericardialhöhle. Ein Beitrag zur Kenntniss der Resorption* (*Verh. K. Ak. v. W.*, IV, n° 6, 96 pag. et *A. P.*, 281-363 et *La Belgique médicale*, II, n° 31). — *Zur Lehre der Lymphbildung* (*A. P.*, 364-377). — *Die Osmotische Spannkraft des Blutserums in verschiedenen Stadien der Verblutung* (*C. P.*, 15 juin). — *Uber die Formveränderungen der rothen Blutkörperchen in Salzlösungen, Lymph und verdünntem Blutserum* (*A. P. P.*, CXLI, 230-238). — *Stauungshydrops und Resorption* (*A. P.*, CXLI, 398-401 et *La Belgique médicale*, II, n° 35 et *N. T. v. Gen.*, (2), 459-462). — *De resorptie van vochten in buik-en pericardiaalholte, benevens een paar opmerkingen over intraperitoneale transfusie* (*N. T. v. Gen.*, (2), 345-358). — *Ein Apparat, welcher gestattet, die Gesetze von Filtration und Osmose strömender Flüssigkeiten bei homogenen Membranen zu studiren* (*Verh. K. Ak. v. W.*, n° 4, 16 pag. 2 pl. et *A. P*, 1896, 36-49, 1 pl. et *Archives néerlandaises*, XXX, 353-369, 1 pl.). — *Über Resorption aus der Peritonealhöhle; Bemerkungen zu dem Aufsatze des Herrn Dr. W. Cohnstein* (*C. P.*, 2 novembre).

1896. — *Myélite chronique, consécutive à un trouble dans le développement de la moelle épinière* (avec figures) (*Revue de médecine*, janvier, et *Deutsche Zeitschrift für Thiermedizin und vergleichende Pathologie*, XXI, 104-110, 1 pl.). — *Uber den Einfluss des intraabdominalen Druckes auf die Resorption in der Bauchhöhle. 3er Beitrag zur Lehre von der Resorption* (*A. P.*, 302-338 et *Verh. K. Ak. v. W.*, Deel V, n° 1 et *La Belgique médicale*, IV, n° 20). — *Over de permeabiliteit der roode bloedlichaampjes. Opmerkingen naar aanleiding van een opstel van Dr.* G. GRYNS (*N. T. v. Gen.*, (1), 201-213). — *Über die Bedeutung von Athmung und Peristaltik für die Resorption im Dünndarm* (*C. P.*, 25 janv. et *Versl. K. Ak. v. W.*, 25 jan. et *La Belgique médicale*, IV, n° 21). — *Streptococcus peritonitidis equi* (en coll. avec J. A. KLAUWERS) (*Centralblatt f. Bacteriologie, Parasitenkunde und Infectionskrankheiten*, XIX, n° 22-23). — *La détermination du point de congélation du lait, comme moyen de découvrir et d'évaluer la dilution par l'eau* (*Rec. chim. Pays-Bas*, XIV, 349-356 et *N. T. voor Pharmacie en Toxicologie*, 7 p., et *Zeitschr. f. Fleisch-und Milchhygiene*, VI, 167-170). — *Bacillus cellulaeformans. Zur Bacteriologie der Fleischvergiftungen* (en coll. avec N. H. WOLF) (*Zeitschr. f. Fleisch-und Milchhygiene*, VI, 186-190 et *N. T. v. Gen.*, (2), 161-166). — *Über den Einfluss des intra-intestinalen Druckes auf die Resorption im Dünndarme. 4er Beitrag zur Kenntniss der Resorption* (*A. P.*, 428-465 et *Verh. K. Ak. v. W.*, n° 4). — *Over den invloed der ademhaling op het volume en den vorm der bloedlichaampjes* (*Versl. k. Ak. v. W.*, 28 nov.).

1897. — *Einfluss des respiratorischen Gaswechsels auf das Volum und die Form der rothen Blutkörperchen* (*Z. B.*, XXXV, 252-279). — *Einfluss des respiratorischen Gaswechsels auf das Volum der weissen Blutkörperchen* (*Ibid.*, 280-286, et *Belgique médicale*, V, n° 8, 12 pag.). — *Zur Lymphbildungsfrage* (*A. P.*, 132-137). — *Die Geschwindigkeit der Osmose. Lazarus Barlow's « Initial rate of osmosis »* (*A. P.*, 137-144). — *Über den Einfluss geringer Quantitäten Säure und Alkali auf das Volum der rothen und weissen Blutkörperchen* (*Versl. K. Ak. v. W.*, 27 février et *A. P.*, 1898, 31-46). — *Een quantitatieve methode voor de bepaling van den schadelijken invloed van bloed-en weefselvocht op bacterien* (*Versl. K. Ak. v. W.*, 21 avril). — *Influence favorable de la stase veineuse et de l'inflammation dans la lutte de l'organisme contre les bactéries* (*La Belgique médicale*, II, n° 34 et *N. T. v. V.*, 20 pag. et *Versl. K. Ak. v. W.*, 21 april et *N. T. v. Gen.*, (2), n° 10 et *Deutsche med. Woch.*, n° 49 et *Centralblatt f. Bacteriologie*, XXII, 14-15). — *Ein neues Verfahren zur Bestimmung der osmotischen Spannkraft des Blutserums* (*C. P.*, 26 juin). — *Die Gefrierpunkterniedrigung des lackfarbenen Blutes und das Volum der Blutkörperchenschatten* (*A. P.*, 486-497). — *Over den invloed van veneuse stuwing op infectieuse processen. Opmerkingen naar aanleiding van een opstel van Prof. Dr.* C. H. SPRONCK (*N. T. v. Gen.*, (2), n° 13). — *Over de permeabiliteit van roode bloedlichaampjes. Antwoord aan Dr.* C. EYKMAN (*N. T. v. Gen.*, (2), 28). — *Over den invloed van koolzuur op infectieuse processen. Antwoord aan Prof.* SPRONCK (*N. T. v. Gen.*, (2), 719). — *Eine Methode zur Trennung und quantitativen Bestimmung des diffusibelen und nicht diffusibelen Alkali in serösen Flüssigkeiten* (*Verh. K. Ak. v. W.*, n° 1, 34 pag. et *A. P.*, 1898, 1-30).

1898. — *Het tegenwoordig standpunt van de leer der natuurlijke immuniteit* (*N. T. v. V.*, XXV, 149-185). — *Over den invloed van veneuse stuwing op de vernieling van miltvuurvirus in het onderhuidsche bindweefsel* (*Versl. K. Ak. v. W.*, 23 april). — *De invloed van zoutoplossingen op het volume van dierlijke cellen. Tevens een bydrage tot de kennis harer structuur* (*Versl. K. Ak. v. W.*, 28 Mei). — *Über den Einfluss von Salzlösungen auf das Volum thierischer Zellen. Erste Mittheilung* (*weisse Blutkörperchen, rothe Blutkörperchen, Spermatozoa* (*A. P.*, 317-341). — *De invloed van veneuse stuwing op microben* (*N. T. v. Gen.*, (2), n° 3, 89-101). — *Influence de la pression extérieure sur la résistance des globules rouges* (*L'Intermédiaire des Biologistes*, I, n° 19). — *Internationaal Physiologencongres, gehouden te Cambridge*, 22-26 Aug. (*N. T. v. Gen.*, (2), 817-822, 873-876, 914-919).

1899. — *Über den Einfluss von Kohlensäure, bezw. von Alkali auf das antibacterielle Vermögen von Blut-und Gewebsflüssigkeit mit besonderer Berücksichtigung von venöser Stauung und Entzündung* (*A. P. P.*, CLVI, 329-383). — *Über den Einfluss von Salzlösungen auf das Volum thierischer Zellen. Zugleich ein Versuch zur quantitativen Bestimmung deren Gerüstsubstanz*, 2e Mitth. (*Darm, Trachea, Harnblasen-und Œsophagusepitel* (*A. P.*, *Suppl.*, 1899, 431-476 et *Versl. K. Ak. v. W.*, 25 Maart, et *The influence of salt solutions on the volume of animal cells.*, et *N. T. v. Gen.*, (2), 1231-1247). — *De resorptie van vet en zeep in den dikken en dunnen darm* (*Versl. K. Ak. v. W.*, 25 november, *The resorption of fat and soap in the large and the small intestine*, 12 pag. — *Über das Verhalten des Blasenepithels gegenüber Harnstoff* (*A. P.*, 9-22).

1900. — *Versuche über die Resorption van Fett und Seife im Dickdarm* (*A. P.*, 433-465, et *N. T. v. Gen.*, (1), 727-737, et *Belgique médicale*, n° 1, 14 pag.). — *Over het resorbeerend vermogen van den blaaswand in het bijzonder voor ureum* (*N. T. v. Gen.*, (1), 298-315). — *Lipolytisch ferment in ascites vlœislof van een mensch* (*Versl. K. Ak. v. W.*, 27 jan. et *Lipolytic ferment in ascites liquid of man, remarks on the resorption of fat and on the lipolytic function of the blood* (*Ibid.*, et *A. P.*, 544-553 et *N. T. v. Gen.*, (1),

1205-1213). — *Over het weerstandsvermogen der roode bloedlichaampjes* (*Versl. K. Ak. v. W.*, 31 Maart et *On the resisting power of the red corpuscles* (*Ibid.*). — *Sur la résistance des globules rouges. Analyse des phénomènes et proposition pour mettre de l'unité dans les évaluations* (*J. P.*, (2), novembre n° 6). — *Over het doorlatingsvermogen der roode bloedlichaampjes voor NO_3-en SO_4-ionen* (*Versl. K. Ak. v. W.*, 27 octobre et *On the permeability of the red bloodcorpuscles for NO_3-and SO_4-ions* (*Ibid.*, 4 pag.). — *Untersuchung des Harns mittels combinirter Anwendung von Gefrierpunkt-und Blutkörperchenmethode* (*Centralblatt für innere Medizin*, n° 12 et *N. T. v. Gen*,, (1), 838-850). — *Sind es ausschliesslich die Chylusgefässe, welche die Fettresorption besorgen?* (*A. P.*, 554-560).

1901. — *De physische Scheikunde in hare beteekenis voor de geneeskundige wetenschappen. Rede, uitgesproken bij de aanvaarding van het hoogleeraarsambt aan de Rijksuniversiteit te Groningen*, op 28 september (*Groningen*, J.-B. Wolters, 27 pag.). — *Over træbele zwelling* (*Feestbundel voor Prof.* S. Talma, 349-358, Haarlem, Erven Bohn).

1902. — (En coll. avec G. Ad. van Lier) *Die Durchlässigkeit von rothen Blutkörperchen für die Anionen von Natriumsalzen* (*A. P.*, 492-532). — (En coll. avec H. J. van der Schroeff) *Die Permeabilität von Leucocyten und Lymphdrüsenzellen für die Anionen von Natriumsalzen* (*A. P., Suppl.*, 121-165). — *Het gedrag van witte bloedlichaampjes tegenover cyaankalium. Bijdrage tot de kennis der celpermeabiliteit* (*Herinneringsbundel prof.* Rosenstein, Leiden, Eduard Ydo, 12 pag.). — (En coll. avec E. Hekma) *Over darmsap van den mensch.* (*Versl. K. Ak. v. W.*, 29 Maart) traduit en anglais : *On the intestinal juice of man* (*Ibid.*, et *J. P.*, iv, n° 5). — *Osmotischer Druck und Ionenlehre in den medizinischen Wissenschaften. Zugleich Lehrbuch physikalisch chemischer Methoden.* I. (*Physikalisch-chemische Grundlagen und Methoden. Die Beziehungen zur Physiologie und Pathologie des Blutes*). (Wiesbaden, J. F. Bergmann, 539 pag.).

1903. — *Over darmsap van den mensch.* (*N. T. v. Gen.*, (1), n° 23, et *J. P.*, janvier 1904.)

1904. — *Osmotischer Druck und Ionenlehre, etc.* II. (*Circulirendes Blut, Lymphbildung, Hydrops, Resorption, Harn und sonstige Secrete, electrochemische Aciditätsbestimmung, Reactionsverlauf*), 516 pag. — *Osmotischer Druck und Ionenlehre, etc.*, III. (*Isolirte Zellen, Colloïde und Fermente, Muskel-und Nervenphysiologie, Ophthalmologie, Geschmack, Embryologie, Pharmakologie, Balneologie, Bacteriologie, Histiologie*, 508 pag.). — *Nieuwere onderzoekingen over colloïden en haar beteekenis von de geneeshundige wetenschappen* (*N. T. v. Gen.*, (1), 889-906; et *Archiv f. physikalische Medizin*, i, 83-98). — *Action catalytique de l'argent colloïdal dans le sang. Expériences avec* J. Hekman (*Archives internationales de Physiologie*, i, 145-151). — *Die Concentrationsangabe von Lösungen* (*Zeitschr. für physikalische Chemie*, xlvii, 495-497).

1905. — *Zur Differenzierung des Blutes (Eiweiss) biologisch verwandter Thierspecies. Eine Erweiterung der üblichen serodiagnostischen Methode* (*D. med. Wochenschr.*, n° 6, 5 pag.). — *Gerechtelijkonderzoek van bloed en andere lichaamsvochten* (*Tijdschrift voor Strafrecht*, 82-70). — *Rede gehouden bij de promotie van* M. H. J. P. Thomassen, 21 juni (*N. T. v. V.*, xxxii. afl. 10). — *Een methode ter bepaling der osmotische drucking van zeer geringe hoeveelheden vloeistof* (*Versl. K. Ak. v. W.*, 28 octobre, 401-404 et *A method for determining the osmotic pressure of very small quantities of liquid* (*Ibid.*). — *Orgaantherapie* (*N. T. v. Gen.*, (1), 1403-1419). — *Zur Untersuchung der quantitativen Verhältnisse bei der Praecipitinreaction* (*Folia haematologica*, ii, n° 8).

1906. — *Saccharine en Suiker. Met medemerking van den Heer* J. de Vries (*N. T. v. Gen.*, (1), 762-788; *Ibid.*, 1560-1568). — (En coll. avec Svante Arrhenius) *Over den aard der praecipitine-reactie*; et *On the nature of praecipitin-reaction* (*Proceedings of the K. Ak. v. W.*, 27 april). — *Eine Methode zur Bestimmung des osmotischen Druckes sehr geringer Flüssigkeitsmengen* (*Biochem. Z.*, i, 259-281). — *Prœven over het mechanisme der darm resorptie* (*Feestbundel voor Prof.* C. A. Pekelharing (*N. T. v. Gen.*, (2), 841-850). — *La pression osmotique et la théorie des ions dans les sciences médicales* (Conférences tenues à Anvers, *Annales de la Société médico-chirurgicale d'Anvers*, septembre, 41 pag.). — *De invloed van het hooggebeigte op het menschelijk organisme* (*De Gids*, n° 11, 13 pag.).

1907. — *Über den Einfluss des Druckes auf die Resorption im Unterhautbindegewebe. Nach Versuchen van Dr.* C. Thomassen (*Biochem. Z.*, iii, 359-388). — *De invloed van het hoogland op het menschelijk organisme* (32 pag., Groningen, Scholtens en Zoon). — (En coll. avec E. Hekma) *Over phagocytose*; et *Quantitative researches on phagocytosis. A contribution to the biology of phagocytes* (*Proceedings of the K. Ak. v. W.*, 29 juin). — *Über den Unterschied in der Permeabilität von Membranen in entgegengesetzten Richtungen* (*Internat. Physiologencongress in Heidelberg*, 13 août; *C. P.*, 19 oct.). — *Die Anwendung der Centrifugalkraft im physiologischen Laboratorium. Quantitative Analysen mittels Volumbestimmung des Sedimentes* (*Ibid.*). — *Een methode om enzymen en pro-enzymen uit de mucosa van het spijsverteringskanaal te extraheeren en de topische verbreiding er van vast te stellen;* et *A method to extract enzymes and pro-enzymes from the mucous membrane of the digestive tube and to establish the topic distribution of them* (*Proceedings K. Ak. v. W.*, 26 octobre). — (En coll. avec E. Hekma) *Quantitative Studien über Phagocytose* (*Biochem. Z.*, III, 88-115; VII, 102-116). — *Phagocytose* (*Voordracht gehouden in de Algemeene, Vergadering van het 11e Vlaamsch Natuur-en Geneeskundig Congres te Mechelen* (*N. T. v. Gen.*, (2) 1670-1683).

1908. — (En coll. avec E. Hekma) *Quantitative Studien über Phagocytose. Zur Biologie der Phagocyten*, III (*Biochem. Z.*, IX, 275-306). — *Een methode van koude injectie van organen voor histologische doeleinden;* et *A method of cold injection of organs for histological purposes* (*Proceedings of the K. Ak. v. W.*, 28 mars); et *Injektionen mit Eiweiss-und Serumtusche* (*Z. f. wissensch. Mikr.*, XXV). — (En coll. avec E. Hekma). *Zur Biologie der Phagocyten*, IV (*Biochem. Z.*, IX, 512-522).

HAMMARSTEN (Olof), professeur à l'Université d'Upsala.

Om produkterna af magsaftens inverkan på ägghvitekropparne (les produits de l'action du suc gastrique sur les substances protéiques). *U. L. F.*, 1866-67, II, 117-127. — *Om gallans förhållande till magsaften och ägghvitedigestionen* (action de la bile sur le suc gastrique et la digestion peptique, *Diss. in.*, Upsala, 1869, 121 p. — *Om gnagarnes galla* (bile chez les rongeurs) *U. L. F.*, 1869-70, V, 153-178. — *Fysiologiskt kemiska undersökningar öfver Chloralhydratet* (recherches sur le mode d'action du chloral hydraté), *U. L. F.*, 1869-70, V, 424-479. — *Några ord om den s. k. xanthoproteinsyreraektionen* (sur la réaction xanthoprotéique) *U. L. F.*, 1869-70, V, 533-535, — *Om theinets öfvergång i urinen* (apparition de la théine dans l'urine). *Ibid.*, 685-689. — *Om peptonet och gallan* (les peptones et la bile). *N. M. A.*, II, n° 3, 1-52. — *Ytterligare om peptonet och gallan* (les peptones et la bile). *Ibid.*, II, n° 24, 1-25. — *Über den Einfluss der Galle auf die Magenverdauung. A. g. P.*, 1870, III, 53-73. — *Smärre bidrag till Kännedomen om spottens verkan på stärkelse* (action de la salive sur l'amidon). *U. L. F.*, 1870-71, VI, 471-493. — *Über die Gase der Hundelymphe. Ak. Sächs.*, 1871, XXIII, 617-634. — *Om mjölkystningen och de dervid verksamma fermenterna i magslemhinnan* (coagulation du lait et ferments de la muqueuse de l'estomac). *U. L. F.*, 1872-73, VIII, 63-86. — *Om fermenterna och deras verkningar inom djurorganismen* (les ferments et leurs actions dans l'organisme animal). *Ibid.*, VIII, 149-169. — *Om de animala fettarternas bildning och fysiologiska betydelse* (l'origine et le rôle de la graisse dans l'organisme animal). *Ibid.*, VIII, 222-244. — *Om pepsinets indiffusibilitet* (l'indiffusibilité de la pepsine). *Ibid.*, VIII, 365-374. — *Om undersvafvelsyrligt natpon såsom reagens på fria syror och sura salter i urinen* (l'hyposulfite de soude comme réactif des acides et des sels acides dans l'urine). *Ibid.*, 1873-74, IX, 330-343. — *Om det chemiska förloppet vid caseinets koagulation med löpe* (coagulation de la caséine par la présure). *Ibid.*, IX, 363-399 et 451-486. — *Beobachtungen über die Eiweissverdauung bei neugeborenen wie bei saugenden Thieren und Menschen. Festschrift f. C. Ludwig*, 1874, 116-129. — *Om lösligt och olösligt casein i mjölken* (sur la caséine soluble et non soluble du lait). *U. L. F.*, 1875-76, XI, 97-107. — *Untersuchungen über die Faserstoffgerinnung. A. R. S. U.*, 1875, (3), X, n° 2,1-130. — *Om lactoprotein* (lactoprotéine). *N. M. A.*, VIII, n° 10, 1-15. — *Zur Kenntnis des Caseins und der Labgerinnung. A. R. S. U.*, 1877, n° 10, 1-15. — *Zur Lehre der Faserstoffgerinnung. A. g. P.*, 1877, XIV, 211-273. — *Ett bidrag till Kännedomen om Menniskans Galla* (la bile chez l'homme). *U. L. F.*, 1877-78, XIII, 574-581. — *Analyser af hydrocelevätskor bidrag till transsudaternas kemi* (analyses des liquides de l'hydrocèle, notes pour servir à la chimie des sérosités). *Ibid.*, 1878-79, XIV, 33-44. — *Om förekomsten of gallfärgämne i blodserum* (sur la présence de pigment biliaire dans le sérum du sang). *Ibid.*, XIV, 50-54. — *Über das Paraglobulin* : 1. *A. g. P.*, 1878, XVII, 413-468; 2. *Ibid.*, 1878, XVIII, 38-116. — *Über das Fibrinogen* : 1. *Ibid.*, 1879, XIX, 563-622.

— *Om urinens undersökning på ägghvita* (recherche de l'albumine dans l'urine). *U. L. F.*, 1879-80, xv, 175-204. — *Prof på indikan i urin* (recherche de l'indican dans l'urine). *Ibid.*, xv, 213-221. — *Über das Fibrinogen : 2, A. g. P.*, 1880, xxii, 431-502. — *Några drag af de kemiska processerna hos växterna och djuren* (quelques traits principaux des processus chimiques chez les plantes et les animaux). *U. L. F.*, 1881-82, xvii, 1-31. — *Über Dehydrocholalsäure, ein neues Oxydationsprodukt der Cholalsäure. A. R. S. U.*, 1881, (3), xi, n° 5, 1-31 et *D. Chem. Ges.*, 1881, xiv, 71-76. — *Bidrag till synovians kemi.* (Sur la chimie de la synovie). *U. L. F.*, 1881-82, xviii. 333-334. — *Om tillförlitligheten af den approximativa ägghvitebestämningen i urin* (sur la valeur du dosage approximatif de l'albumine dans l'urine). *U. L. F.*, 1882-83, xviii, 130-134. — *Metalbumin und Paralbumin : Ein Beitrag zur Chemie der Kystomflüssigkeiten. Z. p. C.*, 1882, vi, 194-226. — *Zur Frage ob das Casein ein einheitlicher Stoff sei. Ibid.*, 1883, vii, 227-273. — *Über den Faserstoff und seine Entstehung aus dem Fibrinogen. A. g. P.*, 1883, xxx, 437-484. — *Über die Anwendbarkeit des Magnesiumsulfates zur Trennung und quantitativen Bestimmung von Serumalbumin und Globulinen. Z. p. C.*, 1884, viii, 467-502. — *Über den Gehalt des Caseins an Schwefel und über die Bestimmung des Schwefels in Proteinsubstanzen. Ibid.*, 1885, ix, 273-309. — *Studien über Mucin und mucinähnliche Substanzen. A. g. P.*, 1885, xxxvi, 373-455. — *Undersökning af Kefir* (recherches sur le Kéfir). *U. L. F.*, 1885-86, xxi, 242-273. — *Om urinämnebestämning för praktiska behof medelst Esbachs ureometer* (le dosage de l'urée au moyen de l'appareil de M. Esbach). *Ibid.*, xxi, 531-538. — *Om de ätliga svamparnas näringswärde* (la valeur nutritive des champignons comestibles) *Ibid.*, 1886-87, xxii, 111-138 et 379-413. — *Über das Mucin der Submaxillardrüse. Z. p. C.*, 1888, xii, 163-195. — *Über das Vorkommen von Mukoidsubstanzen in Ascitesflüssigkeiten. Ibid.*, 1891, xv, 202-227. — *Ett stort ganglion från underbenet* (recherches sur le fluide d'un ganglion) (*U. L. F.*, 1891-92, xxvii, 419-425.) — *Über Hämatoporphyrin im Harn. Scand. Arch.*, 1892, iii, 319-343. — *Zur Kenntniss der Lebergalle des Menschen. A. R. S. U.*, 1893, (3), xvi, n° 7, 1-44. — *Zur Kenntniss der Nucleoproteide. Z. p. C.*, 1894, xix, 19-37. — *Några ord om olikheterna mellan qvinnomjölk och komjölk* (différences entre le lait de la vache et celui de la femme). *U. L. F.*, 1894-95, xxx, 407-426. — *Om pentosuri* (pentosurie). *Ibid.*, 1895-96, *N. F.*, i, 62-68. — *Blut.* (*Biblioth. d. ges. med. Wiss.*, 1896, 262-274). — *Über das Verhalten des Paracaseins zu dem Labenzyme. Z. p. C.*, 1896-97, xxii, 103-126. — *Über die Bedeutung der löslichen Kalksalze für die Faserstoffgerinnung. Ibid.*, xxii, 333-395. — *Galle* (*Bibl. d. ges. med. Wiss.*, 1896, 388-397. — *Über eine neue Gruppe gepaarter Gallensäuren. Z. p. C.*, 1898, xxiv, 322-350. — *Weitere Beiträge zur Kenntnis der Fibrinbildung. Ibid.*, 1899, xxviii, 98-114. — *Ein Verfahren zum Nachweis der Gallenfarbrtoffe, insbesondere im Harne. Scand. Arch.*, 1899, ix, 314-322. — *Undersökning af. gallkonkrementer från isbjörn* (analyse des concrétions biliaires de l'ours polaire). *U. L. F.*, 1899-1900 ; v, 465-475. — *Ett fall af Alkaptonuri* (un cas d'alcaptonurie). *U. L. F.*, 1900-01 ; vii, 26-34. — *Om näringsämnenas betydelse för Muskelarbetet* (rôle des substances nutritives dans le travail musculaire). *U. U. Å.*, 1901, 1-45. — *Om lefvern såsom blodbildande och blodrenande Organ* (rôle du foie dans l'hémopoièse et dans la purification du sang). *Ibid.*, 1902, 1-43. — *Über die Eiweissstoffe des Blutserums. Ergebn. der Physiol.*, 1902, i, 330-354. — *Untersuchungen über die Gallen einiger Polartiere : 1. Über die Galle des Eisbären. Z. p. C.*, 1. 1901, xxxii, 435-466 ; 2. 1902, xxxvi, 525-555. — *Ett nytt fall af alkaptonuri* (un nouveau cas d'alcaptonurie). *U. L. F.*, 1902-03. viii, 425-428. — *Untersuchungen über die Gallen einiger Polartiere. — 2. Über die Galle des Moschusochsen. Z. p. C.*, 1904, xliii, 109-126. — *Über die Darstellung cristallisierter Taurocholsäure. Ibid.*, xliii, 127-144. — *Zur Chemie der Galle. Ergebn. der Physiol.*, 1905, iv, 1-22. — *Zur Chemie des Fischeies. Scand. Arch.*, 1905. xvii, 113-132. — *Om autolysen ur fysiologisk och patologisk synpunkt* (l'autolyse au point de vue physiologique et pathologique). *U. L. F.*, 1905-06 ; xi, 1-21. — *Vergleichende Untersuchungen über den Wert der Almenschen Wismutprobe und der Worm-Müllerchen Kupferprobe bei der Untersuchung auf Zucker. Z. p. C.*, 1907, l, 36-72. — *Weiteres über die Zuverlässigkeit der Almenschen und der Worm-Müllerschen Zuckerproben. A. g. P.*, 1907, cxvi, 517-532.

Lärobok i fysiologisk kemi och fysiologisk-kemisk analys (traité de Chimie physiologique). Upsala, 1883, 618 p. ; (2e édition, 1889, 443 p.) — *Kortfattad lärobok i fysiologisk kemi* (cours abrégé de chimie physiologique). Upsala, 1904, 530.

Lehrbuch der physiologischen Chemie, nach der zweiten schwed. Auflage übersetzt und etwas umgearbeitet. Wiesbaden, 1891, 425 p. — 6e édit., 1906, 836 p. — Traduction russe de la 2e éd., par A. Scerbakov, 1892, 382 p. — Traduction russe de la 5e éd., par S. S. Salaskin, 1904, 796 p. — Traduction italienne de la 2e éd., par Pasquale Malerba, 1893, 498 p. — Traductions anglaises, par L. Mendel. New-York, 1re éd., 1893, 511 p.; 5e éd., 1908, 845 p.

Kortfattad Lärobok i farmaceutisk kemi (cours abrégé de Chimie pharmaceutique). Upsala, 1886, 522 p.

Abréviations. — *Nova Acta Societatis Scientiarum Upsaliensis.* = *A. R. S. U.*
Upsala Läkareförenings Förhandlingar. = *U. L. F.*
Nordiskt medicinskt Archiv. = *N. M. A.*
Berichte der Kön. Sächs. Gesells. d. Wiss. = *Ak. Sachs.*

HARMALINE. — ($C^{13}H^{14}Az^2O$). Alcaloïde qu'on extrait des graines du *Peganum harmale*, en même temps que l'harmine ($C^{13}H^{12}Az^2O$). Elle donne des dérivés nitrés et hydrocyanés. Par l'action des acides forts l'harmaline se transforme en harmine. En oxydant l'harmine par l'acide chromique, on obtient l'acide harmique ($C^{10}H^8Az^2O^4$). Par l'acide chlorhydrique en vase clos l'harmaline donne de l'harmalol ($C^{12}H^{12}Az^2O$); et l'harmine, de l'harmol ($C^{12}H^{10}Az^2O$). D'après Tappeiner (*Ueber die Wirkungen der Alcaloïde von Peganum Harmala, insbesondere des Harmalins. A. P. P.*, XXXV, 1895, 69-76), l'harmaline provoque une exagération de l'excitabilité chez les grenouilles, mais non des convulsions, tandis que chez les mammifères elle est convulsivante. La pression artérielle, qui s'est élevée pendant les convulsions, s'abaisse ensuite; les mouvements respiratoires deviennent de plus en plus faibles, et la mort survient dans le coma. L'harmine se comporte tout à fait comme l'harmaline. Par injection intra-veineuse la dose mortelle est voisine de 0,006 par kil., chez le lapin. Par injection sous-cutanée il faut au moins 0gr,02. Tappeiner range l'harmine et l'harmaline parmi les poisons convulsivants.

HARVEY (William), né à Folkestone le 1er avril 1578, est l'une des gloires les plus pures de la physiologie : la découverte de la circulation du sang a immortalisé son nom.

Harvey fit ses premières études à Canterbury; puis il suivit à Cambridge des cours de logique et de philosophie naturelle; se sentant attiré vers la carrière médicale, il voyagea pour son instruction en France, en Allemagne, puis en Italie, où il résida pendant cinq années et fit des études médicales complètes. Il reçut, à Padoue, le bonnet de Docteur en 1602; revenu la même année en Angleterre, il se fit admettre une seconde fois Docteur à Cambridge et s'établit à Londres où il exerça la médecine.

En 1604 il devint membre du Collège des médecins, en 1609 médecin de l'Hôpital Saint Barthélemy; on lui confia en 1615 l'enseignement de l'anatomie et de la chirurgie au Collège royal; en 1623 il fut nommé médecin suppléant du roi Jacques Ier et, après la mort de celui-ci, médecin en titre de Charles Ier.

Ce n'est qu'en 1628 qu'Harvey publia le traité *Exercitatio anatomica de motu cordis et sanguinis*, dans lequel il expose complètement sa théorie de la circulation; mais il est hors de doute que dès 1619, dans ses leçons, il démontra à ses élèves les expériences sur lesquelles était basée cette théorie. D'ailleurs Harvey lui-même nous dit, dans la dédicace de son livre, comment il est arrivé à la connaissance de la vérité, graduellement, *par des expériences directes.*

La découverte de la circulation du sang est en effet un produit pur de l'expérience : *vous avez,* dit Harvey, *vu mes vivisections, vous avez, avec une bonne foi complète, assisté, en les approuvant, à ces expériences dont je démontre aujourd'hui publiquement la réalité. Dans ce livre, je suis seul à affirmer que le sang revient sur lui-même, contrairement à l'opinion générale, admise et démontrée par un grand nombre de savants illustres* [1].

Il n'est peut-être pas, au point de vue de la démonstration de l'utilité des vivisections, de fait plus probant que la découverte de la circulation du sang: la clinique médicale avait, dès le temps d'Hippocrate, décrit avec sagacité les caractères du pouls;

1. Lettre au très illustre et savant D. Argent, Président du Collège des médecins de Londres, dédicace du livre de Harvey, 1628.

les chirurgiens avaient, à coup sûr depuis l'époque du siège de Troie, fixé leur attention sur le mécanisme des hémorrhagies tant artérielles que veineuses; HOMÈRE nous parle des héros « dont l'âme s'épanche avec leur sang ». Mais on n'en continue pas moins à croire que les artères sont remplies d'air! L'anatomie enfin, arrivée, depuis VÉSALE, à un haut degré de perfection, avait permis de suivre toutes les ramifications vasculaires, à l'exception toutefois des capillaires, sans rien révéler du cours réel du sang. Et jusqu'au XVIe siècle cette ignorance se maintient.

C'est par les vivisections qu'HARVEY est arrivé à la connaissance de la circulation du sang. Sur ce point le doute n'est pas possible. Ouvrons son livre[1]. Au chapitre premier, il débute par ces mots: « Ayant eu l'occasion de faire de nombreuses vivisections, « j'ai été amené d'abord à étudier les fonctions du cœur et son rôle chez les animaux, « en observant les faits, et non en étudiant les ouvrages des divers auteurs[1]. »

Le chapitre II traite des mouvements du cœur « d'après les vivisections » et dans tous les chapitres qui suivent c'est toujours sur les résultats de ses expériences et de ses vivisections que l'auteur s'appuie pour établir le bien-fondé de la nouvelle doctrine : les arguments expérimentaux reviennent sans cesse, les citations d'auteurs sont rares, si rares que l'on a reproché à HARVEY de n'avoir pas cité ses prédécesseurs.

Dans son *Histoire de la découverte de la circulation du sang*[2], FLOURENS, parlant du livre de HARVEY, dit : « Ce petit livre de cent pages est le plus beau de la physiologie[3]. » Nous devons à CHARLES RICHET une excellente traduction qui permet à chacun d'apprécier toute l'exactitude d'un jugement aussi élogieux[4]. Nous puiserons en grande partie dans ces deux livres, non point les éléments de l'histoire de la découverte de la circulation du sang, mais tout juste ce qui est nécessaire pour établir la part qui revient à HARVEY dans cette découverte.

HARVEY avait passé cinq années à Padoue où il avait reçu les enseignements de FABRICE D'ACQUAPENDENTE ; on sait que c'est à ce maître qu'est due la découverte des valvules des veines, découverte qui datait déjà de vingt-cinq années au moment où HARVEY étudiait à Padoue; la disposition anatomique de valvules des veines était une preuve du retour du sang venant de la périphérie par les veines et allant vers le cœur; mais FABRICE D'ACQUAPENDENTE ne vit pas cette preuve... HARVEY, au contraire, en saisit toute l'importance: « Le sang des veines, dit-il, ne peut passer dans les artères qu'en traversant le cœur et les poumons[5]. »

CÉSALPIN avait observé ce qui se passe dans les veines lorsqu'on enserre le bras dans une ligature; il avait eu de la *circulation* du sang une vue parfaitement nette, il l'avait formulée en disant: *Ex venâ cava intromissio fit in cordis ventriculum dextrum, unde patet exitus in pulmonem; ex pulmone prætcrea ingressum esse in cordis ventriculum sinistrum, ex quo patet exitus in arteriam aortam. Sic enim perpetuus quidam motus est ex venâ cavâ per cor et pulmones in arteriam aortam.*

Quant à la circulation pulmonaire, d'autres que CÉSALPIN l'avaient découverte et décrite longtemps auparavant: MICHEL SERVET, dans son livre *Christianismi restitutio* imprimé en 1553, rejette l'idée de la communication interventriculaire et montre le cours du sang passant du ventricule droit à travers les poumons. *Fit autem communicatio hæc non per parietem cordis medium, ut vulgo creditur, sed magno artificio a dextro cordis ventriculo, longo per pulmones ductu, agitatur sanguis subtilis; a pulmonibus præparatur, flavus efficitur, et a venâ arteriosâ in arteriam venosam transfunditur.*

On peut admettre, avec CH. RICHET, que la *Christianismi restitutio*, imprimée en 1553, existait déjà manuscrite en 1546; que sans doute SERVET, dans ses voyages, surtout à Padoue, dut montrer le manuscrit à ses amis et à ses maîtres en anatomie; on a donc les meilleures raisons de mettre en doute l'affirmation de COLUMBO, qui s'attribue le mérite d'avoir le premier reconnu l'existence de la circulation pulmonaire. Dire, avec FLOURENS: « *il est sûr que* SERVET *a découvert la circulation pulmonaire ; mais il est éga-*

1. *Exercitatio anatomica de motu cordis et sanguinis*, Francfort, 1628.
2. Deuxième édition, Paris, 1857.
3. *Ibidem*, p. 43.
4. HARVEY. *La circulation du sang. — Des mouvements du cœur chez l'homme et chez les animaux. — Deux réponses à Riolan.* Traduction française par CHARLES RICHET, Paris, 1874.
5. *De motu cordis et sanguinis.* Trad. CH. RICHET, p. 116.

lement sûr que, le livre absurde dans lequel cette belle découverte a été exposée ayant été brûlé presque aussitôt qu'imprimé, Servet n'a influé sur aucun de ses successeurs » ce n'est pas bien probant; car, du moment où l'on sait que Servet était en 1546 à Padoue, son influence a pu se traduire avant la publication de son livre, et indépendamment de celle-ci.

Je ne me rends pas davantage aux arguments de Ch. Richet qui, se basant sur une remarque de M. Tollin, croit pouvoir dire que Michel Servet a inspiré Vésale; dès 1544[1] Vésale a nié l'existence des communications interventriculaires: nier l'existence des trous de cloisons, démontrer que ces trous n'existaient pas, c'était ruiner le système de Galien, c'était porter un coup mortel à l'antique doctrine des « mouvements » du sang. S'il est démontré que Vésale, notamment dans la conférence donnée à Padoue dans l'hiver de 1544, a formellement combattu sur ce point l'absurde tradition galénique, on ne doit point faire état de ce qu'il ne mentionne pas cette controverse dans son édition de 1542; son antériorité sur Michel Servet n'en reste pas moins démontrée.

Dans l'ordre chronologique, et sans remonter au delà des cent années qui précèdent l'apparition du livre de Harvey, les précurseurs immédiats de ce dernier seraient donc : en premier lieu Vésale, qui renversa le dogme galénique de la perforation de la cloison interventriculaire; Michel Servet, qui découvrit la circulation pulmonaire; Césalpin, qui décrivit en somme le cours du sang avant Harvey et employa le premier le mot « circulation » ; enfin, et surtout, Fabrice d'Acquapendente avec lequel Harvey fut en rapport à Padoue pendant cinq années et qui découvrit les valvules des veines, sans toutefois soupçonner leur véritable usage.

On peut donc dire, avec Flourens, que « lorsque Harvey parut, tout avait été soupçonné, mais que rien n'était établi »; on peut admettre, avec Sprengel, « que l'on trouve dans l'éducation de Harvey les causes qui lui permirent de faire sa grande découverte[2] » mais Harvey n'en reste pas moins un génial inventeur; il n'en est pas moins le premier qui démontra l'existence de la circulation du sang; il apporta des clartés définitives dans une question jusque-là confuse, et, sans lui, nous en serions peut-être encore à ignorer les bases de la physiologie.

Le vrai mérite de Harvey ne peut se mesurer ni aux dimensions de son livre ni même à la valeur des faits, d'ailleurs fondamentaux, dont il a fourni d'élégantes et péremptoires démonstrations. Le véritable mérite de son œuvre est dans la méthode : Harvey a ouvert la poitrine d'un animal vivant : il a vu battre les oreillettes et les ventricules du cœur, il a décrit exactement ce qu'il avait observé; Harvey a comprimé des artères et des veines, il a vu comment ces vaisseaux se gonflaient de sang, soit en amont, soit en aval des ligatures; Harvey a multiplié les expériences, les a répétées d'année en année devant ses élèves et devant ses collègues; Harvey a évalué expérimentalement la quantité de sang contenu dans le corps de différents animaux, il a supputé la quantité de sang que lance la contraction d'un ventricule du cœur, il a calculé, inexactement il est vrai, mais par une méthode excellente, la durée d'une révolution sanguine; chez un homme atteint d'anévrysme il a démontré l'interruption du pouls par le caillot anévrysmal et il a conclu que le pouls est uniquement dû à l'impulsion du sang chassé par le cœur.

Harvey a fait de la physiologie comme nul n'en a fait avant lui; son livre est, ainsi que le *Novum organum* de Bacon, toute une révélation, et en même temps toute une révolution. Avant Harvey nous sommes au moyen âge et nous nous perdons dans les dissertations scolastiques; nous sommes butés surtout à cette idée que la science est faite et qu'elle se transmet par la tradition; après Bacon et avec Harvey nous entrons dans la période rationnelle qui ouvre l'ère moderne, nous découvrons que la science est à faire; nous savons désormais que, pour arriver au vrai, nous devons regarder devant nous et non pas en arrière.

Le *Novum organum* parut en 1620, le livre de Harvey en 1628: le premier de ces deux

1. Voir : Notes sur André Vésale, *Revue de l'Université de Bruxelles*, Décembre 1903, p. 161-200.

2. Sprengel, *Histoire de la médecine*, Trad. Jourdan, IV, 87.

livres, dit Charles Richet, contient l'apothéose de la méthode expérimentale, le second démontre victorieusement tous les avantages de cette méthode [1].

Harvey rencontra, comme on le sait, de nombreux et de puissants contradicteurs; il fut exposé aux injures et vit sa clientèle diminuer; le nombre de ceux qui, ayant lu son livre, consentirent à suivre la voie qu'il venait d'ouvrir et à expérimenter comme lui, fut excessivement restreint; la plupart des anatomistes, et à leur tête le célèbre Riolan, refusèrent d'admettre une doctrine qui était en contradiction évidente avec leurs descriptions; quant aux médecins, la plupart jugeaient, avec Guy-Patin, qu'ils n'avaient que faire de la circulation du sang pour guérir leurs malades.

Quelques physiciens firent preuve de moins d'aveuglement et adoptèrent le système de Harvey, mais en déclarant, comme pour s'excuser à leurs propres yeux, que ce système était une réédition d'opinions anciennes précédemment émises par l'évêque Nemesius, ou même par Aristote, et par Hippocrate. Si instructive que soit l'histoire de ces polémiques passionnées où la vérité faillit sombrer, il nous paraît superflu d'en retracer les péripéties; rappelons seulement que Harvey répondit à Riolan, en 1649, patiemment, avec une réserve, une dignité et une fermeté parfaites, il réfuta une à une toutes les objections présentées. A partir de ce moment l'existence de la circulation du sang s'imposa aussi bien à toutes les doctrines médicales qu'à toutes les recherches physiologiques.

Il manquait pourtant à toutes les démonstrations faites quelque chose d'essentiel : personne n'avait vu les communications entre les artères et les veines ; les capillaires étaient inconnus ; le microscope n'était pas inventé. Harvey meurt en 1657, et c'est en 1661 que Marcel Malpighi, à Bologne, voit pour la première fois, au moyen d'un mauvais microscope, passer le sang à travers les réseaux capillaires ; les observations de Malpighi, corroborées par de fines préparations de pièces injectées, révèlent, dans tous ses détails, l'anatomie des vaisseaux intermédiaires entre les artères et les veines ; désormais nul ne mettra plus en doute la découverte de Harvey.

Au temps où celui-ci étudiait à Padoue, il avait eu l'occasion de s'initier aux recherches d'embryologie. Fabrice d'Acquapendente avait publié un traité *De formato fœtu ;* le maître de Harvey avait spécialement étudié la formation du poulet dans l'œuf en incubation, et l'on sait qu'on lui doit la découverte des « chalazes » et de la « cicatricule ». En Angleterre, Harvey continua des recherches analogues; il les étendit à la génération des insectes et à celle des mammifères; grâce à la faveur du roi, qu'il parvint à intéresser à ses études, Harvey ne fut pas entravé dans ses vivisections et beaucoup de ses recherches embryologiques furent faites sur des biches pleines, et sur d'autres animaux fournis par le parc royal.

Les *Exercitationes de generatione animalium* furent publiées en 1651 ; le mérite de ce livre a été très discuté; il s'y trouve des traits dignes de l'auteur du traité de la circulation du sang, mais bien des pages y sont inutilement consacrées à des dissertations surannées. Les circonstances expliquent ces inégalités : Harvey ne peut en être rendu responsable : le manuscrit du livre lui fut enlevé par son ami Georges Ent, avant qu'il eût pu y mettre la dernière main. « Dégoûté des disputes dans lesquelles il s'était trouvé engagé par ses premiers écrits, et profondément affligé de la perte qu'il fit de tous ses papiers en accompagnant dans sa fuite le roi Charles Ier, Harvey avait résolu de ne point publier cet ouvrage. Ent fut donc obligé d'user de stratagème pour le lui arracher [2]. »

Bien qu'édité dans de telles conditions, ce livre contient des observations originales et des arguments décisifs en faveur de la théorie de l'évolution, que Gaspard Frédéric Wolff devait, cent années plus tard, mettre en si belle évidence. Harvey combat la génération spontanée admise jusque-là par la plupart des auteurs ; il montre que dans l'œuf de poule les chalazes ne sont pas le point de départ de la fécondation, qu'elles ne proviennent pas de la semence du coq; il localise dans la cicatricule les premiers processus, encore indistincts pour lui, du développement du germe : dans la cicatricule, selon son expression, sont contenues *potentiellement* toutes les parties du futur animal

1. Ch. Richet, *loc. cit.* Introd. historique, p. 32.

2. Harvey, *De generatione animalium*, in-4°, Lugd. Batav., 1727, 307-308. Préface d'Ent. (Cité d'après Sprengel).

(*potentia insunt*); il affirme hardiment que non seulement les ovipares, mais aussi les vivipares, proviennent d'un œuf: il énonce le principe *Omne vivum ex ovo*, base de l'embryologie moderne.

La vie de Harvey fut attristée par les luttes civiles auxquelles, par le fait du rang qu'il occupait à la Cour, il fut indirectement mêlé; il suivit le roi dans ses voyages; sa maison de Londres fut pillée; nommé par le roi, en 1645, président du Collège de Merton à Oxford, il ne put conserver cette situation; car bientôt le Parlement fut vainqueur, et Oxford dut se rendre aux ennemis du roi. Harvey revint à Londres; après l'exécution de Charles Ier il vécut d'une manière très retirée, tantôt à Londres, tantôt dans les environs, chez ses frères, à Lambeth ou à Richemont. Il refusa la présidence du Collège des médecins, qu'on lui avait offerte, mais il continua d'assister aux réunions de cette société; en 1651 ses collègues érigèrent en son honneur une statue dont l'inscription laudative proclame l'immortelle renommée de celui à qui l'on doit les importantes découvertes de la circulation du sang et de l'origine des animaux : *Qui sanguini motum et animalibus ortum dedit.*

En 1656 Harvey abandonna sa charge de professeur; le 3 juin 1658 il mourut, âgé de quatre-vingts ans. Wilson rapporte qu'Harvey vit arriver la mort avec tranquillité, « observant, avec une attention philosophique, les approches successives de la dissolution ».

Un monument fut érigé sur sa tombe, à Hempstead (Essex); sa statue se dresse aujourd'hui à Folkestone, sur une place élevée, en face de la mer.

Bibliographie. — *Exercitatio anatomica de motu cordis et sanguinis in animalibus.* Francfort, 1628, in-4°; Leyde, 1639, in-4°. — *Exercitationes duæ anatomicæ de circulatione sanguinis ad Joh. Riolan fil.* Rotterdam, 1649, in-12. — Ces deux ouvrages ont été traduits en français : Harvey, *La circulation du sang : des mouvements du cœur chez l'homme et chez les animaux;* deux réponses à Riolan, avec une introduction historique et des notes, par Charles Richet, Paris, Masson, 1879. — *Gulielmi Harveii; angli, medici regii et in Londinensi medicorum collegio professoris anatomiæ, de motu cordis et sanguinis in animalibus exercitatio anatomica cum refutationibus* Œmilii Parisani, *Romani, philosophi ac medici Veneti,* et Jacobi Primirosii, *in Londinensi Collegio doctoris medici.* Lugd. Batav., 1639; Padoue, 1643, in-12; 1646, in-4°; Lyon, 1647, in-4°; avec Spigel, Amsterdam, 1645, in-fol.; avec une préface de Deleboe Sylvus, Rotterdam, 1648, in-12; autres éditions à Genève, 1685, Leyde, 1737, Glascow, 1751. Traduction anglaise in-8°, Londres, 1653. — *Exercitationes de generatione animalium quibus accedunt quædam de partu, de membranis ac humoribus uteri, et de conceptione.* Londres, 1651, in-4°; Amsterdam, 1651, in-12; 1662, in-12; Padoue, 1666, in-12; La Haye, 1680, in-12, Trad. anglaise, in-8°, 1653. — *Anatomical account concerning Thomas Parr, who died at the age of 152 years and 9 months. Philosophical Transactions,* 1669. — *Opera omnia... a Collegio medicorum Londinense edita,* in-4°, 1766, avec la vie de Harvey par Lawrence, et son portrait par C. Jansen.

PAUL HÉGER.

HÉDÉRINE. — $C^{64}H^{104}O^{19}$. Glycoside contenu dans le lierre (*Hedera helix*). Il se dédouble par les acides en hédérinine ($C^{20}H^{40}O^4$) et deux sucres, l'hédérose ($C^6H^{12}O^6$) et la rhamnose. On trouve aussi dans le lierre l'acide hédérique ($C^{16}H^{26}O^4$), toxique à la dose de 0,02 chez les grenouilles (Penzoldt). Houdas, au point de vue chimique, et Joanin, au point de vue physiologique, ont étudié avec soin l'hédérine. La dose toxique, sur les grenouilles de 40^{gr}, est de 0,005. On observe une paralysie lente et progressive. Chez les animaux à sang chaud l'hédérine est beaucoup plus toxique, de 0,02 à 0,03 par kil. chez les lapins en injection intra-veineuse. Chez le chien elle produit des vomissements et de la diarrhée; et la pression artérielle s'abaisse. A l'autopsie les viscères abdominaux sont fortement congestionnés. On a signalé chez l'homme, notamment chez les enfants qui ont ingéré des baies de lierre, des accidents presque convulsifs, quelquefois suivis de mort.

Vernet. *L'hédérine et ses effets physiologiques.* Th. Bordeaux, 1885. — Houdas. *Contribut. à l'étude du lierre.* (*C. R.*, 1899, cxxviii, 1463-1465). — Joanin. *Lierre et hédérine; étude physiologique et toxicologique.* (*C. R.*, 1899, cxxviii, 1476-1478).

E. HÉDON, professseur de physiologie à la Faculté de médecine de Montpellier.

Diabète expérimental et physiologie du pancréas. — *Sur la production du diabète sucré après l'extirpation du pancréas* (*B. B.*, 1890, 571) — *Extirpation du pancréas; diabète sucré expérimental* (*Arch. de Méd. exp.*, 1891, 44-67). — *Sur les phénomènes consécutifs à l'altération du pancréas déterminée expérimentalement par une injection de paraffine dans le canal de Wirsung* (*C. R.*, 1891, CXII, 750). — *Sur la production de la glycosurie et de l'azoturie après l'extirpation totale du pancréas* (*C. R.*, 1891, CXII, 1027). — *Contribution à l'étude du pancréas, diabète expérimental* (*Arch. de Méd. exp.*, 1891, 341-360 et 526-538). — *Sur la pathogénie du diabète consécutif à l'extirpation du pancréas* (*A. d. P.*, 1892, 245-258). — *Sur la consommation du sucre chez le chien après l'extirpation du pancréas* (*A. d. P.*, 1893, 154-163). — *Greffe sous-cutanée du pancréas* (*B. B.*, 1892, 307). — *Greffe sous-cutanée du pancréas; ses résultats au point de vue de la théorie du diabète pancréatique* (*B. B.*, 1892, 678). — *Greffe sous-cutanée du pancréas; son importance dans l'étude du diabète pancréatique* (*C. R.*, 1892, CXV, 292 et *A. d. P.*, 1892, 617-628). — *Quelques faits relatifs à la pathogénie du diabète pancréatique, en réponse à De Dominicis* (*Arch. de Méd. exp.*, 1893, 695-700). — *Fistule pancréatique* (*B. B.*, 1892, 763). — *Pathogénie du diabète pancréatique. Réfutation d'une hypothèse de A. Capparelli* (*B. B.*, 1892, 919). — *Production du diabète sucré chez le lapin par destruction du pancréas* (*C. R.*, 1893, CXVI, 649). — *Sur les effets de la destruction lente du pancréas* (*C. R.*, 1893, CXVII, 238). — *Influence de la piqûre du plancher du 4e ventricule chez les animaux rendus diabétiques par l'extirpation du pancréas* (*B. B.*, 1894, 26 et *A. d. P.*, 1894, 269-282). — *Sur la présence du sucre dans les milieux de l'œil à l'état normal et dans le diabète*, en collab. avec Truc (*B. B.*, 1894, 241). — *Diabète pancréatique* (*Travaux de Physiologie*, 1 vol., O. Doin, édit. Paris, 1898, 1-143). — *Physiologie normale et pathologique du pancréas* (1 vol. de l'*Encycl. des aides mémoires Léauté*, 1901). — *Transplantation sous-cutanée de la rate* (*B. B.*, 1899, 560.

Digestion. Absorption. — *Sur la digestion et la résorption des graisses après fistule biliaire et extirpation du pancréas*, en collab. avec Ville (*B. B.*, 1892, 308, et *A. d. P.*, 1897, 606-621). — *Sur le rôle du suc pancréatique et de la bile dans la résorption des graisses* (*A. d. P.*, 1897, 621-634). — *Sur la résorption intestinale et l'action purgative des sucres en solutions hyperisotoniques* (*B. B.*, 1900, 29 et 41). — *Sur la résorption intestinale des sucres en solutions isotoniques* (*B. B.*, 1900, 87). — *Sur la résorption intestinale des sucres* (*C. R.*, 1900, CXXX, 265). — *Sur la résorption intestinale des sucres dans ses rapports avec les lois de la pression osmotique* (*Arch. internat. de Pharm. et Thér.*, 1900, 163-181.)

Sang. Circulation. — *Sur l'hémolyse par les glycosides globulicides et les conditions de milieu qui la favorisent ou l'empêchent* (*B. B.*, 1900, 771 et *Arch. intern. de Pharm. et Thér.*, 1901, VIII, 381-407 et IX, 393-406). — *Sur l'hémolyse par la solanine et les conditions de milieu qui la favorisent ou l'empêchent* (*B. B.*, 1901, 227). — *Toxicité des glycosides hémolytiques pour les poissons et actions antitoxiques* (*B. B.*, 1901, 391). — *Sur les conditions de destruction des globules rouges par certains agents chimiques* (*B. B.*, 1900, 351). — *Action globulicide des silicates alcalins* (*B. B.*, 1900, 507). — *Sur l'affinité des globules rouges pour les acides et les alcalis, et les variations de résistance que leur impriment ces agents vis-à-vis de la solanine* (*C. R.*, 1901, CXXXIII, 309). — *Sur l'agglutination des globules sanguins par les agents chimiques et les conditions de milieu qui la favorisent ou l'empêchent* (*C. R.*, 1900, CXXI, 290, — *Sérum agglutinant des levures* (*B. B.*, 1901, 256). — *Sur les températures de coagulation des sérums dialysés* (*B. B.*, 1901, 901). — *Sur la nature du sucre du sang* (*B. B.*, 1898, 510). — *Effets des injections intra-veineuses de propeptone après extirpation du foie combinée à la fistule d'Eck*, en collab. avec Delezenne. (*B. B.*, 1896, 633).

Sur la reprise des contractions du cœur, après arrêt complet de ses battements, sous l'influence d'une injection de sang dans les artères coronaires, en collab. avec Gilis (*B. B.*, 1892, 760). — *Nouvelles méthodes pour l'isolement du cœur des mammifères et expériences diverses sur le cœur isolé*, en collab. avec Arrous (*Arch. internat. de Pharm. et Thér.*, 1899, 121-147). — *Sur les effets cardio-vasculaires des injections intra-veineuses des sucres* (*B. B.*, 1899, 642).

Sur la transfusion, après les hémorragies, de globules rouges purs, en suspension dans un sérum artificiel (*Arch. de Méd. expér.*, 1902, 297-326). — *Sur la transfusion du sang lavé après hémorragie, et les modifications de forme des globules rouges suivant les milieux* (*C. R. de l'Association des Anatomistes*, 1902, 90).

Sécrétion urinaire. — *Action de la phloridzine Chez les chiens diabétiques par l'extirpation du pancréas* (*B. B.*, 1897, 60). — *Des relations existant entre les actions diurétiques et les propriétés osmotiques des sucres*, en collab. avec Arrous (*B. B.*, 1899, 884). — *Action diurétique des sucres* (*C. R.*, 13 nov. 1899). — *Sur le mécanisme de la diurèse par injection intra-veineuse de sucres* (*B. B.*, 1900, 634). — *A propos de l'action diurétique des sucres* (*B. B.*, 1904, 260).

Sérums artificiels. Irritabilité. — En collab. avec Fleig : *Sur l'entretien de l'irritabilité de certains organes séparés du corps par immersion dans un liquide nutritif artificiel* (*B. B.*, 1903, 1105 et *C. R.* cxxxvii, 217). — *Influence de la température sur la survie de certains organes séparés du corps et leur réviviscence dans un liquide nutritif artificiel* (*B. B.*, 1903, 1199). — *L'eau de mer constitue-t-elle un milieu nutritif capable d'entretenir le fonctionnement des organes séparés du corps?* (*B. B.*, 1905, 306). — *Action des sérums artificiels et du sérum sanguin sur le fonctionnement des organes isolés des mammifères* (*Arch. internat. de Physiol.*, 1905, 95-126).

Système nerveux. — *Étude anatomique sur la circulation veineuse de l'encéphale* (*Thèse in. de Bordeaux*, 1888). — *Étude critique sur l'innervation de la face dorsale de la main* (*Internat. Monatsschr. f. Anat. u. Phys.*, 1889, fasc. 4 et 5). — *Quelques expériences de destruction de la zone visuelle chez le singe* (*Montpellier médical*, x, 1900). — *Recherches sur l'action du chloralose*, en collab. avec Fleig : *action du chloralose sur quelques réflexes respiratoires* (*B. B.*, 1903, 41 et *Arch. Internat. de Pharmac. et Thér.*, 1893, 361-380). — *Inhibition de mouvements observée sous l'influence du chloralose* (*B. B.*, 1903, 118). — *Chloralose et inhibition* (*Arch. Internat. de Pharm. et Thérap.*, 1904, xiii, 107-116). — *Sur la présence dans le nerf laryngé supérieur de fibres vaso-dilatatrices et sécrétoires pour la muqueuse du larynx* (*C. R.*, 1896, cxxiii, 267 et *Presse médic.*, 1896, 645). — *Innervation vaso-motrice du larynx* (*B. B.*, 1906, 952 et *Arch. internat. de Laryngol.*, 1906, n° 3, 840-853 et 1907, n° 1, 174-181). — *Étude expérimentale du poison des flèches du Tonkin*, en collab. avec Boinet (*A. d. P.*, 1891, 373-381).

Ouvrages de vulgarisation. — *Précis de Physiologie* (5e éd., O. Doin, Paris, 1907). — *Traduction* de la 2e édition allemande du *Traité de Physiologie générale de* Verworn (Schleicher, Paris, 1900). — *Articles « Digestion » et « Diabète » du Dictionn. de Physiol.* — *L'alcool aliment, d'après des expériences récentes* (*Montp. médic.*, 1903, 297 et 328). — *L'alcool et sa valeur alimentaire*, en collab. avec Roos (*Rev. gén. des Sc.*, 1903, 671-677). — *La vieillesse physiologique et la mort naturelle* (*Montp. médic.*, 1904, 53). — *L'eau de mer, milieu vital* (*Montp. médic.*, 1905, 253).

HÉDONAL. — Cette substance fut découverte et étudiée expérimentalement par Dreser (1) en 1899. En raison du sommeil agréable qu'elle procure, il proposa de l'appeler hédonal (ἡδονὴ, plaisir).

Constitution chimique. — C'est un corps très voisin des uréthanes dont Schmiedeberg (2), dès 1885, avait vu les propriétés hypnotiques. Ceux-ci sont des dérivés de l'acide carbamique avec substitution d'un radical d'hydrocarbure à l'H de l'oxhydrile :

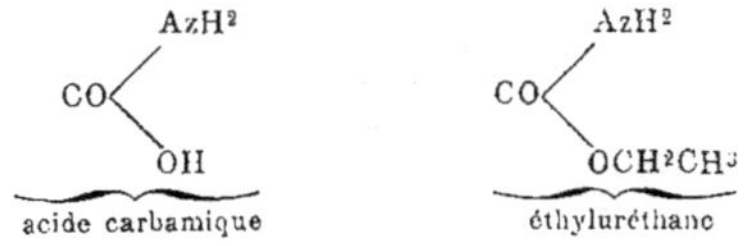

Si à l'éthyluréthane on ajoute le groupement propyle, on obtient le propyl-méthyl-carbinol-uréthane, ou hédonal.

$$\mathrm{CO}\left\langle \begin{array}{l} \mathrm{AzH^2} \\ \mathrm{OCH.CH^3} \\ \quad\ | \\ \quad \mathrm{C^3H^7} \end{array}\right.$$

Hédonal

Propriétés physiques. — Il se présente sous l'aspect d'une poudre blanche, cristalline, à odeur faiblement aromatique, d'une saveur rappelant celle de la menthe poivrée. L'hédonal fond à 76° et bout à 215°. Il se dissout bien dans l'alcool à 90°; il est insoluble dans l'eau froide, soluble à 1 p. 100 dans l'eau à 37°.

Action pharmacodynamique. — Cette substance est toxique à la dose de 1 gramme par kilo chez le cobaye, le lapin et le chien. (Dreser, Roubinowitch et Philippet (3). La mort se produit par paralysie du centre respiratoire (Kojoucharoff) (4) ; l'animal succombe à une véritable asphyxie, et, par la respiration artificielle, il est possible de le ramener à la vie.

L'injection intra-veineuse de 0gr,05 à 0gr,10 par kilo provoque chez le lapin et le chien des effets hypnotiques. Mais ces quantités ne suffisent pas pour abolir la sensibilité : la dose anesthésique est de 0gr,15 à 0gr,30 par kilo.

Pendant la narcose hédonalique, la respiration est calme, régulière, légèrement diminuée de fréquence (Dreser) et d'amplitude (Lampsakoff) (5).

Les doses hypnotiques ne modifient ni le rythme du cœur ni la tension artérielle (Dreser). Les doses anesthésiques diminuent la fréquence des battements cardiaques et font baisser la pression (Kopoucharoff).

Chez le chien, l'hédonal est un excitant de la sécrétion urinaire (Dreser). Cet effet diurétique ne serait pas constant chez l'homme (Eulenburg) (6).

Le pouvoir excito-réflexe de la moelle est diminué (Dreser). Chez l'animal soumis à son action, la réponse à une piqûre se fait avec un temps perdu beaucoup plus long que chez le sujet normal.

Usages thérapeutiques. — L'hédonal a été employé chez l'homme pour combattre l'insomnie, et en particulier celle des aliénés (Nawratzki et Arndt) (7). Il procure un sommeil calme, réparateur, commençant d'habitude un quart d'heure après l'ingestion du médicament, et durant de 5 à 7 heures. Cet hypnotique ne trouble pas les diverses fonctions, et n'a pas d'effets cumulatifs (Staar) (8). On le prescrit à la dose de 1 à 3 grammes par jour.

Le chirurgien russe Kravkoff (9) fait prendre à ses malades de l'hédonal avant de les soumettre à l'anesthésie chloroformique, et il a été imité dans cette pratique par un certain nombre d'opérateurs, Mintz (10), Meille (11). Ces auteurs trouvent à ce procédé deux avantages. D'abord, l'ingestion préalable d'hédonal supprime presque complètement la phase d'excitation du chloroforme. D'autre part, l'hédonal préviendrait les accidents cardiaques de l'anesthésie. Cette dernière proposition est basée uniquement sur des observations cliniques, et n'a pas encore reçu de confirmation expérimentale.

Bibliographie. — 1. Dreser. *Verhandlungen der Gesells. d. deutscher Naturforscher und Aerzte Versammlung zu München*, 17-23 sept., 1899, 46. — 2. Schmiedeberg. *A. P. P.*, xx, 203. — 3. Roubinowitch et Philippet. *Journal de neurologie*, 1901, n° 18. — 4. Vassil Saint-Kojoucharoff. *Thèse de doctorat, Genève*, 1902, 19 et 32. — 5. Lampsakow. *Neurol. Centralbl.*, 1905, 53-60. — 6. Eulenburg. *Therapeutischen Beilage der deutschen medicinischen Wochenschrift*, 1900, 20. — 7. Nawratzki et Arndt. *Therapeutische Monatshefte*, 1900, 372. — 8. Stahr. *Psychiatr. Woch.*, 1902, 451. — 9. Kravkoff. *Russk. Vrach. S. Péterb.* 1903, ii, 1697-1700. — 10. Mintz. *Centralblatt f. Chir.*, 1905, 71-74. — 11. Meille. *Ann. di ostet.*, 1906, 68-92.

HEGER (Paul), professeur de physiologie à l'Université de Bruxelles.

1870. — *Étude sur la désoxygénation organique et la dégénérescence graisseuse* (*Annales de la Soc. anatomo-pathol. de Bruxelles* et *Giornale della reale Accademia di Torino*, xxxiii, 859).

1873. — *La circulation du sang dans les organes isolés* (*Thèse*, Bruxelles, Manceaux).

1875. — *Action du chloral sur les nerfs vaso-moteurs* (en collab. avec Stiénon) (Bruxelles, *Journal de la Soc. des sciences médic. et natur.*) — *La valeur des expériences fondées sur la méthode des circulations artificielles* (*Rapport au Congrès des sciences médicales, Compte rendu*, 463).

1877. — *Notice sur l'absorption des alcaloïdes dans le foie, les poumons et les muscles* (*Journal de la Soc. roy. des sc. médic. et natur. de Bruxelles*).

1878. — *Étude critique et expérimentale sur l'émigration des globules du sang envisagée dans ses rapports avec l'inflammation* (Bruxelles, Manceaux).

1880. — *Sur le pouvoir fixateur de certains organes pour les alcaloïdes introduits dans le sang qui les traverse* (*C. R.*, 24 mai 1880). — *Recherches sur la circulation du sang dans les poumons* (*Annales de l'Université de Bruxelles*, I).

1881. — *Études sur les caractères craniologiques d'une série d'assassins exécutés en Belgique* (en collab. avec DALLEMAGNE) (*Annales de l'Univ. de Bruxelles*). — *Recherches sur la fistule péricardique chez le lapin* (en collab. avec SPEHL) (*Archives de Biologie belge*, II).

1882. — *Les caractères physiques des criminels* (*Bull. de la Soc. d'Anthrop. de Bruxelles*, 26 décembre 1882).

1883. — *Recherches sur la circulation pulmonaire et l'occlusion du trou de Botal* (en collab. avec MARIQUE) (*Ann. de l'Univ. de Bruxelles*).

1885. — *La question de la criminalité au Congrès de médecine mentale à Anvers* (*Bull. de la Soc. d'Anthrop. de Bruxelles*, 5 septembre 1885).

1886. — *Cours de physiologie professé à l'Université de Bruxelles.* — *Évolution régressive de l'écriture chez certains aliénés* (*Bull. de la Soc. d'Anth. de Bruxelles*, 27 décembre 1886).

1888. — *Einige Versuche über die Empfindlichkeit der Gefässe* (volume jubilaire offert au professeur LUDWIG, à Leipzig). — *La structure du corps humain et l'évolution* (Bruxelles, Lamertin).

1891. — *La fibre nerveuse* (*Bull. de la Soc. de microscopie*, XVII). — *L'organisation des prisons-asiles* (*Revue sociale et politique*, I).

1892. — *Compte rendu des travaux du troisième Congrès d'Anthropologie criminelle tenu à Bruxelles en 1892.* — *Action de la digitaline sur la circulation pulmonaire* (*Bull. de l'Acad. roy. de Médecine de Belgique*, (4), VI, 399).

1893. — *Sur l'évolution du langage* (Bruxelles, Lamertin).

1894. — *De la structure des artères cérébrales* (en collab. avec DE BOECK) (*Bull. de la Soc. de Médecine mentale de Belgique*, 1894, 388). — *Sur la diffusion inégale des poisons dans l'organisme* (*Assoc. britann. pour l'avancement des sciences*, Oxford, 1894). — *Sur l'empoisonnement par l'oxyde de carbone* (*Journal de Méd. publié par la Soc. roy. des sc. méd. et nat. de Bruxelles*, 31 mars 1894).

1895. — *De l'Idéal* (Bruxelles, Lamertin).

1896. — *Action de la lumière sur les éléments nerveux de la rétine* (*Bull. de l'Acad. roy. de médecine*, (4), X, 167 et 781).

1897. — *Notice sur Emil du Bois Reymond* (*Revue de l'Univ. de Bruxelles*, II, 561). — *Préparations microscopiques du cerveau d'animaux endormis et du cerveau d'animaux éveillés* (*Bull. de l'Acad. roy. de Méd. de Belgique*, (4), XI, 831).

1898. — *Sur la valeur des échanges nutritifs dans le système nerveux* (*Travaux de laboratoire de l'Institut Solvay*, II). — *Les photographies composites* (*Bull. de la Soc. d'Anthrop. de Bruxelles*, XVI). — *La mission de la Physiologie expérimentale. Discours rectoral* (*Revue de l'Univ. de Bruxelles*, IV, 81 et V, 81).

1899. — *Plus de liberté dans l'enseignement* (*Revue de l'Univ. de Bruxelles*, V, 765). — *Les fonctions de l'écorce grise*). *Journal médical de Bruxelles*, n° 17, 27 avril 1899).

1900. — *Modification du tracé ergographique par apposition d'une armature de fer sur l'avant-bras* (volume jubilaire de la *Soc. de Biologie de Paris*). — *Morphine et asphyxie* (volume jubilaire offert au professeur LUCIANI et *Bull. de l'Acad. roy. de Méd. de Belgique*, 24 février 1900).

1901. — *Les prisons-asiles* (*Revue de l'Univ. de Bruxelles*, VI, 31).

1903. — *Notes sur André Vésale* (*Rev. de l'Univ. de Bruxelles*, IX, 161).

1906. — *A la mémoire de Léo Errera* (*Rev. de l'Univ. de Bruxelles*, XI, 729).

1907. — *Nouvelles expériences sur la valeur des échanges nutritifs dans les centres nerveux des lapins inoculés du virus fixe de la rage* (*Bull. de l'Acad. roy. de Méd. de Belgique*, IVe série, XXI, 671).

Depuis 1896, publication des *Travaux de laboratoire de l'Institut Solvay.*

Depuis 1904, publication, en collaboration avec le professeur L. FREDERICQ, des *Archives internationales de Physiologie.*

HEIDENHAIN (Rudolf), fils d'un médecin estimé, né le 29 janvier 1834, à Marienwerder (Prusse occidentale), étudia la médecine à Königsberg, Halle et Berlin. Élève de A. VOLKMANN et de E. DU BOIS-REYMOND, il devint en 1857 professeur de physiologie à Breslau, où il passa toute sa vie.

Il était à la fois histologiste et physiologiste éminent, qualité déjà très rare à cette époque. C'est pourquoi il parvint à enrichir notre science par des travaux très importants sur l'anatomie et la physiologie des *glandes* (glandes salivaires, glandes stomacales, pancréas, reins, muqueuse de l'intestin). Puis il s'occupa de la physiologie du *sang* (sa quantité, sa circulation et son influence sur la température du corps), des *muscles* et des *nerfs* (surtout des processus chimiques dans les muscles qui se transforment en travail et en chaleur) et du *cerveau*.

HEIDENHAIN était un maître excellent et passionné pour sa science qu'il défendait contre les attaques absurdes des anti-vivisectionnistes. Il avait beaucoup d'élèves de presque tous les pays.

Il mourut à Breslau le 13 octobre 1898, à la suite d'une maladie de langueur occasionnée par un ulcère duodénal.

P. GRÜTZNER.

1854. — *De nervis organisque centralibus cordis cordiumque lymphaticorum ranae. Dissertatio inauguralis. Berlin.*

1856. — *Physiologische Studien. Berlin.* a) *Historisches und Experimentelles über Muskeltonus*, (9-45). — b) *Ueber eine die Muskelelastizität betreffende Frage.* (45-54). — c) *Uber Wiederstellung der erloschenen Erregbarkeit der Muskeln durch constante galvanische Ströme.* (55-126). — d). *Neue Methode, motorische Nerven auf mechanischem Wege zu tetanisieren.* 127-143. — *Die Wiederherstellung der erloschenen Muskelerregbarkeit durch constante galvanische Ströme.* (*Allgem. med. Centralzeitung*). — *Noch ein Wort die Wiederherstellung der erloschenen Muskelerregbarkeit betreffend* (*Ibid.*).

1857. — *Beitrag zur Kenntniss des Zuckungsgesetzes* (*Archiv für physiol. Heilkunde*, I, 442-481). — *Ueber eine eigentümliche Einwirkung der Kohlensäure auf das Hämatin. Ibid.*, 230-233). — *Zur Physiologie des Blutes.* (*Ibid.*, 507-543). — *Disquisitiones criticae et experimentales de sanguinis quantitate in mammalium corpore exstantis.* (*Habilitationschrift, Halle*, 1-36).

1858. — R. H. et A. COLBERG. *Versuche über den Tonus des Blasenschliessmuskels* (*A. P.*, 437-452). — *Ein mechanischer Tetanomotor* (*Moleschott's Untersuchungen*, IV, 124-133). — *Die Absorptionswege des Fettes.* (*Ibid.*, IV, 251-284.) — *Die Absorptionswege des Fettes* (*Vorläufige Mitteilung*). (*Allgem. med. Centralzeitung*). — *Erörterungen über die Bewegungen des Froschherzens.* (*A. P.*, 479-505). — *Das Pfeilgift für die Herznerven.* (*Allgem. med. Centralzeitung*).

1859. — *Beitrag zur Anatomie der Peyer'schen Drüsen* (*A. P.* 460-481). — *Symbolae ad anatomiam glandularum Peyeri, Vratislaviae*, 1859. — *Neurophysiologische Mitteilungen.* (*Allg. med. Centralzeitung*). — *Antwort an Dr. Ed. Pflüger* (*Ibid.*).

1860. — *Ueber das Photographieren von Myographionkurven* (*A. P.*, 542-543. — FRIEDLÄNDER et C. BARISCH. *Zur Kenntniss der Gallenabsonderung* (*A. P.*, 644-673). — TH. JÜRGENSEN. *Ueber die Bewegung fester in Flüssigkeiten suspendierter Körper unter dem Einfluss des elektr. Stromes.* (*Ibid.*, 673-687). — DAVIDSOHN et DIETERICH. *Zur Theorie der Magenverdauung.* (*A. P.*, 688-783).

1861. — SAUER. *Durch welchen Mechanismus wird der Verschluss der Harnblase bewirkt?* (*A. P.*, 112). — *Studien des physiol. Institutes zu Breslau*, I. — I. R. HEIDENHAIN. *Die Erregbarkeit der Nerven an verschiedenen Punkten ihres Verlaufes* (1-68). — II. SCHWEIGGER-SEIDEL. *Ueber den Uebergang körperlicher Bestandteile aus dem Blute in die Lymphgefässe.* (67-86). — III. TH. JÜRGENSEN. *Ueber die in den Zellen der Vallisneria spiralis Bewegungserscheinungen.* (87-109). — IV. F. NAWROCKI. *Der Stannius'sche Herzversuch und die Einwirkung constanter Ströme auf das Herz.* (110-138.) — V. TH. JÜRGENSEN. *Ueber den Tonus der willkürlichen Muskeln.* (139-162.) — VI. SCHLOCKOW. *Einige Wirkungen des schwefelsauren Chinins* (163-176). — VII. R. HEIDENHAIN. *Histologische und physiologische Mitteilungen.* (177-202). — a) *Zur Frage nach der Form der contractilen Faserzellen während ihrer Tätigkeit.* (177-196). — *b) Ueber das Auftreten einer regelmässigen Querstreifung an Bindegewebsbündeln.* (176-199). —*c) Gerinnung des Inhaltes der contractilen Faserzellen nach dem Tode.* (199-202).

1863. — *Studien des physiologischen Intituts zu Breslau,* II. — I. R. HEIDENHAIN. *Zur Kenntniss des hyalinen Knorpels.* (1-30). — II. KRAUSE. *Untersuchungen über einige Ursachen der peristaltischen Bewegungen des Darmkanals.* (31-46). — III. RÜGENBERG. *Ueber den angeblichen Einfluss der N. vagi auf die glatten Muskelfasern der Lunge.* (47-51). — IV. HEIDENHAIN. *Notizen über die Bewegungserscheinungen, welche das Protoplasma in Pflanzenzellen zeigt.* (52-68). — V. *Weitere Beiträge zur Kenntniss der Gallensecretion.* (69-102). — 1. FREUND et L. GRAUPE. *Aendert sich die Gallensecretion bei künstlichen Diabetes?* — 2. GOLDSCHMIDT, HAUSMANN et LISSA. *Ueber die Nr. vagi einen Einfluss auf die Gallensecretion aus?* — 3. KÖRNER et STRUBE. *Einfluss von Wasserinjectionen in das Blut und von Blutentziehungen auf die Gallensecretion.* — VI. R. HEIDENHAIN et L. MEYER. *Ueber das Verhalten der Kohlensäure gegen Lösungen von phosphorsaurem Natron* 103-124). — VII. SOLGER. *Ueber die Wärmeentwicklung bei der Muskeltätigkeit.* (125-143). — VIII. F. NAWROCKI. *Ueber die Methoden, den Sauerstoff im Blute zu bestimmen.* (144-167). — IX. L. MEYER. *Notiz über einige Bestandteile des Schweisses.* (168).

1865. — *Studien des physiologischen Instituts zu Breslau, III.* — I. KÖRNER. *Anatomische und physiologische Untersuchungen über die Bewegungsnerven der Gebärmutter.* (1-54). — II. WALDEYER. *Anatomische Untersuchungen eines menschlichen Embryo von 28-30 Tagen.* (55-70). — III. ID. *Zur Anatomie und Physiologie der Lymphherzen von Rana und Emys europaea.* (71-96). — IV. NEUFELD. *Ueber die Wirkungen des Upas Antiar.* (97-108). — V. R. HEIDENHAIN. *Ueber den Einfluss des N. accessorius Willisii auf die Herzbewegung.* (109-133).

1868. — *Studien des physiologischen Instituts zu Breslau, IV.* — I. R. HEIDENHAIN. *Beiträge zur Lehre von der Speichelsecretion.* 1-124. — NAWROCKI. *Die Innervation der Parotis.* 125-145. — III. LAMANSKY. *Untersuchungen über die Natur der Nervenerregung durch kurzdauernde Ströme.* (146-225). — IV. R. HEIDENHAIN. *Weitere Beobachtungen, betreffend die Gallensecretion.* (226-247). — V. ID. 1. *Ueber die Reaction tätiger Nerven.* — 2. *Ueber die Verbreitung der Fasern des Nerv. accessorius Willisii in den Aesten des Nerv. vagus.* (248-258). — R. HEIDENHAIN. *Aufklärung, die Entgegnung des Hr. Ranke Nr 49 Blatter betreffend* (*C. W., Nr* 53.)

1869. — R. HEIDENHAIN et LANDAU et PACULLY. *Ueber* AD. FICK's *experimentellen Beweis für die Gütigkeit des Gesetzes von der Erhaltung der Kraft bei der Muskelzusammen ziehung* (*A. g. P.*, II, 423-432.)

1870. — *Untersuchungen über den Bau der Labdrüsen.* (*Arch. f. mikr. Anatomie*, VI, 368-406). — *Bemerkungen über einige die Labdrüsen betreffenden Punkte.* (*Ibid.*, VII, 239-243, 1871). — *Ueber bisher unbeachtete Einwirkungen des Nervensystems auf die Körpertemperatur u. den Kreislauf.* (*A. g. P.*, III, 504-565). — (Avec NIGETIET et HEPNER). *Versuche über die Abhängigkeit des Stoffumsastzes in den tätigen Muskeln von ihrer Spannung* (*A. g. P.*, III, 574-578. — (Avec BRÜCK et GÜNTER). *Versuche über den Einfluss der Verletzung gewisser Hirnteile auf die Temperatur des Tierkörpers* (*A. g. P.*, III, 578-584).

1871. — *Ueber Cyon's neue Theorie der centralen Innervation der Gefässnerven* (*A. g. P.*, V., 551-568). — *Ueber den Temperaturunterschied des rechten und linken Ventrikels* (*A. g. P.*, IV, 558-569).

1872. — (Avec LANDAU). *Erneute Beobachtungen über den Einfluss des vasomotorischen Nervensystems auf den Kreislauf und die Körpertemperatur* (*A. g. P.*, V, 77-113.) — (Avec BORN, GARTSKA et JOSSMANN). *Ueber arhythmische Herztätigkeit* (*A. g. P.*, V, 143-152). — *Ueber Wirkung einiger Gifte auf die Nerven der Glandula submaxillaris* (*A. g. P.*, V, 309-318). — *Bemerkungen zu Herrn* DR. FRANZ RIEGEL's *Aufsatz : Ueber die Beziehung der Gefässnerven zur Körpertemperatur* (*A. g. P.*, VI, 20-22). — *Bemerkungen über die* BRUNNER'*schen Drüsen* (*Archiv. für mikr. Anatomie*, VIII, 279-280).

1874. — (Avec NEISSER). *Versuche über den Vorgang der Harnabsonderung* (*A. g. P.*, 1-27). — *Die Einwirkung sensibler Nerven auf den Blutdruck* (*A. g. P.*, IX. 250-262). — (Avec GLASER, KAISER et NEISSER). *Einige Versuche an den Speicheldrüsen* (*A. g. P.*, IX, 335-353). — *Mikroskop. Beiträge zur Anatomie und Physiol. der Nerven.* (*Arch. für mikr. Anatomie*, X, 1-50).

1875. — *Beiträge zur Kenntniss des Pancreas* (*A. g. P.*, x, 557-632).

1877. — (Avec Henry et Wollheim). *Einige Beobachtungen über das Pancreassecret pflanzenfressender Tiere* (*A. g. P.*, xiv, 457-468). — (et Kabierske). *Versuche über spinale Gefässreflexe* (*A. g. P.*, xiv, 518-528).

1878. — *Beiträge zur Kenntnis der Gefässinnervation* (*A. g. P.*, xvi. 1-59). — 1. Avec Grützner. *Ueber die Innervation der Muskelgefässe.* 1-31. — 2. Avec Alexander et Gottstein. — 3. Grützner. *Einige Versuche u. Fragen, die Kenntniss der reflectorischen Drucksteigerung betreffend.* (47-59). — *Ueber secretorische und trophische Drüsennerven* (*A. g. P.* xvii, 1-67). — *Ueber die Pepsinbildung in den Pylorusdrüsen* [(*A. g. P.*, xviii, 1-67). — *Ueber die Absonderung der Fundusdrüse des Magens* (*A. g. P.*, xix, 148-166).

1880. — *Zur Kritik hypnotischen Untersuchungen* (*Bresl. ärtzl. Zeit.*) — *Hypnotismus, Aphasie*, etc., (*Ibid.*, 1880, *Nr.* 5.) — *Mangel des Temperatursinn bei Hypnotischen.* (*Bresl. Zeitschrift*, 1880, *Nr.* 4).

1881. — Avec Bubnoff. *Ueber Erregungs und Hemmungsvorgänge innerhalb der motorischen Hirncentren* (*A. g. P.*, xxvi, 137-200). — *Ueber Erregung und Hemmung. Bemerkungen zu einem Vortrage des Herrn* H. Munk (*A. g. P.*, xxvi, 546-557). — R. Heidenhain. *Eine Abänderung der Färbung mit Hämatoxylin und chromsauren Salzen* (*Arch. für mikr. Anatomie*, 1886, 383-384). — *Beiträge zur Histologie und Physiologie der Dünndarmschleimhaut* (*A. g. P.*, 1888, xliii, 1-103.

1889. — *Bemerkung zu einer Erwiderung von G. Bunge* (*A. g. P.*, xliv, 271-272).

1891. — *Versuche und Fragen zur Lehre von der Lymphbildung* (*A. g. P.*, xlix, 209-301. — *Historische Notiz, betreffend die Berechnung der Herzarbeit*, 1892, iii, 415-416. *Neue Versuche über die Aufsaugung im Dünndarm* (*A. g. P.*, lvi, 1894, 579-631). — *Bemerkungen über den Aufsatz des Herrn* Dr. W. Cohnsten : *Zur Lehre von Transsudation* (*A. g. P.*, 1894, lvi, 632-640). — *Bemerkungen und Versuche betreffs der Resorption in der Bauchhöhle*, (*A. g. P.*, lxii, 1896, 320-331).

Die Zulassung der Realschulabiturienten zum Studium der Medicin. (*Deutsche med. Wochenschr.*, 1879. *Nr.* 5). — *Ueber pseudomotor. Nervenwirkungen* (*Arch. f. Physiol.*, 1883, *Suppl.*, 133-177). — *Mechanische Leistung, Wärmeentwicklung und Stoffumsatz bei der Muskeltätigkeit. Leipzig*, 1864, 1-184. — *Der sogenannte tierische Magnetismus. Vierte nach Beobachtungen von* R. Heidenhain *und* P. Grützner *umgearbeitete Auflage, Leipzig*, 1880, 1-82. — *Physiologie der Absonderungsvorgänge*, in L. Hermann's *Handbuch der Physiologie*, 1883, v, 1-420.

Die Vivisection, Leipzig, 1884, 1-98. — *Gedächtnissrede auf* H. R. Göppert (*Schles. Gesellschaft für vaterl. Cultur*, 1884). — *Gedächtnissrede auf* H. Helmholtz (*Ibid.*, 1894). — *Die Gedächtnissrede auf* E. Purkinje (*Ibid.*, 1880).

Travaux du laboratoire de R. Heidenhain,

(*ordonnés alphabétiquement*).

Afanasieff. M. *Ueber anatomische Veränderungen der Leber während verschiedener Tätigkeitszustande* (*A. g. P.*, xxx, 1885, 385-435). — Beyer, G. *Die glandula sublingualis, ihr histologischer Bau und ihre funktionnellen Veränderungen.* (*Dissertation*, 1879, *Breslau*). — Bial. M. *Ein Beitrag zur Physiologie der Niere.* (*A. g. P.*, lxvii, 1890, 116-124). — *Ueber die diastatische Wirkung des Blut-und Lymphserums.* (*A. g. P.*, lii, 1892, 137-156). — *Weitere Beobachtungen über das diastatische Ferment des Blutes.* (*A. g. P.*, liii, 1893, 156-170). — *Ein weiterer Beitrag zum Chemismus des zuckerbildenden Blutfermentes.* (*A. g. P.*, liv, 1894, 72). — *Ueber die Beziehungen des diastatischen Fermentes des Blutes und der Lymphe zur Zuckerbildung in der Leber* (*A. g. P.*, lv, 1894, 434-468). — Bubnoff, N. *Zur Kenntniss der knäuchförmigen Hautdrüsen der Katze und ihrer Veränderungen während der Thätigkeit.* (*Arch. f. mikr. Anatomie*, xx, 1882, 109-122). — Courant, G. *Ueber die Reaktion der Kuh- und Frauenmilch. u. Beziehungen zur Reaktion des Caseins u. der Phosphate.* (*A. g. P.*, 1891, l, 109-165). — Ebstein, W. et Brunn, A. *Experimentelle Beiträge zur Physiologie der Magendrüsen* (*A. g. P.*, iii, 565-573, 1870). — — *Ueber die Veränderungen welche die Magenschleimhaut durch die Einverleibung von Alkohol und Phosphor in den Magen erleidet* (*A. A. P.*, lv, 1872). — *Beiträge zur Lehre vom Bau und den physiologischen Functionen der sogenannten Magenschleimdrüsen* (*Arch. für mikrosk. Anatomie*, vi, 515-539). — — *Experimentelle Untersuchungen über das Zustandekommen von Blutextra-*

vasaten in der Magenschleimhaut (*A. P. P.*, II, 183-195). — GOTSCHLICK, E. *Ueber den Einfluss der Wärme auf Länge und Dehnbarkeit des elastischen Gewebes und des quergestreiften Muskels.* (*A. g. P.*, LIV, 1892, 109-164.) — *Bemerkungen zu einer Angabe von Engelmann, betr. den Einfluss der Wärme auf den totenstarren Muskel.* (*A. g. P.*, LV, 1894. 339-344). — *Beiträge zur Kenntnis der Säurebildung und des Stoffumsatzes im quergestreiften Muskel.* (*A. g. P.*, LVI, 1894. 355-388). — GRÜTZNER, P. (voir p. 166). — GSCHEIDLEN. R. *Bemerkungen zu der Welcker'schen Methode der Blutbestimmung und der Blutmenge einiger Säugetiere,* (*A. g. P.*, VII, 1873, 530-548). — *Ueber die chemische Reaction der nervösen Zentralorgane.* (*A. g. P.*, VIII, 1874. 171-180). — *Ueber das Reduktionsvermögen des tätigen Muskels.* (*A. g. P.*, VIII, 1874, 506-519). — *Ueber die Abiogenesis Huizinga's.* (*A. g. P.*, IX, 1874, 163-173). — *Ueber das constante Vorkommen einer Schwefelcyanverbindung im Harn der Säugetiere* (*A. g. P.*, XIV, 1877, 401-412). — *Widerlegung der von Herrn J. L. W. Thudichum erhobenen Einwände gegen den von mir gelieferten Nachweis der Schwefelcyansäure im Harn der Säugetiere* (*A. g. P.*, XV, 1877, 350-360). — *Mitteilung zweier einfacher Methoden den Zuckergehalt der Milch zu bestimmen.* (*A. g. P.*, XVI, 1878, 131-139). — *Einfache Methode Blutkristalle zu erzeugen.* (*A. g. P.*, XVI, 1878, 421-426). — *Beiträge zur Lehre von den Nervenendigungen in den glatten Muskelfasern* (*Arch. für mikr. Anatomie*, XIV, 1877, 321-332). — GUMILEWSKI. *Ueber Resorption im Dünndarm* (*A. g. P.*, XXXIX, 1886, 556-592). — HEIDENHAIN, A. *Ueber die acinösen Drüsen der Schleimhaut, insbesondere der Nasenschleimhaut* (*Dissertation, Breslau*, 1870). — HIRSCHMANN, E. *Ueber die Reizung motorischer Nerven durch Lösungen von Neutralsalzen* (*A. g. P.*, XLIX, 301-314). — *Ueber Bedeutung der Pulskurven beim Valsalva'schen und Müller'schen Versuch* (*A. g. P.*, LVI, 389-407). — HÜRTHLE, K. *Ueber den Einfluss der Reizung von Gefässnerven auf die pulsatorische Druckschwankung der Kaninchen-Carotis.* (*A. g. P.*, XLIII, 1888, 428-439). — *Untersuchungen über die Innervation der Hirngefässe.* (*A. g. P.*, XLIV, 1889, 561-118). — *Technische Mitteilungen* (*A. g. P.*, XLVII, 1890, 1-17). — *Ueber den Ursprung der secundären Wellen der Pulskurve.* (*A. g. P.*, XLVII, 1890, 17-34). — *Technische Mitteilungen* (*A. g. P.*, 1891, XLIX, 29-51). — *Ueber den Zusammenhang zwischen Herztätigkeit und Pulsform.* (*A. g. P.*, XLIX, 1891, 51-104). — *Kritik des Lufttransmissionsverfahrens.* (*A. g. P*, LIII, 1893, 581). — *Vergleichende Prüfung der Tonographen v.* FREY'S *und* HÜRTHLE'S (*A. g. P.*, 1894, 319-338). — *Ueber die mechanische Registrirung der Herztöne.* (*A. g. P.*, LX, 1895, 263-290). — *Beiträge zur Kenntnis d. Sekretionsvorganges in d. Schilddrüse.* (*A. g. P.*, LVI, 1894, 1-44). — KAYSER, R. *Ueber miskrokop. Veränderungen der Leberzellen während der Verdauung.* (*Bresl. ärtzl. Zeitschrift*, 1879, Nr. 19. — KLOSE, G. *Beitrag sur Kenntniss der tubulösen Drüsen* (*Dissertation, Breslau*, 1880). — KÖRNER, H. *Beiträge zur Temperaturtopographie* (*Dissertation, Breslau*, 1871). — KRAUSE, R. *Beiträge zur Histologie der Wirbelthierleber*, I, *Ueber den Bau der Gallencapillaren* (*Archiv für mikr. Anatomie*, XLII, 58-82, 1893). — *Zur Histologie der Speicheldrüsen. Die Speicheldrüsen des Igels. Ibid.*, XLV, 93-133, 1895). — LAVDOWSKI, M. *Zur feineren Anatomie und Physiologie der Speicheldrüsen, insbesondere der Orbitaldrüse* (*Arch. für mikr. Anatomie*, XIII, 1876, 281-314). — LAZARUS, A. *Ueber secretorische Funktion der Stäbchen-Epithelien in den Speicheldrüsen.* (*A. g. P.*, XLII, 1888, 541-547). — LEWASCHEW, S. *Ueber die Leitung der Erregung von den Grosshirnhemisphären zu den Extremitäten.* (*A. g. P.*, XXXVI, 1885, 279-285). — *Ueber die Bildung des Trypsin im Pancreas und über die Bedeutung der Bernard'schen Körnchen in seinen Zellen.* (*A. g. P.*, XXXVII, 1885, 32-44). — LEWACHEW, W. *Ueber eine eigenthümliche Veränderung der Pancreaszellen warmblütiger Thiere bei starker Absonderungsthätigkeit der Drüse* (*Archiv für mikr. Anatomie*, XXVI, 1886, 453-484). — MARCUSE, C. *Ueber den Nährwert des Caseins.* (*A. g. P.*, LXIV, 1896, 223-248). — *Ueber das Verhalten der Phosphorausscheidung bei Stoffwechselversuchen mit Casein* (*A. g. P.*, LXVII, 1897, 373-394). — MARCUSE, W. *Ueber die Bildung von Milchssäure bei der Tätigkeit des Muskels und ihre weiteres Schicksal im Organismus* (*A. g. P.*, XXXIX, 1886, 425-448). — MENDEL. *Ueber den sog. paralytischen Darmsaft* (*A. g. P.*, LXIII, 1896 425-439). — MUNK, J. *Ueber den Einfluss sensibler Reizung auf die Gallenausscheidung.* (*A. g. P.*, VIII, 1874, 151-163). — NAVALICHIN, J. *Myothermische Untersuchungen.* (*A. g. P.*, XII, 1877, 254-329). — ORLOW, W. N. *Einige Versuche über die Resorption in der Bauchhöhle.* (*A. g. P.*, LIX, 1895, 170-200). — OSTROUMOFF, A. *Versuche über die Hemmungsnerven der Hautgefässe.* (*A. g. P.*, XII, 1876, 219-277). — PANETH, J. *Ueber den Einfluss venöser Stauung auf die Menge des Harns.* (*A. g. P.*, XXXIX, 1886, 515-555).

— PARTSCH, C. *Beiträge zur Kenntniss der Vorderdarms einiger Amphibien und Reptilien* (*Arch. für mikrosk. Anatomie*, XIV, 1877, 179-202). — *Ueber den feineren Bau der Milchdrüsen* (*Diss.*, *Breslau*, 1880). — PAWLOW. *Wie die Muskel ihre Schale öffnet. Versuche und Fragen zur allgemeinen Muskel-und Nervenphysiologie.* (*A. g. P.*, XXXVII, 1885, 6-31). — PAWLOW. *Folgen der Unterbindung des Pankreasganges beim Kaninchen.* (*A. g. P.*, XVI, 1878, 123-130). — PODALINSKI. *Beiträge zur Kenntniss des pancreatischen Eiweissfermentes* (*Dissertation, Breslau*, 1876). — RÖHMANN, F. *Beobachtungen an Hunden mit Gallenfisteln.* (*A. g. P.*, XXIX, 1882, 509-536). — *Beiträge zur Physiologie des Glykogens.* (*A. g. P.*, XXXIX, 1886, 21-52). — *Ueber Sekretion und Resorption im Dünndarm.* (*A. g. P.*, XLI, 1887, 411-462). — Avec J. MÜHSAM. *Ueber den Gehalt des Arterien-und Venenblutes an Trockensubstanz und Fett.* (*A. g. P.*, XLVI, 1890 383-397). — *Ueber die Reaktion der quergestreiften Muskeln.* (*A, g. P.*, L. 1891. 84-98). — *Zur Kenntnis des diastatischen Ferments der Lymphe.* (*A. g. P.*, LII, 1892, 157-164). — Avec M. BIAL. *Ueber den Einfluss der Lymphagoga auf die diastatische Wirkung der Lymphe* (*A. g. P.*, LX, 1894, 469-480). — *Kritisches und Experimentelles zur Frage nach der Säurebildung im Muskel bei der Todtenstarre.* (*A. g. P.*, LV, 1894, 589-605). — ROGOWICZ, N. *Ueber pseudomotorische Einwirkung der Ansa Vieussenii auf die Gesichtsmuskeln.* 1885, (*A. g. P.*, XXXVI. 1-12). — *Beiträge zur Kenntniss der Lymphbildung.* (*A. g. P.*, XXXVI, 1885, 252-279). — SPITZER, W. *Ueber die Benutzung gewisser Farbstoffe zur Bestimmung von Affinitäten.* (*A. g. P.*, L, 1891, 551-573). — *Die zuckerzerstörende Kraft des Blutes und der Gewebe. Ein Beitrag zur Lehre von der Oxydationswirkung thierischer Gewebe* (*A. g. P.*, LX. 1895, 303-339). — STEINER, J. *Ueber die Wärmeentwicklung bei der Wiederausdehnung des Muskels* (*A. g. P.*, XI, 196-206, 1873). — v. SWIECICKI, H. *Untersuchung über die Bildung und Ausscheidung des Pepsins bei den Batrachiern* (*A. g. P.*, XIII, 444-452, 1876). — TORNIER, O. *Ueber Drüsenepithelien* (*Arch. f. mikrosk. Anat.*, XXVII, 1886, 181-191). — WEDENSKII. *Ueber den Einfluss elektrischer Vagusreizung auf die Atembewegungen bei Säugetieren* (*A. g. P.*, XXVII, 1882, 1-22). — *Untersuchungen über d. Einfluss d. N. vagus auf die Herztätigkeit* (*A. g. P.*, XXVII, 383-412). — WERTHER, M. *Einige Beobachtungen über die Absonderung der Salze im Speichel.* (*A. g. P.*, XXXVIII, 1886, 293-316). — *Ueber die Milchsäurebildung und den Glykogenverbrauch im quergestreiften Muskel bei der Tätigkeit und bei der Totenstarre.* (*A. g. P.*, XLVI, 1890, 63-92).

HÉLÉNINE. — Substance extraite de la racine d'aunée (*Inula helenium*). On l'a préparée à l'état de pureté, et montré que c'était une lactone. (*Alantolactone*, $C^{15}H^{20}O^{2}$) capable de fixer des acides, par exemple, HCl et HBr. On lui a attribué des propriétés antiseptiques, et l'on l'a recommandée contre la tuberculose.

HÉLICINE. — Substance qu'on obtient en oxydant la salicine par l'acide nitrique dilué. C'est une aldéhyde glycosalicylique. On la produit synthétiquement en traitant la solution alcoolique d'acétochlorhydrose par l'aldéhyde salicylique potassique.

HÉLICORUBINE. — Matière colorante (cristallisable) contenue dans le liquide intestinal de l'*Helix pomatia*, pendant le jeûne hibernal. Par son spectre, elle ressemble à l'hémoglobine, mais n'est pas réduite par H^2S. (KRUKENBERG. *Ueber das Helicorubin und die Leberpigmente von Helix pomatia. Vergl. physiol. Stud.*, 63-69, II, 1882).

HÉLIOTROPISME. — On appelle héliotropisme (ἥλιος, soleil, τρέπειν, se diriger) la propriété que possèdent certains êtres organisés de s'orienter dans une direction déterminée sous l'influence d'une excitation lumineuse. L'héliotropisme est positif quand l'individu se dirige vers la lumière, négatif quand il s'en détourne. VERWORN (1) attribue à PRIESTLEY la première observation de ce phénomène ; mais il ne fut soigneusemont analysé qu'en 1878 dans le travail de WILSNER (2). Pendant ces dernières années, les termes de « phototropisme », « phototaxie », ont été créés pour désigner cette même action exercée par la lumière sur les individus libres, alors qu' « héliotropisme » s'appliquerait surtout aux individus fixés. VERWORN propose d'abandonner cette distinction, car il s'agit dans les deux cas d'une réaction identique s'accomplissant sous l'influence d'un même excitant. Ces diverses désignations doivent donc être considérées comme des synonymes. (Voir **Lumière**.)

Preuves établissant l'existence du phénomène. — On peut prouver l'existence du phototropisme chez les individus fixés et chez les individus libres.

I. — Les êtres fixés héliotropiques appartiennent soit au règne végétal, soit au règne animal.

Chez les végétaux, le phénomène est facile à constater. Quiconque cultive des plantes d'appartement a vu les bourgeons récemment éclos s'orienter toujours vers la fenêtre. De là résulte la nécessité, pour faire pousser la plante suivant la verticale, de déplacer de temps en temps le pot qui la contient : de cette façon, on expose successivement à la lumière les divers côtés de la tige. Un bel exemple d'héliotropisme est fourni par les gentianes bleues. Si, par un beau jour d'été, on observe ces fleurs, on voit l'orifice des corolles se diriger constamment vers le soleil et suivre lentement l'astre dans sa course.

Les cas de phototropisme végétal actuellement connus sont très nombreux. On trouve le phénomène avec beaucoup de netteté chez les plantes suivantes étudiées dans le travail de Wilhelm Figdor (3); *Vicia sativa, Amarantus melancholicus ruber* (*hortorum*), *Impaticus balsamina, Mirabilis jalappa, Centaurea cyanus, Helianthus annuus, Xeranthemum annuum, Papaver pæoniflorum, Reseda odorata, Helichrysum monstruosum, Raphanus sativus, Salpiglonis sinuata* (*variabilis*), *Lepidium sativum, Capsicum annuum, Iberis forestieri, Bidens tripartita, Cynoglossum officinale, Lunaria biennis, Picea excelsa, Dianthus chinensis.*

A côté de cet héliotropisme positif, il existe chez les végétaux un héliotropisme négatif, localisé dans la racine. Celle-ci, chez une plante cultivée dans un bocal transparent, manifeste une tendance très nette à s'éloigner de la source lumineuse. Stahl (4) a même montré que dans la spore des équisétacées les deux phototropismes existent déjà à l'état d'indication après la première segmentation. Il existe alors deux cellules, dont l'une, le prothallium, donnera les parties aériennes, et l'autre, la cellule rhizoïde, engendrera la racine. Quelle que soit la position primitive de ces deux cellules, le prothallium s'oriente toujours vers la source lumineuse, et la cellule rhizoïde s'en détourne, permettant ainsi à la racine qui va naître de s'enfoncer dans le substratum nutritif.

II. — L'héliotropisme des animaux fixés a été longuement étudié par J. Loeb (5). L'*Endendrium hydroïde*, transporté de l'Océan dans un aquarium, perd ses polypes. Mais bientôt de nouveaux polypes apparaissent, et les rameaux qui les portent s'inclinent vers la lumière. De même deux annélides marines fixées, *Spirographis spallanzanii* et *Serpula uncinata*, dirigent, vers la fenêtre du laboratoire où on les étudie, l'axe de symétrie de leurs branchies et leur extrémité orale tout entière.

L'héliotropisme des individus libres fut mis nettement en évidence par le travail fondamental de Strasburger (6). Il fit ses expériences sur les zoospores flagellées de différentes algues. Examinées dans une goutte exposée latéralement à la lumière, les spores se rendent toujours du côté le plus éclairé. Des résultats analogues furent obtenus par Stahl sur l'*Æthalium septicum*, par Engelmann (7) sur le *Bacterium chlorinum* et le *Bacterium photometricum*, par Stahl et par Klebs (8) sur les desmidiacées. J. Loeb a retrouvé le phénomène chez des individus plus élevés en organisation. L'*Endendrium* à l'état adulte est un animal fixé et phototropique, mais sa larve ciliée nage quelque temps avant de s'immobiliser. Dans un bocal transparent, elle se déplace toujours du côté de la lumière, et elle change le sens de sa locomotion, si l'on modifie la situation de la source éclairante. Des animaux plus complexes encore et munis d'un système nerveux central présentent des réactions phototropiques. Les chenilles de *Porthesia chrysorrhœa* et les pucerons ailés placés dans un tube à essai se rassemblent toujours vers l'extrémité la plus rapprochée de la fenêtre.

Chez les individus libres, on retrouve comme chez la plante l'héliotropisme négatif. Tel est le cas des larves de mouche (*Musca vomitoria*), des larves de *Limulus polyphemus*, de toute une série de crustacés (copépodes) et de vers (polygordiens).

L'héliotropisme est donc une propriété assez communément répandue chez les êtres vivants, et elle existe probablement chez beaucoup d'autres individus plus élevés dans l'échelle animale que les types cités ci-dessus. Mais, dans les organismes relativement supérieurs, la réaction héliotropique peut être marquée ou empêchée par la multiplicité des excitations concomitantes, et l'analyse physiologique est impuissante à montrer son existence avec netteté.

Conditions qui influencent la réaction héliotropique. — La réaction héliotropique est fonction d'influences physiques, chimiques et physiologiques.

I. — Parmi les facteurs d'ordre physique, l'intensité de la lumière excitatrice est un des plus importants. Une augmentation de l'éclairement fait croître la vitesse du mouvement phototropique. Mais, lorsque l'intensité acquiert une certaine valeur, elle peut inverser la réaction. D'après les observations de STRASBURGER, les zoospores des algues positivement héliotropiques à une lumière modérée présentent au contraire un héliotropisme négatif avec de forts éclairements. D'après GROOM (9) et J. LOEB, le *Nauplius* de *Balanus perforatus* réagit positivement à une faible lumière, et négativement à une lumière intense.

L'influence de la température a été mise en évidence par J. LOEB. Les larves de *Polycordius* sont positivement phototropiques de 0° à 24°. A partir de 27°, leur phototropisme est toujours négatif.

La concentration du milieu où vit l'animal phototropique influence très nettement le sens de la réaction. Dans l'eau de mer, les larves de *Polycordius* sont positives ou négatives, suivant la phase de leur évolution. Si l'on dilue le milieu avec de l'eau distillée, la négativité est conférée aux larves positives; si on le concentre, on rend positives les larves antérieurement négatives.

II. — En 1904, J. LOEB a établi l'importance des conditions chimiques. Un crustacé d'eau douce, le *Gammarus pulex*, négativement héliotropique dans l'eau ordinaire, présente un héliotropisme positif dans l'eau additionnée d'un acide (chlorhydrique, oxalique, acétique). Les sels de potassium agissent de la même manière que les acides.

III. — L'état d'alimentation ou de jeûne joue chez certains animaux un rôle capital. Quand les chenilles de *Porthesia chrysorrhœa* sortent du nid dans lequel elles hivernent, elles ont un héliotropisme positif, et elles le conservent, si on ne leur donne pas de nourriture. Dès qu'elles ont mangé, elles ne présentent plus de réaction héliotropique.

J. LOEB a montré aussi les modifications dues à l'évolution sexuelle. Les fourmis sont en temps ordinaire héliotropiquement indifférentes. A l'époque de la maturité sexuelle, elles prennent un héliotropisme positif très net. Leur vol nuptial, d'ailleurs, semble être le développement explosif de cette positivité : par un beau jour de soleil, les animaux sexués se précipitent hors du nid, et tout l'essaim vole dans la direction des rayons lumineux.

Mécanisme des réactions héliotropiques. — I. Quels sont les organes qui permettent à l'individu de réaliser son mouvement d'orientation ?

Chez la plante, la région exposée à la lumière est le siège de réactions photochimiques dont on ignore la nature, mais dont le résultat est de déterminer une diminution de l'extensibilité des tissus. WORTMANN (10) a constaté que les cellules du côté le plus fortement éclairé ont un protoplasma très dense. Dans celles de la région diamétralement opposée, le protoplasma est plus riche en eau, et probablement plus extensible. Il résulte de ces modifications une rétraction des tissus exposés à la lumière et une extension des tissus moins éclairés. A propos de cet épaississement du protoplasma, cause de l'incurvation phototropique, il convient de remarquer que ce processus paraît être chez la plante intimement lié aux phénomènes de mouvement. Une excitation, agissant sur la feuille de *Drosera*, produit un durcissement protoplasmique qui engendre la flexion des tentacules. Cette courbure produite dans la tige héliotropique ne s'accentue pas indéfiniment. Après avoir atteint une certaine valeur, elle demeure stationnaire : c'est au moment où les éléments symétriques sont exposés également à l'action des rayons lumineux.

Pour ce qui est des individus libres, nous connaissons très imparfaitement le mécanisme de leur réaction. D'après l'hypothèse de J. LOEB, une inégalité d'éclairement dans un organisme à symétrie bilatérale provoquerait une contraction des muscles du côté éclairé. L'excitation lumineuse agirait plus particulièrement sur l'extrémité orale, et celle-ci s'orienterait de façon à rendre identique l'éclaircissement des régions symétriques. Une fois ce résultat atteint, l'individu demeure immobile ou se déplace suivant la direction des rayons incidents,

II. — Relativement à l'analyse de cette action phototropique, une autre question peut se poser. Quelle est l'activité comparée des différentes radiations lumineuses? Strasburger attribue aux rayons les plus réfrangibles (violets et bleus) une très grande efficacité. Les moins réfrangibles (rouges) ne provoquent que des réactions très atténuées. Les radiations violettes communiquent aux zoospores un mouvement beaucoup plus rapide que les radiations rouges. La même efficacité prépondérante de la région la plus réfrangible du spectre se retrouve dans les phénomènes d'héliotropisme négatif. Ce sont les rayons violets et bleus qui détournent le plus facilement de la source lumineuse les individus négativement phototropiques.

De ces données relatives au mécanisme du phénomène se dégage donc la conclusion suivante : les rayons les plus réfrangibles du spectre provoquent du côté éclairé des condensations protoplasmiques ou des contractions musculaires, et celles-ci engendrent à leur tour des déplacements de l'organisme excité par rapport à l'agent d'excitation.

Signification biologique de l'héliotropisme. — Chez beaucoup d'individus héliotropiques, cette faculté de s'orienter vers la lumière paraît être utile, et même indispensable, à leur évolution. Le phototropisme positif de la tige et des feuilles facilite un des phénomènes de nutrition les plus importants de la plante : l'assimilation chlorophyllienne. L'héliotropisme négatif des racines est en rapport direct avec l'absorption. En effet, si la croissance de ces organes s'effectuait sans aucune règle, ils pourraient s'élever au-dessus du sol nourricier et n'accompliraient pas la fonction qui leur est dévolue. De même, chez les pucerons sortis du nid, le phototropisme positif est une condition essentielle de leur conservation. Ils se nourrissent de bourgeons récemment éclos situés au sommet des rameaux, et ils trouvent leur nourriture à l'endroit même où les attire leur réaction héliotropique. On pourrait objecter que l'odeur des jeunes pousses, et non pas la lumière, est la cause de leur ascension. L'expérience prouve que cette hypothèse est insoutenable. Si l'on place des feuilles fraîches à l'extrémité d'un tube à essai et qu'on éclaire fortement l'autre bout, les pucerons se réunissent à la région la plus rapprochée de la lumière et y meurent de faim. C'est donc bien l'héliotropisme qui, dans les conditions normales de leur vie, dirige leur ascension vers les lieux où leur alimentation sera possible. Une fois repus, ils perdent temporairement cette faculté d'orientation devenue pour quelque temps inutile. Mais, dans beaucoup de cas, le phototropisme ne sert en aucune façon à l'évolution ou à la conservation de l'individu, par exemple chez des vers ou des larves de crustacés, vivant continuellement dans la vase. Il est même parfois une cause de mort comme chez le papillon qui se brûle à un flambeau. C'est qu'en biologie une faculté déterminée, nécessaire à la formation et au fonctionnement de certains êtres organisés, se reproduit souvent chez d'autres individus où elle n'est plus utile. Indispensable à toute une catégorie d'êtres vivants en tant que condition générale de la vie, l'héliotropisme se retrouve, comme réparti par un hasard aveugle, dans des organismes où il n'a plus de signification.

Bibliographie. — (1) Verworn. *Physiologie générale*, 495. — (2) Julius Wilsner. 1. *Die heliotropischen Erscheinungen in Pflanzenreiche. Eine physiologische Monographie. I. Theil.* (*Denkschriften der Kais. Akad. d. Wiss.*, xxxix, 143-209, 1878). — 2. *Untersuch. über den Heliotropismus* (*Ibid.*, 7, 1880). — (3) Wilhelm Figdor. *Versuche über die heliotropische Empfindlichkeit der Pflanzen* (*Ibid.*, 45, 1893). — (4) Stahl. *Einfluss der Beleuchtungsrichtung auf die Theilung der Equisetumsporen.* (*Berichte der d. Bot. Gesell.*, 1885, iii). — (5) Jacques Loeb. 1. *Der Heliotropismus der Tiere und seine Uebereinstimmung mit dem Heliotropismus der Pflanzen.* Würzburg, 1889. — 2. *A. g. P.*, 1893, 81. — 3. *Ibid.*, 1895, 273. — 4. *University of California publications. Physiology*, ii, 1904, 1. — 5. *La dynamique des phénomènes de la vie. Traduction française*, Alcan, 211. — (6) Strasburger. *Wirkung des Lichtes und der Wärme auf Schwarmsporen.* (*Ienaische Zeitschr. für Naturwiss.*, xii). — (7). Engelmann. 1. *Zur Biologie der Schizomyceten.* (*A. g. P.*, xxvi, 537). — 2. *Bacterium photometricum. Ein Beitrag zur vergleichenden Physiologie des Licht und*

Farbensinnes (*A. g. P.*, xxx, 95). — (8) Klebs. *Ueber die Bewegüng und Schleimbildung der Desmidiaceen.* (*Biol. Centralblatt*, v). — (9) Groom et Loeb. *Biol. Centralblatt*, x, 1890, 160. — (10) Wortmann. *Botanische Zeitung*, 1887, 120.

H. BUSQUET.

HELLÉBORÉINE.

— ($C^{26}H^{44}O^{15}$). Glucoside qu'on extrait par l'alcool de l'*Helleborus niger* ou de l'*Helleborus viridis*. Soluble dans l'eau, et cristallisant en fines aiguilles. La potasse le transforme en helléborétine.

$$C^{26}H^{44}O^{15} = (C^6H^{12}O^6)^2 + \underset{\text{Helléborétine.}}{C^{14}H^{20}O^3}$$

L'hellébore, employée autrefois pour le traitement de diverses maladies, et spécialement des maladies mentales, est de nos jours un médicament à peu près abandonné. Son action paraît analogue à celle de la digitale; mais, outre son action sur le cœur, elle a une action purgative et congestive (de l'intestin) qui l'a fait délaisser. D'après V. Heide, qui a expérimenté sur divers animaux, elle provoque chez le chien en injection sous-cutanée des douleurs intenses. Elle semble produire, après ces douleurs, une insensibilité cutanée locale. En injection veineuse on constate une élévation notable (de 0°,3 à 0°,6) de la température. Elle provoque, tout comme la digitale, le ralentissement du pouls, du tremblement, du vomissement et de la salivation. La dose toxique pour le lapin est d'environ 8 milligrammes par kilogr. Elle ralentit aussi le cœur de la grenouille à la dose de 1 à 5 milligrammes. Pour tuer les grenouilles il faut une dose beaucoup plus forte.

L'*helléborine* est différente de l'helléboréine ($C^{36}H^{42}O^6$). On ne la trouve que dans l'*Helleborus viridis*. Elle est insoluble dans l'eau à froid. Elle se dédouble en donnant, par les acides dilués, de l'*helléborésine* ($C^{30}H^{38}O^4$).

Holm. *Ueber die physiologische Wirkung des Helleborus viridis.* (*Diss. Würtzburg*, 1861). — Chistovich, *Helleborus viridis.* (*C. W.*, 1887, xxv, 513-515). — Nivet et Giraud. *Rapport sur un triple empoisonnement par le varaire ou ellébore blanc.* (*Gaz. hebd. de méd.*, 1861, viii, 499-501). — Knight. *Three cases of poisoning by hellebore powder.* (*Brit. med. Journ.*, (1), 1885, 736). — Marmé. *Ueber ein neues giftig wirkendes Glycosid der Radix Hellebori nigri.* (*K. Ges. d. Wiss. d. Universität Göttingen*, 1864, 130-134). — Görtz (J.). *Ueber Helleborein; ein Versuch zum Ersatze der Digitalis.* (*Diss. Strasbourg*, 1882). — Van der Heide (W.). *Ueber die cumulative Wirkung des Digitalins und Helleboreins.* (*A. P. P.*, xix, 1885, 127-152). — Santoliquido (R.). *Degli ellebori e della elleboreina* (*Terap. mod.*, 1887, 625-689). — Venturini et Gasparrini. *Sugli effetti anestetici locali della elleboreina* (*Ann. di chim. e di Farm.*. 1888, vii, 159-161). — Furth. *Ueber eine vergiftung mit Hell. niger* (*Med. Klin.*, 1905. 330). — Thorowgood (J.-C.). *Poisoning by black hellebore* (*Med. Press and Circul.*, 1904, 34).

HELMHOLTZ (Hermann), 1821-1894.

Hermann Helmholtz fut une des lumières les plus éclatantes de la science, non seulement dans la physiologie et la médecine, mais aussi dans la physique, dans les mathématiques et la philosophie.

H. H., fils aîné d'un professeur de gymnase, naquit le 31 août 1821 à Potsdam. Après avoir terminé ses classes, il fut amené contre son gré à étudier la médecine; car il voulait être physicien. Mais, comme les moyens de sa famille étaient très modestes, il lui fallut choisir une carrière qui pût lui servir de gagne-pain, ce que la physique ne pouvait pas faire alors. Il entra dans l'institut Frédéric-Guillaume à Berlin, où les étudiants en médecine étaient élevés aux frais de l'État, s'ils s'engageaient à prendre pendant quelques années du service comme médecins militaires. Ses principaux maîtres furent Johannes Müller, puis le physicien Magnus, le chimiste Mitscherlich et le clinicien Schönlein; mais il fut avant tout le fils de ses œuvres. Jamais il ne suivit un cours de mathématiques: pourtant il étudia les ouvrages des célèbres mathématiciens, des Euler, des Bernoulli, des d'Alembert et des Lagrange, et devint un des plus grands mathématiciens du xixe siècle.

Ses amis intimes furent E. du Bois-Reymond, E. Brücke, C. Ludwig, tous des élèves de J. Müller.

En 1842 parut sa thèse qui a pour titre : « *De fabrica systematis nervosi evertebratorum* », dans laquelle il fait voir l'union anatomique des cellules nerveuses avec les fibres nerveuses, fait fondamental pour la physiologie du système nerveux. En 1843, il publia son étude sur la putréfaction et la fermentation, et termina officiellement ses études en 1847. En 1843 il entra, comme médecin militaire à Potsdam dans les hussards rouges et un peu plus tard dans un autre régiment.

C'est là qu'il écrivit son essai sur la chaleur animale, et en 1849 son étude célèbre sur la constance de l'énergie (*Über die Erhaltung der Kraft*), mémoire qui ne fut pas accueilli par le physicien Poggendorff dans son journal de physique.

Maintenant son étoile monte très vite à son zénith. En 1848, il devint professeur d'anatomie à l'Académie des arts à Berlin, et après son mariage (1849) professeur de physiologie et de pathologie à Königsberg. Il mesura la vitesse de la propagation du principe nerveux par des méthodes toutes nouvelles et ingénieuses, il étudia les qualités d'un muscle en travail, les couleurs du spectre et leurs mélanges, et enfin (*last not least*) il inventa en 1850 l'ophtalmoscope (*Augenspiegel*), appareil qui permet de voir l'intérieur de l'œil vivant et qui donna naissance à l'ophtalmologie scientifique.

En 1855 il fut nommé professeur d'anatomie et de physiologie à Bonn, où commencèrent ses études sur l'optique et l'acoustique physiologiques, et où il publia quelques travaux géniaux sur des équations hydrodynamiques qui prouvèrent qu'il était mathématicien de premier ordre. En 1852 il quitta Bonn pour la ville ensoleillée de Heidelberg, où il resta jusqu'à 1871. Affligé par la longue maladie et la mort de sa femme, en 1859, il ne se remit à travailler que plusieurs mois après. Il se remaria en 1861. Alors commencèrent, en compagnie de ses collègues Kirchhoff et Bunsen, les années si agréables pour lui-même et si fertiles pour la physiologie, la physique et les mathématiques. C'est à Heidelberg que furent terminés les deux ouvrages classiques et uniques dans leur genre : les sensations auditives (*Die Lehre von den Tonempfindungen als physiologische Grundlage für die Theorie der Musik*) en 1863, et l'optique physiologique (*Handbuch der physiologischen Optik*) en 1867. Tout le monde sait que ces deux livres servent de base à la physiologie de l'ouïe et de la vision.

En 1871 Helmholtz fut nommé professeur de physique à Berlin, et en 1888 président du nouvel Institut physique-technique (*physikalisch technische Reichsanstalt*) à Charlottenburg, près de Berlin. Ainsi il arriva une chose inouïe, d'après les paroles de son ami du Bois-Reymond, qu'un médecin et professeur de physiologie reçut la plus célèbre chaire de physique en Allemagne ! Mais il était né physicien, comme il l'a dit un jour de lui-même.

Il n'est pas nécessaire de parler de ses travaux admirables : il suffit d'énumérer les titres des travaux dont on trouvera plus bas la bibliographie, et d'ajouter que son génie engendra les idées de son élève célèbre Hertz, qui découvrit les ondes électriques.

Le 8 septembre 1894 une attaque d'apoplexie mit fin à l'existence de cet homme de génie, bon, aimable et modeste.

L'autopsie révéla les signes d'une légère hydrocéphalie dont il avait souffert dans sa jeunesse. Hansemann fit un rapport sur cette autopsie. (*Zeitschrift für Psychologie und Physiologie der Sinnesorgane*, xx, 1889, 1-12. *Uber das Gehirn von Hermann* Helmholtz, *mit 2 Tafeln.*

La vie de Helmholtz a été écrite en détails par Königsberger sous le titre : *Hermann von Helmholtz*, par L. Königsberger. 1982 et 1903, deux volumes de 383 et 375 pp.

Tous les travaux de Helmholtz, excepté ceux qui ont paru en forme de livres (l'optique physiologique, les sensations du son et ses discours populaires) ont été recueillis sous le titre de *Wissenschaftliche gesammelte Abhandlungen von Hermann* Helmholtz, Leipzig, 1882-1895, 3 volumes de 938, 1 021 et 654 pages.

P. GRÜTZNER.

Bibliographie. — 1. *De Fabrica Systematis nervosi Evertebratorum. Inaug. Diss.* (Berlin, 2 *nov.* 1842). — 2. *Ueber das Wesen der Fäulniss und Gährung.* (*Arch. f. Anat. Physiol.*, 1843, 453-462). — 3. *Ueber den Stoffverbrauch bei der Muskelaction.* (*Ibid.*, 1845, 72-83). —

4. *Wärme, (Physiologie). (Encyklopädisches Wörterbuch der medicinischen Wissenschaften, herausgegeben von Professoren der medicinischen Facultät zu Berlin*, (XXXV, 523-567, Berlin, 1846). — 5. *Berichte über die Theorie der physiologischen Wärme-erscheinungen betreffenden Arbeiten aus dem Jahre* 1845. (*Fortschritte der Physik*, 1845, 346-355. Berlin, 1847). — 6. *Ueber die Erhaltung der Kraft. Vortrag in der physikal. Gesellschaft zu Berlin am* 23 *Juli* 1847. (Berlin, 1847). — 7. *Ueber die Wärmeentwicklung bei der Muskelaction.* (*Arch. für Anat. und Physiol.*, 1848, 144-164). — 8. *Bericht über die Theorie der physiologischen Wärme-erscheinungen betreffende Arbeit aus dem Jahre* 1846. (*Fortschritte der Physik*, II, 259-260, Berlin, 1848). — 9. *Ueber die Fortpflanzungsgeschwindigkeit der Nervenreizung* (*Berl. Monatsber*, 21 *Jan.* 1850, 14-15). — 10. *Notes sur la vitesse de la propagation de l'agent nerveux dans les nerfs rachidiens.* (*C. R.*, 1850, XXX, 204-206). — 11. *Messungen über den zeitlichen Verlauf der Zuckung animalischer Muskeln und die Fortpflanzungsgeschwindigkeit der Reizung in den Nerven* (*A. P.*, 1850, 276-364). — 12. *Ueber die Methoden, kleinste Zeitteile zu messen und ihre Anwendung für physiologische Zwecke.* (*Königsberger naturwissensch. Unterhaltung*, II, 169-189). — 13. *Bericht über die Theorie der physiologischen Wärmeerscheinungen betreffende Arbeiten*, 1847. (*Fortschritte der Physik im Jahre* 1847, III, 232-245. Berlin, 1850). — 14. *Deuxième note sur la vitesse de la propagation de l'agent nerveux* (*C. R.*, XXXIII, 262-265, 1851). — 15. *Beschreibung eines Augenspiegels zur Untersuchung der Netzhaut im lebenden Auge* (Berlin, 1851). — 16. *Ueber den Verlauf und die Dauer der durch Stromesschwankungen inducirten elektrischen Ströme* (*Berliner Monatsber.*, 8 *mai* 1851, 287-290). — 17. *Ueber die Dauer und den Verlauf der durch Stromesschwankungen inducirten elektrischen Ströme* (*Poggend. Ann.*, LXXXIII, 505-540). — 18. *Messungen über Fortpflanzungsgeschwindigkeit der Reizung in den Nerven* (*A. P.*, 1852, 199-216). — 19. *Die Resultate der neueren Forschungen über tierische Elektricität.* (*Kieler allg. Monatsschrift. f. Wissensch. und Litteratur*, 1852, 294-309, et 366-377). — 20. *Ueber die Natur der menschlichen Sinnesempfindungen.* (*Königsberger naturwiss. Unterhaltungen*, III, 1-20). — 21. *Ueber Herrn* D. BREWSTER's *neue Analyse des Sonnenlichts.* (*Berliner Monatsberichte*, 15 *Juli* 1852, 458-561). — 22. *Ueber Herrn* D. BREWSTER's *neue Analyse des Sonnenlichts* (*Poggend. Ann.*, LXXXVI, 501-523, 1852). — 23. *Ueber die Theorie der zusammengesetzen Farben.* (*Poggendorff's Ann.*, LXXXVII, 45-66 et *A. P.*, 1852, 461-482). — 24. *Ein Theorem über die Verteilung elektrischer Ströme in körperlichen Leitern* (*B. M.*, 22 *Juli* 1852, 466-468). — 25. *Bericht über die Theorie der Akustik und akustische Phänomene betreffende Arbeiten vom Jahre* 1848 (*Fortschritte der Physik im Jahre* 1848, IV, 101-118; 124-125, 1852). — 26. *Bericht über die Theorie der physiologischen Wärmeerscheinungen betreffende Arbeiten aus dem Jahre* 1848 (*Fortschritte der Physik im Jahre* 1848, IV, 222-223, 1852). — 27. *Ueber eine neue einfachste Form des Augenspiegels* (*Arch. f. physiol. Heilkunde*, XI, 827-852, 1852). — 28. *Ueber eine bisher unbekannte Veränderung am menschlichen Auge bei veränderter Accommodation* (*B. M.*, 3 *Febr.*, 1853, 137-139). — 29. *Ueber einige Gesetze der Verteilung elektrischer Ströme in körperlichen Leitern mit Anwendung auf die tierisch elektrischen Versuche* (*Poggend. Ann.*, LXXXIX, 211-233 et 353-377, 1853). — 30. *Ueber* GOETHE's *naturwissenschaftliche Arbeiten. Ein Vortrag gehalten in der deutschen Gesellschaften in Königsberg*, 1853. (*Kieler allg. Monatsschrift f. Wissensch. und Litteratur*, 1853, 383-398). — 31. *Bericht über die Theorie der Akustik betreffende Arbeiten aus dem Jahre* 1849 (*Fortschritte der Physik*, V, 93-98, 1854). — 32. *Erwiderung auf die Bemerkungen von Hrn* CLAUSIUS. (*Poggend. Ann.*, LXLI, 241-260, 1854). — 33. *Ueber die Wechselwirkung der Naturkräfte und die darauf bezüglichen neuesten Ermittelungen der Physik.* (*Ein populär-wissenschaftlicher Vortrag, gehalten am* 7 *Febr.* 1854, 2 fig., 47 pages, Königsberg, 1854). — 34. *Ueber die Geschwindigkeit einiger Vorgänge in Muskeln und Nerven* (*B. M.*, 15 *Juni* 1854, 328-332). — 35. *Ueber die Zusammensetzung von Spectralfarben* (*Poggend. Ann.*, LXLIV, 1-28, 1855). — 36. *Ueber das Sehen des Menschen. Ein populär-wissenschaftlicher Vortrag gehalten zu Königsberg am* 27 *Febr.* 1855, 42 p., Leipzig, 1855). — 37. *Ueber die Empfindlichkeit der menschlichen Netzhaut für die brechbarsten Strahlen des Sonnenlichts* (*Poggendorff's Ann.*, LXLIV, 205-211, 1855). — 38. *Zusatz zu einer Abhandlung von* E. ESSELBACH, *über die Messung der Wellenlänge des ultravioletten Lichtes* (*Berliner Monatsb.*, *Déc.* 1855, 760-761). — 39. *Ueber die Accommodation des Auges* (*Arch. für Ophtalmologie*, 1, 1-74). — 40. *Bericht über die Theorie der Wärme betreffende Arbeiten aus dem Jahre* 1852 (*Fortschritte der

Physik im Jahre 1852, VIII, 360-387, 1855). — **41**. *Ueber die Erklärung des Glanzes* (*N. S.*, 1856). — **42**. *Zuckungscurven von Froschmuskeln*. *N. S.*, 1856). — **43**. *Ueber die Combinationstöne oder Tartinischen Töne* (*N. S.*, 1856, 75-77). — **44**. *Ueber die Bewegungen des Brustkastens* (*Sitzber. der niederrheinischen Gesellsch. zu Bonn*, 12 März 1856, in *Verhandlungen des naturhist. Vereins für Rheinland und Westphalen*, XIII, 70-71). — **45**. *Ueber Combinationstöne* (*Berliner Monatsb.*, 22 mai 1856, 279-285). — **46**. *Ueber Combinationstöne* (*Poggendorf's Ann.*, LXLIX, 497-540, [1856). — **47**. *Handbuch der physiologischen Optik* (1 *Lieferung*, 1-192, Leipzig, 1856). — **48**. *Bericht über die Theorie der Wärme betreffende Arbeiten aus dem Jahre* 1853 (*Fortschritte der Physik*, IX, 404-432, 1856). — **49**. *Ein Telestereoskop* (*N. S.*, 1857, 79-81). — **50**. *Das Telestereoskop* (*Poggendorff's Ann.*, CII, 167-175, 1857). — **51**. *Ueber die Vokale* (*Arch. f. d. holländ. Beiträge z. Natur und Heilkunde*, I, 354-355). — **52**. *Die Wirkungen der Muskeln des Armes* (*Vorgetragen in der ärztlichen Sektion der niederrheinischen Gesellschaft für Natur und Heilkunde am* 10. *Dez.* 1856 *Allgem. medizin. Centralzeitung* 1857, 85). — **53**. *Bericht über die Theorie der Wärme betreffende Arbeiten aus dem Jahre* 1854 (*Fortschritte der Physik*, 361-398, 1859). — **54**. *Ueber die subjectiven Nachbilder im Auge* (*Niederrhein. Sitz.*, 1858, 98-100). — **55**. *Ueber Integrale der hydrodynamischen Gleichungen, welche den Wirbelbewegungen entsprechen* (*J. M.*, LV, 25-55). — **56**. *Bericht über die Theorie der Wärme betreffende Arbeiten aus dem Jahre* 1855 (*Fortschritte der Physik*, XI, 361-373, 1858). — **57**. *Ueber die physikalische Ursache der Harmonie und Disharmonie* (*Amtlicher Bericht über die* 34 *Versammlung deutscher Naturforscher und Aerzte zu Carlsruhe im September* 1858, 158). — **58**. *Ueber Nachbilder* (*Amtlicher Berichte über die* 34 *Versammlung deutscher Naturforscher und Aerzte zu Carlsruhe im September* 1858, 225-226). — **59**. *Ueber die Klangfarben der Vocale* (*Gel. Anz. d. k. bayer. Akad. d. Wissensch.*, 1859, Nr., 67-69, 537-541, 545-549, 553-556; *Poggendorff's Ann.*, CVIII, 280-290, 1859). — **60**. *Ueber Luftschwingungen in Röhren mit offenen Enden* (*Heidelberger Jahrb.*, 1859, 354-357). — **61**. *Ueber Farbenblindheit* (*Verhdlg. des naturhist-med. Vereins zu Heidelberg*, 11 *november* 1859, II, 1-3). — **62**. *Theorie der Luftschwingungen in Röhren mit offenen Enden* (*Journ. f. reine und angew. Mathem.*, LVII, 1-72). — **63**. *Bericht über die Theorie der Wärme betreffende Arbeiten aus dem Jahre* 1856 (*Fortschritte der Physik*, XII, 343-359, 1859). — **64**. *Ueber die Contrasterscheinungen im Auge*. (*N. H.*, 27 *April* 1860, II, 32-33). — **65**. *Ueber musikalische Temperatur*. (*Verh. des nat. Vereins zu Heidelberg*, 23 *Nov.* 1860 et *Poggend. Ann.*, CXIII, 87-90, 1860. — **66**. *On the motion of the strings of a violin*. (*Proc. of the Glasgow Philosophical Society, Dec.* 19, 1860. (*Phil. Magaz.* 4 *Ser.*, XXI, 393-396). — **67**. *Handbuch der physiologischen Optik* (2 *Lieferung*, 193-432, Leipzig, 1860). — **68**. *Ueber Klangfarben* (*Verh. des nat. Vereins zu Heidelberg*, II, 57, 1860). — **69**. *Ueber Reibung tropfbarer Flüssigkeiten* (*Gemeinsam mit G. v. Piotrowski ausgeführt*). (*Ak. W.*, XL, 607, 1860). — **70**. *Zur Theorie der Zungenpfeifen* (*N. H.*, II, 159-164; *Poggendorff's Ann.*, CXIV, 321-327). — **71**. *Ueber eine allgemeine Transformationsmethode der Probleme über elektrische Verteilung* (*N. H.*, II, 185-188, 1861 et 217, 1862). — **72**. *On the Application of the Conservation of Force to Organic Nature* (*Proc. Roy. Inst.*, III, 347-357, 1861. — **73**. *Ueber das Verhältniss der Naturwissenschaften zur Gesammtheit der Wissenschaften* (*Rectoratsrede, Heidelberger Universitätsprogramm*, 1862). — **74**. *Ueber die arabisch-persische Tonleiter* (*N. H.*, II, 216-217, 1862). — **75**. *Ueber die Form des Horopters, mathematisch bestimmt* (*N. H.*, 24 *oktober* 1863, III, 51-55). — **76**. *Ueber den Einfluss der Reibung in der Luft auf die Schallbewegung* (*N. H.*, 27. *Febr.*, 1863, III, 16-20; *Heidlb. Jahrb. der Litteratur*, 1863, Nr. 17). — **77**. *Ueber die Bewegungen des menschlichen Auges* (*N. H.*, III, 62-67, 1863, 8 mai). — **78**. *Ueber die normalen Bewegungen des menschlichen Auges* (*Archiv für Ophthalmologie*, IX, 153-214, 1863). — **79**. *Die Lehre von den Tonempfindungen als physiologische Grundlage für die Theorie der Musik*, 1863. — **80**. *On the normal motions of the Human Eye in relation to binocular Vision*. (*Croonian Lecture. Proceedings of the London Roy. Soc.*, XIII, 186-199, 1863-64). — **81**. *Lectures on the Conservation of Energy* (*Delivered at the Royal Institution, April* 5, 7, 12, 14, 19 et 21, 1864; *Medical Times and Gazette*, I, 1864, 385-388, 415-418, 443-446, 471-474, 499-501, 527-530). — **82**. *Bemerkungen über die Form des Horopters* (*Poggend. Ann.*, CXXIII, 158-161, 1864). — **83**. *Ueber den Horopter* (*Heidelberger Jahrb.*, 1864, 340-342). — **84**. *Versuche über das Muskelgeräusch* (*B. M.*, 23 mai 1864, 307-310). (*N. H.*, 27 mai 1864, III, 155-157). — **85**. *Ueber den Horopter* (*Arch. f. Ophthalmologie*, X, 1-60, 1864). — **86**. *Ueber den Einfluss der Raddrehung der Augen* *auf die Projection der Retinalbilder nach Aussen.* (*N. H.*, 25 *November* 1864, III, 170-171). — **87.** *Ueber Eigenschaften des Eises.* (*N. H.*, III, 194-196). — **88.** *Ueber stereoskopisches Sehen*, (*N. H.*, 30. *Juni* 1865, IV, 8-11). — **89.** *Ueber die Augenbewegungen* (*Heidelberger Jahrbuch*, 1865, 255-259). — **90.** *Populäre wissenschaftliche Vorträge* (1 Heft 1865). a) *Nr.* 30 *dieses Verzeichnisses*; b) *Nr.* 73 *dieses Verzeichnisses*; c) *Ueber die physiologischen Ursachen der musikalischen Harmonie*; d) *Eis und Gletscher*. — **91.** *Die Lehre von den Tonempfindungen als physiologische Grundlage für die Theorie der Musik* (2 *Aufl.*, 605 p. *mit in den Text eingedruckten Holzst.*, 1865). — **92.** *Ueber den Muskelton* (*N. H.*, 20 *Juli* 1866, IV, 88-90). — **93.** *On the Regelation of ice* (*Philosoph. Magaz.*, (4), XXXII, 22-23; *Arch. des scienc. phys. et nat.*, XXVI, 241-243; *Revue des Cours scientifiques*, III, 452, 1866). — **94.** *Handbuch der physiologischen Optik* (3 *Lieferung*, 433-874, Leipzig, 1867). — **95.** *Mitteilung betr. Versuche über die Fortpflanzungs-Geschwindigkeit der Reizung in den motorischen Nerven des Menschen, welche H. Herr* N. BAXT *aus Petersburg im physiologischen Laboratorium zu Heidelberg ausgeführt hat* (*B. M.*, V, 29 *April* 1867, 228-234). — **96.** *Ueber die Mechanik der Gehörknöchelchen* (*N. H.*, IV, 153-161, 1867). — **97.** *De la production de la sensation du relief dans l'acte de la vision binoculaire* (*Compte rendu du Congrès périodique international d'ophtalmologie à Paris*, 1867, Paris, 1867, 53-58). — **98.** *Die neueren Fortschritte in der Theorie des Sehens* (*Preuss. Jahrb.*, XXI, 149-171, 263-290, 403-435). — **99.** *Ueber discontinuirliche Flüssigkeitsbewegungen* (*B. M.*, 1868, 215-228). — **100.** *Sur le mouvement le plus général d'un fluide* (*C. R.*, LXVII, 221-225, 1868). — **101.** *Sur le mouvement des fluides* (*Ibid.*, LXVII, 754-757, 1868). — **102.** *Réponse à la note de M. J. Bertrand du* 19 *octobre* (*Comptes rendus de l'Acad. des sciences de Paris*, LXVII, 1034-1035, 1868). — **103.** *Ueber die thatsächlichen Grundlagen der Geometrie* (*H. N.*, IV, 197-202, 1868, 22 *mai*; et V, 31-32, 1869, 30 *April*). — **104.** *Ueber die Thatsachen, die der Geometrie zu Grunde liegen* (*Nachrichten der k. Ges. d. Wissensch. zu Göttingen*, 1868, 3 *Juni*, Nr. 9, 193-221). — **105.** *Zur Theorie der stationären Ströme in reibenden Flüssigkeiten* (*N. H.*, V, 1-7, 1869). — **106.** *Ueber die physiologische Wirkung kurzdauernder elektrischer Schläge im Innern von ausgedehnten leitenden Massen* (*N. H.*, 1869, V, 14-17). — **107.** *Ueber elektrische Oscillationen* (*N. H.*, V, 27-31; *Tageblatt der* 43 *Versammlung deutscher Naturforscher und Aerzte zu Innsbruck im Septemb.* 1869, 105-108). — **108.** *Ueber die Schallschwingungen in der Schnecke des Ohres* (*N. H.*, V, 33-38, 25 *Juni* 1869). — **109.** *Ueber das Heufieber. Als briefliche Mitteilung, enthalten in einer Abhandlung von* : BINZ (C..) *pharmakologische Studien über das Chinin* (*A. A. P.*, 100-102). — **110.** *Die Mechanik der Gehörknöchelchen und des Trommelfelles* (*A. g. P.*, I. 1-60; et tir. à part. *Bonn*, 1869). — **111.** *Ueber die Theorie der Elektrodymanik*. I. *Ueber die Gesetze der inconstanten elektrischen Ströme in körperlich ausgedehnten Leitern* (*N. H.*, 21 *Jan.* 1870, V, 84-89). — **112.** *The axioms of geometry* (*The Academy*, I, 128-131, 1870). — **113.** *Neue Versuche über die Fortpflanzungs-Geschwindigkeit der Reizung in den motorischen Nerven der Menschen, ausgeführt von* N. BAXT *aus Petersburg* (*B. M.*, 31 *März* 1870, 184-191). — **114.** *Ueber die Bewegungsgleichungen der Elektricität für ruhende leitende Körper* (*J. M.*, LXXII, 57-129). — **115.** *Die Lehre von den Tonempfindungen als physiologische Grundlage für die Theorie der Musik.* (3e édit., 640 p. *mit in den Text eingedr. Holzschn.*, Braunschweig, 1870). — **116.** *Vorrede zur deutschen Uebersetzung von* TYNDALL (J.). (*Faraday as a discoverer*, 1870. — **117.** *Populäre wissenschaftliche Vorträge*, 2 Heft. a) *Nr.* 33 *dieses Verzeichnisses*; b) *Nr.* 98 *dieses Verzeichnisses*; c) *Ueber die Erhaltung der Kraft*; d) *Ueber das Ziel und die Fortschritte der Naturwissenschaft* (*Eröffnungsrede der Naturforscherversammlung zu Innsbruck*, 1869). — **118.** *Vorrede zum ersten Theil des ersten Bandes der deutschen Uebersetzung von* THOMSON (W.) et TAIT (P. G.). (*Treatise on Natural Philosophy*, X-XII, 1871). — **119.** *Ueber die Fortpflanzungs-Geschwindigkeit der elektro-dynamischen Wirkungen* (*B. M.*, 25 *mai* 1871, 292-298). — **120.** *Ueber die Zeit, welche nötig ist, damit ein Gesichtseindruck zum Bewusstsein kommt. Resultate einer von Herrn* BAXT (N.) *im Heidelberger Laboratorium ausgeführten Untersuchung* (*B. M.*, 8 *Juni* 1871, 333-337). — **121.** *Zum Gedächtniss an* MAGNUS (Gustav). (*Denkschriften der Akademie der Wissenschaften zu Berlin*, Jahrg, 1871, 1). — **122.** *Ueber die Theorie der Elektrodynamik* (*B. M.*, 18 April 1872, 247-256). — **123.** *Ueber die galvanische Polarisation des Platins. Tageblatt der* 45 *Versammlung deutscher Naturforscher und Aerzte zu Leipzig*, Août 1872, 110-111). — **124.** *Ueber die Wechselwirkung der Naturkräfte und die darauf bezüglichen* *neuesten Ermittelungen der Physik, Neuer Abdr.* (Königsberg, 1872). — **125.** *Vergleich des Ampere'schen und Neumann'schen Gesetzes für die elektrodynamischen Kräfte* (*B. M.*, 6 Febr. 1873, 91-104). — **126.** *Ueber ein Theorem, geometrisch ähnliche Bewegungen flüssiger Körper betreffend, nebst Anwendung auf das Problem, Luftballons zu lenken* (*B. M.*, 1873, 501-514). — **127.** *Ueber galvanische Polarisation in gasfreien Flüssigkeiten* (*B. M.*, 1873, 587-597; *Poggend. Ann.*, CL, 483-495). — **128.** *Ueber die Grenzen der Leistungsfähigkeit der Mikroskope* (*B. M.*, 20 *Okt.*, 1873, 625-626). — **129.** *Ueber die Theorie der Elektrodynamik, Zweite Abhandlung : Kritisches* (*J. M.*, LXXV, 35-66, 1873). — **130.** *Ueber die Theorie der Elektrodynamik*; III, *Die elektrodynamischen Kräfte in bewegten Leitern* (*J. M.*, LXXVII, 273-324, 1874). — **131.** *Die theoretische Grenze für die Leistungsfähigkeit der Mikroskope* (*Poggend. Ann., Jubelband*, 1874, 557-584). — **132.** *Kritisches zur Elektrodynamik* (*Poggend. Ann.*, CLIII, 545-556). — **133.** *Zur Theorie der anomalen Dispersion* (*B. M.*, 29 *Octob.* 1874, 667-680; *Poggend. Ann.*, CLIV, 582-596, 1875). — **134.** *On the later views of the connection of electricity and magnetism* (*Annual Report of the Smithsonian Institution for* 1873, 247-253). — **135.** *Kritisches. Vorreden zum zweiten Theile des ersten Bande von* THOMSON (W.) and TAIT (P.-C.). (*Treatise on Natural Philosophy*, 5-14, 1874). — **136.** *Vorrede und Kritische Beilage zur deutschen Uebersetzung von* TYNDALL (J.). (*Fragments of Science*, V-XXV, 581-597, 1874). — **137.** *Versuche über die im ungeschlossenen Kreise durch Bewegung inducirten elektromotorischen Kräfte* (*B. M.*, 17 *Juni* 1875, 400-415; *Poggend. Ann.*, CLVIII, 87-105). — **138.** *Wirbelstürme und Gewitter* (*Deutsche Rundschau*, VI, 363-380, 1876). — **139.** *Bericht betreffend Versuche über die elektromagnetische Wirkung elektrischer Convection, ausgeführt von Hrn* ROWLAND (H. A.). (*B. M.*, *16 März* 1876, 211-216; *Poggend. Ann.*, CLVIII, 487-493). — **140.** *Bericht über Versuche des Hrn.* ROOT (E.). *aus Boston, die Durchdringung des Platins mit elektrolytischen Gasen betreffend* (*B. M.*, 16 *März* 1876, 217-220; *Poggend. Ann.*, CLIX, 416-420). — **141.** *Populäre wissenschaftliche Vorträge*, (1 *Heft.* 2 A., 1876). — **142.** *Populäre wissenschaftliche Vorträge*, 2 *Heft*, 2 A., 1876). — **143.** *Populäre wissenschaftliche Vorträge*, 3 *Heft*, 1876. *Enthält* : a) *Nr.* 121. *dieses Verzeichnisses*; b) *Ueber die Axiome der Geometrie*; c) *Optisches über Malerei*; d) *Ueber die Entstehung des Planetensystems*. — **144.** *The origin and meaning of geometrical axioms* (*Mind*, I, 301-321, 1886). — **145.** *Das Denken in der Medicin. Rede gehalten zur Feier des Stiftungstages der militärärztl. Bildungsanstalten am* 2 *Aug.* 1877, 36 p., Berlin, 1877). — **146.** *Ueber die akademische Freiheit der deutschen Universitäten. Rektoratsrede vom* 15 *Okt.* 1877 (*Universitätsprogramm*, Berlin, 1877). — **147.** *Ueber galvanische Ströme, verursacht durch Concentrationsunterschiede, Folgerungen aus der mechanischen Wärmetheorie* (*B. M.*, 26 Nov. 1877, 713-726; *Wied. Ann.*, III, 201-216). — **148.** *Die Lehre von den Tonempfindungen, als physiol. Grundlage für die Theorie der Musik* (4 *umgearb. Auflage*, 675 p., 1877). — **149.** *Telephon und Klangfarbe* (*B. M.*, 11 Juli 1878, 488-509; *W. A.*, V, 448-460, 1878). — **150.** *Ueber die Bedeutung der Convergenzstellung der Augen für die Beurteilung des Abstandes binocular gesehener Objecte.* (*Verh. der physiol. Gesellschaft zu Berlin*, 10 mai 1878, 57-59; *A. P.*, 1878, 322-324). — **151.** *The origin and meaning of geometrical axioms* (*Mind.* III, 212-225). — **152.** *Das Denken in der Medicin.* (2 *neu durchgearbeitete* Aufl. 39 p., Berlin, 1878). — **153.** *Die Thatsachen in der Wahrnehmung.* (*Rede gehalten zur Stiftungfeier der Friedrich-Wilhems-Universität zu Berlin am* 3 Aug. 1878; *Univ. Programm.*, Berlin, 1878). — **154.** Lord RAYLEIGH's *Theorie of Sound* (*Nature*, XVII-237-239 et XIX, 117-118). — **155.** *Ueber die akademische Freiheit der deutschen Universitäten* (Berlin, 1878). — **156.** *Ueber elektrische Grenzschichten* (*B. M.*, 27 *Febr.* 1879, 198-200). — **157.** *Studien über elektrische Grenzschichten* (*W. A.*, VII, 337-382). — **158.** *Die Thatsachen in der Wahrnehmung.* (*Rede gehalten zur Stiftungsfeier der Friedrich-Wilhelms-Universität zu Berlin am* 3 *Aug.* 1878; *Überarbeitet und mit Zusätzen versehen*, Berlin, 1879). — **159.** *Ueber Bewegungsströme am polarisirten Platina* (*B. M.*, 1880, 11 *März*, 285-305; *W. A.*, XI, 737-759). — **160.** *Vorbemerkung zu einer nachgelassenen Abhandlung von* BOLL (F.) *Thesen und Hypothesen zur Licht und Farbenempfindung* (*A. P.*, 1881, 1-3). — **161.** *Ueber die auf das Innere magnetisch oder dielektrisch polarisirter Körper wirkenden Kräfte* (*B. M.*, 17 *Febr.* 1881, 191-213; *W. A.*, XIII, 385-406). — **162.** *On the modern development of Faraday's conception of electricity* (*Journal of the chemical Society*, *June* 1881). — **163.** *Note on stereoscopic vision* (*Phil. Mag.*, XI, 507-508, 1881). — **164.** *Eine elektrodynamische Waage* (*W. A.*, XIV, 52-54, 1881). — **165.** *Ueber die Berathun-*

gen des Pariser Congresses betreffend die elektrischen Maasseinheiten (*Electrotechnische Zeitschrift*, 482-489, 1881). — **166.** *Ueber galvanische Polarisation des Quecksilbers und darauf bezügliche neue Versuche des Herrn* König (A.). (*B. M.*, 3 *Nov.* 1881). — **167.** *Die Thermodynamik chemischer Vorgänge* (*Berl. Sitzungsberichte*, 2 *Febr.* 1882). — **168.** *Zur Thermodynamik chemischer Vorgänge* (*Berl. Sitzungsberichte*, 27 *Juli* 1882). — **169.** *Ueber absolute Maassysteme für elektrische und magnetische Grössen* (*W. A.*, xvii, 42-54, 1882). — **170.** *Bericht über die Thätigkeit der internationalen elektrischen Commission.* (*Verhandlungen der physik. Gesellschaft zu Berlin*, 17 *Nov.* 1882). — **171.** *Wissenschaftliche Abhandlungen.* (I, 938, *Mit Porträt*, 1882). — **172.** *Bestimmung magnetischer Momente durch die Waage* (*Berl. Sitz.*, 5 April 1883, 405-408, 1883). — **173.** *Zur Thermodynamik chemischer Vorgänge. Folgerungen, die galv. Polarisation betreffend. Berl. Sitz.*, 31 *Mai* 1883, 647-665). — **174.** *Wissenschaftliche Abhandlungen* (ii, 1019 p., 1883). — **175.** *On galvanic currents passing through a very thin stratum of an electrolyte* (*Proc. Edinb. Roy. Soc.*, 1883-84, 596-599). — **176.** *Studien zur Statik monocyklischer Systeme* (*Berl. Sitz.*, 6 März, 27 März und 10 Juli 1884, 159-177, 311-318 und 755-759). — **177.** *Ueber die Beschlüsse der internationalen Conferenz für elektrische Maasseinheiten. Verhandl. der physikal.* (*Gesellschaft in Berl. vom* 9 Mai 1884, iii, 26-28). — **178.** *Verallgemeinerung der Sätze über die Statik monocyklischer Systeme* (*Berl. Sitz.*, 18 Dez. 1884, 1197-1201). — **179.** *Principien der Statik monocyklischer Systeme* (*Crelle's Jour.*, 1884, lxlvii, 111-140, 317-336). — **180.** *Vorträge und Reden. Zugleich* 3. *Aufl. der populären wissenschaftlichen Vorträge.* 1884. *Inhalt* : a) *Die bereits in Nr.* 90, 117 *und* 143 *abgedruckten Vorträge*; b) *Nr.* 36, 138, 145, 146, 153, 165, 135 *und* 136 *dieses Verzeichnisses*; c) *Der deutsche Originaltext von Nr* 162; d) *Robert Mayer's Priorität* (*als Zusatz zu Nr.* 33 *diesses Verzeichnisses*). — **181.** *Report on* Sir William Thomson's *Mathematical and Physical. Papers* (Vol. i, et ii; *Nature*, xxxii, 25-28, *May* 14, 1885). — **182.** *Handbuch der physiologischen Optik.* (2 *umgearb. Aufl. Liefer.* 1-80, 188 S). — **183.** *Handbuch der physiologischen Optik* (2 *umgearb. Aufl.* 2 et 3 *Liefer.*, 81-240, 1886). — **184.** *Ueber die physikalische Bedeutung des Princips der kleinsten Wirkung* (*Crelle's Journ.* 1886, c, 137-166; 213-222). — **185.** *Rede beim Empfang der Gräfe-Medaille. Bericht über die* 18 *Versammlung der ophtalmologischen Gesellschaft* (*Festsitzung am* 9 Aug. 1886, 43-52). — **186.** *Ueber Wolken und Gewitterbildung.* (*Verhandl. der physikal. Gesellschaft zu Berlin*, 1886, 22 *Okt*, 96-97). — **187.** *Zur Geschichte des Princips der kleinsten Action* (*Berl. Sitz.*, 1887, 225-236). — **188.** *Versuch um die Cohäsion von Flüssigkeiten zu zeigen.* (*Verhandl. der physikal. Gesellschaft zu Berlin*, 1887, 4 *Febr.* 16-18). — **189.** Fraunhofer (Joseph). *Rede bei der Gedenkfeier zur hundertjährigen Wiederkehr seines Geburtstages* 6 *März* 1887 (*Zeitschrift für Instrumentenkunde*, vii, 115-122). — **190.** *Weitere Untersuchungen die Elektrolyse des Wassers betreffend* (*Berl. Sitz.*, *vom* 28 *Juli* 1887, 749-758; *W. A.*, xxxiv, 737-751, *mit Nachtrag*). — **191.** Zeller (Eduard). *Zählen und Messen, erkenntnisstheoretisch betrachtet. Physiologische Aufsätze zu seinem fünfzigjährigen Doctor-jubiläum gewidmet* (1887, 17-52). — **192.** *Handbuch der physiologischen Optik* (2 *umgearb. Aufl.*, 241-320, 1887). — **193.** *Mitteilung zu dem Bericht über die Untersuchung einer mit der Flüssigkeit arbeitenden* Pictet *Eismaschine* (*Verhandl. der Berl. physikal. Gesellschaft*, 1887, 97-101; 112-114). — **194.** *Ueber atmosphärische Bewegungen* (*Berl. Sitz.*, 31 *Mai* 1888, 647-663; *Meteorol. Zeitschrift*, 1888, 329-340). — **195.** *Ueber das Eigenlicht der Netzhaut.* (*Verhandl. der physikal. Gesellschaft zu Berlin vom* 2 *Nov.* 1888; vii, 85-86). — **196.** *Zur Erinnerung an* Clausius (R.). (*Verhandl. der physikal. Gesellschaft zu Berlin vom* 11 *Jan.* 1889, viii, 1-6). — **197.** *Ueber atmosphärische Bewegungen.* (ii, *Berl. Sitz.*, 25 *Juli* 1889, 761-780. *Im Auszug abg. in den Verhandl. der physikal. Gesellschaft zu Berlin vom* 25 *Okt.* 1889, viii, 61-76). — **198.** *Handbuch der physiologischen Optik* (2 *umgearb. Aufl.*, 5 *Lieferung*, 321-400, 1889). — **199.** *Die Störung der Wahrnehmung kleinster Helligkeitsunterschiede durch das Eigenlicht der Netzhaut* (*Zeitschrift für Psychologie und Physiologie der Sinnesorgane*, i, 5-17, 1890). — **200.** *Die Energie der Wogen und des Windes* (*Berl. Sitzungsber.*, 17 *Juli* 1890, 853-872, *W. A.*, xli, 641-662). — **201.** *Suggestion und Dichtung.* (*Deutsche Dichtung*, ix, 125), *Später abgedr. in : Die Suggestion und die Dichtung* (Berlin, 1892, 69-71). — **202.** *Bemerkungen über die Vorbildung zum akademischen Studium.* (*Verhandl. über Fragen des höhern Unterrichts Berlin*, 4-17 *Dez.* 1890, Berlin, 1891, 202-209, et 763-764). — **203.** *Versuch einer erweiterten Anwendung des Fechner'schen Gesetzes im Farbensystem* (*Zeitschrift für Psychologie* *und Physiologie der Sinnorgane*, II, 1-30, 1891). — **204.** *Versuch das psychophysische Gesetz auf die Farbenunterschiede trichromatischer Augen anzuwenden* (*Ibid.*, III, 1-20 *u.* 517, 1891). — **205.** *Kürzeste Linien im Farbensystem.* *Berl. Sitz.*, 17 Dez.,1891, 1071-1083 (*Auszug* in *Zeitschrift für Psychologie und Physiologie der Sinnesorgane*, III, 108-122 1891). — **206.** *Autobiographisches, Tischrede bei der Feier des 70 Geburtstages. In : Ansprachen und Reden, gehalten bei der am 2 Nov. 1891, zu Ehren von Hermann v. Helmholtz veranstalteten Feier* (Berlin, 1892, 46-59). — **207.** *Das Princip der kleinsten Wirkung der Electrodynamik* (*Berl. Sitz.*, 12 Mai 1892, 459-475; *W. A.*, XLVII, 1-26). **208.** — *Handbuch der physiologischen Optik.* (*2 umgearb. Auflage*, 6 *und* 7 *Liefer.* 1892, 401-560). — **209.** GOETHE's *Vorahnungen kommender naturwissenschaftlicher Ideen. Rede gehalten in der Generalversammlung der Gœthe-Gesellschaft zu Weimar den* 11 Juni 1892. (*Deutsche Rundschau*, LXXII, 115-132). — **210.** *Elektromagnetische Theorie der Farbenzerstreuung.* (*Berl. Sitzungsbericht vom* 15 Dec. 1892, 1093-1109; *W. A.* XLVIII, 1893, 389-405). — **211.** *Zusätze und Berichtigungen zu dem Aufsatze : Elektromagnetische Theorie der Farbenzertreuung*, *W. A.*, XLVIII, 1893, 723-725). — **212.** *Adresse an Hrn E. Du Bois Reymond bei Gelegenheit seines* 50 *jähr. Doctorjubiläums* (*verfasst im Auftrage der Königl. Akademie der Wissenschaften zu Berl. Sitz.*, 16 *Febr.* 1893, 93-97). — **213.** *Folgerungen aus Maxwell's Theorie über die Bewegungen des reinen Aethers.* (*Berliner Sitzungsberichte vom* 6 *Juli* 1893, 649-656; *W. A.*, LIII, 135-143). — **214.** WIEDEMANN (Gustav). *Beim Beginn des* 50 *Bandes seiner Annalen der Physik und Chemie gewidmet.* (*W. A.*, L, III, XI). — **215.** *Ueber den Ursprung der richtigen Deutung unserer Sinneseindrücke* (*Zeitschrift für Psychologie und Physiologie der Sinnesorgane*, VII, 81-96). — **216.** *Vorwort zu* HERTZ (H.). *Prinzipien der Mechanik*, 1894, VII-XXVII). — **217.** *Handbuch der physiologischen Optik.* (2. *umgearb. Aufl.*, 1894, 561-640).

ABRÉVIATIONS

Berliner Monatsberichte	= *B. M.*
Borchardt's Journal für die reine und angewandte Mathematik. . . .	= *J. M.*
Verhandlungen des naturhistorischen med. Vereins zu Heidelberg . . .	= *N. H.*
Niederrheine Sitzungsberichte	= *N. S.*
Wiedemann's Annalen der Physik und Chemie	= *W. A.*

HELMONT (Jean-Baptiste van Helmont), né à Bruxelles en 1577[1], décédé à Vilvorde en 1644, chimiste, médecin, physiologiste et philosophe, a exercé sur le progrès des sciences médicales et particulièrement sur la physiologie une influence qui se mesure aux persécutions dont il a été l'objet de la part des Ecoles dont il renversait les doctrines.

Par sa mère, Marie de Stassart, il appartenait à une illustre famille belge; son mariage avec Marguerite van Ranst le fit entrer dans la famille de Mérode. En 1594 il termina ses études philosophiques à l'Université de Louvain, et lui-même raconte dans un chapitre de l'*Ortus medicinæ* les hésitations qu'il éprouva dans le choix d'une carrière. Persuadé qu'il ne possédait aucune connaissance réelle et solide, il abandonna successivement l'étude de la philosophie pour celle de l'astrologie et de la théorie des planètes, puis pour celle de la géométrie, de la physique; finalement il quitta les bancs de l'école, refusant le titre de « *magister artium* » dont il ne se jugeait pas digne : *Nolens ut mecum morionem professores agerent, magistrum septem artium declararent, qui nondum essem discipulus*[2].

La mère de VAN HELMONT souhaitait qu'il entrât dans les ordres; mais il ne put s'y décider et continua de travailler à s'instruire; il parcourut le cycle des sciences; dégoûté des études juridiques, « parce que le droit n'est basé que sur des traditions humaines et

1. Ou en 1580, d'après G. DES MAREZ. (*L'état civil de* J.-B. VAN HELMONT, *Ann. de la Soc. d'Archéol. de Bruxelles*, 1907, 107-128).
2. *Ortus medicinæ, id est initia physicæ inaudita.* Amsterdam, Elzévir, *Studia authoris*, 16.

par-là même peu sûres, instables, manquant de vérité », il trouva en fin de compte dans l'histoire naturelle des connaissances plus certaines et plus séduisantes pour lui; amené ainsi aux études médicales, il se pénétra des principes de FUCHS et de FERNEL, lut deux fois les œuvres de GALIEN, une fois tout HIPPOCRATE, dont il apprit même les aphorismes par cœur; il étudia AVICENNE et environ six cents auteurs grecs, arabes ou modernes, et annota leurs ouvrages. Son travail terminé, il parcourut ses notes; mais cet immense labeur n'avait servi, dit-il, qu'à lui faire voir sa pauvreté scientifique et à lui faire regretter le temps perdu. Ce que l'on appelait la « science médicale » le fit sourire : *Subrisi mecum* [1]; et c'est avec amertume qu'il déclare n'avoir rien trouvé dans ses lectures qui lui permît d'entrevoir la vérité : *nihil quod scientiam veritatis aut veritatem scientiae sponderet* [2].

Les professeurs de médecine de Louvain, prévenus en faveur du jeune VAN HELMONT par l'ardeur avec laquelle il se livrait au travail, songèrent à lui confier le cours de chirurgie; cédant à leurs instances, VAN HELMONT donna le cours; mais il fut bientôt stupéfait de sa témérité et de son étourderie, se demandant comment il pourrait, d'après la lecture des livres, enseigner une branche que l'on ne peut arriver à connaître que par une longue expérience : *demiratus temeritates et incogitantias meas, quod solâ librorum lectione docere præsumerem quæ non nisi visu atque manuum contrectatione longo usu et acri judicio addiscuntur* [3].

Il renonça donc à ce cours, et, fatigué de ne rencontrer dans ses lectures qu'ignorance et présomption, il jeta de côté les livres qu'il avait tant aimés : *libros abjeci ac ducentos forte aureos in libris dono transtuli in studiosos (utinam combusissem !) omnino mecum resolutus professionem tam ignaram deserere, si non doli quoque plenam* [4].

On voit que VAN HELMONT n'a pas embrassé par enthousiasme la profession médicale : lui-même raconte avoir reçu en rêve l'ordre du Très-Haut lui enjoignant de se faire médecin et lui promettant que l'archange Raphaël viendrait quelquefois l'assister de ses conseils. Il fut promu en 1597, au grade de docteur en médecine à l'Université de Louvain et entreprit, dès l'année suivante, des voyages à l'étranger. De 1600 à 1602 il visita la Suisse et l'Italie, puis la Hollande et l'Angleterre; à son retour, en 1605, comme il débarquait à Anvers, il y trouva l'occasion d'exercer, au cours d'une épidémie de fièvres malignes, cet « art de guérir » dont il avait tant médit : *Quò magis medicinam detestarer, ac velut imposturam procul a me abjicerem, eo nempe major me inrasit medendi occasio* [5]. »

VAN HELMONT se rendit ensuite à Bruxelles, et à partir de ce moment jusqu'à la fin de sa carrière, il mena une vie admirable de travail et de dévouement; il prodiguait ses soins à tous, aux pauvres et aux prisonniers surtout; sa réputation s'étendit bientôt au loin : l'électeur de Cologne l'appela auprès de lui pour être son médecin; l'empereur RODOLPHE II d'Autriche lui offrit des avantages et des honneurs considérables pour l'attirer à Vienne; mais VAN HELMONT déclina ces propositions, et après son mariage il se retira à Vilvorde où il passa sept années dans la retraite; ne voyant du monde que les malades indigents, il vécut complètement absorbé par ses travaux scientifiques; *Uxorem piam atque nobilem mihi dedit (Deus) cum quâ Vilvordiam me subduxi, per septennium Pyrotechniæ me immolavi, ac pauperum calamitatibus subveni* [6].

L'esquisse biographique que nous venons de retracer, et qui s'arrête au moment où VAN HELMONT, retiré à Vilvorde, y installe son laboratoire et s'adonne au travail expérimental, met en évidence les deux traits principaux du caractère de cet homme que l'on a si diversement jugé. Il ressort avec évidence des textes mêmes de VAN HELMONT qu'il a compris, dès sa jeunesse, l'inanité de l'enseignement des Écoles et la nécessité d'engager la science dans une voie d'observation dégagée de tout préjugé; mais il apparaît avec non moins d'évidence que ce réformateur était lui-même un rêveur, un mystique, et que, si d'une part il ne se contentait pas de vains mots dans l'explication des phéno-

1. *Ort. med.*, 18 (*Studia authoris*).
2. *Ort. med.*, 18 (*Studia authoris*).
3. *Tumulus pestis*, 10, *in Ortus medicinæ*. Elzévir, 1648.
4. *De Lithiasi*, II, 12, 19.
5. *Tum. pestis*, 11.
6. *Tum. pestis*, 11.

mènes naturels, d'autre part il participait largement aux erreurs de son temps. Cette antinomie entre un profond bon sens qui lui fait voir la réalité et une foi aveugle allant jusqu'aux plus absurdes superstitions se retrouve dans ses œuvres comme dans les aventures de sa vie; elle rend le personnage de VAN HELMONT intéressant comme l'expression même de cette époque de transition où, dans l'art comme dans la science, le mysticisme est exaspéré par la lutte contre l'esprit nouveau : la même année a vu naître RUBENS et VAN HELMONT; le même enthousiasme pour la splendeur de la nature les anime l'un et l'autre, et le frêle VAN HELMONT a parfois dans son style des traits dont la vigueur rappelle celle du maître flamand. Ainsi, quand il exalte le travail de laboratoire en disant : *Abdicavi omnes libros et sensi me per ignem plus proficere in conceptibus orando acquisitis, quam in libris quibuslibet, cantum semper eumdem cuculi canentibus* [1]. On imagine voir VAN HELMONT priant avec ferveur pendant qu'il surveille les opérations du feu dans ses cornues. Et encore ce texte : *Laudo benignum mihi Deum, qui me in Pyrotechniam vocavit extrà aliarum professionum fæcem* [2]. Toute l'œuvre de VAN HELMONT abonde en traits de ce genre; à chaque page apparaît l'observateur sagace, l'expérimentateur volontaire et pénétrant, cherchant à travers les broussailles le chemin de la vérité dont rien ne le détourne. Hélas! à chaque page aussi se découvre le préjugé religieux, enraciné, profond, ramenant toutes choses à Dieu, source de tout bien et de toute vérité, admettant jusqu'aux fables les plus absurdes sur la génération spontanée et le magnétisme animal.

De telles contradictions sur les principes, de telles oppositions dans les doctrines expliquent la diversité des jugements portés sur celui que GUY-PATIN appelait « un méchant pendard flamand qui n'a jamais fait rien qui vaille [3] ». Et de même les attaques virulentes de VAN HELMONT contre la médecine et les médecins, contre l'autoritarisme et l'erreur, expliquent les persécutions dont il fut l'objet. On se ligua pour abattre cet orgueilleux qui déclarait : *Nunquam in alicujus viri verba protervim jurasse, et auctoritates semper postposuisse rationibus.* Les médecins poursuivirent de leur haine celui qui osait tourner en ridicule ARISTOTE et GALIEN et combattre ceux qui refusaient de penser par eux-mêmes : *euntes quâ itum non quâ eundum erat, semper antecedentium gregem sequentes, cæcisque mentis judiciis sibi mutuo suscribentes* [4].

VAN HELMONT fut poursuivi devant le tribunal ecclésiastique de Malines; déjà le 16 octobre 1625, il avait été censuré par le tribunal de l'inquisition d'Espagne; au mois d'octobre 1630 la Faculté de théologie de l'Université de Louvain condamna les opinions de VAN HELMONT comme entachées d'hérésie; le 6 mars 1634 VAN HELMONT fut emprisonné dans le couvent des Frères mineurs de Bruxelles; bientôt il obtint de pouvoir subir chez lui la peine de l'emprisonnement préventif auquel il était soumis, et ses livres furent confisqués. On ne sait au juste comment se termina ce procès; il paraît certain qu'il n'y eut pas de jugement, et ce résultat fut dû, au dire de GUY-PATIN, à la protection de Marie de Médicis qui intercéda auprès de l'archevêque de Malines : *Van Helmont était un enragé. Les Jésuites le voulaient faire brûler pour magie; la jeune Reine-Mère le sauva, parce qu'il lui prédisait l'avenir, étant induite à cela par un certain Florentin, nommé Fabroni, qu'elle avait près de soi, qui la repaissait de ces vanités astrologiques* [5]. Peu de jours avant de mourir il appela son fils et lui remit toutes ses notes, tous ses manuscrits préparés pour la publication de l'*Ortus medicinæ* dans lequel il avait résumé ses doctrines : *Relinquo Domino meo vindictam, quem supplex obtestor, hostibus meis parceat et lumen pœnitentiæ largiatur.* Il mourut le 30 décembre 1644.

L'œuvre de VAN HELMONT comprend les travaux suivants, publiés jusqu'à ce jour :

1. *Dageraad ofte nieuwe opkomst des Geneeskonst, in verborgen grond-regulen der Nature.*

Ce manuel de pratique médicale, rédigé en flamand par l'auteur lui-même, parut d'abord à Leyde, en 1615, et eut plusieurs éditions, même après la mort de VAN HELMONT.

1. *Tum. pestis*, 11.
2. *Pharmacop. ac Dispensat. Modern.*, 32. 463.
3. *Lettres de feu* M. GUY-PATIN, I, 14 (édition de 1691, à Cologne, chez Pierre du Laurens).
4. *De febribus*, XI, 2, p. 777 de la 2ᵉ édition.
5. *Lettres de* GUY-PATIN, I, 503.

2. *De magneticâ vulnerum curatione.* VAN HELMONT ne destinait pas cette œuvre à la publicité, et l'on ne peut qu'approuver la détermination qu'il avait prise à cet égard. Elle fut publiée en 1621 à Paris, à l'insu de l'auteur et apparemment dans l'intention de lui nuire.

3. *Supplementum de Spadanis fontibus.* Publié à Liège, en 1624, à la suite d'un voyage que VAN HELMONT avait fait à Spa.

4. *Febrium doctrina inaudita,* publié en 1642, complété en 1644, contient dix-sept chapitres où sont exposées des doctrines médicales basées sur des observations originales et exactes: on y trouve maintes notions de physiologie qui sont autant d'anticipations remarquables.

5. *De Lithiasi,* traité de la formation des calculs dans le corps humain, publié en 1644 dans les « *opuscula medica inaudita* », et reproduit depuis dans toutes les éditions de l'*Ortus medicinæ.*

6. *Scholarum humoristarum passiva deceptio atque ignorantia.* Publié en 1644, ce traité de pathologie est une sorte de réquisitoire dans lequel VAN HELMONT combat les opinion des Galénistes, critiquant notamment l'abus et même l'usage des saignées, sans lesquelles, dit-il, les Musulmans et les Indiens se portent très bien. Il professe que l'on doit favoriser les guérisons en tonifiant et en aidant la nature plutôt qu'en affaiblissant les malades : (*Respondeo*) *Naturam esse morborum medicatricem, eam confortandam ideo, non consternandam* [1].

7. *Tumulus Pestis;* publié en 1644 chez Kalecoen, à Cologne. Ce traité résume les observations faites par VAN HELMONT pendant la terrible épidémie de peste qui ravagea l'Europe au XVIIe siècle.

8. *Ortus medicinæ,* publié en 1648, quatre ans après la mort de l'auteur, par son fils FRANÇOIS-MERCURE VAN HELMONT, à Amsterdam, chez Louis Elzevir. Cette première édition, comprenant 800 pages, fut suivie de plusieurs autres : Venise, 1651 ; Amsterdam, 1652; Lyon, 1655 ; Leyde, 1667; Lyon, 1667; Francfort, 1682; Copenhague, 1707. L'ouvrage fut traduit et publié en anglais en 1662, en français en 1670; l'édition française (Jean Leconte) est très incomplète.

9. *In primum de diætâ divi Hippocratis.* Commentaire sur le premier livre « du régime » d'HIPPOCRATE. Retrouvé parmi les papiers que l'official de Malines fit saisir chez VAN HELMONT en 1634, et publié en 1849 pour la première fois, par BROECKX.

10. *Commentarius in librum Divi Hippocratis de nutricatu Dietâve sive alimentis quem male Galenus putat Thessali vel Herophili.* Publié par BROECKX en 1851.

11. *Eisagoge in artem medicam a Paracelso restitutam,* retrouvé comme les précédents et publié en 1854 dans les *Annales* de l'Académie d'Archéologie de Belgique. Composé par VAN HELMONT en 1607, au moment où, âgé de 30 ans, il revenait de ses longs voyages scientifiques, cet ouvrage nous montre quelles étaient les idées de l'auteur alors qu'il n'avait pas encore accompli son évolution personnelle, et qu'il subissait complètement encore l'influence de PARACELSE.

Aucun livre, aucun chapitre spécial n'a été consacré par VAN HELMONT à la physiologie; un siècle doit se passer encore avant que, avec HALLER, paraisse le premier traité dans lequel la Physiologie s'isole de l'Anatomie et de la Clinique, pour se constituer en science distincte. L'appréciation de la physiologie de VAN HELMONT doit donc reposer sur les notions éparses dans l'ensemble de ses œuvres ; celles-ci ont été maintes fois analysées au point de vue médical, et surtout au point de vue doctrinal, mais les commentateurs et les critiques ne se sont que très accessoirement préoccupés de rechercher dans ces dissertations, parfois bien longues et fastidieuses, les quelques faits, les expériences, les découvertes, les travaux de laboratoire qui nous intéressent particulièrement.

L'histoire de la vie et des écrits de VAN HELMONT *considéré comme médecin,* a été faite avec autorité par W. ROMMELAERE [2]. Même après ce livre, l'histoire de VAN HELMONT *considéré comme physiologiste,* reste à faire.

1. *Scholarum humoristarum,* etc. Cap. II, 88, 85.

2. *Études sur J.-B. van Helmont. Mémoire couronné par l'Académie de médecine de Belgique,* Bruxelles, 1868. Nous avons emprunté à cet ouvrage plusieurs détails de la biographie de

On ne doit certes pas s'attendre à trouver la *physiologie générale* de VAN HELMONT acceptable pour nous; elle est empreinte d'idées mystiques et de superstitions qui la rendent, en certains points, inférieure à la physiologie de GALIEN; la lecture des chapitres intitulés *Archeus Faber*, *Blas humanum*, *Spiritus vitæ*, *Causæ et initia naturalium*, ne permet guère de résumé concret; souvent on a peine à suivre l'auteur dans le dédale de ses spéculations, et l'on se prend à regretter qu'il n'ait pas constamment appliqué ce principe, formulé par lui-même : « Il faut cependant que la science soit quelque chose de positif : *Scientia vero, positiva sit, necesse est* [1] ».

La vie, d'après VAN HELMONT, est un don du Créateur, un principe d'action, une cause efficiente : *Quidquid in mundum venit per naturam, necesse est habeat suorum motuum initium, excitatorem et directorem internum generationis* [2].

Ce principe immatériel se confond avec l'*Archée*, ou tout au moins dispose de l'Archée comme d'un instrument par l'intermédiaire duquel il exerce son influence sur la matière.

L'*Archée*, le *Blas* et le *Ferment* sont les trois termes entre lesquels tient toute la physiologie générale de VAN HELMONT.

L'*Archée* date de BASILE VALENTIN; accordant à la matières certaines propriétés générales ou élémentaires, le moine alchimiste avait admis que tous les phénomènes de l'univers sont, indépendamment de ces propriétés, régis par des *Archées*, sortes d'anges gardiens ou de forces secondes, émanations directes de l'énergie divine.

PARACELSE développa largement cette idée; comme VALENTIN, il reconnaît que la matière possède des propriétés en vertu desquelles les actions chimiques se produisent; mais, au-dessus de ces « forces matérielles » ou propriétés de la matière, règnent les « forces spirituelles » ou *Archées*, invisibles esprits, vertus occultes, qui gouvernent le monde.

Introduisant cette notion dans la physiologie, PARACELSE attribue aux *Archées* la source même de la vie et le soin de sa conservation : si l'*Archée* cesse d'agir, c'est la mort ou l'abandon des éléments matériels du corps aux seules forces matérielles; tant que l'*Archée* reste maîtresse d'ordonner toutes choses à sa guise, la santé se maintient; l'équilibre physiologique est l'expression même de la vertu des *Archées*.

La doctrine de PARACELSE eut peu de succès au temps où elle fut émise; elle n'avait rien de commun avec le galénisme qui régnait encore en maître dans la plupart des Écoles; et, d'autre part, les données chimiques étaient encore si incertaines que les rares disciples de PARACELSE perdirent leur chemin en essayant de le suivre; quelque chose subsistait pourtant de cette doctrine déjà vieille de près d'un siècle au temps où VAN HELMONT naissait à la vie médicale; l'*Archée* représentait le principal vestige d'un système oublié.

Reprenant le terme en même temps que l'idée, VAN HELMONT fait de l'*Archée* une sorte d'âme secondaire ou de « force vitale », comme devaient dire plus tard les métaphysiciens de la physiologie. L'*Archeus faber* de VAN HELMONT est une intelligence constamment en éveil, connaissant les lois de la vie, transformant en chaque point la matière selon les exigences et le but de la partie créée : (*Organum*) *plenâ insignitum scientiâ, potestatibusque necessariis rerum in suâ destinatione agendarum, ornatum* [3].

A côté ou en dessous de l'*Archée*, VAN HELMONT institue le *Blas*, création originale qu'il n'a pas empruntée à ses devanciers, et dont, au surplus, on ne voit guère l'utilité; le *Blas* est un archée local siégeant dans chacun des organes et y exécutant les ordres de l'Archée central qui loge à l'épigastre... mais peut d'ailleurs se rendre dans toutes les parties du corps qui réclament son concours. Il y a un *Blas meteoron* qui gouverne les cieux, un *Blas humanum* qui règle les fonctions du corps humain, et puis une succession de *Blas*, présidant, l'un aux mouvements volontaires, l'autre aux mouvements

van HELMONT, mais notre pagination n'est pas la même que celle de ROMMELAERE; nous avons puisé nos citations dans la première édition de l'*Ortus medicinæ* (Louis Elzevir, 1648); ROMMELAERE, dans la seconde.

1. *Ortus medicinæ*, § 11, p. 43.
2. *Archeus faber*, § 2.
3. *Archeus Faber. Ortus medicinæ*, § 4, page 40.

involontaires, celui-ci aux actes chimiques de la nutrition, celui-là à quelque autre opération physiologique. Le *Blas* de VAN HELMONT n'est qu'une personnification de ce que nous appelons aujourd'hui une fonction ; il y a autant d'*Archées* secondaires ou de *Blas* que d'organes.

Le troisième terme, introduit comme le précédent par VAN HELMONT, offre un intérêt beaucoup plus considérable : l'*Archée* agit sur les éléments du corps par l'intermédiaire de *ferments*. « *Notitia fermenti, ut nulla in Scholis jejunior,ità nulla utilior. Fermenti nomen, ignotum hactenùs, nisi in panificio* [1]. »

A lire certains passages de VAN HELMONT, on croirait qu'il a compris l'action des ferments comme nous le faisons aujourd'hui : il leur accorde en effet le pouvoir d'accélérer les réactions, de composer et de détruire.

Malheureusement, ces ferments auxquels VAN HELMONT attribue tant d'importance, et à l'influence desquels il veut que soient soumises toutes les mutations de la matière survenant dans les corps vivants, ne sont nullement comparables à nos *enzymes* ou à nos *catalyseurs* : ce sont des êtres formels, créés depuis le commencement du monde, établis par le Créateur et se continuant tels quels, capables de tirer de l'eau les germes de la vie : « *Est autem fermentum ens creatum formale, quod neque substantia, neque accidens, sed neutrum, per modum lucis, ignis magnalis, formarum, etc., conditum a mundi principio, in locis suæ Monarchiæ, ut semina præparet, excitet et præcedat ; hoc est nempe fermentum in genere.* »

Sunt itaque fermenta dona ac radices a Creatore Domino stabilitæ, in seculorum consommationem, continuâ propagatione sufficientes, atque durabiles, quæ ex aquâ semina sibi propria excitent, atque faciant [2].

On retrouve ici, comme d'ailleurs dans toute l'œuvre de VAN HELMONT, le mélange du rêve avec les fruits d'une observation pénétrante : la persistance du ferment qui survit à la réaction qu'il provoque, sa propagation indéfinie dans un milieu dont il ne forme pas la substance, sont des faits qui résultent d'observations d'ailleurs rapportées en détail par VAN HELMONT ; c'est en ceci que le médecin flamand s'élève bien au-dessus de PARACELSE ; le « *Philosophus per ignem* » a expérimenté avec sagesse ; au milieu des superstitions accumulées en lui et autour de lui, il a découvert, comme parmi des broussailles, des sentiers menant aux sources claires de la vérité ; telle idée absurde, comme par exemple l'idée que le ferment tire de l'eau les germes de la vie, repose, en dépit de sa pauvreté, sur une expérience remarquable, et qui peut-être, comme le dit MICHAEL FOSTER, paraîtrait acceptable dans quelque Institut agronomique moderne [3].

C'est sur des expériences qu'est basée cette remarquable théorie de la digestion due à VAN HELMONT et qui, pour la première fois, fait intervenir l'action chimique des sucs et des ferments au lieu et place des facteurs mécaniques invoqués jusque-là : « *Subjungam ea quæ me mea docuit singularis experientia, sub divinâ gratiâ ; extra controversiam est cibos et potus una pariterque dissolvi in cremorem plane diaphanum in cavo stomachi. Addo id fieri vi fermenti primi manifeste acidi, aliene mutati. Reperi namque totidem adæquata fermenta quot sunt in nobis digestiones* [4]. On remarque ici deux erreurs : VAN HELMONT ignore le ferment salivaire, et il attribue encore à la rate un rôle déjà dénié par VÉSALE, mais qui reflète les anciens enseignements de GALIEN. A part ces deux erreurs, bien accessoires, tout est resté vrai dans cette description où la nature du chimisme gastrique est décrite si nettement ; le chyme, dit ensuite VAN HELMONT, se débarrasse de son acidité en arrivant dans le duodénum et l'action du ferment gastrique cesse pendant que, successivement, d'autres ferments interviennent : « *notavi* » *non segniter quod partes singulæ singula obtinuerint fermenta, cum horum sit in transmutando inexcusabilis necessitas. Adeoque et hinc insuper conclusi quod singula fermenta horreant aliena sibi socia...* [5] Toute la doctrine de la spécificité des ferments n'est-elle pas dans ces lignes ? La « *Sextuplex digestio* » telle que la décrit VAN HELMONT dans son langage mystique,

1. *Imago fermenti impregnat massam semine. Ortus medicinæ.*, § 1, p. 111.
2. *Causæ et initia naturalium. Ortus med.* 24 p. 36.
3. SIR MICHAEL FOSTER. *Lectures on the the history of Physiology during the sixteenth, seventeenth and eighteenth centuries*, Cambridge, 1901.
4. *Sextuplex digestio alimenti humani. Ortus med.*, 209.

est la première description du « métabolisme » organique qui soit basée sur les transformations *chimiques* de l'aliment et sur le rôle capital des ferments.

Si l'on tient compte du retentissement considérable qu'eurent dans le monde savant les découvertes chimiques de VAN HELMONT, retentissement dont témoignent les multiples éditions et les traductions de ses œuvres, n'est-on pas fondé à lui attribuer dans l'évolution de la chimie physiologique une influence prépondérante ? Combien d'expériences imaginées par lui, réalisées par lui, n'ont-elles pas conduit, en d'autres mains que les siennes, à des découvertes de premier ordre ? Il est à ce point de vue un précieux témoignage que nous tenons à invoquer comme réponse à ceux qui, découragés sans doute par l'allure du discours, ont méconnu la valeur réelle de l'œuvre de VAN HELMONT : ce témoignage est celui de LAVOISIER[1]. Parlant des « émanations élastiques » qui se dégagent des corps pendant la combustion, pendant la fermentation et pendant les effervescences, LAVOISIER déclare que les différents auteurs qui, avant PARACELSE, ont parlé de ces produits, ne paraissent pas s'être formé des idées bien nettes de leur nature et de leurs propriétés : ils les ont désignés sous le nom de *spiritus sylvestris*, esprit sauvage.

« PARACELSE et quelques auteurs contemporains ont pensé que cette substance n'était autre chose que l'air même, tel que celui que nous respirons ; mais on ne voit pas que cette opinion se trouve appuyée chez eux par aucune preuve, encore moins par des expériences. VAN HELMONT, disciple de PARACELSE, et souvent son contradicteur, paraît être le premier qui se soit proposé de faire des recherches suivies sur la nature de cette substance ; il lui donne le nom de *gas*, *gas sylvestre*, et il la définit un esprit[2], une vapeur incoercible, qui ne peut ni se rassembler dans des vases, ni se réduire sous forme visible. Il observe que quelques corps se résolvent presque entièrement en cette substance ; « *non pas*, ajoute-t-il, *qu'elle fût en effet contenue sous cette forme dans le corps dont elle se dégage ; autrement rien ne pourrait la retenir, et elle en dissiperait toutes les parties ; mais elle y est contenue sous forme concrète, comme fixée, comme coagulée.* »

« Cette substance, d'après les expériences de VAN HELMONT, se dégage de toute matière en fermentation : du vin, de l'hydromel, du jus de verjus, du pain ; on peut la dégager du sel ammoniac par la voie des combinaisons et des végétaux par la cuisson. Cette substance est celle qui s'échappe de la poudre à canon qui s'enflamme, qui émane du charbon qui brûle. L'auteur prétend, à cette occasion, que 62 livres de charbon contiennent 61 livres de *gas* et une partie de terre seulement.

« C'est encore à l'émanation de *gas* que VAN HELMONT attribue les funestes effets de la Grotte du chien dans le royaume de Naples, la suffocation des ouvriers dans les mines, les accidents occasionnés par la vapeur du charbon, et cette atmosphère mortelle que l'on respire dans les celliers où les liqueurs spiritueuses sont en fermentation. La grande quantité de *gas* qui s'échappe des acides en effervescence, soit avec les terres, soit avec quelques substances métalliques, n'avait pas non plus échappé à VAN HELMONT ; la quantité qu'en contient le tartre[3] est si grande qu'il brise et fait sauter en éclats les vaisseaux dans lesquels on le distille si on ne lui donne pas une libre issue. »

« VAN HELMONT, dans son traité *de Flatibus*, applique cette théorie à l'explication de quelques phénomènes de la vie animale. Il prétend que c'est à la corruption des aliments et au gaz qui s'en dégage que sont dus ce qu'on nomme les vents, les rapports, etc., et il donne à cette occasion une théorie très bien faite des phénomènes de la digestion. Il explique de même, par le dégagement du *gas*, l'enflure des cadavres qui ont séjourné dans l'eau et celle qui survient à certaines parties du corps dans certaines maladies.

« On est étonné, en lisant ce Traité, d'y trouver une infinité de vérités qu'on a coutume de regarder comme plus modernes, et on ne peut s'empêcher de reconnaître que VAN HELMONT avait dit dès lors presque tout ce que nous savons de mieux sur cette matière. »

Le témoignage de LAVOISIER suffit à démontrer toute l'importance des services rendus par VAN HELMONT à la physiologie spéciale de la respiration et de la digestion ; l'inven-

1. *Œuvres de Lavoisier* (Imprimerie impériale), I, 864, T. 447.
2. *Gas* vient du mot flamand *Geest* (allem. *Geist*) qui signifie esprit.
3. *Gas aquæ. Ortus medic.*, 74.

tion du mot *Gas*, la recherche méthodique de gaz autres que l'air, l'idée que l'état gazeux est un état de la matière, voilà qui nous oblige à reconnaître que VAN HELMONT n'était pas seulement un rêveur. *Gas et Blas nova quidem sunt nomina, a me introducta, eo quod illorum cognitio veteribus fuerit ignota*[1].

VAN HELMONT reconnaît qu'il existe différents gaz dans le corps humain; celui qui se trouve dans le tube digestif n'est pas de l'air[2]; le gaz fétide dans l'intestin est dû à une fermentation stercorale, *fermentum stercoreum præmaturum*; il y a aussi le gaz de l'œdème : *tumet totum corpus vel pars peculiariter affecta*[3]. Les gaz venant de l'estomac ou de l'iléon éteignent la flamme. *Stercoreus autem flatus, qui in ultimis formatur intestinis, atque per anum erumpit, transmissus per flammam candelæ, transvolando accenditur ac flammam diversicolorem, iridis instar, exprimit*[4]. L'existence de gaz autres que l'air est donc démontrée; l'inflammabilité de certains gaz est prouvée; ceci se passe dans la première moitié du dix-septième siècle, et c'est dans la seconde moitié du dix-huitième, en 1775, que LAVOISIER, qui a lu le traité de VAN HELMONT, posera devant l'Académie des sciences de Paris cette question : *Existe-t-il différentes espèces d'air?*[5] et qu'il établira, superbement, sa théorie de la respiration.

Nous ne prétendons pas comparer ces deux hommes. VAN HELMONT n'a rien du clair génie d'un LAVOISIER; mais il convient de juger son œuvre en tenant compte du temps et du milieu où elle s'est élaborée. Confiné dans sa demeure quand il n'y était pas prisonnier, VAN HELMONT ne paraît pas avoir ouï la grande parole de BACON, ni connu les découvertes de HARVEY, ses deux grands contemporains; mais il a pris une part importante au mouvement des esprits en cette brillante aurore du dix-septième siècle; il a ouvert, pour la chimie physiologique, la voie expérimentale, et, s'il est vrai de dire *qu'il est né, qu'il a vécu, qu'il est mort mystique*[5], il serait injuste de ne pas reconnaître que nul n'a plus que lui aimé la Vérité, ni souffert davantage pour elle.

PAUL HEGER.

HELVELLIQUE (Acide).

— Nom donné par BOEHM et KÜLZ à la substance toxique, acide, qu'ils ont extraite de l'*Helvella esculenta*, champignon quelquefois comestible ($C^{12}H^{20}O^{7}$) (*Ueber den giftigen Bestandtheil der essbaren Morchel. A. P. P.*, XIX, 1885, 420-414). Il est probable que l'acide helvellique est volatil, ce qui explique que les hervelles fraîches sont toxiques, et que les helvelles desséchées ne le sont pas. La décoction, préparée avec 100 gr. de champignons frais, fait périr les chiens (de 4 kil.). La mort survient au bout de deux ou trois jours, quelquefois plus longtemps. Le phénomène essentiel de l'intoxication est une altération des globules, avec hémoglobinémie, et hémoglobinurie. Dans les cas d'intoxication survenant chez l'homme, on a noté des phénomènes nerveux divers, céphalée, et troubles mentaux, avec un état cholériforme, ictère, hématurie, etc.

Il n'est pas prouvé encore que ces accidents soient entièrement attribuables à l'acide helvellique.

Bibliographie. — HAMBURGER. *Vergiftung durch. H. esculenta* (*Deutsche Klinik*, 1855, VII, 347-349). — MEYER. *Vergiftung mit essbaren Morcheln* (*Med. Zeit.*, 1887. XVI, 79). — MAURER. *Beitr. zur Toxikologie der Morcheln nach Beobachtungen am Menschen* (*Aerzt. Int. Blatt.* 1881, XXVIII, 1, 13.) — WICHERKIEWICZ. *Giftige Morcheln* (*Med. Zeit.*, 1846, XV, 173). — PÉTRONE. *Contribuzioni clin. e sperimentali sulla proprieta tossica dell. H. esculanta.* — WETTSTEIN. *Ist die Speisemorchel giftig?* (*Wien. klin. Woch.*, 1890, III, 290-292). — PONFICK. *Ueber die Gemeingefährlichkeit der essbaren Morchel.* (*Jahresb. d. schl. Ges. f. vaterl. Kult.*, 1882, LIX, 239).

HÉMATÉINE.

— Voyez **Hématoxyline**.

1. *De flatibus. Ortus medic.*, 418.
2. *Ibidem.*
3. *Ibidem*, 421.
4. LAVOISIER. *Mémoires sur la nature du principe qui se combine avec les métaux pendant leur calcination et qui en augmente le poids. Œuvres de Lavoisier*, T. II, 122.
5. CH. DAREMBERG. *Hist. des sciences médicales*, 1870, Tome I, p. 480.

HÉMATIES[1].

Anatomie générale. — Découverts par SWAMMERDAM (1658) et par MALPIGHI (1661) et considérés par ce dernier comme des globulins de graisse, les globules rouges du sang furent étudiés soigneusement par LEEUWENHOECK (1673). Cet auteur établit leur présence constante dans le sang et reconnut que leur forme variait suivant les espèces animales. Il les appela globules, les croyant plus ou moins sphériques, et leur attribua la couleur rouge du sang. Plus tard ils furent encore observés et étudiés avec soin par SÉNAC (1749) et HEWSON (1770), qui décrivit le premier les globules blancs. Mais telle était la défiance des savants de cette époque à l'égard des observations microscopiques, que RICHERAND (1807) et MAGENDIE (1817) en étaient encore à soutenir que ces prétendus globules n'étaient autre chose que des bulles d'air entraînées par le courant circulatoire. Leur signification ne fut définitivement établie qu'après les travaux de PREVOST et DUMAS (1820).

Globules rouges de la grenouille. — Un grand nombre d'invertébrés (voir **Hémoglobine**) possèdent des globules nucléés chargés d'hémoglobine. Tous les vertébrés, à l'exception des Leptocéphalides, sont dans le même cas, au moins pendant une partie de leur vie. Chez les poissons, amphibiens et sauropsidiens, le sang renferme des globules rouges nucléés pendant toute la vie ; chez les mammifères, seulement pendant les premiers temps du développement de l'embryon. Les globules nucléés des vertébrés adultes sont d'habitude des disques ellipsoïdaux, légèrement biconvexes, bâtis sur le type de ceux de la grenouille.

Pour examiner frais les globules rouges de la grenouille, on sectionne habituellement aux ciseaux une phalange de l'animal insensibilisé et l'on applique la surface saignante sur la lame qui est aussitôt recouverte de la lamelle. Si l'on veut fixer et colorer les globules, la gouttelette de sang est étalée rapidement en couche très mince au moyen d'une lamelle dont on applique un des côtés sur le couvre-objet portant la gouttelette et que l'on fait glisser suivant la longueur de la lame. Ainsi étalée, la gouttelette de sang se dessèche rapidement et peut être fixée par la chaleur ou l'un des réactifs chimiques employés en histologie.

Examinés frais, les globules de grenouille sont elliptiques lorsqu'ils sont vus de face, fusiformes quand ils se présentent par la tranche. Leur forme est donc celle de disques elliptiques biconvexes. L'épaisseur de la partie centrale est due à la présence d'un noyau, qui se présente comme une tache incolore sur le globule vu à plat. Dans le sang frais défibriné, les globules de grenouille n'ont pas la tendance à se disposer en piles comme les globules des mammifères (RANVIER).

Les globules de grenouille sont très élastiques, ainsi qu'on peut s'en rendre compte en imprimant par de légères compressions sur le couvre-objet ou par tout autre moyen des mouvements à la lame liquide qui les contient. Les globules, en se déplaçant, se déforment, s'étirent, se courbent sous l'influence des obstacles qu'ils rencontrent, pour reprendre instantanément leur forme normale, dès que l'obstacle est écarté.

Ces changements de forme se voient encore très bien dans les capillaires très étroits de l'animal vivant, où, passant un à un, ils s'étirent aux rétrécissements, se courbent s'ils butent contre un éperon de bifurcation vasculaire.

Le noyau est ovalaire, incolore (dépourvu d'hémoglobine), homogène, et l'on constate dans son intérieur, après traitement par l'alcool dilué (RANVIER), un ou deux nucléoles. Il prend les matières colorantes (carmin, hématoxyline) sous l'influence desquelles il se colore en masse. On ne distingue pas en lui de réseau ou de filament de chromatine. Il semble qu'il ait perdu la propriété de se diviser par karyokinèse.

Vient-on à mélanger une goutte de sang à une goutte d'alcool à 96° étendu de deux volumes d'eau, on voit que les globules se gonflent immédiatement à leur périphérie, L'anneau protoplasmique périnucléaire s'épaissit, tandis que le noyau garde ses dimensions. La forme tend à se rapprocher de la forme lentille biconcave des globules de

1. Les données anciennes relatives à l'histologie des hématies ont été empruntées pour la plus grande partie à l'article de ROLLETT dans le grand traité de physiologie de HERMANN, et au traité d'histologie de RANVIER. Les faits récents sont exposés en détail dans trois articles de WEIDENREICH, parus, les deux premiers, dans *Ergebnisse der Anatomie und Entwicklungsgeschichte*, XIII et XIV, 1903, 1904, et le troisième dans *Archiv für Mikroskopische Anatomie*, 1907.

mammifères, avec cette différence que la lentille est elliptique au lieu d'être ronde. Après une demi-minute, l'hémoglobine diffuse dans le milieu extérieur, et le globule devient incolore. A ce moment, il est limité par un double contour net. Le noyau est homogène avec un ou deux nucléoles. Autour de lui se voient quelques granulations. Par le sulfate de rosaniline, on colore le noyau et ces granulations, ainsi que le double contour extérieur du globule. L'espace compris entre le noyau et cette limite externe du globule est incolore (RANVIER).

Le mélange lent de bile de chien à du sang de grenouille produit d'abord un changement de forme des globules, qui deviennent sphériques en même temps qu'ils pâlissent, tandis que le noyau devient net. Puis le globule disparaît complètement, à l'exception du noyau, qui flotte libre dans le liquide (RANVIER).

Si, à une goutte de sang de grenouille, mise sur une lame, on ajoute une goutte d'eau et qu'après l'avoir couverte d'une lamelle, on l'examine au microscope, on constate que les globules se déforment : ils se gonflent et leur bord grossit ; ensuite ils pâlissent peu à peu et, après quelques minutes, ils apparaissent dans le liquide coloré comme des cellules arrondies, incolores, contenant un noyau réfringent homogène, à bords très nets (RANVIER).

Dans les solutions hypotoniques de chlorure sodique, les globules gonflent, se transforment en sphères, qui laissent échapper leur hémoglobine et parfois aussi leur noyau (WEIDENREICH).

Si, au lieu de mélanger brutalement l'eau et le sang, on dépose la gouttelette d'eau à côté de celle de sang, de façon à pouvoir observer les effets du mélange lent, on peut constater un aspect particulier de quelques globules. Entre le noyau et la périphérie s'étendent des stries rayonnées, qui ont été prises pour des travées protoplasmiques allant du noyau à la couche corticale (KNEUTTINGER). En réalité, ce sont de simples plis de la surface (RANVIER).

HÜNEFELD (1840) obtint des aspects très particuliers, en mélangeant le sang avec des solutions de carbonate ou de chlorure ammoniques. HENSEN (1862) les a reproduits avec des solutions de sucre, BRÜCKE (1867) avec l'acide borique à 2 pour 100. On les a appelées les images de HÜNEFELD-HENSEN. La substance du globule est séparée en une partie périphérique claire, limitée extérieurement par un contour très net qui a les apparences d'une membrane, et une partie centrale contenant le noyau et l'hémoglobine, rattachée quelquefois à la membrane par quelques prolongements radiés. La première reçut de BRÜCKE le nom d'*oicoïde*, la seconde de *zooïde*. BRÜCKE admettait que l'oicoïde dans l'état de vie du globule constituait une sorte de trame solide dont les vides étaient remplis par la zooïde.

On obtient les mêmes transformations par l'action de l'eau (KNEUTTINGER, ROLLETT, KOLLMANN), de l'eau chargée d'acide carbonique (STRICKER, ROLLETT), de l'acide tannique (ROBERTS, LANKASTER, LAPTSCHINSKI) et de l'acide pyrogallique (WEDEL).

La substance zooïde se colore par l'acétate et le nitrate de rosaniline (ROBERTS, LANKASTER, LAPTSCHINSKI) par le bleu d'aniline (RINDFLEISCH, LAPTSCHINSKI), tandis que l'oicoïde reste incolore.

On n'admet plus guère actuellement que les images de HÜNEFELD-HENSEN soient révélatrices d'une structure radiée du protoplasma des globules nucléés. Elles peuvent être dues à un simple plissement de la surface des globules (RANVIER), ou à des altérations plus profondes, notamment à des perforations (MEVES), ou enfin à des coagulations irrégulières du contenu globulaire par les agents fixateurs (WEIDENREICH, MEVES).

L'emploi des moyens plus précis de la technique histologique actuelle tend cependant à faire admettre que le corps protoplasmique des globules rouges des batraciens n'est pas tout à fait homogène. Plusieurs auteurs lui ont reconnu une bordure circulaire (*Randreif*) distincte (DEHLER, NICOLAS, LAVDOWSKI, ARNOLD, MEVES, etc.) D'après MEVES, confirmé par BRYCE, JOSEPH, cette partie du corps cellulaire a une structure fibrillaire. Il existe en cette région un peloton d'une ou de plusieurs fibrilles qui font un certain nombre de fois le tour de la cellule ; ce peloton est un peu plus lâche aux deux pôles. D'après MEVES, les fibrilles concentriques du peloton seraient réunies entre elles par des fibrilles transversales à direction radiée. De plus, MEVES reconnaît une structure fibrillaire au protoplasma périnucléaire chez la grenouille. Par contre, il nie l'existence d'une membrane cellulaire. La membrane des images de HÜNEFELD-HENSEN n'est pas autrechose que la bordure circulaire amincie. Cette bordure circulaire forme une espèce de cerceau rigide qui sert de cadre au globule.

Quand on chauffe le sang de grenouille à 52° (en évitant la dessiccation), on constate que les globules rouges se déforment, que leur surface se hérisse de bourgeons, qui se détachent bientôt sous la forme de sphérules chargées d'hémoglobine (M. SCHULTZE). On obtient l'inverse de ce processus de fractionnement en soumettant le sang à l'étincelle électrique. Les hématies se plissent d'abord, puis elles gonflent, elles deviennent sphériques. Quand deux de ces sphères viennent au contact, la surface d'accolement s'aplatit, s'étend et disparaît : les deux cellules se sont fusionnées en une masse unique (ROLLETT).

Ces deux transformations des cellules rouges prouvent que celles-ci sont des masses protoplasmiques nues, privées de membrane.

La dessiccation lente des globules de grenouille produit des plissements de leur surface qui correspondent à l'aspect de boule épineuse des hématies de mammifères. Quand la dessiccation est complète, beaucoup sont fendillés d'après une direction radiée.

Les globules rouges du sang de grenouille sont, de l'avis de tous les histologistes, des cellules. Mais, tous les histologistes sont actuellement aussi d'accord pour leur refuser une contractilité propre. Toutes les déformations qu'ils peuvent présenter sont subies et non spontanées. Les globules rouges se présentent avec le caractère de momies cellulaires plutôt que de cellules activement vivantes. On ne peut déceler chez eux aucune réaction vis-à-vis des excitants chimiques ou physiques habituels du protoplasma vivant. Si l'on se rappelle d'autre part qu'ils ne se reproduisent pas par division karyokinétique du noyau, on en arrive à la conclusion que la vitalité chez eux doit être extrêmement faible : ce sont les éléments arrivés au terme d'une évolution cellulaire.

Leurs dimensions sont relativement considérables: chez *Rana temporaria*, le grand axe de l'ellipse mesure 22 μ, le petit axe 15 μ.

Il y a dans le sang de grenouille 400.000 globules rouges par millimètre cube.

Globules de l'homme. Le sang de l'homme, nécessaire à l'obtention d'une préparation microscopique, s'obtient par piqûre au moyen d'une aiguille stérilisée de la pulpe du doigt préalablement désinfecté à l'alcool et séché.

Vus à plat, les globules rouges se présentent comme des disques à contour circulaire de coloration jaune pâle, dont le bord est brillant et le centre plus obscur, ou le centre brillant et les bords plus sombres, suivant la mise au point. Cette différence provient d'une épaisseur inégale du disque, qui est excavé en forme de lentille biconcave. Cela se voit bien sur les globules qui se présentent par la tranche. Ceux-ci ont la forme de bissac, de biscuit. A côté de ces globules discoïdes, il en est toujours un petit nombre de diamètre moindre (5 μ) qui sont sphériques. D'après JOLLY (1905), ces formes sphériques n'existent pas dans le sang en circulation. Elles sont toujours le résultat d'une altération. Dans les préparations de sang frais, les globules finissent au bout d'un certain temps par s'accoler suivant leur plat. Il en résulte des groupements très caractéristiques en forme de piles de monnaie, que l'on peut également voir dans les capillaires de l'animal vivant (JOLLY). Cet assemblage n'a donc rien à faire avec la coagulation, comme on l'avait prétendu. Il est dû, comme le suppose WELCKER, à la propriété commune des particules solides en suspension dans les liquides de s'attirer et de se mettre en rapport par la plus grande surface. Cependant les qualités physiques de la surface paraissent intervenir dans ce groupement, ainsi que le démontre le fait que des globules fixés par l'acide osmique ne s'empilent plus. Ainsi empilés, ils ne sont pas agglutinés, et une simple pression sur la lamelle suffit à les séparer momentanément; au bout d'un certain temps, de nouvelles piles s'allongent.

Pour WEIDENREICH, la forme biconcave n'est pas la forme du globule normal. Elle est celle que prennent les hématies dans le sang extravasé ou dans les solutions salines isotoniques. Dans les vaisseaux, dans le sang inaltéré, les hématies de l'homme et des mammifères ont la forme de cloche, d'écuelle. Les hématies fixées rapidement par l'acide osmique au sortir des vaisseaux la présentent aussi, comme l'avaient déjà vu DEKHUIJZEN. L'opinion de WEIDENREICH a été acceptée par certains observateurs (FUCHS, LEWIS, STÖHR, RADACHS), elle est combattue par des savants aussi compétents que MEVES,

Jolly, qui continuent à faire de l'hématie discoïde la forme normale, dont l'hématie en cupule n'est qu'une altération, transition vers l'hématie sphérique. Ces hématies en cupule avaient déjà été trouvées par Ranvier dans le sang chauffé à 52°.

Tout comme les globules de grenouille, les hématies de l'homme sont très élastiques, ainsi que le prouvent les mêmes moyens que ceux employés pour mettre cette propriété en évidence chez la grenouille. On peut également, à l'exemple de Rollett, les mélanger à une solution chaude de gélatine, qui se gélifie par le refroidissement. Un fragment de cette préparation porté sous le microscope peut être comprimé, étiré dans tous les sens. Les hématies se prêtent à toutes les déformations pour reprendre immédiatement leur forme normale quand on abandonne la préparation de gélatine à elle-même.

De l'avis unanime des histologistes, les hématies de l'homme et des mammifères sont dépourvues de noyau.

Dans une préparation fraîche de sang d'homme, lutée à la paraffine, il se produit au bout de quelques heures (24 h.) des modifications intéressantes. Le nombre des globules sphériques a augmenté, quelques-uns d'entre eux montrent à la surface des épines qui leur donnent l'aspect de pomme épineuse, d'autres, restés discoïdes, sont crénelés sur les bords en roue d'engrenage, d'autres ont accentué leur biconcavité de façon à présenter de profil la forme d'haltères.

La transformation en disques crénelés et en boules épineuses se fait immédiatement si on laisse la gouttelette de sang à l'air pendant une demi-minute avant de la couvrir. Au contraire, dans un mélange de sang et du sérum du même sang abandonné pendant 24 heures à lui-même, les globules ont presque tous pris la forme sphérique (Ranvier).

Le mélange du sang avec des solutions salines ou sucrées hypertoniques produit également sur-le-champ la transformation des globules en sphères épineuses.

Dans les solutions de chlorure sodique faiblement hypotonique (0,6 pour 100), les hématies auraient, en majorité, la forme de cupule (Weidenreich). Pour des concentrations un peu inférieures, elles deviennent sphériques, tout en restant colorées; bien que leur volume total se soit accru, leur diamètre est diminué (5 μ au lieu de 7,5 μ). Enfin, au-dessous de 0,5 pour 100, les hématies perdent leur hémoglobine comme dans l'eau pure.

Si l'on mélange à une préparation fraîche de sang de l'homme une quantité suffisante d'eau distillée, on produit la diffusion de l'hémoglobine dans le milieu ambiant, les globules gonflent, deviennent sphériques, pâlissent, mais ne disparaissent pas complètement. Si l'on ajoute à cette préparation un peu d'une solution concentrée de sel marin ou d'iodure alcalin, ou si on la traite par l'acide carbonique (Schweigger-Seidel, A. Schmidt), on voit les sphères à peine visibles se rétrécir et accentuer leur contour. Ce squelette globulaire, privé de sa substance colorante, a été appelé *stroma* par Rollett.

L'alcool à 36° additionné de deux volumes d'eau possède, quand on le fait agir sur le sang frais, une action assez semblable à celle de l'eau pure. Les globules gonflent, deviennent sphériques et perdent leur hémoglobine, mais leur contour reste net, indiqué par un trait double (Ranvier).

Une transformation des globules analogue à celle qu'amène l'eau distillée, est opérée par le gel et le dégel répétés (Rollett), par l'adjonction de sels alcalins à l'état solide (Bursy), d'éther (von Wittich, Hermann) de chloroforme (Chaumont, Böttcher, Kneuttinger, A. Schmidt, Schweigger-Seidel) de sulfure de carbone (Hermann), de sérum d'une autre espèce animale (Landois), etc.

Si l'on fait agir sur le sang des solutions salines ou sucrées isotoniques additionnées de faibles doses d'acide ou d'alcali (Addison), on constate qu'à partir d'une certaine concentration d'alcali les globules prennent un aspect de sphère épineuse, alors que, pour des concentrations acides équivalentes, ils restent inaltérés. Si l'on fait passer un courant constant faible au travers d'une préparation de sang, on voit au pôle négatif s'opérer la transformation en sphères épineuses, tandis qu'au pôle positif les globules primitivement inaltérés deviennent plus tard sphériques et se décolorent.

Les solutions de sels biliaires mélangées au sang produisent d'abord la sortie de l'hémoglobine : l'hématie gonfle et pâlit; puis le stroma disparaît complètement (Platner, von Dusch, Kühne).

La chaleur produit des modifications intéressantes des globules rouges (BEALE, SCHULTZE). Chauffés à 52°, ils perdent la forme discoïde et deviennent sphériques; les piles qu'ils forment se désagrègent et ils sont disposés les uns à côté des autres comme de petites billes. Leur surface devient irrégulière, il se produit des encoches périphériques qui tendent à isoler des bourgeons sphériques reliés à l'hématie par des filaments qui se rompent, de sorte que finalement les globules sont segmentés en une infinité de sphères plus ou moins volumineuses, toutes chargées d'hémoglobine, qui ne se décolorent que vers 60°.

Les solutions d'urée concentrées produisent une altération tout à fait semblable (HÜNEFELD, KÖLLIKER).

Sous l'influence de l'étincelle électrique, les hématies des mammifères prennent, d'abord, un aspect épineux, puis elles gonflent et se fusionnent entre elles (ROLLETT).

Ces altérations, analogues à celles que subissent dans les mêmes conditions les globules nucléés des amphibiens, plaident contre l'existence d'une membrane cellulaire, distincte de la couche protoplasmique corticale.

Au microscope, on ne voit, d'ailleurs, aucune membrane. Aussi beaucoup d'histologistes défendent-ils l'opinion que l'écorce du globule est constituée par une couche protoplasmique dense (*crusta*). L'hématie serait donc une cellule nue, à protoplasma périphérique très condensé. L'intérieur de la cellule paraît dépourvu de toute structure. Les derniers perfectionnements de la technique histologique (MEVES, WEIDENREICH, 1905, 1907), l'emploi des rayons ultra-violets (GRAWITZ et GRÜNEBERG, 1907, VON SCHRÖTTER, 1906), fournissent des renseignements concordants à cet égard. Ce que l'on a décrit comme des structures réticulées ne sont que des coagulations artificielles par les agents fixateurs.

Les dimensions des hématies de l'homme sont en moyenne de 7.56 μ (HARTING). A côté de ces globules moyens, il en existe de plus volumineux et d'autres plus petits (4.5 μ à 9. 3 μ) avec des épaisseurs correspondantes de 1 μ à 2.2 μ. D'après HAYEM, il y a environ 75 pour 100 de globules normaux pour environ 12 p. 100 de petits globules (6 μ de diamètre) et 12 p. 100 de grands globules (8 à 8.5 μ).

D'après des calculs de WELCKER, le volume d'une hématie humaine correspondrait à environ 0.000 000 072 millimètre cube, la surface à 0.000 128 millimètre carré, ce qui fait pour les hématies d'un millimètre cube de sang (5 000 000) une surface de 640 millimètres carrés et, en admettant 5 litres de sang chez l'homme, une surface totale pour l'ensemble de ses globules rouges de 3 200 mètres carrés.

D'après WELCKER, il y a chez l'homme en moyenne 5000 000 de globules par millimètre cube, chez la femme 4 500 000. En admettant 5 litres de sang, cela ferait 25 trillions pour le nombre total des hématies d'un homme adulte.

Nombre et dimensions des globules rouges de différents vertébrés. — Tous les mammifères ont des hématies dépourvues de noyau. Tous, à l'exception des caméléens, dont les hématies sont elliptiques, ont des globules rouges à grande surface circulaire. Il ne semble pas y avoir parmi les mammifères de relation entre la taille des espèces différentes et celle de leurs hématies.

Dans le tableau suivant sont indiqués la taille et le nombre par millimètre cube des hématies de quelques mammifères.

Chez les oiseaux, les globules rouges sont nucléés et elliptiques; le petit diamètre est égal en général à la moitié du grand. Ils sont plus volumineux que ceux des mammifères.

	Grand diamètre.		Petit diamètre.	
Casoar	17μ	longueur	9μ	largeur
Colibri	9μ	—	6μ	—
Pigeon			6.9μ	—
Pintade et faisan			7μ	—
Paon			7μ	—
Coq			7.3μ	—
Cygne			9.2μ	—

Le petit diamètre est donc compris chez les oiseaux entre 6 μ (colibri) et 9.2 μ (cygne), le grand diamètre, entre 9 μ (colibri) et 17 μ (casoar). Le nombre des globules contenus

ESPÈCE	DIAMÈTRE mesuré en fractions de millim.	DIAMÈTRE MESURÉ EN MILLIÈMES de millimètres.	NOMBRE PAR MILLIMÈTRE CUBE
Homme	$\frac{1}{126}$	7.7 μ (WELCKER)	5.000.000
Chien	$\frac{1}{139}$	7.3 μ (WELCKER)	4.231.000 à 4.612.000 (VIERORDT) 4.092.000 à 5.644.000 (STÖLZING) 4.719.000 à 9.638.000 (WORM-MÜLLER) 6.650.000 (HAYEM)
Chat.			9.900.000 (HAYEM)
Lapin		6.9 μ (WELCKER)	2.783.000 à 6.031.000 (VIERORDT) 4.866.000 (STÖLZING) 4.160.000 à 4.300.000 (WORM-MÜLLER)
Mouton	$\frac{1}{209}$	5 μ (WELCKER)	
Chèvre	$\frac{1}{251}$	4.1 μ (WELCKER)	1.800.000 (MALASSEZ) 1.900.000 (HAYEM)
Bœuf.	$\frac{1}{174}$		8.712.000 (HAYEM)
Chevrotin de Java . . . (*Moschus Javanicus*) . .	$\frac{1}{483}$	2.5 μ (WELCKER)	
Cheval	$\frac{1}{181}$		7.403.000 (HAYEM)
Porc	$\frac{1}{166}$		
Eléphant	$\frac{1}{108}$		
Phoque (*Phoca vitulina*)	$\frac{1}{129}$		
Marsouin			3.500.000 (MALASSEZ)
Baleine. . . . . (*Balæna bops*)	$\frac{1}{122}$		
Lama.	$\frac{1}{247}$	8 μ grand axe (Welcker) 4 μ petit axe	10.000.000 (MALASSEZ) 13.186.000 (HAYEM)
Dromadaire.	$\frac{1}{233}$		
Cobaye		7 à 8 μ	5.859.000 (HAYEM)
Marmotte		7.4 μ	
Lion.		7.9 μ	

dans un millimètre cube de sang est inférieur à celui des mammifères, il est d'environ 2 000 000.

La taille des globules des reptiles est intermédiaire à celles des hématies d'amphibiens et d'oiseaux.

Chez les amphibiens, les globules rouges sont encore plus volumineux, en forme de lamelles elliptiques biconvexes.

	GRAND DIAMÈTRE	PETIT DIAMÈTRE	
Rana esculenta	22.2μ	15.3μ	(MILNE-EDWARDS)
Rana temporaria	22.3μ	15.7μ	(WELCKER)
Triton cristat	29.3μ	19.5μ	(WELCKER)
Proteus anguineus	58.2-57.9μ	33.7-35.6μ	(WELCKER)
Siren lacertina	62.5μ	33.3μ	
Cryptobranchus japonicus	52.6μ	31.3μ	
Axolotl	40μ	22μ	
Amphiuma tridactylum	90μ		

Chez la grenouille, il y a environ 400 000 globules rouges par millimètre cube, 80 000 chez le triton, 35 000 chez le protée.

Les globules des poissons ont des dimensions assez analogues à ceux des amphibiens, leur forme est également biconvexe elliptique.

	GRAND DIAMÈTRE	PETIT DIAMÈTRE	
Esturgeon	13.4μ	10.4μ	WELKER
Cyprinus albus	13.1μ	8μ	—
Lepidosiren annectens	41μ	29μ	—

Seuls font exception la lamproie et l'ammocète, dont les globules nucléés sont des disques ronds biconcaves. D'après DEKHUYZEN, leur forme n'est pas discoïdale, mais cupuliforme.

Petromyzon mari 15μ
Ammocœtes branchialis 11.7μ

Le nombre par millimètre cube varie de 700 000 à 200 000.

Tant au point de vue du nombre des globules rouges qui sont contenus dans un millimètre cube de sang qu'au point de vue des dimensions de ces globules, il existe donc des variations très étendues dans la série des vertébrés. Cette constatation est d'autant plus intéressante qu'elle s'oppose en quelque sorte à la constance beaucoup plus grande de la teneur du sang des vertébrés en hémoglobine :

Si l'on représente par 1 la richesse en hémoglobine du sang de l'homme, il faudra représenter celle du pigeon par 1.1; des reptiles, par 0.8; de la grenouille, par 0.7; du triton, par 0.4; du protée, par 0.9.

Ce qui diffère d'un vertébré à l'autre, ce n'est donc pas tant la teneur, sensiblement constante, de son sang en hémoglobine, c'est plutôt l'étendue de la surface de contact de cette hémoglobine endo-globulaire avec le liquide ambiant. Cette étendue sera d'autant plus grande que les globules sont moins volumineux; et, à égalité de volume des globules, elle augmentera si les globules sphériques se font aplatis, biconvexes; elle atteindra son maximum si, de biconvexe, leur forme devient biconcave.

A ce double point de vue (volume et forme) les conditions qui déterminent l'étendue de la surface de contact des globules rouges avec le plasma du sang, sont réalisées de la façon la plus favorable chez les mammifères. Tout est disposé dans les globules rouges de ces animaux de façon à rendre le plus rapides possible les échanges respiratoires entre le liquide sanguin et eux.

Quant à la perte du noyau, elle est une disposition favorable, puisqu'elle débarrasse la cellule d'un poids mort. Le noyau des globules rouges et des érythroblastes est privé d'hémoglobine. En tant qu'organe présidant au mouvement de nutrition ascendante, anabolique, il est nécessaire pendant la période de multiplication des érythroblastes, pendant l'élaboration de l'hémoglobine. La cellule rouge une fois chargée de son pigment, il devient inutile. Désormais la cellule ne fonctionnera plus dans la physiologie de l'organisme que grâce à l'hémoglobine qu'elle contient. Le protoplasma des cellules rouges adultes est un protoplasma arrivé au terme de son évolution, qui ne présente plus aucune des propriétés réellement distinctives de la matière vivante (irritabilité, nutrition). La présence dans la cellule du noyau inutile privé d'hémoglobine ne peut avoir d'autre conséquence qu'une augmentation du poids de celle-ci, circonstance défavorable quand il s'agit d'éléments destinés au mouvement continu. C'est donc encore un perfectionnement pour l'hématie des mammifères que la perte de son noyau.

Étude histologique de l'hématopoïèse. — Nous nous bornerons à indiquer ici les généralités les mieux établies, renvoyant pour les détails aux traités et mémoires spéciaux.

Chez l'embryon des vertébrés, les vaisseaux et les globules rouges du sang ont une ébauche commune, les îlots vasculaires, qui apparaissent très tôt dans le cours du développement, et qui siègent entre la splanchnopleure et l'hypoblaste.

On discute encore au sujet de l'origine de ces îlots vasculaires. Tandis que les uns admettent qu'ils sont de nature mésodermique (Ziegler pour tous les vertébrés, Van der Stricht pour les sélaciens et mammifères, Brachet pour les amphibiens), les autres les font dériver de l'endoderme (Swaen, Hofmann pour les sélaciens, Duval pour les oiseaux et les mammifères).

Chez tous les vertébrés, les îlots vasculaires se forment en différents points de l'œuf et sont primitivement isolés. Plus tard, grâce à leur développement et à l'émission de bourgeons latéraux, ils se mettent en rapport les uns avec les autres, ils se fusionnent et constituent bientôt un réseau de tubes primitivement pleins.

Ces tubes n'ont pas en tous les points une évolution identique. Chez les vertébrés à œufs méroblastiques (sélaciens, reptiles, oiseaux, mammifères) à l'exception des téléostéens, une partie du réseau sanguin extra-embryonnaire (aire vasculaire) évolue différemment de la portion intra-embryonnaire. Dans la première, les cellules périphériques des boyaux sanguins s'aplatissent de façon à constituer l'endothélium vasculaire, tandis que les cellules centrales se libèrent les unes des autres, deviennent mobiles dans le vaisseau élargi et constituent dorénavant les cellules du sang embryonnaire, aux dépens desquelles se formeront les futurs globules rouges. Dans le réseau intra-embryonnaire, toutes les cellules du boyau plein se portent à la périphérie du tube et servent à l'édification de l'endothélium. En cette partie de l'appareil circulatoire ne se forment donc pas de cellules libres du sang embryonnaire. Chez les téléostéens seuls, cette différenciation du réseau sanguin en deux parties n'existe pas, et le réseau vasculaire subit dans son ensemble l'évolution limitée à l'aire vasculaire chez les autres vertébrés à œufs méroblastiques.

Chez les vertébrés à œufs holoblastiques (cyclostomes, amphibiens), il y a également formation de cellules embryonnaires du sang en une partie limitée du réseau vasculaire qui correspond à la région ventrale de l'hypoblaste vitellin, partie considérée comme l'homologue de l'aire vasculaire des œufs méroblastiques.

Une fois isolé, le système sanguin se suffit à lui-même : il se développera par la prolifération de ses éléments constitutifs. L'endothélium des vaisseaux nouveaux se formera par bourgeonnement de celui des vaisseaux préexistants. Les globules rouges, qu'ils soient nucléés ou privés de noyau, dériveront exclusivement des cellules du sang embryonnaire, qui très rapidement se chargent d'hémoglobine et prennent dès lors le nom d'érythroblastes.

Ranvier a décrit anciennement une formation de globules rouges aux dépens du protoplasma central des pointes d'accroissement vasculaires. D'autres auteurs (Kuborn) ont décrit un processus sangui-formatif analogue à l'intérieur de grosses cellules multi-nucléées, qui existent dans le foie embryonnaire et qui sont aussi, d'après eux, des bourgeons de l'endothélium vasculaire. La majorité des histologistes qui ont étudié ces faits dans les derniers temps (Spuler, Van der Stricht, Fuchs, Pardi) en ont donné une tout autre interprétation. D'après eux, ces formations cellulaires, loin d'être des producteurs de globules, joueraient vis-à-vis d'eux un rôle destructeur, de phagocytose. Elles sont des parties de réseaux capillaires qui se sont isolées de la circulation générale, et dans lesquels on observe des phénomènes régressifs, plutôt que progressifs.

D'autre part, l'opinion de Hayem et Pouchet, d'après laquelle les plaquettes sanguines, en se chargeant d'hémoglobine, se transformeraient en hématies, n'a pas rencontré d'adhérents.

Il semble donc qu'en se plaçant au point de vue de l'ontogénie des vertébrés on puisse dire d'une façon définitive que, chez tous et pendant tout le cours de l'évolution de chacun d'eux, il n'existe qu'une seule espèce d'éléments producteurs de globules rouges, les cellules libres du sang embryonnaire. Mais, si l'accord semble, à de rares exceptions près, définitif sur cette proposition générale, il existe de nombreuses divergences dans le détail. Il est certain qu'on peut constater chez tous les vertébrés, très rapidement, après la libération des cellules du sang embryonnaire, que la plupart de celles-ci se sont chargées d'hémoglobine, tout en restant sphériques. D'après Bizzozero et ses élèves, ce sont exclusivement ces cellules nucléées, sphériques, chargées d'hémoglobine, qui donneront ultérieurement naissance aux hématies nucléées des vertébrés inférieurs, aux hématies anucléées des mammifères. Chez les premiers les cellules, primitivement sphériques, prennent à un moment donné la forme discoïdale et cessent de se multiplier; leur noyau est devenu homogène. Chez les seconds, la transformation morphologique est plus complète. Il en sera parlé plus loin.

Mais, ni chez les uns ni chez les autres, la transformation en globules rouges définitifs ne porte sur toutes les cellules du sang embryonnaire. Pendant toute l'évolution de chaque vertébré, il existe des cellules rouges nucléées qui restent à la phase de multiplication, se divisent par voie indirecte et assurent donc ainsi la production indéfinie des hématies adultes.

Tandis que Bizzozero et ses élèves n'admettent pas d'autres générateurs d'hématies que ces cellules rouges nucléées, beaucoup d'autres auteurs supposent que chez l'animal adulte l'hématopoièse peut s'alimenter à d'autres sources. Cette opinion a été soutenue tout d'abord par Neumann, qui fait dériver les cellules rouges nucléées des éléments lymphatiques du sang ou de la moelle osseuse. Feuerstock voit une série continue de termes de transition entre globules blancs et globules rouges chez les amphibiens et les oiseaux. Pappenheim fait dériver les hématies des leucocytes basophiles.

D'après Löwit, il y aurait chez le vertébré adulte des cellules-souches d'hématies futures, qui seraient privées d'hémoglobine; il les appelle érythroblastes. Elles seraient différentes des cellules-mères de leucocytes futurs, les leucoblastes, et par la structure du noyau et le mode de division. Denys, Van der Stricht professent une opinion analogue.

Neumann admet les érythroblastes de Löwit, mais les fait dériver, concurremment avec les leucoblastes, d'une seule souche. H. F. Müller, Saxer et d'autres ont soutenu la même opinion.

En résumé, la question en litige se pose donc comme suit :

D'après Bizzozero et ses adhérents, les cellules embryonnaires du sang se sont toutes chargées d'hémoglobine à une époque reculée du développement. Une partie d'entre elles se sont transformées en hématies définitives, d'autre restent capables de multiplication. Elles continuent à donner naissance pendant toute la vie du vertébré à des hématies de nouvelle formation.

Dans l'autre opinion, qui est la plus généralement acceptée, les cellules embryonnaires du sang ne se sont pas toutes chargées d'hémoglobine. Certaines ne se sont pas différenciées et peuvent ultérieurement produire et des cellules-souches de globules rouges et des cellules-souches de globules blancs.

Comme on le voit, le problème se rattache intimement à celui, qui est encore très discuté, de l'origine des globules blancs. Tous deux recevront probablement leur solution le même jour.

Il reste à examiner deux autres questions : Comment et où se fait la transformation des cellules rouges nucléées en hématies définitives?

Nous avons vu comment elle s'opérait chez les vertébrés à hématies nucléées. Chez les mammifères, la transformation est plus profonde. Aussi existe-t-il des désaccords entre les auteurs.

Pour MALASSEZ, les hématies non nucléées seraient des bourgeons détachés des cellules rouges nucléées. D'après d'autres auteurs (KÖLLIKER, ELIASBERG, SANFELICE, SPULER, LÖWIT, ISRAEL, PAPPENHEIM, etc.), la transformation de la cellule en hématie serait la conséquence de la disparition par dissolution graduelle du noyau (*karyolyse*).

Enfin l'opinion la plus accréditée (RINDFLEISCH, BIZZOZERO, HOWELL, VAN DER STRICHT, SAXER, KOSTANECKI, MELISSENOS, MAXIMOW, ASCHHEIM, DOMINICI, ALBRECHT, PARDI, etc.) veut que la cellule rouge se débarrasse mécaniquement de son noyau qui est véritablement expulsé du corps de la cellule. Ce dernier se transforme ensuite rapidement en hématie active. Cette dernière opinion a pour elle que cette expulsion est un fait certain qui a été observé sur le vivant par plusieurs auteurs (RINDFLEISCH, VAN DER STRICHT, WEIDENREICH), et dont il existe des images très nettes dans les préparations fixées. Il est donc avéré que des érythroblastes perdent leur noyau. Mais on discute sur la signification de ce phénomène, qui est considéré par quelques-uns comme étant de nature pathologique. Actuellement, on n'admet plus l'opinion de RINDFLEISCH, partagée par EHRLICH, d'après laquelle le noyau expulsé s'entoure d'une nouvelle couche de protoplasme, redevient un érythroblaste. HOWELL a insisté sur la condensation chromatique qui précède régulièrement l'expulsion du noyau. Cette condensation ou pycnose est considérée actuellement comme une dégénérescence, une atrophie (WEIDENREICH, JOLLY). Or les noyaux expulsés sont toujours des noyaux pycnotiques (VAN DER STRICHT). Après leur expulsion, ils sont rapidement appréhendés par les leucocytes et les cellules endothéliales, et ils sont détruits par eux (VAN DER STRICHT, KOSTANECKI). Il semble également établi par les recherches concordantes de plusieurs auteurs (PAPPENHEIM, WERTHEIM, JÜNGER, ALBRECHT, JOLLY, WEIDENREICH) que ces noyaux pycnotiques bourgeonnent et se fragmentent. Il est possible que certains de ces fragments, les plus gros, soient expulsés, tandis que les plus petits persistent pendant un certain temps dans l'hématie (hématies ponctuées de JOLLY) et disparaissent par fusionnement avec le protoplasme (WEIDENREICH, JOLLY). Cette opinion, qui fait de la dégénérescence nucléaire le phénomène capital, du mode de disparition, l'accessoire, établit une transition entre les deux théories précitées.

Il ne faut pas confondre avec ces débris nucléaires les nombreuses granulations très fines, colorées par les matières basiques, que peuvent contenir les hématies de l'homme dans certaines conditions pathologiques, et que l'on fait apparaître expérimentalement chez l'animal. Cette anomalie de la coloration des hématies par les couleurs d'aniline a été appelée *polychromatophilie*. Pour certains auteurs, les granulations basiques des hématies polychromatophiles seraient un élément normal, elles constitueraient les résidus de la karyolyse qui se produit lors de la transformation de l'érythroblaste en érythrocyte. Cette conception a rencontré peu d'adhérents parmi les cytologistes qui se sont occupés spécialement du globule rouge. Actuellement, les opinions sont très partagées sur la signification de cette polychromatophilie, qui est généralement considérée comme l'expression d'une dégénérescence de l'hématie (EHRLICH).

Après avoir étudié les apparences cytologiques de l'hématopoïèse, il reste à établir où elle se produit.

D'après VAN DER STRICHT, les cellules rouges nucléées se localisent de préférence dans les organes où les capillaires sont larges, nombreux, et le cours du sang ralenti.

Au cours du développement des vertébrés, on les trouve primitivement chez tous dans l'aire vasculaire; plus tard dans le foie, la rate; enfin dans la moelle osseuse. Chez l'adulte, la dernière constituerait l'organe hématopoïétique, sinon exclusif, du moins fortement prédominant, chez les vertébrés supérieurs à partir des amphibiens inclus.

En ce qui concerne spécialement les mammifères adultes, les travaux de Bizzozero et ceux de Neumann ont établi la grande signification de la moelle osseuse comme organe d'hématopoièse. Le seul organe auquel certains savants croient pouvoir accorder une activité de même nature est la rate.

D'après d'anciennes observations de Funke et de Malassez, on peut trouver dans la rate, chez des animaux qui réparent des pertes de sang, des cellules rouges nucléées. Le fait en lui-même n'a pas grande importance, si l'on songe que, dans les mêmes conditions, on rencontre ces éléments dans le sang en circulation (Neumann).

Ce qu'il faudrait établir, c'est la formation de cellules rouges aux dépens d'éléments préexistants de la rate. C'est ce que croient avoir observé Löwit, Masslow, Dominici.

Il a été établi de façon certaine par ces auteurs que la rate des mammifères peut présenter une réaction myéloïde, c'est-à-dire qu'on peut rencontrer dans sa pulpe et même dans son tissu propre des amas cellulaires qui comprennent tous les éléments caractéristiques de la moelle osseuse. Mais il est bien difficile de savoir si ces éléments se sont produits aux dépens du tissu propre de la rate ou s'ils ne sont pas plutôt dérivés de cellules venues de la moelle osseuse, apportées par le sang, qui ont essaimé dans la rate (Ehrlich).

Ce qui est avéré, c'est que la rate normale ne contient pas ces éléments. On peut donc certifier qu'à l'état normal tout au moins, la rate n'est pas un organe hémato-poiétique.

La méthode expérimentale n'a pas fourni sur ce point de résultats plus nets que l'observation simple.

Après splénectomie chez le chien, Nicolas et Dumoulin constatent une hypoglobulie notable avec diminution parallèle de la teneur du sang en hémoglobine. Hartmann et Vaquez avaient fait des observations analogues chez l'homme dans les mêmes conditions (1897).

D'après Pouchet, Gaule, les animaux dératés réparent aussi facilement que les normaux leurs pertes sanguines. Laudenbach a eu des résultats opposés. Danilewsky et Selensky ont produit une augmentation du nombre des globules et de la teneur en hémoglobine par injection d'un infusé ou d'un décocté de rate. Le produit actif serait la lécithine.

Encore ici, on n'est pas arrivé à des conclusions bien nettes, et il importe d'attendre de nouveaux résultats.

Numération des globules rouges. — Ce fut Vierordt (1852) qui le premier eut l'idée d'apprécier la richesse d'un sang au nombre de ses globules. La méthode de numération employée par Vierordt était très primitive. Elle consistait à aspirer le sang dans un tube capillaire, à déterminer au microscope le diamètre et la hauteur de la colonne sanguine de façon à pouvoir calculer le volume et à diluer le sang dans une goutte d'une solution conservant les globules (sérum, solutions sucrées ou salées) et étendue en couche mince sur une porte-objet. On desséchait rapidement, et l'on comptait les globules en s'aidant d'un micromètre quadrillé.

En 1855, Cramer eut l'idée de mesurer les globules, non plus en surface, mais par volume dans des espaces microscopiques de dimensions connues. C'est la méthode qui est encore actuellement employée, avec divers perfectionnements par Potain, Malassez, Hayem et Nachet, Thoma et Zeiss.

L'appareil et la méthode de Malassez sont décrits comme suit dans le traité de Ranvier :

Il faut d'abord faire usage d'un sérum artificiel destiné à diluer le sang, tout en évitant de produire des modifications des globules qui les rendraient méconnaissables.

Ce sérum est ainsi composé : Solution de gomme arabique donnant au pèse-urine une densité de 1.020, 1 volume. Solution de sulfate de soude et de chlorure de sodium en parties égales donnant également une densité de 1.020, 3 volumes.

Ce sérum, mélangé au sang, n'altère pas beaucoup les globules : en tout cas, il les maintient dans une forme nette pendant un temps suffisamment long pour qu'on puisse aisément les compter. L'appareil complet de Malassez se compose d'un mélangeur et d'un capillaire artificiel. Le mélangeur est un tube capillaire de verre présentant sur son trajet, au voisinage de l'une de ses extrémités, une dilatation ampullaire, dans l'intérieur de laquelle a été placée une petite boule de verre. La longue portion de ce tube capillaire a une longueur telle que son volume intérieur se trouve être une fraction déterminée, la centième partie, par exemple, de la portion dilatée. Un trait placé de chaque côté de la dilatation indique le point où ces proportions se trouvent être exactes.

La longue portion est effilée en pointe à son extrémité libre ; la courte, dont la lumière est un peu plus large, est également effilée de manière qu'on puisse facilement y adapter un tube en caoutchouc assez épais pour ne pas s'aplatir sous l'influence de l'aspiration et assez long pour aller commodément de la bouche à la main.

Pour faire un mélange au moyen de cet instrument, on en met la pointe dans une goutte de sang ou dans le vaisseau dont on veut examiner le sang, et l'on aspire lentement à l'extrémité du tube de caoutchouc, jusqu'à ce que le liquide arrive au trait qui sépare la longue portion de la partie ampullaire. Retirant alors la pointe de l'instrument, on la plonge dans le sérum artificiel, et l'on continue à aspirer jusqu'à ce que le mélange soit arrivé au niveau du trait *c* qui termine la dilatation ampullaire.

On a ainsi dans le mélangeur un liquide qui contient une partie de sang pour 100 parties de sérum. On imprime alors à l'instrument un mouvement de rotation sur son axe, tout en l'inclinant de côté et d'autre, et la petite boule intérieure, agitée dans tous les sens, mélange parfaitement le sang avec le sérum artificiel.

Le mélange ainsi fait, la seconde partie du problème à résoudre consiste à compter les globules qu'il contient dans un volume donné ; c'est à cela que sert le second instrument, le capillaire artificiel.

Il consiste en un tube capillaire de verre à lumière centrale aplatie (on en fabrique de la sorte pour certains thermomètres à mercure) ; ses deux faces opposées sont usées et polies sur une meule d'opticien.

Ce capillaire est fixé sur une lame semblable à celles qui servent pour l'observation microscopique ; l'une de ses extrémités est relevée sous forme d'un tube cylindrique très court sur lequel on peut adapter un tube de caoutchouc.

La capacité de l'instrument, c'est-à-dire le volume de liquide qu'il contient pour une longueur donnée, est indiquée sur chacun des capillaires, en chiffres qui donnent la fraction de millimètre cube, à laquelle cette longueur correspond. Il faudra donc multiplier par ce chiffre le nombre de globules que l'on aura trouvé dans la longueur choisie, pour avoir celui que contiendra un millimètre cube du mélange.

Avant de passer à la manière dont on remplit le capillaire avec le mélange, il nous reste à dire comment, d'après Malassez, on arrive à prendre une longueur déterminée de capillaire.

Le microscope est muni d'un micromètre oculaire quadrillé ; on cherche l'objectif et la longueur du tube convenables pour que toute la largeur du quadrillage recouvre sur un micromètre objectif un nombre de millièmes de millimètre égal à l'un de ceux inscrits au diamant sur le capillaire artificiel. Il faut, non seulement choisir un objectif approprié, mais encore tirer plus ou moins le tube à coulisse du microscope pour avoir une superposition exacte du micromètre quadrillé et du micromètre objectif dans les conditions déterminées. Pour retrouver exactement cette situation relative des deux parties du tube du microscope, on pratique sur le tube rentrant un trait en inscrivant à côté un numéro d'ordre.

Il est clair que, si l'on remplace sur la platine le micromètre objectif par le capillaire artificiel, le carré quadrillé de l'oculaire recouvrira une longueur égale du canal. Il suffira donc, pour être certain dans des observations ultérieures, que le micromètre quadrillé couvrira exactement une certaine longueur, 400 μ, 500 μ du capillaire artificiel, de rentrer le tube du microscope jusqu'au trait qui indique cette valeur, en ayant soin de se servir du même objectif.

Cela posé, il est facile, au moyen du microscope ainsi gradué, de compter le nombre de globules dans une longueur déterminée du capillaire. Il nous reste à indiquer quelle précaution il faut prendre pour introduire dans le capillaire artificiel le mélange de sérum et de sang qui se trouve dans le mélangeur.

On commence par chasser du mélangeur, en soufflant par le tube de caoutchouc, les premières portions du liquide qui étaient restées arrêtées dans la longue partie et qui sont du sérum presque pur; puis, en continuant à souffler, on dépose une goutte du mélange à l'extrémité libre du capillaire artificiel. Le liquide y pénètre par capillarité; il faut avoir soin, pendant ce temps, de remuer avec l'extrémité du mélangeur la goutte déposée, pour que le mélange reste bien homogène. Si le liquide tarde à entrer dans le canal, on aspire légèrement par le tube de caoutchouc placé à l'autre extrémité. Une fois le mélange introduit dans toute la longueur du capillaire, on enlève, soit avec un linge fin, soit avec du papier buvard, le reste de la goutte de liquide. Alors le mouvement s'arrête dans le capillaire, et les globules, en raison de leur densité, se disposent à plat sur la face inférieure de son calibre. Une fois le mélange introduit, le tube du microscope réglé pour une longueur donnée, l'oculaire quadrillé tourné de manière que ses divisions soient parallèles et perpendiculaires à l'axe du canal, on compte les globules qui se trouvent dans le quadrillage, en s'aidant pour cela des carrés tracés; leur nombre trouvé, on le multiplie par le chiffre qui est écrit sur la lame du capillaire en regard de la longueur que l'on a choisie: ce chiffre exprime la fraction de millimètre cube que présente en volume la longueur du canal de laquelle on a compté les globules. On multiplie ce dernier chiffre par 100, si l'on a fait un mélange de sérum et de sang au centième, et l'on obtient ainsi le nombre de globules contenus dans un millimètre cube du sang que l'on a examiné.

On voit que l'opération n'est pas difficile; entre les mains d'un observateur tant soit peu exercé, elle n'exige guère plus de dix minutes. L'exactitude de ses résultats tient essentiellement à la perfection des instruments, et par conséquent la plus grande difficulté est pour le constructeur.

Dans le procédé de Hayem et Nachet le principe de la méthode est le même. Seuls les instruments employés sont différents. Voici la description qu'en donne Mathias Duval dans son précis d'histologie :

La première opération, dilution du sang, se fait en employant comme liquide additionnel soit de l'eau salée additionnée de sulfate de soude (5 gramme de chlorure de sodium et 1 gramme de sulfate de soude pour 200 d'eau), soit mieux encore le liquide amniotique de mouton (on le recueille dans les abattoirs et on le conserve par addition de 6 p. 100 d'eau oxygénée). Le sang est recueilli avec la pipette C, grâce à la graduation de laquelle on peut recueillir exactement 2 millimètres cubes; d'autre part, on a d'avance, avec la pipette B déposé 500 millimétres cubes de sérum ou liquide diluant dans une éprouvette A.

Il suffit de souffler dans le tube en caoutchouc de la pipette C pour faire tomber le sang dans le sérum, et, en aspirant deux ou trois fois de suite un peu de ce sérum, qu'on repousse aussitôt, on vide exactement la pipette de tout le sang qu'elle a contenu. On introduit alors, dans la petite éprouvette, un agitateur en palette, qu'on agite pour avoir un mélange exact. D'après les chiffres sus-indiqués, le titre de ce mélange est $\frac{1}{250}$, c'est-à-dire que, quand on aura déterminé le nombre de globules que renferme l'unité de volume de ce mélange, il faudra multiplier ce nombre par 250 pour avoir celui des globules de l'unité de volume de sang.

Pour la seconde opération, c'est-à-dire la numération proprement dite, on place une goutte de ce mélange dans une cellule de verre très exactement calibrée, c'est-à-dire dans un petit appareil fourni par une lamelle de verre mince, perforée en son centre d'un orifice circulaire (peu importe son diamètre exact) et collée sur une lame porte-objet parfaitement plane ; l'essentiel est que cette lamelle de verre perforée B a exactement un cinquième de millimètre d'épaisseur, de sorte que, la goutte de sang étant déposée dans cette cupule, puis recouverte d'une lamelle très plane, on obtient ainsi une lame de liquide à surfaces bien parallèles et ayant une épaisseur d'un cinquième de millimètre A.

On examine cette préparation avec un microscope, dans l'oculaire duquel est une glace (micromètre oculaire) sur laquelle est gravé un carré, et on dispose le tube du microscope, en l'enfonçant plus ou moins, de façon que le côté de ce carré ait, avec l'objectif employé, une valeur de un cinquième de millimètre, c'est-à-dire coïncide, par projection sur la préparation, à une longueur exactement d'un cinquième de millimètre (le dispositif ayant été réalisé, on marque une fois pour toutes, par un trait sur le tube, le niveau qui donne cette valeur).

On a donc ainsi dans le champ du microscope, dans la cellule pleine de sang dilué, un cube d'un cinquième de millimètre de côté. Au bout de quelques minutes, tous les globules étant tombés par leur propre poids au fond de la cellule, il est facile de compter ceux qui se voient dans l'étendue du carré) celui-ci est même subdivisé en carrés plus petits pour faciliter la numération, c'est-à-dire en définitive ceux qui sont dans un cube d'un cinquième de millimètre de côté.

Ce nombre obtenu, il suffit de le multiplier par 125 pour obtenir ce que renferme, en globules, un millimètre cube du mélange, puis de multiplier par le titre du mélange (par 250 ci-dessus) pour connaître le nombre de globules dans un millimètre cube du sang sur lequel on a opéré.

Gower a remplacé le micromètre oculaire par une graduation gravée sur le fond même de la chambre humide, analogue à celle de Hayem.

Thomas et Zeiss ont adopté une chambre humide de même espèce. Sur la lame porte-objet est collée une plaque de verre carrée creusée d'un orifice circulaire central assez large. Au centre de l'espace ainsi délimité se trouve fixé un disque de verre un peu moins large que l'espace, de sorte qu'entre son bord externe et le bord interne de la lame carrée existe une rigole circulaire. De plus le disque a une épaisseur inférieure de 0,1 millimètre à celle de la lame carrée qui l'entoure. Au centre du disque existe un quadrillage correspondant à l'étendue d'un millimètre carré, subdivisé en 400 carrés égaux. Zeiss et Thoma se servent pour opérer la dilution du sang du mélangeur de Potain et Malassez.

Nachet a également imaginé un dispositif spécial ayant pour but la suppression de l'oculaire quadrillé : dans la chambre humide, contenant la goutte de sang dilué, existe un jeu de lentilles qui projette sur le fond l'image d'un quadrillé photographié sur verre.

Facteurs influant sur le nombre des hématies. — Sexe. — En appliquant les méthodes précédemment décrites, les nombreux acteurs qui firent des mensurations du nombre des globules de l'homme obtinrent des chiffres assez différents. En voici quelques-uns.

Vierordt. .		5.174.000	
— . . .		5.055.000	
Welcker. .		4.573.846	
— . .		5.269.505	
Cramer . .		4.726.400	
Malassez. .	moyenne	4.310.000	Déterminations faites sur 8 adultes sains.
— . .	maximum.	4.600.000	
— . .	minimum.	4.000.000	
Hayem. . .	moyenne	5.500.000	
— . .	minimum.	4.600.000	
Cadet . . .	moyenne	5.000.000	
— . . .	maximum.	6.000.000	
— . . .	minimum.	4.600.000	
Patrigeon.		5.000.000	
— .		6.000.000	
Bouchut et Dubrisay		4.192.687	

On admet généralement comme chiffre moyen 5 000 000 globules rouges par millimètre cube chez l'homme adulte.

Chez la femme le nombre est un peu plus faible. Sörensen trouve chez l'homme et la femme les moyennes suivantes (voir le tableau de la page suivante) :

Hayem trouve en moyenne 4 900 000 globules chez la femme adulte.

La moyenne généralement admise est chez la femme adulte de 4 500 000 globules par millimètre cube.

Cette richesse moindre en globules rouges du sang de femme est cause d'une teneur également plus faible en hémoglobine 133 p. 1000, au lieu de 146 p. 1000 (Hammarsten).

Chez différents mammifères, cette différence se retrouve. Elle a été mise en évidence par les dosages par pesée (après dessiccation) d'Andral, Gavarret et Delafond.

D'après ces auteurs, les globules rouges du taureau représentent 107 millièmes du poids total du sang sec, ceux de la vache 102, du bélier 100, de la brebis 90. Des numérations faites chez le lapin par Malassez aboutissent au même résultat (4 540 000 hématies chez le mâle pour 4 160 000 chez la femelle).

HOMMES			FEMMES		
ÂGE.	NOMBRE des globules rouges par millim. cub. Minimum-maximum.	NOMBRE des individus examinés.	ÂGE.	NOMBRE des globules rouges par millim. cub. Minimum-maximum.	NOMBRE des cas examinés.
Étudiants. 19 1/2-22 ans. .	5.600.000 5.400.000 5.748.000	7	Prostituées non syphilitiques. 15-28 ans. . .	4.820.000 4.417.000 5.350.000	14
Jeunes médecins. 25-30 ans.	5.340.000 4.900.000 5.800.000	6	Infirmières. . 41-61 ans. . .	5.010.000 4.800.000 5.470.000	7
50-52 ans.	5.137.000 4.916.000 5.359.000	2	Femmes enceintes de 6 mois. . . . 22-31 ans. . .	4.600.000 4.540.000 5.660.000	2
82 ans. .	4.174.000	1			

Age. — Quant à l'âge, il exerce également une certaine influence. D'après Hayem, le nombre des globules rouges chez les nouveau-nés présenterait d'assez grandes variations, de 4 500 000 à 6 900 000; la moyenne étant supérieure à celle de l'adulte. Dupérié trouve également un maximum dans les premiers jours de la vie, puis un minimum chez les jeunes enfants avec nouvelle augmentation chez les adultes. D'après Cohnstein et Zuntz, le sang des mammifères (lapins) est pendant toute la période intra-utérine plus pauvre en globules rouges qu'à l'état adulte, et il existe d'autant moins de globules que l'âge du fœtus est moins avancé. Après la naissance cette hypoglobulie fait place pendant les premiers jours à une hyperglobulie considérable. C'est à cette époque de la vie que le sang est le plus riche en globules rouges et en hémoglobine (Cohnstein et Zuntz, Winternitz, Bidone et Gardini). Récemment, Fehrsen a trouvé dans le sang des nouveau-nés 110-115 p. 100 de la quantité normale d'hémoglobine et une moyenne de 6 047 000 hématies. Pendant les trois premières heures qui suivent la naissance, on y voit aussi des hématies nucléées.

D'après Leichtenstern, Otto, le nombre des globules rouges diminue chez l'homme progressivement et lentement à partir de l'âge de quarante-cinq ans. Hayem est d'avis que la vieillesse n'apporte aucune modification sensible dans le nombre des globules.

Alimentation. — Vierordt a constaté que deux heures après un repas le nombre des globules rouges diminue. Sörensen observe une augmentation du nombre de globules rouges une heure après le repas, avec chute progressive dans les heures qui suivent.

Dupérié constate qu'après les repas le nombre des globules diminue et qu'il est maximum, avant les repas, d'autant plus que l'intervalle est plus long. Cette dernière constatation est en accord avec celles de Worm-Müller, Buntzen, qui trouvent pendant l'inanition complète et prolongée une augmentation du nombre des globules rouges, provenant probablement d'une consommation plus rapide du plasma sanguin que des globules.

Autres influences. — D'après Buntzen, Leichtenstern, il peut se produire après administration d'un repas copieux une polycythémie ou une oligocythémie, suivant que la sécrétion des sucs digestifs ou l'absorption des liquides prédominera. Toutes les causes qui ont pour effet une diminution de la masse liquide du sang produisent la polycythémie. Malassez a démontré le fait pour les bains chauds, l'exercice musculaire. Zuntz, Schumburg ont publié des observations analogues. Dans ces dernières années, v. Wille-

BRAND, HAWK ont étudié plus spécialement l'influence de l'exercice musculaire. Leurs observations montrent de façon concordante que, déjà après quelques secondes d'exercice violent, le sang périphérique présente une hyperglobulie notable, qui peut atteindre 23 p. 100 (v. WILLEBRAND), 22,5 p. 100 (HAWK). Le mécanisme de ce phénomène n'est pas suffisamment éclairci.

On a observé des hyperglobulies très considérables dans certains états pathologiques, dans ceux qui s'accompagnent de pertes de liquides considérables par l'intestin (choléra) ou la peau (sudations profuses).

Chez l'homme, les numérations de globules ne peuvent se faire que dans le sang périphérique (obtenu par piqûre de la pulpe du doigt, du lobule de l'oreille). Une question préalable se pose à ce sujet : ce sang périphérique possède-t-il le même nombre d'hématies que le sang du cœur et des grosses artères, et les variations de ce nombre sont-elles parallèles dans tous les segments de l'aire vasculaire?

Des échantillons de sang des diverses artères d'un même animal, pris à un même moment, contiennent le même nombre de globules (MALASSEZ). Au contraire, dans les différentes veines existeraient des différences considérables, et, d'une façon générale, le sang de la veine est plus riche en globules que celui de l'artère correspondante (MALASSEZ). C'est dans les veines superficielles surtout que cette différence se marque, en raison de l'évaporation cutanée(?). En augmentant celle-ci, on accentue l'écart. Dans une expérience de MALASSEZ, le sang de la veine d'une oreille rasée contenait 5 700 000 globules par millimètre cube, tandis que le sang de l'autre oreille, non rasée, n'en contenait que 5 300 000. Si l'on plaçait dans l'eau l'oreille rasée, au bout d'un quart d'heure le rapport était renversé. Le sang de l'oreille normale contenait toujours 5 300 000 globules, celui de l'oreille rasée 5 000 000.

En produisant la vaso-dilatation d'un territoire vasculaire sous-cutané (oreille du lapin), TARCHANOFF a vu le nombre de globules augmenter dans le sang de la veine.

Ayant comparé la richesse globulaire du sang dans divers districts capillaires de la surface du corps, NONNENMACHER trouve un minimum à la pulpe du doigt et au lobule de l'oreille, un maximum dans la paroi abdominale. De l'un à l'autre, la différence peut comporter 50 p. 100. Le refroidissement local de peu de durée augmente le nombre des hématies, l'échauffement court fait de même, l'échauffement prolongé diminue au contraire le nombre des globules rouges dans les territoires qui ont subi ces influences.

Il est probable que la vitesse de la circulation dans les districts capillaires joue un rôle décisif à cet égard. Tout ralentissement de la circulation, toute diminution de la force vive du sang doivent nécessairement être suivis d'une certaine stagnation des éléments les plus denses, les hématies. Elles se déposent par sédimentation dans les parties de l'appareil vasculaire où la circulation est la plus lente. Aussi ne faut-il pas s'étonner que les cliniciens aient signalé souvent de l'hyperglobulie dans le sang périphérique de malades qui présentent de la cyanose (par suite de lésions cardiaques ou pulmonaires, d'une compression de la veine cave inférieure, etc.). La plupart des soi-disant hypercythémies ne reconnaissent très probablement pas d'autre cause.

Il est possible que la légère hyperglobulie qui accompagne les mouvements musculaires violents soit due (au moins en partie) à une mise en circulation d'hématies qui se sont arrêtées ainsi par sédimentation incomplète en différents districts vasculaires (HAWK).

Pression atmosphérique. — Un facteur dont la signification n'est pas encore nettement élucidée, c'est la pression atmosphérique.

Ce fut VIAULT qui le premier attira l'attention des médecins sur ce point intéressant de physiologie. Des déterminations faites sur des hommes de différentes races au PÉROU dans les Andes à une altitude de 4 392 mètres, fixèrent le nombre des globules par millimètre cube à 6 770 000-7 960 000. L'auteur, qui à Lima avait un sang contenant 5 000 000 globules, en possédait, quinze jours après, 7 100 000 à cette altitude et 8 000 000 après huit nouveaux jours. A une altitude de 2 877 mètres (Pic du midi), l'augmentation du nombre des globules chez l'homme et le chien fut peu marquée. Au contraire, elle fut de 2 000 000 globules par millimètre cube pour des lapins et de 1 000 000 pour des poules. Des déterminations d'hémoglobine établirent un enrichissement parallèle. Ces faits furent confirmés par MÜNTZ, REGNARD, MIESCHER et ses élèves, GRAWITZ, WEISS, GIACOSA, LOEWY et ZUNTZ, SCHAUMANN et ROSENQVIST, etc.

Mais on ne s'entend pas sur le mécanisme de ce phénomène. La première idée qui s'est présentée fut celle d'une formation en plus grande abondance de globules et d'hémoglobine.

Elle a été défendue par GAULE, qui dit avoir constaté, au cours d'ascensions en ballon, la présence de nombreuses hématies nucléées dans le sang prélevé. Certaines de ces cellules rouges se trouvaient en voie de division. Cette affirmation de GAULE a été contredite par d'excellents observateurs.

JOLLY, et indépendamment de lui, BENSAUDE, ont constaté de l'hyperglobulie sans aucune altération histologique du sang, notamment sans apparition des cellules rouges nucléées.

V. SCHRÖTTER et ZUNTZ déclarent qu'après un séjour de dix heures à des altitudes qui atteignirent 5 000 mètres, ils ne purent constater le moindre changement cytologique du sang. Il faut donc chercher ailleurs que dans une production subite de globules rouges, la cause de cette hyperglobulie des hauteurs.

Ainsi que l'avait déjà constaté EGGER (élève de MIESCHER), l'augmentation du nombre des globules, qui s'établit si rapidement, disparaît aussi facilement dès que le sujet retourne vers les régions basses. Il serait difficile d'admettre, s'il s'agissait réellement de néo-formation, qu'une production rapide suivie d'une destruction aussi intense d'hématies et d'hémoglobine n'eussent aucun retentissement sur l'état général de l'organisme. D'autre part, REGNARD avait déjà constaté que, par la simple raréfaction de l'air (produite dans un appareil spécial), on pouvait produire artificiellement chez l'animal les modifications caractéristiques des hautes altitudes. De sorte que c'était la pression atmosphérique qui était le seul facteur efficace à l'exclusion de l'insolation, de la sécheresse atmosphérique, etc.

Ayant repris les expériences de REGNARD, EGGER montre que, mis dans des appareils à pression réduite, les lapins augmentent effectivement le nombre de leurs globules; mais en même temps leur sang s'épaissit, globules et sérum perdent de l'eau; en un mot la masse totale du sang est réduite, et il en résulte une augmentation relative, mais pas absolue, du nombre des globules et de la quantité d'hémoglobine.

WEISS (élève de BUNGE), se plaçant au même point de vue, fit sur des lots de lapins d'une même portée et élevés pendant quatre semaines à des altitudes différentes, des déterminations du nombre des globules et de l'hémoglobine contenus dans un kilogramme d'animal. En ce qui concerne le nombre des globules, le résultat fut conforme aux précédents : plus de globules pour les altitudes élevées, mais pas de différence sensible dans la quantité *totale* de l'hémoglobine. Il semble démontré définitivement par cette expérience que la dépression barométrique produit uniquement une concentration du sang, dont le résultat est une augmentation relative du nombre des globules (par unité de volume).

ABDERHALDEN a constaté plus récemment, en étudiant comparativement le sang d'animaux passant alternativement de la plaine (Bâle) à la montagne (Saint-Moritz), des variations du nombre des globules sans changement de la quantité totale d'hémoglobine. Il se range donc à l'avis des auteurs précédents.

Au cours d'une ascension en ballon, CALUGAREANU et HENRI ont constaté dans le sang de l'artère fémorale de trois chiens passant rapidement à l'altitude de 3 000 mètres une augmentation notable du nombre des globules rouges (de 7 884 000 à 9 888 000; de 7 648 000 à 8 972 000; de 7 928 000 à 8 892 000). La teneur en eau, azote et fer avaient peu varié.

A la suite de ces résultats positifs viennent se ranger un certain nombre de faits négatifs.

AMBARD et BEAUJARD n'ont pu reproduire artificiellement l'hyperglobulie dans des atmosphères raréfiées. ARMAND DELILLE et ANDRÉ MAYER, en transportant des cobayes dans une ascension de montagne, purent observer dans certains cas une hyperglobulie périphérique sans modification du nombre des globules du sang du cœur. D'après eux, l'hyperglobulie est très inconstante chez le cobaye. Elle peut faire complètement défaut.

C. FOA a fait des observations analogues au Mont-Rose sur différents mammifères (lapin, chien, singe). D'après lui, l'hyperglobulie des altitudes apparaît dès les premières heures à 3 000 mètres; elle a disparu trente-six heures après le retour dans la plaine. Elle est purement périphérique, elle n'existe pas dans le sang des grosses artères. Pas trace d'hématopoièse dans le sang même ou dans la rate, si ce n'est à la longue, après 8-12 jours d'altitude.

Après retour à la plaine, il n'y a pas de destruction globulaire exagérée : tout au moins ne trouve-t-on pas plus d'urobiline dans l'urine que normalement, ni plus de pigment ferrique dans le foie et la rate.

C. Foa rejette toute explication de l'hyperglobulie par concentration du sang. Il l'attribue à de la stase périphérique, tout en avouant que le mécanisme de cette stase est loin d'être élucidé.

De l'ensemble de ces recherches, il résulte donc de façon certaine que l'hyperglobulie qui suit immédiatement les grandes ascensions est une pseudo-hyperglobulie. Elle n'est pas due à une néo-formation d'hématies.

Il reste à étudier de plus près si l'altitude peut provoquer, en outre, une hématopoièse tardive.

Bunge voit dans l'hyperglobulie immédiate des atmosphères raréfiées un processus d'autorégulation. Partant de l'opinion qu'elle est le résultat d'une diminution de la masse liquide du sang, il en donne l'explication finaliste suivante : l'organisme concentre ainsi la teneur de son sang en hémoglobine. Chaque systole cardiaque envoie donc vers les tissus une plus grande quantité d'hémoglobine, partant d'oxygène, et ainsi se trouve contrebalancée l'action en sens inverse qui pourrait résulter d'une saturation moindre dans le poumon de l'hémoglobine par l'oxygène raréfié.

Avant d'adopter ces vues ingénieuses, il y aurait lieu de reprendre l'examen des faits négatifs et d'éprouver la valeur de l'interprétation d'A. Delille, A. Mayer, C. Foa, qui découvrent une stase, c'est-à-dire un affaiblissement organique en lieu et place d'un mécanisme compensateur.

Soustractions sanguines. — Après les soustractions sanguines, le sang résiduel se dilue rapidement dans la lymphe résorbée des tissus et s'appauvrit ainsi en globules et en hémoglobine. Mais il s'établit très rapidement une néo-formation de globules rouges.

D'après les observations de Lyon, Otto, Hall et Eubank, qui portent sur le chien, l'état normal n'est atteint qu'après plusieurs semaines. La période de réparation est d'autant plus longue que la perte a été plus considérable. Pour réparer les effets d'une soustraction de la valeur de 3.5 à 4.5 p. 100 du poids du corps, il faut 19 à 34 jours (Lyon). Une seconde soustraction, faite après rétablissement complet d'une première de même valeur, se répare toujours moins rapidement (Otto).

Chez le lapin, une saignée comportant 1,5 p. 100 à 2,5 p. 100 du poids du corps est rapidement suivie de multiplication globulaire (Inagaki). Déjà au 2e jour, le nombre des hématies s'est élevé. La réparation est, d'habitude, totale après 16 à 20 jours. Quand la réparation est rapide et complète, elle intéresse dans la même mesure le nombre des hématies et la quantité d'hémoglobine. Dans des cas moins favorables, il peut y avoir formation de globules moins riches en hémoglobine ou des irrégularités diverses.

Il y a longtemps que Hayem avait constaté que, lorsqu'on dépasse le pouvoir que possède un organisme de réparer ses pertes, soit en le saignant trop, soit en répétant les saignées, on observe une incapacité plus marquée à la régénération de l'hémoglobine qu'à celle des hématies. Cette inégalité de réaction suivant les individualités et les conditions expérimentales explique pourquoi certains auteurs constatent un parallélisme entre la poussée cytémique et la production de l'hémoglobine, tandis que d'autres ont observé du retard dans la régénération de l'hémoglobine.

Au lieu de soustraire directement du sang à l'animal, on peut au moyen d'un toxique approprié (phénylhydrazine, etc.) provoquer la destruction *in vivo* de ses hématies. Après cette intervention, Heinz a pu constater chez le lapin les premiers signes de régénération après vingt-quatre heures, un maximum vers le troisième au quatrième jour se maintenant jusqu'au rétablissement complet après une vingtaine de jours. Chez l'oiseau, le processus, notablement plus rapide, s'effectuait complètement en 6 à 8 jours. Au contraire il était à peine ébauché après 3 à 4 semaines chez la grenouille.

Or, si l'on admet avec Heinz que son procédé aboutit à la destruction de toutes les hématies, on devra considérer les chiffres obtenus comme ceux qui indiquent le temps nécessaire à la régénération sanguine totale.

Nasmith et Graham ont fait vivre des cobayes dans une atmosphère chargée d'une quantité d'oxyde de carbone telle que 25 à 35 p. 100 de leur hémoglobine était oxycarbonée. Dans ces conditions, on constate chez ces animaux une néo-formation d'hémoglobine, complète après quelques semaines, qui est suffisante pour rendre au sang sa capacité respiratoire normale.

Desbouis et Langlois ont eu un résultat analogue en faisant respirer quotidiennement pendant plusieurs heures à des cobayes et à des pigeons une atmosphère chargée de vapeurs de benzol. D'après les expériences faites, ces auteurs concluent à une hypercythémie vraie, par néo-formation d'hématies.

Il a été dit qu'après soustraction sanguine on voit apparaître dans le sang circulant des cellules rouges nucléées. On a voulu chercher là une mesure de l'intensité de la néo-formation. Mais il semble bien que l'apparition des cellules rouges n'est pas nécessairement liée à la production d'hématies, puisqu'on peut l'obtenir au cours d'une expérience qui consiste à soustraire plusieurs fois du sang à un chien et à le lui réinjecter sitôt après défibrination (Zenoni) ou dix à quinze minutes après injection à un lapin de sérum leucotoxique (Gladin). Il faut admettre que, dans certains cas, les cellules rouges qui restent habituellement confinées dans les capillaires de la moelle osseuse peuvent sortir de cette retraite et se mêler au sang circulant sans que pour cela il y ait une néo-formation plus active d'hématies.

A l'état pathologique, on constate très souvent des états dits d'anémie, caractérisés par une pâleur anormale des téguments et des tissus. Ces états d'anémie s'accompagnent nécessairement d'une diminution de la quantité d'hémoglobine contenue dans l'unité de volume, mais pas nécessairement d'une diminution dans le nombre des globules. Dans certains états anémiques (chlorose) le nombre des globules est relativement moins abaissé que la quantité d'hémoglobine. Dans d'autres formes, les deux manifestations sont sensiblement proportionnelles (anémies secondaires). Enfin il peut se faire inversement que la diminution porte sur le nombre d'hématies plus que sur la quantité d'hémoglobine (anémie pernicieuse) (Hayem). On observe dans beaucoup de ces états des altérations de forme et de taille des globules rouges (microcytes, macrocytes, poikilocytes.)

Enfin différents cliniciens (Krehl, Marie, Hayem, Vaquez) ont au contraire trouvé chez certains cyanotiques chroniques une augmentation notable (jusque 8 000 000) du nombre des globules rouges. Cette hypercythémie a été rapprochée de celle des hautes altitudes.

Composition chimique des globules rouges. — Pour étudier la composition chimique des globules rouges, il faut commencer par séparer ceux-ci du sérum. On y arrive aisément par la centrifugation suivie de lavages répétés au moyen de solutions salines isotoniques.

Malheureusement ces lavages ne parviennent pas à débarrasser les globules rouges des quelques leucocytes qui leur sont mélangés. Mais, comme ceux-ci sont très peu nombreux, l'erreur provenant de leur présence est faible. On peut d'ailleurs, comme l'a fait Halliburton, se débarrasser de la plus grande partie d'entre eux en se servant de sang peptoné. Wooldridge a étudié les substances albuminoïdes constituant le stroma des hématies. Pour cela, il ajoute à la bouillie globulaire lavée 5 à 6 volumes d'eau et un peu d'éther, qui facilite l'hémolyse, puis il mélange jusqu'à dissolution complète. Le liquide rouge est alors centrifugé, ce qui amène le dépôt de détritus cellulaires provenant surtout des leucocytes. La solution décantée est additionnée avec précaution d'une solution de sulfate monosodique à 1 p. 100 jusqu'à production d'un précipité qui est recueilli sur filtre et rapidement lavé à l'eau. On peut alors le sécher et en faire l'analyse centésimale ou le redissoudre dans une solution faiblement alcaline pour étudier ses caractères de solubilité.

La substance a tous les caractères des nucléo-protéides : elle est analogue aux nucléo-protéides extraits d'autres tissus ou organes. On la considère comme étant le constituant principal du stroma globulaire.

A côté d'elle existent dans le globule (probablement aussi dans le stroma) deux substances solubles dans l'éther. Une d'elles est phosphorée; Hoppe-Seyler et Hermann la considérèrent d'abord comme étant du protagon. Bientôt après elle fut reconnue être de la lécithine par Hoppe-Seyler. L'autre est la cholestérine.

Pour les déterminer quantitativement, on lave d'abord la bouillie corpusculaire avec une solution saline isotonique, puis on l'additionne d'un peu d'eau et d'un excès d'éther (4-10 volumes). On recommence à plusieurs reprises l'extraction par l'éther. On enlève ainsi toute la cholestérine. Les détritus cellulaires séparés de la solution d'hémoglobine sont soumis séparément à une extraction par l'alcool et l'éther.

Tous les extraits éthérés réunis sont desséchés à 70° et pesés. Une détermination de phosphore permet de calculer la quantité de lécithine et par différence on obtient le poids de cholestérine.

Récemment, Pascucci a publié les résultats d'analyse de stromas préparés par la méthode de Wooldridge, et par une méthode analogue. Les résultats concordants donnent : 1 p. 100 de sels, deux tiers d'albuminoïdes et un tiers de matières grasses : lécithine, cholestérine, et peut-être un cérébroside.

Les globules rouges nucléés contiennent, outre ces constituants, les éléments formateurs du noyau. Les premières recherches chimiques sur cet objet furent faites par Lauder-Brunton, puis par Plosz, qui s'adressèrent au sang d'oiseau. Plosz démontra que le noyau est constitué essentiellement par une substance phosphorée, qu'il prit alors pour une nucléine. Kossel démontra ultérieurement qu'il s'agissait là d'une nucléo-histone, c'est-à-dire d'une combinaison entre un acide nucléique et une substance albuminoïde de caractère basique, appelée *histone*.

Les substances chimiques citées jusqu'ici interviennent probablement dans l'édification de ce que l'on a appelé le stroma des globules rouges.

Il reste à citer deux éléments : l'hémoglobine et les sels qui sont probablement dissous dans le liquide intra-cellulaire.

L'hémoglobine sera étudiée à part dans un article spécial. (V. **Hémoglobine.**)

Les seules questions à envisager ici sont l'état dans lequel elle se trouve dans le globule et la masse de cet élément comparée à la masse globulaire totale.

Hoppe-Seyler a soutenu l'opinion que l'hémoglobine contenue dans les globules est chimiquement différente de l'hémoglobine cristallisée, qu'elle forme avec un constituant globulaire une combinaison qu'il appelle *artérine* dans sa forme oxygénée et *phlébine* dans sa forme réduite.

Les arguments de Hoppe-Seyler sont les suivants :

1° L'hémoglobine des globules rouges décompose l'eau oxygénée sans être oxydée elle-même. L'hémoglobine purifiée par cristallisation agit beaucoup moins activement sur l'eau oxygénée et est d'ailleurs oxydée par cet agent.

2° La première abandonne plus facilement son oxygène ou son oxyde de carbone au vide que la seconde.

3° Le ferricyanure de potassium transforme instantanément en méthémoglobine l'hémoglobine dissoute, tandis qu'il lui faut des heures pour produire cette modification quand on l'ajoute au sang lui-même.

4° Les solutions salines isotoniques et le sérum n'arrivent pas à se colorer au contact des globules, alors qu'ils dissolvent très facilement l'hémoglobine en cristaux.

Actuellement aucun physiologiste n'admet plus cette opinion de Hoppe-Seyler. On a démontré que l'action sur l'eau oxygénée revient non à l'hémoglobine, mais au stroma globulaire (Bergengruen). En ce qui concerne le deuxième argument, il est probable que les différences observées par Hoppe-Seyler sont dues en partie à l'altération inévitable de l'hémoglobine qu'on a fait cristalliser (Huefner).

Quant aux deux dernières observations, elles s'expliquent très bien, si l'on se rappelle que le ferricyanure de potassium ne pénètre pas les globules, la membrane lui étant imperméable, ce qui empêche nécessairement son action sur l'hémoglobine (von Mering.). Et, comme on le verra plus loin, c'est également parce que l'hémoglobine est séparée du liquide ambiant par cette même membrane, qu'elle ne peut traverser, qu'on n'observe aucune diffusion de l'hémoglobine dans les milieux isotoniques.

Les études très soigneuses de Huefner sur les constantes spectro-photométriques et sur la capacité d'absorption vis-à-vis des gaz n'ont d'ailleurs révélé aucune différence entre l'hémoglobine endo-globulaire et l'hémoglobine cristallisée (contesté).

La quantité d'hémoglobine qui existe dans le sang est contenue exclusivement dans les globules. Pour connaître la relation entre le poids de l'hémoglobine et le poids total des globules, il suffirait de connaître ce dernier. On arrive assez facilement à le déterminer par une méthode indirecte, qui consiste à déterminer successivement dans le sang complet et dans le plasma (ou le sérum) une substance exclusivement contenue dans le plasma (ou le sérum). C'est le cas pour la fibrine existant dans le plasma seul (Hoppe-Seyler), pour les sels de sodium qui chez certains animaux se trouvent localisés exclusivement dans le sérum (Bunge), le sucre qui ne se trouve que dans le sérum (Otto).

Supposons que p soit le poids de la substance dans 100 parties en poids de plasma et s le poids dans 100 parties de sang. En représentant par x le poids de plasma correspondant à 100 parties de sang, on aura.

$$xp = 100s \qquad x = \frac{100s}{p}$$

Hoppe-Seyler a encore employé un autre procédé, très pratique. On détermine la quantité totale d'albuminoïdes contenue dans un poids donné de sang. On lave les globules d'un poids connu de sang jusqu'à les débarrasser complètement du sérum qui les mouille, on fait encore pour eux la détermination des albuminoïdes. Un troisième dosage apprend la proportion d'albuminoïdes dans un poids donné de sérum.

Étant données ces trois valeurs, on en déduit le poids de sérum correspondant à 100 parties de sang.

Soient s le poids d'albuminoïdes dans 100 parties de sang.
— g — — des globules des 100 parties de sang.
— p — — des 100 parties de sérum.

Si x est le poids de sérum correspondant à 100 parties en poids de sang, on aura.

$$x\frac{p}{100} + g = s \qquad x = \frac{100\,(s-g)}{p}$$

Une fois connue la proportion en poids de sérum et des globules, il suffit de faire pour chaque élément constitutif du sang un dosage dans le sang total, un autre dans le sérum, pour en déduire la quantité de cet élément contenue dans les globules. Des dosages très complets, faits d'après les méthodes de Hoppe-Seyler et de Bunge, ont été récemment exécutés par Abderhalden, un élève de Bunge.

On verra dans les tableaux suivants qu'il existe d'une espèce à l'autre, et même entre deux individus d'une même espèce, des différences assez notables dans la quantité totale des globules, leur richesse en hémoglobine et en albuminoïde, constitutifs du stroma. Au point de vue de la teneur en sels, on observera également de grandes variations entre les globules des différents mammifères et une indépendance totale pour ce qui concerne la qualité de ces sels vis-à-vis de ceux du sérum. Un point très intéressant à cet égard, déjà mentionné par Schmidt, puis par Sacharin, mis en évidence par Bunge, c'est l'absence totale de sels de sodium dans les globules de quelques mammifères (cheval, porc, lapin), leur prédominance au contraire chez d'autres (chien, chat, bœuf, mouton).

Bottazzi et Capelli ont fait des dosages du potassium et du sodium des globules de différents vertébrés. De leurs recherches, ils conclurent que les globules sont d'autant plus riches en potassium qu'ils contiennent plus de nucléine (que celle-ci soit accumulée dans un noyau ou répandue uniformément dans tous les globules). Le tableau ci-contre (p. 281) contient le résultat de leurs analyses.

D'après les analyses d'Abderhalden, il y aurait trois substances dissoutes dans le sérum qui ne se rencontreraient dans les globules d'aucune des espèces examinées : la chaux, le sucre et la graisse.

Avant de quitter l'étude quantitative du sang, il est nécessaire de dire quelques mots

ESPÈCE ANIMALE.	QUANTITÉ DE SODIUM CONTENUE DANS 100 gr. de globules desséchés.	QUANTITÉ DE POTASSIUM CONTENUE DANS 100 gr. de globules desséchés.
Rana esculenta. . . .	0.0292	0.2320
Bufo vulgaris	0.0184	0.3310
Emys europea	0.0159	0.3457
	0.0283	0.3127
Poule	0.0160	0.4650
Lapin	0.0077	0.4659
Chat.	0.2766	0.0262
Chien	0.2865	0.0277

des méthodes qui ont pour but de déterminer non le poids relatif des globules rouges vis-à-vis du sang total mais leur volume.

M. et L. Bleibtreu sont partis du principe suivant:

Supposons une solution contenant divers éléments dissous, des sels, de l'albumine, et tenant en suspension un volume inconnu d'une matière insoluble, des perles de verre par exemple. On prélève un échantillon du liquide pur; on y détermine la teneur en un élément quelconque, l'albumine par exemple. On ajoute maintenant, à un volume connu du mélange du liquide et du corps en suspension, un volume également connu d'un liquide ne contenant pas l'élément dissous dans le premier, de l'eau salée par exemple. L'eau salée ne pénétrant pas dans les perles de verre diluera donc en réalité non le volume total correspondant à la somme des volumes du liquide albumineux et des perles de verre, mais la fraction de ce volume total occupé par le liquide albumineux seul. En mesurant par un nouveau dosage d'albumine la dilution effective, on pourra calculer la valeur du volume occupé primitivement par le liquide albumineux.

Dans la méthode de M. et L. Bleibtreu, on ajoute des volumes connus s_1 et s_2 d'eau salée à 6 p. 1000 à deux échantillons du sang défibriné, échantillons de volume b_1 et b_2 On prélève, après centrifugation des deux liquides ainsi dilués, une fraction de sérum, et on y détermine la quantité d'albumine par la méthode de Kjeldahl. Soient e_1 et e_2, ces deux concentrations, si l'on représente par x le volume relatif du sérum sanguin, on aura:

$$\frac{(b_1 x + s_1) e_1}{(b_2 x + s_2) e_2} = \frac{b_1}{b_2}$$

d'où :

$$x (e_1 - e_2) = \frac{e_2 s_2}{b_2} - \frac{e_1 s_1}{b_1}$$

Au lieu de faire ces dosages, on peut aussi, d'après M. et L. Bleibtreu, prendre la densité (S_0) du sérum, celle (K) du liquide salin et enfin celle (S) d'un mélange de b centimètres cubes de sang avec s centimètres cubes de liquide salin. En donnant à x la même signification que dans la formule précédente, on aura

$$\frac{x S_0 b + sk}{x b + s} = S$$

d'où :

$$x = \frac{s}{b} \frac{S - K}{S_0 - S}$$

La méthode de M. et L. Bleibtreu repose sur une hypothèse fondamentale, c'est qu'après le mélange de liquide salin au sang, les globules rouges ont conservé exactement le même volume qu'auparavant, comme c'était le cas pour les perles de verre dans l'exemple cité. Or, ainsi que l'ont très justement objecté Hamburger, Biernacki, Eykman, Hedin, il n'en est nullement ainsi, puisque la solution saline employée par M. et L. Bleibtreu est fortement hypotonique. Pour pouvoir obtenir avec la méthode de Bleibtreu des résultats certains, il faudrait de toute nécessité employer comme liquide de dilution une solution saline qui ne modifiât en rien le volume des globules rouges. La concentration de cette solution n'est malheureusement pas constante et devrait être déterminée préalablement dans chaque cas particulier. Il faudrait de plus être assuré que dans une telle solution ne se produisent pas des échanges à travers la paroi des globules rouges.

Une méthode plus rigoureuse consiste à comparer la conductibilité électrique du plasma (ou sérum) et du sang complet. D'après les recherches de BUGARZSKY et TANGL, la conductibilité des globules est au moins cent fois plus faible que celle du plasma. On peut pratiquement la supposer nulle. Dès lors il est possible de conclure de la connaissance de la conductibilité du sang total et de celle du plasma au volume occupé par les hématies d'après une formule proposée par ces auteurs.

$$\mu = 0.92 \frac{\lambda_b}{\lambda_p} + 0.13$$

dans laquelle μ représente le volume relatif du plasma, λ_p la conductibité du plasma et λ la conductibilité du sang. Les chiffres trouvés d'après cette méthode sont très rapprochés de ceux obtenus par sédimentation ou centrifugation.

Dans la sédimentation, on attend que du sang placé dans des cylindres gradués ait déposé une couche de globules dont la hauteur ne varie plus. Dans la centrifugation, on hâte le dépôt du culot globulaire par l'emploi de la force centrifuge, de sorte que l'on obtient en quelques minutes ce que la seule pesanteur des globules met parfois des jours à accomplir.

Appliqués de cette manière, les deux procédés ne donnent pas en réalité le volume des globules, mais le volume occupé par les globules tassés au fond du vase. Quelque parfait que soit ce tassement, il existe néanmoins entre les globules des espaces, très réduits, remplis de plasma, de sorte que la valeur trouvée par ces méthodes est toujours un peu trop forte. L'inconvénient de ces procédés, c'est qu'il est difficile, dans des mesures demandant de la précision, de se faire une idée de l'étendue de l'erreur commise. Cette restriction faite, il est incontestable que la centrifugation, quand elle ne sert qu'à comparer entre eux différents sangs d'une même espèce animale ou les échantillons d'un même sang soumis à diverses influences, peut fournir des résultats très intéressants. Il est nécessaire cependant, pour des mesures de ce genre, qui ne fournissent pas des valeurs absolues, mais des rapports, de se placer toujours dans des conditions parfaitement comparables (HEDIN, HAMBURGER).

Ce qui vient d'être dit de la centrifugation a trait à la façon actuelle de procéder à cette opération. On sait que le volume des globules rouges est fortement influencé par la concentration du liquide salin qui les baigne; aussi évite-t-on, quand on veut se

ESPÈCE ANIMALE.	VOLUME RELATIF mesuré par LA CONDUCTIBILITÉ ÉLECTRIQUE		VOLUME RELATIF mesuré par SÉDIMENTATION OU CENTRIFUGATION	
	du plasma.	des globules.	du plasma.	des globules.
1 Cheval	68.33	31.67	68.35	31.5 (sédimentation)
2 —	68.71	31.29	67.3	32.7 (sédiment.)
—			71.8	28.2 (centrif.)
3 —	63.23	36.77	64.7	35.3 (centrif.)
4 Chien.	43.06	56.94		
5 —	49.96	50.04		
6 —	50.04	49.96		
7 Chat.	57.29	42.71	56.9	43.1 (sédiment.)
8 —	56.66	43.39	54	46.0 (sédiment.)

faire une idée du volume occupé normalement par les globules dans le sang lui-même, de diluer ou de concentrer celui-ci. On s'adresse au sang défibriné ou au sang rendu incoagulable par de petites quantités d'oxalate de sodium (1 p. 1000).

Dans les essais primitifs faits avec cette méthode, telle qu'elle avait été proposée par BLIX, HEDIN, le sang était dilué dans le réactif histologique que l'on appelle liquide de

Müller, ou dans une solution de bichromate de potasse à 2, 5 p. 100 (Daland, Gärtner). Or il résulte des recherches ultérieures de Hedin que, dans ces deux liquides, les globules augmentent sensiblement ce volume. Bugarzsky et Tangl donnent, dans leur note préliminaire sur leur méthode, les résultats de quelques déterminations faites concurremment par les deux procédés (voir le tableau ci-dessus, p. 282).

Stewart, reprenant la méthode de Bugarzsky et Tangl, trouve qu'elle fournit pour le volume relatif du plasma des quantités trop faibles. Stewart propose les deux formules suivantes, dont la première est la plus exacte.

$$p = \frac{\lambda_b}{\lambda_s}\left(180\ \lambda_b - \sqrt{\lambda}\right) \quad (1)$$

$$p = \frac{174.5\lambda_b - \lambda^2_b}{\lambda_s} \quad (2)$$

p, λ_b, λ_s représentent respectivement le nombre de centimètres cubes de sérum correspondant à 100 centimètres cubes de sang, la conductibilité électrique du sang à 5° et celle du sérum à 5°.

Stewart propose en outre une nouvelle méthode colorimétrique, très ingénieuse. Il soumet à l'action de la force centrifuge un échantillon du sang à examiner. Il prélève un volume déterminé de sérum, auquel il ajoute un poids connu d'hémoglobine cristallisée. Une partie de ce liquide est ajoutée au résidu de la centrifugation et intimement mélangé à lui et après une nouvelle centrifugation, un nouvel échantillon de sérum, coloré cette fois, est prélevé. On compare son pouvoir colorant à celui de la solution titrée, et on en déduit le volume de sérum qui était resté mélangé aux globules. La méthode est ingénieuse en ce qu'elle utilise à la fois 1° le pouvoir colorant intense de l'hémoglobine; 2° sa non-pénétration dans les globules; 3° son poids moléculaire élevé qui empêche une action sensible sur le volume des globules.

Les résultats comparés à ceux fournis par la méthode de Hoppe-Seyler et ceux qui découlent de l'emploi de la formule (1) du procédé électrique sont parfaitement satisfaisants.

Chez le chien, Stewart a trouvé pour le volume relatif du plasma des valeurs allant de 40 à 74 p. 100.

Enfin Bence recommande, quand on ne dispose que de petites quantités de sang, de déterminer l'indice de réfraction du sérum pur (R), et celui du sérum que donne un mélange du sang avec une quantité déterminée (K) de solution de chlorure sodique à 0.9 p. 100. Soit R_x cet indice. Celui de la solution salée est 1.3328 à 18°. Ayant fait ces déterminations, on en tire la valeur (S) du volume du sérum contenu dans le sang d'après la formule

$$S = \frac{K\,(R_x - 1.3342)}{R - R_x}$$

Analyse quantitative du sang humain. (A. Schmidt)

	SANG HUMAIN (HOMME)		SANG HUMAIN (FEMME)	
	486.98 parties de sérum	513.02 parties de globules	603.76 parties de sérum	396.24 parties de globules
Eau	439.02	349.69	551.99	272.56
Résidu sec	47.96	163.33	51.77	123.68
Substances organiques	43.82	159.59	46.70	120.13
Substances inorganiques	4.14	3.74	5.07	3.55
Oxyde de sodium	1.66	0.24	1.92	0.65
Oxyde de potassium	0.15	1.59	0.20	1.41
Chlore	1.72	0.90	2.14	0.36

Analyse quantitative de globules rouges séchés (Hoppe-Seyler et Jüdell).

	SANG HUMAIN I	SANG HUMAIN II	SANG DE CHIEN	SANG D'OIE	SANG DE HÉRISSON	SANG DE COULEUVRE
Hémoglobine	86.79	94.30	86.50	62.65	92.25	46.70
Albuminoïdes et nucléines	12.24	5.10	12.55	36.41	7.01	52.45
Lécithine	0.72	0.35	0.59	0.46		
Cholestérine	0.25	0.25	0.36	0.48		

	SANG DE CHÈVRE (Abderhalden) 1000 parties de sang.	652.8 parties de sérum.	347.2 parties de globules.	1000 parties de sérum.	1000 parties de globules.
Eau	803.89	592.54	211.35	907.69	608.72
Résidu sec	196.11	60.25	135.86	92.31	391.30
Hémoglobine	112.5	»	112.5	»	324.02
Albuminoïdes	69.72	50.96	18.76	78.07	54.03
Sucre	0.829	0.822	»	1.26	»
Cholestérine	1.299	0.698	0.601	1.070	1.730
Lécithine	2.466	1.127	1.339	1.727	3.856
Graisse	0.535	0.0407	»	0.624	»
Acides gras	0.395	0.398	»	0.611	»
Anhydride phosphorique à l'état de nucléine	0.039	0.0117	0.028	0.018	0.0806
Oxyde de sodium	3.579	2.824	0.755	4.326	2.174
Oxyde de potassium	0.396	0.160	0.236	0.246	0.679
Oxyde de fer	0.547	»	0.547	»	1.575
Chaux	0.066	0.078	»	0.121	»
Magnésie	0.040	0.026	0.014	0.041	0.0403
Chlore	2.923	2.409	0.514	3.691	1.480
Anhydride phosphorique	0.397	0.154	0.243	0.237	0.699
Anhydride phosphorique inorganique	0.142	0.045	0.097	0.070	0.279

Propriétés osmotiques des hématies. — La première étude des propriétés osmotiques des cellules d'origine animale date des travaux de Hamburger, inspirés par Donders, sur les globules rouges. Hamburger fut précédé dans cette voie par un botaniste, Hugo de Vries, son compatriote, qui étudia l'action des solutions salines sur les cellules végétales.

Quand on place dans une solution saline concentrée, mais non vénéneuse pour le protoplasma végétal, quelques cellules épidermiques de la nervure médiane d'une feuille de *Tradescantia discolor*, on voit la couche protoplasmique corticale des cellules se détacher de la paroi cellulosique des logettes qui les contiennent; le corps protoplasmique, ramassé en boule, n'occupe plus qu'une partie de l'espace de ces dernières. Ce phénomène, connu de Naegeli, s'appelait *plasmolyse* des cellules. Si l'on plonge maintenant les cellules plasmolysées dans l'eau pure, elles gonflent rapidement et viennent de nouveau remplir complètement leur logette. Elles sont alors en *turgescence*.

Ce retrait sous l'action de solutions concentrées, cette turgescence dans l'eau pure se comprennent facilement, si l'on admet que la paroi protoplasmique de la cellule végétale est imperméable aux sels dissous dans l'eau, perméable au contraire à celle-ci, en un mot, si elle constitue une membrane semi-perméable. D'après les lois de l'osmose, il faut, dans ces conditions, qu'il y ait un courant d'eau à travers la paroi cellulaire, allant de l'endroit où règne la tension osmotique la moins élevée, vers l'en-

	SANG DE PORC (Abderhalden)				
	1000 parties DE SANG	564.91 parties DE SERUM	435.09 parties DE GLOBULES	1000 parties DE SÉRUM	1000 parties DE GLOBULES
Eau	790.565	518.36	272.20	917.610	625.61
Résidu sec	209.435	46.54	162.89	82.390	374.38
Hémoglobine	142.2	»	142.2	»	326.82
Albuminoïdes	46.61	38.26	8.35	67.741	19.19
Sucre	0.686	0.684	»	1.212	»
Cholestérine	0.444	0.231	0.213	0.409	0.489
Lécithine	2.309	0.805	1.504	1.426	3.456
Graisse	1.095	1.104	»	1.956	»
Acides gras	0.475	0.448	0.027	0.794	0.062
Anhydride phosphorique à l'état de nucléine	0.0578	0.0123	0.0455	0.0218	0.1045
Oxyde de sodium	2.406	2.401	»	4.251	»
Oxyde de potassium	2.309	0.152	2.157	0.270	4.957
Oxyde de fer	0.696	»	0.696	»	1.599
Chaux	0.068	0.0689	»	0.122	»
Magnésie	0.0889	0.0233	0.0656	0.0413	0.150
Chlore	2.690	2.048	0.642	3.627	1.475
Anhydride phosphorique	1.007	0.1114	0.8956	0.1972	2.058
Anhydride phosphorique inorganique	0.749	0.0296	0.7194	0.0524	1.653

	SANG DE PORC (Bunge)				
	1000 parties DE SANG	563.2 parties DE SÉRUM	436.8 parties DE GLOBULES	1000 parties DE SÉRUM	1000 parties DE GLOBULES
Eau	794.0	517.9	276.1	919.6	632.1
Résidu sec	206.0	45.3	160.7	80.4	367.9
Hémoglobine	189.0	»	114.0	»	261.0
Albuminoides		38.1	37.6	37.6	86.1
Autres substances organiques	»	2.8	5.2	5.0	12.0
Substances inorganiques	»	4.3	3.9	7.7	8.9
Oxyde de sodium	2.406	2.406	»	4.272	»
Oxyde de potassium	2.575	0.154	2.421	0.273	5.543
Oxyde de fer	0.706	(0.006)	»	(0.011)	»
Chaux	0.072	(0.077) 0.072	»	0.136	»
Magnésie	0.0895	0.021	0.069	0.038	0.158
Chlore	2.691	2.034	0.657	3.611	1.504
Anhydride phosphorique	1.009	0.106	0.903	0.188	2.067

	SANG DE CHAT (Abderhalden)					SANG DE LAPIN (Abderhalden)				
	1000 parties de sang	566.0 parties de sérum	434.0 parties de globules	1000 parties de sérum	1000 parties de globules	1000 parties de sang	627.9 parties de sérum	372.1 parties de globules	1000 parties de sérum	1000 parties de globules
Eau	795.54	524.17	270.90	926.93	624.17	816.92	581.18	235.74	925.60	633.53
Résidu sec	204.46	41.35	163.11	73.07	375.82	183.08	46.71	136.37	74.40	366.48
Hémoglobine	143.2	»	143.2	»	329.95	123.5	»	123.5	»	331.9
Albuminoïdes	44.78	33.16	11.62	58.60	26.774	38.18	33.63	4.55	53.57	12.22
Sucre	0.851	0.860	»	1.52	»	1.026	1.036	»	1.65	»
Cholestérine	0.895	0.339	0.556	0.600	1.281	0.611	0.343	0.268	0.547	0.720
Lécithine	2.325	0.971	1.354	1.716	3.119	2.827	1.105	1.722	1.760	4.627
Graisse	0.373	0.446	»	0.788	»	0.734	0.749	»	1.193	»
Acides gras	0.280	0.282	»	0.499	»	0.507	0.507	»	0.809	»
Anhydride phosphorique à l'état de nucléine	0.072	0.009	0.063	0.016	0.145	0.055	0.015	0.040	0.025	0.107
Oxyde de sodium	3.386	2.512	1.174	4.439	2.705	2.785	2.789	»	4.442	»
Oxyde de potassium	0.260	0.148	0.112	0.262	0.258	2.108	0.162	1.946	0.259	5.229
Oxyde de fer	0.694	»	0.694	»	1.599	0.615	»	0.615	»	1.652
Chaux	0.053	0.062	»	0.110	»	0.072	0.072	»	0.116	»
Magnésie	0.059	0.024	0.035	0.043	0.0806	0.057	0.028	0.029	0.046	0.077
Chlore	2.815	2.360	0.455	4.170	1.048	2.898	2.438	0.460	3.883	1.236
Anhydride phosphorique	0.830	0.133	0.697	0.236	1.605	0.986	0.151	0.835	0.242	2.244
Anhydride phosphorique inorganique	0.555	0.040	0.515	0.071	1.186	0.685	0.040	0.645	0.064	1.733

	SANG DE CHEVAL (ABDERHALDEN)					SANG DE CHEVAL (ABDERHALDEN)				
	1000 parties DE SANG	602.3 parties DE SÉRUM	397.7 parties DE GLOBULES	1000 parties DE SÉRUM	1000 parties DE GLOBULES	1000 parties DE SANG	470.3 parties DE SÉRUM	529.7 parties DE GLOBULES	1000 parties DE SÉRUM	1000 parties DE GLOBULES
Eau	795.01	551.14	243.87	915.06	613.20	749.02	424.23	324.79	902.05	613.15
Résidu sec	204.99	51.15	153.84	84.94	386.82	250.98	46.07	204.91	94.95	386.84
Hémoglobine	125.8	»	125.8	»	316.31	166.9	»	166.9	»	315.08
Albuminoïdes	62.70	42.65	20.05	70.82	50.41	69.7	39.62	30.08	84.24	56.78
Sucre	0.90	0.897	»	1.49	»	0.526	0.551	»	1.176	»
Cholestérine	0.576	0.313	0.263	0.521	0.661	0.346	0.140	0.206	0.298	.388
Lécithine	2.982	1.051	1.931	1.746	4.855	2.913	0.8089	2.105	1.720	3.973
Graisse	0.534	0.502	»	0.834	»	0.641	0.6113	»	1.300	»
Acide gras	0.387	0.363	0.024	0.604	0.0603	»	»	»	»	»
Anhydride phosphorique à l'état de nucléine	0.059	0.009	0.050	0.015	0.125	0.060	0.0094	0.0506	0.020	0.095
Oxyde de sodium	2.630	2.624	»	4.358	»	2.091	2.0853	»	4.434	»
Oxyde de potassium	1.475	0.152	1.323	0.254	3.326	2.738	0.1237	2.6143	0.263	4.935
Oxyde de fer	0.592	»	0.592	»	1.488	0.828	»	0.828	»	1.563
Chaux	0.054	0.066	»	0.111	»	0.051	0.0523	»	0.1113	»
Magnésie	0.066	0.027	0.039	0.046	0.098	0.064	0.0211	0.0429	0.045	0.0809
Chlore	2.384	2.201	0.183	3.655	0.460	2.785	1.7523	1.0327	3.726	1.949
Anhydride phosphorique	1.126	0.145	0.981	0.242	2.466	1.120	0.1128	1.0072	0.240	1.901
Anhydride phosphorique inorganique	0.807	0.045	0.762	0.076	1.916	0.806	0.0336	0.7724	0.0715	1.458

	SANG DE CHIEN (Abderhalden)					SANG DE CHIEN (Abderhalden)				
	1000 parties DE SANG	592.7 parties DE SÉRUM	407.3 parties DE GLOBULES	1000 parties DE SÉRUM	1000 parties DE GLOBULES	1000 parties DE SANG	557.2 parties DE SÉRUM	442.8 parties DE GLOBULES	1000 parties DE SÉRUM	1000 parties DE GLOBULES
Eau	810.05	547.64	262.41	923.98	644.26	792.01	514.30	277.71	923.02	627.16
Résidu sec	189.95	45.05	144.90	76.02	355.75	207.99	42.89	165.10	76.98	372.85
Hémoglobine	133.4	»	133.4	»	327.52	145.6	»	145.6	»	328.81
Albuminoïdes	39.68	35.64	4.04	60.14	9.918	36.41	34.05	2.36	61.12	5.32
Sucre	1.09	1.084	»	1.83	»	0.72	0.735	»	1.32	»
Cholestérine	1.298	0.420	0.878	0.709	2.155	0.922	0.366	0.556	0.658	1.255
Lécithine	2.052	1.006	1.046	1.699	2.568	1.994	0.977	1.017	1.755	2.296
Graisse	0.631	0.622	»	1.051	»	0.914	0.914	»	1.642	»
Acides gras	0.759	0.723	0.036	1.221	0.088	0.684	0.698	»	1.254	»
Anhydride phosphorique à l'état de nucléine	0.054	0.009	0.045	0.016	0.110	0.054	0.009	0.045	0.017	0.101
Oxyde de sodium	3.675	2.526	1.149	4.263	2.821	3.657	2.392	1.265	4.293	2.856
Oxyde de potassium	0.251	0.133	0.118	0.226	0.289	0.258	0.144	0.114	0.259	0.257
Oxyde de fer	0.641	»	0.641	»	1.573	0.706	»	0.706	»	1.594
Chaux	0.062	0.066	»	0.113	»	0.049	0.061	»	0.111	»
Magnésie	0.052	0.023	0.029	0.040	0.071	0.054	0.025	0.029	0.046	0.065
Chlore	2.935	2.384	0.551	4.023	1.352	2.908	2.305	0.603	4.138	1.361
Anhydride phosphorique	0.809	0.143	0.666	0.242	1.635	0.812	0.139	0.673	0.250	1.519
Anhydride phosphorique inorganique	0.576	0.047	0.529	0.080	1.298	0.583	0.045	0.538	0.082	1.214

	SANG DE TAUREAU (ABDERHALDEN)					SANG DE BŒUF (ABDERHALDEN)				
	1000 parties DE SANG	665.7 parties DE SÉRUM	334.3 parties DE GLOBULES	1000 parties DE SÉRUM	1000 parties DE GLOBULES	1000 parties DE SANG	674.5 parties DE SÉRUM	325.5 parties DE GLOBULES	1000 parties DE SÉRUM	1000 parties DE GLOBULES
Eau	814.84	608.03	206.81	913.38	618.63	808.9	616.25	192.65	913.64	591.858
Résidu sec	185.16	57.66	127.50	86.62	381.38	191.1	58.249	132.85	86.36	408.141
Hémoglobine	106.4	»	106.4	»	318.27	82.0	»	82.00	»	251.92
Albuminoïdes	61.79	46.41	15.38	69.73	46.00	90.9	48.901	41.99	72.5	129.02
Sucre	0.68	0.679	»	1.02	»	0.7	0.708	»	1.05	»
Cholestérine	1.209	0.599	0.610	0.901	1.824	1.935	0.833	1.100	1.238	3.379
Lécithine	2.197	1.244	0.953	1.869	2.850	2.349	1.129	1.220	1.675	3.748
Graisse	2.363	2.357	»	3.542	»	0.567	0.625	»	0.926	»
Acides gras	0.495	0.494	»	0.743	»	»	»	»	»	»
Anhydride phosphorique à l'état de nucléine	0.0283	0.0089	0.0194	0.0134	0.0585	0.0267	0.0089	0.0178	0.0133	0.0546
Oxyde de sodium	3.712	2.873	0.839	4.316	2.509	3.635	2.9084	0.7266	4.312	2.2322
Oxyde de potassium	0.407	0.174	0.233	0.262	0.696	0.407	0.1719	0.2351	0.255	0.722
Oxyde de fer	0.562	»	0.562	»	1.681	0.544	»	0.544	»	1.671
Chaux	0.064	0.073	»	0.111	»	0.069	0.0805	»	0.1194	»
Magnésie	0.036	0.027	0.009	0.042	0.025	0.0356	0.0300	0.0056	0.0446	0.0172
Chlore	3.081	2.453	0.628	3.686	1.878	3.079	2.4889	0.5901	3.69	1.8129
Anhydride phosphorique	0.392	0.156	0.236	0.235	0.705	0.4038	0.1646	0.2392	0.244	0.7348
Anhydride phosphorique inorganique	0.174	0.041	0.133	0.062	0.399	0.1711	0.0571	0.1040	0.0847	0.3502

	SANG DE MOUTON (ABDERHALDEN)					SANG DE MOUTON (ABDERHALDEN)				
	1000 parties DE SANG	693.7 parties DE SÉRUM	306.3 parties DE GLOBULES	1000 parties DE SÉRUM	1000 parties DE GLOBULES	1000 parties DE SANG	680.8 parties DE SÉRUM	319.2 parties DE GLOBULES	1000 parties DE SÉRUM	1000 parties DE GLOBULES
Eau	821.67	636.42	185.25	917.44	604.79	824.55	624.16	200.39	»	607.78
Résidu sec	178.33	57.27	121.6	82.56	395.23	175.45	56.63	118.32	83.19	372.24
Hémoglobine	92.9	»	92.9	»	303.29	102.8	»	102.8	916.81	322.85
Albuminoïdes	70.85	46.82	24.03	67.50	78.45	58.66	46.56	12.8	68.40	37.90
Sucre	0.732	0.735	»	1.06	»	0.708	0.708	»	1.04	»
Cholestérine	1.352	0.609	0.723	0.879	2.360	2.038	0.891	1.147	1.309	3.593
Lécithine	2.220	1.185	1.035	1.709	3.379	2.417	1.088	1.329	1.599	4.163
Graisse	0.937	0.937	»	1.352	»	0.864	0.859	»	1.262	»
Acides gras	0.488	0.492	»	0.710	»	0.490	0.4908	»	0.721	»
Anhydride phosphorique à l'état de nucléine	0.0285	0.0073	0.0212	0.0106	0.069	0.0344	0.109	0.0235	0.0161	0.0736
Oxyde de sodium	3.638	2.984	0.654	4.303	2.135	3.677	2.917	0.760	4.285	2.380
Oxyde de potassium	0.405	0.177	0.228	0.256	0.744	0.408	0.172	0.236	0.254	0.739
Oxyde de fer	0.492	»	0.492	»	0.606	0.545	»	0.545	»	1.707
Chaux	0.070	0.0811	»	0.117	»	0.069	0.089	»	0.131	»
Magnésie	0.033	0.028	0.005	0.041	0.016	0.033	0.027	0.006	0.041	0.0187
Chlore	3.080	2.574	0.506	3.711	1.651	3.091	2.516	0.575	3.697	1.801
Anhydride phosphorique	0.412	0.160	0.252	0.232	0.822	0.391	0.163	0.228	0.240	0.714
Anhydride phosphorique inorganique	0.190	0.0506	0.1394	0.073	0.455	0.145	0.057	0.088	0.085	0.275

droit de plus forte tension. Les liquides contenus à l'intérieur des cellules épidermiques possèdent une pression osmotique bien déterminée, due aux substances qu'ils tiennent en solution. Vient-on à plonger un lambeau épidermique dans une solution saline ou sucrée concentrée, à tension osmotique très élevée, il s'établit aussitôt un courant d'eau de la cellule vers l'extérieur; la cellule perd son eau d'imbibition, elle se ratatine, et le phénomène ne s'arrête que lorsque la pression osmotique dans le liquide intra-cellulaire est devenue égale à celle de la solution qui la baigne. C'est ce qui a lieu quand les deux liquides ont une même concentration moléculaire. Placée au contraire dans l'eau distillée, où la tension osmotique est nulle, la cellule plasmolysée gonfle, parce qu'il s'établit immédiatement un courant entraînant l'eau de l'extérieur vers l'intérieur, et, comme ici encore le phénomène ne s'arrête que lorsque l'équilibre est établi, la cellule devrait tendre vers un volume infiniment grand. Seulement elle est heureusement bornée dans son expansion par la logette de cellulose qui l'emprisonne, car, si nul obstacle ne l'arrêtait, elle éclaterait infailliblement sous la poussée interne qui la distend.

H. DE VRIES ayant déterminé, pour différents sels, la concentration minima de leurs solutions aqueuses qui provoque encore un début de plasmolyse des cellules de *Tradescantia discolor*, trouva que, pour des sels de même constitution chimique, tels que, KNO_3, KBr, KCl, NaCl, NaI, etc., cette concentration correspond d'un sel à l'autre à une même teneur en molécules. D'autre part, du fait qu'à cette concentration correspondait la limite inférieure du pouvoir plasmolysant de ces sels, il était en droit de conclure que, pour cette teneur en molécules, les solutions des sels précédents possédaient une pression osmotique approximativement égale (très légèrement supérieure) à celle du liquide contenu dans les vacuoles de la cellule. Pour ce motif DE VRIES appela ces solutions des solutions *isotoniques* entre elles et avec le liquide cellulaire. D'autres sels, tels que l'oxalate, le sulfate de potassium, le phosphate bipotassique, se montraient également isotoniques entre eux pour des concentrations moléculaires égales, mais la tension d'une solution de l'un d'eux, comparée à celle d'une solution équi-moléculaire d'un sel de la première série, était plus élevée dans le rapport de 4 à 3.

Ayant déterminé la valeur osmotique de la molécule d'un grand nombre de substances, et ayant comparé les résultats entre eux, DE VRIES reconnut que les corps chimiques examinés se réunissaient en groupe de *même pouvoir osmotique moléculaire*, et que, d'un groupe à l'autre, les valeurs moyennes se trouvaient dans des rapports simples. Ce pouvoir osmotique moléculaire, qu'il appela *coefficient isotonique*, étant fait égal à 2 pour le sucre de raisin, celui des sels alcalins des acides monobasiques était 3, celui des sels alcalins des acides bibasiques, 4, etc.

Quand HAMBURGER voulut étudier au même point de vue l'action des solutions salines sur les globules rouges du sang, il dut naturellement renoncer au phénomène-limite qui avait servi à DE VRIES, la rétraction cellulaire amenant le décollement entre protoplasme pariétal et cloison cellulosique. Les globules rouges étant des cellules nues, dépourvues de toute coque rigide, un pareil phénomène ne peut se produire. Quand un globule est plongé dans une solution de pouvoir osmotique supérieur au sien propre (solution hypertonique), il se ratatine, en expulsant une partie de son eau d'imbibition. Il prend alors l'aspect de boule épineuse, familier aux cliniciens qui le rencontrent dans les urines sanglantes un peu concentrées. Est-il placé au contraire dans une solution à tension osmotique plus faible que la sienne (solution hypotonique), le courant d'eau s'établira de l'extérieur vers l'intérieur, et le globule gonflera. Il le fera librement, puisque aucune membrane ne l'enserre, et la dilatation ne s'arrêtera que lorsque l'équilibre sera atteint. Mais l'élasticité de la couche protoplasmique pariétale est limitée. On comprend dès lors que, si la tension extérieure est très faible ou nulle (eau distillée), le gonflement globulaire deviendra tel à un moment donné, qu'il y aura éclatement total ou partiel de la paroi globulaire, et le contenu coloré de l'hématie passera dans le liquide ambiant. C'est ce phénomène qui servit à HAMBURGER de réaction-limite.

Il ajouta de petites quantités du sang de divers animaux à des solutions différemment concentrées de nombreux sels, tels que le nitrate, l'iodure, le bromure, l'acétate, l'oxalate de potassium, le chlorure, le bromure, l'iodure de sodium, le chlorure, les sulfates de magnésium anhydre et hydraté, les chlorures de calcium, de baryum et aussi le sucre de canne. Et il détermina pour chacune de ces substances quelle était la concentration correspondant à un début d'hémolyse. (Voir **Isotonie**.)

Hamburger s'adressait à des cellules d'origine et de signification complètement différentes de celles qu'avait observées de Vries, il prenait comme réaction limite un phénomène en apparence absolument distinct, et pourtant les résultats auxquels il aboutit furent la reproduction fidèle de ceux de son prédécesseur. A part quelques différences de détail, la concordance était mathématique. Ici encore les substances examinées se montrèrent actives, non en raison de leurs propriétés chimiques, mais en raison de leur concentration moléculaire. Des solutions équimoléculaires de NaCl NaI, NaBr, KNO_3, etc., agissaient identiquement de même sur les globules. Ici encore se retrouvaient les différences du coefficient isotonique d'un groupe de substances chimiques à l'autre, et les valeurs trouvées pour ce coefficient étaient celles de de Vries.

Hamburger confirmait ainsi d'une façon éclatante en physiologie animale les résultats acquis en botanique, et montrait la grande portée des phénomènes osmotiques en biologie.

Ayant déterminé, pour le sang de mammifère, la valeur osmotique d'une solution de nitrate de potassium immédiatement supérieure à celle qui détermine un début de globulolyse, Hamburger fit les mêmes mesures pour les globules de sang de poule, de grenouille et de tanche. Soit 1 la valeur osmotique de la solution correspondant au sang de mammifère ; pour les oiseaux, elle sera 0.741 ; pour la tanche, 0.669 ; pour la grenouille, 0.302.

Cependant ces chiffres n'expriment pas la tension osmotique vraie de l'intérieur du globule, elles donnent la valeur de la tension limite que le globule est capable de supporter sans perdre son hémoglobine.

Résistance globulaire. — Ils mesurent plutôt ce que l'on est convenu d'appeler la résistance des globules. Dans les recherches de Hamburger, c'est la limite supérieure de résistance des globules qui est déterminée, c'est-à-dire la solution où les globules les moins résistants commencent à perdre leur hémoglobine. Or, dans un échantillon de sang donné, il existe au point de vue de la résistance vis-à-vis des solutions hypotoniques des différences assez considérables d'un globule à l'autre. Lorsque, grâce à une dilution suffisante, on a atteint le point où les premiers globules commencent à se détruire, il faut diluer encore considérablement le liquide avant d'arriver au laquage de toutes les hématies. Dans les anciennes mesures de la résistance des hématies, c'était plutôt le terme inférieur que l'on tâchait de connaître, c'est-à-dire la concentration de solution correspondant à la destruction de toutes les hématies. C'est ce terme que Mosso avait déterminé par un procédé complètement analogue à celui de Hamburger (procédé qui n'avait rien à voir avec une étude des propriétés osmotiques des globules).

Mosso préparait des solutions de chlorure sodique dont le titre allait de 0.76 p. 100 à 0.40 p. 100 (soit 0.76, 0.74, 0.72, 0.70...)

Il en introduisait 20 centimètres cubes dans une série de tubes, et y laissait tomber 20 millimètres cubes de sang. Puis il voyait quelle était la solution dans laquelle tous les globules se dissolvent, le liquide devenant immédiatement transparent, tandis que, dans la solution de concentration immédiatement supérieure, le liquide reste trouble. Cette limite inférieure variait dans des expériences sur l'homme de 0.46 p. 100 à 0.54 p. 100 ; pour le chien de 0.42 p. 100, à 0.75 p. 100 ; pour les lapins de 0.50 p. 100 à 0.52 p. 100. Plus tard, Gallerani, élève de Mosso, fit une étude plus complète de la résistance globulaire, dont il détermina les deux limites, s'attachant de plus à l'observation des états intermédiaires par la comparaison des teintes des différents tubes au moyen de la méthode colorimétrique. Lapicque et Vast ont repris cette méthode : ils ont fait le dosage colorimétrique des quantités d'hémoglobine diffusée dans les différents tubes, depuis le début d'altération jusqu'à la destruction totale, et ils ont dressé la courbe de résistance des globules rouges. Lesage, un élève de Lapicque, a publié des courbes très régulières de ce phénomène. Il a montré qu'il n'existait de différence ni dans la forme ni dans les limites de la courbe entre les globules du sang artériel et du sang veineux, mais que l'âge de l'animal avait de l'importance. La limite supérieure de destruction des globules d'un chien adulte et d'un jeune chien était la même, mais il n'en était pas ainsi de la limite inférieure, beaucoup plus basse chez le jeune animal, ce qui donne à la courbe hématologique de ce dernier un trajet beaucoup plus penché. Cet abaissement de la limite inférieure de la couche hématologique avait déjà été constaté par ZANIER, élève de Mosso, chez des fœtus de la vache.

On a également tenté de dresser la courbe hémolytique en comptant le nombre de globules résistant aux diverses concentrations salines (VAQUEZ). Longtemps avant ces essais, MALASSEZ (1872) avait déjà vu la résistance moindre des globules de sujets malades, vis-à-vis d'une solution saline de concentration déterminée, que de ceux des individus sains : par des numérations successives des globules, il avait tâché de dresser une courbe, représentant la *rapidité* de la destruction des globules dans un liquide salin de concentration constante.

BOTTAZZI et DUCESCHI ont déterminé chez différents vertébrés concurremment la résistance globulaire maxima et minima et le point de congélation de leur sérum. Voici leurs résultats :

	RÉSISTANCE GLOBULAIRE		POINT DE CONGÉLATION du sérum.
	SOLUTION DE NaCl maxima.	SOLUTION DE NaCl minima.	
Anguilla vulgaris . . .	0.40 — 0.44 p. 100	0.54 — 0.56 p. 100	
Molge cristata	0.16 — 0.18 p. 100	0.34 — 0.36 p. 100	
Rana esculenta	0.12 — 0.14 p. 100	0.36 p. 100	0.563°
Bufo viridis	0.14 — 0.16 p. 100	0.36 p. 100	0.761°
Emys europæa	0.12 — 0.16 p. 100	0.28 — 0.30 p. 100	0.463° — 0.485°
Gallus bankiva	0.28 — 0.36 p. 100	0.42 — 0.46 p. 100	0.623° — 0.633°
Canis familiaris . . .	0.36 — 0.40 p. 100	0.54 — 0.56 p. 100	0.576° — 0.617°

Valeur osmotique du sang. — Il fallait donc, pour évaluer la tension osmotique normale du globule, recourir à un autre procédé. HAMBURGER s'adressa d'abord à l'examen microscopique, qui décèle les variations d'aspect des globules dans les solutions hyper ou hypotoniques. Mais la méthode était peu rigoureuse : les résultats manquaient de netteté.

En même temps, il proposa le moyen indirect consistant à déterminer la quantité d'eau qu'il fallait ajouter à du sérum, pour que celui-ci provoquât un commencement de globulolyse. Pour le sérum de grenouille, il fallait l'addition de 2,5 volumes d'eau à un volume de sérum. Or, la solution de NaCl dans laquelle les globules rouges de grenouille commencent à perdre leur hémoglobine étant de 0,21 %, on était en droit de dire que le sérum de grenouille avait une tension équivalente à celle d'une solution de chlorure sodique de $\frac{0{,}21 \times 35}{10} = 0{,}73$ 0/0. L'examen microscopique lui assignait le titre 0,64 0/0. Par le même procédé, HAMBURGER arrivait, pour le sérum de bœuf, à une valeur osmotique correspondant à celle d'une solution de chlorure sodique de 1,12 0/0. Il est inutile de dire que cette mesure de la valeur osmotique du *sérum* du sang donnait également celle des *globules*, les deux étant supposées égales.

En 1890, la même méthode lui fournissait pour le sérum de cheval une valeur correspondant à celle d'une solution de sucre de canne de 0.71 0/0, ce qui équivaut en NaCl à 0.82 0/0. Ce résultat, assez différent du précédent, n'était pas définitif. Toujours par le même procédé, le même auteur arrivait, en 1893, à une valeur de 0.92 0/0 de NaCl pour la pression osmotique du sérum de bœuf. Il existe d'ailleurs des variations assez considérables de celle-ci à l'état normal.

Ce procédé de HAMBURGER était passible de diverses critiques. Il n'était d'abord pas certain que le globule gardât les mêmes propriétés diosmotiques à toutes les concentrations. Le fait que des solutions très concentrées de chlorure sodique (au delà de 10 p. 100) opèrent la dissolution, semble même indiquer le contraire. D'autre part, la dilution du sérum pouvait avoir, sur la tension osmotique de ce dernier, une autre action que la même dilution sur une solution de chlorure sodique à 0.9 p.100. Et de fait l'expérience a montré depuis que la perte du pouvoir osmotique subie par la solution saline après dilution est plus forte que celle du sérum. Aussi Hamburger contrôlait-il par deux autres méthodes les chiffres que lui avait fournis son procédé.

Il répéta d'abord les déterminations, faites en premier lieu par Dreser, du point de congélation du sérum sanguin, d'où l'on tire par le calcul la valeur de sa pression osmotique. La concordance entre les résultats des deux méthodes fut complète. Ensuite il se servit également d'un procédé, proposé par Blix et Hedin en vue d'autres recherches.

Hedin avait employé en 1891 la force centrifuge comme moyen de détermination du volume total des globules rouges d'un sang donné. Il mélangeait le sang à examiner avec un égal volume de liquide de Müller, introduisait le mélange dans des pipettes calibrées, formées d'un tube de verre à paroi épaisse, à lumière étroite, ouvert aux deux bouts. Après introduction du sang par aspiration, les pipettes étaient bouchées au moyen de plaques de caoutchouc et soumises à l'action de la force centrifuge, jusqu'à ce que le volume occupé par les globules fût devenu invariable. Dans ces conditions, le sang à l'état normal donne un volume globulaire sensiblement constant d'un échantillon à l'autre. La même méthode, appliquée à du sang d'origine pathologique, devait servir, dans l'idée de son inventeur, à la détermination des volumes relatifs de la masse globulaire dans les différents états morbides.

A ce moment, Hedin n'avait eu en aucune manière l'idée d'employer sa méthode à la mesure des pressions osmotiques. Ce fut Hamburger qui lui donna cette destination. Ayant été conduit par ses études antérieures à observer les changements considérables de volume que subissent les globules rouges sous l'influence de solutions salines de concentrations diverses, il eut l'idée, au lieu de mesurer individuellement les globules, de déterminer les variations de leur masse totale dans ces diverses solutions. Pour cela, il reprit la méthode de Hedin, celle de l'*hématocrite*. Ayant ainsi soumis à la force centrifuge des mélanges de globules dans diverses solutions salines ou sucrées, il constata que, pour des liqueurs isotoniques de natures chimiques diverses, le volume globulaire est constant, et que d'autre part, pour une même substance, le volume globulaire est en raison inverse de la concentration de la solution. Cette nouvelle confirmation était d'autant plus intéressante qu'elle gardait intacts les globules sur lesquels on opérait.

Ce fut la même méthode dont se servit exclusivement Hedin, quand il reprit en 1894 ses études sur les volumes globulaires, en se plaçant cette fois au point de vue de la tension osmotique. Ses recherches confirmèrent complètement les résultats de Hamburger et les complétèrent. Hedin fut le premier qui attira l'attention sur la nature des coefficients isotoniques de de Vries et de Hamburger.

S'inspirant de la théorie d'Arrhenius, il démontra que ces différentes valeurs de la tension osmotique moléculaire étaient dues à la dissociation partielle des molécules en *ions*, dissociation très forte pour les sels alcalins et alcalino-terreux aux concentrations employées. Or comme il a été dit, suivant que le nombre d'atomes contenus dans une molécule est plus ou moins grand, cette dissociation augmentera la tension osmotique dans une proportion plus ou moins forte, et c'est ce qui explique que de Vries et Hamburger, en groupant les sels étudiés suivant leur coefficient isotonique, étaient arrivés à les grouper non d'après leurs propriétés chimiques, mais d'après la valence du métal ou de l'acide.

En étudiant à ce point de vue les coefficients isotoniques trouvés par ses devanciers et ses résultats propres, Hedin put déterminer, par une méthode physiologique, la valeur du coefficient de dissociation pour différents sels, et les chiffres trouvés concordaient en tous points avec ceux établis par différents physiciens, qui les avaient tirés de recherches sur la conductibilité électrique.

Koeppe arrivait d'une façon complètement indépendante aux mêmes conclusions en 1895, par la méthode de l'hématocrite.

D'autres auteurs encore, en s'occupant des mêmes questions ou de sujets attenants, purent confirmer ces faits, et, depuis, aucune voix discordante ne s'est élevée. On peut donc considérer comme un fait acquis que l'action conservatrice ou destructive des solutions salines citées précédemment dépend de leurs propriétés osmotiques, et que a globulolyse qu'elles provoquent, quand elles sont trop diluées, est un phénomène d'ordre exclusivement physique.

Substances pénétrantes et substances non pénétrantes. — Or, à côté de ces substances qui ne deviennent nocives pour les globules rouges que grâce à une concentration trop faible, les physiologistes en connaissaient depuis longtemps d'autres, telles que l'urée, la glycérine, l'éther, le chloroforme, certains sels ammoniacaux, etc., qui détruisent les globules en toutes concentrations, en vertu d'une action qu'on appelait vénéneuse, faute de l'expliquer. Il était du plus haut intérêt de reprendre leur étude à la lumière des travaux précités et de tâcher d'élucider l'essence de cette toxicité. C'est ce qu'entreprit Gryns.

Quelques auteurs avaient déjà constaté que l'action de plusieurs de ces substances vénéneuses pour les globules rouges était empêchée par la présence simultanée des sels non nocifs. C'est ainsi que Hamburger avait trouvé que des quantités suffisantes de nitrate potassique empêchaient l'action dissolvante du chlorure ammonique. Mais aucune explication n'avait été donnée de ce phénomène. Gryns montra d'abord que l'urée provoque la globulolyse en toute concentration. Si à une solution d'urée on ajoute du chlorure sodique en quantité suffisante pour que ce sel possède une tension osmotique égale à celle du sérum, la solution perd toute action nocive sur les globules. Le sel marin n'y agit pas du tout comme antidote spécifique, il peut être remplacé par des quantités *équivalentes au point de vue osmotique* de sucre de canne ou d'un autre sel de potassium ou de sodium. Si, d'autre part, on fait deux séries de dilutions successives d'une solution isotonique de chlorure sodique, en employant dans la première série de l'eau distillée, dans la seconde une solution d'urée, et qu'on ajoute des globules rouges à ces diverses liqueurs, la limite de la globulolyse est exactement la même dans les deux séries. On arrive ainsi à la conclusion que les solutions d'urée agissent sur les globules rouges à la façon de l'eau distillée pure : elles ne sont donc pas un vrai poison protoplasmique. Au point de vue osmotique, on peut concevoir très aisément le phénomène, en admettant que l'enveloppe des globules rouges est perméable à l'urée comme à l'eau. S'il est vrai que les molécules d'urée traversent l'enveloppe du globule aussi rapidement que l'eau, la solution d'urée pure pourra posséder n'importe quelle tension osmotique, celle-ci n'existera pas pour le globule qui s'y comportera comme dans l'eau distillée. La preuve directe de la pénétration de l'urée à l'intérieur des globules n'était pas difficile à faire. Des globules furent mis en suspension dans une solution isotonique de chlorure sodique contenant 10 p. 100 d'urée et soumis à la centrifugation. Un dosage d'urée dans le liquide surnageant et dans le dépôt globulaire indiqua la même teneur, ce qui ne se comprend qu'en admettant une répartition égale de l'urée entre le liquide surnageant et les globules. L'auteur put constater de même une pénétration du chlorure ammonique dans les globules.

En employant la même méthode, c'est-à-dire en faisant agir sur les globules les solutions des diverses substances étudiées dans l'eau pure et dans une solution isotonique de chlorure sodique, Gryns admit (sans plus faire d'analyse directe du liquide et des globules) que toute substance qui dissout les globules en solution aqueuse et qui est inactive en solution chlorurée, est une substance pénétrante. Au contraire, si la solution aqueuse en concentration isotonique ne provoque pas de globulolyse ou ne la provoque que tardivement et que le chlorure sodique ne l'influence pas, la substance n'est pas pénétrante.

Parmi les résultats les plus intéressants de cette recherche, il faut citer les suivants :

Ayant constaté que la plupart des sels d'ammonium, tels que le chlorure, le bromure, etc., pénètrent les globules, tandis que les sels de potassium ou de sodium des mêmes acides n'entrent pas, Gryns cherche l'explication de ce fait dans l'hypothèse suivante. En solution aqueuse diluée, tous ces sels sont dissociés en leurs ions. Il faut donc, pour que l'un d'eux traverse la paroi globulaire, que celle-ci soit perméable non à sa molécule complète, mais à ses deux ions envisagés isolément. Si deux ions ne pénètrent ni l'un ni l'autre, il n'y aura évidemment pas pénétration de la molécule à laquelle ils appartiennent. Si l'un des deux passe à l'exclusion de l'autre, il y aura en réalité pénétration de quelques ions dans les globules, mais, en raison de la charge électrique considérable des ions qui ont pénétré, la solution prend une charge électrique de nom contraire, assez forte pour arrêter toute pénétration ultérieure à un moment où la quantité des ions passés est encore de beaucoup trop faible pour pouvoir être mesurée par pesée. Si donc un ion pénétrant est accouplé dans une molécule à un ion qui ne franchit pas la paroi globulaire, l'action nocive du premier sera empêchée par le second. D'après GRYNS, parmi les ions électro-positifs, H_4N+ est pénétrant à l'encontre de $K+$, $Na+$; parmi les électro-négatifs $Cl-$, $Br-$, $I-$, etc., sont pénétrants, tandis que SO_4-, NO_3-, ne le sont pas. Cette explication n'est que l'application biologique d'une hypothèse formulée par OSTWALD au sujet de la membrane semi-perméable de ferrocyanure de cuivre. Celle-ci laisse passer le chlorure de potassium, mais retient le chlorure de baryum et le sulfate de potassium, ce qu'OSTWALD explique en déclarant la membrane perméable aux ions $K+$, $Cl-$, imperméable aux ions $Ba+$, SO_4-. GRYNS n'envisage que les ions et ne se préoccupe pas des molécules neutres non dissociées qui coexistent en petit nombre à leurs côtés dans les solutions.

En ce qui concerne les solutions très diluées des sels alcalins, où la dissociation en ions est pour ainsi dire complète, il est clair que les propriétés pénétrantes et non pénétrantes d'un sel doivent être moins fonction de sa molécule que de ses ions.

Il en est tout autrement quand la solution est concentrée ou quand le sel est peu dissocié (savons, sels des bases organiques faibles). De même qu'au point de vue de leur passage au travers d'une paroi, les deux ions d'un sel peuvent avoir des qualités opposées, de même la molécule neutre, non dissociée, pourra se comporter autrement que ses ions. On n'a pas suffisamment tenu compte de cette intervention des molécules non dissociées dans l'étude des propriétés diosmotiques des solutions salines. Il est probable que, dans la plupart des cas (sels fortement ionisés), elle est négligeable; d'abord, parce que ces molécules sont en petit nombre dans les solutions, mais surtout parce qu'elles sont non pénétrantes en très grande majorité. Mais il serait imprudent d'ériger cette dernière affirmation en règle absolue.

Au point de vue théorique, la perméabilité d'une paroi aux molécules salines non dissociées coïncidant avec une imperméabilité absolue à un ion ou aux deux ions aurait sensiblement les mêmes conséquences que la perméabilité aux deux ions; les molécules neutres passeraient jusqu'à ce que l'équilibre de concentration fût établi des deux côtés de la paroi, c'est-à-dire jusqu'à ce que, des deux côtés de la paroi, il y eût une égale concentration des molécules neutres. Si une partie des molécules neutres, après être arrivées dans le milieu intra-cellulaire, s'y dissocient, l'entrée des molécules neutres ne s'arrêtera que lorsque, l'équilibre s'étant établi à l'intérieur entre ions et molécules neutres, celles-ci auront des deux côtés de la membrane une concentration égale. Si le sel est moins dissocié dans le milieu intérieur que dans le milieu extérieur, la teneur globale en substance saline sera moindre dans le premier des deux milieux.

En ce qui concerne les substances non dissociées, les alcools mono- et triatomiques (glycérine) traversent facilement la paroi globulaire. l'érythrite (alcool tétratomique) y réussit encore, mais lentement, et la mannite (alcool hexatomique) ne le fait plus du tout. Les globules sont perméables aux éthers, aux acides gras et à leurs amides, non aux acides aminés ni aux sucres.

Ces résultats sont extrêmement intéressants à nombre de points de vue. Tout d'abord, ils ramènent à une pure question de physique l'action vénéneuse d'un grand nombre des anciens poisons des globules rouges, et sous ce rapport ils ouvrent la voie à des recherches similaires en toxicologie où les conceptions générales ont eu jusqu'à ces dernières années leur source principale dans des considérations tirées de la structure chimique des molécules vénéneuses.

Comme il a été dit, GRYNS avait été amené, dans ses essais sur les sels alcalins, à faire intervenir la dissociation électrolytique pour expliquer les propriétés différentes des divers sels d'ammonium. D'après lui, les sels d'ammonium pénétrants doivent être considérés comme formés de deux ions pénétrants, les non-pénétrants sont les sels d'ammonium des acides dont l'ion électro-négatif ne pénètre pas. Une hypothèse semblable avait déjà été mise en avant par KOEPPE pour expliquer la sécrétion de l'acide chlorhydrique de l'estomac. Le même auteur étudia au même point de vue quelques particularités intéressantes de l'action des sels alcalins sur les globules rouges.

De ses précédentes recherches au moyen de l'hématocrite, KOEPPE avait tiré pour le coefficient de dissociation du chlorure sodique en concentration isotonique, une valeur $i = 1,6$, alors que les recherches de RAOULT et d'ARRHENIUS lui assignent la valeur $= 1,9$. Pour le carbonate de soude, l'hématocrite avait donné $i = 2,68$, tandis que les mêmes physiciens fixent $i = 2,18$. La méthode physiologique donnait donc une valeur trop faible, dans le premier cas, trop forte dans le second.

Une expérience de GÜRBER, qu'il répéta en la variant quelque peu, lui fournit l'explication du désaccord. Quand on lave les globules rouges avec une solution isotonique de sucre, jusqu'à les débarrasser des dernières traces du sérum qui les mouillait, qu'on sature la bouillie corpusculaire d'anhydride carbonique, puis qu'on la met en suspension dans une solution isotonique de chlorure sodique, celle-ci devient alcaline et perd une certaine quantité de son chlore. Le même résultat s'obtient si l'on emploie du KCl, tandis que le résultat est négatif avec du sulfate de soude ou de potasse (positif d'après HAMBURGER). Des globules artérialisés par l'agitation à l'air n'influencent nullement l'alcalinité de la solution. GÜRBER avait déjà prouvé par des dosages directs que l'alcalinisation n'est pas due à une sortie d'alcali hors des globules, comme l'avait cru ZUNTZ. Elle s'opère sans qu'il y ait sortie d'un atome métallique du globule.

KOEPPE explique le fait par des passages d'ions en quantité équivalente à travers la paroi globulaire.

Prenons le cas des globules veineux dans une solution de chlorure de potassium. Il s'établit immédiatement entre les hématies et le liquide extérieur un échange d'eau qui a pour effet de réaliser pour ainsi dire instantanément l'égalité de la pression osmotique dans les globules et autour d'eux. Or, dans le liquide extérieur, cette pression est uniquement fonction de KCl; à l'intérieur, elle dépend de KCl, de K_2CO_3 et d'autres substances dissoutes dans le suc cellulaire, la somme de ces tensions partielles étant égale à la pression du chlorure potassique extra-globulaire. Il y a donc, hors du globule, une tension partielle de $Cl-$ beaucoup plus forte que dans le globule, où par contre la tension de CO_3- est considérable, alors qu'elle est nulle au dehors. Il en résulte chez les ions extérieurs Cl — une tendance à entrer, chez les ions intérieurs CO_3 — une tendance à sortir. Si cette tendance n'existait que d'un côté de la paroi des hématies (à l'intérieur ou à l'extérieur seulement), elle resterait à l'état de pure tendance, parce que la paroi des globules est imperméable à l'ion $K+$. Il a été dit plus haut que, lorsque, des deux ions d'une molécule dissociée, un seul peut passer, il en est empêché par l'autre, dont la charge électrique le retient. Mais dans le cas présent, l'obstacle est levé, puisque, au fur et à mesure que des ions Cl pénètrent dans le globule, ils sont remplacés dans le liquide ambiant par des ions CO_3 qui ont une charge électrique de même nom. Une partie du KCl extérieur sera donc bientôt remplacée par du K_2CO_3, ce qui déterminera l'alcalinité du liquide.

Si, au lieu de KCl, il y avait du K_2SO_4 dans le liquide extérieur, l'échange ne pourrait avoir lieu puisque l'ion SO_4 ne traverse pas la paroi globulaire.

Cette façon d'envisager les choses est extrêmement intéressante, et il semble que l'explication rend compte de toutes les données de l'expérience.

D'autre part, si CO_3- est équivalent au point de vue de sa charge électrique à $2Cl-$, il n'en est pas de même au point de vue de la pression osmotique, où $1CO_3$ et $1Cl$ sont équivalents. C'est ce qui explique, d'après KOEPPE, que les valeurs trouvées pour l'équivalent osmotique ou le coefficient de dissociation de NaCl, KCl sont trop faibles; trop fortes au contraire pour Na_2CO_3, K_2CO_3; absolument exactes pour Na_2SO_4, K_2SO_4.

Comme on le voit, KOEPPE admet une imperméabilité absolue de la paroi globulaire vis-à-vis des ions des métaux alcalins K et Na, et restreint aux ions électro-négatifs les échanges opérés entre globules et milieu extérieur.

L'absorption du chlore du sérum par les globules sous l'influence de CO_2 avait déjà été démontrée par HAMBURGER, mais cet auteur, ne tenant pas compte des phénomènes de dissociation, avait admis un échange de molécules du sérum au globule, échange qu'il supposait équivalent au point de vue osmotique. Depuis HAMBURGER a abandonné cette ancienne opinion et s'est rallié à l'hypothèse de KOEPPE. Il admet, lui aussi, que la paroi des globules rouges est imperméable aux ions métalliques, perméable aux ions électro-négatifs. Mais, pour HAMBURGER, parmi les ions électro-négatifs perméants, il faut ranger à côté de Cl, les ions NO_3 et SO_4 auxquels KOEPPE dénie le pouvoir de traverser la paroi globulaire.

Cette question si intéressante de la pénétration soit d'ions soit des molécules dans les globules, fut traitée d'une façon approfondie dans un mémoire très important de HEDIN.

La méthode employée par cet auteur repose sur le principe suivant.

Prenons un volume de sang S et le même volume P du plasma de ce sang; à l'un et l'autre ajoutons la même quantité de la substance dont il s'agit de déterminer le pouvoir pénétrant dans les globules. Déterminons actuellement la valeur de la pression osmotique, ou, ce qui revient au même, l'abaissement du point de congélation après centrifugation dans le plasma de S, et dans P. Soit a le chiffre correspondant à S, soit b celui qui correspond à P. Trois cas peuvent se présenter : $a > b$ ou $\frac{a}{b} > 1$, ce qui indiquera que la substance ajoutée au sang est restée en grande partie ou en totalité dans le plasma ; $a = b$ ou $\frac{a}{b} = 1$, signifiant que le partage dans le sang s'est fait uniformément entre globule et plasma ; $a < b$ ou $\frac{a}{b} < 1$, quand la substance dissoute se concentre à l'intérieur des globules.

En réalité, la méthode est un peu plus compliquée. La dissolution de la substance dans le sang doit se faire moyennant certaines précautions en vue d'éviter la détérioration des globules; quand la substance étudiée est globulicide, il faut neutraliser son action par l'adjonction de corps neutralisant l'effet nocif. Il faut encore tenir compte de l'action dilatante ou rétrécissante de la substance sur les globules. et aussi de la quantité absolue de ceux-ci dans le sang normal.

D'autre part, en raison des hypothèses faites par différents auteurs sur des échanges possibles, soit de molécules, soit d'ions entre les globules et le liquide qui les baigne, il fallait s'assurer si, dans le cours des expériences, pareils échanges ne s'effectuaient pas. Pour ce faire, HEDIN opéra, dans un grand nombre de cas, le dosage de la substance dans le plasma du sang examiné. Connaissant ainsi la quantité absolue du corps en expérience dans le plasma, il pouvait calculer l'abaissement du point de congélation y correspondant et voir si cette valeur était celle que lui fournissait la détermination directe.

Ayant appliqué la méthode aux sucres (saccharose, glycose, lactose, galactose, arabinose) il trouva pour $\frac{a}{b}$ des valeurs moyennes allant de 1.40 à 1.53. Or, dans les conditions de l'expérience, $\frac{a}{b}$ devenait égal à 1.53, pour une substance hypothétique qui serait restée confinée exclusivement dans le plasma. D'où la conclusion que les sucres se comportaient en réalité de la même manière et qu'il fallait concevoir la paroi globulaire comme absolument imperméable pour eux. Il en était de même pour la mannite (alcool hexatomique) et l'adonite (alcool pentatomique).

L'érythrite donne pour $\frac{a}{b}$ une valeur de 1.49, quand on opère les déterminations immédiatement après le mélange de 1.20, quand elles sont faites après 24 heures. Pour la glycérine, la valeur de $\frac{a}{b}$ descend rapidement de 1.38 à 1.11, en même temps que le volume des globules rouges, qui s'étaient primitivement rétractés, revient à son volume primitif. Quand $\frac{a}{b} = 1.11$, le volume des globules rouges est le même que s'il n'y avait pas de glycérine dans le sang, malgré le léger excès dans le plasma. Le glycol (alcool biatomique) donne immédiatement à a la valeur de 1,13, et les globules se comportent comme si, au lieu d'une solution de glycol, on avait ajouté de l'eau.

Pour l'alcool méthylique $\frac{a}{b} = 1$; pour l'alcool éthylique, 0.97. Les autres termes de la série présentent des valeurs approchantes, ce qui indique un partage presque égal entre plasma et globule avec un léger excès dans ces derniers. La valeur de $\frac{a}{b}$ diminue encore pour les aldéhydes des acides gras, pour les cétones, les éthers simples et composés. Pour le chloral, elle est 0.90; pour l'éther sulfurique, elle atteint un minimum de 0.54. Ici nous nous trouvons dans les conditions inverses de celles que présentaient les sucres : ces substances se trouvent en grand excès dans les globules.

Pour l'urée $\frac{a}{b} = 1.06$, pour l'uréthane, 1.03; pour l'antipyrine, 1.03; pour l'acétamide 1.1, ce qui indique un partage presque égal entre plasma et globules, comme l'avaient déjà montré les recherches de GRYNS et de SCHÖNDORFF. Les acides amidés, tels que le glycocolle, l'alanine, l'asparagine, donnent pour $\frac{a}{b}$ les valeurs moyennes 1.40 pour les premiers, 1.30 pour la dernière.

Il en est de même pour les sels de potassium et de sodium, pour lesquels la valeur moyenne de $\frac{a}{b}$ est 1.40. Les sels examinés sont le nitrate et le chlorure des deux métaux. Étant donné que le chiffre indiquant une imperméabilité absolue est 1.53, atteint par les sucres, il y a lieu d'admettre que les sels alcalins, tout en étant localisés presque exclusivement dans le plasma, pénètrent cependant partiellement dans les globules. Il est bon de remarquer ici que, pour ces sels, HEDIN n'a pas pu constater le moindre échange d'ions électro-négatifs, ce qui indiquera, en se conformant aux idées de KOEPPE, que le sang employé était artériel. D'autre part, il est regrettable que HEDIN n'ait pas appliqué sa méthode aux carbonates. Les sels d'ammonium se sont comportés dans des expériences de HEDIN comme le faisaient prévoir les recherches de GRYNS. Tandis que pour le chlorure et le bromure $\frac{a}{b}$ se rapproche de l'unité, pour le sulfate, la valeur moyenne trouvée est 1.31.

Dans un travail complémentaire, HEDIN étudie par la même méthode d'autres sels d'ammonium, et il arrive à la constatation que le phosphate, le tartrate, le succinate se comportent en toute manière comme le sulfate. En ce qui concerne ce dernier, il établit des différences d'action correspondant à des concentrations différentes.

A des dilutions très fortes (0.05 gr-mol. par litre) le rapport $\frac{a}{b}$ devient pour Am_2SO_4 égal à 0.99, c'est-à-dire qu'à cette concentration le sulfate se comporte comme le chlorure, pour tendre vers des valeurs supérieures avec l'augmentation de la concentration.

A côté du chlorure et du bromure se rangent le nitrate, le sulfocyanate, l'oxalate, le ferrocyanure, le ferricyanure, le lactate, l'éthylsulfate. Pour ces quatre derniers sels, la valeur $\frac{a}{b}$ diminue également, mais faiblement, avec la concentration, tandis que, pour les premiers, dans les limites des observations, la valeur de $\frac{a}{b}$ semble indépendante de de la teneur de la solution.

Les sels de triméthylamine et d'éthylamine se comportent comme ceux d'ammoniaque. Le chlorure est pénétrant en toute concentration, le sulfate pénétrant dans des solutions très diluées, de moins en moins pénétrant avec l'augmentation de la concentration.

Les résultats de HEDIN sur l'influence de la concentration des sels ammoniques ont une apparence paradoxale. D'après ce qui précède, la façon différente dont se comportent le chlorure et le sulfate est due aux qualités différentes des ions Cl et SO_4. C'est parce que le premier est perméant, à l'inverse du second, que le chlorure ammonique pénètre dans les hématies, qui sont fermées au sulfate. Mais, si les qualités osmotiques des deux sels sont fonction de leur ion électro-négatif, ces qualités devraient être d'autant plus distinctes que l'ionisation des sels est plus complète, c'est-à-dire au maximum dans les solutions diluées. C'est précisément l'inverse que constate HEDIN. Ce résultat inattendu est dû, selon moi, à une erreur de technique. Pour étudier l'action du sulfate ammonique sur les globules rouges, HEDIN dissout ce sel dans la solution isotonique de chlorure sodique, et il mélange ce liquide au sang, c'est-à-dire à une émulsion des hématies dans le sérum, dans un liquide que l'on peut assimiler sans grande erreur, quand on ne considère que sa salinité, à une solution isotonique de chlorure sodique. En somme, le sulfate ammonique est dissous dans une solution de chlorure sodique. Cette façon d'opérer entraîne une grosse erreur : le liquide que l'on obtient dans ces conditions contient quatre ions libres et quatre sels, qui sont le chlorure et le sulfate sodiques, le chlorure et le sulfate ammoniques. S'il n'y a probablement aucun inconvénient à transformer une partie du chlorure sodique en sulfate sodique, il n'en va pas de même pour la substitution du chlorure ammonique au sulfate. Dans son action sur les globules rouges, le liquide se comportera comme un mélange de chlorure et de sulfate ammoniques, et ses propriétés se rapprocheront d'autant plus de celles du chlorure ammonique que la quantité de sulfate introduite dans le milieu est plus faible. Voilà la vraie signification de l'observation de Hedin.

Il est probable que l'expérience donnerait un résultat tout différent si les globules étaient suspendus, non dans une solution de chlorure sodique, mais dans une solution de sulfate sodique. Quand on fait des expériences de ce genre, on devrait autant que possible n'introduire dans les milieux qu'un ion à la fois, c'est-à-dire étudier l'action du chlorure ammonique sur une émulsion d'hématies dans le chlorure sodique, celle du sulfate ammonique dans un milieu de sulfate sodique, etc.

Par la mesure de la résistance électrique du liquide sanguin additionné de différents sels alcalins et alcalino-terreux, Oker-Blom est arrivé à confirmer dans leurs données essentielles les résultats de Hedin concernant la perméabilité des globules vis-à-vis de ces sels.

D'une façon générale, ces résultats confirment, tout en les complétant, les principales conclusions de Gryns.

En ce qui concerne les substances dissociées, ils mettent en évidence la part qui revient aux ions considérés isolément, dans les propriétés d'ensemble des substances. Pour les substances non dissociées, les recherches sur la série des alcools indiquent nettement l'influence du groupe hydroxyle dans les propriétés de la molécule. Mais le résultat général qui se dégage des travaux de Hedin comme de tous les précédents, c'est que dès maintenant il faut expliquer par des faits d'osmose l'influence qu'exercent toutes ces substances, si différentes cependant au point de vue chimique, sur les globules rouges. Tant pénétrantes que non pénétrantes, ces substances agissent, en solutions pures ou en mélanges, non par suite de réactions où entrent en jeu des affinités anatomiques, mais bien plutôt en raison des affinités moléculaires. L'essence intime de ces phénomènes est loin d'être connue, mais leur aspect général ressort déjà nettement de ces expériences sur les globules rouges, qui peuvent être considérées comme des modèles très simples, des espèces de schémas auxquels on comparera toujours avec fruit les conditions toujours plus complexes réalisées dans les tissus solides. A ce point de vue, les résultats acquis s'étendent bien au delà de la physiologie du sang : les faits sont d'ordre général, d'où leur grand intérêt.

Manca a cherché s'il existait au point de vue des propriétés diosmotiques des globules rouges des différences entre des globules extraits récemment de l'animal vivant et des globules vieux, conservés *in vitro* pendant des semaines et des mois (presque 4 mois) soit à l'air, soit dans une atmosphère d'oxyde de carbone. La conclusion de ses recherches, c'est l'analogie complète qui existe entre globules frais et globules vieux dans la façon de se comporter vis-à-vis des solutions salines. Il en serait de même pour les globules traités par le chloroforme.

Volume globulaire et pression osmotique. — Il a été dit précédemment que, si l'on introduit des globules rouges dans une solution saline ou sucrée isotonique avec le sérum, le volume des globules reste inaltéré. Si l'on concentre la solution, les globules se ratatinent; si, au contraire, on la dilue, ils gonflent. Si l'on admet que la paroi globulaire est imperméable aux éléments cristalloïdes du contenu globulaire, la loi qui régit le volume du globule, sera, comme l'indiquent les expériences de Pfeiffer sur les vases à membrane de ferro-cyanure de cuivre, analogue à celle de Bayle-Mariotte, et l'on dira que la pression osmotique du liquide endo-globulaire (représentée par sa concentration moléculaire) multipliée par le volume du globule est une constante. Or nous avons admis jusqu'ici que la pression osmotique du liquide endo-globulaire est égale à celle du milieu extra-globulaire. Connaissant donc la concentration moléculaire de ce dernier et le volume des globules, il nous est facile de voir si, dans les conditions de l'expérience, la loi se vérifie.

Avant de passer à l'observation, il est bon de faire remarquer que la mesure du volume globulaire se fait à l'hématocrite. En réalité cet instrument n'indique pas le volume absolu des globules, mais l'espace qu'ils occupent dans le sang. Le chiffre lu à l'hématocrite est donc trop fort de la somme des espaces existant entre les hématies tassées dans le fond du tube. Cette quantité est relativement faible, et, comme elle affecte sensiblement de la même erreur les deux membres des égalités que nous aurons à considérer, on peut en faire abstraction.

Ce fut Hamburger qui fit les premières expériences ayant pour but précis de vérifier si les changements du volume globulaire dans les solutions salées obéissent effectivement à la formule PV = constante.

Koeppe s'occupa du même sujet.

Les résultats des deux auteurs aboutissent à la même conclusion, c'est que le produit n'est pas constant. Il augmente sensiblement avec la concentration du milieu. Voici d'ailleurs les chiffres fournis par une des expériences de Koeppe, dans laquelle les liquides employés étaient des solutions de sucre de diverses concentrations.

La concentration (C) est indiquée en molécules.

C	0.125	0.15	0.175	0.2	0.225	0.25	0.275	0.3
V	79.0	70.0	61.0	56.6	54.5	51.5	50.0	46.0
C × V	9.9	10.5	10.7	11.3	12.3	12.9	13.7	13.8

Les deux auteurs ne sont pas d'accord sur l'explication qu'il faut donner de ces faits. Ils admettent tous deux que les variations du volume de la solution qui remplit les globules rouges sont réglées d'une façon absolue par la loi de Bayle-Mariotte, mais que le phénomène est influencé par un facteur étranger, que tous deux localisent dans l'enveloppe du globule. Mais cette enveloppe agirait suivant Hamburger ou Koeppe de façon très différente.

Hamburger fait remarquer que, dans le problème, tel qu'il a été posé, on suppose implicitement que le volume globulaire total est soumis à la loi de Bayle-Mariotte, alors qu'en réalité c'est seulement le volume du liquide endo-globulaire qui est régi par elle. Or, dans le calcul précédent, on a admis pour valeur de ce dernier le chiffre représentant le volume total du globule, supposition d'après laquelle l'enveloppe du globule n'aurait aucune épaisseur sensible. Sous le nom d'enveloppe, il faut comprendre en l'occurrence tout le stroma globulaire.

Ce stroma peut avoir une réelle importance dans l'édification du corpuscule et constituer une fraction notable du volume total. Par hypothèse, Hamburger suppose que le volume du stroma globulaire n'est guère influencé pour son propre compte lors des variations du globule lui-même. Il le représente par une quantité constante x. Si cette hypothèse est exacte, la formule déterminant les variations du volume globulaire total sera $c\ (v - x) =$ constante.

Cette formule, appliquée aux différentes concentrations, permettra de tirer la valeur de x, et, si la valeur ainsi trouvée reste sensiblement constante, on pourra conclure qu'effectivement le stroma ne participe pas aux changements de volume de l'hématie.

Or, dans les expériences de Hamburger, c'est ce qui a lieu : x varie extrêmement peu. Hamburger base là-dessus une méthode permettant de déterminer pour les globules rouges et les cellules en général le volume du stroma et celui du liquide intra-cellulaire. Les hématies du cheval auraient un stroma représentant environ 53.3 à 56 p. 100 du volume globulaire total. Pour le lapin, cette valeur serait comprise entre 48.7 et 51 ; pour la grenouille, entre 72 et 76.4, pour la poule, entre 52.4 et 57.7.

Dans les expériences de Koeppe, au contraire, la valeur de x est beaucoup moins constante, et KOEPPE rejette l'explication de HAMBURGER et sa méthode. D'après KOEPPE, c'est l'élasticité de la paroi globulaire qui est en cause.

KOEPPE suppose que cette élasticité n'intervient pas dans les conditions normales, quand le globule est plongé dans une solution isotonique. Mais le gonflement du globule, en distendant la membrane, créerait une certaine tension de celle-ci, tension dont le résultat serait la production d'une pression hydrostatique positive dans le globule. Cette pression contre-balancerait l'effet d'une partie de la pression osmotique et le volume total du globule serait inférieur à celui que produirait l'action des seules forces osmotiques. Voilà pourquoi le produit CV deviendrait plus faible dans les solutions diluées. Au contraire, dans les solutions très concentrées, la même élasticité globulaire s'opposerait dans une certaine mesure au rétrécissement exagéré du corpuscule, le volume occupé serait plus grand que celui exigé par la concentration, ce qui se traduit par une augmentation du produit CV.

Il est difficile de faire la part de vrai qui revient à ces hypothèses. Il semble bien qu'à l'état normal l'élasticité du globule n'intervient pas d'une façon sensible pour régler le volume de celui-ci. Cela résulte d'une expérience de GRYNS sur du sang de poule. Après avoir déterminé le point de congélation de ce liquide, GRYNS provoqua la destruction globulaire totale par une série de gels et de dégels. Le liquide ainsi préparé, dans lequel s'était déversé le contenu de tous les globules, présentait exactement le même point de congélation qu'avant la destruction globulaire, ce qui indique clairement que le liquide intra-globulaire possédait dans cette expérience exactement la même concentration moléculaire que le liquide extra-globulaire.

Mais l'expérience qui donna un résultat négatif à GRYNS fut positive quand HAMBURGER la renouvela avec du sang de porc. Le sang laqué de cet animal possède un point de congélation supérieur à celui du sérum, plus élevé de 5 à 12 p. 100. Des observations plus complètes de C. FOA confirmèrent et la donnée de GRYNS et celle de HAMBURGER. FOA eut un résultat négatif avec les sangs de poule et de canard, positif avec celui de plusieurs mammifères (homme, singe, chien, lapin, chèvre, cheval, bœuf). Toujours chez le mammifère, le point de congélation du sang laqué est supérieur de 0.01° à 0.02° à celui du sérum. On pourrait donner de cette constatation diverses interprétations, si FOA n'avait fait un supplément d'enquête, en étendant ses observations à des émulsions de globules rouges de cheval dans une série de solutions de chlorure sodique de concentration croissante, allant de 0.6 p. 100 à 1.2 p. 100. FOA put constater qu'en détruisant les hématies dans ces milieux par gels et dégels répétés, il *élevait* le point de congélation dans les milieux plus concentrés, l'*abaissait* dans les milieux plus dilués que celui dont le point de congélation était 0,52°. Dans ce dernier milieu, la destruction globulaire n'avait aucune influence sur le point de congélation.

Point de congélation de la solution de NaCl.	Point de congélation d'un mélange de 10 cc. de solution saline + 40 gouttes de la bouillie corpusculaire.	Point de congélation du même mélange après laquage.	Point de congélation du sérum de sang d'où proviennent les globules.
0.44°	0.474°	0.495°	
0.52°	0.524°	0.525°	0.559°
1.47°	1.195°	1.179°	

Il semble qu'il n'y ait qu'une façon d'interpréter ces résultats. Il faut admettre avec FOA que le liquide endo-globulaire ne diffuse pas dans les milieux moins concentrés que celui dont $\Delta=0,52°$, et que c'est l'inverse dans les milieux plus concentrés, tandis que pour $\Delta=0,52°$, il y a égalité rigoureuse des pressions osmotiques dans les hématies et hors d'elles.

L'hématie du cheval introduite dans les milieux hyper ou hypotoniques (par rapport à $\Delta=0.52°$) ne se mettrait donc pas complètement en équilibre osmotique avec ceux-ci. Dans les solutions hypotoniques, des couches périphériques se formeraient pour produire dans le globule une pression hydrostatique positive qui neutralise une partie de la pression osmotique extérieure. Dans les solutions hypertoniques, ces mêmes couches périphériques s'opposeraient à la rétraction, d'où la production d'une pression hydrostatique négative. Dans le plasma normal, il y aurait pression hydrostatique négative dans les hématies.

Ces conclusions de Foa (conformes à celles de Koeppe) reposent tout entières sur les résultats opposés du laquage des émulsions en milieux hypotoniques et hypertoniques. Elles sont assez intéressantes pour que leur base objective soit soumise à un examen de vérification, et cela d'autant plus qu'elles sont en complet désaccord avec des résultats de Hamburger.

Hamburger a soumis au laquage du sang de cheval défibriné et le même sang saturé d'anhydride carbonique. Le sang normal subissait par le laquage une très faible diminution de sa pression osmotique; au contraire, cette diminution était considérable pour le sang saturé d'acide carbonique.

Sang défibriné normal laqué.	Sérum de ce sang avant laquage.	Sang défibriné saturé de CO^2 laqué.	Sérum de ce sang avant laquage.
0.594°	0.601°	0.663°	0.742°
0.595°	0.600°	0.670°	0.725°
0.588°	0.600°	0.613°	0.639°
0.598°	0.605°	0.833°	0.674°

Or, sous l'influence de l'acide carbonique, les hématies augmentent de volume (v. Limbeck, Gürber, Hamburger, etc.): elles tendent vers la forme sphérique, c'est-à-dire que, dans l'opinion de Foa, leur pression hydrostatique négative doit devenir positive. Il devrait en résulter que, lorsqu'on détruit ces hématies, le milieu augmente sa pression osmotique. C'est l'inverse que l'on constate. Tout se passe comme si la pression négative, au lieu de se transformer en pression positive, s'était au contraire fortement exagérée. Il y a donc lieu, avant de faire jouer aux forces élastiques un rôle dans l'équilibre osmotique du globule, d'attendre de nouvelles recherches.

Quant à l'explication donnée par Hamburger, elle aboutit, dans la forme primitive où l'énonçait cet auteur, à ce résultat surprenant que le stroma des globules rouges représenterait environ la moitié du volume globulaire total. Depuis, ce savant a développé sa pensée en disant qu'il comprenait sous le nom de stroma non seulement la charpente globulaire même, mais aussi le volume occupé par les substances albuminoïdes dissoutes dans le suc cellulaire.

Sous cette nouvelle forme, son idée devient plus admissible, car elle tient compte de l'importance du facteur hémoglobine dans le volume globulaire total. Un exemple concret mettra celle-ci en évidence. Dans le sang du cheval, les globules occupent environ 30 p. 100 du volume total. D'après un résultat minimum d'Abderhalden, il y aurait dans 100 centimètres cubes de ce sang 12.5 p. 100 d'hémoglobine. Or Stewart, ayant dissous de l'hémoglobine cristallisée dans de l'eau, constata que la dissolution s'opère sans contraction, c'est-à-dire que l'adjonction d'un gramme d'hémoglobine à 100 centimètres cubes de sang élève le volume à 101 centimètres cubes. On peut donc supposer que les 12.5 grammes d'hémoglobine correspondent sensiblement à 12,5 centimètres cubes.

D'autre part, d'après les déterminations de Hamburger, le volume du stroma (stroma vrai et albuminoïdes dissous) des globules rouges de cheval correspond à environ 55 p. 100 du volume globulaire total. Puisque les globules occupent eux-mêmes 30 p. 100 du volume du sang, leur stroma en tiendra 16.5 p. 100, c'est-à-dire 16.5 centimètres cubes pour 100 centimètres cubes de sang. Or, le volume occupé par l'hémoglobine seule étant d'environ 12,5 centimètres cubes, le stroma vrai, c'est-à-dire la charpente de l'hématie, possède donc pour cube environ 16.5 — 12.5 = 4 centimètres cubes.

Ce dernier chiffre est admissible : il correspond au septième environ du volume total du globule, et il est plus en rapport avec les données de l'analyse quantitative.

Pour les seuls auteurs qui continuent à admettre que l'hémoglobine n'est pas dissoute à l'intérieur du globule, mais fixée à l'état solide sur la charpente, il reste légitime de dire que le stroma correspond en volume à 55 p. 100 du volume globulaire total.

Pour établir l'équation PV = constante, il faudrait que la totalité de l'hématie fût occupée par un liquide dont les variations volumétriques seraient celles d'un gaz parfait. Entre cet état idéal et les conditions réalisées dans les hématies existent de sérieuses divergences. Tout d'abord il faut défalquer du volume globulaire total le volume du stroma vrai, de la charpente solide du globule.

Koeppe et Hamburger sont d'accord pour admettre que le volume du stroma n'est pas influencé par la concentration du milieu ; *a priori*, rien n'autorise cette supposition. Il existe des raisons expérimentales (voir **Hémolyse**) qui permettent de croire qu'il n'en est rien. Mais, en raison de la masse très restreinte du stroma des globules rouges des mammifères, il est possible que les variations de volume de ce constituant cellulaire soient trop faibles pour qu'on puisse les mesurer dans des expériences du genre de celles dont il fut parlé.

On a vu d'autre part que dans le sang de cheval, sur les 30 centimètres cubes occupés par les globules rouges dans 100 centimètres cubes du sang, il faut en réserver approximativement 12.5 centimètres cubes à l'hémoglobine. Même si l'on n'admet pas avec Koeppe et Hamburger que l'hémoglobine dissoute ne prend pas une part active à la pression osmotique endo-globulaire, on ne peut en tout cas considérer comme libre l'espace qu'elle occupe. Il ne reste à la disposition de la solution saline, qui, d'après ces auteurs, est seule cause de la pression endo-globulaire, que la moitié environ du volume globulaire total. Ce que l'on mesure en réalité, ce sont les variations de ce volume réduit de moitié $P\frac{V}{2}$ au lieu de PV. En faisant cette correction dans la table de Koeppe, on constate que l'écart entre les deux extrémités de la série est déjà moindre (de moitié) ; mais il n'en persiste pas moins. A mesure qu'on augmente la concentration, la solution saline endo-globulaire diminue l'amplitude de ses contractions.

En se comportant ainsi, elle ne fait que ce que font à un degré moindre toutes les solutions. Pour toutes, le produit PV augmente avec la concentration, et cet écart de la règle idéale est d'autant plus considérable que les molécules dissoutes sont plus volumineuses. Le liquide endo-globulaire est une solution très concentrée d'hémoglobine. C'est parce que, à l'encontre de l'opinion de Hamburger et de Koeppe, celle-ci participe à la pression osmotique endo-globulaire, et parce qu'elle est une substance à molécule énorme que l'accroissement de PV est aussi rapide.

Conductibilité électrique des hématies. — Il est intéressant, avant d'étudier la constitution intime des globules rouges, de citer brièvement les résultats acquis par divers auteurs sur la conductibilité électrique du sang.

D'après Arrhenius, le transport de l'électricité à travers une solution est matériel : ce sont les ions qui portent aux électrodes la charge électrique dont ils étaient déjà pourvus avant le passage du courant. Celui-ci n'a qu'un effet, c'est d'orienter dans une direction définie les mouvements jusque-là indéterminés des ions libres.

Le sérum, qui est une solution saline, conduit l'électricité. Le liquide intra-globulaire, qui est une solution saline de concentration isotonique, doit présenter sensiblement la même résistance. Mais il s'agit de savoir si les ions qui se trouvent dans les globules pourront en sortir, si les ions extérieurs aux globules pourront les traverser. La paroi globulaire est-elle imperméable aux ions extra ou intraglobulaires ? Dans le premier cas, la conductibilité du sang doit être sensiblement égale à celle du sérum ; dans le second cas, elle lui sera notablement inférieure.

Plusieurs auteurs (Roth, Bugarsky et Tangl, Stewart, Oker-Blom, Rollett) ont étudié dans ces dernières années la conductibilité du sang comparée à celle du sérum, et tous sont d'accord pour faire des globules rouges sinon des isolateurs parfaits, du moins des corps extrêmement peu conducteurs de l'électricité. D'où la conclusion que leur paroi est très peu perméable aux ions.

Cette conductibilité très imparfaite des globules rouges n'est cependant pas une preuve décisive de leur non-perméabilité. C'est ainsi que, dans une des expériences de Stewart, des globules imprégnés de chlorure ammonique ne conduisent pas sensiblement mieux l'électricité que des globules normaux, quoique leur paroi soit, comme on le sait, très perméable aux ions du chlorure ammonique.

Faut-il pour expliquer cette non-conductibilité des globules rouges admettre avec Koeppe que tous les sels qu'ils contiennent sont à l'état neutre, non dissocié ? Il est tout aussi licite d'admettre qu'elle est due à la viscosité de leur stroma, à la grande résistance qu'offre celui-ci à la translation des ions. Quand on dit d'une molécule ou d'un ion qu'il traverse une paroi protoplasmique, on se contente d'habitude, tout au moins quand il s'agit des globules rouges, de constater le fait sans en déterminer davantage les conditions. On n'a notamment fait aucune mesure précise des vitesses de pénétration. Or il est facile de constater que telle molécule pénètre beaucoup plus vite que telle autre. C'est ainsi que l'hémolyse par l'urée est beaucoup plus rapide que l'hémolyse par le chlorure ammonique (Nolf). Ces vitesses de pénétration deviennent très importantes dans les mesures de conductibilité électrique. Si la paroi de l'hématie se laisse pénétrer très lentement, c'est à peu près, pour ce qui concerne la conductibilité électrique, comme si elle ne se laissait pas pénétrer du tout. Mais cela n'empêche pas la substance à pénétration lente de provoquer l'hémolyse du globule, pourvu qu'on lui en laisse le temps.

Stewart détermina également les changements de la conductibilité électrique du sang, quand on provoque la destruction des globules par différents moyens, tels que l'eau, les sérums étrangers, le gel et le dégel, la chaleur, la saponine.

Les résultats sont variables suivant l'agent globulolytique employé. D'une part se rangent les agents, comme l'eau et la saponine, qui augmentent la conductibilité spécifique du sang (en tenant compte bien entendu de la diminution absolue pouvant provenir d'une dilution éventuelle du liquide). D'autre part se groupent les sérums étrangers et le froid qui laissent inaltérée ou diminuent même la conductibilité du sang après avoir déterminé l'hémolyse. La chaleur occuperait une situation intermédiaire. Ces constatations ont été étendues par Rollett à l'action de la décharge électrique, qui agirait à la façon du froid et des sérums étrangers.

Stewart conclut de ses recherches que la paroi globulaire peut laisser diffuser d'une façon indépendante l'hémoglobine et les sels du globule. L'hémoglobine seule diffuse quand la conductibilité électrique est la même après et avant l'hémolyse, tandis qu'une augmentation de la conductibilité indique la sortie simultanée des sels et de l'hémoglobine.

La conclusion ainsi énoncée est inattaquable; et il semble démontré par les recherches de Stewart et celles de Rollett qu'en effet l'hémoglobine peut quitter seule des globules qui gardent leurs sels. Stewart admet aussi que, dans certains cas, les sels du globule peuvent abandonner partiellement celui-ci, sans qu'il y ait en même temps diffusion de l'hémoglobine. Stewart ne fournit qu'une seule observation plaidant en faveur de cette dernière possibilité. Elle a été faite sur une émulsion de globules rouges dans une solution hypotonique de sucre de cannes. Elle trouve quelque confirmation dans le dernier travail d'Oker-Blom. Depuis, Calugareanu et Henri ont repris la même question par une méthode basée également sur la conductibilité électrique. Ils sont arrivés aussi à conclure que les globules rouges du chien abandonnent des quantités considérables de leurs sels à des solutions hypotoniques de saccharose, trop concentrées pour déterminer aucune hémolyse.

Ces travaux de Stewart sont très intéressants en ce qu'ils apportent une contribution assez inattendue à la question tant discutée de la constitution des globules rouges. On verra plus loin l'interprétation qu'on est en droit de leur donner.

Constitution des globules rouges. — Il sera question ici de la constitution des globules rouges non nucléés des mammifères. Le noyau des globules rouges des vertébrés plus inférieurs complique les choses. Il semble d'ailleurs être un élément inutile, superflu; et il est probable que ce qui est vrai des hématies des mammifères pourra être rapporté à la partie non nucléaire des globules rouges à noyau, à ce que l'on peut appeler leur corps protoplasmique.

Nos connaissances sur la constitution des hématies ont une double source : l'observation anatomique, l'expérimentation physiologique. Tant que cette dernière se fit un peu au hasard et ne connut pas d'idée directrice, elle fut de peu d'importance.

Ce sont les études de Vries et de Hamburger, ayant pour but l'étude des propriétés osmotiques des cellules végétales et des globules rouges, qui donnèrent l'impulsion définitive et furent le point de départ d'une série de découvertes aussi importantes pour la compréhension de la structure intime du globule rouge que pour celle des cellules animales et végétales en général.

Avant ces travaux, nos idées découlaient uniquement de l'observation microscopique du globule normal et du globule altéré par l'action de certains agents chimiques et physiques. Sous l'influence des travaux de Brücke, l'ancienne conception vésiculaire de l'hématie défendue par Schwann avait été abandonnée. Dans cette conception, qui remonte à Hewson, le globule était une petite vésicule, dans laquelle il fallait distinguer une paroi totalement distincte du contenu. Brücke montra toutes les difficultés que faisait naître une telle idée, son peu de conformité avec les faits d'observation et d'expérimentation. Se basant sur ses propres observations microscopiques sur les globules nucléés, Brücke émit l'hypothèse que l'hématie est constituée par deux substances fondamentales : le zooïde et l'oicoïde.

L'oicoïde formerait l'enveloppe du globule et la trame solide de celui-ci. Cette trame serait formée par des lames et des filaments partant de la face profonde de l'enveloppe et se dirigeant vers le centre, en s'enchevêtrant et se soudant à la façon des cloisons squelettiques d'une éponge. En supposant à une éponge une surface continue, non trouée, on aurait l'image de l'oicoïde du globule rouge, les vides étant remplis par le zooïde. D'après Brücke, le zooïde était l'élément vivant du globule, contenant le noyau. Si, au lieu de loger le noyau dans le zooïde, on le plaçait au confluent central des cloisons de l'oicoïde, on ramènerait la conception de Brücke à l'idée que nous nous formons actuellement de toute cellule adulte, dans laquelle on distingue une masse protoplasmique centrale contenant le noyau, une couche protoplasmique corticale délimitant la cellule et des cloisons plus ou moins nombreuses unissant protoplasma périnucléaire et protoplasma périphérique. L'ensemble constitue une trame dont les vides sont remplis par les produits liquides ou solides élaborés par le protoplasma vivant.

Dans le cas du globule rouge, on donne plus généralement à l'ensemble de la trame le nom de *stroma* proposé par Rollett. Il est difficile de savoir si la trame est serrée et si les espaces qu'elle délimite sont plus ou moins réguliers et spacieux, puisque sur le globule normal on ne distingue aucune différenciation en employant les grossissements les plus forts.

Il est en tout cas certain que c'est le stroma qui donne au globule sa forme, puisque des globules, légèrement fixés par l'aldéhyde formique et débarrassés ensuite par un excès d'eau distillée de leur hémoglobine et de leurs sels, conservent la forme discoïdale habituelle. Le stroma correspondrait donc morphologiquement au protoplasme cellulaire.

Dans ces dernières années, l'ancienne opinion de Hewson et Schwann, a trouvé plusieurs défenseurs très convaincus (Schäfer, Weidenreich, Koeppe, Albrecht, etc.). Ces auteurs déclarent à nouveau que le globule est une vésicule formée d'une paroi sémiperméable emprisonnant un contenu fluide, homogène, sans structure. Cette conception est en désaccord avec un certain nombre de faits. Si l'on suppose à la membrane une certaine rigidité, la cohésion d'un corps solide, on ne comprend plus la possibilité des phénomènes microscopiques observés par Schultze et Rollett : la formation de bourgeons colorés qui se séparent de l'hématie sans que l'hémoglobine se répande dans le milieu ambiant ; la fusion entre elles de plusieurs hématies. Si, à l'exemple de Weidenreich, on fait de l'hématie une gouttelette d'hémoglobine fluide entourée d'une pellicule de matière grasse, on rendra compte des phénomènes précités, mais on se heurtera à d'autres difficultés. Des hématies de ce genre garderaient difficilement leur individualité ; s'entre-choquant dans le cœur, se comprimant dans les capillaires ou dans les tubes d'une machine à centrifuger, elles devraient se fusionner comme les globulins d'une émulsion graisseuse. D'autre part, si transformée, si adaptée qu'elle soit, une hématie a été une cellule : or que retrouve-t-on d'une cellule dans cette gouttelette fluide à enveloppe graisseuse ?

Aussi la plupart des physiologistes et des anatomistes restent-ils fidèles à la conception de Brücke, amendée comme il a été dit : l'hématie est une cellule modifiée. Son protoplasme lui forme une paroi, qui, tant dans les observations de M. Schultze et de Rollett que dans les expériences sur les propriétés osmotiques, se comporte comme une vraie paroi protoplasmique.

Si elle en a les propriétés physiques, elle en a aussi la composition chimique. A l'analyse, on trouve le stroma composé de deux tiers d'une substance protéique, qui a tous les caractères des nucléo-protéides, c'est-à-dire des constituants protéiques habituels du protoplasme. A cette substance protéique s'adjoignent deux substances lipoïdes, la cholestérine et la lécithine, constituants de tout protoplasme vivant (HOPPE-SEYLER). On a tiré argument de la richesse toute spéciale de l'hématie en lipoïdes pour disposer ceux-ci en une couche corticale distincte. Cette richesse est toute relative. Elle est beaucoup moindre dans les hématies nucléées. D'après les analyses de HOPPE-SEYLER, les hématies de la grenouille contiennent 0,46 p. 100 de lécithine et 0,48 p. 100 de cholestérine. Or, les leucocytes du pus possèdent, d'après le même auteur, 1,438 p. 100 de lécithine et matières grasses et 0,74 p. 100 de cholestérine, c'est-à-dire plus de ces substances que les hématies nucléées, et cependant tout le monde admet que les leucocytes sont des cellules nues. Si les hématies des mammifères sont plus riches en lipoïdes que d'autres cellules, ce n'est pas que leur protoplasme contienne plus de ces substances que le protoplasme d'autres cellules, notamment des hématies nucléées, c'est tout simplement parce que le protoplasme cellulaire dans lequel sont localisés ces lipoïdes, forme, en l'absence de tout noyau, une part plus considérable du poids cellulaire global.

Le stroma contient donc les nucléo-protéides, les lipoïdes, de l'eau et peut-être aussi une petite partie des sels. Où faut-il localiser l'hémoglobine ?

L'hémoglobine est une substance albuminoïde absolument caractéristique des globules rouges; elle ne se rencontre que chez eux ; elle leur donne leur aspect et leur fonction. Il faut donc considérer le globule rouge nucléé comme une cellule dont la fonction est d'élaborer de l'hémoglobine comme la cellule graisseuse élabore et emmagasine la graisse, et la cellule hépatique, le glycogène. D'une manière générale, les matériaux ainsi élaborés par les différentes cellules se séparent et se différencient du protoplasma qui les produit et s'accumulent dans les mailles du stroma cellulaire, dans les vacuoles et les cavités plus ou moins régulières délimitées par les cloisons protoplasmiques. Cette séparation si nette entre substance élaborée et protoplasme producteur ne peut s'expliquer que par une insolubilité, une impénétrabilité de l'une dans l'autre. Il semble que le protoplasme de la cellule graisseuse est imperméable à la graisse, que celui de la cellule hépatique est imperméable au glycogène. Il résulte de ces rapports un grand avantage : la diffusion de ces matériaux, qui sont des matériaux d'épargne, hors de la cellule qui les produisit, est rendue impossible *physiquement*, sans que le protoplasma vivant soit obligé d'intervenir activement pour l'empêcher.

A priori, il est permis de supposer pour l'hémoglobine dans les globules rouges des rapports de même nature vis-à-vis du stroma; et l'on en arrive ainsi à l'idée que le globule rouge est constitué par un réseau de filaments protoplasmiques qui, à la périphérie, se condense en une couche corticale continue (le tout formant le stroma) et dans les mailles duquel est accumulée l'hémoglobine. Il est probable, comme on le verra plus loin, que celle-ci y est à l'état de solution dans un liquide salin.

Cependant beaucoup d'auteurs admettent encore actuellement que dans le globule rouge, l'hémoglobine n'existe pas à l'état libre, mais est unie chimiquement, d'une union d'ailleurs très fragile, au stroma.

La façon dont les hématies se comportent vis-à-vis des solutions salines et sucrées, la régularité des transformations de leur volume dans celles-ci, ne peuvent s'expliquer qu'en les identifiant aux cellules de *Tradescantia*, c'est-à-dire à des vésicules à parois semi-perméables. Il importe peu, à ce point de vue, que la vésicule soit simple ou cloisonnée. Il y a, semble-t-il, actuellement unanimité à ce sujet parmi les auteurs. On admet que la majeure partie des sels contenus dans le globule y sont libres de toute combinaison avec le stroma et dissous dans un suc cellulaire. Ce suc cellulaire est réparti dans les cavités limitées par le stroma, et ce sont les variations dans la quantité de ce suc cellulaire par entrée ou sortie d'eau qui règlent le volume de l'hématie.

Le désaccord porte donc simplement sur la localisation de l'hémoglobine. Suivant qu'on la croit libre ou combinée au stroma, il faudra la supposer dissoute dans le suc cellulaire ou fixée chimiquement sur le stroma.

Les auteurs qui admettent la combinaison chimique de l'hémoglobine et du stroma expliquent l'hémolyse par l'eau distillée, en disant que l'eau produit la dissociation du produit de combinaison. On n'est pas habitué en chimie à considérer l'eau comme un agent d'hydrolyse bien puissant. Mais, chose plus extraordinaire, cette hydrolyse, qui est instantanée dans l'eau distillée, est absolument empêchée par les concentrations isotoniques de tous les éléments cristalloïdes qui ne pénètrent pas dans le globule, tandis que les éléments qui y pénètrent n'ont aucune action sur elle, quelle que soit leur concentration. Il n'existe aucun exemple en chimie d'une combinaison influencée aussi nettement par un facteur de nature exclusivement osmotique.

Un autre fait très difficile également à expliquer dans l'idée d'une combinaison chimique est le suivant :

Meltzer a publié en 1900 le résultat d'une série d'expériences confirmant d'anciennes recherches de Rollett et de lui-même, dans lesquelles il est parvenu à détruire les globules rouges et à mettre leur hémoglobine en liberté, rien qu'en agitant longtemps et fortement du sang avec du mercure ou de la poudre de verre. Rywosch est arrivé au même résultat en broyant du sang mélangé à du sable.

Le seul argument sérieux que l'on puisse opposer à l'opinion, d'après laquelle l'hémoglobine est libre dans le globule rouge et dissoute dans le liquide intraglobulaire, est la faible solubilité de l'hémoglobine dans l'eau. On a fait remarquer que, chez le rat, le sang laqué peut déjà, sans concentration préalable, laisser déposer des cristaux d'hémoglobine, c'est-à-dire que toute la masse liquide du sang n'est pas suffisante pour opérer la dissolution qui incomberait au seul liquide intra-globulaire. On oublie qu'il existe entre les conditions de cette expérience et celles de l'état normal une différence considérable de température, de 0° dans un cas à 39° dans l'autre. D'ailleurs on ne connaît rien de précis sur la solubilité de l'hémoglobine aux différentes températures et dans les différents milieux. Et si même des essais démontraient qu'en tenant compte de ces facteurs, la solubilité de l'hémoglobine n'est pas accrue dans des proportions suffisantes, on pourrait toujours recourir à l'hypothèse d'une solution sursaturée, possible dans les globules, où les conditions physiques sont très différentes de celles qui sont réalisées dans un cristallisoir. Mais il n'y aura même pas lieu de recourir à semblable supposition, puisqu'un grand nombre de physiologistes, parmi lesquels Kühne, Funk, Brisegger et Bruch, Böttcher, Kölliker, Beale, Owsjannikow, Richardson, Klebs, Hamburger, Mosso, etc., ont pu observer la formation et la dissolution de cristaux d'hémoglobine à l'intérieur des hématies d'un grand nombre de vertébrés; preuve décisive de l'existence dans celles-ci d'une solution saturée de cette substance à l'état de liberté chimique. Ces cristaux apparaissent quand le milieu dans lequel plongent les globules se concentre. Ils disparaissent par adjonction d'un peu d'eau (et l'hématie reprend son aspect normal) (Kühne) ou si l'on élève légèrement la température (Hamburger).

Normalement il n'existe pas de cristaux, même très petits, dans l'hématie, ainsi que l'indique le manque de biréfringence des hématies examinées entre nicols croisés.

Les partisans de l'autre hypothèse ont expliqué la sortie de l'hémoglobine dans les solutions hypotoniques par la déchirure de la paroi globulaire cédant à une poussée osmotique intérieure trop considérable ou à une distension telle de ses pores, que ceux-ci, devenus trop larges, laissent passer l'hémoglobine endo-globulaire (Hamburger). Cette explication toute mécanique rend difficilement compte des faits d'hémolyse sans dilatation notable du globule, ceux qui se produisent sous l'influence des agents hémolytiques. Dans des expériences récentes, Stewart, ayant fixé des globules par la formaldéhyde, les traite ensuite par l'eau distillée qui leur enlève toute leur hémoglobine, sans que la forme des globules se transforme sensiblement (ils gardent la forme discoïdale), sans qu'il y ait par conséquent la moindre distension de leur paroi.

Il est plus probable que la sortie de l'hémoglobine est amenée dans tous les cas par une transformation des qualités diosmotiques de la membrane globulaire, qui cesse d'être imperméable à l'hémoglobine (Nolf). Cette question sera traitée plus longuement à l'article hémolyse.

Les faits observés par Stewart de la sortie indépendante des sels et de l'hémoglobine des globules, sont aussi très difficiles à expliquer dans une théorie mécanique de l'hémolyse. Si tel était le mécanisme du phénomène, il faudrait que, lorsqu'un globule se vide, il se vidât toujours intégralement et de ses sels et de son hémoglobine.

Stewart a argué de cette sortie indépendante des sels et de l'hémoglobine, en faveur de la combinaison chimique de l'hémoglobine avec le stroma. Si, dit-il, sous l'influence de certains agents hémolytiques, l'hémoglobine quitte seule les globules, si dans d'autres cas les sels peuvent, à leur tour, s'échapper seuls, cela ne s'explique qu'en admettant une union différente de ces éléments avec le squelette globulaire.

On peut expliquer les faits observés par Stewart d'une façon plus simple :

Il y a lieu de remarquer que, si dans la globulolyse, par un moyen déterminé (gel et dégel par exemple), on ne détruit pas les stromas des globules, il n'y a aucune raison pour que les électrolytes intra-globulaires se répandent dans le sérum, même si le stroma leur est devenu perméable. En effet, les stromas occupent le même volume et même quelquefois un volume plus grand que les globules intacts avant l'hémolyse; le liquide qu'ils contiennent tend à se mettre non seulement en équilibre osmotique, mais même en équilibre de composition chimique avec l'extérieur. Or cette équilibration sera toute différente pour l'hémoglobine et les électrolytes. La première était contenue exclusivement dans les globules avant que la paroi leur soit rendue perméable, les seconds possèdent dans les globules et dans le sérum une concentration identique. L'équilibre s'établira par une sortie abondante d'hémoglobine sans déplacement des sels. Le fait que ces stromas ne conduisent pas mieux l'électricité qu'auparavant ne prouve aucunement qu'ils ne sont pas devenus perméables aux ions qu'ils contenaient, ainsi que l'atteste la constatation faite sur des globules imprégnés de chlorure ammonique. Il n'est d'ailleurs pas impossible que, dans le sang laqué par gel et dégel, les stromas globulaires ne deviennent que *momentanément* perméables à l'hémoglobine et aux sels (au moment du dégel) et qu'ils reprennent leurs qualités osmotiques normales quand tous les cristaux de glace sont dissous. A ce moment, ils peuvent parfaitement être redevenus imperméables à l'hémoglobine et aux sels qu'ils contiennent encore.

Que se passe-t-il quand on dilue fortement le milieu extérieur en lui ajoutant de l'eau distillée? En même temps que l'on supprime l'imperméabilité de la paroi globulaire à l'eau et aux sels, on affaiblit fortement la concentration saline du milieu extérieur. Dans ces conditions, la concentration des électrolytes dans les stromas étant plus forte que dehors, une partie d'eux suivra l'hémoglobine; c'est ce qui explique l'augmentation de la conductibilité électrique après addition d'eau distillée. Quant à la saponine, Stewart déclare lui-même qu'il faut des doses fortes de cette substance pour produire l'effet de l'eau distillée. Or, d'après Stewart, à ces doses la saponine dissout complètement les stromas globulaires. Il n'est dès lors pas étonnant que l'obstacle au courant, les stromas, ayant disparu, le courant passe plus facilement. Les doses moyennes, en dissolvant incomplètement les stromas, diminuent la résistance qu'ils opposent aux transports électriques, et c'est ce qu'opère également la chaleur. Chose remarquable, cette diminution de la résistance électrique des globules traités par la saponine s'observe encore quand on la fait agir sur des globules coagulés assez complètement par la formaldéhyde pour que l'hémoglobine coagulée ne puisse plus diffuser.

Il résulte de l'examen de tous ces faits que, tant au point de vue de nos connaissances générales de morphologie qu'à celui des expériences nombreuses faites en physiologie, la façon de concevoir la structure des globules rouges la plus simple et la mieux en accord avec nos connaissances actuelles est la suivante : la cellule rouge à noyau est une cellule dont le protoplasma a pour fonction d'élaborer de l'hémoglobine. Cette hémoglobine s'accumule, dissoute dans le liquide intracellulaire, dans les vacuoles creusées dans le corps protoplasmique. Celui-ci est probablement réduit à une mince couche périnucléaire, à une membrane corticale mince aussi et à de fines cloisons ou filaments tendus entre les deux.

Les hématies dérivées de ces cellules ont, à part le noyau qui leur manque, la même structure fondamentale.

Dans cette conception, le point le plus douteux est celui de savoir si la solution d'hémoglobine contenue dans l'hématie est enfermée dans une cavité unique ou si le protoplasme est creusé d'un grand nombre de vacuoles isolées les unes des autres, entre lesquelles est partagée la solution d'hémoglobine. Le second cas représente la distribution de la graisse dans une cellule adipeuse qui est en train de se remplir de graisse, le premier représente l'état d'une cellule adipeuse bourrée de son produit de réserve. Cette comparaison montre déjà que cette question est peu intéressante pour la physiologie. C'est un simple détail de structure, qui relève entièrement de l'histologie. On a invoqué en faveur de la cavité unique : la production possible dans une hématie d'un cristal assez grand pour la remplir presque complètement, la couche périphérique se moulant sur ce cristal; les mouvements des parasites endo-globulaires. En ce qui concerne le premier argument, on peut faire observer que quand des cristaux se produisent dans un organisme vivant, soit entre des cellules, soit à l'intérieur des cellules, ils ne se montrent en général pas très respectueux des structures histologiques ou cytologiques antérieures, ainsi que le montrent à suffisance les dépôts cristallins étudiés en pathologie humaine. Et on peut faire la même objection à l'argument tiré des mouvements des parasites endo-globulaires.

On ne sait pas actuellement si la cavité de l'hématie est unique ou si elle est cloisonnée. Il est d'ailleurs bien possible que l'une ou l'autre des deux éventualités se réalise suivant l'espèce animale, et qu'il y ait même des différences d'une hématie à l'autre chez le même animal.

P. NOLF (Liége).

Bibliographie. — RANVIER. *Traité d'histologie.* — M. DUVAL. *Précis d'histologie.* — HERMANN. *Handbuch der Physiologie.* — HAYEM. *Leçons sur les modifications du sang.* — HAMMARSTEN. *Lehrbuch der physiologischen Chemie.* — COHNSTEIN et ZUNTZ. *Untersuchungen über das Blut, den Kreislauf und die Athmung beim Saügethierfötus* (*A. g. P.*, XXXIV, 173, 1884). — WINTERNITZ. *Untersuchungen über das Blut neugeborener Thiere* (*Z. p. C.*, XXII, 449, 1896). — BIDONE et GARDINI. *Les hématies et l'hémoglobine de la femme grosse et du fœtus* (*Arch. ital. de Biologie*, XXXII, 36, 1899). — VIAULT (P.). *Sur l'augmentation considérable du nombre des globules rouges du sang chez les habitants des hauts plateaux de l'Amérique du Sud* (*C. R.*, CXI, 1891; CXIV, 1892). — MÜNTZ. *De l'enrichissement du sang en hémoglobine, suivant les conditions d'existence* (*C. R.* CXII, 298, 1891). — MIESCHER. *Die histochem. und physiol. Arbeiten von Fr. Miescher*, Leipzig, 1897. — REGNARD. *Les anémiques sur les montagnes. Influence de l'altitude sur la formation de l'hémoglobine* (*B. B.*, 470, 1892). — GRAWITZ. *Ueber die Einwirkung der Höhenklimas auf die Zusammensetzung des Blutes* (*Berl. klin. Woch.*, 1895, 713 et 740). — CALUGAREANU et HENRI, *Influence des variations rapides d'altitude sur la composition du sang* (*B. B.*, 1037, 1901). — JOLLY. *Examen du sang pendant une ascension en ballon* (*Ibid.*, 1039, 1901). — BENSAUDE. *Recherches hématologiques dans une ascension en ballon* (*Ibid.*, LIII, 1084, 1901). — ARMAND DELILLE et ANDRÉ MAYER. *Expériences sur l'hyperglobulie des altitudes* (*B. B.*, 1187, 1902). — ABDERHALDEN. *Beiträge und weitere Beiträge zur Frage nach der Einwirkung der Höhenklimas auf die Zusammensetzung des Blutes* (*Z. B.*, XLIII, 125 et 443, 1902). — LYON. *Blutkörperchenzählung bei traumatischer Anämie* (*A. A. P.*, LXXXIV, 1881). — OTTO. *Untersuchungen über die Blutkörperchenzahl und den Hämoglobingehalt des Blutes* (*A. g. P.*, 1885). — HALL et EUBANK. *The regeneration of the blood* (*The Journal of experimental medicine*, I, 1896). — HEINZ. *Über Blutdegeneration und Regeneration* (*Ziegler's Beiträge*, 29, 1901). — GLADIN. *Ueber der Einfluss von Injektionen leukotoxischen Serum auf die Morphologie des Blutes* (*Allg. medic. Centr.*, 383, 1902). — WEISS. *Ueber den angeblichen Einfluss des Höhenklimas auf die Hämoglobinbildung* (*Z. p. C.*, 526, 1896). — GIACOSA. *Der Hämoglobingehalt des Blutes in grossen Höhen* (*Ibid.*, XXIII, 326, 1897. — LOEWY et ZUNTZ. *Ueber den Einfluss der verdünnten Luft und des Höhenklimas auf den Menschen* (*A. g. P.*, LXVI, 1896). — SCHAUMANN et ROSENQVIST. *Ueber die Natur der Blutveränderungen im Höhenklima* (*Z. f. klin. Med.*, 136 et 315, 1898). — HAMBURGER. *Ueber den Einfluss chemischer Verbindungen auf Blutkörperchen im Zusammenhang mit ihren Moleculargewichten* (*A. P.*, 1886). — *Ueber die durch Salz-und Rohrzucker-Lösungen bewirkten Veränderungen der Blutkörperchen* (*Ibid.*, 1887). — *Die Permeabilität der rothen Blutkörperchen im Zusammenhang mit den isotonischen Coëfficienten* (*C. P.*, 1893, 161, 656, 758). — E. G. HEDIN. *Der Hämatokrit, ein neuer Apparat zur Untersuchung des Blutes* (*Skandinavisches Archiv für Physiologie*, 1891, 134). — *Untersuchungen mit dem Hämatokrit* (*Ibid.*, 360). — *Ueber die Einwirkung einiger Wasserlösungen auf das Volumen der rothen Blutkörperchen* (*Ibid.*, 1895, 207). — *Ueber den Einfluss von Salzlösungen auf das Volumen der rothen Blukörperchen* (*Ibid.*, 238). — KOEPPE. *Ueber den Quellungsgrad der rothen Blutscheiben* (*A. P.*, 1895). — KOEPPE. *Der osmotische Druck als Ursache des Stoffaustausches zwischen rothen*

Blutkörperchen und Salzlösungen. (*A. g. P.*, 1897, LXVII). — HAMBURGER. *Ueber den Einfluss der Athmung auf die Permeabilität der Blutkörperchen.* (*Zeitschrift für Biologie*, 1891). — HEDIN. *Ueber die Permeabilität der Blutkörperchen.* (*A. g. P.*, 1897, LXVIII). — HEDIN. *Versuche über das Vermögen der Salze einiger Stickstoffbasen in die Blutkörperchen einzudringen.* (*A. g. P.*, LXX, 1898. — HOFMEISTER. *Zur Lehre von der Wirkung der Salze* (*A. P. P.*, 1896). — MOSSO. *De la transformation des globules rouges en leucocytes* (*A. i. B.*, VIII, 252, 1887). — GÜRBER. *Ueber den Einfluss der Kohlensäure auf die Vertheilung von Basen und Säuren zwichen Serum und Blutkörperchen* (*Jahresb. f. Thierch.*, 25-164, 1895). — FOA. *Ricerche fisico-chimiche sul sangue normale* (*Giornale della Reale Accad. di med. di Torino*, 65, VIII, et *Biochem. Centralblatt*, 94, 1903). — HAMBURGER. *Osmotischer Druck und Jonenlehre*, Wiesbaden, 1902. — FREDERICQ. *Sur la concentration moléculaire des solutions d'albumine et de sels* (*Bull. Ac. Belgiq.*, 1902, 437). — ROTH. *Elektrische Leitfähigkeit thierischer Flüssigkeiten* (*C. P.*, II, 27, 1897). — BUGARSKY et TANGL. *Eine Methode zur Bestimmung des relativen Volums des Blutkörperchen und des Plasmas* (*Centralblatt f. Phys.*, 297, 1897). — OKER BLOM. *Thierische Säfte und Gewebe* (*A. g. P.*, LXXIX, 510, 1900). — ROLLETT. *Elektrische und chemische Einwirkungen* (*Ibid.*, LXXXII, 199, 1900). — CALUGAREANU et HENRI. *Étude de la résistance des globules rouges par la méthode de conductibilité électrique* (*B. B.*, 210, 1902). — MELTZER (*J. P.*, V, 255; *C. P.*, n° 16, 1900). — HALLIBURTON. *Nucleo-proteids* (*Journ. of Phys.*, 306, 1895). — HOPPE-SEYLER. *Medicinisch-chemische Untersuchungen.* — *Beiträge zur Kentniss der Blutfarbstoffe* (*Z. p. C.*, 477, 1889). — *Handbuch der physiologischen und pathologisch-chemischen Analyse.* — BUNGE. *Zur quantitativen Analyse des Blutes* (*Z. B.*, XII, 191, 1876). — BOTTAZZI et CAPPELLI. *Das Natrium und Kalium in den rothen Blutkörperchen des Blutes verschiedener Thiergattungen und bei Aderlassanämie* (*Jahresbericht für Thierchemie*, 176, 1899). — BLEIBTREU (M. et L.). *Eine Methode zur Bestimmung des Volums der körperlichen Elemente im Blute* (*A. g. P.*, LI. 151, 1891). — BLEIBTREU (M.). *Widerlegung der Einwände des Herrn Hamburger* (*A. g. P.*, LV, 402, 1893). — *Ueber die Wasseraufnahmefähigkeit der rothen Blutkörperchen* (*A. g. P.*, 1893). — HAMBURGER. *Die physiologische Kochsalzlösung und die Volumbestimmung der körperlichen Elemente im Blute* (*Centralb. f. Phys.*, 161, 22, 1893). — DALAND. *Ueber das Volumen der rothen und weissen Blutkörperchen im Blute des gesunden und kranken Menschen* (*Jahresb. der Med.*, n°s 20 et 21, 1891). — ABDERHALDEN. *Zur quantitativen vergleichender Analyse des Blutes* (*Z. p. C.*, XXIII, XXV, 65, 521, 1897-1899). — AMBARD et BEAUJARD. *Action de la dépression barométrique de courte durée sur la teneur du sang en hématies* (*B. B.*, LIV, 486, 1902). — BENCE. *Eine neue Methode zur Bestimmung des Blutkörperchenvolums in geringen Blutmengen.* (*C. P.*, 1905. XIX. 198-200). — BIERNACKI. *Ueber die Beziehung des Plasmas zu den rothen Blutkörperchen und über den Werth der verschiedenen Methoden der Blutkörperchenvolumbestimmung* (*Z. p. C.*, XIX, 179, 1894). — BOTTAZZI et DUCCESCHI. *Resistenz der Erythrocyten, Alkalescenz des Plasmas und osmotischer Druck des Blutes bei den verschiedenen Klassen von Wirbelthieren* (*Jahresbericht f. Thierch.*, XXVII, 168, 1897). — DESBOUIS et LANGLOIS. *Hyperglobulie par respiration de vapeurs d'hydrocarbures* (*B. B.*, 1906, LVIII, 626-628. — EYCKMANN. *Die Bleibtreu'sche Methode zur Bestimmung des Volums der körperlichen Elemente im Blute* (*A. g. P.*, LX, 340, 1895). — FEHRSEN. *The haemoglobin and corpuscular content of the newborn* (*J. P.*, 1904, XXX, 322). — C. FOA. *Les changements du sang dans la haute montagne* (*Arch. ital. de Biol.*, 1904, XLI, 93-100). — *Critique expérimentale des hypothèses émises pour expliquer l'hyperglobulie de la haute montagne* (*Ibidem*, 110). — *Richerche di fisica chimica sul sangue normale* (*Arch. di Fisiol.*, 1904, I, 171-198). — GALLERANI. *Résistance de la combinaison entre l'hémoglobine et le stroma des corpuscules sanguins dans le jeûne* (*Arch. ital. de Biol.*, XVIII, 463, 1893). — GÄRTNER. *Ueber eine Verbesserung des Hämatokrites* (*Berl. klin. Woch.*, n° 36, 1892). — J. GAULE. *Die Blutbildung im Luftballon* (*Arch. f. d. ges. Physiol.*, 1902, LXXXIX, 110-152). — GRAWITZ. *Ueber die Einwirkung des Höhenklimas auf die Zusammensetzung des Blutes* (*Berl. klin. Woch.*, 1895, 713 et 740). — GRYNS. *Uber den Einfluss gelöster Stoffe auf die rothen Blutzellen in Verbindung mit den Erscheinungen der Osmose und Diffusion* (*A. g. P.*, LXIII, 1896). — HAMBURGER. *Die physiologische Kochsalzlösung und die Volumbestimmung der körperlichen Elemente im Blute* (*C. P.*, VII, 161). — — *Einfluss von Salzlösungen auf das Volum thierischer Zellen* (*Arch. für Physiologie*, 317 et 431, 1898-1899). — — *Sur la résistance des globules rouges* (*J. de P. et de Path.*

gén., II, 889, 1900). — — *Die Permeabilität der rothen Blutkörperchen für* NO_3*-und* SO_4*-Ionen* (*Jahresber. f. Thierch.* XXX, 185, 1900). — HARTMANN et VAQUEZ. *Les modifications du sang après la splénectomie* (*B. B.*, 1897). — HAWK. *On the morphological changes in the blood after muscular exercice.* (*Amer. Journ. of Physiol.*, 1901, X, 38). — S. G. HEDIN. *Über die Brauchbarkeit der Centrifugalkraft für quantitative Blutuntersuchungen* (*A. g. P.*, LX, 360, 1895). — INAGAKI. *Die Veränderungen des Blutes nach Blutverlusten und bei der Neubildung des verlorenen Blutes* (*Z. B.*, 1907, XLXIX, 77). — KOEPPE. *Die Volumsänderungen rother Blutscheiben in Salzlösungen* (*A. P.*, 504, 1899). — — *Ueber die Volumenbestimmung der roten Blutkörperchen durch Zentrifugieren im Hämatokriten* (*A. g. P.*, CVII). — KOSSEL. *Über einen peptonartigen Bestandtheil des Zellkerns* (*Z. p. C.*, VIII, 511, 1884). — LAPICQUE et VAST. *Méthode colorimétrique pour apprécier la résistance globulaire* (*B. B.*, LI, 366, 1899). — LESAGE. *De l'influence de quelques conditions physiologiques sur la résistance globulaire* (*Ibid.*, LII, 719, 1900). — MANCA. *Recherches sur les propriétés osmotiques des globules rouges du sang conservé longtemps hors de l'organisme* (*Arch. ital. de Biol.*, XXX, 78, 1898). — — *Expériences relatives à l'action du chloroforme sur les propriétés osmotiques des globules rouges* (*Arch. ital. de Biol.*, XXIX, 342, 1898). — NASMITH et GRAHAM. *The Haematology of carbon-monoxide poisoning* (*Journ. of Physiol.*, 1906, XXXV, 32-52). — NICOLAS et DUMOULIN. *Influence de la splénectomie sur la richesse globulaire du sang, sur sa valeur colorimétrique et sa teneur en fer chez le chien* (*B. B.*, 1904, LVI, 105-107. — NONNENMACHER. *Vergleichende Untersuchungen über die Zusammensetzung des Kapillarblutes in verschiedenen Körperregionen und thermische Einflüsse auf dieselben* (*Inaug. Diss.*, *Würzburg*, 1905). — PASCUCCI. *Die Zusammensetzung des Blutscheibenstromas und die Hämolyse.* (*Beitr. zur chem. Physiol. u. Path.*, 1905, VI, 543-551). — RYWOSCH. *Ueber das Auftreten von Hämoglobin bei mechanischer Zerstörung der roten Blutkörperchen* (*C. P.*, 1905, XIX, 588-390). — V. SCHRÖTTER et ZUNTZ. *Ergebnisse zweier Ballonfahrten zu physiologischen Zwecken* (*A. g. P.*, 1902, XCII, 479-520). — STEWART. *The behaviour of the haemoglobin and electrolytes of the coloured blood corpuscles when blood is laked* (*J. P.*, XXIV, 211, 1899). — — *The condition that underlie the peculiarities in the behaviour of the coloured blood corpuscles to certain substances* (*Ibid.*, XXIV, 470, 1901). — — *Blood corpuscles and Plasma* (*Ibid.*, XXIV, 356, 1899). — VAQUEZ. *Des méthodes propres à évaluer la résistance des globules rouges* (*B. B.*, L, 159, 1898. — V. WILLEBRAND. *Ueber Blutveränderungen durch Muskelarbeit* (*Sk. Arch. f. Physiol.*, 1903, XIV, 176-187).

HÉMATINE.

HÉMATINE. — Produit de transformation de l'hémoglobine ($C^{32}H^{32}Az^4FeO^4$) Voy. **Hémoglobine.**

HÉMATOBLASTES.

HÉMATOBLASTES. — Voyez **Hématie.**

HÉMATOGÈNE.

HÉMATOGÈNE. — Nucléine ferrugineuse que BUNGE a extraite du vitellus de l'œuf de poule, et qu'il suppose être la substance mère de l'hémoglobine du poulet. On la prépare en traitant le jaune d'œuf par l'éther, qui ne dissout pas l'hématogène; puis en faisant agir la pepsine chlorhydrique, qui dissout toutes les matières albuminoïdes, mais non l'hématogène.

200 jaunes d'œuf donnent 34 grammes d'hématogène.

La quantité de fer est de 0,29 p. 100; ce fer ne peut être décelé par les réactifs ordinaires; il n'est donc pas à l'état de sel de fer, mais de combinaison moléculaire.

L'hématogène est une paranucléine (ou pseudonucléine). C'est-à-dire que, dédoublé par hydrolyse, il ne donne pas naissance aux bases nucléiques (xanthine, etc.), comme font les vraies nucléines (KOSSEL). Après ingestion d'œufs de poisson ou de poule, il n'y a pas formation d'une plus grande quantité d'acide urique.

D'après BUNGE, il existerait des substances analogues à l'hématogène dans le lait et les aliments d'origine végétale. Les préparations de fer, exclusivement minérales, employées d'habitude en thérapeutique, seraient inefficaces, et il n'y aurait d'actives que ces combinaisons moléculaires du fer avec les matières organiques (Voy. **Fer**, et LAMBLING. *Rev. gén. des sciences*, III, 225).

On a fait des préparations industrielles d'hématogène, qui ont peut-être donné quelques résultats favorables. GOLDMANN (*Deutsche med. Presse*, 1900, IV, 32-35). — MAGGITT (*Lancet*, (2), 1900, 328). — SOMMER (*Pet. med. Woch.*, 1900, XVII, 451).

LAMBLING. *Art.* « *Hématogène* » *du Dict. de chimie*, v, (2), 16. — SOCIN. *Resorption von Hämatogen* (*Z. p. C.*, xv, 93). — BUNGE. *Über die Assimilation des Eisens* (*Z. p. C.*, 1885, IX, 49-60). — HESS et SCHMOLL. *Über die Beziehungen der Eiweiss und Paranucleinsubstanzen der Nahrung zur Alloxurkörperausscheidung in Harn* (*A. P. P.*, 1896, XXXVII, 243-252). — HUGOUNENQ et MOREL. *Recherches sur l'hématogène* (*C. R.*, 1905, CXL, 1065-1067).

HÉMATOÏDINE. — $C^{15}H^{18}Az^2O^3$. Matière colorante cristallisée trouvée dans les vieux foyers hémorrhagiques. Elle est voisine de la bilirubine, quoique non identique avec elle. Voy. **Hémoglobine**.

HÉMATOPOIÈSE. — Voyez **Hématie, Sang**.

HÉMATOPORPHYRINE. — Produit de transformation de la méthémoglobine. Voy. **Hémoglobine**.

HÉMATOSINE. — Substance identique à l'hématine. Voy. **Hémoglobine**.

HÉMATOXYLINE. — Matière colorante du bois de Campêche.

$$C^{16}H^{14}O^6 + 3H^2O$$

C'est une substance peu soluble dans l'eau, soluble dans l'alcool, cristallisable, dextrogyre, réduisant la liqueur de FEHLING, soluble dans l'ammoniaque en donnant une belle coloration pourpre.

En faisant passer de l'oxygène dans la solution ammoniacale on obtient un précipité qui, traité par l'acide acétique, fournit de l'hématéine.

$$\underset{\text{Hématoxyline}}{C^{16}H^{14}O^6} + O = H^2O + \underset{\text{Hématéine}}{C^{16}H^{12}O^6}$$

L'hématéine est employée comme colorant dans l'industrie. On s'en sert parfois comme réactif colorant dans l'acidimétrie.

La constitution de l'hématoxyline est à peu près définitivement établie : on admet que le radical en est la brésiline ($C^{16}H^{14}O^5$), qui fournit un produit d'oxydation, le brésilone, et un autre produit $C^9H^6O^4$, dont le dérivé méthylé est très voisin de l'hématoxyline.

HÉMAUTOGRAPHIE. — Procédé employé par LANDOIS pour l'inscription directe de la pression artérielle, par un jet de sang artériel (voy **Graphique**, [**méthode**]).

HÉMÉRALOPIE. — Sous le nom d'héméralopie ou de nyctamblyopie, on désigne un symptôme consistant en ce qu'à un faible éclairage la vision est proportionnellement beaucoup moins bonne qu'à un bon éclairage. A l'éclairage du jour, la vision peut être normale ou à peu près, tandis qu'il y a cécité ou quasi-cécité à un éclairage qui normalement permet encore une vision relativement bonne. Dans une autre catégorie de cas la vision à l'éclairage habituel, à celui du jour, est diminuée également, mais elle baisse anormalement avec l'éclairage. — L'opposé de l'héméralopie est la nyctalopie, caractérisée en ce qu'à l'obscurité relative la vision est proportionnellement meilleure qu'au grand jour. — Ces deux symptômes plus ou moins opposés ne sont donc pas liés à des heures de la journée, contrairement à ce que sembleraient dire les termes consacrés.

Une confusion assez grande régnait autrefois dans l'emploi des mots « nyctalopie » et « héméralopie » : pour désigner un même trouble fonctionnel, tel auteur employait le terme héméralopie, tandis qu'un autre se servait du mot *nyctalopie*. Primitivement le mot héméralopie signifiait nyctamblyopie, et aujourd'hui on s'accorde généralement à lui donner ce sens. La lettre *a* dans « héméralopie » et dans « nyctalopie » n'est donc pas un *a* privatif. Il n'en reste pas moins une certaine ambiguïté étymologique qui disparaîtrait si l'on consentait à ne parler que de « nyctamblyopie et d' « héméramblyopie ».

On distingue généralement une *héméralopie essentielle* ou *idiopathique* et une *héméralopie symptomatique*. Dans la première, on ne constate aucune lésion, ou plutôt il n'y a aucune lésion appréciable à nos moyens actuels d'investigation. L'héméralopie symptomatique au contraire accompagne des affections très appréciables du fond de l'œil. — Jadis, on divisait les cas d'héméralopie essentielle en formes acquises et en formes congénitales ou au moins héréditaires. Cuvier, Donders, Quaglino, etc., citent des familles dont la plupart des membres, sinon tous, étaient héméralopes, soit de naissance, soit depuis leur jeune âge. Or il se confirme de plus en plus que ce sont là des héméralopies liées à des formes anormales de rétinite pigmentaire, savoir à des formes de cette maladie non accompagnées d'altération du pigment rétinien. Ces cas rentreraient donc dans la catégorie des héméralopies symptomatiques.

Héméralopie essentielle. — L'individu affecté d'héméralopie, dite idiopathique, a une vision normale ou à peu près, mais seulement à une lumière du jour habituelle. Dans une obscurité relative, il ne distingue plus par la vue les objets au même degré qu'une personne à vision normale. Que donc l'éclairage vienne à diminuer, soit accidentellement, au milieu de la journée, soit naturellement, aux approches de la nuit, pendant que ses compagnons s'orientent encore parfaitement moyennant la vue, l'héméralope se comporte comme s'il s'était affecté d'une forte amblyopie, sinon de cécité complète. L'acuité visuelle de l'héméralope baisse avec l'éclairage plus rapidement que cela n'arrive pour un voyant normal. Dans le crépuscule, cela arrive si brusquement qu'un tel sujet, occupé soit à travailler, soit à marcher, est tout d'un coup obligé de s'arrêter comme frappé de cécité; il doit se laisser guider comme un aveugle. Le soir, il peut lire à l'éclairage d'une lampe, mais l'entourage est complètement invisible pour lui.

Il y a du reste des degrés d'intensité de l'affection : certains de ces malades savent encore se guider à la faveur d'un beau clair de lune, tandis que d'autres ne le peuvent plus. Ordinairement ils remarquent encore les étoiles de première grandeur. D'un autre côté, entre les cas prononcés et l'état normal, il y a tous les degrés intermédiaires.

Nous verrons plus loin les circonstances dans lesquelles surgit l'héméralopie essentielle.

Héméralopie symptomatique. — Certaines maladies oculaires s'accompagnent d'héméralopie à des degrés divers. Seulement une complication surgit ici du fait que ces maladies produisent, en même temps que l'héméralopie, des degrés divers d'amblyopie ou de diminution de l'acuité visuelle. La vision est donc inférieure à la normale déjà à l'éclairage du jour.

L'orientation visuelle de ces malades, en tant qu'elle dépend des gros objets, est normale ou à peu près si l'éclairage est bon, mais cette orientation tombe anormalement avec l'intensité lumineuse. A une demi-lumière, dans un corridor un peu obscur, dans une cave ou au crépuscule, ils sont comme frappés de cécité, alors que, dans les mêmes circonstances, d'autres malades, amblyopes au même degré, y voient encore et se guident parfaitement.

Les maladies oculaires qui se compliquent d'héméralopie sont les choroïdites actuelles, florides, la forme disséminée aussi bien que les diffuses, les rétino-choroïdites, surtout la rétinite pigmentaire et le décollement rétinien. Ne sont pas accompagnées de degrés bien appréciables d'héméralopie, les rétinites pures, les hémorragies rétiniennes, les névrites optiques, les atrophies du nerf optique, les scotomes centraux, les scotomes toxiques, dus à des lésions fovéales.

Physiologie de l'héméralopie. — Tout nous porte à admettre que la nyctamblyopie consiste en une diminution de l'*adaptation* (rétinienne) à de faibles éclairages.

Pour les détails relatifs à l'adaptation et les procédés servant à la mesurer, voir l'article « Rétine ». Rappelons ici les détails indispensables à ce qui va suivre.

On sait qu'en passant du grand jour dans une pièce sombre, il faut à l'œil normal une obscuration d'une certaine durée pour qu'il y voie, pour qu'il soit *adapté* à ce faible éclairage. Mais cette adaptation obtenue, si l'œil obscuré passe dans une forte lumière, il y voit d'abord fort mal, il est ébloui, et il lui faut y séjourner quelque temps pour qu'il y voie, pour qu'il soit adapté à cet éclairement. L'œil obscuré est adapté pour un faible éclairage, l'œil éclairé (quelque temps) est adapté pour un fort éclairage. L'œil obscuré est un autre œil que l'œil éclairé. Lors du passage de l'un à l'autre état, il subit des changements imparfaitement connus, et qui réalisent l'adaptation aux divers éclairages. Nous avons des raisons d'admettre qu'à chaque éclairage correspond une adaptation spéciale, qui donne à l'œil l'optimum de sensibilité précisément pour cet éclairage. C'est une erreur commise souvent de ne parler d'adaptation que pour l'adaptation aux faibles éclairages. Il y a une infinité d'états d'adaptation.

L'adaptation pour de faibles éclairages augmente énormément la sensibilité de l'œil, de la rétine, pour la lumière, ou au moins pour certaines longueurs d'onde, pour les courtes vibrations visibles. Ce sont les vertes, et surtout les bleues et les violettes qui se ressentent de l'adaptation. Un œil suffisamment obscuré perçoit un minimum de lumière bleue (ou blanche) 1 500 et 2000 fois moindre que l'œil adapté pour une forte clarté. Le seuil de la sensibilité lumineuse diminue par l'adaptation. — Supposons un œil adapté à une forte clarté, transporté dans un espace noir. Après des

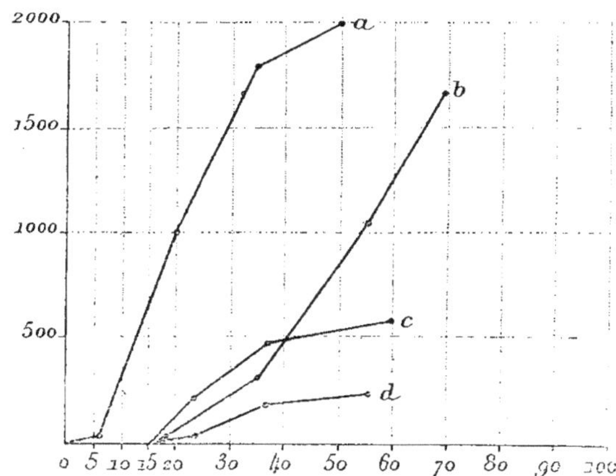

Fig. 60. — Variations de la sensibilité pour l'adaptation rétinienne à de faibles éclairages.
a. Sensibilité normale. — *b*. Héméralopie idiopathique. — *c*. Rétinite pigmentaire. — *d*. Choroïdite.

laps de temps variables, on détermine le minimum de lumière perceptible, le seuil de la sensibilité lumineuse, ce qui permet de construire la courbe de la sensibilité augmentante dans ces conditions (valeur inverse du minimum perceptible), c'est-à-dire la courbe de l'adaptation pour une très faible lumière. On sait que pendant 5-10 minutes cette courbe ne s'élève guère, la sensibilité ne croît que très peu. Puis (voir la figure 1, courbe *a*) la courbe s'élève rapidement, presque verticalement, ensuite plus lentement pour (après 30-40 minutes) devenir à peu près parallèle à la ligne des abscisses.

Il résulte des travaux de Parinaud et de V. Kries (confirmés par beaucoup d'autres) qu'un facteur prédominant dans l'adaptation pour de faibles clartés est donné par le rouge rétinien. Il faut se souvenir ici qu'il y a en réalité deux rétines, celle des cônes, servant surtout à la vision au grand jour, à la vision des couleurs et à l'acuité visuelle, et la rétine des bâtonnets qui sert à percevoir les faibles clartés et à se guider dans l'obscurité relative.

Pour mémoire, rappelons aussi que l'adaptation à de fortes clartés repose probablement, en partie au moins, sur la migration du pigment rétinien autour des cônes et des bâtonnets.

Revenons maintenant à l'héméralopie. Il résulte de toutes les recherches (Netter, Kuschbert, Treitel, etc.) que l'héméralopie, tant la forme idiopathique que la forme symptomatique, consiste en une difficulté qu'a l'œil à s'adapter aux faibles éclairages. Cette adaptation n'est pas supprimée, elle est ralentie, et de plus elle peut être diminuée d'intensité. Un ralentissement de cette fonction de 5 à 10 minutes, pour ce qui regarde le début, fait apparaître des symptômes nyctamblyopiques très sensibles.

Selon toutes les apparences, la nyctamblyopie consiste dans l'exagération d'un état normal, physiologique. A l'œil normal aussi, préalablement éclairé, avons-nous dit, il faut un certain temps pour s'adapter à une faible clarté, temps d'autant plus long que l'œil a été soumis à un plus fort éclairage. Et jusqu'au moment où l'adaptation est obtenue, il est héméralope, il voit de la même façon qu'un œil héméralope.

Netter raconte plaisamment comment, lors d'une visite qu'il fit à des héméralopes séjournant pour un but curatif dans un cabinet obscur, et déjà adaptés dans une mesure appréciable, au commencement c'était lui l'héméralope. On comprend ainsi que généralement les patients ne se plaignent pas dans le crépuscule du matin, et que le séjour au grand jour fait reparaître l'héméralopie.

Il suffit en effet généralement d'une nuit de séjour dans l'obscurité pour qu'un sujet atteint d'héméralopie essentielle atteigne une adaptation normale pour les faibles éclairages; la valeur absolue de cette fonction n'est diminuée que dans des cas excessifs.

Il en est autrement de l'héméralopie symptomatique. Ici, la valeur absolue de l'adaptation est généralement diminuée très notablement, en même temps que son début est retardé.

Cette différence résulte apparemment de ce que, dans les formes symptomatiques, il s'agit d'une lésion plus grave que dans les formes idiopathiques. D'aucuns vont jusqu'à qualifier ces dernières de « troubles » purement fonctionnels.

Heinrichsdorff, Lohmann, Horn et d'autres ont déterminé les courbes de l'adaptation dans les cas d'héméralopie, c'est-à-dire ils ont étudié la marche du phénomène moyennant des déterminations (du minimum perceptible) espacées, en opérant dans l'obscurité sur un sujet tenu préalablement à une forte clarté.

Dans la figure 1, l'axe des ordonnées porte les chiffres des augmentations de la sensibilité (inverses des minima perceptibles), jusqu'à 2 000. Sur l'axe des abscisses sont portés les temps en minutes. La courbe *a* représentant la marche de l'adaptation normale, la courbe *b* est celle d'une héméralopie dite idiopathique peu prononcée. Dans les cas intenses, cette courbe est encore moins raide; elle peut aussi (dans les cas extrêmes) ne pas s'élever au niveau normal. La courbe *c* est celle d'une rétinite pigmentaire, et la courbe *d* celle d'une choroïdite disséminée, où l'acuité visuelle était, à peu de chose près, normale, la fovea n'ayant pas été envahie par un foyer de choroïdite. Les auteurs produisent des tracés où la courbe, après une certaine montée, reste quelque temps horizontale, descend même, pour remonter ensuite.

En cas de rétinite proprement dite ou d'atrophie commençante du nerf optique, non accompagnées d'héméralopie, les courbes de l'adaptation aux faibles éclairages peuvent être analogues à celle *c* et *d*, mais elles sont déplacées à gauche, commencent à s'élever plus tôt (après 5-10 minutes).

Ce qui caractérise surtout la courbe de l'adaptation dans l'héméralopie, c'est donc l'agrandissement de la période initiale, du temps pendant lequel elle ne se relève guère ou pas du tout, période qui, normalement, est de 5-8 minutes. Un allongement de cette période de 5, et surtout de 10 minutes, occasionne des phénomènes très marqués d'héméralopie.

La *chromatopsie* de l'héméralope est normale à l'éclairage du jour; mais aux faibles éclairages elle devient défectueuse, surtout pour le bleu. Le champ pour le rouge est plus étendu que celui pour le bleu. La sensibilité aux différences d'éclairages moyens, est normale également.

L'héméralopie étant ainsi caractérisée comme un défaut de l'adaptation rétinienne pour les faibles éclairages, il devient très tentant d'y voir, avec Parinaud et V. Kries, un trouble de la fonction des bâtonnets, de l'élément rétinien qui sert à la vision aux faibles clartés. Les cônes, c'est-à-dire la rétine qui nous guide dans les clartés plus intenses, pourraient fonctionner normalement; au moins les troubles éventuels ne seraient pour rien dans la production du phénomène héméralopique. La plupart des auteurs vont même plus loin dans cette direction, et précisent que la véritable lésion productrice de la nyctamblyopie serait une production insuffisante du rouge ou pourpre rétinien.

En faveur de cette théorie parlent une foule de modalités du phénomène. En premier lieu, il y a que l'anomalie visuelle n'apparaît qu'à un faible éclairage, c'est-à-dire dans les conditions où le pourpre rétinien semble intervenir dans la vision. Puis les conditions de l'héméralopie normale, spécifiées plus haut, sont celles où la rétine est blanchie par une exposition préalable à une forte lumière.

A ce propos, on dit souvent que les poules, et en général les oiseaux diurnes, dont les rétines n'auraient que des cônes, seraient toujours atteints d'héméralopie, ne s'adapteraient pas pour de faibles lumières, contrairement aux oiseaux nocturnes (hiboux, etc.), dont la rétine n'aurait que des bâtonnets. D'après des recherches récentes de C. HESSE, cette héméralopie physiologique des oiseaux diurnes n'existerait pas. A notre avis, la question exige de nouvelles recherches, car il est par trop évident qu'à un éclairage simplement crépusculaire ces animaux cessent de se mouvoir et « s'apprêtent à dormir ».

La théorie qui voit dans l'héméralopie un trouble du fonctionnement des bâtonnets, et même un ralentissement dans la sécrétion du pourpre rétinien est d'autre part appuyée par l'énumération des maladies oculaires qui se compliquent d'héméralopie. Ce sont précisément celles qui s'attaquent à l'épithélium pigmentaire de la rétine, épithélium qui constitue une espèce de glande pour la sécrétion du pourpre rétinien. De ce nombre sont les choroïdites et les rétino-choroïdites, avec ou sans lésions visibles (à l'ophtalmoscope) de cet épithélium. La rétinite pigmentaire, décrite longtemps sous le nom d'héméralopie héréditaire, familiale, est surtout une maladie de l'épithélium pigmenté de la rétine. Dans le décollement rétinien — autre affection héméralopique — il y a séparation entre les bâtonnets et l'épithélium; le rouge rétinien ne peut se reproduire que très difficilement.

Des recherches récentes ont montré que des affections oculaires non localisées dans la choroïde et dans les couches rétiniennes externes peuvent occasionnellement se compliquer d'héméralopie. De ce nombre sont le glaucome, les rétinites pures (des couches internes), notamment la forme albuminurique, la myopie, etc. Or un examen attentif a montré que dans certaines circonstances ces affections se compliquent de choroïdite ou de lésions des couches rétiniennes externes. De sorte que l'apparition de l'héméralopie dans ces maladies dénote précisément qu'elles viennent se compliquer de lésions qui primitivement ou généralement n'en font pas partie.

Pour ce qui est des héméralopies dites essentielles, sans lésion constatable de l'œil, leur étiologie s'accorde, en général, avec cette même théorie. Tel est le cas notamment des *épidémies* d'héméralopie. La plupart se sont produites ou se produisent dans des conditions où les yeux sont longtemps exposés à une lumière intense, c'est-à-dire dans des conditions qui supposent une usure excessive du pourpre rétinien, et qui rendent admissible l'hypothèse d'un trouble plus ou moins durable dans la reproduction de l'érythropsine. On a vu survenir des épidémies d'héméralopie parmi les militaires, obligés pendant les manœuvres, les marches forcées, à supporter longtemps l'éclat d'une plaine blanche, de rochers éclatants, de surfaces de neige, et alors les officiers, moins astreints à un maintien et à une position déterminée, ainsi que les civils d'une garnison, n'ont pas été atteints.

Les matelots, exposés souvent pendant de longues heures à la réverbération de la surface de la mer, surtout dans les régions tropicales (héméralopie tropicale), sont quelquefois pris en masse d'héméralopie, alors que les passagers, qui peuvent mieux abriter leurs yeux que les matelots, sont moins atteints. Ici rentrent également les épidémies du même genre parmi les prisonniers astreints à un exercice dans des espaces (cours, etc.) entourés de murs blanchis. On a signalé des épidémies d'héméralopie parmi les habitants d'une contrée, et alors généralement il s'agit de larges surfaces réfléchissantes, soit de neige en hiver [1], soit de sable ou de rochers calcaires, surtout au printemps, quand le sol n'est pas encore couvert de la verdure, protectrice pour les yeux. Dans des conditions analogues surgissent des épidémies d'héméralopie parmi les ouvriers des champs. De ce nombre sont notamment les épidémies décrites dans le

1. L'héméralopie due à la contemplation de surfaces de neige demande un supplément d'information. Il résulte d'observations récentes que le trouble visuel consiste, dans ce cas, plutôt en une hyperesthésie rétinienne, c'est-à-dire que c'est de la nyctalopie ou de l'héméramblyopie.

temps parmi les esclaves récoltant le riz en plein été, au Brésil. On a observé l'héméralopie chez les traîneurs de barques, chez les meuniers, chez les pêcheurs à la ligne, chez les ouvriers verriers et chez ceux des hauts fourneaux.

Une cause prédisposante importante pour la production de l'héméralopie, c'est le mauvais état de la nutrition générale. Les meilleurs observateurs s'accordent à dire que, si l'alimentation est insuffisante chez une population entière, l'héméralopie y fait facilement des ravages étendus, pour peu que ces gens soient exposés à un éclairage intense, ou même à un éclairage habituel. Cette prédisposition peut devenir telle que certains auteurs admettent que l'alimentation défectueuse suffit à elle seule pour produire l'héméralopie. C'est ainsi que Gama Lobo et de Gouvéa ont constaté naguère que l'affection faisait des ravages parmi les nègres esclaves (surtout parmi les sujets jeunes) du Brésil, fort mal nourris et travaillant en été aux champs sous un ciel tropical. Ils signalent qu'après le coucher du soleil les héméralopes étaient ramenés à la *Fazenda*, conduits comme des aveugles par leurs camarades mieux portants. Certainement la mauvaise nutrition est intervenue dans plusieurs des épidémies signalées dans les prisons, dans les garnisons, au commencement du XIXe siècle. Cette même cause prédisposante a été incriminée (par Hubbenet, Blessig) dans les épidémies d'héméralopie qui se montrent périodiquement au mois de mars, dans certaines provinces russes de confession grecque, où le jeûne prépascal est très rigoureux. — Il est à remarquer que les membres du clergé et de la noblesse en sont indemnes! — On signale la complication d'héméralopie avec le scorbut, qui est un état de nutrition défectueuse. Au même point de vue (nutrition défectueuse) s'expliquent aussi beaucoup de cas sporadiques d'héméralopie, ainsi que l'héméralopie dite sénile.

On peut admettre que dans ces états de mauvaise nutrition la production du pourpre rétinien est ralentie, rendue difficile, et qu'alors il suffit d'une moins longue exposition pour provoquer les symptômes de l'héméralopie.

On cite aussi, comme pouvant se compliquer d'héméralopie, les affections hépatiques, avec ou sans ictère (héméralopie ictérique), l'albuminurie, l'impaludisme, et en général les atteintes graves quelconques à la nutrition générale. A propos de la forme ictérique a surgi l'hypothèse qu'elle serait peut-être due à la coloration (jaune) des milieux transparents par la bile, et à l'absorption des rayons bleus qui en résulte.

Au mauvais état de la nutrition est imputable une complication redoutable de certains cas d'héméralopie idiopathique, savoir la kératomalacie (nécrose cornéenne) et le xérosis conjonctival, surtout chez les enfants. Ces complications, graves en ce qui regarde la fonction visuelle, sont, chez l'enfant, d'un pronostic très fâcheux pour la vie elle-même. Le xérosis conjonctival et la kératomalacie semblent avoir pour point de départ une insensibilité (cachectique) de l'œil. — Règle générale cependant, le pronostic de l'héméralopie essentielle est favorable. La maladie est d'autant plus tenace qu'elle se montre dans un organisme plus cachectique.

Contre la théorie qui voit dans l'héméralopie l'expression d'un trouble de la sécrétion du pourpre rétinien, on a allégué qu'il arrive que l'ophtalmoscope ne révèle aucune lésion du pigment rétinien. Mais il est à remarquer que la formation du pourpre semble être indépendante du pigment, d'où il résulte que cette fonction peut être atteinte, alors que le pigment n'est pas altéré (dans l'héméralopie essentielle), et d'autre part que cette fonction peut être intacte, alors que le pigment fait défaut (dans l'albinisme). Dès lors, on comprend aussi que dans les affections rétino-choroïdiennes, accompagnées généralement d'héméralopie, celle-ci est loin d'être toujours en raison des altérations du pigment.

Pour ce qui est du *traitement* de l'héméralopie, les formes simples, non compliquées, survenant chez des sujets bien portants, cèdent au séjour, pendant quelques jours, dans l'obscurité, suivi d'un retour graduel à l'éclairage *normal*. Mais il faudra pendant quelque temps préserver les yeux de tout éclairage intense. Le xérosis conjonctival et la kératomalacie exigent des soins spéciaux, de même que la nutrition défectueuse. Il est curieux que dans les pays les plus divers (Chine, Russie, France, Brésil, etc.) on vante contre l'héméralopie un remède populaire consistant en des fumigations avec du foie de mouton et de bœuf, et dans l'administration interne du foie. Il est à supposer que l'alimentation carnée aurait le même effet.

Bibliographie. — On trouvera une bibliographie assez complète de l'héméralopie, jusqu'à l'année 1884, dans l'article « Héméralopie » publié par nous dans le *Traité complet d'ophtalmologie* (DE WECKER et LANDOLT, III, fasc. 3, p. 735-752).

En fait de travaux plus récents nous avons consulté surtout : KUSCHBERT, *Xérosis coniunctivae u. ihre Begleiterscheinungen* (*Deutsche med. Wochenschr.*, 1884, n°s 21 et 22). — TREITEL, *Ueber Hemeralopie, etc.* (*Arch. f. Ophthalm.*, XXXI, (1), 139, 1888). — LOHMANN, *Untersuch. über Adaptation, etc.* (*Arch. f. Ophtalm.*, LXV, 365, 1907). — HORN, *Ueber Dunkeladaptation, etc.* (*Arch. f. Augenheilk.*, LIX, 389, 1908).

J. P. NUEL.

HÉMIALBUMOSE. — Voyez Peptone.

HÉMICELLULOSE. — E. SCHULZE a appelé hémicelluloses des corps très voisins de la cellulose (peut-être même identiques avec elle) qui en diffèrent par une solubilité plus grande dans les acides dilués et plus de facilité à donner des sucres avec les acides (*Zur Chemie der pflanzlischen Zellmembranen. Z. p. C.*, 1892, XVI, 1892); glycose, galactose, arabinose, xylose. Les acides minéraux à froid (HCl à 10 p. 100), les acides organiques concentrés, peuvent transformer les hémicelluloses en sucre. Elles se comportent d'ailleurs comme les celluloses vis-à-vis de l'oxyde de cuivre ammoniacal et de l'iode. On peut les préparer avec les graines de certaines légumineuses (lupins) ou les celluloses de réserve de REISS.

HÉMICOLLINE. Nom proposé par HOFMEISTER (*Ueber die chemische Structur des Collagens Z. p. C.*, 1878, II, 303) pour un produit de peptonisation de la gélatine par l'ébullition prolongée. La gélatine se diviserait en deux produits : l'*hémiglutine*, insoluble dans l'alcool, et l'*hémicolline* soluble, non précipitable par le chlorure de platine.

On peut préparer son sel de cuivre, qui répond à la formule $C^{47}H^{68}N^{14}O^{19}Cu$.

D'après HOFMEISTER, le collagène, en s'hydratant, donne de l'hémiglutine et de l'hémicolline.

$$\underset{\text{Collagène}}{C^{102}H^{149}N^{31}O^{38}} + 3H^2O = \underset{\text{Hémiglutine}}{C^{55}H^{85}N^{17}O^{22}} + \underset{\text{Hémicolline}}{C^{47}H^{70}N^{14}O^{19}}$$

HÉMIÉLASTINE. J. HORBACZEWSKI, en faisant digérer des tendons de veau, contenant, comme on sait, de l'élastine, a obtenu de l'élastine peptone, et un produit intermédiaire, qu'il appelle hémi-élastine (*Ueber des Verhalten des Elastins bei der Pepsinverdauung. Z. p. C.*, 1882, VI, 330).

L'hémi-élastine a la même composition chimique que l'élastine, mais elle se dissout dans l'eau bouillante. Son pouvoir rotatoire est α D — 92°,7.

Elle précipite par l'acide acétique, le sulfate de magnésium, l'iodure de mercure et de potassium, et donne la réaction du biuret. Chauffée à 100-120°, elle se transforme de nouveau en élastine et devient insoluble dans l'eau.

Elle se rapproche beaucoup de l'albumine, dont elle diffère par l'absence de soufre.

HÉMINE. — Chlorhydrate d'hématine. Voy. **Hémoglobine**.

HÉMIPEPTONE. — Voy. **Peptone**.

HÉMOCHROMOGÈNE. — Produit de transformation de l'hémoglobine. Voy. **Hémoglobine**.

HÉMOCYANINE. — L. FREDERICQ, développant et reprenant une observation rudimentaire de P. BERT, a nommé *Hémocyanine* la substance colorante bleue qui se trouve dans le sang des mollusques et des crustacés (1878). La coloration bleue, parfois très intense, du sang des homards et des langoustes par exemple, augmente par l'exposition à l'air (dissolution d'oxygène); car, au moment où l'on recueille le sang, il est à peine coloré. L'hydrogène sulfuré le décolore; et la coloration revient quand on fait passer de l'oxygène.

L'hémocyanine se coagule par la chaleur à 68°-69°, et le coagulum est bleu.

L'hémocyanine, d'après FREDERICQ, contiendrait du cuivre qui jouerait le même rôle que le fer dans l'hémoglobine. Le fait, encore qu'il ait été révoqué en doute, a été récemment confirmé par HENZE, pour le sang de l'*Octopus*.

Le sang de crustacé, abandonné à lui-même, s'il est à l'abri de l'oxygène, se décolore (réduction) par l'action de substances réductrices (PHISALIX). Si l'on dialyse du sang de *Helix*, les substances réductrices dialysent ; mais l'hémocyanine ne dialyse pas, de sorte que la partie non dialysée conserve très longtemps sa couleur bleue. FREDERICQ a constaté que la putréfaction, qui fait disparaître la couleur bleue, ne détruit pas l'hémocyanine ; car, en agitant à l'air la solution putréfiée et conservée depuis longtemps, on fait, tout comme pour la couleur rouge de l'hémoglobine, reparaître la couleur bleue de l'hémocyanine.

HEIM a contesté les résultats obtenus par FREDERICQ sur l'absorption d'oxygène par l'hémocyanine. Mais ses objections n'ont pas grande valeur, ainsi que FREDERICQ l'a bien établi : car HEIM avait opéré sur du sang d'écrevisse où il y a peu d'hémocyanine et beaucoup d'albumine, tandis que sur le sang de poulpe (*Octopus*) il n'y a que de l'hémocyanine en fait d'albuminoïdes, de sorte qu'on peut la préparer à peu près pure, en précipitant le sang de poulpe par $MgSO^4$. D'ailleurs les résultats de FREDERICQ ont été confirmés par KRUKENBERG, HALLIBURTON, GRIFFITHS et CUÉNOT. Toutefois CUÉNOT estime, sans pouvoir l'établir rigoureusement, que des albuminoïdes non colorés peuvent avoir sur la dissolution de l'oxygène la même action que l'hémocyanine, des espèces très voisines étant pourvues ou non d'hémocyanine.

Quant à la composition de l'hémocyanine, GRIFFITHS a donné les analyses suivantes.

	Homarus.		*Sepia.*		*Cancer.*		Moyennes.
	I	II	I	II	I	II	
Carbone.. . . .	54,12	54.23	54,06	54,19	54.20	54.14	54,155
Hydrogène . . .	9,00	8,14	7,08	8,13	7,19	7,12	7.995
Azote.	16,35	16,23	16,31	16,21	16,26	16,25	16,268
Cendres	0,36	0,31	0,34	0,33	0,41	0,32	0,328
Soufre	0,69	0,65	0,62	0.60	0,69	0,65	0.647
Oxygène	21,48	21.44	21,59	21,55	21,46	21,52	21,507

Ces résultats, très homogènes, répondent à la formule brute :

$$C^{867}H^{1363}Az^{223}CuS^{4}O^{258}$$

Ajoutons que GRIFFITHS a trouvé, dans la *Pinna squamosa*, un albuminoïde qui brunit à l'air et qui possède les mêmes propriétés d'oxygénation et de réduction que l'hémoglobine. C'est la *pinnaglobine*.

CH. LIVON et CH. RICHET ont pu extraire des *Suberites domuncula* une substance colorante, contenant de notables quantités de fer (0,08 p. 100), peu soluble dans l'eau, très soluble dans l'alcool, soluble dans le chloroforme à chaud, insoluble dans le chloroforme à froid ; mais cette substance (qui est d'ailleurs azotée) ne paraît pas apte à fixer de l'oxygène, et par conséquent elle ne joue pas chez les célentérés le rôle de l'hémocyanine chez les mollusques. (*Expér. inédites.*)

Bibliographie. — FREDERICQ. *Hémocyanine, substance nouvelle du sang de poulpe* (*C. R.*, 1878, LXXXVII, 996). — KRUKENBERG. *Zur Kenntniss des Hämocyanins und seiner Verbreitung im Thierreiche.* (*C. W.*, 1880, XVIII, 417). — CUÉNOT. *La valeur respiratoire de l'hémocyanine* (*C. R.*, 1892, CXV, 127-129). — FREDERICQ. *Sur la conservation de l'hémocyanine.* (*Trav. du Lab. de Liège*, 1889, III, 194). — *Sur l'hémocyanine* (*C. R.*, 1892, CXV, 61). — GRIFFITHS. *Composition de l'hémocyanine* (*Bull. Ac. Bruxelles*, 1892, XXIII, 842-844 et *C. R.*, 1892, CXIV, 496). — PHISALIX. *Observations sur le sang de l'escargot* (*B. B.*, 1900, 729-732). — HENZE. *Zur Kenntniss der Hämocyanins* (*Z. p. C.*, 1904, XLIII, 290-298). — HEIM. *Sur la matière colorante bleue du sang des crustacés* (*C. R.*, 1892, CXIV, 771-774). — CUÉNOT. *Étude sur le sang et les glandes lymphatiques* (*Invertébrés*) (*Arch. Zool. exp.*, 1891, (2), IX). — GRIFFITHS. *Sur la composition de la pinnaglobuline : une nouvelle globuline* (*C. R.*, 1892, CXIV, 840-842). — COUVREUR. *Hémocyanine.* (*B. B.*, 1903. 1247). — DHÉRÉ. *Rem. sur la note de M. Couvreur* (*Ibid.*, 1338-1339).

HÉMOGLOBINE. Historique. — La matière colorante rouge du sang des vertébrés fut l'objet de quelques observations exactes de Berzelius et reçut de lui le nom d'hématoglobuline. Berzelius reconnut notamment que la chaleur altère l'hématoglobuline et il fit une distinction nette entre la matière soluble normale et le pigment coagulé, qu'il considérait comme un mélange de divers produits de décomposition de la première.

Cette distinction ne fut plus guère observée par les chimistes et les physiologistes de la période suivante (Dumas, Lehmann, Gorup-Besanez) et pendant longtemps on confondit l'hémoglobine avec un des produits de sa décomposition, l'hématine.

Vers le milieu du XIXe siècle, plusieurs biologistes (Leydig, Kölliker, Funke) décrivirent des cristaux obtenus en soumettant le sang à différents traitements, et l'un d'eux, Kunde, en fit, dès cette époque, une étude très détaillée. Cependant il régnait alors dans les idées beaucoup de confusion sur leur nature. On croyait généralement, avec Lehmann, qu'ils étaient incolores à l'état de pureté, leur coloration provenant de leur teinture par un colorant étranger. Les cristaux incolores avaient, dans l'idée de Lehmann, la composition des matières protéiques. La substance protéique qui les constituait avait été baptisée hémocristalline; elle provenait des globules rouges.

Ce furent les recherches spectroscopiques de Hoppe-Seyler (1860) qui permirent à cet auteur de caractériser définitivement la matière colorante du sang et de l'identifier avec les cristaux décrits avant lui. Dès lors, la chimie et la physiologie de l'hémoglobine sortirent de l'ère des tâtonnements et, grâce aux travaux de Hoppe-Seyler, A. Schmidt, Stokes, Rollett, Preyer, la science s'enrichit en quelques années de nombreux faits qui devaient révolutionner les idées sur le mécanisme et la localisation des combustions organiques.

On sait actuellement que l'hémoglobine existe sous deux états d'oxydation : une forme plus oxydée, l'oxyhémoglobine, une forme moins oxydée, l'hémoglobine réduite. A l'air libre, l'hémoglobine réduite se transforme en oxyhémoglobine. C'est donc cette dernière qui constitue la forme naturelle, usuelle, celle que l'on obtient dans les procédés de préparation ordinaires. C'est elle qui formait les anciens cristaux décrits avant 1860, c'est sur elle qu'ont porté la plupart des observations et des expériences.

Pour ces raisons, la description de l'oxyhémoglobine précédera dans cet article celle de l'hémoglobine réduite, quoique cette dernière soit le radical dont elle dérive par addition d'oxygène.

Répartition de l'hémoglobine. — Mais, avant de commencer l'étude chimique de l'hémoglobine et de ses dérivés, il sera intéressant d'indiquer la répartition de cette substance dans le règne animal.

I. L'hémoglobine se rencontre, enfermée dans de véritables cellules rouges, chez un grand nombre d'espèces animales.

a) Ces cellules rouges sont en suspension dans un liquide contenu dans un appareil sanguin spécial, distinct de la cavité cœlomique :

Chez tous les vertébrés, à l'exception du *Leptocephalus* (forme embryonnaire de certains anguillidés).

Chez certains mollusques lamellibranches : *Arca tetragona, A. pexata, A. trapezia, Pectunculus, Gastrana fragilis, Pharus (Solen) legumen.*

Chez certains vers polychètes : *Terebella lapidaria.*

Chez un ver aberrant : *Phoronis.*

b) Les cellules rouges sont contenues dans le liquide remplissant la cavité cœlomique :

De certaines holothuries : *Trochostoma Thomsoni, Cucumaria Planci, C. Lefevrei, C. canescens, Thyone gemmata, T. inermis, T. roscovita.*

De certains vers Echiuriens : *Bonellia minor, Thalassema erythrogrammon, Th. Neptuni, Hamingia artica.*

De certains annélides polychètes : *Glycera, Capitella, Polycirrus hematodes.*

Des mollusques amphineures : *Néoméniens.*

II. Chez d'autres animaux, l'hémoglobine est simplement dissoute dans l'un ou l'autre liquide organique.

a) Le liquide rouge est contenu dans un appareil sanguin, différent de la cavité cœlomique :

Chez les annélides chétopodes, système vasculaire spécial : *Lumbricus* (Hunefeld, Rollett).

Chez certains vers turbellariés : *Polia sanguirubra.*

Chez certains copépodes parasitaires (système sanguin spécial) : *Lernanthropus*, 2 espèces, *Clavella*, étudiés par Ed. van Beneden.

Chez certains insectes diptères (système sanguin général) : *Chironomus*, *Musca domestica* (Mac-Munn).

Chez certains crustacés (système sanguin général) : *Cypris* (Regnard et Blanchard), *Daphnia*, *Apus*, *Cheirocephalus*, *Branchipus diaphanus* et *B. stagnalis.*

Chez un mollusque pulmoné (système sanguin général) : *Planorbis* (Gamgee, Dhéré).

b) Le liquide rouge est contenu dans la cavité cœlomique ou des dépendances de celle-ci :

Chez certaines Hirudinées : *Nephelis*, *Hirudo*.

Chez un Échinoderme : *Ophiuctis virens* (Foettinger).

On ne la rencontre pas, ni dissoute ni contenue dans des globules spéciaux, chez l'Amphioxus.

III. Enfin c'est à l'hémoglobine qu'est due la couleur rouge :

a) Des fibres musculaires striées des vertébrés (Kühne) : cœur de tous les vertébrés, fibres des muscles volontaires des mammifères, oiseaux et de quelques muscles des reptiles.

b) Des fibres musculaires lisses du rectum de l'homme.

c) Des fibres musculaires du pharynx d'un grand nombre de mollusques gastéropodes (*Lymnœus*, *Paludina*, etc.) et d'un ver polychète (Aphrodite) (Lankester),

d) Des ganglions nerveux d'aphrodite (Lankester) et de certains vers némertiens (Hubbrecht).

Enfin, Mac-Munn (2) a découvert dans la paroi du corps d'un grand nombre d'animaux inférieurs (Spongiaires, Anthozoaires, Échinodermes), des protéides colorés qui possèdent également la propriété de fixer l'oxygène en combinaison plus ou moins stable, et qui, sous l'action des alcalis forts, fournissent un pigment. Celui-ci, en solution alcoolique, donne le spectre de l'hématine, transformé en celui de l'hémochromogène par le sulfure ammonique. Ces protéides, que Mac-Munn désigne sous le nom général d'histo-hématines, seraient très répandus dans la nature et différeraient de l'hémoglobine par plus de stabilité de leurs formes réduite et oxygénée et moins de capacité pour l'oxygène. Ces histo-hématines n'ont pas été isolées et furent étudiées au spectroscope exclusivement.

D'après Mac-Munn, le pigment des muscles serait non de l'hémoglobine, mais une histo-hématine. Cette opinion a été combattue par Hoppe-Seyler, Lévy et Mörner. D'après ce dernier auteur cependant, l'hémoglobine extraite du muscle aurait toutes ses bandes d'absorption déplacées vers le rouge (de 577 à 540 et de 581 à 543).

Préparation de cristaux d'oxyhémoglobine pour l'observation microscopique. — Pour faire cristalliser l'hémoglobine d'un échantillon de sang quelconque, il faut commencer par l'enlever aux globules, la mettre en solution dans le sang total. Cette destruction globulaire préalable a été opérée par toute la série des agents chimiques et physiques, dont l'action destructive sur les hématies avait été mise en lumière.

On peut s'adresser au gel et dégel (Rollett), à l'étincelle électrique (Rollett), au passage d'un courant constant (pôle positif) (A. Schmidt), à la chaleur (M. Schultze), à l'adjonction de sels à l'état solide (Bursy), adjonction d'éther (V. Wittich), de chloroforme (Böttcher), des sels biliaires (Kühne), de quinoléine (Hufner), à l'acide carbonique (facilité de cristallisation du sang asphyxique observée par Preyer), à la putréfaction à l'abri de l'air (Gschleiden).

On obtiendra d'autant plus facilement la cristallisation de l'hémoglobine d'un animal qu'elle sera moins soluble dans le plasma. Chez la plupart des animaux, l'hémoglobine contenue dans les globules de 10 centimètres cubes de sang n'est pas soluble dans ces 10 centimètres cubes, une fois mise en liberté, de sorte que la seule destruction des globules suffit pour amener la cristallisation. Chez certains, l'évaporation d'une partie de l'eau du sang est nécessaire. C'est ce qui se produit, en même temps que la destruction des globules, lors de l'extraction des gaz du sang. Le liquide ainsi enrichi en hémoglobine dissoute a beaucoup de tendance à cristalliser (PREYER). On peut ranger les animaux, suivant la facilité de plus en plus grande de cristallisation de leur hémoglobine, dans l'ordre suivant : grenouille, bœuf, mouton, lapin ; porc, homme ; souris, taupe, chauve-souris ; oie, poule, pigeon, chien, chat, cheval ; écureuil, cobaye, rat.

Obtention de petites quantités d'oxyhémoglobine cristallisée. — Quand on veut obtenir rapidement quelques cristaux d'oxyhémoglobine pour une démonstration au microscope, on s'adresse d'habitude aux petits animaux de laboratoire (rat, cobaye). Pour provoquer la destruction des hématies, on peut recourir à divers procédés. On peut, à l'exemple de FUNKE, mélanger sur le porte-objet une goutte d'eau et une de sang, attendre un début de dessiccation sur les bords et couvrir.

ROLLETT emploie la congélation : le sang défibriné est congelé dans une capsule en platine plongée dans un bain réfrigérant. Il reste gelé une demi-heure, est dégelé, introduit dans un tube à réaction et donne rapidement des cristaux. On peut aussi, à l'exemple de MAX SCHULTZE, produire la dissolution des globules dans le sérum, grâce à l'action d'une température de 60°. Après chauffage, on place une goutte sur porte-objet, on laisse refroidir, évaporer partiellement et l'on couvre.

GSCHLEIDEN introduit le sang défibriné dans des tubes qu'il scelle et abandonne à la putréfaction (favorisée par une température de 37°) pendant quelques jours. Au moment du besoin, on casse la pointe du tube, on dépose une ou deux gouttes de sang sur un porte-objet et l'on rescelle le tube. Le sang s'oxygénise rapidement, on le laisse dessécher légèrement sur les bords, avant de couvrir la préparation. Un tube scellé, rempli de sang de rat ou de cobaye, peut servir pendant des années.

Obtention de grandes quantités d'oxyhémoglobine cristallisée. — Pour obtenir de grandes quantités d'oxyhémoglobine cristallisée, on recourt d'habitude au sang du cheval ou du chien. A cause de la grande altérabilité de la substance à la température ordinaire, il est à conseiller d'opérer au cours de l'hiver, dans des pièces froides.

Méthode de Hoppe-Seyler (applicable au sang du chien et du cheval). Le sang défibriné est dilué dans 10 volumes d'eau salée (3 p. 100). On laisse reposer dans un endroit frais et on décante. Le magma globulaire est agité avec son volume d'éther. Après destruction des globules, on sépare l'éther de la solution que l'on filtre rapidement. Le filtrat refroidi à 0° est additionné du quart de son volume d'alcool absolu, également refroidi à 0°. Le mélange est maintenu entre —5° et —10°, jusqu'à ce que la cristallisation se soit effectuée.

Celle-ci débute habituellement après quelques heures. On sépare par filtration les cristaux de leurs eaux-mères, en maintenant la température au-dessous de 0°. On lave les cristaux avec un mélange de 1 partie d'alcool absolu et 4 d'eau, mélange préalablement refroidi. On sèche les cristaux le plus possible par expression et on procède à une recristallisation. Les cristaux sont additionnés de trois fois leur volume d'eau distillée ; on chauffe à 35°, on filtre. Le filtrat est traité à 0° comme la première fois.

On peut recommencer ces opérations cinq ou six fois.

Les cristaux purs sont séchés à une température inférieure à 0° dans le vide sur acide sulfurique ou anhydride phosphorique. Si la température est plus élevée, l'oxyhémoglobine fonce en couleur et devient partiellement insoluble dans l'eau.

Cependant ZINOFFSKY (3) prétend qu'étalés en couche très mince, les cristaux d'oxyhémoglobine de cheval peuvent être séchés en 8 heures dans le vide entre 10° et 20° sans subir d'altération. Ils se redissolvent intégralement, et l'acétate de plomb ne précipite pas leur solution (signe d'absence de méthémoglobine). L'hémoglobine pure cristallisée et sèche subit sans altération un chauffage jusque 110° et 115°.

Modification de Hüfner (4). — Ce procédé s'applique au sang de chien, porc, bœuf, cobaye et rat. La séparation des globules se fait ici beaucoup plus rapidement et complètement, grâce à l'emploi de la force centrifuge.

La destruction des globules s'opère en ajoutant aux globules un minimum d'eau distillée (300 centimètres cubes pour les globules d'un litre de sang de porc) et en maintenant le mélange pendant quelques minutes à 40°. On filtre et on refroidit à 0°, on ajoute un quart de volume d'alcool absolu à 0° et on refroidit entre —10° et —20°. Les cristaux sont séparés par centrifugation des eaux-mères, lavés au mélange glacé d'eau et d'alcool et débarrassés par centrifugation des eaux de lavage. On les redissout dans un minimum d'eau distillée à 40° et l'on procède à une nouvelle cristallisation. Finalement, les cristaux sont recueillis sur des plaques poreuses de cellulose et séchés.

Procédé de Schulz (6). — Schulz applique à l'hémoglobine la méthode générale de Hofmeister pour l'obtention d'albuminoïdes cristallisés. Au liquide rouge obtenu après la destruction globulaire, il ajoute égal volume de la solution saturée de sulfate ammonique. Ce mélange se fait à la température de 0°. On filtre pour se débarrasser d'un précipité de globuline et on laisse cristalliser à la température ordinaire. On purifie par recristallisation par la même méthode. Les cristaux seraient exempts de matière organique étrangère et de sels minéraux, mais imprégnés de sulfate ammonique.

Procédé de Frey (5) *et d'Arthus* (7). — Ces auteurs conseillent de dialyser le sang ou la solution d'hémoglobine dans un milieu d'alcool dilué. Arthus procède comme suit : Les globules lavés sont additionnés de deux fois leur volume d'eau. La solution est introduite dans un boyau de parchemin, plongé dans une masse d'alcool à 20-25 p. 100 équivalant à 9 fois le volume des globules. Bientôt se déposent dans le boyau de nombreux cristaux d'hémoglobine.

Formes cristallines de l'oxyhémoglobine. — La forme des cristaux d'oxyhémoglobine varie considérablement d'une espèce animale à l'autre.

Chez le rat, ils affectent la forme d'octaèdres ou de tétraèdres; chez le cobaye, ils sont uniformément tétraédriques avec troncatures sur les angles et les arêtes. L'oxyhémoglobine de l'écureuil cristallise en tables hexagonales, celle du cheval en prismes rhombiques, terminés par des faces planes ou, surtout après traitement par l'alcool à 25 p. 100, en prismes terminés par des pyramides. Cette dernière forme s'observe aussi chez le chien. L'oxyhémoglobine de l'oie donne des cristaux tabulaires rhombiques. Récemment on est revenu à la détermination de la provenance du sang par l'examen des cristaux d'oxyhémoglobine en médecine légale (Moser, 1901; Friboes, 1903).

Ces différences de forme ont peu d'importance : suivant les conditions de cristallisation, la même solution fournira des prismes ou des tables. Ce qui est plus intéressant, c'est que des 47 oxyhémoglobines de vertébrés étudiées à ce point de vue, seulement deux (écureuil et hamster) cristallisent dans le système hexagonal, tandis que toutes les autres appartiennent au système rhombique, y compris celle de cobaye (von Lang) que l'on avait primitivement rattachée au système cubique.

En ce qui concerne l'oxyhémoglobine de l'écureuil, Halliburton a fait l'observation intéressante qu'après plusieurs recristallisations, elle abandonne la forme de tables hexagonales pour se convertir en un mélange de prismes et de tétraèdres du système rhombique.

Faut-il admettre avec Rollett que l'oxyhémoglobine est dimorphe? Ou convient-il, comme Halliburton le propose, d'attendre avant d'accepter cette conclusion, que la preuve soit faite de l'identité chimique des deux genres de cristaux? L'auteur anglais fait remarquer avec raison que les différentes formes cristallines pourraient correspondre à des degrés d'hydratation différents, à des combinaisons multiples de l'oxyhémoglobine avec de l'eau de cristallisation.

D'autre part, il ne faut jamais perdre de vue, quand on obtient des mélanges de diverses formes cristallines, que l'hémoglobine réduite, quoique plus soluble, est cependant aussi susceptible de fournir des cristaux. Chez le cheval, l'hémoglobine réduite fournit des tables hexagonales; l'oxyhémoglobine, des prismes rhombiques. Hüfner (8) a constaté que, lorsqu'on ne prend pas, lors de la préparation des cristaux d'oxyhémoglobine de cet animal, des précautions spéciales pour assurer l'oxygénisation complète du liquide, on obtient un mélange de tables hexagonales (hémoglobine réduite) et de prismes rhombiques (oxyhémoglobine) [Confirmé par Uhlik (9)].

Les cristaux d'oxyhémoglobine que l'on peut obtenir sont habituellement microscopiques. Cependant ils sont quelquefois beaucoup mieux développés et Gschleiden en a mentionné un qui avait une longueur de 3,5 centimètres.

La cristallisation des albuminoïdes semblait devoir résoudre la question si difficile de l'obtention de substances protéiques pures. Bien qu'elle surpasse de beaucoup toutes les autres méthodes employées, il semble cependant, du moins en ce qui concerne l'hémoglobine, qu'elle n'atteigne pas la perfection. C'est ainsi que Gschleiden avait remarqué, il y a longtemps, que, malgré des recristallisations nombreuses, l'oxyhémoglobine d'oie contient toujours un peu de phosphore, résultant d'un mélange de petites quantités de nucléine. Et SCHULZ, par son procédé, obtient des cristaux d'hémoglobine imprégnés de sulfate d'ammoniaque. Tant cristalloïdes que colloïdes dissous ou suspendus dans les eaux-mères peuvent donc être entraînés par les cristaux qui s'en imprègnent.

Propriétés physiques et chimiques des cristaux d'oxyhémoglobine. — Ainsi que le constatèrent d'abord ROLLETT et VON LANG (10), plus tard EWALD (11), les cristaux d'oxyhémoglobine possèdent un pléochroïsme marqué (surtout ceux d'hémoglobine réduite).

Examinés en lumière polarisée, les cristaux d'oxyhémoglobine de chien présentent dans des conditions favorables une teinte plus ou moins foncée suivant leur direction par rapport au plan de polarisation. Certains cristaux sont rouge écarlate, d'autres jaune orangé. Si l'on fait tourner le nicol, chaque cristal passera insensiblement de l'une de ces teintes à l'autre.

Le spectre d'absorption de ces cristaux est le même que celui de leur solution. Seulement il existe entre les bandes d'absorption des écarts plus grands suivant l'un des axes optiques du cristal que suivant l'autre. En d'autres termes, le pouvoir dispersif varie suivant les axes du cristal. On observe des phénomènes du même ordre, plus prononcés, avec l'hémoglobine réduite.

Examinés entre deux nicols avec interposition d'une plaque de gypse, les cristaux d'oxyhémoglobine prennent, quand on fait tourner l'un des nicols, des tons pourpres, bleus, orangés, etc., du plus bel effet.

Les cristaux d'oxyhémoglobine traités par l'alcool absolu sont rendus insolubles. Ils peuvent conserver pendant quelque temps encore leur biréfringence et leur spectre d'absorption. Dans cet état, ils constituent ce que NENCKI a appelé la parahémoglobine.

Les cristaux d'hémoglobine ayant séjourné à 0° dans le vide sec jusqu'à poids constant perdent, quand on les chauffe à 110°-115°, une certaine quantité d'eau, que l'on admet être de l'eau de cristallisation. En tout cas, cette eau ne fait pas partie intégrante de la molécule d'hémoglobine, puisque la substance ainsi desséchée peut être remise en dissolution et présente les caractères de l'hémoglobine normale (HOPPE-SEYLER); la quantité d'eau de cristallisation varie suivant que l'échantillon examiné provient d'une espèce animale ou d'une autre. Les différences sont assez fortes : de 3 à 4 p. 100 pour le chien (HOPPE-SEYLER) à 9.4 p. 100 pour l'écureuil (HOPPE-SEYLER). Seulement, il existe pour l'hémoglobine d'un même animal des différences tout aussi considérables suivant les auteurs. Ainsi l'hémoglobine de chien aurait 3 à 4 p. 100 d'eau de cristallisation d'après HOPPE-SEYLER, et 11.30 p. 100 d'après JAQUET. De sorte qu'il semble impossible de donner actuellement une signification quelconque à ces chiffres.

Propriétés physiques de l'oxyhémoglobine. — Des différences tout aussi grandes existent entre les résultats des auteurs qui ont voulu déterminer le degré de solubilité de l'oxyhémoglobine de différents animaux dans l'eau distillée. Ce peu de constance des résultats dépend en partie de la facilité avec laquelle l'oxyhémoglobine s'altère pendant les opérations qui ont pour but de la purifier, en partie de ce que les cristaux enlèvent aux eaux-mères les substances qui s'y trouvent dissoutes, substances qui facilitent une nouvelle dissolution ou la contrarient.

Mais, si l'on fait abstraction des chiffres absolus, qui n'ont pas grande valeur, il n'en est pas moins vrai que les cristaux d'oxyhémoglobine de différentes espèces animales, préparés par un même auteur (HOPPE-SEYLER), présentent des différences très marquées quant à la facilité avec laquelle ils peuvent être mis en solution. Et, comme il faut s'y attendre, ce sont les cristaux provenant d'animaux dont le sang cristallise facilement, qui se redissolvent le moins bien. L'adjonction de très faibles quantités d'alcali (potasse, soude, ammoniaque et carbonates correspondants) augmente fortement la solubilité de l'oxyhémoglobine (PREYER).

En solution neutre, l'oxyhémoglobine est difficile à précipiter par les sels neutres. La saturation par le chlorure sodique ou le sulfate magnésique ne produit aucun précipité. La double saturation par les sulfates de soude et de magnésie la précipite. La solution de sulfate ammonique saturée ajoutée à une solution d'hémoglobine commence à la précipiter quand le mélange contient 3,5 centimètres cubes de solution d'hémoglobine et 6,5 centimètres cubes de solution de sulfate ammonique, ce qui correspond à une concentration de 34.8 p. 100 (en volume) (SCHULZ). Et la précipitation complète n'est atteinte que près de la saturation. A ce point de vue, l'hémoglobine se rapproche de l'albumine du sérum.

Le carbonate de potassium à saturation la précipite sans altération. L'alcool la précipite, mais le précipité s'altère très rapidement (transformation en méthémoglobine). Les acides minéraux ne donnent de précipité qu'après altération chimique, qui se produit déjà par des concentrations très faibles. Il en est de même pour les sels des métaux lourds (KÜHNE). Les sulfates de cuivre ou de fer, le nitrate d'argent, le chlorure mercurique ne donnent primitivement aucun trouble dans les solutions d'oxyhémoglobine. Dès que la couleur s'altère, le précipité se produit. Les acétates de plomb neutre et basique ne la précipitent pas.

L'hémoglobine est insoluble dans l'alcool, l'éther, le chloroforme, etc. Rien que la saturation de sa solution aqueuse pure à 55° par le chloroforme suffit à la précipiter. Le précipité est insoluble dans l'eau pure ou l'eau salée. Les liquides faiblement alcalins le redissolvent et les solutions obtenues donnent le spectre de l'oxyhémoglobine. L'hydrate de chloral agit de même (FORMANEK) (12). Le sang laqué agité à la température ordinaire avec du chloroforme donne un précipité volumineux d'albuminoïdes, qui contient l'hémoglobine (SALKOWSKI) (13). L'étude spectroscopique des solutions d'hémoglobine, précipitées par le chloroforme, amène KRUGER (14) à supposer que cette précipitation s'accompagne d'une altération chimique.

Malgré sa grande facilité de cristallisation, l'hémoglobine en solution aqueuse ne diffuse pas à travers les cloisons animales ou végétales mortes.

Les solutions d'hémoglobine soumises à l'action de la chaleur coagulent vers 64° Cette coagulation s'accompagne de décomposition. En solution faiblement alcaline, l'hémoglobine, comme les autres albuminoïdes coagulables, ne se prend pas en grumeaux par l'action de la chaleur. Mais, à défaut de coagulation, il y a néanmoins destruction, et déjà, vers 54°, le spectre de l'oxyhémoglobine commence à se transformer en celui de l'hématine (PREYER) (15).

En 1903, GAMGEE (16) a pu fixer un point jusqu'alors inconnu des propriétés optiques des solutions d'oxyhémoglobine. En se servant d'un grand polarimètre de LIPPICH, et, comme source de lumière, de rayons rouges ayant une longueur d'onde moyenne ($\lambda = 665.3\ \mu\mu$) correspondant approximativement à celle de la bande C du spectre d'absorption de l'oxyhémoglobine (lumière fournie par la filtration des rayons d'une lampe à arc au travers d'une solution d'hexaméthylpararosaniline et d'une autre de chromate neutre de potasse), il a pu déterminer la déviation que les solutions d'oxyhémoglobine font subir à la lumière polarisée. D'après GAMGEE, l'oxyhémoglobine et l'hémoglobine oxycarbonée ont la même rotation spécifique α (C) $= + 10°4$. Elles sont donc dextrogyres.

Le radical albuminoïde, la globine, de la molécule d'hémoglobine est au contraire lévogyre, comme les substances albuminoïdes en général α (C) $= - 54°2$.

Les solutions d'hémoglobine ont un spectre d'absorption caractéristique étudié et décrit par HOPPE-SEYLER d'abord, par STOKES, ROLLETT, HÜFNER, GAMGEE ensuite.

Le sang des mammifères contient environ 12 à 14 p. 100 d'hémoglobine; si l'on fait de ce sang une dilution au 1/10 dans l'eau distillée, que l'on filtre, et si l'on examine au spectroscope la solution ainsi obtenue sous l'épaisseur d'un centimètre, on observe que le spectre entier est absorbé à l'exception de quelques rayons rouges aux environs de C, $\lambda = 656$. Si maintenant on dilue progressivement cette solution ou si l'on diminue son épaisseur, la partie visible du spectre devient de plus en plus étendue. La bande rouge s'élargit à gauche et s'étend vers l'orange à droite jusque D ($\lambda = 589$). Quand la concentration est d'environ 0.8 à 0. 9 p. 100, il apparaît entre *b* ($\lambda = 518$) et F ($\lambda = 486$) une bande verte. Quand la dilution augmente (vers 0.6 p. 100) une nouvelle zone lumineuse se fait jour (jaune vert) entre D et E ($\lambda = 527$), de sorte que la bande d'absorption existant d'abord entre D et *b* et qui se rétrécit jusque vers E est actuellement subdivisée en deux parties. A ce moment, l'extrémité bleue du spectre commence à être perçue par élargissement à droite de la bande lumineuse parue précédemment dans le vert. A partir de cette dilution, ce spectre d'absorption, avec ses deux bandes entre D et E, séparées par une zone lumineuse, devient caractéristique de l'oxyhémoglobine.

Pour des dilutions encore plus considérables, le spectre lumineux s'étend de plus en plus vers le violet, tandis que persistent les deux bandes d'absorption entre D et E. On les perçoit encore nettement dans une solution d'oxyhémoglobine pure de 1/10 000 examinée sous une épaisseur de 1 centimètre.

Ces changements du spectre d'absorption de l'oxyhémoglobine ont été reproduits graphiquement dans la planche suivante, empruntée à ROLLETT (fig. 61).

Les deux bandes d'absorption caractéristiques de l'oxyhémoglobine disparaissent elles-mêmes pour une dilution suffisante. On admet généralement que celle de gauche persiste la dernière. On la désigne par la lettre α et l'autre par β. Le centre de α correspond environ à $\lambda = 576\ \mu\mu$, le centre de β à $\lambda = 537\ \mu\mu$. A l'œil, α semble plus foncée que β, tandis que les mesures photométriques de HÜFNER démontrent que c'est au centre de β que se fait l'absorption de lumière la plus considérable.

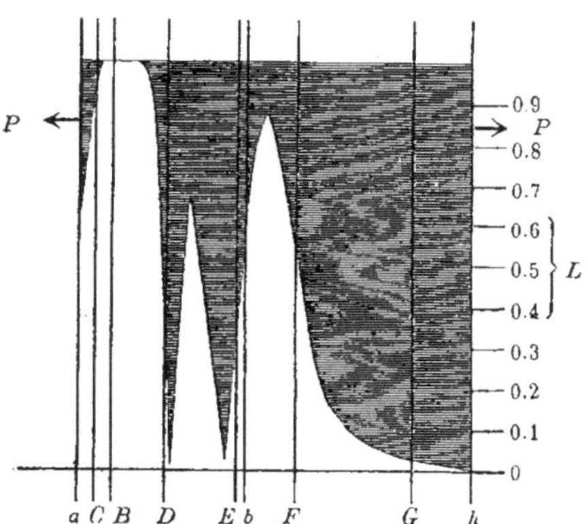

FIG. 61. — Absorption de la lumière du spectre par l'oxyhémoglobine à différentes concentrations (ROLLETT).

A côté de ces bandes d'absorption, qui se trouvent dans la partie visible du spectre, il en est une découverte par SORET (17), de Genève, étudiée ensuite par D'ARSONVAL (18) et plus particulièrement par GAMGEE (19), qu'il est impossible de voir à l'œil nu. On peut, en employant une lunette à oculaire fluorescent (verre d'urane pour SORET ou mieux solution d'esculine, d'après GAMGEE) rendre directement visible la bande d'absorption de SORET. Mais il est préférable de supprimer la lunette du spectroscope de BUNSEN et de la remplacer par une lentille qui projette le spectre sur un écran fluorescent ou sur une plaque photographique.

La bande d'absorption que GAMGEE appelle bande de SORET ou bande γ, se trouve entre G et H. Le centre coïncide avec $\lambda = 414\ \mu\mu$. Les limites en sont assez nettes, surtout la limite gauche, et elles ne varient pas ou très peu avec la concentration de la solution. Très nette dans une dilution au 1/250 de sang en couche de 1 cc. d'épaisseur, la bande tend à s'étendre depuis G jusque L quand la concentration s'élève à 1/100. Elle est encore perceptible dans une solution au 1/10 000. GAMGEE fait remarquer qu'aucune couleur ne donne cette bande d'absorption, qui serait ainsi beaucoup plus caractéristique de l'hémoglobine et de ses dérivés que les bandes α et β.

Les constantes spectrophotométriques de l'oxyhémoglobine ont été déterminées par HÜFNER.

C'est à VIERORDT que l'on doit l'application de la spectroscopie à l'analyse quantitative des matières colorantes. Pour les détails de la méthode et des instruments employés, nous renvoyons le lecteur à l'article **Spectrophotométrie**.

VIERORDT démontre qu'il existe un rapport constant entre le coefficient d'extinction ε d'une solution (valeur inverse de l'épaisseur exprimée en centimètres de cette solution qui absorbe les 9/10 de la lumière incidente) et sa concentration c.

De sorte que l'on a :

$$\frac{c}{\varepsilon} = \frac{c'}{\varepsilon'} = \text{A}.$$

Ce rapport A ou rapport d'absorption ayant été déterminé une fois pour toutes, grâce à des solutions exactement titrées, on peut, en connaissant la valeur de c ou celle de ε, en déduire l'autre.

Le coefficient d'extinction est habituellement déterminé en deux endroits du spectre d'absorption d'une substance colorante. On choisit ces endroits dans les parties du spectre où l'absorption est rapidement influencée par les variations de concentration. On obtient ainsi deux valeurs différentes ε et ε', auxquelles correspondent deux autres valeurs A et A'.

$$c = \varepsilon A = \varepsilon' A'.$$

Les coefficients d'extinction de l'hémoglobine oxygénée, réduite et oxycarbonée furent établis très soigneusement par HÜFNER et ses élèves (20). Les régions examinées furent : 1° l'espace compris entre les longueurs d'ondes 554 μμ et 565 μμ (espace compris

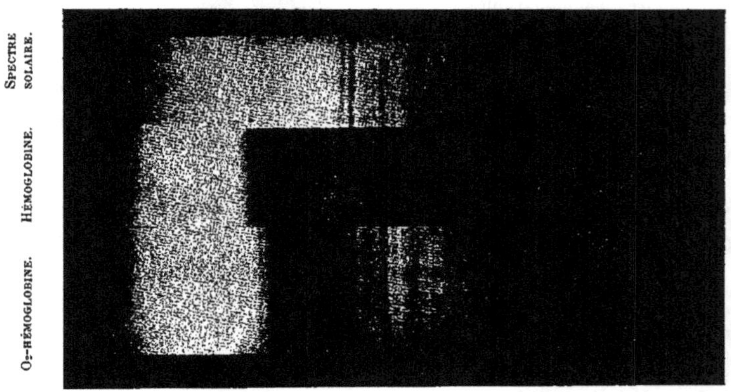

FIG. 62. — Spectre photographique de l'hémoglobine et de l'oxyhémoglobine (GAMGEE dans SCHÄFER'S. *Text-Book of Physiology*.).

entre deux bandes d'absorption); 2° la région de la 2e bande (β) entre 531.5 μμ et 542.5 μμ. L'appareil employé est un spectrophotomètre spécial très perfectionné.

HÜFNER trouva pour les constantes photométriques de l'oxyhémoglobine les valeurs suivantes :

$\frac{\varepsilon'_0}{\varepsilon_0}$	A_0	A'_0
1,578	0,00207	0,001312

HÜFNER détermina la valeur du rapport entre $\frac{\varepsilon_0'}{\varepsilon_0}$ et lui trouva, pour l'oxyhémoglobine cristallisée de bœuf, la valeur moyenne 1.578. Pour le sang de bœuf frais dilué, la valeur trouvée fut 1.581 et, pour le sang de lapin, 1.579.

Les valeurs de $\frac{\varepsilon'_0}{\varepsilon^0}$ déterminées antérieurement par HÜFNER et ses élèves étaient plus faibles. Il en est de même des chiffres obtenus par LAMBLING. Or un rapport de ce genre indépendant de la concentration est absolument propre à toute substance colorante. En le connaissant, on possède un excellent moyen de s'assurer de la pureté de la substance qui est en solution. Dès que l'oxyhémoglobine se réduit ou s'altère, la valeur $\frac{\varepsilon'_0}{\varepsilon_0}$ se modifie. Si donc cette valeur est identique pour le sang dilué et pour l'hémoglobine cristallisée, on peut en conclure rigoureusement que cette dernière n'a pas été altérée dans le cours des opérations. De plus l'identité de cette valeur chez le bœuf, le porc et le lapin est un argument sérieux en faveur de l'identité des hémoglobines des mammifères supérieurs.

Propriétés chimiques. — L'analyse élémentaire de l'hémoglobine la montre constituée de six éléments : le carbone, l'hydrogène, l'azote, l'oxygène, le soufre et le fer. Le sang des oiseaux fournit une hémoglobine qui, malgré des cristallisations répétées, contient toujours une faible quantité de phosphore (Hoppe-Seyler, Gschleiden, Jaquet). D'après Hoppe-Seyler, le phosphore n'appartiendrait pas à la molécule d'hémoglobine, mais proviendrait du mélange d'une petite quantité de nucléine. Inoko (21), en soumettant à l'hydrolyse par l'acide sulfurique de l'hémoglobine cristallisée d'oie, put établir la présence d'adénine parmi les produits de décomposition. Et, comme l'adénine n'est pas un constituant des albuminoïdes, mais des acides nucléiques (Kossel), sa présence parmi les produits de décomposition de l'hémoglobine d'oie confirme pleinement l'hypothèse de Hoppe-Seyler. Inoko, ayant fait cristalliser de l'hémoglobine de cheval dans une solution faible d'acide nucléique (extrait du thymus de veau), obtint des cristaux contenant également du phosphore. Il croit pouvoir en conclure que l'acide nucléique peut former avec l'hémoglobine des combinaisons cristallisées et que l'hémoglobine naturelle des oiseaux (et probablement des vertébrés dont les hématies sont nucléées) serait une combinaison de ce genre.

Mais il est bon de se rappeler que les cristaux des substances albuminoïdes possèdent à un degré très marqué la propriété, déjà attribuée par Lehmann (22) aux cristaux de diverses substances organiques, de s'imbiber comme des éponges des substances diverses (matières colorantes, sels, etc.) dissoutes dans les eaux-mères. L'affinité de contact des cristaux d'ovalbumine pour toutes les matières colorantes est telle que, si la quantité ajoutée de celle-ci n'est pas trop considérable, elles sont absorbées en totalité par les cristaux avec décoloration du milieu ambiant (Wichmann) (22). Or cette affinité si vive pour les couleurs s'exercera probablement avec plus d'intensité encore vis-à-vis de l'acide nucléique, et, dès lors, il devient très difficile de se prononcer sur la nature physique ou chimique de cette union entre l'hémoglobine et la nucléine ou l'acide nucléique.

Les analyses élémentaires d'oxyhémoglobine cristallisée sont très nombreuses. Les premières sont dues à C. Schmidt et Hoppe-Seyler.

Dans le tableau suivant sont réunies les valeurs établies par ces auteurs, ainsi que d'autres plus récentes fournies par différents physiologistes (voir page 330).

Si l'on compare entre elles les compositions centésimales établies par les différents auteurs, on constate des écarts considérables pour l'hémoglobine des différents animaux, ce qui tendrait à faire croire que l'hémoglobine diffère dans sa composition chimique d'une espèce animale à l'autre. Mais pour l'hémoglobine du même animal existent aussi, d'un auteur à l'autre, des différences tout aussi notables, de sorte qu'il serait imprudent de tirer une conclusion quelconque de ce tableau.

Ces divergences dans les résultats dépendent en partie de la difficulté de préparation de cristaux suffisamment purs, non altérés pendant les opérations mêmes de purification, en partie de ce que les résultats furent obtenus par l'emploi des méthodes différentes de destruction de la matière organique (dosages de l'azote, du fer, du soufre).

Les propriétés chimiques de l'hémoglobine, les plus remarquables au point de vue biologique, consistent dans son affinité pour différents gaz.

Dissociation de l'oxyhémoglobine. — Dans le sang de l'animal sain, l'hémoglobine existe dans deux (ou peut-être trois) formes dont l'une est la combinaison oxygénée, l'oxyhémoglobine. L'oxyhémoglobine est très peu stable. Comme Stokes l'établit le premier, elle se transforme sous l'action d'agents réducteurs (solutions de Stokes) en une matière colorante nouvelle, qu'il appela cruorine pourpre, par opposition à la cruorine écarlate. Les solutions réductrices de Stokes étaient des solutions d'acide tartrique ou de tartrates alcalins, additionnées soit de sulfate ferreux, soit de chlorure stanneux, et légèrement alcalinisées par l'ammoniaque. Ces solutions réduisent rapidement à froid l'oxyhémoglobine. Mais la solution ferrique a l'inconvénient d'être colorée. Une autre substance réductrice, très usitée depuis Stokes pour produire la même réduction, c'est le sulfure ammonique frais et dilué. Le sulfure de sodium ne convient pas, parce qu'il transforme l'oxyhémoglobine en sulfométhémoglobine (GAMGEE).

ROLLETT a produit la réduction des solutions d'oxyhémoglobine en les agitant avec de la limaille de fer, à laquelle LUDWIG et A. SCHMIDT ont substitué avec avantage le fer réduit par l'hydrogène. Depuis, d'autres réducteurs ont été proposés : l'amalgame de sodium (HOPPE-SEYLER), l'hydrosulfite de soude pur (SCHÜTZENBERGER, LAMBLING, SIEGFRIED), les sels d'hydrazine (CURTIUS), ou mieux l'hydrate d'hydrazine (HÜFNER).

	EAU de CRISTALLISATION.	ANHYDRIDE PHOSPHORIQUE.	CARBONE.	HYDROGÈNE.	AZOTE.	SOUFRE.	FER.	OXYGÈNE.	
Chien	3,4	»	53,85	7,32	16,17	0,43	0,39	21,84	HOPPE-SEYLER.
	11,39	»	54,57	7,22	16,38	0,568	0,336	20.93	JAQUET.
	»	»	54,15	7,18	16,33	0,67	0,43	21,24	C. SCHMIDT.
Cheval	5	»	54,87	6,97	17,31	0.65	0.47	19.73	KOSSEL.
	»	»	54,76	7,03	17,28	0,67	0,45	19,81	OTTO.
	»	»	51,15	6,76	17,94	0,39	0,335	23.43	ZINOFFSKY.
	»	»	54,40	7,07	17,40	0,66	0.45	19,74	BÜCHELER.
	»	»	54,56	7,15	17,33	0,43	»	»	SCHULZ.
	»	»	54,81	7,01	17,06	0,6	0.468	19,86	NENCKI.
	»	»	54,4	7.25	17.51	0,449	0,393	19,85	JUTT.
Bœuf	9,52	»	54,66	7,25	17,70	0,447	0,40	19,54	HÜFNER.
	9,98	»	»	»	»	»	0,336	»	—
Cochon	»	»	54.17	7,38	16.23	0,66	0,43	21,16	OTTO.
	8,04	»	54.71	7,38	17.43	0,479	0.399	19.60	HÜFNER.
Poule	9,33	0,197	52,47	7,19	16,45	0,857	0,335	22,5	JAQUET.
Oie	9,4	0,77	54,26	7,10	16,21	0,54	0.43	20,69	HOPPE-SEYLER.
Cobaye	7	»	54,12	7,36	16,78	0,58	0.48	20,68	—
Écureuil	9,4	»	54,09	7,39	16,09	0,40	0,59	21,44	—

On peut aussi recourir aux agents de la putréfaction à l'abri de l'air, qui réduisent l'oxyhémoglobine sans détruire ultérieurement l'hémoglobine réduite.

Enfin, si l'on place à la base des doigts des liens en caoutchouc empêchant la circulation de retour, et si l'on examine au spectroscope la lumière solaire passant entre les deux derniers doigts au contact (VIERORDT) ou au travers de la surface sous-unguéale du pouce (HÉNOCQUE) (23), on constate une transformation plus ou moins rapide du spectre de l'oxyhémoglobine en celui de l'hémoglobine réduite.

Mais l'action du vide seul est suffisante pour opérer cette réduction. Seulement, quand on opère sur des solutions d'oxyhémoglobine cristallisée, on n'obtient par l'action du vide qu'une partie de l'oxygène, mélangé à des quantités plus ou moins fortes d'anhydride carbonique, en même temps que l'oxyhémoglobine se transforme partiellement en méthémoglobine (HOPPE-SEYLER, HÜFNER). Le sang dilué et oxygéné au contraire abandonne dans le vide barométrique tout l'oxygène combiné à l'hémoglobine, à condition d'opérer à une température suffisante (37°). A 0°, le vide complet ne produirait, d'après HOPPE-SEYLER, aucune dissociation de l'oxyhémoglobine, et il en serait de même d'une atmosphère d'hydrogène (SIEGFRIED) (32). En réalité, la proposition ainsi énoncée est trop absolue. Ainsi que DONDERS l'a constaté depuis longtemps, la dissociation de l'oxyhémoglobine n'est pas arrêtée complètement à la température de 0°. Elle est seulement très fortement diminuée et ralentie; et DONDERS a démontré qu'à 1° elle était plus de 100 fois plus lente qu'à 37°.

HOPPE-SEYLER a montré que les cristaux d'oxyhémoglobine humides abandonnent également dans le vide une partie de leur oxygène (0,5 centimètre cube par gramme d'hémoglobine) quantité moindre que la solution, et qu'il en est de même, mais à un degré plus faible encore, des cristaux complètement secs (0,4 centimètres cubes par gramme).

La quantité d'oxygène fixée par un gramme d'hémoglobine dissoute a été déterminée à différentes reprises. Pour établir ce chiffre, on s'adressa aux méthodes qui avaient précédemment servi à la détermination de l'oxygène fixé dans le sang lui-même. Magnus avait recouru à l'action du vide, méthode perfectionnée par l'emploi du vide barométrique (Ludwig), encore employée actuellement. Claude Bernard, qui avait, indépendamment de Hoppe-Seyler et concurremment avec lui, observé la propriété que possède l'oxyde de carbone de se substituer à l'oxygène du sang, avait basé sur elle une méthode d'analyse de l'oxygène du sang. Il déterminait le volume d'oxygène, chassé du sang par un excès d'oxyde de carbone.

Enfin Schützenberger et Lambling eurent recours à l'action réductrice de l'hydrosulfite de sodium.

Lambling (24) laisse couler, dans un appareil spécial rempli d'une atmosphère d'hydrogène, la quantité d'une solution d'hydrosulfite de soude, qui réduit complètement une solution d'indigo-carmin additionnée de kaolin pour la rendre opaque. Quand la réduction est complète, il ajoute une quantité donnée de sang ou d'hémoglobine, et mesure combien il faut d'hydrosulfite pour décolorer à nouveau l'indigo que le sang avait bleui. La solution d'hydrosulfite est titrée au moyen d'une solution d'indigo-carmin de titre connu.

Ce procédé donne des quantités d'oxygène plus fortes que les autres. Tandis que, par le vide barométrique, Lambling retire d'un gramme d'hémoglobine 1.44 centimètre cube d'oxygène, le dosage par l'hydrosulfite en fournit 1.98. D'après Lambling, ce serait ce dernier chiffre qui correspondrait le mieux à la réalité.

Siegfried (25) recourut également à l'hydrosulfite pour déterminer la quantité d'oxygène combinée à l'hémoglobine. Au lieu de prendre pour indicateur l'indigo-carmin, Siegfried arrête l'adjonction d'hydrosulfite quand la solution d'hémoglobine donne le spectre pur de l'hémoglobine réduite. Dans ces conditions, il pouvait exister, d'après ses recherches, tout au plus 0,5 p. 100 d'oxyhémoglobine dans les solutions qu'il examinait. Or ces solutions à spectre d'hémoglobine réduite pur avaient cédé à l'hydrosulfite des quantités d'oxygène beaucoup plus faibles qu'au vide. Elles bleuissaient une solution d'indigo-carmin réduite.

Ces résultats sont de nature à mettre en garde contre la méthode de réduction directe de l'hémoglobine par l'hydrosulfite de soude, puisque, d'après la nature de l'indicateur employé, les valeurs seront plus ou moins fortes que celles déterminées par le vide barométrique. Siegfried observa de plus que des solutions d'oxyhémoglobine dans lesquelle on laissait barboter un courant d'hydrogène jusqu'à disparition complète des raies d'absorption de l'oxyhémoglobine abandonnaient encore de l'oxygène au vide.

Si au contraire le courant d'hydrogène continue encore à passer pendant quelques heures dans la solution après la disparition des raies de l'oxyhémoglobine, celle-ci ne cède plus d'oxygène au vide barométrique. Ces résultats ne s'expliquent, d'après Siegfried, qu'en admettant que l'oxyhémoglobine se réduit en deux fois : le premier terme de la réduction, intermédiaire entre l'oxyhémoglobine et l'hémoglobine réduite, ayant avec la seconde un spectre d'absorption commun, différant d'elle par la combinaison avec une certaine quantité d'oxygène labile qu'il cède au vide. Ce terme intermédiaire, appelé pseudohémoglobine, existerait également, dans l'organisme vivant, pour le sang asphyxique ou veineux. Il en sera reparlé plus loin.

Opérant sur des solutions d'hémoglobine pure de chien, Hoppe-Seyler put extraire par le vide barométrique des volumes d'oxygène (réduits à 0° et 760 mm.) variant entre 78.93 et 168.4 centimètres cubes par 100 grammes d'hémoglobine. Pour l'hémoglobine de cheval, Strassburg trouva des chiffres variant entre 59 et 116 centimètres cubes.

Preyer détermina au contraire les quantités d'oxygène pur absorbées par des solutions d'hémoglobine privées d'oxygène, et il arriva aux valeurs 161.8 à 180.26 centimètres cubes par 100 grammes.

Dybkowsky, élève de Hoppe-Seyler, recourut au procédé de Claude Bernard. Il mesura la quantité d'oxygène abandonnée par une solution d'oxyhémoglobine à une atmosphère d'oxyde de carbone. Dans un essai, il trouva pour 100 grammes d'hémoglobine 119 centimètres cubes d'oxygène, dans un autre 155 centimètres cubes.

Enfin HÜFNER, auquel on doit les recherches les plus complètes sur ce sujet, combina à l'action de l'oxyde de carbone celle du vide. Ses premiers chiffres furent 1.21 centimètres cubes par gramme d'hémoglobine de chien. Mais il constata qu'au cours de la détermination il peut y avoir perte d'une partie de l'oxygène par suite d'oxydations qui se produisent dans la solution. Pour obvier à cet inconvénient, HÜFNER fit déterminer par un de ses élèves, MARSHALL, la capacité de l'hémoglobine réduite, non plus pour l'oxygène, mais pour l'oxyde de carbone.

CLAUDE BERNARD (1857) (26), et en même temps que lui et indépendamment LOTHAR MEYER (1858) (27), avaient établi que l'oxygène et l'oxyde de carbone sont absorbés à volume égal par le sang privé de ses gaz dans le vide. C'est-à-dire que ces deux gaz se remplacent en proportion moléculaire dans leur combinaison avec l'hémoglobine, loi confirmée par les recherches de HOPPE-SEYLER et celles plus récentes de Saint-Martin.

Dans les expériences de MARSHALL (28), l'oxyde de carbone était expulsé de sa combinaison avec l'hémoglobine par l'oxyde azotique. MARSHALL trouve la capacité égale à 1,205 centimètres cubes par gramme d'hémoglobine de chien. Mais cette méthode, reprise par HÜFNER lui-même, n'était pas encore parfaite. La solution d'hémoglobine obtenue au moyen de cristaux imprégnés d'alcool, abandonnait, en même temps que son oxyde de carbone, des vapeurs éthyliques. Et, comme le dosage de l'oxyde de carbone se faisait par combustion (dans l'eudiomètre), la présence de ces vapeurs altérait singulièrement les chiffres. Ayant repris ces déterminations avec une solution d'hémoglobine débarrassée de son alcool par une dialyse prolongée, HÜFNER obtint les chiffres 1,25 et 1,27 pour l'hémoglobine de bœuf, et le sang dilué de cet animal fournit une valeur analogue : 1,26, 1,30, 1,27. En déterminant d'autre part directement la quantité d'oxyde de carbone absorbée par une solution d'hémoglobine réduite non altérée, HÜFNER arrive à une valeur moyenne de 1,338 centimètres cubes par gramme d'hémoglobine (29). Ce dernier chiffre, qui a été admis comme définitif par HÜFNER, n'a cependant pas l'assentiment unanime. D'après HALDANE (78), il est légèrement trop fort. Dernièrement, DE SAINT-MARTIN (30) concluait, de recherches très soigneuses faites sur le sang de l'homme malade et du chien, dans le même sens que HALDANE. Les recherches faites sur le sang de l'homme fournissent des résultats assez inconstants (1,34 à 1,18), dont la moyenne équivaut à 1,26 centimètres cubes de gaz par gramme d'hémoglobine : celles sur le chien, plus régulières (1,35 à 1,22), donnent une moyenne de 1,31 centimètres cubes par gramme d'hémoglobine. D'après DE SAINT-MARTIN, la valeur admise par HÜFNER serait un maximum qui ne se rencontrerait que pour l'hémoglobine des animaux vigoureux. Dans l'état de maladie, la capacité de l'hémoglobine pour les gaz serait diminuée.

BOHR admet l'existence de plusieurs hémoglobines pouvant coexister dans le sang d'un même animal et possédant chacune un pouvoir distinct d'absorption pour les gaz.

A la suite des réserves de HALDANE et de SAINT-MARTIN, HÜFNER a fait par la méthode de HALDANE (action du ferri-cyanure de potassium sur l'hémoglobine oxycarbonée) une nouvelle série de déterminations sur du sang de bœuf. Il confirme son ancien résultat : $1^{cc},34$ par gramme d'hémoglobine.

Un point très intéressant en physiologie, c'est la nature de l'union entre l'oxygène et l'hémoglobine et la connaissance des conditions de température et de pression qui la déterminent.

Déjà MAGNUS avait constaté que le sang ne commençait à noircir, à abandonner son oxygène sous la cloche de la machine pneumatique, qu'aux environs de 10 centimètres de mercure. Il existait également une série de recherches de HOLMGREN (1853) sur le même point et de WORM-MÜLLER (1870) qui avait utilisé des solutions d'oxyhémoglobine. A 12°, l'oxyhémoglobine se dissociait quand la tension d'oxygène tombait au-dessous de 20 millimètres de mercure, résultat en complet accord avec celui de MAGNUS.

PAUL BERT (31) fut le premier qui fit des recherches systématiques sur ce point. Il trouva que, brusquement, aux environs de 10 à 15 centimètres de mercure (à la température ordinaire), la teneur en oxygène du sang du chien faiblit fortement. Au contraire, pour des pressions de plus en plus élevées, jusqu'à 18 atmosphères, les quantités d'oxygène absorbées croissent progressivement, comme le veut la loi de HENRY. De plus, PAUL BERT montra que la température influence nettement le phénomène de dissociation, dont la limite est d'autant plus élevée que la température se rapproche davantage de celle de l'organisme vivant.

Fränkel et Geppert (32) purent démontrer ultérieurement que du sang de chien, chauffé à la température du corps, abandonne déjà des quantités notables d'oxygène, dès que la pression d'air tombe au-dessous de 280 millimètres de mercure.

En 1882, Hüfner (33) reprit la question et fit de nombreuses déterminations à la température de 35°. Encore une fois, la limite de la dissociation pour l'hémoglobine cristallisée des chiens fut trouvée correspondre à une tension d'oxygène de 20 à 25 millimètres de mercure. Sous cette pression, la quantité d'oxygène absorbée par les solutions diminue brusquement, tandis qu'au-dessus l'augmentation est régulière, très faible et proportionnelle à la tension de ce gaz dans l'atmosphère en contact avec la solution. En 1888, Hüfner revint sur la question; il détermina de façon plus précise la limite à laquelle du sang de chien chauffé à 34°-35° commence à se dissocier. Cette limite était atteinte pour une pression d'oxygène de 62-63 millimètres de mercure, correspondant à une pression atmosphérique d'environ 300 millimètres. Et des solutions d'hémoglobine cristallisée de bœuf se comportèrent de même.

Dans tous les travaux cités jusqu'ici, l'oxyhémoglobine fut considérée comme une substance instable, dissociée plus ou moins complètement dans des solutions où la tension d'oxygène tombe en dessous d'une certaine limite, mais absolument stable à partir de cette pression, ne subissant plus aucune modification pour des pressions supérieures. Cette notion, peu en accord avec nos idées actuelles sur les équilibres chimiques, était probablement fausse. En 1890, Hüfner (34), se plaçant à ce point de vue nouveau, soumit cette question, déjà si travaillée, à deux séries de nombreuses et très soigneuses investigations, dont il tira des conclusions intéressantes. De ses expériences de 1890, Hüfner formula les résultats suivants :

1° La dissociation de l'oxyhémoglobine du bœuf se fait absolument dans les mêmes conditions, que l'on opère sur des solutions légèrement alcalines (solutions à 0,1 p. 100 de carbonate de soude) préparées au moyen de cristaux ou sur des solutions obtenues par dissolution de globules rouges ;

2° Si l'on étudie les rapports numériques qui existent entre la tension d'oxygène dans les solutions et leur teneur en oxyhémoglobine, on arrive à les exprimer par une loi simple, qui est du type de celles qui s'appliquent aux dissociations des gaz ou à celles des substances dissoutes.

$$\frac{C_o}{C_i p_o} = \varkappa$$

3° Pour une même tension d'oxygène, la dissociation est d'autant plus forte que la solution d'hémoglobine est plus diluée. Et, si l'on représente par y le rapport $\frac{h_r}{h}$ entre la quantité d'hémoglobine réduite et l'hémoglobine totale, on constate que cette valeur est inversement proportionnelle à la racine carrée de la concentration.

$$y = \frac{\text{Constante}}{\sqrt{c}}.$$

On sait que, d'après la formule générale de Guldberg et Waage, on peut représenter comme suit l'équilibre qui s'établit entre les molécules d'un corps gazeux qui se dissocie et les produits gazeux de sa dissociation :

$$Kp^n = p_1^{n_1}\, p_2^{n_2}$$

formule de dynamique chimique qui correspond à l'équation de réaction :

$$n\,A = n_1\,A_1 + n_2\,A_2 + \ldots\ldots$$

dans lesquelles n, n_1, n_2 représentent respectivement le nombre de molécules de la substance A et de ses produits de dissociation A_1, A_2 et p, p_1, p_2 les pressions partielles de ces gaz au moment de l'équilibre. K est la constante de dissociation. Pour prendre des exemples concrets, la formule sera

$$K p = p_1 p_2 = p^2,$$
$$\text{pour } N_2O_4 = 2 NO_2 \quad \text{ou} \quad PhCl_5 = PhCl_3 + Cl_2$$
$$\text{et } K p^2 = p_1{}^2 p_2$$
$$\text{pour } 2 CO_2 = 2 CO + O_2$$

Or Hüfner crut pouvoir établir pour la dissociation de l'oxyhémoglobine la formule suivante

$$\frac{c_o}{c_r p_o} = \varkappa.$$

dans laquelle c_o représente la concentration (exprimée en grammes) de l'oxyhémoglobine, c_r celle de l'hémoglobine réduite, p_o la tension de l'oxygène dans le liquide et $\varkappa$ une constante pour une concentration déterminée d'hémoglobine. Si, au lieu d'introduire comme élément du calcul la valeur (expérimentale) de la tension de l'oxygène, on préfère exprimer le poids d'oxygène dissous, la formule devient

$$\frac{c_o \times 760}{c_r \alpha_t p_o} = k$$

dans laquelle α_t est le coefficient d'absorption de l'oxygène dans la solution.

La première de ces deux formules peut encore s'écrire sous la forme suivante, dans laquelle C représente la somme des fractions d'oxyhémoglobine et d'hémoglobine réduite.

$$\frac{C - c_r}{c_r p_o} = \varkappa$$

D'où

$$c_r = \frac{C}{1 + \varkappa p_o}$$

Il est clair, d'après cette formule, que, si grande que devienne la tension de l'oxygène, la quantité d'hémoglobine réduite, quoique tendant vers zéro, ne pourra jamais devenir complètement nulle. De sorte que les solutions d'oxyhémoglobine saturées d'air atmosphérique sont loin d'être, comme on le supposait jadis, des solutions pures. D'après les dernières recherches de Hüfner, elles contiendraient seulement 95 p. 100 d'oxyhémoglobine.

La valeur de $\varkappa$, déterminée à 35° pour des solutions d'hémoglobine d'une concentration approximativement égale à celle du sang (14 p. 100), fut d'abord (1890) fixée par Hüfner à 0,415. La courbe de dissociation, construite d'après cette valeur, était en accord avec des résultats précédents de Hüfner, dans lesquelles cet auteur avait simplement déterminé la limite de pression d'oxygène, à laquelle du sang défibriné de chien et de bœuf commence à abandonner des quantités mesurables d'oxygène. Cette limite avait été placée alors à 60-70 millimètres environ. Mais elle était moins en accord avec certains faits observés sur l'animal vivant. Ainsi, dans des expériences de Paul Bert, des chiens, qui avaient respiré pendant trois quarts d'heure dans une atmosphère d'air à 360 millimètres, ne possédaient plus dans leur sang que 57 p. 100 de la quantité normale d'oxygène. Et, dans des recherches similaires de Fränkel et Geppert, la perte avait été de 34,4 p. 100 pour une pression atmosphérique de 378-365 millimètres.

Or, d'après la courbe de dissociation de Hüfner, l'oxyhémoglobine est à peine plus dissociée à ces pressions qu'à la pression atmosphérique ordinaire. Pour expliquer ce désaccord, Hüfner supposa que, par ces pressions d'oxygène faibles, la vitesse d'absorption de ce gaz est notablement diminuée dans les poumons et devient insuffisante.

Ultérieurement, Loewy a attiré l'attention sur une autre difficulté. On admet généralement que le sang veineux du chien contient environ 40 p. 100 d'hémoglobine réduite pour 60 p. 100 d'oxyhémoglobine, degré avancé de dissociation qui correspondrait, d'après Hüfner, à une tension d'oxygène dans le sang veineux d'environ 4 millimètres. Or des déterminations de Strasburg et Wolfberg fixent à 25 millimètres environ la tension d'oxygène du sang veineux, ce qui, d'après les tables de Hüfner, devrait correspondre à environ 91 p. 100 d'oxyhémoglobine. Lœwy, pour élucider cette contradiction, a déterminé à nouveau, pour le sang humain oxalaté, la tension de l'oxygène et les quantités de ce gaz dissoutes sous différentes tensions. Les résultats auxquels il arrive diffèrent sensiblement des chiffres de HÜFNER. D'une façon générale, les dissociations qu'il a observées sont beaucoup plus fortes que celles déterminées par HÜFNER.

Ces résultats ont été étendus dans un travail dont il sera parlé plus loin.

Bien que ses expériences de 1901 (36) n'aient pas modifié l'opinion de HÜFNER dans ce qu'elle a d'essentiel, elles l'amènent cependant à atténuer beaucoup, sinon à supprimer certaines de ses précédentes conclusions;

Et tout d'abord, quoique sa technique se fût perfectionnée, HÜFNER obtint des valeurs de $\varkappa$ très différentes d'une expérience à l'autre, bien qu'il opérât dans des limites étroites de température. S'il établit les moyennes de ses résultats obtenus avec du sang laqué de bœuf et de chien, il arrive cependant à un résultat concordant: $\varkappa = 0{,}1089$ pour le chien, $\varkappa = 0{,}1102$ pour le bœuf dans des solutions de teneur moyenne d'environ 13,5 p. 100.

Donc $\varkappa$ est très variable d'une expérience à l'autre, malgré la constance de température et de concentration, mais la valeur moyenne de $\varkappa$ déduite d'une longue série d'essais est beaucoup plus stable. Dans les expériences avec des solutions d'oxyhémoglobine cristallisée, encore plus d'incertitude. Seules les valeurs fournies par des cristaux obtenus sans l'aide d'alcool furent trouvées proches de celles du sang laqué.

Enfin HÜFNER ne trouve plus de relation constante entre le degré de dissociation et la concentration de la solution. En résumé donc, des trois conclusions de 1890, il n'en reste plus qu'une seule, et encore la valeur de $\varkappa$ n'est constante, comme le veut la théorie, que pour autant qu'elle soit établie comme moyenne de nombreux essais.

HÜFNER montre dans ses nouvelles recherches les difficultés innombrables de ces mesures. Ainsi le coefficient d'absorption des solutions d'hémoglobine pour l'oxygène, qu'habituellement on suppose égal à celui de l'eau, se montre tellement variable qu'il faut pour ainsi dire renoncer à le déterminer. Or il constitue un des éléments du calcul.

Plus récemment ZUNTZ et LOEWY (37) ont établi qu'il n'est pas indifférent d'employer du sang laqué (comme le fait HÜFNER) ou du sang à globules intacts. Pour une même teneur en hémoglobine, l'émulsion globulaire présente un coefficient $\varkappa$ plus faible que le sang laqué (en solution alcaline), c'est-à-dire que la dissociation de l'oxyhémoglobine est plus forte dans l'émulsion. Ils confirment l'influence de la cristallisation de l'oxyhémoglobine sur la valeur de $\varkappa$. Après cristallisation, l'hémoglobine retient plus énergiquement l'oxygène.

La grande difficulté de ces déterminations, leur variabilité due à l'intervention de nombreux facteurs, expliquent facilement pourquoi l'accord n'est pas encore établi entre les physiologistes qui se sont occupés de ces questions.

Quoique les idées de HÜFNER soient généralement admises, ce serait prendre une décision prématurée que de considérer son opinion comme établie. D'ailleurs, l'opposition qui lui est faite par plusieurs chercheurs très spécialisés dans ces questions ne porte pas sur le fond du problème. On admet aujourd'hui unanimement avec HÜFNER que la combinaison de l'oxygène avec l'hémoglobine réduite fournit un produit instable à la température du corps, plus ou moins dissocié déjà dans l'air atmosphérique. Mais on lui a reproché de considérer la réaction d'une façon trop simpliste, trop schématique, de négliger trop le point de vue expérimental, et de s'en tenir à tel mode de dissociation plutôt qu'à tel autre, sans aucune raison de fait. La principale opposition aux idées de HÜFNER vient du physiologiste danois BOHR (38).

D'après BOHR, la formule de HÜFNER, qui exprime la dissociation de l'oxyhémoglobine, dérive entièrement d'une conception théorique du phénomène et ne correspond pas aux faits. Et, si même on accordait l'exactitude de la formule, il y aurait encore lieu, suivant BOHR, de faire aux déductions qu'en a tirées son auteur plusieurs objections, dont voici les plus importantes :

Soit la formule de HÜFNER :

$$c_0 = kc_r \frac{p_0 \ \alpha_t}{760} \qquad (1)$$

1° Dans cette conception du phénomène, la dissociation doit être indépendante de la concentration, pourvu que la tension de l'oxygène reste constante. Or, dans le mémoire qui établissait cette formule, HÜFNER faisait jouer un rôle important à la concentration de l'hémoglobine ;

2° Dans son mémoire de 1901, HÜFNER abandonne cette façon de voir, mais il semble perdre de vue que, si la dilution ne joue aucun rôle tant que la tension d'oxygène reste constante, elle doit, toujours d'après sa formule, agir très efficacement quand elle est faite avec de l'eau privée de gaz. Or, au cours de ses manipulations, HÜFNER fait subir à la solution d'hémoglobine une dilution suffisante pour permettre l'examen spectro-photométrique, sans tenir compte de la dissociation qui doit en résulter. Cette négligence entache les derniers résultats (1901) de HÜFNER d'une erreur qui sera d'autant plus grande que la dilution aura été plus forte;

3° La formule précédente suppose implicitement que la combinaison de l'hémoglobine avec l'oxygène se fait molécule à molécule. Cette supposition est une pure hypothèse. Tout ce que l'on sait à ce sujet, c'est qu'il y a une molécule d'oxygène fixée par atome de fer contenu dans la molécule d'hémoglobine. La molécule d'hémoglobine fixera donc autant de molécules d'oxygène qu'elle contient elle-même d'atomes de fer. Si elle en contenait deux, la formule deviendrait, d'après la loi de GULDBERG et WAAGE,

$$c_o = k_1 c_r \left(\frac{p_o \alpha_t}{760} \right)^2 \qquad (2)$$

D'après BOHR, cette seconde formule ne s'adapte pas mieux aux chiffres trouvés directement par l'expérience, que la première.

Au contraire, VICTOR HENRI (39), qui a récemment repris et développé les trois objections précédentes, trouve plus de constance pour la valeur de k_1 calculée d'après la formule (2) que pour k, en prenant les données de HÜFNER comme base des calculs.

Il semble bien que les objections de BOHR soient fondées, et on ne peut qu'approuver cet auteur, quand il dit qu'au lieu de déduire la valeur de k de quelques déterminations faites avec des concentrations et des pressions sensiblement constantes, puis de déduire de la valeur de k la forme de la courbe de dissociation, il faut suivre la méthode inverse : déterminer directement par l'expérience les quantités d'oxygène fixées aux différentes pressions, dessiner la courbe et en donner ensuite la formule.

On pourrait dire, en accentuant les conclusions de BOHR, que, si l'on veut obtenir des valeurs directement applicables à la physiologie humaine, il faut étudier la fixation de l'oxygène par le sang lui-même et non par des solutions d'hémoglobine plus ou moins artificielles. C'est ce qu'ont fait ZUNTZ et LOEWY.

Le tableau ci-joint, emprunté au travail de LOEWY (40), montre l'écart entre la courbe obtenue par eux et celle de différents auteurs. Les résultats de ZUNTZ et LOEWY se superposent pour ainsi dire complètement aux anciennes déterminations de PAUL BERT. Elles s'écartent notablement de celles de HÜFNER (fig. 63, p. 337).

Une des causes de la forte divergence entre les résultats de ZUNTZ et LOEWY et ceux de HÜFNER, c'est, ainsi qu'il a été dit, la dissociation plus forte de l'oxyhémoglobine dans les émulsions globulaires que dans le sang laqué. C'est ce qu'ont montré les expériences de contrôle de ZUNTZ et LOEWY, dans lesquelles les hématies furent dissoutes dans une solution de carbonate de soude. Dans les mêmes conditions, BOHR obtint aussi une dissociation plus forte pour les émulsions globulaires. Mais le résultat est inverse, si les solutions d'hémoglobine, au lieu d'être alcalines, sont purement aqueuses : les solutions d'oxyhémoglobine en milieu neutre sont plus dissociées que les émulsions globulaires correspondantes (BOHR) (41). Cette dernière remarque suffit pour montrer combien sont importantes les conditions expérimentales au point de vue de la valeur de k. Une autre cause de la plus forte dissociation de l'oxyhémoglobine dans les émulsions globulaires, c'est, d'après BOHR, la concentration de l'hémoglobine. D'après BOHR, la dissociation est plus forte dans les solutions concentrées que dans les solutions diluées à égalité de tension d'oxygène. Or, à l'intérieur des hématies, la concentration de l'hémoglobine atteint 30 à 45 pour 100.

Si l'on tient pour exacts les résultats de P. BERT et ceux de LOEWY et ZUNTZ, la discordance entre les données analytiques et les expériences faites sur l'animal (vivant en air raréfié) disparaît totalement. Et c'est bien à une dissociation trop forte de l'oxyhémoglobine du sang, et non à une insuffisance de diffusion des gaz dans le poumon, que sont dus les accidents respiratoires causés par les pressions atmosphériques faibles (ZUNTZ et LOEWY).

Parmi les facteurs secondaires qui peuvent influencer le degré de dissociation de l'oxyhémoglobine, il y a lieu de faire une place importante à l'acide carbonique. D'après des recherches récentes de BOHR, HASSELBACH et KROGH (42), l'acide carbonique augmente très sensiblement la dissociation de l'oxyhémoglobine quand la tension de l'oxygène est peu élevée; son action diminue rapidement avec l'augmentation de la tension de l'oxygène pour devenir pratiquement négligeable à la pression atmosphérique. Inversement l'oxygène influence très peu la combinaison de l'acide carbonique avec l'hémoglobine,

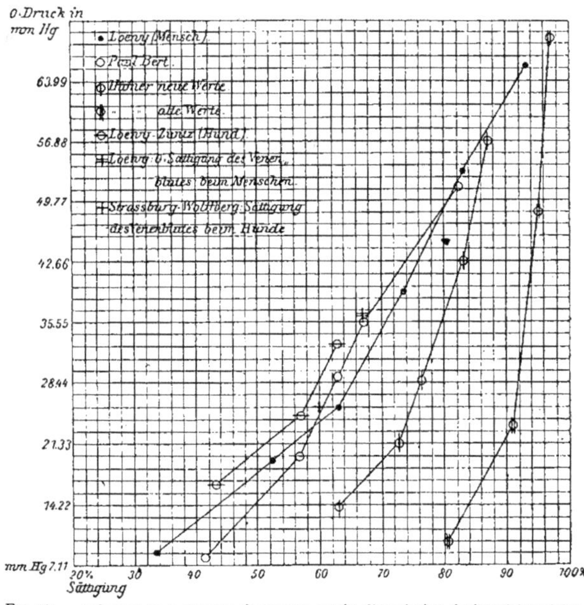

FIG. 63. — Influence de la tension d'oxygène sur la dissociation de l'oxyhémoglobine, d'après les données de différents auteurs (LOEWY).

ce que BOHR explique en admettant que l'union de l'acide carbonique avec le pigment sanguin se fait par l'intermédiaire du noyau protéique (globine) et non par le noyau chromogène. Il se peut que l'action dissociante qu'exerce l'acide carbonique aux basses tensions d'oxygène ait une signification biologique considérable. On conçoit qu'elle puisse faciliter normalement les échanges gazeux dans les capillaires. Elle peut expliquer en partie l'action favorable qu'exerce l'acide carbonique sur la respiration dans des atmosphères pauvres en oxygène. BOHR ne s'est pas borné à critiquer les idées de HÜFNER sur la combinaison de l'hémoglobine avec l'oxygène; il a aussi émis des opinions très nettes sur plusieurs points de cette question (43).

BOHR suppose que, dans le sang d'un même animal, du chien par exemple, il existe différentes hémoglobines, qu'il désigne sous le nom d'hémoglobines α, β, γ, δ.

L'hémoglobine γ correspond, dans ses propriétés principales, à l'hémoglobine unique étudiée jusqu'ici. Au point de vue plus spécial de sa combinaison avec l'oxygène, BOHR admet, comme HÜFNER, que la dissociation de l'oxyhémoglobine γ est soumise à la loi des équilibres chimiques.

Si l'on sèche rapidement dans un courant d'air des cristaux d'oxyhémoglobine γ, on obtient une poudre cristalline qui, redissoute dans l'eau, présente de nouvelles propriétés optiques et chimiques (hémoglobine β). Les bandes d'absorption du spectre de l'hémoglobine β sont les mêmes que pour la substance α, mais le coefficient d'absorption pour la lumière est différent, comme aussi la quantité d'oxygène fixée sur un gramme de substance.

Une solution d'hémoglobine β privée de ses gaz dans le vide barométrique, agitée à l'air et soumise de nouveau à l'action du vide, lui abandonne cette fois-ci une quantité notablement moindre d'oxygène. C'est l'hémoglobine α.

Enfin l'hémoglobine δ se caractériserait par sa grande capacité pour l'oxygène. Elle en fixerait par gramme $2^{cc},45$ à $2^{cc},80$, alors que l'hémoglobine γ en possède $1^{gr},5$. On l'obtient quelquefois au lieu de l'hémoglobine ordinaire, dans des conditions expérimentales non déterminées.

L'objection se présente tout naturellement que les hémoglobines α et β tout au moins, sont des produits altérés. Pour prévenir l'objection, Bohr a fait une série de recherches sur les constantes optiques et chimiques de différents échantillons non desséchés d'oxyhémoglobine cristallisée provenant de plusieurs chiens. Dans un travail fait sous la direction de Bohr, Haldane et Smith (44) ont déterminé la capacité pour l'oxygène des couches supérieure, moyenne et inférieure d'un amas de globules rouges séparés par centrifugation d'un échantillon de sang de bœuf ou de chien. Ils sont arrivés pour ces différentes couches à des capacités légèrement différentes, sans pouvoir rapporter ces différences à des variations de taille des hématies dans les couches diverses ou à un changement d'une autre propriété de celles-ci. Ils trouvent que les propriétés optiques et chimiques de ces échantillons varient considérablement.

Ainsi la proportion de fer oscille entre 0,32 et 0,46 p. 100, le volume d'oxygène absorbé par gramme de $1^{cc},01$ à $1^{cc},38$, et il existe également des différences fortes dans le coefficient d'absorption lumineuse.

Bohr a fait de plus des déterminations de la grandeur moléculaire de l'hémoglobine par la méthode cryoscopique. Mais les valeurs qu'il a obtenues furent calculées, dit-il, grâce à l'introduction d'une constante arbitraire 100, dont il n'explique pas la raison. Ces valeurs sont comprises entre 3 000 et 15 200.

Bohr met ces grandes variations en regard de celles qui existent entre les résultats publiés par les différents auteurs; il voit en elles des raisons suffisantes pour considérer comme établie l'existence d'un grand nombre d'hémoglobines chez une seule et même espèce animale dont l'hémoglobine ordinaire ne serait qu'un mélange.

Il y a lieu d'être très prudent dans l'interprétation de ces résultats. Les recherches récentes ont amplement démontré combien grande pouvait être l'influence de facteurs secondaires dans les phénomènes délicats sur lesquels Bohr établit ses différenciations.

Il semble bien résulter des dernières recherches de Bohr, de Zuntz et Loewy, et de Hüfner lui-même, que, tout au moins en ce qui concerne la facilité de dissociation de l'oxyhémoglobine, il existe des différences très notables d'une expérience à l'autre. Faut-il en conclure que les différents individus d'une même espèce ont des hémoglobines différentes? La conclusion ne s'impose pas jusqu'à présent. Et la diversité fait place à une uniformité satisfaisante, quand on établit des moyennes. D'autre part Hüfner a pu établir une constance beaucoup plus nette pour les autres propriétés de l'hémoglobine, telles que sa capacité de fixation pour les gaz ou ses caractères spectro-photométriques. Il est vrai que, sur ces points, les idées de Hüfner ne sont pas unanimement partagées (Bohr, de Saint-Martin). Bornstein et Müller (200) concluent de recherches récentes que l'hémoglobine, telle qu'elle est contenue dans les hématies d'un animal normal, présente des variations dans sa capacité pour l'oxygène, dans ses propriétés optiques et dans sa teneur en fer. Aron et Müller ont observé des variations de la teneur en fer.

Un élève de Bohr, Jolin (45), a constaté beaucoup de similitude dans la fixation de l'oxygène et de l'acide carbonique pour les hémoglobines de chien et de cobaye, tandis que l'hémoglobine d'oie se différencie des deux premières.

Actuellement, il y a lieu de considérer ces questions comme non résolues. Ce sera aux futures recherches aussi à trancher la question de savoir s'il y a lieu de s'en tenir à la formule de dissociation de Hüfner plus ou moins modifiée, ou s'il faut lui préférer la nouvelle formule de Bohr (38), dans laquelle cet auteur fait une part à la dissociation hydrolytique de la molécule d'hémoglobine en deux radicaux : globine et noyau chromogène, à côté de la dissociation gazeuse en noyau chromogène oxygéné et noyau chromogène réduit.

En raison de l'incertitude qui règne en cette matière, il faut attendre. Le lecteur trouvera les éléments actuels du débat dans les articles originaux.

Faut-il mettre sur le compte d'une altération de l'hémoglobine par la solution d'hydrosulfite de soude, la façon assez anormale dont elle se comporte dans les expériences de SIEGFRIED, pour qui il existerait une pseudo-hémoglobine, intermédiaire entre les hémoglobines oxygénée et réduite ? HÜFNER ne se pose même pas cette question et rejette les résultats de SIEGFRIED pour la raison qu'il est impossible de se rendre compte, à la simple vue du spectre d'une solution d'hémoglobine, jusqu'à quel point elle est réduite. D'après HASSELBACH (196), l'éclairage du sang par une lumière très vive peut exercer une influence sur la combinaison de l'hémoglobine avec l'oxygène. Cette influence varie suivant la tension de l'oxygène. Quand cette dernière est élevée (1/5 d'atmosphère), l'affinité de l'hémoglobine est diminuée de façon passagère ; elle est augmentée de façon plus durable pour des pressions d'oxygène allant de 10 à 40 millimètres ; à des pressions inférieures à 10 millimètres, il n'y aurait aucune action. Ces données pourraient expliquer certains effets des bains de lumière très vive.

Chaleur de formation de l'oxyhémoglobine. — D'après des déterminations calorimétriques de BERTHELOT (46), la fixation d'une quantité d'oxygène, équivalant au poids moléculaire de cet élément (32 grammes) sur l'hémoglobine réduite du sang, dégage 14,77 calories. Récemment VICTOR HENRI (39) a appliqué à cette donnée la formule de VAN'T HOFF, qui détermine les variations de l'affinité en raison de la température, quand la quantité de chaleur dégagée par une réaction est connue.

La formule de VAN'T HOFF est

$$ln \frac{K_1}{K_2} = -\frac{Q}{R}\left(\frac{1}{T_1} - \frac{1}{T_2}\right)$$

dans laquelle K_1 et K_2 sont les constantes de dissociation aux températures absolues T_1 et T_2 : Q est la quantité de chaleur dégagée (exprimée en petites calories) et R une constante. D'après les chiffres de HÜFNER et à l'encontre de l'opinion de cet auteur, une différence de 2° (35° à 37°) a pour effet de faire varier très sensiblement la valeur de K coefficient de dissociation (de 1 à 1,17). Chez les animaux à sang froid une différence de 20° (de 7° à 27°) la fera varier de 1 à 5,76. On voit, par ces exemples, l'importance considérable que peut avoir la connaissance de cette loi pour l'interprétation de certains phénomènes vitaux, comme aussi pour le rapprochement des déterminations absorptiométriques faites à différentes températures.

Comme le fait remarquer VICTOR HENRI, l'application de cette loi nous fournit aussi un moyen de déterminer directement la valeur du coefficient de dissociation par la mesure (expérimentale) de l'influence qu'exercent des variations connues de la température sur la dissociation d'une solution d'oxyhémoglobine.

Grandeur moléculaire. — La recherche de la grandeur moléculaire de l'hémoglobine a beaucoup occupé les physiologistes. Grâce à la facilité de cristallisation de cette substance, on était en droit d'espérer son obtention à l'état de pureté beaucoup plus parfaite que les autres albuminoïdes. De plus l'existence dans la molécule de faibles quantités de deux éléments, le fer et le soufre, permettait de calculer au moyen des seules données de l'analyse centésimale, une grandeur minima, déjà très considérable, de sa molécule.

Des déterminations très soignées du fer et du soufre, portant sur de grandes quantités de substance, ont été faites dans le laboratoire de BUNGE par ZINOFFSKY et JAQUET. Elles ont donné, en ce qui concerne la quantité de fer, des résultats très concordants et notablement inférieurs aux chiffres anciennement connus. Ces résultats ont été confirmés ultérieurement par LAPICQUE et GILLARDONI (48). Ils sont résumés dans le tableau suivant :

	Fer	Soufre	
Cheval. . .	0.3351	0.3899	ZINOFFSKY
Chien. . .	0.336	0.568	JAQUET
Bœuf. . .	0.336		JAQUET
Poule . . .	0.3353	0.8586	JAQUET

Dans l'hémoglobine de chien, le rapport atomique du fer au soufre serait, d'après ces données de JAQUET :

$$\frac{56}{x.\ 32} = \frac{0.336}{0,568}$$
$$x = 2,96$$

Et si l'on admet un seul atome de fer dans la molécule de l'hémoglobine, le poids moléculaire total deviendrait 16 669 et la formule elle-même,

$$C_{758}\ H_{1203}\ N_{195}\ S_{3}\ Fe\ O_{218}$$

La grandeur moléculaire de l'hémoglobine de bœuf serait la même, d'après HÜFNER. Pour l'hémoglobine de poule, le rapport du fer au soufre étant

$$\frac{56}{x\ 32} = \frac{0,3353}{0,8566}$$
$$x = 4,485$$

Il faut donc ici doubler le nombre d'atomes de fer, ce qui produit le rapport

$$\frac{Fe}{S} = \frac{2}{9}$$

et conduit à une grandeur moléculaire double de la précédente.

Pour l'hémoglobine de cheval au contraire, le rapport $\frac{Fe}{S}$ devient $\frac{1}{2,1}$, et la grandeur moléculaire sensiblement égale à celle de l'hémoglobine de chien.

D'après ces résultats, il semble que, d'une espèce animale à l'autre, il existe une constance remarquable de la proportion de fer contenue dans la molécule, tandis que le soufre varie considérablement.

Comme on le verra plus loin, on admet que l'hémoglobine est constituée par l'union d'un noyau coloré, l'hémochromogène, à une substance albuminoïde, la globine. Le fer est contenu exclusivement dans le premier de ces fragments, le soufre dans le second.

La constance remarquable de la teneur en fer des échantillons d'hémoglobine provenant de différents mammifères et d'un oiseau indique que la proportion d'hémochromogène (c'est-à-dire du groupe spécifiquement actif de l'hémoglobine) contenue dans la molécule d'hémoglobine des divers animaux est constante. La composition chimique de cet hémochromogène est d'ailleurs constante, quelle que soit son origine.

Au contraire, le noyau albuminoïde, s'il est constant dans sa masse, semble différer dans sa qualité d'une espèce animale à l'autre, ainsi que l'indique sa teneur variable en soufre.

Un autre moyen purement chimique de calculer la grandeur moléculaire de la molécule d'hémoglobine est donné par l'étude quantitative de sa combinaison avec les différents gaz.

Si l'on admet la formule de dissociation de HÜFNER, on est amené à conclure, ainsi qu'il a été dit plus haut, que l'hémoglobine et l'oxygène se combinent molécule à molécules, et il en serait d'ailleurs de même pour l'oxyde de carbone, puisque ces gaz se remplacent en quantité volumétriquement équivalente (LOTHAR MEYER) dans leur combinaison avec l'hémoglobine.

Or, pour une grandeur moléculaire (calculée d'après les analyses précédentes) de l'hémoglobine de bœuf, égale à 16 669, la quantité d'oxyde de carbone combinée à un gramme d'hémoglobine serait, d'après HÜFNER (8),

$$\frac{x}{1} = \frac{28}{16669}$$
$$x = 0.001679 \text{ gr. de CO}$$

c'est-à-dire à 0° et 760 millimètres de pression, $1^{cc},34$; et le chiffre trouvé directement par cet auteur est, comme il a été dit plus haut, $= 1^{cc},338$.

En 1905, Reid (199) a procédé à une mesure directe de la pression osmotique de solutions pures de l'hémoglobine du chien. La valeur très constante qu'il observa conduit à une grandeur moléculaire triple de celle de la formule de Jaquet.

Hüfner et Gannser (202) ont repris ces mesures dans des conditions sensiblement analogues à celles du physiologiste anglais. Seulement leurs résultats, très différents des siens, concordent au contraire admirablement avec d'autres données de Hüfner. Ils permettent d'évaluer à 15115 la grandeur moléculaire de l'hémoglobine de cheval, à 16321 celle de bœuf.

Si l'on accepte les chiffres de Hüfner, on en peut conclure :

1° Que le poids moléculaire moyen de l'hémoglobine des mammifères est compris entre 15000 et 17000 ;

2° Que la molécule contient un atome de fer, soit une molécule de chromogène ;

3° Que l'hémoglobine et l'oxygène s'unissent molécule à molécule.

Hüfner avait constaté, d'autre part, l'identité d'une des constantes photométriques $\frac{\varepsilon'_0}{\varepsilon_0}$ de l'hémoglobine de divers mammifères (porc, lapin, bœuf). Il est remarquable de constater (si l'on s'en tient aux résultats de Hüfner) que, tandis que l'étude des propriétés spécifiques de l'hémoglobine, de celles qui dépendent de la molécule envisagée dans son ensemble (propriétés optiques, capacité pour les gaz) conduit à l'hypothèse de l'identité de l'hémoglobine des différentes espèces, au contraire, la teneur en soufre, c'est-à-dire une propriété relevant du noyau albuminoïde de la molécule, tend à faire supposer que, d'une espèce à l'autre, l'hémoglobine est chimiquement différente.

Si les résultats qui mettent en lumière ces analogies et ces dissemblances sont exacts, il faudrait bien conclure que les variations de la composition chimique du noyau albuminoïde de la molécule d'hémoglobine n'influencent en rien les qualités optiques de celle-ci, ni la plus importante de ses propriétés chimiques, la capacité pour les gaz. Celles-ci seraient fonction exclusive et inaltérable du noyau chromogène, invariable lui-même.

D'autres caractères physiques et chimiques de l'hémoglobine de divers vertébrés, tels que la composition centésimale, la forme cristalline, l'eau de cristallisation, la solubilité dans l'eau, ont été trouvées différentes d'une espèce à l'autre. Mais il règne trop de confusion dans les données souvent contradictoires des auteurs ; celles-ci possèdent, en tout cas, trop peu de précision pour faire de ces variations des preuves nouvelles de la pluralité des hémoglobines.

Il a été dit plus haut que Jolin, ayant dressé la courbe de dissociation de l'oxyhémoglobine de cobaye et d'oie, trouve pour l'hémoglobine de cobaye un graphique comparable à celui de l'hémoglobine de chien, tandis que celui de l'oie présente une ascension beaucoup plus inclinée.

L'oxyhémoglobine est transformée par l'oxyde de carbone en hémoglobine oxycarbonée, par l'oxyde nitrique en hémoglobine oxynitrique; combinaisons qui seront étudiées en détail dans des chapitres spéciaux (Voir p. 351).

Il a été dit plus haut que, chauffée en solution aqueuse à 60-70°, l'hémoglobine se décompose en hématine et globine.

A la température ordinaire, de faibles quantités d'acides minéraux ou de bases fortes lui font subir la même décomposition.

Quand la quantité d'acide est très peu considérable, ou si l'acide employé est faible, la première modification observée est la combinaison plus stable avec l'oxygène. Il y a longtemps que Lothar Meyer avait constaté que l'addition d'acide tartrique au sang diminuait des 4/5 la quantité d'oxygène cédée au vide. Et il est intéressant de faire remarquer ici que, d'après Hoppe-Seyler, cette transformation serait effectuée à la longue par l'acide carbonique lui-même. On a considéré cette transformation de l'oxyhémoglobine sous l'influence d'acides faibles, comme étant identique à celle qu'elle subit par l'action des agents oxydants, aboutissant à la méthémoglobine.

D'après Harnack (49), l'oxyhémoglobine, la sulfhémoglobine soumises à l'action des acides faibles (même l'acide carbonique) ou des acides forts très dilués, se transforment en une substance très instable, que l'on a confondue jusqu'ici avec la méthémoglobine, qu'elle rappelle par la coloration brune de ses solutions. La bande d'absorption qu'elle présente est située à droite de celle de la méthémoglobine (voir plus loin). Comme l'oxyhémoglobine, l'acidhémoglobine présente deux bandes d'absorption dans le vert.

L'acidhémoglobine possède une grande tendance à se scinder en hématine et globine. Les alcalis ne transforment pas l'acidhémoglobine en hémoglobine réduite. Le cyanure de potassium rend aux solutions brunes d'acidhémoglobine la coloration rouge et un spectre très analogue à celui de l'oxyhémoglobine, qui se transforme ultérieurement en un autre rappelant celui de l'hémoglobine réduite. Mais, en raison de la ressemblance de ces spectres avec ceux de la méthémoglobine cyanée, HARNACK réserve son opinion sur le véritable état du pigment sanguin dans ces solutions.

Sous l'influence des agents oxydants les plus divers, tels que l'ozone (coloration brune des bords du filtre au travers duquel passe une solution d'hémoglobine), l'iode, les permanganates, les nitrites, les ferri-cyanures alcalins, l'oxyhémoglobine se transforme en une substance nouvelle, la méthémoglobine, caractérisée par la stabilité de sa combinaison avec l'oxygène, et qui sera étudiée plus loin. D'après HOPPE-SEYLER, les nitrates, les chlorates n'agiraient pas en solution neutre. La même transformation serait opérée par des agents réducteurs tels qu'hydrogène naissant, hydrogène fixé sur palladium, putréfaction à l'abri de l'air, pyrogallol, allantoïne, hydroquinone, etc., ou par des substances très diverses, telles que l'aniline, la toluidine, l'acétanilide, la glycérine, l'acétophénitidine, etc.

Cette altération se fait déjà à l'air, et, à la longue, toutes les préparations sèches d'oxyhémoglobine se transforment progressivement en méthémoglobine.

Additionnée d'eau oxygénée, une solution d'oxyhémoglobine ne produit pas de dégagement d'oxygène, si l'hémoglobine est complètement pure. Si le dégagement s'effectue, il est très faible, et l'hémoglobine est oxydée elle-même par l'oxygène naissant, tandis que le sang complet ou une dissolution fraîche d'hématies produisent rapidement le même phénomène, sans que la matière colorante subisse la moindre transformation.

On observe la même différence dans la façon de se comporter des deux liquides vis-à-vis d'un mélange de teinture de gaïac et de térébenthine ozonisée. Ce mélange est bleui rapidement (par oxydation de la résine de gaïac?), sous l'influence des solutions non cristallisées, et n'est pas influencé par l'hémoglobine pure.

BERGENGRUEN (50) a démontré pour l'action de l'eau oxygénée que la partie active dans le globule, c'est non l'hémoglobine, mais le stroma, et cette propriété du stroma lui est commune à lui et à tous les protoplasmas cellulaires. On peut appliquer la même explication au bleuissement de la teinture de gaïac.

L'oxyhémoglobine se comporte vis-à-vis du papier de tournesol comme un acide bien caractérisé (KÜHNE, PREYER), tandis que le caractère acide de l'hémoglobine réduite est beaucoup moins accusé.

Des solutions d'oxyhémoglobine additionnées de carbonates alcalins neutres abandonnent de l'acide carbonique au vide (PREYER).

Soumises à l'action du courant galvanique, les solutions d'oxyhémoglobine laissent déposer des cristaux au pôle positif (A. SCHMIDT, ROLLET). L'oxyhémoglobine est donc un colloïde électro-négatif.

Des solutions d'oxyhémoglobine additionnées de cyanure de mercure dégagent de l'acide cyanhydrique, qu'il est facile de mettre en évidence en couvrant le vase par un verre de montre mouillé à sa surface inférieure d'une goutte de nitrate d'argent. Celle-ci se trouble par suite de la formation de cyanure d'argent (MICHAELIS et COHNSTEIN) (51).

Ces différents faits permettent de considérer l'oxyhémoglobine comme une substance albuminoïde faiblement acide.

La trypsine attaque l'oxyhémoglobine et peptonise la partie albuminoïde de sa molécule, en même temps qu'est mise en liberté l'hématine. La même trypsine ne possède aucune action destructive sur l'hémoglobine réduite (HOPPE-SEYLER).

La séparation entre les deux noyaux constitutifs de l'oxyhémoglobine, du noyau albuminoïde et du noyau ferrifère s'opère très facilement. Déjà, à la température de coagulation de l'oxyhémoglobine par la chaleur, le dédoublement commence à s'opérer en milieu neutre. A froid, les acides et les bases fortes en concentration faible le provoquent rapidement.

Cette décomposition par les acides a été étudiée d'une façon approfondie dans ces derniers temps par plusieurs auteurs (Pour l'historique voir un article de MOROCHOWETZ (51).)

SCHULZ (57) considère l'oxyhémoglobine comme constituée par l'union d'une substance albuminoïde spéciale, la globine, et d'un noyau ferrifère, l'hématine. La globine serait une substance albuminoïde très rapprochée de celles que KOSSEL a désignées sous le nom générique d'histones, et qui se caractérisent par leurs propriétés basiques et leur forte teneur en bases hexoniques. Elle est insoluble dans l'eau, soluble dans les solutions acides ou alcalinisées par la potasse ou la soude, non par l'ammoniaque. L'acide nitrique la précipite, mais le précipité se redissout à chaud. L'alcool à volume égal la précipite, le précipité est soluble à chaud (LAWROW). Le chlorure sodique et le sulfate ammonique à saturation la précipitent en solution acide ou neutre. La globine contiendrait la même quantité de soufre que l'hémoglobine, et dans les deux substances la moitié du soufre serait contenue à l'état labile, c'est-à-dire apte à être détachée à l'état de sulfure par l'ébullition avec une base forte, l'autre moitié à l'état stabile. SCHULZ réussit à obtenir de 100 parties d'oxyhémoglobine 86.5 de globine, et 4.2 d'hématine, avec un résidu non déterminé. LAWROW (52) recueillit jusqu'à 94.09 p. 100 de globine, et 4.47 d'hématine avec un résidu faible contenant de l'ammoniaque et des acides gras.

La destruction totale de l'hémoglobine de cheval fournit à PRÖSCHER (53) 41.7 p. 100 de leucine, 1.52 p. 100 de tyrosine, 0.195 p. 100 d'acide aspartique, 0.011 p. 100 d'acide glutamique, une quantité notable de substances précipitées par l'acide phosphotungstique, constituant probablement un mélange de bases hexoniques. LAWROW (52) obtint récemment, après hydrolyse par l'acide chlorhydrique de 317 grammes d'oxyhémoglobine de cheval, un mélange des trois bases hexoniques, pesant ensemble environ 65 grammes. c'est-à-dire 20.4 p. 100, dont 12.4 p. 100 d'histidine. HAUSMANN (54) détermina, après destruction de l'hémoglobine par les acides, quelle est la quantité d'azote qui se dégage à l'état d'ammoniaque (azote amidé), quelle fraction se trouve contenue dans le précipité phosphotungstique (azote diaminé), et l'azote non précipitable (azote monoaminé). Il trouva pour le premier, 1.07 p. 100; pour le second, 4.07 p. 100; pour le troisième, 10.95 p. 100, l'azote total constituant 17.31 p. 100 du poids total de la molécule, c'est-à-dire une proportion dominante des acides monoaminés, ce qui est en plein accord avec la grande quantité de leucine trouvée par PRÖSCHER.

Nos connaissances les plus complètes et les plus récentes sur cette question sont fournies par un travail d'ABDERHALDEN (55), continuation des premières recherches de cet auteur en collaboration avec EM. FISCHER.

A côté des substances déjà nommées, il faut encore citer comme se produisant pendant l'hydrolyse de l'oxyhémoglobine par les acides : l'alanine, la phénylalanine, l'acide α-pyrrolidin-carbonique, la cystine, la sérine, le tryptophane.

Rapportés à 100 grammes de globine, les différents produits cristalloïdes se trouvent dans les proportions suivantes :

Alanine, 4.19 gr.; leucine, 29.04 gr.; ac. α-pyrrolidin-carbonique, 2.34 gr.; phénylalanine, 4.24 gr.; ac. glutamique, 1.73 gr.; ac. aspartique, 4.43 gr.; cystine, 0.31 gr.; sérine, 0.56 gr.; ac. oxy α-pyrrolidin-carbonique, 1.04 gr.; tyrosine, 1.33 gr.; lysine, 4.28 gr.; histidine, 10.96 gr.; arginine, 5.24 gr.

Le dosage des acides monoaminés de l'hémoglobine de chien fournit les quantités suivantes, rapportées à 100 grammes de globine : glycocolle, traces dues peut-être à des impuretés; alanine, 3 grammes; valine, 1 gramme; leucine, 18.2 grammes; proline, 4.5 grammes; acide aspartique, 2.5 grammes; acide glutamique, 1.2 grammes; phénylalanine, 5 grammes (ABDERHALDEN, et BAUMANN (56).)

En ce qui concerne le mode d'union des deux radicaux constitutifs de l'oxyhémoglobine, HÜFNER (56) admet, à la suite de HOPPE-SEYLER, que la soudure se fait probablement par l'intermédiaire d'un ou plusieurs atomes d'oxygène, comme semble le prouver l'action dissociante d'un agent réducteur employé en excès, l'hydrate d'hydrazine.

Divers essais de synthèse de l'oxyhémoglobine au moyen des deux fragments de la molécule que sépare l'analyse, ont été tentés. PREYER (57) a prétendu, à propos d'une publication de BERTIN SANS et MOITESSIER (58) (1897), qu'il avait déjà réussi et décrit cette synthèse en 1871.

Les auteurs français disent avoir obtenu la reconstitution en solution alcaline de la molécule de méthémoglobine aux dépens d'hématine et de l'acidalbumine provenant du clivage de l'oxyhémoglobine. Leurs résultats ont été mis en doute par NENCKI et ZALESKI.

Recherche de l'oxyhémoglobine. — Pour caractériser dans un liquide la présence de l'hémoglobine, c'est aux propriétés spectroscopiques de cette substance qu'il faudra s'adresser de préférence.

Pour séparer les hémoglobines oxygénée et réduite d'autres pigments dérivés qui peuvent leur être mélangés (méthémoglobine, hématine, hématoporphyrine), on procède habituellement à la précipitation de ces derniers par l'acétate de plomb (éviter un excès) avec filtration rapide consécutive. Ce traitement entraînera à l'occasion d'autres substances colorantes qui pourraient gêner l'observation spectroscopique.

La transformation du spectre de l'oxyhémoglobine en hémoglobine réduite ou en hémoglobine oxycarbonée, la stabilité de cette dernière vis-à-vis des agents réducteurs, l'obtention d'hémochromogène ou d'hémochromogène oxycarboné par l'action de fortes concentrations alcalines sur les hémoglobines réduite ou oxycarbonée, l'action des acides forts qui produisent de l'hématoporphyrine sont des preuves très caractéristiques et très certaines de l'existence de l'hémoglobine dans les solutions qui les présentent.

Méthodes de dosage de l'oxyhémoglobine. — La recherche et le dosage de l'oxyhémoglobine ou de ses dérivés caractéristiques sont fondés sur les propriétés chimiques et physiques de ces substances. L'étude des divers procédés qualitatifs trouvera mieux sa place au chapitre traitant de la recherche médico-légale du sang. Seules les méthodes de dosage quantitatif de l'hémoglobine seront exposées ici.

Parmi les méthodes chimiques, les plus importantes sont :

1° **Le dosage du fer.** — On calcine l'hémoglobine sèche, ou le sang desséché. Les cendres sont reprises par l'acide chlorhydrique, réduites par le zinc et titrées par une solution de permanganate. En multipliant le chiffre exprimant le poids de fer par le coefficient $\frac{100}{0,336}$, on obtient la quantité d'oxyhémoglobine.

Cette multiplication par un facteur aussi considérable (300) est un sérieux inconvénient de la méthode, qui exige d'ailleurs, pour être exacte, des quantités notables de substance. Elle a été appropriée récemment aux besoins de la clinique par JOLLES (59). (Voir au sujet de cette méthode HLADIK (60).)

2° **Dosage de l'hématine** : BROZEIT (61) a proposé de peser l'hématine obtenue par décomposition de l'hémoglobine par l'acide chlorhydrique dilué. Le liquide est additionné d'acide chlorhydrique et d'éther.

On agite vigoureusement pendant quelques instants et on introduit goutte à goutte de l'alcool dans le mélange, jusqu'à ce qu'il se sépare en deux couches, l'une supérieure, éthérée, colorée en brun par l'hématine ; l'autre inférieure, incolore ou jaune clair.

La solution éthérée, agitée avec une solution diluée d'ammoniaque, lui abandonne l'hématine, qui est pesée après évaporation.

L'auteur ne donne pas de preuves suffisantes de la pureté de ce produit, et l'extraction par l'éther n'est pas complète (RAJEWSKY) (62).

QUINQUAUD a proposé le procédé suivant de décolorimétrie. L'eau de chlore détruit l'hémoglobine en la faisant passer par le jaune, le jaune-vert jusqu'au vert-gris. Pour amener 1 gramme d'oxyhémoglobine à cette teinte, il faut une quantité donnée d'une solution titrée d'eau de chlore. D'où la possibilité de déterminer la quantité d'oxyhémoglobine se trouvant dans un liquide. La méthode est inexacte à différents titres et non recommandable.

Dosage de l'oxygène ou de l'oxyde de carbone absorbé. — a) *Méthodes physiques.* — Comme il a été dit plus haut, ce dosage peut se faire de diverses façons. On peut extraire du sang l'oxygène qu'il contient, après agitation à l'air prolongée pendant quinze minutes et centrifugation pour se débarrasser de l'écume et des bulles de gaz, ou mesurer la quantité d'oxygène enlevée par la solution, après réduction complète de celle-ci, à une atmosphère de volume et de composition déterminés, en tenant compte de la fraction gazeuse simplement dissoute. On peut enfin déterminer, comme le fait GRÉHANT, la quantité d'oxygène que le sang abandonne sous l'action d'un excès d'oxyde de carbone. La première méthode ne serait applicable qu'au sang lui-même, puisque, ainsi qu'il a été dit, le vide n'enlève pas aux solutions pures d'oxyhémoglobine tout leur oxygène. De plus l'oxygène peut entrer en combinaison avec d'autres éléments dissous dans le liquide, ce qui rend préférable dans des études d'absorptiométrie l'emploi de l'oxyde de carbone (Hüfner). Mais cette méthode est d'un maniement difficile : elle nécessite des appareils spéciaux, compliqués, et les grands écarts qui règnent entre les résultats des auteurs qui ont établi la capacité de l'hémoglobine pour ce gaz, ne sont pas faits pour encourager à suivre cette voie.

Si l'on s'y résolvait, il faudrait employer le facteur de Hüfner, d'après lequel à 1 gramme d'hémoglobine correspond $1^{cc},338$ de gaz.

b) *Méthode chimique.* — Schützenberger et Risler, suivis par Lambling (24), ont déterminé par titration directe au moyen d'une solution d'hydrosulfite de soude la quantité d'oxygène qui se trouve en combinaison labile avec l'hémoglobine. D'après cette méthode, Lambling obtint des chiffres notablement plus élevés que ceux que l'on est en droit de considérer actuellement comme répondant à la réalité. Il serait hasardé, dans ces conditions, de recourir à cette méthode.

Méthodes optiques. — Celles-ci comprennent des méthodes basées sur l'intensité du pouvoir colorant de la solution, méthodes colorimétriques, d'autres fondées sur l'appréciation de la quantité de lumière absorbée par la solution. Parmi ces dernières, se range la spectrophotométrie.

Dans la méthode colorimétrique, on dilue progressivement le sang ou le liquide contenant de l'hémoglobine par des additions successives de quantités mesurées d'eau distillée, jusqu'à ce que la coloration soit devenue égale à celle d'un étalon. Cet étalon sera, soit une dilution à titre connu de sang normal, soit une solution d'une substance colorante, telle que le picrocarmin, dont la teinte et le spectre sont très rapprochés de ceux de l'oxyhémoglobine, soit un verre coloré.

Au lieu de diluer progressivement la liqueur, on peut faire varier son pouvoir colorant en l'examinant sous différentes épaisseurs, ce qui s'obtiendra par exemple en l'introduisant dans un vase prismatique à base triangulaire allongée, que l'on déplacera latéralement devant l'œil. On détermine alors quelle est l'épaisseur de solution qui possède le même pouvoir colorant que l'étalon. Enfin l'opération peut être inverse, c'est-à-dire que ce sera l'étalon dont l'épaisseur sera variable.

Les différents appareils et procédés, aussi nombreux que les auteurs qui se sont occupés du dosage de l'hémoglobine par voie colorimétrique, reviennent à l'un ou l'autre de ces types. Seuls, les plus connus seront décrits ici succinctement :

Procédé de F. Hoppe-Seyler. Hématinomètre. — Le procédé primitif de Hoppe-Seyler consistait à comparer le pouvoir colorant de deux solutions introduites dans deux cuves adjacentes de verre, à faces parallèles, d'une épaisseur de 1 centimètre. L'une des cuves contenait une solution pure d'hémoglobine de titre connu, dans l'autre était introduit un volume connu de la liqueur étudiée. On ajoutait à cette dernière des quantités mesurées d'eau distillée jusqu'à égalité de teinte. La comparaison se faisait par réflexion sur fond blanc (feuille de papier blanc placée derrière les cuves).

Le grand inconvénient de la méthode, c'est la difficulté de se procurer une solution étalon de titre exact, solution qui s'altère d'ailleurs très rapidement.

Pour obvier à ce défaut, Rajewsky (62), élève de Hoppe-Seyler, proposa de remplacer la solution titrée d'oxyhémoglobine par une solution ammoniacale de picrocarmin.

Procédé de l'échelle liquide. — Welcker (1854) fait extemporanément avec du sang normal une série de dilutions à titres différents auxquelles il compare la solution, dont la teneur doit être déterminée. Cette méthode est tout au plus approximative, en raison même du manque de précision dans la confection des tubes étalons.

Quincke (1878) remplace les tubes de sang normal dilué par des solutions de picrocarmin de concentration variée, introduites dans vingt tubes thermométriques fixés sur un cadre de carton. La comparaison se fait sur fond blanc.

Procédé de Hayem (63). — Hayem emploie un appareil composé de deux anneaux de verre de même diamètre, à surface extérieure dépolie, collés côte à côte sur une plaque de verre. Ils ont été usés au niveau des points tangents, de façon à former deux petits réservoirs identiques, séparés par une mince cloison et pouvant contenir chacun un peu plus de 500 millimètres cubes d'eau. On introduit cette quantité d'eau dans chaque cellule, et dans l'une d'elles on ajoute 2 à 15 millimètres cubes du sang à examiner. Sous l'autre cellule, on glisse une à une des rondelles de papier teintes à l'aquarelle en tons roses de plus en plus foncés. Chaque rondelle correspond à une teneur en hémoglobine déterminée d'après les dilutions successives d'un sang dont on connaît le nombre de globules. Le procédé de HAYEM est destiné aux recherches de clinique.

Procédé de Jolyet et Laffont (64). — Ces auteurs proposèrent l'emploi du colorimètre de LAURENT-DUBOSQ modifié comme suit : au lieu d'une solution étalon introduite dans l'une des cuvettes, ils proposent l'emploi d'une plaque de verre rouge, dont la valeur colorante est établie par comparaison avec des solutions titrées d'oxyhémoglobine. On détermine l'épaisseur d'une solution de sang à 1/25, dont le pouvoir colorant équivaut à celui de la plaque de verre,

En raison de la difficulté de se procurer des verres de coloration bien déterminée, MALASSEZ a proposé de remplacer la plaque de verre par une solution phéniquée neutre de picrocarmin dans de la glycérine aux 3/4.

Mais LAMBLING objecte l'altérabilité de cette dernière et préfère l'étalon de JOLYET et LAFFONT. D'après les recherches de cet auteur, les résultats de cette méthode sont très satisfaisants.

Procédé de Malassez (65). — L'hémochromomètre se compose d'une plaque rectangulaire horizontale pouvant être inclinée plus ou moins sur un pied. Elle est percée de deux trous circulaires adjacents de 5 millimètres de diamètre, situés dans un même grand diamètre. Derrière l'un des trous est fixé l'étalon, derrière l'autre se meut une cuve prismatique de verre, contenant la solution à examiner. On détermine l'épaisseur de celle-ci, qui équivaut à l'étalon. Une lecture directe donne immédiatement la quantité d'hémoglobine correspondant à cette épaisseur.

L'éclairage se fait par lumière diffuse du ciel réfléchie au travers d'une glace dépolie. L'appareil de MALASSEZ, très commode, donne la teneur en hémoglobine à 2,5 p. 100 près.

Hémoglobinomètre de Gowers (66). — L'appareil se compose de deux tubes en verre fixés dans un support commun. L'un, le tube étalon, scellé, est rempli de glycérine picrocarminée dont la teinte correspond à du sang normal au 100ᵉ.

L'autre est divisé en 100 divisions valant chacune 20 millimètres cubes. Dans une pipette capillaire tenant 20 millimètres cubes, on aspire une gouttelette de sang de façon à la remplir exactement, et l'on souffle ces 20 millimètres cubes de sang dans le tube gradué, pourvu au préalable d'un peu d'eau distillée. Par addition successive d'eau, on tâche d'atteindre dans ce tube l'égalité de teinte avec le tube étalon.

Ce procédé donnerait à l'observateur expérimenté la valeur exacte à 2 ou 3 p. 100 près.

Hémomètre de von Fleischl (67): — Dans cet instrument, la dilution sanguine est mise en regard d'un prisme de verre rouge que l'on déplace. Une lecture directe indique la teneur d'hémoglobine.

L'appareil de VON FLEISCHL est d'un usage courant dans les cliniques allemandes. Son emploi a fait l'objet de discussions approfondies (68).

Mais, dans sa forme habituelle, il ne se prête qu'aux recherches de clinique.

Hémomètre de Fleischl-Miescher. — MIESCHER (69) a fait subir à l'appareil de VON FLEISCHL certaines modifications qui, en lui gardant sa simplicité, l'ont notablement amélioré et ont fait de lui un instrument de tout premier choix pour les recherches de physiologie.

La teneur en hémoglobine est donnée à 0,15 p. 100 près.

Pipette colorimétrique de G. Hoppe-Seyler (70). — L'instrument de G. HOPPE-SEYLER est également approprié aux recherches courantes de physiologie. Comme l'instrument de MIESCHER, il donne la valeur absolue d'hémoglobine contenue dans un liquide. L'étalon est une solution d'hémoglobine oxycarbonée, pure, titrée, dont on prépare une fois pour toutes une solution. Celle-ci est conservée dans une série de petits flacons bien bouchés. Elle est inaltérable.

La dilution sanguine à observer doit être soumise à l'action d'un courant d'oxyde de carbone avant de pouvoir être comparée à l'étalon. Les résultats sont également très satisfaisants.

Elle peut aussi être appliquée aux recherches de la clinique.

Méthodes optiques basées sur l'absorption de la lumière par les solutions d'hémoglobine. — **Méthode de Preyer.** — Les solutions d'oxyhémoglobine suffisamment concentrées absorbent, comme on le sait, tous les rayons lumineux, à l'exception d'une partie des rayons rouges. Si l'on dilue progressivement une solution de cette concentration, il arrive un moment où quelques rayons verts s'ajoutent aux premiers. Cette apparition correspond à une concentration toujours la même. On détermine une fois pour toutes, au moyen d'un spectroscope déterminé, dont l'éclairage est constant, à quelle concentration correspond la première apparition du vert. Cette constatation faite, on pourra, à condition de faire toutes les observations avec une épaisseur de solution constante, ramener par dilution toutes les solutions d'oxyhémoglobine à ce même titre. C'est là le procédé de PREYER, procédé peu précis.

RADJEWSKY a proposé de remplacer la dilution par la variation d'épaisseur de la solution examinée dans des vases prismatiques à base rectangulaire. LAMBLING est arrivé au même but par un autre dispositif. Mais il rejette la méthode malgré ces perfectionnements.

Globulimètre de Mantegazza. — Le principe de cet instrument, qui n'est plus employé, est le suivant. Si l'on interpose entre la source lumineuse et la solution d'oxyhémoglobine des verres bleus, qui ne laissent passer que ceux des rayons lumineux qui sont le plus fortement absorbés par l'oxyhémoglobine, la lumière émise par la source est absorbée totalement par les deux substances colorantes. Pour arriver à cette extinction complète, il faudra employer d'autant plus de verres bleus que la solution d'oxyhémoglobine sera moins concentrée. D'où la possibilité de déterminer sa richesse en raison inverse du nombre des verres bleus employés.

Chromo-cytomètre de Bizzozero. — Une description complète de cet appareil se trouve donnée dans le travail de MALASSEZ cité précédemment (65). Il est destiné à mesurer l'opacité d'une dilution sanguine ou la concentration d'une solution d'oxyhémoglobine. L'appareil permet de diminuer ou d'augmenter à volonté l'épaisseur de la couche liquide examinée.

L'opacité recherchée est celle qui arrête les rayons lumineux du quart inférieur de la flamme d'une bougie à $1^{m},5$ de distance. Le pouvoir colorant est comparé, comme dans les appareils colorimétriques, à celui d'un étalon fixe.

Hématoscope de Hénocque. — Tout comme le cytomètre de BIZZOZERO, l'instrument de HÉNOCQUE indique seulement l'opacité d'une dilution de sang dans un liquide isotonique, c'est-à-dire plutôt la richesse en globules que celle en hémoglobine, et ne permet par conséquent que des conclusions approximatives touchant ce dernier point.

Il se compose d'une lame de verre sur laquelle on place quelques gouttes du sang à examiner. On recouvre avec une deuxième lame reposant sur la première, de façon que l'épaisseur du liquide comprise entre les deux varie d'une extrémité à l'autre, l'espace limité entre elles affectant en coupe verticale la forme d'un triangle très allongé. La position étant donnée par des repères, l'appareil est placé sur une plaque d'émail portant des chiffres que l'on voit à travers la couche sanguine. Plus la couche est épaisse et colorée, moins la vision est distincte.

Une partie plus ou moins étendue des chiffres est masquée par le liquide coloré. Le dernier chiffre lisible indique la teneur pour 100 en hémoglobine.

Spectrophotométrie. — La spectrophotométrie, en tant que méthode générale de dosage des substances colorantes, est due à VIERORDT.

La détermination des constantes photométriques de l'hémoglobine et de ses dérivés fut l'objet de longues recherches de HÜFNER et de ses élèves.

De l'avis des nombreux auteurs qui ont essayé cette méthode, les résultats qu'elle fournit dépassent en exactitude ceux obtenus par toutes les autres. LAMBLING a cependant fait observer que les coefficients varient avec les différents appareils, d'où la nécessité de faire la détermination pour chaque espèce d'appareils.

La description des appareils et les détails de la méthode trouveront mieux leur place à l'article spécial : **Spectrophotométrie.**

Nous rappellerons ici que le principe de la méthode est le suivant :

Le rapport entre la concentration *c* d'une solution de matière colorante et le coefficient d'extinction ε de cette matière est constant. On l'appelle rapport d'absorption, et on le désigne par la lettre A.

$$\frac{c}{\varepsilon} = \frac{c'}{\varepsilon'} = A$$

Le coefficient d'extinction est donné par une lecture au spectrophotomètre. Le rappart d'absorption est établi une fois pour toutes. Ces deux valeurs étant connues, une simple multiplication permet de déterminer la concentration.

$$c = A\,\varepsilon$$

HÜFNER a déterminé à différentes reprises la valeur du rapport d'absorption de l'oxyhémoglobine en deux endroits du spectre d'absorption de cette substance.

D'après les dernières données de cet auteur, la valeur A = 0,002070 correspond à l'espace compris entre les deux bandes d'absorption (554 μμ — 565 μμ), la valeur A′ = 0,001312 correspond à la région de la deuxième bande (531,5 μμ — 542,5 μμ).

Non seulement la méthode de VIERORDT s'applique aux solutions contenant une seule substance colorante, mais elle possède encore l'inestimable avantage de permettre de doser simultanément plusieurs substances colorantes contenues dans un même liquide, à condition de connaître leurs constantes spectrophotométriques.

VIERORDT établit que l'absorption de lumière s'observant dans une partie déterminée du spectre d'une telle solution est égale à la somme des coefficients d'extinction en cette région des différentes substances prises isolément.

Il suffira donc de connaître les rapports d'absorption de chacune des substances colorantes en un endroit donné du spectre et de connaître ce rapport pour autant de régions qu'il y a de substances en solution, pour établir un système d'équations qui donnera la concentration de chaque substance.

En physiologie, on aura rarement l'occasion de doser ainsi à côté l'une de l'autre plusieurs substances colorantes. Mais le dosage de deux substances, telles que l'hémoglobine réduite et l'oxyhémoglobine existant côte à côte dans le même liquide et pouvant se transformer l'une dans l'autre, sera souvent très intéressant à faire. Un simple examen spectrophotométrique y conduit sans la moindre difficulté.

Si E est le coefficient d'extinction observé en un endroit donné du spectre, si A_o est le rapport d'absorption pour l'oxyhémoglobine en cet endroit, et A_r celui de l'hémoglobine réduite, on aura, d'après la loi de VIERORDT, en faisant la concentration de l'oxyhémoglobine égale à x et celle de l'hémoglobine réduite à y :

$$E = \frac{x}{A_o} + \frac{y}{A_r}$$

E′, A'_o, A'_r représentent les valeurs correspondantes en un autre endroit du spectre.

$$E' = \frac{x}{A'_o} + \frac{y}{A'_r}$$

D'où :

$$x = \frac{A_r A'_r (E' A'_o - E A_o)}{A'_o A_r - A_o A'_r}$$

$$y = \frac{A_o A'_o (E A_r - E' A'_r)}{A'_o A_r - A_o A'_r}$$

En 1900, HÜFNER (71) a proposé une formule plus simple permettant la même recherche. Si l'on suppose déterminé pour l'oxyhémoglobine le rapport $\frac{\varepsilon'_o}{\varepsilon_o} = 1{,}578$, et pour l'hémoglobine réduite $\frac{\varepsilon'_r}{\varepsilon_r} = 0{,}762$ correspondant aux régions déjà mentionnées du spectre, il est clair que la valeur $\frac{\varepsilon'}{\varepsilon}$ trouvée pour toute solution contenant un mélange d'hémoglobine oxygénée et réduite doit être comprise entre ces deux limites. Cette valeur $\frac{\varepsilon'}{\varepsilon}$ s'approchera d'autant plus de la limite supérieure 1,578 que la solution sera plus oxygénée; elle tendra de plus en plus vers 0,762 dans le cas inverse.

D'après la loi de Vierordt, le coefficient d'extinction du mélange en un endroit du spectre est égal à la somme des coefficients d'extinction appartenant à la fraction réduite et à la fraction oxygénée.

Si l'on représente par x la quantité d'hémoglobine réduite rapportée à 100 parties du mélange on peut écrire :

$$\varepsilon' = (100 - x)\,\varepsilon'_o + \varepsilon'_r x \qquad (1)$$

De même

$$\varepsilon = (100 - x)\,\varepsilon_o + \varepsilon_r x \qquad (2)$$

D'où

$$\frac{\varepsilon'}{\varepsilon} = \frac{(100 - x)\,\varepsilon'_o + \varepsilon'_r x}{(108 - x)\,\varepsilon_o + \varepsilon_r x} \qquad (3)$$

D'après les formules :

$$A_o \varepsilon_o = A_r \varepsilon_r \qquad (4)$$

$$A_o \varepsilon_o = A'_r \varepsilon'_r \qquad (5)$$

$$\frac{\varepsilon'_o}{\varepsilon_o} = 1{,}529 \qquad (6)$$

dans lesquelles on connaît les valeurs de A_o, A_r, A'_r on peut calculer les différentes valeurs de ε'_o, ε_r, ε'_r en fonction de ε_o.

Si donc on fait $\varepsilon_o = 1$ pour l'unité de poids d'hémoglobine oxygénée dissous dans un volume donné d'eau, ε'_o devient 1,578, $\varepsilon_r = 1{,}529$, $\varepsilon'_r = 1{,}164$, et l'on possède toutes les données nécessaires pour la résolution de l'équation (3) qui devient :

$$\frac{\varepsilon'}{\varepsilon} = \frac{(100 - x)\,1{,}758 + 1{,}164\,x}{(100 - x) + 1{,}529\,x}$$

D'où

$$x = \frac{157{,}8 - 100\,\dfrac{\varepsilon'}{\varepsilon}}{0{,}529\,\dfrac{\varepsilon'}{\varepsilon} + 0{,}414}$$

Formule très simple, comme on le voit, dans laquelle la valeur $\frac{\varepsilon'}{\varepsilon}$ est donnée par l'observation spectrophotométrique.

Hüfner a d'ailleurs joint à son mémoire une table donnant la valeur de x calculée d'après cette formule pour toutes les variations de $\frac{\varepsilon'}{\varepsilon}$ comprises entre les deux limites et distantes de plus de 0,005.

Hüfner fournit une formule et une table de même type pour les mélanges d'oxy- et de méthémoglobine et pour ceux d'hémoglobine oxygénée et carbonée.

Récemment, Aron et Fr. Müller (193) ont constaté à l'examen du sang frais que le rapport $\frac{\varepsilon'_o}{\varepsilon_o}$ n'est pas constant. Il varie notablement d'un animal à l'autre de même espèce et même à différents moments chez le même animal. La valeur moyenne est sensiblement inférieure à celle donnée par Hüfner. Aron attribue, dans un mémoire ultérieur sur cette question (195), cette irrégularité à l'existence dans le sang circulant d'une quantité variable de méthémoglobine. Il suffit de soumettre les échantillons aberrants à une réduction totale, suivie de réoxydation, pour trouver un rapport $\frac{\varepsilon'_o}{\varepsilon_o}$ satisfaisant.

HÉMOGLOBINE RÉDUITE.

Il a été dit plus haut, à propos de l'action des agents réducteurs sur l'oxyhémoglobine, comment on obtenait des solutions d'hémoglobine réduite.

Ce fut Stokes (72) (1864) qui, le premier, montra l'action des agents réducteurs sur les solutions d'oxyhémoglobine et détermina les modifications qui surviennent dans leur spectre suivant ces conditions.

L'hémoglobine réduite peut, comme l'oxyhémoglobine, être obtenue à l'état cristallin. Mais l'obtention des cristaux d'hémoglobine réduite est rendue plus difficile à raison de la grande solubilité de cette substance. Cependant il y a longtemps que ROLLETT (1865), KÜHNE (1865), arrivèrent à en obtenir des cristaux. Le sang de cheval semble se prêter particulièrement à la préparation de cristaux d'hémoglobine réduite. Quand, pendant la préparation de cristaux d'oxyhémoglobine, provenant du sang de cet animal, on ne prend pas soin d'oxygéner complètement la substance colorante, on obtient souvent, d'après HÜFNER (8), un mélange de cristaux prismatiques et de tables hexagonales. Si l'on examine au microscope la préparation sans la couvrir, de façon à donner libre accès à l'air, on voit se dissoudre rapidement les tables hexagonales, et à l'endroit de leur disparition apparaissent des faisceaux de prismes allongés d'oxyhémoglobine.

Déjà en 1886, NENCKI et SIEBER avaient décrit un procédé permettant de les obtenir en grande quantité. Ultérieurement ARTHUS et ROUCHY (7) ont fait connaître une méthode simple d'obtention de cristaux d'hémoglobine de cheval. Ils séparent des globules de cheval par centrifugation, les lavent deux fois au chlorure sodique et les abandonnent à la température du laboratoire jusqu'à établissement d'une putréfaction intense. On les laque alors par un volume d'eau, on ajoute 1/4 de volume d'alcool à 95 p. 100 et on abandonne la liqueur pendant 24 heures à une température inférieure à 0° dans un vase étroit et profond. Dans le fond de l'éprouvette se sont accumulées après ce temps une quantité énorme de tablettes hexagonales noires et brillantes, de 2 à 3 millimètres de diamètre, qui sont des cristaux d'hémoglobine réduite.

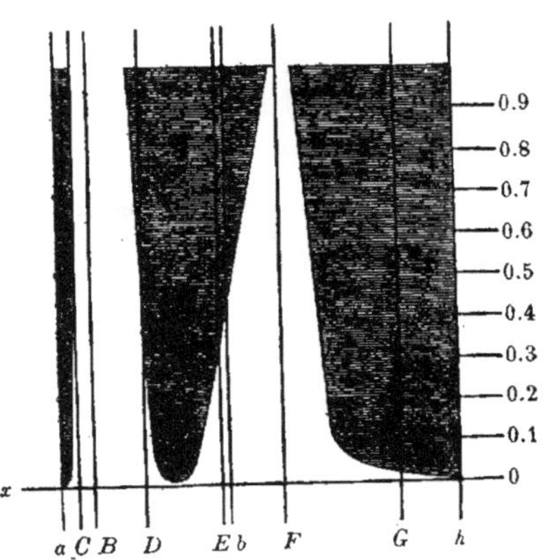

FIG. 64. — Absorption de la lumière du spectre de l'hémoglobine réduite à différentes concentrations (ROLLETT).

Examinés en lumière polarisée, les cristaux d'hémoglobine réduite présentent de façon très marquée des phénomènes de pléochroïsme (EWALD) (11). Certains cristaux sont rouge pourpre à l'instar d'une solution ammoniacale de carmin, d'autres présentent une coloration bleu pourpre, d'autres enfin sont presque complètement incolores. Chaque cristal présente individuellement, suivant la situation du nicol, deux de ces teintes. On trouve ainsi des exemplaires des trois combinaisons de ces trois teintes deux à deux. Le pouvoir dispersif du cristal est différent suivant les axes optiques.

Les solutions concentrées d'hémoglobine réduite examinées par réflexion en couche épaisse apparaissent rouge foncé. En couche mince ou en solution étendue, elles sont verdâtres (BRÜCKE). Ce dichroïsme s'observe également dans le sang veineux ou asphyxique. Il est propre à l'hémoglobine réduite. Ni l'hémoglobine oxygénée, ni les composés avec l'oxyde de carbone ou l'oxyde d'azote ne le présentent.

Le spectre d'absorption des solutions diluées d'hémoglobine réduite diffère essentiellement de celui de l'oxyhémoglobine en ce que les deux bandes d'absorption (α et β) de celles-ci sont confondues en une seule (γ).

Par l'augmentation de la concentration, cette bande s'élargit rapidement vers la partie droite du spectre qui est elle-même obscurcie. Le diagramme ci-dessus, dû à ROLLETT, montre bien ces particularités (fig. 64).

Les solutions d'hémoglobine réduites absorbent plus avidement les rayons compris entre C et D et moins fortement ceux situés entre F et G que les solutions correspondantes d'oxyhémoglobine.

La bande d'absorption de SORET est légèrement déplacée vers la gauche dans les solutions d'hémoglobine réduite. (Voir la figure page 328).

La détermination des constantes spectrophotométriques de l'hémoglobine réduite, effectuée aux mêmes endroits que pour l'oxyhémoglobine, a donné des valeurs très différentes de celles qu'on a trouvées pour l'hémoglobine oxygénée.

$\frac{\varepsilon'_r}{\varepsilon_r}$	A_r	A'_r
0,7617	0.001354	0.001778

Au point de vue chimique, les propriétés de l'hémoglobine sont, à beaucoup de points de vue, les mêmes que celles d'oxyhémoglobine.

La chaleur, les acides et les bases ont sur les deux la même action destructive. Mais le noyau ferrique qui est ainsi mis en liberté n'est plus l'hématine, mais l'hémochromogène (Hoppe-Seyler), dont l'oxydation reproduit l'hématine. On peut facilement mettre en lumière cette différence d'après une expérience de Hoppe-Seyler. Dans un tube de verre de large diamètre, on en introduit un autre de volume moindre, également fermé à une extrémité, contenant une solution concentrée de potasse ou de soude ou d'acide tartrique ou phosphorique. L'espace annulaire laissé vide entre le tube intérieur et le tube extérieur est rempli de sang défibriné. On scelle le tube, on laisse s'opérer la réduction totale de l'hémoglobine sous l'action de la putréfaction à 37°. Quand toute l'hémoglobine se trouve réduite, on renverse le tube scellé de façon à produire le mélange des deux liquides. L'hémoglobine réduite est décomposée en hémochromogène et en globine, et le liquide, de noir violacé qu'il était, devient rouge pourpre. Vient-on à ouvrir le tube scellé et à projeter son contenu sur une surface blanche (papier filtre), on voit immédiatement les taches virer du rouge au brun sale. L'hémochromogène s'est transformé en hématine au contact de l'air.

Les acides forts, en concentration suffisante, font subir à l'hémochromogène une transformation ultérieure en hématoporphyrine et en oxyde ferreux.

Les agents méthémoglobinisants, dont l'action sur l'oxyhémoglobine fut indiquée précédemment, ne font subir aucune transformation à l'hémoglobine réduite. Hoppe-Seyler constata, d'autre part, que la trypsine était dépourvue de toute action hydrolysante sur l'hémoglobine réduite.

HÉMOGLOBINE OXYCARBONÉE

Ce fut Claude Bernard (26) (1857) qui le premier attira l'attention sur l'influence de l'oxyde de carbone sur la couleur du sang et sa teneur en oxygène. La même année Hoppe-Seyler (73) fit des constatations analogues.

Lothar Meyer (27) démontra de façon décisive, en 1858, un fait très important, déjà signalé par Claude Bernard. Le sang oxygéné, traité par l'oxyde de carbone, absorbe de ce gaz un volume égal à celui de l'oxygène qui se dégage.

En 1863, Hoppe-Seyler isola le premier à l'état de cristaux l'hémoglobine oxycarbonée, et il montra dès ce moment que, par le vide aidé d'une chaleur modérée, on pouvait extraire difficilement et incomplètement l'oxyde de carbone de cette combinaison.

Cependant on admit pendant longtemps que ni le vide, ni le passage de gaz indifférents ne pouvaient décomposer la combinaison de l'hémoglobine et de l'oxyde de carbone. En 1872, Donders (74) émit l'idée générale que les échanges gazeux qui s'opèrent entre le sang et l'air des poumons d'une part, le sang et les tissus de l'autre étaient soumis pour une grande partie aux lois simples de la dissociation, sans intervention active de l'organisme. Les idées de Donders sont à l'heure actuelle admises par presque tous les physiologistes, et le cas spécial de la dissociation de l'oxyhémoglobine discuté plus haut en constitue un exemple. Si cette thèse était exacte, il fallait aussi que la combinaison entre l'hémoglobine et l'oxyde de carbone fût dissociable. Et Donders trouva en effet que, si les solutions de cette substance sont traversées par des courants d'un gaz indifférent, tel que l'hydrogène, ou par de l'oxygène ou de l'anhydride carbonique, elles leur abandonnent petit à petit tout leur oxyde de carbone. La dissociation est fortement influencée par la température. A peine marquée à 0°, elle se fait plus rapidement à 37°. La constatation avait un intérêt pratique, en ce qu'elle montrait la possibilité chez l'animal intoxiqué par l'oxyde de carbone d'une guérison complète par dissociation lente de l'hémoglobine oxycarbonée de son sang et non pas par destruction du pigment altéré.

La même année, les expériences de DONDERS étaient confirmées par ZUNTZ (75) qui réussit au moyen de la pompe de PFLÜGER à enlever, très lentement il est vrai, à du sang saturé par l'oxyde de carbone, la totalité de ce gaz. (Confirmé par de SAINT-MARTIN (30).)

Préparation. — Pour obtenir une solution d'hémoglobine oxycarbonée, on peut, au lieu de préparer de l'oxyde de carbone pur, s'adresser au gaz d'éclairage qui contient toujours des quantités notables d'oxyde de carbone. On fait donc barboter lentement le gaz d'éclairage au travers du sang ou de la solution d'hémoglobine.

Les cristaux d'hémoglobine oxycarbonée s'obtiennent en appliquant au sang ou à la solution oxycarbonée exactement le procédé servant à l'obtention des cristaux d'oxyhémoglobine. Ils sont isomorphes avec ces derniers et seraient moins solubles dans

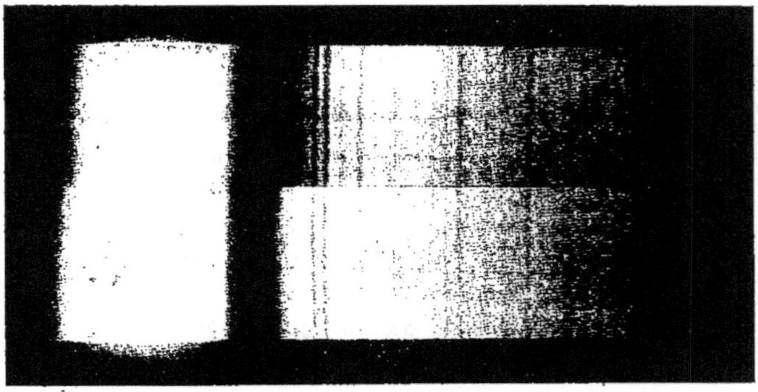

G H K L M N O

CO-HÆMOGLOBIN.

O_2H ÆMOGLOBIN.

FIG. 65. — Spectre photographique de l'oxyhémoglobine et de l'hémoglobine oxycarbonée. (GAMGEE dans SCHAFER'S *Text-book of Physiology.*)

l'eau (HOPPE-SEYLER) (5). Ils présentent un pléochroïsme marqué. Examinés en lumière polarisée, certains cristaux varient, suivant la position du nicol, du rouge au pourpre, d'autres du pourpre à la presque décoloration (EWALD). Ils présentent, tout comme les cristaux d'oxyhémoglobine, un pouvoir dispersif différent suivant leurs axes optiques. La différence se marque par un léger déplacement de la première bande d'absorption.

Les solutions d'hémoglobine oxycarbonée ont un ton plus bleuâtre que celles d'oxyhémoglobine. Elles laissent traverser plus complètement les rayons bleus. Les bandes d'absorption sont au nombre de deux. Elles correspondent comme situation et intensité à celles de l'oxyhémoglobine, avec cette différence qu'elles sont toutes deux légèrement déplacées vers la droite. D'après ROLLETT, les centres de ces bandes correspondent à 572 et 535 $\mu\mu$ au lieu de 578 et 539 $\mu\mu$ pour l'oxyhémoglobine.

D'après GAMGEE, la bande d'absorption de l'ultra-violet est plus étroite que celle de l'oxyhémoglobine et son centre se trouve un peu reporté vers la gauche (le centre correspond à 420.5 $\mu\mu$), c'est-à-dire que le déplacement s'est ici effectué en sens inverse de celui des bandes α et β.

Les constantes spectro-photométriques de l'hémoglobine oxycarbonée, déterminées, par Hüfner aux mêmes endroits du spectre que pour les autres pigments du sang sont :

$\frac{\varepsilon'}{\varepsilon}$	A_c	A'_c
1,095	0,001383	0,001263

Propriétés chimiques. — L'hémoglobine oxycarbonée est, comme il a déjà été dit, une combinaison plus stable que l'hémoglobine oxygénée, mais cependant soumise comme celle-ci aux lois de la dissociation.

En 1894, Bock (76) détermina le premier la courbe de dissociation de l'hémoglobine oxycarbonée et montra, en la comparant à celle de l'oxyhémoglobine, combien la partie ascendante en était plus verticale. L'année suivante, Hüfner (77) reprit ces déterminations en se plaçant au même point de vue que pour la dissociation de l'oxyhémoglobine. Au lieu de poursuivre la dissociation, de déterminer directement son degré aux différentes pressions, il détermina expérimentalement à la température 32°,7 le coefficient de dissociation k, entrant dans sa formule générale

$$k\,a = b\,c$$

a représentant la concentration de l'hémoglobine oxycarbonée, non dissociée, $b\,c$ celles de l'hémoglobine dissociée et de l'oxyde de carbone. Ce facteur une fois connu, il est facile de calculer la grandeur de la dissociation pour chaque pression gazeuse de l'oxyde de carbone, ou de figurer la courbe de dissociation. Ainsi obtenue, celle-ci est absolument analogue à celle décrite par Bock.

Si l'on compare la valeur du facteur de dissociation de l'hémoglobine oxycarbonée à celle de l'hémoglobine oxygénée (dernière valeur de Hüfner) on trouve que cette dernière est environ cent vingt-trois fois plus forte.

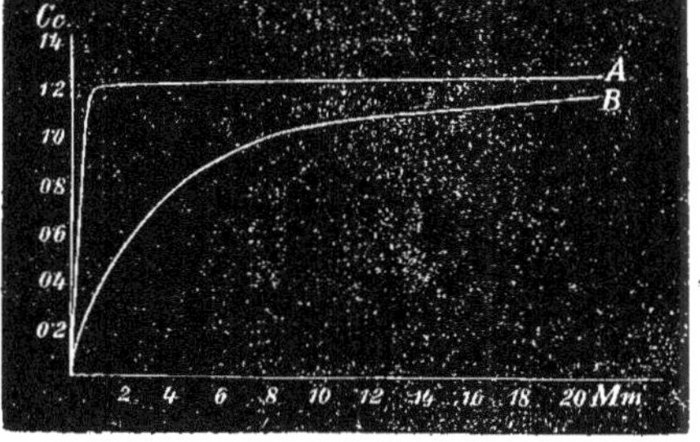

Fig. 66. — Courbes de dissociation B de l'oxyhémoglobine et A de l'hémoglobine oxycarbonée (Bock; *Centralblatt für Physiologie*, 1891, VIII, p. 386).

La figure suivante représente les deux courbes en regard. Les tensions gazeuses sont portées en abscisses. Les ordonnées représentent les quantités, en centimètres cubes, des deux gaz qui sont fixées par un gramme d'hémoglobine.

Comme il a été dit au chapitre de l'oxyhémoglobine, la quantité maxima d'oxyde de carbone fixée par un gramme d'hémoglobine serait de 1,338 centimètres cubes.

D'après les recherches calorimétriques de Berthelot, la chaleur de formation de l'hémoglobine oxycarbonée est supérieure à celle de l'oxyhémoglobine. La fixation de 28 grammes d'oxyde de carbone (poids moléculaire) par le sang, produisait le dégagement de 18,7 calories, alors que la formation de la quantité équivalente d'oxyhémoglobine mettrait en liberté seulement 14,77 calories. Ces données sont en plein accord avec l'étude de la dissociation des deux combinaisons.

On comprend très bien, grâce à elles, comment il se fait que des quantités très faibles d'oxyde de carbone répandues dans l'atmosphère suffisent pour chasser l'oxygène de sa combinaison avec l'hémoglobine des globules rouges. Et cela d'autant plus que le coefficient d'absorption des solutions de méthémoglobine semble, d'après les recherches de Hüfner, être plus élevé pour l'oxyde de carbone (0 02096 à 19°,6; eau 0 02337) que pour l'oxygène (0 01369 à 37°,5; eau 0 02378).

Hoppe-Seyler avait déjà basé sur cette affinité très grande de l'oxyde de carbone pour l'hémoglobine une méthode destinée à déceler de minimes quantités d'oxyde de carbone contenues dans une atmosphère. Gréhant (78) a pu déceler, par un procédé basé sur le même principe, l'oxyde de carbone à la dilution de 1/10000.

Dans l'empoisonnement par l'oxyde de carbone, la combinaison oxycarbonée va s'accumulant dans le sang à mesure des progrès de l'intoxication, et, d'après Dreser (79), la mort survient chez les lapins, quand plus des deux tiers (70-80 p. 100) de l'hémoglobine sont combinés au gaz toxique. L'intoxication est grave à partir d'une proportion de 50 p. 100 d'hémoglobine oxycarbonée. Si, avant l'empoisonnement complet, c'est-à-dire quand 60 p. 100 de l'hémoglobine sont combinés à l'oxyde de carbone, on replace l'animal dans une atmosphère privée de ce gaz, la dissociation de la combinaison s'effectue rapidement. Après vingt minutes de respiration accélérée, la teneur en oxyhémoglobine s'élève déjà à 73,6 p. 100; après deux heures, à 91,5 p. 100.

Haldane (80) a trouvé pour l'homme des valeurs approchées :

Pour une tension de 0,021 p. 100 de CO, la fraction d'hémoglobine oxycarbonée s'élève à 13 p. 100; elle devenait 28 p. 100 après 4 heures de respiration d'un mélange à 0,045 p. 100 CO. Pendant l'expérience, il n'apparut aucun symptôme; après, un peu de dyspnée et de palpitations à la montée d'un escalier. Quand la proportion d'hémoglobine oxycarbonée monta jusqu'au tiers, apparurent les premiers symptômes d'intoxication au repos (dyspnée, palpitations).

Ces chiffres sont très différents de ceux notés par Gréhant (81) dans des recherches du même genre, d'où Gréhant avait tiré la conclusion, certainement fausse, que l'oxyde de carbone est absorbé dans le sang des animaux vivants d'après la loi de Henry-Dalton.

D'après les recherches du savant anglais, une tension d'environ 0,05 p. 100 d'oxyde de carbone dans l'air atmosphérique est suffisante pour produire, chez la souris et chez l'homme, un empoisonnement faible. Une tension de 0,22 p. 100 tuait la souris en 2h25'. Dans un essai sur l'homme, un air contenant 0,21 p. 100 de CO fut respiré pendant 71 minutes. Il y avait dans le sang 50 p. 100 d'hémoglobine oxycarbonée. A côté des symptômes de l'empoisonnement faible apparurent de l'asthénie cérébrale avec céphalalgie et de la faiblesse musculaire.

Haldane, en accord avec la plupart des auteurs, et à la suite de Claude Bernard, ramène tous les symptômes de l'empoisonnement par l'oxyde de carbone à l'anoxhémie. La fixation du gaz toxique sur les globules équivaut à une soustraction rapide de ceux-ci à l'organisme. La seule thérapeutique rationnelle consistera donc à provoquer le plus rapidement possible la dissociation de la combinaison oxycarbonée. L'organisme pourra y parvenir en accélérant sa ventilation pulmonaire ou sa circulation. Le médecin interviendra en augmentant la tension d'oxygène dans les alvéoles pulmonaires, soit en augmentant la richesse en oxygène de l'air respiré, soit en augmentant la pression de l'air lui-même.

A côté de cette élimination respiratoire de l'oxyde de carbone, il y aurait, d'après de Saint-Martin (82) à l'encontre de ce que pense Donders, une véritable oxydation de l'oxyde de carbone par l'oxygène du sang avec production d'acide carbonique. Dans des expériences *in vitro* sur des mélanges de sangs oxycarboné et oxygéné, de Saint-Martin constata une diminution progressive de la quantité d'oxyde de carbone. Cette opinion est partagée par Wachholtz (1899), contestée par Gréhant (1889), Haldane (1900).

On sait, d'autre part, que le sang défibriné, même stérile, abandonné à lui-même, consomme son propre oxygène et se réduit spontanément. L'oxyde de carbone s'oppose jusqu'à un certain point à cette réduction spontanée.

Alors que, pour la souris, l'oxyde de carbone mélangé à l'air atmosphérique commence à être toxique vers 0,05 p. 100, dans l'oxygène pur, la teneur toxique minima s'élève à 0,8 p. 100, et il faut dépasser 5 p. 100 de CO pour mettre l'animal en danger de mort. A partir d'une tension suffisante d'oxygène (2 atmosphères), l'oxyde de carbone, quelle que soit sa tension, n'aurait plus aucune action. Haldane explique ce fait en admettant que, pour ces tensions élevées d'oxygène, la seule dissolution de ce gaz dans le plasma accumule dans ce liquide la quantité d'oxygène suffisante pour les besoins de la vie. Peu importe dès lors la proportion d'hémoglobine oxycarbonée.

D'autre part, la valeur de la tension de l'oxygène dans un mélange gazeux influence directement l'état de combinaison de l'hémoglobine avec l'oxyde de carbone. Dans des expériences *in vitro*, HALDANE observe qu'une solution alcaline d'hémoglobine agitée dans une atmosphère d'hydrogène, mélangée de 0,16 p. 100 de CO, contenait 95 p. 100 d'hémoglobine oxycarbonée, tandis que, dans un mélange en mêmes proportions d'air et d'oxyde de carbone, il y avait moitié oxyhémoglobine et moitié hémoglobine oxycarbonée. Cette expérience mesure d'ailleurs directement l'affinité des deux gaz, oxygène et oxyde de carbone pour l'hémoglobine (dans les conditions de l'expérience). Elle nous montre qu'à ce point de vue une tension de 0,16 p. 100 de CO équivaut à 21 p. 100 d'oxygène.

Mosso (83) a publié une série de recherches sur l'action de l'oxyde de carbone, dont les conclusions sont en parfait accord avec les travaux de HALDANE.

HÜFNER (84), lui aussi, est revenu sur la même question. Il s'est placé au point de vue auquel l'avaient amené ses études sur la dissociation des combinaisons gazeuses de l'hémoglobine, et il a déterminé directement le coefficient constant, d'après lequel se fait le partage de l'hémoglobine entre oxyde de carbone et oxygène, quand ces deux gaz se trouvent en présence dans une solution de cette substance.

Dans un milieu de ce genre, l'équilibre chimique s'établit quand

$$k\, v_o\, h_c = k'\, v_c\, h_o$$

formule dans laquelle k et k' mesurent respectivement l'affinité de l'hémoglobine pour l'oxygène et l'oxyde de carbone, v_o et v_c, les concentrations des deux gaz, h_o et h_c, celles de l'hémoglobine oxygénée et de l'hémoglobine oxycarbonée.

Il y a équilibre chimique, quand le nombre de molécules d'hémoglobine oxycarbonée se transformant en un temps donné en hémoglobine oxygénée, est égal à celui des molécules d'hémoglobine oxygénée qui opèrent le mouvement inverse.

On tire de la première formule :

$$\frac{v_c\, h_o}{v_o\, h_c} = \frac{k}{k'} = x$$

La valeur de x est facile à déterminer expérimentalement. Après avoir agité à une température donnée une solution d'hémoglobine dans une atmosphère contenant les deux gaz jusqu'à ce que l'équilibre chimique soit obtenu, on détermine au moyen du spectrophotomètre les valeurs de h_o et h_c, tandis que l'analyse gazométrique de l'atmosphère donne les tensions partielles $\frac{p_o}{100}$ et $\frac{p_c}{100}$ de l'oxygène et de l'oxyde de carbone. On en déduit leur concentration v_c et v_o à l'état dissous dans le liquide d'après la formule

$$\frac{v_c}{v_o} = \frac{\alpha_{ct}\, p_c}{\alpha_{ot}\, p_o}.$$

dans laquelle α_{ct} et α_{ot} représentent les coefficients d'absorption des deux gaz dans le liquide à la température de l'expérience.

Dans ces expériences, la valeur de x semble indépendante de la température (?). Dans des recherches anciennes faites à 10°, HÜFNER l'avait trouvée égale à 0,0056. Dans ses nouvelles expériences, faites à 37°5, il obtient la valeur $x = 0{,}00501$.

Cette constante étant donnée, on peut, en connaissant la composition quantitative d'une atmosphère contenant en même temps de l'oxygène et de l'oxyde de carbone, déterminer directement le rapport de la quantité d'hémoglobine oxygénée à celle d'hémoglobine oxycarbonée. Le tableau suivant indique la fraction d'hémoglobine oxycarbonée, rapportée à 100 parties d'hémoglobine, dans une atmosphère dont l'oxygène est progressivement remplacé par l'oxyde de carbone :

Tension de l'oxyde de carbone en centièmes d'atmosphère.	Tension de l'oxygène en centièmes d'atmosphère.	Pourcentage de l'hémoglobine oxycarbonée.
0,005	20,959	3,54
0,010	20,958	6,83
0,025	20,955	15,50
0,050	20,950	27

Tension de l'oxyde de carbone en centièmes d'atmosphère.	Tension de l'oxygène (en centièmes d'atmosphère.	Pourcentage de l'hémoglobine oxycarbonée.
0,1	20,939	42,4
0,2	20,918	59,5
0,3	20,897	69
0,4	29,876	74,66
0,5	20,855	78,65
0,6	20,834	81,57
0,7	20,813	83,79
0,8	20,792	85,54
0,9	20,771	86,96
1	20,750	88,1
1,25	20,698	90,25
1,5	20,646	91,78
1,75	20,593	92,89
2	20,541	93,72

L'hémoglobine oxycarbonée n'est pas transformée en hémoglobine réduite par les agents réducteurs, tels que le réactif de STOKES, le sulfure ammonique, etc. (HOPPE-SEYLER). Les agents de réduction, la putréfaction à l'abri de l'air n'ont sur elle aucune action.

Les solutions d'hémoglobine oxycarbonée se différencient encore par quelques autres signes de celles d'oxyhémoglobine. Tandis que ces dernières, additionnées d'un égal volume d'une solution saturée de tanin, donnent rapidement un précipité brun verdâtre, celles d'hémoglobine oxycarbonée gardent pendant des années leur coloration rouge rosé. Il en est de même de l'action d'un mélange de soude caustique et de chlorure calcique, ou de ferrocyanure de potassium et d'acide acétique, ou des sels des métaux lourds et terreux (chlorure d'or, chlorure de zinc). La soude caustique fortement concentrée (densité = 1,3) additionnée d'un demi-volume de sang traité par l'oxyde de carbone, le colore en rouge écarlate avec précipitation rouge cinabre. Le précipité est d'abord constitué d'hémoglobine oxycarbonée, se transformant ultérieurement en hémochromogène oxycarboné (HOPPE-SEYLER). Dans ces conditions, le sang normal devient noir verdâtre.

Soumises à l'ébullition, les solutions neutres d'hémoglobine oxycarbonée donnent un coagulum rouge vif formé d'un mélange d'albumine coagulée et d'hémochromogène oxycarboné (HOPPE-SEYLER).

Additionné du 1/4 ou du 1/5 de son volume de solution d'acétate basique de plomb et agité après mélange, pendant une minute au moins, le sang contenant de l'oxyde de carbone reste rouge, alors que le sang normal est coloré en brun. La différence de teinte va s'accentuant (RUBNER).

L'acide phénique à 5 p. 100 précipite les solutions d'hémoglobine oxycarbonée en rouge carminé, celles d'oxyhémoglobine en rouge brun (85).

Additionnées de sulfure ammonique et d'acide acétique, les premières se colorent en rouge rosé, les secondes en vert-gris (88). A la longue, l'hémoglobine oxycarbonée, traitée par l'acide sulfhydrique en excès, se transforme en sulfhémoglobine (HARNACK), mais beaucoup plus lentement que l'oxyhémoglobine (SALKOWSKI) (87).

Les agents méthémoglobinisants habituels comme le ferricyanure, le permanganate, etc., transforment plus lentement l'hémoglobine oxycarbonée en méthémoglobine que l'oxyhémoglobine. Lors de cette transformation, il y a mise en liberté d'oxyde de carbone (BERTIN-SANS et MOITESSIER (88), HALDANE).

WEYL et ANREP (89) avaient admis que l'hémoglobine oxycarbonée pouvait se transformer en une forme stable, la méthémoglobine oxycarbonée, qui, sous l'action du sulfure ammonique, subirait la transformation inverse. Actuellement personne n'admet plus cette manière de voir, condamnée expressément par BERTIN-SANS et MOITESSIER (88). Traitée par l'oxyde azotique, l'hémoglobine oxycarbonée se transforme en hémoglobine oxynitrique, en même temps que s'échappe l'oxyde de carbone (HERMANN).

Recherche de l'hémoglobine oxycarbonée. — Pour différencier rapidement l'homoglobine oxycarbonée de l'oxyhémoglobine, on aura recours aux différentes réactions différentielles qui ont été indiquées plus haut. Les plus usuelles sont l'action de la soude (Hoppe-Seyler), qui donne un précipité rouge; la coagulation par la chaleur (Hoppe-Seyler), qui fournit également un précipité rouge; l'indifférence des agents réducteurs : hydrosulfite de soude, hydrate d'hydrazine et de la putréfaction (épreuve du tube scellé); et enfin la détermination de la constante spectrophotométrique $\frac{\varepsilon'}{\varepsilon}$.

On peut aussi, à l'exemple de Bertin-Sans et Moitessier (88), ajouter au sang oxycarboné du ferricyanure de potassium en poudre, de façon à transformer l'hémoglobine oxycarbonée en méthémoglobine; extraire les gaz du sang par le vide et les faire agir sur une solution diluée d'oxyhémoglobine qui sera examinée au spectroscope. On concentre de cette manière, dans cette solution diluée, la quantité d'oxyde de carbone qui était contenue dans le sang primitif.

Dans un échantillon de sang dont l'hémoglobine était saturée au 1/15e d'oxyde de carbone, l'épreuve faite sur 400 centimètres cubes fut affirmative. Cette méthode a été perfectionnée par de Saint-Martin (30).

HÉMOGLOBINE OXYNITRIQUE.

Hermann a démontré que, si l'on fait passer un courant d'oxyde nitrique à travers une solution d'oxyhémoglobine ou d'hémoglobine oxycarbonique, le composé azotique se substitue à l'oxygène et à l'oxyde de carbone dans leur combinaison avec l'hémoglobine. D'après des mesures récentes de Hüfner et Reinbold (90), la méthémoglobine traitée par l'oxyde nitrique fixe 2cc,685 par gramme, c'est-à-dire le volume double de celui d'oxygène ou d'oxyde de carbone que fixe l'hémoglobine. Quand on fait agir l'oxyde nitrique sur l'oxyhémoglobine, il faut neutraliser l'action des acides nitreux et nitrique qui se forment par combinaison secondaire entre l'oxygène mis en liberté, et l'excès d'oxyde nitrique. On y parvient en ajoutant à la solution d'oxyhémoglobine un peu de baryte (Hermann) ou de l'urée (Hüfner et Külz). Ces précautions sont inutiles dans l'action de l'oxyde nitrique sur l'hémoglobine oxycarbonée.

Hermann obtint des cristaux de l'hémoglobine oxynitrique et les trouva isomorphes avec ceux de l'oxyhémoglobine.

Les solutions présentent un ton rouge vif. Elles ne sont pas dichroïques.

Le spectre de l'hémoglobine oxynitrique présente deux raies d'absorption entre D et E, qui occupent, d'après Gamgee, exactement la même place que celles de l'oxyhémoglobine. Au contraire, la raie γ dans le violet correspond exactement à celle de l'hémoglobine oxycarbonée

L'hémoglobine oxynitrique se forme encore par l'action de l'oxyde d'azote sur la méthémoglobine (Hüfner). Les agents réducteurs et la putréfaction ne l'influencent pas.

SULFHÉMOGLOBINE.

Hoppe-Seyler fait une distinction nette entre l'action du sulfure ammonique et des sulfures alcalins sur l'oxyhémoglobine, quand leur concentration n'est pas trop forte, et celle de l'acide sulfhydrique. Tandis que les premiers réduisent simplement l'oxyhémoglobine, l'action de l'acide est plus profonde. La solution devient rouge sale, si elle est concentrée, vert olivâtre, si elle est diluée. Elle absorbe fortement le bleu et le violet du spectre et présente une raie d'absorption dans le rouge, raie comparable à celle des solutions de méthémoglobine, mais siégeant un peu plus à droite. La putréfaction en vase clos ne la transforme pas en hémoglobine réduite.

La coloration verte de la viande putréfiée lui serait due. Elle se formerait dans le sang des animaux à sang froid empoisonnés par l'acide sulfhydrique, mais n'aurait pas le temps de se produire dans le même empoisonnement des animaux à sang chaud, à cause de leur mort rapide par arrêt du cœur.

Cependant Brouardel et Loye (91) avaient déjà pu déceler par l'emploi du spectroscope l'altération de l'hémoglobine d'animaux empoisonnés lentement par l'acide sulfhydrique, et plus récemment Binet et Meyer (92) ont décelé le spectre de la sulfohémoglo-

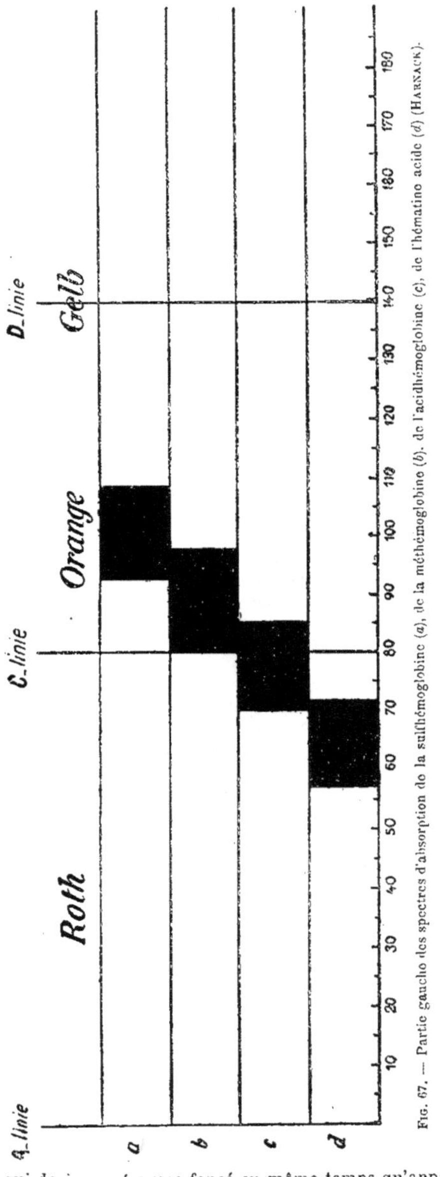

Fig. 67. — Partie gauche des spectres d'absorption de la sulfhémoglobine (*a*), de la méthémoglobine (*b*), de l'acidhémoglobine (*c*), de l'hématine acide (*d*) (Harnack).

bine à côté de celui de l'oxyhémoglobine, dans le sang d'animaux morts dans une atmosphère d'hydrogène sulfuré.

D'après Hoppe-Seyler, cette transformation de l'oxyhémoglobine, obtenue par action de ce gaz sur la solution de cette substance, ne s'obtient pas si l'acide sulfhydrique agit directement sur une solution d'hémoglobine réduite. Ainsi une solution d'oxyhémoglobine privée de son oxygène par un courant d'acide carbonique, conserve le spectre caractéristique de l'hémoglobine réduite, malgré l'action ultérieure prolongée de l'acide sulfhydrique. Si, après avoir fait agir ce gaz sur elle, on l'agite à l'air, elle subit la transformation en sulfhémoglobine. On obtient le même effet en la faisant traverser d'emblée par un mélange d'acide sulfhydrique et d'oxygène. Dans ces conditions, il se produit en même temps une précipitation de soufre.

Les adjonctions de faibles quantités d'alcali au sang dilué ou à la solution d'oxy-hémoglobine rendent plus difficile la production de sulfhémoglobine, sans l'empêcher.

En 1898, Harnack (49) a repris cette question assez obscure et est parvenu à y jeter quelque lumière. Il existe bien une sulfhémoglobine, que l'on peut considérer provisoirement, jusqu'à plus ample information, comme une combinaison additionnelle d'hémoglobine réduite et d'acide sulfhydrique. Clarke et Hurtley (201) confirment cette opinion. Ils n'ont pu obtenir la sulfhémoglobine à l'état cristallin.

Elle prend naissance, à l'encontre de ce que pensait Hoppe-Seyler, par l'action de l'acide sulfhydrique sur l'hémoglobine réduite (obtenue par réduction spontanée à l'abri de l'air) ou sur l'hémoglobine oxycarbonée. Cette transformation se traduit par un changement de teinte des liqueurs, qui deviennent rouge foncé en même temps qu'apparaît une raie d'absorption caractéristique, siégeant dans l'orangé. Cette raie d'absorption siège à droite de celle de la méthémoglobine. D'après CLARKE et HURTLEY, on obtient, par l'action de l'acide sulfhydrique sur l'hémoglobine oxycarbonée ou par celle de l'oxyde de carbone sur la sulfohémoglobine, une substance nouvelle, à spectre distinct, la carboxysulfhémoglobine.

La sulfhémoglobine n'est pas dissociée par un courant d'anhydride carbonique, qui enlève au sérum sanguin tout l'acide sulfhydrique dissous ou combiné aux alcalis. Au contraire l'adjonction d'un peu d'acide chlorhydrique met l'acide sulfhydrique en liberté, tandis que l'hémoglobine est décomposée en hématine et globine (MEYER); si l'acide est très dilué, l'hémoglobine se transforme d'abord en acidhémoglobine.

Si, avant de faire agir sur le sang l'acide sulfhydrique, on le soumet à l'action de l'acide carbonique, la transformation en sulfhémoglobine ne se fait plus. L'action préventive de l'anhydride carbonique est difficile à expliquer.

Peut-être ce gaz s'unit-il à l'hémoglobine, comme l'admet BOHR, et cette combinaison a-t-elle d'autres propriétés que l'hémoglobine pure. Cette hypothèse n'est d'ailleurs pas nécessaire. Car le passage de l'acide carbonique pendant une heure à travers la solution diluée de sang y a produit d'autres transformations : une partie au moins de l'hémoglobine est altérée, ainsi que le prouve l'apparition d'une raie d'absorption dans le rouge (à gauche de C et de la raie de la méthémoglobine véritable). Et cette transformation, qu'elle soit causée par l'acide carbonique ou par tout autre acide très dilué, empêche la production ultérieure de sulfhémoglobine.

Enfin, dans l'action concomitante de l'hydrogène sulfuré et de l'oxygène sur l'hémoglobine réduite ou de l'hydrogène sulfuré seul sur l'oxyhémoglobine, il se produit des réactions compliquées. La sulfhémoglobine apparaît, mais elle est détruite ultérieurement sous l'action oxydante de l'oxygène activé par l'acide sulfhydrique (précipitation de soufre) et il y a bientôt apparition d'hématine qui subirait elle-même des transformations ultérieures.

Et, comme HOPPE-SEYLER l'avait lui-même remarqué, on observe la même transformation (sans apparition de sulfhémoglobine) par le passage concomitant d'oxygène et d'hydrogène arsénié dans une solution d'hémoglobine réduite, alors que ce dernier gaz seul ne possède aucune action.

Dans la figure de la page 358 sont représentées dans leur situation respective les bandes d'absorption des sulfhémoglobine, méthémoglobine, acidhémoglobine, hématine.

HÉMOGLOBINE CYANHYDRIQUE.

HOPPE-SEYLER (1867) (5), ayant fait cristalliser des solutions d'hémoglobine de cobaye et de chien, additionnées d'acide cyanhydrique, put démontrer qu'après plusieurs recristallisations les cristaux obtenus contenaient toujours de l'acide cyanhydrique, que l'on mettait en liberté par la distillation de leur solution additionnée d'acide sulfurique. Il en concluait à l'existence d'une combinaison entre l'hémoglobine et l'acide cyanhydrique. Le spectre de cette substance ne présente aucune différence avec celui de l'oxyhémoglobine. Les agents réducteurs la transforment facilement en hémoglobine réduite.

Si l'on scelle du sang dans un tube, après y avoir ajouté quelques gouttes d'acide cyanhydrique, on peut encore observer après des mois les deux raies de l'oxyhémoglobine, alors que la réduction serait complète après quelques jours si le sang n'avait pas au préalable été additionné d'acide cyanhydrique.

Peu de temps auparavant, PREYER avait constaté que, lorsque l'on fait agir à la température du corps une solution diluée d'acide cyanhydrique ou d'un cyanure alcalin sur l'oxyhémoglobine dissoute, on observe une transformation du spectre. Les deux bandes d'absorption sont remplacées par une bande unique dans le vert, analogue à celle de l'hémoglobine réduite, mais un peu déplacée vers le violet. Quand on agite cette solution à l'air, on n'arrive pas à faire réapparaître les deux raies de l'oxyhémoglobine.

D'après VON ZEYNEK (175), la substance observée par PREYER et par HOPPE-SEYLER n'est pas différente de la méthémoglobine cyanhydrique. Il est impossible de l'obtenir par l'action directe de l'acide cyanhydrique sur l'hémoglobine réduite. L'oxyhémoglobine, soumise à 37° à l'action de l'acide cyanhydrique, se transforme lentement, sans dégagement d'oxygène. La substance nouvelle que l'on obtient péniblement de cette façon à toutes les propriétés de celle qui se produit très facilement par l'action des cyanures ou de l'acide cyanhydrique sur les solutions de méthémoglobine. Elle sera étudiée plus loin parmi les dérivés de la méthémoglobine.

COMBINAISON DE L'HÉMOGLOBINE AVEC LE CYANOGÈNE.

Ray Lankester (93) a admis que le cyanogène formait avec l'hémoglobine réduite une combinaison additionnelle, analogue à celles qui dérivent de l'oxyde de carbone et l'oxyde azotique. Le spectre de ce produit serait très analogue à celui de l'hémoglobine réduite. D'après von Zeynek (175), cette substance est identique à celle que l'on obtient le plus facilement par l'action des cyanures ou de l'acide cyanhydrique sur la méthémoglobine.

COMBINAISON DE L'HÉMOGLOBINE AVEC L'ACÉTYLÈNE.

Décrit par Bistrow et Liebreich (94), ce produit serait très instable et facilement réductible.

Son existence est loin d'être assurée.

D'après Brociner (94), le sang dissoudrait 80 p. 100 de son volume d'acétylène. Après ce traitement, on ne constate pas de spectre spécial. Le sang abandonne ce gaz au vide, la majeure partie à la température ordinaire, le restant à 60°.

COMBINAISON DE L'HÉMOGLOBINE AVEC L'ANHYDRIDE CARBONIQUE.

Setchenow (95) le premier établit qu'une solution d'hémoglobine dissout plus d'acide carbonique que le même volume d'eau. Cette observation fut confirmée ultérieurement par Zuntz. Mais ce fut Bohr (43) qui institua les premières recherches complètes sur ce point. Il détermina la courbe d'absorption de l'acide carbonique dans une solution pure d'oxyhémoglobine et obtint une figure absolument analogue à celle qui exprime la dissociation de l'oxyhémoglobine. Une grande différence entre les deux phénomènes provient de la quantité absorbée, qui pour l'acide carbonique se monterait à 3,5 c. c. par gramme d'hémoglobine, quantité notablement supérieure à celles de O, de CO ou de NO. Quelques années plus tard, Bohr observa que la présence d'oxygène influe peu sur l'absorption de l'acide carbonique; en d'autres termes, l'hémoglobine réduite et l'oxyhémoglobine en fixeraient la même quantité. Il dit également que le spectre de la carbohémoglobine est très rapproché, d'après les observations de son élève Torup, de celui de l'hémoglobine réduite. Plus récemment, Bohr (96) a étudié le mode d'absorption de l'anhydride carbonique par les solutions de méthémoglobine.

De ses recherches, il résulte que les solutions de méthémoglobine absorbent sensiblement la même quantité d'anhydride carbonique que celles d'oxyhémoglobine ou d'hémoglobine réduite. Rien n'est changé au phénomène, si l'on ajoute préalablement à la solution de méthémoglobine assez d'acide sulfurique dilué pour que la réaction en soit faiblement acide. Bohr conclut de ces faits qu'il existe une combinaison de l'oxyhémoglobine, de l'hémoglobine et de la méthémoglobine avec l'anhydride de carbone, combinaison qui se dissocie comme les combinaisons ordinaires des gaz avec l'hémoglobine.

Setchenow avait donné des faits observés par lui une autre explication. Partant de l'idée que l'oxyhémoglobine se comporte comme un acide faible, il supposait que, dans les solutions habituelles de cette substance, il existe toujours un peu d'alcali combiné. Ce serait celui-ci qui serait enlevé à l'oxyhémoglobine par l'acide carbonique et augmenterait le pouvoir absorbant pour ce gaz.

Il semble démontré par les dernières recherches de Bohr que cette explication n'est en tout cas plus suffisante et que le radical protéique, lui aussi, quel que soit d'ailleurs son degré d'oxydation, intervient pour favoriser l'absorption de l'acide carbonique par l'eau.

Mais on sait que c'est une propriété générale des substances dissoutes dans un liquide de modifier le coefficient de solubilité d'autres substances dans ce liquide, et les recherches de Hüfner et de Bohr lui-même ont mis cette propriété en évidence en ce qui concerne la solubilité d'autres gaz tels que l'oxygène, l'oxyde de carbone (Hüfner), l'azote (Bohr) dans les solutions de méthémoglobine. Les raisons invoquées par Bohr ne sont pas suffisantes pour écarter une action banale de cette espèce et pour faire admettre une combinaison chimique entre l'acide carbonique et l'hémoglobine. Celle-ci n'a d'ailleurs rien d'impossible en elle-même. Elle cadre parfaitement avec l'idée généralement admise que les substances protéiques peuvent fixer d'une façon plus ou moins lâche les différents acides sur leur molécule. Elle s'accorde également avec la constatation ancienne que les acides les plus faibles, y compris l'acide carbonique, altèrent rapidement l'oxyhémoglobine.

Quelle que soit d'ailleurs l'essence chimique du phénomène, ce dernier n'en garde pas moins tout son intérêt physiologique pour l'étude des échanges gazeux du sang, comme l'ont fait ressortir Bohr, Hasselbach et Krogh (voir plus haut *Oxyhémoglobine*).

D'après S. Torup (197), tandis que la fixation de l'oxygène sur l'hémoglobine produit un léger dégagement de chaleur, celle de l'anhydride carbonique en absorbe notablement plus. La dernière réaction est nettement endothermique.

PARAHÉMOGLOBINE.

Nencki et Sieber (97) décrivent sous ce nom un produit obtenu par l'action de l'alcool sur l'oxyhémoglobine cristallisée. D'après un procédé indiqué par Lachowicz et Nencki (98), on l'obtient, en faisant agir de l'alcool absolu (10 parties) sur des cristaux d'oxyhémoglobine de cheval (1 partie) à 0° pendant plusieurs heures. La parahémoglobine est plus foncée que l'oxyhémoglobine. Les cristaux sont des prismes biréfringents qui ont le même spectre d'absorption que l'oxyhémoglobine. Ils ont la même composition centésimale que ceux d'oxyhémoglobine.

Ils sont insolubles dans l'eau, l'alcool, l'éther. L'eau les gonfle et leur fait perdre leur biréfringence qui reparaît par la dessiccation.

Les alcalis fixes et les acides dilués les décomposent lentement en hématine et protéine.

En l'absence de toute trace d'eau et à l'abri de l'air, la parahémoglobine peut se dissoudre sans décomposition dans de l'alcool absolu saturé d'ammoniaque et cristalliser dans cette solution. Cette solution possède un spectre d'absorption caractérisé par une bande située à égale distance de D et E. Après quelques mois, le spectre se transforme : la bande unique fait place à deux raies entre D et E qui correspondent à celles de l'oxyhémoglobine, un peu déplacées vers le violet ; la solution prend un ton bleuâtre. D'après Kruger (99), on verrait encore, dans des solutions alcalines de concentration appropriée, une bande entre C et D, près de C. Les solutions alcalines de parahémoglobine, après avoir subi l'action des réducteurs, fournissent un spectre composé, qui semble dû à la superposition de ceux de l'hémoglobine réduite et de l'hémochromogène.

D'après le même auteur, ces modifications de spectre de l'oxyhémoglobine, après action de l'alcool, sont à rapprocher de celles que produit le chloroforme.

Plusieurs auteurs considèrent la parahémoglobine de Nencki et Sieber comme étant de l'oxyhémoglobine coagulée incomplètement par l'alcool en l'absence de sels.

ACIDHÉMOGLOBINE.

D'après Harnack (49), il y a lieu de faire une différence absolue entre les produits de transformation de l'oxyhémoglobine par les acides et par les agents méthémoglobinisants ordinaires.

L'acidhémoglobine et la méthémoglobine ont en commun la propriété de retenir beaucoup plus énergiquement que l'oxyhémoglobine l'oxygène fixé dans leur molécule. Leurs solutions sont également brunes, et leur spectre très semblable. Mais, d'après Harnack, la raie de l'acidhémoglobine siège à gauche de celle de la méthémoglobine. Les alcalis sont incapables de refaire de l'oxyhémoglobine aux dépens de l'acidhémoglobine.

Le cyanure de potassium colore en rouge les solutions brunes d'acidhémoglobine, et le liquide présente un spectre très voisin de celui de l'oxyhémoglobine, sinon identique.

qui, par réduction spontanée de la solution, se transforme en celui de l'hémoglobine réduite.

L'acidhémoglobine prend déjà naissance par l'action d'acides très faibles, comme l'acide carbonique.

C'est un produit peu stable, qui possède une tendance marquée à se scinder, de façon à mettre en liberté l'hématine.

MÉTHÉMOGLOBINE.

Il semble que l'on ait confondu sous le nom de méthémoglobine des substances de nature diverse. Soumise à l'action des agents chimiques les plus variés, l'oxyhémoglobine, quand elle n'est pas détruite trop brutalement, commence toujours par brunir. Les solutions prennent la coloration brun-chocolat, en même temps que le spectre change. Jusque dans ces derniers temps, la substance obtenue dans ces conditions était invariablement désignée sous le nom de méthémoglobine. Harnack a rendu vraisemblable l'existence de différents produits de transformation de l'oxyhémoglobine, dont l'un serait la méthémoglobine vraie, un autre l'acidhémoglobine (voir sulfhémoglobine) Ce dernier, comme l'indique son nom, est dû à l'action des acides faibles sur l'oxyhémoglobine.

Il sera donc plus spécialement question ici, sous le nom de méthémoglobine, de la substance obtenue par les agents méthémoglobinisants ordinaires, agissant en milieu neutre.

Ceux-ci sont extrêmement nombreux. Déjà la simple conservation à l'état sec des cristaux d'oxyhémoglobine amène au bout d'un temps plus ou moins long leur transformation en méthémoglobine. Il en est de même de l'évaporation des solutions.

Dittrich (100) a dressé une nomenclature étendue, quoique incomplète, d'agents chimiques méthémoglobinisants. Il les divise en :

1° agents oxydants, dont quelques-uns, plus importants, sont les ferricyanures, permanganates, nitrites alcalins, la térébenthine ozonisée, l'iode (en solution iodurée), l'hypochlorite de soude, les chlorates et nitrates alcalins, la nitroglycérine, les composés organiques nitrés (nitrobenzol, acide picrique), etc.

2° agents réducteurs : hydrogène naissant, hydrogène fixé sur palladium, pyrogallol, phloroglucine, pyrocatéchine, hydroquinone, chlorure d'hydroxylamine, phénylhydrazine, bisulfites, alloxanthine, α naphtol, acide gallique, ferrocyanure de potassium.

3° agents indifférents : sels d'aniline, de toluidine, acétanilide, acétphénitidine, acide chrysophanique, les substances azoïques, antimoniate de potassium, saccharose, glycérine, chlorure de calcium, sels neutres des métaux alcalins et alcalino-terreux en concentration forte, etc.

Parmi les agents les plus actifs, il faut ranger le ferricyanure, le permanganate, le ferrocyanure (infirmé par Hüfner), le nitrite potassiques, le chlorure d'hydroxylamine, qui agissent presque instantanément. La térébenthine ozonisée, l'acide gallique, la phénylhydrazine demandent une demi-heure de contact; le chlorate de potasse agit un peu plus lentement.

L'éther, le phosphore, le β-naphtol, la résorcine, le formiate et l'arséniate de soude, le chlorure de phénylhydrazine n'auraient aucune action.

La température favorise fortement la méthémoglobinisation. Dans un essai de Dittrich, la transformation était commencée après dix-sept heures à 48°, après deux jours à 38°, quatre jours à 25°, neuf jours à 20°, tandis qu'à 0°, il n'y avait pas trace de transformation après quinze jours. La concentration de la solution ne semble avoir aucune importance.

Une circonstance nécessaire (von Mehring), c'est le contact de la substance méthémoglobinisante avec l'hémoglobine. Ainsi le ferricyanure de potassium, qui est extrêmement actif sur les solutions d'hémoglobine, agit très lentement sur le sang lui-même à cause de sa pénétration lente dans les globules.

Dittrich confirme un fait déjà observé par Saarbach : si ces différentes substances agissent à l'abri de l'air sur une solution d'hémoglobine réduite, elles n'arrivent à faire avec celle-ci de la méthémoglobine qu'à la condition qu'on fournisse au préalable l'oxygène nécessaire pour la changer en oxyhémoglobine. L'oxyhémoglobine apparaît comme premier terme, bientôt transformée elle-même en méthémoglobine. (Voir plus loin l'opinion de Hoppe-Seyler.)

Comme on a pu le voir à la nomenclature des différents agents méthémoglobinisants, à côté des substances réductrices et oxydantes, c'est-à-dire des substances qui peuvent prendre part à un déplacement d'oxygène dans un milieu, il en est, tels que les sels neutres des métaux alcalins et alcalino-terreux, qui sont absolument privés de tout pouvoir de ce genre.

Ces derniers agents méthémoglobinisants ne prennent probablement pas une part active au phénomène, mais le favorisent. Cette action catalytique serait comparable, d'après Dittrich, à l'influence de sels, tels que les chlorures de zinc, d'aluminium, etc., sur une foule de combinaisons entre substances organiques. Sans eux, la transformation en méthémoglobine se ferait encore, mais plus lentement. Henri et Mayer (187) ont observé une formation très active de méthémoglobine avec insolubilisation partielle, dans des solutions d'oxy-hémoglobine soumises à l'action du radium. D'après Bordier, les rayons X seraient incapables d'opérer cette transformation (188).

Chez l'animal vivant, la méthémoglobinhémie sera produite le plus facilement par les substances (nitrobenzol, nitroglycérine, acétanilide), qui, tout en pénétrant dans les hématies, ne les dissolvent pas. Car, si la dissolution des hématies précède la méthémoglobinisation, le pigment sanguin normal ou transformé ne peut s'accumuler dans la circulation, d'où il est enlevé au fur et à mesure de sa sortie des globules.

Quand l'intoxication n'est pas trop considérable et qu'il n'y a pas eu destruction des globules, la méthémoglobine disparaît au bout de quelques heures de la circulation sans qu'apparaisse le moindre changement dans le nombre des globules. Si l'empoisonnement est intense, les globules se dissolvent, même après transfusion à un autre animal.

Masoin (101) a établi que, chez les mammifères, l'administration préventive de sels alcalins (carbonate, bicarbonate, acétate) s'oppose dans une certaine mesure à l'action de différents agents méthémoglobinisants (nitrite de sodium, chlorate de potassium, aniline, acétanilide). Mais ces alcalins n'ont aucune action curative antitoxique proprement dite, c'est-à-dire qu'ils ne peuvent plus influencer la transformation pathologique accomplie.

On rencontre la méthémoglobine à l'état pathologique dans le contenu de certains kystes de l'ovaire, du corps thyroïde, etc. (Hoppe-Seyler) (102).

Préparation. — Pour préparer une solution de méthémoglobine, on ajoute habituellement quelques gouttes d'une solution de ferricyanure de potassium à une dilution de sang. On peut également laisser évaporer différentes fois à sec une solution d'oxyhémoglobine. L'obtention de cristaux purs de méthémoglobine est facile.

Elle fut réalisée d'abord par Gamgee (103) qui considérait à ce moment la méthémoglobine comme une combinaison des nitrites avec l'oxyhémoglobine. Hüfner et Otto (104) obtinrent en 1882 de grandes quantités de cristaux de méthémoglobine de porc complètement pure, dont ils établirent ainsi les premiers l'existence comme individualité chimique et les principaux caractères. Pour obtenir des cristaux de méthémoglobine, von Zeynek agit comme suit (105) : il prépare d'abord une solution concentrée d'oxyhémoglobine pure dans de l'eau bouillie, ajoute du ferricyanure de potassium (solution 10 p. 100), en quantité suffisante pour que la couleur de la solution devienne complètement brune et refroidit à 0°. Il ajoute le quart du volume d'alcool à 90 p. 100, et maintient pendant quelques jours dans un milieu réfrigérant.

D'après von Zeynek, la méthémoglobine du cheval et celle du porc s'obtiennent très facilement d'après ce procédé ; on peut même voir cristalliser des solutions de méthémoglobine du cheval sans addition d'alcool, tandis qu'il lui fut impossible de faire cristalliser la méthémoglobine de bœuf.

Habituellement la méthémoglobine du cheval et celle du porc cristallisent en aiguilles fines, exceptionnellement en tables hexagonales.

D'après Ewald (11) les cristaux de méthémoglobine sont pléochroïques. Certains cristaux sont, suivant la position du nicol, tantôt brun foncé, tantôt brun clair, alors que d'autres varient du brun foncé à la décoloration presque absolue. Le spectre de ces cristaux présente, suivant Ewald, les quatre bandes de Jäderholm ; et la dispersion serait un peu différente suivant les axes optiques du cristal.

La méthémoglobine du cheval et du porc se présente sous forme d'une poudre rouge brun qui abandonne, à 110°, 11,3 p. 100 d'eau.

D'après HÜFNER et OTTO, la méthémoglobine de porc est moins soluble dans l'eau que l'oxyhémoglobine de cet animal. A 0°,100 cc. d'eau contenaient, dans une détermination, 5,85 gr. de méthémoglobine.

La coloration des solutions de méthémoglobine dans l'eau distillée, ou dans un milieu légèrement acide, est brune. Elle vire au rouge si l'on alcalinise la solution. Le spectre des solutions acides et alcalines est par conséquent différent.

Les auteurs qui ont étudié le spectre de la méthémoglobine ne sont pas tous d'accord dans leurs conclusions.

D'après JÄDERHOLM (106), les solutions acides de méthémoglobine présentent une bande très marquée dans le rouge orangé, avec intensité maxima entre 633 et 623 μμ; d'après

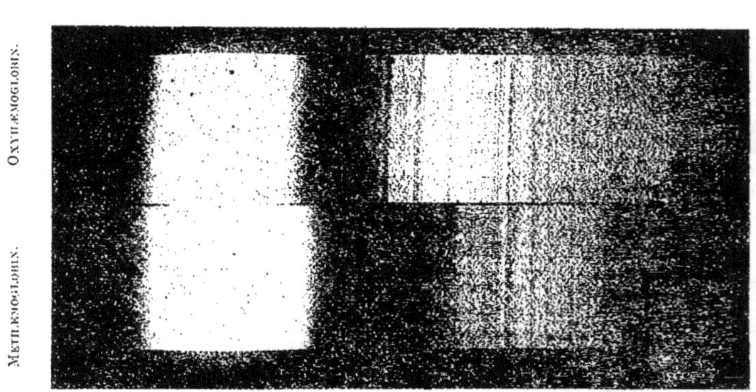

FIG. 68. — Spectre photographique de l'oxyhémoglobine et de la méthémoglobine (GAMGEE dans SCHÄFER'S *Text-Book of Physiology*).

ARAKI (107), entre 648 et 629 μμ; d'après BERTIN-SANS (108), près de 633; d'après DITTRICH (109) près de 632 μμ. Il y a donc accord sur ce point.

JÄDERHOLM décrit en outre trois autres bandes d'absorption : deux entre D et E, qui correspondent exactement à celles de l'oxyhémoglobine (581 et 539 μμ), et une dans le bleu entre F et G entre 500 et 495 μμ. BERTIN-SANS confirme ces données et localise le centre de ces bandes *II*, *III* et *IV* en 580, 538,5 et 500. ZIEMKE et MÜLLER (109) ont donné du spectre de la méthémoglobine neutre une description très rapprochée.

Au contraire, d'après ARAKI, élève de HOPPE-SEYLER, et DITTRICH, la seule bande caractéristique de la méthémoglobine est la première dans le rouge. ARAKI et DITTRICH se basent sur le fait que l'intensité des bandes *II* et *III* est très variable et peut devenir pour ainsi dire nulle. Ils croient qu'elles sont attribuables à de petites quantités d'oxyhémoglobine mélangées à la méthémoglobine. DITTRICH déclare ne pas avoir constaté l'existence de la bande *IV*. En résumé donc, de l'avis d'ARAKI, DITTRICH, MENZIES (110) et GAMGEE, la seule bande caractéristique de la méthémoglobine siège dans le rouge.

GAMGEE dit d'autre part qu'à la suite de la transformation de l'oxyhémoglobine en méthémoglobine, la bande de SORET de l'extrême violet se déplace vers la droite, c'est-à-dire vers l'ultra-violet.

Quand la solution est alcalinisée, la raie caractéristique dans le rouge disparaît immédiatement et est remplacée par une bande d'absorption faible située à la droite de D. En acidifiant et alcalinisant alternativement une solution, on produira indéfiniment la transformation de l'un des deux spectres dans l'autre (GAMGEE).

D'après KOBERT (111), la méthémoglobine en solution alcaline présente deux bandes d'absorption dans le vert, rappelant celles de l'oxyhémoglobine, plus une troisième près de E. La raie β est moins large que celle de l'oxyhémoglobine, et l'absorption de lumière y est plus faible (VON ZEYNEK, KOBERT).

L'étude spectrophotométrique de la méthémoglobine n'a été faite qu'en solution alcaline, à raison du fait que là où le dosage spectrophotométrique pourra être intéressant, c'est-à-dire dans le sang ou les liquides organiques, la réaction est alcaline.

Voici, d'après VON ZEYNEK, les constantes spectrophotométriques de la méthémoglobine.

Méthémoglobine du cheval.

$\frac{\varepsilon'_m}{\varepsilon_m}$	A_m	A'_m
1,187	0,002052	0,001729

Méthémoglobine du porc.

$\frac{\varepsilon'_m}{\varepsilon_m}$	A_m	A'_m
1,183	0,002103	0,001779

Méthémoglobine du bœuf.

$\frac{\varepsilon'_m}{\varepsilon_m}$	A_m	A'_m
1,176	0,00208	0,00177

Dans leur travail, HÜFNER et OTTO donnent les résultats de l'analyse centésimale de la méthémoglobine du porc. Les voici :

Carbone.	53,99
Hydrogène.	7,13
Azote.	16,19
Soufre.	0,66
Fer.	0,449
Oxygène.	21,58

Au point de vue de ses propriétés chimiques, la méthémoglobine se différencie nettement de l'oxyhémoglobine. GAMGEE (103), le premier, montra qu'après l'action des nitrites le pigment sanguin a perdu la propriété d'abandonner son oxygène dans le vide ou sous l'influence de l'oxyde de carbone, sans que cependant l'oxygène de l'oxyhémoglobine ait été abandonné à l'atmosphère ambiante pendant la transformation. Il établit en outre que les agents réducteurs transforment le pigment sanguin ainsi altéré successivement en oxyhémoglobine, puis en hémoglobine réduite. GAMGEE décrivit ainsi le premier les principales propriétés chimiques de la méthémoglobine, propriétés qui lui furent reconnues successivement plus tard. GAMGEE croyait à ce moment avoir affaire à une combinaison de l'oxyhémoglobine et des nitrites. De sorte que les propriétés attribuées par lui à ce produit inexistant furent reconnues plus tard à la méthémoglobine.

On sait donc actuellement que la méthémoglobine n'abandonne son oxygène ni au vide, ni à l'oxyde de carbone ; que l'oxyde d'azote la colore en rouge, en donnant la même combinaison additionnelle que celle que l'on obtient en faisant agir ce gaz sur des solutions d'oxyhémoglobine ou d'hémoglobine oxycarbonée ; enfin que la putréfaction ou les agents réducteurs (sulfure ammonique), la transforment en hémoglobine réduite, sans passer, comme le croyaient GAMGEE et JÄDERHOLM, par l'oxyhémoglobine. Voici comment se démontrait ce dernier fait :

Dans un tube à réaction contenant une solution de méthémoglobine, on fait arriver lentement dans la profondeur une solution de sulfure ammonique. Si l'on examine au spectroscope la zone de séparation des deux liquides, on voit apparaître tout d'abord le spectre d'absorption de l'oxyhémoglobine, bientôt remplacé par celui de l'hémoglobine réduite (GAMGEE).

L'expérience, telle que la proposait GAMGEE, n'était pas tout à fait correcte. Car la solution de méthémoglobine contient de l'oxygène dissous, qui, au moment de la mise en liberté de l'hémoglobine réduite, peut se combiner à une partie de celle-ci, pour en faire de l'oxyhémoglobine. Quand, à l'exemple de HOPPE-SEYLER (73), on s'arrange de façon à se débarrasser de ce gaz dissous par un début de putréfaction, le sulfure ammonique transforme directement la méthémoglobine en hémoglobine réduite. De même lors de l'action du palladium chargé d'hydrogène sur l'oxyhémoglobine, il y a d'abord méthémoglobinisation, à laquelle succède une réduction complète de l'hémoglobine ; et encore ici, entre la méthémoglobine et l'hémoglobine réduite, il n'y a pas de terme de passage (confirmé par HENNINGER) (112).

On a beaucoup discuté sur la nature de la méthémoglobine et sur les rapports qui existent entre elle et l'oxyhémoglobine. Deux opinions principales ont été soutenues. Les uns, se basant surtout sur l'obtention de la méthémoglobine par l'action d'agents oxydants sur l'oxyhémoglobine et sur l'expérience faite au moyen du sulfure ammonique, ont fait de la méthémoglobine un peroxyde d'hémoglobine. Cette idée fut surtout soutenue par JÄDERHOLM (106). HOPPE-SEYLER (102), au contraire, était d'avis qu'au point de vue de sa richesse en oxygène la méthémoglobine était un produit intermédiaire entre l'oxyhémoglobine et l'hémoglobine réduite. Il se basait surtout sur l'obtention de la méthémoglobine par l'action d'agents réducteurs (palladium chargé d'hydrogène) et sur la méthémoglobinisation que l'on peut constater dans des solutions pures d'oxyhémoglobine, privées incomplètement de leur oxygène par l'action du vide.

HÜFNER avait, dans ses premiers travaux, pris une position intermédiaire. Ayant constaté que l'oxyde d'azote colore la méthémoglobine en rose, il établit avec KÜLZ (113) que la substance ainsi obtenue est le produit ordinaire de la combinaison de l'hémoglobine avec l'oxyde d'azote, produit additionnel que l'on obtient encore en faisant agir ce gaz sur l'hémoglobine réduite, sur l'hémoglobine oxygénée ou oxycarbonée. Dans le premier de ces trois cas (hémoglobine réduite) le gaz s'unit par simple addition à la molécule d'hémoglobine, dans les deux derniers (hémoglobines oxygénée et oxycarbonée), il déplace juste le même volume d'oxygène ou d'oxyde de carbone (HERMANN). HÜFNER et KÜLZ se proposèrent de déterminer la quantité d'oxygène mise en liberté par l'action de l'oxyde d'azote sur la méthémoglobine pour en déduire le degré d'oxygénation de cette substance. En fait, l'oxygène libéré n'apparaît pas comme tel, mais il se combine à l'excès d'oxyde azotique présent, pour former du peroxyde d'azote, qui, dans l'eau, se décompose en anhydrides nitrique et nitreux, qui se transforment eux-mêmes immédiatement en les acides correspondants. Or, par l'adjonction d'un peu d'urée au liquide, on provoque, par suite de la réaction de cette substance avec l'acide nitreux formé, le dégagement d'un certain volume d'azote, qui est mesuré et permet d'apprécier la quantité d'oxygène mise en liberté. Les réactions se passent dans l'ordre suivant :

(1) $$6\,NO + 2(Hb - O_2) = 4\,NO_2 + 2(Hb - NO).$$
(2) $$4\,NO_2 + 2\,H_2O = 2\,NO_2H + 2\,NO_3H.$$
(3) $$2\,NO_2H + CH_4N_2O = 3\,H_2O + CO_2 + 2\,N_2.$$

En opérant ainsi comparativement sur des solutions équivalentes d'oxyhémoglobine et de méthémoglobine, HÜFNER et KÜLZ ont trouvé que les quantités d'azote libérées étaient sensiblement égales. D'où la conclusion également éloignée de l'opinion de HOPPE-SEYLER et de JÄDERHOLM que les molécules d'oxyhémoglobine et de méthémoglobine contiennent exactement la même quantité d'oxygène.

En 1898, un physiologiste anglais, HALDANE (114), a fait une constatation très intéressante, qui est de nature à jeter un nouveau jour sur la nature de la méthémoglobine.

HALDANE remarqua que, pendant la transformation en méthémoglobine, qui se produit dans une solution d'oxyhémoglobine que l'on vient d'additionner de ferricyanure de potassium, il se dégage du liquide des bulles gazeuses, qui sont de l'oxygène. Soumise à l'action du vide, une solution d'hémoglobine abandonne la même quantité d'oxygène, qu'elle soit ou non additionnée de ferricyanure de potassium. L'expérience donne les mêmes résultats si, au lieu d'oxyhémoglobine, on emploie l'hémoglobine oxycarbonée. Dans ce cas, le gaz mis en liberté est l'oxyde de carbone (fait déjà constaté par BERTIN-SANS et MOITESSIER). Le volume de ce dernier est égal à celui d'oxygène qu'abandonne la quantité équivalente d'oxyhémoglobine. Mais, dans les deux réactions, le ferricyanure est réduit à l'état de ferrocyanure, de sorte que l'oxygène ou l'oxyde de carbone perdus d'un côté sont remplacés par la quantité équivalente d'oxygène fourni par la réduction du ferricyanure. La réaction se passerait suivant la formule suivante :

$$Hb\,O_2 + 4\,Na_3(Cy_6\,Fe) + 4\,Na\,HCO_3 = O_2 + HbO_2 + 4\,Na_4\,(Cy_6\,Fe) + 4\,CO_2 + H_2O.$$

HALDANE admet donc, en accord avec HÜFNER et KÜLZ, que la méthémoglobine contient exactement la même quantité d'oxygène que l'oxyhémoglobine, mais fixée d'une autre manière. Dans l'oxyhémoglobine, les deux atomes d'oxygène échangeraient une valence entre eux, fixés par l'autre à la molécule d'hémoglobine. Dans la méthémoglobine, cette union directe entre les deux atomes d'oxygène n'existerait pas. Ainsi s'expliquerait pourquoi la méthémoglobine abandonne son oxygène aux agents réducteurs plus facilement que l'oxyhémoglobine, alors que l'inverse se produit dans l'action du vide. L'expérience de GAMGEE, précédemment citée, le prouve. Dans une solution aérée de méthémoglobine, versons du sulfure ammonique; immédiatement apparaît le spectre de l'oxyhémoglobine qui se réduira ultérieurement. Si la solution est complètement privée d'oxygène dissous, le spectre de l'hémoglobine réduite se verra d'emblée.

Par l'action du permanganate sur les solutions d'oxyhémoglobine, la quantité d'oxygène mise en liberté est moindre. Le nitrite potassique n'en fournit pas. HALDANE base sur l'action du ferricyanure de potassium sur les solutions d'hémoglobines oxygénée et oxycarbonée un procédé simple et précis de détermination de la quantité d'oxygène ou d'oxyde de carbone fixée chimiquement dans un liquide contenant des globules rouges ou de l'hémoglobine dissoute (114).

L'année suivante (1899), les résultats de HALDANE furent corroborés en tous points par des recherches de HÜFNER (104) et de son élève VON ZEYNEK (115).

VON ZEYNEK émet, au sujet de la nature intime de la méthémoglobine, une hypothèse un peu différente de celle de HALDANE. Se basant sur le caractère acide très prononcé de la méthémoglobine, VON ZEYNEK suppose que, lors de la transformation de l'oxyhémoglobine en méthémoglobine, les deux atomes d'oxygène libérés sont remplacés non par deux nouveaux atomes d'oxygène, mais par deux groupes hydroxyles OH.

En représentant la molécule d'hémoglobine réduite par la lettre R, l'hémoglobine oxygénée deviendrait

$$R\left\langle\begin{matrix} O \\ | \\ O \end{matrix}\right. \quad \text{et la méthémoglobine} \quad R\left\langle\begin{matrix} OH \\ OH \end{matrix}\right.$$

Cette conception expliquerait très bien, d'après VON ZEYNEK, la méthémoglobinisation par les agents réducteurs, l'hydrogène naissant par exemple :

$$R\left\langle\begin{matrix} O \\ | \\ O \end{matrix}\right. + H_2 = R\left\langle\begin{matrix} OH \\ OH. \end{matrix}\right.$$

D'après VON ZEYNEK, l'action du ferricyanure sur l'oxyhémoglobine pourrait se représenter par la formule suivante :

$$2\,(Cy_6\,Fe\,K_3) + 2\,H_2O = (Cy_6\,Fe\,H\,K_3) + 2\,(OH).$$

$$R\left\langle\begin{matrix} O \\ | \\ O \end{matrix}\right. + 2\,OH = R\left\langle\begin{matrix} OH \\ OH \end{matrix}\right. + O_2.$$

Il est difficile de prendre position actuellement pour l'une ou l'autre des opinions de

Haldane ou de von Zeynek, qui ne peuvent d'ailleurs être en l'état actuel de la question que de simples conjectures. On peut cependant objecter à l'auteur allemand les résultats anciens de son maître lui-même, d'après lesquels il y a mise en liberté de volumes égaux d'oxygène par l'action de l'oxyde nitrique sur des quantités équivalentes de méthémoglobine et d'hémoglobine oxygénée. Or, si la méthémoglobine possédait la constitution que lui suppose von Zeynek, elle fournirait dans ces conditions tout juste la moitié de la quantité abandonnée par l'oxyhémoglobine. Cependant Hüfner lui-même paraît ne pas attacher beaucoup d'importance à cette donnée expérimentale, puisque, dans son dernier article sur ce sujet, il affirme, sans nouveaux arguments objectifs, que ses préférences personnelles vont à la formule $R = O$ ou $R\langle{}^{OH}_{OH}$, d'après laquelle la méthémoglobine contiendrait tout juste moitié moins d'oxygène (dissociable) que l'oxyhémoglobine. Ce serait en revenir à l'ancienne opinion de Hoppe-Seyler.

En 1904, Hüfner et Reinbold (116) ont déterminé à nouveau la quantité d'oxyde nitrique qui se combine à 1 gramme de méthémoglobine. Elle correspond à un volume de $2^{cc},685$, c'est-à-dire juste le double du volume d'oxygène ou d'oxyde de carbone.

Comme il a été dit, la méthémoglobine possède les caractères d'un acide faible (Jäderholm (105), Menzies (100). Quand une solution neutre d'oxyhémoglobine abandonnée à elle-même se transforme lentement en méthémoglobine, elle devient acide (Menzies). Il y a cependant lieu de remarquer que cette acidité pourrait être due aux acides organiques volatils qui apparaissent dans la solution (Hoppe-Seyler). Mais un argument plus décisif est fourni par la différence nette des spectres de la méthémoglobine en solution dans l'eau distillée ou alcalinisée, différence qui semble même indiquer que c'est dans le groupe ferrifère lui-même de la molécule de méthémoglobine que siègent les atomicités acides.

Les solutions de méthémoglobine sont précipitées par l'acétate neutre de plomb qui laisse limpides les solutions d'oxyhémoglobine. La méthémoglobine donne, tout comme l'hémoglobine, quelques produits additionnels.

Méthémoglobine cyanhydrique. — La plus intéressante est la méthémoglobine cyanhydrique découverte par Kobert (117). Voulant expliquer la coloration rouge des ecchymoses sous-cutanées et sous-muqueuses (estomac) trouvées sur les cadavres d'individus morts d'empoisonnement par l'acide cyanhydrique ou les cyanures, Kobert supposa l'existence d'une combinaison entre l'acide cyanhydrique et la méthémoglobine et il chercha à l'obtenir par synthèse. Quand, à une solution de méthémoglobine (de 1 à 2 p. 100) on ajoute goutte à goutte une solution d'acide cyanhydrique à 0,1 p. 100, elle devient rouge vif. Le spectre d'une telle solution présente une bande unique entre D et E analogue à celle de l'hémoglobine réduite. Ce spectre ne change pas, quelle que soit la réaction de la solution.

L'oxygène n'influence pas la méthémoglobine cyanhydrique. Kobert croyait primitivement qu'il en était de même pour les agents réducteurs puissants, tels que le sulfure ammonique. Il admet actuellement que la méthémoglobine cyanhydrique est transformée lentement par cet agent, beaucoup plus lentement que la méthémoglobine. Le produit de cette réaction, c'est l'hémoglobine réduite (confirmé par von Zeynek) (175).

Szigeti (118) a prétendu que la méthémoglobine cyanhydrique de Kobert n'était autre chose que l'hématine cyanhydrique de Hoppe-Seyler et Preyer. Mais Haldane (119) a fait connaître quelques observations qui démontrent définitivement le mal fondé de cette opinion : la bande d'absorption de l'hématine cyanhydrique est plus étroite. Le sulfure ammonique qui, à la température de l'étuve, n'agit que lentement sur la méthémoglobine cyanhydrique pour en faire de l'hémoglobine réduite, transforme instantanément l'hématine cyanhydrique en une substance dont le spectre rappelle celui de l'oxyhémoglobine, mais qui n'est pas l'hémochromogène. Le vide n'agit ni sur le spectre de l'hématine cyanhydrique ni sur celui de la méthémoglobine cyanhydrique. D'après Haldane, lors de l'action de l'acide cyanhydrique sur la méthémoglobine, il n'y a pas de mise en liberté d'oxygène, comme c'est le cas quand la méthémoglobine est soumise à l'action de l'oxyde nitrique.

D'après von Zeynek, l'action de l'acide cyanhydrique et des cyanures, nulle sur l'hémoglobine réduite, est efficace sur l'oxyhémoglobine et la méthémoglobine. La transformation de la méthémoglobine est beaucoup plus facile que celle de l'oxyhémoglobine. Elle se fait sans dégagement d'oxygène. Le produit obtenu est identique dans les deux cas. On peut l'obtenir en cristaux, déjà vus par Hoppe-Seyler. Les solutions n'abandonnent pas d'acide cyanhydrique au vide à la température ordinaire, mais bien à 100° ou après adjonction d'un acide. Le spectre est celui qu'ont décrit Preyer pour l'hémoglobine cyanhydrique, Kobert pour la méthémoglobine cyanhydrique, Bock pour la photométhémoglobine. La molécule de méthémoglobine cyanhydrique contiendrait une seule molécule d'acide cyanhydrique.

Méthémoglobine H^2O^2. — Ayant ajouté à une solution de méthémoglobine obtenue par l'action du ferricyanure potassique sur du sang dilué, goutte à goutte, une solution presque neutre d'eau oxygénée à 1 p. 100, Kobert vit la couleur brune se transformer en rouge vif pendant que se dégageaient quelques bulles d'oxygène. La bande d'absorption dans le rouge disparaît, en même temps que se montrent deux bandes dans le vert (600-584 μμ, 558-545 μμ), plus intenses que celles de la méthémoglobine alcaline. On peut constater une troisième zone d'obscurcissement dans le bleu, s'étendant parfois presque dans le violet (513-500 μμ). Si l'on porte à 30°-38° une solution ainsi transformée, elle brunit bientôt derechef, et le spectre de la méthémoglobine réapparaît. On peut répéter à l'infini cette double transformation. L'alcalinisation très légère de la solution ne change rien au spectre. Vient-on à additionner une solution ainsi alcalinisée de quelques gouttes du sulfure ammonique, on observe au spectroscope une triple absorption très intense : unique dans le rouge, double dans le vert. L'ensemble fait l'effet d'un III romain. Bientôt le premier trait disparaît.

Kobert croit à l'existence d'un produit d'addition bien peu stable de la méthémoglobine avec l'eau oxygénée.

Photométhémoglobine. — Bock (76) a obtenu, par l'action d'une lumière solaire intense sur la méthémoglobine en solution diluée, une transformation de la teinte et du spectre de celle-ci. Les solutions deviennent rouge sombre, avec bords jaunes en couche mince. En solution alcaline ou acide, le spectre est constant et se caractérise par une bande dans le vert, analogue à celle de l'hémoglobine réduite, mais un peu reportée à droite (535 μμ.), et par une autre dans le violet. La valeur de $\frac{\varepsilon'}{\varepsilon}$ serait, d'après Bock et von Zeynek, 1,29. Les agents réducteurs transforment la photométhémoglobine en hémoglobine réduite. L'oxygène ne l'influence pas. Cette substance a été obtenue à l'état cristallisé par Bock.

D'après Haldane (119), confirmé par von Zeynck (175), la photométhémoglobine de Bock n'est autre chose que la méthémoglobine cyanhydrique. Pour préparer la photométhémoglobine, Bock exposait à la lumière des solutions de méthémoglobine obtenues par l'action de ferricyanure de potassium sur l'oxyhémoglobine. Or, en solution diluée, le ferricyanure de potassium est décomposé par la lumière, avec mise en liberté d'acide cyanhydrique, qui agit sur la méthémoglobine.

Les propriétés de la photométhémoglobine et celles de la méthémoglobine cyanhydrique sont complètement identiques.

Produits de combinaison de la méthémoglobine avec les sulfocyanates, les nitrites, l'hydrogène sulfuré, l'oxyde de carbone. — Kobert étudia également l'action sur la méthémoglobine des sulfocyanates alcalins. Ceux-ci rougissent légèrement les solutions brunes de méthémoglobine, mais transforment peu le spectre. La bande dans le rouge persiste; dans le vert existent les bandes de la méthémoglobine cyanhydrique. Le sulfure ammonique réduit complètement le mélange. Il n'y a pas, de l'avis de Kobert, de raison suffisante pour admettre un nouveau composé.

En ajoutant à une solution de méthémoglobine des nitrites alcalins, on la rougit aussi. Le spectre correspond à celui de la combinaison avec l'eau oxygénée, sauf que la bande α (dans le rouge) ne disparaît pas complètement.

On admettait aussi l'existence d'un composé de méthémoglobine et d'acide sulfhydrique. Les recherches de Harnack, confirmées par Kobert, ne plaident pas en faveur de cette opinion.

Weyl et Anrep avaient admis l'existence d'une combinaison oxycarbonée de la méthémoglobine. Mais les travaux de Bertin-Sans et Moitessier (88) ont démontré l'inexactitude de cette opinion. D'après Cevidalli et Chistoni (186), la prétendue méthémoglobine oxycarbonée ne serait pas autre chose que de la méthémoglobine cyanhydrique, qui se produit par l'action des composés de cyanogène que contient le gaz d'éclairage. On l'obtient avec le gaz d'éclairage, mais non avec l'oxyde de carbone pur.

Récemment Ville et Derrien (120) ont signalé l'existence d'une méthémoglobine fluorée, produit instable qu'ils ont obtenu à l'état cristallin en additionnant une solution de méthémoglobine de fluorure sodique et de sulfate ammonique.

Recherche de la méthémoglobine. — Le spectre de la méthémoglobine servira à caractériser cette substance, mais en raison de la ressemblance du spectre de la méthémoglobine avec celui de l'hématine, on recourra à l'action des agents réducteurs ou de la putréfaction, qui transforment l'hématine en hémochromogène, et la méthémoglobine en hémoglobine. Cette dernière pourra, à son tour, être transformée en hémoglobine oxygénée par agitation à l'air.

HÉMATINE.

Comme il a été dit à plusieurs reprises, l'hématine est le noyau chromogène de l'oxyhémoglobine, que les acides, les alcalis, les ferments, la chaleur détachent du noyau protéique, la globine. Elle fut isolée pour la première fois par Lecanu (121).

Préparation de l'hématine. — Primitivement, on extrayait par l'alcool le sang traité par l'acide sulfurique (Lecanu) ou par le carbonate potassique (von Wittich). La solution était rapidement filtrée et abandonnait par évaporation des produits impurs.

Hoppe-Seyler coagulait par l'alcool le sang défibriné, et le coagulum était digéré au bain-marie dans de l'alcool acidulé fortement d'acide sulfurique. Les solutions filtrées à chaud étaient additionnées de chlorure sodique en quantité suffisante pour transformer l'acide sulfurique en acide chlorhydrique. Après exposition pendant une heure à la température du bain-marie bouillant, la solution était abandonnée au refroidissement. Il se produisait un dépôt de cristaux d'hémine qui étaient lavés, mis en solution, et saponifiés dans une liqueur alcaline, d'où l'hématine était précipitée par un acide.

Cazeneuve (122) coagule le sang ou mieux le dépôt de globules lavés par l'éther alcoolique (25 à 30 p. 100 d'alcool) et triture le coagulum dans de l'éther additionné de 2 p. 100 d'acide oxalique. Par addition à la solution éthérée filtrée d'une quantité suffisante d'éther ammoniacal, on précipitait l'hématine, qui était ensuite lavée à l'éther, à l'alcool et à l'eau bouillante. Actuellement, on emploie habituellement le procédé suivant, qui donne un produit pur et abondant :

On commence par se procurer une quantité suffisante d'hémine par un procédé qui sera décrit plus loin. Ce produit est saponifié à froid dans une solution de soude et de potasse, qui est ensuite rendue acide par l'acide chlorhydrique. Il se produit un précipité brun d'hématine qui est lavé à l'eau froide d'abord, jusqu'à disparition de la réaction acide, à l'eau chaude jusqu'à élimination du chlore, et séché ensuite à froid sur de l'acide sulfurique, ou à chaud, d'abord à 100°, puis à 115°.

L'hématine a la formule suivante, établie par les dernières recherches de Küster (123).

$$C_{34} H_{33} N_4 Fe O_5.$$

Hoppe-Seyler avait proposé, il y a longtemps, une formule très peu différente :

$$C_{68} H_{70} N_8 Fe_2 O_{10}.$$

L'hématine n'est pas connue à l'état cristallisé. C'est une poudre amorphe, d'un ton bleu noirâtre, à éclat métallique.

L'hématine est insoluble dans l'eau, l'alcool, l'éther, le chloroforme, très peu soluble dans les acides dilués, de même dans l'acide acétique glacial, très soluble dans les solutions alcalines, même très diluées, dans l'alcool ou l'éther acidifiés et dans l'alcool neutre ayant dissous des sels neutres (Arnold) (124).

Les solutions alcalines d'hématine examinées à la lumière transmise en couche épaisse sont rouges, et vert olivâtre en couche mince. Les solutions acides sont brunes, quelle que soit leur épaisseur.

Le spectre de l'hématine alcaline est caractérisé par une bande mal délimitée siégeant pour des concentrations faibles (environ 0,1 p. 1000 sous une épaisseur de 1 centimètre) entre C et D, adjacente à cette dernière.

D'après JÄDERHOLM (125), l'addition de quantités croissantes d'alcali a pour effet de déplacer la bande vers le violet. Si la concentration augmente, elle s'étend rapidement vers la droite et déborde D. Déjà en solution alcaline très diluée, l'extrémité droite du spectre est complètement assombrie, de sorte qu'il est impossible de découvrir une bande d'absorption limitée (GAMGEE).

En solution alcoolique acidulée, l'hématine possède également une bande très nette entre C et D, plus rapprochée de C que de D (650 μμ, d'après MENZIES). Elle siège à gauche de la bande correspondante de la méthémoglobine acide. La situation est d'ailleurs variable, suivant l'acide employé pour la dissoudre et la concentration de cet acide. Plus il y a d'acide, plus la bande est reportée vers le rouge (PREYER, JÄDERHOLM). D'après NENCKI et SIEBER (97), en solution alcoolique très acide, elle est située au delà de C, entre B et C. Il semble que la présence d'albumine dans les solutions d'hématine puisse aussi influencer la situation de cette zone d'absorption.

HOPPE-SEYLER décrit en outre une zone sombre très étendue, se plaçant entre D et F, qui se divise en deux bandes, quand la dilution est très grande. L'extrémité violette du spectre n'est pas obscurcie.

De plus, d'après JÄDERHOLM, il y aurait une autre bande d'absorption assez faible et étroite, s'étendant à la droite de D. Comme on le voit, le spectre attribué par cet auteur à l'hématine acide rappelle beaucoup celui qu'il a décrit pour la méthémoglobine en solution acide. En solution alcoolique neutre, l'hématine présente, d'après ARNOLD, un spectre bien caractérisé : une bande faible (576 à 555 μμ), et une plus foncée et plus large (545548 μμ), situées toutes les deux dans le vert et correspondant assez bien aux bandes α et β de l'oxyhémoglobine, reportées un peu vers la droite. La couleur de ces solutions est rouge. Si l'on chauffe, le ton devient brun, en même temps qu'apparaît le spectre de l'hématine alcaline.

D'après DHÉRÉ (185), les solutions à 1/10000e d'hématine donnent, sous l'épaisseur d'un millimètre, une bande d'absorption dans la portion terminale du violet (λ 398 μμ-379 μμ) en solution alcoolique acide; ou dans la portion initiale de l'ultra-violet (λ = 386 μμ-364 μμ) en solution aqueuse alcaline.

Propriétés chimiques. — STOKES (1864) a le premier observé que, si l'on traite des solutions alcalines d'hématine par le sulfure ammonique ou la solution de STOKES, la couleur de la solution devient d'un rouge plus vif, en même temps que s'établit un spectre très caractéristique, formé de deux bandes d'absorption : la première, très sombre, située à peu près à mi-chemin entre D et E; une seconde, plus claire, remplissant l'espace Eb, débordant même légèrement des deux côtés. STOKES appelait cette nouvelle substance hématine réduite.

Plus tard, HOPPE-SEYLER montra que, par l'action de la potasse sur des solutions d'hémoglobine réduite, de la chaleur ou de l'alcool à l'abri de l'air, il y a destruction de cette substance, scission entre le noyau chromogène et le noyau protéique. Or le noyau colorant ainsi libéré, que HOPPE-SEYLER appela hémochromogène, possède absolument le même spectre que l'hématine réduite de STOKES. A l'oxyhémoglobine correspondait donc l'hématine: à l'hémoglobine, l'hémochromogène. Et, de même que l'hémoglobine agitée à l'air se transforme en oxyhémoglobine, de même l'hémochromogène devient dans ces conditions de l'hématine.

D'après GAMGEE (19), une solution d'hémochomogène agitée à l'air laisse passer les rayons violets et ultra-violets, qui sont intégralement absorbés par une solution d'hématine, de sorte que le produit d'oxydation de l'hémochromogène obtenu dans ces conditions ne serait pas identique avec l'hématine provenant du clivage de l'oxyhémoglobine.

Quant à la transformation de l'hématine en hémochromogène par les agents réducteurs, HOPPE-SEYLER déclare qu'elle n'est possible, en solution alcaline faible, qu'en présence d'impuretés telles que des substances albuminoïdes, de l'acide aspartique, etc. Si, au contraire, il existe un excès de soude (HOPPE-SEYLER) ou d'ammoniaque (GAMGEE) (19), la réduction s'opère facilement. Le vide absolu n'enlève pas trace d'oxygène à l'hématine; il en est de même des gaz indifférents et de l'oxyde de carbone (HOPPE-SEYLER) (126); la putréfaction non plus ne l'influence pas sensiblement.

L'hématine se dissout facilement dans les solutions alcalines de potasse, de soude ou d'ammoniaque, grâce à la propriété qu'elle a de se combiner à ces éléments en combinaisons solubles dans l'eau. Additionnées de chlorure de baryum ou de calcium, ces solutions donnent des précipités, qui représentent les composés calcique, barytique de l'hématine (Hoppe-Seyler).

L'hématine est résistante vis-à-vis des agents oxydants. L'acide nitrique dilué l'attaque seulement à chaud avec production de substances amorphes, jaunâtres, non définies. L'acide nitrique concentré l'attaque rapidement. Le chlore ne la transforme que lentement. Dans toutes ces actions, il y a, dès le début, mise en liberté du fer (Hoppe-Seyler). L'ébullition avec l'oxyde ou le sulfate mercurique ne produit aucun effet. Dans ces dernières années, Küster (127) a étudié de façon très approfondie les produits d'oxydation de l'hématine par le chromate de soude. Il sera question de ces résultats plus loin.

L'hématine résiste bien à la chaleur. On peut la chauffer jusqu'à 180° sans la décomposer. Chauffée au delà de cette température, elle se carbonise, sans fondre ni s'enflammer, avec dégagement d'acide cyanhydrique. Il reste, après calcination complète, un résidu d'oxyde de fer pur qui représente 12,6 p. 100 de la quantité d'hématine incinérée.

L'ébullition avec la potasse caustique ne l'attaque pas. Fondue avec de la potasse en substance, elle dégage de l'ammoniaque (Cazeneuve), et des vapeurs de pyrrol (Nencki et Sieber). Mélangée à de la poudre de zinc et soumise à la distillation, elle fournit trois produits de décomposition volatils, dont deux ont un spectre rappelant celui de l'hématoporphyrine et celui de l'urobiline, tandis que le troisième est probablement l'hémopyrrol (Milroy (128)].

Si l'on fait agir à froid de l'acide sulfurique concentré sur de l'hématine et qu'après un certain temps, on dilue dans de l'eau, il se précipite un pigment rouge, privé de fer, auquel Mulder et van Goudoever ont donné le nom d'hématine privée de fer. Hoppe-Seyler, qui a fait l'étude spectroscopique de ce produit, l'a appelé hématoporphyrine. Le fer existe dans le liquide à l'état de sulfate ferreux, et il n'y a pas, pendant la réaction, de dégagement d'hydrogène (Hoppe-Seyler) (5). A 160°, l'acide chlorhydrique fumant produit la même décomposition de l'hématine. On la produit encore en solution alcoolique faiblement acidifiée à la température de l'ébullition en présence de poudre de zinc, d'étain, etc. (Hoppe-Seyler). Dans ce dernier cas, l'hématine est préalablement transformée en hémochromogène, qui abandonne facilement son fer aux acides faibles.

De même, l'acide sulfureux agissant sur l'hématine la transforme en hématoporphyrine (V. Zeynek) (194).

D'après von Zeynek (194), l'hématine obtenue par la protéolyse de l'oxyhémoglobine, la solution chlorhydrique de pepsine, abandonne plus facilement son fer dans différentes conditions expérimentales que l'hématine obtenue par les moyens ordinaires. Eppinger (170) conteste cette affirmation. D'après lui, l'hématine de digestion est identique à celle que l'on obtient par l'hydrolyse par les acides. La formule de composition est la même : $C_{34}H_{33}N_4O_4Fe$.

Dans ces diverses réactions, l'hématoporphyrine n'est pas obtenue à l'état de pureté. Après l'action de l'acide sulfurique ou de l'acide chlorhydrique fumant, Hoppe-Seyler a trouvé, à côté de l'hématoporphyrine, une autre substance, noire, insoluble dans la plupart des réactifs, de composition $C_{68}H_{78}N_8O_7$, qu'il a appelée *hématoline*. Par l'action des métaux en solution alcoolique acide, les résultats sont meilleurs, quoique encore imparfaits. On la prépare actuellement, d'après la méthode de Nencki-Sieber, par action sur l'hémine d'acide acétique glacial saturé, d'acide bromhydrique, d'abord à froid, puis au bain-marie, dilution dans l'eau, neutralisation presque complète. L'hématoporphyrine se précipite et est reprise par l'eau faiblement alcalinisée. Il sera reparlé plus loin de cette réaction.

Traitée à l'ébullition par la poussière de zinc en solution alcaline, ou par l'amalgame de sodium en solution aqueuse, l'hématine fournit des mélanges de pigments bruns, privés de fer, qui n'ont pu être isolés. Distillés à sec, ces produits ont fourni du pyrrol (Hoppe-Seyler).

Une solution alcaline d'hématine additionnée de cyanure de potassium acquiert un spectre nouveau, caractérisé par une bande très large entre D et E, s'étendant un peu à gauche de D et présentant un maximum très obscur à peu près à mi-distance de D et E. Le bleu et le violet sont obscurcis (Hoppe-Seyler (5), (Preyer).

L'existence de l'hématine cyanhydrique a été niée par LEWIN (129), admise par STRASSMAN (130), SZIGETI et RICHTER (131), ZIEMKE et MULLER (109), MARX (132).

Les connaissances sur la constitution de l'hématine semblent devoir progresser rapidement sous l'influence des travaux des dernières années.

Dans l'obtention de l'hématoporphyrine aux dépens de l'hématine d'après le procédé de NENCKI-SIEBER, KÜSTER est arrivé à 90 p. 100 en poids d'hématoporphyrine de la quantité d'hématine employée. Les dernières recherches de ZALESKI (183), confirmées par EPPINGER, assignent à l'hématoporphyrine le symbole $C_{34}H_{38}N_4O_6$. La formule de réaction serait :

$$C_{34}H_{33}N_4O_6ClFe + 2HBr + 2H_2O = C_{34}H_{38}N_4O_6 + FeBr_2 + HCl$$

Si tels sont les rapports de l'hématine et de l'hématoporphyrine, l'oxydation de l'hématoporphyrine par le bichromate de soude doit fournir les mêmes produits que l'oxydation de l'hématine elle-même. C'est ce que l'expérience a vérifié. L'étude des produits d'oxydation de l'hématine en solution dans l'acide acétique glacial par le bichromate de soude à la température du bain-marie, poursuivie systématiquement par KÜSTER, a fourni à cet auteur une série de résultats qui sont de nature à éclairer vivement la question de la structure moléculaire de l'hématine. C'est pourquoi il en sera fait ici un exposé assez détaillé. Parmi les produits de cette oxydation, KÜSTER a pu isoler deux acides solubles dans l'éther, cristallins, qu'il appelle acides hématiques. Comme produits d'oxydation secondaires, on trouve CO_2, H_3N, de l'oxyde ferrique et des produits indéterminés. On n'obtient pas d'acides organiques volatils.

Le premier de ces acides possède la formule

$$C_8H_9NO_4.$$

La détermination du poids moléculaire donna les chiffres 194-200, alors que la formule précédente conduit à 186. Le point de fusion est 114°-116°. Le sel d'argent possède la formule

$$C_8H_7Ag_2NO_4.$$

Le deuxième acide possède la formule

$$C_8H_{10}O_6.$$

dérivée de la composition de ses sels. Le sel d'argent a pour formule $C_8H_7Ag_3O_6$. KÜSTER a également décrit les sels de cuivre et de calcium, qui tous deux sont plus solubles à froid qu'à chaud. L'acide lui-même n'est pas connu. La décomposition des sels par un acide minéral met en liberté, non l'acide lui-même, mais son anhydride interne, substance cristalline, fondant à 97°-98°, soluble dans 26 parties d'eau froide, dans 5 parties d'eau bouillante, de formule

$$C_8H_8O_5.$$

Étudiant de plus près la constitution de cette substance, KÜSTER est arrivé aux conclusions suivantes : Les essais d'acétylisation et de benzoylisation de l'anhydride $C_8H_8O_5$ ont été infructueux, ce qui tend à faire croire que cette molécule ne contient pas d'hydroxyle libre. En faisant agir l'iodure de méthyle sur le sel d'argent, $C_8H_7Ag_3O_6$, KÜSTER a pu obtenir un liquide huileux, bouillant à 300°, de composition $C_{11}H_{16}O_6$, qui doit être considéré comme l'éther triméthylique d'un acide tricarboxylique $C_8H_{10}O_8$, correspondant à l'anhydride $C_8H_8O_5$. Ces constatations sont suffisantes pour faire admettre l'existence dans la molécule de l'acide de trois carboxyles, dont deux se sont unis par perte d'une molécule d'eau pour constituer un anhydride interne. De plus, l'acide iodhydrique (D = 1,96) transforme très incomplètement à 150° cet anhydride en un mélange d'acides tricarboniques saturés, de formule commune $C_8H_{12}O_6$. Cette réduction est opérée beaucoup plus facilement et de façon plus complète par la poudre de zinc et l'acide acétique. Elle fournit deux acides isomères de composition $C_8H_{12}O_6$.

La formule de structure proposée pour l'anhydride serait donc

$$H_7C_5 \begin{cases} \diagup CO \diagdown \\ - CO \diagup O \\ \diagdown CO_2H. \end{cases}$$

dans laquelle la chaîne H_7C_5 présenterait une double soudure entre deux carbones voisins.

Quant à l'acide $C_8H_9NO_4$ (dont dérive le second, qui vient d'être étudié en détail), il serait tout simplement l'imide de ce dernier et serait représenté par la formule :

$$H_7C_5 \begin{cases} CO \\ CO \\ CO_2H \end{cases} \!\!\!\!\!\!\!\!\!\!\!\! \; \text{(les deux CO)} > NH$$

Comme on l'a vu, ce premier acide, qui serait donc monocarboxylique, est très facilement saponifié. Par l'action des acides et des alcalis même très faibles, comme l'hydrate de magnésie, il perd de l'ammoniaque et donne l'anhydride ou les sels du second. Même l'ammoniaque aqueuse à chaud produit partiellement cette transformation, au lieu de fournir, comme on pourrait s'y attendre, l'amide correspondante :

$$H_7C_5 \begin{cases} CONH_2 \\ (CO_2H)_2 \end{cases}$$

On a vu plus haut que Küster a obtenu un sel d'argent de cet acide qui contenait 2 atomes d'argent. Küster admet qu'un des atomes d'argent remplace l'hydrogène du groupe imide. A l'appui de cette manière de voir, il avance que ce sel d'argent, traité par l'iodure de méthyle, et saponifié ultérieurement, fournit de la méthylamine, ce qui cadre parfaitement avec cette hypothèse.

Enfin Küster a réussi, en appliquant à l'anhydride $C_8H_8O_5$ la méthode générale, par laquelle on transforme les anhydrides internes en imides, c'est-à-dire l'action de l'ammoniac en solution alcoolique à 110°, à transformer son anhydride en le premier de ses acides $C_8H_9NO_4$. Il ne peut donc plus exister de doute sur les rapports qui existent entre ces deux produits.

Dans la même réaction (H_3N en solution alcoolique + anhydride) opérée à une température plus élevée (130°), il se produit une rupture moléculaire, mettant en liberté une molécule d'anhydride carbonique, et l'on obtient une nouvelle imide $C_7H_9NO_2$, fondant à 72°-73°. Saponifiée, cette imide fournit un anhydride, de formule $C_7H_8O_3$.

Küster a pu démontrer, dans un travail plus récent (1906) (127), que la première de ces substances ($C_7H_9NO_2$) est identique à l'imide de l'acide méthyléthylmaléique obtenue par synthèse, et que la seconde ($C_7H_8O_4$) est identique à l'anhydride de l'acide méthyléthylmaléique de synthèse. Or on peut encore obtenir la première par la distillation sèche de l'acide hématique I et la seconde par la distillation sèche de l'acide hématique II.

Küster conclut de cette double dérivation que les acides hématiques I et II ont la même structure que l'imide et l'anhydride de l'acide méthyléthylmaléique, dont ils ne diffèrent que par un groupe carboxylique en plus.

Les formules de structure de ces substances sont :

Pour l'imide méthyléthylmaléique :

```
        H
        |
    H — C — H
        |
        |         O
        |        //
        C  —  C
        ||       \
        ||        NH
        ||       /
        C  —  C
        |        \\
        |         O
        |
    H — C — H
        |
    H — C — H
        |
        H
```

pour l'anhydride méthyléthylmaléique :

$$\begin{array}{l} \quad\;\; H \\ \quad\;\; | \\ H - C - H \\ \quad\;\; | \\ \quad\;\; C - C{=}O \\ \quad\;\; \| \quad\;\; \rangle O \\ \quad\;\; C - C{=}O \\ \quad\;\; | \\ H - C - H \\ \quad\;\; | \\ H - C - H \\ \quad\;\; | \\ \quad\;\; H \end{array}$$

Ceci étant posé, il n'y a plus, *a priori*, que trois formules de structure possibles pour les acides hématiques. Le second pourra être représenté des trois façons suivantes, d'après la place que l'on donne au groupe carboxylique ajouté :

$$\begin{array}{c} \textbf{I} \\ HOOC - CH_2 - C - CO \\ \| \qquad \rangle O \\ H_3C - CH_2 - C - CO \end{array} \qquad \begin{array}{c} \textbf{II} \\ H_3C - C - CO \\ | \qquad \rangle O \\ H_3C - CH - C - CO \\ | \\ COOH \end{array} \qquad \begin{array}{c} \textbf{III} \\ H_3C - C - CO \\ | \qquad \rangle O \\ HOOC - H_2C - CH_2 - C - CO \end{array}$$

Or l'oxydation de l'acide hématique II ($C_8H_8O_5$) par le permanganate de potasse en milieu acidifié par l'acide sulfurique ou par le bichromate de soude en milieu acétique, donne de l'acide succinique ; et la réduction de l'acide II par la poudre de zinc en milieu acétique donne deux acides stéréo-isomères $C_8H_{12}O_6$, ceux que Küster a appelés acides hémotricarboniques.

La première de ces réactions doit faire rejeter les formules I et II.

La troisième aboutirait pour les mêmes formules I et II à des acides tricarballyliques. substitués, différents en tous points des deux acides que donne l'expérience.

Les résultats des deux essais concordent donc pour faire admettre la formule III comme appartenant à l'acide hématique II ($C_8H_8O_5$).

Des deux acides tricarboniques qui en dérivent par réduction, l'un, plus fusible (140°-141°), est plus soluble dans l'eau ; l'autre, moins fusible (175°-141°), est moins soluble Chauffé à 180°-190°, le premier de ces acides se transforme dans le second.

Ces deux acides tricarboniques doivent être considérés comme étant dérivés par réduction de l'acide hypothétique :

$$\begin{array}{r} H_3C - C - COOH \\ \| \qquad\quad \\ HOOC - H_2C - H_2C - C - COOH \end{array}$$

dont l'acide hématique II est l'anhydride.

Il existe deux isomères possibles de cet acide hypothétique : le type maléique :

$$\begin{array}{l} C - \\ \| \\ C - \end{array}$$

et le type fumarique :

$$\begin{array}{l} - C \\ \quad \| \\ \quad C - \end{array}$$

L'introduction de deux atomes d'hydrogène dans cette molécule, atomes d'hydrogène qui viennent se greffer sur les carbones unis par double valeur, a pour résultat de faire disparaître cette double soudure, mais elle crée une chaine qui contient deux carbones asymétriques. On peut donc prévoir deux isomères, comprenant chacun une forme dextrogyre et une forme lévogyre. Ces isomères sont précisément les acides fondant à 140° et à 175°, obtenus par KÜSTER. Les échantillons décrits sont optiquement inactifs. Ce sont les formes racémiques, dont les constituants actifs n'ont pas encore été isolés.

En 1907, KÜSTER (191) a enfin réussi une opération qu'il avait déjà essayée auparavant sans succès, l'oxydation par l'acide chromique de l'hémopyrrol. D'après KÜSTER, ce produit de la réduction énergique de l'hémine comprend des substances acides et d'autres alcalines, de composition chimique voisine. L'oxydation des fractions acide et alcaline a donné au chimiste de Tübingen un résultat constant. Dans les deux cas, il a pu retrouver parmi les produits d'oxydation l'imide de l'acide méthyléthylmaléique.

Ce résultat est intéressant à un double point de vue :

Il permet d'étendre à l'hémopyrrol le résultat des laborieuses recherches qui ont établi la formule de structure des acides hématiques.

Il tend à démontrer que le noyau pyrrol préexiste dans la molécule d'hématine, puisqu'on arrive à l'en extraire par des procédés aussi différents que ceux employés pour obtenir l'hémopyrrol ou les acides hématiques.

Ces résultats de KÜSTER peuvent être considérés commé définitifs. MARCHLEWSKI, qui a continué les recherches de NENCKI sur l'hémopyrrol, attribue lui aussi à cette substance la constitution d'un méthylpropylpyrrol.

D'après les analyses de KÜSTER (134), les acides hématiques constituent jusque 70 p. 100 des produits d'oxydation de l'hématine. Ils s'obtiennent aussi facilement et en même quantité par l'oxydation de l'hématoporphyrine et des pigments biliaires (KÜSTER).

D'autre part, il a été impossible à KÜSTER d'isoler d'autres produits d'oxydation, si ce n'est l'acide succinique et l'acide oxalique (qui peuvent dériver eux-mêmes des acides hématiques), de sorte qu'il est assez probable que les acides hématiques représentent les matériaux essentiels et peut-être uniques, dont l'assemblage constitue la carcasse de l'hématine.

L'action oxydante du permanganate de potasse ou du ferricyanure de fer en solution alcaline sur l'hématine fournit l'anhydride du deuxième acide. Le persulfate ammonique en solution alcaline ne fournit pas cette substance. On trouve, comme produits d'oxydation, l'acide succinique, des acides gras, de l'anhydride carbonique, de l'ammoniaque et de l'acide cyanhydrique.

NENCKI et ZALESKI (135) ont attiré l'attention sur la grande ressemblance qui existait entre l'anhydride du second acide hématique de KÜSTER $C_8H_8O_5$ et l'acide $C_8H_8O_4$ que SCHULTGEN et RIESS purent isoler de l'urine de patients ayant succombé à l'atrophie jaune aiguë du foie.

L'hématine a été rencontrée dans l'urine dans certains états pathologiques (empoisonnements par l'arsénamine, l'acide sulfurique).

LEWIN (136) a constaté sa présence dans le sang des animaux intoxiqués par l'hydroxylamine, le nitrobenzol, les xanthogénates alcalins.

Recherche de l'hématine. — Pour caractériser l'hématine, on se basera sur l'étude du spectre en solution acide et alcaline et sur la transformation en hémochromogène.

HÉMINE.

Comme il a été dit plus haut, l'hématine s'obtient habituellement par l'action d'une solution de soude sur un composé chloré, l'hémine, qui provient directement de l'action sur l'oxyhémoglobine de l'acide chlorhydrique.

L'hémine est une substance de première importance à cause de sa facile obtention à l'état de cristaux, dont l'aspect caractéristique fut très apprécié de tout temps en médecine légale. Ce fut TEICHMANN qui, en 1853, obtint le premier l'hémine en cristaux, d'où le nom de cristaux de TEICHMANN. TEICHMANN employa à cet effet une méthode encore usitée aujourd'hui. Une parcelle de sang desséchée, additionnée de quelques cristaux de chlorure sodique, est chauffée dans quelques gouttes d'acide acétique glacial. On obtient ainsi une solution brune assez épaisse, qui, par refroidissement, abandonne des cristaux en forme de parallélogramme étiré, brun noir, visibles seulement au microscope. Ce procédé, excellent pour l'examen médico-légal des taches de sang, se prête mal à l'obtention de grandes quantités d'hémine.

Sarda et Caffort (198) ont préconisé récemment la technique suivante : on laisse dessécher sur la lame la gouttelette de sang, on ajoute une goutte d'eau de chlore, une goutte de pyridine et une gouttelette de sulfate ammonique. On couvre d'une lamelle. Très rapidement il se forme des cristaux d'hémine.

Procédé de Nencki et Sieber (97). — Des globules rouges, débarrassés du sérum par lavage à l'eau salée, sont coagulés par deux volumes d'alcool éthylique. Après séchage à l'air pendant vingt-quatre heures, le coagulum est mis en suspension dans de l'alcool amylique à raison de 400 grammes de coagulum pour 1 600 grammes d'alcool, puis chauffé à l'ébullition. On ajoute alors 25 c. c. d'acide chlorhydrique de densité = 1.12. Après 10 minutes d'ébullition, on filtre à chaud. Par refroidissement, l'hémine se dépose à l'état de paillettes cristallines. Celles-ci sont lavées à l'alcool, à l'éther et à l'eau, puis reprises par l'alcool absolu et séchées à 105°. Trois litres de sang fournissent 1.5 à 3 grammes d'hémine.

Procédé de Cloetta et Rosenfeld. — Cloetta (137) et Rosenfeld (138) lavent les globules au moyen d'une solution de sulfate de soude à 2 p. 100. Le magma globulaire est coagulé par deux volumes d'alcool éthylique à 96°. Après deux heures, on filtre; le coagulum est séché à l'air et pulvérisé. On ajoute à 300-400 grammes de ce coagulum assez d'alcool pour former une bouillie claire, et l'on ajoute alors assez d'une solution d'acide oxalique (ou d'acide sulfurique) dans l'alcool absolu, pour que la coloration devienne brune. L'extrait alcoolique est filtré après 24 heures et additionné d'une solution alcoolique d'acide chlorhydrique. Il se produit aussitôt un dépôt de cristaux d'hémine, qui sont lavés à l'alcool, à l'éther et à l'eau, et purifiés par redissolution dans l'alcool.

Les cristaux obtenus par cette méthode auraient, d'après Cloetta et Rosenfeld, une autre composition que ceux fournis par la méthode de Nencki.

Tandis que la formule de Nencki et Sieber est $C_{32} H_{31} N_4 Fe O_3 Cl$, Cloetta et Rosenfeld admettent la suivante : $C_{30} H_{34} N_3 Fe O_3 HCl$.

La formule de Nencki et Sieber citée plus haut n'est pas celle qui résulte directement des données de l'analyse centésimale. Quand on dissout dans la soude des cristaux d'hémine obtenus par le procédé Nencki-Sieber, on constate qu'en même temps que se produit la décomposition en hématine et acide chlorhydrique, il y a mise en liberté d'alcool amylique. Celui-ci fait donc corps avec les cristaux d'hémine ; il n'est pas enlevé par les lavages, ni chassé par le chauffage à 110°. Les résultats de l'analyse mènent à la formule $(C_{32} H_{31} N_4 Fe O_3 Cl)_4 C_5 H_{12} O$ (Nencki, Bialobrzeski) (139).

Procédé de Mörner (140). — Le sang est coagulé à l'ébullition, après adjonction d'acide sulfurique. Le coagulum lavé de 1 litre de sang est broyé et introduit dans 1.5 litre d'alcool, additionné de 0,5 à 1 p. 100 d'acide sulfurique. Après quelques heures de séjour à la température ordinaire, on filtre, on chauffe à l'ébullition, on ajoute au filtrat, par litre, 10 c. c. d'acide chlorhydrique dilué de son quart d'alcool et on laisse refroidir.

Il se dépose des cristaux qui sont lavés. Leur composition est assez différente de ceux obtenus par la méthode de Nencki-Sieber. Elle est représentée par la formule $C_{35} H_{35} N_4 Fe O_4 Cl$. Mörner admet que suivant la méthode employée pour opérer le clivage de la molécule d'oxyhémoglobine, le fragment chromogène pourra posséder des compositions légèrement différentes. Mörner propose de dénommer son produit β hémine. Küster était arrivé à la même conclusion après la comparaison entre elles de diverses hémines obtenues par des procédés variés.

Procédé de von Zeynek (141). — Pour obtenir une hémine non altérée par les manipulations de préparation, von Zeynek s'est adressé à la digestion pepsique d'hémoglobine cristallisée en solution d'acide chlorhydrique à 0.4 p. 100. Dans ces conditions, il y a lieu d'admettre que le noyau chromogène ne subit pas d'altérations considérables sous l'influence de l'acide. On obtient par ce procédé l'hématine et non l'hémine. Mais l'hématine est transformée ultérieurement en hémine de la manière suivante : l'hématine, après lavage à l'eau distillée, est mise, encore humide, en suspension dans l'acétone et additionnée d'acide chlorhydrique en quantité bien faiblement supérieure à celle qui est nécessaire pour opérer la transformation (0.06 — 0.08 gr. HCl par gramme d'hématine). Après quelque temps il se dépose des cristaux d'hémine, dont la composition est exprimée par la formule $C_{34} H_{34} N_5 Fe O_4 Cl$, s'écartant légèrement des précédentes, s'écartant aussi, pour l'oxygène et l'azote, de celle de HOPPE-SEYLER, $C_{34} H_{36} N_4 Fe O_5 Cl$.

Procédé de Schalfejew (143). — SCHALFEJEW ajoute 4 volumes d'acide acétique glacial chauffés à 80° à 1 volume de sang, laisse refroidir à 55°-60° et chauffe de nouveau à 80°. Par refroidissement, il se dépose des cristaux, qui sont lavés à l'eau distillée. Un litre de sang fournit 5 grammes d'hémine. Comme on le voit, le rendement dépasse de beaucoup celui des autres procédés.

Quant à la composition des cristaux ainsi obtenus, elle est aussi différente de celle des hémines décrites jusqu'ici. D'après une première opinion de KÜSTER, elle ne contient pas de chlore et aurait pour formule :

$$(C_{32} H_{31} N_4 Fe O_3 OCOCH_3)_4 CH_3COOH.$$

dans laquelle il y aurait une molécule d'acide acétique de cristallisation. Au contraire, BIALOBRZESKI lui attribue la composition $(C_{32} H_{31} N_4 Fe O_3 Cl)_3 (C_{32} H_{31} N_4 Fe O_3 OCOCH_3$ $CH_3 COOH$.

NENCKI et ZALESKI (135) modifient quelque peu le procédé de SCHALFEJEW. Au lieu d'employer l'acide acétique glacial, ils prennent de l'acide acétique saturé de chlorure sodique. Ce mélange chauffé à 90°-95° est additionné du 1/5e de son volume de sang défibriné. On chauffe encore pendant dix minutes au bain-marie à 85-90° et l'on filtre. Par refroidissement, les cristaux d'hémine se déposent. Après vingt-quatre heures, on les débarrasse par décantation des eaux-mères, on les lave à l'eau et à l'alcool. On obtient presque 5,5 gr. d'hémine brute par litre de sang. Pour la purifier, on la dissout dans un mélange de 15 volumes d'alcool à 96 p. 100 avec 4 volumes d'eau et 1 volume d'ammoniaque (D = 0,91) à raison de 1 gramme d'hémine pour 40-60 c. c. de ce mélange. Après 15-20 minutes d'agitation, l'hémine est dissoute presque complètement. On filtre et l'on introduit le filtrat par petites portions dans l'acide acétique saturé de chlorure sodique, chauffé à 105-115°, à raison de 1 volume de liquide ammoniacal pour 4-6 volumes d'acide. Au lieu de dissoudre l'hémine brute dans l'alcool ammoniacal, on peut prendre comme solvant le chloroforme additionné de quinine (1 gramme d'hémine pour 1 gramme de quinine dissoute dans 40-50 cc. de chloroforme) La cristallisation s'effectue rapidement par refroidissement.

Cette hémine, obtenue ainsi en grand, correspond aux cristaux de TEICHMANN, comme le faisait prévoir d'ailleurs la similitude des procédés. Mais elle n'est pas l'hémine obtenue par l'ancien procédé de NENCKI-SIEBER. Elle a pour formule $C_{34} H_{33} N_4 O_4 Fe Cl$ et diffère ainsi de l'ancienne hémine de NENCKI-SIEBER par un surplus d'atomes de C, H, O dont l'ensemble $C_2 H_3 O$ constitue un radical acétyle remplaçant dans l'hémine un atome d'hydrogène. D'où le nom d'*acéthémine*, proposé par NENCKI et ZALESKI, pour désigner ce produit.

NENCKI et ZALESKI ont tâché d'élucider l'origine des différences très sensibles existant entre les compositions centésimales des échantillons obtenus par les procédés précédents et partant entre les formules qu'en ont déduites les auteurs. Au cours de ces recherches, ils purent préparer les éthers méthyliques et éthyliques de l'hémine. Se basant principalement sur cette donnée, il crurent pouvoir admettre que, suivant les procédés employés, on obtenait des produits différents, dérivés tous d'un même radical par substitution de divers atomes ou groupes : l'acéthémine était dans leur pensée un éther acétique de l'hémine vraie, tout comme celle-ci était un produit de substitution chlorée de l'hématine, et la β hémine de MÖRNER devenait l'éther monoéthylique de l'acéthémine.

Cependant, déjà au cours de ces premières recherches, certains faits étaient apparus, qui s'expliquaient difficilement par cette hypothèse et ZALESKI arriva plus tard à une opinion différente, qui est d'ailleurs infiniment plus simple (133).

D'après lui, l'acéthémine n'est pas un dérivé acétique d'un radical primitif, mais ce radical lui-même ; il propose de lui donner définitivement le nom d'hémine, et de lui attribuer la formule $C_{34} H_{33} N_4 O_4 Fe Cl$. KÜSTER (123) s'est rallié à cette manière de voir, en expliquant les divergences entre les compositions centésimales non plus par des différences de nature chimique, mais par la difficulté d'obtenir des produits purs par les méthodes précédentes. Pour purifier les échantillons obtenus, il faut de toute nécessité les redissoudre soit dans une solution de quinine, de pyridine, dans le chloroforme ou dans l'alcool ammoniacal, ou dans l'aniline à froid. On obtient ainsi des poudres amorphes qui ne contiennent plus de chlore et que Küster appelle les *déhydrochlorhémines*. Or ces déhydrochlorhémines ont toutes, quel que soit le produit (hémine) de Nencki, de Mörner, de Schalfejew) dont elles dérivent, la même composition centésimale, $C_{34}H_{32}N_4O_4Fe$. Leur molécule diffère de celle de l'hémine (formule de Zaleski) par les éléments d'une molécule de HCl en moins. En les redissolvant à chaud (110°) dans de l'acide acétique glacial saturé de chlorure sodique, on obtient une hémine unique, qui est l'hémine de Zaleski $C_{34}H_{33}N_4O_4FeCl$. En traitant par les alcalis cette hémine ainsi purifiée, Küster a obtenu une hématine dont la composition centésimale s'accorde avec l'ancienne formule de Hoppe-Seyler. Küster propose la formule $C_{34}H_{34}N_4O_5Fe$, qui se déduit très facilement de la précédente :

$$C_{34}H_{33}N_4O_4FeCl + KOH = C_{34}H_{34}N_4O_5Fe + KCl$$

Hepter et Marchlewski (143) et Mörner (144) se sont ralliés à cette opinion, de sorte

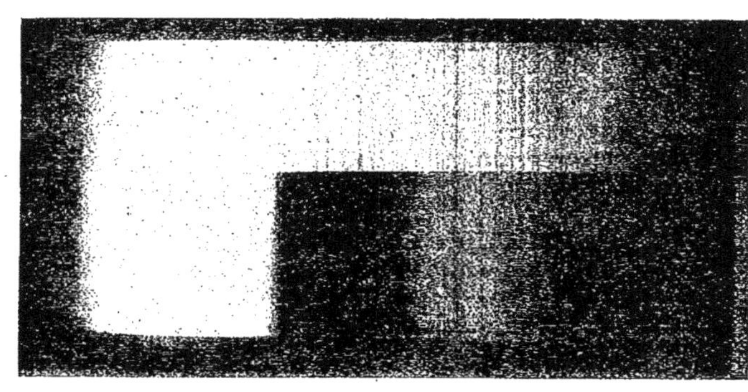

Fig. 69. — Spectre photographique de l'hémine. (D'après Gamgee dans Schäfer *Text-Book of Physiology*.)

que, de l'avis des savants les plus compétents en la matière, il n'existe qu'une seule hémine, qui est celle dont la formule vient d'être donnée.

La déhydrochlorhémine brute, obtenue par l'action de l'aniline, abandonne à l'éther une substance cristalline, fondant à 205°-210°, de formule $C_{36}H_{36}N_4O_3$ (Küster et Fuchs) (189).

Les cristaux d'hémine ont un reflet bleu. Porphyrisés, ils donnent une poudre brune. Ils ont la forme de lamelles et de prismes rhombiques allongés et appartiennent au système triclinique. Ils sont biréfringents et dichroïques (Rollett, Ewald) à un très haut degré. Suivant la situation du nicol, leur couleur varie du noir au brun clair. Les spectres d'absorption sont différents suivant les axes optiques.

Les cristaux d'hémine sont insolubles dans l'eau froide ou chaude, à peine solubles dans l'éther, très peu dans l'alcool et le chloroforme. Très peu solubles à froid dans les solutions des carbonates alcalins. Solubles dans l'alcool qui a séjourné sur du carbonate potassique sec (Hoppe-Seyler), ainsi que dans les solutions alcooliques de quinine, de triméthylamine, de pyridine, etc. (Nencki), et dans les solutions aqueuses des hydrates alcalins. Les premières enlèvent à l'hémine les éléments d'une molécule d'acide chlorhydrique (Küster), les dernières la saponifient, comme il a été vu plus haut.

Chauffés, les cristaux d'hémine résistent jusque vers 200°.

L'hémine, en solution même très diluée dans l'acide acétique glacial (1/25.000 à 1/50.000), présente une bande d'absorption située dans le violet entre G et L. Dès que la concentration devient un peu plus forte (1/20000) elle s'étend vers la droite, atteint M, et obscurcit toute la partie droite du spectre pour un nouvel accroissement de sa concentration (GAMGEE).

D'après des recherches cristallographiques de HÖGYES (145), les cristaux d'hémine préparés au moyen du sang de l'homme, du bœuf, du porc, du mouton, du chien, du chat, du lapin, du cobaye, de la souris, du putois, de la poule, du pigeon, de l'oie, du hibou, des grenouilles rousse et verte, sont identiques.

D'après CAZENEUVE et BRETEAU (146), l'hématine obtenue du sang du cheval, du bœuf, du mouton aurait des compositions centésimales différentes. Les différences constatées sont en général faibles, et il eût été à souhaiter que les auteurs se fussent adressés à un produit cristallisé, de façon à pouvoir étudier, outre la composition chimique, les propriétés cristallographiques de leurs divers échantillons. Leurs résultats sont d'ailleurs en opposition formelle avec ceux de NENCKI et SIEBER, portant sur les cristaux d'hémine du bœuf, cheval, chien, chat, oie, porc et homme. Tout ce que l'on sait actuellement des propriétés des hémoglobines provenant d'espèces animales différentes tend à faire croire qu'au moins le radical chromogène est identique dans toute la série.

A côté de l'hémine chlorhydrique, on peut ranger l'hémine bromhydrique, obtenue par CAZENEUVE (147) (1876) en précipitant par l'acide bromhydrique un extrait du coagulum globulaire par l'éther additionné de 2 p. 100 d'acide oxalique.

Récemment KÜSTER a pu par un procédé différent (action de l'acide bromhydrique dans l'alcool sur les cristaux coagulés d'oxyhémoglobine) reproduire l'hémine bromhydrique, dont la composition est probablement $C_{34} H_{33} N_4 O_3 Fe Br$.

Par le même procédé (en remplaçant l'acide bromhydrique par l'acide iodhydrique), CAZENEUVE avait obtenu l'hémine iodhydrique. Mais il conteste la réalité des combinaisons du radical hémine avec les acides acétique, oxalique, valérianique, tartrique, etc., dont l'existence, de même que celle des combinaisons bromhydrique et iodhydrique, avait été assurée par HUSSON (148), sur la foi de l'examen microscopique seulement.

L'hémine et l'hématine réagissent violemment avec la phénylhydrazine et avec la bromphénylhydrazine à la température ordinaire. Il y a un fort dégagement d'ammoniaque et on obtient comme produit principal des poudres brunes qui sont des produits additionnels (v. FÜRTH) (193).

HÉMOCHROMOGÈNE.

Découverte par STOKES, qui lui avait donné le nom d'hématine réduite, étudiée plus particulièrement par HOPPE-SEYLER, qui mit en évidence ses rapports avec l'hémoglobine réduite, cette substance n'a été isolée que tout récemment par VON ZEYNEK (141), à l'état de combinaison avec l'ammoniaque. VON ZEYNEK procède dans un appareil spécial, traversé par un courant d'hydrogène pur, à la réduction de l'hématine en milieu ammoniacal par l'hydrate d'hydrazine. Il précipite par l'éther et sèche l'hémochromogène ammoniacal par évaporation de l'éther. Après dessiccation complète dans l'hydrogène, l'hémochromogène ammoniacal constitue une poudre bien rouge dont la composition centésimale correspond assez bien à la formule $C_{64} H_{64} Fe_2 N_8 O_7, 2H_3N$. L'hématine qui servait de point de départ provenait de la saponification de l'hémine acétique de SCHALFEJEW, et sa composition centésimale correspondait sensiblement à la formule de NENCKI $C_{32} H_{32} N_4 Fe O_4$.

VON ZEYNEK ne réussit pas la préparation de l'hémochromogène pur. DONOGÁNY (149), confirmé par DE DOMINICIS (150), prétend avoir obtenu des cristaux d'hémochromogène d'après le procédé suivant. La substance souillée de sang ou le sang lui-même sont déposés sur lame porte-objet et dilués dans une goutte de soude à 20 p. 100, à laquelle on ajoute une goutte de pyridine et une gouttelette de sulfure ammonique. D'après CORIN (176) l'ajonction du sulfure ammonique est superflue. Au lieu de pyridine, CEVIDALLI (184) préconise la pipéridine. On couvre la préparation, dans laquelle apparaissent, après deux heures environ, des aiguilles cristallisées ou des cristaux rhombiques de coloration rouge orangé, qui présentent le spectre de l'hémochromogène. D'aprè VON ZEYNEK (141), la pyridine dissout parfaitement l'hématine à chaud, sans la réduire.

L'hémochromogène en solution s'obtient par la réduction de l'hématine en solution fortement alcaline par l'un des réducteurs cités précédemment, ou plus communément d'après le procédé de Hoppe-Seyler (v. plus haut, p. 370).

D'après Riegler (178), on obtient facilement la formation d'hémochromogène aux dépens du sang, de l'hémoglobine, de la méthémoglobine, de l'hématine en faisant agir sur ces substances le réactif préparé comme suit : on fait une solution de 5 p. 100 d'hydrate d'hydrazine dans la lessive de soude à 10 p. 100. Après dissolution de l'hydrazine, on ajoute un volume d'alcool. Ce réactif donne avec les substances précitées une solution rouge pourpre avec les deux raies d'absorption de l'hémochromogène. Agitée à l'air, elle s'oxyde, elle verdit et donne le spectre de l'hématine. Mais très rapidement l'hématine redevient de l'hémochromogène.

Les solutions d'hémochromogène ont un spectre très caractéristique. Hoppe-Seyler avait déjà attiré l'attention sur le fait que la concentration des solutions d'hémochro-

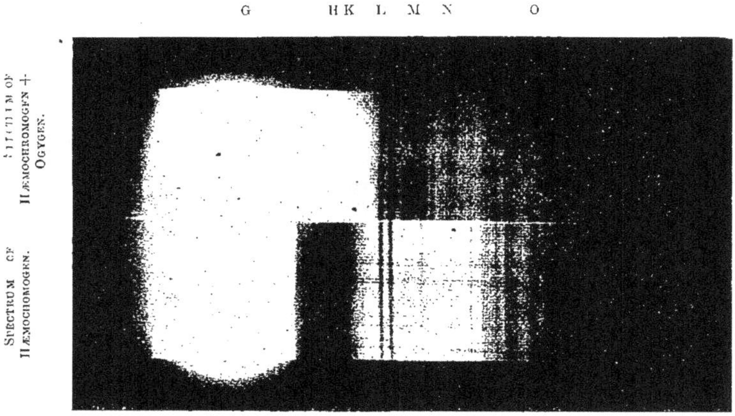

Fig. 70. — Spectre photographique de l'hémochromogène.
(D'après Gamgee, dans Schäfer's *Text-Book of Physiology*.)

mogène présentant un spectre caractéristique est beaucoup plus faible que celle des solutions d'hématine.

Le spectre d'absorption de l'hémochromogène en solution alcaline se distingue surtout par une bande très marquée située dans le vert entre D et E, plus rapprochée de D (λ 567-547 μμ, Gamgee ; 565-547 μμ, Hoppe-Seyler ; milieu, 559 μμ, Von Zeynek) et une autre à contours plus diffus de E à *b* λ 532-518μμ, Gamgee ; 527-514 μμ, Hoppe-Seyler ; milieu 525 μμ, Von Zeynek).

Dans l'ultra-violet existe également une bande sombre bien délimitée entre *h* et *g* (milieu, λ 420 μμ), ayant donc la même situation que celle de l'hémoglobine oxycarbonée, mais plus intense que celle-ci.

En solution acide, le spectre est différent et moins caractéristique : il existe une zone d'absorption diffuse de D à E. L'extrémité droite est assombrie à partir de G (Hoppe-Seyler).

Chauffée à 120° dans un milieu très alcalin, une solution concentrée d'hémochromogène laisse déposer un précipité pulvérulent violet-gris d'hémochromogène solide, qui se redissout par le refroidissement (Hoppe-Seyler).

Les solutions d'hémochromogène s'oxydent à l'air avec la plus grande facilité : étalées en couche mince, elles brunissent instantanément, en même temps que se forme l'hématine. Cependant, d'après Gamgee (1898), cet hémochromogène oxydé diffère de l'hématine vraie par sa transparence plus grande vis-à-vis des rayons violets du spectre.

Bertin-Sans et Moitessier (151) admettent aussi (1893) qu'il existe entre l'hémochromogène et l'hématine, qu'ils appellent oxyhématine, un produit intermédiaire, l'hématine réduite, qu'ils caractérisent par son spectre d'absorption. Une solution d'hémochromogène agitée à l'air donnerait de l'hématine réduite ou de l'oxyhématine suivant la quantité d'agents réducteurs présents dans le liquide.

L'action des acides même peu concentrés sur l'hémochromogène (ou sur l'hémoglobine réduite pure) produit rapidement la destruction de cette substance : il se forme le sel ferreux de l'acide et un nouveau pigment, l'hématoporphyrine.

Cette attaque si facile de la molécule d'hémochromogène par les acides dilués fait contraste avec la résistance très considérable de l'hématine envers les acides minéraux les plus forts (Hoppe-Seyler).

Après avoir constaté que les alcalins détachent de la molécule d'oxyhémoglobine l'hématine et l'hémochromogène de l'hémoglobine réduite, il était intéressant d'étudier leur action sur l'hémoglobine oxycarbonée. Cet essai, tenté par Jäderholm (125), lui donna, pour une concentration suffisante de soude, la précipitation d'un pigment, dont les solutions possèdent, d'après lui, un spectre semblable à celui de l'hémoglobine oxycarbonée, avec cette différence que les bandes L et B sont plus faibles et ont même intensité. Le pigment a été appelé par lui hématine oxycarbonée. Hoppe-Seyler (126) fit de ce composé une étude plus complète.

Il obtient le pigment en soumettant à l'action de la soude une solution d'hémoglobine oxycarbonée à l'abri de l'oxygène. Après destruction de l'hémoglobine oxycarbonée, le spectre reste absolument identique à ce qu'il était. Si l'on chauffe à 100°, on obtient un précipité cristallin rouge foncé, qui se redissout par refroidissement.

Hoppe-Seyler démontra de plus que ce même pigment se forme par union directe de l'oxyde de carbone et de l'hémochromogène, de sorte que le nom d'hémochromogène oxycarboné lui convient mieux que celui d'hématine oxycarbonée.

Une solution alcaline d'hémochromogène oxycarboné soumise à l'ébullition dans un courant d'hydrogène, lui abandonne son oxyde de carbone, tandis que dans le liquide reste l'hémochromogène.

L'hémochromogène oxycarboné, en substance ou en solution alcaline, se transforme en hématine, quand on l'expose à l'air. Au contraire, la solution alcaline d'hématine ne donne pas d'hémochromogène oxycarboné quand on la soumet à l'action d'un excès d'oxyde de carbone. D'après Bertin-Sans et Moitessier (152), la combinaison additionnelle de l'hématine réduite avec l'oxyde de carbone est beaucoup moins stable que celle de l'hémochromogène vrai avec ce même gaz. Le spectre de la première correspond à celui de l'hémoglobine oxycarbonée. Celui de la seconde se caractérise par deux bandes dont les milieux correspondent à λ 590 $\mu\mu$ et 546 $\mu\mu$.

D'après les mesures gazométriques de Hoppe-Seyler, la molécule d'hémochromogène fixerait la même quantité d'oxyde de carbone que la molécule d'hémoglobine, c'est-à-dire une molécule d'oxyde de carbone par atome de fer. Des recherches récentes de Hüfner et Küster (153) et de Pregl (154) confirment cette manière de voir. D'après la formule établie pour l'hémochromogène par Von Zeynek, il n'en serait pas de même en ce qui concerne l'oxygène, puisque deux molécules d'hématine correspondraient à deux molécules d'hémochromogène, plus un atome d'oxygène. Il faudrait conclure de là que l'hémochromogène fixerait quatre fois moins d'oxygène que la quantité correspondante d'hémoglobine. Mais, comme le fait remarquer Von Zeynek lui-même, les résultats de la simple analyse centésimale sont trop peu précis pour permettre des déductions quelque peu rigoureuses en cette matière, et il y a lieu d'attendre à ce sujet des mesures directes, analogues à celles effectuées par Hoppe-Seyler pour l'hémochromogène oxy-carboné.

Il n'est d'ailleurs nullement évident *a priori* que le radical chromogène libre possède vis-à-vis du gaz les mêmes propriétés que lorsqu'il fait partie intégrante de la molécule protéique. Et les constatations précédentes en fournissent la preuve, en ce qu'elles nous montrent que l'hémochromogène oxycarboné est beaucoup moins stable que l'hématine, alors que l'hémoglobine oxycarbonée dépasse de beaucoup en stabilité l'hémoglobine oxygénée. Il résulte d'ailleurs d'observations récentes de Ham et Balean (180) que l'hématine est moins riche en oxygène que l'oxyhémoglobine : quand on ajoute au sang un acide en concentration suffisante pour faire de l'hématine aux dépens de l'oxyhémoglobine qu'il contient, on constate un dégagement d'oxygène, qui, dans les expériences de Ham et Baleam, correspond, en quantité, sensiblement à la moitié de ce que le même sang fournit sous l'influence du ferricyanure de potassium. S'il en est ainsi, on pourrait conclure que l'hémochromogène, en s'oxydant, fixe moitié moins d'oxygène que la quantité nécessaire à la transformation du poids correspondant d'hémoglobine en oxyhémoglobine.

Pregl a pu isoler l'hémochromogène oxycarboné à l'état solide sous forme d'une poudre rouge à reflets violacés, qui est stable à l'air quand elle est sèche.

Linossier (155) a décrit un produit de combinaison de l'hémochromogène avec l'oxyde nitrique, stable, résistant aux agents réducteurs, possédant en solution ammoniacale, de coloration rouge vif, un spectre rappelant celui de l'oxyhémoglobine. Il a obtenu cet hémochromogène oxynitrique par l'action de l'oxyde nitrique sur les solutions ammoniacales de l'hématine ou de l'hémochromogène. Une solution ammoniacale d'hémochromogène oxynitrique exposée à l'air s'oxyde; l'hémochromogène oxynitrique devient de l'hématine, et l'oxyde nitrique se transforme en nitrite ammonique. Les agents réducteurs, ajoutés à une telle solution oxydée, lui feraient subir la transformation en sens inverse, mais en deux temps. Le spectre de l'hémochromogène apparaîtrait d'abord, bientôt suivi de celui de l'hémochromogène oxynitrique.

Quand on ajoute du cyanure potassique à une solution d'hémochromogène, on obtient un spectre nouveau. Ziemke et Müller (109) en ont fait la détermination et concluent formellement à l'existence d'un hémochromogène cyanhydrique.

HÉMATOPORPHYRINE.

Découverte par Mulder et Van Goudoever (1844) et désignée par eux sous le nom d'hématine privée de fer, l'hématoporphyrine reçut son nom de Hoppe-Seyler (5), qui, le premier, la caractérisa au point de vue optique.

On la prépare actuellement par le procédé de Nencki, dont la dernière manière est la suivante (135).

A de l'acide acétique glacial saturé d'acide bromhydrique à 10°, on ajoute, à la température ordinaire, en agitant constamment le mélange, de l'hémine par petites fractions, à raison de 5 grammes d'hémine pour 75 centimètres cubes d'acide. On laisse le mélange à la température ordinaire pendant 3 à 4 jours, en agitant souvent.

Après ce terme, toute l'hémine s'est dissoute. On dilue dans un grand volume d'eau (1,5 litre), et, après plusieurs heures, on filtre. La solution est additionnée de soude jusqu'à neutralisation exacte de l'acide bromhydrique (non de l'acidité totale). L'hématoporphyrine, presque insoluble dans l'acide acétique dilué, se précipite. On recueille le précipité, le lave à l'eau et le redissout au bain-marie dans une solution diluée de soude, d'où on le reprécipite par l'acide acétique. On lave à nouveau le précipité, on en fait une bouillie épaisse, à laquelle on ajoute de l'acide chlorhydrique par petites fractions jusqu'à dissolution complète. Après filtration, on ajoute de l'acide chlorhydrique en excès tant que se forment des précipités résineux dont on se débarrasse par filtration. La liqueur filtrée est placée dans le vide sec, où, déjà après quelques heures, elle se prend en masse cristalline. Après quelques jours, on filtre et on lave les cristaux à l'acide chlorhydrique à 10 p. 100. Une recristallisation, dans les mêmes conditions, fournit un produit complètement pur.

Les cristaux ainsi obtenus sont le chlorure d'hématoporphyrine, dont on fait l'hématoporphyrine elle-même, en précipitant leur solution par l'acétate de soude, le précipité brun d'hématoporphyrine étant ultérieurement lavé et séché.

Par cette méthode, Nencki et Zaleski purent obtenir une hématoporphyrine toujours identique à elle-même, en partant de l'ancienne hémine chlorhydrique ou de l'acéthémine ou de leurs éthers méthylés ou éthylés; les rendements seuls étaient différents. L'hématine soumise au traitement fournit également de l'hématoporphyrine, mais en quantité notablement moindre. Il en est de même de l'hémochromogène et de l'hémochromogène oxycarboné.

Quand le point de départ est l'hémine, le rendement d'hématoporphyrine par la méthode de Nencki est très élevé : il dépasse 90 p. 100 (Küster, Nencki et Zaleski). Dans un cas, NENCKI et ZALESKI obtinrent 91 p. 100 d'hématoporphyrine de la quantité d'acéthémine détruite. Si l'on considère que cette dernière substance contient 8,6 p. 100 de fer (qui est transformé en sel ferreux), et que la perte du chlore compense approximativement en poids la fixation d'eau, on sera tenté de conclure avec KÜSTER et NENCKI que la molécule d'hématine ou de ses dérivés est constituée par l'union de deux radicaux d'hématoporphyrine, dont la grandeur moléculaire est moitié moindre, union qui se fait peut-être par l'intermédiaire de fer.

Quant à la formule chimique d'hydrolyse, elle serait la suivante, d'après NENCKI et SIEBER :

$$\underset{\text{Hématine.}}{C_{32}H_{32}N_4FeO_4} + 2H_2O + 2HBr = 2\,C_{16}H_{18}N_2O_3 + FeBr_2 + H_2.$$

LAIDLOW (1904) affirme que la réaction inverse se fait très facilement dans les conditions suivantes : il chauffe au bain-marie pendant une heure ou deux un mélange de 1 gramme d'hématoporphyrine, de quelques gouttes d'une solution à 50 p. 100 d'hydrate d'hydrazine, d'un peu de réactif de STOKES dans de l'ammoniaque diluée. Au bout de ce temps, le liquide présente les bandes d'absorption de l'hémochromogène, qui se transforme en celui de l'hématine alcaline par addition à l'air. On peut en isoler une hématine qui possède toutes les propriétés de celle qu'on obtient par la décomposition de l'oxyhémoglobine.

Établie par NENCKI et SIEBER, $C_{16}H_{18}N_2O_3$, la formule de l'hématoporphyrine faisait d'elle un isomère de la bilirubine. La grandeur moléculaire, déterminée par la méthode de RAOULT, a été trouvée correspondre à cette formule (NENCKI et ROTSCHY) (157). D'après un travail plus récent de ZALESKI (133), elle serait $C_{34}H_{38}N_4O_6$ et la formule de réaction :

$$C_{34}H_{33}N_4O_4FeCl + 2HBr + 2H_2O = C_{34}H_{38}N_4O_6 + FeBr_2 + HCl$$

L'hématoporphyrine est une poudre foncée à éclat violacé, présentant en couche mince par transparence une teinte verdâtre. Elle est insoluble dans l'eau, peu soluble dans l'éther, l'alcool amylique, l'éther acétique et le chloroforme. Elle est soluble dans l'alcool éthylique, dans les solutions aqueuses des hydrates et des carbonates alcalins et dans les acides minéraux dilués, peu soluble dans les acides organiques.

Les solutions alcooliques neutres ont un ton rouge éclatant qui, par addition d'alcali, devient rouge-orangé ; qui vire au pourpre, puis au violet, par addition de quantités croissantes d'acide. Les solutions d'hématoporphyrine présentent une fluorescence rouge très marquée (GAMGEE).

Les solutions aqueuses alcalines sont aussi d'un beau rouge. Elles contiennent non l'hématoporphyrine elle-même, mais des composés parfaitement définis de l'hématoporphyrine avec les alcalis. A l'air, elles prennent un ton brunâtre. Le composé d'hématoporphyrine et de soude est connu à l'état de cristaux bruns microscopiques, formant de petits prismes groupés en masses radiées, très solubles dans l'eau, peu dans l'alcool, de composition $C_{16}H_{17}N_2O_3Na + H_2O$ (NENCKI et SIEBER). Le sel de potassium n'a pu être obtenu à l'état cristallin, et le sel d'ammonium est cristallin, mais peu soluble. Pendant la dessiccation, il perd une partie de son ammoniaque (NENCKI et ZALESKI). Les solutions de l'hématoporphyrine dans les hydrates des métaux alcalins sont précipitées par les sels des métaux alcalino-terreux.

Les solutions alcooliques et alcalines d'hématoporphyrine présentent quatre raies d'absorption principales décrites par HOPPE-SEYLER, dont la situation précise serait, d'après les observations de GARROD (157), confirmées par celle de NEBELTHAU (158), la suivante : une dans le rouge, entre C et D (621-610 $\mu\mu$), deux entre D et E, la première à cheval sur D (590-572 $\mu\mu$), la seconde près de E (555-528 $\mu\mu$); une quatrième, assez large, de *b* à F, (514-498 $\mu\mu$). Enfin on peut encore, dans certains cas, observer une cinquième bande placée dans le rouge à la gauche de la première. La situation de ces raies n'est d'ailleurs pas absolument invariable : elle est fonction de la concentration en pigment et en alcali, les changements de situation consistant en un déplacement en masse des quatre bandes vers l'une ou l'autre extrémité du spectre. L'addition d'une solution ammoniacale d'acétate ou de chlorure de zinc a pour effet d'effacer les deux raies extrêmes, tandis que persistent, plus intenses et mieux délimitées, les deux bandes entre D et E. Si l'on agite une solution acide d'hématoporphyrine avec du chloroforme, celui-ci enlève une partie du pigment et montre cinq bandes d'absorption dont deux entre C et D (HAMMARSTEN). D'après SCHULZ (177), la troisième bande d'absorption, des solutions alcooliques, celle qui se trouve à la droite de D, se décompose elle-même en trois zones plus obscures séparées par des intervalles plus clairs. Cet auteur soutient en conséquence que le spectre de l'hématoporphyrine possède sept bandes au lieu de cinq (159). Les solutions d'hématoporphyrine dans les acides minéraux sont d'un rouge vif avec léger reflet bleuâtre. Elles se caractérisent au spectroscope par deux bandes situées de chaque côté de D, s'étendant, la première de λ 597 à 587 $\mu\mu$, l'autre, de près de D à 541 $\mu\mu$, avec une plus grande opacité entre 557 et 541 $\mu\mu$. Dans ses solutions acides, tant qu'alcalines, diluées au point de paraître incolores, l'hématoporphyrine possède une bande d'absorption dans l'ultra-violet, située entre h et H, s'étendant de plus en plus vers la droite à mesure de l'augmentation de concentration. Pour une même concentration, l'absorption est plus forte en solution alcaline qu'en solution acide (GAMGEE).

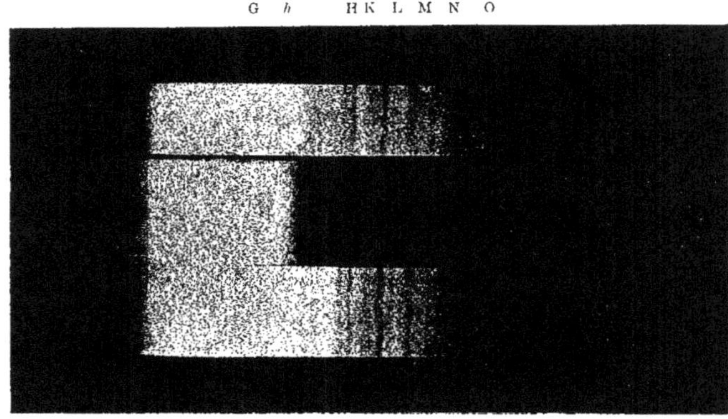

FIG. 71. — Spectre photographique de l'hématoporphyrine.
(D'après GAMGEE dans SCHÄFER'S *Text-Book of Physiology*.)

Dans des liquides acidulés par les acides minéraux, l'hématoporphyrine existe à l'état de sel. NENCKI et SIEBER ont pu isoler, à l'état de cristaux, le chlorure d'hématoporphyrine, dont la préparation a été exposée plus haut. A l'état sec, ce sel est plus stable et se dissocie lentement. Il a pour formule $C_{16}H_{18}N_2O_3HCl$. Il est aisément soluble dans l'alcool, moins dans l'eau, et sa solution alcoolique présente les cinq bandes d'absorption de l'hématoporphyrine en solution alcaline aqueuse; le spectre devient celui de l'hématoporphyrine en solution acide par l'adjonction d'une trace d'acide minéral (NENCKI et SIEBER).

Dans le but de se rendre compte de la fonction chimique des atomes d'oxygène contenus dans la molécule d'hématoporphyrine, NENCKI et ZALESKI ont soumis cette substance aux différents procédés de synthèse chimique qui sont caractéristiques de l'oxygène aldéhydique ou kétonique (diamide, phénylhydrazine). Les essais furent infructueux. Au contraire, par la méthode générale de E. FISCHER et SPEYER, ils purent obtenir les éthers diméthylique et diéthylique de l'hématoporphyrine.

Ces corps sont des poudres rouges, peu stables, qui deviennent brunes à l'air et perdent de l'alcool quand on les chauffe à 100°. Le premier $C_{16}H_{16}(OCH_3)_2N_2O$ est insoluble dans l'eau alcalinisée, soluble dans les acides minéraux dilués, dans les alcools méthylique et éthylique, l'éther, le benzol. NENCKI et ZALESKI parvinrent à préparer les sels de cette diméthylhématoporphyrine. Après chauffage à 100° des éthers de l'hématoporphyrine et disparition d'une partie des alcools méthylique et éthylique, il reste dans les deux cas une poudre amorphe qui semble constituée par les anhydrides correspondant aux formules $C_{32} H_{30} (CH_3)_2 N_4 O_4$ et $C_{32} H_{30} (C_2 H_5)_2 N_4 O_4$. Le second de ces produits est insoluble dans les acides minéraux dilués, peu soluble dans l'éther et le benzol, très soluble dans l'alcool.

Les spectres des éthers de l'hématoporphyrine ne se différencient en rien de ceux de l'hématoporphyrine même. Ceux des anhydrides méthylés et éthylés se distinguent de ceux de l'hématoporphyrine en ce que toutes les bandes sont déplacées vers le rouge. Nencki et Sieber avaient déjà obtenu précédemment, par action de l'acide sulfurique sur des cristaux d'hémine, une substance de formule probable $C_{32} H_{34} N_4 O_5$ qui résulterait de l'accouplement des deux molécules d'hématoporphyrine avec perte d'une seule molécule d'eau. Les anhydrides méthylés et éthylés correspondraient à un degré plus avancé d'anhydrisation, puisqu'ils semblent résulter de la soudure de deux molécules des hématoporphyrines diméthylée et diéthylée avec départ de deux molécules d'alcool.

Nencki et Zaleski ont essayé par différents moyens (ils purent constater à cette occasion que différents germes anaérobies n'ont aucune action sur l'hématoporphyrine) d'enlever à l'hématoporphyrine trois atomes d'oxygène en laissant intact le radical restant. Leurs premiers essais (1900) furent infructueux. Ils étaient guidés par l'espoir de passer de l'hématoporphyrine à la *phylloporphyrine*, substance étudiée minutieusement par Schunk et Marchlewsky, et dérivée de la chlorophylle. Les propriétés physiques et chimiques de l'hématoporphyrine et de la phylloporphyrine sont extrêmement semblables. Les bandes d'absorption sont les mêmes. Seule, leur situation est un peu différente d'une substance à l'autre (160). La formule de l'hématoporphyrine ne diffère de celle de la phylloporphyrine que par deux atomes d'oxygène en plus. Les deux substances peuvent donc être considérées comme les produits d'oxydation plus ou moins avancée d'un même radical. Toutes deux, distillées après mélange avec du zinc en poudre, dégagent des vapeurs de pyrrol.

En 1901, Nencki et Zaleski reprirent par une nouvelle méthode leurs essais de réduction de l'hématoporphyrine. A 3 volumes d'acide iodhydrique fumant (D = 1.96) on ajoute un volume d'eau, de façon à avoir un acide de densité égale à 1,74. 15 à 20 centimètres cubes de cet acide sont mélangés à 75 centimètres cubes d'acide acétique glacial. On introduit dans la mixture 5 grammes d'acéthémine et l'on chauffe au bain-marie, en brassant le liquide jusqu'à dissolution complète (10-15 minutes). On ajoute alors 6 à 10 centimètres cubes d'eau, on abaisse à 70° la température du bain-marie et l'on introduit de l'iodure de phosphonium par petits morceaux, jusqu'à ce que le liquide prenne une teinte rouge clair; on chauffe encore pendant 20 minutes. Quand une fraction du liquide additionnée de son volume d'eau reste claire, la réaction est terminée. Il faut environ 5-8 grammes d'iodure de phosphonium.

La solution est mélangée à 2 ou 3 fois son volume d'eau, filtrée et versée dans 2-3 litres d'eau. Il se produit un précipité rouge, qui augmente quand on ajoute une quantité de soude suffisante à neutraliser l'acide iodhydrique. Le précipité est recueilli immédiatement et lavé à l'eau jusqu'à absence de tout trouble dans les eaux de lavage quand on ajoute du nitrate d'argent. On le met alors en suspension dans 1.5 litre d'eau bouillante, à laquelle on ajoute assez d'acide chlorhydrique pour que la concentration de celui-ci soit de 2.5 p. 100. Il y a dissolution presque complète. La solution filtrée à chaud est concentrée jusqu'à production d'une croûte cristalline à la surface. On laisse refroidir et on ajoute encore 100 centimètres cubes d'acide chlorhydrique de densité 1.19. Il se dépose de nombreux cristaux qui sont séparés le lendemain des eaux-mères et lavés avec de l'acide chlorhydrique à 6 p. 100. On les purifie par 3 ou 4 recristallisations dans l'acide chlorhydrique chaud à 2.5 p. 100.

La substance ainsi obtenue cristallise en aiguilles cristallines, plus courtes que celles du chlorhydrate d'hémoporphyrine, dont elles ont la couleur. Elle ne contient ni phosphore, ni fer, ni iode, et sa formule est, d'après des recherches complémentaires de Zaleski, la suivante :

$$(C_{17} H_{19} N_2 O_2 HCl)_2$$

Elle constitue donc le chlorure d'une substance qui, par sa composition centésimale, se place entre l'hémoporphyrine et la phylloporphyrine. Le chlorhydrate de mésoporphyrine, tout comme celui d'hémoporphyrine, est décomposé par l'eau pure. Pour préparer la mésoporphyrine libre, on dissout le chlorure dans de la potasse ou de la soude à 1 p. 100 en léger excès, et l'on acidifie la solution filtrée au moyen d'acide acétique. Le précipité amorphe foncé est lavé, mis en suspension encore humide dans de l'alcool et chauffé. Il se transforme bientôt en une poudre finement cristalline.

Mésoporphyrine. — La mésoporphyrine est extrêmement analogue à l'hémoporphyrine. Elle ne fond pas encore à 340°. Insoluble dans l'eau, elle se dissout faiblement dans l'alcool et l'éther; un peu plus dans les acides minéraux; facilement dans les solutions alcalines. Les solutions alcalines sont rouge brun. Acides, elles ont une couleur rouge vif, avec une nuance violet améthyste. Elles présentent une fluorescence rouge.

Le spectre, en solution neutre, alcaline et acide, est absolument le même que celui de l'hémoporphyrine.

Les solutions alcooliques acides, additionnées d'un acétate alcalin, donnent des cristaux, qui semblent être la mésoporphyrine, et qui, lorsque leur production a été lente, sont rouges, rhombiques, bien formés et rappellent complètement ceux d'hématoïdine. Les solutions acides aqueuses donnent des précipités rouges avec les sels de zinc, d'argent, de plomb et de cuivre.

Au point de vue chimique, la mésoporphyrine semble plus active que l'hémoporphyrine. Avec l'acide azotique dilué, elle donne un sel qui se transforme (par oxydation) par simple évaporation de la solution.

Par l'acide azotique concentré, on obtient une substance verte, également produite par l'eau oxygénée en solution chlorhydrique. Cette substance peut être obtenue en cristaux dont la formule en fait le sel d'une monochlorhémoporphyrine.

D'après le procédé indiqué plus haut, Nencki et Zaleski n'obtinrent jamais en poids de mésoporphyrine plus de 20 p. 100 de la quantité d'acéthémine employée.

Si l'on chauffe moins longtemps, on obtient, outre la mésoporphyrine, un produit iodé, non purifié. Si l'on chauffe davantage ou si l'acide iodhydrique est plus concentré, on obtient, en quantités de plus en plus considérables, une substance volatile, à laquelle Nencki et Zaleski ont donné le nom d'hémopyrrol.

Plus récemment, Zaleski (133) est arrivé, par le même procédé, à obtenir un rendement de mésoporphyrine correspondant à 40 p. 100 de l'hémine employée. Appliquée à l'hématoporphyrine, la méthode fournit aussi la mésoporphyrine.

Grâce à de nombreuses analyses élémentaires et des déterminations du point de congélation des solutions de mésoporphyrine dans du phénol, Zaleski arrive à déterminer plus exactement la formule de cette substance. Le chlorhydrate de mésoporphyrine aurait pour formule :

$$C_{34} H_{38} N_4 O_4 2HCl$$

Si l'on chauffe pendant longtemps au bain-marie le chlorhydrate de mésoporphyrine en solution alcoolique et si l'on verse le mélange dans de l'eau, on obtient un précipité, qui est un éther de la mésoporphyrine. L'éther éthylique a pour formule $C_{34} H_{36} N_4 O_4 (C_2 H_5)_2$. Il est facilement soluble dans l'alcool, l'éther, le chloroforme, etc., insoluble dans les solutions alcalines.

On peut obtenir des composés cristallins de la mésoporphyrine, avec différents métaux, en ajoutant l'acétate du métal à la solution de mésoporphyrine dans un mélange d'acide acétique et d'alcool.

Le composé zincique a pour formule $C_{34} H_{36} N_4 O_4 Zn$. En ajoutant à une solution de mésoporphyrine dans de l'acide acétique saturé de chlorure sodique le liquide provenant de la dissolution de fer métallique dans de l'acide acétique, Zaleski (161) obtint des cristaux foncés, brillants, rappelant complètement ceux d'hémine. Le pigment ferrifère ainsi obtenu a un spectre très voisin de celui de l'hémine. L'analyse centésimale fournit une formule qui ne diffère de celle de l'hémine que par 4 atomes d'hydrogène en plus. Au lieu de fer, on peut introduire du manganèse dans la molécule de mésoporphyrine.

Ajoutée à l'état de chlorure à une solution acétique de sulfate ferreux ammoniacal (sel de Mohr), la phylloporphyrine se combine, elle aussi, au fer et donne un composé dont le spectre d'absorption est très voisin de celui de l'hémine; Marchlewski l'appelle *phyllohémine* (183).

Si à une solution contenant 1 gramme de mésoporphyrine, 50 à 75 grammes d'acide chlorhydrique fumant et 100 cc. d'acide acétique à 50 p. 100, on ajoute 12 à 30 grammes de zinc, la solution se décolore presque instantanément. Mais le liquide se colore à nouveau par simple exposition à l'air, et, si, après cette oxydation spontanée, on isole le pigment, on trouve qu'il n'est pas autre que la mésoporphyrine reformée (MERUNOWICZ et ZALESKI).

Traitée de la même façon, l'hématoporphyrine se décolore aussi, mais la réoxydation à l'air fournit un mélange de pigments, dont l'un a le spectre de l'hématoporphyrine. Applique-t-on le même traitement à une solution alcoolo-acétique d'hémine, on obtient par réoxydation de l'hématoporphyrine, à moins que la réduction ne se fasse en milieu additionné d'acide iodhydrique. Dans ce dernier cas, la réoxydation donne de la mésoporphyrine (MERUNOWICZ et ZALESKI) (192).

Hémopyrrol. — L'hémopyrrol s'obtient le plus avantageusement en chauffant un mélange de 5 grammes d'acéthémine, 100 grammes d'acide acétique glacial et 100 grammes d'acide iodhydrique de densité 1.96. Dès que la dissolution se produit, on ajoute par petits morceaux 8 à 9 gr. d'iodure de phosphonium. La solution, au lieu d'être rouge, a une teinte bleuâtre qui passe ultérieurement au jaune. Après chauffage pendant 1/2 heure, on dilue dans 4-5 volumes d'eau. On introduit la liqueur claire dans un ballon, en communication avec un réfrigérant et portant un entonnoir à robinet par lequel on introduit la quantité de soude nécessaire à la neutralisation presque complète des acides iodhydrique et acétique. On chauffe à l'ébullition. Avec les premières portions du distillat passe un liquide huileux, plus léger que l'eau, dont l'odeur rappelle à la fois celles de la naphtaline et du skatol, qui s'altère très vite à l'air et n'a pas été obtenu pur jusqu'ici. Cette substance est peu soluble dans l'eau. La solution colore en rouge un copeau mouillé d'acide chlorhydrique (réaction du pyrrol). Additionnée de chlorure mercurique, elle donne un précipité blanc amorphe, complètement insoluble dans l'eau, soluble dans l'alcool, de composition :

$$(C_8 H_{12} N)_2 Hg (Hg Cl_2)_4.$$

Si l'on ajoute une solution d'acide picrique saturée à chaud au produit de distillation brut obtenu dans la préparation de l'hémopyrrol, et si l'on refroidit à 0°, on obtient des cristaux jaunes, que l'on purifie par cristallisation dans le benzol, et dont la formule de composition est

$$C_8 H_{13} N C_6 H_2 (NO_2)_3 OH.$$

L'hémopyrrol a donc pour formule $C_8 H_{13} N$. Il est soluble dans les acides minéraux, insoluble dans l'acide acétique. NENCKI ne put obtenir les sels correspondants à l'état cristallin.

A l'air, les solutions d'hémopyrrol rougissent, et la substance rouge qui prend ainsi naissance paraît être l'urobiline, telle qu'on obtient par réduction de la bilirubine.

Dans l'organisme du lapin vivant, l'hémopyrrol est également transformé en urobiline.

Les solutions d'hémopyrrol ainsi aérées subissent à la longue une oxydation plus profonde, aboutissant à un pigment violet, non étudié.

Si l'on admet pour exacte la formule de MALY, la formation d'urobiline aux dépens de l'hémopyrrol devrait être représentée comme suit :

$$4 C_8 H_{13} N + O_{13} = C_{32} H_{40} N_4 O_7 + 6H_2O.$$

Les travaux de NENCKI sur les dérivés de l'hémine furent arrêtés avant leur complet achèvement par la mort de l'éminent chimiste.

NENCKI était arrivé à indiquer deux formules possibles pour l'hémopyrrol : la première en faisait un isobutylpyrrol, la seconde, un méthylpropylpyrrol. Les faits connus de lui ne permettaient pas le choix entre ces deux possibilités.

Les recherches de NENCKI ont été poursuivies par un de ses élèves, MARCHLEWSKI.

En 1904, BURACZEWSKI et MARCHLEWSKI (181) obtenaient par la réduction (par le zinc dans un courant d'hydrogène) de l'imide de l'acide méthylpropylmaléique obtenue par synthèse, un liquide huileux volatil qui avait tous les caractères de l'hémopyrrol : odeur caractéristique, réaction du pyrrol, transformation par oxydation à l'air en une substance analogue à l'urobiline.

En 1905, GOLDMANN et MARCHLEWSKI, puis GOLDMANN, HEPTER et MARCHLEWSKI (182) s'occupèrent de l'action sur l'hémopyrrol du chlorure de diazobenzol. Ils obtinrent trois composés additionnels de cette substance, dont l'un a été plus particulièrement étudié. C'est une substance colorante, de spectre bien défini en solutions alcaline et acide, que l'analyse centésimale a révélée être un composé disazoïque. Sa découverte est intéressante en ce qu'elle est l'homologue du pyrroldisazobenzène décrit par E. FISCHER et HEPP et qu'ainsi se trouve consolidée par un nouvel argument l'opinion de NENCKI sur les affinités de l'hémopyrrol et du pyrrol.

Voici la formule de structure proposée par ses parrains :

```
      H3C — C ——— C — C3H7
            ||    ||
            C     C
           / \   / \
H5C6 — N2     NH    N2 — C6H5
```

En 1906, BURACZEWSKI et MARCHLEWSKI soumirent à l'action du chlorure de diazobenzol l'huile volatile obtenue par la réduction de l'imide de l'acide méthylpropylmaléique de synthèse. Ils obtinrent le composé diazoïque qui vient d'être décrit, qu'ils purent identifier par l'observation de son spectre d'absorption en solution acide et alcaline.

Ainsi se trouve assurée l'opinion que l'hémopyrrol est un méthylpropylpyrrol, en parfait accord avec les résultats obtenus par KÜSTER à propos des acides hématiques.

Enfin NENCKI et MARCHLEWSKI (164), en soumettant la phyllocyanine (dérivé de la chlorophylle) à l'action de l'acide iodhydrique et de l'iodure de phosphonium, ont obtenu le même hémopyrrol que celui qui provient de l'hémoporphyrine soumise au même traitement.

C'est une preuve de plus en faveur de l'identité de structure de l'hémoporphyrine et de la phylloporphyrine.

Comme on le conçoit facilement, cette identité de structure moléculaire des deux substances colorées (hémoglobine, chlorophylle) les plus répandues dans le règne végétal et dans le règne animal prend une importance capitale au point de vue de la philosophie des sciences naturelles. Et cette importance est encore accrue du fait que les travaux très approfondis de ces dernières années sur la chimie des différents pigments rencontrés chez les animaux supérieurs confirment de façon éclatante l'idée, émise déjà depuis longtemps, qu'ils dérivent probablement tous du noyau chromogène de l'hémoglobine. NENCKI (165) va plus loin dans cette voie : d'après lui, la substance chromogène trouvée par GMELIN parmi les produits de la digestion trypsique de la fibrine, le protéinochromogène, celle qui devient violette (protéinochrome) par l'addition de brome, serait peut-être la molécule mère d'où dériveraient tous les pigments animaux, y compris l'hémoglobine, les pigments biliaires et les mélanines pathologiques. Le protéinochrome fondu avec de la potasse donne des vapeurs contenant du pyrrol, de l'indol et du scatol.

Chauffée modérément avec de l'acide nitrique fumant, l'hématoporphyrine, d'abord rouge, devient successivement verte, bleue, puis jaune, réaction colorante qui rappelle celle de GMELIN.

L'hématoporphyrine semble moins facile à réduire que son isomère, la bilirubine : elle résiste notamment à l'action de l'amalgame de sodium et au mélange de zinc et d'acide acétique.

Réduite à chaud par l'étain et l'acide chlorhydrique, elle fournit, suivant les conditions de l'expérience, des produits de réduction variés, dont l'un des plus faciles à obtenir serait de composition $C_{32}H_{38}N_4O_5$.

Cette substance a été appelée par NENCKI et SIEBER *hexahydrohématoporphyrine*. Elle est soluble dans les acides minéraux dilués et dans l'alcool, qu'elle colore en brun-rouge; insoluble dans les liqueurs alcalines. Par l'ébullition avec de l'alcool contenant en dissolution de la potasse caustique, l'hexahydrohématoporphyrine est transformée en une substance très voisine de l'urobiline.

Cette substance peut s'obtenir directement comme produit de réduction de l'hématoporphyrine par l'étain et l'acide chlorhydrique. Elle possède un spectre analogue à celui de l'urobiline et présente de la fluorescence comme elle, quand on lui ajoute du chlorure de zinc ammoniacal. Mais elle s'oxyde plus facilement et s'oxyde notamment à l'air (NOBEL, NENCKI et SIEBER).

HOPPE-SEYLER avait déjà noté que l'hématine soumise à la réduction par l'étain et l'acide chlorhydrique fournit une substance analogue à l'urobiline.

D'après MAC-MUNN (166), l'hématoporphyrine constituerait le pigment normal de certaines écailles d'œufs d'oiseaux, et du tégument externe de l'*Uraster rubens* (Echinoderme), de *Limax, Arion, Solecurtus Strigillatus* (Mollusques) de *Lumbricus* (Annélide) *Ceratotrochus diadema, Flabellum, Fungia symmetrica, Stephanophyllia* (Actinie), *Discosoma, Cassiopeia*.

L'hématoporphyrine existe, à l'état de combinaison avec le cuivre, dans un pigment rouge qui colore les plumes de certains oiseaux du genre *Musophaga*. Ce pigment, étudié par CHURCH (1869) et LAIDLOW (1904) (170), la *turacine*, est formé de 7,01 p. 100 de cuivre et d'hématoporphyrine. En soumettant à l'ébullition une solution ammoniacale d'hématoporphyrine additionnée d'un sel cuivrique, LAIDLOW a pu reconstituer une matière colorante analogue à la turacine.

D'après GARROD (157) et SAILLET (167), l'hématoporphyrine existe à l'état de traces dans l'urine normale de l'homme et aussi, d'après STOKVIS (168), du lapin. On la trouve en plus grande abondance, comme l'a d'abord montré MAC-MUNN (169), dans un grand nombre de cas pathologiques (MAC-MUNN, RIVA et ZOJA (136), GARROD, PAL (171), sans que, dans certains de ces cas tout au moins, l'urine offre à première vue le moindre aspect distinctif. C'est après l'usage prolongé du sulfonal que l'on a observé les urines les plus riches en hématoporphyrine (SALKOWSKI (172), HAMMARSTEN (159), NEBELTHAU (158), etc.). Dans ces conditions l'urine présente une couleur vineuse, foncée.

Le sédiment urinaire peut contenir de l'hématoporphyrine (GARROD).

Les urines fortement colorées par l'hématoporphyrine présentent le spectre alcalin ordinaire, ou le spectre à cinq bandes. Dans certaines urines et dans les sédiments colorés par l'hématoporphyrine, le spectre serait celui des solutions zinciques.

Dans certains cas, l'hématoporphyrine serait représentée dans l'urine par un chromogène qui, sous l'influence de l'air et de la lumière, se transformerait en hématoporphyrine (RIVA et ZOJA, SAILLET).

Recherche de l'hématoporphyrine dans les urines. (Voir pour les détails le livre de NEUBAUER et VOGEL. *Analyse des Harns.*) Dans les cas habituels, la spectroscopie directe est insuffisante à raison de la présence d'autres pigments et de la petite quantité d'hématoporphyrine.

Il faut donc recourir habituellement à l'isolement de la substance.

Procédé de Garrod. On ajoute à l'urine de la lessive de soude à 10 p. 100 (20 centimètres cubes pour 100 d'urine). Les phosphates précipités entraînent l'hématoporphyrine. Le précipité est lavé à l'alcool acidulé d'acide chlorhydrique. L'hématoporphyrine passe en solution. On peut filtrer et examiner au spectroscope. Pour purifier, on ajoute du chloroforme, puis de l'eau, et l'on agite. Le chloroforme se sépare, tenant en dissolution l'hématoporphyrine.

MAC-MUNN précipite l'urine par les acétates de plomb neutre et basique, procédé qui a l'inconvénient de donner un mélange de différents pigments.

HAMMARSTEN et SALKOWSKI décrivent des méthodes où la précipitation est obtenue par l'hydrate de baryte.

D'après HUPPERT, ces procédés ne valent pas celui de GARROD. Il en serait de même de celui de RIVA et ZOJA qui agitent l'urine avec de l'alcool amylique.

SAILLET ajoute à 100 centimètres cube d'urine 10 gouttes d'acide acétique glacial et agite avec de l'éther acétique.

D'après NEBELTHAU, le meilleur procédé serait la précipitation par l'acide acétique (5 centimètres cubes pour 100 centimètres cubes d'urine); le précipité est recueilli par centrifugation et purifié par dissolution dans la soude suivie de reprécipitation par l'acide acétique.

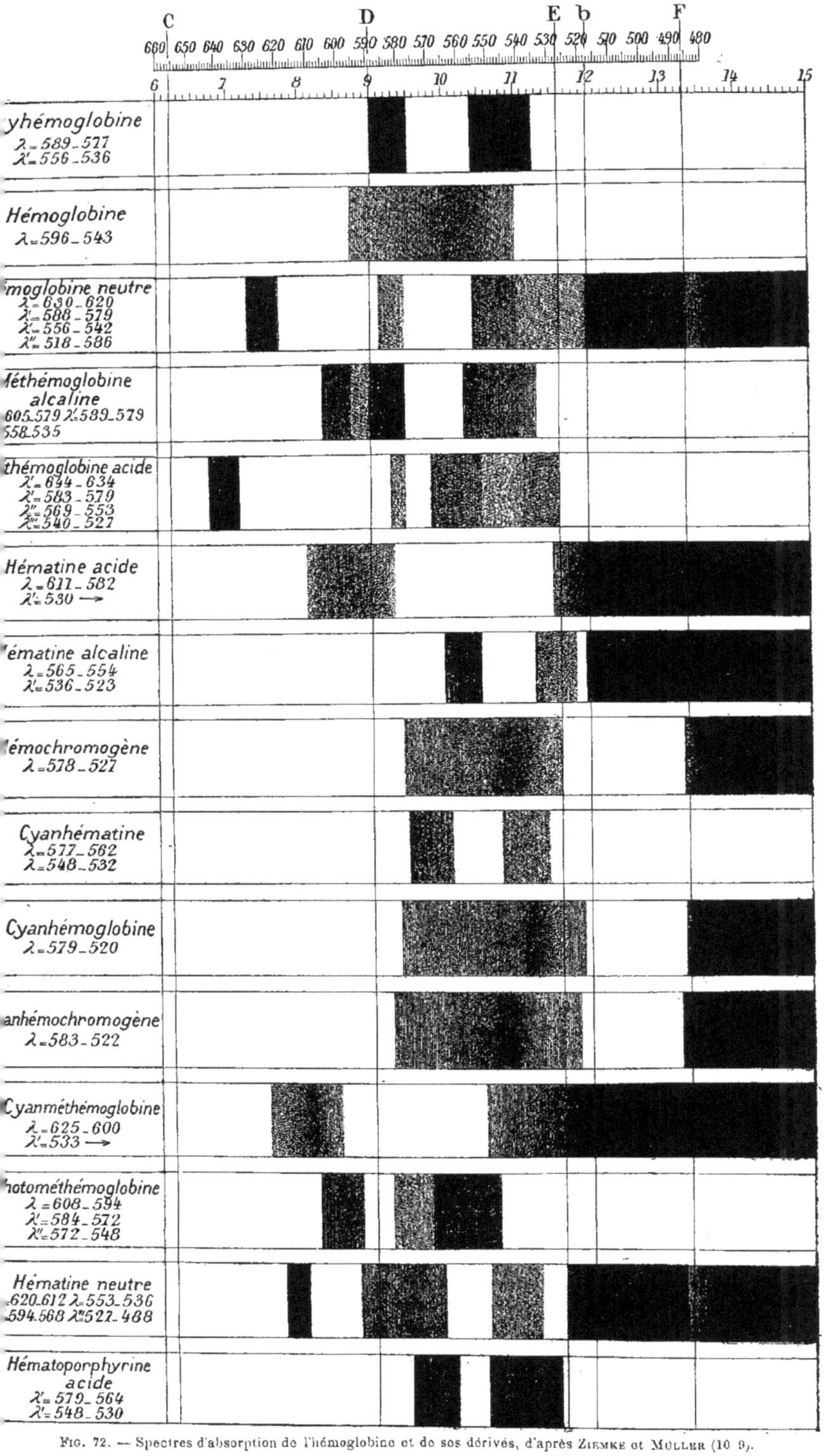

C D E b F

660 650 640 630 620 610 600 590 580 570 560 550 540 530 520 510 500 490 480

6 7 8 9 10 11 12 13 14 15

yhémoglobine
λ=589-577
λ'=556-536

Hémoglobine
λ=596-543

moglobine neutre
λ=630-620
λ'=588-579
λ''=556-542
λ'''=518-586

Méthémoglobine alcaline
605-579 λ'=589-579
558-535

thémoglobine acide
λ'=644-634
λ'=583-579
λ''=569-553
λ'''=540-527

Hématine acide
λ=611-582
λ'=530 →

Hématine alcaline
λ=565-554
λ'=536-523

Hémochromogène
λ=578-527

Cyanhématine
λ=577-562
λ=548-532

Cyanhémoglobine
λ=579-520

anhémochromogène
λ=583-522

Cyanméthémoglobine
λ=625-600
λ'=533 →

hotométhémoglobine
λ=608-594
λ'=584-572
λ''=572-548

Hématine neutre
620-612 λ=553-536
594-568 λ''=527-488

Hématoporphyrine acide
λ'=579-564
λ'=548-530

FIG. 72. — Spectres d'absorption de l'hémoglobine et de ses dérivés, d'après ZIEMKE et MÜLLER (10 9).

HÉMATOÏDINE.

L'hématoïdine est un pigment trouvé par Virchow à l'état de cristaux rhombiques d'un beau jaune orangé dans d'anciens foyers hémorragiques. D'après les différents auteurs qui en ont étudié les propriétés chimiques et physiques, l'hématoïdine serait identique avec la bilirubine (Virchow, Salkowski, Jaffé (139), mais différente de la lutéine des corps jaunes (Kühne, Ewald).

P. NOLF (Liège).

Bibliographie. — Articles de Rollett : *Die rothen Blutkörperchen* dans *Hermann's Handbuch der Physiologie*, IV; de Lambling dans le *Dictionnaire de Chimie* de Würtz (2e supplément). — Hoppe-Seyler. *Ueber das Verhalten des Blutfarbstoffes im Spectrum des Sonnenlichtes* (*A. A. P.*, 1862, xxiii, 446). — — *Ueber die chemischen und optischen Eigenschaften des Blutfarbstoffes* (*Ibidem*, 1864, xxix, 233). — *Physiologische Chemie*, Berlin, 1881). — Halliburton. *Text book of chemical Physiology* (316-330). — Griffith. *Physiology of the Intervertebrata*. — Hoppe-Seyler. *Medicinisch-chemische Untersuchungen* (Berlin, 1866). — 3. Zinnoffsky. *Ueber die Grösse des Hämoglobinmoleculs* (*Z. p. Ch.*, 1885, x, 15). — 4. Hüfner. *Beitrag zur Lehre vom Blutfarbstoffe* (*Beiträge zur Physiologie Carl Ludwig zu seinem siebsigsten Geburtstage gewidmet von seinen Schülern*). — 5. Frey. *Beiträge zur Kenntniss der Blutkristalle*. (*Inaugural Diss.*, *Würzburg*, 1894). — 6. Schulz. *Die Eiweisskörper des Hämoglobins* (*Z. f. phys. Ch.*, xxiv, 449, 1897). — *Die Bindungsweise des Schwefels im Eiweiss* (*Z. f. phys. Ch.*, xxv, 16, 1898). — 7. Arthus et Rouchy. *Sur un procédé simple d'obtention de cristaux d'hémoglobine*. (*C. R. Soc. Biol.*, 1899, li, 715-718). — 8. Hüfner. *Bestimmung der Sauerstoffcapacität des Blutfarbstoffs* (*Arch. für Phys.*, 1894, 130). — 9. Uhlir. *Über den Heteromorphismus des Pferdebluthämoglobins* (*A. g. P.*, 1904, civ, 68-88). — 10. von Lang. *Sitzungsb. der Wiener Akademie*. (*Math. Natur. Cl.*, 1862, xlvi, (2), 85). — 11. Ewald. *Polarispektroskopische Untersuchungen an Blutkrystallen* (*Z. f. Biologie*, xxii, 459, 1886). — 12. Formanek. *Über die Einwirkung von Chloroform und Chloralhydrat auf den Blutfarbstoff* (*Z. f. phys. Ch.*, 1899, xxix, 416). — 13. Salkowski. *Ueber die eiweissfällende Wirkung des Chloroforms* (*Z. f. phys. Ch.*, 1900, xxxi, 329). — 14. Krüger. *Ueber die Einwirkung von Chloroform auf Hämoglobin* (*Beitr. z. ch. Phys.*, 1903, iii, 67). — 15. Preyer. *Die Blutkristalle* (Iéna, 1871). — 16. Gamgee. *Sur l'activité optique de l'hémoglobine et de la globine* (*B. B.*, 1903, lv, 223). — 17. Soret. *Recherches sur l'absorption des rayons ultra-violets par diverses substances* (*Arch. Sc. Phys. et Natur.*, Genève, 1878, 322-359). — 18. d'Arsonval. *Photographie du spectre d'absorption de l'hémoglobine* (*Arch. physiol. norm. et path.*, 1890, ii, 340). — 19. Gamgee. *On the absorption of the extreme violet* (*Z. f. Biol.*, 1896, xxxiv, 505). — 20. Hüfner. *Ueber die Quantität Sauerstoff, welche ein Gramm Hämoglobin zu binden vermag*. (*Z. p. C.*, 1877, i, 317 et 386). — — *Ueber die Bestimmung des Hämoglobin-und Sauerstoffgehaltes im Blute* (*Z. f. phys. Ch.*, 1879, iii, i). — Van Noorden. *Beiträge zur quantitativen Spectralanalyse, insbesonderen zu derjenigen des Blutes* (*Z. f. phys. Ch.*, iv, 9, 1880). — Otto. *Ueber das Oxyhämoglobin der Schweines* (*Z. f. phys. Ch.*, vii, 57, 1883). — Hüfner. (*Zeitschrift f. physikalische Chemie*, iii, 562, 1889). — 21. Inoko. *Einige Bemerkungen über phosphorhaltige Blutfarbstoffe* (*Z. f. phys. Ch.*, 1893, xviii, 57). — 22. Wichmann. *Ueber die Kristallformen der Albumine* (*Z. f. phys. Ch.*, xxvii, 575, 1899). — 23. Hénocque. *Spectroscopie biologique* (Paris, 1895). — 24. Lambling. *Des procédés de dosage de l'hémoglobine* (Nancy, 1882). — 25. Siegfried. *Ueber Hämoglobin* (*A. P.*, 1890, 385). — 26. Claude Bernard. *Leçons sur les effets des substances toxiques*. — 27. Lothar-Meyer. *De sanguine oxycarbonico infecto* (*Diss. Vratislaviæ*, 1858). — 28. Marshall. *Bestimmung des Moleculargewichts von Hundehämoglobin* (*Z. f. phys. Ch.*, 1883, vii, 81). — 29. Hüfner. *Neue Versuche zur Bestimmung der Sauerstoffcapacität des Blutfarbstoffs* (*A. P.*. 1894, 130-176). — *Noch einmal die Frage nach der Sauerstoffcapacität des Blutfarbstoffs* (*A. P.*, 1903, 217-224). — 30. de Saint-Martin. *Recherches expérimentales sur la respiration*, Paris, 1893. — *Pouvoir absorbant de l'hémoglobine* (*Journ de Phys. et de Path.*, i, 103, 1899; ii, 733, 1900). — 31. Paul Bert. *La pression barométrique. Recherches de Physiologie expérimentale*, Paris,

1878). — **32.** FRÄNKEL et GEPPERT. *Ueber die Wirkung der verdünnten Luft auf den Organismus* (Berlin, 1883, 60). — **33.** HÜFNER. *Untersuchungen zur physikalischen Chemie des Blutes* (*Z. p. C.*, VI, 94, 1882) — *Neue Versuche über die Tension des Sauerstoffs im Blute und in Oxyhämoglobinlösungen* (*Z. p. C.*, XII, 568, 1888). — **34.** *Ueber das Gesetz der Dissociation des Oxyhämoglobins* (*A. P.*, 1). — **35.** LŒWY. *Ueber die Bindungsverhältnisse des Sauerstoffes im menschlichen Blute* (*C. P.*, 13-449, 1899). — **36.** HÜFNER. *Neue Versuche über die Dissociation des Oxyhämoglobins* (*A. P.*, 1901, *Suppl.*, 187-217). — **37.** ZUNTZ et LŒWY. *Ueber den Mechanismus der Sauerstoffversorgung des Körpers* (*A. P.*, 1904, 166-216). — **38.** BOHR. *Theoretische Behandlung der quantitativen Verhältnisse bei der Sauerstoffaufnahme des Hämoglobins* (*C. P.*, 1904, XVII, 682-688). — **39.** V. HENRI. *Étude théorique de la dissociation de l'hémoglobine* (*B. B.*, 1904, LV-LVI, 339-344). — **40.** LŒWY. *Ueber die Dissociationsspannung im menschlichen Blute* (*A. P.*, 1904, 231-247). — **41.** BOHR. *Die Sauerstoffaufnahme des genuinen Blutfarbstoffes und des aus dem Blute dargestellten Hämoglobins* (*C. P.*, 1903-1904, XVII, 688-691). — **42.** BOHR, HASSELBACH et KROGH. *Ueber einen in biologischer Beziehung wichtigen Einfluss, den die Kohlensäurespannung des Blutes auf dessen Sauerstoffbindung übt.* (*Skand. Arch. f. Physiol.*, 1904, XVI, 402-412). — **43.** BOHR. *Beiträge zur Lehre von der Kohlensäureverbindungen des Blutes. — Der Sauerstoffgehalt des Oxyhämaglobinkrystalle. Ueber die Verbindung des Hämoglobins mit Sauerstoff. Ueber den specifischen Sauerstoffgehalt des Blutes* (*Skand. Arch. f. Phys.*, III, 47-69; 76-101, 1892). — **44.** HALDANE et SMITH. *On red blood corpuscles of different specific oxygen capacities* (*J. P.*, XVI, 468, 1895). — **45.** JOLIN. *Absorptions-Verhältnisse verschiedener Hämoglobine* (*A. P.*, 1889, 265). — **46.** BERTHELOT. *Sur la chaleur animale. Chaleur dégagée par l'action de l'oxygène sur le sang* (*C. R.*, 109-776, 1889). — **47.** JAQUET. *Beiträge zur Kenntniss des Blutfarbstoffes* (*Z. p. C.*, 1890, XIV, 289-296). — **48.** LAPICQUE et GILARDONI. (*C. R.*, 1900, LII, 459). — **49.** HARNACK. *Ueber die Einwirkung der Schwefelwasserstoffes und der Säuren auf den Blutfarbstoff* (*Z. p. C.*, XXVI, 558, 1898). — **50.** BERGENGRUEN. *Über die Wechselwirkung zwischen Wasserstoffsuperoxyd und verschiedenen Protoplasmaformen* (*Inaug. Diss. Dorpat*, 1888). — **51.** MICHAELIS et COHNSTEIN. *Ein Vorlesungsversuch zur Demonstration der Blutsäure* (*A. P.*, 392, 1897). — MOROCHOWETZ. *Das Globulin des Blutfarbstoffs und der Linse des Auges* (*Le Physiol. russe*, 1903, 70-96). — **52.** LAWROW. *Quantitative Bestimmung der Bestandtheile des Oxyhämoglobins des Pferdes* (*Z. p. C.*, 1898, XXVI, 343). — *Ueber die Spaltungsproducte des Oxyhämoglobins des Pferdes* (*Ber. der d. chem. Gesellsch.*, 1901, XXXIV, 101). — **53.** PRÖSCHER. *Ein Beitrag zur Erforschung der Constitution des Eiweissmoleküls* (*Z. p. C.*, 27-114, 1899). — **54.** HAUSMANN. *Ueber die Vertheilung des Stickstoffs im Eiweissmolekül* (*Z. p. C.*, XXIX, 136, 1899). — **55.** ABDERHALDEN. *Hydrolyse des krystallisirten Oxyhämoglobins aus Pferdeblut* (*Z. p. C.*, 1903, XXXVII, 484). — **56.** ABDERHALDEN et BAUMANN. *Die Monoaminosaüren der kristallisirten Oxyhämoglobin aus Hundeblut* (*Z. p. C.*, 1907, XLI, 397). — **57.** PREYER. *Ueber die Synthese der Hämoglobine* (*B. d. Ch. Ges.*, XXIX, 2878, 1879). — **58.** BERTIN-SANS et MOITESSIER (*Bull. Soc. Ch.*, *Paris*, 1893). — **59.** JOLLES. *Ueber eine quantitative Methode zur Bestimmung des Bluteisens zu klinischen Zwecken* (*Monatshefte f. Chemie*, 1896, XVII, 677). — *Über das klinische Ferrometer* (*Folia hæmatologica*, 1904, I, n° 11). — **60.** HLADIK. *Untersuchungen über den Eisengehalt des Blutes gesunder Menschen* (*Wiener klinische Wochenschrift*, 1898, 74, 1898). — **61.** BROZEIT. *Bestimmung der absoluten Blutmenge im Thierkörper* (*Jahresbericht f. Thierch.*, I, 82, 1871). — **62.** RAJEWSKY. *Zur Frage über die quantitative Bestimmung des Hämoglobingehaltes im Blut.* (*A. g. P.*, XII, 70). — **63.** HAYEM. *Leçons sur les modifications du sang* (Paris, 1882). — **64.** JOLYET et LAFFONT. *Recherches sur la quantité et la capacité respiratoire du sang par la méthode colorimétrique* (*Gaz. méd. de Paris*, 349, 1877). — **65.** MALASSEZ. *Perfectionnements apportés aux appareils hémochromométriques* (*A. de P.*, 2ᵉ sér., X, 277 et 511, 1882). — **66.** GOWERS. *Apparatus for the clinical estimation of the hæmoglobin in Blood* (*Medical Times*, II, 749, 1878). — **67.** VON FLEISCHL. *Regeln für den Gebrauch des Hämometers* (*Med. Jahrbücher*, 1886). — **68.** DEHIO. *Zur Kritik des Fleischl'schen Hämometers* (*Verhandlungen des XI Congr. f. innere Medicin*). — **69.** VEILLON. *Der Fleischl-Miescher'sche Hämometer* (*A. P. P.*, XXXIX, 385, 1897). — **70.** HOPPE-SEYLER. *Handbuch der chemischen Analyse* (1893, 415). — *Zur Verwendung der colorimetrischen Doppelpipette von* HOPPE-SEYLER *zur klinischen Untersuchung* (*Z. p. C.*, 1896, XXI, 461). — **71.** HÜFNER. *Ueber quantitative Bestimmung der Farbstoffe im Blute* (*A. P.*, 1900, 39). — **72.** STOKES. *On the reduction and oxydation of the* *colouring Matter of the Blood* (*Proc. Royal Soc.*, London, XIII, 353, 1864). — **73.** Hoppe-Seyler. (*A. A. P.*, 1857 et 1863). — **74.** Donders. *Der Chemismus der Athmung, ein Dissociationsprocess* (*A. g. P.*, V, 20, 1872). — **75.** Zuntz. *Ist Kohlenoxydhämoglobin eine feste Verbindung?* (*Ibid.*, V, 584, 1872). — **76.** Bock. *Die Dissociationscurve des Kohlenoxydhämoglobins* (*C. P.*, XIII, 385, 1894). — *Ueber eine durch das Licht hervorgerufene Veränderung des Methämoglobins.* (*Skand. Arch.*, 1895, VI, 299). — **77.** Hüfner. *Dissociation der Kohlenoxydvergiftung* (*A. P.*, 213, 1895). — **78.** Gréhant. (*C. R.*, CXIII, 289, 1892). — **79.** Dreser. *Zur Toxicologie des Kohlenoxydes* (*A. P. P.*, XXIX, 119, 1891). — **80.** Haldane. *The relation of the action of carbonic oxide to oxygen tension* (*J. P.*, 1895, XVIII, 201). — *The action of carbonic oxyde on man.* (*J. P.*, XVIII, 430). — **81.** Gréhant. *Loi de l'absorption de l'oxyde de carbone par le sang d'un mammifère vivant* (*C. R.*, 1891, CXII, 1232). — *Influence du temps sur l'absorption de l'oxyde de carbone par le sang* (*C. R.*, CXVIII, CXXV, 394, 735, 1894-1896; *B. B.*, XLVI, 251-344, 1894). — **82.** De Saint-Martin. *Recherches sur le mode d'élimination de l'oxyde de carbone* (*C. R.*, CXII, 1232, 1891). — **83.** Mosso. *La respirazione nelle Gallerie e l'azione dell' ossido di carbonio* (Milan, 1900). — *C. R.*, CXXXI, 483). — **84.** Hüfner. *Ueber das Gesetz der Verteilung des Blutfarbstoffs zwischen Kohlenoxyd und Sauerstoff.* (*A. P. P.*, 1902, XLVIII, 87). — **85.** Welzel. *Ueber den Nachweis des Kohlenoxydhämoglobins* (*Jahresbericht f. Thierch.*, 1889, XIX, 109). — **86.** Katayama. *Ueber eine neue Blutprobe bei der Kohlenoxydvergiftung* (*A. A. P.*, 144-153, 1889). — **87.** Salkowski. *Kleinere Mittheilungen* (*Z. p. C.*, 1899, XXVII, 297). — **88.** Bertin-Sans et Moitessier (*C. R.*, 1892, CXIII, 210). — **89.** Weyl et Anrep. *Ueber Kohlenoxyd-Hämoglobin* (*A. P.*, 1880, 227). — **90.** Hüfner et Reinbold. *Absorptiometrische Bestimmungen der Menge des Stickoxyds, die von der Gewichtseinheit Methämoglobin gebunden wird* (*A. P.*, *Suppl.*, 1904, 391). — **91.** Brouardel et Loye. *Recherches sur l'empoisonnement par l'hydrogène sulfuré* (*C. R.*, 1885, CI, 401). — **92.** Meyer. *Verhalten und Nachweis des Schwefelwasserstoffes im Blute* (*A. P. P.*, XLI, 324, 1898). — **93.** Ray Lankester. *Ueber den Einfluss des Cyangases auf Hämoglobin nach spectroscopischen Untersuchungen* (*A. g. P.*, 2-491, 1869). — **94.** Bistrow et Liebreich. *Ueber die Wirkung des Acetylens auf das Blut* (*Ber. d. Ch. Ges.*, I, 220, 1868). — **94 bis.** Brociner. *Toxicité de l'acétylène* (*C. R.*, 121-773, 1896). — **95.** Setchenow. *Die Kohlensäurebindenden Stoffe des Blutes* (*O. W.*, XVII, 369, 1879). — **96.** Bohr. *Ueber Verbindungen von Methämoglobin mit Kohlensäure* (*Skand. Arch. f. Phys.*, 1898, VIII, 363). — **96 bis.** Hermann (*Arch. f. Anat. und Physiol.*, 469, 1865). — **97.** Nencki et Sieber., *Untersuchungen über den Blutfarbstoff.* (*Berichte d. d. Ch. Ges.*, XVII, II, 227, 1884; XVIII, I, 392, 1885). — *Untersuchungen über den Blutfarbstoff* (*A. P. P.*, XVIII, 401, 1884). — (*Ibid.*, XX, 325, 1885). — *Ueber das Hämatoporphyrin* (*Ibid.*, 24-430, 1888). — **98.** Lachowicz et Nencki. *Ueber das Parahämoglobin* (*Ber. d. d. ch. Gesells*, XVIII, 2121, 1885). — **99.** Krüger. *Zur Spektroskopie des Parahämoglobins* (*Bioch. Centr.*, 1903, I, 463). — **100.** Dittrich. *Ueber methämoglobinbildende Gifte* (*A. P. P.*, 1891, XXIX, 247). — **101.** Masoin. *Substances méthémoglobinisantes* (*Archiv. intern. de Pharmacodynam.*, V, 307, 1899). — **102.** Hoppe-Seyler. *Ueber das Methämoglobin* (*Z. p. C.*, VI, 166, 1882). — *Weitere Mitheilungen über die Eigenschaften des Blutfarbstoffs* (*Ibid.*, II, 149, 1878). — **103.** Gamgee. *On the action of nitrites on blood* (*Phil. Trans.*, CLVIII, 589, 1868). — **104.** Hüfner et Otto. *Ueber krystallinisches Methämoglobin* (*Z. p. C.*, 1882, VII, 65). — **105.** von Zeynek. *Ueber Methämoglobin und seine Bildungsweise* (*A. P.*, 460, 1899). — **106.** Jäderholm (*Jahrb. f. Thierch.*, 1879, IX et *Z. B.*, 1884, XX, 419). — **107.** Araki. *Ueber den Blutfarbstoff und seine näheren Umnwandlungsproducte* (*Z. p. C.*, XIV, 405, 1890). — **108.** Bertin-Sans. (*C. R.*, CVI, 1243). — **109.** Ziemke et Müller. *Beiträge zur Spektroscopie des Blutes* (*Arch. f. Physiol.*, 1901, 177). — **110.** Menzies. *On methaemoglobin* (*J. P.*, XVII, 402, 1895). — **111.** Kobert. *Beiträge zur Kentniss der Methämoglobine* (*A. g. P.*, 1900, LXXXII, 603). — **112.** Henninger. *Note sur la méthémoglobine* (*C. R. Soc. Biol.*, 711, 1882). — **113.** Hüfner et Külz. *Ueber den Sauerstoffgehalt des Methämoglobins* (*Z. f. phys. Ch.*, VII, 366, 1883). — **114.** Haldane. *A contribution to the chemistry of haemoglobin and his immediate derivatives* (*J. P.*, XXII, 298, 1898). — *The ferricyanide method of determining the oxygen capacity of blood* (*J. P.*, XXV, 295, 1900). — **115.** Hüfner. *Die Bildung des Methämoglobins* (*A. P.*, 491, 1899). — Hüfner. *Allerlei Beobachtungen und Betrachtungen über das Verhalten Oxyhämoglobins Reduktionsmitteln gegenüber* (*A. P.*, 1907, 463-469). — **116.** Hüfner et Reinbold. *Absorptiometrische Bestimmungen der Menge des Stickoxyds die von der Gewichtseinheit Methä-*

moglobin gebunden wird. (*A.P.*, *Suppl.*, 1904, 391). — **117.** Kobert. *Ueber Cyanmethämoglobin und den Nachweis der Blausäure.* Stuttgart, 1891). — **118.** Szigeti. *Ueber Cyanhämatin* (*Jahresb. f. Thierch.*, xxiii, 620, 1893). — **119.** Haldane. *On cyanmethaemoglobin and photomethaemoglobin* (*J. P.*, xxv, 230, 1900). — **120.** Ville et Derrien. *Sur une combinaison fluorée de la méthémoglobine* (*C. R.*, 1905, cxl, 1195). — **121.** Lecanu. *Études chimiques sur le sang* (Paris, 1837). — **122.** Cazeneuve (*Bull. Soc. Ch. de Paris*, xxvii, 485). — **123.** Küster. *Über die nach verschiedenen Methoden hergestellten Hämine, das Dehydrochloridhämin und das Hämatin* (*Z. p. C.*, 1903, xl, 391). — **124.** Arnold. *Ein Beitrag zur Spektroscopie des Blutes* (*Z. p. C.*, xxix, 78, 1899). — *Weitere Bemerkungen über das neutrale Hämatin* (*Jahresb. f. Thierchemie*, xxx, 165, 1900). — **125.** Jäderholm. *Die gerichtlich-medicinische Diagnose der Kohlenoxydvergiftung* (Berlin, 1876). — **126.** Hoppe-Seyler. *Beiträge zur Kenntnis der Eigenschaften des Blutfarbstoffs* (*Z. p. C.*, 1889, xiii, 477). — **127.** Küster. *Über chlorwasserstoffsaures und bromwasserstoffsaures Hämatin* (*Ber. d. ch. Ges.*, 1894, xxvii, 572). — *Beiträge zur Kenntnis des Hämatins* (*Ibid.*, xxix, 1, 821, 1896). — *Ueber Oxydationsprodukte des Hämatoporphyrins* (*B. d. ch. Ges.*, xxx, 1, 105, 1897). — *Beiträge zur Kenntnis der Gallenfarbstoffe* (*Z. p. C.*, xxvi, 314, 1898). — *Spaltungsprodukte des Hämatins* (*Z. p. C.*, xxviii, 1-33, 1899). — Küster et Kölle. *Ueber Darstellung und Spaltungsprodukte des Hamatoporphyrins* (*Z. p. C.*, xxviii, 34, 1899). — *Ueber den Blut-und den Gallenfarbstoff* (*B. d. ch. G.*, 1899, xxxii, 1, 677). — *Ueber die Constitution der Hämatinsäuren* (*B. d. d. ch. G.*, 1900, xxxiii, 3021 et *Liebigs Annalen*, 1906, cccxlv). — **128**. Milroy. *Products of distillation of hämatin with zinc dust* (*J. P.*, 1904, xxxi). — **129.** Lewin. *Lehrbuch der Toxikologie*, 1897. — **130.** Strassmann (*Viertelj. f. gerichtl. Medic.*, 1893, vi). — **131.** Szigeti et Richter (*Prag. medic. Woch.*, 1894, 105). — **132.** Marx. *Ueber Cyanhämatin* (*Viertelj. f. gerichtl. Medic.*, 1904). — **133.** Zaleski. *Untersuchungen über das Mesoporphyrin* (*Z. p. C.*, 1900, xxxvii). — **134.** Küster. *Beiträge zur Kenntnis des Hämatins* (*Z. p. C.*, 1905, xliv, 391). — **135.** Nencki et Zaleski. *Untersuchungen über den Blutfarbstoff* (*Z. p. C.*, xxx, 384, 1900). — *Ueber die Reductionsproducte des Hämins* (*B. d. d. Ch. Ges.*, xxxiv, 1, 997, 1901). — **136.** Lewin. *Ueber Hydroxylamin* (*A. P. P.*, 1889, xxv, 306). — **137.** Cloetta. *Ueber die Darstellung und Zusammensetzung des salzsauren Hämins* (*A. P. P.*, 1895, xxxvi, 349). — **138.** Rosenfeld. *Ein Beitrag zur Kenntnis des salzsauren Hämins* (*A. P. P.*, xl, 137, 1897). — **139.** Bialobrzeski. *Ueber die chemische Zusammensetzung der nach verschiedenen Methoden dargestellten Hämins und Hämatins* (*B. d. d. ch. Ges.*, 1896, xxix, 2842). — **140.** Mörner. *Zur Darstellung und Zusammensetzung der Häminkrystalle* (*Jahresb. f. Thierch.*, 1897, xxvii, 145). — **141.** von Zeynek. *Ueber das Hämochromogen* (*Z. p. C.*, xxv, 492, 1898). — *Ueber das durch Pepsin-Salzsäure aus Oxyhämoglobin entstehende Hämatin und Hämochromogen* (*Z. p. C.*, xxx, 126, 1900). — **142.** Schalfejew. *Ueber die Darstellung des Hämins* (*Chem. Centr.*, xviii, 232, 1885). — **143.** Hepter et Marchlewski. *Zur Kenntniss des Blutfarbstoffs* (*Z. p. C.*, 1904, xli, 38). — **144.** Mörner. *Einige Worte über das β-Hämin* (*Z. p. C.*, 1904, xli, 542). — **145.** Högyes. *Beiträge zur Kenntniss der Häminkrystalle* (*C. W.*, 1880, n° 16). — **146.** Cazeneuve et Breteau. *Sur l'hématine du sang et ses variétés suivant les espèces animales* (*C. R.*, cxxviii, 678, 1899). — **147.** Cazeneuve. *Recherches de chimie médicale sur l'hématine* (Thèse de Paris, 1876). — **148.** Husson. *Sur quelques réactions de l'hémoglobine et de ses dérivés* (*C. R.*, lxxxi, 477, 1875). — **149.** Donogány. *Darstellung des Hämochromogens als Reaktion auf Blut* (*A. A. P.*, cxlviii, 234, 1897). — **150.** De Dominicis. *Sui cristalli di emocromogeno* (*Biochem. Centralbl.*, 1903, i, 216). — **151.** Bertin-Sans et Moitessier. *Oxyhématine, hématine réduite et hémochromogène* (*C. R.*, lxvi, 401, 1893). — **152.** *Action de l'oxyde de carbone sur l'hématine réduite et sur l'hémochromogène* (*C. R.*, lxvi, 591, 1893). — **153.** Hüfner et Küster. *Einige Versuche, das Verhältnis der Gewichte zu bestimmen, in welchem sich das Hämochromogen mit Kohlenoxyd verbindet* (*A. P.*, *Suppl.*, 1904, 387). — **154.** Pregl. *Einige Versuche über Kohlenoxydhämochromogen* (*Z. p. C.*, 1905, xliv, 173). — **155.** Linossier. *Sur une combinaison de l'hématine avec le bioxyde d'azote* (*C. R.*, civ, 1296, 1887). — **156.** Nencki et Rotschy. *Zur Kenntniss des Hämatoporphyrins und des Bilirubins* (*Mon. für Chemie*, x, 580, 1890). — **157.** Garrod. (*J. P.*, xiii, 603, 1892); — (xvii, 349, 1895). — **158.** Nebelthau. *Beitrag zur Lehre vom Hämatoporphyrin des Harns* (*Z. p. C.*, xxvii, 324, 1899). — **159.** Hammarsten. *Ueber Hämatoporphyrin im Harn* (*Skand. Arch. f. Phys.*, iii, 319, 1891). — **160.** Marchlewski. *Studies on natural colouring matters* (*Bull. Acad. Sc. Cracovie*, 1902). —

161. Zaleski. *Ueber die Verbindungen des Mesoporphyrins mit Eisen und Mangan* (*Z. p. C.*, 1904, xliii, 11). — **162.** Küster et Haas. *Beiträge zur Kenntnis des Hämatins (Ber. d. d. ch. Ges.*, 1905, 2470). — **163.** Buraczewski et Marchlewski. *Zur Kenntnis des Blutfarbstoffs* (*Z. p. C.*, 1904, xliii, 410). — **164.** Nencki et Marchlewski. *Zur Chemie des Chlorophylls* (*B. d. d. ch. Ges.*, xxxiv, 2, 1687, 1901). — **165.** Nencki. *Zur Kenntnis der pankreatischen Verdauungsprodukte des Eiweisses* (*B. d. d. ch. Ges.*, xxviii, 1, 560, 1895). — **166.** Mac-Munn. *On haematoporphyrin* (*J. P.*, vii, 240, 1886; viii, 384, 1887). — **167.** Saillet (*Revue de médec.*, 16, 1896). — **168.** Stokvis. *Mittheilungen über Hämatoporphyrin* (*Jahresb. f. Thierch.*, xxix, 841, 1899). — **169.** Mac-Munn. *On the origin of urohaematoporphyrin* (*J. P.*, 10-71, 1889). — **170.** Riva et Zoja. *Ueber den klinischen Nachweis des Hämatoporphyrins im Harn* (*Jahresb. f. Th.*, xxiv, 673, 1894). — **171.** Pal. *Paroxysmale Hämatoporphyrinurie* (*Zentralbl. f. inn. Med.*, 1903). — **172.** Salkowski. *Ueber Vorkommen und Nachweis des Hämatoporphyrins im Harn* (*Z. p. C.*, xv, 286, 1891). — **173.** Virchow *A. A. P.*, i, 379-411, 1847). — **174.** Jaffé (*Ibid.*, xxiii, 192). — **175.** V. Zeynek. *Ueber krystallisirtes Cyanhämoglobin.* (*Z. f. physiol. Chem.*, 1901, xxxiii, 426-450). — **176.** Corin. *La pyridine comme liquide d'extraction des taches de sang* (*Ann. Soc. médico-lég. de Belgique*, 1904, xvi, 10-15). — **177.** Schulz. *Das spectrale Verhalten des Hämatoporphyrins* (*A. P.*, *Suppl.*, 1904, 271-285). — **178.** Riegler. *Ein neues Reagens zum Nachweis der verschiedenen Blutfarbstoffe oder der Zersetsungsprodukte derselben* (*Z. p. C.*, 1904, xliii, 539-554). — **179.** Laidlaw. *Some observation on blood pigments* (*J. P.*, 1904, xxxi, 464-472). — **180.** Ham et Balean. *The effects of acids upon blood* (*J. P.*, 1905, xxxii, 312-318). — **181.** Buraczewski et Marchlewski. *Zur Kenntniss des Blutfarbstoffs* (*Z. p. C.*, 1904, xliii, 410-414). — **182.** Goldmann et Marchlewski. *Zur Kenntniss des Blutfarbstoffs* (*Z. p. C.*, 1905, xliii, 415-416). — Goldmann, Hester et Marchlewski. *Studien über den Blutfarbstoff. Vorl. Mith.* (*Z. p. C.*, 1905, xlv, 176-182). — **183.** Marchlewski. *Ein weiterer Beweis der chemischen Verwandtschaft des Chlorophylls und Blutfarbstoffs* (*Bioch. Zeits.*, 1907, iii, 320-322). — Marchlewski et Rottingen. *Zur Chemie des Blutfarbstoffs Vorl., Mitt.*, (*Zeits. f. phys. Chem.* 1908, liv, 151-152). — **184.** Cevidalli. *Un procédé nouveau et simple pour obtenir les préparations permanentes de cristaux d'hémochromogène* (*Arch. ital. de Biol.*, 1905, xliii, 387-388). — **185.** Dhéré. *Sur l'absorption des rayons violets et ultra-violets par l'hématine* (*B. B.*, 1906, lviii, 656-657). — **186.** Cevidalli et Chistoni. *Existe-t-il une hémoglobine oxycarbonique?* (*Arch. ital. Biol.*, 1906, 266-271). — **187.** Henri et Mayer. *Action des radiations du radium sur l'hémoglobine. Transformation en méthémoglobine* (*B. B.*, 1903, lv, 1412-1414). — **188.** Bordier. *Action des rayons X sur l'hémoglobine* in vitro (*Arch. d'élect. méd. exp. et clin.*, 1907, xv, 286-187). — **189.** Küster et Fuchs. *Ueber ein neues kristallisiertes Derivat des Hämins* (*Chem. Ber.*, 1907, xl, 2021-2023). — **190.** Eppinger. *Untersuchungen über den Blutfarbstoff* (*Diss. Munich*, 1907). — **191.** Küster. *Ueber die Constitution des Hämopyrrols.* (*Liebig's Annalen*, 1906, cccxlvi, 1-27). — **192.** Merunowicz et Zaleski. *Reber die Reduktion der farbigen Derivate der Blutfarbstoffe mittels Zn und HCl* (*Jahrb. f. Thierch.*, 1906, xxxvi, 162). — **193.** von Furth. *Ueber einige neue Reaktionen des Hämatins* (*Liebig's Annalen*, 1906, cccli, 1-11). — **194.** Zeynek. *Zur Frage des einheitlichen Hämatins und einige Erfahrungen über die Eisenabspaltung aus Blutfarbstoff* (*Z. p. C.*, xlix, 472-481). — **195.** Aron et Müller. *Ueber de Lichtabsorption des Blutfarbstoffes* (*A. P. Suppl.*, 1905, 109-132). — Aron. *Ueber die Lichtabsorption und den Eisengehalt des Blutfarbstoffes* (*Bioch. Zeits.*, 1907, iii, 1-23). — **196.** Hasselbach. *Ueber die Wirkung des Lichtes auf die Sauerstoffbindung des Blutes* (*Jahrb. f. Thierch.*, 1906, xxxvi, 166). — **197.** Torup. *Die thermochemischen Reaktionen bei der Verbindung des Hämoglobins mit Sauerstoff und Kohlensäure* (*Jahrb. f. Thierch.*, 1906, xxxvi, 166). — **198.** Sarda et Caffort. *Sur un nouveau procédé d'obtention des cristaux d'hémine dans le diagnostic médico-légal des taches de sang* (*C. R.*, 1906, cxliii, 251-252), — **199.** Reid. *Osmotic pressure of solutions of haemoglobin* (*J. P.*, 1905, xxxiii, 12-14). — **200.** Bornstein et Müller. *Untersuchungen über den genuinen Blutfarbstoff normaler und mit chlorsauren Salzen vergifteten Katzen* (*A. P.*, 1907, 470). — **201.** Clarke et Hurtley. *On sulphaemoglobin* (*J. P.*, 1907, xxxvi, 62-67). — **202.** Hüfner et Gannser. *Ueber das Molekulargewicht des Oxyhämoglobins* (*A. P.*, 1907, 209-216).

HÉMOGLOBINURIE. — Passage de la matière colorante du sang dans les urines. Voy. **Hématie, Hémoglobine, Urine.**

HÉMOLYSE. — **Définition.** — Quelle que soit la façon dont on comprenne le mécanisme de l'hémolyse, on peut dire qu'elle est une destruction ou une détérioration des hématies. Quand elle est complète, le globule rouge peut disparaître sans laisser la moindre trace; il se dissout entièrement dans le liquide hémolytique. C'est ce que l'on observera, par exemple, dans les solutions des hydrates alcalins, dans la bile, la solanine. Mais le phénomène se présente rarement avec cette intensité. Dans la très grande majorité des cas, c'est une détérioration globulaire plutôt qu'une véritable destruction que l'on observe. L'usage s'est établi d'apprécier le degré de cette altération par la plus ou moins grande quantité d'hémoglobine qui a diffusé dans le milieu extérieur. Quand cette diffusion est telle que l'égalité de coloration est réalisée entre les stromas et le liquide ambiant, on a l'habitude de dire que l'hémolyse est complète. Il y a là un abus de langage. On pourrait désigner cet état sous le nom de décoloration complète des hématies. Si, au lieu d'être rouge, l'hémoglobine était incolore, il faudrait bien recourir à un autre critérium; et certainement alors personne ne penserait à appeler complète une altération qui se caractériserait par la perte, même totale, d'un seul des constituants de la cellule.

C'est la couleur rouge de l'hémoglobine qui a fait l'immense succès des recherches d'hémolyse.

Généralités. — Il ne saurait être question de citer dans cet article toutes les données objectives qui ont été recueillies dans ces vingt dernières années sur ce sujet. Jamais l'étude d'une question n'a suscité autant de travaux et il n'est pas d'autre exemple d'une littérature aussi touffue que celle-ci. Malheureusement la multiplicité des mémoires n'a guère contribué à faire l'unité parmi les opinions; des doctrines contradictoires sont professées avec une égale conviction et appuyées chacune d'un luxe d'arguments par des savants de première valeur. Ce désaccord dans les idées est le résultat de plusieurs causes :

1° La nature même de la question;

2° Le manque d'unité dans les méthodes;

3° La multiplicité des points de vue.

L'hémolyse intéresse également le clinicien, le bactériologiste, le physiologiste, le chimiste. Elle apparaît à l'un dans ses rapports avec la pathologie du sang; à l'autre, elle est un moyen d'étudier les phénomènes de l'immunité; elle est, en physiologie animale, le chapitre le plus documenté d'une étude des propriétés physico-chimiques du protoplasma; pour le chimiste épris de problèmes de biologie, elle est un terme de passage tout indiqué, un objet de choix dans un essai d'application à la matière vivante des principes acquis en chimie minérale sur les propriétés des solutions, des substances colloïdales, sur les équilibres, sur les vitesses de réaction, etc.

De ces quatre côtés sont arrivées des contributions de valeur très inégale. Chacune de ces disciplines applique à la solution du problème ses notions propres, ses méthodes particulières, ses points de comparaison familiers. Il en résulte qu'entre deux mémoires traitant du même sujet, il n'y a souvent de commun que le titre.

Que l'on songe en outre à la nature particulièrement complexe des phénomènes, qui ressortira à suffisance de la lecture de l'article, et l'on comprendra que le moment n'est pas venu de faire la synthèse de nos connaissances, d'essayer de trier ce matériel disparate. Il y a encore trop de provisoire, trop d'à peu près, trop d'hypothèse et aussi de polémique pour qu'un tel travail puisse être utilement entrepris. Cet article, destiné aux physiologistes, sera consacré à l'étude du côté plus particulièrement physiologique du phénomène. L'hémolyse y sera donc considérée comme étant la suite d'une altération des rapports normaux entre le contenu liquide des hématies, leur paroi et le milieu extérieur. Cette façon d'envisager la question est la conséquence directe de ce qui a été dit, à l'article « **Hématie** », de la constitution du globule rouge.

Schématiquement, le globule rouge peut être représenté par une vésicule remplie d'une masse fluide ou demi-fluide. Examinons successivement le contenu et la paroi. Dans ce contenu sont dissous les sels du globule et l'hémoglobine, ainsi que cela a été démontré à l'article « **Hématie** ». Les sels dissous sont les facteurs principaux de la pression osmotique du globule, pression bien constante, égale à celle du sérum. L'hémoglobine intervient peu dans la régulation osmotique, en raison de la grosseur de sa molécule. Mais elle est dissoute comme les sels et, comme eux, elle est libre de toute combinaison avec d'autres constituants globulaires. Ce point est essentiel pour la compréhension de l'hémolyse. Il y a lieu d'y insister, parce que, ne tenant pas compte de cette donnée fondamentale, la plupart des auteurs qui ont voulu expliquer l'hémolyse, ont décrété que les substances hémolytiques sont des agents dont la principale fonction est de libérer l'hémoglobine d'une combinaison hypothétique avec un autre constituant globulaire. Le dosage colorimétrique de l'hémoglobine est une opération si facile et si sûre qu'elle devait forcément séduire les chercheurs. On trouvait en lui une méthode dont les données dépassent de beaucoup en précision celles dont on dispose habituellement en pareille matière. Aussi s'est-on empressé de le choisir comme mesure de l'hémolyse, sans même se demander si l'on en avait le droit. Pour mesurer l'hémolyse, on a dosé l'hémoglobine échappée aux globules. Explicitement ou implicitement, on a affirmé que cette libération était directement proportionnelle à l'intensité de l'hémolyse. S'il en était ainsi, si essentiellement l'hémolyse était la mise en liberté de l'hémoglobine engagée dans une combinaison chimique, son étude gagnerait beaucoup en simplicité. Il est clair que la libération graduelle de la substance colorante pourrait servir de mesure au phénomène. Elle en serait la mesure directe et très précise.

Malheureusement l'union supposée du stroma et de l'hémoglobine n'existe pas; l'hémoglobine n'a rien à faire avec les vrais phénomènes de l'hémolyse. Ceux-ci intéressent la paroi globulaire.

La paroi globulaire correspond histologiquement au protoplasma de la cellule rouge. Chimiquement elle est composée de substances protéiques et de substances grasses. Les premières appartiennent au groupe des nucléo-protéides; les secondes sont des lipoïdes : cholestérine, lécithine et peut-être un cérébroside (Pascucci).

Ainsi constituée, cette paroi laisse passer l'eau : elle est parfaitement imperméable à l'hémoglobine et aux sels. Mais ces éléments dissous dans le milieu endo-globulaire ont une tendance constante à en sortir, à diffuser dans le milieu extérieur. Tant que la paroi est normale, l'obstacle à la diffusion est absolu. Quand de l'hémoglobine s'échappe des globules, ce n'est pas parce qu'il y a quelque chose de nouveau en elle, c'est parce que l'obstacle à son pouvoir normal d'expansion est levé plus ou moins complètement. Le simple examen de la structure du globule, de la disposition de ce petit appareil de physique, nous indique donc très nettement ce qu'est l'hémolyse, ce qu'elle signifie. Elle signifie un état de souffrance du globule, une altération de la paroi globulaire. Dans cette conception du phénomène, qui est basée sur les faits cités à l'article « **Hématie** », l'hémoglobine se répand à l'extérieur des globules quand la paroi globulaire a cessé d'être imperméable à l'hémoglobine. Si l'on voulait restreindre la signification du mot hémolyse à cette diffusion considérée en elle-même, il signifierait donc un pur phénomène d'osmose. Si au contraire on conserve au mot hémolyse sa signification vraie, en désignant par ce terme le phénomène initial, l'altération de l'hématie elle-même et plus spécialement celle de sa paroi, on fera de la diffusion de l'hémoglobine une conséquence plus ou moins lointaine, plus ou moins contingente.

Toute altération de la paroi n'entraîne pas la diffusion de l'hémoglobine. Les altérations graves causées par la plupart des réactifs fixateurs, employés en cytologie, ne la produisent pas. La diffusion caractérise les altérations qui s'accompagnent d'une augmentation de perméabilité. S'il reste exact de dire à propos de ces dernières que plus l'altération globulaire est forte, plus rapide est la diffusion, s'il est permis d'évaluer la première par l'intensité de la seconde, il n'est pas du tout démontré qu'il y a proportionnalité rigoureuse entre les deux. En d'autres termes, il n'est pas licite d'exprimer le premier de ces phénomènes par une simple mesure du second, avant d'avoir établi, par des recherches préalables, le rapport numérique exact qui les relie. On peut donc dire sans paradoxe que, si les déterminations des quantités d'hémoglobine diffusées, qui sont soigneusement établies dans les mémoires récents sur l'hémolyse, sont des documents plus précis que la simple évaluation du degré d'hémolyse d'après le plus ou moins de résidu après centrifugation ou d'après la teinte plus ou moins foncée du liquide surnageant, les premières n'expriment actuellement pas beaucoup mieux que les secondes la grandeur du phénomène initial, l'altération de la paroi.

Au lieu de mesurer l'issue de l'hémoglobine, on aurait pu mesurer la rapidité de sortie des sels. Il faudrait opérer dans ce cas en milieu isotonique sucré. Dans les conditions normales, la paroi globulaire paraît tout aussi imperméable aux sels du plasma ou à ceux du liquide endo-globulaire qu'à l'hémoglobine. Cela résulte déjà de l'analyse chimique du sang de quelques mammifères (cheval, porc, lapin), chez lesquels les globules ne contiennent pas trace de sodium, malgré l'abondance de cet élément dans le plasma.

Mais dans les conditions pathologiques, la paroi globulaire devient perméable aux sels. Et ce phénomène s'étudie très bien dans les émulsions globulaires en eau sucrée. Il se mesure facilement par la détermination de la conductibilité électrique de ces émulsions (Stewart, Henri).

Il est probable que, si l'hémoglobine ne se dosait pas aussi facilement au colorimètre, on aurait eu recours à la diffusion des sels pour apprécier la plus ou moins grande résistance des hématies : on aurait mesuré l'hémolyse par la conductibilité électrique du milieu extérieur. Et comme cette méthode donne, elle aussi, des résultats précis, on aurait construit des formules d'apparence très rigoureuse exprimant l'essence et l'intensité de l'hémolyse, en l'identifiant avec cette issue des sels endo-globulaires. Pour agir ainsi, on aurait eu des raisons ni meilleures ni pires que celles qui permettent d'identifier l'hémolyse avec la sortie de l'hémoglobine.

Il eût été très intéressant de confronter alors les deux séries parallèles de résultats, de voir jusqu'à quel point l'hémolyse, mesurée par l'exode des sels, coïncide avec l'hémolyse confondue avec la diffusion de l'hémoglobine. Malheureusement la méthode fondée sur la conductibilité électrique n'a pas été appliquée (en milieu sucré) à l'étude quantitative des agents hémolytiques. Les quelques données que l'on possède sur cet aspect de la question sont fragmentaires. On sait par exemple comment les hématies se comportent dans des solutions sucrées pures. Stewart avait constaté que des globules mélangés à une solution hypotonique de sucre de canne (Δ du mélange $= 0.436°$) laissent diffuser dans la solution sucrée une partie de leurs sels. Calugareanu et Henri ont fait les mêmes constatations pour des solutions de saccharose différemment concentrées (5 p. 100 et 7 p. 100). La première est très fortement hypotonique, la seconde l'est moins ($\Delta = 0.40$). Les hématies perdent dans les deux liquides une notable partie de leurs sels. Mais, chose très intéressante, elles n'abandonnent rien de leur hémoglobine. Il est donc prouvé que, dans ce cas tout au moins, la paroi globulaire peut devenir perméable aux sels, sans rien perdre de son imperméabilité à la substance colorante. Peut-être des expériences plus complètes étendraient-elles cette donnée. Nous posséderions dans ce cas deux moyens pour mettre en évidence l'altération de la paroi globulaire. De ces deux moyens, l'un serait beaucoup plus sensible que l'autre. Cette constatation n'est pas faite pour étonner. On conçoit très facilement que, lorsque la paroi globulaire transforme ses qualités diosmotiques dans le sens d'une perméabilité plus considérable, cette modification se manifeste d'abord à l'égard des sels, substances cristalloïdes à petites molécules, plus tôt qu'à l'égard de l'hémoglobine, colloïde à molécule énorme.

Overton a constaté que, lorsqu'on tue des cellules végétales par des moyens chimiques, on supprime l'imperméabilité de la paroi aux différents constituants du suc intracellulaire. Mais l'obstacle à la sortie n'est pas levé en même temps pour tous. On voit apparaître successivement à l'extérieur des cellules les sels haloïdes et les nitrates des métaux alcalins; viennent ensuite les sulfates, phosphates, tartrates, malates. Ce n'est que plus tard qu'apparaissent les sucres et enfin les substances colorantes et tanniques.

Observer l'hémolyse, c'est répéter pour les globules rouges l'observation d'Overton sur les cellules végétales, c'est assister à une agonie cellulaire. Les premiers signes en sont la diffusion des sels, la sortie de l'hémoglobine en est l'achèvement. L'hémolyse a débuté bien avant la sortie de la première molécule d'hémoglobine.

On pourrait objecter à ce raisonnement que l'hémolyse est une altération globulaire bien spéciale, qui se caractérise précisément par la diffusion de l'hémoglobine et qu'il n'y a lieu de parler d'hémolyse que lorsque l'hémoglobine abandonne le globule. Il est bien certain qu'en pratique c'est ainsi que les choses se passent. Mais il n'en reste pas moins vrai que, dans l'hémolyse ainsi définie, le seul phénomène perçu, la diffusion de l'hémoglobine, est secondaire. Le phénomène primitif, c'est l'altération de la paroi globulaire. Lorsqu'on veut définir l'essence du phénomène, en établir les lois, c'est de ce *primum movens* qu'il faut s'occuper d'abord.

Puisqu'il est question ici des méthodes d'étude, il est bon de traiter encore deux points qui se rattachent à ce sujet.

Stewart a observé que, lorsqu'on ajoute au sang du lapin du sérum frais de chien, l'hémolyse qu'on produit ne s'accompagne pas de la diffusion des sels. C'est-à-dire que les conditions dans ce cas sont inverses de celles que l'on observe dans les solutions sucrées hypotoniques. Stewart en a conclu que l'hémoglobine et les sels peuvent quitter isolément les globules et que, suivant les conditions, ce sera l'un ou l'autre de ces éléments, quelquefois simultanément les deux, qui diffuseront dans le liquide ambiant. Ainsi qu'il a été dit à l'article « **Hématie** », les choses ainsi présentées risquent d'être faussement interprétées. On sera tenté de conclure, pour expliquer ces trois possibilités différentes, que les sels et l'hémoglobine ne sont pas libres, qu'ils sont combinés tous deux au stroma globulaire. Suivant la nature de l'agent hémolytique, ce sera tantôt l'un des éléments qui sera mis en liberté, tantôt l'autre, tantôt les deux à la fois. Telle est l'interprétation proposée par Stewart. Elle a le défaut d'être en désaccord avec les faits bien établis qui démontrent que, dans le globule, les sels et l'hémoglobine sont bien à l'état de liberté.

On peut d'ailleurs fournir une explication très satisfaisante de ces particularités sans devoir recourir à aucune hypothèse auxiliaire. Pour cela, il suffit de se représenter les conditions qui sont faites à un globule soumis à une action hémolytique modérée, telle que celle d'un sérum étranger. Cette action n'est pas destructive de la paroi globulaire ; le stroma est conservé. Supposons que, dans son essence, l'hémolyse soit une augmentation de la perméabilité de la paroi globulaire aux sels et à l'hémoglobine. Qu'en résultera-t-il ? A l'extérieur du globule et à l'intérieur, la pression osmotique est égale. Elle est due à l'extérieur et à l'intérieur aux sels dissous dans ces deux milieux.

Puisque la pression osmotique est égale sur les deux faces de la membrane, c'est que les deux concentrations salines sont égales. Dans ces conditions, il importe peu que la paroi soit perméable ou qu'elle ne le soit pas. L'équilibre de concentration saline étant réalisé *avant* l'action de l'agent hémolytique, il ne se produira aucune diffusion des sels *après* l'action hémolytique, puisque la première condition d'un courant de diffusion n'existe pas, une inégalité de concentration. Il en serait tout autrement, si le milieu extérieur ne contenait pas de sels, s'il était une solution sucrée par exemple. Il est extrêmement probable que, dans ce cas, la diffusion de l'hémoglobine serait accompagnée et même précédée d'une diffusion des sels.

Les conditions sont complètement différentes pour l'hémoglobine. Avant la perméabilisation, toute l'hémoglobine se trouve d'un seul côté de la membrane ; après, il y aura diffusion jusqu'à égalité de concentration entre l'intérieur et l'extérieur.

Les conditions de diffusion seraient changées pour les sels, si la membrane globulaire était tendue, de façon qu'il existe à l'intérieur du globule une pression hydrostatique positive. Après la perméabilisation, une partie du liquide salin endoglobulaire serait expulsée par filtration à travers la membrane. Cette dernière éventualité doit être considérée, parce que, à défaut d'être réalisée dans les globules rouges à l'état de repos, elle peut l'être par suite de certaines conditions expérimentales. On termine d'habitude un essai d'hémolyse par une centrifugation, après laquelle on mesure la concentration en hémoglobine du milieu extérieur. Or, au cours de la centrifugation, il s'établira entre la pression hydrostatique dans les globules et celle hors des globules un déséquilibre, s'il existe des différences de densité entre la paroi globulaire et les liquides intra- et extraglobulaires. Il semble que, dans les conditions habituelles de l'expérience il n'y ait que deux cas possibles. Dans les deux cas, les enveloppes globulaires sont plus denses que le liquide extra-globulaire. Dans le premier des deux, la densité du liquide endo-globulaire est plus élevée que celle des enveloppes ; dans le second, c'est l'inverse. Quand on soumet des mélanges de ce genre à l'action de la force centrifuge, les éléments d'inégale densité tendent à se séparer. Dans la première alternative, le liquide endo-globulaire, plus dense que les enveloppes, subira pendant la centrifugation une espèce d'aspiration vers les parties périphériques. Dans la seconde, les enveloppes refoulées vers la périphérie tendront à expulser vers le centre le liquide qu'elles contiennent. Dans les deux cas, il se produira donc un effort de filtration de l'intérieur des globules vers l'extérieur, effort qui peut acquérir de l'importance aux vitesses atteintes par certains appareils à centrifuger. Si la paroi globulaire est normale, cet effort de filtration n'expulsera qu'un peu d'eau pure, qui sera réabsorbée en égale quantité, sitôt la centrifugation cessée. Mais, si la paroi est devenue perméable aux sels et à l'hémoglobine, les globules seront exprimés comme est exprimé à l'essoreuse le linge mouillé : ils lâcheront leur hémoglobine et leurs sels, et le résultat de l'opération sera définitif. On voit donc que certaines manipulations auxquelles sont soumis les globules rouges peuvent avoir une influence considérable sur le degré de diffusion de l'hémoglobine et qu'il y a lieu d'en tenir compte quand on prétend faire de ce phénomène la mesure de l'hémolyse.

Une autre particularité qu'il y a lieu d'envisager, c'est l'agglutination des hématies. Nolf a observé (1900) que la fixation sur les globules de l'agglutinine d'un sérum obtenu par immunisation, chauffé à 56°, peut produire une altération de la membrane globulaire. Seulement l'altération n'apparaît pas ou apparaît peu, si on laisse les globules agglutinés au fond des tubes. Il faut, par une agitation énergique, détruire autant que possible les amas globulaires. Dans ces conditions, il peut se faire qu'après cette agitation le liquide soit teinté d'hémoglobine. Ici, nous avons un exemple d'une influence hémolytique positive de l'agglutination, influence avant tout mécanique (voir l'hémolyse par les précipités chimiques et l'hémolyse par les toxines végétales).

Récemment (1906), Bordet et Gay ont au contraire attribué à la forte agglutination, qui se produisait dans certains milieux, le manque d'hémolyse observé dans ces milieux. Sans vouloir discuter ici le point de savoir si l'agglutinine, en se fixant sur le globule, peut altérer directement les propriétés diosmotiques de sa paroi et l'influencer dans l'un ou l'autre sens, il sera utile d'envisager les conséquences indirectes, mais constantes, de l'agglomération rapide des hématies.

A priori, on peut parfaitement concevoir que l'agglutination énergique puisse masquer ou atténuer une hémolyse. Si l'on admet que celle-ci est une diffusion d'hémoglobine à travers une paroi globulaire altérée, on conçoit que l'importance de cette diffusion est fonction de la différence de concentration de l'hémoglobine entre les globules et le milieu extérieur. Si les globules flottent isolément dans une grande masse de liquide, la concentration de l'hémoglobine diffusée sera, au moins au début de l'expérience, tellement faible hors des globules mobiles qu'on pourra la supposer égale à zéro; la différence de concentration sera maxima entre l'intérieur et l'extérieur; et maxima aussi, la vitesse de diffusion. Si au contraire, les hématies sont tassées au fond des tubes, les espaces interglobulaires sont très réduits. Très rapidement, la concentration de l'hémoglobine y sera égale à celle qui existe à l'intérieur des globules et le mouvement de diffusion sera arrêté presque complètement. Il ne se poursuivra plus que très lentement de la profondeur du tube, où sont amassées les hématies, vers les couches supérieures. Pour un même degré de perméabilité de la paroi, des hématies flottantes lâcheront plus rapidement leur hémoglobine que des hématies étroitement accolées. Si l'agglutination et la sédimentation se font très rapidement, elles pourront d'ailleurs, par le même mécanisme, soustraire les hématies à une partie des agents actifs contenus dans le milieu.

Il est clair que les conclusions pratiques qui découlent des observations précédentes, s'appliquent surtout aux recherches de précision, qui prétendent mesurer les vitesses d'hémolyse par les quantités d'hémoglobine diffusée.

HÉMOLYSE PAR L'EAU DISTILLÉE

L'hémolyse la plus simple à étudier est sans contredit celle qui se produit sous l'influence de l'eau distillée. Quand on ajoute quelques gouttes de sang à de grandes quantités d'eau distillée, on constate un laquage immédiat du mélange. Le milieu se colore uniformément et il paraît presque transparent. Si on le soumet à l'action de la force centrifuge, on provoque le dépôt de quelques débris leucocytaires. Mais l'adjonction au liquide surnageant d'un peu de chlorure sodique ou d'un autre sel, ou le passage de CO_2 provoque l'apparition d'un précipité constitué des nucléo-protéides constitutifs des globules rouges. Dans ces conditions, l'eau distillée a donc produit la dissolution presque complète des hématies. Il n'en est plus ainsi, si l'on se contente d'ajouter au sang la quantité d'eau strictement nécessaire pour provoquer la diffusion de l'hémoglobine. Dans ce sang laqué par des minimes quantités d'eau, les stromas décolorés restent entiers, et on les retrouve au microscope sous la forme de sphères très pâles, à peine visibles.

De nombreux travaux (HAMBURGER, MOSSO, GALLERANI, ZANIER, LAPICQUE, LESAGE, BOTTAZZI, etc.) ont eu pour but de déterminer les concentrations salines auxquelles correspondent le début de l'hémolyse et son état de complet développement. Il ressort des résultats concordants de ces auteurs, que les hématies des mammifères commencent à abandonner un peu de leur hémoglobine dans des solutions de chlorure sodique de 0.5 à 0.6 p. 100 et que tous les globules sont décolorés à 0.3 à 0.4 p. 100.

Chez l'embryon de mammifère, la limite supérieure d'hémolyse est la même que chez l'adulte, mais la limite inférieure s'abaisse encore (ZANIER, LESAGE, HAMBURGER, etc.). Il résulte de cette constatation que les hématies ne sont pas toutes identiques entre elles, qu'elles ne forment pas un matériel homogène, que de l'une à l'autre il existe des différences assez considérables dans leur résistance aux forces de dissolution.

Cette inhomogénéité d'une émulsion d'hématies permet de comprendre certains faits qui ne s'expliquent pas autrement. C'est ainsi que NOLF a constaté (1900) que la dose toxique limite, celle qui produit un début d'hémolyse, de l'alcool, de l'acétone est très légèrement plus faible pour les émulsions riches que pour les émulsions pauvres. Or, ces substances étant de celles qui s'accumulent dans les globules, c'est l'inverse que l'on devrait constater, si l'émulsion était parfaitement homogène.

Dans certains états pathologiques, la limite supérieure de cette hémolyse en milieu salin dilué peut être abaissée ou élevée.

MALASSEZ (1872) avait cherché à mesurer, par une autre méthode, les variations que peuvent présenter les hématies humaines dans différents états pathologiques. Au lieu d'utiliser plusieurs concentrations salines, il employait toujours la même, et il mesurait la vitesse avec laquelle les hématies d'un échantillon de sang s'y décoloraient. L'emploi même d'une pareille méthode prouve que l'hémolyse la plus simple n'est pas un phénomène instantané, qu'elle peut évoluer très lentement dans un milieu de composition invariable, libre de toute substance nocive.

On est presque unanime pour attribuer cette hémolyse qui s'opère dans les solutions salines diluées à une altération de la paroi globulaire. Toute autre explication résiste peu à la critique. Il en est notamment ainsi de celle qui fait de l'hémolyse une dissociation du complexe hypothétique que formerait l'hémoglobine unie à un autre constituant globulaire. Si ce composé existait réellement, si l'hémolyse était le résultat d'un travail chimique de dissociation, comment comprendre que l'eau la produise instantanément dans les solutions à 0.4 p. 100 de NaCl et qu'elle soit dénuée de toute influence à partir de 0.6 p. 100? Une influence aussi décisive d'un sel neutre entre des limites aussi étroites de concentration sur un phénomène d'hydrolyse est absolument sans pareil. Mais la difficulté augmente, si l'on ajoute que toutes les solutions équimoléculaires à la solution à 0.6 p. 100 de NaCl s'opposent aussi énergiquement qu'elle à l'hémolyse, à une seule condition : non pas que la substance dissoute ait des propriétés chimiques spéciales, qu'elle réalise un type chimique déterminé, mais simplement qu'elle ne puisse pénétrer le globule, que la paroi de celui-ci lui soit imperméable. Il est impossible de comprendre pourquoi une solution de saccharose exactement isosmotique à la solution de NaCl à 0.6 p. 100 empêche l'hémolyse comme elle, tandis que la concentration immédiatement inférieure la permet, dans toute autre théorie que la théorie osmotique de l'hémolyse.

Mais, si ce point est bien établi, on est beaucoup moins fixé sur le comment de ce phénomène osmotique. L'opinion qui a été émise tout d'abord et qui prévaut encore aujourd'hui est la suivante :

Au fur et à mesure qu'on dilue le milieu salin ou sucré qui contient les hématies, celles-ci absorbent de l'eau, de façon que l'équilibre osmotique entre l'extérieur et le liquide endo-globulaire soit maintenu. Il en résulte un gonflement progressif du globule, une distension graduelle de la membrane qui dépasse, à un moment donné, la limite compatible avec son intégrité. A ce moment, la membrane se déchire, suivant les uns; suivant les autres, ses pores s'élargissent assez pour laisser passer l'hémoglobine : l'hémolyse a lieu. Dans cette explication, l'hémolyse est un phénomène purement mécanique, dans lequel le liquide endo-globulaire seul est actif, tandis que la membrane subit passivement la poussée endo-globulaire. Elle rend parfaitement compte des phénomènes tels qu'ils viennent d'être exposés.

Mais il est plus difficile de comprendre pourquoi, dans les solutions sucrées modérément hypotoniques, on peut observer une diffusion des sels du globule, sans issue de l'hémoglobine. Dira-t-on que, dans ce cas, les pores sont suffisamment ouverts pour laisser sortir les molécules salines plus petites et insuffisamment élargis pour livrer passage aux molécules protéiques plus grosses? Ce serait ramener les questions d'osmose à une figuration simpliste, qui est abandonnée depuis longtemps.

On a d'ailleurs cité des exemples de décoloration des hématies fixées préalablement par des réactifs histologiques, qui s'expliquent difficilement dans l'hypothèse précédente.

Stewart a particulièrement étudié l'action de l'eau et de la saponine sur des hématies fixées par le formol. Quand le contact avec le formol n'a pas été trop long, les hématies durcies peuvent abandonner leur hémoglobine à l'eau ou aux solutions hémolytiques. Si on les examine au microscope dans le milieu hémolytique, on constate que la décoloration n'a pas été précédée, comme d'habitude, d'une modification de leur forme. Les stromas ne sont pas sphériques, ils ont gardé la forme de disques. La seule différence de forme entre ces disques incolores et les hématies normales, c'est qu'au lieu d'être biconcaves, ils ont deux faces planes. Il est impossible de dire de ces stromas durcis par le formol qu'ils sont déchirés, il n'y a pas de motif de supposer que leurs pores se sont élargis et cependant ils se sont décolorés dans l'eau distillée, comme les hématies normales. L'explication la plus simple, c'est que l'hémoglobine s'est échappée en diffusant à travers la paroi devenue perméable. C'est là une autre façon d'expliquer l'hémolyse qui ne fait intervenir, elle aussi, que des causes physiques. Elle a été proposée et défendue en 1900 par P. Nolf. A l'encontre de Hamburger, Koeppe, etc., Nolf admet que la dilution du milieu salin, qui contient les globules rouges, agit non seulement sur la liquide endo-globulaire mais aussi sur la paroi du globule.

Cette interprétation fait jouer un rôle de première importance à l'état de perméabilité de la cloison. En tout état de cause, cet élément du problème est prépondérant. Il est donc indispensable de le traiter ici avec tous les développements qu'il comporte. Cela suppose une étude préalable de l'imbibition. Nous sommes donc forcé d'ouvrir ici une large parenthèse pour examiner les rapports de l'imbibition avec l'état de solution.

Quelle que soit l'opinion théorique que l'on professe sur l'essence de ces phénomènes, on admet généralement que de l'un à l'autre existent toutes les transitions. Voici comment Errera s'exprime sur ce point dans son cours de physiologie moléculaire :

« Dans les phénomènes d'imbibition, il y a écartement des particules du solide par les molécules liquides et gonflement du solide. Mais le gonflement s'arrête assez tôt pour que le solide conserve encore sa cohésion.

« Supposons que le phénomène aille plus loin : la cohésion disparaît, le solide se résout en petits agrégats distincts les uns des autres et distribués au sein du liquide. Nous pouvons avoir ainsi des particules solides plus ou moins grosses en *suspension* dans le liquide qui en est troublé. Si le phénomène va plus loin et que les particules sont tellement fines qu'elles traversent aisément les filtres, nous aurons une *pseudo-solution* opalescente ou même claire, dans laquelle cependant, par des procédés délicats, par la lumière polarisée notamment, nous pouvons reconnaître encore l'existence d'agrégats moléculaires en suspension. Enfin, si ces agrégats se résolvent à leur tour en leurs molécules constitutives et si l'ensemble est absolument homogène, on dit que l'on a une solution véritable; celle-ci sera plus ou moins concentrée suivant les proportions des corps en présence ». (Lobry de Bruyn a montré récemment 1904 qu'une solution homogène à grosses molécules peut disperser la lumière en la polarisant, de sorte que cette différence entre la pseudo-solution et la solution vraie disparaît.

Pour bien comprendre la nature de ces phénomènes, le mieux est de passer en revue quelques exemples caractéristiques, et d'indiquer pour chacun d'eux les particularités essentielles : soit, tout d'abord, la solution d'un solide cristallisé dans un liquide, du sucre de canne dans de l'eau. On admet que la solution consiste en l'éparpillement dans le liquide des molécules du solide. Il y a pénétration des molécules du sucre dans l'eau, et cette pénétration se fait molécule à molécule. Elle donne naissance à un milieu homogène, dont tous les éléments sont de l'ordre de grandeur moléculaire. Quand la dissolution est complète, ce milieu ne comprend plus qu'une phase liquide (si l'on fait abstraction de l'atmosphère gazeuse qui la surmonte, phase gazeuse, qu'il est inutile d'envisager dans cet exposé). Si du sucre de canne est en excès, des cristaux persisteront sous la solution saturée, et nous aurons un milieu à deux phases : l'une, solide, ne comprenant que du sucre (sans eau); l'autre, liquide, formée de sucre et d'eau.

Dans un vase, superposons de la glycérine et de l'eau. Ces deux liquides sont miscibles en toutes proportions. La même diffusion des molécules de l'un des constituants vers l'espace occupé par le second s'établit. Mais ici la pénétration est mutuelle. L'eau descend vers la glycérine, la glycérine monte vers l'eau, le mélange se fait rapidement grâce à la participation des deux substances et il aboutit encore à une seule phase homogène.

Si au mélange de glycérine et d'eau nous substituons celui d'eau et d'éther, l'aspect du phénomène change visiblement. Ici aussi, il y a pénétration mutuelle des deux éléments : l'éther se dissout dans l'eau et l'eau se dissout dans l'éther. Mais la mutuelle pénétration n'est pas illimitée. Quand l'équilibre est atteint, on ne se trouve plus en présence, comme précédemment, d'un milieu homogène, mais de deux couches superposées, contenant, toutes deux, les deux substances : la couche supérieure est de l'éther aqueux, l'inférieure est de l'eau éthérée. Le système comprend donc deux phases liquides, chacune de celles-ci étant homogène.

Ces systèmes à deux phases liquides sont très intéressants au point de vue de l'étude de l'imbibition.

Dans le plus grand nombre des cas, l'élévation de la température tend à les transformer en systèmes homogènes. On peut prévoir ce résultat chaque fois que l'élévation de température augmente la solubilité des deux corps l'un dans l'autre. On a fait l'étude d'innombrables couples de ce genre en physico-chimie : phénol et eau, hydrocarbures et alcool, graisses neutres et alcool, etc. Pour tous ces mélanges, qui comprennent deux phases à la température ordinaire, il existe une température pour laquelle la miscibilité devient infinie, et le milieu, homogène. Cette température a été appelée température critique de dissolution. Si l'on refroidit au-dessous de la température critique (80°) un milieu homogène comprenant du phénol et de l'eau, il se produit un fin brouillard, dont les gouttelettes microscopiques se fusionneront d'autant plus vite que la température descendra davantage sous le point critique (plus la température est abaissée, plus fort est l'écart de densité des deux phases dont les compositions chimiques vont en divergeant à partir du point critique). Bientôt toutes les gouttelettes se seront réunies en une couche homogène inférieure n'ayant plus avec la supérieure qu'une surface de contact minima, la surface de séparation des deux couches.

Jusqu'ici, il n'a été question que de substances cristalloïdes. Les choses se compliquent quand on passe à l'examen des colloïdes. Chez eux aussi, on peut trouver des exemples de substances miscibles en toutes proportions (ovalbumine et eau, gomme et eau), ou miscibles seulement partiellement. Mais on ne peut identifier sans plus ample examen ces cas aux exemples qui viennent d'être cités.

Si l'on verse de l'eau sur de la gomme arabique sèche, on assistera d'abord à une imbibition de la gomme sèche par l'eau. Cette pénétration du solide par le liquide se fait assez rapidement de la surface vers la profondeur. Au bout d'un temps relativement court, toute la gomme est transformée en une masse visqueuse. L'eau est descendue dans la gomme. Mais les choses n'en restent pas là. A la surface de séparation entre la gomme imbibée et l'eau s'opère un mouvement en sens inverse du premier, et beaucoup moins rapide que lui. Progressivement la gomme s'élève dans l'eau et, au bout d'un temps qui peut comprendre des semaines et des mois, on ne constate plus de différence de réfraction entre les diverses couches superposées du mélange. La gomme s'est complètement dissoute dans l'eau. Le phénomène comporte donc deux temps : un premier temps d'imbibition, un second temps de dissolution. Le premier est dû à la diffusion rapide de l'eau dans la gomme solide, le second est dû à la diffusion de la gomme dans l'eau. Le second mouvement est infiniment plus lent que le premier, parce que les particules de la gomme dissoute sont infiniment plus grosses que les molécules de l'eau.

Nous voyons apparaître ici un premier effet perturbant de la grosseur des éléments dissous. Il a été dit plus haut que lorsque les deux phases liquides se séparent dans un couple, comme eau-phénol, les gouttelettes se réunissent rapidement, et les deux phases se superposent en établissant entre elles le contact le moins étendu possible.

Que se passe-t-il quand on refroidit un mélange analogue à celui-là, dans lequel un des éléments est un colloïde ? Ce sera le couple eau-gélatine ou eau-gélose. Au-dessus d'une certaine température, les substances de ces couples sont miscibles en toutes proportions. Au-dessous de la température de gélification, qui est une température critique, la séparation s'effectue entre substance solide et substance liquide. A l'œil nu, rien n'apparaît de cette séparation, puisque c'est toute la masse du mélange qui se prend en gelée. Mais cette gelée n'est pas homogène. Elle peut être divisée par compression en une partie solide et une partie liquide. Tant le solide que le liquide contiennent de la gélose et de l'eau. Mais la phase solide est une solution solide de peu d'eau dans beaucoup de gélose et la phase liquide est une solution liquide de très peu de gélose dans beaucoup d'eau (HARDY).

Au lieu de séparer les deux phases par la compression, on peut, dans certains cas, les distinguer l'une de l'autre au microscope. Il faut pour cela que l'indice de réfraction soit suffisamment différent dans les deux phases, pour que leurs surfaces de séparation apparaissent nettement.

Ce n'est pas le cas pour le mélange eau-gélose. L'observation microscopique se fait au contraire très bien dans le mélange ternaire : eau, alcool, gélatine. Quand on refroidit ce mélange sous la température de gélification, on voit apparaître des gouttelettes qui représentent l'une des deux phases. Dans les mélanges contenant 13.5 p. 100 de gélatine dans l'alcool à 50 p. 100, les choses se présentent comme suit, d'après HARDY. Si le refroidissement est lent, les gouttelettes ont environ 3 μ de diamètre. S'il est rapide, elles sont beaucoup plus fines, à peine visibles au grossissement de 400 diamètres. Ces gouttelettes, qui sont liquides au moment où elles apparaissent ($\pm$ 20°), tendent vers la consistance solide. Aussi ne se fusionnent-elles pas entre elles, comme les gouttelettes de phénol dans l'eau, mais elles s'accolent simplement entre elles et s'alignent en filaments qui forment un réseau dont les mailles sont tendues à travers toute l'étendue de la gelée, dont elles sont le squelette.

Dans les milieux les plus concentrés (36.5 p. 100) la séparation des deux phases sous le point critique débute encore par la formation de gouttelettes, qui, cette fois-ci, appartiennent à la phase liquide. On comprend que la coalescence est encore plus imparfaite dans ce milieu extrêmement visqueux. Aussi les gouttelettes de la phase liquide restent-elles privées de tout contact entre elles. Elles sont enchâssées dans la phase solide comme dans un gâteau. La structure de la gelée n'est plus réticulaire, mais vacuolaire.

Cette structure de la gelée a beaucoup d'importance au point de vue de la séparation de deux phases. Si elle est réticulaire, on exprime facilement la phase liquide hors des mailles du réseau ouvert. Si elle est vacuolaire, il faudra employer des pressions considérables pour chasser, par filtration, le liquide des vacuoles qu'il occupe.

On comprend que cette interpénétration des phases, cet éparpillement de l'une dans l'autre compliquent beaucoup l'étude des états d'équilibre entre les deux phases : au point de vue pratique, parce que la séparation entre les deux devient très difficile à réaliser rigoureusement; au point de vue théorique, parce qu'en raison de l'énorme étendue du contact entre elles, des facteurs nouveaux entrent en ligne de compte : capillarité, tension superficielle, tension électrique. Sans compter que les équilibres doivent s'établir avec une lenteur très grande, par suite de l'état solide de l'une des phases. C'est d'ailleurs cet état solide qui est la cause déterminante directe de cette structure toute spéciale d'un couple.

On pourrait supposer que l'on éviterait ce gros inconvénient de l'interpénétration des phases, si, au lieu de passer du milieu liquide chaud à la gelée, on mettait simplement à imbiber à froid des morceaux secs de gélatine ou de gélose dans l'eau. Ce serait oublier que ces morceaux ont une histoire antérieure, qu'ils dérivent d'une gelée analogue à celle que l'on veut éviter et que tous les détails de structure de cette gelée sont conservés en eux. Aussi, quand ils s'imbibent d'eau, ne font-ils que se déplisser; et l'eau pénètre par capillarité dans les fentes virtuelles qu'ils contenaient. La gélatine imbibée est inhomogène comme celle qui vient de se solidifier par refroidissement.

Après cet examen des systèmes matériels composés de deux éléments, il nous reste à considérer ceux qui en comprennent trois.

Déjà quand ces trois éléments forment des solutions parfaites, les états d'équilibre qui peuvent s'établir entre eux deviennent beaucoup plus nombreux et leur étude se complique. Cependant ils sont soumis aux principes généraux de la thermodynamique et leur étude gagne en clarté, si elle est faite à la lumière de ces principes. Mais ces principes, qui établissent certaines conditions générales des phénomènes, ne peuvent rien faire prévoir de leurs particularités. Celles-ci dépendent surtout des affinités moléculaires qui existent entre les substances en présence et doivent être considérées dans chaque cas spécialement.

Il est donc utile de citer ici quelques exemples, choisis à raison des ressemblances objectives qu'ils présentent avec les phénomènes étudiés dans cet article :

1° Un premier cas sera celui d'un couple de deux substances miscibles en toutes proportions ou pouvant donner tout au moins des solutions concentrées de l'une dans l'autre. On ajoute à ce couple une substance qui ne se dissout pas dans l'une des deux (ou qui ne la dissout pas elle-même), qui ne se dissout pas non plus dans le milieu couplé. Soit une solution de paraffine liquide dans l'alcool anhydre. Il suffit d'ajouter à ce liquide des traces d'eau (1/500 du volume total) pour provoquer la formation d'un trouble; les gouttelettes de ce trouble contiennent beaucoup de paraffine, peu d'alcool (et probablement des traces infinitésimales d'eau). La réaction est assez sensible pour pouvoir être appliquée au contrôle de la qualité d'un alcool absolu. Un alcool absolu très peu hydraté trouble la solution de paraffine dans l'alcool anhydre (Crismer).

2° On ajoute à un couple de deux substances miscibles en toutes proportions, une substance peu ou pas soluble dans l'une des deux, mais assez soluble dans le milieu couplé. Soit un mélange d'eau et d'alcool auquel on ajoute du sulfate ammonique. Pour des concentrations suffisantes de ce sel, il se produira un partage dans le milieu homogène, qui se divise en deux phases liquides. Et les deux phases liquides contiendront les trois éléments. Seulement la phase où l'alcool domine possédera peu de sel et *vice versa*. Plus il y aura d'alcool ou de sel dans le milieu originel, plus il y aura d'alcool et moins de sel dans la couche supérieure.

Voici la composition de ces deux couches à 33° dans des mélanges de différentes compositions (Traube et Neuberg).

Le mélange contient des quantités variables d'alcool et une quantité constante, 750 cc., d'une solution à 34 p. 100 de sulfate ammonique.

		Mélanges constitués de 750 cc. de solution saline et de				
		250 cc. d'alcool.	300 cc. d'alcool.	350 cc. d'alcool.	450 cc. d'alcool.	550 cc. d'alcool.
Teneur de la couche supérieure en	Eau	45.66	43.22	40.25	35.20	30.79
	Sel.	5.01	4.28	3.35	2.29	1.71
	Alcool. . .	44.48	46.50	49.64	54.26	58.22
Teneur de la couche inférieure en	Eau. . . .	70.03	70.42	70.57	69.70	68.50
	Sel.	33.49	36.02	38.62	42.40	45.42
	Alcool. . .	11.25	9.74	8.28	7.20	6.27

Mélanges constitués de 250 cc. d'alcool et de 750 cc. de solution saline. Cette dernière contient des quantités variables de sel.

		La quantité de sel par litre de solution saline est de		
		340 gr.	380 gr.	420 gr.
Teneur de la couche supérieure en	Eau. . . .	45.66	41.15	36.30
	Sel	5.01	3.55	2.43
	Alcool. . .	44.48	48.86	53.20
Teneur de la couche inférieure en	Eau. . . .	70.03	70.76	69.79
	Sel	33.49	37.52	41.31
	Alcool. . .	11.25	8.64	7.64

C'est évidemment à un exemple de ce genre qu'il faut rattacher les faits nombreux de précipitation d'un grand nombre de substances diverses par les solutions salines concentrées. L'analogie sera complète, si la substance se sépare à l'état liquide. C'est le cas pour les sels neutres de protamine. La solution aqueuse du sulfate neutre de salmine additionnée de son volume de solution saturée de chlorure sodique se trouble. Le trouble se résout en gouttelettes qui se rassemblent en une couche inférieure qui contient une forte proportion de salmine. Cette couche contient aussi de l'eau et du sel. En augmentant la concentration du sel dans la couche supérieure, on fait passer de plus en plus de salmine dans la couche inférieure (Kossel).

Il semble qu'il en soit également ainsi dans la précipitation incomplète de la caséine par le sulfate de soude (Spiro). Il se produit deux phases contenant toutes les deux de l'eau, du sulfate sodique et de la caséine; seulement la phase supérieure contient beaucoup d'eau et de sel, très peu de caséine; l'inférieure peu d'eau, très peu de sel et beaucoup de caséine. La première est liquide, la seconde est solide.

Au lieu d'être une solution solide, c'est-à-dire un milieu solide constitué par plusieurs substances dissoutes l'une dans l'autre dans des proportions différentes de celles qui sont réalisées dans la phase liquide, il pourra se faire aussi que la phase solide apparue soit un des corps dissous, cristallisant à l'état de pureté ou en combinaison avec un des deux autres constituants du milieu. Cette cristallisation peut être consécutive à l'apparition transitoire d'une phase liquide. C'est ce qui se passe quand on ajoute du sulfate ammonique à des solutions concentrées d'antipyrine (Crismer). Pour une certaine concentration du sel, il apparaît deux phases liquides. La séparation se fait sous l'aspect d'un brouillard de très fines gouttelettes qui sont formées d'une solution sursaturée d'antipyrine dans de l'eau peu salée. Mais cette phase est instable. Elle se détruit dès que la cristallisation de l'antipyrine s'est amorcée, ce qui a lieu très rapidement après l'apparition de la phase liquide. Il est probable que des conditions du même genre existent dans les solutions salines de certaines albumines (hémoglobine, ovalbumine) qui laissent déposer des cristaux.

3° Il reste à considérer le cas d'une substance très soluble dans les deux constituants d'un couple de deux éléments non miscibles en toutes proportions. C'est le cas de l'acide acétique ajouté au couple eau-chloroforme. Au fur et à mesure de l'adjonction de l'acide, la miscibilité des deux substances augmente, la pénétration mutuelle des deux couches superposées devient plus complète et, pour une concentration déterminée, le milieu devient homogène.

Si l'on chauffe le mélange, il faudra moins d'acide pour produire l'homogénéité.

Ces exemples des possibilités les plus intéressantes dans le mélange de trois corps qui se dissolvent et se partagent entre deux phases liquides permettent de mieux comprendre certains phénomènes d'imbibition (pour la littérature, voir l'article de Pauli dans *Ergebnisse der Physiologie*, 1907). Il a été dit antérieurement que l'on pouvait comparer, moyennant certaines restrictions, le système eau-gélatine à un couple de deux liquides à miscibilité très réduite à la température ordinaire. Le système comprend deux phases : l'une serait une solution solide d'eau dans la gélatine; l'autre, liquide, est de l'eau dissolvant des traces de gélatine. En réalité, ces phases ne sont pas homogènes, chacune individuellement, de sorte qu'elles ne sont pas des phases au sens strict du mot (van Bemmelen, Pauli). Mais elles se comportent en gros, dans certaines conditions, comme si elles l'étaient, et certaines anomalies proviennent peut-être uniquement de l'extrême lenteur avec laquelle les équilibres s'établissent (Hardy).

Il serait, en tout cas, très hasardeux d'assimiler complètement des couples de ce genre à des couples de liquides non miscibles. Ces derniers réalisent, en raison de leur homogénéité, des conditions beaucoup plus simples que les premiers. Leur connaissance préalable est utile et même nécessaire, parce que, nos connaissances allant naturellement du simple au complexe, ils fournissent les points de repère auxquels nous comparons les premiers. L'étude de l'imbibition présuppose l'étude de la solution. Mais un colloïde imbibé d'eau n'est pas simplement, comme d'aucuns le prétendent, une solution solide de l'eau dans le colloïde. C'est spécialement quand on a à considérer l'absorption d'une troisième substance par un corps déjà imbibé d'eau et formant gelée qu'il y a lieu de tenir compte des propriétés particulières de cette gelée. On peut prévoir qu'en raison de la petitesse des grains qui constituent le squelette de la gelée, et de la nature colloïdale de la substance de ces grains, des influences de surface viendront s'ajouter aux influences de masse. Küster, ayant étudié l'absorption de l'éther par le caoutchouc, constata qu'à des phénomènes de vraie solution se superposent des actions de surface; que, dans le partage de l'iode entre de l'amidon et le liquide ambiant, la concentration de l'iode dans l'amidon n'est pas une fonction linéaire (loi de Henry) de la concentration dans le liquide ambiant, mais qu'elle est une fonction exponentielle.

La même expression réapparaît dans les travaux de Schmidt, Applyeard et Walker, Biltz, Freundlich, etc. Si l'on représente par c_1 et c_2, les concentrations d'une substance qui se dissout dans deux milieux homogènes non miscibles, on aura, d'après la loi de Henry,

$$c_1 = Kc_2$$

Dans le cas de phénomènes d'adsorption pure (adsorption d'une substance dissoute dans l'eau par de la poudre de charbon qui ne s'imbibe pas d'eau), le rapport des concentrations de la substance dans l'eau, c_2, et dans la couche enveloppant les grains de charbon, c_1, sera, suivant la formule générale,

$$c_1 = Kc_2^{\frac{1}{p}}$$

C'est-à-dire qu'à la surface des grains la concentration varie relativement peu quand on lui fait subir de fortes variations dans le liquide.

Quand on examine le partage entre une gelée et la solution qui la baigne, il ne faut pas oublier que la gelée, elle-même, est constituée par le mélange intime des deux phases, dont l'une, la phase liquide, est retenue dans les mailles de l'autre, la phase solide. Lorsqu'un disque de gélatine sèche est mis à imbiber dans une solution saline, la phase liquide totale comprend, outre le liquide extérieur au disque, encore celui qui est contenu dans les cavités creusées dans l'épaisseur du disque. La composition totale du disque n'est donc pas la composition exacte de la phase solide, mais une valeur intermédiaire entre la composition vraie de cette phase solide et celle du liquide extérieur.

Si l'on étudie le partage entre cette gelée et la solution qui la baigne extérieurement, on aura des résultats différents, suivant les cas.

Si la gelée est fortement imbibée d'eau, creusée de cavités spacieuses, si les substances examinées sont peu adsorbées à la surface des grains colloïdaux, on peut s'attendre à des partages uniformes entre la gelée et le liquide ambiant, ou tout au moins peu différents de ceux qui s'établissent entre deux phases liquides.

Au contraire, si la gelée est concentrée, peu riche en eau d'imbibition, si la substance étudiée est vivement adsorbée par le colloïde, le partage tendra de plus en plus à s'exprimer par une formule analogue à celle qui correspond à l'adsorption pure.

En raison de l'état rudimentaire de nos connaissances en ces matières, il est donc indispensable de s'abstenir actuellement le plus possible de théories, et de s'en tenir à l'exposé des faits, en attirant, à l'occasion, l'attention sur les analogies qui peuvent exister entre eux et certains exemples mieux étudiés.

On possède des observations déjà anciennes et très soigneuses sur la façon dont se comportent des disques de gélatine dans un grand nombre de solutions. Elles sont dues à Hofmeister.

Dans ces dernières années, des recherches complémentaires furent faites par plusieurs auteurs : Pauli, von Schröder, Spiro, Ostwald, etc., qui confirmèrent et étendirent les données de Hofmeister.

Si des disques de gélatine, imbibés d'eau distillée au maximum, sont plongés dans des solutions salines, on constate, dans la très grande majorité des cas, que les disques gonflent, c'est-à-dire qu'ils absorbent un supplément de liquide, en même temps qu'il se mettent en équilibre de composition saline avec l'extérieur.

C'est ce qui se passe, par exemple, dans les solutions de chlorure sodique.

Teneur du liquide extérieur en NaCl.	Volume du liquide absorbé par l'unité du poids de gélatine.	Teneur de la solution absorbée en NaCl.
» (eau pure)	6.34	»
1.96	8.34	1.76
3.85	9.00	3.65
7.41	9.63	7.35
9.09	9.98	8.99
12.28	10.95	12.14
13.79	11.72	15.57
15.25	10.70	15.29

On peut donc conclure de l'expérience que le chlorure sodique se partage également entre la phase liquide et la phase solide, et qu'il augmente la miscibilité de l'eau et de la gélatine. C'est, d'ailleurs, ce qui résulte des observations directes de Hofmeister, qui déclare que, dans les solutions concentrées, les disques perdent beaucoup de leur cohérence. Un grand nombre de sels exercent la même action que le chlorure sodique. On peut citer les chlorures de sodium et d'ammonium, les iodures et les bromures de potassium, sodium, ammonium, l'urée.

On observe des phénomènes différents avec d'autres solutions.

Le type de cette nouvelle série est le tartrate sodique.

Les solutions diluées de ce sel agissent comme celles de chlorure sodique. La solution saline absorbée par le disque est plus abondante que l'eau pure absorbée par un disque de même poids, et la concentration saline dans le disque est égale à celle du milieu extérieur. Mais dans les solutions plus concentrées, il n'en va plus de même. Le disque absorbe moins de liquide que dans l'eau pure, et la solution absorbée est moins concentrée que le milieu extérieur.

Teneur du liquide extérieur en tartrate sodique neutre.	Volume du liquide absorbé par l'unité du poids de gélatine.	Teneur de la solution absorbée. en tartrate sodique.
» (eau pure)	7.44	»
2.91	8.60	2.29
5.66	8.35	5.43
8.26	7.53	7.36
10.71	6.86	8.74
13.04	5.90	10.33

Ici donc la présence du sel favorise l'imbibition jusqu'à une certaine concentration, et elle s'y oppose au delà de cette concentration. Dans ces nouvelles conditions, on voit que le partage de l'eau et du sel entre les deux phases se transforme. Le sel s'accumule dans la phase liquide, et cette accumulation entraîne une déshydratation de la phase solide. Les choses se passent tout à fait comme dans les mélanges d'eau, d'alcool et de sulfate ammonique.

Le citrate de soude, les sulfates de potassium, de sodium, d'ammonium, de magnésium, l'alcool, le glucose, se comportent comme le tartrate.

Il a été dit plus haut, à propos de l'action favorisante de l'acide acétique sur la miscibilité de l'eau et du chloroforme, que l'acide abaisse la température à laquelle les deux substances sont miscibles en toutes proportions.

Pour le couple eau-gélatine, nous savons que la miscibilité absolue s'observe au-dessus de la température de gélification. On pouvait donc prévoir que les substances de la première classe, qui augmentent la miscibilité avec l'eau, doivent abaisser la température de gélification, et que les substances de la seconde classe l'élèvent au contraire. Cette prévision fut complètement confirmée par l'observation (Pauli, v. Schroeder, Mörner, etc.).

Spiro, Ostwald, ont montré que les acides et les bases, même très diluées, augmentent, dans une très forte mesure, le pouvoir d'absorption de la gélatine pour l'eau. L'action des acides dépasse celle des bases.

Examinant le cas très compliqué de l'addition de deux substances cristalloïdes à la gélatine, PAULI et RONA ont constaté que chacune d'elles agit comme si elle était seule (1902). A doses appropriées, deux influences de signe contraire peuvent s'annihiler. Ce cas particulier est très intéressant, parce qu'il est en complet accord avec des expériences du même genre, faites par NOLF sur l'hémolyse (1900) et interprétées par lui de la même façon.

Avant de quitter la gélatine, il y a lieu d'insister sur le fait que les substances cristalloïdes non-électrolytes qui facilitent sa gélification (sucre, glycérine) contrarient, au contraire, celle de la gélose (BECHHOLD et ZIEGLER); le chlorure sodique exerce également une influence de sens opposé sur la prise de la gélose et celle de la gélatine. Ceci est une illustration de ce qui a été dit au début de ce paragraphe sur le manque de toute règle générale applicable à ces phénomènes. Chaque cas doit être envisagé en particulier : la répartition des différents constituants de ces mélanges complexes entre les phases des systèmes dépend, avant tout, des affinités moléculaires de ces constituants les uns pour les autres.

Quand le liquide imbibant est une solution diluée d'un sel fortement ionisé, ce sont les ions qui jouent un rôle décisif à cet égard. Telle substance imbibée paraît être indifférente aux anions, telle autre aux cations. La gélatine absorbe avec avidité tous les chlorures, bromures, iodures, alcalins et alcalino-terreux, tandis que son pouvoir d'absorption pour les sulfates, tartrates, citrates, etc., des mêmes métaux est très limité. Elle paraît donc être surtout sensible à la nature chimique de l'anion.

Dans d'autres cas, on observera exactement l'inverse :

Ayant plongé des muscles de grenouille dans diverses solutions salines *isotoniques*, J. LOEB constata que, dans les solutions des sels de lithium, les muscles avaient conservé leur poids ; ils avaient gagné 8 p. 100 dans les solutions sodiques, 43 p. 100 dans les solutions potassiques et perdu 20 p. 100 dans les solutions calciques. Peu importait dans ces expériences quel était l'anion de la solution saline (Cl, Br, I). Ici donc, à l'inverse de ce qui se passe avec la gélatine, c'est la nature chimique du cation seul qui est à considérer.

Dans le même ordre d'idées, il reste à signaler encore une particularité de première importance, mise en relief par l'étude des solutions diluées (VON SCHRŒDER, OSTWALD). Il a été dit que la gélatine est très avide des chlorures et qu'elle absorbe de leurs solutions des quantités d'autant plus considérables que les solutions sont plus concentrées. Cela n'est vrai qu'à partir d'une concentration déterminée. On s'en rend très bien compte par la représentation graphique suivante :

On mesure en abscisses des longueurs proportionnelles aux concentrations salines d'une série de solutions de plus en plus riches de chlorure sodique. On élève des ordonnées proportionnelles aux quantités de liquide absorbées dans chaque solution par un même poids de gélatine sèche. Si l'on relie les sommets des ordonnées, on obtient une courbe irrégulière qui figure les progrès de l'imbibition avec l'augmentation de la concentration. Cette courbe, examinée à partir de son origine, présente d'abord une ascension rapide jusqu'à la concentration $\frac{m}{8}$ ($\frac{m}{8}$ représente une concentration équivalant au huitième du poids moléculaire exprimé en grammes dissous dans un litre d'eau), puis un vallon assez étroit dont le fond correspond à $\frac{m}{4}$, puis une nouvelle ascension régulière et définitive jusqu'à des solutions très concentrées. Ce vallon se voit sur les courbes qui figurent l'imbibition dans toutes les solutions salines dont la gélatine est avide, même sur celles d'acide ou d'alcali (pour ces dernières, il est seulement plus rapproché de l'origine de la courbe). On le voit apparaître avec la même constance et exactement à la même place sur la courbe qui figure les modifications de la viscosité de la gélatine (courbe symétrique par rapport à l'axe des X).

Le vallon vient donc interrompre une ascension régulière qui représente le phénomène principal, l'imbibition progressive de la gélatine. Sa présence indique que dans les solutions faibles se produit une action qui contrarie la marche générale du phénomène. Or plusieurs particularités de cette anomalie (notamment l'allure de la courbe descendante du vallon) tendent à faire croire qu'elle est le résultat d'une adsorption des ions de la solution saline par la gélatine (Ostwald). Cette adsorption intéresse probablement les deux espèces d'ions du sel, mais avec une prédilection marquée pour l'un des deux, pour l'anion. Ce qui le prouve, c'est que de la gélatine rigoureusement neutre, plongée dans une solution saline neutre, la rend très légèrement alcaline.

Que cette fixation d'anions par la gélatine soit un pur phénomène d'adsorption ou qu'elle se rapproche déjà davantage de la combinaison chimique, une chose est certaine : c'est qu'elle a une influence profonde sur l'état d'imbibition. Elle établit entre la gélatine et les ions absorbés des rapports assez intimes pour que le complexe qui en résulte ait des propriétés physico-chimiques différentes de celles de la gélatine pure. En effet on peut immédiatement conclure de la présence du vallon sur la courbe d'imbibition par le chlorure sodique que cette gélatine transformée s'imbibe plus difficilement d'eau que la gélatine pure.

Quand on imbibe de chlorure sodique des disques de gélatine, ce que l'on étudie, c'est donc, au delà d'une certaine concentration, l'imbibition d'une gélatine chargée d'ions Cl^-. Si l'on emploie une solution de sulfate, ce sera une gélatine chargée d'ions $SO_4^=$. Or, de même que la gélatine chargée de Cl^- est différente de la gélatine pure, de même la gélatine chargée de $SO_4^=$ sera différente des deux précédentes.

Dans l'imbibition par le chlorure sodique, il paraît donc y avoir un antagonisme entre l'influence de l'anion et celle de la concentration saline totale. L'anion est déshydratant, le sel est hydratant. Mais l'influence de l'anion ne prévaut que faiblement entre des limites de concentration très étroites ; ce qui tend à faire croire que son adsorption se fait suivant la formule exponentielle précitée (page 408). Dans l'imbibition par le sulfate sodique, le même antagonisme réapparaît, mais cette fois-ci tout à l'avantage de l'anion bivalent.

Cette intervention des anions dans l'équilibre d'imbibition de la gélatine permet d'interpréter plusieurs des résultats de Hofmeister :

1° Elle montre pourquoi la différence constatée par Hofmeister entre les solutions de chlorure et les solutions de sulfate ou de tartrate dans leurs rapports avec le gonflement de la gélatine ne commence à se montrer qu'à partir d'une certaine concentration. D'après le tableau précédent de Hofmeister, le maximum d'imbibition pour le tartrate bisodique se trouve aux environs de 2.9 p. 100, ce qui équivaut à $\frac{m}{8}$, concentration qui marque précisément le début du vallon sur la courbe d'imbibition dans le chlorure sodique.

2° Elle ferait également comprendre pourquoi ce sont les anions, à l'exclusion des cations, qui influencent l'imbibition dans les solutions salines quand il s'agit de gélatine. Cela dépendrait tout simplement de ce que la gélatine fixe les différents anions et que les produits résultant de ces combinaisons ont des qualités physico-chimiques qui dépendent de la nature chimique de l'anion combiné.

3° A ce dernier point de vue, elle montre l'importance de la valence de l'ion fixé. On remarquera en effet que les anions monovalents (Cl, Br, I) laissent à la gélatine le pouvoir de s'imbiber de beaucoup d'eau. Au contraire, les sels qui s'opposent à l'imbibition (sulfates, tartrates) ont un anion bivalent. Et celui qui est de tous le plus actif dans ce sens, est trivalent, c'est le citrate. Ce sont donc seulement deux des qualités chimiques de l'ion combiné qui semblent importer : son signe électrique et sa valence.

A ce point de vue, l'analogie est complète entre l'influence des ions sur l'imbibition et celle qu'ils exercent sur la floculation des colloïdes.

Les électrolytes ont une influence toute différente sur les diverses solutions colloïdales. Certains colloïdes, tels que les globulines, ne se mettent en solution que grâce à l'intervention des sels alcalins, et ils supportent, sans se précipiter, de notables concentrations d'électrolytes. Ce sont des colloïdes stables.

Les colloïdes instables, au contraire, ont, en commun avec les fines suspensions, de subir à un degré très marqué l'influence précipitante des électrolytes. De très faibles concentrations d'un ion (Schulze, Spring, Prost), surtout d'un ion plurivalent (Picton et Linder), quand il est de signe électrique opposé à celui du colloïde (Hardy), suffisent à les insolubiliser complètement et définitivement. La coagulation est irréversible.

Entre les colloïdes stables et les colloïdes imbibés, les colloïdes instables forment une transition très naturelle. Dans les suspensions ou dans les pseudo-solutions comme dans les gelées, les granules colloïdaux sont de dimensions relativement considérables. Les unes et les autres peuvent être considérées comme des systèmes à deux phases : dans la gelée, la phase solide forme un tout cohérent; dans la pseudo-solution, elle est fragmentée et dispersée dans la phase liquide. Il est donc hautement probable *a priori* que l'on retrouvera pour les membranes l'influence décisive qu'exercent les ions sur les suspensions. Seulement, au lieu d'apparaître sous la forme d'une floculation, d'une précipitation, elle se manifestera par l'état d'imbibition, de perméabilité de la gelée ou de la membrane.

Il semble résulter de l'ensemble des faits connus que, de même que toute fixation d'ions par un colloïde en suspension a pour effet de diminuer la stabilité de la suspension, *de même toute fixation d'ions par une membrane a pour effet de diminuer l'imbibition de cette membrane et sa perméabilité.* Dans les deux cas l'influence de l'ion croît très rapidement avec sa valence.

Ces notions générales établies, il nous reste à étudier plus spécialement les qualités de la paroi des globules rouges. Les globules rouges sont des cellules modifiées; leur paroi est ce qui reste du corps cellulaire. Elle a les qualités physico-chimiques de la couche protoplasmique pariétale d'une cellule nue (Voir plus haut « **Hématie** »). A ce titre, c'est une substance colloïdale en état d'imbibition. Et les lois générales qui règlent l'imbibition de la gélatine lui sont applicables. Nous avons vu, à propos de cette substance, combien étaient compliqués les rapports entre elle, l'eau et les sels dissous. Cette complexité devient plus grande encore avec la paroi des globules rouges, pour deux causes : d'abord, parce que le protoplasme cellulaire n'est pas une substance relativement simple au point de vue chimique comme la gélatine, mais un édifice hautement organisé et structuré; ensuite, parce que la cellule rouge vit dans un milieu de composition chimique bien constante. On ne tire pas impunément une cellule de vertébré du milieu interne, auquel elle est habituée, même si le milieu artificiel dans lequel on l'introduit est isotonique avec le milieu naturel d'où elle sort. On sait que la solution pure de chlorure sodique, isotonique, est un poison de la fibre musculaire et qu'il en est de même des solutions isotoniques des sels de potassium ou de calcium. Il faut un milieu contenant des concentrations bien déterminées de ces trois cations, pour que la cellule musculaire puisse vivre. Les recherches précitées de J. Loeb sur l'imbibition des muscles de grenouille dans les solutions de potassium, de sodium, de calcium nous en donnent la raison brutale. Les données de W. Ostwald sur les rapports des colloïdes imbibés avec les ions nous permettent un début d'analyse de cette nécessité. Le protoplasme musculaire est électro-négatif. Plongé dans les solutions salines neutres, il fixera donc surtout les cations. Et, parmi les cations, il faudra distinguer entre les monovalents et les bivalents; les monovalents facilitent l'imbibition aux concentrations isotoniques, les bivalents s'y opposent. Il en résulte que l'imbibition normale de la fibre musculaire, celle qui est réalisée par les humeurs de l'organisme, provient d'un antagonisme entre les uns et les autres. Cet antagonisme lui-même s'exerce après la fixation des divers cations par le protoplasme musculaire. On arrive ainsi à la conclusion que cet élément vivant, normal, fixe une partie des éléments du milieu minéral dans lequel il est plongé et que sa teneur en eau est sous la dépendance étroite de cette minéralisation (J. Loeb). Il reste à voir si de semblables dispositions n'existent pas aussi dans les globules rouges.

La question est plus difficile à étudier. La fibre musculaire étant un organe plein, les modifications de son volume ou de son poids peuvent être rapportées directement à des variations de son état d'imbibition. Le globule rouge est une vésicule, dont la paroi est mince. Quand son volume total varie, il est impossible de faire la part exacte qui revient, dans ce changement, à la paroi et au contenu liquide. Il est donc impossible d'étudier directement l'imbibition de la paroi globulaire, ou tout au moins cette étude n'a-t-elle pas été faite. Il nous faudra donc chercher des renseignements dans des travaux qui n'eurent pas pour but l'étude du sujet qui nous intéresse et interpréter ces renseignements à la lumière des faits précédemment exposés.

A l'état normal, la paroi globulaire est imperméable aux sels du plasma. Cela résulte incontestablement de l'absence absolue de sodium dans les hématies de plusieurs mammifères (cheval, porc, lapin), qui ne contiennent que des sels de potassium et de magnésium (Bunge).

Cela résulte encore de ce que l'on peut impunément soumettre à l'action énergique de la force centrifuge des hématies qui se trouvent dans leur milieu naturel, sans réduire leur volume. Si leur paroi était quelque peu perméable à l'un ou l'autre élément dissous dans le suc endo-globulaire, la force centrifuge déterminerait la sortie par filtration d'une partie du liquide endo-globulaire et par conséquent la réduction du volume total des hématies.

Cette imperméabilité aux sels alcalins et alcalino-terreux dépend, comme il a été dit à l'article « **Hématie** », de l'imperméabilité aux cations.

En raison du signe électrique négatif des colloïdes qui forment la paroi globulaire, ce seront, dans les conditions habituelles, les cations qui auront l'influence dominante dans les solutions salines neutres. Il ne faut pas oublier cependant que les colloïdes protéiques peuvent fixer des ions de signe électrique opposé. En solution légèrement acide, ils deviennent électro-positifs ; en solution légèrement alcaline, ils sont électro-négatifs (Hardy). On peut donc s'attendre à ce que l'influence du cation domine dans la solution du sel neutre d'un métal monovalent, quand le radical acide est monovalent lui-même. On sait d'ailleurs que les cations monovalents sont imperméants, à l'exception de l'ammonium, tandis que les anions monovalents pénètrent la paroi globulaire.

Mais si l'anion devient bivalent (sulfate, oxalate, tartrate, etc.), il pourra exercer son influence propre sur l'imbibition et la perméabilité de la membrane. On verra plus loin un exemple d'une influence des anions bivalents différente de celle des anions monovalents (hémolyse par les sérums).

S'il est bien établi qu'à l'état normal, la paroi globulaire ne se laisse pas traverser par les sels neutres des métaux alcalins, rien n'autorise à conclure que ces conditions réalisées à l'état normal soient une qualité inhérente à la paroi du globule, qualité qui naît et disparaît avec elle. Tout ce qui vient d'être dit, tend à prouver le contraire. Et c'est d'ailleurs ce qui paraît résulter directement de certains faits. Ces faits n'ont pas été étudiés au point de vue qui nous occupe. Ils sont donc nécessairement incomplets : Il résulte des données concordantes de Stewart, de Henri et Calugareanu que dans les solutions sucrées hypotoniques, les hématies abandonnent une partie de leurs sels au milieu extérieur. Cette déperdition, indépendante de toute diffusion de l'hémoglobine, ne peut se faire que par diffusion à travers la paroi anatomiquemont intacte du globule. Elle suppose donc que l'imperméabilité de la paroi aux sels disparaît dans ces milieux hypotoniques. D'autre part, les solutions de chlorure sodique dont la concentration dépasse 10 p. 100, sont hémolytiques (P. Nolf). Or la première condition de l'hémolyse par un corps dissous, c'est sa pénétration dans la paroi globulaire.

Si nous confrontons ces faits, nous aboutissons à cette conclusion générale que la paroi globulaire est imperméable aux sels alcalins fixes dans le milieu salin normal, mais qu'elle leur devient perméable dans les milieux hyper- et hypotoniques. Il y a un minimum, proche de zéro, dans le milieu minéral normal.

Nous retrouvons ici un fait absolument analogue à ceux qui ont été étudiés précédemment à propos de l'imbibition de la gélatine par le chlorure sodique. Il y a été dit que l'imbibition de la gélatine croît avec la concentration de la solution de chlorure depuis la concentration 0 jusqu'à la concentration $\frac{m}{8}$, qu'elle subit à partir de ce point une diminution jusqu'à $\frac{m}{4}$ pour se relever ensuite. Si l'on supprime la première partie de cette courbe, depuis l'origine 0 jusqu'à $\frac{m}{8}$, ce qui reste sera l'image de l'influence du chlorure sodique sur l'imbibition du stroma de l'hématie par l'eau : une diminution progressive de cette imbibition, à mesure que la concentration saline s'élève de 0 à 0.85 p. 100, reproduit la diminution d'imbibition de la gélatine de $\frac{m}{8}$ à $\frac{m}{4}$.

En réalité, nous mesurons directement cette imbibition dans les expériences sur la gélatine, tandis que nous observons, dans les expériences sur les globules, non l'imbibition par l'eau, mais la pénétrabilité aux sels. Seulement imbibition par l'eau et pénétrabilité aux sels alcalins neutres sont deux phénomènes connexes. Les protéides imbibés ne sont perméables aux sels neutres que dans la mesure où ils sont imbibés d'eau. La fixation du cation par la paroi colloïdale, en même temps qu'elle diminue l'imbibition par l'eau, supprime la perméabilité au sel.

De la gélatine au stroma globulaire, il y a la seule différence que l'influence de l'ion fixé est beaucoup plus décisive pour le stroma : avec la gélatine, on constate simplement une diminution de l'imbibition par la solution saline de $\frac{m}{8}$ à $\frac{m}{4}$. Avec le stroma globulaire, le minimum d'imbibition équivaut non à une simple diminution de solubilité du sel dans la phase solide, entraînant son élimination partielle, mais à une expulsion totale. En tenant compte de ces données, nous pouvons donc nous figurer schématiquement la paroi globulaire comme constituée par une membrane colloïdale imbibée d'eau non salée qui serait limitée vers l'extérieur et vers l'intérieur par deux surfaces chargées de divers cations. Ce seraient ces deux surfaces, et non la membrane colloïdale comprise entre elles deux, qui seraient imperméables aux sels.

Il y a longtemps que les botanistes ont individualisé en organe cellulaire à propriétés distinctes la couche bordante externe (*äussere Plasmahaut* de PFEFFER) et la couche bordant les vacuoles creusées dans la masse protoplasmique (*innere Plasmahaut* de PFEFFER). DE VRIES donne à la paroi des vacuoles le nom de tonoplaste. Il en fait un organe cellulaire autonome, comme le noyau, les chromatophores, etc. Il semble bien que ces couches limitantes ont des qualités différentes du protoplasme sous-jacent. Mais cela ne prouve pas nécessairement qu'elles doivent être élevées à la dignité d'organe cellulaire. Il est plus probable qu'elles sont le produit de la réaction du complexe colloïdal protoplasmique aux teneurs ioniques et moléculaires des milieux extérieur et intérieur. Dans cette opinion, on comprend que leurs propriétés diosmotiques varient avec la teneur en principes dissous des milieux liquides qui les baignent, ce qui est démontré expérimentalement, et qu'elles apparaissent en n'importe quel point du protoplasme quand on y produit artificiellement la formation d'une vacuole.

Quand on parle de l'imperméabilité de l'hématie aux sels, on a l'habitude d'en faire quelque chose d'absolu, d'invariable. En réalité, elle est fonction de la salinité des milieux extérieur et intérieur et elle diminue tant pour une concentration que pour une dilution du dernier. Certes la compréhension des phénomènes perd en simplicité, quand on les envisage de cette façon ; mais elle y perd tout juste ce qu'y gagne la cellule vivante elle-même, l'être plastique, qui n'aurait que faire de la cuirasse rigide qu'on voudrait lui imposer.

Nous venons de voir que le stroma globulaire s'imbibe des solutions hypotoniques de chlorure sodique et qu'il expulse le sel en milieu isotonique. Dans cette expérience, la phase solide est visible à l'œil nu, elle est cohérente, structurée. Si notre explication est valable, on ne changera rien d'essentiel au phénomène, en dispersant dans le liquide hypotonique des fragments invisibles de cette phase solide, en l'y dissolvant. C'est en réalité ce qui se passe quand on prépare les nucléo-protéides des globules rouges. On ajoute, à un magma de globules rouges de mammifères, quelques volumes d'eau distillée tiède à 40°. Après quelques instants, on centrifuge. Le liquide décanté est parfaitement clair. Il suffit de lui ajouter du chlorure sodique (mieux vaudrait un mélange des chlorures sodique et calcique) jusqu'à concurrence de 1 p. 100 pour provoquer la précipitation des constituants colloïdaux des hématies.

Avec les hématies d'oiseau, dont le stroma nucléé est plus cohérent, l'aspect du phénomène est différent (P. NOLF). L'adjonction d'eau distillée ne dissout pas les hématies, mais elle les fait gonfler très fort. Si l'on soumet le milieu hémolysé à l'action, même prolongée, de la force centrifuge, on observe dans le fond des tubes un volumineux culot formé par les stromas décolorés et fortement gonflés. Il suffit d'ajouter à ce milieu hypotonique ce qu'il faut de chlorure sodique pour le rendre isotonique, et de centrifuger à nouveau, pour assister à un véritable évanouissement des stromas. Ils ne se sont pas dissous, au contraire, mais ils se sont rapetissés, rétrécis, ils ont expulsé le liquide hypotonique qui les imbibait et leur amas ne forme plus qu'un disque mince au fond des tubes.

Ces diverses expériences montrent plusieurs aspects d'un même phénomène dont l'explication a été donnée ci-dessus. Elles nous documentent surtout sur ce qui se passe dans les milieux hypotoniques. Dans ces milieux, le stroma se laisse imbiber d'eau et de sel d'autant plus que la concentration du sel tombe davantage au-dessous de l'isotonicité.

Pour ce qui est des solutions hypertoniques, nous savons qu'au delà de 10 p. 100, les solutions de chlorure sodique sont hémolytiques. Mais que se produit-il dans la marge très spacieuse comprise entre 1 p. 100 et 10 p. 100? Il est probable que l'imperméabilité aux sels se maintient dans les milieux légèrement hypertoniques et que ce n'est qu'aux concentrations élevées que la membrane se laisse pénétrer peu à peu par eux. Il y aurait d'ailleurs à distinguer entre les sels des différents métaux. Les concentrations élevées des métaux alcalino-terreux sont beaucoup moins bien supportées que celles des métaux alcalins. Tandis que la limite inférieure de nocivité (début d'hémolyse) est comprise pour le chlorure sodique entre 10 et 15 p. 100 (hématies de lapin, de bœuf, de porc), c'est-à-dire aux environs d'une concentration de 2 môles (poids moléculaire exprimé en grammes) par litre, elle est située pour les sels de baryum aux environs de la concentration $\frac{M}{2}$ (hématies de lapin, de bœuf) et elle se place pour ceux de calcium entre $\frac{M}{2}$ et M (Nolf) (hématies de chien). Pratiquement, ce sont les conditions existant dans les solutions de chlorure sodique qui seraient les plus intéressantes à être connues à notre point de vue. Si l'imperméabilité aux sels, constatée dans le milieu isotonique, se maintenait aux concentrations immédiatement supérieures, on pourrait en déduire simplement ce qui se passe au point de vue de l'imbibition des stromas par l'eau.

Entre la phase liquide, qui est une solution saline, et la phase solide, qui est la paroi imbibée d'eau, il y a équilibre quand les deux émettent de la vapeur d'eau ayant la même tension. On peut en conclure que, *dans les limites où la paroi globulaire est imperméable aux sels*, son imbibition par l'eau sera réglée par la pression osmotique de la solution saline, c'est-à-dire qu'elle perdra de l'eau dans les milieux concentrés et en absorbera dans les milieux plus dilués. Dans ces limites, le stroma réagira donc aux variations du milieu extérieur dans le même sens que le liquide endo-globulaire.

Cette influence déshydratante sur le stroma des milieux salins à concentration immédiatement supérieure au milieu isotonique, sera démontrée indirectement plus loin.

Pour les milieux salins très concentrés, voisins de ceux qui sont hémolytiques, la règle ne tient plus. A ces fortes concentrations, des quantités de sels de plus en plus considérables se dissolvent dans la phase solide, le stroma, et leur pénétration s'accompagne nécessairement d'une fixation de plus en plus considérable d'eau. Si l'on pouvait mesurer directement le volume du stroma, on trouverait donc très probablement: une diminution progressive s'étendant des milieux les plus hypotoniques jusqu'au milieu isotonique, s'accentuant encore dans les milieux hypertoniques de moyenne concentration, puis un renversement, un gonflement progressif à mesure que la salinité s'exagère, pour aboutir à l'hémolyse dans la solution à 15 p. 100 de chlorure sodique. Dans cette seconde partie, le stroma réagit aux variations de concentration du milieu extérieur dans un sens diamétralement opposé à celui du liquide endo-globulaire.

On peut se rendre compte de la perméabilité des hématies aux concentrations salines moyennes de la façon suivante: l'expérience a été faite avec le chlorure sodique. Des globules lavés de mammifères (lapin, bœuf, porc) sont introduits dans toute une série de solutions de NaCl à concentration régulièrement croissante: 1 p. 100, 2 p. 100, 3 p. 100..... 10 p. 100. On laisse ces émulsions à 37° pendant une demi-heure à une heure; on centrifuge pendant peu de temps pour éviter une agglutination trop intime qui se produit facilement dans ces milieux hypertoniques; on se débarrasse du liquide surnageant, qui est incolore, et on le remplace par une solution de chlorure sodique à 1 p. 100; on agite *modérément* pour mettre les hématies en suspension. Dans ces conditions, on observe régulièrement une hémolyse totale des hématies qui ont séjourné dans les solutions fortes (à partir de 7 p. 100 de NaCl d'habitude), plus faible dans celles qui sortent des solutions à 5 p. 100-6 p. 100), le plus souvent nulle dans les solutions de concentration inférieure. La compréhension du phénomène est simple-

Dans les milieux concentrés, les hématies s'imprègnent de quantités progressivement croissantes de sel. Pour ces hématies salées, la solution à 1 p. 100 est fortement hypotonique. Si on les y transporte brusquement, elles s'hémolysent par suite d'une pénétration d'eau beaucoup plus rapide que la sortie du sel.

D'après ces observations, ce serait aux concentrations de 4 p. 100 à 5 p. 100 que le chlorure sodique commencerait à pénétrer en quantité appréciable dans les hématies.

Après avoir exposé, d'après les données précises que nous fournissent les solutions à trois constituants et la gélatine imbibée, l'influence réciproque des sels et de l'eau dans l'imbibition des stromas, il nous reste à examiner les rapports de l'hémoglobine avec ces stromas diversement imbibés.

De même qu'elle est imperméable aux sels alcalins fixes dans un milieu salin isotonique, de même la paroi globulaire est imperméable dans le même milieu à l'hémoglobine. Mais cette imperméabilisation n'est probablement, pas plus que la première, une qualité absolue, invariable. Dans les solutions de chlorure sodique, dont la teneur tombe au-dessous de 0.5 p. 100, l'hémoglobine commence à quitter les globules. Comme les globules sont fortement gonflés dans ce milieu hypotonique, l'idée est venue naturellement que la distension de la paroi était telle qu'elle en était déchirée ou que ses pores s'étaient ouverts. Dans l'opinion qui fait du stroma une phase solide, en équilibre avec les phases liquides qu'il sépare, on exprimera la diffusion de l'hémoglobine en disant que, dans ces milieux hypotoniques, la phase solide est devenue accessible à l'hémoglobine, que celle-ci se partage entre elle et le milieu intérieur. Il en résulte nécessairement une diffusion vers l'extérieur, qui sera d'autant plus rapide que l'hémoglobine se dissoudra plus facilement dans la phase solide, autrement dit que le stroma sera plus perméable à l'hémoglobine. Cette explication, qui découle tout naturellement des notions précédentes, a le grand avantage de pouvoir être étendue à tous les faits d'hémolyse, dont l'immense majorité ne s'accompagnent pas de distension globulaire notable.

Dans cette opinion, qui a été formulée en 1900 par P. Nolf, toute hémolyse est le résultat d'une perméabilisation de la paroi à l'hémoglobine. Dans l'opinion de Nolf, cette perméabilisation est, au moins dans la très grande majorité des cas, consécutive à une hydratation préalable de la paroi globulaire. L'action hémolytique se caractériserait donc essentiellement par une imbibition plus considérable de la paroi globulaire par l'eau du milieu ambiant. Secondairement, cette hydratation rendrait la paroi perméable à l'hémoglobine.

Dans les milieux salins ou sucrés hypotoniques, cette hydratation est *nécessairement* plus considérable que dans le milieu isotonique. La théorie l'exige et l'expérience (stromas nucléés) le confirme. Elle est le résultat direct de l'équilibre entre la phase solide et les phases liquides (milieux extra- et intraglobulaire) qu'elle sépare.

Dans les milieux isotoniques, elle se produit, sous l'influence des agents hémolytiques, par une action indirecte qui se comprend facilement à la lumière des faits exposés ci-dessus et qui sera exposée en détail à propos de l'hémolyse produite par le chlorure ammonique.

HÉMOLYSE PAR L'URÉE

Pour qu'une substance dissoute soit hémolytique, il faut qu'elle soit absorbée par la paroi du globule. Tout agent hémolytique dissous est pénétrant (Gryns). Voyons si cette condition est suffisante. Prenons une solution d'urée dans l'eau distillée, dont le point de congélation soit $\Delta = 0°.57$. Cette solution possède une pression osmotique égale à celle du sérum. Laissons-y tomber une goutte de sang. *Instantanément*, les globules perdent toute leur hémoglobine. Si, d'autre part, nous ajoutons de cette solution par petites quantités à un milieu salin isotonique pourvu de globules rouges, l'hémolyse commence à se faire quand la teneur en chlorure sodique tombe sous 0.5 p. 100. Dans ces deux essais, la solution isosmotique d'urée se comporte exactement comme de l'eau distillée.

Au lieu d'une solution isosmotique d'urée, nous pouvons en prendre une qui sera dix fois plus concentrée, sans que rien ne soit changé au résultat des deux expériences. Au contraire, ajoutons 0.85 p. 100 de chlorure sodique à la solution d'urée, et elle sera privée de toute action hémolytique, à n'importe quelle concentration (Gryns).

Et cependant, dans cette solution additionnée de chlorure sodique, comme dans celle qui en était privée, l'urée pénètre les hématies. Elle les pénètre aussi complètement, aussi rapidement. Ce n'est pas la pénétration de l'urée dans les globules qui est empêchée par le chlorure sodique. On peut donc conclure qu'une substance peut être pénétrante sans être hémolytique.

Que faut-il de plus pour qu'elle soit hémolytique ?

On comprend très bien la différence des actions des solutions d'urée faites avec l'eau distillée et de celles faites avec de l'eau salée à 0.85 p. 100. L'urée étant une substance qui pénètre rapidement le globule, il est clair, dans la théorie osmotique, que placer des globules dans une solution d'urée, c'est faire la même chose que les placer dans l'eau pure. Mais si l'hémolyse par la solution d'urée est l'équivalent de l'hémolyse par l'eau distillée, on conçoit très bien aussi que l'adjonction de 0.85 p. 100 de NaCl la supprime.

Si, au lieu d'urée, nous prenons d'autres substances pénétrantes : l'alcool, le chlorure ammonique, nous obtiendrons un autre résultat. A dose suffisante, ces substances produisent l'hémolyse, même dans un milieu qui contient 0.85 p. 100 de NaCl.

On tend à réserver le nom de substances hémolytiques à toutes celles qui agissent comme l'alcool, le chlorure ammonique. Toutes ces substances sont pénétrantes comme l'urée, mais elles possèdent, en plus qu'elle, le pouvoir de provoquer l'hémolyse dans un milieu salin isotonique. Cette distinction, très utile en pratique, n'a d'ailleurs aucune valeur absolue.

C'est ainsi que l'alcool, l'éther, l'acétone agissent comme l'urée à dose faible, et qu'ils ne deviennent franchement hémolytiques que passé une certaine concentration (Hedin).

D'autre part, si l'urée, même concentrée (10 p. 100), n'a aucune action sensible sur des hématies plongées dans le chlorure sodique à 0.85 p. 100, elle peut en acquérir dans les milieux salins concentrés. Le chlorure sodique à 10 p. 100 n'altère pas visiblement les globules rouges du lapin. Il suffit d'ajouter de petites quantités d'urée à une telle émulsion, pour provoquer l'hémolyse (P. Nolf). *La propriété hémolytique n'est donc pas quelque chose d'absolu. Elle doit toujours être définie par rapport aux conditions dans lesquelles elle s'exerce.*

HÉMOLYSE PAR LES SELS AMMONIQUES

L'hémolyse par les sels ammoniques s'étudie le mieux avec le chlorure. L'action destructive de ce sel est beaucoup plus lente que celle de l'urée ou de l'eau distillée. Elle doit être observée à 37°. Voici quelques chiffres, empruntés aux recherches de Nolf. A une dilution de sang de lapin dans le chlorure sodique à 1 p. 100, ajoutons des doses croissantes d'une solution à 0.625 p. 100 d'AmCl. Faisons de même avec des solutions à 1.25 p. 100, 2.5 p. 100, 5 p. 100, et 10 p. 100. Après deux heures à 37°, voyons à quelles concentrations correspond un début d'hémolyse dans chaque série.

Dans la première série, elle est atteinte par une adjonction de 0.60 cc. Pour les concentrations de 1.25 p. 100, 2.5 p. 100, 5 p. 100, 10 p. 100, elle tombe graduellement à 0.5, 0.4, 0.35 et 0.20 cc.

En fait, ces volumes décroissants de solution correspondent à des poids de sel de plus en plus considérables ; la quantité absolue provoquant un début d'hémolyse est respectivement de 0.00375, 0.00625, 0.01, 0.0175 et 0.02 grammes de AmCl. La quantité en poids de chlorure ammonique qui est nécessaire à l'obtention d'un début d'hémolyse serait donc d'autant plus considérable que la concentration de la solution de sel ammonique est plus élevée. Cela s'explique très bien, si l'on songe que les solutions diluées introduisent plus d'eau pour un même poids de sel ammonique que les solutions concentrées. En effet, si l'on reprend la série des concentrations qui correspondent à un début d'hémolyse dans les cinq séries, on trouve que, dans la première, il y a $\frac{1}{1.6} = 0.635$ p. 100 de NaCl, dans les 2e, 3e, 4e, 5e respectivement $\frac{1}{1.5} = 0.66$ p. 100, $\frac{1}{1.4} = 0.71$ p. 100, $\frac{1}{1.35} = 0.74$ p. 100, $\frac{1}{1.2} = 0.83$ p. 100 de NaCl.

Le résultat définitif de l'expérience est donc celui-ci : le chlorure ammonique, à la concentration de $\frac{0.02}{1.2} = 1.66$ p. 100, peut produire un début d'hémolyse dans une solution isotonique (0.83 p. 100 NaCl). Dans les solutions hypotoniques, il faut, pour obtenir le même résultat, des quantités de sel ammonique de moins en moins considérables, à mesure que diminue la concentration en chlorure sodique.

Nous voyons s'accuser ici un antagonisme entre le sel sodique et le sel ammonique. Pour mieux le mettre en évidence, il suffit de poursuivre l'expérience de l'autre côté de l'isotonicité, vers les concentrations hypertoniques.

Dans une série de tubes, on introduit 1 cc. de solutions progressivement croissantes de chlorure sodique (solutions 0.1M, 0.2M, 0.3M, etc). A tous, on ajoute 0.5 cc. d'une solution de chlorure ammonique à 10 p. 100, puis 0.1 cc. de sang défibriné de lapin. Après deux heures à 37°, il y a hémolyse dans les trois premiers tubes, tandis que dans le milieu fait avec la solution 0.4M, l'hémoglobine n'a pas diffusé. Ce qui veut dire qu'une concentration de $\frac{0.585 \times 4}{1.6} = 1.46$ p. 100 de NaCl suffit pour supprimer complètement l'action hémolytique de $\frac{0.5 \times 10}{1.6} = 3.15$ p. 100 de chlorure ammonique. Dans la solution faite avec 0.3M NaCl, l'hémolyse était très faible. Ce milieu contenait 3.15 p. 100 de AmCl, et 1.09 de NaCl.

On peut superposer, en deux séries horizontales, les concentrations de chlorure sodique et de chlorure ammonique qui, dans les essais précédents, correspondent à un début d'hémolyse.

	P. 100.	P. 100.	P. 100.	P. 100.	P. 100.	P. 100.
AmCl. . . .	0.24	0.41	0.71	1.29	1.66	3.15
NaCl. . . .	0.635	0.66	0.71	0.74	0.83	1.09
	0.175	0.20	0.25	0.28	0.37	0.63

Les valeurs de NaCl de la seconde rangée horizontale sont celles qui neutralisent presque exactement (dans les conditions de l'expérience) les valeurs sus-jacentes de AmCl. Mais il ne faut pas oublier que la simple adjonction d'eau pure à l'émulsion d'hématies en eau salée produit déjà un début d'hémolyse (quand le milieu contient 0.46 p. 100 de NaCl). Il y a donc, dans les milieux additionnés de AmCl, une partie du NaCl qui s'oppose à l'action hémolytique de l'eau, une autre à l'action de AmCl. On peut évaluer cette dernière, en soustrayant 0.46 des chiffres qui indiquent la teneur totale en NaCl. Les chiffres de la troisième rangée horizontale représentent ces différences.

Tous ces nombres n'ont évidemment aucune valeur absolue. Leur utilité est de montrer nettement que, dans la double série des valeurs équivalentes des deux chlorures, il n'y a aucune proportionnalité entre les termes correspondants : tandis que la valeur du chlorure sodique s'élève de 0.175 à 0.63, c'est-à-dire 1 à 3.6, celle du chlorure ammonique monte de 0.24 à 3.15, c'est-à-dire de 1 à 13.1.

Il est également nécessaire de spécifier que cette action protectrice qu'exerce le chlorure sodique contre l'influence hémolysante du chlorure ammonique, n'est réelle qu'aux doses faibles et moyennes. Aux doses fortes, le chlorure sodique est hémolytique pour son propre compte. Il favorise l'hémolyse par l'urée, il favorise aussi celle par le chlorure ammonique : des globules rouges de lapin, bœuf, porc, qui supportent le séjour dans le chlorure sodique à 10 p. 100 sans s'hémolyser, laissent diffuser leur hémoglobine, si l'on introduit de très faibles quantités de chlorure ammonique dans cette solution (Nolf).

Au lieu d'employer un sel de sodium, à dose faible ou moyenne, pour s'opposer à l'hémolyse par les sels ammoniques, on peut recourir aux sels de potassium. Le résultat sera tout aussi net.

Comment interpréter ces faits?

Il a été dit plus haut qu'il faut comprendre les phénomènes d'échange d'eau et de substances dissoutes à travers la paroi, comme le résultat de partages qui s'établissent entre trois phases : une phase liquide, le milieu extra-globulaire; une phase solide, la paroi globulaire; une seconde phase liquide, le milieu endo-globulaire. La phase solide sépare les deux phases liquides; elle est donc l'intermédiaire obligée entre elles deux. Pour qu'une substance puisse se partager entre les trois phases, il faut de toute nécessité qu'elle soit soluble dans la phase solide. Si elle est insoluble, elle restera confinée dans l'une ou l'autre des phases liquides : l'hémoglobine ne peut pas sortir de la phase liquide intérieure, le sucre ajouté au sang ne va pas au delà de la phase extérieure.

Si elle est soluble dans la phase solide, les choses iront différemment : de l'urée ajoutée à la phase liquide extérieure est soluble dans la phase solide. Il se produit un partage entre la phase extérieure et la phase solide, mais ce partage en prépare un second entre la phase solide et la phase liquide intérieure. L'équilibre ne sera atteint que lorsque l'urée se sera partagée entre les trois phases. Ce partage lui-même favorisera telle ou telle des trois phases suivant la solubilité plus ou moins grande de la substance considérée dans l'une ou l'autre d'entre elles.

Mais la présence d'un élément nouveau dans la phase solide peut avoir une répercussion profonde sur les propriétés de celle-ci. L'introduction, dans un couple de deux substances à miscibilité limitée, d'une troisième substance soluble dans les deux phases, bouleverse complètement les conditions d'équilibre. L'équilibre nouveau s'établit par un remaniement complet de l'ensemble et transforme les rapports des deux éléments primitifs du couple (exemple : acide acétique, eau, chloroforme).

Quand un disque de gélatine est transporté de l'eau pure dans l'eau salée, il n'absorbe pas seulement du sel. Ce sel absorbé augmente l'affinité du disque pour l'eau jusqu'à doubler la quantité d'eau dont il s'imbibe (HOFMEISTER). Quand une paroi globulaire s'est imprégnée d'urée, d'alcool ou de chlorure ammonique, tout est changé en elle : ses rapports avec l'eau, avec les sels du milieu ambiant, avec l'hémoglobine du liquide endo-globulaire. Que son imperméabilité à l'hémoglobine cesse d'être absolue et l'hémolyse se produira. On peut donc donner de l'agent hémolytique la définition suivante : Est hémolytique toute substance qui, en se dissolvant dans la paroi globulaire, fait de cette paroi globulaire un milieu dans lequel l'hémoglobine peut se dissoudre. Si la solubilité (la perméabilité à l'hémoglobine) est grande, l'hémolyse sera rapide; elle sera lente dans le cas opposé.

Mais cette perméabilisation à l'hémoglobine peut être directe ou indirecte. On comprend très bien que certaines substances, en se dissolvant dans la paroi globulaire, augmentent, par leur seule présence, la solubilité de l'hémoglobine dans la paroi : les alcalins pourraient agir de cette façon. Mais beaucoup d'autres substances interviennent probablement de tout autre façon : l'eau additionnée d'alcool ou d'éther n'est pas un meilleur dissolvant de l'hémoglobine que l'eau pure, au contraire. Il n'y a pas de motif de croire que l'alcool augmente directement la solubilité de l'hémoglobine dans la paroi globulaire. Il est plus probable que ces substances exagèrent l'affinité du stroma pour l'eau et que c'est cette imbibition plus considérable par l'eau qui permet secondairement la pénétration de l'hémoglobine dans la paroi. Cette opinion, défendue par P. NOLF, est basée sur deux ordres de faits :

1° Les observations volumétriques de HEDIN, d'après lesquelles plusieurs agents hémolytiques (alcool, sels ammoniacaux, etc.), mélangés au sang à dose insuffisante pour provoquer l'hémolyse, produisent le gonflement des globules.

Les mesures de HEDIN étaient faites à l'hématocrite, après une action extrêmement énergique de la force centrifuge. Comme il a été dit dans l'introduction, l'emploi de la force centrifuge pour mesurer le volume des globules n'est licite que si la paroi globulaire est normale, si elle est imperméable aux sels du liquide intra-globulaire. Sinon, elle aura pour effet d'exprimer, par filtration, une partie du liquide endo-globulaire, et par conséquent de diminuer le volume globulaire. Or il est très probable que les agents hémolytiques suppriment l'imperméabilité de la paroi aux sels à des doses qui ne provoquent pas encore l'issue de l'hémoglobine.

Dans les essais de HEDIN, on doit donc s'attendre, dans certains cas, à une réduction du liquide endo-globulaire. Il n'y a donc aucune conclusion à tirer des cas où le volume globulaire est normal ou diminué. Seuls les cas où il est augmenté sont probants. Cette augmentation de volume doit être attribuée, au moins en partie, à une tuméfaction de la paroi.

Dans les essais concernant les chlorure et bromure d'ammonium, le gonflement globulaire fut très net et constant. Or les déterminations de Hedin assignent au bromure d'ammonium un coefficient de partage de 1.01, c'est-à-dire que la concentration de ce sel est, à un centième près, exactement la même à l'intérieur et à l'extérieur des globules. Et néanmoins on trouve, après l'introduction de cet élément dans une émulsion globulaire en milieu salin isotonique, des augmentations de volume globulaire considérables, de 34.7 à 41.5 par exemple. Elles ne peuvent s'expliquer par une augmentation de volume du liquide endo-globulaire et doivent être attribuées, pour une grosse part, à une tuméfaction de la paroi. Or toute tuméfaction de la paroi signifie une imbibition plus considérable par l'eau ;

2° L'action protectrice des sels alcalins fixes à l'égard de l'hémolyse par les sels ammoniques.

De même que le sulfate magnésique peut neutraliser l'action hydratante du bromure de sodium sur la gélatine (Pauli et Rona), de même le chlorure sodique empêche l'hémolyse par le chlorure ammonique (Nolf). Les deux actions sont très probablement de même nature. On comprend très bien que le chlorure sodique, qui s'accumule dans la phase liquide extérieure sans pouvoir entrer dans la phase solide, exerce sur celle-ci une action déshydratante. Il en a déjà été question à propos de la paroi normale. Dans les conditions normales, c'est aux colloïdes de la paroi que le chlorure sodique dispute l'eau qui les imbibe. Quand ces colloïdes ont dissous du chlorure ammonique, leur affinité pour l'eau est augmentée. Pour conserver à la paroi, malgré cette imbibition, une hydratation constante, il faudra augmenter la teneur du milieu extérieur en chlorure sodique. Plus il y aura de sel ammonique dans la paroi, plus il faudra de chlorure sodique dehors. C'est ce qu'ont montré les expériences. Seulement cet antagonisme ne se poursuit que dans les limites de concentration où la paroi globulaire est imperméable au chlorure sodique. Les fortes concentrations de chlorure sodique, qui suppriment cette imperméabilité, facilitent l'hémolyse par le chlorure ammonique.

D'autre part, si dans les milieux salins de concentration moyenne, le chlorure ammonique a le dessus, s'il est suffisamment abondant pour hydrater la paroi, les conditions changent : la paroi, en s'hydratant, peut perdre son imperméabilité pour le chlorure sodique. Celui-ci, auquel son antagoniste a frayé la voie, entre à son tour; d'antagoniste, il devient auxiliaire.

Mais de ce que la pénétration du chlorure ammonique augmente l'hydratation, on peut conclure que réciproquement, l'hydratation favorise la pénétration du chlorure ammonique. Les deux phénomènes sont liés, ils n'en font qu'un. Supprimez le sel ammonique, vous supprimez l'eau. Supprimez l'eau et vous entraînerez le sel. Toute cause qui empêche l'hydratation de la paroi imbibée de sel ammonique, doit s'opposer à la pénétration du sel ammonique dans la paroi.

Il doit en être ainsi pour le chlorure sodique. En réalité donc, si le chlorure sodique est ajouté au milieu en même temps que le sel ammonique ou s'il y préexiste, il le devancera dans son action et empêchera son entrée dans le globule.

Mais il l'empêche parce que déshydratant. On peut prévoir qu'il s'opposera à la pénétration (et à l'action hydratante, ce qui est un) de tout agent hémolytique qui produit l'hémolyse en augmentant l'hydratation de la paroi globulaire. A ce point de vue, il est une pierre de touche précieuse, qui devrait être employée systématiquement dans les études d'hémolyse.

Il y a lieu de mettre en garde ici contre une fausse interprétation possible de certains résultats. Dans les expériences de Hedin, on voit le bromure ammonique distribué uniformément entre les globules et le liquide ambiant. On pourrait être tenté de conclure à un partage uniforme du sel entre les trois phases que contient un tel mélange. Ce serait s'exposer à de graves erreurs. La teneur globulaire totale est la somme des teneurs du stroma et du liquide endo-globulaire. Or le stroma n'occupe dans les hématies des mammifères qu'une très faible partie du volume globulaire total. La concentration totale dans le globule représente donc, dans certains cas, presque exclusivement la concentration dans le liquide endo-globulaire. Il suffit en effet que la phase solide soit très légèrement perméable au sel ammonique, pour qu'elle le laisse passer vers la phase liquide endo-globulaire, sans en retenir elle-même plus que des traces. Or c'est la concentration dans cette seule phase solide qui est décisive au point de vue de l'hémolyse. Pour se renseigner à cet égard, mieux vaudrait peut-être, dans certains cas, mesurer la *vitesse de pénétration* de l'agent hémolytique dans les globules, que déterminer, après un temps beaucoup trop long, la concentration totale dans le globule.

Il a été dit que les sels de potassium protègent les globules rouges contre le chlorure ammonique aussi bien que les sels de sodium. Mais les uns et les autres sont largement dépassés par les sels des métaux alcalino-terreux.

Voici un tableau emprunté à P. Nolf :

Chaque tube contient 1 cc. de solution saline, 0.4 cc. de solution à 10 p. 100 de chlorure ammonique, 0.1 cc. de sang défibriné de lapin. Les tubes sont mis à centrifuger après deux heures de séjour à 37°.

TITRE des SOLUTIONS.	CHLORURE de SODIUM.	NITRATE de POTASSIUM.	CHLORURE de BARYUM.	ACÉTATE de CALCIUM.	SULFATE de MAGNÉSIUM.	SACCHAROSE.
0.5 M	0	0	0	0	0	Hémolyse faible.
0.4	0	0	0	0	0	Hemolyse très faible.
0.3	Hémolyse faible.	0	0	0	0	0
0.2	Hémolyse faible.	Hémolyse modérée.	0	0	0	0
0.1	Hémolyse forte.	— forte.	0	0	0	Hémolyse très faible.

Cette influence antihémolytique si marquée des cations bivalents a été attribuée par Nolf à leur action directe sur la paroi globulaire. Il a été admis plus haut que les deux surfaces qui limitent la paroi globulaire vers l'intérieur et vers l'extérieur sont chargées de cations divers et que ce sont elles qui décident des qualités diosmotiques de la paroi. Or ces qualités dépendent en partie de la nature des ions fixés par le colloïde, et principalement de la valence de ces ions. Nous avons vu, à propos de la gélatine, que les ions bivalents s'opposent à son imbibition beaucoup plus que les ions monovalents, et cette constatation s'est renouvelée à propos des muscles. Il y a tout lieu de croire qu'il en va de même pour les colloïdes de la paroi globulaire. La membrane limitante externe d'une hématie qui a fixé sur sa face externe beaucoup de cations bivalents doit être moins imbibée d'eau que celle d'une hématie pourvue surtout de cations monovalents.

En transportant une hématie du milieu normal, qui contient beaucoup de sodium à côté de peu de potassium, de calcium, de magnésium, dans une solution isotonique de chlorure sodique pur, on s'expose à altérer quelque peu les qualités de la membrane externe de sa paroi. On peut s'attendre à ce que la paroi s'imbibe d'un peu plus d'eau et qu'elle absorbe plus facilement toutes les substances qui ont pour effet d'augmenter encore cette imbibition. Mais cette transformation est faible : d'abord, parce que, dans le milieu normal, le sodium est largement dominant, de sorte que l'on change peu les conditions, en passant de ce milieu à la solution de chlorure sodique; ensuite, parce que la plupart des solutions de chlorure sodique employées dans les laboratoires contiennent des traces de calcium et de magnésium.

On risque de transformer davantage les qualités de la couche limitante externe de la paroi globulaire, en transportant l'hématie dans une solution isotonique d'une substance non pénétrante, privée d'ions, telle une solution de sucre. Il est probable que dans le milieu sucré strictement isotonique, il se produit une altération considérable de la surface externe du globule. Mais, au point de vue de l'hémolyse, cette altération n'est pas efficace, tant qu'elle est limitée à la membrane externe. Pour que l'hémoglobine s'échappe du milieu intérieur, il faut que la paroi globulaire lui soit perméable d'outre en outre, c'est-à-dire sur ses deux faces. Or, dans un milieu isotonique sucré, la concentration saline du liquide endo-globulaire n'a pas varié. La membrane limitante interne est donc restée normale.

Il est possible, en raison de l'existence de cette seconde surface et du peu d'action que le milieu extérieur *isotonique et non pénétrant* peut avoir sur elle, que l'influence indirecte de la composition ionique du milieu extérieur sur telle ou telle hémolyse soit moins considérable qu'on ne serait tenté de le penser à première vue.

On aurait pu croire que l'hémolyse par le chlorure ammonique fournit un bel exemple d'une telle influence. Dans les expériences de NOLF, les sels des métaux alcalino-terreux ont sur elle une influence empêchante nettement plus marquée que les concentrations équivalentes des sels des métaux alcalins. Aux concentrations usitées, on peut exclure une action des sels sur le chlorure ammonique lui-même. Il fallait bien admettre l'influence des cations bivalents sur la paroi.

Seulement les anciennes observations de NOLF ont été faites avec du sang dilué. Si on les répète avec des hématies soigneusement lavées, on constate que le chlorure ammonique est dépourvu de toute influence nocive sur elles, aux concentrations moyennes. Chose très intéressante, les hématies lavées ne s'hémolysent pas dans le chlorure ammonique, même si la solution de chlorure ammonique ne contient pas de chlorure sodique. On peut en conclure immédiatement que le chlorure ammonique ne pénètre pas les hématies lavées. Il y a donc, dans le sérum, une substance qui permet l'entrée des hématies au chlorure ammonique et qui prépare et facilite l'hémolyse par ce sel. Elle existe dans le sérum chauffé à 56°, tout comme dans le sérum normal. La neutralisation très exacte du sérum au papier tournesol sensible est dénuée de toute action sur elle. D'autre part, il suffit d'émulsionner de la lécithine dans une solution de sel ammonique pour conférer à celle-ci le pouvoir hémolytique à l'égard des hématies lavées (NOLF). Il est donc assez probable que la substance favorisante du sérum est un lipoïde.

L'intervention de cette substance complique beaucoup le phénomène, et l'interprétation que l'on peut en donner doit être réservée, aussi longtemps que la nature chimique et le mode d'inverventiou de la substance inconnue n'auront pas été exactement définis.

A 0°, les solutions même concentrées (10 p. 100) de chlorure ammonique ne provoquent pas la moindre diffusion de l'hémoglobine des globules qu'on y plonge (NOLF). A ce point de vue, elle est, de toutes les hémolyses par agents chimiques, celle qui se rapproche le plus de l'hémolyse par les sérums.

HÉMOLYSE PAR LES ALCALIS DILUÉS.

On sait depuis HEWSON que les acides et les bases mêmes diluées provoquent l'hémolyse. Dans les solutions alcalines et acides très faibles, l'hémolyse est précédée d'une transformation des disques en sphères. Dans les alcalis, les hématies se rétrécissent avant l'hémolyse. L'étude de l'hémolyse par les alcalis a acquis beaucoup d'importance depuis qu'ARRHENIUS et MADSEN en ont fait l'objet de recherches approfondies. Ces recherches ont inauguré l'application systématique au problème de l'hémolyse et à d'autres problèmes voisins, notamment celui des rapports des toxines et antitoxines, des méthodes de la physico-chimie moderne. Il est donc nécessaire de s'y arrêter.

La chimie habituelle s'occupe de l'étude des qualités chimiques de chaque substance, c'est-à-dire qu'elle est la longue énumération des aptitudes à réagir. La physico-chimie, qui s'appellerait tout aussi bien chimie générale, essaie de dégager de l'infinité des réactions les lois générales qui les commandent. Une réaction se caractérise surtout par les réactifs qui y prennent part, mais elle est aussi une mutation d'énergie. La définir par les réactifs employés, c'est faire de la chimie habituelle; la considérer plutôt dans ses rapports avec l'énergie qui s'absorbe ou se dégage, c'est faire de la physico-chimie. Cette partie de la science aura donc surtout à s'occuper de l'influence qu'exercent la pression, la température, l'électricité, bref les différentes modalités de l'énergie, sur la réaction chimique, sur la vitesse avec laquelle elle se poursuit, sur le nouvel état d'équilibre vers lequel elle tend.

Quand une réaction se passe en milieu homogène, il est surtout intéressant d'étudier l'influence de la concentration moléculaire des réactifs et celle de la température. Ces influences s'exercent, comme il a été dit, sur l'équilibre final et sur la vitesse avec laquelle le système tend vers cet équilibre.

Dans un grand nombre des cas qui se présentent à l'observation, la réaction est complète, c'est-à-dire qu'elle se poursuit jusqu'à disparition presque complète des réactifs qui figurent à gauche du signe de l'égalité. L'équilibre coïncide donc avec la disparition du premier membre de l'égalité. Dans ces conditions, il ne reste plus à étudier que la vitesse de la réaction.

Cette vitesse dépend alors, comme il a été dit, des concentrations moléculaires des différents réactifs et de la température. Si l'on maintient la température constante, seul le premier facteur intervient.

Dans le cas le plus simple, où la concentration d'une seule substance se modifie au cours de la réaction, par exemple la destruction de l'arsénamine par la chaleur, on dira donc que la vitesse de la réaction est proportionnelle à la concentration de l'arsénamine, ce qui s'exprime par l'équation différentielle

$$\frac{dx}{dt} = k(a - x)$$

dans laquelle k est une constante, la constante de réaction; a, la concentration initiale de l'arsénamine; x, la quantité transformée après un temps t.

En intégrant, on trouve

$$- ln(a - x) = kt + \text{constante}$$

et pour les conditions initiales, pour $t = 0$ et $x = 0$,

$$- ln\ a = \text{constante},$$

d'où, par soustraction

$$k = \frac{1}{t}\ ln\ \frac{a}{a - x}.$$

Cette équation s'applique donc aux réactions dans lesquelles une seule espèce chimique disparaît, les réactions monomoléculaires.

Quand, au cours d'une réaction, la concentration de deux réactifs va diminuant proportionnellement au poids d'une molécule de chacun d'eux, la réaction sera bimoléculaire. En représentant par a la concentration initiale de la première, par b la concentration de la seconde et par x la quantité disparue de a et de b (a et b disparaissent de façon équivalente), on aura

$$\frac{dx}{dt} = k(a - x)(b - x)$$

ou

$$\frac{dx}{a - b}\left(\frac{1}{b - x} - \frac{1}{a - x}\right) = kdt,$$

soit, en intégrant,

$$- \frac{1}{a - b}[ln(b - x) - ln(a - x)] = kt + \text{constante},$$

et pour les conditions initiales, pour $t = 0$ et $x = 0$,

$$- \frac{1}{a - b}(ln\ b - ln\ a) = \text{constante},$$

d'où, par soustraction

$$k = \frac{1}{(a - b)t}\ ln\ \frac{(a - x)b}{(b - x)a}.$$

Si, au début de la réaction, les substances sont présentes en concentration équivalente, on peut faire $b = a$, et les formules se simplifient :

$$\frac{dx}{dt} = k(a\text{-}x)^2$$

et, en intégrant,

$$k = \frac{x}{t\ (a\text{-}x)\ a}$$

Si trois espèces de molécules disparaissent pendant la réaction, réaction trimoléculaire, et si les concentrations initiales sont équivalentes, on aura

$$\frac{dx}{dt} = k\,(a-x)^3$$

ou

$$k = \frac{1}{t}\,\frac{x\,(2a-x)}{2a^2\,(a-x)^2}.$$

Un cas particulier de la réaction bimoléculaire est celui où l'une des deux substances est en large excès, de sorte que sa concentration peut être considérée comme constante au cours de la réaction. Dans ces conditions, l'équation

$$\frac{dx}{dt} = k\,(a-x)\,(b-x)$$

doit être remplacée par

$$\frac{dx}{dt} = kb\,(a-x)$$

c'est-à-dire que la réaction devient monomoléculaire, avec une constante de réaction proportionnelle à la concentration de b.

Suivant donc qu'une, deux ou trois molécules disparaissent pendant la réaction, la constante de dissociation prend trois formes très différentes :

1) $$k = \frac{1}{t}\,ln\,\frac{a}{a-x}$$

2) $$k = \frac{1}{t}\,\frac{x}{(a-x)\,a}$$

3) $$k = \frac{1}{t}\,\frac{x\,(2a-x)}{2\,a^2\,(a-x)^2}$$

Cette particulaité étant connue, elle fournit un moyen de se rendre compte de la façon dont un phénomène chimique se passe. C'est VAN'T HOFF qui, le premier (*Études de dynamique chimique*, 1884), l'utilisa à cet effet. Il l'appliqua à l'étude de la décomposition de l'arsénamine et de la phosphamine par la chaleur. On aurait été tenté d'exprimer le phénomène par la formule

$$2\,AsH_3 = As_2 + 3H_2$$

ce qui en faisait une réaction bimoléculaire.

Or, ayant calculé dans cette hypothèse la valeur de k au moyen des données expérimentales, il trouva une inconstance complète de k. Au contraire, dans l'hypothèse de la réaction monomoléculaire, k devenait remarquablement constant. D'où la conclusion que le phénomène est réellement monomoléculaire, ce qui veut dire que chaque molécule d'arsénamine se décompose pour son propre compte en ses constituants, sans entrer en relations avec ses voisines.

On voit que, si la physico-chimie a pour but habituel de dégager, de la multitude des faits, les lois générales, elle permet à l'occasion, par un juste retour, d'entrer dans le détail d'un phénomène particulier, en indiquant, de façon précise, lequel de plusieurs mécanismes possibles est réellement en jeu.

Il peut arriver qu'on mesure difficilement un phénomène. Il est alors impossible de déterminer à n'importe quel moment de l'expérience où en est la réaction, quelle est, par exemple, la fraction déjà consommée d'une substance qui se transforme sous l'influence d'un catalyseur. Dans ces conditions, la détermination de la valeur de k devenant impossible, on peut essayer d'un moyen indirect pour s'éclairer sur la nature du phénomène. S'il est monomoléculaire et s'il se produit sous l'influence d'un agent catalytique, on détermine en combien de temps, des concentrations différentes de cet agent produisent un *même* degré de transformation (début de coagulation, de floculation, éclaircissement d'un milieu opaque, etc.). A ce moment, on peut admettre qu'une fraction x, toujours la même, a été transformée. Or on a, sous l'influence d'une concentration q de l'agent catalytique,

$$- ln\,(a\text{-}x) = k\,q\,t + \text{constante},$$
$$- ln\,a = \text{constante}$$

et sous l'influence d'une concentration q'

$$- ln\,(a\text{-}x) = k\,q'\,t' + \text{constante},$$
$$- ln\,a = \text{constante}$$

d'où

$$ln\left(\frac{a}{a\text{-}x}\right) = k\,q\,t = k\,q'\,t'$$

c'est-à-dire qu'un même degré de transformation de la substance envisagée, par des concentrations variables de l'agent catalytique se fait en des temps inversement proportionnels aux concentrations de l'agent catalytique, le produit du temps par la concentration étant constant.

Mais avant d'appliquer les formules précitées, il convient de dire quelques mots de l'influence de l'autre variable, la température. Toute élévation de température a pour effet *d'accélérer notablement la vitesse* du phénomène. Une différence de 10° suffit pour que la valeur de k devienne habituellement deux à trois fois plus considérable. Cet accroissement très rapide est caractéristique des phénomènes chimiques. Quand la température agit sur les phénomènes physiques (dissolution, diffusion, etc.), l'accélération qu'elle leur imprime est beaucoup moins considérable.

Elle fournit donc un moyen de savoir si un phénomène donné est de nature chimique.

Arrhenius exprime ces rapports par la formule suivante

$$k_1 = k_0\,e^{\frac{\mu}{2}\left(\frac{T_1-T_0}{T_1\,T_0}\right)}$$

dans laquelle e est la base des logarithmes népériens, k_1 et k_0 représentent les constantes de réaction aux températures T_1 et T_0 comptées à partir du 0 absolu et μ une constante qui varie d'habitude entre 10 000 et 25 000.

Ces notions étant établies, on peut, quand on se trouve en présence d'un phénomène dont on ignore la nature exacte, rechercher, à l'exemple de van't Hoff, s'il se conforme aux relations précédentes et tirer, de cette confrontation, des résultats expérimentaux avec les diverses possibilités théoriques, des conclusions parfois tout à fait décisives sur la nature exacte du phénomène observé.

Seulement on observera que le raisonnement que l'on fait est un raisonnement par analogie. Il est nécessaire d'être très prudent quand on l'applique, car les analogies peuvent être accidentelles et toutes de surface. La force de conviction sera d'autant plus grande que les concordances entre l'observation et les exigences théoriques seront plus étendues et plus rigoureuses. Examinons ce qui en est des résultats expérimentaux d'Arrhenius et Madsen sur l'hémolyse par les liquides alcalins. La technique fut la suivante : les globules de cheval bien lavés étaient mis en suspension dans une solution salée (0.85 p. 100 NaCl) ou sucrée (7.79 p. 100 de saccharose). On leur ajoutait le réactif, on mettait, pendant un temps connu, à une température déterminée. Puis on laissait la sédimentation s'effectuer lentement dans une glacière (7°). Dans les expériences où l'influence du temps était plus spécialement étudiée, le refroidissement se faisait brusquement à 0° et était suivi de centrifugation; dans toutes les expériences, l'hémolyse fut mesurée par la quantité d'hémoglobine diffusée hors des globules. Cette fraction était exprimée en centièmes de la quantité totale de l'hémoglobine contenue dans les globules.

Arrhenius et Madsen constatèrent d'abord que les globules peuvent fixer, par combinaison, une très petite quantité d'alcali, sans s'hémolyser. Cette fixation se fait très rapidement; la quantité fixée est proportionnelle à la richesse globulaire de l'émulsion. Pour produire l'hémolyse, il faut donc ajouter un excédent, et, puisque c'est cet excédent qui cause l'hémolyse, on le considère seul comme quantité réellement active dans la discussion des résultats.

Ayant établi la quantité d'alcali nécessaire pour produire l'hémolyse totale, on peut en ajouter, à une émulsion d'hématies, une dose largement suffisante, de façon qu'il y ait excès d'alcali pendant toute la durée de l'observation. On peut interrompre l'hémolyse d'un milieu ainsi préparé à différents moments, déterminer, à chacun de ces moments, la valeur de 100-x, 100 étant la teneur totale en hémoglobine, x étant la quantité d'hémoglobine diffusée, et en déduire la valeur de la constante de réaction, en se plaçant dans l'hypothèse d'une réaction monomoléculaire :

$$k = \frac{1}{t} \quad ln \quad \frac{a}{a-x}$$

Voici les résultats de deux expériences de ce genre faites avec une solution diluée d'ammoniaque :

On avait établi que la quantité d'alcali fixée par 10 cc. d'émulsion globulaire était de 0.04 cc. d'une solution 1/10 Norm. de soude ou d'ammoniaque. Des tubes contenaient dans les expériences suivantes, faites à 37°, 10 cc. d'émulsion et

A $0^{cc}.75$ 1/30 Norm. NH_3

t	13	27	51	82 minutes
100-x	97	89	62 °/₀	25 °/₀
k_1	0.0010	0.0019	0.0047	0.0073

B $0^{cc}.5$ 1/10 Norm. NH_3

t	6	14	23	31 minutes
100-x	97	82	60 °/₀	35 °/₀
k_1	0.0022	0.0062	0.0096	0.0147

C 1 cc. 1/10 Norm. NH_3

t	5	9	15	19 minutes
100-x	91,5	80	57 °/₀	44 °/₀
k_1	0.0077	0.0107	0.0163	0.0187

D 2 cc. 1/10 Norm. NH_3

t	2.25	6.2	8 min. 2
100-x	88	70	59 °/₀
k_1	0.026	0.025	0.028

S'il n'existe aucune constance du coefficient de réaction, cela ne prouve cependant pas que la réaction n'est pas monomoléculaire. Ce résultat doit être attribué, disent ARRHENIUS et MADSEN, à des causes secondaires, à l'existence d'un temps d'incubation qui correspond, entre autres possibilités, à la destruction des parois cellulaires par le réactif.

Dans ces conditions, il était indiqué de recourir à la méthode indirecte, qui consiste à rechercher si un même degré d'hémolyse est produit par des concentrations diverses de l'agent hémolytique en des temps inversement proportionnels aux concentrations.

Le tableau suivant (dont les valeurs dérivent par interpolation de celles du tableau précédent, en tenant compte de l'alcali combiné) indique les temps nécessaires à diverses dilutions (valeurs inverses des concentrations d'ammoniaque) pour produire divers degrés d'hémolyse.

DEGRÉ DE L'HÉMOLYSE.	**3 °/₀**	**10 °/₀**	**20 °/₀**	**30 °/₀**	**40 °/₀**
Temps, en minutes, mis par la solution d'ammoniaque dont la dilution (1/q) est 1	13 (13)	26 (26)	35 (35)	44 (44)	53 (53)
0.44	6 (5.7)	10 (11.5)	15 (15.4)	18 (19.4)	23 (23.3)
0.23		5.5 (6.0)	9 (8.0)	12 (10.1)	14 (12.2)
0.133		1.8 (3.5)	4 (4.7)	6.2 (5.9)	8 (7.1)

Entre parenthèses se trouvent les temps calculés, d'après les données de la première série horizontale, dans l'hypothèse d'une proportion entre la vitesse d'hémolyse et la concentration d'ammoniaque.

Ici l'accord entre les exigences de la réaction monomoléculaire et les données expérimentales est plus satisfaisant. ARRHENIUS et MADSEN ont établi de plus quelques relations numériques qui peuvent être utiles dans le calcul des données expérimentales. Elles ont trait à la valeur du degré d'hémolyse (fraction de l'hémoglobine mise en liberté) en fonction du temps et de la concentration de l'hémolysine.

Les résultats diffèrent suivant la durée de l'expérience.

Dans les expériences de courte durée, on trouve que le degré d'hémolyse est sensiblement proportionnel au carré de la concentration en alcali.

Voici un tableau dont les résultats se rapportent à des mélanges comprenant 10 cc. d'émulsion à 1 p. 100 et des quantités variables d'une solution 0.02 normale d'ammoniaque.

Dans la rangée horizontale *a* se trouvent indiquées les doses d'ammoniaque exprimées en fractions décimales de l'unité, qui est 1 cc. de la solution 0.02 normale. Dans la rangée *b* sont indiquées les quantités d'hémoglobine diffusée.

Les tubes sont laissés une heure à 37°.

a	0.84	0.67	0.50	0.40	0.36	0.31	0.27	0.22
b	65	55	38	27	16	12	6	5
$\frac{\sqrt{b}}{a}$	9.6	11.1	12.3	12.8	11.1	11.1	9.2	10.2

Au contraire, dans les expériences de longue durée, ce rapport se simplifie. On peut constater alors une proportionnalité directe entre le degré d'hémolyse et la concentration d'alcali. Voici les résultats d'une expérience de vingt et une heures de durée à 37°. L'unité d'alcali et 1 cc. de solution à 0.025 N.

a	0.3	0.2	0.15	0.1	0.07	0.05
b	100	63	42	27	18	13
$\frac{b}{a}$	333	315	280	270	257	260

On peut enfin rechercher l'influence du temps. Tout le monde sait que, dans les hémolyses de moyenne intensité, il existe d'habitude un temps d'incubation, auquel fait suite l'hémolyse d'abord lente, qui s'accélère ensuite. Voici une expérience d'ARRHENIUS et MADSEN qui établit des relations entre le degré d'hémolyse et la durée de l'expérience. Les tubes contenaient 10 cc. d'une émulsion à 2.5 p. 100 de globules et 0.5 cc. d'une solution à 0.1 p. 100 de NH_3.

Temps (minutes)	6	14	23	31
Degré d'hémolyse. . . .	3	18	40	65
$\frac{100\sqrt{H}}{t}$	28.9	30.3	27.5	26.0

En rapprochant cette donnée de la première de celles qui expriment l'influence de la concentration de l'alcali, on arrive à la conclusion que le degré d'hémolyse est proportionnel au carré du produit du temps par la concentration dans certaines expériences de durée courte.

MADSEN, WALBUM et NOGUCHI ont étudié l'influence de la température sur l'hémolyse par un grand nombre d'agents hémolytiques.

Pour ce qui concerne les alcalis, ils constatent que l'élévation de température détermine une accélération très notable de l'hémolyse, en confirmation de résultats antérieurs d'ARRHENIUS et MADSEN. Faisant le coefficient de réaction proportionnel à la concentration de l'alcali, ils introduisent cette valeur dans la formule

$$k_1 = k_0 e^{\frac{\mu}{2} \frac{(T_1 - T_0)}{T_1 T_0}}$$

et ils trouvent pour μ une valeur de 26 760 dans un essai de courte durée. Il a été dit précédemment que, dans les réactions chimiques bien étudiées, les valeurs de μ oscillent entre 10 000 et 25 000.

Si l'on compare entre elles l'action des différentes bases, on trouve que la quantité fixée par les globules (la dose non hémolysante) est exactement équivalente d'une base à l'autre. Les actions hémolysantes des bases fortes (KOH, NaOH, LiOH) sont égales. Celle des faibles concentrations d'ammoniaque est beaucoup moindre, si on la mesure après un temps court, l'hémolyse par l'ammoniaque étant plus lente. Si, au contraire, on fait la mesure après un temps suffisamment long (20 h.), l'ammoniaque produit, à dose équivalente, une hémolyse égale à celle des bases fortes. Dans ces conditions, elle peut même dépasser les bases fortes, quand la concentration globulaire est élevée.

A équivalence de concentration, la valeur du coefficient k de la soude est deux ou trois fois plus forte que celle de l'ammoniaque. Si l'action hydrolysante était uniquement due aux hydroxylions, l'écart devrait être beaucoup plus considérable, puisque, aux concentrations employées, la dissociation ionique de la soude est dix à vingt fois plus considérable que celle de l'ammoniaque. Arrhenius et Madsen admettent, en conséquence, que l'action hémolytique est due à la coopération des molécules et des ions.

Arrhenius et Madsen ont encore étudié l'influence que pouvaient exercer les sels neutres sur l'hémolyse causée par les alcalis correspondants. Ils ont constaté qu'à concentration (en équivalents) égale, le chlorure et le sulfate sodiques exercent sensiblement la même action inhibitrice sur l'hémolyse par l'hydrate sodique. Il en est de même pour le sulfate et le chlorure ammoniques vis-vis de l'ammoniaque.

Seulement, tandis que les sels sodiques entravent peu, aux concentrations assez faibles employées, l'hémolyse par la soude, les sels ammoniques s'opposent énergiquement à l'hémolyse par l'ammoniaque.

Les deux tableaux suivants indiquent les résultats. Chaque tube contenait 10 cc. d'une émulsion de globules dans l'eau sucrée, plus une quantité indiquée d'une solution. La lettre Na désigne une solution 1/80 normale de NaOH, les lettres Na, 2C une solution de même concentration en soude que la précédente et contenant, en plus, 0.02 gramme-équivalent par litre de NaCl; Na, 10C vaut 1/80 N de NaOH et 0.1 N de NaCl ; Na, 50C vaut 1/80 N de NaOH et 0.5 N de NaCl; Na, 10S vaut 1/80 N de NaOH et 0.1 N de Na_2SO_4; et Na, 50S vaut 1/80 N de NaOH, et 0.5 N de Na_2SO_4.

QUANTITÉ DE SOLUTION ajoutée.	Na.	Na, 2 C.	Na, 10 C.	Na, 50 C.	Na, 10 S.	Na, 50 S.
cc 1.5	100		100	90	100	75
1.0	100		90	27	90	60
0.8	90		79	18	79	8
0.5	79	33	12	3	12	3
0.4	71	30	8	2	4	
0.3	12	6	3	1		
0.25	6	3	2	1		
0.2	3	2	1	1		

Les indications du deuxième tableau se rapportent à l'ammoniaque et aux sels ammoniacaux (voir p. 429).

Après avoir exposé les résultats objectifs obtenus par Arrhenius et Madsen, il nous reste à examiner les déductions qu'ils en ont tirées.

Pour eux, l'hémolyse par les alcalis est un processus chimique, comme en fait foi l'accroissement rapide de la constante de réaction que produit une hausse de la température. Ce processus chimique est monomoléculaire. A vrai dire, la constante de réaction, calculée dans cette hypothèse, est variable. Mais, ainsi que cela a été dit plus haut, cela provient de circonstances accessoires : de ce que la réaction ne se déroule pas en milieu homogène, de l'action perturbante de la paroi globulaire qui s'oppose à la diffusion de l'hémoglobine, etc.

QUANTITÉ DE SOLUTION ajoutée.	NH_3.	NH_3, 4 S.	NH_3, 10 S.	NH_3, 50 S.	NH_3, 10 C.	NH_3, 50 C.
cc.						
2.0			79	6	49	7
1.5			70	3	49	6
1.0	100		41	2	41	2
0.8	90		27	1	37	2
0.6			9		27	1
0.5	79	60	6		3	
0.4	52	24	5		1	
0.3	24	16	3			
0.25	12	10	2			
0.2	4					

La nature monomoléculaire est prouvée par la constance suffisante du produit *qt* observée dans certaines expériences.

Arrhenius et Madsen se figurent l'hémolyse par les alcalis comme suit : l'agent hémolytique pénètre très rapidement (en 2 minutes) les globules. Il entre en relation avec les complexes de l'intérieur des globules et les force à libérer l'hémoglobine qu'ils possèdent. Cette hémoglobine diffuse (le plus souvent rapidement) à travers la paroi plus ou moins altérée.

Le phénomène essentiel dans cette succession, celui qu'ils mesurent, celui dont ils disent qu'il est monomoléculaire, c'est la scission des complexes qui contiennent l'hémoglobine.

Il est certain, comme il a été dit dans l'introduction de cet article, que, pour que l'on puisse mesurer l'hémolyse à la mise en liberté de l'hémoglobine, il faut, de toute nécessité, que l'hémoglobine soit chimiquement combinée à l'intérieur du globule. L'hémolyse devient, dans cette hypothèse, un phénomène analogue à la saccharification de grains d'amidon imbibés d'eau, ou à la digestion de granules d'albumine coagulée.

Seulement le complexe comprenant l'hémoglobine, dont Hoppe-Seyler admettait l'existence et qu'il appelait *artérine*, ce complexe n'existe pas. Tout au moins ne reste-t-il rien des raisons émises par Hoppe-Seyler pour prouver son existence. Bien plus, une douzaine d'observateurs de première valeur ont pu constater la présence de cristaux d'hémoglobine à l'intérieur d'hématies non hémolysées; et, d'autre part, il suffit d'agiter du sang avec du mercure, ou de le broyer avec du sable, pour mettre en liberté toute son hémoglobine (voir **Hématie**). Il faut bien conclure de ces faits avérés que l'hémoglobine est chimiquement libre dans le globule, et qu'elle n'est retenue à l'intérieur de celui-ci que parce que la membrane lui est imperméable.

Dans ces conditions, l'issue de la matière colorante est et ne peut être que la conséquence d'une altération de la paroi, altération qui supprime l'imperméabilité à l'hémoglobine. S'il y a, dans certains exemples d'hémolyse, un phénomène chimique en cause, ce ne peut être que cette altération de la paroi.

Si, dans cette conception, on se propose de mesurer la rapidité de l'hémolyse, on ne peut considérer le problème autrement que comme ressortissant aux lois qui régissent la diffusion.

La diffusion, à une température donnée, est fonction du temps, de la surface de diffusion, de la différence des concentrations de deux couches adjacentes d'un cylindre de diffusion, et d'une constante propre à chaque substance, le coefficient de diffusion. On l'exprime par la formule de Fick :

$$\frac{ds}{dt} = -\mathrm{D}\,q\,\frac{dc}{dx}$$

dans laquelle ds est la quantité infiniment petite de sel qui passe pendant le temps dt de la couche x à la couche $x + dx$ dont les concentrations diffèrent de $c + dc$ à c; q est la surface de diffusion, et D, la constante de diffusion.

Avant d'appliquer cette formule à l'étude de l'hémolyse, il y a lieu d'examiner, de plus près, les conditions spéciales de la question. Dans l'hémolyse, l'hémoglobine n'est pas localisée au fond d'un vase de la profondeur duquel elle doit s'élever lentement, en créant une série de couches superposées de concentrations progressivement décroissantes. Elle est répartie dans une infinité de très petites vésicules distribuées uniformément (dans les cas où il n'y a pas agglutination, ni sédimentation trop rapide) dans le milieu liquide. Il en résulte une simplification des conditions expérimentales. A l'intérieur des hématies, à raison du faible volume de celles-ci, la concentration est uniforme. A l'extérieur, on peut également admettre, sans grande erreur, qu'elle reste uniforme par suite du brassage du liquide. De plus la concentration extérieure sera, pendant les premiers temps de l'expérience, très faible par rapport à la concentration intérieure. Dans les globules normaux, elle atteint 35 à 40 p. 100. A l'extérieur, elle ne pourra dépasser 0.7 p. 100 dans les émulsions qui sont obtenues par une dilution du sang à 1/20 dans l'eau salée.

Dans les émulsions employées par ARRHENIUS et MADSEN, faites avec 25 cc. de globules pour 1 000 cc. d'eau salée, elle pouvait atteindre tout au plus 1 p. 100 quand l'hémolyse était totale. Mais, dans les essais de ces auteurs, les résultats ne purent être utilisés pour l'étude de la vitesse de l'hémolyse que dans les expériences où le degré de l'hémolyse ne dépassait pas 30 à 40 p. 100, ce qui correspondait à une concentration de l'hémoglobine hors des globules inférieure à 0.3 p. 100 et 0.4 p. 100. Dans ces conditions, on peut raisonner comme si la concentration extérieure restait égale à zéro.

D'autre part, le principal obstacle à la diffusion de l'hémoglobine étant la paroi globulaire, imperméable à l'état normal, plus ou moins perméabilisée par l'agent hémolytique, on peut représenter cette perméabilité par le coefficient de diffusion.

En tenant compte de ces particularités et en représentant par K le produit constant obtenu en multipliant la surface des globules, considérée comme constante, par le coefficient de diffusion, on peut représenter, sans grande erreur, la quantité d'hémoglobine diffusée hors des globules, pendant un temps très court, par la formule suivante :

$$\frac{dx}{dt} = K\ (C\text{-}x)$$

C représente la concentration de l'hémoglobine dans les globules. Cette formule, qui représente la vitesse de diffusion, est, on le remarquera, absolument analogue à celle qui caractérise la réaction monomoléculaire. Et cela se comprend, puisque dans les deux phénomènes, la seule variable est la concentration.

Si, d'autre part, on admet que pour certains agents hémolytiques le degré de perméabilisation de la paroi est proportionnel à la quantité de l'agent hémolytique ajoutée (hypothèse nullement invraisemblable, si on ne l'applique qu'entre des limites étroites), on est autorisé à faire K proportionnel à la concentration de l'agent hémolytique. Dans ces conditions, on se trouve dans les conditions voulues pour obtenir la constance du produit qt, c'est-à-dire la réalisation de la seconde épreuve à laquelle on reconnaît qu'une réaction chimique est monomoléculaire.

On voit que l'hypothèse, d'après laquelle la diffusion de l'hémoglobine est un pur phénomène de diffusion, rend aussi bien compte des faits observés par ARRHENIUS et MADSEN que leur propre opinion. Elle a sur celle-ci le grand avantage d'être d'accord avec l'ensemble de nos connaissances sur la constitution de l'hématie.

On s'explique aussi très bien dans cette opinion pourquoi le facteur de dissociation (calculé dans l'hypothèse d'une réaction monomoléculaire) n'est pas constant, mais croît rapidement avec le temps. Ce facteur qui représente la perméabilité de la paroi, mesure en quelque sorte le degré de désorganisation de celle-ci. On comprend que la résistance qu'oppose la paroi structurée aux actions destructives n'est pas vaincue de suite, mais qu'une fois produite, l'altération doit aller rapidement en augmentant.

Cette façon de concevoir le phénomène a l'avantage de rendre superflue toute hypothèse prématurée sur la nature intime de cette altération pariétale. Dans le cas spécial des alcalis, il est probable que l'action est complexe. Qu'elle soit en partie chimique, cela est vraisemblable, puisque la paroi est constituée de lipoïdes et de nucléo-protéides unis en un ensemble structuré. Les nucléo-protéides se comportent comme des acides faibles. Ils réagissent donc avec les alcalis. Il en est d'ailleurs de même de l'hémoglobine. Seulement il y a lieu de faire remarquer que ces deux réactions pourraient parfaitement se contrarier jusqu'à un certain point. Si la diffusion est surtout la conséquence d'une transformation de la paroi globulaire, elle sera d'autant plus forte que la paroi aura fixé plus d'alcali. Mais la paroi aura à compter, à cet égard, avec l'hémoglobine qui s'empare d'une partie de l'alcali et qui joue, à ce point de vue, un rôle protecteur, antihémolytique, analogue à celui qu'Arrhenius et Madsen ont reconnu aux albumines du sérum. La fixation de l'alcali par l'hémoglobine peut cependant influencer l'hémolyse dans un autre sens, en augmentant la solubilité de l'hémoglobine dans l'eau et dans certains milieux On voit combien il est difficile de s'orienter au milieu de toutes ces actions et réactions qui s'entremêlent.

Cette répartition de l'alcali entre les protéides du stroma et l'hémoglobine n'a évidemment pas été envisagée par Arrhenius, quand il s'est occupé du partage de l'alcali entre les globules et le milieu extérieur. Arrhenius a déterminé la quantité de différents agents hémolytiques qui est nécessaire pour produire le même degré d'hémolyse dans des mélanges où il fait varier la quantité d'hématies. Et il trouve un rapport simple entre la quantité de l'agent hémolytique et la teneur en globules. Si y est la première de ces valeurs et x, la seconde, on a $y = a + nx$. On peut déduire de ces chiffres la valeur de la concentration de l'agent hémolytique dans les globules et hors des globules, et l'on trouve ainsi que, dans les conditions de ces expériences, les globules peuvent contenir 800 à 900 fois plus d'alcali que le liquide environnant.

Si intéressants que soient ces chiffres, il y a lieu de faire observer qu'ils sont acquis par une méthode indirecte. Or, dans les observations directes sur le partage d'une substance dissoute dans un milieu liquide entre le liquide et les granules colloïdaux suspendus dans celui-ci, plusieurs auteurs ont observé, ainsi qu'il a été dit plus haut, que la concentration à la surface des grains n'est pas une fonction linéaire, mais une fonction exponentielle de la concentration dans le liquide. Il y a désaccord entre ces données et les conclusions d'Arrhenius et Madsen.

D'autre part, Arrhenius ne détermine que la concentration totale de l'hémolysine dans le globule, qu'il considère comme un tout. En cela il est conséquent avec lui-même, puisque, pour lui, l'hémolyse est la destruction de l'hématie assimilée à un complexe chimique, quelque chose comme la saccharification de grains d'amidon imbibés d'eau. Mais cette opinion n'est pas en accord avec un grand nombre de faits. D'après ce qui a été dit dans cet article et à l'article « Hématie », il y a lieu de considérer dans l'hématie : la paroi et le contenu liquide, y compris l'hémoglobine. Or c'est l'action d'une substance sur la paroi qui importe au point de vue de l'hémolyse et non pas celle qu'elle peut exercer sur l'hémoglobine.

Quand on a déterminé la concentration totale de l'agent hémolytique dans le globule, on n'a rien appris de bien précis au sujet de sa répartition entre le contenu globulaire et la paroi. D'après Arrhenius, les globules contiennent 120 fois plus de saponine et 800-900 fois plus d'alcali que le liquide extérieur. Mais que revient-il de ces fortes teneurs à la paroi ? Des fractions probablement très différentes dans les deux cas. De tout ce que nous savons de l'hémolyse par la saponine, de l'affinité très forte de cette substance pour les lipoïdes, nous pouvons conclure à une accumulation de ce produit dans la paroi globulaire. La très grande partie de la dose absorbée par le globule est donc fixée par la paroi. Mais il en est probablement tout autrement pour les alcalis. Ceux-ci ont de l'affinité pour tous les protéides globulaires, tant pour ceux de la paroi que pour l'hémoglobine. Or dans les hématies de cheval, par exemple, il y a environ 6 fois plus d'hémoglobine que de protéide pariétal. A affinité égale, on peut donc admettre qu'en opposition avec la condensation pariétale de la saponine il y a, en ce qui concerne les alcalis, une distribution plus uniforme entre la paroi et le liquide endo-globulaire.

HÉMOLYSE PAR LES ACIDES DILUÉS

Dans les acides très dilués, les hématies se transforment en sphères, en même temps qu'elles augmentent de volume. Les concentrations d'acides trop faibles pour provoquer l'hémolyse, diminuent la résistance globulaire (HAMBURGER), c'est-à-dire que, dans ces milieux très faiblement acidulés, les hématies abandonnent leur hémoglobine à des concentrations salines plus fortes (0.7 p. 100 NaCl au lieu de 0.5 p. 100) que les hématies normales. On peut en conclure que les sels neutres des métaux alcalins s'opposent dans une certaine mesure à l'hémolyse par les acides.

L'étude quantitative de la diffusion de l'hémoglobine dans les milieux acides a été moins pratiquée que dans les milieux alcalins. Il y a à cela deux raisons : d'abord l'altération de l'hémoglobine par les acides, qui rend difficile le dosage; ensuite des irrégularités, qui empêchent toute mise en équation du phénomène. Ces irrégularités n'en sont que plus intéressantes, parce qu'elles mettent en relief toute l'importance des qualités de la paroi.

Dans l'essai suivant (ARRHENIUS), on ajouta des quantités progressivement croissantes d'acide chlorhydrique 0.04 normal et d'acide acétique 0.04 n. à 7.5 cc. d'une émulsion globulaire à 1/100, avec adjonction complémentaire de NaCl 0.9 p. 100 pour faire un volume constant de 9.5 cc.

Quantité ajoutée de 0.04 *n* HCl.	0.5	0.4	0.3	0.25	0.2	0.15	0
Degré de l'hémolyse.	100	100	60	27	48	52	0
Couleur.	Brun foncé.	Brun foncé.	Brun.	Brun clair.	Rougeâtre.	Rougeâtre.	Rouge.
Quantité ajoutée de 0.04 *n* ac. acétique.	0.5	0.4	0.3	0.25	0.2	0.15	0
Degré de l'hémolyse.	100	77	14	18	26	12	0
Couleur	Brun foncé.	Brun foncé.	Brun.	Brun clair.	Rougeâtre.	Rougeâtre.	Rouge.

On peut voir que, pour l'acide chlorhydrique, l'adjonction de 0.15 cc. réalise un optimum d'hémolyse, avec diminution des deux côtés et qu'il en est de même pour l'adjonction 0.2 cc. d'acide acétique. Il y a donc des agents hémolytiques, et nous en verrons encore d'autres exemples, qui sont plus actifs à des concentrations faibles qu'à certaines concentrations plus fortes. Nous observons ici un phénomène absolument analogue à ceux qui ont été cités à propos de l'action des acides, des bases et des sels sur la gélatine (OSTWALD). Il n'y a rien qui doive étonner dans la théorie qui fait de l'hémolyse le résultat d'une altération des colloïdes de la paroi. Cette altération peut se faire dans le sens d'une augmentation de la perméabilité ou dans le sens d'une diminution, et un même agent peut, à des concentrations différentes, produire les deux effets.

D'ailleurs ARRHENIUS a constaté l'agglutination des globules altérés par les acides dilués et la floculation des substances albuminoïdes issues de ces globules. Il attribue lui-même à cette action coagulante des acides les perturbations constatées dans le degré de l'hémolyse.

Chose intéressante, l'addition de lécithine supprime la coagulation et les irrégularités de la diffusion du pigment. Elle fait de l'hémolyse par les acides un processus parallèle à l'hémolyse par les bases. Tous les acides deviennent plus hémolytiques quand on leur ajoute de la lécithine (ARRHENIUS). Cela se voit particulièrement bien avec les acides peu hémolytiques par eux-mêmes, comme l'acide borique.

Si l'on compare le pouvoir hémolytique des acides forts à celui des acides faibles, on constate des uns aux autres des différences de même ordre que celles qui ont été établies précédemment entre les bases fortes et les bases faibles à concentration égale. Les acides forts agissent beaucoup plus vite, de sorte que le degré d'hémolyse est beaucoup plus élevé pour eux dans les expériences de durée courte (MADSEN et WALBUM). Au contraire, dans les expériences de longue durée, il y a sensiblement équivalence entre tous les acides.

Dans ces conditions, la concentration d'un acide fort, nécessaire pour produire une hémolyse totale, est 0.012 cc. d'une solution normale pour 10 cc. d'une émulsion à 1 p. 100. Celle des acides faibles (formique, acétique, etc.) est 0.015 cc. Il y a, parmi ces derniers, une exception pour l'acide oléique, qui est hémolytique à une dose dix fois plus faible que l'acide acétique.

Les sels neutres de même anion que l'acide ont une action inhibitrice faible sur les acides forts, très forte sur les acides faibles (acétates sur acide acétique). Cette constatation très intéressante, analogue à celle qui a été faite pour les bases, tend à prouver qu'acides et bases agissent surtout par les ions H et OH que contiennent leurs solutions. On sait, en effet, que la dissociation des acides et alcalis forts n'est pas sensiblement diminuée par les sels de même anion (acide) ou de même cation (alcali), tandis qu'il en est tout autrement pour les acides et bases faibles (ARRHENIUS).

Outre l'action directe du sel sur l'acide ou la base, il y a probablement lieu de considérer en outre, dans les phénomènes d'hémolyse, l'action du sel sur le stroma, suivant le mécanisme qui a été longuement exposé plus haut (voir Hémolyse par le chlorure ammonique).

HÉMOLYSE PAR LE CHLORURE MERCURIQUE.

Elle a été étudiée par DETRE et SELLEI et par SACHS (cités d'après ARRHENIUS). Ajouté aux doses de 1 p. 100, 0.1 p. 100 et 0.01 p. 100 à des émulsions globulaires en eau salée, le chlorure mercurique produit leur agglutination. A la concentration 0.001 p. 100, l'agglutination manque. La fixation du poison par les hématies est très rapide, mais l'hémolyse qui peut s'ensuivre est lente. Elle n'apparaît d'ailleurs qu'entre certaines limites de concentration. Maxima à la concentration de 0.001 p. 100, elle disparaît aux concentrations plus élevées et plus basses. L'inactivité des concentrations élevées est connue depuis longtemps, depuis le jour où l'on a employé le sublimé comme fixateur dans la technique histologique. Elle est attribuable sans conteste à la coagulation de l'enveloppe globulaire par le sel mercurique. Mais il est très probable que c'est à la même altération de l'enveloppe qu'est due l'hémolyse qui correspond aux doses faibles. Que l'altération causée par un même agent puisse avoir des résultats opposés suivant les concentrations, c'est un fait qui n'étonne pas, quand on connaît l'action des sels sur les disques de gélatine.

D'après SACHS, la lécithine favoriserait (à l'encontre de ce que prétendent DETRE et SELLEI) l'hémolyse par le chlorure mercurique. D'autre part, l'action protectrice qu'exerce le sérum ou les hématies est attribuable, d'après SACHS, à leurs albuminoïdes et non à leurs lipoïdes.

Dans l'enveloppe globulaire, ce serait donc plus spécialement avec ces protéides que les sels mercuriques entreraient en relation.

HÉMOLYSE PAR LES ALCOOLS, ÉTHERS, ALDÉHYDES, CÉTONES, etc.

On sait par les recherches de GRYNS et par les mesures de HEDIN que toutes ces substances pénètrent les hématies. On sait de plus qu'elles ont une tendance à s'accumuler dans les hématies en concentration supérieure à celle du liquide ambiant. Cette tendance se marque faiblement dans les chiffres de HEDIN pour les alcools. Le rapport $\frac{a}{b}$ (voir **Hématie**) vaut 1 pour l'alcool méthylique, ce qui correspond à une concentration uniforme à l'intérieur et à l'extérieur des globules; il devient 0.97 pour l'alcool éthylique, 0.95 pour l'alcool propylique; il tombe à 0.86 pour l'aldéhyde formique; 0.74 pour l'aldéhyde acétique; 0.60 pour l'aldéhyde propylique; il est de 0.71 pour l'acétone; il atteint un minimum 0.54 pour l'éther éthylique.

Ces chiffres ne nous fournissent d'ailleurs qu'une simple indication. Car la concentration totale dans le globule est, comme il a déjà été dit plusieurs fois, la somme de deux termes, dont un seul nous intéresse. Elle est la moyenne des concentrations dans le liquide endo-globulaire et dans le stroma. Et comme le volume du stroma normal est environ la 7e partie du volume globulaire total, on comprend que la méthode de HEDIN se prête mal à la mesure ou même à l'évaluation de la concentration dans les stromas. En effet l'accumulation d'une substance mélangée à une émulsion globulaire dans un volume aussi réduit que celui des stromas ne pourra appauvrir sensiblement le liquide extra-globulaire qu'à la condition d'être énorme.

D'autre part, il se peut, pour certaines substances qui s'accumulent dans le stroma, que la solubilité dans le liquide intra-globulaire soit plus faible que dans le liquide extra-globulaire.

Il est probable qu'il en est ainsi pour les alcools, éthers et substances analogues. L'affinité de ces substances pour le stroma provient, comme OVERTON l'a montré à suffisance, de la teneur du stroma en lipoïdes. Ces lipoïdes sont absents du liquide endo-globulaire, suivant toute probabilité. Ce liquide endo-globulaire est une solution d'hémoglobine à 30 à 40 p. 100. Or l'hémoglobine est insoluble dans l'alcool fort. On peut en conclure réciproquement que l'alcool est peu soluble dans les solutions aqueuses concentrées de l'hémoglobine. Quand de l'alcool pénètre les hématies, il se mélange donc, suivant toute probabilité, assez peu au liquide endo-globulaire. Si l'on trouve néanmoins que le partage entre les globules et le liquide extra-globulaire s'est fait à l'avantage des globules, cela provient de ce que l'alcool s'est concentré dans les stromas beaucoup plus qu'on ne serait tenté de le croire à première vue. Cependant cette concentration n'est probablement qu'un multiple assez peu élevé de la concentration dans le liquide extérieur, quand il s'agit des alcools inférieurs. Mais les homologues supérieurs sont de moins en moins solubles dans l'eau, à mesure qu'on s'élève dans la série, tandis qu'augmente leur solubilité dans les corps gras. On doit donc s'attendre à voir ces substances s'accumuler de plus en plus dans les stromas et accroître proportionnellement leur action hémolytique.

C'est en effet ce qu'a constaté Van de Velde.

Van de Velde a déterminé, pour un très grand nombre de substances organiques ternaires, la concentration maxima, à laquelle il n'y a pas encore d'hémolyse. Il a constaté qu'après trois heures (à la température ordinaire ?), les globules de bœuf commencent à céder de l'hémoglobine quand la teneur totale du milieu s'élève à 20 p. 100 (en volume) d'alcool éthylique, tandis qu'ils restent inaltérés à la concentration 19.5 p. 100. La concentration 19.5 p. 100 est ce qu'il appelle la concentration critique de l'alcool éthylique.

Elle correspond à une teneur en poids de 15,4888 gr. d'alcool éthylique anhydre pour 100 centimètres cubes de solution. La toxicité absolue de l'alcool éthylique étant ainsi établie, Van de Velde mesure la toxicité des solutions de 1 à 3 p. 100 des autres substances dans l'alcool éthylique absolu et il compare les chiffres obtenus à ceux de l'alcool éthylique.

Il trouve, par exemple, que les concentrations critiques des solutions 1 p. 100, 2 p. 100, 3 p. 100 d'alcool propylique dans l'alcool éthylique sont respectivement 19 cc., 18.5 cc., 18 cc. Ces solutions apportent à l'émulsion globulaire des quantités décroissantes d'alcool éthylique et croissantes d'alcool propylique.

Quand de l'alcool éthylique seul est ajouté, le milieu critique contient pour 100 cc. 15.4888 grammes d'alcool éthylique. Dans les trois milieux précédents, la concentration tombe successivement à 15gr.0917, 14gr.6945, 14gr.2974, c'est-à-dire qu'il y a un déficit de 0.3971, 0.7943 et 1.1914 grammes d'alcool éthylique. Ces quantités ont été remplacées par des quantités croissantes d'alcool propylique, soit respectivement 0gr.19, 0gr.37 et 0gr.54. Puisque ces mélanges sont tous critiques, c'est-à-dire équivalents au point de vue hémolytique, Van de Velde conclut que 0.19, 0.37 et 0.54 grammes d'alcool propylique valent respectivement 0.3971, 0.7943 et 1.1914 grammes d'alcool éthylique. Le quotient de ces valeurs prises deux à deux est d'ailleurs sensiblement constant $\frac{0.19}{0.3971} = 0.47$, $\frac{0.37}{0.7943} = 0.46$ et $\frac{0.54}{1.1914} = 0.45$. On en conclut que, lorsque l'alcool propylique remplace l'alcool éthylique, on obtient, avec 0.46 grammes de l'alcool supérieur, le même effet qu'avec 1 gramme de l'alcool inférieur. Les valeurs établies par ce procédé sont donc relatives, elles sont exprimées en fonction de la dose toxique de l'alcool éthylique. Un reproche sérieux que l'on peut faire à la méthode, c'est d'avoir compliqué les choses, en employant des solutions alcooliques de tous les produits, au lieu d'utiliser les solutions dans le milieu salin isotonique quand ces solutions étaient possibles. Ceci suppose que les altérations des globules dus aux deux agents hémolytiques de la solution (alcool et substance essayée) s'additionnent purement et simplement, ce qui peut être le cas lorsque les produits sont chimiquement très voisins, ce qui n'est certainement pas le cas pour tous les couples examinés. Il est difficile d'évaluer les erreurs provenant de ce chef. Elles ne sont probablement pas assez fortes pour changer l'allure générale des chiffres, dont l'examen est des plus intéressants.

Au lieu de reproduire les concentrations critiques rapportées à celle de l'alcool éthylique prise comme unité, il a semblé préférable de calculer les valeurs inverses, qui représentent les toxicités comparées. Le tableau suivant comprend les toxicités moléculaires d'un certain nombre de substances ternaires, appartenant à la série grasse. Le lecteur trouvera en outre, dans le mémoire original, de multiples déterminations se rapportant à une foule d'essences, toutes très toxiques.

Toxicités hémolytiques moléculaires rapportées à celle de l'alcool éthylique prise comme unité.

Alcool $C_nH_{2n+2}O$.	Cétones $C_nH_{2n}O$	Aldéhydes $C_nH_{2n}O$	Acides $C_nH_{2n}O_2$
Alcool méthylique < 1	» »	» »	Acide formique 1 000
Alcool éthylique 1	» »	Aldehyde acétique 7.1	Acide acétique 500
Alcool isopropylique 2.8	Diméthylcétone 5.4	» »	Acide propionique 400
Alcool isobutylique 5.6	Méthyl-éthylcétone 11.7	Aldéhyde isobutyrique 21.6	Acide butyrique 322.5
Alcool amylique 15.4	Diéthylcétone 25.8	» »	Acide valérianique 333.3
Alcool heptylique 303	Dipropylcétone 91,7	Œnanthol 185.1	Acide œnanthylique 1 111.1
Alcool octylique 322	» »	» »	» »
» »	Hexyl-méthylcétone 400	» »	» »

On voit, à la lecture du tableau, que, dans les trois premières séries, la toxicité croît rapidement avec le nombre d'atomes de carbone contenus dans la molécule, c'est-à-dire à mesure que diminue la solubilité dans l'eau et que s'élève la solubilité dans les corps gras. Au contraire, dans la série des acides monocarboxyliques, la toxicité décroit du premier au quatrième terme pour s'élever à nouveau ensuite, comme dans les autres séries. On peut attribuer, sans hésitation, cette exception apparente des premiers acides à l'intervention d'un facteur de complication, la dissociation ionique. Un acide organique produit probablement l'hémolyse et par ses ions et par ses molécules non dissociées. Par ses molécules non dissociées, il agit à la façon des substances organiques non dissociées (alcools, éthers, cétones...), et son pouvoir hémolytique croît avec le nombre des atomes de carbone de sa molécule. C'est ainsi qu'agissent les termes supérieurs de la série. Les termes inférieurs agissent surtout par leurs ions H. Cette action, bien supérieure à celle qui appartient à leur molécule non dissociée, décroît rapidement (avec la dissociation ionique) à partir de l'acide formique, quand on s'élève dans la série. Mais, tandis que diminue l'action hémolytique des ions, on voit s'accuser progressivement celle des molécules non dissociées. A l'intersection des deux courbes existe un minimum, qui correspond à l'acide butyrique. Ces constatations sont en accord avec les données de Madsen et Walbum qui avaient trouvé que l'acide oléique agit environ dix fois plus énergiquement que les acides gras de poids moléculaire faible.

Fühner et Neubauer ont fait des recherches analogues à celles de Van de Velde. Ils ont également déterminé la dose toxique limite des différents termes de la série des alcools monoatomiques, saturés, primaires, normaux de la série grasse. Les globules employés furent ceux du bœuf, soigneusement lavés. On ajoutait quatre gouttes d'une émulsion (équivalente au sang) à 10 cc. de la solution de l'alcool dans le chlorure sodique à 0.9 p. 100. On laissait au contact pendant 5 minutes à 19° et on centrifugeait.

Voici les résultats :

	POIDS MOLÉCULAIRE.	CONCENTRATION EN POIDS (pourcentage) de la solution toxique limite.	TENEUR MOLÉCULAIRE du litre de la solution toxique limite.	QUOTIENT DE CHAQUE terme par le suivant.
Alcool méthylique CH_3OH	32	23.50	7.34	
				2.3
Alcool éthylique C_2H_5OH	46	119.0	3.24	
				3
Alcool propylique normal C_3H_7OH	60	6.50	1.08	
				3.4
Alcool butylique normal C_4H_9OH	74	2.35	0.318	
				3.5
Alcool amylique normal $C_5H_{11}OH$	88	0.805	0.091	
Alcool hexylique normal $C_6H_{13}OH$	102	»	»	»
Alcool heptylique normal $C_7H_{15}OH$	116	0.140	0.012	
				3.0
Alcool octylique normal $C_8H_{17}OH$	130	0.053	0.004	

On voit que les résultats de FÜHNER et NEUBAUER relatifs à l'alcool éthylique et à l'alcool propylique concordent parfaitement avec ceux de VAN DE VELDE, mais qu'il n'en est plus ainsi pour les termes supérieurs. La toxicité moléculaire croît beaucoup plus rapidement dans la série de FÜHNER et NEUBAUER. Tandis que, d'après VAN DE VELDE, l'alcool octylique est 322 fois plus toxique que l'alcool éthylique, d'après FÜHNER et NEUBAUER, son coefficient toxique vaut 833 fois celui de l'alcool éthylique.

Ces différences sont peut-être attribuables à un détail de technique. Tandis que VAN DE VELDE étudie, pour les alcools supérieurs, l'action toxique de solutions à 0.5 p. 100 à 1 p. 100 de ces substances dans l'alcool éthylique, FÜHNER et NEUBAUER déterminent la quantité de l'alcool supérieur qu'il faut ajouter à la dose 1/2 toxique de l'alcool éthylique. Il en résulte que les milieux de FÜHNER et NEUBAUER contiennent une plus forte concentration d'alcool éthylique (7.45 p. 100) que ceux de VAN DE VELDE (6.35 p. 100 pour l'alcool heptylique et 6.77 p. 100 pour l'alcool octylique). Et, puisque les coefficients de FÜHNER et NEUBAUER sont plus élevés que ceux de VAN DE VELDE, il faudrait en conclure, dans l'explication proposée, que l'alcool inférieur augmente la toxicité de l'alcool supérieur. Il est d'ailleurs possible que les écarts soient attribuables à l'existence d'impuretés dans certains des produits.

Comme le montre la dernière colonne du tableau, la toxicité croît dans la série de FÜHNER et NEUBAUER d'une façon très régulière. Chaque terme est trois fois plus toxique que le précédent : 1, 3, 3^2, 3^3...

D'après les mêmes auteurs, les alcools à chaînon ramifié sont moins toxiques que les termes correspondants normaux.

Ils rapportent les différences de toxicité aux différences de la valeur du coefficient de partage entre eau et huile neutre. Les deux valeurs se meuvent parallèlement.

Venant s'ajouter aux données citées précédemment, les résultats de VAN DE VELDE et ceux de FÜHNER et NEUBAUER les complètent très utilement. L'ensemble de ces faits est en complet accord avec la théorie générale de l'hémolyse exposée dans cet article, qui attribue ce phénomène à une altération de la paroi globulaire, suivie d'une diffusion des éléments intra-cellulaires. Il est difficile de prétendre que l'hémolyse est un phénomène chimique d'hydrolyse, une scission moléculaire qui met l'hémoglobine en liberté quand on la voit successivement se produire avec d'autant plus de facilité que l'agent qui la produit paraît doué d'affinités chimiques de moins en moins vives. Toute difficulté disparaît, si l'on fait de l'hémolyse le résultat de la simple imprégnation de la paroi globulaire par ces substances organiques.

Étudiant plus particulièrement la perméabilité des parois cellulaires végétales, Overton est arrivé à faire jouer un rôle prépondérant et même exclusif aux lipoïdes qui sont contenus dans le protoplasme cellulaire. Partant d'une loi physique formulée par Gibbs, suivant laquelle, quand un liquide contient en solution des substances qui diminuent sa tension superficielle, ces substances ont une tendance à se concentrer dans les couches superficielles, Overton suppose qu'il en est de même dans l'amas protoplasmique que constitue une cellule vivante. Dans ce système microscopique Overton admet aussi une localisation périphérique des lipoïdes, qui contribueraient à former une couche distincte à la surface de la cellule. Ce serait cette couche seule qui déciderait des propriétés osmotiques de la cellule. Il y a une certaine hardiesse à identifier cet ensemble structuré et hautement organisé qu'est la cellule vivante à une solution. Il est incontestable que le protoplasme cellulaire contient une forte proportion de lipoïdes, qui font défaut ou sont moins abondants dans le noyau. Si même ces lipoïdes étaient particulièrement abondants à la surface des cellules, ce qui n'est pas démontré, il est extrêmement peu probable qu'ils y forment une couche distincte, comme l'admettent Weidenreich, Koeppe, Albrecht, etc. Le protoplasme vivant qui forme l'écorce d'une cellule nue est certainement autre chose qu'une couche de matières grasses. D'ailleurs une telle enveloppe de lipoïdes devrait être imperméable ou très peu perméable aux sels minéraux. S'il en est ainsi pour les cellules végétales en général, il n'en est pas de même pour les cellules des animaux supérieurs. Chez les mammifères, les cellules de l'épithélium intestinal, celles de l'endothélium vasculaire se laissent traverser rapidement par les solutions des sels, à anion monovalent, des métaux alcalins. En ce qui concerne les globules rouges, nous savons que l'urée les pénètre *instantanément*, ce qui est en complet désacord avec l'existence d'une couche de lipoïde. Il est bien plus probable que le protoplasme, composé de colloïdes albumineux et de lipoïdes, a des affinités chimiques variées qui lui viennent de ces deux espèces de constituants. Il absorbe l'urée, parce qu'il est surtout constitué de protéides, il absorbe l'alcool, l'éther, les essences, parce qu'il est imbibé de lipoïdes.

Overton n'avait en vue que d'expliquer la pénétration ou la non-pénétration d'une substance dans les cellules végétales. Plus forte est son affinité de solution pour la paroi, plus facilement elle pénètre.

Nous avons, pour expliquer l'hémolyse, à examiner de plus près les rapports de la substance avec la paroi. Quand il s'agit de substances, comme l'urée, le chlorure ammonique, les alcools méthylique ou éthylique, qui se partagent à peu près uniformément entre le liquide extérieur et la cellule, nous pouvons admettre que la répartition entre le liquide extérieur, le liquide intérieur et la paroi est, à peu de chose près, uniforme. La concentration de la substance dissoute est sensiblement égale dans les trois phases. Déjà, dans ces conditions (voir imbibition de la gélatine), l'état d'imbibition de la paroi peut être accru. Mais ces modifications sont relativement faibles. Aussi faut-il de très grosses doses de ces agents pour produire l'hémolyse. Ce sont des agents hémolytiques faibles. L'urée est presque inactive, le chlorure ammonique est très peu actif, l'alcool éthylique ne commence à agir qu'à la concentration de 15 p. 100. Mais, à mesure que le partage entre les différentes phases se fait plus à l'avantage de la paroi, le pouvoir hémolytique s'accuse. Les recherches de Van de Velde montrent clairement cette rapide progression. Dans la série des alcools, le pouvoir hémolytique passe de 1 à 300. Le terme inférieur est une hémolysine très faible, le terme supérieur (alcool octylique) est déjà très meurtrier. Ce qui les distingue, ce n'est pas l'existence, chez le dernier, d'affinités chimiques plus vives, au contraire; c'est tout simplement un partage entre les trois phases qui avantage énormément la paroi globulaire. Les alcools, éthers, etc. sont des hémolysines qui agissent par leurs seules propriétés physiques.

On ne possède pas de détermination directe de leurs coefficients de partage. Mais on peut affirmer, sans crainte de se tromper, que pour ces hémolysines (celles qui ne réagissent pas chimiquement avec les constituants du stroma), le pouvoir hémolytique est proportionnel à la grandeur de ce coefficient.

Il est certain que l'accumulation copieuse (d'après Arrhenius, les alcalis sont 800 à

900 fois plus concentrés dans les globules qu'au dehors) d'une substance étrangère dans la paroi, doit avoir des conséquences désastreuses pour la cellule. Si le simple partage à concentration uniforme d'un sel alcalin entre un disque de gélatine imbibé et le milieu extérieur augmente déjà dans de fortes proportions l'affinité du disque pour l'eau, à quel bouleversement des conditions d'imbibition et de perméabilité ne doit-on pas s'attendre après la condensation, dans le rapport de 1 à 800, par exemple, de l'agent hémolytique dans la paroi globulaire. Une paroi ainsi modifiée a nécessairement des rapports tout nouveaux avec l'eau, les sels, l'hémoglobine, etc.

On a dit des agents hémolytiques, bons dissolvants des lipoïdes, tels que les alcools, éthers, etc., qu'ils dissolvent la paroi globulaire. Ceci est évidemment inexact : l'alcool éthylique à 20 p. 100 n'est pas un dissolvant des lipoïdes. Ce qui est vrai, c'est qu'ils se dissolvent eux-mêmes dans la paroi. Une membrane qui est ainsi chargée d'alcool ou d'éther, est suffisamment altérée pour laisser passer le contenu cellulaire, y compris l'hémoglobine, bien avant qu'elle soit dissoute. Les doses hémolytiques de ceux des agents qui sont capables de dissoudre complètement les stromas (alcalis, bile,saponine) sont toujours nettement inférieures aux doses dissolvantes; tout comme les solutions salines qui augmentent l'imbibition de la gélatine sont de concentration inférieure aux solutions salines dans lesquelles la gélatine se dissout (Hofmeister).

Si un stroma qui s'imbibe de chloroforme, par exemple, ne différait d'un stroma normal que par sa teneur en chloroforme, on ne comprendrait absolument pas pourquoi il est devenu perméable à l'hémoglobine, puisque l'hémoglobine est insoluble dans le chloroforme et même dans l'eau chloroformée saturée. Après imbibition par le chloroforme, le stroma devrait donc être moins perméable à l'hémoglobine qu'auparavant. Il en est de même pour l'alcool éthylique qu'on ajoute à raison de 20 p. 100 (en volume) juste la dose hémolytique, aux solutions aqueuses d'hémoglobine pour faciliter la cristallisation. C'est ici qu'intervient l'eau. Imbibée de chloroforme, d'éther, d'alcool, la paroi globulaire est plus avide d'eau. Elle dissout plus d'eau, avant de se dissoudre elle-même dans l'eau, comme la gélatine additionnée de quantités croissantes d'un sel gonfle progressivement jusqu'à se dissoudre complètement dans la solution saline. Gorgée d'eau dans ce milieu isotonique, la paroi devient perméable à l'hémoglobine, comme elle lui devient perméable dans un milieu hypotonique par la simple addition d'eau distillée (P. Nolf).

Pour rendre la paroi perméable à l'hémoglobine, l'alcool doit donc augmenter l'imbibition de la paroi globulaire à l'eau. Il est probable qu'il y a peu d'agents hémolytiques qui puissent perméabiliser la paroi par une action directe. Ceux mêmes, comme les alcalis, qui pourraient agir de cette façon, augmentent aussi l'imbibition. Au contraire, les substances qui coagulent les albumines, c'est-à-dire qui diminuent la solubilité et l'imbibition des albumines dans l'eau, empêchent l'hémolyse. C'est ce que l'on observe avec les concentrations appropriées des acides, des sels des métaux lourds, l'alcool fort, le formol. Il semble que ces agents coagulent déjà le stroma à des concentrations qui n'atteignent pas encore l'hémoglobine. Cela résulte, au moins pour le formol, des expériences de Stewart qui décolore avec l'eau distillée des hématies fixées dans leur forme par le formol.

On pourrait objecter à cette interprétation que, si les hématies doivent, pour s'hémolyser, avoir une paroi fortement imbibée d'eau, on devrait constater régulièrement, avant l'hémolyse, un gonflement des hématies. Or, si ce gonflement a été observé dans un certain nombre de cas, il manque dans d'autres; et on a même pu constater que du sang additionné d'une dose non hémolytique d'éther ou de saponine et soumis à une centrifugation énergique dans un hématocrite, présentait un volume globulaire moins considérable que du sang normal (Hamburger).

Cette constatation peut être interprétée de différentes façons. Dans l'introduction de cet article, il a été mis en garde contre l'emploi de la force centrifuge dans tous les cas où l'on peut craindre une altération des hématies. Si leur enveloppe est devenue perméable aux sels, la centrifugation doit réellement les exprimer comme des éponges. Les trouver diminuées de volume ne prouve pas, dans ces conditions, que leur paroi n'est pas tuméfiée. Or il est plus que probable que tous les agents hémolytiques perméabilisent la paroi globulaire aux sels, à des doses qui sont insuffisantes pour produire la diffusion de l'hémoglobine.

HÉMOLYSE PAR LES COLLOIDES INORGANIQUES.

Les premiers qui ont examiné systématiquement l'action des colloïdes inorganiques et organiques sur les globules, furent LANDSTEINER et JAGIČ. Ils observèrent que l'acide silicique colloïdal agglutine les globules rouges lavés du lapin. Si ces globules sont traités ultérieurement par le sérum du lapin normal, ils s'hémolysent. Cette action hémolytique du sérum sur les globules ainsi sensibilisés disparaît par le chauffage à 55° et par la digestion avec la papaïne. On peut également provoquer par la lécithine l'hémolyse des globules agglutinés.

HÉDON avait signalé antérieurement (1901) que le silicate de sodium est un hémolytique puissant. Son action est empêchée par les colloïdes du sérum.

D'autres colloïdes inorganiques et organiques (les acides tungstique, molybdique, l'hydrate ferrique, l'hydrate d'alumine, l'acide stannique, certaines substances colorantes) produisent aussi l'agglutination à des concentrations faibles, tandis que les métaux colloïdaux n'agissent qu'à forte concentration. Le pouvoir agglutinant paraît être parallèle au pouvoir précipitant sur les albumines solubles. Le signe électrique du colloïde importe peu.

V. HENRI et GIRARD-MANGIN ont fait des observations tout à fait concordantes. Dans leurs constatations aussi, la chose essentielle est l'agglutination, qui n'est suivie d'hémolyse que lorsque les doses du colloïde sont très fortes. L'agglutination est due, d'après HENRI et GIRARD-MANGIN, à la précipitation des colloïdes à la surface des hématies, résultat d'une floculation banale, à laquelle les hématies ne prendraient part que par leurs sels qui diffusent autour d'elles.

Le phénomène serait donc tout à fait extérieur aux hématies qui seraient englobées dans le précipité colloïdal.

On peut admettre que l'hémolyse qui s'ensuit est, elle aussi, purement mécanique, analogue à celle que causent les précipités chimiques (GENGOU), qu'elle est due à des déchirures de la paroi des hématies englobées. S'il en est ainsi, les substances colloïdales qui n'agissent qu'à forte dose et après agglutination massive ne peuvent pas être rangées parmi les hémolysines vraies.

Il faut réserver ce qualificatif aux seules substances qui sont douées d'affinité physique ou chimique pour la paroi, qui l'imbibent ou qui l'altèrent. Cette règle applicable aux cristalloïdes, comme il a été montré dans les pages précédentes, s'étend aux colloïdes, parmi lesquels il faut ranger un grand nombre d'hémolysines.

HÉMOLYSE PAR LES GLYCOSIDES.

Un certain nombre de glycosides possèdent une action hémolytique extrêmement intense. Telles sont la saponine, dont la propriété globulicide a été signalée par KOBERT, la cyclamine (TUFANOW), la solanine (PERLES), la digitaline (MAYET), etc. Un certain nombre d'entre elles sont à l'état colloïdal dans l'eau : saponine. L'action hémolytique des glycosides a été étudiée dans de nombreux travaux. POHL, HÉDON, BASHFORD, RANSOM s'en sont spécialement occupés. POHL observa le premier que ces glycosides sont beaucoup moins nocifs quand ils agissent sur des hématies plongées dans leur sérum que lorsque le liquide baignant les globules est l'eau salée isotonique.

Dans le sérum, il faut environ quatre fois plus de solanine que dans l'eau salée (POHL, HÉDON). D'après HÉDON, le sérum de bœuf protège contre la dose de saponine quinze à seize fois toxique en eau salée, contre plus de vingt fois la dose toxique de cyclamine dans le même liquide. Le sérum du chien présente à l'égard de ce dernier glycoside un pouvoir antitoxique encore plus considérable. Baignés par leur propre sérum, les globules du chien supportent une dose de cyclamine soixante fois plus considérable que lorsqu'ils sont en suspension dans l'eau salée, une dose de saponine vingt-cinq à trente fois plus considérable.

La digitaline n'agit dans le sérum de bœuf qu'à une dose environ quinze fois plus forte que dans l'eau salée.

Au lieu d'essayer l'action des sérums sur les globules du même animal, on peut, comme le fit HÉDON, étudier cette action antitoxique d'une manière plus générale, en essayant des mélanges de glycoside, de globules et de sérums provenant d'espèces différentes. Il faut évidemment dans ce cas chauffer préalablement le sérum à 60° de façon à le priver de son action hémolytique propre. Les sérums de grenouille et d'anguille chauffés se sont montrés nettement supérieurs à celui du chien dans leur aptitude antitoxique.

Pohl démontra que l'action du sérum n'est pas due à la seule densité du liquide. Des solutions d'autres albuminoïdes (ovalbumine), de gomme, restèrent inactives. Le chlorure sodique, même en solution concentrée (5 p. 100), le chlorure calcique ne montrèrent pas le moindre pouvoir antitoxique. La plupart de ces faits furent confirmés par Hédon. Mais l'urine d'un lapin soumis à plusieurs injections de solanine se montra fortement antitoxique. Elle était très acide. La neutralisation la rendit inactive. Partant de cette observation, Pohl étudia l'action du phosphate acide de sodium et lui reconnut une action antitoxique très nette, partagée par le sulfate acide.

Hédon put confirmer ces faits de Pohl et même les étendre à toutes les substances à fonction acide (acides minéraux dilués, acides aminés). Bashford avait insisté sur le fait que l'acide ajouté s'oppose à la dissociation des sels de solanine en solution étendue. D'après Bashford, les sels neutres sont inactifs, la base seule possédant la propriété hémolytique. Dans ces conditions, l'action protectrice des acides et des sels acides consisterait à diminuer l'hydrolyse du sel et à augmenter le nombre des molécules de celui-ci aux dépens de celles de l'alcaloïde libre. Hédon démontra l'insuffisance de cette hypothèse et la nécessité d'une action protectrice directe des acides sur la paroi globulaire, qu'ils rendent moins perméable à la solanine.

Mais Hédon prouva de plus que cette protection très intéressante des hématies contre la solanine, action protectrice opérée par les phosphates alcalins, n'explique pas les qualités antitoxiques du sérum. Pohl avait d'ailleurs reconnu que le phosphate acide n'influence en rien l'action de la saponine (confirmé par Hédon), contre laquelle le sérum est plus actif que contre la solanine.

L'action protectrice du sérum n'appartient pas à ses sels. Le sérum dialysé est au moins aussi actif que le sérum neuf, même après chauffage à 135°. Si l'on coagule les albuminoïdes du sérum et si l'on redissout le coagulum dans une solution alcaline, dont l'excès d'alcalinité est ensuite neutralisé, la solution que l'on obtient est encore nettement antitoxique.

Pendant que Hédon démontrait par ces expériences que le pouvoir protecteur du sérum ne lui vient pas de ses sels, mais des substances organiques non diffusibles qu'il contient, paraissait un travail très intéressant de Ransom.

Cet auteur établit d'abord que, si après avoir déterminé la quantité minima de saponine qui peut produire l'hémolyse totale des globules contenus dans 10 cc. d'une émulsion diluée de globules de chien, on fait agir cette dose de saponine sur le même volume d'émulsions globulaires de richesses progressivement croissantes, le degré d'hémolyse dans la série des tubes est d'autant moindre que la richesse globulaire est plus grande.

Si, au lieu d'ajouter, en une seule fois à une solution de saponine, le volume globulaire qu'elle peut dissoudre, on ajoute les hématies par petites portions, l'hémolyse n'est plus totale.

Ransom conclut de ces essais que la saponine est fixée pendant l'hémolyse, qu'elle entre en combinaison avec un constituant du globule rouge. Ce constituant fait partie du stroma privé d'hémoglobine, puisque les stromas enlèvent la saponine à ses solutions. Ransom se demanda si le constituant du stroma qui fixe la saponine n'est pas le même que celui qui confère au sérum sa propriété antitoxique. Or, si l'on agite, avec un excès d'éther, les globules ou le sérum, si l'on évapore la solution éthérée, si l'on reprend le résidu par la solution physiologique de chlorure sodique, on constate que ce liquide possède à l'égard de la saponine le pouvoir antitoxique reconnu au sérum et aux stromas. Le résidu de la solution éthérée consiste principalement en cholestérine.

S'étant préparé une émulsion de cholestérine chimiquement pure, Ransom put établir que cette émulsion protégeait efficacement les globules rouges contre la saponine. C'est donc, d'après cet auteur, la cholestérine fixée dans le stroma globulaire, qui fait que le globule est doué d'affinité pour la saponine, qu'il en dépouille ses solutions, qu'il la fixe sur son stroma. Cette fixation est, d'ailleurs, nocive pour l'hématie : dès qu'elle dépasse une certaine limite, le globule est tellement altéré qu'il laisse échapper en tout ou en partie son hémoglobine. C'est la même cholestérine qui, existant normalement dans le sérum, fournit à ce dernier son pouvoir antihémolytique à l'égard de la saponine, en lui conférant, à lui aussi, un certain pouvoir de fixation à l'égard du poison. De sorte que RANSOM démontre qu'une même substance, chimiquement bien définie, pourra être la cause de la fixation d'un poison sur une cellule et de la destruction de celle-ci ou déterminer la rétention du même poison dans le liquide ambiant, c'est-à-dire qu'elle attirera ou détournera le danger, suivant qu'elle fera partie intégrante de la cellule ou du milieu ambiant.

Ces données expérimentales de RANSOM furent confirmées dans un mémoire ultérieur de HÉDON. RANSOM établit de plus que la cholestérine n'exerce son action antitoxique qu'à l'égard de la saponine et des agents hémolytiques du même groupe. Elle ne peut rien contre l'hémolyse par les sérums étrangers ou les toxines végétales.

D'après MADSEN et NOGUCHI, la saponine et la cholestérine mises en présence, à l'état dissous, s'unissent instantanément. Si l'on évapore un mélange neutre de ces deux substances, on peut obtenir leur séparation par une simple extraction par l'éther, qui dissout la cholestérine et laisse la saponine.

D'après ARRHENIUS, le partage entre globules et liquide ambiant, dans une émulsion en eau salée à laquelle on a ajouté une dose hémolysante de saponine, se fait de telle façon que les globules en contiennent (par unité de volume) environ cent vingt fois plus que le liquide ambiant.

L'hémolyse par la saponine, la solanine, est extrêmement rapide. Le degré d'hémolyse croît plus rapidement que le carré de la concentration (ARRHENIUS).

ZANGGER constate que l'absorption de la solanine est effectuée après deux minutes et l'hémolyse qui s'ensuit est ultra-rapide. Elle peut être considérée comme terminée après dix minutes. Ce résultat est très intéressant, car il tend à montrer que la rapidité d'hémolyse est en rapport étroit avec la perméabilisation de la paroi. En se plaçant à ce point de vue, on peut prévoir que les agents à action rapide, ceux qui augmentent fortement la perméabilité, sont ceux qui, à dose un peu forte, dissoudront totalement les corps globulaires, sans laisser trace de stroma. C'est effectivement ce qui se passe avec la saponine.

La lécithine exerce sur l'hémolyse par la saponine une action inverse de celle qu'on observe avec les acides ou le chlorure mercurique (ARRHENIUS). Voici quelques chiffres d'ARRHENIUS, relatifs à une série expérimentale, dans laquelle il fit agir des quantités croissantes de saponine sur une émulsion de globules normaux et de globules préalablement traités par la lécithine :

Quantité ajoutée d'une solution à 0.05 p. 100 de saponine	0.3 cc.	0.2 cc.	0.15 cc.	0.1 cc.	0
Degré d'hémolyse du sang normal	100	43	9	3	0
Degré d'hémolyse du sang additionné de lécithine	33	14	9	6	5

Les alcools méthylique et éthylique et l'éther éthylique empêchent, dans une certaine mesure, l'hémolyse par la saponine :

Quantité ajoutée d'une solution de saponine	0.25 cc.	0.2 cc.	0.15 cc.	0.1 cc
Émulsions sans alcool ni éther. Degré d'hémolyse	100	47	14	6
Chaque tube a reçu, outre la saponine, 0.4 cc. d'alcool méthylique à 10 p. 100. Degré d'hémolyse	70	20	7	
Chaque tube a reçu, outre la saponine, 0.4 cc. d'alcool éthylique à 10 p. 100. Degré d'hémolyse	70	15	9	
Chaque tube a reçu, outre la saponine, 0.4 cc. d'éther éthylique à 6.5 p. 100. Degré d'hémolyse	100	40	12	

HÉMOLYSE PAR LES SAVONS ET ACIDES GRAS.

Parmi les colloïdes hémolytiques dont la composition chimique est la mieux connue, il faut ranger les sels de sodium des acides gras, spécialement l'oléate de soude, qui agit déjà à la concentration de 1/10 000. Von Liebermann en a fait récemment une étude détaillée. L'action hémolysante d'une solution d'oléate de soude est empêchée par la sérumalbumine et par les sels de chaux. Un mélange neutre de sérumalbumine-oléate de soude est réactivé par l'addition de traces d'acide oléique. Ce mélange réactivé perd son pouvoir hémolytique à 56°. Une petite addition d'oléate de soude le lui rend. v. Liebermann attire l'attention sur le parallélisme qui existe entre ces faits et ceux que révèle l'étude des sérums hémolytiques. De là à supposer que les sels des acides gras peuvent servir de compléments dans l'hémolyse produite par les sérums, il n'y a qu'un pas, qui a été franchi par Noguchi et v. Liebermann.

HÉMOLYSE PAR LA BILE.

Le pouvoir hémolytique de la bile est connu depuis Hünefeld (1840). Il est dû aux acides biliaires (von Dusch, 1854). Rywosch (1888) a déterminé la toxicité hémolytique comparée de différents sels biliaires.

Si l'on fait la toxicité du glycocholate de soude		= 1
On aura pour l'hyocholate de soude		= 4
—	le cholate de soude	= 4
—	le choloïdinate de soude	= 10
—	le taurocholate de soude	= 12
—	le chénocholate de soude	= 14

Le pouvoir hémolytique de la bile a été étudié par Nolf (1900).

Il se caractérise, à l'inverse de celui du chlorure ammonique :

1° En ce qu'il est favorisé par une forte concentration saline du milieu. Plus la concentration saline dépasse l'isotonicité, plus vite l'hémolyse se produit dans les solutions des sels de sodium, potassium, calcium, magnésium, baryum;

2° A égalité de concentration moléculaire, les sels de calcium, baryum, magnésium facilitent plus que les sels de potassium et de sodium l'hémolyse par la bile;

3° Les solutions sucrées se comportent comme les solutions salines (de potassium et de sodium), mais avec une intensité d'action infiniment plus faible.

Nolf attribue l'hémolyse par les sels biliaires aux molécules non dissociées, qui sont évidemment en très grosse majorité, même dans les solutions diluées. Ces molécules sont en équilibre avec les ions des molécules dissociées. Quand on ajoute à la solution d'un sel biliaire de soude un sel fortement dissocié de sodium, on augmente la concentration du cation sodium et il en résulte un déplacement de l'équilibre, qui se caractérise par la diminution de la dissociation du sel biliaire, par une plus forte concentration de ses molécules non dissociées. Ajouter beaucoup de chlorure sodique à une émulsion de globules pourvue d'une petite quantité de bile équivaut, dans cette opinion, à augmenter la concentration de l'agent actif de la bile. A cet égard, les sels des métaux alcalino-terreux agissent plus énergiquement encore que les sels alcalins, parce que la dissociation des sels biliaires alcalino-terreux est moindre que celle des sels biliaires alcalins.

L'opinion de Nolf est basée sur les particularités de l'action des sels sur l'hémolyse par la bile et sur la notion, admise par la presque unanimité des physiologistes, de l'impénétrabilité de la paroi globulaire au cation sodium.

Il résulte de cette notion que pour qu'un sel de sodium puisse pénétrer le globule en quantité notable et produire l'hémolyse, il faut : 1° qu'il soit peu dissocié. Les seuls sels de sodium hémolytiques, actuellement connus, sont d'ailleurs tous des colloïdes; 2° que la molécule non dissociée se dissolve facilement dans le stroma et s'y concentre.

La première condition est remplie pour les sels biliaires et les savons, qui donnent avec l'eau des solutions colloïdales. La seconde l'est tout autant, en raison des affinités de ces substances pour les lipoïdes de la paroi.

En concentration suffisante, les sels biliaires dissolvent complètement les stromas globulaires. Aussi l'hémolyse qu'ils produisent est-elle ultra-rapide. Le degré d'hémolyse croît plus rapidement que le carré de la concentration du sel biliaire (ARRHENIUS).

ARRHENIUS attribue également aux molécules neutres non dissociées l'hémolyse par l'acide oléique et l'oléate de soude.

D'après BAYER, la cholestérine n'a pas d'influence sur l'action hémolytique de la bile. La lécithine et la cérébrine la diminuent considérablement sans l'empêcher complètement. Les albuminoïdes du sérum exercent une action empêchante (LÜDKE, SCANDALIATO, BAYER).

HÉMOLYSE PAR LES ENZYMES.

DELEZENNE a étudié l'action du suc pancréatique pur de chien, obtenu par cathétérisme de la glande, sur les globules rouges lavés de lapin. A 39°, le suc inactif laisse les hématies intactes pendant huit, dix heures ou davantage. Après ce temps, l'attaque se fait et de l'hématine se produit. Dans le suc intestinal du chien porteur d'une fistule de THIRY, les hématies lavées s'agglutinent sans s'hémolyser. Mélange-t-on le suc pancréatique inactif et le suc intestinal avant d'y introduire les hématies, on constate, après avoir mis à l'étuve, une hémolyse rapide et intense, suivie de digestion.

Si l'on met des globules au contact du suc pancréatique inactif seul et qu'après les avoir lavés, on les traite par le suc intestinal, on constate une simple agglutination sans hémolyse. Si l'on fait l'expérience inverse, si l'on passe (après lavage) les globules du suc intestinal dans le suc pancréatique, on observe l'hémolyse.

DELEZENNE attire l'attention sur l'analogie complète qui existe entre ces faits et l'action combinée des deux substances actives des sérums hémolytiques.

FRIEDEMANN a pu activer par la lécithine l'hémolysine du suc pancréatique de chien recueilli par fistule.

WOHLGEMUTH constate que le suc pancréatique humain actif hémolyse le sang de l'homme et de divers animaux (l'auteur ne dit pas si les globules ont été lavés) et que cette action pouvait être renforcée dans le rapport de 1 à 20 par l'adjonction de lécithine.

NEUBERG a agité récemment la question de savoir si l'hémolyse ne se confondait pas, dans un certain nombre de cas tout au moins, avec la lipolyse. Il a étudié l'action des sucs de fistule (suc gastrique, suc pancréatique) de chien, et les a reconnus hémolytiques, après neutralisation, à l'égard des globules lavés de lapin. Ces sucs sont, comme on sait, pourvus d'un ferment lipolytique. Il en est de même d'un certain nombre d'agglutinines (crotine, ricine) et d'hémolysines (venin de cobra, crotale, mocassin, abeille, sérums).

Trois explications possibles peuvent être données de ces faits : 1° le ferment lipolytique accompagne simplement l'agent hémolytique et n'a rien à faire avec l'hémolyse; 2° la lipolyse met en liberté des acides gras ou des savons qui sont énergiquement hémolytiques; 3° la lipolyse est le résultat d'une altération grave du stroma globulaire opérée par le ferment lipolytique.

Encore faudrait-il voir, dans ce dernier cas, si l'imprégnation du stroma par l'enzyme lipolytique que présuppose la lipolyse, n'est pas suffisante par elle-même à produire l'hémolyse, avant toute lipolyse.

HÉMOLYSE PAR CERTAINS PRÉCIPITÉS MINÉRAUX.

GENGOU a observé que des précipités fraîchement obtenus de sulfate de baryum, de fluorure de calcium, ajoutés à une émulsion de globules rouges lavés de lapin, bœuf, poule, les agglutinent et les hémolysent. Ces précipités ont la propriété de coller un certain nombre des substances albuminoïdes du plasma et du sérum. Il est probable que l'agglutination des hématies est un phénomène de même genre (GENGOU). Aussi n'est-il pas étonnant de constater que le sérum empêche l'agglutination (et l'hémolyse) des globules par les précipités. Quant à l'hémolyse, on peut se demander si elle n'est pas d'origine mécanique, si elle n'est pas due à des déchirures de l'enveloppe des hématies agglutinées. On comprend que s'il s'établit des soudures intimes entre la paroi des hématies et les particules du précipité, ces soudures produiront facilement des fissures et des ruptures de l'enveloppe des vésicules. Ce genre d'hémolyse ne rentrerait donc pas, à proprement parler, dans le genre d'actions hémolytiques qui sont étudiées en cet article (Nolf).

HÉMOLYSE PAR LES TOXINES MICROBIENNES.

La première observation du pouvoir destructeur de certaines toxines microbiennes sur les éléments figurés du sang date des recherches de Van de Velde (1894) sur la toxine staphylococcique.

Les premières recherches méthodiques sur ce sujet furent instituées par Madsen (1899) qui étudia l'action, sur les hématies, des bouillons de culture filtrés du bacille tétanique. Ces bouillons contiennent (d'après Ehrlich, confirmé par Madsen), outre la toxine tétanique habituelle, ou tétanospasmine, qui se caractérise par ses effets convulsivants, une substance du groupe des toxines, la tétanolysine, qui dissout les globules rouges. Ceux-ci fixent la seconde exclusivement et ne se laissent pas impressionner par la première. Quand on vaccine un animal au moyen des cultures filtrées du tétanos, le sérum de cet animal contient, au bout d'un certain temps, des antitoxines correspondant aux deux toxines. Il empêche *in vitro* l'action hémolysante de la tétanolysine, tout comme il neutralise *in vivo* l'effet de la tétanospasmine. Cette antitétanolysine possède pour la toxine une affinité considérable, puisqu'elle arrive à l'enlever à des globules qui en avaient été préalablement imprégnés.

Un grand nombre de travaux parurent dans ces dernières années, qui signalent l'action hémolytique de toute une série de toxines microbiennes et montrent l'action neutralisante que possèdent à leur égard certains sérums normaux et les sérums spécifiques correspondants. Comme les auteurs de ces recherches se sont plutôt placés au point de vue des doctrines de l'immunité et des relations entre toxine et antitoxine, il suffira de désigner ici les noms des auteurs et les microbes dont ils ont étudié la toxine.

Kraus et Clairmont (Vibrion cholérique, Bacillus coli, staphylocoque).
Kraus et Ludwig id. id. id.
Kayser (Bacillus coli).
Neisser (Vibrion cholérique, Bacillus coli, staphylocoque).
Meinicke (Vibrions).
Neisser et Wechsberg (Staphylocoque).
Bajardi (Staphylocoque, micrococque).
Fraenkel et Baumann (Staphylocoque).
Lohr (Staphylocoque).
Lubenau (Staphylocoque, Bacillus pyocyaneus).
Bulloch et Hunter (Bacillus pyocyaneus).
Wenigeroff id.
Breymann id.
Charrin et Guillemonat id.
Levy (Bacillus typhosus).
Castellani (Bacillus typhosus, Bacillus dysenteriæ).
Montella (Diplococcus pneumoniæ).
Casagrandi id.
Besredka (Streptocoque).
Marmorek id.
Breton id.
Schlesinger id.
Kerner id.
Dewaele et Sugg (Streptocoque).
Camus et Pagniez (Bacille tuberculeux).
Raybaud et Hawthorn id.
Raybaud et Pellissier (1902) (Bacille pesteux
Uriarte (Bacille pesteux).
Bjelonowsky id.
Calamida (Choléra des poules).
Schwoner (Bacille de Löffler).

L'hémolyse par les toxines microbiennes tient une place importante dans l'étude générale du problème de l'hémolyse, parce que deux exemples en ont été étudiés avec un soin particulier.

Le premier de ces travaux traite de l'hémolyse par la toxine du staphylocoque (Schur, 1902). Le second se rapporte à la tétanolysine. Il émane d'Arrhenius et Madsen (1903). Schur étudia l'influence des concentrations en hématies et en toxine, et l'influence du temps sur le degré d'hémolyse. Il mesura celle-ci à la quantité d'hémoglobine qui a abandonné les hématies, exprimée en fraction de l'hémoglobine totale de l'émulsion globulaire. Cette façon de mesurer le phénomène avait déjà été utilisée par Madsen, Lapicque, etc. Schur put établir les trois points suivants :

1° A égalité de teneur en toxine, l'hémolyse varie avec la richesse globulaire. La quantité absolue d'hémoglobine diffusée croît avec la richesse globulaire jusqu'à une certaine limite, passé laquelle elle diminue. La quantité relative, c'est-à-dire le rapport entre la fraction d'hémoglobine diffusée et la concentration globulaire du mélange, est en raison inverse de la concentration sanguine.

Voici les résultats d'une expérience :

QUANTITÉ DE TOXINE.	QUANTITÉ DE SANG.	QUANTITÉ ABSOLUE D'HÉMOGLOBINE diffusée.	QUANTITÉ D'HÉMOGLOBINE DIFFUSÉE rapportée à 1 goutte de sang.
gouttes.	gouttes.		
1	1	88	88
1	5	217	43
1	10	217	21,7
1	20	177	8,85
1	40	110	2,75

La goutte de sang correspond à 95 parties d'hémoglobine.

2° Si, pour une quantité constante de globules, on fait varier la teneur en toxine, on constate que les très faibles doses ne produisent pas d'hémolyse ou très peu d'hémolyse; puis, dans l'étendue d'une zone assez large, l'hémolyse est proportionnelle à la concentration; passé cette zone, elle ne croît plus aussi vite que la concentration.

Voici le résultat d'une expérience de ce genre :

NOMBRE DE GOUTTES de sang.	NOMBRE DE GOUTTES de toxine.	HÉMOGLOBINE DIFFUSÉE.	QUANTITÉ D'HÉMOGLOBINE DIFFUSÉE rapportée à 1 goutte de toxine.
8	0.1	10	10
8	0.2	40	20
8	0.4	83	21
8	0.8	160	20
8	1.0	190	19
8	2.0	250	12.5
8	4.0	310	7.75

3° Enfin, si l'on étudie l'action d'une même quantité de sang pendant des temps différents, on constate que l'hémolyse est presque complète après 24 heures, avec les doses moyennes, tandis qu'elle se poursuit pendant plusieurs jours avec les doses faibles. Au bout d'un temps suffisamment long, les doses faibles poussent l'hémolyse aussi loin que les doses fortes.

La vitesse de ces hémolyses lentes n'est pas constante. Si l'on établit la valeur du coefficient de réaction k dans la formule de l'équation monomoléculaire,

$$\frac{dx}{dt} = k(a-x)$$

on constate que la valeur de k va lentement en diminuant.

Condensant ces constatations, Schur admet que l'hémolyse par la staphylolysine n'est que l'exagération d'un processus naturel. Le sang conservé stérile s'hémolyse (v. Limbeck, Nolf). Cette destruction spontanée s'établit tardivement, s'accélère dans les premiers temps, puis se ralentit. La staphylolysine ne fait que renforcer ce phénomène. Elle agit à la façon d'un agent catalytique. Le phénomène qu'elle accélère est un phénomène chimique, c'est la dissociation du complexe artérine de Hoppe-Seyler (Voir **Hématie**).

Arrhenius et Madsen ont étudié de la même façon l'action de la tétanolysine.

Un premier tableau montre l'influence de la concentration de la toxine. Exposition de 1 heure à 37°. Concentration en globules : 2,5 p. 100.

Concentration de la toxine C. . . .	0.91	0.74	0.57	0.48	0.43	0.38
Degré de l'hémolyse H.	45	25	14	7	6	3.5
Valeur du rapport $\frac{\sqrt{H}}{C}$.	7.4	6.8	6.6	5.5	5.7	4.9

Un deuxième tableau est relatif à une expérience dans laquelle la concentration de la lysine est constante, tandis que la teneur globulaire varie de 0.1 à 10.

Concentration globulaire.	0.1	0.2	0.3	0.5	0.8	1.2	2	3	4	6	8	10
Degré de l'hémolyse. . .	5*	8*	12.5*	18	19	18	16	13	11	7	5.5	5.5

(L'astérisque indique une hémolyse totale.)

La valeur du coefficient de réaction k croît pendant la marche du phénomène. Voici des chiffres relatifs à une expérience faite à 20°.

t.	17'	22'	27'
x.	7 p. 100	18 p. 100	35 p. 100
k_1.	0,0063	0,00899	0,01036

Cependant Madsen et Henderson Smith ayant déterminé en combien de temps des concentrations différentes de toxine produisent le même degré d'hémolyse, trouvèrent qu'à défaut de constance du produit qt (voir hémolyse par les alcalis), on observe la constance du produit $(q-0.25)\,t$, ce qui s'explique, dans leur hypothèse, par la combinaison (avec neutralisation) d'une partie (20 p. 100) de la tétanolysine avec le globule. L'expérience fut faite à 37° avec des globules de cheval.

$q =$ 1,0	0.8	0.6	0.5	0.45	0.4	0.35	0.3	0.25	
$t =$ 2	2.8	4.5	6.1	7.1	11.8	13.5	28.5	∞	heures
$(q-0.25)t =$ 1.50	1.54	1.48	1.52	1.42	1.77	1.35	1.42	»	

La présence des sels neutres de sodium ou d'ammonium exerce sur l'hémolyse par la tétanolysine une influence inverse de celle qu'on observe dans l'hémolyse par les alcalis : en milieu salin, l'hémolyse est plus considérable qu'en milieu sucré. L'albumine de l'œuf possède une influence empêchante, de même le sérum normal. Arrhenius et Madsen l'attribuent à une combinaison probable de l'albumine avec la tétanolysine.

Vincent, Dopter et Billet ont constaté que le chlorure calcique, ajouté à la dose de 1 goutte de la solution 1/12 à 1 cc. du milieu, favorise l'action des hémolysines du staphylocoque, *B. Coli*, *B. tétanique*. Des cultures filtrées, non actives en milieu salin habituel, des bacilles pesteux, charbonneux, diphtérique et dysentérique, devenaient hémolytiques en présence du chlorure calcique. Il en était de même des saprophytes : *B. mésentérique*, *B. fluorescent*, B. rouge de Kiel, *B. violaceus*, *Proteus vulg.*, *M. concentricus*. Au contraire, le *B. subtilis*, qui est très faiblement hémolytique dans les conditions ordinaires, perd son pouvoir en milieu calcifié.

MADSEN a étudié l'influence de la température sur l'hémolyse par plusieurs toxines. Les résultats expérimentaux servirent à déterminer la valeur de μ dans la formule d'ARRHENIUS.

$$\frac{v_1}{v_0} = e^{\frac{\mu}{2}\frac{(T_1 - T_0)}{T_1 T_0}}.$$

Pour la tétanolysine, μ vaut 10900; pour la vibriolysine, 27300; et pour la streptolysine, 25000. Ces valeurs plaident en faveur d'une action chimique de ces substances sur un constituant du stroma.

La staphylolysine fournit des résultats irréguliers, avec un minimum à une température moyenne, dont il est difficile de fournir l'explication.

Ces résultats ont amené ARRHENIUS et MADSEN à donner de l'hémolyse par la tétanolysine (comme de celle par les acides et les bases) la même explication que SCHUR. Pour eux aussi, le processus est une dissociation (de l'artérine (?) de HOPPE-SEYLER); et les agents hémolytiques interviennent comme des catalyseurs. Il est inutile d'énumérer à nouveau ici les faits expérimentaux qui s'opposent à cette conception.

HÉMOLYSE PAR LES TOXINES VÉGÉTALES. TOXINES DE PHANÉROGAMES.

Les graines dégraissées de certaines plantes phanérogames abandonnent à l'eau et aux solutions salines des substances dont la nature chimique est mal établie jusqu'ici, mais qui se rapprochent beaucoup des toxines microbiennes et de certaines toxines animales, d'abord par leur nocivité très grande pour l'organisme des animaux supérieurs, ensuite et surtout parce que, ainsi que l'établit EHRLICH dans des recherches très intéressantes, elles peuvent produire chez l'animal, grâce à une vaccination bien conduite, un état d'immunité, absolument semblable à celui qu'on obtient à l'égard des toxines microbiennes, état caractérisé par la production d'antitoxines.

Au point de vue chimique, elles se caractérisent par la propriété d'être précipitées de leurs solutions par les sels des métaux alcalins et alcalino-terreux (surtout par le sulfate ammonique) et par l'alcool. Elles sont détruites par l'ébullition et ne dialysent pas. La ricine (JACOBY), l'abrine (HAUSMANN), la robine résistent à l'action de la trypsine; l'abrine n'est pas influencée par l'érepsine (SIEBER et SCHOUMOFF-SIMONOWSKI). En combinant l'action de la trypsine et du sulfate ammonique, on peut obtenir des préparations très toxiques et qui ne donnent plus les réactions colorantes des albuminoïdes (JACOBY). D'après F. MÜLLER (confirmé par JACOBY, HAUSMANN), la ricine perd, après avoir subi l'action prolongée de la pepsine, en tout ou en partie son pouvoir hémolytique, tout en gardant intacte sa toxicité générale.

L'action de la ricine sur l'organisme des animaux supérieurs fut étudiée d'abord par KOBERT et ses élèves. L'un d'eux, STILLMARK, observa que la ricine agglutine énergiquement les globules rouges du sang des mammifères. En association avec la lécithine, la ricine devient hémolytique (PASCUCCI).

Une substance très voisine, l'abrine (jéquiritine) a été extraite des graines d'*Abrus precatorius*; elle a été étudiée par KOBERT et HELLIN. Une troisième, la robine, est contenue dans l'écorce de *Robinia pseudo-acacia*; elle fut étudiée par KOBERT. Toutes deux possèdent aussi des propriétés agglutinantes énergiques.

Enfin la crotine isolée des graines de *Croton tiglium* agglutine, d'après ELFSTRAND, les globules du mouton, du porc, du bœuf, et produit l'hémolyse du sang du lapin. D'ailleurs, l'agglutination provoquée par la ricine et l'abrine ne va pas sans altération globulaire grave. Si, par une agitation énergique, on désagrège les amas de globules, le liquide se teinte en rouge (EHRLICH 1901). D'après v. BAUMGARTEN (1901), cette hémolyse secondaire ne se produirait qu'en solution hypertonique. NOLF avait déjà constaté antérieurement (1900) que les hématies agglutinées fortement par un sérum spécifique chauffé à 56° perdent déjà spontanément leur hémoglobine dans des solutions isotoniques. Cette diffusion de l'hémoglobine dans le milieu ambiant est considérablement accélérée par l'agitation. Il est donc probable que d'une manière générale l'agglutination énergique des globules rouges par une agglutinine soluble est le résultat d'une altération plus ou moins profonde de leur paroi, qui peut se marquer aussi par de l'hémolyse. L'hémolyse qui s'observe dans ces conditions reconnaît très probablement une cause double : 1° elle est due à l'altération directe de la paroi, résultat de son imprégnation par l'agglutinine; 2° elle peut être aussi la conséquence de l'agglutination même, qui, en établissant des soudures intimes entre les hématies agglomérées, crée des conditions favorables aux déchirures globulaires. On conçoit facilement qu'une agitation énergique, suffisante pour rompre les agglomérats, détruira nécessairement un nombre plus ou moins considérable des hématies, par déchirure de leur enveloppe.

Kobert a encore décrit une toxalbumine, la phalline, provenant d'un champignon (*Amanita phalloides*) qui serait encore hémolytique à la dilution $\frac{1}{125\,000}$.

Comme il a été dit plus haut, on peut obtenir par l'immunisation des mammifères contre ces diverses substances, un sérum antitoxique qui en neutralise tous les effets toxiques. Le mélange en proportions convenables de toxalbumine et d'antitoxine est absolument inoffensif pour l'animal auquel on l'injecte et il ne possède plus la moindre action sur les globules rouges. Cette belle découverte d'Ehrlich permit à cet auteur d'étudier *in vitro* l'immunité par les sérums et le mode d'action des antitoxines sur les toxines. Elle ouvrit une ère nouvelle dans l'étude de ces questions.

D'après Neuberg, les solutions de ricine, de crotine contiennent un ferment lipolytique qui intervient peut-être dans l'hémolyse.

HÉMOLYSE PAR LES TOXINES D'ORIGINE ANIMALE.

Langer a établi que le venin des abeilles possède à l'égard du sang humain et du sang de chien une action hémolytique notable, qui est empêchée par certains sérums normaux, surtout celui de bœuf. On ne connaît pas d'antitoxine spécifique. Au point de vue chimique, les solutions de venin des abeilles donnent les réactions des alcaloïdes; le principe actif n'est pas détruit à 100°.

L'action hémolytique se constate déjà avec l'extrait en eau salée glycérinée des glandes qui sont à la base du dard. Mais elle est grandement renforcée par l'adjonction d'une solution de lécithine dans l'alcool méthylique (Morgenroth et Carpi). D'après ces auteurs, on peut préparer le toxoléthicide du venin d'abeilles, en combinant à la lécithine la substance inconnue (prolécithide) du venin. Ce toxolécithide, analogue à celui que Kyes a préparé au moyen de venin de serpent (dont l'existence est niée par Arrhenius), est soluble dans l'eau salée, l'alcool, insoluble dans l'éther.

L'action hémolytique du venin extrait de la peau de crapaud fut établie par Pugliese. Pröscher l'étudia plus en détail. Il put constater que le principe toxique qu'il appelle *phrynolysine*, encore actif à la dilution de $\frac{1}{10\,000}$ sur le sang de mouton, n'est pas neutralisé par aucun sérum normal. Pröscher put obtenir un sérum antitoxique très actif, en immunisant des lapins contre des doses progressivement croissantes de phrynolysine. Cette hémolysine n'exerce qu'une action faible sur le sang d'oiseau, nulle sur celui de la grenouille et du crapaud. La phrynolysine est détruite à 56°.

Kobert signala l'action hémolytique du venin des araignées (*Theridium lugubre* Koch seu *Latrodectes lugubris*) et des faucheux. Sachs étudia plus particulièrement le venin de ce dernier animal (*Epeira diadema*), qu'il prépare en triturant l'animal entier dans du liquide physiologique additionné de toluol. La solution contenant le principe toxique, qu'il appelle arachnolysine, est inactivée par le chauffage à 70° à 72°. Elle est hémolytique pour le sang de l'homme, du lapin, du bœuf, de la souris, de l'oie, de la poule; elle n'agit pas sur le sang du cobaye, du cheval, du chien, du mouton. Sachs démontre que les globules des espèces animales qui ne subissent pas l'action de l'arachnolysine, lui sont imperméables, tandis que ceux des espèces sensibles l'absorbent avidement. Cette absorption est opérée tout aussi activement par le stroma débarrassé d'hémoglobine. La combinaison de l'arachnolysine avec le stroma est réversible, à l'instar de celle de l'ambocepteur avec le stroma (Morgenroth).

Sachs a fait un observation très intéressante concernant l'arachnolysine. Il a vu que ce poison agit sur les globules du coq ou de la poule adultes, tandis qu'il est sans action sur ceux du poussin sorti de l'œuf.

Tant le cobaye que le lapin peuvent être vaccinés au moyen de solutions d'arachnolysine et fournissent des sérums nettement antitoxiques, qui empêchent toute hémolyse par l'arachnolysine.

On a encore signalé l'action hémolytique du venin de certains poissons (*Trachinus*) (BRIOT); du venin de la peau de la salamandre (CAPARELLI); du scorpion, dont KYES a préparé le lécithide; des larves de *Diamphidia locusta*, poison des flèches des Boschimans (STARCKE); du Botriocéphale (SCHAUMANN et TALLQVIST, FAUST et TALLQVIST); de l'ankylostome duodénal. Ces diverses hémolyses n'ont pas d'intérêt au point de vue qui nous occupe. Le lecteur trouvera tous les renseignements dans le beau livre de CALMETTE : *Les venins et la sérothérapie*, 1907, et dans celui d'EDWIN STANTON FAUST : *Die tierischen Gifte*, 1906.

HÉMOLYSE PAR LE VENIN DE SERPENT.

De toutes les toxines d'origine animale, la plus étudiée est le venin de serpent. Il est superflu d'en examiner ici la composition chimique, ou d'en faire la toxicologie détaillée. Il suffira d'examiner la fonction hémolytique. Ce furent STEPHENS et MYERS qui firent les premières observations touchant l'action hémolytique du venin de serpent *in vitro*. Ils établirent que les mélanges de l'antitoxine (découverte par CALMETTE) et de la toxine, inactifs en injection à l'animal, sont également dépourvus de toute propriété hémolytique *in vitro*.

FLEXNER et NOGUCHI firent ultérieurement une observation, qui fut le point de départ de recherches très intéressantes. D'après eux, le venin de cobra, mélangé à une dilution de sang, produit facilement l'hémolyse, tandis qu'ajouté aux globules débarrassés de toute trace de sérum par des lavages à l'eau salée, il ne les altère en aucune façon. Il faut donc, pour qu'il y ait hémolyse, la coopération de deux substances, l'une fournie par le venin de serpent, l'autre, par le sérum. La substance active du sérum jouerait le rôle de sensibilisatrice (*amboceptor*). Elle est fixée par les globules. Elle serait détruite par la chaleur, à 90° seulement.

KYES, reprenant les observations de FLEXNER et NOGUCHI, put les confirmer en gros. Cependant, d'après lui, il existe des espèces animales dont les globules, même lavés soigneusement, se dissolvent encore dans le liquide physiologique additionné de venin de serpent seul, tandis que les hématies d'autres espèces ne s'y détruisent qu'après adjonction du sérum. Parmi les premières, il faut citer le cobaye, le chien, le lapin, l'homme, le cheval; parmi les secondes, le bœuf, le mouton, la chèvre. Des expériences de GŒBEL ont démontré depuis que les globules de bœuf et de mouton s'agglutinent et s'hémolysent par le venin de cobra seul en milieu sucré isotonique. L'adjonction de chlorure sodique au milieu sucré empêche l'hémolyse. KYES put, en confirmation de FLEXNER et NOGUCHI, produire l'hémolyse des globules de bœuf et de mouton en ajoutant au mélange du venin et des globules, divers sérums frais, dont l'activité activante était détruite par un chauffage à 56°.

Confirmant une observation antérieure de STEPHENS et MYERS, KYES put établir que des globules de lapin (espèce sensible), lavés soigneusement, ne sont plus détruits dans des milieux isotoniques additionnés de venin, quand la concentration de celui-ci dépasse une certaine proportion. Débarrassés de l'excès de venin par lavage à l'eau salée, ils ne se dissolvent pas dans celle-ci. Il suffit de leur ajouter alors du sérum frais de cobaye, ou le produit du laquage par l'eau distillée de globules lavés de cobaye, pour produire l'hémolyse. Cette expérience démontre que les globules sensibles peuvent fixer la substance active du venin, en l'absence de toute substance adjuvante, sans s'hémolyser.

NOGUCHI attribue l'absence d'hémolyse dans les solutions concentrées de venin à l'existence dans ce venin d'une substance empêchante.

Les solutions activantes obtenues par le laquage des globules lavés perdent leur pouvoir activant à 62°. Ces substances adjuvantes du contenu globulaire, appelées endocompléments, semblent être simplement dissoutes dans le liquide endoglobulaire, et non combinées au stroma du globule, puisque, dans un cas, KYES réussit à débarrasser complètement des hématies de cobaye de leur complément endo-globulaire par un séjour prolongé dans l'eau salée. Ces endo-compléments des hématies sont différents des compléments contenus dans les sérums.

Ultérieurement, Kyes et Sachs attribuèrent à la lécithine *disponible* (non combinée) du stroma la fonction endo-complément. Dans cette opinion, les hématies des espèces sensibles diffèrent des autres par une plus forte teneur en lécithine disponible.

D'autre part, l'étude plus approfondie des substances activantes contenues dans le sérum conduisit Kyes à des résultats très inattendus.

Calmette avait constaté, à la même époque, comme suite aux recherches de Flexner et Noguchi, que le pouvoir activant (à l'égard de la toxine de serpent) de certains sérums, au lieu d'être affaibli par les températures qui détruisent les alexines (56°-62°), est, au contraire, accru, et qu'il ne disparaît même pas à 80°. Calmette admit l'existence, dans le sérum, de deux substances : la première, une antihémolysine, se détruirait vers 56°; la seconde serait thermostabile, et coopérerait, avec la toxine, à l'hémolyse.

Il semble, d'après les recherches de Kyes, que les faits soient plus complexes. Kyes a soumis la propriété activante de toute une série de sérums à une analyse approfondie. Il en a trouvé (sérum de lapin à l'égard des globules de cobaye) qui sont actifs à 56° et dont l'activité disparaît aux températures plus élevées ; d'autres (sérum de cobaye, globules de bœuf, etc.) sont actifs à 56°, sont inactifs à 65° et redeviennent actifs au delà de 65°. D'autres (sérum humain, globules de bœuf, etc.), inactifs à 0° et à 56°, deviennent actifs au delà de 65°. D'autres encore (sérum de bœuf, globules de bœuf, etc.) deviennent actifs déjà à 56°. D'autres enfin (sérum de cheval, globules de cheval, etc.) le sont à toutes températures. Quand un sérum garde ou acquiert à 65° la propriété activante, il la conserve à des températures plus élevées. L'ébullition pendant plusieurs heures ne la lui enlève pas. Ces observations démontraient qu'il existe dans les sérums, et même dans un seul sérum, toute une série de substances qui peuvent activer le venin de serpent. Parmi elles, les plus intéressantes sont celles qui résistent à l'ébullition. Kyes put établir que le pouvoir hémolytique des sérums bouillis est dû à une substance unique, soluble dans l'alcool, l'éther, qui n'est autre que la lécithine du sérum.

Kyes reproduisit, au moyen de la lécithine pure, toutes les expériences de réactivation du venin de serpent. D'après ses essais, la lécithine et la toxine seraient douées d'affinité l'une pour l'autre, se combineraient en un complexe dont l'affinité pour le globule dépasserait fortement l'affinité des deux constituants. Isolée, la toxine n'est fixée par les globules peu sensibles qu'en très petite quantité. Dans les mélanges de toxine et de lécithine, ce qui est absorbé, ce serait donc, non pas les deux termes isolément, mais le produit de leur combinaison préalable. On constate, en accord avec cette opinion, que, dans des mélanges de sang et de venin, il faut, quand on dépasse une certaine concentration de venin, d'autant plus de lécithine qu'il y a plus de venin. Cette dernière expérience reproduit les constatations de M. Neisser et Wechsberg sur les conditions de la fixation des amboceptors et des compléments par les microbes.

Dans des recherches ultérieures, faites en collaboration avec Sachs, Kyes démontre plus explicitement les différences d'action qui existent entre les compléments habituels (alexines) du sérum et la lécithine. Les premiers, détruits à 56°, produisent (en collaboration avec le venin de serpent) l'hémolyse après une certaine période latente. Ils sont inactifs à 0°; la papaïne les détruit; leur action n'est pas sensiblement entravée par la cholestérine. Il en est tout autrement de la lécithine, qui produit une hémolyse instantanée, est active à 0°, et dont l'action est fortement empêchée par la cholestérine; la papaïne n'a aucune influence sur elle.

Dans le même travail, les auteurs établissent que la substance activante qui existe dans le liquide provenant du laquage des globules rouges est aussi la lécithine.

Il a été dit plus haut que ce liquide perd ses propriétés activantes à 62°. Cette transformation serait la conséquence non d'une destruction de la lécithine, mais de sa combinaison à l'hémoglobine dissoute dans le sang laqué.

Enfin, chose très intéressante, l'action hémolysante directe des savons, acides gras, graisses neutres et du chloroforme est également renforcée par le venin de serpent. Ce renforcement est peu accusé, sans rapport avec celui qui s'exerce vis-à-vis de la lécithine ou d'une substance chimiquement voisine, la céphaline. Kyes et Sachs admettent que ces deux substances produisent par elles-mêmes l'hémolyse, quand on les emploie à des doses dépassant, pour la lécithine, deux cents fois, pour la céphaline, six cents fois celles qui agissent en présence du venin de serpent.

D'après Arrhenius, l'action hémolytique faible et inconstante que peuvent posséder des émulsions riches en lécithine ou en graisses neutres (trioléine, tristéarine) est très probablement due aux petites quantités d'acide gras qu'elles contiennent.

En agitant une solution aqueuse de venin de serpent avec une solution chloroformique de lécithine, Kyes put constater que la partie du venin active au point de vue hémolytique disparaît entièrement de la solution aqueuse. L'adjonction d'éther au liquide chloroformique précipite un composé de la lécithine et du venin hémolytique, que Kyes appelle le lécithide du venin. Ce lécithide se produirait par la substitution, dans la molécule de lécithine, de la substance active du venin à un radical acide gras. Il est l'agent hémolytique puissant qui se forme dans les expériences d'hémolyse faite avec les venins. L'action du lécithide diffère de celle du venin en différents points : 1° La dose toxique minima du lécithide est la même pour les sangs des différents mammifères; 2° l'hémolyse par le lécithide est très rapide (15 à 20 min.), celle par le mélange de lécithine et de venin ne se produit que très lentement (5 à 18 h.); 3° le venin est inactivé à 100°, après une demi-heure; le lécithide est encore actif après six heures à 100°; 4° le sérum antivenimeux influence beaucoup moins le lécithide que le venin.

Ces constatations de Kyes ont été citées par les partisans de la théorie d'Ehrlich comme l'exemple le plus net que l'on puisse donner de la formation d'une hémolysine complexe aux dépens de deux constituants. Ehrlich attache beaucoup d'importance à sa notion d'amboceptor. Est amboceptor une substance à activité bipolaire, dont un pôle se fixe sur la cellule (pôle cytophile), dont l'autre pôle (pôle complémentophile) fixe le complément. Dans cette conception, le complément est dénué de toute activité pour la cellule. Il se combine à l'amboceptor seulement, à l'amboceptor libre flottant dans le liquide, ou bien, avec beaucoup plus d'avidité, à l'amboceptor déjà fixé sur la cellule. Si l'existence du toxolécithide était démontrée, on posséderait, d'après Kyes et Sachs, un exemple bien net de la réalité de cette conception. On pourrait cependant objecter que, d'après certaines expériences de ces auteurs, et d'après l'interprétation qu'ils en donnent eux-mêmes, le point d'attache du venin (prolécithide) dans le globule, c'est la lécithine libre du stroma. S'il en est ainsi, on ne voit plus l'utilité de la seconde affinité ; le pôle cytophile et le pôle complémentophile n'en font plus qu'un.

On verra d'ailleurs qu'Arrhenius s'élève contre l'existence même du toxolécithide. Mais celle-ci serait mille fois démontrée, qu'elle n'autoriserait en aucune façon à conclure à la formation d'une hémolysine du sérum suivant un mécanisme chimique analogue. L'hémolyse est causée par des milliers d'agents de nature chimique si différente, que la façon dont on peut composer l'un ou l'autre d'entre eux ne peut avoir aucune espèce de signification générale.

Arrhenius a reconnu l'influence favorisante de la lécithine sur l'hémolyse par les acides. Il a constaté son influence empêchante sur l'hémolyse par la saponine. Il tire de cette double possibilité la conclusion que la lécithine intervient probablement en transformant les conditions de solubilité. La lécithine facilite la pénétration et l'accumulation des acides dans les globules. Elle entrave celle de la saponine. Il étend cette explication à l'hémolyse par le venin de serpent.

Ces déductions sont en parfait accord avec l'étude quantitative du phénomène. Si l'on fait varier les concentrations du venin de cobra et de la lécithine dans un milieu salin qui contient une quantité constante de globules, on observe des résultats analogues à ceux qui sont consignés dans le tableau suivant. Les quantités de venin sont exprimées en unités de 0.0001 cc. d'une solution à 0.1 p. 100, celles de lécithine en unités de 0.001 cc. d'une émulsion à 1 p. 100 (voir tableau page 452).

Les chiffres entre parenthèses sont les valeurs calculées d'après la formule suivante :

$$K(L - 1.5)^{2/3} = 6.67H$$

dans laquelle K est la concentration en venin de cobra; L, la concentration en lécithine; H, le degré d'hémolyse.

CONCENTRATION DU VENIN de cobra.	DEGRÉ D'HÉMOLYSE pour une concentration de lécithine de **2**	DEGRÉ D'HÉMOLYSE pour une concentration de lécithine de **3**	DEGRÉ D'HÉMOLYSE pour une concentration de lécithine de **10**	DEGRÉ D'HÉMOLYSE pour une concentration de lécithine de **30**	DEGRÉ D'HÉMOLYSE pour une concentration de lécithine de **100**
250	88 (94)	100 (100)	»	»	»
150	80 (57)	100 (100)	»	»	»
100	32 (37)	72 (79)	»	»	»
75	32 (28)	64 (59)	»	»	»
50	20 (20)	36 (39)	100 (100)	»	»
35	10 (13)	32 (28)	88 (87)	»	»
25	8 (9)	32 (20)	66 (62)	100 (100)	»
15	»	8 (12)	36 (38)	72 (84)	»
10	»	4 (8)	»	60 (56)	100 (100)
7.5	»	»	»	40 (42)	68 (96)
5	»	»	»	36 (28)	64 (64)
3.5	»	»	»	4 (20)	40 (45)
2.5	»	»	»	»	40 (32)
1.5	»	»	»	»	32 (19)
1	»	»	»	»	24 (13)

Si cette formule de réaction représente bien le phénomène, on peut en conclure que les deux réactifs ne s'unissent pas pour donner une substance nouvelle ; en d'autres mots, que le lécithide de Kyes n'a pas d'existence propre. En effet, s'il y avait consommation des réactifs pour produire l'hémolysine, la formule de l'hémolyse serait différente. Au lieu d'être du type KL, le premier membre de l'équation serait du type $(K\text{-}x)$ $(L\text{-}x)$, dans laquelle x représente les parties équivalentes des réactifs qui sont entrés en combinaison.

Arrhenius étudia l'influence qu'exercent les alcools méthylique et éthylique, et l'éther éthylique sur l'hémolyse par le venin de cobra. Voici le résultat d'un essai : Les globules avaient été préalablement sensibilisés par la lécithine, et additionnés d'une petite quantité de venin de cobra. Les quantités ajoutées d'alcool et d'éther n'étaient pas hémolytiques pour leur propre compte.

Quantité ajoutée d'une solution d'alcool méthylique à 10 p. 100	1cc	0cc.4	0cc.15	0cc.05	0cc
Degré de l'hémolyse	100	40	30	20	18
Quantité ajoutée d'une solution d'alcool éthylique à 10 p. 100	1cc	0cc.4	0cc.15	0cc.05	0cc
Degré de l'hémolyse	100	37	25	20	18
Quantité ajoutée d'une solution d'éther à 6.5 p. 100	0cc.5	0cc.17	0cc.05	0cc	
Degré de l'hémolyse	100	50	30	18	

Il a été dit plus haut que les alcools et l'éther exercent sur l'hémolyse par la saponine, une influence empêchante.

Gengou a pu constater que l'hémolyse par le venin de cobra ne se fait pas en milieu citraté. L'action du citrate de soude est supprimée par l'adjonction d'une dose neutralisante de chlorure calcique. Les concentrations plus élevées de chlorure calcique s'opposent également à l'hémolyse.

HÉMOLYSE PAR LES SÉRUMS.

De toutes les hémolyses, celle que produit le sérum frais est la plus obscure. Cela provient de plusieurs causes : 1° cette hémolyse est due non à une substance unique du sérum, mais à l'action associée de plusieurs substances; 2° aucune de ces substances n'a été isolée, nous ignorons tout de leurs qualités chimiques; 3° tout ce qui paraît établi, c'est qu'elles sont des colloïdes, ce qui n'est pas fait pour faciliter la compréhension des phénomènes où elles interviennent. Ce concours de circonstances défavorables n'a cependant pas découragé les chercheurs, à en juger par l'énorme amas de publications parues dans ces dernières années sur cette question. C'est par elle qu'a été posé le problème de l'hémolyse; l'étude de l'hémolyse par les agents chimiques simples est postérieure à celle de l'hémolyse par les sérums, et elle en dérive. La faveur sans exemple qui s'est attachée à ces débats est due à plusieurs causes de nature différente.

D'abord la facilité technique de ces recherches, qui ne nécessitent aucune instrumentation coûteuse, ni aucune préparation spéciale : autant ces expériences sont difficiles à comprendre, autant elles sont simples, faciles à exécuter. Il en est résulté une moisson vraiment surabondante de publications où l'ivraie est mélangée copieusement au grain.

Ensuite le problème touche à des questions de la plus haute importance. Il est intimement lié à l'étude du mode d'action sur les microbes et toxines microbiennes des substances mystérieuses du sérum qui interviennent dans la défense de l'organisme, à la question si intéressante de l'immunité. Il est pour le physiologiste en même temps un chapitre de la chimie des humeurs et l'occasion d'un examen approfondi des conditions de perméabilité des hématies. Il ressortit ainsi de deux façons à la physico-chimie des colloïdes : colloïdes dissous du sérum, colloïdes hémolysants; colloïdes structurés formant la paroi globulaire, colloïdes hémolysés.

Pour mieux faire comprendre le côté non physiologique du problème, on a commencé cet exposé par un aperçu historique qui comprend les premiers travaux sur les sérums hémolytiques normaux et les premiers travaux sur les sérums hémolytiques obtenus par immunisation.

Dans la suite de l'article, on s'attachera surtout à l'exposé objectif des faits qui intéressent le physiologiste, en faisant abstraction des longues discussions et controverses qui encombrent la littérature et dont l'intérêt est très relatif.

L'étude méthodique des propriétés hémolytiques des sérums normaux fut inaugurée par les travaux de Creite et de Landois. Ces auteurs examinèrent à l'œil nu et au microscope de nombreux mélanges de globules provenant des diverses espèces animales avec le sérum fourni par d'autres espèces. Landois a établi que le sérum de certaines espèces animales est plus actif que celui d'autres espèces sur une même sorte de globules. Parmi les mammifères, le chien serait celui dont le sérum est le plus meurtrier pour les globules des autres mammifères, tandis que les sérums du cheval et du lapin comptent parmi les plus inoffensifs. Landois appréciait l'intensité de l'hémolyse par la rapidité de sortie de l'hémoglobine. A l'examen microscopique, Creite et Landois purent constater que les hématies changent de forme, gonflent, deviennent vésiculeuses, crénelées, avant de perdre leur hémoglobine. Après décoloration, les stromas persistent; Landois leur donna le nom de stromas-fibrine. Creite observa en outre, dans certains cas, la réunion en paquets des hématies, leur agglutination, suivant l'expression actuelle.

Les recherches des auteurs récents ont confirmé la portée générale des constatations de Landois, et récemment Friedenthal a pu constater que, si le mélange des globules et du sérum est fait de façon qu'une grande quantité de sérum agisse sur très peu de globules, il se produit toujours de l'hémolyse. Tous les sérums seraient donc hémolytiques pour les hématies de toutes les espèces animales étrangères. Il n'y aurait d'exception que pour des espèces très voisines, telles le lièvre et le lapin; l'âne et le cheval; le rat et la souris; le chien, le renard et le loup: le chat et le jaguar. Ayant appliqué à l'homme cette manière nouvelle de mettre en évidence les affinités zoologiques, Friedenthal a constaté que le sérum humain hémolyse le sang des singes lémuriens, platyrhiniens et catarrhiniens, tandis qu'il laisse inaltérés les globules rouges des anthropomorphes : gibbon, orang-outang, chimpanzé. Les données fournies par l'hématologie sont donc entièrement conformes à celles de la morphologie générale, en ce qu'elles établissent une affinité zoologique plus forte entre les singes anthropomorphes et l'homme qu'entre eux et les singes inférieurs. Le mode d'action des sérums sur les globules étrangers fut étudié de façon systématique par Daremberg et par Buchner. Daremberg établit que le chauffage à 56°-60° enlève aux sérums tout pouvoir globulicide.

Buchner insista sur les analogies qui existent entre la fonction globulolytique et la fonction bactériolytique du sérum. Il montra que toutes deux ont pour agents des substances non diffusibles, déjà détruites par le chauffage à 56°, auxquelles il donna le nom d'*alexines*. D'après lui, ces alexines seraient des enzymes protéolytiques, qui exercent une action dissolvante sur certains éléments structurés dont les matériaux sont des albuminoïdes.

La question de l'hémolyse par les sérums en était à ce point, quand elle se compliqua de l'apparition des sérums hémolytiques artificiels, obtenus par immunisation. Ceux-ci, d'activité beaucoup plus puissante, furent immédiatement l'objet de nombreux travaux et, par contre-coup, on jugea les sérums normaux à la lumière des faits révélés par l'étude des sérums vaccinaux.

La découverte des sérums hémolytiques obtenus par immunisation date des travaux de Bordet. Avant lui, deux savants italiens, Belfanti et Carbone, avaient démontré que l'injection du sang de lapin au cheval rend le sérum du cheval très toxique pour le lapin, mais les auteurs ne se prononcèrent pas sur la cause de cette propriété nouvelle. La découverte de Bordet fut préparée par les recherches des bactériologistes sur le mécanisme de l'immunité microbienne. Et l'analyse du processus hémolytique s'inspira directement des connaissances acquises dans l'étude de la bactériolyse, de sorte qu'il est utile de dire deux mots de celles-ci.

Pfeiffer avait démontré que l'immunisation du cobaye contre le vibrion cholérique produit, chez cet animal, des transformations très intéressantes des humeurs. Si l'on injecte une culture virulente et vivante du microbe dans la cavité péritonéale du cobaye vacciné, on constate au bout de très peu de temps l'immobilisation des vibrions et leur transformation en granules.

L'animal normal ne présente rien de semblable, les vibrions pullulent dans sa cavité péritonéale et le tuent rapidement. Mais la même transformation granuleuse s'opère chez lui, si l'on introduit, dans son péritoine, du sérum d'animal vacciné (sérum spécifique) en même temps que la culture microbienne.

Metchnikoff put reproduire ultérieurement le phénomène de Pfeiffer *in vitro*, en faisant un mélange de sérum spécifique, de vibrions cholériques et d'un peu d'exsudat péritonéal de cobaye normal.

Bordet montra ensuite *in vitro* que la transformation en granules s'opère sous l'influence du sérum spécifique seul, à condition de l'employer en concentration suffisante et peu de temps après son obtention de l'animal vacciné. Le sérum préventif vieilli ne la produit plus. Il limite son action sur les vibrions à une agglomération, une agglutination de ceux-ci, sans altération de leur forme ou de leur structure. Il en est de même pour le sérum préventif récent qui a subi le chauffage à 55-56° pendant une demi-heure environ. Mais ce sérum vieilli ou chauffé récupère toute son activité vibrionicide, si on lui ajoute du sérum frais d'animal neuf, sérum qui par lui-même est inoffensif aux doses employées. Bordet concluait de ses recherches que le pouvoir vibrionicide énergique que possède le sérum frais des animaux vaccinés est dû à l'action combinée sur le microbe de deux substances bien distinctes : la première appartenant en propre au sérum des vaccinés, douée du caractère de la spécificité, résistant à la chaleur, inactive seule, capable d'agir à dose très réduite en association avec la seconde ; la seconde, présente chez les animaux neufs comme chez les vaccinés, détruite à 55°, non spécifique par elle-même, n'ayant qu'une activité faible quand elle n'est point associée à la première, mais dont l'énergie se manifeste très puissamment vis-à-vis des vibrions qui subissent le contact de la substance spécifique, propre au sérum des vaccinés.

Comme on le savait par les recherches de Daremberg, de Buchner, la propriété globulicide des sérums normaux se comporte, vis-à-vis des différents agents physiques et chimiques, comme leur propriété bactéricide. De plus, Bordet eut l'occasion, au cours de ses recherches de bactériologie, de constater à nouveau ce qu'avaient déjà vu Creite et Landois, l'agglutination des hématies d'une espèce par le sérum d'une autre espèce. A cette époque, on commençait à étudier l'agglutination des microbes par le sérum.

Ces nombreuses analogies inspirèrent à Bordet l'idée non plus d'injecter à des animaux des cultures microbiennes, pour obtenir un sérum spécifique anti-microbien, mais de leur administrer, par voie péritonéale ou sous-cutanée, le sang d'une autre espèce et de rechercher si le sérum de l'animal injecté n'avait pas acquis des propriétés nouvelles à l'égard des hématies injectées.

Le résultat de l'expérience dépassa les espérances. Bordet faisait à des cobayes cinq ou six injections intra-péritonéales successives de 10 centimètres cubes de sang défibriné de lapin. Au bout de quelque temps, il leur retirait du sang. Le sérum présentait les caractères suivants :

1° Il agglutinait fortement les globules de lapin ;

2° Les globules d'abord agglutinés présentaient ensuite des phénomènes de destruction rapide et intense. Le mélange devient rouge transparent; au microscope, on ne voit plus que des stromas de globules, transparents et plus ou moins déformés;

3° Le sérum actif chauffé à 55° perdait la propriété globulicide, mais restait puissamment agglutinant ;

4° Enfin l'adjonction au mélange des globules de lapin et du sérum actif chauffé, d'une certaine quantité de sérum frais du cobaye neuf ou même du lapin qui avait fourni les globules, suffisait pour faire réapparaître dans leur intégrité les phénomènes de destruction ;

5° Cette action si caractéristique du sérum du cobaye vacciné se limitait aux hématies du lapin. La vaccination n'avait changé en rien la façon de se comporter du sérum du cobaye vis-à-vis des hématies de pigeon, de rat, de souris, etc.

Comme on le voit, l'étude du sérum anti-hématique fournissait le décalque absolu de ce qui avait été constaté précédemment par les bactériologistes dans les vaccinations microbiennes.

Cette identité mettait bien en évidence un des caractères de la réaction du vertébré supérieur à l'introduction dans son milieu intérieur de cellules étrangères ou de certains de leurs dérivés. Elle montrait la grande extension, le caractère générique de cette réaction et, d'autre part, elle faisait supposer des affinités profondes avec les phénomènes de la vie normale. Elle fournissait en outre un moyen simple de l'étudier, puisque, si la destruction d'une hématie par un sérum est un phénomène à vrai dire compliqué, son étude est en tout cas beaucoup plus aisée que celle de la destruction d'un microbe.

Dans cet exposé, nous n'avons pas à examiner la question des propriétés actives du sérum dans toute son ampleur. Nous devons nous borner à l'examen de la réaction qui s'établit entre le sérum et l'hématie, nous contenter d'analyser le mécanisme de la destruction de celle-ci. Nous nous bornerons donc à l'exposé des seules notions qui sont de quelque utilité pour la compréhension de l'hémolyse.

Avant de passer à cet exposé, il est utile de compléter les données historiques par les premiers résultats expérimentaux d'Ehrlich et Morgenroth.

En 1899, Ehrlich et Morgenroth publièrent sur la question deux notes très intéressantes. Dans leurs expériences, le sérum actif fut fourni par des chèvres injectées de sang de mouton.

Ils démontrèrent d'abord que la substance spécifique du sérum de chèvre vaccinée est fixée par les globules de mouton qui l'enlèvent au sérum. Cette fixation se fait rapidement.

On expose pendant 15 minutes à 40° une dilution au 1/20ᵉ de sang de mouton dans de l'eau salée physiologique, additionnée de la quantité voulue du sérum actif (chauffé à 56°). On sépare à la centrifugeuse les globules du liquide surnageant. On ajoute à celui-ci des globules de mouton frais et la quantité voulue de sérum frais de chèvre normale ; quant aux globules ayant subi l'action du sérum chauffé, ils sont mis en suspension dans la même quantité d'eau salée additionnée du même volume de sérum frais de chèvre normale. Après quelques minutes, l'hémolyse est complète dans ce second mélange; elle est nulle et reste nulle dans le premier. Il faut donc admettre que dans le milieu contenant les globules de mouton et le sérum chauffé de chèvre vaccinée, il y a eu fixation complète et rapide sur les globules de la substance spécifique du sérum. Si l'on met au contact à 0° les globules de mouton et le sérum actif frais de chèvre, ou les globules et un mélange de sérum actif chauffé et du sérum normal frais, on démontre par la même technique que les globules ont absorbé après un certain temps la substance spécifique, tandis que son auxiliaire du sérum normal est restée en solution. Ces constatations sont de première importance, parce qu'elles ont été reproduites avec un grand nombre d'autres sérums obtenus chez d'autres animaux par l'injection d'hématies d'origine diverse. Elles permettent d'opérer la séparation des deux constituants de l'hémolysine.

Ehrlich et Morgenroth constatèrent encore que, si l'on élève la température du mélange précédent au-dessus de 0°, les globules qui se sont emparés à 0° de la substance spécifique fixent peu à peu, à mesure que s'élève la température, la substance du sérum normal. L'absorption de celle-ci précède l'hémolyse à courte échéance. L'expérience est intéressante, en ce qu'elle démontre que l'hémolyse est nécessairement précédée de la fixation des deux agents. La fixation est définitive. L'hémolyse achevée, on ne retrouve plus, dans le milieu, les substances qui l'ont produite. Cette consommation des deux moitiés de l'hémolysine pendant l'hémolyse a été surabondamment prouvée ultérieurement (Bordet et Gengou).

Avant d'aller plus loin dans l'exposé des faits, il est indispensable de fixer la terminologie. La substance spécifique, thermostabile, obtenue au cours des manœuvres d'immunisation, avait été appelée *sensibilisatrice* par Bordet. Cette dénomination dérivait directement de la conception que se fait cet auteur du mode d'activité de cette substance. D'après lui, la substance vraiment hémolysante de tous les sérums hémolytiques, tant naturels qu'artificiels, c'est l'*alexine* de Buchner. Cette alexine existe dans le sérum frais de l'animal vacciné comme dans tout sérum frais. Par elle-même, elle est habituellement peu active et elle n'arrive à hémolyser les globules rouges que lorsqu'elle est très abondante dans un milieu. Le sérum de l'animal vacciné se caractérise par sa teneur en une substance nouvelle, résistant à la température de 55°-56°, dont le rôle est précisément de renforcer, dans des proportions considérables, l'action hémolysante de l'alexine normale, en rendant plus sensible à son action le globule rouge qui a servi à la vaccination. L'alexine existe chez l'animal normal, son action peut se porter presque indifféremment sur les globules de toutes les espèces étrangères. Au contraire, la substance nouvelle ou *sensibilisatrice* est produite par l'immunisation, elle est spécifique, en ce sens qu'elle favorise l'action de l'alexine sur les globules de l'espèce animale seule, dont le sang fut injecté à l'animal immunisé.

Ehrlich et Morgenroth proposèrent des noms nouveaux pour les deux substances actives des sérums hémolytiques. L'alexine fut appelée successivement *Addiment*, *Complément*. La sensibilisatrice reçut successivement les noms de *Immunkörper*, *Zwischenkörper*, *Amboceptor*.

Les termes définitifs sont : *Complément* et *Amboceptor*.

D'autres auteurs les baptisèrent encore différemment. Luxe de qualificatifs pour des substances dont aucune n'est isolée !

Il est très difficile de faire un choix parmi toutes ces appellations. L'inconvénient de certaines d'entre elles (sensibilisatrice, amboceptor) est d'avoir une signification trop précise, de sorte que leur sort est lié au sort de l'idée théorique qui leur donna le jour. L'inconvénient d'autres est d'avoir perdu leur signification première, tout au moins pour une partie des auteurs. C'est le cas de l'alexine. Pour certains, elle est synonyme de complément; pour d'autres, elle est l'hémolysine des sérums normaux. Or, d'après la plupart des auteurs, cette hémolysine est double : elle comprend deux constituants.

Il y a actuellement avantage à employer des mots qui ne signifient rien de plus que ce que tout le monde admet. Quand on veut désigner le substrat matériel de la propriété hémolytique d'un sérum, sans préjuger de sa nature simple ou double, on pourra parler de l'hémolysine du sérum. Il y a l'hémolysine du sérum normal et l'hémolysine du sérum obtenu par immunisation. Pour désigner plus spécialement le constituant d'une hémolysine d'immunisation qui est produit par l'immunisation, Arrhenius emploie le terme d'*Immunkörper* qui se traduit mal en français. On lui donnera, dans cet article, un qualificatif déjà usité en bactériologie pour désigner des substances de même origine et de même fonction; il sera nommé *anticorps*. Ce terme s'applique donc à la substance appelée *sensibilisatrice*, *amboceptor*.

La substance détruite à 56°, qui associe son action à celle de l'anticorps, sera appelée *complément*, suivant Ehrlich. Enfin on étendra au sérum normal la notion de l'anticorps d'immunisation, en appelant également de ce nom les substances qui existent dans les sérums normaux et qui jouent, dans l'hémolyse par les sérums normaux, un rôle analogue à celui des anticorps d'immunisation.

Dans des paragraphes suivants, qui traitent de la distribution zoologique, de l'origine et de la nature des hémolysines, on n'indiquera que les choses essentielles, dont la connaissance peut être utile au point de vue de la compréhension du processus hémolytique.

Distribution des hémolysines humorales dans le règne animal. — Les hémolysines sont des constituants de la partie liquide du sang, du milieu interne. Il est extrêmement intéressant de constater, au point de vue de leur signification biologique, que, dans la série zoologique, elles apparaissent brusquement au terme poisson. Les invertébrés marins les mieux organisés, les homards, les langoustes parmi les arthropodes, les céphalopodes parmi les mollusques, en sont complètement privés (Noguchi, Nolf) bien que leur sang soit très riche en albuminoïdes. Au contraire, tous les poissons en sont pourvus à l'égal des mammifères; et les hémolysines normales du sang des poissons paraissent avoir les caractères fondamentaux des hémolysines normales des vertébrés supérieurs (action de la chaleur, du froid de 0°, des sels calciques) (Nolf). Les hémolysines humorales normales apparaissent dans la série zoologique en même temps qu'un appareil vasculaire fermé contenant des globules rouges.

Comme on le verra plus loin, les adhérents aux idées d'Ehrlich se sont efforcés de fournir la preuve que les hémolysines normales des mammifères, tout comme les hémolysines d'immunisation, comprennent un anticorps et un complément. Flexner et Noguchi tirent de leurs observations sur les propriétés hémolytiques des sérums de serpents la conclusion que l'hémolysine humorale des serpents aussi est double.

Noguchi a pu obtenir un sérum agglutinant et hémolytique, en injectant à des vertébrés inférieurs (Tortues : *Chrysemis picta*, *Chelopus guttatus*, *Emys meleagris*) et même à des invertébrés (Crabes, *Limulus polyphemus*) des globules rouges de mammifères. Ce dernier fait est d'autant plus intéressant que ces invertébrés ne possèdent normalement pas d'hémolysines humorales (Noguchi, Nolf). E. Lazar a obtenu le même résultat chez la grenouille. Le sérum de cet animal est d'habitude dépourvu d'action sur les globules du bœuf. Par l'injection des globules du bœuf à la grenouille, on provoque la formation d'une hémolysine qui comprend un anticorps et un complément. Le complément se détruit déjà à 42°; l'anticorps, à 55°.

Sérum d'anguille. — Parmi les hémolysines naturelles, une des plus anciennement connues est celle du sérum d'anguille.

Elle est très active. Camus et Gley ont fait une étude approfondie de l'action hémolytique de ce sérum d'anguille.

Ils constatèrent que toute propriété hémolytique disparaît après un court chauffage du sérum à 58°. Bien que ces auteurs n'aient pas fait d'observations complètes à ce sujet, il semble résulter de quelques-unes de leurs expériences que les concentrations salines élevées s'opposent, dans une certaine mesure, à l'hémolyse par le sérum d'anguille.

La tyrosine, la leucine, la bile, le sérum normal des mammifères, pas même celui du hérisson qui jouit de l'immunité naturelle à l'égard de l'ichtyotoxine, n'exercent la moindre influence neutralisante.

Mais Camus et Gley purent immuniser des animaux, en leur injectant soit l'ichtyotoxine active, soit le poison chauffé à 58°. Dans les deux cas, le sang des animaux ne subit plus l'action du poison, et le sérum possède une propriété antitoxique nette.

C'est uniquement à cette propriété antitoxique de leur sérum qu'est due la résistance des animaux qui ont reçu l'ichtyotoxine chauffée, tandis que ceux qui ont été immunisés avec l'ichtyotoxine fraîche ont acquis une résistance plus complète : leur sérum aussi est antitoxique, mais de plus leurs globules ont acquis eux-mêmes une résistance très grande au poison. Cet accroissement de la résistance globulaire manque totalement chez les animaux qui ont reçu l'ichtyotoxine chauffée.

H. Kossel est arrivé, indépendamment des auteurs français, à des résultats analogues après l'injection de l'ichtyotoxine non chauffée.

La substance toxique du sérum d'anguille semble être simple. On n'a pu jusqu'ici la scinder en un anticorps et un complément. Chauffée à 58°, elle a perdu définitivement sa toxicité et ne peut être réactivée par aucun sérum normal.

Gengou a constaté que l'adjonction à l'émulsion globulaire d'une quantité suffisante de citrate de soude empêche la fixation de l'ichtyotoxine sur les globules et, partant, l'hémolyse. Cette action empêchante est neutralisée par les sels de chaux. A très faible concentration, les sels de chaux activent l'hémolyse par l'ichtyotoxine. Ils ne sont cependant pas indispensables, puisque l'hémolyse se produit aussi en milieu oxalaté.

Influence de l'âge sur l'existence des hémolysines normales. — Les hémolysines humorales sont moins abondantes chez le nouveau-né que chez l'animal adulte (G. Müller, Resinelli, Schumacher, Halban et Landsteiner, Langer, Sachs, Polano, etc).

Dans certains cas, le sérum de l'animal nouveau-né est complètement inactif. D'après les recherches concordantes de plusieurs auteurs (Halban et Landsteiner, Sachs et Polano), ce qui manque au jeune organisme, c'est l'anticorps seul, le complément existe en quantité suffisante.

Origine des hémolysines. — C'est dans le sang que se trouvent les hémolysines, c'est là qu'elles existent au maximum de concentration. Il semble cependant que dans les premiers temps d'une immunisation contre les microbes, l'anticorps spécifique puisse exister dans certains organes à un moment où il est encore absent du milieu sanguin.

On l'a vu apparaître tout d'abord dans la moelle osseuse, la rate, le grand épiploon (Pfeiffer et Marx, Wassermann, Deutsch, etc.). D'autre part, l'examen de la réaction locale, après injection de microbes dans la plèvre, le péritoine (Wassermann et Citron), la chambre antérieure de l'œil (Römer, von Dungern), montre que cette réaction locale, qui se caractérise par la présence d'anticorps, précède régulièrement l'apparition de ces anticorps dans le sang.

Quels sont les éléments anatomiques qui sont chargés de cette production? La possibilité des immunités locales prouve que la fonction n'est pas dévolue à un organe bien défini.

Est-elle une propriété de toutes les cellules de l'organisme, comme le veut la théorie d'Ehrlich, ou appartient-elle au système phagocytaire de Metchnikoff? C'est là une question que l'expérience n'a pas encore tranchée. Il y a un certain nombre d'arguments à faire valoir en faveur de la seconde hypothèse, à condition de ranger dans le système phagocytaire, à côté des leucocytes, les endothélia vasculaires et peut-être un certain nombre d'autres cellules, dérivées du mésoderme (cellules fixes du tissu conjonctif et cellules de revêtement des séreuses).

L'origine du complément est tout aussi obscure que celle de l'anticorps. A l'état normal, le complément existe, en forte concentration, dans le plasma et le sérum.

On a beaucoup discuté la question de savoir si le plasma du sang en circulation contient le complément ou si celui-ci n'apparaît seulement dans le plasma ou le sérum qu'après l'extravasation du sang. L'école de Metchnikoff, pour laquelle l'origine leucocytaire du complément est un dogme, défend encore aujourd'hui l'opinion suivante : le plasma circulant est tout à fait privé de complément et il en est de même de tous les liquides normaux de l'organisme. Le complément est un produit leucocytaire; il est mis en liberté non par un acte vital de sécrétion, mais seulement par la destruction des leucocytes.

Ce n'est pas le lieu ici de discuter cette opinion. On connaît actuellement un grand nombre de faits qui la contredisent formellement (Wassermann, Rehns, Gruber, Dömeny, Ascoli, Hewlett, Falloise, Lambotte et Stiennon, Sachs, etc.). Les expériences de Hewlett et de Falloise ont définitivement démontré que le plasma normal est aussi riche et même un peu plus riche en complément que le sérum.

Le complément étant un colloïde du plasma, on peut prévoir qu'il existera dans la lymphe avec les autres colloïdes humoraux échappés par filtration et qu'on en trouvera d'autant plus dans la lymphe que celle-ci sera plus riche en colloïdes. Aussi la lymphe du canal thoracique en contient-elle plus que la lymphe des membres, la lymphe de stase en contient plus que la lymphe normale. Les liquides d'exsudat et de transsudat en possèdent proportionnellement à la quantité de substance protéique (et plus spécialement de fibrinogène) qu'ils renferment. Les liquides séreux, moins pourvus d'albumines humorales que la lymphe, contiennent aussi moins de complément.

Normalement le liquide céphalo-rachidien et l'humeur aqueuse ne contiennent que des traces d'albumine humorale et pas de complément. D'après le même principe, on peut s'attendre à ne pas trouver les hémolysines humorales dans celles des sécrétions glandulaires qui ne contiennent pas d'albumine du plasma.

Nolf a émis l'opinion que le complément hémolytique pourrait bien avoir une origine hépatique. Tout au moins disparaît-il dans l'intoxication phosphorée (Ehrlich et Morgenroth), qui atteint gravement le foie, et aussi à la suite de l'extirpation du foie chez le lapin (Nolf).

Hémolysines contenues dans les extraits d'organes. — Il ne peut être question d'exposer ici en détail les résultats qui ont été obtenus par ceux qui ont cherché des hémolysines dans les extraits d'organes, parce qu'il existe absolument trop de divergences entre les auteurs. Tandis que Metchnikoff et ses élèves (Gengou, Tarassévitch, Levaditi) trouvent, dans les extraits des leucocytes microphages, des compléments destinés à la bactériolyse, et, dans les extraits des leucocytes macrophages, des compléments destinés à l'hémolyse, un grand nombre d'auteurs ont obtenu des résultats tout à fait négatifs. Korschun et Morgenroth, Sawtschenko et Bednikoff, Dömeny, Donath et Landsteiner, Lüdke, Lambotte et Stiennon, etc., ne trouvent pas de complément hémolytique dans les extraits leucocytaires. Donath et Landsteiner trouvent au contraire, dans ces extraits, des substances empêchantes. Des recherches de Nolf confirment complètement cette dernière donnée. Pour préparer correctement un extrait d'organes, il faut commencer par chasser par une irrigation intra-vasculaire le sang contenu dans l'organe. Des rates et des ganglions mésentériques d'un chien exsangue, triturés soigneusement avec du sable dans de l'eau salée, ont régulièrement fourni à Nolf des extraits dénués de toute propriété hémolytique, *soit seuls, soit en association avec un sérum chauffé*. Mélangés à du sérum frais de chien, ces extraits lui enlèvent, dans presque tous les cas, une bonne partie de son pouvoir hémolytique naturel. Dans de très rares cas, Nolf observa cependant, pour de faibles doses d'extrait leucocytaire, une légère action favorisante, qui ne peut d'ailleurs être due à la présence de complément, d'après les constatations qui précèdent.

Il ne faut évidemment pas confondre avec les hémolysines du plasma les substances hémolytiques coctostabiles, solubles dans l'alcool, que Korschun et Morgenroth ont trouvées dans les extraits d'organes. Elles sont d'autant plus abondantes que l'extrait est moins récent, que son autolyse est plus avancée. Ce peuvent être des substances extractives diverses : savons, acides gras, amines, etc. On les trouve aussi dans l'extrait alcoolique du sérum (Levaditi, Wœlfel, Noguchi, etc.).

On a retiré des hémolysines des tissus pathologiques, du tissu cancéreux, notamment (Micheli et Donati, Kullmann, etc.). On en a trouvé dans le sérum des victimes de brûlures étendues (Burkhardt). Ces faits n'ont pas d'intérêt spécial pour la physiologie.

Pluralité des anticorps, unicité du complément. — On peut aisément démontrer l'existence simultanée dans un même sérum de plusieurs anticorps. Un animal qui a été immunisé contre plusieurs espèces globulaires, possède, dans son sérum, les anticorps spécifiques de ces diverses espèces. On peut les en extraire les unes après les autres, en ajoutant successivement au sang les diverses espèces de globules sur lesquels il agit. Les globules A fixeront tout l'anticorps A, et rien que lui ; les globules B, l'anticorps B, et rien que lui, etc. Les auteurs sont unanimes à ce sujet.

Mais on discute beaucoup à propos de l'unicité ou de la pluralité du complément. On admet généralement avec Bordet que le complément d'une espèce est différent de celui d'une autre espèce. Mais un même sérum contient-il un ou plusieurs compléments ? L'école d'Ehrlich et plusieurs autres bactériologistes défendent énergiquement le principe de la pluralité. Les arguments sont d'habitude fournis par des expériences compliquées qui comportent plusieurs interprétations également admissibles et n'entraînent pas la conviction.

D'autre part, Bordet et Gengou ont démontré qu'une quantité *suffisante* de globules chargés d'anticorps enlève toujours à n'importe quel milieu la *totalité* de son complément. Cette expérience, d'application courante en pratique bactériologique, fournit un argument très solide en faveur de l'unicité.

Propriétés physiques et chimiques des hémolysines. — On n'est guère renseigné sur les propriétés physiques et chimiques des hémolysines, pour la bonne raison que ces substances n'ont pas été isolées. Buchner avait déjà reconnu qu'elles ne dialysent pas, que le sérum devient inactif à 56°. On a reconnu depuis que cette température détruit le complément, en laissant intact l'anticorps (d'immunisation) qui ne perd son activité qu'aux environs de 65°. Cette règle n'a d'ailleurs rien d'absolu. Les compléments de certaines espèces paraissent résister mieux à la chaleur (chèvre 62°, EHRLICH et MORGENROTH); d'autres seraient déjà détruits à 50° (chien, SACHS).

Tandis que l'anticorps persiste pour ainsi dire indéfiniment dans le sérum stérile, le complément disparaît à la température ordinaire après quelques jours, moins rapidement aux basses températures.

D'après PICK, les anticorps seraient précipités en compagnie des globulines par les solutions salines concentrées. Il les trouve dans la portion des globulines qui est insoluble dans l'eau pure et que l'on appelle euglobulines. D'après FUHRMANN, ils se partageraient entre les euglobulines et les pseudo-globulines (globulines humorales solubles dans l'eau pure).

L'action des fortes concentrations salines ne peut pas être étudiée sur les compléments, en raison de leur altérabilité très grande.

Les compléments sont détruits par les acides et les alcalis suffisamment concentrés et par les ferments protéolytiques (EHRLICH et SACHS).

BUCHNER avait montré, il y a longtemps, que l'activité bactériologique du sérum frais disparaît par la dialyse ou par la simple dilution dans l'eau pure, et qu'on peut la récupérer en rétablissant la salinité normale. Cette donnée relative à l'activité bactériolytique n'avait pas été étendue à l'hémolyse jusque récemment.

En 1907, deux travaux paraissaient simultanément sur cette question et apportaient des faits expérimentaux concordants :

Tous deux ont trait à une hémolysine d'immunisation. Le premier, de FERRATA, s'occupe de l'action d'un mélange de sérum chauffé de lapin immunisé contre les globules de chèvre (anticorps) et de sérum frais de cobaye (complément) sur les globules de chèvre.

Ce mélange est inactif en milieu sucré isotonique, malgré la fixation de l'anticorps sur les globules.

Si l'on soumet le sérum frais de cobaye à la dialyse dans l'eau pure, il abandonne (comme de règle) un précipité. Le précipité redissous en milieu salin est inactif sur des globules pourvus d'anticorps. Il en est de même du liquide qui baigne le précipité. Mais si par adjonction de sel on redissout le précipité dans le sérum dialysé lui-même, ou si l'on mélange la solution saline du précipité au sérum dialysé, on possède à nouveau une solution de complément.

FERRATA tire de ces faits la conclusion que le complément n'agit pas en milieu privé de sels, et que le complément est un complexe que la dialyse scinde en ses deux constituants. Des deux parties du complexe, la partie soluble dans l'eau pure est détruite à 56°, tandis que la partie insoluble supporte ce traitement sans être altérée.

En même temps que le travail de FERRATA paraissait un mémoire de SACHS et TERUUCHI. Les substances étudiées par ces auteurs furent : le sérum de cobaye (complément), les globules de bœuf et le sérum chauffé de lapin injecté de globules de bœuf. Si l'on dilue le sérum de cobaye dans l'eau pure et qu'on l'expose pendant quelque temps à 37°, avant de rétablir la salinité, on constate que son pouvoir hémolytique sur les globules chargés d'anticorps a complètement disparu. (Il va de soi que, dans ces expériences, on s'assure par des dilutions correspondantes en eau salée isotonique que la seule diminution de concentration du complément ne joue aucun rôle.)

Cette disparition du complément est déjà sensible à la dilution 1/2 : elle augmente progressivement avec le degré de dilution jusqu'à la dilution 1/10, passé laquelle elle rétrocède. La dilution 1/40 produit moins d'effet que la dilution 1/10.

La dilution n'a pas d'action aux températures basses (0° à 9°). Elle agit déjà très rapidement à la température ordinaire. A 37°, la disparition du complément peut être totale après 5 minutes. Chose étonnante, l'action destructive de la dilution est moins marquée sur du sérum datant de 1 ou 2 jours que sur du sérum frais.

Les auteurs constatent, en accord avec FERRATA, que le mélange d'anticorps et de complément n'agit pas sur les globules en eau sucrée, malgré la fixation de l'anticorps sur les globules. D'après SACHS et TERUUCHI, la cause en est la disparition définitive du complément en milieu sucré.

Les auteurs admettent donc que le complément est détruit dans les milieux privés de sels. Cette destruction serait l'œuvre d'un ferment soluble. Comme preuve à l'appui de cette manière de voir, les auteurs invoquent le résultat du chauffage à 51° du sérum frais de cobaye. Après ce traitement, ce sérum ne devient plus inactif par dilution dans l'eau distillée. Les expériences précitées comportent évidemment d'autres explications.

Ces observations établissent quelques nouvelles propriétés intéressantes des hémolysines.

Chose remarquable, Sachs et Teruuchi constatent que, tandis que le sérum de cobaye perd, en milieu sucré, son pouvoir de détruire les globules chargés d'anticorps, il exagère au contraire son pouvoir hémolytique *naturel* sur les hématies de chèvre. Cette dernière observation est en complet accord avec les observations de Nolf (1900) et de Henri et Girard-Mangin (1904), d'après lesquelles les hémolysines humorales normales (non produites par immunisation) sont plus actives en milieu sucré qu'en milieu salin.

Antagonistes des hémolysines. — A défaut de pouvoir isoler les substances actives du sérum, on pouvait espérer que la même méthode dont elles sont issues fournirait peut-être les moyens de les caractériser, de les atteindre individuellement, de les manier au cours des expériences.

En 1898, Camus et Gley d'une part, Kossel de l'autre, étaient arrivés, en habituant des animaux à des doses progressivement croissantes de sérum d'anguille, à obtenir, chez ces animaux, l'apparition d'une fonction anti-hémolytique. Leur sérum mélangé à l'ichtyotoxine s'opposait à toute action hémolytique de cette dernière.

Ces auteurs n'utilisèrent pas leur antitoxine comme réactif spécifique de l'hémolysine dans une étude de l'hémolyse. Le premier qui l'employa dans ce but fut Bordet. Il obtint d'abord, en injectant au lapin le sérum de poule, une antitoxine de ce sérum de poule, antitoxine analogue à celle de Camus, Gley et Kossel. Le sérum des lapins immunisés empêchait l'action hémolytique du sérum de poule sur toutes les espèces d'hématies qu'il détruit. Il injecta ensuite au lapin une hémolysine d'immunisation, le sérum du cobaye qui a reçu lui-même des globules de lapin. Le lapin réagit à l'injection de l'hémolysine, il produit une anti-hémolysine. Seulement ici les choses se compliquent. Puisqu'on sait, de façon certaine, que l'hémolysine injectée comprend un anticorps et un complément, il y a lieu de rechercher si la propriété antihémolytique est due à une neutralisation de l'anticorps ou du complément, ou des deux à la fois. Bordet, Ehrlich et Morgenroth et beaucoup d'autres auteurs sont entrés dans cette voie. Par des expériences d'autant plus ingénieuses que les conditions expérimentales se compliquaient, ils crurent pouvoir mettre en évidence l'existence d'anticompléments, d'anti-anticorps.

Pour démontrer la présence d'un anti-anticorps, Bordet fixe d'abord l'anticorps sur les globules. Il montre que ces globules ainsi imprégnés peuvent enlever à l'antisérum l'antihémolysine qu'il contient, alors que des globules normaux n'en font rien. Ces globules qui se sont chargés successivement d'anticorps et d'anti-anticorps ne se détruisent plus au contact du complément. Pfeiffer et Friedberger avaient montré que l'antisérum obtenu contre un sérum de chèvre antivibrionique neutralisait aussi le sérum de chèvre antityphique. Bordet prouva que cette propriété est générale, c'est-à-dire qu'un antisérum neutralise tous les anticorps du sérum correspondant. Supposons que l'on veuille obtenir l'antagoniste de l'anticorps contenu dans le sérum de cobaye immunisé contre les globules de lapin. Au lieu d'injecter le sérum spécifique de cobaye, on pourra injecter le sérum normal de cobaye, qui ne contient pas l'anticorps vaccinal, sans que rien soit changé aux propriétés de l'antisérum. Ce résultat ne s'explique qu'en admettant que tous les anticorps d'un sérum sont bâtis sur un type commun, de sorte que la substance antagoniste de n'importe lequel d'entre eux peut entrer en relation avec tous les autres.

On avait cru pouvoir démontrer l'existence, dans les anti-sérums, d'anticompléments, et plusieurs auteurs (Bordet, Ehrlich et Morgenroth) avaient même insisté sur la facilité de production de ces substances. On est actuellement d'avis que tous les faits cités en faveur de l'existence d'anticompléments, sont passibles d'une autre explication.

Elle est fournie par une observation de Gengou dont toute l'importance n'a été saisie que tardivement (Moreschi, Gay). Il a été dit plus haut que des globules chargés d'anticorps sont capables de dépouiller un milieu de tout le complément qu'il contient. On obtient ce résultat avec n'importe quelle espèce de globules ou n'importe quelle espèce de microbes, pourvu qu'ils soient chargés d'anticorps. A défaut d'un élément figuré, on peut même employer un élément dissous. GENGOU a démontré que, lorsqu'une solution d'ovalbumine est précipitée par son antisérum dans un milieu qui contient un complément, le précipité entraîne le complément tout comme le font un globule ou un microbe chargé d'anticorps.

GENGOU parle d'une sensibilisatrice de l'ovalbumine analogue à la sensibilisatrice du microbe ou de l'hématie. On peut obtenir le même résultat avec les sérums précipitant la caséine, le fibrinogène, un autre sérum, etc.

Or, quand on a voulu mettre en évidence la présence dans un antisérum d'un anticomplément, on a mélangé des globules chargés d'anticorps avec un sérum frais (complément) et son antisérum chauffé. Si l'hémolyse ne se produisait pas, on disait qu'il existait un anticomplément. MORESCHI a fait observer que l'antisérum contient ce que GENGOU appelle les sensibilisatrices des albuminoïdes du sérum frais. Quand on fait le mélange précité, ces sensibilisatrices, en s'unissant aux albuminoïdes du sérum frais, fixent, en même temps, le complément par une action indirecte. Ces anticorps des albuminoïdes du sérum sont, dans cette expérience, des anti-compléments à la façon d'un précipité de caséine et d'anticaséine.

Dans ces conditions, on pourra observer la déviation du complément chaque fois que, dans un liquide, se trouvent en présence un antigène, son anticorps et le complément.

S'il en est ainsi, on conçoit qu'il devient absolument impossible de savoir s'il existe des anticompléments vrais, aussi longtemps qu'on ne disposera pas de solutions rigoureusement pures de compléments. Cela d'autant plus que la déviation du complément est une réaction extrêmement sensible : MORESCHI a pu la constater encore dans des milieux qui ne contenaient que des traces de l'antigène (1/100 000 de sérum).

D'après MORESCHI, l'entraînement du complément par le complexe antigène-anticorps est d'autant plus considérable que le précipité est plus volumineux. D'autres auteurs ont confirmé ce fait. Mais il ne faudrait pas en conclure qu'en l'absence de précipité visible, le phénomène ne puisse pas se produire. On a cité de nombreux exemples de déviation de complément sans précipitation (NEISSER et SACHS, KLEIN, WASSERMANN et BRUCK, FRIEDBERGER, LIEFMANN, MUIR et MARTIN, etc.).

Isolysines. — BORDET, le premier, s'est demandé s'il y avait moyen d'obtenir une modification des propriétés du sérum d'un animal, en lui injectant, dans le péritoine, le sang d'un individu de la même espèce. Il injecta à des lapins du sang de lapin et rechercha si le sérum des animaux traités se comportait vis-à-vis des globules d'autres lapins d'une façon particulière. Le résultat fut négatif.

EHRLICH et MORGENROTH reprirent ces recherches. Seulement, au lieu d'injecter à leurs animaux d'expérience, qui étaient des chèvres, du sang normal de chèvre, ils soumirent ce dernier à un laquage préalable avant de l'administrer par la voie péritonéale. Ils font observer à juste titre que les globules d'une espèce ne subissent dans le péritoine d'un individu de la même espèce qu'une transformation incomplète et lente, de sorte que la réaction organique consécutive à cette administration peut être trop faible pour se manifester par des propriétés nettes du sérum. (HAYEM a d'ailleurs observé (1884) « que le sang injecté dans le péritoine est absorbé en nature et qu'il passe avec ses éléments anatomiques dans la circulation générale. ») Cette réaction doit être plus vive, si les globules injectés sont préalablement détruits, ce qui doit accélérer notablement la rapidité d'absorption des produits de leur désintégration.

Cette heureuse prévision fut confirmée par l'expérience, et les auteurs allemands constatèrent l'apparition de propriétés nouvelles très intéressantes dans les humeurs des animaux injectés. Le sérum d'un premier animal traité de cette façon avait acquis la propriété d'hémolyser les globules de certains de ses congénères (pas de tous), tandis qu'il ne manifesta, en aucun moment, une activité de ce genre à l'égard de ses propres globules ni *in vivo* (hémoglobinurie) ni *in vitro*. Il y avait donc eu production d'une substance qu'EHRLICH et MORGENROTH appellent *isolysine*, réservant le nom d'*autolysine* à celle qui dissoudrait les globules de l'animal vacciné lui-même. D'autres chèvres, B, C... subirent la même préparation, et leur sérum devint également isolytique. Mais, bien que le sang injecté à B et à C provînt du même animal, leur isolysine montra quelques différences, en ce sens que l'isolysine de B agit sur le sang de congénères insensibles au sérum de C, et réciproquement. De plus, les globules de B étaient sensibles à l'isolysine de A, tandis que le sérum de B n'agissait en aucune façon sur ceux de A. Il résultait de ces faits beaucoup d'obscurité dans l'interprétation des résultats.

Aussi renverrons-nous le lecteur au mémoire original. D'autant plus que la discussion des résultats présente plus d'intérêt au point de vue des théories de l'immunité et de certaines questions de pathologie qu'à celui de l'hémolyse envisagée en elle-même. L'isolysine ainsi obtenue par vaccination avait les propriétés des hémolysines d'immunisation.

Ultérieurement, Ascoli put également provoquer, par immunisation, un pouvoir isolytique chez le lapin.

D'autre part, différents auteurs ont trouvé, dans certains états pathologiques de l'homme, l'existence, dans le sérum, de propriétés isolytiques à l'égard des globules d'autres individus (Ascoli, Camus et Pagniez, Bezzola, Moreshi, Landsteiner et Leiner, etc.). Un cas particulièrement intéressant est celui des isolysines de l'hémoglobinurie paroxystique. Kretz, Mattirolo et Tedeschi avaient déjà attribué les altérations globulaires qui caractérisent cet état pathologique, à l'existence d'autolysines. Donath et Landsteiner ont montré l'existence, dans le sérum des patients atteints d'hémoglobinurie, d'un anticorps qui présente la particularité d'être fixé par les globules des patients quand on le fait agir sur eux à des températures basses (0° à 10°). L'hémolyse a lieu quand on replace à 37° le sang préalablement refroidi pendant quelque temps. Widal et Rostaine pensent que cette autolysine est normale, qu'elle existe à l'état de santé. Ce qui, d'après eux, caractérise l'hémoglobinurie, c'est l'absence d'une antihémolysine normale.

Nolf a observé la production d'autohémolyse dans le sang circulant du chien et du lapin privés de leur foie.

Observation microscopique. — Comme il a été dit plus haut, Creite et Landois avaient déjà soumis à un examen microscopique minutieux l'action des sérums hémolytiques normaux sur les globules. Dans ces dernières années, v. Baumgarten et ses élèves ont étendu ces recherches aux sérums hémolytiques spécifiques. Les observations de v. Baumgarten sont, de son aveu, la simple confirmation de ce qu'avaient vu les auteurs précédents. Pendant l'action d'un sérum actif sur les hématies non nucléées des mammifères, on voit se produire sous le microscope des modifications de forme et de volume. Dans certains cas, les globules gonflent instantanément et perdent immédiatement après leur hémoglobine. Dans d'autres cas, il se produit tout d'abord un rétrécissement, un ratatinement des globules, sans perte d'hémoglobine.

Il y a lieu de faire observer ici que, lorsqu'une hématie augmente de volume dans une solution saline que l'on dilue progressivement sous le microscope, elle commence par devenir sphérique, tandis que son diamètre transversal diminue, qu'il passe de 7 μ à 5 μ. Dans ce nouvel état, le volume de l'hématie est *augmenté*, malgré cette réduction de son diamètre transversal. Il y aurait lieu de savoir si c'est un rétrécissement de cette espèce que v. Baumgarten a observé.

Si le sérum a été chauffé à 56°, les hématies n'y montrent pas de changement de volume (mesuré à l'hématocrite), mais leur forme varie : de discoïdaux, ils deviennent sphériques. Cette altération de forme, non accompagnée de modification de volume, s'observe d'ailleurs aussi, si les globules sont placés dans des solutions salines isotoniques. Il semble donc résulter de ces observations que la modification la mieux établie que subissent les globules, quand ils sont sur le point de s'hémolyser dans un sérum, c'est un gonflement.

A vrai dire, ce gonflement des globules s'observe moins nettement si, à l'exemple de Dietrich, élève de v. Baumgarten, on mesure directement à l'hématocrite le volume globulaire. On observe, dans ces conditions, tantôt un gonflement initial, tantôt une diminution primitive de volume. Dans le sérum chauffé à 56°, il y a d'habitude une très faible diminution de volume, jamais de gonflement.

La méthode de l'hématocrite, qui utilise une force centrifuge très énergique, se prête d'ailleurs mal à des mesures de cette espèce. Son emploi n'est licite, comme il a été dit plusieurs fois, que pour autant que la paroi soit *complètement* imperméable aux sels. Or il est extrêmement probable que *tous* les agents hémolytiques suppriment l'imperméabilité de la paroi aux sels à des doses qui ne permettent pas encore la diffusion de l'hémoglobine. Dans ces conditions, une centrifugation énergique des hématies altérées doit nécessairement produire la sortie par *filtration* d'une partie du liquide endo-globulaire salin, c'est-à-dire une diminution du volume globulaire total.

Si l'on soumet à l'action des sérums hémolytiques des globules d'oiseaux ou de batraciens pourvus d'un noyau, on observe des transformations du corps cellulaire analogues à celles des hématies anucléées. Bordet, von Dungern, Metchnikoff n'ont jamais observé de dissolution vraie de ce stroma décoloré, ni du noyau.

Krompecher dit avoir obtenu, en injectant des globules de grenouille à des lapins, un sérum ayant la propriété de dissoudre complètement les hématies de grenouille, y compris le noyau. Ce résultat assez extraordinaire n'a pu être obtenu par Landau. Ce dernier auteur s'est également procuré par immunisation des sérums agissant sur les globules de grenouille et de tortue; il constata, après hémolyse par ces sérums, une simple décoloration des globules nucléés, avec conservation des stromas et des noyaux, conformément aux observations de Bordet, von Dungern, Metchnikoff sur les globules d'oiseau.

Antigène et anticorps. — La production d'un anticorps par l'organisme injecté de globules rouges étrangers est sa réponse à une excitation bien déterminée qu'exerce sur lui une des substances contenues dans le globule rouge, substance qu'on appelle antigène. Cette réaction est du type général de celles que l'on observe au cours des manœuvres d'immunisation. Elle aboutit à la production d'un anticorps par l'organisme injecté, anticorps qui possède, pour l'antigène injecté, une affinité très grande dont la caractéristique la plus nette est la spécificité : l'anticorps obtenu en injectant au lapin des globules de chien ne se fixe que sur les globules de chien, à l'exception des globules de tous les autres mammifères.

Quelle est dans le globule rouge la substance qui joue le rôle d'antigène? La question est très importante au point de vue de la compréhension de l'hémolyse, puisque sa solution nous indiquera le point précis de la surface globulaire où vient s'agrafer l'anticorps.

Bordet (1900) et Nolf (1900) firent, indépendamment l'un de l'autre, les premières recherches sur ce point. Bordet constata que les stromas de lapin injectés au cobaye provoquent aussi facilement la production de l'anticorps et de l'agglutinine que les globules intacts, tandis que l'hémoglobine extraite des globules ne donne rien. Nolf obtint, en injectant séparément à des lapins les stromas et le contenu globulaire des hématies de poule, des résultats quelque peu différents : l'injection des stromas produisit surtout des agglutinines, celle du contenu globulaire donna principalement l'anticorps, sans agglutinine. La différence s'explique peut-être par la manière d'opérer : Bordet hémolysait les globules par l'eau distillée, et il ajoutait ensuite assez de sel marin pour rendre au milieu une teneur d'environ 1 p. 100. Il séparait par centrifugation les stromas du liquide surnageant et les injectait séparément. Nolf hémolysait aussi à l'eau distillée, sans ajouter de sel (dans ses premiers essais). Il résultait de ces conditions expérimentales différentes que le liquide d'extraction des hématies (ce que Nolf appelait le contenu cellulaire) contenait, dans les expériences de Nolf, beaucoup plus d'éléments dissous du stroma que dans celles de Bordet. On sait en effet (voir **Hématie**) que les nucléoprotéides du stroma se dissolvent plus facilement dans l'eau pure que dans le milieu salin normal. Quand Nolf reprit ses expériences avec du sang de lapin, en suivant une technique analogue à celle de Bordet, il obtint les mêmes résultats que lui, c'est-à-dire que les stromas produisaient la formation d'anticorps aussi facilement que la quantité correspondante de globules.

Bordet démontra en outre que l'anticorps et le complément se fixent sur le stroma décoloré aussi facilement que sur l'hématie intacte. Nolf prouva que cette fixation sur les stromas est aussi spécifique que la fixation sur les globules. Les stromas de lapin fixent l'anticorps spécifique pour globules de lapin, pour lequel les stromas de globules de poule ne montrent aucune affinité.

Il résulte de ces expériences que l'antigène, qui provoque la formation de l'anticorps, est un constituant du stroma globulaire et que ce constituant passe partiellement en solution quand on hémolyse les globules par l'eau distillée.

Ultérieurement, LEVENE a produit des hémolysines, en injectant un extrait des stromas du chien dans le carbonate sodique et GUERRINI eut également un résultat positif avec les nucléo-protéides extraits par la méthode de HAMMARSTEN (cités d'après SACHS). DUBOIS a constaté que les globules de poule chauffés à 115° ne provoquent plus, quand on les injecte au lapin, la formation d'anticorps, bien que le sérum des lapins devienne encore agglutinant.

MUIR et FERGUSON ont vu que la fixation de l'anticorps accompagné du complément se fait encore sur les stromas obtenus après hémolyse par l'eau et l'éther. Le chauffage à 65° la diminue un peu, le chauffage à 100° ne la supprime pas complètement. Les liquides d'extraction des hématies par l'eau contiennent aussi de l'antigène (caractérisé par la fixation de l'anticorps et du complément), mais en bien moindre quantité que les stromas. On les en débarrasse par filtration sur porcelaine.

BANG et FORSMANN, ayant agité avec de l'éther la bouillie corpusculaire ou les stromas décolorés, obtinrent une solution éthérée dont le résidu peut provoquer, en injection, la formation d'anticorps. L'extrait éthéré est insoluble dans l'acétone. Après extraction par l'acétone, le résidu ne se dissout plus dans l'éther, mais il est soluble dans le benzol à chaud. La substance active de l'extrait éthéré n'est soluble ni dans l'alcool à 85 p. 100 à 45°, ni dans l'alcool à 92 p. 100 bouillant.

De plus, la fraction insoluble dans l'acétone, qui produit en injection la formation d'anticorps, est incapable de neutraliser l'anticorps, tandis qu'inversement la partie soluble dans l'acétone neutralise l'anticorps, sans pouvoir le produire.

Quand on chauffe les stromas à 100° pendant deux minutes, on détruit la propriété de fixer l'anticorps (non accompagné de complément), mais on n'enlève pas aux stromas le pouvoir de produire l'anticorps.

Ces résultats de BANG et FORSMANN tendraient à démontrer que l'antigène n'est ni une substance grasse, ni une lécithine, ni une substance albuminoïde. Il y a lieu d'accueillir avec réserve ces conclusions. Elles sont en désaccord, sur de nombreux points, avec l'ensemble des notions acquises en ce domaine. D'ailleurs d'autres auteurs sont arrivés à des conclusions opposées : LANDSTEINER et VON EISLER constatent que les lipoïdes (extrait éthéré des hématies) fixent les hémolysines, mais que ce pouvoir fixateur est beaucoup plus faible que celui de la quantité équivalente d'hématies. Ils en concluent que les substances sur lesquelles les hémolysines se fixent dans le globule intact sont des composés des lipoïdes avec les protéides.

D'après FROUIN, l'acétone enlève aux hématies des chiens une substance qui, injectée au lapin, provoque la formation d'hémolysine, tandis que le résidu de l'extraction par l'acétone ne donne que des agglutinines. FROUIN a obtenu le même résultat positif avec l'extrait acétonique du jaune d'œuf. L'auteur ne dit malheureusement pas si son hémolysine est spécifique. Ce point est tout à fait important. NOLF a montré (1900) que l'on peut rendre hémolytique le sérum de lapin à l'égard des globules de poule par l'injection des substances qui n'ont rien à faire avec ces globules, par exemple du sérum de cheval. Seulement ce pouvoir hémolytique n'est que l'exagération d'une propriété normale du sérum et il n'est pas dû à la formation d'un anticorps spécifique bien caractérisé.

Une autre cause d'erreur dans ces recherches, c'est qu'il suffit, pour provoquer la formation d'anticorps, de quantités extrêmement faibles de l'antigène. FRIEDBERG et DORNER ont obtenu la production d'anticorps par l'injection dans les veines du lapin de 0.5 milligr. d'une émulsion globulaire à 5 p. 100. L'existence, dans le produit que l'on essaie, de traces infinitésimales de l'antigène suffira donc pour fausser les résultats. Il faudrait que l'auteur, qui prétend avoir isolé l'antigène, démontrât qu'à poids égal, son produit est beaucoup plus actif que le globule rouge entier ou le stroma.

En attendant que cette démonstrvtion soit faite, il est conforme à l'ensemble de nos connaissances sur l'immunité d'admettre que ce sont les protéides globulaires qui comprennent l'antigène, puisque toutes les substances capables de produire la formation d'anticorps paraissent appartenir à la famille des albuminoïdes et corps apparentés.

On peut encore admettre que l'anticorps produit est doué d'affinité pour l'antigène et que l'hémolyse n'est pas autre chose que le résultat de l'union, dans le stroma globulaire, de l'antigène avec l'anticorps et le complément.

Étant donné que l'extrait aqueux des hématies est capable de provoquer la formation de l'anticorps, il y avait lieu de voir si cette propriété n'appartenait pas à l'hémoglobine. *A priori*, cette possibilité avait bien peu de chances de se réaliser, puisque l'hémoglobine forme, chez les mammifères, la très grosse part de l'extrait sec du globule et que néanmoins les recherches de Bordet et de Nolf assignaient une fonction antigène beaucoup plus considérable au stroma qu'au liquide coloré par l'hémoglobine.

Ide conclut cependant de ses premières recherches sur ce sujet que l'antihémoglobine se confond avec l'anticorps. Plus tard, il est revenu de cette opinion. Son élève, Demees, fait une distinction nette entre l'anticorps et l'antihémoglobine. Celle-ci est incapable de pénétrer les globules normaux, ni de les agglutiner, ni de les hémolyser (en association avec le complément). Elle ne peut atteindre l'hémoglobine et la précipiter qu'à l'extérieur des globules.

Pour obtenir son antihémoglobine, Demees emploie une solution d'hémoglobine obtenue de la manière suivante : le liquide de laquage est additionné de son volume de la solution saturée de sulfate ammonique, filtré et saturé de sulfate ammonique. Le précipité est purifié et débarrassé du sel par dialyse. Puisque le liquide de laquage brut provoque (en injection) la formation de l'anticorps et que la solution préalablement traitée par le sulfate ammonique à demi-saturation ne la donne plus, on est en droit de conclure que l'antigène contenu dans la solution brute est précipité par le sulfate ammonique à demi-saturation.

Hémolysines normales et hémolysines d'immunisation. — Il a été dit plus haut comment Bordet a démontré la nature double de l'hémolysine d'immunisation et comment Ehrlich et Morgenroth avaient pu obtenir la dissociation de la fonction hémolytique du sérum frais, en faisant absorber à 0° le seul anticorps par les globules. Dans leur 2e mémoire sur l'hémolyse, les auteurs francfortois se demandent déjà, si les hémolysines humorales naturelles, les alexines de Buchner, comprennent, elles aussi, un anticorps et un complément. Les recherches qu'ils firent pour trancher cette quesrien ne donnèrent pas de résultats aussi nets que les études précédentes sur les hémolysines d'immunisation. Les essais d'absorption isolée à 0° de l'anticorps ne donnent souvent que des résultats incertains pour les hémolysines naturelles, tandis qu'ils réussissent régulièrement avec les hémolysines obtenues par immunisation.

Aussi des voix autorisées se sont-elles élevées contre l'identité proclamée par Ehrlich et Morgenroth des hémolysines naturelles et artificielles (Bordet, Buchner, Gruber). Gruber s'est fait le champion de la nature simple de l'alexine normale de Buchner.

Gruber invoque à l'appui de sa manière de voir les résultats négatifs que l'on obtient dans certains cas avec l'hémolysine normale quand on veut la scinder à 0° par absorption isolée de l'anticorps. Il affirme en outre que s'il arrive fréquemment (l'école d'Ehrlich en a donné de nombreux exemples) qu'on renforce l'action hémolytique d'un sérum naturel en lui ajoutant un autre sérum naturel chauffé. il n'en va plus de même quand le sérum chauffé et le sérum frais sont fournis par le même animal. En d'autres termes, un sérum naturel chauffé ne facilite pas l'hémolyse par le même sérum frais, à l'encontre de ce qui se passe avec les sérums d'immunisation.

Sachs a repris un à un les exemples fournis par les contradicteurs de la théorie de son maître, Ehrlich, et il déclare être arrivé partout à prouver l'existence de deux constituants de l'hémolysine normale.

1er exemple : Sérum normal de bœuf et globules de lapin. Sachs avait déjà montré antérieurement qu'on peut compléter le sérum chauffé de bœuf par un sérum frais, inactif par lui-même, celui de cheval par exemple. Il utilise maintenant à cet effet le sérum du fœtus de vache, inactif lui-même, c'est-à-dire un complément de même espèce.

2e exemple : Sérum normal de chien et globules de lapin. On ajoute du sérum chauffé à un mélange de globules et de sérum frais, dans lequel la concentration du sérum frais est insuffisante pour produire seule l'hémolyse. Après adjonction du sérum chauffé, l'hémolyse s'opère.

3e exemple : Sérum normal de chien et globules de cobaye. On met les globules au contact avec le sérum, après avoir ajouté à celui-ci la quantité de solution concentrée de chlorure sodique strictement suffisante pour empêcher l'hémolyse. Dans ces conditions, l'anticorps seul est absorbé, comme on verra plus loin. Après un temps de contact suffisant, on décante le sérum et on dilue pour supprimer l'action du sel. On fait agir ce sérum sur des globules frais de cobaye avec et sans adjonction de sérum chauffé de chien. On constate que le sérum chauffé active énergiquement le sérum qui a été privé par le moyen précédent d'une partie de son anticorps.

Dans ces trois expériences, qui n'ont pas été réfutées, SACHS démontre que divers exemples typiques d'une hémolyse par alexine seule d'après BUCHNER, GRUBER, reconnaissent en réalité l'intervention de deux substances existant côte à côte dans le même sérum normal. Il est vrai de dire, avec lui, qu'on ne connaît, à l'heure actuelle, pas un exemple d'un sérum hémolytique pour lequel la preuve est faite qu'il n'agit que par une seule substance, l'alexine (complément). Au contraire, on a pu, dans tous les cas étudiés (sauf le sérum d'anguille), faire la preuve de la dualité. SACHS reconnait d'ailleurs que les anticorps normaux se comportent autrement que les anticorps d'immunisation à beaucoup de points de vue.

Ils sont absorbés beaucoup moins avidement par les globules. Ceux-ci ne les fixent que lorsqu'ils peuvent fixer en même temps le complément. C'est ce qui explique qu'à 0°, la séparation entre anticorps et complément se fait mal et que, d'autre part, des globules mis au contact d'un sérum normal chauffé peuvent ne pas lui enlever son anticorps (GRUBER). Une autre différence consisterait en la thermolabilité de certains amboceptors normaux (SACHS). Enfin il résulterait des expériences récentes de FERRATA et de SACHS et TERUUCHI que l'hémolyse par les hémolysines d'immunisation ne se fait pas en milieu sucré isotonique, alors que celle par les sérums normaux y est facilitée (NOLF, HENRI et GIRARD-MANGIN, SACHS).

En l'état actuel de la question, il est difficile de se rendre compte de l'importance de ces différences et de la signification qu'il faut leur donner.

Action des sels neutres sur l'hémolyse par le sérum. — NOLF (1900) a étudié l'influence de plusieurs sels alcalins et alcalino-terreux, à différentes concentrations, sur l'hémolyse par les sérums normaux, dans le but d'élucider, par ce moyen, la nature de l'action des hémolysines sur la paroi globulaire.

Il constata que :

1° Les concentrations hypertoniques des sels de potassium et de sodium empêchent l'hémolyse par le sérum. L'action empêchante croît avec la concentration (jusqu'aux concentrations 0,5 mol.).

2° En milieu isotonique, les sels de calcium, baryum, magnésium s'opposent à toute hémolyse.

3° En solution sucrée isotonique, l'hémolyse se fait plus facilement qu'en solution saline isotonique et, avec certains sérums, elle se fait d'autant mieux que la concentration du sucre est plus élevée.

NOLF n'étudia pas l'action des sels sur l'hémolyse par les sérums d'immunisation. MARKL examina l'action du phosphate acide de sodium. Ce sel empêche, d'après lui, la fixation du complément. Les concentrations hypertoniques du chlorure sodique ont la même action.

EHRLICH et SACHS confirmèrent ce fait; ils purent constater que les fortes teneurs salines ne s'opposent pas à la fixation de l'anticorps, mais qu'elles empêchent celle du complément.

BULLOCH constata qu'une même quantité (0,0007 cc.) du sérum obtenu en injectant à des lapins des globules de bœuf (ou leur stroma) produit le même degré d'hémolyse dans des émulsions globulaires préparées avec les solutions de NaCl à 0.85 p. 100, de KBr à 1.7 p. 100; de KCl à 1.4 p. 100; de KNO_3 à 1.5 p. 100, tandis que la dose deux cents fois plus forte de sérum ne produit rien dans les solutions d'oxalate de potassium à 1.6 p. 100; de Am_2SO_4 à 4 p. 100; de $MgCl_2$ à 1 p. 100; de $Mg(NO_3)_2$ à 1,5 p. 100; de $MgBr_2$ à 3 p. 100; de $ZnSO_4$ à 0.2 p. 100; de LiCl, à 0.7 p. 100; de Na_2SO_4 à 3.5 p. 100. Dans le sulfate magnésique à 5 p. 100, la dose de 2 cc. de sérum hémolytique ne produit aucun effet. Des globules qui séjournent dans le sulfate magnésique pendant deux heures n'y acquièrent cependant aucune immunité durable. Il suffit de les en tirer, de les placer dans le chlorure sodique, pour les voir s'hémolyser sous l'action des doses faibles de l'hémolysine. Le sulfate magnésique à concentration suffisante empêche l'hémolyse, en s'opposant à la fixation du complément sur les globules.

Hektoen arrive aux mêmes résultats. Il constate aussi que les sels des métaux alcalino-terreux s'opposent à l'action du complément, et qu'il en est de même des sulfates alcalins.

Bordet et Gay ont également noté que, dans les solutions isotoniques de citrate de soude, le complément ne se fixe pas.

Il semble résulter de ces données concordantes que les cations et les anions bivalents ou trivalents s'opposent énergiquement à l'hémolyse. Il est probable, en raison de ce qui a été dit à propos de l'imbibition de la gélatine, qu'ils portent leur action sur la paroi globulaire, dont ils influencent le degré d'imbibition par l'eau. Aux concentrations isotoniques, ils diminuent très probablement cette imbibition. Dans ces conditions, on peut prévoir, *a priori*, qu'ils s'opposent plus ou moins à la pénétration de toutes les substances qui agissent en sens inverse.

D'ailleurs, quand l'hémolyse est produite par un colloïde ou par plusieurs colloïdes, il faut prévoir une action possible des électrolytes (surtout plurivalents) non seulement sur la paroi globulaire, mais aussi sur les colloïdes hémolysants, action qui s'exercera à des concentrations d'autant moindres que les solutions de ces colloïdes sont moins stables. Il y aurait lieu de reprendre l'étude des sels sur les différents modes d'hémolyse, en se plaçant à ce point de vue. Il est probable qu'appuyée sur nos connaissances actuelles des colloïdes elle fournirait de précieux renseignements.

Henri et Cernovadeanu se sont occupés de l'action des faibles concentrations. Ils ont pu constater que les sels de magnésium favorisent, à dose faible, l'hémolyse des globules de cheval par les sérums naturels de bœuf, de chien, de lapin. L'action est optima à la concentration de 0.5 p. 1000 de $MgCl_2$. Aux doses plus élevées, l'influence se renverse. De favorisant, le sel devient empêchant, comme il a été démontré par les auteurs précédents. Cette action activante des concentrations faibles ne s'observe qu'avec les sels de magnésium. On n'observe rien de semblable à aucune concentration avec les sels de calcium, baryum, strontium, zinc, cobalt, nickel, manganèse.

RAPPORTS ENTRE LE DEGRÉ D'HÉMOLYSE ET LA CONCENTRATION DE L'ANTICORPS ET DU COMPLÉMENT

A. **Globules et anticorps.** — Il y a d'abord lieu de considérer les rapports qui existent entre les globules et l'anticorps, quand celui-ci est ajouté seul.

Morgenroth a fait, à ce sujet, une observation très intéressante. Après avoir fait absorber par des globules une quantité d'anticorps supérieure à celle qui est strictement suffisante à leur complète hémolyse, il les lave soigneusement au liquide physiologique, jusqu'à ce que les eaux de lavage ne leur enlèvent plus de quantité décelable d'anticorps. Puis il les met en suspension dans l'eau salée et leur ajoute des globules neufs. Après un certain temps de digestion, il introduit, dans le mélange, la quantité nécessaire de complément, et il constate une hémolyse intéressant tous les globules, ceux qui ont été saturés d'anticorps et ceux qui ont été ajoutés ensuite.

Le résultat ne s'explique que si l'on admet que les hématies saturées d'anticorps ont abandonné une partie de la substance active aux hématies normales qu'on leur a mélangées.

Une telle façon de se comporter prouve que l'union entre l'hématie et l'anticorps est un phénomène réversible. La concentration de l'anticorps dans le globule est fonction de la concentration dans le liquide ambiant. Vient-on à diminuer celle-ci, en ajoutant des hématies neuves, immédiatement les hématies saturées abandonnent une partie de l'anticorps dont elles sont pourvues, et l'échange continue tant qu'il y a différence de concentration d'une hématie à l'autre. En d'autres mots, il se produit une espèce de distillation de l'anticorps des premières hématies aux secondes, pendant toute la durée de laquelle la concentration de l'anticorps dans le liquide ambiant reste tellement faible, qu'on ne peut pas l'y mettre en évidence directement.

On obtiendrait exactement le même résultat, si l'on mélangeait des hématies chargées d'oxygène à des hématies privées d'oxygène, ou si l'on mélangeait des hématies chargées d'urée à des hématies normales. Le premier exemple se rapporte à un phénomène de combinaison chimique dissociable, le second est un pur phénomène de dissolution.

Pour trancher entre ces deux possibilités, il y a lieu d'étudier les rapports quantitatifs qui s'établissent quand on fait varier la quantité de deux constituants du mélange : hématie, anticorps.

Les premières données que l'on possède sur ce sujet sont dues à EHRLICH et MORGENROTH.

Ces auteurs déterminent la quantité d'anticorps suffisante pour produire, au bout d'une heure, l'hémolyse complète d'une quantité déterminée de globules en présence d'une dose largement suffisante de complément. Ils font ensuite des mélanges contenant la même quantité de globules et des multiples de la dose d'anticorps, ils laissent au contact pendant une heure, ils centrifugent et ils recherchent si le liquide décanté contient encore de l'anticorps. Dans certains cas (sérum de mouton injecté de sang de chien ou de globules de chien), on trouve déjà dans le liquide centrifugé un excès de sensibilisatrice, quand la dose de celle-ci mélangée aux globules est double de la quantité suffisant à l'hémolyse totale. Dans d'autres cas (sérum de lapins injectés de sang de chèvre ou de globules de chèvre), les globules peuvent absorber plus de cent fois la quantité de sensibilisatrice suffisant strictement à l'hémolyse totale.

Depuis ces premières recherches, plusieurs auteurs ont essayé de doser exactement la quantité d'anticorps absorbée par les globules et d'établir un rapport entre cette quantité absorbée et ce qui reste dans le liquide ambiant. Pour y arriver, il faut évidemment commencer par établir, dans une série expérimentale préalable, quel est le rapport entre le degré d'hémolyse et la teneur en anticorps dans un milieu qui contient une quantité constante de globules, une quantité constante de complément et des quantités variables d'anticorps. Cette courbe hémolytique étant dessinée, il est possible de l'appliquer au dosage de l'anticorps dans un liquide donné. L'expérience consiste donc à introduire, dans un milieu de volume constant et de teneur constante en hématies, des quantités d'anticorps variant entre des limites très larges. On laisse au contact pendant un certain temps, on centrifuge, on décante le liquide surnageant, et l'on dose la teneur en anticorps du liquide surnageant par le procédé qui vient d'être indiqué.

ARRHENIUS et MORGENROTH en collaboration d'abord, MORGENROTH ensuite, ont étudié par cette méthode deux exemples de l'absorption d'un anticorps spécifique par les globules correspondants.

Ils constatent que le rapport entre la concentration de l'anticorps dans les globules et la concentration dans le liquide ambiant est exprimé par une formule simple, analogue à celle qu'ARRHENIUS avait établie précédemment pour l'absorption des alcalis ou celle de la saponine. Dans leurs expériences, ils constatent un rapport constant K entre la teneur C dans les globules et la quantité B restée dans le liquide.

$$K = \frac{C^3}{B^2} \text{ ou } C = K_1 B^{2/3}$$

(K_1 est la racine cubique de K),

c'est-à-dire que l'anticorps se partage entre les globules et le liquide, comme se partage entre deux liquides non miscibles une substance soluble dans tous deux, quand sa grandeur moléculaire dans l'un d'eux (globules) vaut $\frac{3}{2}$ fois sa grandeur moléculaire dans l'autre (liquide extra-globulaire).

D'après ARRHENIUS, l'anticorps absorbé par le globule serait donc simplement dissous dans celui-ci. Seulement en raison de la solubilité plus grande dans les globules (et de la grandeur moléculaire plus élevée), la concentration par unité de volume serait beaucoup plus considérable dans les globules.

A priori, cette conception d'ARRHENIUS est faite pour étonner. La grande affinité de l'anticorps pour le globule et surtout la spécificité de la réaction plaident en faveur d'une union chimique. D'autre part, il existe tant d'analogies entre les rapports du globule et de l'anticorps et ceux d'une toxine et de son antitoxine, qu'un esprit non prévenu sera tenté d'admettre l'identité de nature de ces rapports. Or ARRHENIUS et MADSEN eux-mêmes ont fait une étude approfondie de l'union entre la tétanolysine et son antitoxine spécifique, d'où il résulte que cette union est un phénomène chimique réversible. Phénomène chimique, l'union de la toxine et de l'antitoxine; phénomène physique, l'union du globule et de l'anticorps; voilà une confrontation bien faite pour éveiller le doute.

Tout plaide au contraire en faveur de l'unité d'essence de ces phénomènes. Il suffira de citer une analogie particulièrement intéressante parmi toutes celles que l'on connaît. De même que l'injection d'un mélange neutre de toxine et d'antitoxine ne produit que peu ou pas de réaction humorale chez l'animal injecté, de même l'injection d'une émulsion de bacilles ou d'hématies chargés de leur anticorps spécifique (v. DUNGERN, SACHS) est tout à fait dépourvue d'action, elle ne provoque pas la formation d'anticorps. Ce fait ne se comprend pas bien, si l'on admet que l'union entre l'hématie et l'anticorps est de nature purement physique.

Tout en la rejetant, ARRHENIUS indique la possibilité d'une union de caractère mixte : combinaison chimique d'une partie de l'anticorps absorbé et dissolution de l'excédent. Si l'on fait abstraction des données numériques pour ne s'en tenir qu'à l'ensemble des données expérimentales et des raisons d'analogie, on sera fortement tenté de préférer cette dernière explication à celle qui a les sympathies d'ARRHENIUS.

On objectera les données numériques. Pour imposer une solution que d'autres arguments tendent à faire rejeter, il faudrait qu'elles fussent très nettes, très précises et universellement acceptées. Il s'en faut de beaucoup qu'elles satisfassent à ces exigences. Un auteur américain, MANWARING, a multiplié les déterminations expérimentales au sujet du problème qui nous occupe, le partage de l'anticorps entre les globules et le liquide ambiant. Il s'est efforcé, lui aussi, de donner à ses résultats une expression mathématique. Les données acquises dans des conditions expérimentales identiques aux précédentes ne concordent pas du tout avec la formule d'ARRHENIUS. Il lui est même arrivé, dans des expériences où il dosait (par la méthode indiquée) la teneur en anticorps du liquide baignant les globules, d'obtenir des résultats d'après lesquels il aurait fallu conclure que ce liquide contenait *après l'absorption plus* d'anticorps qu'avant l'absorption. De l'enquête très approfondie à laquelle il s'est livré, MANWARING tire une première conclusion tout à fait prépondérante : d'après lui, l'hémolyse par les sérums spécifiques échappe actuellement à l'analyse mathématique. On verra plus loin les raisons qu'il donne de cette incompatibilité.

B. Globules, anticorps et complément. — Si la combinaison entre les globules et l'anticorps isolé est réversible (MORGENROTH), il n'en est plus ainsi dès le moment où le complément est intervenu pour produire l'hémolyse (MORGENROTH). Pendant l'hémolyse, l'anticorps et le complément se fixent sur le globule, l'hémolyse consomme les deux constituants de l'hémolysine. Cette donnée expérimentale est de la plus haute importance pour la compréhension de l'hémolyse, d'autant plus qu'elle a une portée générale. En effet BORDET et GENGOU ont démontré que la fixation du complément est opérée aussi complètement et aussi définitivement par des microbes chargés d'anticorps que par les globules, et GENGOU a étendu cette donnée à la fixation du complément par les précipités que donnent certaines substances albuminoïdes (caséine, fibrinogène, etc.), quand on les mélange à leur antisérum.

Toutes ces réactions consistent en l'insolubilisation de deux (ou de trois) colloïdes qui se fixent les uns sur les autres, et cette insolubilisation est irréversible, c'est-à-dire que ces phénomènes présentent les caractères principaux de ce qu'on appelle une coagulation réciproque de colloïdes.

Il va de soi que, s'il existe dans le milieu un fort excédent de l'un ou de l'autre constituant de l'hémolysine, celui-ci peut ne pas entrer en réaction, de sorte qu'on le retrouve après l'hémolyse.

Mais, si l'excédent est faible, il faut s'attendre à le voir disparaître pendant la réaction. Le propre des réactions entre colloïdes, c'est d'être plus ou moins affranchies de la règle des proportions définies. C'est par cette propriété fondamentale qu'il faut expliquer le phénomène de DANYSZ, dans lequel une même quantité d'antitoxine neutralise complètement une quantité déterminée de toxine, si on lui ajoute la toxine en une fois, et ne la neutralise qu'incomplètement, si l'on fait l'adjonction de la toxine par fractions.

BORDET a fait l'expérience inverse : Il détermine la quantité A de globules qui, ajoutée en une fois à un volume donné de sérum actif, subit l'hémolyse totale. Puis il ajoute au même volume de ce sérum la même quantité A de globules par petites portions successives. Dans ces conditions, l'hémolyse se limite aux premières fractions, qui absorbent l'hémolysine en excès et ne la cèdent pas aux dernières. L'expérience doit être confrontée avec celle de MORGENROTH, où le mélange ne comporte que globules et anticorps et dans laquelle le partage se fait. La différence entre les deux indique nettement la nature de l'intervention du complément.

v. DUNGERN, GRUBER furent les premiers à tâcher d'établir un rapport entre le degré d'hémolyse et les concentrations en anticorps et complément. Il résulte de ces recherches que, d'une façon générale, pour une même quantité d'anticorps, l'hémolyse croît avec la quantité de complément et que la réciproque est vraie. REMY est arrivé à des conclusions analogues. D'après des recherches subséquentes de MORGENROTH et SACHS, cette règle souffre cependant des exceptions.

ARRHENIUS a étudié de plus près les rapports quantitatifs qui existent entre le degré d'hémolyse et la teneur du milieu en anticorps et complément.

Voici les résultats d'une série expérimentale faite avec des globules de bœuf, un sérum spécifique (a) chauffé de chèvre ayant reçu des globules de bœuf et du sérum (b) normal de cobaye. Les quantités des deux sérums sont exprimées en unités de 0.001 cc.

CONCENTRATION de b.	DEGRÉ de l'hémolyse pour une concentration de $a = 10$.	DEGRÉ de l'hémolyse pour une concentration de $a = 30$.	DEGRÉ de l'hémolyse pour une concentration de $a = 100$.	DEGRÉ de l'hémolyse pour une concentration de $a = 300$.	DEGRÉ de l'hémolyse pour une concentration de $a = 900$.
60	40 (46)				
40	39 (45)				
25	38 (42)				
15	39 (37)				
10	38 (33)	71 (84)	98 (100)	100 (100)	
6	22 (25)	59 (60)	85 (98)	98 (100)	
4	20 (20)	45 (44)	75 (66)	82 (73)	
2.5		24 (29)	51 (43)	47 (47)	
1.5		15 (18)	25 (25)	22 (28)	24 (29)
1			15 (17)	15 (19)	18 (20)
0.6			11 (10)	13 (11)	13 (12)

Les chiffres placés entre parenthèses expriment le degré d'hémolyse déterminé par le calcul suivant la formule :

$$(5\ a - x)\ (20\ b - x) = 90\ x$$

dans laquelle x représente de l'hémolysine formée par l'union de l'anticorps et du complément, la 100e partie de la quantité nécessaire à l'hémolyse totale des globules. De plus ARRHENIUS admet, d'après les résultats de MANWARING, que le degré d'hémolyse est proportionnel au carré de la concentration de l'hémolysine (x^2).

On voit à la lecture du tableau que, pour une concentration faible en anticorps ($a = 10$), il ne sert à rien d'augmenter beaucoup la valeur b, puisque des variations de concentration allant 10 b à 60 b ne changent guère le degré d'hémolyse.

De même, quand la quantité de complément est faible ($b = 1.5$), on ne gagne pas plus de 15 à 24, en degrés d'hémolyse, pour des variations de la concentration de l'anticorps allant de $a = 30$ à $a = 900$.

Les relations numériques sont ici totalement différentes de celles qu'on observe avec le venin de cobra. Elles indiquent nettement, d'après ARRHENIUS, que les deux constituants de l'hémolysine humorale sont consommés pendant l'hémolyse.

D'autres essais faits avec des combinaisons différentes de globules et d'hémolysines fournirent des résultats du même type général.

S'il est permis d'approuver sans réserve ARRHENIUS quand il affirme que la consommation équivalente des deux termes de l'hémolysine prouve leur combinaison chimique par addition, il y a lieu d'être très prudent avant d'accepter avec lui que le degré d'hémolyse est proportionnel au carré de la concentration de l'hémolysine. Cette relation empruntée aux déterminations de MANWARING est taxée par MANWARING lui-même de trompe-l'œil, formule de hasard, qui ne s'applique qu'à des séries expérimentales tronquées.

MANWARING a représenté graphiquement ses résultats obtenus avec les globules lavés de mouton, le sérum de chèvre immunisée contre les globules de mouton (anticorps) et le sérum normal de chèvre (complément).

La figure suivante, 73, représente les variations de l'hémolyse (ordonnées) dans un milieu contenant une quantité constante de globules et d'anticorps en fonction des concentrations du complément (abscisses).

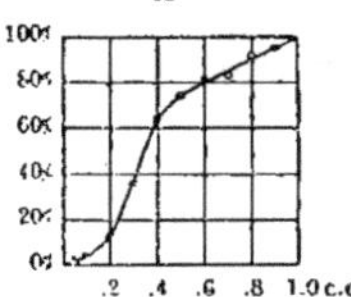

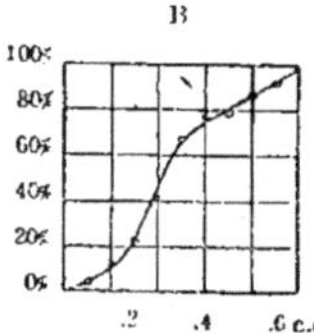

FIG. 73. — Le graphique A reproduit les résultats d'une expérience faite avec des globules imprégnés d'anticorps et lavés ensuite, auxquels on a ajouté des quantités variables de complément. Le graphique B reproduit les résultats d'une expérience où l'anticorps fut simplement ajouté au mélange des globules et du complément.

La figure 74 est relative à une expérience où l'on a fait varier l'anticorps dans un mélange dans lequel les quantités de globules et de complément sont constantes.

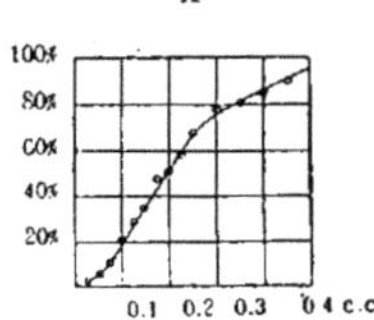

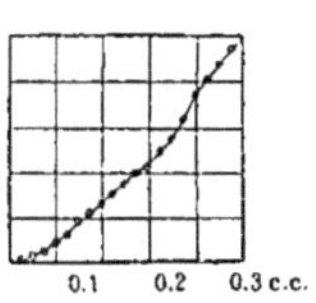

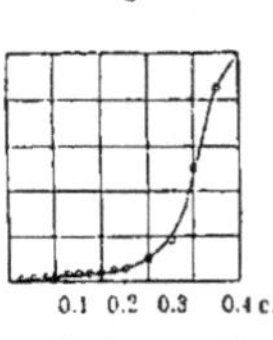

FIG. 74. — Les graphiques A, B, C ont trait à des expériences dans lesquelles les quantités ajoutées de complément furent respectivement 0.333 cc., 0.2 cc. et 0.066 cc.

Le tableau 75 donne des courbes analogues à la première (figure 73), mais se rapportant à toute une série de concentrations d'anticorps.

Chaque courbe correspond à une teneur constante en anticorps et globules. De l'in-

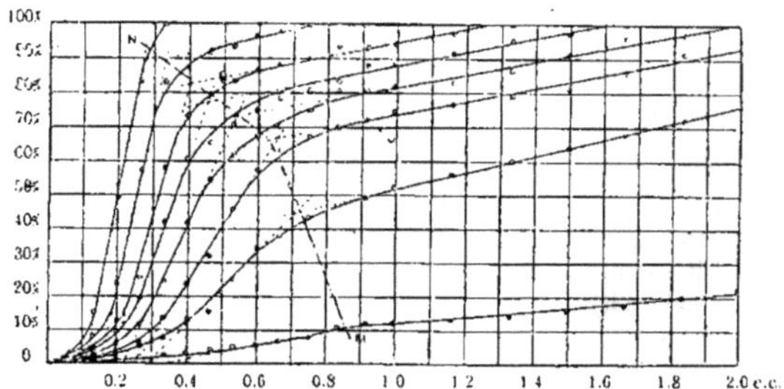

FIG. 75. — Courbes parallèles de même nature que celles de la figure 73. Les abscisses représentent les concentrations du complément.

férieure à la supérieure les concentrations d'anticorps s'élèvent graduellement de 0.01 cc. à 0.02 cc., 0.03 cc., 0.04 cc., 0.05 cc., 0.06 cc., 0.08 cc., 0.12 cc.

Le tableau 76 reproduit des courbes superposées analogues à celles de la figure 74, relatives chacune à une des expériences dans lesquelles on a fait varier l'anticorps. Chaque courbe correspond à une teneur constante en globules et complément, l'anticorps variant seul.

De l'inférieure à la supérieure, la concentration du complément s'est élevée progressivement de 0.033 cc., à 0.066 cc., 0.133 cc., 0.20 cc., 0.266 cc., 0.333 cc., 0.533 cc.

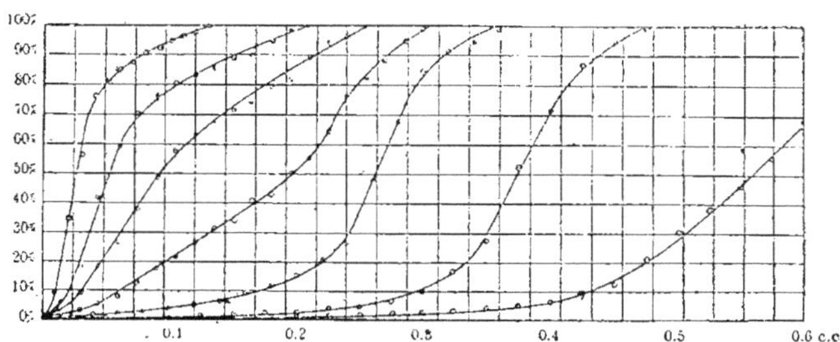

FIG. 76. — Courbes parallèles, de même nature que celles de la figure 74. Les abscisses mesurent les concentrations de l'anticorps.

La figure 77 représente les variations de l'hémolyse en fonction de la concentration d'un sérum spécifique frais complet (contenant anticorps et complément).

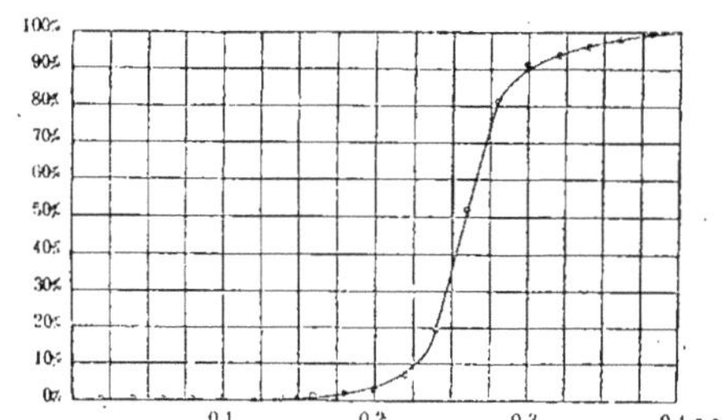

FIG. 77. — Courbe hémolytique représentant le degré d'hémolyse (ordonnées) en fonction de la concentration en sérum hémolytique d'immunisation frais (abscisses).

La figure 78 représente les variations de l'hémolyse en fonction de la concentration

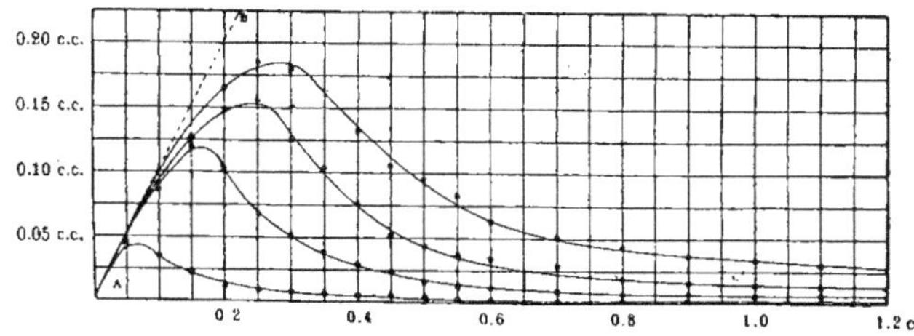

FIG. 78. — Courbes hémolytiques montrant l'influence de la richesse globulaire (abscisses) sur le degré d'hémolyse.

globulaire pour une teneur constante en hémolysine. Les quatre courbes sont relatives à quatre concentrations croissantes (en allant de bas en haut) de sérum hémolytique : 0.133 cc., 0.166 cc., 0.20 cc., 0.233.

Enfin la dernière figure 79 est relative à des mélanges comprenant de petites quantités d'anticorps ou de complément.

Dans la partie supérieure sont figurées les variations de l'hémolyse dans un mélange contenant une quantité constante de globules, une petite quantité constante d'anticorps (respectivement 0.0135 cc. et 0.018 cc.) et des quantités variables de complément.

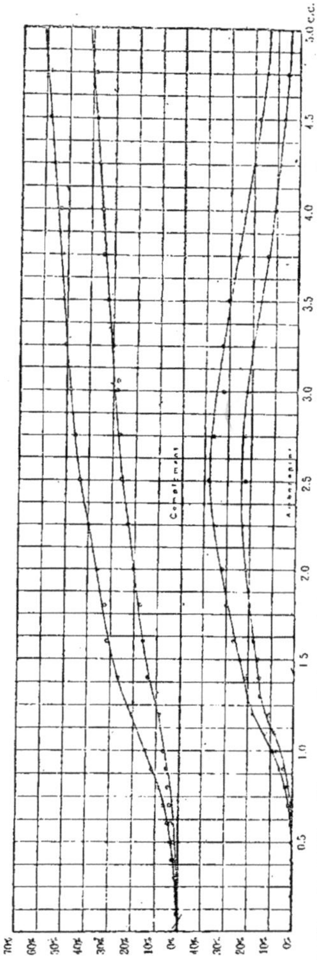

Dans la partie inférieure, la quantité de globules est la même, les quantités de complément sont constantes (respectivement 0.0135 cc. et 0.018 cc. L'anticorps varie seul.

L'ensemble des résultats de Manwaring est très complet.

L'allure des courbes fait bien ressortir la complexité des phénomènes, la difficulté d'une analyse mathématique. On ne peut qu'approuver l'auteur quand il les donne comme un ensemble de résultats objectifs, dont il est actuellement impossible de fournir une explication satisfaisante.

Fig. 79. — La moitié supérieure montre l'influence de la teneur en sérum frais (abscisses), sur l'hémolyse dans des milieux pauvres en anticorps. La moitié inférieure montre l'influence de la teneur en sérum spécifique chauffé (abscisses) sur l'hémolyse dans des milieux pauvres en complément.

Il est hautement intéressant de constater que les courbes dessinées par Manwaring ont exactement la même forme en S que celle qui exprime, d'après Lapicque et Lesage, l'hémolyse par l'eau distillée (voir fig. 77). Il est très probable, comme le dit Lapicque, que cette forme très particulière est attribuable aux différences de résistance des différentes hématies contenues dans l'émulsion.

Il existe dans le sang des espèces globulaires de résistances croissantes : r^1, r^2, r^3, r^4, etc. Si chaque espèce était représentée dans le sang par un nombre constant d'individus, en d'autres mots, s'il y avait autant d'individus de résistance r^1 que d'individus de résistance r^2, r^3, etc., on observerait probablement la destruction de tous les globules r^1 dans un milieu contenant la concentration c^1 d'hémolysine, de tous les globules r^2 dans le milieu de concentration c^2, etc. (à condition de laisser produire à l'hémolysine toute son action), de sorte que le degré d'hémolyse croîtrait régulièrement avec la concentration. Mais il en est pour les cellules du sang comme pour les individus de toute espèce biologique : les individus de qualités moyennes forment la très grosse majorité, tandis que les formes aberrantes sont de moins en moins nombreuses à mesure qu'elles s'écartent qualitativement davantage du type moyen. Dans le sang, les globules de résistance moyenne r^m sont de loin les plus nombreux, tandis que les résistances extrêmes (la plus grande et la plus petite) sont représentées par un minimum d'individus. Quand on fait agir l'hémolysine à des concentrations progressivement croissantes sur un mélange de cette composition, on doit obtenir nécessairement (au lieu d'une augmentation régulièrement progressive de l'hémolyse, figurée par une droite) d'abord une accentuation très lente de l'action hémolytique (zone des hématies de faible résistance), puis une accentuation de plus en plus considérable (zone des hématies de résistance moyenne) et enfin un renversement, une action de moins en moins nette des doses surajoutées (zone des hématies de forte résistance), c'est-à-dire la courbe en S de LAPICQUE et de MANWARING (NOLF).

La dernière figure de MANWARING présente un intérêt particulier, parce qu'elle illustre remarquablement un phénomène très intéressant qu'on a appelé le phénomène de NEISSER-WECHSBERG.

Déviation du complément. — NEISSER et WECHSBERG ont publié en 1901 une expérience qui a eu un grand retentissement dans le monde des hématologistes. En voici le principe :

Si l'on prépare des milieux contenant une même quantité de vibrions vivants, une faible quantité de sérum frais (complément) et des quantités variables de sérum spécifique chauffé (anticorps), on constate, dans certaines limites, que le pouvoir bactéricide augmente avec la concentration de l'anticorps. Mais, passé une certaine concentration, le rapport se renverse : plus on augmente la quantité de sérum spécifique chauffé, moins forte est l'action bactéricide. EHRLICH a immédiatement vu tout le parti que l'on pouvait tirer de cette expérience comme argument contre la théorie de BORDET. Aussi s'est-on efforcé de reproduire avec les hématies les observations faites sur les microbes. Les résultats furent négatifs en général. Cependant BUCHNER est parvenu à reproduire le phénomène de NEISSER et WECHSBERG à propos d'une hémolyse par un sérum, et KYES et SACHS l'ont également observé avec le cobra-lécithide. ARRHENIUS dit aussi avoir pu, grâce au dosage de l'hémoglobine diffusée, mettre en évidence, dans des expériences d'hémolyse, une influence empêchante des fortes concentrations du sérum spécifique.

Voici le protocole d'une expérience faite par lui avec des globules de bœuf, du sérum chauffé de lapin immunisé (anticorps) et du sérum frais de cobaye (complément).

QUANTITÉ DE SÉRUM chauffé, exprimée en unités de 0cc.001.	DEGRÉ DE L'HÉMOLYSE dans une série dont tous les tubes contiennent 0cc.010 de sérum frais de cobaye.	DEGRÉ DE L'HÉMOLYSE dans une série dont tous les tubes contiennent 0cc.006 de sérum frais de cobaye.	DEGRÉ DE L'HÉMOLYSE dans une série dont tous les tubes contiennent 0cc.004 de sérum frais de cobaye.
1	31		
10	45	37	30
30	100	81	71
50	100	87	65
100	100	92	64
200	100	35	15
300	64	24	7

La figure 79, empruntée aux expériences de MANWARING, fournit un autre exemple très net de diminution progressive de l'hémolyse dans un milieu qui contient une petite quantité de complément et des quantités croissantes d'anticorps.

Il est donc bien établi actuellement, par des déterminations rigoureuses et concordantes, que la déviation du complément, découverte à propos de bactériolyse, peut aussi s'observer dans des expériences d'hémolyse.

On a donné de la déviation du complément un grand nombre d'interprétations. Voici l'explication qu'en donnent NEISSER et WECHSBERG, en conformité avec la théorie d'EHRLICH. Quand un milieu contient, outre les cellules *e*, un fort excès de l'anticorps spécifique *a*, le complément *b* se trouve sollicité par deux affinités : l'affinité complémentophile des amboceptors restés libres *a* et celle des amboceptors fixés *ca*. Si la première est plus forte que la seconde, le complément restera en solution. Il sera dévié.

ARRHENIUS nie la validité de ce raisonnement. Si l'on suppose, dit-il, que les combinaisons *ab* et *ea* existent dans le milieu et que la combinaison *eab* est susceptible d'existence, sa production ne dépend que d'une condition : il faut et il suffit que *e* ait plus d'affinité pour *ab* que pour *a*. Si cette condition n'est pas réalisée, il n'y aura pas d'hémolyse, même si *a* n'est pas en excès. Si elle l'est, il y aura hémolyse, malgré l'excès.

Il semble cependant que dans un système de ce genre, quand *e* et *b* sont limités, un large excès de *a* puisse entrer en compétition avec *ea* pour la possession de *b* et lui enlever une partie de *b* (Nolf).

Quoi qu'il en soit, Arrhenius préfère l'hypothèse suivante : il admet que la paroi globulaire n'est pas perméable à *ab*, mais qu'elle l'est aux termes isolés *a* et *b*.

Quand il y a un large excès de *a* dans le milieu, tout *b* est combiné à *a* : il n'y a plus ou presque plus de *b* libre, le seul qui puisse entrer dans les globules pour s'y combiner à *e* et à *a*, de sorte que l'hémolyse serait empêchée ou tout au moins fortement retardée.

Il faut cependant considérer que, quelque faible que soit la concentration de *b* libre, la rapide absorption de cette fraction par les cellules aurait pour effet de rompre immédiatement l'équilibre *ab*. De nouvelles quantités de *b* seraient mises en liberté, absorbées par les cellules, et ce mouvement ne s'arrêterait qu'après fixation totale de *b* par les cellules. On peut se demander, en raison de la rapidité habituelle de l'absorption du complément, si, par le mécanisme imaginé par Arrhenius, une hémolyse peut être fortement retardée, et le phénomène de Neisser-Wechsberg expliqué. Cette interprétation suppose d'ailleurs l'imperméabilité de la paroi globulaire à *ab*, ce qui est une pure hypothèse.

Gay a émis l'opinion suivante. Il rappelle l'observation de Gengou, d'après laquelle le précipité que donne un sérum avec son antisérum fixe le complément. Il montre que si l'on injecte à des lapins le sang défibriné du bœuf, on obtient un sérum qui précipite le sérum du bœuf et qui hémolyse les globules lavés du bœuf. Quand à un mélange de globules bien lavés et d'un peu de sérum frais de lapin normal (complément) on ajoute de grandes quantités de ce sérum antibœuf, on constate l'hémolyse. Pour empêcher cette hémolyse, il suffit d'introduire en même temps que le sérum antibœuf de très faibles quantités de sérum de bœuf (ou d'employer des globules de bœuf non lavés). On comprend ce qui se passe : le sérum bœuf se combine au sérum antibœuf. Il se produit dans le liquide extra-globulaire un précipité, qui fixe une partie du complément, et l'hémolyse n'a pas lieu (ou elle est affaiblie).

Cette explication de Gay est-elle applicable à tous les cas de déviation du complément? Cela n'est pas certain. D'après les données mêmes de l'auteur, son explication ne vaut plus pour les expériences faites avec des globules soigneusement lavés. Or les expériences précitées d'Arrhenius et de Manwaring ont été faites avec des globules lavés. Les émulsions employées par ces auteurs contenaient-elles, malgré le lavage, des quantités d'albumines humorales suffisantes pour donner naissance à la formation d'un complexe qui fixe tout ou partie du complément? C'est un point qui n'a pas été envisagé.

On pouvait d'ailleurs aller plus loin que Gay dans le même ordre d'idées et se demander si les hématies elles-mêmes ne peuvent pas abandonner au liquide ambiant des substances précipitables. Les hématies émulsionnées dans le chlorure sodique ne sont pas dans un milieu tout à fait normal. Au bout d'un certain temps, elles doivent s'y altérer. Peut-être cet état de souffrance se traduit-il par l'abandon au milieu ambiant de traces de leur substance cellulaire. Peut-être même cette dissolution très partielle est-elle favorisée par la présence dans le milieu ambiant de grandes quantités d'anticorps. (Cette dernière supposition ne vaudrait que pour le cas où il n'y a pas de précipitation extra-globulaire.) Dans ces conditions, les hématies se trouvent dans leur émulsion un peu comme les bactéries dans leur culture. L'antigène n'est plus exclusivement confiné dans les corps cellulaires : une partie est dissoute dans le liquide ambiant. Quand on ajoute l'anticorps, le complexe antigène-anticorps se fait dans les cellules et hors d'elles, et le complément se partage.

Il y a d'ailleurs encore d'autres explications possibles. Il suffit que l'antisérum contienne, à côté de l'anticorps, des substances empêchantes en concentration déterminée, pour qu'on puisse constater de l'hémolyse aux faibles concentrations et le manque d'hémolyse aux fortes. On peut faire des constatations de ce genre en matière de coagulation du sang. De petites quantités de certains plasmas ou sérums sont agents coagulants, de fortes quantités sont agents anticoagulants (Nolf).

Auxilysines et antilysines humorales. — Dans ses soigneuses déterminations hémolytiques faites avec du sérum de chèvre immunisée contre les globules de mouton,

Manwaring a constaté que le sérum normal de chèvre chauffé à 56° pouvait avoir sur l'hémolyse produite par le sérum spécifique une influence parfois considérable. Certains sérums rendent l'hémolyse beaucoup plus active, d'autres sérums la retardent, d'autres encore n'ont aucune influence. D'autre part, si l'on chauffe un seul et même sérum pendant plusieurs heures et qu'on l'examine dans son action sur l'hémolyse à différents moments de la chauffe, on pourra constater deux successions de pouvoirs antilytique et auxilytique. Il existe donc dans le sérum, conclut Manwaring, outre l'anticorps et le complément, un (ou plusieurs) troisième composant dont on ne peut négliger l'action, surtout dans une étude quantitative du phénomène. Et c'est là une des raisons pour lesquelles on ne peut pas interpréter complètement, avec nos connaissances actuelles, les courbes hémolytiques.

Bordet et Gay ont étudié un cas spécial où un troisième constituant joue un rôle prépondérant. Il s'agit de l'hémolyse des globules de cobaye dans un mélange de sérum chauffé de bœuf (normal) et de sérum frais de cheval (normal). D'après l'analyse des phénomènes, le sérum de cheval fournit l'anticorps et le complément, qui sont insuffisants pour produire seuls l'hémolyse. Le sérum chauffé de bœuf apporte une troisième substance, qui est un colloïde. Cette substance ne se fixe pas sur les globules normaux, elle est seulement absorbée par les globules qui se sont préalablement chargés de l'anticorps et du complément de cheval. Son absorption a pour effet d'agglutiner énergiquement les hématies et de les hémolyser.

Vitesse de l'hémolyse par un sérum hémolytique normal. — V. Henri et ses collaborateurs ont fait l'étude des conditions de l'hémolyse des hématies lavées de poule par le sérum de chien normal.

Un premier point important, c'est que la quantité d'hémoglobine diffusée après un certain temps pas trop long (1/2 à 1 heure) est indépendante de la richesse globulaire du milieu. De plus, la quantité des globules qui peuvent être hémolysés (dans des émulsions à 10 p. 100 de globules) par une quantité déterminée de sérum est limitée, même si l'on prolonge l'expérience. Comme le fait remarquer Henri, la première constatation établit une analogie entre l'hémolyse par le sérum de chien et les processus enzymatiques, tandis que la seconde constitue une différence essentielle entre eux. Les résultats suivants indiquent le degré d'hémolyse maxima (exprimé en centièmes de l'hémolyse totale) des mélanges de volume constant et de teneur constante en hématies.

Quantité de sérum. . . .	$0^{cc}.3$	$0^{cc}.4$	$0^{cc}.5$	$0^{cc}.75$	1^{cc}	$1^{cc}.5$
Degré d'hémolyse	15	19.	30	56	93	100

Si l'on recherche le rapport qui existe entre le degré d'hémolyse et la concentration du sérum, on ne constate pas de rapport constant. Dans les premiers temps seulement, le degré d'hémolyse est proportionnel au carré de la concentration du sérum.

Quantité de sérum	$0^{cc}.15$	$0^{cc}.2$	$0^{cc}.3$	$0^{cc}.4$	$0^{cc}.5$	$0^{cc}.75$	1^{cc}	$1^{cc}.5$	2^{cc}
Degré d'hémolyse après 12 min.							8.5	19.5	30
— — 36 min.			5	6.9	10	28.2	66.6	95.6	
— — 76 min.		4.1	8.4	13	19.5	47	78.5	98.3	100
— — 107 min.	3.3	5.5	11.7	15.7	23.6	50	85	100	100
— — 200 min.	4.8	7.9	14.4	18.3	29	55	90	100	100

Si l'on étudie la marche du phénomène dans le temps, on constate que, pendant les 5 à 10 premières minutes, la vitesse est très faible, souvent inappréciable pour de petites quantités de sérum. Cette première partie correspond à la fixation de l'hémolysine par les globules.

La courbe qui indique le degré de l'hémolyse en fonction du temps, présente donc une première partie très courte qui s'élève très peu au-dessus de l'axe du temps, puis un point d'inflexion et enfin une partie courbe à concavité tournée vers l'axe du temps. Si l'on prend le point d'inflexion comme origine de la courbe et si l'on calcule le degré d'hémolyse, en prenant comme unité, a, la quantité d'hémoglobine diffusée au moment où l'hémolyse cesse de progresser, on constate que la vitesse de l'hémolyse se produit suivant une loi logarithmique.

$$K = \frac{1}{t} \log \frac{a}{a-x}$$

Si l'on introduit l'hémolysine en une fois dans des milieux, auxquels on ajoute successivement les globules, on constate que dans les premiers temps, l'hémolyse se fait plus rapidement que dans un tube témoin où les globules ont été mis en une fois; mais, au bout d'un certain temps (pour des concentrations suffisantes d'hémolysine, le rapport se renverse : l'hémolyse est plus forte dans le milieu où les globules ont été introduits par fractions, ce qui ne s'explique que par le passage de l'hémolysine des globules décolorés sur les globules intacts. Ce résultat établit une différence avec ce qui se passe pour les hémolysines spécifiques (expérience de BORDET). Si l'on ajoute de l'hydrate ferrique colloïdal au milieu qui contient les hématies et le sérum, on aura une influence favorisante sur l'hémolyse, si l'addition d'hydrate précède de 10 minutes celle du sérum ou si elle la suit de 10 minutes; empêchante, si elle est faite en même temps. Ce dernier effet est dû à la précipitation de l'hémolysine par l'hydrate dans le liquide extra-globulaire.

Mlle CERNOVODEANU constate que l'hémolyse produite par un mélange de deux sérums peut être supérieure, inférieure ou égale à la somme des hémolyses produites par chacun des sérums séparés; que deux sérums *a* et *b* peuvent s'activer pour l'hémolyse des globules d'espèce C et se neutraliser pour l'hémolyse des hématies d'espèce D.

Mécanisme de l'hémolyse par les sérums. — Un grand nombre d'explications ont été données de ces phénomènes obscurs. On se bornera à caractériser ici, dans leurs traits essentiels, les principales tendances qui se sont fait jour successivement.

Théorie de BUCHNER. — La plus ancienne ancienne opinion est celle de BUCHNER, pour qui les alexines (hémolysines du sérum normal) sont des ferments solubles dont la fonction est de détruire des édifices protoplasmiques structurés.

Ces ferments solubles auraient une origine leucocytaire. A l'heure actuelle, METCHNIKOFF défend une opinion semblable. NOLF a objecté que, pour faire admettre l'existence d'un processus enzymatique, il faudrait pouvoir caractériser celui-ci, et par son agent, et par ses produits, et par ses modalités.

Son agent (l'hémolysine ou ses deux constituants) a les caractères généraux des colloïdes, ce qui n'est pas suffisant pour en faire une enzyme.

Les produits principaux de l'hémolyse sont un stroma et de l'hémoglobine. Ces mêmes produits, on les obtient par l'action des milliers d'agents hémolytiques dont nous disposons. La séparation de l'hémoglobine et du stroma est une pure action physique, un phénomène de diffusion, comme il ressort de tout ce qui a été dit dans cet article. On pourrait supposer que, si elle n'a pas à opérer la séparation de l'hémoglobine et du stroma, l'hémolysine la prépare peut-être en exerçant une action enzymatique sur le stroma. Pour admettre celle-ci, il faudrait, encore une fois, en trouver les produits. L'hémolyse n'est pas un processus protéolytique; NOLF, GRUBER ont cherché vainement dans les milieux hémolysés la présence d'albumoses ou de peptones. Elle ne semble pas être davantage un processus lipolitique, bien que NEUBERG ait récemment attiré l'attention sur cette possibilité.

Dans ses modalités, l'hémolyse par les sérums s'écarte essentiellement des fermentations, en ce que l'hémolysine est (d'après la plupart des auteurs) consommée pendant l'hémolyse.

Il est impossible, à l'heure actuelle, de fournir un seul argument topique en faveur de l'opinion de BUCHNER, mais il est tout aussi impossible de la rejeter définitivement. Nos connaissances sont loin d'être assez complètes.

Théorie de BORDET : BORDET attribue à l'alexine (complément) l'action hémolytique. Mais l'alexine est, par essence, une substance à affinités peu accusées. Quand elle est seule, l'alexine a peu de tendance à s'attaquer à telle cellule plutôt qu'à telle autre.

C'est ici qu'intervient la sensibilisatrice (anticorps). A l'inverse de l'alexine, la sensibilisatrice est spécifique. Elle est douée d'une affinité très vive pour la cellule à laquelle elle correspond. En se fixant sur elle, elle la rend accessible à l'action de l'alexine. Soit un mélange des hématies A et B, et d'une alexine insuffisante par elle-même pour les détruire les unes ou les autres. Ajoutons de la sensibilisatrice A correspondant aux hématies A; immédiatement, les hématies A se détruisent, à l'exclusion des hématies B. Si, au lieu d'ajouter la sensibilisatrice A, on ajoute la sensibilisatrice B, ce seront les hématies B qui se détruiront.

Dans le premier cas, les globules A, après leur imprégnation par la sensibilisatrice A, sont devenus susceptibles d'être attaqués par l'alexine, ils ont été sensibilisés à son action. Dans le second cas, le même phénomène s'est passé pour les globules B.

Cette façon de concevoir le rôle de la sensibilisatrice et de l'alexine découle des recherches de BORDET sur l'immunité contre les microbes, d'où sont issus les travaux sur les hémolysines humorales spécifiques. La sensibilisation par le sérum spécifique fut primitivement (1899) conçue plutôt comme un affaiblissement de la cellule (microbe ou globule) dans sa résistance à l'alexine.

Ultérieurement (1901), BORDET précisa sa façon de comprendre cette débilitation de la cellule vis-à-vis de l'alexine : « La sensibilisation modifie la cellule de manière à lui permettre d'absorber directement l'alexine. L'action de la sensibilisatrice sur les éléments cellulaires serait donc comparable à celle de certains agents fixateurs ou mordançants, lesquels confèrent à certaines substances la propriété d'absorber des couleurs qu'elles refusaient auparavant. »

NOLF exprimait (1900) la même opinion, sous une forme un peu différente : « L'anticorps doit être considéré comme une substance qui augmente, dans des limites plus ou moins étendues, le coefficient d'absorption des globules pour les alexines. »

Dans cette manière de concevoir le phénomène, c'est donc par une action directe de l'alexine sur le globule qu'est opérée la destruction de celui-ci. La sensibilisatrice joue le rôle de simple adjuvant.

En cela, la théorie de BORDET se sépare complètement de celle d'EHRLICH et MORGENROTH.

*Théorie d'*EHRLICH *et* MORGENROTH : L'hémolyse est un phénomène chimique; il résulte de la combinaison chimique entre le protoplasma de l'hématie, l'*amboceptor* (sensibilisatrice) et le complément (alexine). L'amboceptor est le terme intermédiaire nécessaire entre le protoplasma et le complément. Il est doué d'une affinité bipolaire (d'où son nom). L'un de ses pôles s'agrafe au protoplasma; l'autre fixe le complément. La fixation au protoplasma est purement chimique, elle se fait par l'intermédiaire d'un chaînon. D'après EHRLICH et MORGENROTH, la surface du protoplasma vivant, conçu comme entité chimique, comprend un noyau central hérissé d'une foule de chaînes latérales, pourvues chacune d'affinités spécifiques. Celles-ci se saturent au contact des éléments dissous dans le milieu ambiant. Chaque chaînon peut ainsi fixer chimiquement les substances pour lesquelles il a de l'affinité.

Quand un amboceptor se fixe sur une cellule, c'est que cette cellule contient un chaînon capable d'entrer en combinaison avec lui. Cet amboceptor se soude alors, par un de ses pôles (pôle cytophile), à ce chaînon. S'il existe dans le liquide ambiant des molécules de complément libres, l'autre pôle (pôle complémentophile) de l'amboceptor se coiffe du complément, et la double union, d'où procède l'hémolyse, se trouve réalisée.

D'après ce qui précède, jamais l'union entre protoplasma, d'une part, complément, d'autre part, n'est directe. L'amboceptor est l'intermédiaire obligé entre les deux.

La fixation sur la cellule d'amboceptors pourvus de leur complément est un cas particulier d'un processus qui assure, dans les conditions habituelles, la nutrition cellulaire.

Pourquoi cette fixation, quand elle porte sur une hémolysine, entraîne-t-elle la destruction de la cellule? Parce que, dit la théorie d'EHRLICH et MORGENROTH, l'hémolysine est un poison cellulaire. Cette explication n'en est évidemment pas une.

Si l'on envisage le fond du problème, on doit reconnaître que les travaux des dernières années ont apporté à la théorie d'EHRLICH et MORGENROTH de nombreux et sérieux appuis. Pour EHRLICH et MORGENROTH, l'action de l'hémolysine sur l'hématie est essentiellement la combinaison chimique de trois substances : le protoplasma cellulaire, l'amboceptor, le complément. Dans la théorie de BORDET, telle qu'elle fut primitivement énoncée, l'hémolyse est une altération grave de la cellule causée par l'alexine, et facilitée par la sensibilisatrice.

Actuellement, on reconnaît pour ainsi dire unanimement que l'hémolyse est bien la fixation successive de l'amboceptor et du complément par la cellule.

Cette explication de l'hémolyse par les sérums d'immunisation a été étendue par les travaux d'Ehrlich et de ses élèves à l'hémolyse par les sérums normaux. L'alexine seule (complément) paraît dénuée de toute action sur la cellule.

Cette fixation est un phénomène chimique irréversible (Morgenroth, Arrhenius) qui consomme les substances participant à la réaction, et qui donne naissance à un produit additionnel dont les propriétés sont différentes de celles des générateurs, comme le prouve le fait que l'organisme vivant réagit différemment à lui et aux générateurs.

Cette conception reçoit un appui très sérieux de la très intéressante observation de Gengou, suivant laquelle la caséine, mélangée à l'anticaséine et au complément, fixe l'une et l'autre. On ne peut évidemment, sous peine de faire perdre aux mots leur signification, parler d'une sensibilisation de la caséine au complément. L'expérience de Gengou s'exprime en langage clair, en disant que la caséine s'unit à l'anticaséine et au complément. Et on peut affirmer que la fixation par la cellule de l'anticorps et du complément est de même nature.

De ce que le complément paraît dénué de toute affinité pour la cellule quand il est seul, qu'il se fixe sur elle quand elle a été préalablement pourvue d'anticorps, il est assez légitime de conclure que la fixation du complément sur la cellule se fait par l'intermédiaire de l'anticorps.

Mais il serait imprudent de vouloir définir actuellement plus explicitement cette réaction. Il ne faut pas oublier que les trois termes de cette réaction sont des colloïdes, dont deux sont dissous, dont un est contenu dans une phase solide. Or il ressort de plus en plus des travaux de ces dernières années que la chimie des colloïdes est toute différente de la chimie des corps dissous. L'intensité des phénomènes est fonction de surface bien plus que de masse. Les équilibres s'y établissent suivant des lois encore inconnues et les affinités mêmes sont probablement influencées par l'état colloïdal. Vouloir figurer ces phénomènes en des symboles empruntés à la chimie du benzol, admettre de plus que toutes ces réactions consomment intégralement les produits de la réaction, sans résidu, et donnent naissance à des produits définis toujours les mêmes, comme le fait Ehrlich, c'est appliquer aux colloïdes les règles de la chimie moléculaire la plus simple, la plus schématique. Arrhénius a réagi très heureusement contre cette tendance et il a introduit dans la chimie humorale, dans l'immuno-chimie, comme il l'appelle, la notion très féconde de l'équilibre chimique. Mais il semble que, dans son œuvre réformatrice, il ait lui-même manqué d'audace. Les équilibres qu'il suppose sont encore des équilibres moléculaires. Les réactions qu'il étudie seraient les plus simples de la chimie des molécules : elles seraient monomoléculaires. Mirage des chiffres, qui assimile à la catalyse d'un éther par un acide la mort d'une cellule, l'hémolyse ! Il appartient à l'avenir, aux lois encore inconnues de la chimie des colloïdes, d'apporter les notions et les formules définitives. En attendant, l'étude de ces phénomènes gagnera à se dégager des théories prématurées et à s'inspirer le plus possible des notions déjà acquises de la chimie des colloïdes.

Actuellement on peut admettre, avec Bordet contre Ehrlich, que, dans le sérum, anticorps et complément se comportent comme s'ils étaient libres de toute union entre eux. L'affinité dominante du complément, celle qui détermine et caractérise sa fonction dans l'organisme vivant, s'exerce à l'égard de l'hématie qui a préalablement fixé l'anticorps.

La destruction des hématies par les sérums hémolytiques prend donc une place à part parmi tous les exemples d'hémolyse qui ont été étudiés dans cet article. A son origine se trouve une fixation par les cellules rouges de deux albumines humorales, phénomène qui paraît avoir une haute signification biologique. On le retrouve dans les phénomènes d'immunité, dans la défense de l'organisme contre les microbes; on le trouve aussi, avec tous ses détails, dans la coagulation du plasma (P. Nolf).

Cette fixation est suivie de la diffusion du contenu cellulaire. Cela suppose qu'elle perméabilise l'enveloppe cellulaire à l'hémoglobine. Cette conséquence n'est pas nécessaire. Comme il a été dit différentes fois au cours de cet article, une altération de la paroi peut agir aussi bien dans le sens d'une augmentation que d'une diminution de la perméabilité. En ce qui concerne plus spécialement l'hémolyse par les sérums, Muir, Gay, Bordet et Gay ont cité des cas où la fixation d'anticorps et de complément par des hématies, n'était pas suivie d'hémolyse.

Théorie de v. Baumgarten. v. Baumgarten a émis une théorie *osmologique* de l'hémolyse, qui a reçu de son auteur successivement deux énoncés. Jusqu'en 1902, v. BAUMGARTEN a attribué le pouvoir hémolytique d'un sérum à son manque d'équilibre osmotique avec l'hématie. Cette conception ne pouvait trouver aucun adhérent. En effet tous les sérums des vertébrés supérieurs ont sensiblement le même point de congélation; et le chauffage à 56°, qui supprime tout pouvoir hémolytique, n'a aucune action sur la pression osmotique du sérum. En 1902, v. BAUMGARTEN a abandonné cette manière de voir. Dorénavant, il considère que l'imprégnation de l'hématie par l'hémolyse a pour conséquence d'altérer la paroi globulaire et de la rendre perméable à l'hémoglobine.

Énoncée de cette façon, la théorie de v. BAUMGARTEN se juxtapose partiellement à l'opinion émise en 1900 par NOLF qui définissait ainsi l'hémolyse: la diffusion de l'hémoglobine à travers une paroi globulaire altérée par l'hémolysine. NOLF tentait de pénétrer plus profondément le mécanisme du phénomène. Il ajoutait que cette perméabilisation à l'hémoglobine était probablement le résultat d'une augmentation de l'imbibition de la paroi globulaire par l'eau, conséquence de la fixation de l'hémolysine humorale. La perméabilisation peut évidemment reconnaître d'autres mécanismes (une lipolyse par exemple), mais l'influence si nette qu'exercent sur elle les sels neutres, influence que NOLF a reconnue le premier, plaide fortement en faveur de sa manière de voir.

Quel que soit d'ailleurs le mécanisme intime de cette perméabilisation, il y a lieu de se demander s'il faut considérer comme une théorie autonome l'affirmation de cette perméabilité. L'enveloppe globulaire n'est pas dissoute par le sérum hémolytique: elle n'est pas non plus détruite mécaniquement par lui, fissurée ou éclatée. En disant qu'elle est devenue perméable à l'hémoglobine, on ne fait donc qu'énoncer un fait. La chose essentielle dans l'hémolyse par le sérum, c'est reconnaître la nature des rapports entre l'hématie et les deux termes de l'hémolysine. Une théorie de l'hémolyse par les sérums doit avant tout donner une idée nette de ces rapports, dont la perméabilité à l'hémoglobine est la conséquence. C'est ce que ne fait pas v. BAUMGARTEN. Dans ces conditions, il ne semble pas qu'il faille faire une place à part à une théorie osmologique de l'action hémolytique des sérums.

Bibliographie. — ABBOT et GILDERSLEWE. *Journ. med. Research*, 1903, x, 42-62. — ASCOLI. *Isoagglutinine und Isolysine menschlicher Blutsera* (*Münch. med. Woch.*, 1901). — ASCOLI et RIVA. *Ueber die Bildungsstätte der Lysine* (*Ibid.*, 1901). — ASCOLI. *Ueber hämolytisches Blutplasma* (*D. med. Woch.*, 1902). — ARRHENIUS et MADSEN. *Anwendung der physikalischen Chemie auf das Studium der Toxine und Antitoxine* (*Zeits. f. physik. Chemie*, 1903, XLIV, 7-62). — ARRHENIUS. *Immunochemie. Leipzig*, 1907. — — *Immunochemie* (*Ergebnisse der Physiologie*, 1908, 480-645). — BAJARDI. *Centr. f. Bakt.*, XXXI, 1902. — BANG et FORSSMAN. *Untersuchungen über die Hämolysinbildung* (*Beitr. z. chem. Phys. und Path.*, 1906, VIII, 238-275). — BASHFORD. *Ueber Blutimmunität* (*Arch. intern. de Pharm. et de Therap.*, VIII, 101, 1901). — (v.) BAUMGARTEN. *Mikroskopische Untersuchungen über Hämolyse im heterogenen Serum* (*Berl., kl. Woch.*, 1901, 1241). — — *Weitere Untersuchungen über Hämolyse im heterogenen Serum* (*Ibid.*, 1902, 997). — — *Die Hämolyse im heterogenen resp. Immunserum* (*Arb. aus d. path. Inst. z. Tübingen*, 1905, v). — BAYER. *Untersuchungen über Gallenhämolyse* (*Bioch. Zeits.*, 1907, v, 368-380). — BELFANTI et CARBONE. *Giorn. della r. Accad. de med. di Torino*, 1898, n° 8. — BESREDKA. *Les antihémolysines naturelles* (*Ann. Inst. Pasteur*, 1901). — *De l'hémolysine streptococcique* (*Ibid.*, xv, 1901). — BEZZOLA. *Biochemisches Centralblatt*, 1903, 159. — BJELONOWSKY. *Die Hämolysine der Pesttoxine* (*Jahr. f. Thierch.*, 1906, XXXVI, 983). — BORDET. *Sur l'agglutination et la dissolution des globules rouges par le sérum des animaux injectés de sang défibriné* (*Ann. Inst. Past.*, XII, 688, 1898). — — *Agglutination et dissolution des globules rouges* (*Ibid.*, XIII, 273, 1899). — — *Sérums hémolytiques et antitoxines* (*Ibid.*, XIV, 257, 1900). — — *Les sérums hémolytiques, leurs antitoxines* (*Ibid.*, 1900, 257). — — *Sur le mode d'action des sérums cytolytiques et sur l'unité de l'alexine dans un même sérum* (*Ibid.*, 1901, xv, 302-318. — — *Sur le mode d'action des antitoxines sur les toxines* (*Ibid.*, 1902, XVI, 161-186). — — BORDET et GENGOU. *Sur l'existence de substances sensibilisatrices dans la plupart des sérums antimicrobiens* (*Ibid.*, 1901, xv, 289-301). — BORDET. *Les propriétés des sensibilisatrices et les théories chimiques de l'immunité* (*Ibid.*, 1904, XVIII, 593-632). — BORDET et GAY. *Sur les relations des sensibilisatrices avec l'alexine* (*Ibid.*, 1906, xx, 466-498). — BRETON. *De* *l'hémolysine produite par le streptocoque dans l'organisme infecté* (*B. B.*, 1903, LV, 886). — BREYMANN. *Ueber Stoffwechselprodukte des Bacillus pyocyaneus* (*Cent. f. Bakt.*, XXXI, 1902). — BRIOT. *Etudes sur le venin de la vive* (*Trachinus Draco*) (*J. de Physiol.*, 1903, V, 271-282). — BÜCHNER. *Sind die Alexine einfache oder complexe Körper?* (*Berl. kl. Woch.*, 1901, 854). — — *Verhandlungen des X Congresses für innere Medicin*, 1892. — BULLOCH et HUNTER. *Ueber Pyocyanolysin* (*Centralblatt f. Bakteriolog.*, XXVIII, 1900). — BULLOCH. *The influence of salts on the action of immune hämolysins* (*Trans. of the path. Soc. of London*, 1903, LIV, 258). — CALAMIDA. *Das Hämolysin des Bacillus der Hühnercholera* (*Z. f. Bakt.*, 1904, XXXV, 618-621). — CALMETTE. *Sur l'action hémolytique du venin de cobra* (*C. R.* CXXXIV, 1902). — CAMUS et GLEY. *Recherches sur l'action physiologique du sérum d'anguille* (*Arch. intern. de Pharm.*, V, 247, 1899). — CAMUS et PAGNIEZ. *Action destructive de l'éthérobacilline pour les globules rouges* (*B. B.*, LIII, 915, 1901). — — *Recherches sur les propriétés hémolysante et agglutinante du sang humain* (*Arch. int. Pharm. et Th.*, 1902, X, 369). — CALUGAREANU et HENRI. *Étude de la résistance des globules rouges par la méthode de conductibilité électrique* (*B. B.*, 1902, LIV, 210). — CALUGAREANU. *Influence de la durée de contact sur la résistance des globules rouges*. — *Influence de la température*. — *Expériences sur la perméabilité des globules rouges du chien* (*Ibid.*, 1902, LIV, 356, 358, 460). — CAPPARELLI. *Recherches sur le venin du Triton cristatus* (*Arch. ital. Biol.*, 1883, IV, 72-79. — CASAGRANDI. (*Biochem. Centralbl.*, I, 200, 1903). — CASTELLANI. *On haemolysins produced by certain bacteria* (*The Lancet*, 440, 1902). — CERNOVADEANU et HENRI. *Influence de la dilution et du mode d'addition des globules* (*B. B.*, 1905, LVII, 222-224). — CERNOVADEANU. *Étude de l'hémolyse produite par des mélanges de sérums normaux* (*Ibid.*, 1906, LVIII, 741-742). — — *Etude quantitative de l'action hémolytique des mélanges de sérums* (*Ibid.*, 1907, LXII, 390-391). — CERNOVADEANU et HENRI. *Activation du pouvoir hémolytique de certains sérums par les sels de magnésium* (*Ibid.*, 1906, LVIII, 571-573). — CHARRIN et GUILLEMONAT. *Hémolysines du B. Pyocyaneus* (*C. R.*, 1902, CXXXIV, 1240-1243). — CREITE. *Versuche über die Wirkung des Serumeiweisses nach Injection in das Blut* (*Zeitsch. f. ration. Med.*, XXXVI, 90). — DAREMBERG. *De l'action destructive du sérum du sang sur les globules rouges* (*Arch. de méd. expér.*, 1891, III, 720-733). — DELEZENNE. *Action du suc pancréatique et du suc intestinal sur les hématies* (*B. B.*, 1903, LV, 171-174). — DEMEES. *Hémolyse et antihémoglobine* (*La Cellule*, 1907, XXIV, 423-450). — DETRE et SELLEI. *Die hämolytische Wirkung des Sublimats* (*Wien. kl. Woch.*, 1904, 1195-1205; 1234-1238). — DE WAELE et SUGG. *Production d'une hémolysine par le streptocoque de la variole-vaccine* (*Zentr. f. Bakt.*, 1905, XXXIX, 324-335). — DÖMENY. *Stammt die wirksame Substanz der hämolytischen Blutflüssigkeiten aus den mononucleären Leukocyten* (*Wien. kl. Woch.*, 1902). — DONATH et LANDSTEINER. *Ueber paroxysmale Hämoglobinurie* (*Münch. med. Woch.*, 1904, 1590-1593; *Z. f. kl. Med.*, 1905, LII, 1-39). — DUBOIS. *Sur la dissociation des propriétés agglutinante et sensibilisatrice* (*Ann. Inst. Past.*, 1902, XVI, 690). — EHRLICH. *Experimentelle Untersuchungen über Immunität* (*D. Med. Woch.*, 1891). — — *Zur Kenntniss der Antitoxin wirkung* (*Fortschritte der Medecin*, 1897, n° 2). — EHRLICH et MORGENROTH. *Zur Theorie der Lysinwirkung* (*Berl. klin. Woch.*, 1899, 6). — — *Ueber Hämolysine* (*Ibid.*, 1899, 481). — — *Ueber Hämolysine*, III (*Ibid.*, 1900, 453). — EHRLICH. *Schlussbetrachtungen*. (*Nothnagel's spezielle Pathologie und Therapie* (VIII, 1901). — EHRLICH et MORGENROTH. *Ueber Hämolysine* (*Berl. kl. Woch.*, 1901, 250). — — *Ueber Hämolysine* (*Ibid.*, 1901, 569). — — *Ueber Hämolysine* (*Ibid.*, 1901, 598). — EHRLICH et SACHS. *Ueber die Vielheit der Complemente des Serums* (*Ibid.*, 1902, 297). — — *Ueber den Mecanismus der Amboceptoren wirkung* (*Ibid.*, 1902, 492). — EHRLICH et MARSHALL. *Ueber die complementophilen Gruppen der Amboceptoren* (*Ibid.*, 1902, 585). — ELFSTRAND. *Ueber giftige Eiweisstoffe welche Blutkörperchen verkleben* (*Upsala*, 1897). — ERRERA. *Cours de Physiologie moléculaire* (*Bruxelles*, 1907). — FALLOISE. *Sur l'existence de l'alexine hémolytique dans le plasma sanguin* (*Bull. Ac. Roy. Belg.* (*Cl. Sc.*) 1903, 521-596; 1905, 230-253). — FAUST et TALLQVIST. *Ueber die Ursachen der Botriocephalusanämie* (*Arch. f. exp. Path. u. Pharm.*. 1907, LVII, 367-385). — FERRATA. *Die Unwirksamkeit der komplexen Hämolysine in salzfreien Lösungen und ihre Ursache* (*Berl. kl. Woch.*, 1907, 366-368). — FLEXNER et NOGUCHI. *Snake venom in relation to Haemolysin, Bacteriolysis and Toxicity* (*J. of exp. medicine*, VI, 1902). — — *The constitution of snake venom and snake sera* (*Jahr. f. Thierch.*, 1903, XXXIII, 1165). — FRÄNKEL et BAUMANN. *Ueber die Hämolysinbildung und Agglutination der Staphylokokken* (*Münch.*

med. Woch., 1905, LII, 937-939). — FRIEDBERG et DORNER. *Ueber die Hämolysinbildung durch Injektion kleinster Mengen Blutkörperchen* (*Zent. f. Bakt.*, 1905, I, XXXVIII, 544-547). — FRIEDBERGER. *Zur forensischen Eiweissdifferenzierung...* (*D. med. Woch.*, 1906, XXXII, 578-580). — FRIEDEMANN. *Ueber ein komplexes Hämolysin der Bauchspeicheldrüse* (*D. med. Woch.*, 1907, 585). — FRIEDENTHAL. *Ueber einen experimentellen Nachweis von Blutverwandtschaft* (*Arch. f. Phys.*, 1900, 494-508). — FROUIN. *Sur la formation de sérums exclusivement agglutinants ou hémolytiques* (*B. B.*, 1907, LXII, 153). — FÜHNER et NEUBAUER. *Quantitative Bestimmung der hämolytischen Wirkung einwertiger Alkohole* (*Zent. f. Physiol*, 1906, XX, 117-119). — FUHRMANN. *Ueber Präzipitine und Lysine* (*Beit. z. ch. Phys. u. Path.*, III, 417, 1903). — GAY. *La déviation de l'alexine dans l'hémolyse* (*Ann. Inst. Past.*, 1905, XIX, 593-600). — — *Observations of the single nature of haemolytic immune bodies, and on the existence of so-called « complementoïds »* (*Zent. f. Bakt.*, 1905, XXXIX, 172-180). — GENGOU. *Sur les sensibilisatrices des sérums actifs contre les substances albuminoïdes* (*Ann. Inst. Past.*, 1902, XVI, 734). — — *Etude de l'action empêchante du citrate de soude sur l'hémolyse par le venin de cobra* (*C. B.*, 1907, LXII, 409-411). — — *De l'action empêchante du citrate de soude sur l'hémolyse par le sérum d'anguille* (*Ibid.*, 1907, LXII, 736-738). — GIRARD-MANGIN et HENRI. *Agglutination des hématies par l'hydrate ferrique colloïdal* (*Ibid.*, 1904, I, 866-931). — — *Agglutination par les colloïdes* (*Ibid.*, 1904, II, 34, 35, 38, 65). — GOEBEL. *Contribution à l'étude de l'agglutination par le venin de cobra* (*Ibid.*, 1905, LVII, 420-421). — — *Contribution à l'étude de l'hémolyse par le venin de cobra* (*Ibid.*, 1905, LVII, 422-423). — GRANSTROEM. *Material zur Frage über die hämolytischen Eigenschaften der Exsudate und Transsudate des Menschen* (*Jahr. f. Thierch*, 1906, XXXVI, 982). — GRUBER. *Zur Theorie der Antikörper* (*Münchener Med. Woch.*, 1901, 1924-1965). — HARDY. *On the structure of cell protoplasm* (*Journ. of Physiol.*, 1899, XXIV, 158-207). — — *On the mecanism of gelation in reversible colloidal systems* (*Proc. of the Roy. Soc.*, 1900, LXVI, 95-109). — — *Colloidal solution. The globulins* (*Journ. of Physiol.*, 1905, XXXIII, 251-337). — HEDIN. *Ueber die Permeabilität der Blutkörperchen* (*Archiv für die gesammte Physiologie*, LXVIII, 229, 1897). — HÉDON. *Sur l'hémolyse par les glycosides globulicides et les conditions de milieu qui la favorisent ou l'empêchent* (*Archives internationales de Pharmacodynamie et de Thérapie* : 1er *Mémoire*, VIII, 381, 1901 ; 2e *Mémoire*, IX, 398, 1901). — HEKTOEN. *Die Wirkung gewisser ionisierbarer Salze auf die Lysine im menschlichen Serum* (*Zentr. f. Bakt.*, 1904, XXXV, 357-362). — HELLIN. *Das giftige Eiweisskörper Abrin und seine Wirkung auf das Blut* (*Inaug. Diss. Dorpat*, 1891). — HENRI (V.). *Recherches physico-chimiques sur l'hémolyse. Etude de l'hémolyse des globules rouges de poulet par le sérum de chien. Influence de la quantité de globules* (*B. B.*, 1905, LVII, 28-30). — — *Influence de la quantité de sérum de chien sur l'hémolyse des globules rouges de poulet* (*Ibid.*, 1905, LVII, 35-36). — — *Etude de la loi de la vitesse d'hémolyse des hématies de poulet par le sérum de chien* (*Ibid.*, 1905, LVII, 37-38). — HEWLETT. *Ueber die Einwirkung des Peptonblutes auf Hämolyse und Bakteriçidie* (*Arch. exp. Path. u. Pharm.* XLIV, 307, 1903). — HOFMEISTER. *Zur Lehre von der Wirkung der Salze* (*Arch. exp. Path., Pharm.*, 1891, XXVIII, 210-238). — IDE. *Hémolyse et antihémoglobine* (*La Cellule*, 1903, XX. 261-285). — JACOBY. *Ueber die chemische Natur des Ricins* (*Arch. exp. Path. u. Pharm.*, XLVI, 1901). — — *Ueber Ricinimmunität.* (*Hofmeister's Beiträge zur Chem. Phys. u. Path.*, I, 1901). — — *Ueber Phytotoxine* (*Biochemisches Centralbl.*, I, 289, 1903). — JODD, *Hémolysine du B. Megatherium* (*Trans. of the path. soc. London*, 1903, LIII, 35-39). — KAYSER. *Ueber Bakterienhämolysine, im besonderen das Colilysin* (*Z. f. Hyg. u. Inf.* XL, 118, 1903). — KERNER. *Experimenteller Beitrag zur Hämolyse und zur Agglutination der Streptokokken* (*Z. f. Bakt.*, 1905, XXXVIII, 223-230 ; 329-337). — KLEIN. *Ueber die Beeinflussung des hämolytischen Komplements durch Agglutination und Präzipitation* (*Wien. kl. Woch.*, 1905, 1261). — KOBERT. *Beiträge zur Kentniss der Giftspinnen. Stuttgart*, 1897. — — *Ueber vegetabilische Blutagglutinine* (*Sitzungsber der naturf. Gesells. z. Rostock*, 1900). — KOEPPE. *Uber Hämolyse* (*Verhandl. d. Kongr. f. inn. Med.*, 1904, XXI, 344-354). — — *Ueber das Lackfarbenwerden der roten Blutscheiben* (*Arch. f. d. ges. Phys.*, 1905, CVII, 85-93). — KOSSEL (H.). *Zur Kentniss der Antitoxinwirkung* (*Berl. kl. Woch.*, 1898). — KRAUS et CLAIRMONT. *Ueber Hämolysine und Antihämolysine* (*Wien. kl. W.*, 1900-1901). — KRAUS et LUDWIG. *Ueber Backteriohämolysine und Antihämolysine* (*Ibid.*, 1901). — KRETZ. *Zur Theorie der paroxysmalen Hämoglobinurie* (*Ibid.*, 1903). — KROMPECHER. *Erythro-*

cytenkernlösendes Serum (Centr. Bakt., XXVIII, 588, 1900). — KYES. Ueber die Wirkungsweise des Cobragiftes (Berl. klin. Woch. 1902, 886-918). — KYES et SACHS. Zur Kentniss der Cobragiftactivirenden Substanzen (Ibid., 1903, n°s 2-4). — KYES. Ueber Isolierung von Schlangengiftlecithiden (Ibid., 1903, 956-959; 982-984). — — Kobragift und Antitoxin (Ibid., 1904, 494-497). — LAMBOTTE et STIENNON. Alexine et leucocytes (Zentr. f. Bakt. 1906, XLI, 224-230; 393-399). — LANDAU. Etudes sur l'hémolyse (Ann. Inst. Pasteur, XVII, 52, 1903). — LANDOIS. Zur Lehre von der Bluttransfusion (Leipzig, 1875). — LANDSTEINER et DONATH. Über antilytische Sera (Wien. kl. W., 1901). — LANDSTEINER et JAGIC. Über Analogien der Wirkung kolloïdaler Kieselsäure mit den Reactionen der Immunkörper und verwandter Stoffe (Wien. kl. Woch., 1903). — — Ueber Reaktionen anorganischer Kolloïde und Immunkörper-Reaktionen (Münch. kl. Wochens., 1904, 1185-1189). — LANDSTEINER et LEINER. Ueber die Isolysine und die Isoagglutinine im menschlichen Blut (Zent. f. Bakt., (1), XXXVIII, 548-555). — LANGER. Untersuchungen über das Bienengift (Archives internat. de Pharmacodyn., VI, 1899). — LAZAR. Ueber hämolytische Wirkung des Froschserums (Wien. kl. Woch., 1904, 1057-1059). — LEVADITI. Sur les hémolysines cellulaires (Ann. Inst. Pasteur, 1903, 187). — LEVY. Ueber das Hämolysin des Typhusbacillus (Centr. f. Bak., XXX, 1901). — V. LIEBERMANN. Ueber Hämagglutination und Hämatolyse (Bioch. Zeits., 1907, IV, 25-39). — LIEFMANN. Ueber die Komplementablenkung bei Prezipitationsvorgängen (Berl. kl. Woch., 1906). — LOHR. Zur Frage der Hämolysinbildung pathogener Staphylokokkenstämme (Münch. med. Woch., 1905, LII, 504-506). — LONDON. Contribution à l'étude des hémolysines (Arch. des sciences biolog. Saint-Pétersbourg, VIII, 1901). — LUBENAU. Hämolytische Fähigkeit einzelner pathogenen Schizomyceten (Centr. f. Bakt., XXX, 1901). — LÜDKE. Ueber die Hämolyse durch Galle und die Gewinnung von die Gallenhämolyse hemmenden Serum (Centr. f. Bakt., 1906, (1), XLII, 455-462; 552-561). — MADSEN. Ueber Tetanolysin (Zeitschrift für Hygiene, XXXII, 1899). — MADSEN, WALBUM, NOGUCHI. Toxines et antitoxines (Acad. roy. d. Sc. et lettres de Danemark, 1904). — MANWARING. The absorption of haemolytic amboceptor (Zentr. f. Bakt., 1906, I, XL, 382-386). — — Qualitative changes in haemolytic amboceptor (Ibid., 1906, I, XL, 386-388). — — Haemolytic curves (Ibid., 1906, I, XL, 400-405). — — On the so-called complementoïds of haemolytic serum (Ibid., 1906, I, XLI, 455-459). — — On the application of physical chemistry to haemolytic serum (Ibid., 1907, I, XLIII, 743-745). — — On auxilytic and antilytic serum components (Ibidem, 1907, I, XLIII, 820-825). — MARMOREK. Die Arteinheit der für den Menschen pathogenen Streptokokken (Berl. kl. Woch.). — MARSHALL et MORGENROTH. Ueber Anticomplemente und Antiamboceptoren normaler Sera (Zeitsch. f. kl. Med., XLVII, 1902). — MATTIROLO et TEDESCHI. Richerche sperimentale e cliniche sopra due casi di emoglobinuria (Academ. d. med. di Torino, 1903). — MEINICKE. Ueber die Hämolysine der choleraähnlichen Vibrionen (Zeits. f. Hyg., 1905, L, 165-184). — MELZER. Ueber den Einfluss der Peritonealhöhle auf das hämolytische Vermögen des fremden Serums (Centralb. f. Bak., XXX, 278, 1901. — METCHNIKOFF. L'Immunité dans les maladies infectieuses Paris, 1901). — MONTELLA. Centr. f. Bakt., XXXI, 1902. — MORESHI. Ueber die Natur des Isohämolysine der Menschenblutsera (Berl. kl. Woch., 1903, 973-975, 1008-1012). — MORESCHI. Zur Lehre von den Antikomplementen (Ibid., 1905, XLII, 1181-1185; 1906, XLIII, 100-104). — MORGENROTH. Ueber die Bindung hämolytischer Amboceptoren (Ibid., 1903, n° 2). — MOGENROTH et CARPI. Ueber ein Toxolecithid des Bienengiftes (Ibid., 1906, XLIII, 1424-1425). — MUIR et MARTIN. On the deviation of complement by a serum and its antiserum and its relations to the precipitin test (The Journ. of Hyg., 1906). — MUIR et BROWNING. On the combining properties of serum-complements and on complementoïds (Proc. Roy. Soc., 1904, LXXIV). — — On chemical combination and toxic action as exemplified in haemolytic sera (Ibidem, 1904, LXXIV). — MUIR et FERGUSON. On the haemolytic receptors of the red corpuscles (Journ. of Path. a. Bact., 1906, XI, 84). — MÜLLER. Beiträge zur Toxikologie des Ricins (Arch. f. exp. Path. und Pharm., XLII, 1899). — MÜLLER (P.). Ueber Antihämolysine (Centralbl. f. Bakteriol., XXIX, 175, 1901). — NEISSER. Ueber die Vielheit der im normalen Serum vorkommenden Antikörper (D. med. Woch., 1900). — NEISSER et WECHSBERG. Ueber das Staphylotoxin (Zeits. f. Hyg., XXXVI, 1901). — — Ueber die Wirkungsart bakterícider Sera (Münch. m. Woch., 1901). — NEISSER et DOERING. Zur Kentniss der hämolytischen Eigenschaften des menschlichen Serums (Berl. klin. Woch., 1901, 593). — NEISSER et SACHS. Ein Verfahren zum forensischen Nachweis der Herkunft *des Blutes* (*Berl. kl. Woch.*, 1905, XLII, 1388-1389). — NEUBERG et REICHER. *Lipolyse, Agglutination und Hämolyse* (*Bioch. Zeits.*, 1907, IV, 281-291). — NEUBERG et ROSENBERG. *Lipolyse, Agglutination und Hämolyse* (*Berl. kl. Woch.*, 1907). — NOGUCHI. *A study of immunization-haemolysins, agglutinins, precipitins and coagulins in cold-blooded animals* (*Zentr. f. Bakt.*, 1902, I, XXXIII, 353-362). — — *A study of the protective action of snake venon upon blood corpuscles* (*J. of. exp. med.*, 1905, VII). — NOLF. *Contribution à l'étude des sérums antihématiques* (*Ann. Inst. Past.*, 1900, 319). — — *Globulolyse et pression osmotique* (*Ibid.*, 1900). — — *Le mécanisme de l'hémolyse* (*Ibid.*, 1900). — — *La pression osmotique en physiologie* (*Revue générale des Sciences*, 1901). — — *Des modifications de la coagulation du sang chez le chien après extirpation du foie* (*Arch. intern. de Physiol*, 1905, III, 1-43). — — *Quelques observations concernant le sang des animaux marins* (*Ibid.*, 1906, IV, 98-116. — — *Contribution à l'étude de la coagulation du sang* (5 *Mémoires dans les Arch. intern. de Physiol.*, 1906-1908). — — *De l'origine du complément hémolytique et de la nature de l'hémolyse par les sérums* (*Bull. Ac. roy. Belg.* (*Cl. Sc.*), 1908). — W. OSTWALD. *Ueber feinere Quellungserscheinungen von Gelatine in Salzlösungen nebst allgemeineren Bemerkungen zur physikalisch-chemischen Analyse der Quellungskurven in Elektrolyten* (*A. g. P.*, 1906, CXI, 581-606). — OVERTON. *Ueber den Mechanismus der Resorption und der Sekretion* (*Nagel's Handbuch der Physiologie des Menschen*, 1907, II, 744-899). — PASCUCCI. *Ueber die Wirkung des Ricins auf Lecithin* (*Beit. z. chem. Phys. u. Path.*, 1906, VII, 457-458). — PAULI. *Allgemeine Physikochemie der Zellen und Gewebe* (*Ergebn. d. Physiol.*, 1907, 105-130). — PICK. *Zur Kentniss der Immunkörper* (*Beiträge z. chem. Phys., u. Path.*, I, 1901-1902). — POHL. *Ueber Blutimmunität* (*Arch. intern. de Pharm. et de Thérap.*; 1er *Mémoire*, 1900, VII, 1; 2e *Mémoire*, 1901, VIII, 437). — PRÖSCHER. *Zur Kentniss des Krötengiftes* (*Beiträge zur chem. Phys. u. Path.*, I, 1902). — PUGLIESE. (*Arch. di farmac. e terap.*, 1898). — RANSOM. *Saponin und sein Gegengift* (*Deutsche medic. Wochenschrift*, 1901). — RAYBAUD et HAWTHORN. *De l'action hémolytique* in vitro *des cultures de bacilles tuberculeux sur le sang de cobaye sain et de cobaye tuberculisé* (*B. B.*, 1903, LV, 403). — RAYBAUD et PELLISIER. *Sur le pouvoir hémolytique* in vitro *du bacille pesteux* (*Ibid.*, 1902, LIV, 637). — REMY. *Contribution à l'étude des sérums hémolytiques* (*Ann. Inst. Past.*, 1905, XIX, 766). — REHNS. (*C. R. Soc. Biol.*, 1901). — SACHS. *Zur Kentniss der Kreuzspinnengiftes* (*Beiträge z. chem. Phys. u. Path.*, *Bd.* II, 1902). — — *Giebt es einheitliche Alexinwirkungen* (*B. kl. Woch.*, 1902, 181, 216). — — *Welche Rolle spielt das Lecithin bei der Sublimat-Hämolyse?* (*Wien. kl. Woch.*, 1905, XVIII, 901-905). — — *Ueber die Hämolysine des normalen Blutserums* (*Münch. med. Woch.*, 1904, 304-307). — — *Hämolysine und cytotoxische Sera.* (*Ergebnisse der allgemeinen Pathologie*, 1906, 515-644). — SACHS et TERUUCHI. *Die Inaktivierung der Komplemente im salzfreien Medium* (*Berl. kl. Woch.*, 1907, 467-470; 520-523; 602-604). — SCHATTENFROH. (*Arch. f. Hygiene*, XXXV, 1899). — SCHAUMANN et TALLQUIST. *Ueber die Blutkörperchen auflösenden Eigenschaften des breiten Bandwurms* (*D. med. Woch.*, 1898, XXIV, 312). — SCHLESINGER. *Experimentelle Untersuchungen über das Hämolysin der Streptokokken* (*Z. f. Hyg.*, 1903 LIV, 428-438). — SCHUR. *Ueber Hämolyse* (*Beiträge z. chem. Phys. u. Path.*, 1902, III, 89-119). — EDWIN STANTON FAUST. *Die tierischen Gifte*, 1906. — STARCKE. *Ueber die Wirkungen des Giftes der Larven von Diamphidia locusta* (*A. P. P.*, 1897, XXXVIII, 428-446). — STEWART. *The behaviour of the haemoglobin and electrolytes of the coloured corpuscles when blood is laked* (*J. P.*, 1899, XXIV, 211-238). — — *Conditions that underlie the peculiarities in the behaviour of the coloured blood-corpuscles to certain substances* (*Ibid.*, 1901, XXVI, 470-496). — STEPHENS et MYERS. *The action of the cobra poison on the blood* (*Journ. of Path. and Bact.*, V, 1898). — STILLMARK. *Ueber Ricin.* (*Arbeiten des pharm. Inst. zu Dorpat*, III, 1889). — SCHWONER. *Über die hämolytische Wirkung der Löffler'schen Bacillus* (*Zent. f. Bakt.*, 1903, XXXV, 608-617). — URIARTE. *Note sur l'hémolyse et l'agglutination par le bacille pesteux* (*B. B.*, 1904, LVI, 254-255). — VAN DE VELDE. *Etude sur le mécanisme de la virulence du staphylocoque pyogène* (*La Cellule*, X, 1894). — VANDEVELDE. *Recherches sur les hémolysines chimiques* (*Bull. Ass. chim. Belges*, 1905, XIX, 288-337). — VINCENT, DOPTER et BILLET. *Influence du chlorure de calcium sur les hémolysines bactériennes* (*B. B.*, 1906, LVIII, 460-462). — WASSERMANN. *Experimentelle Beiträge zur Kenntniss der natürlichen u. künstlichen Immunität* (*Z. f. Hyg.*, XXXVII, 1901). — WASSERMANN et BRUCK. *Ist die Komplementbindung beim Entstehen specifischer Niedersch-*

läge eine mit der Prezipitierung zusammenhängende Erscheinung oder Ambozeptorwirkung (*Med. Kl.*, 1905). — WEINGEROFF. *Zur Kentniss des Hämolysins des Bacillus pyocyaneus* (*Centr. f. Bakt.*, XXIX, 1901). — WIDAL et ROSTAINE. *Insuffisance d'antisensibilisatrice dans le sang des hémoglobinuriques* (*Ibid.*, 1905, LVII, 321-324; 372-374). — — *Sérothérapie préventive de l'attaque d'hémoglobinurie paroxystique* (*Ibid.*, 1905, LVII, 397-400; 1906, LVIII, 406-409). — WOHLGEMUTH. *Untersuchungen über den Pankreassaft des Menschen* (*Bioch. Zeits.*, 1907, IV, 271-280). — ZANGGER. *Recherches quantitatives sur l'hémolyse avec les substances colloïdales définies* (*B. B.*, 1905, LVII, 589-591).

P. **NOLF** (Liège).

HEMOLYSINES. — Ferments ayant la propriété de dissoudre les globules du sang (Voy. **Hémolyse**).

HÉMOPHILIE. — Maladie du sang caractérisée principalement par des hémorragies incoercibles, spontanées ou traumatiques (Voy. **Sang**).

HÉMORRAGIE. — SOMMAIRE. —

§ I

INTRODUCTION.

Dans les organismes complexes, au fur et à mesure que les éléments anatomiques se multiplient, il y en a parmi eux qui perdent tout contact direct avec le milieu ambiant. Il résulterait de ce fait pour ces éléments profonds une impossibilité mécanique d'échanges de matière et d'énergie, et leur vie se trouverait compromise bien vite s'ils ne trouvaient pas ailleurs les matériaux indispensables à leur fonctionnement. Aussi voyons-nous la colonie appliquer le principe de la division du travail. Des appareils spéciaux se forment, et chacun a sa fonction déterminée. Or l'appareil circulatoire entre autres se différencie de bonne heure avec son contenu.

Chez les animaux supérieurs, et en particulier chez les vertébrés, l'appareil circulatoire tout entier acquiert de grands perfectionnements. Le sang apporte aux tissus profonds, non seulement l'eau et les produits de la digestion, mais aussi l'oxygène qu'il prend dans l'appareil respiratoire. Il les débarrasse en même temps des produits de déchet qui résultent de leur fonctionnement et les transporte aux organes qui se chargeront de les éliminer ou de les détruire.

Le sang sera donc le nouveau milieu dans lequel les éléments constitutifs des divers organes présidant aux diverses fonctions de l'organisme puiseront la matière et l'énergie. C'est le milieu intérieur de CL. BERNARD.

L'importance de ce milieu est d'autant plus grande que l'organisme dont il fait partie est plus perfectionné. Il s'ensuit que toute modification qualitative ou quantitative du sang aura une influence sur le fonctionnement de cet organisme.

Nous ne traiterons dans cet article que d'une seule des modifications que le sang peut subir : la diminution de sa masse par l'hémorragie.

L'organisme animal contient-il une quantité de sang supérieure à ses besoins? On l'a soutenu (MARAGLIANO) pour le sang comme pour l'oxygène.

Mais ce que l'on aime appeler luxe (sang de luxe, respiration de luxe, etc.,), ce n'est en réalité qu'une condition indispensable au bon fonctionnement de l'organisme. — *Pour avoir assez, il faut avoir trop* (CH. RICHET).

TABLEAU I

Différentes manières d'apprécier la grandeur d'une hémorragie non mortelle.

ESPÈCE.	DIMINUTION de la MASSE TOTALE du sang.		DIMINUTION p. 0/0 DU POIDS DU CORPS.		DIMINUTION DU NOMBRE des globules rouges.		DIMINUTION p. 0/0 DE L'HÉMOGLOBINE.	
		Auteur.		Auteurs.		Auteurs.		Auteurs.
Homme.			1/18 ou 5,5 0/0	HAYEM.	89 0/0 50-30 0/0 86 0/0 1/5	HAYEM. VIERORDT. SCHÄFER. LIEBE.	30 0/0 » 87 0/0 1/12	BIERFREUND. » SCHÄFER. LIEBE.
Chien.	1/2	DOGIEL.	4,33-5,55 0/0 4,3 -7,3 0/0 5,4 -6,5 0/0 4,5 -5,4	HAYEM. KIREEF. MAYDEL. SCHRAM.				
Lapin.			2,25 0/0	HÉDON.	2/5	BIERFREUND.		
Canard.			4,4 0/0 4,0 0/0 2,7 0/0 3,8 0/0	CH. RICHET.				

En ce qui concerne le sang, toute perte quelque peu importante entraîne des modifications non seulement dans le sang, mais dans l'organisme entier. L'expérimentateur doit être prévenu de ces modifications et en tenir compte, lorsque, au cours d'une expérience, l'animal perd beaucoup de sang.

Nous limiterons notre description aux hémorragies expérimentales ou accidentelles. Nous nous arrêterons surtout à celles qui enlèvent brusquement à l'organisme une quantité plus ou moins grande de sa masse sanguine. C'est dire que nous n'insisterons pas sur les nombreuses sortes d'hémorragies pathologiques; ce qui nous forcerait à sortir du cadre de cet article.

§ II

LES PERTES SANGUINES COMPATIBLES AVEC LA VIE CHEZ LES DIFFÉRENTES ESPÈCES D'ANIMAUX.

Le sang n'ayant pas la même importance dans les diverses classes d'animaux, il est certain qu'une hémorragie sera mieux supportée par les animaux inférieurs que par ceux dont l'organisation est très perfectionnée.

Ainsi on peut remplacer toute la masse sanguine d'une grenouille par une solution de

NaCl, à 7 p. 1 000, et l'animal peut vivre encore un certain temps (grenouille salée de COHNHEIM).

De même une couleuvre saignée à blanc par l'incision du ventricule peut se remettre au bout de quelques jours sans prendre de nourriture (PHISALIX).

Au contraire, sur les vertébrés à température constante (mammifères, oiseaux), les pertes sanguines compatibles avec la vie sont beaucoup plus réduites. On a fait de nombreuses expériences afin de déterminer le maximum de sang que l'on peut enlever à un mammifère sans compromettre sa vie. Pour pouvoir comparer entre eux les résultats que l'on possède, il est nécessaire de connaître les procédés employés par les différents physiologistes pour juger de l'intensité des pertes sanguines.

Les uns prennent pour base de leur calcul la masse totale du sang et cherchent à déterminer quelle fraction de cette masse on peut enlever sans que la vie soit compromise. Ainsi on dit que le chien peut supporter une saignée de la moitié de sa masse sanguine ; la mort survient si l'on pousse la saignée jusqu'aux deux tiers de cette masse (DOGIEL).

Cette méthode est peu précise, vu l'impossibilité de déterminer d'une manière exacte la quantité de sang enfermé dans le système circulatoire d'un animal.

D'autres physiologistes rapportent au poids du corps la quantité de sang perdu. C'est la méthode la plus précise. On exprime cette perte en fraction ordinaire, — 1/20 du poids du corps — ou en fraction décimale — 5 p. 100 du poids du corps. Il serait préférable d'adopter ce dernier genre d'expression (x p. 100), pour plus de facilités dans les rapprochements et dans les déductions.

Le nombre de globules rouges a été aussi pris comme base pour juger de la perte sanguine par hémorragie.

Ainsi, d'après VIERORDT, une hémorragie qui produit une diminution de 50 p. 100 de ces éléments est mortelle.

Nous verrons que ce mode d'estimation est sujet à de nombreuses causes d'erreur. On cite en effet des cas d'anémie chez l'homme dans lequel le nombre des hématies était tombé à 8000 00 par mmc. — soit une perte de 84 p. 100 — et où le malade s'est rétabli.

La richesse du sang en hémoglobine a été employée aussi pour juger de l'intensité d'une hémorragie. Ainsi BIERFREUND estime qu'une hémorragie qui occasionne une perte en hémoglobine de 30 p. 100 est toujours mortelle.

Nous avons résumé dans le tableau ci-dessus (p. 487) les données fournies sur ce sujet par les différents expérimentateurs.

Si l'on examine les chiffres concernant le chien, par exemple, on s'aperçoit qu'il existe des écarts importants entre les résultats obtenus par les différents auteurs. On doit en chercher l'explication dans les nombreuses causes susceptibles de faire varier les effets d'une hémorragie.

Nous allons en examiner quelques-unes.

1. La rapidité de l'hémorragie. — Une perte de sang produira des troubles d'autant plus intenses qu'elle aura mis un temps plus court à se produire. Ainsi BÉCHAMP, HÜHNERFAUTH et d'autres ont vu que le chien peut supporter une perte de 30 à 40 p. 100 de la masse totale de son sang, mais à condition que l'extraction se fasse lentement. Si, au contraire, l'extraction est rapide, la même perte peut entraîner la mort de l'animal. Pour expliquer ce phénomène, il faut nous rappeler cette loi de physiologie générale de la plus haute importance : « Tout changement brusque dans une des conditions de la vie d'un organisme peut constituer, suivant sa grandeur, ou un excitant, ou une cause de destruction de cet organisme. » Dans les cas d'hémorragie rapide, c'est la chute brusque de la pression sanguine qui détruit l'équilibre osmotique des différents tissus, troublant ainsi ou même arrêtant leurs échanges nutritifs. Si, au contraire, l'écoulement du sang se fait lentement, la pression artérielle est moins influencée, et peut se rétablir rapidement, comme nous le verrons plus loin. Les tissus ont ainsi le temps de s'accommoder au nouveau régime produit par l'hémorragie.

2. L'état du sujet a aussi une grande importance. Les nouveau-nés supportent très mal les pertes sanguines, et en général les animaux jeunes sont plus sensibles aux hémorragies que les adultes.

Dans l'espèce humaine, la femme résiste mieux que l'homme aux pertes sanguines, les individus robustes mieux que les cachectiques ou les vieillards, etc.

L'état de l'appareil circulatoire n'est pas sans influence. L'élasticité et la contractilité de ses parois, l'état des nerfs vaso-moteurs, sont autant de conditions desquelles dépend la résistance de l'individu aux hémorragies.

§ III

EFFETS D'UNE HÉMORRAGIE UNIQUE ET NON MORTELLE.

Toute perte de sang, même de faible importance, occasionne des troubles dans les différentes fonctions de l'organisme.

Nous les diviserons en deux catégories distinctes : troubles immédiats, qui apparaissent immédiatement après la saignée, et troubles consécutifs, dont l'apparition est plus tardive.

A. Effets immédiats. — Quand l'hémorragie n'est ni trop forte ni trop rapide, les effets immédiats passent généralement inaperçus. Mais, quand son intensité et sa rapidité sont suffisantes, on voit apparaître aussitôt toute une série de phénomènes dont l'ensemble constitue un tableau symptomatique qui caractérise l'anémie hémorragique chez l'homme. La figure pâlit, les lèvres deviennent bleuâtres, surtout quand le patient se tient debout. S'il garde longtemps cette position, il voit des étincelles passer devant ses yeux, ses oreilles bourdonnent, et finalement ses yeux voient noir, et il tombe en syncope. Il peut rester dans cet état jusqu'à un quart d'heure ou une demi-heure, durant lesquels la figure, le corps et les bras se couvrent d'une sueur froide; toute sensibilité disparaît, les membres sont flasques, les yeux fermés, et, si l'on soulève la paupière supérieure, on voit les globes oculaires dirigés vers le haut, et les pupilles dilatées.

La respiration est superficielle et irrégulière; le pouls, petit, est à peine perceptible, accéléré et irrégulier. C'est l'état de *syncope* ou *lipothymie*, occasionné sans doute par anémie de cerveau.

Cette syncope n'est pas toujours la conséquence d'une trop grande perte de sang. Elle peut survenir, surtout chez les personnes à tempérament nerveux, à la suite de l'émotion occasionnée par la vue de l'écoulement sanguin.

Par des soins appropriés, le sujet peut reprendre connaissance dans la plupart des cas, et ses différentes fonctions se rétablir peu à peu pour revenir enfin au régime normal, au bout d'un temps toujours assez long.

B. Effets consécutifs aux hémorragies non mortelles. (*Hémorragie unique.*)

1. Modifications qualitatives du sang total. — Si le sang était enfermé dans un système vasculaire à parois imperméables, il est certain que sa constitution ne subirait aucun changement après l'hémorragie, dont l'effet primordial est de supprimer une quantité plus ou moins grande de sang. Mais, dans l'organisme animal, grâce à l'extrême perméabilité des capillaires, le sang peut, d'un côté, prendre dans les appareils digestif et respiratoire des matériaux qu'il apporte aux tissus, et, d'un autre côté, débarrasser ce derniers des déchets des combustions pour les transporter aux organes chargés de les éliminer. A l'état normal, l'équilibre est parfait entre ces deux sortes de courants : de l'extérieur vers le sang et du sang vers l'extérieur. On comprend ce qui va arriver si une hémorragie diminue brusquement la masse totale du sang. Les courants venant de l'extérieur du système circulatoire, soit de l'appareil digestif, soit des tissus, vont s'exagérer de façon à rétablir la masse sanguine, tandis que les courants inverses (nutrition des tissus, élimination des déchets), vont se ralentir, ou même s'arrêter dans une hémorragie assez forte.

La composition du sang subit donc quelques troubles que nous allons examiner.

La densité est influencée par l'hémorragie, comme cela a été constaté par plusieurs expérimentateurs (Grawitz, Röhmann, Muhsam, Ziegelroth, Tolmatscheff).

Ziegelroth a expérimenté sur l'homme : il s'est servi de la méthode de Fano et Hammerschlag, qui consiste à faire tomber une goutte de sang dans un mélange de benzol de densité 0,88, et de chloroforme de densité 1,489, la densité du mélange ayant été préalablement déterminée. Avant la saignée, D. du sang = 1,060 à 1,061. On extrait de 180 à 230 cc. de sang, et on voit que la densité commence par diminuer durant cinq heures environ. Après ce temps elle augmente, pour égaler et dépasser la densité normale; mais cet excès ne persiste pas.

Sur le chien, les choses se passent de la même manière; la densité, qui diminue d'abord légèrement, revient à la normale au bout de trois jours.

D'après Baumann, cette variation dans la densité du sang ne dépasserait pas 0,01 de la valeur normale.

2. *L'alcalinité du sang* resté dans les vaisseaux diminue après la saignée. Viola et Jona ont mesuré cette alcalinité sur un chien qui avait subi une perte sanguine de 44 p. 100 de son poids. Elle diminue d'abord rapidement, et passe par un minimum dans les deux heures qui suivent l'hémorragie, pour remonter ensuite de façon à atteindre la normale après 4 ou 7 heures.

D'après les auteurs précités, il faudrait chercher la cause de ces variations de l'alcalinité dans l'arrivée du plasma interstitiel, qui, comme nous l'avons vu, afflue dans le sang après l'hémorragie, et apporte avec lui diverses substances acides.

2. **Modifications du plasma.** — a) *Tension osmotique.* — Les expériences de Hamburger, de Limbeck, de Lœper et de Dawson, prouvent que la tension osmotique du plasma n'est pas très influencée par l'hémorragie. Hamburger l'a démontré par l'expérience suivante. Il pratique sur un cheval une saignée, et recueille le premier jet de sang, qu'il désigne par la lettre A; il laisse ensuite s'écouler par la blessure deux ou trois litres de sang; il ferme ensuite la plaie, couche le cheval par terre, et le fait mourir par hémorragie, en découvrant et en sectionnant l'artère carotide. Il recueille le premier jet de sang qui s'échappe de l'artère, et le désigne par la lettre B. Il en recueille enfin un troisième échantillon, qu'il désigne par la lettre C, quand l'écoulement sanguin arrive à sa fin.

En déterminant le point de congélation du sérum de ces trois échantillons de sang, Hamburger n'a pas trouvé de différence sensible, et voici les résultats qu'il a obtenus, dans trois expériences différentes :

Ire Expérience	A. . .	0,550
	B. . .	0,549
	C. . .	0,552
IIe Expérience	A. . .	0,591
	B. . .	0,590
	C. . .	0,588
IIIe Expérience	A. . .	0,578
	B. . .	0,578
	C. . .	0,579

Dawson, après avoir pratiqué sur un chien de fortes saignées (de plus de la moitié de la masse totale du sang), n'a pas trouvé de changement dans le point de congélation du sérum, quatre jours après l'hémorragie.

Loeper a pratiqué, sur un lapin du poids de 2 100 grammes, cinq saignées successives, de 15 grammes chacune, à des intervalles de vingt-quatre heures.

Δ du sérum a été :

1re saignée. .	15 grammes.	0,545
2e — . .	—	0,560
3e — . .	—	0,555
4e — . .	—	0,570
5e — . .	—	0,560

Cette expérience, comme celles de Hamburger et de Dawson, nous montre que la concentration moléculaire du plasma ne diminue pas, mais peut au contraire subir une légère augmentation; remarque faite également par Hamburger. Ce serait dû, d'après ce dernier, à ce que la lymphe, qui arrive en grande quantité dans le sang peu de temps après l'hémorragie, possède une tension osmotique un peu plus élevée que celle du plasma sanguin.

Hösslin a aussi remarqué chez le lapin une légère élévation du point de congélation du sérum à la suite de pertes sanguines.

Pour que la tension osmotique du plasma se maintienne, malgré la dilution du sang resté dans les vaisseaux, il faut que sa teneur en sels, et surtout en électrolytes, ne soit pas changée. Les recherches de LOEPER prouvent que le taux de chlorure de sodium, qui est le plus important, ne change que très peu après une hémorragie.

A l'appui de ce qui précède, BAUMANN n'a pas trouvé de changement dans les cendres du sang après une hémorragie.

b) *Les substances albuminoïdes du plasma.* — D'une manière générale, le taux des substances solides diminue d'autant plus que l'hémorragie est plus abondante. (RÖHMANN et MÜHSAM, HAMBURGER, WHITE, LOEPER, INAGAKI, etc.). La diminution des albuminoïdes suit presque parallèlement celle des globules rouges (LOEPER, HÖSSLIN).

GITHENS a trouvé cependant que les hémorragies répétées font baisser d'abord le fibrinogène, et en rapport direct avec le nombre des émissions sanguines. Si celles-ci sont répétées à des intervalles de temps très courts, l'albumine diminue aussi notablement. Suivant BAUMANN et INAGAKI, la sérum-albumine augmente et la sérum-globuline diminue; la fibrine augmente et le temps de coagulation est plus court. La production de l'agglutinine, chez le lapin inoculé avec les bacilles typhiques, n'est pas modifiée par la saignée (ROTHBERGER).

c) *Le sucre.* — CL. BERNARD a trouvé que la quantité de sucre dans le sang, qui est de 0,95 p. 100 à l'état normal, monte à 1,47 p. 1 000 après l'hémorragie.

Cette glycémie post-hémorragique a été observée aussi par d'autres expérimentateurs, et notamment par SEEGEN, GROSSE-LEEGE, SCHENCK.

OTTO avait cru prouver que ce n'est pas le sucre qui augmente après la saignée, mais d'autres substances comme la créatinine, les urates, etc., qui seraient réductrices au même titre que le sucre. Mais les expériences de cet auteur manquent de précision, ainsi que le fait remarquer SCHENCK. Ainsi il précipite par l'alcool les substances albuminoïdes dans la solution sucrée; or nous savons que l'alcool est impuissant à éliminer toutes ces substances. De plus, le dosage du sucre par fermentation est une méthode moins exacte que les autres.

Il reste donc bien acquis que l'hémorragie provoque la glycémie, et doit être comptée comme un de ses facteurs les plus importants.

L'augmentation de sucre dans le sang reste généralement au-dessous du taux où il peut passer dans les urines (ARAKI).

Cette glycémie marche de pair avec l'activité des échanges nutritifs, et toutes deux concourent à la réparation de l'organisme. SCHENCK a démontré qu'il s'agit d'une surproduction de sucre par le foie; car on n'observe plus de glycémie après la saignée, si l'on isole, avant l'expérience, cet organe de l'appareil circulatoire.

3. **Modifications des éléments figurés.** — *a) Globules rouges; leur nombre.* — Toute hémorragie enlève à l'organisme une quantité plus ou moins grande de globules rouges. Il serait très important de pouvoir suivre de près cette hypoglobulie quant à son intensité et à sa durée. On pourrait ainsi se rendre compte non seulement de la grandeur de la perte subie par l'organisme, mais encore de la rapidité de sa réparation.

Malheureusement la méthode employée jusqu'ici est pleine de difficultés qui jettent une assez grande incertitude sur la valeur des résultats obtenus.

Ainsi, pour évaluer la richesse de l'organisme en globules rouges, on cherche leur abondance par unité de volume du sang. Pour cela, on les compte au moyen des compte-globules, ou bien on les sépare du plasma au moyen de l'hématocrite, et on voit alors la part qu'ils occupent dans l'unité de volume du sang. Mais, par l'un comme par l'autre de ces deux moyens, on n'obtient que le rapport entre les globules et le plasma, et ce rapport peut varier, même à l'état normal, pour diverses causes.

Les vaso-moteurs, par exemple, peuvent intervenir, et les changements dans la circulation de certains organes ont un retentissement sur la distribution des globules dans la masse sanguine. ZUNTZ et CÖHNSTEIN ont démontré cela expérimentalement. Ils ont vu que la teneur du sang de l'oreille en globules diminue chez le lapin après la section de la moelle ou des nerfs splanchniques. Elle augmente au contraire rapidement si l'on excite la moelle. Comme on le voit, ce ne sont là que des fluctuations dans la distribution de la masse sanguine, sans que pour cela son volume total ou sa qualité se trouvent notablement modifiés. Mais cette masse sanguine enfermée dans l'appareil circulatoire peut changer, et avec elle la composition du sang.

TABLEAU II

Relation entre la quantité de sang extraite et l'hypoglobulie, la leucocytose et l'hémoglobine.

NUMÉRO D'ORDRE.	ESPÈCE.	QUANTITÉ DE SANG PERDUE. P. 100 du poids du corps.	QUANTITÉ DE SANG PERDUE. P. 100 de la masse totale du sang.	GLOBULES ROUGES PERDUS P. 100 du nombre initial.	GLOBULES BLANCS EN PLUS P. 100 du nombre initial.	HÉMOGLOBINE PERDUE P. 100 de la quantité primitive.	AUTEUR.
1	Homme.	0,5	6,5	8,74	»	9,97	OTTO.
2	Chien.	1,36	17,9	9,87	»	10,62	—
3	—	1,41	19,8	12,09	»	13,76	—
4	—	»	25	20,6	72	28	BAUMANN [1].
5	—	»	25	20	49	21	—
6	—	»	25	28	41	17	—
7	—	2,76	35	13	32,7	29,9	WHITE.
8	—	2,5	33	20,7	66	»	ANTOKONENKO.
9	—	2,5	33	28,8	70	»	—
10	—	2,5	33	20,5	90,9	»	—
11	—	2,5	33	23,7	73,9	»	—
12	—	2,5	33	15,5	44,5	»	—
13	—	3,9	50	28,8	24,7	»	— [2]
14	—	3,5	45,5	30,4	135,0	»	— [3]
15	—	3,7	50,0	34	111	»	— [4]
16	—	5,5	71	57	154	63	DAWSON [5].
17	—	4,3	55	58	29,9	77	— [6]
18	—	3,2	41	31	130	»	— [7]
19	—	2,95	»	36,9	101	40,7	WILLEBRAND.
20	—	3,0	»	30,8	168	39,9	—
21	—	3,13	»	46,9	94	32,7	—
22	—	3,46	»	31	42	46	—
23	—	3,54	»	37,1	49	35,7	—
24	—	4,30	»	54,8	202	63,6	—
25	Chat.	2,1	»	39,2	»	47,15	KIEFER.
26	—	3,04	»	51,3	»	53,4	—
27	Lapin.	1,6	24	17,79	»	18,51	OTTO.
28	—	1,54	23	19,94	»	21,44	—
29	—	1,56	23	20,49	»	21,35	—
30	—	2,2	»	30	»	22	PEMBREY et GÜRBER.
31	—	2,7	»	46	»	46	—
32	—	2,8	»	86 (?)	»	43	—
33	—	3,2	»	56	»	50	—
34	—	1,45	»	33,8	63	36,4	WILLEBRAND.
35	—	1,88	»	41	87	50,8	—
36	—	2,0	»	43,3	89	45,3	—
37	—	2,23	»	44,2	»	49	—

1. Après avoir refait les calculs avec les chiffres donnés par l'auteur, nous trouvons que la moyenne de la perte des globules rouges est 18 p. 100 au lieu de 11 p. 100. — Mais nous croyons qu'il faut éliminer l'expérience I. Le chien qui a servi à cette expérience était certainement malade (à juger d'après le nombre de ces hématies = 10 000 000 et de ses leucocytes = 3 800). — Si l'on fait la moyenne des trois autres expériences (2, 3 et 4) de BAUMANN, on trouve :

Globules rouges.	22,8	p. 100
Hémoglobine	22,0	—
Globules blancs.	53,0	—

2. Dans cette expérience le sang perdu a été remplacé par une solution de NaCl = 0,6 p. 100.
3. — — — — — — — = 0,75 —
4. — — — — — — — = 0,3 —
5. Dans cette expérience le sang perdu a été remplacé par une solution de NaCl = 0,8 p. 100 mélangée avec du lait en proportion égale.
6. Dans cette expérience le sang perdu a été remplacé par une solution de NaCl = 0,8 p. 100.
7. — — — — — — de RINGER.

Nous savons en effet que les vaisseaux sanguins, grâce à l'élasticité de leur paroi, peuvent avoir une contenance variable.

Le volume du sang pourrait donc à un moment donné augmenter par les liquides qu'il reçoit du dehors ou diminuer par le passage de son plasma dans les tissus.

A l'état normal, ces deux ordres de phénomènes se font équilibre, et il faut admettre que la masse sanguine varie entre des limites assez restreintes.

L'hémorragie détruit cet équilibre, en diminuant le volume du sang.

Si la perte sanguine n'est pas trop forte, les vaisseaux peuvent s'accommoder à ce nouveau régime, et la pression artérielle monte rapidement. Mais l'équilibre ne sera rétabli qu'en apparence jusqu'au retour du volume sanguin à son chiffre normal. C'est pour cela que tous les liquides épars dans l'organisme, liquides de l'appareil digestif, plasma interstitiel, etc., affluent vers le sang. Tout se passe comme si, les vaisseaux s'affaissant après la saignée, la pression sanguine tombait, et comme si les liquides du dehors se trouvaient aspirés à l'intérieur. Le sang se trouve ainsi dilué, et les globules répartis dans toute sa masse.

Si maintenant, par l'une ou l'autre des méthodes mentionnées plus haut, on veut évaluer la richesse de ce sang en globules, il faut s'assurer au préalable que le sang a récupéré son volume normal; et c'est là la plus grosse difficulté, car nous ne connaissons aucun moyen de déterminer le moment précis où l'appareil circulatoire a retrouvé sa capacité première. Toute numération de globules faite auparavant ne nous donnera pas le maximum d'hypoglobulie.

Les chiffres donnés par Lyon, Otto, Antokonenko, White, Baumann, etc., montrent que ce maximum est atteint trois ou quatre jours après la saignée. Peut-on en déduire que le volume total du sang est resté pendant tout ce temps inférieur à son chiffre normal, ou faut-il chercher un fait nouveau du côté des globules rouges eux-mêmes?

Dawson (1900) a résolu le problème en injectant dans les vaisseaux, immédiatement après la saignée, un liquide isotonique au plasma sanguin, et en quantité rigoureusement égale à celle du sang extrait. Le volume du sang a été ainsi immédiatement ramené à sa valeur normale, et on peut espérer que la numération des globules, faite peu de temps après, donnera le maximum d'hypoglobulie. En procédant ainsi, Dawson a trouvé que le nombre de globules rouges continue à diminuer jusqu'au quatrième jour. Ce supplément d'hypoglobulie post-hémorragique serait dû à ce qu'un grand nombre d'hématies, les jeunes surtout qui sont moins résistantes, sont détruites dans le sang même. S'il en était ainsi, l'hémoglobine passerait dans le plasma, et, de là, dans l'urine. Or Inagaki n'a pas trouvé l'hémoglobine dans ces liquides après la saignée. — Cet auteur attribue, comme Lesser, l'hypoglobulie post-hémorragique à la dilution du sang par le plasma interstitiel qui pénètre dans les vaisseaux, après la saignée, en quantité plus grande que celle du sang perdu. — Cette pénétration se produit, même si l'on remplace ce sang par un volume égal d'une solution saline isotonique. D'ailleurs les recherches de Sherrington et Copemann sur le poids spécifique du sang ont montré que la solution saline ne reste pas longtemps dans les vaisseaux. Ce fait se trouve appuyé par la constatation d'Inagaki, suivant laquelle la dilution du sang resté dans les vaisseaux après une saignée de 30 cc. est plus forte et dure plus longtemps que celle occasionnée par l'injection de 90 cc. d'eau.

Nous avons réuni, dans le tableau II, les résultats donnés par les différents auteurs sur l'hypoglobulie post-hémorragique, qu'il y ait eu ou non transfusion immédiate d'une solution saline quelconque. Il semble ressortir de ce tableau que l'hypoglobulie n'est pas rigoureusement proportionnelle à la perte de sang qui en est cause. On voit par exemple que, pour une saignée de 4,5 p. 100 du poids du corps, la perte en globules est de 20 p. 100 de leur nombre initial, tandis que, pour une saignée de 3,8 p. 100 du poids du corps, ou 50 p. 100 de la masse sanguine totale, l'hypoglobulie n'est que de 28 p. 100 du nombre total des globules. Cela n'a rien de surprenant après ce que nous venons de dire plus haut sur l'exactitude de la méthode employée pour connaître la richesse du sang en globules. Nous sommes donc amenés à considérer la valeur de l'hypoglobulie comme très relative, et à nous expliquer pourquoi on ne trouve pas de proportionnalité entre l'intensité de la saignée et celle de l'hypoglobulie.

Le diamètre des globules rouges semble aussi être influencé par l'hémorragie. Pour s'en rendre un compte exact, il est nécessaire de déterminer au préalable le diamètre normal moyen des globules du sujet en expérience. On sait en effet que ces éléments n'ont pas tous le même diamètre. Dans le sang du lapin, WILLEBRAND a trouvé trois grandeurs principales : 5,75 µ, 5,90 µ, et 8,05 µ.

La proportion de ces différentes sortes de globules est très instable ; elle varie dans une même espèce d'un individu à l'autre, ce qui nous impose de déterminer au préalable sur le sujet en expérience dans quelle proportion se trouvent mélangés ces trois sortes d'éléments. Si par exemple nous prenons la moyenne des nombres trouvés par WILLEBRAND au cours de sa première expérience sur le lapin, nous voyons que sur 100 globules, il y a :

3,6 p. 100 de 5,75 µ.
60,8 — — 6,90 µ.
35,5 — — 8,05 µ.

Cette proportion peut varier entre des limites assez étendues chez d'autres lapins. Mais, quelles que soient les différences individuelles, on observe toujours que l'hémorragie fait varier les proportions de ces trois grandeurs différentes de globules rouges. Les gros (8,5 µ) deviennent plus abondants, 50 au lieu de 35 p. 100 qu'ils étaient avant la saignée. De plus on trouve des globules plus gros qu'à l'état normal ; ils ont un diamètre de 9,2 µ, et on les trouve dans la proportion de 0,5 p. 100 en moyenne. De toutes ces expériences WILLEBRAND conclut que le diamètre moyen des globules rouges subit une augmentation après la saignée. L'augmentation serait 0,46 µ chez le lapin et de 0,22 µ chez le chien.

Comment expliquer ce phénomène ?

MANASSEIN croit que les globules restés dans l'appareil circulatoire se gonflent en absorbant l'eau du plasma interstitiel qui afflue vers le sang après l'hémorragie. Cela impliquerait une diminution du coefficient isotonique de ce plasma, ce qui n'a pas lieu, comme nous l'avons vu plus haut. Ce qui vient encore infirmer cette théorie, c'est que, dans les cas d'anémie occasionnée par le bothryocéphale (SCHAUMANN) et dans la chlorose (WILLEBRAND), on constate la même augmentation du diamètre des globules rouges, alors qu'on ne voit aucun afflux du plasma interstitiel. Une autre objection tout aussi importante soulevée par GRAWITZ est que le nombre maximum de globules rouges ne se voit pas dans les premiers temps qui suivent l'hémorragie, alors que la dilution du plasma à ce moment est la plus forte, mais bien plus tard, durant la phase de réparation du sang. Aussi WILLEBRAND a-t-il rapproché ces deux phénomènes et admis que les globules rouges à grand diamètre sont des éléments de nouvelle formation. Les petits seraient au contraire des globules en voie de dégénérescence, voire même des débris, provenant de la destruction des éléments sanguins. Nous verrons plus loin que, pour HAYEM, l'inverse aura lieu ; et les petits globules seraient des éléments jeunes.

La résistance des globules rouges, évaluée d'après leur pouvoir de conserver leur hémoglobine, semble diminuer par l'hémorragie. Ainsi SMITH a pratiqué une série de mesures de la pression osmotique des hématies, sur des chevaux destinés à la préparation du sérum antidiphtérique, opération qui comporte des saignées plus ou moins abondantes. Il a trouvé que, pour les globules pris avant la saignée, une solution de chlorure de sodium à 0,4-0,6 p. 100 était isotonique. Après la saignée, cette solution devient hypotonique, et pour conserver les globules rouges, il faut augmenter sa concentration saline (0,9 p. 100).

Si tous les expérimentateurs s'accordent à reconnaître dans la résistance des hématies une diminution consécutive à l'hémorragie, il n'en est pas de même en ce qui concerne l'explication du phénomène.

VIOLA et JOME ont vu un parallélisme entre la diminution de l'alcalinité du sang et la diminution de la résistance des globules rouges. Ce seraient ces mêmes produits acides, entrés dans le sang avec la lymphe interstitielle, qui, agissant sur les globules rouges, les rendraient plus altérables. A l'appui de cette opinion viendrait aussi l'expérience de HAMBURGER, qui montre que l'addition d'un acide au sang défibriné ou non fait baisser la résistance des globules rouges.

Mais tel n'est pas l'avis de Dawson pour qui cet abaissement serait dû à l'arrivée d'un plus grand nombre de jeunes hématies, dont la résistance serait moindre que celle des globules mûrs.

La constitution intime des globules rouges semble modifiée par la saignée. Foa et Cesaris, expérimentant sur le lapin, ont trouvé que le nombre de globules rouges à granulations colorables par le rouge neutre peut monter à 18 p. 100, alors que dans le sang normal ces globules ne dépassent guère la proportion de 0,8 p. 100.

On rencontre aussi des globules rouges ponctués, avec un grain de chromatine au milieu (Jolly). Le nombre des hématies nucléées augmente sensiblement après l'hémorragie. Nous reviendrons sur cette question quand nous traiterons de la régénération du sang.

Hémoglobine. — La teneur du sang en hémoglobine diminue avec le nombre de globules rouges, dans une hémorragie. Toutefois la perte en hémoglobine peut quelquefois dépasser la perte en hématies. Tout se passe alors comme si ce qui reste de ces dernières perdait une partie de son hémoglobine. A l'appui de cette hypothèse, Renaut apporte l'expérience suivante : on saigne à blanc une grenouille ; si l'on applique un système convenable de sutures, l'animal peut survivre plusieurs jours. Si l'on examine ensuite au microscope le sang resté dans les vaisseaux de l'animal, on s'aperçoit que les deux tiers au moins des globules rouges perdent leur hémoglobine. Ce seraient surtout les jeunes hématies de petite dimension et à noyau aisément colorable qui seraient le plus atteintes.

Les recherches de Otto, de Baumann et de Kiefer, etc., faites sur les mammifères (homme, chien, chat, lapin), viennent corroborer les résultats obtenus par Renaut, comme le prouvent les tableaux ci-joints.

Cette absence de proportionnalité entre l'hypoglobulie et la perte en hémoglobine est moins prononcée dans les expériences de Dawson qui a injecté dans les vaisseaux, aussitôt après la saignée, différentes solutions isotoniques [1].

Dans les cas observés l'hémoglobine a baissé tantôt plus, tantôt moins que les hématies. Cependant Inagaki a trouvé dans la plupart de ses expériences que la diminution de l'hémoglobine dépassait celle des globules rouges malgré le remplacement du sang perdu par un volume égal de solution NaCl. Puisque l'hémoglobine ne se trouve ni dans le plasma ni dans l'urine, il faut rejeter l'opinion suivant laquelle les globules restés dans l'appareil circulatoire, après l'hémorragie, perdaient leur matière colorante. En dosant le fer et l'hématine, Inagaki n'a pas trouvé un parallélisme entre la diminution de ces substances et celle de l'hémoglobine, dont la perte est toujours plus forte.

Ce parallélisme se maintient au contraire avec le nombre des globules rouges. L'explication de ce fait doit être cherchée, d'après Inagaki, dans le procédé de dosage de l'hémoglobine. Par la colorimétrie on mesure non pas la quantité absolue d'hémoglobine, mais son pouvoir colorant, et celui-ci serait fonction de la tension de l'oxygène dans les globules rouges (Haldane et Smith). Donc les résultats concernant la quantité d'hémoglobine après la saignée ne peuvent être considérés comme définitifs vu l'imperfection des méthodes de dosage.

Gaz du sang. — Il résulte des expériences de Spallitta que la teneur en oxygène du sang artériel du chien peut baisser après l'hémorragie à 1/3 et même à 1/4 de la valeur normale sans que la dyspnée apparaisse.

L'acide carbonique garderait, au contraire, à peu près ses proportions normales, de sorte que le quotient respiratoire interne se trouve augmenté à cause de la diminution de l'oxygène. Cependant, en prenant les chiffres de Spallitta et en cherchant

1. Dawson a employé les trois solutions suivantes :

a. — NaCl à 0,8 p. 100.
b. — NaCl à 1 p. 100.
c. — NaCl à 0,8 p. 1 00. + CO^3HNa 0,5 p. 100.
d. — Solution de Ringer.
e. — NaCl à 0,8 p. 100, 1 partie.
Lait 1 partie.

les différences entre les gaz du sang artériel et ceux du sang veineux à l'état normal et après la saignée, on trouve :

	État normal.		Après la saignée.	
	O^2	CO^2	O^2	CO^2
	7.8	4.6	7.6	7.3
	4.4	2.3	4.3	7.8
	9.9	4.3	5.4	10.0
	5.9	3.8	5.4	7.1
			5.0	5.3
			4.6	8.0
			4.7	9.9
Moyennes.	7	3.7	5.3	7.9

Quotient respiratoire interne.

Normal.

$$\frac{CO^2}{O^2} = \frac{3.7}{7} = 0.53$$

Après la saignée.

$$\frac{CO^2}{O^2} = \frac{7.9}{5.3} = 1.5$$

La proportion de CO^2 dans le sang veineux par rapport à celui du sang artériel est donc plus forte après la saignée qu'à l'état normal. L'élévation du quotient respiratoire interne ne pourrait donc pas être attribuée à la diminution de l'oxygène seulement, mais aussi à l'augmentation du CO^2. Dans ces expériences, SPALLITTA a pratiqué des saignées très fortes — depuis 3 jusqu'à 6 p. 100 du poids du corps — et le sang perdu a été remplacé immédiatement par l'injection d'un volume égal d'une solution isotonique de NaCl.

La capacité respiratoire du sang diminue après l'hémorragie. PEYROU, se servant de la méthode de GRÉHANT (saturation en oxygène du sang extrait du corps), a vu que, chez le chien, la capacité respiratoire du sang tombe de 26,66 p. 100 (état normal) à 18,1 p. 100 deux jours après une saignée de 41 p. 100 du poids du corps.

Cette diminution de la capacité respiratoire du sang ne marche pas parallèlement à la perte en hémoglobine, et les expériences de BOHR montrent que la teneur spécifique du sang en oxygène est plus petite après la saignée. La dilution du sang resté dans les vaisseaux par le plasma interstitiel ne saurait expliquer ce phénomène, vu que les mêmes dilutions faites, *in vitro*, ne donnent pas le même résultat. On peut donc supposer que l'hémoglobine se modifie sous l'influence des réactions qui s'opèrent dans l'organisme après la saignée.

b) *Leucocytes.* — NASSE, REMAK, VIRCHOW, HÜHNERFAUTH, LYON, les premiers, ont observé une augmentation du nombre des leucocytes après de fortes saignées. VIERORDT a toujours nié l'existence d'une leucocytose post-hémorragique. « Il est, dit-il, tout à fait faux, comme on l'a soutenu, que les corpuscules lymphatiques augmentent très vite après la saignée. » Les recherches ultérieures [1] de LUZET, RIEDER, LIMBECK, ANTOKONENKO, MAUREL, DAWSON, STASSANO et BILLOW, BAUMANN, JOLLY, WILLEBRAND, etc., n'ont pas donné gain de cause à VIERORDT. Elles ont toutes montré l'existence d'une leucocytose post-hémorragique.

L'intensité de cette leucocytose ne s'est pas toujours trouvée proportionnelle à la quantité de sang perdue. Cela tient à ce que toutes les expériences n'ont pas été faites dans les mêmes conditions. A cette cause primordiale s'ajoutent des causes multiples capables de faire varier le nombre des leucocytes en dehors du cas spécial qui nous occupe. Une simple colère suffit, semble-t-il, à faire augmenter le nombre des globules blancs (EMELIANOW). De même la narcose, avec la morphine et le chloroforme, produit une leucocytose intense (STASSANO et BILLON). Il faut aussi compter avec l'imperfection de la méthode qu'on emploie dans la recherche de la richesse du sang en globules blancs. Cette méthode est la même que pour les globules rouges. Nous en avons parlé plus haut, et nous faisons les mêmes réserves.

1. Dans le tableau II nous avons réuni les résultats donnés par divers expérimentateurs, sur la richesse du sang en leucocytes après l'hémorragie (p. 492).

Tout en tenant compte de ces inconnues, il n'en reste pas moins acquis que la leucocytose est un effet constant de la saignée. Elle a été observée sur différentes espèces d'animaux : chien, lapin, cobaye, cheval, vache, etc.

Cette leucocytose dure un certain temps après une hémorragie, mais il n'a pas encore été possible de découvrir une relation entre l'intensité de l'hémorragie et la durée de cette leucocytose, et nous en avons la preuve dans le tableau suivant qui résume les expériences de WILLEBRAND :

TABLEAU III

ESPÈCE.	QUANTITÉ DE SANG PERDUE par rapport au poids du corps.	AUGMENTATION DU NOMBRE des leucocytes par rapport au nombre initial.	TEMPS APRÈS LEQUEL est atteint le nombre maxim. des leucocytes.	TEMPS APRÈS LEQUEL est atteint le nombre minim. de globules rouges.	DURÉE de la LEUCOCYTOSE.
		p. 100.		jours.	jours.
Lapin..	1,45	63	1 jour	2	7
	1,88	87	1 —	1	5
	2,00	89	1 —	2	6
Chien..	2,95	101	2 jours	2	7
	3,00	168	8 h. 1/2	1	»
	3,13	94	1 jour	1	5
	3,46	42	1 —	3	5
	3,54	49	1 —	2	7
	4,50	202	1 —	5	6

Par quel mécanisme se produit cette leucocytose? Nous allons l'étudier, mais il faut au préalable jeter un coup d'œil sur les différentes formes de globules blancs du sang. Les descriptions de ces formes varient avec les divers auteurs. Nous les avons réunies dans le tableau IV (page 498).

Malgré la diversité de ces nomenclatures et de ces descriptions, on peut, à l'exemple de LABBÉ et de BEZANÇON, faire de toutes les formes de leucocytes deux groupes principaux : les leucocytes mononucléaires et les leucocytes polynucléaires.

A. *Leucocytes mononucléaires.* — On peut distinguer les formes suivantes :

1° Les lymphocytes, ou leucocytes mononucléaires petits;

2° Les leucocytes mononucléaires moyens;

3° Les leucocytes mononucléaires grands;

4° Les formes de transition.

B. *Leucocytes polynucléaires.* — Ils comprennent les subdivisions suivantes :

1° Leucocytes polynucléaires à granulations neutrophiles.
2° — — — acidophiles.
3° — — — éosinophiles.
4° — — — basophiles.

L'examen du tableau IV nous explique jusqu'à un certain point les divergences entre les auteurs.

Pour les uns (OUSKOW, ANTOKONENKO, BAUMANN, DAWSON, etc.), il existerait, à l'état normal, une évolution des leucocytes du sang. Les lymphocytes seraient les plus jeunes; et les polymorphonucléaires, les plus âgés. Tous les autres seraient seulement des formes de transition entre ces deux extrêmes. Pour d'autres auteurs (EHRLICH, JOLLY, LABBÉ et BEZANÇON), tous les leucocytes du sang doivent au contraire être considérés comme adultes, et en pleine activité fonctionnelle; ce qui implique nécessairement que la naissance, le développement et la mort de ces éléments n'ont pas lieu dans le sang, mais dans l'appareil lymphatique et dans les organes hématopoïétiques.

On voit tout de suite la grande part qui va revenir à cette question, dans l'étude du mécanisme de la leucocytose post-hémorragique.

D'après Virchow, cette leucocytose serait due à ce que les globules blancs, grâce à leurs mouvements amiboïdes, se fixeraient sur la paroi vasculaire, résistant ainsi à l'entraînement du courant sanguin. Nous ne pouvons partager cette opinion.

TABLEAU IV

Variétés des globules blancs du sang d'après les différents auteurs.

EHRLICH.	OUSKOW.	JOLLY.	BAUMANN.
I. *Lymphocytes.* II. *Leucocytes.* *a*) A noyau ovalaire. *b*) A noyau en fer à cheval. III. *Leucocytes polynucléaires* à protoplasma granuleux.	I. *Globules jeunes.* 1) Petits lymphocytes. 2) Globules lobulés transparents. II. *Globules mûrs.* 3) Grands globules de transition. 4) Globules de transition. III. *Globules vieux.* 5) Polynucléaires.	I. *Lymphocytes.* II. *Grands mononucléaires.* III. *Polynucléaires.* IV. *Éosinophiles.*	I. *Petits mononucléaires.* II. *Grands mononucléaires.* III. *Leucocytes de transition.* IV. *Polymorphonucléaires.* V. *Éosinophiles.*

DAWSON.	LABBÉ et BEZANÇON.	TALQUIST et WILLEBRANDT.			HAYEM.
			CHIEN.		
			P.100.	P.100.	
I. *Lymphocytes.* II. *Grands mononucléaires de transition.* III. *Globules mononucléaires de transition.* IV. *Polymorphonucléaires.* V. *Oxyphiles.*	A *Mononucléaires.* 1) Lymphocytes. 2) Petits mononucléaires. 3) Mononucléaires moyens. 4) Gros mononucléaires. 5) Formes de transition. B *Polynucléaires.* 6) A granulations neutrophiles. 7) A granulations acidophiles. 8) A granulations éosinophiles. 9) A granulations basophiles.	I. *Cellules polynucléaires avec granulations neutrophiles* . . . . . . II. *Cellules polynucléaires à granulations aurantiophiles*. . . . . . III. *Grands leucocytes mononucléaires et diverses formes de transition*. . . . . . . IV. *Lymphocytes*. . V. *Mastzlen*. . . .	70-80 4-8 10-15 5-10 0.5	45-55 0.5-3 20-25 20-25 2-5	I. *Leucocytes mononucléaires translucides et incolores.* II. *Leucocytes mononucléaires opaques et colorés.* III. *Leucocytes polynucléaires.* IV. *Globul. blancs à grosses granulations.*

Malassez dit que c'est la réaction de l'organisme contre le traumatisme et non contre la perte sanguine, qui produit cette leucocytose. Cette réaction serait beaucoup plus intense dans les cas de suppuration de la plaie. Mais des recherches ultérieures ont montré que la leucocytose se produit tout aussi bien quand la plaie, faite dans des conditions d'asepsie rigoureuse, se ferme sans suppuration. Suivant Müller, la leucocytose serait produite par la prolifération des éléments restés dans le sang; tandis que

Löwit croit que la saignée ralentit la transformation des globules mononucléaires en polynucléaires, et retarde ainsi la destruction de ces derniers éléments.

Ces deux opinions contraires ont rendu le problème intéressant, et plusieurs travaux ont été exécutés afin d'élucider la question. Ainsi, Antokonenko a fait sur le chien une série d'expériences : il opère des saignées d'un tiers à la moitié de la masse totale du sang, et suit minutieusement les modifications qui s'ensuivent dans l'état des globules rouges et blancs. Se servant de la nomenclature de Ouskow, Antokonenko établit tout d'abord la formule leucocytaire de l'animal à l'état normal, c'est-à-dire la proportion en pourcentage des différentes formes de leucocytes. En procédant ainsi, il a reconnu dans la leucocytose post-hémorragique trois ordres de phénomènes : 1° une augmentation des éléments jeunes ; 2° une diminution absolue et relative des grands lymphocytes ; 3° une augmentation des leucocytes mûrs et vieux (polynucléaires).

Comme la leucocytose apparaît dès le lendemain de la saignée, on ne saurait attribuer l'augmentation des éléments jeunes à une nouvelle formation. Ces nouveaux venus sont fournis par la lymphe interstitielle qui afflue vers le sang après l'hémorragie. Pour diminuer cet afflux, Antokonenko a introduit dans les vaisseaux, immédiatement après la saignée, une solution de chlorure de sodium de 0,3 à 0,6 p. 100, de volume égal au volume de sang extrait. Il constate alors que les leucocytes arrivent de la lymphe interstitielle, en quantité moindre, et que la leucocytose dans son ensemble n'a plus les mêmes caractères ni la même intensité. Il faut donc chercher dans le sang même l'explication de la leucocytose.

Certains auteurs enseignent que, dans le sang normal, les globules blancs sont en continuel état d'évolution : transformation d'une part, des jeunes lymphocytes en leucocytes adultes, et de ceux-ci en vieux leucocytes ; et, d'autre part, destruction de ces derniers (Ouskow et Antokonenko).

D'après Antokonenko, l'hémorragie modifie cette évolution de la façon suivante : la rapidité de transition de la forme jeune vers la forme mûre augmente, tandis que cette dernière vieillit au contraire beaucoup moins vite qu'à l'état normal ; enfin les vieux leucocytes persistent plus longtemps.

Dawson, poursuivant ses recherches sur l'influence des injections de diverses solutions salines après la saignée, a été amené à étudier les modifications morphologiques du sang occasionnées par une hémorragie. Afin d'élucider le mécanisme de la leucocytose, cet auteur a d'abord établi comme Antokonenko la formule leucocytaire, mais en se basant sur une nomenclature un peu différente. Il s'est servi du chien comme sujet d'expérience, et le volume de sang extrait a été aussitôt remplacé par un volume égal d'une des solutions suivantes :

1° NaCl			0,8 p. 100.
2° NaCl			1 —
3° Sol. de Ringer	1re sol	NaCl	0,8 p. 100.
		$CaCl^2$	0,026 —
		KCl	0,03 —
	2e sol.	NaCl	0,8 —
		$CaCl^2$	0,01 —
		KCl	0,0075 —
		CO^3HNa	0,01 —
4° Sol. de NaCl à 0,8 p. 100			10 parties.
Lait			1 —
5° Sol. alcaline		NaCl	0,8 —
		CO^3HNa	0,5 —

L'intensité de la saignée a été poussée très loin par Dawson. Ainsi, dans une de ses expériences, il a enlevé à un chien de 7 kg. 400 une quantité de sang égale à 2,5 p. 100 du poids du corps, soit 71 p. 100 de la masse sanguine totale, en estimant celle-ci à 1/3 du poids du corps. Immédiatement après la saignée, le chien a reçu dans ses veines un volume égal de la solution n° 4 (NaCl à 0,8 p. 100, 10 parties ; lait, 1 partie). L'animal a survécu : la marche de la leucocytose est celle qui est représentée par les courbes de la figure 80 (p. 500).

L'examen de ces courbes, dont la forme a été sensiblement la même dans toutes les expériences, montre que la proportion normale des leucocytes polymorphonucléaires subit, immédiatement après l'hémorragie, une chute plus forte que celle des lymphocytes et des oxyphiles, pour augmenter ensuite et atteindre son maximum 24 heures après l'hémorragie.

La courbe des lymphocytes est quelque peu différente; ils diminuent moins que les polymorphonucléaires. La cause en serait dans la pénétration rapide de ces éléments dans le sang aussitôt que la masse de celui-ci commence à baisser.

Dawson admet, comme Ouskow et Antokonenko, une évolution des lymphocytes vers la

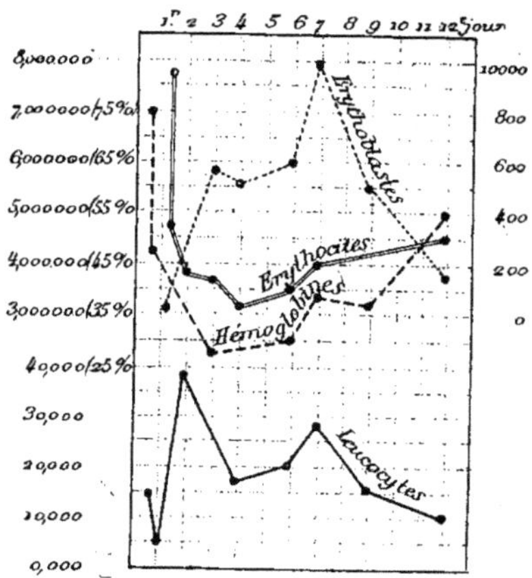

Fig. 80. — Influence de l'hémorragie sur les éléments figurés du sang, d'après Dawson.

forme polymorphonucléaire, mais il n'a pas trouvé de relation numérique confirmant cette opinion d'une métamorphose possible. Ainsi dans l'expérience qui a fourni les documents pour la construction de la courbe représentée par la figure 80, on trouvait avant l'hémorragie 11 000 polymorphonucléaires et 3 000 lymphocytes par millimètre cube de sang. Après l'hémorragie, le nombre des polymorphonucléaires est monté à 31 000, alors que celui des lymphocytes n'est descendu qu'à 2 000.

Plus récemment Baumann a étudié à son tour les modifications du sang après l'hémorragie, et ses conclusions au sujet de la leucocytose post-hémorragique se rapprochent beaucoup de celles d'Antokonenko et de Dawson. Comme ces derniers il a trouvé une augmentation du nombre des polymorphonucléaires. — Ces éléments proviendraient aussi des mononucléaires, dont le nombre diminue après une hémorragie.

Ehrlich et Lazarus n'ont pas admis les interprétations d'Ouskow et d'Antokonenko, quant à l'évolution des leucocytes dans le sang. D'après eux, les lymphocytes et les leucocytes polynucléaires n'ont pas la même origine. Les premiers naîtraient dans l'appareil lymphatique, et les seconds dans la moelle des os.

D'après ces auteurs, il faut donc distinguer dans la leucocytose post-hémorragique : 1° une lymphocytose due à l'afflux de la lymphe interstitielle; 2° une augmentation dans le nombre des leucocytes polymorphonucléaires, due à une surproduction de ces éléments par la moelle des os.

Willebrand, qui a fait une étude très documentée sur les modifications du sang après l'hémorragie, se rattache à l'opinion d'Ehrlich et de Lazarus.

Le tableau suivant, V, résume, d'après Willebrand, les modifications occasionnées par l'hémorragie dans les proportions des différents formes de leucocytes du sang.

TABLEAU V

NUMÉRO D'ORDRE.	ESPÈCE.	LYMPHOCYTES.		LEUCOCYTES MONONUCLÉAIRES ET formes de transition.		LEUCOCYTES POLYNUCLÉAIRES.		LEUCOCYTES OXYPHILES.	
		État normal.	Après la saignée.	État normal.	Après la saignée.	État normal.	Après la saignée.	État normal.	Après la saignée.
1	Chien.	662	442	920	954	9 812	15 504	704	102
2	—	1 206	1 748	1 151	959	9 624	23 970	2 414	1 522
3	—	1 389	3 135	1 950	2 109	7 496	22 686	1 013	570
4	—	1 199	3 791	1 240	3 337	5 168	8 748	443	324
5	—	1 146	2 125	955	992	7 154	30 115	1 745	0
6	—	1 170	4 140	2 131	1 035	10 030	15 442	413	83
7	Lapin.	2 567	5 947	1 378	1 243	6 250	9 509	103	101
8	—	1 945	3 852	2 428	2 169	5 544	12 603	82	76
9	—	2 678	5 520	1 690	240	7 956	18 144	109	96

Si nous résumons les études précédentes sur les modifications des globules blancs du sang à la suite d'une hémorragie, nous pouvons en tirer les conclusions suivantes :

1° Toute hémorragie un peu importante est suivie d'une leucocytose.

2° Parmi les globules blancs qui s'accumulent dans le sang, les uns viennent avec la lymphe interstitielle (lymphocytes), les autres, leucocytes polymorphonucléaires, proviennent, soit d'une modification des métamorphoses normales, soit d'un ralentissement de la destruction des éléments vieux (Ouskow, Antokonenko, Dawson, Baumann); il peut encore se produire une surproduction de ces éléments dans la moelle des os (Ehrlich et Lazarus, Willebrand, etc.).

c) *Les hématoblastes*, comme les autres éléments du sang, diminuent après l'hémorragie. Mais cette décroissance n'est que passagère, et leur nombre recommence à augmenter dès le lendemain de la saignée pour atteindre son maximum au bout de 7 ou 8 jours. Ce phénomène a été vu pour la première fois par Vulpian. Mais c'est Hayem qui a donné une description complète des hématoblastes et a très bien mis en évidence l'effet de la saignée sur ces éléments. Leur production devient extrêmement active, d'où une accumulation de ces corpuscules dans le sang, phénomène que Hayem a appelé : *crise hématoblastique*. Elle accompagne toutes les réparations sanguines et a par cela même une grande valeur.

La fig. 81 montre la marche de la crise hématoblastique chez un chien de 12 kg. 500 ayant perdu par la fémorale 365 gr. de sang (2,9 p. 100 du poids du corps).

Le rapport $\frac{\text{N (glob. rouge)}}{\text{H (hématoblaste)}}$, qui, à l'état normal égale 20, peut descendre à 7 pendant la crise hématoblastique.

Les érythroblastes, assez rares dans le sang normal du chien, de 22 à 570 par millimètre cube, deviennent plus abondants après une hémorragie, 1 050 environ par millimètre cube. La figure 80, empruntée à Dawson, montre les modifications numériques des différents éléments figurés du sang.

4. **La coagulation du sang.** — Les modifications du plasma et des éléments figurés, que nous venons de passer en revue, ont un assez grand retentissement sur la coagulabilité du sang. — Au temps où la saignée était en vogue comme moyen thérapeutique, on a toujours remarqué que le sang fourni par une seconde saignée se coagule beaucoup plus vite que celui de la première, si l'espace de temps qui sépare ces deux opérations n'est pas trop grand. On recueille en outre une plus grande quantité de fibrine. Ces observations ont été vérifiées par de nombreuses expériences faites sur les animaux.

La coagulabilité du sang change au cours d'une même hémorragie. Si par exemple on fait avec un bistouri une piqûre au doigt, et que l'on recueille plusieurs gouttes de sang, on s'aperçoit que les dernières gouttes se coagulent plus vite que les premières. Ce phénomène serait dû, d'après MILIAN, à une action locale des tissus de la peau, qui produiraient du fibrine-ferment ou renforceraient l'action de celui qui est sécrété par les leucocytes.

Cette remarque est vraie, même quand on ouvre un grand vaisseau pour recueillir beaucoup de sang; ARLOING a en effet observé que, si l'on saigne un cheval, par la jugulaire, par exemple, les dernières quantités de sang extrait se coagulent beaucoup plus vite que les premières.

D'après BAUMANN, le temps nécessaire à la coagulation peut diminuer de moitié; il a

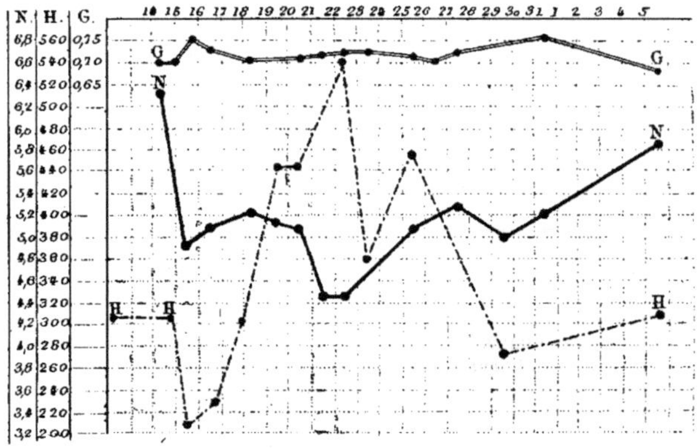

FIG. 81.

G, courbe de la valeur individuelle des globules, le globule humain étant pris comme étalon et considéré comme égal à 1; N. courbe du nombre des globules rouges; H, courbe du nombre des hématoblastes. Les chiffres de la colonne N représentent des millions; ceux de la colonne H, des milliers, d'après HAYEM.

observé cette diminution sur un chien qui avait subi une saignée de 25 p. 100 de sa masse sanguine.

Si les deux prises de sang sont trop rapprochées, on trouve moins de fibrine dans la seconde que dans la première; mais, si on laisse entre les deux saignées s'écouler un temps *suffisant*, c'est l'inverse qui se produit, et le sang est alors dans sa phase de réparation. Comme cette propriété de se coaguler que le sang possède est un de ses meilleurs moyens de défense contre les hémorragies par les petits vaisseaux, on comprend la hâte que l'organisme va mettre à régénérer les éléments qui rentrent dans la constitution de la fibrine.

Ainsi donc, la leucocytose post-hémorragique contribue à accélérer la coagulation, soit par la quantité, soit par l'activité du fibrine-ferment que peuvent engendrer les leucocytes. De son côté, la production de fibrinogène se poursuit avec une grande activité, et elle peut dépasser la normale; ce qui expliquerait l'augmentation de la quantité de fibrine. CL. BERNARD cite une expérience dans laquelle MAGENDIE pratiqua sur un chien de fortes saignées répétées durant plusieurs jours. Le sang de chaque saignée était défibriné et réinjecté dans les vaisseaux de l'animal. On remarqua à partir du troisième jour un commencement d'augmentation dans la quantité de fibrine. Mais cette fibrine se distinguerait de la fibrine normale par une plus grande solubilité dans l'eau.

5) **Influence de l'hémorragie sur la circulation du sang.** — L'effet immédiat de toute hémorragie est une déplétion du système circulatoire, d'où chute de la pression artérielle, changement dans le rythme du cœur, dans le rythme et l'amplitude du pouls, dans la vitesse du sang, etc. En un mot, l'hémorragie détruit l'harmonie des

forces qui président à la circulation du sang. Si donc nous connaissons le jeu normal de toutes ces forces, nous saisirons le mécanisme des troubles occasionnés par une hémorragie. Le cadre de cet article ne nous permet pas d'entrer dans tous ces détails. (Voyez : **Artères, Capillaires, Cœur, Circulation, Sang.**)

a) *La pression artérielle* baisse après la saignée, comme Hales l'a démontré par l'expérience suivante : un manomètre étant adapté à la carotide d'un cheval, on introduit dans une autre artère une canule, et l'on aspire, à l'aide d'une seringue, une certaine quantité de sang; on voit aussitôt baisser la pression. Si l'on réinjecte le sang aspiré, la pression remonte aussitôt; tandis que, si l'on supprime cette quantité de sang, la pression ne revient que peu à peu à la normale.

A première vue, ce phénomène paraît très simple. Mais, si l'on cherche à approfondir son mécanisme intime, on voit combien sont nombreuses et complexes les causes qui entrent en jeu.

En nous appuyant sur les principes fondamentaux d'hémodynamique établis par Marey, nous pourrions considérer la pression sanguine comme la résultante des forces suivantes : 1° la contraction du cœur; 2° la force élastique et la contractilité des parois vasculaires; 3° les résistances qui s'opposent à l'écoulement du sang.

Si l'on vient à modifier un de ces trois agents principaux, la pression s'en ressentira; et, comme l'hémorragie agit directement ou indirectement sur toutes ces forces, on comprend combien il sera difficile de préciser la part de chacune.

Marey a démontré que, pour faire baisser la pression artérielle par hémorragie, il faut remplir les deux conditions suivantes :

1° La quantité de sang extraite doit représenter une fraction importante de la masse sanguine totale;

2° Cette quantité de sang doit être enlevée avec une certaine brusquerie.

Les recherches ultérieures de Worm-Müller, d'Arloing, etc., ont prouvé que sur le chien une saignée de 0,01 du poids du corps passe inaperçue, et qu'il faut lui enlever 2,5 p. 100 du poids du corps, soit 1/3 de la masse sanguine, pour faire baisser la pression de 1/6. Mais il n'en est pas de même pour d'autres espèces d'animaux : ainsi le lapin perd la moitié de sa pression artérielle pour une saignée de 0,01 du poids du corps. Cela tient sans doute à ce que le lapin, par rapport au poids du corps, est plus pauvre en sang que le chien.

On pourrait croire *a priori* que sur une même espèce d'animaux la chute de la pression sanguine est proportionnelle à la perte de sang. Il n'en est rien, et les expériences de Dawson le prouvent suffisamment. Cet expérimentateur a pratiqué sur des chiens, en ouvrant leur carotide, des saignées variant de 2,3 à 4,4 p. 100 du poids de leur corps, le temps d'écoulement étant de 5 minutes. A l'aide de manomètres à maxima, Dawson a mesuré la pression artérielle pendant la systole ventriculaire (S) et pendant la diastole (D); il a également mesuré la pression moyenne. Il a calculé ensuite la pression de l'onde pulsatile en faisant la différence entre S et D. Il résulte de ses expériences, que viennent corroborer celles d'autres auteurs, qu'il n'y a aucune proportionnalité entre la quantité de sang perdue et la chute de la pression. Il faut en conclure que la masse de sang enfermée dans l'appareil circulatoire n'est pas la seule cause qui règle la pression artérielle, et qu'il existe d'autres facteurs tout aussi importants avec lesquels nous devons compter.

Nous citerons en première ligne : 1° *L'élasticité et la contractilité vasculaires;* 2° *l'accélération du cœur.*

I. *Élasticité et contractilité vasculaires.* — Les vaisseaux, grâce à l'élasticité et à la contractilité de leur paroi, peuvent s'accommoder à une quantité de sang inférieure à la normale; mais il y a une limite. En effet, supposons que la pression est tombée au tiers de ce qu'elle est normalement; si elle reste une heure à ce niveau, on peut être sûr que la limite en question est atteinte, de sorte que, si une nouvelle hémorragie se produit, fût-elle minime, elle entraîne la mort.

II. *Accélération du cœur.* — Immédiatement après la saignée, le cœur s'accélère, cherchant ainsi à rétablir le volume de sang contenu normalement dans l'arbre artériel. Il est aidé dans sa tâche par l'afflux du plasma interstitiel, qui, comme nous l'avons déjà vu, contribue de son côté à rétablir l'équilibre. Enfin, sous l'aspiration du cœur, le système veineux cède une partie de son contenu normal. Les deux ordres de phénomènes ci-dessus nous expliquent, d'une part, la discordance entre l'intensité de l'hémorragie et la chute de la pression sanguine, et, d'autre part, la rapidité avec laquelle cette pression se rétablit, quand la perte de sang n'est pas trop forte. — A ce point de vue, une expérience très instructive de Hoche a donné les résultats suivants :

La saignée a été de 0,01 du poids du corps.

Pression avant la saignée.	Pression pendant la saignée.	Pression aussitôt après la saignée.	Pression 20 minutes après la saignée.
17 à 18 cm. de Hg.	9 à 10 cm. Hg.	16 à 17 cm. Hg.	17 à 18 cm. Hg.

D'après Dauwe, la pression artérielle met 10 minutes à se rétablir, chez le chien

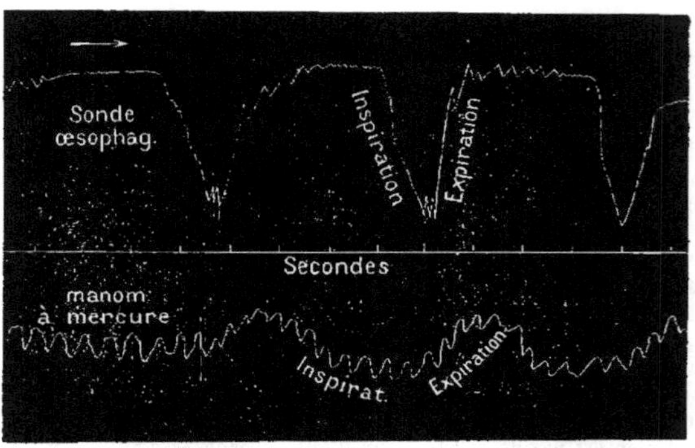

Fig. 82. — Influence d'une hémorragie sur les variations respiratoires de la pression sanguine. Tracé inférieur. Pression intra-carotidienne après une saignée de 800 cc. (d'après Fredericq).

après une saignée de 2 p. 100 du poids du corps. Quand la saignée atteint 2,5 p. 100, il faut plus d'une heure pour que la pression remonte à son niveau normal.

Chez le chien, les *oscillations respiratoires de la pression artérielle* sont également modifiées par une hémorragie. On sait que chez lui, contrairement à ce qui se passe chez les autres animaux, la pression artérielle augmente pendant l'inspiration et diminue pendant l'expiration. C'est l'inverse après la saignée (fig. 82). Selon Fredericq, qui a étudié ce phénomène, la saignée paralyse le centre modérateur du cœur, qui intervient à l'état normal pour différencier le chien des autres animaux à température constante, quant aux oscillations respiratoires de la pression artérielle. Pour que ce phénomène d'inversion ait lieu, il faut que la perte sanguine soit assez forte, de 3 à 5 p. 100 du poids du corps.

b) Rythme du cœur. — L'accélération du cœur après une hémorragie a été observée, pour la première fois par Hales dans l'expérience citée plus haut. Marey et Chauveau l'ont enregistrée sur le cheval, et la figure 83 montre que le nombre de battements du cœur passe de 45 à 108 par minute. Ce phénomène est une conséquence de la loi d'hémodynamique découverte par Marey : *Le cœur bat d'autant plus fréquemment qu'il éprouve moins de peine à se vider.*

Or l'hémorragie, en diminuant la pression artérielle, diminue la résistance que le ventricule doit vaincre normalement pour loger dans le système artériel le sang qu'il contient.

L'accélération cardiaque post-hémorragique a été un bel exemple, à l'aide duquel Marey a montré que les lois de la mécanique sont les mêmes pour tous les moteurs, animés ou inanimés. — Si l'on demande en effet à un moteur quelconque (électrique, hydraulique ou à vapeur), marchant à vide à une vitesse déterminée, de fournir un travail, on le verra se ralentir d'autant plus que le travail sera plus grand. Le muscle, moteur animé, agit de même. *S'il doit fournir un certain nombre de contractions, il va les exécuter d'autant plus rapidement qu'il éprouvera moins de résistance à vaincre.*

Marey avait cru tout d'abord que les modifications de la tension artérielle avaient

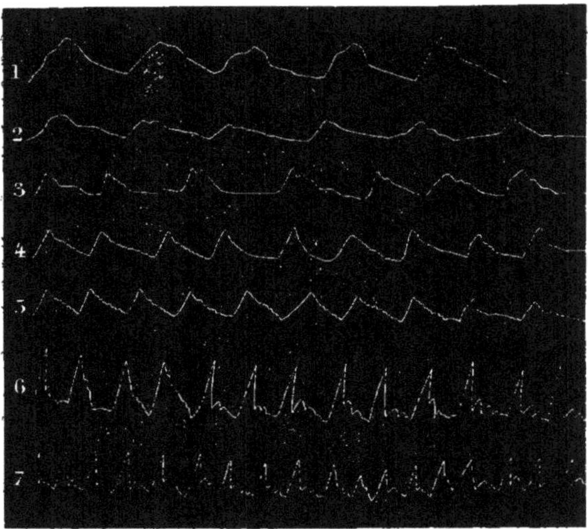

Fig. 83. — Accélération des battements du cœur d'un cheval sous l'influence de l'hémorragie. — 1, Pouls normal; 2, l'animal est couché; 3, Hémorragie de 5 litres; 4, Nouvelle hémorragie de 5 litres; 5, Hémorragie de 5 litres; 6, Hémorragie de 2 litres; 7, Hémorragie de 2 litres, d'après Marey.

sur le cœur une action directe. Mais il ne tarda pas à reconnaître avec Bernstein que

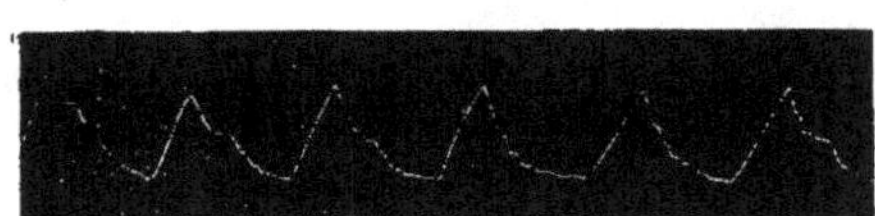

Fig. 84. — Marey, *La circulation du sang*. Pouls radial avant une hémorragie, d'après Lorain

Fig. 85. — Pouls radial après une hémorragie abondante chez le même sujet, d'après Lorain.

c'est le système nerveux qui se charge de rendre solidaires l'un de l'autre la pression artérielle et le rythme du cœur. Chez un animal qui a subi une double vagotomie, ou ce qui revient au même, un empoisonnement par l'atropine, le rythme du cœur ne change plus sous l'influence des modifications de la pression artérielle. C'est à une conclusion semblable que sont arrivés FREDERICQ et plus récemment DAWSON. Ces deux derniers expérimentateurs ont démontré, en outre, que l'accélération post-hémorragique du cœur n'est rigoureusement dépendante ni de la quantité de sang perdue, ni de la chute de la pression artérielle : *Elle dépend du degré de la tonicité que possédaient les pneumogastriques avant l'émission sanguine.* L'accélération post-hémorragique sera par conséquent d'autant plus grande que la tonicité du pneumogastrique avant la saignée était plus forte, ou, ce qui revient au même, que la fréquence du cœur était plus faible.

Cette accélération du rythme cardiaque est suivie d'un ralentissement qui n'est pas l'œuvre des pneumogastriques, puisque la section de ces nerfs ou leur empoisonnement par l'atropine n'empêche pas le phénomène de se produire.

D'après DAUWE, ce ralentissement serait dû à l'épuisement des ganglions excito-moteurs du cœur.

Chez les animaux à température variable, le cœur est moins influencé par l'hémorragie. HOFMEISTER, qui a pris le crapaud et la couleuvre comme sujets d'expérience, a vu que la saignée tantôt ralentit, tantôt accélère les mouvements du cœur. Toutefois, dans la majorité des cas, le rythme du cœur ne change pas. Cela tient probablement à l'imperfection du système nerveux régulateur du cœur.

c) Pouls. En dehors de son accélération, qui est celle du cœur, le pouls est modifié aussi dans son amplitude, et même quelquefois dans sa forme.

Quand la pression est forte, l'artère est très distendue, et l'élasticité de ses parois s'approche de sa limite extrême; l'onde pulsatile se trouve en partie amortie par la force élastique des vaisseaux et son amplitude est forcément plus petite. C'est le contenu qui a lieu quand la pression est faible.

En faisant tomber la pression artérielle, l'hémorragie augmentera donc l'amplitude du pouls.

Le schéma suivant montre plus clairement le mécanisme de ce phénomène :

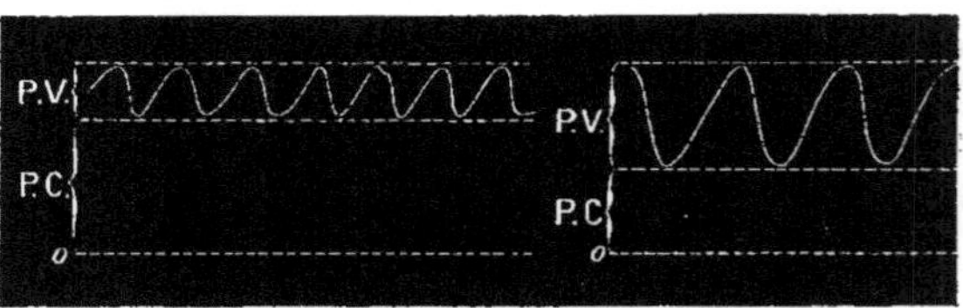

FIG. 86. — Rapports inverses de la pression constante et de la pression variable dans les artères. — 1re moitié de la figure : PC = Pression constante forte; PV = Pression variable faible. — 2e moitié : PC = faible ; PV = forte, d'après MAREY.

Mais il ne faut pas oublier que le cœur s'accélère, lors d'une chute de la pression sanguine, et que le sang sera lancé dans l'aorte avec une vitesse plus grande qu'à l'état normal. Or on sait la part qui revient à l'élément vitesse dans la production d'une onde comme celle du pouls.

Chez les animaux à température variable, contrairement à ce qui a lieu chez les mammifères, la saignée diminue l'amplitude du pouls. HOFMEISTER attribue cette discordance à l'intervention de deux facteurs : le *nombre* des systoles cardiaques, et la *quantité* du sang que le ventricule lance dans l'aorte à chaque systole. A l'état normal, le premier de ces facteurs, le *nombre* des systoles, est plus grand chez les animaux à température constante que chez les animaux à température variable, et ce nombre augmente encore après la saignée. Mais pour ces derniers, ce nombre ne saurait intervenir, vu qu'il ne change pas sous l'influence de l'hémorragie. Quant aux premiers, nous avons montré plus haut la relation qui existe entre l'amplitude du pouls et le nombre ou la vitesse des systoles cardiaques.

Il ne nous reste donc que le deuxième facteur, la *quantité* de sang lancé à chaque systole. Chez les animaux à température constante, cette quantité est de 1/27 à 1/26 de la masse totale, tandis qu'elle monte à 1/8 ou 1/7 chez les animaux à température variable. On peut donc prévoir que, à égalité de perte sanguine, la *quantité* de sang lancé dans l'aorte sera beaucoup plus faible chez les animaux à température variable, et que le débit ventriculaire de ces derniers, après une saignée relativement égale, sera beaucoup plus influencé que celui des animaux à température constante.

En somme, l'abaissement de l'amplitude du pouls après la saignée, chez les animaux à température variable, s'explique uniquement par la diminution du volume de sang à chaque systole, puisque le rythme du cœur ne change pas.

d) *La vitesse* du courant sanguin se modifie aussi sous l'influence de l'hémorragie. Rappelons à ce propos la loi de MAREY, concernant les rapports de la vitesse du sang avec la tension artérielle : *Tout ce qui accroît ou diminue la force qui pousse le sang du cœur vers la périphérie, fait varier dans le même sens la vitesse du sang et la pression artérielle. Tout ce qui accroît ou diminue les résistances que le sang éprouve à sortir des artères fera varier la vitesse et la tension artérielle en sens inverse l'une de l'autre.*

En admettant que la force du cœur et le calibre des petits vaisseaux ne varient pas sous l'influence de l'hémorragie, la vitesse du sang doit augmenter, puisque, par la réduction de la masse sanguine, on diminue la résistance que le sang éprouve à cheminer dans les artères. CHAUVEAU l'a démontré par l'expérience suivante : il ajuste son hémodromomètre à la carotide d'un cheval, et, après avoir noté la vitesse du sang dans cette artère, il ouvre le vaisseau au-dessus de l'appareil et laisse le sang s'échapper librement. L'hémodromomètre accuse aussitôt une augmentation de la vitesse du sang dans la période diastolique. L'accélération systolique devient insignifiante, et l'accélération due à la pulsation dicrote disparaît.

Cependant, VOLKMANN et, après lui, FINKLER ont trouvé que l'hémorragie diminue la vitesse du sang. Aussi FINKLER, en pratiquant sur le chien des saignées de 2 p. 100, 3 p. 100 et 4 p. 100 du poids du corps; et en mesurant la vitesse du sang à l'aide de l'appareil de LUDWIG, a obtenu les résultats suivants :

Quantité de sang perdu en centièmes du poids du corps.	O	2 p. 100.	3 p. 100.	4 p. 100.
10 cm. c. de sang se sont écoulés en.	4''	7	10	19
	4''	7	11	46
	4''	7	9	47
	4''	7	10	57
	4''	7	10	»

On ne peut trouver l'explication de cette divergence que dans les conditions expérimentales qui n'ont pas été les mêmes dans les deux cas. — Dans l'expérience de CHAUVEAU, la résistance périphérique diminue, tandis que le cœur garde sa force, au moins un instant après l'ouverture de l'artère.

Il n'en est pas ainsi dans l'expérience de FINKLER. La mesure de la vitesse est faite un certain temps après que l'animal a subi une perte du sang de 2, 3, ou même 4 p. 100 du poids du corps. La force du cœur a eu probablement le temps de décroître surtout après une pareille perte sanguine, et, avec elle, la vitesse du sang. La loi de MAREY montre la relation qui existe entre la force du cœur et la vitesse du sang.

Parmi les troubles occasionnés par l'anémie post-hémorragique, il faut signaler aussi un bruit de souffle cardiaque isochrone avec la systole ventriculaire (CHAUVEAU, DOGIEL). L'abaissement de la pression intra-aortique est la cause principale qui favorise la production de ces souffles.

6. **Influence de l'hémorragie sur la circulation de la lymphe.** — On sait que les éléments constitutifs de la lymphe, surtout la partie liquide, proviennent du plasma interstitiel. Celui-ci n'est autre chose que le plasma sanguin, qui, sorti des vaisseaux, porte aux tissus les matériaux nutritifs et les débarrasse des déchets qui résultent de leur fonctionnement. Une partie de ce plasma ainsi modifié revient dans le sang à travers la paroi des capillaires, tandis qu'une autre partie, et c'est peut-être la plus importante, prend la voie lymphatique pour retourner dans le sang après avoir fait ce long détour.

Quel que soit le mécanisme intime des forces qui président aux échanges entre le plasma sanguin et les tissus, une chose semble certaine : c'est que l'hémorragie diminue ou même arrête pour un certain temps l'émigration normale du plasma dans les tissus. La formation de la lymphe se trouve gênée de ce fait d'autant plus que la perte sanguine a été plus forte. La circulation de la lymphe se trouve ainsi modifiée par la saignée. Dans les grands vaisseaux lymphatiques, cette circulation semble être plus rapide après la saignée. Hoche a remarqué que l'écoulement de la lymphe par une fistule du canal thoracique est plus grand pendant les premières minutes qui suivent l'hémorragie. Ce phénomène marche de pair avec la chute de la pression sanguine, et cela justifie la conclusion de Hoche, qui dit que l'affaissement de l'aorte favorise la circulation lymphatique dans le canal thoracique. Les nerfs vaso-constricteurs des vaisseaux lymphatiques exerceraient en outre une action favorable à cette circulation.

Tscherewkow, dont le travail a paru presque en même temps que celui de Hoche, est arrivé à d'autres conclusions. Dans une série d'expériences, Tscherewkow a vu que l'écoulement de la lymphe par une fistule du canal thoracique n'est pas influencé par des saignées variant de 24 à 37 p. 100 de la masse sanguine totale. Dans une seconde série d'expériences, où la saignée a été de 28 à 43 p. 100 de la masse totale du sang, l'écoulement de la lymphe a diminué.

On se demande si la cause de cette divergence ne réside pas dans les conditions expérimentales de ces deux auteurs. Hoche emploie le curare, d'où immobilité complète de l'animal et respiration artificielle. Tscherewkow emploie l'anesthésie par un mélange de chloroforme et d'éther, précédée d'une injection de morphine, et l'animal garde sa respiration naturelle.

Posner et Gies ont toujours observé une diminution dans l'écoulement de la lymphe après l'hémorragie, sur des animaux (chien) recevant leur ration coutumière et sur des animaux à jeun. — La proportion des substances organiques a varié, alors que les matières inorganiques ont été trouvées dans les mêmes proportions que dans le sang.

7. **Action de l'hémorragie sur la digestion gastrique.** — Manassein, cherchant à déterminer l'influence de la fièvre et de l'hémorragie sur la digestion gastrique, a été amené à étudier les modifications subies par le suc gastrique sous l'influence d'une hémorragie. Il a vu qu'une saignée de 1/10 à 1/3 de la masse sanguine totale chez le chien diminue l'acidité du suc gastrique et avec elle son pouvoir digestif.

Mais l'étude de cette question a été faite d'une façon plus complète par London et Sokolow. Ces auteurs ont suivi la méthode de Heidenhain et de Pawlow. Après avoir déterminé sur un chien la marche de la sécrétion du suc gastrique, son acidité et son pouvoir digestif pendant toute la durée de la digestion stomacale d'un repas donné (viande, lait ou pain), ils pratiquent sur le même chien une saignée de 37 p. 100 de la masse sanguine. Toutes les autres conditions de vie de l'animal, et surtout le régime, restant les mêmes, ils constatent : 1° que la sécrétion commence plus tard, soit 15 minutes après l'ingestion du repas, alors qu'à l'état normal elle commence au bout de 5 minutes; 2° la quantité du suc sécrété dans l'unité de temps est plus faible qu'avant la saignée. Mais la digestion dure plus longtemps, trois fois plus que la normale environ, et il s'ensuit que la quantité totale du suc gastrique sécrété pendant la digestion d'un repas donné est plus grande après l'hémorragie; 3° l'acidité de ce suc reste presque constante pendant toute la durée de la digestion; 4° son pouvoir digestif est affaibli de 47,3 p. 100 du chiffre normal.

8. **L'absorption** des liquides contenus dans l'intestin ou dans les cavités séreuses est très active après la saignée.

Les animaux qui ont subi des hémorragies déplétives ont une grande soif, et les boissons qu'ils ingèrent contribuent en grande partie au rétablissement du volume normal du sang.

L'absorption des substances dissoutes dans l'eau est aussi plus active. Ainsi Magendie a démontré que différents poisons, introduits dans les cavités séreuses ou dans le tissu conjonctif sous-cutané, s'absorbent bien plus vite après une hémorragie.

9. **Influence de l'hémorragie sur la nutrition.** — Nous allons étudier dans ce chapitre : les échanges respiratoires, les échanges d'azote, de phosphore, de soufre, de chlore, la température et le poids du corps.

α. *Échanges respiratoires.* — Avant que les physiologistes eussent étudié la marche des hémorragies expérimentales, on possédait déjà quelques observations sur le chimisme respiratoire dans les cas d'anémie par altération du sang (chlorose ou leucémie). Ainsi, HANNOVER avait remarqué que la quantité d'acide carbonique éliminé par un jeune homme atteint de chlorose est légèrement supérieure à la normale.

PETTENKOFER et VOIT ont mesuré les échanges respiratoires dans un cas de leucémie, et ils ont trouvé que le malade absorbe autant d'oxygène et élimine autant d'acide carbonique que l'homme bien portant, de sorte que le rapport $\frac{CO^2}{O^2}$ garde sa valeur normale.

La première étude sur les modifications des échanges nutritifs produites par une hémorragie est due à BAUER.

Sur un chien à jeun depuis 24 heures, il pratique une saignée de 1,4 p. 100 du poids du corps, et il place immédiatement l'animal dans l'appareil de PETTENKOFER et VOIT. Il constate alors que la quantité d'acide carbonique éliminé ne change pas beaucoup, tandis que la consommation d'oxygène diminue un peu : le rapport $\frac{CO^2}{O^2}$ égal à 0,67 à l'état normal, monte à 0,80.

Les résultats obtenus par BAUER n'ont pas été acceptés par les physiologistes qui ont étudié la question de plus près. Ainsi, peu de temps après, FINKLER trouve que la consommation d'oxygène n'est pas influencée par une hémorragie de 0,33 à 2,84 pour 100 du poids du corps. Dans le sang artériel comme dans le sang veineux, le rapport $\frac{CO^2}{O^2}$ d'acide carbonique et d'oxygène subit quelques changements. Le sang veineux contient moins d'acide carbonique après l'hémorragie qu'avant, ce qui montrerait, d'après FINKLER, un ralentissement du courant sanguin. Une constatation analogue a été faite par OTTO.

FREDERICQ a dosé sur le lapin, à l'aide de son oxygénographe, l'oxygène consommé. Malgré de légères variations des échanges respiratoires, il n'a pas pu conclure à une influence nette de la saignée sur ces échanges. PEMBREY et GÜRBER sont arrivés à une conclusion semblable, quoiqu'ils aient poussé la saignée sur le lapin jusqu'à 3,1 p. 100 du poids du corps. La perte en globules rouges était estimée à la moitié, et celle de l'hémoglobine du tiers à la moitié du taux normal. Des symptômes d'asphyxie apparaissent alors. Mais, si l'on injecte par la jugulaire une quantité de sérum de GAULE égale à celle du sang perdu, l'animal peut survivre, et les échanges respiratoires redevenir normaux. De même DELCHEF n'a vu après la saignée de modifications importantes, ni dans la quantité d'oxygène consommé, ni dans le quotient respiratoire.

Dans une autre série d'expériences, PEMBREY et GÜRBER se sont placés dans les mêmes conditions que BAUER. Les lapins ont été saignés de 2,2 à 2,5 du poids de leur corps, et le sang perdu n'a pas été remplacé par le liquide de GAULE. Sur ces animaux les échanges respiratoires ont été trouvés plutôt augmentés que diminués.

D'autres expériences ont été faites par OERTMANN pour déterminer l'influence de la saignée sur les échanges respiratoires des animaux à température variable. Il a remplacé tout le sang d'une grenouille par une solution de NaCl à 0,75 p. 100 (grenouille salée de COHNHEIM), sans que pour cela ses échanges respiratoires se modifient de façon appréciable.

Toutes ces recherches prouvent que ces échanges sont réglés non par le sang qui charrie l'oxygène, mais par les tissus qui le consomment.

β. *Échanges d'azote, de soufre, de phosphore.* — L'équilibre de la nutrition se trouve troublé par la perte d'une certaine quantité de sang, et cela se traduit par une augmentation de la proportion d'azote et de soufre dans les urines. BAUER a constaté, 24 heures après une saignée de 28 p. 100 de la masse totale du sang, que la quantité d'azote dans l'urine monte de 16 gr. 6 à 20 gr. 3 par jour, mais c'est là un trouble très éphémère, et les jours suivants l'azote revient à son taux normal.

LÉPINE et FLOVARD sont arrivés aux mêmes résultats, et ils ont constaté de plus une augmentation de la proportion normale d'acide phosphorique et de soufre, conjointements avec celle de l'azote. Mais des recherches ultérieures, notamment celles d'ASCOLI et de Draghi n'ont pas confirmé ces faits, et d'après eux, la proportion d'azote urinaire se trouverait, au contraire, diminuée.

La question est restée en litige jusqu'en 1904, où Hawk et Gies l'ont reprise. Dans un travail assez complet, ils ont pensé que la vérité était du côté de Bauer, c'est-à-dire qu'il y avait augmentation de l'azote urinaire après une hémorragie.

Les expériences de ces auteurs ont été faites sur un chien en équilibre de poids et d'azote. La technique qu'ils ont employée, et les précautions minutieuses qu'ils ont prises dans leurs recherches, donnent une grande valeur à leurs résultats. Ils ont dosé l'azote, le soufre, le phosphore et le chlore dans l'ingestat composé de viande de bœuf, de lard, de cendres d'os et d'eau, et dans l'excrétat (urines, matières fécales et poils trouvés dans la cage).

Durant une première expérience qui a duré 86 jours, le chien, qui pesait 16 kg. 96 au départ, a reçu pendant tout ce temps la même alimentation et la même quantité d'eau. L'équilibre de poids et d'azote s'est trouvé ainsi établi.

L'animal a subi la saignée, à des intervalles de temps variables. Une nouvelle saignée n'était jamais pratiquée qu'après la disparition des troubles occasionnés par la saignée précédente. La quantité globale de sang enlevé dans les quatre opérations fut de 1 933 gr. 7; ce qui revient à 11, 63 p. 100 du poids du chien, établi la veille de la première saignée. Ce poids était descendu à 12 kg. 63.

Nous avons résumé dans le tableau suivant (Tableau VI) les effets de chaque hémorragie, sur l'excrétion de l'azote, du phosphore, du soufre et de la quantité totale d'urine.

Ce tableau montre que l'hémorragie provoque une excrétion plus forte d'azote et de soufre, tandis que l'excrétat de phosphore est généralement plus faible que l'ingestat.

On voit encore que la quantité d'urine diminue dans la journée qui suit l'hémorragie pour augmenter ensuite et passer par un maximum qui peut s'observer le 2e, le 3e, voire même le 4e jour. L'azoturie suit de près la polyurie. Elle est faible et passagère quand la perte sanguine n'est pas grande, mais son intensité et sa durée augmentent sous l'influence des hémorragies abondantes ou souvent répétées.

Une seconde expérience effectuée dans les mêmes conditions a donné les mêmes résultats.

D'après Hawk et Gies, on pourrait donc expliquer l'augmentation post-hémorragique de l'azote urinaire de la manière suivante : une partie de cet azote vient des produits de déchet (créatine, purine, composés ammoniacaux), qui affluent vers le sang avec la lymphe interstitielle; une autre partie provient des organes hématopoïétiques, et principalement de la moelle des os, dont l'acidité s'exagère rapidement après la saignée.

Quant au phosphore, son élimination diminue après une hémorragie. Il semble que l'organisme retient ce corps en vue des travaux de restauration qui vont avoir lieu, et où le phosphore est indispensable pour reconstituer les nucléo-albumines.

Ces troubles dans l'excrétion de l'azote, du phosphore et du soufre, sont-ils provoqués exclusivement par la perte sanguine? On ne pourrait le soutenir *a priori*, car, outre les modifications que produit la diminution de son sang, l'organisme subit d'autres influences. Ainsi, la plaie indispensable pour l'ouverture de l'artère peut, à son tour, provoquer des troubles, surtout si l'asepsie n'a pas été rigoureuse. De plus, l'anesthésie nécessaire, pour qu'une pareille opération soit bien faite, a son influence sur les échanges nutritifs. Hawk et Gies ont cherché à déterminer la part qui revient à l'anesthésie seule d'abord, et ensuite à l'anesthésie accompagnée d'un traumatisme pareil à celui qui accompagne la saignée.

Ainsi l'anesthésie par l'éther produit à elle seule une augmentation des chlorures dans l'urine et une faible glycosurie; en outre, on observe une augmentation dans le volume de l'urine, 24 heures après l'anesthésie, alors que les proportions d'azote et de soufre urinaires ont de nouveau diminué. Quand l'animal, outre l'anesthésie, subit un traumatisme, on observe encore une légère augmentation de l'azote urinaire, occasionnée par le processus de cicatrisation de la plaie et par diverses influences en relation avec les troubles de la circulation de la région opérée.

Chez les animaux à température variable les échanges nutritifs sont moins influencés par l'hémorragie que chez les animaux à température constante. Moraczewski a étudié es échanges d'eau d'azote, de chlore, de phosphore, de sodium, de potassium et de

TABLEAU VI

Après hémorragie, échanges nutritifs (Az, P et S) et volumes de l'urine, d'après Hawk et Gies.

		Ire PÉRIODE de 12 jours pendant laquelle on établit l'équilibre de poids et d'Az.	IIe PÉRIODE de 18 jours qui suit la 1re hémorragie de 2,93 p. 100 du poids du corps.	Ve PÉRIODE[1] de 21 jours qui suit la 2e hémorragie de 3,01 p. 100 du poids du corps.	VIe PÉRIODE de 7 jours qui suit la 3e hémorragie de 3,51 p. 100 du poids du corps.	VIIe PÉRIODE de 4 jours qui suit la 4e hémorragie de 3,22 p. 100 du poids du corps.
		gr.	gr.	gr.	gr.	gr.
Azote total. .	Ingesta.	123,25	164,34	215,69	71,90	41,08
	Excreta.	116,05	167,30	239,03	77,13	55,25
Soufre total. .	Ingesta.	9,66	12,00	16,83	4,99	2,85
	Excreta.	8,05	13,27	26,64	6,59	4,24
Phosphore total. . .	Ingesta.	29,47	39,30	51,29	16,98	9,70
	Excreta.	28,92	37,36	50,86	16,53	10,43
Quantité totale d'urine. .		Dans les derniers 4 jours qui précèdent l'hémorragie.	Dans les premiers 4 jours après l'hémorragie.	Dans les premiers 4 jours après l'hémorragie.	Dans les premiers 4 jours après l'hémorragie.	Dans les premiers 4 jours après l'hémorragie.
		1 2 3 4	1 2 3 4	1 2 3 4	1 2 3 4	1 2 3 4
		436 443 486 560	377 **556** 501 370	428 590 579 **620**	468 475 624 394	464 518 770 464

1. Pendant la IIe période de 10 jours, l'animal a subi une seule anesthésie, identique à celle employée pour pratiquer la 1re hémorragie ; pendant la IVe période de 13 jours on a fait subir à l'animal en expérience une anesthésie et un traumatisme équivalents à la découverte de l'artère pour pratiquer l'hémorragie. — De cette façon on peut savoir ce qui appartient à l'anesthésie, au traumatisme et à la perte de sang dans l'ensemble des modifications subies par les échanges nutritifs.

calcium chez les grenouilles normales et non nourries et chez les grenouilles dont le sang a été remplacé dans sa plus grande partie par une solution isotonique d'une des substances suivantes : chlorure de sodium, acétate de sodium, sulfate de sodium, azotate de sodium, sucre et urée. Avec le NaCl les grenouilles peuvent vivre jusqu'à 2 mois; avec le glucose, 4 semaines; avec le SO_4Na_2, 2 semaines et, avec AzO_3Na, $C_2H_3NaO_2$ e urée, la survie ne dépasse pas 5 jours. Suivant MORACZEWSKI, il n'y a pas grande différence, quant à l'élimination des sels, entre les grenouilles normales (gardées en état d'inanition) et celles qui ont subi la dilution de leur sang. Cependant l'organisme anémié est plus riche en phosphore et calcium que l'organisme inanitié. Si l'anémie dure longtemps, l'organisme devient plus riche en eau et en sels, et plus pauvre en azote. Les substances réductrices augmentent dans l'anémie.

γ) *Température du corps.* — BÄRENSPRUNG a remarqué une élévation de température chez le chien pendant la saignée (quelques dixièmes de degré) et un abaissement notable dans le nyctémère suivant, jusqu'à un minimum qui est atteint 6 heures environ après l'émission sanguine. Une nouvelle élévation peut se présenter, mais elle est passagère, et la température retombe au-dessous de la normale.

GATZUK, MOSSO, DOGIEL se sont tous aperçus d'un abaissement de température à la suite d'une hémorragie.

Après cette élévation très passagère, la température descend de 1 à 2° pour remonter de nouveau et se maintenir ainsi quelques heures au-dessus de la normale. Pendant ce temps l'animal frissonne. Les jours suivants la température peut atteindre 40°. Le mécanisme de cette hyperthermie n'est pas bien élucidé.

En mesurant le rayonnement calorique sur un lapin qui avait subi une hémorragie, FREDERICQ a vu que l'état de la digestion semblait avoir plus d'importance que l'hémorragie. En effet, pour une même perte de sang, le rayonnement diminue chez un lapin en pleine digestion, tandis qu'il augmente chez un lapin à jeun.

δ) *Poids du corps.* — Au temps où la saignée était en vogue comme moyen thérapeutique, les cliniciens avaient remarqué que les soustractions sanguines étaient suivies d'une augmentation de poids. Ainsi VAN SWIETEN cite le cas d'une femme qui avait subi six saignées dans l'espace de quelques mois, et dont le poids avait augmenté de 150 livres (?). On dit aussi que les éleveurs anglais emploient ces saignées répétées pour faire engraisser les veaux.

Après toute perte sanguine, l'organisme cherche à rétablir son équilibre normal. Les matériaux nécessaires à ses réparations lui viennent des ingesta, et il manifeste en effet ses besoins par une augmentation de l'appétit et de la soif. Cela a été observé par tous les expérimentateurs.

Quand la ration alimentaire reste constante, quelles que soient la grandeur et la fréquence des hémorragies, le poids du corps diminue. Nous en voyons un exemple dans l'expérience citée plus haut, de HAWK et GIES, durant laquelle le chien a toujours reçu une nourriture égale en quantité et en qualité à celle qui avait servi à établir l'équilibre de poids et d'azote. Nous savons que le poids de l'animal est tombé de 19 kg. 96 à 12 kg. 63 dans 72 jours, après quatre saignées. Si, au lieu d'une alimentation restreinte, l'organisme reçoit, au contraire, un supplément d'eau et d'aliments en quantité suffisante pour effectuer les réparations, il les emploie avec le maximum de profits.

Le tableau suivant (page 513), que nous empruntons aussi au travail de HAWK et GIES, résume l'influence des hémorragies sur le poids du corps.

De son côté, DOGIEL a vu le poids d'un chien, qui avait subi une forte saignée, monter de 6 kg. 750 à 12 kilogrammes dans l'espace de 3 mois.

L'augmentation de poids nous montre que la saignée pousse l'organisme à faire des réserves nutritives, ce qui ne serait en somme qu'un moyen de défense contre ce genre de destruction.

Si les pertes sanguines se répètent, l'accumulation des matières nutritives, et spécialement de la graisse, augmente en proportion. — Ainsi, le sang des veaux qui ont subi plusieurs saignées commence à prendre un aspect lactescent; différents organes, comme le cœur, les glandes, les capillaires sanguins, etc., sont envahis par la graisse; mais ces phénomènes ne se présentent que dans le cas où l'organisme a perdu beaucoup de sang.

POIDS DU CORPS.		HÉMORRAGIE.		
JOUR DE l'enregistrement.	KILOGRAMMES.	JOUR DE l'enregistrement.	GRAMMES.	P. 100 DU POIDS du corps.
1	10,56	1	317	3,0
8	10,30	12	319	3,1
15	10,54	18	304	2,7
22	10,85	20	228	2,0
29	11,57	29	250	2,2
36	12,33	»	»	»
43	13,17	»	»	»

Quand au contraire les saignées sont modérées, les réactions qu'elles provoquent dans les tissus, et spécialement dansles organes hématopoïétiques, peuvent devenir très salutaires pour l'organisme. C'est à ce titre que Chantemesse a employé la saignée avec succès comme moyen thérapeutique dans la chlorose.

10. **Action de l'hémorragie sur les sécrétions.** — Le courant vivifiant de matériaux nutritifs, que, à l'état normal, le sang porte aux tissus, diminue et même s'arrête sous l'influence d'une saignée. Il s'ensuit que les sécrétions vont subir un ralentissement ou un arrêt, faute de matériaux. Cl. Bernard avait constaté un arrêt de la sécrétion salivaire, après les fortes saignées. Langley, Posner, Gies, etc., l'ont remarqué à leur tour; Hawk et Gies ont toujours observé un arrêt immédiat de l'excrétion urinaire. Après 1, 2, 3 ou même 4 jours, cette excrétion est plus abondante qu'à l'état normal. — L'anesthésie seule ou l'anesthésie associée au traumatisme produisent invariablement une augmentation de l'urine. — La chute de la pression sanguine est cause de cet arrêt de l'écoulement urinaire après une hémorragie. Au fur et à mesure que le sang revient à son volume normal, par l'arrivée de la lymphe et des boissons, la pression remonte, et les reins se reprennent à fonctionner. L'écoulement de l'urine peut même dépasser la normale durant les 2, 3 ou 4 jours qui suivent, et sa réaction est amphotérique.

11. **Influence de l'hémorragie sur le système nerveux.** — Les effets d'une hémorragie unique et non mortelle sur le système nerveux ont été très peu étudiés.

Nous avons donné plus haut, p. 489, le tableau symptomatologique des pertes sanguines abondantes et rapides. Ce tableau, tracé par les cliniciens, montre les troubles immédiats occasionnés par l'hémorragie, troubles dont la plupart, sinon tous, sont dus à l'anémie des centres nerveux.

Nous renvoyons à l'article « **Anémie** » pour ce qui concerne les effets consécutifs de l'hémorragie sur les centres nerveux.

Dogiel a remarqué que les mouvements réflexes de la grenouille s'exagèrent après une forte saignée. L'excitabilité des centres nerveux moteurs serait donc augmentée. Il n'en est pas de même pour les centres vaso-moteurs, dont l'excitabilité diminue au fur et à mesure que la pression du sang baisse à la suite de l'hémorragie (Porter et Marks).

Les cliniciens ont décrit depuis longtemps des troubles visuels chez l'homme à la suite d'hémorragies abondantes. Fries rapporte 106 cas d'amaurose post-hémorragique observés par Bartisch, Fontanus, Welsch, Rumler, Schirmer, Bonet, Rommel, du Foix, Hünerwolf, depuis l'année 1641 jusqu'en 1875. Suivant la quantité de sang perdue, et les différentes conditions spéciales à l'individu, on a pu observer tous les degrés de la cécité, l'*hémianopsie* (très rare), l'*amblyopie* et l'*amaurose*. La plupart de ces troubles seraient dus à une anémie de la rétine (Terson).

L'examen ophtalmoscopique montre en effet une décoloration de la pupille, et un rétrécissement extrême des artères rétiniennes. Les veines semblent au contraire normales; elles sont remplies de sang, et sans thrombose apparente. Cet état peut persister longtemps (de 6 à 28 ans). Quelquefois un œdème rétino-optique peut succéder à l'extrême anémie.

§ IV

RESTAURATION DE L'ORGANISME APRÈS UNE HÉMORRAGIE NON MORTELLE

I. Réparation du sang. — Les nombreuses fonctions que le sang doit remplir dans l'organisme sont réglées avec un équilibre parfait, qui repose sur trois ordres de conditions :

1° Le volume total du sang;

2° Sa constitution chimique;

3° Sa constitution morphologique.

L'hémorragie détruisant cet équilibre, on conçoit que l'organisme prenne des mesures pour le rétablir au plus vite.

La réparation du sang après l'hémorragie n'est que le processus plus accentué de la régénération continuelle que le sang subit dans l'organisme. Cette question, de même que celles de l'origine et du développement du sang, étroitement liées entre elles, seront traitées, avec tous les détails qu'elles comportent, à l'article **Sang**. Nous donnerons ici seulement quelques indications générales nécessaires pour comprendre le mécanisme de la restauration post-hémorragique.

La régénération des différents éléments du sang demande un certain temps. Or, comme l'organisme ne saurait se passer un seul instant des services du sang, nous le voyons procéder en toute hâte à une première série de réparations provisoires qui lui permettent d'attendre la restauration définitive. Ainsi, l'afflux de la lymphe interstitielle, des liquides de l'appareil digestif et des cavités séreuses, qui tend à rétablir le volume normal du sang, le thrombus de leucocytes et d'hématoblastes qui obstrue l'orifice du vaisseau blessé, la crise hématoblastique et la leucocytose, etc., peuvent être considérés comme des réparations provisoires.

Le volume est le premier à se rétablir. On se l'explique facilement si l'on se rappelle que la circulation du sang, et par conséquent les échanges entre ce milieu et les tissus, sont subordonnés au plus haut degré à ce volume. Nous avons expliqué plus haut le mécanisme de cette réparation.

a) Réparation des substances albuminoïdes du plasma. — Parmi ces substances, il en est une, le fibrinogène, dont le plasma ne saurait être longtemps privé sans que l'organisme soit dépossédé d'un de ses principaux moyens de défense, la coagulation du sang. Si l'on pratique sur un animal une série de saignées successives, et si l'on réinjecte le même sang après défibrination, ainsi que l'a fait Dastre, on arrive à rendre ce sang incoagulable faute de fibrinogène. Mais il ne reste pas longtemps dans cet état, et si, au bout de quelques heures, on pratique une nouvelle saignée, on voit que le sang a récupéré sa propriété de se coaguler. La quantité de fibrine que l'on peut extraire d'un volume donné de sang va même en augmentant, et après 24 heures on trouve que ce sang peut donner plus de fibrine qu'avant l'expérience.

Cela concorde avec les observations des cliniciens et les expériences des physiologistes, qui toutes ont prouvé que l'hémorragie, d'une part accélère la coagulation du sang, et d'autre part fait augmenter la quantité de fibrine qu'il peut donner. L'hémorragie provoque donc une réaction des plus manifestes de la part de l'organisme.

Parmi les organes qui contribuent de façon très active à la production du fibrinogène, le foie semble occuper le premier rang (Doyon et Kareff). La réparation des autres albuminoïdes du plasma est plus lente. Hosslin a trouvé qu'il fallait de 6 à 7 jours pour qu'un chien répare une perte de 12 à 15 grammes d'albuminoïdes de son sang, quoiqu'il reçoive journellement 100 grammes d'albumine dans son alimentation.

La reconstitution des albuminoïdes du plasma peut se faire en l'absence de toute nourriture, ainsi que Morawitz le démontre. Si l'on pratique une série de saignées sur le chien, suivies d'injections du liquide de Locke, jusqu'à ce que le taux des albuminoïdes du sang soit descendu à 2 p. 100, on voit que ces substances se reconstituent en deux ou quatre jours, surtout quand on ajoute au liquide de Locke de la gomme en proportion de 3 p. 100. C'est d'abord l'albumine qui augmente, et ensuite la globuline, de sorte que le quotient $\frac{Albumine}{Globuline}$ est plus faible dans la phase de réparation qu'à l'état normal.

b) *Réparation des éléments figurés du sang.* — On estime que la restauration du sang après une hémorragie est complète quand les éléments figurés, et surtout les globules rouges, sont revenus à leur nombre normal.

Le temps employé par l'organisme pour effectuer ces réparations varie suivant la quantité de sang perdue et suivant les diverses conditions dans lesquelles se trouve le sujet en expérience. Nous avons réuni dans le tableau suivant les données sur la durée de la réparation du sang après l'hémorragie, chez les différentes espèces d'animaux.

TABLEAU VII

Durée de la réparation du sang après l'hémorragie.

ESPÈCE.	QUANTITÉ DE SANG PERDUE.	DURÉE DE LA RÉGÉNÉRATION.		AUTEUR.
Grenouille.	—	3 semaines.		HAYEM.
—	—	14-22 jours.		HÜBNERFAUTH.
Homme.. .	Faible.	2-5 —		LYON.
—	Forte.	14-30 —		—
Lapin . . .	1/5 du nombre des globules rouges.	14 —		BIER.
Chien . . .	1,92-2,70 p. 100 du poids du corps.	8-15 —		ENGELSEN.
—	1 p. 100 du poids du corps.	1 semaine.		MALASSEZ.
—	2-4 — —	2-4 —		—
—	1,14-1,42 — —	7-34 jours.		BUNTZEN.
—	3,58-4,50 — —	22-31 —		LYON.
Homme.. .	Perte en hémoglobine 25 p. 100.	4 semaines.		BIERFREUND.
—	— 20 —	3 —		—
—	— 5 —	2-8 jours.		—
Lapin . . .	— 26-32 —	La capacité respiratoire revenue après 14 jours.		DOUGLAS.
		RÉGÉNÉRATION des GLOBULES rouges.	RÉGÉNÉRATION de L'HÉMOGLOBINE.	
Chien . . .	2,95 p. 100 du poids du corps.	22 jours.	26 jours.	WILLEBRAND.
—	3 — —	30 —	36 —	—
—	3,46 — —	27 —	34 —	—
—	3,54 — —	34 —	40 —	—
Lapin . . .	1,45 — —	14 —	19 —	—
—	1,88 — —	25 —	33 —	—
—	2,23 — —	21 —	25 —	—

Parmi les conditions qui favorisent la régénération du sang, il y en a qui viennent de l'organisme lui-même, par exemple la taille, l'âge, le sexe, etc. D'autres dépendent du régime alimentaire. Ainsi il semble prouvé par les expériences de BAUMANN que l'administration de fer, sous forme de composé inorganique, associé à l'arsenic, favorise beaucoup la régénération des globules rouges, et spécialement de leur hémoglobine.

Dans la restauration des éléments figurés, il faut distinguer deux phases : 1° une réparation provisoire représentée par la crise hématoblastique et la leucocytose; 2° une réparation définitive due à une nouvelle production de globules rouges et blancs dans les organes hématopoïétiques.

a) *Régénération des globules rouges.* — Pour VULPIAN et HAYEM, il y aurait une relation des plus étroites entre la crise hématoblastique qui a lieu toutes les fois que l'organisme subit une hémorragie, et la production de nouveaux globules destinés à remplacer ceux qui ont été perdus. Il se ferait une transformation de ces hématoblastes en hématies dans le sang même. Hayem a pu suivre le phénomène chez la grenouille, qui s'y prête bien, et chez laquelle l'hématoblaste possède un noyau, comme chez tous les vertébrés ovipares. Une étude semblable a été faite plus tard dans le laboratoire de Hayem par Luzet, qui a pris le pigeon comme sujet d'expérience.

Dans les deux cas, le processus de transformation de l'hématoblaste en globules rouges a présenté 3 phases :

1° Le noyau commence par se gonfler, montrant dans son intérieur des traînées de chromatine.

2° Un disque protoplasmique poussiéreux se différencie autour du noyau.

3° Ce disque grandit, se régularise, et en même temps se charge d'hémoglobine; enfin le noyau devient réticulé comme celui des globules rouges.

S'appuyant sur ces recherches chez la grenouille et le pigeon, et sur la régularité avec laquelle toute hémorragie chez les vertébrés est suivie d'une crise hématoblastique, Hayem a été amené à admettre une transformation analogue des hématoblastes en hématies dans le sang des mammifères. Chez ceux-ci, le phénomène est plus difficile à suivre; on trouve cependant dans leur sang un grand nombre de petits corpuscules chargés d'hémoglobine, qui ne seraient, d'après Hayem, que des formes intermédiaires entre l'hématoblaste et le globule rouge adulte.

Dans cette théorie hématoblastique de Hayem, un point de la plus haute importance est resté obscur; c'est l'origine des hématoblastes, C'est pour cela que l'attention des expérimentateurs s'est portée sur les organes hématopoïétiques, et spécialement sur la moelle des os, organes qui offrent une réaction assez intense après une hémorragie. La moelle des os, jaunâtre à l'état normal, devient rouge; ce qui prouve une grande vascularisation et par conséquent une augmentation dans l'activité de ses éléments constitutifs. Bizzozero, Denys, Van den Stricht, etc. ont décrit deux catégories d'éléments qui se trouveraient normalement dans la moelle osseuse de tous les vertébrés : ce sont les *érythroblastes* et les *leucoblastes*. Les premiers produiraient les globules rouges; les seconds, les globules blancs. Rappelons à cette occasion que, d'après Naumann, Erb, Osler, et plus récemment Gibson, Muller, Saxer, Dominici, etc, les érythrocytes et les leucocytes auraient une origine commune. Ils dériveraient d'une seule et même forme embryonnaire qui se trouverait dans la moelle des os, la rate, les ganglions lymphatiques, etc. Ces cellules mères se multipliant par karyokinèse, les cellules filles suivraient deux voies d'évolution différentes; les unes deviendraient globules rouges; et les autres, globules blancs.

Quelle que soit la nature des éléments primitifs d'où dérivent les globules rouges, il semble bien acquis que la nouvelle production post-hémorragique de ces éléments a lieu dans la moelle des os. A l'origine, les jeunes hématies possèdent un noyau, et tous les auteurs ont trouvé dans le sang, pendant la phase de réparation, des globules rouges nucléés. Ces globules nucléés apparaissent quelquefois dans le sang très vite après l'hémorragie [18 heures (Zenoni), 48 heures (Koepfer)]. Gladin a trouvé des globules rouges nucléés dans le sang du lapin dix à quinze heures après une injection de sérum leucotoxique. Dans ce cas il ne s'agirait pas d'une nouvelle formation, mais d'une simple pénétration dans le sang des éléments qui se trouvent tout formés dans la moelle des os.

Dans la phase de régénération proprement dite, il y aurait lieu de distinguer, d'après Ehrlich, trois sortes de globules dans le sang en voie de régénération : les *normoblastes*, les *mégaloblastes*, les *microblastes*.

Parmi ces trois sortes d'éléments, les normoblastes seuls vont devenir globules rouges, en perdant leur noyau quand il s'agit du sang des mammifères.

A l'appui de cette transformation de globules nucléés en hématies sans noyaux vient l'observation très intéressante de Gabritchewski. Cet expérimentateur a trouvé dans le sang d'animaux anémiés par une hémorragie des globules rouges nucléés polychromatophiles, c'est-à-dire qui présentent une affinité mixte, à la fois acidophile et basophile. Ainsi, en soumettant ces éléments à l'action de deux colorants, rouge (acide) et bleu (basique), ils prennent une couleur violette (couleur mixte). A côté de ces globules nucléés polychromatophiles, on trouve des hématies sans noyaux également polychromatophiles. Il semble évident que ces hématies ne sont autre chose que des globules rouges polychromatophiles nucléés qui ont perdu leur noyau.

Les mégaloblastes sont considérés par EHRLICH comme des éléments pathologiques et les microblastes comme des débris d'anciens globules rouges.

Comment les normoblastes perdent-ils leurs noyaux pour devenir hématies? Pour les uns (RINDFLEISCH, ENGEL, etc.) le noyau serait simplement expulsé et resterait dans le sang, à l'état libre ; pour d'autres (KÖLLIKER, NEUMANN, ISRAEL, PAPPENHEIM, JOLYET, etc.), le noyau subirait le phénomène de chromatolyse. Enfin SCHMIDT, EHRLICH, CHANTEMESSE, etc., croient que l'une ou l'autre de ces deux formes de dénucléation pourraient se présenter suivant les circonstances.

Plus récemment, HAYEM (*Leçons sur les maladies du sang*, 1900) défend à nouveau la régénération hématoblastique des globules rouges après la saignée. Il considère comme non démontrée la participation de la moelle des os à la régénération des globules rouges chez l'adulte. De même, la transformation des normoblastes en hématies par la perte de leur noyau serait une pure hypothèse, détruite par le fait du passage de globules rouges nucléés dans le sang au moment même où se manifeste une activité incontestable de la moelle osseuse. En outre, les globules rouges à noyau provenant de la moelle des os continuent à vivre dans le sang de l'adulte comme dans celui de l'embryon.

Une autre objection soulevée par HAYEM contre la participation de la moelle osseuse à la régénération normale du sang, c'est qu'on ne voit apparaître de globules rouges à noyau que pendant la déglobulinisation progressive (hémorragies répétées, anémies protopathiques et deutéropathiques, et dans quelques processus à évolution rapide comme la leucémie, les infections).

Comme on le voit, le mécanisme de la régénération post-hémorragique des globules rouges n'est pas bien élucidé.

Quant à la genèse des hématies par bourgeonnement des cellules de NEUMANN, opinion défendue par MALASSEZ, les recherches ultérieures ne l'ont pas confirmée. De même la transformation des leucocytes en hématies (LIEBE) n'a pas été démontrée. Au contraire, l'étude de la moelle des os chez les oiseaux anémiés par l'hémorragie a montré à BIZZOZERO, DENYS et VAN DER STRICHT, qu'il n'existe aucun rapport de parenté entre les globules rouges et les leucocytes. Les premiers proviennent des érythroblastes qu'on ne trouve qu'à l'intérieur des vaisseaux (capillaires veineux), tandis que les seconds viennent des leucoblastes que l'on trouve en dehors des capillaires. Dans la moelle osseuse des mammifères, les érythroblastes sont accumulés dans des espaces lacunaires, mais sont toujours bien distincts des leucoblastes (VAN DER STRICHT). Ces derniers se caractérisent par un protoplasma granuleux.

Quelle que soit l'origine des hématies, il semble que l'activité des organes hématopoiétiques est provoquée par une substance spéciale (*hématopoiétine*) qui se trouverait dans le sang des animaux saignés. Voici l'expérience de CARNOT et Mlle DEFLANDRE sur laquelle s'appuie cette opinion : on pratique sur un lapin une saignée de 30 centimètres cubes, et l'on prend sur ce même animal, 20 heures après l'hémorragie, un peu de sang, qu'on laisse coaguler pour recueillir le sérum. Si l'on injecte 9 centimètres cubes de ce sérum à un lapin normal, on trouve que le nombre de ses hématies monte de 5 000 000 à 12 000 000 par millimètre cube en 3 jours. L'hématopoiétine se trouve dans le plasma et se détruit à 55°.

b) *Réparation de l'hémoglobine.* — Nous avons vu plus haut que, pour une hémorragie donnée, la perte en hémoglobine dépasse assez souvent la perte en hématies. La réparation de cette substance demande aussi un temps plus long que celle des éléments figurés.

Nous avons donné dans le tableau VII, page 515, les résultats obtenus par WILLEBRAND dans la recherche du temps nécessaire à la réparation du sang au point de vue du nombre de globules rouges et de la quantité d'hémoglobine.

La réparation en hémoglobine sera d'autant plus active que ses éléments constitutifs se trouveront en plus grande abondance dans l'organisme. Parmi ces éléments, le fer serait le plus rare, et le moins facile à retrouver. A l'état normal, la plus grande partie du fer qui résulte de la destruction des vieux globules rouges est retenu par certains organes (rate, foie, etc.) et employé à la fabrication de nouvelles quantités d'hémoglobine. A cette première réserve s'ajoute le fer apporté par l'alimentation.

Tant que la régénération en globules et en hémoglobine doit seulement compenser les pertes résultant de l'usure inévitable pendant le fonctionnement de l'organisme, ces quantités de fer suffisent à la reconstitution de l'hémoglobine. Mais quand la régénération du sang est très active, après une hémorragie, par exemple, il arrive que, faute du fer nécessaire, la régénération de l'hémoglobine subit un retard sur les autres éléments du sang; mais, si l'alimentation contient ce fer indispensable, la réparation marche rapidement, comme le prouvent les expériences de KUNKEL, de BAUMANN, etc.

c) *Régénération des leucocytes.* — Nous avons vu plus haut comment se produit la leucocytose post-hémorragique, quels sont ses aspects, sa durée, son intensité suivant la quantité de sang extrait et suivant les diverses conditions qui dépendent de l'organisme. Comme la crise hématoblastique, cette leucocytose est passagère, et on ne pourrait lui attribuer d'autre rôle que celui d'une réparation provisoire.

La rapidité avec laquelle augmente le nombre de globules blancs après la saignée écarte l'idée d'une néoformation leucocytaire (voir page 501, le tableau V de WILLEBRAND) au moins pour les premières vingt-quatre heures qui suivent l'opération. Si nous ajoutons que la plus grande part de cette leucocytose revient aux globules polynucléaires, qui précisément jouissent des mouvements amiboïdes les plus actifs, tout porte à croire qu'il s'agit d'une pénétration dans le système circulatoire, des cellules migratrices du tissu conjonctif et des cavités séreuses.

La perte sanguine, compliquée d'autres causes, provoque une réaction leucocytaire dont le but nous échappe. Cette réaction nous empêche de suivre de près la marche de la réparation définitive des leucocytes et des globules rouges.

Parmi les nouveaux leucocytes destinés à remplacer ceux qui ont été enlevés par l'hémorragie. les uns (lymphocytes) prendraient naissance dans le système lymphatique, et les autres (leucocytes polynucléaires, éosinophiles, grands mononucléaires) dans la moelle des os (EHRLICH et LAZARUS). Les leucoblastes, décrits dans la moelle osseuse, montrent en effet une grande activité cinétique après l'hémorragie.

Réparation de la paroi vasculaire. — La fermeture de l'orifice vasculaire dépend en premier lieu de la pression du sang dans le vaisseau. Elle sera donc plus facile pour les veines que pour les artères; et la fermeture d'une plaie artérielle sera d'autant plus facile que l'artère sera plus petite. La nature et la forme du traumatisme ne sont pas sans influence.

Ainsi les plaies produites par un instrument tranchant se ferment moins vite que celles produites par déchirement des tissus; car, dans ce dernier cas, l'élasticité et la contractilité vasculaires peuvent aider à l'accolement des deux lèvres de la plaie et par suite à la fermeture de l'orifice du vaisseau. PERTHES cite un cas où l'artère pulmonaire et l'aorte descendante ont été percées par une balle de revolver du calibre de 8 millimètres, et où le malade a vécu dix mois encore, malgré le grand anévrysme qui s'était produit. Mais, quel que soit le vaisseau, du moment que la fermeture est possible, il faut distinguer, dans le processus de réparation qui va suivre, deux phases :

1° Une fermeture *provisoire* produite par un thrombus;

2° La réparation définitive due à la production d'un tissu cicatriciel par la prolifération des éléments constitutifs de la paroi vasculaire.

a) *Le thrombus* peut être obtenu de deux manières : 1) Par la coagulation du sang : le caillot s'accolant aux bords de la plaie vasculaire finit par l'obstruer. Le thrombus dans ce cas est fibrineux, et le mécanisme de sa formation n'est autre que celui de la formation de la fibrine.

2) Par l'action de différentes substances chimiques employées en chirurgie pour faire l'hémostase. Le thrombus, dans ce cas, est formé par la précipitation des albuminoïdes du plasma et de ceux qui résultent de la destruction des globules.

Il ne sera pas sans intérêt de dire quelques mots sur le mécanisme de la fermeture des plaies vasculaires par ce procédé. Nous prendrons comme exemple le chloroforme iodé (iode : 7 parties, chloroforme : 100 parties) qui est un hémostatique très puissant. Les expériences de PANAITESCO prouvent que cette substance peut arrêter même l'hémorragie des grosses artères comme la fémorale par exemple.

Si l'on pratique une incision longitudinale de ce vaisseau chez le chien et si l'on applique à cet endroit un tampon de ouate imprégné de chloroforme iodé, on peut

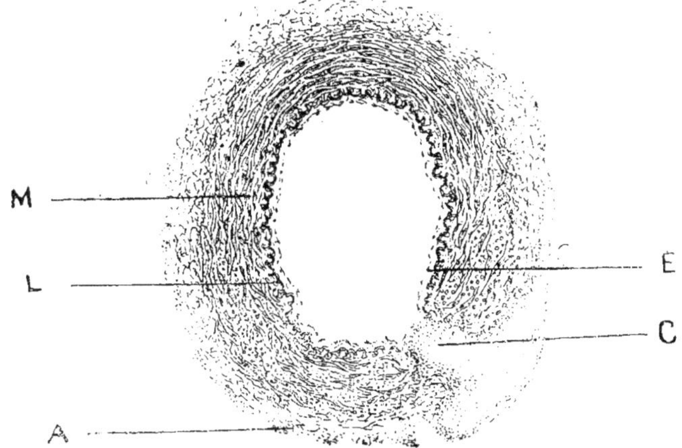

FIG. 87. — Section transversale de l'artère fémorale. — C. Thrombus obturateur. — E, Endothélium. — A. La limitante interne. — M, La tunique musculaire, — A, La tunique externe (d'après PANAITESCO).

obtenir la fermeture de la plaie dans 35 minutes. Dans les préparations microscopiques de coupes perpendiculaires à la direction de la plaie vasculaire, PANAITESCO a trouvé que le thrombus obturateur est formé par un magma finement granuleux, contenant

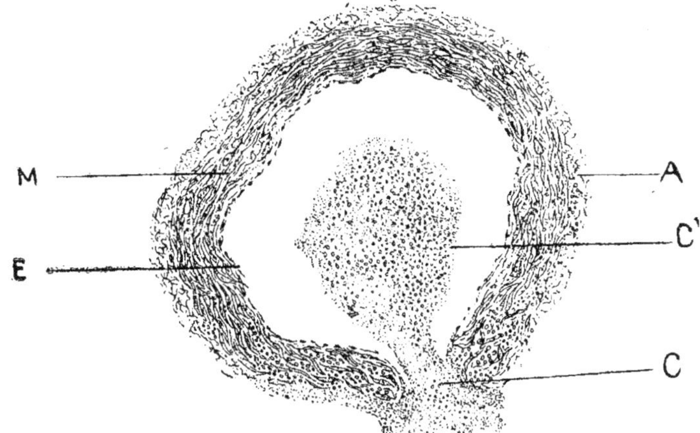

FIG. 88. — Section transversale de la veine fémorale. — C et C' Thrombus obturateur pénétrant à l'intérieur de la veine. — E, Endothélium. — M, Tunique musculaire. — A, Tunique externe (d'après PANAITESCO).

des débris de globules et même des globules entiers. Ce thrombus est assez adhérent à la tunique externe et pénètre entre les bords de la plaie jusqu'au niveau de l'endothélium artériel. La vitesse du courant sanguin dans les artères empêche le thrombus de dépasser ce niveau. Il n'en est pas de même pour les veines; car on voit un thrombus à l'intérieur du vaisseau.

Le thrombus, qu'il soit fibrineux ou de précipitation, commence toujours au niveau de la tunique externe. Le sang infiltré dans le tissu conjonctif de cette tunique est le premier à se coaguler ou à subir l'influence des hémostatiques. Le thrombus s'accroît de l'extérieur vers l'intérieur du vaisseau par la coagulation ou la précipitation des nouvelles couches de sang venues en contact avec le thrombus.

b) Cicatrisation des plaies artérielles. — Le thrombus, qu'il soit fibrineux ou de précipitation, agit comme un corps étranger sur les éléments de la paroi vasculaire, ce qui provoque une réaction de leur part, si bien que les cellules endothéliales du voisinage de la plaie commencent à proliférer deux ou trois jours après, et avancent de tous côtés pour couvrir le thrombus. Au bout de huit ou dix jours, la plaie est couverte par l'endothélium de nouvelle formation.

Pendant les jours suivants, on observe une prolifération des éléments qui se trouvent dans la profondeur de la plaie, et spécialement des cellules conjonctives de l'endartère et de l'adventice. Il se forme ainsi un tissu conjonctif embryonnaire. Grand nombre de ces cellules sont fusiformes. On trouve aussi des cellules rondes dans l'adventice et la tunique moyenne.

Pendant que le tissu conjonctif subit cette prolifération, les fibres élastiques et musculaires du voisinage de la plaie s'atrophient pour disparaître plus tard.

Après douze jours apparaissent des fibres élastiques très fines entre les éléments

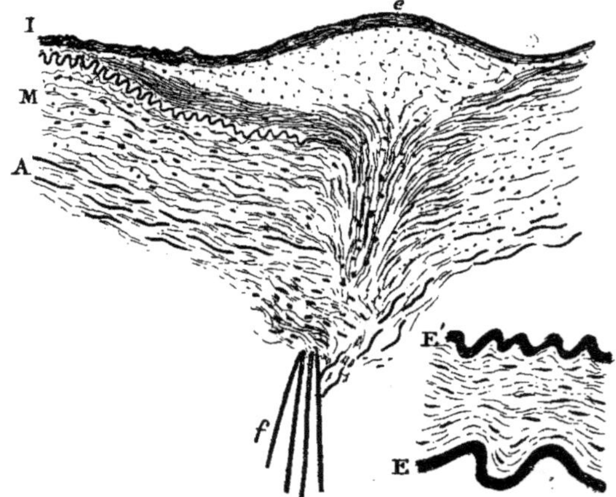

Fig. 89. — Cicatrisation des artères. — I. Cicatrice longitudinale de la carotide du chien, 63 jours après l'opération. — I, Intima; M, Media; A, Adventitia; *e*, fibres élastiques de nouvelle formation; *f*, fils de soie de la ligature.

II. — Épaississement de l'intima de la même artère. — É, Elastica interna; — E, Elastica interna de nouvelle formation, d'après Jacobsthal.

de prolifération, et une nouvelle limitante élastique interne va se former, ce qui contribue à rendre plus épaisse l'endartère en cet endroit (fig. 89, Jacobsthal).

Dans la tunique moyenne les fibres élastiques de nouvelle formation sont moins nombreuses et plus fines. Des fibres conjonctives apparaissent aussi, surtout dans l'adventice.

Malgré les descriptions données par certains auteurs, et d'après lesquelles l'élément musculaire aurait sa part dans la formation de la cicatrice (Barci, Jassinowski), les recherches ultérieures n'ont pas confirmé la prolifération des fibres musculaires lisses (Jacobsthal). Le tissu cicatriciel de l'artère est donc formé des éléments qui peuvent revenir à l'état embryonnaire : l'endothélium et le tissu conjonctif, surtout celui de l'endartère et de l'adventice. On voit aussi une régénération des fibres élastiques et conjonctives, qui ne sont que des produits exoplasmiques des cellules conjonctives.

Il n'en est pas de même des fibres musculaires lisses, qui, par leur haute différenciation, semblent avoir perdu la propriété de revenir à l'état embryonnaire, et par conséquent de subir une prolifération.

La cicatrisation des veines se fait suivant un mécanisme analogue à celui de la cicatrisation des artères.

c) La plaie latérale d'une veine chez le lapin, par exemple, est fermée au bout de 12 heures par un thrombus formé d'hématoblastes, de globules blancs et rouges, et de fibrine. Dans l'adventice se trouvent de nombreuses cellules rondes qui s'accumulent entre les lèvres de la plaie, et dans cette masse cellulaire apparaît de la fibrine. L'endothélium vasculaire commence à proliférer vers le troisième jour, et il avance de tous côtés pour couvrir la masse fibrineuse qui se trouve dans la plaie.

Dans la profondeur, les cellules conjonctives subissent le même retour à l'état embryonnaire et la même prolifération que dans les artères. Pfitzer croit que, parmi les cellules fusiformes qui se trouvent dans cette masse de tissus embryonnaires, celles du côté interne deviendraient des cellules endothéliales; celles du côté externe, des cellules conjonctives de l'adventice.

Au sujet de la cicatrisation des plaies vasculaires nous citerons une expérience inédite qui présente un certain intérêt. Il s'agissait de diminuer le débit de l'artère pulmonaire, ce que nous avons obtenu facilement en appliquant sur le vaisseau un fil métallique serré au degré voulu. Sur cinq animaux (chiens) ainsi opérés, un a vécu quatre mois, et il est mort subitement. A l'autopsie nous n'avons constaté rien de particulier à l'extérieur de l'artère pulmonaire; elle gardait toute son intégrité. En l'ouvrant, on trouva l'anneau métallique à l'intérieur du vaisseau au milieu d'un gros caillot qui avait provoqué la mort de l'animal. Les tuniques artérielles, au moins l'externe et la moyenne, s'étaient donc refaites par-dessus l'étranglement avant que la section du vaisseau, par le fil métallique, fût complète.

§ V

EFFETS DES HÉMORRAGIES RÉPÉTÉES ET NON MORTELLES

Dans les chapitres précédents nous avons étudié les désordres produits dans l'organisme par une hémorragie unique et non mortelle.

Si une seconde hémorragie a lieu, les modifications qu'elle occasionne dépendent principalement de l'intervalle de temps qui la sépare de la première.

Trois cas peuvent se présenter :

1° L'intervalle peut être très court, et alors la nouvelle hémorragie trouve l'organisme dans la phase d'affaissement produite par la perte sanguine antérieure, et ses effets s'ajoutent aux précédents;

2° Quand la nouvelle hémorragie trouve l'organisme dans sa phase de réparation, ses effets dépendent de l'intensité des troubles consécutifs à la première saignée, et de l'état des travaux de réparation ;

3° Enfin quand l'organisme a eu tout le temps nécessaire pour se remettre des troubles occasionnés par une hémorragie, les effets de la seconde, quoique étant assimilables à ceux de la première, ne seraient pas identiques, car l'organisme peut garder longtemps l'impression de la première hémorragie.

Les cliniciens avaient remarqué depuis longtemps la résistance de l'organisme aux pertes sanguines répétées. Ainsi, Murray cite le cas d'une femme qui durant 29 ans avait subi de nombreuses hémorragies du nez, de la bouche, des oreilles, etc., à des intervalles de temps variables; et, s'il faut croire à l'exactitude de l'observation, cette femme aurait perdu, pendant les deux premières années, environ une demi-livre de sang journellement. Plus récemment, Lazarus rapporte le cas d'un médecin russe dont la santé était peu affectée malgré des hémoptysies qui, en quelques mois, lui auraient enlevé une quantité de sang équivalente à 4 fois la masse sanguine totale.

De son côté, l'expérimentation apporte des documents bien plus précis sur la résistance de l'organisme aux hémorragies répétées. Citons l'expérience d'Arloing, dans laquelle un cheval de 450 kilogrammes perd 6 kilogrammes de sang chaque mois pendant 2 ans. Cela ferait 144 kilogrammes de sang, soit 4 fois la masse sanguine totale, celle-ci étant estimée à 1/13 du poids du corps $\left(\frac{450^{kg}}{13} = 34^{kg},1\right)$.

L'intervalle de temps entre les diverses saignées était de 1 mois : donc l'organisme avait le temps de réparer ses pertes, et pouvait trouver dans son alimentation les matériaux nécessaires.

Quand, au contraire, les hémorragies se répètent à des intervalles de temps trop courts, les effets débilitants s'additionnent, et la mort s'ensuit à brève échéance. Les modifications du sang et des diverses fonctions de l'organisme ne diffèrent que par leur intensité de celles étudiées plus haut.

Le tableau de la page 523 montre, d'après White, comment les hémorragies souvent répétées modifient la composition du sang.

Loeper a suivi aussi les modifications dans le nombre des globules rouges et dans la quantité des albuminoïdes du sang chez le lapin, à la suite de 4 ou 5 saignées répétées toutes les 24 heures. Les résultats se trouvent consignés dans les courbes suivantes:

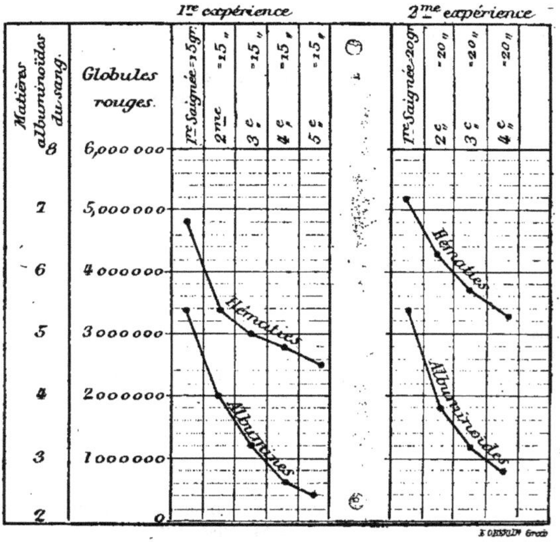

Fig. 90. — Variations des hématies et des albuminoïdes après saignées répétées (Lœper).

D'après ce que nous avons dit plus haut, on voit quelle action spoliatrice exercent sur le sang des hémorragies répétées à des intervalles de temps trop courts. Le sucre seul augmente, mais cette augmentation a des limites. Aussi l'expérience suivante de Cl. Bernard est très démonstrative :

	Sucre du sang.
1re saignée	0,95 p. 100.
2e — après 4 jours	1,4 —
3e — après 24 heures	1,47 —
4e —	1,47 —
5e —	1,03 —

Quant aux autres modifications du sang, et aux troubles des diverses fonctions, et surtout des échanges nutritifs, nous avons montré comment ils se produisent sous l'influence des hémorragies non mortelles.

TABLEAU VIII

Composition du sang à la suite des hémorragies répétées (d'après White).

	Quantité de sang perdue.		Poids du chien.	Poids spécifique du sang.	Pour 10 parties de sang.					Temps de coagulation.	Hémoglobine.	Nombre de globules rouges.	Rapport des globules blancs aux globules rouges.
	En grammes.	P. 100 du poids du corps.			Matières solides.	Matières azotées.	Fibrine.	Cendres.	Extrait éthéré.				
			kgr.										
Sang normal. .	»	»	18	1052	17,85	15,04	0,37	0,81	0,13	»	94	5 730 000	1 : 690
24 h. après la 1re saignée.	306,5	2,76	17,5	1048	17,06	14,53	0,41	0,81	»	45" — 50"	66	4 490 000	1 : 457
24 h. après la 2e saignée.	284,5	1,62	17,4	»	14,44	13,00	0,52	0,50	0,17	150" — 160"	54	3 170 000	1 : 352
24 h. après la 3e saignée.	252	1,44	17,2	1042	12,26	11,47	0,63	0,69	»	65"	38	1 880 000	1 : 150

§ VI

MORT PAR HÉMORRAGIE

D'après ce qui précède, on peut facilement prévoir quand une hémorragie devient mortelle, et comment se produit l'arrêt des différentes fonctions.

Vu l'importance de la question, nous croyons nécessaire de donner un court résumé du tableau symptomatologique et du mécanisme de la mort par hémorragie.

L'extinction de la vie, à la suite de grandes pertes sanguines, peut présenter quelques différences dans les manifestations qui l'accompagnent, suivant que l'hémorragie est rapide ou lente, et suivant qu'elle est continue ou intermittente, quoique au fond le mécanisme de la mort soit le même.

1° **Mort par hémorragie rapide.** — Quand il s'agit de l'homme, les phénomènes qui précèdent la mort se déploient à peu près dans l'ordre suivant, d'après Weber. Pendant que le sang coule sans arrêt, les sens s'évanouissent, la figure pâlit, les paupières et les lèvres bleuissent, le nez s'enfonce, devient pointu et comme desséché, les oreilles pâlissent, la voix s'éteint, puis vient un léger accès de nausée avec syncope passagère; le pouls est petit, rapide, irrégulier, les extrémités sont froides, le corps se couvre d'une sueur et d'une odeur désagréables; des mouvements convulsifs des membres, un profond soupir, un fort bâillement : les yeux tournent d'une manière désordonnée dans les orbites, le regard est mourant, le corps est secoué par un fort spasme, ou par des convulsions épileptiformes; la perte complète de la connaissance s'ensuit; des soupirs profonds et désordonnés reviennent, séparés par de longues pauses; après un accès convulsif accompagné de râles, le malade retombe, la bouche largement ouverte, les yeux immobiles et le regard éteint : c'est la mort. Tout ce triste spectacle dure à peine quelques minutes.

Chez les animaux, le tableau est presque le même. On peut distinguer, d'après Hayem, trois périodes dans le cours d'une hémorragie rapide et mortelle chez le chien :

1° Le sang coule sans que l'on constate aucun phénomène important : l'animal est tranquille et ne paraît éprouver aucun malaise;

2° L'hémorragie continuant, l'animal semble souffrir, se débat, pousse des hurlements, aboie; puis la respiration devient haletante, profonde, précipitée; les pupilles se dilatent et se resserrent alternativement; souvent il se produit une émission d'urine.

3° Après un laps de temps variable, survient la période terminale ou de *résolution imminente*, comme l'a nommée MARSHALL-HALL. La respiration est laborieuse, irrégulière, convulsive, entrecoupée de soupirs. A ce moment apparaissent d'ordinaire les grandes convulsions terminales; l'animal étend et raidit ses pattes antérieures et les tient ainsi un certain temps; puis, après quelques mouvements cloniques dans les pattes postérieures, se produisent des mouvements de flexion de la cuisse sur le bassin, et du bassin sur le tronc, de sorte que le chien semble se ramasser sur lui-même; en même temps la tête est rejetée en arrière, les yeux sont convulsés en dedans; les pupilles se dilatent à tel point que l'iris s'efface, les sphincters se relâchent, et la mort arrive pour mettre fin à cette agonie.

De pareils spectacles s'observent journellement dans les abattoirs, surtout chez les animaux sacrifiés suivant le procédé israélite.

Il serait difficile, d'après cet ensemble de phénomènes qui précède la mort par hémorragie, de démêler, laquelle des trois grandes fonctions, innervation, respiration ou circulation, s'arrête la première, et qui par conséquent entraîne la mort. Il est donc nécessaire d'étudier séparément les modifications que subit chacune de ces fonctions au cours d'une hémorragie rapide et mortelle.

a) Troubles de l'innervation. — Le cerveau est le premier à ressentir les effets d'une grande perte sanguine, et nous avons décrit plus haut les troubles des fonctions psychiques.

Nous avons vu qu'une hémorragie non mortelle peut produire la syncope chez l'homme. Elle est due à une anémie des centres nerveux provoquée par l'émotion, et ses conséquences n'offrent pas un grand danger. On peut même dire que cette syncope est salutaire, qu'un court arrêt du cœur et une chute de pression permettent la formation d'un thrombus qui va obstruer l'orifice du vaisseau blessé. Chez les animaux, on n'observe pas ce genre de syncope, mais il faut voir chez eux, d'après HAYEM :

1° Une syncope par anémie relative, qui se produit chez les animaux maintenus dans la position verticale pendant l'hémorragie. Elle est due aussi à l'anémie des centres nerveux, mais dans ce cas il faut en chercher la cause dans la diminution de la masse sanguine et dans l'affaiblissement du cœur qui ne peut plus vaincre la pression représentée par la colonne liquide comprise entre le ventricule gauche et le cerveau. Elle cesse en effet, si l'on place l'animal dans la position horizontale ou la tête en bas.

2° Une syncope par anémie absolue, due à la vacuité de vaisseaux, syncope qui précède la mort.

La disparition des réflexes se produit dans l'ordre suivant : 1° les réflexes cutanés de la face; 2° le réflexe lingual; 3° le réflexe cornéen, quand les pupilles se dilatent largement.

b) Troubles de la respiration. — GAD et HOLOVTSCHINER, expérimentant sur le lapin, ont trouvé que la respiration passe par trois phases au cours d'une hémorragie rapide et non mortelle :

1° La phase de dyspnée, semblable en tous points à la dyspnée due à une insuffisance de la ventilation pulmonaire. Une saignée copieuse ralentit en effet les échanges gazeux au niveau des centres respiratoires, d'où cette forme de dyspnée que GAD et HOLOVTSCHINER ont appelée *pneumatorectique*.

2° Une phase pendant laquelle les mouvements respiratoires sont très nombreux et très superficiels. La position moyenne du thorax se rapproche beaucoup plus de celle de l'inspiration que de celle de l'expiration.

3° La phase de respiration syncopale. Cette phase se termine par la mort. Les mouvements respiratoires sont profonds et séparés par de longues pauses pendant lesquelles le thorax est au repos complet; peu à peu ils deviennent de moins en moins profonds et finissent par s'éteindre. PAUL BERT, et plus récemment BERGENDAL, et BERGMANN, ont vu une analogie entre les troubles de la respiration produits par la saignée, et ceux qui accompagnent l'asphyxie. Ces derniers auteurs ont toujours constaté un arrêt respiratoire précédant la respiration agonique, qui arrive généralement au bout de 40 à 17 secondes, après le commencement de la saignée. Dans un seul cas sur 19, cet arrêt est produit après 415''. Sa durée moyenne varie entre 5'' et 73''.

HAYEM, GAD et HOLOVTSCHINER ont décrit encore dans cette dernière phase le phénomène de respiration périodique (CHEYNE-STOKES).

c) Troubles de la circulation. — Au cours d'une hémorragie rapide et mortelle on peut distinguer dans le rythme du cœur trois phases :

1° Aussitôt que la pression artérielle commence à baisser, le cœur s'accélère : nous avons donné page 504 une explication de cette accélération. Le nombre des pulsations cardiaques peut augmenter de 20 à 40 p. 100 (Hayem).

2° Pendant que s'écoulent le dernier quart ou le dernier cinquième de la quantité de sang qui doit rendre la saignée mortelle, on observe un ralentissement du cœur. Le maximum de ce ralentissement coïncide, d'après Bergendal et Bergmann, avec la fin de l'arrêt respiratoire et se continue pendant la phase de la respiration agonique. Ce phénomène ressemble à celui qui s'observe dans l'asphyxie, et son mécanisme est le même; la cause en est dans l'hypertonicité des pneumogastriques, puisque la section de ces nerfs ou l'empoisonnement par l'atropine empêchent le cœur de se ralentir (Ch. Richet, Bergendal et Bergmann).

Avant que le cœur s'arrête définitivement, il passe en général par une nouvelle phase d'accélération avec un rythme assez irrégulier, et alors on peut constater la dissociation entre les mouvements auriculaires et ventriculaires.

2° **Mort par hémorragie lente.** — Qu'elle soit continue ou avec intermittences, les symptômes d'une hémorragie lente et mortelle sont les mêmes.

Sur l'homme, une pareille anémie peut être provoquée par des causes multiples et dans les détails desquelles nous ne pouvons pas entrer. Parmi les causes nous envisagerons la saignée seulement, d'autant plus qu'il fut un temps où la thérapeutique la comptait parmi ses grands remèdes. Dans certaines affections, le malade devait subir des saignées coup sur coup, ainsi que le préconisait Bouillaud. La mort était souvent le résultat final de cet énergique traitement, et on s'ingéniait à l'attribuer à toutes sortes de causes, excepté à la profonde anémie. — Hayem nous dépeint les caractères de cette anémie de la façon suivante :

« Chaque perte de sang est suivie d'un affaissement plus ou moins accusé, pâleur des téguments et des muqueuses, accélération du pouls, palpitations, souffles cardiaques et vasculaires, vertiges, bourdonnement d'oreilles, sueur au moindre effort. La respiration est courte et haletante, l'appétit languissant, quelquefois entièrement aboli.

« Si les pertes de sang sont assez espacées ou moins copieuses, la réaction s'établit et prend parfois un caractère exagéré. C'est un état d'éréthisme vasculaire. Le cœur bat avec violence ; les pulsations sont fréquentes, de 100 à 120 par minute; elles sont pleines, larges et se font sentir dans les petites artères où habituellement on ne peut les percevoir. Les inspirations sont précipitées, entrecoupées par des soupirs et des pandiculations.

« Les tempes battent, il se produit des sifflements dans les oreilles, des sensations lumineuses comparables à des phosphènes ; la tête est comme étreinte d'un cercle de fer. Le malade est en proie à une exaltation, à une inquiétude continuelle, présente une extrême irritabilité; enfin la température s'élève légèrement au-dessus de la normale.

« Si les hémorragies continuent, la réaction s'exagère, fait place à un état d'anémie chronique, qui conduit plus ou moins vite à la cachexie avec inappétence absolue, torpeur physique et intellectuelle, œdème des membres inférieurs ou anasarque généralisé et se termine dans la mort par le coma. »

Sur le chien, l'anémie produite par les hémorragies souvent répétées présente les symptômes suivants, d'après Hayem :

« L'animal est affaissé, reste couché et se laisse retomber lorsqu'on le met debout; il est haletant; les respirations sont superficielles, précipitées, irrégulières, puis elles deviennent plus régulières et plus profondes (30 par minute). L'haleine est froide, la langue pendante, les extrémités exsangues, les battements artériels sont réguliers et de force moyenne; on perçoit un souffle assez rude au niveau de l'artère crurale; le premier bruit du cœur est accompagné d'un souffle; nombre de pulsations, 112.

« La fin de cette agonie est difficile à suivre sur les animaux, qui meurent généralement pendant la nuit. »

En résumant les symptômes de l'hémorragie mortelle, on voit combien il est difficile de trouver laquelle parmi les trois grandes fonctions, d'*innervation*, de *respiration* et de *circulation*, est la plus atteinte par l'anémie pour comprendre le mécanisme de la mort. La solidarité qui existe normalement entre ces fonctions est trop grande pour les concevoir un seul instant séparées.

Cependant l'examen des phénomènes qui précèdent la mort par hémorragie montre que le système nerveux est le premier atteint par l'anémie, et inévitablement sa mort entraîne l'arrêt de la circulation. — Si le cœur peut fonctionner en dehors de toute influence du système nerveux cérébro-spinal, il ne peut pas se passer de l'oxygène que la respiration lui fournit.

Il faut donc établir la hiérarchie suivante dans la mort par anémie post-hémorragique :

a) Mort du système nerveux;
b) Arrêt respiratoire;
c) Arrêt du cœur;

hiérarchie qui ressemble beaucoup à celle de la mort par asphyxie.

§ VII

TRAITEMENT DES HÉMORRAGIES

Une fois l'hémorragie arrêtée par un des nombreux moyens dont dispose la chirurgie, un premier soin auquel on a pensé depuis longtemps consiste à remplacer le sang perdu. — Cela peut se faire, soit par une transfusion de sang pur, soit par l'injection d'une solution saline, soit enfin par un mélange de cette solution et de sang.

La description qui va suivre sera très sommaire. Le lecteur trouvera à l'article **Transfusion** les détails concernant l'historique de la question, la technique à suivre et les indications de ce moyen thérapeutique.

1) **La transfusion de sang pur** peut être immédiate ou directe, quand on relie une artère de l'animal qui fournit le sang à une veine de celui qui doit le recevoir. Cette transfusion a été pratiquée pour la première fois par LOWER (1665) sur des animaux, et sur l'homme par DENYS (1667).

A cause des nombreux accidents occasionnés par cette opération, elle a été prohibée en France en 1668. — BLUNDEL l'a reprise en 1818 et à partir de cette époque de nombreuses recherches de physiologie expérimentale ont mieux précisé les conditions qui doivent être réalisées dans la pratique de la transfusion sanguine.

Parmi ces conditions il y en a deux qui sont essentielles :

a) *Le sang transfusé doit provenir d'un animal de la même espèce*, vu que les élements figurés du sang, et spécialement les globules rouges, d'un animal peuvent être détruits par le plasma d'un autre animal d'espèce différente. — Ainsi le plasma du chien possède une propriété globulicide très intense pour le sang du lapin. — En dehors de cette action sur les globules rouges, le plasma peut contenir différentes substances (ferments, antiferments, anticorps), qui sont toxiques d'une espèce à l'autre. — Il y a cependant des cas où la transfusion a pu être pratiquée sans danger entre des organismes d'espèces différentes. Ainsi DOMINICI a fait une transfusion directe de la carotide du chien dans la veine d'un homme atteint de phtisie. Immédiatement après l'opération, le malade a manifesté quelques malaises, vertige, frissons, etc., qui ont disparu assez vite. — Une certaine amélioration dans l'état du malade a pu être constatée.

b) *Dans la transfusion directe, il faut éviter la formation de caillots dans les tubes qui relient les vaisseaux.* — Les moyens dont on dispose actuellement pour empêcher cette coagulation sont insuffisants, et on compte encore beaucoup plus sur la rapidité de l'opération que sur tout autre dispositif.

2) **La transfusion de sang défibriné** a été conçue justement dans le but d'écarter les dangers de coagulation intravasculaire. Mais, dans ce cas, il faut d'abord s'assurer que le sang transfusé est entièrement dépourvu de particules de fibrines ou de bulles d'air.

BIZZOZERO et SANGUIRICO ont démontré que les globules rouges résistent très bien aux actions mécaniques nécessaires pour défibriner le sang. Ainsi, sur un chien de 23 kg., ces auteurs ont pratiqué 8 saignées de 935 grammes environ chacune. Le sang défibriné après chaque hémorragie était réinjecté dans les vaisseaux de l'animal. L'opération a duré environ 3 heures, la fibrine a diminué progressivement, et la huitième saignée n'a fourni qu'une quantité insignifiante de fibrine.

L'animal a survécu, et l'examen de son sang a montré à Bizzozero et Sanguirico que les globules rouges étaient assez bien conservés malgré les manipulations auxquelles ils avaient été soumis. Ces recherches prouvent, contrairement à l'opinion de Hayem et de Otto, que la transfusion de sang défibriné peut être pratiquée si l'on prend les précautions nécessaires.

En cas d'hémorragie surtout, cette transfusion, comme les injections de solutions salines, rétablit vite la masse du sang et par suite la pression artérielle. Elle offre sur les injections salines le gros avantage d'apporter à l'organisme des globules rouges qui peuvent fonctionner au moins jusqu'à la rentrée en fonctions de nouvelles hématies produites par les organes hématopoïétiques.

Après les travaux d'Arthus et Pagès sur la décalcification du sang au moyen de l'oxalate de potasse, Wright s'est servi de cette méthode pour empêcher la coagulation du sang qu'il devait transfuser. Il a vu que le sang rendu ainsi incoagulable est très bien supporté après l'hémorragie et que les globules rouges ne subissent pas de modifications appréciables.

3) **Transfusion des mélanges de sang défibriné et de solutions salines isotoniques.** — Marshal a eu l'idée de mélanger le sang défibriné à une solution de chlorure de sodium à 0,6 pour 100 dans la proportion de 1 vol. de sang pour 9 vol. de solution saline. Les expériences ont été faites sur le lapin, et la saignée a varié entre 1/3 et 3/7 de la masse totale du sang, celle-ci étant calculée à 1/19 du poids du corps.

Cette pratique offrirait un double avantage : d'une part, ce mélange suffirait aux besoins urgents de la circulation et, d'autre part, il exercerait une action stimulante sur les organes hématopoïétiques, de sorte que la durée de la régénération des hématies serait abrégée.

Malgré la grande dilution de ces mélanges, ils contiennent encore une certaine quantité de sérum sanguin, et nous avons vu plus haut que la toxicité du sang défibriné est due en grande partie à son sérum. Pour enlever tout ce sérum, Hédon a pratiqué un vrai lavage des globules rouges au moyen d'une solution de NaCl à 9 0/00 ou NaCl et PO^4Na^2H. On sépare par centrifugation les globules de la solution saline qui les contient et on peut ainsi renouveler plusieurs fois le liquide de lavage. Finalement on a des globules sanguins en suspension dans la solution saline : la transfusion d'un pareil mélange est de beaucoup supérieure à la simple solution de sel.

Quand il s'agit de globules provenant d'un animal de la même espèce, ils se conservent très bien, une fois introduits dans l'appareil circulatoire. Les expériences de Hédon, faites sur le lapin et sur le chien, prouvent que les animaux peuvent être sauvés ainsi, même après des hémorragies tout à fait déplétives. On démontre de la même manière qu'on peut transfuser à un animal des globules rouges provenant d'une espèce différente sans que la mort s'ensuive. Cette innocuité s'observe entre les espèces dont le sérum ne jouit pas de la propriété d'agglutiner les globules rouges étrangers que l'on vient de transfuser.

4) **Transfusion de solutions salines.** — Une analyse plus détaillée des effets de l'hémorragie prouve que le peu de globules qui restent dans l'organisme après une grande perte sanguine pourrait suffire au strict nécessaire de l'hématose à la condition qu'ils pussent circuler comme à l'état normal. Les anémies dues à la destruction des globules rouges viennent à l'appui de cette opinion. Ce n'est donc pas le manque de globules qui fait péricliter la vie. Ce qu'il faut de toute nécessité, c'est un volume de sang minimum, absolument indispensable pour que la circulation puisse se faire. On comprend alors que la transfusion d'un liquide sans globules rouges, mais jouissant de la propriété de conserver ces éléments, peut très bien remplacer la transfusion sanguine. En effet des recherches ultérieures ont amplement démontré que les solutions salines ayant la même composition et la même concentration moléculaire que le plasma sanguin suffisent à sauver les animaux après les plus fortes hémorragies.

On savait, depuis les travaux de Kühne (1859) et de Cohnheim, que le sang de la grenouille peut être remplacé dans sa plus grande part par une solution de NaCl de 0,5 à 1 p. 100, et l'animal continue à vivre.

Kronecker et Stirling ont montré plus tard que le cœur de la grenouille se conserve bien dans une solution de NaCl à 0,6 p. 100. Il suffit d'ajouter quelques gouttes de sang à cette solution pour provoquer des contractions dans ce cœur. Pour les mammifères, on doit à Jolyet et Lafont (1878) la preuve que, dans l'anémie post-hémorragique, même très grave, l'animal (chien) peut être sauvé par la transfusion d'une solution de NaCl à 0,5 p. 100 en quantité suffisante. L'année suivante, Kronecker et Sander ont apporté de nouveaux documents expérimentaux sur l'action salutaire de cette transfusion saline. A partir de cette époque, la méthode a été adoptée par les cliniciens, et Schwartz le premier a obtenu de nombreux succès en pratiquant la transfusion de solutions salines chez l'homme dans les cas d'anémie post-hémorragique. Cependant des recherches ultérieures de physiologie expérimentale ont montré que le NaCl tout seul est quelquefois insuffisant, d'autres fois nuisible, et cela suivant l'état de l'organisme et suivant la concentration moléculaire de la solution. Ces recherches ont pu être mieux poursuivies sur les organes isolés du corps; et à ce point de vue les cœurs de grenouille ou de tortue sont les réactifs les plus sensibles. Ainsi nous avons vu plus haut, dans l'expérience de Kronecker et Stirling, comment un cœur de grenouille reste inactif dans une solution de NaCl à 0,5 p. 100. Gaule a trouvé qu'il suffit d'ajouter à cette solution une petite quantité de NaOH, 0 gr. 005 p. 100, pour provoquer des contractions rythmiques dans ce cœur. Ringer a montré plus tard que le $CaCl^2$ a une action excitatrice des plus manifestes sur le cœur de la grenouille. Toutes ces recherches ont prouvé que les solutions salines sont capables d'entretenir la vie des organes isolés du corps, comme du cœur, par exemple, à la condition qu'elles aient une composition et une concentration moléculaires déterminées. De là, il n'y avait qu'un pas à faire pour trouver la solution saline la plus favorable à la vie des organes. Locke a résolu le problème en introduisant dans ces solutions tous les sels et dans les mêmes proportions où ils se trouvent dans le plasma sanguin. De plus, il ajoute le glucose en proportion de 1 p. 100, et la solution est saturée d'oxygène. Avec un pareil liquide, Locke, Kuliabko, etc., ont pu faire fonctionner le cœur d'un mammifère (lapin, chien, homme), en dehors de l'organisme, et cela durant un temps assez long. On peut considérer cette expérience sur le cœur des mammifères comme la meilleure preuve que le liquide de Locke est, par sa constitution, le plus rapproché du milieu organique, surtout quand on sait combien était compliquée la technique employée par Langendorff, Newell-Martin, etc., pour étudier le fonctionnement du cœur des mammifères en dehors du corps. Mais l'enseignement qu'on doit tirer de ces recherches sur le cœur isolé est encore plus précieux, quand il s'agit de choisir, parmi les nombreuses formules de solutions salines, celle qui peut le mieux convenir à la transfusion. Le liquide de Locke, ayant fait ses preuves, doit être préféré à tous les autres. Nous allons donner les principales formules des solutions salines employées pour la transfusion.

	COMPOSITION		
I	NaCl à	0,5 p. 100.	Kronecker et Sander.
II	NaCl à	0,6 —	Gaule.
	NaOH	0,005 —	
II *bis*	NaCl	0,5 —	Hayem.
	SO^4Na^2	0,1 —	
III	NaCl	0,8 —	Ringer.
	$CaCl^2$	0,026 —	
	KCl	0,03 —	
III *bis*	NaCl	0,8 —	Ringer.
	CaCl	0,01 —	
	KCl	0,0075 —	
	CO3 NaH	0,01 —	
III *ter*	NaCl	0,8 —	Dawson.
	CO3 NaH	0,5 —	

	COMPOSITION		AUTEURS
IV	NaCl	0,9 —	LOCKE
	$CaCl^2$.	0,02 —	
	KCl.	0,02 —	
	CO^3 NaH	0.02 —	
	Dextrose	0,1 —	
	O^2 à saturation. . . .		
V	NaCl	0,6 —	HÉDON et FLEIG
	KCl.	0,03 —	
	$CaCl^2$.	0,01 —	
	SO^4Mg	0,03 —	
	PNa^2H	0,05 —	
	CO3 NaH	0.15 —	
	Glucose.	0,1 —	

QUINTON a trouvé que l'eau de mer diluée avec de l'eau distillée dans les proportions :

Eau de mer. . . . 83
Eau distillée. . . . 130

peut être transfusée après les fortes hémorragies avec des effets très salutaires pour les animaux.

Cependant l'innocuité de l'eau de mer, étudiée par la méthode du cœur isolé, est loin d'égaler celle du liquide de LOCKE, ainsi que HÉDON et FLEIG l'ont démontré.

Elle a une action inhibitrice sur le cœur du lapin; donc elle contient des éléments toxiques qui se manifestent par leur action quand cette eau est transfusée dans l'organisme, parce que d'une part elle subit une grande dilution dans le plasma interstitiel des tissus, et que, d'autre part, il est possible que ces principes toxiques soient retenus dans certains organes. — Des essais ont été faits par VAN LEERSUM pour remplacer le NaCl par d'autres sels de Na. Parmi ces sels, l'acétate, le sulfate et le formiate de Na en solution équimoléculaire peuvent remplacer le NaCl, alors que le propionate, le lactate et le citrate de Na sont toxiques.

En cas d'hémorragie très forte, quand il faut agir vite, la voie veineuse est tout indiquée pour introduire ces solutions salines dans l'organisme. SIMON, qui a pratiqué un certain nombre de ces injections sur l'homme dans les cas d'anémie post-hémorragique, retrace ainsi le tableau des effets immédiats que l'on observe : « Le malade peu à peu reprend ses sens, cause, demande à boire, s'enquiert de son état; le pouls s'élève peu à peu. Souvent on observe des frissons qui peuvent durer de 15 minutes à 2 heures et qui sont dus à l'abaissement de la température. »

Quand, au contraire, le danger n'est pas immédiat, on peut introduire la solution saline par la voie rectale, ainsi que LÉPINE l'a fait, et par la voie sous-cutanée ou intramusculaire. L'absorption dans ces cas est plus lente et on est plus limité pour la quantité de liquide que l'on peut introduire dans l'unité de temps.

5) **La transfusion en cas d'hémorragie mortelle.**

En prenant, à l'exemple de GAD et HOLOVTSCHINER, comme points de repère les trois phases que ces auteurs ont distinguées dans le rythme respiratoire avant la mort par hémorragie, on peut jusqu'à un certain point se rendre compte de la limite extrême où la transfusion peut être encore pratiquée avec des chances de réussite. Pendant la phase de dyspnée, la transfusion ne semble changer en rien la marche des phénomènes. Si elle est pratiquée dans la seconde phase, elle fait disparaître les symptômes inquiétants de la respiration *hypokinétique* et les remplace par la dyspnée de la première phase.

Dans la phase syncopale, la transfusion arrive généralement trop tard. Cependant GAD et HOLOVTSCHINER ont pu par la transfusion ramener à la vie des lapins qui avaient cessé de respirer.

Ces résultats expérimentaux doivent être la meilleure garantie pour le médecin qui est obligé d'intervenir, même dans les cas où toutes les apparences sont défavorables.

J. ATHANASIU.

Bibliographie. — Antokonenko (G.-L.), *Sur les altérations anatomiques du sang et de la moelle des os longs sous l'influence des fortes saignées* (*Arch. d. sc. biol. de St-Pétersbourg*, 1893, II, 516-577) (avec bibliographie). — Araki (F.), *Ueber die chemischen Aenderungen der Lebensprocesse in Folge von Sauerstoffmangel* (*Zeitsch. f. physiol. Chemie.*, 1894, XIX, 426). — Arloing (F.), *A propos des variations de la coagulabilité du sang au cours d'une même hémorragie* (*B. B.*, 1901, 675-676). — Arthus (M.), *Sur la vitesse de la coagulation du sang des prises successives chez le chien* (*B. B.*, 1902, 214-216). — Bärensprung (F.), *Untersuchungen über die Temperaturverhältnisse des Fœtus und des erwachsenen Menschen im gesunden und kranken Zustande* (*A. P.*, 1851, 126-175). — Bauer (J.), *Ueber die Zersetzungsvorgänge im Thierkörper unter dem Einfluss von Blutentziehungen* (*Z. B.*, 1872, VIII, 567, 603). — Baumann (E.-P.), *The Effect of hæmorrage upon the composition of the normal blood compared to its effects during the administration of iron and arsenic* (*J. P.*, 1903, XXIX, 18-38). — Bergendal et Bergemann, *Ueber die bei acuten Verblutung an den Kreislaufs und Athmungs Apparaten auftretenden Erscheinungen* (*Skand. Arch. f. Physiol.*, 1897, VII, 186-197). — Bernard (Cl.), *Leçons sur le diabète* (1877, 408-417). — Bianchi (M.), *Gli Albuminati del siero di sangue in alcune condizione sperimentali : Salassi e tiroidectomia* (*Riforma Med.*, 1895, XI, 674). — Bier (R.), *Ueber die Neubildung des Blutes nach grossen Blutverlusten bei Kaninchen* (*Disertat.* Waszburg, 1895). — Bizzozero (G.) et Sauguirico (C.), *Du sort des globules rouges dans la transfusion du sang défribriné* (*A. i. B.*), 1886, VII, 279-291). — Bohr (Chr.), *Sur la teneur spécifique du sang en oxygène* (*Bull. Acad. Roy. Danoise*, 1890, 241). — Bottazzi (F.) et Capelli (L.), *Il sodio e il potaszio negli eritrociti del sangue di varie specie animali e. in seguito al anæmia de salasso* (*Atti Accad. Lincei*, 1899, VIII, 65). — Carnot (P.) et Mlle Deflandre, *Sur l'activité hémopoiétique du sérum au cours de la régénération du sang* (*C. R.*, 1906, 143-384-386). — Chantemesse (A.) et Podwizsoski (W.-W.), *Les processus généraux* (Paris, I, 1905). — Charpentier et Butte, *Influence de l'hémorragie de la mère sur la vitalité du fœtus* (*B. B.*, 1889, 653). — Chauveau, Bertholus et Laroyenne, *Vitesse de la circulation dans les artères du cheval* (*Journ. de la Physiol. de l'homme et des animaux*, 1860, III, 708). — Cohnstein (J.) u. Zuntz (N.), *Untersuchungen über das Blut den Kreislauf und die Athmung beim Säugetier-Fœtus* (*A. g. P.*, 1884, XXXIV, 173-233). — Collins Warren, *De la séparation des artères après la ligature* (*Arch. roumaines de Méd. et de Chir.*, 1888). — Cornil et Ranvier, *Traité d'Histologie pathologique. Sang et moelle osseuse*, par Dominici (Paris, Alcan, 1902). — Cuénot (L.), *Sur le développement des globules rouges du sang* (*C. R.*, CVI, 673). — Dastre (A.), *Incoagulabilité du sang et réparation de la fibrine chez l'animal qui a subi la défibrination totale* (*B. B.*, 1893, 171). — Dastre et Loye, *Grandes injections intravasculaires de sérum artificiel* (*A. d. P.*, 1888, XCIII); — *Nouvelles recherches sur l'injection de l'eau salée dans les vaisseaux* (*A. d. P.*, 1889, I, 253). — Dawson (P. M.), *Effects of venous Hæmorrhage and intravenous infusion in dogs* (*Americ. Journ. of Physiol.*, 1900, IV, 1-24). — Dawson. (P.-M), *Effect of intravenous infusion of Sodium Bicarbonate after severe Hæmorrhage* (*Americ. Journ. of Physiol.*, X, XXXIV.) — Dawson et Perey (M.), *The Changes in the heart Rate and Blood Pressure resulting from severe Hæmorrhage and subsequent infusion of sodium bicarbonate* (*The Journ. of experim. Med.*, 1905, VII, 1-31). — Dawson (P.), *Infusion after severe Hemorrage* (*Americ. Journ. of Physiol.*, 1900, III, XXVIII). — Delchef (J.), *Influence de la saignée et de la transfusion sur la valeur des échanges respiratoires* (*Arch. intern. de Physiolog.*, 1906, III, 408). — Denys (J.), *Sur la structure de la moelle des os et la genèse du sang chez les oiseaux* (*La Cellule*, 1887, IV, 203-240) (avec bibliographie). — Doerfler, *Ueber Arterienaht* (*Dissert. Rostock*, 1899). — Dogiel (J.), *Ueber einige Folgen der Blutentziehung* (*C. W.*, 1891, 337-341). — Dominici, *Considération sur la réaction normoblastique du sang* (*Arch. générales de méd.*, 1898). — D. Dominici, *La transfusion du sang immédiate du chien à l'homme* (*B. B.*, 1893, 543-546). — Douglas (C. G.) *The regeneration of the blood after haemorrhage* (*J. P.*, 1906, XXXIV, 210). — Doyon, Morel et Kareff, *Incoagulabilité du sang et disparition du fibrinogène consécutive à l'oblitération des artères du foie* (*B. B.*, 1905, LIX, 632-633). — Ehrlich, *Methodologische Beiträge zur Physiologie u. Pathologie der beschriebenen Formen der Leukocyten* (*Zeitsch. f. Klin. med.*, I, 1880). — Faney (J.), *Du traitement des Hémorragies par le sérum salé* (*Thèse*, Paris, 1895-96). — Finkler (D.), *Ueber den Einfluss der Stromungsgeschwindigkeit und Menge des Blutes auf die thierische Verbrennung* (*A. g. P.*, 1875, X, 368-371). —

Foa (P.) et Cesaris (D.), *Observations sur le sang* (*A. i. B.*, 1901, xxxii, 296). — Fredericq (L.), *Les émissions sanguines* (*Trav. du Labor.*, 1886, 133-232) (avec bibliographie). — Gad, *Ueber Hæmorragische Dispnöe* (*A. P.*, 1886, 543-547). — Gatzuc (D.), *Ueber den Einfluss der Blutentleerung auf die Circulation und die Temperatur des Körpers* (*C. W.*, 1871, 833). — De Giovanni (A.), *Del Salasso* (Morgagni, 1896, xxxviii, 41-53). — Githem (Th.-St.), *Der Einfluss von Nahrung und Blutentziehung auf die Zusammensetzung des Blutplasma* (*Hofmeister Beitr.*, v, 515). — Hamburger (J.-H.), *Die Osmotische Spankraft des Blutserums in verschiedenen Stadien der Verblutung* (*C. P.*, 1895, ix, 241-244). — Hayem (G.), *Leçons sur les maladies du sang* (Paris, Masson, i, 1900). — Hayem (G.), *Sur le mécanisme de l'arrêt des hémorragies* (*C. R.*, xcv, 18). — Hayem, *Leçons sur les modifications du sang* (Paris, Masson, i, 1882). — Hayem (G.), *De la mort par hémorragie* (*A. d. P.*, 1888, 103-136). — Hawk (P. B.) a. Gies (W.), *The influence of external hemorrhage on chemical changes in the organism with particular reference to proteid Catabolism* (*Americ. Journ. of Physiol.*, 1904, xi, 171-236) (avec bibliographie). — Hawk (P.-B.) et Gies (W.), *The influence of Hæmorrhage on proteid Catabolism* (*Americ. Journ. of Physiol.*, 1904, x) (*Proceedings of the Americ. Physiol. Society*, xxviii). — Hédon (E.) et Fleig (L.), *L'eau de mer constitue-t-elle un milieu nutritif capable d'entretenir le fonctionnement des organes séparés du corps?* (*B. B.*, 1905, lviii, 306). — Hédon (E.), *Sur la transfusion, après les hémorragies, de globules rouges purs en suspension dans un sérum artificiel* (*Arch. de méd. expérim. et d'anat. pathol.*, 1902, xiv, 297-326). — Heineke (W.), *Blutung, Blutstillung, Transfusion nebst Lufteintrit und Infusion* (*Deutsche Chirurgie de* Billroth et Luecke, Stuttgart. Enke, 1885). — Heinz (R.), *Ueber Blutdegeneration und Regeneration* (*Ziegler's Beitr. zur Pathol. Anat.*, 1901, xxix). — Henry (V.) et Mayer (A.), *Variations des albuminoïdes du plasma sanguin au cours du lavage du sang* (*B. B.*. 1902, liv, 824-828). — Hofmeister (Fr.), *Beiträge zur Lehre vom Kreislauf der Kaltblüter* (*A. g. P.*, 1889, xliv, 360-427). — Hoche, (L.), *Des effets primitifs des saignées sur la circulation de la lymphe* (*A. d. P.*, 1896, 446-461). — Hösslin, *Ueber die Zeit zum Wiederersatz des Blutes nach Blutentziehungen nöthig ist* (*Münch. med. Woch.* 1889, 816). — V. Hosslin (H.), *Experimentelle Untersuchungen über Blutveränderungen beim Aderlass* (*Deutsch. Arch. f. klin. Med.*, 1902, lxxiv, 577-586). — Inagaki (C.), *Die Veränderungen des Blutes nach Blutverlusten und bei der Neubildung des verlorenen Blutes* (*Z. B.*, 1907, xxxi, (*N. F.*), 77-198 (avec bibliographie). — Jacobsthal (H.), *Zur Histologie der Arteriennath.* (*Bruns Beiträge zur klinischen Chirurgie*, 1900, xxvii). — Jolly (J.) et Stini (J.), *Sur les modifications histologiques du sang après les hémorragies* (*B. B.*, 1905, lix, 207-209). — Jolly (J.), *Phénomènes histologiques de la réparation du sang chez les tritons anémiés par un long jeûne* (*B. B.*, 1901, liii, 1183-1184). — Jolly (J.), *Sur la réparation du sang dans un cas d'anémie aiguë post-hémorragique* (*Arch. d. méd. expérim.*, 1901, 499-516). — Jolly (J.), *Sur la formation des globules rouges des mammifères* (*B. B.*, 1905, lviii, 528-529). — Jolyet et Laffont, *Sur les effets des injections d'eau salée dans le système circulatoire des animaux exsangues* (*B. B.*, 1878, 322). — Kiefer (G.-L.), *A Study of Blood after Hæmorrhage and a comparative Study of arterial and venous blood with reference to the number of corpuscules and the amount of hemoglobin* (*Med. News. Philad.*, 1892, lx, 225-227). — Klemensiewicz, *Experimentelle Beiträge zur Kenntniss des normales und pathologischen Blutstromes* (*Sitzungsb. d. Kais. Akad. d. Wissensch.*, *Wien*, 1886, xcvi, 51-68). — Kœppe, *État du sang après la saignée* (*Munch. med. Woch.*, 1895, xlii, 904). *Analyse* : (*Rev. d. sc. Méd.*, 1896, xcvii, 430). — Kolisch (R.) et Stejskal (R.), *Ueber die durch Blutzerfall bedingten Veränderungen des Harns* (*Zeitsch. f. klin. Med.*, 1895, lvii, 304-320). — Kronecker (H.), *Kritisches u. experimentelle über lebenrettende Infusionen von Kochsalzlösung bei Hunden* (*Separ. a. d. Correspondenzblatt f. Schweizer-Aerzte*, 1886). — Kunkel, *Blutbildung aus inorganischen Eisen* (*A. g. P.*, 1895, lxi, 595-606). — Labbé et Bezançon, *Traité d'Hématologie.* (Paris, Steinheil, i. 1904). — Lackschewitz (Th.), *Zur quantitative Blutanalyse nebst einer Antwort an Herrn M. Bleibtreu* (*A. g. P.*. 1895, lix, 61-90). — Laguesse (E.), *Sur la régénération du sang après saignée chez l'embryon* (*B. B.*, 1890, 361). — Langley (J.-N.) *On the secretion of Saliva chiefly on the secretion of Salts in it* (*Philosophical Transact.*, 1889, clxxx, 128). — Latis (S.), *Contributo allo studio dell' emorragia secondaria in rapporto alle cicatrizzazioni dei vasi* (*Riforma Med.*, 1891, vii. 134-137). — Grosse-Leege (E.), *Ueber den Einfluss der Blutentziehung auf den Zuckergehalt im Blute* (*Dissert.* Würzburg, 1893). — Von Leersum, *Die Ersetzung physiologischer Kochsalzlösung durch äquimoleculäre Lösungen einiger Natriumverbindungen zur Anwendung nach starkem Blutverlust* (*Arch. f. exp. Path.*, XLIX, 85). — LEJARS, *Le lavage du sang* (Paris, Masson, I, 1897). — LÉPINE (L.), *Des injections intra-rectales de solutions salines dans les hémorragies, le Schock et les infections* (*Thèse*, Lyon, 1899). — LESSER (L.), *Ueber die Vertheilung der rothen Blutscheiben im Blutstrome* (*A. P.*, 1878, 40-108). — LIEBE (P.-B.), *Ueber Blutveränderungen nach Blutverlusten* (*Dissertat.* Halle, 1896). — LOEPER (M.), *Mécanisme régulateur de la composition du sang* (*Thèse de la Fac. méd.* Paris, 1903). — LONDON (E.-S.) et SOKOLOW (A.-P.), *Ueber den Einfluss von Blutentziehungen auf die Magenverdauung* (*C. P.*, 1903, 179-182). — ID. (*Arch. de Sc. biol. de St-Pétersbourg*, 1904, x, 361-397). — LUZET (C.), *Note sur la régénération du sang après saignée chez les oiseaux* (*B. B.*, 1891, 418-420). — MALTSCHWESKY, *Contribution à la question des injections de solution de sel marin dans l'organisme après saignée* (*Thèse* (*russe*), 1892) (cité par ANTOKONENKO). — MANASSEIN (W.), *Chemische Beiträge zur Fieberlehre; Versuche über den Magensaft bei fiebernden und acut-anämischen Thieren* (*A. A. P.*, 1872, LV, 413-461). — MANQUAT, *De la saignée* (*Bull. génér. de Thérapeut.*, Paris, 1891, CXXI, 350-366). — MARCHAND (F.), *Der Process der Wundheilung mit Einschluss der Transplantation* (Stuttgart. 1, 1901). — MAREY (E.-J.), *La circulation du sang* (Paris, Masson, I, 1881). — MARSHAL (J.), *Ein Beitrag zur Kenntniss der Transfusion von Mischungen defibrinirten Blutes und Kochsalzlösungen* (*Zeitsch. Physiol. Chem.*, 1891, XV, 62). — MAUREL, *De l'hyperleucocytose qui suit les pertes sanguines* (*B. B.*, 1903, LV, 256). — MORACZEWSKI (W.), *Die Zusammensetzung des Leibes von hungernden und blutarmen Fröschen* (*A. P.*, 1900, *Suppl.*, 124-144. — MORACZEWSKI (W.), *Ausscheidungsverhältnisse bei blutleren und hungernden Fröschen* (*A. g. P.*, 1899, LXXVII, 290-310). — MORAND, *Sur les changements qui arrivent aux artères coupées où l'on fait voir qu'ils contribuent essentiellement à la cessation de l'hémorragie* (*Hist. Acad. royale d. Sc.*, Paris, 1736). — MORAT et DOYON, *Traité de Physiologie; Fonctions élémentaires* (816 et suiv). — MORAWITZ (P.), *Beobachtungen über den Wiederersatz der Bluteiweisskörper* (*Hofmeister's Beiträge*, 1906, VII, 153-165). — MÜLLER (*Arbeit. aus. d. Physiol. Anst. Leipzig*, VIII, B, 159). — MURRY (P.), *Histoire d'une hémorragie qui a duré vingt-neuf ans* (*Essais et observations de méd. d. Soc. d'Édimb.* (Paris, 1742, II, 383-388). — NOLL (A.), *Bildung u. Regeneration der roten Blut-Körperchen-* (*Ergebnisse d. Physiol. II. Biochemie*, 433-456) (avec bibliographie). — OERTMANN, *Ueber den Stoffwechsel entbluteter Frösche* (*A. g. P.*, 1877, XV, 381). — OSTERTAG (R.), *Handbuch der Fleischbeschau* (1904, I). — OTTO (J.-G.), *Untersuch. über die Blutkörperchen zahl und den Hemoglobingehalt* (*A. g. P.*, 1885, XXXVI, 57-72). — OTTO (J.-G.), *Ueber den Gehalt des Blutes an Zucker und reducirender Substanz unter verschiedenen Umständen* (*A. g. P.*, 1885, XXXV, 467-498). — PANAITESCO (G.), *Recherches sur la puissance hémostatique du chloroforme iodé ou teinture iodo-chloroformique* (*Thèse, école vétérinaire, Bucarest*, 1908) (en roumain). — PEMBREY (M.-S.) et GÜRBER (A.), *On the influence of bleeding and transfusion upon the respiratory exchange* (*J. P.*, XV, 1894, 449-463). — PETTENKOFER et VOIT, *Ueber den Stoffverbrauch bei einem leukämischen Manne* (*Z. B.*, 1869, V, 319-328). — PEYROU (J.-P.), *Études des variations de la capacité respiratoire du sang; Applications thérapeutiques; Antidote du saturnisme* (*Thèse de méd.*, Paris, 1891). — PHISALIX (G.), *Guérison spontanée des plaies du cœur et résistances aux hémorragies chez la couleuvre à collier* (*B. B.*, 1903, LV, 1550-1551). — PORTER (W. T.), MARKS, *The effect of haemorrhage upon the vaso motor reflexes* (*Amer. Journ. of Physiol.*, 1908, XXI, 460-465). — POSNER (E.-R.) et GIES (W.), *The influence of hemorrage on the formation and composition of lymph* (*Americ. Journ. of Physiol.*, 1904. X, *Proceed. of the Americ. physiol. Society*, XXXI). — POTAIN, *L'anémie hémorragique* (*Union Méd.*, Paris, 1892, LIV, 841-844). — CUÉNOT, *Sur la saignée réflexe et les moyens de défense de quelques insectes* (*Arch. de Zool. expér. et Génér.*, 1896, 655). — QUINTON, *L'eau de mer milieu organique* (Paris, I, 1904). — QUINTON et JULIA, *Injections comparatives d'eau de mer et de sérum artificiel* (*B. B.*, 1897, 1063-1065). — RENAUT, *Hémorragie* (*Dictionnaire des Sc. méd.*, 1888). — RICHET (CH.), *Résistance des canards à l'asphyxie* (*Trav. de Labor. d.* CH. RICHET, 1902, V, 94-110). — ROHMANN (F.-U.) et MUHSAM (Y.), *Ueber d. Gehalt der Arterien u. Venenblutes an Trockensubstanz* (*A. g. P.*, 1890, XLVI, 390). — ROTHBERGER (C. J.). *Über die Regeneration der Agglutinine nach Blutverlusten* (*Zentralb. f. Bakter.*, 1906, XLI, 469). — SCHENCK (Fr.), *Ueber den Zuckergehalt des Blutes nach Blutentziehungen* (*A. g. P.*, 1894, LVII, 553-572).

— SEEGEN (J.), *Zucker im Blute, seine Quelle und seine Bedeutung* (*A. g. P.*, 1884, XXXIV, 388-421). — SIMON (R.), *Des injections intraveineuses de sérum artificiel dans le traitement des grandes hémorragies et de la septicémie péritonéale post-hémorragique* (*Thèse méd.*, Paris, 1896). — SHERRINGTON (C. S.) et COPEMANN (S. M.). *Variations experimentables produced in the specific gravity of the blood* (*J. P.*, 1893, XIV, 52-96). — SMITH (T.), *Die pathologischen Folgen periodischen Blutentziehungen* (*The Journal of med. Research.*, 1904, XII, 385). — SOBOLEVSKY (A.-V.), *Influence des saignées sur la circulation intra-cranienne* (*Thèse méd.*, St-Pétersbourg, 1901). — SOPHUS et TORUP, *Recherches expérimentales sur la reproduction des matières albuminoïdes du sang* (*B. B.*, 1888, 413-416). — SPALLITTA (F.), *Der Gasgehalt des Blutes nach Salzwasser-infusion* (*C. P.*, 1905, XIX, 97-99). — SPALLITTA (Fr.), *Sur la valeur du quotient respiratoire dans l'anémie respiratoire* (*Arch. intern. de Physiol.*, 1906, XI, 125-131). — STASSANO (H.) et BILLON (F.), *La leucocytose qui accompagne et suit les pertes de sang* (*B. B.*, 1903, 180-182). — STASSANO (H.) et BILLON (F.), *Caractères de la leucocytose post-hémorragique et aspect des leucocytes en dehors des vaisseaux et dans le sang défibriné* (*B. B.*, 1903. 182-183). — VAN DER STRICHT (O.), *Nouvelles recherches sur la genèse des globules rouges et des globules blancs du sang* (*Arch. de Biol.*, Gand, 1892. XII, 199-344). — TERSON, *Les troubles visuels graves après les hématémèses et les hémorragies* (*Sem. méd.*, Paris, 1894, XXI, 245-249). — TALLQUIST (T.-U.) et WILLEBRAND (E.-A.), *Zur Morphologie der weissen Blutkörperchen des Hundes und Kaninchens* (*Skand. Arch. f. Physiol.*, X, 37). — TOLMATSCHEFF (*Zeitsch. für physiol. Chemie*, 1867, 296-404). — TSCHEREWKOW (A.). *Einige Versuche über den Einfluss von Blutentziehungen auf den Lymphström im Ductus Thoracicus* (*A. g. P.*, 1895, LXII, 304-319). — VIERORDT, *Beiträge zur Physiologie des Blutes* (*Arch. f. physik. Heilk.*, 1854). — VINAY, *Des émissions sanguines dans les maladies* (*Thèse d'agrégation*, Paris, 1880). — VIOLA (G.) et JONA (G.), *Recherches expérimentales sur quelques altérations du sang après la saignée* (*A. i. B.*, 1895, XXIV, 221; *A. d. P.*, 1895, 37-44; *Arch. p. l. Sc. med.*, 1895, XIX, 159-178). — VULPIAN (A.), *De la régénération des globules rouges du sang chez les grenouilles à la suite d'hémorragies considérables* (*C. R.*, 1877, 1279-1284). — WILLEBRAND (E.-A.). *Zur Kenntniss der Blutveränderungen nach Aderlassen* (Berlin, Hirschwald, I, 1900) (avec bibliographie). — WHITE (A.-H.), *Report on the effects of repeated Hæmorrage on the composition of the blood* (*Brit. med. Journ.*, 1896, II, 836). — WHITELAW (T.), *Hæmorrages, their relation to barometric pressure* (*Brit. med. Journ.*, 1896, I, 1317). — WRIGHT, *A new method of blood transfusion* (*Brit. med. Journ. Lond.*, 1891, 1203). — ZAHN, *Ueber die Vernarbung der Arterienintima und Media nach vorheriger Umunschnurung* (*A. A. P.*, 1884, XCVI). — ZIEGELROTH, *Einfluss der Aderlassen auf die specifische Gewicht des Blutes* (*A. A. P.*, 1895, CXLI, 395-397).

HENSEN (Victor). — Professeur à l'Université de Kiel.

Ueber d. Zuckerbildung in der Leber. (*Verhandl. d. physikalisch medicinischen Gesellschaft in Würzburg*, IV, 1856, 219-222). — *Ueber Zuckerbildung in d. Leber* (*A. A. P.*, 1857). — *De urinae excretione in epilepsia. Diss. Kiel*, 1859. — *Untersuch. zur Physiologie der Blutkörperchen sowie über d. Zellennatur derselben* (*Zeitschrift f. wiss. Zoologie*, II, 1861, 1-26). — *Zur Morphologie der Schnecke des Menschen u. d. Säugethiere* (*ibid.*, XIII, 1863, 481-512). — *Studien üb. d. Gehörorgan d. Dekapoden* (*ibid.*, XIII, 1863). — *Zur Entwickelung des Nervensystems* (*A. A. P.*, XXX, 1864, 176-185). — *Ueber d. Entwickelung d. Nerven. u. p. Gewebes im Schwanze d. Froschlarven* (*ibid.*, XXX, 1864, 51-73). — *Ueber d. Auge einiger Cephalopoden* (*Zeitschrift f. wiss. Zoologie*, XV, 1865, 88 p.) — *Ueber eine Einrichtung d. Fovea centralis retinae, welche bewirkt, dass feinere Distanzen als solche, die dem Durchmesser eines Zapfens entsprechen, noch unterschieden werden können.* (*A. A. P.*, XXXIV, 1865, 405-411). — *Ueber ein Instrument f. mikroscop. Präparation* (*Schultzes Arch.*, II, 1866, 46-55). — *Ueb. d. Bau d. Schneckenauges u. über d. Entwicklung d. Augenteile in d. Thierwelt.* (*ibid.*, II, 1866, 399-429). — *Bemerkungen üb. d. Lymphe* (*A. A. P.* XXXVII, 1866, 68-93). — *Ueb. d. Gehörorgan v. Locusta* (*Zeitschrift f. wiss. Zoologie*, XVI, 1866, 190-207). — *Embryologische Mitteilungen.* (*Schultzes Archiv*, III, 1867, 500-503). — *Ueber das Sehen in d. Fovea centralis.* (*A. A. P.*, XXXIX, 1867). — *Bemerkungen z. d. Aufsatz: Ueber Abstammung u. Entwicklung von Bakterium termo* (*Schultzes Archiv*, III, 1867). — *Experimentaluntersuchung über d. Mechanismus d. Akkommodation.* (Kiel, Schwersche, 1868, 58 p., 2 *Taf.*, 8). — *Ueber ein neues Structurverhältniss d. quergestreiften Muskelfasern* (*Arbeiten d. Kieler physiologischen Instituts*, 1868, 1869, 26 p.). — *Ueber d. Nerven im Schwanz d. Froschlarve* (*Schultzes Arch.*, 1868, 111-124). — *Die Thätigkeit d. Regenwurms für d. Fruchtbarkeit d. Erdbodens* (*Zeitschrift f. wiss. Zoologie*, 1877, 354-364). — *Ueber d. Entwicklung u. Bau d. Ohrlabyrinths nach Untersuchungen an Säugethieren* (*Arch. f. Ohrenheikunde*, VI, 1877, 1-34). — *Ueber d. Ursprung d. Accommodationsnerven nebst Bemerkungen über die Function d. Wurzeln d. Nervus oculomotorius* (*Arch. f. Ophthalmologie*, XXIV, 1877, 1-26). — *Ueber d. Gedächtniss.* (*Rectoratsrede. Kiel*, 1877, 18 p.). — *Bemerkungen gegen d. Cupula terminalis* (*A. P.*, 1878, 486-490). — *Beobachtungen über d. Thätigkeit d. Trommelfellspanners bei Hund und Katze* (*A. P.*, 1878, 312-319). — *Physiologie d. Gehörs* in *Hermanns Handb. d. Physiologie*, (I, 1880, 137 p.). — *Physiologie d. Zeugung* (*ibid.*, VI, 2, 1881, 299 p.). — *Nachtrag zu meinen « Bemerkungen gegen d. Cupula terminalis »* (*A. P.*, 1881, 2, 405-418). — *Ueber d. Fruchtbarkeit d. Erdbodens in ihrer Abhängigheit von d. Leistungen d. in. d. Erdrinde lebenden Würmer* (*Landwirthschaftliche Jahrbücher*, 1882, 662-698). — *Beobacht. über d. Befruchtung u. Entwicklung d. Kaninchens u. Meerschweinchens* (*Zeitschrift f. Anat. u. Entwichlungsgeschichte*, 1, 1882, 2, I, 231-423). — *Ein frühes Stadium d. im Uterus d. Meerschweinchens fest gewachsenen Eies* (*A. P.*, 1883, 61-70). — *Bemerkungen betreffend d. Mitteilungen von Selenka u. Kupffer über d. Entwicklung d. Mäuse.* (*Ibid.*, 71-75). — *Die Grundlagen d. Vererbung nach d. gegenwärtigen Wissenskreis* (*Landwirthschaftliche Jahrbücher*, 1885, 731-767). — *Untersuchung über Wahrnehmung der Geräusche* (*Archiv. f. Ohrenheilkunde*, XXIII, 1885, 69-90). — — *Über die Akkommodationsbewegung im menschlichen Ohr.* (*A. g. P.*, LXXXVII, 1887, 355-359). — *Physiologisches Praktikum* (*A. P.*, 1888. 163-165). — *Einige Ergebnisse d. Planktonexpedition d. Humboldt-Stiftung* (*Akad. d. Wiss. zu Berlin*, XIV, 1890). — *Die Harmonie in d. Vokalen* (*Z. B.*, X, 1891, 39-48). — *Vortrag gegen den sechsten Sinn.* (*Arch. f. Ohrenheilkunde*, XXXV, 1893, 161-177). — *Ueber d. akustische Bewegung im Labyrinthwasser* (*Münchener med. Wochenschrift*, 1899). — *Wie steht es mit der Statocysten-Hypothese?* (*A. g. P.*, LXXIV, 1899, 22-43). — *Die Fortschritte in einigen Teilen d. Physiologie d. Gehörs* (*Ergebnisse d. Physiolog.*, 1902, 847-894). — *Die Entwicklungsmechanik d. Nervenbahnen im Embryo d. Säugetiere*, (Kiel, Lipsius, 1903, 1 *Taf.* 50 p.). — *Die Biologie d. Meeres.* (*Schrift. d. Schleswig-Holsteinischen naturwissenschaftl. Vereins, Kiel*, XIII, 1906, 221-237). — *Die Empfindungsarten d. Schalls* (*A. g. P.*, CXIX, 1907, 249-294). — *Biologische Meeresuntersuchungen* in *Jahresberichte d. Kommission zur wiss. Untersuch. d. deutschen Meere*, et *Bericht der wissenschaftliche Meeresuntersuchungen*, et *Ergebnisse d. Plankton-Expedition* (Kiel, Lipsius).

HÉRÉDITÉ. — Il est difficile de donner une définition complète du mot *hérédité*, parce que le mot est bien souvent pris dans des acceptions différentes. Pour LITTRÉ, l'hérédité est une *condition organique* qui fait que les manières d'être corporelles et mentales passent des ascendants aux descendants. Pour LAROUSSE, c'est la *transmission* par la voie du sang de certaines particularités organiques et de certaines qualités morales. Ainsi donc, pour le premier, c'est la condition organique elle-même; pour le second, un résultat de cette condition organique. Dans le langage courant, on donne le nom d'hérédité à une force mystérieuse, coupable de méfaits individuels ou sociaux et qui dominerait, comme une sorte de fatalité inéluctable, la vie des hommes et des animaux. Tout cela est bien vague; aujourd'hui, l'on est trop avancé dans la connaissance des phénomènes de la génération pour se contenter de quelque chose d'aussi imprécis. On sait que tout être vivant, animal ou végétal, provient, plus ou moins évidemment suivant les cas, d'une simple cellule vivante que l'on appelle tantôt *œuf*, tantôt *spore*, tantôt *œuf parthénogénétique*. L'*œuf* résulte de la fusion de deux éléments empruntés à deux individus que l'on appelle le *père* et la *mère*. La *spore* et *l'œuf parthénogénétique* dérivent d'un seul parent que l'on appelle le plus souvent *mère*, quoique, à vrai dire, il n'y ait aucune raison valable de l'appeler ainsi, et qu'il soit même très peu scientifique d'attribuer un sexe à un être qui se reproduit sans acte sexuel.

Quelle que soit son origine, cette simple cellule peut, dans des conditions convenables, se nourrir d'éléments étrangers, de substances non vivantes existant soit dans le milieu qui l'entoure (aliments proprement dits), soit au sein même de son protoplasma ou, tout au moins, à l'intérieur de son enveloppe cellulaire (réserves nutritives, vitellus). Le résultat de cette nutrition est un accroissement de la quantité de substance vivante de la simple cellule, accroissement qui se traduit par des modifications dans la forme et dans ses dimensions. C'est à l'ensemble de ces modifications que l'on donne le nom de *développement* ou *d'évolution individuelle.* Chez les êtres pluricellulaires, le développement s'accompagne de bipartitions, qui transforment la simple cellule initiale en une agglomération polyplastidaire. Naturellement, le résultat de l'évolution individuelle dépend de deux facteurs tout à fait distincts : 1° l'ensemble des propriétés de la cellule initiale; 2° l'ensemble des conditions dans lesquelles se fait le développement. Dans *tous* les cas, le premier facteur est uniquement fourni par le ou les parents, et souvent c'est à cela que se borne la fonction reproductrice, l'œuf ou la spore étant abandonnés au hasard dès qu'ils sont prêts. Dans ce dernier cas, il est bien certain que, si les enfants tiennent quelque chose de leurs parents, c'est uniquement l'ensemble des propriétés de l'œuf ou de la spore dont ils dérivent. Souvent aussi l'action des parents va plus loin. Chez la femme, par exemple, l'œuf fécondé séjourne neuf mois dans une cavité du corps maternel et y puise les aliments nécessaires à son évolution; la poule couve ses œufs pour leur fournir la chaleur convenable, etc., et ensuite, une fois les petits éclos, les parents s'occupent encore de leur procurer de la nourriture, de leur apprendre ce qui est nécessaire à la vie, etc. Alors les parents interviennent dans le second facteur de tout à l'heure, savoir l'ensemble des conditions dans lesquelles se fait le développement. Les enfants tiennent donc dans ce cas, de leurs parents, autre chose que l'ensemble des propriétés de la cellule initiale. Mais il suffit de parcourir le règne animal pour constater que cette intervention des parents, outre qu'elle manque dans un très grand nombre de cas, est spéciale à chaque espèce et qu'il n'y a par conséquent à ce sujet rien de général dans la nature. Si donc on veut donner aux mots une signification absolument générale, il faut limiter le sens du mot *hérédité* à ce que les enfants tiennent de leurs parents dans le cas où ils tiennent d'eux le moins de choses possible, c'est-à-dire au premier facteur de l'évolution individuelle : l'*ensemble des propriétés de la cellule initiale*. On réservera le nom d'*éducation* au second facteur de l'évolution individuelle, savoir : l'ensemble des conditions dans lesquelles se fait le développement. Le mot éducation se trouve ainsi doté d'un sens un peu plus large que celui du langage courant dans lequel on restreint ordinairement sa signification à la part volontaire que prennent les parents dans l'élève des jeunes; mais il suffit de réfléchir un peu pour constater que, au point de vue du développement de l'enfant, il n'y a aucune différence entre le résultat des conditions naturelles et celui des conditions artificiellement préparées par les éducateurs. Il vaut donc mieux étendre la signification du mot à tout le second facteur de l'évolution individuelle. Nous dirons *éducation au sens large* pour qu'il n'y ait pas d'erreur possible. Ainsi, par exemple, l'influence de la mère sur l'enfant pendant la gestation, les contagions auxquelles le fœtus est exposé dans les cas de maladie de la mère, les empoisonnements qu'il peut subir comme résultat de l'alimentation maternelle, les compressions qui peuvent le déformer, tout cela est du domaine de l'*éducation au sens large*.

Nous définissons donc *hérédité*, pour un être vivant, l'ensemble des propriétés de la cellule initiale de laquelle il provient. Et je fais remarquer immédiatement que cette définition *a priori* ne présente aucun danger, ne préjuge, en particulier, rien de ce qui se passera dans l'être doué de cette hérédité. Je suppose, par exemple, que, pour telle ou telle raison, un œuf soit tel qu'il donnera un enfant ne ressemblant ni à son père, ni à sa mère; cet enfant aura une hérédité telle que, chez lui, il n'y aura pas hérédité au sens de la définition de Larousse. Il est évident que, si ce cas hypothétique se produisait souvent, la question de l'hérédité ne passionnerait pas les gens comme elle les passionne. Je voulais seulement montrer que nous avons défini l'hérédité sans *prévoir* ce qui résultera de l'hérédité, et cela est essentiel pour une définition *a priori*.

Cela posé, un être quelconque est complètement défini par son hérédité et son éducation au sens large, puisque, à chaque moment de son évolution, il est le résultat de ce qu'il était un instant auparavant et de tout ce qu'il a fait pendant cet instant, c'est-à-dire de son éducation pendant cet instant, et ainsi de suite, en remontant, jusqu'à l'œuf. Quel que soit donc le caractère que l'on observe chez un être quelconque, à un moment quelconque de sa vie, on peut toujours affirmer que ce caractère résulte *à la fois* de son hérédité et de son éducation, et il est évident, rigoureusement parlant, que l'on ne pourra jamais affirmer que tel caractère résulte *uniquement* de l'hérédité ou *uniquement* de l'éducation. Il est impossible qu'un caractère d'un être ne dépende pas de l'hérédité de cet être; ce que l'on veut dire quand on affirme que tel caractère, plus particulièrement, est un caractère héréditaire, c'est qu'il était impossible, sous peine de mort, que ce caractère ne se produisît pas, dans l'être doué d'une certaine hérédité. L'éducation, pour être variable avec chaque individu, n'en est pas moins astreinte à un certain nombre de lignes générales; si elle s'écarte de ces lignes, l'évolution de l'individu est arrêtée par la mort. Or ces lignes générales, nécessaires à l'éducation d'un être, dépendent de la nature de cet être, c'est-à-dire de son hérédité. Il ne faut pas réaliser les mêmes conditions pour faire éclore un œuf de poulet et pour obtenir le développement d'un œuf d'oursin. Il y a donc une partie de l'éducation qui, sous peine de mort, est dirigée par l'hérédité et, par conséquent, les caractères qui résulteront de cette partie de l'éducation pourront être considérés comme entièrement déterminés à l'avance par l'hérédité. Autrement dit, il y a une limite aux divergences possibles entre deux êtres ayant même hérédité, parce que ces deux êtres ont certains besoins communs qu'il faut satisfaire sous peine de mort. Nourrissez un enfant avec du lait et de l'oxygène, un autre enfant avec du sable et du chlore, vous aurez réalisé des éducations très différentes, mais vous n'obtiendrez pas pour cela des hommes très différents, car le second enfant mourra et ne deviendra pas un homme.

Cette constatation donne déjà à l'hérédité une influence prépondérante; mais il faut bien constater aussi dès le début que, pour certains caractères, l'éducation peut arriver à donner des caractères différents à deux êtres ayant même hérédité. Prenez deux frères jumeaux, c'est-à-dire deux êtres ayant exactement la même hérédité; vous pourrez les élever de manière à ce que l'un d'eux sache uniquement le français et l'autre uniquement l'anglais. Et, dans ce cas, l'éducation aura eu, au point de vue considéré, une influence prépondérante; mais, parlant rigoureusement, on ne doit pas dire cependant que le caractère de savoir l'anglais dépend *uniquement* de l'éducation, puisqu'il a fallu l'hérédité humaine pour que le sujet pût apprendre l'anglais; on n'aurait pas pu apprendre l'anglais à un escargot.

En résumé, il est bien entendu que tout caractère, quel qu'il soit, résulte à la fois de l'hérédité et de l'éducation, mais il y a certains caractères qui sont d'avance, et sous peine de mort, déterminés par l'hérédité; il y a d'autres caractères qui, sous l'influence de l'éducation, peuvent être différents chez des êtres ayant même hérédité; il y en a d'autres enfin, dans lesquels on peut déterminer par des comparaisons entre différents individus, la part qui revient plus spécialement à l'hérédité et celle qui revient plus spécialement à l'éducation, et nous avons vu que, quand nous voudrons parler rigoureusement, il faudra toujours nous placer dans ce troisième cas, en attribuant seulement pour le détail étudié une influence prépondérante à l'un ou l'autre des deux facteurs considérés.

Nous trouvons ici, sous une forme précise, l'équivalent de cette force mystérieuse que le public appelle hérédité et qui domine, comme une fatalité inéluctable, la vie de l'homme et des animaux. Voici un œuf dans le monde; cet œuf a des propriétés bien définies, c'est-à-dire une certaine hérédité. Il est impossible de prévoir d'avance et rigoureusement le sort de l'être qui dérivera de cet œuf; ce sort dépendra de son éducation, c'est-à-dire des conditions bonnes ou mauvaises, des chances de destruction ou de conservation qu'il rencontrera sur son chemin; mais on peut affirmer d'avance que, *tant qu'il vivra*, il y a certaines limites entre lesquelles sa structure restera forcément comprise; le chemin est tracé par l'hérédité, *à certains écarts près*. Ces écarts sont plus ou moins grands suivant la nature des caractères envisagés. Ils sont presque nuls pour quelques caractères, très grands au contraire pour d'autres, comme nous l'avons vu tout à l'heure pour le langage. La question qui préoccupe le plus le grand public est celle de la latitude qui est laissée, au cours de l'évolution individuelle, à la détermination des caractères que l'on appelle psychologiques et moraux. Nul doute que là, comme ailleurs, l'hérédité ne perde jamais absolument ses droits, mais certains auteurs prétendent qu'elle en conserve de très considérables, tandis que d'autres affirment qu'elle joue un rôle insignifiant et que l'éducation est tout à fait prépondérante.

Voilà le premier problème qui se pose au sujet de l'hérédité. Jusqu'à quel point l'ensemble des propriétés de l'œuf détermine-t-il l'avenir de l'individu qui en proviendra? Quels sont les écarts possibles, sous l'influence de l'éducation, entre deux êtres ayant même hérédité? Ce problème est celui de *l'évolution individuelle*. Remarquez qu'il n'est pas du tout question des parents, du moins d'une manière explicite, dans ce premier problème : étant donné un œuf, quels sont les caractères qui sont fatalement déterminés d'avance par les propriétés de cet œuf? Cet œuf donnera-t-il *fatalement* un mâle ou une femelle, un blond ou un brun, un sage ou un fou, un honnête homme ou un voleur? Ou bien est-il possible, par une éducation appropriée et quelles que soient les propriétés de l'œuf, d'obtenir un mâle blond sage et honnête homme? Quelle est l'importance de l'hérédité dans l'évolution individuelle? Il est certain que, si la réponse à cette question était que cette influence est nulle ou minime, cela enlèverait beaucoup de son intérêt à la deuxième question qui, elle, va faire intervenir les parents producteurs de l'œuf. Je le répète encore, la question précédente, celle de la fatalité qui pèse sur un être provenant d'un œuf donné, se poserait exactement de la même manière, s'il n'y avait aucune ressemblance entre les enfants et les parents. La deuxième question est la suivante : Puisque nous savons, par l'étude de l'évolution individuelle, que telle ou telle fatalité est inhérente à telle ou telle propriété de l'œuf, pouvons-nous prévoir, connaissant les parents, quelles seront les propriétés de l'œuf qu'ils fourniront? Cette nouvelle question a une grande portée, car il est certain que, si l'œuf de certains individus doit fatalement donner un produit mauvais, il vaut mieux supprimer l'œuf. Or c'est là réellement la véritable question de *l'hérédité*, la première étant celle de l'évolution individuelle. Il est bien évident que les deux questions sont *entièrement différentes*, et n'ont même aucun rapport l'une avec l'autre, mais nous allons voir facilement comment il se fait qu'elles sont fatalement toujours mélangées ensemble.

L'hérédité est, avons-nous dit, l'ensemble des propriétés de l'œuf. Mais quels moyens avons-nous de connaître ces propriétés? Voici deux œufs de poule; comparons-les; l'un d'eux est plus allongé et a la pointe plus aiguë, il possède un albumen plus abondant et un vitellus plus rouge; voilà à peu près tout ce que nous pouvons constater, et ce n'est pas grand'chose. L'analyse chimique ne nous permet pas de trouver de différence entre les susbtances protoplasmiques de leurs cicatricules et nous serons par suite bien peu avancés d'avoir défini l'hérédité comme nous l'avons fait, puisque nous n'arrivons pas à avoir, de cette hérédité, une connaissance assez précise pour prévoir ce qui en résultera. Mais, au lieu de casser ces œufs et de les soumettre à une analyse chimique, portons-les tous deux dans une couveuse artificielle où nous les surveillerons de manière qu'ils aient exactement la même éducation pendant 21 jours. Au bout de ce temps, il sortira de ces deux œufs deux poussins *différents*; et, puisque l'éducation a été rigoureusement la même pour l'un et l'autre, nous pouvons affirmer que les différences entre les poussins résultent *uniquement* des différences qui existaient entre les œufs et que nous ne savions pas apprécier directement; de sorte que nous sommes amenés à chercher dans *l'évolution individuelle* le réactif de l'hérédité, et cela constitue un cercle vicieux dont nous ne pouvons pas sortir dans l'état actuel de la science. Nous voulions connaître *l'hérédité* pour prévoir l'évolution individuelle, et voilà que nous ne pouvons juger de l'hérédité qu'*a posteriori*, par l'évolution individuelle qui en résulte. C'est de cette impuissance que dérivent toutes les complications dont est encombrée la question de l'hérédité; c'est elle qui cause la confusion constante entre les *propriétés* et les *caractères*, confusion qui rend le langage précis presque impossible. A l'époque où fleurissait *l'évolutionnisme*, les *spermatistes* et les *ovistes* croyaient que le germe mâle ou femelle contient, formé à l'avance, l'être qui doit provenir de l'œuf (théorie de la préformation et de l'emboîtement des germes); cet être ne fait plus ensuite que grossir sous l'influence des sucs nutritifs, de manière à acquérir sa taille normale. Dans cette théorie surannée, le germe contenait donc, à l'avance, *tous les caractères* de l'adulte qui devait en provenir. Il est démontré aujourd'hui que cela est faux; c'est par *épigénèse*, c'est-à-dire par production successive de parties qui se juxtaposent, que se construit l'adulte au cours de l'évolution individuelle et, naturellement, comme nous l'avons vu au début de cet article, l'épigénèse est entièrement déterminée par deux facteurs, l'hérédité et l'éducation, de sorte que tous les *caractères* de l'adulte résultent uniquement des *propriétés* de l'œuf et des conditions dans lesquelles ces propriétés ont *trouvé* à se manifester morphogéniquement. Il est donc abusif de dire que l'œuf contient, représentés d'une manière ou d'une autre, les *caractères* de l'adulte; l'œuf ne contient pas de *caractères*, mais des *propriétés* susceptibles de se manifester différemment dans des conditions différentes.

On trouvera peut-être bien subtile et bien minutieuse cette distinction entre les propriétés et les caractères, d'autant que, dans le langage courant, ces deux mots sont souvent employés indifféremment l'un pour l'autre; mais en biologie le mot *caractère* représente toujours une *particularité de la description* d'un être adulte, un *trait de son organisation*, et il n'est pas inutile de répéter que ce qu'on hérite de ses parents, dans l'œuf, ce n'est pas tel caractère d'organisation, mais telle propriété de laquelle *peut* résulter ce caractère au cours de l'épigénèse. De même on ne dira pas que l'eau a comme caractère d'être un cristal de telle forme, mais a comme propriété d'être de l'eau, propriété de laquelle résulte tel caractère cristallin à telle température, ou aussi tel caractère gazeux à telle autre température. La différence entre la propriété d'être de l'eau et les propriétés qui constituent l'hérédité d'un œuf, c'est que la propriété de l'eau peut se manifester autant de fois que l'on veut quand on change les conditions ambiantes, tandis que les propriétés de l'œuf se manifestent une fois pour toutes au cours d'une évolution individuelle dont aucun incident n'est indifférent pour la réalisation de l'adulte. Il est donc bien entendu que l'on hérite de propriétés et non pas de caractères, mais aussi que nous ne savons distinguer les propriétés de l'œuf que par les caractères qui en résultent dans telle ou telle condition. C'est pour cela que nous sommes obligés de mener de front l'étude des deux questions que nous avons posées plus haut : étant donné un œuf, qu'est-ce qui est fatalement déterminé d'avance pour l'être qui proviendra de cet œuf? et étant donnés des parents, quelles propriétés donneront-ils à l'œuf qui proviendra d'eux? Ou, en mélangeant ces deux questions en une seule et en supprimant l'œuf intermédiaire : étant donnés des parents, que seront leurs enfants? Ce qui est la forme ordinaire de la question de l'hérédité dans le public. Nous avons vu que cette question est plus compliquée qu'elle ne le paraît.

Et d'abord, qu'est-ce que l'œuf? ou, d'une manière générale, qu'est-ce que l'élément reproducteur d'une espèce donnée? On a le plus souvent répondu à cette question d'une manière très restreinte, parce qu'on a l'habitude de commencer toujours par l'homme et les animaux supérieurs; or, chez l'homme et les vertébrés, l'œuf est quelque chose de très spécial, qui résulte de la fusion de deux éléments particuliers, et c'est seulement l'œuf qui peut, par son développement, donner naissance à un vertébré nouveau; mais il faut remarquer que, dans la définition précise de l'hérédité, nous n'avons pas eu à nous demander si le résultat du développement d'une cellule initiale serait un être comparable au parent ou toute autre chose. Pour que nous parlions d'hérédité, il suffit qu'une cellule donne lieu à un développement *quelconque*, puisque, alors, ce développement résulte forcément de l'ensemble des propriétés de la cellule (hérédité) et de l'ensemble des conditions ambiantes (éducation). Au cours de l'évolution individuelle d'un homme, chaque cellule peut, à un moment quelconque, être considérée comme cellule initiale d'un groupe de cellules qui en proviendra; on peut donc parler de l'hérédité de chaque cellule du corps en voie de développement, mais il est bien entendu que cette hérédité ne se manifestera à nous que par une évolution individuelle extrêmement spéciale, celle qui aura lieu au sein même de l'individu considéré, dans lequel les divers amas cellulaires, résultant des développements des diverses cellules, se mêleront les uns aux autres et influeront les uns sur les autres. Néanmoins, si nous savions faire l'analyse chimique *complète* des cellules vivantes, nous aurions à nous demander quelle est *l'hérédité* de chaque cellule de l'individu, et en quoi cette hérédité diffère de celle de la cellule initiale de laquelle dérive l'individu tout entier. Nous aurions même à nous poser cette question, non seulement pour les cellules de l'individu en voie de développement, mais encore pour toutes celles de l'individu adulte qui sont susceptibles de proliférer dans certaines conditions (cicatrisation). Malheureusement, nous l'avons déjà vu, la chimie actuelle ne nous permet pas d'étudier directement l'hérédité d'une cellule; nous ne pouvons comparer ces hérédités de deux cellules données que par les évolutions individuelles qui en résultent *dans les mêmes conditions*. Or, précisément, deux cellules d'un même individu en voie de développement prolifèrent dans les conditions si exactement déterminées pour chacune d'elles et si différentes de l'une à l'autre que les éducations correspondantes peuvent masquer entièrement ce qu'il y aurait de commun à leur hérédité. Il faudrait donc, pour comparer ces hérédités, avoir un moyen d'isoler les cellules et de les faire proliférer en dehors de l'organisme dans des conditions identiques. Cela est impossible pour l'homme et les animaux supérieurs. Commençons par étudier les cas dans lesquels cela est possible; et il en existe. Chez beaucoup de végétaux, en particulier, un fragment quelconque, détaché d'une plante vivante, est susceptible de donner lieu à une prolifération cellulaire lorsqu'on le place dans de bonnes conditions, sur du terreau humide. Les bégonias, certaines mousses, sont classiques à cet égard et nous donnent, sur la question étudiée, des renseignements imprévus. Quel que soit l'endroit d'un pied de bégonia auquel on a emprunté le fragment considéré, le développement de ce fragment donne lieu à un bégonia de même espèce, de même race, de même variété que le premier, et même, si le premier avait des caractères individuels qui permissent de le remarquer parmi les autres plants de la même variété, ces caractères individuels se retrouvent dans tous les plants nouveaux qui proviennent de *tous* les fragments boutures, *quels qu'ils soient*. Voilà quelque chose de tout à fait inattendu. Il y a, dans un bégonia, des éléments cellulaires très divers, qui diffèrent par la forme, la couleur et bien d'autres caractères encore, et néanmoins, le fait précédent le prouve, tous ces éléments si divers ont en commun quelque chose de très précis, que j'appelle le *patrimoine héréditaire* et qui, quoique masqué à première vue par les autres propriétés personnelles des éléments considérés, se manifeste, d'une manière indiscutable, dans la reproduction par l'un quelconque de ces éléments, d'un bégonia *identique* au premier. Dans l'hérédité d'une cellule de bégonia, il y a donc deux parties distinctes, l'une spéciale à la cellule considérée et qui, si elle distingue cette cellule de toutes ses voisines, n'a aucune influence dans le développement qui peut résulter de son bouturage, l'autre commune à toutes les cellules de la plante et qui a seule de l'importance au point de vue de la reproduction, le *patrimoine héréditaire*.

Ceci est vrai pour beaucoup de plantes et pour beaucoup d'animaux inférieurs que l'on peut multiplier au moyen d'un petit fragment quelconque de leur corps; mais il y a aussi beaucoup de plantes et beaucoup d'animaux pour lesquels cette multiplication par un fragment quelconque est impossible; sauf certains éléments spéciaux que l'on appelle éléments reproducteurs, toutes les autres cellules du corps sont condamnées à la mort élémentaire quand on les détache de l'organisme dont elles font parties. Cela tient à ce que les conditions de la vie élémentaire manifestée sont plus difficiles à réaliser pour les cellules en question et que, seule, la coordination établie dans un individu entier peut leur fournir ces conditions. Les éléments, dits reproducteurs, diffèrent donc de tous les autres éléments de l'organisme par la propriété *de ne pas mourir* quand on les sépare de l'individu auxquel ils appartenaient et, ne mourant pas, ils se développent et donnent par leur développement un être nouveau. De même que cela avait lieu dans le cas d'un fragment quelconque de bégonia, l'être ainsi reproduit est identique à celui d'où il provient[1]. Faut-il conclure de là que tous les éléments du corps sont, dans le cas considéré, essentiellement différents de ce qu'ils étaient dans le cas du bégonia et n'ont plus en commun ce *patrimoine héréditaire* si remarquable? Les phénomènes de l'évolution individuelle ne sont pas différents, en apparence du moins, suivant qu'on les envisage chez un être doué de la propriété du bégonia ou chez un être incapable de se reproduire par bouture. Ce sont toujours des bipartitions accompagnées de différenciations cellulaires, et il serait fort extraordinaire que, chez certains êtres, ces bipartitions conservassent aux cellules successives le patrimoine héréditaire témoin de leur descendance commune et que, chez d'autres êtres voisins des précédents, la même conservation n'eût pas lieu. Il est vrai que chez les uns nous pouvons démontrer cette conservation par le bouturage et que chez d'autres nous ne le pouvons pas, mais cela nous permet uniquement d'établir des différences entre ces êtres au point de vue de la facilité ou de la possibilité du bouturage. Ah! si l'on réussissait, chez un seul être de cette seconde catégorie, à obtenir deux boutures qui, *dans les mêmes conditions de développement*, donneraient des résultats absolument différents, il faudrait renoncer immédiatement à cette notion du *patrimoine héréditaire* commun à toutes les cellules de l'individu; mais cela n'a jamais

1. Sauf les cas de génération alternante que nous étudierons tout à l'heure.

eu lieu[1]. Que devons-nous donc en conclure logiquement? Que, par un hasard extraordinaire, la propriété de bouturage n'existe jamais que chez des êtres doués d'un patrimoine héréditaire commun à toutes les cellules, ou que le patrimoine héréditaire existe partout, même là où le bouturage ne nous permet pas de le mettre en évidence?

La seconde conclusion est infiniment plus vraisemblable que la première qui fait appel à une coïncidence miraculeuse entre deux propriétés *n'ayant aucun rapport entre elles*. Nous accepterons donc provisoirement la première hypothèse, celle de l'existence, dans toutes les cellules d'un individu, d'un *patrimoine héréditaire* commun. Nous nous servirons uniquement de cette hypothèse comme d'un lien permettant d'exposer clairement les faits et nous verrons ultérieurement qu'elle se vérifie d'une manière inattendue.

Désormais nous considérons donc l'élément reproducteur d'un individu donné comme différant des autres éléments de l'individu uniquement par sa propriété de pouvoir être *sans mourir* détaché définitivement de l'organisme parent, et, chose tout à fait imprévue, nous sommes obligés de croire que cet élément reproducteur ne diffère aucunement des autres éléments du corps, quant au patrimoine héréditaire.

C'est exactement le contraire de ce qu'ont supposé les savants qui ont commencé l'étude de l'hérédité par celle des animaux supérieurs. Ils ont admis que l'élément reproducteur possédait une propriété héréditaire mytérieuse et spéciale qui lui permettait de reproduire un être formé de millions d'éléments *dépourvus* de cette propriété héréditaire et ils sont partis de là pour établir des théories de l'hérédité aussi ingénieuses que fantastiques. Telle est, en particulier, la théorie du plasma germinatif. Je ne m'y arrêterai pas ici; l'histoire des théories de l'hérédité exigerait un volume de développements.

Nous avons été amenés à considérer l'individu vivant comme formé de parties qui, malgré leurs dissemblances apparentes, ont toutes en commun quelque chose de très précis, *le patrimoine héréditaire*. Ce patrimoine héréditaire est tel que, lorsqu'un morceau détaché de l'individu est capable de vivre et de se développer, il donne un nouvel individu qui a le *même patrimoine héréditaire* que le premier et aussi *la même forme que lui*, d'où la conclusion immédiate qu'il y a un rapport établi entre le patrimoine héréditaire et la forme individuelle[2]. Étant donnée une cellule qui a un certain patrimoine héréditaire, ce patrimoine héréditaire détermine la forme d'équilibre que doit prendre, *dans certaines conditions*, la masse vivante résultant de son développement. Je souligne « dans certaines conditions » parce que, dans tout ce qui précède, le rôle de l'éducation a toujours été signalé comme très important.

Nous voici donc à même de répondre dans une certaine mesure aux deux questions que nous nous sommes posées au début: 1° Étant donnée une cellule initiale, quel sera l'être qui en proviendra dans des conditions données. 2° Étant donnés des parents, quelle sera la cellule initiale qu'ils pourront fournir? Dans cette deuxième question, nous prenons d'abord le cas le plus simple, celui où il y a un seul parent, et même, dans ce cas le plus simple, nous nous en tenons à la parthénogénèse, car, dans la reproduction par spores, nous rencontrerons une nouvelle complication.

La parthénogénèse est fort bien connue, dans le cas des Pucerons et des Daphnies par exemple. Considérons le cas d'un puceron parthénogénétique au milieu de la bonne saison. Il dérive d'un œuf parthénogénétique fourni par un progéniteur unique et se développe dans les mêmes conditions que ce progéniteur; il lui devient *identique*, si les conditions sont vraiment constantes et si tous les œufs parthénogénétiques fournis par le même progéniteur donnent naissance à des individus identiques. Chacun d'eux, les conditions étant constantes, fournira des œufs parthénogénétiques identiques, et ainsi de suite, tant que les conditions ne changeront pas. Ce sera un cas identique à celui de la reproduction des bégonias par boutures, sauf que, dans le cas du puceron, les œufs parthénogénétiques seuls peuvent se développer en dehors du parent; les autres éléments du corps en sont incapables. Je suppose, pour ne rien compliquer, que les conditions restent identiques; nous étudierons les caractères acquis après la génération sexuelle. Ici il n'y a aucune variation dans le patrimoine héréditaire, aucune variation dans les conditions

1. Sauf toujours les cas de génération alternante.

2. Les phénomènes de régénération, qui existent chez certaines espèces et manquent chez des espèces voisines, donnent une nouvelle preuve de ce fait.

du développement : il y a transmission aux enfants de tous les caractères du parent, c'est-à-dire, au sens de Larousse, *hérédité absolue*.

L'étude de la reproduction par spores va nous mettre aux prises avec une difficulté nouvelle. Voyons, par exemple, ce qui se passe dans le cas classique de la Fougère. Tout le monde connaît la fougère de Fontainebleau; tout le monde a remarqué qu'à l'automne il se forme sous les feuilles de cette fougère des organes contenant une poussière brunâtre. Cette poussière brunâtre se compose des *spores* de la fougère, c'est-à-dire de ses éléments reproducteurs, autrement dit encore, d'éléments de l'organisme capable de vivre en dehors de lui. Les spores ont une autre caractéristique : elles sont à l'état de vie latente ou de repos chimique et peuvent attendre longtemps les conditions de la vie élémentaire manifestée. Quand elles rencontrent ces conditions, elles prolifèrent et donnent naissance à une agglomération cellulaire, appelée *prothalle*, qui n'a jamais aucune ressemblance extérieure avec la fougère d'où elle provient. On pourrait donc penser que, dans ce cas particulier, l'hérédité de la spore ne comprend pas le patrimoine héréditaire commun aux cellules de la fougère, puisque, dans des conditions de végétation tout à fait analogues à celles où vit le parent, la spore donne un prothalle qui ressemble à une algue et non à une fougère. Il y a, entre la production par spore et la reproduction précédemment étudiée par bouture, une différence prodigieuse. Mais ce n'est là qu'une apparence; les études histologiques récentes ont permis de constater qu'il n'y a jamais identité entre les conditions de végétation du prothalle et les conditions de végétation de la fougère, même quand ces conditions paraissent *extérieurement* les mêmes. Il y a *dans l'intérieur même* des cellules de l'une et de l'autre plante un facteur particulier qui fait que l'équilibre est différent dans les deux cas, même dans les conditions extérieures absolument semblables. De quelle nature est ce facteur? On l'ignore complètement encore, mais on sait qu'il se manifeste d'une manière tout à fait précise au moment de la bipartition des cellules; voici, en deux mots, comment cela se produit. Chacun sait que dans la division d'une cellule par karyokinèse, la chromatine des noyaux se répartit en un certain nombre de petites masses distinctes, appelées *chromosomes*, et qui, chacune pour son compte, se divisent en deux, de telle manière que la moitié de chaque chromosome aille à l'une des deux cellules filles quand la karyokinèse est terminée. Cette répartition de la chromatine en chromosomes se fait, sans aucun doute, sous l'influence des conditions d'équilibre réalisées dans la cellule au moment considéré, et il est fort remarquable que, dans un individu donné, le nombre des chromosomes qui se forment dans chaque cellule lors des bipartitions successives reste constante. Eh bien, chose très imprévue, si ce nombre de chromosomes est n dans la bipartition des cellules du prothalle, il est toujours $2n$ dans la bipartition des cellules de la fougère correspondante, sauf dans celle de la cellule mère des spores où elle est déjà réduite au nombre n. Nous assistons donc ici à la succession de deux formes d'équilibre des cellules d'une même espèce végétale : la première, qui se caractérise par la production de $2n$ chromosomes à chaque bipartition; c'est la fougère proprement dite, dans laquelle, cependant, le nombre n apparaît déjà chez la cellule mère des spores; la deuxième, qui se caractérise par la production de n chromosomes, c'est le prothalle issu de la spore. Je le répète, nous ignorons encore à quel facteur est due cette modification dans les conditions d'équilibre des cellules, nous constatons seulement que ce facteur existe à *l'intérieur* des cellules elles-mêmes et nous constatons aussi que, *sous l'influence de ce facteur*, les agglomérations cellulaires d'une espèce donnée prennent des formes tout à fait différentes, savoir, dans le cas actuel, la forme *fougère* et la forme *prothalle*. Je dis « sous l'influence de ce facteur », car, dès que ce facteur a disparu, dès que le nombre de chromosomes redevient $2n$ dans une cellule du prothalle, comme il arrive dans les cas *d'apogamie*, cette cellule donne naissance à une fougère feuillée *semblable* à la première. Je parle ici *d'apogamie*, quoique l'apogamie soit exceptionnelle, et non de fécondation, quoique la fécondation soit le cas normal, parce que je veux éliminer encore une fois la complication qui résulte, au point de vue de l'hérédité, de la fusion de deux cellules[1]. Le phénomène d'apogamie nous montre un

1. De même j'ai commencé plus haut par l'étude de la parthénogénèse, quoique, en réalité, la parthénogénèse soit un cas exceptionnel. Il est facile de voir d'ailleurs que la parthénogénèse n'est autre chose qu'une apogamie avec prothalle très réduit.

cas de génération alternante sans sexualité, c'est-à-dire une succession de deux formes d'une même espèce, la forme fougère et la forme prothalle, correspondant à deux modalités cellulaires différentes, celle qui a $2n$ chromosomes et celle qui en a n seulement. Mais le fait que, dès que le nombre $2n$ reparaît dans une cellule du prothalle, la forme fougère reparaît avec *tous les caractères* de la fougère précédente, ce fait, dis-je, suffit à prouver que le patrimoine héréditaire est transmis aux cellules du prothalle sans modification, mais que, sous l'influence d'un facteur dont nous ignorons encore la nature, ce patrimoine héréditaire s'est manifesté *différemment* en donnant un prothalle à n chromosomes [1].

Il était essentiel de mettre en évidence la conservation du patrimoine héréditaire dans le prothalle, où il ne se manifeste morphologiquement que d'une manière si particulière, car cela nous permettra, pour l'étude de l'hérédité dans la génération sexuelle, de ne pas nous préoccuper de savoir si les éléments sexuels sont empruntés à la forme prothalle ou à la forme à $2n$ chromosomes.

Retenons seulement de l'étude de la fougère qu'une même espèce peut avoir deux formes d'équilibre tout à fait différentes, la forme à $2n$ chromosomes et la forme à n chromosomes, et que, si ces formes diffèrent si profondément sous l'influence d'un facteur, intérieur aux cellules, elles n'en ont pas moins le même patrimoine héréditaire.

Reproduction sexuelle. Nous arrivons maintenant au phénomène le plus répandu, à celui qui est seul connu chez les animaux supérieurs, la reproduction sexuelle. Nous en trouvons le premier exemple en continuant l'histoire du prothalle de la fougère. Dans ce prothalle apparaissent, au milieu des éléments normaux, des éléments spéciaux de deux natures, appelés, l'un, l'élément femelle, et l'autre, l'élément mâle; aucun de ces éléments n'est, par lui-même, capable de donner lieu à une prolifération cellulaire, mais ils ont la propriété de s'attirer l'un l'autre et de *se fusionner* en formant un *œuf* muni de $2n$ chromosomes et qui donne naissance à une fougère, exactement comme dans les cas d'*apogamie* cités précédemment.

Il y a génération alternante, c'est-à-dire succession d'une forme dérivant d'un œuf, la forme fougère, munie de $2n$ chromosomes et se multipliant par spores sans phénomènes sexuels et d'une forme dérivant de la spore, la forme prothalle, munie de n chromosomes et se multipliant par œufs fécondés grâce à un processus sexuel. Sauf dans les cas exceptionnels d'apogamie, cette succession d'une reproduction agame et d'une reproduction sexuelle est la règle absolue chez les fougères.

En remontant la série des végétaux depuis la fougère jusqu'aux plantes à fleurs, nous constatons que cette génération alternante est la règle générale, mais il se produit quelques modifications intéressantes dans le phénomène.

Chez les Presles, les spores de la plante feuillée donnent toujours des prothalles, mais, tandis que le prothalle de la fougère contenait des éléments des deux sexes, il y a chez les Presles des prothalles dits mâles, qui donnent des éléments mâles, et des prothalles dits femelles, qui donnent des éléments femelles. L'œuf fécondé dérive donc d'éléments empruntés à deux prothalles.

Chez d'autres cryptogames, il y a même deux espèces de spores, de petites spores qui donnent des prothalles mâles et de grosses spores qui donnent des prothalles femelles. Chez d'autres encore, les spores germent sur la plante même qui les a produites, de sorte que les prothalles à n chromosomes sont parasites des plantes à $2n$ chromosomes; enfin, en remontant toujours la série des végétaux, on voit ces prothalles parasites devenir de plus en plus petits, de telle manière qu'on a pu longtemps en méconnaître l'existence, et croire que les plantes supérieures à $2n$ chromosomes produisaient *directement* des éléments sexuels à n chromosomes sans l'intervention d'une génération agame intermédiaire. Chez les phanérogames angiospermes, par exemple, la grosse spore femelle se développe dans le tissu même de l'ovaire; la petite spore mâle est le grain de pollen et le prothalle qui en résulte est le tube pollinique. La génération agame est donc tout à fait masquée, mais, je l'ai déjà fait remarquer plus haut, au point de vue de l'hérédité, il est absolument indifférent que les éléments sexuels dérivent directement de la plante-mère ou du prothalle, puisque la plante-mère et le prothalle ont même patrimoine héré-

1. Ce facteur est de nature sexuelle, je crois l'avoir démontré aujourd'hui.

ditaire. Chez les animaux supérieurs, chez l'homme, la génération alternante existe de la même manière, mais très dissimulée aussi, le prothalle à n chromosomes étant parasite de l'animal à $2n$ chromosomes et se réduisant quelquefois à un très petit nombre de cellules. Quoi qu'il en soit, les éléments sexuels mâle et femelle sont toujours à n chromosomes, et leur fusion donne un *œuf fécondé* à $2n$ chromosomes, qui est le point de départ d'un animal nouveau. Ce processus de la reproduction sexuelle est extrêmement général; on s'aperçoit chaque jour qu'il existe même chez des espèces très inférieures que l'on avait crues autrefois douées de la seule reproduction agame.

Ainsi donc, il arrive ceci de très curieux que, chez certains êtres, et en particulier chez l'homme, les seuls éléments qui soient capables de vivre en dehors de l'organisme du parent (nous avons vu que c'est à cela que se borne la définition d'un élément reproducteur) sont des éléments incomplets; chacun d'eux, séparément, est condamné à la mort élémentaire; il faut qu'un élément mâle et un élément femelle se fondent ensemble pour donner un œuf fécondé qui est le point de départ d'un être nouveau.

Si les deux éléments sexuels qui se fondent étaient empruntés au même individu, ils auraient l'un et l'autre même patrimoine héréditaire et, par conséquent, l'œuf résultant de leur fusion aurait également le même patrimoine héréditaire sur le parent; mais, le plus souvent, même quand une espèce est hermaphrodite, la fécondation se produit entre deux éléments sexuels provenant de deux individus différents. Il y a donc fusion, dans l'œuf fécondé, de deux éléments *ayant des patrimoines héréditaires différents*; c'est ce qu'on appelle *l'amphimixie*. Et alors se pose la question nouvelle : quel sera le patrimoine héréditaire de l'œuf fécondé? Avant d'aborder cette question, passons en revue les quelques cas dans lesquels il peut y avoir reproduction sans amphimixie, chez les espèces normalement sexuées.

D'abord, *l'apogamie*; nous avons vu qu'elle a lieu quand une cellule d'un prothalle de fougère reprend, sous l'influence d'une cause encore inconnue, la forme à $2n$ chromosomes. L'être qui résulte de ce phénomène a exactement le patrimoine héréditaire de la fougère mère; les différences qui peuvent exister entre deux fougères issues par apogamie, d'un même parent, sont donc uniquement imputables à l'éducation; leur patrimoine héréditaire est le même.

La *Parthénogénèse* correspond à l'apogamie, avec cette différence que la forme à n chromosomes n'a pas le temps de se produire; c'est la première cellule à n chromosomes qui est le siège de l'apogamie dans le cas de l'œuf parthénogénétique.

La *Pseudogamie* revient aussi à une sorte d'apogamie dont la cause serait connue. Elle se produit quand on saupoudre avec un pollen convenable, mais incapable de réaliser un croisement, le pistil de certaines fleurs. Sous l'influence de ce pollen, l'apogamie se produit dans le prothalle femelle parasite de l'ovaire, et l'on a ainsi des graines qui ont exactement le patrimoine héréditaire du parent.

Dans les trois cas que je viens de rappeler, tous les descendants d'un même individu ont même hérédité; les différences qui apparaissent entre eux sont uniquement dues à l'éducation. Voyons ce qui se passe dans *l'amphimixie*.

Hérédité dans la fécondation croisée. Et d'abord, dans quelles limites peut se faire le croisement? Il est très certain que l'élément mâle de la fougère ne peut pas féconder l'élément femelle de la Truite; quand il y a une trop grande dissemblance entre les êtres, l'amphimixie est tout à fait impossible; mais quel est le maximum de dissemblance qui permet le croisement? On a répondu à cette question en faisant intervenir la notion d'espèce, mais comme, le plus souvent, on introduit précisément la possibilité du croisement dans la définition de l'espèce, il y a là un cercle vicieux évident dont on ne viendra à bout que lorsqu'on aura adopté une définition logique de l'espèce. Dans l'état actuel de la science, on a délimité des espèces, des variétés, des races, un peu au hasard, et c'est peut-être parce que ces délimitations sont assez fantaisistes que l'on ne peut pas établir de règle générale au sujet du croisement. A-t-on des raisons de considérer comme étant d'espèces différentes le lièvre et le lapin plutôt que le danois et le king charles? On appelle *hybride* le produit de l'union des éléments sexuels de lièvre et de lapin, et l'on appelle *métis*, celui de l'union des éléments sexuels de deux races de chien. Mais l'on appelle aussi *hybride* le produit de l'âne et du cheval et l'on déclare cependant que le mulet ne se comporte pas comme le léporide! Il est probable que, parmi les êtres considérés aujourd'hui comme hybrides, il y en a beaucoup qui devraient être qualifiés de *métis*. Laissons donc de côté la question de l'hybridation pour nous en tenir à l'étude des croisements entre êtres assez voisins pour qu'unanimement on les considère comme de même espèce, c'est-à-dire, en fin de compte, entre êtres qui ne présentent que des différences quantitatives.

L'œuf fécondé résulte de la fusion de deux éléments sexuels ayant, chacun pour son compte, le patrimoine héréditaire du parent qui l'a formé. Quel va être le patrimoine héréditaire de cet œuf? Évidemment, il va résulter d'un compromis entre les deux patrimoines héréditaires des parents et, ici, la simple logique est insuffisante : il faut interroger les faits.

Une loi qui paraît générale et qui d'ailleurs pouvait être prévue sans trop d'hypothèse, c'est que, toutes les fois qu'il y a quelque chose de commun aux patrimoines héréditaires des deux conjoints, ce quelque chose de commun est conservé à l'œuf fécondé résultant de l'amphimixie. Cela est certain, par exemple, pour les propriétés *spécifiques*; quand les deux conjoints sont de la même espèce, le résultat de leur union est également de la même espèce. De même pour les caractères de race; le produit de l'accouplement d'un chien danois et d'une chienne danoise est de race danoise. Quant aux propriétés purement individuelles, il est à peu près impossible qu'elles soient les mêmes, identiquement les mêmes, dans le patrimoine héréditaire du père et dans celui de la mère, sauf certains cas très spéciaux que nous étudierons plus tard à propos de la consanguinité. Quelles seront donc les propriétés individuelles qui résulteront de l'amphimixie, dans le patrimoine héréditaire de l'œuf fécondé? Cette question est la question générale de l'hérédité dans la reproduction sexuelle; arrêtons-nous-y quelque temps.

Une première remarque, que chacun peut faire tous les jours, c'est que le patrimoine héréditaire de l'œuf fécondé ne dépend pas *uniquement* des patrimoines héréditaires des deux conjoints, mais aussi d'autres facteurs qui varient avec les conditions de la fécondation. Sans cela, un spermatozoïde d'un individu donné s'unissant à l'ovule d'un autre individu également donné, donnerait *toujours* le même produit, c'est-à-dire que tous les enfants d'un même couple seraient identiques, ce qui n'a pas lieu; parmi les enfants d'un même couple il peut y en avoir qui ressemblent uniquement au père, d'autres uniquement à la mère, d'autres à la fois au père et à la mère, d'autres à aucun des deux parents. Et cependant, tous les faits d'apogamie et de parthénogénèse le prouvent surabondamment, l'élément sexuel fourni par un individu a toujours le patrimoine héréditaire de cet individu, c'est-à-dire que, si cet élément pouvait se développer par lui-même, il donnerait un individu identique à celui duquel il provient. Il faut donc que les conditions dans lesquelles se fait le mélange des deux patrimoines héréditaires interviennent dans le résultat de ce mélange.

Cette simple remarque nous donne du patrimoine héréditaire une notion moins vague que celle que nous avions jusqu'à présent; nous aurions pu croire que la cellule était une unité indivisible et que le patrimoine héréditaire résultait de la disposition *d'ensemble* de ses parties constitutives; mais alors on ne concevrait pas que deux mélanges faits avec des éléments sexuels identiques chacun à chacun donnent des résultats différents; tous les enfants d'un même couple se ressembleraient fatalement.

D'autre part, les expériences de *mérotomie*, dans lesquelles une cellule coupée en morceaux donne naissance à plusieurs cellules douées du même patrimoine héréditaire, nous montrent que le patrimoine héréditaire, loin de résulter de la disposition d'ensemble des parties de la cellule, *existe* dans toute la cellule; la cellule est donc analogue en cela à un individu pluricellulaire; l'individu pluricellulaire avait, en effet, le même patrimoine héréditaire dans toutes ses parties; la cellule a également le même patrimoine héréditaire dans toutes ses parties, malgré la diversité des éléments figurés qui la composent [1].

Pour parler un langage moins abstrait, nous pouvons comparer désormais la cellule à un mélange de liquides, à de l'eau et du vin, par exemple. Soit un mélange contenant 2 d'eau pour 3 de vin; une goutte quelconque de ce mélange contiendra 2 pour 3 de vin;

1. V. Le Dantec. *L'unité dans l'être vivant*. Paris, Alcan, 1902.

ce rapport $\frac{2}{3}$ se retrouvera dans toute la masse liquide. Prenons maintenant un autre mélange, et supposons d'abord qu'il soit identique au premier; il présentera également dans toute sa masse le rapport de composition $\frac{2}{3}$. Si donc nous mêlons une quantité *quelconque* du premier mélange à une quantité *quelconque* du second mélange, nous obtiendrons un nouveau mélange *identique* aux deux premiers et caractérisé dans toute sa masse par le rapport de composition $\frac{2}{3}$.

Considérons maintenant un deuxième cas dans lequel nous mélangeons une eau vineuse caractérisée par le rapport $\frac{2}{3}$ avec une autre eau vineuse différente, caractérisée par le rapport $\frac{5}{7}$; le mélange obtenu sera différent des deux premiers et, de plus, il sera caractérisé par un rapport de composition qui dépendra des quantités absolues empruntées aux deux premiers mélanges. Si, par exemple, on a pris 2 parties du premier mélange et 1 partie du second, on aura un mélange caractérisé par le rapport $\frac{73}{107}$; si, au contraire, on a pris une partie du premier et 2 du second, on aura un mélange caractérisé par le rapport $\frac{74}{106}$, différent du précédent. Le rapport de composition du mélange obtenu dépend des quantités empruntées aux deux premiers.

Cette comparaison très grossière et très simpliste suffit à faire comprendre ce qui se passe dans l'amphimixie. Si l'élément mâle et l'élément femelle ont le même patrimoine héréditaire, leur mélange conservera ce même patrimoine héréditaire, comme cela avait lieu pour le premier cas des eaux vineuses, *quelles que soient les dimensions absolues du spermatozoïde et de l'ovule considéré*; alors tous les produits résultant des fécondations seront identiques. Au contraire, si l'élément mâle et l'élément femelle ont des patrimoines héréditaires différents, l'œuf résultant de leur mélange aura un patrimoine héréditaire différant des deux premiers et dépendant de la dimension absolue des éléments unis, c'est-à-dire que deux frères, résultant l'un de la fécondation d'un certain ovule par un spermatozoïde moyen, l'autre de la fécondation d'un autre ovule par un spermatozoïde plus gros, pourront avoir des patrimoines héréditaires très différents. Et ceci prouve que les frères provenant de l'union des deux êtres donnés pourront, le plus souvent, ne pas être identiques, car rien n'est plus variable que la dimension absolue des cellules, même quand elles ont même patrimoine héréditaire.

Au lieu de faire la comparaison avec des mélanges de 2 liquides seulement, on aurait pu se rapprocher un peu plus de la réalité en comparant les éléments sexuels à des mélanges de plusieurs liquides, par exemple à des mélanges contenant de l'eau, du vin, du cidre, de la bière, du café. Si le premier mélange est caractérisé par les quantités 3, 2, 5, 7, 1, de ces divers éléments et le second par les quantités 5, 4, 3, 6, 2, des mêmes substances, on voit qu'un nouveau mélange fait avec des quantités quelconques des deux premiers sera *différent* des deux premiers et dépendra des quantités absolues empruntées à chacun d'eux, sauf en ce qui concerne le rapport du vin au café; ce rapport étant $\frac{2}{1}$ dans le premier et $\frac{4}{2}$, c'est-à-dire le même, dans le second, il restera le même dans tous les mélanges que l'on fera ultérieurement avec des quantités quelconques des deux premiers. De même, dans l'amphimixie, si, pour une raison quelconque (et nous verrons tout à l'heure dans quels cas cela peut avoir lieu), il y a quelque chose de commun aux patrimoines héréditaires de deux conjoints, ce quelque chose de commun se transmettra fatalement à tous les enfants.

Il y aurait de belles expériences à faire sur les fécondations artificielles réalisées avec des morceaux d'ovule et des spermatozoïdes entiers, ou réciproquement, au point de vue de l'influence des dimensions absolues des éléments sexuels sur le résultat de la fécondation. Les expériences de *mérogonie* réalisées jusqu'à ce jour n'ont pas permis de comparer les enfants aux parents au point de vue des ressemblances héréditaires.

J'ai montré ailleurs avec détail[1] quels sont les différents cas qui peuvent se présenter dans l'amphimixie :

1° Ressemblance totale de l'enfant à l'un des parents (cas tout à fait exceptionnel).

2° Réunion, chez l'enfant, de certaines propriétés du père à certaines propriétés de la mère et à d'autres propriétés n'appartenant ni à l'un ni à l'autre des parents et, quelquefois, intermédiaires aux propriétés correspondantes de ceux-ci.

3° Absence totale, chez l'enfant, de propriétés *individuelles* identiques à celles de l'un ou de l'autre des conjoints.

On voit donc que l'on ne peut pas prévoir à l'avance le résultat d'une fécondation quand les deux conjoints sont différents; on est sûr seulement que le produit aura toutes les propriétés *communes* au père et à la mère; il sera de même espèce qu'eux s'ils sont de même espèce, de même race qu'eux s'ils sont de même race, mais comme, malgré tout, le père et la mère auront des différences individuelles, le produit aura, lui aussi, des propriétés individuelles différentes de celles de son père et de celles de sa mère. Une conséquence de cette remarque est que, si une *tare* existe chez un individu, il faudra éviter de l'accoupler avec un autre individu doué de la même tare, sans quoi l'on serait assuré de transmettre la tare au produit; mais il faut bien s'entendre sur ce mot de *tare commune*. Et d'abord il peut y avoir des tares individuelles auxquelles ne corresponde aucune propriété dans le patrimoine héréditaire. Par exemple, un homme auquel on coupe la jambe est boiteux, et le plus souvent ses spermatozoïdes ne sont aucunement modifiés par le fait qu'on lui a coupé la jambe (voir plus bas, hérédité des caractères acquis). Le danger de la transmission dans l'amphimixie ne peut naturellement exister que pour les tares représentées dans le patrimoine héréditaire. C'est seulement pour ces tares-là qu'il est dangereux d'accoupler deux individus qui les possèdent en commun. Encore faut-il que ces tares soient la conséquence d'une propriété *réellement commune* aux deux patrimoines héréditaires; par exemple, deux conjoints bossus, dont la bosse est héréditaire, peuvent donner un produit droit, si les propriétés dont dépendent leurs bosses ne sont pas *absolument* identiques. Le plus souvent, il n'y a pas identité entre deux tares analogues, à moins que ces tares ne proviennent, chez les individus considérés, d'un ancêtre commun. De là le danger des unions consanguines.

Il y a aussi d'autres cas où des propriétés identiques peuvent se trouver chez deux conjoints; cela a lieu, par exemple, pour les propriétés qui correspondent à des caractères acquis sous l'influence de certaines conditions de vie (voir plus bas, hérédité des caractères acquis).

En définitive, la règle la plus générale est que les frères issus d'un même couple sont différents. Dans les unions croisées, c'est-à-dire dans les unions entre individus de races différentes, on constate ordinairement que les enfants sont d'autant plus différents les uns des autres que les parents sont de races plus voisines; au contraire, si les parents sont de races très éloignées, les enfants se ressemblent presque absolument. Cela se comprend aisément quand on se reporte à la comparaison avec des mélanges liquides[2]. Mais si l'on continue à croiser entre eux les individus résultant d'une première génération croisée, on constate des phénomènes fort intéressants.

Supposons d'abord que l'on ait croisé entre eux deux individus de races assez voisines. A la première génération, les produits sont très différents les uns des autres, comme nous venons de le voir; c'est ce qu'on appelle la variabilité des métis à la première génération. Si on croise ensemble ces métis de première génération, puis de nouveau les produits de la génération suivante, et ainsi de suite, on constate, au contraire, que les produits obtenus se rapprochent finalement de certains types parfaitement définis, parmi lesquels le type du premier aïeul et le type de la première aïeule, points de départ du métissage, et quelquefois aussi, mais plus rarement, un ou deux autres types nouveaux, différents des deux premiers. Ce résultat se comprend parfaitement si l'on remarque que l'amphimixie a pour résultat de faire disparaître les propriétés extrêmes et de ne conserver que les propriétés moyennes. Les races vraiment fixées correspondent à des types *moyens* auxquels ramènent fatalement une série d'amphimixies

1. *La sexualité*. Coll. Scientia. C. Naud, éditeur.
2. *La sexualité*, op. cit.

successives. C'est ce qu'on appelle l'*atavisme* ou le retour à l'ancêtre. Il est possible aussi que certains croisements conduisent à de nouveaux types moyens, non encore connus dans la nature; mais on ne connaît guère d'exemple de cette formation d'une race définitive par croisement, sauf peut-être le *Mirabilis* de LECOQ et le *Datura* de GODRON.

Supposons maintenant que l'on ait croisé entre eux des individus de races très différentes, tellement différentes même que l'on puisse les considérer quelquefois comme des espèces distinctes; à la première génération, les produits se ressemblent tous et, s'ils sont féconds, et si on les croise de nouveau ensemble, on retombe dans le cas précédent, c'est-à-dire qu'à la deuxième génération on constate une grande variabilité dans les produits, puisque leurs parents étaient très voisins, et ainsi de suite; le retour à l'ancêtre se fait comme dans le premier cas; la seule différence est qu'ici la variabilité de produit se constate à la deuxième génération et non à la première.

Il ne faut pas abandonner cette question de l'atavisme, sans parler de la question trop fameuse des caractères latents. Lorsque l'on constate la réapparition chez un descendant d'un caractère ayant existé chez l'ancêtre et ayant manqué à toutes les générations intermédiaires, on explique cette transmission à distance en disant que le caractère en question était *latent* chez les intermédiaires; c'est absurde. Il est facile de comprendre cette chose en pensant à ce fait que les caractères résultent des propriétés de patrimoines héréditaires, et que tel caractère peut être dû en particulier à la coïncidence, à la combinaison dans le patrimoine héréditaire de telles et telles propriétés qui, isolées chez les intermédiaires, se retrouvent fortuitement unies chez le descendant ressemblant à l'ancêtre. C'est de la même manière que se conçoit aussi l'hérédité collatérale dans laquelle un individu ressemble à un de ses oncles, par exemple, plus qu'à son père ou à sa mère. C'est là une coïncidence fortuite résultant des hasards innombrables de l'amphimixie.

En résumé, la première question qui se pose au sujet de l'hérédité dans la reproduction sexuelle est la question de savoir comment se constitue l'œuf fécondé au moyen des éléments sexuels. Chacun des éléments sexuels est une masse de substances douée dans toutes ses parties d'un patrimoine héréditaire donné, celui de l'individu qui a fourni l'élément considéré. Du mélange de ces deux masses différentes résulte un œuf qui acquiert, malgré cette double origine, une unité réelle de composition par l'établissement d'un patrimoine héréditaire unique, caractéristique de l'individu nouveau. Le patrimoine héréditaire de l'œuf fécondé dépend naturellement des patrimoines héréditaires des deux conjoints et aussi des quantités respectives de substances contenues dans les deux éléments; c'est à cause de cette dernière particularité que deux fécondations successives d'une femelle donnée par un mâle donné ne réalisent pas des individus identiques quoique les éléments des deux fécondations aient le même patrimoine héréditaire, parce que les divers ovules d'une même femelle et les divers spermatozoïdes du même mâle n'ont pas la même taille.

Une fois l'œuf fécondé, un nouvel individu commence; il est lancé dans le monde muni du patrimoine héréditaire réalisé dans l'œuf par l'amphimixie, et son sort ultérieur dépendra désormais, d'une part, de son patrimoine héréditaire (hérédité), d'autre part, des circonstances qu'il traversera (éducation). Si l'on veut décrire l'être à un certain moment de sa vie, on décomposera conventionnellement sa description totale en un certain nombre de *caractères*, mais il ne faudra jamais oublier que cette décomposition est purement conventionnelle, ni considérer ces caractères comme des entités. Quoi qu'il en soit, l'être tout entier, et par conséquent chacun de ses caractères envisagés isolément sera le résultat de l'hérédité et de l'éducation, de sorte que, parlant rigoureusement, *tous* les caractères de l'être seront *congénitaux*, en ce sens qu'ils dépendront de l'hérédité; mais ils seront aussi *acquis*, en ce sens qu'ils dépendront de l'éducation. Par exemple, au cours du développement normal, la forme du nez dépend grandement de l'hérédité, puisqu'il arrive souvent qu'un fils a le nez de son père ou celui de sa mère; mais elle dépend aussi de l'éducation, puisque, si l'individu est tombé sur la figure, il peut avoir un nez camus au lieu d'avoir un nez droit. Toutes les fois que, comme dans l'exemple de ce nez cassé, on prend sur le fait l'influence directe de l'éducation, on déclare que l'on a affaire à un *caractère acquis*; mais il est bien évident que c'est là un abus volontaire de mots, puisque, plus ou moins manifestement, l'hérédité et l'éducation interviennent l'une et l'autre dans la production de *tous* les caractères de l'adulte. Il y a cependant bien une question de *l'hérédité des caractères acquis*, et c'est même cette question qui divise actuellement les deux grandes écoles biologiques, les néo-Darwiniens et les néo-Lamarckiens. Je crois que cette question capitale est généralement mal posée à cause de la confusion, sur laquelle j'ai déjà insisté, que l'on fait ordinairement entre les propriétés et les caractères résultant des propriétés. *Tous les caractères sont acquis*, quelle que soit l'influence prépondérante de l'hérédité ou de l'éducation au cours de leur acquisition; mais y a-t-il des *propriétés acquises*? La notion du patrimoine héréditaire commun à toutes les parties d'un individu permet de donner à cette question une forme très nette. Voici un individu qui dérive d'un œuf fécondé; cet œuf fécondé avait un patrimoine héréditaire qui résultait des hasards de l'amphimixie, mais qui était néanmoins parfaitement déterminé et précis. Le développement de cet œuf a donné naissance à l'individu considéré qui, au moment où nous l'étudions, est doué d'un patrimoine héréditaire commun à toutes ses parties constitutives. Nous savons de plus que, sauf l'influence du squelette, qui joue le rôle de corps étranger, ce patrimoine héréditaire est en relation étroite avec la forme générale du corps de l'individu. Eh bien, voici exactement comment doit se poser la question de l'hérédité des caractères acquis : le patrimoine héréditaire d'un individu reste-t-il constant depuis sa naissance jusqu'à sa mort? reste-t-il celui de l'œuf fécondé d'où provient l'individu, ou bien se modifie-t-il dans certains cas lorsque, sous l'influence d'une éducation très spéciale, le corps prend lui-même des caractères très spéciaux? autrement dit, les *propriétés* du corps sont-elles toutes congénitales, ou bien peut-il y en avoir d'acquises au cours de la vie; autrement dit encore, l'éducation, facteur d'évolution individuelle au même titre que l'hérédité, peut-elle modifier l'hérédité, de telle manière que l'individu transmette à ses éléments sexuels un patrimoine héréditaire *autre* que celui qu'il a reçu de son œuf? Avant d'essayer de répondre à cette question, remarquons que, si elle est résolue d'une manière positive, la question de l'hérédité des caractères acquis sera par là même tranchée; le patrimoine héréditaire étant en effet en relation étroite avec la forme générale du corps, si ce patrimoine se modifie sous l'influence de telle ou telle modification de la forme du corps, la modification du patrimoine est corrélative de celle du corps, de telle manière que le rejeton pourvu de ce nouveau patrimoine (dans un cas de parthénogénèse, par exemple) manifestera dans son développement la même modification dans sa forme spécifique. Autrement dit, pour employer l'expression consacrée, le retentissement de la modification d'un animal sur son patrimoine héréditaire sera *réversible*; c'est-à-dire que si, par l'acquisition d'une forme donnée, un animal voit changer son patrimoine héréditaire, le changement de ce patrimoine se traduira, chez le fils de l'animal considéré, par la récupération de la forme acquise par le parent.

Voici un exemple hypothétique fort simple qui permettra de mieux comprendre cette question de l'hérédité des caractères acquis.

Je suppose que, dans des conditions données, un individu d'une espèce donnée ait la forme sphérique pour forme d'équilibre. Cela veut dire, d'après tout ce que nous avons vu précédemment, que la forme sphérique résulte, pour l'individu considéré, dans les conditions considérées, du patrimoine héréditaire commun à tous ses éléments cellulaires. J'admets, pour rendre le raisonnement plus simple, qu'il n'y a dans l'individu aucun squelette capable d'intervenir mécaniquement dans la détermination de la forme d'équilibre.

Soumettons maintenant cet individu de forme sphérique à des pressions exercées par six plans formant un cube, de manière à donner à notre individu la forme cubique. Cette forme nouvelle, déterminée par des pressions *vigoureuses*, sera indépendante de la nature de la masse sphérique considérée; toute autre masse suffisamment molle, soumise aux mêmes pressions, subira la même déformation et deviendra momentanément cubique; autrement dit, ce ne sera plus le patrimoine héréditaire, mais uniquement l'ensemble des conditions extérieures qui déterminera la forme de l'individu; et sans entrer dans de plus grands détails, nous comprenons que cette transformation obligatoire gênera le fonctionnement normal de la vie individuelle, puisque le fonctionnement normal de cette vie individuelle donnait au corps la forme sphérique; nous devons donc prévoir que ces pressions intempestives produiront, dans l'intérieur de l'individu, des phénomènes de destruction, c'est-à-dire de variation.

Maintenons mécaniquement la forme cubique pendant un certain temps; il pourra se présenter plusieurs cas :

1° Les phénomènes de destruction causés par cette déformation violente détermineront la mort; ce cas n'a rien d'intéressant.

2° Les phénomènes de destruction n'auront pas produit d'effet sensible et n'auront apporté aucun changement constatable dans le patrimoine héréditaire; alors, naturellement, dès qu'on supprimera les pressions, le corps reprendra sa forme sphérique normale, comme le ferait un ballon de caoutchouc longtemps emprisonné dans un cube. Dans ce cas le patrimoine héréditaire qui, dans les conditions normales, donnait au corps sa forme sphérique d'équilibre se sera conservé intact et, par conséquent, la forme cubique ne sera pas héréditaire; autrement dit, si un morceau détaché du corps est susceptible de se développer, il donnera naturellement naissance à un individu sphérique dans les conditions de milieu où le premier individu était sphérique.

Alors le caractère cubique aura été un caractère transitoire indépendant du corps qui l'a présenté pendant quelque temps et réalisé seulement par les conditions de milieu; ce n'aura pas été un caractère acquis par l'individu [1], puisque jamais il n'aura été inhérent à l'individu; on ne peut appeler caractère acquis sous l'influence de certaines conditions de milieu, qu'un caractère qui subsiste, alors même qu'ont disparu les conditions dans lesquelles il avait d'abord apparu.

3° Les phénomènes de destruction ont déterminé, dans la structure générale de l'individu, une variation telle que, au bout d'un certain temps, cet être est adapté à la forme cubique momentanément imposée; autrement dit, quand on supprime les pressions, il reste un corps nouveau qui est cubique dans les conditions où le premier corps était sphérique. N'oublions pas que nous avons supposé notre individu dépourvu de squelette résistant, et que, par conséquent, nous ne pouvons pas attribuer cette variation de forme à la transformation d'une cage squelettique inerte et primitivement sphérique en une cage squelettique inerte et cubique; si notre individu reste désormais cubique, c'est que sa substance a été l'objet d'une modification telle que sa forme d'équilibre est actuellement cubique dans les conditions où elle était primitivement sphérique; autrement dit encore, le patrimoine héréditaire commun à toutes les parties du corps et qui déterminait primitivement la forme sphérique *a disparu*. A-t-il été remplacé par un autre patrimoine héréditaire *commun* à toutes les parties du corps et tel que ce patrimoine héréditaire détermine, pour le corps, la forme cubique d'équilibre?

Ici, ce n'est pas par une hypothèse qu'il faut répondre, mais par des faits, car si nous avons des raisons indiscutables de croire qu'il y a quelque chose de commun à tous les éléments d'un corps qui est provenu d'une simple cellule, nous n'en avons pas, *a priori*, pour affirmer que si ce quelque chose de commun change, sous l'influence de conditions extérieures, dans l'une des parties du corps, il change dans toutes les autres de manière à rester *unique* dans la totalité de l'individu.

Ce que nous pouvons affirmer sans hésiter, c'est que le patrimoine héréditaire commun à l'ensemble de l'individu sphérique a disparu en tant que caractère commun à tous les éléments, puisque, sans cela, le corps serait encore sphérique; mais il peut se faire que ce caractère ait été conservé dans certaines parties du corps, remplacé dans d'autres par un caractère différent, dans d'autres encore par un troisième caractère, et ainsi de suite, c'est-à-dire que l'ensemble du corps ne présente plus cette unité, cette homogénéité de structure caractéristique d'un individu. Si cela était, cette forme cubique d'un ensemble hétérogène serait-elle héréditaire? *Évidemment non*, car si la forme cubique résulte d'une juxtaposition des parties différentes caractérisées, chacune pour son compte, par un caractère commun, c'est-à-dire d'une juxtaposition d'individus différents, le patrimoine héréditaire de chacun de ces individus différents ne détermine pas à lui seul la forme cubique; si l'on détache du cube divers morceaux capables de se reproduire, ces divers morceaux doués de patrimoines héréditaires différents donneront naissance à des individus

1. Si l'individu avait eu un squelette malléable, ayant à peu près la consistance du plomb, par exemple, ce squelette aurait pu prendre la forme cubique sous l'influence des pressions et la conserver ensuite, sans que les parties molles aient été modifiées pour cela; mais alors il faut considérer la cause mécanique étrangère comme continuant d'agir sous forme de squelette cubique.

différents, savoir : à des individus identiques à ceux dont l'assemblage faisait le cube; mais il n'y aura aucune raison pour qu'un seul de ces individus soit cubique.

Si donc l'observation nous enseigne, et nous verrons que cela a lieu en effet, que les caractères acquis *peuvent être* héréditaires, nous serons obligés de penser que, dans le cas où ils le sont, ils ont été acquis par le parent d'une manière homogène; autrement dit, que la sphère caractérisée par quelque chose de commun à tous ses éléments aura été remplacée par un cube également caractérisé par quelque chose de commun à tous ses éléments; l'individu aura été remplacé par un autre *individu* différent, mais également individualisé.

L'hérédité des caractères acquis est aujourd'hui un fait indiscutable; elle n'a été niée que par des naturalistes imbus d'idées préconçues inadmissibles. Or, l'hérédité des caractères acquis est la preuve scientifique de l'existence d'un caractère commun à tous les éléments de l'individu, et cela nous permet de considérer l'individu comme *une unité morphologique*, ce qui est très important.

Dans un homme, en effet, il y a des nerfs, des muscles, des tendons, des os, des cartilages, des membranes conjonctives, etc.; chaque nerf, chaque muscle, chaque os est composé d'éléments cellulaires ayant chacun sa vie élémentaire propre; et cet assemblage hétérogène est un homme! Quoi d'étonnant que, devant la constatation d'un fait aussi extraordinaire, on ait songé à expliquer l'unité humaine, cette unité dont notre *moi* nous donne à chacun l'exemple saisissant, par l'intervention, dans chaque homme corporel, d'une personnalité immatérielle! L'unité qui ne semblait pas exister dans le corps de l'homme, on la lui fournissait en lui donnant une âme! Eh bien, cette unité si peu apparente dans le corps de l'homme, nous la trouvons dans le patrimoine héréditaire commun à tous les éléments de l'individu. Il ne faut pas croire, comme on a eu longtemps une tendance à le faire, que, étant donnés à l'avance des muscles d'homme, des nerfs d'homme, des cartilages d'homme, etc., on peut construire indifféremment Pierre et Paul avec ces mêmes muscles, ces mêmes nerfs, ces mêmes cartilages. Les muscles du corps de Pierre sont différents des muscles du corps de Paul, exactement comme Pierre est différent de Paul. Il y a des muscles de Pierre, des cartilages de Pierre, etc., il y a des muscles de Paul, des cartilages de Paul, etc. La personnalité de Pierre ne réside pas seulement dans tel assemblage de muscles, d'os, d'épithéliums, etc., elle est représentée dans chaque élément des tissus. Les divers tissus ne sont pas des éléments de natures différentes communs à tous les individus d'une espèce; ce sont des modalités diverses d'un élément unique qui détermine la personnalité de l'individu considéré. Voilà ce que l'histologie ne pouvait pas faire prévoir et qui ressort d'une étude logique de l'hérédité des caractères acquis.

Nous aurons tout à l'heure à étudier les cas dans lesquels on a reconnu la transmission héréditaire de caractères acquis; voici d'abord un exemple qui est d'autant plus intéressant pour nous qu'il reproduit presque textuellement l'histoire hypothétique de notre sphère rendue cubique par pression. Il est dû au paléontologiste américain Hyatt (*Proceedings of American Philosophical Society*, vol. XXXII). On trouve, dans les terrains très anciens, des coquilles de céphalopodes qui ont la forme d'une corne de vache et dont la section transversale est à peu près circulaire; en suivant la série des fossiles de cette catégorie dans des terrains plus récents, on constate que ces coquilles, presque droites naguère, se sont enroulées de plus en plus à la manière d'une spirale d'Archimède; nous ne pouvons pas comprendre les raisons de cette transformation progressive, mais la présence de certains caractères communs permet de considérer comme démontré que les animaux à formes enroulées *descendent* des animaux à coquille droite. Or, l'enroulement est tellement fort dans certains types que les tours de spire successifs s'impriment les uns dans les autres, donnant naissance à un *sillon dorsal*. La genèse mécanique de ce sillon dorsal est évidente; il résulte sans conteste de la pression du tour de spire précédent sur le suivant. Voilà bien un caractère morphologique résultant d'une pression comme dans notre sphère de tout à l'heure.

Tant que les animaux en question restent aussi nettement enroulés, les néo-Darwiniens peuvent prétendre avec Weissmann que ce caractère du sillon dorsal est acquis individuellement par chaque céphalopode pour des raisons mécaniques évidentes, le contact des tours de spire. Mais voilà qu'à une période plus récente de l'histoire du monde, les découvertes paléontologiques nous montrent que les descendants de ces céphalopodes à coquille enroulée ont subi un commencement de déroulement et ont maintenant la forme d'une spirale d'Archimède à tours de spire plus écartés les uns des autres et ne se touchant plus; et notez bien que des caractères communs permettent d'affirmer que ces céphalopodes à moitié déroulés descendent de ceux dont l'enroulement était beaucoup plus serré. Or que doit-il arriver dans ces conditions?

Si, comme le veulent les néo-Darwiniens, chaque individu acquiert ses caractères propres pour son compte personnel et sans hériter de ses ancêtres aucun caractère acquis, les tours de spire ne se touchant plus et ne se comprimant pas les uns les autres, leur section transversale doit être *circulaire*, comme le serait celle d'un long cylindre de boudin que vous disposeriez sur une table ou une spirale d'Archimède à tours de spire *séparés*; autrement dit, comme l'était celle de leurs grands ancêtres dans des temps très anciens, avant que les conditions extérieures eussent déterminé l'enroulement. Eh bien! ce n'est pas du tout cela qui arrive : *la section transversale a la forme d'un cercle échancré, à cause de la persistance du sillon dorsal.* Or l'exemple actuel présente cette condition tout à fait avantageuse et d'ailleurs très rarement réalisée, que les raisons mécaniques de la formation de ce sillon sont d'une évidence palpable et que l'on peut être certain qu'elles n'existent plus pour les céphalopodes déroulés de la troisième période, chez lesquels cependant ce sillon dorsal s'est trouvé conservé comme une preuve indiscutable de l'hérédité possible des caractères acquis.

Remarquons tout de suite que rien ne permettait d'affirmer à l'avance que ce sillon dorsal serait héréditaire en dehors des conditions de pression dans lesquels il s'était produit; il n'y a aucune raison *a priori*, étant donnée une déformation *quelconque* du corps d'un individu, pour que, même si cette déformation est maintenue pendant longtemps, il se trouve un patrimoine héréditaire *correspondant précisément à elle* et pouvant par conséquent se réaliser sous son influence dans l'individu considéré de manière à transmettre ensuite la déformation aux descendants. L'exemple de Hyatt prouve seulement qu'il y a des cas où cette adaptation de patrimoine héréditaire à la nouvelle forme du corps *peut se produire*, et, par conséquent, que *des caractères acquis peuvent être héréditaires.*

Remarquons encore que, dans l'exemple de Hyatt, le même sillon dorsal est acquis *de la même manière* par les deux sexes et que cela rend la transmission héréditaire du sillon *absolument certaine*, pourvu que ce sillon soit représenté dans le patrimoine héréditaire. Il y a, en effet, deux questions dans cette transmission lorsque le caractère n'affecte qu'un seul des conjoints : 1° le caractère est-il acquis véritablement, c'est-à-dire représenté dans le patrimoine héréditaire de l'individu? 2° même s'il est représenté dans ce patrimoine héréditaire, les hasards de l'amphimixie le feront-ils passer à l'individu provenant de l'œuf fécondé? Cette seconde question prouve que même si un caractère est réellement *acquis* par un de ses parents, au sens que nous avons défini plus haut, il peut encore être ou n'être pas transmis suivant les hasards de l'amphimixie, c'est-à-dire, par exemple, être transmis à un des enfants et pas à son frère. C'est pour cela que Lamarck a fait une restriction dans l'énoncé du principe au moyen duquel il explique l'évolution progressive des espèces : « Tout ce que la nature a fait acquérir ou perdre aux individus par l'influence des circonstances où leur race se trouve depuis longtemps exposée, et, par conséquent, par l'influence de l'emploi prédominant de tel organe ou par celle d'un défaut constant d'usage de telle partie, elle le conserve par la génération aux nouveaux individus qui en proviennent, *pourvu que les changements acquis soient communs aux deux sexes.* » Quand un seul sexe est atteint de la variation, cette variation *peut* néamoins être transmise, mais, je le répète, cela dépend des hasards de l'amphimixie, comme nous le verrons tout à l'heure; puisqu'en ce moment nous en sommes à Lamarck, nous pouvons comprendre, grâce à ce qui a été dit précédemment, comment on a pu résumer dans l'aphorisme trop court : « La fonction crée l'organe, » le premier de ces principes généraux d'évolution.

La seule définition logique de l'*organe* est la définition physiologique; on appelle organe l'ensemble de tous les éléments qui agissent synergiquement dans l'accomplissment d'une fonction; si donc, on ne peut définir l'organe que par la fonction, il est très évident que « La fonction crée l'organe » est un truisme. Il faut y voir autre chose et pour cela un simple raisonnement suffira.

C'est une loi fondamentale en biologie, et je crois avoir démontré que cette loi ne souffre pas d'exception, qu'un élément histologique fonctionne en *assimilant*, ou, ce qui revient au même, se développe en fonctionnant[1]. Considérons donc un organe défini par une fonction, la première fois, si vous voulez, qu'il exécute cette fonction. Pour fixer les idées, je choisis un exemple; je suppose que, pour une cause quelconque, j'éprouve une démangeaison à l'oreille; naturellement, je me gratterai l'oreille, et l'ensemble de tous les éléments qui auront collaboré à cette fonction constituera l'organe correspondant; cet organe comprendra donc : 1° la surface sensible de l'oreille qui, sous l'influence d'une cause extérieure, éprouve une irritation; 2° les nerfs centripètes qui transmettent cette irritation aux centres nerveux, les centres qui la reçoivent, les nerfs centrifuges qui transmettent cette irritation transformée aux éléments moteurs; 3° les éléments moteurs dont l'activité déterminera l'opération de se gratter l'oreille. Voilà un organe transitoire défini momentanément par une fonction momentanée. Je ne pourrai pas dire que la fonction considérée a créé cet organe, mais seulement qu'elle a défini cet organe éphémère. Encore, cette définition n'aurait-elle aucune importance; à chaque instant de la vie d'un homme, il s'exécute dans son corps, sous l'influence des conditions extérieures sans cesse variables, des opérations sans cesse variables, et il serait bien inutile de définir, chaque fois, organe d'une fonction exécutée une fois l'ensemble des éléments qui ont collaboré à cette fonction. Mais supposez que la cause qui me donne une démangeaison à l'oreille ne disparaisse pas; je me gratterai *souvent* au même endroit; chaque fois que je me gratterai, tous les éléments moteurs qui collaboreront à l'opération se développeront un peu et, si je me gratte assez souvent pour que la distinction des éléments pendant le repos ne suffise pas à contre-balancer leur accroissement pendant l'activité, cet ensemble particulier d'éléments, que j'appelle organe du grattement d'oreille, se fixera progressivement dans mon économie, au point d'en constituer une modification sensible; en même temps, toute trace d'effort disparaîtra dans l'accomplissement de cette fonction habituelle, en vertu de la loi d'accoutumance de Lamarck, et j'aurai acquis au bout de quelque temps un organe nouveau; dans l'exemple que j'ai choisi, on dira plutôt que j'ai acquis un *tic*; mais, malgré cette appellation ordinaire, ce n'en sera pas moins un *organe* au sens rigoureux du mot. Je pourrai donc dire que, dans le cas considéré, l'organe momentané, défini par une fonction momentanée, s'est progressivement fixé dans mon économie par la répétition fréquente d'une opération toujours la même; autrement dit, ce qui d'abord était chez moi un organe momentané, physiologiquement défini, sera devenu, à la longue, un *caractère morphologique*, susceptible, dans certains cas, d'une description morphologique indépendante de toute considération physiologique. Dans cet exemple, la modification morphologique n'est guère sensible, mais elle est, dans certains cas, héréditaire : Darwin cite le cas d'un petit-fils qui avait hérité un tic particulier d'un grand-père qu'il n'avait jamais connu. Cela suffit à expliquer qu'une fonction crée un organe, fixé ensuite dans l'hérédité de l'espèce, si cette fonction est répétée assez souvent.

Cette digression était utile pour montrer le rôle de l'hérédité des caractères acquis dans l'interprétation de l'évolution progressive des espèces. La possibilité de cette hérédité a été niée, en particulier par les néo-Darwiniens, surtout à cause de l'observation de certaines mutilations qui, quoique répétées fort souvent, ne sont pas fixées dans les races qui en sont l'objet. La rupture de l'hymen des femmes, quoique se reproduisant à chaque génération, n'a pas amené la disparition de cette membrane; la pratique de la circoncision par les Juifs n'a pas été suivie par la disparition du prépuce dans cette race; l'opération du pied bot artificiel chez les Chinoises d'une certaine classe n'a pas modifié héréditairement la forme du pied, etc.

Mais ces observations négatives prouvent seulement que de telles modifications de structure *peuvent ne pas être transmises par hérédité* et les trois cas que je viens de citer ont, de plus, ceci de particulier que les mutilations considérées n'affectent jamais qu'un seul sexe. Un seul exemple rigoureusement observé et indiscutable, de transmission héréditaire d'une mutilation, prouverait qu'il n'y a pas *d'impossibilité absolue* à l'exis-

1. Assimilation fonctionnelle. *Théorie nouvelle de la Vie*. Paris, Alcan, 1896.

tence d'une semblable transmission. Or voici un certain nombre d'exemples fournis par Cope[1] et dont cet excellent observateur se porte garant :

Une jument reçut à un œil une blessure grave suivie d'une violente ophtalmie; elle mit bas une pouliche ayant l'œil correspondant avorté. Un coq de combat perdit un œil; peu après, et pendant que la blessure était encore en mauvais état, il fut transporté dans un autre lot de poules de sa race qui, fécondées par d'autres coqs, avaient eu des poussins normaux; il leur donna des petits dont un grand nombre avaient un œil défectueux. Une jument ayant eu un paturon fendu fut employée comme poulinière; elle eut quatre poulains dont le second avait le même paturon fendu; etc...

Il est bien certain que tous ces cas de transmission héréditaire d'une mutilation sont des cas exceptionnels; il n'en est plus de même de l'hérédité des caractères acquis par les deux sexes sous l'influence de conditions de vie longtemps prolongées. J'ai déjà cité l'exemple des céphalopodes de Hyatt; je me contenterai d'y ajouter celui de ces éleveurs qui sont arrivés à diminuer la taille de certains animaux de luxe au moyen d'une nourriture insuffisante; les descendants de ces êtres amoindris peuvent conserver leur petite taille pendant plusieurs générations, même s'ils sont très abondamment nourris.

La question de l'hérédité des mutilations nous conduit naturellement à celle des *caractères pathologiques*, quoique, à vrai dire, cette question ne diffère par rien d'essentiel de celle de l'hérédité des caractères physiologiques ou morphologiques ordinaires.

D'abord, les caractères pathologiques congénitaux, chez le parent, se transmettent aux descendants suivant les hasards de l'amphimixie, absolument comme les autres caractères congénitaux, que ces caractères pathologiques soient d'ordre psychologique (tares ou qualités mentales), d'ordre diathésique (arthritisme, hémophilie) ou d'ordre tératologique (polydactylie, syndactylie, etc.). Pour les maladies microbiennes, il faut faire une réserve importante; la transmission d'une maladie microbienne des parents aux enfants ne peut jamais être considérée comme un fait d'hérédité, mais comme un simple fait de contagion, même quand cette contagion est extrêmement précoce. Par exemple, on sait que la syphilis, maladie contagieuse, peut être transmise du père au fils sans que la mère en soit affectée; c'est donc que le spermatozoïde lui-même est infecté, et il y a là un fait de contagion très précoce; mais l'hérédité n'a rien à y voir. Ce qui intéresse l'hérédité dans le cas des maladies microbiennes, c'est seulement la transmission aux enfants de certains caractères généraux dépendant de l'infection des parents, mais sans qu'il y ait transmission de microbes. Telle est, par exemple, la transmission de l'immunité vaccinale, transmission dont on connaît un certain nombre d'exemples absolument authentiques. Telle est, également, la transmission de la prédisposition à la tuberculose. Il y a là hérédité certaine de caractères acquis par les parents *sous l'influence* de l'infection microbienne. Et, naturellement, ces faits d'hérédité se retrouvent tout à fait les mêmes quand les modifications apportées par la maladie dans l'organisme des parents sont dues à une intoxication non microbienne, à l'action des substances solubles des cultures, par exemple.

Le cas le plus célèbre de l'hérédité d'un caractère pathologique acquis est celui de l'épilepsie provoquée chez les cobayes par Brown-Séquard au moyen de l'hémisection de la moelle ou de la section du nerf sciatique. Weissmann a essayé de réfuter cet exemple en prétendant que l'épilepsie de ces cobayes était due à une infection microbienne opératoire, infection qui se transmettait aux descendants par contagion; sa thèse est insoutenable, et personne n'a plus le droit de nier aujourd'hui la possibilité de la transmission héréditaire des caractères acquis.

Xénie et Télégonie. A côté de l'hérédité des caractères acquis, il faut signaler certains faits qui sont du même ordre, et qui concernent l'influence du mâle fécondant sur la femelle fécondée.

Le nom de *Xénie* a été donné par Focke à des cas dont voici un exemple très net. Il y avait à Saint-Valéry un pommier à fleurs *feuilles*, n'ayant que des étamines avortées. Pour le féconder, on secouait au dessus de ses fleurs des branches fleuries empruntées à d'autres pommiers et les pommes qui résultaient de cette fécondation présentaient beaucoup des caractères des fruits de l'arbre qui avait fourni la substance mâle. Le fait est

1. *Primary factors of organic evolution*. Chicago, 1896.

facile à comprendre si l'on considère que le fruit d'un arbre est une *galle* produite dans sa substance par le parasitisme de l'embryon logé dans la graine. Dans le cas considéré, l'embryon parasite était un métis ayant à la fois des propriétés de sa mère et des propriétés de son père; or on sait que les galles ont des caractères qui dépendent à la fois de la nature de l'hôte et de celle du parasite; rien d'étonnant, par suite, à ce que les pommes tinssent, par l'intermédiaire des embryons situés dans les pépins, quelques-unes des propriétés de l'arbre père de ces embryons.

La *télégonie* est plus compliquée; on donne ce nom à une influence, remarquée dans certains cas, qu'exercerait le premier accouplement fécond d'une femelle sur tous les produits de ses accouplements ultérieurs. Par exemple, une femme blanche ayant eu des enfants d'un nègre, aurait ensuite d'un blanc des enfants ayant quelques caractères de nègres; plusieurs exemples de télégonie sont célèbres dans la science; on connaît celui d'une jument qui, saillie par un zèbre et ayant fait un métis, fut ensuite couverte par un étalon noir et donna des poulains ayant beaucoup des caractères du zèbre.

Pendant tout le temps de la gestation, il y a de telles communications entre les milieux intérieurs de la mère et du fœtus qu'on peut les considérer tous deux, au point de vue du milieu intérieur, comme formant un être unique, dans lequel la sélection adaptative établit la corrélation générale. Or par le fait même de la gestation, les conditions se trouvant modifiées, il intervient une variation, tant chez la mère sous l'influence du fœtus que chez le fœtus sous l'influence de la mère. Dans cet être formé de deux individus, il s'établit donc, pendant la longue durée de la gestation, une sorte d'équilibre qui dépend naturellement des races de la mère et du fœtus. La sélection naturelle détermine donc une variation quantitative tout à fait comparable à celle qui produit l'immunité[1].

Une fois que l'accouchement a eu lieu, la cause qui déterminait cette variation n'existant plus, cette variation pourra disparaître, surtout si une autre cause détermine une sélection dans une autre direction; or, il est évident que le cas est tout à fait parallèle à celui de l'immunité qui résulte de la guérison d'une maladie; la variation quantitative produite par la lutte des tissus contre l'élément pathogène disparaît petit à petit quand l'élément pathogène a été éliminé par la guérison, mais nous savons cependant qu'elle dure plusieurs années dans certains cas, et il n'y a rien d'étonnant à ce qu'une ument soit encore sous l'influence de sa première gestation, quelques années après avoir porté le fils d'un zèbre.

De plus, nous avons été amenés à considérer que, dans un individu bien défini, il y a, quand l'état adulte est obtenu, unité de race entre les éléments. Dans le cas de l'être double formé d'une mère et de son fœtus, il est donc tout naturel que la race tende à s'unifier entre les éléments des deux individus unis et, comme la gestation est longue, cette unification peut être assez avancée au moment de l'accouchement pour que les autres éléments sexuels de la mère aient acquis quelques propriétés de la race du père.

De sorte que la mère elle-même, par le fait de sa gestation, acquerrait dans tous ses tissus quelques-unes des propriétés du père; mais ces propriétés ne se manifesteraient guère dans les caractères de la mère à cause du squelette déjà fixé. Cependant on cite souvent des cas d'une ressemblance assez vague acquise à la longue par deux époux qui ont eu beaucoup d'enfants.

FÉLIX LE DANTEC.

HERING (Ewald), Professeur de physiologie à Leipzig.

Bibliographie. — **1**. *Zur Anatomie und Physiologie der Generationsorgane des Regenwurms.* (*Zeitschr. f. wissenschaft. Zoolog.*, VIII, 1856, 400-426). — **2**. *De alcioparum partibus genitalibus organisque excretoriis* (*Dissert. Leipzig*, 1860, 15). — **3**. *Beiträge zur Physiologie. I. Vom Ortssinne der Netzhaut. Leipzig*, 1861, 1-80. — **4**. *Beiträge zur Physiologie. II. Von den identischen Netzhautzellen. Leipzig*, 1862, 81-170. — **5**. *Ueber W. Wundt's Theorie des binocularen Sehens* (*Poggend. Ann.* CXIX, 1863, 115-130). — **6**. *Ueber Dr. A. Classens « Beitrag zur physiologischen Optik »* (*A. A. P.*, XXVI, 1863, 560-572). — **7**. *Beiträge zur Physiologie. III. Vom Horopter. Leipzig*, 1863, 171-224. — **8**. *Beiträge zur Physiologie. IV. Allgemeine geometrische Auflösung des Horopterproblems. Von den Bewegungen*

1. Le Dantec. *Évolution individuelle et Hérédité*. Paris. Alcan, 1898.

des menschlichen Auges. Leipzig, 1864, 225-286. — **9**. *Beiträge zur Physiologie. V. Vom binocularen Tiefensehen. Kritik einer Abhandlung von Helmholtz über den Horopter. Leipzig*, 1864, 287-358. — **10**. *Zur Kritik der Wundt' schen Theorie des binocularen Sehens* (*Poggend. Ann.*, CXXII, 478-481, 1864). — **11**. *Das Gesetz der identischen Sehrichtungen* (*A. P.*, 1864, 27-51). — **12**. *Die sogenannte Raddrehung des Auges in ihrer Bedeutung für das Sehen bei ruhendem Blick* (*A. P.*, 1864, 278-319). — **13**. *Die Gesetze der binocularen Tiefenwahrnehmung* (*A. P.*, 1865, 79-165). — **14**. *Gegenbemerkung über die Form des Horopters* (*Poggend. Ann.*, CXXIV, 1865, 638-641). — **15**. *Ueber den Bau der Wirbeltierleber. I. Die Leber von Coluber natrix* (*Ak. W.*, (1), LIV, 1866, 335-341). — **16**. *Ueber den Bau der Wirbeltierleber. II. Die Froschleber* (*Ak. W.*, (1), LIV, 1866, 496-515). — **17**. *Zur Lehre vom Leben der Blutzellen. I. Ueberwanderung der Blutzellen aus den Blutgefässen in die Lymphgefässe* (*Ak. W.*, (2), LVI, 1867, 691-700). — **18**. *Bemerkungen zur der Abhandlung von Donders über das binoculare Sehen* (*Arch. f. Opthalm.*, XIV, 1868). — **19**. *Zur Lehre vom Leben der Blutzellen. II. Die Beschaffenheit der Blutzellen in ihrer Bedeutung für die Extravasation derselben* (*Ak. W.*, LVII, 1868, 170-188). — **20**. *Die Selbststeuerung der Atmung durch den Nervus vagus* (*Ak. W.*, LVII, 1868, 672-677). — **21**. *Die Lehre vom binocularen Sehen. Leipzig*, 1868, 146 pp. — **22**. *Ueber den Einfluss der Atmung auf den Kreislauf. I. Ueber die Athembewegungen des Gefässsystems* (*Ak. W.*, LX,, 1869, 829-856). — **23**. *Ueber die Rollung des Auges um die Gesichtslinie* (*Arch. f. Ophthalm.*, XV, 1869, 16 pp.) — **24**. *Von der Leber.* (*Stricker's Handbuch der Lehre von den Geweben des Menschen und der Wirbeltiere*) *III.*, 1870, 429-452. — **25**. *Ueber das Gedächtnis als eine allgemeine Function der organisierten Materie, Rede* (*Bericht über die feierliche Sitzung d. k. Akad. d. Wissensch*, am 30 Mai 1870, *Wien. Aus der k. k. Hof- und Staatsdruckerei. Abgedruckt in Ostwald's Classiker der exacten Wissenschaften*, N° 148. *Leipzig*, 1905). — **26**. *Ueber den Einfluss der Atmung auf den Kreislauf. II. Ueber eine reflectorische Beziehung zwischen Lunge und Herz* (*Ak. W.*, LXIV, 1871, 333-353). — **27**. *Ueber die Ursache des hohen Absonderungsdruckes in der Glandula submaxillaris* (*Ak. W.*, LXVI, 1872, 83-96). — **28-33**. *Zur Lehre vom Lichtsinne* (*ibid.*). — *I. Ueber successive Lichtinduction* (8 Juni 1872, LXVI, 5-24). — *II. Ueber simultanen Lichtcontrast* (11 December 1873, LXVIII, 14). — *III. Ueber simultane Lichtinduction und über successiven Contrast* (18 December 1873, LXVIII). — *IV. Ueber die sogenannte Intensität der Lichtempfindung und über die Empfindung des Schwarzen* (19 März 1874, LXIX, 85-104). — *V. Grundzüge einer Theorie des. Lichtsinnes* (23 April 1874, LXIX, 179-217). — *Grundzüge einer Theorie des. Farbensinnes* (15 Mai 1874. LXX, 169-204). — **28-33**. *Auch als Monographie erschienen unter dem Titel : Zur Lehre vom Lichtsinne. Sechs Mitteilungen an die kaiserliche Akademie der Wissenschaften in Wien. Wien*, 1878. — **34**. *Zur Lehre von der Beziehung zwischen Leib und Seele : Ueber Fechner's psychophysisches Gezetz* (*Ak. W.*, LXXII, 1875, 310-348). — 35. *Untersuchung des physiologischen Tetanus mit Hilfe des stromprüfenden Nervmuskelpräparates* (en coll. avec FRIEDRICH). (*Ak. W.*, LXXII, 1875). — **36**. *Grundzüge einer Theorie des Temperatursinnes* (*Ak. W.*, LXXV, 1877, 101-135). — **37**. *Ueber directe Muskelreizung durch den Muskelstrom* (*Ak. W.*. LXXIX, 1879, 7-32). — **38**. *Ueber Muskelgeräusche des Auges* (*Ak. W.*, LXXIX, 1879,137-154). — **39**. *Ueber die Methoden zur Untersuchung der polaren Wirkungen des electrischen Stromes im quergestreiften Muskel* (*Ak. W.* LXXIX, 1879, 237-262). — **40**. *Der Raumsinn und die Bewegungen des Auges.* (*H. H.*, III, 1, 1879, 343-591.) — **41**. *Ueber binoculare Farbenmischung und binocularen Contrast* (*H. H.*, III, 1, 1879, 591-602). — **42**. *Der Temperatursinn.* (*ibid.*, III, 2, 1880, 415-440). — **43**. *Ueber Irradiation.* (*ibid.*, III, 2, 1880, 440-448). — **44**. *Zur Erklärung der Farbenblindheit aus der Theorie der Gegenfarben* (*Lotos. N. F.*, I, 1880, 76-107). — **45**. *Kritik einer Abhandlung von « Donders : über Farbensysteme »* (*Lotos. N. F.*, II, 1882, 33 pp.). — **46**. *Ueber Nervenreizung durch den Nervenstrom* (*Ak. W.*, LXXXV, 1882, 237-275). — **47**. *Ueber Veränderungen des electromotorischen Verhaltens der Muskeln infolge electrischer Reizung* (*Ak. W.*, LXXXVIII, 1883, 415-437). — **48**. *Ueber du Bois-Reymond's Untersuchung der secundär-electromotorischen Erscheinungen am Muskel* (*Ak. W.*, 1883, 445-471). — **49**. *Ueber positive Nachschwankung der Nervenstromes nach electrischer Reizung* (*Ak. W.*, LXXXIX, 1884, 137-158). — **50**. *Ueber Schwankungen des Nervenstromes infolge unipolarer Reizung beim Tetanisieren* (*Ak. W.*, LXXXIX, 1884, 219-237). — **51**. *Ueber die specifischen Energien des Nervensystems* (*Rede*) (*Lotos. N. F.*, V, 1884, 113-126). — **52**. *Ueber individuelle Verschiedenheiten des Farbensinnes* (*ibid.*, VI, 1885, 142-198). — **53**. *Bemerkungen zu A. König's*

Kritik einer Abhandlung über individuelle Verschiedenheiten des Farbensinnes (*Centralblatt für pract. Augenheilk.*, 1885, 6 pp.). — **54.** *Ueber Siegmund Exner's neue Urteilstäuschung auf dem Gebiet des Gesichtsinnes* (*A. g. P.*, XXXIX, 1886, 159-170). — **55.** *Ueber Newton's Gesetz der Farbenmischung* (*Lotos. N. F.*, VII, 1886, 177-268). — **56.** *Ueber Holmgren's vermeintlichen Nachweis der Elementarempfindungen des Gessichtsinnes* (*A. g. P.*, XL, 1887, 1-29). — **57 et 58.** *Ueber die Theorie des simultanem Contrastes von Helmholtz. — II. Der Versuch mit den farbigen Schatten* (*A. g. P.*, XL, 1887, 171-191). — *II. Der Contrastversuche von H. Meyer und die Versuche am Farbenkreisel* (*A. g. P.*, XLI, 1887, 1-29). — **59.** *Beleuchtung eines Angriffes auf die Theorie der Gegenfarben* (*A. g. P.*, XLI, 1887, 29-46). — **60.** *Ueber den Begriff « Urteilstäuschung » in der physiologischen Optik und über die Wahrnehmung simultaner und successiver Helligkeitsunterschiede* (*A. g. P.*, XLI, 1887, 91-106). — **61.** *Ueber die Theorie des simultanen Contrastes von Helmholtz. — III. Der Spiegelcontrastversuch* (*A. g. P.*, XLI, 1887, 358-367). — **62.** *Zur Theorie der Vorgänge in der lebendigen Substanz* (*Lotos. N. F.*, IX, 1888, 35-70). — **63.** *Eine Vorrichtung zur Farbenmischung, zur Diagnose der Farbenblindheit und zur Untersuchung der Contrasterscheinungen* (*A. g. P.*, XLII, 1878, 119-144). — **64-66.** *Ueber die von v. Kries gegen die Theorie der Gegenfarben erhobenen Einwände. — I. Ueber die Unabhängigkeit der Farbengleichungen von den Erregbarkeitsänderungen des Sehorganes* (*A. g. P.*, XLII, 1888, 488-506). — *II. Ueber subjective Lichtinduction und sogenannte negative Nachbilder* (*A. g. P.*, LXIII, 1888, 264-288). — *III. Ueber die sogenannten Ermüdungserscheinungen* (*A. g. P.*, XLIII, 1888, 329-346). — **67.** *Ueber die Theorie simultanen Contrastes von Helmholtz : IV. Die subjective Trennung des Lichtes in zwei complementäre Portionen* (*A. g. P.*, XLIII, 1888, 1-21). — **68.** *Ueber die specifische Helligkeit der Farben von Dr. Fr. Hillebrand, mit Vorbemerkungen von E. Hering* (*Ak. W.*, XCVIII, 1888, 70-120). — **69.** *Ueber die Hypothesen zur Erklärung der peripheren Farbenblindheit* (*Graefe's Arch. f. Ophthalm.*, XXXV, 1889, 63-83). — **70.** *Beitrag zur Lehre vom Simultancontrast* (*Zeitschr. f. Psych. u. Physiol. d. Sinnesorg.*, I, 1890, 18-28). — **71.** *Eine Methode zur Beobachtung des Simultancontrastes* (*A. g. P.*, XLVII, 1890, 236-242). — **72.** *Die Untersuchung einseitiger Störungen des Farbensinnes mittels binocularer Farbengleichungen* (*Graefe's Arch. f. Ophthalm.*, XXXVI, 1890, 1-23). — **73.** *Zur Diagnostik der Farbenblindheit* (*Graefe's Arch. f. Ophthalm.*, XXXVI, 1890, 217-233). — **74.** *Prüfung der sogenannte Farbendreiecke mit Hilfe des Farbensinnes excentrischer Netzhautstellen* (*A. g. P.* XLVII, 1890, 417-438). — **75.** *Physiologischer Nachweis des Schlissungsextrastromes* (*A. g. P.* XLVIII, 518-422). — **76.** *Untersuchung eines total Farbenblinden* (*A. g. P.*. XLIX, 1891, 563-608). — **77.** *Ueber Ermüdung und Erholung des Sehorganes* (*Graefe's Arch. f. Ophthalm.*, XXXVII, 1891, 1-36). — **78.** *Zur Kenntniss der Alciopiden von Messina* (*Ak. W.*, CI, 1892, 713-768). — **79.** *Bemerkungen zu E. Fick's Entgegnung auf die Abhandlung über Ermüdung und Erholung des Sehorganes* (*Graefe's Arch. f. Ophthalm.*, XXXVIII, 1892, 251-258). — **80.** *Offener Brief an Prof. H. Sattler* (*Ermüdung und Erholung des Sehorgans betreffend*) (*Graefe's Arch. f. Ophthalm.*, XXXIX, 1893, 274-290). — **81.** *Ueber den Einfluss der Macula lutea auf centrale Farbengleichungen* (*A. g. P.*, LIV, 1893, 277-312). — **82.** *Ueber einen Fall von Gelb-Blaublindheit* (*A. g. P.*, LVII, 1894, 308-332. — **83.** *Ueber das electromotorische Verhalten curarisirter Muskeln nach galvanischer Durchströmung* (*A. g. P.*, LVIII, 1894, 133-154). — **84.** *Ueber angebliche Blaublindheit der Fovea centralis* (*A. g. P.*, LIX, 1894, 403-414). — **85.** *Ueber das sogenannte Purkinje'sche Phänomen* (*A. g. P.*, LX, 1895, 519-542). — **86.** *Ueber angebliche Blaublindheit der Zapfensehzellen* (*A. g. P.*, LXI, 1895, 106-112). — **87.** *Untersuchungen an total Farbenblinden* (*A. g. P.*, LXXI, 1898, 105-127). — **88.** *Zur Theorie der Nerventätigkeit. Akademischer Vortrag vom* 21 Mai 1898, *Leipzig*, 31 pp. — **89.** *Ueber die Grenzen der Sehschärfe* (*Kgl. Sächs. Ges. d. Wissensch. zu Leipzig, Sitzung vom* 4 December, 1899, 16-24). — **90.** *Ueber normale Localisation der Netzhautbilder bei Strabismus alternans* (*Deutsches Arch. f. klin. Med.*, LXIV, 1899, 15-32). — **91.** *Ueber die Herstellung stereoskopischer Wandbilder mittels Projections-apparates* (*A. g. P.*, LXXXVII, 1901, 229-238). — **92.** *Ueber die von der Farbenempfindlichkeit unabhängige Aenderung der Weissempfindlichkeit* (*A. g. P.*, XCIV, 1903, 533-554). — **93.** *Grundzüge der Lehre vom Lichtsinn* (*Graefe-Sämisch Handbuch d. Augenheilk.*, *I. Teil. Cap.*, XII, 1905, 1-80.) — **94.** *Antwortrede, gehalten auf der* 33. *Versammlung der ophthalmol. Gesellchaft.* (*Bericht dieser Versammlung Heidelberg* 1906, 17-23. Wiesbaden). — **95.** *Grundzüge der Lehre vom Lichtsinn* (*Graefe-Sämisch Handbuch der Augenheilk. I. Teil. Cap.* XII, II *Lief.*, 1907, 81-160).

HERMANN (Ludimar). — Professeur de physiologie à Zurich, 1868-1884, à Königsberg depuis 1884.

A. — **Ouvrages.**

1. *Handbuch der Physiologie, mit zahlreichen Mitarbeitern.* Leipzig, 1879-84 (de l'auteur même : *Allgemeine Muskel-und Nervenphysiologie*) 6 vol. — 2. *Lehrbuch der Physiologie.* 13 éditions. Berlin, 1863-1905. Traduit dans diverses langues : plusieurs éditions. — 3. *Lehrbuch der experimentellen Toxikologie,* 1 vol. Berlin, 1874. — 4. *Jahresbericht über die Fortschritte der Physiologie.* Leipzig, Bonn, Stuttgart, 1872-1907. — 5. *Leitfaden für das physiologische Praktikum.* Leipzig, 1898. 1 vol. — 6. *Untersuchungen zur Physiologie der Muskeln und Nerven.* Berlin, 1867-68, 3 vol.

B. — **Autres Publications.**

1. — *Ein Beitrag zum Verständnis der Verdauung und Ernährung. Discours inaugural.* Zürich, 1868. — 2. *De tono ac motu musculorum nonnulla. Dissert. inaugur.*, Berlin, 1859. — 3. *Ueber schiefen Durchgang von Strahlenbündeln durch Linsen und eine darauf bezügliche Eigenschaft der Kristallinse. Quart. Gratul.-schr. f. Ludwig,* Zurich, 1874. — 4. *Die Viviseklionsfrage, für das grössere Publikum beleuchtet.* Leipzig, 1877. — 5. *Der Einfluss der Deszendenzlehre auf die Physiologie. Die Vorbildung für das Universitätsstudium, insbesondere das medizinische. Deux Discours rectoraux* (Zurich). Leipzig, 1879. — 6. *Hermann von Helmholtz. Discours mémorial après sa mort.* Königsberg, 1894. — 7. *Das Frauenstudium und die Interessen der Hochschule Zürich.* Zurich, 1872.

C. — **Mémoires scientifiques.**

Archiv für Anatomie und Physiologie. — 1. *Beitrag zur Erledigung der Tonusfrage* (350-360, 1861). — 2. *Ueber das Verhältnis der Muskelleistungen zu der Stärke der Reize,* (361-393, 1861). — 3. *Ueber die physiologischen Wirkungen des Stickstoffoxydulgases* (521-536, 1864). — 4. *Ueber die Wirkung des Stickstoffoxydgases auf das Blut* (469-481, 1865). — 5. *Ueber die Wirkungsweise einer Gruppe von Giften* (27-40, 1866). — 6. *Ueber eine Bedingung des Zustandekommens von Vergiftungen* (64-73). (*Mit Nachtrag.* p. 650, 1867).

Archiv für die gesammte Physiologie. — 1. *Versuch zur Lehre von der akuten Phosphorvergiftung* (*Mit A. B. Brunner*) (III, 1870). — 2. *Ueber die Krämpfe bei Zirkulationsstörungen im Gehirn* (*Mit A. Escher, ibid.*, 3). — 3. *Eine Erscheinung simultanen Kontrastes* (*ibid.*, 13). — 4. *Weitere Untersuchungen über die Ursache der elektromotorischen Erscheinungen an Muskeln und Nerven* (*ibid.*, 15). — 5. *Fortsetzung des vorigen* (IV, 149-183, 1871). — 6. *Beiträge zur Lehre von der Muskelstarre* (*Mit E. Walker*, 182-195). — 7. *Ueber die Abnahme der Muskelkraft während der Kontraktion* (*ibid.*, 195-209). — 8. *Notizen für Vorlesungs-und andere Versuche* (*ibid.*, 209-212). — 9. *Ueber eine Wirkung galvanischer Ströme auf Muskeln und Nerven* (V, 223-280, 1872; VI, 312-360, 1872). — 10. *Experimentelle Untersuchungen über den Brechakt* (V, 280-281, 1872). — 11. *Das galvanische Verhalten einer durchflossenen Nervenstrecke während der Erregung* (VI, 560-568, 1872). — 12. *Weitere Untersuchungen über den Elektrotonus* (VII, 301-322, 1873). — 13. *Untersuchungen über das Gesetz der Erregungsleitung im polarisierten Nerven* (VII, 323-364; VII, 497-498, 1873). — 14. *Ein Versuch über die sog. Sehnenverkürzung* (VII, 417-420, 1873). — 15. *Experimentelles und Kritisches über Elektrotonus* (VIII, 258-275, 1873). — 16. *Ein Apparat zur Demonstration der Listingschen Raddrehungen* (VIII, 305-306, 1873). — 17. *Neue Messungen über die Fortpflanzungsgeschwindigkeit der Erregung im Muskel* (X, 48-55, 1875). — 18. *Ueber elektrische Reizversuche an der Grosshirnrinde* (*Mit v. Borosnyai, Luchsinger, Steger, Pestalozzi*) (X, 77-85, 1875). — 19. *Ein Beitrag zur Kenntnis des Hämoglobins* (*Mit Steger.*) (X, 86-89). — 20. *Fortgesetzte Untersuchungen über die Beziehungen zwischen Polarisation und Erregung im Nerven* (X, 215-239, 1875). — 21. *Der Querwiderstand des Nerven während der Erregung* (XII, 151-156, 1876). — 22. *Notizen zur Muskelphysiologie* (XIII, 319-372, 1876). — 23. *Notiz über die Kraft des Hydrothermo-Elements Zink-Zinksulfatlösung* (XIV. 485-486, 1877). — 24. *Untersuchungen über die Entwicklung des Muskelstroms* (XV, 191-232, 1877). — 25. *Versuche mit dem Fallrheotom über die Erregungsschwankung des Muskels* (XV, 233-

245, 1877). — **26.** *Untersuchungen über die Aktionsströme des Muskels* (XVI, 191-262, 1878). — **27.** *Notiz über das Telephon ; über telephonisches Hören mit mehrfachen Induktionen* (XVI, 264-265, 314-316, 1878). — **28.** *Ueber den Aktionsstrom der Muskeln im lebenden Menschen* (XVI, 410-420, 1878 ; XXIV, 294-299, 1881). — **29.** *Ueber elektrophysiologische Verwendung des Telephons* (XVI, 504-509). — **30.** *Ueber die Sekretionsströme und die Sekretreaktion der Haut bei Fröschen* (XVII, 291-310, 1878). — **31.** *Ueber die Sekretionsströme der Haut bei der Katze* (*Mit B. Luchsinger*) (XVII, 310-319, 1878). — **32.** *Ueber telephonische Reproduktion von Vokalklängen* (XVII, 319-330, 1878). — **33.** *Ueber Brechung bei schiefer Inzidenz* (XVIII, 443-455 ; XX, 370-387 ; XXVII, 291-319, 1878-82). — **34.** *Ein Beitrag zur Theorie der Muskelkontraktion* (XVIII, 455-457, 1878). — **35.** *Notizen über einige Gifte der Kuraregruppe* (XVIII, 458-460, 1878). — **36.** *Ueber Sekretionsströme an der Zunge des Frosches, etc.* (*Mit B. Luchsinger*) (XVIII, 460-472. 1878). — **37.** *Untersuchungen über die Aktionsströme des Nerven* (XVIII, 574-586 ; XXIV, 246-299, 1878-81). — **38.** *Ueber den atelektatischen Zustand der Lungen und dessen Aufhören bei der Geburt* (*Mit O. Keller*) (XX, 365-370, 1879). — **39.** *Ueber eine verbesserte Konstruktion des Galvanometers für Nervenversuche* (XXI, 430-445, 1880). — **40.** *Ueber die Geschwindigkeit, mit welcher sich der Elektrotonus im Nerven verbreitet* (*Mit. Baranowsky & Garrèe*) (XXI, 446-461, 1880). — **41.** *Ueber Muskelreizung durch Längs-und Querströme* (XXI, 462-478, 1880). — **42.** *Ueber die Abhängigkeit des Absterbens der Muskeln von der Länge ihrer Nerven* (XXII, 37-40, 1888). — **43.** *Ueber das Verhalten der optischen Konstanten des Muskels bei der Erregung, Dehnung*, etc. (XXII, 240-251, 1880). — **44.** *Nachträgliches zu den Aktionsströmen der Muskeln* (XXIV, 294-299, 1881). — **45.** *Ein Beitrag zur Kenntnis der Milch* (XXVI, 442-444, 1881). — **46.** *Neue vermeintliche Argumente für die Molekulartheorie des Muskel-und Nervenstroms* (XXVI, 583-593, 1881). — **47.** *Neue Untersuchungen über Hautströme* (XXVII, 280-288, 1882). — **48.** *Notiz über eine Verbesserung am repetierenden Rheotom* (XXVII, 289-290, 1882). — **49.** *Untersuchungen zur Lehre von der elektrischen Nerven-und Muskelreizung* (XXX, 1-16 ; XXXI, 99-118 ; XXXV, 1-25 ; 1882-4). — **50.** *Das Verhalten des kindlichen Brustkastens bei der Geburt* (XXX, 276-287, 1883 ; XXXV, 26-33, 1884). — **51.** *Eine modifizierte Konstruktion des Differentialrheotomes* (XXXI, 600-606, 1883). — **52.** *Ueber sog. sekundär-elektromotorische Erscheinungen an Muskeln und Nerven* (XXXIII, 103-168, 1884). — **53.** *Zur Bestimmung der Umlaufszeit des Blutes* (XXXIII, 169-173, 1884). — **54.** *Eine elektromotorische Eigenschaft des bebrüteten Hühnereies* (*Mit v. Gendre*) (XXXV, 34-35). — **55.** *Die Wirkung der Trichloressigsäure* (*Mit v. Gendre*) (XXXV, 35-44). — **56.** *Eine Wirkung galvanischer Ströme auf Organismen* (XXXVII, 457-460 ; XXXIX, 404-413, 1885). — **57.** *Ergebnisse einiger in Dissertationen veröffentlichter Untersuchungen* (XXXVII, 460-468, 1885). — **58.** *Ueber die Ursache des Elektrotonus* (XXXVIII, 153-181, 1886). — **59.** *Balthasar Luchsinger. Ein Gedenkblatt* (XXXVIII, 417-427, 1886). — **60.** *Ueber die Wirkung des Nitroprussidnatriums* (XXXIX, 419, 1886). — **61.** *Ueber den Längs-und Querwiderstand der Muskeln* (XXXIX, 490-498, 1886). — **62.** *Ueber das galvanische Wogen des Muskels* (XXXIX, 597-623 ; XLV, 593-620 ; XLVII, 147-154, 1886-90). — **63.** *Untersuchungen über die Polarisation der Muskeln und Nerven* (XLII, 1-83, 1888). — **64.** *Hat das magnetische Feld direkte physiologische Wirkungen?* (XLIII, 217-234, 1888). — **65.** *Notiz betr. das reduzierte Hämoglobin* (XLIII, 235, 1888). — **66.** *Zur Frage nach dem Betrage der Residualluft* (*Mit B. Jacobson*) (XLIII, 230-239, 440, 1888). — **67.** *Untersuchungen über den Hämoglobingehalt des Blutes bei vollständiger Inanition* (*Mit S. Groll.*) (XLIII, 239-244, 1888). — **68.** *Ein Versuch zur Physiologie des Darmkanals* (XLVI, 93-101, 1889). — **69.** *Phonophotographische Untersuchungen.* (*Nr.* 1) XLV, 582-592. 2) XLVII, 44-53. 3) XLVII, 347-391. 4) LIII, 1-51. 5) LVIII, 255-263. 6) LVIII, 264-279, 1890-94). — **70.** *Ueber das Verhalten der Vokale am neuen Edisonschen Phonographen* (XLVII, 43-44). — **71.** *Bemerkungen zur Vokalfrage* (XLVLII, 181-194, 1890). — **82.** *Die Uebertragung der Vokale durch das Telephon und das Mikrophon* (XLVIII, 543-574, 1891). — **73.** *Prüfung von Vokalkurven mittels der Wellensirene* (XLVIII, 574-577, 1891). — **74.** *Zur Theorie der Kombinationstöne.* (LI, 499-518, 1891). — **75.** *Beiträge zur Kenntnis des elektrischen Geschmacks* (*Mit S. Laserstein*) (LVI, 519-538, 1891). — **76.** *Ueber Rheo-Tachygraphie* (LI, 539-548, 1891). — **77.** *Beiträge zur Lehre von der Klangwahrnehmung* (LVI, 467-499, 1894). — **78.** *Zur Bestimmung der Residualluft* (LIX, 167 ; LX, 249 ; LVII, 387-395, 1894). — **79.** *Der Galvanotropismus der Larven von Rana temporaria und der Fische* (*Mit F. Matthias*) (LVII, 391-405, 1894). — **80.** *Beiträge zur Lehre von den Haut-und Sekretionsströmen* (*Mit v. Wartanoff, Schmarsow,*

Junius) (LVIII, 242-254, 1894). — **81.** *Die Ablösung der Ferse vom Boden* (LXII, 603-621, 1896). — **82.** *Das Kapillar-Elektrometer und die Aktionsströme des Muskels* (LXIII, 440-460, 1896). — **83.** *Kleine physiologische Bemerkungen und Anregungen* (LXV, 599-605, 1897). — **84.** *Eine physikalische Erscheinung am Nerven* (LXVII, 240-257). — **85.** *Ueber Kernleiter mit Quecksilberkern* (LXVII, 257-262, 1897). — **86.** *Weiteres über die Wirkung starker Ströme auf den Querschnitt der Nerven und Muskeln* (LXX, 513-524. 1898). — **87.** *Ueber die Entwicklung des Elektrotonus* (*Mit O. Weiss*) (LXXI, 237-295, 1898). — **88.** *Zur Messung der Muskelkraft am Menschen* (*Mit C. Hein und Th. Siebert*) (LXXIII, 429-437, 1898). — **89.** *Die Wirkung hochgespannter Ströme auf das Blut* (LXXIV, 164-173, 1899). — **90.** *Zur Theorie der Erregungsleitung und der elektrischen Erregung* (LXXV, 574-590, 1899). — **91.** *Die Erregbarkeit des Nerven im Elektrotonus* (*Mit A. Tschitschkin*) (LXXVIII, 53-63, 1899). — **92.** *Methodische Einleitung zu Untersuchungen über Totenstarre* (LXXVIII, 64-71, 1899). — **93.** *Die optische Projektion der Netzhautmeridiane auf einer zur Primärlage der Gesichtslinie senkrechten Ebene* (LXXVIII, 87-96, 1899). — **94.** *Zur Frage der Fersenablösung* (LXXXI, 416-419, 1900). — **95.** *Untersuchungen über die Eigenschaften und die Theorie des Kapillar-Elektrometers* (*Mit M. Gildemeister*) (LXXXI, 491-521, 1900). — **96.** *Die Irreziprozität der Reflexübertragung.* (LXXX, 41-47; LXXXII, 409-414; XC, 1900-1902). — **97.** *Fortgesetzte Untersuchungen über die Konsonanten* (LXXXIII, 1-37, 1900). — **98.** *Die Zerlegung von Kurven in harmonische Partialschwingungen* (33-37, LXXXVI; 92-102, LXXXIX; 600-604, 1900-02). — **99.** *Zur Theorie der Nervenerregung* (LXXXIII, 353-360; LXXXVI, 103-106; 1901-02). — **100.** *Ueber Synthese von Vokalen* (XCI, 135-163, 1902). — **101.** *Versuche über die Wirkung von Entladungsschlägen auf Blut und auf halbdurchlässige Membranen* (XCI, 164-188, 1902). — **102.** *Zur Methodik der Geschwindigkeitsmessung im Nerven* (XCI, 189-194, 1902). — **103.** *Beiträge zur Physiologie und Physik des Nerven* (CIX, 95-144, 254, 1905). — **104.** *Eine Vorrichtung zur photographischen Registrierung der Kapillarelektrometer-Ausschläge* (*Mit M. Gildemeister*) (CX, 88-90, 1905). — **105.** *Ueber indirekte Muskelreizung durch Kondensatorentladungen* (CXI, 537-656, 1906). — *Ueber die Natur der Kombinationstöne* (sous presse), 1908.

Berichte der deutschen chemischen Gesellschaft, Berlin. — *Ueber die Gesetzmässigkeit und Berechnung der Verbrennungswärmen organischer Verbindungen.* 1868, 1-4, 84-85.

Vierteljahrsschrift der Naturf. Gesellschaft in Zürich. — *Ueber Gesetzmässigkeiten und Berechnung der Verbrennungswärmen organischer Verbindungen*, 1869, 36-60. — *Die Ergebnisse neuerer Untersuchungen auf dem Gebiete der tierischen Elektrizität*, 1878, 1-37 (Aussi *Moleschott's Untersuchungen*, XII). (Traduit in : *Journ. de l'Anat. et de la physiol.*, 1878, et *Nature.* (angl.) 1878.) — *Ueber automatisch-photographische Registrierung sehr langsamer Veränderungen*, 1896, 538-547.

Nachrichten v. d. Gesellsch. d. Wissenschaften zu Göttingen. — *Ueber Polarisation zwischen Elektrolyten.* 1887, 326-345.

Annalen der Physik. — **1.** *Ueber die elektromotorische Kraft der Induktion in flüssigen Leitern* (CXLII, 586-590, 1871). — **2.** *Ueber schiefen Durchgang von Strahlenbündeln durch Linsen und über eine darauf bezügliche Eigenschaft der Krystallinse* (CLIII, 470-480, 1874). — 3. *Versuche über das Verhalten der Phase und der Klangzusammensetzung bei der telephonischen Uebertragung der Vokale* (*N. F.*, III, 83-91, 1878). — **4.** *Zur Frage betreffend den Einfluss der Phase auf die Klangfarbe* (*N. F.*, LVIII, 391-401, 1896). — **5.** *Ueber elektrische Wellen in Systemen von hoher Kapazität und Selbstinduktion* (4. *F.*, XII, 932-963, 1903). — **6.** *Weitere Versuche über denselben Gegenstand* (*Mit M. Gildemeister*), (XIV, 1031-1035, 1904). — **7.** *Ueber die Effekte gewisser Kombinationen von Kapazitäten und Selbstinduktionen* (XVII, 501-517, 779-780, 1905). — *Ueber die Natur der Kombinationstöne* (sous presse), 1908.

HÉROÏNE. — Découverte par Wright (1874), cette substance fut étudiée pour la première fois, au point de vue de ses propriétés pharmacodynamiques, par Stockmann et Dott [1] (1890). Dreser [2], en 1898, publia sur ce produit des recherches plus complètes et l'expérimenta sur l'homme. La même année, cette drogue fut livrée au commerce sous le nom d'*héroïne* par la maison Bayer, d'Elberfeld. Depuis ce moment, elle a donné lieu à de nombreux travaux cliniques (Strube [3], Floret [4], Holtkamp [5], Beketov [6], Kunkel [7], Bougrier [8], Leo [9], Morel-Lavallée [10]); et expérimentaux (Filhene [11], Paulesco et Géraudel [12], Guinard [13], T. de Saint-Martin [14], Mayor [15]).

Constitution chimique. — L'héroïne est un dérivé de la morphine. Celle-ci est, comme on le sait, un corps à fonctions phénoliques dont la formule décomposée peut s'écrire :

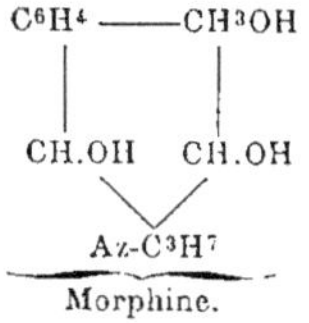

Morphine.

Dans cette substance, deux radicaux à fonction phénolique s'uniront à l'acide acétique pour donner l'éther diacétique de la morphine, ou héroïne.

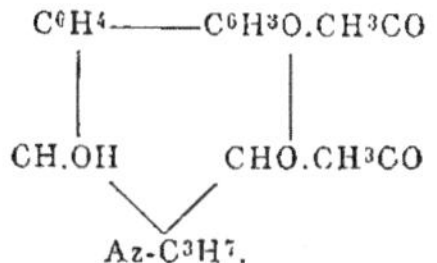

Propriétés physico-chimiques. — L'héroïne est une poudre blanche, cristalline, légèrement amère, inodore, fondant à 173°. Insoluble dans l'eau pure, elle se dissout facilement dans l'eau additionnée de quelques gouttes d'acide acétique ou mieux d'acide chlorhydrique. Elle est peu soluble dans l'alcool froid, très soluble dans le chloroforme, la benzine et les acides. Avec l'acide chlorhydrique, on obtient du chlorhydrate d'héroïne, poudre cristalline blanche. L'héroïne est précipitée par les réactifs alcaloïdiques et, en particulier, par l'iodure de potassium ioduré.

Propriétés pharmacodynamiques. — **I. Toxicité générale.** — Guinard a dressé le tableau suivant, déterminant la dose mortelle chez les divers animaux :

	Grammes.	
Chien . . .	0,04	par kilo.
Chèvre. . .	0,039	—
Cobaye . .	0,15	—
Lapin . . .	0,10	—
Ane	0,00035	—

II. Action hypnotique. — L'héroïne possède une action hypnotique chez le chien, le lapin et le cobaye. Par injection intra-veineuse, il faut, pour provoquer le sommeil, 0gr001 à 0gr01 par kilogramme. Des quantités plus fortes produisent, au contraire, de l'agitation. L'animal se plaint, se lève et marche en attitude hyénoïde. Chez certains sujets, d'ailleurs (cheval, âne, chèvre, chat), l'héroïne provoque d'emblée des effets excitants.

III. Action respiratoire. — Ce corps ralentit considérablement la fréquence des mouvements respiratoires (Stockmann et Dott), et augmente leur amplitude (Dreser). Guinard a constaté chez le lapin de la respiration périodique; l'apparition de ce rythme, sous l'influence de ce médicament qui supprime l'activité du cerveau, s'interprète parfaitement avec la théorie générale rattachant à la déficience cérébrale la respiration périodique (Pachon [16]). Dreser a étudié avec l'appareil de Regnault et Reiset la consommation d'oxygène chez l'animal soumis à l'héroïne, et il a constaté une diminution dans l'absorption de ce gaz. Mais ce résultat pourrait être attribué à l'immobilité du sujet endormi et non à une action spécifique du médicament sur les combustions intra-organiques.

IV. Action circulatoire. — Chez la grenouille, on observe une diminution d'amplitude des contractions cardiaques sans modification du rythme (Dreser). Chez le chien, l'inscription du choc du cœur avec le cardiographe de Marey permet de constater une augmentation de l'amplitude des battements et une diminution de leur fréquence. La double vagotomie supprime ce ralentissement : l'héroïne excite donc le centre cardio-modérateur bulbaire (GUINARD). (V. **Morphine.**)

Usages thérapeutiques. — Cette substance est utilisée chez l'homme comme hypnotique, et ses indications sont les mêmes que celles de la morphine. Elle est un puissant sédatif de la toux : il est bon de s'en abstenir en cas de sécrétions bronchiques abondantes, car la disparition du besoin de tousser provoquerait l'encombrement des voies respiratoires par les sécrétions (H. LEO). Les dyspnées des bronchites chroniques, de l'emphysème, de l'asthme essentiel, sont heureusement influencées par l'héroïne.

Ce médicament se prescrit sous forme de chlorhydrate en potion ou en injections hypodermiques, à la dose de 5 à 15 milligrammes par jour.

L'usage même modéré de l'héroïne peut provoquer des troubles signalés par MOREL-LAVALLÉE : crampes d'estomac, constipation, bouffées de chaleur, rétention d'urine avec spasmes uréthraux pénibles. L'emploi longtemps prolongé aboutit à des accidents tout à fait comparables à ceux de la morphinomanie (LEYNIA DE LAJARRIGE [17]). Le malade perd l'appétit et maigrit. Le poison devient un élément indispensable à son activité physique et intellectuelle. Les doses nécessaires pour arriver à l'euphorie augmentent tous les jours, et peuvent atteindre $0^{gr}07$. La suppression du toxique provoque des angoisses terribles. C'est donc à tort qu'on a proposé l'héroïne comme contre la morphinomanie.

Bibliographie. — **1.** STOCKMANN et DOTT. *Report on the pharmacology of morphin and its derivates. Brit. med. Journal*, 1890, II, 189. — **2.** DRESER. *Arch. für die gesammte Physiologie*. LXXII, 1898, 485 et *Therapeutische Monatshefte*, 1898, 509. — **3.** STRUBE. *Berliner klinische Wochenschrift*, 1898, 45. — **4.** FLORET. *Therapeutische Monatshefte*, sept. 1898, 327. — **5.** HOLTKAMP. *Deutsche med. Wochens.*, 1899. *Therapeut. Beilage*, 25. — **6.** BEKETOV. *Klinische therap. Woch.*, 1899, n° 14. — **7.** KUNKEL (de Bonn). *Klinische therap. Woch.*, 1900, N° 21. — **8.** BOUGRIER. *Thèse de Paris*, 1899. — **9.** H. LEO. *Deutsche med. Wochens.*, 1899, p. 187. — **10.** MOREL-LAVALLÉE. *Revue de médecine*, 1900, 872 et 977. — **11.** FILEHNE. *Arch. für exp. Path.*, X et XI. — **12.** PAULESCO et GÉRAUDEL. *Journal de médecine interne*, 1899, 378. — **13.** GUINARD. *Journal de physiologie et de pathologie générale*, 1899, 964. — **14.** T. DE SAINT-MARTIN. *Thèse de Lyon*, 1900. — **15.** MAYOR. *Travaux du laboratoire de thérapeutique expérimentale de A. Mayor*, VI, 1901-1903. — **16.** PACHON. *Thèse de Paris*, 1892. — **17.** LEYNIA DE LAJARRIGE. *Thèse de Paris*, 1901-1902.

Voy. aussi *Récents travaux sur l'héroïne* (*Nouveaux remèdes*, 1899, XV, 337-349.)

H. BUSQUET.

HERZEN (Alexandre), professeur de physiologie à Florence, puis Lausanne (1839-1904).

Expériences sur les centres modérateurs de l'action réflexe (Florence, Bettini, 1864). — *Physiologie de la volonté*, trad. par LETOURNEAU, Paris, Germer Baillière, 1874. — *Lezion sulla digestione fatte all' instituto superiore di Firenze*, 1876-1877 (1 vol. 158 pp., Firenze, Le Monnier, 1877). — *Analisi fisiologica del libero arbitrio umano* (3e édit. Firenze, Bettini, 1879). — *Altes und neues über Pepsinbildung, Magenverdauung und Krankenkost, gestütz auf eigene Beobachtungen an einem gastrotomierten Manne* (Stuttgart, Schweizerbart, 1885). — *La digestion stomacale*, étude physiologique et hygiénique (145 pp. Lausanne Benda, 1886). — *Le cerveau et l'activité cérébrale au point de vue psycho-physiologique* (312 pp., Paris, J.-B. Baillière, 1887). — *Causeries physiologiques* (Paris, Alcan, 1899). — *Ueber die Hemmungsmechanismen der Reflexthätigkeit* (*Molesch. Unters.*, IX, 1865, 423-430). — *Nouvelles expériences sur le rapport fonctionnel entre le pancréas et la rate* (*A. d. P.*, 1877, 792-794). — *Di alcune modificazioni della coscienza individuale* (*Arch. d. Antropol.*, 1877, 13-18). — *Sulla influenza della milza nella produzione del zimogeno* (*Sperimentale*, 1877, 654-656). — *La condizione fisica della coscienza* (*Mem. d. Acc. dei Lincei*, III, 1879, 117-138). — *Il moto psichico e la coscienza* (Firenze, Boca, 1879). — *Influenza dell' acido borico sulla fermentazione acetica* (*Ibid.*, 1879, 131-133). — *Influenza dell' electrotono sulla eccitabilità nervosa e la cosi della legge di Pflüger* (*Ibid.*, 1879, 173-176). — *La glicerina e la digestione pancreatica* (*Ibid.*, 1879, 211-216). — *Della natura dell attivita psichica* (*Arch. d. Antropol.*, IX, 1879, 85-99). — *Nuove osservazioni sul senso termico* (*Sperimentale*,

1879, 354-360). — *Una teoria fisiologica dei fenomeni metalloterapici* (*Rass. sett.*, déc. 1880). — *La condizione fisica della coscienza* (*Ann. antr. e psicol.*, Florence, 1880). — *Influence de l'acide borique sur différentes fermentations* (*Bull. de la Soc. Vaudoise*, Lausanne, 1882, 65-68). — *Influence de la rate sur la digestion* (*Revue scientif.*, 1882, 690-662). — *Observations sur la formation de la trypsine* (*Bull. de la Soc. Vaudoise*, Lausanne, 1883, 28-34). — *Einfluss der Milz auf die Bildung des Trypsins* (*A. g. P.*, xxx, 1883, 295-307). — *Ueber den Rückschlag des Trypsins zu Zymogen unter dem Einfluss der Kohlenoxydvergiftung* (*A. g. P.*, xxx, 1883, 308-312). — *Un cas de fistule gastrique* (avec de Cérenville). (*Rev. méd. de la Suisse romande*, 1884, 12). — *De la pénétration du suc gastrique dans les cubes d'albumine* (*B. B.*, 1884). — *De la pepsinogénie chez l'homme* (*Rev. méd. de la Suisse romande*, 1884, 260). — *Métallothérapie* (*Kosmos*, 1885). — *Le sens de la chaleur* (*Rev. scient.*, 1885). — *La digestion stomacale* (1 vol. in-12, Paris, Lausanne et Bruxelles, 1886). — *Un cas d'extirpation du gyrus sigmoïde chez un chien* (*Rev. zool. suisse*, 1886, 71-86). — *A propos des observations de M. Laborde sur la tête d'un supplicié* (*Rev. méd. de la Suisse romande*, 1885, n° 8). — *Ueber die Spaltung des Temperatursinns in zwei gesonderte Sinne* (*A. g. S.*, xxxviii, 1885, 93-104). — *L'irritabilité musculaire et la rigidité cadavérique* (*Sem. médicale*, 1886, n° 47). — *A quoi sert la thyroïde?* (*Ibid.*, n° 32). — *Sur le sens thermique* (*Arch. des sc. phys. et nat.*, xv, 580-583). — *Sur la fatigue des nerfs* (*A. i. B.*, ix, 1887, 15). — *L'activité musculaire et l'équivalence des forces* (*Rev. scientif.*, 1887). — *Le travail musculaire dans ses rapports avec la loi de l'équivalence thermodynamique* (*Bull. de la Soc. Vaudoise*, 1887, xxiii). — *Des effets de la thyroïdectomie* (*Ibid.*, 1887, xxiii). — *Appunti di chimica fisiologica* (*Ann. di chim.*, viii, 1888). — *Le rôle des microbes dans certaines fermentations* (*B. B.*, 1889, 140-142). — *Trois cas de lésion médullaire au niveau de jonction de la moelle épinière et du bulbe rachidien* (avec Löwenthal) (*A. d. P.*, 1886, 260-299). — *Warum wird die Magenverdauung durch die Galle nicht aufgehoben?* (*C. P.*, 1890, x, 292-294). — *Le rôle psycho-physiologique de l'inhibition* (*Rev. scientif.*, 1890, 239). — *Des soi-disant centres moteurs corticaux* (*Arch. des sc. phys. et nat.*, 1893, xxx, 629-631). — *Des effets de la paralysie des nerfs vagues* (*Ibid.*, 626-629). — *Rate et pancréas* (*B. B.*, 1893, 814-817). — *L'influence de la rate sur la sécrétion pancréatique* (*Arch. des sc. phys. et nat.*, xxx, 1893, 631-633). — *La suture nerveuse* (*Rev. scientif.*, 1894). — *De la survie prolongée à l'absence des deux nerfs vagues* (*Arch. des sc. phys. et nat.*, 1894, 606-616 et 1895, 71-84). — *La digestion peptique de l'albumine* (*Rev. gén. des sciences*, 1894, 633-643 et 1895, 494-506). — *Le jeûne, le pancréas et la rate* (*A. d. P.*, 1894, 176-178). — *Digestion de l'albumine et de l'œuf cru par la pepsine* (*Rev. méd. de la Suisse romande*, 1893, 221). — *Les sécrétions internes* (*Ibid.*, 273). — *Influence de l'absorption des sucs thyroïdiens per os et per anum* (*Ibid.*, 381 et 448). — *La digestion tryptique des albumines et la sécrétion interne de la rate* (*Rev. gén. des sciences*, 15 juin 1895). — *Influence de la rate sur la transformation du zymogène pancréatique en trypsine active* (*Arch. des sc. phys. et nat.*, 1897). — *De l'irrégularité des effets de la thyroïdectomie chez le chien* (*Rev. méd. de la Suisse romande*, 1897, 772-773). — *La fatigue des nerfs* (*Interméd. des biologistes*, 1898, 98-100; 242-245; 334-339). — *Fonction trypsinogène de la rate* (*Arch. des sc. phys. et nat.*, 1898, 180-181 et 273-274). — *Ist die negative Schwankung ein unfehlbares Zeichen der physiologischen Nerventhätigkeit?* (*C. P.*, 1899, 455-458). — *Quelques points litigieux de physiologie et de pathol. nerveuses* (*Rev. méd. de la Suisse romande*, 1900, 5-23). — *Variation négative et activité fonctionnelle* (avec Radzikowski) (*A. i. B.*, 1901, xxxvi, 66-68 et *C. P.*, xv, 1901, 386-387). — *Succagogues et pepsinogènes* (*Rev. méd. de la Suisse rom.*, 1901, 305-307). — *Beiträge zur Physiol. der Verdauung. Einfluss einiger Nahrungsmittel und Stoffe auf die Quantität des Magensaftes* (*A. g. P.*, 1901, lxxxiv, 101-114). — *Alteres, neueres und Zukunftiges über die Rolle der Milz bei der Trypsinbildung* (*Ibid.*, lxxxiv, 115-129). — *Action de la peptone et de la secrétine sur le pancréas* (*B. B.*, 1902, 507-509). — *Estomac, rate et pancréas* (*A. d. P. et de path. gén.*, 1902, 625-631). — *Altération des fibres et filaments nerveux par le curare* (*Arch. intern. de physiol.*, 1904, i, 364). — *Einige Bedenken bezuglich Waller's letzter Mittheilung* (*C. P.*, 1904, 286-287). — *Nouvelle phase de la question concernant les rapports fonctionnels entre la rate et le pancréas* (*Rev. méd. de la Suisse romande*, 1904, 548).

Divers. — *Anatomie comparée des animaux domestiques* (en russe) (Londres, 1862). — *Sulla parentela fra l'uomo e la scimie* (Florence, 1869). — *Polemica contro lo spiritualismo*

(*Riv. Europea*, 1861). — *Una gita a Jan Mayen* (*Boll. Soc. geogr. ital.*, 1870). — *Dei rapporti della teoria fisiologica della volonta colla sociologia* (Milano, 1871). — *Roberto Owen e lo experimento di Lamarck* (Florence, 1871). — *Gli animali martiri, i loro protettori e la fisiologia* (Florence, 1874). — *Gli argomenti di Bain in favore della spontaneita* (*Rass. settim.*, 1878). — *Del valore del metodo subjettivo in psicologia* (*Ibid.*, 1878). — *La generazione spontanea e la commissione della Académie des Sciences* (*Ibid.*, 1878). — *Materia e forza nel mundo inorganico e nel mundo organico* (*Rivista di Filos. scientifica*, 1881). — *L'instinct et la raison* (*Rev. scientif.*, 1883). — *La consequenze del monismo e del dualismo sono elle differenti?* (*Riv. di filosofia cientifica*, Milano, 1884). — *De l'enseignement secondaire de la Suisse romande* (2e édit., Lausanne, 1886). — *L'enseignement public au point de vue social* (Lausanne, 1887). — *Les études médicales propédeutiques en Suisse* (*Rev. méd. de la Suisse romande*, 1890, 60 et 130). — *L'abattage israélite* (*Gaz. de Lausanne*, 14 nov. 1892). — *Science et moralité* (Lausanne, 1894).

Traductions. — HERZEN. *De l'autre rive.* — MAUDSLEY. *Physiologie de l'esprit.* — WALLER. *Éléments de physiologie.* — SCHIFF. *Recueil des mémoires* (trad. des mémoires italiens et publications du 4e volume).

HESPÉRIDINE. — Glycoside cristallisable qu'on trouve dans les écorces d'orange amère (TANRET), dans les oranges sèches (HOFFMANN), dans les feuilles de *Folia Bucco* et de *Dionæa alba* (ZENETTI). Par l'acide sulfurique dilué, elle donne de l'hespéritine, du sucre et de l'isodulcite : $C^{50}H^{60}O^{27} + 3H^2O = 2C^{16}H^{14}O^6 + 2C^6H^{12}O^6 + C^6H^7O^6$.

L'essence d'orange distillée donne l'*hespéridène*, bouillant à 178°. L'hespérétine en présence de la potasse donne de l'acide hespérétique.

HÉTÉROGÉNIE. — Voyez **Génération spontanée.**

HÉTOL. — Cinnamate de soude, employé parfois comme antiseptique.

HIBERNATION. — **SOMMAIRE.** — A) **Introduction.** 1) Milieu ambiant et adaptations; 2) Le climat tempéré et périodicité annuelle. — B) **Hibernation des végétaux.** 1) *Plantes vertes à végétation hibernale*; 2) *Réserves nutritives*; 3) *La chute des feuilles*; 4) *Les échanges nutritifs des végétaux pendant l'hiver.* a) La transpiration; b) Les échanges respiratoires; c) Les matières hydrocarbonées; d) Les matières grasses; e) La teneur en eau; f) La fonction chlorophyllienne; g) La croissance des végétaux pendant l'hiver; h) La chaleur végétale. — C) **Hibernation des animaux.** — I) Espèces principales d'animaux hibernants; leurs mœurs et la durée de l'hibernation. — II) Les fonctions des animaux en état d'hibernation. 1) *La digestion.* a) La digestion gastrique. Suc gastrique et structure des glandes pepsiques. b) La digestion intestinale; structure de la muqueuse intestinale et du pancréas. c) L'absorption dans l'appareil digestif. 2) *La circulation du sang*; a) Le rythme du cœur; b) la pression artérielle; c) La vitesse du sang. 3) *La circulation de la lymphe.* 4) *Les mouvements respiratoires.* 5) *Les échanges nutritifs*; a) Les variations du poids du corps; b) Les variations du poids des organes et de leur composition chimique; c) La composition du sang (plasma, globules rouges, globules blancs et gaz du sang); d) Les réserves nutritives; α) Les hydrates de carbone; β) La graisse; γ) L'organe hibernal; e) Les échanges respiratoires; f) Le quotient respiratoire. 6) *Température du corps et calorimétrie;* 7) *La sécrétion urinaire;* a) La composition de l'urine; b) La structure du rein. 8) *Les fonctions de relation*; a) Les muscles du squelette; b) L'innervation; α) Activité des centres nerveux; β) Modifications dans la structure des centres nerveux. 9) *Le réchauffement des mammifères engourdis.* 10). Action des poisons sur les animaux en hibernation. — III) La sortie de l'hibernation. — IV) Résumé.

I. — INTRODUCTION

Par hibernation on entend généralement la propriété que possèdent certains animaux mammifères de s'engourdir pendant la saison froide. Leur température peut descendre à + 10°, et même plus bas, et suivre jusqu'à un certain point les oscillations de la température ambiante. Mais, au point de vue de la physiologie générale, ce sens du mot hibernation est trop étroit, puisque ces animaux ne sont pas les seuls à s'engourdir pendant l'hiver. Tous les êtres vivants, animaux ou végétaux, qui habitent les égions tempérées, ressentent plus ou moins l'influence de la saison froide. Les modalités qu'ils emploient pour passer l'hiver peuvent différer d'une espèce à l'autre, mais le but final n'en est pas moins celui de lutter contre le froid.

Pour arriver à ce résultat, les êtres vivants ont recours à l'un des deux moyens suivants :

a) Se défendre contre la radiation du calorique par toutes sortes de moyens protecteurs, et en compenser la perte par une surproduction de chaleur. Dans ce cas se trouvent les animaux à température constante, mammifères et oiseaux ;

b) Ralentir la marche de leurs fonctions et la régler suivant les ressources dont leur organisme dispose. Dans ce cas se trouvent tous les végétaux, tous les animaux à température variable et un petit nombre de mammifères.

Ainsi compris, le sens du mot hibernation ne sera pas à l'abri de toute critique, puisque les êtres vivants ne sont pas les seuls à subir l'influence du froid. Les corps bruts, à quelque état qu'ils appartiennent, s'en ressentent aussi. Le terme d'hibernation devrait donc leur être appliqué comme aux êtres vivants, et ce serait là le vrai sens du mot hibernation.

Mais si l'on tient compte de ce fait que le mot a été créé pour désigner un phénomène biologique, il me semble plus rationnel de l'appliquer seulement au ralentissement de la vie pendant l'hiver.

L'étude de ce ralentissement fera l'objet de cet article, et ce sera cette signification que nous donnerons au mot hibernation dans ce qui va suivre.

On désigne couramment sous le nom de sommeil ou repos hibernal, par rapprochement avec le sommeil ou repos quotidien, l'engourdissement des animaux et des végétaux pendant l'hiver. Toutefois, si l'on envisage l'ensemble des causes qui provoquent l'hibernation, la marche des différentes fonctions pendant cet état, et le but que l'organisme poursuit en ralentissant son activité, on s'aperçoit que, si le phénomène est analogue, il n'est pas toujours identique. Alors que, dans le sommeil quotidien, l'organisme cherche à réparer les pertes occasionnées par le travail, de quelque nature qu'il soit, il n'est point question dans l'engourdissement hibernal de réparer des pertes subies, mais de réduire les dépenses au minimum, afin que les réserves nutritives dont l'organisme dispose lui suffisent pour toute la saison froide. Pourtant l'usage du mot sommeil pour désigner l'hibernation est répandu dans presque toutes les langues. Nous l'emploierons le plus rarement possible, et avec les restrictions que nous venons d'indiquer.

Quoi qu'il en soit, l'hibernation ne saurait être envisagée autrement que comme une adaptation au milieu ambiant. Nous devons dire tout d'abord quelques mots sur cette grande loi de biologie.

1. **Milieu ambiant et adaptation.** — Depuis que l'on a connu dans ses grandes lignes la distribution des êtres vivants à la surface de notre planète, on s'est aperçu de l'harmonie qui règne entre la flore et la faune d'une région terrestre quelconque et les conditions de vie que cette même région peut offrir. L'ensemble des éléments : chaleur, lumière, alimentation, humidité, pesanteur, etc., constituent ce qu'on appelle en biologie le milieu ambiant (*Mésologie*).

Tout être vivant, quel que soit le règne auquel il appartienne, et quel que soit le degré de perfectionnement qu'il ait pu atteindre, se trouve complètement subordonné aux conditions du milieu dans lequel il vit. C'est en effet dans ce milieu que l'être puise la matière et l'énergie qu'il transforme sans cesse au cours de son fonctionnement normal, et on ne pourrait le concevoir séparé, même un seul instant, de ce milieu. Si à première vue les animaux supérieurs, mammifères et oiseaux, semblent avoir acquis une certaine émancipation à cet égard, ce n'est qu'une simple apparence, et la vie de ces animaux dépend entièrement du milieu qui les entoure. La supériorité qu'ils ont sur les autres animaux leur permet seulement de mieux utiliser les conditions de vie et de s'adapter aux variations du milieu.

Toute adaptation au milieu cosmique oblige l'organisme vivant à modifier certaines de ses fonctions et au besoin à s'en créer de nouvelles. Dans les deux cas une morphologie spéciale garantit l'accomplissement de ces fonctions. Cela veut dire que le milieu ambiant peut faire subir à une espèce d'animaux ou de végétaux des modifications de forme et de fonctionnement.

Buffon montra le premier la possibilité de ces transformations, mais il appartenait à

Lamarck, disciple de Buffon, de démontrer jusqu'à quel point est grande la subordination de tout organisme vivant aux exigences du milieu ambiant. Depuis, de nombreux documents, fournis par l'observation et surtout par les recherches expérimentales, ont suffi à établir la loi formulée par Lamarck. Aux termes de cette loi, les êtres vivants doivent supporter les rigueurs du milieu ambiant ; leur fonctionnement et, par cela même, leur organisation doivent se plier aux différentes variations de ce milieu ou, pour mieux dire, s'adapter à lui. Toute résistance met en danger sinon la vie de l'individu, du moins celle de l'espèce à laquelle il appartient.

Il ne faut pas croire cependant à une soumission aveugle ; l'organisme vivant possède à son tour une provision inépuisable de moyens pour lutter contre toute cause de destruction venant de l'extérieur. Si, dans cette lutte, il est obligé de céder, il le fait toujours avec un maximum de garanties, surtout pour son espèce. Nous connaissons en effet des exemples dans lesquels la même cause contre laquelle une espèce a dû se créer des moyens de défense devient au bout d'un certain temps un élément, sinon indispensable, du moins très utile à la vie de cette espèce. Ainsi il est prouvé que le froid, qui n'est certainement pas une condition de vie, devient cependant nécessaire dans les pays tempérés à la bonne germination des graines et à l'éclosion des œufs de différents insectes. Les sériciculteurs japonais connaissent depuis longtemps l'action favorable du froid intense sur la graine des vers à soie, et Duclaux a démontré par l'expérience qu'on peut obtenir une éclosion prématurée de cette graine, si celle-ci est maintenue un certain temps (47 jours par exemple) à la glacière. Grâce à ces données, les sériciculteurs possèdent aujourd'hui le moyen de faire deux élevages par an. Les choses se passent de la même manière avec les végétaux. Krasson a vu qu'on peut provoquer l'ouverture des bourgeons de saule (*Salix nigricans*) au mois de janvier en transportant les pousses dans une chambre chaude (de 15 à 22°), mais à la condition que ces bourgeons aient subi préalablement l'action d'un froid intense. De même les graines de maïs qui gèlent fournissent des plantes à végétation beaucoup plus rapide, et pouvant fructifier dans une région où le maïs ne peut d'ordinaire mûrir faute de chaleur.

Chez d'autres plantes de la même famille (le blé, le seigle), la germination des graines qui ont subi de hautes températures (de 50 à 70°) est plus rapide (Wiesner).

Les organismes vivants savent utiliser, avec un maximum de bénéfice pour eux, tous les éléments que le milieu ambiant peut leur offrir. Un bel exemple nous en est donné par les plantes des régions polaires, qui toutes sont petites, rabougries, couchées sur le sol, et se contentent du peu de chaleur que la terre leur envoie. Elles sont toutes herbacées et vivaces, alors que dans les régions tempérées ou chaudes les espèces annuelles sont très nombreuses, et que, parmi les vivaces, il y en a beaucoup qui sont arborescentes. L'inverse s'observe dans la flore maritime : tandis que, dans les mers tempérées ou froides, on trouve les géants du règne végétal, algues (*Macrocystis* et *Nereocystis*) qui atteignent une taille de 100 à 300 mètres, dans les mers tropicales les algues sont de petite taille. On peut observer des différences tout aussi grandes entre les faunes terrestre et aquatique, soit dans les régions polaires, soit dans les régions tropicales. Ainsi, si les géants du règne animal, les baleines, vivent dans les mers froides, les éléphants, qui sont les plus gros animaux terrestres, vivent dans les régions tropicales. Un autre exemple d'adaptation nous est donné par la fourrure des mammifères polaires (les lagopèdes, les lièvres blancs, les chiens groenlandais, les ours blancs, etc.) qui est extrêmement développée. Grâce à ce moyen de protection, ces animaux ne souffrent pas du froid qui peut aller jusqu'à — 52°. Le contraire s'observe chez les mammifères qui vivent dans les pays où le thermomètre monte à + 43° à l'ombre. Les moutons du Niger, de l'Aden, du Venezuela, n'ont qu'une médiocre fourrure, et la toison du mérinos introduit dans les pays chauds de l'Amérique se transforme en de raides poils. Les adaptations au milieu cosmique peuvent être démontrées par voie expérimentale, surtout pour les espèces à évolution rapide. Ainsi G. Bonnier, prenant des graines de même origine, les a cultivées en partie à Paris, en partie dans les Alpes et les Pyrénées. La figure 91, donnée par Bonnier dans son travail, montre combien est grande la différence de forme entre les plantes de même espèce (*Helianthus tuberosus*) qui ont poussé à Paris (P) et celles qui ont poussé dans les Alpes et les Pyrénées (M).

La science possède aujourd'hui de nombreux exemples de transformisme expérimental, aussi bien dans le règne végétal que dans le règne animal. Ces modifications imprimées à une espèce par un nouveau milieu deviennent des caractères acquis pour elle. La plupart de ces caractères sont héréditaires, et l'espèce peut les garder un certain temps, même après retour dans le premier milieu.

2. **Climat continental tempéré et périodicité annuelle dans les manifestations de la vie chez les végétaux et les animaux.** — Parmi les différents éléments dont l'ensemble constitue la caractéristique d'un climat, la chaleur est assurément le plus important. Nous ne pouvons pas insister sur le rôle de la chaleur comme condition de vie (voir **Chaleur**). Nous allons rappeler seulement que la température nécessaire aux différentes espèces d'animaux ou de végétaux n'est pas la même. Entre 2°, température à laquelle vivent les algues des mers boréales (KJELLMANN) et 60°, température des sources thermales à laquelle vivent certains végétaux inférieurs, il y a toute une gamme de températures auxquelles se sont accommodées les différentes espèces. En effet, la distribution de la chaleur n'est pas uniforme à la surface de notre planète. A cet égard, KOEPPEN divise la terre en six zones :

1) Une zone polaire où tous les mois sont froids (au-dessous de — 10°).

2) Une zone froide où il y a de un à quatre mois tempérés et les autres froids.

3) Une zone tempérée froide avec un été tempéré et un hiver froid.

4) Une zone tempérée chaude avec un été chaud.

5) Une zone sub-tropicale ayant de nombreux mois chauds.

6) Une zone tropicale ayant tous les mois chauds (au-dessus de + 20°).

FIG. 91. — Topinambour : *P*, individu développé dans la plaine ; *M*, individu développé sur la montagne (ces deux dessins sont au même grossissement). *M'* le second dessin grossi. Cultures expérimentales de G. BONNIER.

La figure 92 montre l'étendue de chacune de ces zones.

Les zones 3 et 4, ayant un climat tempéré, dans lequel la température descend en hiver et monte en été, offrent par conséquent une périodicité thermique annuelle.

Les êtres vivants qui peuplent ces zones ressentent l'influence de cette périodicité ; et chez certains d'entre eux (les hibernants), l'activité fonctionnelle générale suit de près la marche de la température extérieure, diminuant en hiver, augmentant en été comme la chaleur.

Mais, parmi ces êtres vivants, animaux ou végétaux, il en est dont la vie est courte et auxquels quelques mois de chaleur suffisent pour les conduire au terme de leur existence ; les plantes annuelles, un grand nombre d'insectes, etc., font partie de cette catégorie. Il en est d'autres, comme les plantes bisannuelles, les insectes à métamorphoses complexes (hanneton, etc.), qui demandent deux années et plus pour parcourir leur cycle de vie. Les premiers passent l'hiver à l'état de graine (plantes annuelles) ou d'œufs (certains insectes) ; les seconds à l'état de racines ou de rhizomes (plantes bisannuelles), ou à l'état de chenilles, de nymphes (beaucoup d'insectes), etc. Toutes ces formes de transition ne rentrent pas dans le cadre de cet article. Nous n'étudierons ici que les oscillations périodiques annuelles dans la vie d'un même individu, oscillations réglées pour ainsi dire par la périodicité annuelle des saisons. Il ne sera donc question ici que des plantes vivaces et des animaux qui subissent l'engourdissement hivernal.

Les animaux à température constante (oiseaux et mammifères) semblent échapper à l'influence des saisons. Cependant leur fonctionnement s'en ressent, comme nous allons le voir plus loin.

Quoi qu'il en soit, la périodicité annuelle constitue un caractère acquis par l'espèce, animale ou végétale, et devient héréditaire au même titre que d'autres caractères qui lui sont imprimés par le milieu ambiant. Ainsi les végétaux des pays tempérés, étant transportés dans des régions où la température reste presque la même pendant toute l'année, conservent néanmoins un certain temps leur végétation périodique. Un exemple nous en est donné par la vigne, qui, transportée dans l'île de Ceylan, continue à se reposer 157 jours par an, et cette période peut correspondre à d'autres saisons que l'hiver des pays tempérés.

Quand on parle donc de la périodicité annuelle des êtres vivants, il faut l'attribuer à deux ordres de causes :

1) Causes primaires qui dépendent du milieu cosmique ;

2) Causes secondaires qui tiennent à la fixation héréditaire des caractères acquis par l'espèce.

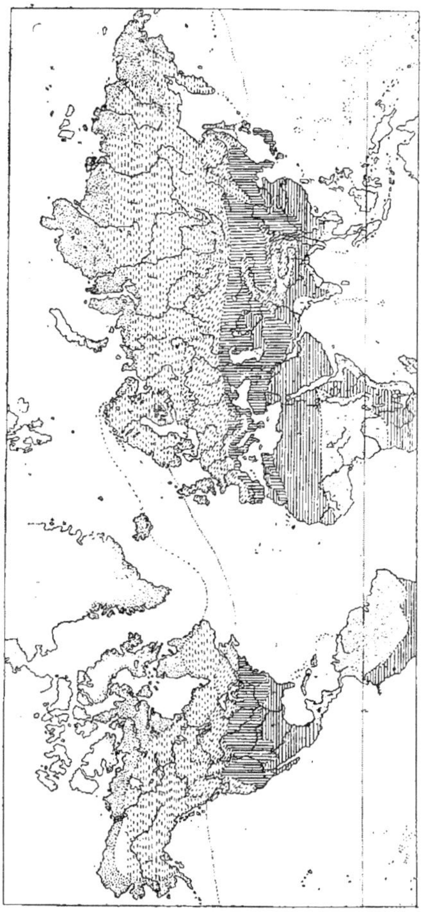

Parmi les causes primaires, la plus importante de toutes est la chaleur, surtout pour la vie des végétaux. Chaque plante, qu'elle soit annuelle, bisannuelle ou vivace, exige une certaine température pour accomplir son cycle évolutif (annuel, bisannuel ou périodique), c'est-à-dire pour arriver à la production de la graine.

Fig. 92. — Carte des zones de température. — ⁙ Pointillé lâche, *zone polaire* (tous les mois au-dessous de 10°). — ⁙ Traits coupés et horizontaux, zone *froide* (8 mois froids). — /// Traits coupés inclinés, zone *tempérée froide* (été tempéré, hiver froid). — ||| Traits verticaux, zone *tempérée chaude* (été chaud). — ≡ Traits horizontaux, zone *subtropicale* (4 à 11 mois au-dessus de 20°). — ▒ Fin pointillé, zone *tropicale* (tous les mois chauds, au dessus de 20°). — Le trait horizontal représente l'équateur (d'après Koeppen).

Cette température peut ne pas être la même pour les différentes phases de ce cycle (germination, floraison, feuillaison, etc.); mais dans un climat donné il y a toujours une température minima pour chaque espèce, température absolument indispensable à l'accomplissement de ces phases. Il s'établit ainsi une relation des plus étroites entre la durée de la période végétative et la quantité de chaleur que le milieu ambiant met à la disposition de sa flore. C'est ce qu'Adanson et Boussingault ont appelé : « somme de température moyenne pour une période végétative donnée ». Boussingault a déterminé cette somme en prenant la moyenne des températures depuis le commencement de la période végétative et en la multipliant par le nombre de jours que dure cette période. Il a découvert ainsi la loi fondamentale d'après laquelle la longueur de la période végétative est inversement proportionnelle à sa température moyenne. L'observation suivante de de Candolle est très démonstrative : il a vu que les bourgeons foliacés de *Populus alba* et de *Carpinus betulus*, qui vivent à Genève, évoluent plus vite à égalité de température que ceux de même espèce qui vivent à Montpellier. Quand la plante ne trouve pas la somme minimum de chaleur qui lui est indispensable pour sa végétation, il ne faut pas croire qu'elle soit toujours condamnée à disparaître. La flore des régions froides nous donne de merveilleux exemples d'une autre adaptation. Une plante annuelle dans la plaine devient bisannuelle sur la montagne (*Gentiana campestris*). Ne trouvant pas dans la première année toute la quantité de chaleur nécessaire à son évolution, la plante arrête sa végétation pendant la saison froide et avec ses réserves nutritives elle peut attendre l'année suivante pour compléter son évolution.

Sa durée végétative est donc devenue bisannuelle. Chez d'autres, cette durée peut être de plusieurs années.

Les différences de température des saisons, trait caractéristique du climat continental tempéré, sont moins appréciables dans les climats maritimes et presque insignifiantes dans les milieux aquatiques à une certaine profondeur. Ainsi dans les lacs de la Suisse la température du fond ne varie que de 5° en moyenne pendant toute l'année. Il n'est donc pas surprenant que beaucoup de végétaux qui vivent dans ces lacs gardent leur feuillage vert pendant les mois d'hiver.

Si nous avons insisté un peu sur cette question d'adaptation aux conditions du milieu cosmique, c'est parce que l'hibernation rentre forcément dans cet ordre de phénomènes. Quelle que soit sa modalité, elle représente en dernière analyse un moyen de défense contre le froid.

Dans ce qui va suivre on verra combien les différentes fonctions de l'organisme en hibernation concourent vers ce but suprême.

II. — HIBERNATION DES VÉGÉTAUX

1. Plantes vertes à végétation hibernale. — En dehors des algues qui vivent aux températures très basses des mers boréales (— 2°) ou qui poussent sur les champs de neige de ces mêmes régions, en la colorant en rouge, on connaît des espèces de phanérogames dont la végétation se fait pendant les mois d'hiver. Ainsi l'*Helleborus* fleurit au mois de décembre ou de janvier, et son évolution se poursuit pendant tout l'hiver. Ce ne sont pas ces espèces qui vont nous occuper. Ce qui va suivre traite spécialement des plantes dont la végétation subit pendant l'hiver un grand ralentissement, constituant ce que l'on appelle communément le repos hibernal.

Toutes les espèces de végétaux ne passent pas l'hiver de la même façon. Les plantes annuelles sont généralement à l'état de graine pendant cette saison. Elles parcourent toute leur évolution du printemps à l'automne, où elles meurent après avoir produit la graine qui doit continuer l'année suivante la vie de l'espèce suivant le même plan évolutif. Exception doit être faite pour certaines espèces comme le blé d'hiver ; la graine germe dès l'automne, et la plantule arrête son développement, aussitôt l'hiver arrivé, pour le reprendre au printemps.

Les plantes herbacées bisannuelles ou vivaces terminent aussi leur période végétative à la fin de l'été. Alors toutes les parties vertes se dessèchent et sont abandonnées, la plante ne gardant que les parties souterraines (racines, tubercules, rhizomes ou bulbes, suivant l'espèce). Au printemps suivant, de nouvelles pousses sortent de la terre pour parcourir la même évolution.

Parmi les végétaux ligneux, arbres, arbustes et arbrisseaux, les uns perdent tout leur feuillage à l'entrée de l'hiver (arbres à feuilles caduques) ; les autres restent verts pendant toute l'année (arbres à feuilles persistantes). Leurs feuilles vivent deux, trois ou quatre ans (conifères), et elles ne tombent pas toutes à la fois ; la chute des unes coïncide avec l'apparition des autres, de sorte que l'arbre garde le même aspect en toute saison.

En résumé, les végétaux vivant dans les climats tempérés passent l'hiver sous une des formes suivantes :

a) A l'état de graine ;
b) A l'état de racine, bulbes, rhizomes ou tubercules ;
c) A l'état d'arbre sans feuilles ;
d) A l'état d'arbre avec tous ses organes.

Pour bien suivre la marche des différentes fonctions chez les végétaux pendant l'hiver, nous allons examiner tout d'abord quelques phénomènes préparatoires en vue de l'hibernation, comme la disposition des réserves nutritives et la chute des feuilles.

2. **Les réserves nutritives.** — Chez les plantes annuelles, toutes les réserves nutritives se concentrent dans la graine, alors que, chez les vivaces, ces réserves se déposent en partie dans la graine et en partie dans certains parenchymes hautement spécialisés pour cela. Les organes aptes à recevoir de pareilles réserves alimentaires varient chez les différentes espèces de végétaux. Ainsi, chez l'*Ipomée batate* (convolvulacée), la racine peut se charger d'une grande quantité de fécule (15 p. 100) et d'albumine (1 à 1,5 p. 100). La racine-tubercule du Dahlia est riche en inuline et en tyrosine ; la racine-tubercule de la Betterave (*Betta vulgaris*) contient de 10 à 15 p. 100 de son poids frais de saccharose et 1,5 p. 100 de substances albuminoïdes. La racine fasciculée et charnue du Manihot est très riche en fécule.

La tige aérienne des Palmiers a une moelle riche en amidon (dont on retire le sagou), mais, chez les plantes herbacées, la tige qui fait des réserves nutritives devient souterraine (rhizomes): ainsi le rhizome charnu de l'Hélianthe (topinambour) est très riche en inuline. Il contient aussi de l'hélianthémine et de la synanthrine, mais en plus faible proportion.

Le rhizome tubéreux du *souchet comestible* (*Ciperus esculentus*) est riche en fécule et en sucre. Le rhyzome annuel de l'épiaire comestible (*Stachys esculenta*) est riche en galactane.

Le tubercule de la morelle tubéreuse ou pomme de terre est riche en fécule.

Les bulbes (bourgeons souterrains) de Jacinthe et de Lys sont gorgés de réserves nutritives (amidon et inuline).

En dehors de ces plantes ayant des organes spécialement destinés à garder les réserves alimentaires, il y en a d'autres — les arbres à feuilles caduques ou persistantes, — chez lesquelles les réserves sont disséminées dans presque tous les parenchymes des racines, des tiges, des branches et des feuilles. Les principes actifs des végétaux (la populine, la syringine, la fraxine, la ligustine, la dulcamarine, la conicine, la saponine, la digitaline, etc.) sont susceptibles d'une mise en dépôt pendant l'hiver, comme les matières dites de réserve, ainsi que Roussel (1900) l'a démontré. Chez les plantes à vie aérienne éphémère, ces principes s'accumulent dans les parties souterraines ; ils se déposent au voisinage des bourgeons chez les plantes à tige aérienne persistante.

3. **Chute des feuilles.** — La plupart des arbres qui vivent dans les pays à climat tempéré perdent leurs feuilles pendant l'hiver. Longtemps on a cru que la chute des feuilles était provoquée directement par le froid ; vu la fragilité de ces organes, ils seraient mortifiés par la congélation, dès que les gelées blanches feraient leur apparition. Cette explication est certainement insuffisante, et les recherches de Tison, Molisch, Fouilloy, etc., prouvent que le mécanisme du phénomène est bien plus complexe. Sous l'influence de causes périodiquement répétées les arbres ont pris l'habitude de pratiquer eux-mêmes l'amputation de leurs feuilles avant le commencement de l'hiver. Si l'on examine en effet ce qui se passe dans les tissus qui relient la feuille à la tige, on constate, dans la bande transverse du méristème, l'apparition d'une couche cellulaire spécialisée, dite couche séparatrice. Il est important de suivre les modifications des éléments de cette couche jusqu'à ce que la feuille tombe. Quand la couche séparatrice est formée d'une seule rangée de cellules, celles-ci s'allongent, leurs parois s'amincissent et finalement se déchirent, d'où déhiscence (chute de la feuille). Lorsque la couche séparatrice comprend plusieurs assises, la déhiscence est le résultat du décollement qui s'établit entre certaines cellules. Les parois cellulaires subissent dans toute la couche une sorte de gélification due à la formation d'un mucilage pecto-cellulosique ; et les cavités cellulaires se trouvent ainsi dépourvues de toute membrane les limitant directement.

Cette transformation serait l'œuvre d'un ferment sécrété par les cellules (Wiesner).

Le mucilage se dissout dans la région de déhiscence, et, à partir de ce moment, les éléments lignifiés (vaisseaux et fibres) qui relient la feuille à la tige, ne constituent qu'un soutien insuffisant, et la feuille finit par tomber, soit par son propre poids, soit sous la poussée des courants d'air qui favorisent beaucoup sa chute.

Pendant que ces phénomènes se passent dans la couche séparatrice, les éléments voisins ne restent pas indifférents ; car la plaie qui résulte du décollement de la feuille doit se couvrir d'un tissu cicatriciel. Les tissus primaires du coussinet subissent à cet effet une transformation ligno-tubéreuse, tandis que se développent des tissus secondaires (liège cicatriciel).

Chez quelques espèces, la formation du tissu cicatriciel se fait après la chute de la feuille.

Quel que soit le mode de formation du tissu cicatriciel, on peut distinguer dans sa constitution une couche lignifiée sus-cicatricielle, provenant des tissus du pétiole, et une couche de liège avec tissu secondaire, provenant tous deux du coussinet.

D'après ce qui précède, on voit clairement que la chute des feuilles est un processus physiologique dans lequel il faut distinguer : la formation de la couche de séparation dans le méristème et la préparation du tissu cicatriciel.

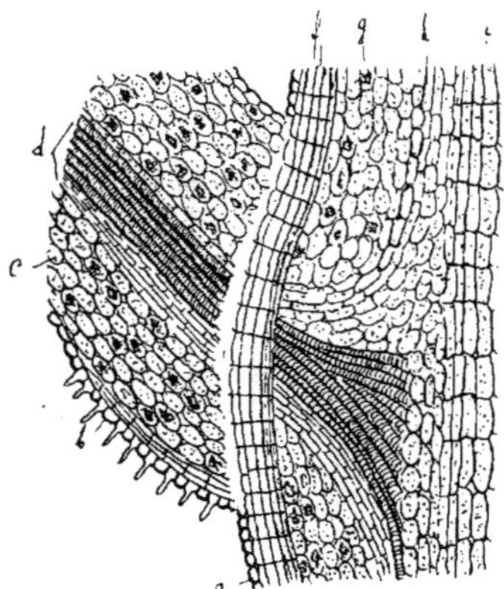

Fig. 93. — Coupe longitudinale de la tige et de la base d'une feuille de Marronnier, au moment de la chute. — *a*, épiderme de la tige et liège ; *b*, épiderme à poils simples de la feuille et couche mince de liège ; *c*, parenchyme oxalifère ; *d*, faisceau libéro-ligneux ; *fa*, liège de la cicatrice foliaire ; *gh*, écorce ; *i*, zone périphérique de la moelle (d'après Belzung).

Ces phénomènes demandent un certain temps pour s'accomplir ; et, si le froid arrive brusquement, les feuilles sont tuées par la congélation, et elles tombent avant que la couche de séparation ait eu le temps de se faire.

4. Les échanges nutritifs des végétaux pendant l'hiver. — Toutes les plantes vivaces des pays tempérés ne passent pas l'hiver dans le même état. Les plantes herbacées ne gardent pendant cette saison que les parties souterraines : racines, rhizomes, bulbes, tubercules, etc., suivant l'espèce. La plupart des plantes ligneuses ou arborescentes conservent leurs racines et leur tige aérienne, et ne perdent que les feuilles. Enfin, il y en a parmi ces dernières qui gardent tous leurs organes, y compris les feuilles : ce sont les arbres dits *toujours verts* ou à feuilles persistantes, parmi lesquels on peut citer les conifères, *Buxus sempervirens*, le Chêne vert, le Rhododendron, *Taxus bacata*, etc.

Quand on voit la grande activité fonctionnelle qui règne dans les arbres à la sortie de l'hiver, on pourrait croire que toute manifestation de la vie est arrêtée pendant cette saison. Les recherches de physiologie végétale ont prouvé cependant que ces plantes ne restent pas absolument inactives pendant la saison froide. Le repos hibernal est très relatif, et nous savons aujourd'hui que pendant l'hiver des phénomènes chimiques et morphologiques se manifestent dans les divers organes végétatifs. Quelquefois il ne s'agit que d'un faible remaniement dans les réserves nutritives ; d'autres fois, on peut constater de vrais phénomènes de synthèse, comme cela a lieu dans les arbres à feuilles persistantes.

Nous allons maintenant passer en revue la marche des principales fonctions végétatives pendant l'hiver.

a) **La transpiration.** — On sait que la transpiration est une fonction fondamentale de la vie des plantes, puisque c'est elle qui règle l'absorption par les racines et la circulation de la sève. Mais cette fonction est subordonnée à deux ordres de causes :

1) A la surface d'évaporation ;

2) A la température du milieu ambiant.

En hiver, les arbres à feuilles caduques ont une transpiration réduite au minimum par la perte des organes essentiels de la transpiration (les feuilles) et par l'abaissement de la température. En voici un exemple probant : Hartig a mesuré l'eau perdue journellement et pendant les diverses époques de l'année, par un Hêtre âgé de 6 ans :

	Eau perdue par jour, en grammes.
En hiver	1,20
A l'époque de l'éruption des feuilles	10,80
Quand les feuilles sont à moitié développées	62 »
Quand les feuilles sont complètement développées	122 »

La transpiration est aussi très ralentie, même chez les arbres qui restent toujours verts et, parmi ceux-ci, elle serait moins intense chez les conifères que chez le *Buxus sempervirens*, le Chêne vert, etc.

b) **Les échanges respiratoires.** — Toutes les recherches ont fait constater une diminution remarquable dans l'intensité des échanges respiratoires des végétaux pendant l'hiver, non seulement chez les arbres à feuilles caduques, mais aussi chez ceux qui restent toujours verts. Pour ces derniers, on trouve en outre que la respiration peut être entièrement supprimée à — 35 ou — 40°, et cependant les feuilles continuent à décomposer l'acide carbonique et à éliminer l'oxygène. Il y a là un bel exemple de dissociation des fonctions respiratoire et assimilatrice.

L'intensité des échanges respiratoires n'est pas seule à subir une diminution pendant l'hiver; le rapport $\frac{CO^2}{O^2}$ ou quotient respiratoire, diminue en même temps. Les expériences de G. Bonnier et Mangin, faites sur le Genêt (*Sarotamnus scoparius*), prouvent en effet que le quotient respiratoire est 0,6 pendant l'hiver et 0,9 au printemps. Nous verrons que chez certains animaux (Mammifères hibernants), ce quotient respiratoire diminue aussi pendant l'hiver. Le phénomène serait dû aux mêmes causes, c'est-à-dire à la consommation des matières grasses.

Mais il était intéressant de savoir si, à l'exclusion de la température, la saison elle seule pourrait avoir une influence sur les échanges respiratoires. Schmidt (1902) a répondu à cette question dans l'étude qu'il a faite sur la respiration, en été et en hiver, des feuilles qui vivent plusieurs années. Il a expérimenté à une même température sur les feuilles des espèces suivantes : *Rhododendron maximum hybridum*, *Hedera Helix*, *Buxus sempervirens*, *Picea excelsa Lmk.*, *Ilex aquifolium*, *Thuja occidentalis*, *Camelia Japonica*, *Evonymus Japonica* et *Dammara robusta*; et sur les branches de *Fraxinus ornus*, et de *Aesculus lutea*.

D'une manière générale les échanges respiratoires des feuilles et des branches sont, à égalité de température, plus grands en été qu'en hiver. Pour quelques espèces comme *Hedera*, *Ilex*, etc., l'inverse a pu être constaté ; les échanges d'hiver ont dépassé ceux de l'été. Le quotient respiratoire est plus grand en été qu'en hiver; mais il y a des cas où ce quotient reste le même pendant ces deux saisons.

Les échanges respiratoires des feuilles jeunes sont plus grands que ceux des feuilles âgées. Ainsi les feuilles de Rhododendron produisent en été par kilogramme et par heure 310 cc. de CO^2 dans la première année ; 159 cc. de CO^2 dans la seconde année ; et 111 cc. de CO^2 dans la troisième année de leur existence.

c) **Les échanges dans les matières hydrocarbonées.** — Russow (1882) a observé le premier que l'amidon disparaissait dans l'écorce des arbres au commencement de l'hiver, sans savoir ce que devenait cet amidon. Les recherches de Fischer (1899-1901) ont fourni en partie une réponse à cette question. En poursuivant l'évolution du glucose et de l'amidon des arbres pendant les différentes époques de l'année, Fischer a trouvé que pendant l'hiver l'amidon pouvait se transformer en glucose, dans certains tissus, comme ceux de l'écorce, ou en huile grasse, comme dans la moelle du bois. S'appuyant sur cette constatation, Fischer divise les arbres en deux classes :

a) Arbres à amidon (*Stärke-Bäume*) ;

b) Arbres à graisse (*Fett-Bäume*).

Dans les premiers, la teneur en amidon présente un maximum en automne (commencement de Novembre). A partir de cette époque la quantité d'amidon va en diminuant, passe par un minimum (mois d'hiver) pour se régénérer au printemps (Mars et

Avril); passe ensuite par un second maximum (Avril), après quoi cet amidon subit une nouvelle dissolution et un second minimum (Mai). Pendant les mois d'été, la réserve en amidon va en augmentant jusqu'en automne.

Dans les seconds (arbres à graisse), l'amidon de la moelle du bois et de l'écorce se transformerait en huile grasse, transformation qui serait totale dans certaines espèces comme *Tilia*, *Betula*, *Pinus sylvestris*, etc., partielle dans d'autres, comme *Evonymus Japonicus*.

Fischer a trouvé encore que la transformation de l'amidon en glucose était un phénomène réversible, et il a prouvé cela par l'expérience. Au moyen de la chaleur, on peut faire apparaître pendant l'hiver l'amidon dans certains tissus qui ne contenaient auparavant que du glucose. La contre-épreuve a été faite plus tard par Czapek, qui a pu réaliser la transformation de l'amidon en sucre au moyen du froid artificiel sur la pomme de terre et sur les branches et la tige des plantes ligneuses.

Les résultats de Fischer ont été contestés par Ionescu, qui n'a pu constater ni une diminution de l'amidon pendant l'hiver, ni sa régénération sous l'influence de la chaleur.

Mais les recherches ultérieures ont donné gain de cause à Fischer. Ainsi Lutz, expérimentant sur le Hêtre (*Fagus sylvatica*), a trouvé à la fin d'octobre une migration de l'amidon des régions profondes du bois vers l'écorce où il se transforme en huile grasse et en glucose. La même constatation a été faite par Rosemberg, dans les rhizomes de *Spiræa Ulmaria* et dans les parties souterraines de *Plantago Major*, de *Hepatica triloba*, etc.

Mer a confirmé aussi les résultats de Fischer quant aux évolutions des matières amylacées pendant les différentes époques de l'année. De plus, il a cherché la teneur en amidon des différents tissus des arbres, et il a trouvé que sous ce rapport on pourrait diviser les arbres en quatre groupes:

a) Arbres dans lesquels le liber et le bois sont dépourvus d'amidon (*Populus*, *Corylus*, *Alnus*, *Pinus*, etc.).

b) Arbres dans lesquels le liber seulement est dépourvu d'amidon (*Quercus*, *Robinia*, *Fagus*, *Fraxinus*, *Salix*, etc.).

c) Arbres dans lesquels le bois seulement est dépourvu d'amidon (*Tilia*).

d) Arbres dans lesquels le liber et le bois sont pourvus de faibles quantités d'amidon.

La question a été reprise récemment par Leclerc du Sablon, qui a dosé les réserves hydrocarbonées dans la tige et la racine des plantes ligneuses pendant les différentes époques de l'année. Avec les chiffres donnés par cet auteur, nous avons construit la courbe suivante (Fig. 94) :

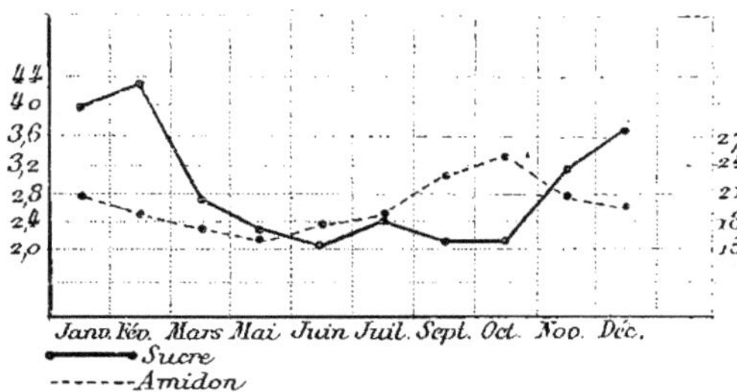

Fig. 94. — Réserves nutritives suivant les saisons dans la tige du châtaignier (Leclerc du Sablon).

Le sucre et l'amidon suivent, d'après Leclerc du Sablon, une marche analogue dans les arbres qui restent toujours verts (le Chêne vert, le Pin d'Autriche, le Fusain du Japon, etc.).

En dehors de ces hydrates de carbone, Schellenberg a découvert dans les racines des Plantaginées une accumulation d'hémicellulose pendant l'hiver.

Les hydrates de carbone subissent les mêmes transformations dans les rhizomes, les tubercules et les bulbes. Aussi Leclerc du Sablon (1898) a-t-il constaté dans les bulbes de *Hyacinthus orientalis* une transformation de l'amidon en dextrine et puis en sucre; de même dans l'Oignon (*Allium Cepa*), le saccharose se transforme en glucose pendant l'hiver.

Dans les arbres qui restent toujours verts, l'amidon passe par un minimum au mois de janvier, suivant LIDFORST (1896) et MYAKE (1899).

Que pourrait signifier la présence du glucose dans les tissus végétaux en hiver? Tout semble prouver qu'il ne s'agit pas là d'une consommation exagérée de cet hydrate de carbone. L'augmentation de sa quantité aurait un autre but : celui d'élever la concentration moléculaire des liquides organiques. Le point de congélation de ces liquides se trouvant ainsi abaissé, la résistance de la plante au froid devient par cela même plus grande.

d) **Les échanges dans les matières grasses.** — A part la graisse qui se trouve répandue dans les différents tissus, il semble que pendant l'hiver la quantité de cette substance puisse augmenter dans les parties de l'organisme végétal qui sont le plus exposées au froid. Aussi MER a-t-il vu apparaître des gouttelettes de graisse dans les cellules superficielles des feuilles persistantes (*Hedera Helix*, *Buxus sempervirens*, *Evonymus Japonicus*), alors que la chlorophylle émigre vers les régions profondes. Une augmentation de la graisse pendant l'hiver a été constatée encore par CZAPEK (1901) dans les cellules mésophylles des feuilles, et par LUTZ (1895) dans l'écorce du tronc et des branches des arbres. Cette graisse provient des hydrates de carbone et surtout de l'amidon qui diminue et même disparaît de ces tissus pendant l'hiver. SALVONI (1905) pense que chez les végétaux, comme chez les animaux, la graisse aurait un double rôle : *a*) produire de la chaleur par sa combustion; *b*) empêcher la perte de chaleur par sa mauvaise conductibilité. Les arbres qui restent toujours verts nous donnent une preuve à l'appui de cette manière de voir, en ce qu'ils sont très riches en graisses et résines de toute sorte. Le pin maritime qui meurt aux températures basses est absolument dépourvu de résine (R. DUBOIS).

e) **Les changements dans les matières albuminoïdes** sont moins bien connus que dans les hydrates de carbone et les graisses. Suivant LECLERC DU SABLON, la racine et la tige des arbres à feuilles persistantes sont plus riches en azote pendant l'hiver que pendant l'été. Au printemps, dès que la végétation commence, ces organes cèdent une partie de leur azote aux feuilles. Les réserves albuminoïdes faites en prévision de l'hiver seraient donc plutôt destinées à être utilisées au printemps suivant. SUZUKI (1897) a en effet constaté, pendant cette dernière saison, une grande production de protéosomes (albumine active) qui proviendraient des réserves albuminoïdes.

f) **La teneur en eau.** — Les recherches de LECLERC DU SABLON prouvent que la racine et la tige des arbres à feuilles caduques (ses expériences ont été faites sur le châtaignier) contiennent moins d'eau en hiver qu'au printemps. La courbe suivante montre la variation dans la quantité d'eau du châtaignier pendant les différentes époques de l'année. (Fig. 95).

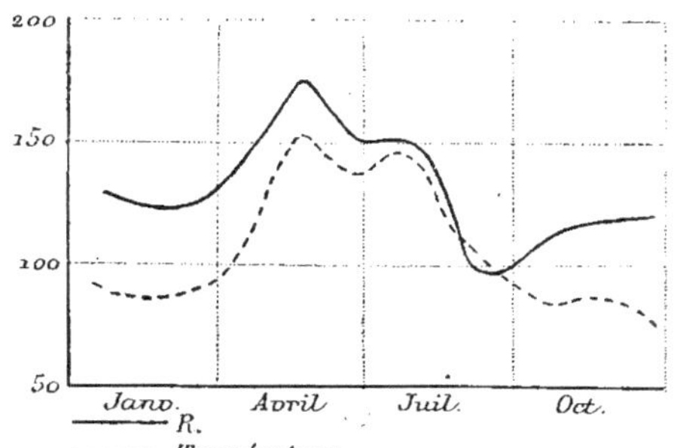

Fig. 95. — Variations d'eau dans le châtaignier suivant les saisons, d'après LECLERC DU SABLON.

g) **La fonction chlorophyllienne.** — Chez les arbres toujours verts la fonction assimilatrice des feuilles persiste pendant l'hiver, mais son activité est très diminuée. Ses organes se munissent contre le froid de différents moyens de protection, dont le plus général est l'épaississement de la cuticule (MER, SCHOSTAKOWITSCH). Chez certaines espèces, comme *Primula Alpina*, cet épaississement ne se produit pas, mais les cellules épidermiques sécrètent un mucus qui se dépose entre elles et qui joue un rôle protecteur (LAZINEWSKI). Chez d'autres, à la face supérieure de la feuille, entre l'épiderme et le tissu palissadique, se trouve emprisonnée une couche d'air qui s'oppose à la perte de chaleur au niveau de cette surface. C'est à l'accumulation de cet air que sont dues les taches blanc d'argent que l'on observe à la face supérieure des feuilles de *Galeobdolon Luteum*.

On peut citer encore, parmi les moyens de défense contre le froid sec, la richesse en acide tannique de certains bourgeons foliacés. Cet acide très hygroscopique s'oppose énergiquement à la dessiccation que pourraient produire les vents secs de l'hiver. Malgré tous ces moyens de défense, la chlorophylle est détruite en partie pendant l'hiver ou transformée en un pigment coloré, généralement brun. Quand elle résiste, elle émigre vers les régions profondes où elle continue sa fonction de synthèse ; on constate son activité chez le Lierre, où il se produit, pendant l'hiver, de l'amidon qui se dépose dans les tissus du pétiole (Mer, 1876).

D'autres fois la chlorophylle se transforme en érythrophylle qui se dépose à la face inférieure des feuilles du *Galeobdolon*, de *Saxifraga cuneifolia*, etc. Il est prouvé aujourd'hui que le rôle de ce pigment rouge est d'absorber la chaleur rayonnante du sol, comme celle qui lui vient directement du soleil. Kny a observé en effet que la température de l'eau où baignent les feuilles rouges est plus haute que celle de l'eau où baignent les feuilles vertes.

h) **La croissance des végétaux** pendant l'hiver est réduite au minimum par suite du ralentissement de toutes les fonctions, et spécialement de la synthèse chlorophyllienne. Les mutations des réserves nutritives et surtout des matières hydrocarbonées ne provoquent pas de constructions histologiques nouvelles. L'activité cambiale est arrêtée pendant l'hiver (Mer, 1892), de même que le processus de lignification. Le développement des nouvelles racines, qui marche de pair, comme l'on sait, avec le développement des feuilles (Wieber, 1894) est arrêté également. Seuls, les bourgeons semblent s'accroître pendant l'hiver, mais très lentement. Ainsi Askenasy (1877) constate que le développement de ces organes durant les 3 mois 1/2 d'hiver n'est que la huitième partie du développement qu'ils prennent au printemps.

i) **La chaleur végétale.** — La température des tubercules a été trouvée supérieure de 1 à 2° à celle du milieu ambiant (Seignette) (1889). Un fait analogue a été constaté pour la température du tronc des arbres. Il est en effet d'observation courante que c'est autour des arbres que la neige fond le plus vite. Quelle pourrait être l'origine de cette chaleur végétale à une époque où les échanges respiratoires sont presque insignifiants? Il est certain que la plus grande quantité de cette chaleur a été produite pendant la période végétative, et que c'est grâce à ses divers moyens de défense contre la perte par radiation, que la plante a pu garder ce faible excès de chaleur. On peut citer parmi ces principaux moyens :

1) Le ralentissement de la transpiration et de la circulation chez les arbres à feuilles caduques ;

2) Une structure spéciale des feuilles chez les arbres toujours verts ;

3) Une production d'huiles grasses chez certaines espèces végétales.

Une autre partie, si petite qu'elle soit, de cette chaleur végétale provient des échanges nutritifs qui, tout en étant très ralentis, ne cessent pas d'avoir lieu en hiver, comme nous l'avons vu plus haut.

III. — HIBERNATION DES ANIMAUX.

1. Espèces principales d'animaux hibernants. — Leurs mœurs. — Sauf les oiseaux, auxquels leurs moyens de locomotion permettent de franchir les distances pour trouver les climats qui leur conviennent, tous les animaux sont forcés de subir les rigueurs du milieu qu'ils habitent. Mais il n'est pas indifférent que ce milieu soit aquatique ou aérien. Le premier, surtout dans les grandes profondeurs, présente une constance remarquable dans les conditions qu'il offre à la vie. Ainsi, au fond de la mer, la température reste presque la même pendant toute l'année. Les êtres vivants qui s'y trouvent n'ont pas à lutter contre le froid; il n'y a donc pas d'hibernants parmi eux. Cependant la faune maritime du littoral et celle des eaux douces de petite profondeur subissent manifestement l'influence de l'hiver. — Cette influence est encore plus accentuée sur les animaux à vie aérienne. Un grand nombre de ces derniers ralentissent leurs fonctions pendant l'hiver, tout comme les végétaux. On peut même pousser le rapprochement très loin et distinguer parmi ces animaux : *a*) des espèces à évolution annuelle (Lépidoptères, Orthoptères, etc.) qui passent l'hiver dans un état embryonnaire analogue à celui de la graine végétale ; *b*) des espèces à évolution bisannuelle ou pluriannuelle (certains insectes) qui passent l'hiver à l'état de larve, de nymphe ou de chrysalide ; *c*) des espèces vivaces qui passent l'hiver en plein état de développement.

Exception faite pour les oiseaux[1], toutes les classes d'animaux fournissent des contingents variables d'espèces hibernantes. Ainsi, parmi les animaux à température variable (Vertébrés ou invertébrés), les espèces qui ne s'engourdissent pas pendant l'hiver doivent être considérées comme exception. Le contraire s'observe chez les animaux à température constante : ce sont ici les espèces hibernantes qui sont l'exception. Qu'il s'agisse de l'un ou de l'autre de ces deux groupes d'animaux, on constate, dans la même classe et le même genre, des espèces hibernantes à côté d'espèces très voisines qui ne le sont pas. Ainsi, parmi les mammifères rongeurs on distingue, à côté de la marmotte, hibernant par excellence, le campagnol des neiges qui garde son activité habituelle pendant tout l'hiver. Il creuse des galeries sous la neige pour aller chercher les racines et les herbes qui constituent sa nourriture. De même, parmi les insectes, presque tous hibernants, on connaît des espèces comme *Hibernia*, *Larentia*, *Nyssia*, *Podura*, etc., qui ne s'engourdissent pas en hiver, et d'autres encore, comme *Desoria glacialis*, qui vivent toute l'année dans les glaciers de la Suisse.

La distinction entre les animaux hibernants et non hibernants est le plus souvent impossible à faire, vu l'absence de caractères morphologiques et physiologiques nettement distinctifs ; c'est-à-dire qu'à l'heure actuelle il est impossible de dresser la liste complète de tous les animaux qui s'engourdissent pendant l'hiver.

Nous allons passer rapidement en revue les principales espèces d'animaux hibernants connus et jeter un coup d'œil sur les mœurs qui leur sont propres.

1) Les **Protozoaires** ont été peu étudiés à ce point de vue. Une observation de Lauterborn (1895) semble prouver que ces animaux peuvent ne pas s'engourdir à des températures très basses. Il a trouvé de nombreux Rhizopodes, des Héliozoaires, des Flagellés, des Ciliés, etc., en pleine activité fonctionnelle, sous la glace, dans le Rhin ou dans les étangs voisins.

2) Chez les **Spongiaires**, bon nombre de Choanocytes disparaissent pendant l'hiver et se régénèrent au printemps (Yves Delage et Renouart).

3) Parmi les **Vers**, le lombric ordinaire (ver de terre) se creuse des chambres spéciales où il passe l'hiver, soit seul, soit avec d'autres (Rochebrune, 1848).

4) Les **Mollusques** d'eau douce comme *Limnea*, *Planorbis*, *Amphipeplea*, *Physa*, etc., peuvent vivre enfermés dans la glace des rivières (Nordenskiold) (1897). Ces animaux emmagasinent dans la partie postérieure de leur carapace une petite quantité d'air qui les rend plus légers que l'eau, comme en vue de se faire prendre dans la glace pour s'y engourdir.

D'autres espèces, comme *Sphaerium*, *Anodonta*, *Unio*, *Margaritina*, qui vivent à une certaine profondeur, n'entrent pas en hibernation. Il n'en est pas de même pour les Mollusques à vie aérienne, comme l'escargot et le colimaçon. Ce dernier peut même rester de 9 à 10 mois engourdi (Milne-Edwards). Il est intéressant de parler des préparatifs que font ces animaux pour entrer en hibernation. Nous avons à ce sujet des observations très rigoureuses prises par Gaspard (1882) sur le Colimaçon. Dès le mois d'octobre, dès que les gelées blanches font leur apparition, le Colimaçon devient paresseux, perd l'appétit et rend ses derniers excréments. Il se cache sous la mousse ou sous les feuilles sèches et creuse dans la terre avec la partie antérieure de son pied

1. Dutrochet (1838) dit cependant avoir vu deux hirondelles engourdies, trouvées dans l'enfoncement d'une muraille, et qui auraient pris leur vol après avoir été réchauffées. Quant à l'observation de Larrey (1792), qui aurait trouvé dans la vallée de Maurienne une grotte remplie d'hirondelles suspendues comme un essaim d'abeilles, tout porte à croire que c'étaient là des chauves-souris.

musculeux un trou de capacité suffisante pour contenir au moins sa coquille. Puis il se retourne pour diriger l'ouverture de sa coquille vers le ciel, il rentre son pied à l'intérieur et le place sous le collier (*fraise*), il ferme ensuite l'ouverture de la coquille avec une glu tenace qui forme bientôt une membrane d'aspect soyeux qui le sépare de l'extérieur. Aussitôt après, la fraise commence à sécréter sur toute son étendue un suc très blanc qui se fige, formant ainsi une croûte solide d'environ 1 millimètre 15 d'épaisseur. Sous cette croûte l'animal tend une autre membrane soyeuse plus résistante que la première, puis, au bout de quelques heures, il chasse de son poumon une certaine quantité d'air qui vient se placer sous cette membrane. L'animal peut ainsi se retirer plus au fond de sa coquille et fabriquer une nouvelle cloison uniquement membraneuse : une nouvelle quantité d'air est expirée et une nouvelle rétraction de l'animal a lieu. Ces opérations se répètent jusqu'à ce que l'animal ait fait six cellules aériennes qui le séparent de l'extérieur.

Les colimaçons hibernent généralement en société.

5) **Insectes.** — Les insectes sont répandus dans presque toutes les régions de la surface terrestre. Ils habitent aussi bien les terres glacées des pôles et des hautes montagnes que les tropiques, et jouissent partout d'une puissance remarquable d'adaptation au milieu ambiant. Dans les climats tempérés on trouve parmi les insectes des espèces annuelles qui sortent de l'œuf au printemps, parcourent toute leur évolution pendant la saison chaude et meurent peu de temps après la ponte. C'est l'embryon de l'œuf qui va subir toutes les rigueurs de l'hiver. D'autres espèces passent la saison froide à l'état de nymphes ou de chrysalides, et d'autres enfin à l'état d'insectes parfaits. Parmi ces derniers il y en a qui vivent en société comme les abeilles, les fourmis, etc., et se construisent des habitations spéciales (ruches ou fourmilières) où ils réunissent une grande quantité de réserves alimentaires. La température de ces habitations ne descend pas en hiver au-dessous d'un niveau minimum, qui est de 30° pour les ruches (MARIE PARHON, 1909). On conçoit que dans ces conditions les abeilles et les fourmis ne s'engourdissent pas pendant l'hiver, quoique leur activité fonctionnelle soit très réduite. Il faut des températures très basses (de — 2° à — 3°) pour engourdir les fourmis (HUBER fils), alors que pour les abeilles 5 à 6° suffisent (RÉAUMUR).

D'autres genres d'insectes, comme *Desoria, Boræus, Podura, Nysia*, sont encore plus résistants, puisque, sans provisions alimentaires, ils vivent l'hiver en plein air, se contentant de ce qu'ils peuvent trouver sur la terre couverte de neige.

DREWSEN (1845) a trouvé, dans les environs de Heidelberg, *Olophrum piceum* et *Acidota crenata*, en pleine activité à une température de 8°. De même, parmi les moustiques, il y a des espèces qui ne s'engourdissent pas pendant la saison froide (SMITH, 1902) : mais ce sont là des exceptions, et la grande majorité des insectes qui vivent plusieurs années tombent en état d'hibernation. Ils établissent généralement leur quartier d'hiver dans les bois, sous le feuillage sec, sous les touffes sèches de broussailles, sous les pierres et autres endroits préservés de la violence du vent. C'est là que le naturaliste peut trouver les espèces les plus diverses. Il n'a qu'à prendre dans son sac une certaine quantité de ces feuilles, les porter dans un endroit chaud et en peu de temps tous les animaux qui s'y trouvent reprendront leurs mouvements (COUPIN). D'autres espèces choisissent pour habitation d'hiver les troncs d'arbres, les crevasses des murailles, l'intérieur des maisons. Ainsi GOUBAREFF (1873) a fait une observation très intéressante sur les mouches. Il existe en Russie des maisons de campagne spéciales pour bains de vapeur, et qui ne sont pas chauffées régulièrement pendant l'hiver. La température peut descendre dans ces maisons jusqu'à 8°. Quand on les chauffe, une grande quantité de mouches apparaissent et voltigent avec bruit, comme au soleil chaud d'été.

6) **Poissons.** — On peut dire que ces animaux sont pour le milieu aquatique ce que les oiseaux sont pour le milieu aérien, avec cette restriction que dans le premier les conditions de la vie sont beaucoup plus uniformes que dans le second. Cependant, si une de ces conditions, et en particulier la température, vient à changer, les poissons trouvent facilement les régions qui leur conviennent, grâce aux moyens de locomotion dont ils disposent. A cet égard, ils sont même plus avantagés que les oiseaux; car ils peuvent choisir entre le déplacement en latitude et en profondeur, pour trouver

la température qui leur convient. Mais, si cela est possible en mer, il n'en est pas de même dans les eaux douces, et surtout les petites rivières. L'influence de l'hiver y est beaucoup plus manifeste, et il y a des espèces de poissons qui sont obligés de ralentir leurs fonctions pendant cette saison. Ainsi les Cyprinoïdes, les Murénoïdes se retirent dans les trous des roches et cessent de se nourrir (Gunther). Les esturgeons, qui vivent dans la Mer Noire et dans le Danube, passent l'hiver dans les profondeurs (Antipa, 1905). Dans les eaux peu profondes, comme les petites rivières, les étangs, etc., la température peut descendre assez bas pendant l'hiver et les poissons s'engourdir à tel point qu'ils se laissent prendre à la main (Knaute, 1896.)

7) **Batraciens et Reptiles.** — Parmi ces animaux, tous ceux qui ont une vie aérienne et qui habitent les climats tempérés tombent en hibernation pendant la saison froide. Les uns s'enfouissent dans le sol ou se cachent dans les trous des arbres ou sous les pierres (Serpents, Tortues, Crapauds, etc.). D'autres, comme les grenouilles, rentrent dans la vase des eaux stagnantes (lacs, étangs), où ils passent l'hiver à l'état de profond engourdissement. Il y aurait cependant une exception à faire pour le lézard gris ou lézard des murs (*Lacerta muralis*) que Rollinat (1895) a trouvé en pleine activité aux mois de décembre, janvier et février pendant les jours ensoleillés; mais le lézard vert (*Lacerta viridis*) n'a jamais été trouvé dans cet état à cette époque.

Cette observation ne donne cependant pas la preuve absolue de l'absence d'hibernation chez le lézard des murs. Il est plus probable même que ce lézard s'engourdit aussi, mais qu'il peut se réveiller facilement aussitôt que la température s'adoucit. Les grenouilles qu'on garde en hiver dans les laboratoires semblent à première vue en pleine activité fonctionnelle, comme en été. Nous verrons cependant qu'il n'en est rien, car leurs échanges respiratoires sont semblables à ceux des grenouilles en état d'hibernation.

8) **Les Mammifères** qui vivent dans les climats tempérés sont munis de différents moyens protecteurs pour lutter avantageusement contre le froid. Ceux que l'homme a su se créer par son intelligence sont assurément les plus perfectionnés. Par ses provisions alimentaires, ses vêtements, ses habitations, ses moyens de communication, etc., l'homme a acquis une forte autonomie envers le milieu ambiant. Cependant il y a en Russie, suivant Volkow (1901), des contrées où les paysans, n'ayant pas à leur disposition une riche provision d'aliments, dorment pendant la plus grande partie de l'hiver. Ils s'enferment dans leurs maisons, font l'obscurité, et plusieurs personnes restent ainsi, en somnolence, dans la même pièce. Ce sommeil, qui peut durer plusieurs jours, dans une atmosphère confinée, ne semble pas différer beaucoup du sommeil habituel; mais nous manquons de données précises sur la température du corps pendant cet état. Tout porte à croire qu'il s'agit là d'un assoupissement analogue à celui des animaux dits *faux hibernants*, comme l'ours et le blaireau.

On a fait encore un rapprochement entre l'hibernation des mammifères (la marmotte, la chauve-souris) et l'engourdissement dans lequel tombent les fakirs. Le capitaine Wade raconte qu'il a assisté à l'enterrement et à l'exhumation d'un fakir qui était resté dix mois sous la terre. Ceci se passait à Lahore (Indes-Anglaises) en 1838. Mac-Gregor dit avoir été témoin d'une expérience pareille à la précédente, et dans laquelle le fakir est resté 40 jours dans sa tombe. Ces observations manquent généralement de caractère scientifique. Ainsi on a constaté à l'exhumation de ces fakirs l'arrêt de la respiration et du pouls (?), alors que la température du corps a été trouvée supérieure à la normale (?) Quand on connaît l'origine de la chaleur animale, et que l'on sait par quel mécanisme la température des mammifères et des oiseaux se maintient constante, on est en droit de mettre en doute l'exactitude de ces faits. Il est impossible en effet de concevoir une constance et encore moins une augmentation de température dans un corps privé de l'oxygène nécessaire à ses combustions par l'arrêt respiratoire et par l'enterrement. D'ailleurs la bonne foi d'un fakir a été trouvée en défaut par Lombroso au Millénaire hongrois.

Jusqu'à ce que des observations rigoureusement scientifiques soient venues nous édifier sur le pouvoir des fakirs, nous sommes obligé de rejeter ce que l'on a avancé à cet égard. L'homme ne peut pas subir des périodes d'engourdissement et de torpeur comme les mammifères hibernants.

Les animaux domestiques, grâce aux soins que l'homme leur donne, ont à leur disposition la nourriture et l'abri nécessaires pour passer la saison froide. Mais il y a des mammifères sauvages qui habitent les climats tempérés et qui gardent toute leur activité fonctionnelle pendant l'hiver, malgré les difficultés innombrables qu'ils ont à vaincre pour trouver leur nourriture. Ainsi on peut citer parmi les carnassiers : le loup, le renard, et, parmi les herbivores, le lièvre. Entre les mammifères cités ci-dessus et ceux qui tombent en hibernation il faut placer les faux hibernants, comme l'ours et le blaireau. Ces animaux font de grandes réserves de graisse qui se dépose principalement dans le tissu conjonctif sous-cutané formant un pannicule adipeux qui constitue une excellente enveloppe protectrice contre le froid. Avant l'arrivée de la saison froide, l'ours se retire au milieu des forêts, et cherche les endroits les plus isolés pour préparer son habitation d'hiver. C'est une sorte de cabane que l'animal se construit avec des branches, des feuillages, soit à l'abri d'un tronc d'arbre abattu, soit dans une caverne, ou dans un trou qu'il s'est creusé lui-même. C'est là qu'il reste couché, pelotonné sur lui-même, et le museau sur le ventre. Il dort d'un sommeil très léger, et il est prêt à se mettre en défense contre tout ennemi qui l'aurait découvert dans sa retraite; la température de son corps ne descend pas ou descend très peu au-dessous de la normale. Le blaireau et l'écureuil se comportent de la même façon que l'ours, avec cette différence qu'ils accumulent des provisions alimentaires dans leurs terriers.

Les mammifères hibernants proprement dits se trouvent parmi les Chiroptères, les Insectivores et les Rongeurs. Ils forment, d'après R. Dubois, au point de vue de la calorification le groupe des *Poïkilothermes*, qui tient le milieu entre les *Hétérothermes* (animaux à température variable proprement dits) et les *Homéothermes* (aninaux à température constante).

a) Les Chiroptères, ou Chauves-souris, des climats tempérés d'Europe, s'engourdissent pendant l'hiver malgré leurs moyens de locomotion. Au Canada on a cependant signalé des espèces qui, à l'approche de l'hiver, entreprennent de longs voyages à la recherche des pays chauds. Les espèces principales de nos climats sont : *Vespertilio murinus*, *Rinolophus ferrum-equinum*, *Plecotus auritus*, etc.

Si la chauve-souris doit hiberner, elle cherche sa retraite dans les grottes, sous les toits, contre les poutres, au voisinage des cheminées, etc.; en un mot, dans les endroits tranquilles et à l'abri du froid.

Généralement les chauves-souris hibernent en sociétés assez nombreuses, surtout dans les grottes. Elles s'accrochent par les pattes de derrière, et restent ainsi suspendues grâce à un réflexe spécial. Le sommeil hibernal n'est pas continu chez toutes les espèces de chauves-souris. Il y en a qui se réveillent facilement pendant les journées chaudes de l'hiver, et commencent à voler. Si le froid revient, elles s'engourdissent de nouveau.

b) Parmi les mammifères insectivores, la famille des Erinacéidés contient des espèces hibernantes, comme le hérisson d'Europe (*Erinaceus europæus*). Il établit son quartier d'hiver dans les bois, sous les branchages et les feuilles sèches. Celles-ci s'attachent facilement à ses piquants et, comme l'animal est roulé en boule, il s'enveloppe ainsi d'une épaisse couche de feuilles qui le mettent à l'abri du froid. Le hérisson de Sibérie et le tanrec de Madagascar semblent avoir les mêmes mœurs que le hérisson d'Europe.

c) Les rongeurs hibernants comprennent :

1. Le Polatouche de Sibérie (*Scindopterus sibericus*);

2. Les Spermophiles (*Spermophilus citillus*, *S. fulvus*, *S. rubescens*, *S. erythrogenis*, *S. musicus*, *S. mugosoricus*, *S. mongolicus*, etc.);

3. Les Cynomys (*C. Ludovicianus*).

4. Les Marmottes (*Arctomys marmotta*, se trouvant dans les Alpes, les Pyrénées, les Carpathes; *Arctomys bobac*, en Galicie, en Russie, en Sibérie Méridionale; *Arctomys monax*, en Amérique du Nord; *Arctomys caudatus*, dans l'Himalaya);

5. Les Myoxydés ou loirs (*Myoxus glis*, etc.);

6. Les Eliomys ou lérots (*Eliomys nitela*, etc.);

7. Les Muscardins (*Muscardinus*);

8. Les Hamsters (*Cricetus frumentarius*, etc.).

Tous ces animaux tombent en hibernation; mais le degré d'engourdissement n'est pas le même chez les différentes espèces. On cite cependant parmi les hamsters une espèce migratrice vivant en Sibérie, près de Jaïk, et en Russie septentrionale. Sous l'influence de causes mal déterminées, — le froid en est peut-être une, — ces animaux entreprennent de longs voyages. Tous les individus d'une contrée se rassemblent et partent dans une direction donnée. Leur marche s'opère dans un ordre si parfait qu'ils semblent obéir à un commandement mystérieux.

La plupart des Rongeurs hibernants font des provisions alimentaires pour le temps qu'ils vont passer dans leurs terriers. Le hamster ramasse du blé ou autres graines, quelquefois en quantité considérable (jusqu'à quatre hectolitres). Les réserves du spermophile consistent en graines, baies, racines ou herbes tendres. Les marmottes amassent du foin sec, qui semble plutôt destiné à garnir leur habitation qu'à leur servir de nourriture. R. Dubois a conservé des marmottes dans son laboratoire pendant plus de six mois sans qu'elles eussent pris des aliments solides ou liquides.

Les uns n'ont qu'un terrier unique pour l'été et pour l'hiver; les autres, comme la marmotte par exemple, peuvent avoir une habitation d'été située à de grandes altitudes (3 000 mètres) et une habitation d'hiver plus bas, dans la région des pâturages, que les bergers abandonnent en hiver.

L'architecture des terriers varie aussi suivant l'espèce. Elle est très compliquée chez le spermophile : les magasins sont séparés de la chambre de repos. Le terrier du hamster est remarquable par sa grande capacité, de même que celui de la marmotte, qui n'a pas moins de un mètre et peut aller jusqu'à deux mètres de diamètre et posséder plusieurs ramifications (Schauer).

Quant à leur manière de vivre, elle diffère aussi d'une espèce à l'autre. Les uns, comme les marmottes, vivent en société; chez d'autres l'association est moins bien organisée.

Tous ces animaux ne rentrent pas en hibernation à la même époque; il y en a parmi eux qui s'engourdissent dès le mois d'août (les loirs), d'autres à la fin d'octobre (les marmottes). Cet état n'arrive pas brusquement : l'animal traverse toute une série de phases pour passer de sa pleine activité fonctionnelle à l'engourdissement le plus profond. Ces phases peuvent être facilement suivies sur les espèces qui vivent en captivité comme la marmotte, le hérisson, etc.

Voici, d'après R. Dubois[1], ce que l'on constate sur la marmotte :

« Au commencement de l'hibernation on observe pendant huit à quinze jours des oscillations quotidiennes de l'état d'activité et de la température interne d'une amplitude progressivement croissante. Les phases de sommeil, d'abord plus courtes que celles de réveil, deviennent égales à celles-ci, puis de plus en plus longues; elles durent deux, trois, quatre jours, de telle sorte que vers le quinzième jour on en voit qui continuent huit jours et plus. Au fur et à mesure que les périodes de sommeil s'allongent, la torpeur s'aggrave.

« Si les marmottes sont laissées en repos dans l'obscurité et le silence, à l'abri des causes qui favorisent les déperditions de calorique, et à une température voisine de 10°, les phases de sommeil sans réveil peuvent atteindre trois ou quatre semaines.

« Au moment où elle s'endort, elle ressemble à un homme cherchant à lutter avec énergie contre un invincible besoin de sommeil; la tête s'infléchit lentement; puis subitement le corps est agité par une secousse brusque qui fait redresser légèrement le museau : deux, trois ou quatre se succèdent, et il y a un temps de repos. La tête s'incline de plus en plus entre les pattes de devant pendant le repos; un léger coup frappé sur la cage ou l'action de souffler sur la bête provoquent alors une secousse brusque, comme si les réflexes médullaires étaient très exagérés, ainsi que cela a lieu dans l'empoisonnement par la strychnine. En approchant tout d'un coup une lumière, ou en frappant les mains l'une contre l'autre, on détermine également des soubresauts.

1. R. Dubois, *Physiologie comparée de la marmotte*, page 26.

« Ceux qui se font spontanément deviennent de plus en plus rares; l'animal, roulé en boule, tombe sur le côté et reste immobile.

« A la fin de l'hibernation, les phases de sommeil deviennent de plus en plus courtes, et celui-ci de moins en moins profond, passe insensiblement de la forme hivernale à celle du sommeil ordinaire. C'est par conséquent le contraire de ce qui arrive au début de l'hiver où le sommeil ordinaire se transforme progressivement en léthargie. »

Entre l'engourdissement le plus profond et l'état de veille VALENTIN distingue quatre périodes : 1° état hivernal complet; 2° sommeil léger; 3° état d'ivresse; 4° demi-réveil et réveil.

R. DUBOIS n'en distingue que trois : 1° état de torpeur; 2° état de demi-réveil comprenant l'ivresse et le sommeil léger de VALENTIN; 3° le réveil.

La durée de l'engourdissement hivernal est également variable; d'une manière générale, elle est plus longue dans les régions du Nord que dans celles du Midi. Pour les chauves-souris, la durée de l'hibernation est de cinq à six mois (MERZBACHER); pour la marmotte, de 160 à 163 jours (VALENTIN, R. DUBOIS); pour le hérisson et le spermophile, de trois à quatre mois; pour le loir et le hamster, de 7 mois (R. DUBOIS).

Ce sommeil n'est pas continu durant toute la période d'hibernation. GALVANI aurait vu un loir qui aurait dormi deux mois de suite. Généralement les hibernants se réveillent, suivant l'espèce, à des intervalles de temps variables qui oscillent en moyenne entre 15 et 30 jours. Ceux qui ont des provisions alimentaires à leur portée mangent un peu; d'autres, comme le hérisson, vont, une fois réveillés, à la recherche de l'aliment. Mais le réveil est provoqué surtout par le besoin d'expulser l'urine et les matières fécales accumulées pendant l'engourdissement. L'accumulation de CO^2 dans le sang serait aussi une cause de réveil (R. DUBOIS).

Pour bien voir la marche des différentes fonctions chez les animaux engourdis pendant l'hiver, nous allons les étudier séparément et dans l'ordre suivant: Digestion, Sécrétions, Circulation, Respiration, Echanges nutritifs, Mouvement, Innervation. A cette étude se joindra celle des changements dans la structure des organes et l'action des poisons sur les animaux en hibernation.

I. Digestion. — Il faut à cet égard diviser les animaux hibernants en deux groupes : ceux qui font des provisions et ceux qui n'en font pas. Tous les animaux hibernants à température variable, vertébrés ou invertébrés, ainsi que la marmotte, la chauve-souris et le hérisson parmi les mammifères, n'accumulent d'autres réserves nutritives que la graisse de leurs tissus. D'autres, tels que le hamster, plusieurs espèces de Myoxidés, amassent de grandes quantités de substances alimentaires dans leurs terriers. Ils en consomment quelque peu quand ils se réveillent; leurs fonctions digestives, quoique très ralenties, ne sont donc jamais complètement arrêtées. Mais chez les premiers, qui n'ont d'autres réserves que leur graisse, il faut s'attendre à ce que l'appareil digestif se repose pendant toute la durée de l'engourdissement. C'est ce qui a lieu en effet, et les observations faites sur la marmotte sont d'accord pour montrer qu'on ne trouve pas d'aliments dans l'estomac et les intestins de ces animaux en torpeur.

Leur appétit diminue à mesure que les oscillations de température s'accentuent, de sorte que l'appareil digestif est presque vide quand l'engourdissement arrive. De plus, pendant les courtes phases de réveil, provoquées par le besoin d'éliminer de l'urine et quelques matières fécales, la marmotte ne prend généralement rien, de sorte que cet hibernant peut passer six mois en état d'engourdissement sans boire ni manger, et sans qu'il se produise d'accident au réveil à la fin de l'hibernation.

Les sécrétions des glandes digestives et des glandes annexes se trouvent fortement entravées faute d'aliments, lesquels sont leurs excitants normaux. Le pouvoir digestif peut être nul pour certaines d'entre elles : ainsi VALENTIN (1860) a vu que l'extrait des glandes salivaires ne saccharifie pas l'amidon.

Dans l'estomac de la marmotte engourdie on trouve généralement une petite quantité de liquide, contenant une matière blanchâtre provenant sans doute de débris épithéliaux (PRUNELLE, VALENTIN, R. DUBOIS). La réaction de ce liquide a été trouvée faiblement acide (0.,054 p. 100 d'acide d'après RINA-MONTI, 1901).

R. DUBOIS, se servant du réactif de GUNZBOURG, n'a trouvé qu'une seule fois de l'acide chlorhydrique dans l'estomac de la marmotte en hibernation. Suivant le même auteur l'albumine cuite peut être digérée par le liquide stomacal de la marmotte engourdie, à la condition qu'il soit acidifié par HCl quand la quantité de cet acide est trop faible. Il semble donc que la pepsine se trouve dans ce suc gastrique, quoiqu'il soit difficile de l'affirmer sans connaître les produits d'une pareille digestion.

Chez la grenouille la sécrétion du suc gastrique est aussi très faible pendant l'hibernation, et ce liquide devient alcalin chez la femelle. CONTEJAN, qui a découvert ce fait, l'attribue au ralentissement de la circulation stomacale à cause du développement des ovaires pendant la saison froide. Il a d'ailleurs reproduit expérimentalement le phénomène, et il a obtenu sur la grenouille une sécrétion stomacale alcaline, toutes les fois que la circulation de cet organe était gênée.

Les glandes peptiques des animaux engourdis offrent certaines particularités, si on les compare aux mêmes organes pris sur les animaux à l'état de veille. Ainsi ROLLETT (1871) a trouvé que les cellules de revêtement (délomorphes) sont moins nombreuses en hiver que les cellules principales (adélomorphes) dans les glandes peptiques de *Vesperugo serotinus*. Ces derniers éléments sont en nombre presque égal sur les chauves-souris en pleine activité fonctionnelle. De même KULAGIN (1898), expérimentant sur *Vesperugo abramus* et *Spermophilus citillus*, a vu que les cellules glandulaires (principales et de revêtement) sont d'un tiers plus courtes chez ces animaux, quand ils sont engourdis.

Le protoplasma des cellules principales est granuleux et clair, le noyau est plus gros qu'à l'état de veille, son contour est moins bien délimité, et sa structure est granuleuse. Les cellules de revêtement ont un protoplasma granuleux chez le spermophile et homogène chez la chauve-souris.

Une étude plus approfondie sur les glandes peptiques de la marmotte a été faite récemment par R. MONTI et A. MONTI (1903). Ces auteurs ont délimité, dans l'estomac de cet hibernant, deux territoires principaux occupés par les glandes.

1) La région des glandes peptiques, très étendue, et se subdivisant en deux zones : a) une près du cardia, où les glandes sont larges avec leurs cellules principales très hautes, à protoplasma clair et à noyaux écrasés sur le fond; les cellules intercalaires, peu nombreuses, et en contact avec la membrane propre des glandes, sont recouvertes par les cellules principales, de sorte qu'elles ne viennent jamais limiter la cavité glandulaire ; b) une autre zone, — zone du fond proprement dite, — qui présente des glandes plus longues et plus étroites avec des cellules délomorphes très nombreuses.

2) La région des glandes pyloriques, qui est de beaucoup plus limitée que la première.

Ne trouvant pas de figures karyokinétiques, ces auteurs en ont conclu, comme HANSEMANN (1898), que le renouvellement de l'épithélium est suspendu chez la marmotte en léthargie. De plus, les cellules délomorphes sont intercalaires, c'est-à-dire situées entre les cellules principales, et sur le même plan que ces dernières, alors que chez la marmotte éveillée elles sont pariétales et saillantes sous la membrane du tube glandulaire. A l'aide de la méthode de GOLGI (imprégnation au chromate d'argent) R. MONTI et A. MONTI ont découvert que les voies de sécrétion des cellules délomorphes, chez la marmotte à l'état de veille, ont l'aspect d'un panier à mailles nombreuses et très étroites, formé d'un fin réseau de canalicules. Sur la marmotte en léthargie, l'aspect en est bien différent : il n'y a plus de ces élégants paniers, mais une simple dilatation en massue, ou un simple anneau formé par un petit canalicule. Les cellules délomorphes ont en outre un protoplasma compact ressemblant à une éponge desséchée, alors que, dans les glandes en pleine activité fonctionnelle, ces mêmes cellules sont bien plus grandes, et que dans leur protoplasma on observe de nombreuses granulations se colorant en rouge avec le congo. Ces granulations sont disposées en amas distincts, séparés par des interstices qui ne seraient que des voies d'excrétions intracellulaires, comme l'a supposé R. MONTI.

Dans les cellules principales, on observe aussi des différences : elles sont petites chez la marmotte engourdie, et leur protoplasma a un aspect plus homogène par le fait que les mailles du stroma protoplasmique sont plus étroites. Ces mêmes cellules, observées dans les glandes des marmottes éveillées, ont un protoplasma distinctement fibrillaire vers le pied de la cellule, au contact de la membrane propre, et spongieux ou réticulaire dans la partie qui regarde la lumière glandulaire.

Dans l'intestin grêle de la marmotte engourdie, vers la région duodénale, on a trouvé une certaine quantité de liquide, contenant du mucus et de la bile. On n'a pas de données précises sur les ferments que ce liquide peut contenir.

Les éléments épithéliaux des villosités et des glandes de LIEBERKÜHN n'offrent aucun signe de prolifération sur la marmotte engourdie (HANSEMANN, 1898; R. MONTI, 1903). Les villosités intestinales ont un aspect digitiforme cylindrique ou légèrement cylindro-conique. Les cellules épithéliales qui couvrent les villosités sont longues et étroites, leur noyau est placé d'ordinaire dans la partie moyenne de la cellule, alors qu'en pleine digestion le noyau se trouve déplacé vers le stroma connectival par les produits alimentaires qui ont pénétré dans les cellules (R. MONTI). Les glandes de LIEBERKÜHN sont rétrécies à tel point pendant l'hibernation que leur lumière est presque virtuelle; les leucocytes sont très nombreux parmi les cellules glandulaires.

Dans le cæcum, se trouve aussi un liquide plus épais que celui qu'on rencontre dans l'estomac; mais il n'a aucune action digestive (R. DUBOIS).

Le contenu des dernières parties du tube digestif s'épaissit de plus en plus par l'absorption de l'eau et par l'accumulation des produits de déchet provenant de la bile, de l'épithélium, etc.

Le foie. — Le foie continue à sécréter la bile pendant l'hibernation, R. DUBOIS a constaté ce fait sur des marmottes pourvues de fistules biliaires. Cette bile est plus épaisse, plus foncée que la bile normale et d'une saveur moins amère, souvent même douce (SERBELLONI, 1886), quoique ni VALENTIN ni R. DUBOIS n'aient jamais trouvé de sucre dans cette bile.

La constitution histologique du foie subit quelques modifications pendant l'engourdissement. Quoique nous ne possédions pas d'étude comparative sur la structure de cet organe dans la série des animaux hibernants, il y a lieu de croire que les modifications, trouvées par LEONARD (1887) dans le foie de la grenouille pendant l'hiver, puissent exister au moins en partie dans le foie des autres hibernants : la cellule hépatique diminue de volume; dans son protoplasma on distingue des granulations éosinophiles (hydrates de carbone), nigrosinophiles (substances albuminoïdes) et des boules claires, homogènes, ne se colorant pas avec les solutions aqueuses : ces boules seraient formées de matières grasses. La nature graisseuse de ces boules a été démontrée par STARKE (1891) au moyen de l'acide osmique et par ATHANASIU et DRAGOIU (1908).

La distribution de ces trois sortes de substances n'est pas la même pendant les différentes époques de l'année. Ainsi les granulations éosinophiles sont plus nombreuses en décembre qu'en avril, et se trouvent surtout dans le voisinage des canalicules biliaires. Les granulations nigrosinophiles sont plus abondantes en juin, de même que les boules de graisse.

Le noyau des cellules hépatiques semble augmenter pendant l'hiver, quoique ses dimensions varient entre des limites assez étendues, même à l'état de veille. Ces variations d'une part, et d'autre part les différences d'affinité des divers noyaux des cellules hépatiques pour les matières colorantes, font croire qu'on se trouve en présence de noyaux d'âges différents, les noyaux jeunes ayant une plus grande affinité pour la safranine, et les noyaux vieux pour l'hématéine. Suivant STOLNIKOW, le rapport entre ces deux sortes de noyaux peut changer avec l'alimentation. Pendant l'engourdissement ce sont les noyaux bleus (vieux) qui prédominent, et LEONARD a trouvé qu'au mois d'avril leur proportion est de 95,6 pour 100, alors que les rouges (jeunes) atteignent leur maximum en juin.

Dans le protoplasma des cellules hépatiques, LEONARD a trouvé aussi des cristaux de substances mal définies, mais qui résulteraient d'après lui des échanges nutritifs du noyau. Il établit encore une relation étroite entre ces cristaux et le pigment que l'on trouve dans le foie des grenouilles. Ce pigment augmente en quantité pendant l'hiver.

Le calibre des vaisseaux du foie est bien plus réduit en hiver, ce qui fait croire que l'irrigation sanguine est aussi très réduite pendant cette saison. Les globules rouges se trouvant dans ces vaisseaux offrent aussi des différences, surtout en ce qui concerne leur affinité pour les matières colorantes. Ainsi, au mois de novembre, le protoplasma de ces éléments se colore fortement à l'éosine, alors qu'en hiver il perd de plus en plus cette affinité, et prend un aspect jaunâtre. Les noyaux sont pauvres en substance chromatique ; ils sont cependant plus gros en hiver, par le fait qu'ils sont le siège d'une transformation de leur chromatine en pigment.

Suivant BELLION le foie de l'escargot contient moins d'eau en hiver (67,5 p. 100 au mois de mars) qu'en été (75,1 p. 100 au mois de juillet).

Le pancréas continue à sécréter pendant l'hiver le ferment qui saccharifie l'amidon et celui qui émulsionne la graisse ; l'activité de ces deux ferments est assez manifeste, d'après VALENTIN. Il n'en est pas de même pour la trypsine, qui reste absolument inactive (VALENTIN, R. DUBOIS). Mais nous savons aujourd'hui que le suc pancréatique recueilli dans le canal de WIRSUNG, est inactif même à l'état normal ainsi que les macérations du pancréas. Il acquiert cette activité grâce à un autre ferment produit dans l'épithélium intestinal (entérokinase), qui transforme le proferment en ferment actif. Il serait donc très utile que de nouvelles recherches fussent entreprises sur les ferments pancréatiques des animaux en hibernation.

L'*absorption*, dans l'appareil digestif, est très ralentie pendant l'engourdissement. L'eau et les poisons, injectés dans le rectum, y séjournent longtemps (R. DUBOIS).

2) **Circulation du sang**. — On avait cru que la circulation était arrêtée dans le train postérieur de la marmotte (SERBELLONI) (1866), de la grenouille et du spermophile (MARES) pendant leur hibernation. Mais R. DUBOIS, ayant suivi une meilleure technique, a prouvé que le sang continue à circuler dans toutes les parties du corps, quel que soit le degré de l'engourdissement.

a) **Rythme du cœur**. — Chez les insectes le vaisseau dorsal n'exécute que de deux à trois pulsations par minute au lieu de cinquante à soixante que l'on observe en été (SUCCOW).

Pour compter les battements du cœur chez un mammifère engourdi, on doit employer des moyens qui n'excitent pas trop l'animal parce qu'il s'éveillerait et qu'alors son cœur s'accélérerait de plus en plus. VALENTIN (1860) enfonçait une aiguille dans le cœur de la marmotte, et ce corps étranger était assez bien toléré (24 heures et même plus), sans que l'animal manifestât le moindre signe de réveil. L'opération est aussi inoffensive que possible, et VALENTIN a eu des marmottes, ayant subi une dizaine de ces piqûres, qui s'éveillaient au printemps tout à fait normalement.

Nous résumons dans le tableau suivant le ralentissement du cœur chez quelques espèces de mammifères en hibernation.

ESPÈCE.	NOMBRE DE PULSATIONS cardiaques par minute à l'état de veille.	NOMBRE DE PULSATIONS cardiaques par minute à l'état d'hibernation.	AUTEURS.
Hérisson.	75	25	SAISSY.
Chauve-souris	200	28	MARSHALL-HALL.
Marmotte	90	2	VALENTIN.
Marmotte.	90	de 3 à 4	R. DUBOIS.

On a trouvé la systole ventriculaire plus courte que la diastole. (VALENTIN).

En appliquant un stéthoscope sur le thorax de la marmotte engourdie, VALENTIN a entendu les deux bruits du cœur. — La résistance de cet organe est bien plus grande chez les animaux engourdis : enlevé du corps, il continue à battre un temps assez long (3 heures et même plus), se comportant comme le cœur des animaux à température variable (MANGILI et R. DUBOIS).

b) **Pression artérielle**. — Dans l'artère carotide de la marmotte engourdie, VALENTIN a trouvé une pression de 53 millimètres de mercure ; l'élévation systolique de cette pression a varié dans ses observations entre deux et six millimètres de mercure. R. DUBOIS a trouvé dans l'artère fémorale d'une marmotte, dont la température rectale était de

13° 8, une pression de 70 millimètres de mercure. Ces pressions sont certainement trop fortes pour des marmottes en plein engourdissement et dans un état de repos absolu, comme le fait remarquer R. Dubois. Toutes les opérations que nécessite la mesure directe de la pression sanguine troublent assez l'animal pour provoquer son réveil, et par cela même l'augmentation de la pression sanguine, qui marche parallèlement à l'accélération cardiaque.

Quant à l'influence des mouvements respiratoires sur la pression artérielle, Valentin a vu que sur la marmotte engourdie les choses se passent comme sur le chien chez lequel la pression augmente en inspiration et diminue en expiration.

c) **La vitesse du sang** dans les vaisseaux diminue aussi beaucoup. L'acide sulfhydrique injecté par Valentin dans le rectum de la marmotte engourdie met un temps 31 fois plus long que sur le lapin pour apparaître dans l'air expiré, d'où il déduit que la durée totale de la circulation serait de trois minutes et demie à quatre minutes.

3) **La circulation de la lymphe** semble être encore plus ralentie que celle du sang. Les vaisseaux lymphatiques ne sont pas apparents pendant l'engourdissement (R. Dubois). Ils commencent à être visibles dès que le réchauffement de la bête a fait quelques progrès.

Le liquide péritonéal a augmenté beaucoup en quantité, et il est spontanément coagulable.

4) **Mouvements respiratoires**. — Parallèlement aux autres fonctions, les mouvements respiratoires sont réduits en nombre et en amplitude pendant l'engourdissement profond, au point d'être à peine appréciables. Les premières observations à cet égard sont dues à Saissy (1808), qui a suivi sur la marmotte le ralentissement de la respiration, au fur et à mesure que la température extérieure baissait. Ainsi à 20° il a compté 30 respirations par minute, à 7°, 20 respirations, et, quand la marmotte a été complètement saisie par l'engourdissement, il n'en a plus compté que 7.

Chez les chauves-souris, le nombre des respirations était de 70 par minute à 20°, et de 8 par minute lorsque la température extérieure fut descendue à 7°. Toutes les recherches ultérieures sur la respiration des mammifères en hibernation sont d'accord pour montrer le grand ralentissement de cette fonction. Ainsi dans le neuvième mémoire de Valentin (1860), on trouve des observations suivant lesquelles la marmotte profondément engourdie peut ne respirer qu'une seule fois par minute, et même moins.

La respiration chez les mammifères engourdis peut prendre des formes différentes, non seulement d'une espèce à l'autre, mais aussi sur le même animal, suivant les variations de sa température interne. Ainsi elle peut être continue ou périodique, et dans ce dernier cas, son rythme peut affecter le type Cheyne-Stokes. La première observation sur la forme des mouvements respiratoires chez les mammifères hibernants est due à Mosso (1878). Ce physiologiste a vu que la respiration du muscardin engourdi est périodique. Des groupes de deux, trois, quatre ou cinq mouvements respiratoires étaient séparés par des pauses de douze à seize secondes, pendant lesquelles le thorax restait absolument immobile. Une observation pareille a été faite par Rouget (1884) sur le hérisson. Le nombre des respirations dans chaque groupe est plus grand (15 à 20) et la durée des pauses bien plus longue (de quatre à quarante-neuf minutes). La respiration de la marmotte en hibernation a été aussi étudiée par plusieurs physiologistes. Valentin (1870) a enregistré les mouvements respiratoires de cet hibernant, et sur les tracés qu'il donne on peut voir certaines irrégularités dans le rythme, mais pas de périodicité analogue à celle du muscardin et du hérisson. La marmotte en plein engourdissement fait un mouvement respiratoire toutes les demi-minutes, parfois toutes les six minutes, et même après des pauses plus longues.

Les recherches de R. Dubois montrent aussi que la respiration est continue chez la marmotte profondément engourdie, malgré quelques irrégularités. On peut compter de un à quatre mouvements respiratoires par minute, mais ils sont trop faibles pour être enregistrés. Cet enregistrement ne peut se faire que sur la marmotte dont la température interne est de 10° au moins, et ce n'est que vers 15° qu'on peut obtenir de bons tracés. Ce serait surtout le mouvement du diaphragme qui assurerait la ventilation pulmonaire sur la marmotte en hibernation (R. Dubois, 1888).

En administrant du chloroforme à une marmotte dont la température rectale était de 15°, cet auteur a vu la respiration s'arrêter, et il attribue cet arrêt à la paralysie du nerf phrénique. Quand le chloroforme est administré à une marmotte avec une température rectale de 36°, les mouvements du diaphragme sont également paralysés, mais dans ce cas la respiration thoracique continue et gagne en importance sur la respiration diaphragmatique.

Une discussion a eu lieu entre R. Dubois et Patrizi au sujet de cette respiration de la marmotte engourdie. Suivant ce dernier auteur, la respiration serait périodique chez la marmotte comme chez les autres mammifères hibernants, et pour la voir il faudrait s'entourer de certaines précautions. R. Dubois contesta les résultats fournis par Patrizi, et avec de nouveaux documents il soutint le manque de périodicité dans la respiration de la marmotte engourdie. Ces irrégularités du rythme respiratoire sont dues exclusivement à des perturbations d'origine expérimentale; car le sommeil hibernal, s'il n'est pas troublé, se poursuit avec une régularité merveilleuse. La question en était là, quand parut le travail de Pembrey et Pitts sur la relation qui existe entre la température interne des animaux en hibernation et le rythme de leur respiration. Ces physiologistes nous montrent que le même animal peut avoir des mouvements respiratoires de type différent suivant le degré de son engourdissement (évalué d'après la température rectale). Ainsi, sur le muscardin en hibernation on peut distinguer quatre types respiratoires.

1) Avec une température interne de 12° la respiration est périodique, ainsi que l'avait montré Mosso (1878). Des groupes de quatre à quatorze mouvements respiratoires sont séparés par des pauses pouvant durer 80 secondes.

2) Si l'animal est troublé par des excitations différentes comme par exemple l'introduction du thermomètre dans le rectum, sa température rectale monte de 13° à 16° dans peu de temps; alors les pauses ou période d'apnée deviennent plus courtes et les mouvements respiratoires plus nombreux. Ces mouvements peuvent affecter soit le type Biot, soit le type Cheyne-Stokes. Dans le premier, le commencement et la fin d'une période se font brusquement, alors que dans le second cela a lieu graduellement.

3) Au fur et à mesure que l'animal se réveille, il commence à ouvrir les yeux, et, dès que sa température monte de 16° à 19°, la respiration s'accélère davantage et la périodicité disparaît.

4) Quand la température interne passe de 21° à 29°, la respiration est continue et très accélérée (350 à 450 par minute).

Sur le hérisson Pembrey et Pitts ont pu distinguer aussi plusieurs types respiratoires :

1) Quand la température rectale est entre 10° et 16°, la respiration est franchement périodique, ainsi que Bougers (1884) l'a montré le premier. Nous avons aussi eu l'occasion d'inscrire les mouvements respiratoires du hérisson en hiver, et nos résultats concordent avec ceux des auteurs précédents. Sur nos tracés, on voit des groupes, formés de 16 à 31 respirations, séparés par des pauses ou périodes d'apnée pouvant durer 25 minutes. D'autres fois les groupes peuvent compter de 39 à 60 respirations, accomplies dans trois à cinq minutes et séparées par des pauses pouvant durer 45 minutes. Les mouvements respiratoires affectent plutôt le type Cheyne-Stokes :

2) Quand la température du hérisson arrive à 12°, les pauses se raccourcissent, mais la respiration reste encore périodique.

3) A une température de 13°, la respiration devient continue et s'accélère au fur et à mesure que l'animal se réveille.

Malgré l'insuffisance des documents sur la respiration de la marmotte et de la chauve-souris, Pembrey et Pitts sont disposés à croire à l'existence de plusieurs types respiratoires chez ces animaux, suivant leur température interne. En tenant compte de ce fait, les résultats de Valentin, R. Dubois, et Patrizi pourraient bien trouver leur interprétation. Comme le fait remarquer R. Dubois, il se peut que les tracés de Patrizi aient été pris sur des marmottes ayant une température interne plus élevée que celle de ses propres sujets d'expérience.

Sur les chauves-souris qu'on trouve suspendues dans les grottes de Maestricht, Delsaux (1887) ne put voir pendant plusieurs minutes d'observation aucun mouvement respiratoire. Mais, après le transport au laboratoire, il vit que la respiration de ces animaux était très superficielle et périodique, avec des pauses pouvant durer 75 minutes.

Une respiration périodique a été observée aussi sur la tortue par Fano (1883), et sur le lézard ocellé par Decaux (1896). D'ailleurs P. Bert, Couvreur, et d'autres auteurs ont pu noter la respiration périodique chez les hétérothermes.

5). **Échanges nutritifs.** — Dans ce chapitre nous allons étudier :

a) Les variations du poids total du corps;

b) Les variations du poids des organes pris isolément, ainsi que leur composition chimique;

c) Les échanges respiratoires;

d) L'influence de la température sur les échanges respiratoires;

e) Les mutations des matières hydrocarbonées;

f) Les mutations des matières grasses et minérales;

g) La chaleur animale;

h) L'inanition;

i) La glande hibernale.

a) **Variations dans le poids du corps.** — Chez les animaux hibernants qui ne prennent pas d'aliments pendant l'hiver et qui vivent exclusivement sur le compte des réserves nutritives de leurs propres tissus, le poids du corps devrait diminuer graduellement, du commencement à la fin de la période hibernale. Les choses sont cependant plus complexes, et nous verrons plus loin que les variations pondérales des animaux engourdis sont sujettes à de grandes irrégularités si ces animaux sont dérangés. Dès lors, les indices qu'elles pourraient donner sur la marche des échanges nutritifs ne peuvent avoir la même valeur que sur les animaux à l'état de veille.

Si l'on envisage tout d'abord la perte totale du poids du corps pendant toute la durée de l'hibernation, on voit que cette perte varie sous l'influence de causes nombreuses. Ainsi l'espèce doit être placée en première ligne, et les mammifères hibernants se comportent à cet égard différemment des autres animaux à température variable. Ensuite, la durée de l'hibernation, la température extérieure, différentes causes internes, comme la profondeur de l'engourdissement, retentissent directement ou indirectement sur l'intensité des échanges nutritifs, et par cela même sur le poids du corps.

Nous avons réuni dans le tableau suivant les quelques données que nous avons pu trouver dans les travaux traitant de cette question.

Perte totale subie par le poids du corps des animaux en hibernation.

ESPÈCE.	DURÉE de L'OBSERVATION.	POIDS INITIAL.	POIDS FINAL.	PERTE p. 100 du POIDS INITIAL.	AUTEURS.
		kg.	kg.		
Lézard ocellé..	4-5 1/2 mois.	»	»	8,3-11	Decaux.
Tortues (11). .	192 jours.	5,568	4,942	11,2	Maurel.
— (13). .	164 —	6,918	6,433	7	—
Marmotte . . .	178 —	6,248	5,687	9,1	R. Dubois.
— . . .	160-169 jours.	1,362	1,060	22	Valentin. (Moyenne de 7 exp.).
— . . .	40-108 —	1,8599	1,5217	18,4	Polimanti. (Moyenne de 3 exp.).
Hérisson . . .	36-58 —	0,9055	0,6836	23,4	Valentin. (Moyenne de 2 exp.).
— . . .	127 jours.	0,930	0.640	31,1	Camus et Gley.
Chauve-souris.	162 —	»	»	33,57	Rulot[1].

1. Les expériences de Rulot ont été faites sur des groupes de chauves-souris pris à des époques différentes de l'année.

Il résulte de ce tableau, si incomplet soit-il, qu'il y a une distinction à faire entre les mammifères et les reptiles en hibernation. La consommation est bien plus intense chez les premiers que chez les seconds. Ce fait, accompagné d'une analyse des autres fonctions, prouve combien est peu fondée l'opinion d'après laquelle les mammifères engourdis seraient en tous points semblables aux animaux à température variable. De plus, il semble que cette consommation, jugée d'après la perte du poids, est d'autant plus grande que l'animal est plus petit (23 p. 100 chez la marmotte et le hérisson, 33 p. 100 chez la chauve-souris). Cette relation entre la perte de poids et la taille a été observée aussi sur les tortues par Maurel et Rey-Pailhade. Ainsi, pour des tortues de taille différente, la perte moyenne du poids du corps, par kilogramme et par jour, serait la suivante :

Poids moyen. grammes.	Perte par kilogr. et par jour.
663	0,409
625	0,553
350	0,461
338	0,649
177	0,654
164	0,980

En un mot, les lois qui règlent les échanges nutritifs des animaux à température constante semblent s'appliquer aussi aux mammifères et aux reptiles en hibernation.

Pour mieux voir jusqu'à quel point le poids du corps peut donner des indications précises sur l'intensité des échanges nutritifs pendant l'engourdissement, il nous faudrait de nombreuses données sur les variations de ce poids chez toutes les espèces d'animaux hibernants et durant toute la période hibernale. Parmi les documents existants, il y en a peu qui comblent ce desideratum, car les variations de poids chez les mammifères engourdis deviennent extrêmement difficiles à suivre, et cela pour deux raisons :

1) Ces animaux peuvent passer facilement de l'engourdissement à l'état de veille, et, les échanges augmentant alors rapidement, la perte de poids dans l'unité de temps est évidemment plus grande. Il est donc nécessaire de connaître à chaque instant la température de l'animal, pour juger de son état d'engourdissement.

2) On a remarqué que le poids des marmottes qui s'engourdissent en captivité peut augmenter, sans que l'animal ait pris ni des aliments ni de l'eau.

Dans ces conditions, on voit combien il serait difficile d'isoler ces deux variables, de sens inverse, et de déterminer la perte maximum de poids que l'animal subit pendant son engourdissement.

L'augmentation de poids chez les marmottes engourdies a été signalée pour la première fois par Sacc et confirmée plus tard par Regnault et Reiset, Valentin, Voit, R. Dubois, Polimanti, etc. Ce phénomène a été observé aussi par Bouchard sur l'homme qui n'a reçu d'autres ingesta que les gaz atmosphériques, et n'a rendu d'autres excréta que la perspiration cutanée et l'exhalation pulmonaire.

Regnault et Reiset ont été les premiers à chercher une explication de ce phénomène. D'après eux, il y aurait fixation par l'organisme d'une quantité d'oxygène plus grande que celle qui se trouve dans CO^2 et H^2O éliminés. A cette opinion se sont rattachés plus tard Valentin, Bouchard et Polimanti[1]. Valentin le premier faisait aussi intervenir l'absorption d'une certaine quantité d'eau par la peau. Quant au mécanisme suivant lequel cet oxygène serait fixé, Bouchard le voit dans une oxydation incomplète des matières grasses. Une grande partie de ces substances se transformerait en hydrates de carbone (glycogène), opération qui exige une fixation d'oxygène, et une petite quantité seulement serait consommée, jusqu'aux termes ultimes CO^2 et H^2O.

Nous verrons mieux cette relation après avoir étudié les échanges respiratoires. Disons seulement que R. Dubois attribue l'augmentation du poids du corps à une teneur plus grande en gaz dans le sang.

1. J. Noé a fait beaucoup d'expériences sur le hérisson : malheureusement, dans ses documents, on ne trouve aucune mention de la température des animaux, et on ne peut pas distinguer la perte de poids correspondant à l'engourdissement de celle qui accompagne le réveil ou l'état de veille.

b) **Variations du poids des organes et leur composition chimique.** — La contribution des différents organes et tissus à la perte totale du poids du corps pendant l'engourdissement hibernal n'est pas la même pour tous. Afin de mieux juger de la part qui revient à chaque organe dans cette perte, il faut déterminer tout d'abord dans quel rapport se trouvent les matières solides et l'eau qui rentrent dans leur constitution. Cela est d'autant plus nécessaire que les recherches de RULOT, faites sur la chauve-souris, montrent que la quantité d'eau augmente pendant l'hiver ; de 57,13 p. 100 au mois de novembre, elle monte à 63,54 p. 100 au mois d'avril. GRADINESCO (1908) a montré aussi que chez la grenouille la concentration moléculaire du plasma des muscles est plus basse en hiver ($\Delta = -0,51$ au mois de janvier) qu'en été ($\Delta = -0,59$ au mois de juin). On voit donc combien il est nécessaire de connaître le poids des organes desséchés, si l'on veut évaluer leur perte absolue. Malheureusement la plupart des observations concernant cette question ont été faites sur des organes frais. Nous donnerons cependant quelques chiffres destinés à montrer, sinon la perte absolue des organes, du moins leurs pertes relatives.

Ainsi, d'après VALENTIN, les pertes subies par les principaux organes et tissus de la marmotte, après 163 jours d'hibernation, ont été les suivantes :

Perte de poids des organes et tissus de la marmotte pendant l'hibernation (163 jours) d'après VALENTIN.

Organes et Tissus.	Commencement de l'hibernation. p. 100 du poids initial du corps.	Fin de l'hibernation. p. 100 du poids initial du corps.	Différence.
Muscles	26,19	18,87	— 8,32
Squelette	17,34	13,73	— 3,61
Graisse	17,05	0,11	— 16,94
Peau	16,39	10,18	— 6,21
Foie	3,33	1,31	— 2,02
Estomac	1,91	0,97	— 0,94
Intestin grêle	1,49	1,33	— 0,16
Gros intestin	1,69	1,83	+ 0,14
Glande hivernale	1,33	0,39	— 0,94
Cerveau	1,08	1,07	— 0,01
Moelle épinière	0,26	0,27	+ 0,01
Larynx et poumons	1,03	0,72	— 0,31
Reins	0,51	0,54	+ 0,03
Yeux	0,34	0,37	+ 0,03
Glandes salivaires	0,17	0,13	— 0,04
Œsophage	0,13	0,15	+ 0,02
Rate	0,09	0,05	— 0,04
Pénis	0,09	0,04	— 0,05

Si l'on cherche la perte pour cent du poids initial de chaque organe et de chaque tissu, on trouve, suivant VALENTIN :

Graisse	99,31
Glande hibernale	68,78
Foie	58,74
Pénis	55,67
Estomac	47,05
Capsules surrénales	45,65
Diaphragme	45,06
Larynx et poumons	44,56
Peau	35,31
Muscles du squelette	30,3
Cœur	27,48
Glandes salivaires	15,00
Squelette	11,69
Rate	10,87
Intestin grêle	7,65

VALENTIN, estimant la perte journalière de la marmotte (pendant les jours d'hibernation) à 2 gr, 196 par kilogramme en moyenne, a cherché la part qui revient à chaque organe dans cette perte.

Graisse.	0,99	
Muscles du corps. . .	0,47	0,49
Diaphragme..	0,02	
Cœur..	0,01	
Langue.	0,006	
Peau.	0,34	
Squelette.	0,12	
Glandes salivaires.. .	0,025	
Glande hibernale. . .	0,05	
Estomac.	0,05	
Foie.	0,12	
Larynx et poumons. .	0,02	
Autres organes. . . .	Pertes insignifiantes.	

Rulot (1902) a dosé la graisse dans le corps de la chauve-souris au commencement, vers le milieu, et à la fin de l'hibernation. Ses résultats se trouvent consignés dans le tableau suivant :

DATES.	POIDS TOTAL.	RÉSIDUS SECS.	GRAISSE TOTALE.	GRAISSE p. 100 DU POIDS TOTAL.
11 novembre.	65,45	29,667	13.06	19,412
11 février	47,70	21,300	7,44	15,611
18 mars.	104,40	41,29	10,65	10,207
23 avril.	20,70	7,54	1,68	5,163

D'après ces tableaux on peut facilement se convaincre que le tissu adipeux est le plus éprouvé pendant l'engourdissement hibernal. Viennent ensuite la glande hibernale, qui est aussi un réservoir à graisse, puis le foie, et seulement en quatrième lieu les muscles. Suivant Victoroff (1908), les substances albuminoïdes subissent aussi une diminution pendant l'hiver. Cet auteur trouve que les « corps gras » des grenouilles perdent durant cette saison non seulement de la graisse, mais encore des substances azotées. Les pertes seraient : 80,2 p. 100 pour la graisse et 37,5 p. 100, pour les albuminoïdes.

Si l'on voulait faire un rapprochement entre l'hibernation et l'inanition, on verrait que dans ce dernier état les muscles occupent la première place au point de vue des pertes subies. Viennent ensuite, la graisse, le foie, les autres organes. La comparaison ne tient donc pas, et nous verrons plus loin qu'il y a encore d'autres arguments qui prouvent assez que l'hibernation et l'inanition sont deux états absolument différents.

Chez la grenouille, les pertes éprouvées pendant l'hibernation par les organes et les tissus peuvent être déduites, jusqu'à un certain point, des chiffres donnés par Gaule, et cela pour quelques-uns seulement de ces organes. Ce physiologiste a étudié les changements de poids subis par le foie, la rate, les corps gras, les muscles, les testicules et les ovaires des grenouilles pendant les différentes époques de l'année. Ces déterminations ont été faites sur des grenouilles fraîches prises dans leur milieu naturel peu de temps avant l'expérience.

Le poids des organes est rapporté au poids du corps déterminé à chaque expérience; mais nous avons vu plus haut que cette méthode ne permet pas d'en déduire la perte absolue des organes, puisque leur teneur en eau change. On ne connaît pas davantage le poids initial des grenouilles, c'est à dire le poids à leur entrée en hibernation, ce qui rend l'estimation encore plus difficile. Cependant les chiffres donnés par Gaule sont des moyennes d'un grand nombre de déterminations, de sorte que les variations individuelles sont très atténuées.

Comme on le voit sur les courbes dressées par Gaule (fig. 96), les organes qu'il a étudiés peuvent être classés dans l'ordre suivant, au point de vue de leurs pertes hibernales : 1° foie, 2° corps gras, 3° muscles, 4° rate.

A côté de ces organes qui diminuent plus ou moins pendant l'hibernation, il y en a d'autres, comme les ovaires, qui bénéficient d'une augmentation sensible.

c) **Composition du sang.**

1. **Plasma.** — D'une manière générale, il semble que le sang de la marmotte

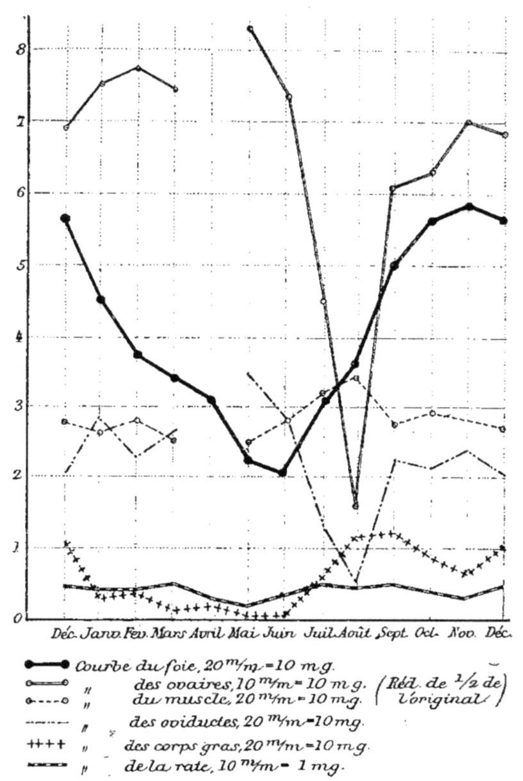

Fig. 96. — Perte de poids des divers organes pendant l'hibernation. (Gaule.)

contienne plus d'eau que celui des autres rongeurs, le lapin par exemple (Serbelloni). Pendant l'hibernation, la quantité d'eau diminue dans le sang de la marmotte; ainsi R. Dubois en a trouvé 84, 1 p. 100 à l'état de veille, et 77, 9 p. 100 à l'état d'engourdissement.

La fibrine, qu'il est possible d'extraire du sang de la marmotte, est en moindre quantité pendant l'hibernation. R. Dubois en a trouvé 1, 5 p. 100 à l'état de veille et 0,7 p. 100 pendant l'engourdissement.

Les matières du sang solubles dans l'éther diminuent aussi pendant l'hibernation.

2) **Globules rouges.** — Le sang de la marmotte en hibernation subit une perte assez intense en globules rouges. Ainsi Vierordt, ayant compté ces éléments, en

a trouvé sept millions par millimètre cube au commencement de l'hibernation, et ce chiffre est tombé à 2 000 000 à la fin de celle-ci. — Cette observation de Vierordt a été confirmée plus tard par Quincke et par R. Dubois. Cependant, si l'on cherche la proportion de ces éléments dans les différentes phases de l'hibernation, on peut à certaines époques trouver leur nombre plus grand qu'à l'état de veille. Ainsi R. Dubois en a compté quatre millions huit cent vingt mille par millimètre cube, douze jours après le commencement de l'hibernation. Cela trouve son explication dans la concentration du sang par la diminution de l'eau. A chaque réveil et à chaque sommeil

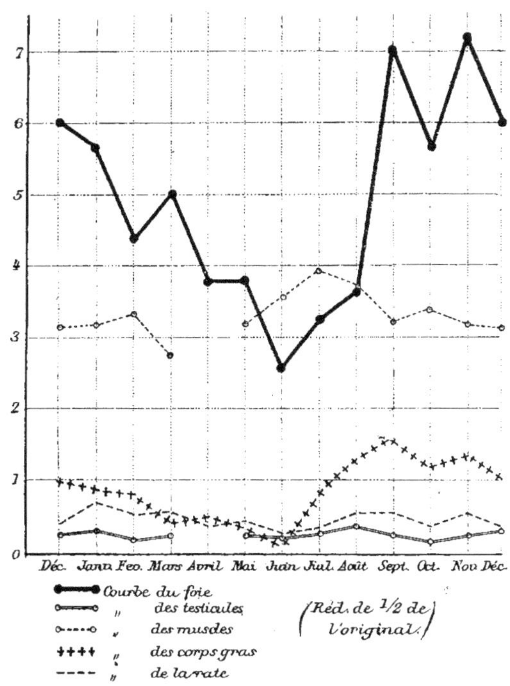

Fig. 97. — Variations du poids des organes dans l'hibernation. (Grenouilles) (Gaule.)

(dans le cours d'une hibernation) il se fait des oscillations analogues; le sang plus riche en globules pendant la torpeur. (R. Dubois) (*Hyperglobulie apparente*).

La richesse du sang en hémoglobine va parallèlement à celle des globules rouges (R. Dubois).

Dans le sang des grenouilles, la proportion des globules rouges est aussi plus forte en hiver qu'en été (Gaule).

3) **Globules blancs.** — Le nombre de ces éléments diminue aussi dès le commencement de l'hibernation. Ainsi Carlier (1893) trouve chez le hérisson éveillé de dix-huit à vingt mille leucocytes par millimètre cube de sang, et ce nombre descend à trois mille et même à mille chez l'animal engourdi.

Faisons remarquer à cette occasion que les moyens employés pour apprécier la richesse du sang en éléments figurés sont bien imparfaits. Ce que l'on détermine par la numération, ce n'est que le rapport entre ces éléments et le volume du plasma dans lequel ils nagent. Or nous avons vu que la richesse en eau non seulement du sang, mais du corps entier, varie beaucoup selon l'état de veille ou l'état de l'engourdissement. On comprend dès lors que les chiffres donnés sur le nombre des éléments figurés du sang perdent de leur importance au point de vue de la quantité absolue d'oxygène absorbé, encore que l'importance en soit considérable au point de vue des phénomènes d'hydratation. (R. DUBOIS.)

4) **Gaz du sang.** — R. DUBOIS a été le premier à faire l'analyse des gaz dans le sang de la marmotte engourdie. Ces résultats se trouvent consignés dans le tableau suivant :

	TEMPÉRATURE RECTALE.	PROPORTION DES GAZ POUR 100cmc DE SANG.			
		O^2.	CO^2.	Az.	Total.
MARMOTTE.					
Sang de la carotide.		cc.	cc.	cc.	cc.
2e jour de sommeil. . . .	10°,4	15,44	63.23	2	80,67
10e —	11°	18,06	73,06	1,96	93,08
10e —	8°,8	15,4	76,16	2	87,20
A l'état de veille	35°,8	15,3	41,33	2,2	58,83
Sang de la jugulaire.					
10e jour de sommeil. . . .	13°,6	6,05	74,05	2,5	82,60
A l'état de veille.	35°	8,75	52,33	2	63,08
LAPIN.					
Sang de la carotide. . . .	»	11,81	23,63	2,5	37,94
		12,73	26,06	2,4	41,19

L'examen de ce tableau montre tout d'abord que le sang de la marmotte est plus riche en gaz que celui du lapin. On voit ensuite que la proportion d'oxygène est à peu près la même pendant l'engourdissement qu'à l'état de veille; tandis que CO^2, déjà très abondant à l'état de veille, augmente encore pendant ce sommeil hibernal.

Chez l'escargot les tissus sont aussi plus riches en CO^2 pendant l'hiver (R. DUBOIS, BELLION).

Réserves nutritives. — Pendant l'engourdissement hibernal, l'animal, s'il n'a pas de provisions alimentaires, doit vivre des réserves qu'il a pu accumuler dans ses propres tissus pendant la saison chaude. Parmi les principes alimentaires qui se prêtent à une mise en dépôt dans l'organisme animal, les hydrates de carbone et les graisses arrivent en première ligne. Nous allons donc étudier les fonctions glycogénique et adipogénique pendant l'engourdissement, et nous rattacherons à cette étude celle de la glande hibernale.

α) — **Les hydrates de carbone** sont emmagasinés dans l'organisme animal sous forme de glycogène et déposés dans le foie, les muscles, etc. Il semble cependant que les hibernants utilisent peu les matières hydrocarbonées, si l'on en juge d'après leur richesse en glycogène. Toutes les recherches prouvent en effet que les matières grasses sont les plus utilisées; elles diminuent graduellement du commencement à la fin de l'hibernation alors que la quantité de glycogène peut rester stationnaire ou même augmenter. CL. BERNARD (1859), AEBY (1874,) VOIT (1878) et KÜLZ (1882) ont trouvé du glycogène dans le foie de la marmotte en torpeur, et suivant CL. BERNARD cette substance s'y accumule pendant l'hiver. Ce même phénomène a été signalé par R. DUBOIS.

Cependant les recherches de WEINLAND et RIEHL (1907) montrent qu'il n'y a pas d'accumulation de glycogène chez la marmotte en hibernation. Ces auteurs ont dosé le glycogène dans le foie, les muscles et le reste du corps aux mois de Décembre Janvier et Mars. Le glycogène du foie subit une très légère diminution. Celui des muscles

Quantité de glycogène pour 1 000 grammes de foie.

		gr.
I. Marmotte endormie. . .	1) Depuis 4 jours.	6,05
	2) — 7 — .	8,88
	3) — 9 — .	8,65
	4) — 10 — .	13,20
	5) — 10 — .	16,32
II. Marmotte éveillée. . . .	1) État de veille. .	0,2

une légère augmentation, et la masse totale du glycogène du corps entier reste presque stationnaire pendant l'engourdissement. Le tableau suivant le montrera plus clairement.

DATE.	POIDS de la MARMOTTE.	GLYCOGÈNE TOTAL.	GLYCOGÈNE par KILOGR. du poids du corps.	GLYCOGÈNE TOTAL du foie.	P. 100 de GLYCOGÈNE dans le foie.	P. 100 de GLYCOGÈNE dans les muscles.
	gr.	gr.	gr.	gr.	gr.	gr.
16 décembre 1896. . . .	2 178	6,81	3,13	1,191	1,90	0,47
24 janvier 1897.	2 850	9,75	3,42	1,51	2,41	»
18 mars 1897.	2 387,5	9,285	3,89[1]	1,234	1,93	0,83

Les auteurs attribuent cette légère augmentation de la quantité du glycogène par kilogramme du poids du corps à la diminution de ce même poids pendant l'engourdissement hibernal. Il y a eu, en effet, une consommation de graisse et peut-être d'albuminoïdes, ainsi qu'une perte d'eau, etc., de sorte qu'à la fin de l'hibernation, le glycogène trouvé dans le corps étant rapporté à un poids plus faible, sa quantité paraît augmenter; mais cette augmentation n'est pas réelle.

Chez la chauve-souris la proportion de glycogène serait très faible au mois de Novembre (0,068 p. 100 du poids du corps), et au mois de Mars elle ne serait que de 0,014 p. 100. Quant au sucre, il a été mis en évidence par Valentin (1857) dans le foie d'une marmotte après 44 jours et même après 159 jours d'hibernation. Cependant R. Dubois n'a trouvé dans le foie de la marmotte engourdie que des traces de sucre (moins de 3 centigrammes pour 1 000 grammes de foie). Ce physiologiste a remarqué que la quantité du sucre augmentait dès que l'animal commençait à se réveiller. Les divergences entre les résultats de Valentin et ceux de R. Dubois pourraient bien tenir à ce que leurs sujets d'expériences ne se trouvaient pas au même degré d'engourdissement; on peut supposer que les marmottes de Valentin étaient au commencement de la période de réveil.

On avait cru longtemps que le glycogène faisait défaut chez la grenouille à la sortie de l'hibernation. Cette opinion était attribuée à Schiff, quoique ce physiologiste eût parlé plutôt du sucre que du glycogène, comme le fait remarquer Külz. Pflüger (1898) démontre que non seulement le glycogène ne fait pas défaut chez la grenouille d'hiver, mais que cette substance est en quantité considérable (0,99 p. 100 du poids du corps). A la suite de cette découverte, nous avons suivi la marche de la fonction glycogénique chez la grenouille pendant les différentes époques de l'année.

Les résultats de nos recherches se trouvent consignés dans le tableau page 594.

Dans un travail récent Pflüger a trouvé que la quantité du glycogène dans le corps de la grenouille ne dépasse pas 0gr,85 p. 100, aux mois de septembre et d'octobre, alors que, aux mois de juillet et d'août, cette quantité peut descendre au-dessous de 0,gr 20 p. 100. — Nous déduisons de ces données que le glycogène dans le corps de la grenouille se trouve en plus grande quantité pendant l'hiver que pendant l'été.

Pour bien nous rendre compte du mécanisme de ce phénomène, rappelons-nous que la richesse de l'organisme en glycogène à un moment donné n'est que l'expression de la différence entre sa production et sa consommation. En d'autres termes, la quantité de cette substance peut augmenter, soit par surproduction, soit par ralentissement dans

Quantité de glycogène chez la grenouille aux différentes époques de l'année, d'après ATHANASIU.

DATES.	NOMBRE de GRENOUILLES.	POIDS TOTAL.	GLYCOGÈNE P. 100 DU POIDS DU CORPS.
Juin	65	1 491	0,275, moyenne de 6 expériences.
Juillet	69	2 156	0,407 — 7 —
Septembre	53	1 335	0,902 — 3 —
Octobre	32	1 100	1,127 — 3 —
Novembre	24	1 197	0,694 — 2 —
Février	18	977	1,06 — 2 —
Mars	10	391	0,99. Expérience de PFLÜGER.

sa consommation; elle peut diminuer par ralentissement de la production ou par exagération de la consommation. Lequel de ces facteurs intervient pour diminuer la quantité de glycogène en été et l'augmenter en hiver? Nous savons que pendant la saison chaude l'activité fonctionnelle des grenouilles est à son maximum, puisque la vie de ces êtres est fonction, pour ainsi dire, de la température ambiante. Son intensité augmente et diminue parallèlement aux oscillations thermiques extérieures. Il faut donc admettre que, pendant l'été, toutes les fonctions étant à leur maximum d'activité, les consommations sont aussi très élevées. Ce sont les principes hydrocarbonés qui sont appelés les premiers à fournir l'énergie que l'organisme utilise dans son fonctionnement. Cela peut être prouvé par l'expérimentation. MOSZEIK (1888) avait montré que le glycogène disparaît dans le foie des grenouilles qui avaient subi pendant deux semaines une température de 25°.

Nous avons répété cette expérience en 1898, et nous avons trouvé que la quantité de glycogène diminue dans le corps des grenouilles au fur et à mesure que la température s'élève. La même constatation a été faite par VASAIN (1903).

Il s'ensuit que la diminution du glycogène en été est due à une consommation exagérée. Cette consommation répond en effet à deux besoins : 1° suffire au fonctionnement de divers organes, et surtout des muscles, donc l'activité est maximum à cette époque; 2° faciliter la mise en dépôt de la graisse, substance que l'organisme va utiliser pendant l'engourdissement hivernal. Le glycogène est en effet en plus grande quantité pendant l'hiver, parce que sa consommation est très réduite.

Nous verrons plus loin que l'étude des échanges respiratoires des grenouilles pendant les diverses époques de l'année vient à l'appui de cette interprétation. Ces oscillations du glycogène avec les saisons ne sont pas spéciales aux animaux hibernants. GÜRBER (1895) a vu que la richesse des lapins en glycogène est moindre en été qu'en hiver. Une constatation semblable a été faite par MAIGNON (1907) sur le chien. Ainsi, pour 100 grammes de muscle (biceps fémoral droit), la quantité de glycogène trouvée dans les différents mois de l'année a été la suivante : Janvier = 5gr,75; Février = 7gr,18; Mars = 8gr,17; Avril = 6gr,03; Mai = 6gr,58; Juin = 4gr,46; Juillet = 3gr,80; Septembre = 4gr,25; Octobre = 5gr,25; Décembre = 4gr,37.

Chez l'escargot, la quantité de glycogène dans le foie et les muscles serait moindre à la fin de l'hibernation qu'au début (BELLION).

6) **La graisse** est la réserve nutritive de prédilection, aussi bien chez les mammifères hibernants que chez les animaux à température variable. Chez les premiers, elle se dépose principalement dans le tissu conjonctif lâche, devenu ainsi tissu adipeux, dans la moelle des os (MARQUIS, 1892), dans les éléments musculaires striés, et dans les fibres du myocarde (BARONCINI et BERETTA, 1900).

Dans ces éléments, la matière grasse est déposée sous forme de granulations le long des fibrilles musculaires, quelquefois à la périphérie, quelquefois autour du noyau.

Chez les mammifères hibernants, en dehors du tissu conjonctif lâche, la graisse s'accumule dans la moelle des os et dans la glande hibernale.

La graisse extraite des tissus de la marmotte engourdie diffère un peu de celle qu'on extrait de l'animal éveillé. Elle reste fluide à 18° ou 20°, s'épaissit un peu à 12° pour devenir demi-fluide et opaque vers 0° (R. Dubois.) Suivant le même auteur, la richesse en eau du tissu adipeux n'est pas la même dans les différentes régions du corps : ainsi dans la région inguinale ce tissu en contient 26,35 p. 100; dans la région rénale 10,4 p. 100; et dans le mésentère 7,83 p. 100.

Chez les animaux à température variable, les endroits où la graisse peut se déposer varient suivant l'espèce.

a) *Les corps gras.* — La plupart des amphibiens et des reptiles possèdent dans la cavité abdominale, au voisinage des organes sexuels, des formations appelées « Corps gras », qui constituent des réserves graisseuses de première importance. — On trouve des corps gras chez *Rana*, *Bombinator*, *Bufo*, *Lacerta*, *Tropinotus*, etc. — Le volume et l'aspect de ces corps gras varient avec la saison, et surtout avec le fonctionnement des organes sexuels (Funke, 1899).

b) *Le foie.* — Chez certaines espèces comme : *Rana esculenta*, *R. temporaria*, la quantité de graisse contenue dans le foie est plus grande en hiver qu'en été (Funke, 1899, Athanasiu et Dragoiu, 1908). Chez d'autres espèces comme : *Salamandra maculosa*, *Triton cristatus*, *Bombinator igneus*, la graisse du foie reste constante durant toute l'année (Funke). Le foie des mollusques peut contenir aussi beaucoup de graisse (Deflandre). — Quand l'infiltration est peu prononcée, la graisse, sous forme de gouttelettes, occupe seulement la périphérie des cellules hépatiques; quand, au contraire, l'infiltration est abondante, le protoplasma de ces cellules peut contenir de la graisse.

c) *Les muscles du squelette* se laissent infiltrer par la graisse à des degrés variables suivant l'espèce et suivant les régions du corps auxquelles ils appartiennent. Elle est déposée sous la forme de gouttelettes, dont certaines sont extrêmement fines, entre les fibrilles de la substance contractile (Kölliker, 1888; Knoll, 1891 ; Funke, 1899; Athanasiu et Dragoiu, 1900). — Certains muscles de la grenouille, comme le couturier, par exemple, contient en hiver, beaucoup de graisse, tandis qu'en été il peut en être entièrement dépourvu. — D'autres, comme le mylo-hyoïdien, ont leurs fibres bourrées de graisse pendant toute l'année (Athanasiu et Dragoiu).

Dans ce même muscle, toutes les fibres ne présentent pas le même degré d'infiltration. Les fibres minces sont généralement les plus infiltrées (Funke). En étudiant l'évolution de la graisse dans le corps de la grenouille durant toute l'année, Athanasiu et Dragoiu ont vu qu'au printemps les vaisseaux des nombreux muscles des membres inférieurs contenaient beaucoup de graisse. — Dans les petits vaisseaux, elle est déposée sous forme de gouttelettes, se colorant fortement par les réactifs.

Donc, au printemps, la graisse quitte certains muscles pour rentrer dans l'appareil circulatoire.

A cette époque, on trouve aussi de la graisse dans les reins, au niveau des tubes urinifères. — Cette graisse vient probablement des membres inférieurs, puisque le réseau vasculaire des tubes urinifères vient d'une branche de la veine fémorale (circulation porte-rénale). Les cellules des tubes contournés présentent une forte infiltration graisseuse. — Il est probable qu'une partie de cette graisse est éliminée par les urines.

γ) **L'organe hibernal ou glande hibernale.** — Mangili (1807), Prunelle (1811), Tiedmann (1815), Burdach (1830), Valentin (1857), etc., ont confondu cet organe avec le thymus. Pour Jacobson (1817), Marshall-Hall (1832), Ehrmann (1883), Poljacoff (1888) et Hammar (1896), il ne s'agirait pas d'une glande, mais d'un simple dépôt de graisse. Pour d'autres, l'organe hibernal serait une glande vasculaire, Ecker (1893), Barkow (1846), Fiedleben (1856), Affanasiew (1877).

Ce sont les recherches de Ehrmann (1883), de Carlier (1893), de Hammar (1895) et de Hansemann (1902) qui ont apporté des connaissances plus précises sur la nature de cet organe. Il n'est pas spécial aux mammifères hibernants, les autres mammifères, et même l'homme, en sont pourvus aux différents stades de leur développement.

L'organe hibernal a une couleur brun rougeâtre. Il atteint son plus grand développement dans la région dorsale entre les deux omoplates ; de là il se prolonge en bas et forme un gros lobe dans le creux de l'aisselle. A l'entrée du thorax, tous ces lobes forment un cercle qui entoure le thymus. De ce cercle se détachent deux bandes minces qui se prolongent de chaque côté de l'aorte thoracique, et qui, traversant le diaphragme, vont se terminer au voisinage des reins où elles s'étalent de nouveau.

La structure de l'organe hibernal se rapproche beaucoup de celle du tissu adipeux, et il semble en effet que ce soit une sorte de tissu conjonctif lâche, spécialisé pour recevoir des réserves graisseuses. L'examen du réseau sanguin qui s'y trouve prouve une certaine organisation; les vaisseaux délimitent des lobules dont plusieurs se réunissent sous la même enveloppe fibreuse pour former un lobe. De cette enveloppe partent des cloisons fibreuses qui pénètrent entre les lobules. Chaque lobule est formé de cellules pressées les unes contre les autres, d'où leur forme polyédrique. Ces cellules ont une enveloppe distincte, leur protoplasma est réticulé, et au commencement de l'hiver il est rempli de graisse divisée en fines gouttelettes, répandues assez uniformément dans toute son étendue. Les noyaux se trouvent au milieu des cellules. Les éléments de l'organe hibernal diffèrent donc des cellules adipeuses ordinaires, dans lesquelles la graisse est accumulée au milieu en une grosse goutte, tandis que le protoplasma et le noyau sont repoussés vers la périphérie.

Composition chimique de l'organe hibernal. — Suivant Carlier (1903), l'organe hibernal contient :

Eau.	De 50 à 60 p. 100
Graisse	— 40 à 47 —
Matières protéiques. . . .	— 15 à 16 —
Sels.	— 1 à 1,25 —

La graisse se compose de :

Oléine.	De 90 à 91 p. 100
Stéarine.	— 9 à 10 —
Palmitine	Traces.
Lécithine	—
Lipochrome	—

Les matières protéiques sont formées de nucléo-albumines et globulines : les albumines sont peu abondantes.

L'organe hibernal subit des variations profondes comme aspect extérieur et comme constitution aux diverses époques de l'année.

Sa couleur est jaune rougeâtre en automne, quand il est à son maximum de développement : elle devient de plus en plus foncée au fur et à mesure que l'hibernation avance, et vers la fin de celle-ci elle devient presque noire. Si l'on cherche les changements qui s'opèrent dans sa constitution intime, on constate en premier lieu la disparition de la graisse qui se fait graduellement du commencement à la fin de l'hibernation.

Suivant Carlier (1903) la composition chimique de l'organe hibernal, aux différents mois de la saison froide, serait la suivante :

DATES.	EAU.	GRAISSE.	MATIÈRES PROTÉIQUES.	CENDRES.	PHOSPHORE.	RÉSIDUS.
	p. 100.	p. 100.	p. 100.	p. 100.	p. 100.	p. 100.
10 Octobre . .	40,15	40,39	17,57	1,48	0,57	»
27 — . . .	50,63	30,12	13,97	1,15	0,18	3,93
25 Décembre .	52,88	29,22	14,38	1,08	0,35	2,08
25 Janvier . .	56,98	23,15	16,52	1,17	0,24	1,93
25 Février . .	52,88	25,46	16,23	1,16	0,20	4,06
25 Mars. . . .	52,19	27,72	16,46	1,09	0,28	2,25
25 Avril. . . .	60,44	17,74	16,79	1,05	0,28	3,68

Comme on le voit dans ce tableau, la graisse est l'élément qui diminue le plus, et cela prouve suffisamment que le rôle de l'organe hibernal est de servir de réservoir aux matières grasses. On voit aussi que la teneur en eau de l'organe hibernal augmente vers la fin de l'engourdissement.

e) **Les échanges respiratoires.** — Regnault et Reiset (1849) ont été les premiers à étudier les échanges respiratoires des animaux en hibernation. Ils ont expérimenté sur la marmotte, et ils ont vu que pendant l'engourdissement la consommation d'oxygène peut descendre à 1/30e de ce qu'elle est à l'état de veille.

La physiologie des animaux en hibernation a fait un grand pas, grâce aux travaux de Valentin (1857-1881). C'est encore la marmotte qui a été le sujet d'expérience de ce physiologiste, qui a étudié sur elle presque toutes les fonctions de l'organisme animal à l'état d'engourdissement. Nous aurons souvent l'occasion de parler des recherches de Valentin; mais, en ce qui concerne les échanges respiratoires, ses expériences sont particulièrement intéressantes. Quoiqu'il ait entrepris ses recherches à une époque où les méthodes de la physiologie étaient encore très imparfaites, la plupart de ses résultats ont été confirmés par les recherches ultérieures.

Valentin a mesuré l'absorption d'oxygène et l'excrétion d'acide carbonique sur la marmotte en hibernation, et, pour juger du degré de l'engourdissement, il prenait soigneusement la température de l'animal dans la bouche et dans le rectum. La température extérieure et le poids de l'animal étaient aussi enregistrés. On trouve donc, dans les documents de Valentin, toutes les données utiles sur les causes qui ont de l'influence sur les échanges respiratoires. Il a cherché la marche de ces échanges dans les différents degrés d'engourdissement, question étudiée avec plus de détails par R. Dubois (1896), Weinland et Riehl (1907), comme nous le verrons plus loin. La mesure des échanges respiratoires a été faite ultérieurement sur d'autres animaux en état d'hibernation : recherches de Delsaux (1887) sur la chauve-souris, de Horvath (1880) et de Mares (1892) sur le spermophile, d'Athanasiu (1900) sur la grenouille, et de Pembrey (1903) sur le muscardin et sur le hérisson.

Tous ces travaux s'accordent à constater une grande réduction de la consommation d'oxygène et de la production d'acide carbonique pendant l'engourdissement hibernal.

Nous avons réuni dans le tableau (page 598) la marche des échanges respiratoires chez les différentes espèces d'animaux en hibernation. Les chiffres que nous donnons sont des moyennes tirées des expériences de divers auteurs et ramenées aux mêmes unités de mesure : en centimètres cubes d'oxygène consommé ou d'acide carbonique produit par kilogramme et par heure. De plus, nous avons inscrit la valeur des échanges respiratoires des mêmes espèces à l'état de veille, afin de mieux voir le degré de diminution de ces échanges pendant l'hibernation.

On peut tirer de ce tableau plusieurs conclusions importantes sur l'intensité et la marche des échanges respiratoires des hibernants. Ainsi nous voyons tout d'abord que, chez les animaux à température variable, représentés dans ce tableau par la grenouille[1], les échanges ne sont guère que trois fois plus faibles qu'en été, alors que chez les mammifères hibernants la réduction est bien plus forte : 10 fois chez le hérisson, 25 fois chez le lérot, 30 fois chez la marmotte (R. Dubois) et 46 fois chez le spermophile. — Nous voyons encore que chez les mammifères il y a une certaine relation entre leur taille et l'intensité des échanges respiratoires. Cette relation peut être mise en évidence sur les mammifères engourdis aussi bien que sur les mammifères en pleine activité fonctionnelle. Pour cela il faut comparer entre eux les échanges des différentes espèces à égalité de température interne et se trouvant par conséquent au même degré d'engourdissement. A cette fin nous avons choisi, parmi les expériences des différents auteurs, celles où les animaux avaient une température rectale de 10° environ, et avec ces données nous avons dressé le tableau de la page 599.

L'examen de ce tableau nous montre un lien saisissant entre l'oxygène consommé par ces animaux à l'état de veille et à l'état d'hibernation et leur taille. Ainsi, le muscardin, qui a une petite taille (poids = 18 gr. 09) consomme 293 centimètres cubes d'oxygène par kilogramme et par heure, alors que le hérisson, qui pèse 429 gr., en

1. La plupart des grenouilles qui ont servi à ces expériences n'étaient pas aussi engourdies que celles que l'on retire directement de l'eau en hiver. Cependant il est permis de croire, et le quotient respiratoire le prouve, que ces animaux gardés dans les laboratoires se rapprochent plutôt de l'état d'hibernation que de l'état estival. Sous cette réserve, nous avons mis les résultats obtenus sur les échanges respiratoires des grenouilles en parallèle avec ceux qu'on a obtenus sur des mammifères hibernants.

ESPÈCE.	TEMPÉRATURE EXTÉRIEURE.	TEMPÉRATURE INTERNE.	POIDS.	O^2 PAR KGR. ET PAR HEURE.	CO^2 PAR KGR. ET PAR HEURE.	$\frac{CO^2}{O^2}$.	MOYENNE des EXPÉRIENCES.	AUTEURS.
Grenouille.	*En été.*							Athanasiu.
	21°,5	»	»	71cc,7	54cc,7	0,77	24	
	En hiver.							
	10°,8	»	»	26cc,5	25cc,7	0,97	28	
Les échanges sont approximativement 3 fois plus faibles.								
Muscardin.	*Éveillé.*							Pembrey.
	14°,5	34°,6	17g,5	5 920cc	5 068cc	0,79	11	
	Engourdi.							
	12°,6	15°	20g,7	232cc	123cc,1	0,53	8	
Les échanges sont approximativement 25 fois plus faibles.								
Spermophile.	*Éveillé.*							Marès.
	13°,6	»	200g	2 696cc	1 998cc	0,74	24	
	Engourdi.							
	8°,4	»	182g	56cc,6	23cc,3	0,41	25	
Les échanges sont approximativement 46 fois plus faibles.								
Hérisson.	*Éveillé.*							Pembrey.
	14°,1	34°	629g	1 000cc	791cc,9	0,79	7	
	Engourdi.							
	12°,6	15°	532g	114cc	61cc,6	0,53	8	
Les échanges sont approximativement 10 fois plus faibles.								
Marmotte.	*Éveillée.*							Valentin.
	11°,9	»	1 217g	681cc	543cc,7	0,79	5	
	Engourdie.							
	7°	8°	947g	32cc,8	16cc,8	0,5	16	
Les échanges sont approximativement 21 fois plus faibles dans le sommeil léger.								
Marmotte.	8°	8°,7	1 088g	16cc,6	7cc,2	0,43	7	Valentin.
Les échanges sont approximativement 43 fois plus faibles dans le sommeil profond.								
Marmotte.	*Éveillée.*							Weinland et Riehl.
	6°,8	»	2 996g	783cc,8	557cc,8	0,71	1	
	Engourdie.							
	7°,5	12°,5	2 387g,5	57cc,6	24cc,1	0,42	1	
Les échanges sont approximativement 25 fois plus faibles (trente fois plus faibles, d'après R. Dubois).								

1. Dans les autres expériences de Weinland et Riehl, la température de l'animal n'est pas donnée.

ESPÈCE.	DATE.	TEMPÉRATURE EXTÉRIEURE.	TEMPÉRATURE INTERNE.	POIDS.	CO^2 PAR KGR.-HEURE.		O^2 PAR KGR.-HEURE.		AUTEURS.
					VEILLE.	Engourdissement.	VEILLE.	Engourdissement.	
		degr.	degr.	gr.	cmc.	cmc.	cmc.	cmc.	
Muscardin.	Février.	10	10.3	18,99	8506	98		293	PEMBREY.
Spermophile.	Nov.-Déc. Févr.-Mars.	10,5	»	187	1998	26.8	2696	39,9	MARÈS.
Hérisson.	Mars.	10,5	10,5	429	197	82	1000	164	PEMBREY.
Marmotte.	Décembre. Févr.-Mars.	9,8	10,4	1110	543	14,9	681	34	VALENTIN.

consomme 164 cc. et que la marmotte, qui pèse 1 110 gr., n'en consomme que 34 cc. Le spermophile, qui se trouve comme poids entre le muscardin et le hérisson, aurait sa place entre celui-ci et la marmotte, quant à sa consommation d'oxygène. Mais cet écart, comme celui que nous avons signalé plus haut pour le hérisson, doit tenir à d'autres causes que la température, causes probablement d'ordre interne qui ont de l'influence sur les échanges respiratoires. Nous aurons l'occasion de revenir plus loin sur cette question.

Quoi qu'il en soit, les mammifères en hibernation possèdent un moyen de régler leurs échanges respiratoires suivant la surface de leur corps, comme cela a lieu pendant l'état de veille. Nous savons en effet que chez les animaux à température constante l'intensité des échanges est proportionnelle au quotient de la surface du corps par son poids. Les mammifères engourdis restent soumis à cette loi, et cela prouve une fois de plus que ces animaux, malgré le ralentissement de leurs fonctions, ne sont pas esclaves de la température extérieure au même point que les animaux à température variable. Ils gardent encore une assez grande autonomie à son égard.

Le quotient respiratoire est modifié aussi pendant l'hibernation; il augmente chez les grenouilles et diminue chez les mammifères hibernants.

On sait que le quotient respiratoire $\frac{CO^2}{O^2}$ change sous l'influence de différentes causes, parmi lesquelles l'alimentation vient en première ligne. Ainsi, quand l'organisme consomme beaucoup d'hydrates de carbone, le quotient respiratoire se rapproche de l'unité; dans le cas contraire le quotient respiratoire diminue. En partant de là, on a supposé que l'abaissement de ce quotient chez les mammifères engourdis serait dû justement à ce que ces animaux utilisent de préférence les matières grasses pendant leur hibernation.

Mais le quotient respiratoire de l'animal qui consomme les matières grasses est de 0,7 en moyenne, et l'on a cependant constaté sur les mammifères engourdis des quotients plus bas : 0,42 et même 0,33 (REGNAULT et REISET, VALENTIN, VOIT, DUBOIS, etc.). Pour expliquer ce cas, on admet que les graisses ne sont pas consommées intégralement, et que leur oxydation ne se fait pas d'un seul trait, pour les amener aux termes ultimes, CO^2 et H^2O. Ces substances seraient d'abord transformées, par une fixation d'oxygène, en hydrates de carbone, et ce seraient ces derniers qui fourniraient par leur oxydation complète l'énergie rendue actuelle au moment des réveils. A l'appui de cette interprétation viendrait le fait d'une augmentation de la quantité de glycogène chez la marmotte engourdie (Cl. BERNARD, R. DUBOIS). Ce phénomène d'une fixation par les graisses de cet oxygène qu'on ne retrouve pas dans le CO^2, éliminé au même instant, pourrait nous donner une explication, non seulement de l'abaissement du quotient respiratoire, mais encore de l'augmentation de poids observée sur la marmotte en l'absence de toute ingestion d'aliments ou d'eau. Si les choses se passaient ainsi, on devrait trouver un parallélisme entre la marche du quotient respiratoire et celle du poids du corps. Nous avons vainement cherché dans les protocoles d'expériences de divers auteurs (Valentin, Dubois, Pembrey, Marès, Weinland, Riehl, etc.), pour trouver une relation entre les changements de poids du corps et le quotient respiratoire. De nouvelles recherches sont absolument nécessaires pour élucider la question.

R. Dubois explique l'abaissement du quotient respiratoire des mammifères engourdis par l'accumulation de l'acide carbonique dans le sang et les tissus de ces animaux qui se trouveraient ainsi autonarcotisés par ce gaz. On pourrait cependant se demander si l'acide carbonique continue à s'accumuler pendant toute la durée du sommeil, ou si cette accumulation s'arrête à un certain niveau dès que l'engourdissement a complètement saisi l'animal. Dans le premier cas on devrait trouver un abaissement graduel du quotient respiratoire au fur et à mesure que l'engourdissement avancerait. Une expérience de R. Dubois nous montre que le dixième jour de l'engourdissement le sang contient plus d'acide carbonique que le deuxième jour. L'indication est précieuse. Malheureusement il n'y est pas fait mention de la quantité d'oxygène consommé, et il est dès lors impossible d'établir le quotient respiratoire de cette marmotte. Mais R. Dubois s'est préoccupé de l'influence autonarcotisante de CO^2 plutôt que de la totalité des échanges respiratoires.

Dans le second cas, en admettant que la teneur maximum du sang et des tissus en acide carbonique corresponde au plus haut degré d'engourdissement, il serait difficile d'expliquer par cette hypothèse l'abaissement du quotient respiratoire correspondant à cet engourdissement.

La question du quotient respiratoire est plus complexe qu'elle ne le semble à première vue. Nous avons trouvé sur la grenouille en hiver un quotient respiratoire plus grand qu'en été; et cependant cet animal consomme de la graisse pendant cette saison, ainsi que le prouve la disparition des réserves graisseuses comme les *corps gras*, la graisse des muscles, du foie, etc., que l'on constate au printemps. Malgré cela le quotient respiratoire des grenouilles est très haut pendant l'hiver : il s'approche de l'unité et peut même la dépasser.

Ce quotient respiratoire a une valeur assez constante durant tout l'hiver, et, sur 26 expériences que nous avons faites pendant cette saison, nous n'avons trouvé que deux fois le quotient inférieur à 0,8. Les courbes suivantes (p. 601) montrent la marche des échanges respiratoires des grenouilles aux différentes époques de l'année.

Nous avons inscrit, à côté des courbes de l'oxygène et de l'acide carbonique, celle de la température, afin de mieux voir la solidarité des phénomènes qu'elles traduisent.

On sait jusqu'à quel point les échanges respiratoires des animaux à sang froid sont influencés par la température ambiante, et nos expériences montrent que cette action est la même, quelle que soit la saison. Ce qui change d'une époque à l'autre de l'année, c'est le rapport $\frac{CO^2}{O^2}$ ou quotient respiratoire.

Toujours inférieur à l'unité (0,77 en moyenne) pendant l'été, ce quotient monte à 0,94, et peut même dépasser l'unité pendant l'hiver[1]. On ne saurait considérer ce phénomène comme un effet de la température ambiante, vu que les oscillations de l'oxygène et de l'acide carbonique vont ensemble, quelles que soient les modifications de cette température. De plus, l'équilibre entre l'absorption d'oxygène et l'élimination d'acide carbonique n'est rompu à aucun moment, et cela nous empêche de chercher à expliquer l'élévation du quotient respiratoire par une accumulation d'acide carbonique dans le sang et les tissus, comme on l'a observé sur la marmotte (R. Dubois).

La durée de nos expériences a varié entre 11 et 24 heures, justement dans le but d'éliminer les causes extérieures qui auraient pu troubler les échanges respiratoires.

De ce qui précède, il ressort que, ni la température ambiante, ni la nature des principes immédiats consommés pendant l'hiver ne peuvent expliquer l'augmentation du

1. Vernon a mesuré les échanges respiratoires sur beaucoup d'animaux marins à la Station Zoologique de Naples; le quotient respiratoire moyen de 17 expériences est 0,91, et quatre fois il a dépassé l'unité. Ces expériences n'étant pas datées, nous supposons qu'elles ont été faites pendant l'hiver, en nous reportant aux analyses d'eau de mer qui ont été faites à cette époque.

quotient respiratoire chez la grenouille en hiver. Nous éliminons aussi l'influence de la double respiration — pulmonaire et cutanée, — vu que, dans aucune de nos expériences, nos grenouilles n'ont été dans l'eau. Il ne reste donc que l'influence de la saison qui pourrait nous donner une explication.

Nous avons vu dans les chapitres précédents que le corps des hibernants se modifie d'une saison à l'autre, chimiquement et même morphologiquement. Ces modifications peuvent varier suivant les espèces et suivant leur manière de vivre.

En ce qui concerne les grenouilles, le limon des marais qu'elles choisissent pour hiberner n'est pas en état de leur fournir tous les éléments nécessaires pour le bon accomplissement des échanges respiratoires, si réduits qu'ils soient. Signalons parmi les conditions défavorables de ce milieu sa faible teneur en oxygène et son immobilité relative. Il n'y a presque pas de courants pour renouveler les couches qui entourent le corps des grenouilles, contrairement à ce qui a lieu dans l'eau. Pour parer au danger d'une asphyxie dans ce milieu, il est possible que les grenouilles fassent quelques réserves d'oxygène avant leur engourdissement. R. Dubois suppose au contraire que cet état serait asphyxique et favorable à leur engourdissement hibernal.

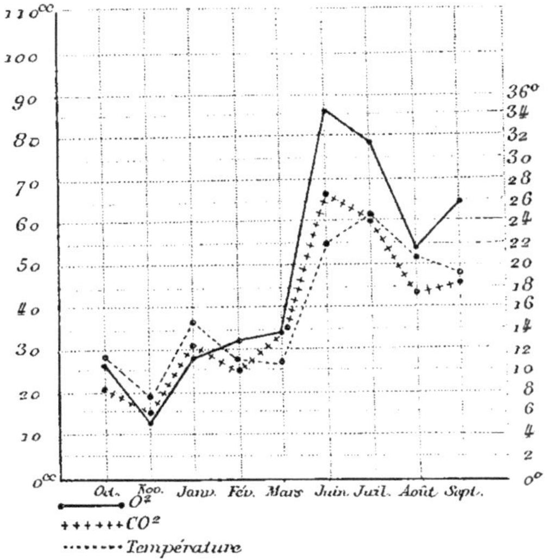

Fig. 98. — Échanges respiratoires des grenouilles non engourdies pendant les différentes époques de l'année, par J. Athanasiu.

L'utilisation de cet oxygène se trouvant dans leurs tissus expliquerait alors l'augmentation du quotient respiratoire que les grenouilles présentent pendant l'hiver. Cette supposition serait appuyée par un autre fait, c'est que pendant l'été le quotient respiratoire est plus bas, malgré l'utilisation en plus forte proportion des hydrates de carbone pour les besoins de leur activité fonctionnelle, et malgré la production de la graisse, dont la plus grande partie provient de ces principes hydrocarbonés. Cette dernière réaction surtout s'accompagne vraisemblablement d'une élimination d'oxygène, et pourtant l'animal en prend encore au dehors beaucoup plus qu'il ne lui en faut pour l'acide carbonique qu'il produit, si l'on en juge d'après le rapport $\frac{CO^2}{O^2}$, qui est 0,77 en moyenne pendant l'été.

6) **Température et Calorimétrie.** — On sait que les animaux dits « à température variable » suivent de très près les oscillations thermiques du milieu ambiant : en d'autres termes, ils s'échauffent quand la température de ce milieu s'élève, et ils se refroidissent quand elle descend. De nombreuses observations prouvent cependant que la température de ces animaux n'est pas toujours égale à celle du dehors, et d'ailleurs nous avons vu que les végétaux eux-mêmes ont une température propre, au moins dans certaines phases de leur existence. Knaute (1894) a trouvé que la température interne des poissons d'eau douce qui continuent à se nourrir pendant l'hiver est supérieure à celle du milieu ambiant, alors que chez les Cyprinoïdes, qui ne prennent pas de nourriture pendant toute cette saison, il y a égalité entre leur température et celle du dehors. Les mammifères hibernants se comportent pendant toute la saison chaude

comme les animaux à température fixe, et, pendant leur période d'engourdissement hibernal, comme les animaux à température variable. La température interne de ces animaux peut descendre assez bas. Nous avons réuni dans un tableau les plus basses températures observées sur les mammifères engourdis.

ESPÈCE.	TEMPÉRATURE INTERNE en été.	EN HIVER.			AUTEURS.
		TEMPÉRATURE intérieure. État de veille.	TEMPÉRATURE intérieure la plus basse observée pendant l'engourdissement.	TEMPÉRATURE extérieure.	
	degrés.	degrés.	degrés.	degrés.	
Marmotte. . . .	37,5	36,5	4,6	4	R. Dubois.
—	»	»	4,8	4,13	Valentin.
Muscardin . . .	37	»	9,25	9,5	Pembrey.
Spermophile . .	»	35-37	2	2	Horwath.
Hérisson. . . .	»	34	10	10,5	Pembrey.
—	»	»	5,6	2,1	Valentin.
Chauve-souris. .	»	»	2,25	3	Pembrey.
—	»	»	2,7	2.7	Marshall-Hall.
—	»	»	7,2	6	Delsaux.

D'après quelques-unes des observations consignées dans ce tableau, il semble qu'il puisse y avoir égalité de température entre un mammifère engourdi et le milieu ambiant, et que, dans certains cas, le corps de l'animal puisse être plus froid que ce milieu. Cependant les observations rigoureusement prises prouvent que le mammifère dans le plus profond engourdissement est toujours plus chaud que le milieu ambiant, ne fût-ce que de quelques dixièmes de degrés. Mais ce phénomène n'est saisissable que si la température extérieure reste constante. Si cette température subit des changements brusques, on peut surprendre une égalité de température entre le corps de l'hibernant et le milieu extérieur, car ce corps demande un certain temps pour se mettre en équilibre thermique avec le milieu ambiant.

R. Monti a fait à cet égard une expérience très démonstrative : une marmotte, dont la température interne était de 12°8, a été placée dans un calorimètre d'Arsonval, où la

	TEMPÉRATURE EXTERNE moyenne.	TEMPÉRATURE INTERNE.	DIFFÉRENCE MOYENNE entre la température interne et la température ambiante.	DEGRÉ D'ENGOURDISSEMENT.
	degrés.	degrés.	degrés.	
Marmotte . . .	4,97	33,85	+ 28,88	A moitié réveillée.
	5,35	23,10	+ 18,75	Somnolente.
	4,81	10,16	+ 6,35	Sommeil léger.
	8,63	10,23	+ 1,6	Sommeil profond.
Hérisson . . .	4,1	36,2	+ 32,1	Réveillé.
	2,8	14,5	+ 11,7	Somnolent.
	2,1	5,6	+ 2,5	Sommeil léger.

température était de 11°25. Après une heure et demie, l'indicateur du calorimètre accusa un gain de 1cal,83 : la marmotte s'était donc refroidie. Dans une autre expérience, la marmotte avait 8° et le calorimètre en avait 10 : au bout de 40 minutes, l'indicateur montra une perte de $0^{cal},6$: la marmotte avait donc gagné en chaleur.

C'est encore à ces changements de la température extérieure qu'il faut attribuer le fait que l'animal a été trouvé plus froid que le milieu ambiant. Rappelons que pour ses expériences, R. Dubois a gardé les marmottes dans les sous-sols de la Faculté de Lyon où la température reste presque constante (10° durant toute l'année).

Cette différence thermique entre le mammifère engourdi et le milieu extérieur n'est pas la même aux divers degrés d'engourdissement. Valentin a relevé des chiffres indiqués dans le tableau ci-dessous.

Sur le même animal les différentes parties du corps n'ont pas toutes la même température. D'une manière générale la moitié antérieure est plus chaude de 1° approximativement que la moitié postérieure. On doit chercher l'explication de cette différence de température entre les parties antérieure et postérieure du corps, dans l'inégalité de l'irrigation sanguine dans ces deux territoires. (Ch. Richet).

Dans le tableau qui suit se trouvent consignées les mesures de température faites par Valentin et R. Dubois sur la marmotte :

TEMPÉRATURE EXTÉRIEURE.	ÉTAT de L'ANIMAL.	TEMPÉRATURE de la BOUCHE.	TEMPÉRATURE du RECTUM.	AUTEURS.
degrés.		degrés.	degrés.	
6,4	Éveillé.	37,35	34,20	Valentin.
3,9	Engourdissement profond.	11,02	8,48	—
4	— —	4.72	4,70	R. Dubois.
4	— —	7,12	6,64	—

De ce qui précède, il résulte que les mammifères hibernants gardent pendant leur engourdissement une température supérieure à celle du milieu ambiant. Cela implique un système régulateur de cette température qui, tout en étant très imparfait, est cependant analogue à celui de tous des animaux à température constante.

Pour mieux voir le fonctionnement de ce système régulateur thermique des mammifères engourdis, faisons varier la température d'un milieu dans lequel se trouvent une marmotte et une grenouille, toutes les deux engourdies. En partant par exemple de 10°, si la température externe monte, les deux animaux vont s'échauffer, mais pas également. Alors que la grenouille va suivre de très près l'élévation de la température ambiante, la marmotte, au contraire, à partir d'une certaine température, va s'échauffer plus vite que le milieu ambiant. Son engourdissement va diminuer au fur et à mesure que la température externe s'élèvera ; si elle dépasse 25°, la marmotte se réveillera, et sa température montera à 37° (R. Dubois). Quand la température externe descend au-dessous de 10°, nous voyons la grenouille devenir de plus en plus inerte et finir par être congelée, si cette température devient assez basse. La marmotte, au contraire, dès que sa température interne s'approche de 0°, commence à se réchauffer et finit par se réveiller complètement[1].

La différence est donc fondamentale entre ces deux animaux, et ce fait à lui seul serait largement suffisant pour montrer que les mammifères engourdis ne sont pas comparables aux animaux à température variable. Depuis Mangili (1807), tous les expérimentateurs, Prunelle, Saissy, Valentin, Dubois, etc., ont vu que le froid intense réveillait les marmottes engourdies. Sur le spermophile, Marès (1892) a vu que les échanges respiratoires peuvent être doublés ou même triplés sous l'influence du froid.

Le système nerveux de ces animaux engourdis n'a donc pas perdu le rôle qu'il avait

1. Il n'en serait pas de même pour la chauve-souris, et les recherches de Merzbacher montrent qu'on peut abaisser la température extérieure jusqu'à — 5° sans que l'animal se réveille : au contraire, il rentre dans une sorte de rigidité qui peut aller jusqu'à la mort si le froid continue. Il serait désirable que ces expériences fussent multipliées afin de bien établir cette particularité de la chauve-souris.

à remplir dans la régulation thermique quand ils étaient éveillés. Tout en ralentissant ses fonctions comme les autres tissus pendant l'hibernation, il ne cesse pas de veiller à ce que la température du mammifère engourdi ne descende pas au-dessous de certaines limites.

Nous voyons qu'ainsi compris le système régulateur thermique des mammifères hibernants peut s'adapter aussi bien à une température de 37° (ou tout autre voisine, habituelle à ces animaux pendant la saison chaude), qu'à des températures très basses (5° ou 4°,6) qu'ils peuvent avoir pendant l'engourdissement. Cette merveilleuse adaptation de tous les tissus, et spécialement du tissu nerveux à des températures très différentes augmente beaucoup la résistance au froid des mammifères hibernants. Ainsi R. Dubois, en refroidissant avec de l'eau un lapin et une marmotte éveillés, vit la respiration s'arrêter chez le premier quand sa température fut descendue à 26°, alors que la marmotte put être refroidie jusqu'à 13° sans le moindre danger. De même le hérisson supporte des refroidissements artificiels jusqu'à 10° et il se réchauffe facilement.

Quoique la chaleur que les mammifères produisent pendant leur engourdissement soit très faible, on a cependant cherché à la mesurer. Par la méthode calorimétrique directe, R. Dubois a trouvé un rayonnement de 868 calories pendant toute la période hibernale. Par la méthode calorimétrique indirecte, ce même auteur trouve 895 calories, soit en moyenne 881 calories.

Tout récemment Marie Parhon[1] (1909) a publié des recherches sur les échanges nutritifs des abeilles pendant les diverses saisons de l'année. Cette question se rattachant à l'hibernation, nous croyons utile de donner ici un court résumé des résultats obtenus par Parhon.

Ses études ont porté sur les échanges respiratoires, l'azote total du corps, le glycogène total, la teneur en eau du corps et la thermogénèse.

A. **Les échanges respiratoires.** — Après avoir démontré que la température des ruches[2] reste assez élevée pendant toute l'année (32°-33°), Parhon a mesuré les échanges respiratoires des abeilles pendant les quatre saisons, à égalité de température ambiante. Ainsi s'élimine l'influence de la température. Les expériences ont été faites aux températures suivantes : 10°, 20°, 32° et 35°, car c'est entre ces limites que la température extérieure peut varier autour de la ruche. L'oxygène consommé et le bioxyde de carbone produit par kilogramme et par heure à ces diverses températures ont été :

		O^2 (en litres).	CO^2 (en litres).
A 10°	Printemps.	= 18,387	18,667
	Été	= 21,650	21,913
	Automne	= 5,697	6,548
	Hiver	= 1,444	2,112
A 20°	Printemps	= 29,754	30,408
	Été	= 17,336	17,525
	Automne	= 24,795	25,881
	Hiver	= 22,549	23,038
A 32°	Printemps	= 14,894	15,065
	Été	= 11,721	11,851
	Automne	= 16,561	17,042
	Hiver	= 12,934	13,228
A 35°	Printemps	= 5,528	5,544
	Été	= 5,216	5,346
	Automne	= 5,719	5,787
	Hiver	= 5,645	5,599

Comme on peut voir par ces chiffres, le quotient respiratoire $\frac{CO^2}{O^2}$ se maintient assez rapproché de l'unité, ce qui prouve que les combustibles utilisés par ces animaux sont

1. Marie Parhon, *Les échanges nutritifs chez les abeilles pendant les quatre saisons* (*Ann. d. sc. nat.* (*Zool.*), 9e série, vol. IX, 1909.

2. Il faut entendre par température de la ruche, celle de la partie de l'enceinte où se trouve réunie la colonie d'abeilles.

les hydrates de carbone. Il n'y a d'écarts qu'en hiver, et à la température de 10°, quand ce quotient dépasse l'unité. Un rapprochement pourrait être fait entre ce phénomène et celui qu'a constaté ATHANASIU sur les grenouilles.

B. **L'azote total** dans le corps des abeilles varie peu suivant la saison. Elles consomment les réserves de pollen.

C. **Le glycogène total** varie peu suivant la saison.

D. **La teneur en eau** des tissus atteint son minimum en été (71,44 p. 100) et le maximum en hiver (74,82 p. 100).

E. Les abeilles peuvent lutter entre certaines limites contre le froid et contre la chaleur du milieu ambiant, grâce à leur système nerveux qui leur permet de régler la production et la perte de chaleur, suivant les besoins. A cet égard, les abeilles doivent être placées entre les animaux homéothèmes et hétérothèmes.

7. **La sécrétion urinaire**. — L'urine des mammifères en hibernation a été étudiée par VALENTIN (1857). Deux marmottes ont été observées pendant toute leur période d'engourdissement, leur urine recueillie et analysée.

	Marmotte n° 1.	Marmotte n° 2.
Durée de l'hibernation.	157 jours.	162 jours.
Quantité totale d'urine.	115 grammes.	315 grammes.
Urée	5 p. 100.	5,6 p. 100.
Cendres.	0,8 —	0,8 —
Acide phosphorique	0,27 —	0,43 —
Na Cl.	0,19 —	0,17 —
Acide sulfurique.	0,98 —	0,63 —

La réaction de l'urine a été trouvée toujours acide pendant l'hibernation, alors qu'elle est alcaline en été comme chez les autres herbivores.

La couleur varie : généralement elle est d'un jaune légèrement brun. Cependant VALENTIN l'a trouvée souvent teintée dans les deux premiers tiers de l'hibernation. Elle est plus transparente à l'approche du printemps. Le poids spécifique de l'urine varie entre 1.020 et 1.039.

Le rein subit certaines modifications de structure pendant l'hibernation. R. MONTI (1900) a trouvé la lumière des tubes contournés beaucoup plus réduite sur la marmotte engourdie.

L'épithélium de ces tubes contient de nombreuses granulations qui disparaissent à l'état de veille, et qui sont considérées comme un produit de sécrétion de ces éléments. La miction se fait à des intervalles de temps variables suivant l'espèce des animaux engourdis, mais ces intervalles sont en général assez grands. Ainsi on trouve dans les observations de VALENTIN des cas où la marmotte n'a expulsé que sept fois de l'urine pendant toute la durée de son hibernation (157 jours).

8. **Les sécrétions internes**. — Parmi les glandes à sécrétion interne, le corps thyroïde a été examiné par PEISER (1906) sur la chauve-souris et sur le hérisson, aussi bien en été qu'à la fin de l'hibernation. La substance colloïdale diminue beaucoup en hiver, et l'on peut trouver des follicules complètement vides. L'épithélium des follicules, de cubique qu'il est, en été, devient plat à la fin de l'hibernation.

L'hypophyse subit aussi quelques changements de structure chez la marmotte en hibernation, surtout dans le lobe glandulaire. GEMELLI (1906) a trouvé une forte diminution dans le nombre des cellules cyanophiles. Peu de temps après le réveil, on constate dans la plupart des cellules chromophiles des figures karyokinétiques. Cette activité cellulaire serait en rapport, d'après GEMELLI, avec la fonction antitoxique de l'hypophyse. Très réduite en hiver, puisque la production des toxines est aussi à son minimum, cette fonction reprend son activité au printemps, dès que les toxines sont engendrées dans l'organisme en plus grande quantité.

La glande interstitielle de l'ovaire chez les mammifères hibernants serait réduite à rien pendant l'engourdissement hibernal (DOMENICO CESA-BIANCHI, 1907). Elle commence à se développer au réveil et devient très importante en été, époque de la grande activité vitale et sexuelle de ces animaux.

9. Les fonctions de relation. — Ces fonctions sont encore plus réduites que celles de nutrition pendant l'engourdissement hibernal, puisque le but de l'animal est de s'isoler autant que possible du milieu ambiant. Il se condamne à une immobilité complète; le système nerveux ferme presque complètement ses portes de communication avec l'extérieur par l'engourdissement des sens. L'isolement n'est cependant jamais absolu, au moins pour le mammifère hibernant. Comme un thermo-régulateur à gaz, qui possède une soupape de sûreté afin que la flamme ne s'éteigne pas, de même le mammifère engourdi possède, dans son système nerveux, des centres qui veillent pendant tout cet état. L'étude de la température interne nous en a fourni une preuve, et nous verrons plus loin qu'il y en a encore d'autres tout aussi démonstratives.

A — **Les muscles** du squelette gardent leur excitabilité pendant l'engourdissement; mais la durée de la secousse musculaire est bien plus longue que sur la marmotte éveillée et cet excès de durée porte sur toutes les phases de la secousse musculaire. Marey (1868), Valentin (1870), Patrizi (1894) et R. Dubois (1899) ont bien mis ce fait en évidence.

Le nombre d'excitations nécessaires pour mettre le muscle en état de tétanos est moindre pour la marmotte engourdie que pour la marmotte surchauffée (Patrizi). Le travail que peut produire le muscle de la marmotte froide est aussi moindre que celui de la marmotte chaude. Ce muscle serait plus résistant à la fatigue (R. Dubois). Mais, pour apprécier cette résistance, il faut tenir compte de la puissance du muscle évaluée en travail produit dans l'unité de temps, et toutes les recherches sont d'accord pour prouver qu'elle est moindre dans le muscle de la marmotte engourdie. Il s'ensuit que, le travail n'étant pas fait dans les mêmes conditions de puissance, il est impossible de juger de la résistance de ce muscle à la fatigue. Le poids tenseur a une influence bien plus grande en hiver qu'en été sur la chaleur développée par un muscle de grenouille en contraction et l'échauffement produit par une excitation est bien moindre en hiver qu'au printemps (Burker, 1905).

La fatigue musculaire se produit beaucoup plus vite chez la marmotte chaude que chez la marmotte froide.

La chaleur dégagée pendant la contraction musculaire à égalité d'excitation et de poids soulevé est plus faible chez la marmotte engourdie que chez la marmotte à l'état de veille.

B. **Fonctions d'innervation.** — Le système nerveux, comme les systèmes que nous avons étudiés jusqu'ici, subit des modifications fonctionnelles et morphologiques pendant l'hibernation.

1) L'action fonctionnelle de ce système doit être envisagée séparément chez les animaux à température variable et chez les mammifères hibernants.

Chez les premiers, cette activité, concentrée sur les fonctions de nutrition, est entièrement subordonnée à la température du milieu ambiant; elle est d'autant plus intense que cette température est plus élevée, et cela, bien entendu, sans dépasser certaines limites. Les mammifères hibernants gardent au contraire, même pendant l'engourdissement, une autonomie assez marquée vis-à-vis du milieu ambiant. Leur système nerveux est donc à la tête, non seulement des fonctions de nutrition, mais encore des fonctions de relation, si réduites qu'elles soient.

Nous avons vu plus haut la régularité avec laquelle, pendant l'engourdissement, s'exécutent les différentes fonctions telles que la circulation, la respiration, les échanges nutritifs, la thermogénèse, la miction, etc.

Tout en marchant de pair avec les variations de la température extérieure dans certaines conditions, la plupart de ces fonctions peuvent s'accélérer, et l'animal se réveiller si le milieu ambiant s'échauffe ou se refroidit au delà de certaines limites. Cela est dû au système nerveux qui est le premier à subir l'influence de ces modifications thermiques du milieu ambiant, et c'est lui qui pousse les autres organes au travail.

On avait cru que dans l'engourdissement complet les mammifères hibernants étaient incapables de faire des mouvements volontaires. Cependant Mangili rapporte une observation faite sur un loir ayant 4° de température interne, et qui malgré cela a pu faire un saut assez grand. Des observations semblables ont été faites par Marshall-Hall sur un hérisson engourdi, qui, jeté à l'eau, s'est mis à nager; par

Merzbacher sur une chauve-souris, qui, étant transportée pendant l'hiver dans une chambre chaude, s'est mise à boire de l'eau, quoique sa température interne fût inférieure à celle de la chambre.

Toutes ces observations prouvent la merveilleuse adaptation du système nerveux des mammifères hibernants, lequel peut ainsi fonctionner à des températures très basses (4°) comme à 37°.

Parmi les fonctions générales du système nerveux, l'excitabilité est très inégalement réduite pendant l'engourdissement dans les différents territoires. Suivant Grigorescu, la sensibilité de la peau diminue beaucoup chez les grenouilles au commencement de l'hibernation.

Valentin a trouvé que la vitesse de propagation de la vibration nerveuse ne dépassait pas un mètre par seconde dans les nerfs de la marmotte profondément engourdie.

L'activité des centres nerveux situés dans l'axe cérébro-spinal (centres respiratoire, cardiaque, vaso-moteur, etc.), continue, quoique très ralentie, pendant l'hibernation.

R. Dubois est arrivé après un grand nombre d'expériences sur la marmotte en hibernation à localiser dans le cerveau moyen, vers la partie antérieure de l'aqueduc de Sylvius, et du côté du plancher du troisième ventricule, des centres respiratoires (qui accélèrent ou qui ralentissent cette fonction). De ces centres dépendrait encore la calorification (hypothermie et réchauffement, torpeur et veille). Ils auraient aussi une action sur l'accumulation du glycogène dans le foie et sur son utilisation.

Chez la marmotte engourdie, on a observé encore la persistance des réflexes cornéen-rétinien, vésico-rectal, etc., ce qui prouve que les centres nerveux qui président à ces réflexes gardent une certaine activité pendant l'hibernation (Valentin, R. Dubois).

Mais, en dehors de ces réflexes indispensables à l'entretien des grandes fonctions, il y en a encore quelques-uns, spéciaux à certaines espèces de mammifères hibernants, qui prouvent encore mieux cette activité du système nerveux : le réflexe de cramponnement (*Klammerreflex*) observé par Forel sur le spermophile ; le réflexe d'attachement (*Anhaftreflex*) observé par Merzbacher sur la chauve-souris ; le réflexe du sphincter cuculi observé par Barkow chez le hérisson.

Nous allons examiner de plus près ces trois réflexes.

Forel (1887) a eu l'occasion d'observer deux loirs qui étaient restés tout l'hiver à l'état de veille.

Ils ne s'engourdirent qu'au mois de mai, où leur température interne descendit à 22°. Dès lors la respiration se ralentit beaucoup ; les lèvres prirent une couleur cyanotique. Si l'animal était pincé, il réagissait en faisant des mouvements avec ses pattes. Si l'on mettait la plante d'une de ses pattes en contact avec une branche d'arbre, on voyait tout de suite les doigts se fléchir pour s'appliquer contre elle : laissé libre, l'animal restait suspendu. Il peut garder longtemps cette position ; il arrive qu'il change la patte par laquelle il est suspendu, ce qui prouve qu'il ressent les effets de la fatigue.

Un réflexe semblable a été observé par Merzbacher (1903) sur la chauve-souris. On sait que pendant leur hibernation ces animaux restent généralement suspendus par les pattes postérieures, la tête en bas. Si l'on prend une chauve-souris profondément engourdie, et qu'on la place sur le dos, on voit bientôt l'animal commencer à s'agiter. Les membres postérieurs surtout font des mouvements dans toutes les directions, comme s'ils cherchaient quelque chose. Les doigts s'écartent, les articulations du genou et de la hanche fléchissent, et quelquefois on observe une flexion de tout le train postérieur contre le thorax.

L'animal fait tous ces mouvements dans le but de trouver un corps pour s'y attacher avec ses membres postérieurs. Ils cessent en effet dès qu'il trouve ce corps, qui peut être le doigt de l'observateur. On peut alors se rendre compte de la force et de l'adresse de ces mouvements, comme d'ailleurs dans les réflexes du sommeil normal.

Merzbacher a localisé dans la moelle allongée le centre de ce réflexe. Ce qui prouve que c'est bien là son siège, c'est qu'il se produit tout aussi bien après l'ablation des hémisphères cérébraux, du cervelet et du cerveau moyen.

Ce réflexe de la chauve-souris est spécial à son état d'hibernation, et il est d'autant plus prononcé que l'engourdissement est plus profond. Il diminue au fur et à mesure que l'animal se réchauffe, et il manque complètement sur la chauve-souris éveillée.

Un autre réflexe qui se maintient pendant l'engourdissement hibernal est celui du hérisson (Barkow). Cet animal, comme la marmotte, s'enroule en boule pour diminuer la surface de rayonnement calorifique. Si un excitant quelconque agit sur la peau d'un hérisson, on voit l'animal se serrer davantage, quel que soit le degré de son engourdissement. Ce réflexe, à vrai dire, n'est pas spécial à l'hibernation, comme celui de la chauve-souris, puisqu'il se produit tout aussi bien à l'état de veille.

En dehors de ces centres nerveux qui président à l'accomplissement des réflexes que nous venons d'étudier, l'axe cérébro-spinal est en plein repos fonctionnel pendant l'engourdissement hibernal.

Merzbacher (1903) a exploré l'excitabilité des différentes parties du système nerveux central chez la chauve-souris en hibernation, et les troubles occasionnés par la destruction de ces parties. En excitant la zone sensitivo-motrice de l'écorce cérébrale avec un courant constant ou induit, cet auteur n'a pu obtenir aucun mouvement, alors que sur l'animal réveillé l'excitation de cette zone donne lieu à des accès épileptiformes typiques. Si l'on applique de la créatine sur le cerveau découvert, l'animal se réveille, et sa fréquence respiratoire monte à 240 par minute; on observe un frisson généralisé. Sous une excitation moindre, l'animal se met à courir avec de courts et très vifs mouvements en arrière. Cette allure à petits pas précipités serait différente de celle que l'on observe sur l'animal à l'état de veille. — La créatine empêche les chauves-souris de s'engourdir, quand elles sont exposées au froid, ou bien cet engourdissement arrive beaucoup plus tard que normalement.

L'extirpation partielle ou totale des hémisphères cérébraux n'empêche pas les chauves-souris de se réveiller et n'entraîne aucun trouble dans la marche et le vol de ces animaux (?). Il y aurait donc un rapprochement à faire entre la chauve-souris et les oiseaux, quant aux localisations cérébrales motrices.

L'extirpation du cervelet ne modifie pas le réflexe de suspension chez la chauve-souris engourdie.

Sur l'animal éveillé, les lésions du cervelet entraînent au contraire des troubles plus ou moins profonds dans le vol et la marche de l'animal, suivant le degré de ces lésions.

Après l'extirpation du cervelet, l'excitation électrique de la moelle allongée produit des mouvements diffus des extrémités. Si l'on applique de la créatine sur cette région, on obtient au bout de peu de temps des accès tétaniformes analogues à ceux que produit la strychnine.

2) Le système nerveux subit aussi quelques changements *morphologiques*, pendant l'engourdissement hibernal. Dans les cellules ganglionnaires de *Bufo vulgaris*, Levi (1898) a vu que les corpuscules de Nissl diminuent beaucoup pendant l'hiver. D'acidophiles qu'ils sont en été, ces corpuscules deviennent basophiles. Une étude plus approfondie a prouvé à Legge (1899) que les cellules nerveuses de l'axe cérébro-spinal se modifient aussi chez les mammifères engourdis, ce que n'avait pu voir Levi. Dans les cellules de l'écorce cérébrale, les corpuscules de Nissl sont allongés, même fusiformes, et se trouvent déplacés vers la périphérie où ils forment une sorte d'enveloppe au cytoplasme. Des modifications ont été signalées aussi par Baroncini et Beretta (1900) dans les cellules de la moelle épinière du muscardin et de la chauve-souris. Ces éléments se colorent de façon diffuse parce que la substance chromatophile y est très réduite. Une pareille diffusibilité des matières colorantes a été constatée aussi pour les noyaux. Souvent le nucléole peut quitter le noyau, et même la cellule. Ces modifications seraient plus prononcées dans les cellules de l'écorce cérébrale.

Sur le hérisson engourdi (temp. int. de 8° à 9°), Marinesco a trouvé aussi une diminution de la substance chromatophile, surtout dans les cellules des cordons. Celle qui persiste est réduite à des granulations très fines, ou même peut être diffusée dans le cytoplasme.

A la suite des travaux de Demoor (1896-1898) sur la plasticité des neurones, Querton (1898) a cherché par la méthode de Golgi (imprégnation au chromate d'argent) l'état des neurones cérébraux pendant l'hibernation. Cet auteur a trouvé que les prolongements protoplasmiques de ces neurones se rétractent, prennent un aspect moniliforme, semblable à celui qu'a observé Demoor dans l'empoisonnement par la morphine ou dans le sommeil normal. Mais Baroncini et Beretta n'ont pas confirmé les faits annoncés par Querton.

Les neurofibrilles subissent aussi des modifications. Ainsi Tello (1904) a vu sur le lézard en hibernation que ces éléments formaient un réticulum peu abondant et d'une épaisseur considérable dans les cellules nerveuses de la moelle épinière. Si l'on chauffe ces animaux à 25° ou à 30°, on trouve ces neurofibrilles extrêmement abondantes et d'une grande finesse.

L'épaississement des neurofibrilles serait donc dû au repos du fonctionnement du système nerveux occasionné par l'engourdissement hibernal. Cajal, au moyen d'un refroidissement artificiel, a pu provoquer sur le chien et le chat cet épaississement des neurofibrilles.

Marinesco (1906) a confirmé en partie les résultats de Cajal, mais il a vu de plus que chez les mammifères le maximum d'hypertrophie neurofibrillaire est produit par une température extérieure de 10°; les trop basses températures ne produisent pas ces modifications. Si l'on s'en tient à la relation établie par Cajal entre les dimensions des neurofibrilles et l'activité des cellules nerveuses, il s'ensuit que cette activité serait plus grande à 2° ou 3° qu'à 10°. C'est ce qui doit avoir lieu en effet, car nous savons que les autres fonctions s'accélèrent chez tout animal à température constante exposé au froid intense, contrairement à ce qui a lieu pour les animaux à température variable. De plus Marinesco a prouvé que cette différence entre ces deux catégories d'animaux se maintient pendant l'hibernation, et que les neurofibrilles d'un mammifère engourdi se comportent autrement que celles des animaux à température variable. Ses expériences ont été faites sur un hérisson engourdi ayant une température interne de 8° à 9°, et qui a été sacrifié pendant cet état. Dans les cellules radiculaires et dans celles des cordons, les neurofibrilles sont minces et constituent un réseau peu visible. On ne trouve nulle part des neurofibrilles hypertrophiées, ainsi que Tello et Cajal en ont vu chez le lézard en hibernation. Les recherches de Marinesco concourent, avec ce que nous avons dit plus haut, à prouver l'existence d'une activité du système nerveux chez les mammifères en hibernation.

9. **Le réchauffement des mammifères en hibernation.** — Les mammifères hibernants ne restent généralement pas dans un état d'engourdissement continu pendant tout l'hiver. Sous l'influence de différentes causes internes ou externes, ces animaux peuvent se réchauffer pendant un certain temps pour s'engourdir de nouveau, et cela peut se répéter plusieurs fois durant la période hivernale.

Il est intéressant de suivre les changements qui se produisent dans les différentes fonctions pendant le réchauffement. Les données ainsi acquises sur le mécanisme de l'hibernation nous éclairent également sur celui de la thermogénèse chez les animaux à température constante. De nombreuses recherches ont été faites sur la marmotte par R. Dubois (1896) en vue d'élucider cette question.

Quelle que soit la cause qui provoque le réchauffement de la marmotte engourdie, la marche des fonctions qui concourent à élever la température est presque la même. La respiration et le cœur s'accélèrent, la pression artérielle monte, la consommation d'oxygène augmente, la température du corps s'élève progressivement, et un peu plus vite dans la moitié antérieure du corps.

Avec quelques-unes des données fournies par R. Dubois, nous avons construit les courbes de la respiration, du cœur, de la consommation d'oxygène et de la température du corps pendant toute une période de réchauffement qui a duré une heure et demie.

Ces courbes sont indiquées dans la figure ci-dessous :

L'examen de ces graphiques nous montre d'abord le parallélisme qui existe entre les quatre fonctions dont la marche nous est représentée dans ces courbes.

a) L'augmentation de la fréquence respiratoire favorise le réchauffement, d'abord par l'admission d'une plus grande quantité d'oxygène dans l'organisme, et ensuite par la chaleur qui résulte de l'activité des muscles thoraciques.

b) Le besoin d'oxygène dans le réchauffement se comprend naturellement. Voici à cet égard une observation très démonstrative de Regnault et Reiset : deux marmottes engourdies étaient restées sous une même cloche pendant près de huit jours; le soir du huitième jour la pipette à oxygène contenait encore une quantité de ce gaz assez grande pour suffire à la consommation de ces marmottes pendant deux jours, si cette consommation avait gardé la même allure que les jours précédents. Mais pendant la nuit une de ces marmottes se réveilla; la respiration devint très active; l'oxygène qu'elle avait à sa disposition fut bientôt consommé, et l'animal mourut asphyxié; l'autre marmotte, qui était restée endormie, fut retirée 5 ou 6 heures après la mort de la première; étant chauffée, elle se réveilla.

Pendant que se produit cet accroissement de consommation de l'oxygène, on constate une augmentation parallèle dans la production d'acide carbonique, tandis que le quotient respiratoire se rapproche de l'unité (0,94) suivant R. Dubois, Weinland et Riehl.

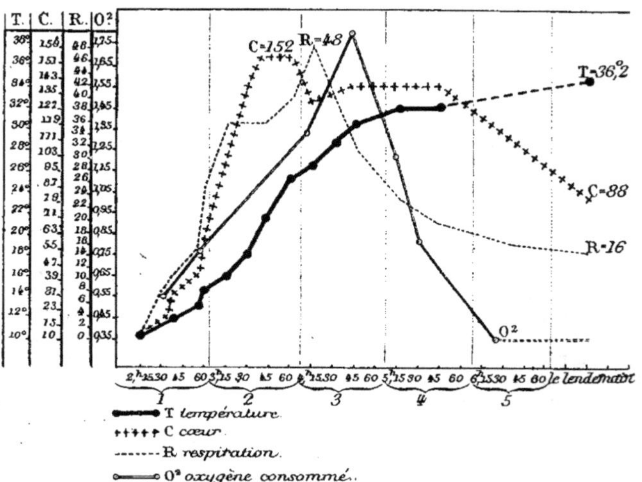

Fig. 99. — Variations des échanges avec la température pendant le réchauffement.

Les matières hydro-carbonées sont donc le combustible principal pendant le réchauffement des mammifères hibernants.

c). La chaleur qui résulte des combustions effectuées par cet oxygène, soit dans les muscles (Ch. Richet), soit dans le foie (Dubois), doit se répandre dans le corps entier, et l'accélération cardiaque est justement en rapport avec cette distribution de calorique.

Nous voyons encore que ces trois fonctions, qui vont en s'accélérant pendant le réchauffement, dépassent les limites naturelles de l'état de veille, et par conséquent les limites normales de leur pleine activité.

Elles présentent en effet un maximum d'énergie quand la température du corps est comprise entre 18° et 30°, c'est-à-dire vers le milieu de la période de réchauffement. C'est à ce maximum fonctionnel qu'est due l'élévation plus rapide de la température entre 16° et 33°, d'où la forme en S de la courbe thermique (R. Dubois).

Ensuite la respiration et la consommation d'oxygène descendent rapidement, alors que le cœur garde encore quelque temps une certaine accélération nécessaire à la distribution du calorique.

Parmi les autres organes qui prennent part au réchauffement, il faut placer en première ligne le foie. On peut démontrer que cet organe est un foyer calorifique important, en l'isolant au moyen de corps mauvais conducteurs de la chaleur. R. Dubois, qui a fait ces expériences, a toujours trouvé la température du foie supérieure à celle des organes voisins. La différence peut aller, d'après cet auteur, jusqu'à 15°. Toute cause qui trouble la circulation hépatique empêche le réchauffement de la marmotte engourdie (R. Dubois).

Il y aurait à cet égard une différence entre les hibernants et les animaux refroidis expérimentalement. Alors que chez ces derniers la chaleur qui les réchauffe est produite surtout par les muscles du squelette (frisson thermique de Ch. Richet), chez les premiers le rôle thermique essentiel est rempli par les muscles respiratoires et le foie (R. Dubois).

On sait que Ch. Richet a soutenu contre R. Dubois que l'arrivée d'un sang plus chaud dans les muscles n'est pas la cause déterminante du frisson. Si le sang plus chaud permet aux muscles de frissonner, c'est qu'il rend les muscles plus excitables, capables de répondre par un tremblement convulsif à l'excitation nerveuse productrice du frisson. Il est fort possible d'ailleurs que la source initiale du réchauffement de l'hibernant soit dans le foie, comme le prétend R. Dubois; en tout cas il est évident que le frisson musculaire contribue au réchauffement par la convulsion qu'il détermine.

On pourrait se demander quel est le travail chimique du foie qui s'accompagne d'un dégagement de chaleur? La transformation du glycogène en glucose, comme tout phénomène d'hydratation, est exothermique. Une partie de la chaleur hépatique peut donc être due à cette réaction, qui est très active pendant le réveil. Mais cette chaleur représente une fraction trop petite de la quantité totale dégagée par le foie.

On a songé alors à d'autres réactions chimiques qui pourraient avoir lieu dans le foie et particulièrement à la transformation des graisses en glycogène. Cette oxydation incomplète des matières grasses pourrait expliquer la production d'une petite quantité de chaleur pendant le sommeil. Il faut cependant faire une restriction à ce sujet; la transformation des matières grasses en glycogène est un processus très lent par rapport à la rapidité du réchauffement.

Quoi qu'il en soit, la grande consommation d'oxygène que les mammifères hibernants font pendant leur réchauffement est la meilleure preuve que cette chaleur provient d'oxydations sans que nous puissions en dire le mécanisme intime. Ce qui semble prouver que ce sont les hydrates de carbone qui fournissent le combustible utilisé, c'est que le quotient respiratoire est très élevé (0,94) d'après Dubois, Weinland et Riehl, pendant la période de réchauffement proprement dite.

Une preuve convaincante à l'appui de cette idée, c'est que R. Dubois, Weinland et Riehl ont trouvé que la richesse en glycogène était réduite presque de moitié chez une marmotte qui venait de se réchauffer.

Le réveil des fonctions que nous venons d'étudier chez le mammifère hibernant en voie de réchauffement est entièrement l'œuvre du système nerveux. Nous savons, en effet, que l'activité de certains centres nerveux, chez les mammifères en hibernation, n'est jamais abolie par l'engourdissement, tant qu'il garde ses limites normales. Entre ces limites, toute cause capable de provoquer le réchauffement agit d'abord sur ces centres, qui à leur tour vont commander l'accélération des fonctions des divers organes.

Ces causes peuvent être multiples :

1) Les unes sont d'origine extérieure :

a) Variations brusques de température, abaissement de celle-ci vers 0 ou élévation au-dessus de 25° ;

b) Actions mécaniques de toute sorte, surtout quand elles persistent un certain temps :

c) Changements brusques de la pression atmosphérique.

2) Les autres sont d'origine interne :

a) Accumulation d'acide carbonique dans le sang au delà de certaines limites (R. Dubois);

b) Accumulation d'urine dans la vessie ou de matières fécales dans le rectum, etc.

Mais, quelle que soit la nature de la cause qui a provoqué le réchauffement, elle peut cesser d'agir, et l'animal continuera quand même à se réchauffer : semblable à un mécanisme d'horlogerie remonté qui continue à marcher sans avoir besoin de la force qui a produit le déclanchement.

Dans le cas du mammifère hibernant, le système nerveux est le ressort dont la puissance d'action s'accroît au fur et à mesure que la température du corps augmente. Cela est dû au réveil progressif de tous les centres nerveux qui étaient engourdis pendant l'hibernation, et qui concourent alors au réchauffement, avec une activité sinon plus grande, du moins égale à celle dont ils jouissent à l'état de veille.

Les centres nerveux qui président d'une façon spéciale au réchauffement, qui le mettent en train, pour mieux dire, se trouvent localisés, d'après R. Dubois, dans le cerveau moyen, vers la partie antérieure de l'aqueduc de Sylvius et du côté du plancher du troisième ventricule. Cet auteur a prouvé par des ablations de différents segments de l'axe cérébro-spinal que l'intégrité du cerveau moyen est une condition essentielle pour que le réchauffement ait lieu. Les voies qui conduisent les incitations parties de ces centres vers la périphérie seraient, suivant le même auteur, la substance grise de la moelle épinière et divers nerfs centrifuges (craniens, rachidiens et sympathiques).

De plus, les nerfs des muscles respiratoires, certains ganglions sympathiques (ganglion cervical inférieur, le premier thoracique et le semi-lunaire) sont absolument indispensables à produire le réchauffement.

10) **Action des poisons et des infections microbiennes** sur les animaux à l'état d'engourdissement hibernal.

Ce qui précède nous montre combien est réduite l'activité fonctionnelle des animaux en hibernation. Une des plus importantes conséquences de ce ralentissement dans les fonctions de la vie est la résistance plus grande que ces animaux acquièrent contre les empoisonnements et les infections. Les alcaloïdes, comme la strychnine, la muscarine, la caféine, la pilocarpine, la morphine, etc., agissent sur les animaux, quel que soit leur état, mais les animaux en hibernation peuvent supporter des doses plus fortes qu'à l'état de veille, et les effets de ces poisons sont plus ou moins retardés par l'engourdissement (Valentin, R. Dubois, Koening, 1899, Noé, 1903, etc.).

La résistance des animaux en hibernation, et spécialement des mammifères, est bien plus manifeste contre les infections microbiennes. Les expériences de Billinger, de Koening, de Meyer, de Halsey, de Ransom, etc., sont d'accord à cet égard.

R. Dubois a injecté du bacille tuberculeux virulent à des marmottes en hibernation, qui ont supporté cette inoculation, alors que des marmottes normales, en été, sont devenues tuberculeuses et ont péri.

La chauve-souris à l'état d'hibernation supporte des doses très fortes de toxines tétanique, diphtérique, ou botulique. Le poison peut aussi rester longtemps dans l'organisme sans manifester d'activité et sans qu'il soit détruit, puisqu'il suffit de réchauffer l'animal pour faire apparaître les symptômes caractéristiques de la maladie inoculée.

Dans les expériences de Blanchard (1903), la résistance de la marmotte en hibernation à la toxine tétanique s'est montrée plus faible, et cela pourrait être dû à ce que ces animaux n'étaient pas profondément engourdis. Suivant ce même auteur, l'évolution des trypanosomes inoculés aux marmottes engourdies se fait plus lentement, mais la maladie finit par se déclarer et suivre sa marche fatale.

Hansemann (1906) a étudié sur la chauve-souris l'action de la colchicine, dont les effets sont précédés d'une phase d'incubation, comme ceux de la toxine tétanique. En état d'hibernation la résistance de ces animaux à l'empoisonnement par la colchicine est aussi très grande, et ils supportent des doses 30 fois plus fortes qu'à l'état de veille. Cet auteur a expérimenté encore avec la saponine et le tanin, pour lesquels la résistance des marmottes engourdies s'est montrée aussi très grande.

11. **La sortie de l'hibernation.** — L'engourdissement des êtres hibernants, que nous avons étudié jusqu'ici, dure autant que la saison froide. La vie de ces êtres reprend son activité au printemps, dès que la température extérieure monte suffisamment. Le verdissement des champs et des arbres, l'apparition des animaux qu'on ne voit guère pendant l'hiver, sont les meilleures preuves que cette saison est finie. La température est certainement la condition essentielle dont dépend en première ligne le dégourdissement des hibernants, car, si le froid persiste au commencement du printemps, tous ces êtres restent encore dans leur état hibernal. On le prouve par l'expérience, et Gaspard a pu prolonger l'engourdissement du colimaçon en le maintenant dans un endroit frais. — Si au contraire la température monte plus tôt que d'habitude, on voit la végétation d'abord, les animaux hibernants ensuite, reprendre leur activité estivale bien avant l'époque habituelle. Il n'y a donc pas de date fixe à laquelle chaque espèce d'hibernants reprend sa vie d'été. Cela varie suivant les conditions extérieures, et prin-

cipalement suivant la température. Il faut cependant faire une part assez importante à l'organisme lui-même dans ces phénomènes de dégourdissement. Chez les mammifères hibernants surtout, certains organes, comme le rein et diverses glandes à sécrétion interne, etc., quoique très affaiblis pendant l'hiver, continuent néanmoins à élaborer les matériaux qu'ils doivent éliminer à l'extérieur ou dans le sang. S'agit-il de l'urine, par exemple, au fur et à mesure qu'elle s'accumule dans la vessie, cet organe se distend, et cela constitue un excitant suffisant pour provoquer par voie réflexe le réchauffement de l'animal et l'expulsion de l'urine (c'est le *réflexe vésical* de R. Dubois). Quant aux escargots, l'humidité les réveille assez vite (R. Dubois).

De même les produits de sécrétion internes, au fur et à mesure qu'ils s'accumulent dans le sang, peuvent agir sur différentes parties du système nerveux, et provoquer par leur intermédiaire le dégourdissement de l'animal. Suivant R. Dubois le sommeil et le réveil sont des phénomènes automatiques dus à l'accumulation de l'acide carbonique dans le sang dans des proportions convenables soit pour le sommeil, soit pour le réveil. Personne n'ignore que le même agent, l'opium par exemple, peut produire le sommeil et à plus forte dose l'agitation. Il en est de même d'ailleurs pour la fatigue. De ces études sur la marmotte R. Dubois a déduit sa théorie du sommeil normal par l'auto-narcose carbonique, la seule qui permettrait de rattacher à une même cause les diverses phases du cycle : veille, fatigue, sommeil, réveil. D'ailleurs R. Dubois a fourni la preuve expérimentale de l'exactitude de sa théorie. En exagérant un peu la teneur en acide carbonique du sang d'une marmotte au début du sommeil, on la réveille prématurément, et en chargeant le sang de ce même acide carbonique dans les proportions convenables, on provoque aussitôt chez une marmotte éveillée le sommeil et l'hypothermie[1].

E) **Résumé**. — Nous avons réuni dans ce qui précède les principaux documents relatifs à la physiologie des organismes qui passent l'hiver à l'état d'engourdissement. Tous ces travaux démontrent que le ralentissement de toutes les fonctions est le plus caractéristique des phénomènes qui accompagnent cet état, et le meilleur des moyens d'adaptation que possède l'être vivant, animal ou végétal, au froid extérieur.

La régularité avec laquelle ce ralentissement se produit et l'ensemble des précautions que prend chaque espèce pour passer l'hiver, nous montrent une admirable adaptation des êtres vivants au milieu cosmique. C'est, pour mieux dire, une sorte d'assujettissement que le milieu ambiant impose à ces êtres. Il pose ses conditions, auxquelles ces êtres doivent se conformer, tout en les suivant dans leurs variations, si toutefois ils ne peuvent se choisir un milieu plus favorable.

Le milieu ambiant fournit en retour à l'être vivant la matière et l'énergie que son organisme transforme sans cesse. La chaleur, qui est certainement la forme d'énergie la plus utile à la vie, diminue pendant l'hiver. Les végétaux, ne trouvant plus la somme minimum de calorique nécessaire à leur vie active, sont les premiers à ralentir leurs fonctions (par déshydratation sans doute), et ils sont d'autant plus obligés à le faire qu'ils ne peuvent changer de milieu. Mais ralentissement de la vie végétale veut dire ralentissement de la fabrication des matières alimentaires pour les animaux, puisque ceux-ci, vivant de végétaux, ne peuvent synthétiser les principes immédiats en partant des éléments minéraux.

Il serait très utile de savoir comment les choses se sont passées à l'époque du premier conflit entre l'hiver et les êtres vivants dans les pays tempérés. Malheureusement on ne peut faire à ce sujet que des suppositions. Cependant, vu l'ensemble de la vie dans ces pays, il est probable que les êtres vivants qui s'y trouvaient ou qui y sont venus après, ont dû choisir un des moyens suivants pour se défendre contre la saison froide :

a) Ceux qui possédaient des organes perfectionnés de locomotion émigrèrent dans les pays chauds. Certaines de ces espèces ne sont plus retournées dans les climats tempérés; d'autres, au contraire, sont revenues passer l'été dans ces régions : les oiseaux migrateurs nous en offrent le plus bel exemple.

1. Pour les détails, nous renvoyons au volumineux ouvrage de l'auteur sur le mécanisme de la thermogénèse et du sommeil, aux Annales de l'Université de Lyon de 1896, particulièrement page 247 et suivantes et au mot *Sommeil*.

b) Les êtres qui ont été obligés de subir l'influence du froid ont certainement beaucoup souffert au commencement, et un grand nombre ont succombé. Les espèces qui ont résisté se sont munies peu à peu de moyens de protection contre l'hiver. Les unes, profitant de l'abondance des aliments en été, se sont habituées à faire des provisions pour les consommer pendant l'hiver. Les autres, moins prévoyantes, ne sachant pas se constituer ces réserves, se sont laissées surprendre par le froid, et, ne pouvant émigrer, ont risqué de mourir de faim. Mais l'organisme vivant ne se tient pas si facilement pour battu, et, dans sa lutte contre les nombreuses causes de destruction, il a été obligé de se créer les moyens de défense les plus variés et les plus perfectionnés. Aussi, pour échapper au danger qui les menaçait, ces organismes ont-ils cherché à réduire l'activité de certaines fonctions, de celles surtout qui consomment une grande quantité d'énergie potentielle. Ainsi, chez les végétaux, c'est la fonction chlorophyllienne qui a été restreinte ou même entièrement arrêtée pendant la saison froide. Chez les animaux, les mouvements ont tout d'abord disparu; ensuite, les autres fonctions se sont ralenties de plus en plus, de façon à ce que les réserves nutritives que ces êtres ont pu amasser pendant l'été dans leurs tissus leur suffisent pour passer l'hiver. « La vie est une flamme », a dit Lavoisier, et la vie plus ou moins ralentie de ces animaux est semblable à la flamme d'une lampe dont on aurait baissé la mèche pour économiser le combustible.

La périodicité annuelle de l'hiver, agissant sur la série des générations de ces espèces, a fait que l'engourdissement hibernal est devenu pour eux une fonction spéciale. Les individus appartenant à une des espèces actuelles d'hibernants ne peuvent plus se soustraire à l'accomplissement de cette fonction. Placez-les dans les meilleures conditions de température, mettez à leur disposition une grande quantité des aliments qu'ils préfèrent, et laissez-leur le choix entre cette vie au sein de l'abondance et leur engourdissement, ils préféreront ce dernier. Toutes les fois qu'ils ne pourront pas agir à leur guise, ils s'en ressentiront. En d'autres termes, les animaux hibernants ne peuvent pas perdre brusquement l'habitude de s'engourdir, héritage qu'ils tiennent de leurs ancêtres les plus éloignés.

Le ralentissement fonctionnel de l'hibernation étant ainsi compris, il est aisé d'entrevoir que sa réalisation réclame deux ordres de conditions :

1) Les uns appartenant au milieu ambiant, comme la saison, l'abaissement de la température, etc.;

2) Les autres appartenant à l'organisme vivant : ce sont les phénomènes de préparation, inconnus dans leur mécanisme intime et que les espèces hibernantes transmettent à leurs descendants.

En d'autres termes, pour provoquer un ralentissement fonctionnel en tous points semblable à l'hibernation, il faut un milieu extérieur déterminé et un organisme apte à subir son influence.

Il faut l'intime collaboration de ces causes pour réaliser l'engourdissement hibernal, tel que nous l'avons étudié dans cette description.

J. ATHANASIU.

I. Bibliographie. — HIBERNATION DES VÉGÉTAUX.

Généralités. — D'Arsonval. *La pression osmotique et son rôle de défense contre le froid dans la cellule vivante* (*C. R.*, 1902, cxxxiii, 84). — De Candolle (A.). *Des effets différents d'une même température sur une même espèce au nord et au midi* (*C. R.*, 1875, lxxx, 1369-1375). — — *Physiologie végétale* (1832, Paris, 3 vol.). — Clos (D.). *De la production des lamelles de glace à la surface de l'aubier de certaines espèces de plantes* (*C. R.*, 1889, cix, 931). — Escombe (F.). *Germination of Seeds. I. The Vitality of dormant and germinating seeds* (*Science Progress, Nouv. Série*, (1), 585-608). — Hüber (J.). *Beitrag zur Kenntniss der periodischen Wachstumserscheinungen bei Hevea brasiliensis* (*Bot. Centralb.*, 1., 1898, lxxvi,

259-264). — Hult (R.). *Recherches sur les phénomènes périodiques des plantes* (*Nova Acta Regiae Societatis scientiarum Upsaliensis*, 1881, xi, 1-51). — Kjellmann (F.R). *Aus dem Leben der Polarpflanzen* (*Nordenskjöld Studien und Forschungen veranlast durch meine Reise im hohen Norden*. Leipzig, 1885, 1 vol.). — Macfadyen (A.) et Rowland (S.). *On the suspension of life at low temperatures* (*Ann. of. Bot.*, 1901-1902, xvi, 589-590). — Maije (M.), *Observations biologiques sur la végétation automnale des environs d'Alger* (*Rev. gén. de Bot.*, 1903, 145-149). — Maquenne. *Contribution à l'étude de la vie ralentie chez les graines* (*C. R.*, 1902, cxxxiv, 1243). — Matruchot (L.) et Molliard (M.). *Modifications produites par le gel dans la structure des cellules végétales* (*Rev. gén. de Bot.*, 1901-1902, xvi, 401-419). — Palladine. *Physiologie des plantes* (*Traduit par Karsakoff*). Paris, Masson, 1902. — Pax (F.). *Das Leben der Alpenpflanzen* (*Zeitsch. d. deutsch u. Osterreich. Alpenvereins*, 1898, xxix, 61-68). — Pfeffer. *Pflanzenphysiologie*, 1904, ii, p. 5. — Russel (W.). *La période de repos des végétaux dans les environs de Paris et dans le midi de la France* (*Compt. rend. de l'Ass. franç, p. l'av. d. Sciences*, 1894, 2e partie, 569-571). — — *Sur le repos estival chez les plantes de la région méditerranéenne* (*Assoc. franç. p. l'av. des Sciences*, 1893, 1re partie, 243). — Schimper (A. F.W.). *Pflanzen-Geographie auf physiologische Grundlage*. Iéna, 1898, i. *Fischer*. — Van Tieghem (Ph.). *Traité de Botanique*, 1891. — Van Tieghem et Bonnier. *Recherches sur la vie ralentie et la vie latente* (*Bull. Soc. Bot.*, 1880).

Plantes à végétation hivernale. — Gentile. *Fioriture precoci invernali nei diutorni di Porto Mauricio* (*Bot. Centralbl.*, 1899, 352). — Jumelle (H.). *La vie des lichens pendant l'hiver* (*B. B.*, 1890, 115). — Kjelmann (Fr.). *Végétation hivernale des algues à Mosselbay* (*Spitzberg*), *d'après les observations faites pendant l'expédition polaire suédoise en 1872-1873* (*C. R.*, 1875, lxxx, 474-476). — Ludwig (F.). *Biologische Beobachtungen an Helleborus fœtidus* (*Oesterreichische Bot. Zeitschr.*, 1898). — Meigen (F.). *Immergrün Pflanzen* (*Deutsch. bot. Monatschrift*, 1895, xiii, 26-28). — Teodoresco (E.). *De l'action qu'exercent les basses températures sur les zoospores des algues* (*C. R.*, 1905, cxl, 522).

Chute des feuilles. — Fouilloy (E.). *Sur la chute des feuilles de certaines monocotylédonées* (*Rev. gén. de Botanique*, 1899, xi, 304-309). — Jhering (R.). *Pourquoi certains arbres perdent-ils leur feuillage en hiver?* (*Atti d. Congresso Botanico internazionale di Genova*, 1892-93, 247-259). — Molisch (H.). *Untersuchungen über Laubfalle* (*Sitzungsb. d. K. Akad. d. Wissensch. z. Wien*, 1886, xciii, 148). — Tison (A.). *Recherches sur la chute des feuilles chez les dicotylédonées* (*Mém. de la Soc. Linn. de Normandie*, xx, 200 p.).

Échanges respiratoires des végétaux en hiver. — Bonnier (G.) et Mangin (L.). *Sur la respiration des végétaux* (*C. R.*, 1885, ci, 1173-1175). — — *Variation de la respiration avec le développement chez les végétaux* (*C. R.*, 1885, ci, 966-969). — — *Sur la respiration des végétaux* (*C. R.*, 1885, c, 151). — Gréhant et Quinquaud. *Sur la respiration de la levure de grains à diverses températures* (*C. R.*, 1888, cvi, 609). — Jumelle. *Recherches physiologiques sur les lichens* (*Rev. gén. de Botanique*, iv). — — *Sur le dégagement d'oxygène par les plantes aux basses températures* (*C. R.*, 1891, cxii, 1462-1463). — Peyrou (J.). *Recherches sur l'atmosphère interne des plantes* (*Thèse*, Paris, 1888). — Schmidt (G.). *Über die Atmung ein und mehr jähriger Blätter im Sommer und im Winter* (*Dissert.* Stuttgart, 1902).

Pression osmotique et transpiration. — Boehm. *Ueber einen eigenthümlichen Stammdruck* (*Bericht d. deutsch. bot. Gesells.*, 1892, et *Bot. Centralb.*, 1893). — Chamberlain (H.-W.). *Recherches sur la sève ascendante* (*Bull. du Labor. de Botanique générale de l'Université de Genève*, 1897, ii, et 1899, iii). — Hartig. *Anatomie u. Physiologie der Holzpflanzen* (Berlin, 1878). — Krabbé (G.). *Ueber den Einfluss d. Temperatur auf die osmotischen Prozesse lebender Zellen* (*Pringsheim's Jahrb. f. wissensch. Botanik*, 1896, xxix, 441). — Kusano (S.). *Studien über die Transpiration immergrüner Bäume im Winter in Mittel-Japan*, 1899 (*Bot. Centralb.*, 1899, lxxx, 171). — Prunet (A.). *Sur les modifications de l'absorption et de la transpiration qui surviennent dans les plantes atteintes par la gelée* (*C. R.*, 1892, cxv, 964).

Échanges nutritifs. (*Tiges, branches, feuilles, tubercules, matières amylacées.* — Busse (W.). *Beiträge zur Kenntniss der Morphologie u. Jahresperiode der Weisstamm* (*Abies alba* (*Dissertation. Freiburg*, 1893, et *Flora*, 1893, 113-175). — Czapek (F.). *Der Kohlenhydratstoffwechsel der Laubblätter im Winter* (*Bericht. deutsch. Bot. Gesells.*, 1901, xix,

120-127). — Fischer (A.). *Beiträge zur Physiologie der Holzgewächse* (*Pringsheim's Jahrb. f. wissensch. Bot.*, 1891, xxii, 73). — Leclerc du Sablon. *Recherches physiologiques sur les matières de réserves des arbres* (*Rev. gén. de Botanique*, 1904, xvi, 386). — — *Recherches sur les réserves hydrocarbonées des bulbes et des tubercules* (*Rev. générale de Bot.*, 1898, x). — — *Sur les réserves hydrocarbonées des arbres à feuilles persistantes* (*C. R.*, 1905, cxl, 1608-1610). — — *Sur les variations des réserves hydrocarbonées dans la tige et la racine des plantes ligneuses* (*C. R.*, 1902, cxxxv, 866-868). — Lidforst (B.). *Zur Physiologie u. Biologie der wintergrünen Flora* (*Bot. Centralb.*, 1896, lxviii, 33, 44). — Lutz (K.-G.). *Physiologie der Holzgewächse* (*Beiträge z. wissensch. Botanik*, 1895, i, 1-81). — Mer (E.) *Influences de quelques causes internes sur la présence de l'amidon dans les feuilles* (*C. R.*, 1891, cxii, 248-250). — — *Des variations qu'éprouvent les réserves amylacées des arbres aux diverses époques de l'année* (*Bull. Soc. Bot. de France*, 1898, xlv, 299-309). — — *Répartition hivernale de l'amidon dans les plantes ligneuses* (*C. R.*, 1901, cxii, 964-966). — — *De la constitution et des fonctions des feuilles hivernales* (*Bull. Soc. Bot. de France*, 1876, xxiii, 231-238). — Myake (K.). *Ueber die Assimilationsenergie immergrüner Blätter in Tokio und anderer Gegenden Japans während der Wintermast*, 1899 (*Bot. Centralbl.*, 1899, lxxx. 172). — — *On the Starch of evergreen leaves and its relation to photosynthesis during the winter* (*Bot. Gaz.*, 1901-1902, xxxiii, 321-340). — Petersen (O.-P.). *Stivelsen hosvore Lovtraer under Vinterhoilen* (*Saertryk af oversigt over del kongl. Danske Videnskabernes. Selstkabs Forhandlinger*, 1896, 18 p.) (*Bot. Centralb.*, 1897, *Beihefte* 10). — Rosenberg (O.). *Die Stärke der Pflanzen im Winter* (*Bot. Centralb.*, 1896, lxvi, 337-340). — Roussel (M.-W.). *Le siège des principes actifs des végétaux durant l'hiver* (*Rev. gén. de Bot.*, 1903). — Salvoni (M.). *Sul significato fisiologico della transformazione autumnale degli idrati di carbonio in grassi* (*Atti d. Ist. Bot. di Pavia*, 1905, xi, 5). — Schellenberg (H.C.). *Die Reservecellulose der Plantagineen* (*Ber. d. Bot. Gesells.*, 1904, xxii, 9). — Schulz. *Ueber Reservestoffe in immergrünen Blättern* (*Flora*, 1888, 223-248). — Seignette. *Recherches anatomiques et physiologiques sur les tubercules* (*Rev. gén. de Bot.*, 1889, i). — Suzuki (R.). *On the behaviour of active albumin as reserve material during winter and spring* (*Bull. of the Imp. University of Tokio. College of Agricult.*, 1897, iii, 253. *Bot. Centralb.*, 1899, lxxv, 199).

Croissance. — Askenasy (E.). *Ueber die jahrliche Periode der Knospen* (*Bot. Zeit.*, 1877, 793). — Dauphiné (A.). *Sur la lignification des organes souterrains chez quelques plantes des hautes régions* (*C.R.*, 1904, cxxxviii, 592). — Küster. *Ueber das Wachsthum der Knospen während des Winter* (*Bot. Centralb.*, *Beihefte*, 1899, 420). — Massart (J.). *Comment les plantes vivaces maintiennent leur niveau souterrain* (*Bull. du Jard. bot. de Bruxelles*, 1903, i, 1-30). — Mer (E.). *Réveil et extinction de l'activité cambiale dans les arbres* (*C. R.*, 1892, cxiv, 242). — Wieber (A.). *Ueber die Periodicität in der Wurzelbildung der Pflanzen* (*Wissensch. Centralbl.*, 1894, xvi, 333-349). — — *Ueber die jahrliche Periodicität im Dickenwachstum des Holzkörpers der Bäume* (*Bot. Centralb.*, 1898, lxxvi, 183).

Défense des bourgeons et des feuilles contre le froid. — Boergesen (F.). *Sur l'anatomie des feuilles des plantes arctiques* (*Journ. de Bot.*, 1895. *Bot. Centralb.*, 1896, lxvi, 173). — Keeble (F. W.). *The sed pigment of flowering plants* (*Science Progress*, i, 406-423). — Lazinewski (W.). *Beiträge zur Biologie der Alpenpflanzen* (*Flora*, 1896, lxxxii, 224-267). — Massart (J.). *Comment les jeunes feuilles se protègent contre les intempéries* (*Bull. d. Jard. bot. de Bruxelles*, 1903, i, 69-104). — Mer (E.). *De la constitution et des fonctions des feuilles hivernales* (*Bull. Soc. Bot. de France*, 1876, xxiii, 231). — Schostakowitsch (W. B.). *Ueber die Schützanpassungen der Knospen sibirischer Baum und Strauch-Arten* (*Mittheilungen der Ostsibirischen Abtheil. d. Russischen Geographischen Gesellsch.*, 1896, xxvi). — Thomas (Fr.). *Adaptation des feuilles hivernales de Galeabdolon Luteum à la radiation calorifique de la terre* (*Bericht. d. deutsch. Bot. Gesellsch.*, 1901, xix, 328. *L'Année biol.*, 1902, 400). — Warning. *Beobachtungen an Pflanzen mit uberwinternden Laubblättern* (*Bot. Centralbl.*, 1883, xvi, 350). — Wiegand (K. M.). *The biology of birds and twigs in winter* (*Plant. World*, 1905, viii, 78-79).

II. — HIBERNATION DES ANIMAUX.

Hibernation des animaux en général. — BACHMETIEW (P.). *Das vitale Temperaturminimum der Thiere mit wechselnder Temperatur des Blutes*, I, *Insekten* (*Arch. d. Sc. biol. St-Pétersb.*, 1900, VIII, 239-264). — BARKOW. *Der Winterschlaff nach seinen Erscheinungen in Thierreich* (Berlin, 1846, 1 vol.). — BERT (P.). *Hibernation artificielle des lérots dans une atmosphère lentement appauvrie en oxygène* (*B. B.*, 1869, V, 13). — CORNEVIN. *Traité de zootechnie générale*. Paris, Baillère, 1891, 1 vol. — DOENHOFF (E.). *Ueber das Verhalten kaltblutiger Thier gegen Frosttemperatur* (*Arch. fur Anat. u. Physiol. u. Wiss. Medizin*, 1872, 724-727). — DUBOIS (R.). *La Physiologie comparée de la marmotte*, 1896, 1 vol. (Avec la bibliographie sur l'hibernation de la marmotte.) — — *Sur le mécanisme du réveil chez les animaux hibernants* (*C. R.*, 1889, CIX, 820). — — *Sur le mécanisme de l'autonarcose carbonique* (*B. B.*, 1895, XLVII, 814-815). — FAUVEL (P.). *Influence de l'hiver 1894-1895 sur la faune marine* (*C. R.*, 1895, CXXI, 427). — GIRARD (M.). *Les insectes* (*Traité élémentaire d'entomologie*, 1873, (3 vol. 1 atlas). — GIRARD (M.). *Note concernant l'influence du froid sur le phylloxera hibernant* (*C. R.*, 1875, LXXX, 436-437). — — *Sur la résistance du phylloxera aux basses températures* (*C. R.*, 1880, XC, 173). — LICHTENSTEIN (J.). *Résistance des pucerons aux froids rigoureux* (*C. R.*, 1880, XC, 80-81). — KASCHTSCHENKO (N.-TH.). *Notiz über Arctomis bunger und andere siberische Murmelthiere* (*Annuaire Mus. Zool. Acad. Imp. St-Pétersb.*, VI, 1901). — MANGILI (M.). *Mémoire sur la léthargie des marmottes* (*Ann. du Muséum d'Histoire naturelle*. Paris, 1807, IX, 106-117). — — *Mémoire sur la léthargie périodique de quelques mammifères* (*Annales du Muséum d'Histoire naturelle*. Paris, 1807, X, 434-465). — MELDOLA (R.). *Insects Periodicity. Maximum and Minimum periode* (*The Entomologist*, 1895, XXXVI, 17). — MENEGAUT (A.). *La vie des animaux* (*Les mammifères*, 2 vol.). — MERRIAN (H.). *La distribution géographique des animaux et des plantes dans ses rapports avec la température* (Analysé dans *Revue scientifique*, 1895, 499). — MERZBACHER. *Allgemeine Physiologie der Winterschlafer* (*Ergebnisse der Physiol.*, III, *Biophysik u. Psychophysik*, 1904, 214-258 (avec bibliographie). — MILNE EDWARDS. *Leçons sur la physiologie comparée de l'homme et des animaux*, 1863, VIII, 59-65. — PICTET (A.). *Observations sur le sommeil des insectes* (*Archives de Psychologie*, 1904, III, 327-356). — PRUNELLE. *Recherches sur les phénomènes et sur les causes du sommeil hivernal de quelques mammifères* (*Annales du Muséum d'Histoire naturelle*. Paris, 1811, XVIII, 20-56 et 302-321). — QUAJAT (E.). *Hibernation extemporanée, ou nouvelle méthode de conservation rationnelle des grains de vers à soie pour les élevages automnaux* (*A. i. B.*, 1901, XXXV, 213). — REEVE (H.). *An essay on the torpidity of animals*. 1 vol., 8, London, 1809. — RUDOLPHI. *Physiologie*. I. — SAJO (K.). *Kälte u. Insektenleben* (*Entom. Woch.*, I, 1896, 394, 396, 397, 405, 407, 457, 461). — SCHÄFER (E.-A.). *Text-book of Physiology*, 1898, 794-798. — SCHÄFF (E.). *Beitrag zur genaueren Kenntniss der diluvialen Murmelthiere* (*Arch. f. Naturgeschichte*, 1887, LIII, 118-132). — SCHÄUER (E.). *Die Murmelthiere und Zieselmäuse Polens und Galiziens* (*Arch. f. Naturgeschichte*, 1866, XXXII, 93, 112). — VALENTIN (G.). *Beiträge zur Kenntniss des Winterschlafes der Murmelthiere* (26 *Abtheilungen von* 1856 *bis* 1881, in *Moleschott's Untersuchungen zur Naturlehre des Menschen u. der Thiere*). — VOLKOV. *Le sommeil hivernal chez les paysans russes* (*Bull. et Mém. Soc. d'Anthropol.*, 1900, 1-67).

Espèces et mœurs des animaux hibernants. — ALEXANDRE (M.-R.). *L'hibernation humaine* (*Rev. Scientif.*, 1888, XLII, 738-741). — ANTIPA (GR.). *Die Störe u. ihre Wanderungen in den europaischen Gewässern mit besonderer Berücksichtigung der Störe der Donau u. des schwarzen Meeres* (*Bericht an den Internationalen Fischerei-Kongress in Wien*, 1905). — BALBIANI (G.). *Observations au sujet d'une note récente de M. Donnadieu sur les pontes hivernales du phylloxera* (*C. R.*, 1887, CIV, 667-669). — BOUCHARD (J.). *Sur les précautions prises par les tortues contre le froid et sur les indications qu'elles pourraient fournir aux agriculteurs* (*C. R.*, LXXXIV, 797). — COBELLI-RUGGERO. *Hibernazioni delle Formiche* (*Verh. zool. bot. Ges. Wien*, LIII, 1903, 369-380). — DOENHOFF (E.). *Ueber die Unabhängigkeit der Jahresperioden von der Wärme bei den Pflanzen u. kaltblutigen Thieren* (*A. P.*, Leipz., 1880, 429-431). — DONNADIEU (A.-L.). *Sur la ponte du phylloxera pendant la saison froide* (*C. R.*, 1887, CIV, 483-485). — DREWSEN. *Bemerkungen über das Vorkommen des Insekten des Winters im Freien* (*Oken's Isis*, 1845, 734). — DUBOIS (R.). *Sur le sommeil hivernal chez les invertébrés* (*Note présentée à la Soc. Linnéenne de Lyon*, 1900). — DUTROCHET.

Hibernation des hirondelles (*C. R.*, 1838, VI). — FROHAWK (J.-W.). *Attitude of Hibernating Wasp* (*K. w. v. Dalla-Torre*) (*Zool. Centr.*, 1903, 745). — GASPARD (B.). *Mémoire physiologique sur le colimaçon* (*Journal de Magendie*, 1822, 295-343). — GOUBAREFF (D.). *Sur les phénomènes d'hibernation offerts par des mouches soumises à des alternatives de chaud et de froid excessif en Russie* (*C. R.*, 1873, LXXVI, 785). — GUÉRIN-MENEVILLE. *Annales de la Soc. entom. de France*, 1864, (4), III. — HARRISON (J.). *Hibernation in Egg-State of Calocampa olidaginis* (*Entom. Record*, 1891, II, 257). — HILMET et REGNAULT (F.). *Les exercices des derviches expliqués par l'hypnotisme* (*Revue de l'hypnot. et psychol.*, 1901, XV, 331-334). — YVES DELAGE. *Zoologie concrète* (*Spongiaires*). — KNAUTE. *Zur Biologie der Luftwasserfische* (*Biol. Centralbl.*, 1896, XVI, 411). — LAUTERBORN (R.). *Ueber die Winterfauna einiger Gewässer der Oberrheinebene mit Beschreibung neuer Protozoen* (*Biol. Centralb.*, 1894, XIV, 390-394). — LEIDENFROST (G.). *De Letargo Hirundinis* (*Dissertation, Duisdburg*, 1758). — LICHTENSTEIN (J.). *Résistance des pucerons aux froids rigoureux* (*C. R.*, 1880, XC, 80). — MILNE-EDWARDS. *Observations sur les oiseaux de la région antarctique* (*C. R.*, XCII, 211). — NORDENSKIÖLD (E.). *Nagra iaktagelser rörande vara vanligare Sotvattens molluskers under vintern* (*Une observation sur nos mollusques d'eau douce pendant l'hiver*). (*Ofversikt af Vetensk, Forhandl.* Stockholm, 1897) (Analyse *Zool. Centralbl.*, 1897, 4, 648). — REGNAULT (F.). *La léthargie chez les animaux* (*Rev. de l'hypnot.*, 1901, XV, 208-212). — ROLLINAT (R.). *Sur l'hibernation de Lacerta muralis et de Lacerta viridis* (*Bull. Soc. Zool. de France*, 1895, 58-59). — SMITH (J.-B.). *Hibernation des moustiques*, 1902.

Digestion. — CONTEJEAN (CH.). *Contribution à l'étude de la physiologie de l'estomac* (*Thèse Fac. d. Sciences.* Paris, 1892, 109 p.). — HANSEMANN (D.). *Ueber den Einfluss des Winterschlafes auf die Zelltheilung* (*Arch. f. Anat. u. Physiol.*, 1898, 262-264). — KULAGIN (N.-M.). *Zur Frage über den Bau des Magens bei der Fledermaus* (*Vesprugo-Abramus*) *und den Zieselmäusen* (*Spermophilus citillus*) *und des Blutes bei den letzteren während des Winterschlafes* (*Le Physiologiste russe*, 1898, I, 95-99). — LEONARD. *Der Einfluss der Jahreszeit auf die Leberzellen von Rana temporaria* (*Arch. f. Anat. u. Physiol.*, 1887, 28, *Suppl.*). — MONTI (R.). *Le Funzioni di secrezioni e di assorbimento intestinale studiati negli animali ibernanti* (*Memorio letto al Reale Instituto Lombardo*, 1903, 26 Marzo). — MONTI (A.-R.). *Le ghiandole gastrice delle marmotte durante il lethargo invernale e l'attivita estiva* (*Ricerche d. Labor. di Anat. norm. d. R. Univ. di Roma* et *A. i. B.*, 1903, XXXIX, 248-252). — ROLLET. *Bemerkungen zur Kenntniss der Labdrüsen und der Magenschleimhaut* (*Untersuch. aus d. Inst. f. Physiol. u. Histol. in Graz*, 1871, 143-193). — VALENTIN (G.). *Beiträge zur Kenntniss d. Winterschlafes der Murmelthiere* (*Zweite Abtheilung. Wechsel der Organe während dee Winterschlafes*) (*Moleschott's Untersuchungen zur Naturlehre d. Menschen u. d. Thiere*, 1857, II, 1-55). — — *Beiträge zur Kenntniss d. Winterschlafes der Murmelthiere* (7ᵉ *Abth. Willkürliche Ädenerung des Körpergewichtes. Aufnahme von Stoffen.* (*Molesch.*) *Unters. zur. Naturl. d. Mensch. u. d. Thiere*, 1858, V, 11-64).

Mécanique respiratoire. — BOUGERS (P.). *Beobachtungen über die Athmung des Igels während des Winterschlafes* (*A. P.*, 1884, *Suppl.*, 325-329). — DUBOIS (R.). *A propos d'une note de critique expérimentale sur les mouvements respiratoires chez les hibernants, présentée à l'Académie des Sciences médicales et naturelles de Ferrare par M. Patrizi. Réponse* (*B. B.*, 1898 (10), V, 170-180). — — *Sur le mécanisme respiratoire de la marmotte pendant le sommeil hivernal, et pendant le sommeil anesthésique* (*B. B.*, 1888, 841). — — *Nouvelles recherches sur la physiologie de la marmotte. 1. Sur le rythme respiratoire de la marmotte en état de torpeur hivernale* (*Journal de Physiol. et de Pathol. gén.*, 1899, 1020-1021). — — *Nouvelles recherches sur le rythme respiratoire de la marmotte en état de torpeur hivernale* (*B. B.*, 1899 (11), 624-625). — FANO (G.). *Sulla respirazione periodica e sulle cause del ritmo respiratorio* (*Lo Sperimentale*, 1883, LI, 561-597). — MOSSO (A.). *Ueber die gegenseitigen Beziehungen der Bauch und Brustathmung* (*A. P.*, 1878, 441-468). — PATRIZI (M.-L). *Contributo allo studio dei movimenti respiratori negli ibernanti. Nota critico-sperimentale* (*Academ. Sc. med. e natur. di Ferrara*, 1897). — PEMBREY (M.-S.) et PITTS (A.-G.). *Relation between the internal temperature and the respiratory movements of hibernatings animals* (*J. P.*, 1899, XXIV, 305-316). — SIEFERT (E.). *Ueber die Athmung der Reptilien und Vögel* (*A. g. P.*, 1896, LXIV, 321-506). — VALENTIN (G.). *Beiträge zur Kenntniss d. Winterschlafes der Murmelthiere. 16ᵉ Abth. Athmungscurven* (*Molesch. Unters. z. Naturl. d. Mensch. u. d. Thiere*, 1870, X, 590-615).

V. Circulation. — VALENTIN (G.). *Beiträge zur Kenntniss des Winterschlafes der Murmelthiere. 9e Abth. Herzschlag u. Athembewegungen* (*Molesch. Unters. z. Naturl. d. Mensch. u. d. Thiere*, 1860, VII, 39-69). — — *Beiträge zur Kenntniss des Winterschlafes der Murmelthiere. 10e Abth. Blutdruck, Lauf des Blutes in den feineren gefässen, Art der Herzbewegung, Schnelligkeit des Kreislaufes* (*Molesch. Unters. z. Naturl. d. Mensch. u. d. Thiere*, 1862, VIII, 121-155).

Échanges nutritifs. a) *Poids du corps.* — BOUCHARD. *L'augmentation du poids du corps, et transformation de la graisse en glycogène* (*C. R.*, 1898, CXXVII, 464). — CAMUS et GLEY. *Sur les variations de poids des hérissons* (*B. B.*, 1901, 1019-1020). — DECAUX. *Observations sur un lézard ocellé en captivité depuis treize ans* (*Compt. rend. du Congrès des Sociétés savantes, Section des sciences*, 1896, 192-203). — DUBOIS (R.). *Sur l'augmentation de poids des animaux soumis au jeûne absolu* (*Note présentée à la Société Linnéenne de Lyon*, 1869, 7-9). — POLIMANTI (O.). *Sur les variations de poids des marmottes* (*Arctomys marmotta*) *en hibernation* (*A. i. B.*, 1904, XLII, 341-367). — REGNAULT et REISET. *Ann. de Physique et de Chimie*, 1849, XXVI, 429. — VALENTIN (G.). *Beiträge zur Kenntniss des Winterschlafes der Murmelthiere. 6e Abth. Statik der Ernährungserscheinungen* (*Molesch. Unters. z. Naturl. d. Mensch. u. d. Thiere*, 1858, IV, 58-83). — — *Beiträge zur Kenntniss des Winterschlafes der Murmelthiere. II. Abth. Wechsel der Organe während des Winterschlafes* (*Molesch. Unters. z. Naturlehr. d. Mensch. u. d. Thiere*, 1857, II, 1-55). — — *Beiträge zur Kenntniss des Winterschlafes der Murmelthiere. I. Abth. Aenderung des Korpergewichte während des Winterschlafes* (*Molesch. Unters. z. Naturlehr. des Menschen u. d. Thiere*, 1856, I, 206-258). —

b) *Échanges respiratoires.* — ATHANASIU (J.). *Sur les échanges respiratoires des grenouilles pendant les différentes époques de l'année* (*Journal de Physiol. et de Pathol. générale*, 1900, II, 243-258 et *A. g. P.*, 1900, LXXIX, 400). — DELSAUX (E.). *La respiration des chauves-souris pendant le sommeil hivernal* (*Arch. de Biol.*, 1887, VII, 207-215). — DUBOIS (R.). *Nouvelles recherches sur l'autonarcose carbonique du sommeil naturel* (*Critique de l'Acapnie. Note de Physiol. présentée à la Soc. Linnéenne de Lyon*, 1901, 1-23). — — *Influence de la température ambiante sur les dépenses de l'organisme chez les animaux à température variable pendant le sommeil hivernal* (*B. B.*, 1900, 938. *Ibid.*, *Soc. Linnéenne de Lyon*, 1900). — FALLOISE (A.). *Influence de la température extérieure sur les échanges respiratoires chez les animaux à sang chaud et chez l'homme* (*Arch. de Biologie*, 1901, XVII, 761-786). — MARÈS (M.-F.). *Expériences sur l'hibernation des mammifères* (*B. B.*, 1892, 313). — MAUREL et DE REY-PAILHADE. *Influence des surfaces sur les dépenses de l'organisme chez les animaux à sang froid pendant l'hibernation* (*Société d'Histoire naturelle de Toulouse*, 1900, XXXIII, 246-256. *Ibid.*, *B. B.*, 1900, *Oct.*). — — *Influence des surfaces sur les dépenses de l'organisme chez les animaux à température variable pendant l'hibernation* (*B. B.*, 1900, 822-824, et 1061-1064). — MULLER (W.). *Das Athmen der Frosche als Mittel zu ihrer naturgeschichtliche Charakteristik* (*A. P.*, 1872, 729-737). — PEMBREY (M.-S.). *Further Observations upon the respiratory exchange and temperature of hibernating Mammals* (*J. P.*, 1903, XXIX, 195-212). — — *The respiratory exchange during the decomposition of fat.* (*J. P.*, 1901, XXVII, 407). — — *Observation upon the respiration and temperatur of the marmotte* (*J. P.*, 1901, XXVII, 66). — REGNAULT et REISET, *Recherches chimiques sur la respiration des animaux de diverses classes.* Paris, 1849. — SCHIFFER. *Ueber den Einfluss der Temperatur auf den Glykogengehalt der Froschmuskel* (*C. W.*, 1880, 18). — VALENTIN (G.). *Beiträge zur Kenntniss des Winterschlafes der Murmelthiere. 4e Abth. Lungen u. Hautausdünstung* (*Molesch. Unters. z. Naturl. d. Mensch. u. d. Thiere*, 1857, II, 285-314). — VERNON (H.-M.). *The relation of the respiratory exchange of cold-blooded animals to temperature* (*J. P.*, 1894, XVII, 277-292). — — *The respiratory exchange of the lower marine invertebrates* (*J. P.*, 1895-96, XIX, 18-70). — WEINLAND (E.) et RIEHL (M.). *Beobachtungen am winterschlafenden Murmelthier* (*Z. B.*, 1907, XXXI, *N. F.*, 37-69).

c) *Glycogène.* — AEBY (C.). *Uber den Einfluss des Winterschlafes auf die Zusammensetzung der verschiedenen Organe des Tierkorpers* (*Arch. f. exp. Path. u. Pharm.*, 1874, III, 180-184). — ATHANASIU (J.). *Ueber den Gehalt des Froschkörper an Glycogen in den verschiedenen Jahreszeiten* (*A. g. P.*, 1899, LXXIV, 561-569). — DEWEVRE. *Note sur la fonction glycogénique chez la grenouille d'hiver* (*B. B.*, 1892, 19-21). — GÜRBER. *Sitzungsberichte der physik. med. Gesellsch. zu Würzburg*, 1895. — KÜLZ (E.). *Ueber den Glykogengehalt der Leber winterschlafender Murmelthiere und seine Bedeutung für die Abstammung des Glycogens* (*A. g. P.*,

1881, XXIV, 74-80). — MAIGNON (F.). *Mode de répartition du glycogène musculaire chez les sujets alimentés et inanitiés. Influence des saisons sur la richesse des muscles en glycogène* (*C. R.*, 1907, CXLV, 334-337). — MOSZEIK (O.). *Mikroscopische Untersuchungen uber den Glykogenansatz in der Froschleber* (*A. g. P.*, 1888, XLII, 556-581). — PFLÜGER (E.). *Beiträge zur Physiologie der Fettbildung des Glycogens und der Phosphorvergiftung* (*A. g. P.*, 1898, LXXI, 318-332). — — *Unter gewissen Lebensbedingungen nimmt die in dem lebendigen Tierkörper enthaltene Menge des Glykogenes trotz volkommener uber Monate sich ausdehnender Entziehung der Nahrung fortwährend sehr erheblich zu* (*A. g. P.*, 1907, CXX, 252-289). — VASAIN (B.). *Sul glycogene epatico delle rane ibernanti e sulle sue modificazioni quantitative in seguito ad un aumento rapido della temperatura nelle rane normale e nelle rane con vago togliato* (*Scritti biologici publ. p. il giubeleo d. A. Stefani. Ferrara, G. Zuffi*, 1903, 71 p.). — WEINLAND (E.) et RIEHL (M.). *Über das Verhalten des Glycogens beim heterothermen Thier* (*Z. B.*, 1907, XXXII, 75-92).

d) *Adipogénie.* — ATHANASIU (J.) et DRAGOIU (J.). *La distribution de la graisse dans le corps de la grenouille pendant l'hiver* (*B. B.*, 1908, LXIV, 193). — AUERBACH (M.). *Das braune Fettgewebe bei schweizerischen und deutschen Insektivoren* (*Arch. f. mikrosk. Anat.*, 1902, XL, 232). — DEFLANDRE (C.) et FUNKE (R.). *Uber die Schwankungen des Fettgehaltes der fettführenden Organe im Kreislaufe des Jahres.* Wien, 1899, 1 vol. (avec la bibliographie de la question); *Rôle de la fonction adipogénique du foie chez les invertébrés* (*C. R.*, 1902, CXXXV, 807-809). — LOISEL (G.). *Élaboration graisseuse périodique dans le testicule des oiseaux. Compt. rend. Assoc. des Anatomistes*, 1905, Liège, et *B. B.*, 1902; *Journal de l'Anat. et de Physiol.*, 1902 (?). — MARQUIS (C.). *Das Knochenmark der Amphibien in den verschiedenen Jahreszeiten* (*Dissert. Dorpat*, 1892). — MORAT et DOYON. *Traité de physiol.*, 1902, p. 11. — PAPPENHEIM (A.). *Beobachtungen über das Verhalten des Knochenmarkes beim Winterschlaff in besonderem Hinblick auf die Vorgänge der Blutbildung.* (*Zeitsch. f. klin. Med.*, 1901, XLVIII). — PLOETZ. (A. J.). *Die Vorgänge in den Froschohden unter dem Einfluss der Jahreszeit* (*A. P.*, 1890, *Suppl.* 1-29). — STARKE (J.). *Über die Fettgranula der Leber von Rama escutenta* (*A. P.*, 1891, 136). — VICTOROFF (K.). *Zur Kenntniss der Veränderungen des Fettgewebes beim Frösche während des Winterschlaffes* (*A. g. P.*, 1908, CXXV, 230-236).

e) *Chaleur animale.* — DUBOIS (R.). *Nouvelles recherches sur la Physiologie de la marmotte*, III (*Expériences de Calorimétrie animale, et examen critique des travaux de* M. DUTTO *sur l'hibernation de la marmotte. Journ. de Physiol. et de Path. gén.*, 1899, 1025-1029). — HALE-WHITE. *A methode of obtaining the specific heat of certain living warm-blooded animales* (*J. P.*, 1892, XIII, 789). — KNAUTHE. *Über Temperaturmessungen im Innern der Süsswasserfische zunächst im Winter* (*Allgemeine Fischerei-Zeitung*, 1894, 332-333). — MAUREL (E.). *De l'influence des saisons sur les dépenses de l'organisme dans les pays tempérés* (*B. B.*, 1899, 149-151, 229-231, 1002-1005). — MONTI (R.). *Étude et observations sur les marmottes et sur quelques autres mammifères hibernants* (*A. i. B.*, 1901, XXXV, 292). — MUSSEHL. *Ueber das Winterleben der Stockbiene* (*Oken's Isis*, 1836, 566-574). — PEMBREY (M.-S.) et WHITE (W.). *The regulation of temperature in hibernating animals* (*J. P.*, 1895-96, XIX, 477-495). — QUINCKE (H.). *Ueber die Wärmeregulation beim Murmelthiere* (*Arch. f. exp. Pathol.*, 1882, XV, 1-21). — RULOT (H.). *Note sur l'hibernation des chauves-souris* (*Arch. de Biologie*, 1901, XVIII, 366-375). — VALENTIN (G.). *Beiträge zur Kenntniss d. Winterschlafes d. Murmelthiere. 26e Abth. Wärmerverhältnisse* (*Molesch. Unters. z. Naturl. d. Mensch. u. d. Thiere*, 1881, XII, 466-472). — — *Beiträge zur Kenntniss d. Winterschlafes der Murmelthiere. 12e Abth. Thermoelektrische Beobachtungen* (*Molesch. Unters. z. Naturl. d. Mensch. u. d. Thiere*, 1865, XIX, 227-248). — — *Beiträge zur Kenntniss des Winterschlafes der Murmelthiere. 3e Abth. Wärme-Verhältnisse* (*Molesch. Unters. z. Natur. d. Mensch. u. d. Thiere*, 1857, II, 222-246).

f) *Inanition.* — DUBOIS (R.). *Sur la variation de résistance des mammifères hibernants à l'inanition* (*B. B.*, 1902, 272-273). — — *Influence du jeûne absolu sur la marmotte en estivation* (*Note de Physiol. présentée à la Soc. Linnéenne de Lyon*, 1901, 38-39). — WERTHMANN (J.-L.). *Ueber den Einfluss der Jahreszeit auf den Stoffwechsel hungernder Kaninchen* (*Dissert. Würzburg*, 1894).

g) *Structure et composition chimique des organes et du sang.* — BALLOWITZ. *Ueber das Vorkommen der Ehrlich'schen granulirten Zellen (Mastzellen) bei winterschlafenden Säugethiere*

(*Anat. Anzeiger*, 1891, VI, 135-132). — CARLIER. *Contribution to the histology of the Hedgehog* (*Journ. of Anat. a. Physiol.*, 1893, XXVII, 85-111). — DOMENICO-CESA-BIANCHI. *Osservazioni sulla struttura e sulla funzione della cosideta ghiandola interstitiale dell' ovaia* (*Archivio di Fiziolog*, 1907, IV, 523). — DUBOIS (R.). *Recherches sur les matières solubles dans l'éther contenues dans le sang de la marmotte en état de veille et en état de sommeil* *Note de Physiol. présentée à la Soc. Linnéenne de Lyon*, 1901, 37-38). — GAULE (J.). *Ueber der Einfluss der Jahreszeit auf das Gewicht der Muskeln bei Froschen* (*A. g. P.*, 1901, LXXXIII, 81-82). — — *Die Veränderung des Froschorganismus* (*Rana esculenta*) *während des Jahres* (*A. g. P.*, 1901, LXXXVII, 473-537). — — *Ueber den periodischen Ablauf des Lebens* (*A. g. P.*, 1901, LXXXVII, 538-551). — GEMELLI (H.). *Sur l'ipofisi delle (marmotte durante il letargo e nello stagione estiva* (*Archivio p. l. sc. med.*, 1906, XXX, 1-9.) — GIARD (A.). *Sur la calcification hibernale* (*B. B.*, 1898, 1013). — HAMILTON (B.). *Winter whitening of animals* (*Nature*, 1908, LXIX, 116-117). — HOOVER (C.-F.) et SOLMANN (A.). *A study of metabolism during fasting in hypnotic Sleep* (*Journ. of exp. med.*, *N. York*, 1897, II, 405-411). — MATRUCHOT (L.) et MOLLIARD. *Sur certains phénomènes présentés par les noyaux sous l'action du froid* (*C. R.*, 1900, CXXX, 788-790). — METSCHNIKOFF (E.). *Recherches sur le blanchiment hivernal des poils et des plumes* (*C. R.*, 1906, CXLII, 1024-1028). — VALENTIN (G.). *Beiträge zur Kenntniss d. Winterschlafes der Murmelthiere. 11e Abth. Einige Eigenthümlichkeiten des Blutes* (*Molesch. Unters. z. Naturl. d. Mensch. u. d. Thiere*, 1865, IX, 129-151). — — *Beiträge zur Kenntniss des Winterschlafes der Murmelthiere. 8e Abth. Ernährungsveränderungen der Gewebe während d. Winterschlafes* (*Molesch. Unters. z. Naturl. d. Mensch. u. d. Thiere*, 1859, V, 259-277).

h) *Glande hivernale.* — CARLIER (E.-W.). *Contribution to the histology of the Hedgehog. The so-called hibernating gland* (*Journ. of Anat. a. Physiol.*, 1893, XXVII, 508-518). — CARLIER (E.) et LOWAT-EVANS (C.-E.). *A chemical study of the hibernating gland of the Hedgehog together with the changes which it undergoes during wintersleep* (*Journ. of Anat. a. Physiol.*, 1903, XXXVIII, 15-31). — EHRMANN. *Ueber Fettgewebebildung* (*Wien. Akadem. wiss. mathem. nat. Cl.*, 1883, LXXXVII). — HATAI (SH.). *On the presence in human embryon of an interscapular gland corresponding to the so-called hibernating gland of lower mammals* (*Anat. Anz.*, 1902, XXI, 14, 369). — HANSEMANN (D.-V.). *Untersuchungen über das Winterschlaf-organ* (*Verhalt. d. physiol. Gesellsch. zu Berlin. Arch. f. Anat. u. Physiol.*, 1902, 160. (Avec bibliographie.) — TIEDMANN (F.). *Bemerkungen über die Thymus-drüse des Murmelthiere während des Winterschlaff* (*Deutsch. Arch. f. Physiol.* (*Meckel*), 1815, I, 481-499).

Muscles. — ALBINI (G.). *Sulla immobilita come causa iniziante il letargo iemale* (*Atti d. Soc. ital. Sc. natur.*, 1894). — ALBINI (G.). *Sur la léthargie des marmottes* (*A. i. B.*, 1901, XXXV, 295). — — *Le mouvement peut-il empêcher ou retarder le commencement de la léthargie chez la marmotte?* (*A. i. B.* 1901, XXXV, 294, et *Rendiconti dell'Acad. delle Scienze fisiche e matem. di Napoli*, 1901, VII, 127-129). — BÜRKER (H.). *Experimentelle Untersuchungen über Muskelwärme. 4. Abhandl. Methodik. Vorversuche. Einfluss der Jahreszeit auf die Wärmeproduction. Wirkungsgrad des Muskels* (*A. g. P.*, 1905, CIX, 217, et 1907, CXVI, 1). — DUBOIS (R.). *Nouvelles recherches sur la physiologie de la marmotte. II. Recherches sur le fonctionnement musculaire chez la marmotte chaude et chez la marmotte froide* (*Journ. de Physiol. et de Path. gén.*, 1899, 1022, 1025). — GRADINESCO (A.) *Sur la concentration moléculaire du plasma, des muscles de la grenouille dans les différentes époques de l'année* (*B. B.*, 1908, LXV, 97). — PATRIZI. *Sur la concentration musculaire des marmottes dans le sommeil et dans la veille* (*A. i. B.*, 1894, 43). — VALENTIN (G.). *Beiträge zur Kenntniss des Winterschlafes der Murmelthiere. 14e Abth. Dichtigkeitsänderung der Muskelmasse wöhrend der Zusammenziehung* (*Molesch. Unters. z. Naturl. d. Mensch. u. d. Thiere*, 1870, X, 265-279). — — *Beiträge zur Kenntniss d. Winterschlafes d. Murmelthiere. 18e Abth. Muskelcurven* (*Molesch. Unters. z. Naturl. d. Mensch. u. d. Thiere*, 1890, X, 634-648).

Système nerveux. — BARONCINI (L.) et BERETTA (A.). *Ricerche istologiche sulle modif. degli organi nei mammiferi ibernanti* (*Riforma med.*, 1900, XVI, 206). — CYBULSKY (N.). et ZANIETOWSKI (J.). *Ueber die Anwendung des Condensators zur Reizung der Nerven und Muskeln statt des Schlittenapparates von Du Bois-Reymond* (*A. g. P.*, 1894, LVI, 45-146). — DUSTIN (A.-P.). *Contribution à l'étude de l'influence de l'âge et de l'activité fonctionnelle sur le neurone* (*Ann. de la Soc. Roy. d. Sciences méd. et natur. de Bruxelles*, 1906, XV). —

Forel (A.). *Observations sur le sommeil du loir* (*Myoxus glis*) (*Revue de l'hypnotisme*, 1887, 1re année, 318). — Grigorescu (G.). *Diminution de l'excitabilité sensitive cutanée de la grenouille pendant l'hibernation* (*A. i. B.*, xxii, 95). — Heger. *Préparation microscopique du cerveau d'animaux endormis et d'animaux éveillés* (*Bull. Acad. Roy. méd. Belg.*, 1897, 45, xi, 831-835). — Legge (F.). *Sulle variazioni della fina struttura che presantano durante l'hibernazione le cellule cerebrali dei pipistrelli* (*Monit. zool.*, 1899, x, 152-159). — Levi (G.). *Sulle modificazioni morfologiche delle cellule nervose di animali a sangue freddo durante l'hibernazione* (*Riv. d. patol. nervos. e med.*, 1898, 443). — Marinesco (G.). *Recherches sur les changements des neurofibrilles consécutifs aux différents troubles de nutrition* (*Le Névraxe*, 1906, viii, 149-173). — Merzbacher (L.). *Untersuchungen an winterschlafenden Fledermäusen.* I. *Das Verhalten des Centralnervensystem und während des Erwachens aus demselben* (*A. g. P.*, 1903, xcvii, 569-577). — — *Untersuchungen über die Function des Centralnervensystems der Fledermaus* (*A. g. P.*, 1903, cxvi, 572-600). — — *Die Nervendegeneration während des Winterschlaffes. Die Beziehungen zwischen Temperatur und Winterschlaff* (*A. g. P.*, 1903, c, 568-585). — — *Einige Beobachtungen an winterschlafenden Fledermausen* (*C. P.*, 1903, xvi, 709-712). — Querton. *Le sommeil hibernal et les modifications des neurones cérébraux* (*Ann. Soc. Roy. d. Sc. méd. et natur. de Bruxelles*, 1898, vii, 147-204). — Valentin (G.). *Beiträge zur Kenntniss d. Winterschlafes d. Murmelthiere. 15e Abth. Fortpflanzungsgeschwindigkeit der Nervenerregung* (*Molesch. Unters. z. Naturl. d. Mensch. u. der Thiere*, 1870, x, 526-578). — — *Beiträge zur Kenntniss des Winterschlafes der Murmelthiere. 13e Abth., Einige Verhältnisse des centralen Nervensystems* (*Molesch. Unters. z. Naturl. d. Mensch. u. d. Thiere*, 1865, ix. 632-648). — — *Beiträge zur Kenntniss d. Winterschlafes d. Murmelthiere. 27e Abth. Brechungs'verhältnisse* (*Molesch. Unters. z. Naturl. d. Mensch. u. Thiere*, 1888, xiii, 34-39). — — *Beiträge zur Kenntniss d. Winterschlafes d. Murmelthiere. 25e Abth. Einige Versuche an Nerven und Muskeln* (*Molesch. Unters. z. Naturl. d. Mensch. u. der Thiere*, 1881, xii, 239-250). — — *Beiträge zur Kenntniss d. Winterschlafes d. Murmelthiere. 24e Abth. Das Netzhautroth* (*Molesch. Unters. z. Naturl. d. Mensch. u. d. Thiere*, 1881, xii, 31-75). — — *Beiträge zur Kenntniss d. Winterschlafes d. Murmelthiere. 23e Abth. Aenderung der electromotorischen Eigenschaften der Sinnes Nerven durch die ihren entsprechender eigenthümlichen Erregungsstaten* (*Molesch. Unters. z. Natural. d. Mensch. u. d. Thiere*, 1876, ii, 602-627). — — *Beiträge zur Kenntniss d. Winterschlafes d. Murmelthiere. 22e Abth. Untersuchung des Auges* (*Molesch. Unters. z. Naturl. d. Mensch. u. d. Thiere*, 1876, ii, 450-454). — — *Beiträge zur Kenntniss d. Winterschlafes der Murmelthiere. 21e Abth. Einiges über den Herzschlag Interferenz der Nerven Erregungen* (*Molesch. Unters. z. Naturl. d. Mensch. u. d. Thiere*, 1876, ii, 392-402). — — *Beiträge zur Kenntniss d. Winterschlafes d. Murmelthiere. 20e Abth. Einfluss des beständigen Stromes auf die Nervenwirkungen* (*Molesch. Unters. z. Naturl. d. Mensch. u. d. Thiere*, 1876, ii, 169-181). — — *Beiträge zur Kenntniss d. Winterschlafes d. Murmelthiere. 19e Abth. Einfluss d. Tetanisation auf die electromotorischen Eigenschaften der Nerven und der Muskeln* (*Molesch. Unters. z. Naturl. d. Mensch. u. d. Thiere*, 1876, ii, 149-168).

Reins et urines. — Monti (R.) et Monti (A.). *Su l'epithelio renale delle marmotte durante il sonno* (*Verhandlungen der anatomischen Gesells.*, 1900, 81-87). — Valentin (G.). *Beiträge zur Kenntniss des Winterschlafes der Murmelthiere. 5e Abth. Merkliche Ausgaben. Koth, Harn, Galle, u. Leberzucker* (*Molesch. Unters. z. Naturl. d. Mensch. u. d. Thiere*, 1857, iii, 195-229).

Action des poisons et des infections. — Billinger (O.). *Winterschlaff u. Infection* (*Wiener klin. Rundschau*, 1896, x, 769-771). — Blanchard (R.). *Expériences et observations sur la marmotte en hibernation. I. Introduction* (*B. B.*, 1903, 734). — — *Expériences et observations sur la marmotte en hibernation. II. Action du sérum d'anguille* (*B. B.*, 1903, 736). — — *Expériences et observations sur la marmotte en hibernation. III. Action du venin du cobra* (*B. B.*, 1903, 739). — — *Expériences et observations sur la marmotte en hibernation. IV. Action des toxines microbiennes* (*B. B.*, 1903, 1120). — — *Expériences et observations sur la marmotte en hibernation. V. Réceptivité à l'égard des trypanosomes* (*B. B.*, 1903, 1122). — — *Expériences et observations sur la marmotte en hibernation. VI. Observations sur les parasites en général* (*B. B.*, 1903, 1124). — Dubois (R.). *Remarquable antagonisme de la morphine et de l'atropine chez la marmotte. Résistance de cet hivernant au narcotisme par le mélange atropo-morphinique* (*Note de Physiol. présentée* *à la Soc. Linnéenne de Lyon*, 1901, 40-41). — HAUSMANN (W.). *Ueber den Einfluss der Temperatur auf die Inkubations Zeit, und Antitoxinbildung nach Versuchen an Winterschläfern* (*A. g. P.*, 1906, CXIII, 317-326). — KOENINCK (A.). *Versuche u. Beobachtungen an Fledermäusen* (*A. P.*, 1899, 389-415). — NOÉ (J.). *Résistance hivernale du hérisson à la morphine* (*B. B.*, 1903, 684-686). — PEISER (J.). *Ueber den Einfluss des Winterschlafes auf die Schilddrüse* (*Z. B.*, 1906, XXX, 482-488). — PICTET (A.). *Observations sur le sommeil chez les insectes* (*Arch. de Psychol.*, 1904, III, 327-356). — VALENTIN (G.). *Beiträge zur Kenntniss d. Winterschlafes d. Murmelthiere. 17e Abth. Einige Vergiftungswirkungen* (*Molesch. Unters. z. Naturl. d. Mensch. u. d. Thiere*, 1870, X. 616-633).

J. ATHANASIU.

HIPPOCRATE. — Ce nom désigne moins un individu qu'une famille, ou plutôt une école. Dans ce qui subsiste des doctrines de la médecine de Cos dont HIPPOCRATE II, né en 460 avant J.-C., est le principal représentant, il est impossible de discerner ce qui fut l'œuvre personnelle du « Père de la médecine » et ce qui doit être attribué soit à ses devanciers, soit, surtout, à ses successeurs.

Nous envisagerons la « collection hippocratique » sans nous arrêter à cette question de critique historique[1] : elle est secondaire à notre point de vue; car il nous importe moins de savoir quel fut l'auteur de tel ou tel traité appartenant à cette collection que de rechercher quelles notions de physiologie s'y trouvent contenues. La collection hippocratique forme un vaste ensemble dans lequel sont, tantôt résumées avec concision, tantôt développées avec prolixité, des théories médicales et des préceptes de thérapeutique qui n'ont, le plus souvent, que des rapports assez éloignés avec la physiologie telle que nous la comprenons aujourd'hui. Cet ensemble est fort inégal : il contient des discordances et même des données contradictoires, à côté de pensées grandioses, de maximes et d'aphorismes témoignant du génie de celui — ou de ceux — qui les ont inspirés. Aucun des traités de la collection hippocratique n'est spécialement affecté à la physiologie; à vrai dire, ce que l'on désigne du nom de physiologie à cette époque n'est qu'un assemblage mal coordonné de notions imprécises et de développements inspirés par la philosophie de la nature.

Basée sur la religion et sur l'enseignement des philosophes en même temps que sur l'empirisme traditionnel, la médecine grecque a ses racines dans l'observation clinique. Ce qui fait l'incontestable grandeur de l'œuvre d'HIPPOCRATE, c'est la valeur de sa philosophie morale et celle de ses observations, pénétrantes, profondes, empreintes d'une sagacité si parfaite qu'elle a fait l'admiration des médecins pendant vingt-quatre siècles et qu'elle s'impose encore aujourd'hui à notre respect. Mais la science médicale des Grecs n'a pas trouvé son appui dans la physiologie : elle ne l'a pas même cherché dans l'anatomie. De même que les maîtres de la sculpture grecque ont modelé ou ciselé leurs admirables statues sans avoir jamais scruté l'anatomie du corps humain, de même les maîtres de la médecine, et HIPPOCRATE tout le premier, ont formulé des principes et établi des lois physiologiques sans rien connaître des fonctions des organes. En lisant les différents traités hippocratiques on passe, souvent sans transition, d'une conception juste, grandiose, transcendante, à quelque affirmation puérile trahissant la plus complète ignorance. Au moment de rendre compte des impressions puisées dans cette lecture, il faut se souvenir qu'il est beaucoup plus facile de relever dans l'œuvre d'un grand esprit les fautes et les erreurs que de donner de sa valeur un exposé clair et complet.

L'anatomie, dans HIPPOCRATE, est tout à fait rudimentaire : le **Traité des fractures** et le livre **Des lieux dans l'homme** contiennent quelques descriptions qui s'appliquent surtout aux os et aux articulations; il n'y a aucune trace de myologie; rien n'indique que quelqu'un des contemporains d'HIPPOCRATE ait connu la disposition ou les usages des muscles, même dans les membres; on ne distingue pas les nerfs des tendons; quant aux viscères, ils ont été superficiellement observés chez les animaux, sans doute à l'occasion des sacrifices religieux, mais non chez l'homme. L'auteur du traité **Du cœur** est incontestablement un anatomiste qui a vu et disséqué cet organe : il connaît les oreillettes, les ventricules, les valvules, le péricarde; mais que penser de

1. Voir LABOULBÈNE, *Rev. scient.*, 1881, XXVIII, 641-685, surtout LITTRÉ, *Œuvres Complètes d'Hippocrate*, traduction en 10 vol., 1840.

sa physiologie, quand il nous dit avoir démontré, par une expérience faite sur le porc, qu'une partie d'un liquide dégluti passe, malgré l'épiglotte, dans le poumon et de là dans le péricarde : le liquide péricardique est « une sérosité filtrée par le cœur qui boit, reçoit et consume, lapant la boisson qui arrive au poumon[1] ». Le cœur est un « muscle vigoureux, de construction épaisse, destiné « à garder la force de la chaleur ». Au milieu de considérations téléologiques, on est surpris de trouver cette anticipation merveilleuse : **Le vaisseau qui sort du ventricule droit s'ouvre du côté du poumon pour lui fournir le sang qui le nourrit**[2]...

Parmi les traités que les critiques s'accordent généralement à attribuer à HIPPOCRATE et non à l'un de ses disciples, l'un des plus célèbres est celui qui porte pour titre : **Des airs, des eaux et des lieux.** L'auteur y recherche quelle est, sur le maintien de la santé, sur le caractère des citoyens et sur leurs mœurs, l'influence de l'exposition des pays ou des villes par rapport au soleil et aux vents ; comparant l'Europe à l'Asie, il rattache à la nature du sol et aux qualités du climat les différences qu'il constate entre leurs habitants. Ce traité, qui aurait partiellement inspiré à MONTESQUIEU son livre sur l'*Esprit des lois*, prêtait évidemment, par son sujet même, à des développements physiologiques ; mais l'auteur ne s'y abandonne pas ; sans les éviter il les côtoie, s'arrêtant, aussi bien dans ses observations que dans les commentaires dont il les accompagne, au seuil de la physiologie. C'est ainsi qu'à propos des eaux, HIPPOCRATE nous dit :

« Il y a du liquide en toutes choses et dans le corps humain : même le soleil attire la partie la plus ténue et la plus légère de l'humeur. En voici la meilleure preuve : qu'un homme habillé marche ou reste assis au soleil, les parties du corps que les rayons frappent ne sueront pas, car le soleil enlèvera la sueur à mesure qu'elle paraîtra ; mais les parties qui seront protégées par les vêtements ou de toute autre manière, se mouilleront ; la sueur produite et amenée au dehors par la chaleur du soleil sera protégée par l'habillement, elle ne se dissipera pas ; si ce même homme se met à l'ombre, tout le corps deviendra moite également[3]. »

Plus loin, quand il parle des Scythes, HIPPOCRATE rapporte qu'on trouve parmi eux beaucoup d'hommes impuissants, et que les indigènes attribuent la cause de cette impuissance à la Divinité. « Pour moi, dit-il, je pense que cette maladie vient de la Divinité comme toutes les maladies, qu'aucune n'est plus divine ou plus humaine que l'autre, mais que toutes sont semblables et toutes sont divines. Chaque maladie a, comme celle-là, une cause naturelle, et sans cause naturelle aucune ne se produit. Voici, selon moi, comment vient cette impuissance : elle est le fait de l'équitation perpétuelle des Scythes... Ils se traitent ainsi qu'il suit : au début du mal ils ouvrent la veine placée derrière l'une et l'autre oreille... mais ce traitement même me semble altérer la liqueur séminale ; car il y a derrière les oreilles des veines qui, coupées, privent ceux qui ont subi cette opération de la faculté d'engendrer[4]. »

On trouve dans ces deux passages caractéristiques l'indication des tendances habituelles au médecin de Cos : il ne connaît point la physiologie, et à ce point de vue il n'est pas même un précurseur ; médecin, il ne veut songer qu'au malade ; il place toute sa confiance dans l'observation, et, même lorsqu'il envisage une fonction normale, comme la sécrétion de la sueur, il ne s'enquiert pas tant de son mécanisme que de ses effets sur la santé générale ; philosophe, il travaille avec prudence, mais avec fermeté, à émanciper la médecine de la tutelle religieuse et des superstitions ; c'est ici que l'insuffisance de son anatomie le trahit : il ne lui en coûte pas d'établir une relation, basée sur quelles légendes ! entre les veines de l'oreille et les organes génitaux, pas plus qu'ailleurs il n'hésitera à signaler une communication entre le larynx et le sommet de la vessie[5] ou encore de décrire une veine allant de l'œil gauche au foie et au testicule du côté droit[6].

1. *Du cœur, Œuvres compl. d'Hippocrate.* Trad. LITTRÉ, IX, 1861, 81.
2. *Ibidem*, 91.
3. *Œuvres compl. d'Hippocrate.* Trad. LITTRÉ, 1840, II, 33. *Traité des airs, des eaux et des lieux.*
4. *Ibidem*, 79.
5. *Traité de la nature des os. Œuvres compl.* Trad. LITTRÉ, IX, 1861, 169.
6. *Ibidem*, 175.

La physiologie de la nutrition, comportant des vues plus générales que l'étude spécialisée des fonctions des organes, offre au médecin-philosophe une occasion meilleure. Le traité **Des lieux dans l'homme** contient le développement de cette idée que l'organisme « forme un cercle » : aucune de ses parties ne commençant, mais toutes étant semblablement commencement et fin; c'est, dans l'histoire de la science, le premier énoncé bien formel de ce que nous appelons aujourd'hui le métabolisme organique; et cette affirmation se complète par la notion de la dépendance mutuelle de toutes les parties du corps : « Veut-on, prenant la plus petite partie, y produire une lésion, tout le corps ressent cette souffrance, quelle qu'elle soit, et il la ressent parce que la plus petite partie a tout ce qu'a la plus grande. Cette plus petite partie, quelque sensation qu'elle éprouve, soit agréable, soit désagréable, la porte à sa partie congénère[1]. »

HIPPOCRATE reconnaît dans l'air le principe de la vie universelle; mais sa doctrine ne se confond pas avec celle qu'avait, un siècle auparavant, défendue ANAXIMÈNE : pour HIPPOCRATE, la cause de la vie n'est pas dans l'air lui-même, mais dans une chaleur créatrice (ἔμφυτον θερμόν) que met en mouvement le pneuma. Si indistincte ou embryonnaire que soit la théorie d'HIPPOCRATE sur le rôle de l'air dans la genèse de la vie, il doit être permis d'y voir une remarquable anticipation sur la doctrine physiologique de la combustion ; en effet elle n'identifie pas la vie avec un pneuma pénétrant par la respiration, mais elle l'envisage comme le résultat d'une sorte de conflit entre l'air inspiré et les éléments du corps. HIPPOCRATE reconnaît que « l'on ne vit pas du tout sans respirer », mais aussi « qu'on ne vit guère sans manger ni boire » et il considère que « le sang est la chose du corps qui a le plus de part aux opérations de la raison ». L'âme, telle que paraît la comprendre HIPPOCRATE, n'est pas une essence distincte, mais une « énergie physique ». « L'air qui va dans le poumon et dans les veines s'introduisant dans les cavités (artères?) et dans le cerveau, concourt à produire l'intelligence, et, dans les membres, le mouvement [2]... c'est l'air qui donne l'intelligence au cerveau [3].

« C'est par là surtout (par le cerveau) que nous pensons, comprenons, voyons, entendons; que nous connaissons le laid et le beau, le mal et le bien, l'agréable et le désagréable..... C'est encore par là que nous sommes fous, que nous délirons, que des craintes et des terreurs nous assiègent..... Tout cela, nous l'éprouvons par le cerveau, quand il n'est pas sain..... Mais, tout le temps que le cerveau est en repos, l'homme a sa connaissance. »

La doctrine hippocratique qui place le siège de l'entendement dans le cerveau paraît avoir été connue de PLATON, et vraisemblablement aussi, les vues d'HIPPOCRATE sur la nature de l'âme ont ouvert la voie à la conception platonicienne et purement spiritualiste du principe pensant[4].

Telle fut, du reste, la destinée des livres d'HIPPOCRATE, qu'ils servirent de guide à la médecine, et par elle, dans une certaine mesure, à l'esprit humain, jusque dans les temps modernes. Leur influence était déjà établie pendant la période pré-aristotélique, et a pu s'exercer d'une manière immédiate : à la mort d'HIPPOCRATE, ARISTOTE était âgé de vingt ans.

Bibliographie. — LABOULBÈNE, dans son *Histoire des livres hippocratiques* (*Rev. Scient.*, XXVIII, 1881, 641 et 685), a confirmé les conclusions de LITTRÉ. Qui veut connaître HIPPOCRATE soit dans son texte original, soit dans une traduction française dont les critiques du monde entier ont reconnu la parfaite correction, doit consulter l'ouvrage auquel le savant académicien français a consacré vingt années de labeur (1839-1861).

LITTRÉ a pu dire : « Je ne laisse pas HIPPOCRATE tel que je l'ai trouvé. » En effet, non seulement il a reconstitué et traduit toute l'œuvre du médecin de Cos, mais il a mis de l'ordre dans cette vaste bibliographie, qui était déjà confuse à ses origines; car la « collection hippocratique » est un assemblage qui date des temps d'HÉROPHILE, et pré-

1. *Des lieux dans l'homme.* Trad. LITTRÉ, VI, 1849, 279.
2. *Traité de la maladie sacrée.* Trad. LITTRÉ, VI, 373.
3. *Ibidem*, 291.
4. Voir, sur ce sujet, le livre d'E. CHAUVEL : *La philosophie des médecins grecs*, Paris, 1886.

sentait alors déjà tout le désordre dans lequel LITTRÉ la trouva. (Voir LITTRÉ, *Œuvres compl. d'Hippocrate*, en 10 volumes, 1, 281.)

Quels sont, dans cet ensemble, les écrits qui doivent être légitimement attribués à HIPPOCRATE? LITTRÉ, après avoir divisé la collection hippocratique en onze classes, considère comme étant véritablement d'HIPPOCRATE les seuls livres suivants :

1° **De l'ancienne médecine.**
2° **Traité du Pronostic.**
3° **Les Aphorismes.**
4° **Le 1er et le 3e livre des Épidémies.**
5° **Traité du régime dans les maladies aiguës.**
6° **Traité des Airs, des Eaux et des Lieux.**
7° **Traité des Articulations.**
8° **Traité des Fractures.**
9° **Traité des instruments de réduction.**
10° **Traité des plaies de tête.**
11° **Le Serment.**
12° **La Loi.**

DAREMBERG a réduit à six les onze classes de LITTRÉ; PETREQUIN a cherché à simplifier encore, en répartissant dans quatre classes seulement tout l'ensemble des livres hippocratiques. Il ajoute aux douze livres dont l'authenticité est reconnue par LITTRÉ : le traité **« de l'Officine »** et celui **« de la Nature de l'homme »** (331 à 9), et considère comme étant probablement d'HIPPOCRATE : **des Plaies**; **des Hémorrhoïdes et des Fistules**; **du Médecin.** Il range dans la deuxième classe les écrits de l'école de Cos, des disciples ou des contemporains d'HIPPOCRATE : **des Vents, des Lieux dans l'homme; de l'Art; du Régime et des Songes; des Maladies,** livre 1er; **des Affections; du fœtus à sept mois; du fœtus à huit mois; les Préceptes; Épidémies** (liv. 2, 4, 5, 6, 7); **des Humeurs; de l'usage des Liquides; du Régime des gens en santé; les Prénotions coaques; le Prorrhétique** (liv. 1er).

Dans la troisième classe, se trouvent les écrits probablement Cnidiens : **de la Génération; de la Nature de l'enfant; des Maladies** (liv. 4); **des Maladies des femmes; des Maladies des jeunes filles; des Femmes stériles; de la Superfétation; de l'Excision du fœtus; de la Nature de la femme; des Maladies** (liv. 2 et 3); **des Affections internes.**

La quatrième classe comprend deux groupes : I. Écrits les plus récents de la collection hippocratique : **du Cœur; de l'Aliment; des Semaines; des Chairs; le Prorrhétique** (liv. 2); **des Glandes;** fragments sur **la Nature des os.** II. Compilations ou fragments non cités par les anciens : **de la Conduite honorable; de l'Anatomie; de la Dentition; de la Vue;** Aphorismes (VIIIe section); **des Crises; des Jours critiques; des Médicaments purgatifs.**

Quant aux **Lettres, Décret, Discours,** on a la certitude que ce sont des pièces apocryphes.

PAUL HEGER.

HIPPURIQUE (Acide). — Découvert dans l'urine des vaches et des chameaux par ROUELLE, vers la fin du XVIIIe siècle, il fut étudié ensuite par FOURCROY et VAUQUELIN, et surtout, en 1829, par LIEBIG, qui en donna la composition, reconnut certaines de ses propriétés, et en 1844 démontra sa présence dans l'urine de l'homme. Depuis, on a montré que sa proportion augmente dans certaines maladies. En 1824, WÖHLER a montré que l'acide benzoïque ingéré se retrouvait dans l'urine à l'état d'acide hippurique. Ce fut une expérience fondamentale qui établit avec précision un procédé synthétique biochimique dans l'organisme. Les expériences de BUNGE et SCHMIEDEBERG en ont précisé le siège : celles de ABELOUS et RIBAUT en ont éclairé la nature et le mécanisme.

État naturel. — L'acide hippurique se rencontre principalement dans l'urine des herbivores. Suivant BOUSSINGAULT, les urines les plus riches en acide hippurique sont celles du chameau et de l'éléphant; puis viennent celles de la vache et du cheval. Il a trouvé notamment en hippurate de potasse, par litre d'urine, 4gr,7 chez le cheval et 16gr,5 chez la vache.

L'acide hippurique existe à l'état normal dans l'urine de l'homme, mais en faible quantité. Il y en a environ de $0^{gr},5$ à $1^{gr},2$ d'éliminé en vingt-quatre heures, en moyenne; mais cette quantité est variable, comme on le verra plus loin.

L'acide hippurique existe encore dans les excréments de la tortue, des lépidoptères, des chouettes, dans les produits de desquamation de l'ichtyose, dans les capsules surrénales des porcs et dans le produit de sécrétion du castor (GORUP-BESANEZ).

D'après JAFFE, chez les oiseaux l'acide benzoïque ne se transforme pas en acide hippurique, mais en acide ornithurique ($C^{19}H^{20}Az^2O^4$).

Préparation. — Une urine fraîche est évaporée presque à siccité, et au résidu on ajoute du chlorure de baryum pulvérisé : on acidifie par de l'acide chlorhydrique. Le mélange est ensuite traité par l'alcool. On filtre, on neutralise avec précaution la solution alcoolique par la soude, on évapore pour chasser l'alcool, puis on ajoute un peu d'acide oxalique, et l'on évapore à siccité au bain-marie. La masse desséchée est épuisée par un mélange, à volume égal, d'alcool et d'éther. On distille, on ajoute à chaud un lait de chaux, et on filtre. Le filtrat est concentré, et on acidule ensuite avec HCl. Il se dépose, au bout de quelque temps, des dépôts d'acide hippurique.

Cette extraction ne peut servir qu'à rechercher et à identifier l'acide hippurique dans l'urine humaine; lorsqu'il s'agit d'en préparer une certaine quantité, il est préférable de l'extraire de l'urine des herbivores. Alors on sature l'urine fraiche avec un lait de chaux, qui transforme l'acide hippurique en sel de chaux; on filtre, on évapore jusqu'à consistance sirupeuse. Le liquide filtré est traité par HCl. Au bout de quelques heures, on peut recueillir sur un filtre le dépôt d'acide hippurique. On le lave ensuite, ou le fait digérer dans de l'eau de chlore, puis on le soumet à la cristallisation.

CAZENEUVE conseille de filtrer un litre d'urine, de l'évaporer au 1/10 de son volume, et de mélanger les 100 grammes restant avec 200 grammes de plâtre et 20 grammes d'alun, puis de dessécher au bain-marie. L'alun, dont la réaction est acide, décompose les carbonates, et met en liberté l'acide hippurique. Le mélange est ensuite placé dans un appareil à déplacement, et épuisé par l'éther bouillant. On obtient ainsi des cristaux d'une grande blancheur.

Propriétés. — L'acide hippurique est solide, incolore, inodore, d'une saveur amère; il cristallise facilement en longs prismes rhomboïdiques. Il rougit le papier de tournesol. Il est soluble dans 600 parties d'eau froide et une moindre quantité d'eau bouillante. Il est soluble dans l'alcool et peu soluble dans l'éther froid. Il se dissout dans le phosphate de soude, et, ses solutés aqueux étant acides, il contribue pour sa part à la réaction de l'urine.

Chauffé modérément dans un long tube de verre, il fond, et par refroidissement se prend en une masse cristalline. Chauffé plus fortement vers 250°, il se décompose en acide benzoïque qui se sublime, en benzoate d'ammoniaque, et en un liquide rouge, oléagineux, dont l'odeur rappelle celle du mélilot ou de la fève tonka. C'est une réaction caractéristique. Chauffé brusquement au rouge, il donne de l'acide cyanhydrique et un résidu de charbon.

Si l'on traite l'acide hippurique à l'ébullition par un acide énergique, il absorbe une molécule d'eau et se dédouble en acide benzoïque et en glycocolle (DESSAIGNES).

$$\underset{\text{Acide hippurique}}{C^9H^9AzO^3} + H^2O = \underset{\text{Ac. benzoïque + glycocolle.}}{C^7H^6O^2 + C^2H^5AzO^2}$$

Les acides sulfurique, chlorhydrique, étendus et bouillants, l'acide oxalique lui-même, lui font subir la même transformation.

Il existe dans l'urine des herbivores, ainsi que dans l'urine humaine, un ferment, peu connu encore, qui transforme ainsi l'acide hippurique suivant l'équation ci-dessus. C'est ce qui explique pourquoi l'on ne peut trouver de l'acide hippurique que dans l'urine fraiche. Dès qu'une urine fermente ou se putréfie, il n'existe plus que de l'acide benzoïque. L'industrie utilise cette propriété pour préparer ce dernier acide, en laissant putréfier l'urine des herbivores.

Si l'on traite à l'ébullition de l'acide hippurique par de l'acide azotique concentré et qu'après avoir desséché le résidu, on le chauffe, il se dégage une odeur caractéristique de nitro-benzine (essence d'amandes amères) (LUCKE).

Lorsqu'on ajoute quelques gouttes de perchlorure de fer à une solution d'acide hippurique, ou d'un hippurate, il se forme un précipité gélatineux couleur isabelle.

La chaleur de combustion totale de l'acide hippurique déterminée par FRANKLAND est de 5383 calories.

Origine. — L'acide hippurique est formé synthétiquement dans l'organisme par la combinaison du glycocolle et de l'acide benzoïque. Si l'on donne de l'acide benzoïque à un animal, il reparaît dans l'urine sous forme d'acide hippurique. On sait que le glycocolle qui sert à sa formation fait partie de l'économie; il existe combiné à l'acide cholalique dans la bile sous forme de glycocolate de soude. On le considère comme un produit de désassimilation des matières protéiques. Quant à l'acide benzoïque, il a pour origine les dérivés aromatiques des divers aliments ingérés. C'est WÖHLER qui, le premier, en 1824, démontra que l'acide benzoïque introduit dans l'estomac reparaît sous forme d'acide hippurique. C'est là une date mémorable dans la littérature biologique, puisque c'était la première synthèse constatée dans l'organisme.

Une expérience importante qui montre bien cette transformation de l'acide benzoïque en acide hippurique, c'est de faire ingérer de l'acide nitrobenzoïque : alors on retrouve dans l'urine de l'acide nitro-hippurique.

BUNGE et SCHMIEDEBERG se sont efforcés de déterminer les conditions de cette synthèse *in vivo.* Pour cela, ils ont recherché dans quels organes ou tissus cette transformation pouvait se produire. Ils démontrèrent que ce n'était pas dans le foie. En effet, après l'ablation du foie chez la grenouille (qui peut survivre 3 ou 4 jours à l'opération), l'injection d'acide benzoïque et de glycocolle dans les sacs lymphatiques fait encore apparaître l'acide hippurique dans les urines. Ils démontrèrent alors que cette synthèse se réalisait dans les reins. En effet, dans une première série d'expériences, ils pratiquèrent la ligature des deux reins à des chiens (la circulation des autres organes n'en est pas sensiblement troublée), puis ils injectèrent dans le sang de l'acide benzoïque et du glycocolle. Les chiens furent sacrifiés 4 heures après : or alors la recherche de l'acide hippurique dans le sang, ainsi que dans le foie et les muscles, fut absolument négative. Partout on retrouva l'acide benzoïque qui n'avait pu être transformé sans le concours des reins.

Dans une deuxième série d'expériences, servant de contre-épreuve, ils démontrèrent que le rein extirpé de l'organisme peut encore secréter de l'acide hippurique.

Pour cela, après avoir saigné un chien, les deux reins furent enlevés avec précaution afin d'établir dans l'un d'eux une circulation artificielle avec du sang défibriné auquel était ajouté du glycocolle et de l'acide benzoïque. L'autre rein servait de témoin. Au bout de quelques heures de circulation artificielle, l'acide hippurique fut constaté dans le sang, dans le rein et dans le liquide qui s'écoulait de l'uretère. Par contre, on ne trouva dans le rein témoin aucune trace d'acide hippurique.

Toutefois, la production exclusive de l'acide hippurique dans le rein n'a été démontrée encore que chez le chien. BUNGE et SCHMIEDEBERG eux-mêmes ont établi que les grenouilles continuent à produire de l'acide hippurique après l'extirpation du rein. SALOMON a prouvé également que, pour quelques autres mammifères, le lapin notamment, la production d'acide hippurique n'est pas exclusivement limitée aux reins. C'est ainsi qu'ayant donné de l'acide benzoïque à des lapins auxquels il avait extirpé les reins, il trouva de l'acide hippurique en quantité notable dans le sang, dans le foie et les muscles.

BUNGE, fortement imbu de la doctrine du vitalisme, chercha à démontrer encore que la synthèse de l'acide hippurique est inséparable de la vie des tissus. Ayant mélangé du glycocolle et de l'acide benzoïque à des reins finement hachés, il ne constata jamais la formation d'acide hippurique. Ayant, d'autre part, pratiqué la circulation artificielle avec du sérum, il obtint encore un résultat négatif. De même, SCHMIEDEBERG et HOFFMANN ne furent pas plus heureux en opérant avec du sang privé d'oxygène, et BUNGE s'écriait : « La même intervention qui suspend les propriétés vitales et visibles des cellules, les prive du même coup de la faculté de former des synthèses. Donc toujours l'ancien problème : la vie de la cellule!... Voilà jusqu'à présent quel est le sort de toute recherche physiologique. Plus nous mettons d'ardeur à poursuivre un phénomène vital, plus il recule devant nous dans les ténèbres de l'inconnu. »

En réalité, la notion vague du phénomène vital est devenue plus précise : il y a des ferments solubles qui dans les cellules sont les agents de ces diverses opérations chimiques.

C'est Abelous et Ribaut qui eurent le grand mérite de démontrer l'existence d'un ferment soluble opérant la synthèse de l'acide hippurique en présence du glycocolle et de l'acide benzoïque.

Leurs expériences, remarquables autant par la concision et la rigueur scientifique que par la netteté des résultats, méritent d'être reproduites.

Tout d'abord ils firent remarquer que, les synthèses par déshydratation étant des réactions endothermiques, s'il existe une diastase de synthèse, on peut démontrer sa présence *in vitro* en fournissant la force vive nécessaire pour l'accomplissement de sa réaction endothermique. Ainsi donc, au lieu de mettre en présence de l'organe producteur de la diastase hypothétique simplement du glycocolle et de l'acide benzoïque, ils eurent l'idée ingénieuse de lui fournir du glycocolle et de l'alcool benzylique, ce dernier, en s'oxydant pour donner l'acide benzoïque, devant dégager une certaine quantité d'énergie utilisée ensuite pour la synthèse.

Abelous et Ribaut ont opéré avec des reins de cheval et d'âne pulpés, et, pour supprimer toute trace de vie cellulaire, leurs macérations étaient faites dans une solution de fluorure de sodium à 2 p. 100.

On fait macérer pendant dix-huit heures deux lots de 525 grammes de rein de cheval pulpés dans un litre d'une solution de NaCl à 2 p. 100. Dans l'un des deux lots A on ajoute 1gr,5 de glycocolle, 3 centimètres cubes d'alcool benzylique et 3 grammes de CO^3Na^2. A l'autre lot B on se contente d'ajouter 3 grammes de CO^3Na^2. Les deux lots sont laissés dans l'étuve à 40° pendant vingt-quatre heures et traversés par un courant d'air. Le dosage de l'acide hippurique a donné les résultats suivants :

	Acide hippurique.
A. Glycocolle et alcool benzylique.	= 0,083
B. Sans glycocolle et alcool benzylique. . .	= 0,053
Différence en faveur de A. . .	= 0,033

2° Même expérience avec deux lots de 425 grammes chacun de pulpe rénale, mais additionnés de 500 grammes de sang de cheval fluoré à 2 p. 100 :

	Acide hippurique.
A. Glycocolle et alcool benzylique.	= 0,108
B. Avec CO^3Na^2 seulement.	= 0,068
Différence en faveur de A. . .	= 0,041

3° Reins de porc : deux lots.

A. 572 grammes de pulpe macérée dans un litre de NaFl à 2 p. 100 : on ajoute :

Glycocolle.	1gr,50
Alcool benzylique	3 cc.
CO^3Na^2	3 grammes.

B. 572 grammes macérés dans un litre de NaFl à 2 p. 100. La macération est bouillie, et on ajoute les mêmes quantités de glycocolle et d'alcool benzylique que dans A.

Résultat A = 0,055 d'acide hippurique.
— B (bouilli) pas trace.

(Ici l'ébullition a donc détruit le ferment hypothétique.)

De toutes ces expériences les auteurs étaient en droit de conclure que « l'intégrité et la vie des cellules du rein n'étaient pas indispensables pour la synthèse de l'acide hippurique. Cette synthèse peut donc être attribuée à l'action d'une diastase. »

Ces résultats si précis ont été confirmés absolument par Berninzoni (1901). Cet auteur a comparé le rein de cheval et le rein de porc au point de vue de la puissance synthétique d'acide hippurique. Il mettait en présence non pas de l'acide benzoïque, comme ABELOUS et RIBAUT, mais de l'aldéhyde benzoïque et de l'alcool benzylique, avec du glycocolle et de la pulpe du rein.

Il a trouvé les chiffres suivants, exprimant la quantité d'acide hippurique formée par 500 grammes de pulpe rénale en vingt heures :

REIN DE PORC	REIN DE CHEVAL.
0,066	0,092
0,078	0,081
0,069	0,073
0,063	0,084
0,086	0,074
0,079	0,071

Des expériences très nombreuses, déjà anciennes, ont montré que les variations de l'acide hippurique dans les urines dépendaient de l'alimentation, et de diverses conditions, notamment de l'intégrité du liquide sanguin.

Comme l'acide benzoïque est transformé en acide hippurique dans l'organisme, on s'est demandé d'abord quelle est la quantité maximale d'acide hippurique pouvant être formée, ou autrement dit quelle est la quantité maximale de glycocolle pouvant se former dans l'organisme si l'on introduit un grand excès d'acide benzoïque.

PARKER et LUSK ont démontré que jamais l'azote urinaire, éliminé sous la forme d'acide hippurique, ne pouvait dépasser 4 p. 100 de l'azote total. BRUGSCH et HIRSCH ont obtenu les mêmes chiffres sur le chien. WIENER et COHN ont montré qu'un kilogramme de lapin peut transformer 0gr,8 d'acide benzoïque en acide hippurique. WIECHOWSKI et MAGNUS LEVY ont trouvé au contraire 21 et 28 p. 100. BRUGSCH sur l'homme a trouvé un maximum de 3 p. 100. Dans un travail récent, LEWINSKI, donnant, à des individus légèrement malades, de l'acide benzoïque, a vu que la quantité de glycocolle fixée sur l'acide benzoïque peut être sur l'homme aussi considérable que sur les herbivores, à la condition qu'on empêche les ferments diastasiques de l'urine de transformer l'acide hippurique en acide benzoïque (il dosait l'acide hippurique en le faisant cristalliser dans l'éther acétique). Il a trouvé une limite maximum de 62,2, alors que BRUGSH limitait ce pouvoir à 4gr,4. LEWINSKI admet donc que le pouvoir de synthèse de l'organisme humain pour l'acide hippurique est égal à celui des herbivores. Chez les malades atteints de néphrite, ce pouvoir a beaucoup diminué.

On a même pu dissocier ce qui est la part de l'albumine du corps et celle de l'albumine des aliments. PARKER et LUSK ont vu que dans le jeûne 100 grammes d'albumine somatique ne peuvent donner que 4 grammes de glycocolle : les diverses albumines donnent des quantités variables. L'acide benzoïque étant presque inoffensif, on peut en donner de grandes quantités, et alors connaître combien de glycocolle se forme par le dédoublement des albumines : la gélatine donne 3 gr. de glycocolle, et la caséine 3gr,45.

J. LEO a réalisé la dissociation dans les urines *in vitro* de l'acide hippurique par des bactéries, en glycocolle et en acide benzoïque. Celle-ci a lieu en présence du staphylocoque et du streptocoque, mais non pas en présence du bacille coli ou du bacille typhique ou du bacille pyocyanique.

JALDI a trouvé des quantités assez importantes d'acide hippurique dans les fèces de l'homme. Il déduit de ses recherches que l'intestin est non seulement un lieu de production du glycocolle et de l'acide benzoïque, mais encore un lieu de synthèse de ces deux constituants de l'acide hippurique.

BAUMANN a démontré que l'acide hippurique provient de la fermentation des matières contenues dans l'intestin, car, après une vigoureuse désinfection de l'intestin par le calomel chez le chien, il n'y a plus d'acide hippurique dans l'urine. Le corps qui, par ses dédoublements dans l'intestin, donne de l'acide hippurique, serait pour SALKOWSKI l'acide phényl-propionique ($C^6H^5 - CH^2 - CH^2 - CO - OH$) dont l'oxydation produit de l'acide benzoïque, qui alors se combine en glycocolle. Il est douteux que le stade intermédiaire tyrosine soit nécessaire à cette transformation.

ZIMMERMANN, en donnant du glycocolle à un malade atteint de fistule biliaire, n'a pas retrouvé d'acide hippurique dans l'urine. Il a supposé que l'acide hippurique ne se forme aux dépens du glycocolle que si le glycocolle est à l'état d'acide glycocollique (dans la bile). La résorption et la transformation de la bile dans l'intestin seraient donc l'origine de l'acide hippurique de l'urine. Il est vrai que, d'après ROSENBERG, les chiens à fistule biliaire ont encore de l'acide hippurique dans l'urine, mais chez le chien on sait que la bile ne contient pas d'acide glycocollique (ou très peu).

Chez l'homme la quantité d'acide hippurique excrétée varie avec les aliments ingérés. Tout ceux qui sont susceptibles de donner par dédoublement de l'acide benzoïque, et en particulier les végétaux, augmentent le taux de l'acide hippurique. D'après CARL LEWIN, l'addition de glucose aux aliments et même de nucléine favorise l'excrétion de cet acide, très probablement en augmentant les phénomènes de putréfaction. Toutes les fermentations intestinales agissent dans le même sens.

L'ingestion de cerises, fraises, de raisins, de pommes fait diminuer la proportion d'acide urique et augmenter l'acide hippurique (WÖHLER et J. WEISS). D'après WIENER et COHN, l'ingestion d'acides amidés, elanine, leucine augmentent la production d'acide hippurique, probablement par une transformation antérieure en glycocolle. L'acide quinique ($C^7H^{12}O^6$) est en grande partie transformé en acide hippurique. D'après MARCHAND, 8 grammes de quinate de calcium donnent 2 grammes d'acide hippurique.

ASTOLFONI, par des expériences exécutées sur le chien, le lapin et l'homme, montre que les diurétiques qui excitent l'épithélium rénal comme le benzoate de soude, la caféine, la théobromine, le calomel, augmentent l'élimination de l'acide hippurique, et par suite la capacité pour le rein de faire la synthèse de l'acide hippurique. BAUMANN a vu que l'acide pyrogallique à dose toxique diminuait le pouvoir synthétique du rein. HOFFMANN, ARAKI, KATSUYAMA ont montré que l'intoxication par l'oxyde de carbone avait le même effet.

Par contre, pendant l'inanition (SCHULTZEN) ainsi que par l'effet d'un travail musculaire violent (chez le cheval), l'excrétion de l'acide hippurique est augmentée.

La proportion de l'acide hippurique dans l'urine des herbivores dépend de la nature même des fourrages: abondante à la suite d'un régime de foin, d'herbes et de paille, elle est à peu près nulle si les animaux n'ingèrent que des graines, des navets, des pommes de terre, des carottes, des betteraves. De même, les bœufs nourris exclusivement avec du son n'ont que peu d'acide hippurique (HOFMEISTER). Quand le fourrage est très riche en albuminoïdes, il y a beaucoup d'urée excrétée, et peu d'acide hippurique (HENNEBERG).

Cette synthèse faite par l'organisme, et spécialement par le rein, peut donc donner une excellente notion sur l'état physiologique du rein. C'est une sorte d'*épreuve* que les médecins peuvent faire de la fonction rénale. Il suffit de donner de l'acide benzoïque en quantité notable et de doser la totalité de l'acide hippurique excrété, pendant les vingt-quatre heures qui suivent. Il faudra cependant se rappeler que l'acide benzoïque n'est pas totalement inoffensif, et que la dose, d'ailleurs énorme, de 40 grammes ne doit pas être dépassée (LEWINSKI).

Dosage de l'acide hippurique. — On prend 500 cc. et 1 litre d'urine que l'on alcalinise par du carbonate de soude et on évapore à siccité au bain-marie. Le résidu est épuisé par l'alcool absolu. On filtre la solution alcoolique que l'on distille; on ajoute un peu d'eau à ce résidu, et on continue à évaporer pour chasser les dernières traces d'alcool. La solution aqueuse est acidulée par HCl et agitée à cinq reprises différentes par de l'éther acétique. Les liquides éthérés réunis sont lavés avec un peu d'eau distillée, puis évaporés. On obtient ainsi finalement l'acide hippurique mélangé de corps gras et aussi d'acide benzoïque. On le purifie en reprenant la masse par de l'éther de pétrole qui laisse l'acide hippurique indissous. Celui-ci est dissous dans l'eau chaude; la solution aqueuse est ensuite évaporée jusqu'à cristallisation. On recueille les cristaux, que l'on dessèche et que l'on pèse.

A. CATES a rendu le procédé classique précédent plus rapide. Pour cela, après le traitement à l'éther de pétrole qui enlève l'acide benzoïque, les oxacides, le phénol et la matière grasse, on dissout dans l'eau chaude le résidu cristallin provenant de l'évaporation de la liqueur éther-acétique et on fait un dosage acidimétrique en versant dans la solution aqueuse une solution décinormale de soude jusqu'à virage de la phénolphtaléine, employée comme indicateur. Chaque centimètre cube de soude décinormale correspond à 0^{gr}, 0179 d'acide hippurique, le nombre de centimètres cubes de solution titrée employée, multipliée par ce chiffre, donnera la proportion d'acide hippurique contenue dans le volume de l'urine à examiner.

P. LASSABLIÈRE.

Bibliographie. — Abelous et Ribaut. *Sur l'existence d'un ferment soluble opérant la synthèse de l'acide hippurique aux dépens du glycocolle de l'acide benzoïque* (*B. B.*, 1905, 543). — Araki. *Ueber die chemischen Änderungen der Lebensprozesse infolge von O² Mangel* (*Z. p. C.*, 1894, xix, 422). — Astolfoni. *Recherches concernant l'action de quelques substances diurétiques sur la synthèse de l'acide hippurique* (*A. i. B.*, 1905, xliii, 373-380). — Bashford (E.) et Cramer. *Ueber die Synthese der Hippursäure im Thierkörper* (*Z.p . C.*, 1902, xxxv, 324-326). — Baum. *Eine einfache Methode zur Darstellung von H. s. und ähnlich zusammengesetzen Verbindungen* (*Z. p. C.*, 1884, ix, 465-468). — Baumann. *Die aromatische Verbindungen im Harn* (*Z. p. C.*, 1886, x, 123). — Berninzone. *Sulla sintesi fisiologica de acido-ippurico* (*Acc. di Genova*, 15 déc. 1900, xvi, 1901, n° 2 *et A. i. B.*, 1902, xxxvii, 33-42). — Blumenthal et Braunstein. *Ueber die quantitative H. S. bestimmung beim Menschen* (*Beitr. chem. Physiol.*, 1902, iii, 385-390). — Bonnami. *L'influenza del pirogallolo sui processi d'ossidazione e sintesi* (*Boll. Acc. di Roma*, 1900, n° 26). — Bunge et Schmiedeberg. *Ueber die Bildung der Hippursäure* (*A. P. P.*, 1876, vi, 233). — Chase. *Ausscheidung der H. s. bei Verschluss des Ductus choledoquus* (*Arch. f. An. Phys. u. med. Wiss.*, 1865, 392-394). — Crisafulli. *Sulla decomposizione dell'a. i. per mezzo dei microrganismi* (*Riv. d'ig. e san. pubb.*, 1895, vi, 533-539). — Da Silva Amado. *Considérations sur l'acide hippurique et sur la relation qui existe entre son dépôt spontané et les vomissements dans les lésions organiques de l'estomac* (*Gaz. Méd.*, 1868, 408 *et* 422). — Duchek. *H. S. im Harn des Menschen* (*Viertj. f. d. prakt. Heilk.*, 1854, xliii, 25-32). — Gonnermann. *Zur quantitativen Bestimmung des Glycocolls durch Ueberführung in H. S.* (*A. g. P.*, 1894, lix, 42-46). — Henneberg et Stohlmann. *Beitr. zur Begründung einer rationellen Fütterung der Wiederkauer*, 1860. — Henneberg et Pfeiffer. *Einwirkung gesteigerten Eiweissuzatses zum Beharrungsfutter* (*Landw. Jahrb.*, 1892, xxxviiii, 215). — Hoffmann (A.). *Ueber die H. s. bildung in der Niere* (*A. P. P.*, 1877, vii, 233). — Hupfer (Fr.) *Einwirkung von Chinasäure auf Harnsäure und H. s. Auscheidung* (*Z. p. C.*, 1903, xxxvii, 302-323); *Entgegnung an Weiss* (*Ibid.*, 1903, xl, 315). — Jacquemin et Schlagdenhauffen. *Faits pour servir l'histoire de l'A. H.* (*J. de pharm. et de chimie*, 1858, xxxiii, 259-261). — Jaarsveld et Stokyis. *Einfluss von Nierenaffectionen auf die Bildung von H. s.* (*A. A. P.*, 1879, x, 268-300). — Keller. *H. a. in the urine produced by eating cranberries* (*Am. Jour. Med. sc.*, 1876, lxxii, 39-41). — Koch. *Zur Bestimmung der Topographie des Chemismus* (*A. g. P.*, 1879, xx, 64). — Komppa. *Synthèses organiques. Th. inaug.* Helsingfors, 1901 (en suédois). — Lewin. *Beiträge zum H. s. wechsel des Menschen* (*Zeitsch. f. klin. Med.*, xlii, 1991, 371-397). — Lewinski. *Ueber die Grenzen der Hippursaurebildung beim Menschen* (*A. P. P.*, 1908, lviii, 397-412). — Lücke. *Ueber die Anwesenheit der H. s. im menschlichen Harn und ihre Auffindung* (*A. A. P.*, 1860, iv, 158-161). — Maack. *Zur Genesis der H. s. im Organismus* (*Arch. f. wiss. Heilk.*, 1860, iv, 158-161). — Mattschersky. *Zur Entitelung der H. s.* (*A. A. P.*, 1863, xxviii, 538-544). — Meissner et Saevard. *Unters. über das Entstehen der H. s. im thierischen Organismus* (Hannover, 1866). — Odling. *Note on A. H.* (*St-Barth. Horp. Rep.*, 1865, 276-280). — Parker et Q. Lusk. *On the maximum production of h. a. in rabbits* (*Am. J. P.*, 1900, iii, 492). — Pfeiffer, Bloch et Riecke. *Eine neue Methode zur Bestimmung der H. s.* (*Bresl. Mitth. landw. Ins.*, 1903, ii, 273-293). — Pfeiffer. *Notiz für Bestimmung der H. S.* (*Bresl. Mitth. landw. Ins.*, 1905, iii, 545-546). — Poulet (V). *De l'emploi des hippurates de chaux et de lithine en médecine* (*Gaz. hebd.* 1884 *et Bull. gén. de thér.*, 1885, cix, 153-172). — Riecke (B.). *Ueber die Bildung der H. S. im thierischen Organismus* (*Diss. Breslau*, 1903). — Rempicci. *Ricerche sulla eliminazione dell'a. i. nell'uomo* (*Boll. Acc. med. di Roma*, 1902, xxviii, 5-15, *et Archiv. farmac.*, 1902, i, 7-14). — Rosenberg. *Ueber die Beziehungen zwischen Galle und H. S. bildung im thierischen Organismus* (*Centr. inn. Med.*, 1901, xxii, 696-698). — Roussin. *Note sur l'acide hippurique et sur son absence dans quelques urines de cheval* (*Rec. de mém. de méd. milit.*, 1856, xvii, 435-444). — Schmiedeberg. *Ueber Spaltung und Synthesen im Thierkörper* (*A. P. P.*, 1881, xiv, 379). — Schröder (W.-V.). *Ueber die Bildung der H. S. im Organismus des Schäfes* (*Z. p. C.*, 1879, iii, 323 331). — Schutz (I.-B.), *Die Beziehungen einiger aroma-*

tischer Verbindungen zur Benzœsäure bezw. H. S. bildung und eine neue Methode zur Bestimmung von Salicylsäure neben Benzœsäure, bezw. H. s. (*Breslau. Mitth. landw. Instit.*, 1905, III, 515-543). — SIRECI (G.). *Sur l'élimination de l'acide hippurique* (*A. i. B.*, 1897, XXVII, 278). — SŒTBEER. *Controlle der Blumenthalschen Methode der H. S. bestimmung* (*Z. p. C.*, XXXV, 1902, 536-539). — STADELMANN. *Ueber das Vorkommen von Gallensauren. H. S., und Benzoesäure in den Nebennieren* (*Z. p. C.*, 1893, XVIII, 380). — VAN DE VELDE et STOKVIS. *Experimentelle Beiträge zur Frage der H. S. zerlegung im lebenden Organismus* (*A. P. P.*, 1883, XVII, 189-217). — VERDEIL et DOLLFUS. *De la présence d'acide hippurique dans le sang* (*B. B.*, 1850, 187-189). — WEISKE. *Ueber H. s. bildung im thierischen Organismus* (*Z. B.*, 1879, XV, 618-620). — WEISS. *Erwiederung auf die Arbeit des H. Hupfer* (*Z. p. C.*, 1903, XXXVIII, 198). — WEYL et ANREP. *Ausscheidung der Hippursäure und Benzœsäure während des Fiebers* (*Z. p. C.*, 1880, IV, 169-189). — ZIMMERMANN (O.). *Ueber künstlich beim Menschen erzeugte Glykokollvcrarmung des Organismus und die Abhängigkeit des Glykokollgehalten von der Gallensekretion* (*Centr. inn. Med.*, 1901, XXII, 528-533).

HIRUDINE. — HAYCRAFT a montré, en 1884, que la décoction aqueuse du segment céphalique des sangsues avait une action inhibante sur la coagulation du sang. Cette substance anticoagulante agit à la fois *in vitro* et *in vivo*. Depuis cette importante découverte, divers travaux ont été publiés sur ce sujet. On trouve même dans le commerce (E. SACHSSE, à Leipzig) de l'extrait de sangsues qu'on peut employer pour rendre le sang incoagulable, ce qui est fort avantageux pour beaucoup d'expériences de physiologie.

JACOBJ et FRANZ ont nommé *hirudine* (et non *hérudine*) cette substance. Voici comment elle peut être préparée, d'après BODONG. Les têtes de sangsues sont broyées avec de l'eau et du chlorure de sodium. Puis, après que ces têtes sont restées deux à trois heures en contact, on reprend par l'eau et on filtre. On chauffe *pendant très peu de temps* à 100°, ce qui précipite diverses matières albuminoïdes. Alors on dialyse, mais sans que cette dialyse soit prolongée, en présence de thymol pour éliminer les fermentations microbiennes. BODONG admet qu'on peut ainsi obtenir $0^{gr}0078$ d'hirudine par tête de sangsue, quantité qui peut maintenir incoagulable 240 gr. de sang pendant vingt-quatre heures.

Le sang traité par l'hirudine reste incoagulable, quels que soient les tissus qu'on y ajoute, ou les liquides organiques. Si la quantité d'hirudine ajoutée est suffisante, il se fait une coagulation incomplète ; et, d'autre part, si l'on ajoute un excès d'hirudine, le sang contient encore de l'hirudine et est capable de ralentir la coagulation d'une nouvelle quantité de sang, de sorte qu'on peut admettre une sorte d'action quantitative de l'hirudine sur la coagulation.

Introduite dans l'organisme, l'hirudine ne paraît guère avoir d'action physiologique autre que l'incoagulabilité du sang. Cet effet est obtenu, chez le lapin, à la dose d'environ $0^{gr},025$ par kilogr. Dans quelques cas il persiste pendant deux jours.

HAYCRAFT a vu que l'hirudine était éliminée par l'urine, et cela a été confirmé par BODONG. Mais une grande partie de l'hirudine injectée reste dans le corps, combinée probablement avec les substances qui rendent le sang coagulable (fibrinogène).

Sans qu'on puisse rien affirmer à cet égard, l'hirudine, par ses propriétés générales, se rapproche des albumoses.

Bibliographie. — HAYCRAFT. *Ueber die Einwirkung eines Secretes des officinellen Blutegels auf die Gerinnbarkeit des Blutes* (*A. P. P.*, XVIII, 1884, 209-217). — FRANZ (F.). *Ueber den die Blutgerinnung aufhebenden Bestandtheil des medicinischen Blutegels* (*Ibid.*, XLIX, 1903, 342-366). — BODONG (A.). *Ueber Hirudin* (*Ibid.*, LII, 1905, 242-261). — BOCK (J.). *Unters. über die Wirkung verschiedener Gifte auf das isolirte Säugethierherz* (*Ibid.*, XLI, 1898, 160). — DICKINSON. *Note on Leech extract and its action on Blood* (*J. P.*, XI, 566). — SCHULTZE. *Uber die Verwendung von Blutegelextrakt bei der Transfusion des Blutes* (*Diss. Greifswald*, 1892). — BLOBEL. *Versuche über Transfusion mit den von Blutegeln gesogenen Blute und über die Verwendung von frisch bereitetem Blutegeldecoct zur Transfusion* (*Diss. Greifswald*, 1892).

HISTIDINE. — ($C^6H^9Az^3O^2$). L'histidine est une base hexonique, c'est-à-dire, d'après KOSSEL (1892), résultant du dédoublement des protamines (Voy. **Protamines**). On sait, depuis les travaux fondamentaux de KOSSEL, que les protamines sont des bases contenant six atomes de carbone. L'hydrolyse des protamines, composés présentant les caractères généraux des matières albuminoïdes, donne les produits suivants :

Leucine.	$C^6H^{13}AzO^2$
Lysine..	$C^6H^{14}Az^2O^2$
Histidine.	$C^6H^9Az^3O^2$
Arginine.	$C^6H^{14}Az^4O^2$

L'histidine se prépare en hydrolysant par SO^4H^2 dilué la *studine*, protamine du sperme de l'esturgeon. C'est une base qui est lévogyre à l'état libre, et dextrogyre dans ses sels. Elle donne des chlorhydrates cristallisables.

D'après THOMPSON (*Z. p. C.*, 1900, XXIX, 15), l'histidine accélère quelque peu la coagulation du sang ; mais elle n'est pas toxique, contrairement aux protamines, dont elle dérive, et qui sont au contraire toxiques.

Bibliographie. — On trouvera les principaux travaux relatifs à l'histidine dans le *Zeitschrift für physiologische Chemie* ; XXII, 183 ; 191 ; 285 ; XXVIII, 382 ; 391 ; 469 ; 465 ; XXIX, 492. (KOSSEL, HEDIN, BAUER, KUTSCHER, LAWROW, SCHULZE et SCHWANTKE).

HISTONE. — L'histone dérive du dédoublement d'un nucléoprotéide qui se trouve dans les globules rouges du sang ; elle a été découverte par KOSSEL en 1884. On a pu ensuite l'extraire du thymus, du sperme des poissons et des oursins : on constate sa présence dans l'urine des fébricitants (KREHL et MATTHES) et des leucémiques (KOLISCH et BURIAN).

On la prépare soit avec le sang d'oie (KOSSEL), soit avec le thymus (LILIENFELD-LAWROW).

Les globules du sang d'oie, lavés avec de l'eau et de l'éther, abandonnent à l'eau leur hémoglobine, et il reste un résidu insoluble qui, traité par l'acide chlorhydrique étendu, se dissout partiellement. L'histone est ainsi dissoute, et on la précipite par NaCl en poudre. Le précipité est mis à dialyser et se dissout quand le sel a disparu. Alors la dissolution d'histone est précipitée par l'ammoniaque ou par l'alcool. C'est de l'histone à peu près pure.

Pour le thymus, la préparation est à peu près identique. L'extrait aqueux de thymus est traité par l'acide acétique qui précipite la nucléohistone, et le précipité est alors traité par l'acide chlorhydrique étendu qui la redissout.

Le caractère chimique essentiel de l'histone, c'est de précipiter par une goutte d'ammoniaque. Elle ne se coagule pas par la chaleur, donne la réaction du biuret, précipite par SO^4Mg et $SO^4(AzH^4)^2$.

KOSSEL a trouvé	C	= 50.67
	H	= 6,99
	Az	= 17,93
	S	= 0,50
	O	= 24,41

Elle se rapproche donc beaucoup par sa composition des matières albuminoïdes.

Par l'hydrolyse, elle donne des bases hexoniques et surtout de l'arginine.

Injectée directement dans les veines, elle exerce une action anticoagulante, tandis que la nucléohistone est coagulante.

L'histone paraît être assez toxique. THOMPSON a montré qu'elle agit à peu près comme les protamines, qu'elle abaisse la pression du sang et diminue la coagulabilité. NOVY a vu que chez des cobayes de 300 gr. la dose de $0^{gr},2$ était toxique. D'ailleurs l'histone exerce une action antitoxique (ainsi d'ailleurs que les albumoses et les globulines); FREUND et GROSZ ont cru que, injectées séparément, la toxine diphtérique et l'histone se neutralisaient. Mais NOVY n'a pas pu retrouver ce phénomène : il a cependant établi qu'au bout de quelques minutes de contact, l'histone neutralisait l'action toxique du poison diphtérique, et aussi, quoique moins efficacement, celle du poison tétanique.

Il existe probablement diverses histones. MALINGREAU décrit deux histones (histone et parahistone) qu'on peut extraire du thymus. L'histone A serait une globuline, et l'histone B, ou parahistone, une albumine. SCHULTZE a décrit une *globine* (dérivant de l'hémoglobine), et MATHEUX une *arbacine* (sperme des oursins) qui ne sont pas identiques avec l'histone du thymus (Voy. **Nucléine**).

Bibliographie. — KOSSEL. *Ueber einen peptonart. Bestandtheil des Zellkerns aus Gänseblutkörperchen* (*Z. p. C.*, VIII, 511). — BANG. *Studien über Histon* (*ibid.*, 1899, XXVII, 463-487). — BANG. *Bemerk. über das Nucleohiston* (*ibid.*, 1900, XXX, 508-522). — HUISKAMP. *Over electrolyse der zouten van Nucleohiston in histon* (*Trav. du Lab. de physiol. d'Utrecht*, 1902, III, 349-375). — EHRSTRÖM. *Uber ein neues Histon aus Fischsperma* (*Z. p. C.*, 1901, XXXII, 350-354). — LAWROW. *Uber die Spaltungsproduckte des Histon von Leucocyten* (*Ibid.*, 1899, XXVIII, 388-398). — NOVY. *The immunizing power of Nucleohiston and of histon* (*Journ. of. exp. med.*, 1896, I, 693-716). — THOMPSON. *Die physiol. Wirk. der Protamine und ihrer Spaltungsprodukte* (*Z. p. C.*, XXIX, 1-18). — KOLISCHE et BURIAN. *Histon in einem Fall von Leukämie* (*Zeit. f. klin. Med.*, XIX, 374). — JOLLES. *Ueber das Auftreten und den Nachweis von Nucleohiston bei einem Falle von Pseudoleukämie* (*ibid.*, XXXIV, fasc. 1 et 2). — JOLLES. *Ueber das Auftreten und den Nachweis von Histonen im Harne* (*Z. p. C.*, 1898, XXV, 236-241). — KREHL et MATTHES (*D. Arch. f. klin. Med.*, LIV, 501). — STENDEL. *Zur Kenntniss der Thymus Nucleinsäuren* (*Z. p. C.*, 1904, XLII, 165-170 et XLIII, 402-405). — MALENGREAU. *Étude sur les histones* (*La Cellule*, 1904, XXI, 119-170).

HITZIG (Ed.), prof. à Würtzburg de clinique des maladies mentales. Il a publié en 1870, en collaboration avec G. FRITSCH, un travail mémorable sur l'excitabilité du cerveau. On n'indiquera ici que ses travaux de physiologie.

Bibliographie. — *Uber die mechanische Erregbarkeit gelähmter Muskeln* (*A. A. P.*, XLI, 1867, 301-302). — *Ueber die electrische Erregbarkeit des Grosshirns (en coll. avec* G. FRITSCH) (*A. P.*, 1870, 330-332). — *Ueber die beim Galvanisiren des Kopfes entstehenden Störungen der Muskelinnervation und der Vorstellungen vom Verhalten im Raume* (*A. P.*, 1871, 716-770). — *Weitere Untersuchungen zur Physiologie der Gehirns* (*Ibid.*, 771-772). — *Unters. zur Physiologie des Gehirns* (*Ibid.*, 1873, 397-435). — *Ueber quere Durchströmung des Froschnerven* (*A. g. P.*, 1873, VII, 263-273). — *Untersuchungen über das Gehirn.* 1 vol. 8°, XIII, 276. Berlin, Hirschwald, 1874. — *Ueber den heutigen Stand der Frage der Localisation im Grosshirn* (*Samml. klin. Vortr.*, 1877, n° 112, 963-978). — *Ueber einen interessanten Abscess der Hirnrinde* (*Arch. für Psych.*, 1872, 111, 231). — *Zwangsbewegungen bei Galvanisiren des Hinterkopfs.* (*Berl. klin. Woch.*, 1872, 42). — *Ein Fall von erworbenen rhythmischen Nystagmus mit davon abhängigen Schwindelempfindungen in Form von sehr ausgesprochenen Scheinbewegungen* (*Berl. klin. Woch.*, 1875, XII, 33). — *Uber Erwärmung der Extremitäten nach Grosshirnverletzungen* (*Med. Centr.*, 1876, 323-324). — *Ueber einen Fall von halbseitigem Defect des Kleinhirns.* (*Arch. f. Psych.*, 1883, XV, 226-269). — *Von dem Materiellen der Seele.* Leipzig. Vogel, 8°, 1886. — *Ueber Function des Grosshirns.* (*59ᵉ Vers. d. Nat. u. Aerzte im Berlin*, 1886, 140). — *Ein Kinesiästhesiometer nebst einigen Bemerkungen über den Muskelsinn* (*Neurol. Centralbl.*, 1888, 16 p.). — *Beitr. zur Lehre von der progressiven Muskelatrophie* (*Berl. klin. Woch.*, XXV, 1888, 35). — *Ueber spinale Dystrophien* (*Ibid.*, XXVI, 1889, 28). — *Hughlings Jackson and the cortical motor centres in the light of physiolog. research* (*Brain*, XXIII, 1900, 545-581). — *Rapport über die Projectionscentren und die Assoziationscentren des menschlichen Gehirns*, Leipzig, 1900. — *Ueber das kortikale Sehen des Hundes* (*Arch. f. Psych.*, XXXIII, 1900, 707-720). — *Alte und neue Unters. über das Gehirn* (*Arch. fur Psych.*, 1902, XXXV, 275-372 ; 585-611 ; XXXVI, 1-113 ; XXXVIII, 1903, 299-467 ; 849-1013). — *Ueber die Function der motorischen Region des Hundehirns und über die Polemik des Herrn H. Munk* (*ibid.*, XXXVI, 605-629). — *Einige Bemerk. zu der Arbeit C. V. Monakow's über den gegenwärtigen Stand der Frage nach der Localisation im Grosshirn* (*ibid.*, 907-913). — *Demonstration zur Physiologie des kortikalen Sehens* (*Neurol. Centr.*, 1902, 422-423 ; 434-435). — *Weltall und Gehirn* (Berlin, Hirschwald, 1905). — *Physiolog. und klin. Abhandlungen über das Gehirn* Berlin, Hirschwald, 1904, 445 et 618 p. — *The world and the brain* (*Intern. Quaterl.*, 1904, X, 165-180).

HOFMEISTER (Fr.), professeur de physiologie à Strasbourg.

Untersuchungen über die Zwischensubstanz im Hoden der Säugetiere (1872, *Ak. W.*, (3), LXV, 23 pp.). — *Ueber den Nachweis der Carbaminsäure in tierischen Flüssigkeiten* (1876, *Journ. f. med. Chemie*, [2], XIV, 175-185. — *Beiträge zur Kenntnis der Amidosäuren* (1877, *Ann. der Chemie*, CLXXXIX, 6-43). — *Ueber Lactosurie* (1877, *Z. p. C.*, I, 101-110). — *Ueber die Rückbildung von Eiweiss aus Pepton* (1878, *Prep. medicin. Wochenschrift*). — *Ueber ein Verfahren zur völligen Abscheidung des Eiweisses aus tierischen Flüssigkeiten* (1878, *Z. p. C.*, II, 288-295). — *Ueber die chemische Structur des Collagens* (1878, *Z. p. C.*, II, 299-323). — *Ueber den Nachweis von Pepton im Harn* (1880, *Ibid.*, IV, 253-267). — *Ueber das Pepton des Eiters* (1880, *Ibid.*, IV, 268-281). — *Ueber die durch Phosphorwolframsäure fällbaren Substanzen des Harns* (1880, *Ibid.*, 67-74). — *Ueber der Vorkommen von Pepton im Harn* (1880, *Prag. med. Woch.*, N° 25). — *Ueber des Schicksal des Peptons im Blute* (188', *Z. p. C.*, V, 127-151). — *Ueber die Verbreitung des Peptons im Tierkörper* (1881, *Ibid.*, VI, 51-68). — *Das Verhalten des Peptons in der Magenschleimhaut* (1881, *Ibid.*. VI, 69-73). — *Ueber die physiologische Wirkung des Platinbasen* (1883, *A. P. P.*, XVI, 393-439). — *Untersuchungen über Resorption und Assimilation der Nährstoffe* (1885, *A. P. P.*, XIX, 1-33). — *Ueber die automatischen Bewegungen des Magens* (*mit* SCHÜTZ, 1885, *A. P. P.*, XX, 1-33). — *Ueber die Verbreitung und Bedeutung des Lymphgewebes im Darm* (1885, *A. P. P.*, XX, 291-305). — *Die Vermehrung der Lymphzellen als Function der Ernährung* (1887, *A. P. P.*, XXII, 306-324). — *Ueber Regelmässsigkeiten in der eiweissfallender Wirkung der Salze und ihre Beziehung zum physiologischen Verhalten desselben* (1888, *A. P. P.*, XXIV, 247-260). — *Ueber die wasserentziehende Wirkung der Salze* (1888, *A. P. P.*, XXV, 1-30). — *Ueber den schweissmindernden Bestandtheil des Lärchenschwammes* (1889, *A. P. P.*, XXV, 189-202). — *Ueber die Assimilationsgrenze der Zuckerarten* (1889, *A. P. P.*, XXV, 240-256). — *Ueber die Darstellung von krystallisiertern Tieralbumin und die Krystallisierbarkeit colloider Stoffe* (1895, *Z. P. C.*, XIV, 165-172). — *Ueber den Hungerdiabetes* (1890, *A. P. P.*, XXVI, 255-370). — *Untersuchungen über den Guellungsvorgang* (1890, *A. P. P.*, XXVII, 395-413). — *Die Beiteiligung gelöster Stoffe an Quellungsvorgängen* (1890, *A. P. P.*, XXVIII, 210-238). — *Ueber die Zusammensetzung des krystallisirten Tieralbumines* (1891, *Z. p. C.*, XVI, 187-191). — *Die wirksamen Bestandtheile des Taumellochs* (1892, *A. P. P.*, XXX, 202-203). — *Ueber Methylierung im Tierlörper* (1894, *A. P. P.*, XXXIII, 198-215). — *Ueber Bildung von Harnstoff durch Oxydation* (1896, *A. P. P.*, XXXVII, 426-444). — *Ueber jodiertes Eieralbumin* (1897, *Z. p. C.*, XXIV, 159-172). — *Ueber Bau und Gruppierung der Eiweisskörper* (1902, *Ergebnisse der Physiol. Biochemie*, I, 759-862). — *Leitfaden für den praktisch chemischen Unterricht der Mediziner.* II *Aufl.*, 1906, III *Aufl.*, 1908, 136 pp.

HOLMGREN (Prithiof) professeur de physiologie à Upsala (1830-1905).

1851. — *Ombergs fanerogamer och ormbunkar* (*Liste des phanérogames et fougères à Omberg*). *Botaniska Notiser*, 186-7, 193-211, 225-250.

1861. — *Om den hoida blodcellen* (*Les leucocytes*). *Upsala Universitets Arsshrift*, 1-122.

1863. — *Ueber den Mechanismus des Gasaustausches bei der Respiration.* (*W. S.*, XLVIII, 614-648).

1864. — *Ueber die negative Schwankung des Muskelstroms im nervenfreien Muskelgewebe Vorl. Mitth.* (*C. W.*, II, 180). — *Ueber die elektrische Stromschwankung am thätigen Muskel* (*Ib.*, 291-293).

1865. — *Centrifactat ledning of nervretning i motoriska nerver* (*Irritation centripetale dans les nerfs moteurs*). *U. L. F*[1], I, 80-84. — *Undersökningar rövande iris'rovelsemekkanisen med tinhjälp af Kalabar och atropin* (*Recherches du mécanisme moteur de l'iris avec la fève de Calabar et l'atropine*). *U. L. F.*, I, 68-80, 166-184, II, 148-160.

1866. — *Method abt. objektivera offekten af Süsinbryck på retina* (*La fluctuation du courant rétinien*). *U. L. F.*, I. 184-196. — *Spobtkörblarna och deras afsöndring* (*La sécrétion des glandes salivaires*). *U. L. F.*, 319-326. — *Undersökningar öfver verkan of kloroform på kaniner* (*L'effet du chloroforme sur les lapins*). *U. L. F.*, II, 137-147). — *Om den verkliga naturen of den positiva strömfluktuationen vid en enkel muskel-ryckning* (*La fluc-*

1. *U. L. F. Upsala Låkoreförenings Förhandlingar.*

tuation positive à la contraction musculaire simple). *U. L. F.*, II, 160-173. *A. P.*, 1871, 237-251.

1867. — *Physiologiska undersökningar öfver dufnans magar* (*Recherches sur les estomacs du pigeon*). *U. L. F.*, II, 631-680, III, 118-135. — *Om fysiologien, de fysiologiska institutisnerna och fysiologerna i vara dagar* (*La physiologie, les institutions physiologiques et les physiologistes de nos jours*). *U. L. F.*, III, 8-25. — *Om der fysiologiska studiet* (*De l'étude de la physiologie*). *U. L. F.*, III. 26-42.

1869. — *Om köbbätande dufvor* (*Des pigeons carnivores*). *U. L. F.*, 1869, IV, 691-693; VI, (1871), 413-419; VII, 1872, 603-614).

1871. — *Om retinaströmmen* (*Le courant rétinien*). *U. L. F.*, VI, 419-455 (Voir 1880). — *Om fårgblindhet och den Young-Helmholtzcha fårgteocien* (*La cécité des couleurs et la théorie de Young-Helmholtz*). *U. L. F.*, VI, 634-687. — *Om Försters perimeter och fårgsinnets topografi* (*Le périmètre de Förster et la topographie du sens des couleur*). *U. L. F.*, VII, 87-122.

1873. — *Om öfnerlefuande organ i allmänhet och Coat's preparad i synnerhet* (*Des organes survivants, spécialement la préparation de Coat*). *U. L. F.*, VII, 675-708.

1873. — *Om en spirograf* (*Un spirographe double*). *U. L. F.*, IV, 465-473. — *Några ord om betydelsen af kroppsöfningar* (*Des exercices du corps*). *U. L. F.*, IX, 1-32. — *Om fårgblindhetens teori* (*La théorie de la cécité des couleurs*). *U. L. F.*, 119-163, 187-202.

1874. — *Metod att hastigt diagnosticera de olika arterna of fårgblindhet* (*Méthode pour diagnostiquer rapidement les espèces différentes de la cécité des couleurs*). *U. L. F.*, IX, 577-578.

1874. — *Såht att demonsteradet lefvande hjärbat hos kaniner* (*Méthode pour démontrer le cœur vivant du lapin*). *U. L. F.*, IX, 578-579. — *Om cirkulationen i grodlungan* (*Méthode pour démontrer la circulation capillaire dans le poumon de la grenouille*). *U. L. F.*, 201-418; *Ludwigs Festgabe*, 1874, XXXIII-L. — *Ett fall of fårgblindhet* (*Un cas de cécité pour le violet*). *U. L. F.*, X, 541-545. — *Om den medfödda fårgblindhetens diagnostik och teori* (*De la cécité congénitale des couleurs*). *N. M. A.*, VI, n. 24, 1-21; n. 28, 1-35.

1875. — *Genomskärning of synnerven hos kaniner* (*Section du nerf optique du lapin*). *U. L. F.*, XI, 231-243. — *Undersökning of iris rovelser* (*Les mouvements de l'iris*). *U. L. F.*, XI, 476-480).

1876. — *Om halshuggning, betraktad från fysiologisk synpunkt* (*Sur la décapitation*). *U. L. F.*, XI, 588-648. — *Om fårgblindheten i dess förhållaude till järnvägstrafiken och sjöväsendet*. *U. L. F.*, XII, 171-251, 267-358. Publié séparément en français : *De la cécité des couleurs dans ses rapports avec les chemins de fer et la marine*. Stockholm, 1877, 1-144 (Traduit en allemand, anglais, russe et italien).

1877. — *Om fårgade skuggors anvåndning sill apptåckande of fårgblindhet* (*Sur l'emploi des ombres colorées pour découvrir la cécité des couleurs*). *Communication préliminaire*. — *Om mågra praktiska metoder att upptåcka fårgblindhet* (*Nouvelles méthodes pratiques pour découvrir la cécité des couleurs*). *U. L. F.*, XIII, 193-226.

1878. — *Om de fårgade skuggorna och fårgblindheten* (*Les ombres colorées et la cécité des couleurs*). *U. L. F.* XIII, 456-565 (Compte rendu en français, ibid., XIV, I).

1878. *Zur Entdeckung der Farbenblindheit bei Massenuntersuchungen*. *Centrabl. f. prakt. Augenheilk. Leipzig*. II. 201-209. — *Om fårgblindheten i Sverige* (*La cécité des couleurs en Suède*). *U. L. F.* XIII, 641-648. Trad. française, *ibid.*, XIV (VIII-XV). — *Om pupillafztåndet hos furgblinda* (*Sur la distance des yeux chez les aveugles pour les couleurs*). *U. L. F.* XIV, 71-91 (*Compte rendu en français, ibid., Ib.* XXI-XXIII). — *Ueber den Angeraudbstand der Farbuchsinden*. *Gräfes Archiv*, 25, I (1879), 135-160.

1879. — *Bidrag sin fårgblindhetins statistik* (*Statistique de la cécité des couleurs*). *U. L. F.*, XIV, 204-258, 411-500. — *Erlauternde Bemerkungen in der Cohnschen Sache*. *U. L. F.* XIV, 538-598. — *Jakattgelaer nid en halshuggning* (*Observations à une décapitation*). *U. L. F.*, XIV, 295-307. — *Bidrag sin belysning of frågan am fårgsinnets historiska utveckling* (*L'évolution historique du sens des couleurs*). *U. L. F.* XV, 222-259.

1880. — *Ueber Sehpurpur und Retinaströme*. *Untersuch. aus dem physiol. Instit. Heidelb.* II, 81-88. — *Ueber die Retinaströme* (voir 1871). *Ibid.* III, 278-326. — *Hurn de fårgblinda se fårgerna* (*Comment les aveugles pour les couleurs voient les couleurs. Note préliminaire*). *U. L. F.* XVI, 69-75. En français. *Ibid.*, I-VIII. *C. M. W.* XVIII, 898-900, 913-916, *Proc. Roy. Soc.* 31. — *Ensidig fårg Blindhet* (*Cécité des couleurs unilatérale*). *U. L. F.* XVI,

145, 222-224, 308-563. *Om violettblindheten och hurn de färgblinda se färgerna* (*De la cécité pour le violet et comment les aveugles pour les couleurs voient les couleurs*). *Förh. r. Skand. Naturf.* 12 *möhe i Stockh.* 1880, 548.

1881. — *Tankar om kroppsöfningar sàsom att of värt folks angelägnaste behof* (*De l'importance des exercices du corps*). *Stockh.*

1882. — *Bidrag sin frågan om ärftligheten* (*De l'hérédité. Tableau généalogique de treize personnes avec syndactylie*). *U. L. F.* XVII, 513-517. — *Nya inkttagelser vid halshuggning* (*Nouvelles observations sur une décapitation*). *U. L. F.* XVIII, 68-79. — *Om Rosenthal-Falks försök och dess sydning* (*De l'expérience de Rosenthal-Falk*). *U. L. F.* XVIII, 203-212.

1883. — *Om sättet att upptäcka ensidig färgblindhet* (*Méthode pour découvrir la cécité unilatérale des couleurs*). *U. L. F.* XVIII, 533-539. — *Undersökningar tin förklaring of hudfärgens anmärkta forändring i polartrakterna* (*Le changement de la couleur de la peau dans les régions polaires*). *U. L. F.* XIX, 190-230.

1884. — *Ueber den Farbensinn* (*Compte rendu,* VIIIe *Congr. intern. d. sc. medic. à Copenh. T.*, 1-5. *Verh. d. Physiol. Ges., Berlin* (1886). *Ann. d'ocul. T.* 92, 132-136.

1885. — *Om färgsinnet hos främmande folk. Redogörelse för dr Karl Rudbergs undersökningar under fregatten « Vanadis » verldsomsegling* (*La cécité des couleurs chez les nations étrangères. Recherches du docteur K. Rudberg pendant la circumnavigation de la frégate « Vanadis »*). *U. L. F.* XXII, 83-96.

1887. — *Nya underssökningar vid en halshuggning* (*Nouvelles observations relatives à une décapitation*). *U. L. F.* XXIII, 133-140.

1888. — *Om ärftligheten. Högtidsföredrag i Upsala Läkarförening* (*Sur l'hérédité*). *U. L. F.* XXIV, 1-38.

1889. — *Studien über die elementaren Farbenempfindungen, I. Skand. Arch. f. Physiol.*, I, 152-183.

1891. — *Hermann von Helmholtz, hans lif och betydelse* (*Biographie*). *U. L. F.* XXVII, 161-195.

1892. — *Studien über die elementaren Farbenempfindungen.* II. *Skand. Arch. f. Physiol.* III, 253-294. — *Ernst von Brücke, hans lif och betydelse* (*Biographie*). *U. L. F.* XVIII, 195-214.

1895. — *Carl Ludwig, hans lif och betydelse* (*Biographie*). *U. L. F.* I, 135-180. — *Om färgsinnet i vissa delar of synfältet* (*Le sens des couleurs dans différentes parties du champ visuel*). *Ib.*, 480-488.

1897. — *Undersökning of förstoringen i ett fall of partien makropsie* (*Recherches sur le grossissement dans un cas de macropsie partielle d'un scotome*) *N. M. A.* XXX. N. 7, 1-14. — *Fysiologiska Institutionen* (*L'institution de physiologie de l'Université*). *Upsala Universitets Festskrift*, 123-129.

HOLOCAÏNE (ou diéthoxyéthylène diphénylamide). — ($C^{18}H^{22}Az^2O^2$). TAÜBER a obtenu cette base en combinant la phénacétine et la phénétidine. Elle donne des sels cristallisables et solubles. Son principal effet est d'agir comme anesthésique local, à la manière de la cocaïne. Aussi l'a-t-on employée dans la chirurgie dentaire (en injection sous-dermique), et dans la chirurgie oculaire (en instillations cornéennes). Elle paraît être, d'après HEINZ et SCHLOSSER (*Journ. Opht. Otol. and Lar. of New-York*, XIII, 412-419) cinq fois plus toxique (chez lapins et cobayes) que la cocaïne, et un peu moins toxique que l'eucaïne. — A. GIBES (*Th. de Paris*, 1897) trouve cependant à l'holocaïne un pouvoir toxique un peu moindre. Injectée à des lapins à des doses moindres que 0,05 par kil., elle ne produit que de la surexcitation générale, comme la cocaïne ; la mort survient dans des convulsions, quand la dose atteint ou dépasse 0,07 par kil. D'une manière générale, elle agit comme la cocaïne, mais est notablement plus dangereuse à manier. On lui a attribué aussi quelques propriétés antiseptiques (RANDOLPH. *John's Hopk. Hosp. Bull.*, 1898, IX, 154). (Pour la bibliographie de son rôle comme anesthésique local, voir art. **Holocain** in *Index Catal.*, (2), 1905, VII, 225.)

HOMATROPINE (ou Oxytoluyltropéine) ($C^{16}H^{21}AzO^3$). — Cette base diffère de l'atropine par — CH^2 : Elle garde cependant la propriété physiologique caractéristique de l'atropine, et dilate la pupille. On n'a guère étudié ses autres effets. Des cas d'intoxication à la suite de l'instillation oculaire ont été signalés (EDSELL. *Pittsb. med. Rev.*, 1896, x, 355). — GOULD (*Med. News*, 1893, LXII, 78). — HEHIR (*Ind. med. Rec.* 1894, VII, 42). — Mc CONACHIE (*Phil. med. Journ.*, 1899, III, 688). — MORTON (*Ann. ophth. and otol.*, 1894, III, 297). — ZIEM (*Centr. f. pract. Aug.*, 1887, XI, 236).

HOMOGENTISINIQUE (Acide) ou acide dioxyphénylacétique. — ($C^8H^8O^4$). Ce corps a été découvert, dans l'urine des individus ayant de l'alcaptonurie, par WOLKOFF et BAUMANN. Aussi convient-il d'appeler l'alcaptone acide homogentisinique. Cet acide semble dériver d'une oxydation de la tyrosine par la tyrosinase, qui a la propriété de rendre foncées les solutions où il y a de la tyrosine, en produisant de l'acide homogentisinique (Voy. **Tyrosine**).

L'acide glycosurique de MARSHALL, trouvé dans l'urine des alcaptonuriques par GEYGER, paraît être surtout de l'acide homogentisinique.

L'ingestion de tyrosine augmente, au moins chez les individus atteints d'alcaptonurie, la quantité d'acide homogentisinique qui existe dans l'urine. De même l'ingestion de phénylalanine. Le mécanisme chimique grâce auquel, dans l'urine de certains individus (dits alcaptonuriques), apparaît de l'acide homogentisinique n'est pas expliqué encore. On ne saurait dire s'il s'agit de procédés anormaux de fermentation dans l'intestin, ou d'un métabolisme différent du métabolisme normal.

Pour extraire ce corps de l'urine, on traite l'urine concentrée par un excès d'acétate de plomb (5 gr. pour 100 gr. d'urine environ) à chaud, et on filtre. Le filtrat cristallise ; les cristaux sont broyés en présence d'éther; après précipitation du plomb par H^2S, on reprend l'éther, et celui-ci, en s'évaporant, donne des cristaux.

Comme réaction générale de ce corps, les caractères suivants sont à retenir. Réduction de la liqueur cupro-potassique et d'une liqueur argentique ammoniacale. En solution alcaline, brunissement au contact de l'air. Non réduction du nitrate de bismuth potassique ; coloration bleue, passagère avec le perchlorure de fer; précipité jaune avec le réactif de MILLON, qui devient rouge quand on chauffe.

GONNERMANN a trouvé ce corps dans les champignons, les betteraves, et beaucoup de végétaux, ce qui s'explique, puisqu'il y a aussi bien de la tyrosine que de la tyrosinase (*Homogentisinsäure, die farbebedingende Substanz dunkler Rübensäfte* (*A. g. P.*, LXXXII, 289-302).

Bibliographie — WOLKOFF et BAUMANN. *Ueber das Wesen der Alkaptonurie* (*Z. p. C.*, XV, 228-282). — *Ueber die Bestimmung der Homogentisins im Alkaptonharn* (*ibid.*, XVI, 268). BAUMANN et FRENKEL. *Ueber die Synthese der Homogentisinsäure* (*ibid*, XX, 219). — FALTA et LANGSTEIN. *Die Entstehung von H. aus Phenylalanin* (*ibid.*, XXXVII, 513). — ORTON et GARROD. *The benzoylation of Alkapton urine* (*J. P.*, XXVII, 89-94). — HUPPERT, *Uber die Homogentisinsäure* (*D. Arch. f. klin. Med.*, 1900, LXIV, 129-139).

HOPÉINE. — L'hopéine, soi-disant alcaloïde extrait du houblon, n'est en réalité que de la morphine très légèrement adultérée. (A. PETIT. *Hopéine et Morphine. Journ. de pharm. et de chimie*, 1886, XIII, 317-319. — *Note sur une substance vendue sous le nom d'hopéine cristallisée. Ibid.*, 177-178. — H. PAUL, *Pharmaceutical Journal*, 18 mars et 17 avril 1886.)

HOPPE-SEYLER (Félix) (1825-1895). — Professeur de chimie physiologique à l'Université de Strasbourg.

Bibliographie. — **1.** *De cartilaginum structura et chondrino nonnulla. Inaugural-Dissertation*, Berlin, 1850. — **2.** *Analysen von Peritonealtranssudaten granulirter Leber.* (*Deutsche Klinik*, 1853). — **3.** *Ueber die Gewebselemente der Knorpel, Knochen und Zähne* (*A. A. P.*, V, 170-189). — **4.** *Ueber einen Fall von Aussetzen des Radialpulses während der Inspiration und die Ursachen dieses Phänomens* (*Deutsche Klinik* 1854, *Nr.* 3). — **5.** *Zur Theorie der Percussion* (*A. A. P.*, VI, 143-174). — **6.** *Theor. Betr. über die sog. cons. auscult. Erscheinungen, insbes. der Bronchophonie* (*Ibid.*, 1854, 331-350). — **7.** *Dritter ärztlicher Bericht über das Arbeitshaus im Jahre* 1853 (*Deutsche Klinik*, 1854, *Nr.* 13). — **8.** *Chem.*

Unters. eines nach aufgehobener Function atrophirten Seh-Nerven (*A. A. P.*, VIII, 127-129). — **9.** *Ueber die Stimmvibrationen des Thorax bei Pneumonie* (*Ibid.*, 250-260). — **10.** *Ueber seröse Transsudate* (*A. A. P.*, IX, 245-265). — **11.** *Ueber den Einfluss des Rohrzuckers auf die Verdauung und Ernährung* (*A. A. P.*, X, 144-170). — **12.** *Ueber einen abnormen, Harnstoff enthaltenden, pancreatischen Saft vom Menschen* (*A. A. P.*, XI, 96-98). — **13.** *Ueber die Einwirkung des Kohlenoxydgases auf das Hämatoglobulin* (*A. A. P.*, XI, 288-290). — **14.** *Ueber den Einfluss des Wärmeverlustes auf die Eigentemperatur warmblütiger Thiere* (*A. A. P.*, XI, 453-465). — **15.** *Ueber die Bestimmung des Eiweissgehaltes im Urin, Blutserum, Transsudaten mittels des Ventzke-Soleil'schen Polarisationsapparates* (*Ibid.*, 547-561). — **16.** *Ueber die Circumpolarisations-Verhältnisse der Leim- und Gallensubstanzen* (*A. A. P.*, XII, 480-481). *Zur Blutanalyse. Ibid.*, 483-486. — **17.** *Ueber den Einfluss, welchen der Wechsel des Luftdrucks auf das Blut ausübt* (*Arch. für Anatomie, Physiologie und wissenschaftliche Medicin*, 1857, 63). — **18.** *Nachweis der Gallensäure bei Icterus* (*A. A. P.*, XIII, 101-102). — **19.** *Ueber das Verhalten der Substanzen des Auges polarisirten Licht* (*Ibid.*, 102-104). — **20.** *Ueber die Einwirkung des Kohlenoxydgases auf das Blut* (*Ibid.*, 104-105). — **21.** *Bestimmung des Milchzuckergehaltes der Milch mittelst des Soleil-Ventzke'schen Polarisationsapparates* (*A. A. P.*, XIII, 276-277). — **22.** *Ueber die circumpolarisirende Eigenschaft der Gallensubstanzen und ihre Zersetzungsproducte* (*A. A. P.*, XV, 126-141). — **23.** *Ueber die chemische Zusammensetzung der Cerebrospinalflüssigkeit* (*A. A. P.*, XVI, 391-400). — **24.** *Ueber die Bildung des Harns* (*A. A. P.*, XVI, 412-414). — **25.** *Untersuchungen über die Bestandtheile der Milch und ihre nächsten Zersetzungen* (*A. A. P.*, XVII, 417-431). — **26.** *Ueber Hämatokrystallin und Krystallin* (*Ibid.*, 488-492). — **27.** *Ueber das Age oder Axin.* (*J. pr. Ch.*, CXXX, 102). — **28.** *Ueber das Verhalten des Blutfarbstoffs im Spectrum des Sonnenlichts* (*A. A. P.*, XXIII, 446-449). — **29.** *Ueber die Anwesenheit von Gallensäuren im icterischen Harn und die Bildung des Gallenfarbstoffes* (*A. A. P.*, XXIV, 2-13). — **30.** *Untersuchungen über die Constitution des Zahnschmelzes* (*A. A. P.*, XXIV, 13-33). — **31.** *Freie Cholalsäure in den Excrementen von Hunden, Einwirkung der Cholalsäure auf die Blutzellen im lebenden Organismus* (*A. A. P.*, XXV, 181-183). — **32.** *Ueber die Extravasate in Kropfcysten* (*Ibid.*, 392-394). — **33.** *Ueber die Donné-Vogel'che Milchprobe* (*Ibid.*, 394-396). — **34.** *Ueber die Schicksale der Galle im Darmkanal* (*A. A. P.*, XXVI, 519-538). — **35.** *Ueber Indican als constanten Harnbestandtheil* (*A. A. P.*, XXVII, 388-392). — **36.** *Die Gallensäuren im icterischen Harn* (*C. W.*, 1863, 337). — **37.** *Einwirkung des Schwefelwasserstoffgases auf das Blut* (*Ibid.*, 1863, 433). — **38.** *Optische Eigenschaften des Manganoxyds und der Uebermangansäure* (*J. pr. Ch.*, XC, 303). — **39.** *Optisches Verhalten der Gallenbestandtheil* (*J. pr. Ch.*, XIC, 257). — **40.** *Zerlegung der sogenannten Choloidinsäure in Cholalsäure, Dyslysin, Cholonsäure* (*J. pr. Ch.*, LXXXIX, 83). — **41.** *Ueber eine Verbindung des Cholesterins mit Essigsäure* (*J. pr. Ch.*, XC, 31). — **42.** *Ueber die chemischen und optischen Eigenschaften des Blutfarbstoffs* (*A. A. P.*, XXIX, 233-236). — **43.** (*Ibid.*, 597-600). — **44.** *Ueber die optischen und chemischen Eigenschaften des Blutfarbstoffs* (*C. W.*, 1864, 817-834). — **45.** *Beiträge zur Kenntniss der Albuminstoffe* (*Z. Ch.*, 1864, 737). — **46.** *Ueber das Verhalten des Gypses in Wasser bei höheren Temperaturen und die Darstellung von Anhydrit auf nassem Wege* (*Pogg. Annal.*, CXXVII, 1865). — **47.** *Erkennung der Vergiftung mit Kohlenoxyd* (*C. W.*, 1865, 52). — **48.** *Ueber die Zersetzungsproducte des Hämoglobin* (*C. W.*, 1865, 65). — **49.** *Ueber das Verhalten des Bluts gegen Schwefelwasserstoff* (*Zeitschr. Chem.*, 1865, 514). — **50.** *Beiträge zur Kenntniss der Diffusionserscheinungen* (*Med. Chem. Unters.*, 1-18). — **51.** *Beiträge zur Kenntniss der Constitution des Blutes* (*Ibid.*, 133). — **52.** *Ueber die Einwirkung des Schwefelwasserstoffs auf den Blutfarbstoff* (*Ibid.*, 151). — **53.** *Ueber einige Bestandtheile der Maiskörner* (*Ibid.*, 162). — **54.** *Ueber die spec. Drehung des reinen Traubenzuckers* (*Ibid.*, 163). — **55.** *Ueber das Vorkommen von Indium im Wolfram* (*Lieb. Ann.*, CXL, 247). — **56.** *Ueber die Ursache der Giftigkeit der Blausäure* (*A. A. P.*, XXXVIII, 435). — **57.** *Beiträge zur Kenntnis des Blutes des Menschen und der Wirbelthiere* (*Med. Ch. Unter.*, 169). — **58.** *Ueber das Vitellin, Ichthin und ihre Beziehung zu den Eiweisstoffen* (*Ibid.*, 215). — **59.** *Ueber die Blausäure als antiphlogistisches Mittel.* (*Ibid.*, 258). — **60.** *Zur Chemie des Blutes und seiner Bestandtheile* (*Ibid.*, 293). — **61.** *Beiträge zur Kenntniss des Blutes des Menschen und der Wirbelthiere* (*Ibid.*, *Forts*, 366). — **62.** *Ueber die Zusammensetzung der Blutkörperchen des Igel und der Coluber natrix* (*Ibid.*, 391). — **63.** *Analyse des Blutes von Coluber natrix* (*Ibid.*, 394). — **64.** *Ueber die Zersetzungspro-*

ducte des Hämoglobin (*D. chem. Ges.*, III, 8-229). — **65.** *Ueber Zersetzungsproducte des Blutfarbstoffs* (*C. W.*, 1870, 244). — **66.** *Ueber die Quellen der Lebenskräfte* (*Berlin*, 1871). — **67.** *Ueber die Bildung von Brenzcatechin aus Kohlehydraten, besonders Cellulose* (*D. chem. Ges.*, IV, 15). — **68.** *Ueber die Bildung von Milchsäure aus Zucker, ohne Gährung* (*Ibid.*, IV, 346). — **69.** *Ueber die chemische Zusammensetzung des Eiters* (*Med. Chem. Unters.*, 486). — **70.** *Beiträge zur Kenntniss des Blutes des Menschen und der Wirbelthiere* (*Schluss*), *Ibid.*, 523). — **71.** *Ueber die Zusammensetzung des Blutes bei Chylurie* (*Ibid.*, 551). — **72.** *Ueber Fäulnissprocesse und Desinfection* (*Ibid.*, 561). — *Ueber Harnconcremente* (*Ibid.*, 582). — **73.** *Ueber Guanin im Harn vom Fischreiher* (*Ibid.*, 584). *Ueber den Harn von Pseudopus* (*Ibid.*, 584). — **74.** *Ueber das Vorkommen von leimgebendem Gewebe bei Avertebraten* (*Ibid.*, 586). — **75.** *Ueber die Entstehung von Brenzcatechin aus Kohlehydraten* (*Ibid.*, 586). — **76.** *Ueber das Invertin* (*D. chem. Ges.*, 1871, 810). — **77.** *Ueber das Vorkommen von Phenol im thierischen Körper und seine Einwirkung auf Blut und Nerven* (*A. g. P.*, V, 470). — **78.** *Spectral Analysis* (*Quarterly german Magazine, Berlin*, 35). — **79.** *Ueber die Lichterzeugung durch Bewegung der Atome* (*Poggendorff's Ann.*, CXLVII, 101). — **80.** *Ueber den Ort der Zersetzung von Eiweiss und anderen Nährstoffen im thierischen Organismus* (*A. g. P.*, VII, 399). — **81.** *Mit* E. Baumann. *Ueber Methylhydantoïnsäure, Ibid.*, VII, 34). — **82.** *Einfache Darstellung von Harnfarbstoff* (*Ibid.*, VII, 1065. — **83.** *Ueber das Auftreten von Gallenfarbstoff im Harn* (*A. g. P.*, X, 208). — **84.** *Ueber die obere Temperaturgrenze des Lebens* (*Ibid.*, XI, 113). — **85.** *Ueber die Bildung von Dolomit.* (*Zeitschr. d. Deutschen geologischen Gesellschaft*, 1875). — **86.** *Ueber die Rotationsconstante des Traubenzuckers* (*Zeitschr. f. analyt. Chemie*, XIV, n°s 3 et 4). — **87.** *Ueber die Processe der Gährungen und ihre Beziehung zum Leben der Organismen* (*A. g. P.*, XII, 1). — **88.** *Ueber Unterschiede im chemischen Bau und der Verdauung höherer und niederer Thiere* (*Ibid.*, 395). — **89.** *Ueber Gährungen. Antwort auf einen Angriff des Herrn Moritz Traube* (*B. d. chem. Ges.*, X, 694). — **90.** *Vorwort zur Zeitschr. f. physiol. Chemie* (*Z. p. C.*, 1-3). — **91.** *Weitere Mittheilungen über die Eigenschaften des Blutfarbstoffs* (*Z. p. C.*, I, 1877, 121). — **92.** *Ueber die Stellung der physiologischen Chemie zur Physiologie im Allgemeinen* (*Z. p. C.*, I, 270). — **93.** *Bestimmung der Albuminstoffe in der Kuhmilch* (*Ibid.*, 347). — **94.** *Vorläufige Mittheilungen* (*Z. p. C.*, I, 396). — **95.** *Antwort auf erneute Angriffe des Herrn Moritz Traube* (*D. chem. Ges.*, X, 62). — **96.** *Ueber Gährungsprocesse* (*Z. p. C.*, I, 1). — **97.** *Weitere Mittheilungen über die Eigenschaften des Blutfarbstoffs* (*Z. p. C.*, II, 149). — **98.** *Einfacher Versuch zur Demonstration der Sauerstoffausscheidung durch Pflanzen im Sonnenlicht* (*Z. p. C.*, II, 425). — **99.** *Ueber Lecithin und Nucleïn in der Bierhefe* (*Z. p. C.*, II, 427). — **100.** *Ueber die Ursache der Athembewegungen* (*Z. p. C.*, III, 105). — **101.** *Ueber das Chlorophyll der Pflanzen* (*Z. p. C.* III, 339). — **102.** *Ueber Gährungsprocesse. Synthese bei Gährungen* (*Z. p. C.* III, 351). — **103.** *Ueber Lecithin in der Hefe* (*Z. p. C.*, III, 374). — **104.** *Erregung des Sauerstoffes durch nascirenden Wasserstoff* (*D. chem. Ges.*, XII, 1551). — **105.** *Ueber das Chlorophyll* (*D. chem. Ges.*, XII, 1555). — **106.** *Ueber das Chlorophyll der Pflanzen* (*Z. p. C.*, IV, 193). — **107.** *Ueber die Veränderungen des Blutes bei Verbrennungen der Haut* (*Z. p. C.*, V, 1). — **108.** *Ueber das Chlorophyll der Pflanzen. Dritte Mittheilung* (*Z. p. C.*, V, 75). — **109.** *Nachträgliche Bemerkungen über die Veränderungen des Blutes bei Verbrennungen der Haut* (*Z. p. C.*, 344). — **110.** *Ueber den Harnstoff in der Leber* (*Z. p. C.*, V, 349). — **111.** *Ueber die Einwirkung des Sauerstoffs auf Gährungen. Festschrift zur Feier des fünfundzwanzigjährigen Bestehens des Pathologischen Intituts zu Berlin* (*Strassburg, Trübner*, 1881, 8°, 32). — **112.** *Ueber das Methämoglobin* (*Z. p. C.*, VI, 166). — **113.** *Ueber Erregung des Sauerstoffs durch nascirenden Wasserstoff* (*D. chem. Ges.*, XVI, 117). — **114.** *Gährung der Cellulose* (*Ibid.*, XVI, 122). — **115.** *Ueber die Activirung des Sauerstoffs durch freiwerdenden Wasserstoff und die Bildung von Wasserstoffhyperoxyd und salpetriger Säure* (*Ibid.*, XVI, 1917). — **116.** *Ueber die chemischen Vorgänge im Boden und Grundwasser und ihre hygienische Bedeutung* (*Arch. f. öffentl. Gesundheitspflege in Elsass-Lothringen*, 1883). — **117.** *Ueber die Einwirkung von Sauerstoff auf die Lebensthätigkeit niederer Organismen* (*Z. p. C.*, VIII, 214). — **118.** *Ueber Seifen als Bestandtheile das Blutplasma und des Chylus* (*Z. p. C.*, VIII, 503). — **119.** *Ueber die Entwicklung der physiologischen Chemie und ihre Bedeutung für die Medicin. Rede zur Eröffnung des physiologisch chemischen Instituts* (*Strassburg, Trübner*, 8°, 32). — **120.** *Ueber Zersetzungsproducte des Blutfarbstoffs* (*D. chem. Ges.*, XVIII, 601). — **121.** *Ueber Trennung des Caseïn vom Albumin in der menschlichen*

Milch. (Z. p. C., IX, 222). — **122.** *Dasselbe. Nachtrag.* (Z. p. C., IX, 533). — **123.** *Physiologisch-chemische Uebungen im prakt. Curs für Anfänger (Bemerkungen über die Reihenfolge und Ausführung der Uebungen zur Orientirung bei den Arbeiten im Laboratorium).* Strassburg, 1885, 8°, 15. — **124.** *Ueber Activirung von Sauerstoff durch Wasserstoff im Entstehungsmomente* (Z. p. C., x, 35), — **125.** *Ueber Gährung der Cellulose mit Bildung von Methan und Kohlensäure* (Z. p. C., x, 201). — **126.** *Ueber Blutfarbstoffe und ihre Zersetzungsproducte* (Z. p. C., x, 331). — **127.** *Ueber die Gährung der Cellulose mit Bildung von Methan und Kohlensäure* (Z. p. C., x, 401). — **128.** *Ein Apparat zur Bestimmung von Wasserstoff neben Methan in Gasmischungen* (Z. p. C., XI, 257). — **129.** *Die Methangährung der Essigsäure* (Z. p. C., XI, 561). — **130.** *Ueber die Activirung des Sauerstoffs durch Wasserstoff* (D. chem. Ges., XXII, 2215). — **131.** *Ueber Huminsubstanzen, ihre Entstehung und ihre Eigenschaften* (Z. p. C., XIII, 66). — **132.** *Beiträge zur Kenntniss der Eigenschaften der Blutfarbstoffe* (Z. p. C., XIII, 477). — **133.** *Ueber Muskelfarbstoffe* (Z. p. C., XIV, 106). — **134.** *Ueber Oxydationen im Blute* (Z. p. C., XIV, 372). — **135.** *Ueber Blut und Harn eines Falles von melanotischem Sarkom* (Z. p. C. XV, 179). — **136.** *Verbesserte Methode der colorimetrisehen Bestimmungen des Blutfarbstoffgehaltes im Blut und in anderen Flüssigkeiten* (Z. p. C., XVI, 505). — **137.** *Apparat zur Gewinnung der in Wasser absorbirten Gase durch Combination der Quecksilberpumpe mit der Entwickelung durch Auskochen* (Zeitschr. f. analyt. Chemie, XXXI, 367). — **138.** *Beiträge zur Kenntniss des Stoffwechsels bei Sauerstoffmangel. Festschrift zum 70. Geburtstage von R. Virchow.* — **139.** En coll. avec DUNCAN. *Ueber die Diffusion von Sauerstoff und Stickstoff in Wasser* (Z. p. C. XVII, 147). — **140.** En coll. avec DUNCAN. *Beiträge zur Kenntniss der Respiration der Fische* (Z. p. C., XVII, 165). — **141.** *Weitere Versuche über die Diffusion von Gasen im Wasser* (Z. p. C., XIX, 411). — **142.** *Bemerkungen zu der Arbeit des Herrn T. Araki über die Wirkungen des Sauerstoffmangels* (Z. p. C., XIX, 476). — **143.** *Apparat zur Messung der respiratorischen Aufnahme und Abgabe von Gasen am Menschen nach dem Princip von Regnault* (Z. p. C., XIX, 574). — **144.** *Ueber Chitin und Cellulose* (D. chem. Ges., XXVIII, 3329). — **145.** En coll. avec ARAKI. *Einwirkung der bei Sauerstoffmangel im Harn ausgeschiedenen Milchsäure auf polarisirtes Licht und die Rotationswerthe activer Milchsäuren im Allgemeinen* (Z. p. C., XX, 365). — **146.** *Ueber die Vertheilung absorbirter Gase im Wasser des Bodensees and ihre Beziehungen zu den in ihm lebenden Thieren und Pflanzen* (*Schriften des Vereins für Geschichte des Bodensees und seiner Umgebung*, 1895, n° 24).

Handbuch der physiologisch und pathologisch- chemischen Analyse, *Berlin*, 1re éd., 1858, 2e 1865, 3e 1869, 4e 1875, 5e 1883, 6e 1893 (548 pp.), la dernière en collaborat. avec P. THIERFELDER).

Physiologische Chemie, Berlin, 1877-1881, 1036 pp.

Bibliographie, d'après E. BAUMANN et A. KOSSEL (Z. p. C., 1895, XXI, 53-61).

HORDÉNINE ($C^{10}H^{15}NO$).

— Ce nom a été donné en 1906 par E. LÉGER à un alcaloïde qu'il a retiré des germes de l'orge (touraillons). Il eût été plus correct de donner à ce corps le nom d'*hordéine ;* mais ce mot existait déjà dans la littérature chimique pour désigner une substance mal définie, de nature protéique, retirée par PROUST des semences d'orge.

Historique. — Ce sont des recherches bactériologiques faites avec les bouillons de touraillons qui ont mis sur la voie de la découverte de l'alcaloïde. En 1890, G. ROUX constatait que les vibrions du choléra ne cultivent pas dans un milieu où l'on a fait macérer 5 p. 100 de touraillons, ou dans les infusions obtenues par un contact de 20 minutes à 115°.

A la suite d'une communication de G. ROUX qui préconisait l'emploi du touraillon en thérapeutique, différentes applications médicales furent faites dans des cas de diarrhée, d'entérite et de choléra. Dans le *Marseille Médical*, BOINET relate onze observations recueillies en 1893, 1894 et 1895 par des médecins du midi de la France, qui ont obtenu des résultats thérapeutiques satisfaisants dans l'emploi des touraillons pour combattre le choléra et la diarrhée cholériforme. Un certain nombre de médecins des colonies, au poste de Boha en 1896, à celui de Cho-Moï en 1896, à Saïgon en 1897, à Kayes en 1897, ont observé aussi pour la plupart des effets très remarquables.

C'est à la suite de ces communications que E. Léger a entrepris ses recherches, qui ont abouti à la découverte d'un alcaloïde nouveau.

Préparation et propriétés chimiques. — Ce corps a été obtenu par la méthode de Stas. L'hordénine se trouve d'abord en solution éthérée ; celle-ci, soumise à la distillation, laisse un résidu poisseux qui ne tarde pas à se prendre en une masse de cristaux. On purifie le produit par des cristallisations répétées dans l'alcool.

L'hordénine cristallise, par évaporation lente de sa solution alcoolique, en prismes orthorhombiques, possédant une très forte biréfringence (Wyrouboff). Les cristaux sont anhydres, incolores, presque insipides, fusibles à 117°,8 (corrigé) en un liquide incolore. Maintenue pendant longtemps à 140°-150°, l'hordénine se volatilise et peut, sans altération sensible, être sublimée à la manière du camphre. Sa solution alcoolique est sans action sur la lumière polarisée : il en est de même de la solution aqueuse du sulfate.

L'hordénine se dissout abondamment dans l'alcool, le chloroforme, l'éther, moins dans la benzine, et peut cristalliser dans ces divers solvants. Elle se dissout à peine dans le toluène et encore moins dans le xylène commercial. Sa solubilité dans les carbures du pétrole est à peu près nulle à froid. L'hordénine est une base forte qui, non seulement bleuit énergiquement le tournesol rouge, mais encore rougit la phtaléine du phénol et déplace, à froid, l'ammoniaque de ses sels. L'acide sulfurique concentré ne la colore pas. Elle est à peine attaquée par la potasse en solution concentrée chaude et même par la potasse en fusion. Par contre, elle réduit, à froid, le permanganate de potassium en solution acide et, à chaud, l'azotate d'argent ammoniacal ainsi que l'acide iodique, ce dernier avec précipitation d'iode.

Constitution. — D'après son poids moléculaire, l'hordénine répond à la formule $C^{10}H^{15}NO$: elle est isomérique avec l'éphédrine, mais tandis que celle-ci est une base secondaire, celle-là est une base tertiaire, base mono-acide, renfermant un oxhydrile phénolique. Le caractère phénolique de l'oxhydrile se déduit de la réaction de l'acide azotique sur l'hordénine, réaction qui fournit de l'acide picrique.

L'iodométhylate d'hordénine, $C^{10}H^{15}NO.\,CH^3I$, traité par l'oxyde d'argent fournit, selon la règle générale, le méthylhydrate correspondant $C^{10}\,H^{15}\,NO.\,CH^3\,OH$. Ce dernier, soumis à l'action de la chaleur, se décompose en eau, triméthylamine et un corps amorphe, phénolique, non volatil. Ce composé phénolique représente un produit de condensation du phénol qui, régulièrement, devrait prendre naissance dans la réaction. La condensation est déterminée par la température élevée à laquelle la réaction s'accomplit.

Si l'on remplace dans ce cycle de réactions l'iodométhylate d'hordénine par l'iodométhylate de méthylhordénine, la température de décomposition du méthylhydrate de méthylhordénine étant beaucoup moins élevée que celle du méthylhydrate d'hordénine, la réaction devient régulière, et les produits obtenus sont normaux. Il se forme, comme dans le premier cas, de la triméthylamine ; mais le deuxième produit est l'éther méthylique d'un phénol, c'est le paravinylanisol. En conséquence le corps qui, normalement, devrait prendre naissance dans le premier cas, est le paravinylphénol, et, si ce corps est remplacé par son produit de condensation, c'est à cause de l'instabilité qu'il possède à la température de l'expérience.

La production d'acide picrique signalée plus haut montre que l'hordénine renferme le groupement

$$C^6H^4\left\langle {OH \atop } \right. ;$$

d'autre part, la formation de triméthylamine prouve que l'hordénine renferme $2\,CH^3$ liés à l'azote, autrement dit que l'hordénine est un dérivé de la diméthylamine et renferme par conséquent, le groupement

$$-N\left\langle {CH^3 \atop HC^3} \right. .$$

Enfin la formation de paravinylanisol indique la présence, dans le composé considéré, d'une chaîne $-CH^2-CH^2-$ servant à relier les deux groupements précédents.

Cette formation de paravinylanisol montre également que, dans l'hordénine, l'oxhydrile se trouve en para.

La fixation de cette position en para résulte également de l'action de permanganate de potassium sur l'acétylhordénine, laquelle fournit l'acide acétylparaoxybenzoïque.

Tous ces faits conduisent à la conclusion suivante : à savoir que l'hordénine est la para-oxyphényléthyl-diméthylamine et doit être représentée par le schéma

```
CH² — CH² — N<HC³
 |            CH³
 C
HC/ \CH
HC\ /CH
 C
 |
OH
```

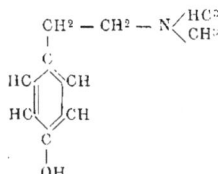

L'hordénine est donc en relation étroite avec une base dérivée de la tyrosine : la para-oxyphémyléthylamine et aussi avec les tyrosamines de ARMAND GAUTIER. Traitée par l'acide sulfurique, elle donne, comme la tyrosine, un produit qui, après saturation par le carbonate de baryum, se colore en violet par le perchlorure de fer. (Réaction de PIRIA.)

Sels et dérivés. — Un certain nombre de sels et de dérivés de l'hordénine ont été préparés par E. LÉGER.

Le *sulfate*, $C^{10}H^{15}NO)^2SO^4H^2+H^2O$, forme des aiguilles prismatiques, très solubles dans l'eau, très peu solubles, dans l'alcool à 95°.

Le *chlorhydrate*, $C^{10}H^{15}NO$, HCl, est extrêmement soluble dans l'eau, il cristallise dans l'alcool à 90° en fines aiguilles anhydres.

Le *bromhydrate*, $C^{10}H^{15}NO$, HBr, forme de très longues aiguilles prismatiques, brillantes, anhydres, très solubles dans l'eau.

L'*iodhydrate*, $C^{10}H^{15}NO$, HI, cristallise en prismes allongés anhydres.

Le *tartrate neutre*, $C^{10}H^{15}NO)^2C^4H^6O^6$, cristallise dans l'alcool en aiguilles extrêmement solubles dans l'eau.

Le *tartrate acide*, $C^{10}H^{15}NO, C^4H^6O^6$, forme des aiguilles anhydres, un peu moins solubles dans l'eau que celles du sel précédent.

Le *chloroéthylate*, $C^{10}H^{15}NO$, C^2H^5Cl, prismes très solubles dans l'eau, moins solubles dans l'alcool.

Le *brométhylate*, $C^{10}H^{15}NO$, C^2H^5Br, tables carrées, très solubles dans l'eau, peu solubles dans l'alcool.

L'*iodométhylate*, $C^{10}H^{15}NO$, CH^3I, prismes peu solubles dans l'eau froide.

L'*iodéthylate*, $C^{10}H^{15}NO$, C^2H^5I. Aiguilles prismatiques, peu solubles dans l'eau froide.

L'*iodhydrate d'acétylhordénine*, $C^{10}H^{14}(C^2H^3O)NO$, HI. Tables anhydres, un peu jaunâtres.

Le *chlorhydrate de benzoylhordénine*, $C^{10}H^{14}(C^7H^5O)NO$, HCl. Aiguilles très solubles dans l'eau, beaucoup moins solubles dans l'alcol.

Le *bromhydrate de benzoylhordénine*, $C^{10}H^{14}(C^7H^5O)NO$, HBr. Lamelles rectangulaires brillantes, peu solubles dans l'eau froide.

La *cinnamylhordénine*, $C^{10}H^{14}(C^9H^7O)NO$, se dépose dans l'alcool à 60° en aiguilles longues et fines, anhydres, fusibles à 55°,8, altérables en prenant l'odeur de l'essence d'amandes amères.

Le *chlorhydrate de cinnamylhordénine*, $C^{10}H^{14}(C^9H^7O)NO$, $HCl+H^2O$, aiguilles prismatiques, très solubles dans l'eau.

Le *chlorhydrate d'anisylhordénine*, $C^{10}H^{14}(C^8H^7O^2)NO$, $HCl+H^2O$. Grandes tables efflorescentes, peu solubles dans l'eau froide.

L'*iodométhylate de méthylhordénine*, $C^{10}H^{14}NO$, C^2H^5I, aiguilles longues et fines, très solubles dans l'eau chaude, fort peu solubles à froid.

Toxicité. — Cette recherche, et celles qui seront relatées dans la suite, sont relatives au sulfate d'hordénine : les animaux sur lesquels a été éprouvée la toxicité du sulfate d'hordénine sont le lapin, le cobaye, le rat et le chien, et les voies d'introduction ont été la voie intra-veineuse, la voie sous-cutanée, la voie intra-rachidienne et l'ingestion.

Toxicité pour le lapin. — On a étudié uniquement la toxicité par injection intraveineuse sur des animaux de 2 à 3 kilogrammes et les doses employées ont varié entre 0 gr. 05 et 0 gr. 25 par kilogramme d'animal.

Tableau de toxicité pour le lapin de l'hordénine en injection intra-veineuse.

	Espèce, sexe et poids de l'animal.			Quantité de sulfate injectée par kil.	Suite de l'injection.
			gr.	gr.	
I	Lapin jaune.	♂	3 501	0.05	Survie.
II	— blanc moucheté.	♂	2 890	0.10	—
III	— noir et blanc	♀	2 070	0.10	—
IV	— jaune.	♀	2 210	0,10	—
V	— blanc et gris	♂	1 970	0,20	—
VI	— gris.	♂	1 960	0.20	—
VII	— jaune pâle..	♀	3 150	0,25	Mort en 3'
VIII	— gris cendré.	♂	2 000	0,25	Survie.
IX	— gris.	♀	2 010	0,25	Mort en 3'.

Ainsi la dose minimum mortelle est voisine de 0 gr. 25 par kilogramme d'animal, et quelquefois elle est un peu supérieure. La mort se produit toujours assez rapidement, elle a lieu par arrêt de la respiration et le cœur ne cesse de battre qu'ultérieurement. Si l'animal surmonte les accidents du début, il survit indéfiniment sans présenter de troubles consécutifs.

Les premiers phénomènes que l'on observe sont des modifications respiratoires et de l'excitation corticale, des hallucinations, puis de la paralysie motrice, en général assez passagère. La mort, quand elle se produit, a lieu à la suite d'accidents convulsifs, cloniques et toniques, qui se terminent par l'opistotonos et l'arrêt de la respiration.

Chez certains animaux qui survivent, il semble se produire des troubles digestifs, qui font penser à de la paralysie du tube digestif; cependant, chez des animaux morts rapidement, le contact de l'air a toujours provoqué des contractions marquées de l'intestin.

Toxicité pour le cobaye. — Elle a été recherchée au moyen d'injections intra-veineuses et d'injections sous-cutanées.

Tableau de toxicité pour le cobaye de l'hordénine en injection intra-veineuse.

	Espèce, sexe et poids de l'animal.			Quantité de sulfate injectée par kil.	Suite de l'injection.
			gr.	gr.	
I	Cobaye.	♂	303	0.05	Survie.
II	—	♀	342	0,10	—
III	—	♂	395	0.20	—
IV	—	♂	331	0.25	—
V	—	♂	400	0,30	Mort en 3'.
VI	—	♂	368	0.35	Mort en 2'.
VII	—	♀	407	0,35	Survie.
VIII	—	♂	368	0,40	Mort en 2'.
IX	—	♂	425	0,50	Mort en 2'.

La dose minimum mortelle pour le cobaye en injection intra-veineuse est très voisine de celle trouvée pour le lapin : elle est de 0 gr. 30 par kilogramme d'animal. L'exception observée pour le cobaye VII n'est probablement qu'apparente et tient à des conditions particulières de l'expérience. La mort, quand elle se produit, arrive très rapidement, en deux ou trois minutes : elle apparaît toujours à la suite d'attaques convulsives, et elle est due à l'arrêt de la respiration. Quand ils échappent aux premiers accidents, les animaux se remettent ensuite d'une façon définitive et dans un espace de temps souvent inférieur à une heure. Les symptômes de l'intoxication sont toujours en première ligne les troubles respiratoires; puis surviennent les accidents corticaux, les hallucinations, les convulsions et la paralysie motrice.

Tableau de toxicité pour le cobaye de l'hordénine en injection sous-cutanée.

	Espèce, sexe et poids de l'animal.			Quantité de sulfate injectée par kil.	Suite de l'injection.
			gr.	gr.	
I	Cobaye.	♂	155	0,02	Survie.
II	—	♀	155	0,03	—
III	—	♂	231	0,04	—
IV	—	♂	190	0,05	—
V	—	♂	175	0,25	—
VI	—	♀	212	0,50	—
VII	—	♂	174	1	—
VIII	—	♂	247	1	—
IX	—	♂	254	1	—
X	—	♂	271	1,25	—
XI	—	♀	264	1,25	—
XII	—	♂	322	1,50	—
XIII	—	♂	328	1,50	—
XIV	—	♂	292	2	—
XV	—	♀	237	2	Mort en 23'.
XVI	—	♂	374	2	Mort en 16'.
XVII	—	♂	375	2	Mort en 26'.

La toxicité par injection sous-cutanée est bien inférieure à la toxicité par injection intra-veineuse. La dose mortelle minimum est en effet environ 15 fois plus forte en injection sous-cutanée qu'en injection intra-veineuse. Les premiers accidents toxiques ne se manifestent qu'à partir de la dose de 1 gramme par kilogramme; les symptômes les plus caractéristiques sont une excitation vive, la production de mouvements brusques et impulsifs, l'apparition d'hallucinations, d'attitudes de terreur et de secousses qui rappellent celles qui s'observent au cours de l'intoxication absinthique. Outre les accidents convulsifs cloniques et toniques se produisent encore des troubles respiratoires et de la paralysie motrice. La mort, qui se produit après l'injection d'une dose de 2 grammes par kilogramme, est due à l'arrêt de la respiration : elle arrive assez rapidement, en moyenne entre 15 et 25 minutes. Tous les accidents passagers disparaissent à peu près complètement en l'espace d'une heure, et l'animal revient ensuite très vite à son état normal. Si dans quelques cas on a pu noter des troubles digestifs consécutifs aux injections, le plus souvent le poids de l'animal ne s'est pas modifié ou seulement d'une façon très minime.

Toxicité pour le rat. — C'est par voie sous-cutanée que la substance a été donnée à cet animal.

Tableau de toxicité, pour le rat, de l'hordénine en injection sous-cutanée.

	Espèce, sexe et poids de l'animal.			Quantité de sulfate injectée par kgr.	Suite de l'injection.
I	Rat blanc.	♀	52	0,50	Survie.
II	— blanc et noir.	♀	76	0.50	—
III	— —	♂	40	1 »	—
IV	— —	♀	57	1 »	Mort en 33'
V	— —	♀	60	1 »	Survie.
VI	— blanc et noir.	♀	71	1 »	—
VII	— —	♀	63	1,25	Mort en 44'
VIII	— —	♀	56	1,25	Survie.
IX	— blanc et noir.	♂	76	1,25	Mort en 27'
X	— blanc	♀	55	1,50	Survie.
XI	— —	♀	72	1,50	Mort en 24'
XII	— —	♂	50	1,75	Mort en 22'
XIII	— —	♂	73	2 »	Mort en 46'

Le faible poids de ces animaux et leur jeune âge n'ont pas permis de fixer les chiffres de la toxicité pour le rat d'une façon aussi précise que pour les animaux précédents; nous voyons en effet un rat succomber avec une dose de 1 gramme par kilogramme, alors que trois autres survivent à l'injection de la même dose. Un survit à la dose de

1 gr. 25, alors que deux autres succombent après avoir reçu une dose égale et enfin un a survécu à la dose de 1 gr. 50 par kilogramme. Quoi qu'il en soit, si le rat blanc est un peu plus sensible que le cobaye à l'injection sous-cutanée de cet alcaloïde, la différence est minime, et bien inférieure à celle que l'on observe pour le cobaye, quand on compare la toxicité intra-veineuse à la toxicité sous-cutanée. La mort est ici encore assez rapide : elle se produit de 20 et 45 minutes après l'injection; une heure après l'injection, l'animal survit toujours. On retrouve donc encore avec beaucoup de netteté ce fait déjà mis en évidence, à savoir que le poison n'est dangereux que pendant une phase très courte qui correspond au summum d'effet. Si l'animal supporte ce moment critique, il se remet ensuite très vite et ne présente plus de troubles consécutifs.

Comme chez les animaux précédents, les troubles respiratoires apparaissent parmi les premiers symptômes de l'intoxication. La phase d'excitation est moins manifeste que chez le cobaye ou chez le chien, mais les phénomènes de paralysie sont plus marqués. La mort arrive toujours par arrêt de la respiration.

Toxicité pour le chien. — Les animaux ont été soumis soit à l'injection intra-veineuse, soit à l'ingestion. Les injections ont été faites dans la veine saphène et les doses employées ont varié entre 0 gr. 02 et 0 gr. 50 par kilogramme.

Tableau de toxicité, pour le chien, de l'hordénine en injection intra-veineuse.

	Espèce, sexe et poids de l'animal.				Quantité de sulfate injectée par kgr.	Suite de l'injection.
I	Chien	bull.	♂	11 400	0,02	Survie.
II	—	—	♂	9 500	0,05	—
III	—	roquet.	♂	8 600	0,10	—
IV	—	fox	♀	3 300	0,20	—
V	—	roquet.	♂	5 500	0,20	—
VI	—	—	♂	8 000	0,25	—
VII	—	loulou.	♀	6 700	0,25	—
VIII	—	fox.	♂	6 800	0,30	Mort en 10
IX	—	fox	♀	5 000	0,31	Mort en 5'
X	—	fox	♀	4 400	0,50	Mort en 2'

La première réaction consécutive à l'injection est une excitation plus ou moins vive, qui est toujours très précoce : souvent même elle se produit au cours de l'injection. Les troubles respiratoires apparaissent immédiatement et sont peu persistants, puis se montrent des phénomènes corticaux des hallucinations et un peu de paralysie motrice. Les troubles corticaux ne se produisent qu'avec de fortes doses, souvent ils sont peu durables, ils peuvent même avoir des phases de rémission, par exemple quand on éveille l'attention de l'animal. Les troubles de la motricité sont fréquemment caractérisés par des mouvements de recul, de la raideur des membres, des secousses convulsives, et quelquefois un peu de chorée. Dans tous les cas ces accidents sont assez passagers, et, après un laps de temps variant entre un quart d'heure et une heure, l'animal revient à son état normal. Les jours suivants on ne remarque aucun trouble consécutif à l'intoxication. Si la dose de sulfate injectée atteint 0 gr. 30 par kilogramme, dose minimum mortelle, on observe surtout des phénomènes convulsifs, et, après quelques attaques cloniques et toniques, la respiration s'arrête. La mort se produit par arrêt de la respiration, et le cœur ne cesse de battre que quelques instants après.

Par ingestion il est impossible de faire mourir le chien, car l'introduction dans l'estomac d'une dose un peu forte d'hordénine est toujours suivie de vomissements, la section préalable des pneumogastriques n'empêche pas ces vomissements : si l'on comprime l'œsophage, ou si l'on en fait la ligature après l'introduction de la substance, on peut faire supporter à l'animal une dose de 1 gramme par kilogramme. Après l'injection de 2 et 3 grammes par kilogramme, la mort arrive assez tardivement à la suite d'accidents convulsifs.

En résumé, la toxicité de l'hordénine est assez faible. La dose minimum mortelle en injection intra-veineuse pour le lapin, pour le chien et pour le cobaye est très sensiblement la même ; elle est voisine de 0 gr. 30 par kilogramme pour le chien et le cobaye et un peu moindre pour le lapin. En injection sous-cutanée la dose minimum mortelle est de 2 grammes par kilogramme pour le cobaye et de 1 gramme pour le rat.

On verra, à propos de l' « action sur la température », que le lapin supporte en injection sous-cutanée une dose de sulfate d'hordénine supérieure à 1 gramme par kilogramme, que le chat et le chien survivent à l'injection sous-cutanée de 0 gr. 50 par kilogramme, dose qui provoque chez eux des attaques épileptiformes; enfin on remarquera que le sulfate d'hordénine provoque les vomissements avec une intensité toujours plus grande quand il est injecté sous la peau que quand il est injecté dans le sang. La dose mortelle par ingestion chez le chien est voisine de 2 grammes par kilogramme.

Les symptômes de l'intoxication sont relatifs pour la plupart à des actions sur le système nerveux. Ce sont surtout des phénomènes corticaux et bulbaires caractérisés par une excitation plus ou moins forte suivie d'une phase de paralysie. Les hallucinations tiennent la première place parmi les phénomènes d'excitation : ce sont ensuite les phénomènes convulsifs, des attaques cloniques et toniques plus ou moins marquées suivant l'espèce animale; enfin apparaît la paralysie. Les réactions bulbaires sont aussi très précoces; elles se montrent dès le début de l'intoxication sous forme de troubles respiratoires : on constate toujours une polypnée plus ou moins dyspnéique, suivie d'une phase plus ou moins prolongée d'apnée. Les vomissements sont également constants après l'injection d'une dose mortelle. La mort est la conséquence d'une action de la substance sur le bulbe, et est due à un arrêt de la respiration. Si l'on ouvre le thorax d'un animal qui a cessé de réagir, on constate que le cœur continue à battre encore pendant quelque temps. La respiration artificielle retarde ou empêche la mort. Il importe aussi d'indiquer que la phase de l'intoxication pendant laquelle la mort peut survenir est toujours très courte : si l'animal surmonte cette phase, il se remet vite et complètement sans présenter de troubles consécutifs. Pour une injection intra-veineuse, on ne voit jamais la mort survenir après une dizaine de minutes; et après trois quarts d'heure pour une injection sous-cutanée.

Action sur le sang. — Le sulfate d'hordénine n'a pas d'action hémolytique, mais sa solution isotonique est assez concentrée, 6,5 p. 100 environ, ce qui indique un poids moléculaire assez élevé. Le point de congélation d'une solution à 6,5 p. 100 a été trouvé assez voisin de celui d'une solution de chlorure de sodium à 1 p. 100. Les solutions hypotoniques de sulfate à 1 p. 100 ont une action anti-coagulante qui varie avec la proportion de solution entrant dans le mélange. Il n'y a pas de rapport direct entre la toxicité de la solution et son action anti-coagulante; bien que le sulfate d'hordénine ait un poids moléculaire beaucoup plus élevé que le chlorure de sodium, ces deux sels agissent sensiblement aux mêmes doses sur la coagulation du sang. Le plasma oxalaté recalcifié est entravé dans sa coagulation par le sulfate d'hordénine à peu près dans les mêmes conditions que le sang total. La température de coagulation du plasma sanguin est notablement abaissée par le sulfate d'hordénine.

Action sur la circulation. — Cette étude a été faite sur le chien et sur le lapin, anesthésiés presque toujours avec le chloralose, et exceptionnellement avec le chloroforme.

Le premier phénomène qui se produit du côté de la circulation à la suite de l'injection de quelques centigrammes de sulfate d'hordénine dans le torrent circulatoire, c'est une élévation marquée de la pression sanguine. Le tracé de la figure 100 donne l'indication de cette action.

Les modifications cardiaques qui accompagnent l'élévation de la pression sanguine ne sont pas toujours une simple accélération cardiaque avec diminution d'amplitude des pulsations. On voit habituellement, au contraire, à la suite d'une injection de 1 à 2 milligrammes par kilogramme, se produire un ralentissement notable du cœur avec augmentation d'amplitude des pulsations (fig. 101 et fig. 102).

Ainsi les modifications circulatoires déterminées par l'hordénine sont tantôt une élévation de la pression sanguine avec ralentissement et augmentation d'amplitude des pulsations cardiaques, et tantôt une élévation de la pression sanguine avec accélération et diminution d'amplitude des pulsations. Quel est donc le mécanisme de ces phénomènes différents? Déjà les modifications respiratoires qui se constatent sur les tracés montrent que le système nerveux, et en particulier le bulbe, sont influencés par le sulfate d'hordénine. Si l'on sectionne le pneumogastrique consécutivement à une injection d'hordénine, les réactions cardiaques changent aussitôt. C'est ce que montre la figure 103.

Le ralentissement cardiaque et l'augmentation d'amplitude des pulsations sont donc bien la conséquence d'actions bulbaires transmises par l'intermédiaire des nerfs pneumogastriques, mais il ne faudrait pas se hâter de conclure que l'augmentation d'amplitude et le ralentissement cardiaque ont absolument besoin de l'intégrité des nerfs pneumogastriques pour se produire. La figure suivante (fig. 104) montre qu'il n'en est rien.

L'excitabilité du pneumogastrique se modifie sous l'influence de l'hordénine, comme le montrent les expériences faites sur les animaux à bulbe coupé ou anesthésiés par le chloralose. Les doses de 0 gr. 001 et de 0 gr. 002 par kilogramme de sulfate d'hordénine ne suppriment pas l'excitabilité du pneumogastrique.

Après une injection intra-veineuse de 0 gr. 010 par kilogramme, l'excitabilité du

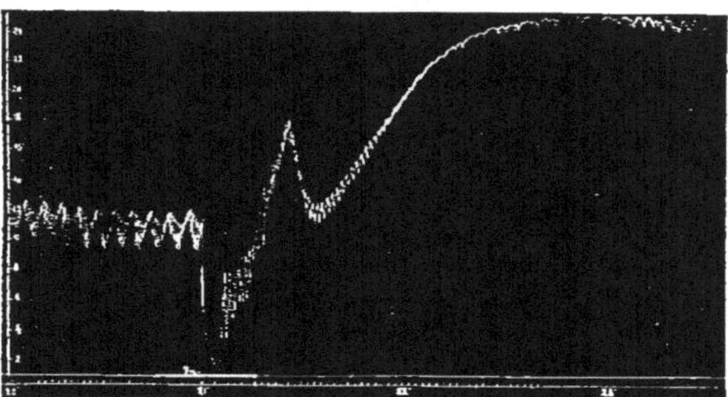

Fig. 10[illegible]. — Tracé reproduit et réduit par la photographie. — Effets de l'injection intra-veineuse d'une solution de sulfate d'hordénine sur la pression sanguine. — Chien roquet ♀, 7 500 grammes, âgé de deux à trois ans, anesthésié par une injection de 0,10 grammes de chloralose par kilogramme. La pression est prise dans le bout central de l'artère fémorale gauche, elle est de 12 centimètres de Hg. au début du tracé. Sur la ligne du temps l'espace compris entre deux traits est de deux secondes. — In. injection de 0,05 grammes de sulfate d'hordénine par kilogramme.

nerf existe encore; mais, après une nouvelle injection de 0 gr. 100 par kilogramme, elle disparaît pour au moins une demi-heure.

Le sulfate d'hordénine agit donc sur le système pneumogastrique, non seulement en l'excitant (phase de ralentissement cardiaque avec augmentation d'amplitude des pulsations), mais encore en diminuant son excitabilité dans certains cas. C'est au moment de l'accélération cardiaque que l'excitabilité du pneumogastrique diminue ou disparaît; quand ensuite le cœur se ralentit, le nerf redevient de plus en plus excitable. Les faibles doses produisent surtout de l'excitation, et les fortes doses, de la paralysie. Les doses de 0 gr. 001 à 0 gr. 002 par kilogramme de sulfate d'hordénine ne diminuent que peu ou pas l'excitabilité du nerf; il n'y a pas de diminution de l'excitabilité, si le cœur ne s'accélère pas, et, en tous cas, l'effet est très passager.

Les fortes doses 0 gr. 01 et surtout 0 gr. 10 par kilogramme donnent une diminution plus marquée de l'excitabilité. On peut même observer pendant un certain temps une inexcitabilité absolue du nerf.

On notera encore ce résultat important de certaines expériences, que l'intoxication prolongée de l'animal à la suite d'injections répétées de doses fortes de sulfate d'hordénine abaisse la pression sanguine sans en provoquer secondairement le relèvement, malgré l'accélération du cœur.

L'excitabilité du dépresseur est modifiée par l'hordénine, comme celle du pneumo gastrique périphérique. De faibles doses la respectent, mais de fortes doses la suppriment. Les doses fortes ne donnent aussi qu'une paralysie passagère. Quand le dépresseur cesse de réagir, on constate que le grand splanchnique ne répond pas non plus aux excitations directes. L'ingestion du sulfate d'hordénine n'a pas une influence très notable sur la circulation, même après plusieurs heures; le tracé de la pression n'est pas sensiblement modifié chez les chiens qui ont absorbé 0gr,01 à 0gr,11 par kilogramme.

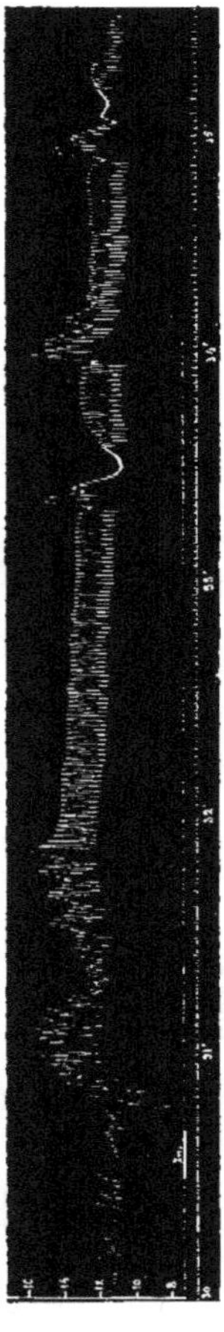

Fig. 101. — Chien roquet ♂ de 9 600 grammes, âgé de trois ans, à jeun, anesthésié par une injection de 0,10 grammes de chloralose par kilogramme. La pression sanguine est prise dans le bout central de l'artère fémorale gauche; elle est de 11 cent.,4 Hg au début du tracé. Sur la ligne des temps l'espace compris entre deux traits est de deux secondes. — In, injection de 1 milligramme de sulfate d'hordénine par kilogramme.

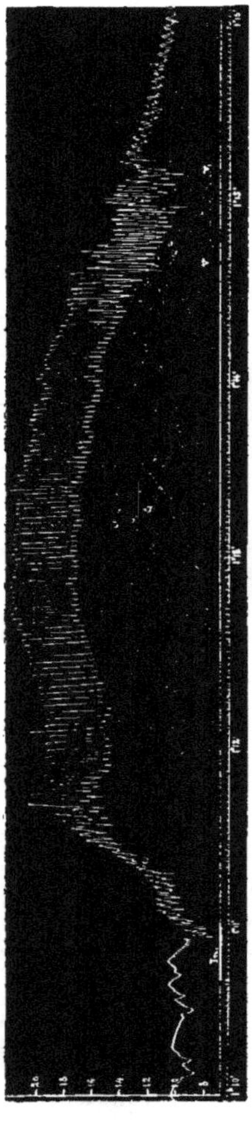

Fig. 102. — Suite de l'expérience. — En In, injection de deux milligrammes de sulfate d'hordénine par kilogramme.

Action sur le cœur. — L'étude de l'action de l'hordénine sur le cœur isolé a été faite en partie sur des cœurs de grenouilles excisés et placés dans des solutions de sulfate d'hordénine, en partie sur des cœurs isolés du même animal, disposés pour une circulation artificielle, en partie enfin, sur des cœurs de grenouilles laissés en place, mais n'ayant plus de relation avec le système nerveux encéphalo-médullaire, qui avait été préalablement détruit.

Ces trois séries d'expériences montrent d'une façon concordante que l'hordénine agit sur le cœur, mais que son degré de toxicité pour cet organe est assez faible. Si le cœur est disposé pour une circulation artificielle, ou s'il est laissé en place sur l'animal privé de son système nerveux central, on constate que l'hordénine lui fait perdre peu à peu de sa tonicité; il se laisse peu à peu distendre par la pression du liquide qui circule, et la phase diastolique s'accentue avec les progrès de l'intoxication; finalement, il s'arrête en diastole. L'arrêt diastolique peut ne pas être définitif, et, quand l'appareil vasculaire est conservé, le retour *ad integrum* est possible.

Les expériences sur le cœur plongé dans une solution de sulfate d'hordénine montrent que dans ces conditions cet organe s'intoxique également; mais, en apparence, l'effet semble différent, car l'arrêt a lieu en systole. La différence n'est qu'apparente; car l'organe, n'ayant pas à lutter ici contre une pression intérieure, se rétracte progressivement.

Action sur la respiration. — Les troubles respiratoires sont parmi les premiers symptômes que provoque l'injection de sulfate d'hordénine, et ils sont aussi, habituellement, la cause de la mort rapide. A l'ouverture du thorax d'un animal qui vient de succomber, et qui ne présente plus aucun mouvement, on constate, en effet, que le cœur continue à battre. Chez les animaux anesthésiés, comme chez les animaux normaux, les troubles respiratoires sont constants après l'injection d'une certaine dose de sulfate d'hordénine. Les tracés de la pression sanguine, comme ceux de la respiration, montrent qu'il se produit plusieurs modifications successives du rythme respiratoire.

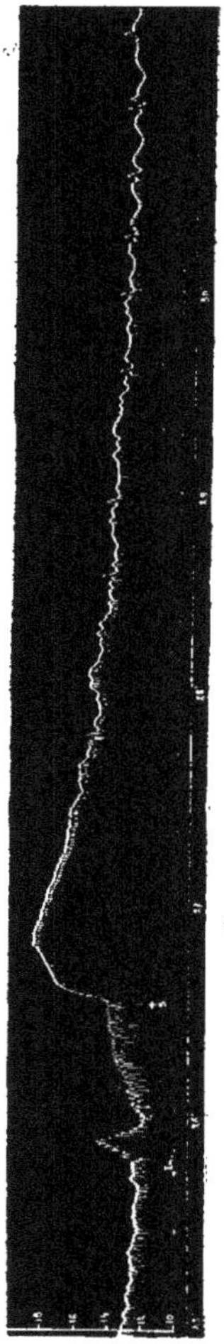

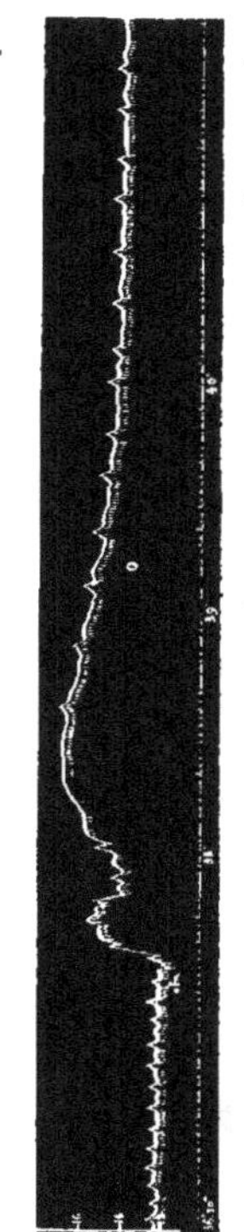

Fig. 103. — Effets de la section des deux nerfs pneumogastriques sur les réactions consécutives à une injection intra-veineuse de sulfate d'hordénine. — Chien de chasse bâtardé, ♂ 12 kilogrammes, âgé de quatre à cinq ans, anesthésié par une injection intra-veineuse de 0.10 grammes de chloralose par kilogramme. Ce tracé de la pression sanguine est celui de l'artère fémorale gauche; en In, on fait un injection de 1 milligramme par kilogramme de sulfate d'hordénine : le cœur se ralentit; les pulsations augmentent d'amplitude; en S on sectionne les deux nerfs pneumogastriques : immédiatement le cœur s'accélère, les pulsations diminuent d'amplitude, et la pression s'élève. La respiration, qui était suspendue au moment où la section a été pratiquée, est restée suspendue encore pendant un certain temps, puis est revenue avec le type que l'on observe habituellement chez les animaux privés de leurs nerfs pneumogastriques.

Fig. 104. — Effets d'une injection intra-veineuse d'une solution de sulfate d'hordénine sur la pression sanguine chez l'animal qui a les deux nerfs pneumogastriques sectionnés. On refait, en In, une nouvelle injection de 1 milligramme par kilogramme de sulfate d'hordénine; la pression sanguine s'élève, les modifications respiratoires se produisent; mais l'amplitude des pulsations cardiaques ne change pas.

Chez les animaux chloralosés, on observe d'abord une courte phase d'accélération respiratoire, suivie bientôt d'une phase assez longue d'apnée, pendant laquelle le cœur exécute des mouvements d'une amplitude souvent considérable.

La section des deux nerfs pneumogastriques ne supprime pas les troubles respiratoires consécutifs à l'injection de sulfate d'hordénine. Quand on a injecté une dose mortelle de sulfate d'hordénine soit dans les veines, soit sous la peau, aux troubles respiratoires indiqués succèdent, à brève échéance, une phase de respirations agoniques, et la mort arrive par arrêt de la respiration.

Si l'on pratique la respiration artificielle sur des animaux fortement intoxiqués, on peut prolonger leur existence, et même leur permettre de se rétablir complètement : car le cœur continue à battre rythmiquement chez les animaux intoxiqués qui ont cessé de respirer.

L'introduction du sulfate d'hordénine dans le liquide céphalo-rachidien détermine des troubles respiratoires très marqués.

Action sur les sécrétions. — Les sécrétions continues et les sécrétions intermittentes sont influencées par le sulfate d'hordénine. La bile et l'urine augmentent un peu à la suite de l'injection de faibles doses, mais elles diminuent ou se suspendent après de fortes doses.

Une légère sécrétion salivaire peut se produire après une injection d'hordénine, mais, consécutivement, on peut aussi constater que la corde du tympan perd passagèrement son excitabilité aux courants électriques. La sécrétion pancréatique se modifie à peu près comme la sécrétion salivaire.

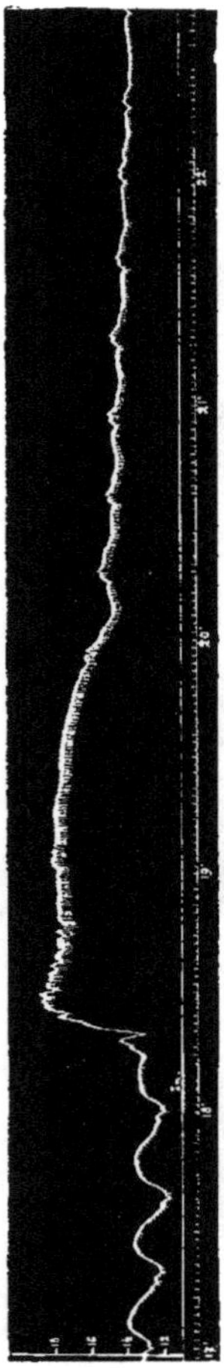

Fig. 105. — Chien fox bâtardé ♂, 7 200 grammes, anesthésié par une injection intra-veineuse de 0,10 grammes par kilogramme de chloralose. La section des deux nerfs a eu lieu à la dixième minute. En In, on injecte 1 milligramme par kilogramme de sulfate d'hordénine : consécutivement la pression s'élève, le cœur se ralentit, les pulsations augmentent d'amplitude et la respiration se ralentit.

L'animal auquel on a fait ingérer une solution de sulfate d'hordénine présente souvent une sécrétion salivaire considérable, et du larmoiement; la sécrétion stomacale se produit également; car, dans certaines expériences, l'œsophage ayant été lié et l'animal étant mort, on peut retirer de l'estomac un liquide acide en quantité supérieure à celle qu'on a introduite.

En résumé, le sulfate d'hordénine à faible dose peut faire apparaître les sécrétions qui sont suspendues, comme la sécrétion salivaire, la sécrétion pancréatique, et la sécrétion lacrymale; il peut aussi accroître passagèrement les sécrétions qui existent avant l'injection, comme la sécrétion biliaire et la sécrétion rénale; à forte dose, il ralentit ou arrête les sécrétions, et l'on peut alors constater une diminution passagère de l'excitabilité des nerfs sécréteurs. D'une façon générale, l'action de l'hordénine sur les sécrétions est assez faible, et d'une durée peu considérable.

Action sur l'appareil digestif. — Un des effets les plus constants de l'hordénine sur l'appareil digestif est le vomissement; il suit ordinairement d'assez près l'introduction de cette substance dans l'organisme; mais, pour que cette action se produise, il faut non seulement expérimenter sur un animal qui soit capable de vomir, comme le chat et le chien, mais il faut encore injecter la substance sous la peau ou la faire ingérer en solution, à l'aide d'une sonde. Il est en effet à noter que les injections intra-veineuses chez le chien sont assez rarement suivies de vomissements. L'injection directe dans le duodénum provoque au contraire ce phénomène. L'intestin peut présenter de la paralysie à la suite de l'injection intra-vasculaire quand la dose est élevée, l'action directe d'une solution d'hordénine sur l'intestin isolée produit aussi ce résultat. L'ingestion de 0,01 gr. à 0,10 gr. par kilogramme ne donne lieu à aucun trouble digestif appréciable chez les animaux soumis à un régime bien déterminé; ni l'appétit, ni le poids de l'animal ne sont influencés.

Action sur l'iris. — Placé dans une solution d'hordénine, même concentrée à 1 p. 100, l'iris d'anguille ne perd pas sa propriété de réagir à la lumière. L'instillation dans l'œil ou l'introduction de poudre entre les paupières ne donne lieu à aucune modification pupillaire. Les seules réactions de l'iris provoquées par l'hordénine sont d'origine centrale : elles se produisent uniquement dans la phase des vomissements, c'est-à-dire quand le bulbe réagit le plus énergiquement.

Action sur la température. — Cette action a été étudiée sur le lapin, sur le cobaye, sur le chat et sur le chien. D'une façon générale la température est peu modifiée par le sulfate d'hordénine : ce n'est que quand la dose est très élevée que la température s'abaisse d'une façon notable.

Action sur le système nerveux. — Tous les animaux intoxiqués par l'hordénine présentent tout d'abord une série de réactions nerveuses d'origine centrale très caractéristiques : agitation, hallucinations, mouvements impulsifs, troubles respiratoires, tremblement, attaques convulsives cloniques et toniques, puis diminution de la motilité pouvant aller jusqu'à la paralysie complète.

L'hordénine agit aussi sur le bulbe dès le début de l'intoxication ; les troubles respiratoires, les vomissements, le ralentissement cardiaque, l'élévation de la pression sanguine en sont les indices certains.

Les expériences sur le pneumogastrique, sur le grand splanchnique, sur les nerfs sécréteurs, sur les nerfs de l'intestin montrent encore que l'hordénine peut à une certaine dose paralyser l'action des nerfs centrifuges.

Sur les nerfs de sensibilité, l'hordénine n'agit qu'à dose très élevée : c'est du moins ce que montre l'étude des variations d'excitabilité du dépresseur et l'on a vu d'autre part que la cornée n'est pas insensibilisée même par des doses très considérables de sulfate d'hordénine. De même, quand on interroge la sensibilité générale des animaux

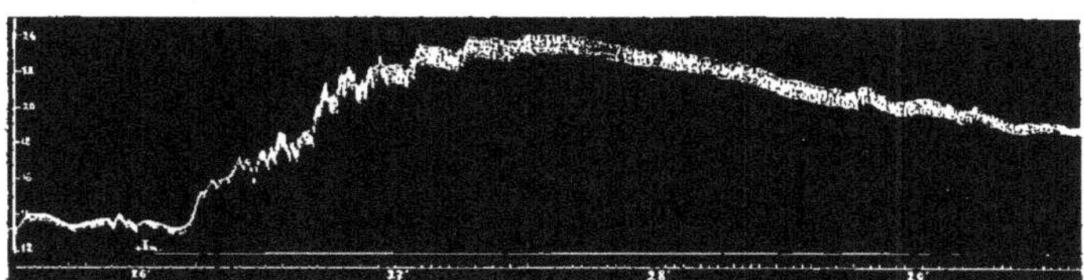

Fig. 106. — Suite de l'expérience précédente. L'injection, en In, de sulfate d'hordénine a été de 2 milligrammes par kilogramme : la réaction est plus marquée que précédemment. La pression s'élève davantage et l'amplitude des pulsations est plus considérable. La respiration, qui s'est accélérée immédiatement après l'injection, se ralentit beaucoup ensuite, puis reprend son rythme normal un peu plus tard.

profondément intoxiqués, on ne la voit disparaître que dans la phase ultime de l'intoxication.

Les injections intra-dermiques provoquent bien un peu de diminution de la sensibilité, mais il n'y a là rien que de très banal, qui diffère peu de ce que produit, par action mécanique, l'injection d'une solution indifférente.

Action sur les ferments solubles. — L'action de l'hordénine a été étudiée sur la maltase, sur l'invertine, sur la pepsine, sur la trypsine et sur la lipaseïdine.

La maltase n'est pas empêchée dans son action même par la présence de 5 p. 100 d'hordénine : il en est de même pour l'invertine dont l'action est simplement retardée par de fortes proportions de cet alcaloïde.

Ajoutée à la pepsine ou au suc pancréatique, l'hordénine retarde la digestion des matières albuminoïdes : il semble qu'il y ait antagonisme entre les deux produits ou que l'albumine devienne plus difficile à digérer.

Le sulfate d'hordénine n'altère pas la présure ; mais, à partir d'une certaine proportion, elle l'empêche d'agir; cet antagonisme n'est pas direct, les deux substances ne réagissant pas l'une sur l'autre, mais la coagulation ou la non-coagulation dépendent de la prédominance de l'action de l'une des deux substances sur la matière coagulable.

La saponification n'est pas entravée par le sulfate d'hordénine, il y a seulement une diminution d'activité au début. Après un temps suffisant, la saponification arrive à être complète même en présence d'une proportion de 5 p. 100 de sulfate d'hordénine.

Action sur les microbes. — Les recherches faites autrefois avec le bouillon de touraillon ont naturellement amené à étudier l'action du sulfate d'hordénine sur certains microbes intestinaux. Si on ajoute aux bouillons de culture des proportions variables de sulfate d'hordénine on constate qu'il faut une proportion de 4 p. 100 de ce sel pour empêcher complètement le développement du *B. Coli* et du *V. de Massaouah* et qu'il faut 5 p. 100 pour empêcher celui du *B. d'Eberth* du et *V. de Finkler et Prior*.

Le pouvoir antiseptique de l'hordénine n'est donc pas aussi marqué qu'on était en droit de le supposer d'après les recherches bactériologiques faites avec les touraillons.

Toutefois cette propriété, jointe aux précédentes, en fait un médicament dont l'action thérapeutique mérite d'être prise en considération.

S'il ne doit pas être regardé comme un spécifique de certaines affections dysentériques, les recherches cliniques faites en France par J. Sabrazès et G. Guérive, R. Mercier et Pépin, aux colonies par Brau, Lucas et Joyeux ont complété récemment les études chimiques et physiologiques de l'hordénine et justifié les prévisions que ces travaux avaient fait naître.

Bibliographie. — Boinet. *Du touraillon d'orge en thérapeutique* (*Marseille Médical*, xxxviii, 1901, 673-681). — Brau. *Essai sur la dysenterie amœbienne en Cochinchine* (*Ann. d'Hyg. et de Méd. Coloniale*). — L. Camus. *L'hordénine, son degré de toxicité, symptômes de l'intoxication* (*C. R.*, cxlii, 1906, 110-113; *B. B.*, lx, 1906, 52-54). — *Action de l'hordénine sur le sang* (*Ibid.*, lx, 1906, 109). — *Action du sulfate d'hordénine sur la circulation* (*C. R.*, cxlii, 1906, 237-239; *B. B.*, lx, 1906, 164). — *Action du sulfate d'hordénine sur les ferments solubles et sur les microbes* (*C. R.*, cxlii, 1906, 350-352; *B. B.*, lx, 1906, 264). — *Étude physiologique du sulfate d'hordénine* (*Arch. Intern. de Phar. et de Thér.*, xvi, 1906, 43-206). — C. Fabre. *Sur les propriétés bactéricides et les applications thérapeutiques des tourailles d'orge* (*Bull. de l'Ac. des Sc., Insc. et Belles-Lettres de Toulouse*, ii, 1899, 292-296). — G. Guérive. *Le sulfate d'hordénine en thérapeutique* (*Thèse de Bordeaux*, 1908, in-8, 170 p.). — Kayser. *Études des malts de brasserie* (*Ann. Inst. Pasteur*, 1890, 484-499). — E. Léger. *Sur l'hordénine; alcaloïde nouveau retiré des germes, dits touraillons, de l'orge* (*C. R.*, cxlii, 1906, 108-110; *Bulletin de la Soc. Chimique*, xxxv, 1906, 235; *Journ. de Pharm. et de Chim.* 1906, xxiii, 177). — *Sur quelques dérivés de l'hordénine* (*C. R.*, cxliv, 1907, 208-210; *Journ. de Pharm. et de Chim.*, xxv, 1907, 273-283). — *Sur la constitution de l'hordénine* (*C. R.*, cxliii, 1906, 234-236, 916-918; cxliv, 1907, 488-491; *Bull. Soc. Chim.* xxv, 1906, 868 et i, 148; *Journ. de Pharm. et de Chim.*, xxv, 1907, 5-9). — R. Mercier et C. Pépin. *Le sulfate d'hordénine dans les affections intestinales* (*La Clinique*, iii, 1908, 780). — G. Roux. *Société médicale de Lyon* (*Lyon médical*, xliv, 1890, 476-478). — J. Sabrazès et G. Guérive. *Valeur thérapeutique du sulfate d'hordénine* (*C. R.*, cxlvii, 1908, 1076).

L. CAMUS.

HOROPTÈRE. — Voyez Vision binoculaire.

HUNTER (John) (1728-1793).

— L'immortel John Hunter naquit à Longcalderwood, (Lamarkshire, Écosse) en 1728. Il était le plus jeune de dix enfants. Son père William était déjà parti pour Londres, où il devint non seulement un médecin très répandu, mais encore professeur d'anatomie à « Windmill School of medicine ».

J. Hunter, après avoir étudié quelque temps à Glascow, arriva à Londres en 1748, et là il devint assistant (*demonstrator*) de son frère, pour l'anatomie. Alors il se livra avec assiduité à l'étude de l'anatomie. Il ne se contenta pas, comme la plupart de ses camarades, de travailler quelques heures par jour, mais il avait le scalpel en main, *depuis le lever jusqu'au coucher du soleil*, sans jamais se lasser dans sa recherche, ainsi qu'on le raconte de X. Bichat. Il passa ensuite quelques mois à l'Université d'Oxford; mais cet enseignement ne lui convint pas, et il retourna à Londres pour devenir en 1754 élève de Saint-Georges Hospital, puis chirurgien interne en 1756, poste qu'il abandonna peu de temps après.

A partir de 1757, il résolut d'étendre ses études anatomiques non seulement à l'homme, mais aux animaux. Il se mit alors à disséquer des animaux de toute espèce, afin d'acquérir une notion plus compréhensive des lois de la nature. En même temps il étudiait la physiologie, comprenant qu'il faut s'appuyer sur l'anatomie et la physiologie, pour connaître les phénomènes de la vie, à l'état de santé comme à l'état de maladie, pour avoir de saines notions de médecine et de chirurgie. En 1761, au moment de la guerre avec l'Espagne, il devint *Staff surgeon* de la flotte; son navire stationna durant deux ans à Belle-Isle sur la côte occidentale de France. C'est pendant ces deux ans de séjour à Belle-Isle qu'il commença son *Treatise on the blood inflammation and gunshot wounds*. Cet ouvrage ne fut achevé que trente ans après, et ne fut publié qu'en 1794, un an après sa mort.

Ce fut à Belle-Isle qu'il étudia l'arrêt des phénomènes de la digestion chez les lézards hibernants et qu'il fit quelques observations sur l'audition chez les poissons.

De retour à Londres en 1763, âgé de trente-cinq ans, il se livra à la pratique médicale. Il n'avait encore rien publié de ses observations.

Afin de pouvoir se livrer à l'étude de l'anatomie et de la physiologie, il acheta deux ares de terrain (avec une collection d'animaux dans un lieu placé à deux milles de Londres, qui est maintenant Earl's Court. En 1767, il fut nommé membre de la *Royal Society;* et en 1768 chirurgien de l'hôpital Saint-Georges. Là, il eut comme élèves des hommes qui devinrent plus tard illustres, et dont le principal fut Edward Tenner.

Son premier ivre fut *Treatise on the natural History of the human Teeth* (1773), dont la seconde partie parut en 1778.

En 1783 il fut atteint d'une attaque d'angine de poitrine. La même année il publia le premier volume de ses leçons sur les principes de la chirurgie.

De 1676 à 1783 il donna six *Cronian Lectures* à la Société Royale sur le mouvement musculaire.

C'est alors qu'il institua à Leicester's Square un musée pour sa collection de pièces anatomiques, physiologiques et pathologiques, relative à l'homme et aux animaux. Il ne cherchait pas à économiser de l'argent, mais tout l'argent qu'il gagnait, il en usait pour enrichir son Muséum qui reçut de lui près de deux millions de francs.

Vers la fin de sa vie, les attaques d'angine de poitrine devinrent si fréquentes qu'il ne passait presque pas un jour sans souffrir.

A partir de 1788, devenu le premier chirurgien de Londres, il publia une prodigieuse quantité de travaux scientifiques et médicaux, littéralement *forethrough life*.

Ce fut en décembre 1785 que fut faite par lui, pour la première fois, l'opération de la ligature de l'artère poplitée, bien au-dessus de l'anévrisme, pour traitement de l'anévrisme poplité.

En 1786, quoique fort malade, il écrivit beaucoup, et publia son *Treatise on the Venereal diseases*, et *Observations on certain parts of the animal œconomy*, deux ouvrages qui furent imprimés dans sa propre maison. C'est dans ce dernier livre que fut décrite la digestion post-mortale de la partie postérieure de l'estomac; et c'est peut-être le mémoire le plus caractéristique de toute l'œuvre de Hunter.

En 1787 il donna son célèbre ouvrage « *On the structure and œconomy of Whales* ».

Il mourut d'une attaque d'angine de poitrine, à l'hôpital Saint-Georges, le 26 octobre 1793. Il avait 65 ans.

Le témoignage tangible de l'œuvre colossale de Hunter, et de ses investigations dans toutes les branches de la biologie, c'est le grand *Hunterian Museum* de Londres, célèbre dans le monde entier. Hunter n'y dépensa pas moins de 1 800 000 francs.

Ce musée fut acheté, après la mort de Hunter, par le gouvernement anglais au prix de 225 000 francs et en 1800 donné au *Royal College of Surgeons*.

Depuis 1814, chaque année, en souvenir de Hunter, un discours est prononcé (*Hunterian oratio*) par un des membres les plus éminents de la profession médicale.

Bibliographie. — *The works of John Hunter F. R. S., with notes*, edited by James F. Palmer. 4 vol. London, 1835. — *Essays and observations on Natural History, Anatomy, Physiology, Psychology and Geology. Posthumous papers*, edited by R. Owen, 1861. L'édition donnée par Palmer contient : T. i. *Life of Hunter. Lectures on the Principles of Surgery.* — T. ii. *Treatise on the natural history of diseases of the human Teeth and Treatise on the Venereal diseases.* — T. iii. *Treatise on the Blood, inflammation and gunshot wounds. Inflammation of internal coats of veins. Introsusception. Operation for cure of popliteal anevrism. Loose cartilages in joints. Horny excrescences.* — T. iv. *The Animal Œconomy.*

A ces travaux nous ajoutons la liste des principaux mémoires publiés dans les *Philosophical Transactions*. — *Descent of the testis* (1762). — *Absorption by veins* (1764). — *Amphibious bipeds* (1766). — *Natural History of teeth* (*Pars* i, 1771 ; *Pars* ii, 1778). — *Digestion of the Stomach after death* (1772). — *Torpedo* (1773). — *Receptacles for air in birds* (1774). — *Gymnotus electricus and experiments on animals and vegetables with respect to the power of producing heat* (1775). — *Proposals for the recovery of people apparently drow-*

ned (1776). — *The tree Martin* (1779). — *Women who had small-pox during pregnancy and who seemed to have communicated the same disease to the fœtus* (1780). — *An extraordinary pheasant* (1780). — *Organ of hearing in fishes* (1782). — *A new marine animal* (1785). — *Testis in fœtus* (1786). — *Vesiculae seminales* (1786). — *Placenta* (1786). — *Observations on digestive secretions in the crop of breeding pigeons for the nourishment of their young* (1786). — *Colour of the pigmentum nigrum* (1786). — *Use of the oblique muscles* (1786). — *Nerves which supply the organ of smelling* (1786). — *Some branches of the fifth pair of nerves* (1786). — *Observations tending to show that the Wolf, Jackal and Dog are all of the same species* (1787). — *An experiment to determine the effect of extirpating one ovarium upon the number of young produced* (1787). — *Structure and œconomy of Whales* (1787). — *Horny excrescences of the humanbody* (1791). — *Bees* (1792).

On trouvera d'ailleurs toutes les autres indications bibliographiques dans Palmer, *Life of* Hunter.

L'œuvre de Hunter a été traduite en français par Richelot. 4 vol. 8°, Paris, 1846.

W. STIRLING.

HURINE.

HURINE. — Substance contenue dans les graines de *Hura crepitans*. Le suc laiteux est employé comme poison des flèches, et comme engin toxique pour la pêche. L'hurine, d'après Lewin (*Traité de Toxicologie, trad. franç.*, 1903, 843), qui reproduit une ancienne observation de Boussingault (1828), serait cristallisable, et provoquerait des ulcérations de l'œil et de la peau (Chevallier, *Note sur la graine du sablier, Ann. d'hyg.*, 1832, vii, 189. — Lorenzen, *Tre Forgiftningstilfaelde med Fro af Hura crepitans. Ugesk. f. Laeger.*, 1876, xxi, 43-45).

Toutes ces données sont très insuffisantes, ainsi qu'un travail récent, fait aux colonies, par J.-J. Surie (*Het melksap van de Hura crepitans. Nederl. Tijdschrift voor Pharm., Chem., en Toxicol.*, xii, 1900, 107-118).

J'ai repris cette étude; mais mon travail est commencé seulement, de sorte qu'il est impossible de donner autre chose qu'une indication sommaire (mai 1909).

Dans le suc de *Hura crepitans*, il y a un alcaloïde, relativement peu abondant, et d'ailleurs peu toxique, qui cristallise très bien sous la forme d'azotate.

La partie essentiellement active est une albumose, ou albumo-toxine, très abondante, environ 8 p. 100. Cette toxine précipite par l'alcool, et se redissout dans l'eau. Elle tue les chiens et les lapins à la dose de 0,001 à 0,0015 par kilogramme. Encore ne s'agit-il pas d'un produit pur. Comme les albumoses végétales, elle agglutine les hématies à la dose de 0,01 p. 100; et dissout les hématies à 0,015 p. 100. Les chiens qui ont reçu 0,001 par kilogramme ne meurent pas, mais ils sont longtemps malades (3 à 4 semaines, et davantage).

CH. R.

HURTHLE (K), professeur de physiologie à Breslau.

I. — HÉMODYNAMIQUE

1. *Zur Technik der Untersuchung des Blutdruckes* (*A. g. P.*, 1888, xliii, 399-427). — 2. *Ueber den Einfluss der Reizung von Gefässnerven auf die pulsatorische Druckschwankung in der Kaninchen-Carotis* (*Ibid.*, 428-439). — 3. *Untersuchungen über die Innervation der Hirngefässe* (*Ibid.*, 1889, xliv, 561-619). — 4. *Technische Mitteilungen* (*Ibid.*, 1890, xlvii, 1-16). — 5. *Ueber den Ursprungsort der sekundären Wellen der Pulscurve* (*Ibid.*, 17-34). — 6. *Ueber den Semilunarklappenschluss* (*Verhandl. des 9. Kongr. f. innere Medizin* (*Wiesbaden*, 1890, 490-496). — 7. *Technische Mitteilungen* (*A. g. P.*, 1891, xlix, 29-50). — 8. *Ueber den Zusammenhang zwischen Herzthätigkeit und Pulsform.* (*Ibid.*, 51-104). — 9. *Kritik des Lufttransmissionsverfahrens* (*Ibid.*, 1892, liii, 281-331). — 10. *Ueber die Erklärung des Cardiogramms mit Hülfe der Herztonmarkirung und über eine Methode zur mechanischen Registrierung der Tone* (*Deutsch. med. Woch.*, n° 1892, 4). — 11. *Orientierungsversuche über die Wirkung des Oxyspartëin auf das Herz* (*A. P. P.*, 1892, xxx, 143-156). —

12. *Ueber die mechanische Registrirung der Herztöne* (*A. g. P.*, 1895, LX, 263-290). — 13. — *Ueber den Widerstand der Blutbahn* (*Deutsche med. Woch.*, 1897, n° 51). — 15. *Technische Mitteilungen* (*A. g. P.*, 1898, LXXII, 566-620). — 15. *Ueber eine Methode zur Bestimmung der Viscosität des lebenden Blutes und ihre Ergebnisse* (*Ibid.*, 1900, LXXXII, 415-442). 16. *Ueber die Veraenderung des Seitendruckes bei plötzlicher Verengung der Strombahn* (*Ibid.*, 443-446). — 17. *Ueber die Leistungen des Tonographen* (*Ibid.*, 515-520). — 18. *Beschreibung einer registrirenden Stromuhr* (*Ibid.*, 1903, XCVII, 193-209). — 19. *Ueber den gegenwaertigen Stand und die Probleme der Lehre von der Blutbewegung* (*Deutsche med. Woch.*, 1904, n° 21). — 20. *Zur unmittelbaren Registrirung der Herztöne* (*Z. P.*, 1904, XVIII, n° 20). — 21. *Vergleichung des mittleren Blutdruckes in Karotis und Cruralis* (*A. g. P.*, 1905, CX, 421-436).

II. — MICROSCOPIE.

1. *Beiträge zur Kenntniss des Secretionsvorganges in der Schilddrüse* (*A. g. P.*, 1894, LVI, 1-44). — 2. *Ueber den Secretionsvorgang in der Schilddrüse* (*Deutsche med. Woch.*, 1894, n° 12). — 3. *Ueber die Struktur des quergestreiften Muskels im ruhenden und tätigen Zustande und über seinen Aggregatzustand* (*Biol. Centr.*, 1907, XXVII, n° 4). — 4. *Ueber die Struktur der quergestreiften Muskelfasern von Hydrophilus im ruhenden und tätigen Zustand* (*A. g. P.*, 1908, CXXVI, 1-160, 8 Tafeln).

III. — CHIMIE.

1. *Ueber Hämosterin, einen neuen Bestandteil des Blutes* (*Sitzungsber. d. Schles. Gesellsch. f. vaterl. Cultur*, 17 mai 1895). — 2. *Ueber die Fettsäure-Cholesterin-Ester des Blutserums* (*Z. p. C.*, 1896, XXI, 331-359). — 3. *Ueber die Reizwirkung des Ammoniak auf Skelettmuskeln* (*A. g. P.*, 1903, C, 451-454).

IV. — DIVERS.

Beiträge zur Kenntniss des Fibroma molluscum und der congenitalen Elephantiasis (*Jena, Fischer*, 1886). — *Zum Gedächtnis an Rud. Heidenhain* (*Rede geh. i. d. öff. Sitz. d. Schles. Ges. f. vaterl. Cultur. i. d. Aula Leopoldina am* 13 *Oct.* 1898).

V. — PRINCIPAUX TRAVAUX DU LABORATOIRE DE HURTHLE ET DE SES ÉLÈVES.

1. Tietze (Alexander), *Beiträge zur Lehre von den Gehirnpulsationen* (*A. P. P.*, 1892, XXIX, 320-326). — 2. Porter (W.T.), *Researches on the filling of the Heart* (*J. P.*, 1892, XIII, 513-553). — 3. Hirschmann (Eugen), *Ueber die Deutung der Pulscurven beim Valsalvaschen u. Müller'schen Versuch* (*A. g. P.*, 1894, LVI, 389-407). — 4. Tschuewsky (J. A.), *Vergleichende Bestimmung der Angaben des Quecksilber- und des Federmanometers in Bezug auf den mittleren Blutdruck* (*A. g. P.*, 1898, LXXII, 585-602). — 5. Wiener (Fritz), *Veränderungen der Schilddrüse nach Anlegung einer Gallenblasenfistel* (*C. P.*, 1899, XIII, 142). — 6. Burton-Opitz (Russel), *Veränderung der Viscosität des Blutes unter dem Einfluss verschiedener Ernährung und experiment. Eingriffe* (*Amer. g. P.*, 1902, VII, 243-260). — 7. *Vergleich der Viscosität des normalen Blutes mit der des Oxalatblutes, des defibrinirten Blutes und des Blutserums bei verschiedener Temperatur* (*A. g. P.*, 1900, LXXXII, 447-473). — 8. Morrow (S.), *Ueber die Fortpflanzungsgeschwindigkeit des Venenpulses* (*A. g. P.*, 1900, LXXIX, 442-449). — 9. Wiener (Fritz), *Ueber Veränderungen der Schilddrüse nach Anlegung einer Fistel der Gallenblase* (*Dissertation Breslau*, 1901). — 10. Tschuewsky (J.-A.), *Ueber Druck, Geschwindigkeit und Widerstand in der Strombahn der Arteria carotis u. cruralis sowie in der Schilddrüse und im Musculus gracilis des Hundes.* — — 11. *Ueber die Aenderung des Blutstroms im Muskel bei tetanischer Reizung seines Nerven.* — — 12. *Ueber den Einfluss kurzdauernder Anämie auf den Blutstrom* (*A. g. P.*, 1903, XCVII, 210-308). — 13. Burton-Opitz (Russel), *Ueber die Temperatur des Chorda und des Sympathicusspeichels* (*Ibid.*, 309-316). — 14. Gerhardt (Ulrich), *Ueber die histologischen Veränderungen in den Speicheldrüsen nach Durchschneidung der secretorischen Nerven* (*Ibid.*, 317-334). — 15. Jensen (Paul), *Ueber die Blutversorgung des Gehirns.* — — 16. *Ueber die Innervation der Hirngefässe* (*Ibid.*, 1904, CIII, 171-224). — — 17. *Untersuchungen über Bau und Funktion der*

Langerrhans'schen Inseln (*Dissertation Breslau*, 1906). — 18. PEISER (JULIUS), *Ueber die Beeinflüssung der Schilddrüse durch Zufuhr von Schilddrüsensubstanz* (*Zeitsch. f. experim. Pathologie u. Therapie*, 1906, III, 515-529). — — 19. *Ueber den Einfluss des Winterschlafes auf die Schilddrüse* (*Z. B.*, 1907, XLVIII, 482-488). — 20. SCHMID (JULIUS), *Der Blutstrom in der Pfortader unter normalen Verhältnissen und bei experimenteller Beeinflussung* (*Habilitationsschrift, Breslau*, 1907, *et A. g. P.*, 1908, CXXV).

HYALOGÈNES.

— Substances protéiques qui, d'après KRUKENBERG (*Z. B.*, XXII, 1886), sous l'influence des alcalis donnent un sucre et une matière azotée, hyaline. Dans ce groupe, probablement peu homogène, il faudrait faire rentrer la *membranine*, de la membrane de DESCEMET; la *spirographine*, des enveloppes de *Spirographis spallanzanii*, la *néossine* des nids d'hirondelles comestibles. L'*onuphine* est une matière organique contenue dans l'habitat de l'*Onuphis tubicola*, riche en phosphate de chaux et phosphate de magnésie, et très voisine aussi des hyalogènes ($C^{24}H^{43}AzO^{10}$). LÜCKE a étudié la paroi transparente des échinocoques, qu'il appelle *hyaline*. Elle contient 45 p. 100 de carbone, est insoluble dans l'acide acétique et la potasse, mais complètement soluble dans l'acide chlorhydrique ou l'acide sulfurique concentrés.

La substance hyaline de ROVIDA (cité par HOPPE SEYLER, *Tr. de chim. physiol.*, 74) est probablement différente de ces hyalogènes, qui sont en réalité des glycoprotéides. Elle se coagule par l'action d'une solution concentrée de sel marin en une masse filante: on pourrait la préparer avec les leucocytes du pus, ou les globules rouges du sang d'oiseau.

Peut-être faut-il rattacher aux hyalogènes la *mucine* des holothuries et des mollusques terrestres, qui sont aussi des glycoprotéides; et la *chondrosine* des spongiaires. Mais HAMMARSTEN pense avec raison que ces substances sont trop différentes pour être comprises dans une même dénomination (*Physiol. Chemie*, 1904, 54).

Bibliographie. — KRUKENBERG, *Ueber die Hyaline*, Würzburg, 1883. — SCHMIEDEBERG, *Ueber die chemische Zusammensetzung der Wohnröhren von Onuphis tubicola* (*Mitth. d. zool. Station zu Neapel*, 1882, 373-392). — KRUKENBERG, *Weitere Mittheilungen über die Hyalogene* (*Z. B.*, XXII, 1886, 261-271). — MÖRNER, *Proteinsubstanzen der lichtbrechenden Medien des Auges* (*Z. p. C.*, XVIII, 60, 213, 233).

HYBRIDITÉ.

— **Généralités et historique.** — On s'accorde généralement à admettre en Zoologie que le croisement d'individus de races différentes est du *métissage*, tandis que le croisement d'individus qui ne sont pas de la même espèce est de l'*hybridation*. On conserve aussi ce dernier terme pour les cas, rares d'ailleurs, où l'on peut franchir les limites du genre. Mais en Zootechnie on réserve le nom de métissage pour la reproduction des métis entre eux, alors que leur production porte le nom de *croisement*, qui est alors pris dans son sens étroit.

En Botanique, malgré les efforts de savants épris de clarté, d'homogénéité et de symétrie dans la terminologie (DE VILMORIN, DUCHARTRE, VAN TIEGHEM, etc.), on ne fait généralement pas de distinction, au point de vue de la langue, entre le croisement des races et celui des espèces, et on emploie pour tous les cas le mot d'*hybridation*. Créer des hybrides, quelles que soient les différences entre les plantes croisées, telle est l'expression courante en culture, où l'on va même parfois jusqu'à qualifier d'hybrides des variétés obtenues en dehors de la reproduction sexuée.

Nous suivrons, dans cet exposé, l'usage des praticiens; ceux-ci écrivent sur la matière, et parfois abondamment; pourquoi dire des métis de Blé (car ce sont, le plus souvent, des métis), alors que tout le monde ne parle que de Blés hybrides, etc. Mais nous aurons soin, à chaque fois, de bien indiquer s'il s'agit d'hybrides obtenus par le croisement de variétés appartenant ou non à la même espèce. D'autre part, un exposé successif du métissage et de l'hybridation chez les plantes aboutirait à des répétitions inutiles. Enfin, les caractères morphologiques qui servent à séparer les variétés et les espèces sont loin d'avoir toujours la même valeur, surtout en ce qui concerne les plantes cultivées, de sorte qu'on peut fort bien croiser des variétés plus différentes entre elles que ne le sont certaines espèces; il arrive même, dans la pratique, qu'après de nombreux croisements entre espèces et variétés suivis de croisements des produits obtenus avec les parents, il serait difficile d'employer avec justesse les mots de métis et d'hybrides. Au reste, de bons esprits, LECOQ, dans son ouvrage classique (*De la fécondation naturelle et artificielle des végétaux et de l'hybridation*, 1 vol., 2e édition, Paris, 1862); DE VRIES, le célèbre auteur de *Mutationstheorie*, n'hésitent pas à parler de races et de variétés hybrides, aussi bien que d'espèces hybrides.

C'est CAMERARIUS, le principal auteur de la démonstration de la sexualité chez les plantes, qui admit le premier l'existence de végétaux hybrides. (*Epistola ad D. Mich. Bern. Valentini de sexu plantarum*. Tubingue, 1694, in-6, p. 143.)

LINNÉ (*Amœnitates academicæ*, éd. Schreber, t. 1, p. 55) considérait le fait de l'hybridité comme démontré ; il signale dans ses ouvrages 36 exemples de plantes hybrides ; mais des recherches postérieures ont montré que sur le nombre de 36, deux ou trois seulement méritent ce qualificatif; ainsi, on sait pertinemment, depuis longtemps déjà, que le *Villarsia nymphoïdes* Vent. n'est pas un hybride de *Menyanthes trifoliata* L. et de *Nuphar luteum* L. ; on sait aussi que l'*Aquilegia canadensis* L. ne résulte pas de fécondation croisée entre *Aquilegia vulgaris* L. et *Fumaria sempervirens* L. C'est cependant à LINNÉ qu'on doit la première expérience directe d'hybridation ; en 1758, il féconda avec succès *Tragopogon pratense* L. par *Tragopogon porrifolium* L., et obtint des produits intermédiaires aux deux espèces.

Pendant vingt-sept ans, KŒHLREUTER s'occupa d'hybridation, et enrichit la science de découvertes fort intéressantes, dont plusieurs ont été confirmées par les auteurs modernes. (*Vorlaüfige Nachricht über das Geschlecht der Pflanzen*, I, 1763 ; II, 1764 ; III, 1766. *Mémoires de l'Académie de Saint-Pétersbourg*, 1775-1788.)

En 1821 et 1824, KNIGHT (*Transactions of the Horticultural Society of London*. Série I, IV, 367, et série I, V, p. 292), TREVIRANUS (*Vermischte Schriften*. Bremen, 1821, IV, p. 85. *Die Lehre vom Geschlechte der Pflanzen in Bezug auf die neuesten Angriffe erwogen*. Bremen, 1822), WIEGMANN (*Ueber die Bastarderzeugung im Pflanzenreiche*. Braunschweig, 1828), SAGERET (*Ann. Sc. Nat.*, 1, VIII, 1826), HERBERT (1837) vérifièrent et complétèrent les travaux de KŒHLREUTER. En 1849, GÆRTNER publia un important ouvrage (*Versuche und Beobachtungen über die Bastarderzeugung im Pflanzenreich*) où sont relatés les résultats de ses très nombreuses recherches.

Puis viennent les travaux de NAUDIN (*Annales des Sciences naturelles* (4), IX, 1858 ; XIX, 1863 ; et (5), III, 1865, de GODRON (*De l'espèce et de la race dans les êtres organisés*, 2 vol. Paris, 1859. *De l'hybridité dans les végétaux*. Nancy, 1844. *Ann. des Sc. Nat.* (4), XIX, 1863), de DARWIN (*Origine des espèces. Fécondation croisée et directe. De la variation des animaux et des plantes*), de LECOQ (*De la fécondation naturelle et artificielle des végétaux, et de l'hybridation*, 2e édition, 1 vol. Paris, 1862, de MENDEL (voir Loi de MENDEL), de VICHURA (*Die Bastardebefruchtung*, 1865), de NÆGELI, qui rassembla et compara les travaux des auteurs précédents (*Sitzungsber. der Akad. der Wiss.* Münich, 1865, 1866), de FOCKE (*Die Pflanzenmischlinge*. Berlin, 1881).

Des savants et des praticiens, par exemple les VILMORIN ; pour les plantes de grande culture, les plantes potagères et les fleurs de pleine terre ; MILLARDET, COUDERC, etc., pour la Vigne, ajoutèrent d'intéressantes observations aux connaissances accumulées sur l'hybridation.

Les recherches de MENDEL, récemment reprises par DE VRIES, furent le point de départ de nouveaux travaux sur l'hybridité (DE VRIES, *Espèces et variétés*, 1 vol. Paris, 1908. — CORRENS, *Bot. Zeit.*, 1900, 229. — TSCHERMAK, *Zeitsch. f. d. Landw. Versuch. Oesterr.*, 1900, 1901, 1902 et 1904. — FRUWIRTH, *Die Züchtung der landwirthschaftlichen Kulturpflanzen*, Berlin, 1905).

Nomenclature. — D'après les *Règles internationales de la Nomenclature botanique* règles adoptées par le Congrès de Vienne en 1905 (1 vol., Iéna, 1906), les hybrides d'espèces du même genre sont désignés par une formule ou par un seul nom. Le nom est toujours précédé du signe × ; dans la formule, on indique le mâle et la femelle, si on les connaît, par les signes ♂ et ♀ ; les noms des parents se suivent par ordre alphabétique. Ainsi on écrira × *Salix capreola* = *Salix aurita* × *Caprea* ; *Digitalis lutea* ♀ × *purpurea* ♂. Pour les hybrides combinés, on écrira, par exemple : × *Salix Strachleri* = *S. aurita* × *cinerea* × *repens* = *S.* (*aurita* × *cinerea* × *repens*).

Il en est de même pour les espèces de genre différents; l'hybride est toujours rattaché à celui des deux genres qui précède l'autre dans l'ordre alphabétique. Ainsi, × *Ammophila baltica* = *Ammophila arenaria* × *Calamagrostis epigeios.*

Quant aux hybrides de variétés de même espèce (métis), ils peuvent, eux aussi, être désignés par un nom et une formule. Les noms de ces hybrides sont intercalés à l'intérieur de l'espèce parmi les subdivisions de celle-ci, et précédés du signe ×. Dans la formule, les noms des parents se suivent encore par ordre alphabétique.

Limites de l'hybridation. Affinité sexuelle. — Le croisement des individus de même race ou de races différentes d'une même espèce réussit, en général, fort bien, et on le comprend d'après ce qui vient d'être dit plus haut sur la rareté relative de l'autofécondation.

Pourtant il est des cas où l'*affinité sexuelle* ne marche pas de pair avec une proche parenté systématique. C'est ainsi que, chez la Silène enflée (*Silene inflata*), la variété *alpina* ne se croise pas avec la variété *angustifolia ;* de même, la variété *latifolia* avec la variété *littoralis.*

Le croisement entre espèces est plus difficile qu'entre races. On a pourtant obtenu des hybrides de Cryptogames, par exemple entre *Fucus vesiculosus* et *F. serratus;* entre *Aspidium Filix-mas* et *A. spinulosum.* Mais c'est surtout chez les Angiospermes que le nombre des hybrides naturels ou artificiels est élevé. Certains systématiciens en décrivent des quantités dans les genres *Orchis, Epilobium, Carduus, Hieracium, Salix*, etc.; il faut toutefois remarquer que, pour la plupart d'entre eux, ces hybrides sont déclarés tels, non à la suite d'expériences de croisement, mais simplement à la suite d'un examen morphologique, ce qui est loin d'être toujours suffisant; le nombre des hybrides décrits est donc vraisemblablement exagéré.

Plusieurs familles se prêtent assez bien à l'hybridation ; ce sont les suivantes, selon Van Tieghem (*Traité de Botanique*, 2e édition, Paris, 1891, tome I) : Liliacées, Iridacées, Nyctagynacées, Lobéliacées, Solanacées, Scrofulariacées, Gesnéracées, Primulacées, Ericacées, Renonculacées, Passifloracées, Cactacées, Caryophyllacées, Malvacées, Géraniacées, Œnothéracées, Rosacées et Salicacées. Par contre, l'hybridation est impossible ou réussit difficilement chez les Graminées, Urticacées, Papavéracées, Labiacées, Crucifères, Légumineuses.

Dans une même famille, les espèces de certains genres sont faciles à hybrider entre elles, tandis que dans d'autres genres, l'hybridation est difficile. Ainsi, chez les Caryophyllacées, les Œillets (*Dianthus*) se croisent bien, et les Silènes (*Silene*) mal. De même chez les Scrofulariacées, pour les Molènes (*Verbascum*) et les Linaires (*Linaria*), ; chez les Solanacées, pour les Tabacs (*Nicotiana*) et les Morelles (*Solanum*).

Dans un même genre, on voit des espèces très voisines refuser de s'hybrider (*Anagallis arvensis* et *cærulea ; Primula elatior* et *P. officinalis*), tandis que d'autres, qui sont assez éloignées, se croisent bien (*Lychnis dioica* et *L. Flos-cuculi; Amygdalus communis* et *A. persica*).

En général, on ne constate et on n'obtient que des croisements de races ou d'espèces. Pourtant il existe des *hybrides de genre.* Ceux-ci sont, il est vrai, plus souvent stériles que les hybrides d'espèces. Citons parmi eux, chez les Mousses, les hybrides entre *Physcomitrium* et *Funaria ;* chez les Phanérogames, les hybrides entre *Lychnis* et *Silene*, entre *Rhododendron, Azalea* et *Rhodora*, entre *Rhododendron* et *Kalmia*, entre *Echinocactus, Cereus* et *Phyllanthus*, entre *Lolium* et *Festuca, Triticum* et *Secale, Triticum* et *Ægilops.* Dernièrement, en 1895 Veitch et fils, à Langley, ont obtenu un hybride entre le Poirier (*Pirus*) et le Cognassier (*Cydonia*).

Hybridation réciproque et non réciproque. — Si l'on croise deux variétés d'une même espèce, on obtient les mêmes résultats en prenant l'une ou l'autre des variétés comme mâle. Gærtner a souvent insisté sur ce fait qu'il est impossible à un œil exercé de dire, en examinant les produits du croisement, quels sont le père et la mère. S'il s'agit d'espèces ou de genres différents, la réciprocité est encore la règle, mais on connaît un certain nombre d'exceptions. C'est ainsi que *Fucus serratovesiculosus* s'obtient facilement, alors qu'on échoue toujours si l'on cherche à produire *F. vesiculososerratus.* De même, *Nicotiana paniculata* est fécondé facilement par *N. Langsdorfi*, *Mirabilis Jalapa* par *M. longiflora*, mais l'inverse n'a pas lieu. Godron a pu obtenir comme hybride *Ægilops triticoides* Req., en fécondant *Ægilops ovata* L. par le Blé; mais, en prenant le Blé comme femelle, il n'a obtenu aucun résultat.

D'après Godron, les caractères du type mâle s'imprègnent avec plus d'évidence sur les organes de la reproduction, surtout en ce qui concerne la couleur des corolles; les caractères du type femelle dominant au contraire chez les organes végétatifs. Pour la Vigne, Millardet admet l'influence prépondérante du père (hybrides franco-américains); ainsi, en fécondant un cépage européen par un américain, on obtient une très haute résistance au phylloxera, mais la fructification est insuffisante. Par l'opération inverse la fructification est bonne, mais la résistance a disparu en partie. Pour les Rosiers, Nietner prétend que l'influence prépondérante du père se fait sentir dans l'appareil végétatif et la couleur de la fleur.

L'hybridation chez les plantes hétérostylées. — Bien qu'il ne s'agisse pas ici d'hybridation proprement dite, mais d'un croisement entre fleurs différentes d'un même pied (*pollinisation indirecte*) ou de pieds différents de la même variété (*pollinisation croisée*), il est intéressant de constater dans ces cas des faits analogues à ceux qui dérivent du croisement de variétés ou d'espèces différentes. On compare alors les résultats de la *pollinisation croisée* à ceux de la *pollinisation directe* (fleur fécondée par son propre pollen) chez des plantes dont les fleurs ont les unes des étamines courtes et un pistil long (fleurs dolichostylées), les autres des étamines longues et un pistil court (fleurs brachystylées). Les recherches entreprises à ce sujet par Darwin, Scott, Hildebrand ont été reprises récemment par P. P. Richer (*Recherches expérimentales sur la pollinisation. Thèse de Doctorat.* Paris, 1905). La pollinisation croisée entre fleurs hétéromorphes s'est montrée toujours la plus efficace; elle a toujours produit le maximum de fruits et le maximum de graines. Par contre, les autres modes de pollinisation ont donné des résultats différents selon les espèces (*Linaria*, *Primula*, *Fagopyrum*, *Pulmonaria*, *Polygonum*). Avec la pollinisation croisée entre fleurs homémorphes, la fertilité est faible pour les fleurs brachystylées; mais elle est grande pour les fleurs dolichostylées; d'ailleurs, ces dernières sont un peu fécondes avec la pollinisation directe et indirecte, tandis que les fleurs brachystylées ne le sont pas du tout.

Caractères et postérité des hybrides. — A la première génération, les hybrides d'espèces sont semblables entre eux (Gærtner), tandis que les hybrides de variétés ne le sont point et présentent une population flottante. Nægeli est également de cet avis, et il exprime l'opinion que, plus les individus croisés sont éloignés, plus les hybrides sont uniformes et intermédiaires aux progéniteurs. Par contre Focke critique la règle de Gærtner et prétend que l'homogénéité des hybrides de première génération est sous la dépendance d'influences individuelles bien plus que du degré de parenté.

Focke admet en outre la règle d'Isidore Geoffroy Saint-Hilaire, d'après laquelle les caractères des parents se superposent chez les hybrides de variétés et se fusionnent chez les hybrides d'espèces. Cette question de la *fusion* et de la *disjonction* des caractères chez les hybrides est très controversée. En général, en effet, il semble que, au moins pour la couleur et quelques autres caractères, il y ait disjonction, superposition chez les produits du croisement de variétés. Mais Millardet trouve que chez la Vigne les caractères sont plutôt superposés que fusionnés quand on croise des espèces différentes.

Godron admet la fusion pour tous les hybrides; toutefois il a constaté que, quand une espèce à feuilles non décurrentes se marie avec une espèce du même genre à feuilles décurrentes, les hybrides ont, quant aux feuilles, les caractères de l'une ou de l'autre espèce et non des caractères mixtes.

Il montre également que la disjonction peut même aller très loin; on peut rencontrer sur le même individu des rameaux ayant les caractères hybrides et d'autres ressemblent à chacun des parents (*Cytisus Adami*, Orangers *Bizarria*, etc.). (Voir plus loin, p. 672, *Hybridation asexuelle*.) Pour Godron ces faits sont des exceptions et s'expliquent peut-être par une polyembryonie primitive, suivie de fusion d'embryons fécondés dans le même ovule par des pollens d'espèces différentes.

Darwin a montré que les hybrides de variétés ont une supériorité marquée sur les descendants directs de deux générateurs. Ces hybrides (*Ipomæa*, *Brassica*, *Petunia*, *Pisum*) ont des tiges plus hautes, sont plus volumineux, ont davantage de fruits et de graines; ils fleurissent plus tôt et sont plus rustiques. Les caractères acquis par hybridation se conservent chez les descendants directs pendant un grand nombre de générations (expérience arrêtée à 12 pour le Pois). Si l'on croise les hybrides entre eux, la supériorité acquise dès le début se conserve.

Ces observations s'appliquent dans une certaine mesure aux hybrides d'espèces voisines, surtout pour la vigueur, la longévité, la précocité, la beauté et le nombre des fleurs. Lecoq a cependant constaté des exceptions à cette règle générale. D'après lui les hybrides de *Mirabilis jalapa* et *M. longiflora*, à la seconde génération, donnent des boutons qui se dessèchent et tombent sans s'épanouir. Charles Morren cite des faits semblables pour les hybrides de *Hymenocallis disticha* et *H. rotata*. Lecoq croit trouver l'explication de ces anomalies dans la vigueur de ces plantes, la loi du balancement des organes voulant que les hybrides vigoureux par eux-mêmes, bien nourris et bien arrosés, développent leur appareil végétatif aux dépens de l'appareil reproducteur.

Cela nous amène à parler de la question si controversée de la fertilité des hybrides.

Gærtner a formulé à ce sujet une série de principes dont on a fait une loi qui porte son nom. D'après cette loi, les hybrides de variétés sont féconds; ceux d'espèces sont, soit féconds comme les générateurs (*Datura*, *Matthiola*, *Nicotiana*, *Begonia*, *Petunia*, *Linaria*), soit inféconds (*Verbascum*, *Digitalis*, certains *Nicotiana* et *Primula*); entre les deux dernières catégories il y a des intermédiaires; enfin les hybrides d'espèces éloignées sont presque toujours inféconds.

En général la stérilité est due à la partie mâle; le pollen avorte, ainsi que l'a montré pour la première fois Kœlreuter, ou bien les étamines se transforment en pétales (fleurs doubles); c'est même sur ce caractère que des botanistes et des praticiens se basent pour reconnaître si l'on a affaire à un hybride ou à une simple variété. Cependant on connaît des cas d'avortement de la partie femelle à la suite de l'hybridation. Bornet en a signalé au cours de ses recherches sur les *Cistus*.

D'après Lecoq, le développement du fruit, à la suite de l'hybridation, est ordinairement plus long que de coutume; mais souvent les graines manquent, ou bien elles sont incomplètes, dépourvues d'embryon; Gærtner a constaté que, dans des hybrides de Pavots, il n'y a que 5 ou 6 graines fertiles, alors qu'il y en a 2 000 et plus chez le Pavot somnifère.

Par contre, on sait qu'il est des plantes stériles par elles-mêmes, ne donnant pas de graines, qui en produisent au contraire grâce à l'hybridation. William Herber rapporte que *Zephiranthes carinata* et *Z. tubispatha* ne donnent point de graines dans la Grande-Bretagne; mais, si la seconde espèce est fécondée par la première, il s'en produit; il en est de même pour des espèces d'*Amaryllis*, de *Passiflora*, etc.

L'infécondité des hybrides d'espèces, considérée comme absolue par Knight, Lindley, de Candolle, n'a jamais été admise avec ce caractère même par Gærtner, ainsi que nous l'avons vu plus haut. Lecoq et Naudin admettent aussi qu'il y a peut-être plus d'hybrides fertiles que d'hybrides stériles; ils veulent démontrer que les hybrides fertiles ne font jamais souche d'espèces, au moins à l'état de nature.

Millardet, qui a longuement étudié les hybrides de Vigne franco-américains, constate que tous ces hybrides, quelle que soit leur complexité, même les hybrides quaternaires (hybrides combinés) sont parfaitement féconds, mais il ne voit là qu'une exception remarquable à la loi d'altération de la sexualité.

Godron, sans nier les résultats de Lecoq et Naudin sur les *Mirabilis*, *Petunia*, *Nicotiana*, *Linaria*, fait remarquer que la fécondité observée chez les hybrides de ces plantes, cultivés avec soin dans les jardins d'essais, n'existerait probablement pas dans les conditions naturelles.

Delage (*L'hérédité et les grands problèmes de la Biologie générale*, 1 vol., 912 p., Paris, 1903) fait remarquer qu'il n'y a pas de relation nécessaire entre la facilité du croisement et la fécondité; le mulet s'obtient facilement, dit-il, mais ne se reproduit pas; le léporide est très difficile à obtenir, mais est fécond.

Darwin, dans son *Origine des espèces*, déclare que, dans l'hybridation proprement dite, la stérilité est la règle, alors qu'elle est l'exception dans le métissage. Mais selon lui il faut distinguer la stérilité des produits hybrides due le plus souvent à l'avortement du pollen. Les causes intimes de ces avortements nous sont encore, comme du temps de Darwin, inconnues.

Les hybrides constituent-ils des types nouveaux parfaitement stables? NAUDIN affirme que non. Pour lui la Nature, qui a créé les espèces dont elle avait besoin, n'a que faire des hybrides qui ne répondent point à son plan; aussi les fait-elle disparaître en un petit nombre de générations, et quelquefois dès la première, en leur refusant la faculté de se reproduire.

Il y a chez les hybrides fertiles une grande tendance à l'*atavisme*, et cela explique par exemple que les plus belles variétés d'*Azalea*, de *Rhododendron*, de *Pelargonium* ne produisent par le semis que des formes très ordinaires et souvent moins belles que la plante qui a fourni la graine. Il faut alors soutenir ces belles variétés par des hybridations nouvelles et successives. L'atavisme est parfois très marqué; il vient, selon DE QUATREFAGES, attester le lien physiologique qui unit entre eux tous les descendants du premier croisement.

En ce qui concerne le premier croisement d'espèces, NAUDIN a constaté qu'avec *Primula officinalis* et *P. grandiflora* on a bien à la première génération des hybrides vrais, réellement intermédiaires, mais, à la deuxième génération, sur 9 plantes, 3 ressemblaient au père, 3 à la mère; un seul était hybride, et alors infécond. Dans ce cas l'hybride ne fait pas souche, mais bien *retour* spontané aux parents.

Quand, selon NAUDIN, l'hybride d'espèce est fécond (par exemple avec *Linaria vulgaris* et *L. purpurea*), les descendants à chaque génération se partagent en trois lots; l'un qui ressemble au père; l'autre, à la mère; le dernier étant à l'état de *variation désordonnée*, comprenant par conséquent des plantes qui ne se ressemblent pas entre elles et qui ne ressemblent pas davantage aux parents et au premier hybride issu de leur croisement.

L'hybride d'espèce ne fait donc pas souche à cause du retour et de la variation désordonnée. Selon DE QUATREFAGES, il faut distinguer le retour et l'atavisme, et ne pas confondre la variation désordonnée avec les oscillations que présentent les hybrides de races pendant quelques générations.

En effet, les oscillations finissent par disparaître, la race ne tarde pas à s'asseoir, alors que la variation désordonnée continue. D'autre part l'hybride qui, par atavisme, ressemble à un type ancestral paternel ou maternel, est hybride quand même, ainsi que le montre sa descendance. Avec le retour l'un des deux sangs est irrévocablement éliminé (DE QUATREFAGES, NAUDIN).

Nous verrons plus loin cependant que, d'après GODRON, un hybride trois quarts de sang de Blé et un quart de sang d'*Ægilops ovata* s'est maintenu longtemps fertile et identique à lui-même au Jardin botanique de Nancy; mais alors l'homme doit intervenir pour conserver cet hybride quarteron (*Ægilops speltæformis* d'ESPRIT FABRE dérivant lui-même d'un hybride demi-sang, *Ægilops triticoides* de REQUIEN). Selon GODRON l'*Ægilops speltæformis* disparaîtrait totalement, peut-être en une année, si on l'abandonnait à lui-même. Il est bon de dire en passant que les produits de croisement sont plus féconds avec l'une des formes parentes qu'entre eux.

L'opinion de QUATREFAGES et NAUDIN n'est pas partagée par tous les biologistes. FOCKE pense que, si les hybrides de *Primula auricula* et *P. hirsuta* ne se maintiennent pas indéfiniment, cela tient à la consanguinité étroite que l'on est réduit à pratiquer à cause du trop petit nombre d'individus soumis à l'expérience.

L'atavisme et le retour sont d'autant plus marqués, selon DARWIN et FOCKE, que les hybrides sont plus jeunes. LECOQ et GODRON pensent qu'avec la sélection on peut arriver à conserver certains types hybrides (*Mirabilis*, *Datura*, *Linaria*). Pour eux il peut se trouver dans la variation désordonnée des formes dominantes qui, fécondées entre elles, deviennent constantes.

A côté des tendances ataviques des hybrides il faut signaler des tendances tératologiques manifestes, tendances qui sont d'autant plus accentuées que les individus croisés sont plus éloignés les uns des autres. La perte de la sexualité, dont il a été question plus haut, le montre fort bien.

Loi de Mendel. — Mais, malgré ces recherches de KŒHLREUTER, GÆRTNER, HERBERT, LECOQ, VICHURA, NAUDIN, etc., on n'avait pu dégager, pour la formation et la descendance des hybrides, une loi s'étendant à tous les cas sans exception. C'est que, pour découvrir cette loi, il faut des expériences méthodiques portant sur un grand nombre d'invidus et poursuivies pendant un temps assez long.

Un moine autrichien, GREGOR MENDEL, eut l'audace d'entreprendre un travail de ce genre, et, après de longues et patientes recherches, il put communiquer en 1855 à la Société des Naturalistes de Brünn les importants résultats qui vont être exposés plus loin (G. MENDEL, *Versuche über Pflanzenhybriden, Verhandl. d. Naturforsch. d. Vereins zu Brünn*, 1865, pp.3-47).

MENDEL songea pour ses essais aux plantes de la famille des Légumineuses, dont la fleur est, comme on sait, tout à fait spéciale. Il fixa son choix sur les Pois (*Pisum*); certaines formes de Pois ont en effet des caractères constants; leurs hybrides sont à fécondité illimitée: en outre, comme il y a auto-fécondation avant l'épanouissement de la fleur, les dangers de pénétration par un pollen étranger ne sont pas à craindre, ce qui rend la culture pédigrée très facile. Ajoutons que ces plantes se cultivent sans difficulté, que la durée de la période de végétation est courte, que la fécondation artificielle, quoique minutieuse, réussit toujours avec un peu d'habileté et de soins.

MENDEL utilisa 22 types, sans se préoccuper de savoir si c'étaient des espèces ou des variétés, car, disait-il, « on a aussi peu réussi jusqu'à présent à établir une différence essentielle entre les hybrides des espèces et des variétés (métis) qu'à tirer une ligne de démarcation nette entre espèces et variétés. » Les caractères différentiels constants qui ont été envisagés étaient les suivants : forme des graines mûres; coloration de l'albumen de la graine; coloration de l'épisperme; forme de la gousse mûre; position des fleurs; longueur des tiges.

Or MENDEL avait déjà observé, grâce à des recherches faites sur des plantes d'ornement, que les hybrides ne tiennent pas exactement le milieu entre les espèces souches. Pour quelques caractères très frappants, comme la forme et la dimension des feuilles, la pubescence, etc., les hybrides sont bien réellement intermédiaires; mais pour beaucoup d'autres il n'en est plus ainsi. On observe en effet dans les produits du croisement qu'un de ces caractères d'un parent domine et efface pour ainsi dire celui qui lui est *opposé* dans l'autre parent.

C'est précisément ce que l'auteur a constaté dans ses hybrides de *Pisum* pour les sept caractères qui ont été indiqués plus haut. MENDEL appela caractères *dominants* ceux qui passent chez l'hybride complètement ou presque sans modifications, caractères *récessifs* ceux qui restent à l'état latent dans la combinaison. Cette expression de « récessif » a été choisie, parce que le caractère qui s'y rapporte s'efface ou disparaît chez les hybrides pour reparaître sans modification chez les descendants.

Les nombreux essais exécutés ont vérifié qu'il est indifférent que le caractère dominant appartienne à la plante femelle ou à la plante mâle, conformément aux lois de GÆRTNER.

En outre certains caractères, en se transmettant, se sont exagérés chez les descendants, comme par exemple la hauteur des tiges; d'autres se sont montrés, par suite de la xénie (voir plus loin) ou de la double fécondation, du premier coup, comme ceux qui tiennent à la configuration des grains, à la nature et à la couleur de l'albumen (en réalité des cotylédons, car la graine est ex-albuminée).

A la première génération des hybrides, les caractères récessifs réapparaissent à côté des caractères dominants, et cela dans la proportion remarquable de 1 à 3; de sorte que, sur 4 plantes de cette génération, 3 possèdent le caractère dominant, et un le caractère récessif : on ne constate pour les caractères envisagés *aucune forme de passage*.

Exemples : 1° *Forme des graines*. — 253 hybrides ont donné dans la deuxième année d'expériences (celle qui a suivi l'année où le croisement a été fait) 7324 graines parmi lesquelles 5474 étaient rondes ou arrondies, et 1750 ridées anguleuses. D'où l'on déduit le rapport $\frac{1}{2,96}$, très voisin, comme on le voit, de 1/3.

2° *Coloration de l'albumen* (en réalité des cotylédons). 258 plantes ont donné 8023 graines, dont 6022 jaunes, et 2001 vertes, soit un rapport de $\frac{1}{3,01}$.

Dans les deux expériences précédentes chaque gousse donne en général deux sortes de graines.

3° *Couleur de l'épisperme.* — Sur 924 plantes, 705 ont donné des épispermes brun-gris, 224 des épispermes blancs, soit un rapport de $\frac{1}{3,15}$.

4° *Forme des gousses.* — Sur 1 181 plantes, 882 ont donné des gousses à renflement uniforme, 299 des gousses étranglées, soit un rapport de $\frac{1}{2,95}$.

5° *Coloration de la gousse non mûre.* — Sur 580 plantes, 428 ont donné des gousses vertes, et 152 des gousses jaunes, soit un rapport de $\frac{1}{2,82}$.

6° *Position des fleurs.* — Sur 858 plantes, 651 avaient des fleurs axiales; 207 des fleurs terminales, soit un rapport de $\frac{1}{3,14}$.

7° *Longueur de l'axe.* — Sur 1 064 plantes, 788 avaient l'axe long; 277 l'axe court, soit un rapport de $\frac{1}{2,84}$.

On voit donc que le rapport moyen du nombre des formes à caractère récessif et à caractère dominant est en moyenne de 1 à 3.

A la seconde génération, toutes les plantes issues de la forme à caractère récessif présentent ce caractère récessif; ces formes étaient donc pures. Mais celles qui proviennent de la forme à caractère dominant se comportent comme les hybrides de première génération.

Ainsi, sur 565 plantes provenant de graines rondes de la première génération, 193 redonnent uniquement des graines rondes, sont pures par conséquent, et 372 donnent à la fois des graines rondes et des graines anguleuses.

On obtient un résultat de même ordre avec les caractères de coloration.

Mais, pour les 5 autres caractères, il faut opérer de la façon suivante. On choisit 100 plantes ayant dans la première génération le caractère dominant, et on sème 10 graines de chacune d'elles. On constate qu'en moyenne les descendants de 33 plantes n'ont que le caractère dominant et par conséquent sont pures, tandis que les descendants des 67 autres ont les uns (dans la proportion de 3/4) le caractère dominant, les autres (dans la proportion de 1/4) le caractère récessif.

Si donc on désigne le caractère dominant par A, le caractère récessif par a, et par Aa la forme hybride, l'expression $A^2 + 2Aa + a^2$ donnera la série des formes pour les descendants des hybrides de chaque couple de caractères différentiels.

Ces expériences confirment les conclusions de KŒLREUTER et de GÆRTNER, etc., d'après lesquelles les hybrides ont une tendance à retourner aux espèces souches.

On constate, écrit MENDEL, que le nombre des hybrides qui proviennent d'une fécondation diminue d'une façon marquée de génération en génération par rapport à celui des formes devenues constantes et de leurs descendants, sans que toutefois ces hybrides puissent disparaître. Si l'on admet en moyenne, pour toutes les plantes de toutes les générations, une fécondation également grande (par exemple 4 graines par plante); si l'on considère d'autre part que chaque hybride produit des graines dont une moitié seulement redonne des hybrides, le tableau suivant permettra de voir quelles sont pour une génération donnée les quantités de plantes pures et hybrides, en supposant que chaque plante donne 4 graines :

Génération.	Formes			Rapports
	A	Aa	a	A : Aa : a
1	1	2	1	1 : 2 : 1
2	6	4	6	3 : 2 : 3
3	28	8	28	7 : 2 : 7
4	120	16	120	15 : 2 : 15
5	496	32	496	31 : 2 : 31
n	»	»	»	$2^n-1 : 2 : 2^n-1$

Ainsi, à la 10e génération, $2^n - 1 = 1023$. Par suite, pour 2048 plantes, il y en aura 2 seulement qui seront hybrides, tandis que 1023 seront pures avec le caractère dominant, et 1023 avec le caractère récessif.

Mendel a ensuite cherché à voir si sa loi s'appliquait au cas où les deux plantes croisées diffèrent par plusieurs caractères, chacun d'eux étant dominant dans une plante, et récessif ou latent dans l'autre. Il a constaté alors que la forme des hybrides se rapproche constamment de celle des deux plantes souches qui a le plus grand nombre de caractères dominants.

Si par exemple la plante femelle a un axe court, des fleurs blanches terminales et des gousses à renflement continu; si de son côté la plante mâle a un axe long, des fleurs rouge violacé axiales et des gousses étranglées, l'hybride ne rappelle la plante femelle que par ses gousses; pour les autres caractères il coïncide avec la plante mâle. Si l'une des plantes souches n'a que des caractères dominants, l'hybride ne peut alors être distingué que peu ou pas du tout.

Les expériences de Mendel ont porté :

1° Sur des plantes qui différaient par la forme des graines et la coloration de l'albumen;

2° Sur des plantes qui différaient par la forme des graines, la coloration de l'albumen et la couleur de l'épisperme.

Prenons, pour ne pas trop compliquer l'exposé, des plantes qui diffèrent par deux caractères seulement, et appelons A, B, les caractères de la plante femelle et *a*, *b*, ceux de la plante mâle. Désignons alors par :

AB la plante femelle,	*ab* la plante mâle.
A la forme ronde,	*a* la forme anguleuse,
B l'albumen jaune,	*b* l'albumen vert.

Après l'hybridation les graines sont rondes et jaunes.

Les plantes qui en dérivent donnent des graines de 4 sortes qui se trouvent ensemble dans la même gousse; 15 plantes donnèrent en tout 556 graines, dont

315 jaunes et rondes,
101 anguleuses et jaunes,
108 rondes et vertes,
32 anguleuses et vertes.

Toutes ces formes ont été semées l'année suivante. Parmi les graines rondes et jaunes, 11 ne levèrent pas; 3 n'arrivèrent pas à fructification. Parmi les plantes restantes :

38 avaient des graines rondes et jaunes AB,
65 — — — — jaunes et vertes AB*b*,
60 — — — — — et anguleuses et jaunes A*a*B,
138 — — — — — et vertes, anguleuses, jaunes et vertes A*a*B*b*.

96 plantes provenant des graines anguleuses arrivèrent à fructification :

28 n'avaient que des graines anguleuses et jaunes *a*B,
66 des graines anguleuses, jaunes et vertes *a*B*b*.

Sur 108 graines rondes et vertes, 102 donnèrent des fruits :

35 n'avaient que des graines rondes et vertes A*b*,
67 des graines vertes, rondes et anguleuses A*ab*.

Les graines vertes et anguleuses donnèrent 30 plantes constantes *ab*.

Les descendants des hybrides se présentent donc sous 9 formes différentes AB, A*b*, *ab*, qui ont des caractères constants et ne changent plus dans les générations suivantes; AB*b*, *a*B*b*, A*a*B, A*ab*, constants par un caractère, hybrides par l'autre et ne variant dans les générations suivantes qu'en ce qui touche ce dernier; chacune d'elles apparaît en moyenne 65 fois. La forme A*a*B*b* se trouve 138 fois; elle est hybride par ses deux caractères et se comporte exactement comme les hybrides dont elle provient.

Si l'on compare le nombre des formes dans les 3 subdivisions, on a le rapport moyen 1, 2, 4.

Ces formes sont donc représentées par l'expression :

$$AB + Ab + aB + ab + 2ABb + 2aBb + 2AaB + 2Aab + 4AaBb$$

expression qui est précisément donnée par le produit :

$$(A + 2Aa + b) \times (B + 2Ba + b).$$

Là encore par conséquent les caractères différentiels se comportent tous de la même façon en combinaison hybride. La moitié des descendants de chaque couple de caractères différentiels est également hybride; l'autre moitié est constante; elle se divise en deux groupes égaux, possédant, l'un, le caractère de la plante femelle; l'autre, celui de la plante mâle.

MENDEL chercha à donner une explication de ces faits. Pour prendre le cas le plus simple, il admet que, par suite de la disjonction dans l'ovaire des hybrides, il se forme autant d'osphères ayant le caractère du mâle que d'osphères ayant le caractère de la femelle; de même pour les anthères et le pollen. En sorte qu'on peut avoir les combinaisons suivantes dans l'auto-fécondation de ces hybrides, si l'on désigne par A et *a* les formes à caractères différentiels constants, et par A*a* la forme hybride.

Gamète mâle	A	A	*a*	*a*
	↓	⨯		↓
Gamète femelle	A	A	*a*	*a*

Le calcul des probabilités exige en effet que chacune des formes de pollen A et *a* se conjugue un même nombre de fois à chacune des formes d'osphère A et *a*. On voit tout de suite qu'il y a deux formes pures, dont une identique à la plante mâle, et une autre identique à la plante femelle, et deux formes hybrides, c'est-à-dire $A^2 + 2\,Aa + a^2$; c'est précisément là l'expression à laquelle nous étions arrivé plus haut.

DE VRIES, CORRENS, TSCHERMAK ont repris toutes ces recherches; ils sont arrivés aux mêmes conclusions, mais ils ont essayé de préciser la portée de la loi de MENDEL et de voir dans quels cas elle s'applique.

Selon DE VRIES, cette loi ne peut se vérifier que dans ce que MAC FARFALE a appelé en 1892 les *croisements bisexuels*, c'est-à-dire ceux qui se forment entre plantes ayant le même nombre de caractères dont plusieurs se ressemblent et les autres ne diffèrent que par une question de degré d'activité, non de nature. Il montre que ces croisements ne peuvent se manifester qu'entre les variétés et les espèces dont elles dérivent; car les variétés ne diffèrent de ces dernières que par la disparition d'un ou de plusieurs caractères (*régressifs*) ou plus rarement par la réapparition de caractères perdus (*dégressifs*). Les caractères perdus chez une variété sont *latents*, et correspondent à ceux qui existent dans la variété dont elles dérivent ou qu'elles ont engendrée. S'il s'agit de deux espèces dérivées, les différences résultent d'un ou plusieurs caractères acquis (*progressifs*); ces caractères de l'espèce dérivée n'ont pas leurs analogues dans l'espèce mère; pour eux les croisements sont dits *unisexuels*, et ne suivent pas la loi de MENDEL.

Avec des croisements bisexuels la fertilité ne peut diminuer, tous les caractères se correspondent 2 à 2, sans causer aucun trouble; la réciprocité dans la fécondation ne peut produire des hybrides différents, et l'hybride doit avoir les caractères du parent qui a les caractères *actifs* ou *dominants*.

DE VRIES a hybridé *Chelidonium majus* et sa variété *laciniatum*, *Lychnis vespertina* et sa variété glabre, le Maïs amylacé et le Maïs sucré, le Pavot à tache noire et celui à tache blanche, *Datura tatula* à fruits épineux et à fleurs bleues et *Datura Stramonium inermis* sans épines et à fleurs blanches, etc.

Le même auteur a montré que la tricotylie et la syncotylie sont des caractères récessifs par rapport à la bicotylie normale : la polyphyllie, la panachure des feuilles, la duplicature des fleurs, la polycéphalie sont des caractères récessifs .

D'après BIFFEN, l'absence de barbes, l'avortement des épillets latéraux de l'Orge sont des caractères dominants (*Roy. Hort. Soc. of London*, 1906. *Congrès de l'hybridation*).

La loi de MENDEL n'est pas, comme plusieurs l'ont cru, le fil conducteur qui permet de se guider infailliblement dans le labyrinthe de l'hybridation. Ses explications sont limitées; seuls, nous l'avons vu, certains caractères sont justiciables d'elle; quand ces caractères n'existent pas dans les espèces croisées, elle n'est d'aucun secours ; s'ils existent seuls, elle explique très bien les propriétés morphologiques des hybrides. Mais il arrive souvent que dans la pratique les formes croisées possèdent des caractères régressifs et progressifs, en sorte que les hybrides ne présentent que pour les premiers la *dissociation mendélique*, tandis que pour les seconds ils obéissent aux lois des croisements unisexuels.

Cette dissociation s'explique grâce aux *pangènes* ou *particules représentatives* de qualités des espèces et variétés. Ces pangènes sont groupés dans les chromosomes du filament nucléaire; ils peuvent s'échanger quand ils sont de même nature et se correspondent 2 à 2, ce qui a lieu avec les caractères régressifs ou dégressifs, non avec les caractères nouveaux, progressifs, qui existent chez une plante sans avoir leur semblable dans l'autre et provoquent alors la formation d'hybrides constants, sans disjonction. (De Vries, *loc. cit.* et *Sur les unités des caractères spécifiques et leur application à l'étude des hybrides; Revue générale de Botanique*, xii, 1900; 257. *Sur la relation entre les caractères des hybrides et ceux de leurs parents : ibid.*, xv, 1903, 241.)

Hybrides dérivés. — Si l'on croise deux races d'une même espèce, et que le produit obtenu soit à son tour croisé avec une plante d'une autre race de la même espèce, on obtient un *hybride dérivé*. Or le croisement avec une autre race et une autre espèce peut être fait, non après la première génération, mais après la neuvième génération hybride ; le produit obtenu est encore un hybride dérivé. Dans ce cas, le nouveau croisement qui reproduit la dérivation a, par rapport aux croisés et à leurs descendants directs, les mêmes effets que le croisement primitif par rapport aux parents et à leurs descendants directs.

Ainsi, à la neuvième génération, un hybride de deux races d'*Ipomœa purpurea* est croisé avec une autre race d'Ipomée, et on a un hybride dérivé. Cet hybride, par exemple, a sur ses deux parents, dont l'un est déjà hybride, une certaine supériorité de taille et de fécondité ; or cette supériorité est la même que celle du premier hybride vis-à-vis de ses deux générateurs. Comme cette supériorité, acquise du premier coup, se maintient dans la descendance directe des hybrides comparés à la descendance directe des générateurs, on peut dire dans le sens ci-dessus que, à la neuvième génération, les hybrides simples d'Ipomée reproduits entre eux sont dans le même état d'infériorité vis-à-vis de l'hybride dérivé de première génération que les descendants directs des parents de l'hybride simple le sont vis-à-vis des descendants de cet hybride même. On peut donc admettre que l'effet du croisement de deux plantes différentes est, en ce qui concerne certains effets, indépendant des croisements antérieurs.

Lorsqu'on croise un hybride de deux espèces avec l'une de celles-ci, on obtient aussi un hybride dérivé. En répétant l'opération, c'est-à-dire en croisant ce dernier avec la même espèce, et ainsi de suite pour les hybrides dérivés successifs, on arrive, après un certain nombre de générations, à retrouver cette espèce, comme l'avaient déjà démontré Kœhlreuter, et surtout Wiegmann ; l'hybride disparaît; il est, comme on dit, absorbé ; et, si l'hybride simple était dysgénésique, ses successeurs, dérivés, sont devenus, plus ou moins rapidement, eugénésiques, selon l'expression employée dans ce système, qui est identique au croisement continu des éleveurs, sauf qu'il porte sur des espèces différentes, au lieu de porter sur des races distinctes de la même espèce.

Ainsi l'hybride de *Dianthus chinensis* et *Dianthus caryophyllus* donne, par croisement continu avec ce dernier, des hybrides dérivés qui lui font retour après trois ou quatre générations ; mais, si le croisement continu se fait avec *D. chinensis*, il faut six générations pour que le retour ait lieu. On pourrait peut-être en conclure que la puissance d'hérédité de l'Œillet girofle est à celle de l'Œillet de Chine comme 5 est à 3.

Il en est de même pour les hybrides de genre, comme le montre, notamment, la question autrefois si débattue des hybrides de *Triticum* et d'*Ægilops*, ou encore de l'origine du Blé.

En 1853, Esprit Fabre, horticulteur à Agde, annonça qu'il avait trouvé la preuve que le Blé dérive de l'*Ægilops ovata*, Graminée sauvage très commune dans le Midi. (Esprit Fabre. *Des Ægilops du Midi de la France et de leur transformation*, *Mémoires de l'Aca-*

démie des Sciences et des Lettres de Montpellier, 1853. — F. DUNAL. *Courte introduction au travail de* M. ESPRIT FAURE *sur la métamorphose des Ægilops en Triticum.*) FAURE croyait qu'*Ægilops ovata* se transforme en *Ægilops triticoïdes* Req., puis en *Æ. speltæformis* Dun., et enfin en Blé. Or, l'*Æ. triticoïdes*, qui avait été distingué pour la première fois par REQUIEN, en 1821, près d'Avignon, et en 1824, près de Nîmes, est stérile par la partie mâle. GODRON a montré qu'il résultait de l'hybridation entre l'Ægilops et le Blé, et le fait a été vérifié, en 1856 et en 1857, par REGEL, en Allemagne; VILMORIN et GROENLAND, à Paris; PLANCHON, à Montpellier. GODRON a fait voir également qu'en fécondant par le Blé *Ægilops triticoïdes*, on obtenait *Ægilops speltæformis*, qui, lui, est fécond au moins après quelques années. Les graines qui donnent cette forme se rencontrent donc dans la nature sur *Æ. triticoïdes;* mais, en semant les graines de *Æ. speltæformis*, on obtient la même forme que COSSON considère comme une espèce véritable créée par hybridation dérivée, tandis que GODRON la tient simplement pour un hybride fécond incapable de subsister sans le secours de l'homme.

GODRON a constaté, en outre, que, si, au lieu de féconder *Æ. speltæformis* par le Blé d'Agde, on le féconde par d'autres espèces ou races de Blé, on obtient le retour des produits au type paternel à la troisième génération; retour incomplet, il est vrai, en ce sens que les plantes produites sont cette fois stériles, ou peu fécondes.

C'était, d'ailleurs, une conviction profonde chez GODRON que les phénomènes de retour aux parents, observés par NAUDIN, étaient probablement dus à la fécondation des hybrides par les parents, à l'insu de l'expérimentateur.

Hybrides combinés. — Si l'on croise un hybride issu de deux plantes A et B avec un autre issu de deux autres plantes C et D, on obtient un hybride combiné. De même, s'il s'agit d'un hybride fécond de deux espèces croisé avec une troisième espèce, ou avec un hybride de deux autres espèces.

Avec des races d'une même espèce, l'hybride combiné porte en lui, apparents ou latents, les caractères des quatre races qui ont servi à le former, mais on ignore dans quelle mesure il est supérieur aux descendants directs de ses deux parents, qui, eux-mêmes, sont déjà hybrides.

Avec des espèces d'un même genre, l'hybride combiné a une tendance à être stérile, et il est généralement fort variable. VICHURA a pu faire des hybrides combinés de Saules, dans lesquels entraient jusqu'à huit espèces. Un certain nombre de cépages utilisés pour la reconstitution du vignoble détruit par le Phylloxera ne sont pas autre chose que des hybrides combinés; ainsi, le *Jacquez* est un hybride des *Vitis æstivalis, cinerea* et *vinifera;* de même pour l'*Herbemont.*

Faux hybrides. — En 1894, MILLARDET (*Note sur l'hybridation sans croisement, ou fausse hybridation. Mém. Soc. Sc. phys. et nat. de Bordeaux* (4), a montré que les hybrides entre espèces diverses de Fraisiers (*Fragaria elatior, vesca,* etc.) peuvent ressembler complètement soit au type paternel, soit au type maternel, et il a donné à ce phénomène le nom de *fausse hybridation.* En croisant *Vitis rotundifolia* et *V. vinifera, V. vinifera* et *Ampelopsis hederacea,* il se produit aussi de la fausse hybridation: lorsque *V. rotundifolia* donnait le pollen, il se formait des faux hybrides ressemblant à des *vinifera;* dans le cas inverse, on avait des hybrides ordinaires. Avec le pollen d'*Ampelopsis,* on a également des faux hybrides ressemblant encore à des *vinifera;* le croisement inverse ne donne rien (MILLARDET, *Note sur la fausse hybridation chez les Ampélidées. Revue de viticulture, 21 décembre 1901*). — CORRENS (*Neue Untersuchungen auf dem Gebiete der Bastardungslehre,* 1901, 1902, *Bot. Centr.,* 1903, p. 487), et GIARD, *Parthénogénèse de la macrogamète et de la microgamète chez les organismes pluricellulaires* (*Cinquantenaire de la Soc. de Biologie, vol. jubilaire, 1899,* 654-657, et *Les faux hybrides de* MILLARDET *et leur interprétation* (*B. B.,* 1903, p. 779-782), admettent qu'il s'agit de *pseudogamie,* au sens où FOCKE l'entendait dès 1881 (FOCKE, *loc. cit.*); ou bien de *fécondation végétative,* pour employer l'expression de STRASBURGER, le pollen mettant en jeu l'*embryogénèse* sans *amphimyxie,* c'est-à-dire provoquant, par influence cinétique ou chimique, la formation et le développement de l'œuf sans qu'il y ait mélange de gamètes. GIARD (*Dissociation de la notion de paternité, B. B.,* 1903, 497). Dans ce cas, le faux hybride ressemble à la mère. Mais l'inverse peut avoir lieu; la microgamète pouvant se développer parthénogénétiquement dans le sac embryonnaire, et donner un faux hybride ressemblant au père. Dès 1899, MILLARDET avait accepté cette interprétation dans une lettre écrite à GIARD, lettre que ce dernier a publiée en 1903 (*loc. cit.*).

Xénie. — A la suite d'une fécondation croisée entre variétés ou espèces différentes, il arrive que non seulement l'embryon qui résulte d'un œuf hybride est hybride lui-même, mais encore que les tissus voisins de l'embryon (albumen de la graine, et même jusqu'au péricarpe du fruit) soient modifiés dans leur structure, et participent plus ou moins des caractères de la variété ou de l'espèce mâle qui a fourni le pollen. FOCKE a donné à ce phénomène le nom de *xénie* (*xenos*, étranger). La xénie correspond, comme on le voit, à la télégonie chez les animaux. Comme cette dernière, elle a été souvent mise en discussion ; un grand nombre de cas, qu'on considérait comme devant lui être attribués, sont douteux, car ils peuvent s'expliquer tout aussi bien par la variation constatée en dehors de toute hybridation. Cependant il y en a un certain nombre que l'on est obligé de considérer comme tels, et ce sont ceux-là que nous allons passer en revue.

Tout d'abord il en est qui s'expliquent très bien, à l'heure actuelle, par le phénomène de la double fécondation, découvert, il y a quelques années seulement, par NAWASCHINE et GUIGNARD. On comprend, en effet, que l'albumen soit hybride, puisqu'il provient lui-même d'une fécondation par le second anthérozoïde du boyau pollinique ; si cet albumen a des caractères spéciaux de couleur, de structure, de composition chimique, on pourra voir, tout de suite après la fécondation, s'il possède les caractères de celui de la plante mâle. Il est vrai que ce n'est plus de la xénie ; mais, avant la découverte de la double fécondation, cela ne pouvait s'expliquer que par une influence à distance du boyau pollinique, et, par conséquent, devait être rangé parmi les cas de xénie. GIARD fait remarquer, en 1903 (*B. B.*, 497), qu'on pourrait concevoir un embryon et un albumen provenant de pollen d'espèces ou de variétés différentes. Mais SWINGLE et WEBBER affirment que, jusqu'en 1897, aucun fait précis ne permet de supposer qu'une telle hypothèse s'est jamais réalisée.

On sait depuis longtemps, par exemple, que des Maïs à grains noirs peuvent donner des grains noirs l'année même de la fécondation croisée (DE VILMORIN, DE VRIES, CORRENS). Or c'est l'albumen qui est coloré dans les grains ; il est donc devenu réellement hybride à la suite du croisement.

Il en est de même pour les Maïs sucrés à grains riches fécondés par des Maïs amylacés.

Des faits analogues ont été observés depuis longtemps, vérifiés ensuite par GÆRTNER, sur les Pois blancs fécondés par des Pois de couleur. Là, il ne s'agit de xénie proprement dite que dans le cas où la coloration est produite par l'épisperme, le développement de ce dernier étant consécutif à la fécondation, mais n'en résultant pas d'une façon directe, comme l'albumen. GAGNEPAIN (*Bull. Soc. Bot. Franc.*, 3e série, III ; 129-139) a obtenu, en effet, que les grains du *Lychnis diurna*, fécondés par le *Lychnis vespertina*, sont colorés en gris cendré, et non en jaune fauve, comme dans l'espèce pure.

Mais on a cité un certain nombre de cas où la xénie s'est étendue au fruit lui-même, et c'est bien là la xénie proprement dite.

TILLET DE CLERMONT-TONNERRE (*Mém. Soc. Linn. Paris*, III, 166, 1825) affirme que le célèbre Pommier de Saint-Valéry, stérile par avortement de ses étamines, donnait, lorsqu'il était fécondé par telle variété de Pommier, des fruits rappelant par la taille, la couleur et la saveur, ceux de cette dernière.

MAXIMOWICZ (*Bull. Acad. Saint-Pétersbourg*, XVII, 275, 1872), fécondant *Lilium tubiferum* par *Lilium dauricum*, obtenait, chez le premier, des capsules semblables à celles du second ; la fécondation inverse donnait des résultats analogues.

LAXTON (*Gardener's Chronicle*, 1854, 304), en croisant le grand Pois sucré avec le Pois à cosses pourpres, aurait obtenu des gousses maculées de pourpre ; GALLESIO (*Traité du Citrus*, 1811), fécondant l'Oranger par le Citronnier, a vu se développer une orange dont la peau présentait une bande longitudinale ayant le caractère de celle du citron. La xénie vraie, admise par GÆRNER dès 1729, puis, plus tard, par BERKELEY, démontrée par GALLESIO et LAXTON, aurait été observée aussi de façon certaine par GILTAY, sur le Riz.

D'autre part il est admis, chez les horticulteurs, que la xénie est manifeste chez les Cucurbitacées cultivées; une variété fécondée par une autre ne conserve plus ses qualités propres de saveur. Leclerc du Sablon, qui a fait des fécondations croisées des Cucurbitacées et a analysé les fruits obtenus, a constaté que, si l'apparence extérieure des fruits n'est pas changée, la composition chimique est modifiée; on ne trouve plus les proportions habituelles de matières de réserve. La culture soignée des Cucurbitacées exige donc la fécondation artificielle afin d'éviter les pollens étrangers qui abâtardiraient les races.

Enfin, dans le monde viticole, l'opinion est répandue d'après laquelle une variété à raisins blancs fécondée par une variété à raisins noirs donnerait des raisins noirs, blancs ou panachés; l'inverse n'aurait pas lieu, c'est-à-dire qu'il n'y aurait jamais décoloration des raisins noirs. Millardet (*loc. cit.*) admet ces faits, pour lui scientifiquement établis par Henry Bouschet et son père, créateurs des hybrides fameux qui portent leur nom et aussi par un ampélographe éminent, le baron Antonio Mendola. Mais il remarque que cette xénie ne se produit qu'à la suite du croisement de variétés de même espèce et qu'elle n'a jamais lieu pour la Vigne quand on croise des espèces différentes. Viala et Pacottet, fécondant régulièrement dans les serres le Muscat d'Alexandrie et le Bicane, deux variétés coulardes de *Vinifera*, par le pollen d'Aramon-Rupestris Ganzin (hybride franco-américain) ou le Frankenthal (*Vinifera*), ne constatent jamais le phénomène de la xénie pas plus dans la forme que dans la couleur et le goût.

Au reste cette question de la xénie est encore bien obscure. Le célèbre Knight, malgré de nombreuses recherches, n'a pu le mettre en évidence. Lecoq n'a pas été plus heureux. Griffon ne l'a pas constaté en croisant des espèces de *Solanum*, de *Lycopersicum* et de *Capsicum* (*Bull. Soc. Bot. France*, 1908). De même Bunyard qui a expérimenté sur les Maïs, les Haricots, les Pois, les Pêches, les Pommes (*Roy. Hort. Soc.*, 1907). Enfin, dans les vergers, les arbres fruitiers donnent bien les fruits de leur variété malgré la fécondation croisée; il est vrai de dire cependant que des pomologistes distingués (Liron d'Airolles, etc.) admettent dans ce cas son existence.

Mais, si elle existe réellement dans certains cas, comment l'expliquer? Haacke admet que, à la suite de la fécondation croisée, l'œuf hybride agit par les substances nouvelles qu'il contient sur les tissus voisins, et de proche en proche sur ceux du péricarpe, qui, comme on le sait, deviendra le fruit. Cela ferait comprendre (?) que les changements dus à la xénie soient presque toujours des changements non de forme, mais de coloration.

Les hybrides dans la culture et dans la nature. — Le nombre des hybrides créés par les praticiens et les botanistes, par les premiers surtout, est considérable. Tous ne présentent pas, est-il besoin de le dire, un grand intérêt; mais la quantité de ceux qui sont retenus par la culture est encore énorme. C'est par l'hybridation qu'on a obtenu tant de belles formes parmi les plantes de pleine terre et de serre, tant de variétés de Céréales, tant de cépages qui nous ont permis de reconstituer le vignoble après l'invasion phylloxérique. Bradley, dès 1716, attribuait à l'hybridation par les vers et les insectes les variétés d'Auricules, et Linné, en 1744, les variétés de Tulipes et de Choux. Et qui n'a entendu parler des hybrides de Roses, de Bégonias, de Pélargoniums, de Chrysanthèmes, de Dahlias, de Tabacs, de Glaïeuls, de Tulipes, d'Orchidées, de Blés, de Vigne, etc.? Et sous ce rapport la pratique est loin d'avoir dit son dernier mot.

Dans la nature, grâce à la facilité de la fécondation croisée, de nombreux hybrides se produisent, sans que l'homme intervienne. Les botanistes herborisants sont souvent aux prises avec des hybrides de *Dianthus*, de *Cistus*, d'*Epilobium*, de *Rubus*, de *Cirsium*, d'*Hieracium*, de *Mentha*, de *Salix*, d'*Orchis*, etc. Il est bon d'ajouter toutefois que la nature hybride de beaucoup de formes, considérées comme telles, n'est pas démontrée expérimentalement, et il est probable que des essais en ramèneraient plusieurs au rang de pures variétés. Il en est même qui sont certainement de bonnes espèces malgré leur nom; tel est *Chenopodium hybridum* que Linné considérait à tort comme résultant du croisement entre *Chenopodium album* et *Datura Stramonium*, deux plantes rudérales bien éloignées au point de vue systématique (voir Schiede, *De plantis hybridis sponte natis*. Cassel, 1825).

Technique de l'hybridation. — Nous ne nous étendrons pas longuement sur ce point qui sort un peu du cadre de cet article. Au reste une longue pratique, un certain tact, de l'habileté manuelle font plus que tous les renseignements les plus précis et les plus circonstanciés. On trouvera cependant dans LECOQ (*De la fécondation naturelle et artificielle des végétaux et de l'hybridation*, 1 vol., 425 pp. Paris, 1862), MILLARDET (*Essai sur l'hybridation de la Vigne*. 1 br., 42 pp. Paris, 1891), DE VILMORIN, FRUWIRTH (*Die Pflanzenzüchtung*, Berlin, 1905), des indications fournies par des hommes compétents et que les ouvrages récents sur la matière donnent à nouveau, mais en les obscurcissant le plus souvent. Ces indications ont trait au choix des plantes à hybrider en vue de telle ou telle combinaison, à la préparation des sujets, à la castration des fleurs à féconder, à la protection des fleurs castrées, à la récolte du pollen et à sa conservation. à la pollinisation elle-même, aux instruments à employer, à l'époque des opérations, aux soins à donner dans la suite, etc. L'ouvrage de MILLARDET ne traite que de la Vigne, et les écrits de VILMORIN ne se rapportent qu'aux Graminées; celui de FRUWIRTH envisage le cas des plantes de grande culture; mais dans LECOQ il est question de toutes les familles de plantes intéressant l'Horticulture et l'Agriculture.

Hybridation asexuelle. — En général il est admis qu'il n'y a pas d'hybridation possible en dehors de la reproduction sexuée. Cependant certains auteurs contemporains ont repris les idées de DARWIN sur la possibilité de mélanger par la greffe les caractères de deux variétés, de deux espèces ou de deux genres de façon à faire naître des bourgeons susceptibles de donner des pousses hybrides. Il y aurait donc une *hybridation asexuelle* ou *par greffe*.

Dans son grand ouvrage sur la variation, DARWIN a accumulé un certain nombre de faits et d'observations de nature à étayer cette théorie. DARWIN citait déjà entre autres les cas du *Cytisus Adami* et des *Bizarria* auxquels on a ajouté depuis le Néflier de Bronvaux et quelques autres beaucoup moins caractéristiques.

Le Cytise d'Adam est un arbre des plus curieux qui a le port de *Cytisus Laburnum* sur lequel on le multiplie par greffage, mais dont les feuilles sont plus petites, glabres, et qui donne des grappes de fleurs rose pourpre; les gousses sont toujours stériles, alors que le pollen est fertile. Sur les rameaux de cet arbre se développent des ramilles ou de fortes branches de *Cytisus Laburnum* pur avec ses grandes grappes pendantes d'un beau jaune et des touffes du buissonnant *Cytisus purpureus* à petites feuilles trifoliées glabres et à fleurs pourpres isolées. On a, sans preuves, avancé que cet hybride singulier, qui présente à un si haut point la disjonction des caractères et le retour aux formes qui l'ont engendré, était né vers 1825 à la suite du greffage d'un écusson de *C. purpureus* sur *C. Laburnum*. Mais les milliers de greffes analogues exécutées depuis n'ont jamais reproduit cet hybride; de plus STRASBURGER (*Pringsheims Jahrbücher*, 1905) a montré récemment que le *Cytisus Adami* se comporte, au point de vue du nombre des chromosomes dans ses cellules végétatives, comme un hybride sexuel ordinaire.

Les *Bizarria* ont été longuement décrites et bien figurées dans le *Nouveau Duhamel*, dans GALLESIO (*loc. cit.*), dans RISSO et POITEAU. Ce sont des arbres qui donnent des fruits rappelant tantôt la Bigarade, tantôt le Citron, ou bien des fruits composites qui rappellent à la fois les deux formes. Ces Bizarria sont très rares; il en existerait un spécimen actuellement à l'École d'Horticulture de Florence. On a avancé, sans preuve également, que les Bizarria ont pour origine un pied de Bigaradier greffé en 1644 par un jardinier de Florence sur le Citronnier. Ce pied aurait rejeté des rameaux hybrides qui seraient la souche des Bizarria actuelles. Or là encore les caractères cytologiques ne sont pas en faveur d'une hybridation asexuelle, et on n'est pas du tout sûr que les choses se soient passées comme certains le racontent; en outre les innombrables greffes faites depuis 1644 n'ont jamais fait naître d'hybrides. Les Bizarria vraies s'expliquent plutôt par la fécondation croisée, si fréquente dans les cultures d'Aurantiacées.

Quant au Néflier de Bronvaux, c'est un arbre qui se trouve entre Saint-Privat et Metz, à Bronvaux, et dont le tronc centenaire est une Aubépine et la cime un Néflier greffé sur lui. Or, au niveau du bourrelet de soudure, quelques rameaux se sont développés qui présentent des formes intermédiaires au Néflier et à l'Aubépine, ou bien qui sont de l'Aubépine pure; sur les rameaux mixtes apparaissent des formes Néflier ou des formes Aubépine. Ces pousses anormales sont-elles le résultat d'une hybridation asexuelle consécutive au greffage, ou bien une simple variation accidentelle, c'est ce qu'on ne saurait dire d'une façon formelle. Les caractères cytologiques ne sont pas en faveur d'une telle hybridation. D'autre part on a greffé bien souvent de Néfliers sur Aubépines et jamais on n'a constaté un cas analogue à celui de Bronvaux.

Comme on le voit, il n'y a donc pas à se baser sur ces trois plantes précédentes pour établir la théorie de l'hybridation par greffe.

Dans de longues recherches entreprises depuis plus de quinze ans, DANIEL (*La variation spécifique dans le greffage ou hybridation asexuelle* (*Congrès de Lyon*, 1901) a essayé, surtout à l'aide de plantes herbacées, de montrer que l'influence du sujet sur le greffon est telle qu'un véritable mélange de caractères, plus ou moins accentué, peut s'ensuivre. Les travaux de DANIEL ont eu un grand retentissement par leurs conclusions qui allaient à l'encontre de l'opinion séculaire des horticulteurs; l'application que leur auteur a voulu en faire à la Vigne sur laquelle, d'ailleurs, il a peu expérimenté personnellement, conduisirent un certain nombre de praticiens et de botanistes à vérifier ces résultats si nouveaux et si surprenants. GRIFFON (*Bull. Soc. Bot. Fr.*, 1907, 679, 1908, 397) a repris à peu près toutes les expériences de DANIEL et n'a jamais pu observer d'influence spécifique morphologique du sujet sur le greffon, et réciproquement. De son côté GUIGNARD (*Ann. Sciences nat.*, (9), VI, 161, 1907) n'a pas trouvé d'influence spécifique d'ordre chimique. Enfin les viticulteurs sont à peu près unanimes à reconnaître que l'abâtardissement des cépages à la suite du greffage des vignes européennes sur les vignes américaines n'existe pas (voir **Reproduction**).

Si l'on tient compte de tous ces faits, ainsi que de la critique des trois ou quatre soi-disant hybrides de greffe célèbres, on peut dire qu'à l'heure actuelle il n'existe aucune forme végétale devant nécessairement s'expliquer par l'hybridation asexuelle. On n'a pas démontré non plus que cette dernière soit impossible. Pourtant tout ce qu'on sait jusqu'à présent, tant au point de vue théorique qu'au point de vue pratique, tend à la faire considérer comme improbable.

ED. GRIFFON.

HYDANTOINE (glycolylurée). Voir **Urée** et **Urique**.

HYDRASTINE ($C^{21}H^{21}AzO^6$). — Alcaloïde qu'on extrait de l'*Hydrastis canadensis*, en même temps que la berbérine. Elle donne des sels cristallisables, et on peut obtenir des éthyl, méthyl et allyl-hydrastines. Traitée par l'acide azotique étendu, elle s'oxyde, et donne de l'hydrastinine et de l'acide opianique.

$$\underset{\text{hydrastine}}{C^{21}H^{21}AzO^6}+O=H^2O+\underset{\text{hydrastinine}}{C^{11}H^{13}AzO^3}+\underset{\text{ac. opianique}}{C^{10}H^{10}O^3}$$

L'hydrastine est très voisine de la narcotine; la narcotine pouvant être considérée comme de l'hydrastine méthoxylée.

Elle a été recommandée en médecine, ainsi que l'extrait d'*H. canadensis*, contre les métrorrhagies, par SCHATZ, en 1883; mais son emploi ne paraît pas tout à fait justifié, encore qu'elle ait une action certaine, vaso-constrictive, sur les vaisseaux utérins, sans provoquer les contractions musculaires de l'utérus même, comme l'ergotine.

Injectée à des animaux, elle agit comme une substance éminemment vaso-constrictive. Mais son action paraît se porter surtout sur les vaisseaux innervés par le nerf splanchnique; car, après la section des splanchniques, les fortes doses abaissent énormément la pression, sans retour à la normale. Ce qui caractérise nettement les effets de l'hydrastine, c'est son action sur les vaso-moteurs, et spécialement sur les centres vaso-moteurs. Elle agit aussi sur le cœur, qu'elle ralentit, par l'intermédiaire du pneumogastrique; parfois même elle amène un état syncopal, tous phénomènes ne se produisant plus quand les nerfs vagues ont été sectionnés. Les centres vaso-moteurs sont, à n'en pas douter, paralysés par des fortes doses d'hydrastine; car, lorsque la pression est devenue très basse, après la première période, caractérisée par une élévation, ni la strychnine, ni l'asphyxie ne peuvent ramener la pression artérielle à la normale.

L'hydrastinine est une substance fluorescente, même dans une solution au millionième. Elle a des effets analogues à l'hydrastine; pourtant elle semble moins nocive sur le cœur, et la vaso-constriction persiste plus longtemps. L'hydrastine tue en paralysant les ganglions du cœur. L'hydrastinine tue en abolissant l'activité du centre nerveux respiratoire. Enfin on n'observe jamais avec l'hydrastinine les convulsions imparfaites, tétaniformes, qui surviennent dans l'empoisonnement par l'hydrastine (Pellacani). Il paraît que, même à dose faible, l'hydrastine provoque un peu d'analgésie (Maïs). Les hétérothermes sont, relativement, moins sensibles que les homéothermes (Falk). On a signalé des cas d'empoisonnement (Miodowski).

Il y a quelque incertitude pour la détermination de la dose toxique. D'après Marfori, l'hydrastine serait toxique à 0,005, pour les grenouilles, à 0,010 pour les souris, et à 0,15 (par kil.) chez les lapins. Toutefois les vaso-moteurs sont tellement sensibles à l'action de cet alcaloïde, que l'injection de 0,01 (par kil.) produit déjà une élévation de pression (Serdjeff).

De Vos, en plaçant des grenouilles dans des solutions d'hydrastine, a vu qu'elles meurent lorsque la solution a une concentration supérieure à 0,05 par litre, ce qui représente, évidemment, une très grande toxicité ; car, à cette dose, peu de substances sont toxiques pour les grenouilles. Il a aussi étudié les effets de l'intoxication chronique. D'après lui, il n'y aurait pas d'accumulation, mais plutôt une sorte d'accoutumance. Pourtant, un chien de 3 080 grammes est mort au septième jour, après avoir reçu quotidiennement 0,10 de chlorhydrate d'hydrastinine. Il a, d'ailleurs, constaté que le chien est moins résistant que le lapin à l'action de ces alcaloïdes. Sur des lapins en gestation, l'hydrastine donnée chaque jour pendant un mois n'a pas été toxique, et n'a provoqué aucun accident.

Ronsse, dans un travail très méthodique, a constaté que l'hydrastinine (à la dose quotidienne de 0,10 d'abord, puis de 0,20) administrée, pendant onze jours, à un singe, n'exerçait aucune modification sur les échanges. Il en a été de même sur les lapins. Sur les pigeons, la dose mortelle a été de 0,03 pour des pigeons de 300 grammes, soit 0,1 par kilogramme. La mort survient dans des attaques tétaniques. Pour Ronsse, contrairement à J. de Vos, il y a plutôt accumulation qu'accoutumance.

Notons, en terminant, que, pour G. Pouchet, « la facile altération de l'hydrastine, son mélange possible avec des produits de métamorphose : hydrastinine, hydrohydrastinine, méthylhydrastamide, hydrastinide, et les acides opianique, hémipinique, nicotinique, rendent nécessaire une étude plus minutieuse de l'hydrastine » (*Leç. de Pharmacodynamie*, 1904, IV-V, 515).

D'après Marfori, l'acide hydrastinique est tout à fait inactif.

Bibliographie. — Fellner. *Wien. med. Woch.*, 1882, XXXVI, 29, et *Wien. med., Jahrb.*, 1885, 350. — Rutherfood. *A report on the biliary secretion of the dog, with refer. to the action of cholagogues* (*Brit. med. Journ.*, (1), 1879, 31). — Mays (*Ther. Gaz.*, 1886, 289-295). — Slavatinsky (*Th. de Pétersbourg*, 1886). — Serdjeff (*Th. de Moscou*, 1890). — Marfori (*A. i. B.*, XIII, 1890, 27-44). — Shurinoff (*Th. de Pétersbourg*, 1885). — Falck (*A. A. P.*, CXIX, 1890, 390-446). — Pellacani (*Mem. dell' Ac. di med. di Genova*, 1888, 446). — Curci (*Ann. di Chimica e Farmac.*, 1886, IV). — Cerna (*Ther. Gaz.*, 1891, 289 417-et 361). — Archangelsky (*Th. de Pétersbourg*, 1891). — Bunge (*Th. de Dorpat*, 1893). — Vos (J. de) (*Arch. de pharmacodynamie*, II, 1896, 5-43). — Ronsse (*Ibid.*, 1898, 207-287; et *Ann. Soc. de méd. de Gand.*, 1898, 30-38). — Cabanès (*Th. de Paris*, 1889). — Lefèvre (*Th. de Paris*, 1893). — Miodowski. *Ein Fall von acuter Vergiftung mit H.* (*Berl. klin. Woch.*, 1899, XXXVI, 115). — Ridder (*Bull. Soc. de méd. de Gand*, 1898). — Collin. (*Journ. de pharm. et de chimie*, 1900, 309-314).

HYDRATATION (Fonction d'). — L'importance de l'eau n'avait pas échappé aux anciens, qui avaient fait de ce composé un des quatre éléments de la nature.

Dans les phénomènes de la vie, l'eau joue un rôle primordial et prépondérant : aucun d'eux ne peut se manifester sans le concours du fluide biologique par excellence. Là où l'eau n'est pas, la vie est absente, là où elle diminue, la vie se ralentit, pour disparaître provisoirement ou définitivement, quand elle vient à faire défaut. La mort elle-même, pour accomplir son œuvre de destruction, exige de l'eau : autrement c'est la momification.

Le mouvement incessant de l'eau à la surface de la terre donne à cet astre comme une sorte de vie : la mer occupe plus des trois quarts de sa surface et semble être l'immense réservoir d'où toute vie est sortie. La composition minérale de ses eaux se rapproche beaucoup de celle du *bioprotéon* (1)[1].

De la surface des eaux s'élèvent des vapeurs qui, après s'être condensées en nuages, en pluie, en neige, principalement sur les hautes montagnes, retournent à la mer après avoir fécondé la terre sur leur passage : des semences l'eau fait sortir les végétaux, ceux-ci, avec de l'eau, du soleil et de l'énergie ancestrale, arrachent le protéon minéral à son apparente inertie, le chargent de potentiel, d'où sortira presque toute l'activité extériorée par les êtres vivants.

L'*hydratation* doit donc être considérée, en physiologie, comme une *fonction* primordiale, fondamentale : elle occupe le premier plan, la respiration ne se présente qu'au second. En effet, avant de respirer et pour sortir de la vie latente, la graine ou la spore, d'abord hydratée, puis desséchée, a besoin de se réhydrater pour germer et, même dans l'acte de la fécondation, comme dans celui de la parthénogénèse naturelle ou artificielle, le phénomène initial est une déshydratation suivie d'une réhydratation. (R. Dubois (2)). L'hydratation commande à tous les actes relatifs à la conservation de l'individu et à celle de sa descendance, à la nutrition comme à la reproduction.

I. — **Rôle physico-chimique de l'eau.** — Pendant longtemps les organismes ont été classés en aquatiques et aériens. Par une ingénieuse généralisation Claude Bernard (3) tenta de faire rentrer ces derniers dans la catégorie des premiers : il enseignait que les éléments anatomiques, dont l'agglomération constitue les organismes aériens polyplastidaires ou pluricellulaires aériens, vivent, en réalité, dans un milieu aquatique représenté par le sang et les humeurs, comme poissons dans l'eau. Dans cette conception, les organismes aériens se trouvaient réduits à l'état d'aquariums ambulants renfermant ce que Claude Bernard appelait le *milieu intérieur*.

Il existe, il est vrai, de nombreux organismes aériens qui n'ont ni sang, ni lymphe, ni sève : beaucoup d'êtres monoplastidaires ou unicellulaires sont dans ce cas, mais aussi beaucoup de cellules sont pourvues de suc cellulaire aqueux, dans lequel baigne le bioprotéon proprement dit.

Depuis longtemps, les physiologistes ont reconnu que l'eau n'est pas seulement un véhicule chargé de faire circuler dans les organismes ou autour d'eux les substances servant à la nutrition et à la respiration, de dissoudre les aliments pour les rendre assimilables et les résidus devenus inutiles ou nuisibles pour les rejeter à l'extérieur. En dehors de la circulation proprement dite, ils ont montré le rôle important que l'eau joue dans les fonctions de locomotion, de préhension, de mastication, de digestion, d'absorption, de sécrétion, dans la transpiration et la respiration comme modérateurs de la calorification, enfin son rôle mécanique dans les séreuses, les synoviales, le liquide céphalo-rachidien, les canaux de l'oreille interne, etc. Mais ce qui a été trop négligé jusqu'ici, c'est l'étude des propriétés physico-chimiques de l'eau, au point de vue du mécanisme intime des phénomènes qui se passent dans la profondeur du bioprotéon, et qui constituent la *fonction d'hydratation* proprement dite, la seule dont nous ayons à nous occuper dans cet article.

Dès 1874, et même antérieurement, ainsi que dans de nombreuses publications ultérieures (4), Raphaël Dubois a insisté particulièrement sur l'importance qu'il con-

1. En dernière analyse, l'Univers nous apparaît comme formé d'un élément unique incapable de se détruire ni de se créer, mais qui, par ses innombrables et incessantes métamorphoses donne à la Nature son infinie variété, d'où le nom de *Protéon* : l'énergie et la matière ne sont que deux aspects psychiques d'une seule et même chose. Le *bioprotéon* est ce que l'on nomme communément *matière vivante* ou encore *protoplasme*. Cette dernière expression doit être supprimée parce qu'elle désigne des choses fort différentes et pas nécessairement vivantes. Quant au mot « matière », il n'a plus aujourd'hui de signification précise. Toutes les découvertes récentes relatives à la radio-activité et à la désagrégation de l'atome n'ont fait que confirmer l'existence de l'élément unique, à la fois force et matière, auquel Raphaël Dubois a depuis bien des années donné le nom de *protéon* : V. *Leçons de physiologie générale et comparée*, 1898, 1re leç., n° 1).

vient d'accorder au rôle de la chaleur spécifique de l'eau et de divers liquides organiques neutres. Déjà, en 1864, dans l'ordre chimique, SAINTE-CLAIRE DEVILLE avait montré que l'eau, par sa chaleur spécifique, intervient dans les réactions avec une puissance singulière qu'il mit, le premier, bien en évidence (5). ARMAND GAUTIER a donné un exposé très clair de la question dans ses *Leçons de Chimie biologique* (6). Lorsqu'un corps solide se dissout dans l'eau sans s'y combiner à proprement parler, il absorbe d'abord, aux dépens du dissolvant, la quantité de chaleur qui répond au travail dépensé pour détruire la cohésion de ses molécules; ainsi séparées, celles-ci se diluent dans la liqueur comme un corps qui s'y volatiliserait. La substance qui se dissout s'approprie donc et rend latente la quantité de chaleur qui correspond à l'abaissement de température causé par la dilution. Ce phénomène important a pour effet d'augmenter le potentiel de ses molécules. L'énergie intérieure, l'aptitude aux combinaisons et au dédoublement du corps, ainsi dissous, s'accroît aux dépens du calorique du milieu, de toute la chaleur disparue transformée en énergie intérieure ou affinité. Les sels, les sucres, les albuminoïdes, en solution, se comportent, en un mot, comme s'ils s'étaient échauffés de toute la chaleur disparue, et, dans certains cas, comme s'ils s'étaient partiellement volatilisés ou dissociés (dissociation en ions d'ARRHENIUS).

Si l'on calcule les températures auxquelles les chaleurs latentes de dissociation pourraient porter les molécules de ces substances, si elles ne se dissolvaient pas, on obtient des nombres qui permettent de juger, comme l'a montré BERTHELOT (7), de l'importance de ce phénomène. En divisant la chaleur latente de dissolution rapportée à l'unité de poids de chaque substance par sa chaleur spécifique, on a la température à laquelle la substance, si on lui appliquait directement la quantité de chaleur disparue du fait de la dilution, se liquéfierait. A. GAUTIER (*loc. cit.*) a donné des exemples de ce calcul, d'où il ressort : 1° que l'eau agit très diversement sur chaque substance pour les charger, par dilution, d'énergie latente; 2° que, même exception faite des cas de production d'hydrates définis ou d'actions chimiques décomposantes, les sels dissous ne sont pas seulement fondus, mais que les calories absorbées par la simple dissolution sont généralement supérieures à la chaleur latente de fusion; 3° que la quantité de chaleur ainsi disparue augmente, jusqu'à une certaine limite, avec le degré de dilution. Cette chaleur devenue latente, ce potentiel ainsi emmagasiné, tend donc à dédoubler la molécule en produisant des agrégations, des dérivés, des hydrates plus aptes aux combinaisons nouvelles que n'était la molécule première. Elle tend, par exemple, à dissocier les sels en acides et bases libres, comme le ferait une chaleur intense. Cette conclusion est confirmée par l'observation des dédoublements nombreux que les sels éprouvent au sein de l'eau : ils peuvent même être accompagnés d'oxydation, d'hydrogénation. Beaucoup de chlorures se dissocient en oxychlorures et acide chlorhydrique. Les sulfates et les nitrates de mercure, de zinc, de bismuth, se décomposent en sels basiques et sels acides; le borate d'argent se dédouble en acide et en base sous l'effet de la dilution aidée d'une douce chaleur, etc. Les chlorures de fer, d'aluminium et d'autres sels sont dissociés lentement au sein de leurs solutions. Ce phénomène dure quelquefois des semaines avant d'arriver à une limite stable. La lumière parfois hâte ces dissociations. Les phosphates alcalins, celui de soude, en particulier, sont presque entièrement dissociés dans les solutions étendues.

La question de masse est très importante : suivant les quantités d'eau ajoutées, les effets ne sont plus comparables : ainsi pour 0,37 d'eau, le chlorure stanneux se dissout avec abaissement de température, mais, en étendant la dissolution, on obtient un oxychlorure.

Dans la préparation des carbonates par précipitation, l'eau déplace une quantité de CO^2 qui décroît en raison directe de la quantité de carbonate de soude employé. Le chlorure d'aluminium absorbe, en se dissolvant, une quantité de chaleur qui croît avec la dilution de sa solution, si bien qu'à un moment donné ses molécules Cl et Al sont dissociées et séparables par dialyse. Selon la proportion d'eau, l'état de dilution, on peut même obtenir des actions inverses : l'eau peut donner à certains ferments zymasiques le pouvoir réversif. D'après CROFT HILL, la maltase, qui change le maltose en glucose, peut inversement, en agissant sur une solution un peu concentrée de glycose reproduire, non le maltose, mais un corps très analogue, l'isomaltose. Les ferments réversifs agissent jusqu'à ce qu'un certain état d'équilibre entre les matériaux fermentatifs et les produits qui se forment ait été atteint, cet équilibre se rétablissant si la limite a été dépassée.

Les chimistes ont étudié également d'autres liquides ayant une chaleur spécifique différente de celle de l'eau, et capables par leur mélange avec elle de modifier son action physico-chimique dans les phénomènes de dissociation. La dissociation dans l'eau de l'oxychlorure de calcium cesse dès que celle-ci contient 85 grammes de chlorure de calcium formé par litre et à 10° de température; dans l'alcool éthylique, ce sel cesse de se dissocier lorsqu'il a fourni à son dissolvant, à 15°, 150 grammes de chlorure de calcium ; dans l'alcool butylique, c'est à 16° et à 54 grammes que le phénomène s'arrête; dans l'alcool amylique, à 10° et à 48 grammes par litre; dans l'alcool propylique, de même, etc.

D'autres sels se comportent semblablement. Ces exemples font comprendre comment des corps, en apparence chimiquement neutres et indifférents, peuvent imprimer aux phénomènes intimes des réactions biochimiques, des modifications profondes, ainsi qu'on pourra le voir plus loin, à propos de l'action physiologique des alcools et des anesthésiques généraux.

D'autres considérations, et celles-ci pour leur part, ont abouti à la création de l' « état dilué » de Van t'Hoff, qui se complique de la théorie des « Ions » de Swante Arrhenius, appelée à modifier bien des idées en biochimie.

Si l'eau change profondément l'état d'équilibre moléculaire des corps cristalloïdes, ces derniers réciproquement interviennent dans tous les phénomènes physiques, où l'eau joue ce premier rôle : osmose, tonicité, dialyse, diffusion, etc. Ainsi on sait que non seulement l'eau peut devenir un poison pour les cellules vivantes, mais encore que son action est d'autant plus nocive que sa tension osmotique est plus faible, qu'elle tient moins de substance en dissolution, qu'elle est plus pure. Si nous pouvons boire beaucoup d'eau sans grand inconvénient, c'est que notre eau de boisson contient toujours en dissolution des sels, des gaz : acide carbonique, oxygène, etc., qui élèvent sa tension osmotique. On a reconnu depuis longtemps, empiriquement, l'action nuisible de l'eau pure (eau distillée) employée en boisson. Il existe, à Gastein, une source malfaisante appelée « *Gift-Brunnen* » (source empoisonnée), Or l'analyse révèle que l'eau de cette source est extrêmement pure, plus que l'eau distillée, car elle ne contient aucun gaz en solution. Par suite de sa tension osmotique nulle, elle gonfle et altère les cellules de la muqueuse digestive et agit comme un véritable caustique. L'action nuisible de l'eau très pure des glaciers et des montagnes est due à la même cause (Béliard). La tension osmotique de l'eau est modifiée profondément par l'adjonction à l'eau de liquides organiques neutres, tels que l'alcool, l'éther, le chloroforme, dont la chaleur spécifique est moins élevée que celle de l'eau. Il importe de retenir, pour l'interprétation des faits qui seront exposés plus loin, que l'eau est de tous les liquides celui qui possède la chaleur spécifique la plus élevée : or, d'après la loi de Béclard, on sait que le pouvoir osmotique d'un liquide est en raison directe de sa chaleur spécifique. Il est intéressant, comme on le verra ultérieurement, de rapprocher la loi de Béclard de celle de Dulong et Petit, d'après laquelle les chaleurs spécifiques sont en raison inverse de leurs poids moléculaires. C'est en se basant sur ces considérations et sur des expériences personnelles que Raphaël Dubois établit en 1870-1876 *la loi de toxicité des alcools*, confirmée par les recherches de Audigé et Dujardin-Beaumetz et par divers autres expérimentateurs.

La molécule d'eau, considérée au point de vue chimique plus spécialement, présente d'intéressantes particularités : elle entre et elle sort avec une grande facilité des combinaisons moléculaires : elle forme avec une foule de corps des *hydrates* chimiquement définis, dissociables sous de légères influences. Un même composé chimique peut former plusieurs hydrates, qui ne se dissocient que successivement à des températures différentes. Tous les hydrates sont, ou basiques, ou acides, ou neutres. Dans les premiers l'eau joue le rôle d'acide; dans les seconds, celui de base. Sous l'influence de zymases hydratantes, déshydratantes, disloquantes, la molécule d'eau se soude ou se sépare, et c'est elle qui bien souvent semble être la clef de voûte de l'édifice moléculaire. On ne peut l'enlever aux sels ammoniacaux, par exemple, sans que ceux-ci se dissocient aussitôt.

Les hydratations chimiques concourent activement avec les oxydations à la production de la calorification physiologique; dans la formation des nitrites, la chaleur d'hydratation, d'après Berthelot, équivaut à un tiers de celle qui résulte des oxydations.

Grâce à sa chaleur spécifique élevée, outre les propriétés déjà signalées, elle constitue un excellent régulateur de la calorification, puisqu'elle absorbe ou perd de nombreuses calories sans que sa température, ou celle des tissus ou des humeurs, qui en sont richement pourvus, se modifie beaucoup sous l'influence des agents internes ou externes.

En somme, ce qui ressort le plus nettement de l'étude physico-chimique du rôle de l'eau, c'est que ses principales propriétés sont dans une étroite relation avec sa chaleur spécifique. Aussi n'est-il pas surprenant que les recherches de Raphaël Dubois l'aient conduit à formuler cette loi que *dans les phénomènes biologiques, l'hydratation agit dans le même sens que la chaleur, et le froid dans le même sens que les déshydratations* (8).

Les plasmas intercellulaires et intracellulaires, végétaux ou animaux, ne sont pas des solutions, mais ils sont comparables, par certains côtés, à des solutions étendues de sels et de matériaux organiques divers, qui se modifient sans cesse suivant les lois résultant du pouvoir osmotique de chacune de ces substances, de la quantité relative de principes qui sont au dehors et au dedans de chaque cellule, de la structure des membranes dialysantes, etc. (Hydrolyse et Plasmolyse). Des associations diverses d'eau, d'acide carbonique, de sels, de matières albuminoïdes, d'amides, de sucre, de gaz, etc., se produisent ainsi dans chaque tissu, d'après Armand Gautier (*loc. cit.*). En partie dissociées par la dilution, qui jusqu'à un certain point est comparable à l'action des hautes températures, ces substances tendent à réagir suivant leur nature et leurs proportions que modifient en chaque point les phénomènes osmotiques et à former des combinaisons nouvelles différentes en chaque cas. On s'explique ainsi comment les organismes vivants arrivent à produire des composés à une température voisine de celle du milieu ambiant, telle que l'urée, pour la synthèse chimique de laquelle une quantité de chaleur artificielle considérable est indispensable.

C'est, d'après A. Gautier, grâce à cette tendance à la dissociation et à l'union de l'eau ambiante aux divers membres dans lesquels la molécule tend ainsi à se dédoubler par dilution, qu'apparaissent dans les cellules animales les dérivés plus ou moins directs des albuminoïdes : protéoses, amides et acides amidés, dérivés des albuminoïdes, acides gras dus à l'hydratation des graisses : dans les cellules des glandes gastriques, l'acide chlorhydrique emprunté sans doute à la dissociation du chlorure de potassium, qui se charge, en se diluant dans l'eau, d'une grande quantité d'énergie. Il y a assez de preuves chimiques actuellement, pour établir que l'eau, envisagée dans son action physiologique, joue au moins un rôle de destructeur de l'état de masse. Quand elle ne produit pas des phénomènes purement chimiques, elle anime les matériaux dissous, elle simplifie leur poids moléculaire et les éloigne de cet état plus proche de l'inertie chimique qu'est l'état de masse.

On pourrait dire que l'eau *mobilise* et *dynamise* le protéon inactif, à l'aide d'un peu de soleil et d'énergie ancestrale pour en faire passagèrement du bioprotéon.

II. — **Du rôle de l'eau dans la constitution physique du bioprotéon.** — De même qu'on ne saurait comparer une membrane vivante à celle d'un dialyseur inanimé (Dastre, Lapicque), de même le bioprotéon ne saurait être en tout assimilé à une gelée organique quelconque. Pourtant on ne saurait nier que la substance vivante est, en dernière analyse, dans cet état particulier que l'on appelle *état colloïdal*, et que c'est à ce dernier qu'elle doit la plus grande partie des propriétés qui la caractérisent. Les zymases, appelées à tort ferments solubles, auxquels le bioprotéon doit son activité et d'où dépendent, en réalité, tous les phénomènes d'assimilation et de désassimilation, par effets réversifs, ou autrement, appartiennent aussi à la catégorie des « corps colloïdaux ». Le bioprotéon et ses zymases n'agissent qu'à l'état d'*hydrogels* et d'*hydrosols*, c'est-à-dire à l'aide de l'eau et en état colloïdal.

En dehors des états solide, liquide, gazeux, le physicien Graham (9) en reconnaissait deux autres, l'*état cristalloïdal* et l'*état colloïdal*. Les cristalloïdes ont la faculté de cristalliser, de diffuser facilement. Les colloïdes ont la consistance de gelées (*gels*) ou de pseudo-solutions (*sols*) plus ou moins visqueuses, opalescentes, parce qu'elles diffusent la lumière : ils sont rebelles à la dialyse et ne cristallisent pas. L'eau forme avec un grand nombre de corps minéraux et organiques des *gels* et des *sols*. Les gels portent alors le nom d'*hydrogels*. GRAHAM a vu que dans ces gelées (hydrogels d'alumine, de silice) l'eau peut être remplacée par une proportion, beaucoup moindre en volume, d'alcool sans que cesse d'exister l'état colloïdal, mais l'hydrogel devient un *alcoogel*.

L'alcool, à son tour, pourra être remplacé par l'éther : on obtiendra ainsi un *éthérogel*. Mais ce qu'il y a d'intéressant surtout pour le physiologiste, c'est que l'alcool, qui avait chassé l'eau de l'hydrogel, pourra inversement être chassé de l'alcoogel par l'eau, si cette dernière baigne celui-ci en assez grande quantité : c'est une question de masse, de proportions, comme ce qui se passe dans les phénomènes réversifs dus à l'action de certaines zymases (p. 677).

Cela nous explique clairement comment des tissus chargés d'alcool, d'éther, de chloroforme pourront être débarrassés de ces corps par la circulation, après que celle-ci aura cessé d'en apporter aux organes.

L'état colloïdal se rapproche beaucoup plus de l'état d'émulsion que de celui de solution. Depuis longtemps, on savait que les colloïdes ne forment que des pseudo-solutions et qu'ils sont constitués par des corpuscules en suspension dans les liquides : l'emploi de l'ultra-microscope est venu récemment confirmer cette opinion. Dans tous les corps à l'état colloïdal, vivants ou non vivants, on constate l'existence de corpuscules ultra-microscopiques, dont le nombre est en rapport avec la consistance plus ou moins grande du sol ou du gel. Comme il ne s'agit pas de solutions vraies, mais de pseudo-solutions formées par des granules en suspension dans un liquide, on doit observer, entre les granules et le liquide qui les baigne, les mêmes actions de surface qu'entre un solide et un liquide, ou entre deux liquides non miscibles. On sait que ces phénomènes sont de deux ordres : *phénomènes d'absorption* et *phénomènes d'adsorption*.

D'après CHWOLSON et VICTOR HENRI (10), l'absorption (terme équivalent de dissolution) consiste en ce qu'une partie d'un des liquides se dissout dans l'autre liquide, ou bien qu'une partie du liquide se dissout dans le liquide ambiant. Par exemple, si l'on mélange de l'acide phénique et de l'eau, il se produit une séparation en deux couches liquides, dont l'une contient beaucoup d'acide phénique et peu d'eau, et l'autre beaucoup d'eau et peu d'acide phénique. Si l'on agite ce système et si on l'élève au voisinage de la température critique, il se forme une émulsion ultra-microscopique, stable, de teinte opalescente, et les gouttelettes ultra-microscopiques sont formées d'acide phénique et d'un peu d'eau, tandis que le liquide intergranulaire contient surtout de l'eau et peu d'acide phénique. Dans ce cas, on dit qu'une certaine quantité d'eau est dissoute ou absorbée à l'intérieur des gouttelettes. Fait essentiel : le phénomène est toujours réversible.

Le *phénomène d'adsorption* est assez différent : il est, lui, irréversible. Il consiste en ce que, à la surface de séparation entre un solide et un liquide ou un gaz, existe une couche extrêmement mince dans laquelle les éléments en présence se trouvent liés d'une façon particulière. Par exemple, on sait que le verre mouillé par l'eau retient une couche d'eau dont l'épaisseur est de l'ordre de 0,01 μ (d'après BUNSEN). Cette attraction ou adsorption de l'eau pour la surface du verre est telle qu'il faut chauffer le verre jusqu'à 500° pour le dessécher complètement et faire disparaître les traces d'eau ainsi *adsorbées*.

Quand un liquide, comme l'eau, est adsorbé par un solide, deux cas peuvent se présenter : 1° ou bien le liquide qui est en contact avec le solide est simple. Dans ce cas, la couche d'adsorption contient ce liquide dont les molécules se trouvent dans un état d'attractions, de compressions qui constitue ce qu'on appelle l'*attraction capillaire;* 2° ou bien le liquide est une solution (par exemple une solution aqueuse de $CuSO^4$ ou de sucre baignant du noir animal), la couche d'adsorption contient alors le corps dissous à une concentration différente de celle où il est dans le liquide extérieur. De plus, si ce corps est un électrolyte, ses ions peuvent ne pas être également retenus, et l'un d'entre eux peut être adsorbé plus que l'autre. Dans l'exemple de $CuSO^4$, le charbon adsorbe plus de Cu que de SO^4, et le liquide extérieur contient un excès de SO^4 : il acquiert une réaction acide par suite de l'hydrolyse de l'eau. C'est à des actions de ce genre que sont dues les dissociations de sels produites par les colloïdes, par exemple, quand on laisse diffuser une goutte de solution de sulfate de cuivre sur une plaque couverte de gélatine colloïdale, et c'est aussi pour ce motif que les cristalloïdes ne diffusent pas dans les colloïdes comme dans l'eau ou dans les solutions vraies. Quelle que soit la solution adsorbée, la grandeur de l'adsorption dépend d'un certain nombre de facteurs, au premier rang desquels se trouve la concentration des solutions étudiées, c'est-à-dire la proportion d'eau dans les colloïdes vivants. Si l'on augmente progressivement la concentration de la solution qui baigne le corps adsorbant, la concentration de la solution adsorbée croît d'abord rapidement; puis de plus en plus lentement.

Dans les solutions colloïdales, chaque granule peut présenter des phénomènes d'*absorption* et aussi nécessairement des phénomènes d'*adsorption*.

Ces considérations montrent donc que, dans le bioprotéon colloïdal, il y a lieu d'admettre l'existence de tous les phénomènes attribuables à l'eau dans les solutions en raison de l'absorption et qu'en outre il faut tenir compte de toutes les actions physico-chimiques qui seront dues à l'adsorption et dont il n'avait pas été question jusqu'à présent.

La surface de contact des granules et du liquide inter-vasculaire étant excessivement grande, et le volume des granules très petit, ce sont surtout des phénomènes d'adsorption qui seront importants dans les milieux colloïdaux, puisque l'absorption dépend du volume et l'adsorption de la surface.

En examinant la constitution d'une substance à l'état colloïdal, il est donc nécessaire de considérer, à côté du granule et du liquide intergranulaire, une zone dans laquelle se manifestent des phénomènes d'adsorption.

On admet que les granules sont tenus séparés dans les suspensions, parce qu'ils sont tous porteurs de charges électriques de même ordre. Dans les sols stables, les granules ont une tension superficielle faible, une charge électrique grande, un milieu visqueux. C'est le contraire dans les solutions instables. Il est facile de concevoir quels changements des modifications de l'hydratation peuvent apporter dans de semblables milieux. L'état plus ou moins visqueux ou de plus ou moins grande hydratation peut aussi exercer une influence sur certains mouvements observés dans les hydrogels et les hydrosols.

Siedentopf et Zsismondi ont vu que les granules colloïdaux sont animés de mouvements de deux sortes : des mouvements browniens proprement dits et des *mouvements de translation* dépassant 10 μ et parcourant cet espace en moins de $\frac{1}{6}$ de seconde. Ce sont ces derniers mouvements que R. Dubois a observés et décrits autrefois dans les organes photogènes écrasés de larves du Lampyre. Il est vraisemblable que ces mouvements intimes produisent une sorte de brassage qui n'est pas sans intérêt au point de vue physiologique. On peut supposer, comme on l'a fait pour le mouvement brownien, qu'ils ne sont que le résultat d'impulsions transmises par les molécules liquides. Mais on ne voit pas bien, puisque l'on admet que ces dernières, comme les molécules gazeuses, sont animées de mouvements propres, pourquoi d'infiniment petites particules solides en seraient dépourvues.

Toutes ces considérations, empruntées à la chimie physique, donnent une nouvelle actualité à l'explication proposée autrefois de la constitution physique du bioprotéon par Naegeli, dans sa théorie des *micelles* (11). Cette dernière ne diffère guère de celle des colloïdes, et l'eau y joue également le rôle principal. D'après cet auteur, les micelles sont des agglomérations de molécules entourées de zones concentriques d'eau attirées par elles. Ces micelles auraient la forme cristalline révélée par la réfringence de la cellulose, de l'amidon, des muscles, du protoplasme, en général. Elles exercent une attraction sur l'eau, mais il y a une limite où elle est moindre que celle des micelles entre elles. Il se produit alors un arrêt de l'hydratation ; tant que l'équilibre subsiste dans ce système, la transparence peut être conservée; mais vient-il à se rompre, on observe une opalescence mate, comme dans un liquide où se seraient accumulés une foule de schyzomicètes. Les micelles seraient généralement unies en chaînes, qui, à leur tour, seraient disposées en réseaux ou bien en charpentes à mailles plus ou moins larges : les lacunes ou interstices micellaires sont occupés par de l'eau. D'après Naegeli, l'eau se trouverait dans le bioprotéon sous quatre états : 1° *eau de constitution chimique*, 2° *eau de constitution physique*, 3° *eau d'adhésion* et 4° *eau de capillarité*. La seconde est fixée physiquement au bioprotéon, mais en quantité déterminée, comme l'est au point de vue chimique moléculaire l'eau d'hydratation d'un sel ou son eau de cristallisation. La troisième est retenue par attraction à la surface des micelles : cette attraction diminue du centre à la périphérie, puis vient ensuite, entre les micelles, l'eau de capillarité.

La proportion d'eau va en augmentant depuis le 1er degré, c'est-à-dire de l'eau de constitution, au quatrième, soit eau de capillarité. Dans le bioprotéon l'eau est certainement dans plusieurs états différents : ainsi les réceptacles d'*Œthalium septicum* perdent par dessiccation 71,6 d'eau p. 100 et par pression 66,7 seulement.

Depuis longtemps Chevreul avait montré (12) que c'est de l'hydratation que dépendent la transparence, l'élasticité, la souplesse, la tonicité, la plasticité des tissus. Le tissu jaune élastique, les tendons, l'albumine coagulée, la fibrine, les cartilages, la cornée ont, à l'état sec, une si grande ressemblance extérieure qu'il est difficile de les distinguer. Mais, si on les plonge dans l'eau, chacune de ces substances absorbe une certaine quantité de liquide et reprend, en même temps, les propriétés physiques qui la caractérisent. Ainsi le tendon devient souple et satiné, le tissu jaune retrouve toute son élasticité, l'albumine coagulée reprend l'aspect du blanc d'œuf cuit, la fibrine une certaine élasticité, le cartilage la flexibilité ; la cornée redevient semblable à ce qu'elle était sur le vivant. Par la dessiccation tout cela disparaît de nouveau. Une partie de l'eau peut être enlevée par la pression entre plusieurs doubles de papier, mais, suffisamment desséchées, ces substances deviennent hygrométriques : donc il y a une affinité chimique, d'après Chevreul, d'où existence de deux états différents de l'eau. Quand ces corps ne contiennent que de l'eau d'hydratation, ils restent transparents; mais, comme la déshydratation, une surhydratation peut aussi leur faire perdre leurs propriétés, particulièrement la transparence.

Sur le vivant, on peut provoquer des phénomènes de même ordre. Le cristallin des grenouilles, déshydratées lentement par immersion d'une patte dans une solution fortement salée, s'opacifie. Raphaël Dubois a montré que la cornée du chien s'opacifie par déshydratation puis surhydratation à la suite d'inhalations prolongées de chlorure d'éthylène (V. plus loin *action déshydratante des anesthésiques*) et c'est vraisemblablement à un phénomène de même ordre qu'il faut attribuer la cataracte expérimentale observée par Bouchard sur des lapins qui avaient absorbé de la naphtaline.

L'opacification, ou seulement l'opalescence, d'un tissu peut être due encore à une autre cause, mais qui est liée également à l'état d'hydratation. L'*Hippopodius gleba* est un élégant cœlentéré de la « Rivière de Nice », dont les anneaux sont transparents comme du cristal; mais vient-on à exciter mécaniquement les cellules de l'ectoderme qui les recouvre, aussitôt leur contenu se trouble, devient opalescent. Si l'expérience est faite dans l'obscurité, au moment même de l'apparition de l'opalescence jaillit une belle lueur bleuâtre. Les agents déshydratants produisent le même effet. Mais, à la suite du choc. le phénomène paraît comparable à ce qui se passe dans une solution sursaturée soumise à un ébranlement. Il se peut que quelque chose d'analogue arrive dans les ganglions moteurs des plantes sensibles telles que la sensitive (R. Dubois, 1, p. 462).

Les physiciens admettent que l'état colloïdal ne diffère de l'état d'émulsion que par les dimensions des granules en suspension, qui seraient ultra-microscopiques dans les sols et dans les gels. Dans ce cas, le bioprotéon se rapprocherait des émulsions par certains côtés. Mais, si personne ne peut nier que le bioprotéon soit à l'état colloïdal, personne non plus ne peut nier que son état ne diffère de ce dernier et de l'état d'émulsion. Outre une certaine organisation qui lui est propre, les histologistes ont depuis longtemps signalé dans son sein l'existence de nombreuses granulations *microscopiques* auxquelles on a donné les noms les plus divers : granulations protoplasmiques, microsomes, bioblastes, plastidules, sphérules, sphéroplastes, etc. Ces corpuscules, qui peuvent se multiplier par division, ne sont pas identiques les uns aux autres; selon leur action sur les matières colorantes, on les a divisés en trois catégories : les basophiles, les neutrophiles et les amphiles. Ils ont certainement des rôles physiologiques différents, spécifiques, et constituent comme la flore ou la faune plastidaire ou cellulaire végétale ou animale. R. Dubois a donné à ces corpuscules le nom de *vacuolides*, parce qu'il avait constaté dès 1887 (13) qu'ils présentent un état d'organisation principalement visible quand ils sont hydratés : on voit alors à leur centre une vacuole dont le contenu n'a pas la même réfringence que la couche périphérique et qui est le centre de formations diverses : sphéro-cristaux (organes lumineux des insectes, etc.), granulations pigmentaires, etc. Par hydratation, elles peuvent prendre des dimensions relativement considérables et montrer une membrane d'enveloppe assez nettement pour que R. Dubois n'ait pas hésité à en faire dériver les *leucites*, en général, et en particulier, les *hydroleucites* et les *tonoblastes* (1 p. 73 et 13). L'exactitude de cette opinion a été confirmée par Fauré-Frémiet (14). Inversement les agents déshydratants, comme l'alcool, rétractent les vacuolides : ils peuvent même faire complètement disparaître la vacuole et réduire la vacuolide à l'état de simple granulation sans structure apparente. Ainsi pourraient s'expliquer les effets réversifs produits dans l'activité des ferments par de simples changements dans la proportion d'eau existant dans le milieu fermentescible. D'après R. Dubois, ces vacuolides dérivent des granulations protoplasmiques microscopiques les plus fines, et ces dernières ne sont elles-même que des granulations ultra-microscopiques du biohydrogel ou bioprotéon développées par hydratations successives. En effet, là où le microscope ne décelait la présence d'aucune granulation, l'eau fait apparaître granulations et vacuolides successivement, surtout si son action est activée par des réactifs alcalins qui sont, comme on sait, des hydratants : dans certains cas la vacuolide se gonfle au point de figurer absolument un hydroleucite. Comme les leucites, les vacuolides sont des laboratoires où s'opèrent toutes les réactions intimes bioprotéoniques. On peut se les figurer comme d'infiniment petits dialyseurs dans lesquels, ou autour desquels, grâce à l'eau, toutes les forces de tension, d'absorption, d'adsorption, etc., sans compter les forces de dissociations dues à l'eau, s'exercent avec cette prodigieuse activité que dénote l'énorme quantité d'énergie rayonnée par les êtres vivants : énergie empruntée d'abord à l'extérieur, puis transformée (énergie compensatrice de R. Dubois) par l'énergie venue des ancêtres (énergie ancestrale ou évolutrice) que l'eau dégage des granulations bioprotéoniques, où elle se trouvait en puissance et pour ainsi dire en état de vie latente. C'est ce phénomène, vu dans son ensemble, qui nous apparaît quand, après la fécondation, l'œuf se réhydrate ou quand la spore et la graine vont germer et revenir à la vie active après avoir bu un peu d'eau.

Les zymases, qui président à l'immense majorité des processus chimiques dans les organismes vivants, sont des colloïdes, et quelques colloïdes minéraux jouissent des propriétés de certaines zymases : les unes et les autres ne sont actifs qu'à l'état d'hydrosols. Les zymases affectent parfois (*purpurase* de R. Dubois) et probablement toujours, l'état vacuolidaire dans les hydrosols. Tant qu'elles sont pourvues d'eau d'absorption vacuolidaire, elles se tiennent en suspension, mais elles sont précipitées par l'alcool, qui, en leur enlevant cette eau, augmente leur densité relative.

Par l'innombrable quantité des granulations ultra-microscopiques, contenues dans une cellule, on s'explique comment celle-ci peut se reproduire un nombre de fois colossal sans que la vie cesse : elle rend compte également de la nécessité de la fécondation, du mécanisme de la transmission des caractères héréditaires, etc., etc.

On peut très facilement, comme l'a montré R. Dubois (15), imiter la formation de ces vacuolides en déposant à la surface d'un hydrogel de gélatine (ou de certains autres colloïdes également) un petit cristal de chlorure de baryum. On voit presque aussitôt naître au point d'inoculation une foule considérable de granulations animées d'abord de mouvements rapides, les granulations finissent par former une « culture » ayant tout à fait l'aspect d'une colonie microbienne. Au début de la formation, ce qui représente le microbe, ce sont des grains arrondis, en forme de vacuolides, qui grossissent, se segmentent et finalement retournent à l'état cristallin. Ce serait presque l'image de la vie, car la plus grande masse du protéon ne fait autre chose que transformer des cristalloïdes en colloïdes pour les rendre ensuite à l'état cristalloïdal (eau et cristalloïdes ordinaires). A ces corpuscules organisés, R. Dubois avait d'abord donné le nom d'« *éobes* » pour indiquer qu'ils montraient pour ainsi dire l'aurore de la vie, mais il a substitué à cette dénomination, pour supprimer toute confusion, celle, plus générale et plus précise, de « *Microbioïdes* ». Ce sont les mêmes corpuscules que Butler Burcq a retrouvés plus tard et nommés improprement *Radiobes*. Kuckuck, de Saint-Pétersbourg, considère les microbioïdes de R. Dubois comme présentant un véritable processus d'organisation et de fonctionnement vitaux et les assimile aux parties constituantes des organismes inférieurs découverts et décrits par Muller (16).

On passe ainsi insensiblement de la théorie des colloïdes à celle des micelles, et de cette dernière à celle des vacuolides, mais on remarquera que *toujours l'eau joue le rôle capital*. Il n'y a pas lieu d'être surpris de son abondance dans les organismes, qui ne sont pour ainsi dire que de l'eau en mouvement comme on va le voir.

III. — **Teneur en eau des organismes, des organes et des tissus.** — L'énorme quantité d'eau contenue dans le corps humain a depuis longtemps attiré l'attention des savants : Bischoff, A. Volkmann, Bidder et Schmidt, Voit, Bezold, Lawes et Gilbert, Ranke, etc., ont publié sur ce sujet de nombreuses recherches. D'après Bischoff (17) la proportion moyenne d'eau du corps de l'adulte est de 58,5 p. 100 : le poids des matières solides s'élève donc seulement à 41,5 p. 100.

Il est évident qu'il ne faut pas attacher à ces chiffres une valeur absolue, car il ne s'agit que de moyennes, et cette proportion peut varier sous de nombreuses influences, comme on le verra plus loin. D'après Hermann, la proportion d'eau contenue dans le corps de l'adulte est de 63 p. 100, et, selon Beaunis, elle représente les deux tiers environ du poids du corps.

Influence de l'espèce. — La proportion de l'eau contenue dans les organismes est très variable avec les espèces. Quand on dessèche des cœlentérés, des méduses, par exemple, il ne reste que des traces de matières organiques et des sels. Un *Rhizostoma Cuvieri* ne laisse après dessèchement qu'une mince pellicule. Beaucoup de cténophores renferment jusqu'à 99 p. 100 d'eau; dans la majorité des invertébrés, elle oscille entre 70 et 90 p. 100 et, pour l'ensemble des vertébrés, entre 59 et 80 p. 100.

D'une manière générale, les animaux aquatiques renferment plus d'eau que les animaux terrestres. Chez les amphibies et chez les poissons, cela tient surtout à ce que leurs muscles sont plus riches en eau que ceux des animaux terrestres. D'après Bezold (19), le corps d'une souris contient 68,71 p. 100 d'eau et 42 p. 100 de matières solides.

Voit (20) a trouvé pour le corps d'un chat 58 p. 100 d'eau. Sous le rapport de l'hydratation, le corps de la chauve-souris serait intermédiaire à celui de l'oiseau et du mammifère.

Influence des milieux. — On a vu que les animaux aquatiques sont plus hydratés que les animaux terrestres : les écrevisses par exemple, le sont plus que les cloportes, elles possèdent 6 p. 100 d'eau en plus. Des animaux marins tels que les crabes transportés dans l'eau douce, sont susceptibles de retenir une quantité d'eau plus considérable (Fredericq).

Influence de la taille. — Il serait intéressant de compléter nos connaissances sur les variations d'hydratation en rapport avec la taille des adultes dans différentes espèces. Toutes proportions gardées, les petits animaux adultes paraissent plus hydratés que les gros, ils ont d'ailleurs besoin de plus de chaleur, leur surface étant plus grande par rapport à leur volume.

Influence de l'âge. — Les jeunes animaux sont plus hydratés que les adultes et ceux-ci plus que les vieux.

Bezold a noté chez les souris : embryon : 87,15 p. 100; pour le nouveau-né : 82,53; après huit jours : 76,78; adulte : 70,81.

Le cœur des nouveaux-nés et celui des enfants est plus riche en eau que celui des adultes. Bischoff a noté chez un nouveau-né (fille) 66,4 p. 100 d'eau, proportion supérieure à celle de l'adulte, d'après cet auteur. Il a trouvé également pour le corps du nouveau-né humain 66 p. 100 d'eau et 34 de matières solides, tandis que le corps de l'adulte ne renfermerait que 58,5 p. 100 d'eau seulement.

Ranke a dit que la quantité d'eau augmente dans le corps du vieillard : les muscles du vieillard renfermeraient plus d'eau que ceux de l'adulte. Il ne faut pas juger de l'ensemble par les muscles qui sont très atrophiés chez le vieillard et souvent infiltrés. Beaucoup de faits démontrent, au contraire, que les tissus se déshydratent par la vieillesse, qui est une sorte de racornissement général; la sclérose envahit tous les tissus, le cristallin devient opaque et perd son élasticité, comme chez les grenouilles déshydratées, etc.

La déshydratation progressive causée par l'âge est plus évidente encore chez les végétaux : les plantes jeunes sont beaucoup plus succulentes que les vieilles, les adultes tiennent le milieu.

Dans les végétaux adultes, les jeunes pousses sont les plus hydratées. Chez certains arbres, le pommier, par exemple, on observe dans une même saison trois pousses successives des feuilles : en desséchant les feuilles de ces diverses pousses, alors qu'elles sont encore les unes et les autres verdoyantes, on trouve que les plus vieilles sont toujours es plus pauvres en eau. Les chiffres suivants ont été donnés par R. Dubois :

	Feuilles de pommier	
	Non séchées.	Desséchées.
1re pousse.	3 grammes.	0gr,98
2e —	3 —	1gr,10
3e —	3 —	1gr,25

Les cellules des végétaux jeunes ne renferment pas de vacuoles aquifères : les celvules plus âgées en possèdent qui deviennent parfois très grandes dans les cellules vieilles. (R. Dubois, *Leçons*, 241, fig. 129.)

Influence des métamorphoses. — Chez les animaux à métamorphoses, l'état d'hydratation ne diminue pas toujours régulièrement de la période embryonnaire jusqu'à la vieillesse. R. Dubois (1, 240) a vu que, chez le papillon Vanesse, la chenille, quand elle est jeune, perd plus d'eau (82 p. 100 environ) que, quand elle est âgée de 10 jours (79 p. 100). Immédiatement après sa formation, la chrysalide renferme plus d'eau que la chenille, ce qui indiquerait qu'à ce moment, comme après la fécondation, il se fait une sorte de rajeunissement de l'animal : sa proportion peut s'élever alors à 86 p. 100. Dix jours plus tard, elle n'en fournit plus que 78 p. 100. Mais le papillon, chez lequel il y a eu formation de parties dures, telles que les ailes, les pattes, etc., ne possède plus que 60 p. 100 d'eau. Cette perte ne se fait pas complètement par évaporation pendant l'état de chrysalide, car, au moment de l'éclosion, le papillon rejette toujours par le tube digestif une certaine quantité de liquide.

Dans plusieurs espèces, on a pu retarder beaucoup la transformation de la chrysalide en papillon par le dessèchement, mais l'évolution repart alors avec une grande rapidité après cette déshydratation, quand on rend l'humidité du milieu suffisante.

Influence du régime. — Ranke a prétendu que la proportion d'eau augmente chez les animaux mal nourris (chiens, chats). Chez un chat nourri avec du pain, les organes renfermaient 3 à 4 p. 100 d'eau en plus que chez un autre animal nourri normalement. Dans l'inanition complète, au contraire, le corps ne deviendrait pas plus riche en eau. C'est peut-être une adaptation utile; car, si l'eau n'est pas à proprement parler un aliment, elle permet aux animaux en inanition de résister beaucoup plus longtemps à la mort, probablement en les empêchant de brûler leurs réserves pour entretenir la calorification. Claude Bernard a montré, en effet, que, chez les chiens soumis à la diète d'aliments, mais auxquels on donnait de l'eau, le glycogène se détruit beaucoup moins rapidement que chez ceux qui sont soumis à la diète complète. C'est grâce à l'eau que les jeûneurs peuvent rester des semaines sans prendre d'aliments. Deux chiens de même race, pesant chacun 16 k. 500, ont été mis à la diète, l'un sans eau et l'autre avec eau. Le vingtième jour, le chien privé d'eau mourait pesant dix kilos; le deuxième pesait à ce moment neuf kilos cinq cents grammes; il avait bu 3 k. 500 en 40 jours. Quand on lui rendit la liberté, il dévora *sans accidents* 1 200 grammes de soupe et 1 kilogramme de viande. Cela est utile à retenir pour le régime à prescrire aux inanitiés (mineurs ensevelis, etc.) non pathologiques.

Chez les animaux bien nourris, l'organisme est plus riche en matières solides et en matières sèches, telles que le tissu adipeux, et celles-ci plus riches elles-mêmes en matières fondamentales.

Lawes et Gilbert (21) ont, de leur côté, établi que les animaux de boucherie (bœufs, cochons, brebis) contiennent d'autant moins d'eau qu'ils ont plus de graisse. Le même fait pourrait se rencontrer chez l'homme, d'après Hermann (18) : les individus bien nourris, gras, ont des organes moins riches que les individus mal nourris, boursouflés. Les variations de poids du corps, d'après cet auteur, ne doivent pas être attribuées seulement à l'augmentation ou à la diminution de l'albumine et de la graisse. Les chevaux de remonte qui n'ont pas encore mangé d'avoine deviennent d'abord « maigres » lorsqu'on les nourrit bien (faux maigres) à la caserne. Enfin l'organisme peut perdre de l'albumine et de la graisse, et cependant augmenter de poids par l'effet de l'eau. Or ce qu'il importe de considérer au point de vue de la résistance physiologique, ce n'est pas le poids d'un organisme, mais bien sa *densité*. Un adulte ou un vieillard très gras sont loin d'avoir la résistance d'un enfant dont l'embonpoint est dû, non à de la graisse, mais à la turgescence de ses tissus : l'eau elle-même peut exister dans des états très différents chez les uns et les autres (eau d'infiltration, de capillarité, d'absorption, d'adsorption, d'hydratation chimique, etc.); la densité de l'adulte et du vieillard gras est moindre que celle de l'enfant vigoureux bien musclé « râblé » et l'on considère comme un heureux présage l'enfant qui est « lourd comme un plomb ». Or, comme on le verra bientôt, ce sont les muscles qui fixent la plus grande proportion d'eau (R. Dubois) (22). Si la richesse en eau peut fournir d'importantes indications, il y a lieu de considérer surtout la façon dont elle est fixée et le degré de résistance qu'offrent les organismes à la déshydratation. (V. p. 687, *Tension de dissociation de l'eau et des tissus.*)

Variations de l'hydratation suivant les organes et les tissus. — La proportion d'eau n'est pas la même dans les divers organes : mais dans une même espèce, pour des individus comparables, elle est d'une grande fixité. Cette proportion n'est pas toujours en rapport avec l'état solide ou liquide des diverses parties de l'organisme, puisque le sang liquide contient moins d'eau que le rein ou bien que la substance grise de l'écorce cérébrale. Le tableau suivant, d'après des moyennes empruntées à divers auteurs par E. Beaunis, donne la quantité d'eau contenue dans les tissus et les humeurs du corps humain (23).

	P. 1000 de tissus solides.
Émail	2
Ivoire	100
Squelette	486
Graisse	299
Tissu élastique	496
Cartilages	550
Foie	693
Moelle	697
Substance blanche du cerveau	700
Peau	720
Cerveau	750
Muscles	757
Rate	758
Thymus	770
Tissu connectif	796
Rein	827
Subst. grise de l'écorce cérébrale	858
Corps vitré	987

	P. 1000 d'humeurs.
Sang	791
Bile	864
Lait	891

Par rapport aux poids du corps Bischoff a donné les chiffres suivants :

Rate	0,2
Rein	0,5
Cœur	0,6
Poumon	0,9
Intestin	2,3
Foie	2,6
Cerveau et moelle	2,6
Squelette	6,1
Sang	7
Peau	8,7
Tissu adipeux	9,3
Muscles	54,8

Pour les végétaux, il existe également des différences importantes suivant les divers organes. Chez le tournesol, p. 100 en poids de tissus frais, on a trouvé en eau :

Graine	43,3
Graine (enveloppe)	70
Capitule	74
Tige	87,9
Feuille	72,5

D'une manière générale, la proportion d'eau est en rapport avec l'activité physiologique des tissus; cela est évident pour les muscles qui renferment presque la moitié de l'eau totale. Mais, si l'on compare à poids égaux les divers tissus, on voit que la substance grise contient plus d'eau que la substance blanche, le foie plus que le tissu élastique et beaucoup plus que le tissu adipeux. Les organes électiques de la Torpille, qui sont des muscles transformés, et représentent un volume considérable par rapport au reste du corps, renferment une quantité d'eau énorme. Chez ces mêmes poissons, momifiés par le procédé de Raphaël Dubois, dont il sera question plus loin, on trouve, à la place des organes qui faisaient saillie pendant la vie, des cupules profondes dont le fond, d'une minceur extrême, n'est guère constitué que par l'accolement du tégument ventral et du tégument dorsal des parties correspondantes aux organes électriques. Bien que ces organes électriques soient des muscles transformés, on n'y rencontre ni sucre, ni glycogène (24). C'est l'eau qui, par ses changements de position, particulièrement par des modifications de tension superficielle et des effets capillaires, paraît être l'élément électrogène, comme elle est dans le muscle, par ses déplacements, l'agent principal de la contraction, c'est-à-dire du mouvement (v. page 698).

Chez les végétaux, c'est la feuille, siège d'une grande activité physiologique, qui l'emporte également pour la richesse en eau.

Variations dues à diverses influences physiologiques. — Dans l'organisme humain l'élimination de l'eau se fait par quatre voies principales : les reins, la peau, les poumons (et les voies aériennes), et l'intestin; elle se répartit ainsi suivant Beaunis : rein, 1 500 cc.; intestin, 100 cc.; peau et poumons, 800 à 900 cc. On conçoit que toutes les causes qui exagéreront le fonctionnement des émonctoires en question tendront à diminuer l'état d'hydratation de l'économie. Pourtant, bien que la quantité d'eau absorbée par les différents individus varie dans des proportions parfois considérables, elle présente cependant une remarquable constance. La quantité d'eau suffisante pour l'homme serait évaluée environ à 1 litre et demi à deux litres pour les boissons et à un demi-litre pour l'eau contenue dans les aliments. La quantité d'eau fournie par les aliments, même secs, peut suffire à certains d'animaux; Garman a vu des souris, nourries exclusivement avec des grains bien desséchés, vivre pendant trois mois sans boire. C'est que non seulement les graines les plus sèches conservent toujours un peu d'eau, mais encore parce qu'il se forme de l'eau dans l'organisme avec l'hydrogène des graisses et par suite d'une foule de décompositions produites avec déshydratation par les zymases. Ainsi dans l'union de l'acide benzoïque et du glycocolle pour former de l'acide hippurique, il y a élimination d'eau. Ces cas sont extrêmement nombreux. D'ailleurs, comme on l'a déjà dit, le bioprotéon, issu de l'eau et des cristalloïdes, redevient eau et cristalloïdes par la mort qui coexiste avec la vie et par elle. La quantité d'eau formée par l'organisme humain a été évaluée à 16 p. 100 de la quantité éliminée, en moyenne.

Il ne semble pas que l'eau se détruise dans les organismes. Quand la quantité normale d'eau diminue dans ces derniers par suite de l'évaporation ou de tout autre mode d'élimination, ou bien encore après l'absorption de substances déshydratantes du bioprotéon : sel marin, alcool, etc., on éprouve une impression particulière, la *soif*, qui se localise dans l'arrière-gorge et s'accompagne d'une sensation de sécheresse des muqueuses buccale et pharyngienne. Mais cette sensation locale ne fait que traduire un état général de l'organisme : la déshydratation des tissus. L'humectation directe de la muqueuse n'apporte, dans ce cas, qu'un soulagement momentané, tant que l'eau n'est pas absorbée en quantité suffisante, et, d'un autre côté, les injections d'eau dans les veines calment immédiatement la soif ((Magendie, Dupuytren).

Les naufragés, privés d'eau douce, ont souvent employé l'immersion dans l'eau de mer pour étancher leur soif.

Pour les grenouilles, c'est le contraire qui se produirait, ce qui prouve qu'on ne doit pas considérer une membrane vivante, la peau, par exemple, comme l'équivalent de la membrane inerte d'un dialyseur.

La soif est un symptôme qui se montre dans une foule de maladies, même apyrétiques, et qui indique une déshydratation du bioprotéon.

Influence des maladies. — Beaucoup de causes pathologiques provoquent des déshydratations plus ou moins localisées des tissus : scléroses, athéromes, gangrènes sèches, sclérèmes, etc. Dans d'autres cas, la déshydratation est aiguë et généralisée, le malade maigrit parfois à vue d'œil : en quelques heures, il peut perdre une quantité d'eau énorme; il ne maigrit pas; en réalité, il se déshydrate. Une foule de corps, ptomaïnes, leucomaïnes, toxines, et tous les poisons dont l'action est accompagnée de vomissements, diarrhée, sueurs profuses, peuvent agir de même. Mais ce n'est alors ni l'intestin, ni le système sudoral qui sont atteints, comme on le croit généralement, c'est le bioprotéon qui ne peut plus garder son eau de constitution, laquelle s'échappe par où elle peut et n'est malheureusement pas remplaçable par d'autre naturellement. Aussi, dans les cas d'empoisonnement, l'alcool, qui est, comme on le verra bientôt, un agent de déshydratation, n'a-t-il pas donné comme antidote les résultats que l'on espérait de lui. L'alcool pourra ralentir l'absorption, la pénétration rapide et intime du toxique, il pourra, par ses effets propres, masquer certains accidents, comme les convulsions tétaniques, etc. Mais, en général, l'organisme empoisonné traité par de fortes doses d'alcool a à lutter contre deux poisons au lieu d'un, tous deux le plus souvent déshydratants. Ce n'est qu'à quelques exceptions près (empoisonnements par la strychnine, morsures de serpents) que l'on a obtenu quelques avantages pour des raisons indiquées depuis longtemps par R. Dubois (25). D'autres fois, on trouve dans certains tissus pathologiques des quantités d'eau supérieures à celles des tissus sains. R. Dubois (1 p. 240) a signalé dans des muscles envahis par des fibromes une proportion d'eau considérable, mais, en revanche, le muscle malade perdit son eau beaucoup plus rapidement qu'un muscle sain, servant de témoin, sous la cloche à dessiccation.

Tension de dissociation de l'eau et des tissus. — Ce fait montre, avec beaucoup d'autres, qu'il ne faut pas tenir compte seulement de la proportion d'eau existant dans un tissu ou dans un organisme, mais encore et surtout, de l'énergie plus ou moins grande avec laquelle il la retient. Il est généralement admis que les êtres affaiblis transpirent facilement sous l'influence du moindre effort.

D'après ce qui a été dit antérieurement, on s'explique très bien que toute cause chimique, physique ou physiologique qui troublera l'état d'équilibre du colloïde bioprotéonique, en diminuant l'absorption, l'adsorption, etc., pourra favoriser la *dissociation de l'eau et des tissus*, de même que beaucoup d'influences peuvent provoquer dans les composés minéraux la séparation de l'eau de cristallisation ou de l'eau d'hydratation. Cette dissociation peut ne pas s'effectuer, mais l'hydrate peut être pour ainsi dire sensibilisé, préparé à cette séparation par tout ce qui augmente ce qu'on est convenu d'appeler la *tension de dissociation*. Cette notion peut s'appliquer absolument au colloïde bioprotéonique, dont la stabilité est augmentée ou diminuée par des causes signalées déjà et par d'autres inconnues jusqu'à ce jour ou dont il n'a pas encore été question.

Influence de la mort sur la déshydratation — Tension de dissociation nécrobiotique. — La maladie augmente la tension de dissociation bioprotéonique : il en est de même de la mort. Tous les naturalistes savent que pour forcer certains végétaux à se dessécher dans les herbiers, les crassulacées, les orchidées, par exemple, il est nécessaire de les tuer par la chaleur ou par les poisons. Des chrysalides de papillons, des larves et quantité d'animaux inférieurs se dessèchent rapidement dès que la vie a cessé, tandis qu'à côté d'eux, des êtres de même nature quoique privés absolument d'aliments, continuent à vivre sans subir d'autre perte d'eau que celle qui résulte du vieillissement et du fonctionnement de l'organisme. De jeunes grenouilles, des crapauds morts, placés à côté d'animaux de même taille, mais vivants, sous une cloche, au-dessus de l'acide sulfurique, se sont desséchés plus vite que ces derniers, contrairement à ce que l'on pouvait supposer, puisque chez ceux-ci la circulation ramenait constamment vers l'extérieur, c'est-à-dire au contact de l'atmosphère sèche, par les poumons et par la peau, le sang ainsi que la lymphe (R. Dubois, 1, 248). Dans certains cas, ce n'est pas sous la forme de vapeurs que l'eau s'échappe des tissus, mais bien à l'état liquide, ainsi que cela se voit chez les méduses qui viennent de mourir; et, chose curieuse, cette dissociation se produit même au sein de l'eau.

L'influence exercée par la mort sur l'hydratation est donc bien de même sens que celle de la maladie, de la faiblesse physiologique, d'une foule de poisons et de la fatigue.

Influence de la fatigue sur l'hydratation. — La fatigue peut être considérée comme le résultat d'une sorte d'empoisonnement par les substances de déchets (ponogènes) et principalement par l'acide carbonique, dont l'accumulation dans les organismes animaux et végétaux amène finalement le sommeil, lequel s'accompagne, lui aussi, d'une déshydratation de certains tissus, comme on le verra plus loin à propos de la vie ralentie et de la vie oscillante (p. 699). On sait également que l'acide carbonique est un anesthésique pour les animaux comme pour les végétaux (26).

Action des anesthésiques généraux sur l'hydratation. — Les *anesthésiques généraux* sont des corps fluides, ordinairement liquides, qui ont la propriété de provoquer chez *tous* les organismes la suppression de la sensibilité, de l'irritabilité, de la motilité, et un véritable état de vie ralentie ou latente. Ces composés peuvent avoir des compositions chimiques très différentes. Ce sont des alcools, des éthers simples ou composés, des aldéhydes, des produits chlorés, des carbures d'hydrogène, des hydrocarbures. Malgré leur structure chimique personnelle, ils n'en possèdent pas moins un ensemble de propriétés physiques et organoleptiques, qui leur donne comme un air de famille. Ils sont incolores et odorants, possèdent une saveur piquante, et produisent, quand on les applique sur la muqueuse, une sensation de chaleur plus ou moins brûlante. Ce sont des liquides neutres, mobiles, volatils, doués, en général, d'une tension de vapeur et d'un poids atomique d'autant plus grands, avec une solubilité dans l'eau d'autant plus faible, qu'ils sont plus déshydratants. *Leur chaleur spécifique est petite*, très inférieure à celle de l'eau : ils sont, en outre, dysosmotiques, c'est-à-dire qu'ils traversent difficilement les membranes des dialyseurs.

En 1874, Raphaël Dubois attira l'attention sur l'importance qu'il convenait d'attribuer à la faible chaleur spécifique de l'alcool pour l'explication du mécanisme intime de l'action de cet anesthésique général. Le mélange de l'alcool à l'eau en contact avec le bioprotéon abaisse la chaleur spécifique du milieu, avec toutes les conséquences signalées plus haut (p. 678). De plus, les phénomènes d'absorption cellulaire sont ralentis, puis arrêtés et, à une dose plus élevée, la cellule est déshydratée par exosmose et plongée dans la vie ralentie ou même latente. Ces faits avaient été mis en évidence dès 1869, dans le laboratoire de Bouchard à l'Hôtel-Dieu, au moyen d'expériences sur les animaux et sur les végétaux, et particulièrement sur la levure de bière : ils confirmaient la loi de Béclard, qui dit que le pouvoir osmotique d'un liquide est d'autant moins grand que sa chaleur spécifique est plus faible. L'eau, étant le liquide neutre possédant, comme on sait, la plus haute chaleur spécifique, sera aussi celui qui facilitera le plus la diffusion, les dissociations et les combinaisons, l'imbibition, l'hydratation, par conséquent la vie, et tous les liquides neutres mêlés à l'eau et possédant une chaleur spécifique inférieure, ne pourront que contrarier la fonction d'hydratation et même provoquer la déshydratation. L'action déshydratante sera naturellement d'autant plus forte que la chaleur spécifique du liquide mélangé à l'eau sera plus faible. Donc la toxicité des alcools sera d'autant plus grande que leur chaleur spécifique sera plus faible. S'inspirant de la théorie de R. Dubois, Audigé entreprit en 1875, avec la collaboration de Dujardin-Beaumetz, des recherches qui montrèrent que chez le chien, la toxicité des alcools est directement proportionnelle aux poids atomiques des alcools. Cela revient au même que lorsqu'on dit qu'elle est inversement proportionnelle aux chaleurs spécifiques, puisque, d'après la loi de Dulong et Petit, les chaleurs spécifiques des corps sont en raison inverse de leurs poids atomiques. Les conclusions de Audigé et de Dujardin-Beaumetz constituaient une première vérification de l'exactitude de la théorie de R. Dubois.

La notion de chaleur spécifique introduite dans l'explication du mode de toxicité des alcools avait, en outre, cet avantage de rapprocher la loi qui la régit de celle qui avait été formulée pour les sels, en 1867, par Rabuteau : « Les métaux, disait-il, sont d'autant plus actifs que leur poids atomique est plus élevé. » Cette loi a été heureusement modifiée par les recherches de Charles Richet *sur l'action physiologique comparée des métaux alcalins* (28). De ses nombreuses expériences l'auteur tire les conclusions suivantes : « Les actions toxiques sont des actions chimiques : elles se font suivant les mêmes lois. Donc, pour les substances qui portent leur action sur les mêmes éléments anatomiques, les doses mortelles sont proportionnelles, non aux poids absolus, mais aux poids moléculaires. »

Les liquides organiques neutres à chaleur spécifique plus faible et à poids atomique plus élevé que l'eau, modifient tous les éléments anatomiques de tous les organismes, parce qu'ils s'adressent à une fonction commune à tous, absolument fondamentale, celle de l'hydratation. Or, d'après tout ce que nous savons, ils agissent, non pas chimiquement mais bien physiquement, ou, plus exactement, leur mécanisme physiologique rentre dans l'ordre de ceux que l'on étudie en chimie-physique. Ce qui ne les empêche pas de pouvoir se substituer les uns aux autres, dans certaines proportions, au sein des colloïdes, comme on l'a vu à propos des hydrogèles, des alcoogèles et des éthérogèles. Des considérations d'un autre ordre ont même conduit R. Dubois à la conception des *équivalents physiologiques* (29). Certainement chaque anesthésique général a bien son genre personnel d'activité, mais, en plus, tous possèdent le pouvoir d'entraver la fonction d'hydratation. En 1893, Charles Richet a, de son côté, montré que, plus les alcools et les éthers sont solubles, et moins ils sont toxiques (30). Plus récemment, P. Cololian (31) a fait remarquer que leur solubilité et leur volatilité sont en sens inverse des poids moléculaires. — Il aurait pu ajouter, ce qui revient au même, en sens direct de leur chaleur spécifique. — Ils sont d'autant moins toxiques qu'au point de vue de la chaleur spécifique ils se rapprochent plus de l'eau. D'après Cololian, cette loi serait générale pour tous les alcools et tous les organismes.

L'exactitude de la théorie de R. Dubois a reçu encore une nouvelle confirmation par les recherches de Billard et de Dieulafait (32). Ces auteurs font remarquer que les alcools ont une faible tension superficielle : or la formule de Ramsay indique, d'une manière générale, que le poids moléculaire est d'autant plus élevé que la tension superficielle du liquide est plus faible. On peut ajouter, par conséquent, que la tension superficielle est proportionnelle à la chaleur spécifique. Ils ont trouvé, par l'expérience, que la toxicité des divers alcools est d'autant plus grande que leur tension superficielle est plus faible. « Il ne nous a pas été possible, disent-ils, de relever des symptômes d'intoxication différents avec les divers alcools : les alcools ne doivent-ils leur toxicité qu'à l'abaissement de tension superficielle qu'ils communiquent aux solutions aqueuses?

En somme : chaleur spécifique, poids atomique, tension superficielle etc., toutes ces propriétés sont fonctions les unes des autres, et font jouer à l'eau le rôle prépondérant et plus particulièrement physique, dans le fonctionnement vital : mais c'est la notion de chaleur spécifique qui domine les autres.

La célèbre découverte de l'anesthésie de la sensitive, due à Leclerc, de Tours (33), apporte un nouvel appoint à la théorie de la déshydratation protoplasmique par les anesthésiques. On sait que les mouvements normaux de *Mimosa pudica* sont produits par des déplacements d'eau. En ce qui concerne les mouvements *spontanés* de veille et de sommeil, les déplacements seraient dus, d'après Paul Bert, à l'apparition ou à la disparition dans les renflements moteurs d'une substance attirant l'eau, le glucose, et principalement, d'après R. Dubois, à l'accumulation de l'acide carbonique, d'une part, et aux changements produits par la lumière, changements qui entraînent une déshydratation progressive du protoplasme (26). Les mouvements *provoqués* sont également dus à un déplacement d'eau : le fait n'est plus contesté aujourd'hui. D'ailleurs, diverses observations tendent à prouver que la contraction musculaire est due à la même cause. Les recherches d'Engelmann (34) montrent que la contraction de la fibre musculaire striée consiste dans le passage d'une substance des couches isotropes dans les couches anisotropes, substance qui précisément est plus fluide que celle de la couche anisotrope. Le passage s'opérerait grâce à l'existence de canalicules extrêmement fins existant dans la couche anisotrope, d'après Schäfer (35). On sait d'autre part que les propriétés optiques des disques des fibres musculaires, ainsi que la striation des *fibres musculoïdes* de R. Dubois (36) sont dues à des différences d'hydratation.

Leclerc avait bien vu (*loc. cit.*) que, sous l'influence des vapeurs d'éther, le mouvement des globules véhiculés par l'eau circulant dans les cellules des *Chara*, des poils de *Begonia* et de diverses borraginées s'arrête pour reprendre après cessation de l'action de l'anesthésique : or, chez les *Chara* et dans d'autres protoplasmes que ceux de ces végétaux, d'après Lanessan, les courants sont d'autant plus rapides que le protoplasme est plus riche en eau (38). Leclerc avait noté encore que les cellules des stomates du *Polypode vulgaire* se flétrissent, en perdant leur motilité, dans les mêmes conditions, pour la retrouver ensuite avec leur turgescence première. Mais il fallait mettre en évidence expérimentalement, et d'une manière frappante, irréfutable, que les vapeurs d'éther provoquent une déshydratation du bioprotéon et des mouvements d'eau au sein même des tissus. R. Dubois y est arrivé par de nombreuses expériences, dont les plus importantes ont été publiées principalement de 1883 à 1885 (37) : elles mon-

Fig. 107. — *Influence des anesthésiques sur l'Echeveria.*
A. *Echeveria* avant l'action des vapeurs d'éther. — B. Le même après l'action de l'anesthésique.

trent que non seulement l'éther, mais tous les anesthésiques généraux, agissent de cette façon ; ce qui était à prévoir, en raison de ce qui a été dit plus haut de leur chaleur spécifique rapportée à celle de l'eau. Si l'on suspend dans un vase bien bouché, au-dessus de ces liquides volatils, un fragment de parenchyme végétal dense, c'est-à-dire pauvre en lacunes aérifères et en vaisseaux aériens, comme celui d'une feuille de *Cactus*, on ne tarde pas à voir sourdre à la surface de nombreuses gouttelettes de rosée qui vont en grossissant de plus en plus, jusqu'à ce qu'elles se détachent de la surface de la feuille. L'action des vapeurs d'éther peut être rendue très saisissante en plaçant dans un récipient bien clos un pied d'*Echeveria*, petite crassulacée commune dans nos jardins, à côté d'une capsule remplie d'éther (fig. 107). Au bout d'une heure, quelquefois plus tôt, les feuilles se couvrent de grosses gouttes transparentes et claires comme de l'eau : leur couleur devient plus foncée, et elles s'abaissent en prenant l'attitude de certaines plantes sommeillant pendant la nuit. Si, après les avoir essuyées, on les pèse, on constate que leur poids a notablement diminué et qu'une petite quantité d'éther est venue prendre la place de la masse d'eau chassée au travers de l'épiderme malgré la forte résistance de celui-ci. Il s'agit ici de l'action de vapeurs anesthésiques, et non de l'immersion de parenchymes frais dans des liquides comme l'éther, le chloroforme et l'alcool, qui ont, comme on le sait depuis longtemps, la propriété de faire sortir des cellules des produits qui ne sont pas solubles dans la menstrue employée : c'est ainsi que l'hémoglobine sort du globule sanguin pour aller cristalliser dans l'éther, dans lequel on a immergé une goutte de sang, bien qu'elle n'y soit pas soluble.

Dans l'expérience de R. Dubois, il sort principalement de l'eau, mais aussi d'autres principes immédiats qui parfois même ne préexistent pas tout formés dans le bioprotéon ni à l'état libre (37). Cette propriété des vapeurs d'éther et de chloroforme a été utilisée par R. Dubois pour extraire du siphon de la Pholade dactyle la luciférase, principe oxydant de la luciférine, et par Dastre pour isoler du foie, pour la première fois, le ferment hépatique. Dastre a généralisé cette méthode pour l'extraction des zymases.

Dès 1883, R. Dubois (37) avait insisté sur les déplacements effectués par les mouvements d'eau provoqués par les vapeurs anesthésiques dans les cellules, les tissus et les organes. Si l'on place, dans un vase bien bouché, des oranges au-dessus d'une couche d'éther ou de chloroforme, les vapeurs traversent l'épicarpe et le mésocarpe pour aller se substituer à l'eau des poils charnus de l'endocarpe. Cette eau devenue libre entraîne avec elle divers produits immédiats, entre autres l'acide citrique, et va se déverser dans tous les interstices en donnant à l'orange l'apparence d'un fruit dégelé. En même temps, la chair de l'orange a pris le goût amer du mésocarpe, comme cela arrive par la congélation. Quant aux cellules glandulaires de l'épicarpe, renfermant l'essence à chaleur spécifique très faible, elles ne sont nullement modifiées, bien que leur contenu soit soluble dans l'éther. Ces exemples de réactions internes provoquées par les déplacements de l'eau résultant de la désbydratation bioprotéonique des tissus normaux sont plus intéressants encore à analyser dans les graines de moutarde, les amandes amères et les feuilles de laurier-cerise fraîches soumises à l'action de vapeurs anesthésiques. Elles donnent alors naissance à des produits qui ne préexistaient pas: essence de moutarde, essence d'amandes amères, acide cyanhydrique, glucose, les phénomènes ne se produisent pas avec ces mêmes corps préalablement desséchés: il faut donc admettre qu'une certaine quantité d'eau appartenant aux tissus sort des cellules, entraînant avec elle des produits primitivement séparés; par exemple, les zymases, comme l'émulsine et des composés modifiables par elles tels que l'amygdaline et le myronate de potassium. Ces corps entrent alors en conflit dans les espaces intercellulaires ou intervacuolidaires, et donnent naissance à des produits, qui, à leur tour, pourraient intoxiquer les tissus qui en ont fourni les éléments formateurs (R. Dubois, n° 37, 1883). L'anesthésique général peut donc agir : 1° par son action déshydratante, 2° par les réactions secondaires qui l'accompagnent.

Dans ces conditions, on n'observe pas de ruptures cellulaires: les fruits éthérisés ou chloroformés augmentent de densité : ce changement dans les propriétés physiques du fruit s'explique par ce fait que les sucs cellulaires exosmosés viennent remplir les méats et espaces intercellulaires primitivement occupés par des gaz. C'est ce qui donne aux fruits éthérisés ou chloroformés l'apparence de *fruits gelés*, puis *dégelés ou cuits*.

Postérieurement aux recherches de R. Dubois, Detmer (39) et J. Reinke (40) ont signalé des faits analogues, et A. Nadson (41) a obtenu des phénomènes de transport entraînant des réactions internes colorées. Le liquide protoplasmique dans les feuilles de choux rouges est alcalin: en exsudant, il alcalinise le suc cellulaire qui est légèrement acide et le fait virer du rouge au bleu.

Non seulement ces rapprochements ont, en physiologie générale, un grand intérêt pour l'interprétation des phénomènes produits par le froid, la chaleur, la dessiccation, les anesthésiques, etc., mais il a récemments ervi de point de départ et de base à une transformation industrielle dans le forçage des plantes, dont il sera question plus loin.

Comme on l'a dit déjà, les mouvements spontanés ou provoqués de la Sensitive ne peuvent se produire que si les renflements placés à la base des pétioles et des folioles se flétrissent par déshydratation : or, précisément, le froid et l'anesthésie conduisent ici encore au même résultat. L'un et l'autre produisent le même effet. Quand la cause a cessé d'agir, les cellules parenchymateuses des renflements peuvent récupérer leur eau tonique, parce qu'elle n'est pas sortie de leur voisinage et est restée dans les espaces intercellulaires ou dans les vaisseaux. Il n'en est pas de même avec l'*Echeveria:* l'eau est chassée au dehors: elle ne peut être récupérée, et le végétal meurt anesthésié.

L'ébranlement mécanique, les anesthésiques et le froid produisent également des mouvements dans le fruit mûr du *Momordica elaterium*, qui se traduisent par la projection en l'air d'une fusée renfermant les semences. Si l'on pratique une coupe transversale de ces fruits, on constate que, parmi les trois couches qui composent leur enveloppe, la médiane seule présente un aspect différent, selon que la déhiscence ne s'est pas produite ou bien qu'elle a eu lieu. Dans le premier cas, la couche moyenne, composée de grandes cellules gorgées de sucs, est restée transparente, tandis que, dans le second cas, ces cellules sont aérifères, ce qui donne à toute l'épaisseur de cette couche un aspect blanc mat caractéristique. La déhiscence a été produite par un déplacement d'eau. Dans beaucoup de cas, le desséchement suffit, et ici encore les mêmes agents déshydratants peuvent se remplacer. Les capsules de la *Balsamine* éclatent sous l'influence du choc, du froid, des anesthésiques et du desséchement.

Les phénomènes d'exsudation produits chez les végétaux par les anesthésiques généraux se retrouvent également dans les tissus animaux, muscles, foie, etc. Les œufs frais, dont la chambre à air est peu développée, placés dans les mêmes conditions que l'*Echeveria*, laissent transsuder des gouttelettes liquides à la surface de la coquille. On obtient un effet semblable en suspendant dans un flacon bien fermé renfermant des vapeurs anesthésiques une vessie remplie de liquide, on réalise ainsi une dialyse rapide susceptible d'être utilisée dans certains cas.

Pendant la vie, on observe souvent dans les anesthésies prolongées par le chloroforme, chez le chien, un astigmatisme cornéen irrégulier par déshydratation, et le flétrissement des mamelles gonflées par la lactation. Le chlorure d'éthylène, en inhalation, détermine, chez ce même animal, l'opacité de la cornée par un curieux procédé. L'anesthésique passe dans l'humeur aqueuse, rétracte les cellules épithéliales de la face postérieure de la cornée et permet, au bout de quelques heures après le réveil, la surhydratation de la couche moyenne de la cornée, qui n'est pas chez le chien, comme chez l'homme et le chat, protégée par la membrane élastique, R. Dubois (37).

Les hypersécrétions salivaires et stomacales, qui accompagnent le début de l'anesthésie; la soif, la sécheresse de la bouche persistant après celle-ci, comme dans l'ivresse alcoolique, sont autant de raisons pour admettre que la déshydratation s'étend à des tissus autres que la cornée.

E. Overton (42) a combattu la théorie de R. Dubois de la déshydratation protoplasmique par les anesthésiques généraux. Mais aux faits et aux raisons multiples qui prouvent son exactitude et sa généralité, Overton n'oppose guère que des arguments théoriques : la déshydratation n'a aucun rapport avec la narcose ; la perte d'eau de l'*Echeveria* éthérisé est due à une altération profonde des cellules qui ont perdu leurs propriétés osmotiques normales et sont devenues perméables au suc cellulaire (42, p. 42), mais plus loin (p. 43), Overton dit que l'eau expulsée provient du suc cellulaire, et non pas — ou en proportion extrêmement minime — du protoplasme. Il est difficile de concilier ces deux interprétations. D'après cet auteur, la chaleur spécifique n'aurait aucune importance dans le degré de toxicité des anesthésiques généraux : il n'admet pas non plus, malgré les expériences très démonstratives de Charles Richet, que la solubilité soit dans un rapport quelconque avec le degré d'activité des alcools. Ces négations ne reposent sur aucune démonstration expérimentale et sont contraires à tout ce qui a été publié sur ce sujet. Overton a englobé dans la même étude les anesthésiques généraux et les narcotiques proprement dits, qui n'agissent pas par le même mécanisme et dont l'activité n'est pas en rapport avec les chaleurs spécifiques. Pourtant, il ne repousse pas absolument l'intervention de la déshydratation dans la narcose; mais ce sont seulement des éléments particuliers du protoplasme qui deviennent notablement plus pauvres en eau, et non pas les protoplasmes entiers, comme dans l'action des solutions salines assez fortes (42, p. 44). Finalement, il émet l'hypothèse que « les narcotiques indifférents » (anesthésiques généraux) agissent en s'accumulant dans les lipoïdes cérébraux dont ils changent l'état physique. Overton suppose que les « plasmas lipoïdes » ont pour fonctions de régulariser les fonctions osmotiques des cellules animales et végétales. Il fait donc intervenir ici (42, p. 177) la question d'osmose, c'est-à-dire d'hydratation, mais il prétend qu'il est difficile de décider si les perturbations osmotiques sont la cause ou l'effet de la mort, attendu que les deux phénomènes sont presque simultanés (42, p. 178).

L'élection des anesthésiques généraux par les lipoïdes riches en lécithines avait été signalée dès 1883 (37) par Raphaël Dubois, qui a montré que, dans l'œuf chloroformé ou éthérisé, l'anesthésique s'accumule dans le jaune, mais que ce phénomène n'empêche pas la déshydratation des autres parties. A côté de l'action toxique générale s'adressant à une fonction générale, fondamentale, comme l'hydratation, il peut y avoir des actions spécifiques caractéristiques ne portant que sur des tissus particuliers, sur certains éléments anatomiques ou même exclusivement sur des parties constituantes de ces derniers. A une action constante, universelle, s'ajoutent le plus souvent des actions secondaires, des variables suivant les toxiques et suivant les organismes (R. Dubois, 37).

Enfin OVERTON considère le protoxyde d'azote comme un agent comparable à l'éther, au chloroforme, et dit qu'il pourrait aussi agir comme anesthésique général, avec une pression suffisante; il paraît ignorer les recherches de R. DUBOIS sur ce sujet (47), celles de MARTIN de Lyon (48) et d'autres expérimentateurs.

Les objections faites à la théorie de RAPHAËL DUBOIS par OVERTON ne sauraient prévaloir contre les nombreux faits déjà cités et encore moins contre ceux qui suivent.

La mort d'un végétal par déshydratation anesthésique est due surtout à son état d'organisation complexe : CLAUDE BERNARD a vu des cellules de levure de bière conservées depuis deux ans et demi dans l'alcool absolu produire encore la fermentation.

Mlle STÉPHANOWSKA (43) a fait d'importantes observations de déshydratation par les anesthésiques sur l'animal *vivant*.

La Vorticelle (*V. microstoma*, Ehr.) est un excellent sujet d'expérimentation : l'éther et le chloroforme la tuent rapidement, mais on arrive à trouver la dose compatible avec la vie de cet infusoire, et dès lors on peut observer les modifications qui s'opèrent au sein du protoplasme *vivant* pendant l'anesthésie et après sa fin. Après anesthésie par l'alcool, l'éther et le chloroforme, le protoplasme se présente comme une masse uniformément granuleuse, légèrement grisâtre, dans laquelle ont apparu plusieurs cavités rondes, remplies de liquide homogène, dont la couche mauve pâle le fait bien détacher du fond gris du protoplasme.

La vacuolisation du protoplasme peut persister chez les Vorticelles pendant une heure et même davantage. A mesure que les Vorticelles reprennent leurs mouvements vigoureux, les vacuoles diminuent et finalement disparaissent complètement. Il ne subsiste plus que l'unique vacuole contractile. Les Vorticelles, après une anesthésie modérée, se remettent très bien et peuvent servir à plusieurs expériences successives. Si l'anesthésie est très violente, il se forme des vésicules qui crèvent au dehors, et la Vorticelle ne se rétablit pas. STÉPHANOWSKA démontre que ni le liquide des vacuoles, ni celui des vésicules ne peuvent venir du dehors. En employant des doses diluées d'anesthésiques, on peut provoquer la diminution de turgescence de l'infusoire, la vésicule fait des plis. « En somme, dit STÉPHANOWSKA, quel que soit le degré de l'anesthésie, *les vapeurs anesthésiques produisent toujours une déshydratation du protoplasme vivant, mes observations actuelles sur l'anesthésie des Vorticelles s'accordent complètement avec les faits découverts par* M. RAPHAËL DUBOIS. »

Il est donc établi expérimentalement, et non par des considérations théoriques, comme les arguments contradictoires d'OVERTON, que *l'action des anesthésiques de déshydratation du protoplasma s'effectue dans un organisme unicellulaire vivant et mobile, et qu'on peut assister à toutes les phases de cette déshydratation* (STÉPHANOWSKA). Le même auteur a noté que d'autres facteurs peuvent soutirer au protoplasme une quantité d'eau. La pression fait apparaître des vacuoles dans les protoplasmas des *Paramœcium* et des *Colpidium*. Un choc produit le même effet; mais on sait que ces agents mécaniques peuvent aussi provoquer l'insensibilisation des parties sensibles. Dans un autre travail STÉPHANOWSKA a montré que les vapeurs d'éther déterminent une abondante exsudation d'eau chez la grenouille. L'éther provoque aussi la séparation de la substance nerveuse liquide, de celle qui est solide et lui sert de substratum, pour s'accumuler dans un certain nombre de points du dendrite, d'où formation de points noirs représentant l'accumulation du liquide, et de points clairs représentant la substance plus dense. Chez une souris en sommeil profond, provoqué par la fatigue résultant d'un exercice prolongé, elle a trouvé des altérations analogues dans les étages les plus inférieurs du cerveau. Cela ne doit pas surprendre, puisque l'acide carbonique est l'agent provocateur de la fatigue et du sommeil et qu'il est, en même temps, anesthésique.

Dans une note ultérieure, STÉPHANOWSKA et YOTEYKO ont montré que les nerfs anesthésiés se comportent suivant la loi de RITTER-VALLI pour la perte de l'excitabilité dans les nerfs mourants ou anémiés : la dessiccation agit dans le même sens que ces agents, et on sait que la souffrance et la mort augmentent la tension de dissociation de l'eau et des tissus.

On doit également à E. FAURÉ-FRÉMIET (44), sur les phénomènes protoplasmiques dus à l'anesthésie chez *Glaucoma piriformis*, des remarques importantes. Chez cet infusoire, l'anesthésie est caractérisée, au point de vue physique, par une cessation de mouvements et par une réfriugence spécial du protoplasme, ce qui semble bien indiquer une déshydratation. L'aspect de ces individus est le même que celui des individus *en voie de conjugaison*. L'emploi de la B-Cocaïne produit un gonflement des vacuoles, rapidement suivi de mort. Les phénomènes chimiques de l'anesthésie observée chez *Glaucoma viridis*, ont une réelle importance au point de vue de la physiologie générale. En traitant par un colorant vital, tel que le bleu de crésylène, un *Glaucoma* anesthésié, on constate que le cytoplasme prend une teinte générale ainsi que le noyau. Si l'on fait cesser l'anesthésie, cette teinte disparaît. Ainsi, il semble que les phénomènes réducteurs intracytoplasmiques qui dissocient dans la molécule du colorant le chromophore et l'auxochrome, sont affaiblis pendant l'anesthésie, mais qu'ils reparaissent aussitôt après, comme le montre la décoloration. « *Ce fait rapproche le protoplasma anesthésié du protoplasme en état de vie latente par enkystement. Or l'enkystement est toujours accompagné d'une déshydratation.*

Nabias (45) a montré dans les poils de *Tradescantia virginia* (*var. albiflora*) que le mode d'action des vapeurs d'anesthésiques généraux n'a aucun rapport avec celui qui a été hypothétiquement admis par Overton, et que le protoplasme perd bien réellement de l'eau et se contracte, au lieu de se laisser pénétrer d'emblée par le suc cellulaire. Il préconise, avec Denucé, l'administration préventive d'eau fraîche aux patients que l'on doit endormir, pour faciliter, au moment du réveil, la réhydratation des tissus. Cette méthode aurait donné déjà d'utiles résultats : elle se trouve en conformité avec les notions théoriques de réhydratation des alcoogèles de Graham, l'eau ayant une action réversible dépendant de la masse, comme dans le cas de certaines zymases.

Action du froid sur la fonction d'hydratation. — Il résulte des faits exposés plus haut que l'action des anesthésiques généraux est de tous points comparable à celle du froid et du gel. En diminuant la chaleur spécifique des plasmas auxquels on les mélange, ils agissent comme s'ils produisaient dans les organismes une soustraction de chaleur comparable à celle que produit le froid extérieur. Ce sont ces considérations qui avaient amené R. Dubois à découvrir la loi qu'il avait formulée ainsi (1, p. 259). « On pourrait multiplier les exemples qui prouvent que la *déshydratation agit dans le même sens que le froid*, et, *inversement, que l'hydratation provoque les mêmes effets que la chaleur.* » C'est cette même loi que Loeb a rééditée à l'occasion des recherches sur ce qu'il appelle « héliotropisme animal » et que l'on désigne communément sous le nom de « phototropisme » (67).

Leclerc avait remarqué (33) que, pendant l'action de l'éther et pendant toute la durée de l'anesthésie, la température de la sensitive s'abaisse, pour se relever peu à peu à son niveau ordinaire au fur et à mesure qu'elle se rapproche du réveil complet et qu'elle retrouve définitivement son état d'équilibre physiologique normal. Overton, après Paul Bert, a remarqué que la tension de CO^2 dans l'air inspiré nécessaire pour produire l'anesthésie est d'autant moindre que la température de l'animal est plus basse.

Les effets toxiques des alcools sont accrus par l'abaissement de température : leur usage produit des effets désastreux dans les régions polaires, et le refroidissement au cours de l'anesthésie chirurgicale, ou après elle, constitue un danger redoutable.

Action du froid sur l'hydratation. — Jumelle (46) a rappelé que, pendant la congélation, la mort du végétal n'est pas due à des déchirements de cellules : l'eau abandonne le protoplasme et vient se congeler dans les interstices cellulaires. L'eau qui se congèle à la surface de la cellule est de l'eau à peu près pure, comme la glace qui se forme dans les solutions. La formation de la glace en dehors des cellules est observable aussi bien chez les végétaux qui résistent que chez ceux qui périssent. Gœpert et Kunisch pensent que la mort vient de la congélation, d'autres, au contraire, avec Sachs et Drude, qu'elle dépend du dégel. Après des refroidissements égaux, un même organe peut continuer à vivre quand le dégel se fait lentement, tandis qu'il se désorganise quand il est brusque. Au dégel, les glaçons se liquéfient et l'eau peut alors se résorber ; autrement, elle distend les espaces intercellulaires et peut venir suinter au dehors, comme sous l'influence des anesthésiques; mais ce n'est point là la seule analogie entre ces deux modes d'action; il se produit par suite du gel des modifications du bioprotéon comparables à celles que produit l'anesthésie.

L'abaissement de la température, comme dans les solutions ou dans les corps non dissous, détermine des modifications importantes et durables. Par le dégel de l'empois d'amidon et de l'albumine, la masse primitivement homogène se transforme en une masse spongieuse, par les pores de laquelle s'échappe une grande quantité d'eau. Il se fait des combinaisons nouvelles, comme dans une solution qui se congèle. D'autres fois, le suc cellulaire acide qui se répand à travers le protoplasme granuleux alcalin provoque des réactions nouvelles de même ordre que celles que nous avons vues naître par l'action des anesthésiques généraux; c'est ainsi qu'il se produit du sucre aux dépens de l'amidon dans les pommes de terre congelées. Des réactions analogues portent sur les grains de chlorophylle, sur les pigments colorés, déterminent des changements de colorations, tels que le brunissement ou le noircissement des tissus verts, le bleuissement des fleurs de certaines orchidées, etc. Des essences sulfurées prennent naissance dans le chou gelé, comme l'essence de moutarde dans la graine de *Sinapis* anesthésiée.

L'abaissement de la température ralentit, puis suspend la vie des cryptogames inférieurs; mais la question de chaleur est plutôt secondaire : la condition primordiale de la vie latente est la dessiccation se produisant par le froid. Jumelle prend différentes espèces de cryptogames pendant la période du froid et constate qu'à la température extérieure les échanges sont suspendus. Les mêmes végétaux sont transportés à une température de 15° à 20° où les échanges se font ordinairement bien. On ne constate pas davantage d'échange gazeux. Mais le contraire se produit dès que l'on a introduit de l'humidité dans le milieu ambiant : un froid de —10° arrête la respiration, tandis que par des températures de — 40° l'assimilation chlorophyllienne peut continuer, nouvelle analogie avec les anesthésiques qui suspendent la respiration, et non la fonction chlorophyllienne. L'état particulier dans lequel se trouve l'eau dans les colloïdes bioprotéoniques explique pourquoi chez beaucoup de végétaux il n'y a pas congélation même au-dessous de zéro. Sachs a montré que le froid ralentit le pouvoir absorbant des racines, ce qui prépare les végétaux au dessèchement hibernal, lequel leur permet de résister au froid.

Si l'abondance de l'eau dans les tissus est la condition la plus favorable pour la continuation des échanges gazeux, des expériences nombreuses prouvent que c'est la condition la plus favorable pour la résistance au froid. Les graines sèches supportent des températures beaucoup plus basses que celles qui sont gonflées d'eau, et une plante quelconque, à un moment donné, survit après un degré de froid auquel dans la suite elle périt parce qu'elle se trouve alors dans une autre phase de la végétation, où la proportion de son eau de constitution a augmenté. Ce dernier cas, pour n'en citer qu'un exemple, est celui des bourgeons des plantes ligneuses qui, presque secs en hiver, résistent à des froids intenses, tandis qu'au printemps leurs jeunes feuilles gorgées d'eau meurent déjà après une faible gelée. Plus une cellule sera pauvre en eau, plus la température devra être basse pour amener sa séparation du bioprotéon. Les plantes, comme les cryptogames qui se dessèchent facilement, résistent à des froids intenses.

Plus récemment Matruchot et Molliard (49) ont publié un important mémoire dans lequel ils démontrent que les modifications déterminées par le gel dans la structure du protoplasma et du noyau de cellules végétales sont absolument de même nature que celles occasionnées *par la dessiccation, c'est-à-dire par une déshydratation progressive.*

Applications pratiques des anesthésiques et du froid comme modificateurs de la fonction d'hydratation. — *a) Forçage des plantes à fleurs et à fruits.* — Il existe donc entre le mode d'action des anesthésiques et celui du froid sur les êtres vivants les plus grands rapports. Ce sont des agents *analogues :* mais l'analogie ne s'arrête pas aux faits signalés plus haut.

Pendant la saison froide, l'immense majorité des végétaux et des animaux tombe dans un état de vie ralentie ou de vie latente. Quelques arbres verts, les oiseaux, les mammifères (à l'exception pourtant des hibernants), sont les seuls êtres vivants qui, pendant l'hiver, animent la Nature. Les végétaux ont besoin de repos pour reprendre au printemps leur activité, faire de nouvelles feuilles, des fleurs et des fruits. *C'est un rajeunissement qui se fait aussi dans la fécondation, la conjugaison, la parthénogénèse et la germination par une déshydratation suivie d'une réhydratation,* ainsi que nous le démontrons plus loin. Il résulte de ce fait que, dans l'état naturel, on ne peut se procurer en hiver des feuillages, des fleurs et des fruits frais, et ce n'est souvent qu'en été ou dans l'arrière-saison que l'on peut avoir ces derniers.

Le *forçage* a pour objet et pour résultat de provoquer ces productions végétales en toute saison et en plus grande quantité; on faisait, il y a quelques années, le forçage par divers procédés tendant tous à faire subir artificiellement aux végétaux, arbustes, racines, rhizômes, graines, etc., le repos hivernal. On se servait particulièrement du desséchement artificiel et du froid : le refroidissement entre autres, constitue un procédé coûteux et incertain, difficile à manier. Les grandes analogies physiologiques, on pourrait même dire l'identité d'action entre le froid et les liquides anesthésiques à faible chaleur spécifique, découverte en 1883 par RAPHAËL DUBOIS, devaient nécessairement conduire les horticulteurs à penser qu'il serait possible, pour le forçage, de remplacer le froid et le desséchement par l'emploi rationnel des anesthésiques. Le 17 novembre 1893, JOHANNSEN, professeur de physiologie végétale à l'École supérieure d'agriculture de Copenhague, put présenter à l'Académie royale des sciences de cette ville les premiers lilas forcés au moyen de l'éthérisation et publier, en 1900, le résultat de ses expériences pratiques (50). Celles-ci, d'après ALBERT MAUMENÉ, ont causé une véritable révolution dans l'art du forçage (51). De son côté AIMARD (52) a fourni une nouvelle démonstration du mal fondé des critiques faites par OVERTON à la théorie de RAPHAËL DUBOIS à propos du procédé de JOHANNSEN (qui, lui aussi, est la meilleure réfutation des critiques d'OVERTON). A. GIARD a dit : « Le développement du bourgeon à fleur après une période de repos n'est pas sans une grande analogie avec l'évolution de la macrogamète, à la suite des phénomènes de maturation. Et, dans ce cas encore, il me paraît bien probable (quoique les conclusions ne soient pas nettement formulées par JOHANNSEN, que l'action déshydratante des anesthésiques, signalée naguère par R. DUBOIS, a une part prédominante dans la mise en marche des divisions cellulaires (53). » Ces considérations sont identiques à celles qui avaient été développées antérieurement par R. DUBOIS (54).

b) Embaumements. Momification à l'air libre. Crémation. — Les anesthésiques généraux sont naturellement des antiseptiques comme le froid, parce qu'ils paralysent l'activité des microbes, et empêchent l'éclosion des spores, en les empêchant de s'hydrater pour germer. Comme, d'autre part, ils augmentent la tension de dissociation de l'eau et des tissus, on pouvait espérer arriver à conserver les corps, en les desséchant facilement. Dès 1883 (55), des résultats encourageants furent obtenus au moyen de l'éther introduit dans l'estomac de grands chiens. En 1890, R. DUBOIS reprit à Lyon ses expériences commencées à la Sorbonne, et montra qu'on peut obtenir, à l'air libre, la momification du corps humain (55), même dans des milieux relativement humides, en faisant des injections interstitielles de liquides organiques neutres (alcool amylique et éther nitrique, par exemple) dans la profondeur des organes, au moyen d'une seringue munie d'un trocart aiguille. Ce procédé a le grand avantage de n'exiger aucune mutilation du cadavre, d'être applicable à tous les cas où les autres ne le sont pas, après rupture des gros vaisseaux, par exemple[1], écrasement, brûlure, décomposition, etc. Il peut être pratiqué par le personnel le moins expérimenté, et n'introduit dans le cadavre aucune substance toxique capable de gêner les recherches médico-légales. Enfin, grâce à la dessiccation complète du corps, ce dernier brûle avec extrême facilité, sans fumées et sans vapeurs, presque sans odeur, rapidement et économiquement.

Influence de la chaleur. — Quand la température s'élève peu à peu, il y a un maximum d'activité physiologique au delà duquel celle-ci se ralentit de plus en plus pour cesser ensuite complètement. Une chaleur trop élevée agit sur les organismes comme les anesthésiques et comme le froid ; elle supprime l'irritabilité, la sensibilité, la motilité. Les animaux à sang froid s'endorment à une température voisine de celle des animaux à sang chaud. Ces derniers sont atteints de somnolence par les fortes chaleurs, mais il n'existe pas pour eux de torpeur estivale. Le *Tanrec* de Madagascar ne s'engourdit que pendant la mauvaise saison, qui correspond à notre été : les *Gerboises* du désert ne s'endorment pas dans les étuves sèches chauffées à des températures sahariennes (R. DUBOIS). La chaleur agit par dessiccation, desséchement, sur les organismes; elle augmente la ten-

1. RAPHAËL DUBOIS a appliqué son procédé pour l'embaumement du Président CARNOT, mais il s'est servi, non d'alcool méthylique, comme cela a été écrit, mais d'alcool amylique. V. *L'Assassinat du Président Carnot. Bibliothèque de criminologie*, 12, 1894, chez Masson, par A. LACASSAGNE.

sion de dissociation de l'eau, d'où les transpirations abondantes, exagérées par la fatigue, c'est-à-dire par l'accumulation dans l'économie d'un anesthésique, l'acide carbonique. La soif est intense dans les maladies accompagnées d'hyperthermie, etc. A. Dissart (56) a prétendu que la chaleur sèche de l'étuve augmente les échanges respiratoires chez le lapin et le cobaye; mais il ressort de ses propres expériences que c'est seulement à la suite de la déshydratation, et au moment de la réhydratation, que cet effet se produit. C'est, d'ailleurs, une loi générale, formulée par R. Dubois (1, 249), que l'*hydratation marche dans le même sens que l'oxygénation et la chaleur;* ces facteurs augmentent les échanges, à la condition de ne pas dépasser leur optimum. La déshydratation, l'acide carbonique, l'hypothermie, les ralentissent. Si l'hydratation, l'oxygénation et la calorification dépassent l'optimum physiologique, ils produisent des effets analogues à ceux que déterminent les influences inverses. De son côté, Charles Richet a depuis longtemps montré que la fatigue déshydrate le muscle. Les phénomènes respiratoires sont surtout exagérés quand, après avoir fait perdre de l'eau à un organisme, on le réhydrate rapidement; l'oxygénation marche alors de pair avec l'hydratation (R. Dubois, *Leçons*, 249). Jolly (57) a montré le parallélisme qui peut se présenter entre le forçage par la chaleur et celui que produisent les anesthésiques; la *condensation protoplasmique par déshydratation est le phénomène commun qui réunit des faits en apparence très différents.*

Hyperhydratation. — Ce qui précède montre que le froid et la chaleur, poussés à des limites incompatibles avec l'équilibre normal de l'hydratation, produisent les mêmes effets. Quand on augmente artificiellement l'hydratation, on peut aussi produire des effets analogues à ceux que détermine la déshydratation.

En 1883, Certes (60) et Regnard (61) ont montré que, sous l'influence de très hautes pressions dans l'eau (jusqu'à 600 ou 700 atmosphères), de nombreux animaux aquatiques tombaient dans une sorte de vie latente, sans que l'on sût pourquoi. Au début de ses expériences, P. Regnard avait remarqué que les pattes de grenouilles comprimées dans l'eau à 600 ou 700 atmosphères devenaient raides. R. Dubois (58) démontra alors que cet effet est dû à la pénétration de l'eau dans les cellules, à l'hyperhydratation du bioprotéon, de la façon suivante : 1° les muscles devenus raides augmentent de poids; 2° ils retrouvent leur élasticité après un temps suffisant de séjour dans un appareil à dessiccation, ou bien par immersion dans des substances déshydratantes, comme l'alcool étendu d'eau à 10 p. 100. Une grenouille entière, dont les poumons avaient été préalablement vidés d'air, et qui avait été rendue raide et inerte par la compression, retrouva la possibilité d'exécuter quelques mouvements spontanés après immersion dans un mélange d'acool et d'eau à 10 p. 100; 3° en enfermant les grenouilles avant la compression, dans un sac de caoutchouc imperméable, elles ne deviennent pas rigides. Au moment de la décompression, l'eau introduite de force dans le bioprotéon quitte celui-ci, et vient s'accumuler entre le sarcolemme ou le névrilemme et la partie protoplasmique. On avait objecté à R. Dubois que le bioprotéon, n'étant, pour ainsi dire, que de l'eau, ne pouvait pas être pénétré par de l'eau; l'expérience a prouvé le contraire, et la connaissance que l'on possède aujourd'hui de la constitution des colloïdes permet d'expliquer cette hyperhydratation d'une manière rationnelle. D'ailleurs, il n'est pas nécessaire d'avoir recours à de hautes pressions pour produire l'hydratation des tissus et des organismes; l'eau pure est un poison du muscle, du nerf, de l'organisme même. La chaleur, comme la pression (ce qui se comprend, car elles agissent de la même manière), facilite l'hyperhydratation, jusqu'à une certaine limite pourtant; on peut le prouver en faisant dans les artères des muscles des injections d'eau à des températures croissantes. Les contractions deviennent d'abord plus énergiques, puis bientôt survient la rigidité musculaire; ce n'est pas la température du liquide qui agit, mais la surhydratation qui augmente avec elle.

La mort entraîne parfois l'hyperhydratation : les infusoires morts se gonflent et éclatent dans l'eau, alors que, pendant la vie, ils sont sans inconvénient traversés par une masse énorme de ce fluide; un *Paramœcium aurelia* élimine, en quarante-six minutes, à la température de 27°, un volume d'eau égal à celui de son propre corps.

Schleich (59) a montré que l'on pouvait obtenir l'insensibilisation locale par des injections d'eau bouillie dans le derme. Les zymases ne sont pas atteintes par les hautes pressions, ce qui explique pourquoi celles-ci ne suppriment pas la production de la lumière dans l'organe lumineux du Lampyre (62).

Action des cristalloïdes sur la fonction d'hydratation. — L'eau pure étant un poison pour les cellules, comme on l'a vu plus haut, il faut que sa pression osmotique soit modérée, régularisée, et c'est le rôle des sels.

Picot, Folk (65) et Mayer ont étudié l'action de l'eau additionnée de sels introduite dans la circulation.

Dastre et Loye (63) ont montré qu'on pouvait, sans danger, injecter à des chiens 1 litre d'eau en cinq à quinze minutes dans la circulation, à la condition qu'elle renferme $0^{gr},75$ de sel p. 100. On peut ainsi faire des lavages de l'organisme utiles dans beaucoup de cas, et fournir directement l'eau nécessaire à l'hydratation (Voir *hydrolyse*, p. 680). C'est sur ces données que sont calculées les compositions des *sérums artificiels*.

Dans le milieu extérieur, la proportion utile de cristalloïdes dissous dans l'eau est très variable. On ne peut transporter impunément la plupart des animaux marins dans l'eau douce, et, réciproquement, les animaux des eaux douces dans la mer, parce que l'état d'hydratation des cellules des branchies et des téguments, d'abord, se trouve profondément modifié. On obtient la déshydratation progressive de la grenouille en immergeant simplement les pattes dans l'eau fortement salée; le sang devient épais, la circulation est ralentie, les mouvements du cœur affaiblis, ainsi que ceux de la respiration : les échanges sont diminués, l'animal tombe dans l'inertie et la torpeur. Le cristallin devient opaque ; mais cette cataracte expérimentale, ainsi que tous les autres symptômes, disparaît dès que l'hydratation normale est rétablie par l'immersion dans l'eau douce. Il semble que la torpeur, dans ce cas, soit surtout due primitivement aux modifications de l'hydratation du système nerveux; car les muscles conservent à peu près complètement leurs propriétés physiologiques (R. Dubois).

Dans les colloïdes, les plasmas et les membranes, la diffusion ne se fait pas comme dans l'eau ou dans les solutions salines. Dans les hydrogèles, elle suivrait, d'après Leduc, les lois de Ohm en électricité. La vitesse ou intensité de diffusion serait proportionnelle aux différences de pressions osmotiques, et varierait en raison inverse de la résistance; elle dépendrait, en outre, de la nature de la substance diffusante (64). Les phénomènes de *chimiotropisme* se rattachent aux faits dont il vient d'être question.

Influences diverses agissant sur l'hydratation. — L'*électricité*, en dehors de l'électrolyse proprement dite, a une influence manifeste sur l'hydratation. Porret a noté que dans les colloïdes l'eau se transporte du pôle négatif au pôle positif, sous l'influence du courant, et Hermann a vu dans les muscles des phénomènes de même ordre. On sait que les granulations colloïdales sont toutes chargées d'électricité, ou négative ou positive, et que, lorsque des granulations de signes contraires se trouvent réunies dans un milieu colloïdal (hydrosols, plasmas), il y a formation de complexes, avec précipitation, agglutination, coagulation, etc. Il est bien évident que de semblables phénomènes, d'ordre électrique, ont une influence directe sur l'hydratation. La charge des granulations a aussi une influence par elle-même, indépendamment de son signe; car les granules de même signe seront d'autant plus écartés que leurs charges respectives seront plus grandes; les espaces intergranulaires, remplis surtout d'eau, seront d'autant plus grands que les charges seront plus élevées. On conçoit aisément que, dans de semblables milieux, l'excitant puisse produire des mouvements explicables par des déplacements de molécules d'eau, comme ceux des sensitives, ou ceux du muscle. Inversement, ces déplacements d'eau pourront produire des effets électro-moteurs, comme ceux que l'on observe dans les muscles, dans les organes électriques de la torpille et chez les végétaux (66).

Les phénomènes galvanotropiques se réduisent à des phénomènes de cet ordre.

La *lumière* exerce certainement une grande influence sur l'hydratation, mais celle-ci est mal connue, surtout chez les animaux. La fonction chlorophyllienne a été, à ce point de vue, l'objet de nombreuses et importantes recherches. L'héliotropisme des végétaux semble directement en rapport avec des différences de turgescence des cellules du côté éclairé et du côté non éclairé, suivant qu'il est positif ou négatif, correspondant à des inégalités dans l'hydratation. Peut-être en est-il de même dans les phénomènes de phototropisme; ce qui semblerait l'indiquer, c'est que LŒB (67) a repris la loi de RAPHAËL DUBOIS, à propos de certains mouvements observés par lui sur *Spirographis Spallanzani*, sous l'influence de la lumière.

L'ascension de la sève dans les végétaux serait due, d'après GODLEWSKI (68), à ce que les cellules agissent comme de petites pompes aspirantes et refoulantes, par suite de mouvements périodiques de turgescence, susceptibles d'être influencés par la lumière. Ce serait aussi par une action de ce genre qu'il conviendrait d'expliquer les mouvements périodiques si curieux de l'*Hedysarum girans*.

Influence du desséchement sur la fonction d'hydratation : vie ralentie, vie oscillante, vie latente, anhydrobiose, anhydrisation, hibernation, sommeil. — SPALLANZANI (69) et les anciens observateurs ont montré qu'un grand nombre d'invertébrés, même assez élevés en organisation, puisqu'ils sont pourvus d'organes génitaux, de tube digestif, etc. : *Rotifères, Tardigrades, Nématodes,* peuvent se dessécher naturellement, tomber en complète inertie physiologique, et revenir parfois beaucoup plus tard à la vie, quand l'humidité leur est rendue. Ces observations ont été contrôlées par de nombreux savants : DOYÈRE (70), SEMPER, DAVAINE (71), BROCA (72), CLAUDE BERNARD (73). P. POUCHET avait avancé que la réviviscence des Rotifères, Tardigrades, etc., était due à la survivance des œufs, et que les parents, moins résistants, périssaient pendant le desséchement. POUCHET, en opérant par déshydratation trop brusque, tuait, en effet, les espèces sur lesquelles il expérimentait; ZELINKA, D. LANCE, GIARD, ont fait voir qu'en opérant par déshydratation lente, même sur des espèces semi-aquatiques (*Callidina symbiotica*, *Macrobiotus*, *Anguillula*), vivant dans les Mousses humides, les Hépatiques, etc., on peut parfaitement ramener à la vie des animaux adultes, à organisation compliquée, ce qui confirme l'opinion des anciens observateurs (74).

D'après les recherches de COSTES, GERBER, BALBIANI, les *colpodes* enkystés et desséchés peuvent être conservés indéfiniment dans cet état. GIARD (74) a gardé plus de huit ans des *Clamydococcus pluvialis* desséchés et enkystés contre les parois du flacon où il les avait cultivés, et dont l'eau s'était complètement évaporée peu à peu. Chaque année, on put en détacher quelques kystes, et ces *Volvocinés* redevenaient mobiles au contact de l'eau. Quantité de protistes et de protozoaires se comportent de même.

Les Anguillules du blé niellé s'enkystent dans le grain qui va se dessécher, et y séjournent tant qu'il ne tombe pas dans la terre humide. Ces organismes semblent, comme la graine, se préparer, par une déshydratation suivie d'une réhydratation, une sorte de rajeunissement. Dès qu'ils sont réhydratés, ils retrouvent leur activité, s'accouplent, se reproduisent et, finalement, s'enkystent de nouveau. BAKER en a conservé, en état de vie latente pendant vingt-sept ans. SPALLANZANI a pu les dessécher et les revivifier jusqu'à seize fois de suite. Tous ces êtres réviviscents sont soumis, dans leur milieu naturel, à des variations qui les ont accoutumés, par adaptation progressive, à cet état de *vie oscillante*.

Certains auteurs ont prétendu que chez ces êtres desséchés la vie n'était pas complètement suspendue, qu'ils étaient seulement en état de *vie ralentie*. KOCKS, par des expériences précises, a montré qu'elle était complètement suspendue (75).

Beaucoup de mollusques terrestres (*Helix*, *Bulinus*, *Achantinella*, etc., par desséchement progressif, tombent en un état de vie latente qu'on a vu se prolonger jusqu'à cinq mois. Il y a plus : des mollusques absolument aquatiques (*Ampullaria globosa*, SWAINS, *Vivipara bengalensis*, Lam. etc.), envoyés à sec de Cochinchine et de Siam en France, ont repris leur vivacité dès qu'on les eut placés dans l'eau. Des ampullaires même ont pu être gardés pendant six mois à l'état d'anhydrobiose (L. VIGNAL, WATTEBLED, etc.). Des escargots endormis se sont réveillés après avoir absorbé 27 p. 100 de leur poids d'eau, et ils se sont rendormis après avoir perdu environ 18 p. 100 en atmosphère desséchée. L'anhydrisation a été accompagnée d'une forte augmentation de $\frac{CO^2}{O^2}$ dans le corps de l'animal, malgré un très grand ralentissement des phénomènes respiratoires (R. DUBOIS, 84)[1]. Les végétaux aussi s'endorment et hibernent par déshydratation et autonarcose carbonique (R. DUBOIS).

1. Le mécanisme intime du sommeil chez l'escargot et vraisemblablement chez les autres invertébrés à sang froid est le même que chez les hibernants poïkilothermes et autres vertébrés

Pendant la torpeur des vertébrés hibernants, qui n'est qu'un état plus profond du sommeil ordinaire, R. Dubois a montré, par des analyses directes des tissus et des humeurs, ainsi que par la numération des globules du sang comparée dans les périodes de veille et de sommeil, qu'une déshydration notable accompagnait l'accumulation d'acide carbonique : ces deux phénomènes concourent à la production du sommeil (84).

Chossat (76) a anhydrisé des grenouilles (et même des oiseaux), et a obtenu les mêmes symptômes à peu près que ceux qui ont été décrits chez les grenouilles déshydratées par exosmose (p. 681). La mort arrivait quand les grenouilles avaient perdu 35 p. 100 d'eau. A l'autopsie, on trouvait des lésions en rapport avec la diminution d'eau, et particulièrement des déformations des globules sanguins. Le même auteur a établi des analogies entre l'état d'anhydrisation expérimentale et celui qui résulte du choléra.

Le *Protopterus annectens*, dipnoïque du fleuve de Gambie, se trouve pendant la saison chaude emprisonné dans la vase durcie, où il s'enkyste dans une sorte de cocon de mucus desséché. Il ne communique alors avec l'extérieur que par un petit orifice, qui lui permet de respirer avec ses poumons; dans la vie aquatique, il se sert seulement de ses branchies. Pendant la période d'enkystement, sa respiration est très ralentie; ses mouvements, difficiles et lents; mais, dès qu'il est plongé dans l'eau, surtout dans l'eau tiède, il retrouve toute sa force, et une extrême agilité. Il n'est pas nécessaire, pour cela, qu'il possède des viscères; R. Dubois a vu (78) un *Protopterus annectens*, auquel il avait tout enlevé, et qui ne conservait que son squelette, ses muscles, sa moelle et son cerveau, sortir de l'état de vie ralentie complètement pour quelques instants, après son immersion dans l'eau tiède, sans que l'on pût rapporter ce phénomène à autre chose qu'à une hydratation directe des tissus restants.

Rôle de l'hydratation dans les phénomènes de conservation de l'espèce (*germination, fécondation, conjugaison, parthénogénèse naturelle et artificielle*).

Chez les végétaux où existe la fécondation, le grain de pollen a besoin de se gonfler, de s'hydrater, pour remplir son rôle et pénétrer dans l'ovule; mais, une fois l'acte de la fécondation achevé, l'ovule fécondé devient une graine et se déshydrate. Elle peut rester alors en état de repos, de vie latente, pendant un temps parfois très long, variable d'ailleurs avec les espèces.

Pour que la graine sorte de son inertie et que le jeune végétal se développe, il faut que la graine se réhydrate. Sans cette réhydratation, qui est le phénomène initial, préliminaire, du retour à la vie active, la graine ne peut ni respirer, ni mettre en œuvre les matériaux qu'elle contient. La fonction d'hydratation prime donc toutes les autres.

La germination peut être retardée ou empêchée par toutes les causes qui entravent l'hydratation : anesthésiques généraux, froid, proportion trop forte de sels dans l'eau baignant la graine, etc.

La réhydratation de la graine se fait avec une énergie considérable; elle se gonfle de façon à pouvoir soulever une forte colonne de mercure, et, à ce moment, la tension de dissociation de l'eau est très faible, comme dans tous les tissus jeunes; mais elle croît depuis l'état embryonnaire jusqu'à la vieillesse.

Dans l'œuf animal, après la fécondation, la fixation d'eau se fait aussi avec augmentation de pression interne.

Des œufs mûrs de *Rana temporaria*, engagés dans l'oviducte et entourés d'une membrane gélatineuse, sont piqués à l'aide d'une pointe de verre effilée. Après l'opération, la blessure n'est pas visible extérieurement; mais, peu après la fécondation, le vitellus commence à faire hernie et forme entre la membrane ovulaire et la membrane vitelline une tubérosité plus ou moins forte. Toutefois le gonflement de l'œuf est précédé d'une déshydratation de l'ovule. Au début de la fécondation, il se fait une concentration du vitellus, avec séparation d'un liquide qui permet au spermatozoïde de se gonfler jusqu'à atteindre dix ou vingt fois son volume primitif. A partir de ce moment, l'œuf animal acquiert, comme l'ovule végétal devenu graine, non seulement le pouvoir de fixer beaucoup d'eau, mais encore de la retenir avec énergie. Cette avidité des œufs fécondés pour

supérieurs. Cette conclusion de R. Dubois vient d'être confirmée expérimentalement dans un travail récent (V. Mlle Bellion, *Contribution à l'étude de l'hibernation chez les invertébrés. Thèse de doctorat ès sciences naturelles de l'Université de Lyon*, 1909).

l'eau est facile à constater : ceux du ver luisant et de beaucoup d'insectes augmentent de volume très notablement après la ponte, tandis que les œufs non fécondés se flétrissent (79). Si l'on place dans le vide sulfurique un même poids d'œufs stériles et d'œufs fécondés de vers à soie, et que l'on établisse les courbes respectives de leurs pertes de poids, on constate que ces courbes présentent des caractères bien différents. Alors que les œufs stériles se dessèchent comme un corps quelconque imbibé d'eau, on observe chez les œufs fécondés, au début, un dessèchement assez rapide qui bientôt se ralentit pour cesser ensuite complètement, une certaine quantité d'eau se trouvant fixée avec une énergie invincible dans les conditions indiquées. La coque de l'œuf n'a aucune influence particulière dans la marche du dessèchement. Des phénomènes de même ordre ont été constatés dans des œufs de vertébrés (R. Dubois, 80).

Dans l'œuf de l'Oursin, après la fécondation, la segmentation est empêchée en entravant l'hydratation par addition de 2 p. 100 de sel à l'eau de mer. Si la segmentation a déjà commencé, elle s'arrête dans un milieu fortement salé : mais vient-on à rajouter de l'eau pure, elle reprend immédiatement son cours, et, chose intéressante à noter, comme on le verra plus tard, elle marche alors avec une rapidité plus grande, comme pour rattraper le temps perdu, mais, en réalité, parce que l'œuf a subi une seconde déshydratation. En n'ajoutant pas d'eau, il peut se produire également une segmentation incomplète portant sur le noyau seulement, sans doute, parce qu'il est plus hydrophile que le protoplasme environnant et le dépouille à son profit.

Le mouvement de segmentation peut être suspendu également par les anesthésiques et par le froid, pour reprendre avec une plus grande force quand ces causes d'inhibition par déshydratation ont cessé leur effet.

La déshydratation qui prépare à la réhydratation de renaissance à la vie active, ou de rajeunissement, a été constatée dans beaucoup d'autres cas : elle doit être un phénomène général, commun à tous les organismes végétaux ou animaux. Certaines manifestations physiologiques paraissent curieusement adaptées à ce besoin.

Quand une plasmodie de fleur de tan, autrement dit d'*Œthalium septicum*, se trouve uniformément étalée sur une bande de papier à filtrer mouillée et que cette dernière commence à se dessécher, elle se retire toujours vers les points restés les plus humides. Si, pendant que la dessiccation s'effectue, on place, perpendiculairement au papier, et à deux millimètres de lui, un porte-objet enduit de gélatine, on voit alors, en ce point, se soulever verticalement des ramifications du réseau protoplasmique attiré par la vapeur d'eau qui se dégage de la gélatine, et bientôt toute la plasmodie a émigré vers celle-ci en vertu d'un *hydrotropisme positif*. C'est le contraire qui se passe quand la plasmodie va former ses réceptacles fructifères : l'*hydrotropisme* devient *négatif :* les plasmodies s'éloignent alors des fragments de gélatine ou du papier humide. On constate également que, plus elles sont riches en eau et plus énergiques sont leurs mouvements, tandis qu'à la période de concentration fructifère elles tendent de plus en plus vers l'immobilité.

Chez les *Characées* et autres cryptogames, l'activité des mouvements protoplasmiques et intra-cellulaires est aussi en rapport avec la richesse en eau. Mais il y a également une concentration préparatoire à la reproduction. A ce moment, chez beaucoup d'algues, en particulier chez les *Œdogonium*, tout le corps protoplasmique se détache de la paroi cellulosique, expulse le liquide qu'il renferme et le ramène à un volume moindre. Quantité de végétaux s'enkystent, en subissant des modifications de même nature, avant de se reproduire.

C'est en s'appuyant sur les faits précédents et sur d'autres encore que Raphael Dubois, dès 1898 (I, 9e leçon), a montré nettement que, *dans la fécondation, le phénomène initial, dominateur, est une déshydratation préalable suivie d'une réhydratation abondante et énergique* (54). Trois ans après R. Dubois, Y. Delage est arrivé aux mêmes conclusions à propos de la parthénogénèse artificielle, dans sa « théorie de la fécondation » (81).

Parthénogénèse naturelle et parthénogénèse artificielle. — Les Cladocères, les Daphnies, les Branchipes, les Pucerons, beaucoup d'Hyménoptères, de Papillons, de Rotifères, donnent par la sécheresse des œufs parthénogénétiques, c'est-à-dire capables de se développer sans fécondation préalable. Certaines plantes dioïques, comme le Chanvre, sont dans le même cas. La parthénogénèse par dessèchement a également une influence sur la nature du sexe des individus engendrés de cette façon. Cette remarque permet de supposer que l'hydratation, dans les conditions ordinaires, joue aussi un rôle dans la différenciation sexuelle.

Étant donné que dans l'acte de la fécondation naturelle et dans d'autres procédés de reproduction (conjugaison, etc.) le phénomène initial, préparatoire au développement, est une déshydratation suivie d'une réhydratation, que, d'autre part, dans la parthénogénèse naturelle, le développement de l'œuf non fécondé exige, dans un grand nombre de cas connus, une déshydratation préalable : il est naturel de penser que la déshydratation, suivie de la réhydratation expérimentale, peut artificiellement produire la parthénogénèse ; c'est, en effet, à ce curieux résultat qu'ont abouti dans ces derniers temps les efforts d'un grand nombre de savants, et particulièrement d'Yves Delage, qui, le premier, a pu obtenir le développement complet d'un organisme *animal* par voie expérimentale (82) à partir d'un œuf non fécondé, mais fécondable.

Déjà, en 1896, Klebs avait montré qu'en faisant agir des solutions salines ou sucrées sur des *Spirogyra* et divers autres cryptogames, on obtenait la formation de parthénospores, ou la germination parthénogénétique de la gynogamète et même de l'androgamète.

Chez les animaux, les observations ont été faites surtout sur les œufs d'Astéries et d'Oursin.

De nombreux auteurs : Tichomiroff, Hertwig, Mead, Morgan, Herbst, Loeb, Lefèvre, Bullot, Bataillon, Kostanecki, Giard, etc. (V. **Parthénogénèse**) ont vu qu'on peut provoquer un commencement de développement des œufs non fécondés d'échinodermes, de vers, de mollusques, de batraciens et de poissons en modifiant les propriétés chimiques et physiques de l'eau où on les immerge pendant un temps variable, pour les reporter ensuite dans leur milieu naturel (eau douce ou eau de mer). Pour obtenir ce résultat, *tous les expérimentateurs se sont servis d'agents déshydratants, dont l'action a été étudiée dans cet article :* sels organiques ou minéraux (sulfates d'alcaloïdes, chlorures de sodium, de potassium, de magnésium, de nickel, etc.), composés organiques non électrolytiques (sucre, urée, etc.), anesthésiques généraux (alcools, éther, chloroforme, toluol, benzol, acide carbonique, etc.), froid, ébranlement mécanique. et enfin dessiccation pure et simple ! Ajoutons les corps acides et coagulants, comme le tanin, avec l'action complémentaire réhydratante de l'ammoniaque. C'est ce dernier procédé qui, entre les mains du savant expérimentateur Yves Delage, a permis d'obtenir un Oursin adulte avec un œuf non parthénogénétique, non fécondé et fécondable (82).

En ce qui concerne l'œuf fécondé, comme celui qui est rendu artificiellement parthénogénétique, les deux premiers phénomènes de son évolution sont une coagulation (déshydratation) : la formation de la membrane vitelline ; et une liquéfaction, hydratation : la dissolution de la membrane nucléaire.

On ne saurait trop insister sur ce fait que tous les agents employés avec succès pour provoquer la parthénogénèse artificielle sont des agents déshydratants, ou capables d'augmenter la tension de dissociation de l'eau et du bioprotéon, et que ceux qui exercent l'action complémentaire la plus satisfaisante sont des agents liquéfiants, c'est-à-dire hydratants.

La découverte de la parthénogénèse artificielle est la plus irréfutable des démonstrations en faveur de l'exactitude de la loi formulée et développée, en 1898, par Raphaël Dubois, que *le phénomène initial et capital de la reproduction en général, et de la fécondation en particulier, n'est qu'une déshydratation suivie d'une réhydratation. La procréation n'est qu'une reviviscence.*

CONCLUSIONS GÉNÉRALES

I. — De même que la fonction de respiration est constituée par le rôle physiologique de l'oxygène, de même la fonction d'hydratation est constituée par le rôle physiologique de l'eau.

II. — La fonction d'hydratation prime celle de la respiration, cette dernière ne pouvant s'exercer que quand la première a été satisfaite.

III. — D'ailleurs, sans la fonction d'hydratation, aucune fonction de la vie de nutrition, de relation ou de reproduction, ne peut se manifester : elle les domine toutes : c'est une fonction générale primordiale.

IV. — Au point de vue chimique, l'eau se comporte suivant les circonstances comme une base, comme un acide ou comme un corps indifférent : elle forme des hydrates ordinairement très instables : une quantité considérable de réactions physiologiques fondamentales se font avec fixation ou élimination de molécules d'eau : l'eau qui peut se former dans l'économie ne s'y détruit pas : dans l'inanition, elle ralentit la destruction des aliments de réserve et retarde beaucoup la mort, sans être par elle-même un aliment, à proprement parler.

V. — Au point de vue de la physique et de la chimie physique, elle possède la chaleur spécifique la plus élevée et est, en même temps, le dissolvant le plus général. Elle communique aux corps qu'elle dissout des propriétés qu'ils ne pourraient acquérir qu'à des températures de fusion ou de volatilisation, ce qui explique pourquoi le bioprotéon produit, à de basses températures, des effets que l'on ne peut obtenir dans les laboratoires qu'à l'aide de beaucoup de chaleur artificielle. Les organismes vivants sont des machines thermiques à basse température. Par l'ionisation, l'eau dynamise les électrolytes, commande à tous les phénomènes d'osmose, de dialyse, de capillarité, de tension superficielle, d'absorption, d'adsorption, de diffusion, etc. La partie fondamentale de la substance vivante est à l'état colloïdal; le bioprotéon est fondamentalement un hydrogèle instable, à effets réversibles, sous de faibles et multiples influences d'hydratation et de déshydratation.

VI. — L'équilibre normal de l'hydratation ne peut être troublé sans que celui de l'organisme entier soit modifié. Les organismes vivants sont surtout constitués par de l'eau : ils ne sont guère que de l'eau en mouvement. L'eau, à l'aide d'une infime quantité de bioprotéon ancestral, et sous l'influence solaire, fait sortir le minéral de son énergie de position, édifie les colloïdes vivants qui, après la mort, redeviendront de l'eau et des cristalloïdes. La molécule d'eau est l'enjeu principal de la partie où se jouent le rajeunissement et le veillissement, la santé et la maladie, la vie et la mort.

RAPHAEL DUBOIS.

Bibliographie. — **1**. DUBOIS (R.). *Leçons de physiologie générale et comparée*, chez Masson, Paris, 1898 (1re *leçon* et 9e *leçon*). — **2**. — *Du rôle de l'eau dans la fécondation* (*B. B.*, LVI, 476, 1904). — **3**. BERNARD (CL.). *Phénomènes de la vie*, Paris. — **4**. DUBOIS (R.). *Mode d'action de l'alcool sur l'économie* (*B. B.*, 156, 1874); *Conférences sur l'alcoolisme* (*Bull. Soc. philot. du Maine*, 1881); *Action de quelques liquides organiques neutres sur la substance organisée* (*C. R.*, 100, 1883; *Ibid.*, 376; *Ibid.*, 317, 1884); *Leçons de physiologie générale et comparée*, Paris, 1898, Masson éd. (V. *Du rôle de l'eau dans les fonctions de nutrition, de reproduction et de relation*, 9e leçon). — **5**. HENRI SAINTE-CLAIRE DEVILLE. *Leçons de la Soc. chim. de Paris*, 269, 1864-1865. — **6**. GAUTIER (A.). *Leçons de chimie biologique normale et pathologique*, 2e éd., 719, 1897, Paris, Masson éd. — **7**. BERTHELOT. *C. R.*, CXIII, 851, et *Essai de mécanique chimique*, I, 482, Paris, 1879. — **8**. DUBOIS (R.). *Mécanisme de l'action des anesthésiques* (*Rev. gén. des Sc.*, 15 septembre 1891, II, 632; *Anesthésie physiologique*, Paris, Masson éd., 1894, et *Leçons* (4), 259. — **9**. GRAHAM. *Ann. de chim. et de phys.*, 1862, et *Lieb. Ann.*, 1862. — **10**. O. D. CHWOLSON. *Traité de physique*, I, 3e fasc., 1907, 724, et *Cours de chimie physique de Victor Henri*, fasc. 2, 1907. — **11**. NAEGELI. *Pfeffer's Pflanzenphysiologie*, 1897, I, 65. — **12**. CHEVREUL. *Mém. du Muséum*, XIII, 1819. — **13**. DUBOIS (R.). *Les vacuolides* (*Mém. de la Soc. de Biol.*, 1887); *Les vacuolides* (*B. B.*, LX, 526; *Structure du protoplasma chez les protozoaires* (*ibid.*, 528, 1906. — **14**. FAURÉ-FRÉMIET (*B. B.*, 1906, 389 et 491, et *C. R.*, 1906, CXLII, 58. — **15**. DUBOIS (R.). *Cultures minérales sur bouillon gélatineux* (*B. B.*, 1904, LVI, 697); *Sur la cytogénèse minérale* (*ibid.*, mai 1904, LVI, 805); *La création de l'être vivant et les lois naturelles* (*Discours d'ouverture de la rentrée solennelle de l'Université de Lyon*, novembre 1905, Lyon); *Sur la prétendue génération spontanée par les radiobes* (*éobes et microbioïdes de R. Dubois*) (*Compte rendu de l'Ass. franç. avanc. des Sciences*, Lyon, 1906). — **16**. KUCKUCK. *Die Lösung des Problems der Urzeugung* (*Archegonia : Generatio spontanea*) (Leipzig, 1907). — **17**. BISCHOFF. *Zeitsch. f. rat. Med.*, XX, 1863. — **18**. HERMANN. *Handb. d. Physiol.*, VI, 345. — **19**. BEZOLD. *Verhand. d. phys. med. Ges. Würzburg*, VIII, 251. — **20**. VOIT. *Zeitsch. f. Biol.*, 358, 1866. —

21. Lawes et Gilbert. *Philos. Trans.*, ii, 494, 1859. — 22. Dubois (R.). *Sur la densité du corps humain* (*Ann. de la Soc. linn. de Lyon*, 1901). — 23. Beaunis (E.). *Traité de physiologie*, 3e éd., Paris. — 24. Dubois (R.). *Absence de sucre et de glycogène dans les organes électriques de la Torpille* (*Ann. de la Soc. linn. de Lyon*, 1898). — 25. — *Influence des liquides alcooliques sur l'action des substances toxiques et médicamenteuses* (*Thèses de la Faculté de médecine de Paris*, 1876). — 26. — *Autonarcose carbonique chez les végétaux* (*B. B.*, 956, liii, 1901), et *Narcose provoquée et autonarcose spontanée chez les végétaux* (*Ann. de la Soc. linn. de Lyon*, 1901, 23-33); *Nouvelles recherches sur l'autonarcose carbonique et le sommeil naturel : critique de l'acapnie* (*Ann. de la Soc. linn. de Lyon*, 1901); *Action de l'acide carbonique sur la sensitive* (*Ann. de la Soc. linn. de Lyon*, 1898); *Étude sur la thermogénèse et le sommeil* (*Ann. de l'Univ. de Lyon*, 1896). — 27. R. Dubois. *Du mode d'action de l'alcool sur l'économie* (*B. B.*, 156, 1874). — 28. Richet (Ch.). *Action physiologique comparée des métaux alcalins* (*Travaux du laboratoire*, ii, 1893, Paris). — 29. Dubois (R.). *Équivalents physiologiques* (*B. B.*, 485, 1883). — 30. Richet (Ch.). *Sur le rapport entre la toxicité et les propriétés physiques des corps* (*B. B.*, 775, 1893). — 31. Cololian (P.). *Toxicité des alcools sur les poissons* (*Journ. de phys. et de path. gén.*, iii, 1901, 535). — 32. Billard et Dieulafait. *La toxicité des alcools, fonction de leur tension superficielle* (*B. B.*, 452, 1904). — 33. Leclerc. *Recherches physiologiques et anatomiques sur l'appareil nerveux des végétaux* (*B. B.*, xxvii, 526, 1859). — Barral. *Statistique Chim. des animaux*, Paris, 1850. — Liebig. *Lettres sur la Chimie*, ii, 37. — Ludwig. *Lehrb. d. Physiol.*, i, 19, 2e éd. — Bidder et Schmidt. *Die Verdauung u. d. Stoffwechsel*, 1852. — 34. Engelmann, in Verworn *Physiol. gén.*, Paris, 1900, 275. — 35. Schäfer. *Ibid.* — 36. Dubois (R.). *Action des microboïdes sur la lumière polarisée; fibres striées musculoïdes et cristaux liquides biréfringents, extraits du Murex brandaris* (*B. B.*, lxii, 243, 1907). — 37. — *Action de quelques liquides organiques neutres sur la substance organisée*, *ibid.*, 100, 1883; *ibid.*, 376; *ibid.*, 1884, 317; *Tension de dissociation de l'eau et des tissus*, *ibid.*, 447, 1884; *Déshydratation des tissus par le chloroforme, l'éther et l'alcool, modifications des milieux réfringents de l'œil et de la sécrétion lactée dans les anesthésies de longue durée par le chloroforme* (*ibid.*, 45, 1884); *Contribution à l'étude de la physiologie générale des anesthésiques* (*ibid.*, 625, 1885); *Influence des vapeurs anesthésiques sur les tissus vivants* (*C. R.*, 1886); *Action du chlorure d'éthylène sur la cornée* (*B. B.*, et *C. R.*, 1887-1888, etc.; *Mécanisme de l'action générale des anesthésiques* (*Rev. gén. des sc.*, 561, 1891, et *Leçons*, etc. (9e leçon). — 38. De Lanessan. *Rev. intern.*, n° 11, 400, 1882. — 39. Detmer. *Ueber Zerstörung des Molecularstructure des Protoplasmas der Pflanzenzellen. Botanische Zeitung.* xliv, 44, 1886, n° 9. — 40. Reinke (J.). *Photometrische Untersuchungen über die Absorption des Lichtes in dem Assimilationsorganen.* (*Bot. Zeit.*, n° 9, 44, 1886). — 41. Nadson (A.). (*Ext. du Bull. du jardin imp. de Saint-Pétersbourg*, iv, n° 7, 1904). — 42. Overton (E.). *Studien über die Narkose.* Iéna, 1901. — 43. Stéphanowska (Mlle). *Déshydratation du protoplasma vivant par l'éther, le chloroforme et l'alcool. Contribution à l'étude du mécanisme de l'anesthésie* (*Ann. de la Soc. Belge de micr.*, xxvii); *Sur le mode de formation des varicosités dans les prolongements des cellules nerveuses* (*Travaux de lab. de l'Inst. Solvay*, iii, fasc. 3). — 44. Fauré-Frémiet (E.). *Phénomènes protoplasmiques dus à l'anesthésie chez* Glaucoma viridis (*B. B.*, 491, 1906). — 45. De Nabias. *Sur le mécanisme d'action des anesthésiques généraux* (*Journ. de méd. de Bordeaux*, 807, 1906). — 46. Jumelle. *L'action du froid sur les végétaux* (*Rev. Sc.*, 26 mars 1892. xlix). — 47. Dubois (R.). *Action du protoxyde d'azote sur les Echevérias* (*B. B.*, 8, ii, 1885, 110); *sur les Sensitives* (*B. B.*, 1885, p. 628 et *Anesthésie physiologique et ses applications*, 116, Masson, éd. — 48. Martin (M. C.). *De l'anesthésie par le protoxyde d'azote avec ou sans tension*, Paris et Lyon, 1883. — 49. Matruchot et Molliard. *Modifications produites par le gel dans la structure des cellules végétales* (*Rev. gén. de botan.*, xiv, 1902, 401). — 50. Johannsen. *C. R. Ac. R. des Sc., de Copenhague*, 1893. — 51. Maumené (Alb.). *Nouvelle méthode de culture forcée des arbustes et des plantes soumis à l'action de l'éther et du chloroforme*, Libr. et imp. Hortic, Paris, 1903. — 52. Aimard. *Le Jardin*, 20 févr. 1895, Paris. — 53. Giard (A.). *Tonogamie, la chose et le nom* (*B. B.*, 1904, 479). — 54. Dubois (R.). *Mécanisme comparé du froid et des anesthésiques sur la nutrition et sur la reproduction* (*C. R.*, 27 mai 1902), et *Du rôle de l'eau dans la fécondation* (*B. B.*, 476, 1904). — 55. *Id.*, (*B. B.*, iv, 102-103, 1883). — *Nouvelle méthode d'embaumement et de momification du corps humain.*

Mémoire lu à l'Académie de médecine de Paris par le professeur Brouardel, le 30 décembre 1890, et PARCELLY, *Étude historique et critique des embaumements avec description d'une méthode nouvelle* (*Thèse Faculté de méd. Lyon*, 1891). — **56.** DISSART (A.). *Influence de la déshydratation d'un animal sur les échanges respiratoires* (*B. B.*, 482, 1894). — **57.** JOLLY. *Action de la chaleur sur le développement Ibid.*, 1192, 1903). — **58.** DUBOIS (R.). *Action des liquides neutres sur la substance organisée Ibid.*, 317, 1884). — **59.** SCHLEICH. *Local Anesthæsie, etc.* (*Deutsche med. Zeit.*, 1891). — **60.** CERTES. *Action des hautes pressions sur la vitalité des microrganismes* (*B. B.*, 220, 1884). — **61.** REGNARD (P.). *Conditions physiques de la vie dans les eaux : influence de la pression sur la vie aquatique*, 138, Paris, 1891, Masson, éd. — **62.** DUBOIS (R.) et REGNARD (P.). *Action des hautes pressions sur la fonction photogénique* (*B. B.*, 675, 1884). — **63.** DASTRE et LOYE (*B. B.*, 1888, 91). — **64.** LEDUC. *Ass. franç. av. des sciences*, 567, 1907. — **65.** PICOT. *Rech. exp. sur l'action de l'eau injectée dans les veines* (*C. R. Ac. des Sc.*, LXXXIX). — **66.** DUBOIS (R.). *Bio-électrogénèse chez les végétaux* (*Soc. linn. de Lyon*, 1899). — **67.** LOEB (J.). *La dynamique des phénomènes de la vie*, Paris, 1907. — **68.** GODLEWSKI. *Ascension de la sève* (*Ac. des Sc.*, Cracovie, 1884). — **69.** SPALLANZANI. *Opuscules de physique*, II, 1877). — **70.** DOYÈRE. *Thèse de la Faculté des Sc. de Paris*, 1842. — **71.** DAVAINE. *Mém. de la Soc. Biol.*, 1856. — **72.** BROCA. *Rapport sur les animaux ressuscitants* (*Mém. de la Soc. Biol.*, 1860). — **73.** BERNARD (CL.). *Leçons sur les phénomènes de la vie*, 1878. — **74.** GIARD (A.). *L'anhydrobiose ou ralentissement des phénomènes vitaux sous l'influence de la déshydratation progressive* (*B. B.*, 497, 1894). — **75.** KOCHS (W.). *Kann die Continuität der Lebensvorgänge zeitweilig völlig unterbrochen werden?* (*Biol. Centralbl.*, X, 1890). — **76.** CHOSSAT. *Recherches sur la concentration du sang chez les Batraciens* (*Arch. de phys.*, 1869). — **78.** DUBOIS (R.). *Contribution à l'étude du mécanisme respiratoire des Dipnoïques et de leur passage à la torpeur estivale à la vie active* (*Ann. de la Soc. linn. de Lyon*, XXXIX, 1892, *et Ass. franç. av. des Sciences, Congrès de Marseille*. — **79.** — *Les Elatérides lumineux* (*Bull. de la Soc. Zool. de France*, et *Thèse de la Faculté des Sciences de Paris*, 1886. — **80.** — *Action de la fécondation sur la tension de dissociation de l'eau dans l'œuf de couleuvre* (*B. B.*, 1884, 526.). — *Résistance à la dessiccation des œufs stériles et non-stériles*. (*Ibid.*, 1885, 61). — **81.** DELAGE (YVES). *La théorie de la fécondation* (*Rev. gén. des Sc.*, 15 octobre 1901). — **82.** *Les vrais facteurs de la parthénogénèse expérimentale* (*Arch. de Zool. exp. et gén.*, (4), VII, 487). — **83.** KLEBS. *Die Bedingungen der F. bei einigen Algen und Pilzen*, 1896, 245. — **84.** DUBOIS (R.). *La thermogénèse et le sommeil physiologie comparée de la marmotte* (*Ann. de l'Université de Lyon*, 1896). — *Sur le sommeil hivernal chez les invertébrés* (*Ann. de la Soc. linn. de Lyon*, 1900).

HYDRAZINES. — Les hydrazines sont des corps, très nombreux, qui dérivent directement du diamidogène $H^2Az — Az H^2$, ou diamidizamine. On comprend qu'il y ait d'innombrables dérivés de substitution : méthyl, éthyl. phényl, acétylhydrazines, etc. « Tous ces corps déterminent, dit G. POUCHET (*Leç. de Pharmacodyn.*, 1904, IV-V, 114), des accès convulsifs, épileptoïdes, avec dilatation pupillaire, et vomissements. En outre, ils exercent sur la matière colorante du sang une action extrêmement fâcheuse; on observe la diffluence des hématies, la transformation de l'oxyhémoglobine en méthémoglobine... Ce sont des poisons hématiques dont l'intensité toxique est extrême; et, par ce fait, elles doivent être absolument rejetées de la thérapeutique. »

Parmi les hydrazines dont l'action a été physiologiquement étudiée, il n'y a guère que la phénylhydrazine, et l'acétophénylhydrazine, ou pyrodine. (Voir **Phénylhydrazine** et **Pyrodine**.)

L'hydrazine, diamidogène, est un gaz incolore, qui semble agir à peu près comme l'ammoniaque (LAZZARO), provoquant des convulsions tétaniques à la dose de 0,02 chez les grenouilles, et de 0,2 chez les lapins.

Chez l'homme, on l'a donnée comme antithermique; mais elle produit des exanthèmes et de l'urticaire.

Bibliographie. — LOEW (*Sitzb. der f. Ges. Morph., u. Physiol. in München*, 1890, VI, 154). — LAZZARO (*Arch. di Farm. e terap.*, 1893, 168-174). — DU BOIS REYMOND et THILO

Berl. klin. Woch., 1892, XXIX, 774). — BALDI (*Arch. d. Farm. e terap.*, 1893, 230, 263). — KOBERT (*D. med. Woch.*, 1890, XVI, 21).

HYDROCARPINE. — Substance non déterminée contenue dans les fruits de l'*Hydrocarpus venerata* (GAERTN). On s'en sert pour tuer les poissons, mais ces poissons, mangés par l'homme, sont toxiques (?) (LEWIN. *Traité de Toxicol., trad. franç.* 1903, 607).

HYDROCOLLIDINE. — ($C^9H^{13}Az$). Base extraite par A. GAUTIER et ÉTARD de la chair de poisson en putréfaction. C'est une substance toxique, convulsivante (*C. R.*, 1881, XCIV, 1601).

HYDROCOTYLE. — L'*Hydrocotyle vulgaris* est une plante commune, toxique : elle provoque, chez les moutons qui la broutent dans les pâturages, de l'hématurie. L'*H. javanica* est employée à Java comme poison pour les poissons. L'*H. umbellata* agit comme vomitif (LEWIN. *Traité de Toxicologie, trad. franç.*, 1903, 671).

HYDROQUINONE. — ($C^6H^4(OH^2)$) Substance qui se produit par la réduction de la quinine $C^6H^4O^2+2H=C^6H^6O^2$, ainsi que dans diverses nombreuses réactions. Sous l'influence des oxydases, l'hydroquinone s'oxyde rapidement; mais en solution aqueuse elle n'absorbe pas l'oxygène de l'air.

On l'a employée comme médicament antipyrétique, à la dose de 1 gramme environ, encore qu'elle ne paraisse pas dépourvue de propriétés toxiques qui la rendent dangereuse (troubles du système nerveux). Elle paralyse le cœur des grenouilles, et, à la dose d'environ 1 gramme chez les lapins, produit des convulsions et la mort. Elle est éliminée par les urines sous la forme d'une combinaison sulfurique.

Sur les invertébrés, elle provoque, à dose faible (0 gr. 5 dans un litre), une augmentation énorme de l'excitabilité réflexe. DANILEWSKI estime que c'est un poison protoplasmique des plus énergiques.

Son action paraît être d'une manière générale analogue à celle de la résorcine, son isomère; mais l'hydroquinone est incontestablement plus active que la résorcine.

Bibliographie. — BEYER. *The influence of kairin, thallin, hydrochinon, resorcin and antipyrin on the heart and bloodvessels* (*Americ. journ. of med. sc.*, avril 1886, 24 p.). — DANILEWSKY. *B. Vergleich. toxic. Beobachtungen über die Wirkung des H.* (*A. P. P.*, XXXV, 1895, 105-109). — SEIFERT. *H. als Antipyreticum* (*Berl. klin. Woch.*, 1884, XXI, 450-452). — ESCOSSAIS. J. *Contribut. à l'étude pharmaco-dynamique et hématologique de l'hydroquinone, du pyrogallol et du nitrate de soude. Th. de Bordeaux*, 1902, 99 p. — ALIVIA. *Azione antipiretica dell'idrochinone unita al salol*, Parme, 1887. — TRAVERSA. *Sul valore antipiretico dell'idrochinone e sul mecanismo dell' antipiresi* (*Incurabili*, 1890, V, 20, 70, 139, 199, 288, 340, 448, 644). — SILVESTRINI et PICCHINI. *Dell'idrochinone* (*Morgagni*, 1886, XXVIII, 321, 440, 607, 625 et 1887, XXIX, 52, 159).

HYDROXYLAMINE. — L'hydroxylamine est l'oxy-ammoniaque (A^3H^2OH) : c'est une base qui forme des sels cristallisables, et qu'on ne peut préparer qu'en solution aqueuse. Elle réduit les sels de cuivre en solution alcaline.

L'hydroxylamine est essentiellement un poison hématique. D'après RAIMONDI et BERTONI (1879), qui ont fait les premières expériences à ce sujet, la couleur du sang est altérée, même avec des doses faibles, et tous les phénomènes toxiques sont identiques à ceux de l'asphyxie; car alors l'hémoglobine est détruite, et changée en méthémoglobine. Cette réaction se produit aussi par l'action de l'hydroxylamine sur le sang, *in vitro*. Même quand le sang est chargé d'oxyde de carbone, l'hydroxylamine provoque encore la formation de méthémoglobine (LEWIN). Les phénomènes sont donc très analogues dans leur ensemble à ceux que donnent les nitrites, si bien que LAUDER BRUNTON a proposé de remplacer, dans le traitement de l'angine de poitrine, le nitrite d'amyle par l'hydroxylamine (*Act. des médicaments*, 1901, *trad. franç.*, 304). Il est impossible en l'état actuel de dire si l'action de l'hydroxylamine est due à cette substance même ou à la formation d'une certaine quantité d'acide nitreux qui se produit alors à l'état naissant.

Même à la dose de 0 gr. 05 chez un lapin, il y a déjà une altération du sang qu'on peut percevoir au spectroscope. La dose mortelle est d'environ 0 gr. 3 pour le chien : 0 gr. 05 pour le lapin ; 0 gr. 002 pour la grenouille.

L'hydroxylamine agit énergiquement comme antiseptique. Les graines arrosées d'une solution diluée d'hydroxylamine meurent rapidement (MEYER et SCHULZE). O. LOEW a confirmé ces résultats. Il a pu montrer que l'hydroxylamine est bien plus toxique que l'ammoniaque, que la phénylhydrazine est plus toxique que l'aniline, que la pipéridine est plus toxique que la pyridine, ce qui confirmerait sa théorie sur la nature aldéhydique de l'albumine.

Ainsi, il est démontré, par cette action de l'hydroxylamine sur les organismes inférieurs, qu'elle n'est pas seulement poison du sang, mais de toutes les cellules. Toutefois, chez les vertébrés, l'action sur le sang masque les autres propriétés toxiques.

Bibliographie. — RAIMONDI et BERTONI (*Revue scientifique suisse*, 1883, 23-27 et *Ann. di chim. e di farm.*, 1880, XI, 102-108). — BINZ (*A. P. P.*, 1888, CXIII, 1-9). — LEWIN (*A. P. P.*, 1888, XXV, 306-325). — FALK. *Entgegnung auf die von* LEWIN *gemachte Mittheilung über H.* (*Ibid.*, 456.) — LOEW. *Über die Giftwirkung des H. verglichen mit der von anderen Substanzen.* (*A. g. P.*, 1885, XXXV, 516-527). — ALONZO. *Azione dell'idrossilamina sul rene* (*Clin. med. ital.*, 1898, XXXVII, 567-575). — LEBER. *Th. d'Erlangen*, 1888. — SCHEIDEMANN. *Th. de Königsberg*, 1892.

HYÉNIQUE (Acide).

— Acide gras que CARIUS a retiré des glandes anales de l'hyène ($C^{25}H^{50}O^2$ (*Bull. Soc. chim.*, 1864, 375). Peut-être cet acide est-il identique à l'acide cérotique.

HYGRINE.

— ($C^8H^{15}AzO$). Base liquide qui accompagne la cocaïne dans le coca. Avec CrO^3 et SO^4H^2, elle donne de l'acide hygrinique ($C^6H^{10}AzO^2$) $^2H^2$.

HYOCHOLALIQUE (Acide).

— Voy. Bile.

HYOSCINE.

— Voy. Scopolamine.

HYOSCYAMINE.

— Cet alcaloïde fut découvert par EIGER et HESSE dans les semences de l'*Hyoscyamus niger* (*Ann. Chem. Pharm.*, VII, 270-1833). Il se rencontre dans un certain nombre de Solanées, en particulier dans le *Datura stramonium* et l'*Atropa belladona* (SCHMIDT, *Ann. Chem.*, CCVIII, 219, 1881), dans les *Scopolia* (SCHMIDT, *Arch. Pharm.*, (3), XXVI, 214), les *Carniolica* (DUNSTAN et CHASTON, *D. Chem. Ges.*, XXIII, 208), l'*Anisodus luridus* (SCHMIDT, *Arch. Pharm.*, CCXXIX, 529).

HESSE a trouvé l'hyoscyamine à côté de l'atropine et de la scopolamine dans les fleurs de *Datura alba* (*Ann. Chem.*, CCCIII, 149, 1898). L'*Hyoscyamus muticus* en contient également, mais en quantité variable suivant sa provenance ; celui qui croît en Égypte est particulièrement riche. Capsules et semences. 1,34 p. 100 ; feuilles, 1,393 p. 100 (GADAMER, *Arch. Pharm.*, CCXXXVI, 704), tandis que celui de l'Inde contient une proportion d'alcaloïdes beaucoup moins considérable (W. R. DUNSTAN et H. BROWN, *Chem. Soc.*, LXXIII-72 et LXXIX-71, 1901).

L'hyoscyamine existe encore dans la racine de Mandragore (*Mandragora officinarum*) ; H. THOMS et M. WENTZEL (*D. Chem. Ges.*, XXXI, 2037 et XXXIV, 1025, 1902) ont démontré que la mandragorine d'AHRENS était constituée par un mélange d'hyoscyamine et de scopolamine.

De même LADENBURG a montré (*Ann. Chem.*, CCVI, 282, et *D. Chem. Ges.*, XIII-257, 1880) que la duboisine, extraite par GERRARD du *Duboisia myoporoïdes*, n'était que de l'hyoscyamine.

DYMOND (*Chem. Soc.*, LX, 90, 1892) a caractérisé l'hyoscyamine dans les *Lactuca virosa et sativa;* ces recherches n'ont pas été confirmées par BRAITWAITE et STEVENSON (*Pharm. Journ.*, (4) XVII-148), qui n'ont pu trouver aucun alcaloïde dans *Latuca virosa* sauvage.

J. REGNAULD avait établi que l'hyoscyamine est isomérique avec l'atropine. LADENBURG, reprenant la question, a montré qu'elle était bien un tropate de tropine et qu'elle pouvait être facilement transformée en atropine. La synthèse de ses deux constituants ayant pu être réalisée par WILLSTÄTTER, sa constitution est connue avec certitude : c'est un composé bicyclique de formule : $C^{17}H^{23}AzO^{3}$.

```
CH² — CH ——— CH²                     CH²OH
|     |        |                   /
|    Az — CH³  CH — O — CO — CH <
|     |        |                   \
CH² — CH ——— CH²                     COOH
```

L'atropine est optiquement inactive, l'hyoscyamine est lévogyre, et LADENBURG admit d'abord que la première était la forme racémique de la seconde. Essayant de réaliser avec HUNDT la combinaison de la tropine avec les acides tropiques droit et gauche, il obtint des corps différents de l'hyoscyamine. Il émit alors l'hypothèse que l'hyoscyamine était constituée par la conjugaison de l'atropine avec l'acide tropique, mais il ne lui fut pas possible de réaliser la préparation de tropines optiquement actives (*D. Chem. Ges.*, XII, 741 ; XIII, 104 ; XXII, 2590).

GADAMER a montré que l'isomérie des bases hyoscyamine et atropine n'était due qu'à l'isomérie de l'acide tropique et que la première hypothèse de LADENBURG était seule exacte; depuis lors, AMÉNOMIYA a pu réaliser, en 1902, la synthèse de l'hyoscyamine naturelle et de son isomère optique dextrogyre, inconnu jusqu'ici (*Arch. Pharm.*, CCXL, 501).

L'hyoscyamine cristallisée dans l'alcool aqueux se présente en fines aiguilles blanches ou en tables fusibles à 108°,5. Elle est lévogyre et possède, d'après GADAMER, en solution dans l'alcool absolu, un pouvoir rotatoire $[\alpha]^{d}$, 208°,9 et dans l'alcool à 20 0/0 $[\alpha]^{d}$, 23°,0.

Elle est plus soluble dans l'eau et dans l'alcool étendu que l'atropine. Comme celle-ci, chauffée à 65° avec les anhydrides phosphorique, acétique, benzoïque, elle perd une molécule d'eau et donne de l'apoatropine, $C^{17}H^{21}AzO^{2}$.

L'hyoscyamine se transforme avec la plus grande facilité en atropine. Il suffit, d'après SCHMIDT, de la maintenir quelques heures à sa température de fusion ou de la laisser quelque temps en solution alcoolique légèrement alcaline.

L'hyoscyamine fournit un periodure qui cristallise facilement par évaporation de sa solution alcoolique. S. VREVEN (*Bull. Ac. Roy. de Belgique, déc.* 1879) a fondé sur cette propriété une méthode d'identification.

Elle fournit des sels cristallisant difficilement ; on a utilisé surtout le bromhydrate d'hyoscyamine $C^{17}H^{23}O^{3}Az\,HBr$, qui se présente sous forme de feuilles allongées, fusibles à 149°-150°, solubles dans 0 p. 34 d'eau à 15° et dans 2 p. 2 d'alcool de densité 0,820 (MERCK, *Arch. Pharm.*, CCXXXI, 115).

Son action physiologique est analogue, sinon identique, à celle de l'atropine. — Voy. **Atropine**.

Quant à l'hyoscyamine amorphe, c'est un alcaloïde extrait de la jusquiame par LADENBURG (*D. Chem. Ges.*, XIII, 1549), qu'il a identifié à la scopolamine.

HYPAPHORINE. — Alcaloïde cristallisable, extrait par GRESHOFF de l'*Hypophorus subumbrans*, papilionacée de Java. L'hypaphorine est extraite surtout des graines de cet arbre. PLÜGGE en a fait une étude physiologique attentive (*Ueber die toxische Wirk. von Hypaphorin. A. A. P.*, XXXII, 1893, 313-320). Cet alcaloïde est inactif chez les homéothermes, même à la dose de 1 gramme, tandis qu'il provoque des convulsions (tardives) chez la grenouille, même à 0gr,02. Il est inactif sur les poissons.

HYPERMÉTROPIE. — Voy. **Dioptrique**.

HYPNAL ($C^{11}H^{12}Az^{2}O,C^{2}HCl^{3}O,H^{2}O$) (ou monochloral antipyrine) (ou trichloracétyl-phényldiméthylpyrazolone). Ce corps, obtenu en 1890 par REUTER, a été étudié par Bardet comme hypnotique (*Bull. de la Soc. de thérap.*, 1890, xvii, 43-46). Sur l'homme on a obtenu d'assez bons effets somnifères, mais sans que cependant on puisse lui accorder une action bien différente de celle qu'aurait un mélange de chloral et d'antipyrine (voy. Frenkel. *Th. de Paris*, 1890. — Soutakis. *Th. de Paris*, 1890. — De Blainville, *Thèse de Paris*, 1898). — Gley en a étudié, avec Soutakis, les propriétés pharmacodynamiques, et il a constaté que le chloral contenu dans la molécule d'hypnal est moins toxique ($0^{gr},60$ au lieu de $0^{gr},40$) que lorsqu'il est administré pur. Les effets du chloral, comme on devait s'y attendre, prédominent sur ceux de l'antipyrine (*B. B.*, 1890, 371-373). L'anesthésie survient à la dose de 0,30 par kilogramme. Contrairement à Gley, Schmidt a trouvé que le monochloral antipyrine est plus toxique que la quantité de chloral qu'il contient, de sorte qu'en présence de ces divergences on peut regarder comme assez vraisemblable que l'hypnal n'a pas une action bien différente de l'action d'un mélange de chloral et d'antipyrine (*B. B.*, 1890, 427-429). Voy. aussi Filehne (*Berl. klin. Woch.*, 1893, 105). — Batz, *Un cas d'intoxication par l'hypnal* (*Rev. méd. de Normandie*, 1900, 145). — Mattison (*Med. Rec.*, 1891, 8).

HYPNONE (Acétyl-benzine, acétophénone) ($C^8H^8O = C^6H^5.\ CO.\ CH^3$).

Dérivé de la benzine, bouillant à 20°, cristaux fondant à 20,°5, insoluble dans l'eau. Ce corps a été recommandé par Dujardin-Beaumetz et Bardet comme hypnotique; (1885), mais il paraît à peu près abandonné.

A la dose de $0^{gr},50$, chez un cobaye de 400 grammes, en injection sous-cutanée, l'hypnone produit un état de torpeur profonde, précédée d'une période d'excitabilité réflexe, et cette torpeur va en s'exagérant jusqu'à amener le coma et la mort, de sorte que la dose sommifère est en même temps la dose mortelle (Laborde). Chez le chien la dose doit être portée à $0^{gr},05$ par kilogramme, en injection intra-veineuse; à des doses inférieures on n'obtient pas le sommeil; et, quand on obtient le sommeil, généralement il y a mort de l'animal. Il se produit un abaissement extrême de la tension artérielle, et surtout un état asphyxique général. On ne peut pas dire cependant que l'hypnone soit un poison du sang; car le pouvoir absorbant de l'hémoglobine pour l'oxygène n'est pas modifié (Laborde et Quinquaud). De même Grasset, expérimentant sur le singe, n'a pas trouvé d'effets somnifères aux doses faibles. En injectant la substance dans la trachée, il a pu arriver à des doses somnifères, non mortelles.

D'après Popoff et Nencki, l'hypnone se dédouble dans l'organisme en CO^2 et acide benzoïque.

Bibliographie. — Dujardin-Beaumetz. *Sur un nouvel hypnotique, l'h.* (*Bull. Ac. de méd.*, Paris, 1885, 1503). -- En coll. avec Bardet. *Bull. gén. de thér.*, 1886, cxiv, 97-100). — Bardet. *Etudes sur l'h.* (*Trav. du lab. de thér. de l'hôpital Cochin*, 1889, 31-39). — Grasset. *Action physiol. de l'h., et action hypnotique par injection trachéale.* (*B. B.*, 1885, 750, et *Sem. méd.*, 9 déc. 1885). — Laborde. *Act. physiol. et toxique de l'h.* (*B. B.*, 1885, 725 et 737). — Laborde et Quinquaud. *Act. de l'h. sur le sang.* (*B. B.*, 1886, 209-210). — Magnien (*Thèse de Lyon*, 1886). — Schüder (*Thèse de Würzburg*, 1886). — Rey. *H. comme calmant somnifère chez les aliénés* (*Ann. méd. psych.*, 1886, 433-436). — Rottenwiller. *H. bei Geisterkranken.* (*Centr. f. Nervenheilk.* 1887, 321-323). — Seifert (*Münch. med. Woch.*, 1887, xxxiv, 349). — Pensato (*Med. contemp.* 1887, 359 et 403).

HYPNOSCOPE. — Aimant disposé en forme d'une bague entourant un doigt. Il a été imaginé par J. Ochorowicz (*Note sur un critère de la sensibilité hypnotique; l'hypnoscope. Une nouvelle méthode de diagnostic* (*B. B.*, 1884, 325-327) (V. **Hypnotisme**).

HYPNOTISME et MESMÉRISME. — Le mot hypnotisme signifie étymologiquement : état analogue au sommeil (ὕπνος). Mais, d'après l'usage, il embrasse un grand nombre de faits physiologiques, que l'on provoque et supprime à volonté sans l'aide d'un agent physico-chimique, et principalement par des influences morales.

Ce mot signifie en même temps une méthode thérapeutique, qui consiste en une application de la psychologie à la médecine. Il a été proposé par James Braid, médecin de Manchester, en 1843, dans sa *Neur-Hypnology*.

Terminologie générale. — On confond généralement l'hypnotisme avec le magnétisme animal. Et cependant, aux points de vue historique, physiologique et logique, ces deux conceptions sont différentes. On peut admettre l'une en rejetant l'autre, et il n'y a pas de raison pour les identifier.

Généralement, dans l'histoire des progrès humains, les idées changent et les mots restent, souvent sans aucun inconvénient pour les recherches. L'homme tient plus aux formes qu'à la chose. quand celle-ci, — ce qui est le cas le plus fréquent, — se transforme insensiblement. Il s'accoutume aux changements graduels dans les dogmes mêmes, se contentant de garder toujours les mêmes noms. Cela tranquillise les principes conservateurs de sa nature et lui évite des émotions. Mais, dans le domaine que nous venons d'aborder, les idées nouvelles se présentèrent sous des aspects tellement révolutionnaires, que pour en accepter une partie (à la suite d'une soixantaine d'années de luttes et de discussions), il a fallu les ranger sous un nom nouveau, pour sauver les apparences d'une certaine conformité avec les idées acquises. Les a-t-on sauvées? Non. Il était toujours par trop évident que cette demi-découverte, rebaptisée, contient encore en elle trop de menaces révolutionnaires pour être tranquillement discutée. Aussi a-t-on pris le parti de ne rien discuter; et quarante ans se sont encore écoulés avant que l'œuvre de Braid commençât à faire des prosélytes dans les milieux officiels de la science. Peu à peu on se vit forcé d'élargir le champ des faits acquis. Le mot hypnotisme, appliqué d'abord à certains états analogues au sommeil, a dû comprendre un certain nombre d'autres états produits dans veille, c'est-à-dire en dehors du sommeil. La dénomination : sommeil « nerveux », ne disait pas grand'chose, puisque chaque sommeil est toujours un état nerveux, mais c'était en tout cas une sorte de sommeil. Avait-on le droit d'appeler « hypnotismes », les phénomènes provoqués à l'état de veille? Dans le sens strict du mot, non. Mais la connexion des faits est telle que cette extension pouvait encore se justifier. L'anesthésie locale, par exemple, peut être provoquée à l'état normal, mais l'extension de cette anesthésie amène l'hypnose : on a donc le droit de la considérer, en tant que provoquée à l'état de veille, comme une « hypnose partielle », et l'adjectif « hypnotique » peut s'y appliquer quand même.

Il n'en est plus de même pour une autre catégorie de faits. Les anciens magnétiseurs usaient de certaines manœuvres, appelées *passes magnétiques*. Dans un grand nombre de cas ces passes, même prolongées, ne provoquent ni le sommeil, ni aucun autre phénomène immédiat. Le sujet ne sent rien et ne change en rien son attitude. Cependant, en répétant de pareilles séances, on est forcé de reconnaître que leur action, tout en restant d'abord insaisissable, s'accumule, et provoque des changements physiologiques fort importants, changements réguliers, obéissant à certaines lois, souvent inconnues du sujet et du magnétiseur.

Il est évident que dans ce cas on ne peut plus parler d'un « état nerveux analogue au sommeil ». Il faut ou bien ne pas tenir compte de ces faits, si l'on veut garder le point de vue *hypnotique*, ou bien les attribuer au *magnétisme*, conformément à la tradition.

Avec le développement des recherches, on a été obligé d'aller plus loin. Certains auteurs admettent la possibilité de provoquer le sommeil artificiel à distance et à l'insu du sujet, et décrivent ces faits sous le nom d'« hypnotisme à distance ». Étrange confusion! Le mot hypnotisme ayant été créé précisément pour nier toute action à distance, toute action physique ou mentale personnelle, ce terme ne peut être qu'une contradiction *in adjecto*. Il faudrait dire : « magnétisme à distance » ou rejeter le fait. On devrait également comprendre que l'admission de certains autres phénomènes d'ordre supérieur, tels que la télépathie ou vision à distance, implique l'existence d'une action intermédiaire inconnue, en dehors de l'imagination, et que par conséquence le mot phénomène hypnotique ne s'y applique plus.

Une autre confusion commune, que nous tâcherons également d'éviter, est celle qu'on établit entre la suggestion et l'hypnose. En accentuant de plus en plus l'importance de la première, on est arrivé à nier tout ce qui lui est étranger, même l'hypnose! Pour certains auteurs il n'y a plus d'hypnotisme, il n'y a que la suggestion et l'état de suggestibilité, accru par suggestion. Or, même en supposant que l'hypnose est toujours provoquée par suggestion et qu'elle présente toujours une suggestibilité plus grande, ce qui est loin d'être prouvé, il ne faut pas oublier qu'une fois provoqué, le sommeil artificiel, surtout quand il est prolongé, exerce une influence physiologique spéciale, en dehors de la suggestion.

En exagérant la portée de la doctrine régnante, on est arrivé encore à une identification de la thérapeutique suggestive avec la psychothérapie en général, ce qui prouve combien on est loin de connaître l'étendue des applications de la psychologie à la médecine. La psychothérapie est d'une conception beaucoup plus vaste. Elle comprend non seulement la suggestion, mais aussi l'action de l'attention expectante, des sensations fortes ou faibles répétées, du sommeil prolongé, des émotions curatives, des réflexes associés, des idéoplasties inconscientes, des associations idéo-organiques, du changement brusque des conditions de la vie, de la volonté qui domine le corps, en un mot toutes les influences thérapeutiques mentales, psychologiquement fort diverses.

POINT DE DÉPART HISTORIQUE DANS L'ÉTUDE DES CONDITIONS OBJECTIVES ET DE LA THÉORIE PHYSIQUE DU MAGNÉTISME.

Le premier système, en même temps philosophique et médical, pouvant prétendre au nom de théorie scientifique, fut créé vers 1766 par François-Antoine Mesmer, docteur en philosophie et docteur en médecine de la Faculté de Vienne. Ce système n'a pas eu de succès. Ridiculisé par les autorités médicales et scientifiques, ignoré des philosophes, incompréhensible pour le public, il a été bien vite abandonné par la majorité de ses adhérents, qui, à vrai dire, ne l'ont jamais compris qu'imparfaitement. Quant aux adversaires, qui furent légion, ils n'ont négligé aucun moyen pour refuser à ce système la moindre influence sur l'évolution des idées physiologiques. Elle fut cependant grande. Retardée, ignorée, repoussée par toutes sortes de préventions scientifiques, elle s'exerça quand même. A l'époque où j'écris ces lignes, c'est-à-dire après 142 années de proscription, elle a quelque droit à être prise en considération. Les découvertes du dernier quart de siècle, ayant ébranlé la plupart des notions fondamentales en physique, en chimie et en psychologie physiologique, l'ont rendue non seulement compréhensible, mais nécessaire.

On pourrait même dire que ce qu'on admet aujourd'hui dépasse quelquefois en hardiesse les vues révolutionnaires de Mesmer.

Après ce préambule, le lecteur ne s'étonnera peut-être pas si je commence par donner la parole au célèbre « mystique », « charlatan » et « imposteur », contrairement aux coutumes des auteurs modernes, qui l'exécutent en quelques lignes [1].

1. Parmi les qualificatifs dont on a gratifié la mémoire du médecin-philosophe viennois, il y a encore celle du plagiaire. « L'hypnotisme dans ses effets, dit Ferd. Bottey, est aussi vieux que le monde. Aussi Mesmer n'avait-il rien inventé, lorsqu'il s'attribuait la découverte du prétendu magnétisme animal : bien d'autres avant lui avaient déjà édifié de nombreuses théories pour en expliquer les étranges phénomènes. » (*Le « Magnétisme animal », étude critique et expérimentale sur l'hypnotisme animal ou sommeil nerveux, provoqué chez les sujets sains.* Paris, 1884, p. 1). « Il n'a rien découvert, rien inventé », répète A. Cullère dans son « *Magnétisme et Hypnotisme* » (Paris, 1886, p. 41). Il est certain qu'une découverte n'est jamais tout à fait neuve; et, plus elle est importante, plus elle a de précurseurs. Mais de là à prétendre que Mesmer n'a rien inventé, il y a loin. Il suffit d'embrasser d'un coup d'œil l'énorme mouvement d'idées provoqué par ses travaux et ses pratiques, en comparaison avec l'infructuosité de ses prédécesseurs, pour mettre les choses au point. A vrai dire, les idées et les observations antérieures, pour la plupart extravagantes et obscures, intimement liées avec le mysticisme religieux, ne sont devenues compréhensibles pour nous qu'à la suite des éclaircissements fournis par l'apparition du magnétisme animal, vers la fin du XVIIIe siècle.

Pour ceux qui voudraient étudier le magnétisme avant Mesmer, et l'hypnotisme avant Braid, voici les sources principales d'information :

Joseph Ennemoser, *Geschichte des Magnetismus. Der Mag. nach den allseitigen Beziehungen seines Wesens, seiner Erscheinungen, Anwendung und Entrathselung in einer geschichtlichen Entwickelung von allen Zeiten und bei allen Völkern, wissenschaftlich dargestellt.* Leipzig, 1819. Ce gros livre de 781 p. est entièrement consacré aux précurseurs de Mesmer et à l'étude des faits populaires se rattachant à ses découvertes.

Aubin Gauthier. *Introduction au magnétisme, examen de son existence depuis les Indiens jusqu'à l'époque actuelle, sa théorie, sa pratique, ses avantages, ses dangers et la nécessité de son concours avec la médecine.* Paris, 1840. Un volume de 487 p., qui contient un grand nombre des

Idées de Mesmer sur la philosophie physique. — On trouve chez MESMER l'idée fondamentale de KANT. « Nous ne connaissons pas l'objet tel qu'il est (*Ding an sich*), mais uniquement l'impression et l'action qu'il produit sur nos organes. » Nous ne

citations anciennes et modernes, et un exposé complet des théories, *populaires* parmi les magnétiseurs. Il est déjà fort inexact par rapport aux travaux de MESMER lui-même, qu'on ne lisait plus.

AUBIN GAUTHIER. *Histoire du somnambulisme chez tous les peuples sous les noms divers d'extase, songes, oracles et visions : examen des doctrines théorique et philosophique de l'antiquité et des temps modernes, sur ses causes, ses effets, ses abus, ses avantages et l'utilité de son concours avec la médecine.* Paris, 1842. Deux volumes, de 454 et de 438 pp., fort intéressants, tant par rapport à l'histoire ancienne, qu'à l'histoire de MESMER et de ses continuateurs. L'auteur, animé d'une tendance à schématiser, cherche à concilier le magnétisme avec la science et la religion.

CARL KIESEWETTER. *Franz Mesmer's Leben und Lehre. Nebst einer Vorgeschichte des Mesmerismus, Hypnotismus und Somnambulismus.* Leipzig, 1893, 180 pp. La moitié de ce livre est consacrée aux précurseurs du magnétisme. Quant à la théorie de MESMER lui-même, KIESEWETTER la déclare « trop étendue et trop peu claire pour être exposée en abrégé » (p. 159 et 163). Ce qui est vraiment étonnant de la part d'un auteur qui a entrepris une étude spéciale sur ce sujet! Je tâcherai de prouver que, tout en étant réellement très étendue et très subtile, cette théorie n'a cependant rien d'incompréhensible. L'obscurité ne découle que de la très grande brièveté de tous les écrits de MESMER, et elle n'existe que pour ceux qui n'ont pas une pratique suffisante des faits qui s'y rattachent. Encore faut-il connaître les théories physiques et psychologiques modernes, pour bien comprendre l'importance de ses vues profondes, hardies et modérées en même temps. Et cependant K. considère MESMER comme un grand homme (p. 4) et on ne peut pas lui reprocher d'être partial!

Quant à la vie et au développement des idées de MESMER, consultez encore :

JUSTINUS KERNER. *Franz Anton Mesmer aus Schwaben, Entdecker d. thierischen Magnetismus, Erinnerungen an denselben nebst Nachrichten von den letzten Jahren seines Lebens zu Meersburg am Bodensee.* Frankfurt am Main, 1858, 212 p.

KARL CHRISTIAN WOLFART. *Mesmerismus, oder System der Wechselwirkungen, Theorie, u. Anwendung des thierischen Magnetismus als die allgemeine Heilkunde zur Erhaltung der Menschen von Dr. Friedrich Anton Mesmer, mit dem Bildniss d. Verfassers u. 6 Kupferstafeln.* Berlin, 1814, 356 p.

Il est à observer que ces deux adhérents du grand novateur l'appellent différemment. Pour KERNER, il est « FRANCOIS-ANTOINE », pour WOLFART « FRÉDÉRIC-ANTOINE ». Il paraît (d'après KIESEWETTER) que c'est le premier nom qui est exact :

ERNEST BERSOT. *Mesmer et le magnétisme animal.* Paris, 1854 (2e édit. 233 p.) Ce livre n'est qu'un amas d'anecdotes. L'auteur n'a pas lui-même d'opinion et s'en réfère à la postérité.

Il faut accorder beaucoup plus de valeur au livre de ALEXANDRE BERTRAND. *Du Magnétisme animal en France et des jugements qu'en ont portés les sociétés savantes... suivi de considérations sur l'apparition de l'extase dans les traitements magnétiques.* Paris, 1826, 539 p. L'auteur, dont les opinions oscillent entre une conception physique et une conception purement psychologique, se place dans ce livre sur le terrain de l'imagination. En général impartial, il accable cependant MESMER de quelques objections, qui ne sont pas tout à fait justes, pour ne pas s'éloigner trop des opinions classiques.

Parmi les œuvres récentes il faut citer encore :

H. R. PAUL SCHROEDER. *Geschichte des Lebensmagnetismus und des Hypnotismus vom Uranfang bis auf den heutigen Tag* (*mit Illustrationen*). Leipzig, 1899. Un gros livre de 681 p. écrit à la hâte. L'auteur est magnétiseur et adversaire du l'hypnotisme qu'il ne prend pas dans le sens historique du mot, mais comme synonyme du somnambulisme en général. Il magnétise ses malades, il ne les endort pas, ou du moins il ne cherche pas à les endormir. Telle fut la méthode de MESMER. Mais SCHROEDER lui attribue juste le contraire, sans preuves évidemment. MESMER fut « un grand homme », « un esprit créateur », mais... « il n'a rien fait ou imaginé, qui ne fût déjà fait ou imaginé par d'autres » (p. 340). Ce qui donne à son livre une certaine valeur, ce sont de nombreux extraits et documents, les dessins originaux de MESMER, agrandis d'après WOLFART, des détails historiques sur le développement du baquet mesmérien et sur les mesméristes allemands, peu connus en France. Sa critique des hypnotiseurs français est souvent juste. Le volume est orné de plusieurs petits portraits de magnétiseurs célèbres, MESMER y compris, et d'un grand portrait de l'auteur.

KARL KIESEWETTER. *Geschichte des neueren Occultismus, geheimwissenschaftliche Systeme von Agrippa bis Karl Prel. 2e stark vermehrte Auflage besorgt von Robert Blum.* Leipzig, 1907. Œuvre unique dans son genre et d'une érudition étonnante, dont la publication en livraisons n'est pas encore terminée.

MESMER est mort en 1815 dans sa 81e année, avec l'auto-suggestion qu'il ne dépasserait pas cette année, conformément à la prédiction d'une somnambule. Il est mort en pratiquant le magnétisme pour le soulagement de sa pauvre clientèle, et totalement oublié des savants. Par son testament il a légué entre autre un louis au médecin qui fera l'autopsie de sa vessie, dont il souffrait percevons que sensations et nous ne comprenons que les relations des sensations. Tout ce que nous pouvons comprendre dans l'univers se réduit aux deux principes fondamentaux : la matière et le mouvement. La matière n'a qu'une qualité : l'étendue.

Précurseur de la théorie mécanique (kinétique) de l'énergie (A. SECCHI et ses continuateurs), MESMER[1] n'admet aucune vraie action à distance, aucune vraie attraction ou répulsion, aucun fluide calorique, électrique, magnétique ou lumineux. Toutes ces formes de l'énergie ne sont que des vibrations, propres aux différentes séries de la matière; vibrations et ondes, qui se heurtent, se transmettent, se croisent enfin, sans se confondre — et la gravitation et la cohésion elle-même ne sont que des résultats de la pression mécanique du fluide universel. — « Sans être pesante, cette matière subtile détermine l'effet que nous appelons gravité; sans être élastique, elle concourt à l'élasticité; en remplissant tous les espaces, elle opère la cohésion, sans être elle-même en cet état. » (2e *Mém.*, p. 25.) Ceux qui sont versés dans l'histoire des théories physiques modernes et qui en connaisssent les défauts, pourront seuls juger la profondeur de cette conception de MESMER, qui, même reproduite cent ans plus tard par l'école de SECCHI, soutenue par une quantité de faits, que MESMER ne pouvait pas connaître, n'est cependant pas libre encore aujourd'hui de certaines complications métaphysiques gratuites comme par exemple l'admission de l'élasticité absolue de l'éther, dont lui, MESMER, a su cependant s'affranchir. Mais là ne se borne pas la génialité de cet homme. Il est non seulement précurseur de la théorie kinétique des forces et de l'unité chimique de la matière, mais encore du principe de la conservation de l'énergie. « Il y a une théorie, dit CHARLES RICHET, qui domine la science contemporaine... C'est la théorie de la conservation de l'énergie et des forces. La force ne se détruit pas, elle se modifie sans cesse. Chaleur, électricité, action chimique, mouvement, elle a des apparences multiples; mais sa quantité est invariable. Elle se transforme : elle ne se perd, ni ne se crée. Chaleur, électricité, action chimique, mouvement : c'est toujours la même quantité de force qui circule dans l'univers[2] ». Eh bien! cette idée se trouve

dans la dernière période de sa vie. Finalement la mort a été causée par une apoplexie avec hémiplégie droite.

L'exposition la plus complète de la théorie de MESMER se trouve dans l'édition allemande de WOLFART de 1814, déjà citée, et dont ses « *Erlauterungen zum Mesmerismus*.. Berlin, 1815, p. 295 avec figures. En français nous possédons ses deux Mémoires :

1. Mémoire sur la découverte du magnétisme animal par M. MESMER, Docteur en Médecine de la Faculté de Vienne. Genève et Paris, MDCCLXXIX, 85 p.

Mémoire de F. A. MESMER, docteur en médecine, sur ses découvertes, nouvelle édition avec des notes de J. L. PICHER GRANCAAMPS, ancien Chirurgien en chef de l'hôpital de la Charité » Lyon, etc. Paris, 1826, 129 p.

2. *La physiologie et la médecine, leçon inaugurale.* Ch. RICHET, *Travaux du laboratoire*, Paris, 1893, II, 5, 9.

Faisons observer que l'idée de réduction de toutes les forces aux mouvements moléculaires a été dernièrement encore présentée comme neuve. Tel est l'objet des travaux de A. DESPAUX (*Genèse de la matière et de l'énergie.* Paris, 1900. — *Cause des énergies attractives.* Paris, 1902). de L. MOTTEZ (*La matière, l'éther et les forces physiques.* Paris, 1904) et d'autres. Moi-même j'avais publié en 1879 une étude intitulée : « *La force comme mouvement* » sans me douter que l'idée mère de cette théorie remontait à l'inventeur du magnétisme animal! J'avais subi, moi aussi, l'influence de la suggestion générale, et je ne trouvais pas digne d'un homme sérieux la lecture des « pamphlets d'un charlatan ». Il est vrai que les traces de cette idée se trouvent déjà dans l'antiquité; mais il ne faut pas oublier non plus que SADI CARNOT (1824) lui-même, tout en établissant le principe de la transformation des forces, admet les fluides impondérables, et que R. MAYER, le créateur de l'équivalent mécanique de la chaleur, la considère comme une substance. Aujourd'hui, après avoir supprimé les fluides électriques, on n'en parle pas moins de la substantialité et des courses extraordinaires des « électrons » dans l'univers, et l'on ne cesse pas d'attribuer une attraction mystique (*amor seu amicitia* des anciens) aux atomes, suspendus dans le vide.

Pour MESMER l'électricité n'est qu'un mouvement provoqué dans l'éther « qui se propage sur la surface des corps, c'est-à-dire entre cette surface et l'air qui l'entoure ». La différence entre les électricités positive et négative ne consiste qu'en une différence dans la direction des courants (*Syst.* p. 105) et il en est de même pour les pôles de l'aimant, qui présentent des courants, dont les directions sont inverses (p. 80-81). On sait que du temps de MESMER on admettait des fluides spéciaux pour l'électricité et pour le magnétisme, et que leur rapprochement n'a été réalisé que dans la théorie d'AMPÈRE, quelques années après la mort de MESMER.

déjà dans Mesmer, qui dit : « La somme du mouvement imprimé primitivement à la matière de l'univers est définie et invariable. » « Lorsqu'une partie de la matière passe au repos, le mouvement qu'elle perd, augmente nécessairement la somme du mouvement de la matière environnante. » (*Syst. d. Wechselw.*, p. 77.)

Nous verrons plus loin que Mesmer, qui range ce principe parmi les lois générales du mouvement (*Allgemeine Gesetze der Bewegung*), l'applique aussi à la physique physiologique. Il fut donc plus perspicace que Voltaire, pour qui l'idée de la quantité toujours égale du mouvement dans le monde, ne fut « qu'une ancienne chimère d'Épicure, renouvelée par Descartes ».

« Quelques physiciens, dit-il, sont parvenus à reconnaître l'existence d'un fluide universel; mais à peine eurent-ils fait ce premier pas, qu'entraînés au delà du vrai, ils ont prétendu caractériser ce fluide, le surcharger de propriétés et de vertus spécifiques, en lui attribuant des qualités, des tendances, des causes finales, enfin, des puissances conservatrices, productrices, destructrices, réformatrices. »

Mesmer n'attribue à ce fluide qu'une seule propriété : l'extrême mobilité de ses particules. Les ondes, et les courants qui en résultent, lui suffisent pour démontrer qu'ainsi que le son se propage dans l'air, et la lumière dans l'éther, de même des ondes plus subtiles encore se propagent dans le fluide universel et conditionnent les actions réciproques (*Wechselwirkungen*) de toute sorte. Ce sont ces réactions réciproques que Mesmer nomme magnétisme universel ou naturel, en prenant pour symboles les attractions et les répulsions apparentes, produites par l'aimant, c'est-à-dire par le magnétisme minéral. Le magnétisme universel n'est donc pas un fluide, mais un mouvement, une action. Il en est de même du magnétisme animal, qui représente une catégorie spéciale de ces réactions, à savoir les intimes et réciproques influences entre le corps animal et tout ce qui l'entoure. Le tissu nerveux étant le plus subtil dans l'homme, c'est lui qui est en relation avec le plus subtil des fluides. Et puisque toute action est toujours réciproque, puisque le corps humain lui-même doit être considéré comme un centre dynamique, le ton du mouvement moléculaire de l'organisme, la tension de sa vie psychique, « le physique de ses pensées » (bonne expression pour la théorie moderne du *parallélisme* psycho-physique) doivent nécessairement réagir sur le milieu, s'y imprimer et se reproduire même dans un organe analogue ; quoique pour la plupart ces courants restent insaisissables. (On trouve une confirmation de cette supposition théorique générale dans les découvertes modernes du téléphone, du radiophone, du radioconducteur de Branly et du magnétophone de Paulsen et, sur le terrain psychique, dans les phénomènes de télépathie). Ce n'est que dans « le sommeil critique », provoqué ou naturel, qu'elle se manifeste avec plus de facilité. Les sens, incapables de percevoir les impressions du cinquième état de la matière, sont alors paralysés, et le cerveau, étant ainsi fermé aux sensations ordinaires, fortes, qui le gouvernent, retrouve sa sensibilité primordiale vis-à-vis des influences faibles et subtiles. Les impressions des matières ambiantes n'agissent pas alors par des organes des sens externes, mais directement et immédiatement sur la substance même des nerfs[1]. Le sens interne devient le seul organe des sensations, et ces impressions deviennent sensibles, par cela même qu'elles sont seules (monoïdéisme de Braid). « Comme la loi immuable des sensations est que la plus forte efface la plus faible, celle-ci peut être sensible dans l'absence d'une plus forte » (principe de la psychologie de Herbart). « Si l'impression des étoiles n'est pas sensible à notre vue pendant le jour, comme elle l'est pendant la nuit, quoique leur action soit la même, c'est qu'elle est alors effacée par l'impression supérieure de la présence du soleil » (2e mém., p. 80). En général, nous ne percevons que des *différences* dans nos états (théorie d'Ulrici développée vers 1861). Toutes nos actions sont des résultats des sensations (théorie de Stechenoff développée

1. Cette partie de la théorie de Mesmer a été présentée comme quelque chose de tout à fait nouveau, avec moins de précision il est vrai, cent deux ans plus tard, par Prosper Despine (fils) dans sa remarquable *Étude scientifique sur le somnambulisme*, Paris, 1880, p. 222-229. Comme de raison, l'auteur n'a pas lu Mesmer ; il lui attribue injustement une autre théorie « qui n'était point nouvelle » (*loc. cit.*, p. 123). Donc c'est Mesmer qui fut plagiaire. P. Despine (fils) est l'auteur d'une *Psychologie Naturelle* en 3 vol. (1868), et en général il faut le classer parmi les chercheurs sérieux et consciencieux.

vers 1870); mais il faut compléter les sensations ordinaires par les sensations du système nerveux tout entier (idée neuve encore aujourd'hui). Toute cette partie de sa doctrine, très lucide, presque conforme à la psychologie moderne, et ne dépassant pas la « saine physique » d'aujourd'hui, était cependant trop choquante ou même incompréhensible pour la « saine physique » de son temps, d'après l'expression des Commissaires du Roi. Et certes ne devait-on pas considérer tous ces développements comme chimériques et inutiles, avant l'admission des faits tels que la photographie à travers les corps opaques ou la suggestion mentale? C'est ainsi également que certaines actions de l'imagination humaine resteront longtemps encore une chimère pour ceux qui n'ont pas eu l'occasion de constater, mille fois de suite, la réalité de certains phénomènes médianimiques. Il n'y a donc pas lieu de s'étonner que les idées physiques de Mesmer n'aient trouvé aucun écho parmi les savants de son temps.

Ses idées biologiques eurent-elles plus de chance auprès des médecins? Encore moins que les autres.

Idées de Mesmer sur la philosophie physiologique et médicale. — Adversaire des entités métaphysiques, de tout verbiage pseudo-scientifique, et, en pratique, de toutes ces potions barbares « pour la plupart nuisibles ou inutiles », de ces remèdes désobstruants, fondants, délayants, incrassants, et invisquants, préconisés même par le grand Boerhaave (1668-1738), Mesmer ne pouvait être considéré par ses confrères que comme un esprit destructeur, des plus dangereux. Ses tendances antimétaphysiques sont dirigées en même temps contre la physique et contre la médecine du XVIIIe siècle. « Je crois, dit-il, avoir ouvert une route simple et droite pour arriver à la vérité, et avoir dégagé en grande partie l'étude de la nature des illusions de la métaphysique. » Condillac disait que la science n'est qu'une langue bien faite. Mesmer n'est pas de cet avis. Il considère l'expérience comme base unique de la science et voit clairement les défauts du langage scientifique. « La langue de convention, le seul moyen dont nous nous servons pour communiquer nos idées, a, dans tous les temps, contribué à défigurer nos connaissances. Nous acquérons toutes les idées par les sens; les sens ne nous transmettent que celles des propriétés, des caractères, des accidents, des attributs; les idées de toutes ces sensations s'expriment par un adjectif ou épithète comme : chaud, léger, froid, fluide, solide, pesant, luisant, sonore, coloré, etc. On substitua à ces épithètes, pour la commodité de la langue, des substantifs; bientôt on substantifia les propriétés : on dit la chaleur, la gravité, la lumière, le son, la couleur, et voilà l'origine des abstractions métaphysiques. Ces mots représentèrent confusément des idées de substance, *lorsqu'on n'eut en effet que l'idée du mot substantif;* ces « qualités occultes » d'autrefois, aujourd'hui s'appellent « les propriétés des corps ». A mesure qu'on s'éloignait de l'expérience, ou plutôt avant d'avoir des moyens d'y parvenir, non seulement on multiplia ces substances, mais encore on les personnifia. Ces substances remplissaient tous les espaces; elles présidaient et dirigeaient les opérations de la nature; de là les esprits, les divinités, les démons, les génies, les archées, etc. La philosophie expérimentale en a diminué le nombre; mais il nous reste encore à faire pour arriver à la pureté de la vérité. Nous y serons, lorsque nous serons parvenus à ne reconnaître d'autre substance physique que le corps, ou la matière organisée et modifiée de telle ou telle manière. Il s'agit donc de connaître et de déterminer le mécanisme de ces modifications, et les idées qui en résulteront de ce mécanisme aperçu, seront les idées physiques les plus conformes à la vérité. C'est, en général, le but que je me propose d'atteindre par le système des influences réciproques. » (2e *Mém.*, p. 18.) Voilà la « mystique » de Mesmer! Même point de vue dans le domaine biologique : « Le génie observateur d'Hippocrate l'avait conduit à reconnaître que les divers symptômes n'étaient que les modifications des efforts que la nature faisait contre les maladies. Après lui, lorsqu'on observa les mêmes symptômes dans les maladies chroniques, plus éloignées de la cause, isolées, sans fièvre continue, on substantifia ces accidents, on en fit autant de maladies, et on les caractérisa chacune par un nom; on étudia, on analysa ces accidents et leurs symptômes, *comme des choses*; on prit même pour indicateur les sensations du malade. *Et voilà la source des erreurs qui désolent l'humanité depuis tant de siècles.* » (2e *Mém.*, p. 34-35.) « Il y a lieu de regretter, ajoute Mesmer, que la médecine ignore encore le développement naturel et nécessaire de la plupart des maladies chroniques; c'est en s'y opposant par les remèdes, qu'elle en trouble la marche, en arrête la course, et très souvent en avance le terme par une mort prématurée. » (2e *Mém.*, p. 36.)

Comme tous les corps de la nature, l'homme est composé de deux principes : matière et mouvement. La quantité de la matière qui lui est propre peut être diminuée ou augmentée. Diminuée, elle doit être renouvelée par les aliments. Le mouvement peut également diminuer ou augmenter (*Syst.*, p. 121). Dans le premier cas il est nécessaire qu'il se rétablisse, *aux dépens de la somme totale du mouvement*, ce qui s'effectue par un arrêt plus ou moins long des dépenses. Lorsque la machine entretient le jeu libre de tous ces arrangements, elle est en état de veille. Lorsqu'une partie de ces fonctions (à savoir les fonctions de la vie animale) sont suspendues, elle se trouve en état de sommeil; le somnambulisme est un état mixte, avec prépondérance tantôt des caractères de la veille, tantôt de ceux du sommeil. Pendant le sommeil la dépense du mouvement est arrêtée; mais, comme la vie végétale continue à emmagasiner le mouvement, ce dernier, *accumulé en excès, produit le réveil.* (*Syst.*, p. 161.) Les nerfs sont des prolongements du cerveau et de la moelle épinière, ramifiés dans tout le corps, où ils propagent la sensation et le mouvement. Les nerfs sont animés par des courants, qui ne sont pas des émanations (*Absonderungen*), mais qui appartiennent à une catégorie du flux et reflux du fluide universel (5e état de la matière). C'est à ce fluide, le plus subtil, qu'est due la propagation des sensations et du mouvement, propagation *qui présente une analogie avec celle du feu.* Comme dans la flamme, les matières capables d'être brûlées se transforment en fumée, pour propager le feu, de même le nerf, pour rester actif, doit produire une sorte de *fumée vitale* pour propager les excitations. Le nerf est l'organe immédiat de la vie; car c'est lui qui propage le feu vital. C'est lui, ou plutôt la « fumée » qui se produit en lui, dont il est le récipient, qui est la cause et l'effet de la chaleur animale (*Ursache und Wirkung der thierischen Wärme*, p. 121).

Comme une série de points constitue une ligne, une série de lignes une surface, et une série des surfaces un corps, de même une série de petites sphères primitives (*Urkugelchen*) produit une fibre, une série de fibres, une membrane; et une membrane recourbée sur elle-même, un tube, un canal, un vaisseau. Les contractions de ces fibres s'effectuent sous l'influence des courants cosmiques, mais elles subissent également l'influence du *Sensorium commune.* Les sens reflètent les différentes séries de vibrations plus ou moins exactement, *suivant le degré de leur perfection. La perception peut être viciée par un dérangement de leurs structures, par une mauvaise éducation, par les erreurs, les préjugés, les passions et l'habitude* (p. 135). Les différences primordiales de nos sensations et images ne dépendent que des organes terminaux, car la nature des nerfs, aussi bien de ceux qui conduisent les sensations que de ceux qui provoquent les mouvements, est partout la même (p. 124). Indépendamment des organes des sens, le tissu nerveux *tout entier* reçoit des impressions plus faibles et d'un caractère inconnu, qui le mettent en relation intime avec l'Univers, par l'intermédiaire du fluide universel. De là la possibilité, dans certains états spéciaux, des perceptions à distance. Réciproquement, les pensées, les émotions, les états nerveux pathologiques peuvent réagir sur les cerveaux environnants, par la même voie de ce fluide subtil. Ce dernier remplit tout et unit tout; il est en relation spéciale avec le tissu nerveux du cerveau : « le physique de la pensée » produit une vibration dans ce fluide; cette vibration se propage nécessairement tout autour, et *en rencontrant un organe analogue et des conditions analogues, elle reproduit la même pensée ou le même état nerveux* (p. 139 et suiv.). Ainsi s'expliquent certains cas de contagion (Cf. Bouchut. *De la contagion nerveuse et de l'imitation dans leurs rapports avec les maladies nerveuses.* Paris, 1862, p. 14), la persistance de certaines croyances et coutumes populaires, l'influence particulière de certains individus, de l'imagination, des songes, des sentiments bienveillants ou malveillants (bénédictions et imprécations), surtout dans les réunions et cérémonies populaires... « Quel large champ d'études — ajoute Mesmer — s'ouvre ici à nos yeux! On pourra enfin comprendre que l'homme se trouve en relation avec toute la nature, et que l'action de cette faculté interne ne s'arrête jamais, quoique dans la plupart des cas elle reste insaisissable, étouffée qu'elle est par les sensations ordinaires, plus nettes et plus fortes (p. 142). »

Telle est l'idée fondamentale du « Système des Réactions réciproques ». On y revient maintenant, car les dernières découvertes l'ont rendue nécessaire ; mais la plupart des savants gardent encore obstinément la conception étroite d'un organisme isolé dynamiquement de son milieu cosmique et social. Certes, ce n'est pas une théorie quelconque qui pourra nous faire connaître dans son ensemble l'interchange des relations de l'être avec la nature ambiante ; il faut des faits, beaucoup de faits, et de faits sérieusement observés. Cette exigence est légitime ; ce qui l'est moins, c'est une sorte de néophobie qui empêche de voir et même de vouloir voir.

La physiologie, la pathologie et la thérapeutique de Mesmer se résument dans les points suivants :

1° La maladie n'est qu'un trouble de l'harmonie qui doit exister entre les parties solides et les parties liquides de l'organisme, et à ce point de vue on peut dire qu'il n'y a qu'une seule maladie. La santé consiste en une relation normale entre les fibres contractiles et les différentes circulations ; la maladie présente toujours un dérangement quelconque dans ces dernières ; car un défaut de contractilité et d'innervation détermine non seulement des changements quantitatifs, mais aussi des changements qualitatifs dans les liquides. Rejetant également la théorie humoriste (les quatre humeurs) et la théorie nerveuse, vitaliste ou non, animiste ou non, de ses contemporains, Mesmer les réunit, en évitant leurs exclusivités, en une théorie d'irritabilité neuro-musculaire, se rattachant un peu à Haller et un peu à Brown, mais s'en distinguant par une conception plus vaste et plus rapprochée de nos connaissances modernes sur les vaso-moteurs.

2° Comme il n'y a qu'une seule maladie, il n'y a en réalité qu'un seul remède. Les spécifiques sont des illusions. Ce remède unique est le même que celui qui entretient la santé, en entretenant la vie. Qu'est-ce que la vie ? Est-ce une fonction du fluide vital, de la force vitale ou de l'âme ? Mesmer n'admet ni fluide, ni force vitale, et il considère l'âme comme inaccessible aux recherches. Le principe de la vie n'est pas dans l'organisme, il lui est extérieur, et, comme toujours chez Mesmer, mécanique. D'abord, il n'y a pas de limite absolue entre le monde inanimé et le monde animé : le premier présente également une sorte de vie. Les courants du fluide universel qui forment les corps en général, entretiennent aussi les corps organisés. Le fluide universel, outre ses ondes et ses courants partiels, présente un mouvement de va-et-vient en masse, un flux et reflux (une idée ancienne) qui tantôt fortifie et tantôt affaiblit les propriétés des corps, mouvement que nous observons grossièrement dans le flux et reflux de la mer, sous l'influence des positions différentes du soleil, de la lune et de la terre. Mesmer donne de ces phénomènes une théorie à peu près conforme à ce qu'on admet aujourd'hui, mais il ne les borne pas aux oscillations de l'eau dans l'océan. Cette influence embrasse nécessairement tout, et surtout les corps animés, qui profitent de cette sorte de respiration (respiration de l'univers), qui accélère ou ralentit la végétation. C'est également l'action du fluide universel qui, par l'intermédiaire des courants des nerfs, règle les contractions des vaisseaux, et par conséquent de la circulation des liquides dans l'animal, qui aimante, pour ainsi dire l'organisme, et constitue ce qu'on nomme *force vitale*, cette « Nature » à laquelle on attribue vaguement l'entretien de l'organisme et même les guérisons spontanées. Et comme cette influence s'appelle le magnétisme naturel ou universel, c'est par ce magnétisme que le corps vit et lutte contre les influences pathogènes. Le magnétisme animal, constituant une catégorie spéciale de ces influences, fortifiées, concentrées, et raisonnablement dirigées par la volonté de l'homme, est le seul moyen vraiment efficace de fortifier la réaction salutaire de l'organisme, d'en augmenter la vibration vitale, de guérir et de préserver des maladies. Sous ce rapport, l'organisme est comparable à une aiguille aimantée. Une aiguille non aimantée, détournée de sa position, oscillera et s'arrêtera à une position quelconque ; tandis que l'organisme, troublé dans ses fonctions, tend à revenir à l'harmonie primitive, comme l'aiguille aimantée tend à revenir à sa position normale. Dans les deux cas, ce sont les courants extérieurs qui déterminent le retour à l'équilibre. Mais, lorsque le magnétisme de l'aiguille est devenu trop faible, le magnétisme naturel ne suffit plus, et il faut fortifier son

1. Le mot magnétisme ne signifie dans ce sens autre chose qu'une action réciproque.

aimantation. De même, le magnétisme animal peut être nécessaire à l'organisme malade pour fortifier sa tendance à conserver l'état normal de la santé. La vie est donc une sorte de mouvement, qui tend à une certaine stabilité. Lorsque ce mouvement est épuisé, il s'ensuit la mort. Cette dernière est le résultat de la solidification graduelle de l'organisme, avec rupture de la relation normale entre les solides et les liquides, puisque « arrêt du mouvement » et « solidification », ne sont qu'une seule et même chose. La santé consiste en une harmonie de tous les mouvements principaux : ceux de l'assimilation et ceux de l'élimination. Pour guérir d'une maladie il suffit de rétablir, dans les organes internes, ce double courant, centripète et centrifuge : « assimiler tout ce qui est assimilable, évacuer tout ce qui n'est pas assimilable » (*Syst. d. Wechsel.*, p. 169)[1]. De cette façon, la vie de l'organisme (comme la vie du monde en général) se ramène aux deux principes fondamentaux : la matière et le mouvement. Attrayante simplicité! Mais peut-elle être considérée comme suffisante?... On doit admirer la superbe, pour son temps, réduction de tous les mouvements de la vie, au double courant d'assimilation et de désassimilation; on peut mettre sur le compte des mérites de notre auteur qu'il ne nous parle pas, à l'instar de ses concitoyens, de l'âme du monde (*Weltseele*) et qu'il ne s'aventure pas dans les domaines d'une âme humaine en soi, une et indivisible, ou au contraire divisible et multiple, comme dans certaines conceptions modernes allemandes (Pflüger). On peut enfin justifier son obstination à éliminer toute idée d'une direction vitale interne, âme, esprit ou fluide, puisque telles étaient les tendances d'un demi-siècle entier, qui a suivi ses efforts. Mais de là à conclure qu'un fluide extérieur quelconque puisse suffire pour remplacer l'idée d'une « force vitale », et obvier aux nécessités d'un arrangement *sui generis* de diverses fonctions organiques, il y a encore un abîme. Les choses sont malheureusement plus compliquées, et leur explication mécanique prématurée. Cette idée de Mesmer n'a même pas le mérite de l'originalité, car une conception toute semblable avait déjà été émise par Hoffmann (1660-1742), qui admettait, il est vrai, un fluide nerveux, mais qui plaçait également la cause de tous les phénomènes vitaux dans un fluide extérieur, dans l'éther. Mesmer poussa seulement son mécanicisme encore plus loin, en supprimant l'autonomie du fluide nerveux et en créant une nouvelle catégorie du fluide, au-dessus de l'éther. On peut rapprocher cette conception de l'esprit universel de Maxwell.

4° « La quantité de mouvement propre à chaque organisme est définie » (*Syst. d. Wechselwirkungen*, p. 147). Nous avons vu que, d'après Mesmer (et c'est là une idée qui peut être considérée comme le point de départ de la théorie moderne de la conservation de l'énergie) le mouvement des corps qui passent à l'état de repos ne s'annule pas; il se transforme seulement, en accélérant les vibrations des milieux subtils. Il en est de même pour le microcosme, pour l'organisme. La quantité de mouvement dont il dispose étant à peu près définie, il doit en user raisonnablement, car l'excès de mouvement dans un organe ne peut se manifester qu'au détriment de tous les autres organes (Principes de l'inhibition et de la dynamogénie de Brown-Séquard, moins les obscurités de cette théorie moderne). Pareillement, au point de vue psychique, l'attention, qui n'est qu'une concentration de mouvement dans une direction donnée, s'effectue toujours aux dépens des courants dans toutes les autres directions. « Il s'ensuit que, puisque le degré de nos connaissances dépend de l'usage de l'attention, l'emploi de ce mouvement doit être fait avec discernement et avec égard aux proportions rationnelles » (147-148)[2]. (Cet important avertissement hygiénique n'est pas toujours écouté;

1. Cette idée ne se trouve pas dans les deux premiers Mémoires de Mesmer; mais même en 1814 elle constitue encore une remarquable nouveauté; car, malgré les découvertes de Lavoisier (qui fut combattu par ses contemporains en même temps que Mesmer), la théorie de l'échange des matières dans l'organisme ne fut formulée qu'en 1804 par le physiologiste polonais André Sniadecki dans sa Théorie des êtres organisés (Varsovie, 1804). Cet ouvrage a été traduit en allemand six ans plus tard, sous le titre : *Theorie des organischen Wesen. Aus dem polnischen.* Königsberg. 1810, et en français vingt et un ans plus tard : A. Sniadecki, *Théorie des êtres organisés*, etc. *Traduit du polonais*, par Bellard et Dessaix. Paris, 1825 (p. xxii, 283).

2. La conception d'un « capital biologique » propre à chaque individu, vient d'être présentée dernièrement comme neuve par Burlureaux, dans son livre, d'ailleurs remarquable, sous le titre : *Lutte pour la santé, essai de pathologie générale*, Paris, 1907 (3e édition).

ceux qui, par exemple, cherchent à contre-balancer le surmenage intellectuel dans les écoles, par l'adjonction de la gymnastique, oublient que, la somme de l'énergie vitale étant assez limitée, la fatigue musculaire ne peut pas remédier à une fatigue psychique). Heureusement chaque être possède une tendance à subsister et à résister à toute action destructive. Cet effort peut présenter une grande diversité, en correspondance avec les différentes organisations. Tout changement et toute action qui relève de la destruction, est un Mal, comme, au contraire, tout ce qui relève de la conservation, est un Bien (principe de HERBERT SPENCER, développé en 1855). L'ensemble des relations qui favorisent la conservation constitue l'état d'harmonie[1]. Une excitation, conforme à cet état, donne la sensation du plaisir. L'ensemble des dysharmonies, dans lesquelles les proportions normales sont supprimées, produit la douleur (p. 148). (Théorie de NICOLAS GROTE, publiée en 1880.)

Lorsqu'un sens est plus actif que les autres, la vitalité de ceux-ci diminue nécessairement, et, lorsque tous les sens sont assoupis, c'est le sens interne qui en profite. Le sommeil n'est pas un état tout à fait passif, c'est un état actif à sa façon. Pendant le sommeil normal ce sont les fonctions végétatives qui gagnent, à la suite d'une suspension de la vie animale. Dans le somnambulisme, ce que perdent les sens extérieurs est gagné par le sens interne, c'est-à-dire par les centres nerveux. Le sens interne n'a pas d'organe à part; il n'est concentré ni dans un point, ni dans une région circonscrite. Tout le système nerveux, le cerveau, la moelle épinière, les plexus et les ganglions, lui servent d'organe. Ils reçoivent des sensations, qui, à l'état normal, restent inconscientes, mais qui laissent des traces, se combinent et forment une intelligence cachée, que nous nommons l'instinct. C'est par ces sensations, pour nous inconscientes, que l'oiseau voyageur trouve son chemin dans l'atmosphère. Le système nerveux de l'homme, « plongé dans l'océan des ondes universelles » en reçoit aussi des impressions, qui le mettent en contact avec toute la nature. Il peut donc percevoir des choses éloignées, et même quelquefois deviner le passé ou l'avenir, puisque les effets de ce qui fut et les causes de ce qui doit arriver, sont là. Voir le passé signifie : deviner les causes d'après les effets. Pressentir l'avenir veut dire simplement : prévoir les effets d'après les causes, conformément à l'expérience inconsciente. Les facultés de l'homme éveillé et les facultés de l'homme endormi sont tout à fait distinctes et forment, pour ainsi dire, deux personnes différentes (*Syst. d. Wechs.*, p. 161). On y voit clairement le germe de la théorie moderne de l'*Inconscient* de HARTMANN, du *moi-double* (*Doppel-ich*) de MAX DESSOIR, et du *Subliminal* de FRÉD. MYERS[2]. Les divers centres nerveux, lorsqu'ils perdent leur continuité avec les organes des sens, peuvent être comparés à un complexus de miroirs, différemment polis, qui reflètent l'univers à leur manière, et dont chacun est en relation spéciale avec cette série de la matière, qui lui correspond le mieux (*Syst. d. Wechs.*, 155-7). Ce n'est pas par l'air ou par l'éther que le sens interne reçoit ses impressions, mais par un fluide universel. Si l'homme en état de somnambulisme croit quelquefois entendre ou voir quelque chose à distance, il n'entend ni ne voit en réalité : *il traduit seulement, en langues connues des sens externes, les sensations inconnues du sens interne.* (2e *Mém.*, p. 82.)

MESMER distingue le somnambulisme proprement dit, la catalepsie et l'état tétanique (degré supérieur de la catalepsie). Il ne fait pas d'autres distinctions; car il sait que toutes les nuances sont possibles, et qu'elles dépendent non pas d'une différence de nature, mais des aptitudes et des dispositions individuelles. Il admet aussi l'influence de l'éducation, qui en modifie les caractères. « La perfection de ce sommei critique varie aussi par le caractère, le tempérament et les habitudes des sujets; mais singulièrement par une sorte d'éducation, qu'on peut leur donner dans cet état, et par la manière dont on dirige leurs facultés : on peut les comparer à cet égard à un télescope dont l'effet varie comme les moyens de l'ajuster. » (2e *Mém.*, p. 81.) Le somnambulisme est un état mixte, pouvant présenter tous les degrés de combinaisons entre

1. D'où le nom de *Société de l'harmonie* donné aux sociétés mesmériennes.

2. Récemment encore cette idée de MESMER a été présentée comme nouvelle dans le gros livre de THOMSON J. HUDSON sur la loi des phénomènes psychiques (trad. allem. par Edouard HERMANN, Leipzig, 2e édit., sans date).

l'état de veille et celui du sommeil. Plus il se rapproche du premier, plus l'action des sens est encore confondue avec celle du sens interne, plus ses phénomènes se confondent avec ceux des rêveries. « Mais, lorsque cet état est le plus rapproché du sommeil, les assertions des somnambules étant alors les résultats des impressions reçues directement par le sens interne à l'exclusion des autres, on peut les regarder comme fondées dans la proportion de ce rapprochement » (p. 80). On voit dans cette remarque les réserves de MESMER, opposées aux exagérations de PUYSÉGUR, le principal propagateur de la lucidité somnambulique.

MESMER ne connaît pas la théorie du somnambulisme par suggestion. Sa conception physique des phénomènes s'opposait à une étude plus complète des influences subjectives. Néanmoins on trouve des traces de cette idée lorsqu'il parle d'une sorte d'« éducation » hypnotique et énumère les moyens propres à fortifier l'action physique. Comme nous l'avons déjà observé, dit-il, la pensée, la volonté peuvent propager l'action magnétique; on trouve aussi dans la conviction (*Ueberzeugung*), dans la persuasion (*Ueberredung*), dans une connaissance plus parfaite, dans l'habitude, etc., des moyens de la fortifier. (*Syst.*, 114). La persuasion veut dire ici à peu près autant que notre suggestion. Mais, en somme, MESMER ignore son importance (comme BRAID d'ailleurs); s'il fait des suggestions, c'est involontairement ou mentalement; en expérimentant il ne parle pas, il observe; il ne cherche qu'à influencer ses sujets *physiquement*.

Pourquoi MESMER appelle-t-il le sommeil provoqué : sommeil *critique*? Pour le comprendre, il faut rappeler sa théorie des crises. Une crise salutaire se manifeste, lorsque les courants qui entretiennent la vie et la santé prennent le dessus sur les influences morbides. Cela peut arriver spontanément — et on aura alors une crise naturelle, causée par le « magnétisme universel » , c'est-à-dire par les courants cosmiques; ou bien elle peut être provoquée artificiellement par les courants d'un homme bien portant, c'est-à-dire par le « magnétisme animal ». Dans le premier cas, comme dans le second, la lutte entre les agents pathogènes et les agents vitaux peut prendre toutes les formes possibles, déterminées par les prédispositions innées et les dispositions momentanées du malade : fièvre, éruptions, évacuations, convulsions, etc. Parmi ces formes, il faut compter également le somnambulisme. L'organisme, fatigué par les symptômes morbides dans le sens strict du mot, c'est-à-dire par les effets directs de la cause pathogène, cherche une défense dans le changement d'état général, qui, par la suspension de la vie végétale, le rend plus résistant à la cause morbide, et en même temps plus propre aux développements des symptômes critiques, salutaires. La lutte se déroule alors sur le terrain du sommeil, qui pour cette raison s'appelle sommeil critique. En tant que provoqué par la magnétisation, il est toujours critique. En tant que spontané, il peut être ou critique ou symptomatique. Dans ce dernier cas, c'est une maladie du sommeil, maladie constituée par l'ensemble de ces symptômes, effets directs de la cause pathogène. Dans le premier, c'est un effort de la nature contre la maladie, combiné avec les effets directs de la cause pathogène, c'est-à-dire avec la maladie proprement dite. Il est de la plus haute importance que le médecin sache distinguer le sommeil maladif du sommeil *critique;* car dans ce dernier cas, en considérant ce dernier comme un ennemi, en s'efforçant à le combattre ou supprimer, il agira contre la nature et contre l'intérêt du malade. La crise, se présente-t-elle sous forme d'une fièvre, d'une diarrhée ou d'un sommeil profond, doit être facilitée et non combattue. L'erreur sous ce rapport est moindre si le médecin se sert de la méthode thérapeutique de MESMER; car, en magnétisant dans les deux cas, il verra, dans la suite, que les symptômes morbides diminuent et que les symptômes critiques augmentent, pour ne disparaître qu'avec les premiers. S'il s'effraye de la fièvre, de la diarrhée ou du sommeil trop profond, provoqués par la magnétisation, et qu'il l'interrompe, ignorant la loi qui l'oblige à continuer, le mal qu'il procurera ainsi au malade se réduit à une prolongation de l'état critique, plus ou moins pénible à ce dernier. Mais dans le cas où le médecin se sert des remèdes ordinaires, en combattant la fièvre, la diarrhée, ou le sommeil profond, non seulement il retarde la guérison; mais encore il abîme la santé, car il déshabitue l'organisme à réagir raisonnablement contre les influences morbides. C'est cependant la façon d'agir la plus commune encore aujourd'hui, et c'est ainsi que s'enracinent et s'éternisent quelquefois ces états de léthargie qui font l'étonnement du public. La corde trop tendue se rompt, et l'organisme, après avoir épuisé ses dernières ressources, n'est plus capable d'économiser ; il végète et meurt sans pouvoir revenir à la vie normale. Et il n'est même pas nécessaire de cautériser les plantes des pieds du malade ou de le faradiser à outrance, dans le but de le « réveiller », pour aboutir à ce funeste résultat ; il suffit de lui administrer une alimentation artificielle « pour soutenir ses forces », ou plutôt son état maladif. Alors l'instinct naturel est étouffé définitivement, les restes des forces s'épuisent par une digestion forcée et momentanément inutile, et l'organisme se déshabitue à vivre — qu'on me pardonne cette expression, qui rend bien compte de l'état général du malade. « Je crois avoir des raisons solides pour espérer, écrit MESMER, que c'est à ma théorie que l'humanité devra le salut de ceux qui, à la suite d'une maladie grave ou par un autre accident violent, sont tombés dans l'état de somnambulisme persistant. Ils ne seront plus considérés comme incurables et exclus de la société humaine. » (*Syst.*, p. 199.) Inutile d'ajouter qu'on s'est bien gardé d'écouter le grand charlatan. Jusqu'à ce moment aucun physiologiste n'a même pas essayé de soumettre ses considérations à une étude sérieuse.

Lorsqu'un organisme, épuisé par une maladie aiguë grave, ou par un choc nerveux violent, tombe en léthargie, que fait le médecin? Il s'efforce par tous les moyens de réveiller le malade, autrement dit de lui faire dépenser les restes du capital de la vie que celui-ci se propose d'économiser, par un moyen suprême. Et que faisait dans ce cas MESMER? MESMER, qui savait que le sommeil profond constitue un état pendant lequel « les dépenses organiques sont arrêtées » et où l'homme « accumule dans ses nerfs, comme dans un vase, la quantité du mouvement économisé, dont l'excès produit le réveil » (*Syst.*, p. 161), MESMER, dis-je, agissait autrement. Il se gardait bien d'exciter ; il se contentait de ranimer le mouvement vital, par l'influence contagieuse de sa propre vitalité ; il magnétisait, et abandonnait le reste à la nature. Aussi les résultats furent-ils différents. En voici un exemple. Un collégien de 10 ans (M. PELLET) tombe en léthargie, à la suite d'une fièvre miliaire. DESLON décrit son état comme suit : « Toute transformation fut interceptée, la peau devint terreuse et le malade exhalait une odeur de cadavre. Les évacuations, qui n'avaient jamais été suffisantes, furent totalement supprimées. Le dégoût fut entier, les faiblesses se succédèrent, le froid gagne successivement les mains, les pieds, les jambes, les cuisses et le ventre; nul moyen de les réchauffer; affaiblissement excessif. Le malade tombe dans cette espèce de léthargie, qui sert d'avant-coureur à l'agonie. Telle était la maladie au quarante-cinquième jour. Un de mes confrères et moi avions inutilement prodigué tous nos soins pour faire prendre à la nature un cours moins funeste. Dans cet état de désespoir, j'engageai M. MESMER à venir voir le malade. » MESMER ne manifesta aucun espoir. « Néanmoins, il prit l'enfant par les mains, et quelques minutes après l'estomac et les mains furent couverts d'une moiteur gluante. L'attouchement de la langue procura une chaleur intérieure et agréable; une demi-heure après le malade urina ». « Dans la soirée, la chaleur revint, la moiteur se répandit, l'appétit se fit sentir... le sommeil fut calme : l'enfant ne se réveilla que pour demander à manger, et enfin une évacuation infecte soulagea la nature affaissée. Le reste de la cure demanda 3 à 4 semaines. J'ai peu vu ce jeune homme depuis, mais je l'ai vu : il était gras, alerte, et avait tous les signes d'une bonne santé. » (*Obs. sur le Magn.*, p. 41). Remarquons que le malade était sans connaissance, qu'il n'avait aucune idée du magnétisme, que MESMER ne lui fit aucune suggestion et qu'il ne croyait pas lui-même au succès de ses efforts. Seulement il a eu le bon sens de ne pas agir contre la nature, de ne pas réveiller ou « ranimer » le malade, par des moyens artificiels, appartenant à la même catégorie que l'action du fouet sur un cheval épuisé.

Il est rare que le sommeil spontané critique présente les caractères nets d'un état somnambulique. Le plus souvent les symptômes forment un ensemble, dans lequel le somnambulisme proprement dit est plus ou moins méconnaissable, car « toutes les nuances de l'absence de l'esprit appartiennent à cette crise extraordinaire » (p. 198).

C'est ici qu'il faut mentionner une autre conception originale de MESMER, concernant les relations entre le somnambulisme et l'aliénation mentale. Pour lui la folie n'est qu'un somnambulisme désordonné, et tous les genres de l'aliénation mentale ne sont que des modifications d'un sommeil complet. (*Système*, p. 209.) Que penser de cette idée? Elle est ingénieuse. Les illusions, les hallucinations, les divers raisonnements faux suggérés, les changements de personnalité, les phobies, manies, idées fixes, exaltation, inhibitions, tout cela se rencontre dans les deux états, avec ce caractère principal en plus, que la conscience est toujours plus ou moins *rétrécie*. Seulement, dans le somnambulisme spontané, et surtout dans le somnambulisme provoqué, ces phénomènes sont passagers, tandis qu'ils sont stables dans l'aliénation. On pourrait donc dire que cette dernière présente une consolidation de certains phénomènes somnambuliques. On pourrait même ajouter — et ce fut probablement cette circonstance qui inspira surtout Mesmer — que, dans certains cas, la production du vrai somnambulisme régulier supprime peu à peu le somnambulisme désordonné, autrement dit la folie. J'ai eu l'occasion d'observer quelques cas, dans lesquels cette conception de Mesmer paraît se justifier pleinement. C'est ainsi que, dans une cure entreprise par moi en 1886 à la Salpêtrière, dans le service de A. Voisin, nous avons pu constater comme une transformation graduelle de la folie en une hypnose raisonnable. Il s'agit d'une nommée Tier..., âgée d'une quarantaine d'années, apparemment la plus malade des deux cents aliénées de ce service, car c'est elle seule qu'on avait été obligé d'attacher à un fauteuil lourd, pour la priver de tout mouvement. Atteinte de mélancolie avec stupeur, elle présentait cependant de fréquents accès de furie, dans lesquels elle cherchait ou bien à attaquer l'entourage, sous l'influence des idées de persécution, ou bien à se suicider elle-même. Lorsque je suis arrivé sur l'invitation de Voisin, elle était au bout de ses forces, ayant refusé presque toute nourriture depuis huit jours, et ayant très peu mangé auparavant. En revanche, elle avalait ses excréments et présentait un aspect dégoûtant. Paraissant étrangère à tout ce qui se passait autour d'elle, elle ne répondait pas aux questions. A un moment donné elle se calma. Délivrée sur mon ordre de sa camisole de force, elle fut endormie pendant quelques minutes par l'imposition de ma main droite sur le front et sans suggestion exprimée. L'état de stupeur se transforma alors peu à peu en une hypnose raisonnable : elle donnait des réponses brèves, mais justes, et obéissait aux suggestions. Nous la laissâmes dans cet état presque sans interruption pendant un mois, car, toutes les fois qu'on la réveillait, elle retombait dans sa folie. Pendant ce temps l'aliénation devenait de plus en plus calme, et l'hypnose de plus en plus raisonnable, à quelques exceptions près (crises). Enfin elle déclara, en somnambulisme, que demain elle sera tout à fait guérie. Conformément à la suggestion, par laquelle je fortifiais seulement ses propres prévisions, elle dormit bien toute la nuit et se réveilla guérie. J'arrive, et la voyant avantageusement changée et travaillant à la couture, je lui demande comment elle va. Elle me regarde avec étonnement, puis elle dit : — « Pardon, Monsieur, mais je ne vous connais pas... » J'avais oublié, en lui posant ma question, qu'en effet jusqu'à ce moment elle ne m'avait connu que dans deux états également inconscients : celui de la folie et celui de l'hypnose, qui se remplaçaient alternativement[1].

Il est donc des cas où l'idée de Mesmer paraît se confirmer. Mais ce sont des cas rares, et, tout ingénieuse qu'elle soit, la conception de la folie comme d'une hypnose désordonnée ne peut pas être généralisée. D'abord, parce que tous les aliénés ne sont pas hypnotisables, et ensuite parce que ceux qui le sont, ne présentent pas toujours cette liaison intime entre la folie et l'hypnose. Les folies d'origine organique par exemple, restent complètement en dehors de ce rapprochement. Je dois ajouter, pour être juste, que peut-être Mesmer lui-même ne prêtait pas à sa conception une généralité absolue, car je trouve dans d'Eslon, son disciple immédiat, la phrase suivante : « M. Mesmer est dans l'opinion, et je le crois comme lui, que *la plupart* des folies ne sont que des crises imparfaites de maladies. » (*Observations sur le magnétisme animal*. Londres et Paris, 1780, p. 36.)

« Crises imparfaites » veut dire : crises auxquelles le manque de force du sujet n'a pas permis d'aboutir à une guérison. Elles se sont consolidées en maladies chroniques, au lieu de se terminer comme une maladie aiguë.

Quoi qu'il en soit de cette conception ingénieuse de Mesmer, nous ne la retrouvons plus dans la littérature hypnotique moderne. En revanche, nous y trouvons une identi-

1. A. Voisin communiqua cette observation au congrès de Nancy en 1886. Voir aussi mon livre « *De la Suggestion mentale* », p. 366, 2e édition. Paris, 1889.

fication inverse, privée de toute ingéniosité : de l'hypnose régulière considérée comme un état pathologique. On ne dit plus : l'aliénation est une hypnose désordonnée et consolidée, on dit : l'hypnose est une névrose expérimentale ou provoquée. Il est vrai que les hypnotiseurs modernes ont tellement défiguré les caractères primitifs du sommeil magnétique qu'il a pris réellement une apparence pathologique. Mais il ne faut pas oublier que, dans les origines du magnétisme, dans les travaux de Mesmer, de Puységur, de Deleuze, le somnambulisme provoqué se distingue essentiellement de l'hypnose moderne[1].

Méthode expérimentale de Mesmer. — L'infortuné réformateur, dont nous retraçons ici les mérites, d'une façon à peine suffisante pour en donner une idée exacte, expérimenta pendant neuf ans, avant de faire son appel aux sociétés savantes et douze ans, avant la publication de son premier mémoire. Ce fut un travailleur infatigable, qui observa beaucoup, parla peu et écrivit encore moins. — Juste le contraire de ses détracteurs d'aujourd'hui. — Cet étrange charlatan ne livra à la publicité les cures qu'il avait opérées qu'après qu'elles eurent été taxées d'imposture; et les quelques opuscules qu'il publia furent imprimés à un petit nombre d'exemplaires, destinés aux amis. Pour les détails de ses innombrables expériences il attendit toujours qu'une Académie quelconque daignât lui permettre d'en faire une démonstration. Il s'en est suivi, que, si nous avons des volumes concernant les banales innovations de ses imitateurs, nous savons très peu des premiers travaux du promoteur. Mais à ceux qui, comme moi, après longues années d'expériences et d'hésitations, sont arrivés à des constatations analogues, ce peu suffit, pour donner une idée de l'étendue de son travail. En effet, vers la fin de cette première période de son œuvre, période dans laquelle il étudia d'abord l'action de l'électricité statique, ensuite celle de l'aimant et enfin celle du « magnétisme animal », nous le voyons déjà maître de son savoir, et surtout maître du mécanisme naturel des guérisons, conçu d'une façon assurément personnelle, mais qui tout de même se rapproche beaucoup plus de la réalité que les théories de ses plus heureux concurrents et antagonistes. Sans faire de suggestion, il prévoit, il annonce ce qui doit arriver, et ce qu'il annonce se réalise.

Pour bien comprendre la méthode expérimentale de Mesmer, il ne faut pas oublier que, dans son idée, juste ou injuste, il a fait une découverte *physique*, qu'il appliqua directement à la physiologie. Cette découverte physique, il l'a déduite de l'action des pointes en électricité et de l'action des pôles en magnétisme minéral. Ayant constaté d'abord que l'aimant peut remplacer les pointes chargées électriquement, et ensuite que le doigt de la main, droite ou gauche, peut remplacer l'aimant dans son action physiologique, et même le remplacer avantageusement, il en conclut qu'il doit y avoir un autre agent, qui n'est ni électrique, ni magnétique en lui-même, et qui tantôt s'adjoint à l'action électrique des pointes, tantôt à l'action magnétique de l'aimant, et tantôt

1. Certains auteurs contemporains, inspirés par leur ressentiment contre les vrais créateurs de cette nouvelle science, se donnent le plaisir d'insister sur le caractère pathologique de *tous* les phénomènes de l'hypnose. Et, comme selon eux il n'y a que les hystériques qui se laissent hypnotiser, l'hypnose ne serait qu'un état névropathique artificiel, provoqué chez des névropathes naturels. Meynert va encore plus loin. Pour lui l'hypnose est « une imbécillité, provoquée artificiellement ». « Il aurait été plus près de la vérité, observe Forel, en remplaçant le mot « imbécillité » (*Blödsinn*) par « aliénation » (*Wahnsinn*), » mais en somme, Forel considère cette définition de Meynert, comme « une affirmation gratuite d'un savant à idées préconçues, qui n'a pas étudié la question personnellement, et qui ne veut pas l'étudier » (*Der Hypnotismus*, Stuttgart, 1898, 132). Comme on sait, Meynert fut un histologiste éminent, dont les recherches, suivant l'expression de Wundt, ont fait époque, en prouvant (vers 1886) l'uniformité des couches corticales du cerveau (*Grundzüge d. physiol. Psychologie*, Leipzig, 1908, I, 274). Dans un autre passage de ce volumineux compendium, Wundt développe (I, p. 387) le principe général de l'uniformité essentielle de tous les nerfs, sous le nom du principe de l'indifférence primitive des fonctions nerveuses. D'après ce principe il n'y a pas de différence de nature entre les nerfs en général, et leurs énergies spécifiques apparentes dépendent uniquement de la diversité des organes terminaux. Or telle fut déjà l'opinion de Mesmer, qui dit expressément : « *In allen Theilen des Körpers ist die Natur der Nerven eine und dieselbe.* » (*Syst. d. Wechselwirkungen*, p. 124.) Ce qui n'empêche pas que non seulement Meynert, qui « a fait époque » en confirmant cette idée de Mesmer, mais aussi Wundt, l'admirateur de Meynert, qui la généralise, et aussi que Forel, antagoniste de Meynert, sont d'accord pour déclarer que Mesmer ne fut qu'un charlatan.

enfin à l'action du corps humain et du « physique de la pensée ». C'était son fluide universel véhicule de toutes les actions réciproques, plus ou moins subtiles, cinquième état de la matière. MESMER avait-il le droit de tirer de ses études cette conclusion surprenante? Nous l'examinerons ailleurs, en parlant de l'état actuel des recherches. Pour le moment qu'il nous suffise de dire que sa croyance à un agent physique nouveau n'a pas été conçue à la légère. MESMER a eu la chance de tomber, dès le début de ses recherches, sur quelques sujets très sensibles et fort rares, avec lesquels réussissent les différentes actions à distance. Aussi a-t-il été confirmé dans ses vues purement physiques, exprimées déjà dans sa dissertation doctorale de 1766. Comme physicien expérimenteur, il commit l'erreur de se fier aux réactifs animés, comme s'il s'agissait d'instruments de physique. Il ignora ce fait (mis en relief seulement par l'école de Nancy) qu'avec un sujet très sensible, on obtient tout ce qu'on désire. Même erreur, dans laquelle sont tombés, cent ans plus tard, CHARCOT, HEIDENHAIN, LUYS, DUMONTPALLIER, et tant d'autres. Même erreur, mais quelle différence de méthode!

Nous donnerons ici quelques expériences typiques de MESMER.

Première expérience. — Elle remonte à 1775. MESMER se trouvait alors en Hongrie à Rohow dans le château du baron HORETZKY, dont il commença le traitement, d'abord sans résultat. Les malades pauvres affluaient des environs, et furent traités par MESMER avec plus de succès. Mais parmi la noblesse du château le doute persistait, MESMER ayant déjà eu le temps d'attirer sur son nom l'accusation de charlatanisme. S'il était venu à Rohow, c'est uniquement parce que les médecins de Vienne, VAN SWIETEN et VAN HAEN, après plusieurs années de soins, ayant abandonné tout espoir de guérison, VAN HAEN, pour se débarrasser d'un malade récalcitrant conseilla au baron de se faire magnétiser par MESMER, tout en déclarant, que quant à lui, il n'attache aucune importance à ce nouveau genre de traitement. La disposition des habitants et des hôtes du château fut donc peu favorable au novateur, et parmi eux, le précepteur du jeune baron HORETZKY, M. SEIFERT, appartenait aux plus sceptiques. C'est lui qui nous raconte les faits. Il servit d'interprète entre MESMER et les paysans slovaques des environs; et, considérant le premier comme un farceur, ne demandait pas mieux que de pouvoir le démasquer. Un jour il trouve dans son journal la description d'une expérience, dans laquelle MESMER avait, paraît-il, réussi à influencer trois malades, une jeune fille et deux hommes, en se plaçant à leur insu dans une chambre voisine et en dirigeant son doigt dans leur direction. On lit l'article incriminé à haute voix, et MESMER est prié de renouveler l'expérience. Il s'y oppose d'abord, ce qui fortifie les soupçons de SEIFERT. Mais enfin il consent à faire l'essai. Dans une grande salle voisine les malades entouraient « le baquet, » qui à cette époque consistait encore en un assemblage d'aimants et d'une machine statique. Les malades, se tenant par les mains, furent influencés en outre par les attouchements de MESMER et par l'approche de son doigt. Après avoir choisi un de ces malades, un jeune juif, qu'il considérait comme le plus sensible, MESMER le place sous la muraille, le dos contre celle-ci, et passe dans l'autre pièce. Il se tient debout à trois pas environs de la muraille, épaisse de 2 pieds et demi, derrière laquelle se trouve le sujet. Une porte à deux battants, qui sépare cette pièce de la salle des malades, est occupée par M. SEIFERT, de telle façon que personne d'autre ne peut rien voir à travers le battant un peu entr'ouvert, ni d'un côté ni de l'autre, tandis que lui, SEIFERT, est en état d'observer en même temps et l'expérimentateur et son sujet. Après quelques moments de silence, MESMER fit plusieurs mouvements de travers, avec le doigt indicateur de son bras droit, à droite et à gauche, horizontalement et dans la direction du malade. Ce dernier commença à se plaindre et à gémir, en plaçant ses mains sur ses côtés. Ne se contentant pas de cette apparence d'une action, SEIFERT lui demande ce qu'il ressent. — « Je me sens mal », dit le sujet. — « Précisez vos sensations », insiste SEIFERT. — « Tout remue en moi de travers, à droite et à gauche. » Pour ne plus continuer les questions à chaque nouveau essai, SEIFERT enjoint au sujet, une fois pour toutes, d'annoncer, spontanément et avec exactitude, chaque changement dans ses sensations, aussitôt qu'il se produit, et sans attendre les questions. Bientôt après MESMER croisa les bras. Environ huit secondes plus tard le sujet déclare de lui-même : « Maintenant, je ne sens plus rien. » Lorsque MESMER recommença l'action, en dessinant avec son doigt dans l'espace des figures ovales, le sujet se contracta de nouveau en disant : « Maintenant tout marche en moi en cercle, en remontant et en descendant. » A peine Mesmer a-t-il pris l'attitude du repos que le sujet déclara de lui-même : « Maintenant je ne sens plus rien. » L'expérimentateur continua, en changeant la forme de son action, qui fut toujours indiquée exactement par le sujet, aussi bien que les moments de repos, que Mesmer faisait tantôt courts, et tantôt longs. « Une entente préalable ou une autre tricherie quelconque étant complètement exclues, écrit Seifert, il n'est guère possible de supposer que l'imagination seule puisse expliquer tant de concordances exactes, aussi bien par rapport à la nature des changements, que quant à la durée de l'action ou celle du repos. »

En effet, que peut-on reprocher à cette expérience? Telle qu'elle est décrite, d'une façon détaillée et très consciencieuse par Seifert, elle ne laisse subsister qu'un seul doute : elle peut prouver une action mentale, mais non une action physique. Cependant, au point de vue de la réalité des phénomènes, et même au point de vue de la théorie de Mesmer, ce détail n'a pas d'importance, car suivant lui l'action physique est inséparable de l'action mentale. Le sujet s'attendait, il est vrai, à quelque chose : il subissait donc l'influence de l'attention expectante, qui le rendait plus sensible, mais, comme c'était une *première* expérience, et comme Mesmer ne disait rien, une coïncidence si souvent répétée n'est guère admissible.

Je me rappelle qu'en 1885 Dumontpallier a voulu me montrer une expérience analogue. Nous étions dans une grande salle de la Charité, pleine de malades. Dumontpallier ordonne à Mlle Marie endormie, de se lever de son lit et d'aller se placer au fond de la salle, en nous tournant le dos. Aussitôt après il commença à faire des mouvements attractifs avec ses deux bras, en secouant ses manchettes, au milieu d'un silence général. Mlle Marie, se retourna, mais ne bougea pas. Les malades dans leurs lits se communiquaient leurs observations. Le sujet resta quelques secondes immobile, puis s'avança vers nous. Évidemment dans ces conditions l'expérience, qui d'ailleurs avait déjà été faite auparavant, ne prouvait rien.

Deuxième expérience. — Un autre jour Mesmer essaya l'action électro-statique à distance. Seifert, qui le suivait partout avec méfiance, raconte ce qui suit. En passant par la salle des malades, il rencontra un paysan slovaque, atteint d'un « endurcissement » dans la région de l'estomac, qui le faisait beaucoup souffrir. Assis à part et se tordant dans sa douleur, il énonçait les plus grossières imprécations contre Mesmer. Questionné sur la cause de ces injures, le malade répond qu'il reçoit en ce moment les plus fortes secousses, et que personne d'autre ne peut en être la cause, que ce diable de médecin allemand. Seifert alla dans la chambre voisine, où il trouva Mesmer faisant jaillir les étincelles d'une machine statique, en les soutirant à l'aide de ses doigts. Placé au seuil de la porte, Seifert a pu constater que les secousses douloureuses du malade coïncidaient avec la soustraction des étincelles, et il ajoute qu'il a vu « un effet semblable sur le même sujet, par l'action du magnétisme de Mesmer à l'aide d'un miroir, ou bien médiatement par l'intermédiaire du son ».

Nous décrirons plus loin une expérience de ce genre. Pour le moment remarquons que l'action des étincelles à travers un mur doit être attribuée aux ondes hertziennes. Dans une étude spéciale de cette matière, faite par moi il y a deux ans au laboratoire de l'Institut général psychologique, en me servant d'un radioconducteur Branly et d'un petit récepteur télégraphique Breguet, j'ai pu constater que, dans ces conditions, une petite étincelle, tirée d'un des pôles d'une machine Wimshurst, suffit pour actionner le récepteur à une distance de plusieurs mètres, et que de très grandes étincelles, passant directement d'un pôle de la machine à l'autre, sans l'intermédiaire du corps humain, restent inefficaces. J'attribue ce résultat à ce que le corps humain joue alors le rôle d'une antenne, et à quelques autres conditions, qu'il serait trop long d'exposer ici. Le phénomène avec un récepteur vivant et sensitif se complique encore d'une sorte de transmission de sensation (voir les expériences de Pierre Janet et autres dans ma *Suggestion mentale*). Les sensitifs hypnotiques sont généralement très sensibles aux changements du potentiel électrique dans l'atmosphère. Quant aux ondes hertziennes, mes expériences prouvent qu'elles peuvent parfois naître sous l'influence d'étincelles tellement faibles qu'elles restent invisibles. Mais, même dans des conditions où il est impossible d'invoquer les ondes proprement dites, il y a quelquefois une action éloignée sur les sensitifs. C'est ainsi que déjà vers 1815 SNIADECKI, NIESZKOWSKI et BERGMANN ont pu constater sur la femme de ce dernier, cataleptique, l'action excitante d'une simple friction de la cire à cacheter, à travers trois chambres!

Troisième expérience. — MESMER a découvert que le son, en dehors de son action acoustique, peut être modifié par l'influence personnelle du magnétiseur. Chez le baron HORETZKY deux musiciens jouaient de temps en temps du cor de chasse, dans un pavillon du jardin. Les malades de MESMER écoutaient cette musique avec plaisir. Cependant un jour, SEIFERT remarqua qu'au moment de la production de ce petit concert les malades commencèrent à s'en plaindre, ou même à prononcer des imprécations, et quelques-uns eurent des attaques de nerfs. SEIFERT alla chercher MESMER, et, après avoir traversé deux salles, dont les portes étaient fermées, il le trouva auprès des musiciens, touchant le bord du cor de chasse, avec sa main droite. Il lui raconta que les malades sont inquiets, on ne sait pas pourquoi. MESMER sourit; il tint encore le cor de chasse pendant la production d'un morceau suivant, puis il retira la main droite et toucha l'instrument avec sa main gauche. Enfin il le lâcha complètement, en disant : « Maintenant, ou dans un moment, les malades vont se calmer ». Ce qui arriva réellement. Une autre fois il essaya une semblable influence par l'intermédiaire d'un corps vivant : une chanteuse se faisait entendre pour la société du château. Dans la salle des malades on entendit le chant faiblement; cependant, lorsque MESMER, sans prévenir personne, prit la main droite de la chanteuse dans la sienne droite, les mêmes phénomènes se reproduisirent, et peu de temps après, la chanteuse elle-même a été obligée de cesser à cause d'un malaise à la gorge. Alors MESMER lâcha la main et approcha de la gorge de la chanteuse l'index de sa main gauche. Son mal disparut bientôt.

Quatrième expérience. — « L'action de mesmérisme — raconte SEIFERT — à l'aide d'un miroir ne fut pas moins efficace. Un jour MESMER causa avec quelques visiteurs et habitués de la maison, dans une salle voisine de celle des malades. La porte qui les séparait était ouverte, mais la position était telle que nous ne pouvions pas voir les malades, et les malades ne pouvaient pas nous voir. Subitement, MESMER indiqua du doigt à ses compagnons, dans une glace qui ornait la salle, l'image d'un de ses malades, assis dans le cercle du baquet et nous tournant le dos. Il dirigea sur cette image réfléchie l'index de sa main droite. Le sujet n'était pas en état de le voir. Malgré cela il manifesta des secousses, et les autres malades, liés avec lui par la chaîne des mains, s'agitèrent également, chacun à sa façon. Cet état continua jusqu'au moment où MESMER, toujours à l'insu des malades, au lieu de l'index droit, dirigea le doigt de sa main gauche. L'expérience fut répétée plusieurs fois, à l'improviste, et non sans succès. » (KOERNER, *l. c.*, p. 43.) On y voit la prétention de MESMER de rester toujours dans le domaine physique de la polarité, dont nous dirons quelques mots plus loin.

Les glaces peuvent-elles réfléchir l'action magnétique, comme elles réfléchissent les ondes hertziennes? Je ne peux pas me prononcer sur cette question, n'ayant pas fait d'expériences suivies sur ce sujet. Une étude semblable me paraît d'ailleurs fort difficile, les expériences réussies étant toujours compliquées par la possibilité d'une action mentale. Il faudrait se contenter du plus ou moins, lorsque l'effet est ou n'est pas favorisé par les glaces. Mais pourquoi MESMER dirigeait-il toujours un seul doigt et non la main tout entière? Cela tenait à sa conviction sur l'action des pointes. Cette conviction avait-elle une base quelconque? Oui. Les pointes agissent autrement que les surfaces, aussi bien dans les phénomènes électriques que dans les soi-disant phénomènes magnétiques du corps humain. Sans parler des choses connues, décrites dans les manuels de physique, on peut vérifier qu'avec une machine électro-statique, lorsque les étincelles grandes, directes, passant d'un pôle à l'autre, restent inefficaces, on les rend efficaces, c'est-à-dire capables de produire les ondes hertziennes, en introduisant entre les pôles une surface métallique, qui double les étincelles, les coupe en deux, pour ainsi dire. En revanche, lorsque les étincelles tirées à l'aide d'un conducteur quelconque, touchant rapidement un des pôles, sont actives, on les paralyse par l'approche d'une pointe. Chez un certain nombre de sujets hypnotisés, une pointe métallique, approchée à leur insu et sans contact, produit une excitation, une secousse, une sensation de froid, un réflexe de répulsion; qu'elle soit tenue par le magnétiseur, ou simplement posée à côté sur une chaise, à l'insu du sujet. Chez plusieurs personnes hypnotisées, ou endormies du sommeil normal, un doigt présenté à petite distance agit de même; tandis que le creux de la main, dans les mêmes conditions, produit plutôt une sensation de chaleur ou une attraction, quelquefois tout à fait inconsciente, même en dehors de la sensation calorique. Il est regrettable que MESMER ne nous ait pas laissé les détails de ses recherches sur les pointes; mais sa persistance à employer un doigt ou une baguette pointue, comme moyen d'excitation, nous prouve qu'il a dû faire des constatations analogues.

Ce moyen d'excitation, il l'employa aussi comme moyen de diagnostic, dévoilant les symptômes pathologiques latents et les *nodi minoris resistentiæ*. En voici quelques exemples : *a*) Un Juif hongrois, voulant se moquer de MESMER, lui affirma qu'il souffrait horriblement de la tête. Le doigt de MESMER lui procura une telle migraine, qu'il se roula par terre de douleur. Son mal calmé, il n'a plus voulu revenir, disant « qu'il ne faut pas plaisanter avec le magnétisme ». *b*) De la même façon, MESMER provoqua des convulsions chez trois malades qui se croyaient guéris par les exorcismes de GASSNER (preuve que leur maladie restait latente; car, dans les guérisons complètes, le doigt ne provoque plus rien). *c*) Le baron D'ANDELON était assez fréquemment tourmenté d'attaques d'asthme. « J'annonçai, dit MESMER, que je ne le toucherais pas, afin de prouver que le contact immédiat n'est pas nécessaire à l'action du magnétisme animal. 4 à 5 pas plus loin, je dirigeai la verge de fer, que je tenais en main, vers sa poitrine et lui ôtai la respiration. Il serait tombé en défaillance, si je ne m'étais arrêté à sa prière. Au surplus, il assura sentir si distinctement les courants opposés que j'opérais en lui, qu'il s'engagea à désigner, les yeux fermés, chaque mouvement de mon fer. Cette dernière expérience eut lieu; mais on y fit peu attention... » *d*) Mlle DE BERLANCOURT de Beauvais, paralytique de la moitié du corps, souffrait en outre, de temps en temps, d'une terrible douleur au front. « Je dirigeai, raconte également MESMER, mon fer vers son front. La douleur qu'elle y ressentit fut prompte : je la laissai se calmer. Dans l'intervalle, j'offris de prouver que le foyer du mal n'était pas dans la tête, mais bien dans les hypocondres. En conséquence, je dirigeai mon fer vers l'hypocondre droit : la douleur fut plus subite et plus vive que la première fois; je laissai se calmer encore la malade, et, augurant que le vrai principe du mal était dans la rate, j'annonçai qu'on allait apercevoir la différence de mes effets. A peine eus-je dirigé mon fer vers ce viscère, que la demoiselle DE BERLANCOURT chancela, et tomba, les membres palpitants, dans des douleurs excessives. Je la fis emporter tout de suite, ne jugeant pas à propos de pousser plus loin des expériences, que déjà plus d'un lecteur accuse peut-être de barbarie. » Il s'agissait d'une expérience, et non d'une cure. Dans une cure, MESMER aurait continué son action de temps en temps, jusqu'au moment où les symptômes provoqués, devenant de plus en plus faibles, auraient complètement disparu. Ç'aurait été la méthode excitante de traitement magnétique, employée exclusivement par MESMER dans la première moitié de sa carrière. C'est elle qui détermine de la part des commissaires du Roi la dénomination ironique du magnétisme comme « l'art de provoquer les convulsions ». Plus tard, il préféra une méthode plus douce, ressemblant à celle de PUYSÉGUR, avec cette différence qu'il ne s'efforçait jamais de produire le sommeil. Mais, dans le second cas comme dans le premier, les phénomènes morbides latents *doivent toujours réapparaître, en s'épuisant;* autrement il n'y a pas de guérison radicale. On peut d'ailleurs assez souvent supprimer le symptôme latent provoqué, sinon avec profit pour le but définitif de guérison, du moins pour la satisfaction momentanée du malade. *e*) « Le chevalier DE CRUSSOL, m'avait prié de le toucher, et je lui avais occasionné dans le côté une douleur, accompagnée de chaleur si sensible, qu'il avait engagé la compagnie à s'en assurer, en y portant la main. Cette douleur ne lui était pas inconnue. Elle servait assez fréquemment d'avant-coureur aux accès de mal de tête. M. DE CRUSSOL, désirant servir de sujet à une dernière expérience, me laissa ignorer ces particularités, et me demanda si je ne pourrais pas essayer de lui faire ressentir ses douleurs habituelles, sans être prévenu de leur genre. Je me prêtai à en faire l'essai : il fut heureux, c'est-à-dire que M. DE CRUSSOL y gagna un violent mal de tête. Alors il réfléchit que je lui avais fait un fort mauvais présent, et me pria de le reprendre, si la chose était possible; elle l'était, et je trouvai juste de lui ôter son mal, avant de le laisser sortir de chez moi. » *f)* « Lorsque Mesmer touche un malade pour la première fois, raconte son antagoniste, le Dr Thouret, il le touche au plus grand point de réunion d'influences vitales « au creux de l'estomac ». Alors a lieu la communication électrique. Cela fait, il se retire, étend le doigt, et il se forme alors entre le sujet et lui une traînée de fluide, par laquelle se conserve la communication établie. L'influence de Mesmer dure plusieurs jours, et pendant ce temps-là, si la personne est susceptible, il peut opérer sur elle des effets sensibles, sans la toucher de nouveau, de loin et sans autre intermédiaire que le fluide même.

« Mesmer, se trouvant un jour avec MM. C... et d'E... auprès du grand bassin de Meudon, leur proposa de passer alternativement de l'autre côté du bassin, tandis qu'il resterait à sa place. Il leur fit plonger une canne dans l'eau et y plongea la sienne. A cette distance M. C... ressentit une attaque d'asthme, et M. d'E... la douleur au foie, à laquelle il était sujet. On a vu des personnes ne pouvoir soutenir cette expérience et tomber en défaillance. — Un autre jour Mesmer se promenait dans les bois d'une terre au delà d'Orléans. Deux demoiselles, profitant de la liberté de la campagne, devancèrent la compagnie, pour courir gaiement après lui. Il se mit à fuir; mais bientôt, revenant sur ses pas, il leur présenta le bout de sa canne, en leur défendant d'aller plus loin. Aussitôt leurs genoux ployèrent, il leur fut impossible d'avancer. »

J'ai cité ces faits comme caractéristiques, mais il est évident qu'il n'est pas nécessaire d'attribuer au fluide ou à l'action des pointes ce qui peut s'expliquer par la suggestion, par la cataplexie ou par l'attention expectante. L'action est compliquée dans plusieurs expériences, celles, par exemple, où Mesmer, par la direction de son doigt, faisait descendre ou monter une douleur, apparaître ou disparaître une enflure... Ses contemporains se sont contentés à ce sujet de quelques caricatures humoristiques, qui ont définitivement ridiculisé le Mesmérisme. Mais cela n'empêche pas que ces faits étaient vrais, que ces découvertes étaient de première importance, et que cette importance n'est pas encore bien comprise aujourd'hui.

Cinquième expérience. — Elle a été faite en présence du physicien anglais Ingenhousz, sur Mlle Oesterline : « J'invitai M. Ingenhousz à se rendre chez moi. Il y vint, accompagné d'un jeune médecin. La malade était alors en syncope avec des convulsions. Je le prévins que c'était l'occasion la plus favorable pour se convaincre par lui-même de l'existence du principe que j'annonçais, et de la propriété qu'il avait de se communiquer. Je le fis approcher de la malade, dont je m'éloignai, en lui disant de la toucher. Elle ne fit aucun mouvement. Je le rappelai près de moi *et lui communiquai le magnétisme animal en le prenant par les mains* : je le fis ensuite rapprocher de la malade, me tenant toujours éloigné, et lui dis de la toucher une seconde fois; il en résulta des mouvements convulsifs. Je lui fis répéter plusieurs fois ces attouchements, qu'il faisait du bout du doigt, dont il variait chaque fois la direction, et toujours, à son grand étonnement il opérait un effet convulsif dans la partie qu'il touchait. Cette opération terminée, il me dit qu'il était convaincu. Je lui proposai une seconde épreuve... »

« Nous nous éloignâmes de la malade — continue Mesmer — de manière à n'en pas être aperçus, quand même elle aurait eu sa connaissance. J'offris à M. Ingenhousz six tasses de porcelaine, et le priai de m'indiquer celle à laquelle il voulait que je communiquasse la vertu magnétique. Je la touchai d'après son choix : je fis ensuite appliquer successivement les six tasses sur la main de la malade; lorsqu'on parvint à celle que j'avais touchée, la main fit un mouvement et donna des marques de douleur. M. Ingenhousz, ayant fait repasser les six tasses, obtint le même effet. Je fis alors rapporter ces tasses dans le lieu où elles avaient été prises; et après un certain intervalle, lui tenant une main, je lui dis de toucher, avec l'autre, celle de ces tasses qu'il voudrait; ce qu'il fit : ces tasses rapprochées de la malade, comme précédemment, il en résultait le même effet. La communicabilité du principe étant bien établie aux yeux de M. Ingenhousz, je lui proposai une troisième expérience, pour lui faire connaître son action dans l'éloignement, et sa vertu pénétrante. Je dirigeai mon doigt vers la malade à la distance de huit pas : un instant après, son corps fut en convulsion, au point de se soulever sur son lit, avec les apparences de la douleur. Je continuai, dans la même position, à diriger mon doigt vers la malade, en plaçant M. Ingenhousz entre elle et moi : elle éprouva les mêmes sensations. Ces épreuves répétées au gré de M. Ingennousz, je lui demandai s'il en était satisfait, et s'il était convaincu des propriétés merveilleuses que je lui avais annoncées, lui offrant, dans le cas contraire, de répéter nos procédés. La réponse fut qu'il n'avait plus rien à désirer et qu'il était convaincu; mais qu'il m'invitait, par l'attachement qu'il avait pour moi, à ne rien communiquer au public sur cette matière, afin de ne pas m'exposer à son incrédulité... » (1, *Mém.*, p. 28.)

La dernière expérience que je citerai encore a trait à l'action thérapeutique. Elle est intéressante à plusieurs points de vue et mériterait d'être lue dans l'original de Seifert, à cause de la simplicité de son récit à la fois naïf et exact. Je l'abrège un peu, en supprimant les détails descriptifs, inutiles pour notre but.

Sixième expérience. — Mesmer est arrivé à Rohow, pour soigner le baron Horetzky, sujet depuis des années à des crampes à la gorge, dont la nature nous est inconnue. Les cinq premiers jours, il n'y a eu aucun changement, et le baron ne sentit rien. Il s'impatientait, et le soir du cinquième jour il s'en plaignit à Mesmer. « Si vous ne sentez rien, répondit ce dernier, cela prouve que votre maladie n'est pas de nature nerveuse. » Telle était alors son opinion, mais elle n'était pas tout à fait juste. Il n'y a pas de relation nécessaire entre la sensibilité hypnotique et la nature organique ou fonctionnelle de la maladie. Celui qui ne ressent rien peut cependant être atteint d'une maladie nerveuse, et celui qui ressent beaucoup peut avoir une maladie organique. Nous en préciserons plus loin les conditions. Pour le moment je dirai seulement qu'à cette époque Mesmer considérait le magnétisme comme un spécifique nerveux et il partageait l'erreur de nos médecins contemporains pour qui l'hypnotisme n'est applicable qu'aux troubles de nature fonctionnelle. Au fur et à mesure que son expérience s'élargissait, il changea d'avis, mais la phrase soulignée : « le magnétisme animal guérit directement les maladies nerveuses *et médiatement les autres* » ne se trouve pas dans la première édition de ses aphorismes. Il est donc probable qu'en répondant au baron il ne croyait pas à la possibilité de le guérir, et il s'excusait, pour ainsi dire, de son échec, en attribuant à la maladie une cause non nerveuse. Seifert raconte que Mesmer renvoyait généralement les malades non nerveux à d'autres médecins. « Le lendemain soir, c'est-à-dire le sixième jour du traitement, en tâtant comme d'habitude le pouls du baron, pendant la magnétisation, Mesmer a dû apercevoir quelque changement (accélération du pouls), car il dit au malade : « Patience, vous allez bientôt sentir quelque chose! » Mais le jour suivant sembla contredire cette prédiction. Le patient n'éprouva toujours rien. Cependant, à une heure tardive, Mesmer est allé voir la baronne, et il la prévint, en présence de plusieurs témoins, que le jour suivant sera très grave pour le malade, mais qu'elle ne doit pas s'en effrayer. La baronne ne sembla pas faire grand cas de cette prémonition. Vers 8 heures du matin, pendant la séance de magnétisation habituelle, le baron parut être en danger de vie. La baronne envoya immédiatement chercher le Dr Ungerhoffer. En entrant dans la chambre du malade, Seifert vit ce dernier couché sur son lit et grelottant de froid, malgré l'épaisse fourrure dont il était recouvert. Il poussait des cris et divaguait comme dans une fièvre chaude. Assis devant son lit, Mesmer lui tenait la main droite avec sa main gauche, tandis que son pied droit déchaussé reposait dans un baquet rempli d'eau. Dans le même baquet s'enfonçait une canne en bambou ferré, tenue par une autre personne, le violoniste Kolownatek, obligé par Mesmer de frotter continuellement cette canne avec sa main droite, de haut en bas. Le baron paraissait souffrir énormément et demanda à plusieurs reprises qu'on le tuât. Mesmer restait calme et pensif. Enfin, il lâcha la main du malade et saisit seulement son pouce. Il s'en est suivi une accalmie : mais, après quelques moments de repos, Mesmer saisit de nouveau la main, et les mêmes phénomènes se manifestèrent. Il répéta ce changement plusieurs fois, avec le même résultat (probablement avec affaiblissement des accès). Lorsque la baronne, affolée par les plaintes du malade, faisait des reproches à Mesmer, celui-ci répondit tranquillement : « Ne vous ai-je pas prévenue, Madame? Votre mari sera bientôt sain et sauf. » Et il continua ses manœuvres. Enfin il cessa tout, et ordonna au baron de se lever. Il le fit, et à son grand étonnement et à la stupéfaction des assistants, il se sentit fort et gai. Seulement, *sur ses lèvres, son menton et ses joues il se forma une éruption vésiculaire.* Il prit son violon, joua et sursauta gaiement. A ce moment entra le Dr Ungerhoffer, tout ébahi de voir son patient dans cet état. On lui raconta ce qui s'est passé. Il tâta le pouls, secoua la tête, et dit : « Cette fièvre, il ne faudrait pas la laisser venir une seconde fois, elle a été par trop forte. » MESMER protesta, en disant qu'il avait cette fièvre dans sa main, qu'il l'avait annoncée, etc. Mais le Dr UNGERHOFFER mit tout en doute, en déclarant qu'il a en ce moment dans sa clientèle des cas de fièvre tout à fait semblables où les malades se plaignaient de douleurs excessives aux membres. MESMER objecta que cette fièvre n'est pas venue d'elle-même, mais qu'elle fut provoquée par la magnétisation, qu'il pouvait la calmer ou la fortifier à volonté ; et, pour prouver son dire, il assura qu'elle ne se manifestera plus avant une seconde magnétisation. Et la dispute continua, sans résultat. — Elle est très caractéristique, et elle se répète encore aujourd'hui entre médecins et magnétiseurs, tellement les crises de cette nature sont peu connues de la science. — MESMER n'a pas magnétisé le baron pendant les deux jours suivants, et la fièvre ne revint pas. Le 3e ou 4e jour, il avait voulu recommencer les séances, mais le malade s'y opposait. Il consentit enfin, persuadé par MESMER, La séance commença à une autre heure, environ trois heures plus tard qu'auparavant. Les mêmes manifestations eurent lieu, quoique plus faibles ; mais le patient n'a pas voulu continuer, et, au bout de quelques minutes, avant d'avoir perdu connaissance, il sauta du lit, et déclara à MESMER qu'il aimait mieux garder ses spasmes, plutôt que de supporter encore une fois de semblables souffrances. Rien n'y fit. MESMER se fâcha et partit. Il déclara que, si le baron avait continué son traitement, les accès auraient été de plus en plus faibles, pour disparaître enfin définitivement ; mais, comme il a interrompu le traitement trop tôt, un accès semblable se manifestera encore dans le temps. » Telle est réellement la marche naturelle des crises provoquées par des magnétisations réitérées, et sa connaissance permet souvent de pronostiquer, avec une précision mathématique. Nous ne savons pas si le dernier point de la prédiction de MESMER se réalisa, mais SEIFERT assure que, pendant les quelques mois que dura encore son séjour à Rohow, le baron n'a eu ni spasmes ni fièvre. Ce qui répond également à la règle.

Cette expérience est encore instructive au point de vue historique. Elle montre les origines du « baquet mesmérien », qui probablement naquit de l'idée d'une combinaison de l'électricité avec le magnétisme. Il se peut aussi que la participation d'une seconde personne dans cette séance de MESMER avait pour but de doubler les effets magnétiques, car dans l'histoire primitive du mesmérisme on cite entre autres le fait de l'hypnotisation d'un cheval par quatre magnétiseurs à la fois ! Le baquet mesmérien, et en général le traitement collectif de plusieurs malades, ont été vite abandonnés, et il faut avouer que l'étude des phénomènes physiologiques, qui ont eu lieu dans ces traitements, à part les quelques observations très superficielles des Commissaires du Roi et quelques expériences intéressantes de KIESER, n'a jamais été faite d'une façon méthodique. Il y a là cependant quelques détails curieux à constater, et il est probable que l'observation plus attentive des phénomènes médianimiques, qui paraît proche, et les recherches sur la psychologie des foules remettront cette question à l'étude.

ÉTAT ACTUEL DES RECHERCHES SUR LES CONDITIONS SUBJECTIVES ET LA THÉORIE PSYCHO-PHYSIOLOGIQUE DE L'HYPNOTISME.

L'histoire du mouvement d'idées provoqué par MESMER présente une longue série d'oscillations entre la conception physique des phénomènes et leur conception psycho-physiologique. Autrement dit, elle présente une série de luttes entre les sentiments révolutionnaires de quelques novateurs, trop empressés à admettre des forces nouvelles, et les sentiments conservateurs de la plupart des savants, qui veulent à tout prix faire entrer une partie des phénomènes dans les cadres connus, en niant simplement le reste. La complexité du sujet est telle, que non seulement elle entretint pendant plus d'un siècle l'existence de deux camps opposés, mais encore qu'elle détermina, de temps en temps, des oscillations inattendues, à droite et à gauche, dans l'esprit du même chercheur. C'est ainsi que déjà DESLON, excommunié par la Faculté, tout en restant un fervent adepte de MESMER, lança cette phrase, désormais célèbre : « Si la médecine d'imagination est la meilleure, pourquoi ne ferions-nous pas de la médecine d'imagination ? » (*Observ.* p. 46.) C'est ainsi que plus tard A. BERTRAND, convaincu par le général NOIZET, passa de l'école fluidiste à la théorie subjective, tandis que l'apôtre lui-même se convertit ensuite au fluide. C'est ainsi que le principal propagateur de la doctrine suggestive, Liébeault, publia à un moment donné son « *Zoomagnétisme* », pour revenir ensuite de nouveau, sous la pression de ses confrères, à ses conceptions primitives. C'est ainsi enfin que Braid[1] lui-même, après avoir « porté un coup décisif au magnétisme animal », déclara cependant, qu'un certain nombre de faits ne s'expliquent pas par sa théorie de fatigue subjective. « Pendant longtemps — dit-il —, je crus à l'identité des phénomènes produits par ma façon d'opérer et par celle des partisans du mesmérisme; d'après les constatations actuelles, je crois tout au moins à l'analogie des actions exercées sur le système nerveux. Toutefois, et à en juger d'après ce que les magnétiseurs déclarent produire dans certains cas, il semble y avoir assez de différence, pour considérer l'hypnotisme et le mesmérisme comme deux agents distincts. » Ce qui est tout à fait juste.

Nous n'entrerons pas dans les détails de cette double évolution. On les trouvera facilement dans les nombreux ouvrages, en partie déjà cités. Mais nous avons cru nécessaire de séparer nettement ces deux domaines, ces deux catégories des phénomènes, afin d'éviter entre eux une fâcheuse confusion et d'en faciliter l'étude méthodique.

Lorsqu'on se trouve en présence d'un fait nouveau, d'un groupe de faits nouveaux, que doit-on faire? — Les vérifier d'abord, évidemment. Et cela se fait, si les phénomènes rentrent plus ou moins dans les cadres connus. Mais, dès qu'ils s'en éloignent trop, dès qu'ils paraissent « contredire » les vérités négatives acquises (les vérités positives ne peuvent pas se contredire), on ne les étudie plus, on les néglige. C'est ainsi qu'on procéda dans le domaine qui nous occupe. Dans toutes les autres branches de la physiologie, il n'était guère admissible de traiter une question, sans connaître son histoire, sauf pour le « magnétisme animal ». Le plus impartial des physiologistes qui se sont occupés de la question, Charles Richet, écrivit en 1880, après avoir cité les études superficielles de Heidenhain et autres : « Quant aux élucubrations des magnétiseurs de profession, je ne les indique pas, et pour cause... » On comprend dès lors pourquoi les études de Mesmer, de Puységur, de Deleuze, de Dupotet, sont restées inconnues. Heureusement les derniers bouleversements scientifiques ont un peu ouvert les yeux des savants sur la relativité de l'impossible, et l'éloge de la méthode impartiale n'est plus à faire, du moins en théorie.

L'hypnotisme est né d'une négation du mesmérisme, d'une aversion pour le mesmérisme. Et cette aversion, tout en étant anti-scientifique, a conduit à des résultats fort importants, à la découverte d'un champ nouveau, immense et fécond : les influences subjectives. Au temps de Mesmer, lorsque Cabanis écrivit son remarquable ouvrage sur les *Rapports du physique et du moral de l'homme,* il consacra presque deux volumes entiers à l'influence du physique sur le moral, et à peine une trentaine de pages à l'action du moral, sur le physique. Telle était la mode scientifique de son temps. Elle s'accentua encore davantage avec le règne du matérialisme allemand et de la pathologie cellulaire. La bactériologie, qui caractérise l'époque actuelle, ne favorise pas non plus l'étude des influences morales.

Mais voilà l'hypnotisme qui, en évoluant au milieu de ces tendances mécanico-chimiques, détermine peu à peu un revirement complet. Il est acquis, reconnu, et son champ s'élargit toujours.

Après avoir vérifié l'existence des faits nouveaux, que faut-il faire pour les introduire dans le domaine de la science? — Il faut les décrire. Une bonne description suffit quelquefois pour faire un autre pas en avant, pour classer les phénomènes nouveaux dans les cadres anciens. Mais il arrive que le fait, étant par trop nouveau, ne rime avec rien, n'entre dans aucun tiroir étiqueté. Il paraît inexplicable. On nous dit par exemple que sous un timbre-poste la vésication se produit par suggestion et qu'elle ne se produit pas, également par suggestion, sous un vésicatoire! On nous dit (Liébeault) que, par le même moyen, on peut faire sortir de l'oreille une boule de verre, inaccessible aux pinces chirurgicales?... Où placer des faits pareils? Comment les expliquer?

Pour expliquer, il faut connaître la cause du phénomène, et la cause n'est jamais simple : elle se compose d'un agrégat de conditions nécessaires et suffisantes.

1. James Braid. *Neurypnology* : trad. par le Dr Simon, avec préface de Brown-Séquard, Paris, 1883, p. 27.

Trouvons-les, déterminons les, par des observations précises et par des expériences vérificatives, réitérées : une fois que le fait nouveau sera devenu vérifiable, il restera acquis pour la science. Il ne faut pas demander davantage. L'avenir se chargera du reste.

Appliquons maintenant ces notions de méthode générale à la question de l'hypnotisme.

Nombre des personnes hypnotisables. — Les phénomènes hypnotiques sont-ils rares ou communs? — S'ils étaient très communs, on ne les aurait pas niés si longtemps. On peut donc s'étonner de trouver, dans les livres récents, qu'il y a des proportions énormes de succès obtenus par des moyens d'une extrême simplicité.

Après que Liébeault eut publié que sur 1 012 malades il n'avait eu que 27 insuccès, ce qui signifie que presque tous les malades sont hypnotisables, ses imitateurs ont cru devoir obtenir à peu près autant. Van Renterghem a eu seulement 9 insuccès sur 178 cas, Wetterstrand, 17 sur 718; Forel, d'abord 11 sur 41, mais ensuite seulement 3 sur 29. Tuckey hypnotise 80 p. 100; Schrenck-Notzing, 94 p. 100; Ringer, 95 p. 100; Velander, 98 p. 100. Moll à Berlin, Van Eeden à Amsterdam, Bramwell à Goule, Kinsburg à Blackpool, Cruise à Dublin, etc. obtiennent à peu près les mêmes chiffres : de sorte que les preuves statistiques de l'universalité de l'hypnose paraissent complètement établies.

Comment expliquer ces énormes proportions qu'aucun expérimentateur moins célèbre ne saura atteindre, quoique, suivant l'école de Nancy, à laquelle appartiennent tous ces médecins, et en général suivant les principes de l'hypnotisme, la personnalité de l'hypnotiseur n'y joue aucun rôle [1]?

Avant de répondre à cette question, écoutons encore le principal représentant de l'école, Bernheim.

Après avoir exposé sa méthode (celle de Liébeault, créée par l'abbé Faria [2], un magnétiseur original, ridiculisé par les médecins) il ajoute : « Il est rare qu'une ou deux minutes se passent, sans que l'hypnose soit arrivée. » « Les *quatre cinquièmes* au moins de nos sujets tombent dans un sommeil *profond avec amnésie au réveil*. » « On n'est pas hypnotiseur quand on a hypnotisé deux ou trois sujets qui s'hypnotisent tout seuls. On l'est, quand, dans un service d'hôpital, où l'on a de l'autorité sur les malades, on influence *huit à neuf* sujets sur *dix*. Tant que ce résultat n'est pas obtenu, on doit être réservé dans ses appréciations, et se dire que *son éducation sur le sujet n'est pas achevée* » (*l. c.*, p. 89, 90).

Dans ce passage Bernheim se sert du mot vague : « influencer » au lieu du mot précis : « hypnotiser ». Cependant ce détail n'a pas d'importance, puisqu'il assure positivement pouvoir provoquer chez 4/5 un sommeil profond avec amnésie, et puisqu'il explique dans son livre classique « *De la suggestion* » (2e *édit. préface*) qu'il appelle « somnambules les personnes qui tombent en sommeil profond, sans souvenir au réveil » c'est donc, bien « au moins » 4/5 somnambules (80 p. 100) qu'il obtient; sans parler de ceux qui présentent seulement une somnolence », une « catalepsie suggestive », une contracture suggestive » ou « l'obéissance automatique », suivant sa classification détaillée, dans laquelle l'amnésie au réveil ne se manifeste qu'au 7e degré de l'hypnose.

Les anciens magnétiseurs furent plus modestes. « Tous les praticiens s'accordent à déclarer, dit Ferdinand Barreau [3], que, sur 12 personnes soumises à l'action magnétique, *une seule* devient somnambule. » La différence est énorme; car cela répond à un

1. Il va sans dire que c'est un principe inexact, énoncé et propagé seulement pour contredire les anciens magnétiseurs. Mais voilà qu'on tombe maintenant dans l'extrême opposé : « Les résultats du traitement hypnotique, dit Bonjour, de Lausanne, dépendent beaucoup plus des qualités du médecin que de la suggestibilité du malade. » (*Revue de l'hypnotisme*, 1901, 310.) Les résultats du traitement *magnétique*, oui ; mais, dans l'*hypnotisme*, ne prétend-on pas pouvoir éliminer complètement la personnalité du médecin? Bernheim n'a-t-il pas dit : « Il n'existe pas de magnétiseur. Ni Donato, ni Hansen n'ont des vertus hypnotisantes spéciales. L'hypnose ne dépend pas de l'hypnotiseur, mais du sujet. »

2. « L'abbé Faria mourut avec la plus belle réputation de charlatan qu'homme du monde ait jamais eue et surtout mieux méritée,... » disent Bourneville et Regnard. Or Bernheim démontre que Bourneville et Regnard ont employé en grande partie la méthode de Faria. (*Hypnotisme, Suggestion, Psychothérapie, études nouvelles*, Paris, 1891, t. 82.)

3. *Le magnétisme humain*, Paris, 1845, 85-86.

taux de 8 p. 100 au lieu de 80 p. 100! il est vrai que ces chiffres ne sont pas tout à fait comparables; car la notion de *somnambule* était plus restreinte chez les anciens magnétiseurs que chez les hypnotiseurs d'aujourd'hui. En unifiant les conceptions, il faudrait mettre 15, peut-être 20 p. 100, au lieu de 8 p. 100, ce qui nous laisse encore bien loin de 80 p. 100! Mais peut-être la méthode suggestive est-elle tellement supérieure à l'ancienne méthode magnétique (fixation du regard, passes, imposition des mains) que cela suffit pour expliquer la différence?

Il faut nous entendre sur ce point. Conformément au sens étymologique du mot, *magnétiser* veut dire : agir sur autrui par certaines manœuvres, sans chercher à produire le sommeil, ou un état analogue, tandis que *hypnotiser* veut dire : chercher à provoquer le sommeil, ou un état analogue. On pourrait donc croire, théoriquement, que dans ce dernier cas on obtient le sommeil plus souvent. L'expérience montre qu'il n'en est rien. Si, dans certains cas, la suggestion directe paraît préférable, dans d'autres, les passes conduisent au but plus sûrement, quoique peut-être plus lentement. Et en somme, là où il y a prédisposition au sommeil, on l'obtient, même sans le rechercher; et là où la prédisposition fait défaut, la suggestion directe reste également inefficace. Par conséquent la méthode suggestive ne me paraît pas suffire pour expliquer les statistiques de l'école nancéenne, d'autant plus que les mêmes suggestionneurs, en se servant de notions mieux déterminées, sont arrivés aux mêmes proportions que les anciens magnétiseurs : Lloyd Tuckey par exemple, suggestionneur lui-même, attribue à « l'atmosphère hypnotique » de Nancy ces chiffres exorbitants, tout en déclarant, que sur plus de 500 patients il n'a guère obtenu plus de 50 somnambules. Ce qui se rapproche tout à fait des données anciennes. Mais voici une parole de Bernheim, qui jette un peu de lumière sur ces questions :

« Quelques personnes, qui n'ont pas encore l'expérience suffisante, se laissent influencer par des signes de conscience que présente le sujet, tels que rire, geste, ouverture des yeux, paroles prononcées : ils le croient réfractaire parce qu'il rit ou manifeste. Ils oublient que *l'hypnotisé est un être conscient*, qui entend, se rend compte et subit toutes les impressions du milieu qui l'entoure; je montre tous les jours à mes élèves des hypnotisés, qui rient quand on dit quelque chose qui prête à rire; il en est *qui ressemblent à s'y méprendre à des simulateurs*, que des observateurs non expérimentés prennent pour des complaisants. Et cependant je montre que les mêmes sujets sont analgésiques, hallucinés, amnésiques au réveil... »

L'observation est *en partie* juste; mais, en la généralisant trop, on risque d'élargir tellement la notion de l'hypnose qu'elle se confond enfin, non seulement avec le sommeil normal ou avec une simple somnolence, mais tout simplement avec l'état de veille normale. Dire, sans restriction, que l'hypnotisé est un être conscient, c'est effacer d'un seul trait la plupart des particularités propres à l'hypnose, et sans lesquelles cette notion, tellement caractéristique, devient vraiment inutile. Et alors on risque réellement d'englober dans une même statistique quantité de dormeurs, d'analgésiques, d'hallucinés et d'amnésiques par complaisance.

Telle était l'opinion de Donato après son retour de Nancy; de Donato, dont l'habileté fut incontestable, et qui déclarait ne pouvoir hypnotiser ou « influencer » à sa manière qu'un ou deux cinquièmes des sujets.

L'exagération de la statistique nancéenne s'explique encore par deux confusions :

1° *Par une confusion entre le magnétisme et l'hypnotisme.* — On ne peut hypnotiser qu'un petit nombre de sujets, mais on peut magnétiser tout le monde : et, pourvu qu'on soit un peu plus fort ou un peu plus sain que l'organisme sur lequel on agit, on obtient toujours des résultats thérapeutiques plus ou moins marqués, qui n'ont cependant rien à faire avec l'hypnose. C'est ainsi par exemple qu'à l'aide d'un dynamomètre on peut se convaincre que quelques passes, faites sur les bras, augmentent les forces ou du moins les équilibrent des deux côtés, et que, dans des cas spéciaux, que la théorie, ou plutôt une pratique un peu étendue, permet de prévoir, on obtient au contraire une diminution objective au dynamomètre avec augmentation subjective des forces selon le sentiment du sujet, et cela indépendamment de l'attente soit du sujet soit même de l'opérateur non initié à ces phénomènes. Si donc, comme critérium de l'influence hypnotique, on se base dans certains cas, non sur les signes de l'état hypnotique, mais sur les résultats thérapeutiques obtenus, on augmentera nécessairement le nombre des personnes « influencées ». Au point de vue pratique, il n'y aurait rien à redire, mais, au point de vue de la doctrine, cette façon de procéder cesse d'être scientifique. Quiconque nie l'action physique des passes, du regard, de l'imposition des mains, ne devrait pas s'en servir comme moyen suggestif, car il s'exposera toujours à l'objection de LAFONTAINE. Voulez-vous nous convaincre que c'est la suggestion pure et simple que vous pratiquez? Alors faites réellement de la suggestion pure et simple : mais ne faites ni passes, ni imposition de la main, sous prétexte que vous ne croyez pas à leur action. LIÉBEAULT, dans la première période de sa carrière, *magnétisait* d'après la méthode de DUPOTET; puis il essaya la méthode hypnotique de BRAID et la rejeta comme beaucoup moins efficace et quelquefois même nuisible; enfin il reprit la méthode magnétique, compliquée par la suggestion. BERNHEIM ordonne d'abord au malade de fixer ses yeux, ensuite il lui frotte les globes oculaires, ou bien il passe les deux mains plusieurs fois de haut en bas devant ses yeux (méthode de DUPOTET), tout en faisant des suggestions. Ce ne sont pas pour lui des passes magnétiques, bien entendu : ce sont tout simplement « des gestes », inutiles en eux-mêmes, et destinés seulement à concentrer l'attention du sujet. Cela rappelle la façon de procéder de certains peuples sauvages, qui empoisonnent leurs flèches, et qui attribuent la vertu mortelle de ces flèches, non au poison, mais à une inscription cabalistique incisée sur l'arme. Que dirait-on du médecin qui, pour prouver que son nouveau remède peut remplacer la morphine, l'administrerait au malade en même temps que cette dernière?

Il est bien difficile d'éliminer l'action personnelle du médecin en général, et son action soi-disant magnétique en particulier, mais il faut convenir que les suggestionneurs de l'école de Nancy ne se donnent pas la moindre peine pour l'éliminer. S'ils le faisaient, dès la première expérience ils se seraient vite aperçus de l'abaissement énorme de leur statistique.

2° *Par une identification doctrinaire entre l'hypnose et le sommeil normal.* — Nous allons l'étudier brièvement, mais spécialement, à cause de l'importance théorique de cette erreur, propagée par l'école de Nancy. Elle a été inspirée non par une étude physiologique quelconque, mais tout simplement par le désir de prêter des apparences inoffensives à une méthode trop vivement combattue.

L'hypnose et le sommeil normal. — L'assertion, faite *a priori*, qu'il y a identité de ces deux états, est contredite par les observations suivantes :

1° Le sommeil normal est un besoin *physiologique*, auquel il est encore plus difficile de se soustraire qu'au besoin d'une alimentation régulière. Il se manifeste périodiquement, à peu près en correspondance de la fatigue que détermine l'activité générale de l'état de veille : il est réconfortant par le repos qu'il donne, et se dissipe au moment de la restauration des forces. L'hypnose est un état *anormal*, dont on peut très bien se passer, qui ne se manifeste spontanément que dans des cas tout à fait exceptionnels, et qui n'est en aucune relation avec la fatigue journalière. Je n'ai jamais remarqué une facilité plus grande dans la production de l'hypnose à une heure tardive, ou une difficulté plus grande à une heure matinale. L'hypnose, elle aussi, est un état réconfortant, mais à un degré beaucoup plus élevé et dans un temps généralement beaucoup plus court. L'hypnose cesse rarement d'elle-même. Le sujet a besoin d'être soigneusement déshypnotisé, si l'on veut éviter certains troubles, plus ou moins durables, ce qui n'est pas le cas après le sommeil normal.

2° Les caractères de l'hypnose et ceux du sommeil ordinaire se rassemblent parfois. On peut rapprocher les hallucinations hypnagogiques du rêve et les hallucinations suggérées de l'hypnotisé, mais chez l'hypnotisé elles sont très rarement spontanées, tandis que chez le dormeur normal elles sont très rarement provoquées. La sensibilité est plus ou moins obtuse dans le sommeil, sans cependant arriver à l'analgésie ou même l'anesthésie complète, qui est très fréquente dans l'hypnose. On n'a même pas essayé de pratiquer des opérations pendant le sommeil normal, tellement cet essai serait déraisonnable, tandis que l'on a fait plusieurs centaines d'opérations graves dans l'hypnose. De l'autre côté, dans ce dernier état il se manifeste souvent une hyperesthésie spécifique, étrangère au sommeil normal. Il en est de même pour les autres signes caractéristiques de l'hypnose. A-t-on jamais observé la catalepsie, l'excitabilité neuro-musculaire, les contractures spontanées, dans le sommeil naturel, chez les sujets non hypnotisables[1] ? Non. En revanche il nous est arrivé d'observer dans l'état hypnotique l'invasion du sommeil normal. Le sujet s'endormait pour la nuit, étant hypnotisé, et son sommeil cessait le matin, sans modifier l'état hypnotique qui persistait. N'est-ce pas une preuve manifeste de l'indépendance de ces deux états? Il arrive assez souvent que l'hypnotisé bâille, en disant qu'il a sommeil : mais on n'a jamais vu bâiller un homme qui dort réellement. La confusion de ces deux états est donc purement doctrinaire.

3° On ne peut pas dormir indéfiniment, sauf dans des cas tout à fait rares et pathologiques. On ne peut pas de même dormir à volonté, étant reposé. Au contraire, même chez une personne reposée, on peut prolonger le sommeil magnétique presque indéfiniment, et le rétablir immédiatement après le réveil. Tous les expérimentateurs s'accordent à constater que chaque nouvelle production de l'hypnose la rend généralement de plus en plus facile, contrairement aux particularités du sommeil normal, qui ne peut pas être répété coup sur coup. Il y a une *éducation* très marquée dans l'hypnose, et rien de semblable dans le sommeil normal. Enfin, l'hypnose, provoquée avant le sommeil ordinaire, l'améliore considérablement, tandis qu'un court sommeil naturel, dans les mêmes circonstances, agit plutôt contrairement.

4° L'argument le plus sérieux en faveur de cette confusion physiologique, est le suivant : « On peut dans le sommeil normal provoquer les mêmes phénomènes que dans l'hypnose. » C'est exact, quoique ce ne soit pas la règle. Mais, comme le sommeil peut survenir dans l'hypnose, l'hypnose ne pourrait-elle être provoquée dans le sommeil, surajoutée au sommeil, sans que ces deux états soient identiques de nature? Il peut y avoir simplement une transformation momentanée, et passage d'un état à l'autre. Et puis, même en admettant le fait brut, comme preuve d'une unité fonctionnelle, il faudrait encore prouver que cette unité se manifeste toujours, ou du moins souvent. La plupart des hommes endormis normalement devraient être susceptibles des mêmes manifestations hypnotiques qu'un hypnotisé proprement dit. Eh bien! mes expériences prouvent qu'il n'en est rien. On peut transformer le sommeil en hypnose, mais seulement chez des sujets hypnotisables; lorsqu'on n'est pas hypnotisable, on ne l'est pas, qu'on soit endormi ou réveillé. Le somnambulisme spontané, et encore mieux le noctambulisme, constitue un argument en faveur de l'identité, et j'ai pu observer un cas de noctambulisme très net, de longue durée, présentant ce qu'on appelait jadis « condition seconde » chez un homme non hypnotisable. Cependant, même dans ce cas, probablement rare, j'ai pu constater une différence notable entre l'état somnambulique spontané, et l'hypnose proprement dite : point de suggestibilité, point d'anesthésie, point de catalepsie. Le rétrécissement du champ psychique, qui d'ailleurs existe aussi dans le rêve spontané, constituait la seule ressemblance. Le rapprochement serait beaucoup plus apparent, et peut-être même plus intime, si l'on comparait la *léthargie* hypnotique avec le sommeil normal, très profond. On y distingue la même paralysie flasque, la même insensibilité, la même aïdéie. Cependant, ici encore, il y a des différences marquées : la léthargie hypnotique, très profonde, peut être encore modifiée par l'influence d'une musique douce, qui laisse indifférent le dormeur normal, non hypnotisable : elle semble donc être un état moins profond, tandis que, sous d'autres rapports, elle peut se rapprocher beaucoup plus de l'état de coma que le sommeil très profond normal, ce qui prouverait, au contraire, une plus grande profondeur du sommeil.

5° On a essayé dernièrement de donner à l'identification qui nous occupe une base physiologique. Dans son étude sur les *États d'hypnose chez les animaux* (Lyon, 1908), Jean Jarricot prétend pouvoir attribuer l'hypnose, aussi bien que le sommeil naturel, à une autonarcose carbonique. L'école de Nancy identifie l'hypnose chez l'homme avec le sommeil naturel. Heubel a identifié avec le même sommeil l'hypnose chez les animaux; il ne restait plus qu'à leur trouver une base physiologique commune. C'est ce que fait Jarricot. « Le sommeil hypnotique, dit-il, est dû à la même cause que le sommeil ordinaire : l'accumulation de l'acide carbonique dans l'organisme. » On sait,

1. Ochorowicz, *Des différences qui existent entre le sommeil hypnotique et le sommeil normal.* (*Congrès intern. de Psych. Phys.*, 1890, 20.)

que, d'après les recherches de Raphaël Dubois sur le sommeil hivernal de la marmotte, la proportion de CO^2 augmente dans le sang, lorsque l'animal va s'endormir, et qu'il s'y accumule pendant le sommeil. Au début du réveil, le quotient O_2 atteint brusquement une valeur supérieure à celle du sommeil, et même de la veille. En rapprochant ces faits d'autres faits connus, à savoir que l'inhalation de CO^2 produit d'abord le ralentissement de la respiration et de la circulation, l'hypothermie, puis le sommeil, pouvant aller jusqu'au coma, et que, de l'autre côté, sous l'influence d'une augmentation suffisante de CO^2 dans le sang, il se produit une excitation des centres nerveux respiratoires, Jarricot arrive à cette hypothèse, que non seulement le sommeil normal, mais aussi l'hypnose, proviennent d'une intoxication par CO^2, qu'une certaine quantité de ce gaz endort, et qu'une quantité plus grande réveille. Comme trait d'union, l'auteur considère la léthargie volontaire des Yoguis de l'Inde, produite par un ralentissement graduel de la respiration, comme le procédé le plus efficace pour favoriser l'accumulation de l'acide carbonique dans l'organisme. Certes il y a beaucoup d'analogie entre le sommeil hivernal des animaux et la léthargie prolongée des Yoguis, et il se peut que le rôle de CO^2 y soit également analogue. Mais, en supposant que, même pour un physiologiste peu exigeant, la quantité de CO^2 dans le sang, cause et effet en même temps, suffise pour expliquer la léthargie temporaire, il resterait à prouver que, dans les autres phases de l'hypnose, plus caractéristiques de cet état, il en est de même. Il faudrait prouver que, lorsque Bernheim dit : « Dormez ! » la quantité de CO^2 dans le sang du sujet augmente, et qu'elle augmente encore davantage lorsqu'il dit : « Réveillez-vous ! » Il ne faudrait pas oublier non plus, que, dans les cas de ralentissement graduel, mais excessif, de la respiration, ce n'est pas la quantité de CO^2 qui augmente, mais bien l'échange des matières qui diminue, comme dans un poêle dont on a limité le tirage, en même temps que la combustion. C'est l'*oxygénation* qui diminue avant tout, et c'est de son insuffisance qu'il faut d'abord tenir compte. Avant les auteurs cités par Jarricot, Paul Bert avait fait l'expérience suivante : il plaça sous une vaste cloche un petit loir gris, bien éveillé, au-dessous duquel des fragments de potasse absorbaient l'acide carbonique. La cloche n'était pas complètement fermée : l'air pouvait y entrer, mais seulement en quantité très limitée, par un tout petit orifice, de telle sorte que l'épuisement de l'oxygène se faisait fort lentement. Dans ces conditions, malgré une température extérieure de 14°, à partir du troisième jour, le lérot se trouvait en pleine hibernation, ou du moins dans un état tout à fait analogue.

C'est donc bien *la privation d'oxygène*, et non l'intoxication carbonique, qui semble avoir joué le rôle principal dans la production de cet état. Et cependant cela ne nous autorise pas encore à conclure que, de même que cet engourdissement spécial, le sommeil ordinaire, lui aussi, doive naître d'une privation d'oxygène ; car nous savons d'autre part, depuis les expériences de Pettenkofer et Voit, que pendant le sommeil normal nous absorbons plus d'oxygène qu'à l'état de veille. Il est donc beaucoup plus probable que le sommeil normal est caractérisé par un emmagasinement de l'oxygène, sinon dans l'hémoglobine, du moins dans le protoplasme des cellules ; ce qui s'accorde bien avec ses propriétés réparatrices. Et quant aux phénomènes d'apparence toxique, nous savons que l'acide carbonique est moins toxique que le défaut d'oxygène. Mais en général doit-on supposer l'intoxication physiologique ? Cette idée avait déjà été émise par Sommer et développée par A.-M. Langlois dans ses *Contributions à l'étude du sommeil naturel et artificiel* (1877). Il la considère dès maintenant comme « classique ». Je crois qu'il se hâte trop. Nous voici à peine au seuil d'une étude physiologique du sommeil, et celle de l'hypnose n'est même pas commencée. Il est donc bien prématuré de les identifier, et encore plus de leur attribuer une cause commune : l'intoxication carbonique. Remarquons en outre que cette hypothèse détruirait le principe même de l'école de Nancy, car, en devenant une intoxication, le sommeil cesserait d'être un phénomène normal, physiologique.

En somme, les rapprochements, d'ailleurs intéressants et instructifs, de J. Jarricot ne me paraissent pas de nature à consolider l'identification dont nous parlons. Ce qu'il y a de certain cependant, c'est que, la notion de l'hypnose étant très complexe, aucun rapprochement entre l'hypnose et les états analogues ne doit être négligé, ni considéré comme impossible. On doit rejeter seulement la confusion généralisée, caractéristique de la doctrine de Nancy.

Conception pathologique de l'hypnose. — Une opinion tout à fait contraire a été émise par un grand nombre de médecins, et par l'École de Paris en particulier : l'hypnose n'a aucun rapport avec le sommeil ordinaire ; c'est un état rare, pathologique, une névrose expérimentale. Mais pas plus que l'idée précédente, cette doctrine ne fut le résultat d'une analyse scientifique complète et impartiale. Ici encore, du moins à son origine, elle a été inspirée par un esprit de contradiction contre les charlatans, qu'il fallait ridiculiser à tout prix, après avoir profité de leurs découvertes. Les anciens magnétiseurs faisaient grand cas de leurs somnambules : ils les présentaient presque comme des êtres supérieurs, doués de qualités surnaturelles, dont la valeur s'imposait à eux d'autant plus facilement que la critique des observateurs laissait souvent beaucoup à désirer. Ne pouvant plus nier le fait du somnambulisme artificiel, on s'efforça de l'abaisser, en le présentant comme un état pathologique, comme une aberration de l'esprit. A la prétention des magnétiseurs qui guérissaient des maladies, réputées incurables, par le somnambulisme provoqué, on répondit par une assertion contradictoire : « Vous aggravez l'état nerveux des hystériques; vous leur inculquez une névrose nouvelle. »

Finalement on est arrivé à une conception *pathologique* de l'hynose. Examinons si une pareille opinion se peut soutenir.

Nous connaissons un petit nombre de maladies expérimentales : on les provoque par des manœuvres chirurgicales ou par des injections bactériologiques, on n'est pas en état de les faire disparaître avec la même facilité. Avons-nous le droit d'appeler « maladie » un état qu'on provoque et supprime à volonté, sans le moindre inconvénient pour le sujet, et sans aucune opération chirurgicale, chimique ou bactériologique ? On n'appelle pas malade un homme qui est seulement ivre, car ce serait élargir outre mesure l'idée de maladie. On dit qu'il se trouve dans un état anormal et passager d'excitation toxique, sans cependant être malade. Il pourrait tomber dans une maladie, le *delirium tremens*, par exemple, à la suite d'une intoxication trop forte et trop prolongée, mais ce n'est pas comparable. Or l'hypnose ne présente aucune intoxication ; elle peut être répétée et prolongée à volonté, sans déterminer le moindre malaise, à condition d'être conduite d'après les règles. Au contraire, elle rend l'organisme plus réfractaire aux maladies. Il y a à Paris des somnambules de profession, très âgées, qu'on endort plusieurs fois par jour depuis leur jeunesse et qui se portent admirablement.

La narcose produite par l'éther ou le chloroforme est-elle une maladie ? On aurait presque le droit de l'appeler ainsi, parce qu'elle constitue une vraie intoxication, qui ne se laisse pas dissiper sur commande, et qui quelquefois, même quand elle est conduite d'après les règles, rend le patient vraiment malade pendant des semaines. Elle ne peut être répétée ni trop souvent, ni trop longtemps, ni dans certains cas de faiblesse ou de troubles organiques. Et cependant on ne dit pas que c'est une maladie. On dit seulement que c'est un état artificiel, anormal. L'hypnose, du moins celle qui chez les magnétiseurs porte le nom de sommeil magnétique, peut être déterminée chez les individus les plus débiles, et j'ai pu provoquer cet état dans un cas d'insuffisance mitrale, avec profit pour le malade.

La menstruation est-elle une maladie ? Non, puisque c'est un état physiologique, normal, nécessaire. Ce qui n'empêche pas que la plupart des femmes en souffrent réellement. Il y aurait une confusion dans nos idées, si l'on tendait la notion de la maladie, déjà assez confuse par elle-même, jusqu'aux états intermittents des conditions physiologiques.

Mais, dira-t-on peut-être, les signes caractéristiques de l'hypnose, celle du moins qui est produite par les médecins en dehors de l'école nancéenne, ont des caractères pathologiques ? En réalité, il n'y a de pathologique, dans l'hypnose, que ce qu'on y veut bien mettre. Et on peut y mettre ce qu'on veut : la santé comme la maladie. L'hypnose n'est jamais pathologique en elle-même. Seulement la propriété qu'elle possède de révéler des symptômes morbides, latents dans l'organisme, détermine souvent le mélange des caractères de l'hypnose proprement dite avec les symptômes des maladies existantes, qui présentent un aspect pathologique. Mais là encore ces aspects sont relatifs : car le transport d'une maladie, propre à l'état de veille, dans l'état de somnambulisme provoqué, *constitue une méthode thérapeutique, qui peut guérir radicalement.* Il faudrait, si l'on en doute, expérimenter sans parti pris ; et ne pas continuer à propager cette erreur, qui entrave énormément le progrès, que l'hypnose est un état pathologique. A ce compte, il faudrait appeler le sommeil ordinaire un état pathologique, puisqu'il s'accompagne souvent d'hallucinations spontanées, lesquelles ne se manifestent jamais dans l'hypnose, raisonnablement conduite, chez des sujets sains.

L'hypnose n'est pas un état simple, toujours identique : elle se présente sous quantité de formes diverses ; mais dans toutes ces formes, prise en elle-même, elle constitue un état de repos, de reconstitution, d'équilibration des forces, qui n'a rien de maladif en soi ; bien au contraire. C'est donc un état anormal, *provoqué*, mais non *pathologique*.

Sensibilité hypnotique. — Il nous faut maintenant développer une idée, extrêmement importante, basée uniquement sur l'expérience, et cependant également étrangère aux doctrines des deux écoles. On pourrait croire qu'entre deux opinions contradictoires *tertium non datur*. Il n'en est pas ainsi.

La conception de l'hypnose physiologique étant aussi erronée que la conception de l'hypnose pathologique, quelle est sa nature? quelle est la condition essentielle de sa production, *conditio sine quâ non?*

Cette condition, elle est de nature subjective. Ni le fluide, ni aucun autre agent physique extérieur, ne peuvent produire l'hypnose là où cette condition subjective manque. Voilà une vérité, un peu vague encore, mais tout à fait bien établie. C'est un résultat positif — peut-être le seul — de cette acharnée et interminable opposition que la science classique a faite aux découvertes des magnétiseurs. Malgré toutes les divergences d'opinion, les expérimentateurs sont d'accord sur un point : *l'existence des réfractaires.* Leur nombre est très grand, suivant l'école de Paris ; très petit, suivant l'école de Nancy ; assez grand, suivant les magnétiseurs ; mais enfin tous s'accordent à reconnaître l'existence de deux catégories physiologiques des humains : les sensibles et les réfractaires, les hypnotisables et les non-hypnotisables. Sans tenir compte des transitions, qui existent partout — *natura non facit saltus,* — et en considérant seulement les extrêmes, nous voilà en présence d'un fait, non soupçonné avant la découverte de l'hypnotisme : c'est qu'il peut y avoir une énorme différence dans les réactions physiologiques de deux individus de même espèce.

Il y a aujourd'hui encore des règles générales que l'on applique indifféremment à tout le monde. Lorsqu'il faut faire une opération chirurgicale, on chloroforme même ceux chez qui l'anesthésie hypnotique serait préférable. Lorsqu'il s'agit de l'insomnie, on administre un narcotique, alors que pour un sensitif, une suggestion aurait suffi. Dans l'anémie, tout le monde reçoit le fer, quoique chez un certain nombre de sujets le même métal, ou un autre, appliqué extérieurement, eût mieux réussi. On empoisonne le cerveau avec du brome, alors que des passes ou une simple imposition de la main calmeraient beaucoup mieux. Et ainsi de suite.

Voici deux hommes d'une apparence semblable. Je leur dis : Vous ne pourrez pas traverser cette ligne que je trace sur le plancher : et réellement l'un d'eux reste cloué sur place, tandis que l'autre traverse la ligne en riant. L'un s'endort parce qu'il se croit magnétisé, et l'autre ne s'endort pas, même après une centaine de magnétisations.

Ces faits sont-il connus? Oui. En a-t-on tiré une conséquence? Non. Auparavant on les considérait comme impossibles, contraires à la physiologie, et qui « bouleverseraient toute notre science, s'ils étaient vrais ». Aujourd'hui, ils sont reconnus vrais, et l'on ne pense plus au bouleversement.

Précisons les faits acquis. Je nomme sensibilité hypnotique l'*ensemble des conditions subjectives, qui rendent un organisme capable de subir des influences, apparemment minimes et nulles pour les autres.* Cette aptitude conditionne, non seulement la production de l'hypnose, mais aussi quantité de réactions faciles, nettes, utilisables dans un sens ou dans l'autre, et tout à fait étrangères aux catégories connues.

Cette aptitude spéciale, de quoi dépend-elle ?

Influence du sexe. — Malgré les apparences, elle ne paraît pas grande. Si l'on entend beaucoup plus souvent parler des femmes somnambules que des hommes, cela tient surtout à cette circonstance que ce sont presque exclusivement les hommes qui hypnotisent, et ceux-là choisissent plus volontiers leurs sujets parmi les femmes. L'opinion de TESTE, que « les femmes sont incomparablement plus magnétisables » (hypnotisables) « que les hommes », opinion d'ailleurs très répandue, ne me paraît pas fondée. J'ai trouvé, il est vrai, une prépondérance marquée parmi les femmes malades; mais elle est compensée par une proportion moindre parmi les femmes bien portantes. J'attribue ce résultat à une résistance plus grande des hommes sensitifs vis-à-vis des influences pathogènes, et cette résistance tient peut-être à une vie plus active. Cependant, ayant obtenu des chiffres très inégaux dans différentes séries d'expériences, je n'ose pas me prononcer là-dessus définitivement. On sait que DONATO et HANSEN expérimentaient presque exclusivement sur des hommes, et que la découverte du somnambulisme par PUYSÉGUR (MESMER gardait le secret de l'existence de cet état auprès de ses élèves non médecins) s'attache au nom du petit paysan Victor. CHARCOT expérimentait uniquement sur des femmes (hystériques), mais l'école de Nancy, dont l'expérience est incomparablement plus étendue, n'a pas trouvé une différence sensible. « Il ressort du tableau statistique de BEAUNIS, dit BERNHEIM, que les proportions des sujets hynoptisables sont à peu près les mêmes chez les hommes et chez les femmes, et qu'en particulier, contrairement à l'opinion courante, la proportion est presque identique, pour ce qui concerne le somnambulisme : 18,8 p. 100 chez les hommes; 19,4 p. 100 chez les femmes. »

On a prétendu que la menstruation prédispose les femmes à l'hypnotisme. C'est encore une erreur : quelquefois il y a une petite différence en plus, quelquefois une petite différence en moins, mais le plus souvent la prédisposition reste absolument la même. En tous cas je n'ai jamais observé d'aptitude hypnotique qui ne se manifeste que pendant la menstruation. Il en est de même pour la ménopause, contrairement aux observations insuffisantes de TESTE. La seule forme de l'hypnose qui paraisse être en quelque relation avec la puberté et la ménopause, relation favorable dans le premier cas, défavorable dans le second, c'est la trance médianique, degré supérieur et modification spéciale du somnambulisme profond.

Si le sexe, en général, n'influe pas sur le nombre des personnes hypnotisables, il influe assez nettement sur les formes caractéristiques de l'hypnose. Les femmes sont plus souvent bavardes en somnambulisme, elles ont une tendance spéciale aux discussions scientifiques et à une propagande religieuse ou morale ; il y a plus de diversité dans leur sommeil, plus de pose : une prédisposition certainement plus grande à la simulation par complaisance. L'aspect général des phases est plus artistique, plus théâtral, et leur finesse dans les suggestions par conjecture n'est pas comparable à celle des hommes. CHARCOT aurait eu plus de difficulté dans la création de son « grand hypnotisme », s'il avait expérimenté sur des hommes. Ces derniers présentent plus souvent l'abrutissement par fascination, avec phénomènes plus marqués de l'athlétisme hypnotique (utilisé surtout par HANSEN), et leurs explications, quant à la nature des effets obtenus, sont généralement plus exactes ou, du moins, plus compréhensibles, car les femmes se servent souvent de mots qu'elles ont entendus sans les comprendre. Elles ont également une tendance à créer des noms nouveaux, et les seuls cas de glossolalie, c'est-à-dire de la création inconsciente d'une langue nouvelle (observés par KÖRNER, par moi, — observation inédite — et par FLOURNOY), se rapportent à des femmes.

Influence de l'âge. — Question très embrouillée par les auteurs, malgré sa simplicité apparente. TESTE affirme qu'ayant magnétisé un grand nombre d'enfants, depuis 6 mois jusqu'à 5 ans, il n'a presque jamais réussi. BRAID, AZAM, BERGER sont du même avis. LIÉBEAULT, au contraire, n'a pas eu d'insuccès. Comment expliquer cette contradiction? Je crois qu'elle tient surtout à une confusion déjà indiquée entre le magnétisme et l'hypnose. LIÉBEAULT a magnétisé un grand nombre d'enfants par l'imposition de la main et par l'emploi de l'eau magnétisée, et il les a tous influencés, en obtenant des résultats thérapeutiques extraordinairement favorables. Il faut lire, à ce sujet, son *Étude sur le Zoomagnétisme* (1883). Or il est certain que le magnétisme agit sur les enfants avec une surprenante facilité. Si les mères savaient ce qu'elles peuvent obtenir par une simple imposition des mains, elles auraient moins recours aux remèdes pharmaceutiques. TESTE cherchait le somnambulisme. Aussi a-t-il eu des déboires; car il est réellement rare qu'on puisse obtenir sur des enfants les formes complètes de l'hypnose. Il faut pour cela un développement avancé des facultés. TESTE explique son échec par le manque d'une attention concentrée chez les enfants, et par le manque de foi. En réalité, la foi guérit souvent; mais elle ne conduit qu'à une sensibilité imaginaire, lorsque la vraie fait défaut, et la concentration de l'attention constitue plutôt un facteur anti-hypnotique, qui maintient la veille, le travail mental, la conscience; tandis que, pour faciliter l'hypnose, il faut de la passivité, et une immobilité mentale aussi grande que possible.

Les données de Liébeault, rendues manifestes dans le tableau de Beaunis, restent pour moi incompréhensibles. Il en ressort que Liébeault a obtenu 26,5 p. 100 de somnambules chez les enfants au-dessous de 7 ans, et 55,3 p. 100 de 7 à 14 ans! Ce sont des proportions qui manifestent trop l'influence de l'obéissance, admise par cet auteur et ses élèves. Pour moi, la soumission des enfants et des gens du peuple peut conduire à une simulation, mais non à l'hypnose vraie. Ne devient pas somnambule qui veut. Mais, lorsqu'on est suggestionné par la généralité des succès magnétiques obtenus, et que l'on s'est convaincu de cette idée fausse (l'identité de l'influence magnétique avec les différents degrés de sommeil), on cesse d'être observateur, et on voit du somnambulisme là où il n'y a que complaisance.

Voici le tableau complet, tel qu'il a été dressé par Beaunis, d'après les données de Liébeault :

Proportion des sujets hypnotisables.

Age.	Somnambulisme.	Sommeil très profond.	Sommeil profond.	Sommeil léger.	Somnolence.	Non influencés.
Jusqu'à 7 ans	26,5	4,3	13	52,1	4,3	»
7 à 14 ans. . . .	55,3	7,6	23	13,8	»	»
14 à 21 —	25,2	5,7	44,8	5,7	8	10,3
21 à 28 —	13,2	5,1	36,7	18,3	17,3	9,1
28 à 35 —	22,6	5,9	34,5	17,8	13	5,9
35 à 42 —	10,5	11,7	35,2	28,2	5,8	8,2
42 à 49 —	21,6	4,7	29.2	22,6	9,4	12,2
49 à 56 —	7.3	14,7	35.2	27.9	10,2	4,4
56 à 64 —	7,3	8,6	37,6	18,8	13	14,4
64 et au delà. . . .	11,8	8,4	38,9	20,3	6,7	13,5

« Ce qui frappe, dit Beaunis, dans ce tableau, c'est la forte proportion des somnambules dans l'enfance et dans la jeunesse (26,5 p. 100 de 1 à 7 ans, et 55,3 p. 100 de 8 à 14 ans); on remarquera aussi que, pour ces deux périodes de la vie, tous les sujets, sans exception, ont été plus ou moins influencés. Dans la vieillesse, au contraire, on voit le nombre des somnambules décroître, mais tout en restant encore à un chiffre relativement élevé (7 à 11 p. 100) » (Bernheim, *De la Suggestion*, 1886, p. 14).

Depuis 1886, tous les auteurs répètent ces chiffres et ces remarques; mais, en y regardant de près, et abstraction faite des exagérations, quant au chiffre des enfants somnambules, on peut y voir également autre chose. (Remarquons, en passant, qu'il y a dans ce tableau trop d'erreurs arithmétiques. Toutes les séries, sauf la quatrième, sont inexactes, car le nombre des réfractaires pour chaque âge, additionné au nombre des hypnotisables, n'atteint jamais la somme de 100,0, sauf pour la plus tendre enfance, où elle est dépassée; Liébeault a réussi à endormir plus d'enfants qu'il n'en a eu : 100,2 sur 100,0.)

Ensuite, si, au lieu du somnambulisme, trop facile à simuler, on prend comme terme de comparaison le sommeil profond, on aura, en moyenne, pour les deux premières séries de l'enfance, 19,9, et pour les trois dernières séries de la vieillesse, 37,2, ce qui pourrait faire croire que les vieillards sont deux fois plus hypnotisables que les enfants. Et l'on obtiendrait même une aptitude plus de quatre fois plus grande, en comparant le premier degré de l'hypnose, caractérisé par 19,7 pour les vieillards des deux dernières catégories et seulement par 4,3 pour les deux premières catégories de l'enfance. Si, au contraire, on est d'avis que c'est le sommeil « très profond » qui donne une mesure plus exacte, on aura tout de même 17,0 pour les vieillards, et seulement 11,9 pour les enfants. Enfin, si, mécontents d'une comparaison simple, nous voulions nous baser sur la relation qui existe entre le nombre des cas de sommeil léger par rapport au nombre des cas de sommeil profond, on aura :

	Sommeil léger.	Sommeil profond.
Au-dessous de 7 ans.	52,0	13,0
64 ans et au delà	20,3	38,9

ce qui semblerait prouver, encore une fois, que les vieillards sont beaucoup plus facilement hypnotisables que les enfants. Veut-on prouver que l'âge mûr est plus impressionnable que l'enfance? C'est encore possible avec le même tableau. On n'a qu'à comparer la fréquence du sommeil profond à l'âge de 49 à 56 ans, qui est de 35,2, avec la fréquence du même degré dans l'enfance, marqué par le chiffre 13. — Mais si, au lieu de prendre des chiffres détachés, on additionne toutes les formes de l'hypnose pour la jeunesse de 14 à 21 ans, en comparaison avec la somme pour 65 ans et au delà, on aura : d'un côté, 89,4, et de l'autre, 86,1, c'est-à-dire la même chose. Le nombre des réfractaires à ces différents âges sera aussi à peu près égal : 10,3 et 13,5. Et pourtant la plupart des auteurs, suggestionnés par Liébeault, répètent toujours qu'il est beaucoup plus facile d'hypnotiser les jeunes que les vieux!

En vérité, l'âge n'a pas d'influence décisive sur l'existence ou la non-existence de la sensibilité hypnotique; les chiffres donnés par Liébeault pour l'enfance sont illusoires, et tous ses chiffres sont, en général, exagérés, sauf pour les réfractaires à la suggestion, dont le nombre est incomparablement plus grand en réalité.

La sensibilité hypnotique subit l'influence de l'âge, comme toutes les autres fonctions de l'organisme; et plutôt moins. Elle se développe avec les autres facultés, et ne peut donner sa manifestation complète qu'avec le développement complet des facultés.

Elle décroît dans la vieillesse, comme toutes les autres sensibilités, mais, en principe, elle persiste. On naît sensitif, et on meurt sensitif; on naît réfractaire, et on meurt réfractaire. Il n'y a que des changements de degré et de forme, déterminés tantôt par l'âge seul, et tantôt par d'autres facteurs dont nous parlerons plus loin.

Une seule forme de l'hypnose, la plus élevée, la plus subtile, la plus créatrice, nommée *transe*, semble subir une influence décisive de l'âge. Elle peut disparaître presque complètement dans la vieillesse.

Influence des maladies. — Faut-il être malade pour être hypnotisable? Et en particulier faut-il être hystérique, épileptique, anémique, neurasthénique, ou du moins très nerveux? Non. Il y a un grand nombre de personnes débiles, très nerveuses, très imaginatives, et non hypnotisables. Elles présentent quelquefois ce que j'appelle : une sensibilité hypnotique imaginaire. Elles ont peur de tout, tressaillent à la moindre impression, elles croient facilement à tout : « on n'aurait qu'à les regarder pour les endormir », et, en réalité, il n'en est rien. Examinées à l'hypnoscope, elles ont toutes sortes de sensations extraordinaires, mais ne présentent aucun changement objectif dans la sensibilité cutanée. A une seconde épreuve, les sensations extraordinaires diminuent ou disparaissent. De même les tentatives d'hypnotisation, qui paraissent d'abord produire quelque chose, ne produisent ensuite absolument rien. D'un autre côté, un certain nombre de personnes calmes, équilibrées, fortes, et qui n'ont jamais été sérieusement malades, sont profondément sensitives. Parmi les épileptiques on trouve très souvent des réfractaires, malgré les assurances contraires de Maggiorani. Et quant à l'anémie, c'est une illusion de Heidenhain, basée sur une expérimentation insuffisante, que de croire qu'elle conditionne l'hypnose. De même pour la neurasthénie.

C'est surtout pour l'hystérie que les relations avec la sensibilité hypnotique sont importantes. En distinguant deux formes principales de l'hystérie : la grande (plus ou moins convulsive), et la petite, dont les menus symptômes fonctionnels sont innombrables, on trouvera que réellement presque toutes les hystériques à convulsions, à contractures, à changements subits de la sensibilité, sont facilement hypnotisables et que, parmi les petites hystériques, il y en a peu. Ce fut une idée de Charcot qu'il n'y a que les hystériques qui soient hypnotisables, et que le grand hypnotisme n'est qu'une forme expérimentale de la grande hystérie. Le reste, ce sont des formes frustes, étudiées à Nancy, « où l'on n'a jamais vu une vraie hystérique ». (J'étais présent à une séance de la Société de psychologie physiologique où CHARCOT émit cette opinion contre BERNHEIM, en l'appuyant d'un coup de poing sur la table.) Il avait raison. On n'a jamais vu à Nancy « une vraie hystérique ». Ni à Nancy, ni ailleurs. Et je dois ajouter qu'on ne la verra plus. Ce type, modulé à la Salpêtrière, avec tant de soins inconscients, immortalisé avec tant de précision nosographique dans le livre classique de PAUL RICHER, ne ressuscitera plus; pour cette simple raison, que la croyance en son existence ne pourra plus être évoquée[1]. (Nous examinerons plus loin, dans le chapitre « *Tautologie expérimentale* », ce genre spécial de créations scientifiques.) Or le grand hypnotisme appartenait à la même catégorie. On s'imaginait qu'il était l'apanage de la grande hystérie, telle qu'elle avait été observée dans le service de CHARCOT, mais en réalité tous les deux constituent une création artificielle. Si à Nancy on produisait par suggestion une quantité de somnambules, sans s'inquiéter des signes plus ou moins véridiques de leur état, à la Salpêtrière on torturait un tout petit nombre d'hystériques, pour en tirer l'aveu d'un stigmate objectif, indiscutable. Comme tous les physiologistes qui se contentent d'une étude méticuleuse sur un ou deux sujets, convaincus qu'ils sont de l'unité physiologique du genre humain, CHARCOT arriva à des généralisations tout à fait illusoires. Il n'a même pas essayé de vérifier si réellement toutes ses hystériques étaient hypnotisables. Cependant, après ma communication sur l'hypnoscope, à la Société de Biologie, en 1884, il m'invita à faire des essais à la Salpêtrière. Il fit venir 14 femmes hystériques, séparément l'une après l'autre, et j'étais chargé de les soumettre, pendant deux minutes chacune, à l'épreuve de l'hypnoscope. Le résultat fut que, sur ces 14 malades, je n'en ai trouvé que 4 d'hypnotisables, et encore, parmi ces quatre, il n'y avait qu'une seule, que j'aie déclaré pouvoir être hypnotisée dès la première séance. J'appris ensuite que c'était la célèbre WITTMANN, la principale coupable du grand hypnotisme. Les trois autres n'étaient sensibles qu'à des degrés moindres, et les dix restantes, point du tout. On a vérifié ensuite, pour la plupart d'entre elles, sinon pour toutes, que c'était exact.

Il est donc tout à fait erroné de croire que tous les hystériques sont hypnotisables. On ne trouve un taux réellement très élevé que parmi les hystériques à forme convulsive. Et c'est cette circonstance, facile à constater, qui fit naître la croyance à une relation intime, causale, entre l'hystérie et l'hypnose. Cette relation est certaine, et l'analogie entre les symptômes de l'hystérie et ceux de l'hypnose, indiscutable. Seulement — et c'est là un point capital, que je défends à peu près seul, depuis plusieurs années — pour être vraie, cette relation doit être *retournée*. On ne doit pas dire : c'est l'hystérie qui prédispose à l'hypnose. On doit dire : c'est la sensibilité hypnotique qui prédispose à l'hystérie. Remarquons bien que la différence est capitale. Dans la première conception, la sensibilité hypnotique, comme aptitude spéciale physiologique, n'existe pas : il n'y a que l'hystérie et ses conséquences, on est en pleine pathologie : une diathèse morbide prend différentes formes ; sa forme expérimentale, plus ou moins analogue au sommeil, s'appelle hypnose. Elle est liée indissolublement à cette diathèse ou à cette névrose, naît et disparaît avec elle. Si, chez un sujet donné, la névrose semblait absente auparavant, et si l'on réussit tout de même à provoquer l'état hypnotique, c'est que, par imprudence, on provoque une maladie, on crée une névrose expérimentale. Les applications thérapeutiques de l'hypnotisme deviennent illogiques, et la physiologie, elle aussi, ne gagne à peu près rien, par la découverte de l'hypnotisme.

Si, au contraire, la vérité est du côté de la seconde conception, la sensibilité hypnotique constitue une diathèse spéciale, mais physiologique, qui prédispose à l'hypnotisme et à l'hystérie en même temps; l'hypnose est un état anormal, mais non pathologique : ses applications deviennent possibles et utiles, et la physiologie gagne une vérité nouvelle, pleine de conséquences imprévues, qui transforment la doctrine schématique de l'unité nerveuse de l'espèce humaine. On sera étonné de la largeur des horizons que cette conception va nous ouvrir, non seulement dans les diverses branches de notre savoir, mais aussi pour la vie pratique.

Remarquons bien que, dans cette deuxième conception, il ne suffit pas d'admettre la

1. Ce qui n'empêche pas, cette restriction faite, que l'intéressant travail de PAUL RICHER ne soit encore utile à consulter.

possibilité de l'hypnose chez des sujets sains : il faut encore reconnaître l'existence, chez un certain nombre de sujets, sains ou malades, de cette aptitude spéciale, individuelle, innée et persistante (au moins en principe), que nous avons nommée sensibilité hypnotique.

Malgré sa simplicité et son évidence, pour quiconque se donne la peine d'analyser les faits un peu attentivement et sans prévention, cette idée n'a pas trouvé de partisans, probablement à cause de sa contradiction principale avec tout ce qu'on trouve dans les livres, tant hypnotiques que magnétiques. Il est vrai que Pierre Janet la cite, pour appuyer ses vues personnelles (p. 451); mais il ne paraît pas s'apercevoir qu'elle est en flagrante contradiction avec les siennes. [Après avoir énuméré, ce qui était son droit, les frappantes analogies qui unissent l'hypnose et l'hystérie, il déclare « bien exagérée, l'opinion qui soutient que le somnambulisme n'est rien d'autre qu'une manifestation de l'hystérie ». Mais il distingue l'hystérie et les symptômes d'hystérie, ce qui rappelle un peu les *universalia ante rem* des réalistes du XIe siècle. « Les symptômes d'hystérie, dit-il, n'appartiennent pas à une maladie unique, toujours la même dans son origine et dans son évolution : ils se retrouvent au cours d'autres maladies, tout à fait différentes. Dans la fièvre typhoïde, dans l'anémie, dans la syphilis, même à la période secondaire, si l'on en croit Fournier, il y a des contractures et des anesthésies... Un médecin qui s'occupait aussi d'hypnotisme m'a fait remarquer avec quelle facilité la plupart (?) des phtisiques entrent en somnambulisme. »

Or n'est-il pas alors plus juste de dire que, par conséquent, le somnambulisme provoqué n'a rien à faire avec la phtisie, la syphilis, la fièvre typhoïde, qu'il dépend du malade et non de la maladie, et que la prédisposition pour l'hypnose, aussi bien que pour l'hystérie (ou toute autre maladie *sine materia*), tient à une diathèse physiologique, à une particularité individuelle? Pierre Janet préfère rester dans la pathologie et considérer le somnambulisme des phtisiques comme appartenant à la catégorie des « symptômes hystériques accompagnant les maladies banales ». Et dans la suite, en rappelant la définition de Féré, que « les hystériques sont en état permanent de fatigue, de paralysie psychique », il élargit encore sa conception, en appelant l'état maladif, favorisant l'hypnose, *la misère psychologique*. En conséquence il ne reconnaît pas la possibilité d'hypnotiser les gens tout à fait bien portants : « Que l'on fasse, écrit-il, une expérience bien simple : que l'on prenne une vingtaine de personnes, des hommes de préférence, de trente à quarante ans(?), bien portants au physique et au moral, n'ayant aucune hérédité, ni aucun antécédent névropathique, et que, sans les procédés fatigants qui commencent par les rendre malades, on essaye de provoquer chez eux le somnambulisme caractéristique, ou l'écriture automatique. Si l'on obtient ces phénomènes sur la moitié seulement (?) de ces personnes, nous nous rendrons très volontiers et nous reconnaîtrons que le somnambulisme est normal(?). Mais, l'expérience n'ayant pas été faite, nous doutons encore beaucoup du résultat », p. 451.

P. Janet voudrait trop prouver à la fois. D'abord personne n'a jamais prétendu que le somnambulisme provoqué est normal. Il est anormal, sans cependant être pathologique. Ensuite, il est exagéré de demander 50 p. 100 de réussites, puisqu'on ne pourra pas arriver à ce pourcentage chez des malades avérés. Je ne comprends pas non plus pourquoi on devrait se borner à l'âge de 30 à 40 ans? Janet penserait-il qu'à cet âge on est plus rarement malade, qu'entre 20 et 30 ans?

Enfin l'expérience a déjà été faite.

Sans parler de l'école de Nancy, sans parler des milliers de personnes plus ou moins bien portantes, hypnotisées par Donato et Hansen, sans parler des expériences de Harry Vincent, qui prétend pouvoir hypnotiser plus facilement les personnes bien portantes que les malades, et avoir obtenu 96 p. 100 de succès sur les membres de l'Université d'Oxford, je ne mentionnerai que mes propres observations. Après avoir commencé à expérimenter sur mes camarades d'école (en 1867), pendant de longues années, jusqu'à 1879, je n'ai pas osé agir sur un malade, de peur de lui occasionner du tort. Je croyais aux craintes des médecins, et je me refusais de croire aux assertions véridiques des anciens magnétiseurs. Mais, depuis lors, j'ai eu l'occasion de me convaincre : 1° que la sensibilité hypnotique n'a rien à faire avec une maladie quelconque; 2° qu'elle constitue une particularité individuelle, innée, et pour la plupar héréditaire, comme par exemple l'oreille musicale. La différence consiste seulement dans ce fait que l'oreille musicale ne conduit à aucune maladie, tandis que la sensibilité hypnotique, par sa nature même, prédispose d'une façon spéciale et compréhensible, aussi bien à la production du somnambulisme artificiel qu'à l'éclosion des maladies nerveuses fonctionnelles.

Un bâton flexible et élastique peut prendre les différentes formes qu'on lui donne; un bâton rigide s'y oppose ou se casse, sans se plier. Il en est de même pour les organismes. Ceux qui présentent cette flexibilité physiologique dont nous parlons, manifestent plus souvent diverses modifications fonctionnelles, tantôt anormales seulement, et tantôt pathologiques, tandis que d'autres, plus difficiles à manier, à impressionner, à ébranler, ou bien résistent à l'action, ou bien subissent un changement profond, une lésion organique. Il y a beaucoup plus de sujets hypnotisables dans l'hystérie que dans l'ataxie locomotrice, mais ce serait une erreur de croire que la première prédispose, et que la seconde s'oppose au somnambulisme. Ces faits prouvent seulement que, sous l'influence de facteurs pathogènes analogues, les divers types nerveux réagissent différemment. Et quant à l'identification de la sensibilité hypnotique avec la misère psychologique, je ne la trouve pas acceptable. Certes, une sensibilité plus grande, de n'importe quelle nature, peut être, sous certains rapports, assimilée à une faiblesse. Mais peut-on appeler faiblesse une acuité visuelle plus prononcée, une dextérité et une endurance plus grandes de certains muscles?

Et puis, même là où ce mot paraît s'appliquer, comme par exemple pour la suggestibilité en général, nous voyons, là encore, des faits de nature contraire : la suggestibilité, qui semble dénoter une sorte de faiblesse, conduit cependant aussi bien à une inhibition qu'à une dynamogénie.

Si l'on veut se servir absolument du mot faiblesse ou misère, pour caractériser la suggestibilité, il faut tout de suite ajouter que ce n'est pas une faiblesse ou misère pure et simple, mais une prédisposition, un moyen, qui peut être employé indifféremment, pour le bien ou pour le mal, pour augmenter la débilité, ou pour redonner des forces. Et alors est-ce bien une faiblesse, ce qui donne la force? Est-ce bien une misère, ce qui augmente la richesse?

Un seul argument de P. Janet paraît inattaquable, mais il est basé sur une illusion. Nous l'examinerons plus loin.

Influence des tempéraments et de l'intelligence. — Laissons la pathologie, et voyons le tempérament qui conditionne l'aptitude à l'hypnose. Est-ce le tempérament nerveux, sanguinaire, mélancolique ou lymphatique, etc.? On trouvera dans les auteurs quantité d'assertions à ce sujet. Teste affirme qu'il faut être nerveux, et cette opinion est très répandue. « Les tempéraments nerveux, dit Ch. Richet, sont, comme on le pensera sans peine, plus susceptibles que les autres. » Mais il ajoute : « Cependant quelquefois on réussit très bien avec des femmes pâles et lymphatiques, et on échoue avec les femmes nerveuses. » C'est cette dernière observation qui est plus juste. Si l'on a si souvent confondu la sensibilité hypnotique avec la nervosité, c'est par une simple association des mots nervosité et sommeil nerveux. A vrai dire c'est une question de terminologie, mais, en se bornant à la conception populaire de nervosité, on arrive à cette conclusion qu'elle n'a rien à faire avec la prédisposition à l'hypnose. Hansen préférait les tempéraments actifs et les constitutions robustes et musculaires. Harry Vincent dit également : « Les plus difficiles de toutes sont les personnes d'un tempérament faible et chancelant », et, tandis que la plupart des auteurs traitent de neurasthéniques les sujets hypnotisables, Harry Vincent dit au contraire : « Certaines personnes présentent à l'hypnotiseur des difficultés presque insurmontables : ce sont les neurasthéniques... L'opinion que les sujets hystériques et faibles de corps, ou d'esprit. sont plus facilement hypnotisables que les autres, est contredite par l'expérience de tous les hypnotiseurs. Un esprit fin, intelligent, sera plus facilement hypnotisable qu'un esprit lourd, sans instruction; un homme sain, plus facilement qu'un homme malade. »

Ce qui n'empêche pas que certains auteurs voient de l'imbécillité partout où l'hypnose est réalisable. Pour Lloyd Tuckey les idiots et les types purement intellectuels sont également difficiles à hypnotiser, et c'est le tempérament animal qui est favorable.

En outre, il faut être gai et avoir une intelligence lente. Pour Teste, il faut être nerveux et très maigre. Pour Hirsch, les matérialistes et les gens sarcastiques sont réfractaires. Une seule remarque de ce dernier auteur est assez juste, celle qui unit une grande sensibilité musicale avec la sensibilité hypnotique. Mais l'inverse se rencontre également. Pour Preyer les personnes qui se fatiguent facilement sont plus facilement hypnotisables que celles qui présentent une endurance pour la fatigue, ce qui est tout à fait faux. Comme la logique n'a rien à faire dans ces appréciations, le même physiologiste, après avoir répété l'opinion de Braid, concernant la fatigue, répète celle de Bernheim, concernant l'obéissance : les soldats sont pour lui très facilement hypnotisables, étant habitués à obéir. Il paraît cependant qu'ayant plus d'endurance ils devraient être plutôt réfractaires.

Je trouve inutile de continuer les citations. D'après mon expérience d'une quarantaine d'années, ni le tempérament, ni le degré d'intelligence ou d'instruction, ni le manque, ni l'excès de forces, ne décident rien en faveur de la sensibilité ou contre elle. Elle existe par elle-même à des degrés différents, ou n'existe pas du tout. Les assertions contradictoires ne sont basées que sur cette mauvaise habitude, malheureusement très répandue, d'induire arbitrairement du particulier au général.

Influence de la race et du climat. — Les expériences hypnotiques faites dans divers pays n'ont pas donné de différences marquées par rapport aux nationalités. Cependant il ne faut pas oublier que, pour avoir le droit de conclure dans un sens ou dans l'autre, il faudrait des statistiques, qui jusqu'à ce moment sont absolument insuffisantes. Mon impression personnelle est que, si les nationalités européennes se distinguent peu sous ce rapport, la race juive paraît dotée d'une proportion plus grande de sensitifs. Mais cela peut tenir au hasard, car le nombre des juifs hypnotisés par moi, qui me paraît présenter un pourcentage beaucoup plus élevé, ne dépasse pas une cinquantaine.

Aux Indes la population autochtone paraît très sensible. Esdaille y a fait 260 opérations dans des conditions d'insensibilité hypnotique, qui semblent dépasser tout ce qu'on peut obtenir en Europe. L'existence des Fakirs parle aussi en faveur de cette supposition. « Une étrange influence sur l'aptitude à l'hypnose, dit Gessmann, est due à certaines conditions climatériques. Les méridionaux, et en général les personnes ayant longtemps subi l'action des tropiques, sont généralement beaucoup plus facilement hypnotisables que les habitants des climats froids ou modérés. » Cela est possible, mais les preuves manquent.

Influence de la profession. — En examinant à l'hypnoscope les gens de diverses professions, on constate certaines différences qui méritent d'être mentionnées. Les extrêmes se rencontrent d'un côté chez les médecins, et de l'autre chez les artistes dramatiques. Chez les premiers je n'ai trouvé que 5 p. 100 d'hypnotisables, et, parmi les seconds, 80 p. 100. A quoi tient cette énorme différence? Certes, ce n'est pas une vraie influence de la profession. Ici encore, comme pour les maladies, les dépendances doivent être renversées, pour exprimer la réalité. Les jeunes gens sensitifs supportent difficilement l'étude médicale. Boerhaave mentionne un étudiant qui a été obligé d'interrompre ses études; car il ressentait les symptômes de chaque maladie décrite par le professeur. J'ai connu un médecin, qui, après avoir passé ses études avec grand'peine, fut obligé de cesser la pratique, pour une cause analogue : il subissait trop l'influence suggestive involontaire de ses malades. Un autre exerce encore, mais il s'est adonné principalement aux travaux littéraires. Cet empêchement n'est pas insurmontable. J'avais une malade très sensitive qui, après avoir été délivrée par moi d'une grave maladie hystérique, enchantée du résultat, se mit à soigner par le magnétisme les malades de sa contrée, et elle a guéri entre autres un épileptique, dont les fréquents accès n'ont cependant exercé sur elle aucune fâcheuse influence. Mais elle était enthousiaste, et elle se suggestionnait elle-même pour résister à l'idéoplastie. Pour les acteurs, la suggestibilité constitue au contraire une circonstance favorable. On sait avec quelle facilité les somnambules de Ch. Richet réalisaient le phénomène de l'objectivation des types, avec quelle grâce le sujet de Magnin présente l'expression des sentiments, et combien de véritables illusions il y a dans les « transformations » et les « incarnations » des médiums spirites. Il est donc beaucoup plus facile de devenir acteur et d'arriver à un certain degré de perfection, pour un homme hypnotisable, que pour un non sensitif. Il est probable que, chez les poètes et les autres artistes, le taux des sensibles dépasse aussi la moyenne. Il doit être au contraire très bas chez les criminels de profession. Une étude comparative à ce sujet n'a pas encore été faite.

Expériences hypnoscopiques. — Ayant mentionné à plusieurs reprises l'hypnoscope et ses applications, je dois au lecteur quelques explications à ce sujet.

C'était en 1880. Bodaszewski, alors assistant de la chaire de physique à l'école polytechnique de Lemberg, et moi, nous voulûmes vérifier la prétendue action de l'aimant sur le corps humain. Admise par Mesmer et par d'autres, bien longtemps avant lui, elle a été proclamée ensuite par Andry et Thouret (1779), par Becker (1829), Bulmering (1835), Lippic (1846) et Maggiorani (1869), sans parler de Reichenbach (1856) dont les recherches sur l'od concernaient également, entre autres, l'influence physiologique de l'aimant. Ayant réuni quatre de mes meilleurs sujets hypnotiques (tous étudiants de l'Université) et nous plaçant dans de bonnes conditions de contrôle, au laboratoire de l'Ecole polytechnique, nous n'avions pu constater aucune des assertions de Reichenbach, concernant les phénomènes lumineux odiques, sauf une acuité visuelle plus grande des sujets pour les effluves électriques connus. Quant à l'action physiologique proprement dite de l'aimant, nous l'essayâmes d'abord sur nous-mêmes, sans résultat. Nous nous servîmes d'aimants d'une très grande dimension, appartenant à la machine magnéto-électrique « Alliance ». En tenant un doigt ou une main entre les pôles de ces aimants, nous n'avions constaté que quelques sensations vagues, provenant de la fatigue. A ce moment entra M. B., un de mes élèves à l'Université, facilement hypnotisable. Sans lui raconter de quoi il s'agit, je le priai de tenir un doigt à l'endroit indiqué. Quelques minutes après je lui demande : « Sentez-vous quelque chose de particulier? — Rien du tout, » répond-il. Nous voulions déjà conclure que tout est illusion (en raisonnant du particulier au général), lorsque M. B. s'exclama : « C'est drôle tout de même, je ne peux plus plier mon doigt! » Et en l'examinant attentivement je constatai que non seulement son doigt était presque en contracture, mais encore qu'il était tout à fait anesthésié. Alors, voyant qu'il faut rechercher non seulement les sensations, mais aussi les changements objectifs, l'idée m'est venue d'essayer aussi les autres jeunes gens hypnotisables. Tous se montrèrent influençables immédiatement à des degrés différents et en correspondance avec leur aptitude à l'hypnose. Nous deux restâmes réfractaires, aussi bien à l'aimant qu'à l'hypnose.

A partir de ce moment je me suis mis à répéter ces expériences sur une plus vaste échelle. Le résultat fut toujours le même, à quelques exceptions près, exceptions qui confirmaient plutôt la règle, car ils dépendaient toujours de l'immixtion d'un facteur étranger : l'état pathologique du doigt examiné, simulation, sensibilité différente des deux côtés, suggestion ou autosuggestion. Les personnes, immédiatement (dans deux minutes) et nettement (avec insensibilité surtout) influençables, pouvaient être hypnotisées avec une facilité qui correspondait au degré de la sensibilité empirique à l'aimant : les autres point du tout.

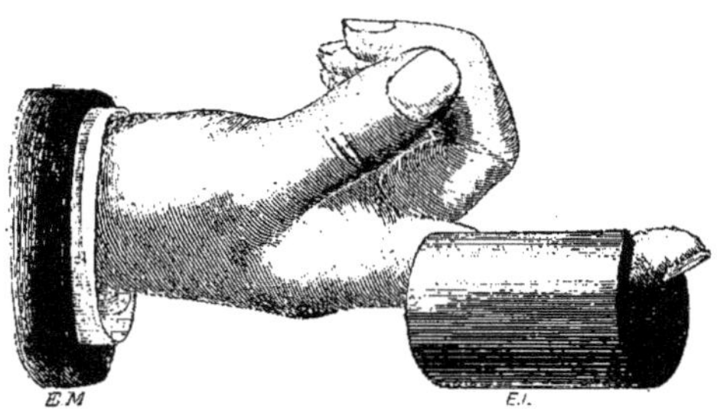

Fig. 108.

En même temps, j'étudiai la forme la plus convenable à donner à l'aimant, et je me suis arrêté à celle qui est représentée par la figure 108 qui reçut le nom d'hypnoscope[1]. Mes assertions ont été vérifiées par A. Baréty[2], par Grasset[3], et d'autres. Mais en général on s'est contenté de quelques expériences faites à la hâte,

1. *L'hypnoscope, une nouvelle application de l'aimant. Lum. Electr.*, 8 nov. 1884.

2. A. Baréty, *Le magnétisme animal, étudié sous le nom de force neurique rayonnante*, un vol. de 662 p. Paris, 1887.

3. Grasset, *Note sur l'hypnoscope d'Ochorowicz* (*Revue de l'hypn.*, 1er avril 1887.

d'une façon inexacte, et personne, autant que je sache, n'a publié une série d'essais vérificatifs et comparables. Ce qui n'empêche pas que certains auteurs ont cru pouvoir énoncer des opinions contradictoires, sans avoir étudié la question, et même sans avoir lu ma note. Un d'eux, ORLOWSKI, est allé jusqu'à prétendre que je me suis convaincu moi-même que les propriétés de l'hypnoscope n'étaient qu'une illusion[1].

Ceux qui savent que dans l'histoire de l'hypnotisme en général les sentiments et les suggestions ont joué un rôle beaucoup plus important que la conscience et l'exactitude scientifiques, ne s'étonneront pas de ces procédés un peu étranges, que l'on n'oserait pas appliquer, avec tant de nonchalance du moins, à un autre groupe de recherches.

En réalité, ayant publié ma note sur l'hypnoscope il y a vingt-quatre ans, après quatre années d'essais, je m'en sers presque tous les jours depuis, et je n'ai jamais rencontré un seul fait vraiment contradictoire. Il y en a peut-être. Je dirais même que, connaissant parfaitement la relativité de tous nos moyens de diagnostic, je suis plutôt étonné de ne pas avoir rencontré une seule contradiction nette et simple. Mais je ne puis affirmer l'avoir rencontrée, car ce serait faux. Qu'on me la montre, et je serai enchanté de pouvoir l'examiner en détail.

Voici comment doit être faite l'expérience, pour avoir une valeur pratique :

Après avoir vérifié l'état de la sensibilité cutanée du doigt à l'aide d'une épingle (et en cas de complications pathologiques, la sensibilité générale des diverses régions de la peau), on introduit un doigt de la personne examinée, l'index de préférence, dans le tube aimanté, comme l'indique la figure 108, les deux pôles allongés de l'hypnoscope touchant la face interne du doigt. On évite une conversation animée avec le sujet, pour ne pas le distraire trop, car l'attention expectante facilite l'expérience : on ne donne aucune indication de l'effet possible, et, après *deux minutes* d'application (pas plus longtemps, si l'on veut se borner à l'expérience hypnoscopique), on pose au sujet la question : « Avez-vous une sensation quelconque ? » Si le sujet dit non, demandez encore si le contact du métal lui paraît toujours froid (l'hypnoscope ne doit pas être appliqué, immédiatement après avoir été retiré de la poche), ou bien si le fer a pris la température du doigt ? Ce dernier cas étant normal, c'est seulement le froid persistant ou augmentant qui pourra signifier quelque chose. En notant ensuite la nature de toutes les autres sensations subjectives que peut ressentir le sujet, telles que : picotement, engourdissement, lourdeur, gonflement, etc., on ne doit pas cependant y attacher une trop grande importance, car le vrai critère de la sensibilité hypnotique réside non pas dans les sensations subjectives, mais dans les changements objectifs. Ces derniers peuvent appartenir à l'une des quatre catégories suivantes :

1. *Mouvements involontaires.* — Tremblements du doigt ou du bras entier; ils sont assez rares et signifient par eux seuls plutôt un état d'énervement qu'une vraie sensibilité hypnotique. Mais ils sont importants, réunis à d'autres effets.

2. *Analgésie ou anesthésie plus ou moins complète.* — C'est un effet fréquent, et le plus important de tous. Lorsqu'il y a une diminution notable de la sensibilité à la piqûre, l'existence de la sensibilité hypnotique est certaine, surtout si d'autres changements, objectifs ou même subjectifs, s'ajoutent encore à l'anesthésie. Il va sans dire que si, avant l'expérience, il y avait déjà anesthésie, et quelquefois même sans cela, l'hypnoscope produit une amélioration de la sensibilité, ou même une hyperesthésie plus marquée. La signification hypnoscopique du changement reste la même. Si donc certains auteurs, RZECZNIOWSKI par exemple, ont voulu tirer de ce fait une objection contre l'hypnoscope, elle est sans fondement.

3. *Paralysie, impossibilité de remuer le doigt, la main ou le bras entier.* — C'est également un signe certain. Lorsqu'il s'accompagne d'autres effets encore, de l'anesthésie surtout, en prolongeant l'expérience hypnoscopique au delà de deux minutes, on peut obtenir l'hypnose complète, sans d'autres moyens. Ce fait a été constaté par GESSMANN chez des sujets déjà plusieurs fois hypnotisés par lui. Mais il peut se produire aussi de prime abord, quoique beaucoup plus rarement. Dans des cas où la paralysie du doigt fait défaut, le sujet peut encore être hypnotisable, s'il présente de l'anesthésie seule, ou

1. ST. ORLOWSKI, *Suggestya i Hypnotyzm*. Varsovie, 1902, 615.

présenter quelques-uns des autres effets mentionnés; mais ce sujet, lorsqu'il sera dans l'hypnose, restera toujours plus mobile, plus indépendant que celui qui ne peut pas plier son doigt retiré de l'hypnoscope. La paralysie seule, sans anesthésie, est rare, et constitue une indication contraire : l'hypnose d'un pareil sujet sera caractérisée par l'immobilité; et l'amnésie au réveil sera difficile à obtenir.

4. *Contracture, rigidité du doigt, de la main, ou du bras entier.* — C'est un effet moins fréquent, mais très caractéristique. A son degré moyen il va présenter la *flexibilitas cerea*, difficile à constater sur le doigt, mais visible facilement sur le bras. La contracture proprement dite, ou le doigt à ressort de NÉLATON, produit une rigidité absolue. Associée aux effets précités, elle dénote toujours une impressionnabilité maximale; toute seule, c'est-à-dire sans anesthésie ni sensations caractéristiques, elle signifie une grande impressionnabilité réflexe musculaire, avec difficulté du sommeil proprement dit : le sujet pourra être tétanisé, mais non endormi : cela d'ailleurs est assez rare. Si à la contracture s'ajoute l'hyperesthésie, on aura de la peine à manier un tel sujet, et il faudra d'abord l'influencer à distance.

Ces quatre groupes d'effets, relativement objectifs, peuvent évidemment se combiner de toutes les manières possibles; plus ils sont nets et nombreux, plus grande est l'aptitude à l'hypnose. Non seulement le parallélisme est complet, quant au degré de la susceptibilité, mais encore la nature des effets obtenus, pendant les deux minutes que dure l'expérience hypnoscopique, permet de faire des inductions de grande probabilité sur la nature et les caractères spécifiques, individuels, de l'hypnose qu'on obtiendra ensuite sur le même sujet par d'autres moyens.

L'armature de l'hypnoscope doit être retirée (en glissant) pour l'application de l'instrument; la sensibilité cutanée doit être examinée, autant que possible, avec la même pointe (je me sers toujours d'une pointe de l'esthésiomètre de WEBER), appliquée sur la partie interne du doigt, entre les deux pôles et au bout du doigt de l'hypnoscope. On examine les deux autres catégories d'effets objectifs (paralysie, contracture) après avoir retiré l'hypnoscope, et en disant au sujet : « Pliez votre doigt. » S'il n'y arrive pas facilement, on recherche soi-même, mécaniquement, si le doigt est seulement paralysé et flexible, ou bien paralysé par la raideur des muscles contracturés. En retirant l'hypnoscope, on replace l'armature, pour lui conserver sa force. Une force plus grande que celle que je donne à l'aimant, qui n'a pas été dépassée, ni même égalée par une autre forme quelconque du même poids, est inutile. Si HELLENBACH et GESSMANN crurent pouvoir obtenir davantage avec des hypnoscopes plus forts, c'est qu'ils n'ont pas fait de distinction entre la sensibilité vraie et la sensibilité imaginaire. Contrairement à ce qu'indique une théorie purement physique, l'hypnoscope, tout en donnant plus avec une force moyenne qu'avec une force très faible, ne donne rien de plus, ou presque rien, avec une force beaucoup plus grande, ce qui suffit déjà pour mettre en doute le rôle exclusif du magnétisme minéral, dans l'action de l'hypnoscope. Cette action n'est pas seulement suggestive; elle est aussi de nature physique; mais elle n'est pas en proportion directe et régulière de l'aimantation.

Elle est très compliquée d'ailleurs et masque des influences encore inconnues. Nous ne nous y arrêtons pas, notre but n'étant pas d'étudier, ou même de prouver l'action physiologique du magnétisme minéral, mais seulement d'indiquer un moyen pratique, simple et commode pour la recherche des sensitifs.

Voici encore, au sujet des sensations perçues, quelques remarques que je considère comme de moindre importance, mais qui néanmoins doivent être prises en considération.

Questionnés sur le genre de leurs sensations, les sujets vous donneront des explications plus ou moins claires, dont voici les plus fréquentes : 20 fois sur 100 : « Fourmillements ou picotements » 17 fois sur 100 : « souffle froid, froid humide, chaleur et sécheresse ». Les deux sensations peuvent coexister, l'une à droite, l'autre à gauche. 8 fois sur 100 : diverses sensations douloureuses. 5 fois sur 100 : gonflement de la peau, 2 fois sur 100 : une lourdeur intense dans le doigt ou dans le bras entier, etc.

Quelquefois à l'engourdissement du doigt s'ajoute spontanément, ou par imagination, un courant électrique, des étincelles, des secousses électriques, etc. Il faut alors vérifier la chose, car très souvent ce ne sont que des conjectures suggestives, basées sur l'idée d'un appareil électrique, comme le tremblement du doigt, qui peut provenir tout simplement de l'émotion. Quant aux sensations auto-suggérées, il est impossible de les éliminer complètement; mais, au point de vue du diagnostic, elles sont sans importance, puisque les sujets hypnotisables sont en même temps des sujets plus ou moins suggestionnables. D'ailleurs il est essentiel de séparer les sensations causées uniquement par l'émotion, car elles n'ont aucun rapport avec la sensibilité hypnotique. Le moyen en est bien simple : on répète l'expérience, et les sensations diminuent ou disparaissent, tandis que certains effets, dus à la sensibilité hypnotique, persistent et même acquièrent une plus grande précision. Les auteurs qui n'ont pas tenu compte de cette particularité sont arrivés à des résultats illusoires, qui diminuent la valeur de leurs statistiques, mais qui n'infirment en rien la valeur pratique de l'hypnoscope.

Quelques exemples montreront la dépendance réciproque entre les résultats de l'expérience hypnoscopique et l'aptitude à l'hypnose.

1. Mlle St. T. Expérience hypnoscopique à droite :

Effet immédiat : « C'est très froid; je ne sens plus mon doigt. » Anesthésie complète : contracture.

Expérience hypnoscopique à gauche : « Froid plus intense encore; en remuant le doigt, il lui semble qu'on souffle dessus; ça pique. » Le doigt reste paralysé, sans contracture nette. Ce côté étant momentanément beaucoup moins fort (au dynamomètre : 20) la contracture est moindre (main droite au dynamomètre, avant l'expérience : 75).

Mlle St. T. s'endort au bout d'une minute, par l'imposition de la main droite (ou gauche) sur le front : état aïdéique, puis polyïdéique (somnambulisme gai, enfantin) avec rétrécissement notable du champ psychique : vision à travers les paupières; rapport; traces d'attraction par l'approche de la main. Mlle St. T. est un médium à effets physiques.

2. (Observation de Grasset.) Une hystérique facilement hypnotisable et qui présente alors un sommeil à caractère somatique (contractures et anesthésie généralisée avec lucidité intellectuelle parfaite).

Expérience hypnoscopique à droite :

« J'ai appliqué, devant les élèves de la clinique médicale, l'hypnoscope d'Ochorowicz à l'index de cette malade. Au bout de très peu de temps (une minute environ) elle a éprouvé de l'engourdissement dans ce doigt : la sensibilité à la piqûre de l'épingle s'est émoussée, puis a disparu absolument. L'anesthésie s'est ensuite étendue aux autres doigts, à toute la main, au poignet et à la partie tout à fait inférieure de l'avant-bras. Quand (après deux minutes d'application) j'ai enlevé l'appareil, l'anesthésie était complète dans la région indiquée, le poignet et la main engourdis, et la malade était dans l'impossibilité absolue de fléchir l'index, immobilisé en extension. Ces résultats, ajoute Grasset, ne peuvent être attribués à la suggestion. D'abord la malade ignorait absolument ce qui devait se produire : j'étais à peu près seul à connaître les observations d'Ochorowicz, et, par suite, à prévoir les résultats obtenus. De plus, j'ai même lutté par la suggestion contre ces résultats, lui annonçant qu'elle devait éprouver tout cela à l'autre main, tâchant de lui persuader, avec autorité, qu'elle se trompait dans la narration de ses sensations, l'accusant même de nous tromper, etc. Les phénomènes observés sont donc très nets, et reproduisent le plus haut degré de ce qui a été observé par Ochorowicz. »

Expérience hypnoscopique à gauche :

« Pendant que les troubles développés à la main droite y persistaient encore, j'ai placé l'hypnoscope à l'index de la main gauche. Les mêmes troubles se sont alors développés dans le côté gauche, sans déterminer aucun transfert : les troubles du bras droit n'en ont été nullement modifiés. »

Grasset a encore constaté un autre fait, qui lui paraît étrange. Quelques semaines après, ayant appliqué à la même malade un hypnoscope non aimanté, il obtint le même résultat. Il n'y a là rien d'étonnant; c'est plutôt la règle, qui comporte seulement des exceptions. Une seconde épreuve est déterminée principalement par une association idéo-organique (voir plus loin) entre un signe (un ensemble des signes) et un état organique, avec lequel il s'est associé la dernière fois. Cette association prévaut presque toujours sur l'influence purement physique, relativement faible. De sorte que l'hypnoscope aurait pu être même en bois ou en verre, à condition de garder les mêmes apparences. Il est donc, en général, assez difficile de démontrer l'action purement magnétique à l'aide d'un hypnoscope. En tout cas, pour pouvoir obtenir quelques indices d'une action magnétique en dehors de toutes les autres, il est préférable, en expérimentant sur un sujet vierge, de commencer par un hypnoscope non aimanté, pour passer ensuite à l'hypnoscope normal. Et auparavant encore il faut bien étudier la sensibilité du sujet aux métaux.

Voici cependant une expérience, sur un sujet déjà essayé à l'hypnoscope, dont les conclusions, grâce au hasard, sont assez démonstratives :

J'avais l'habitude d'endormir une de mes malades à l'heure où arrivait la poste. L'hypnoscope produisait chez elle, comme effets caractéristiques, un froid intense avec picotements désagréables. Elle était en même temps sensible au fer, à l'acier et à l'étain, qui lui paraissaient toujours chauds et agréables. Un jour le facteur apporte un hypnoscope commandé chez Ducretet à Paris. Il était emballé dans une petite boîte en bois blanc. Je passe cette boîte à la somnambule, qui est curieuse de savoir ce que c'est. Mais elle n'y arrive pas. Je lui permets d'ouvrir la boîte : « C'est du fer, dit-elle, *c'est froid, ça pique, je ne veux pas tenir ça* » (elle ne savait pas que le métal, auquel elle était sensible, qui lui paraissait toujours chaud, et qu'elle connaissait sous forme d'une plaque noire, et non nickelée ni luisante comme l'hypnoscope, était du fer). Le lendemain arrive un second hypnoscope, non aimanté. Même curiosité de la part de la somnambule, qui prend en main la boîte, toute semblable. « C'est du fer, dit-elle sans l'ouvrir, mais c'est différent. — Pourquoi différent? Ce doit être absolument la même chose, car j'en ai commandé deux pareils. — Non, il n'est pas pareil. — Ouvre la boîte et regarde bien. » Elle l'ouvre, puis ajoute : « Tu vois bien que ce n'est pas la même chose : *c'est bon, c'est chaud et ça ne pique pas.* » Après avoir laissé les deux hypnoscopes sur mon bureau, pendant plusieurs minutes, pour les remettre à la température ambiante, je recommence l'expérience dans d'autres conditions. Je lui dis d'écarter les bras, j'éteins le gaz, et, en pleine obscurité, je lui place l'hypnoscope aimanté dans sa main droite, et l'hypnoscope non aimanté dans sa main gauche : Presque immédiatement, elle laisse tomber l'hypnoscope de droite, en disant : « C'est froid, ça pique », et elle garde celui de la main gauche qui lui paraît « chaud et agréable ».

3. (Obs. Baréty.) Même mémoire.

Expérience hypnoscopique à droite :

« Après deux minutes, sensation de gonflement et de raideur, qui augmente jusqu'à quatre minutes et persiste après au même degré. Il semble à la malade que le doigt a été lié à la base et qu'il est gonflé, doublé de volume et engourdi. Je retire l'hypnoscope, et je constate une insensibilité absolue du doigt sur tout son pourtour et dans les limites couvertes auparavant par l'hypnoscope. Cette anesthésie absolue, qui fait dire à la malade qu'il lui semble qu'elle n'a plus de doigt, persiste plus de dix minutes, puis disparaît graduellement. »

Expérience hypnoscopique à gauche :

« Deux minutes après : sensation d'engourdissement. Après deux minutes et demie : à partir du moment d'application, cette sensation augmente. Après quatre minutes, sensation d'une grande lourdeur. Même sensation qu'à l'autre doigt. Puis cette sensasation se maintient. Je retire l'hypnoscope et je trouve le doigt insensible. »

« Mlle M... s'endort au bout d'une demi-minute. Je continue les passes : le sommeil devient plus profond. L'anesthésie est absolue et générale, ouïe et vue conservées à mon égard. Amnésie au réveil... »

Voici maintenant un cas compliqué, un de ceux qui ont induit en erreur les antagonistes de l'hypnoscope, et qui, cependant, confirme la règle :

4. (Obs. de Baréty.) Mlle C.

Expérience hypnoscopique à gauche :

« Après une minute et demie, sensation d'engourdissement dans le doigt. Après deux minutes, cette sensation est à peine supportable, dans tout le bras, y compris l'épaule. « J'ai chaud! » dit la malade. Après trois minutes, elle est obligée de retirer l'hypnoscope, dont elle ne peut plus supporter les effets. Le doigt est légèrement hyperesthésié ; l'engourdissement persiste, mais diminue après deux minutes. Après quatre minutes, l'hyperesthésie a disparu, et il n'existe plus qu'un léger degré d'engourdissement à l'épaule. »

Expérience hypnoscopique à droite :

Un peu plus tard l'hypnoscope est appliqué au doigt indicateur de la main droite. *La malade ne ressent aucun effet, même après plus de dix minutes d'application.*

« Soumise à l'action des passes, Mlle C... dit : « Je suis alourdie, j'ai sommeil. » Puis elle s'endort. Je continue les passes. Le sommeil s'accuse davantage. Pourtant il n'arrive pas à être complet. La malade ne répond pas à mes questions, quoiqu'elle déclare m'entendre confusément. Sa vue est trouble. Elle se sent fatiguée, lasse, et surtout très calme. Après l'avoir laissée dans cet état de sommeil provoqué incomplet pendant douze à quinze minutes, je la réveille. La céphalalgie a disparu ; elle se sent très calme. »

Si, au lieu de faire l'expérience hypnoscopique des deux côtés, l'auteur s'était borné au côté droit, il aurait pu conclure que l'hypnoscope trompe, puisque la malade s'est endormie, quoique l'hypnoscope n'ait accusé aucune sensibilité hypnotique. Au contraire, en se contentant d'une expérience avec l'index gauche, il aurait pu croire à un sommeil complet, qui ne se produisit pas.

Dans des cas pareils, il faut prendre la moyenne : l'hypnose restera incomplète.

Parfois il se produit des changements dans le temps : à une époque donnée, la malade présentera un sommeil assez profond, et à une autre, presque rien, suivant la prépondérance momentanée de la moitié gauche ou de la moitié droite de son système nerveux.

Lorsque ce changement est notable, il sera toujours indiqué par l'hypnoscope :

5. Eusapia Paladino à l'âge de 38 ans (1893).

Expérience hypnoscopique à droite :

Anesthésie, paralysie, contracture dans toute la main.

Expérience hypnoscopique à gauche :

Mêmes effets, mais plus forts, atteignant aussi l'avant-bras.

Dynamomètre à droite = 46, dynamomètre à gauche = 96.

Elle s'endort très facilement, malgré sa volonté contraire. Phénomènes médianiques prépondérants à gauche. Vision dans l'obscurité, ou les yeux fermés, etc.

Les effets furent un peu différents, quand elle eut atteint l'âge de 52 ans (1907).

Expérience hypnoscopique à droite :

Chaleur, picotement, un peu d'engourdissement, un peu d'hyperesthésie dans le doigt seulement.

La main gauche, dont la sensibilité cutanée est un peu supérieure, n'a pas été examinée à l'hypnoscope. Mais, même si elle avait donné beaucoup plus, ce serait toujours en moyenne une grande diminution de la sensibilité hypnotique.

Dynamomètre à droite = 39 ; à gauche = 43.

Elle ne peut pas être hypnotisée contre sa volonté, et avec consentement le sommeil est léger; il se dissipe tout seul. Les phénomènes médianiques sont beaucoup plus faibles, sans prépondérance marquée au côté gauche.

6. Jeune fille du service de Auguste Voisin à la Salpêtrière.

Expérience hypnoscopique à droite = 0; expérience hypnoscopique à gauche = 0.

« Et cependant, je l'ai déjà hypnotisée, me dit-il, en me la montrant : elle présente même une catalepsie très prononcée. » Il lui prend les deux mains et lui ordonne de fixer son regard. Bientôt après la malade ferme les yeux et reste immobile dans son lit. Il la pique légèrement, sans réaction. Son bras droit, soulevé, reste en l'air.

Très étonné de cette exception évidente à la règle, et voyant que Voisin est pressé de me montrer d'autres malades, je le prie de me permettre d'étudier ce cas le lendemain. En quittant la salle, je remarque un sourire sur les lèvres de quelques autres malades. Instinctivement je me retourne, et, à travers la porte vitrée qui vient de se refermer sur nos pas, je cherche du regard notre jeune cataleptique; son bras droit n'était plus en catalepsie. Mais, voyant que je la regarde encore, elle s'empresse vite de le remettre en cet état, en le soulevant bien haut.

C'était une simple simulation.

Recherches hypnoscopiques de Gessmann. — Cet auteur a trouvé le moyen de contredire mes assertions, en se basant sur une série de 322 cas, série d'ailleurs intéressante en elle-même. Le moyen est bien simple : il considère comme essentiel ce que je considère comme secondaire, et il omet complètement ce qu'il fallait prendre surtout en considération. Nous avons vu que les effets de l'hypnoscope sont doubles, subjectifs et objectifs, et que c'est sur ces derniers qu'il faut avant tout porter son attention, en considérant les sensations subjectives seulement comme des indications supplémentaires, de second ordre. Anesthésie ou hyperesthésie ; paralysie et contracture : tels sont les signes principaux à rechercher. Gessmann n'en tient pas compte ; il sait seulement que le sujet soumis à l'expérience doit éprouver toutes sortes de *sensations*, et, s'il ne sent rien (comme mon premier sujet M. B.), il doit être rejeté comme non hypnotisable.

Connaissant l'exactitude qui règne dans l'étude moderne de l'hypnotisme, je ne m'étonnerai de rien ; je ne demanderai même pas pourquoi Gessmann suppose que mes essais ont été fait exclusivement sur des hystériques, et je me contenterai d'examiner les résultats obtenus par lui :

Voici le tableau de cet auteur :

GENRE de SENSATION.	TOTAL.	HOMMES.	FEMMES.	HYPNOTISABLES.		NON HYPNOTISABLES.		HYPNOSE par L'HYPNOSCOPE.	
				Hommes.	Femmes.	Hommes.	Femmes.	Hommes.	Femmes.
Froid calme, uniforme .	64	25	41	11	19	12	22	»	»
Souffle froid	104	36	68	12	24	24	44	4	13
Sensat. d'électrisation .	116	43	73	23	38	20	35	7	25
Tremblement jusqu'au bras.	28	4	24	3	21	1	3	»	2
Pression générale sur le doigt.	8	1	7	»	2	1	5	1	3
Chaleur.	24	14	10	9	6	5	4	3	7
	344	121	223	58	110	63	113	15	50

De sorte que, sur 322 personnes essayées, 344 ont accusé une action de l'hypnoscope, et 178 rien. Parmi les 344 sensitifs, il y avait 122 hommes et 223 femmes. Sur ces 122 hommes, 58 seulement se sont montrés hypnotisables, et 63 non ; sur 225 femmes : 140 hypnotisables et 113 non. « Les essais, dit Gessmann, ont donné, quant au genre des sensations, un résultat semblable à celui qu'a obtenu Ochorowicz. Seulement la proportion se montra beaucoup plus élevée deux tiers au lieu de un tiers. » Mais ce qui est plus frappant encore, c'est la conclusion de Gessmann, qui dit qu'en somme la valeur pratique des hypnoscopes pour rechercher des sujets est très relative et problématique, tandis qu'ils se sont montrés très utiles pour l'étude de l'influence du magnétisme minéral sur le corps humain[1]. Pour moi c'est l'inverse de la vérité. Les hypnoscopes ne peuvent servir à une étude sérieuse de ce genre qu'exceptionnellement, car pour cela il faudrait éliminer complètement la suggestion, en agissant à l'insu du sujet. Cette étude peut être faite plutôt à l'aide des électros, influencés à distance et à l'insu des sujets. Les hypnoscopes ont au contraire une grande valeur pratique, à condition d'être appliqués conformément aux règles établies par mes expériences, et non d'après le procédé, purement subjectif, de Gessmann[2].

1. G. Gessmann, *Magnetismus und Hypnotismus*, Wien, Leipzig, 1887.

2. Pourquoi *les hypnoscopes*, au pluriel ? Parce que, faute de vérificateurs sérieux, j'ai eu des imitateurs, Durville a inventé son sensitivomètre, qui, au lieu d'un anneau, forme un bracelet — ce qui le rend moins commode dans l'application — et Gessmann a *perfectionné* mon hypnoscope, en prenant, au lieu d'un aimant fort, quatre aimants faibles et en supprimant le contact et la pression du métal. Chose étrange ! Voulant éliminer la pression, il a obtenu tout

Sur 344 personnes sensibles à l'aimant, il a eu seulement 168 hypnotisables et 178 non hypnotisables. D'où provient cette grande différence?

1. Elle provient d'abord de ce fait, que dans la plupart des cas GESSMANN se contenta d'un seul essai d'hypnotisation; or chacun sait, et GESSMANN le dit lui-même, que tous les sujets ne s'endorment pas dès la première séance. Aussi, dans toutes les statistiques, la mienne y compris, ne qualifie-t-on le sujet de réfractaire, qu'après plusieurs essais.

2. Il a éliminé beaucoup de sujets, et des plus sensibles, en négligeant d'examiner la sensibilité de la peau et celle des muscles, après l'expérience hypnoscopique. Le défaut de cette précaution suffit à lui seul pour faire comprendre une grande partie des différences, car, comme nous avons vu, il y a des sujets de premier ordre, qui subissent des effets objectifs, mais qui n'ont pas de sensations particulières.

3. En revanche, il a augmenté le nombre des sensitifs non hypnotisables, en ne tenant pas compte des sensations imaginaires de la 2e ou 3e expérience) qui ont été exclues de ma statistique. Lorsque à une 2e ou 3e reprise le sujet ne sentait plus rien, il était déclaré non sensitif, et une tentative d'hypnotisation confirmait que réellement il n'était pas hypnotisable.

FIG. 109. — Hypnoscope de GESSMANN.

Rien d'étonnant qu'avec autant de différences dans les conditions GESSMANN ait abouti à des résultats différents. Je verrais une objection autrement sérieuse contre l'hypnoscope, s'il avait obtenu les mêmes résultats.

En somme, GESSMANN, suggestionné par les statistiques de l'École de Nancy, croit que le nombre des hypnotisables dépasse de beaucoup la proportion de un tiers, indiquée par moi et confirmée par l'hypnoscope. Il dit que cette proportion, admise auparavant, ne peut plus suffire aujourd'hui. A-t-il prouvé qu'elle est en réalité plus grande? Il le dit, mais il prouve en réalité le contraire. Sur 522 personnes examinées, 121 hommes et 223 femmes, il a trouvé 58 hommes et 110 femmes hypnotisables; total 168. Par rapport aux 522, c'est un peu moins d'un tiers.

Je m'empresse d'ajouter que le chiffre de 30 p. 100, ou de un tiers environ, n'a pas de valeur absolue. C'est une limite moyenne, relative, autour de laquelle les résultats vont osciller, conformément aux influences secondaires, conformément à la conception de l'hypnose, propre à chaque observateur, enfin à sa capacité d'observateur. Car, si BERNHEIM prétend que l'éducation d'un hypnotisateur n'est pas achevée tant qu'il n'arrive pas à hypnotiser 4/5 de ses malades, j'ai des raisons sérieuses pour croire que, s'il arrive à hypnotiser les 4/5, son éducation d'observateur est encore loin d'être terminée.

Distinctions à faire dans l'étude de l'action physiologique de l'aimant. — GESSMANN

de même la sensation de pression !... Cette élimination était-elle utile ? A mon point de vue, non. Mais, utile ou non, elle a changé les conditions; car avec mon hypnoscope la pression du métal facilite l'effet obtenu, et fait partie de l'expérience. Et puis GESSMANN n'a pas réfléchi que, l'action du magnétisme diminuant avec le carré des distances, il n'y a pour supprimer les différences d'éloignement, inévitables en raison de la grosseur et de l'enfoncement de doigt, qu'un seul moyen : le contact immédiat.

dentifie à tort les indications empiriques de l'hypnoscope avec les preuves de l'action physiologique de l'aimant. Cela me détermine à ajouter ici quelques observations, qui me paraissent nécessaires.

L'action de l'aimant sur le corps humain n'est pas encore admise par la science classique, et cela s'explique aisément, par sa subtilité souvent impalpable, et par sa complexité. On facilitera les recherches en distinguant bien ce qui suit :

1° C'est une action physiologique lente sur les fonctions vitales, qui ne se manifeste ni par une sensation quelconque, ni par aucun changement immédiat, vérifiable, mais qui s'accumule et aboutit à une modification réelle. Elle se produit chez tout le monde, ou peu s'en faut. C'est ainsi qu'un petit aimant, placé dans la poche gauche du gilet, peut supprimer insensiblement une douleur névralgique du cœur, plus ou moins vite, suivant l'intensité du mal. Cette action peut apparaître *a*) en dehors de la suggestion, *b*) compliquée par l'attention expectante ou la suggestion. Elle n'a aucun rapport avec la sensibilité hypnotique, ni avec la sensibilité (dans le plus large sens du mot).

2° C'est une action sur les nerfs, immédiate, mais purement subjective, qui se manifeste par diverses sensations, faibles en réalité, mais quelquefois grossies singulièrement, ou même transformées par l'imagination. Dans ce dernier cas elle dénote une sensibilité hypnotique imaginaire, c'est-à-dire fausse, émotionnelle; dans le premier cas, une sensibilité, réelle peut-être, mais trop faible pour donner lieu à des phénomènes hypnotiques proprement dits.

3° C'est une action immédiate et objective, qui ne crée aucun vrai changement. Ainsi, dans un certain nombre de cas, l'aimant produit par exemple le transfert d'un symptôme déjà existant, mais rien de nouveau. Si les troubles indiqués plus haut : 1° sensations diverses; 2° mouvements involontaires; 3° anesthésie; 4° paralysie; 5° contracture, n'existent à aucun degré, le sujet n'est pas hypnotisable, quoique l'aimant provoque chez lui un transfert.

4° C'est une action immédiate, en partie physique, en partie psychique, mettant en jeu, par l'application de l'hypnoscope, une aptitude subjective (spéciale), à des changements faciles, nets et profonds de toute sorte, (par l'intermédiaire des nerfs vasomoteurs (?)), et que nous nommons la sensibilité hypnotique vraie. Elle signifie une mobilité particulière des réflexes, de la circulation du sang, et un flux nerveux, qui tantôt s'accumule dans un organe, tantôt disparaissant dans un autre (inhibition et dynamogénie). C'est donc une spéciale plasticité à des influences minimes, que l'aimant découvre de cette façon. Ce qu'on nomme « suggestibilité », n'est qu'une catégorie spéciale de cette plasticité en général.

Par conséquent, si l'on s'imagine que l'action empirique de l'hypnoscope et l'action physiologique de l'aimant sont synonymes, on se trompe. Il faut séparer ces influences.

Non seulement l'expérience hypnoscopique dans sa forme type ne suffit pas pour déterminer, ni même pour prouver, l'action physiologique de l'aimant, mais même des expériences spécialement arrangées à cet effet sont souvent sujettes à caution. Tel est par exemple le cas d'une étude sur ce sujet, faite par des physiologistes distingués, Tamburini et Seppili, qui ont eu le grand mérite d'avoir abordé hardiment et scientifiquement les problèmes du magnétisme.

En comparant les courbes qu'ils ont obtenues, sur un sujet endormi, en s'entourant de différentes précautions expérimentales, on a l'impression d'un fait absolument prouvé. Il est certain qu'en expérimentant sur des sujets hypnotisables et en état d'hypnose, on obtient des troubles immédiats et beaucoup plus palpables qu'avec des sujets non hypnotisables et à l'état normal. Mais en même temps on s'expose à bien des dangers imprévus.

Remarquons d'abord que, si l'on s'imagine, comme c'était l'illusion de Charcot, qu'un sujet en léthargie n'entend et ne voit rien, on se trompe énormément. Il entend et voit tout, et il se souvient de tout. Seulement il faut savoir que les découvertes hypnotiques ont donné au pronom personnel « *il* » une signification fort complexe. La personne normale n'entend rien et ne se souvient de rien, mais en dehors d'elle il y a *plusieurs* personnes, confondues avec elle à l'état normal, séparées d'elle dans différents états hypnotiques, et qui peuvent encore entendre et se souvenir, et cela à tous les degrés et avec toutes les formes qu'on pourra imaginer.

Ensuite une action physiologique est toujours individuelle. On ne peut la généraliser qu'en fermant les yeux sur les différences personnelles. De sorte que si, chez le sujet de TAMBURINI et SEPPILI, l'aimant fortifie et accentue les fonctions du cœur, il en peut être autrement pour un autre sujet et pour le même sujet dans un état différent, dans lequel une autre personnalité, héréditaire, ou artificiellement créée, domine la situation. TAMBURINI et SEPPILI ont eux-mêmes prouvé que le tracé respiratoire est tout à fait différent pendant la léthargie et pendant la catalepsie. Cette différence est-elle constante? Non, car elle dépend encore des impressions et émotions momentanées de ces différentes personnes physiologiques, séparées ou combinées.

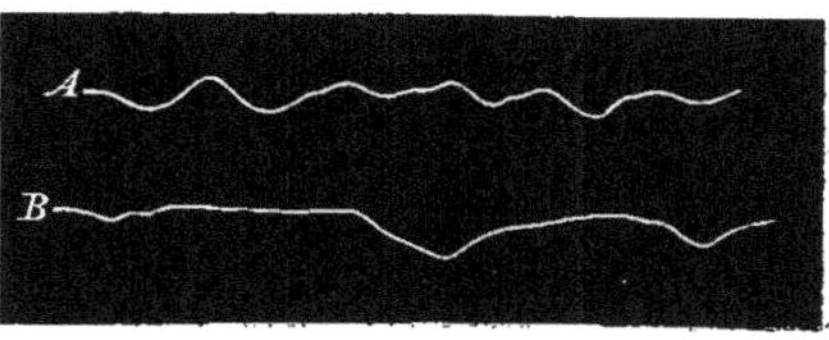

FIG. 110. — A, Courbe respiratoire pendant l'hypnose avant l'application de l'aimant. — B, La même, après l'application.

Et ce n'est pas tout. Elle dépend encore des idées, des souvenirs, des suppositions, des désirs de l'expérimentateur lui-même. Elle en dépend bien réellement et objectivement, comme nous allons le voir tout à l'heure. Enfin, pour revenir à l'agent externe physique, c'est-à-dire au magnétisme minéral, si l'on veut déterminer son action physiologique, il faut d'abord faire l'expérience avec un aimant en bois; la répéter, pour éliminer l'influence possible de l'émotion; la refaire ensuite avec un aimant non aimanté, la répéter encore, et, alors seulement, préciser comparativement l'action de l'aimant vrai. Si elle donne quelque chose de plus ou quelque chose de différent, ce sera le commencement d'une vérification; car il faudra encore se servir, toujours à l'insu du sujet, d'un électro-aimant, tantôt inactif, et tantôt animé par le courant.

En supposant que cette série d'essais donne des résultats réguliers et favorables à l'action du magnétisme, aura-t-on le droit de les attribuer purement et simplement au magnétisme?

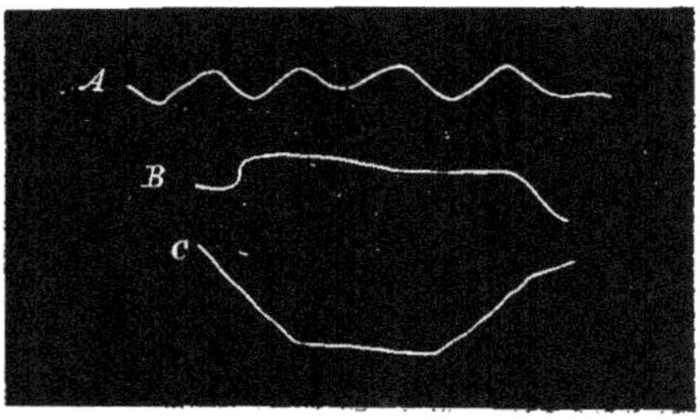

FIG. 111. — A, Courbe respiratoire pendant l'hypnose avant application de l'aimant. — B, La même après l'application. — C, La même après l'enlèvement.

Pas encore. Car, suivant mes expériences, 1° la relation des effets obtenus avec la force de l'aimant est très incertaine; 2° les différents pôles de l'aimant n'agissent pas d'une façon contraire, quoi qu'en disent REICHENBACH, GESSMANN et DURVILLE.

On est donc réduit, pour le moment, à supposer un X, qui complique l'action simple, que nous connaissons en physique.

En voici une preuve :

Parmi les effets produits par l'aimant, il y en a un qui m'a beaucoup frappé, d'autant plus qu'il fut tout à fait imprévu et indépendant de la suggestion. Il s'agit de l'attraction que l'aimant paraît exercer sur le corps. J'ai montré cette expérience en 1881 à la Société médicale de Lemberg. Le sujet, M. R., un de mes élèves à l'Université, jeune homme robuste, très fort et bien portant, se trouvait en état aïdéique, absolument inerte. Il avait les yeux fermés, les pupilles convulsées en haut : sa tête était recouverte complètement d'un voile opaque. Si, dans ces conditions, tout en causant d'autres choses, et sans faire le moindre bruit, j'approchais de sa main immobile un aimant fort, à une distance de 15 centimètres environ, la main et le bras tout entier subissaient une influence attractive, et suivaient l'aimant, jusqu'au moment où le bras, devenu peu à peu contracturé et insensible, ne pouvait plus continuer son mouvement. Il manifestait un tremblement, causé apparemment par la même tendance attractive empêchée dans son action, comme une aiguille en fer, arrêtée dans les mêmes conditions, par un obstacle mécanique. Les deux pôles agissaient de même. Pour recommencer cette expérience, il fallait supprimer l'état tétanique par un léger massage. Et alors, dans n'importe quelle direction, l'attraction se manifestait de nouveau. Cette expérience pouvait-elle être considérée comme une preuve de l'action magnétique? Non, et pour une raison bien simple. Un bloc de métal, une pierre, un verre, un livre, tenus dans ma main, agissaient de même, ou presque. Croit-on que c'était alors ma main, tenant ces objets, qui attirait ce sujet? Oui et non. Il est vrai que, sans aimant, elle agissait de même : mais l'aimant tenu par une autre personne, ou posé tout simplement à côté, sur une chaise, agissait encore de même. Et alors? A cette époque il m'a été impossible d'élucider la question, non seulement à cause de la grande complexité du phénomène, mais encore à cause de certaines préventions scientifiques, dont je ne savais pas me délivrer. Je ne croyais pas à la possibilité d'une suggestion mentale, surtout d'une suggestion mentale involontaire, en partie inconsciente, et cependant systématisée, systématisée peu à peu (sans trop de conséquence, grâce à mon impartialité relative), par une combinaison des pensées de deux inconscients : le mien et celui du sujet. Enfin, je ne connaissais pas encore, dans ce temps, la force et l'importance des associations idéo-organiques. Bref, je considère aujourd'hui ce phénomène comme un composé de l'action de plusieurs facteurs associés :

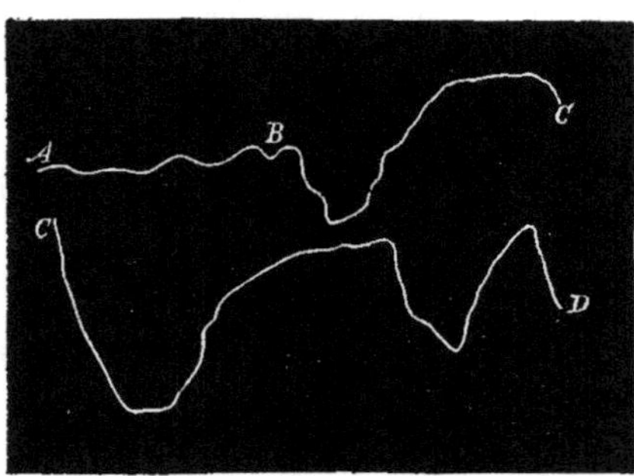

Fig. 112. — A B, Courbe respiratoire pendant l'hypnose avant l'éloignement de l'aimant. — B C, La même après l'application. — C D, La même après l'éloignement.

1° Une sensibilité réelle du sujet à l'action de l'aimant à distance;

2° Une association consécutive de l'effet produit par cette action avec les apparences d'une autre action différente, mais semblable;

3° La possibilité d'une vue anormale à travers certains corps opaques, vue que je connais aujourd'hui, et que j'ignorais alors;

4° Une action mentale, involontaire de ma part, également étrangère à mes idées d'autrefois.

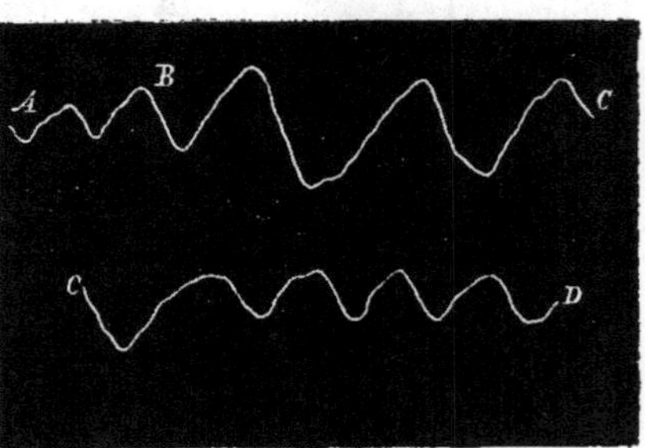

Fig. 113. — A B, Courbe respiratoire pendant l'hypnose avant l'éloignement de l'aimant. — B C, La même après l'application. — C D, La même après l'éloignement.

Aujourd'hui je saurais peut-être mieux disséquer ces influences diverses. Malheureusement, les sujets de cette catégorie étant fort rares, une occasion, tout à fait analogue, ne se présenta plus.

Complications de la sensibilité hypnotique. — Jusqu'à ce moment nous avons considéré, pour plus de clarté, la sensibilité hypnotique, comme une et indivisible. Il s'en faut, et de beaucoup, qu'il en soit ainsi. Dès maintenant, nous pouvons y distinguer quatre aptitudes différentes :

1° La suggestibilité, c'est-à-dire une faculté passive, qui permet de réaliser les différentes suggestions ou auto-suggestions, positives et négatives. C'est l'imagination, opposée à la réalité, modifiant la réalité. A l'aide de cette faculté on ne découvre rien, mais on obtient à peu près tout ce qu'on veut. C'est l'arme la plus active, immédiatement active, entre les mains de l'hypnotiseur ; moyen créateur ou du moins modificateur par excellence ; preuve d'une prépondérance fréquente de l'esprit sur le corps, du cerveau sur toutes les fonctions, une immixtion de la psychologie dans la physiologie. Mais, comme je viens de le dire, cette faculté ne découvre rien, et la science hypnotique serait déjà à son apogée, s'il n'y avait que la suggestion.

2° La sensibilité anormale vis-à-vis des influences minimes, généralement considérées comme nulles, mais qui, chez les sensitifs, suffisent pour produire différents effets palpables. Telle est leur sensibilité vis-à-vis de l'aimant, des métaux, des médicaments à distance, des ondes hertziennes, des changements cosmiques et atmosphériques imperceptibles pour la plupart des hommes ; enfin vis-à-vis l'action mentale sans signes extérieurs. Cette impressionnabilité non ordinaire permet la découverte de nouvelles vérités ; elle peut servir comme instrument de recherches, instrument excessivement délicat, et malheureusement difficile à manier. Elle ne crée rien ; mais prouve l'existence d'influences cachées, obscures, mais réelles.

3° Faculté de dédoublement entre l'action de divers centres nerveux, qui normalement agissent en commun, et principalement entre le cerveau et les centres automatiques. Faculté des mouvements inconscients, plus ou moins compliqués et plus ou moins intelligents ; *cumberlandisme*, écriture automatique, etc. Cette faculté dissèque des actions psychologiques, normalement confondues, ou tout à fait inabordables. Elle peut donc conduire à des observations nouvelles et à une notion moins incomplète des mystères de l'organisation nerveuse.

4° Faculté de dissociation entre les organes et le principe dynamique qui les anime, qui peut aller jusqu'à des manifestations extra-organiques, c'est-à-dire en dehors du corps. Faculté des sujets hypnotisables d'un degré supérieur, appelés *médiums* proprement dits. Cette faculté, encore insuffisamment connue, nous prépare une révolution complète en physiologie, en psychologie et probablement aussi en physique. Je mentionne cette catégorie spéciale des facultés hypnotiques, étant absolument certain de son existence ; mais je m'abstiendrai d'en donner une analyse, encore prématurée dans un dictionnaire de physiologie.

Telles sont les divisions principales de la sensibilité hypnotique. Ce n'est d'ailleurs qu'une esquisse grossière. Dans l'avenir, toutes ces catégories comporteront de nombreuses subdivisions.

La tautologie expérimentale. — On nomme en logique *tautologie*, un vice de raisonnement ou de locution, par lequel on redit toujours la même chose, tout en ayant l'air de dire quelque chose de nouveau. Tautologie expérimentale, signifiera donc le même vice dans une recherche expérimentale. Une expérience, qui tout en ayant l'apparence d'une preuve, n'est en réalité qu'une redite d'une opinion préconçue. Avant la découverte de l'hypnotisme, une pareille conception n'avait pas le sens commun. L'expérience était toujours considérée comme une vérification suprême. Elle pouvait combattre une thèse, apparemment bien raisonnée ; mais elle ne pouvait pas être fausse en elle-même. Parmi les autres vérités inattendues, l'hypnotisme nous a révélé encore l'existence d'une *expérimentation qui ne prouve rien*, d'une tautologie expérimentale. Les faits de cette nature abondent, et il nous est impossible d'avancer dans cette étude sans en avoir pris connaissance.

1. Un jour, DUMONTPALLIER me montre une de ses malades, M... Je l'essaie à l'hypnoscope : anesthésie, contracture. Par conséquent elle devait être facilement hypnotisable. J'essaye de l'hypnotiser, rien. Voyant mon étonnement, DUMONTPALLIER dit : « Vous ne pourrez pas l'endormir : *elle porte son métal* ». A cette époque les plaques métalloscopiques de BURQ étaient considérées uniquement comme des moyens esthésiogènes. Un des sujets s'imagina que, puisque *son* métal reconstitue la sensibilité, il doit s'opposer à une action, qui supprime la sensibilité ; et il se fit cette auto-suggestion, consciente ou inconsciente, qu'il ne pouvait pas être endormi avec son métal sur la peau. DUMONTPALLIER, après avoir observé ce fait, le « confirma » ensuite sur d'autres sujets, en les suggestionnant involontairement, et il fit sa communication, dans laquelle il « prouve » expérimentalement cette « découverte ». La vérité est que depuis une trentaine d'années

j'hypnotise sans la moindre difficulté des personnes portant continuellement *leurs* métaux. On a cru cependant à cet obstacle, car l'idée d'un pareil empêchement confirmait les opinions (en partie justes) de plusieurs magnétiseurs quant aux métaux en général. Donc il fallait les enlever du sujet, et n'en pas porter soi-même, pour pouvoir magnétiser. Une robe en soie empêchait également la production de l'hypnose. Un magnétiseur, dont je ne me rappelle plus le nom, prétendait même qu'il est impossible d'endormir une personne, qui, étant assise, tient les jambes croisées.

2. Il en fut de même d'une autre loi découverte par Dumontpallier : « La cause qui fait, défait ». Il endormait, contracturait, réveillait et décontracturait par le même moyen. Or, comme ce sont toujours la volonté de l'hypnotiseur et l'idée de l'hypnotisé qui jouent le rôle principal, il a suffi qu'elles concordassent à un moment donné, pour produire l'effet attendu. Je me rappelle une jeune fille, que j'essayai en vain d'endormir : voyant à peine quelques traces d'engourdissement au bout d'un temps assez long, je décide de la déshypnotiser, et je souffle sur ses yeux. A ce moment l'action accumulée produisit son effet : elle tomba endormie. Il se forma, par simple coïncidence, une association idéo-organique entre l'image du souffle et l'état hypnotique. A partir de ce moment il suffisait de lui souffler sur les yeux pour l'endormir, et comme, pour la réveiller, je me suis servi du même moyen, j'aurais eu le droit de dire : « La cause qui fait, défait ».

En réalité, dans la grande majorité des cas, le souffle réveille, mais n'endort pas. Et il en est de même pour tous les autres moyens d'hypnotisation : fixation d'un objet brillant, passes, sensations monotones, vive lumière, musique, etc. Si l'on agit par suggestion, on ne dit pas : « Vous continuerez à dormir », lorsqu'on veut réveiller, mais on dit : « Réveillez-vous »!

Ce qui n'empêche pas que certains hypnotiseurs ont pris au sérieux cette « découverte » de Dumontpallier. Elle a même été considérée comme un progrès important. « En démontrant, dit Bérillon, dès le début de ces expériences, que tous les agents qui ont déterminé une action, peuvent la défaire, et en insistant surtout sur ce fait, que l'agent mis en œuvre est toujours celui qui défait le plus rapidement son action, Dumontpallier fournissait aux expérimentateurs un procédé dont la valeur a été immédiatement reconnue par nous. En effet, cette proposition « l'agent qui fait, défait », est une loi qui, en hypnotisme, ne supporte pas d'exception. » (1).

Il en est ainsi de toutes les créations artificielles de la tautologie expérimentale. L'observation vraiment objective donne des résultats moins uniformes.

Il y a cependant une trace de vérité dans l'idée de Dumontpallier. Comme c'est toujours principalement une association idéo-organique qui produit les différents phénomènes de l'hypnose répétée, c'est comme un instrument à deux tranchants : si A est associé à B, B est associé à A, et par conséquent tantôt A provoque B, tantôt B provoque A. Pour comprendre mieux la réversibilité dans l'action du même moyen, désignons par n l'état normal, avant ou après l'hypnose, h l'hypnose elle-même, et m le moyen par lequel on endort. Nous aurons une association par contiguïté dans le temps :

$$n + m + h$$

m, est donc associé d'un côté avec n, et de l'autre avec h ; si on l'associe de nouveau avec m.

$$n + m + h + m + (n)$$

on fera revivre la tendance à reconstituer n avec lequel m fut déjà associé, et il se peut (si d'autres influences et surtout d'autres associations le permettent), que l'adjonction de m à h reproduira n, c'est-à-dire le réveil. Il y a, dans les phénomènes hypnotiques en général, une tendance de ce genre. Rien d'absolu dans la suite des états hypnotiques : mais, si un sujet donné entre d'abord dans un état profond, aïdéique (léthargie), pour passer ensuite dans un état relativement moins profond de polyïdéisme actif (somnambulisme), il faudra, pour le réveiller, qu'il entre d'abord de nouveau dans

(1) Edgard Bérillon. *Hypnotisme expérimental*, précédé d'une lettre-préface de Dumontpallier, Paris, 1884, p. 145.

l'état aïdéique, car c'est lui qui est associé avec l'état de veille précédent, et non le somnambulisme. Cette observation n'est pas théorique; elle m'a été suggérée par un sujet, d'une façon tout à fait inattendue. J'essaie de le réveiller, et je vois que le réveil tarde à se produire. « Pourquoi ne vous réveillez-vous pas? » — « Il faut que je m'endorme d'abord plus profondément, pour me réveiller », répond le sujet. Et il avait raison. Généralement, ce passage inverse s'accomplit si vite qu'on ne le remarque pas; mais, si le sujet est un peu fatigué (c'était le cas) le passage se ralentit, et on peut l'observer. Ce détail constitue une des raisons pour lesquelles il est toujours préférable de réveiller lentement, prescription que l'on trouvera chez tous les bons observateurs.

Donc il y a du vrai dans la thèse de Dumontpallier; mais ce n'est pas une loi, et dans la plupart des cas il est préférable de se servir d'une association par contraste, et non par contiguïté; d'autant plus qu'elle peut être appuyée par certaines influences rationnelles, objectives.

3. Durville, partisan de la polarité, voit au contraire une efficacité spéciale dans des influences contraires. « Le sujet assis, si on lui présente la main droite au front, la tête se porte légèrement en arrière, les paupières s'abaissent et il s'endort. La main gauche, présentée au même point, le réveille. » (*Traité exp. de magn.*, 1895, p. 104). Je n'ai jamais remarqué une semblable différence dans l'action de la main gauche ou droite; et il est à remarquer qu'un des magnétiseurs les plus autorisés, Dupotet, se servit toute sa vie indifféremment des deux.

Je n'ai pas l'intention d'aborder ici en détail la question de la polarité. Elle est très compliquée; mais il est certain que l'assertion de Durville, que je viens de citer, ne repose que sur une illusion, systématisée dans l'esprit de l'auteur, et répercutée par ses sujets. Un sujet hypnotisé pour la première fois sera, s'il est hypnotisable, hypnotisé indifféremment par l'application au front de la main droite ou de la main gauche. D'ailleurs, il n'y a pas de concordance entre les différents systèmes de polarité qu'on a présentés. Entre Dècle et Chazarin, qui eux aussi, ont « découvert » la polarité, et Durville, il y a même une radicale opposition. Les recherches indépendantes de Baréty ne sont nullement comparables avec celles de A. de Rochas : les sujets de Reichenbach voient rouge, où les sujets de Durville voient jaune.

Ces diverses séries d'études sont-elles tout à fait illusoires? Probablement pas tout à fait, mais le positif y est caché sous une couche si épaisse d'illusions et de contradictions, que le moment ne me paraît pas proche, où ces questions pourront être analysées avec profit. D'après mes observations personnelles, il y a dans l'organisme humain une *tendance* à la polarité. Elle découle d'abord de la dualité symétrique du système cérébro-spinal, qui fait qu'on peut souvent distinguer (même en dehors de l'hystérie) les personnes malades *d'un côté*, ayant une maladie de la moitié droite, ou une « maladie gauche ». Plusieurs organes, situés par exemple à gauche, peuvent paraître affectés de maladies spéciales et locales, tandis qu'en réalité ce ne sont pas le poumon gauche, le cœur, la rate, etc., qui sont malades, mais le côté gauche du système nerveux. Dans les cas d'un équilibre pathologique relatif des deux moitiés du corps, il se peut encore que les symptômes se montrent tantôt à droite et tantôt à gauche. La « somme de la maladie » (qu'on me permette cette expression) insuffisante pour occuper en même temps tout le corps, se déplace par moments, et manifeste ce qu'on appelle un « transfert » : il est donc inexact de considérer ce phénomène comme appartenant uniquement à la catégorie des manifestations hystériques. Un état catarrhal, une douleur rhumatismale, une congestion, peuvent se transférer également (*métastase* des anciens auteurs). Rien de plus commun, quoique on n'y fasse guère attention, que les transferts spontanés dans le coryza; l'état de la muqueuse du conduit nasal s'améliore à droite, empire à gauche, et réciproquement. Voilà ce qu'on peut appeler une tendance vers la polarité. Ensuite il y a certaines oppositions primordiales entre les deux côtés du corps, entre la tête et les extrémités, entre les bords interne et externe de la même extrémité, etc. C'est ainsi par exemple qu'en essayant l'influence des métaux je trouve souvent une opposition sensorielle constante entre les deux bords de la main. Pour essayer la sensibilité individuelle aux métaux, j'applique un procédé plus court et plus simple que celui dont se servit Burq. En prenant cette sensibilité dans le sens favorable à l'organisme, j'ai trouvé que les métaux utiles pour la santé d'un individu lui paraissent plus chauds que les autres. J'examine donc d'abord la première impression que produisent les plaques, posées sur le dos de la main, séparément, l'une après l'autre, et je les partage en deux catégories ; celles qui paraissent plus froides et celles qui semblent moins froides ou chaudes. Ensuite je compare ces dernières, deux à deux, en les plaçant, tantôt l'une plus haut et l'autre plus bas, tantôt l'une au bord extérieur et l'autre au bord intérieur de la main. Or, dans ce dernier cas, il arrive que la différence des sensations caloriques s'efface sous l'influence de la position, et même se renverse d'une façon constante. Par exemple, Pt, Au, Ag, paraissent froids, et Fe, Zn, Sn, chauds, tant qu'on les essaie (évidemment à l'insu du sujet) au milieu du dos de la main; mais, si on les applique deux à deux, l'une au bord droit, l'autre au bord gauche du dos de la main, les impressions changent, la différence spécifique disparaît, et ce n'est plus la nature chimique du métal, c'est l'*endroit* où il a été placé qui décide de l'impression; toutes les plaques placées à droite paraissent chaudes, toutes les plaques placées à gauche paraissent froides. Il y a donc une sorte de polarité dans la sensibilité cutanée de certains endroits. Mais ce n'est pas une polarité vraie, dans le sens des pôles de l'aimant. Et si PAPUS dit : « Le pôle N de l'aimant émane des lueurs blanches, très agréables et fortifiantes pour le sujet » (lequel?) « à l'état de somnambulisme (LUYS, ROCHAS). Le pôle S émane des lueurs rouges et désagréables pour le sujet. Le pôle N attire le sujet, le pôle S le repousse » (*La magie et l'hypnose*, p. 28), je considère cette assertion comme une simple tautologie expérimentale. Elle appartient à la même catégorie que les études concernant le « pentagramme » magique.

En somme, quant à la polarité, je crois que, malgré ses exagérations primitives, c'est encore le créateur du magnétisme animal moderne qui en a donné la formule la plus exacte : « Il se manifeste particulièrement dans le corps humain, des propriétés *analogues* à celle de l'aimant ; on y distingue des pôles également divers et opposés, qui peuvent être communiqués, changés, détruits et renforcés ». (9e Aphorisme ou Proposition de F. A. MESMER). Ce sont donc des propriétés analogues, mais non identiques, et les soi-disant pôles ne présentent pas une stabilité comparable à celle de l'aimant, car on peut les changer et modifier. Rien d'étonnant qu'on en ait créés tant, et de tout à fait différents. On peut les « fortifier » (par suggestion volontaire ou involontaire), mais on n'a pas la moindre preuve qui permette d'identifier leur action, comme le font certains auteurs modernes, avec celle de la polarité magnétique. Et si DURVILLE, pour découvrir sa polarité, s'est servi d'une pile électrique (il ne dit pas de combien d'éléments) en approchant du corps du sujet un fil de cuivre, traversé par le courant de cette pile, il a oublié que les courants électriques qui existent dans le corps sont infiniment plus faibles que les courants d'une pile (même d'un seul élément) et que, par conséquent, s'il y a entre eux une action apparente, analogue aux réactions dynamiques de deux piles, ces réactions ne peuvent pas dépendre des courants du corps, mais bien d'influences tout à fait étrangères à une action électro-dynamique quelconque.

En 1882, ignorant l'histoire du magnétisme, ignorant également les travaux de BRAID, CHARCOT imita quelques expériences publiques de DONATO sur une ou deux hystériques, leur donna l'apparence d'une grande, d'une trop grande exactitude, et ramena oute la symptomatologie de l'hypnotisme aux trois états : catalepsie, léthargie et somnambulisme. « Le sujet en catalepsie a les yeux grands ouverts », en réalité il peut les avoir demi-ouverts ou tout à fait clos. On obtient l'état léthargique « par un simple passage dans un lieu parfaitement obscur » ou « par la simple occlusion des paupières » (car, l'état léthargique étant le contraire de la catalepsie, si cette dernière se provoque par une vive lumière : accident arrivé à LUCILE DE DONATO, il faut bien qu'une obscurité parfaite provoque la léthargie). » Au moment où le sujet tombe en léthargie, on entend « un bruit laryngé tout particulier » (particulier à WITTMANN), en même temps un peu d'écume se montre sur les lèvres » (je n'ai jamais vu rien de semblable) « l'hyperexcitabilité neuro-musculaire est toujours présente » (chez WITTMANN, spécialement éduquée dans cette direction. Chez d'autres elle fait défaut ou se montre également dans d'autres états, et même à l'état normal, à divers degrés. Telle qu'elle a été décrite par CHARCOT, elle ne se manifeste jamais spontanément. « La contracture ainsi provoquée se résout rapidement sous l'influence de l'excitation des muscles antagonistes » (ou par un autre moyen quelconque : un magnétiseur qui ne connaît pas les muscles antagonistes n'obtiendra rien, en les pressant par hasard, mais il pourra obtenir la résolution en pressant les mêmes muscles, si telle est son opinion personnelle). « On produit l'état somnambulique par une pression ou friction exercée sur le vertex « (C'était une pure coïncidence, que l'on s'empressa d'utiliser pour une association idéo-organique, ne sachant pas ce qu'on faisait). Dans le somnambulisme « les yeux sont clos ou demi-clos » (ou tout à fait ouverts) : « l'hyperexcitabilité neuro-musculaire, telle qu'elle a été définie, absolument caractéristique pour la léthargie, n'existe pas dans le somnambulisme ».) Rien d'étonnant, puisqu'elle n'existe jamais spontanément). Il suffit d'abaisser les paupières du somnambule pour le faire passer en léthargie. C'était un écho des anciennes expériences de Lasègue (1866), une banalité hypnotique sans importance, élevée par ce dernier à la dignité d'une nouvelle méthode pour produire l'anesthésie. Dernièrement encore on a discuté là-dessus. Benedikt, de Vienne, vient de publier une lettre (*Revue de l'Hypnotisme*, novembre 1908), dans laquelle, tout en accordant la priorité de la découverte à Lasègue, il s'attribue un perfectionnement : « Je veux ajouter, dit-il, que *j'ai complété* la méthode de Lasègue par une petite pression sur les yeux, exercée avec les doigts[1]. De son côté Charcot disait : « Lorsque, chez un sujet amené à l'état somnambulique, on exerce à l'aide des doigts appliqués sur les paupières une légère compression des globes oculaires, l'état léthargique *peut* remplacer l'état somnambulique ». (Ou inversement, suivant les habitudes prises par le sujet). En réalité, ces trois découvertes se valent ; la pression sur les globes oculaires ne produit rien chez les sujets insensibles à l'hypnoscope, et, chez des sujets nettement sensibles, une pression sur les globes oculaires, sur le vertex, sur le front, les tempes, le menton, etc., produira ce qu'on voudra, pourvu qu'on sache créer, entre ce signe et l'état voulu, une association par l'habitude.

5°) La preuve hypnotique de la localisation de Broca, donnée par Charcot, appartient à la même catégorie. Charcot ignorait sans doute qu'il avait eu un prédécesseur, qui, à l'aide de semblables expériences, avait « prouvé » toute la phrénologie de Gall. Il s'agit de Braid. Le créateur de l'hypnotisme, qui imita Ch. Lafontaine, pour démontrer que Lafontaine s'était trompé, imita également un autre magnétiseur ambulant et lui donna raison. Cet autre magnétiseur, aujourd'hui totalement oublié, s'appelait Spencer-Hall. De sa profession, compositeur d'imprimerie, il parcourait l'Angleterre vers 1842, en donnant des conférences publiques avec démonstrations. Il s'intitulait *phréno-mesmériste*. Également versé dans la doctrine de Gall et celle des magnétiseurs, il les combina spirituellement, et par la netteté de ces expériences réussit à faire de nombreux prosélytes, entre autres Elliotson, Eduin Lee et James Braid. Ce dernier les confirma pleinement. En pressant le cuir chevelu, à l'endroit des divers organes phrénologiques, par l'intermédiaire d'un bouchon de liège pour exclure l'action du fluide magnétique, il obtint, chez des sujets convenablement sensibles, toutes sortes d'effets correspondant aux organes touchés.

Il a fallu être assez naïf pour croire, d'abord que par ce moyen on élimine l'action du « fluide », et ensuite que la pression du cuir chevelu communiquée à la peau, celle de la peau communiquée au crâne, celle du crâne communiquée aux circonvolutions de la substance grise, peuvent mettre en jeu les diverses facultés psychiques des organes hypothétiques de Gall et Spurzheim. Mais qu'importe! l'effet était là, et indubitable. L'expérience confirma la doctrine. Seulement, en désaccord avec la « pression » de Braid, Spencer-Hall perfectionna son système et produisit les mêmes phénomènes *sans contact*. Une de ses somnambules, exercée à ces expériences, arriva à Paris en

1. Dans un livre de magnétisme, publié par G. P. Billot *en 1839*, on trouvera entre autres les lignes suivantes : « Vendredi 4 février 1832, à 4 heures du soir, Mlle Laure est endormie de suite *par la seule pression de mes doigts sur ses yeux*. Incontinent, elle dit : etc. » (*Recherches psychologiques*, II, 207). Et si un médecin hypnotiseur quelconque désire perfectionner encore et d'une façon vraiment originale la méthode de Lasègue, n'aura qu'à continuer la lecture du passage cité... « Le soir, à 10 heures précises, M. le médecin m'endormira. Il n'est pas nécessaire qu'il vienne ici, ni qu'il me touche; en quelque endroit qu'il se trouve, à l'heure indiquée, *il pressera ses yeux*, comme il fait sur les miens et je m'endormirai. Une demi-heure après, il m'éveillera en pressant tout de même ses yeux. J'ai dit que l'intention fait tout en ceci... »

1845. Elle a été examinée par les magnétiseurs parisiens, qui, plus perspicaces que Braid et Charcot, et surtout ayant une meilleure connaissance du magnétisme, ne se sont pas laissés prendre aux apparences. Voici comment le *Journal du Magnétisme* de l'époque décrit ces essais : « La magnétisée est assise, le magnétiseur lui dirige sur la tête, sans contact et à quelques centimètres de distance, un doigt à l'endroit qui correspond à l'organe phrénologique qu'on veut surexciter. Dans le cas qui nous occupe, c'est l'organe de la *vénération* qui a été désigné, quoique la patiente ne connaisse pas le français : les indications sont données par écrit au magnétiseur (précaution qui n'a jamais été prise à la Salpêtrière) : la patiente presque instantanément se jette à genoux. Sur une autre indication, le doigt fut dirigé sur l'organe de la *mélodie*, et un chant religieux anglais fut aussitôt entonné, puis interrompu par un rire immodéré, causé par la stimulation de l'organe de la *gaieté*. Sur la demande de M. Mathieu, on fit recommencer le chant pour l'interrompre à volonté. L'expérience réussit. La *combativité* stimulée fait entrer la patiente dans une colère extrême contre le magnétiseur : elle se lève avec fureur, lui met une main à la gorge, tandis que de l'autre elle tient une chaise pour l'en frapper. Mais le doigt dirigé sur la *bienveillance* fait cesser cette exaltation par degrés, jusqu'au calme parfait. *L'estime de soi* vient ensuite; la magnétisée se lève, marche, prend des attitudes dédaigneuses, et critique avec amertume l'exécution d'un morceau de musique, qu'on entend à l'étage supérieur. M. Cruxen demande à procéder lui-même ; sur l'affirmation qui lui est donnée, il agit sur la *destructivité*, la magnétisée le saisit aussitôt par l'habit, qu'elle tire avec force en sens divers, de manière à le déchirer. Puis, tout à coup, elle quitte l'habit, porte la main à la montre, qu'elle enlève avec une dextérité étonnante. Le docteur dirige alors son action sur la *vénération*; l'habile voleuse remet la montre où elle l'a prise, se repent et commence à pleurer, mais, en stimulant la *gaieté*, le calme revint sur ses traits... » Séance du 4 septembre. — Relativement aux expériences phréno-mesmériques, qui ont rempli la séance précédente, l'opinion générale de la Société est que la volonté seule est tout dans le développement de ces curieux phénomènes : qu'ils se produisent indépendamment de toute connaissance phrénologique ou idée de location cérébrale. La direction du doigt sur l'organe phrénologique est insignifiante : bien plus, on peut développer un sentiment, en dirigeant le doigt sur un organe diamétralement opposé. »

Il se peut que le sujet en question fût réellement sensible à l'action de la volonté, non exprimée verbalement. Ce qui est certain (car ce détail est mentionné dans le journal), c'est qu'il fut sensible à l'approche de la main. Or les sujets de cette catégorie ne sont pas bien rares, et une pareille sensibilité suffit, — en supposant la connaissance de la phrénologie — à faire naître une association entre l'excitation d'un point déterminé et un groupe de sentiments. Elle expliquerait alors les phénomènes indiqués, sans une action mentale.

6° A peu près à la même époque, il y eut dans les journaux magnétiques une vive discussion au sujet de l'analgésie provoquée, en somnambulisme. Les uns prétendirent qu'elle persiste après le réveil, d'autres qu'elle disparaît avec le réveil, et que, par conséquent, les expériences d'insensibilité hypnotique constituent une pure barbarie. Il semble qu'une pareille question soit facile à résoudre expérimentalement. Certes : mais le malheur est que les expérimentateurs des deux camps obtenaient constamment des résultats contraires. Les sujets des uns ne sentirent rien, malgré le réveil; les autres se plaignirent de vives douleurs. Pour ma part, je n'ai jamais observé ce dernier cas. Une de mes somnambules, opérée par Chiwat dans un état aïdéique, ne savait même pas, dans l'état consécutif au somnambulisme, que l'opération fût déjà faite, et encore moins à l'état de veille. Je crois donc que l'analgésie persistante est, sinon la règle, du moins le cas le plus fréquent, et que, si certains hypnotiseurs l'ont vu toujours disparaître après le réveil, c'est uniquement parce que leurs croyances, leurs craintes surtout, réagissaient sur leurs sujets. « Veuillez et croyez » disait Puységur, et il avait raison. Quoi qu'on en dise, c'est la formule *scientifique* de l'hypnotisme. Elle m'a paru ridicule dans le temps : je la trouve exacte aujourd'hui.

7° Ayant mentionné Puységur, je ne puis laisser passer sous silence une importante tautologie expérimentale, répandue par cet auteur, qui était pourtant un excellent observateur. Elle persiste encore, et les auteurs, directement ou indirectement suggestionnés par lui, obtiennent des preuves expérimentales en faveur d'une idée fausse. On se rappelle, que, dans ma polémique avec l'éminent professeur Pierre Janet, concernant la nature pathologique de l'hypnose, je lui avais accordé un argument sérieux en faveur de sa thèse. Cet argument, le voici : C'est un « fait », au sujet duquel P. Janet n'a pas le moindre doute : il le croit seulement insuffisamment connu, quoique de très grande importance : « quand l'hystérie guérit sérieusement, et non pas seulement en apparence, le somnambulisme et la suggestibilité disparaissent ». (*Automatisme*, p. 446).

Voilà réellement une proposition de grande importance. Si elle est vraie, tous mes arguments en faveur de l'indépendance de la sensibilité hypnotique, comme d'une aptitude *sui generis*, anormale, mais non pathologique, tombent : l'hypnose reparaît de nouveau comme une simple modification de l'hystérie et doit être considérée, sinon comme une névrose toute faite, au moins comme une diathèse hystérique. Je ne vois même pas de raisons suffisantes pour conserver les restrictions de P. Janet lui-même, qui dit : « Faut-il s'arrêter là, et soutenir que le somnambulisme n'est rien d'autre qu'une manifestation de l'hystérie? c'est une opinion qui serait bien exagérée... » Exagérée ou non, elle serait juste en principe, si seulement le fait était vrai.

Mais il n'est qu'une tautologie expérimentale. La disparition de la sensibilité hypnotique après guérison complète de l'hystérie (ou d'une autre maladie quelconque), n'a jamais été observée que par des hypnotiseurs qui se sont imaginé cela. Et c'est un fait extrêmement curieux que cette idéoplastie négative, suggérée involontairement; car elle prouve jusqu'où peut aller la puissance occulte de la tautologie expérimentale.

L'erreur remonte encore à Mesmer. C'est lui qui, le premier, en sa qualité de médecin, jugeait maladif ce qui n'était qu'anormal. Lorsqu'un malade ne réagissait pas à ses manœuvres, il le déclarait exempt d'une maladie nerveuse, et, en conséquence, pensait qu'un homme atteint d'une maladie nerveuse et guéri, ne devrait plus être influençable. Il paraît qu'il modifia ensuite son opinion; mais, considérant toujours le somnambulisme provoqué comme une *crise*, il croyait que cette crise n'avait plus de raison d'être lorsqu'il n'y avait plus de maladie.

Quoi qu'il en soit, il suggestionna dans ce sens ses élèves, et parmi eux Puységur, le principal propagateur de cette idée. Il n'avait pas besoin de les suggestionner à son tour dans le sens propre du mot, car, comme nous le savons déjà, le hasard voulut que son premier sujet fût sensible à l'action mentale, et puis il faut savoir que, si une action mentale directe et immédiate est fort rare, une action lente, indirecte, retardée, est très commune dans l'hypnotisme. Une fois que sa conviction fut cristallisée, elle réagissait sur ses malades sans qu'il s'en doutât, lui apportant de nouvelles « preuves expérimentales »... de son idée préconçue. On la retrouve chez plusieurs auteurs qui ont subi l'influence du *sorcier de Busancy*. C'est ainsi par exemple que Despine dit « les effets du somnambulisme sont nuls chez les personnes bien portantes » (*Somn.*, p. 131). P. Janet a-t-il lu Puységur? Je ne sais; mais en tout cas il a lu Despine, et, s'il croit tout de même avoir agi en observateur absolument impartial, cela peut tenir à une de ces désagrégations entre le moi conscient et inconscient, qu'il a si bien mis en relief dans son livre sur l'automatisme. Et il ne faut pas oublier qu'un de ses sujets principaux (comme j'ai eu l'occasion de m'en assurer personnellement) était directement et immédiatement influençable par l'action mentale. D'ailleurs, comme preuve que P. Janet ne fut pas toujours à l'abri d'une influence suggestive inconsciente, qu'il me permette de citer le détail suivant : après la publication des trois états classiques de Charcot, P. Janet a cru faire mieux, en découvrant l'existence de neuf états différents dont il a publié la description détaillée dans la *Revue scientifique*. N'y voyant qu'une création artificielle, dans le genre de celle de Charcot, je priai P. Janet, à l'occasion de mon séjour au Havre, de provoquer chez Léonie un de ces états, dans lequel, suivant lui, la catalepsie est impossible à obtenir. Ce qu'il fit avec complaisance. Prenant alors la main de Léonie, je soulève son bras, et, sans rien dire, je m'imagine fortement que ce bras va rester en l'air. Quelques secondes ont suffi, pour que la catalepsie se déclarât : le bras resta en l'air, et conserva les positions que je lui imposai. Je n'avais qu'à imaginer le contraire, pour que le bras, légèrement soutenu par ma main, retombât de nouveau inerte. Et il n'est même pas nécessaire d'invoquer, dans tous ces cas, la suggestion mentale, car le sujet peut être suggestionné mécaniquement par l'attitude de la main, que le magnétiseur croie ou non pas à la catalepsie, comme dans les expériences de cumberlandisme.

En résumé, je considère la disparition de la sensibilité hypnotique (en dehors des oscillations naturelles de cette aptitude) comme un phénomène suggéré, ne l'ayant jamais observé dans d'autres conditions. « Les malades nerveux, dit Gessmann, qui, à l'aide de la méthode hypnotique, ont été délivrés de leur mal, conservent, sans aucun changement, leur aptitude à l'hypnose ». (*Magn. und Hyp.*, p. 68).

Et il a raison. Tant qu'il n'y a pas de suggestion contraire, la sensibilité persiste. Je dois ajouter que, d'autre part, j'ai vu la sensibilité hypnotique s'affaiblir notablement à la suite d'une maladie, ou d'une aggravation dans la maladie existante.

8° La facilité avec laquelle on obtient des contractures, chez des sujets prédisposés, a été un des principaux moyens d'études pour les hypnotiseurs modernes et la principale source de toutes sortes d'erreurs. On pourrait composer un volume, rien qu'en citant les diverses découvertes illusoires auxquelles elle a donné lieu. On a imité les expériences de Donato et de Hansen, en s'efforçant de leur donner plus d'exactitude. Mais, faute d'une connaissance spéciale du terrain — connaissance que possédaient Hansen et Donato — et par ignorance de l'histoire du magnétisme, les chercheurs ont été amenés à une tautologie expérimentale sans valeur. « L'aptitude à la contracture par excitation cutanée, disent Binet et Féré, est en général répandue sur toute la surface du corps. Mais il est possible de la limiter à une région déterminée, en excitant de diverses façons les téguments du crâne » (p. 94). Illusion! Il n'y a aucun rapport entre les téguments du crâne et la contracture de divers membres.

Mais on peut former une association idéo-organique entre la pression des divers points de la tête (ou de la plante des pieds) avec la contracture d'un muscle déterminé, ou encore avec l'impossibilité de la contracture d'un muscle déterminé. C'est ainsi peut-être que Vigouroux, ayant échoué dans un premier essai à produire la contracture du deltoïde (tandis qu'il produisit facilement la contracture d'autres muscles), s'imagina que ce muscle possède une résistance spécifique, et, en conséquence, il n'a plus pu obtenir la contracture du deltoïde, qui en général s'obtient plutôt plus facilement que les autres. Nous avons vu que les sujets de Dumontpallier devenaient réfractaires avec leur métal sur la peau. Certains magnétiseurs ne peuvent pas endormir une personne en robe de soie, et Durville ne peut pas contracturer un membre s'il lui présente la main en « position hétéronome ». « Si, pendant qu'une grande hypnotique — continuent Binet et Féré — est en léthargie ou en catalepsie, on fait la friction du vertex, le sujet entre en somnambulisme total, et toutes les parties de son corps acquièrent l'aptitude aux contractures cutanées » (Il ne l'acquiert pas, il l'avait déjà). « Si on fait la contracture latéralement, sur un seul côté de la tête, on provoque un hémi-somnambulisme, localisé au côté du corps correspondant : l'autre moitié ne change pas d'état; on a un hémi-somnambulisme, associé à l'hémi-léthargie ou à l'hémi-catalepsie ». (C'est vrai : seulement les mêmes phénomènes peuvent être obtenus par une friction du côté opposé, si l'on a la conviction qu'en agissant sur le cerveau on doit obtenir une action croisée et si l'association idéo-organique s'est formée en sens contraire. Tel est le cas de Dumontpallier qui exerçait la pression sur les centres moteurs). « Si enfin, au lieu de faire une friction étendue du vertex, on pratique une forte pression avec le doigt, ou un corps mousse (!), sur certains points du cuir chevelu, qui semblent en rapport avec les centres moteurs — c'est le phréno-mesmérisme de Spencer-Hall modernisé) — on détermine le somnambulisme partiel du membre; donc le centre moteur paraît avoir été impressionné. On peut ainsi somnambuliser isolément une moitié de la face, un bras, une jambe, ou les deux bras, les deux jambes, la totalité de la face. Il est même possible de déterminer le somnambulisme isolé de la partie supérieure de la face (!) en excitant un point du crâne situé au-dessus d'une ligne horizontale, passant par l'arcade sourcilière, et en arrière d'une ligne verticale, passant en arrière de l'apophyse mastoïde, etc. » Est-ce assez scientifique, comme précision? Les auteurs en sont enchantés. « Par leur précision, disent-ils, ces expériences sont à l'abri de la fraude ». (De la fraude, oui, de l'illusion, non). Les auteurs n'ont qu'un doute : ils ne savent pas « si ces expériences sont une confirmation des localisations cérébrales, ou si elles s'expliquent par l'existence de zones réflexogènes; cette dernière interprétation, disent-ils, nous paraît toutefois plus vraisemblable » (malheureusement elles sont fausses toutes les deux). « On rencontre, en effet, chez les sujets hystériques hypnotisés, beaucoup de zones dont l'excitation agit à distance par voie réflexe; d'abord les zones hystérogènes, dont la compression provoque l'attaque d'hystérie et l'arrête, quand elle est lancée ». C'est encore une tautologie de CHARCOT; un point hyperesthésié quelconque, lorsqu'il est fortement excité, provoque une douleur; cette douleur peut déterminer une attaque, l'hypnose, ou seulement un cri, et quelques mouvements de défense, suivant les dispositions du sujet. Quelquefois une nouvelle pression pourra occasionner, ou un second cri seulement, avec mouvement réflexe de défense, ou le réveil, ou même l'arrêt de l'attaque. Mais ce dernier cas est excessivement rare, même quand on est très fortement convaincu de l'efficacité de ce moyen. Il échoue toujours, lorsque cette condition fait défaut, et la pression ovarienne reste également inefficace pour la production de l'attaque, si l'ovaire n'est pas hyperesthésié, ou bien si. tout en étant hyperesthésié, on le presse immédiatement après l'épuisement de l'attaque. Les zones hypnogènes du professeur PITRES, n'ont pas d'autres significations. Elles peuvent être plus efficaces, seulement à condition d'une association déjà établie, entre la pression d'un point (quelconque) et la production de l'hypnose. « Puis les zones hypnogènes, distinctes des premières, comme siège et comme effet, dont l'excitation produit et, suivant les cas, modifie, et même supprime, le sommeil hypnotique : viennent ensuite les zones dynamogènes, signalées pour la première fois par l'un de nous, dont l'excitation produit une exagération momentanée de la force musculaire, mesurable au dynamomètre; il existe aussi des zones érogènes, dont nous parlerons plus loin ; enfin HEIDENHAIN, BORN, et en France, DUMONTPALLIER et MAGNIN, ont décrit des zones réflexogènes, dont l'excitation produit chez les hypnotiques des effets moteurs, plus ou moins distants du point de la peau qu'on a excité. Chez quelques sujets de HEIDENHAIN, en tirant la peau de la nuque, dans la région des vertèbres cervicales, on produit par action réflexe un gémissement, dû à une expiration sonore : c'est la répétition sur l'homme de la célèbre expérience de GOLTZ sur les grenouilles... » Malheureusement cette expérience de HEIDENHAIN est impraticable. Jamais un hypnotiseur, n'ayant aucune connaissance de l'expérience de GOLTZ, ne provoquera chez un hypnotisé, également ignorant de cette expérience, un gémissement particulier, en tirant la peau de la nuque, dans la région des vertèbres cervicales.

Voilà, je crois, une collection suffisante, quoique incomplète, des différentes zones... illusiogènes.

9° En face de pareils faits, on peut réellement se demander si l'action des idées inconsciemment préconçues ne s'étend pas davantage, si elle ne dépasse pas le domaine propre de l'hypnotisme?... Pour ma part, je n'en doute pas. L'histoire moderne de nouveaux médicaments, de nouvelles méthodes et théories thérapeutiques est là, pour illustrer abondamment les surprises que nous procure cette puissance occulte. Et le domaine sévère de la physiologie expérimentale en est-il libre? Je crois que, du moment qu'on expérimente sur un être vivant, on n'est jamais à l'abri d'une influence psychique extériorisée. Aujourd'hui encore on ne croit pas au magnétisme, on considère comme des illusions les faits déjà très nombreux d'une transmission mentale, qui, seule parmi les phénomènes hypnotiques, n'a rien à craindre de l'immixtion d'une tautologie expérimentale, pourvu qu'elle soit libre d'une influence suggestive ordinaire. Lorsque ces faits seront enfin reconnus, il faudra bien faire une révision complète de notre savoir physiologique, à ce point de vue particulier, et alors on verra la différence qu'il y a entre une expérimentation vraiment impartiale et une tautologie expérimentale. « Au fond, dit CHARLES RICHET, rien n'est plus difficile qu'une impartiale et attentive observation... Pour bien regarder, les expérimentateurs doivent oublier tout ce qu'ils ont appris, et laisser dans l'ombre toutes les théories ». Cela arrive-t-il en pratique?... Et puis, en supposant cette condition réalisée, ne courrons-nous pas un autre risque opposé? L'abnégation des théories, conduit à un respect exagéré du fait. « Un fait — dit le même physiologiste — bien et complètement observé dans tous ses détails, vaut toutes les théories du monde ». Cette formule était juste avant la découverte de l'hypnotisme, quand on n'avait encore aucune raison pour soupçonner les faits. Aujourd'hui, il faut s'en méfier, autant que des théories. Nous venons de voir qu'un fait « bien et complètement observé dans ses détails », peut être faux, étant réellement et objectivement provoqué par une théorie fausse. Et d'autre part, nous avons vu une théorie relativement fausse, (celle de MESMER au point de vue de son exclusivité physique et objective) conduire à la découverte d'innombrables faits réels. CH. RICHET n'ignore pas cette possibilité. En parlant des idées de MAYER, il dit lui-même : « Ce n'est pas la première fois qu'entre les mains d'un homme de génie une erreur d'interprétation conduit à une grande découverte. » Soyons donc indulgents pour les théories; tâchons seulement d'en avoir toujours deux de contraires, pour pouvoir se réjouir également du triomphe de l'une et de la défaite de l'autre. Ce qui est vraiment préjudiciable pour le progrès, c'est cette uniformité des théories qui règne en ce moment, et ce respect exagéré des faits, cherchés toujours dans la même direction. Plus d'indépendance de la routine, plus de hardiesse dans la reconnaissance des faits, aussi bien que des théories, et surtout moins de « néophobie » : telle est, je crois, la formule, après la découverte de l'hypnotisme. Je me hâte d'ajouter, que c'est, au fond, celle de mon savant ami.

HYPNOTISME DES ANIMAUX

Les animaux étant également hypnotisables, les liens suggestifs entre l'homme et le chien indubitables, on doit se demander si, quelquefois, lorsqu'on a la chance de tomber sur quelques animaux sensitifs (et ils sont peut-être plus sensitifs que nous, sous certains rapports) on n'est pas exposé à une tautologie expérimentale, même dans une vivisection physiologique ordinaire?

Sans rien préjuger, je soumets le fait suivant à la méditation du lecteur : « Vous savez — dit CHARLES RICHET dans sa leçon inaugurale sur la physiologie et la médecine (1887) qu'il y a au cerveau, entre la paroi crânienne et la masse cérébrale, une membrane fibreuse résistante, la dure-mère. Or il se trouve, que cette dure-mère est d'une sensibilité exquise : on ne peut pas la toucher sans que l'animal pousse des cris de douleur. Elle est, je ne dirai pas aussi sensible, mais plus sensible qu'un tronc nerveux. Il n'y a pas dans tout l'organisme, d'organe qui soit plus sensible. Pour qu'un chien supporte sans se plaindre une piqûre ou une déchirure de la dure-mère, il faut qu'il soit profondément chloralisé. Dès qu'il y a en lui la moindre trace de sensibilité, elle est réveillée aussitôt par l'attouchement de la dure-mère. Il semble que rien ne soit plus facile que de constater ce phénomène. Quoi de plus simple que de mettre la dure-mère à nu, de la pincer, et de constater que le chien alors crie et se débat?

« Cependant, il faut croire que cela n'est pas très facile; car il s'est trouvé, il y a cent ans à peine, un très grand physiologiste, un des plus grands assurément, HALLER, qui a reconnu que la dure-mère était insensible. HALLER a étudié la sensibilité de la dure-mère à l'aide d'expériences nombreuses, *mais il était aveuglé par sa théorie de l'irritabilité, qui lui faisait admettre que les parties fibreuses ne sont point irritables.*

« Nous mêmes, dit-il, la dure-mère à nu, nous irritâmes cette membrane avec le scalpel et le poison chimique : l'animal ne souffrit aucune douleur. Sur un chien on a arrosé la dure-mère avec de l'huile de vitriol : l'animal a paru gai...

« L'expérience 62, sur un chat. — La dure-mère découverte fut piquée, irritée, brûlée pendant longtemps, sans que l'animal se plaignit.

« HALLER rapporte une douzaine de cas analogues, et il ajoute : « J'ai fait beaucoup plus d'expériences que je n'en rapporte ici. Il y en avait cinquante de faites en 1750. Elles ont toutes réussi avec la même évidence et sans laisser de place à un doute raisonnable; je les crois suffisantes pour démontrer que la dure-mère est insensible. »

« Eh bien! non, cent fois, mille fois non! La dure-mère est d'une sensibilité extrême. C'est un fait éclatant, facile à voir, incontestable. Nulle partie du corps n'est aussi sensible. Alors comment HALLER n'a-t-il pas vu ce phénomène si évident? Comment expliquer cette colossale erreur en une question si facile? Je ne saurais le dire. Sans doute il avait la vue troublée par sa théorie, *il voulait trouver la dure-mère insensible, et il la trouvait insensible.* Comme nous le faisons probablement aujourd'hui, il voyait, non ce qui est, mais ce qu'il voulait voir. N'est-il pas vrai, messieurs, que c'est inquiétant pour notre science ? Il y a autour de nous des faits aussi évidents que la sensibilité de la dure-mère, et cependant nous ne les voyons pas, parce qu'on ne nous les a pas enseignés. Il y a là un cercle vicieux, dont le savant doit chercher à se dégager. On ne voit que ce qu'on connaît. Mais combien plus intéressant d'apprendre à voir ce qu'on ne connaît pas! C'est aussi beaucoup plus difficile, et bien peu d'hommes ont ce rare talent d'observateurs, de trouver ce qu'ils ne cherchent pas, ce qu'ils ne savent pas, *ce qu'ils n'avaient pas d'abord imaginé* ».

Généralement, en physiologie, on commence par les animaux, pour appliquer ensuite les résultats acquis à l'homme. En hypnotisme la route suivie fut inverse : on vérifie sur les animaux ce qu'on a constaté sur l'homme. Cette vérification est-elle déjà faite? En très petite proportion seulement.

1° On a réussi à provoquer des états, apparemment ou réellement *analogues* à certains états hypnotiques de l'homme, chez l'écrevisse, le crabe, la grenouille, le lézard, le serpent, la salamandre, le coq et la poule, l'oie, le cygne, le pigeon, la dinde, le paon, le canari, l'étourneau, le perroquet, le lapin, le lièvre, l'écureuil, le mouton, le cobaye, le cochon, le chat, le chien, le cheval, le lion, le chameau et l'éléphant.

2° Sous l'influence d'une idée erronée, concernant l'unité nerveuse des espèces, la plupart des auteurs parlent de l'hypnose de l'écrevisse, de la grenouille, etc. Comme si toutes les écrevisses, toutes les grenouilles et même tous les chats et tous les chevaux étaient également sensibles. En vérité ces auteurs *choisissent* les individus, sans s'en douter. Il est probable que les différences individuelles augmentent avec le degré de la hiérarchie animale, sans compter l'influence d'autres facteurs.

3° La simulation n'est pas exclue des expériences faites sur les animaux. Plusieurs d'entre eux « font le mort » pour éviter le danger, auquel ils se croient exposés.

4° Il n'est pas impossible d'appliquer la suggestion aux animaux, malgré le manque de la parole, car 1° certains animaux apprivoisés comprennent un certain nombre de suggestions verbales, et 2° on peut les suggestionner mécaniquement; car une position forcée leur suggère une paralysie, et amène l'impossibilité même des mouvements qui manifestent la douleur : or l'absence des signes de douleur, fait à tort conclure à l'insensibilité. Pour comprendre ce mécanisme, il faut connaître seulement la force des associations idéo-organiques, prépondérantes chez l'animal.

5. La peur (cataplexie de Preyer) provoquée par une subite immobilisation, explique une partie des effets inhibitoires, qui n'ont cependant rien à faire avec la plupart des phénomènes obtenus chez l'homme.

6. On n'a observé chez les animaux rien de semblable à la forme de l'hypnose la plus caractéristique pour l'homme : le somnambulisme. Cela peut tenir d'un côté au manque de la parole, qui rend difficile l'observation, mais surtout, à cette observation générale que j'ai faite et qui me paraît importante : que *l'état de veille des animaux se rapproche beaucoup plus du somnambulisme de l'homme que de son état de veille*.

7. On a observé des états plus ou moins rapprochés de la catalepsie et de la léthargie, ou du sommeil profond avec anesthésie. Sous l'influence suggestive des théories régnantes, un auteur a même cru devoir distinguer le « grand hypnotisme » chez les grenouilles...

8. L'état de fascination, que provoque le serpent chez les grenouilles et les petits oiseaux, se rapproche davantage de la fascination humaine, popularisée par Donato. Cet état a été observé par Harry Vincent, qui dit qu'il ne se manifeste qu'exceptionnellement. Sur cent grenouilles, jetées dans une cage de serpent, six seulement ont été fascinées, les autres sautèrent et cherchèrent à s'évader, jusqu'au moment où elles furent atteintes par le serpent.

9. Quant aux conclusions physiologiques qu'on a cru pouvoir tirer de l'étude de l'hypnotisme chez les animaux, elles dénotent plutôt l'influence des théories régnantes, qu'une recherche vraiment impartiale. Le malheur est que la plupart des auteurs qui se sont occupés de cette question n'ont pas eu une connaissance suffisante, pratique, de l'hypnotisme chez l'homme, ni de la psychologie intime des animaux. On confond donc sous le nom de l'hypnose des états fort différents, et l'on schématise les causes d'après les doctrines, comme s'il s'agissait d'un seul et même état simple. Czermak expérimentait suggestionné par Braid. Il ne voyait que la fatigue visuelle. Stefanowska,

dont certaines expériences sont intéressantes, subit trop l'influence des théories pathologiques de la Salpêtrière. Danilewski et Biernacki sont suggestionnés par une opinion, officielle en Russie, qui assimile l'hypnotisme à l'action des narcotiques. Verworn au contraire ramène tout à la fatigue ordinaire et aux réflexes, et ne voit rien d'hypnotique chez les animaux. Heubel, sous l'influence de l'École de Nancy, ne reconnaît que le sommeil naturel. Suivant Danilewski et Biernacki, il y a dans l'hypnose hyperactivité du cerveau; suivant Stefanowska, il y a hypoactivité; les phénomènes sont pathologiques et absolument les mêmes que chez l'homme. D'après Verworn ils sont absolument différents, quoique normaux. Suivant Heubel, les phénomènes sont produits par l'absence d'excitation; suivant Ch. Richet, par excès d'excitation. Enfin pour Jarricot ils sont en même temps normaux et résultant d'une intoxication carbonique.

Quelques faits sont encore à relever :

1. Heubel constate un état hypnoïde des grenouilles malgré l'ablation des hémisphères. De même, après une section des nerfs optiques, et chez des oiseaux dont les yeux étaient bandés.

Ces faits suppriment la théorie de la fatigue visuelle.

2. Ch. Richet précise les différences qui existent entre l'état hypnoïde d'une grenouille décapitée (moelle sectionnée au-dessous du bulbe) et non décapitée. La première conserve toujours ses mouvements réflexes, et on ne peut l'étendre sur une table sans qu'aussitôt elle retire ses membres postérieurs. Au contraire, les grenouilles non décapitées et tenues au préalable pendant quelques minutes dans la main, conservent, si on les étend sur la table, l'attitude qu'on leur a donnée. Elles peuvent être touchées, remuées, excitées, sans se déplacer, et le son d'un timbre très bruyant, vibrant à côté, ne provoque aucune réaction de l'animal.

3. Plusieurs auteurs ont constaté que, chez la grenouille en état cataleptoïde ou léthargique, la sensibilité cutanée diminue et même disparaît.

4. Chez la grenouille décérébrée, il y a une hyperexcitabilité cutanée très notable.

5. Chez la grenouille décérébrée et cataleptisée, la sensibilité reste la même avant, pendant et après l'hypnose (Danilewski).

6. En humectant les hémisphères, mis à nu, avec des solutions faibles d'excitants médullaires, strychnine et thébaïne, Biernacki croit avoir constaté : *a*) qu'ils rendent plus superficiels les phénomènes hypnotiques, *b* que l'hypnose atténue leur action toxique. L'atropine et la cocaïne semblent au contraire exercer une action favorisante, même chez des grenouilles réfractaires, et la torpeur devient plus profonde chez les grenouilles hypnotisables. En somme, Biernacki voit dans l'hypnose des animaux une hypoactivité de la moelle et une hyperactivité du cerveau. Un fait me paraît particulièrement intéressant, car j'ai eu l'occasion de l'observer chez l'homme, à la suite d'un empoisonnement volontaire, c'est l'atténuation de l'action toxique des poisons, par l'hypnose : il faudrait continuer les recherches dans cette direction.

7. Stefanowska a constaté l'action réveillante des anesthésiques dans l'hypnose. « Elle est constante; elle réussit toujours, sans exception, elle est très rapide. » Il suffit pour le prouver d'introduire, sous une cloche contenant des grenouilles hypnotisées, une éponge imbibée d'éther sulfurique, de chloroforme ou d'alcool absolu. L'ammoniaque agit de même, et aussi l'acide formique à 50°, quoique à un degré moindre [1].

8. Jarricot a exécuté sur une série de grenouilles vertes (*Rana esculenta*) l'ablation de deux poumons. Elles tombaient toutes « en hypnose », presque aussitôt qu'elles étaient mises dans le décubitus dorsal, « même celles qui étaient auparavant réfractaires ». Cet auteur obtint le même résultat en faisant respirer les grenouilles normales dans une atmosphère enrichie artificiellement en acide carbonique [2].

9. Wasniewski a essayé l'action diagnostique de l'hypnoscope chez les animaux. Il constate que cet instrument, si facilement applicable au doigt de l'homme, ne se laisse pas appliquer aux animaux; car ni le simple contact avec la peau, ni la suspension de

1. Dr P. Philips. *Cours théorique et pratique du Braidisme ou hypnotisme nerveux.* Paris, 1860, p. 39.

2. Jean Jarricot. *Les études d'hypnose provoquée chez les animaux. Essai d'une assimilation des états d'hypnose au sommeil naturel, considéré comme une autonarcose carbonique.* Lyon. 1908.

l'hypnoscope' ne donnent 'rien; mais que les animaux sont cependant sensibles aux frottements de la peau (passes) à l'aide d'un aimant, et que, plus cette impressionnabilité (mesurée par les changements de la sensibilité cutanée) est grande, plus les animaux sont faciles à hypnotiser[1].

Pour ma part je mentionnerai un cas d'hypnotisme chez le cheval, qui me paraît intéressant. J'avais été, dans une voiture attelée à deux, faire une excursion de plusieurs kilomètres en dehors de la ville. Les petits chevaux, nouvellement achetés, n'étaient pas encore entraînés pour l'attelage, et l'un d'eux surtout, fort vicieux, m'occasionna beaucoup d'embarras. Arrivé enfin après mille aventures à l'endroit désiré, je fis dételer les chevaux, pour leur donner de l'avoine. Mais le plus vicieux s'échappa, et en bonds furieux parcourut une grande cour de l'endroit. Ayant réussi à m'approcher de lui, dans un moment de tranquillité relative, je me mis à le fixer. Il s'arrêta, et me permit de lui poser une main sur le front, en le frottant légèrement avec le pouce de la même main. A mon grand étonnement, au bout de quelques minutes le cheval s'affaissa et tomba par terre, profondément endormi. Cet état ne dura pas longtemps; bientôt il se redressa de lui-même, mais devint tout à fait calme; de sorte que le reste de la route a pu s'effectuer sans entrave.

C'est le seul cas d'un état analogue à la léthargie de l'homme que j'aie observé chez le cheval. Il est à rapprocher des phénomènes observés par Balassa et autres dompteurs.

Mon impression générale sur les recherches hypnotiques modernes relatives aux animaux est celle-ci :

1° On s'efforce de donner aux faits une rigueur scientifique, mais on oublie qu'une nouvelle catégorie de phénomènes demande l'élaboration de nouvelles méthodes. Celles qu'on applique aujourd'hui sont absolument insuffisantes, car elles négligent une quantité de facteurs subtils qui entrent en jeu.

2° On néglige toujours dédaigneusement les expériences hypnotiques sur les animaux, faites par les anciens magnétiseurs et d'après une méthode (le regard et les passes) qui seule permet une gradation volontaire des phénomènes, met l'animal vraiment entre les mains de l'hypnotiseur, et qui, en outre, permet des expériences thérapeutiques sans sommeil. Les anciennes observations sont souvent superficielles, cela est certain, mais elles ne le sont pas plus que les observations récentes du laboratoire; elles pèchent seulement par d'autres côtés. Les négliger complètement, c'est retarder volontairement le progrès.

3° Pour être exact, il faut noter, en donnant une statistique, toutes les expériences qu'on a faites pour mettre en relief les différences individuelles qui existent chez l'animal comme chez l'homme.

FORMES ET DEGRÉS DE L'HYPNOSE.

On a imaginé tant de classifications, que l'analyse complète dépasserait les bornes de cet article. Elle serait, d'ailleurs, de peu de profit pour le lecteur, et voici pourquoi :

Dans aucun domaine physiologique, la diversité des phénomènes réunis sous un même nom n'atteint ce degré de complexité. Bernheim dit avec raison : « Chaque dormeur a, pour ainsi dire, son individualité propre, sa manière d'être spéciale. » Et il faut ajouter que cet auteur admet une quantité des sujets « hypnotisés » qui ne dorment pas du tout, et qui se comportent aussi chacun à sa manière. C'est très exact. Il est regrettable qu'après cette constatation profonde le chef de l'école suggestionniste retombe dans l'erreur commune. Suggestionné par Liébeault, il se fait l'image personnelle d'une hypnose quasi complète, puis la coupe en morceaux et essaie de nous faire croire que ces morceaux constituent les degrés. Il y en avait huit dans son premier livre, il y en a neuf dans le second. La plupart des auteurs (Forel, Moll) les ont réduits à trois, et c'est plus raisonnable, quoique toujours artificiel. Jamais aucune classification hypnotique ne répondra à l'idée d'une classification naturelle, car, pour cela, il faudrait une certaine stabilité et une généralité suffisante des caractères, et

1. Joseph Wainiewski. *Hypnotyzm u zwierzat.* Warsawa, 1890.

c'est précisément leur mobilité, leur diversité, leur transformabilité qui caractérisent l'hypnose. Et comme la vie psychique tout entière, consciente et inconsciente, participe à ces changements, on voit d'ici la complexité qui en résulte. Ce qu'il y a de stable dans l'hypnose, c'est l'individu. Chaque sujet a son hypnose à lui. Cette hypnose, de forme particulière, se répète, en principe, continuellement chez le même sujet. Elle dépend plus ou moins des méthodes employées, des dispositions momentanées du sujet, de la personnalité du magnétiseur, de ses idées et désirs, des conditions extérieures, mais elle reste, en principe, ce qu'elle est : une manifestation individuelle. Le sujet donne ce qu'il peut donner, ni plus ni moins. La plupart présentent toujours la même phase et le même degré; d'autres sont capables de plusieurs phases et de plusieurs degrés qui leur sont également personnels; ils entrent dans ces états, ou directement, ou graduellement par des phases intermédiaires, mais il est tout à fait inexac de croire que ceux qui présentent l'état hypnotique « le plus élevé » doivent nécessairement présenter aussi tous les degrés précédents.

Et puis, qu'est-ce que le degré le plus élevé? Qu'est-ce encore qu'une hypnose complète? Est-ce celle qui s'accompagne d'une insensibilité absolue? Je connais des somnambules dont le sommeil est amnésique à un degré suprême, et qui gardent la même sensibilité avant, pendant et après l'hypnose. Est-ce l'amnésie la plus complète qui caractérise ce degré suprême? Relativement, oui; mais il y a des sujets amnésiques à l'état de veille, et ceux qui ont une tendance à l'automatisme commettent beaucoup d'actes tout à fait inconscients sans être pourtant endormis. Est-ce la suggestibilité maximale? Certainement, si l'on considère que « tout est suggestion »; mais d'abord la suggestibilité n'embrasse jamais tous les sens, ni toutes les divisions de la vie organique au même degré; et puis les meilleurs sujets « magnétiques » ne sont presque pas suggestionnables. Est-ce la possibilité des contractures au plus haut degré? Assurément, si l'on appuie sur les phénomènes musculaires plutôt que sur les autres; mais il y a des sujets qui présentent ce phénomène à l'état de veille, et qui ne se laissent pas endormir.

Bernheim rattache les plus hauts degrés de l'hypnose à l'*hallucinabilité*. Au septième degré, absence d'hallucinabilité; au huitième, hallucinabilité pendant le sommeil; au neuvième, hallucinabilité pendant le sommeil et après le sommeil. Par conséquent, pour lui, le summum de l'hypnotisme c'est un symptôme d'aliénation mentale provoqué à l'état normal. Heureusement, les huit premiers degrés en sont privés. Que veut dire alors ce caractère appartenant au premier degré : « sensations diverses, telles que chaleur, engourdissement, par suggestion »? Une sensation de chaleur [quand il fait froid, n'est-ce pas une hallucination? Pour moi, l'hallucinabilité, même post-hypnotique, est un phénomène relativement banal, et je crois qu'il serait beaucoup plus juste de considérer comme les plus profonds ces états de l'hypnose dans lesquels il n'y a plus de pensée, hallucinatoire ou non, où l'inertie, l'anesthésie et l'amnésie atteignent leur point culminant.

Mais Bernheim ne connaît pas ces états. Manipulant uniquement avec la suggestion, il n'obtient que ce qu'il suggère, et il ne suggère que ce qu'il connaît.

« Quant à la léthargie, c'est-à-dire l'inertie complète, l'organisme réduit à la vie végétative, je ne l'ai pas observée », dit-il dans son premier livre (*Sug.*, p. 202), et c'était un aveu correct, auquel il n'y avait rien à reprocher. Malheureusement, dans son second livre, publié quelques années plus tard, l'auteur ne garde plus la même réserve; il ne dit plus : « Je ne l'ai pas observée », il dit : « Cela n'existe pas. »

« Cette idée d'inconscience pendant l'état léthargique existe encore chez beaucoup d'observateurs. Elle a été la source de toutes (?) les erreurs qui ont été commises. Le sujet est conscient, il l'est à toutes les périodes, à tous les degrés de l'hypnose (?), il entend ce que je dis, son attention peut être dirigée sur tous les objets du monde extérieur. L'inconscience hypnotique, le coma hypnotique n'existent pas. A son réveil, il ne se souviendra de rien, mais je pourrai évoquer le souvenir de tout ce qui s'est passé en lui et autour de lui (p. 100). »

Il est bon, pour un hypnotiseur, d'être sûr de lui-même. Malheureusement, cela ne suffit pas toujours. L'assurance de l'auteur prouve seulement qu'en 1891, pas plus qu'en 1886, il n'a observé l'hypnose très profonde, avec amnésie complète et difficulté du réveil, en dehors d'une attaque d'hystérie. Ce qu'il décrit, c'est une léthargie apparente, mais non une vraie aïdéie. Et puis, il confond deux choses tout à fait disparates : l'*aïdéie* ou le coma hypnotique, qui est sans pensées et, par conséquent, sans souvenir, même inconscient, et l'*inconscience* hypnotique qui comporte des images, des émotions, des désirs, des pensées inconscientes, lesquels peuvent être remémorés dans un état analogue, ou même différent, à l'aide d'une association suggérée. Ces deux phénomènes sont absolument distincts; le coma hypnotique peut ne pas exister, et l'inconscience hypnotique peut rester un fait acquis, et inversement. On peut admettre le coma, l'aïdéie, et nier l'existence des phénomènes psychiques inconscients. Il y avait des psychologues (ignorant l'hypnotisme) qui, comme J. Stuart-Mill, niaient l'existence de la vie psychique inconsciente, la considérant comme phénomènes physiologiques, et non psychologiques. C'est un point de vue comme un autre; faux, d'après moi, et qui ne se laisse plus défendre ; mais, du moins, ces psychologues étaient conséquents; tandis que Bernheim supprime l'inconscience hypnotique en général, et admet les « autosuggestions inconscientes » (*Sug.*, p. 195). Il faudrait se décider: car les deux thèses sont inconciliables.

Vouloir comprendre l'hypnotisme sans admettre la vie psychique inconsciente, ce serait une tâche un peu difficile.

Liébeault, dont la psychologie ne fut pas de beaucoup supérieure à celle de son éminent disciple, distingue cinq degrés principaux : 1° somnolence ; 2° sommeil léger ; 3° sommeil profond ; 4° sommeil très profond ; 5° somnambulisme. Il ne savait même pas, ce que savait déjà Mesmer, que le somnambulisme ne peut pas constituer le plus profond état de l'hypnose, pour cette simple raison que c'est un état mixte, un réveil partiel, une veille dans le sommeil : autrement ce mot n'aurait pas de sens défini. Inutile de dire que cette classification est purement artificielle. N'était ce dernier mot « somnambulisme », on ne se douterait même pas qu'il s'agit d'une classification de l'hypnose, tellement elle est vague. Et malgré ce caractère vague, qui rend les subdivisions élastiques, on ne sait pas où placer l'état de fascination, la catalepsie, les contractures, les phénomènes hypnotiques à l'état de veille, l'extase, l'automatisme, la léthargie sans rapport, la transe, etc.

Par une classification encore plus vague et plus réduite en même temps, on peut éviter une partie des objections. On pourrait, par exemple, distinguer trois classes :

1° Phénomènes à l'état de veille, avec souvenir ; 2° Phénomènes dans un état différent, avec souvenir dans un état analogue ; 3° Phénomènes dans un état différent de la veille, avec amnésie complète. Car c'est encore la possibilité ou l'impossibilité du souvenir qui rend le mieux compte du degré de l'hypnotisation réalisée.

Une autre classification analogue pourrait être faite au point de vue de la sensibilité cutanée ; une troisième au point de vue de la suggestibilité ; une quatrième au point de vue de la difficulté du réveil, etc. Mais ce serait toujours une schématisation partielle, non générale : et le profit de pareilles classifications restera excessivement relatif.

Mais voici ce qui est possible, et même nécessaire :

Après avoir reconnu l'impossibilité d'une classification naturelle complète, il faut faire une classification volontairement artificielle, mais utile, non pour embrasser toutes les phases de l'hypnose, ce qui n'est pas réalisable, mais pour faciliter une description aussi exacte que possible des hypnoses individuelles.

J'ai un sujet intéressant, et je veux publier les phénomènes qu'il présente ; il s'agit seulement de bien analyser tout ce qui le concerne, de bien faire comprendre au lecteur quelles sont les conditions de chaque phénomène. On est tellement porté, par la nature même de l'intellligence, à une induction du particulier au général, qu'il vaut mieux, au lieu de chercher une nivellation, une unification prématurées, sinon impossibles, tâcher de bien faire, ce qui est plus facilement réalisable, une bonne monographie hypnotique, monographie dans le sens biographique et dans le sens phénoménal. Ces dernières seront plus difficiles, mais encore possibles; tandis que les traités de généralisation, avec leur prétention d'englober tout dans une doctrine, sans appuyer sur les côtés obscurs ou tout à fait incompréhensibles pour le moment, sur les différences individuelles, sur l'application relative de chaque théorie, sur les phénomènes les plus contraires aux théories régnantes; de pareils livres, dis-je, font plutôt du tort à la science.

C'est dans cet ordre d'idées que je fus conduit, il y a une trentaine d'années, à imaginer une classification artificielle, en complétant les 'observations de Braid, classification purement psychologique qui embrasse trois états théoriques :

1° Le polyïdéisme; 2° Le monoïdéisme; 3° L'aïdéisme.

Notre vie psychique est une suite d'idées (dans le sens le plus large de ce mot, c'est-à-dire non seulement d'idées proprement dites, mais d'images, de sentiments, de désirs, de sensations, de volitions, de souvenirs. C'est un flux plus ou moins rapide et plus ou moins large; il se ralentit et s'accélère, se concentre en se rétrécissant, et s'éparpille en s'étendant. Il y a un obstacle naturel qui lui assigne des limites. Est-ce le cerveau? Est-ce une autre cause? Peu importe, puisque nous n'en savons rien. Ce qui est certain, c'est que ces limites existent; à un moment donné, nous ne sommes capables que d'un nombre limité d'idées. Wundt, le grand maître des schématisations scientifiques, a même calculé ce nombre : nous pouvons nous imaginer *douze* idées à la fois, au maximum. Pour ma part, je ne saurais fixer un chiffre, mais je sais qu'il est limité. Il change d'après les individus et les moments; les uns peuvent jouer plusieurs parties d'échecs par cœur, conduire un orchestre ou une armée avec une présence d'esprit extraordinaire; les autres perdent la tête dès qu'il s'agit de penser à deux choses à la fois. Je crois donc que le nombre maximum peut être de vingt pour les uns, et cinq pour les autres. Et encore quelques personnes peuvent compliquer leurs pensées dans une direction, et non dans une autre, suivant leurs aptitudes individuelles, et le degré de l'habitude. La question est tout à fait relative, car elle dépend encore de la définition d'une *idée simple*, et de l'unité de temps dont on se sert, et qui a toujours une durée.

Mais, en schématisant pour notre but spécial, nous pouvons nous servir des approximations.

Les idées, limitées dans leur nombre, se contre-balancent réciproquement; plus elles sont nombreuses, plus il est difficile de les avoir toutes conscientes; les plus fortes prennent le dessus sur les plus faibles, et les autres restent demi-conscientes ou inconscientes. Je n'entrerai pas dans les détails d'une analyse psychologique, nécessaire pour élucider la question de la conscience, opposée à l'inconscience, et qui n'est pas si obscure qu'on le croit généralement. Je me bornerai à ce qui est nécessaire pour la compréhension de divers états hypnotiques.

L'état normal de l'homme, l'état de veille consciente, c'est un état polyïdéique au maximum. A chaque moment de notre activité consciente, nous recevons une foule de sensations provenant en partie de l'entourage, en partie de la superficie de notre corps, en partie enfin de son intérieur. Aux sensations s'ajoutent les souvenirs, les traces plus ou moins nettes des sensations précédentes. De sorte que ce grand nombre d'éléments psychiques coexistant à chaque moment donné constitue, d'un côté, une limitation de la conscience des idées présentes, et, de l'autre, une condition *sine quâ non* de la conscience d'un certain nombre d'entre elles. Mais, en somme, il y a polyïdéie, et la largeur du champ psychique se rapproche plus ou moins du maximum. Dans le somnambulisme, au contraire, il y a toujours un rétrécissement notable du champ psychique. C'est encore un état polyïdéique, mais à un degré beaucoup plus faible. Les idées sont plus claires, parce qu'il y en a moins (Mesmer); et, parce qu'il y en a moins, elles sont plus ou moins inconscientes. Comme critère du degré de l'inconscience, nous n'en avons qu'un seul, mais suffisant : la plus ou moins grande difficulté de remémoration à l'état normal, pris comme type, comme terme de comparaison. Plus un acte est conscient dans tous ses détails, plus il se grave dans la mémoire, et plus sa reproduction est facile. Cette facilité diminue graduellement avec le temps et avec l'afflux des sensations nouvelles; elle est maximale immédiatement après l'acte. Lorsque cet acte eut lieu dans un moment de distraction, il n'est plus remémorable, même immédiatement; nous l'appelons inconscient lorsque cette remémoration est tout à fait impossible.

Le somnambulisme est une distraction, une inconscience systématisée, et isolée plus ou moins de la vie normale. Le champ psychique étant rétréci, un grand nombre d'anneaux d'association manquent, et, par conséquent, la remémoration devient défectueuse, ou même impossible.

Quoique les rapports de ces changements psychiques avec le cerveau nous soient absolument inconnus, nous pouvons nous représenter, pour faciliter la compréhension, que, dans le somnambulisme, il n'y a que certaines parties du cerveau qui sont actives, tandis que le reste de la substance grise est plus ou moins paralysé. A la suite d'une pareille concentration, les idées peuvent être beaucoup plus claires, plus ou moins hallucinatoires, tout en restant inconscientes, c'est-à-dire non remémorables à l'état normal. Cependant, par suggestion, c'est-à-dire par une association artificielle avec un groupe quelconque psychique de l'état de veille, la reproduction peut être effectuée en proportion inverse des différences qui caractérisent les deux états. Lorsqu'elles sont trop grandes, la suggestion post-hypnotique peut manquer.

Le rétrécissement du champ psychique s'accentuant de plus en plus, le sujet cesse de comprendre la plupart des mots usuels, et quelquefois le désir de s'entendre avec l'entourage le détermine à forger des noms nouveaux. En dernier lieu, nous arrivons à un état où (théoriquement) il n'y a plus qu'une seule idée. Elle devient, par cela même, plus forte que jamais, plus claire, plus hallucinatoire, plus irrésistible comme tendance, comme idée-force de Fouillée, plus persistante enfin, *tout en étant absolument inconsciente, c'est-à-dire irreproductible à l'état normal.*

C'est la monoïdéie. Dans cet état, chaque idée devient régnante, chaque image est une hallucination; chaque tendance, un acte; et, une fois réalisé, cet acte persiste et dure jusqu'à ce qu'une nouvelle tendance ou impulsion le remplace. C'est la monomanie hypnotique, l'attraction irrésistible fascinatoire, l'hallucinabilité excessive, l'écholalie, la catalepsie. Cette dernière ne constitue pas un état spécial; elle n'est qu'un des symptômes particuliers de l'état monoïdéique, qui, suivant les individualités, prend différentes formes, actives ou passives. La catalepsie des muscles en est une forme passive.

L'état monoïdéique est le nœud de l'hypnose. C'est autour de lui qu'elle oscille; c'est lui qui conditionne ses phénomènes les plus extraordinaires, tant au point de vue de la perception que du mouvement, l'idée n'étant qu'une création intermédiaire entre les deux (Mesmer).

L'inhibition du cerveau, s'élargissant encore, amène l'état aïdéique, le plus profond, le plus inerte de tous. Il constitue la léthargie de Charcot, moins les caractères particuliers et artificiels qu'il lui attribua, et qui ne présentent pas de valeur générale. Théoriquement, c'est un état simple, toujours le même. En réalité, il présente encore une gamme de nuances individuelles, puisque l'aïdéie, absolue pour nous observateurs, reste relative pour le sujet. Si ce n'est pas un état pathologique provoqué par un épuisement nerveux excessif, il est encore maniable, et il peut même être actif à sa façon dans l'extériorisation de la motricité, suivant l'ingénieuse expression de A. de Rochas. Il s'appelle alors transe profonde, dans laquelle par moment le monoïdéisme, et même le polyïdéisme, peuvent faire éclosion.

Il va sans dire que tous ces états se combinent aussi dans l'hypnose simple, et, si je ne voulais pas effrayer le lecteur par la complexité des phénomènes qui en résultent, j'aurais ajouté que l'état de veille lui-même, tout en restant en apparence toujours polyïdéique, est, en réalité, combiné par moments avec des états passagers mono et aïdéiques. De même, l'état monoïdéique peut être plus ou moins accentué dans la direction de l'activité ou de la passivité, et dans différentes régions, tant sensorielles qu'émotives ou kinésiques. On trouvera dans mon livre sur la suggestion mentale quelques précisions à ce sujet, les autres attendent leur tour dans d'autres monographies.

Cette classification théorique en trois états est nécessaire, quoique insuffisante, pour la compréhension des phénomènes. Même pour une simple description de l'état dans lequel se trouve un sujet donné, elle doit être complétée par une étude des conditions extérieures, somatiques. On dira par exemple que le sujet se trouve dans un état d'aïdéie *tétanique* ou *paralytique*, ou simplement *anesthésique*, suivant l'état de ses muscles et de sa sensibilité. On dira qu'il se trouve dans un état de « polyïdéie active esthésique » lorsqu'il agira spontanément, en conservant ses relations avec le monde extérieur, ou bien de « polyïdéie passive anesthésique » dans les cas de passivité insensible, avec *rapport*, comme dans le sommeil magnétique proprement dit, ou sans *rapport*, comme par exemple dans l'extase.

L'état de fascination sera caractérisé comme un monoïdéisme passif, dont les particularités pourront encore être indiquées par les adjectifs : *dynamogénique, hyperesthésique, paralytique*, et ainsi de suite, suivant les cas.

C'est tout ce que nous pouvons obtenir d'une classification double, combinant d'un côté les caractères psychiques, et de l'autre les caractères physiques. Une classification simple restera toujours insuffisante.

Moyens d'hypnotisation. — Nous pourrons maintenant préciser, au point de vue purement psychologique, en quoi consiste la sensibilité hypnotique. Elle consiste en une tendance vers le monoïdéisme, ou rétrécissement du champ psychique. Où cette tendance naturelle constitutive existe, l'hypnose pourra être provoquée facilement; elle sera impossible où cette tendance fait défaut. Mais, objectera peut-être le lecteur, dans ce cas il n'y aurait pas de différence entre l'hypnose et le sommeil ordinaire? Ce dernier, lui aussi, tend vers une aïdéie (sommeil sans rêves), et manifeste quelquefois des traces certaines de monoïdéisme (vivacité des rêves, hallucinations hypnagogiques d'Alfred Maury)? Cela est exact, en partie; l'analogie existe. Mais : 1° ce monoïdéisme joue dans le sommeil normal un rôle beaucoup moins marqué; 2° il ne se manifeste qu'à la suite d'une fatigue normale du cerveau; il n'existe pas *in potentiâ* à l'état de veille; il ne constitue, chez les non hypnotisables, qu'un phénomène accidentel, passager, relativement rare et sans tendance à persister; tandis que, chez les hypnotisables, il est toujours prêt à se manifester, indépendamment de la fatigue, et d'une façon constante, souvent irrésistible. La moindre secousse psycho-physique le réalise, ou, du moins, provoque des oscillations marquées, et relativement persistantes, entre le polyidéisme normal et l'aïdéie complète. Enfin 3°, — et c'est la différence principale — cette tendance psychique ne va pas de pair (chez les non sensitifs) avec une tendance somatique analogue aux changements brusques et persistants dans la sensibilité, dans la motricité, dans les réflexes, dans la circulation capillaire, dans l'échange des matières, dans l'état allotropique du cerveau. Je m'arrête, sans avoir épuisé les différences essentielles, pour ne pas paraître trop hypothétique.

Bref, cette sensibilité particulière étant donnée, on comprend qu'un moyen quelconque, insignifiant pour les autres, pourra amener un trouble marqué dans la vie psycho-physique d'un sujet, et, parmi ces troubles, les différents états de l'hypnose.

Les moyens de l'obtenir, indiqués par différents observateurs, ne sont pas moins nombreux que les essais de classification. Ils sont intéressants à ce point de vue qu'ils s'unissent d'habitude dans l'idée de leurs défenseurs à une conception personnelle des causes plus propres que les autres à amener le sommeil artificiel, et par conséquent, qui doivent jeter plus ou moins de lumière sur la nature physiologique des phénomènes qui s'y rattachent. Cela paraît juste théoriquement : dans un domaine moins nouveau, moins rebelle aux rapprochements physiologiques, le raisonnement serait peut-être suffisant, ou du moins justifiable. Il n'en est rien cependant. Les moyens ou méthodes, qui, dans certaines circonstances, amènent l'hypnose avec une facilité extrême, ne jettent aucune lumière physiologique sur la nature intime de cet état. En effet, quelles indications théoriques pouvons-nous tirer par exemple de ce fait, que Lasègue provoquait la catalepsie par une pression des globes oculaires, Charcot par un coup de tam-tam, Luys par son miroir rotatif, et Heidenhain par le tic tac d'une montre? Une seule, qui d'ailleurs n'étonnera plus le lecteur, à savoir que, malgré les apparences, tous ces moyens sont peu de chose vis-à-vis de cette condition subjective essentielle : la prédisposition. Avec un sujet prédisposé, tous les moyens sont bons : avec un sujet réfractaire de nature, ils sont tous également mauvais. J'exagère un peu pour être plus clair; mais cette exagération relative ne se rapporte qu'à des circonstances d'ordre secondaire, qui n'ébranlent pas le principe. Malgré son évidence pour moi et, j'ose l'espérer, aussi pour mes lecteurs, ce principe, entrevu déjà par Baümler, est loin d'être connu. On croit toujours faire des progrès, en découvrant des moyens d'hypnotisation de plus en plus efficaces, et avec le manque d'une préparation philosophique et faute d'une connaissance suffisante des méthodes exactes d'observation, on arrive tous les jours à des « découvertes » tout à fait illusoires.

P. Ladame, auteur d'un livre à titre étrange : (*La névrose hypnotique ou le magnétisme dévoilé, étude de physiologie pathologique sur le système nerveux*, Neuchâtel et Genève,

1881, connaît les différences individuelles. Il cite PREYER, qui les a observées chez les cochons d'Inde et les lapins; il mentionne les mérites à ce sujet de BEARD, mais il croit toujours que tout le monde est hypnotisable en principe, et qu'il faut seulement trouver le moyen qui lui convienne le mieux pour l'hypnotiser. Par conséquent, il individualise, ce qui est juste, mais il appuie toujours sur l'importance des moyens, en dénigrant l'importance du terrain.

« Lorsqu'on veut pratiquer l'hypnotisme, dit-il, il faut varier ses moyens d'action pour produire le sommeil. STROBL, qui a une grande expérience des procédés d'hypnotisation, fait depuis quelques mois (!) des essais avec un fil de platine rougi par l'électricité. Les personnes les plus réfractaires résistent difficilement à ce puissant moyen, et l'on peut espérer que les recherches sérieuses (?) qui se font actuellement de tous côtés sur cette question nous doteront tôt ou tard d'un procédé simple et facile, pour produire l'hypnotisme toutes les fois que le médecin désirera son emploi dans le traitement des maladies nerveuses (p. 152). »

Vain espoir! Les « recherches sérieuses » qu'on a faites depuis 1881 n'ont abouti à la découverte d'aucun moyen supérieur, comme efficacité, aux moyens employés aux temps de PUYSÉGUR et de l'abbé FARIA. Ce qui malheureusement a fait des progrès réels, c'est la confusion entre les phénomènes magnétiques et hypnotiques, qui augmenta énormément le nombre des personnes « hypnotisables » à la suite d'une observation défectueuse. On n'est pas arrivé à augmenter le nombre des somnambules, comme on n'est pas arrivé à donner une oreille musicale à celui qui n'en avait pas.

Inutile d'ajouter que depuis 1881 nous n'avons plus entendu parler du fil de platine rougi par l'électricité, et que ce « puissant moyen » doit être placé sur le même rang que le bouchon de carafe de BRAID, le disque hypotaxique de DURAND DE GROS, le miroir rotatif de LUYS, les pentagrammes droits et renversés de PAPUS, la pression sur le vertex de CHARCOT, la plaque chauffée de BERGER, la machine électrostatique avec faradisation unipolaire de WEINHOLD, le courant galvanique de EULENBURG, l'aimant caché dans la poche de MAGGIORANI et les applications *iso* et *éthéronomes* de DURVILLE. Toutes ces méthodes se valent; la plus savante ne donne rien de plus que la plus bête, car l'efficacité des moyens (en dehors de la prédisposition innée et du dressage individuel) consiste uniquement dans l'assurance, dans la foi et la volonté de l'hypnotiseur. La meilleure est celle dans laquelle on a le plus de confiance.

CH. RICHET disait déjà en 1880 : « Toutes les causes que nous indiquons peuvent échouer et échouent, lorsqu'on veut rigoureusement en adapter l'application à tel ou tel individu, qui n'a jamais été endormi. Au contraire, chez les individus sensibles, tout réussit, et la difficulté est inverse. Au lieu de chercher un moyen qui réussisse toujours, il s'agit de trouver un moyen qui échoue toujours, et *on n'en trouve pas.* » (*Somn. prov.*, *Rev. phil.*, 475.)

Je n'ai qu'une objection à faire à ce passage, c'est que l'auteur y oppose les sujets *sensibles* aux individus *qui n'ont jamais été endormis*, il faudrait dire : *réfractaires*.

CH. RICHET conclut que « dans l'état actuel de la science, ce qu'il y a de mieux, c'est d'admettre que plusieurs causes agissent simultanément et concurremment ». Ajoutons que l'une d'elles peut prévaloir sur les autres, dans un cas donné ou à un moment donné, sans pour cela constituer une preuve de son exclusivité spécifique.

CH. RICHET résume les suppositions qui ont été émises à ce sujet en huit hypothèses suivantes :

1° L'hypothèse de l'éclat d'un objet brillant; 2° l'hypothèse de la fixation du regard (avec plus ou moins de strabisme et de spasme de l'accommodation); 3° l'hypothèse de la frayeur; 4° l'hypothèse de l'attention expectante; 5° l'hypothèse d'un fluide particulier au magnétisme animal; 6° L'hypothèse d'excitations monotones, faibles et répétées; 7° L'hypothèse des courants électriques faibles et répétés; 8° l'hypothèse de l'absence d'excitations extérieures.

Aujourd'hui il faudrait ajouter encore : 9° l'hypothèse de la polarité sans fluide; 10° l'hypothèse des points hypnogènes; 11° l'hypothèse de la suggestion, ou de la concentration de l'attention sur l'idée de sommeil; 12° l'hypothèse de la volonté pure et simple.

Après avoir énuméré les huit hypothèses, CH. RICHET les fait suivre de quelques remarques, qui s'appliquent à toutes les douze :

« Aucune de ces causes ne peut être considérée comme définitivement démontrée. Ce sont des mots dont on se paye, quand on ne connait pas la véritable cause, et pour ma part, j'accorderais volontiers que la cause du somnambulisme nous est encore tout à fait inconnue... » Il considère comme probable le concours de plusieurs causes, et il ajoute : « L'attention expectante est favorisée par des excitations visuelles et auditives, qui vont, par leur monotonie et leur répétition, ébranler le système nerveux prédisposé. L'influence de la volonté se traduit peut-être par ce fait, que l'état électrique de la main du magnétiseur se modifie sous l'influence des émotions qu'il ressent et des mouvements qu'il fait. Tout cela, certes, est bien hypothétique, et nos conclusions sont toutes négatives : mais c'est quelque chose que de savoir reconnaître qu'on n'a que des solutions *négatives.* »

Pouvons-nous, après une trentaine d'années, dire quelque chose de *positif?*

Faisons observer tout d'abord que l'idée d'une « cause » des phénomènes hypnotiques, d'une cause simple et spécifique, doit être définitivement abandonnée. L'hypnose n'étant pas toujours la même, la cause de cet état variable et compliqué ne peut également être simple. Et puis, la notion scientifique d'une cause ne doit jamais être simple, car ce que nous nommons cause n'est qu'un ensemble des conditions dont on choisit parfois les principales sous le nom de causes, mais qui, sans le reste des conditions complémentaires, sont en elles-mêmes insuffisantes. Dans une étude expérimentale, nous pouvons seulement avancer pas à pas dans la connaissance des conditions, de plus en plus complète. Lorsqu'elle est complète, notre tâche est finie. La philosophie pourra en tirer d'autres conséquences plus générales, plus profondes, en rassemblant les inductions des différents groupes expérimentaux, mais l'étude expérimentale proprement dite ne peut donner rien de plus.

Résumons donc, ce qui est possible en ce moment, à savoir en quoi consiste la principale condition subjective psychologique de l'efficacité d'une méthode quelconque d'hynotisation ?

« Tous les moyens, et toutes les méthodes capables d'amener un rétrécissement du champ psychique, avec oscillations relativement persistantes, entre la polyïdéie normale et l'aïdéie, peuvent déterminer l'hypnose. » Et cette dernière sera d'autant plus complète ou profonde, que ces oscillations s'éloigneront plus de la polyïdéie normale et se rapprocheront plus de l'aïdéie.

Nous pouvons en même temps faire une contre-épreuve logique et répondre à la question posée par Ch. Richet : le moyen qui échoue toujours n'est pas introuvable. Le voici :

« Toutes les influences qui, par leur nature, soutiennent et raniment la polyïdéie maximale, sont absolument anti-hypnotiques.

Prenons un exemple. Voici un sujet facilement hypnotisable ; mais il est animé par un sentiment qui préoccupe toute son intelligence, éveille des souvenirs, amène les désirs, augmente le nombre des sensations vives et le force à réfléchir sur les déterminations à prendre. Il se trouve dans un état de polyïdéisme actif, plus prononcé que d'habitude : *il est devenu réfractaire.*

Imaginons une foule, présente à une rare solennité patriotique ; on est tout œil, tout oreille ; on éprouve des sensations, les unes plus fortes que les autres, on en a de tous les côtés. Dans cette foule, il y a environ 5 p. 100 des sujets qu'un rien hypnotise à l'état normal, ils sont peut-être plus enthousiastes que les autres, plus absorbés par ce qu'ils voient, à cause de leur tendance au monoïdéisme, mais, en même temps, ils restent dans un état polyïdéique accentué, et aucun magnétiseur au monde, par sa volonté ou son fluide, aucun hypnotiseur, par ses suggestions, ne pourra les hypnotiser. Il y a donc des influences *qui échouent toujours,* celles qui maintiennent le polyïdéisme maximal.

Nous comprendrons maintenant que des excitations faibles, monotones, aussi bien qu'une sensation unique très forte, peuvent déterminer un état hypnotique, car toutes concourent au même but : elles rétrécissent le champ psychique, tantôt en diminuant le nombre des sensations possibles, tantôt en étouffant celles qui existent. Les autres conditions, telles qu'immobilité, passivité, silence, lumière faible, occlusion des yeux ou strabisme artificiel, ne sont que des *rapprochements aux conditions qui accompagnent l'état hypnotique déjà établi.*

Jusqu'à ce moment nous n'avons parlé des moyens propres à provoquer l'hypnose qu'au point de vue de leur efficacité. Il est une autre question, c'est de savoir si ces moyens, à peu près efficaces, sont également bons à d'autres points de vue, et surtout au point de vue de leur utilité pour les malades.

Sous ce rapport les différences sont énormes.

La méthode de Braid, qui a donné de si bons résultats entre les mains du promoteur, grâce à son influence personnelle, est aujourd'hui presque abandonnée; elle est fatigante, souvent nuisible pour le sujet, et toujours dangereuse, parce qu'elle lui crée l'habitude de tomber en hypnose à la suite de la fixation d'un objet quelconque.

La méthode suggestive, la plus répandue encore, présente également plusieurs inconvénients : si elle est moins préjudiciable aux sujets, c'est uniquement grâce aux croyances de ces derniers, que la personne qui endort possède un pouvoir particulier, en dehors de la suggestion; autrement, ils prendraient l'habitude de subir l'influence d'une parole, d'une affirmation quelconque. En même temps, la méthode suggestive n'est qu'une imitation du traitement symptomatique ordinaire, dans lequel la suggestion remplace le médicament. Elle néglige, ou même contrarie, les réactions salutaires de l'organisme, en supprimant, sans discernement, les symptômes critiques.

La méthode des anciens magnétiseurs, la moins répandue, est cependant la plus utile pour les malades. Malheureusement elle est la plus fatigante pour l'opérateur, et tout le monde ne peut pas l'exercer avec profit. Considérée dans ses détails, elle n'est pas sans objection; surtout la fixation du regard, utile quelquefois, quand il ne s'agit que de maîtriser un aliéné, présente presque les mêmes inconvénients que la fixation d'un objet inerte. Aussi peut-on l'éviter dans la plupart des cas, en ordonnant au sujet de fermer les yeux dès le commencement de l'action. L'imposition des mains et les passes sont au contraire toujours utiles, et, dans la plupart des cas, inoffensives.

La méthode excitante de Mesmer lui-même demande cependant une prudence particulière, une connaissance approfondie de la part du magnétiseur et une confiance exceptionnelle du malade. Il est donc préférable de ne pas l'appliquer dans des cas où les méthodes plus douces de ses élèves ont suffisamment prouvé leur utilité.

Et maintenant, pour terminer, ajoutons quelques mots au sujet du rapport qui existe entre les méthodes d'hypnotisation et les causes de l'hypnose.

La nature des différents états que l'on réunit sous ce nom nous est encore absolument inconnue. Il vaut mieux le dire franchement que de perdre son temps à analyser ou combiner les différentes hypothèses arbitraires, plus ou moins ingénieuses, plus ou moins anatomiques, et plus ou moins invérifiables, qui ont été émises à ce sujet. Surtout psychique dans son essence, le phénomène de l'hypnose ne pourra pas être compris physiologiquement, avant une compréhension approximative de la vie psychique générale, du sommeil, de la pensée, de l'activité nerveuse, de la nature psychologique de l'homme, nature qui, d'après les dernières découvertes médiumniques, encore non vérifiées par la science officielle, paraît beaucoup plus compliquée qu'on ne l'avait cru jusqu'à ce moment. Aussi nous bornerons-nous à indiquer aux chercheurs un seul point, qui, suivant nous, présente certaines chances de réussite, ou du moins pourra servir de point de départ à une étude plus approfondie.

Il faut distinguer nettement entre une première manifestation de l'hypnose et les répétitions de cet état.

L'étude des causes nous oblige nécessairement à cette distinction. Les causes d'une première provocation de l'hypnose peuvent être fort différentes : celles des répétitions sont essentiellement toujours les mêmes. Quels que soient les premiers agents déterminants, une fois l'hypnose provoquée, il se forme entre les influences, manœuvres, signes, paroles, d'un côté, et l'état hypnotique de l'autre, une association idéo-organique, plus forte que les associations psychologiques ordinaires à cause de la tendance plus grande vers l'aïdéie, et cette association devient indissoluble. Toutes les fois que les influences données (ou leurs images seulement, car psychologiquement cela revient au même) se présentent, il s'ensuivra la production de l'hypnose ou du réveil, absolument comme le nom : Pierre X provoque l'image connue de Pierre X; avec cette différence toutefois que dans ce dernier cas l'association est purement psycho-physiologique ou même physico-physiologique. L'idée s'associe, non pas avec une autre idée, mais avec un état organique qu'elle provoque. La possibilité de pareilles associations est absolument certaine, et l'on s'apercevra tôt ou tard de l'immense utilité de cette application inattendue d'une théorie purement psychologique, mais qui a fait ses preuves depuis plus d'un siècle, à la physiologie, qui s'obstine encore à être purement anatomique, malgré la valeur très relative des hypothèses correspondantes, qui changent continuellement.

Et il ne faut pas croire que la théorie des associations idéo-organiques n'est qu'une consécration pure et simple de la théorie de la suggestion. Elle le contient et l'explique, mais elle nous donne des vues plus larges et en même temps plus profondes. C'est elle qui, en outre, nous rend compte de l'habitude, des idiosyncrasies enracinées, mais non primordiales, des résistances et des aptitudes spéciales envers beaucoup d'influences et d'actions, tantôt favorables, tantôt défavorables à l'organisme donné, et qui ne se laissent pas justifier par une suggestion proprement dite.

Telles sont, rapidement esquissées, les conditions subjectives des phénomènes hypnotiques.

L'étude des conditions objectives, embrassant la question physique du magnétisme animal, et qui devrait compléter les deux parties de cet article, n'est pas encore assez mûre, pour être exposée dans un dictionnaire de physiologie.

Quant à la bibliographie complète de l'hypnotisme, elle est trop vaste pour pouvoir être donnée. D'ailleurs on trouvera dans le cours de cet article plusieurs indications qui permettront de recourir aux sources. DESSOIR a donné une très bonne bibliographie (1888).

J. OCHOROWICZ.

HYPNOTOXINES. — Nom donné par P. PORTIER et CH. RICHET aux toxines produisant des effets de coma et d'hypnose avant de déterminer la mort. (*Effets physiologiques du poison des filaments pêcheurs et des tentacules des Célentérés. Hypnotoxine*) (*C. R.*, CXXXIV, 1902, 247-248).

HYPOGLOSSE (Nerf grand). — GALIEN rangea déjà ce nerf au nombre de ceux qu'il appelle *duri et motorii* et en fit le nerf moteur de la langue, réservant au seul lingual la faculté de transmettre les impressions sapides. Par contre, BOERHAAVE, se fondant sur ce que l'hypoglosse est exclusivement destiné à la langue, tandis que la 5e paire se distribue à diverses autres parties, regarda le premier comme chargé des fonctions gustatives, tandis que le lingual ne servirait qu'à des mouvements musculaires. WILLIS adopta une opinion intermédiaire : l'hypoglosse, quoique présidant surtout aux mouvements de la langue, n'en aurait pas moins de l'influence sur le goût. VIEUSSENS, MORGAGNI, entre autres, professèrent la même opinion (LONGET, *T. P.*, 1869, III, 584). L'anatomie, l'expérimentation, les observations pathologiques ont donné raison à GALIEN.

Origine réelle et centre cortical de l'hypoglosse. — L'origine réelle du nerf de la 12e paire se trouve dans une longue colonne de substance grise, située en partie au devant et au dehors du canal central, dans la moitié inférieure du bulbe, en partie directement en dessous du plancher du 4e ventricule, de chaque côté de la ligne médiane. Cette partie supérieure de la colonne correspond à ce que l'on appelle l'aile blanche interne ou trigone de l'hypoglosse. Dans le sens vertical les limites du noyau sont assez exactement indiquées par deux plans horizontaux qui rasent les deux extrémités de l'olive bulbaire.

De grosses cellules multipolaires constituent le noyau représentant un prolongement du groupe cellulaire antéro-interne des cornes antérieures de la moelle. Leurs axones vont former les racines du nerf. Quelques-unes de leurs dendrites ou prolongements protoplasmiques vont souvent jusqu'à atteindre le noyau de l'hypoglosse du côté opposé et donnent lieu ainsi, par leur entre-croisement, à la formation d'une commissure particulière, la commissure protoplasmatique, analogue à celle qui existe le long de la moelle épinière entre les cellules radiculaires des nerfs rachidiens (CAJAL).

Existe-t-il un entre-croisement entre les fibres radiculaires du nerf? Admis par OBERSTEINER, il a été nié par KŒLLIKER et MATHIAS DUVAL. Les recherches de MINGAZZINI

(1890) ont en effet montré qu'après l'arrachement ou la section de l'hypoglosse l'atrophie est limitée au noyau du côté correspondant. Déjà avant cet auteur, GANSER, MAYSER, GUDDEN (cités par BECHTEREW, *Les voies de conduction du cerveau et de la moelle épinière*, 1900, p. 235) étaient arrivés au même résultat, en employant la même méthode. VAN GEHUCHTEN, qui avait admis chez le poulet une décussation partielle, conclut maintenant de ses expériences que toutes les fibres de l'hypoglosse sont des fibres directes. Après la section de ce nerf, chez un animal quelconque, on n'observe les modifications réactionnelles connues sous le nom de chromolyse que dans les cellules du noyau du côté correspondant, tandis que toutes les cellules du noyau opposé restent normales. Si l'on arrache l'un des nerfs, ce qui amène non plus seulement la chromolyse, mais la disparition des cellules d'origine, on trouve que toutes les fibres envahies par la dégénérescence wallérienne indirecte (dégénérescence rétrograde de certains auteurs) proviennent de la masse grise du côté correspondant, et qu'aucune d'elles ne se laisse poursuivre jusque dans le noyau du côté opposé (*Anat. du syst. nerveux*, 1900, 529).

M. DUVAL avait décrit à la 12ᵉ paire deux noyaux, l'un principal, l'autre accessoire, situé un peu en avant du premier et s'était appuyé sur l'observation pathologique pour localiser dans le premier le centre des mouvements nécessaires à l'articulation des mots, dans le second celui de la déglutition (*B. B.*, 1879, 239). Un autre noyau accessoire constitué par un îlot de cellules situées à la face externe du noyau principal a été attribué par ROLLER à l'hypoglosse. Mais la participation de ces noyaux accessoires à la formation du nerf n'est plus guère admise et le noyau de ROLLER serait un noyau vaso-moteur.

Les altérations réactionnelles des cellules de l'hypoglosse à la suite de cancers de la langue ont permis à C. PARHON et M. GOLDSTEIN (*Roumanie médicale*, 1900, nᵒˢ 1-2) puis à PARHON et J. PAPINIAN (*Semaine médic.*, déc. 1904) de reconnaître dans le noyau de la 12ᵉ paire une série de groupements secondaires, dont chacun représenterait un centre distinct pour un ou plusieurs muscles de la langue. Les expériences de KOSAKA et JAGITA (*Jahresb. f. Psych. und Neurol.*, 1903, XXIV, 150, cités par PARHON et PAPINIAN) les ont conduits aux mêmes résultats. Nous ne pouvons que renvoyer aux mémoires de ces auteurs pour ces essais de localisation.

Nées de leur noyau, les racines de l'hypoglosse se portent en avant et en dehors en passant entre le réseau central et le réseau latéral du bulbe, puis entre l'olive et le corps para-olivaire interne et émergent, comme les filets moteurs radiculaires des nerfs rachidiens, au niveau du sillon collatéral antérieur, entre la pyramide antérieure du bulbe et l'olive.

Les cellules radiculaires de l'hypoglosse sont en relation au moyen du faisceau pyramidal et particulièrement de son faisceau géniculé avec le centre cortical de ce nerf localisé au niveau de la partie inférieure de la circonvolution frontale ascendante. HOCHE, ROMANOW (cités par BECHTEREW, *loc. cit.*, 569) ont suivi le trajet des fibres pyramidales depuis l'écorce jusqu'au noyau bulbaire. L'expérimentation physiologique démontre d'ailleurs que chacun des centres corticaux de l'hypoglosse doit être en connexion aussi bien avec le noyau du côté correspondant qu'avec le noyau contro-latéral. Les expériences de BEEVOR et HORSLEY, et les figures qui les illustrent font voir aussi que ce centre est relativement étendu et s'irradie à toute l'aire faciale de l'écorce aussi bien chez l'orang (*Philosoph. Trans.*, 1890, CLXXXI, 129) que chez le macaque (*Ibid.*, 81).

Les deux physiologistes anglais ont fait une analyse minutieuse des mouvements de la langue produits par l'excitation des centres corticaux de l'hypoglosse chez le bonnet chinois, et les divisent en : 1° mouvements à représentation corticale bilatérale, 2° mouvements à représentation unilatérale.

Les premiers sont ceux qui restent les mêmes et se font dans le même sens : que l'on excite soit l'un, soit l'autre hémisphère. Ils comprennent les mouvements de protraction directe et de rétraction directe. Quel que soit en effet le centre que l'on excite, après avoir sectionné la langue sur la ligne médiane, chacune des deux moitiés de l'organe exécute exactement le même mouvement, soit en avant, soit en arrière, et avec la même vigueur.

Les mouvements à représentation unilatérale sont 1° celui de protraction avec déviation de la pointe vers le côté opposé ; 2° celui de protraction, la pointe restant du côté correspondant; 3° celui de rétraction vers le côté correspondant (obtenu rarement), 4° celui de rotation autour de l'axe longitudinal, qui s'exécute de telle sorte que le dos de la langue vient s'appliquer sur la joue du côté correspondant.

A la suite de la section de la langue sur la ligne médiane, quelques-uns de ces derniers mouvements présentent des particularités curieuses. Ainsi, si l'on excite par exemple à gauche la zone corticale qui provoque la protraction de la langue avec déviation de la pointe vers le côté opposé, pendant que la moitié gauche dépasse l'arcade dentaire, la moitié droite ne reste pas passive, mais subit un actif mouvement de rétraction. On observe aussi cette même combinaison de mouvements pendant les accès épileptiques, quand la zone en question y participe. Beevor et Horsley comparent ces mouvements associés de la langue à la déviation conjuguée des yeux vers la droite, lorsqu'on excite l'hémisphère gauche.

Dans les mêmes conditions, c'est-à-dire division de la langue sur la ligne médiane et excitation de l'aire corticale gauche, les deux moitiés de l'organe exécutent isolément le mouvement de rotation dont il a été question plus haut, de telle sorte qu'elles arrivent à se superposer, la surface de section de la moitié gauche regardant en haut, celle de la moitié droite regardant en bas (*Philosoph. Trans.*, 1894, CLXXXV B), P. 1, 39.

Grunbaum et Sherrington, dans leurs expériences sur la zone faciale de l'orang, ont signalé aussi un détail qui a son intérêt (*Proceed. of the Roy. Soc.*, 1903, LXXII, 152). Dans deux cas, à la suite de l'excitation de cette région, ces physiologistes ont observé une protrusion de la langue suivie d'une occlusion énergique des mâchoires qui se produisit assez rapidement pour que la langue ne pût pas être ramenée derrière les arcades dentaires et fût saisie entre les dents. Outre que le rapprochement de ce fait avec la production de morsures de la langue chez les épileptiques s'impose, il montre aussi qu'une succession de mouvements commandés par les centres corticaux peut être mal coordonnée.

Si le noyau de l'hypoglosse est soumis par l'intermédiaire du faisceau pyramidal à l'influence cérébrale, d'autres voies d'association le mettent en rapport avec les nerfs sensitifs cérébro-spinaux et sont destinées à lui apporter les excitations réflexes. Les mieux connues sont celles qui l'unissent à la voie sensitive centrale des nerfs bulbaires voisins, glosso-pharyngien, pneumogastrique, trijumeau et qui contribuent à former le riche plexus que l'on remarque autour des cellules radiculaires de l'hypoglosse. Les fibres collatérales qui établissent ces connexions ne viennent pas directement des racines des nerfs sensitifs, mais des fibres qui partent de leurs noyaux terminaux dans le bulbe et qui remontent vers la couche optique et l'écorce (Cajal).

Effets des excitations du nerf. — Les effets de l'excitation de l'un des hypoglosses ont été incidemment étudiés par Heidenhain à l'occasion de ses recherches sur les propriétés pseudo-motrices de la corde du tympan (*A. P.*, 1883, *Suppl.*, 133). L'hypoglosse gauche par exemple étant sectionné et dégénéré, et l'animal étant couché sur le dos, la langue reposant, par conséquent, sur la voûte palatine, si l'on excite le nerf du côté droit, il ne se produit, pour un courant juste suffisant, que de faibles contractions fibrillaires. Si l'on renforce l'excitant, on obtient un mouvement de rétraction de la langue qui en même temps s'incurve à droite. Pour une excitation plus forte encore, l'organe se soulève (en réalité vers le plancher de la bouche) pendant que sa face inférieure s'incurve fortement, puis la langue est projetée en avant de telle sorte que sa pointe dépasse les dents de la mâchoire inférieure, comme si elle voulait lécher la lèvre inférieure droite. J'ai eu souvent occasion de vérifier la description de Heidenhain; cependant j'ai observé aussi parfois dans le mouvement de projection en avant provoqué par un courant fort une véritable torsion de la pointe vers le côté opposé, c'est-à-dire, dans le cas particulier, vers le côté gauche. Quoi qu'il en soit, ce qui est certain, c'est que, suivant l'intensité de l'excitant, des muscles différents entrent en activité.

Beevor et Horsley, dans leurs expériences sur le macaque (*Proceed. of the Roy. Soc.*, 1888, XLIV, 269), insistent surtout sur ce point, sur lequel nous aurons à revenir, qu'à la suite de l'excitation de l'un des nerfs la langue est projetée du côté correspondant et non du côté opposé, et qu'en même temps elle s'aplatit vers sa base. Si l'on sectionne l'organe sur la ligne médiane, les mouvements restent strictement limités au côté correspondant à l'excitation.

ECKHARD (cité par LANDOIS, *T. P*, 1893, 653) a trouvé que, si l'on fait passer à travers le nerf un courant ascendant de moyenne intensité, il se manifeste, à la rupture, une trémulation au lieu d'une contraction dans la moitié correspondante de la langue : le même phénomène s'observe à la fermeture du courant descendant. On a déjà dit plus haut que des trémulations s'obtiennent également avec un courant faradique faible et l'on verra plus loin qu'elles apparaissent aussi après la section du nerf; il semble qu'il y ait dans les muscles de la langue une disposition particulière pour cette sorte de mouvements.

Effets de la section du nerf. — 1° Suites immédiates. — On sait que, si un nerf moteur est paralysé, les muscles du côté sain entraînent, grâce à leur tonicité, les parties auxquelles ils s'insèrent, dans le sens de leur action. C'est ainsi que dans la paralysie du facial droit, par exemple, les traits sont déviés à gauche. Il n'en serait pas de même à la suite d'une paralysie unilatérale de la langue. BIDDER a fait remarquer (*Arch. f. Anat. und Physiol.*, 1842, 110) que quand l'un des hypoglosses est sectionné, la langue est déviée non du côté sain, mais du côté paralysé. Cette déviation, toutefois, ne se manifeste, d'après SCHIFF, que quand la langue est projetée au dehors; au repos elle est plutôt dirigée vers le côté sain, à l'exception de la pointe (*Arch. f. physiol. Heilk.*, 1851, 579). Déjà ABERCROMBIE (1834 (cité par BEEVOR et HORSLEY) professait que, dans les cas d'hémiplégie, la langue est déviée du côté paralysé.

SCHIFF a donné de cette particularité l'explication suivante : quand le génio-glosse se contracte, il porte la langue non seulement en avant, mais vers le côté opposé; pour que l'organe se meuve directement en avant, il faut que les deux génio-glosses se contractent simultanément; mais, si l'un d'eux est réduit à l'inaction, celui du côté sain projette la langue du côté paralysé. BIDDER avait admis que cette déviation est due principalement à l'action unilatérale des élévateurs de l'os hyoïde du côté sain, laquelle aurait pour effet de donner à cet os, et par conséquent à la langue elle-même, une direction oblique par rapport au maxillaire. Cependant BIDDER faisait intervenir aussi dans une certaine mesure l'action, restée sans contrepoids, du génio-glosse sain.

L'interprétation de SCHIFF a été, en général, adoptée par les pathologistes. Pour BEEVOR et HORSLEY elle est inexacte, parce que, comme il a été dit plus haut, l'excitation de l'un des hypoglosses détermine une projection de la pointe vers le côté correspondant, et non vers le côté opposé. Ces auteurs estiment d'ailleurs que le sens de la déviation, dans les observations cliniques, n'a peut-être pas été très rigoureusement établi. Cependant les assertions de SCHIFF et de BIDDER sont bien nettes en ce qui concerne les résultats expérimentaux.

La section des deux nerfs a pour conséquence l'abolition immédiate des contractions volontaires ou réflexes des muscles de la langue. Cependant d'après SCHIFF, quelques mouvements de la racine de la langue en haut et en arrière ne sont pas impossibles, puisqu'ils sont sous la dépendance des muscles stylo-hyoïdiens innervés par le facial : d'autres déplacements de la base de l'organe pourraient être dus aux muscles qui abaissent l'os hyoïde et le larynx.

Quoi qu'il en soit, cette double opération aurait pour conséquence, d'après une opinion généralement accréditée, la paralysie totale des mouvements de mastication et de déglutition. Les auteurs reproduisent volontiers la description qu'a donnée PANIZZA des troubles fonctionnels consécutifs à la section des deux nerfs. Si l'on laisse pendant quelque temps un chien, qui a subi cette opération, sans manger ni boire, et qu'on vienne ensuite à lui présenter une certaine quantité de lait, dit LONGET, d'après le physiologiste italien, l'animal en approche son museau avec avidité, il exécute avec sa tête et sa mâchoire inférieure les mêmes mouvements qu'il ferait pour laper, sans toutefois pouvoir tirer la langue hors de la bouche, si bien qu'après quelques tentatives inutiles il renonce à son entreprise. Alors pèse-t-on le liquide, on en retrouve exactement la même quantité. Si l'on offre à l'animal un morceau de pain trempé dans du lait, il se met à le mâcher; mais à peine est-il divisé qu'il le laisse retomber pour le reprendre encore, le subdiviser et ainsi de suite, jusqu'à ce qu'après l'avoir réduit en petits fragments il l'abandonne. Si la pointe de la langue vient pendant les mouvements de la tête à sortir par l'un ou l'autre angle de la bouche, elle reste dehors sans que le chien puisse la retirer, de sorte que pendant les mouvements de mastication il la mord et pousse des cris de douleur.

La section du nerf hypoglosse paralyse non seulement les mouvements volontaires de la langue et ceux qui concourent à l'acte de la mastication, mais elle annule encore ceux qui aident à l'accomplissement de la déglutition. Si l'on forme un bol avec des débris de pain et de viande et qu'on le mette sur la face dorsale de la langue, malgré tous les mouvements que l'animal exécute, il n'arrive pas à le mâcher et à l'avaler : ou bien il s'échappe de la bouche par suite des mouvements de la mâchoire inférieure, ou bien il se loge entre la langue et l'arcade dentaire, et on l'y retrouve encore après plusieurs heures. La déglutition ne s'opère donc pas, à moins que le bol alimentaire ne pénètre dans le pharynx en y tombant par l'effet de son propre poids, et encore, même dans ce cas, elle ne s'exécute qu'imparfaitement, attendu que le bol comprimé par les constricteurs du pharynx se divise et revient en partie dans la bouche par son orifice postérieur que la langue paralysée ferme d'une manière incomplète. Le même effet a lieu si l'on fait boire l'animal ou si on lui verse un liquide dans la bouche. Il en résulte qu'il faut beaucoup de temps et de patience pour nourrir l'animal auquel on a fait subir cette mutilation et pour l'empêcher de mourir de faim.

Tel est le tableau à peu près textuellement reproduit, et fort sombre, comme on voit, qu'a tracé LONGET de la situation des chiens privés de leurs deux hypoglosses.

STANNIUS (*Arch. f. Anat. und Physiol.*, xv, 132) rapporte aussi qu'il eut beaucoup de peine à maintenir en vie pendant quelques semaines des chats auxquels il avait coupé ces deux nerfs et qu'il fut obligé de les nourrir artificiellement. C'est dans le même sens que s'exprime S. MAYER (*H. H.*, v, (2), 406), probablement d'après les précédents expérimentateurs. Les chiens privés des nerfs hypoglosses, dit également LANDOIS (*T. P.*, 702), ne peuvent plus boire : la langue est pendante et ils la mordent. Cependant, d'après PHILIPPEAUX et VULPIAN (cités par MORAT [1], *T. P.*, II, 213), la mastication et la déglutition ne sont pas tout à fait impossibles. « L'animal au bout de quelque temps arrive à suppléer par des mouvements divers à l'inactivité de la langue. Celle-ci, bien qu'ayant perdu ses mouvements propres, n'est pas pour cela complètement immobile ; mais des mouvements lui sont communiqués par des muscles de la région du cou innervés en partie, tant par le trijumeau que par le facial ou les nerfs cervicaux. »

J'ai fait il y a quelques années, chez des chiens auxquels j'avais coupé les deux hypoglosses derrière l'os hyoïde, des observations qui montrent que les troubles fonctionnels qui résultent de cette opération sont loin d'être toujours aussi graves qu'on les dépeint. Comme je ne les ai pas encore publiées, je les reproduis ici avec quelques détails :

I. Chez un chien, j'ai sectionné, le 19 juillet 1904, l'hypoglosse gauche, puis, le 26 du même mois, l'hypoglosse droit. L'animal reste à jeun jusqu'au lendemain ; on lui présente alors du lait, et, en 10 minutes, sur 220 cc. il n'en avale que 22 cc. Entre 11 h. 1/2 du matin et 3 h. 45 de l'après-midi, il boit encore 97 cc. On lui donne alors de gros morceaux de viande qu'il avale sans grande difficulté après les avoir morcelés. Quelquefois seulement un morceau reste collé sur le dos de la langue ou entre la joue et les arcades dentaires. Le 28 juillet il n'arrive encore qu'à boire 20 cc. de lait en 12 minutes : mais il mange facilement des morceaux de viande et ne les laisse retomber que rarement; puis, en une demi-heure, il avale encore 44 cc. de lait.

II. Le 27 juillet, section des deux hypoglosses. Le lendemain on donne au chien de la viande : il la fragmente mais n'arrive pas à l'avaler; les morceaux restent dans la gueule ou retombent; il ne touche pas au lait qu'on met à côté de lui. Mais le 29, dans la matinée, il boit en 12 minutes 70 cc. de lait; dans l'après-midi de la même journée, il mange facilement de gros morceaux de viande, tant qu'on lui en donne.

III. Un chien opéré le 28 juillet a avalé facilement le lendemain de gros morceaux de viande et bu assez rapidement 45 cc. d'eau. Le 5 août il a bu 70 cc. de lait en 5 à 6 minutes.

IV. Un chien opéré le 18 août ne parvient pas le 20 à boire du lait : il plonge le museau dans le liquide, fait des mouvements de la mâchoire et des lèvres, mais au bout de quelque temps on constate que le contenu du vase est resté intact. On lui donne

1. Je cite de seconde main, parce que je n'ai pu trouver, dans les mémoires à moi connus de PHILIPPEAUX et VULPIAN, les observations signalées par MORAT.

alors de la viande crue en morceaux, il n'arrive pas à les avaler, les introduit dans la bouche, les laisse retomber, les reprend en appliquant avec force le museau contre terre, mais n'aboutit pas. Immédiatement après, on lui jette des fragments de graisse sèche, à surface lisse par conséquent. Après deux ou trois essais infructueux, il arrive à les avaler très régulièrement. On lui donne alors à nouveau de la viande, et il réussit presque toujours à la déglutir, comme s'il avait appris maintenant comment il faut s'y prendre.

V. Un chien opéré le 20 juillet des deux hypoglosses mange et boit seul dès le lendemain. Le 27, dans la matinée, il boit en 10 minutes 127 cc. de lait : cependant on ne le voit pas se servir de sa langue. On lui laisse dans sa cage le reste du lait, soit 149 cc.; dans l'après-midi tout avait disparu. A 4 heures on lui donne de gros morceaux de viande qu'il avale aussi facilement qu'un chien intact. Il est sacrifié ce même jour à 5 heures. A l'autopsie on constate que, si l'hypoglosse droit a été divisé complètement du côté gauche, par contre, un rameau nerveux a échappé à la section, de sorte que l'excitation du nerf gauche provoque encore des mouvements de la langue. Néanmoins le lingual gauche était devenu moteur.

Comme ces animaux étaient destinés à d'autres expériences auxquelles la section des deux hypoglosses servait seulement de préliminaire, je n'ai examiné que par intermittence la façon dont ils arrivaient à se nourrir : mais les indications précédentes suffisent pour montrer qu'ils restent capables d'ingérer non seulement les aliments solides, mais aussi les liquides. Les uns, il est vrai, mettent beaucoup de temps à boire, mais chez d'autres, comme par exemple dans les expériences II et III (pour ne pas parler de l'expérience V dans laquelle la division de l'un des nerfs a été incomplète) l'introduction des liquides se fait encore assez rapidement. Il est probable qu'à la longue elle devient plus parfaite encore. Remarquons en effet qu'il s'agit ici d'animaux récemment opérés. Il n'est pas vrai non plus, comme le dit Landois, que la langue est pendante; au contraire on ne la voit plus apparaître hors de la bouche.

Bidder, chez deux chiens auxquels il avait coupé les hypoglosses en deux temps, à 50 et 56 jours d'intervalle, a fait des observations à peu près semblables (*loc. cit.*). La langue, dit cet auteur, ne peut plus s'incurver en cuillère pour lancer les liquides au fond de la bouche : ceux-ci y sont appelés par les mouvements des lèvres et par la succion. Aussi leur ingestion se fait-elle lentement, quelle que soit d'ailleurs l'avidité de l'animal. Le mécanisme de la succion, invoqué par Bidder, n'est guère vraisemblable, puisque la langue ne peut plus remplir son office de piston; peut-être cependant ces mouvements de la base de la langue en bas et en arrière, qui seraient conservés d'après Schiff, contribuent-ils à appeler les liquides dans la cavité buccale. Voici en réalité, à ce qu'il m'a semblé, comment les choses se passent. L'animal, qui ne peut plus laper, plonge son museau dans le liquide, et ce sont les mouvements brusques et rapides des lèvres et des mâchoires qui projettent le liquide au fond de la bouche où sa présence provoque le réflexe de la déglutition. Quand on lui donne des aliments solides, c'est surtout par des mouvements de la tête de bas en haut et d'avant en arrière qu'il lance les morceaux vers le pharynx, et au bout de quelque temps il arrive à exécuter cette gymnastique avec une grande rapidité.

J'ajouterai encore que Gluge et Thiernesse ont pu, après la double section des nerfs hypoglosses, conserver en vie pendant longtemps des chiens qui continuaient à manger et à boire comme s'ils n'avaient subi aucune opération, bien que cependant ils fussent dans l'impossibilité de laper et que la déglutition fût gênée. (*Journal de la Physiol.*, 1859, II, 686).

2° **Suites éloignées.** — Quelque temps après la section de l'hypoglosse, il se produit deux phénomènes intéressants : 1° le lingual, ou plutôt la corde du tympan, acquiert des propriétés motrices qu'il ne possède pas normalement; 2° la langue devient le siège de mouvements fibrillaires continus. La première de ces deux manifestations ne nous occupera pas ici : elle appartient plutôt à l'étude de la corde du tympan (*Voy.* Facial). Remarquons seulement que cette curieuse modification ne porte pas en réalité sur les fonctions, mais sur les propriétés de la corde du tympan; c'est-à-dire que la paralysie de la langue ne diminue en aucune façon, et qu'il ne reparaît pas, en général, de mouvements réflexes de l'organe, lorsque la corde est devenue motrice. Heidenhain, il est vrai, a pu obtenir parfois des contractions très nettes dans la moitié paralysée de la langue par l'électrisation des filets sensibles du nerf saphène, ou par l'excitation de la muqueuse nasale au moyen de l'ammoniaque. Mais ces résultats ne s'observent qu'exceptionnellement; ils n'ont d'autre intérêt que de montrer que la corde du tympan, devenue motrice après la dégénéréscence de l'hypoglosse, peut être provoquée à l'activité non seulement par des excitations directes, mais aussi, en de rares circonstances, par celles qui agissent sur les origines centrales de ce rameau nerveux.

L'autre phénomène dont nous avons parlé, les contractions fibrillaires spontanées, rentre de plein droit dans notre sujet. Signalées pour la première fois par SCHIFF (*Lehrb. der Muskel und Nerven Physiol.*, 1858-1859, 117), elles débutent généralement chez le chien du 3e au 4e jour après la section de l'hypoglosse; chez le lapin également au bout de 70 heures, parfois après 80 à 84 heures, d'après BLEULER et LEHMANN (*A. g. P.*, 1879, xx, 354). D'abord limitées à quelques régions seulement de l'organe, à la pointe par exemple, elles prennent ensuite une extension de plus en plus grande, en même temps qu'elles deviennent plus vives, du moins jusqu'à la 3e semaine. Plus tard elles paraissent de nouveau s'affaiblir, mais sans cependant disparaître; HEIDENHAIN les a suivies ainsi jusqu'à la 6e semaine, et SCHIFF les a vues persister indéfiniment.

Si l'on examine de près les caractères de ces mouvements, on constate que ce ne sont pas les gros faisceaux musculaires qui sont animés de secousses; il semble que ce soient les faisceaux primitifs qui se meuvent isolément et indépendamment les uns des autres (HEIDENHAIN) : on dirait un mouvement vibratile.

Les trémulations ne dépendent pas de l'intégrité du nerf lingual; car la section de ce nerf ne diminue pas leur intensité, et la section préalable de la corde du tympan ne les empêche pas de se manifester (SCHIFF, *Recueil de Mém. Physiol.*, I. 745).

SCHIFF avait cru voir que 8 à 10 jours après la section de l'hypoglosse, alors que les mouvements fibrillaires sont très prononcés, l'excitation du lingual les arrête, et il pensait avoir ainsi trouvé dans la corde du tympan, puisque c'est elle seule qui est en cause dans ces expériences, un nouvel exemple d'un nerf inhibiteur. Mais BLEULER et LEHMANN ont constaté au contraire que l'excitation du lingual les renforce. HEIDENHAIN a confirmé cette observation, et j'ai souvent eu occasion de la vérifier.

D'après SCHIFF, il faudrait chercher la cause des trémulations fibrillaires dans l'excitabilité exagérée des terminaisons de l'hypoglosse, liée à la dégénérescence progressive de ce nerf, et mise en jeu par le sang. BLEULER et LEHMANN ont montré au contraire que le sang ne peut pas être l'excitant de ces mouvements, puisque l'arrêt de la circulation ne les modifie pas; l'oblitération des carotides primitives, celle des carotides et des sous-clavières, prolongée pendant quelques minutes, fut sans influence; l'excitation et la section du sympathique cervical n'eurent pas plus d'effets. Chez les lapins tués par hémorragie, les trémulations continuèrent 10 à 11 minutes après que la langue eut été excisée, et une fois pendant 22 minutes, après que l'organe eut été introduit dans la cavité abdominale de l'animal, pour l'empêcher autant que possible de se refroidir trop rapidement. HEIDENHAIN a vu également les mouvements persister après la ligature des deux artères linguales : ce n'est qu'au bout de 20 minutes qu'ils commencèrent à s'affaiblir, mais ils n'avaient pas disparu au bout de 40 minutes, et quand, après 42 minutes, la circulation fut rétablie, ils reprirent presque immédiatement leur intensité première.

HEIDENHAIN a étudié aussi l'influence de divers agents sur les trémulations fibrillaires. La curarisation la plus profonde ne les abolit pas, comme l'avaient déjà vu d'ailleurs BLEULER et LEHMANN. La morphine augmente leur activité pendant la période d'excitation, mais les arrête entièrement pendant celle de la narcose profonde. Après une injection intra-veineuse de nicotine (2 cc. d'une solution de 2 gouttes de nicotine dans 100 cc. d'eau) ils se renforcent d'abord pendant que la langue rougit, puis celle-ci se tétanise du côté où l'hypoglosse a été sectionné : dans une 2e période, qui dure de 10 à 12 minutes, la langue devient pâle et les trémulations disparaissent tout à fait : à ce moment l'excitation du lingual n'a plus d'effet ni sur la vascularisation ni sur la motricité de la langue : enfin, dans une 3e période, l'excitation du lingual produit de nouveau la vaso-dilatation, mais non encore des contractions de la langue ; cependant les mouvements fibrillaires ont reparu.

Il n'y a pas de relation directe entre la motricité acquise par le lingual et ces trémulations. La preuve, c'est que le curare abolit celle-là et n'a aucune influence sur celles-ci. D'autre part, comme l'a fait remarquer HEIDENHAIN, il y a une période dans la régénération de l'hypoglosse où ce nerf a repris toute son aptitude fonctionnelle, tandis que le lingual a déjà perdu tout pouvoir moteur sur la langue; néanmoins les contractions fibrillaires persistent encore. Tout porte à croire que les trémulations dépendent d'une excitabilité exagérée de la fibre musculaire elle-même.

Une autre conséquence de la paralysie de l'hypoglosse, c'est une atrophie notable de la langue, limitée à l'une des moitiés de l'organe, si l'un des nerfs seulement a été sectionné : en même temps, le bord correspondant est frangé, déchiqueté, couvert d'ulcérations et de cicatrices, traces des morsures qu'il a subies. A partir de la 3e semaine, on trouve aussi au microscope les altérations caractéristiques des paralysies musculaires : amincissement des faisceaux primitifs, multiplication des noyaux, etc. (HEIDENHAIN).

Action vaso-motrice. — Outre ses fibres motrices, l'hypoglosse contient aussi quelques fibres vaso-constrictives pour la langue. Aussi sa section produit-elle une légère rougeur; son excitation, une faible pâleur de l'organe. Ces fibres lui viennent du ganglion cervical inférieur du sympathique; cependant elles ne sont pas bien nombreuses, parce que ce ganglion n'a pas une influence très marquée sur les vaisseaux de la langue. On a supposé aussi que des filets vaso-moteurs pouvaient provenir directement de l'hypoglosse lui-même, mais il n'y a rien de positif à cet égard (LANGLEY, *Schäfer's T. P.*, 1900, 624).

Sous le nom de rameaux vasculaires, VALENTIN a décrit quelques filets très grêles de l'hypoglosse qui vont se perdre sur la carotide interne : quelques-uns se porteraient sur le côté interne de la veine jugulaire. S'agit-il de fibres vaso-motrices, ou, comme il est plus vraisemblable, de filets sensitifs?

Branche descendante. — Le rôle de ce rameau nerveux a donné lieu à de nombreuses controverses. On sait qu'après s'être anastomosée avec la branche descendante interne du plexus cervical, la branche descendante de la 12e paire fournit des filets aux muscles sterno-hyoïdien, sterno-thyroïdien, omo-hyoïdien. D'après quelques auteurs, la branche descendante de l'hypoglosse est exclusivement constituée par des fibres provenant des nerfs cervicaux et n'en contient pas qui appartiennent en propre au nerf crânien. Il faut remarquer, en effet, que celui-ci, avant de fournir la branche descendante, s'est déjà anastomosée au moment où il croise l'apophyse transverse de l'atlas, avec l'anse qui unit les deux premiers nerfs cervicaux entre eux. C'est BACK qui, en 1835, aurait pour la première fois posé le problème et résolu en ce sens, que toutes les fibres de la branche descendante sont fournies au nerf de la 12e paire par les nerfs cervicaux. Cette opinion a été ensuite reprise et développée par HOLL. D'après cet anatomiste, la branche descendante est composée de deux groupes de fibres. Les unes, supérieures ou descendantes, proviennent de l'anse formée par les deux premiers nerfs cervicaux, suivent le tronc de l'hypoglosse et s'en séparent plus loin pour entrer dans la constitution de sa branche descendante; quelques-unes d'entre elles continuent leur trajet vers la périphérie et abandonnent le nerf pour fournir le rameau du muscle thyro-hyoïdien et celui du génio-hyoïdien. Le 2e groupe de fibres émane des 2e et 3e nerfs cervicaux, et, sous le nom de branche descendante du plexus cervical, se dirige en bas vers l'anse nerveuse de l'hypoglosse. De ces fibres, les unes se réunissent à celles que le groupe précédent envoie à la branche descendante de l'hypoglosse et vont former avec elles les rameaux des muscles sterno-hyoïdien, sterno-thyroïdien, omo-hyoïdien, tandis que les autres se réfléchissent en anse, remontent vers le tronc de l'hypoglosse et contribuent à innerver les muscles thyro-hyoïdien et génio-hyoïdien. En résumé, HOLL conclut que le nerf de la 12e paire se distribue exclusivement aux muscles de la langue, tandis que les muscles sous-hyoïdiens, y compris le thyro-hyoïdien et le génio-hyoïdien, sont innervés par les nerfs cervicaux (*Zeitschr. f. Anat. und Entwicklung*, 1876, III, 82).

Déjà VOLKMANN (*Arch. f. Anat. und Physiol.*, 1840, VII, 501) avait déduit de ses dissections et de ses expériences que les fibres de la branche descendante de l'hypoglosse ne proviennent que pour une très faible part de ce dernier nerf, et que, même chez le cheval, ce rameau devrait être plutôt appelé ascendant, parce qu'il ne fait qu'amener des filets à ce nerf, sans en recevoir de lui. D'autre part, en excitant les racines de l'hypoglosse chez des animaux récemment tués, Volkmann n'obtint de contractions que dans les muscles de la langue, y compris toutefois le thyro-hyoïdien. Frappé de ce fait que la galvanisation du nerf était sans action sur les autres muscles sous-hyoïdiens, il répéta l'expérience sur divers animaux (4 veaux, 2 lapins, 1 chèvre, 1 mouton, 2 chiens), et ne put provoquer que dans 3 cas des mouvements limités au sterno-hyoïdien, deux fois chez le veau, une fois chez le chien. D'où Volkmann conclut que le nerf de la 12e paire ne fournit à sa branche descendante que très peu de fibres motrices et que normalement il n'innerve que le thyro-hyoïdien. On a vu que pour Holl ce dernier est lui-même soustrait à l'influence de l'hypoglosse.

Il est vrai que, si l'on s'en rapporte aux expériences de Volkmann, l'excitation du bout central de la branche descendante de l'hypoglosse, encore adhérente au tronc du nerf, détermine des contractions non seulement dans le génio-hyoïdien, mais aussi dans le génio-glosse, l'hyo-glosse, le muscle lingual. L'excitation des racines du premier nerf cervical, chez un veau récemment tué, produisit aussi un mouvement de projection de la langue avec incurvation de l'organe, de sorte que, pour Volkmann, les muscles intrinsèques de la langue, ou du moins certains d'entre eux, recevraient des rameaux moteurs non seulement de l'encéphale, mais encore de la moelle.

Mais E. Wertheimer (*B. B.*, 1884, 589) a constaté que chez le chien, le chat, le lapin, la branche descendante de l'hypoglosse se détache du nerf avant que celui-ci ait reçu des fibres anastomotiques des nerfs cervicaux; or, si, chez ces divers animaux, on vient à exciter cette branche à l'aide d'un courant faradique, on provoque immédiatement un abaissement de l'os hyoïde, dû à la contraction des muscles sous-hyoïdiens. Cet effet ne peut être dû qu'à des fibres propres du nerf de la 12e paire, puisqu'au moment où celui-ci les fournit il n'a encore contracté aucune connexion avec les nerfs cervicaux. Il est à remarquer que Ellenberger et Baum (*Anat. du chien, trad. franç.*, 1894, 595) donnent des anastomoses de l'hypoglosse avec le plexus cervical une description tout à fait semblable à la précédente. Ces auteurs ne mentionnent d'autres relations entre ces nerfs que celle qui s'établit à la partie moyenne du cou entre la branche descendante de l'hypoglosse et la branche descendante du plexus cervical, laquelle est formée par la racine antérieure ou ventrale du 1er nerf rachidien.

Si, au lieu d'exciter la branche descendante interne, on excite le tronc même de l'hypoglosse, l'action prédominante des muscles propres de la langue élève au contraire l'os hyoïde; et c'est probablement de la sorte qu'il faut expliquer quelques-uns des résultats obtenus par Volkmann.

Une expérience plus décisive encore, faite par E. Wertheimer chez le chien, est celle qui consiste à sectionner ou à arracher les anastomoses qui unissent les nerfs cervicaux à l'hypoglosse, et, après que celles-ci sont dégénérées, à exciter la branche descendante du nerf crânien. Dans ces conditions on obtient encore, avec un courant faible, une contraction bien nette, non seulement dans le muscle thyro-hyoïdien, mais encore dans les faisceaux supérieurs du sterno-hyoïdien et quelquefois dans ses faisceaux inférieurs; quant au sterno-thyoïdien, il paraît exclusivement innervé par les fibres d'origine cervicale, c'est-à-dire médullaire. De ces expériences, qui ont donné un résultat constant, E. Wertheimer a conclu que, chez le chien, le lapin, l'hypoglosse contribue à animer les muscles sous-hyoïdiens.

Parhon et Goldstein ont confirmé ces conclusions par une méthode différente (*Roumanie médic.*, 1899, n° 1144). Ils arrachent sur un certain nombre de chiens la branche descendante de l'hypoglosse et sacrifient les animaux 15 à 25 jours plus tard. En pratiquant ensuite des coupes sériées sur le noyau de la 12e paire, ces auteurs ont trouvé constamment, au niveau de la partie la plus postérieure et externe du noyau, un petit groupe cellulaire assez bien délimité, qui présentait la réaction à distance, tandis que les autres cellules du noyau ne présentaient aucune trace de lésion. Ce groupe cellulaire occupe à peu près la moitié inférieure du noyau. Aucune altération ne s'était manifestée, d'autre part, dans les trois premières racines de la moelle cervicale. Nous sommes ainsi amenés, ajoutent ces expérimentateurs, à une conclusion diamétralement opposée à celle de Holl, c'est-à-dire que chez le chien la branche descendante de l'hypoglosse tire exclusivement son origine de ce dernier nerf.

Plus tard, dans une étude des lésions secondaires du noyau de l'hypoglosse, consécutives au cancer de la langue, chez l'homme, ces mêmes auteurs ont trouvé que la partie la plus inférieure de ce noyau était presque intacte à gauche, bien que, dans la moitié gauche de la langue, il n'existât pas un seul muscle épargné par le processus cancéreux. PARHON et GOLDSTEIN pensent donc que, chez l'homme aussi, cette partie du noyau représente l'origine de la branche descendante. Ils reconnaissent cependant que cette localisation, fondée sur un seul cas, est un peu incertaine (*loc. cit.*)

Par contre VAN GEHUCHTEN (*loc. cit.*, 537), ayant sectionné l'hypoglosse chez le lapin à l'endroit où ce nerf avait déjà abandonné sa branche descendante, a trouvé en chromolyse toutes les cellules du noyau d'origine; ce qui semble prouver que les fibres de la branche descendante ne proviennent pas de ce noyau. En d'autres termes, la branche descendante étant restée intacte, la partie du noyau qui lui appartient aurait dû rester intacte également.

Chez le singe, BEEVOR et HORSLEY (*Procced. of the Roy. Soc.*, 1888, XLIV, 269,) ont constaté que l'excitation du nerf pratiquée en dehors du crâne, juste au dessous du point où il est rejoint par le 1er nerf cervical, provoque, en même temps que les mouvements de la langue, ceux des muscles abaisseurs de l'os hyoïde, si bien que dans certains cas l'abaissement de la langue empêche la projection de l'organe en avant : même résultat si l'on excite le bout périphérique de l'hypoglosse sectionné. Mais, quand on agissait sur le nerf dans l'intérieur du crâne, les effets étaient tout différents : les muscles sous-hyoïdiens restaient au repos. Par conséquent, chez le singe, l'hypoglosse ne fournirait pas de filets aux muscles sous-hyoïdiens; c'est le 1er et le 2e nerf cervical : le 1er plus particulièrement au sterno-hyoïdien et au sterno-thyroïdien, le 2e plus spécialement à l'omo-hyoïdien.

Les expériences récentes de KOSAKA et JAGITA mettent assez bien d'accord ces résultats divergents. L'origine de la branche descendante, d'après ces auteurs « est exclusivement bulbaire chez les oiseaux et chez le lapin, en grande partie bulbaire chez le chien, mais seulement médullaire chez le singe. Il est à penser, d'après cette dernière constatation, qu'il doit en être de même chez l'homme » (cité d'après PARHON et PAPINIAN, *loc. cit.*)

Il n'y a donc guère que les observations de VAN GEHUCHTEN qui restent en contradiction avec celles de KOSAKA et JAGITA.

La branche descendante interne peut fournir anormalement un nerf diaphragmatique accessoire et un rameau cardiaque. On a supposé que ce dernier proviendrait d'une anastomose émanée du pneumo-gastrique. Chez un certain nombre de chiens, E. WERTHEIMER a excité le bout périphérique de l'anse de l'hypoglosse, sans obtenir la moindre modification de la fréquence des battements du cœur. (*B. B.*, 1885, 279) Mais ces expériences ne sont pas décisives, puisque le rameau cardiaque, au dire des auteurs, ne serait pas constant. La branche descendante tout entière pourrait exceptionnellement provenir du pneumo-gastrique.

Sensibilité de l'hypoglosse. — MAYER, de Bonn, a décrit en 1833 au nerf de la 12e paire une racine ganglionnaire chez le bœuf, le porc, le chien ; mais il ne la trouva pas chez toutes les espèces de chiens, et il ne put la découvrir ni chez le chat ni chez le mouton. VULPIAN, qui a consacré un travail spécial à cette question (*Journ. de la Physiol.* 1862, 5), dit avoir examiné les espèces de chiens les plus variées et ne l'avoir jamais vu manquer chez aucune : cette racine existerait aussi constamment chez le chat, mais excessivement ténue. VULPIAN l'a en vain cherchée chez le lapin. Chez l'homme, sur une vingtaine de bulbes rachidiens d'adultes, et sur plusieurs enfants nouveau-nés, le résultat fut négatif; dans un de ces cas cependant, VULPIAN se demande s'il n'a pas eu sous les yeux la racine ganglionnaire, mais il n'ose se prononcer.

Dans l'espèce humaine, il est certain que cette anomalie est excessivement rare. TESTUT n'en rapporte que huit exemples, dont trois personnels, en y comprenant celui de VULPIAN qui est cependant douteux (*Anat. hum.*, 1905, III, 129). Chez l'homme adulte, l'hypoglosse est donc devenu un nerf purement moteur, si l'on fait abstraction de quelques anomalies exceptionnelles.

Toutefois, si l'on se reporte à la période embryonnaire, on constate, comme l'a fait d'abord FRORIEP sur des embryons de ruminants, qu'il se développe à la manière d'un nerf rachidien ordinaire, c'est-à-dire qu'il possède comme ces derniers une racine antérieure et une racine postérieure. Mais la racine antérieure se compose primitivement de trois faisceaux superposés qui correspondent non pas à une, mais à trois protovertèbres distinctes. L'hypoglosse lui-même ne répond donc pas à un seul nerf, mais à trois nerfs rachidiens fusionnés ensemble, dont le dernier seul présente une racine sensitive.

Ces résultats ont été confirmés pour d'autres espèces animales. L'homme lui-même ne fait pas exception à la règle. Chez des embryons humains de $6^{mm},9$ et $10^{mm},2$, His a trouvé annexé à l'hypoglosse un ganglion, qui disparaît d'ailleurs très rapidement. Mais, tandis que chez l'homme la régression de cette portion sensitive est, normalement du moins, rapide et complète, chez nombre d'espèces animales, l'hypoglosse conserve sa racine postérieure. Chez les vertébrés inférieurs, c'est chose fréquente : parmi les mammifères, cette persistance est normale chez les Ruminants, fréquente chez les Carnivores et les Équidés, plus rare dans les autres espèces d'après Froriep et Beck. (voir Cunéo, in *Anat. de Poirier*, 1899, III, 908).

L'assimilation toute naturelle de cette racine ganglionnaire aux racines postérieures des nerfs rachidiens doit s'étendre aussi aux propriétés et aux fonctions de cette racine chez les animaux sur lesquels elle a été rencontrée. Cependant il n'a pas été fait d'expériences méthodiques sur ce point, ou plutôt, si l'on devait se rapporter à celles qui jusqu'à présent ont été tentées, cette assimilation ne serait pas justifiée. Volkmann (*loc. cit.*) dit en effet avoir excité le bout périphérique du filet ganglionnaire chez le veau, et avoir obtenu en un point très limité, sur le milieu du dos de la langue, un mouvement qui se produisait à chaque excitation galvanique. L'expérience, répétée une seconde fois sur la tête d'un veau récemment tué, donna les mêmes résultats. Il est probable que ceux-ci étaient dus à la diffusion du courant, quoique Volkmann déclare qu'il était en garde contre cette cause d'erreur; toujours est-il que l'excitation mécanique ne produisit aucun effet. Cependant dans une 3e expérience Bidder aurait obtenu une contraction par l'excitation mécanique de la petite racine : mais l'épreuve, répétée devant Volkmann, échoua, tandis que la galvanisation eut ses conséquences habituelles. Volkmann a même tiré de ces expériences la conclusion, certainement erronée, que les nerfs moteurs (des muscles striés) peuvent présenter aussi un ganglion sur leur trajet.

D'autre part, Longet dit avoir pu agir sur les filets originels de l'hypoglosse à travers l'espace occipito-atloidien et jamais leur arrachement ne lui parut être accompagné de douleur.

Ce qui est certain, c'est que le nerf est sensible dès sa sortie du crâne, comme l'a noté Stannius qui pratiquait l'arrachement à ce niveau (*loc. cit.*). Si c'est au voisinage de l'os hyoïde que chez le chien ou le chat on divise ou on pince le nerf, la douleur est assez vive pour arracher des cris plaintifs à l'animal. Herbert Mayo et Magendie avaient déjà fait cette observation, confirmée par Longet; ce dernier ajoute avec raison que Panizza est certainement dans l'erreur, quand il affirme que chez le chien l'irritation et l'excision de l'hypoglosse ne sont point douloureuses.

Puisque chez certaines espèces animales ce nerf possède une racine ganglionnaire, sa sensibilité doit trouver, en partie, sa source, dans ses fibres propres : mais elle est principalement empruntée aux nerfs voisins, plexus cervical, pneumo-gastrique, lingual.

Les anastomoses de l'hypoglosse avec les nerfs cervicaux lui apporteraient aussi des fibres sensitives pour les muscles de la langue, de sorte qu'après la section des nerfs sensibles de cet organe, lingual et glosso-pharyngien, il peut conserver encore un reste de sensibilité (Landois, *T. P.*, 702).

Le rameau méningé de Luschka, qui se détache de l'hypoglosse dans le canal condylien antérieur et va se distribuer en partie à l'os occipital, en partie aux parois du sinus occipital, est évidemment un nerf sensible. Il proviendrait, d'après Luschka, du nerf lingual, mais rien ne dit qu'il n'est pas fourni par les nerfs cervicaux ou le pneumogastrique.

C'est au lingual que serait due, d'après Cl. Bernard, la sensibilité récurrente de l'hypoglosse (*Syst. nerv.*, II, 231). J'ai constaté à deux reprises, chez des chiens curarisés auxquels on avait introduit des canules dans les deux conduits de Wharton, que l'excitation de l'un des hypoglosses, au niveau du plancher de la bouche, provoquait une salivation peu abondante, mais bien nette, non seulement du côté correspondant, mais encore du côté opposé. Peut-être ces effets sont-ils dus aux fibres récurrentes du lingual.

D'après Lewin, (cité par Landois), la branche descendante recevrait aussi de ce dernier nerf des filets sensitifs pour les muscles sous-hyoïdiens.

La proximité de l'hypoglosse, nerf moteur, et du lingual, nerf sensitif, la facilité avec laquelle ces nerfs se prêtent aux opérations nécessaires les ont souvent fait choisir comme sujets d'expériences par les physiologistes qui se sont proposé d'examiner les conséquences de la suture des nerfs d'espèce différente.

Mais cette question ressortit à la physiologie générale des nerfs, et non à une étude des fonctions spéciales de l'hypoglosse. On trouvera au surplus les principales indications qui s'y rapportent dans un mémoire récent de E. Wertheimer et Ch. Dubois, sur la suture du nerf lingual et du nerf hypoglosse. (*Arch. intern. de Physiol.*, v, 90).

E. WERTHEIMER.

HYPOPHYSE.

SOMMAIRE

PREMIÈRE PARTIE

ANATOMIE. EMBRYOLOGIE. HISTOLOGIE.

DEUXIÈME PARTIE

PHYSIOLOGIE.

TROISIÈME PARTIE

PHYSIOLOGIE PATHOLOGIQUE.

BIBLIOGRAPHIE.

PREMIÈRE PARTIE.

Anatomie. Embryologie. Histologie.

L'hypophyse, *Hypophysis*, tire son nom de sa position (ὑπό, sous, φύσις, production). (All. *Gehirnanhang*, *Schleimdrüse*; ang. *Hypophysis;* ital., *ipofisi.*) Elle est aussi appelée *corps* ou *glande pituitaire*. Suivant les auteurs, elle a reçu des noms divers, tels que : *glandula pituitaria* ou *pituitosa; lacuna; appendicula cerebri* (Ebel); *glans pituitam exci-*

piens (Vésale); *glande basilaire; glande colatoire; appendice sus-sphénoïdal du cerveau* (Chaussier).

Anatomie. — L'hypophyse est un petit organe glandulaire, à forme variable, généralement ovoïde, placé, comme son nom l'indique, à la face inférieure du cerveau, auquel elle est reliée par la tige pituitaire.

Dans la région médiane de la base de l'encéphale, entre le chiasma, en avant, les bandelettes optiques, sur les côtés, et les tubercules mamillaires en arrière, se trouve une lame grise, *corps cendré* ou *tuber cinereum*, qui forme une sorte de cône, l'*infundibulum*, qui se prolonge obliquement en avant et en bas, pour se terminer par une petite colonne de substance grise qui constitue la *tige pituitaire*. C'est cette colonne, qui a chez l'homme 4 à 6 millimètres de long, qui relie l'hypophyse à la face inférieure du cerveau. Le tuber cinereum et la tige pituitaire, formés de substance grise, ferment, à la partie inférieure, le troisième ventricule.

Chez l'homme, sauf de rares exceptions, la tige pituitaire ne présente un canal central que dans sa moitié supérieure, la moitié inférieure étant pleine; aussi n'y a-t-il pas de communication directe entre le ventricule et l'hypophyse. Comme nous le verrons, il n'en est pas ainsi chez beaucoup d'animaux.

Chez l'homme, l'hypophyse occupe la selle turcique, dans laquelle elle est fixée par une véritable loge ostéo-fibreuse presque complète, un dédoublement de la dure-mère, *tente pituitaire* ou *diaphragme de l'hypophyse*, perforée à son centre pour le passage de la tige pituitaire.

L'hypophyse remplissant la selle turcique présente les rapports suivants : en avant, la paroi osseuse, et, en arrière, la lame quadrilatère du sphénoïde; sur les côtés, les sinus caverneux qui la séparent des carotides internes. A ces rapports il faut ajouter, en avant et en arrière, les deux branches, antérieure et postérieure, du sinus coronaire qui se trouve dans le dédoublement de la tente pituitaire, et qui, par conséquent, est plus en rapport avec la tige pituitaire et la face supérieure de l'hypophyse. Des tractus conjonctifs, ainsi que des vaisseaux, font adhérer l'organe aux parois de cette loge.

Anatomie comparée. — Dans la série animale, les rapports de l'hypophyse ne se présentent pas toujours dans les mêmes conditions; car tantôt elle est complètement emprisonnée dans une loge ostéo-fibreuse, comme chez l'homme, tantôt, au contraire, elle est presque libre. Mais ce qu'il y a d'important, au point de vue biologique général, c'est que cet organe existe toujours, assez développé, dans toute la série des vertébrés. Il y aurait même chez les invertébrés, comme les larves de certains mollusques, de certains vers et échinodermes, une ébauche d'hypophyse représentée par un appareil formé de petites cavités, dans lesquelles pénètre l'eau qui doit arroser le système nerveux central (L. Andriezen).

La glande subneurale de l'amphioxus a de l'analogie avec la glande pituitaire des vertébrés supérieurs, elle est en rapport intime avec le canal bucco-infundibulaire, qui fait communiquer la cavité neurale avec la cavité buccale.

Cet organe a donc une existence générale; aussi W. Müller disait qu'entre l'hypophyse de la myxine et celle de l'homme il n'y avait pas de différence. De cette fixité on ne peut que conclure à l'importance de l'organe.

L. Gentès, qui a étudié, au point de vue morphologique, l'hypophyse chez tous les vertébrés, en a donné une bonne description comparative, que nous allons résumer.

Chez les poissons, elle est très développée et très volumineuse, par rapport au cerveau, et n'est pas renfermée dans une loge ostéo-fibreuse, comme chez beaucoup d'autres animaux.

Chez les batraciens, tels que la grenouille, elle n'est pas très développée; accolée, pour ainsi dire, à la base du cerveau, sans tige pituitaire, elle est vraiment sessile, et par le fait, libre; car le plancher osseux du crâne (os parabasal) ne présente qu'une légère dépression, et non une loge ostéo-fibreuse.

Chez les reptiles sauriens (*Lacerta muralis*, Merr.), l'hypophyse est bien pédiculée, et se trouve enfermée dans une loge ostéo-fibreuse que lui forme la selle turcique. Aussi reste-t-elle adhérente à la base du crâne, lorsque l'on extrait le cerveau. Il en est de même chez *Lacerta viridis*, L.

Chez les oiseaux, l'hypophyse est, proportionnellement, plus petite que chez les poissons et les batraciens ; elle est profondément enfermée dans une loge ostéo-fibreuse, à laquelle elle adhère solidement. La tige pituitaire se rompt lorsqu'on veut extraire le cerveau de la cavité cranienne, et l'hypophyse reste en place.

Chez les mammifères, la situation de l'hypophyse présente de grandes variétés suivant les espèces. C'est ainsi que, chez certains mammifères, elle est solidement enfermée dans une loge profonde formée par la selle turcique, et complétée par la tente de l'hypophyse, percée simplement d'un orifice pour le passage de la tige pituitaire, qui se rompt lorsque l'on extrait le cerveau de la cavité cranienne ; chez certains autres, elle est relativement libre, quoique logée dans la selle turcique, mais le repli de la dure-mère ne forme qu'un diaphragme incomplet, laissant un orifice assez large pour que la glande puisse passer à travers, et suivre le cerveau soulevé.

Ces détails anatomiques ayant de l'importance au point de vue du manuel opératoire, sur lequel nous reviendrons plus loin, il est nécessaire de les connaître.

Chez le cheval, l'hypophyse est volumineuse; elle ressemble à un petit marron aplati de bas en haut. Elle n'est pas, à proprement parler, enfermée dans une loge ostéo-fibreuse, la selle turcique n'étant pas très profonde, mais la tige pituitaire est assez large, et la dure-mère forme un repli constituant un diaphragme assez complet, très adhérent à l'organe.

Chez les bovidés : taureau, veau, l'hypophyse est à peu près aussi volumineuse que, chez le cheval ; elle est enfermée et solidement fixée dans une loge ostéo-fibreuse.

Chez le mouton, même disposition : loge ostéo-fibreuse formée par une selle turcique profonde dans laquelle l'hypophyse est bien enclavée.

Chez le lapin, l'hypophyse est relativement volumineuse ; elle est complètement enfermée dans une loge ostéo-fibreuse, et même la tente formée par la dure-mère s'ossifie quelquefois.

Chez le cobaye, la disposition de l'hypophyse est à peu près comme chez le lapin.

Chez le rat, la disposition diffère un peu au point de vue de la fixation de l'hypophyse. La selle turcique existe bien, mais le repli dure-mérien n'est pas complet, et livre facilement passage à l'organe, lorsque le cerveau est soulevé.

Chez le chat, l'hypophyse est relativement petite, comme chez tous les carnivores, la tige pituitaire est courte, l'organe occupe la selle turcique, sans y être enfermé complètement, mais elle y adhère par sa partie postérieure, son lobe nerveux. Aussi quelquefois, lorsqu'on soulève le cerveau, le pédicule nerveux se rompt, le lobe nerveux peut rester dans la selle turcique, tandis que le lobe épithélial ou antérieur peut adhérer au cerveau.

Chez le chien, l'hypophyse n'est pas très développée, elle est en forme de cône aplati, elle occupe la selle turcique, à laquelle elle adhère seulement par un pédicule vasculo-conjonctif qui passe par son pôle inférieur. Ce pédicule se rompt quelquefois spontanément, lorsqu'on soulève le cerveau, ou, sinon, il est facile à sectionner pour libérer complètement l'organe. Cette adhérence part du rebord postérieur de la selle turcique, pour atteindre la portion postéro-inférieure de l'organe, représentée par le lobe nerveux. Ce qui fait que, comme chez le chat, parfois, en soulevant le cerveau, la portion nerveuse seule peut rester dans la selle turcique, le reste de l'organe accompagnant facilement l'encéphale, car le repli de la dure-mère ne forme qu'un diaphragme incomplet, avec un orifice central large.

Forme, dimensions, poids, couleurs. — Chez l'homme, l'hypophyse a la forme d'une masse ellipsoïde, ovoïde, à grand axe transversal, ou d'un gros haricot disposé transversalement (Paulesco). Sa couleur est grisâtre, ou gris rougeâtre. Un peu aplatie d'avant en arrière, elle a le volume d'un gros pois.

Les dimensions de ses divers diamètres sont les suivantes :

Diamètre antéro-postérieur. millimètres.	Diamètre vertical. millimètres.	Diamètre transversal. millimètres.	Auteurs.
0,006 à 0,008	0,006 à 0,008	0,012	Sappey.
0,008	0,006	0,012 à 0,015	Testut.
0,005 à 0,007	0,005 à 0,007	0,015	Poirier.
0,0068	0,006	0,012 à 0,015	Thaon.
0,008	0,006	0,012 à 0,015	Paulesco.
0,010	0,0035	0,015	Ch. Livon.

Le poids varie plus que les dimensions. Il serait, en moyenne, de 0gr,25 à 0gr,50 pour Cruveilhier, de 0gr,40 pour Sappey, de 0gr,35 à 0gr,45 pour Testut, de 0gr,66 pour Caselli, de 0gr,48 pour Comte et pour Launois, de 0gr,60 pour Poirier et Charpy, de 0gr,59 pour Schönemann, de 0gr,442 pour Ch. Livon. Bien entendu, ces chiffres expriment des moyennes pour individus adultes. Si l'on étudie le poids de l'hypophyse suivant les âges, on trouve de grandes variations.

POIDS SUIVANT L'AGE D'APRÈS SCHÖNEMANN.

	gr.
Chez le nouveau-né.	0,13
A 10 ans.	0,33
A 20 —	0,55
A 30 —	0,67
A 50 —	0,60

POIDS SUIVANT L'AGE D'APRÈS COMTE.

	gr.
De 0 à 1 an.	0,13
De 1 à 10 ans.	0,25
De 11 à 20 ans.	0,51
De 21 à 30 —	0,55
De 31 à 40 —	0,67
De 41 à 50 —	0,61

Le poids de l'hypophyse augmenterait donc jusqu'à un certain âge, 40 ans environ dans les conditions normales, puis commencerait à diminuer. Mais ces chiffres peuvent varier d'une façon notable, si l'on s'adresse à des hypophyses recueillies sur des cadavres d'individus adultes, d'âges divers, ayant succombé à des infections aiguës ou chroniques. Launois, qui a étudié cinquante hypophyses d'hommes et cinquante de femmes, a trouvé les résultats suivants :

POIDS DE L'HYPOPHYSE CHEZ 50 HOMMES ADULTES.

Numéro.	Age. Années.	Maladie ayant causé la mort.	Poids de l'hypophyse. Centigrammes.
1	35	Tuberculose pulmonaire	78
2	60	Hémorragie cérébrale	54
3	27	Tuberculose pulmonaire.	53
4	64	— —	33
5	22	Méningite tuberculeuse	43
6	27	Tuberculose pulmonaire	68
7	56	Pleuro-pneumonie.	76
8	63	Cancer du foie	55
9	66	Hémorragie cérébrale.	59
10	56	Cancer du pylore.	32
11	21	Tuberculose pulmonaire.	67
12	80	Sénilité.	38
13	50	Tuberculose pulmonaire.	67
14	45	Hémorragie cérébrale.	74
15	35	Tuberculose pulmonaire.	61
16	40	Paralysie générale progressive. . . .	79
17	40	Diabète pancréatique	52
18	42	Méningite tuberculeuse.	89
19	75	Hémiplégie	68
20	31	Delirium tremens	67
21	30	Tuberculose pulmonaire.	74
22	62	— —	53
23	77	Ramollissement cérébral.	75
24	30	Tuberculose pulmonaire..	75
25	40	Lymphadénie	34
26	30	Œdème de la glotte..	49
27	38	Congestion pulmonaire	60
28	30	Tuberculose pulmonaire.	67
29	30	— —	65

Numéro.	Age. Années.	Maladie ayant causé la mort.	Poids de l'hypophyse. Centigrammes.
30	32	Congestion pulmonaire	55
31	48	Pleurésie purulente..	57
32	24	Tuberculose pulmonaire.	55
33	23	Méningite cérébro-spinale.	42
34	43	Tuberculose pulmonaire.	65
35	40	Néphrite aiguë.	52
36	57	Emphysème pulmonaire..	49
37	29	Tuberculose pulmonaire.	65
38	53	Cancer de l'estomac.	50
39	70	Hémiplégie gauche	65
40	50	Cancer du foie.	47
41	50	Anévrysme de l'aorte	52
42	42	Néphrite tuberculeuse	57
43	53	Cirrhose atrophique.	55
44	37	Pleurésie purulente..	42
45	36	Tuberculose pulmonaire.	73

POIDS DE L'HYPOPHYSE CHEZ 50 FEMMES ADULTES

Numéro.	Age. Années.	Maladie ayant causé la mort.	Poids de l'hypophyse. Centigrammes.
46	64	Hémiplégie.	71
47	60	Maladie de Paget	62
48	24	Tuberculose pulmonaire	74
49	38	— —	70
50	52	Hémorragie cérébrale.	68
1	41	Tuberculose pulmonaire	42
2	42	Hémorragie cérébrale	78
3	66	Myocardite.	60
4	40	Tuberculose pulmonaire.	44
5	30	— —	69
6	32	— —	58
7	50	Hémorragie cérébrale.	90
8	53	Broncho-pneumonie	57
9	28	Infection puerpérale	65
10	59	Myocardite scléreuse..	40
11	60	Néphrite chronique.	52
12	45	Tuberculose pulmonaire.	62
13	32	Infection puerpérale	85
14	43	Myocardite scléreuse	54
15	71	Tumeur thyroïdienne.	51
16	60	Kyste de l'ovaire.	93
17	44	Anévrysme de l'aorte.	55
18	48	Hémorragie cérébrale.	120
19	58	Œdème aigu du poumon..	80
20	68	Cancer de l'utérus.	67
21	29	Tuberculose pulmonaire	58
22	42	Cancer du côlon	60
23	67	Pneumonie.	77
24	63	Asystolie.	49
25	35	Tuberculose pulmonaire	61
26	38	— —	57
27	45	— —	56
28	26	— —	74
29	20	— —	60
30	26	— —	83
31	35	— —	55
32	50	Néphrite chronique.	60
33	40	Asystolie (Maladie mitrale).	50
34	26	Tuberculose pulmonaire	70
35	32	Infection puerpérale..	62
36	29	Tuberculose pulmonaire.	69
37	49	Hémiplégie.	68

Numéro.	Age. Années.	Maladie ayant causé la mort.	Poids de l'hypophyse. Centigrammes.
38	39	Asystolie. Néphrite.	58
39	60	Asystolie (lésion mitrale	42
40	41	Tuberculose pulmonaire	75
41	50	Broncho-pneumonie	61
42	51	Cancer du pylore.	60
43	40	Endocardite..	45
44	30	Tuberculose pulmonaire.	66
45	52	Cancer de l'utérus.	48
46	71	Sénilité..	52
47	40	Tuberculose pulmonaire.	70
48	28	— —	59
49	44	Pleurésie purulente.	63
50	30	Pneumothorax tuberculeux.	67

De l'étude de cette statistique il résulte, d'après Launois, que le poids moyen de l'hypophyse de l'homme adulte est de 58cgr,80, et que le poids moyen de l'hypophyse de la femme adulte est de 60cgr,10.

Mais il faut défalquer le poids des hypophyses des tuberculeux et des hémorragiques cérébraux, qui ont, généralement, des hypophyses volumineuses. On arrive alors à trouver un poids moyen de 0gr,48 pour un âge de 50 ans et demi. Le poids moyen, dans les onze cas d'hémorragie cérébrale, a été de 0gr,755.

Caselli, sur cent hypophyses pesées sur des sujets d'âges variés, morts à l'asile d'aliénés de Reggio, arrive à trouver une moyenne de 0gr,667 pour les hommes, et 0gr,731 pour les femmes. Il n'a pas constaté de rapport suivant l'âge, car il a obtenu des différences notables. Pour lui, l'hypophyse est d'autant plus petite, que le poids du cerveau est plus grand, et réciproquement.

Non seulement le poids de l'hypophyse paraît plus élevé chez la femme que chez l'homme, mais encore, sous l'influence de la grossesse, cet organe prend des proportions beaucoup plus grandes. Ainsi, Comte a vu chez des femmes, vers la fin de la grossesse, l'hypophyse atteindre les poids suivants :

Age. Années.	Poids de l'hypophyse. gr.
29	1,090
23	0,730
38	1,265
27	1,175
21 1/2	0,665
39 1/2	0,540

Launois et Mulon, Thaon ont fait des constatations identiques au point de vue de l'augmentation de l'hypophyse pendant la gestation.

Il n'est nullement question ici du poids que peut atteindre l'hypophyse dans l'acromégalie : ce poids devient alors quelquefois énorme : 30 grammes.

Le poids spécifique de l'hypophyse serait, d'après Poirier, de 1,0657.

Relativement l'hypophyse est moins développée chez l'homme que chez les autres animaux.

Poissons. — Chez la carpe, l'hypophyse a une forme ellipsoïde, elle est très allongée dans le sens antéro-postérieur. Elle a un aspect lobulé, sa couleur est rougeâtre. Chez le silure, elle a une forme ovoïdale, mais elle est moins allongée que chez la carpe. Chez le brochet, elle est relativement plus petite, elle a une forme pyramidale.

Batraciens. — L'hypophyse est sessile sur la grenouille ; relativement volumineuse, elle est de la grosseur d'une tête d'épingle ; aplatie de haut en bas, elle a la forme d'une lentille.

Reptiles. — Tortue et couleuvre ; chez ces animaux, l'hypophyse présente les mêmes caractères que chez les batraciens.

Oiseaux. — Poule. Chez cet animal, l'hypophyse est comparativement plus petite que chez les poissons et les batraciens, elle a la forme d'une pyramide à base supérieure. Chez le coq son poids moyen est de 0gr,0133, le poids moyen de l'encéphale étant de 3gr,32 (Fichera).

Mammifères. — Chez le cheval, l'hypophyse est volumineuse, d'un jaune rougeâtre, elle a la forme d'un petit marron aplati de haut en bas, sans prédominance réelle du diamètre transverse sur le diamètre antéro-postérieur.

Ch. Livon, qui a fait un certain nombre de mensurations et de pesées, a trouvé les chiffres suivants :

HYPOPHYSES DE CHEVAL.

Diamètre transverse. millimètres.	Diamètre antéro-postérieur. millimètres.	Diamètre vertical. millimètres.	Poids. gr.
0,022	0,020	0,010	3,070
0,020	0,019	0,008	2,050
0,017	0,018	0,008	1,760
0,020	0,018	0,007	2,050
0,017	0,018	0,0065	1,455
0,022	0,020	0,008	2,595
0,017	0,019	0,007	1,660
0,018	0,018	0,008	2,000
0,019	0,018	0,010	2,175
0,018	0,018	0,010	2,195
0,019	0,018	0,009	1,840
0,019	0,018	0,008	1,710
0,018	0,018	0,011	2,470
0,019	0,019	0,009	2,307
0,017	0,018	0,011	2,190
0,018	0,016	0,008	1,565

Donc on peut dire qu'en moyenne l'hypophyse du cheval a les dimensions suivantes : 0,0187 pour le diamètre transverse; 0,0183, pour le diamètre antéro-postérieur, et 0,0086 pour le diamètre vertical ; son poids moyen est de 2^{gr},068.

Le poids moyen de l'hypophyse chez le taureau est de 3^{gr},35; chez le buffle non châtré, Fichera l'a trouvé en moyenne de 1^{gr},80. Chez la vache, Thaon et Garnier l'ont trouvé de 3^{gr},80. Chez le veau, l'hypophyse présente à peu près la même forme et les mêmes dispositions que chez le cheval.

En somme, chez les bovidés, l'hypophyse est assez volumineuse.

Chez le mouton, l'hypophyse a une forme assez irrégulière à grand diamètre antéro-postérieur, sa face supérieure est plane et présente ceci de particulier, c'est que sa partie médiane est formée par le lobe nerveux, ainsi à découvert, les côtés étant constitués par le lobe glandulaire, ayant l'aspect de deux haricots allongés, séparés par le lobe nerveux. Sa face postéro-inférieure a l'aspect d'une carène s'enfonçant profondément dans la selle turcique.

Ses dimensions moyennes sont, d'après Ch. Livon : Diamètre transverse 0,010 millimètres; diamètre antéro-postérieur 0,0125; diamètre vertical 0,0085 à la partie médiane qui correspond à la carène. Son poids moyen, pour un encéphale de 110 grammes environ est de 0,666 milligrammes; Thaon a trouvé 0,600 milligrammes.

La couleur est différente, comme chez beaucoup d'animaux, suivant le lobe; le lobe glandulaire est jaune-rouge ; le lobe nerveux gris-rouge.

Dans ses études comparatives sur le développement de l'hypophyse, Ch. Livon a examiné un certain nombre d'organes chez des fœtus d'agneau d'âges différents et, les comparant au poids de l'encéphale, il a trouvé les chiffres suivants :

FŒTUS D'AGNEAUX.

Poids du cerveau. gr.	Poids de l'hypophyse. gr.	Diamètre antéro-postérieur. millim.	Diamètre transverse. millim.	Diamètre vertical. millim.
62,155	0,108	0,007	0,005	0,004
53,750	0,058	0,008	0,0035	0,005
49,970	0,052	0,006	0,005	0,003
47,067	0,060	0,005	0,005	0,0035
46,580	0,098	0,007	0,006	0,004
40,270	0,078	0,007	0,0035	0,0035
40,028	0,038	0,008	0,005	0,003
32,470	0,052	0,005	0,005	0,003
31,760	0,043	0,007	0,004	0,0025
30,350	0,056	0,007	0,004	0,003
16,502	0,043	0,006	0,004	0,0025

Il est facile de constater en jetant les yeux sur ce tableau que l'hypophyse est un organe dont le développement est précoce et par conséquent ne suit pas l'évolution de l'encéphale.

Chez les carnivores tels que le chat et le chien, l'hypophyse est relativement petite.

Chez le chat, elle est sphéroïde et a la grosseur d'un petit pois : la tige pituitaire est très courte.

Chez le chien, sa forme est celle d'un cône aplati à base dirigée en haut : comme chez le chat, la tige pituitaire est très courte, ce qui fait que l'organe paraît comme collé à l'infundibulum. Sa coloration est jaune rougeâtre.

Ses dimensions et son poids varient nécessairement avec la taille de l'animal. Ch. Livon a trouvé que pour des chiens de 6 à 10 kilog. le diamètre transverse était de 0,006 millimètres, le diamètre antéro-postérieur de 0,004 millimètres et le diamètre vertical de 0,002 millimètres; le poids de 0,040 milligrammes; pour des chiens de 20 kilog. le diamètre transverse de 0,008 millimètres, le diamètre antéro-postérieur de 0,006 millimètres et le diamètre vertical de 0,003 millimètres; le poids, de 0,094 milligrammes.

Chez les *rongeurs*, l'hypophyse est assez volumineuse. Chez le lapin, elle est à peu près sphérique, de couleur rougeâtre. Ses dimensions moyennes sont de 0,003 millimètres dans les deux diamètres, transverse et antéro-postérieur, et 0,0025 pour le diamètre vertical; son poids est de 0,018 milligrammes pour un encéphale d'un poids moyen de 8^{gr},419 milligrammes (Ch. Livon). Fichera, Stieda, Leonhardt ont donné comme poids de l'hypophyse du lapin de 0,015 à 0,025 milligrammes; Hofmeister, de 0,016 à 0,022 milligrammes; Gley, 0,020 milligrammes.

Chez le cobaye, l'hypophyse présente à peu près les mêmes caractères que chez le lapin; de couleur jaune-rouge, elle a la forme d'un cœur, et son volume est relativement plus grand puisque, sur ce petit animal, ses diamètres et son poids sont à peu près identiques, 0,003 à 0,004 millimètres pour les deux diamètres, transverse et antéro-postérieur (Ch. Livon) et 0,015 milligrammes pour le poids moyen (Fichera).

Alezais, qui a étudié le développement de l'hypophyse chez le cobaye, a trouvé pour des animaux de plus en plus gros, comme poids moyen et comme poids comparé à 100 grammes d'animal les chiffres suivants :

Poids de l'animal. grammes.	Hypophyse. Poids moyen.	P. 100.
50 à 100	0,004	0,0060
101 à 200	0,005	0,0050
201 à 300	0,006	0,0026
301 à 400	0,009	0,0026
401 à 500	0,011	0,0024
501 à 600	0,014	0,0027
601 à 700	0,015	0,0024
701 à 800	0,015	0,0021
801 à 900	0,016	0,0018

Étudiant l'évolution de l'organe, il constate que, comme le reste du système nerveux, l'hypophyse, chez le cobaye, est remarquable par la précocité de son développement; mais qu'à partir du premier mois, au lieu de continuer à décroître comme le reste du système nerveux par rapport au poids et à la surface du corps, elle reste à peu près proportionnelle à la surface comme plusieurs autres organes (rate, reins). De nerveuse son évolution devient glandulaire.

Le tableau suivant indique pour des animaux, divisés en quatre groupes suivant leur développement : dans la première colonne, le poids absolu moyen de l'organe; dans la seconde, sa proportion pour 100 grammes du poids du corps ; dans la troisième, sa proportion par décimètre carré; dans la quatrième, sa proportion pour 100 grammes de muscle. La surface du corps étant calculée d'après la formule de Meeh, est en décimètres carrés, dans ces quatre groupes, de 1,84, 4,40, 6,57, 8,38. Le poids des muscles est successivement de : 25, 75, 155, 239 grammes.

Poids des cobayes. grammes.	Hypophyse. Poids absolu.	Par 100 gr.	Par déc. carré.	Par 100 gr. de muscles.
50 à 200	0,0053	0,0042	0,0028	0,0353
200 à 400	0,0085	0,0028	0,0019	0,0113
400 à 600	0,0120	0,0024	0,0018	0,0077
600 à 800	0,0152	0,0021	0,0018	0,0063

Chez le rat, l'hypophyse est volumineuse relativement, comme l'indiquent les chiffres suivants donnés par Ch. Livon, d'après ses mensurations sur le rat noir (*mus rattus*) ou sur le rat gris (*mus decumanus*) surmulot.

Elle est presque sessile, de couleur rougeâtre, lenticulaire, à grand diamètre transverse.

Poids des rats. grammes.	Poids du cerveau. grammes.	Hypophyse. Poids.	Diamètre transverse.	Diamètre antéro-postérieur.	Diamètre vertical.
169	1,641	0,009	0,004	0,0025	0,001
137	1,580	0,005	0,004	0,0025	0,001
178	1,670	0,005	0,004	0,0025	0,0015
189	1,715	0,007	0,004	0,003	0,002
153	1,600	0,005	0,0035	0,0025	0,0015
153	1,566	0,004	0,0025	0,0025	0,0015
119	1,680	0,004	0,0025	0,0025	0,0015
102	1,554	0,003	0,002	0,002	0,0015
131	1,655	0,004	0,003	0,003	0,002

De ce tableau on peut déduire les moyennes suivantes : pour un rat de 148 grammes dont l'encéphale pèse 1gr,629 milligrammes, l'hypophyse a un poids moyen de 0,005 milligrammes et les dimensions de 0,0033 pour son diamètre transverse; 0,0025 pour son diamètre antéro-postérieur et 0,0015 pour son diamètre vertical.

Il est important d'ajouter que, dans l'étude d'un organe comme l'hypophyse, au point de vue de son poids absolu, comme de son volume, on doit tenir toujours compte du développement des animaux sur lesquels portent les observations, ce développement variant beaucoup suivant les espèces, surtout celles qui sont employées le plus communément dans les laboratoires, chiens, lapins, cobayes.

Constitution anatomique. — Quels que soient la forme, la position et les rapports de l'hypophyse chez les vertébrés que nous avons passés en revue, un fait anatomique général, c'est qu'elle est formée de deux portions bien distinctes; l'une postérieure et l'autre antérieure. La postérieure, en continuité directe par le tuber cinereum avec la substance cérébrale et que l'on appelle pour cela lobe nerveux ou postérieur, de couleur plutôt grisâtre; l'antérieure de nature épithéliale, que l'on désigne sous le nom de lobe glandulaire ou lobe antérieur, dont la couleur jaune rougeâtre la distingue du lobe postérieur. Ces deux parties se voient très nettement sur une coupe sagittale de l'organe.

Chez tous les animaux, le lobe nerveux est plus petit que le lobe glandulaire qui quelquefois l'entoure complètement. Le lobe nerveux occupe alors la partie centrale de l'organe comme chez les poissons.

Chez la grenouille, le lobe nerveux est petit, il est tout à fait accolé au plancher du 3e ventricule.

Quant au lobe épithélial, il est formé lui-même de deux parties : l'une, mince, qui est en contact immédiat avec le lobe nerveux; et l'autre, présentant un développement plus grand, séparée de la première par une fente.

On retrouve la même disposition chez les reptiles.

Chez les oiseaux, les deux portions sont bien distinctes. Sur la poule et l'oie, elles sont séparées par du tissu cellulaire lâche.

Chez les mammifères, ces deux parties existent toujours, mais avec des dispositions variées suivant les animaux.

Chez le cheval, le lobe nerveux, qui se continue avec la substance cérébrale, est central. Le lobe épithélial l'entoure complètement, sauf au niveau du pédicule, il est plus épais en avant et en bas qu'en arrière et en haut (Paulesco). Cette portion épithéliale est, elle-même, formée de deux portions : l'une, médullaire, en contact direct avec le lobe nerveux; l'autre, corticale ou périphérique, qui entoure la précédente à la partie supérieure et antéro-inférieure. Ces deux parties distinctes par leur structure ne sont pas séparées par une fente.

Chez le veau, la disposition générale est la même, seulement les deux portions du lobe épithélial sont séparées par une fente.

Chez le mouton comme chez l'agneau, le lobe nerveux est à découvert à la partie supérieure. Le lobe épithélial est constitué par deux couches, l'une médullaire, l'autre corticale; la médullaire est très réduite, une fente la sépare de la corticale, beaucoup plus développée.

Chez le lapin, comme chez les bovidés, le lobe nerveux occupe la portion postérieure et supérieure de l'organe, il est à découvert en arrière et en haut. En avant et en bas, il est entouré par le lobe épithélial dont les deux portions, médullaire et corticale, ne sont pas séparées par une vraie fente.

La disposition est la même chez le cobaye.

Parmi les carnivores, le chat présente la disposition suivante. Le lobe nerveux est renflé en massue dans l'hypophyse même. Ce renflement présente en son milieu une cavité, qui n'est autre qu'un prolongement du troisième ventricule par le pédicule. Ce lobe nerveux est entouré de tous côtés par le lobe épithélial, formé de deux portions bien distinctes; l'une, médullaire, appliquée contre le renflement nerveux; l'autre, corticale, séparées par une fente qui entoure le lobe nerveux dans toute son étendue et va presque jusqu'au pédicule où elle forme un cul-de-sac au point où la substance médullaire se réunit à la substance corticale. Comme chez les autres animaux, ces deux portions, ainsi que nous le verrons plus loin, se différencient par la nature des cellules qui les constituent.

Mais chez cet animal il existe une particularité. En arrière et en bas, la portion corticale du lobe épithélial fait défaut, et la portion médullaire en ce point est en contact direct avec le périoste de la selle turcique auquel elle adhère. Aussi, lorsque l'on soulève le cerveau, le pédicule nerveux peut-il se déchirer, et le lobe nerveux, revêtu de la portion médullaire épithéliale, restera dans la selle turcique, tandis que la portion corticale ou glandulaire reste attachée au cerveau qu'elle suit.

L'hypophyse du chien a de grandes analogies avec celle du chat. Elle adhère à la selle turcique par sa partie inférieure et postérieure; mais le lobe nerveux ne présente pas le prolongement ventriculaire qui s'arrête au pédicule. Ensuite, la portion corticale entoure le lobe nerveux de tous côtés, et ne laisse pas, comme chez le chat, une lacune par laquelle la substance médullaire est en contact direct avec la selle turcique.

Cependant, comme chez le chat, la portion, nerveuse entourée de la portion médullaire épithéliale, peut quelquefois adhérer au fond de la selle turcique et y rester lorsque l'on soulève le cerveau.

Chez l'homme, les deux lobes sont bien distincts; l'un, qui se continue avec l'infundibulum, le lobe nerveux, petit, postérieur, à forme ovoïde, à couleur gris jaunâtre; l'autre, rougeâtre, plus volumineux, antérieur, lobe glandulaire, accolé au précédent et l'enveloppant même, grâce à sa forme de rein, dont le bord concave, dirigé en arrière, embrasse la moitié antérieure du lobe postérieur. Ce lobe envoie même en avant de la tige pituitaire une languette qui peut remonter jusque au chiasma des nerfs optiques.

Il n'y a pas de diverticule ventriculaire passant par la tige pituitaire pour gagner le lobe nerveux.

Comme chez la plupart des animaux, le lobe épithélial n'est pas formé de deux portions : aussi la fente n'existe-t-elle pas. Les deux lobes sont accolés l'un à l'autre, réunis par du tissu conjonctif. La fente existerait pour Masay.

Chez tous les animaux, l'organe est enveloppé par une membrane fibreuse épaisse qui est fournie par la dure-mère.

On peut appeler hile de la glande, le point où les deux lobes entrent en contact.

La différence qui existe entre ces deux lobes tient à leur origine embryonnaire.

Vaisseaux et nerfs. — *Vaisseaux sanguins.* — La richesse vasculaire de l'hypophyse peut être considérée comme une preuve de son activité. Elle reçoit des artères propres, et donne naissance à des veines.

Cruveilhier, Sappey, Beaunis et Bouchard, Poirier, Testut, se bornent à dire que dans le sinus caverneux la carotide interne donne naissance à des artérioles dont quelques-unes vont se perdre dans le corps pituitaire.

Gentès et Launois ont repris cette étude de la vascularisation de l'hypophyse et en ont donné une description détaillée.

La carotide interne, au niveau de son premier coude dans le sinus caverneux, sur la partie externe de sa face supérieure, donne naissance à une artériole qui n'est autre que l'artère hypophysaire, qui cheminant sur la face supérieure de la carotide qui lui donne naissance et en plein sinus caverneux, se dirige transversalement en dedans et donne naissance à deux rameaux, l'un antérieur, qui va en avant et en dehors vers le moteur oculaire externe, et l'autre postérieur, qui va en arrière et en dehors, gagner la pointe du rocher.

Diminuée par ces deux branches, l'artère hypophysaire se dirige toujours en dedans, en restant accolée à la carotide. Au moment où elle se sépare de ce vaisseau, elle donne naissance à un nouveau petit rameau, qui se porte en dedans et en bas, croise les bords latéraux de la lame quadrilatère, au-dessous des apophyses clinoïdes postérieures, et va se terminer par de fines ramifications, dans les parois de la loge ostéo-fibreuse formée par la surface basilaire de l'occipital. C'est après avoir fourni cette branche que l'artère hypophysaire traverse la cloison interne du sinus caverneux, et pénètre dans la loge de la glande. Elle se glisse entre le plan osseux de la selle turcique et la face inférieure de l'organe qu'elle couvre de ses ramifications terminales (Launois).

D'après Gentès, au voisinage de sa terminaison, l'artère se diviserait en deux branches secondaires; l'une antérieure pour le lobe épithélial, l'autre postérieure pour le lobe nerveux.

Bien entendu il y a une artère hypophysaire droite et une gauche.

Un fait à noter, c'est la flexuosité de cette artère qui, déroulée, est trois fois longue comme la distance qui sépare son origine de son point de terminaison à l'hypophyse. Comme le fait remarquer Gentès, cette disposition paraît devoir empêcher l'arrivée brusque du sang dans l'organe.

Chez l'embryon, il y a deux systèmes d'irrigation, un extrinsèque, l'autre intrinsèque, tous deux d'origine carotidienne; un système veineux fait suite au système artériel extrinsèque et va se jeter dans le sinus pétreux inférieur ou dans le sinus pétreux supérieur; un autre fait suite au système artériel intrinsèque, remonte vers la base du cerveau et semble se rendre dans la veine sylvienne profonde.

Chez l'adulte, par suite de la disparition de la cavité hypophysaire, il n'en est plus de même. Les réseaux capillaires se collectent en deux régions à l'intérieur de la glande. Les uns aboutissent à une veine assez volumineuse, qui se trouve comprise dans l'épaisseur d'une travée conjonctive formant l'armature du squelette interne de l'organe. A sa sortie de la glande, le tronc veineux remonte le long de la tige pituitaire et, au point où elle s'applique sur cette tige, elle reçoit d'autres rameaux veineux, qui ont collecté le sang de la face supérieure ou des parties latérales de l'hypophyse. Parfois, ces rameaux collecteurs, au lieu de se déverser dans le tronc précédent, cheminent parallèlement avec lui à la surface du pédicule nerveux, et la tige pituitaire, sur laquelle se prolonge souvent un diverticule glandulaire, est entourée de vaisseaux veineux plus ou moins développés.

Après avoir suivi pendant un certain temps la tige pituitaire, les rameaux veineux s'en séparent, gagnent les parties latérales du cerveau, et se rendent vraisemblablement dans la veine sylvienne profonde, ainsi que permettent de le supposer les dispositions chez l'embryon.

L'hypophyse est donc un organe dont le réseau vasculaire sanguin est très riche, les mailles qu'il forme sont plus ou moins larges, mais elles sont très nombreuses dans le parenchyme glandulaire, et lui communiquent cette couleur rougeâtre qu'elle a chez tous les animaux.

Il est bon d'ajouter que, d'après Trolard, il existe au-dessous de l'hypophyse un sinus transversal irrégulier, allant d'un sinus caverneux à l'autre, et venant faire saillie tantôt en avant, tantôt en arrière de la glande. On rencontrerait aussi parfois un petit sinus supplémentaire, complétant le cercle veineux.

Dans l'intérieur de l'organe, les capillaires circulent entre les cordons du parenchyme glandulaire, sans présenter une orientation particulière (Launois).

Un fait intéressant au point de vue biologique, c'est que les capillaires possèdent un épithélium syncytial, qui se rapproche beaucoup par son aspect de celui que Vialleton et Renaut ont décrit dans les fins vaisseaux des capsules surrénales.

Lymphatiques. — Par analogie on pourrait supposer que, comme le corps thyroïde, l'hypophyse possède un riche réseau lymphatique servant à l'évacuation de la sécrétion. Caselli, sans indiquer son mode d'investigation, prétend que dans l'hypophyse les lymphatiques sont nombreux et forment des lacunes. Pisenti et Viola restent dans le doute en parlant de la sécrétion de l'hypophyse qui s'infiltre entre les traînées cellulaires. Thaon, cherchant à résoudre la question, a employé des procédés divers, sans jamais arriver à démontrer la présence de lymphatiques : aussi arrive-t-il à cette conclusion, que l'hypophyse ne renferme pas de lymphatiques. N'est-ce d'ailleurs pas conforme, dit-il, à la règle habituelle des organes intra-craniens et de la moelle?

Du reste, les auteurs qui ont étudié l'hypophyse, sont généralement muets sur la question des lymphatiques.

Nerfs. — La présence des nerfs ne paraît pas encore complètement élucidée. Soit par la méthode de Nissl, soit par celle de Cajal, Thaon n'a trouvé de cellules nerveuses vraies ni dans le lobe antérieur, ni dans le lobe postérieur, mais il a observé quelques fibres nerveuses se ramifiant dans le lobe antérieur, et d'autres qui vont jusque dans le lobe postérieur et s'y perdent. Il a constaté, très rarement d'ailleurs, que quelques fibrilles se terminaient par un renflement au voisinage de la cellule. Masay, de son côté, a observé des fibres nerveuses rares, se ramifiant entre les cellules glandulaires. Gemelli a poussé l'étude des nerfs de l'hypophyse assez loin pour pouvoir décrire des filets nerveux nombreux arrivant directement de la paroi infundibulaire, suivant en faisceau le pédoncule hypophysaire, et arrivés au niveau du lobe nerveux, s'écartant les unes des autres, s'entre-croisant, s'anastomosant en se divisant, et parcourant le lobe nerveux dans tous les sens en formant un riche plexus. Puis, ces fibres gagnent la région glandulaire postérieure, et se terminent entre les cellules cylindriques de l'épithélium, par de petits renflements, des boutons ou de petites plaquettes. Il a constaté qu'il y avait une véritable ressemblance entre la distribution des éléments nerveux dans la paroi infundibulaire, chez les poissons, et celle que l'on observe dans certains organes sensoriels. Aussi se demande-t-il si l'infundibulum n'est pas, chez les poissons, un organe sensoriel.

Gentès, par la méthode de Golgi, a trouvé que les fibres nerveuses qui abordent le feuillet proximal présentaient une richesse inouïe, et qu'elles avaient la valeur de fibres sensitives ou sensorielles, c'est-à-dire de fibres centripètes.

Joris reconnaît que la neuro-hypophyse contient toujours beaucoup de fibres nerveuses, formant un plexus extrêmement riche. Beaucoup de ces fibres se termineraient dans l'épaisseur même de la neuro-hypophyse : elles entoureraient de leurs ramifications ténues les cellules qui parsèment le stroma.

Thaon se demande, sans avoir pu le vérifier d'une façon quelconque, si l'hypophyse ne reçoit pas des fibres sympathiques du plexus carotidien, qui lui arriveraient par les artères.

Embryologie. — Le développement embryologique de l'hypophyse est double, et diffère suivant que l'on considère le lobe postérieur ou le lobe antérieur.

Sur le développement du lobe postérieur ou nerveux, il n'existe pas de divergence entre les auteurs. Ce lobe provient de la base de l'encéphale, il est formé par une évagination du plancher du cerveau intermédiaire, dont l'extrémité forme le lobe nerveux ou postérieur de l'hypophyse : la base représente l'infundibulum ; et la partie moyenne, la tige pituitaire. Ce lobe peut donc être considéré comme étant franchement d'origine nerveuse.

Mais pour le développement du lobe antérieur ou glandulaire, malgré un grand nombre de travaux à son sujet, il y a encore beaucoup de divergence entre les auteurs, et l'on se trouve en présence d'opinions parfois fort contradictoires.

En résumant les travaux des embryologistes, on peut les diviser en trois groupes :

Les uns attribuent à l'hypophyse une origine endodermique;

Les autres une origine ectodermique;

Les derniers enfin, une origine à la fois ectodermique et endodermique.

Origine endodermique. — Les auteurs qui attribuent au lobe antérieur de l'hypophyse cette origine, le font naître par un diverticulum de la paroi dorsale de l'intestin primitif sous la base du crâne : RATHKE (1838), LUSCHKA (1860), DURSY (1868), MIKUCHO-MACLAY (1868), W. MULLER (1871).

Origine ectodermique. — C'est ce mode de développement qui est admis par la grande majorité des auteurs qui ont étudié la question.

La première ébauche se manifeste, sur des embryons de poulet, au quatrième jour d'incubation, sur l'homme à la quatrième semaine.

A mesure que l'embryon se développe, le cerveau antérieur se fléchit de plus en plus sur l'axe médullaire et forme au niveau de la jonction du tube digestif avec la cavité buccale primitive, un angle dièdre, angle stomodœo-intestinal, situé immédiatement en avant du point où la chorde dorsale, par sa partie antérieure, vient se terminer immédiatement en arrière de l'insertion de la membrane pharyngienne.

La membrane pharyngienne ne tarde pas à se résorber, ne laissant qu'un vestige qui formera à la base du crâne le voile pharyngien primitif. C'est en avant de ce voile, au fond de l'angle stomodœo-intestinal, que prend naissance l'évagination qui va se développer vers le cerveau intermédiaire, formant la poche hypophysaire, ou poche de RATHKE.

Cette poche, constituée en partie par un processus actif de développement épithélial vers le cerveau intermédiaire, et en partie par la flexion de plus en plus grande de la voûte du stomodœum, va s'approfondir de plus en plus à mesure qu'elle s'éloigne de son point d'origine, et forme un véritable sac communiquant par un conduit avec la cavité buccale. Peu à peu cette poche s'éloigne du pharynx, et, à mesure que la distance de séparation augmente, le conduit devient un pédicule qui s'allonge. Creux d'abord, ce pédicule finit par former un tractus épithélial qui arrive à disparaître, lorsque le mésenchyme de la base du crâne devient cartilagineux et subit l'évolution osseuse.

Ainsi séparé de son point d'origine et par suite de l'évolution de la base du crâne, le sac hypophysaire devient intracranien, et se porte vers la face inférieure du cerveau intermédiaire, ne conservant aucun rapport avec la cavité pharyngienne. Cependant, chez tous les vertébrés cette communication ne disparaît pas. Chez les sélaciens et les ganoïdes, par exemple, elle persiste pendant toute l'existence et forme un conduit creux qui traverse la base du crâne et se continue avec l'épithélium de la muqueuse buccale.

MIKUCHO-MACLAY, DURSY, ROMITI, SUCHANNEK, PARKER, MULLER, FRORIEP, MAGGI, SOCOLOW ont constaté la persistance d'un petit canal chez les mammifères; LUSCHKA, DURSY, LANDZERT, ROMITI, SUCHANNEK, KILLIAN, GIACOMINI, ROSSI, KÜSS, ESCAT, GASELLI, RIZZO, SOKOLOW, etc., l'ont constaté aussi quelquefois chez l'homme, renfermant des vaisseaux pour l'hypophyse.

L'existence de ce canal semble confirmer l'origine ectodermique de l'hypophyse, ainsi que les coupes pratiquées sur des embryons humains ou animaux (LANDOIS).

Cette origine est admise par : SÉESSEL (1877), KÖLLIKER (1879), RABL-RÜCKHARD (1880-1883), BALFOUR (1881), TODARO (1881), SCOTT (1881-1887), MINOT (1887-1892), FRORIEP (1882), DOHRN (1882), GOTTE (1883), KRAUSHAAR (1885), HIS (1886), WALDSMITH (1887), EMERY (1893), WIEDERSHEIM (1893), SAINT-RÉMY (1895), HALLER (1896), LUNDBORG (1894), SALZER (1897), CORNING (1897), CHIARUGI (1898), ROSSI (1900), JOHNSON-OOR, HERTWIG (1900), HOFFMANN, GUERRI, LANDOIS (1904), GENTÈS (1907), etc. FICHERA (1905), a constaté, chez le poulet, qu'à la place du conduit primitif faisant communiquer le sac hypophysaire avec le pharynx, il existe un tractus fibreux renfermant des vaisseaux pour la dure-mère de la selle turcique et pour le tissu rétro-pharyngien.

Origine endo-ectodermique. — Enfin quelques auteurs ont cru pouvoir attribuer à l'hypophyse une origine à la fois endo et ectodermique. C'est ainsi que KUPFFER considère cet organe comme ayant une triple origine, une buccale et une endodermique en arrière de la membrane pharyngienne et une troisième, provenant du processus infundibuli ou glande infundibulaire.

Cette origine mixte est encore admise par VALENTI, NUSSBAUM, COLLINA et ORRU.

En résumé, il ressort de cette étude embryologique que d'une part une ébauche se forme par l'évagination du plancher du cerveau intermédiaire pour donner naissance au lobe nerveux, et que d'une autre part une poche épithéliale se forme au niveau de l'angle stomodœo-intestinal, fait saillie dans le crâne, et va à la rencontre de l'ébauche nerveuse, en constituant le lobe glandulaire. C'est l'accolement de ces deux ébauches qui constitue l'organe que l'on appelle l'hypophyse, formée de ses deux lobes, le lobe postérieur ou nerveux, le lobe antérieur ou glandulaire, que l'on retrouve toujours dans toute la série des vertébrés et à tous les âges.

Histologie. — Une simple coupe sagittale ou horizontale montre à l'œil nu que l'hypophyse est composée de deux substances bien distinctes, correspondant aux deux lobes étudiés à propos du développement. Ces deux substances sont intimement unies l'une à l'autre et enveloppées par une membrane fibreuse commune, qui n'est qu'une dépendance de cette portion de la dure-mère qui forme la tente de l'hypophyse.

C'est au niveau du pédicule et de la cloison qui sépare les deux lobes, que se trouvent les vaisseaux sanguins les plus nombreux : on en trouve aussi un assez grand nombre dans la substance corticale.

PEREMESKO, le premier, en 1866, donna une description de la structure de l'hypophyse. Ses recherches furent confirmées par LOTHRINGER et ROGOWITSCH. Pour ces auteurs, l'hypophyse se compose de deux lobes, l'un interne, de nature nerveuse ; l'autre externe, de nature épithéliale ; mais, pour eux, chaque lobe possède une cavité propre ; celle du lobe nerveux n'est autre qu'un diverticule du ventricule moyen du cerveau (cavité infundibulaire) ; celle du lobe épithélial (cavité hypophysaire) le divise en deux portions : l'une médullaire ou interne (*Markschicht*), l'autre corticale ou externe (*Korkschicht*).

Nous avons déjà vu que, si ces cavités existent chez certaines espèces animales, elles n'existent point chez l'homme.

Mais au point de vue histologique la différence est grande entre le lobe nerveux et le lobe glandulaire.

Chez l'homme, il faut tenir compte d'une disposition particulière de la couche qui constitue le feuillet para-nerveux, et qui est formée par un épithélium cubique à une ou plusieurs couches, reposant solidement et se confondant avec le tissu conjonctif qui délimite le lobe nerveux lui-même.

Lobe nerveux ou lobe postérieur. — Chez les vertébrés inférieurs, l'extrémité de l'infundibulum se transforme même en un petit lobe cérébral renfermant des cellules ganglionnaires et des fibres nerveuses (HERTWIG).

Chez les vertébrés supérieurs, au contraire, on ne trouve point de cellules ganglionnaires ni de fibres nerveuses dans le lobe interne de l'hypophyse. Il est formé de cellules fusiformes serrées les unes contre les autres, ce qui lui donne une grande ressemblance avec un sarcome à cellules fusiformes (HERTWIG).

Chez l'homme plus particulièrement, le lobe nerveux est moins volumineux que le lobe glandulaire, il n'a que 2 à 3 millimètres d'épaisseur sur 3 à 4 millimètres de hauteur. Il est situé à la partie postérieure, logé dans une dépression que présente la portion glandulaire. Il présente un stroma conjonctif servant de soutien aux éléments cellulaires que l'on y rencontre et sur la nature desquels, l'accord n'est point encore fait. C'est lui qui se continue avec l'infundibulum par la tige pituitaire qui lui sert d'organe de suspension et qui le relie au cerveau. Les capillaires sanguins y sont nombreux, les fibres nerveuses que l'on y voit sont fines, se divisent et se subdivisent, formant un réseau épais. Où la divergence est grande entre les auteurs, c'est sur la nature des éléments cellulaires que l'on y rencontre. Pour les uns ce sont des cellules nerveuses (KRAUSE, BERKLEY) ; pour les autres, ce ne sont pas des cellules nerveuses (HENLE, SCHWALBE, TOLDT, RAMON Y CAJAL, KOLLIKER, CASELLI, GENTÈS, THAON). Ce qui semble résulter de l'ensemble des études sur cette question, c'est que, dans le lobe postérieur de l'hypophyse, on trouve des cellules indéterminées, arrondies, fusiformes ou ramifiées, bipolaires ou multipolaires, très probablement de nature névroglique et épendymaire, avec un réseau assez riche de fines fibres nerveuses.

Cette partie de l'organe semble assez souvent infiltrée d'une substance amorphe ressemblant à la substance gélatineuse de ROLANDO, de la moelle épinière.

Johis, dans un premier mémoire, dit que le lobe nerveux est plutôt glandulaire ; que c'est une masse conjonctivo-neuroglique, qu'il n'y a ni fibres, ni cellules nerveuses, et que la portion para-nerveuse,seule, renferme des cellules épendymaires émigrées. Mais, dans un autre mémoire, il reconnait que le lobe postérieur de l'hypophyse représente une annexe des centres nerveux, une neuro-hypophyse, accolée à l'hypophyse glandulaire; que l'on y trouve de la névroglie, des fibres nerveuses et des cellules dont la nature reste indéterminée ; que ce n'est point une masse conjonctive, mais un organe glandulaire, dont tous les caractères montrent l'activité et non l'atrophie. Il ne partage pas l'avis de Kölliker et des autres auteurs qui considèrent cette partie de l'hypophyse comme un organe nerveux.

Pour lui la tige pituitaire est enveloppée par les trois méninges. Entre la pie-mère et la dure-mère, il y a une couche cellulaire qui s'accumule en arrière du chiasma et se prolonge entre les trabécules des espaces sous-arachnoïdaux. Elle représente sans doute les vestiges d'une partie de l'hypophyse existant chez certains vertébrés inférieurs et participant à la sécrétion du liquide céphalo-rachidien.

Soyer, dans une étude cytologique de l'hypophyse humaine, faite sur des coupes pratiquées par Prenant sur l'hypophyse d'un supplicié, dit que le tissu intérieur de soutien, qui constitue la masse la plus importante du lobe nerveux, est réfractaire aux colorants habituels du conjonctif et présente un feutrage tourbillonnaire. Dans ce feutrage, il a observé : 1° du pigment en abondance, qui se présente sous forme d'amas, soit isolés, soit plus ou moins confluents, avec des expansions ramifiées, véritables *pigmentophores*, qu'il considère comme des dégénérants nerveux ou névrogliques, formés *in situ* ou émigrés du cerveau ; 2° des éléments très grands, peu colorables, généralement anucléés, qu'il appelle corps énigmatiques ; 3° des cellules dégénérantes, qui ne sont que des éléments détachés du revêtement épithélial de la région para-nerveuse, et qui s'infiltrent dans la neuro-hypophyse, où ils forment de petites nappes colloïdes libres ou imparfaitement collectées ; 4° de très nombreuses fibrilles nerveuses ou névrogliques.

De plus, la tige et la neuro-hypophyse présenteraient un envahissement constant d'innombrables noyaux conjonctifs et une multitude de lymphocytes.

Lobe glandulaire ou lobe antérieur. — Comme le lobe nerveux, le lobe glandulaire présente un squelette formé par un stroma conjonctif, mais dans ce lobe il est beaucoup plus développé et se continue avec l'enveloppe fibreuse externe.

D'une façon générale, les travées conjonctives forment des irradiations partant de la région postérieure et supérieure, pour se porter vers la périphérie où le tissu conjonctif est très dense et forme là une trame épaisse autour des vaisseaux qui viennent se distribuer dans la glande en suivant le pédicule. On distingue, parmi ces travées, deux gros trousseaux fibreux qui se dirigent en divergeant en dehors et en bas (Launois). Ce tissu conjonctif forme de minces cloisons, qui s'insèrent les unes sur les autres, limitant des alvéoles allongés, qui logeront les cordons que forment les cellules glandulaires. C'est encore ce système de cloison, qui sert de charpente aux capillaires sanguins.

Portion corticale. — Le parenchyme glandulaire est formé par des cellules glandulaires qui remplissent les alvéoles allongés, formés par les cloisons de tissu conjonctif dans lesquelles cheminent les capillaires sanguins (Launois). Les cordons que forment ces cellules s'enchevêtrent en tous sens, ce qui fait que sur une coupe ils présentent des dispositions différentes, suivant qu'ils sont coupés perpendiculairement, obliquement ou longitudinalement. Quelquefois, au milieu de la travée, les cellules, au lieu d'être tassées les unes contre les autres, sont séparées par une goutte de matière amorphe colloïde, substance qui constitue la sécrétion de la glande, qui doit pénétrer dans le sang.

Parfois, la substance sécrétée est très abondante et alors le cordon cellulaire se dilate et peut ressembler à une vésicule tout à fait analogue à une petite vésicule du corps thyroïde.

C'est à cause de cette substance que quelques auteurs ont parlé d'acinus ou de follicules de l'hypophyse (Stieda, Pisenti et Viola, Caselli).

Les cellules qui forment ces cordons n'ont pas toutes le même aspect : elles ont des affinités tinctoriales particulières, ce qui les a fait diviser en cellules chromophiles et cellules chromophobes (Flesch, Dostojewski, Lothringer, Rogowitsch, Stieda, Saint-Rémy). Pisenti et Viola, Schönemann, Louis Comte, Benda, Thom, Erdheim, Caselli, Gemelli, Launois et Mulon, Guerrini, etc., distinguent les chromophiles en cellules éosinophiles, qui se colorent fortement par l'éosine et en cellules cyanophiles, qui se colorent par l'hématoxyline.

Pour Launois, il y a encore les cellules sidérophiles qui se colorent par l'hématoxyline ferrique.

Chacune de ces catégories de cellules comprend des variétés particulières qui sont d'autant plus importantes à connaître qu'elles semblent correspondre à une étape différente du processus sécrétoire (Launois).

Launois résume ainsi les éléments cellulaires divers que l'on trouve dans le parenchyme glandulaire de l'hypophyse :

I. *Groupe acidophile ou sidérophile.* — Petits éléments, cytoplasme exigu, non granuleux, noyau compact.

Éléments moyens, granulations à la fois éosinophiles, fuchsinophiles et sidérophiles; contours nets et réguliers; noyaux riches en chromatine et d'aspect varié.

Éléments à granulation à la fois aurantiophiles et sidérophiles; contours irréguliers, gros noyaux vésiculeux.

II. *Groupe basophile.* — Éléments moyens ou gros; cytoplasme acidophile plus ou moins riche en granulations basophiles.

III. *Groupe chromophobe.* — Éléments à cytoplasme délicat, mousseux, peu colorable, contenant encore quelques granulations acidophiles ou sidérophiles.

Éléments identiques, mais contenant quelques granulations basophiles.

Éléments à noyau condensé, dont le cytoplasme mousseux ne contient aucune enclave.

Ce qu'il y a de particulier et de caractéristique en même temps, c'est la variété de distribution de ces cellules à aspects différents : tantôt, dans le même cordon glandulaire, elles sont toutes, ou presque, du même groupe; tantôt au contraire, un groupe prédomine, ou bien on voit tous les groupes représentés à peu près également.

On rencontre aussi, dans les cellules de l'hypophyse, des granulations se colorant en noir par l'acide osmique, qui seraient des granulations graisseuses pour Launois, des granulations de mucine pour Pirone.

Pour les granules des cellules chromatophiles ou cyanophiles ou sidérophiles, elles seraient dues à un trouble pathologique (Vassale, Caselli, R. Pirone, Schönemann). Sur des pièces tout à fait normales Schönemann ne les a jamais rencontrées.

Ces différentes cellules sont-elles chargées de fonctions différentes, comme le prétendent Flesch, Dostoiewski, Lothringer, Rogowitsch, Stieda, Schönemann, Thom, Collina, Scaffidi, Comte, Caselli, — ou bien n'y a-t-il dans l'hypophyse qu'un seul type de cellules, dont les aspects divers représentent les phases variées de leur fonctionnement. Telle est l'opinion de Saint-Rémy, Benda, R. Pirone, Morandi, Gemelli, Guerrini, Launois, Ch. Livon, Thaon, Joris, etc.

Entre les cellules, on trouve çà et là des masses amorphes, formées par une substance liquide coagulée à aspect colloïde : le pourtour n'est autre que celui des cellules qui environnent ces masses. Cette substance, qui n'est en somme que le produit de sécrétion, est quelquefois en quantité assez grande pour dilater un des cordons glandulaires, et lui donner l'aspect d'une grosse vésicule. Quant aux cellules environnantes, elles sont variées, tantôt chromophobes pures ou basophiles, tantôt chromophobes acidophiles, et la substance sécrétée semble être quelque peu acidophile. Ce qui fait qu'on peut dire que d'après les réactions tinctoriales il y a deux sécrétions dans l'hypophyse, l'une basophile, l'autre acidophile, qui doivent se mélanger avant d'être déversées dans la circulation.

Pour Joris, ces vésicules ne seraient pas une étape normale de la sécrétion; elles procèdent d'une dégénérescence, ou peut-être de l'involution de certaines cellules, ou bien c'est une accumulation par défaut d'excrétion.

Soyer, sur l'hypophyse humaine, a décrit la formation de ces vésicules ou pseudo-acini, qui proviendraient de la dégénérescence hyaline de certaines cellules. Les éléments, groupés autour de ces cellules dégénérées, s'organisent en une couronne radiée, jusqu'à ce que l'un d'eux, cellule de couloir, forme une sorte de petit chemin entre le contenu de la vésicule centrale, pleine de sécrétion holocrine et les capillaires environnants. Cette vésicule deviendrait ainsi partie intégrante du réseau sanguin intra-hypophysaire; et, ce qui le montrerait, c'est que ces vésicules sont remplies, les unes de colloïdes, les autres de globules sanguins, d'autres d'un mélange en proportions diverses, de colloïde et de globules.

A côté des cordons à cellules chromophiles, Soyer a remarqué que les cellules chromophobes deviennent d'autant plus abondantes que l'on se rapproche plus de la périphérie, et qu'elles aussi sont destinées à dégénérer, à subir une véritable fonte, ne laissant que des grains sidérophiles. En somme, pour lui, la cellule hypophysaire, qu'elles qu'en soient les transformations successives, semble, en fin de compte, destinée à aller se perdre dans le sang, soit par une sorte de fonte holocrine plus ou moins précoce, soit par une dégénérescence plus tardive, qui en laisserait subsister quelques parties figurées.

Portion médullaire. — Au point de jonction des deux lobes antérieur et postérieur, il y a chez certains animaux une cavité. Chez l'homme, elle n'existe pas, quoique l'on ait signalé la présence quelquefois d'une fente, fente paranerveuse, toujours enclose dans la glande, ne communiquant pas avec l'extérieur.

A ce niveau la structure est un peu différente. Les auteurs qui l'ont étudiée ont trouvé un épithélium cylindrique, entourant des tubes glandulaires et un riche réseau vasculaire (Lothringer) avec kystes colloïdes; des cellules à noyau volumineux (Pisenti); des amas de cellules semblables à celles de l'épithélium pavimenteux de la muqueuse pharyngienne (Caselli); avec des cavités plus ou moins larges, tapissées d'épithélium et remplies de substance colloïde.

Pour Gentès, sur le chien et le chat, l'épithélium de cette partie médullaire de l'hypophyse est beaucoup plus compliqué. La couche qui regarde la cavité hypophysaire est formée de cellules ressemblant aux cellules de soutien de la muqueuse olfactive. Au-dessous on trouve des cellules bipolaires dont un prolongement se dirige vers la périphérie, et l'autre vers les parties profondes. Ces cellules sont entourées de nombreuses terminaisons nerveuses. Cette portion médullaire ne serait donc pas glandulaire, mais constituerait un organe sensoriel.

Pour Gemelli, c'est un épithélium épendymaire riche en terminaisons nerveuses.

R. Pirone arrive à peu près aux mêmes conclusions : pour lui ce n'est pas un organe glandulaire.

Rossi en fait une dépendance du lobe postérieur ou nerveux.

Guerrini la considère comme une portion médullaire formée d'acini glandulaires revêtus de cellules cubiques et contenant de la substance colloïde. Cette structure serait pour lui comparable à celle de la thyroïde..

Pour Launois, la couche conjonctive est formée de fibres conjonctives avec quelques fibres élastiques. L'épithélium est polymorphe, ou cubique simple, ou cylindrique simple, ou encore cylindrique cilié, rappelant le revêtement épithélial du pharynx de la grenouille et du naso-pharynx de l'homme.

Dans le voisinage de cette fente paranerveuse, on trouve des vésicules à aspect thyroïdien, et, dans les hypophyses dépourvues de fente paranerveuse, des vésicules ciliées et des globes épidermiques, rappelant les corpuscules de Hassall du thymus (Launois).

Toutes ces particularités histologiques ne seraient que des vestiges embryonnaires (Launois, Thaon).

Pour Thaon, l'épithélium est constitué par une couche de cellules cubiques à gros noyau à protoplasma mal coloré, ou par des cellules rappelant celles du lobe antérieur, dont elles ont la même origine.

Cette fente paranerveuse, souvent vide, contient fréquemment une matière amorphe, teintée en bleu pâle par l'hématéine (Thaon). Vraisemblablement c'est un produit d'élaboration de certains des éléments épithéliaux de la paroi, c'est un mélange de sécrétion acidophile, amphophile et mucoïde, se colorant diversement sous l'influence des produits tinctoriaux (Launois).

Dans cette région, d'après Thaon, on trouve des vésicules de deux sortes : les unes formées par un simple épithélium cylindrique, souvent cilié (LAUNOIS), pleines d'une substance analogue à celle de la fente; les autres, plus volumineuses, qui rappellent les vésicules de la thyroïde, dont la paroi est formée par un épithélium cubique, mal coloré, à gros noyau, ou bien par des cellules rappelant celles des travées avoisinantes.

Le contenu de ces vésicules varie: parfois c'est une substance homogène, amorphe, pâle, d'autres fois il est composé de deux parties, l'une basophile, finement granuleuse, l'autre acidophile et sidérophile, plus cohérente, ressemblant à la colloïde de la thyroïde.

Ces vésicules paraissent jouer un rôle important dans le fonctionnement sécrétoire de l'organe.

Tel n'est pas l'avis de LAUNOIS, qui ne leur attribue qu'une importance minime.

Ces vésicules peuvent aussi se développer pathologiquement et former des kystes volumineux (WEICHSELBAUM, PERCY-FUNIWALL, etc.).

Cette différence entre les cellules qui constituent cette partie médullaire, tient au mode de développement de l'hypophyse, car cette région correspond, comme nous l'avons vu, à la rencontre et l'accolement des deux évaginations qui constituent l'organe. Il suffit que l'évolution des cellules qui tapissent la partie antérieure de la poche hypophysaire ait subi un ralentissement, pour que ces cellules conservent des caractères qui les différencient de celles de la portion glandulaire de l'hypophyse, et qu'elles présentent toutes les transitions entre les acini glandulaires et les cavités colloïdes (PISENTI et VIOLA). On ne peut admettre une origine blastodermique différente pour chaque variété de cellules, comme le pensent VALENTI et KUPFER.

Colloïde. — En étudiant la structure de l'hypophyse glandulaire, on trouve entre les cellules, formant des amas plus ou moins grands, une substance homogène, ayant parfois l'aspect de véritables vésicules, mais sans paroi propre. C'est le produit de sécrétion des cellules glandulaires, la substance colloïde, que l'on a comparée à celle que l'on rencontre dans la thyroïde. Elle est quelquefois encore adhérente aux cellules bordantes, d'autres fois elle en est séparée. Cette substance conserve une certaine affinité acidophile ou basophile, elle est insoluble dans l'alcool, l'eau, l'éther et donne la réaction xanthoprotéique avec l'acide nitrique (LAUNOIS, DURCK).

Les cellules bordantes, avec lesquelles elle est en rapport, présentent tous les types dus aux différentes phases de leur évolution fonctionnelle.

En se basant sur les réactions tinctoriales, les auteurs ont vu que les produits de sécrétion cellulaire étaient au nombre de deux : l'un basophile, et l'autre acidophile, ou éosinophile, du reste comme dans la thyroïde.

L. COMTE avait déjà remarqué que l'examen de 108 hypophyses lui donnait l'impression de l'existence d'au moins deux variétés de substance colloïde.

Quelques auteurs avaient pensé que cette substance était un processus dégénératif ou pathologique, mais elle existe toujours, même dès les premiers âges de la vie. A trois mois et demi, elle apparaît chez l'embryon humain (THAON). C'est donc bien un produit de sécrétion normale, comme le pensent presque tous les auteurs.

On la trouve dans les tubes glandulaires, dans les capillaires, dans les grosses vésicules du hile, entre les cellules, entourant quelquefois les capillaires comme d'un manchon.

THAON a observé qu'entre les cellules, dans les capillaires ou dans les grosses vésicules, la colloïde hypophysaire est souvent fuchsinophile, ou colorée en noir par l'hématoxyline au fer.

Par la thionine anilinée, à côté de la colloïde bleue, on voit des parties nettement violettes par métachromasie (THAON), de même que les cellules basophiles (violettes) se distinguent très facilement des autres.

Quelle est la nature de cette colloïde ? On peut par analogie la comparer à celle de la thyroïde, de la prostate, des vésicules séminales, etc. Elle ne donne pas de gélatine à la coction. L'acide acétique la gonfle et la dissout ensuite, contrairement à la mucine : l'alcool la gonfle, l'acide chlorhydrique la dissout : elle se colore d'une façon variée.

Pour THAON, parmi les diverses substances colloïdes de l'hypophyse, il y a de la mucine ou des substances qui s'en rapprochent, car le violet de méthyle, la thionine anilinée surtout, donnent, à côté de la colloïde bleue, une substance à couleur métachromatique violet-rouge intense, qui est la teinte ordinaire de la mucine.

En employant le mucicarmin de P. Meyer, L. Comte se demande aussi s'il n'y a pas de la mucine avec la substance colloïde.

Pour R. Pirone, il y aurait deux produits semblables à ceux que Galeotti décrivait dans les vésicules thyroïdiennes, l'un provenant des granulations basophiles du protoplasme et qui serait de la mucine basophile, l'autre provenant des granulations fuchsinophiles ou éosinophiles, pour laquelle l'activité nucléaire entrerait en jeu, qui serait la colloïde vraie.

Cette substance colloïde est formée d'une partie cyanophile et d'une autre éosinophile, suivant son affinité pour l'hématoxyline ou l'éosine. Pour Caselli, ces deux substances proviennent : la première, des cellules cyanophiles; la seconde, des cellules éosinophiles. Pour Guerrini, au contraire, toutes les cellules hypophysaires donnent lieu à une double sécrétion : la première est formée des granulations se colorant en rouge, la seconde est due aux plasmosones. La substance colloïde proviendrait de l'accumulation de ce dernier produit qui se fond en une masse homogène, un peu granuleuse, se colorant en vert par la méthode de Galeotti.

D'après Sterzi, on ne trouverait pas de la substance colloïde dans toute la série des vertébrés, ce ne serait qu'à partir des reptiles jusqu'au haut de l'échelle.

Les jeunes enfants, les jeunes animaux, ont des hypophyses dans lesquelles on trouve peu de colloïde éosinophile homogène, tandis qu'on en voit beaucoup plus dans les hypophyses des sujets plus âgés, et c'est surtout dans les vésicules. Y a-t-il là un rapport avec la fonction ou la composition chimique de la sécrétion?

C'est ce que se demande Thaon.

Sécrétion graisseuse. — A côté d'une sécrétion colloïde, l'hypophyse produit encore de la graisse (Launois).

Benda, qui l'avait constatée, croyait qu'elle était spéciale à certaines cellules de l'hypophyse. Pour Launois, la présence de la graisse explique les vacuoles observées par Lothringer, Rogowitsch, Stieda, Comte, les réactifs employés favorisant la disparition de la graisse. Ce n'est point l'avis de Pirone, qui voit dans ces vacuoles une altération cadavérique.

En examinant des fragments de glande fraîche dissociée, Launois a constaté, en dehors des éléments épithéliaux, des granulations, des gouttelettes ou des amas plus volumineux, formés d'une substance incolore, réfringente, mais isotrope.

Cette substance présente tous les caractères de la graisse.

En examinant des coupes par congélation d'hypophyse fraîche et en les colorant par l'acide osmique, on voit les granulations et les gouttelettes prendre assez rapidement une teinte bistre, qui vire au noir après lavage et séjour de vingt-quatre heures dans l'alcool à 70°.

Le Sudan III, méthode de Daddi, ou le scarlach, méthode de Herxheimer, mettent en évidence des cellules bourrées de granulations rouges.

Cette graisse est très pauvre en oléine (coloration noire, seulement secondaire, Starke, P. Mulon).

Sur des coupes de glandes fixées par le réactif de Flemming, on voit des corpuscules arrondis, de volume inégal, plus ou moins colorés en noir par l'osmium, on rencontre aussi des masses présentant un aspect mûriforme.

On trouve des granulations graisseuses dans tous les éléments constitutifs de l'hypophyse, même dans la colloïde. Aussi beaucoup d'auteurs se sont-ils demandé si ce n'était pas le résultat d'une altération *post mortem*.

Launois reconnaît qu'il y en a chez les sujets âgés plus que chez les sujets jeunes, et que c'est surtout dans les cas d'hémorragie cérébrale ou de méningite tuberculeuse, parce que alors la circulation cérébrale s'est trouvée exagérée, momentanément tout au moins.

La présence de la graisse est constante chez les animaux sains, tels que cobaye, chat, chien; mais les granulations sont plus petites et plus rares. Il faut, pour bien les déceler, employer la coloration par le scarlach (Launois). Du reste, la plupart des auteurs, Benda, Loeper, Launois, Esmonet, Mulon, Thaon, etc., considèrent la graisse de l'hypophyse comme une sécrétion normale.

Cette graisse se formerait, comme dans la mamelle, par transformation d'une partie du corps protoplasmique et désagrégation partielle de celui-ci. Elle ne reste pas dans la cellule, elle devient extra-cellulaire, puis peut passer par dialyse dans les capillaires sanguins ou *lymphatiques?* ou par effraction (Renaut, Rivière). On trouve dans les vaisseaux sanguins de l'hypophyse, des granulations graisseuses et des leucocytes farcis de granulations graisseuses. Peut-être, en l'absence de lymphatiques, ces leucocytes sont-ils chargés de s'emparer des produits de la sécrétion et de les porter au dehors (Launois.)

Toutes les graisses qui constituent ces granulations ne sont pas dissoutes par le xylol. Elles paraissent de composition diverse; assez pauvres en oléine, elles sont très vraisemblablement plus ou moins combinées à une molécule albuminoïde (lécithine) (Thaon).

Hypophyse pendant la gestation. — A côté de la structure de l'hypophyse à l'état normal, doit se placer l'étude du même organe dans un état qui est physiologique aussi, la grossesse, et qui peut servir de trait d'union entre l'étude histologique et l'étude physiologique de cet organe.

Les différents auteurs qui ont étudié l'hypophyse chez la femme enceinte ont constaté de notables modifications de structure (Comte, Launois et Mulon, Thaon, Joris).

Vers la fin de la grossesse, L. Comte a observé que l'hypophyse non seulement augmentait de poids, comme nous l'avons dit précédemment, mais présentait une augmentation dans le nombre des cellules, une vascularisation plus intense, et que de plus, la substance colloïde y était plus abondante.

Launois a fait des constatations analogues : il a trouvé une augmentation du poids et un nombre de cellules sidérophiles plus grand qu'à l'état normal.

Il a observé que les tubes glandulaires affectaient une disposition rayonnante, due à la turgescence des cellules, et que la substance colloïde était en plus grande quantité.

Thaon de même, dans deux cas, a trouvé de l'hyperactivité et de l'hyperplasie glandulaire avec augmentation de la colloïde qui remplissait les vésicules en les distendant et qui s'accumulait entre les vésicules et dans les vaisseaux capillaires.

Mais, dans toutes ces observations, il s'agit de femmes ayant succombé à des maladies infectieuses (éclampsie, septicémie).

Récemment, H. Joris a repris cette étude, non plus sur des femmes ayant succombé à la suite d'une maladie, mais sur des animaux, surtout des chattes. Il a pu suivre ainsi les modifications aux diverses époques de la gestation, et il a constaté, dans les deux lobes, des modifications commençant dès le début de la gestation, se développant assez rapidement, pour diminuer vers la fin. Jusque-là, on ne connaissait que l'hypertrophie et l'hyperplasie du lobe antérieur seul, vers la fin de la grossesse, le lobe nerveux ne présentant pas de modifications notables (Launois). Les recherches de Joris tendent à établir que chez la chatte au moins : 1° dans le lobe antérieur, partie véritablement glandulaire, l'état des cellules et leur manière de se comporter vis-à-vis des réactifs, dénotent une suractivité se manifestant dès le début de la gestation et se ralentissant aux approches du terme; 2° dans le lobe postérieur ou nerveux, certaines cellules disséminées dans le stroma réticulé de ce lobe et les cellules du revêtement épendymaire de la cavité infundibulaire, se transforment pendant la gestation et acquièrent la structure caractéristique des éléments à fonction glandulaire.

On peut donc conclure que pendant la gestation, l'hypophyse est en état d'hyperfonctionnement, et que les produits de sécrétion doivent passer dans les vaisseeux sanguins, et que, de plus, le lobe postérieur et le lobe antérieur participent tous deux à ce processus.

Pendant l'allaitement, le fonctionnement serait normal, d'après Guerrini.

DEUXIÈME PARTIE.

Physiologie.

L'étude histologique qui précède est de nature à montrer que l'hypophyse est loin d'être un organe rudimentaire, en voie de régression et ne devant jouer qu'un rôle très insignifiant. Par cette revue histologique, au contraire, on peut constater qu'on se trouve en présence d'une glande à fonction active, rentrant dans la catégorie des glandes à sécrétion interne, et jouant un rôle très important dans l'organisme.

Mais quel est ce rôle? Il paraît très complexe, et, malgré toutes les recherches entreprises, surtout depuis quelques années, on n'est pas encore fixé exactement sur lui.

La fonction de l'hypophyse a passé par des phases variées; mais c'est depuis peu de temps seulement qu'on a étudié cet organe le microscope à la main, soit à l'état physiologique, soit à l'état pathologique, que l'on a commencé à comprendre sa nature et le rôle qu'il pouvait jouer; l'expérimentation est venue alors apporter un large contingent de renseignements.

Donc, dans l'histoire du rôle de l'hypophyse, on peut considérer deux périodes : 1° celle des hypothèses basées sur des considérations anatomo-philosophiques ; 2° celle des déductions histologiques et expérimentales.

La première période remonte à GALIEN, qui voyait dans l'hypophyse un émonctoire du cerveau, sécrétant la pituite, qui filtrait par la lame criblée vers les fosses nasales et, par de légers pertuis de la selle turcique, vers le pharynx, d'où lui est venu le nom qu'elle a conservé de glande pituitaire. C'était au IIe siècle. VÉSALE (XVIe siècle), RIOLAN, BARTHOLIN (XVIIe siècle), partageaient la même opinion, avec quelques variantes sur le rôle des vaisseaux de la base du crâne. SPIEGEL (XVIIe siècle) était du même avis.

DESCARTES (XVIIe siècle), ayant attribué à la glande pinéale le siège de l'âme, on donna à l'hypophyse le rôle mécanique de mettre obstacle à l'issue des esprits vitaux par l'infundibulum (PICCOLOMINI).

Un fait intéressant, c'est de voir VIEUSSENS (XVIIe siècle) attribuer à l'hypophyse une sécrétion jouant un rôle dans la régularisation de la circulation; il est vrai qu'il lui fait sécréter aussi le liquide céphalo-rachidien, avec la glande pinéale et la toile choroïdienne.

Toujours au XVIIe siècle, DIEMERBROECK attribue à l'hypophyse une sécrétion qui pénètre dans le troisième ventricule, et WILLIS lui fait prendre dans le troisième ventricule, pour les transporter dans le courant sanguin, certaines substances excrémentitielles qui s'y forment pendant la vie. BOERHAAVE et SYLVIUS la considèrent comme un ganglion lymphatique.

Au XVIIIe siècle, ce ne sont encore que des hypothèses basées sur rien de précis. LITTRÉ pense qu'elle reçoit la lymphe des ventricules, qu'elle la mélange avec un produit de sécrétion qui lui est propre et la déverse dans le sang; LIEUTAUD et d'autres lui attribuent une nature nerveuse; MONRO en fait une glande du système lymphatique du cerveau et des méninges.

Au commencement du XIXe siècle, l'idée qui domine, c'est que c'est un organe de nature nerveuse. Telle était l'opinion de BURDACH, BOCK, GALL, HIRZEL, TIEDEMANN, CARUS, BRESCHET, BAZIN, BOURGERY, LUSCHKA, etc. MECKEL en fait une glande, et MAGENDIE un organe de nature lymphatique, qui absorbe le liquide céphalo-rachidien pour le porter dans le sang.

Enfin, on pensa que c'était un organe ayant joué dans la période embryonnaire un rôle relativement au développement, et qui n'était plus qu'un vestige inutile.

C'était, du reste, l'opinion qui prédominait à l'égard de beaucoup d'organes dont on ne connaissait pas la fonction, organes qui ont pris une importance physiologique considérable depuis que, sous l'influence des idées de BROWN-SÉQUARD et CL. BERNARD, la notion des glandes à sécrétion interne a pris véritablement corps. Aussi LIÉGEOIS n'hésite-t-il pas à faire de l'hypophyse une glande vasculaire sanguine à sécrétion interne.

Un fait qui devait donner une impulsion extraordinaire à la notion des sécrétions internes, vint à se produire. Le corps thyroïde, que l'on considérait comme presque inutile, fut soumis à l'expérimentation, et l'on vit, grâce aux recherches de SCHIFF, REVERDIN, KOCHER, HORSLEY, DASTRE, GLEY, etc., qu'il jouait, au contraire, un rôle des plus importants dans la nutrition de l'organisme.

C'est à partir de ce moment que débute la seconde période de l'histoire de la fonction de l'hypophyse. Car on commence à étudier sa structure avec soin ; on constate, à l'autopsie de chiens thyroïdectomisés, qu'elle est hypertrophiée, qu'elle a subi des modifications, qu'elle a toutes les apparences d'un organe glandulaire très actif, donnant naissance à une sécrétion, et que, par conséquent, ce n'était point un organe en période de regression.

Sur ces entrefaites, les recherches et les constatations de Pierre Marie), sur les altérations presque constantes de cet organe dans l'acromégalie, donnèrent une impulsion nouvelle et une indication précieuse.

Depuis, de nombreux travaux ont été entrepris, et nous verrons combien sont nombreuses les fonctions auxquelles ce petit organe si profondément caché et qui, pendant si longtemps, avait passé inaperçu, est censé présider.

Cette seconde période histologique et expérimentale, si féconde en travaux, sur quoi se base-t-elle pour établir les fonctions de l'hypophyse? Sur les faits expérimentaux et sur les recherches anatomo-pathologiques.

Il se trouve que, pour l'hypophyse, c'est l'anatomie pathologique qui a commencé, et qui a fourni les premières indications qui ont guidé les expérimentateurs.

Il faut reconnaître, du reste, qu'il en a été ainsi pour presque tous les organes; les connaissances que l'on a sur leurs fonctions ont, toujours débuté par l'observation pathologique, l'expérimentation n'étant venue ensuite, que pour chercher à reproduire les lésions pathologiques observées.

Pour l'hypophyse, les premières observations qui ont attiré l'attention sur elles sont dues aux expériences pratiquées sur la thyroïde, notamment par Rogowitsch et Stieda, qui ont constaté que, sur les chiens et les lapins thyroïdectomisés, l'hypophyse était hyperhémiée, augmentée de volume, que les cellules qui la constituent étaient modifiées, et que l'on trouvait de la substance colloïde en plus grande quantité.

Mais, avant d'aborder l'étude des lésions anatomo-pathologiques, ou celles qui peuvent provenir d'une corrélation fonctionnelle, il est beaucoup plus logique de savoir ce que donne d'abord l'expérimentation directe ou indirecte, ou, pour mieux dire, avec ou sur l'hypophyse. Ces notions physiologiques connues, il sera beaucoup plus facile de comparer, et l'on pourra discuter en connaissance de cause.

Les recherches peuvent se diviser en deux séries, suivant qu'elles sont basées sur des méthodes directes ou indirectes.

La première série peut, elle-même, se diviser en deux groupes : le premier comprenant les expériences exécutées avec l'hypophyse fraîche ou desséchée, ayant servi à fabriquer des extraits; le second, les expériences ayant porté sur la glande elle-même : excitations, extirpation.

CHAPITRE I. — MÉTHODES DIRECTES.

§ I. — *Extraits hypophysaires.*

Les premiers essais d'expériences avec des extraits aqueux et glycérinés d'hypophyses sont dus à Vassale et Sacchi (1892-1894). Ces expérimentateurs ayant cherché à faire l'ablation de l'hypophyse, injectèrent aux animaux opérés de l'extrait glandulaire, et constatèrent une légère amélioration dans les troubles morbides. Mais ils ne firent aucune constatation sur la véritable action physiologique de ces extraits aqueux glycérinés. Pour eux, la seule action a été d'atténuer les perturbations morbides des animaux hypophysectomisés; ils ne voyaient dans ces extraits qu'un rôle de suppléance fonctionnelle.

Mais bientôt l'exploi des extraits hypophysaires fut fait d'une façon plus méthodique, et on ne tarda pas à s'apercevoir que des modifications importantes se produisaient, sous leur influence, dans l'organisme et surtout du côté de la circulation.

On varia les expériences, ainsi que la manière de préparer les extraits, que l'on obtenait ou par macération, ou par dessiccation. Tantôt la glande pituitaire était employée en totalité, tantôt on séparait les deux lobes, et l'on expérimentait avec l'un ou l'autre. D'où une série de recherches qui ont donné lieu à des résultats fort intéressants que nous allons passer en revue.

Action de l'extrait hypophysaire sur la circulation. — Les premiers travaux sur l'action physiologique des extraits hypophysaires sont ceux d'OLIVER et SCHÆFER et de SCZYMONOWICZ.

OLIVER et A. SCHÆFER, en 1895, observèrent qu'en injectant du suc d'hypophyse dans la circulation, il se produisait une élévation de pression sanguine comparable à celle que produit, dans les mêmes conditions, l'injection d'extrait de capsules surrénales.

Ils fabriquaient leurs extraits ou leurs sucs, en faisant macérer des hypophyses fraîches dans de l'eau salée.

Ils ne parlent, dans leur travail, que de l'augmentation de pression; ils ne disent rien ni sur les caractères du rythme cardiaque, ni sur l'augmentation d'amplitude des battements du cœur.

SCZYMONOWICZ refaisant, en 1896, la même expérience, trouve que la pression a de la tendance à baisser, et que les battements du cœur augmentent de fréquence.

Dans le courant de la même année 1898, CH. LIVON, HOWELL et DE CYON reprirent les mêmes expériences, et arrivèrent aux résultats suivants.

CH. LIVON employait, pour faire ses expériences sur le chien, les extraits totaux d'hypophyses de mouton et de cheval, qu'il préparait en broyant les organes avec de l'eau salée à 7 p. 1000, glycérinée à 1 p. 10. Après une macération d'une heure environ, la filtration était opérée, avec expression à travers un linge serré. Il note une élévation assez rapide de la tension, avec ralentissement du rythme et grande intensité des pulsations cardiaques. En suivant les tracés, on peut constater que l'hypertension se manifeste presque aussitôt que pénètre le filtratum dans la circulation.

Cette première hypertension est suivie bientôt d'une légère hypotension, qui fait vite place à l'hypertension caractéristique; mais, dès la première hypertension, le rythme se ralentit, et l'amplitude des pulsations augmente.

HOWELL emploie des extraits glycérinés, et obtient, chez le chien, une élévation de pression et un ralentissement des battements du cœur, dont la puissance est augmentée; même constatation que CH. LIVON. Mais HOWELL remarque que les extraits actifs ne sont fournis que par le lobe postérieur; les extraits faits avec le lobe antérieur sont inactifs. De même, il observe qu'une première injection confère une sorte d'immunité, puisque une seconde injection ne produit plus d'élévation de pression. Mais CH. LIVON n'a pas observé la même accoutumance; elle peut, en effet, se produire, mais ce n'est qu'après plusieurs injections.

Même après la section des pneumogastriques, HOWELL trouve que le rythme est encore un peu ralenti, et que l'amplitude des pulsations est encore augmentée. Pour lui, l'extrait d'hypophyse agit sur le cœur, par son action sur les centres d'inhibition cardiaque, et par son action périphérique directe sur la musculature cardiaque même, ou sur les nerfs intrinsèques du cœur.

CH. LIVON n'est pas arrivé aux mêmes résultats; pour lui, après la double vagotomie, l'extrait pituitaire ne produit plus le ralentissement des battements cardiaques, ni l'augmentation de l'impulsion; l'hypertension seule subsiste, et l'excitation du nerf dépresseur n'empêche nullement l'action de l'extrait hypophysaire.

DE CYON procède différemment pour préparer les extraits qu'il injecte. D'abord, il emploie des extraits fabriqués avec des hypophyses préalablement séchées et pulvérisées, ou bien il injecte à des lapins un extrait ayant subi une ébullition prolongée sous pression (2 atmosphères). Aussi dit-il dans une note (*Arch. de Phys.*, 1898, p. 631) : « Les extraits se comportent différemment dans leur action, suivant la température à laquelle ils ont été préparés, et aussi suivant la manière dont sont traités leurs éléments albuminoïdes ».

Avec cet extrait obtenu par ébullition, il provoque sur le lapin une élévation de pression artérielle, en même temps qu'un ralentissement du pouls.

Pour DE CYON, l'hypophyse produit plusieurs substances actives, l'une probablement combinaison organique de phosphore, qu'il appelle *hypophysine*, agit spécialement sur la force et le nombre des battements du cœur; l'autre impressionne, de préférence, les vaso-constricteurs.

A partir de cette époque, les travaux publiés sur cette question sont très nombreux, et d'ailleurs ils ne concordent pas toujours.

OSBORNE et SW. VINCENT trouvent dans le suc hypophysaire de veau deux substances :

l'une, hypertensive, excitante pour le système nerveux, produite par le lobe antérieur; l'autre, hypotensive, déprimante, produite par le lobe postérieur; l'action de cette dernière serait analogue à une injection d'extrait de substance cérébrale.

Schæfer et Vincent confirment les observations de Howell, et trouvent dans les extraits hypophysaires du lobe nerveux deux substances : l'une, insoluble dans l'alcool et l'éther, soluble dans les solutions alcalines, augmente la pression sanguine ; l'autre, soluble dans l'alcool absolu et l'éther, produit de la diminution de pression. Ces deux substances sont dialysables, et ne sont pas détruites par la coction.

Pour ces auteurs, l'hypertension serait due à une action sur les artérioles.

Silvestrini injecte à des lapins des extraits d'hypophyse de bœuf ; comme Ch. Livon, il constate d'abord une élévation légère de la pression, suivie d'un abaissement ; puis une nouvelle élévation, pendant laquelle les pulsations cardiaques deviennent de plus en plus amples. Avec l'hypophyse humaine, il obtint le même résultat.

Comme Howell, il ne reconnaît aucune activité au lobe antérieur, mais il n'en trouve pas non plus au lobe postérieur. Ce n'est que le feuillet épithélial paranerveux qui donnerait un extrait actif sur la circulation.

Schæfer et Herring (1906), injectant de l'extrait aqueux du lobe nerveux, ont constaté une vaso-constriction généralisée, une diminution de volume du rein, et une suppression de la sécrétion rénale. Mais cette phase est très courte ; quelquefois même elle peut faire défaut, et alors survient une vaso-dilatation rénale, avec diurèse abondante. Pour eux, dans l'extrait hypophysaire, il y aurait un principe ayant une action spécifique, stimulante, sur l'épithélium des reins. L'utilité de la sécrétion interne de l'hypophyse serait au service de la sécrétion rénale.

Dans leurs expériences, ces derniers ont montré beaucoup plus de minutie et de soin pour préparer leurs extraits. Ils ont soin de séparer les lobes antérieurs et les lobes postérieurs, ils les font sécher, et obtiennent ainsi des poudres qui conservent longtemps leur activité, et dont ils peuvent doser la quantité. Ils dissolvent une partie de poudre dans cent parties de solution physiologique, et c'est en employant 2 à 4 centimètres cubes de cette solution qu'ils ont étudié l'action de l'extrait; même avec 1 centimètre cube ils ont obtenu des effets très marqués.

La poudre du lobe antérieur s'est montrée inactive ; celle du lobe postérieur, au contraire, très active, et non pas seulement la partie en contact avec la couche paranerveuse, mais tout le lobe.

Garnier et Thaon ont expérimenté avec des hypophyses de bovidés dont ils séparaient les deux lobes, qu'ils faisaient macérer dans la solution physiologique de chlorure de sodium. Après 16 à 20 heures de macération, le liquide était filtré sur papier et injecté au lapin. Quelquefois la filtration était faite par expression à travers un linge. Une fois l'extrait a été préparé extemporanément en broyant la glande avec du sable et le sérum, sans différence dans le résultat.

Ils n'ont rien observé sur la respiration : le tracé n'a pas été modifié.

Comme Howell et Silvestrini, ils n'ont rien observé avec l'extrait du lobe antérieur.

Ils n'ont rien obtenu avec la matière colloïde recueillie à part, comme l'avait fait Silvestrini.

Mais, avec l'extrait provenant du lobe postérieur, ils ont obtenu des modifications importantes de la circulation. Au moment de l'injection, élévation rapide de la pression, ralentissement des battements, augmentation d'amplitude, puis chute brusque en hypotension pendant peu de temps et relèvement de la pression en hypertension; à mesure que le tracé monte, les battements deviennent plus rares, et les pulsations plus amples.

Ils arrivent à cette conclusion que, dans le lobe postérieur de l'hypophyse des bovidés, il y a une substance que l'on peut extraire par l'eau salée et qui a pour effet de faire varier la pression sanguine, et surtout de ralentir les battements cardiaques et d'en augmenter la force.

Si la dose injectée correspond à un cinquième de lobe, pour un lapin, la mort peut survenir, non immédiatement, mais au milieu de l'hypertension. Il y a alors chute, diminution d'amplitude et mort dans une crise convulsive.

Cette substance existe sur le taureau comme sur l'animal châtré.

Parfois, pendant l'hypertension, les battements se groupent en séries de 3 à 4, séparées par un battement plus faible ou par un crochet dû à un abaissement brusque de la pression. De Cyon a décrit chez le chien un phénomène semblable, qu'il appelle les contractions renforcées.

Pour Garnier et Thaon une seule injection ne produit pas d'accoutumance; car, en les répétant au début, on obtient les mêmes effets.

Salvioli et Carraro en 1907, ont repris l'étude de l'action de l'hypophyse, en employant des extraits obtenus en triturant avec soin des glandes pituitaires fraîches de bœuf, mouton, chien, chat, porc, avec de la solution physiologique égale à cinq fois le poids de la glande employée. Leurs expériences ont porté sur des chiens, des lapins et des chats, et les résultats qu'ils ont obtenus sont à peu près semblables à ceux des auteurs précédents.

Pour eux, la partie postérieure seule est active, même séparée de la petite couche épithéliale paranerveuse fortement appliquée sur elle. La pression est ainsi modifiée : d'abord légère hypotension, suivie d'une hypertension, plus ou moins notable, avec raréfaction et renforcement des battements cardiaques.

Ces auteurs ont remarqué qu'avec des doses faibles ils obtenaient plutôt l'hypertension avec légères modifications du rythme; tandis qu'avec de fortes doses c'était la raréfaction et l'amplitude des battements qui prédominaient, avec une légère hypertension.

Pour arriver à une accoutumance il faut des injections répétées. Alors la respiration n'est pas modifiée et la toxicité des extraits est faible, même avec des doses élevées. Ils n'ont observé comme symptômes que de la somnolence et de la faiblesse musculaire.

Pour eux l'hypertension est d'origine périphérique; le ralentissement est dû à l'excitation du vague, et, comme ils l'ont obtenu sur des animaux à vagues sectionnés, ils admettent qu'il y aurait une action sur les ganglions ou sur les fibres musculaires du cœur. Même après avoir administré de l'atropine, ils ont vu le ralentissement et le renforcement des pulsations. Ils ont trouvé que les vagues restaient excitables par l'électricité, même sous l'action de l'extrait.

Ils admettent que la section des dépresseurs ne change rien, et que leur excitation, pendant l'action de l'extrait, produit une vaso-dilatation variable, qui démontre que, malgré la vaso-constriction due à l'extrait, une vaso-dilatation peut encore se produire pour modérer ou même annuler l'action de l'extrait. Nous avons vu que tous les auteurs n'ont pas obtenu des résultats semblables.

Hallion et Carrion ont employé pour leurs expériences des extraits secs, qui ont l'avantage d'être plus commodes à l'usage et qui se conservent très longtemps. Ils préparent leurs extraits en recueillant un grand nombre d'hypophyses de bœufs qui viennent d'être abattus. Ils les réduisent rapidement en pulpe, et y ajoutent un volume égal d'alcool à 90°. Ils dessèchent ensuite en couche mince, à la température de 38° à 40°, et réduisent en poudre. Préparé ainsi, un gramme de cet extrait sec pulvérisé correspondrait à 4gr,50 de tissu glandulaire frais. Le poids moyen de l'hypophyse de bœuf fraîche étant de 3gr,50.

Ces auteurs ont constaté que les injections d'extraits hypophysaires, non seulement produisaient une hypertension générale, avec augmentation d'amplitude et ralentissement des pulsations, mais donnaient naissance à une vaso-constriction, courte dans la muqueuse nasale, un peu plus longue dans le rein, et très intense et très persistante dans la thyroïde. Ce dernier fait est confirmé par la clinique et par la disparition des battements du goitre, chez certains basedowniens soumis à la médication hypophysaire.

La vaso-constriction du rein est suivie d'une vaso-dilatation qui dure assez longtemps, et qui est accompagnée de diurèse.

Hallion et Carrion ont constaté que les injections d'extraits hypophysaires non seulement produisaient une hypertension générale, mais donnaient naissance à une vaso-constriction très intense des vaisseaux de la thyroïde. Fait confirmé par la clinique et par la disparition des battements du goitre chez certains basedowniens soumis à la médication hypophysaire.

D'un autre côté J. Pal a observé, comme la plupart des expérimentateurs, que l'extrait hypophysaire déterminait une hypotension passagère, suivie d'une hypertension.

Il a fait agir alors de l'extrait sur des artères excisées (coronaire, carotide, mésentérique, crurale, rameaux périphériques de l'artère rénale), maintenues vivantes d'après le procédé de Oscar W. Meyer, et il a constaté la production d'une dilatation. Il est à noter que la pilocarpine agit comme l'extrait hypophysaire sur les vaisseaux, avec cette différence qu'elle dilate l'artère rénale tout entière, tandis que l'extrait hypophysaire ne dilate que les rameaux périphériques de cette artère, les autres parties restant contractées.

Sur des lapins soumis à des injections répétées d'extrait hypophysaire, G. Étienne et J. Parisot ont constaté une hypertension permanente, pouvant durer quinze jours après la dernière injection intra-veineuse, et J. Parisot a remarqué que, dans les mêmes conditions, la vaso-constriction du corps thyroïde persistait aussi.

Lockhart, Mummery et W. Legge ont observé, comme beaucoup d'expérimentateurs, la chute de pression du début suivie de l'hypertension persistante.

De tous ces travaux peut-on tirer une conclusion? La seule qui paraisse évidente est la suivante : Les extraits hypophysaires, provenant surtout du lobe postérieur, ont une action très marquée sur la circulation. Ils augmentent la pression sanguine et diminuent le rythme des battements cardiaques, dont ils augmentent l'amplitude.

Avant d'aller plus loin, il est permis de se demander par quel mécanisme l'extrait hypophysaire agit sur la circulation.

Est-ce par excitation du pneumogastrique, ou bien par un effet direct sur les ganglions périphériques (cœur, vaisseaux)?

Le problème, qui paraît facile à résoudre, se trouve compliqué par le fait des résultats expérimentaux qui varient d'un auteur à l'autre, et qui sont plutôt de nature à jeter de la confusion sur la question qu'a apporter de la lumière.

Il faut reconnaître avec Choay que le mode de préparation des extraits peut avoir une grande influence sur leur activité.

Nous avons vu, en effet, que certains auteurs préparent leurs extraits par macération simple dans l'eau salée : d'autres ajoutent à cette solution NaCl, ou de la glycérine, en proportion plus ou moins grande, et la filtration se fait avec ou sans expression.

Pour la préparation des extraits secs, même variété. Les uns se contentent de broyer les hypophyses et d'opérer la dessiccation rapide dans la chambre à acide sulfurique dans le vide ou à froid, d'autres y ajoutent de l'alcool à 90°; d'autres enfin obtiennent les extraits secs par l'évaporation des macérations dans l'eau salée, que l'on additionne d'éther acétique pour la conservation pendant l'évaporation dans le vide; et ainsi de suite les techniques varient.

Sans compter les différences dues aux préparations, suivant qu'elles sont faites avec la glande totale, ou avec les lobes antérieurs ou postérieurs séparés. Et, même dans ce dernier cas, la façon dont les lobes sont séparés par les opérateurs peut être cause de modifications dans les résultats.

La section des pneumogastriques, qui est la première expérience qui vient à l'esprit pour élucider le problème du mode d'action, est loin de donner les mêmes résultats entre les mains des expérimentateurs.

Ainsi, pour De Cyon, à cause de l'énergie de l'excitation des vagues produite par l'hypophysine, la section des pneumogastriques chez le chien n'empêche pas la production des pulsations renforcées par séries; l'atropine même n'interrompt pas toujours une série. Howell, malgré la section des vagues, sur les chiens ou sur des animaux atropinisés, a observé, avec des extraits glycérinés d'hypophyse, l'élévation de la pression, le ralentissement et le renforcement des battements cardiaques.

Pour Silvestrini, les effets de l'extrait hypophysaire ne sont modifiés ni par la section des vagues, ni par celle du nerf dépresseur.

Ch. Livon, Garnier et Thaon ont observé, au contraire, que la double vagotomie, chez le chien, empêche le ralentissement et l'augmentation d'amplitude des battements cardiaques; l'injection intra-veineuse d'extrait pituitaire ne donnant lieu dans ces conditions qu'à de l'hypertension. Mais la section d'un seul vague ne modifie en rien l'action de l'extrait.

Ch. Livon a aussi observé que, lorsque l'hypertension est produite, l'excitation chez le chien des vagues et surtout du vague gauche, ne produit généralement ni l'arrêt ni la chute de pression qui se produisent d'ordinaire. Un autre fait que Ch. Livon a signalé aussi le premier, c'est que l'excitation du dépresseur, qu'il soit intact ou que l'excitation ne porte que sur le bout supérieur sectionné, ne donne plus sur le lapin, la chute caractéristique de la pression, la diminution de pression est presque insignifiante, ou bien, si l'excitation dure quelque temps, on observe une faible diminution avec oscillations assez grandes: mais rien de comparable à ce qui se produit chez le lapin qui n'a pas reçu d'extrait d'hypophyse. Il est vrai que tous les auteurs n'ont pas obtenu ces mêmes résultats.

Se basant sur leurs expériences, Salvioli et Carraro concluent à une action périphérique. En effet ils ont obtenu les résultats ordinaires en injectant de l'extrait hypophysaire sur des animaux à moelle cervicale sectionnée entre la quatrième et la cinquième cervicale. Sur une patte séparée du reste du corps par une ligature très serrée, ils ont obtenu la vaso-constriction des vaisseaux de cette patte par une injection dans ces vaisseaux. Mais, en respectant seulement le sciatique et en injectant l'extrait dans la jugulaire, ils n'ont observé qu'une légère vaso-constriction tardive.

Enfin, sur le cœur isolé, Hedbom, Allen Cleghorn, ont constaté que, sous l'influence de l'extrait hypophysaire, les battements étaient renforcés, et que leur rythme diminuait. Mais là encore on est à se demander si c'est une action sur le muscle ou sur les éléments nerveux.

Action de l'extrait hypophysaire sur l'appareil cardio-vasculaire. — Connaissant les effets de l'adrénaline sur l'appareil cardio-vasculaire, il était intéressant de savoir si l'extrait hypophysaire, dont l'action sur la circulation ressemble beaucoup à celle de l'adrénaline, pouvait donner lieu aux mêmes altérations. C'est le problème que bien des expérimentateurs se sont posé.

Baduel (1906) a trouvé qu'il y a une grande analogie entre les lésions produites par les deux extraits, surrénal et hypophysaire. Il a constaté, après administration d'extrait hypophysaire, que l'aorte était le siège de foyers athéromateux, qu'il y avait dégénérescence de la tunique moyenne et épaississement de la tunique interne ; que les artères du foie, de la rate et du poumon présentaient de l'infiltration périvasculaire; que le cœur avait des plaques d'infiltration à petites cellules et que les artères coronaires étaient rigides.

Mais ces constatations n'ont pas été confirmées par les autres expérimentateurs.

G. Étienne et J. Parisot, en effet, ont pratiqué, sur des lapins, des injections de 1 cent. cube à 6 à 7 cent. cubes d'une solution contenant $0^{gr},0183$ d'extrait hypophysaire par centimètre cube.

Après chaque injection d'extrait ils ont observé sur l'animal une diminution de réaction aux excitations, une torpeur considérable pouvant aller jusqu'au sommeil, et en même temps une légère dyspnée et une augmentation notable dans la force des pulsations cardiaques. Ces faits se présentaient avec les premières injections, puis s'atténuaient, et finissaient presque par disparaître, ce qui indiquerait une accoutumance. La polyurie signalée par Schäefer et par d'autres auteurs se manifestait, et quelquefois on assistait à des phénomènes graves suivis de mort, comme avec l'adrénaline. La pression s'élevait et l'hypertension persistait, puisqu'on pouvait encore la constater 10 à 15 jours après la dernière injection.

A l'autopsie les auteurs ont trouvé le cœur hypertrophié, surtout au niveau du ventricule gauche, et de très légères lésions valvulaires aortiques. Ce n'est qu'exceptionnellement qu'ils ont observé un léger athérome, même avec surcalcification des animaux (procédé de Lœper et Boveri).

Des résultats également négatifs ont été constatés par Carraro, Hallion et Alquier, Renon et Delille.

Les résultats diffèrent donc beaucoup de ceux que l'on obtient avec l'adrénaline.

On peut donc conclure que l'extrait hypophysaire n'a qu'une action athéromisante, très faible et même nulle, comparée à son action hypertensive, qui est très forte.

Action de l'extrait hypophysaire sur le rein. — L'action générale des extraits hypophysaires sur l'appareil circulatoire doit nécessairement avoir une répercussion sur divers organes. Le rein paraît être un des plus influencés, car l'augmentation de la sécrétion urinaire, sous l'influence de l'administration d'extraits hypophysaires, a été constatée par un grand nombre d'auteurs.

Magnus et Schæfer (1901), après les injections intra-veineuses d'extrait hypophysaire, ont observé une augmentation très notable de la sécrétion urinaire, ainsi qu'une dilatation persistante du rein. Pour eux, c'est dans le lobe postérieur que se trouve le principe diurétique; et les extraits aqueux seuls agissent sur le rein.

Schæfer et Herring (1906) ont obtenu des résultats semblables. Ils ont constaté que le principe diurétique, qui existe seulement dans le lobe postérieur, était insoluble dans l'alcool absolu et dans l'éther, mais soluble dans l'eau; qu'il dialysait et que l'ébullition ne le détruisait pas. Aussi, avec des injections intra-veineuses d'extrait aqueux, ont-ils observé une diminution de volume du rein, et une suppression de la sécrétion rénale. Mais cette phase est très courte, quelquefois même elle peut faire défaut, et alors survient une vaso-dilatation rénale, avec diurèse abondante. Pour eux, dans l'extrait hypophysaire, il y aurait un principe ayant une action spécifique, stimulante, sur l'épithélium des reins. L'utilité de la sécrétion interne de l'hypophyse serait au service de la sécrétion rénale; car l'extrait hypophysaire jouit d'un pouvoir diurétique supérieur à celui de toute autre substance diurétique.

Hallion et Carrion ont étudié les modifications vaso-motrices du rein sous l'influence des injections d'extrait hypophysaire; et ils ont noté d'abord une vaso-constriction de courte durée, puis une vaso-dilatation très prononcée, persistante, accompagnée d'une forte diurèse.

La polyurie a été observée de même, par Étienne et Parisot, chez les lapins sur lesquels ils ont fait leurs expériences.

J. Renon et A. Delille sont arrivés à des résultats identiques, avec des injections intra-péritonéales d'extrait total ou d'extrait du lobe postérieur.

Cette concordance dans les observations permet donc de conclure que les extraits hypophysaires du lobe postérieur, comme de l'hypophyse totale, ont une action très marquée sur le rein et possèdent un pouvoir diurétique tout particulier.

Action de l'extrait hypophysaire sur le métabolisme. — Les modifications de la circulation amènent-elles des changements dans la nutrition? Les premières recherches d'Oswald sembleraient indiquer qu'il n'y en a pas; car, ayant administré des extraits hypophysaires à des chiens, il n'a pas trouvé des modifications dans les proportions de l'azote et du phosphore éliminés.

Mais John Malcolm, reprenant cette étude sur des chiens, avec des hypophyses de bœuf, est arrivé aux conclusions suivantes :

Avec l'extrait sec de la portion glandulaire on constate une rétention de l'azote et du phosphore; une excrétion exagérée de calcium et une augmentation très forte du magnésium dans les fèces; avec l'extrait sec de la portion nerveuse, même rétention de l'azote. Mais, pour le phosphore, il y a d'abord une augmentation dans son élimination, puis une diminution; le calcium est excrété en excès et le magnésium ne paraît pas modifié; avec la glande totale fraîche, on observe une augmentation de l'excrétion de l'azote, une tendance à la rétention du calcium; l'élimination du magnésium, d'abord augmentée, est ensuite diminuée.

D'après W.-H. Thompson et H.-M. Johnston, l'administration d'hypophyses de cheval et de veau stimule le métabolisme chez le chien (augmentation de l'azote élimininé, de l'urée et des phosphates).

Sous l'influence de l'administration d'extraits hypophysaires, en général, le poids de l'animal diminue un peu (Thompson et Johnston, A. Carraro) : cette diminution de poids paraît être un phénomène de début; car, si l'on continue l'administration un certain temps, les animaux reprennent leur poids initial, et même augmentent. A. Delille a vu des lapins, au bout de 14 mois de traitement, présenter une véritable surcharge graisseuse.

Action de l'extrait hypophysaire sur les fibres musculaires. — Ainsi que le montrent les expériences de Salvioli et Carraro, l'extrait hypophysaire aurait une action directe sur les fibres lisses des vaisseaux et les ferait contracter.

D'un autre côté, W. Cramer a démontré que les extraits hypophysaires de bœuf faisaient dilater la pupille d'yeux de grenouille énucléés. Les fibres lisses dilatatrices de la pupille sont donc influencées par ces extraits, dans lesquels la substance qui fait dilater la pupille paraît différente de celle qui possède le pouvoir diurétique. De vieux extraits, en effet, conservent leur pouvoir diurétique et n'ont plus d'action sur la pupille

PAL a confirmé les observations de CRAMER sur la pupille d'yeux de grenouille.

La fibre cardiaque est-elle influencée directement par l'extrait hypophysaire? HEBDORN, ALLEN CLEGHORN ont bien vu, sur le cœur isolé, les battements devenir plus forts et se ralentir en même temps. Mais on est obligé de tenir compte des éléments nerveux intra-cardiaques.

Peut-on avancer que l'extrait hypophysaire a de l'action sur les fibres striées en augmentant leur toxicité? On ne peut que le supposer en constatant l'affaiblissement musculaire général qui accompagne les maladies de l'hypophyse, et la disparition de l'asthénie musculaire par l'opothérapie hypophysaire.

Action de l'extrait hypophysaire sur les reins. — Les injections d'extraits ont nécessairement de l'influence sur les divers organes. En dehors du cœur et du rein, étudiés précédemment, on trouve des modifications importantes.

C'est ainsi que sous l'influence des extraits hypophysaires, l'hypophyse présente d'abord des signes de stimulation, d'hyperfonctionnement, puis d'épuisement, d'hypofonctionnement (GUERINI, HALLION et ALQUIER, RÉNON et DELILLE). Les capsules surrénales généralement s'hypertrophient (BADUEL, HALLION et ALQUIER, RENON et DELILLE, PARHON et GOLSTEIN).

La thyroïde semble profondément modifiée: les vésicules diminuent de volume, leur contenu colloïdal se raréfie et disparaît même de certaines vésicules. Il y a de la tendance à l'atrophie sans sclérose cependant (HALLION et ALQUIER, RENON et DELILLE). PARHON et GOLSTEIN, de leur côté, n'ont pas constaté d'altérations. — Du côté des organes génitaux, les auteurs n'ont rien trouvé de particulier à signaler.

Le foie est toujours congestionné et présente les signes de la dégénérescence granulo-graisseuse (CARRARO, HALLION et ALQUIER, RENON et DELILLE, PARHON et GOLSTEIN).

Quant aux autres organes, comme le poumon, la rate, le pancréas, ils sont plus ou moins congestionnés.

Action de l'extrait hypophysaire sur le système nerveux. — FRANKL-HOCHWART et A. FRÖHLICH ont observé que l'extrait hypophysaire provoquait des contractions de la vessie et en diminuait l'excitabilité pour le courant faradique par son action sur les nerfs pelviens (système autonome). Le nerf hypogastrique (système sympathique) n'est point influencé. L'utérus chez le lapin se comporte de la même façon. Pour eux l'extrait hypophysaire rétrécit un peu la pupille et n'exerce aucune action sur le pneumogastrique. Tandis que l'adrénaline agit sur le système nerveux sympathique, l'extrait hypophysaire a surtout de l'action sur les organes du bassin, et n'agit que sur quelques filets sympathiques, ainsi que sur quelques autres nerfs autonomes.

Les auteurs établissent un rapport entre cette action et les troubles génitaux que l'on observe dans l'acromégalie, ainsi que les troubles vésicaux qui se produisent dans les cas de tumeur de l'hypophyse sans acromégalie, probablement dûs à un défaut de sécrétion hypophysaire.

Aussi pensent-ils que l'on pourrait administrer l'extrait hypophysaire quand on aurait besoin d'augmenter l'excitabilité de la vessie et de l'utérus.

Action de l'extrait hypophysaire sur l'accroissement somatique. — Partant de ce fait que les recherches cliniques tendent à attribuer à l'hypophyse une action sur le trophisme des os, on a entrepris des expériences sur des animaux en voie d'accroissement, afin de voir si leur développement pouvait être modifié sous l'influence des extraits hypophysaires.

CASELLI d'abord expérimenta avec l'hypophyse de bœuf, qu'il faisait macérer pendant vingt-quatre heures dans du sérum physiologique glycériné, à poids égal, pour étudier l'influence sur le développement de l'organisme. Il pratiquait, sur de jeunes lapins et sur de jeunes chiens, des injections sous-cutanées de 1 à 2 centimètres cubes pendant deux à quatre mois. Les résultats ne furent pas très favorables; dans quelques rares cas, il y eut un peu de retard de développement.

CERLETTI ensuite a entrepris des expériences semblables. Le maximum d'activité devant coïncider avec la période de développement, il a employé des hypophyses d'animaux en bas âge (des agneaux). Ces organes variaient de poids entre 20 et 30 centigrammes.

Chez des chèvres surtout, il a obtenu des résultats très intéressants et significatifs. Il y a un retard constant soit dans l'augmentation de poids, soit dans le développement squelettique des animaux en expérience.

Le retard dans le développement du squelette paraît suivre une règle plus uniforme que celle qui préside au développement du poids du corps.

En examinant les os dépouillés des parties molles, on constate des faits particuliers et importants. Chez les lapins soumis au traitement hypophysaire, le tibia est moins long; les épiphyses, particulièrement dans leur diamètre frontal, présentent un développement plus considérable qu'à l'état normal. Si le diamètre de la diaphyse de l'os est le même, d'une façon absolue, que celui de l'os normal, à cause de sa diminution de longueur, il est relativement d'un diamètre plus grand, puisqu'il est moins long.

Ces expériences sembleraient indiquer, sans le démontrer, que le développement du squelette peut être influencé par l'emploi des extraits hypophysaires.

Action de l'extrait hypophysaire combiné à l'extrait thyroïdien, à l'extrait capsulaire et à l'extrait ovarien. — A. Conti et O. Curti ont fait une série d'expériences pleines d'intérêt sur les deux extraits combinés de l'hypophyse et de la thyroïde de veau. Après avoir constaté que l'extrait thyroïdien ne modifiait ni la pression sanguine, ni les mouvements du cœur, mais élevait le ton et la résistance des centres régulateurs de l'appareil circulatoire, ils observent qu'une dose élevée d'extrait du lobe infundibulaire de l'hypophyse détermine toujours la mort du lapin. Mais, si l'on injecte cette même dose mortelle sur un lapin qui a reçu une ou deux injections préventives d'extrait thyroïdien, il ne meurt pas.

Même résultat avec l'extrait du lobe glandulaire de l'hypophyse : il ne modifie ni la pression, ni le pouls, comme l'extrait thyroïdien, mais il rend plus tolérables les doses toxiques d'extrait du lobe infundibulaire.

Ces auteurs ont aussi observé que, si l'on injectait un mélange d'extrait thyroïdien et d'extrait hypophysaire, le résultat n'était pas modifié : cependant la tolérance de la part de l'animal serait moins manifeste.

Complétant leurs recherches par une injection d'un mélange d'extrait hypophysaire et d'extrait de capsules surrénales, toujours de veau, ils ont remarqué que les caractères de la courbe circulatoire obtenue étaient ceux de l'extrait capsulaire, dont l'effet physiologique était supérieur. Mais le lapin meurt, si la dose d'extrait hypophysaire employée est une dose toxique.

Dans des expériences analogues sur l'action combinée des extraits, Parisot a trouvé que, chez l'animal intoxiqué par l'extrait thyroïdien, l'extrait hypophysaire avait semblé diminuer et notablement amender les symptômes d'intoxication. D'autre part, en administrant ces deux extraits simultanément à un animal sain, il a observé que l'extrait thyroïdien semblait perdre de sa toxicité, et ne produire que beaucoup plus lentement des symptômes d'intolérance.

De leur côté, Rénon et Delille, en associant divers extraits, sont arrivés aux conclusions suivantes :

Lorsque on injecte dans le péritoine d'un lapin neuf de l'extrait hypophysaire total, en même temps que de l'extrait surrénal, la toxicité de ce dernier ne paraît pas diminuée : avec l'extrait du lobe antérieur le résultat est le même.

Après plusieurs injections préalables d'extrait hypophysaire total, les lapins succombent le premier jour qu'ils reçoivent une dose, même faible, d'extrait surrénal. Mais les animaux soumis depuis longtemps au traitement par l'extrait du lobe antérieur résistent beaucoup plus aux injections d'extrait surrénal que les lapins sains.

Étudiant l'effet de l'extrait hypophysaire sur l'extrait ovarien, ils ont remarqué que la toxicité de ce dernier semblait diminuée.

En associant l'extrait hypophysaire à l'extrait thyroïdien, ils n'ont rien observé de bien apparent.

Enfin, injectant à une lapine, simultanément, des doses minimes d'extrait d'hypophyse, de surrénale, d'ovaire et de thyroïde, ils ont constaté la mort en quelques heures.

Parhon et Goldstein, faisant absorber à un chien châtré de la macération thyro-hypophysaire, ont trouvé une congestion considérable de l'hypophyse avec beaucoup de cellules éosinophiles; de la colloïde en abondance dans la thyroïde. Ils n'ont rien trouvé du côté des surrénales et du pancréas, mais le foie et les reins étaient congestionnés.

Toxicité. — Après l'énumération de tous ces travaux, on en arrive à poser la question de la toxicité des extraits hypophysaires.

Les recherches sur cette question ne sont encore ni très nombreuses et surtout ni très précises. Cependant quelques auteurs l'ont abordée.

Comme les expérimentateurs n'ont obtenu sur cette question que des résultats variés et contraires, on pourrait les diviser en deux groupes : 1° Ceux qui ne reconnaissent à l'hypophyse qu'une toxicité presque nulle; 2° ceux qui, au contraire, lui attribuent une toxicité propre, relativement grande.

Cependant la classification est difficile, car les résultats varient suivant la quantité employée, suivant la voie d'administration, et suivant que l'on a utilisé la glande totale ou l'un des deux lobes.

De même il semble que la toxicité est plus grande lorsque l'on emploie la substance fraîche que lorsque l'on fait usage d'extraits secs.

Quoiqu'il en soit, parmi ceux du premier groupe ont peut citer : Mairet et Bosc, Schaefer et Swale Vincent, Thompson et Johnston, Salvioli et Carraro, Étienne et Parisot, Rénon et Delille, Hallion et Alquier, etc.

Parmi ceux du second groupe : Conti et Curti ; Garnier et Thaon, Carraro, Masay, Urecchia, Parisot, etc.

D'une façon générale, on peut dire que les animaux supportent très bien des doses faibles ou moyennes, et que ces doses déterminent même chez eux une accoutumance qui permet d'arriver à des doses fortes. Mais si, d'emblée, on emploie une forte dose, la mort se produit rapidement.

Une question se présente alors. Qu'entend-on par une dose forte ou mortelle?

Il faut reconnaître que, jusqu'à présent, les données manquent de précision, à cause de la technique, laquelle change pour ainsi dire avec chaque expérimentateur.

On peut se demander aussi si l'origine de l'hypophyse employée ne joue pas un rôle important.

Ce dernier point a été élucidé par Parisot, qui a vu que les résultats étaient les mêmes, que l'hypophyse provienne d'un animal semblable à celui qui est intoxiqué ou d'animaux différents.

Un fait sur lequel tout le monde est d'accord, c'est que le lobe antérieur est inoffensif.

Pour le lobe postérieur, Carraro a trouvé que l'extrait correspondant à un lobe d'hypophyse fraîche de bœuf, en injection intra-veineuse, tuait un lapin d'un poids supérieur à 1 500 grammes.

Masay donne comme dose mortelle pour un cobaye : deux hypophyses de chien.

Quant à Urecchia, il a employé des doses massives (15 à 20 hypophyses de bœuf) en injections intra-péritonéales sur des chiens, et il a vu la mort survenir en huit à neuf jours.

Garnier et Thaon ont entrepris quelques expériences sur cette toxicité, et ont trouvé qu'approximativement 2 grammes d'hypophyse fraiche de vache tuaient un kilogr. de lapin.

Ils ont recherché si cette toxicité pouvait varier lorsque la préparation était plus ou moins vieille. Ils ont observé qu'après 24 heures de séjour à la glacière un extrait d'hypophyse de taureau, qui tuait un kilog. de lapin à la dose de 1gr,50 au moment de sa préparation, le tuait à la dose de 1 gramme. Après 48 heures, la toxicité s'est élevée à 0gr,31 par kilogr. Après 3 jours, la dose mortelle est remontée à 1gr,09 par kilogr.

Mais les recherches de A. Conti et O. Curti jettent un jour nouveau sur cette toxicité, et la question est toute à reprendre, car, si, comme l'ont montré ces auteurs, l'extrait du lobe antérieur est préventif contre la toxicité de l'extrait du lobe postérieur, toutes les expériences pratiquées avec l'hypophyse entière sont entachées d'erreur.

Il est intéressant aussi, au plus haut degré, de constater cette action préventive de l'extrait thyroïdien, dont l'injection rend l'animal beaucoup plus résistant à l'action nocive de l'extrait du lobe nerveux de l'hypophyse. Il y a là un fait d'une portée biologique générale en ce qui concerne la synergie glandulaire.

Pouvoir antitoxique. — A côté de cette toxicité, on peut se demander si, comme l'ont avancé Guerrini et Gemelli, l'hypophyse possède un pouvoir antitoxique fonctionnel et direct.

Comme nous le verrons dans la troisième partie de cet article, l'hypophyse, en présence des intoxications et des infections, réagit si fortement que souvent elle paraît s'épuiser. Son rôle antitoxique fonctionnel peut donc être considéré comme très probable; mais a-t-elle un rôle antitoxique direct?

Pour chercher à éclaircir ce point, A. Delille a répété avec l'hypophyse les expériences qu'Oppenheim a faites avec la surrénale. Il a préparé des extraits hypophysaires frais et secs, qu'il a mélangés avec des subtances toxiques *in vitro*, et qu'il a injectés à des animaux ou bien il a injecté l'extrait, puis le toxique ou le toxique, puis l'extrait. Il n'a rien obtenu qui fût concluant. Il a de même expérimenté, sans résultat, pour voir si l'extrait hypophysaire pouvait modifier les propriétés actives du sérum (alexine, opsonine, etc.).

Jusqu'ici on ne peut rien dire du pouvoir antitoxique direct des extraits hypophysaires.

§ II. — *Excitations — Extirpation.*

Pour tâcher d'élucider ce problème, encore obscur, de la fonction de l'hypophyse, on a suivi la méthode ordinaire, qui a fourni tant de résultats : l'expérimentation directe sur l'organe, afin de pouvoir déterminer son rôle par les conséquences de son excitation ou de son ablation. Les tentatives ont été nombreuses et variées; car un organe dont les extraits possédaient des propriétés si nettes sur la circulation devait réagir à l'expérimentation. Mais l'hypophyse par sa situation topographique n'est pas d'un accès facile.

Choix de l'animal. — La première question que doit se poser l'expérimentateur est celle de savoir sur quel animal il est plus convenable et plus commode d'opérer.

Cette question présente ici une grande importance car tous les animaux n'offrent pas une même disposition de leur hypophyse.

Comme nous l'avons vu précédemment, c'est un organe en général profondément placé, dans une loge ostéo-fibreuse formée par la selle turcique et la dure-mère, qui constitue la tente de l'hypophyse, perforée seulement pour laisser passer la tige pituitaire. Mais cette disposition n'est pas identique dans toute la série des vertébrés, et certains animaux présentent des dispositions spéciales, qui peuvent faciliter l'expérimentation sur cet organe.

Ces dispositions doivent être connues du physiologiste.

Chez les *Batraciens*, on trouve une hypophyse assez volumineuse.

Chez la grenouille elle n'est nullement renfermée, car il n'existe pas de loge ostéo-fibreuse au niveau de la selle turcique, l'os parabasal présentant simplement une petite dépression; d'un autre côté, il faut tenir compte de la disposition de l'hypophyse qui chez la grenouille est pour ainsi dire sessile; accolée à la base du cerveau, au niveau du plancher du ventricule moyen, elle est dépourvue de tige pituitaire. Cette disposition permet d'en faire assez facilement l'ablation; mais par le fait de son accolement au ventricule, on n'extirpe le plus généralement que la portion corticale du lobe épithélial; si l'on veut enlever la portion nerveuse on pénètre dans le ventricule.

Chez les *Reptiles*, on trouve une disposition à peu près identique.

Chez les *Oiseaux*, l'hypophyse est relativement peu volumineuse, et présente cette particularité, chez la poule et l'oie, par exemple, que les deux lobes sont bien distincts, étant réunis par du tissu cellulaire lâche. Cette disposition permettrait l'ablation isolée de chacun des lobes; mais l'organe est placé lui-même dans une loge ostéo-fibreuse profonde, à laquelle elle adhère fortement.

Chez les *Mammifères*, l'hypophyse varie beaucoup suivant les espèces comme forme, dimensions et topographie.

Chez le cheval elle est volumineuse, elle a la forme d'un petit marron aplati : son pédicule, qui la relie au cerveau, est assez large : il s'insère à la partie antérieure et supérieure. La selle turcique n'est relativement pas très profonde, et, d'après Paulesco, la loge osseuse n'existe pour ainsi dire pas.

Chez le veau, elle présente à peu près la même forme que chez le cheval, mais elle est renfermée dans une loge osseuse, dans laquelle elle est maintenue solidement par des lames fibreuses qui l'enveloppent complètement.

Chez le mouton, l'hypophyse assez volumineuse a une forme pyramidale, et se trouve renfermée dans une loge ostéo-fibreuse complète.

Chez les *Rongeurs*, lapin et cobaye, l'hypophyse est contenue dans une loge ostéo-fibreuse. Mais chez le rat (le gris, le noir ou le blanc), elle n'est pas enfermée dans une loge ostéo-fibreuse. C'est à peine si, à la place de la selle turcique, se trouve une légère dépression qui contient l'hypophyse, que ne retient pas le repli de la dure-mère.

Chez les *Carnivores*, chat et chien, l'hypophyse est relativement petite : mais sur ces deux espèces animales elle n'est pas étroitement emprisonnée dans la selle turcique, attendu que la tente formée par la dure-mère ne constitue qu'une cloison très incomplète pouvant livrer passage à l'organe entier, quand on soulève le cerveau. On peut dire que la loge ostéo-fibreuse n'existe pas.

A. — **Procédés opératoires.**

Fixés sur la topographie de l'hypophyse chez la plupart des animaux de laboratoire, examinons quels sont les principaux procédés opératoires employés pour expérimenter sur cet organe.

Grenouille. — Cet animal ayant une hypophyse qui n'est pas contenue dans une loge ostéo-fibreuse peut servir de sujet d'expérience, lorsque l'on veut découvrir l'organe ou l'extirper.

Deux procédés permettent d'arriver sur l'hypophyse : 1° la voie buccale ; 2° la voie cranienne.

Voie buccale. — C'est le procédé employé par A. Caselli et G. Gaglio dans leurs recherches.

La grenouille peut être anesthésiée avec des vapeurs d'éther : on la fixe sur le dos, en ayant soin de lui maintenir la bouche ouverte le plus possible. Ensuite, après avoir fait une incision longitudinale d'environ 1 centimètre dans la voûte de l'arrière-bouche, et mis en évidence, en écartant les bords de la plaie, la croix de l'os parabasal, on applique, au centre de cet os, une couronne de trépan de 3-4 millimètres.

Après avoir enlevé la rondelle osseuse, on aperçoit l'hypophyse à travers la dure-mère ; on incise cette membrane avec une aiguille, et l'on peut enlever la glande avec une pince à pointes courbes et fines.

C'est un procédé qui donne des complications infectieuses. Aussi Boteano, sur les conseils de Paulesco, a-t-il employé la **voie cranienne.** Après avoir aseptisé la peau de la grenouille, on la confie aux mains d'un aide. On fait sur la ligne médiane et dorsale de la tête une incision cutanée, depuis les narines jusqu'à 1-2 centimètres en arrière de l'articulation cranio-vertébrale.

Avec un bistouri, on ouvre la suture sagittale ; puis avec des ciseaux on sectionne l'os fronto-pariétal transversalement, au niveau de l'orbite. On insinue ensuite l'une des branches d'une pince à dissection sous l'os fronto-pariétal qu'on rabat, en même temps que l'os prootique, préalablement sectionné. On met ainsi à découvert une moitié de l'encéphale ; puis, à l'aide d'un petit écarteur, on soulève le lobe optique (reconnaissable à sa couleur noirâtre) au dessous et en arrière duquel se trouve la pituitaire que l'on cueille avec une pince courbe. Après avoir ramené l'os à sa place, on suture la peau avec du catgut fin, et l'on met la grenouille dans un vase contenant très peu d'eau, que l'on renouvelle fréquemment.

Poule. — G. Fichera a pratiqué la destruction de l'hypophyse sur des poulets jeunes, mâles et femelles, en atteignant l'organe par la base du crâne : car c'est le seul moyen de l'atteindre dans sa profonde loge ostéo-fibreuse.

Procédé opératoire : Après avoir fixé l'animal sur le dos, le cou étendu, et après avoir déplumé les régions sus et sous-hyoïdiennes, on pratique une incision de 2-3 centimètres, partant antérieurement de la portion cutanée correspondant au plancher buccal et se terminant en arrière, au niveau de l'angle de l'arcade mandibulaire. Cette incision doit passer sur la ligne médiane de la région qui correspond à l'appareil cartilagineux hyoïdien, et suivre la portion horizontale de l'arcade mandibulaire.

En écartant les lèvres de la plaie, on tombe sur un espace triangulaire, limité extérieurement par le muscle mylo-hyoïdien, intérieurement, d'abord par le larynx et la trachée, ensuite par le pharynx ou arrière-bouche et l'œsophage. Profondément cet espace est fermé par les muscles génio-hyoïdien et stylo-hyoïdien. Afin d'avoir un champ d'expérience plus libre, on sectionne ces muscles.

Cela fait, au moyen d'une sonde cannelée, on suit la paroi du pharynx à sa partie postérieure, on la détache d'abord des vertèbres cervicales; et, en remontant vers la base du crâne, on décolle le pharynx jusqu'au milieu du sphénoïde basilaire.

On cherche, en glissant doucement la pointe de la sonde cannelée sur le bord antérieur de l'occipital basilaire, la tubérosité osseuse placée en arrière de la portion centrale du sphénoïde basilaire, et qui correspond au milieu d'une ligne qui unit les angles de l'arcade mandibulaire. On écarte avec soin le dôme du pharynx, afin de ne pas troubler la respiration, et l'on détermine le point central de la base du sphénoïde, que l'on perfore facilement et rapidement au moyen d'un thermo-cautère en forme d'aiguille. A peine l'instrument a-t-il traversé le sphénoïde basilaire, qu'il pénètre dans la selle turcique où on le maintient quelque temps en le poussant légèrement, afin de bien atteindre l'hypophyse qui se trouve ainsi carbonisée.

Le seul avantage de ce procédé, qui ne peut s'appliquer que sur les gallinacés, c'est que l'opération se fait en dehors de la cavité bucco-pharyngée, et que par conséquent les complications infectieuses sont moins à craindre que s'il y avait communication directe entre la cavité cranienne et la bucco-pharyngienne.

Lapin. — Sur le lapin, l'hypophyse est difficile à atteindre, car elle est renfermée dans une loge ostéo-fibreuse dont la partie supérieure est formée par une lame dure-mérienne qui quelquefois s'ossifie. De plus, le crâne de ces animaux est très petit, et ils offrent peu de résistance aux traumatismes.

Plusieurs procédés ont été employés pour arriver sur l'hypophyse.

Procédé de Gley. — En 1891, Gley a essayé de détruire l'hypophyse afin de voir si des rapports fonctionnels n'existaient pas entre cet organe et la thyroïde. Il a employé le procédé suivant : On fait un petit trou de trépan à la partie supérieure du crâne, vers le milieu d'une ligne transversale passant par l'angle postérieur des deux orbites. Par ce trou on introduit un trocart que l'on enfonce perpendiculairement à travers la masse cérébrale; quand l'animal ne s'agite pas, on est sûr de tomber exactement dans la selle turcique. On peut, le trocart étant en place, glisser à l'intérieur une longue aiguille par laquelle on injecte quelques gouttes de suif. Cette modification a pour but de détruire la glande, tout en diminuant l'hémorragie inévitable dans la dilacération. Bien entendu, toutes ces opérations sont faites aseptiquement.

Il est clair que la mortalité des animaux ainsi traités est considérable, à cause des complications opératoires : lésions des pédoncules et surtout hémorragies, à la suite desquelles il y a compression cérébrale. Aussi ce procédé est-il abandonné aujourd'hui.

De Cyon, qui a fait ses recherches surtout sur le lapin, a suivi la voie cranienne inférieure par le procédé suivant : On fait une longue incision partant de l'os hyoïde et se dirigeant en bas, comme pour placer une canule trachéale. On trachéotomise l'animal, et on sectionne ensuite toutes les parties molles entre l'os hyoïde et le larynx jusqu'à la base du crâne. Avec un large crochet mousse, on attire en haut et en avant l'os hyoïde, ainsi que le moignon du pharynx, et on aperçoit la base du crâne. Avec l'index on peut facilement explorer la base de la loge hypophysaire. Une petite veine, qui chemine sur la ligne médiane de la base du crâne et qui pénètre dans cette loge, est souvent lésée pendant la trépanation : on arrive rarement à l'éviter. On fait pour le mieux et on la comprime avec un tampon d'ouate.

Pour bien trouver la position où l'on doit appliquer la tréphine de 2 millimètres environ, on se guide sur les apophyses ptérygoïdes. Le bord postérieur de la base de la loge hypophysaire, faisant légèrement saillie, indique exactement la place où doit se faire la perforation. La tréphine doit être placée exactement perpendiculaire à l'os sphénoïde, et son application doit se faire autant que possible avec une faible pression.

Le champ opératoire est éclairé au moyen d'un réflecteur frontal. Généralement, il se produit une petite hémorragie provenant de la loge hypophysaire : on l'arrête avec de petits tampons d'ouate.

Sur le **chat** et le **chien**, l'hypophyse est plus facile à atteindre, à cause de sa disposition et de sa liberté relative : aussi a-t-on beaucoup expérimenté sur ces animaux.

Les procédés suivis sont variés; les uns permettent d'aborder l'organe par la base du crâne, les autres par des voies différentes. Nous allons les passer en revue au point de vue opératoire.

Sur le chat, Marinesco a suivi la voie buccale par la méthode suivante : On perfore le voile du palais à l'aide du thermo-cautère. Avec l'index, on recherche les deux apophyses ptérygoïdes et, au milieu de l'espace qu'elles limitent, on applique une couronne de trépan de 5 millimètres de diamètre. Faisant sauter alors la rondelle osseuse, on peut détruire directement la glande pituitaire avec une baguette de fer recourbée en crochet et préalablement rougie au feu.

Gemelli, de son côté, qui pour ses expériences préfère le chat, à cause de la conformation de sa bouche qui se prête très bien à l'application du trépan sur la base du sphénoïde, emploie le procédé suivant : Après avoir fait une injection de chlorhydrate de morphine (0,01 centig. par kilog. de poids vif) et obtenu l'anesthésie, on fixe l'animal en décubitus dorsal sur la table opératoire. On place un coussin sous la tête, et l'on ouvre aussi largement que possible la gueule, dont on fixe les deux maxillaires. On fixe la langue au moyen d'une pince, et on la tire au dehors et en bas. Après avoir lavé la bouche avec soin, on procède à l'opération aussi aseptiquement que possible. On fait d'abord une incision sur la ligne médiane du voile du palais, de 3 à 4 centimètres, on écarte les bords de l'incision, et on les maintient au moyen de deux petites pinces spéciales; on découvre la voûte pharyngienne jusqu'à l'implantation du vomer. Avec un tampon d'ouate, on enlève le mucus qui s'y trouve presque toujours, et on pratique sur la ligne médiane une incision de 1 centimètre et demi, dont le milieu doit correspondre à une ligne réunissant les bords postérieurs des apophyses ptérygoïdes. Ensuite on décolle la paroi pharyngienne, le périoste et on met le sphénoïde à nu.

Chez le chat adulte, cet os est composé de deux parties : le présphénoïde et le basisphénoïde. C'est ce dernier qui forme le plancher de la selle turcique, par conséquent c'est sur lui qu'il faut porter le trépan. Pour le reconnaître, on procède de la manière suivante : On cherche, au moyen d'une sonde, une petite crête que présente le prébasisphénoïde et qui est très manifeste. Là, où cesse cette crête, il y a une suture qui unit le presphénoïde au basisphénoïde. Chez les animaux jeunes, elle est très manifeste et présente un petit disque cartilagineux, facilement reconnaissable à sa couleur blanchâtre.

En suivant la ligne médiane, on trouve presque toujours un petit trou, que l'on considère comme le résidu du canal cranio-pharyngien. C'est sur ce point que l'on doit faire la craniectomie.

Soit avec une gouge, soit avec un trépan, on fait une brèche de 4 à 7 millimètres. Il y a généralement une petite hémorragie que l'on arrête par tamponnement. La table interne étant enlevée, on voit la dure-mère que l'on incise sur la ligne médiane; puis, avec une pince ou une curette, on extirpe l'hypophyse.

Le point le plus délicat de l'opération, c'est pour extraire l'organe dans sa totalité sans hémorragie. Il y a écoulement abondant de liquide céphalo-rachidien. On remet autant que possible les bords de la dure mère en place, on obture soigneusement la brèche osseuse avec du mastic anglais des dentistes, on suture la brèche du voile du palais, on nettoie avec soin, et on applique une couche de collodion à l'iodoforme.

En cas d'hémorragie il faut renoncer à poursuivre l'expérience.

Sur le chien, les procédés employés sont variés.

Voie cranienne supérieure. — C'est le procédé employé par Lo Monaco et Van Rynberk. On pratique au sommet du crâne une ouverture, on incise la dure-mère latéralement au sinus longitudinal supérieur, et, par cette ouverture, on introduit le long de la faux du cerveau, un petit instrument à manche métallique long et mince, dont l'extrémité inférieure est recourbée en forme de cuillère à bords mousses.

Ce petit instrument, avec sa partie concave tournée vers la faux, est introduit en un point occupant le milieu d'une ligne transversale, réunissant la partie antérieure d'un pavillon de l'oreille à l'autre. En le poussant perpendiculairement jusqu'à la base du cerveau, après avoir perforé le corps calleux et l'infundibulum, on tombe dans la cavité osseuse qui constitue la selle turcique. Il suffit alors d'imprimer au manche de cet instrument en cuillère, un mouvement de rotation égal à un quart de tour, de façon qu'il pénètre mieux dans la cavité, et on le manœuvre de manière à écraser et broyer ce qui se trouve dans cette cavité.

Cela fait, on donne à la cuillère sa position première, afin de la retirer de la masse cérébrale. On fait ensuite un double plan de sutures et on recouvre soigneusement la plaie avec un pansement pour éviter l'infection secondaire.

La complication la plus fréquente, c'est l'hémorragie mortelle par les vaisseaux de la base du crâne.

C'est un procédé défectueux, mais les quelques survies obtenues prouvent que la perforation du corps calleux, comme la lésion de l'infundibulum, sont compatibles avec la vie de l'animal, au moins pendant une vingtaine de jours.

Voie buccale. — Manuel opératoire de VASSALE et SACCHI. L'animal étant anesthésié, on maintient sa gueule largement ouverte, la langue tirée au dehors au moyen d'un fil, afin qu'elle ne tombe pas sur le champ opératoire. On fait sur la ligne médiane du voile du palais, une incision de 3 à 4 centimètres, suivant la grosseur de l'animal. Dans chaque lambeau du voile du palais on passe deux fils, et en les écartant on découvre parfaitement la portion supérieure du naso-pharynx. On cherche comme point de repère les apophyses ptérygoïdes, et avec un bistouri recourbé, on taille un lambeau muco-périostique dont la base correspond à 3-4 millimètres en arrière des apophyses ptérygoïdes. Ce lambeau étant rejeté en arrière, il est facile d'attaquer l'os au moyen d'une gouge recourbée et légèrement pointue. Souvent, lorsque on a fait sauter la table externe, on a une hémorragie du diploé; on s'arrête alors et on tamponne. L'hémorragie arrêtée, on procède au temps le plus délicat, c'est-à-dire à la perforation de la table interne. En effet, pour peu que l'on dévie de la ligne médiane, la gouge peut entamer les sinus caverneux qui contournent la selle turcique, et l'on a une hémorragie mortelle. Aussi faut-il aller avec une extrême délicatesse, non seulement pour ne pas léser les sinus, mais encore pour ne pas pénétrer dans le parenchyme de l'hypophyse, glande éminemment vasculaire. S'il y a hémorragie, on l'arrête au moyen d'un tamponnement simple, ou avec une substance hémostatique. Mais, si l'on ne peut obtenir l'hémostase complète, il est inutile de continuer.

Pour détruire la glande, on se sert soit du thermo-cautère, soit de l'acide chromique. Ordinairement on joint l'action de l'acide chromique à celle du thermo-cautère.

La destruction de l'hypophyse étant achevée, on lave méticuleusement les cavités nasales. On ramène en avant le lambeau muco-périostique, et on suture le voile du palais.

Pour éviter les infections secondaires intra-craniennes, avant de suturer les lambeaux des muqueuses pharyngée et palatine, on peut fermer hermétiquement la brèche osseuse avec du ciment hydraulique ou du mastic de dentiste.

La voie buccale a aussi été suivie par CASELLI dans sa deuxième méthode. Son procédé ne diffère pas de celui de VASSALE et SACCHI. Pour arrêter l'hémorragie qui peut provenir du diploé, après l'ablation de la table externe, il emploie, outre le tamponnement prolongé, l'application de la gélatine, suivant la formule donnée par LANCEREAUX et PAULESCO (gélatine blanche 4 à 5, solution de NaCl à 7 p. 1 000, 200 cc.). La table interne enlevée, on pénètre avec un bistouri pointu et mince par l'ouverture, pour ouvrir la dure-mère sans hémorragie. A ce moment, une certaine quantité de liquide céphalo-rachidien s'écoule, mais cet écoulement s'arrête vite. On introduit à travers l'ouverture deux petites pinces à cuillère, ou un instrument particulier dont se sert CASELLI, en forme de curette, et l'on peut enlever ainsi l'hypophyse avec une hémorragie insignifiante.

La brèche osseuse est fermée avec de la paraffine à l'iodoforme.

La voie buccale a été employée sur le chien, par DALLA VEDOVA et beaucoup d'autres expérimentateurs.

Voie sphéno-palatine. — C'est la première méthode employée par A. CASELLI. Pour arriver par ce procédé sur l'hypophyse, on pratique, après avoir aseptisé la région, une incision en forme de V, partant d'un point distant de 2 centimètres environ de la base du pavillon de l'oreille, descendant jusqu'au bord de la mâchoire inférieure, et remontant pour rejoindre un autre point situé à 1 centimètre environ de l'angle externe de l'orbite. Le lambeau cutané compris entre ces deux incisions est détaché, jusqu'au bord de l'arcade zygomatique, dont on sépare en haut les insertions aponévrotiques temporales, en bas celles du masséter. Avec une cisaille solide, ou encore mieux avec une scie à chaîne de Gilli, on résèque l'arcade zygomatique à ses deux extrémités et on l'extirpe. Cela fait, on sépare le muscle temporal de ses insertions à l'apophyse coronoïde, et au moyen d'un fil solide on le relève en haut. En bas, le masséter est maintenu par une pince de Péan. Arrivé sur l'apophyse coronoïde, on la résèque à environ 1 centimètre de l'angle qu'elle fait avec la branche ascendante du maxillaire inférieur. Puis on sectionne transversalement les fibres du muscle ptérygoïdien externe, ainsi que toute l'épaisseur du muscle ptérygoïdien interne. Au moyen d'une rugine, on détache ces muscles de leurs insertions à la table externe du crâne, et on découvre la fosse sphéno-palatine, dans une étendue aussi grande que possible.

Pour perforer, au moyen de la gouge et du maillet, la boîte cranienne, on choisit comme repère un point situé environ à 1/2 centimètre en avant de l'implantation de l'arcade zygomatique. Il est bon de diriger la gouge de haut en bas et d'arrière en avant. A petits coups répétés, on fait sauter la table osseuse dans un espace de 2 centimètres carrés, en cherchant à pratiquer une ouverture de forme ovalaire, dont le plus grand diamètre est dirigé de haut en bas, et dont l'extrémité inférieure se prolonge vers le trou ptérygoïdien antérieur. Le crâne ainsi ouvert, au moyen d'un petit bistouri on incise la dure-mère, en faisant un petit lambeau en V à base supérieure. A la suite de cette opération, le liquide céphalo-rachidien s'écoule : en soulevant le lambeau dure-mérien, on découvre la circonvolution du lobe temporo-sphénoïdal. Avec une petite spatule, on cherche à soulever doucement le lobe temporo-sphénoïdal, de manière à pouvoir découvrir l'apophyse clinoïde de la selle turcique. Il est assez difficile de pouvoir obtenir un déplacement suffisant de la masse cérébrale; cependant on arrive à avoir assez d'espace pour introduire un petit instrument construit spécialement pour enlever l'hypophyse sans léser autant que possible les parties environnantes. Cet instrument se compose d'une petite cuillère, dans laquelle une autre petite cuillère, de diamètre inférieur, peut tourner librement en tous sens, grâce à sa tige qui parcourt l'intérieur de la tige de la première cuillère. L'instrument ouvert ressemble à une cuillère à double paroi, tandis qu'une fois fermé, il ressemble à une petite calotte sphérique.

On introduit cet instrument dans la brèche osseuse, en lui faisant parcourir la fosse médiane selon une ligne droite de dehors en dedans. La cuillère doit avoir sa convexité tournée en haut et sa concavité en bas, de façon à ne pas léser le cerveau. On pénètre directement à une distance variant de 1 à 2 et quelquefois 4 centimètres, suivant le développement de l'animal en expérience, et on rencontre un obstacle formé par le bord de la tente de la selle turcique implantée d'une apophyse clinoïde à l'autre.

En poussant l'instrument un peu plus en avant, on perçoit alors nettement que la petite cuillère se trouve en rapport avec une cavité, qui n'est autre que la selle turcique. On tourne alors la cuillère d'avant en arrière, en pressant légèrement en bas, comme pour recueillir le contenu de la selle turcique. Une fois assuré, grâce à un index extérieur, que la cuillère a bien sa concavité en haut et sa convexité en bas, on fait tourner la cuillère interne d'avant en arrière, et l'on ferme ainsi l'instrument pour l'extraire ensuite lentement avec son contenu, qui sera l'hypohyse seule, si l'opération a été réussie.

Avec une petite aiguille armée d'un fil de catgut, on suture le lambeau dure-mérien. Puis, au moyen d'un gros fil de catgut, on réunit le tronçon du muscle temporal avec celui du masséter, et on rabat en bas le lambeau cutané, en suturant tout autour avec un solide fil de soie. Comme il y a, au-dessous des muscles temporal et masséter, une cavité plutôt ample, il est bon de placer un drain. On peut après l'opération appliquer un bandage, mais les animaux ne le tolèrent que difficilement ; aussi faut-il le faire tenir par une application de collodion.

C'est encore la voie sphéno-palatine que Pirone a suivie, par un procédé qui diffère peu de celui de Caselli. Le premier temps est le même, avec cette différence, que Pirone pratique une longue incision cutanée rectiligne le long de l'arcade zygomatique, au lieu de l'incision en V.

La surface osseuse étant découverte, comme dans le procédé de Caselli, on pratique l'hémostase, aussi complètement que possible; puis, se guidant sur le moignon de l'apophyse coronoïde, on applique sur le crâne une petite couronne de trépan, et l'on fait une brèche que l'on élargit le plus possible dans le sens antéro-postérieur, avec une pince ostéotome. Il est important d'avoir une ouverture suffisante, afin de pouvoir aisément opérer dans la cavité cranienne; on y arrivera sans inconvénient; car l'agrandissement de la brèche osseuse se fait sans accidents.

Lorsque tout écoulement sanguin du diploé a cessé, au moyen d'une petite pince portant un tampon d'ouate stérilisée, on va délicatement détacher la dure-mère de la base du crâne, en se guidant toujours sur le moignon de l'apophyse coronoïde. On détache les méninges jusqu'à leurs insertions sur les apophyses clinoïdes; on arrive ainsi à la selle turcique facilement et sans produire de contusion de la substance cérébrale. Alors, avec un petit bistouri de Græfe, on incise la dure mère, près des apophyses clinoïdes, ce qui donne issue à un peu de liquide céphalo-rachidien. Avec une petite spatule, on écarte les bords de l'ouverture méningée. On aperçoit aussitôt la première branche du trijumeau et le pathétique dans sa portion qui est immédiatement au-devant du canal fibreux. En soulevant ensuite délicatement, avec la spatule, la substance cérébralé, en évitant les troncs nerveux, on voit l'oculo-moteur commun. En se servant d'un réflecteur frontal pour éclairer cette partie profonde, on réussit toujours à distinguer la tige de l'hypophyse et sa partie moyenne. Avec une petite pince, on peut facilement extraire cet organe, sans aucune lésion des organes voisins. Il n'est pas nécessaire, ensuite, d'essayer la suture des méninges, qui, à cet endroit, serait très difficile, car leurs bords tendent à rester en contact.

On applique un peu de gaze à l'iodoforme dans le trajet extra-cranien de la plaie. Au bout de 12 à 14 heures, on suture les parties molles et on ferme définitivement la plaie, que l'on protège par des tours de bande amidonnée.

Voie latérale du cou. — Afin d'éviter l'infection bucco-pharyngée, Thaon a essayé de pénétrer jusqu'à l'hypophyse, en pratiquant une incision sur la partie latérale du cou, et en glissant contre la paroi du pharynx sans l'ouvrir. Détachant les insertions supérieures du pharynx, il met à découvert la base du crâne, sur laquelle il applique une couronne de trépan.

C'est une méthode difficile et dangereuse, non seulement par les hémorragies et les sections des nerfs importants auxquelles elle expose, mais encore parce qu'elle entraîne des troubles respiratoires.

Voie latérale du crâne. — Abandonnant la voie latérale du cou, Thaon a abordé l'hypophyse par la paroi cranienne latérale, en procédant de la façon suivante.

L'animal, anesthésié par de petites doses de chloroforme après avoir reçu préalablement une injection de morphine atropine, est solidement fixé sur la table d'opération; la région cranienne latérale est rasée et nettoyée. On fait, le long de l'arcade temporale, une incision prolongée en haut et en bas, pour pouvoir récliner deux volumineux lambeaux; on résèque l'arcade zygomatique à ses deux extrémités, et on la rabat en bas. On incise les masses musculaires temporales, jusqu'à la paroi osseuse cranienne. Il est très utile de réséquer la pointe de l'apophyse coronoïde. Sur la partie la plus déclive de la fosse temporale osseuse, on pratique, au trépan et à la pince coupante, une brèche large. On incise la dure-mère (une artère méningée est parfois coupée). Il faut alors relever le cerveau, ce qui expose à des attritions et à des hémorragies en nappes, dangereuses et gênantes. A l'aide d'un puissant éclairage, on parvient alors, si l'hémorragie n'est pas trop abondante, à voir, au delà du nerf oculo-moteur externe (qu'on est souvent amené à couper), le pédicule de l'hypophyse. Parvenu à ce temps de l'intervention, on a maintenant à opérer au fond d'un véritable puits étroit, musculaire et osseux, très profond déjà pour arriver jusqu'à la brèche osseuse, sans compter encore la distance comprise entre celle-ci et l'hypophyse. Avec un crochet, tranchant par un seul de ses bords, en forme de curette, monté sur une longue tige et fait spécialement pour cet usage, on cherche (au delà du ressaut que forme un repli saillant de la dure-mère, au-dessus du sinus caverneux qu'il faut à tout prix éviter de blesser) à pénétrer dans la dépression de la selle turcique, d'ailleurs ici (chez le chien) peu profonde, et fermée en haut par une tente dure-mérienne largement ouverte. On détache l'hypophyse, et on essaie de la ramener, soit du même coup avec le même instrument, soit avec une de ces pinces fines, longues et coudées à leur extrémité, qui sont en usage dans la chirurgie oto-rhinologique. On suture les plans incisés, après mise en place du fragment osseux de la paroi cranienne.

C'est une opération longue, difficile et dangereuse à cause des hémorragies, des attritions du cerveau et quelquefois de la hernie cérébrale.

Voie temporale. — La voie temporale a été employée d'abord par Paulesco, qui décrit son procédé de la façon suivante :

L'animal (chien ou chat) est attaché sur le ventre, sur la table d'opération. Sa tête est solidement fixée avec un mors, qui permet d'ouvrir largement sa gueule, manœuvre nécessaire pour abaisser l'apophyse coronoïde du maxillaire inférieur.

Le dessus de la tête est rasé, depuis les sourcils, jusqu'au delà de la nuque, jusqu'aux épaules; latéralement, il faut raser les joues et aussi les oreilles.

Les régions rasées sont soigneusement lavées à l'eau chaude et au savon. (Il est bon de faire prendre à l'animal, la veille de l'opération, un bain général pendant lequel on le frotte au savon noir).

On désinfecte le champ opératoire par des lavages avec de l'éther et avec une solution de sublimé à 1 p. 1000. Puis on le circonscrit avec une large compresse aseptique, fendue par le milieu.

L'opération comprend neuf temps, à savoir :

1er *Temps.* — Incision cutanée sur la ligne médiane, commencée un peu au-dessus du niveau des sourcils et prolongée jusqu'à trois ou quatre travers de doigt derrière la protubérance occipitale.

On sculpte, avec le bistouri, la face profonde de la peau pour en détacher sur une certaine largeur, à droite et à gauche de l'incision, un muscle peaucier qui y adhère.

Ce muscle est, ensuite sectionné longitudinalement et est détaché de la protubérance occipitale.

Les bords de la plaie cutanée sont fixés, à l'aide de pinces, aux bords de la fente de la compresse stérilisée qui couvre la tête de l'animal.

2e *Temps.* — Incision du muscle temporal du côté gauche, pratiquée parallèlement à son insertion supérieure, mais à environ un centimètre au-dessous de cette insertion. Cette incision, semi-circulaire, commence en avant, au niveau de l'apophyse orbitaire externe et se termine, en arrière, à 2 ou 3 centimètres, au-dessous et en dehors de la protubérance occipitale.

Avec une rugine, on détache, de haut en bas, le segment inférieur du muscle temporal; si l'animal est jeune, le muscle détaché emporte avec lui le périoste de l'os temporal. On dénude ainsi cet os, dans toute la largeur du muscle et, en bas, jusqu'à l'arcade zygomatique.

Cette opération est répétée sur le muscle temporal du côté droit, avec cette seule différence qu'en avant, les attaches du muscle sont sectionnées, le long de l'apophyse orbitaire, jusqu'à l'arcade zygomatique. (On coupe toujours là une petite artère qu'il faut lier au catgut).

3e *Temps.* — Avec le ciseau et le maillet, on sectionne du côté droit, à ses deux extrémités, l'arcade zygomatique que l'on rabat en dehors et en bas.

De la sorte, la région temporale droite se découvre jusqu'à sa partie inférieure.

En faisant largement ouvrir la bouche de l'animal, l'apophyse coronoïde du maxillaire se porte en bas et en avant, et ne gêne plus les manœuvres ultérieures.

On ne sectionne pas l'apophyse zygomatique du côté gauche, à moins que l'on ne veuille atteindre l'hypophyse des deux côtés (Ex. : cautérisation bilatérale).

4e *Temps.* — Sur le pariétal, on applique, des deux côtés, une petite couronne de trépan, et, par le trou ainsi formé, on sectionne l'os à l'aide d'une pince coupante emporte-pièce, qui empêche l'hémorragie du diploé en l'écrasant et en serrant les deux tables osseuses l'une contre l'autre.

Du côté gauche, l'ouverture pratiquée dans l'os est plus ou moins étendue, suivant la grosseur de la tête de l'animal. Chez un chien de 7 à 8 kilogr., elle doit mesurer environ 3 cm. sur 4 cm.

Du côté droit, l'ouverture osseuse doit être bien plus grande et s'étendre en haut, jusqu'au niveau de la section du muscle temporal, en bas jusqu'à l'apophyse zygomatique, en avant jusqu'au niveau de l'orbite, en arrière jusque près de la protubérance occipitale. (Couper avec précaution en bas et en arrière pour ne pas ouvrir le sinus latéral.)

5ᵉ *Temps*. — Incision de la dure-mère, avec un bistouri sur une sonde cannelée, légèrement recourbée, parallèlement à la section osseuse, en faisant un lambeau à base supérieure.

6ᵉ *Temps*. — Introduction d'un écarteur spécial, formé d'un manche sur lequel se branche à angle droit une lame dont les bords et les angles sont émoussés, et dont la face supérieure (celle qui vient au contact avec le cerveau) est légèrement convexe, tandis que l'inférieure est légèrement concave. Cet écarteur est introduit sous le lobe temporal droit du cerveau, que l'on soulève lentement, tout en repoussant la masse cérébrale vers le côté opposé du crâne, où elle ne rencontre pas de résistance, et sort partiellement par l'ouverture osseuse qui y est pratiquée à cette fin.

Quand le cerveau est suffisamment soulevé, on aperçoit la selle turcique et, au-dessus d'elle, l'hypophyse que l'on reconnaît à sa teinte rouge jaunâtre. Elle est croisée latéralement par le nerf oculo-moteur commun et se trouve flanquée, à sa partie antérieure, par la carotide.

7ᵉ *Temps*. — Avec la pointe d'une petite curette spéciale, à long manche, on commence par décoller l'hypophyse de la selle turcique, à la partie postérieure de laquelle elle adhère (après avoir ou non arraché le nerf oculo-moteur commun).

Puis, avec le côté tranchant de la curette, on détache de la base du cerveau l'hypophyse, que l'on ramène au dehors.

Généralement, pendant ce temps, il se produit dans la selle turcique un petit écoulement de sang qui cesse immédiatement, dès que l'on introduit, avec la curette, une mèche de gaze stérilisée.

8ᵉ *Temps*. — Une fois l'hypophyse enlevée et l'hémorragie arrêtée, on ramène à sa place le lambeau de la dure-mère. Au début, nous le suturions avec un mince fil de catgut; mais nous avons constaté, plus tard, que cette suture, qui parfois détermine une certaine compression de la masse cérébrale, n'est pas indispensable, et nous y avons alors renoncé.

On remet ensuite en place l'arcade zygomatique fracturée et on suture, des deux côtés, le muscle temporal, d'avant en arrière, en faisant des points séparés (6 à 8) avec du catgut n° 2.

Puis on suture, en surjet, avec du catgut très fin, le muscle peaucier, sur la ligne médiane.

Finalement, on suture la peau, en surjet, avec du catgut n° 0 ou avec du crin de Florence. (Il est bon d'introduire une mèche de gaze stérilisée entre l'os et le muscle peaucier, et une autre entre ce muscle et la peau, surtout quand il y a des petits vaisseaux cutanés qui laissent suinter du sang.)

9ᵉ *Temps*. — Après avoir bien essuyé le pourtour de la plaie, on applique dessus quelques compresses de gaze et de l'ouate stérilisée. (Il est bon de couvrir les yeux et de boucher les oreilles de l'animal avec de l'ouate stérilisée.)

On fait un pansement compressif qui enveloppe toute la tête sauf le museau, en passant les tours de la bande de gaze sous le devant du cou, où l'on a mis de l'ouate, pour que la respiration et la déglutition ne soient pas gênées.

L'anesthésie est pratiquée par Paulesco, en commençant par donner à l'animal de l'éther; puis, lorsqu'il est endormi, on entretient la narcose en faisant respirer de temps à autre quelques gouttes de chloroforme. L'auteur prétend que c'est cette méthode qui lui a donné le moins d'accidents et que de plus il a remarqué une moindre tendance aux hémorragies qu'avec de l'éther seul.

Les accidents qui peuvent se produire pendant cette opération sont les hémorragies du diploé chez les gros chiens âgés. Aussi vaut-il mieux opérer sur des chiens petits et jeunes. L'ouverture du sinus latéral peut être fermée par l'introduction d'une mèche de gaze stérilisée. Si l'on a une hémorragie d'une artériole de la surface des circonvolutions, on ne peut l'arrêter que par un attouchement au thermo-cautère. Avec des précautions et des brèches osseuses suffisantes, on doit éviter la lésion du lobe temporal.

Ch. Livon, dans ses expériences sur l'hypophyse, a aussi employé la voie temporale en suivant le procédé de Paulesco légèrement modifié. Après avoir incisé la peau sur la ligne médiane, il ne découvre l'os temporal que d'un seul côté, en sectionnant un muscle temporal au moyen du thermo-cautère pour éviter les hémorragies, ou bien en ayant soin de pratiquer préalablement la ligature de la carotide primitive du côté correspondant.

Si l'expérience doit être extemporanée, il n'est pas utile de conserver les attaches musculaires du temporal; on les détache alors dans toute leur étendue, au moyen d'une rugine : on peut même réséquer une bonne partie du muscle. L'apophyse coronoïde du maxillaire inférieur étant portée en avant par l'ouverture de la gueule de l'animal au moyen du double mors ou d'un bâillon, on applique sur le temporal une couronne de trépan, et, au moyen d'une pince ostéotome, on agrandit l'ouverture osseuse, jusqu'à ce que l'on ait une grande fenêtre temporale descendant aussi bas que possible et se rapprochant de la base du crâne. La résection de l'arcade zygomatique, pour avoir un champ opératoire plus vaste, dépend de la configuration du museau de l'animal. Elle n'est pas toujours nécessaire. Les méninges mises à découvert, on les incise largement, en évitant les gros vaisseaux, puis, au moyen d'un écarteur spécial construit de façon à épouser la face inférieure du lobe temporal, on soulève le cerveau avec précaution. En se servant d'une lampe frontale électrique ou d'un réflecteur frontal, on éclaire le fond de la région, et on aperçoit l'hypophyse facile à reconnaître à sa couleur et à ses rapports.

On arrive ainsi sur l'hypophyse sans hémorragie, mais il est nécessaire, au moyen d'une pince longue et mince et d'un peu d'ouate stérilisée, de sécher la région remplie de liquide céphalo-rachidien.

On procède ensuite pour la fermeture de la plaie, comme il a été dit à propos de la méthode de Paulesco.

Destruction électrolytique. — Pour éviter les inconvénients des procédés suivis jusque-là, H. Verger et E. Soulé ont essayé de pratiquer la destruction de l'hypophyse par la méthode de l'électrolyse bipolaire.

Voici la technique : le chien étant sur le dos, on fait sur la ligne médiane une boutonnière de 3 à 4 centimètres au voile du palais. A l'aide de pinces longues à forcipressure, on saisit et on écarte les deux lèvres de la plaie, mettant ainsi à découvert la voûte pharyngée. Le doigt introduit reconnaît facilement le bord postérieur de l'apophyse ptérygoïde. C'est sur une ligne transversale joignant ces deux apophyses que l'on pratique, après section de la muqueuse, et à 2 millimètres de part et d'autre de la ligne médiane, deux petits trous, à l'aide d'un perforateur de dentiste à transmission flexible, mû par un petit moteur électrique. Par ces trous on introduit, à une profondeur déterminée à l'avance sur le cadavre, les aiguilles électrolytiques; avec un courant de 10 à 12 milliampères, passant pendant dix minutes, on obtient un effet destructeur suffisant si la glande est bien atteinte par les aiguilles.

La plaie du voile du palais se cicatrise facilement, sans sutures, et ne gêne pas l'animal. Il n'y a pas de phénomènes d'infection intracranienne.

Les inconvénients sont l'hémorragie et les lésions inconnues qu'on peut faire, comme par tous les procédés aveugles.

Il faut ajouter qu'il doit être impossible de faire une ablation ou destruction complètes. Car, ou on ne détruit pas complètement l'organe, et les portions qui restent suffisent pour suppléer, ou la destruction est complète, et forcément les parties du cerveau voisines de l'hypophyse doivent être atteintes.

En présence de tous ces procédés opératoires, le physiologiste doit se demander nécessairement quel est celui de choix pour les recherches sur l'hypophyse.

Assurément, le procédé doit différer suivant l'animal sur lequel on expérimente. Mais, ici encore, il y a une question de choix à faire, et, à part des essais de contrôle pour voir si, dans la série animale, les phénomènes observés se ressemblent, nous croyons pouvoir avancer que les animaux qui se prêtent le mieux aux expériences dans le cas présent, sont le chien et le chat, à cause de la disposition anatomique de leur hypophyse et à cause de leur résistance. Bien entendu, pour les chiens, on doit les choisir jeunes, de taille moyenne ou petite, afin d'éviter les complications de l'hémorragie du diploé, et l'on doit s'assurer qu'ils sont en bonne santé et pas goitreux, comme cela arrive dans certains pays.

Le lapin a été employé par beaucoup d'expérimentateurs, mais il a été abandonné par beaucoup aussi, à cause de sa taille et de sa faible résistance. Nous ne croyons pas que la grenouille ou les gallinacés puissent fournir des renseignements utiles.

Pour anesthésier les animaux sur lesquels on expérimente, nous croyons que l'on se trouvera bien de l'injection intra-veineuse de chloralose qui donne une bonne anesthésie durable telle que n'en produisent ni l'éther, ni le chloroforme, et qui n'amène ni l'abolition, ni même la diminution des réflexes, condition importante au point de vue des recherches à faire.

On peut aussi, comme l'ont fait bien des expérimentateurs, insensibiliser les animaux au moyen d'injections de chlorhydrate de morphine; mais il ne faut employer, autant que possible, ni chloral, ni chloroforme qui, par leur action sur les centres nerveux cardiaques et vasculaires, empêchent de bien juger les actions hypophysaires.

De toutes les méthodes décrites, quelle est celle qui présente les inconvénients les moins grands?

On se trouve en résumé en présence de trois groupes :

1° Les méthodes par la voie buccale ou pharyngée ;

2° Celles par la voie cranienne supérieure ;

3° Celles par la voie cranienne latérale.

La voie buccale ou pharyngée est celle qui vient la première à l'esprit, car c'est en somme la voie la plus courte pour arriver sur l'hypophyse ; mais la mortalité est très grande par hémorragie et infection méningée.

Par cette voie, on met directement en communication la cavité cranienne avec la cavité bucco-pharyngée, et les infections secondaires se produisent très facilement quoi que l'on puisse faire.

On peut, il est vrai, éviter la cavité buccale et arriver à la base du crâne en décollant le pharynx, mais il faut reconnaître que les lésions produites sont très graves, puisque l'on a même proposé la désarticulation du maxillaire inférieur.

Ensuite, de l'aveu même de la plupart des expérimentateurs, par cette méthode, on ne découvre qu'imparfaitement l'hypophyse, et l'on n'est jamais sûr de l'avoir enlevée ou détruite complètement. L'examen microscopique a démontré, en effet, que, dans bien des cas où l'on croyait avoir fait l'ablation complète, de légers fragments étaient restés ou à la base du cerveau ou dans la selle turcique.

D'un autre côté, si l'on se sert de cette voie pour cautériser soit au thermo-cautère, soit au fer rouge, soit avec des substances caustiques telles que le perchlorure de fer ou l'acide chromique, on n'agit pas plus sûrement : car, ou la destruction est incomplète, où on lèse fatalement les parties avoisinantes, surtout avec les caustiques liquides qui diffusent très facilement dans le liquide céphalo-rachidien. Cela est vrai également pour le procédé électrolytique.

La voie cranienne supérieure nous paraît devoir être complètement rejetée, car elle produit des lésions considérables de l'encéphale, sans compter que l'on agit à l'aveugle, que l'on ne sait ce que l'on fait, qu'il est impossible de détruire l'hypophyse complètement, et que des hémorragies mortelles, soit des sinus, soit des carotides, se produisent facilement.

La voie cranienne latérale présente aussi beaucoup d'inconvénients, surtout si l'on opère dans la région sphéno-palatine. On ne découvre qu'imparfaitement l'hypophyse, le cerveau est presque toujours lésé et les résections des muscles masticateurs, de l'arcade zygomatique et de l'apophyse coronoïde, forment une cavité difficile à combler, et qui s'infecte très facilement à cause de son voisinage avec la cavité buccale.

En opérant dans la région temporale, quelques-uns de ces inconvénients peuvent être atténués. On a au moins l'avantage de découvrir complètement l'hypophyse, de voir ce que l'on fait et d'éviter les hémorragies mortelles. Quant aux infections secondaires, on peut ne pas en avoir en suivant les règles d'une asepsie rigoureuse.

Cependant, à n'en pas douter, dans toutes ces recherches délicates, l'habitude est pour beaucoup dans la façon de procéder, et tel expérimentateur se trouvera fort bien d'une méthode qu'il connaît à fond et dont il a l'habitude, qu'un autre trouvera défectueuse, parce qu'elle ne lui est pas familière.

B. — Résultats expérimentaux.

Excitations mécaniques. — C'est DE CYON le premier, qui, ayant mis à nu l'hypophyse en trépanant la base du crâne, eut l'idée d'étudier les effets circulatoires des excitations directes portées sur cet organe. Il constata que la moindre pression exercée au moyen d'un tampon d'ouate soit sur l'organe, soit seulement sur la cavité hypophysaire, donnait lieu aux modifications suivantes : variation considérable de la pression sanguine qui est augmentée, modification des battements cardiaques, qui sont ralentis et dont l'amplitude est augmentée.

Pour DE CYON, l'hypophyse est si sensible aux moindres excitations mécaniques que les modifications circulatoires signalées se produisent par le seul fait de l'application de la couronne du trépan.

Se basant sur les résultats qu'il a obtenus sur le lapin, il conclut que c'est grâce à cette sensibilité aux fluctuations de la pression, soit du liquide céphalo-rachidien, soit du sang, que l'hypophyse règle la pression sanguine intracranienne, et que c'est grâce à sa situation anatomique, enfermée qu'elle est dans une loge à parois rigides, qu'elle peut subir l'influence des moindres variations intracraniennes.

Cette sensibilité aux excitations mécaniques n'a pas été étudiée par beaucoup d'auteurs. Cependant F. MASAY sur une vieille chienne a obtenu par une excitation mécanique, en dilacérant la glande, de légères modifications de la pression sanguine et des battements cardiaques.

CH. LIVON a repris cette étude, et il a montré d'abord qu'on ne pouvait se baser sur la disposition anatomique pour en déduire des fonctions physiologiques, puisque ces dispositions ne sont pas les mêmes chez tous les animaux.

Pour que la théorie mécanique de DE CYON fût vraie, il faudrait que la topographie anatomique de l'hypophyse fût exactement la même chez tous les animaux; car, puisque cet organe existe dans toute la série des vertébrés, il est assez difficile d'admettre que son rôle ne soit pas le même partout.

Or, dans plusieurs espèces animales, l'hypophyse n'est pas enfermée dans une loge, comme nous l'avons vu dans la partie anatomique de cet article : chez *Torpedo marmorata*, chez les amphibiens anoures (*Bufo vulgaris*, *Rana esculenta*), chez les amphibiens urodèles (*Salamandra maculosa*) et parmi les Mammifères chez le rat, le chat et le chien.

Ces considérations anatomiques constituent un premier argument contre l'hypothèse de la sensibilité aux excitations mécaniques. Il est difficile d'admettre en effet, que l'hypophyse, présentant une structure histologique identique sur la plupart des vertébrés supérieurs, tienne une partie de ses propriétés physiologiques, d'une disposition anatomique qui n'est nullement la même chez tous ces mêmes vertébrés. On ne peut par conséquent considérer cet organe comme éminemment sensible, par le fait de son emprisonnement dans une cavité à parois rigides, aux fluctuations de la pression, soit du liquide cérébro-spinal, soit du sang. Car, s'il en était ainsi, comment admettre cette sensibilité chez les animaux dont l'hypophyse n'est pas enfermée dans la loge ostéo-fibreuse, chez le rat, le chat, le chien, dont l'hypophyse baigne par le fait dans le liquide céphalo-rachidien? Pour que, chez ces animaux, ces fluctuations pûssent agir sur l'hypophyse, il faudrait que l'augmentation ou la diminution de pression se fît sentir sur la totalité du liquide céphalo-rachidien, ce qui fatalement amènerait des troubles dans les fonctions des centres nerveux : les modifications circulatoires ne seraient plus d'origine hypophysaire, mais bien d'origine cérébro-spinale. Du reste CH. LIVON a montré qu'en opérant sur le chien, animal éminemment propice à ces recherches, on peut ouvrir la cavité cranienne, mettre l'hypophyse à nu, sans provoquer la moindre modification dans la pression sanguine, malgré la perte d'une partie du liquide céphalo-rachidien, ce qui change considérablement les conditions de pression exercée sur l'hypophyse, et ce qui devrait nécessairement amener une accélération des battements cardiaques par diminution du tonus des vagues. Il en est de même des excitations mécaniques directes de l'hypophyse, soit avec un tampon d'ouate, soit avec un instrument mousse.

Du reste, tous les auteurs qui ont pratiqué des ablations, des cautérisations de l'hypophyse n'ont pas signalé ces modifications circulatoires.

L'hypophysectomie même, qu'elle soit complète ou partielle, ne donne lieu à aucune modification de pression (Ch. Livon) et cependant on ne peut nier que ce ne soit une forte excitation mécanique.

Excitations électriques. — C'est encore de Cyon qui le premier a étudié l'action des excitations électriques portées sur l'hypophyse, et il a constaté, chez le lapin, que ces excitations ne faisaient qu'accentuer les modifications circulatoires qu'il avait obtenues avec les excitations mécaniques, c'est-à-dire, changement dans la pression sanguine, hypertension et ralentissement des battements cardiaques dont l'amplitude est considérablement augmentée, résultats du reste analogues à ceux que donne l'injection d'extrait hypophysaire.

Ces expériences ont été reprises par plusieurs auteurs, et les résultats ne concordent pas. Ainsi Biedl et Reiner obtiennent les mêmes effets en excitant plusieurs points de la surface cérébrale qu'en excitant l'hypophyse. Caselli obtient, par l'excitation de l'hypophyse, de la dyspnée avec ralentissement du pouls, mais l'excitation des parties voisines de l'hypophyse (espace perforé postérieur, pédoncules cérébraux) lui donne le même résultat, résultat d'autant plus marqué que l'excitation se rapproche davantage du noyau du vague. Pour lui, ce noyau serait excité par continuité de tissu et non par l'intermédiaire de l'hypophyse. Du reste, l'hypophyse absente, les résultats sont les mêmes. D. Pirone, reprenant les mêmes expériences, obtient des résultats identiques à ceux de Caselli : ralentissement du pouls, accélération de la respiration; mais ces phénomènes se produisent par l'excitation de différents points de la face inférieure du cerveau, même après l'ablation préalable de l'hypophyse.

F. Masay, pratiquant sur le chien des excitations électriques, arrive à des résultats qui se rapprochent de ceux de de Cyon. Mais Ch. Livon, sur le chien également, arrive à des conclusions différentes. Pour lui, les excitations électriques bien localisées, de même que les excitations mécaniques, ne produisent aucun effet immédiat, ni sur la pression sanguine, ni sur les battements du cœur. Et comme Biedl et Reiner, Caselli, Pirone, en excitant les parois de la loge hypophysaire vidée, il a vu des modifications se produire dans la circulation, et ces modifications diffèrent suivant que l'excitation porte sur telle ou telle partie. Lorsque c'est la région antéro-supérieure qui correspond à la région infundibulaire, qui est excitée, la pression augmente d'une façon notable, et les battements cardiaques s'accélèrent. Si l'excitation est portée vers la région postéro-supérieure, les résultats changent, ce n'est plus l'hypertension qui domine, mais bien le ralentissement des battements avec augmentation d'amplitude. Si l'on remplace l'hypophyse enlevée par un petit tampon d'ouate, son excitation peut donner lieu à des phénomènes circulatoires, hypertension, ralentissement des pulsations, augmentation d'amplitude. On est donc en droit de se demander si les résultats obtenus ne sont pas la conséquence de dérivations de courants, dans une région aussi délicate que celle-là.

Mais, si les excitations de l'hypophyse, pour la majorité des expérimentateurs, ne produisent pas de modifications immédiates dans la circulation, en produisent-elles sur d'autres fonctions?

Les expériences à ce sujet ne sont pas très nombreuses : on recherche généralement les modifications circulatoires, et on néglige les autres fonctions, qui ne présentent pas de symptômes objectifs aussi marqués.

Caselli et Pirone parlent bien de dyspnée, d'accélération respiratoire, mais ils ont obtenu les mêmes phénomènes par l'excitation d'autres points de l'encéphale.

De Cyon indique que l'excitation électrique prolongée détermine de violentes convulsions épileptiformes, et des érections chez les lapins mâles; érections ne se produisant pas au début des excitations et se continuant après.

Il est bien permis de se demander si ce n'est pas là le résultat de courants dérivés du côté de l'encéphale. Jusqu'à présent de Cyon est seul à avoir signalé ces faits.

La sécrétion urinaire est une fonction qui paraît subir des modifications sous l'influence des excitations de l'hypophyse. Déjà de Cyon avait observé que cette sécrétion était augmentée sous l'influence des excitations mécaniques ou électriques. Il a observé le même phénomène chez les lapins et les chiens après des injections d'extrait hypophysaire et chez l'homme après ingestion de poudre d'hypophyse. Mairet et Bosc ont constaté de la polyurie après injection sous-cutanée d'extrait hypophysaire et après ingestion.

Schæfer et Hering ont signalé dans l'hypophyse une substance soluble dans l'eau, qui n'est pas détruite par l'ébullition, et qui produit de la dilatation des vaisseaux rénaux et, comme conséquence, l'augmentation de la sécrétion urinaire.

Excitations fonctionnelles. — Thaon a étudié l'effet des injections de pilocarpine sur deux lapins auxquels il a injecté, tous les deux jours, un demi-centigramme de chlorhydrate de pilocarpine et qui sont morts, l'un le 31e jour, et l'autre le 40e jour ; il a constaté, à l'examen histologique de l'hypophyse, que les cellules étaient volumineuses, fortement colorées, granuleuses, nombreuses et tassées en travées épaisses. Sur un autre lapin, sacrifié 2 heures après l'injection de 2 centigrammes de chlorhydrate de pilocarpine, l'hypophyse ne présentait aucune modification apparente.

Guerrini, après injections de chlorhydrate de pilocarpine, d'extraits de thyroïde et d'hypophyse, a observé dans la pituitaire de l'hyperfonctionnement glandulaire.

Cet hyperfonctionnement se manifeste dans beaucoup d'autres cas où il y a intoxication, ne serait-ce que chez les animaux thyroïdectomisés, dont le sang devient, comme on le sait, très toxique.

Aussi a-t-on cherché, par des intoxications expérimentales, à étudier ce processus particulier de l'hypophyse.

Thaon et Garnier ont injecté à un bélier de la toxine diphtérique pure, et ils ont constaté dans l'hypophyse des lésions cellulaires. La substance colloïde était absente. Le protoplasma des cellules se colorait mal, les cellules paraissaient fusionner, leur noyau était volumineux avec de gros nucléoles, quelques noyaux étaient condensés en pycnose, il y avait karyolyse du noyau, pas d'amas lymphocytaires, pas de modification du tissu interstitiel. C'est un arrêt par sidération ou par épuisement de la sécrétion (absence de colloïde).

Gemelli, qui a étudié l'action des toxines bactériennes et des poisons divers, est arrivé à des résultats semblables : hyperfonctionnement et hyperplasie cellulaire. Pour lui, c'est la preuve du rôle antitoxique de l'hypophyse, qui réagit aux infections et dont l'activité sécrétoire augmente. Le vrai moment de l'hyperactivité est avant la mort : si l'on poursuit jusqu'à la mort, il y a épuisement de l'organe. Ces phénomènes se produisent aussi bien dans les infections aiguës que dans les intoxications chroniques, comme la ligature de l'uretère, la stricture de l'intestin, ainsi que Guerrini l'a constaté.

Ces intoxications commencent par stimuler la fonction de l'hypophyse, puis ensuite, l'organe s'hyperplasie. C'est du reste ainsi que l'on peut expliquer les lésions que l'on rencontre dans l'hypophyse d'un animal éthyroïdé : il se produit une intoxication endogène et l'hypophyse réagit (Caselli, Vassale et Sacchi, Thaon, etc.).

Le sérum d'anguille que Guerrini a expérimenté, de même que la toxine diphtérique, produit d'abord l'hyperfonctionnement, puis, à la longue, de l'hypertrophie et de l'hyperplasie ; cette hyperplasie est caractérisée 24 heures après la 7e ou 8e injection toxique chez les cobayes, par de nombreuses cellules chromophiles en karyokinèse. Le nombre des cellules en karyokinèse est d'autant plus grand que l'action de la toxine a été plus lente et plus continue. Suivant que l'intoxication est très aiguë ou prolongée, l'hypophyse ne réagit que peu dans le premier cas, et les lésions cellulaires sont à peine marquées, tandis que dans le second cas, quand il s'agit par exemple d'urémie, d'étranglement herniaire, de péritonite, d'occlusion intestinale, d'otite chronique, de syphilis avec paralysie générale, etc., les lésions cellulaires sont très marquées.

Dans le jeûne prolongé, des phénomènes semblables se produisent : on constate d'abord de l'hyperactivité de l'organe, puis, lorsque l'inanition arrive jusqu'à la mort, c'est l'arrêt de la sécrétion.

Il semble en résulter que, dans les intoxications endogènes ou exogènes, l'hypophyse réagit d'une façon évidente : elle hyperfonctionne d'abord, puis elle s'hyperplasie.

C'est en se basant sur ces phénomènes que la grande majorité des auteurs lui attribue une fonction antitoxique. On ne peut oublier cependant que, d'une façon générale, certaines substances toxiques ont une action sur toutes les cellules glandulaires.

Hypophysectomie. — Après avoir employé les excitations mécaniques et électriques de l'hypophyse, pour essayer d'exagérer ses fonctions, on a pratiqué son extraction ou sa destruction, pour étudier les conséquences de sa suppression.

Mais une divergence assez grande semble exister entre les auteurs qui ont publié leurs résultats après hypophysectomie, et si l'on étudie attentivement les publications sur la question, on est frappé par le manque de précision dans le manuel opératoire, qui fait que l'on est peu certain d'avoir pratiqué une opération complète ; car, bien souvent, les auteurs ont négligé même de pratiquer les autopsies et de faire un examen macroscopique et microscopique bien complet.

Aussi ne croyons-nous pas que l'on puisse tirer des conclusions sérieuses des expériences d'hypophysectomie pratiquées sur les vertébrés inférieurs : grenouilles (Caselli, Gaglio, Boteano) crapauds et tortues (Gaglio). Pour les uns du reste (Caselli, Gaglio) les animaux peuvent vivre sans hypophyse ; tandis que, pour Boteano, l'ablation de cet organe détermine la mort rapidement, après une période d'asthénie complète.

Nous ferons à peu près la même observation pour les expériences de G. Fichera sur la poule et les gallinacés. Cet auteur a constaté que les animaux survivaient après la destruction de l'hypophyse; mais, chez les jeunes poulets, il a noté un retard ou un arrêt de développement.

Ce n'est en somme que sur les mammifères que l'on peut étudier convenablement les résultats de l'hypophysectomie et encore faut-il que le procédé opératoire permette, sans trop d'inconvénients, de bien agir sur l'organe que l'on veut extirper. Aussi croyons-nous qu'au point de vue des résultats, les procédés qui empruntent la voie buccale ou pharyngée (de Cyon, Caselli) ne présentent pas toute la valeur que leurs auteurs leur reconnaissent.

Nous pensons que c'est sur le chat ou le chien que l'on peut arriver à suivre le résultat de l'hypophysectomie, et encore faut-il éviter la voie buccale, qui ne donne pas un champ opératoire assez grand, assez clair, qui expose non seulement aux hémorragies mortelles, mais encore aux infections secondaires, voie suivie par Marinesco, Vassale et Sacchi, Caselli, Dalla Vedova, de Cyon, Gemelli, F. Masay, etc.

Quant à la voie sphéno-palatine ou sphéno-temporale, employée par Caselli, Pirone, Thaon, elle a peut-être autant d'inconvénients que la voie buccale aussi celle qui nous paraît fournir le moins d'inconvénients est-elle la voie temporale (Paulesco, Ch. Livon).

En analysant ici les travaux publiés par les auteurs, sans tenir compte du procédé employé, on arrive à diviser les résultats en deux catégories :

1° Ceux qui suivent l'hypophysectomie complète;

2° Ceux qui suivent l'hypophysectomie incomplète ou partielle.

Hypophysectomie complète. — La majorité des auteurs qui ont pratiqué l'hypophysectomie complète, arrive à cette conclusion que les animaux ne survivent pas (Vassale et Sacchi, Dalla Vedova, Pirone, Caselli, Marinesco, Gatta, Kreidl et Biedl, Thaon, de Cyon, Gemelli, Paulesco, Ch. Livon, etc.). Il est vrai qu'un certain nombre d'autres (Gaglio, Fichera, Friedmann et Maass, Lo Monaco et Van Rynberk, etc.) n'ont pas constaté, après l'hypophysectomie, de troubles notables de la santé.

Donc il est permis de dire que ceux qui ont conservé les animaux après hypophysectomie, n'avaient pas enlevé complètement l'organe, ou n'avaient fait que le dilacérer, laissant ainsi des débris en place.

On peut alors admettre que l'absence d'hypophyse entraîne la mort.

De quelle façon survient-elle? Ici, il faut bien distinguer entre les troubles que l'on peut considérer comme des complications opératoires, et ceux réellement dus à l'absence de l'hypophyse.

On peut avancer que les principaux symptômes généraux dûs seulement à l'ablation de l'hypophyse, sont représentés par une asthénie générale, de l'apathie, de l'abattement, du ralentissement de toutes les fonctions, une sorte de somnolence qui précède le coma dans lequel les animaux meurent, présentant les symptômes d'une vraie cachexie rapide. Ces phénomènes ne suivent pas immédiatement l'opération, car généralement, quand les animaux sortent du sommeil anesthésique, ils se lèvent, marchent, lentement il est vrai, et boivent : ce n'est que quelques heures après que ces phénomènes commencent.

Quelle est en moyenne la survie ? Ici, il y a encore un très grand désaccord entre les expérimentateurs.

Pour les uns elle n'est que de quelques jours, pour les autres elle est plus longue. C'est ainsi qu'elle serait de 2 à 3 jours pour Thaon, Paulesco, Ch. Livon ; de 8 à 18 jours pour Gatta ; de 12 à 16 jours pour Pirone ; de 14 à 37 jours pour Vassale et Sacchi ; de 13 à 21 jours pour Caselli ; de 26 jours pour de Cyon ; de 20 à 53 jours pour Dalla Vedova.

On peut de se demander si, dans les cas d'une survie un peu longue, quelques parcelles de l'hypophyse ne seraient pas restées, qui auraient permis à l'animal de survivre quelque temps.

Pour les autres symptômes signalés par plusieurs auteurs comme inconstants et transitoires : tels que difficulté dans la marche, mouvements convulsifs, incurvation du dos, rigidités partielles du tronc ou des membres, on doit les mettre sur le compte de lésions plus ou moins profondes de l'encéphale, car ils sont caractéristiques, et leur inconstance prouve leur origine.

Mais à côté de ces troubles généraux qu'observe-t-on du côté des diverses fonctions?

Circulation. — Elle ne paraît pas immédiatement modifiée, mais cependant, quelques heures après, on constate une diminution notable du nombre des pulsations et un abaissement de température.

Respiration. — Du côté de cette fonction, le seul symptôme qui soit à peu près constant après l'hypophysectomie, c'est le ralentissement du rythme coïncidant avec l'affaiblissement général de l'animal.

Sécrétion urinaire. — Cette fonction présente des troubles divers, tels que : polyurie, avec urines de densité faible, généralement sans albumine ni glycose et présentant une réaction alcaline (Vassale et Sacchi) ; d'autres auteurs ont signalé la glycosurie (Caselli) ou l'albuminurie (Gatta) ; d'autres enfin ne trouvent aucune modification dans la sécrétion ; Paulesco a constaté quelquefois que les urines des animaux opérés réduisaient la liqueur cupro-potassique, mais non d'une façon constante.

Développement. — Les expériences de G. Fichera sur les poulets semblent démontrer que l'hypophysectomie arrête le développement sur les animaux en voie d'accroissement. Les expériences de Gemelli, tendent au même résultat, puisqu'il a observé que l'hypophysectomie produisait un arrêt dans le développement squelettique des jeunes animaux.

Ce qui ne confirme pas tout à fait les résultats de Cerletti qui a obtenu un retard dans l'augmentation en poids et dans le développement squelettique, en pratiquant des injections sous-cutanées d'extrait hypophysaire.

En résumé, nous croyons pouvoir dire que, pour les phénomènes inconstants et transitoires signalés par les auteurs, après cette vivisection importante, il faut tenir compte des lésions possibles des parties cérébrales voisines.

Hypophysectomie partielle. — On peut dire d'une façon générale que l'ablation partielle de l'hypophyse est compatible avec une survie plus ou moins longue. Les fragments de la glande qui restent sont suffisants pour assurer cette survie qui paraît justement être en rapport avec la dimension des fragments laissés.

Paulesco, qui a étudié les résultats des ablations partielles, n'a observé aucun symptôme particulier et caractéristique.

Quelques animaux ont présenté des convulsions avant de mourir, mais leur inconstance semble prouver que ce ne sont que des troubles secondaires.

Paulesco, dans son étude détaillée des ablations partielles, fait une différence entre l'hypophysectomie presque totale et l'hypophysectomie partielle comprenant :

1° L'ablation partielle de la substance corticale du lobe épithélial;

2° L'ablation de toute la substance corticale du lobe épithélial;

3° L'ablation totale du lobe nerveux ;

4° L'ablation de la substance médullaire du lobe épithélial.

De toutes ces ablations partielles, c'est l'ablation totale de la substance corticale du lobe épithélial, ainsi que la cautérisation bilatérale de l'hypophyse, qui lui ont paru le plus se rapprocher de l'hypophysectomie totale ou presque totale.

A propos des ablations partielles, on doit signaler encore les conséquences de la séparation de l'hypophyse de la selle turcique, et la séparation de l'hypophyse de la base du cerveau par la section de la tige pituitaire. Ces deux opérations donnent des résultats bien différents; la première est inoffensive; la seconde, au contraire, équivaut à une hypophysectomie totale ou presque totale.

Tous les auteurs, D. Pirone, Paulesco, Ch. Livon, qui ont pratiqué des hypophysectomies partielles, sont d'accord pour conclure que les animaux opérés présentent une survie quelquefois très longue.

Cette insuffisance hypophysaire se manifeste-t-elle par des troubles particuliers?

Paulesco, dans les cas de survie longue (5 mois, un an) n'a pas constaté de lésion trophique appréciable au niveau des extrémités (museau, membres).

Cependant, Ch. Livon, dans un cas de survie de huit mois après une ablation partielle, a constaté des troubles trophiques, caractérisés par une atrophie de tous les organes et un développement graisseux extraordinaire, l'animal était tout à fait obèse.

Ce cas est à rapprocher du fait, cité par Madelung, d'une jeune fille qui, après lésion de l'hypophyse par un coup de feu, vit se développer une obésité colossale; on a du reste cité les rapports existant entre l'obésité et les tumeurs de l'hypophyse; Mohr, dès 1841; puis Frohlich et Berger. D'un autre côté Dercum et Burh ont observé plusieurs fois, différentes lésions de l'hypophyse dans les adiposes douloureuses locales (maladie de Dercum).

Un fait signalé aussi par plusieurs auteurs, c'est que les tentatives d'extraction de l'hypophyse sur de jeunes animaux ayant survécu et qui, par conséquent, ont conservé des morceaux de glande, ont produit des arrêts de développement. Ce qui vient à l'appui de l'opinion de ceux qui prétendent que l'hypophyse joue un très grand rôle au point de vue des échanges nutritifs. Du reste Narbuth, de Saint-Pétersbourg, a montré que la dégénérescence de l'hypophyse diminue les oxydations, tandis que l'ingestion d'extraits hypophysaires les augmente.

Sérum hypophysotoxique. — Malheureusement, pour arriver sur l'hypophyse, il faut pratiquer des vivisections toujours sérieuses, et on est en droit de se demander si les troubles observés ne sont pas le résultat de l'opération elle-même. C'est justement pour éviter ces traumatismes que F. Masay, se basant sur les observations de Demoor et Van Lint sur le sérum antithyroïdien et les cytotoxines, a essayé de préparer du sérum hypophysotoxique.

Les résultats qu'il a obtenus sont très intéressants, et montrent le parti que l'on pourrait tirer d'expériences semblables. Il prépare ce sérum en injectant des hypophyses de chien, broyées avec de la solution physiologique, à des lapins ou à des cobayes de préférence, puis prenant le sérum des lapins ou des cobayes ainsi préparés, il l'injecte à de jeunes chiens avec précaution, à cause de l'anaphylaxie, qui a montré le danger des injections de sérum répétées trop souvent.

Dans ses expériences il a constaté que le sérum hypophysotoxique produisait toujours :

1° Amaigrissement dû à la régression musculaire et à la disparition graduelle du pannicule adipeux, même avec une bonne alimentation;

2° Affaiblissement musculaire;

3° Affaissement du train postérieur; démarche plantigrade, écartement des membres, courbure du dos;

4° Modifications du squelette, gonflement épiphysaire et déformations diverses.

En somme, une véritable cachexie dans laquelle les animaux finissent tous par tomber avant de succomber.

Cette cachexie semble bien être le résultat d'une altération de l'hypophyse, car l'examen histologique de l'organe montre une altération profonde des cellules, dont les limites ont généralement disparu. Les noyaux nagent dans un milieu homogène. Plusieurs d'entre eux sont frappés de dégénérescence. Certains ont un aspect boudiné, d'autres ont subi la dégénérescence fragmentaire. La glande présente des lésions nécrotiques très graves. Par endroits on trouve un amas considérable de substance homogène qui contient des globules de sang. Cette matière forme dans la partie glandulaire un véritable lac, qui semble avoir détruit le parenchyme; sur les bords on trouve des noyaux isolés et nécrosés qui nagent dans cette substance.

Un organe dans cet état doit être incapable de toute fonction.

Parhon et Goldstein, eux aussi, ont préparé un sérum hypophysotoxique, mais son emploi ne leur a donné aucun résultat précis.

§ III. — *Méthodes indirectes.*

Après avoir cherché à résoudre le problème du rôle physiologique de l'hypophyse en s'adressant directement à l'organe, on s'est demandé si on ne pourrait pas arriver à des conclusions par la méthode indirecte, c'est-à-dire, en étudiant cet organe sous l'influence de conditions diverses, naturelles ou provoquées.

Influence de l'âge. — Il semble qu'à mesure que l'individu se développe, il se produit un perfectionnement progressif, phénomène qui réfute l'opinion de ceux qui admettent que l'hypophyse est un organe rudimentaire en voie de régression. Les cellules présentent d'abord un mince protoplasma, mal coloré, avec un noyau arrondi. Elles sont éosinophiles, puis peu à peu elles se modifient et prennent la différenciation tinctoriale (Thaon).

Chez les enfants de 12 à 15 ans, on ne retrouve pas le même aspect que chez l'adulte : il y a moins de colloïde, la fente épithéliale est nettement marquée, les vésicules sont moins apparentes, les cellules ne sont pas aussi volumineuses, elles ont l'air plus serrées, les noyaux sont plus rapprochés; le protoplasma n'a pas les affinités tinctoriales qu'il a chez l'adulte. A un examen superficiel, on dirait un organe lymphoïde, c'est l'aspect d'un organe riche en éléments sécréteurs jeunes (Thaon).

Chez les vieillards, l'hypophyse conserve son aspect de glande en activité. Elle doit continuer à régler la trophicité de certains tissus de l'organisme : elle ne s'arrête pas à l'âge adulte, elle doit continuer son rôle de défense de l'organisme, les cellules sont volumineuses, bien colorées. Dans les vésicules du hile, il y a assez de colloïde, mais à aspect épais, plissé, comme desséché, c'est de la matière colloïde ancienne, inutilisée : on en trouve rarement dans le reste de la glande : il n'y en a pas dans les capillaires (Thaon).

Caselli a décrit l'atrophie sénile de l'hypophyse : il a trouvé dans l'organe des néoformations conjonctives, mais il faut tenir compte des processus pathologiques: c'est ainsi que Thaon a constaté de la sclérose dans 4 cas de 70 à 85 ans, mais il s'agissait d'états pathologiques spéciaux : polyarthrite chronique, athéromasie généralisée, etc.

Il n'y a pas de différence entre l'hypophyse de l'agneau et celle du bélier adulte.

Pour Guerrini, chez le cobaye et le lapin, fœtus et nouveau-nés à la mamelle, les sécrétions sont moins actives que chez l'animal qui prend lui-même ses aliments, ce qui fait dire à Thaon : est-ce que la sécrétion de l'hypophyse de la mère suffirait?

De toutes ces observations on ne peut tirer aucune conclusion relativement aux modifications dues à la sénilité. Il n'y a pas de type caractéristique, ce qui semblerait prouver que l'hypophyse est un organe qui remplit pendant toute l'existence un rôle important.

Fatigue. — Dans la fatigue et dans le travail musculaire exagéré, l'hypophyse éprouve des modifications fonctionnelles qui ont été signalées par Guerrini.

Aux périodes initiales, correspond une hyperfonction de la glande. Avec l'augmentation de la fatigue cette hyperfonction est un peu plus grande. Au delà d'une certaine limite, l'organe apparaît comme épuisé. Comme signe de l'hyperfonction on a : les cellules pleines de plasmosomes et de granulations, l'augmentation considérable de la substance colloïde dans les espaces interacineux, l'augmentation des granulations dans les vaisseaux.

L'hypophyse se comporte comme dans les intoxications légères, la fatigue déterminant une intoxication légère. Elle hyperfonctionne également dans ce cas parce que, dans l'organisme, s'accumulent des substances anormales provenant des échanges.

On ne constate pas de multiplications cellulaires parce que le phénomène est de courte durée.

L'hypophyse hyperfonctionne chez les animaux tétanisés ou chez lesquels on transfuse dans la circulation du sérum d'animaux tétanisés.

Rapports de l'hypophyse avec d'autres appareils glandulaires.

1° **Glandes génitales.** — Les phénomènes constatés du côté de l'hypophyse pendant la gestation, montrent qu'il y a un rapport évident entre cet organe et les glandes génitales de la femme. Ce rapport ne se manifeste-t-il que pendant la gestation, ou bien se montre-t-il dans d'autres états? Et chez le mâle existe-t-il un rapport analogue?

On sait que les glandes génitales ont des corrélations physiologiques avec la thyroïde. Par analogie on peut penser que des rapports doivent exister aussi avec l'hypophyse.

La preuve de ces rapports est fournie par l'observation des malades chez lesquels l'hypophyse est altérée (gigantisme, acromégalie). On remarque en effet, chez ces malades, des insuffisances ou des malformations de développement des organes sexuels et de leurs annexes. Aussi y a-t-il manque de désir, absence de procréation, aménorrhée, atrophie des ovaires, de l'utérus, des mamelles et des testicules.

On sait que les glandes génitales (testicules, ovaires) ont une grande influence sur le développement du squelette : l'expérimentation a montré qu'il en était de même de l'hypophyse. On peut donc, en se basant sur la pathologie et l'expérimentation, établir un rapport physiologique entre les glandes génitales et l'hypophyse.

Il était tout naturel, pour vérifier cette corrélation, d'étudier comparativement l'hypophyse chez les animaux entiers et châtrés. Thaon, dans ses examens histologiques et dans ses expériences avec des extraits, n'a pas obtenu de différences assez nettes ni de caractères assez tranchés pour arriver à une conclusion.

Mais, étudiant l'hypophyse chez des animaux châtrés et non châtrés, G. Fichera a trouvé chez 50 coqs, poids moyen de l'hypophyse : 0 gr. 0133 ; chez 50 chapons : 0 gr.0267 ; (poids moyen du cerveau des coqs, 3 gr. 35 ; — du cerveau des chapons : 3 gr. 34.) Chez 5 taureaux, poids moyen de l'hypophyse : 3 gr. 35 ; chez 5 bœufs : 4 gr. 46. Chez 5 buffles non châtrés : 1 gr. 80 ; chez 5 buffles châtrés : 3 gr. 45.

Au microscope, il a constaté chez les animaux châtrés une grande vaso-dilatation, des cellules volumineuses et nombreuses, à noyaux vésiculeux et à cytoplasme contenant en abondance de la substance éosinophile. Comparativement, chez les animaux normaux, les cellules sont rares.

Chez trois jeunes coqs auxquels il enlève les testicules et qu'il tue au bout de 5,20, et 25 jours, il constate que les lésions histologiques se produisent en quelques jours dans l'hypophyse. Injectant à 3 chapons de l'extrait testiculaire de coq et sacrifiant les animaux à intervalles divers, après les injections sous-cutanées, il constate qu'avec 1-2 injections, l'hypophyse des chapons revient au type de celle du coq. Si l'on cesse les injections, la modification disparaît.

Expérimentant sur des femelles auxquelles il enlève les ovaires, 3 cobayes et 3 lapines qu'il tue 10, 20, 30 jours après, il trouve l'hypophyse augmentée de volume. Chez le cobaye 0 gr. 015 à 0 gr. 022 (au lieu de 0 gr. 015 poids moyen normal) ; chez la lapine 0 gr. 02 à 0 gr. 031 (au lieu de 0 gr. 016 à 0 gr. 018 poids moyen normal). Les modifications histologiques sont les mêmes que chez les mâles.

Il faut ajouter que Fichera n'a pas trouvé de modifications dans les organes génitaux (testicules et ovaires) de 4 poulets mâles et femelles, auxquels il avait détruit l'hypophyse.

Cimoroni a obtenu des résultats semblables à ceux de Fichera ; Barnabo, après avoir enlevé un testicule et lié le canal déférent du côté opposé, a trouvé l'hypophyse augmentée de volume comme sur les animaux châtrés.

Ces rapports peuvent donc être admis si l'on tient compte de la corrélation qui existe entre l'acromégalie, le gigantisme et l'hypophyse, et si l'on fait attention aussi que, chez les animaux châtrés comme chez les acromégaliques et les géants, il y a un plus grand développement du système osseux, dû surtout à une durée plus longue que la normale pour l'activité des cartilages juxta-épiphysaires et du périoste.

2° **Thyroïdes.** — Une vraie parenté existe entre l'hypophyse et la thyroïde. Analogie au point de vue de l'origine embryonnaire; ressemblances anatomiques, les deux organes présentant des cellules analogues et des vésicules remplies d'une même substance colloïde. Un seul caractère anatomique les distingue, c'est que les lymphatiques très nombreux dans la thyroïde, sont absents dans l'hypophyse.

Schönemann, Boyce, Beadless, Burckhardt, Comte, Pisenti et Viola, Vassale, Kocher, Hinsdale, Fournival, Lancereaux et Murray, Launois et Roy, etc., ont constaté des lésions associées ou compensatrices dans les altérations de l'une ou de l'autre.

Schönemann sur 85 cadavres de goitreux a trouvé l'hypophyse hypertrophiée 84 fois; Comte a trouvé l'hypophyse hypertrophiée chez les goîtreux. Chez un crétin myxœdémateux de 10 ans, il a trouvé l'hypophyse pesant 0 gr. 36, au lieu de 0 gr. 33, qui est son poids moyen à cet âge. Il y avait de la colloïde en abondance et une augmentation de cellules chromophiles.

Chez une femme goitreuse, Pisenti et Viola ont trouvé l'hypophyse hypertrophiée et Vassale dans un cas typique de myxœdème avec thyroïde petite et sclérosée a observé l'hypertrophie et l'hyperplasie de l'hypophyse.

Dans un cas de thyroïdectomie complète chez un jeune homme de 19 ans, mort à 25 ans avec de la cachexie myxœdémateuse, Kocher a trouvé l'hypophyse pesant 1gr,59 au lieu de 0gr,60 qui est son poids moyen à cet âge.

Il faut ajouter que Coulon et Schönemann ont constaté sur des crétins l'atrophie de l'hypophyse et de la thyroïde, et Ponfick, dans un cas de myxœdème congénital a observé les mêmes atrophies.

On trouverait donc de l'hypertrophie de l'hypophyse chez les goitreux et de l'atrophie chez les crétins myxœdémateux.

D'un autre côté, dans les maladies dans lesquelles l'hypophyse est altérée (acromégalie, gigantisme), souvent la thyroïde est hypertrophiée; quelquefois elle est atrophiée, mais, comme le fait observer Thaon, rarement elle est normale.

Dans 36 cas d'acromégalie, Hinsdale a constaté 13 fois l'hypertrophie de la thyroïde, 12 fois de l'atrophie. Sur 24 cas, Fournival a trouvé la thyroïde hypertrophiée 19 fois. Lancereaux et Murray ont signalé la coexistence du goitre exophthalmique avec l'acromégalie.

Dans le gigantisme, le corps thyroïde a été trouvé hypertrophié. Launois et Roy l'ont rencontré pesant 250 grammes; Bassoe 112 grammes, au lieu de 20 à 25 grammes qui est son poids moyen. Les follicules étaient distendus par une grande quantité de colloïde.

On peut ajouter que Gley et Eiselsberg ont remarqué que la thyroïde joue un rôle important au point de vue du développement du squelette, et si l'on rapproche la corrélation dont il a été question précédemment, qui existe entre l'hypophyse et les glandes génitales, des relations de la thyroïde avec les ovaires et les testicules dans l'antagonisme thyro-ovarien de Parhon et Goldstein, on constate entre toutes ces glandes des processus analogues.

D'ailleurs, Dastre et Gley ont entrepris leurs recherches sur l'hypophyse, à la suite d'expériences sur la thyroïde, et ils ont observé de grandes analogies entre ces deux organes; après la thyroïdectomie chez le lapin, Rogowitsch le premier, Stieda, Hofmeister ensuite, ont constaté une hypertrophie des cellules de l'hypophyse, surtout des chromophobes, chez les jeunes lapins. Huit à quinze jours après la thyroïdectomie (Rogowitsch), l'hypophyse pesait 4 centigrammes au lieu de 2 centigrammes qui est son poids normal. Le protoplasma cellulaire était très développé. En laissant les parathyroïdes et en évitant les accidents aigus de la thyroïdectomie, Hofmeister a obtenu une survie beaucoup plus longue et une hypertrophie bien plus grande avec hyperhémie. La glande est modifiée dans sa structure, au lieu des cellules granuleuses, on trouve des cellules avec un corps agrandi, la substance colloïde est plus abondante.

Une partie se présente plus ou moins vacuolisée, l'autre dans un état de désintégration granuleuse.

Toutes les cellules ne se colorent pas de la même façon, et, même dans la cellule, il y a des points qui se colorent mieux que d'autres par le carmin. Les vaisseaux sont dilatés et généralement pleins de globules sanguins. Pour l'auteur, l'hypophyse serait un organe complémentaire à la glande thyroïde, la substance colloïde ne pouvant plus se former dans la thyroïde se formerait dans l'hypophyse.

SCHWARTZ a constaté l'hypertrophie de l'hypophyse dans l'hypothyroïdisme. GLEY, chez un lapin thyroïdectomisé, a trouvé une hypophyse pesant 10 centigrammes. TIZZONI et CENTANNI, expérimentant sur le chien, chez lequel le poids de l'hypophyse ne varie pas beaucoup, constatent qu'après la thyroïdectomie non seulement il y a hypertrophie, mais encore des lésions cellulaires. LEONHARDT a vu qu'en pareil cas il y avait, avec de l'hypertrophie, de l'hyperplasie. Les mêmes constations d'hypertrophie ont été faites par HORSLEY, EISELBERG, LUSENNA, etc. Cependant BLUMREICH, JACOBY, TRAINA et d'autres n'admettent pas cette hypertrophie.

ALQUIER, qui a pratiqué sur des chiens des thyroïdectomies totales en un ou deux temps, des thyroïdectomies unilatérales avec ou sans ablation d'une parathyroïde du côté opposé ou d'une partie de l'autre thyroïde, a toujours constaté une augmentation de volume de l'hypophyse avec hyperfonctionnement, hyperproduction de substance colloïde, état vésiculeux du noyau, sans karyokinèse, et, dans certains cas, il a trouvé des signes de dégénérescence en même temps que de l'hyperfonction.

THAON a thyroïdectomisé complètement un jeune bélier en laissant les parathyroïdes. Sacrifiant l'animal au bout de 40 jours, il n'a pas constaté l'hypertrophie signalée par la plupart des auteurs, mais, de la tendance à l'hyperplasie avec lésions cellulaires très manifestes. Les cellules glandulaires étaient volumineuses, en travées serrées et nombreuses, la substance colloïde était abondante, il y avait de nombreux amas de noyaux; le tissu conjonctif du lobe postérieur n'était pas modifié. Les cellules présentaient des lésions au début : vacuolisation du protoplasma, et, par endroits, état homogène de la cellule. Quelques noyaux, même, étaient altérés et présentaient tantôt des fragmentations de leur réseau, tantôt au contraire un aspect condensé anormal (pycnose).

THAON n'admet pas qu'il y ait suppléance : pour lui les lésions sont occasionnées par un trouble humoral (suppression d'une fonction antitoxique par exemple) créé par la suppression de la thyroïde.

CIMORONI, qui a étudié l'hypertrophie de l'hypophyse survenant à la suite de la thyroïdectomie, arrive aux conclusions suivantes : l'hypertrophie de l'hypophyse à la suite de l'ablation de l'appareil thyréo-parathyroïdien est due à l'ablation des thyroïdes et non des parathyroïdes; l'examen histologique montre un caractère spécifique à cette hypertrophie, par la présence de cellules spéciales remarquables surtout par leur gros volume, et qui ne ressemblent pas à celles que fournit l'examen histologique après la castration. La formation de ces éléments doit, suivant toute probabilité, être attribuée à l'augmentation de l'activité fonctionnelle d'un ordre particulier de cellules hypophysaires, lesquelles ne sont pas nettement différenciables en conditions normales et dans l'hypertrophie consécutive à la castration, mais qui ne deviennent évidentes en augmentant de volume qu'après l'ablation de la thyroïde.

Il faut citer encore les expériences de GATTA, qui, sur 4 chats, enlève la thyroïde et détruit l'hypophyse, mais dont les animaux ne vivent que trois à six jours, et celles de CASELLI, qui, pour étudier les relations fonctionnelles pouvant exister entre l'hypophyse et la thyroïde, enlève sur 5 chats et 2 chiens l'hypophyse, les parathyroïdes et une thyroïde et dont les animaux meurent en trois ou quatre jours, sans présenter les accidents moteurs qui suivent l'extirpation des parathyroïdes. Sur 8 chiens, le même auteur enlève les parathyroïdes, et, pendant la tétanie, il enlève l'hypophyse : la tétanie se modifie, les accidents moteurs font place à de la paralysie, à du coma, et la mort arrive en un ou deux jours. Puis il pratique la thyroïdectomie sur 6 chiens préalablement hypophysectomisés, et il arrive à cette conclusion que l'hypophysectomie aggrave les effets de la thyroïdectomie sans en altérer les symptômes, mais en en accélérant l'évolution.

F. Masay, dans une nouvelle série d'expériences, a cherché à expliquer ou mieux à démontrer, la suppléance fonctionnelle qui peut exister entre la thyroïde et l'hypophyse. Sur des chiens d'âges variés, il a pratiqué la thyroïdectomie. Dès les premiers symptômes d'hypothyroïdisme, il a soumis ses animaux à des injections sous-cutanées d'émulsion faite avec de l'extrait sec d'hypophyse. Il n'a pas constaté de résultats importants, et même, la mort a paru arriver plus vite. Les résultats ont été identiques avec des extraits faits avec des hypophyses fraîches de chien.

De Cyon envisage d'une autre façon le rapport qui existe entre les deux organes. Pour lui, c'est un rapport mécanique et chimique. L'hypophyse répond à sa destination physiologique en tant que régulateur de la pression intra-cranienne, en ce sens que, lorsque cette pression vient à augmenter dans de trop grandes proportions, elle met en mouvement le mécanisme de la thyroïde, qui fonctionne comme une écluse, et qui a le pouvoir de diminuer l'afflux du sang vers le cerveau par la voie des carotides internes, et en même temps d'augmenter considérablement son écoulement par les veines du cerveau, et, comme l'hypophysine agit encore plus que l'iodothyrine, l'hypophyse hypertrophiée peut, dans les cas de maladie ou de destruction de la thyroïde, empêcher les suites mortelles de l'insuffisance thyroïdienne, au moins en partie, et pendant quelque temps, l'hypophysine remplaçant l'iodothyrine dans ses effets sur les nerfs cardiaques et dans le métabolisme.

Comme la plupart des auteurs, il a constaté l'hypertrophie hypophysaire après la thyroïdectomie, mais, pour lui, cette hypertrophie n'est pas suffisante pour contre-balancer les effets nuisibles de la thyroïdectomie sur le système nerveux cardiaque, que ce soit des filets du vague ou du sympathique.

De l'ensemble de tous ces travaux, on ne peut que conclure à l'existence d'une corrélation évidente entre l'hypophyse et la thyroïde. Mais, que l'on admette la théorie humorale ou mécanique, on se heurte toujours à des faits contradictoires. Est-ce un simple rapport de suppléance fonctionnelle? Les injections d'extrait hypophysaire semblent démontrer que ce n'est pas dans une action aussi simple que se limite la corrélation entre ces deux organes, et d'un autre côté, il serait difficile d'admettre que, lorsqu'on enlève les thyroïdes, elles puissent être remplacées pendant quelques jours par un organe aussi petit que l'hypophyse, tandis que lorsque l'on enlève l'hypophyse, les thyroïdes, bien plus grosses que l'hypophyse, ne paraissent la suppléer en rien.

Est-ce un rapport mécanique? Cette théorie comme les autres, est difficile à concilier avec bien des faits : l'origine purement sympathique des vaso-dilatateurs de la thyroïde, et la vaso-constriction intense que produit dans la thyroïde l'extrait hypophysaire (Hallion et Carrion).

Donc, tout ce que l'on peut dire, c'est qu'il y a corrélation mais non suppléance. Il y a même un rapprochement au point de vue chimique. On trouve en effet dans les deux organes de l'iode (Baumann, Schnitzler et Ewald), du brome (Paderi) et des traces d'arsenic (A. Gautier).

3° **Capsules surrénales**. — Des relations fonctionnelles analogues aux précédentes paraissent exister entre l'hypophyse et les capsules surrénales. Mais ici la pathologie n'a pas fourni comme pour la thyroïde un contingent d'observations : aussi les faits ne sont-ils pas nombreux, ils se bornent aux observations de Boinet, Marenghi, de Sajous, A. Delille, Oppenheim, Lœper.

Boinet, ayant enlevé les capsules surrénales sur cinquante animaux, a trouvé quatre fois l'hypophyse augmentée de volume. Marenghi, de son côté, examinant l'hypophyse de cobayes, de lapins et de chats auxquels il avait enlevé les capsules surrénales, a trouvé de nombreuses figures karyokinétiques et Golgi trouve que ces expériences parlent en faveur d'une suppléance. Il y a là l'indication de recherches à faire, car les faits sont trop peu nombreux pour arriver à une conclusion quelconque.

Cependant de Sajous prétend que l'hypophyse gouverne les fonctions des capsules surrénales, grâce à des connexions nerveuses bien déterminées (nerf hypophyséo-surrénal).

Rénon et A. Delille ont observé que les injections répétées d'extrait total d'hypophyse provoquent l'hyperfonctionnement et l'hypertrophie des surrénales, tandis que les injections d'extrait surrénal laissent l'hypophyse normale ou déterminent de l'hyperactivité, sans hypertrophie réelle.

Oppenheim et Lœper ont trouvé l'hypophyse très hypertrophiée dans deux cas de tuberculose surrénale.

Rénon de même, dans un cas de caséification totale des surrénales et dans un autre cas de sclérose, sans tubercules des capsules surrénales, a noté une hypertrophie de l'hypophyse avec signes d'hyperactivité.

Action sur les centres nerveux. — L'hypophyse a-t-elle une action sur les centres nerveux? Pour les anciens, il existait une connexion fonctionnelle spéciale entre l'encéphale et cet organe, mais cette hypothèse ne reposait sur rien, si ce n'est la situation topographique sans doute.

Haller voyait dans l'hypophyse une glande ouverte dans les espaces subduraux, opinion qui n'est basée sur rien, car, chez l'homme entre autres, l'organe est enveloppé par une capsule épaisse.

Caselli, après son ablation, a constaté des lésions cérébrales et spinales analogues à celles qui suivent l'ablation de la thyroïde et des parathyroïdes. On pourrait mettre ces lésions sur le compte de l'intoxication due à la suppression de la fonction antitoxique (Vassale et Donaggio, Masetti). C'est l'interprétation que l'on pourrait donner, si l'on admet le rôle de l'hypophyse dans les affections dystrophiques et nerveuses (maladie de Dercum, de Basedow, tétanie, épilepsie, etc.).

P. I. Herring, étudiant la physiologie comparée de l'hypophyse, trouve que sa constitution et les détails histologiques font penser à une glande qui déverserait ses produits de sécrétion dans l'infundibulum et aussi dans les ventricules cérébraux, ce qui fait que l'on pourrait la considérer, au moins en partie, comme une glande cérébrale spéciale. C'est, en somme, revenir à l'hypothèse de Diemerbroeck.

Ch. Livon a émis une hypothèse qui semblerait faire jouer à l'hypophyse un rôle important vis-à-vis des centres nerveux. Se basant sur une note de Lépine relative aux capsules surrénales, il s'est demandé si la sécrétion interne de l'hypophyse n'agirait pas directement sur les terminaisons nerveuses qui se trouvent dans cet organe, et si l'on ne pourrait pas voir là, la voie de pénétration de cette sécrétion.

Cette opinion serait basée sur les faits suivants. D'après Gentès, le lobe postérieur renferme des cellules bipolaires dont un prolongement se dirige vers la périphérie et l'autre vers les parties profondes. Ces cellules sont entourées de nombreuses terminaisons nerveuses. Pour lui, ce n'est pas un organe glandulaire, mais un organe sensoriel. Gemelli et Pirone, de leur côté, y voient aussi un organe plutôt nerveux que glandulaire.

Au milieu de ce petit organe glandulaire, quel pourrait être le rôle de ces nombreux éléments nerveux, si ce n'est d'être impressionnés par la sécrétion de la portion vraiment glandulaire? L'expérimentation semble favorable à cette hypothèse.

Si, en effet, on sépare l'hypophyse simplement en faisant la section de la tige pituitaire, les animaux sont dans le même état que si l'on avait pratiqué l'hypophysectomie complète : ils succombent au bout d'un temps plus ou moins long (Paulesco).

Si l'on détache simplement l'hypophyse de la selle turcique et qu'on la prive seulement des vaisseaux qu'elle en reçoit, les animaux survivent.

Le rôle physiologique de l'hypophyse est donc lié à l'intégrité de sa communication avec le cerveau par la tige pituitaire.

Est-ce par un conduit central que se fait cette communication? On sait qu'il n'existe pas toujours, surtout chez l'homme. Est-ce par les veines de cette tige? Elles sont bien grêles et beaucoup moins nombreuses que celles qui, de l'hypophyse, vont se jeter dans les plexus environnants. Il ne reste donc, pour expliquer le passage indispensable à la vie que la voie nerveuse.

Une autre preuve serait encore fournie par ce fait, c'est que lorsqu'on étudie expérimentalement l'action des extraits sur la pression sanguine, ce n'est que le lobe nerveux qui fournit un extrait actif, le lobe glandulaire est inactif.

On peut donc admettre que le produit actif de la sécrétion se concentrerait sur les éléments nerveux du lobe postérieur, et même, d'après Silvestrini, c'est dans le feuillet épithélial paranerveux seul, que l'on trouverait un extrait actif.

L'hypophyse et les centres réflexes circulatoires. — Après avoir enlevé l'hypophyse sur un lapin, DE CYON pratique la laparotomie, et, comprimant l'aorte abdominale, il constate que le tracé de la pression sanguine ne varie pas pendant cette compression. L'explication de ce fait serait la suivante : l'hypophyse est le point de départ des réflexes qui règlent la circulation et sa pression. Si on la supprime, les excitations, même les plus fortes, n'ont plus d'effet sur la pression, car les centres nerveux ne sont plus avertis.

F. MASAY, qui a refait cette expérience sur le chien, est arrivé à un résultat à peu près semblable, et, pour lui, ce n'est pas le résultat de la suppression de l'hypophyse, mais le choc opératoire, qui empêche le changement de la pression et du rythme cardiaques. Du reste, pendant son expérience, les réflexes asphyxiques circulatoires se produisent d'une façon normale, ce qui prouve que les centres réflexes sont encore avertis.

GAGLIO a repris cette expérience sur des grenouilles hypophysectomisées depuis un temps plus ou moins long, et a constaté que les centres réflexes étaient aussi excitables à l'augmentation de la pression artérielle par la ligature de l'aorte abdominale que chez les grenouilles normales. Injectant ensuite de la strychnine à des grenouilles, les unes normales, les autres hypophysectomisées, il a constaté chez toutes les mêmes phénomènes du côté du cœur (ralentissement et un léger arrêt), preuve que la strychnine excite de la même façon les noyaux bulbaires chez les unes et les autres.

CH. LIVON, ayant pratiqué la compression de l'aorte abdominale sur des chiens hypophysectomisés, est arrivé à des résultats intéressants. Il a d'abord constaté que, sur les animaux hypophysectomisés, la compression avait des conséquences différentes suivant que l'on comprimait l'aorte abdominale à sa partie inférieure ou à sa partie supérieure, entre les piliers du diaphragme, et que ces résultats étaient identiquement les mêmes sur les animaux à hypophyse intacte. La compression de l'aorte abdominale inférieure ne donne, dans les deux cas, que des modifications de pression insignifiantes, tandis que la compression de l'aorte abdominale supérieure donne naissance, aussi bien sur l'animal normal que sur l'animal hypophysectomisé, à une hypertension considérable, suivie d'une hypotension relativement très grande, à la cessation de la compression. C'est que, lorsqu'on comprime l'aorte abdominale inférieure, tous les vaisseaux abdominaux qui forment un immense lac, sont ouverts, et grâce aux réflexes qui leur arrivent par les splanchniques, ils se dilatent et reçoivent le trop-plein de la circulation, mais, si on comprime au-dessus de l'origine de ces vaisseaux, les réflexes vaso-dilateurs ne peuvent plus se produire efficacement, et on voit l'hypertension se manifester avec les phénomènes concomitants : ralentissement et augmentation d'amplitude des pulsations.

L'hypophyse ne jouerait donc aucun rôle dans la production des réflexes circulatoires qui accompagnent la compression de l'aorte. Mais elle pourrait jouer le rôle de centre pour d'autres réflexes, si, comme on l'a dit, elle est en rapport avec les origines du pneumogastrique, et si c'est par lui qu'elle agit sur la circulation.

On sait que les fibres centripètes du pneumogastrique jouent un rôle important au point de vue des réflexes circulatoires. Si l'hypophyse est en rapport direct avec le noyau du pneumogastrique, et si elle est le centre de réflexes circulatoires, son ablation doit nécessairement amener de la perturbation dans l'effet réflexe circulatoire produit par l'excitation de ces fibres centripètes. Or il n'en est rien : l'excitation du bout céphalique du pneumogastrique, dans les conditions ordinaires, produit l'hypertension classique par vaso-constriction générale des vaisseaux de l'organisme par voie réflexe, et on constate, en même temps, que les battements deviennent plus amples et que le rythme se ralentit.

L'hypertension dure pendant toute la durée de l'excitation; lorsque celle-ci cesse, la pression revient à son point de départ. Ce réflexe se produit aussi rapidement et aussi énergiquement que si l'animal était intact.

Ces diverses expériences semblent donc indiquer que les réflexes vasculaires ne sont pas modifiés par l'ablation de l'hypophyse (CH. LIVON).

L'hypophyse et le liquide céphalo-rachidien. — Aucun fait précis ne permet de faire jouer un rôle quelconque à l'hypophyse, relativement au liquide céphalo-rachidien.

VIEUSSENS, il est vrai, a émis l'hypothèse que le liquide céphalo-rachidien était sécrété par le plexus choroïde et les glandes hypophyse et pinéale. D'un autre côté, Pettit et Girard ont montré la structure glandulaire des plexus choroïdes et, en raison de l'analogie qu'il y a entre leurs cellules constitutives et celles de l'hypophyse, on leur a fait jouer un rôle analogue au point de vue de la sécrétion du liquide céphalo-rachidien.

L'hypophyse et le sommeil. — Une théorie dont Salmon s'est fait le promoteur, c'est que l'hypophyse présiderait au mécanisme du sommeil.

Le sommeil serait donc fonction de l'hypophyse.

Aucun fait ne corrobore cette théorie, car les arguments donnés par Salmon lui sont plutôt contraires. Il s'appuie sur la somnolence que l'on constate dans les cas de tumeurs de l'hypophyse, dans l'éthylisme; dans l'obésité, sur l'insomnie qui accompagne les abcès de l'hypophyse. Mais ne sont-ce pas là des phénomènes communs à bien des affections cérébrales et surtout aux lésions de la base du cerveau?

Une objection sérieuse, c'est que les animaux hypophysectomisés sont somnolents, apathiques : si réellement le sommeil était fonction de l'hypophyse, le contraire devrait se manifester.

Pour élucider la question, Gemelli a étudié comparativement l'hypophyse sur la marmotte pendant son sommeil hivernal et pendant l'été. Il n'a rien observé qui puisse venir appuyer la théorie soutenue par Salmon. Mais cette étude l'a conduit à des observations intéressantes. Il a constaté, en effet, que pendant le sommeil hivernal, l'hypophyse présentait une diminution notable des cellules cyanophiles, et qu'au printemps, au contraire, elles augmentaient, et présentaient alors de nombreuses figures karyokinétiques. L'hypophyse suit donc la loi d'évolution de tous les organes : on pourrait ajouter que c'est une preuve que ce n'est point un organe rudimentaire en voie de régression; il est vrai que cette opinion ne rencontre presque plus d'adeptes. Pour Gemelli, cette constatation est une preuve de l'action antitoxique de l'hypophyse, dont la sécrétion interne sert, avec d'autres glandes à sécrétions internes, à neutraliser des toxines, qui prennent naissance dans les réactions vitales de l'organisme.

Mais il est toujours permis de se demander si ces modifications constatées dans l'hypophyse, sont cause ou effet.

Du reste, si la théorie de Salmon était vraie, on devrait, si l'hypophyse est le centre du sommeil, constater pendant le sommeil une activité fonctionnelle : or il n'en est rien, puisque c'est le contraire qu'on constate.

On ne peut donc considérer la portion antérieure de l'hypophyse comme étant un centre du sommeil physiologique.

L'hypophyse et l'hématopoièse. — Pour mémoire, ajoutons qu'on a encore attribué à l'hypophyse une fonction hématopoiétique. Mais cette théorie, qui rappelle un peu les fonctions attribuées autrefois en bloc à toutes les glandes vasculaires sanguines, ne repose sur aucun fait qui puisse lui prêter un semblant de vérité.

TROISIÈME PARTIE

PHYSIOLOGIE PATHOLOGIQUE.

Acromégalie. Gigantisme.

L'étude faite dans le chapitre précédent des relations qui existent entre l'hypophyse et d'autres appareils glandulaires tels que la thyroïde, les glandes génitales, les capsules surrénales, montre l'influence que ces divers organes ont les uns sur les autres, l'importance du rôle qu'ils jouent dans l'organisme, et, par conséquent, la nature dystrophique des affections qui naîtront à la suite des lésions qui pourront les atteindre, sans parler de la gamme des symptômes qui découleront nécessairement de cette influence réciproque.

Depuis que Pierre Marie, en 1886, a décrit une dystrophie spéciale et bizarre dans laquelle on constate un développement anormal du volume des extrémités, pieds, mains, tête, d'où le nom d'*acromégalie* qu'il lui a donné, l'attention a été attirée sur les lésions du corps pituitaire qui paraissent être l'origine de cette dystrophie.

Ce n'est pas le lieu de décrire ici toute la pathologie de cette affection, ni d'analyser tous les travaux parus, mais cependant on ne peut faire différemment, dans cet article, que d'étudier sommairement les troubles observés, cherchant à en tirer profit pour l'explication du rôle physiologique de l'hypophyse elle-même, la pathologie venant bien souvent éclairer la physiologie.

Dans les autopsies d'acromégaliques, P. Marie et Marinesco ont constamment trouvé l'hypophyse altérée (augmentation de volume, tumeurs diverses). Aussi, considèrent-ils l'acromégalie comme une dystrophie liée à la diminution ou à l'abolition des fonctions de l'hypophyse.

On en arrive alors à se demander si les symptômes qui caractérisent cette dystrophie ressemblent à ceux qui ont été décrits comme étant la conséquence de la destruction partielle ou totale de l'hypophyse? Que trouve-t-on cliniquement? De vingt à quarante ans, mais surtout de vingt à trente ans, on voit apparaître une hypertrophie des extrémités et une augmentation de volume plus ou moins étendue des os de la face et du crâne. Souvent, le sujet est d'une taille bien au-dessus de la moyenne, et, si l'on étudie le système osseux au moyen de la radiographie, on peut constater un développement exagéré de la selle turcique qui a suivi le développement de l'hypophyse.

Comme troubles fonctionnels, on constate, au début, de la somnolence, de l'apathie, de la céphalée et avec cela, diminution de l'appétit sexuel, de l'impuissance, des troubles de la menstruation, puis surviennent des douleurs variables. On observe souvent des troubles dans la sécrétion urinaire et quelquefois de la glycosurie. Le malade est mélancolique et d'humeur bizarre et présente parfois une soif très vive et un appétit augmenté.

Ces symptômes peuvent se compliquer de ceux qui accompagnent les tumeurs cérébrales, tels que troubles nerveux et circulatoires dus à la compression des organes qui sont dans le voisinage : chiasma des nerfs optiques, sinus caverneux, carotides, nerfs optiques, nerfs oculo-moteurs, communs et externes, nerfs pathétiques, rameau ophtalmique du trijumeau, pédoncules cérébraux, base de l'encéphale, etc.

Que montre l'autopsie? Presque toujours on trouve une lésion plus ou moins grave de l'hypophyse.

Très nombreux sont les auteurs qui ont signalé ces altérations dues, la plupart du temps, à des tumeurs variées (adénomes, sarcomes, épithéliomes, angiomes, gliomes, hypertrophies, hyperplasie, etc.).

Un autre trouble dystrophique doit se rapprocher de l'acromégalie, c'est le *gigantisme*, caractérisé par un développement précoce du sujet, de quinze à dix-huit ans en moyenne. Ce développement ne se fait pas régulièrement. Ainsi le tronc relativement se développe peu, mais ce sont surtout les extrémités, les membres inférieurs, qui prennent des proportions démesurées. De plus, la croissance peut continuer au delà de vingt-cinq ans, jusqu'à trente ans et au delà, si la mort ne survient pas, ce qui se produit généralement sur ces géants qui, alors, deviennent acromégaliques presque toujours. C'est là, pour certains auteurs, la preuve que l'acromégalie et le gigantisme ne sont qu'une même affection, dont l'évolution est différente suivant l'époque de l'apparition des accidents. Si la maladie se développe pendant la période d'accroissement, on constate du gigantisme, si c'est après cette période, ce sera de l'acromégalie. (Brissaud et Meige).

Un fait intéressant, et qui permet en effet de rapprocher ces deux affections, c'est que chez les géants, comme chez les acromégaliques, les facultés mentales sont d'ordinaire peu développées: ils sont apathiques ou emportés, et, s'ils ont de la force musculaire au début, elle disparaît souvent de bonne heure. Ils présentent très fréquemment des troubles urinaires, quelquefois de la glycosurie.

Leurs fonctions génitales sont presque nulles; car la plupart du temps, les testicules, la prostate, les ovaires, l'utérus, les mamelles, sont atrophiés ou rudimentaires. Ils sont généralement impuissants, sans appétit génésique.

De plus, il n'est pas rare de constater des signes d'infantilisme, absence de poils au pubis et aux aisselles, pas de barbe, ni de moustaches.

A l'autopsie de ces géants, on a toujours trouvé une augmentation considérable de la selle turcique et des lésions de l'hypophyse.

Même dans certains cas d'infantilisme sans gigantisme, Raymond et Nazari ont trouvé des lésions de l'hypophyse. Ce qui viendrait corroborer l'idée d'une origine commune pour l'infantilisme et le gigantisme.

Faits négatifs. — Cependant, malgré l'opinion de la grande majorité des auteurs qui considèrent l'acromégalie, le gigantisme, et même l'infantilisme, comme des lésions dystrophiques dues à des altérations de l'hypophyse, on doit noter que, dans bien des cas, on a trouvé des tumeurs de l'hypophyse sans acromégalie ni gigantisme, et cependant ces tumeurs, de natures diverses, étaient bien placées pour donner naissance à ces affections; car il s'agissait soit de tumeurs telles que des adénomes, des angiomes, des enchondromes, des épithéliomes, des lipomes, des sarcomes, etc.; soit de lésions profondes ayant détruit l'hypophyse (anévrysmes, échinocoques, hémorragies, suppuration, syphilis, tuberculose, etc.).

Dans un autre sens, mais cependant beaucoup moins fréquemment, il faut le reconnaître, on a cité des cas d'acromégalie dans lesquels l'autopsie n'avait révélé ni tumeur, ni lésion de l'hypophyse. Mais ces cas sont rares; car, d'après Launois et Roy, on n'aurait pas rencontré de gigantisme sans tumeur hypophysaire, et l'altération de l'hypophyse, presque constante dans l'acromégalie, ne fait jamais défaut dans le gigantisme.

Sans entrer dans une discussion profonde de la question, il est permis de se demander, si la physiologie peut s'éclairer de ces divers cas qui viennent d'être résumés ainsi :

Lésions de l'hypophyse avec acromégalie ou gigantisme; lésions de l'hypophyse sans acromégalie ni gigantisme; acromégalie ou gigantisme sans lésions de l'hypophyse.

Pour expliquer la dystrophie de l'acromégalie, on a émis plusieurs hypothèses basées sur les observations pathologiques.

La première considère l'acromégalie comme la conséquence de l'altération et même de la suppression de la fonction hypophysaire.

Cette première hypothèse, qui est celle de P. Marie et de Marinesco et qui a rallié la majorité des auteurs, a pour base des observations très nombreuses, dans lesquelles on a trouvé à l'autopsie des lésions de l'hypophyse ou des tumeurs diverses comprimant ou ayant détruit l'organe.

On pourrait, en somme, comparer l'acromégalie à une autre affection dystrophique, le myxœdème, qui se développe lorsqu'une autre glande à sécrétion interne, le corps thyroïde, éprouve une perturbation, la mettant en hypofonctionnement.

Il est assez difficile, il est vrai, de faire accorder cette interprétation avec les faits négatifs. Mais en présence d'un cas sans tumeur, il est toujours permis de se demander si la dystrophie n'est pas le résultat d'un trouble sécrétoire seulement, et si ce n'est pas la qualité de la sécrétion qui est modifiée.

Sternberg, dans les cas d'acromégalie maligne à marche rapide, a toujours trouvé l'hypophyse siège d'une lésion. Lancereaux, pour qui l'absence de la fonction hypophysaire est bien l'origine de l'acromégalie, donne une explication basée sur les observations de Gley, Hofmeister, Moussu, Reynier et Paulesco, etc., relativement à l'arrêt de développement des os, par l'absence de prolifération des cellules cartilagineuses de conjugaison, chez l'homme ou les animaux qui présentent, dans leur jeune âge, de l'absence congénitale de la thyroïde, ou qui sont athyroïdés. Pour lui, le développement exagéré que l'on constate dans l'acromégalie tient à une hyperactivité de la glande thyroïde qui ne serait plus modérée par l'hypophyse, dont ce serait le rôle.

Ce qui semblerait appuyer l'hypothèse de Lancereaux, c'est que quelquefois on a trouvé la destruction de l'hypophyse accompagnée de l'hypertrophie de la thyroïde avec de l'acromégalie.

Dans la deuxième hypothèse, l'acromégalie serait due : 1° à une hyperfonction de l'hypophyse, qui donnerait lieu au développement exagéré que l'on constate, et, 2° à un arrêt dans le processus ou à la dégénérescence ou à la destruction complète de l'organe, qui produit alors l'arrêt de développement osseux et la cachexie à laquelle succombent les acromégaliques (Tamburini).

Cette hypothèse est appuyée sur quelques faits dans lesquels on a constaté un développement de l'hypophyse, dû à l'hyperplasie des cellules chromophiles (Benda, Vassale), et cela même sur un acromégalique mort prématurément, chez lequel l'hypophyse paraissait normale à première vue, et qui présentait de l'hyperplasie (Lewis).

D'un autre côté, certains auteurs n'ont vu dans l'altération hypophysaire, qu'un phénomène secondaire (Strumpell, Schulze, Vassale), L'acromégalie ne serait autre chose qu'une altération de la nutrition générale, dans laquelle on trouverait, parmi les lésions et les troubles fonctionnels signalés, les altérations diverses de l'hypophyse.

Pour d'autres, l'acromégalie serait due à la persistance des glandes fœtales, telles que le thymus et l'hypophyse (Massalongo) qui persisteraient à fonctionner chez l'adulte, et qui, ne subissant pas la régression normale, donneraient lieu aux lésions acromégaliques. Il existerait, en outre, un rapport hypothétique de ces glandes avec le grand sympathique, qui expliquerait les troubles nutritifs.

Parmi les hypothèses émises, il en existe d'autres qui ne s'accordent pas précisément avec les faits observés. Ainsi Klebs voit dans l'acromégalie une origine thymique. Pour lui, c'est le thymus qui déverserait dans la circulation des produits spéciaux qui viendraient se fixer au niveau des extrémités, et donneraient naissance à leur développement exagéré.

Pineles et Mendel voient dans l'acromégalie une altération générale des glandes dites vasculaires sanguines.

Pour Verstraeten, Freund, Monteverdi et Torrechi, c'est le résultat d'une altération des organes génitaux.

Rechlinghausen, Holschewnikoff, Arnold, Dallemagne, Tikomiroff, D'Abundo, en font une lésion due à diverses altérations du système nerveux.

De toutes ces hypothèses, il n'y en a que deux qui, en présence des faits cliniques, méritent d'être discutées : celle qui considère l'acromégalie comme le résultat de l'hyperactivité hypophysaire, et celle qui en fait au contraire la conséquence de la diminution et même de l'abolition de la fonction hypophysaire; les autres ne sont que des vues de l'esprit, et ne supportent pas un examen sérieux, même celle qui admet que l'hypophyse n'est atteinte que secondairement dans l'acromégalie. Les objections sont trop évidentes, attendu que non seulement les symptômes de la tumeur ont quelquefois précédé de longtemps l'apparition des troubles acromégaliques (Modena), mais encore, parce qu'il serait anti-rationnel d'admettre qu'une entité morbide toujours identique comme l'acromégalie, puisse produire tantôt un adénome, tantôt un sarcome, tantôt un angiome, un enchondrome et ainsi de suite, au niveau de l'hypophyse, sans parler des hypertrophies et des hyperplasies observées.

L'hyperactivité de la glande pituitaire suivie de sa dégénérescence, comme l'a avancé Tamburini, peut-elle être la cause de l'acromégalie? Il faudrait admettre que, sous l'influence de cette hyperactivité, d'abord, il se déversât dans la circulation une abondante sécrétion hypophysaire, qui donnerait naissance à la dystrophie acromégalique, en attendant que, sous l'influence du processus morbide, la dégénérescence ne se produise, l'accroissement des os ne s'arrête et la période cachectique ne se déclare.

Pour que cette hypothèse coïncidât avec les faits, il faudrait que les autopsies eussent démontré ce premier stade d'hyperactivité. Certains auteurs, il est vrai, ont signalé, dans quelques cas, des hypophyses qui semblaient répondre à ce premier stade : or, un examen sérieux a démontré que cette hypertrophie signalée n'était pas due à une augmentation de la fonction, mais à la présence d'une tumeur maligne ou à un adénome. Comment comprendre d'un autre côté, que les troubles occasionnés par la présence d'une tumeur commencent par produire l'hyperfonctionnement précédant l'hypofonctionnement.

Et avec cette hypothèse, comment expliquer les cas d'acromégalie sans altération de l'hypophyse et ceux dans lesquels l'hypophyse était hypertrophiée ou le siège d'une tumeur sans acromégalie?

Du reste, parce que la glande est hypertrophiée, est-ce un signe d'hyperactivité? On pourra dire que les cellules sont augmentées en nombre. Est-ce une raison pour qu'il y ait hyperactivité sans altération? Lorsqu'il s'agit d'une sécrétion comme celle de l'hypophyse, comment savoir si elle n'est pas modifiée dans sa composition, justement à cause de cette augmentation du nombre et du volume des cellules ? On sait que dans les intoxications expérimentales on détermine des phénomènes qui paraissent être de l'hyperfonction suivie d'hyperplasie. Cette hyperfonction hypophysaire ne paraît cependant pas déterminer aucun symptôme d'acromégalie.

Il est vrai que cette augmentation fonctionnelle peut être considérée comme une défense de l'organisme, si réellement l'hypophyse est avant tout un organe antitoxique (Gemelli, Guerrini, etc.).

D'un autre côté, bien que les expériences ne soient pas encore assez nombreuses, et n'aient pas été faites d'une manière suivie dans ce but, jusqu'à présent les injections répétées d'extrait hypophysaire n'ont donné lieu à aucun symptôme ressemblant à de l'acromégalie expérimentale, et cependant, si l'exagération du produit hypophysaire devait donner naissance à une dystrophie quelconque, les injections répétées d'extrait devraient produire quelque chose de semblable. Or, pour le moment, c'est plutôt le contraire qui a été observé, retard constant soit dans l'augmentation de poids, soit dans le développement squelettique (Cerletti).

Enfin, Cagnetto, se basant sur un certain nombre d'examens et ayant trouvé de l'acromégalie véritable sans hyperplasie du lobe glandulaire de l'hypophyse, avec des cas d'acromégalie associée à un néoplasme hypophysaire privé d'éléments fonctionnant (cellules chromophiles) et enfin des cas de tumeurs de l'hypophyse riches en éléments actifs, et malgré cela sans acromégalie, en déduit que cette affection ne peut pas être le résultat d'une hyperfonction de l'hypophyse.

L'hypothèse qui considère l'acromégalie comme la conséquence d'une insuffisance plus ou moins marquée de l'hypophyse, est encore celle qui semble réunir le plus grand nombre de faits à son actif.

Les observations, en effet, sont très nombreuses dans lesquelles, à l'autopsie d'acromégaliques, on a trouvé l'hypophyse dégénérée ou altérée par tumeur. Simple coïncidence, dira-t-on ? Il serait vraiment curieux que cette dystrophie si bizarre se développât presque toujours en même temps qu'une tumeur de cet organe encore mystérieux, dont on ne connaît pas bien les fonctions. Aussi peut-on dire que la lésion hypophysaire est bien primitive et non secondaire.

Cette étiologie serait complètement démontrée, si expérimentalement on avait pu reproduire des symptômes se rapprochant de ceux signalés chez les acromégaliques.

Malheureusement, les ablations d'hypophyse n'ont rien donné de semblable, comme cela a été signalé dans le chapitre précédent. Les animaux hypophysectomisés ne présentent pas une survie suffisante pour que l'on puisse étudier les troubles trophiques qui pourraient survenir, et, lorsque l'hypophysectomie n'est pas complète, ce qui reste de l'organe, en permettant la survie, paraît suffire pour remplacer l'organe dans ses fonctions. Cependant, il serait logique de trouver dans les hypophysectomies presque totales, qui sont compatibles avec une survie plus ou moins longue, des phénomènes d'insuffisance hypophysaire, au moins au début. Il y a là un point encore obscur.

On a bien rapporté des cas d'hypophysectomie complète avec survie. Mais il est toujours permis de se demander s'il ne restait pas des parcelles d'organe, et, dans ces cas, l'insuffisance hypophysaire aurait dû se manifester ; car la fonction de l'organe, par le fait de son ablation plus ou moins complète, devait être fort diminuée. La même réflexion peut s'appliquer aux observations que de Cyon a faites sur les chiens de Berne, qu'il a trouvés porteurs d'hypophyses atrophiées. Ces chiens devraient être ou acromégaliques, ou géants.

D'un autre côté, comment interpréter les cas que l'on a publiés, de lésion de l'hypophyse sans acromégalie et ceux d'acromégalie sans lésion hypophysaire.

En présence de ces faits, on ne peut s'empêcher de songer qu'à côté des altérations hypophysaires, que nous connaissons, comme étant la cause de dystrophies, il doit y en avoir d'autres qui nous échappent. A côté des lésions dégénératives, il y a les lésions irritatives sans altérations apparentes, et qui peuvent produire des effets bien différents.

De plus, les faits signalés antérieurement, concernant les rapports qui existent entre les diverses glandes à sécrétion interne et l'hypophyse, permettent d'invoquer la synergie glandulaire, comme jouant un rôle important dans toute cette pathogénie, et alors, dans certaines conditions, la lésion hypophysaire pourrait être compensée par une ou plusieurs autres hyperfonctions glandulaires, ou bien un trouble quelconque dans la physiologie glandulaire spéciale ou générale pourrait modifier la fonction hypophysaire. On aurait alors la clef de ces faits qui semblent négatifs.

Dans l'acromégalie, souvent on trouve la glande thyroïde augmentée de volume, preuve d'un certain effort compensateur. Il serait intéressant de savoir si, dans les cas d'acromégalie sans lésion apparente de l'hypophyse, la thyroïde présente cette hypertrophie compensatrice, car ce serait une nouvelle preuve de cet effort compensateur contre l'insuffisance hypophysaire. Dans la thyroïdectomie ou dans l'atrophie thyroïdienne, qui donne naissance au myxœdème, il y a presque toujours hypertrophie de l'hypophyse avec des signes d'hyperfonctionnement. Tous ces phénomènes sont des signes très apparents de cette synergie glandulaire, sur laquelle Ch. Livon a attiré l'attention depuis quelques années, en divisant les glandes en deux grands groupes, les hypertensives et les hypotensives, qui doivent se prêter un mutuel appui dans leur rôle important de défense de l'organisme. (V. *Glandes*, VII.)

Rien n'empêche donc d'admettre que, malgré un aspect normal, les cellules de l'hypophyse ne possèdent un protoplasma modifié par telle ou telle condition biologique, et dont le fonctionnement sera plus ou moins altéré, au point de vue dynamique.

On pourrait encore émettre l'opinion que l'acromégalie étant la conséquence d'une lésion spéciale de l'hypophyse, tant que cette lésion ne sera pas produite, la dystrophie ne se manifestera pas.

La réfutation d'une pareille hypothèse est facile en présence des lésions si diverses de l'hypophyse, que l'on a trouvées à l'autopsie d'acromégaliques.

Il faut reconnaître que les expériences de Masay, avec un sérum hypophysotoxique, viennent apporter un appoint sérieux à la théorie de l'insuffisance hypophysaire, comme cause de l'acromégalie. A la suite de l'administration répétée de ce sérum, les animaux éprouvent des phénomènes particuliers de cachexie qui les conduit à la mort. Si les animaux sont jeunes, on observe des troubles de nutrition osseuse et générale. Les épiphyses augmentent de volume, et les os présentent des déformations diverses. Mais le point capital, c'est qu'en produisant une altération de l'hypophyse on fait naître chez l'animal un état dystrophique et cachectique qui le mène à la mort, tout comme, en clinique, les altérations de l'hypophyse font naître un état dystrophique et cachectique qui conduit à la mort.

Quoi qu'il en soit, de tout ce qui précède, il paraît évident que l'acromégalie reconnaît comme origine une altération de la fonction hypophysaire. De quelle nature est cette altération? C'est ce à quoi il est impossible de répondre pour le moment d'une façon précise. Les faits cliniques bien observés, ainsi que l'expérimentation, finiront par soulever le voile.

Ce qui a été dit pour l'acromégalie, peut s'appliquer tout aussi bien au gigantisme, qui semble lui-même n'être qu'une dystrophie due à une altération hypophysaire, puisque, dans cette affection, les autopsies révèlent toujours une lésion de la glande pituitaire.

L'hypophyse et les maladies.

Si, dans l'acromégalie et le gigantisme, les lésions de l'hypophyse doivent être considérées comme primitives, il n'en est pas de même de celles que l'on observe à la suite de beaucoup de maladies de nature infectieuse. Ces lésions sont réellement secondaires, et viennent prouver le rôle important que l'hypophyse est appelée à jouer, probablement comme organe de défense.

A propos de l'acromégalie, il a été question des différentes tumeurs de l'hypophyse, et des troubles dystrophiques auxquels elles donnent naissance. Il est intéressant de constater que, dans un grand nombre d'affections généralement infectieuses, l'hypophyse est plus ou moins profondément altérée, suivant que la maladie a suivi une marche plus ou moins rapide.

Thaon et Garnier, qui ont fait une étude spéciale de l'hypophyse dans les maladies, sont arrivés à des résultats fort intéressants. Ils ont trouvé que l'hypophyse réagissait ou s'altérait très vraisemblablement, sous l'influence des toxines déversées dans l'organisme par les agents pathogènes.

Dans la tuberculose, en éliminant les cas dans lesquels il y a une localisation hypophysaire, cas relativement rares, on trouve l'hypophyse non seulement hypertrophiée, dans la plupart des cas, mais encore profondément altérée et dans les éléments cellulaires, et dans sa charpente conjonctive, lorsque l'évolution de la maladie a été lente.

Lorsque l'évolution a été rapide, les cellules présentent des signes d'activité glandulaire, comme du reste dans beaucoup d'autres affections; lorsque, au contraire, la marche a été plus lente, le fonctionnement de l'organe paraît diminué, les éléments cellulaires sont plus pâles : on ne trouve de produit de sécrétion ni entre les travées cellulaires, ni dans les vaisseaux.

La charpente conjonctive participe aussi à l'altération, surtout dans les cas à évolution très lente. Elle s'épaissit considérablement et présente fréquemment tous les caractères d'une véritable sclérose de l'organe.

Dans la variole, les lésions portent sur les cellules, qui présentent une vacuolisation intense du protaplasma et des lésions nucléaires (*Kariolyse*).

Dans l'érysipèle avec septicémie, à part un peu de congestion, l'hypophyse ne paraît pas altérée.

Des signes d'hypersécrétion se remarquent dans la pneumonie et la broncho-pneumonie.

Dans le tétanos, comme dans la fièvre typhoïde, les lésions diffèrent suivant l'évolution de la maladie . Lorsque l'évolution est rapide, on trouve les signes d'une hyperactivité glandulaire, dans les cas à évolution plus lente, l'organe est pour ainsi dire épuisé; à côté de l'hypersécrétion, se voit de l'histolyse des travées glandulaires.

R. Pirone, dans la rage, a trouvé que l'hypophyse était le siège d'un véritable processus inflammatoire (infiltration périvasculaire et diffuse d'éléments lymphoïdes).

Dans deux cas de diabète, Thaon a trouvé un certain degré d'hyperplasie.

Dans la maladie d'Addison, l'hypophyse est en général hypertrophiée et présente un certain degré de prolifération cellulaire.

Dans un cas d'athéromasie généralisée, Thaon a noté une hypophyse hypertrophiée et présentant de la sclérose en îlots avec de très légères lésions cellulaires.

L'hypophyse ne présente pas de lésions dégénératives dans le cancer : il n'y a pas de sclérose de la charpente; l'activité glandulaire seule semble renforcée.

Dans deux cas de péritonite puerpérale, à côté des lésions hyperplasiques de la gestation, on a pu constater les lésions cellulaires de l'infection, portant sur le protoplasma et les noyaux, avec augmentation de la sécrétion.

Il y a simplement de la tendance à l'hypersécrétion dans l'urémie.

Dans les intoxications d'origine intestinale, les poisons qui pénètrent dans l'organisme paraissent agir énergiquement sur l'hypophyse qui est hypertrophiée, en hyperfonctionnement et dont les cellules présentent des lésions protoplasmiques et nucléaires.

Torri, de même, ayant examiné l'hypophyse sur les cadavres de personnes mortes de pneumonie, de fièvre typhoïde, de tuberculose, de diphtérie, de septicémie, de tétanos, a noté, presque dans tous les cas, une hyperplasie des cellules chromophiles et une diminution de la substance colloïde.

Donc, dans ces maladies qui donnent toutes lieu à des intoxications, l'hypophyse réagit assez énergiquement et présente des phénomènes d'hypersécrétion; mais, si la réaction dure trop longtemps, l'organe s'épuise, et ce sont les lésions de la sclérose qui se développent.

Ces phénomènes d'hyperactivité peuvent être considérés comme l'exagération des phénomènes normaux habituels qui se passent dans l'hypophyse, et peuvent jeter un peu de clarté sur la physiologie de l'organe, et sur la nature de la colloïde qui distend les vésicules, colloïde qui doit bien être considérée comme le produit de la sécrétion de la glande pituitaire.

Comme confirmation des faits observés en pathologie humaine, l'expérimentation est venue apporter son tribut.

Guerrini, Gemelli, Thaon et Garnier, etc., ont étudié sur l'hypophyse l'effet des intoxications et des infections expérimentales. Ils ont constaté des lésions analogues à celles qui ont été signalées plus haut, et ont été observées en pathologie humaine.

Après injections de poisons divers, endogènes et exogènes, toxine diphtérique, pyocyanine, sérum d'anguille, après ligature de l'intestin ou des uretères, etc., on a noté d'abord de l'hyperactivité, suivie ensuite de l'épuisement de la sécrétion. En somme, on observe, au début des intoxications expérimentales, une augmentation de la sécrétion hypophysaire, qui va en progressant, jusqu'à ce qu'apparaissent les phénomènes prémortels, qui indiquent le commencement de l'épuisement cellulaire : pour Guerrini, c'est au moment de l'apparition des phénomènes prémortels que la sécrétion est la plus active.

Si l'intoxication, au lieu d'être aiguë, est chronique, le processus diffère. Il y a d'abord hyperfonctionnement, puis hypertrophie et enfin hyperplasie du parenchyme glandulaire.

Ce que l'on connaît de la corrélation existant entre l'hypophyse et la thyroïde dispense de revenir sur les lésions hypophysaires qui accompagnent le myxœdème ou la thyroïdectomie expérimentale. Dans les deux cas, la dystrophie semble développer dans l'hypophyse une hypertrophie compensatrice par hyperactivité, et même, pour Cimorini, cette hypertrophie serait due à l'augmentation de l'activité fonctionnelle d'un groupe particulier de cellules hypophysaires, qui ne deviendraient évidentes qu'après l'ablation de la thyroïde.

L'expérimentation s'accorde donc avec la pathologie, pour démontrer la réaction de l'hypophyse dans les cas d'intoxication et d'infection. Aussi Guerrini et Gemelli s'appuient-ils sur ces faits, pour attribuer à l'hypophyse, comme principale fonction, une véritable fonction antitoxique, que la pathologie semble confirmer.

Insuffisance hypophysaire.

L'insuffisance hypophysaire existe-t-elle, et est-on en état de la diagnostiquer ?

Pour J. Azam, elle est caractérisée par de l'abaissement de la tension artérielle et de l'accélération du pouls, qui sont les symptômes principaux, auxquels viennent s'ajouter l'insomnie, l'anorexie, les sudations abondantes et des sensations pénibles de chaleur.

Les faits démontrent que, dans beaucoup de maladies toxi-infectieuses, l'hypophyse réagit énergiquement, peut-être plus que bien d'autres organes, ce qui prouve qu'elle remplit dans l'organisme un rôle important, soit seule, soit plus probablement avec d'autres glandes semblables, grâce à cette synergie qui existe entre elles. Par conséquent, si sa fonction ne se manifeste plus d'une façon normale, il peut y avoir insuffisance. D'un autre côté, si l'hypophyse est altérée, si l'intoxication l'a frappée, sa fonction sera éminemment troublée, et il y aura encore insuffisance hypophysaire. Par conséquent, cette question de l'insuffisance hypophysaire doit se présenter à l'esprit du clinicien, en face des données récentes de l'expérimentation et de l'observation clinique, et il est permis de considérer, dans bien des cas, la tachycardie, l'hypotension, l'asthénie, l'insomnie, les troubles psychiques et même les troubles myocardiques, comme la conséquence d'une insuffisance, soit de l'hypophyse, soit des surrénales, glandes hypertensives.

Depuis que les connaissances sur les glandes à sécrétion interne se sont accrues, on a de la tendance à mettre sur le compte de l'insuffisance hypophysaire beaucoup de troubles nutritifs qui font partie de ce que l'on appelle, avec juste raison, le syndrome hypophysaire.

Aussi doit-on se demander si la glycosurie, l'obésité, l'atrophie générale, peuvent être considérées comme le résultat d'une insuffisance ou d'une altération de la fonction hypophysaire.

Parmi les principaux travaux relatifs à cette question, ceux de Fröhlich et de Bartels ont appelé tout spécialement l'attention sur ce fait, que ces symptômes se rencontraient fréquemment avec des tumeurs de la région hypophysaire, sans que l'hypophyse soit le moins du monde lésée. Ce ne serait donc qu'un rapport de situation et non le fait d'une lésion? Peut-on dire que ces tumeurs agissent sur des centres trophiques spéciaux, directement ou indirectement. Dans l'état actuel de nos connaissances sur la physiologie des différentes parties de la base de l'encéphale, la réponse n'est pas facile.

Ces troubles de nutrition, cependant, ont une grande importance, car ils permettent de faire une localisation plus précise de la tumeur, qui doit siéger entre le chiasma en avant, l'angle pédonculaire en arrière, le diaphragme hypophysaire en bas, le tuber cinéréum en haut.

Glycosurie hypophysaire. — C'est Loeb, le premier, qui semble avoir attiré l'attention sur la coïncidence de la glycosurie avec les tumeurs de l'hypophyse. Pour lui, cette glycosurie est le résultat de la compression que la tumeur exerce sur le quatrième ventricule et les régions voisines.

Les observations de glycosurie avec tumeurs de l'hypophyse, ne sont pas rares, et les cas de gigantisme et d'acromégalie avec diabète sont assez fréquents; or le gigantisme et l'acromégalie peuvent bien être considérés comme des syndromes pituitaires. La glycosurie a été signalée chez plusieurs géants (Caselli, Buday et Janeso, Dallemagne, Launois et Roy, etc.). Dans l'acromégalie elle existerait dans le tiers et même la moitié des cas, pour P. Marie, tandis que Hansemann ne l'aurait trouvée que douze fois sur quatre-vingt-dix-sept cas, et Hinsdale, quatorze fois sur cent trente cas. Cependant, les auteurs sont nombreux qui ont observé la glycosurie en même temps que l'acromégalie ou des tumeurs de l'hypophyse (Chadbourne, Chvostek, Finzi, Kalindero, Lancereaux, Schæffer, Cunningham Thomsom, Pechadre, Lathuraz, Bury (Ross), Coke Squance, Dallemagne, Rolleston, Norman Dalton, Hansemann, Harlow Brooks et Hinsdale, Strümpell, Ravaut, Arnoldo Caselli, P. Marie, Marinesco, State et Ferrand, Launois et Roy, etc.).

Dans l'acromégalie avec diabète, la lésion hypophysaire ne fait jamais défaut : cependant il peut ne pas y avoir acromégalie, mais lésion de l'hypophyse et diabète. Cette glycosurie présente des caractères particuliers. Elle est en général incomparablement plus abondante que dans aucune autre maladie nerveuse, puisqu'elle peut atteindre 700 grammes par jour (Debove), et, de plus, elle est très souvent intermittente, probablement à cause des changements de volume du corps pituitaire, qui est très vasculaire.

Mais comment peut-on interpréter cette glycosurie? Est-ce la conséquence d'une altération de la fonction hypophysaire, ou bien n'est-ce que le fait de la compression des parties voisines? L'explication est pour le moment assez difficile à donner, et les diverses hypothèses émises manquent de précision.

Arnold Lorand, rapprochant le diabète, l'acromégalie et la maladie de Basedow, affections dans lesquelles on trouve des lésions du pancréas, de l'hypophyse et de la glande thyroïde, a donné comme explication de la glycosurie que l'on rencontre fréquemment dans ces affections, que ce diabète n'était qu'un symptôme, et un symptôme de la maladie des glandes sanguines. On pourrait rapprocher de cette explication les faits de Dallemagne, Hansemann et Pineles, qui ont constaté chez leurs malades des lésions du pancréas.

Debove considère ce diabète comme dû à un trouble dans le fonctionnement de l'hypophyse, et il s'appuie, d'une part, sur ce que, parmi les lésions de l'encéphale qui donnent le plus souvent lieu au diabète, il faut citer celles de l'hypophyse avec ou sans acromégalie, et d'autre part sur les expériences de Borchardt, qui, injectant de l'extrait hypophysaire, a obtenu, non seulement l'hypertension ordinaire, mais encore une forte glycosurie.

Pour lui cette forme de diabète peut exister sans lésion apparente de l'organe; car il faut établir une différence entre les lésions dégénératives et les lésions irritatives qui produisent des effets tout autres : on pourrait donc se trouver en présence d'un réflexe particulier ou d'une altération sanguine.

Lépine paraît aussi se ranger à l'opinion que le diabète, dans ce cas, résulterait d'un vice de la sécrétion interne de l'hypophyse.

Mais une objection capitale peut être faite à toutes ces explications, c'est que toutes les tumeurs de la région hypophysaire, même quand l'hypophyse n'est pas atteinte, donnent naissance à de la glycosurie.

On en arrive alors à voir dans cette glycosurie le résultat d'une influence de voisinage, comme le prétend Loeb, et d'une compression exercée sur les parties voisines de l'encéphale. On peut admettre que, dans la région de la base du cerveau qui est en rapport avec le corps pituitaire, il y a un centre glycogénique, qui serait influencé par la compression exercée par la tumeur, car il faut retenir, comme le dit Lépine, que l'irritation de diverses parties du cerveau peut occasionner l'apparition du diabète. Et en effet, en dehors du centre de Cl. Bernard, Schiff, Eckhard, ont produit du diabète expérimental, en agissant sur des parties diverses de l'encéphale.

Aussi Caselli, se basant sur une de ses expériences de destruction du lobe postérieur de l'hypophyse sur un chien, chez qui il observa de la glycosurie, admet qu'il existe, dans le *tuber cinereum*, un centre nerveux dont la lésion donne lieu à une glycosurie marquée, s'accompagnant de symptômes propres au diabète sucré.

La fréquence de la glycosurie dans le cas de tumeurs de l'hypophyse, rend très vraisemblable l'hypothèse d'un centre glycogénique voisin, sur lequel la tumeur agirait par compression directe.

Ce que l'on peut dire, c'est que, jusqu'à présent, l'expérimentation n'a pas donné de résultats propres à éclairer complètement ce point; car, en parcourant les divers travaux publiés, on voit que dans les très nombreuses expériences faites sur l'hypophyse, la présence de la glycosurie est signalée quelquefois et non constamment, ce qui porterait à croire que réellement l'hypophyse n'est pas l'origine directe de la glycosurie observée, et qu'il faut en chercher la genèse dans un point de la région voisine.

Obésité hypophysaire. — La coexistence de l'obésité et des tumeurs de l'hypophyse a été signalée depuis longtemps. Mohr dès 1841, puis Fröhlich, Berger, Erdheim, Boyce et Beadles, von Hippel, Gloser, Pechkranz, Selke, Bartels, etc., ont constaté, dans bien des cas de tumeurs de l'hypophyse, l'existence d'une adiposité prenant quelquefois des proportions considérables.

Ces observations, assez nombreuses pour permettre d'établir un rapport entre les tumeurs de l'hypophyse et l'obésité, ont conduit à faire de cette dernière, un des symptômes de l'insuffisance hypophysaire.

D'un autre côté, Dercum et Burr ont observé, plusieurs fois, différentes lésions de l'hypophyse dans les adiposes douloureuses locales (maladie de Dercum).

Il est par conséquent naturel de considérer ce développement exagéré du tissu adipeux comme un trouble dû à une perturbation de la fonction hypophysaire.

Il faut encore remarquer que ce développement adipeux a été observé avec l'acromégalie, et même avec le myxœdème, qui n'est pas rare dans les tumeurs de l'hypophyse ou qui presque toujours s'accompagne de son hypertrophie (Schönemann, Kocher, Comte, Pisenti et Viola, Boyce et Beadles, Burckhardt, Vassale).

Certains faits cliniques et expérimentaux semblent confirmer cette manière de voir. Ainsi l'observation de Madelung concernant une jeune fille de 6 ans, qui, à la suite d'un coup de feu ayant lésé l'hypophyse, vit se développer une obésité colossale. Mais il faut noter que la balle s'était logée dans la région de l'infundibulum. Puis, le cas observé par Rénon, Delille et Monnier-Vinard, d'un malade de 36 ans atteint d'obésité progressive, d'impuissance, de polyurie avec polydypsie et d'affaiblissement accentué de la mémoire. L'obésité était surtout localisée à la face et à la moitié inférieure du tronc, et avait coïncidé avec l'apparition de la polydypsie et de la polyurie.

L'examen du système osseux fit constater une disproportion très nette entre la longueur du tronc et celle des membres, ainsi qu'une augmentation de volume de la selle turcique; une paroi cranienne d'épaisseur considérable et inégale; des sinus frontaux agrandis, tous symptômes faisant songer à une lésion de l'hypophyse. Enfin le fait expérimental de Ch. Livon, qui, sur un chien, incomplètement hypophysectomisé et ayant survécu huit mois, constata, à l'autopsie, une adiposité généralisée extraordinaire.

D'une façon générale, cette adiposité se développe d'une façon variable ; parfois assez rapidement, parfois au bout d'un assez long temps, deux ans dans le cas de Fröhlich. Elle peut atteindre un très grand développement, et, tantôt se localiser à certaines parties du corps, tantôt se généraliser, ce qui est le plus habituel. Elle envahit alors non seulement le tissu cellulaire du tronc et des membres, mais encore l'épiploon, le mésentère et même les organes tels que le foie et le cœur (Boyce et Beadles, von Hippel, Mohr, Gloser, Pechkranz, Rénon, Delille et Monnier-Vinard, Ch. Livon).

Comment peut-on expliquer cette obésité?

Pour Erdheim, Selke, Bartels, ce serait le résultat d'une lésion de la base du cerveau.

Pour Fröhlich, Uhthoff, il faudrait en chercher la cause déterminante dans une altération de la sécrétion interne de l'hypophyse.

Il est assez difficile, actuellement, de se prononcer entre les deux origines, car, si les tumeurs produisent des lésions de l'hypophyse, elles déterminent en même temps des troubles du côté de l'encéphale. Cependant on a décrit sous le nom de dégénérescence adiposo-génitale un syndrome caractérisé par l'insuffisance génitale, des troubles visuels et une obésité à développement rapide, produisant l'impression d'une infiltration myxœdémateuse.

Ce qui semblerait confirmer l'opinion que l'origine de ce syndrome est bien due à la présence d'une tumeur hypophysaire, c'est que Schlœffer pratiqua l'hypophysectomie sur un homme présentant ce syndrome et trouva une tumeur de l'hypophyse qu'il ne put enlever complètement. Dans deux cas semblables, von Eiselsberg fit l'hypophysectomie et les troubles visuels s'atténuèrent, l'obésité diminua, les érections apparurent, et les poils poussèrent.

Ces résultats semblent réellement indiquer que le développement exagéré du tissu adipeux est le résultat d'une altération profonde de la fonction hypophysaire.

Troubles de développement des organes génitaux. — Les organes génitaux, dans les lésions de l'hypophyse, participent aux troubles trophiques. Dans l'acromégalie, au début, on observe parfois une augmentation de volume de ces organes, mais cette hypertrophie ne tarde pas à faire place à une atrophie complète. Généralement, le pénis atteint régressivement le volume du petit doigt; les testicules sont mous, atrophiés; les poils du pubis sont absents ou clairsemés (Babinski).

Si la lésion hypophysaire atteint un jeune individu, il y aura arrêt du développement des organes génitaux : si le sujet est plus âgé, on notera des phénomènes régressifs.

Chez la femme, le principal symptôme que l'on observe, c'est la suppression des règles, et cette aménorrhée est précoce. Launois et Roy, dans leur étude, ont attiré l'attention sur l'atrophie génitale des géants et leur stérilité. C'est ce que H. Meige a appelé le gigantisme infantile.

Mais, ainsi que pour la glycosurie et l'adipose, ces troubles de développement peuvent se produire sur des sujets porteurs de tumeurs de la région hypophysaire, sans que l'hypophyse soit lésée (Schmidt, Rimpler, Gœtzl, Erdheim, Babinski, Pechkranz, Bartels), aussi peut-on se demander s'ils font partie du cortège de l'insuffisance hypophysaire.

Troubles psychiques. — Un fait intéressant et sur lequel la physiologie n'a jeté jusqu'à présent aucun jour, c'est l'existence de troubles psychiques pouvant accompagner les tumeurs de l'hypophyse (Soca, Schuster, Fröhlich, Cestan et Halberstadt.

Ces troubles se manifesteraient dans la moitié des cas et présenteraient une grande variété dans la forme : tristesse, délire mystique, irritabilité du caractère, psychose maniaque dépressive, délire de persécution, aliénation mentale. F. Moutier a signalé un cas d'acromégalie amblyopique, avec crises épileptiformes, et, dans les intervalles, absences et troubles intellectuels. D'une façon générale, les malades sont rapidement fatigués. Launois et Roy, étudiant les troubles intellectuels chez les géants acromégaliques, ont constaté l'affaiblissement des trois modes principaux de l'activité psychique.

Mais il ne faut pas oublier que les troubles intellectuels sont fréquents dans toutes les tumeurs de l'encéphale : il n'y a donc rien d'étonnant qu'une tumeur, ayant son siège dans une région telle que celle dans laquelle se trouve l'hypophyse, ait quelque retentissement sur les fonctions cérébrales.

Ce serait beaucoup s'avancer que d'attribuer ces troubles intellectuels à une altération de la sécrétion hypophysaire; car, dans les cas de tumeurs de l'hypophyse avec ou sans acromégalie, on a constaté des troubles cérébraux dans près de la moitié des cas. Ces mêmes troubles n'ont pas été observés dans les cas où il n'y avait que de l'altération de la sécrétion (hyper- ou hypofonctionnement), sans tumeur pouvant gêner par sa présence la circulation, ou pouvant exercer une compression sur telle ou telle région de l'encéphale et produire ainsi des troubles intellectuels.

Ensuite, ces troubles psychiques n'ont jamais été signalés dans les cas d'insuffisance hypophysaire manifestée par de l'hypotension, de l'accélération du pouls, etc. (Azam). Ce qui semblerait indiquer qu'ils ne peuvent pas être mis sur le compte de l'hypophyse seule, et qu'ils sont bien le fait d'un retentissement quelconque sur certains centres cérébraux voisins de la région hypophysaire.

Azam, qui, sous la direction de Rénon, a fait des recherches dans ce sens, dans les cas d'insuffisance hypophysaire et même d'insuffisance pluriglandulaire, n'a jamais constaté de véritables cas d'aliénation ou de psychose vraie, et cependant ces insuffisances ont pu être améliorées et même guéries par l'opothérapie hypophysaire. Preuve évidente d'une insuffisance vraie.

Autres troubles dus à l'insuffisance hypophysaire. — La maladie de Basedow, pour Alberto Salomon, rentrerait dans le cadre des affections dues à l'insuffisance hypophysaire, car elle serait la conséquence d'une intoxication ayant pour cause une altération de la fonction de l'hypophyse, qui est essentielle pour la nutrition des éléments nerveux, et qui est intimement reliée, au point de vue fonctionnel, à la thyroïde. Ce rapport est tel que, lorsque l'une des deux glandes est malade, l'autre semble entrer en hyperfonctionnement pour la suppléer. Par conséquent, dans les maladies qui sont accompagnées d'hyperactivité de la thyroïde, il n'est rien d'étonnant qu'on trouve de l'insuffisance hypophysaire.

L'étiologie de la maladie de Basedow serait donc l'insuffisance hypophysaire ayant produit une intoxication des centres nerveux, surtout des centres bulbo-protubérantiels, et secondairement l'hypersécrétion thyroïdienne.

On se trouverait en présence d'une intoxication par altération d'une sécrétion interne, et ce fait permet d'entrevoir un vaste champ d'exploration.

Comme confirmation de l'interprétation de Salomon, Benda, dans trois cas de maladie de Basedow, a trouvé deux fois l'hypophyse très petite et dure : dans le troisième cas, elle paraissait normale, mais, dans les trois cas, l'examen histologique a permis de constater une diminution nette des cellules et la rareté des éléments glandulaires.

Cette insuffisance hypophysaire expliquerait les troubles trophiques qu'on observe si fréquemment dans la maladie de Basedow, et qui sont caractérisés par une cachexie précoce.

Dans le *myxœdème* consécutif au goitre exophtalmique, il faut encore songer à l'hypophyse, dont l'insuffisance a peut-être été le point de départ de la lésion.

C'est encore à l'insuffisance hypophysaire que l'on pourrait attribuer les cas d'*infantilisme* accompagné de lésions de la thyroïde, vu les rapports importants qui existent entre toutes les glandes à sécrétion interne.

Mais c'est dans les affections toxi-infectieuses que cette insuffisance se fait surtout sentir. On sait que, dans ces affections, l'hypophyse, au début, présente des signes de réaction vive et d'hyperfonctionnement; mais bientôt, sous l'influence des toxines contre lesquelles elle réagit, elle s'épuise, s'altère et devient scléreuse. Son insuffisance est dès lors complète. C'est du reste ce que démontrent les observations cliniques, qui permettent de constater que, dans la plupart de ces affections toxi-infectieuses, les principaux symptômes sont ceux qui semblent caractériser la défaillance de l'hypophyse : abaissement de la tension artérielle, accélération du pouls, anorexie, insomnie, sudations abondantes, sensations pénibles de chaleur. Ce qui confirme le fait, c'est que bien souvent, l'opothérapie hypophysaire a donné d'excellents résultats (Rénon, Delille, Azam, Parisot).

A côté des cas fournis par la pathologie, l'expérimentation a-t-elle apporté quelques données un peu plus précises sur cette insuffisance?

Il faut reconnaître que jusqu'à présent les résultats obtenus par les hypophysectomies, complètes ou partielles, sont loin d'être concluants.

Dans les hypophysectomies complètes, la survie n'est généralement pas assez grande, et, dans les partielles, on se demande toujours si le fragment qui reste n'est pas suffisant pour la fonction. De plus, dans les deux cas, la suppléance, par les autres glandes, de la fonction, abolie ou diminuée, est une question qui doit se poser.

Mais on ne peut s'empêcher de trouver étrange qu'à la suite d'une ablation presque totale de l'organe des symptômes d'insuffisance ne se manifestent pas. Paulesco, dans ses expériences d'hypophysectomie partielle, ne signale aucun symptôme particulier rappelant le syndrome d'insuffisance. Cependant, il ressort de la lecture de ses observations d'hypophysectomie incomplète, que les chiens ayant présenté une survie assez longue, sauf quelques exceptions, avaient augmenté de poids et étaient *gras*. Or on sait que l'obésité peut être considérée comme un symptôme d'insuffisance hypophysaire. De l'ensemble de tous ces faits, l'existence d'une insuffisance hypophysaire semble une chose évidente. Mais ce qu'il est assez difficile d'établir, ce sont les conditions sous l'influence desquelles elle peut prendre naissance.

On se trouve en présence d'un organe à fonctions mystérieuses; car ni l'expérimentation, ni la clinique n'ont pu, jusqu'à présent, dévoiler son rôle précis, et, en présence des résultats si variés, des faits si divers, on en arrive à se demander si ce n'est pas une altération spéciale des éléments de l'organe qui détermine certains troubles trophiques observés, ou si, dans d'autres cas, ce n'est pas une altération de la sécrétion elle-même qui produit ces troubles. Tout autant de questions dont la solution est encore impossible, tant que la fonction de l'hypophyse restera pour nous une fonction entourée d'obscurité.

Cependant il est permis de faire ici un rapprochement entre les sécrétions dites externes et les sécrétions dites internes. Si l'organisme a besoin, pour maintenir son équilibre normal, des sécrétions externes, il n'a pas moins besoin, pour maintenir cet équilibre, des sécrétions internes, ce qui explique la synergie glandulaire. On sait que les glandes du tube digestif se prêtent un mutuel appui. Pourquoi n'en serait-il pas de même pour les glandes à sécrétion interne, qu'elles appartiennent au groupe des hypertensives (à adrénaline), ou au groupe des hypotensives (à choline)? Il est évident alors que, si l'une d'elles vient à être altérée, il y aura nécessairement retentissement sur une ou plusieurs autres glandes, et on aura alors un ensemble de symptômes dus à des lésions polyglandulaires, qui doivent être par conséquent bien plus fréquentes que les lésions uniglandulaires. La conséquence, c'est que la symptomatologie est beaucoup plus compliquée, attendu que l'on ne se trouve plus en présence d'une insuffisance uniglandulaire, mais bien pluriglandulaire.

Opothérapie hypophysaire.

En présence des résultats obtenus avec d'autres organes, l'idée d'employer l'hypophyse pour combattre les symptômes d'insuffisance hypophysaire devait nécessairement venir à l'esprit de tout observateur.

Mais l'expérimentation n'a pas donné les mêmes résultats qu'avec d'autres organes. Car si, après l'ablation de la thyroïde, du pancréas, on peut arrêter les troubles qui suivent ces ablations par des injections d'extraits faits avec des organes similaires, il n'en est pas de même de l'hypophyse, et tous les auteurs, qui, après avoir pratiqué l'hypophysectomie, ont essayé de retarder les troubles consécutifs par l'administration d'hypophyse, ont échoué dans leurs tentatives.

Cependant l'administration de l'hypophyse, soit sous forme de poudre desséchée, soit sous forme d'extrait, donne des résultats évidents. Ainsi que dans les expériences sur les animaux, on constate, comme premiers résultats, que la tension artérielle se relève, et que le nombre des pulsations diminue, tandis que leur ampleur augmente. De plus il se produit une abondante diurèse, l'appétit revient, le sommeil est meilleur. Le poids ne subit pas une modification régulière; cependant l'embonpoint a de la tendance à augmenter. Quant à la formule sanguine, les résultats ont été jusqu'ici si variables que les auteurs n'en tirent aucune conclusion générale. Le système nerveux semble être stimulé.

Quelle est la partie qu'il convient d'administrer?

On sait qu'au point de vue physiologique il y a une grande différence entre l'action produite par l'extrait du lobe antérieur et l'action obtenue avec l'extrait du lobe postérieur. Ce dernier se montre seul actif sur l'appareil circulatoire. Aussi, se basant sur les faits expérimentaux, certains auteurs n'ont administré que des préparations faites seulement avec le lobe postérieur.

Il ne faut pas perdre de vue que, si expérimentalement le lobe nerveux produit des modifications de la circulation, c'est le lobe glandulaire qui paraît être la partie la plus active de la glande, et le lieu de préparation de la sécrétion, à moins qu'il n'y ait là qu'une *prohypophysine*, ne se transformant qu'en présence d'une substance particulière, qui se trouverait dans le lobe nerveux ou dans les éléments de la membrane paranerveuse. Les exemples de ces proferments sont assez nombreux dans l'organisme pour qu'on y songe en face de la non-activité de l'extrait de la portion glandulaire, et l'activité de l'extrait de la portion nerveuse.

D'un autre côté, CONTI et CURTI, dans leurs expériences comparatives avec les deux extraits, ont vu que les animaux supportaient bien mieux des doses fortes d'extrait nerveux, quand ils avaient reçu préalablement de l'extrait glandulaire.

On peut donc dire qu'il est plus physiologique d'employer des préparations faites avec l'hypophyse totale : c'est, du reste, ce que font maintenant tous ceux qui ont recours à cette médication.

Bien entendu l'opothérapie hypophysaire a été employée largement dans les cas où on supposait avoir affaire à une tumeur ou à une lésion de l'hypophyse, et les résultats ont été favorables dans bien des cas. C'est ainsi que, chez beaucoup d'acromégaliques, on a constaté de l'amélioration. Cette amélioration paraît surtout marquée lorsque la glycosurie accompagne l'acromégalie. Pour MARINESCO, l'extrait pituitaire exercerait une action élective spéciale sur les cellules restées intactes dans la glande, ou bien exercerait une action sur la pression intra-cranienne, ou sur les vaisseaux de la tumeur pituitaire.

En présence du syndrôme d'insuffisance hypophysaire, l'emploi de l'opothérapie pituitaire est tout indiqué: il a donné entre les mains de RÉNON, DELILLE, AZAM, SATRE, des résultats très encourageants, surtout dans les affections toxi-infectieuses, dans lesquelles ce syndrome prend quelquefois un développement très évident.

L'action de l'hypophyse se produisant sur la circulation et donnant lieu à des modifications des battements cardiaques, on a songé à l'administrer dans les cardiopathies aiguës et chroniques (J. PARISOT, TRÉROTOLI, RÉNON et DELILLE). Cette médication paraît très favorable dans les toxi-infections, quand le myocarde semble fléchir, lorsqu'il y a abaissement de la tension artérielle, accélération du pouls et diminution de la diurèse, symptômes que l'on peut mettre plutôt sur le compte de l'insuffisance hypophysaire que sur celui d'une myocardite aiguë.

Dans les myocardites chroniques, quand il y a hyposystolie, la médication hypophysaire peut rendre de véritables services; car, sous son influence, la pression s'élève et la diurèse augmente. Dans les affections mitrales, les résultats sont les mêmes.

Mais, dans les affections aortiques, c'est une médication tout à fait contraire, qui pourrait même être très dangereuse.

Cet emploi de l'opothérapie hypophysaire, basé sur les effets physiologiques, est tout à fait judicieux; mais il faut retenir que ce n'est qu'une médication symptomatique, qui devra être continuée et associée à d'autres médicaments. D'ailleurs on sait, d'après les recherches de G. ETIENNE et J. PARISOT, de RÉNON et DELILLE, de CANARO, que l'extrait hypophysaire n'a pas, sur l'aorte et les gros vaisseaux, l'action nocive de l'adrénaline ou de l'extrait surrénal.

MAIRET et BOSC ont employé l'opothérapie hypophysaire chez des épileptiques, et n'ont pas obtenu d'amélioration dans les crises, qui étaient même parfois augmentées. La médication prolongée a donné lieu à des accès délirants. En revanche, LÉOPOLD LÉVI et H. DE ROTHSCHILD, qui ont soumis au traitement hypophysaire deux idiots et une maladie de LITTLE incomplète, ont obtenu une amélioration extraordinaire.

L'opothérapie hypophysaire peut rendre des services, non seulement dans les affections hypophysaires, avec tendance à l'insuffisance, mais à cause de cette synergie glandulaire, dont il a été souvent parlé, dans les affections ayant pour cause des troubles sécrétoires d'autres glandes, avec lesquelles l'hypophyse est en corrélation. Cette opothérapie par action indirecte peut rendre de réels services. On connaît la parenté réelle qui existe entre l'hypophyse et la thyroïde : cette parenté est encore démontrée par les bons effets que donne l'opothérapie hypophysaire dans certaines affections ayant pour origine des troubles de la sécrétion thyroïdienne. C'est ainsi que, dans la maladie de BASEDOW, cette médication a donné de très bons résultats; les phénomènes d'hyperthyroïdisme s'amendent, les symptômes s'atténuent, on constate des améliorations quelquefois rapides. Le goitre diminue de volume, les battements cessent, les malades augmentent de poids. Cette action salutaire peut être mise sur le compte de l'effet vaso-constricteur intense que l'extrait hypophysaire exerce sur la thyroïde, et sur la puissance antitoxique de cet extrait sur l'extrait thyroïdien (Parisot, Rénon et Delille). On peut se rendre compte de cette action antitoxique, en soumettant des lapins à des doses élevées d'extrait thyroïdien; ils ne tardent pas à présenter des symptômes d'intoxication (diarrhée, tachycardie, etc.). Il suffit de leur administrer de l'extrait hypophysaire, pour voir disparaître tous ces symptômes, et la guérison arrive rapidement.

Dans cette question de l'opothérapie, il faut tenir grand compte de l'action des glandes les unes sur les autres; car les extraits organiques possèdent une action énergique, soit en stimulant ou régularisant les sécrétions ou les fonctions des glandes semblables, soit en augmentant ou en modérant les sécrétions ou les fonctions des glandes appartenant à un autre groupe.

Ainsi Rénon et Delille ont observé que les injections répétées d'extrait hypophysaire provoquent l'hyperfonctionnement et l'hypertrophie des surrénales; que les injections d'extrait surrénal provoquent de l'hyperactivité de l'hypophyse, mais jamais d'hypertrophie.

L'extrait ovarien développe une congestion considérable de l'hypophyse, avec hyperfonctionnement; l'extrait thyroïdien parait limiter le fonctionnement de la glande pituitaire, tandis que l'extrait pituitaire paraît limiter le fonctionnement de la thyroïde.

C'est en tenant compte de ces effets indirects que l'on pourra combiner un emploi judicieux des extraits pour faire de l'opothérapie associée, et éviter ceux qui pourraient correspondre à une glande en hyperfonctionnement, afin de ne pas aggraver les symptômes que l'on cherche à combattre.

Greffes de l'hypophyse.

Les tentatives de transplantation d'organes ont donné, pour certaines glandes, des résultats fort intéressants au point de vue biologique, et même chirurgical. Mais, en général, les fonctions des éléments greffés sont arrêtées, ou profondément altérées; et on comprend que, pour les glandes à sécrétion externe, l'empêchement de l'écoulement de la sécrétion doit conduire peu à peu à l'atrophie de la portion greffée.

Aussi peut-on compter sur une réussite meilleure avec les glandes à sécrétion interne, et les faits ne manquent pas de transplantations suivies de succès avec la thyroïde, les capsules surrénales, l'ovaire et le pancréas, en ce qui regarde sa sécrétion interne (Minkowski, Hédon).

Sacerdotti a entrepris, avec l'hypophyse, une série de recherches, espérant élucider quelques points obscurs de la fonction de cet organe.

Il a expérimenté sur le lapin, et surtout sur le rat, mais toujours sur le même terrain, c'est-à-dire lapin sur lapin, rat sur rat; sans quoi, il observe que l'organe transplanté se nécrose complètement au bout de peu de jours.

Il a essayé la transplantation dans divers organes : rein, rate, thyroïde, péritoine, mais il a donné la préférence à la voie sous-cutanée.

Les expériences étaient faites avec des hypophyses de fœtus, mais sans résultats différents.

Examinant jour par jour ce que devenait l'hypophyse ainsi greffée, il a constaté qu'elle pouvait continuer à vivre, mais que parfois on observait une nécrose de la partie centrale, la partie périphérique restant seule vivante. De tels faits peuvent s'expliquer en admettant que les cellules épithéliales de l'hypophyse ne peuvent pas rester longtemps sans nourriture. Aussi, lorsque, dans des conditions que l'on ne peut éviter, les voies qui portent le sang au delà de la périphérie ne s'établissent pas rapidement, les parties centrales meurent-elles, tandis que survivent les éléments des couches périphériques, qui, au commencement, se trouvent les mieux imbibés de plasma sanguin. Quand l'organe survit, on remarque des cas de régression rapide, à côté d'une vraie régénération dans d'autres cas. Cette régénération est caractérisée par de la caryocinèse dans les cellules propres à la portion glandulaire greffée. La régression se manifeste par de la dégénérescence graisseuse et la caryolyse qui se rencontrent toujours à des degrés divers.

Mais la régression prend généralement le dessus, et, au bout de soixante jours, on ne trouve plus qu'un petit groupe de cellules, lorsque tout n'a pas été réabsorbé.

En suivant l'évolution des cellules, on voit qu'elles perdent, au bout de quelques jours, leurs caractères d'activité fonctionnelle. Il arrive fréquemment que les lobes et les cordons épithéliaux de la portion greffée se creusent de cavités de grandeurs variées, limitées par des cellules tantôt cubiques, tantôt prismatiques. Dans ces cavités, on trouve des éléments détachés en voie de destruction, des granulations graisseuses, mais pas de substance colloïde, ni de granulations que l'on pourrait regarder comme une sécrétion. De ces cavités, les unes sont formées par une augmentation de la transsudation; les autres, ce sont les plus nombreuses, par dissolution et réabsorption des éléments cellulaires.

En présence de ces constatations, on peut déduire que l'activité fonctionnelle s'arrête vite dans les fragments d'hypophyse greffée, par atrophie et régression des éléments cellulaires.

Un fait intéressant, au point de vue biologique, a été observé par SACERDOTTI sur une greffe datant de soixante jours. Les éléments parenchymateux avaient presque complètement disparu ; cependant il restait une petite cavité tapissée d'un épithélium vibratile. Cette poche était tout à fait semblable à celle qu'on voit sur l'hypophyse normale, et certainement devait exister sur l'hypophyse avant sa transplantation.

On sait que c'est un résidu embryonnaire, ayant résisté à un premier phénomène de réabsorption. L'observation de SACERDOTTI montre que les éléments qui constituent cette cavité sont doués d'une résistance toute particulière.

C. PARHON et M. GOLSTEIN ont essayé de faire des greffes hypophysaires chez un poussin, une grenouille et un chien, en opérant toujours d'espèce à espèce, mais leurs tentatives n'ont pas été couronnées de succès.

Ces recherches ne paraissent jeter aucun jour nouveau sur les fonctions de l'hypophyse, et même, au point de vue expérimental, on ne pourrait tirer aucun parti de ces transplantations.

Peut-être si ces transplantations étaient pratiquées sur des animaux hypophysectomisés, les résultats seraient-ils différents au point de vue de l'évolution de la partie greffée, car CRISTIANI a démontré que les greffes d'organes ne réussissaient bien que lorsque l'animal en avait besoin; autrement dit, quand il se trouvait en état d'insuffisance de l'organe greffé. Mais on sait la difficulté qu'il y a à conserver des animaux privés de leur hypophyse. Ce sont donc des expériences irréalisables pour le moment.

BIBLIOGRAPHIE

I. — Anatomie, Embryologie, Histologie.

ALEZIAS (H.). *Note sur l'évolution de quelques glandes* (*B. B.*, 1898, 425). — ANDRIEZEN (L.). *The morphology, origin and evolution of fonction of the pituitary body and its relation to the cerebral nervous system* (*Brit. med. Journ.*, *janv.* 1894, n° 1724). — BALFOUR (M.). *A treatise of the comparat. Embryology* (1881, II, London). — BAZIN. *Du système nerveux de la vie animale et de la vie végétative* (1841, 38, Paris). — BECK (H). *Ueber ein Teratom der Hypophysis cerebri* (*Zeitsch. für Heilkunde*, 1883, IV, 393-410, Prague). — BENDA. *Ueber den normalen Bau und einige pathologische Veränderung der menschlichen Hypophysis cerebri* (*Arch. für Anat. und Physiol.*, 1900). — ID. *Beiträge zur normalen und pathologischen Histologie der menschlichen Hypophysis cerebri* (*Berl. klin. Woch.*, 1900, XXXVII, 52, et *Neur. Centralb.* 1901, 140 et 1902, 223). — ID. *Pathol. Anatom. der Hypophysis* (*Handbuch der pathol. Anat. des Nervensyst.*, 1904, XXXIX, 1418). — BERKLEY (H. J.). *The nerve elements of the pituitary gland.* (*Johns Hopk. Hosp. Rep.*, IV, 1894, 285). — ID. *The finer anatomy of the infundibular region of the cerebrum including the pituitary gland* (*Brain*, 1894, XVII, 515, London). — BICFORD (E.). *The hypophysis of the Calamoichthys calabaricus* (*Anat. Anz.*, 1895, n° 15). — BIEDL et REINER. *Stud. ueber Hirncirculation und Hirnœdem* (*A. g. P.*, 1898, LXXIII, 386). — BOCHENEK (A.). *Neue Beiträge zum Bau der Hypophysis cerebri bei Amphibien* (*Bullet. internat. des Sciences de Cracovie. Cl. d. Sc. math. et natur.*, 1902). — BOCK. *Beschreibung der fünften Nervenpaar und seiner Verbind. mit anderen Nerven*

(Meissen, 1817, 66). — Boerhaave. *Prælectiones academicæ in proprias institutiones rei medicæ* (Venetiis, 1748, ii, 300). — Bourgery. *Mémoire sur l'extrémité céphalique du grand sympathique.* (*C. R.*, 1815, xx, 1014). — Braun. *Epiphysis und Hypophysis von Rana* (*Zeitsch. für wiss. Zool.*, lxiii). — Breschet. *Recherches anatomiques et physiologiques sur l'organe de l'ouïe* (1836, Paris). — Cannieu et Gentès. *Recherches sur l'épithélium cylindrique dit stratifié de la portion respiratoire des fosses nasales* (*Gaz. hebdom. des Sciences médic. de Bordeaux*, 1900, 469). — Carrière. *Structure et fonctions du corps pituitaire* (*Arch. clin. de Bordeaux*, 1893, ii, 589). — Carus. *Traité élémentaire d'anatomie comparée* (1835, Paris, i, § 126). — Charpy (A.). *Traité d'anatomie humaine de Poirier* (1898, Paris, iii, 326). — Chater (G.). *On the pituitary gland.* (*Prov. M. et S. J.*, 1845, London, 390). — Chiarugi (G.). *Sulla existenza di una gemma bilaterale nell'abbazo della ipofisi dei mammiferi* (*Monit. Zool. Ital.*, 1894, V, n° 8). — Id. *Di un organo epiteliale situato al dinanzi della ipofisi e di altri punti relativi allo sviluppo della regione ipofisaria in embrioni di Torpedo ocellata* (*Monit. Zool. Ital.*, 1898, ix, n° 2, 37). — Collina (M.). *Ricerche sulla origine e considerazioni sul significato della ghiandola pituitaria* (*Riv. speriment. di freniatria e di med. legale*, 1898, xxiv, 533, 576). — Id. (*A. i. B.*, 1899, xxxii, 1-20). — Id. *Sulla minuta struttura della ghiandola pituitaria nella stato normale e patologico* (*Riv. di Pathol. nervosa mentale*, 1903, viii). — Comte (L.). *Contribution à l'étude de l'hypophyse humaine et de ses relations avec le corps thyroïde* (*Beitr. z. path. Anat. und allg. Path.*, 1898, xxiii, 90-110, Iéna). — Corning. *Ueber einige Entwick. etc.* (*Morph. Jahrb.*, 1897, xxvii, ii). — Cuvier (G.). *Leçons d'anatomie comparée* (1845, iii). — Delamare (G.). *Coloration de l'hypophyse par le triacide d'Ehrlich* (*B. B.*, 1904, 743). — Delille (Arth.). *L'hypophyse et la médication hypophysaire* (*Thèse de Paris*, 1909, n° 250). — Descartes. *De homine*, 1704. — Diemerbroeck. *Anatom. Corporis humani* (Lugduni, 1686, i, ii, cap. vi, 377). — Dohrn. *Die Entstehung und Bedeutung der Hypophysis bei den Teleostiern* (*Mitt. zool. Stat. Neapel*, 1882, 177). — Id. *Entstehung und Bedeutung der Hypophysis bei Petromyzon Planerii* (*Mitt. zool. Stat. Neapel.* 1882, 252). — Dostoiewski. *Ueber den Bau des Vorderlappen des Hirnanhanges* (*Archiv für mikr. Anat.*, 1886, xxvi, 592). — Dursy. *Beiträge zur Entwicklungsgeschichte des Hirnanhanges* (*Centralb. für d. med. Wissensch.*, 1868, vi, 113-115). — Duval (Mathias). *Atlas d'Embryologie*, 1889, Paris. — Economo (J.-C.). *Zur Entwickelung der Vogelhypophyse* (*Ak. W.*, 1898. cvii, (3).) — Emery. *Anat. Anz.*, 1893, n° 2. — Erdheim. *Zur normale und patholog. Histologie der Glandula Thyreoidea, Parathyreoidea und Hypophysis* (*Ziegler's Beitr.*, 1903, xxxiii, H, 1-2, 158). — Erdheim et Stumme. *Les modifications de l'hypophyse dans la grossesse* (*Berl. klin. Woch.*, 1908, 25 mai). — Flesch (M.). *Ueber den Bau der Hypophysis* (*Tageblatt der 57 Versammlung deutsche Naturf. und Aertze in Magdeburg*, 1884, n° 4, Strasbourg. 1885). — Id. *Ueber die Hypophysis einiger Saügethiere* (*ibid.*, Strasbourg, 1885). — Froriep (A.). *Kopftheil der Chorda dorsalis bei menschl. Embryon* (*Henle's Festgabe*, 1882, 26. Bonn). — Galien. *De usu partium* (*Opera omnia*, 1822, *Édit. Kühn*, Lipsiæ, iii, 693 et 710). — Gall. *Sur les fonctions du cerveau* (1825, vi, Paris). — Garbini (G.). *La structure et la fonction de l'hypophyse dans quelques formes graves, congénitales ou acquises de psychopathie* (*Rivista di patologia nervosa e mentale*, 1905, x, 449-464). — Gaupp (E.). *Ueber die Anlage der Hypophyse bei Sauriern* (*Arch. für mikr. Anat.*, 1893, xlviii). — Gemelli (A.). *Contributo alla conoscenza sulla struttura della ghiandola pituitaria nei mammiferi* (*Bollet. della Soc. medico-chir. di Pavia*, 1900, 231). — Id. *Nuove ricerche sull'anatomia e sull' embriologia dell' ipofisi* (*Bollet. della Soc. medico-chir. di Pavia*, 1903, 117). — Id. *Sulla struttura e sulla embriologia dell' ipofisi* (*Riv. di sc. fis. e nat. di Pavia*, 1903). — Id. *Nuove contributo alla conoscenza della struttura dell' ipofisi nei mammiferi* (*ibid.*, 1905). — Id. *Contributo allo studio della regione infundibulare* (*ibid.*, 1905). — Id. *Ulteriori osservazioni sulla struttura dell' ipofisi* (*Anat. anz.* 1906, xxviii, n° 24). — Id. *Sull'ipofisi delle marmotte durante il letargo e durante la stagione estiva* (*Rendiconti ist. lomb. Sc. e lett.*, 1906, xxxix, ii, et *Archivio per le Scienze mediche*, 1906, xxx, 341). — Id. *Sur la structure de la région infundibulaire des poissons* (*Journ. de l'anatomie et de la physiologie*, 1906, xlii, 77). — Id. *Replica alle osservazioni mosse dal dott. G. Sterzi ed osservazioni sulla struttura dell' ipofisi* (*Anat. Anz.*, 1907, xxx, 201-204). — Gentès (L.). *Structure du feuillet juxta-nerveux de la portion glandulaire de l'hypophyse* (*B. B.*, 1903, lv, 100). — Id. *Les artères de l'hypophyse* (*Gaz. hebd. des Sciences méd. de Bordeaux, 1903, 115. — Id. Note sur la structure du lobe nerveux de l'hypophyse (B. B., 1903, LV, 1559). — Id. Terminaisons nerveuses dans le feuillet juxta-nerveux de la portion glandulaire de l'hypophyse (B. B., 1903, LV, 336). — Id. Structure du lobe glandulaire de l'hypophyse chez les poissons (Bullet. de la Soc. d'anat. et de physiol. de Bordeaux, 1903, XXIV, 339). — Id. Signification choroïdienne du sac vasculaire (B. B., 1906 LX, 101. — Id. Lobe nerveux de l'hypophyse et sac vasculaire (B. B., 1907, LXII, 499). — Id. Structure du lobe nerveux de l'hypophyse (C. R. de l'Associat. des anatomistes, IXe Réunion, 1907, 108, Lille). — Id. La glande infundibulaire des vertébrés (B. B., 1907, LXIII, 122). — Id. L'hypophyse des vertébrés (B. B., 1907, LXIII, 120). — Id. Recherches sur l'hypophyse et le sac vasculaire des vertébrés (Soc. Scientif. d'Arcachon. Stat. Biologique. Trav. des laborat., 1907, 129). — Id. Développement et évolution de l'hypencéphale et de l'hypophyse de Torpedo marmorata Risso (Soc. Scientif. d'Arcachon. Stat. Biologique. Trav. des laborat., 1908, 1-63). — Geotte. Kurze Mittheilung aus der Entwick. (1875, Leipzig). — Götte. Ueber die Entstehung und die Homologien des Hirnanhanges (Zool. Anzeiger, 1883). — Haller (B.). Untersuchungen über die Hypophyse und die Infundibularorgane (Morphologisches Jahrb., 1898, XXV, 345-641). — Hallion et Alquier. Modifications histologiques des glandes à secrétion interne par ingestion prolongée d'extrait d'hypophyse (B. B., 1908, LXV, 5). — Hedbom (K.). Ueber die Einwirkung verschiedener Stoffe auf das isolirte Saügethierherz. Die Einwirkung gewisser Organextracte (Skand. Arch. für Physiol., 1898, VIII, 147-168). — Herring. The histological appearances of the mammalian pituitary body (Quart. Journ. of exp. physiol. 1908, I, n° 2, 121-191). — Hertwig (O.). Traité d'embryologie. Traduct. Julien (1900, 511, Paris). — His. Untersuchungen über die Anlage der Wirbelthierleiber (1868, 134, Leipzig). — Id. Anat. menschl. Embryonen (1886, Leipzig). — Johnson (Quarterly Journ. of mic. science, XXVIII). — Joris (H.). Contribution à l'étude de l'hypophyse (Mém. de l'Acad. roy. de méd. de Belgique, 1907, XIX, fasc. 6). — Id. Le lobe postérieur de la glande pituitaire (Mém. de l'Acad. roy. de méd. de Belgique (1908, XIX, fasc. 10). — Id. La nature glandulaire du lobe postérieur de l'hypophyse (Bullet. de la Soc. des Sciences méd. de Bruxelles, 1908). — Id. L'hypophyse au cours de la gestation (Bullet. de l'Acad. roy. de médecine de Belgique, 1908, XXII, IVe série, 823). — Id. La glande neuro-hypophysaire (C. R. de l'Association des Anatomistes, XIe Réunion, Nancy, 1909, 41). — Julin (C.). Étude sur l'hypophyse des ascidies et sur les bourgeons qui l'avoisinent (Bullet. de l'Acad. des sciences de Belgique, 1881). — Id. Recherches sur l'organisation des ascidies, sur l'hypophyse et quelques organes qui s'y rattachent (Arch. de Biologie, 1881). — Kölliker. Entwicklungsgeschichte des Menschen und der höheren Thiere (Leipzig, 1879, 302). — Id. Handbuch der Gewebelehre des Menschen, 1899, II, 603). — Krause. (Microscopische Anatomie, 137). — Kraushaar (R.). Die Entwickelung der Hypophysis und Epiphysis bei Nagelthieren (Zeitsch. für wiss. Zool., 1885, XLI, 79). — Kupffer. Entwick. des Kopfes (Ergebnisse der Anat. und Entwick., 1892, II.). — Id. Die Deutung des Hirnanhanges (Sitzungsb. d. Gesell. für Morph. und Physiol. 1894, 37-58, Munich). — Lancereaux. Traité d'anatomie pathologique, 1889, III, 29 et 730). — Launois (P.-E.). Les cellules sidérophiles de l'hypophyse chez la femme enceinte (B. B., 1903, LV, 450). — Id. Recherches sur la glande hypophysaire de l'homme (Thèse de la Faculté des sciences de Paris, 1904). — Launois (P-.E.) et Mulon (P.). Les cellules cyanophiles de l'hypophyse chez la femme enceinte (C. R. de l'Assoc. des anatomistes, Ve Session, Liège, 1903, B. B., 1903, LV, 448). — Launois (P.-E.), Lœper et Esmonet. La sécrétion graisseuse de l'hypophyse (B. B., 1904, LVI, 575). — Legros (L.). Développement de la tête chez l'Amphioxus (Archives d'anatomie microscop., 1887, I.). — Liégeois (Th.). Anatomie et physiologie des glandes vasculaires sanguines (Thèse d'agrégation, 1860, Paris). — Littré (A.). Observation sur la glande pituitaire d'un homme (Acad. Royale des sciences de Paris, 1707, et Rec. de Mémoires, 1754, II, 481-490, Dijon). — Livon (Ch.). Note sur les cellules glandulaires de l'hypophyse du cheval (B. B., 1906, LVIII, 1159). — Loeper (M.). Sur quelques points de l'histologie normale et pathologique des plexus choroïdes de l'homme (Arch. de médec. expérim., 1904, XVI, 473). — Lothringer. Untersuchungen an der Hypophysis einiger Saügethiere und des Menschen. (Arch. für mikroscop. Anatom., 1886, XXVIII, 257). — Lundborg. Die Entwick. der Hypophysis bei Knochenfischen und Amphibien (Zool. Jahrb., 1894. VII). — Luschka. Der Hirnanhang und die Schilddrüse des Menschen (1860, Berlin). — Marro (G.). Recherches anatomiques sur l'hypophyse (Ann. di Fren. e Scienze affini del R. Manicomio, 1905, XV). —

Meckel. *Manuel d'anatomie* (1825, ii, 636, Paris). — Mihalkowichs. *Entwick. des Gehirnanhanges* (*Centralb. für med. Wissensch*, 1874, xi). — Id. *Wirbelseite und Hirnanhang* (*Archiv für mikrosc. Anatom.*, 1874, xi, 389). — Miklucho-Maclay. *Beitr. zur vergl. Anatom. des Gehirns* (*Jenaische Zeitschr. für Naturwissensch.*, 1868, 554). — Minot. *Lehrbuch der Entwick. des Menschen* (1877, 449). — Id. *Human Embryology* (1892, Leipzig). — Monro. *Observations on the structure and functions of the nervous system* (1783, Edimburg). — Morandi (E.). *Ricerche sull' istologia normale e pathologica dell' ipofisi* (*Giorn. d. R. Acad. di medic. di Torino*, 1904, 355, et *Arch. sc. med.*, xxviii, 1904). — Müller (W.). *Ueber Entwickelung und Bau der Hypophysis und des Processus infundibuli cerebri* (*Jenaische Zeitsch. für Med. und Naturwiss.*, 1871, vi, 354). — Murray, *Observat. anat. de infundibulo* (*Ludwig's scripta neurol.*, 1897, ii). — Nicolas (A.) et Weber (A.). *Observations relatives aux connexions de la poche de Rathke et des cavités prémandibulaires chez les embryons de canards* (*C. R. du XIII*[e] *Congr. Internat. de méd. Sect. d'Histologie et d'Embryologie*, 1900, Paris; et *Bibliogr. Anat.*, 1901, ix, fasc. 1). — Nusbaum (J.). *Zur Entwicklungsgeschichte des Gaumens der Stenonschen und Jacobsons'chen Kanale und der Hypophysis beim Hunde* (*Anzeiger der Akadem. der Wissenchaften in Krakau*, 1896). — Id. *Einige neue Thatsachen zur Entwickelungsgeschichte der Hypophysis cerebri bei Saugethieren* (*Anatomischer Anzeiger*, 1896, xii) — Orru. *Sullo sviluppo dell' ipofisi* (*Intern. Monatschr. für Anat. und Physiol.*, 1900, xvii, 424). — Oskonmoff (*Zoologischer Anzeiger*, 1888, xi). — Owen (R.). *On the homology of the hypophysal tract; on the socalled pineal and pituitary glands* (*Journ. of the Linnean Society of zoology*, 1881, xvi, 131). — Paulesco (N.-C.). *L'hypophyse du cerveau* (*Rivista sc. medicale*, 1906). — Id. *L'hypophyse du cerveau* (*Journ. de médecine interne*, 1907. N° 6 et 1908, Paris). — Pepere (A.). *Sur les modifications de structure du tissu parathyroidien* (*Arch. de méd. expérim.*, 1908, 21-62). — Peremeschko. *Ueber den Bau des Hirnanhanges* (*C. W.*, 1866, iv, 753-756, et *A. A. P.*, 1866, xxxviii, 329). — Perrier (R.). *Éléments d'anatomie comparée*, 1893. — Pettit (A.). *Sur l'hypophyse de Centroscymnus cœlolepis* (*B. B.* 1906, lviii, 62). — Pettit (A.) et Girard (J.). *Sur la morphologie des plexus choroïdes du système nerveux central* (*B. B.*, 1902, liv, 698, et *Arch. d'Anat. microscop.*, 1902). — Piccolhomini. *Anatomicæ prælectiones* (Romæ, 1636, *lib.* V). — Pirone (R.). *Sulla fina struttura e sui fenomeni di secrezione dell' ipofisi* (*Arch. di Fisiol.*, 1904, ii, 69-74). — Pisenti (G.). *Sulla interpretazione da darsi ad alcune particolarita istologiche della glandula pituitaria* (*Gazz. d. Osped. e d. Clinica*, 1895, xvi). — Pisenti (G.) et Viola (G.). *Contributo all'istologia normale e patologica della ghiandola pituitaria ed ai rapporti fra pituitaria e tiroïde* (*Atti dell' Accad. med. chirurg. di Perugia*, 1890, ii). — Id. *Beiträge zur normalen und pathol. Histologie der Hypophyse und bezuglich der Verhältnisse zwischen Hirnanhang und Schilddruse* (*C. W.*, 1890, xxviii). — Id. *Histologie normale et pathologique de la glande pituitaire* (*Accad. med. chirurg. di Perugia*, 1896). — Poppi (A.). *Amygdale pharyngée et hypophyse* (*Soc. medico-chirurgica di Bologna*, 1908, 15 février). — Prenant (A.). *Éléments d'embryologie de l'homme et des vertébrés* (1896, ii, 79). — Id. *Développement du cerveau* (*Traité d'anatomie humaine de Poirier*, iii, 36, — Rabaud (E.). *Les formations hypophysaires chez les cyclopes* (*B. B.*, 1900, lii, 692). — Rabl Rückhard. *Das gegenseitige Verhältnis der Chorda, Hypophysis*, etc. (*Morph. Jahrb.*, 1880, vi). — Id. *Das Gehirn der Knochenfische und seine Anhangsgebilde* (*Arch. für Anat. und physiol.*, *Anat. Abth.*, 1883). — Ramon y Cajal (S.). *Algunas contribuciones al conocimiento de los ganglios del cerebro... iii. Hypophysis* (*Ann. de la Socied. esp. de hist. natur.*, (2), 1894, iii). — Rathke (H.). *Ueber die Entstehung der Glandula pituitaria* (*Arch. für Anat. Physiol. und wissensch. Med.*, 1838, v, 482-485). — Id. *Nachtragliche Bemerkungen zu dem Aufsatze über die Entstehung der Glandula pituitaria* (*A. A. P.*, 1839, 227-232). — Id. *Entwick. der Schildkröte* (Braunschweig, 1848, 29). — *Entwick. der Wirbelthiere* (Leipzig, 1861, 100). — Reichert. *Die Entwick. in Wirbelthierreich* (Berlin, 1840, 179). — Renaut (J.). *Traité d'histologie pratique*, 1897, ii, 535. — Retzius (G.). *Die Neuroglia der Neurohypophysis der Saügethiere* (*Biol. Untersuch.*, *Neue Folge*, 1894, iii, 21). — Id. *Ueber die Hypophysis von Myxine* (*Biol. Untersuch.*, *Neue Folge*, 1895, vii). — Id. *Ueber ein dem Saccus vasculosus entsprechendes Gebilde am Gehirn des Menschen und anderer Saügethiere* (*Biol. Untersuch.*, *Neue Folge*, 1895, vii). — Romiti. *Lezioni di Embryologia* (*Siena*, 34 et *Atti della Soc. Tosc. di scienze naturali*, 1888, vii, Pisa). — Rossi (U.). *Sullo sviluppo dell' ipofisi* (*Acad. medic. chirurg. di Perugia*,

1899). — Id. *Sullo sviluppo dell' ipofisi e sui rapporti primitivi della corda dorsale e dell' intestino* (*Lo Sperimentale*, 1900, LIV, 133-194). — Id. *Sui lobi laterali della ipofisi. Nota preliminare* (*Monit. Zool. Ital.*, 1896, *Anno* VII). — Id. *Sopra i lobi laterali della ipofisi* (*Parte prima. Pesci* (*Selaci*). *Arch. Ital. di Anatom. e di Embriol.*, 1902, I). — Id. *Sulla esistenza di una ghiandola infundibulare nei mammiferi* (*Ann. di Fac. di Med. dell' Univ. di Perugia*, 1903, III (3). — Id. *Sulla struttura della ipofisi e sulla esistenza di una ghiandola infundibulare nei mammiferi* (*Monit. Zool. Ital.*, 1903, *anno* XV, N° 1). — Saint-Rémy. *Contribution à l'étude de l'hypophyse* (*Arch. de Biol.*, 1892, XII, et *C. R.*, 28 mars 1892). — Id. *Sur la signification morphologique de la poche pharyngienne de Seessel* (*B. B.*, 1895, XLVII, 423). — Id. *Recherches sur l'extrémité antérieure de la corde dorsale chez les Amniotes* (*Arch. de Biologie*, 1895, XIV). — Id. *Recherches sur le diverticule pharyngien de Seessel* (*Arch. d'anat. microscop.*, 1897). — Salvi (G.). *L'origine ed il significato delle fossette laterali dell' ipofisi et delle cavita premandibolari negli embrioni di alcuni Sauri* (*Arch. ital. di Anat. e di Embriol.*, 1902, I). — Salzer. *Zur Entwickelung der Hypophyse bei Saügern* (*Arch. fur. mikr. Anatom.*, 1898, LI). — Sappey (Ph.-C.). *Traité d'anatomie descriptive* (1889, 4e édit., III, 54). — Scaffidi. *Ueber den feineren Bau und die Funktion der Hypophysis des Menschen* (*Arch. für mikrosc. Anatom.*, 1904, LXIV). — Schiff (A.). *Hypophysis und Thyreoïdea in ihrer Einwirkung auf den menschlichen Stoffwechsel* (*Wien. klin. Woch.*, 1897, X, 277-285, et *Zeitsch. für klin. Med.*, 1897, XXXII, 284). — Schönemann (A.). *Hypophysis und Thyroïdea* (*A. A. P.*, 1892, CXXIX, 319). — Scott (R.). *Beiträge zur Entw. der Petromyzonten* (*Morph. Jahrb.*, 1881, VII), — Id. *Note on the developement of the Petromyzon* (*Journ. of morphol.*, 1887, 264). — Seessel. *Zur Entwick. des Vorderdarm* (*Arch. für Anat. und Entwick.*, 1877, 449). — Simon (E.). *Vaisseaux lymphatiques de la pituitaire chez l'homme* (*B. B.*, 1859, XI, 227). — Soyer (C.). *Contribution à l'étude cytologique de l'hypophyse humaine* (*C. R. de l'Assoc. des Anat.*, 1907, XIe Réunion, Nancy, 245). — Soyer et Prenant. *Préparations d'hypophyse d'homme* (*supplicié*) *et du chat nouveau-né* (*C. R. de l'Association des Anatomistes*, 1908, Xe Réunion, Marseille, 199). — Spigel. *Opera omnia* (*Amstelodami*, 1645, *lib.* X, *cap.* IV, 290). — Staderini (R.). *I lobi laterali dell' ipofisi e il loro rapporto con la parete cerebrale in embrioni di Gongylus ocellatus* (*Monit. Zool. Ital.*, 1900. *Anno* XI, *Suppl.*). — Id. *Sur l'existence des lobes latéraux de l'hypophyse, et sur quelques particularités anatomiques de la région infundibulaire chez Gongylus ocellatus* (*Arch. ital. di Anat. e di Embriol*, 1905, IV). — Sterzi (G.). *Intorno alla struttura dell' ipofisi nei vertebrati* (*Atti dell' Accadem. Sc. Veneto-trentino-istriana*, 1904, I). — Stieda (H.). *Ueber das Verhalten der Hypophyse des Kaninchens nach Entfernung der Schilddrüse* (*Ziegler's Beiträge z. pathol. Anat. und. allgem. Pathol.*, 1890, VII, 535). — Stilling (H.). *Zur Anatomie der Nebennieren* (*A. A. P.*, 1887, CIX). — Sylvius, *cité par* Winslow, *in Exp. anat. struct. corp. hum.*). — Testut (L.). *Traité d'anatomie humaine* (1898, 2e édit., II, 226). — Thaon (P.). *L'hypophyse à l'état normal et dans les maladies* (*Thèse de Paris*, 1907, 2e édit., O. Doin). — Thom (W.). *Untersuchungen uber die normale und pathologische Hypophysis cerebri des Menschen* (*Arch. für mikrosc. Anat. und Entwick.*, 1901, LVII, 632). — Todaro. *Sur l'Épiphyse et l'Hypophyse des Ascidiæ* (*A. i. B.*, 1881). — Tourneux (F.) et Soulié (A.). *Sur les premiers développements de la pituitaire chez l'homme* (*B. B.*, 1898, L, 896). — Tourneux (F.) et Tourneux (J.-P.). *Présentation d'une série de dessins concernant le développement de la base du crâne et de la paroi postérieure du pharynx chez quelques mammifères* (*C. R. de l'Association des Anatomistes*, 1907, IXe Réunion, Lille, 180). — Uhthoff (de Breslau). *Anomalies de développement dans les affections hypophysaires* (*Congrès d'Heidelberg*, 1907). — Valenti. *Sullo sviluppo dell' ipofisi* (*Atti dell' Accad. medico-chirurg. di Perugia*, 1894, VI). — Id. *Sulla origine e sul significato della ipofisi* (*ibid.*, 1895, VII). — Id. *Sopra la piega faringea* (*Monit. Zool. italiano*, 1898, IX). — Vesale (A.). *De corporis humani fabrica* (Bâle, 1555, *lib.* VII, *cap.* XI, 537). — Vieussens. *Nevrographia universalis* (*Lugduni*, 1685, *lib.* I, *cap.* IX, 5). — Waldschmidt. *Beiträg. z. Anat. des Centr. Nervensystems u. des Geruchsorganes v. Polypterus* (*Anat. Anzeiger*, 1887, XI). — Weber (A.). *Observations sur les premières phases du développement de l'hypophyse chez les chéiroptères* (*Bibliograph. Anat.*, 1898, VI, 151). — Weber et Nicolas. *Observations relatives aux connexions de la poche de Rathke et des cavités prémandibulaires chez les embryons de canards* (*C. R. du XIIIe Congr. Internat. de méd.*, 1900, Paris, *Sect. d'histologie et d'embryologie*, 31). — Wiedersheim (R.).

Manuel d'anatomie comparée des vertébrés (*Traduct. sur la 2e édit. allemande, par G. Moquin-Tandon*, 1890, Paris). — Id. *Grundriss der vergleichenden Anat. der Wirbelthiere* (1893, 3e éd. G. Fischer, Iéna). — Willis. *Cerebri Anatome cui accessit nervorum descriptio et usus* (Amstelodami, 1665, *cap.* xii, 107).

II. Physiologie.

Alquier (L.). *Glandules parathyroïdiennes et convulsions* (*Revue générale. Gaz. des hôpitaux*, 1906, 1527). — Id. *Sur les modifications de l'hypophyse après l'extirpation de la thyroïde ou des surrénales chez le chien* (*Journ. de physiol. et de pathol. génér.*, 1907, ix, 492-499). — [Andriezen (L.). *The morphology, origin and evolution of fonction of the pituitary body and its relation to the cerebral nervous system* (*Brit. medic. Journ.*, 1894, No 1724) — Baduel (A.) *Lésions vasculaires produites par l'extrait d'hypophyse* (*Policlinico*, 1908, 855). — Barnabo (V.) *Sur les rapports entre la glande interstitielle du testicule et les glandes à sécrétion interne* (*ibid.*, 1908, 134-144). — Biedl (A.) et Reiner (M.). *A. g. P.*, 1901, lxxxvi (152-154). — Boinet (E.). *Résultats éloignés de 75 ablations des deux capsules surrénales* (*B. B.*, 1895, xlvii, 162). — Bonis (de). *De l'action des extraits d'hypophyse sur la pression artérielle et sur le cœur normal ou en état de dégénerescence graisseuse, et de la nature du principe actif de l'hypophyse* (*Arch. Internat. de Physiol.*, 1908, 211). — Boteano (Em.-R.). *Sur la physiologie de la pituitaire*, 1906, *Thèse de Bucarest*. — Breschet. *Recherches anatomiques et physiologiques sur l'organe de l'ouïe* (1836, Paris). — Brown-Séquard. *Cours de physiologie à la Faculté de médecine*, 1869, Paris. — Brown-Séquard et Arsonval (A. d'). *Recherches sur les extraits liquides retirés des glandes et d'autres parties de l'organisme* (*A. de P.*, 1891, 491-506). — Buhecker. *Ein Beitrag. zur Pathol. und Physiol. der Hypophysis cerebri* (1893, Strasburg). — Burdach. *Traité de physiologie* (1837, Trad. française, Paris). — Camus et Langlois. *Sécrétion surrénale et pression sanguine* (*B. B.*, 1900, lii, 210). — Carraro (Art.). *Studio comparativo sugli effetti delle injezioni di estratto d'ipofisi e di ghiandola surrenale* (*Arch. per le scienze mediche*, 1908, xxxii, 42). — Carrière. *Structure et fonctions du corps pituitaire* (*Arch. clin. de Bordeaux*. 1893, ii, 589). — Caselli (A.). *Sui rapporti funzionali della glandola pituitaria coll'apparecchio tiroparatiroideo* (*Rivista speriment. di freniatria*, 1900, xxvi, 468-486). — Id. *Ipofisie glycosuria* (*Ibid.*, 1900, xxvii, 120). — Id. *Influenza della funzione dell'ipofisi sullo sviluppo dell'organismo* (*Ibid.*, 1900, xxxvii, 176). — Id. *Studi anatomi e sperimentale sulla fisiopatologia della glandola pituitaria* (*Dall'Instit. psichiatrico di Reggio E.*, 1900, 1 vol. in-8, 228 pag.). — Cerletti (U.). *Effetti delle injezioni del succo d'ipofisi sull' acrescimento somatico* (*Rendiconti della R. Accadem. dei Lincei*, 1906 et *A. i. B.*, 1907, xlvii, 123-134). — Choay (E.). *Influence du mode de préparation sur l'activité des extraits opothérapiques* (*Soc. de Thérapeutique de Paris*, 24 juin 1908). — Cimoroni (A.). *Hypertrophie de l'hypophyse chez les animaux éthyroïdés* (*A. i. B.* et *R. Accadem. med. di Roma*, 25 décembre 1906). — Id. *Sur l'hypertrophie de l'hypophyse cérébrale chez les animaux thyroïdectomisés* 1907, xlviii, 387. — Cleghorn Allen. *The action of animal extracts, bacterial cultures and culture filtrates on the mammalian heart muscles* (*Amer. Journ. of Physiol.*, 1899, ii, 273-290). — Collina (M.). *Ricerche sulla origine e considerazioni sul significato della ghiandola pituitaria* (*Rivista speriment. di freniatria, etc.*, 1898, xxiv, 533-576 et *A. i. B.*, 1899, xxxii, 1-20). — Comte (L.). *Contribution à l'étude de l'hypophyse humaine et de ses relations avec le corps thyroïde* (*Thèse de Lausanne*, 1897-1898 et *Beitr. zur patholog. Anat und allg. Pathol.*, 1898, xxiii, 90-110, Iéna). — Conti (A. et Curti (O.). *Effetti fisiologici degli estratti, tiroïdei ed ipofisari* (*Bullet. delle scienze mediche di Bologna*, 1906, 629). — Coronedi (G.). *Secrezioni interne e loro chimismo* (*Arch. di Fisiol.*, 1904-5, ii, 36-59, Firenze). — Cramer (W.). *Note on the action of pituitary extracts upon the enucleated frog's eye.* (*Quart. Journ. of exp. physiol.*, 1908, i, 189). — Curatulo (G. E.) et Tarulli (L.). *Influence de l'ablation des ovaires sur le métabolisme organique* (*A. i. B.*, 1895, xxiii, 388). — Cyon (E. de). *Die Verrichtungen der Hypophyse* (*A. g. P.*, 1898, lxxi, 431; lxxii, 635; lxxiii, 483; 1899, lxxiv, 97; lxxvii, 215; 1900, lxxxi, 267). — Id. *Sur les fonctions de l'hypophyse cérébrale* (*C. R.*, 1898, cxxvi, 1157-1160, et *Semaine médicale*, 1898, 203). — Id. *Les glandes thyroïdes, l'hypophyse et le cœur* (*A. de P.*, 1898, xxx, 618). — Id. *Beitrag zur Physiol. der Schilddrüse und des Herzens*

(*A. g. P.*, 1898, LXX, 127-521). — Id. *Die physiologischen Herzgifte* (*ibid.*, 1898, LXXII. 262, LXXIII, 339; 1899. LXXIV, 97; LXXVII, 215). — Id. *Innervation du cœur* (*Diction. de Physiologie de Ch. Richet*, 1900, IV, 8). — Id. *Zur Physiologie der Hypophyse* (*A. g. P.*, 1901, LXXXVI., 565-593). — Id. *Sur les fonctions de l'hypophyse* (*Rev. génér. des Sciences*, 1901. 831). — Id. *Einige Worte zu den Untersuchungen von F. Masay über die physiologische Rolle der Hypophyse* (*A. g. P.*, 1904, CI, 557-568). — Id. *Les nerfs du cœur* (1905, 1 vol. in-8, 252 p., Félix Alcan, Paris). — Id. *Les fonctions de l'hypophyse et de la glande pinéale* (*C. R.*, 1907. CXLIV, 868). — Id. *Quelques mots à propos de la contribution a la physiologie de l'hypophyse de Ch. Livon* (*Journal de Physiol. et de Pathol. générale*, 1909, XI 2 9). — Dastre (A.). *Sécrétions internes* (*Revue des Deux Mondes*, 1er mars 1899). — Delille (Arth.). *L'Hypophyse et la médication hypophysaire* (*Thèse de Paris*, 1909, n° 240, Steinheil). — Della Vedova, *Per la funzione dell'ipofisi. Nota preliminaria* (*Accad. medica di Roma*, 1903, XXIX). — Id. *Per la funzione dell'ipofisi cerebrale. Nota seconda* (*Ibid.*, 1904, XXIX). — Dide (M.). *Les glandes vasculaires sanguines chez les aliénés* (*Congr. de Dijon*, août 1908). — Étienne (G.) et Parisot (J.). *Athérome aortique et extrait d'hypophyse* (*B. B.*, 1908. LXIV, 730). — Id. *Action sur l'appareil cardio-vasculaire des injections répétées d'extrait d'hypophyse, comparaison avec l'action de l'adrénaline* (*Arch. de médec. expériment.*, 1908, XX. 423). — Id. *Le rôle de l'élévation de la pression artérielle dans l'étiologie de l'atherome* (*Journ. de Physiol. et de Pathol. générales*, 1908, X, 1055). — Fichera (G.). *Sulla destruzione dell'ipofisi* (*Lo Sperimentale*, 1905, LIX. 739 et *Arch. di biologia normale e patologica*, 1905, LIX). — Id. *Sul'ipertrofia della ghiandola pituitaria consecutiva alla castrazione* (*Accad. medica di Roma*, 1905, XXXI, fasc. 3 8). — Id. *Ancora sulla ipertrofia della ghiandola pituitaria consecutiva alla castrazione* (*Accad. med. di Roma*, 1905, XXXI, fasc. 4, 4). — Fr. Hochwart (V. N.) et Fröhlich (A.). *Action de l'extrait d'hypophyse sur les systèmes nerveux sympathique et autonome* (*Soc. des médecins de Vienne*. 1909, 25 juin). — Gaglio (G.) *Richerche sperimentali sulle rane intorno alle funzione dell'ipofisi del cervello* (*R. Accad. Peloritana*, 1900 Messina, et *Riforma medica*, juin 1900). — Id. *Recherches sur la fonction de l'hypophyse du cerveau chez les grenouilles* (*A. i. B.*, 1902, XXXVIII, 7). — Gall. *Sur les fonctions du cerveau* (1825, Paris). — Garbini (G.). *La structure et la fonction de l'hypophyse dans quelques formes graves, congénitales ou acquises de psychopathie* (*Rivista di patologia nervosa e mentale*, 1905, X, n° 10, 449). — Garnier (M.) et Thaon (P.). *Action de l'hypophyse sur la pression artérielle et le rythme cardiaque* (*B. B.*, 1906. LX. 285 et *Journ. de Physiol. et de Pathol. génér.*, 1906, VIII, 252). — Id. *Recherches sur l'ablation de l'hypophyse* (*B. B.*, 1907, LXII, 659). — Gatta. *Sulla destruzione della ghiandola pituitaria e tiroide* (*Gazz. degli Ospedali*, 1896, n° 146). — Gemelli (A.). *Contribution à la physiologie de l'hypophyse* (*Arch. di Fisiologia*. 1905, III, 108). — Id. *Sull'ipofisi delle marmotte durante il letargo e durante la stagione estiva* (*Rend. Ist. lomb. sc. e lett.*, Milano. 1906, XXXIX et *Archiv. per le scienze mediche*, 1906, X X. fasc. 4, 341). — Id. *Sui processi della secrezione dell'ipofisi* (*Congr. dei naturalisti italiani*, 1906, Milano, 15-19 septembre). — Id. *Contributo alla fisiologia dell'ipofisi* (*Atti della Pontific. Accad. Romana dei Nuovi Lincei*, 1906, LIX. janvier). — Id. *Nouvelle contribution à la connaissance de la fonction de l'hypophyse* (*Soc. Milan. de médic. et biol.* 1907, décembre). — Id. *Les processus de la sécrétion de l'hypophyse des mammifères* (*A. i. B.*, 1907, XLVII, fasc. 2, 185 — Id. *Sur la fonction de l'hypophyse* (*A. i. B.*, 1909, L. fasc. 2. 157). — Gley (E.). *Recherches sur la fonction de la glande thyroïde* (*A. de P.*, 1892, XXIV, 311). — Goves (M.-S.). *De l'opothérapie ovarienne. Contribution à l'étude physiologique et thérapeutique de l'ovaire* (*Thèse, Paris*, 1898, n° 600). — Grafts (L. M.). *Influence des glandes à sécrétion interne sur le métabolisme* (*The Journ. of the amer. med. Association*, 1908. L, 1931). — Guerrini (G.). *Sulla funzione dell'ipofisi* (*Lo Sperimentale*, 1904, LVIII. 837, et *A. i. B.*, 1905. XLIII, 1). — Id. *Di una ipertrofia secondaria sperimentale dell'ipofisi; contributo alla patogenesi dell'acromegalia* (*Riv. di patologia nervosa mentale*, 1904, IX, 513 et *A. i. B.*, XLIII, 1905, 10). — Id. *Di alcune recenti ricerche sulla funzione della ipofisi* (*Arch. di fisiologia*, 1905, II, 384). — Id. *Ipofisi e patologia del ricambio* (*Il Tommasi*, 1906, I. n° 8). — Halliburton. *The physiological effects of extracts of nervous tissues*. (*J. A.*, XXVI, 229). — Hallion. *Effets vaso-dilatateurs de l'extrait ovarien sur le corps thyroïde* (*B. B.*, 1907. LXIII 40) — Hallion et Alquier. *Modifications histologiques des glandes à sécrétion interne par ingestion pro-

longée d'extrait d'hypophyse (*B. B.*, 1908, LXV, 5). — HALLION et CARRION. *Sur l'essai expérimental de l'extrait opothérapique d'hypophyse* (*Soc. de thér. de Paris*, 13 mars 1907). — HERING (H. E.). *Ueber die Beziehung der extracardialen Herznerven, etc.* (*A. g. P.*, 1895, LX, 429). — HERRING (P. J.). *Action de l'extrait pituitaire sur le cœur et la circulation de la grenouille* (*J. P.*, 1904, XXXI, 428). — HERRING (T.). *The physiological action of extracts of the pituitary body and saccus vasculosus of certain fishes* (*Quarterl. Journ. of experimental physiology*, 1908, I, 187). — ID. *A contribution to the comparative physiology of the pituitary body.* (*Ibid.*, 1908, I, 261). — ID. *Effets de la thyroïdectomie sur la glande pituitaire des mammifères* (*Ibid.*, 1908, I, 281). — HIRZEL, *Untersuch. ueber die Verbindung des sympath. Nerven mit Hirnnerven* (*Zeitschr. für Physiol.*, 1825, I, 2). — HOFMEISTER, *Experimentelle Untersuch. ueber die Bedeutung der Schilddrüsenverlust* (*Beitr. für klin. Chirurgie*, 1894, XI, 441). — HORSLEY. *Die Function der Schilddrüse* (*Int. Beitr. zur wissen. Med.*, 1891, Berlin). — ID. *On the functions of thyroïd* (*Brit. med. Journ.*, 1885). — HOWELL (W. H.). *The physiological effects of extracts of the hypophysis cerebri* (*Journ. of experiment. médec.*, 1898, III, 245, New-York). — HUTCHINSON (W.). *The function of the pituitary body* (*Med. News*, 1896, LXIX, 707, New-York). — JORIS (H.). *Contribution à l'étude de l'hypophyse* (*Ac. Roy. de Belgique*, 1907, XIX, fasc. 6). — ID. *La nature glandulaire du lobe postérieur de l'hypophyse* (*Bull. de la Soc. des Scienc. méd. de Bruxelles*, avril 1908). — ID. *L'hypophyse au cours de la gestation* (*Bullet. de l'Acad. Roy. de Belgique*, 1908, XXII, 4e série, 823). — LAIGNEL-LAVASTINE (M.). *La corrélation des glandes à sécrétion interne et leurs syndrômes pluriglandulaires* (*Gaz. des hôpitaux*, 1908, 1563). — LANCEREAUX (E.). *Rapport sur un mémoire de M. le Docteur E. de Cyon relatif au traitement de l'acromégalie par l'hypophysine et l'organo-thérapie rationnelle* (*Bullet. de l'Acad. de Médecine*, 1898, (3), XL, 444). — ID. *Accroissement et glandes vasculaires sanguines* (*Thyroïde et pituitaire*). *Leur rôle respectif dans la genèse de l'acromégalie* (*Cinquantenaire de la Société de Biologie. Volume jubilaire*, 1899, 573). — LAUNOIS (P.-E.). *Les cellules sidérophiles de l'hypophyse chez la femme enceinte* (*B. B.*, 1903, LV, 450). — ID. *Recherches sur la glande hypophysaire de l'homme* (*Thèse de la Faculté des Sciences de Paris*, 1904). — LAUNOIS (P. E.) et MULON (P.). *Les cellules cyanophiles de l'hypophyse chez la femme enceinte* (*C. R. de l'Assoc. des anatomistes*, (5), Liège, 1903, et *B. B.*, 1903, LV, 448). — LAUNOIS (P. E.), LŒPER et ESMONET. *La sécrétion graisseuse de l'hypophyse* (*B. B.*, 1904, LVI, 575). — LAUNOIS et ESMEIN (CH.). *Essai d'interprétation du syndrôme de Basedow* (IXe *Congr. franç. de médecine*, 1907, 14-16 octobre, Paris). — LEONHARDT. *Experim. Untersuch. ueber die Bedeutung der Schilddrüse f. das Wachsthum im Organismus* (*A. A. P.*, 1897, CXLIX). — LEWANDOWSKI. *Zur Frage der inneren Secretion der Niere und Nebenniere* (*Zeitsch. für klin. Med.*, 1899, XXXVII, 535). — LIEGEOIS (TH.). *Anatomie et Physiologie des glandes vasculaires sanguines* (*Thèse d'agrégation*, Paris, 1860). — LIVON (CH.). *Sécrétions internes, glandes hypertensives* (*B. B.*, 1898, L, 98). — ID. *Sécrétions internes, glandes hypotensives* (*B. B.*, 1898, L, 135). — ID. *Action des sécrétions internes sur la tension sanguine* (*Congrès Français de médecine* (4), Montpellier, 1898, 402). — ID. *Action des sécrétions internes sur la tension sanguine; sang ayant traversé les organes* (*Associat. franç. A. S. Congrès de Nantes*, 1898, 199). — ID. *Action de l'extrait de corps pituitaire sur le pneumogastrique* (*ibid.*, 205). — ID. (*Congrès International de Physiologie*, Cambridge, 1898, *J. P.*, 1899, XXIII, *Suppl.*, 40-41). — ID. *Corps pituitaire et tension sanguine* (*B. B.*, 1899, LI, 170). — ID. *Action des sécrétions internes sur les centres vaso-moteurs* (*Associat. franç. A. S. Congrès de Boulogne-sur-Mer* 1899 (1), 299). — ID. *Action des extraits d'hypophyse et de capsules surrénales sur les centres vaso-moteurs* (*Cinquantenaire de la Société de Biologie, volume jubilaire*, 1899, 501). — ID. *Sécrétions internes et pression sanguine* (XIIIe *Congrès international de médecine*, 1900, Paris, *Section de Physiologie et Arch. provinciales de médecine*, 1900, 470). — ID. *Sur le rôle de l'hypophyse* (*B. B.*, 1907, LXII, 1234). — ID. *Présentation d'un chien hypophysectomisé* (*B. B.*, 1908, LXIV, 372). — ID. *Inexcitabilité de l'hypophyse* (*B. B.*, 1908, LXV, 177). — ID. *L'hypophyse est-elle un centre réflexe circulatoire?* (*Marseille médical*, 1908, LXV, 745). — ID. *Pénétration par la voie nerveuse de la sécrétion interne de l'hypophyse* (*B. B.*, 1908, LXV, 744). — ID. *Contribution à la physiologie de l'hypophyse; l'hypophyse est-elle directement excitable?* (*Journ. de physiol. et de pathol. générales*, 1909, XI, 16). — LO MONACO et VAN RINBECK. *Ricerche sulla funzione della ipofisi cerebrale* (*Riv. mensile di neuro-patol. et psychiatria*, 1901, avril-mai, et *Accad. dei Lincei*, 1901, x). — LORAND (A.). *Relation entre le sommeil et la fonction de la glande pituitaire* (*Médecine pratique*, 1906, février, 15, Paris). — ID. *On sleep; sleepiness, insomnia, the « Sleeping Sickness » and their causation* (*Month. Cycl. Pract. Med.*, 1906, IX, 145). — LUCIEN (M.) et PARISOT (J.). *Variations pondérales de l'hypophyse consécutivement à la thyroïdectomie* (*B. B.*, 1908, LXV, 771). — LUSENA (G.). *Nuove recerche sull' apparecchio tiro-paratiroïdeo* (*Riforma medica*, 1906, XXII, 197, Palermo-Napoli). — MAGENDIE (F.). *Recherches physiologiques et cliniques sur le liquide céphalo-rachidien* (1842, Paris). — MAGNUS (R.) et SCHÆFER. *Action des extraits pituitaires sur le rein* (*J. P.*, 1901, XXVII). — MAIRET et BOSC. *Recherches sur les effets de la glande pituitaire administrée aux animaux, à l'homme sain et à l'épileptique* (*B. B.*, 1896, XLVIII, 348, et *A. de P.*, 1896, (5), VIII, 600). — MALCOLM (J.). *Sur l'influence de la substance pituitaire sur le métabolisme* (*J. P.*, 1904, XXX, 270). — MARENGHI. *Sulla estirpazione delle capsule surrenali in alcuni mammiferi* (*Lo Sperimentale*, 1903, LVII). — MARINESCO. *De la destruction de la glande pituitaire chez le chat* (*B. B.*, 1892, XLIX, 509). — MASAY (F.). *Recherches sur le rôle physiologique de l'hypophyse* (*Ann. de la Soc. Roy. des Scienc. médic. et natur. de Bruxelles*, 1903, XII, fasc. 3). — ID. *Expériences démontrant l'action d'un sérum hypophysotoxique* (*Bullet. de la Soc. Roy. des Sciences médic. et natur. de Bruxelles*, 1906, juillet). — ID. *L'acromégalie expérimentale* (*Bullet. de la Soc. Roy. des Scienc. médic. et natur. de Bruxelles*, 1906, décembre). — ID. *L'hypophyse. Étude de physiologie pathologique* (*Thèse de Bruxelles*, 1908). — MONRO. *Observations on the structure and functions of the nervous system*, 1783, Édimbourg. — MÜLLER (W.). *Ueber Entwickelung und Bau der Hypophysis und des Processus infundibuli cerebri* (*Jenaische Zeitschr. für Medic. und Naturwiss.*, 1871, VI, 354). — NARBOUTE (V.). *Le corps pituitaire et son rôle dans l'organisme* (*Vratch*, 1903, 1716, *Thèse de Saint-Pétersbourg*, 1903. Analyse in *Revue neurologique*, 1904, XII, 20). — OLIVER (G.) et SCHÆFER (E.). *On the physiological action of extracts of pituitary body and certain other glandular organs* (*J. P.*, 1895, XVIII, 276). — OSBORNE et VINCENT. *Les effets physiologiques des extraits de tissu nerveux* (*J. P.*, 1899, XXV, 282, et *Brit. med., Journ.*, 1900, 3 mars). — PAL (J.). *Action de l'extrait d'hypophyse* (*Soc. des médecins de Vienne*, 1908, décembre). — PARHON et GOLDSTEIN (M.). *Sur l'existence d'un antagonisme entre le fonctionnement de l'ovaire et celui du corps thyroïde* (*B. B.*, 1903, LV, 281). — PARHON et GOLDSTEIN (M.). *Les sécrétions internes*, 1909, Paris. — PARISOT (J.). *Pression artérielle et glandes à sécrétion interne*, 1908, 1 vol. in-8, Paris. — ID. *Recherches sur la toxicité de l'extrait d'hypophyse* (*B. B.*, 1909, LXVII, 71). — PATTA (A.). *Contribution critique et expérimentale à l'étude de l'action des extraits d'organes sur la fonction circulatoire* (*A. i. B.*, 1907, XLVIII, 210). — PAULESCO (N.-C.). *Recherches sur la physiologie de l'hypophyse du cerveau* (*C. R.*, 1907, CXLIV, 521, et *Revista sc. medicale*, 1906, Bucarest). — ID. *Recherches sur la physiologie de l'hypophyse du cerveau. L'hypophysectomie et ses effets* (*Journ. de physiol. et de pathol. génér.*, 1907, IX, 441). — ID. *L'hypophyse du cerveau. Physiologie. Recherches expérimentales* (*Journ. de médec. interne*, 1907 et 1908). — PAWLOW (J.-P.). *Einfluss des Vagus auf die linke Herzkammer* (*A. P.*, 1887). — PIRONE (D.). *Contributo sperimentale allo studio della funzione dell' ipofisi* (*Riforma medica*, 1903, XIX, 169). — PIRONE (R.). *Sulla fina struttura e sui fenomeni di secrezione dell' ipofisi* (*Arch. di Fisiolog.*, 1904, II, 69). — RÉNON (L.) et DELILLE (ARTH.). *Sur les effets des extraits d'hypophyse, de thyroïde, de surrénale, d'ovaire employés en injections intra-péritonéales chez le lapin. Injections simples et combinées* (*B. B.*, 1908, LXIV, 1037; et 1908, LXV, 499). — ROGOWITSCH (N.). *Sur les effets de l'ablation du corps thyroïde chez les animaux* (*A. de P.*, 1888, (4), I, 419). — ID. *Die Veränderungen der Hypophyse nach Entfernung der Schilddrüse* (*Ziegler's Beiträge z. pathol. Anat. u. z. allgem. Pathol.*, 1889, IV, 453). — SAJOUS (M.). *The internal secretions* (1903, 1 vol. Philadelphia). — ID. *Les sécrétions internes, l'appareil hypophyséo-surrénal; son rôle à l'état normal et à l'état pathologique* (*IXe Congrès franç. de médecine*, Paris, 1907, 14-16 octobre). — SALMON (A.). *Sull' origine del sonno. Studio delle relazioni tra il sonno e la funzione della glandula pituitaria* (1905, in-8, 61 p., L. Nicolai, Firenze). — ID. (*Revue de médecine*, 1906, XXVI, 368, Paris). — SALVIOLI (I.) et CARRARO (A.). *Sulla fisiologia dell' ipofisi* (*Archivio par le scienze mediche*, 1907, XXXI, 242, et *A. i. B.*, 1908, XLIX, 1). — SCHÆFER. *Text book of physiology* (1898, London, 946, 947 et 948). — SCHÆFER et HERRING (P. T.). *Action des extraits hypophysaires sur les reins* (*Tran-*

sact. of the Roy. Societ. of London, 1907, série B, cxcix, 1, et *Brit. med. Journal*, 1907, 23 février, 461). — SCHÆFER et VINCENT. *On the action of extract of pituitary injected intravenously* (*Proc. of the Physiol. Soc.*, 1899, mars). — ID. *Effets physiologiques de l'extrait de la glande pituitaire* (*J. P.*, 1899, xxv, 87). — SCHIFF (A.). *Hypophysis und Thyreoidea in ihrer Einwirkung auf den menschlichen Stoffwechsel* (*Wien. klin. Woch.*, 1897, x, 277, et *Zeitschr. für klin. Med.*, 1897, xxxii, 284). — SCHNITZLER (J.) et EWALD (K.). *Ueber das Vorkommen des Thyreojodins in menschlichen Korper.* (*Wien. klin. Woch.*, 1896, ix, 657). — SCHÖNEMANN (A.). *Hypophysis und Thyroidea* (*A. A. P.*, 1892, cxxix, 319). — SCZYMONOWICZ. *Die Function der Nebenniere* (*A. g. P.*, 1896, lxiv). — SILVESTRINI. *Sur l'action de l'extrait aqueux du lobe postérieur de l'hypophyse sur la pression sanguine et le cœur* (*Riv. critica di clinica medica*, 1905, 15 juillet, n° 28, Firenze). — ID. *Injection d'extrait de glande pituitaire* (*Congr. de la Soc. ital. de med. interne*, 1905, 24-29 octobre). — ID. *Injection d'extrait du lobe postérieur de la glande pituitaire* (*Congr. de la Soc. ital. de méd. interne*, 1907). — SILVESTRINI et BADUEL (A). *Recherches pour préciser quelle est la partie active du lobe postérieur de l'hypophyse* (*Instituto umbro de Scienze e Lettere*, 1907, 23 mai). — THAON (P.). *Note sur la sécrétion de l'hypophyse et ses vaisseaux évacuateurs* (*B. B.*, 1907, lxii, 714). — ID. *L'hypophyse à l'état normal et dans les maladies* (*Thèse de Paris*, 1907). — ID. *Contribution à l'étude des glandes à sécrétion interne. L'hypophyse à l'état normal et dans les maladies* (2e édit., 1907, O. Doin, Paris). — THAON (P.) et GARNIER (M.). *De l'action de l'hypophyse sur la pression artérielle et le rythme cardiaque* (*Journ. de physiol. et de pathol. génér.*, 1906, viii, 252). — THUMIN (M.). *Antagonisme de l'hypophyse et des ovaires* (*Soc. de médec. de Berlin*, 1909, 17 mars). — TIEDEMANN. *Sur la part que le nerf grand sympathique prend aux fonctions des organes des sens* (*Journ. complém. du Dict. des Scienc. médicales*, 1825, xxiii, 113). — TIZZONI et CENTANNI. *Sugli effeti remoti della tiroidectomia nel cane* (*Arch. per le scienze med.*, 1890, xi, 3). — TORRI. *Contributo allo studio delle alterazioni dell' ipofisi consecutive all' ablazione dell' apparecchio tiroparatiroideo* (*Il nuovo Ercolani*, [illegible]). — TRAINA. *Ricerche sperimentali sul sistema nervoso degli animali tiroprivati* (*Policlinico*, 1898, v, 10). — UHTHOFF. *Anomalies de développement dans les affections hypophysaires* (*Congrès de physiologie*, 1907, Heidelberg). — URECHIA (C. J.). *Action de l'extrait hypophysaire en injections intra-péritonéales* (*B. B.*, 1908, lxv, 278). — VALENTI. *Sulla origine e sul significato della ipofisi* (*Atti dell' Accad. medico-chirurgic. di Perugia*, 1895, vii, 4 et *Monitore zoologico*, 1895, 16 janvier). — VASSALE (G.) et SACCHI (E.). *Sulla distruzione della glandola pituitaria* (*Riv. speriment. di freniatria*, 1892, xviii, 525). — ID. *Ulteriori esperienze sulla ghiandola pituitaria* (*Ibid.*, 1894, xx, 83). — VASSALE (G.) et DONAGGIO. *Les altérations de la moelle épinière chez les chiens opérés d'extirpation des glandes parathyréoïdiennes* (*A. i. B.*, 1897, xxvii, 124). — VER[illegible]ER (H.) et SOULÉ (E.). *Sur la technique de la destruction electrolytique de l'hypophyse chez le chien* (*B. B.*, 1908, lxiv, 301). — VOGEL (K.). *Von der Bedeutung der Hirnanhänge* (1828, Würzburg).

III. — PHYSIOLOGIE PATHOLOGIQUE

AGOSTINI. *Tumore maligno dell' ipofisi* (*Riv. di patologia nerv. e mentale*, 1899, iv). — ALQUIER (L.) et SCHMIERGELD. *Deux tumeurs de l'hypophyse. Étude histologique* (*L'Encéphale*, 1907, ii, 536). — ALQUIER (L.) et TOUCHARD (P.). *Lésions des glandes vasculaires sanguines dans deux cas de sclérodermie généralisée* (*Archiv. de méd. expér. et d'anat. pathol.*, 1907, xix, 687). — AUCHÉ (G.). *De la glande pituitaire et de ses maladies* ([illegible], Poitiers, in-4). — AZAM (J.). *Sur un syndrôme d'insuffisance hypophysaire au cours des maladies toxi-infectieuses* (*Thèse de Paris*, [illegible], n° 329). — BABINSKI. *Tumeur du corps pituitaire sans acromégalie et avec arrêt du développement des organes genitaux* (*Rev. de neurolog.*, 1900, 531). — BADUEL (A.). *Lésions vasculaires produites par l'extrait d'hypophyse* (*Il policlinico*, 1908, xv, 855). — BALZER. *Analyse d'urine dans l'acromégalie* (*Bull. de la Société méd. des hôpit.*, 1892). — BARBACCI. *Gumma hypophysis cerebri* (*Lo Sperimentale*, 1881, 364). — BARTELS. *Sur les rapports des lésions de la région de l'hypophyse avec les troubles du développement et les troubles génitaux* (*Dystrophie adiposo-génitale*) (*Société des natural. et des médec. de Strasbourg*, 1907, 6 déc.). — BASSO (P.). *A case of gigantism, and leontiasis ossea, with report of the case of the giant Wilkins* (*The Journ. of nerv. and mental diseases*, 1903, xxx, 513, New-York). — BAYON. *Examen de l'hypophyse, de l'épiphyse et des nerfs périphériques dans un cas de crétinisme* (*Neurol. Centralb.*, 1905, 146). BÉCLÈRE. *Le radio-diagnostic de l'acromégalie* (*Presse médicale*, 1903, 9 déc.). — ID. *Le traitement médical des tumeurs hypophysaires, du gigantisme et de l'acromégalie par la radiothérapie* (*Bull. de la Soc. méd. des hôpit.*, 1909, 274). — BENDA. *Histologie pathologique de l'hypophyse* (*Deutsche med. Woch.*, 1900, déc.). — ID. *Ueber den normalen Bau und einige pathologische Veränderung der menschlichen Hypophysis cerebri* (*A. P.*, 1900). — ID. *Beiträge zur normalen und pathologischen Histologie der menschlichen Hypophysis cerebri* (*Berl. klin. Woch.*, 1900, xxxvii, 52). — ID. *Patholog. Anat. der Hypophysis* (*Handbuch der pathol. Anat. des Nervensyst.*, 1904, II, ch. 39, 1418). — BENDA, FRAENKEL und STADELMANN. *Klin. und. anat. Beiträge zur Lehre der Akromegalia* (1901, Leipzig, et *Deutsche med. Woch.*, 1901). — BERGER (A.). *Un cas de tumeur de la région hypophysaire avec autopsie* (*Zeitschr. für klin. Medic.*, 1904, LIV, 448). — BIEDL und REINER. *Stud. über Hirncirculation und Hirnœdem* (*A. g. P.*, 1898, LXXIII, 386). — BINDO DE VECCHI et BOLOGNESI. *L'ipofisi el processo tubercolare* (*Soc. medico-chirurg. di Bologna*, 1905, LXXVI, 16). — BLEIBTREU (M. L.). *Acromégalie avec destruction de l'hypophyse par une hémorragie* (*Münch. med. Woch.*, 1905, 24 oct., et *Semaine médicale*, 1906, 18). — BORCHARDT. *Glycosurie hypophysaire et ses rapports avec le diabète dans l'acromégalie* (*Zeitschr. für klin. Med.*, 1908, LXVI, 3). — BOYCE et BEADLES *Enlargement of the hypophysis cerebri in Myxœdem and a further contribution to the study of the pathology of the hypophysis cerebri* (*Journ. of pathol. and Bacteriol.*, 1893, I, 360). — BREGMAN (L.). *Contribution clinique à l'acromégalie* (*Zeitschr. für Nerv.*, 1900, XVII). — BREGMAN (L.) et STEINHAUS (J.). *Deux cas de tumeurs de l'hypophyse et de la région hypophysaire* (*Journ. de neurol.*, 1907, n°s 16 et 17, Bruxelles). — BRISSAUD et MEIGE. *Gigantisme et Acromégalie* (*Revue scient.*, 1895, 330). — BROMWELL. *Acromegaly in a Giantness* (*Brit. med. Journal*, 1894, 21). — BRUNET (L.). *Etat mental des acromégaliques* (*Thèse de Paris*, 1899). — BUHECKER. *Ein Beitr. zur Patholog. und Physiol. der Hypophysis cerebri* (1893, Strasbourg). — BURCHARD (O.). *Acromégalie et Myxœdème* (*Pet. med. Woch.*, 1901, n° 44, 481). — BURR (CH. W.) et REISSMANN (D.). *Un cas de tumeur pituitaire sans acromegalie* (*Journ. of nerv. and ment. diseases*, 1899, XXVI, 21) — CAGNETTO (G.). *Sulla relazione anatomica fra acromegalia e tumore ipofisario* (*Sperim. Arch. di biol.*, 1903, LVII, 744, Firenze, et *Riv. sper. de Freniatria*, 1904, 30 sept.). — ID. *Zur Frage der anatomischen Beziehung zwischen Akromegalie und Hypophysistumor* (*A. A. P.*, 1904, CLXXVI, 115). — ID. *Nuovo contributo alla studio dell' acromegalia con speciale riguardo alla questione del rapporto tra acromegalia e tumore dell' ipofisi. Osservazioni anatomiche e critiche* (*A. A. P.*, 1907, CLXXVII, 199). — ID. *Hypophyse et Acromégalie* (*Arch. per le scienze mediche*, 1907, XXXI, 80). — CALDERARA (A.). *Myxœdème par atrophie de la thyroïde avec hypertrophie de l'hypophyse* (*Giorn. della R. Accad. di medic. di Turino*, 1907, et *A. i. B.*, 1909, L, 19?). — CASELLI (A.). *Ipofisi e Glycosuria* (*Rivista di Freniatria*, 1900, XXXVII, 120). — ID. *Studi anat. e speriment. sulla fisiopatologia della glandola pituitaria* (*Instit. psichiatrico di Reggio*, 1900, 1 vol. in-8). — CASTIGLIONI (G.). *Un nouveau cas d'acromégalie amélioré par l'opothérapie hypophysaire* (*Gazz. med. ital.*, 1905, 23 mars). — CATON (R.). *Notes on Acromegaly* (*Liverpool Med. chir. Journ.*, 1893, XIII, 369, et *Brit. med. Journ.*, 1893, 1421). — CATTLE (C. H.). *Un cas d'acromégalie chronique* (*Brit. med. Journ.*, 1903, 4 avril). — CAUSSADE (G.) et LAUBRY (CH.). *Sarcome de la glande pituitaire sans acromégalie* (*Arch. de méd. expér. et d'anat. pathol.*, 1909, XXI, 172). — CESTAN (R.) et HALBERSTADT. *Epithélioma kystique de l'hypophyse sans hypertrophie du squelette* (*Rev. de neurolog.*, 1903, 1180). — CHAUFFARD et RAVAUT (P.). *Acromegalie avec diabète sucré, tumeur du corps pituitaire et gigantisme viscéral* (*Soc. méd. des hôp.*, 1900, 352). — CLAUDE (H.). *Syndrôme d'hyperfonctionnement des glandes vasculaires sanguines chez les acromégaliques* (*B. B.*, 1905, LIX, 362). — ID. *Acromégalie sans gigantisme* (*L'Encéphale*, 1907, II, 295). — CLAUDE (H.). et GOUGEROT (H.). *Insuffisance pluriglandulaire endocrinienne* (*Journ. de Physiol. et de Pathol. génér.*, 1908, X, 468 et 505). — ID. *Les syndrômes d'insuffisance pluriglandulaire, leur place en nosographie* (*Rev. de médecine*, 1908, n° 10, 861; n° 11, 930). — CLAUDE (H.) et SCHMIERGELD (A.). *Etude de 17 cas d'épilepsie au point de vue de l'état des glandes à sécrétion interne* (*B. B.*, 1908, LXV, 196 et *Congr. de Dijon*, août 1908). — ID. *Les glandes à sécrétion interne chez les épileptiques* (*L'Encéphale*, 1909, IV, 1). — CLUNET (J.). *Accidents cardiaques au cours d'un cancer thyroïdien basedowifié* (*Réaction parathyroïdienne, hypophysaire et surrénale*) (*Arch. des malad. du cœur*, 1908, avril, 232). — COLLINA (M.). *Sulla minuta struttura della ghiandola pituitaria nella stato normale e patologica* (*Riv. di patol. nerv. ment.*, 1903, VIII, n° 6). — COULON. *Ueber Thyreoidea und Hypophysis der Kretinen sowie über Thyreoïdalreste bei Struma nodosa* (*A. A. P.*, 1897, CXLVII, 53). — CYON (E. DE). *Traitement de l'acromégalie par l'hypophysine et l'organothérapie rationnelle* (*Bull. de l'Acad. de méd.*, 1898, 3e série, XL, 444). — DALLEMAGNE. *Trois cas d'acromégalie avec autopsies* (*Arch. de médec. expérim. et d'anal. pathol.*, 1895, VII, 589). — DANLOS, APERT et LÉVY-FRANKEL. *Cyphose hérédo-familiale à début précoce. Anomalies multiples* (*mamelons surnuméraires, incisives de troisième dentition, acromégalo-gigantisme*) *chez plusieurs membres de la famille* (*Soc. méd. des hôpit.*, 1909, 26 mars). — DEBOVE. *Diabète hypophysaire* (*Journ. des praticiens*, 1908. n° 50). — DELILLE (A.). *L'hypophyse et la médication hypophysaire* (*Thèse de Paris*, 1909, n° 250). — DELILLE (A. et VINCENT (CL.). *Myasthénie bulbo-spinale traitée par l'opothérapie* (*hypophyse et ovaire*). *Amélioration considérable, rapide et progressive* (*Soc. de neurologie*, 1907, 7 février). — DERCUM (F.-X.) et MC CARTHY (D.-J.). *Autopsie d'un cas d'adipose douloureuse* (*Americ. Journ. of the medic. sc.*, 1902, 994). — DIDE (M.). *Les glandes vasculaires sanguines chez les aliénés* (*Congr. de Dijon*, août 1908). — DUFRANC, LAUNOIS, ROY (P.). *Relations du gigantisme et de l'acromégalie* (*Soc. méd. des hôpit.*, 1903, 8 mai). — EDSALL (D.-L.) et MILLER (C.-W.). *A contribution to the chemical pathology of acromegaly* (*Univ. Penn. M. Bull.*, 1903-1904, XVI, 143, Philadelphie). — ERDHEIM. *Zur normale und pathol. Histologie der Glandula thyreoïdea, Parathyroïdea und Hypophysis* (*Ziegler's Beitr.*, 1903, XXXIII, 158). — ÉTIENNE (G.) et PARISOT (J.). *Athérome aortique et extrait d'hypophyse* (*B. B.*, LXIV, 750). — ID. *Action sur l'appareil cardio-vasculaire des injections répétées d'extrait d'hypophyse, comparaison avec l'action de l'adrénaline* (*Arch. de méd. expérim. et d'anat. pathol.*, 1908, XX, 423). — ID. *Le rôle de l'élévation de la pression artérielle dans l'étiologie de l'athérome* (*Journ. de Physiol. et de path. génér.*, 1908, X, 1055). — EXNER. *Extirpation de l'hypophyse pour adénome malin, suivie d'amélioration* (*Soc. des médec. de Vienne*, 1909, 15 janvier). — FAVORSKI. *Traitement de l'acromégalie* (*Clin. neurolog. de Kazan*, 1899; *Vratsch.*, 1899, 708, et *Rev. de neurolog.*, 1900). — FERRAND. *Un nouveau cas d'acromégalie avec autopsie* (*Revue neurolog.*, 1901, IX, 271). — FINZI. *Sopra un caso di acromegalia* (*Bull. des Sc. méd. de Bologne*, 1897 (7), VIII, 201). — FRANCHINI (G.). *Contribution à l'étude de l'acromégalie* (*Rivista speriment. di Freniat.*, 1907, XXXIII, 888). — FRANCHINI (G.) et GIGLIOLI (G.-J.). *Encore sur l'acromégalie* (*Nouv. iconogr. de la Salpêtrière*, 1908, n° 5, 325). — FRIEDMANN. *Noch einige Erfahrungen über Extirpation der Hypophysis cerebri und über Transplantation von Carcinom und Thyreoidea auf die Hypophysis* (*Berl. klin. Woch.*, 1902, 12 mai). — FRIEDMANN et MAAS. *Ueber Extirpation der Hypophysis cerebri* (*Berl. klin. Woch.*, 1900, XXXVII, 52). — FUCHS (A.). *Diagnostic précoce des tumeurs de l'hypophyse* (*Wiener klin. Woch.*, 1903, 5 février). — GARBINI (G.). *La structure et la fonction de l'hypophyse dans quelques formes graves congénitales ou acquises de psychopathie* (*Riv. di patol. nerv. e ment.*, 1905, X, 449). — ID. *Contribution clinique et anatomopathologique à la connaissance du myxœdème post-opératoire, avec considérations spéciales sur la fonction de l'hypophyse* (*Riv. di patol. nerv. et ment.*, 1906, XI, 553). — GARNIER (M.) et THAON (P.). *L'hypophyse chez le tuberculeux* (*Congrès de la tuberculose*, 1905, I, 493, Paris). — GAUCKLER et ROUSSY. *Sur un cas d'acromégalie avec lésions associées de toutes les glandes vasculaires sanguines* (*Rev. neurolog.*, 1905, XIII, 356). — GAUSSEL. *Un cas d'acromégalie* (*Nouv. iconogr. de la Salpêtrière*, 1906, XIX, 391). — GILBERT-BALLET. *Sur un cas d'association de gigantisme et de goître exophtalmique* (*Soc. de neurologie*, 1905, 12 janvier). — GILBERT-BALLET et DELHERM. *Traitement du goître exophtalmique* (*Rapp. fait au IXe Congrès français de médecine*, 1907, 14-16 octobre, Paris). — GILBERT-BALLET et LAIGNEL-LAVASTINE. *Note sur l'hyperplasie des glandes à sécrétion interne* (*hypophyse, thyroïde, surrénale*) *trouvée à l'autopsie d'une acromégalique* (*Soc. de neurol.*, 1904, 9 juillet). — GIORDANI (A.-J.). *Sur le diagnostic des tumeurs de l'hypophyse par la radiographie* (*Thèse de Paris*, 1906, n° 189, et *Médecin praticien*, 1907, 107). — GOLLA. *Emploi thérapeutique de l'hypophyse* (*The Lancet*, 1902, 15 février). — GRAMEGNA (A.). *Un cas d'acromégalie traité par la radiothérapie* (*Rev. neurolog.*, 1909, 15 janvier, 15). — GRAWITZ. *Cas d'acromégalie* (*Soc. de méd. de Berlin.*, 1904). — GRENET et TANON. *Acromégalie* et diabète (*Soc. de neurolog.*, 1907, 10 janvier). — GUBLER (M.). *Cas d'acromégalie aiguë maligne* (*Corresp. bl. für schw. A.*, 1900, 15 décembre). — GUEDINI (G.). *Adipose non douloureuse* (*Gaz. degli ospedali e delle cliniche*, 1907, XXVIII, 1639). — GUERRINI (G.). *Di una ipertrofia second. sperimentale della ivofisi; contributo alla patogenesi dell' acromegalia* (*Riv. di patol. nerv. e ment.*, 1904, IX, 513, et *A. i. B,*, 1905, XLIII, 10). — ID. *Ipofisi e patologia del ricambio* (*Il Tommasi*, 1906, I, n° 8). — GUILLAIN et ALQUIER. *Etude anatomo-pathologique d'un cas de maladie de Dercum* (*Arch. de médec. expér. et d'anat. pathol.*, 1906, XVIII, 680). — HALLION et CARRION. *Sur l'essai expérimental de l'extrait opothérapique d'hypophyse* (*Soc. de thér. de Paris*, 1907, 13 mars). — HALMAGRAND. *État actuel de l'infantilisme* (*Thèse de Paris*, 1907). — HANSEMANN. *Sur l'acromégalie* (*Berl. klin. Woch.*, 1897, n° 20, 417). — HASKOVECK (L.). *Note sur l'acromégalie; maladie de P. Marie* (*Rev. de médec.*, 1893, XIII, 237). — HAUSHALTER et LUCIEN (M.). *Polyurie simple et tubercule de l'hypophyse* (*Rev. neurolog.*, 1898, 15 janvier, 1). — HINSDALE. *Acromegaly* (*Waren. Detroit, U. S. A.*, 1898). — HIPPEL (Von). *Ein Beitrag zur Casuistik der Hypophysistumoren* (*A. A. P.*, 1891, CXXVI). — HOCHENEGG (M.). *Ablation des tumeurs de l'hypophyse* (*Soc. des médec. de Vienne*. 1909, 25 février). — HUETER (C.). *Hypophysistuberkulose bei einer Zwergin* (*A. A. P.*, 1905, CLXXXII, 219). — HUISSMANN. *Hypophyse et Acromégalie* (*Munch. med. Woch.*, 1903, n° 40). — HUTCHINSON WOODS. *The pituitary gland as a factor in Acromegaly and Gigantism* (*New-York med. Journ.*, 1898, mars, et 1900, juillet). — INGERMANN (S.). *Zur Kasuistik der Hypophysistumoren* (1889, in-8, 24 p., Bern). — JOFFROY. *Sur un cas d'acromégalie avec démence* (*Progrès médical*, 1898, 129). — JOSSERAND et BÉRIEL. *Un cas d'acromégalie avec diabète. Tumeur du corps pituitaire* (*Soc. méd. des hôpit. de Lyon*, 1903, 485). — KESTER (H.). *Un cas d'acromégalie* (*Hygiaea*, 1900, 37, et *Rev. neurol.*, 1900, 571). — KLIPPEL et VIGOUROUX. *Angiocholite chronique et insuffisance hépatique avec symptômes d'acromégalie* (*Presse médicale*, 1903, 245). — KOLLARITS. *Tumeurs de l'hypophyse sans acromégalie* (*Deutsch. Zeitschr. für Nervenheilk.*, 1905, XXVIII, 88). — KUH (S.). *Treatment of acromegaly with pituitary bodies* (*Journ. of Americ. med. Associat.*, 1902, XXXVIII, 295, Chicago). — LABADIE-LAGRAVE et DEGUY. *Associations morbides de l'acromégalie* (*cœur et acromégalie*) (*Arch. génér. de méd.*, 1899 (1), 129). — LAFOND (M.). *Sclérodermie et corps pituitaire* (*Thèse de Lyon*, 1902, n° 149). — LAIGNEL-LAVASTINE (M.). *Des troubles psychiques par perturbation des glandes à sécrétion interne* (*XVIII*[e] *Congrès des méd. alién. et neurolog.*, 1908, 3-8 août, Dijon). — ID. *Les troubles glandulaires dans les syndrômes neuro-psychiques* (*Tribune médicale*, 1908, 565). — ID. *La corrélation des glandes à sécrétion interne et leurs syndrômes pluriglandulaires* (*Gaz. des hôpit.*, 1908, 1563). — ID. *Les troubles psychiques dans les syndrômes hypophysaires* (*Revue de médecine*, 1909, XXIX, 172). — LAIGNEL-LAVASTINE (M.) et THAON (P.). *Syndrôme de Basedow chez une goîtreuse avec trophœdème* (*Soc. de neurol.*, 1905, novembre). — LANCEREAUX (E.). *Tumeur de la base du cerveau développée dans le corps pituitaire* (*Bull. Soc. Anat. de Paris*, 1859, XXXIV, 105). — ID. *Traité d'anat. patholog.*, 1889, III, 29 et 730, Paris. — ID. *Des trophonévroses des extrémités. La trophonévrose acromégalique; sa coexistence avec le goître exophtalmique et la glycosurie* (*Semaine médic.*, 1895, 61). — ID. *Rapport sur un mémoire de M. le docteur E. de Cyon relatif au traitement de l'acromégalie par l'hypophysine et l'organothérapie rationnelle* (*Bull. de l'Acad. de méd.*, 1898, (3), XL, 444). — LAUNOIS (P.-E.). *Acromégalie et cirrhose atrophique de l'hypophyse* (*Soc. méd. des hôpit.*, 1903, décembre). — ID. *La glande hypophysaire de l'homme* (*Thèse de la Faculté des Sciences de Paris*, 1904). — LAUNOIS (P.-E.) et ESMEIN (CH.). *Essai d'interprétation du syndrôme de Basedow* (*IX*[e] *Congrès français de médecine*, 1907, 14-16 octobre, Paris). — LAUNOIS (P.-E.) et ROY (P.). *Gigantisme et infantilisme* (*Soc. de neurolog.*, 1902, novembre) et *Nouv. iconographie de la Salpêtrière*, 1902, XV, 540). — ID. *Glycosurie et Hypophyse* (*Arch. génér. de médecine*, 1903, n° 18, 1102, et *B. B.*, 1903, LV, 383). — ID. *Etudes biologiques sur les géants* (1904, Masson et Cie, Paris). — LAWRENCE (J.). *Hypertrophie du corps pituitaire sans acromégalie* (*Brit. med. Journ.*, 1899, 831). — LÉPINE (R.). *Le Diabète sucré* (1909, Fél. Alcan, Paris). — LÉVI (LÉOPOLD) et ROTHSCHILD (HENRI). *Opothérapie hypophysaire* (*Soc. de neurologie*, 1907, 7 février). — ID. *Sur un cas de myopathie atrophique progressive ou de myatonie amélioré par l'opothérapie hypophysaire* (*Soc. de neurol.*, 1907, 6 juin). — ID. *Hypothyroïdie basedowienne. Sa base anatomique, sa représentation histo-chimique* (*B. B.*, 1908, LXV, 654). — ID. *Etudes sur la physiopathologie du corps thyroïde et de l'hypophyse*

(1908, oct., Doin, Paris). — LEWIS (J.-D.). *Hyperplasie des cellules chromophiles de l'hypophyse, comme cause de l'acromégalie* (*Transact. of the Chicago patholog. Society*, 1905, VI, 230, et *Bullet. of the John Hopkins Hosp.*, 1905, XVI, 157). — LOEPER (M.). *Sur quelques points de l'histologie normale et pathologique des plexus choroïdes de l'homme* (*Arch. de médec. expérim.*, 1904, XVI, 473). — LOEB. *Hypophysis cerebri und diabetes mellitus* (*Centralbl. für innere Medizin*, 1898, n° 35). — LORAND (A.). *L'origine du diabète et ses rapports avec les états morbides des glandes sanguines* (*Journ. de médec. de Bruxelles*, 1903, n° 12, 187). — ID. *Sur les rapports du diabète avec l'acromégalie et la maladie de Basedow* (*Presse médicale*, 1903, 664). — ID. *Pathogénie du diabète dans l'acromégalie* (*B. B.*, 1904, LVI, 554). — LUCIEN (M.). *Considérations anatomiques sur l'athrepsie* (*B. B.*, 1908, LXIV, 236). — LUSENA. *Sulla patog. del mo bo di Basedow* (*Cronaca della clinica med. di Genova*, 1897). — LYMAN GREEN (CH.). *Acromégalie associée avec des symptômes de myxœdème* (*New York med. Journ.*, 1905, octobre). — MAIRET et BOSC. *Recherches sur les effets de la glande pituitaire administrée aux animaux, à l'homme sain et à l'épileptique* (*B. B.*, 1896, XLVIII, 318, et *A. de P.*, 1896 (5), VIII, 600). — MARIE (PIERRE). *Sur deux cas d'acromégalie; hypertrophie singulière non congénitale des extrémités supérieures, inférieures et céphaliques* (*Revue de médec.*, 1886, VI, 297). — ID. *L'acromégalie* (*Nouv. iconog. de la Salpêtrière*, 1888-1889, et *Gaz. des hôpit.*, 1893, 17 février). — MARIE (P.) et MARINESCO. *Sur l'anatomie pathologique de l'acromégalie* (*Arch. de médec. expér. et d'anat. patholog.*, 1891, III, 539). — MARINESCO. *Trois cas d'acromégalie traités par des tablettes de corps pituitaire* (*Soc. méd. des hôpit.*, 1895, 8 novembre). — MARTINOTTI (C.). *Su alcune particolarità di struttura della fibra muscolare striata in rapporto colla diagnosi di acromegalia* (*Ann. di Freniat.*, 1902, XII, 76). — MASAY (F.). *L'acromégalie expérimentale* (*Bull. de la Soc. Roy. des sciences méd. et natur. de Bruxelles*, 1906, décembre). — ID. *L'hypophyse. Étude de physiologie pathologique* (*Thèse de Bruxelles*, 1908). — MASSALONGO. *Sull' acromegalia* (*Riforma med.*, 1892, 157). — MEIGE (H.). *Sur le gigantisme* (*Arch. génér. de médec.*, 1902, (2), 407). — MENDEL. *Ein Fall von Akromegalia* (*Berl. klin. Woch.*, 1895). — MESSEDAGLIA. *Acromégalie et gigantisme viscéral* (*Morgagni*, 1908, mai). — MINERBI et ALESSANDRI. *Acromégalie avec syndrôme de Stokes-Adams et énorme hypertension artérielle* (*Accad. delle scienze medic. e nat. di Ferrara*, 1908, janvier). — MODENA (G.). *Acromegalia* (*Riv. speriment. di Freniatria*, 1903, XXIX, f. 3-4). — ID. *Un cas d'acromégalie avec myxœdème suivi d'autopsie* (*Annuar. del provinciale di Ancona*, 1903). — MONCORVO. *Sur un cas d'acromégalie chez un enfant de 14 mois, compliquée de microcéphalie* (*Rev. mens. des maladies de l'enfance*, 1892). — MORACZEWSKI. *Stoffwechsel bei Akromegalie unter der Behandlung mit Sauerstoff, Phosphor, etc.* (*Zeitschr. für klin. Med.* 1901, XLIII, 336). — MORANDI (E.). *Ricerche sull' istologia normale e patologica dell' ipofisi* (*Giorn. d. R. Accad. di medic. di Torino*, 1904, n° 4 (10), 355). — MURRAY. *Acromegaly with goître and exophtalmic goître* (*Edimburg med. Journ.*, 1897). — NAPIER (AL.). *Cas d'acromégalie* (*Soc. clin. et patholog. de Glascow*, 1904). — NAZARI (A.). *Contribution à l'étude anatomo-pathologique des kystes de l'hypophyse cérébrale et de l'infantilisme* (*Il policlinico*, 1906, XIII, 445). — OSBORNE (OLIVER T.). *Emploi thérapeutique des extraits organiques* (*Soc. améric. de thérapeutique*, 1902, 13 mai). — PANSINI et BENENATI. *Cas de maladie d'Addison, avec retour des fonctions du thymus et hypertrophie de la thyroïde et de la pituitaire* (*Il policlinico*, 1902, avril-mai). — PARHON (C.). *Pathogénie et traitement de l'acromégalie* (*Revista medicale*, 1905, n° 2). — ID. *Considérations sur le rôle des altérations endocrines dans la pathogénie de la dégénérescence* (*Congr. de Dijon*, 1908, août). — PARHON (C.) et URECHIE (C.). *Note sur les effets de l'opothérapie hypophysaire dans un cas de syndrôme de Parkinson* (*Soc. de neurolog.*, 1907, 7 novembre). — PARHON (C.) et ZALPLACTA (J.). *Sur un cas de gigantisme précoce avec polysarcie excessive* (*Nouv. iconographie de la Salpêtrière*, 1907, XX, 91). — PARHON (C.) et GOLDSTEIN (M.). *Recherches anatomo-pathologiques sur la glande thyroïde et l'hypophyse dans deux cas de rhumatisme chronique* (*Congr. de Dijon*, 1908, août). — PARISOT (J.). *Action de l'extrait d'hypophyse dans quelques maladies* (*Rev. médic. de l'Est*, 1907, mai-juin). — ID. *Action de l'extrait d'hypophyse dans la maladie de Basedow* (*IX*e *Cong. franc. de médec.*, 1907, 14-16 octobre, Paris). — ID. *Hypertension artérielle, hypertrophie cardiaque, hyperplasies hypophysaire et surrénale* (*Arch. des mal. du cœur*, 1908, I, 426). — ID. *Pression artérielle et glandes à sécrétion interne* (1908, Paris). — PARODI (U.). *Contribution à la connaissance des tumeurs de la selle turcique* (*Arch. per le scienze mediche*, 1905, XXIX, 304). —

Parona (E.). *Nota clinica ed anatomica su un caso di acromegalia con angiosarcoma della ipofisi. Annotazioni sulla casuistica della acromegalia in Italia* (*Rivist. crit. di clin. med.*, 1900, i, 562). — Pavlot et Beutner (M.). *Acromégalie, splanchnomégalie, gros cœur, mort par asystolie* (*Lyon médical*, 1904, 1088) — Pechkrantz. *Zur Casuistik der Hypophysistumoren* (*Neurol. Centr.*, 1899, n° 5). — Pel. *Myxœdème et Acromégalie, dans une même famille de syphilitiques* (*Berl. klin. Woch.*, 1905, 30 octobre). — Pineless (Fr.). *Rapports de l'acromégalie avec le myxœdème et les autres maladies des glandes vasculaires sanguines* (*Sammelte klin. Vortr.*, 1899, 242). — Pirone (R.). *L'hypophyse dans la rage* (*Arch. de médec. expér. et d'anat. pathol.*, 1906, xviii, 688). — Pisenti (G.) et Viola (G.). *Contributo all'istologia normale e patologica della ghiandola pituitaria ed ai rapporti fra pituitaria e tiroide* (*Atti dell' Accad. med. Chir. di Perugia*, 1890, ii, fasc. 2, et *C. W.*, 1890, xxviii). — Pittaluga. *Contributo alla casuistica dell' acromegalia* (*Annal. dell. Istit. psicol. di Roma*, 1902, 74). — Ponfick. *Myxœdem und Hypophysis* (*Zeitschr. fur klin. Med.*, 1899, xxxviii). — Pope et Astley Klarke. *Cas d'acromégalie et de myxœdème infantile observés respectivement chez le père et le fils* (*Brit. med. Journ.*, 1900, 1er décembre). — Presbeanu (N.). *De l'hypophyse dans l'acromégalie* (*Thèse de Paris*, 1909). — Proust (R.). *La chirurgie de l'hypophyse* (*Journ. de Chirurg.*, 1908, n° 7, 665). — Rayer (P.). *Observations sur les maladies de l'appendice sus-sphénoïdal (glande pituitaire) du cerveau* (*Arch. génér. de méd.*, 1823, iii, 350). — Raymond. *Sur un cas de tumeur de la base de l'encéphale* (*Leçons sur les maladies du système nerveux*, 1901, v, 139). — Renaut. *Note sur les lésions histologiques nouvelles décrites dans l'acromégalie* (*Arch. de méd. expérim. et d'anat. pathol.*, 1892, iv, 313). — Rénon (L.). *Action de l'opothérapie associée sur le syndrôme de Basedow* (*Acad. de médec. de Paris*, 1908, 5 mai). — Id. *Les syndrômes polyglandulaires et l'opothérapie associée* (*Journ. des praticiens*, 1908, n° 30). — Rénon (L.) et Azam (J.). *Maladie de Basedow traitée par l'opothérapie hypophysaire* (*Soc. méd. des hôpit.*, 1907, 24 mai). — Rénon (L.) et Delille (A.). *Sur quelques effets opothérapiques de l'hypophyse* (*Soc. de thérapeut. de Paris*, 1907, 22 janv.). — Id. *Opothérapie hypophysaire et maladies toxi-infectieuses* (*Ibid.*, 1907, 23 avril). — Id. *De l'utilité d'associer les médications opothérapiques* (*Ibid.*, 1907, 12 juin). — Id. *L'insuffisance hypophysaire et la myocardite* (*IXe Congr. franç. de médec.*, 1907, 14-16 octobre, Paris). — Id. *Insuffisance thyro-ovarienne et hyperactivité hypophysaire (troubles acromégaliques). Amélioration par l'opothérapie thyro-ovarienne; augmentation de l'acromégalie par la médication hypophysaire* (*Soc. méd. des hôpit.*, 1908, 19 juin). — Id. *La médication hypophysaire dans les cardiopathies* (*Soc. de thérapeut.*, 1908, 9 décembre). — Id. *L'opothérapie indirecte* (*B. B.*, 1909, lxvi, 89). — Rénon (L.), Delille (A.) et Monier-Vinard (R.). *Syndrôme polyglandulaire par hyperactivité hypophysaire (gigantisme avec tumeur de l'hypophyse) et par insuffisance thyro-ovarienne* (*Soc. méd. des hôpit.*, 1908, 4 décembre). — Id. *Syndrôme polyglandulaire par dyshypophysie et par insuffisance thyro-testiculaire* (*Soc. méd. des hôpit.*, 1909, 5 février). — Roux (J.). *Sclérodermie et corps pituitaire* (*Rev. neurolog.*, 1902, 721). — Roy (P.). *Contribution à l'étude du gigantisme* (*Thèse de Paris*, 1903). — Sabrazès (J.) et Bonnes (J.). *Examen du sang dans l'acromégalie* (*B. B.*, 1905, lvii, 680). — Sacerdotti (C.). *Ricerche sperimentali sul trapianto della ipofisi* (*Giorn. della R. Accad. di Medic. di Torino*, 1905, lxviii, 381). — Sainton (P.). *Les troubles psychiques dans les altérations des glandes à sécrétion interne* (*L'Encéphale*, 1906, n° 3, 4). — Sainton (P.) et Ferrand (J.). *L'adipose douloureuse ou maladie de Dercum* (*Gaz. des hôpitaux*, 1903, n° 96, 957). — Sainton (P.) et Rathery (F.). *Myxœdème et tumeur de l'hypophyse* (*Soc. méd. des hôpit.*, 1908, 8 mai). — Sajous (M.). *Les sécrétions internes; l'appareil hypophyséo-surrénal; son rôle à l'état normal et à l'état pathologique* (*IXe Congr. franç. de Médec.*, 1907, 14-16 octobre, Paris). — Salmon (A.). *Hypophyse et pathogénie de la maladie de Basedow* (*XIVe Congr. de Médec. interne*, 1905, Rome, et *Revue de médecine*, 1905, xxv, 220, Paris). — Salomon. *Échanges gazeux dans l'acromégalie* (*Berl. klin. Woch.*, 1904, n° 24). — Saravel (de). *Opothérapie pituitaire* (*Médecine pratique*, 1901, n° 7, 4 juillet, Paris). — Satre (A.). *Sur un cas d'insuffisance hypophysaire traitée avec succès par l'opothérapie* (*Dauphiné médical*, 1907, août). — Schloffer (H.). *Zur Frage der Operationen an der Hypophyse* (*Beiträge zu klin. Chir.*, 1906, i, 767, Tubingen). — Schmiergeld (A.). *Les glandes à sécrétion interne dans la paralysie générale* (*L'Encéphale*, 1907, ii, 501). — Id. *Lésions des glandes à sécrétion interne dans deux cas d'alcoolisme chronique* (*Arch. de méd. expérim. et d'anat. pathol.*,

1909, xxi, 75). — SCHULTZE et JORÈS. *Beiträge zur Sympt. und Anat. der Akromegalia* (*D. Zeitschr. für Nervenheilk.*, 1897, xi). — SEARS. *A Case of acromegaly treated with thyroid extracts* (*Boston med. and surg. Journ.*, 1896). — SOCA (B.). *Sur un cas de sommeil prolongé pendant sept mois par tumeur de l'hypophyse* (*Nouv. iconogr. de la Salpêtrière*, 1900, XIII, 101). — SOKOLOFF. *Ein Fall von Gummi der Hypophysis* (*A. A. P.*, 1896, CXLIII). — SOLLIER et CHARTIER. *L'opothérapie ovarienne et hypophysaire dans certains troubles mentaux* (*Congr. de Dijon*, 1908, août). — SOUQUES. *Acromégalie* (*Traité de médecine de Bouchard et Brissaud*, 2e édit., x. 490). — SOYER (C.). *Contribution à l'étude cytologique de l'hypophyse humaine. C. R. de l'Association des Anatomistes*, 1909, XIe Réunion Nancy, 245. — STADELMANN (E.). *Beitrag zur Lehre von der Akromegalie* (*Zeitschr. klin. Med.*, 1905, LV, 44). — STATE (J.). *La forme douloureuse de l'acromégalie* (*Thèse de Paris* 1900). — STERNBERG. *Die Akromegalie* (*Nothnagel's spec. Pathol. und Therap.*, 1897, VII) — STEVENS MITCHELL. *Un cas d'acromégalie aiguë* (*Brit. medic. Journ.*, 1903, 4 avril). — STOSCH (Von). *Entartung der Glandula pituitaria und Hirnhöhlen Wassersucht bei einem Knaben* (*Woch. für die gesammte Heilk.*, 1833, 404, Berlin). — STRUMPELL. *Ein Beitrag zur Pathol. und pathol. Anatom. der Akromegalie* (*Deutsche Zeitschr. für Nervenheilk.* 1897, XI, 63). — TAMBURINI. *Contributo alla patogenesi dell' acromegalia* (*Riv. speriment di Freniatria*, 1894-1895). — ID. *Sulla patologia dell' acromegalia* (*Congresso med.-int. d Roma*, 1894). — ID. *Dell' acromegalia* (*IXe Congr. della Soc. di Freniatria*, 1897, et *Congr. internat. de neurol. et psych. de Bruxelles*, 1897). — TANSZK et VAS. *Beitrag zum Stoffwechsel bei Akromegalie* (*Pester med. Chirurg. Presse*, 1899). — THAON (P.). *L'hypophyse à l'état normal et dans les maladies. Contribution à l'étude des glandes à sécrétion interne* (*Thèse de la Faculté de médecine de Paris*, 1907). — THAVAROK. *Traitement de l'acromégalie par l'extrait de glande pituitaire* (*Wratch.*, 1899, n° 24). — THAON (P.) et GARNIER (M.). *L'hypophyse chez le tuberculeux* (*Congr. internat. de la tuberculose*, 1905, I, 493, Paris). — THOINOT et DELAMARE. *Cancer du sein avec métastases à l'hypophyse, à la base du crâne, dans les os du crâne et dans le fémur droit* (*Soc. médic. des hôpit.*, 1903, 27 novembre). — THOMPSON et JOHNSTON. *Sur les effets du traitement pituitaire* (*Journ. of Physiology*, 1905-1906, XXXIII, 189). — TILNEY (F.). *Un cas de myasthénie grave pseudo-paralytique avec adénome du corps pituitaire* (*Neurographs, New-York*, 1907, I, 20). — TORRI. *L'ipofisi nelle infezioni* (1904, Pisa). — TRAMONTI (E.). *Contribution clinique à l'étude de l'acromégalie* (*Il policlinico*, 1906, XIII, 399). — TREROTOLI. *Action de l'extrait aqueux du lobe postérieur de l'hypophyse chez les cardiaques et les néphrétiques* (*Riv. critica di clinica medica*, 1907, n° 32, 512; n° 33, 528). — UHTHOFF. *Anomalies de développement dans les affections hypophysaires* (*Congr. de physiol. d'Heidelberg*, 1907). — VASSALE (G.). *L'ipofisi nel myxedema e nell' acromegalia* (*Riv. sperim. di Freniatria*, 1902, 25). — VIGOUROUX et DELMAS. *Infantilisme* (*Bull. de la Soc. anatom. de Paris*, 1906, 686). — WARTA (W.). *Ueber Akromegalie* (*Deutsche Zeitschr. für Nerv.*, 1901, XX, 358). — WIDAL, ROY et FROIN. *Un cas d'acromégalie sans hypertrophie du corps pituitaire avec formation kystique dans la glande* (*Rev. de médec.*, 1906, XXVI, 313). — WILCOX. *De l'emploi des divers extraits organiques dans la thérapeutique de l'aliénation mentale* (*Lancet*, 1899, 20 mai). — WITTERN. *Ein Fall von Akromegalie* (*D. Zeitschr. für Nerv.*, 1899, XIV, 181).

CH. LIVON.

HYSTÉRIE

Historique et délimination du sujet. — Avant de nous engager dans la description des accidents hystériques et dans l'étude de leur pathogénie, il nous faut indiquer, sans prétendre à un historique complet de la question, quelle a été la signification de ce mot « hystérie » dans le cours des siècles, et comment il a fini par dénommer une série de troubles de plus en plus étendus.

Dans les livres hippocratiques sont décrites d'une façon sommaire les crises convulsives qui surviennent chez la femme. Leurs causes, c'est une ascension de la matrice vers le foie et aux hypochondres. Cette théorie a conduit au nom même de la maladie. Elle fut adoptée par CELSE, et, si GALIEN n'admet plus le déplacement de la matrice dans le ventre, il lui attribue toujours un rôle capital dans le développement des crises convulsives.

Cette pathogénie règne sans conteste pendant de longues années. En 1618, un médecin de Pont-à-Mousson, CH. LEPOIS, est le premier à réagir contre cette opinion des anciens. Il décrit l'hystérie de l'homme et des petites filles, ce qui démontre que cette affection ne dépend nullement de la matrice. Il rapproche l'hystérie de l'hypocondrie, et, suivant les théories du temps, attribue ces deux maladies à certaine perturbation des esprits animaux.

Mais jusqu'à ce moment l'hystérie ne comprend toujours que les crises convulsives, et, si la connaissance en est plus complète, si la pathogénie en est mieux connue, on reste pourtant toujours dans les limites de la description des anciens auteurs. Avec Sydenham, sous ce même mot vient se ranger toute une série de manifestations nerveuses; l'hystérie prend une extension inattendue, et l'on peut dire que le grand médecin anglais a ouvert la voie à toutes les recherches modernes.

« L'affection hystérique n'est pas seulement très fréquente, écrit Sydenham, elle se montre encore sous une infinité de formes diverses et elle imite presque toutes les maladies qui arrivent au genre humain. » En dehors de la crise hystérique convulsive, ou suffocation de matrice, il décrit en effet les apoplexies, les troubles cardiaques ou pulmonaires, les désordres digestifs, les douleurs hystériques, etc. « Je n'en finirais point, dit-il encore, si j'entreprenais de rapporter ici tous les symptômes de l'affection hystérique, tant ils sont différents et même contraires les uns aux autres. Cette maladie est un protée qui prend une infinité de formes différentes; c'est un caméléon qui varie sans cesse ses couleurs. » Comme Ch. Lepois, il n'attribue à l'utérus aucun rôle dans l'apparition de ces accidents. « Ils relèvent surtout des agitations de l'âme produites subitement par la colère, le chagrin, la crainte, ou par quelque autre passion semblable. » (Sydenham, *Dissertation sur l'affection hystérique.*)

L'étude de Sydenham ne fut pas développée par ses successeurs, et au XVIIIe siècle on ne peut guère citer que Sauvage et Pomme qui aient dans une certaine mesure contribué à étendre nos connaissances des manifestations hystériques.

La description de l'hystérie n'est abordée dans toute son ampleur que dans l'ouvrage de Briquet paru en 1859.

Il a étudié avec soin un grand nombre d'hystériques dans son service à la Charité et a méthodiquement classé tous les accidents. Son ambition était « d'avoir vu tout ce qui peut se passer dans cette maladie ». Cette description fut encore complétée sur certains points par Lasègue, par Bouchut. Charcot et ses élèves ont enfin, dans des travaux nombreux, que nous retrouverons au cours de cette étude, étendu nos connaissances. Les derniers travaux parus, de Bernheim, de Déjerine, de Babinski, etc., sont surtout consacrés à la définition de l'hystérie, et à la détermination des meilleurs procédés thérapeutiques à mettre en œuvre.

Dans ce travail, nous passerons en revue tous les accidents que les auteurs modernes ont observés dans l'hystérie et rangés sous cette commune dénomination. Nous ne pouvons admettre l'opinion de Bernheim qui voudrait réduire l'hystérie aux crises convulsives. Mais dans notre description, nous essayerons surtout de mettre en évidence le *mécanisme psycho-physiologique* des accidents de l'hystérie. Envisagée sous cet angle, l'étude de l'hystérie est des plus instructives et jette un jour nouveau sur les fonctions inférieures et les fonctions latentes de l'activité psychique.

Nous passerons donc en revue ces diverses manifestations hystériques en essayant de reconnaître leur mécanisme psycho-physiologique.

Après avoir analysé toutes les données du problème, nous nous efforcerons, dans un chapitre de synthèse, de retrouver, cachée sous ces manifestations variées, la trame commune qui les relie et leur donne un caractère bien déterminé, permettant d'isoler l'hystérie au milieu des autres névroses et des autres formes de dégénérescence mentale.

LES ANESTHÉSIES HYSTÉRIQUES.

Parmi les stigmates de l'hystérie, un des plus importants et des mieux étudiés est certainement l'anesthésie de la peau, des muqueuses ou des organes des sens. Ce signe si caractéristique n'avait pourtant pas frappé les premiers écrivains dont nous avons parlé. Seuls les délégués du Parlement, qui jusqu'au XVIIe siècle recherchaient sur les sorcières la marque du diable, c'est-à-dire un point de la peau où la piqûre de l'aiguille ne fût pas sentie, observaient sans le savoir un genre d'anesthésie hystérique.

Jusqu'à une époque très récente, et nous en dirons tout à l'heure la raison, les médecins n'avaient pas constaté l'existence de ce symptôme considérable chez les hystériques. SYDENHAM est muet sur ce point, et le premier travail qui fasse mention de ce signe est une lettre de GENDRIN à l'Académie de Médecine de Paris (1846). « Dans tous les cas d'hystérie, dit-il, sans exception, depuis le début de la maladie jusqu'à sa terminaison, il existe un état d'insensibilité générale ou partielle. Au plus léger degré, l'anesthésie n'occupe que certaines régions de la peau ; au plus haut degré, elle occupe toute la surface tégumentaire et celle des membranes muqueuses accessibles à nos moyens d'investigation telles que la conjonctive, la pituitaire, la muqueuse bucco pharyngienne, celles du rectum, du canal de l'urèthre, de la vessie, du vagin. Il n'est pas très rare que l'anesthésie existe dans les organes des sens et qu'elle s'étende dans les parties profondes. Certains malades perdent jusqu'à la conscience de la position de leurs membres et des actes de la locomotion. »

En 1859, BRIQUET donne une description déjà précise de l'anesthésie hystérique. Il l'avait rencontrée dans 85 p. 100 de cas Sur les 240 cas d'anesthésie hystérique, il relève 143 fois l'existence d'une anesthésie en îlot, 93 fois d'une hémianesthésie, 4 fois d'une anesthésie totale.

A partir de 1872, CHARCOT, dans ses études sur l'hystérie et dans les travaux de ses élèves, étudie les caractères cliniques des anesthésies hystériques et en donne une description systématique qui n'a pas été dépassée. A partir de ce moment, les travaux publiés sur cette question ont surtout servi a expliquer la nature de ces anesthésies curieuses et paradoxales sur plus d'un point. BERNHEIM le premier, en 1886. dans une communication à l'Association pour l'avancement des sciences réunie à Nancy, exprime nettement l'idée que l'anesthésie hystérique « est un phénomène purement psychique ». Cette idée est soutenue également par MOEBIUS en 1888 dans son travail sur la conception de l'hystérie : *Ueber den Begriff der Hysterie.* En 1889, PIERRE JANET développe cette idée et fait une étude très serrée des caractères psychologiques de ces anesthésies. DÉJERINE, BABINSKI soutiennent cette façon de voir actuellement adoptée d'une façon générale. Dans les pages qui vont suivre, nous indiquerons très rapidement ces caractères cliniques de l'anesthésie hystérique, tels qu'ils ont été établis par CHARCOT et ses élèves. Puis nous exposerons avec plus de détails les travaux de BERNHEIM, de JANET, de BABINSKI et de tous les auteurs qui ont essayé de pénétrer le mécanisme de l'anesthésie hystérique; les recherches expérimentales à cet égard nous permettent d'arriver à une conception nette de ce stigmate qui relève, comme les autres accidents hystériques, d'un trouble psychique primitif.

Description de l'anesthésie hystérique. — L'anesthésie cutanée hystérique peut être totale ou partielle, c'est-à-dire porter sur tous les modes de sensibilité ou seulement sur certaines sensations : c'est ainsi qu'il peut y avoir perte des sensations douloureuses avec conservation des sensations tactiles, perte de toutes les sensibilités avec conservation de la sensibilité à l'électricité (CH. RICHET), etc. Il peut aussi s'agir soit d'une anesthésie totale, soit d'une anesthésie incomplète.

Mais un des caractères plus nets de l'anesthésie hystérique, c'est sa répartition. L'anesthésie peut être étendue sur toute la surface cutanée, ce qui est rare; BRIQUET, nous l'avons déjà dit, ne l'a constatée que 4 fois sur 240 malades. Plus souvent elle est hémilatérale, occupant toute une moitié de corps, et plutôt la moitié gauche du corps que la moitié droite. Cette hémianesthésie s'accompagne souvent, nous le verrons, d'une anesthésie des sens du même côté; elle est dite sensitivo-sensorielle. Enfin elle est également accentuée dans toute la moitié du corps anesthésiée et s'arrête nettement sur la ligne médiane.

Parfois l'anesthésie occupe un membre ou un segment de membre, le bras jusqu'à l'épaule, la jambe jusqu'au genou, etc. CHARCOT a fait remarquer que l'anesthésie n'obéit nullement alors à la distribution anatomique des nerfs sensitifs qui innervent la région considérée. L'anesthésie est disposée en segments géométriques que délimitent des lignes circulaires, suivant un plan perpendiculaire au grand axe du membre.

Enfin dans certains cas l'anesthésie est disséminée et très irrégulièrement répartie : sa distribution ne paraît obéir à aucune règle. Toutefois ces plaques d'anesthésie cutanée apparaissent parfois au niveau d'un organe malade, on les trouve sur la peau de l'abdomen chez les hystériques dyspeptiques, ou encore tout autour de l'articulation dans les arthropathies hystériques.

Ces îlots anesthésiques n'ont qu'une existence transitoire et sont variables d'un jour à l'autre. Les hémianesthésies et les anesthésies en segment sont au contraire remarquables par leur persistance.

Les réflexes cutanés sont diminués parfois du côté anesthésié, mais ils ne sont pas supprimés. Même au niveau des zones insensibles, on peut provoquer les réflexes pupillaires sensitifs; quand on excite fortement une partie anesthésique de la peau, la pupille se dilate, comme elle le fait lorsqu'on excite douloureusement un organe sensitif quelconque, et pourtant la malade ne sent rien.

La température cutanée n'est pas modifiée dans l'étendue des régions insensibles, mais dans l'hémianesthésie il existe pourtant une ischémie parfois assez nette de tout le côté insensible. On sait depuis longtemps que les piqûres de la peau dans toute cette étendue ne saignent pas. PITRES a observé que les vaisseaux de la peau violemment excités se contractent et arrêtent l'hémorragie; on voit en effet une aréole pâle se former au niveau de la piqûre qui persiste et s'accentue quand l'épingle a été enlevée. Mais l'anesthésie ne tient pas à cette vaso-constriction énergique; l'application d'un sinapisme sur la peau provoque une vaso-dilatation très vive, les piqûres saignent abondamment, et pourtant l'anesthésie persiste.

Comme l'avait indiqué GENDRIN, l'anesthésie peut s'étendre aux muqueuses et aux organes des sens. La perte de la sensibilité est très souvent liée dans ce cas à l'anesthésie cutanée; l'œil, les muqueuses buccale et nasale deviennent insensibles du côté où siège l'anesthésie de la peau : ainsi est constituée l'anesthésie sensitivo-sensorielle décrite par CHARCOT. Mais ce n'est pas une règle absolue et l'anesthésie des muqueuses et des organes des sens peut exister seule.

On a noté aussi l'anesthésie de la muqueuse buccale avec disparition du goût, et celle de la muqueuse nasale avec disparition de l'odorat. BRIQUET avait noté aussi la disparition de la sensibilité des muqueuses anale ou vaginale. L'anesthésie génitale, d'après BRIQUET, est assez fréquente et peut expliquer la frigidité de bon nombre de ces malades.

On a longtemps attribué à l'anesthésie de l'épiglotte et du pharynx, le contact ne provoquant plus de nausées, la valeur d'un stigmate hystérique à la suite des travaux de CHAIRON (*Études sur l'hystérie*, 1860). Mais ce symptôme est souvent absent, puisque, d'après THAON, on ne le trouve que chez un sixième des hystériques. On le rencontre aussi chez des individus normaux (THAON. *Hystérie du larynx. Annales des maladies de l'oreille*, VII, 1881, 30 à 41).

L'anesthésie oculaire est unilatérale en général, et elle existe du même côté que l'anesthésie cutanée. CHARCOT en a fait une étude des plus complètes.

La conjonctive peut devenir anesthésique au contact, et, comme nous l'avons signalé à propos de la perte de la sensibilité de la peau, les réflexes sont malgré tout conservés, tel le réflexe lacrymal. On ne voit disparaître que les actes réflexes qui sont soumis dans une certaine mesure à l'action de la volonté, comme le réflexe palpébral.

L'anesthésie rétinienne se manifeste à la fois par une modification dans le champ visuel et par des troubles dans la perception des couleurs. Le champ visuel est concentriquement rétréci, ce qui est un caractère spécial à l'hystérie, et ce rétrécissement est le plus souvent bilatéral.

Le rétrécissement porte aussi sur les couleurs. La perception des couleurs disparaît dans un ordre qui est toujours le même : violet, vert, bleu, rouge, le rouge étant la dernière couleur nettement perçue.

Enfin l'amaurose peut devenir complète : le malade a perdu toute sensation visuelle du côté de l'œil atteint. L'amaurose bilatérale est plus rare; elle est temporaire et ne dure pas longtemps, quelques heures à quelques jours tout au plus.

Nous en aurons fini avec l'exposé de ces troubles de la sensibilité, lorsque nous aurons signalé la perte du sens musculaire. Le malade n'a plus aucune notion de la position de ses membres. Le sens stéréognostique, c'est-à-dire la possibilité de sentir les formes des objets touchés et saisis, peut également être aboli.

Il semble enfin que l'anesthésie puisse atteindre dans une certaine mesure les viscères organiques. PITRES a noté que l'anesthésie épigastrique est fréquente; une pression, même forte, au niveau du plexus solaire, ne réveille plus aucune douleur. Nous rappellerons aussi que la syncope consécutive à un choc sur l'abdomen peut faire défaut chez de grands hystériques ; ainsi les convulsionnaires de Saint-Médard se faisaient administrer les *grands secours*, c'est-à-dire de violents coups sur le ventre, et l'innocuité de ces traumatismes ne paraît devoir s'expliquer que par une sorte d'anesthésie viscérale.

Différences entre l'anesthésie organique et l'anesthésie hystérique. — Ces anesthésies hystériques se différencient profondément des anesthésies observées au cours des affections organiques du système nerveux.

Pour ce qui est des anesthésies hystériques disséminées ou segmentaires, elles ont pour caractère leur distribution même : elles ne correspondent en effet à aucun trajet nerveux périphérique, à aucune distribution radiculaire.

Seule l'hémianesthésie rappelle la distribution des anesthésies organiques, mais elle diffère profondément de l'anesthésie de cause cérébrale par une série de signes sur lesquels DÉJERINE a eu le mérite d'attirer l'attention.

« Dans l'hystérie et dans l'hystéro-traumatisme, dit-il, les troubles de la sensibilité acquièrent souvent une intensité que, pour ma part, je n'ai jamais constatée à un pareil degré dans l'hémianesthésie de cause cérébrale. L'hémianesthésie hystérique peut être en effet totale, absolue, le sujet ayant perdu toute espèce de sensibilité du côté anesthésié. Dans l'hémianesthésie organique, on ne constate pas une perte complète, totale, absolue de la sensibilité. Cette dernière peut être, surtout au début, extrêmement diminuée dans la moitié correspondante du corps, peau et muqueuse, mais elle n'est jamais abolie d'une manière complète. Dans l'hémianesthésie de cause cérébrale, on observe d'ordinaire une sorte de parallélisme entre l'état de la motilité et celui de la sensibilité : c'est ainsi que le membre le plus paralysé est en même temps le plus anesthésié. En d'autres termes, dans l'hémiplégie par lésion cérébrale compliquée d'hémianesthésie, les troubles de la sensibilité sont plus marqués au membre supérieur qu'au membre inférieur, au tronc et à la face et au niveau de cette extrémité supérieure, ils sont d'autant plus accusés, que l'on examine des régions plus éloignées de la racine du membre; la main, par exemple, est plus anesthésiée que l'avant-bras, ce dernier plus insensible que le bras, etc. Cette distribution de l'anesthésie et la décroissance de son intensité à mesure que l'on remonte vers la racine des membres (particularité sur laquelle on n'avait pas attiré l'attention jusqu'ici) me paraissent appartenir en propre à l'hémianesthésie de cause cérébrale. Je ne les ai jamais observées dans l'hystérie. » (*Traité de pathologie générale* de BOUCHARD, V, 980.)

Nous avons signalé plus haut que l'hémianesthésie hystérique coïncidait souvent avec une diminution de la sensibilité des organes des sens (ouïe, goût, odorat), et un rétrécissement du champ visuel du même côté. Mais, d'après DÉJERINE, dans l'hémianesthésie organique, que celle-ci relève d'une lésion corticale, sous-cutanée ou capsulaire, le rétrécissement du champ visuel n'existe pas, et lorsque les centres sont atteints, leur sensibilité est diminuée également du côté anesthésié et de l'autre.

La lésion qui provoque l'hémianesthésie peut siéger dans l'écorce corticale ou dans la profondeur.

Pour ce qui est de l'hémianesthésie corticale, elle n'intéresse jamais les sens spéciaux. Les zones centrales des sens spéciaux sont en effet trop éloignées l'une de l'autre et trop éloignées de la zone rolandique.

Une lésion corticale s'étendant jusqu'au pli courbe et sectionnant la couche sagittale à ce niveau provoque seule, en même temps qu'une hémianesthésie, des troubles de la vision, mais il s'agit alors d'une hémianopie homonyme latérale.

Pour ce qui est des lésions siégeant dans le voisinage du segment postérieur de la capsule interne, elles ne provoquent pas davantage une hémianesthésie sensitivo-sensorielle. Comme DÉJERINE l'a établi, il faut qu'une lésion siégeant en ce point atteigne la couche optique en détruisant les fibres terminales du ruban de REIL ou les fibres du neurone thalamo-cortical pour qu'il apparaisse une anesthésie plus ou moins accentuée. Mais jamais dans ces conditions il n'existe de troubles sensoriels. Pour que ces sens spéciaux soient atteints, il faut que les lésions s'étendent beaucoup plus loin : il faut, par exemple, que la lésion détruisant le segment rétro-lenticulaire et la capsule interne, sectionne en même temps le faisceau visuel à ce niveau; ce qui détermine d'ailleurs une hémianopie homonyme latérale et non un rétrécissement du champ visuel.

Pour que l'audition soit atteinte, il faudrait que le neurone auditif venu de la première circonvolution temporale fût détruit dans une lésion du segment sous-lenticulaire de la capsule interne. Enfin l'olfaction ne serait atteinte que si la lésion touchait le milieu postérieur du trigone. Mais tous ces troubles de l'audition et de l'olfaction sont unilatéraux, et ils sont également passagers; les centres sensoriels étant bilatéraux et réunis entre eux par de nombreux faisceaux, la suppléance ne saurait tarder à s'établir.

Somme toute, dans aucun cas, une lésion organique ne peut réaliser le type de l'anesthésie sensitivo-sensorielle qui reste bien un groupement de symptômes de nature exclusivement hystérique.

NATURE DE L'ANESTHÉSIE HYSTÉRIQUE.

I. — **Caractères psychologiques de l'anesthésie hystérique.** — Tels sont, résumés d'une façon rapide, les caractères principaux des anesthésies hystériques. Mais notre description serait fort incomplète si elle s'arrêtait à ces quelques données. Ce n'est pas seulement leur limite, leur mode de distribution, la participation des sens spéciaux qui caractérisent ces anesthésies. Leur originalité propre se révèle par quelques caractères plus particuliers qui ont été mis en lumière par des recherches récentes et qui ont conduit à une interprétation plus exacte des accidents hystériques. Nous insisterons avec plus de détails sur ces points, qui ont une importance capitale pour l'étude psycho-physiologique de l'hystérie.

1. **Les hystériques ignorent leur anesthésie.** — C'est ici un des caractères les plus étonnants de ces anesthésies. Nous avons déjà indiqué que les anciens, et Sydenham lui-même, n'avaient pas noté l'existence de zones anesthésiques chez les hystériques. Lasègue le premier a nettement indiqué l'inconscience de ces malades pour un trouble si curieux de leur sensibilité. Pourtant autrefois Pierre de Lancre, conseiller au Parlement de Bordeaux, avait indiqué très nettement que les sorcières ignoraient qu'elles fussent marquées avant qu'on les eût examinées (Gilles de la Tourette, I, 129). Mais voici ce que dit Lasègue sur ce point : « Il semble que le fait d'être privé des notions que fournit le contact apporte un obstacle aux actes les plus ordinaires de la vie. Si heureusement que la vue supplée au toucher, elle ne peut suffire à tout, et si elle donne la notion, elle ne saurait créer la sensation même du contact. Il suffit d'arrêter un instant sa pensée sur la série de petites misères qui résulteraient de la suspension accidentelle de la sensibilité de la peau, pour qu'on se représente l'étrange impression qu'éprouverait chacun de nous, si appuyant le coude sur la table, si tenant la plume entre ses mains, si s'asseyant sur un siège, il n'était averti par une sensation tactile. Et cependant il est d'expérience *que les hystériques non encore éclairés* par les investigations d'un médecin ne font pas mention de l'anesthésie. J'ai examiné à ce point de vue un grand nombre de filles affectées d'hystérie, d'une intelligence plus que moyenne ; je les ai sollicitées avec de vives instances de ne rien omettre des incommodités qu'elles éprouvaient, et je n'en ai pas encore rencontré une qui fît spontanément figurer l'anesthésie parmi les accidents dont elle avait à se plaindre. » (Lasègue. *Anesthésie et ataxie hystérique. Archives générales de Médecine*, 1864.)

Si les hystériques sont tellement indifférentes à leur anesthésie, c'est que cette anesthésie n'entraîne pour elles aucun trouble dans la vie de tous les jours. L'anesthésie hystérique la plus profonde ne se complique d'aucun accident. Lorsque j'étais interne de Déjerine à la Salpêtrière, j'ai observé souvent des hystériques atteintes d'une anesthésie totale à la chaleur et qui pourtant ne présentaient aucune brûlure sur les mains. Je me souviens surtout d'une malade, présentant une anesthésie totale et généralisée, qui exerçait depuis de longues années le métier de cuisinière. Bien qu'à l'exploration il lui fût impossible de distinguer un objet fortement chauffé d'un objet froid, elle ne s'était jamais profondément blessée en maniant les casseroles ou auprès de son fourneau. Les syringomyéliques, qui, elles, ont au contraire une anesthésie organique totale à la chaleur, portent presque toujours aux doigts la trace de brûlures profondes. DÉJERINE fait remarquer aussi très souvent dans ses cours la différence qui existe entre une hystérique qui présente un rétrécissement du champ visuel même considérable et un malade qui a un rétrécissement visuel dû à une cause organique. Tandis que ce dernier ne s'avance dans la rue qu'avec mille précautions, ne pouvant jamais voir qu'un espace très limité devant lui et redoutant les voitures qui peuvent survenir à droite ou à gauche, une hystérique, avec un rétrécissement très marqué, s'avance sans hésitation au travers de mille obstacles.

Ces malades n'ont donc aucune perception de leur anesthésie et ne la soupçonnent nullement. PIERRE JANET rapporte un exemple qui établit nettement cette différence entre l'anesthésie organique et l'anesthésie hystérique. Une jeune fille, à la suite d'un accident léger (section par un fragment de verre d'un filet du médian au dessous de l'éminence thénar) se plaignait d'une insensibilité persistante et très gênante à la paume de la main. Cette insensibilité tenait à une section de quelques filets nerveux sensitifs. Et en examinant la malade, on trouva sur tout le côté gauche, du haut en bas, une anesthésie totale hystérique, dont elle n'avait pas dit un mot. Elle n'éprouvait en effet quelque gêne que de l'anesthésie de la main et ne ressentait aucun inconvénient de son hémianesthésie hystérique totale.

2. **Caractère paradoxal et contradictoire des anesthésies hystériques.** — Les caractères que nous venons d'indiquer sont déjà par eux-mêmes assez extraordinaires. On ne conçoit pas facilement qu'une anesthésie aussi profonde puisse exister sans que le malade en ait conscience. Mais cette anesthésie bizarre devient encore plus curieuse si on l'étudie de plus près.

Il est un fait qui a frappé de nombreux observateurs : une hystérique peut avoir perdu tout sens musculaire, elle peut, les yeux fermés, ne pas connaître la position de ses muscles et n'avoir aucune notion d'un objet que l'on met dans ses mains. Mais cessons l'examen, observons cette malade livrée à elle-même : elle va se servir de ses mains sans les regarder, elle pourra coudre, elle pourra broder, elle pourra se coiffer, levant ses mains au-dessus de sa tête et dirigeant parfaitement leur mouvement sans les voir. Elle se comporte donc comme une simulatrice, et c'est la première explication qui vient à l'esprit.

PIERRE JANET a bien insisté sur ces contradictions naïves : « Je propose à Isabelle une petite convention pour vérifier rapidement son anesthésie : elle doit me répondre « oui » quand elle sent, « non » quand elle ne sent pas. Comme elle est fort naïve, elle accepte sans sourciller, et l'on constate alors une singulière contradiction, quoiqu'elle ait les yeux cachés par un écran, quoique j'évite toute espèce de rythme et pince plusieurs fois irrégulièrement du même côté, avant de passer à l'autre, elle ne se trompe jamais et dit toujours « oui » quand je la pince à droite, et « non » quand je la pince à gauche. La même expérience répétée sur un homme, P..., donne exactement le même résultat jusqu'à ce qu'il s'aperçoive de la bizarrerie de ses réponses et qu'il cherche à répondre avec attention. Il cesse alors, mais alors seulement, de dire « non » quand on pince son côté anesthésique. » (PIERRE JANET. *Etat mental des hystériques*, 21.)

BERNHEIM a mentionné aussi ces contradictions des hystériques. Lorsqu'on ferme les yeux d'une hystérique anesthésique et qu'on lui dit d'aller toucher avec la main saine la main qu'elle est censée ne pas sentir, on la voit diriger sa main tout autour de la main soi-disant anesthésique, mais sans pouvoir la toucher. « Non seulement la main droite sensible ne trouve pas la main gauche anesthésiée, mais elle évite de la trouver, elle tourne autour d'elle, elle la fuit. »

Tous ces malades dans certaines conditions expérimentales se comportent donc comme s'ils avaient les sensations qu'ils sont censés avoir perdues, et c'est ce qui donne à l'anesthésie hystérique un caractère paradoxal.

3. **Dans certaines conditions, la malade sent parfaitement même dans les régions anesthésiques** — Enfin il est possible de prouver que les hystériques sentent parfaitement dans certaines conditions malgré leur anesthésie. Dès 1878, REGNARD signalait qu'une hystérique amaurotique pour le rouge voit pourtant, après avoir fixé un carré rouge, une image consécutive verte. Bien mieux : si l'on présente à une hystérique amaurotique pour le vert un disque orné de rayons rouges et de rayons verts, cette malade

distingue parfaitement le rouge, mais le vert lui paraît blanc. Que l'on fasse alors tourner rapidement le disque de façon que ces couleurs complémentaires se fusionnent pour former le gris, l'hystérique verra une couleur composée. « Quand la vibration verte arrive au centre, elle n'est pas jugée, mais elle agit néanmoins, et la preuve c'est qu'ajoutée à la vibration rouge elle donne la perception du blanc. » (REGNARD, *B. B.*, 26 janvier 1878, 32.)

On peut mettre en évidence encore plus nettement la persistance de la sensibilité par l'usage de la *boîte de* FLEES. Cet appareil, qui a la forme d'un stéréoscope, contient à l'intérieur un jeu de miroirs disposés de telle sorte que l'image droite est vue à gauche et l'image gauche est vue à droite. En étudiant ainsi l'amaurose unilatérale chez les hystériques, on se rend compte très nettement que l'œil dit aveugle voit parfaitement, comme l'ont constaté PARINAUD, PITRES, BERNHEIM. Les malades se comportent à cet égard entièrement comme les simulateurs, et pourtant, nous le verrons, il ne s'agit pas de simulations.

Cette persistance de la sensibilité est encore plus nette dans les anesthésies suggérées, qui sont en tout semblables à des anesthésies hystériques. C'est ainsi que l'on peut suggérer à un sujet de ne pas voir telle ou telle personne : le sujet obéit, se comporte comme s'il ne voyait pas, et il doit pourtant reconnaître la personne qu'il ne doit pas voir. On peut modifier cette expérience de mille façons et, dans un jeu de cartes, lui interdire de voir les cartes sur lesquelles est écrit le mot *invisible* (PIERRE JANET). Tout se passe comme si le sujet ne voyait pas les cartes invisibles. Par la suggestion, on peut faire cesser la surdité en disant au sujet : « Maintenant vous entendez », et aussitôt l'audition revient.

Tout nous conduit donc à cette conclusion : l'anesthésie hystérique est d'un ordre tout spécial. *Le sujet reconnaît les sensations pour lesquelles il doit être anesthésique, et il n'est anesthésique qu'autant qu'il sait ou qu'il se souvient qu'il doit être anesthésique.*

Malgré les apparences, il ne s'agit pas d'une simulation d'anesthésie. Il serait curieux d'avoir autant de malades disposés à simuler l'anesthésie, et se prêter d'une façon si bénévole aux petits supplices, piqûres, brûlures, etc., auxquels on doit se livrer pour rechercher l'anesthésie. D'autre part, quand on a vu une malade supporter sans aucune réaction le passage d'une aiguille à travers le bras ou même dans certains cas une petite opération chirurgicale, il est difficile de douter de la réalité de l'anesthésie. Mais si l'anesthésie est bien réelle, elle obéit à une idée. C'est parce qu'il ne doit pas sentir, que l'hystérique ne sent pas : l'anesthésie n'existe guère que lorsqu'on la cherche et vient d'autant plus souvent qu'on la recherche plus systématiquement. Nous devons noter, en effet, que l'anesthésie ne se rencontre pas avec une égale fréquence dans tous les services d'hôpitaux. Rare chez BERNHEIM, elle était au contraire à peu près la règle dans le service de CHARCOT.

II. — **Démonstration de la nature de l'anesthésie hystérique.** — L'étude des caractères psychologiques de l'anesthésie aussi bien que l'étude de sa distribution conduit à cette conclusion : l'anesthésie hystérique n'est pas organique. Tout l'appareil sensoriel fonctionne parfaitement, depuis l'extrémité périphérique des nerfs sensibles jusqu'aux centres.

La nature purement psychique de ce trouble peut être mise en évidence :

1° Par la pathologie expérimentale, c'est-à-dire qu'elle peut être reproduite de toutes pièces avec tous ses caractères sur certains sujets suggestibles ;

2° Par la thérapeutique ; l'étude des moyens de guérison de ces anesthésies nous fournit une démonstration de leur nature psychique que nous jugeons capitale.

1. **Reproduction de l'anesthésie hystérique par suggestion.** — Chez la plupart des sujets suggestibles, il est facile par simple affirmation de créer des anesthésies en tout semblables aux anesthésies hystériques. Il suffit souvent d'énoncer au cours d'un examen clinique ce qu'on s'attend à trouver pour que l'anesthésie se crée de toutes pièces sous les yeux de l'observateur.

La suggestion a une action instantanée, et, si elle doit agir, c'est immédiatement après une simple affirmation que le sujet réalise l'anesthésie que l'on recherche.

Les anesthésies ainsi créées présentent tous les caractères des anesthésies hystériques : elles sont, à la volonté de l'expérimentateur et suivant la docilité du malade, totales ou partielles, localisées à la moitié du corps ou sur tel ou tel point, et nous avons déjà indiqué leurs caractères contradictoires qui rappellent trait pour trait l'apparence des anesthésies hystériques.

Mais ces anesthésies suggérées mettent en évidence le rôle important de l'intelligence. C'est l'idée de l'anesthésie donnée au sujet qui crée l'anesthésie. Nous verrons plus loin, à propos des discussions sur la nature de l'anesthésie, que nous trouvons là un argument précieux pour apprécier le mécanisme psychologique de ces accidents.

2. **Procédés de guérison des anesthésies hystériques.** — Les anesthésies hystériques peuvent non seulement apparaître par suggestion, mais elles peuvent aussi, dans un certain nombre de cas, disparaître par suggestion. Ce n'est pas une règle absolue; il est certains malades chez lesquels la suggestion ne parvient pas à détruire une anesthésie profondément créée. Mais toutefois cette éventualité se rencontre assez souvent pour que Sollier ait pu baser sur ce fait une méthode de traitement de l'hystérie. En vertu d'idées théoriques que nous n'avons pas à discuter ici, il pense que l'anesthésie joue un rôle capital dans la production des accidents hystériques, et qu'une hystérique n'est vraiment guérie que le jour où la sensibilité est revenue à la normale. En vertu de ces considérations, il se borne chez ces malades à rappeler par suggestion verbale la sensibilité disparue et il y réussit dans la grande majorité des cas.

Cette sensibilité des hystériques à la suggestion explique probablement un certain nombre de phénomènes qui ont autrefois beaucoup intrigué les médecins. Burq depuis 1849 soutenait que l'application de plaques métalliques à la surface des zones anesthésiques suffisait pour faire reparaître la sensibilité chez un grand nombre d'hystériques. Chaque malade présentait d'ailleurs une idiosyncrasie curieuse; suivant le cas, l'or, le cuivre, le plomb devaient être employés.

Si, au lieu d'appliquer le métal sur le côté anesthésique, on l'applique sur le côté sensible, au bout de quelque temps a lieu le phénomène du transfert, c'est-à-dire que l'anesthésie se déplace : le côté sain devient anesthésique, le côté anesthésique devient sensible.

On crut d'abord pouvoir expliquer ces phénomènes par les courants électriques qui prennent naissance au contact de la peau et du métal. Mais Schiff fit remarquer que cette action est aussi marquée lorsqu'on interpose un corps violent entre la peau et le métal, etc. Lorsque Burnet et Hack-Tuke eurent montré que l'anesthésie disparaît lorsque l'on emploie au lieu du disque une plaque de bois, il fallut bien reconnaître que la raison de ces phénomènes était dans une suggestion inconsciente exercée par le médecin sur son malade. Il ne faudrait pas croire pourtant que l'on obtient toujours une guérison absolue et complète par simple suggestion. Certaines anesthésies hystériques sont tenaces, bien que leur nature psychologique soit suffisamment démontrée par les exemples que nous avons rappelés. Certains malades conservent leur anesthésie malgré les affirmations répétées de guérison. On peut avoir alors recours à des moyens détournés qui, par une action psychique, peuvent amener la guérison de l'anesthésie.

Si l'on n'attire plus l'attention de la malade sur son anesthésie, au bout de quelque temps on s'aperçoit que l'anesthésie n'existe plus.

On peut aussi, comme le préconise Déjerine, user de la claustration absolue, la malade étant prévenue qu'elle ne pourra sortir de l'hôpital ou de la maison de santé que lorsque tous les désordres auront cessé. En quelques jours l'anesthésie disparaît, avec tous les autres accidents.

Quel que soit d'ailleurs le procédé thérapeutique employé, qu'il s'agisse d'une suggestion ou d'un oubli systématiquement provoqué des accidents anesthésiques ou d'une contrainte violente exercée par l'isolement absolu, le traitement met en évidence l'influence de l'idée dans la répartition et l'étendue de l'anesthésie. Quand par un procédé quelconque la malade ne se souvient plus de la nécessité de ne pas sentir, l'anesthésie disparaît. Elle ne revient que si on la fait renaître pour ainsi dire en la cherchant et en appelant l'attention du malade.

Par quel mécanisme psychologique peut-on expliquer ces anesthésies hystériques d'un ordre si particulier?

Pierre Janet, qui en a fait une étude des plus complètes, pense que l'anesthésie est semblable à celle que l'on observe dans les états de distraction. L'hystérique ne sent pas, parce qu'elle ne peut pas réunir dans le champ rétréci de sa conscience toutes les excitations qui lui parviennent. Cette explication met en évidence la nature psychologique de l'anesthésie. Mais on peut lui opposer une objection sérieuse : l'anesthésie, bien loin d'être créée par distraction, apparaît lorsque la malade songe à son anesthésie. Nous avons déjà insisté sur ce fait. D'autre part, cette anesthésie souvent n'est pas totale, l'anesthésie est souvent limitée à un certain groupe de sensations qui ne sont pas perçues parce que la malade les reconnaît. BERNHEIM nous paraît bien plus près de la vérité, lorsqu'il dit — sans que ce soit guère une explication, il est vrai — que l'idée de l'anesthésie inhibe la sensation.

On observe des phénomènes analogues sur l'individu normal : l'habitude du microscope permet de ne percevoir que les images reçues par l'œil dirigé sur l'oculaire. Toutes les sensations qui arrivent par l'autre œil ne sont plus perçues. Mais cette inhibition volontaire de la sensibilité, peu apparente à l'état normal, joue chez l'hystérique un rôle des plus importants.

LES HYPERESTHÉSIES.

Les considérations que nous a suggérées l'étude des anesthésies hystériques pourraient s'appliquer avec autant d'exactitude aux hyperesthésies. Aussi nous étendrons-nous fort peu sur ce point : l'exaltation de la sensibilité est d'ailleurs un symptôme moins souvent noté que sa diminution, peut-être parce qu'il est moins souvent cherché.

L'hyperesthésie cutanée peut être répartie sur tout le corps (BRIQUET) ou sur une moitié du corps (GILLES DE LA TOURETTE). Elle peut être disposée en segments au niveau des membres ou disséminée en plaques. Ces zones d'hyperesthésie siègent parfois au niveau d'un organe malade. Dans toutes les dyspepsies hystériques, il y a une augmentation ou une diminution de la sensibilité cutanée à la piqûre. Ces hyperesthésies, comme les anesthésies, sont de nature psychique. BRODIE avait noté « que la douleur est plus forte quand la malade voit l'examen auquel on la soumet ; si au contraire quelque chose vient la distraire, c'est à peine si elle profère une plainte ». L'attention paraît y jouer le même rôle que dans l'anesthésie.

On peut d'ailleurs, sur des sujets en état d'hypnose, et chez certains malades par simple affirmation, créer des zones hyperesthésiques présentant tous les caractères observés chez les hystériques. Ces zones hyperesthésiques peuvent apparaître après un traumatisme qui réalise une véritable suggestion à l'insu du patient.

Nous retrouverons tous les caractères des hyperesthésies localisées dans des zones hystérogènes. Nous pourrions en aborder ici l'étude, mais nous préférons reporter leur description et la discussion sur leur nature à la fin du chapitre consacré aux attaques convulsives.

On a signalé également chez les hystériques la possibilité de la perception des viscères. SOLLIER et BAIN ont publié quelques observations qui laissent supposer que les malades perçoivent le cheminement d'un corps étranger dans leur tube digestif. Mais les observations publiées sont loin d'entraîner la conviction.

LES ATTAQUES CONVULSIVES ET LES ZONES HYSTÉROGÈNES.

Parmi les stigmates de l'hystérie, c'est-à-dire parmi les accidents essentiels et caractéristiques de cette maladie, nous rangeons les attaques convulsives.

Dans la courte étude historique que nous avons écrite au début de ce travail, nous avons vu que, pour les premiers auteurs qui ont essayé de délimiter ce trouble du système nerveux, l'attaque convulsive avait été toute l'hystérie. HIPPOCRATE, GALIEN rattachaient la crise convulsive à l'ascension du globe utérin vers la gorge, et le nom même d'hystérie n'est venu que de cette interprétation des crises convulsives.

Avec SYDENHAM la conception nosographique de l'hystérie s'étend ; la crise convulsive n'en est plus un stigmate indispensable. BRIQUET aussi n'y voit qu'un accident relativement rare, puisqu'il ne l'observe que sur la moitié de ses malades. Enfin, pour la plupart des auteurs contemporains, l'attaque hystérique, tout en ayant des caractères très spéciaux, qui permettent un diagnostic immédiat de l'affection, est loin d'exister chez tous les malades hystériques. Seul, BERNHEIM, revenant à la définition primitive, considère que la crise convulsive, mise en jeu de l'appareil émotif hystérogène, est le caractère essentiel, nécessaire et suffisant de l'hystérie : tous les autres accidents rapportés à tort à l'hystérie doivent se ranger dans le groupe des « innombrables psycho-névroses d'origine émotive, suggestive ou traumatique ». (BERNHEIM. *Conception du mot hystérie.* Paris, 1904.)

Nous resterons dans la tradition classique, et, puisque le sens du mot hystérie s'est considérablement étendu, nous continuerons à ranger sous cette étiquette les faits qui ont été réunis par des études cliniques innombrables et dont nous essayons de déterminer dans ce travail le caractère commun. Quant à la crise hystérique, à l'attaque convulsive, nous la regarderons comme un accident, non pas constant, mais fréquent, chez les malades qui présentent ou ont présenté d'autres accidents dits hystériques. Ses caractères si particuliers, ses causes, qui relèvent, semble-t-il, d'un désordre dans le fonctionnement du système nerveux, nous permettront de pénétrer plus avant dans le mécanisme psychophysiologique de l'hystérie. Aussi est-ce à bon droit que la plupart des auteurs en font un stigmate des plus nets, des plus spontanés et pratiquement des plus faciles à reconnaître.

Formes de l'attaque d'hystérie. — Les attaques apparaissent souvent chez un jeune sujet hystérique, à la suite d'une émotion, d'un chagrin, d'une peine. Elles sont caractérisées par un ensemble de phénomènes physiologiques et intellectuels, très nombreux et encore mal définis. Pour mettre un ordre relatif dans la description de cet accident, nous passerons en revue les différents aspects sous lesquels peut se présenter la crise d'hystérie.

1. **Attaque d'hystérie simple.** — Le plus ordinairement et dans les formes les plus simples et les plus faciles à interpréter, l'attaque d'hystérie ne diffère pas des manifestations d'une émotion excessive. En effet, à la suite d'une émotion violente et pénible presque toujours, la malade est prise subitement d'une constriction à la gorge, et d'une oppression gênante. La respiration devient suspirieuse et angoissée, les yeux se convulsent et se pâment, la malade tombe à la renverse, gémit, tandis que les membres, le tronc, le bassin sont secoués de mouvements plus ou moins rythmiques. Cet état se prolonge plus ou moins longtemps et se termine par une crise de larmes abondantes ou par une crise de rire.

N'est-ce pas ici la reproduction d'une émotion violente? « Au moment d'une émotion brusque et vive, dit BRIQUET, la femme a de la constriction à l'épigastre, elle ressent de l'oppression, son cœur bat, quelque chose lui monte à la gorge et l'étrangle, enfin elle ressent dans tous les membres une mollesse qui la fait en quelque sorte tomber, ou bien elle éprouve une agitation, un besoin de mouvement qui fait contracter ses muscles : c'est bien là le modèle exact de l'accident hystérique le plus commun, du spasme hystérique le plus ordinaire. »

Il ne faudrait pas croire toutefois que l'attaque hystérique reproduise exactement ce tableau dans tous les cas. « Les variétés d'attaques sont infinies, dit GILLES DE LA TOURETTE, étant donné que chaque sujet imprime à sa crise un cachet personnel et pourtant fort variable. Par exemple chez telle malade, ce qui domine, ce sont les phénomènes convulsifs et la crise. Après une aura assez rapide, constituée par une sensation d'étouffement, la malade tombe à terre, perd plus ou moins connaissance, et s'agite d'une façon désordonnée, les bras, les jambes, le tronc, la face, la bouche, tous les muscles peuvent s'agiter pendant l'attaque. »

Dans d'autres cas, la crise est constituée par une sorte de syncope incomplète. La malade se laisse tomber, reste plus ou moins immobile, les yeux fermés, les membres flasques. Toutefois les battements du cœur sont normaux, bien que le pouls soit très faible, d'après BRIQUET; la respiration est ralentie, mais régulière.

L'attaque peut être constituée par la simple exagération des accidents de l'aura. La sensation d'une boule qui remonte jusqu'au cou s'accentue à tel point que la malade redoute de mourir étouffée. « La femme, dit AMBROISE PARÉ, auparavant que ces accidents adviennent, sent monter de sa matrice une très grande douleur jusqu'à sa bouche, à l'estomach et au cœur, et lui semble qu'elle estouffe et dit sentir monter quelque morceau ou autre chose qui lui clost le gosier avec grand battement de cœur. »

Il est probable que cette sensation de boule ou de globe hystérique est due, comme le pensait Georget, à un spasme des muscles de l'œsophage, du pharynx et du larynx. Cette variété de crise, désignée par les anciens sous le nom de *suffocation de matrice*, a été décrite avec beaucoup de précision par Briquet. « Après quelques heures d'anxiété, l'épigastre se serre, il semble qu'un poids considérable presse la région épigastrique ou qu'une corde serre la base de la poitrine : une douleur déchirante et très vive se fait sentir en cet endroit ; des palpitations se déclarent pendant lesquelles le cœur semble soulever la poitrine ; la violence des battements et le sentiment de souffrance sont tellement grands, que la malade semble craindre que le cœur ne se rompe dans la poitrine. Ces battements sont extrêmement rapides et précipités. Les muscles de la poitrine, bien que convulsés et faisant éprouver le sentiment de la suffocation et de l'étouffement, se contractent néanmoins très rapidement et précipitent la respiration au point de provoquer cent inspirations par minute. Une sensation très douloureuse semble monter à la gorge sous la forme d'un globe et, arrivée là, y provoque une strangulation qui cause la douleur déchirante la plus vive et pendant laquelle la malade paraît près d'étouffer. Alors la déglutition devient complètement impossible. Une violente douleur éclate dans la tête, les mains s'agitent, se crispent involontairement, l'intelligence néanmoins se conserve tout entière. Cet état de souffrance est quelquefois porté à un degré effrayant et dure pendant quelques heures ; puis des sanglots éclatent, des pleurs surviennent, les urines coulent claires et abondantes, et tous ces accidents se calment en laissant après eux de la céphalalgie, des douleurs de l'épigastre, aux côtes, dans le dos, et un sentiment de brisement et de courbature dans les membres. »

Enfin, au cours de l'attaque peuvent apparaître des accidents nouveaux qui lui donnent une forme un peu différente, attaque de tic, reproduction persistante de même mouvement, contorsions et jongleries, etc. A l'occasion de l'attaque, la fantaisie et l'imagination de malades semblent se donner libre cours. Après le début de l'attaque, « la représentation commence, dit Pierre Janet ; elle danse et tord son ventre à la façon des bayadères, puis elle se roule par terre, exécute des mouvements de bassin bien caractéristiques, elle saute debout sur ses pieds, lève le bras droit en l'air et appuie la tête contre lui en gardant une posture fixe, ou se met à genoux comme pour prier. Au milieu de ces actes, elle entremêle des cris, un cri rauque et aigu, puis le *miaou* des chats, l'aboiement des chiens, ou bien elle répète des mots à la façon des petits enfants : « Zozo, ma nounou, tatata », etc... ; enfin elle n'oublie pas les gros mots ni les injures dont elle possède à ce moment un riche répertoire. Tout cela dure à peu près une heure. » Tous ces actes sont les produits de l'imagination déréglée de la malade, et ils sont pour une large part volontaires et, semble-t-il, destinés à intéresser et à étonner le spectateur. Une malade dans la solitude ne présente pas des crises aussi intéressantes. D'ailleurs, lorsque ces crises prennent une allure fantaisiste, on remarque que les malades ont la conscience de leur attaque et en conservent un souvenir exact.

2. **Attaques d'idées fixes : les extases, attaques délirantes.** — Ces faits nous conduisent à une nouvelle catégorie d'attaques, où les phénomènes intellectuels prédominent et où les accidents physiologiques de l'attaque s'atténuent jusqu'à disparaître complètement. Cette variété d'attaque hystérique a été très bien décrite et étudiée par Pierre Janet.

Le plus souvent, pendant l'attaque, qui apparaît toujours dans les mêmes conditions, les malades restent immobiles, parfois à peu près complètement inertes, les yeux clos en général. Ces attaques ont été souvent décrites sous le nom de sommeil hystérique. Certaines malades sont complètement flasques, les autres présentent un certain degré de raideur et reprennent avec entêtement leur position primitive quand on essaye de la modifier. En interrogeant ces malades soit par l'écriture automatique, soit à la fin de l'accès lorsque le souvenir persiste encore, P. Janet s'est aperçu qu'elles ne sont pas sans pensées, elles sont au contraire absorbées par une série de pensées obsédantes. Les idées les plus variées peuvent ainsi apparaître pendant l'attaque comme dans le rêve, elles se présentent presque toujours sous la forme d'images extrêmement vives ou complexes qui donnent à la malade l'illusion de la réalité. Ce sont des images visuelles, reproduction des scènes qui ont jadis vivement impressionné le sujet. Ce sont aussi des images verbales et auditives : la crise est en effet remplie par un long bavardage intérieur.

Chez un certain nombre de ces malades, le rêve qui les obsède se traduit par une attitude : la malade pendant toute l'attaque se maintient les mains en prière, les bras en croix, etc. Les extatiques qui prennent la pose de l'Immaculée Conception, ou qui reproduisent les attitudes du Christ, appartiennent à cette catégorie.

Enfin, chez un certain nombre de malades le rêve s'extériorise en paroles. Ce sont des malades qui, suivant l'expression de PAUL RICHER, « parlent leur rêve au lieu de le jouer ». Ces faits nous conduisent aux attaques de délire par une transition régulière.

PITRES a défini en effet les attaques de délire, « des crises aiguës d'excitation délirante qui surviennent quelquefois chez les hystériques à titre d'équivalent clinique des attaques convulsives complètes et régulières ».

« Tous ces accès de manie aiguë se ressemblent, dit-il encore ; quelle que soit leur cause, ils sont toujours caractérisés par la surexcitation du corps et de l'esprit, par l'agitation désordonnée des membres, par des clameurs incohérentes. Les malades qui en sont atteints crient, chantent, rient, gesticulent à tort et à travers, déchirent leurs vêtements, injurient leurs gardiens, et cela sans suite, sans discernement, comme s'ils étaient poussés par un besoin automatique et irrésistible d'activité. La manie hystérique ne diffère guère de la manie simple ou de la manie épileptique que par son étiologie. » (*Des attaques de délire hystérique. Gazette hebdomadaire de médecine et de chirurgie.* 1891, n° 1.)

Ces attaques délirantes s'observent dans les deux sexes ; mais elles sont beaucoup plus fréquentes chez l'enfant. BRIQUET en cite plusieurs exemples : « Ces attaques, dit-il, surviennent surtout chez les sujets jeunes, et principalement chez ceux dont l'intelligence est fort avancée, et dont l'imagination et l'impressionnabilité sont très vives. Elles viennent ordinairement comme les autres attaques à l'occasion d'une émotion ou d'un trouble quelconque accidentellement survenu. »

Le pronostic de ces états délirants n'offrirait aucune gravité, et d'après GILLES DE LA TOURETTE, ils ne passeraient jamais à l'état chronique.

3. **Les attaques de sommeil.** — Les faits que nous venons de passer en revue se relient les uns aux autres et constituent les attaques dans lesquelles prédominent de plus en plus les phénomènes intellectuels.

Une autre catégorie de faits comprend les crises qui ont été décrites sous le nom d'attaques de sommeil.

Le plus souvent, à la suite d'accidents convulsifs ou d'autres accidents hystériques, le sujet tombe dans le sommeil. Il paraît endormi profondément. La respiration est très calme, souvent ralentie, descendant quelquefois à dix mouvements d'inspiration et d'expiration par minute. Le pouls est régulier. L'anesthésie paraît totale ; par contre, la résolution musculaire n'est pas complète et souvent on note un certain degré de contraction, surtout des muscles masticateurs et aussi des paupières qui présentent une sorte de frémissement.

La durée des attaques de sommeil est très variable ; elle est de quelques heures en général, mais peut se prolonger pendant des semaines ou des mois. On a signalé des crises de sommeil de plusieurs années, mais leur authenticité est douteuse.

L'état de sommeil se termine lorsque la malade se réveille spontanément ou à la suite d'une attaque.

Le sommeil hystérique peut revêtir une forme différente. DEBOVE et ACHARD ont décrit l'apoplexie hystérique. Le malade tombe brusquement dans le coma. Ce début subit, sans accident antérieur, s'observe surtout chez l'homme, et n'était son apparition à la suite d'une émotion vive, d'une peur, d'un choc moral, il serait parfois fort difficile d'en reconnaître la nature.

Il faut rapprocher de ce fait les cas de mort apparente, désignés sous le nom de léthargie. Les fonctions vitales paraissent ici complètement abolies, et il est certain qu'autrefois tout au moins, on a pu confondre cet état avec la mort réelle. « Les fonctions du cœur et des poumons paraissent suspendues ; le pouls est insensible et la chaleur animale semble entièrement éteinte : les malades sont froids, pâles, immobiles et restent dans un état plus ou moins prolongé de mort apparente qui peut se terminer par l'extinction totale de la vie. » (L. VILLERMAY. *Traité des maladies nerveuses ou vapeurs, et particulièrement de l'hystérie ou de l'hypocondrie*, 1816. Tome I, p. 64.)

Ce sont là, d'ailleurs, des accidents fort rares; nous reviendrons sur ces faits de sommeil prolongé et de léthargie, lors de l'étude des troubles trophiques dans l'hystérie.

4. **La grande attaque hystérique de Charcot.** — Nous aurons terminé l'énumération des principales formes des attaques hystériques quand nous aurons rappelé la description systématique donnée par Charcot de la grande attaque hystérique. Dans cette étude, nous suivrons la description si complète de Paul Richer.

L'attaque est précédée d'une période prémonitoire caractérisée par des *troubles psychiques* ou d'ordre sensitif ou sensoriel. Le caractère se modifie, la malade devient triste et irritable, et pressent son attaque. Elle se plaint de sensations anormales, elle ressent l'aura ovarienne ou abdominale qui était attribuée par les anciens auteurs à une ascension de la matrice vers la gorge. Après cette période prémonitoire, la crise éclate. Elle évolue, d'après Charcot, en quatre périodes.

a) Première période ou période épileptoïde. Averti par l'aura de l'arrivée de sa crise, le sujet se laisse tomber à terre ou s'étend sur son lit, sans pousser de cri, ce qui constitue une première différence avec l'attaque épileptique. A partir de ce moment et pendant toute la première période de l'attaque, la perte de connaissance est complète, d'après Charcot. Les convulsions épileptoïdes qui caractérisent cette première attaque évoluent en trois phases : phase tonique, phase clonique, phase de résolution musculaire.

Les *convulsions toniques* varient avec chaque malade. La tête se raidit et se renverse en arrière, faisant saillir le cou qui se gonfle. Les yeux convulsés cachent habituellement leur pupille sous la paupière. La respiration se ralentit et s'arrête par longues pauses. Après quelques mouvements assez lents, le sujet s'immobilise, le corps contracté et tendu. En général le malade est dans l'extension complète et dans le décubitus dorsal : le corps raidi, comme une barre de fer, repose sur le dos ou sur l'un des côtés. Mais parfois les membres sont dans les positions les plus bizarres, diversement fléchis ou étendus : le corps courbé en arrière peut ne s'appuyer que sur les pieds et sur la tête, dessinant un arc de cercle. La respiration est suspendue.

Bientôt survient la *phase clonique* : la respiration suspendue se rétablit péniblement, « puis elle s'effectue dans le plus grand désordre, l'inspiration est sifflante, l'expiration saccadée, il y a parfois des hoquets, des mouvements bruyants de déglutition se produisent, le ventre est agité de secousses et de borborygmes sourds » (Richer). En même temps, de brèves et rapides oscillations, commençant par le membre tétanisé le premier, se généralisent aux autres membres et au tronc.

Puis le calme revient peu à peu, les convulsions disparaissent et font place à la troisième phase de *résolution musculaire.*

En général cette première période épileptoïde dure quatre à cinq minutes.

b) La *deuxième période* de la grande attaque se caractérise par les grandes convulsions « rappelant les sauts, les tours de force qu'exécutent les clowns dans les cirques, d'où le nom de période de *clownisme* que lui a donné Charcot ».

Ces *attitudes* illogiques revêtent les aspects les plus variés et les moins attendus : arc de cercle, la tête et les pieds reposant sur le lit, ou bien le tronc se courbe en formant un arc à convexité postérieure, ou encore s'incurve latéralement. A ces attitudes illogiques succèdent immédiatement de *grands mouvements* désordonnés, extrêmement violents; plusieurs hommes vigoureux peuvent à peine maintenir une femme débile à l'état normal.

La *troisième période* comprend les attitudes passionnelles. Ces attitudes traduisent le rêve de la malade et varient avec chaque sujet. En sa mimique et ses gestes, la malade exprime ses préoccupations habituelles, et les scènes de sa vie qui l'ont le plus fortement émue.

Les rêves se succèdent, tantôt terrifiants, tantôt joyeux. En général, à la fin de cette période, les malades se voient environnés d'animaux réels ou fantastiques. Puis les attitudes passionnelles se font de plus en plus rares et la malade arrive à la *quatrième période de la crise.*

Cette période, assez courte en général, parfois prédominante, est constituée par un délire de mémoire, où la malade revit encore les phases de son existence passée : il est gai, triste, mystique ou obscène, suivant la personnalité de la malade.

Puis la malade revient à elle. La durée d'un paroxysme convulsif de cette ordre est en général de 15 à 30 minutes.

Tel est le cadre dans lequel, d'après Charcot, évoluent les paroxysmes convulsifs de l'hystérie. Suivant les cas, on observerait la prédominance de telle ou telle partie de la crise, mais toujours on retrouverait plus ou moins marquée la succession des quatre périodes de la crise d'hystérie normale.

Cette notion n'a pas été acceptée en dehors de la Salpêtrière et de l'école de Charcot. La plus grande objection qui a été élevée contre cette conception, c'est que *spontanément* il est très rare d'observer des paroxysmes convulsifs présentant cette évolution régulière en quatre périodes. C'est l'opinion soutenue d'abord par Bernheim, Déjerine, Pierre Janet, et communément admise aujourd'hui.

Lorsque Charcot professait à la Salpêtrière, le plus grand nombre des malades présentaient des crises régulières et du même type. Mais l'imitation et l'entraînement jouaient un grand rôle dans le développement de ces accès convulsifs. L'hystérique en état de crise est en effet suggestible, et il est aussi facile de diriger l'accès dans le sens que l'on désire, que de l'arrêter. Pour reprendre une expression de Bernheim, les phénomènes décrits à la Salpêtrière étaient de « l'hystérie de culture ».

Nature des crises hystériques. — Dans les pages qui précèdent, nous venons de passer en revue les différentes manifestations des attaques d'hystérie. L'attaque primitive et originelle, qui ne paraît être qu'une émotion exagérée, peut, nous l'avons vu, se modifier considérablement, suivant que prédominent les accidents de suffocation, d'excitation cérébrale, un état de dépression qui conduisent de l'évanouissement hystérique à l'attaque de sommeil et à la mort apparente.

Dans certaines conditions artificielles, la crise peut prendre le type complexe décrit par Charcot, et où semblent parvenir à leur maximum les désordres convulsifs et les états délirants. Mais au-dessous de ces manifestations, nous trouvons toujours l'état émotionnel primitif. Janet, qui a consacré à ces questions une étude psychologique intéressante, a montré que l'on découvrait toujours un rêve émotionnel sous-jacent à ces manifestations si variables. Nous pouvons donc admettre que la crise hystérique relève de la malléabilité de l'organisme, de la facilité pour les états de peine ou de joie à déterminer des réactions émotionnelles excessives, et peut-être plus encore du défaut d'inhibition, du défaut de volonté pour arrêter les manifestations désordonnées de l'émotion.

L'étude étiologique vient confirmer cette vue, et tous les auteurs ont insisté sur la fréquence des émotions vives à l'origine de ces accidents. La première crise apparaît après un choc moral, chagrin, peur, etc. Une fois la crise constituée, si personne ne vient donner à l'hystérique, par une parole énergique, le pouvoir d'arrêter l'accès, si l'entourage le favorise par son empressement, par des soins inutiles, ou sa facilité à s'émouvoir à son tour, la crise, loin de diminuer, va prendre un nouveau développement. Les accès apparaîtront à toute émotion un peu forte et bientôt ils surviendront sans motif appréciable. La malade paraît s'abandonner à ses émotions avec une absolue passivité et la crise devient bientôt une habitude. Elle se reproduit sans cesse, toujours avec les mêmes caractères, qui, une fois acquis, restent indéfiniment fixés.

Un second caractère, c'est que la conscience n'est jamais complètement abolie. Tout contribue à le prouver. Comme Déjerine le fait souvent remarquer, une crise d'hystérie violente ne s'accompagne d'aucun traumatisme sérieux, il est même fréquent après l'accès de ne constater aucune ecchymose. La différence est grande à cet égard avec les accès épileptiques. La persistance de la conscience se manifeste aussi par la suggestibilité de la malade pendant la crise. Bernheim a insisté avec beaucoup de justesse sur ce point : il donne l'exemple typique d'hystériques en pleine crise, chez lesquelles par simple énonciation à haute voix on peut faire apparaître tous les phénomènes que l'on désire. L'influence de la suggestibilité est démontrée par les épidémies de crises convulsives, dans les couvents, dans les pensionnats. D'où la règle très sage de ne jamais réunir dans une même salle et de ne jamais laisser communiquer librement des hystériques atteintes d'accidents convulsifs, sous peine de voir les malades s'entraîner pour ainsi dire dans leurs manifestations morbides.

Cela nous amène à signaler un dernier caractère de ces accidents, qui est leur curabilité. Il est aussi facile de les arrêter par un traitement approprié que de les développer en leur prêtant une trop grande importance ou en ayant l'air de s'y intéresser. Dans le service de Déjerine, à la Salpêtrière, je n'ai jamais vu les crises convulsives durer plus de un ou deux jours. En ne témoignant aucun intérêt pour ce genre de démonstration émotionnelle, en menaçant la malade de la claustration complète dans une cellule si les crises se reproduisent, on arrête toutes ces manifestations. La crainte du cabinet noir habilement exploitée fournit à la malade une énergie suffisante pour arrêter et modérer ses émotions. « Dans mon service, écrit Déjerine, les accidents de grande hystérie n'ont jamais duré plus de huit jours. »

Somme toute, nous trouvons dans les crises convulsives les caractères communs à tous les accidents hystériques.

Primitivement la crise n'est qu'une émotion excessive qui se transforme vite en une habitude à laquelle la malade se laisse aller d'autant plus facilement qu'elle croit ne pouvoir y résister. Elle s'auto-suggestionne et son entourage la maintient dans ses idées erronées. Séparée de son milieu, excitée à vouloir et à revenir dans le droit chemin, la malade guérit en quelques jours; les crises même anciennes disparaissent avec une facilité qui provoque toujours un certain étonnement. Il n'y a pas d'accidents qui démontrent mieux combien l'hystérique est malléable par l'idée qu'elle accepte ou qu'on lui impose.

Les zones hystérogènes. — A l'étude des crises hystériques, se relie celle des zones hystérogènes. Charcot et Pitres en ont donné une définition qui a été longtemps admise sans conteste : la zone hystérogène est une région circonscrite du corps, douloureuse ou non, d'où partent souvent, pendant les attaques spontanées, des sensations spéciales qui jouent un rôle dans l'ensemble des phénomènes de l'accès hystérique, et dont la présence a pour effet soit de déterminer l'attaque convulsive, ou une partie des phénomènes spasmodiques de l'attaque, soit d'arrêter brusquement les convulsions. Ces zones peuvent exister sur tout le corps, mais elles sont infiniment plus fréquentes au niveau de l'abdomen. La compression des ovaires, d'après Charcot, ou de la région épigastrique peut exciter ou refréner une crise convulsive.

Mais il semble bien que ces zones hystérogènes soient nées de toutes pièces par l'examen médical; on peut, en effet, les créer ou les faire disparaître par simple affirmation; on peut, sur des sujets prédisposés, créer une zone avec tous ses caractères sur un point quelconque du corps.

Aussi, sans nier absolument l'existence des zones hystérogènes spontanées, car il est possible que l'excitation de certains domaines du grand sympathique mette en jeu tout l'appareil émotionnel réflexe, il faut faire ici, comme dans bien d'autres domaines de l'hystérie, de sérieuses réserves. La suggestibilité est si développée, que les phénomènes primitifs disparaissent au milieu de la végétation exubérante des désordres artificiels dus à l'imagination des malades.

PARALYSIES ET CONTRACTURES HYSTÉRIQUES.

Les paralysies et les contractures sont des accidents hystériques des plus fréquents et des mieux connus. Relevant, comme la plupart des autres désordres hystériques, d'un trouble psychique primitif, ces accidents doivent à leur origine une allure toute particulière. Si nous insistons aussi longuement sur leur description, c'est qu'aucune autre manifestation hystérique ne peut mieux démontrer la nature réelle de cette maladie.

Les contractures hystériques ont un certain nombre de caractères communs. Leur début est brusque, en général; une fois constituée, la contracture hystérique est très intense; les membres atteints sont immobilisés si fortement que des efforts considérables ne peuvent modifier leur situation. Quelle que soit l'attitude du membre, qu'il soit en flexion ou en extension, les muscles antagonistes sont aussi intéressés; on en juge par la palpation; ils sont égalemeut raides et durs au toucher. La contracture disparaît toujours dans le sommeil chloroformique. Persiste-t-elle dans le sommeil naturel? Charcot et ses élèves l'affirmaient, mais Babinski a fait, sur ce point, de sérieuses réserves, et il est loin d'être établi que la contracture ne disparaît pas pendant le sommeil. Tous les muscles obéissant à la volonté peuvent être atteints par la contracture. La forme hémiplégique est rare. On observe plutôt une contracture des deux membres inférieurs; les muscles du tronc, du cou peuvent être aussi atteints. Au niveau de la face, la contracture se faisait souvent sous le type de l'hémispasme glosso-labié, dû à une contraction spasmodique portant sur un côté de la bouche ou sur la langue.

Sur les muscles des yeux, la contracture donne naissance au blépharospasme, au strabisme par contracture.

Cette contracture dure parfois des années, toujours localisée aux mêmes membres; plus rarement, elle est mobile, atteignant, suivant le genre, tel ou tel segment de membre.

Enfin, après avoir duré pendant plusieurs jours ou plusieurs mois, la contracture peut guérir souvent d'une façon brusque et en apparence miraculeuse. Même lorsque la guérison paraît rapide et immédiate, le malade ne retrouve pas aussitôt l'intégrité de sa force musculaire. Pendant des semaines, d'après P. Richer, les muscles restent dans l'état qu'il a désigné sous le nom de diathèse de contracture; tout en étant plus faibles, les muscles sont plus excitables, et la moindre percussion fait apparaître une contracture plus ou moins persistante. Charcot et P. Richer pensaient même que les contractures ne pouvaient se développer que sur des muscles présentant des troubles de leurs contractiles; mais les recherches modernes n'ont pas confirmé cette opinion.

Les paralysies hystériques débutent souvent, comme la contracture, d'une façon brusque. Comme les contractures, elles atteignent tous les muscles du segment du membre paralysé, et non seulement les muscles dont le mouvement est supprimé, mais les muscles antagonistes.

La paralysie est rarement complète; on trouve quelques mouvements conservés. La contractilité à l'excitation faradique est conservée.

Les réflexes cutanés ont, en général, disparu; les réflexes tendineux persistent, ou sont augmentés.

Enfin, caractère important, et qui les sépare des paralysies organiques, les paralysies hystériques sont variables d'un jour à l'autre, sous l'influence d'une émotion, ou sans cause nette.

La paralysie se prolonge pendant des mois ou des années, ou dure seulement quelques jours ou quelques heures. La guérison peut être brusque, comme le début.

La paralysie se présente sous des aspects variés. En général, on observe la forme hémiplégique souvent associée à l'anesthésie sensitivo-sensorielle du même côté.

Mais on peut trouver une localisation sur tous les muscles obéissant à l'action volontaire.

La musculature interne de l'œil n'est jamais touchée ni par la paralysie, ni par la contracture.

Complications trophiques des paralysies et des contractures. — Signalée par Vrelkoff en 1884, établie définitivement par Babinski en 1886, l'atrophie musculaire hystérique paraît toujours secondaire, lorsqu'elle existe, à une paralysie ou à une contracture; mais il est difficile de comprendre pourquoi elle accompagne certaines paralysies ou contractures, à l'exclusion des autres. Elle s'observe surtout dans la monoplégie hystérique, et plus souvent chez l'homme que chez la femme. Le traumatisme, cause fréquente de monoplégie chez l'homme, joue peut-être un rôle dans l'étiologie de ce trouble secondaire.

L'atrophie musculaire survient, en général, quelques semaines après l'apparition de la monoplégie. Elle atteint la totalité des muscles du membre paralysé, aussi bien les petits muscles de la main que les muscles de l'avant-bras et du bras dans la paralysie du membre supérieur. Il n'existe pas de réaction de dégénérescence dans les muscles atrophiés.

Enfin, au cours des contractures hystériques, on peut observer des rétractions fibro-tendineuses, comme dans tous les cas où les muscles sont immobilisés pendant longtemps dans la même attitude.

Étiologie et nature des paralysies hystériques. — Comme Ch. Richet et Brissaud l'ont démontré, la contracture est une forme de l'activité musculaire. En effet, la compression du membre par la bande d'Esmarch, en supprimant l'apport nutritif au niveau du membre, fait cesser la contracture.

La contracture ne relève pourtant pas du même mécanisme qu'une contraction volontaire. Elle n'est pas un tétanos, elle est un état musculaire intermédiaire entre l'état de contraction et l'état de relâchement. C'est une augmentation du tonus musculaire.

L'étude de la secousse musculaire par l'excitation électrique dans les cas atténués en fournit la preuve. Entre la secousse musculaire normale et la contracture permanente, on peut trouver tous les degrés intermédiaires, dit P. Richer[1]. « Au degré rudimentaire, la secousse musculaire n'est que peu modifiée, la descente en est moins rapide; elle est interrompue parfois par un plateau de peu d'étendue. En résumé, il y a un simple allongement de la secousse, et cet allongement doit être considéré comme le premier indice de la contracture; c'est la contracture passagère... La durée de cette secousse de contracture peut s'étendre au point qu'elle devient une contracture durable; et, dans ces transformations successives, la forme du tracé ne diffère que par la durée de la descente. » La contracture hystérique n'est donc qu'une variété de tonus musculaire, et comme le tonus, elle persiste indéfiniment sans entraîner de fatigue.

La paralysie ne tient pas à une diminution du tonus musculaire, contrairement à ce que l'on pourrait croire. Il y a seulement une suppression des mouvements volontaires. L'origine psychique de cet accident avait déjà été vue par Brodie qui l'indiquait nettement dans une formule heureuse : « Ce ne sont pas les muscles qui n'obéissent pas à la volonté, c'est la volonté elle-même qui n'entre pas en jeu. »

Plusieurs caractères en démontrent bien la nature. Comme Babinski l'a parfaitement signalé, la distribution est toujours semblable à celle que pourrait réaliser une contraction ou une paralysie suggérée à un sujet en état d'hypnose. La distribution de la paralysie ou de la contracture correspond toujours à un groupe musculaire qui agit synergiquement dans la contraction volontaire. On ne trouve pas de paralysie hystérique respectant le long supinateur, comme dans la paralysie saturnine, par exemple.

L'étiologie confirme ces données dans un certain nombre de cas. Souvent paralysie ou contracture apparaissent à la suite d'un traumatisme, surtout si le traumatisme a été accompagné d'un état émotionnel violent (accident de chemin de fer). C'est l'exagération d'un trouble pour ainsi dire constant même chez des individus normaux.

« Les troubles sensitifs et moteurs qui se produisent sur les membres soumis à une contusion n'appartiennent pas, tant s'en faut, en propre aux sujets hystériques, écrivait Charcot. Chez ces sujets-là sans doute, ils se produisent sous l'influence de chocs en apparence les plus légers, et ils acquièrent facilement un développement considérable, hors de proportion avec l'intensité de la cause traumatique. Mais on les retrouve en dehors de l'hystérie, à peu près nécessairement chez un individu quelconque à la suite d'une contusion, pour peu que celle-ci ait une intensité notable. C'est ainsi que sous l'influence du choc produit par exemple sur l'avant-bras par la pénétration d'une balle de fusil, le membre tout entier peut se montrer parésié, insensible pendant une période de temps plus ou moins longue. Une simple contusion sans plaie suffit à déterminer des accidents du même genre. On peut avancer, je crois, d'une façon très générale, que plus la contusion est légère, et moins le sujet est névropathe, moins il est hystérique, si l'on peut parler ainsi, plus les accidents parétiques et sensoriels sont légers, courts, fugaces. » (Charcot. *Leçons sur les maladies du système nerveux*, III.)

Les émotions vives, la peur peuvent provoquer des accidents analogues. Ne dit-on pas que la peur « coupe bras et jambes »? Cette expression traduit l'inhibition que provoque une émotion quelconque chez une malade suggestible et présentant dans ces conditions des troubles moteurs; chez les hystériques, cette parésie passagère va se transformer en paralysie permanente.

Une de mes malades, dit Briquet, reçoit à l'improviste la nouvelle de la mort de sa mère; à l'instant les jambes tremblent, fléchissent sous elle et on la relève paraplégique.

Les contractures peuvent prendre naissance dans les mêmes conditions. Nous avons vu, chez le professeur Déjerine, une malade atteinte d'une contracture en adduction de de deux cuisses à la suite des efforts qu'elle avait faits pour résister à une tentative de viol.

1. Paul Richer. *Paralysies et contractures musculaires hystériques.* Doin, Paris, 1892.

L'autosuggestion qui produit la paralysie peut se réaliser par un mécanisme différent. L'hémiplégie hystérique n'est souvent qu'un phénomène d'inhibition, ajouté à une lésion cérébrale réelle. GILLES DE LA TOURETTE a fait à cet égard des constatations intéressantes.

« Nous avons eu bien souvent, dit-il, l'occasion d'observer des hémiplégies et des monoplégies brachiales hystériques chez des syphilitiques dont le cerveau avait été touché plus ou moins fortement par la vérole. Au lieu et place de l'hémiplégie ou de la monoplégie organiques qu'un traitement approprié avait écartées, apparaissait une hémiplégie ou une monoplégie hystérique, vis-à-vis de laquelle la lésion organique disparue avait certainement joué le rôle à la fois d'agent provocateur et localisateur. »

Quel que soit d'ailleurs le mécanisme par lequel se réalise la paralysie ou la contracture, c'est en définitive à un trouble psychique qu'aboutissent toutes ces causes. Les méthodes curatives de ces accidents en démontrent très nettement la nature.

C'est ici que triomphent les cures miraculeuses, et la thérapeutique moderne a su, par des procédés de suggestion ou d'éducation employés systématiquement, provoquer à volonté ces guérisons autrefois spontanées et isolées.

Peut-on aller plus loin et essayer de pénétrer le mécanisme psychologique de ces accidents? Il est bien certain que le sujet a l'idée plus ou moins nette que son bras, paralysé ou contracturé, ne peut lui obéir; mais ce qui constitue le caractère essentiel, c'est la rapidité avec laquelle cette idée se réalise en acte.

Nous voyons ainsi que ce qui distingue la paralysie ou contracture hystérique, c'est la malléabilité de l'organisme sous l'influence d'une représentation mentale et en dehors de la volonté du sujet.

Un autre caractère non moins important, c'est qu'une action psychothérapique quelconque peut guérir un accident en permettant au malade d'étendre son pouvoir volontaire sur des actes dont la direction lui échappait.

Chorée hystérique. — Parmi les troubles moteurs, nous ne pouvons passer sous silence la chorée hystérique, qui sous forme d'épidémie s'est répandue au moyen âge à travers toute l'Europe.

La danse de Saint-Guy en Allemagne, la tarentine en Italie n'étaient que des accidents hystériques. Si de nos jours ces manifestations s'observent encore, ce n'est que d'une façon sporadique, ou encore chez l'enfant sous forme de petites épidémies d'école ou de maison.

GERMAIN SÉE en 1850 sépare le premier ce syndrome hystérique de la chorée de SYDENHAM. CHARCOT en distingue les caractères essentiels.

L'agitation musculaire, incoordonnée dans la chorée vraie, revêt ici une forme rythmique : secousses rythmiques du bassin, des membres, des pieds, des mains, de la tête, mouvement et salutation rythmés, mouvement de danse ou chorée saltatoire, etc.

Le rôle de l'imitation dans la genèse de ces accidents lors des épidémies, la disparition rapide par un traitement psychothérapique suffisent à démontrer l'origine psychique de cet accident hystérique.

TROUBLES DIGESTIFS D'ORIGINE HYSTÉRIQUE.

Les troubles gastro-intestinaux sont des plus fréquents dans l'hystérie. Sur les 358 hystériques qu'il a étudiées, BRIQUET a relevé leur existence dans presque tous les cas. Pour mettre un ordre relatif dans l'exposé de ces accidents très nombreux et d'apparence si variable, nous les rangerons en trois groupes, suivant qu'ils relèvent d'un trouble prédominant des sécrétions digestives, de la sensibilité ou des mouvements de l'estomac et de l'intestin, classification un peu schématique, car il est bien certain que parfois certains désordres atteignent à la fois les diverses fonctions de l'appareil digestif.

1. Troubles de la sécrétion. — La sécrétion salivaire est parfois augmentée d'une façon ordinaire chez les hystériques, le malade a la bouche constamment pleine de salive et peut en rejeter près d'un litre par jour. L'expérience apprend que l'autosuggestion joue un rôle certain dans cette sécrétion excessive qui cesse toujours pendant la nuit. Assez souvent cet accident se développe sur un trouble organique léger moins réel; quelque désordre dans les fonctions digestives provoque une sécrétion salivaire plus abondante, mais sur le malade qui présente les caractères psychiques de l'hystérie, ce symptôme sans importance va se transformer en une complication qui n'est pas sans danger. L'attention expectante du malade entretient une sécrétion continue. On peut d'ailleurs par une médication purement suggestive arrêter rapidement cette sécrétion désordonnée.

La sécrétion de l'estomac ne paraît pas modifiée dans les différentes manifestations digestives de l'hystérie.

2. Accident hystérique relevant d'un trouble dans les fonctions motrices de l'appareil digestif. — Le *spasme de l'œsophage* peut s'observer au cours de l'hystérie, mais cet accident est relativement assez rare. Il présente dans son évolution l'allure singulière de toutes les manifestations hystériques apparaissant ou s'atténuant d'un jour à l'autre, souvent modifié par une émotion, enfin obéissant d'une façon évidente aux idées de la malade; c'est ainsi que le spasme peut n'exister que pour une variété déterminée d'aliments. Même lorsqu'il est absolu, le spasme n'est pas en général assez persistant pour entraîner un trouble considérable de la déglutition; la malade parvient à absorber une petite quantité d'aliments suffisante pour entretenir la vie.

Les *vomissements hystériques* constituent un trouble infiniment plus banal que le spasme de l'œsophage. Cet accident peut apparaître sous l'influence de causes morales, par exemple par imitation. Mais beaucoup plus souvent, par suite d'une prédisposition nerveuse, les vomissements symptomatique, d'une affection gastrique quelconque prennent sous l'influence d'une autosuggestion inconsciente une allure toute différente.

Dans toutes les maladies gastriques accompagnées de vomissements, l'hystérie peut provoquer l'apparition de vomissements incoercibles. Les vomissements normaux du début de la grossesse prennent souvent chez les malades prédisposées le même caractère.

Quel que soit leur mode de début, les vomissements hystériques ont une allure qui en fait un syndrome des plus nets.

Une fois installés, les vomissements hystériques sont persistants et se reproduisent chaque jour pendant des mois et des années. C'est un trait commun à tous les accidents de gastropathies hystériques, dû certainement au faible pouvoir d'inhibition de ces malades : il suffit en effet par quelques menaces ou par l'isolement de réveiller la volonté de ces malades pour arrêter en quelques jours des vomissements qui persistent depuis des mois ou des années.

Le vomissement est facile, il se produit sans effort aussitôt après les repas et souvent la malade veut se remettre à table dès qu'il a cessé.

Enfin un autre caractère qui n'est pas sans valeur, c'est la conservation d'un bon état général. Malgré les vomissements incessants, la malade présente un aspect florissant, car les vomissements sont toujours partiels.

On a prétendu que, chez certaines hystériques, les vomissements pourraient vider non seulement l'estomac, mais l'intestin, et que l'on pourrait observer des vomissements fécaloïdes. Jaccoud a rapporté l'histoire d'un malade qui vomissait soi-disant des matières fécales, « non pas les matières fécaloïdes de l'occlusion ordinaire, mais de véritables excréments, condensés, solides, cylindriques, de coloration brune, provenant du gros intestin ». Mais, si l'on songe que Nysten a été victime de la supercherie d'une hystérique qui avalait ses excréments pour les rendre sous les yeux étonnés du médecin, et que Talley a observé un cas analogue, on ne peut se défendre d'un certain scepticisme. Nous ferons les mêmes réserves sur les faits rapportés par Briquet à propos d'une malade rendant par la bouche un lavement de café 10 minutes après qu'on le lui avait administré.

Le seul trouble moteur de l'intestin bien réel que l'on puisse observer dans l'hystérie, c'est une exagération des mouvements péristaltiques. Cette activité motrice désordonnée se traduit par une diarrhée incoercible, en tout semblable aux vomissements que nous venons de décrire.

Nous ne ferons que signaler *l'aérophagie* ou *déglutition d'air*, et le *tympanisme nerveux*, accidents fréquents chez les hystériques, mais qui s'observent aussi en dehors de cette névrose et n'en dépendent pas directement.

3. Troubles digestifs hystériques dus à une modification de la sensibilité gastrique. — La *gastralgie hystérique* a été signalée par la plupart des neurologistes qui ont traité des manifestations organiques de l'hystérie. On désigne sous ce nom un accès douloureux extrêmement violent, traduit en général par la malade d'une façon excessive et qui se termine par une crise convulsive avec larmes abondantes ou par une crise syncopale.

Mais, si l'on étudie ce fait avec grand soin, on voit que la gastralgie hystérique ne s'observe en réalité que dans les affections organiques de l'estomac accompagnées de vives douleurs. L'hystérie donne seulement à l'accès douloureux une allure assez tragique; nous ne nions pas qu'il ne puisse exister des crises de gastralgie hystérique primitive, mais d'après notre expérience, nous pensons, ALBERT MATHIEU et moi, qu'il faut toujours se défier dans ces cas d'une lésion gastrique sous-jacente et en particulier d'un ulcère de l'estomac.

Parfois ces accès de gastralgie ont été suivis *d'hématémèses* que CHARCOT et ses élèves attribuaient aussi à l'hystérie. Mais la lecture des observations semble bien indiquer que dans tous les cas il s'agissait d'un ulcère méconnu de l'estomac[1].

Accidents hystériques dus à la disparition de la faim. — *L'anorexie hystérique* a été décrite à peu près vers la même époque par GALL et par LASÈGUE.

Cette affection s'observe chez des jeunes filles, prédisposées aux manifestations hystériques, ayant déjà eu souvent des accidents convulsifs. La jeune malade perd à la fois tout appétit et toute volonté de s'alimenter et tombe dans un amaigrissement extrême qui va parfois jusqu'à la mort. Nous ne voulons pas décrire encore une fois ici ces accidents qui ont déjà, à propos de l'article **Faim**, été longuement étudiés dans ce dictionnaire; on y trouvera toute la description de LASÈGUE.

Nous dirons seulement que cet état n'est pas spécial aux hystériques. L'inanition est une des complications les plus habituelles des diverses variétés de troubles dyspeptiques nerveux. L'hystérie donne seulement à ces désordres quelques caractères un peu spéciaux qui doivent diriger toutes les méthodes du traitement[2]. L'inanition progressive résulte d'une autosuggestion de la malade, rebelle à tous les raisonnements, mais qui cède facilement aux méthodes d'autorité : en quelques jours, avec un isolement très suivi, on obtient une alimentation que la malade était incapable de prendre seule. Il existe en effet ici un défaut de volonté tel que, même le désirant, la malade ne peut plus mettre obstacle à l'évolution des accidents; l'inanition s'accentue chaque jour, et seule l'intervention énergique du médecin et la contrainte que réalise l'isolement peut donner une nouvelle vigueur à sa volonté défaillante.

Comme nous l'indiquerons à propos des troubles trophiques, la nutrition obéit chez les hystériques anorexiques aux mêmes règles que chez les autres malades inanitiés.

MANIFESTATIONS DE L'HYSTÉRIE SUR L'APPAREIL GÉNITO-URINAIRE.

Les manifestations vésicales de nature hystérique s'observent surtout chez les femmes. BRIQUET signale la *cystalgie vésicale hystérique* qu'il a rencontrée une vingtaine de fois sur 400 hystériques. La vessie est douloureuse à la distension et la moindre quantité d'urine provoque un besoin intense de l'évacuer; mais il s'associe toujours à ce trouble un spasme de l'urèthre, de sorte que la miction est parfois impossible, et si elle est possible, très douloureuse.

On peut observer aussi la rétention d'urine. BRODIE en a donné une bonne description. Il rattache nettement la rétention à un trouble de l'innervation centrale involontaire qui est, comme nous l'avons déjà répété, la raison d'être de bien des accidents hystériques. « Ce que nous avons déjà dit des autres paralysies hystériques, écrit-il, peut également s'appliquer ici. Ce n'est pas que les muscles soient incapables d'obéir à la volonté, mais c'est la volonté qui ne s'exerce pas. Néanmoins, les choses se passent

1. On trouvera des détails complémentaires sur les différentes manifestations digestives hystériques dans les études que nous avons publiées, MATHIEU et moi, dans les *Notes de clinique et de thérapeutique sur les maladies de l'appareil digestif*. Doin, Paris, 1905.

2. MATHIEU et ROUX, *l'Inanition chez les dyspeptiques et les nerveux*. Paris, 1906.

ainsi au début, mais si la malade a laissé sa vessie se distendre énormément, une paralysie véritable peut s'ensuivre et on ne parviendra à vider l'organe qu'avec une sonde. » Brodie avait bien vu que ces malades guérissent, en général, toutes seules si on les abandonne à leur sort, tandis que, si l'on a recours au cathétérisme, on peut retarder la guérison indéfiniment.

Nous avons déjà signalé dans le domaine de *l'appareil génital* l'existence de zones hystérogènes testiculaires ou ovariennes, et nous avons discuté leur valeur. Souvent il existe aussi une hyperesthésie extrême de l'utérus survenant à l'approche des règles. L'utérus devient douloureux au toucher et son contact provoque les réactions habituelles des zones hystériques, mais ces accidents diffèrent peu de ceux que l'on peut observer au cours des métrites, et alors un diagnostic exact est très difficile.

L'hyperesthésie de la muqueuse vulvo-vaginale s'observe assez souvent et s'accompagne d'une contracture du sphincter vaginal.

Enfin nous devons indiquer l'existence de la fausse grossesse nerveuse. La crainte ou le désir d'une grossesse suffit à entraîner chez certaines hystériques une augmentation de volume du ventre qui fait croire à l'existence d'un utérus très volumineux. Ce développement anormal de l'abdomen tient à une contracture musculaire, car il disparaît toujours dans le sommeil chloroformique. La ressemblance avec une grossesse est encore accrue, lorsque les règles sont supprimées et lorsque les seins se gonflent, comme on l'a constaté dans un certain nombre d'observations.

MANIFESTATIONS DE L'HYSTÉRIE SUR L'APPAREIL RESPIRATOIRE.

Nous décrirons ici seulement les accidents les plus fréquemment observés dans l'appareil respiratoire, accidents qui relèvent d'un trouble psychique d'une façon évidente dans bien des cas.

Il en est ainsi pour le *mutisme hystérique*, par exemple. La malade a conservé tous les mouvements de la langue et des lèvres, il lui est possible de siffler, de souffler, mais elle ne peut articuler un mot, elle ne peut parler même à voix basse. Rien dans l'état du larynx n'explique ce mutisme. La malade n'est pas aphasique, elle a conservé tout son langage intérieur, elle peut converser par signes. Cette affection peut se prolonger pendant des années.

Il n'existe ici qu'un désordre psychique. La malade obéit sans le vouloir à une autosuggestion et, malgré ses efforts, ne peut articuler un mot. Il faut la contrainte d'un isolement sévère et bien conduit pour que la parole se rétablisse aussi claire et aussi nette qu'autrefois.

L'aphonie où la malade peut chuchoter, mais non parler à haute voix, le bégaiement hystérique sont des troubles du même ordre, et relèvent également d'une perversion de la volonté.

La *toux hystérique*, signalée par Lasègue, survient à heures fixes dans le courant de la journée, et souvent par paroxysmes intenses, rappelant les crises convulsives. Elle cesse toujours pendant le sommeil.

La nature des accidents est encore plus nette dans les désordres hystériques si variés où les cris simulent des gloussements de poule, des aboiements et rugissements. Il s'agit souvent de petites épidémies de pension, car l'imitation joue un rôle important dans l'apparition de ces troubles.

Nous signalerons enfin le hoquet, les vifs reniflements, les éternuements hystériques.

Le *spasme laryngé* peut s'associer aux paroxysmes convulsifs, et donne parfois aux malades un aspect assez effrayant; mais il cède toujours, et Gouguenheim repousse toute intervention chirurgicale dans ces cas.

Sous le nom d'*asthme hystérique*, on a décrit des crises de polypnée. La malade est prise d'une respiration extrêmement rapide, jusqu'à 170 à 180 par minute, sans qu'il existe la moindre cyanose, sans qu'on constate parfois une accélération du pouls.

Enfin, pour ce qui est des hémoptysies hystériques, nous pensons avec tous les auteurs modernes qu'on ne peut affirmer leur existence. Le diagnostic ne peut être établi que par exclusion et on n'est jamais en droit d'éliminer, par exemple, une tuberculose encore latente. D'après Faisans, c'est, en effet, la tuberculose qui est la cause réelle des soi-disant hémoptysies hystériques.

LES TROUBLES TROPHIQUES DANS L'HYSTÉRIE.

Nous abordons ici un des chapitres les plus curieux et les moins bien connus de l'hystérie. Il y a vingt ou trente ans, on a décrit des troubles trophiques des plus variés au cours de l'hystérie et ces désordres conduisaient évidemment aux hypothèses les plus intéressantes.

Pour certains auteurs, ces troubles trophiques étaient consécutifs à des processus psychiques et il fallait admettre que la volonté consciente ou subconsciente pénétrait assez profondément dans l'organisme pour en modifier la nutrition. Pour d'autres auteurs, il s'agissait d'un trouble dans les échanges chimiques caractérisant le terrain sur lequel évolue l'hystérie. Nous aurons à discuter ces questions. Mais notre premier soin sera de déterminer tout d'abord quels sont les troubles trophiques que l'on peut observer dans l'hystérie d'une façon certaine, car sur bien des points, comme nous le verrons, il faudra faire de sérieuses réserves. Dans bien des cas, ce n'est pas seulement la nature du trouble trophique qui est inconnue, mais sa réalité même est difficile à établir. On comprend donc que nous ne pouvons apporter ici que des données provisoires; nos conclusions, loin d'être définitives, seront plutôt des hypothèses destinées à indiquer dans quelle voie doivent s'orienter les recherches ultérieures. Dans cette description des troubles trophiques, nous suivrons surtout les études de Gilles de la Tourette et Cathelineau[1], qui ont résumé d'une façon très complète presque tout ce que l'on peut connaître sur ce point. Mais nous insisterons aussi sur un certain nombre de faits qu'ils passent sous silence et sur quelques travaux postérieurs à la publication de leur mémoire qui nous paraissent avoir une importance prépondérante.

Par elle-même, l'hystérie n'entraîne aucun trouble nutritif. Chez la grande majorité des malades en puissance d'hystérie, présentant les stigmates ou même des accidents tels que contracture, paralysie, etc., la nutrition paraît normale. Gilles de la Tourette n'a noté chez la plus grande partie des malades de Charcot aucun trouble appréciable. « Pendant les deux années qu'ont duré mes recherches, vivant pour ainsi dire continuellement au milieu des malades, nous avons tenu à connaître exactement comment vivaient et s'alimentaient les hystériques. Ce que nous avons noté, ce qu'avaient d'ailleurs parfaitement constaté les surveillantes de nos salles chargées de distributions journalières, c'est que la quantité d'aliments ingérés par les hystériques suffirait à entretenir en parfaite santé une personne saine ayant le même train de vie... Elles mangent très substantiellement et à de nombreuses reprises dans la journée; c'est même pour certaines d'entre elles une véritable occupation. »

Des nombreux hystériques anorexiques que j'ai pu suivre dans le service de Déjerine à la Salpêtrière se comportent comme des individus normaux. Dès qu'on commençait à alimenter ces malades, leur poids se relevait et augmentait au prorata de la quantité d'aliments ingérés. Les urines renfermaient une quantité d'urée proportionnelle à la quantité d'albumine contenue dans la ration alimentaire.

Regnard avait aussi noté que le taux des excreta urinaires rapporté au kilogramme est égal chez l'hystérique et chez l'individu sain dans des conditions d'alimentation et de vie équivalentes[2].

La nutrition n'est donc pas constamment modifiée chez les hystériques.

Les troubles de la nutrition que l'on a décrits ne peuvent représenter que des accidents apparaissant parfois chez certaines malades hystériques et dont la nature doit être discutée.

Nous rangerons ces accidents sous quatre chefs :

1° Les troubles de la nutrition dans les paroxysmes hystériques décrits par Gilles de la Tourette et Cathelineau.

1. Gilles de la Tourette et Cathelineau. *La nutrition dans l'hystérie*. Paris, 1890.

2. Regnard. Recherches expérimentales sur les variations pathologiques de combustions respiratoires. Paris, 1878. *Libr. du Progrès médical*. Paris.

2° L'ischurie hystérique et la polyurie hystérique.

3° Le ralentissement de la nutrition chez certaines hystériques, en particulier dans le sommeil prolongé, dans l'anorexie et dans la léthargie.

4° La fièvre hystérique.

5° Les troubles trophiques cutanés.

I. — **Les troubles de la nutrition dans les paroxysmes hystériques.** — GILLES DE LA TOURETTE et CATHELINEAU ont décrit avec un grand soin les modifications que l'attaque d'hystérie détermine dans la composition des urines, et attribuent à la formule qu'ils en ont dégagée une valeur indiscutable pour reconnaître la nature de l'attaque. Les crises épileptiques en particulier se traduisent par une formule exactement inverse, de sorte que la séméiologie urinaire peut trancher ce diagnostic parfois si difficile. Quels sont donc ces caractères dans la sécrétion de l'urine, qui viennent révéler le trouble profond que le paroxysme convulsif provoque dans la nutrition de l'hystérique ?

Les modifications portent à la fois sur la quantité de l'urine, sur sa teneur en résidu fixe et en phosphates, et enfin sur la proportion relative des phosphates alcalins et des phosphates terreux.

En ce qui concerne la quantité des urines, l'attaque convulsive est suivie d'une miction abondante d'urine claire, de faible densité. BRIQUET avait noté déjà ces caractères, et il comparait ces urines, abondantes après la crise, aux urines nerveuses qui suivent les émotions morales. Il est donc bien certain que l'attaque s'accompagne d'une *polyurie immédiate. L'urine totale* de 24 heures est au contraire diminuée le jour de l'attaque; dans une faible proportion, il est vrai.

La composition de l'urine de 24 heures, recueillie à partir de l'attaque, indique aussi des modifications profondes. Le poids du *résidu fixe* diminue d'un tiers en moyenne. Alors qu'à l'état normal, le jour où il n'y avait pas d'attaque, GILLES DE LA TOURETTE et CATHELINEAU ont trouvé en moyenne 46 grammes de résidu fixe pour 1 000 centimètres cubes, le jour de l'attaque le résidu fixe n'était que de 35 grammes.

La même diminution s'observe en ce qui concerne l'urée et les phosphates. On ne trouve en moyenne que 13 grammes d'urée par 24 heures, alors que les mêmes malades, en dehors des périodes des paroxysmes convulsifs, ont en moyenne 20 grammes d'urée.

De même pour l'acide phosphorique total dont la moyenne n'atteignait le jour du paroxysme que 1 gr. 24 alors que la moyenne normale était de 2 gr. 19. Mais ici on trouve un autre caractère qui aurait une haute importance. Tandis qu'à l'état normal il y a dans l'urine de 24 heures trois fois plus de phosphates alcalins que de phosphates terreux, dans la période d'attaque les quantités respectives de ces phosphates deviennent égales : il y a presque autant de phosphates terreux que de phosphates alcalins.

Cet abaissement du résidu fixe et de l'urée ne provient pas d'une modification dans l'alimentation habituelle : GILLES DE LA TOURETTE, qui avait prévu cette objection, maintenait ses malades au même régime le jour de l'attaque et les jours intermédiaires.

Une objection plus sérieuse a porté sur la méthode du dosage. OLIVIERO[1] (*B. B.*, 22 *avril* 1902) a soutenu que la méthode de séparation des phosphates alcalins et terreux par l'ammoniaque, leur dissolution par l'acide acétique et leur dosage par l'acétate d'urane, était imparfaite et ne donnait pas la quantité totale de phosphate terreux. Mais, d'après GILLES DE LA TOURETTE et MAIRET, les erreurs possibles sont minimes, toujours de même sens, et n'altèrent pas sensiblement les conclusions, très importantes, que l'on peut tirer de ces dosages.

En effet, d'après GILLES DE LA TOURETTE, la formule urinaire de l'attaque d'hystérie s'opposerait presque point pour point à la formule que l'on trouve dans l'attaque d'épilepsie. La quantité totale d'urine augmente lors d'une attaque dans l'épilepsie et tous les excreta, résidu fixe, urée, phosphate, s'élèvent également par rapport à l'état normal. Enfin l'inversion de la formule des phosphates n'existerait pas dans l'épilepsie. Il est vrai que ces conclusions ont été en partie réfutées par FÉRÉ (*B. B.*, 1892) et par ROGER (*B., B.*, 1893), ces deux auteurs ayant trouvé dans l'épilepsie la formule urinaire soi-disant caractéristique de l'hystérie. Quelle que soit la valeur séméiologique de cette donnée, il n'en est pas moins vrai qu'un état émotif aussi violent que la crise d'hystérie peut retentir d'une façon momentanée sur la nutrition et se traduire par une modification appréciable dans la composition des urines. Comme nous le verrons. parmi les troubles nutritifs décrits chez les hystériques, c'est peut-être le seul qui résiste à la critique.

II. — **L'ischurie et la polyurie hystérique**. — Signalée par quelques anciens auteurs, l'ischurie hystérique fut décrite à nouveau par NYSTENS en 1811, qui fut d'ailleurs victime de la supercherie d'une malade comme il dut le reconnaître lui-même. L'ischurie hystérique ne reprit droit de cité que par le travail de LAYCOCK en 1839 et surtout par les recherches de CHARCOT en 1873. A la suite des publications de CHARCOT paraissaient sur ce même sujet plusieurs mémoires de FERNET, BOUCHARD, EMPEREUR, dont nous devrons discuter la valeur.

D'après CHARCOT, l'ischurie hystérique peut se présenter sous deux formes.

Passagère, elle se traduit par l'absence d'urine pendant 24 ou 48 heures, après une attaque convulsive, à l'approche des règles, etc., mais la sécrétion se rétablit rapidement et tout rentre dans l'ordre.

Permanente, l'ischurie est beaucoup plus rare, mais c'est d'elle seule que nous nous occuperons dans cette étude : elle peut constituer à elle seule toute la maladie : plus souvent elle s'associe à des vomissements incoercibles.

Nous pouvons citer comme ischurie sans vomissements l'observation d'une malade suivie dans le service de CHARCOT par GREHART et REGNARD. Cette hystérique était atteinte de contracture des jambes et de contracture du col de la vessie. Immobilisée au lit, la malade était d'une surveillance facile; ne pouvant uriner seule, on était sûr de recueillir par la sonde la totalité de ses urines. Enfin l'alimentation introduite par la sonde gastrique était toujours identique. Pendant plus de six mois, dit REGNARD, la malade fut soumise au régime suivant, qui ne changea que le jour de sa guérison subite :

Bouillon au vin.	18	centilitres
Lait.	36	—
Eau-de-vie.	100	grammes
Café.	240	—
Un œuf.		

Pendant toute la période où REGNARD l'observa, de mars en mai, cette malade n'eut pas de vomissements. Elle n'eut pas non plus de selle pendant deux mois.

L'excrétion d'urine était presque supprimée ; en général, on trouvait 12 à 15 grammes d'urine par jour. Pendant une première période de 24 jours, la malade émit 498 cc. d'urine et 8 gr. 29 d'urée, soit de 0 gr. 3 à 0 gr. 4 d'urée par jour.

Le 22 mai, la malade guérit subitement de sa contracture, de son aphonie, de son amblyopie, de son ischurie.

Le plus souvent, l'ischurie est associée à des vomissements incoercibles. CHARCOT ayant constaté la présence d'urée dans les vomissements, pensait qu'il s'agissait d'une évacuation supplémentaire d'urée par les vomissements; mais, comme l'a montré BOUCHARD, tous les vomissements contenant de l'urée, il paraît plus probable, d'après les observations, qu'il s'agissait de malades atteintes de vomissements incoercibles et que l'ischurie tenait à la petite quantité de liquide ingérée. C'est ce que l'on voit bien dans une observation de FERNET, citée par EMPEREUR dans sa thèse : le volume des aliments ingérés et celui des vomissements était exactement noté, et la quantité d'urine était proportionnelle à la quantité de liquide qui n'était pas rejetée par les vomissements.

Chez des malades avec ischurie et vomissements incoercibles le chiffre de l'urée est également très peu élevé, et EMPEREUR[1] n'a trouvé par exemple sur une de ses malades que 17 gr. d'urée pour une période de 25 jours.

Ces faits sont certainement des plus curieux; malheureusement on doit raisonner sur des observations bien rares, et devenues encore plus exceptionnelles ces temps derniers.

A la lecture des observations publiées, on ne peut se défendre de quelques doutes. On sait combien le mensonge et la simulation sont fréquents chez ces malades. Les

1. *Essai sur la nutrition dans l'hystérie.* — *Thèse de Paris*, 1876.

observateurs ne paraissent pas s'être mis en garde suffisamment contre une supercherie des plus faciles.

Binswanger (*Die Hysterie*, 1905), qui s'est occupé assez longuement de cette question dans son traité, avoue qu'il croit plutôt à une erreur d'observation qu'à une dérogation aux lois naturelles. Il rapporte deux faits d'anurie hystérique où il fallut longtemps pour reconnaître la simulation. La première malade gardait dans sa poche un petit récipient dans lequel elle urinait et elle jetait ensuite l'urine par la fenêtre. La seconde malade ne put être surprise en flagrant délit, mais au bout de quelque temps on vit sur le mur extérieur du bâtiment, depuis la fenêtre de la chambre d'isolement jusqu'au sol, la trace nette de l'urine que la malade faisait ainsi disparaître.

La supercherie ne pouvant être éliminée dans les observations anciennes, on ne pourra vraiment s'occuper de cette question que si de nouvelles observations, avec contrôle rigoureux, établissent nettement la réalité de l'ischurie hystérique.

Polyurie hystérique. — Cet accident encore mal connu a fait l'objet d'études intéressantes de la part de Debove, Mathieu, Babinski, Déjerine. Ehrardt lui a consacré sa thèse inaugurale.

La polyurie apparaît souvent chez les hystériques à la suite de libations prolongées, ou après une émotion vive, un choc moral, etc.

Elle s'installe brusquement et persiste ; la malade urine chaque jour quinze, vingt, trente litres. Les urines sont à peine colorées, de densité très faible, l'urée n'est pas augmentée et sa quantité est proportionnelle à l'abondance de l'alimentation. Il n'existe ni glycosurie, ni albuminurie, et, malgré la polyurie persistante, la vie n'est pas compromise.

La polyurie paraît être consécutive à l'ingestion exagérée de liquide, et cette polydipsie morbide est facilement curable par suggestion, comme l'ont noté la plupart des auteurs.

III. — Du ralentissement de la nutrition dans certains cas d'hystérie, en particulier dans l'anorexie, le sommeil prolongé et la léthargie. — Le plus souvent, comme nous l'indiquions au commencement de cette étude, les hystériques ne se distinguent pas des individus normaux par une nutrition d'un type particulier. Au cours de ses recherches expérimentales sur l'inanition dans l'hystérie, Debove a observé un amaigrissement comparable à celui que l'on observe pendant les périodes de jeûne chez un sujet normal : une malade a perdu 2 k. 700 en 6 jours ; une seconde malade, 4 k. 400 en 6 jours également ; une troisième, 3 k. 400 en 15 jours ; une quatrième, 5 k. 700 en 15 jours. (Debove, *Inanition dans l'hystérie. Société médicale des hôpitaux*, 1885.)

Gilles de la Tourette a toujours trouvé un amaigrissement proportionnel à la restriction de la ration alimentaire dans les états de léthargie. Pendant l'état de mal, l'amaigrissement quotidien est constant et varie de 200 à 500 grammes par jour suivant la durée de l'état de mal et suivant la quantité des aliments absorbés lorsque l'anorexie n'est pas absolue.

Plus récemment encore, Tigerstedt[1] a pu étudier les échanges sur une hystérique âgée de 27 ans et plongée dans le sommeil pendant toute la durée des recherches. Au moment du début de l'examen, la malade dormait depuis 7 jours. Elle dormit dans la chambre de respiration pendant 23 h. 3/4 et se réveilla 1/4 d'heure avant la fin de l'expérience. La malade était restée 5 jours complètement à jeun, ensuite elle reçut pendant 3 jours, sous forme de lait, d'œufs et de vin, 26 grammes d'albumine, 31 grammes de graisse et 34 grammes d'hydrates de carbone. Pendant les 24 heures d'examen, elle excréta $6^{gr},22$ d'azote et 107 grammes de carbone, ce qui correspond à une destruction de $38^{gr},81$ d'albumine et de $113^{gr},22$ de graisse. L'ensemble des échanges était donc de $1\,221^{cal},4$, ce qui, pour un poids de $45^{k},5$, correspond à $24^{cal},69$ par kilogramme et par 24 heures.

Or, pendant le sommeil naturel, sur un individu normal, les échanges ont la même intensité. Johannsen a trouvé $24^{cal},48$ par kilogramme, et Tigerstedt et Sonders $26^{cal},88$.

1. Tigerstedt. *Das Minimum des Stoffwechsels beim Menschen.* (*Nordisk Med. Archiv. Festband*, 1897, n° 37 (résumé dans le *Jahresbericht über die Forschritte der Thierchemie*, 1897, 653).

L'activité des échanges pendant le sommeil hystérique est donc aussi accentuée que pendant le sommeil naturel, et on ne peut dans ce cas parler d'un ralentissement de la nutrition.

On a pourtant observé chez certaines hystériques une diminution marquée des échanges. Ch. Richet a publié sur ce sujet une note intéressante que l'on trouvera citée *in extenso* dans ce dictionnaire à l'article **Faim** (vi, 26-27). Sur la première des malades observées par Ch. Richet, en tenant compte de l'alimentation très réduite et de la diminution du poids du corps, on voit que la ration quotidienne était de 510 calories, soit 11 calories par kilogramme et par 24 heures. Sur la seconde malade, l'entretien de la vie ne correspondait qu'à une dépense de 9 calories par kilogramme et par 24 heures.

Ch. Richet a pu constater aussi que, chez certaines malades, cette réduction des échanges s'expliquait en partie par une diminution extrême de la perte de chaleur par évaporation : la perte moyenne de vapeur d'eau par 10 kilogrammes et par heure atteignait sur une malade en moyenne $2^{gr},49$, soit seulement le quart de la perte survenant chez des individus normaux.

Ch. Richet a pu aussi, en collaboration avec M. Hanriot, étudier la respiration d'une hystéro-épileptique de la Salpêtrière en état de léthargie. La ventilation pulmonaire était réduite à un minimum. Pendant 16 minutes, cette malade n'a introduit dans ses poumons que quatre litres d'air; pendant 36 minutes elle n'a fait que huit inspirations. Dans une autre expérience, la malade n'a donné que 4 lit. 75 d'air pour la ventilation en 30 minutes, soit cinquante fois moins qu'à l'état normal.

Somme toute, si nous embrassons dans une vue d'ensemble les faits que nous venons de rapporter, nous voyons qu'il est difficile d'avoir sur l'état de la nutrition chez les hystériques des données très précises. Dans la majorité des cas, il semble que l'hystérique du fait de sa maladie n'éprouve aucun trouble nutritif appréciable avec nos moyens d'investigation actuels : elle maigrit si elle ne s'alimente pas, augmente de poids avec une alimentation abondante, enfin excrète avec les urines des résidus normaux qui ne permettent pas de mettre dans un groupe à part au point de vue de la nutrition les malades atteintes d'hystérie. Toutefois il semble que dans certaines conditions mal connues, pendant la léthargie, l'activité des échanges puisse se ralentir considérablement, mais ces faits sont très exceptionnels, et, en dehors de l'observation de Ch. Richet et Hanriot, nous manquons de données précises sur ce point.

Si nous laissons de côté ces faits, nous constaterons que toutes les hystériques chez lesquelles on a pu observer un ralentissement des échanges étaient très insuffisamment alimentées depuis longtemps, et c'est vraisemblablement à l'inanition et non à l'hystérie qu'il faut attribuer ces modifications dans la nutrition.

En effet, l'inanition ralentit rapidement les échanges : dans ses expériences si précises, Benedict a constaté en employant le calorimètre respiratoire de Atwater, que trois jours de jeûne sur un individu normal font baisser la chaleur produite de 2 000 à 1 500 calories par 24 heures[2].

Magnus Lévy a observé que dans l'inanition chronique chez les dyspeptiques, le besoin d'oxygène des tissus, apprécié pour les échanges respiratoires du malade, le matin, à jeun et dans l'immobilité complète, peut tomber très au-dessous de la normale. Sur un malade dont la ration par 24 heures n'était depuis longtemps que de 800 calories, il n'était consommé par minute et par kilogramme que $3^{gr},1$ à $3^{gr},3$ d'oxygène, au lieu du chiffre normal 3,7 à 4,1[3].

Von Noorden est revenu sur ces faits à différentes reprises : un individu bien portant, privé d'alimentation brusquement, excrète dans les 24 heures 8 à 10 grammes d'azote correspondant à 50 ou 60 grammes d'albumine. Mais, chez un malade en état d'inanition chronique, il n'est excrété dans les mêmes conditions que 5 à 7 grammes d'azote chez l'homme et 3 à 6 grammes chez la femme. Parfois même, on ne peut constater qu'une

1. Ch. Richet. *Travaux du Laboratoire*, II, 320, 1893.
2. *Les échanges nutritifs pendant l'inanition*. *New-York Med. Journal*, 1907.
3. Magnus Levy. *Influence des maladies sur la dépense d'énergie à l'état de repos*. *Zeitschrift für klinische Medizin*, XVI, 1906, 177.

élimination de $2^{gr},3$, $2^{gr},9$ et même moins d'azote[1]. L'organisme, vivant à une ration minime, réduit ses besoins à un degré que l'on n'observe jamais chez l'homme sain.

La simple observation clinique permettait de prévoir ces conclusions. Nous avons observé avec MATHIEU, chez les dyspeptiques, un état d'inanition chronique; pendant une première période les malades perdaient rapidement une notable proportion de leur poids, puis un état d'équilibre semblait s'établir, et avec une ration alimentaire qui atteignait à peine 1 000 calories, ils vivaient d'une vie très restreinte, mais sans trop maigrir[2]. Nous croyons donc que, chez les hystériques anorexiques, l'organisme réduit aussi ses besoins pour s'adapter à une ration insuffisante, mais jusqu'à présent, rien ne prouve que l'hystérie par elle-même intervienne dans ce ralentissement de la nutrition.

IV. — **La fièvre hystérique.** — Admise par les anciens auteurs, BAILLOU, MORGAGNI, TISSOT, POMME, BRIQUET, la question de l'existence d'une fièvre hystérique ne pouvait être abordée qu'une fois que le thermomètre fut introduit dans les procédés d'exploration médicale. Or PINARD[3] concluait de ses premières recherches que chez les hystériques il n'existe qu'une pseudo-fièvre, caractérisée par la chaleur de la peau et la rapidité du pouls, mais sans aucune élévation thermométrique.

En 1884, DU CASTEL confirmait cette opinion et rapportait à la Société médicale des Hôpitaux de Paris l'histoire d'une jeune malade qui simulait une haute température, en percutant le réservoir du thermomètre pour faire monter la colonne de mercure. Depuis on a rapporté de nombreux exemples de fièvre hystérique : dans bon nombre d'observations les indications thermométriques étaient d'une haute fantaisie. LOMBROSO aurait noté chez une malade, au même moment, les températures suivantes : 36°6 dans la bouche, 45° sous l'aisselle, 38°7 dans le rectum. Dans un autre cas de fièvre, la fièvre dura six semaines, atteignant 48°5 et pendant cette période le poids monta de 54 à 60 kilogrammes (cité par GILLES DE LA TOURETTE).

Il s'agit évidemment dans ces cas de supercherie. Dans d'autres observations, où la simulation peut être écartée, le diagnostic de fièvre hystérique n'est établi que par exclusion : on parle de fièvre hystérique, parce qu'aucune cause nette ne peut être trouvée à cette hyperthermie persistante. Or quand peut-on affirmer qu'un foyer infectieux, de très petite dimension, n'a pas échappé à l'examen ? Aussi la question de la fièvre hystérique est-elle encore ouverte.

En faveur d'une fièvre d'origine nerveuse, on ne peut citer que les expériences de DEBOVE qui « dans une série de sujets hypnotisés et hypnotisables, en suggérant une sensation de chaleur intense, a produit une élévation de température, qui a varié, suivant les expériences, de 0°5 à 1°5 ». Ce dernier chiffre aurait été presque régulièrement obtenu chez les sujets facilement suggestionnables (*Société médicale des Hôpitaux*, 1886). Ces expériences n'ont pas été confirmées, car à une séance récente de la Société de neurologie, aucun des médecins présents n'a reconnu avoir produit par suggestion une élévation de température.

V. — **Les troubles trophiques localisés.** — Nous n'étudierons ici que les troubles trophiques certains. L'atrophie musculaire a été étudiée avec la paralysie et les contractures dont elle est une complication fréquente.

Les troubles trophiques cutanés de l'hystérie ont été décrits autrefois avec un grand luxe de détails. On distinguait les plaques congestives ou d'urticaire disséminées sur le corps, les œdèmes durs de coloration bleuâtre localisés à un bras, le pemphigus hystérique et enfin la gangrène de la peau. KAPOSI donnait de cette dernière lésion la description suivante :

« Sur une partie bien limitée de la peau du front ou des membres se produit subitement une sensation de brûlure; le malade remarque une tache de la grandeur d'une pièce d'un franc à celle de cinq francs, la peau y est légèrement colorée en rouge et proéminente, elle peut être aussi blanche comme de l'albâtre.

1. VON NOORDEN. *Handbuch der Pathologie des Stoffwechsel*. I, 481. Hirschwald. Berlin. 1906.
2. MATHIEU et ROUX. *L'inanition chez les dyspeptiques et les nerveux*. Masson, Paris.
3. PINARD. *Sur la pseudo-fièvre hystérique. Thèse de Paris*, 1883.

« Après quelques jours, la peau change de couleur, elle devient plus foncée, vert brun; elle est rugueuse et comme du crin : elle présente l'apparence qu'elle a après les brûlures par l'acide sulfurique.

« La cicatrice tombe, et il reste une plaie hypertrophique; pendant ce temps, le même processus se reproduit dans d'autres endroits, avec des intervalles de quelques jours ou semaines et apparition des mêmes phénomènes : douleurs, rougeur, gangrène locale bien limitée, et plaie hypertrophique. Le processus dure des semaines et des mois, et même des années, et cesse ensuite complètement. »

Enfin il existerait chez les hystériques des ecchymoses spontanées, et des hémorragies liées à une légère lésion du tégument observée chez les stigmatisés. Saint François présentait, après une vision du Christ en croix, les cinq plaies des pieds, des mains et du côté. On peut citer aussi les stigmates de sainte Thérèse, phénomènes sur lesquels nous n'insisterons pas, et qui, d'après la théorie admise jusqu'à ces derniers temps, relèveraient d'un trouble vasomoteur localisé et plus ou moins accentué.

A la suite des études toutes récentes de Babinski, les observations de troubles trophiques hystériques sont devenues plus rares, et la plupart des auteurs qui en ont publié des observations ont fait de très sérieuses réserves sur la validité des faits qu'ils avaient observés.

En effet, la supercherie est fréquente, et on ne compte plus le nombre de malades qui provoquaient artificiellement ces lésions cutanées diverses. Aussi, dans une consultation provoquée par Babinski auprès des médecins des hôpitaux de Paris, n'a-t-on pu trouver une seule affirmation en faveur de l'existence de troubles trophiques cutanés hystériques. Les dermatologistes en particulier, tels que Brocq, Hallopeau, Thibierge, Jaquet, ont affirmé n'avoir jamais constaté un seul cas de trouble trophique cutané de nature nettement hystérique. Cet ensemble de dénégations conduit donc à une sage réserve dans ce domaine, et c'est encore une des questions relatives à l'hystérie à laquelle on ne peut donner de réponse définitive.

ÉTAT MENTAL DES HYSTÉRIQUES.

Dans l'étude qui précède, nous sommes arrivé à cette conclusion, qui ressort de toutes les recherches modernes, que les stigmates et les accidents hystériques relèvent avant tout d'un trouble de la vie psychique. On peut donc se demander si par leur caractère et dans leurs mœurs, les hystériques révèlent la tare psychique fondamentale qui est à l'origine d'accidents si variés.

Esquissée par un grand nombre d'auteurs, l'étude du caractère des hystériques a été traitée avec plus de détails dans un mémoire de Ch. Richet (*Les démoniaques d'aujourd'hui. Revue des Deux Mondes*, 1880, xxxvii, 340). « L'hystérie, dit Ch. Richet, est plutôt une forme du caractère qu'une maladie de l'intelligence. De là, l'intérêt psychologique de cet état. L'intelligence est brillante, la mémoire sûre, l'imagination vive; il n'y a qu'un seul côté défectueux dans l'esprit : l'impuissance de la volonté à refréner la passion. »

Une volonté débile est en effet la base de la plupart des manifestations hystériques et explique la persistance indéfinie du même trouble. La première crise est due à une émotion vive; mais les crises ultérieures se reproduisent au moindre trouble moral et même sans motif. Le vomissement hystérique se constitue sous différentes conditions et devient incoercible. Il en est de même du refus des aliments chez les anorexiques. Cette tendance à l'automatisme par suite du défaut de volonté inhibitrice apparaît quelquefois avec une évidence extrême. J'ai vu, par exemple, une jeune hystérique s'amusant à imiter sa voisine atteinte d'aboiement nerveux, être prise à son tour des mêmes accidents; les crises d'aboiement, survenant malgré elle, ne cédèrent qu'à un isolement de quelques mois. Aussi peut-on dire avec Ch. Richet : « Les hystériques ne peuvent pas, ne savent pas et ne veulent pas vouloir. » Cette faiblesse de la volonté domine le traitement, qui tendra surtout à réveiller cette volonté endormie.

L'isolement sévère, que l'on emploie pour mettre un terme aux manifestations hystériques, n'agit pas par un autre procédé; la malade rassemble toutes ses forces pour guérir et mettre un terme aux rigueurs de la claustration.

Cette faiblesse de la volonté s'associe à une sensibilité morale extrême. Ces deux caractères expliquent la façon de vivre de ces malades, toujours agitées et tourmentées. Elles se laissent emporter par l'émotion du moment qui règne seule jusqu'au moment où une autre émotion vient la remplacer. La malade passe ainsi des larmes au rire, de l'amour à la haine ou à l'indifférence, de la charité et du dévouement à un égoïsme féroce. Elles sont semblables à des enfants, elles ont les larmes faciles, mais vite séchées. Cet abandon à l'émotion, le défaut de maîtrise de soi expliquent l'intensité que prennent tous les sentiments : « Terreur, jalousie, joie, colère, amour, tout est exagéré, hors de proportion avec les sentiments justes et mesurés qu'il est convenable d'éprouver. » (Ch. Richet.) L'émotion est souvent assez intense pour donner naissance à une crise de nerfs qui n'est qu'une émotion exagérée, comme nous l'avons indiqué déjà.

« Les malades recherchent et aiment ces émotions, et si les événements les leur refusent, elles dramatiseront le moindre événement. La vie régulière, simple, facile, qu'amène le va-et-vient de chaque jour, est transformée par les hystériques en une série d'événements graves, propres à tous les développements dramatiques. Elles sont sans cesse à jouer avec un égal succès la comédie et la tragédie, sur les scènes plates de la réalité. Rien n'est plus simple que de vivre; rien n'est plus compliqué que la vie, disait Macaulay. Les hystériques sont de ce dernier avis, elles ne comprennent pas la simplicité. » (Ch. Richet.)

Le mensonge qu'elles pratiquent parfois avec un art véritable n'est pour elles qu'une dramatisation de la réalité. Il intervient dans leur vie de tous les jours pour rendre leur vie plus importante et plus splendide. Dans leurs rapports avec l'entourage ou avec leur médecin, le mensonge leur servira encore et leur permettra de fixer toujours l'attention. Ce besoin de se donner en spectacle explique bien des simulations que nous avons dû décrire, simulation de troubles trophiques, simulation de vomissements d'urine, etc.

Cette tendance au mensonge explique la difficulté qu'il y a à bien observer ces malades; si le médecin ne sait pas se tenir dans une indifférence apparente, il leur donnera sans le vouloir une tendance extrême à simuler toujours de nouveaux accidents, toujours plus étranges.

Il est certain que l'on retrouve chez la plupart des hystériques un certain nombre de ces traits de caractère. Mais ils sont loin d'être spécifiques. On retrouve en effet chez d'autres malades ces mêmes tendances. L'émotivité excessive, le défaut de volonté se voient chez la plupart des dégénérés, les malades atteints de la folie du doute, les aberrants, les impulsifs. Somme toute, on les constate dans tous les groupes de maladies que l'on a pu réunir sous le nom de psychonévroses.

En réalité, ce qui constitue la marque essentielle de l'hystérie, c'est un autre désordre, la suggestibilité, qui ne s'explique pas uniquement par les troubles du caractère que nous venons de décrire; mais l'émotivité excessive, le défaut de volonté, l'amour de la simulation viennent compliquer l'aspect des accidents hystériques et leur donner une coloration toute particulière.

DÉFINITION ET NATURE DE L'HYSTÉRIE.

Après avoir rapidement passé en revue les principaux symptômes de l'hystérie et signalé leur très grande diversité, nous devons rechercher si quelques caractères communs ne réunissent pas des accidents en apparence si différents.

« La définition de l'hystérie n'a jamais été donnée, et ne le sera probablement jamais », écrivait Lasègue. Si l'on entend par là une définition comprenant une explication totale de l'hystérie, il est certain que nous sommes encore incapables de la formuler; en biologie et en pathologie mentale surtout, n'est-il pas certain que nous ne savons le tout de rien ?

Mais, si nous pouvons indiquer quelques caractères communs à tous les accidents hystériques, et n'appartenant qu'aux accidents hystériques, nous aurons déjà une conception pratique de cette affection. Si cette définition nous permet de « prévoir » l'évolution de la maladie, et si elle nous donne le « pouvoir » d'en enrayer les accidents presque à volonté, nous aurons véritablement une connaissance scientifique de l'hystérie.

Or nous croyons que l'étude moderne des accidents hystériques nous permet d'arriver à cette conception scientifique.

Briquet, un des premiers, a voulu donner une définition clinique; mais elle est trop simple, trop limitée, elle ne s'applique qu'à un nombre trop restreint d'accidents hystériques. « L'hystérie, disait-il, est une névrose de l'encéphale, dont les phénomènes apparents consistent principalement dans *la perturbation des actes vitaux qui servent à la manifestation des sensations affectives et des passions.* » (*Traité clinique et thérapeutique de l'hystérie*, 1899.) Cette formule correspond à la partie émotive de l'hystérie, pour ainsi dire.

Briquet n'avait en vue qu'un certain nombre de caractères des hystériques : leurs émotions faciles, les palpitations, les troubles vasomoteurs, les crises de nerfs qu'elles présentent à la suite d'un choc moral. Mais ces réactions émotives exagérées ne sont pas spéciales à l'hystérie; on trouve aussi, dans les autres névroses « une perturbation dans la manifestation des sensations affectives et des passions ». D'autre part, les anesthésies, les contractures, la paralysie, etc., sont des accidents hystériques dont cette définition ne tient pas compte.

On ne pourrait accepter la définition de Briquet qu'en limitant volontairement l'hystérie, comme Bernheim a imaginé de le faire. « L'hystérie, dit-il, c'est un réflexe émotif, et rien de plus. » Désignant sous le nom d'appareil hystérogène l'ensemble des réactions émotives, il dit encore : « Une hystérique est un sujet qui exagère certaines réactions psycho-physiologiques, qui a un appareil hystérogène très développé et facile à actionner par certaines émotions. » (Bernheim. *Conception du mot hystérie; critique des doctrines actuelles*, Paris, 1904, p. 5.) Nous avons déjà dit que nous ne pouvions admettre cette limitation dans le sens du mot « hystérie ». Bien qu'à plusieurs égards ce terme soit défectueux, il faut ou bien créer un néologisme, ou bien, sous peine de n'être plus compris, conserver le mot hystérie avec la signification que lui ont attribuée depuis Sydenham tous les médecins qui nous ont précédés.

En réalité, il faut remonter à un travail publié par Moebius en 1888, pour trouver une conception de l'hystérie qui corresponde aux caractères essentiels de toutes ces manifestations. (Moebius. *Ueber den Begriff des Hysterie; Centralblatt für Nervenheilkunde*, 1888, XI, 66.) Nous donnerons un résumé assez étendu de ce travail, dont les conclusions ont été, somme toute, confirmées par les recherches modernes.

D'après Moebius, on doit désigner sous le nom d'hystérie tous les accidents corporels provoqués par une représentation mentale (*Vorstellung*). « Les représentations mentales liées au plaisir ou à la peine, dit-il, provoquent des réactions multiples à l'état normal (larmes, rire, rougeur, salivation, vomissement, diarrhée). Mais chez les hystériques, ces réactions sont très faciles à provoquer et excessives. Elles dépassent de beaucoup ce que l'on voit sur un individu sain. » Il reconnaît qu'il est parfois difficile de discerner l'idée qui a donné naissance à tel ou tel accident, mais « l'hypnotisme et tous les effets de la suggestion par laquelle les accidents hystériques sont reproduits à volonté, jettent une vive lumière sur la nature de ces troubles ». Cette définition est très pratique, dit-il encore, parce qu'elle fournit un point solide au traitement médical; « il n'y a, en effet, d'autre thérapeutique qu'une thérapeutique psychique pour les accidents psychiques ».

Toutefois cette thérapeutique doit être un peu spéciale. La représentation mentale, qui, chez l'hystérique, provoque un accident quelconque, doit être bien connue dans son mode d'action. On ne peut pas comparer les hystériques aux aliénés, qui conservent une attitude déterminée parce qu'une voix leur ordonne d'y persévérer.

La représentation mentale qui provoque un accident n'agit plus à la manière d'un motif (*Motivirung*); le processus par lequel une représentation provoque une paralysie, par exemple, est en dehors de la conscience : c'est-à-dire que le malade *ne sait pas* comment il est arrivé à cette paralysie.

Aussi est-il inutile d'expliquer au malade la nature de son affection. Comme les accidents hystériques ne sont pas produits volontairement (*absichtlich*), ce malade ne peut pas volontairement les faire disparaître, « mais nous savons qu'ils peuvent disparaître lorsque l'attention est fortement saisie, et sous l'influence d'une émotion. La guérison réside dans la foi, et, pour employer un terme théologique, dit Moebius, *in fide qua creditur*, et non *in fide quæ creditur.* Ce n'est pas le contenu, mais c'est la vigueur de la foi qui est importante ».

C'est à cette conception de Moebius que se rattache la définition que Babinski a donnée récemment de l'hystérie. Il a indiqué, sans vouloir pénétrer dans leur mécanisme psychologique, les deux caractères fondamentaux des accidents polymorphes de l'hystérie.

« Il est impossible, dit-il, de distinguer les troubles hystériques de ceux qui sont créés par suggestion expérimentale, ce qui conduit à admettre qu'ils résultent d'une autosuggestion. Au contraire, aucune des affections actuellement classées hors de l'hystérie ne peut être réalisée par suggestion : il est tout au plus possible d'obtenir par ce moyen une imitation très imparfaite, qu'il est facile de distinguer de l'original. Que l'on essaye de produire chez un grand hypnotique l'hémiplégie faciale périphérique, la paralysie radiale vulgaire, le sujet en expérience, quelle que soit sa suggestibilité, et quelle que soit la patience de l'expérimentateur, ne parviendra jamais au but qu'on se propose de lui faire atteindre. Il ne sera pas en son pouvoir de réaliser l'hypotonicité musculaire d'où dérive la déformation caractéristique de la face dans la paralysie du nerf facial, il sera incapable de dissocier dans les mouvements de l'avant-bras sur le bras l'action du long supinateur de celle du biceps, comme le fait la paralysie radiale. »

Le second caractère, la disparition des accidents par un traitement purement psychique, n'est pas moins net. « De même, dit Babinski, ces accidents sont tous capables de disparaître sous l'influence exclusive de la persuasion ; il n'y a pas un seul de ces accidents qu'on n'ait vu parfois s'éclipser en quelques instants, après la mise en œuvre d'un moyen propre à inspirer au malade l'espoir de la guérison. Aucune autre affection ne se comporte de cette manière... »

On n'est pas toujours sûr de guérir par persuasion toutes les manifestations hystériques, mais elles sont toujours susceptibles de guérir par ce moyen. L'échec est presque toujours dû à ce que la suggestion plus ou moins consciente de l'entourage vient annihiler l'action du médecin.

Enfin, d'après Babinski, il faut désigner sous le nom d'accidents secondaires des troubles qui n'arrivent qu'à la suite des désordres provoqués par l'hystérie : telle, par exemple, l'atrophie musculaire qui est toujours liée à une paralysie ou une contracture. Babinski résume ses idées dans la définition suivante :

« L'hystérie est un état psychique rendant le sujet qui s'y trouve capable de s'autosuggestionner. Elle se manifeste par des troubles primitifs, et accessoirement par quelques troubles secondaires.

« Ce qui caractérise ces troubles primitifs, c'est qu'il est possible de les produire par suggestion avec une exactitude rigoureuse chez certains sujets, et de les faire disparaître sous l'influence exclusive de la persuasion.

« Ce qui caractérise les troubles secondaires, c'est qu'ils sont étroitement subordonnés aux troubles primitifs. »

Nous considérons que Babinski a donné la meilleure définition clinique de l'hystérie qu'on ait formulée jusqu'à présent. Nous ne ferons que quelques réserves sur le sens qu'il donne au mot suggestion. D'après lui, le mot suggestion implique « que l'idée que l'on cherche à insinuer est déraisonnable ». Par contre, le médecin qui soigne un malade atteint de paralysie par autosuggestion, agit par persuasion, puisqu'il tend à remettre le malade dans le droit chemin de la raison. C'est peut-être compliquer un peu trop la terminologie ; et on risquerait de s'y perdre. Le médecin, qui guérit une paralysie psychique avec une pilule de mie de pain, guérit le malade, et pourtant il emploie un moyen déraisonnable. Nous croyons qu'il vaut mieux s'en tenir aux idées admises communément, et désigner par suggestion « toute idée acceptée ou subie par le malade en dehors du contrôle volontaire ».

Ces réserves faites, nous admettons volontiers que les accidents hystériques relèvent d'une autosuggestion, d'une cause psychique, et que leur second caractère est de pouvoir disparaître par un traitement exclusivement psychique. Dans l'étude qui précède, nous avons mis en lumière ces deux caractères, pour le plus grand nombre des accidents hystériques. Il est bien certain que, pour l'hystérie, la nature du traitement nécessaire est un caractère spécifique de la maladie.

Mais il nous semble que, sans nous éloigner de l'observation clinique, on peut encore distinguer aux troubles hystériques deux autres caractères communs.

La suggestibilité, autrement dit l'acceptation des idées en dehors du contrôle de la raison, n'est pas toute dans l'hystérie. La suggestibilité est un trouble mental des plus ordinaires, et il n'est guère d'individus qui, dans des circonstances données, ne puissent devenir extraordinairement suggestibles. Mais, dans la vie courante, les neurasthéniques paraissent aussi suggestibles que les hystériques, et acceptent avec une égale facilité les idées de maladie. Le caractère propre à l'hystérique n'est pas, à proprement parler, dans l'acceptation passive plus ou moins consciente d'une idée, il est dans la *malléabilité extrême de l'organisme par l'idée ainsi acceptée.*

Chez l'hystérique, *toute idée, toute représentation mentale peut se réaliser dans l'organisme, et cela à l'insu ou à l'encontre de la volonté consciente du malade.*

Prenons un exemple banal qui permet de distinguer les neurasthéniques des hystériques. Une femme neurasthénique attend ou redoute une grossesse. Cette idée peut l'obséder, envahir sa conscience, déterminer une anxiété extrême, empêcher le sommeil, l'appétit, l'alimentation, la conduire même au suicide. Tant qu'elle peut attendre ou craindre la grossesse, elle reste dans la même anxiété.

Une hystérique est dans le même état, sous l'influence de l'idée de grossesse; non seulement elle va être triste ou inquiète, mais elle va réaliser dans son organisme les symptômes de cette grossesse, et son ventre va progressivement augmenter de volume.

Affirmez avec l'accent de la conviction à un nerveux quelconque qu'il est menacé d'une grave maladie qui va paralyser ses jambes : il pourra percevoir dans ses membres des sensations anormales ou une faiblesse inaccoutumée. L'hystérique présentera aussi ces petits troubles, mais en plus elle réalisera la maladie : les jambes se paralyseront véritablement.

Les vomissements incoercibles, qui sont, chez les hystériques, un accident banal, nous conduisent à la même constatation. La malade vomit quelquefois à la suite de troubles dyspeptiques légers ou du début d'une grossesse ; mais si, sous, l'influence de l'entourage ou de toute autre cause, l'idée de vomissement est fixe dans son esprit, à chaque repas reviendra ce vomissement.

Nous voyons que, si la suggestibilité, est un trouble assez répandu, le pouvoir de transformer l'idée de paralysie en paralysie, l'idée de vomissement en vomissement, est quelque chose de plus, et c'est la plasticité de l'organisme par l'idée suggérée qui constitue un caractère essentiel de l'hystérie.

Le *développement de ces accidents en dehors du contrôle volontaire conscient est un autre caractère important.* Le pouvoir d'inhibition est parfois singulièrement réduit chez ces malades, et l'accident hystérique survenu à la suite d'une émotion, d'une idée, d'un processus psychique inconscient, persiste indéfiniment, parce que la malade n'a pas la force d'y mettre un terme. C'est ainsi que les crises convulsives apparues d'abord à la suite d'une émotion violente, se répètent plus tard à la moindre contrariété ; c'est pour la même raison que l'inanition hystérique, volontaire au début, finit par entraîner la malade à une cachexie profonde; c'est l'histoire des vomissements incoercibles, des chorées rythmiques, etc.

C'est aussi à une sorte de faiblesse de la volonté qu'il faut rapporter la persistance des contractures ou des paralysies apparues après que la malade a été victime d'un traumatisme. « Les hystériques, disait Ch. Richet, ne savent pas, ne peuvent pas et ne veulent pas vouloir. »

Nous avons d'ailleurs une preuve de la réalité de ce mécanisme dans les résultats de la thérapeutique. Nous avons répété à satiété que tous ces accidents relèvent d'un traitement identique, qui consiste à donner au malade des raisons de vouloir et à lui permettre d'étendre son action volontaire sur tout son organisme.

Parmi les procédés qui permettent de réveiller cette volonté, le meilleur est sans contredit l'isolement. La menace d'une claustration indéfinie, la séparation de la vie extérieure, toute la contrainte exercée par le médecin sont autant de motifs de vouloir, et des motifs très puissants.

Déjerine a longuement insisté sur cette méthode de traitement dans ses publications (*Traitement des psychonévroses à l'hôpital par la méthode de l'isolement.* — *Revue de Neurologie*, 15 décembre 1902) ou dans celles de ses élèves (Camus et Pagniez : *Isolement et psychothérapie.* Alcan, 1904).

« L'isolement est absolu, dit Déjerine, la privation des lettres et des visites est continuée, jusqu'à ce qu'une amélioration très nette soit obtenue. En général, c'est l'affaire de dix à quinze jours au plus. A ce moment, progressivement, on diminue la rigueur de l'isolement. L'idée d'avoir les rideaux ouverts deux à trois heures par jour, la promesse de recevoir une lettre ou une visite lorsque la guérison sera effectuée ou très proche sont, du reste, de puissants leviers pour le traitement. J'ajouterai enfin que depuis huit ans que je suis à la Salpêtrière, les symptômes qui caractérisent ce que l'on a appelé la grande hystérie n'ont jamais duré plus d'une semaine dans mon service. »

On a pu mettre en œuvre, contre les accidents hystériques, d'autres procédés de traitement : suggestion à l'état de veille ou d'hypnose, thérapeutique impressionnant fortement l'imagination ; mais, dans tous ces faits, on discerne, sous l'action curative et en faisant la base pour ainsi dire, la foi du malade au médecin, au médicament, ou à une intervention mystérieuse qui lui donne ainsi la force de vouloir.

***

Nous arrivons ainsi à une définition des accidents hystériques qui répond bien à ce que nous lui demandions, c'est-à-dire d'isoler ces troubles morbides et de les distinguer des autres désordres analogues.

Dans cette étude, nous avons établi, avec les preuves qui nous ont paru les plus certaines :

1° La nature psychique des accidents que présentent les hystériques, accidents que l'on peut reproduire exactement sur les sujets en état d'hypnose.

2° La malléabilité extraordinaire de l'organisme des hystériques sous l'influence des processus psychiques, des idées, des émotions, etc., caractère véritablement spécifique.

3° L'absence parfois totale d'inhibition volontaire spontanée, pour mettre un terme aux accidents une fois réalisés.

4° La curabilité de ces accidents par une thérapeutique exclusivement morale.

Tous ces caractères, sans pénétrer dans le mystère de la vie mentale encore trop mal connue, nous permettent de mieux comprendre la nature de l'hystérie. Ils ont aussi une valeur pratique, puisque, tout en ignorant la cause primitive des accidents hystériques, nous sommes à même de les guérir et d'en prévenir le retour.

JEAN-CHARLES ROUX.

ERRATA

Article Hématie, page 302, à la ligne 39..., *au lieu de* : Il faut admettre avec Foa que le liquide endo-globulaire ne diffuse pas dans les milieux, *il faut lire* : Il faut admettre avec Foa que le liquide endo-globulaire a une pression osmotique plus considérable que le liquide extra-globulaire dans les milieux...

A la ligne 45, même page, *au lieu de :* Dans les solutions hypotoniques, des couches périphériques se formeraient pour..., *il faut lire* : Dans les solutions hypotoniques, les couches périphériques se tendraient pour...

Page 793, le titre : Poids de l'Hypophyse chez 50 femmes adultes s'applique au n° 1 et suivants, et non à partir du n° 46.

Page 817, ligne 11, *lire :* sur les organes, *au lieu de* : sur les reins.

TABLE DES MATIÈRES

DU HUITIÈME VOLUME

PARIS. — TYP. PH. RENOUARD, 19, RUE DES SAINTS-PÈRES. — 18729

Paris. — Typ. PHILIPPE RENOUARD, 19, rue des Saints-Pères. — 48729.

www.ingramcontent.com/pod-product-compliance
Lightning Source LLC
Chambersburg PA
CBHW060714220326
41598CB00020B/2088